Systemtheorie 2

Mehrdimensionale, adaptive und nichtlineare Systeme

von
Professor Dr.-Ing. Dr. h.c.
Rolf Unbehauen

7., überarbeitete und erweiterte Auflage

mit 318 Bildern und 65 Aufgaben mit Lösungen

R. Oldenbourg Verlag München Wien 1998

Dr.-Ing. Dr. h.c. Rolf Unbehauen
o. Professor, Lehrstuhl für Allgemeine und Theoretische Elektrotechnik der
Universität Erlangen-Nürnberg

Bisher erschien das Werk in einem Band.
Der vorliegende Band 2 ergänzt den bereits erschienenen Band 1:
Systemtheorie 1, 7., überarbeitete und erweiterte Auflage 1997, ISBN 3-486-24022-6

Die Deutsche Bibliothek - CIP-Einheitsaufnahme

Unbehauen, Rolf:
Systemtheorie / von Rolf Unbehauen. – München ; Wien :
Oldenbourg

2. Mehrdimensionale, adaptive und nichtlineare Systeme : mit 65
Aufgaben samt Lösungen. – 7., überarb. und erw. Aufl. - 1998
ISBN 3-486-24023-4

Rosenheimer Straße 145, D-81671 München
Telefon: (089) 45051-0, Internet: http://www.oldenbourg.de

Lektorat: Elmar Krammer
Herstellung: Rainer Hartl
Umschlagkonzeption: Kraxenberger Kommunikationshaus, München
Gedruckt auf säure- und chlorfreiem Papier
Gesamtherstellung: R. Oldenbourg Graphische Betriebe GmbH, München

INHALT

VORWORT

Mit dem vorliegenden zweiten Band der Systemtheorie wird die in Band 1 begonnene Darstellung dieses Gebietes für Ingenieure fortgeführt und damit der bisherige Themenbereich wesentlich erweitert. Dabei ist ein besonderes Anliegen, sowohl der in der jüngeren Vergangenheit stattgefundenen schnellen Fortentwicklung der Systemtheorie als auch der Erweiterung des Feldes systemtheoretischer Anwendungen Rechnung zu tragen. In diesem Zusammenhang ist vor allem die gestiegene Bedeutung der Theorie nichtlinearer Systeme zu nennen, deren Entwicklung und Anwendungen in erheblichem Maße durch den Computer gefördert wurden.

Der Inhalt des vorliegenden Buches ist – abgesehen von einigen Anhängen – in sechs Kapitel gegliedert, die in Fortsetzung der Kapitelnumerierung in Band 1 von VII bis XII weitergezählt werden. Kapitel VII, mit dem das Buch beginnt, knüpft unmittelbar an die Thematik des ersten Bandes an. Es werden nämlich mehrdimensionale diskontinuierliche Signale und Systeme (von denen letztere als linear betrachtet werden) behandelt, wobei man zahlreiche Analogien zur Theorie der in Band 1 besprochenen eindimensionalen diskontinuierlichen Signale und Systeme finden kann. Praktische Anwendungen dieses Kapitels sind in fast allen Bereichen zu sehen, die im Zusammenhang mit der digitalen Bildverarbeitung stehen.

Der Inhalt der nachfolgenden fünf Kapitel läßt sich in zwei Themenbereiche zusammenfassen: in den Bereich der nichtlinearen Systeme im allgemeinen und den der adaptiven Systeme, die spezielle nichtlineare Systeme darstellen. Der erstgenannte Themenbereich umfaßt die Kapitel VIII, IX und XI. Grundlegende Probleme nichtlinearer Systeme wie die Stabilität der Gleichgewichtszustände und spezielle Verhaltensformen wie Grenzzyklen, Bifurkationen unterschiedlicher Art, Sprungphänomene und subharmonische Schwingungen sowie Verfahren zur Analyse nichtlinearer Systeme werden im Kapitel VIII behandelt, das insoweit als Basis für ein Studium nichtlinearer Systeme zu betrachten ist. Kapitel IX beschäftigt sich mit dem Entwurf rückgekoppelter nichtlinearer Systeme, wie sie vor allem in der Regelungstechnik von Bedeutung sind, sowie mit der Behandlung von Problemen wie der Zustandsbeobachtung, die mit der Rückkopplung unmittelbar zusammenhängen. Kapitel XI ist der Untersuchung besonderer (seltsamer) Verhaltensformen nichtlinearer Systeme gewidmet, die unter der Bezeichnung Chaos bekannt geworden sind. Der Bereich der adaptiven Systeme wird in den Kapiteln X und XII behandelt, wobei im erstgenannten Kapitel Verfahren vorgestellt werden, von denen ein Teil vorzugsweise für Anwendungen in der digitalen Signalverarbeitung, der andere Teil für die Lösung regelungstechnischer Aufgaben entwickelt wurde und die inzwischen als klassisch zu betrachten sind. Das abschließende Kapitel XII ist als Einführung in die neuronalen Netzwerke gedacht, die eine spezielle Klasse adaptiver Systeme bilden. Die wichtigsten Ergebnisse werden durch Beispiele erläutert und erprobt. In den Anhängen findet der Leser eine kurze Einführung in die Distributionentheorie, einige Grundbegriffe der elementaren Wahrscheinlichkeitsrechnung sowie verschiedene wichtige Grundtatsachen aus der linearen Algebra und der Funktionentheorie. Damit soll ein schneller Zugang zu wichtigen mathematischen Hilfsmitteln ermöglicht werden, die für das Verständnis der Thematik und die praktische Anwendung der Methoden beider Bände nützlich sind.

Besonders hingewiesen werden soll auf die zahlreichen Übungsaufgaben am Ende des Buches, die entsprechend der Kapiteleinteilung des Textes geordnet und dazu gedacht sind, den Leser zur Mitarbeit zu motivieren. Den Abschluß des Buches bildet eine Sammlung von Lösungsvorschlägen für alle 213 Aufgaben beider Bände.

Auch Band 2 der Systemtheorie hätte in der vorliegenden Form nicht ohne tatkräftige Unterstützung einer Schar von Mitarbeiterinnen und Mitarbeitern vollendet werden können. In diesem Zusammenhang sei an erster Stelle Herr Dr.-Ing. U. Forster genannt, der den Text außerordentlich kritisch prüfte und an zahlreichen Stellen Korrekturen, Präzisierungen und Verbesserungen einbrachte. Hervorgehoben sei auch, daß Herr Dr.-Ing. K. Reif vor allem bei der Behandlung der Homotopieverfahren und des erweiterten Kalman-Filters in Kapitel IX nützliche Anregungen gegeben und wertvolle Beiträge geliefert hat. Weiterhin sei die sehr wichtige und konstruktive Mitwirkung von Frau S. He sowie der Herren Dipl.-Ing. H. Brandenstein, Dipl.-Ing. S. Günther, Dipl.-Ing. M. Lendl, Dr. F.-L. Luo, Dr.-Ing. H. Roßmanith und Dipl.-Ing. A. Zell genannt. Bei den durchgeführten Computersimulationen und der Entwicklung schwieriger graphischer Darstellungen haben Herr Dipl.-Ing. H. Weglehner und Herr Ing. (grad.) G. Triftshäuser kontinuierlich mitgeholfen. Die Übertragung des Manuskripts auf den Computer und die äußere Gestaltung des Buches mittels eines Textverarbeitungssystems und eines Graphiksystems besorgte Frau H. Schadel mit viel Fleiß, Geschicklichkeit und großer Geduld, wobei sie von Frau H. Geisenfelder-Göhl und bei der Herstellung der Bilder von Frau R. Schwarz aktiv unterstützt wurde. Mit viel Sorgfalt fertigte Frau B. Scholz das Stichwortverzeichnis an. Allen genannten Damen und Herren und auch den nichtgenannten Helfern sei an dieser Stelle für das unermüdliche Engagement herzlicher Dank ausgesprochen. Dem Lektor vom R. Oldenbourg Verlag, Herrn Dipl.-Ing. E. Krammer, wird für die ausgezeichnete Zusammenarbeit und die verlegerische Betreuung des Vorhabens gedankt.

Hinweise sowie konstruktive Kritik und Vorschläge werden vom Verfasser dankbar entgegengenommen.

Erlangen, Oktober 1997 *R. Unbehauen*

VII Mehrdimensionale diskontinuierliche Signale und Systeme

Von einem mehrdimensionalen Signal spricht man, wenn das Signal eine Funktion von mehreren unabhängigen Variablen ist. Beispiele hierfür sind Bildsignale, die von zwei Ortskoordinaten und im Fall eines bewegten Bildes auch noch von der Zeit abhängen, oder geophysikalische Daten, die über ein bestimmtes Zeitintervall von verschiedenen örtlich verteilten Sensoren empfangen werden. Derartige Signale werden meistens ihrer Natur entsprechend mehrdimensional behandelt und mit Hilfe mehrdimensionaler Systeme verarbeitet. Hierauf wird im folgenden eingegangen, wobei mit Blick auf die Bedeutung für die Signalverarbeitung im wesentlichen nur diskontinuierliche Signale und Systeme betrachtet werden. Es erfolgt eine Beschränkung auf zweidimensionale Signale und Systeme. Die meisten Konzepte, die für den zweidimensionalen Fall beschrieben werden, lassen sich direkt auf höherdimensionale Signale und Systeme übertragen. Es wird sich immer wieder die große Ähnlichkeit zum eindimensionalen Fall zeigen. Man muß jedoch beachten, daß der Übergang vom eindimensionalen zum zweidimensionalen bzw. mehrdimensionalen Fall oft grundsätzlich neue Überlegungen und Verfahrensweisen erfordert. Ein wesentlicher Aspekt in diesem Zusammenhang ist, daß mehrdimensionale Polynome im Gegensatz zu eindimensionalen Polynomen im allgemeinen nicht in Elementarfaktorpolynome zerlegt werden können. (Der Hauptsatz der Algebra ist auf eindimensionale Polynome beschränkt.)

1 Zweidimensionale Signale

Unter einem zweidimensionalen diskontinuierlichen Signal f, auch zweidimensionale Folge oder zweidimensionales Feld genannt, versteht man eine Funktion in Abhängigkeit eines geordneten Wertepaares (n_1, n_2), wobei n_1 und n_2 ganzzahlige Werte sind. Man schreibt gelegentlich für eine solche Funktion

$$f : (n_1, n_2) \longmapsto f[n_1, n_2] \; ; \quad (n_1, n_2) \in \mathbb{Z} \times \mathbb{Z} .$$

Die Funktionswerte $f[n_1, n_2]$ können reell oder komplex sein. In der ingenieurwissenschaftlichen Literatur bezeichnet man mit $f[n_1, n_2]$ meistens die komplette Funktion. Es ist zweckmäßig, ein zweidimensionales Signal über der vollständigen Menge $\mathbb{Z} \times \mathbb{Z}$ zu definieren, selbst wenn es zunächst nur auf einer Teilmenge spezifiziert ist. In einem solchen Fall erklärt man die Funktionswerte außerhalb der Teilmenge zu Null. Man kann eine reelle zweidimensionale Funktion als Stabdiagramm über der (n_1, n_2)-Ebene nach Bild 7.1a oder der besseren Anschauung wegen durch Punkte auf einer Fläche über der (n_1, n_2)-Ebene im dreidimensionalen Raum geometrisch darstellen (Bild 7.1b). Die Wertepaare (n_1, n_2) werden dabei durch diskrete Punkte in der (n_1, n_2)-Ebene dargestellt, die Achsen für die Koordinaten n_1 und n_2 stehen orthogonal zueinander.

Die beiden unabhängigen ganzzahligen Variablen n_1 und n_2 können unterschiedliche physikalische Bedeutung haben. Sie können eine Ortskoordinate, die Zeit, die Geschwindigkeit etc. bedeuten.

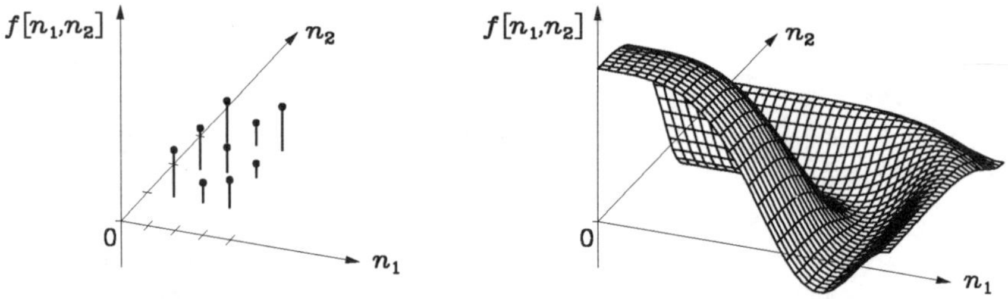

Bild 7.1: Darstellung zweidimensionaler Signale: (a) Stabdiagramm, (b) Fläche

1.1 STANDARDSIGNALE

In diesem Abschnitt werden einige Standardsignale eingeführt, die im weiteren von Wichtigkeit sind.

(a) Die harmonische Exponentielle

Dieses zweidimensionale Signal ist durch die Folge

$$f[n_1, n_2] := e^{j(\omega_1 n_1 + \omega_2 n_2)} = e^{j\omega_1 n_1} e^{j\omega_2 n_2} = \cos(\omega_1 n_1 + \omega_2 n_2) + j \sin(\omega_1 n_1 + \omega_2 n_2) \quad (7.1)$$

erklärt. Sie hat ähnliche Bedeutung wie die eindimensionale harmonische Exponentielle und kann als Sonderfall der Exponentialfolge $a^{n_1} b^{n_2}$ für $a = e^{j\omega_1}$ und $b = e^{j\omega_2}$ betrachtet werden.

(b) Die Sprungfunktion

Unter der zweidimensionalen Sprungfunktion, auch Einheitssprung genannt, versteht man die Folge

$$s[n_1, n_2] := \begin{cases} 1 & \text{für } n_1 \geqq 0 \text{ und } n_2 \geqq 0\,, \\ 0 & \text{sonst}\,. \end{cases} \quad (7.2)$$

Man kann $s[n_1, n_2]$ mit Hilfe der eindimensionalen Sprungfunktion $s[n]$ in der Form $s[n_1]\,s[n_2]$ erzeugen. Im Bild 7.2 ist der Verlauf der zweidimensionalen Sprungfunktion gezeigt.

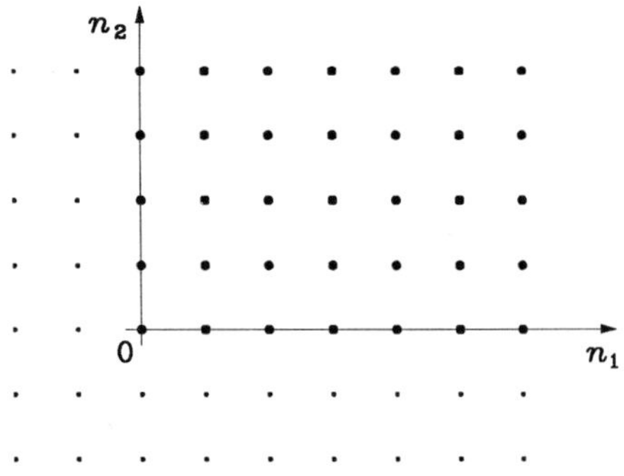

Bild 7.2: Graphische Veranschaulichung der zweidimensionalen Sprungfunktion $s[n_1, n_2]$. In allen durch einen kleinen Kreis (•) markierten Punkten des ersten Quadranten hat die Funktion den Wert 1, an den übrigen mit einem Punkt (·) gekennzeichneten Stellen den Wert Null

(c) Die Impulsfunktion

Die zweidimensionale Impulsfunktion, auch Einheitsimpuls genannt, wird durch die Folge

$$\delta[n_1, n_2] := \begin{cases} 1 & \text{für } n_1 = n_2 = 0\,, \\ 0 & \text{sonst} \end{cases} \tag{7.3}$$

erklärt. Man kann $\delta[n_1, n_2]$ mit Hilfe der eindimensionalen Impulsfunktion $\delta[n]$ als Produkt $\delta[n_1]\,\delta[n_2]$ erzeugen. Dabei wird $\delta[n_1]$ als eine zweidimensionale von der Variablen n_2 unabhängige Folge $\delta_1[n_1, n_2]$ und $\delta[n_2]$ als eine von der Variablen n_1 unabhängige Folge $\delta_2[n_1, n_2]$ aufgefaßt. Das Bild 7.3 zeigt die Signale $\delta_1[n_1, n_2]$, $\delta_2[n_1, n_2]$ und das Produktsignal $\delta[n_1, n_2] = \delta_1[n_1, n_2]\,\delta_2[n_1, n_2]$.

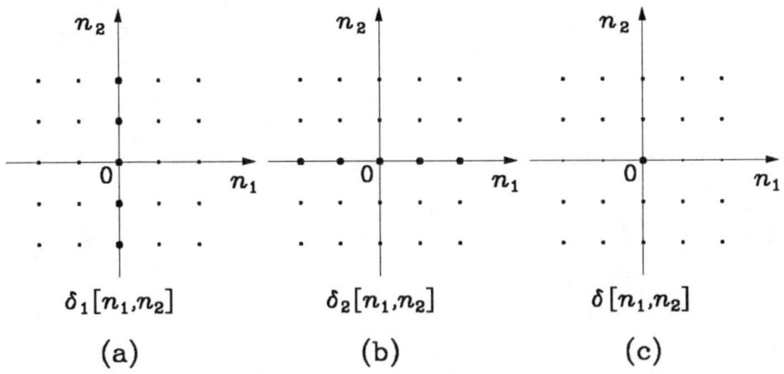

Bild 7.3: Graphische Veranschaulichung der Folgen $\delta_1[n_1, n_2] = \delta[n_1]$ (a) , $\delta_2[n_1, n_2] = \delta[n_2]$ (b) und $\delta[n_1, n_2]$ (c)

Im Abschnitt 1.3 wird gezeigt, wie sich allgemeine Signale $f[n_1, n_2]$ mit Hilfe der Sprungfunktion oder der Impulsfunktion darstellen lassen. Wie Signale mittels der harmonischen Exponentiellen oder der Exponentialfolge beschrieben werden können, wird im Zusammenhang mit der Fourier- bzw. Z-Transformation erklärt.

1.2 WEITERE SPEZIELLE SIGNALE

Ein zweidimensionales Signal, das sich als Produkt von zwei eindimensionalen Signalen, d. h. in der Form

$$f[n_1, n_2] = f_1[n_1]\,f_2[n_2] \tag{7.4}$$

ausdrücken läßt, heißt *separabel.* Beispiele dafür sind die im Abschnitt 1.1 eingeführten Standardsignale. Im Abschnitt 1.3 wird gezeigt, daß jedes Signal als im allgemeinen unendliche Summe von separablen Signalen geschrieben werden kann.

Von besonderer Bedeutung sind zweidimensionale Signale, die überall außerhalb eines endlichen zweidimensionalen Gebiets verschwinden. Man spricht dabei von Signalen endlicher Ausdehnung. Als Beispiel eines solchen Signals sei die Folge

$$p_{N_1,N_2}[n_1,n_2] = s[n_1+N_1,n_2+N_2] + s[n_1-N_1-1,n_2-N_2-1]$$
$$- s[n_1+N_1,n_2-N_2-1] - s[n_1-N_1-1,n_2+N_2] \qquad (7.5)$$

mit positiven ganzzahligen Konstanten N_1, N_2 genannt. Es handelt sich um ein Signal, dessen Werte im Rechteckintervall

$$R_{N_1,N_2} = \{(n_1,n_2)\,;\, -N_1 \leqq n_1 \leqq N_1\,,\, -N_2 \leqq n_2 \leqq N_2\}$$

gleich Eins und überall sonst gleich Null sind. Es ist im Bild 7.4 veranschaulicht.

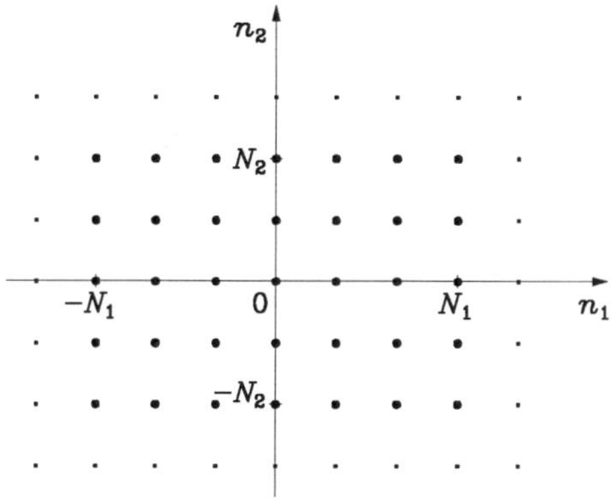

Bild 7.4: Graphische Veranschaulichung des Signals $p_{N_1,N_2}[n_1,n_2]$ nach Gl. (7.5) mit $N_1 = 3, N_2 = 2$

Existieren zu einem zweidimensionalen Signal $f[n_1,n_2]$ zwei linear unabhängige Vektoren mit ganzzahligen Komponenten

$$\boldsymbol{N}_1 = \begin{bmatrix} N_{11} \\ N_{21} \end{bmatrix} \quad \text{und} \quad \boldsymbol{N}_2 = \begin{bmatrix} N_{12} \\ N_{22} \end{bmatrix}, \qquad (7.6)$$

so daß

$$f[n_1+N_{11},n_2+N_{21}] = f[n_1,n_2] \qquad (7.7a)$$

und

$$f[n_1+N_{12},n_2+N_{22}] = f[n_1,n_2] \qquad (7.7b)$$

gilt, so heißt $f[n_1,n_2]$ *periodisch.* Betrachtet man $\boldsymbol{N}_1$ und $\boldsymbol{N}_2$ als Vektoren in der (n_1,n_2)-Ebene, dann repräsentiert das vom Ursprung aus durch diese Vektoren aufgespannte Parallelogrammgebiet eine sogenannte Periode des Signals. Alle Signalwerte in Punkten (n_1,n_2) außerhalb dieses Parallelogramms sind durch die Werte, welche im Parallelogrammgebiet spezifiziert sind, gegeben. Ein häufig auftretender Sonderfall ist $N_{21} = N_{12} = 0$. Dann wird durch die Vektoren $\boldsymbol{N}_1$ und $\boldsymbol{N}_2$ ein Rechteckgebiet aufgespannt. Im Bild 7.5 ist dieser Sonderfall durch ein Beispiel erläutert.

Es sei noch bemerkt, daß zweidimensionale Signale in gleicher Weise wie eindimensionale Signale durch Addition, Multiplikation oder Verschiebung miteinander verknüpft werden können. Hiervon wird im folgenden Gebrauch gemacht.

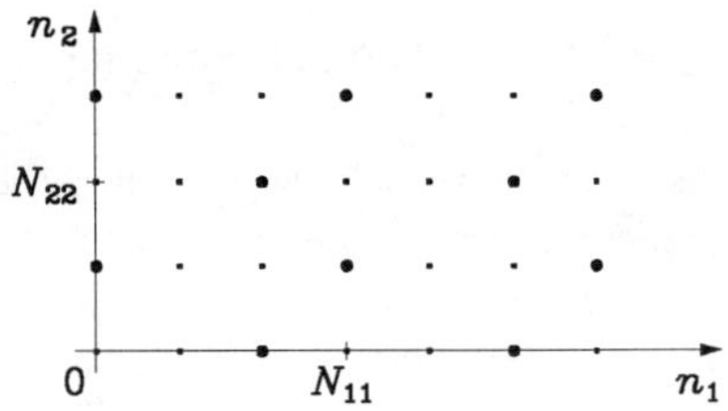

Bild 7.5: Beispiel einer periodischen Funktion mit $N_{11} = 3, N_{21} = 0, N_{12} = 0, N_{22} = 2$

1.3 DARSTELLUNG ALLGEMEINER SIGNALE MITTELS SPRUNG- ODER IMPULSFUNKTION

Betrachtet man irgendein zweidimensionales Signal $f[n_1, n_2]$, das für $n_1 \to -\infty$ und jedes $n_2 \in \mathbb{Z}$, für $n_2 \to -\infty$ und jedes $n_1 \in \mathbb{Z}$ sowie für $n_1 \to -\infty$ und $n_2 \to -\infty$ verschwindet, so besteht die Darstellung

$$f[n_1, n_2] = \sum_{\nu_1=-\infty}^{\infty} \sum_{\nu_2=-\infty}^{\infty} (f[\nu_1, \nu_2] + f[\nu_1 - 1, \nu_2 - 1]$$

$$- f[\nu_1, \nu_2 - 1] - f[\nu_1 - 1, \nu_2]) s[n_1 - \nu_1, n_2 - \nu_2] \; . \tag{7.8}$$

Dies ergibt sich, wenn man $f[n_1, n_2]$ zunächst als Funktion von n_1 gemäß Gl. (1.28) darstellt und anschließend diese Darstellung als Funktion von n_2 nach Gl. (1.28) ausdrückt, wobei noch $s[n_1 - \nu_1] s[n_2 - \nu_2]$ durch $s[n_1 - \nu_1, n_2 - \nu_2]$ zu ersetzen ist.

Die zweidimensionale Impulsfunktion erlaubt, jede diskontinuierliche Funktion $f[n_1, n_2]$ in der Form

$$f[n_1, n_2] = \sum_{\nu_1=-\infty}^{\infty} \sum_{\nu_2=-\infty}^{\infty} f[\nu_1, \nu_2] \, \delta[n_1 - \nu_1, n_2 - \nu_2] \tag{7.9}$$

auszudrücken. Ersetzt man $\delta[n_1 - \nu_1, n_2 - \nu_2]$ durch $\delta[n_1 - \nu_1] \delta[n_2 - \nu_2]$ und führt als Abkürzungen

$$g_{\nu_1}[n_1] = \delta[n_1 - \nu_1]$$

und

$$f_{\nu_1}[n_2] = \sum_{\nu_2=-\infty}^{\infty} f[\nu_1, \nu_2] \, \delta[n_2 - \nu_2] = f[\nu_1, n_2]$$

ein, so kann auch

$$f[n_1, n_2] = \sum_{\nu_1=-\infty}^{\infty} g_{\nu_1}[n_1] f_{\nu_1}[n_2] \tag{7.10}$$

geschrieben werden. Dies zeigt, wie sich jedes Signal $f[n_1, n_2]$ als unendliche Summe separabler Signale schreiben läßt.

2 Zweidimensionale Systeme

Das zweidimensionale diskontinuierliche System wird in Analogie zum eindimensionalen System eingeführt. Bei den mit dem Konzept des Systems verbundenen Signalen unterscheidet man die Gruppe der m Eingangssignale und die der r Ausgangssignale. Da bereits für $m = r = 1$ das Wesentliche erklärt werden kann und die Erweiterung auf Systeme mit mehreren Eingängen und Ausgängen naheliegend ist, beziehen sich die folgenden Definitionen und die meisten späteren Betrachtungen auf den Fall $m = r = 1$. Das Eingangssignal wird mit $x[n_1, n_2]$, das Ausgangssignal mit $y[n_1, n_2]$ bezeichnet. Dann wird das System durch eine Verknüpfung zwischen $x[n_1, n_2]$ und $y[n_1, n_2]$ in Form einer Operatorbeziehung

$$y[n_1, n_2] = T[x[n_1, n_2]] \tag{7.11}$$

eingeführt. Jedem Eingangssignal wird damit ein bestimmtes Ausgangssignal zugeordnet. Die im Kapitel I an entsprechender Stelle gemachten Bemerkungen über diese Verknüpfung bei eindimensionalen Systemen sind direkt zu übertragen. Bild 7.6 soll zur Veranschaulichung der Gl. (7.11) dienen.

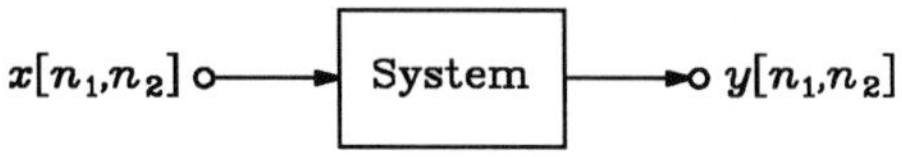

Bild 7.6: Schematische Darstellung des zweidimensionalen Systems

2.1 SYSTEMEIGENSCHAFTEN

Es werden nun verschiedene Systemeigenschaften eingeführt, die im weiteren verwendet werden. Dabei wird in Analogie zu den eindimensionalen Systemen verfahren.

Man betrachtet zwei beliebige Eingangssignale $x_1[n_1, n_2]$ und $x_2[n_1, n_2]$, die am Ausgang eines Systems die Reaktionen $y_1[n_1, n_2]$ bzw. $y_2[n_1, n_2]$ hervorrufen. Wird als Erregung irgendeine Linearkombination $k_1 x_1[n_1, n_2] + k_2 x_2[n_1, n_2]$ der Signale $x_1[n_1, n_2]$ und $x_2[n_1, n_2]$ gewählt und antwortet das betrachtete System stets mit der Linearkombination $k_1 y_1[n_1, n_2] + k_2 y_2[n_1, n_2]$, so heißt das System *linear*. Andernfalls spricht man von einem nichtlinearen System. Ein lineares System antwortet auf das Nullsignal $x[n_1, n_2] \equiv 0$ stets mit dem Nullsignal $y[n_1, n_2] \equiv 0$. Wie im eindimensionalen Fall wird bei einem linearen zweidimensionalen System vorausgesetzt, daß jeder Nullfolge von Eingangssignalen $\{x[n_1, n_2]\} \to 0$ eine Nullfolge $\{y[n_1, n_2]\} \to 0$ der entsprechenden Ausgangssignale zugeordnet ist. Dadurch wird es möglich, die durch die Linearität gegebene Superpositionseigenschaft auf die Überlagerung unendlich vieler Signale zu erweitern.

Es wird irgendein Eingangssignal $x[n_1, n_2]$ betrachtet, das am Ausgang eines Systems das Signal $y[n_1, n_2]$ hervorruft. Nun wählt man mit beliebigen festen Werten $m_1, m_2 \in \mathbb{Z}$ die Folge $x[n_1 - m_1, n_2 - m_2]$ als Eingangssignal. Reagiert das betrachtete System stets mit dem Signal $y[n_1 - m_1, n_2 - m_2]$, so heißt das System *verschiebungsinvariant*. Andernfalls spricht man von einem verschiebungsvarianten System.

Falls ein System auf zwei beliebige Eingangssignale $x_1[n_1, n_2]$ und $x_2[n_1, n_2]$ mit der Eigenschaft

$$x_1[n_1, n_2] \equiv x_2[n_1, n_2] \quad \text{für} \quad n_1 \leqq N_1 \quad \text{und} \quad n_2 \leqq N_2$$

bei willkürlichen (N_1, N_2) stets mit Ausgangssignalen $y_1[n_1, n_2]$ bzw. $y_2[n_1, n_2]$ antwortet, für die gilt

$$y_1[n_1, n_2] \equiv y_2[n_1, n_2] \quad \text{für} \quad n_1 \leqq N_1 \quad \text{und} \quad n_2 \leqq N_2 ,$$

so heißt das System *kausal*. Gilt diese Eigenschaft nur für eine der Variablen n_1, n_2, dann spricht man von Semikausalität. Die Gedächtnislosigkeit wird in ganz entsprechender Weise wie bei eindimensionalen Systemen definiert.

Ein zweidimensionales System heißt (Eingang-Ausgang-) *stabil*, wenn es auf jede beschränkte Eingangsfolge $x[n_1, n_2]$ mit einer ebenfalls beschränkten Ausgangsfolge $y[n_1, n_2]$ reagiert, d. h., wenn aus der für alle (n_1, n_2) bestehenden Bedingung $|x[n_1, n_2]| \leqq S_1 < \infty$ stets $|y[n_1, n_2]| \leqq S_2 < \infty$ für alle (n_1, n_2) folgt. Man spricht hier auch von BIBO-Stabilität ("*b*ounded-*i*nput *b*ounded-*o*utput"-Stabilität).

Man nennt ein System *reell*, wenn jedes reelle Eingangssignal ein reelles Ausgangssignal bewirkt.

Es sei

$$x[n_1, n_2] = x_1[n_1]x_2[n_2] \tag{7.12a}$$

ein beliebiges separables Eingangssignal eines Systems. Gilt für das zugehörige Ausgangssignal stets

$$y[n_1, n_2] = y_1[n_1]y_2[n_2] , \tag{7.12b}$$

so spricht man von einem *separierbaren* System.

2.2 SYSTEMCHARAKTERISIERUNG DURCH DIE IMPULSANTWORT

Wie im eindimensionalen Fall empfiehlt es sich, zur Kennzeichnung des Eingang-Ausgang-Verhaltens linearer zweidimensionaler Systeme die *Impulsantwort*

$$h[n_1, n_2; \nu_1, \nu_2] = T[\delta[n_1 - \nu_1, n_2 - \nu_2]] \tag{7.13}$$

einzuführen, d. h. die Systemreaktion auf die Eingangsfolge $\delta[n_1 - \nu_1, n_2 - \nu_2]$. Schreibt man nun das Eingangssignal $x[n_1, n_2]$ eines linearen Systems in der Form von Gl. (7.9) und unterwirft diese Darstellung der T-Operation, dann erhält man mit Gl. (7.13) für die Ausgangsfolge

$$y[n_1, n_2] = \sum_{\nu_1=-\infty}^{\infty} \sum_{\nu_2=-\infty}^{\infty} x[\nu_1, \nu_2]h[n_1, n_2; \nu_1, \nu_2] . \tag{7.14}$$

Neben der Linearität wird jetzt noch die Verschiebungsinvarianz vorausgesetzt. Damit kann Gl. (7.13) in der Form

$$h[n_1 - \nu_1, n_2 - \nu_2] := h[n_1 - \nu_1, n_2 - \nu_2; 0, 0] \tag{7.15}$$

geschrieben werden. Die Impulsantwort eines linearen, verschiebungsinvarianten zweidimensionalen Systems ist also nur von den Differenzen $n_1 - \nu_1$ und $n_2 - \nu_2$ abhängig. Berücksichtigt man Gl. (7.15) in Gl. (7.14), so erhält man als Verknüpfung zwischen Eingangs- und Ausgangsfolge eines linearen, verschiebungsinvarianten zweidimensionalen Systems die zweidimensionale Faltungssumme

$$y[n_1,n_2] = \sum_{\nu_1=-\infty}^{\infty} \sum_{\nu_2=-\infty}^{\infty} x[\nu_1,\nu_2]h[n_1-\nu_1,n_2-\nu_2] \ . \tag{7.16}$$

Das Ausgangssignal wird also als Superposition von mit dem Eingangssignal gewichteten, gegeneinander verschobenen Impulsantworten erzeugt. Wie man sieht, läßt sich das Eingang-Ausgang-Verhalten eines linearen, verschiebungsinvarianten zweidimensionalen Systems vollständig durch die Impulsantwort $h[n_1,n_2]$ charakterisieren.

Ersetzt man die Summationsvariablen ν_1 und ν_2 durch die Variablen $\mu_1 := n_1 - \nu_1$ bzw. $\mu_2 := n_2 - \nu_2$, so läßt sich die Gl. (7.16) in der Form

$$y[n_1,n_2] = \sum_{\mu_1=-\infty}^{\infty} \sum_{\mu_2=-\infty}^{\infty} h[\mu_1,\mu_2]x[n_1-\mu_1,n_2-\mu_2] \tag{7.17}$$

schreiben. Die Gln. (7.16) und (7.17) zeigen, daß die Faltung eine kommutative Operation ist. Als Kurzschreibweise für die Faltung wird ein Doppelstern (**) verwendet. Damit lauten die Gln. (7.16) und (7.17) kurz

$$y[n_1,n_2] = x[n_1,n_2] ** h[n_1,n_2] = h[n_1,n_2] ** x[n_1,n_2] \ . \tag{7.18}$$

Man kann sich die zweidimensionale Faltung nach Gl. (7.17) in der Weise veranschaulichen, daß man sich $h[\mu_1,\mu_2]$ über einer ersten (μ_1,μ_2)-Ebene und $x[n_1-\mu_1,n_2-\mu_2]$ bei fest gewähltem Wertepaar (n_1,n_2) über einer zweiten (μ_1,μ_2)-Ebene denkt. Dabei läßt sich zunächst $x[-\mu_1,-\mu_2]$ durch Drehung von $x[\mu_1,\mu_2]$ um 180° bezüglich des Ursprungs der (μ_1,μ_2)-Ebene und dann $x[n_1-\mu_1,n_2-\mu_2]$ durch Translation des Signals $x[-\mu_1,-\mu_2]$ um n_1 in μ_1-Richtung, um n_2 in μ_2-Richtung erzeugen. Legt man beide Ebenen übereinander, so daß die Koordinatenachsen zur Deckung gelangen, und bildet in jedem Punkt $(\mu_1,\mu_2) \in \mathbb{Z}\times\mathbb{Z}$ das Produkt der beiden betrachteten Signale, so liefert die Summe aller dieser Produkte für das gewählte Wertepaar (n_1,n_2) den Wert $y[n_1,n_2]$. Diese Operation kann für andere Wertepaare (n_1,n_2) wiederholt werden, indem zuerst die beiden (μ_1,μ_2)-Ebenen entsprechend der veränderten Wahl von n_1 und n_2 gegeneinander verschoben werden. Es handelt sich hier einfach um die naheliegende zweidimensionale Erweiterung einer Vorgehensweise, die im Kapitel I auf eindimensionale Signale bereits angewendet wurde.

Man kann leicht zeigen, daß die zweidimensionale Faltung wie die eindimensionale Faltung nicht nur, wie bereits bewiesen, kommutativ, sondern auch assoziativ und distributiv (bezüglich der Addition) ist. Zwei lineare, verschiebungsinvariante Systeme mit den Impulsantworten $h_1[n_1,n_2]$ und $h_2[n_1,n_2]$ liefern in *Kettenverbindung* ein Gesamtsystem mit der Impulsantwort

$$h[n_1,n_2] = h_1[n_1,n_2] ** h_2[n_1,n_2] \tag{7.19}$$

und in *Parallelverbindung* ein Gesamtsystem mit der Impulsantwort

$$h[n_1,n_2] = h_1[n_1,n_2] + h_2[n_1,n_2] \ . \tag{7.20}$$

Bei der Kettenverbindung (auch Kaskadenschaltung genannt), die dadurch gekennzeichnet ist, daß der Ausgang des einen Systems mit dem Eingang des anderen Systems verbunden sein muß, ist angesichts der Kommutativität der Faltung die Reihenfolge der beiden Systeme ohne Einfluß auf die Impulsantwort des Gesamtsystems. Die Parallelverbindung ist wie bei eindimensionalen Systemen dadurch gekennzeichnet, daß beiden Systemen dasselbe Eingangssignal zugeführt wird und die beiden Ausgangssignale der Teilsysteme zur Ausgangsfolge des Gesamtsystems addiert werden.

Die Impulsantwort $h[n_1, n_2]$ eines linearen, verschiebungsinvarianten Systems kann auch zur Stabilitätsprüfung herangezogen werden. Stabilität eines linearen, verschiebungsinvarianten Systems im oben eingeführten Sinn ist genau dann gegeben, wenn die Impulsantwort $h[n_1, n_2]$ absolut summierbar ist, d. h. wenn

$$\sum_{n_1=-\infty}^{\infty} \sum_{n_2=-\infty}^{\infty} |h[n_1, n_2]| = S < \infty \tag{7.21}$$

gilt. Der Beweis kann wie im Kapitel I für den eindimensionalen Fall geführt werden.

Die Kausalität hat für zweidimensionale Systeme andere Bedeutung als für eindimensionale Systeme, da die unabhängigen Variablen häufig nicht die Bedeutung eines Zeitparameters haben. In Analogie zum eindimensionalen Fall ist ein zweidimensionales System kausal, wenn seine Impulsantwort außerhalb des ersten Quadranten verschwindet. Dann ist der abgeschlossene erste Quadrant der (n_1, n_2)-Ebene ein sogenannter *Träger* der Impulsantwort. Allgemein versteht man unter dem Träger einer zweidimensionalen Funktion ein Gebiet in der (n_1, n_2)-Ebene, außerhalb dem die Funktion identisch verschwindet. Ein Träger braucht nicht ganz im Endlichen zu liegen. Eine wichtige Klasse von Systemen ist dadurch gekennzeichnet, daß ein abgeschlossenes Keilgebiet gemäß Bild 7.7 mit einem Öffnungswinkel, der zwischen 0° und 180° liegt, Träger der Impulsantwort ist. Die Richtungen der geradlinigen Begrenzungen des Keilgebiets werden durch zwei linear unabhängige Vektoren

$$\boldsymbol{n}_1 = [n_{11}, n_{21}]^{\mathrm{T}} \quad \text{und} \quad \boldsymbol{n}_2 = [n_{12}, n_{22}]^{\mathrm{T}} \tag{7.22a,b}$$

mit ganzzahligen Komponenten beschrieben. Diese Vektoren mögen kleinstmögliche Länge haben. Nun kann die (n_1, n_2)-Ebene gemäß

$$\begin{bmatrix} m_1 \\ m_2 \end{bmatrix} = \pm \begin{bmatrix} n_{22} & -n_{12} \\ -n_{21} & n_{11} \end{bmatrix} \begin{bmatrix} n_1 \\ n_2 \end{bmatrix} \tag{7.23}$$

in eine (m_1, m_2)-Ebene abgebildet werden. Man kann sich leicht davon überzeugen, daß die

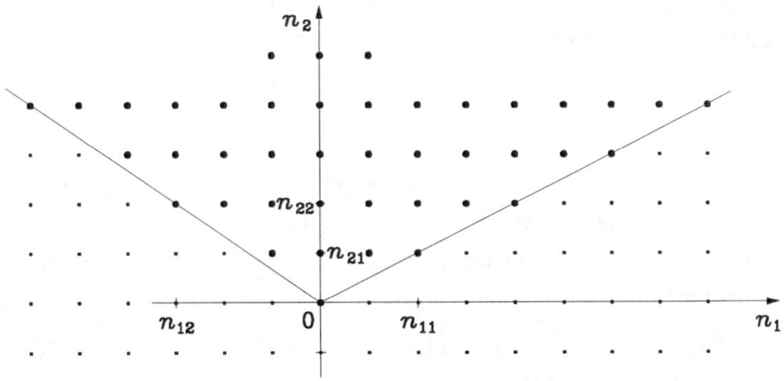

Bild 7.7: Keilförmiger Träger mit $\Delta = 7$

Vektoren $\boldsymbol{n}_1$ und $\boldsymbol{n}_2$ in die Vektoren

$$\boldsymbol{m}_1 = [\pm\Delta, 0]^{\mathrm{T}} \quad \text{bzw.} \quad \boldsymbol{m}_2 = [0, \pm\Delta]^{\mathrm{T}}$$

mit $\Delta = n_{11}n_{22} - n_{12}n_{21} \neq 0$ der (m_1, m_2)-Ebene transformiert werden. Durch geeignete Wahl des Vorzeichens $(\pm)$ in Gl. (7.23) läßt sich stets erreichen, daß die Komponenten beider Vektoren $\boldsymbol{m}_1$ und $\boldsymbol{m}_2$ gleichzeitig entweder nichtnegativ oder nichtpositiv werden. Im einen Fall wird der Träger in den ersten Quadranten der (m_1, m_2)-Ebene, im zweiten Fall in den dritten Quadranten abgebildet. In allen Punkten (m_1, m_2), denen keine Trägerpunkte (n_1, n_2) entsprechen, werden die Signalwerte zu Null erklärt.

Abschließend sei noch auf die Besonderheit eines separierbaren linearen und verschiebungsinvarianten Systems hingewiesen. Wählt man in Gl. (7.12a) speziell $x_1[n_1] = \delta[n_1]$ und $x_2[n_2] = \delta[n_2]$, so erhält man gemäß Gl. (7.12b) für die Impulsantwort

$$h[n_1, n_2] = h_1[n_1]h_2[n_2] \,, \tag{7.24}$$

d. h. eine separierbare Funktion. Führt man die Gl. (7.24) in die Gl. (7.17) ein, so ergibt sich

$$y[n_1, n_2] = \sum_{\mu_1=-\infty}^{\infty} h_1[\mu_1]\, g[n_1 - \mu_1, n_2] \tag{7.25}$$

mit

$$g[n_1, n_2] := \sum_{\mu_2=-\infty}^{\infty} h_2[\mu_2]\, x[n_1, n_2 - \mu_2] \,. \tag{7.26}$$

Wie man sieht, kann das Signal $g[n_1, n_2]$ für jedes feste n_1, aber bei variablem n_2 durch eindimensionale Faltung zwischen der Folge $x[n_1, n_2]$ und $h_2[n_2]$ erzeugt werden. Danach erhält man das Signal $y[n_1, n_2]$ für jedes feste n_2, aber bei variablem n_1 durch eindimensionale Faltung von $g[n_1, n_2]$ und $h_1[n_1]$. Man kann stattdessen auch zuerst $x[n_1, n_2]$ bei festem n_2 mit $h_1[n_1]$ falten und das so entstehende Signal bei festem n_1 mit $h_2[n_2]$ falten, um $y[n_1, n_2]$ zu generieren. Interessant ist jedenfalls, daß $y[n_1, n_2]$ im vorliegenden Fall allein durch eindimensionale Faltungen gewonnen werden kann.

2.3 SYSTEMBESCHREIBUNG MITTELS DIFFERENZENGLEICHUNG

Das Eingang-Ausgang-Verhalten eines linearen, verschiebungsinvarianten Systems läßt sich häufig durch eine Differenzengleichung endlicher Ordnung

$$\sum_{\nu_1=-M_1}^{N_1} \sum_{\nu_2=-M_2}^{N_2} \beta_{\nu_1\nu_2}\, y[n_1 - \nu_1, n_2 - \nu_2] = \sum_{\nu_1=-K_1}^{L_1} \sum_{\nu_2=-K_2}^{L_2} \alpha_{\nu_1\nu_2}\, x[n_1 - \nu_1, n_2 - \nu_2] \tag{7.27}$$

ausdrücken bei in der Regel vorgegebenen Anfangswerten. Derartige Systeme heißen *Digitalfilter*. Nur solche Systeme werden hier betrachtet, und es wird $\beta_{00} \neq 0$ vorausgesetzt. Durch Normierung kann stets dafür gesorgt werden, daß $\beta_{00} = 1$ ist, und Gl. (7.27) kann in der Form

$$y[n_1, n_2] = \sum_{\nu_1=-K_1}^{L_1} \sum_{\nu_2=-K_2}^{L_2} \alpha_{\nu_1\nu_2}\, x[n_1 - \nu_1, n_2 - \nu_2] - \sum_{\substack{\nu_1=-M_1 \\ (\nu_1,\nu_2)\neq(0,0)}}^{N_1} \sum_{\nu_2=-M_2}^{N_2} \beta_{\nu_1\nu_2}\, y[n_1 - \nu_1, n_2 - \nu_2] \tag{7.28}$$

geschrieben werden. Der Sonderfall $\beta_{\nu_1 \nu_2} \equiv 0$, falls $(\nu_1, \nu_2) \neq (0, 0)$ gilt, repräsentiert die Klasse der nichtrekursiven (FIR-) Filter.

Die Form der Differenzengleichung nach Gl. (7.28) ist dazu geeignet, den Wert $y[n_1, n_2]$ des Ausgangssignals zu berechnen, vorausgesetzt das Eingangssignal und die auf der rechten Seite der Gl. (7.28) auftretenden Werte des Ausgangssignals sind verfügbar. Wenn auf diese Weise alle Werte des Ausgangssignals eines Systems für beliebig vorgegebenes Eingangssignal gewonnen werden können, heißt das System *rekursiv berechenbar*. Ob ein System rekursiv berechenbar ist oder nicht, hängt wesentlich vom Koeffizientenfeld $\beta_{\nu_1 \nu_2}$, von der Lage der Anfangswerte für das Ausgangssignal und der Reihenfolge der Berechnung der Ausgangssignalwerte ab. Dies soll im folgenden näher besprochen werden.

Zunächst wird die Gl. (7.28) etwas umgeschrieben, und zwar in der Form

$$y[n_1, n_2] = \sum_{\mu_1 = n_1 - L_1}^{n_1 + K_1} \sum_{\mu_2 = n_2 - L_2}^{n_2 + K_2} \alpha_{n_1 - \mu_1, n_2 - \mu_2} x[\mu_1, \mu_2]$$

$$- \sum_{\substack{\kappa_1 = n_1 - N_1 \\ (\kappa_1, \kappa_2) \neq (n_1, n_2)}}^{n_1 + M_1} \sum_{\kappa_2 = n_2 - N_2}^{n_2 + M_2} \beta_{n_1 - \kappa_1, n_2 - \kappa_2} y[\kappa_1, \kappa_2] \; . \tag{7.29}$$

Aufgrund dieser Darstellung liegt es nahe, sich über einer (μ_1, μ_2)-Ebene das Eingangssignal $x[\mu_1, \mu_2]$ und über einer (κ_1, κ_2)-Ebene das Ausgangssignal $y[\kappa_1, \kappa_2]$ vorzustellen. Es werden die Fensterfunktionen

$$W_x[\mu_1, \mu_2] = \begin{cases} 1, & \text{falls } n_1 - L_1 \leqq \mu_1 \leqq n_1 + K_1 \\ & \text{und } n_2 - L_2 \leqq \mu_2 \leqq n_2 + K_2 , \\ 0 & \text{sonst} \end{cases} \tag{7.30a}$$

und

$$W_y[\kappa_1, \kappa_2] = \begin{cases} 1, & \text{falls } n_1 - N_1 \leqq \kappa_1 \leqq n_1 + M_1 \\ & \text{und } n_2 - N_2 \leqq \kappa_2 \leqq n_2 + M_2 , \\ & \text{aber } (\kappa_1, \kappa_2) \neq (n_1, n_2), \\ 0 & \text{sonst} \end{cases} \tag{7.30b}$$

eingeführt. Das Fenster $W_x[\mu_1, \mu_2]$ wird nun auf die (μ_1, μ_2)-Ebene des Eingangssignals, das Fenster $W_y[\kappa_1, \kappa_2]$ auf die (κ_1, κ_2)-Ebene des Ausgangssignals gelegt. Dadurch erfolgt in der (μ_1, μ_2)-Ebene die Ausblendung eines Teils des Eingangssignals. Nun werden die ausgeblendeten Werte $x[\mu_1, \mu_2]$ mit $\alpha_{n_1 - \mu_1, n_2 - \mu_2}$ gewichtet. Sodann wird die Summe der gewichteten Werte des Eingangssignals gebildet, was der ersten Doppelsumme auf der rechten Seite der Gl. (7.29) entspricht. In analoger Weise läßt sich die zweite Doppelsumme auf der rechten Seite der Gl. (7.29) erzeugen, indem man in der (κ_1, κ_2)-Ebene einen Teil der Werte $y[\kappa_1, \kappa_2]$ mit $W_y[\kappa_1, \kappa_2]$ ausblendet, mit $\beta_{n_1 - \kappa_1, n_2 - \kappa_2}$ gewichtet und anschließend die Summe der gewichteten Werte des Ausgangssignals bildet. Die Differenz der beiden Doppelsummen liefert schließlich den Wert $y[n_1, n_2]$. Dies ist im Bild 7.8 schematisch angedeutet. Die Größe der beiden Fenster wird durch K_1, K_2, L_1, L_2 bzw. M_1, M_2, N_1, N_2 bestimmt; ihre genaue Position hängt von (n_1, n_2) ab. Die Fenster heißen auch Eingangs- bzw. Ausgangsmaske. Mit variierenden Wertepaaren (n_1, n_2) werden die zwei Masken über

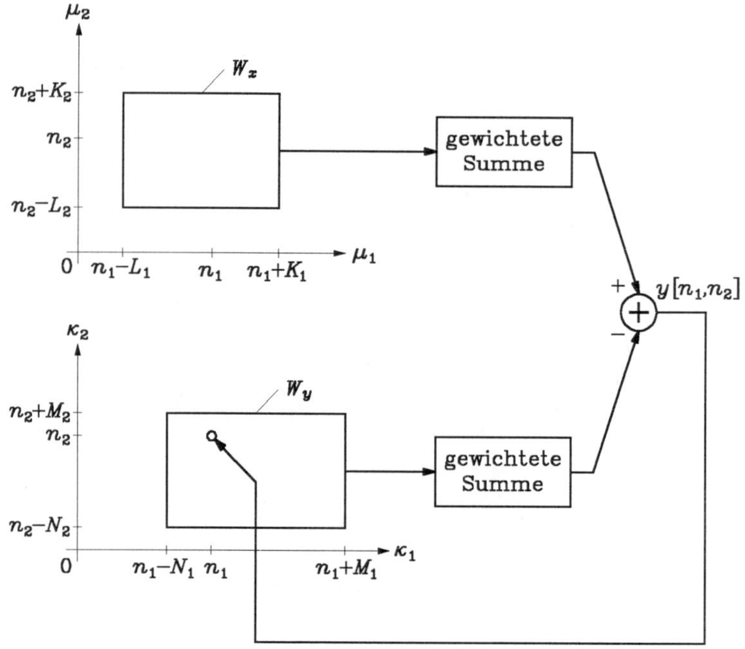

Bild 7.8: Zur Erläuterung der Gl. (7.29)

die beiden Ebenen geschoben und jeweils der beschriebene Rechenprozeß wiederholt. Ziel des Vorgangs ist es, die Gesamtheit aller Werte des Ausgangssignals $y[n_1, n_2]$ zu erzeugen. Eine Schwierigkeit entsteht dann, wenn die durch das Fenster $W_y[\kappa_1, \kappa_2]$ in der (κ_1, κ_2)-Ebene ausgeblendeten y-Werte nicht verfügbar sind. Dabei ist zu beachten, daß y-Werte nur entweder als spezifizierte Anfangswerte oder als Resultate vorausgegangener Berechnungen bereitstehen. Dabei spielt offenbar die Reihenfolge für die Wahl der Wertepaare (n_1, n_2) zur Berechnung des Ausgangssignals eine entscheidende Rolle. Es kann vorkommen, daß infolge der Beschaffenheit der Ausgangsmaske eine rekursive Berechnung grundsätzlich unmöglich ist.

Als einfaches Beispiel für eine Ausgangsmaske sei $W_y[\kappa_1, \kappa_2]$ nach Gl. (7.30b) mit $M_1 = M_2 = 0$ genannt. Bild 7.9 zeigt diese Maske in der (κ_1, κ_2)-Ebene. Falls die Werte des Ausgangssignals $y[\kappa_1, \kappa_2]$ im Bereich, der im Bild 7.9 durch offene Kreise gekennzeichnet ist, gegeben sind, können die Werte von $y[n_1, n_2]$ berechnet werden, indem man beispielsweise zuerst $n_1 = 0, n_2 = 0, 1, 2, \ldots$ und dann $n_1 = 1, n_2 = 0, 1, 2, \ldots$ usw. wählt. Dabei wird die Ausgangsmaske Spalte für Spalte von unten nach oben bewegt und alle y-Werte nach und nach berechnet – beginnend mit der κ_2-Achse –, ohne daß jemals ein unbekannter y-Wert im Fenster erscheint. Die y-Werte können auch zeilenweise berechnet werden, indem man $n_2 = 0, n_1 = 0, 1, 2, \ldots$ und dann $n_2 = 1, n_1 = 0, 1, 2, \ldots$ usw. wählt. Das Fenster wird dabei Zeile für Zeile von links nach rechts bewegt, wobei die "Nord-Ost-Ecke" des Fensters zunächst entlang der nichtnegativen κ_1-Achse streicht. Die y-Werte können auch durch diagonale Bewegung des Fensters berechnet werden. Man kann sich leicht davon überzeugen, daß die Ausgangswerte unabhängig von der Art der Fensterbewegung sind.

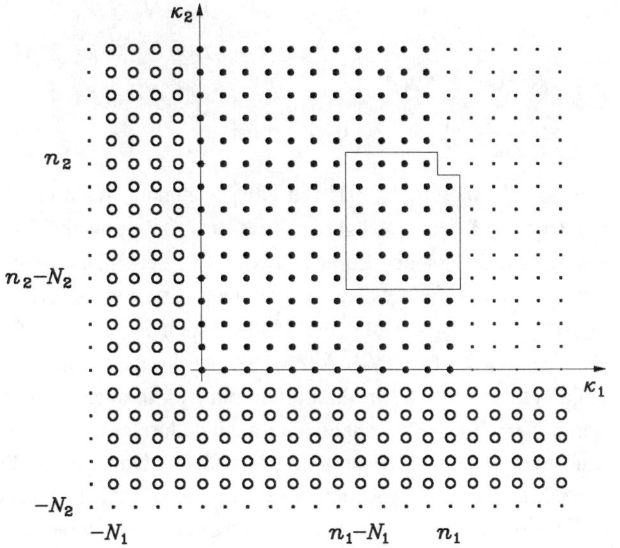

Bild 7.9: Beispiel für eine Ausgangsmaske mit $M_1 = M_2 = 0$. Die Kreise repräsentieren die Punkte, in denen die Anfangswerte des Ausgangssignals spezifiziert sind

Im folgenden seien zwei Ausgangsmasken gemäß Gl. (7.30b) genannt, die (für sinnvoll vorgegebene Anfangswerte) zu keinem rekursiv berechenbaren System gehören:

(i) $M_1 = 1, M_2 = 0, N_1 = 3, N_2 = 4$;

(ii) $M_1 = 2, M_2 = 1, N_1 = 3, N_2 = 4$.

Der Unterschied zwischen der im Bild 7.9 dargestellten Ausgangsmaske und den Masken (i), (ii) liegt darin, daß der Punkt (n_1, n_2) die Maske nach Bild 7.9 an der Nord-Ost-Ecke zu einem vollständigen Rechteckbereich ergänzt, während dieser Punkt die beiden anderen Masken längs einer Kante zwischen zwei Ecken bzw. im Innern zu einem Rechteckbereich vervollständigt.

Eine zu einem rekursiv berechenbaren System gehörende Ausgangsmaske (Bild 7.10) ist

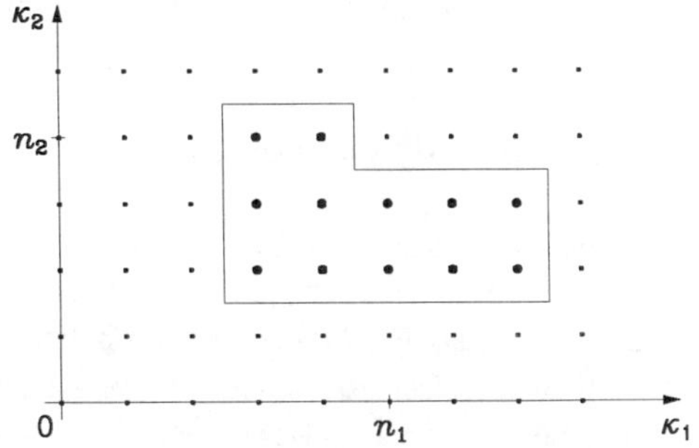

Bild 7.10: Beispiel für eine Ausgangsmaske mit $N_1 = N_2 = M_1 = 2$

$$W_y[\kappa_1, \kappa_2] = \begin{cases} 1, & \text{falls} \quad n_1 - N_1 \leqq \kappa_1 \leqq n_1 + M_1 \quad \text{und} \\ & \qquad n_2 - N_2 \leqq \kappa_2 \leqq n_2 - 1, \quad \text{oder} \\ & \qquad n_1 - N_1 \leqq \kappa_1 \leqq n_1 - 1 \quad \text{und} \quad \kappa_2 = n_2, \\ 0 & \text{sonst} \end{cases}$$

mit $N_1 > 1, M_1 > 0, N_2 > 1$. Bei entsprechender Wahl der Eingangsmaske ist ein Sektor in der (n_1, n_2)-Ebene (Keilgebiet), dessen Öffnungswinkel kleiner als 180° und durch M_1 bestimmt ist, Träger der Impulsantwort. Ein derartiges System heißt unsymmetrisches Halbebenenfilter. Anfangswerte sind in einem Streifen der (κ_1, κ_2)-Ebene unterhalb der Halbachse $\kappa_1 \geqq 0,\ \kappa_2 = 0$ und der Halbgeraden $\kappa_2 = -(1/M_1)\kappa_1,\ \kappa_1 < 0$ mit der vertikalen Ausdehnung N_2 bzw. $N_2 + N_1/M_1$ vorzuschreiben. Die Ausgangswerte $y[n_1, n_2]$ lassen sich zeilenweise zunächst für alle Punkte mit $n_2 = 0$, dann für alle Punkte mit $n_2 = 1$ usw. im Keilgebiet berechnen. Sie können aber auch dadurch ermittelt werden, daß man mit den Punkten auf der genannten Halbgeraden beginnt und dann auf den Parallelen zu dieser Halbgeraden fortfährt, wobei der Abstand dieser Parallelen zur Halbgeraden sukzessive zunimmt.

Falls durch die Differenzengleichung (7.29) ein lineares, verschiebungsinvariantes System beschrieben werden soll, sind die Anfangsbedingungen eingeschränkt. Wie bereits früher erwähnt, reagiert ein lineares System auf die Erregung Null mit der Nullfolge. Daher müssen alle Anfangswerte Null sein, damit die Linearität des Systems gewährleistet ist. Um auch die Verschiebungsinvarianz des Systems zu sichern, ist zu gewährleisten, daß die Anfangswerte des Systems parallel zum Eingangssignal mitverschoben werden. Dazu müssen überall außerhalb des Trägers T_y des Ausgangssignals die Anfangswerte Null vorgeschrieben werden. Dabei bildet den Träger T_y des Ausgangssignals die Gesamtheit aller Punkte (n_1, n_2), auf denen das Ausgangssignal vom Eingangssignal $x[n_1, n_2]$ direkt oder indirekt beeinflußt wird. Zur Ermittlung von T_y wird zweckmäßigerweise zunächst der Träger T_h der Impulsantwort ermittelt, d. h. die Gesamtheit aller Punkte (n_1, n_2), auf denen das Ausgangssignal vom speziell gewählten Eingangssignal $x[n_1, n_2] = \delta[n_1, n_2]$ beeinflußt wird. Schließlich wird T_y aus T_h und $x[n_1, n_2]$ aufgrund der Tatsache ermittelt, daß sich das Ausgangssignal durch Faltung aus der Impulsantwort und dem Eingangssignal ergibt.

Bei der Realisierung eines linearen, verschiebungsinvarianten rekursiven Systems kann zwischen verschiedenen Reihenfolgen für die Berechnung der Ausgangswerte gewählt werden. Im konkreten Fall muß eine bestimmte Reihenfolge festgelegt werden. Die verschiedenen Reihenfolgen unterscheiden sich gewöhnlich durch einen unterschiedlichen Bedarf an Speicherplätzen und die Möglichkeit, bestimmte Ausgangswerte gleichzeitig zu berechnen.

3 Signal- und Systembeschreibung im Bildbereich

Wie im eindimensionalen Fall hat es sich auch bei zwei- und mehrdimensionalen Systemen als zweckmäßig erwiesen, die Signale und Systemcharakteristiken nicht nur im Originalbereich, d. h. als Funktionen der Variablen n_1 und n_2 zu betrachten, sondern zusätzlich in einem Bildbereich. Als Bildbereiche kommen zunächst der Bereich der Z-Transformation und jener der Fourier-Transformation in Betracht. Für die praktische Handhabung der Fourier-Transformation spielt auch hier die diskrete Fourier-Transformation (DFT), insbesondere in der schnellen Version (FFT), eine besondere Rolle. Für die Behandlung spezieller Aufgaben hat sich die Verwendung des (komplexen) Cepstrums als recht vorteilhaft herausgestellt. Damit ist der Inhalt dieses Abschnitts angedeutet.

3.1 DIE ZWEIDIMENSIONALE Z-TRANSFORMATION

Einem zweidimensionalen Signal $f[n_1, n_2]$ wird seine Z-Transformierte

$$F(z_1, z_2) = \sum_{n_1=-\infty}^{\infty} \sum_{n_2=-\infty}^{\infty} f[n_1, n_2] z_1^{-n_1} z_2^{-n_2} \tag{7.31}$$

zugeordnet. Dabei bedeuten z_1 und z_2 komplexwertige Variablen. Das offene Gebiet aller Wertepaare (z_1, z_2), für welche die Z-Transformierte konvergiert, bildet in der (z_1, z_2)-Hyperebene das sogenannte Konvergenzgebiet von $F(z_1, z_2)$. Innerhalb dieses Gebiets ist $F(z_1, z_2)$ bezüglich z_1 und z_2 eine analytische Funktion, und es gilt dort

$$\sum_{n_1=-\infty}^{\infty} \sum_{n_2=-\infty}^{\infty} |f[n_1, n_2]| \; |z_1|^{-n_1} \; |z_2|^{-n_2} < \infty . \tag{7.32}$$

Diese Bedingung sichert die Existenz von $F(z_1, z_2)$. Aus der Ungleichung (7.32) geht folgendes hervor: Ist das Wertepaar $(z_1, z_2) = (z_{10}, z_{20})$ im Konvergenzgebiet enthalten, so gehören alle Wertepaare (z_1, z_2) mit $|z_1| = |z_{10}|$, $|z_2| = |z_{20}|$ zum Konvergenzgebiet. Das Konvergenzgebiet kann daher allein in Abhängigkeit von den Beträgen $|z_1|$ und $|z_2|$ in einem zweidimensionalen Koordinatensystem beschrieben werden. Dies soll durch die Skizze im Bild 7.11 angedeutet werden. Alle Wertepaare (z_1, z_2), deren Beträge im schraffierten Gebiet liegen, bilden das Konvergenzgebiet.

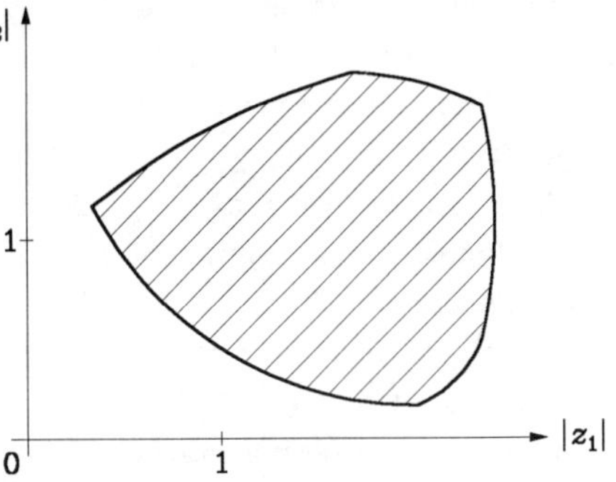

Bild 7.11: Graphische Darstellung des Konvergenzgebiets einer zweidimensionalen Z-Transformierten

Die Z-Transformierte eines zweidimensionalen Signals, dessen Träger endliche Ausdehnung hat, besteht nach Gl. (7.31) aus endlich vielen Summanden. Sie konvergiert für alle endlichen Werte von z_1 und z_2, möglicherweise mit Ausnahme von $z_1 = 0$ oder $z_2 = 0$.

Falls der Träger eines Signals $f[n_1, n_2]$ nur den ersten Quadranten der (n_1, n_2)-Ebene umfaßt – man spricht dann von einem kausalen Signal –, brauchen die Summen in Gl. (7.31) erst von $n_1 = 0$ bzw. $n_2 = 0$ an geführt zu werden. Dies bedeutet folgendes: Liegt (z_{10}, z_{20}) im Konvergenzgebiet, so gehören alle Punkte (z_1, z_2) mit $|z_1| \geqq |z_{10}|$ und

$|z_2| \geqq |z_{20}|$ zum Konvergenzgebiet. Ist der zweite, dritte oder vierte Quadrant Träger eines Signals $f[n_1, n_2]$, so können ähnliche Besonderheiten für das Konvergenzgebiet von $F(z_1, z_2)$ festgestellt werden.

Im Fall, daß der Träger eines Signals $f[n_1, n_2]$ ein Keilgebiet ist, können die Summationsvariablen n_1 und n_2 in Gl. (7.31) gemäß Gl. (7.23) durch m_1 und m_2 ersetzt werden. Dadurch braucht, wenn man das Vorzeichen in Gl. (7.23) entsprechend wählt, nur über den ersten Quadranten der (m_1, m_2)-Ebene summiert zu werden, und es wird möglich, das Konvergenzgebiet wie oben zu spezifizieren.

Beispiel 7.1: Hat man in der (n_1, n_2)-Ebene ein Keilgebiet mit $n_{11} = 1, n_{21} = 0, n_{12} = -3, n_{22} = 1$, dann lauten die Umrechnungsbeziehungen

$$\begin{bmatrix} m_1 \\ m_2 \end{bmatrix} = \begin{bmatrix} 1 & 3 \\ 0 & 1 \end{bmatrix} \begin{bmatrix} n_1 \\ n_2 \end{bmatrix} \quad \text{oder} \quad \begin{bmatrix} n_1 \\ n_2 \end{bmatrix} = \begin{bmatrix} 1 & -3 \\ 0 & 1 \end{bmatrix} \begin{bmatrix} m_1 \\ m_2 \end{bmatrix},$$

woraus

$$F(z_1, z_2) = \sum_{m_1=0}^{\infty} \sum_{m_2=0}^{\infty} f[m_1 - 3m_2, m_2] z_1^{-m_1} (z_1^{-3} z_2)^{-m_2}$$

folgt. Konvergiert diese Reihe absolut für (z_{10}, z_{20}), dann konvergiert sie für alle (z_1, z_2) mit

$$|z_1| \geqq |z_{10}| \quad \text{und} \quad |z_1^{-3} z_2| \geqq |z_{10}^{-3} z_{20}| \ .$$

Die zweite Ungleichung kann auch in der Form $|z_2| \geqq |z_{10}^{-3} z_{20}| \, |z_1|^3$ geschrieben werden. Wenn die beiden Ungleichungen logarithmiert werden, läßt sich das Gebiet in einer $(\ln|z_1|, \ln|z_2|)$-Ebene leicht veranschaulichen.

Im allgemeinen ergibt sich hierdurch in der $(\ln|z_1|, \ln|z_2|)$-Ebene als Konvergenzgebiet ein keilförmiges Gebiet. Im weiteren wird daher, wenn nicht explizit etwas anderes gesagt ist, als Konvergenzgebiet einer Z-Transformierten ein keilförmiges Gebiet vorausgesetzt.

Wichtig sind auch Signale mit der oberen Halbebene als Träger. Ein solches Signal verschwindet also für alle $n_2 < 0$ und $-\infty < n_1 < \infty$. In Gl. (7.31) braucht dann die Summation über n_2 erst von Null an geführt zu werden. Liegt ein Wertepaar (z_{10}, z_{20}) im Konvergenzgebiet, so gehören jedenfalls alle Wertepaare (z_1, z_2) hierzu, für welche $|z_1| = |z_{10}|$ und $|z_2| \geqq |z_{20}|$ gilt.

Man kann ein Signal $f[n_1, n_2]$, dessen Träger über die gesamte (n_1, n_2)-Ebene reicht, in eine Summe von vier Signalen $f_i[n_1, n_2]$ $(i = 1, 2, 3, 4)$ zerlegen, von denen jedes einen der vier Quadranten als Träger hat. Die Z-Transformierte $F(z_1, z_2)$ von $f[n_1, n_2]$ setzt sich dann aus der Summe der vier Z-Transformierten $F_i(z_1, z_2)$ der $f_i[n_1, n_2]$ zusammen. Jede Funktion $F_i(z_1, z_2)$ $(i = 1, 2, 3, 4)$ hat ein individuelles Konvergenzgebiet; der Durchschnitt sämtlicher vier Konvergenzgebiete liefert das Konvergenzgebiet von $F(z_1, z_2)$. Dabei ist es möglich, daß dieses die gesamte Hyperebene umfaßt, einen Teil hiervon oder auch leer ist.

Wie im eindimensionalen Fall läßt sich aus einer Z-Transformierten $F(z_1, z_2)$ das Originalsignal $f[n_1, n_2]$ durch eine Inversionsoperation erzeugen. Diese lautet

$$f[n_1, n_2] = \frac{1}{(2\pi \mathrm{j})^2} \oint_{C_1} \oint_{C_2} F(z_1, z_2) z_1^{n_1 - 1} z_2^{n_2 - 1} \, \mathrm{d}z_1 \, \mathrm{d}z_2 \ . \tag{7.33}$$

Dabei bedeuten C_1 und C_2 beliebige geschlossene Wege, die aber vollständig innerhalb des Konvergenzgebiets von $F(z_1, z_2)$ liegen und den jeweiligen Ursprung einmal im Gegenuhrzeigersinn umlaufen müssen.

Beispiel 7.2: Es sei das Signal

$$f[n_1,n_2] = a^{n_1} b^{n_2} \binom{n_1+n_2}{n_1} s[n_1,n_2]$$

mit den Konstanten a und b betrachtet. Man erhält als Z-Transformierte

$$F(z_1,z_2) = \sum_{n_1=0}^{\infty} \sum_{n_2=0}^{\infty} \left(\frac{a}{z_1}\right)^{n_1} \left(\frac{b}{z_2}\right)^{n_2} \binom{n_1+n_2}{n_1} = \sum_{n_1=0}^{\infty} \left(\frac{a}{z_1}\right)^{n_1} \sum_{n_2=0}^{\infty} \binom{n_1+n_2}{n_1} \left(\frac{b}{z_2}\right)^{n_2}$$

oder unter der Annahme $|b/z_2| < 1$ und bei Beachtung, daß die unendliche Reihe $\sum_{\nu=0}^{\infty} \binom{n+\nu}{n} z^{\nu}$ für $|z| < 1$ mit $1/(1-z)^{n+1}$ übereinstimmt,

$$F(z_1,z_2) = \sum_{n_1=0}^{\infty} \left(\frac{a}{z_1}\right)^{n_1} \frac{1}{(1-\frac{b}{z_2})^{n_1+1}} = \frac{1}{1-\frac{b}{z_2}} \cdot \frac{1}{1-\frac{a/z_1}{1-b/z_2}} = \frac{1}{1-\frac{a}{z_1}-\frac{b}{z_2}} ,$$

sofern $|a/z_1| < |1-b/z_2|$ gilt. Der Konvergenzbereich ist also durch die Punktmenge

$$K := \{(z_1,z_2);\ |b/z_2| < 1 \text{ und } |a/z_1| < |1-b/z_2|\}$$

bestimmt. Setzt man $|a| + |b| < 1$ voraus, dann liegen alle Wertepaare (z_1,z_2) mit $|z_1| = |z_2| = 1$, das sind alle Punkte auf der zweidimensionalen Einheitshyperfläche, im Konvergenzgebiet K.

Es soll jetzt noch gezeigt werden, wie man aus dem erhaltenen $F(z_1,z_2)$ durch Umkehrtransformation nach Gl. (7.33) das ursprünglich vorgelegte Signal wieder erhalten kann. Dabei wird $|a| + |b| < 1$ vorausgesetzt, so daß die Wege C_1 und C_2 auf die Hyperfläche $|z_1| = 1$, $|z_2| = 1$ gelegt werden können. Man erhält zunächst

$$f[n_1,n_2] = \frac{1}{(2\pi j)^2} \oint_{C_1} \oint_{C_2} \frac{z_1^{n_1} z_2^{n_2}}{z_1 z_2 - a z_2 - b z_1} \mathrm{d}z_1 \mathrm{d}z_2 = \frac{1}{(2\pi j)^2} \oint_{|z_2|=1} \frac{z_2^{n_2}}{z_2-b} \left[\oint_{|z_1|=1} \frac{z_1^{n_1} \mathrm{d}z_1}{z_1 - \frac{a z_2}{z_2-b}} \right] \mathrm{d}z_2 .$$

Das innere Integral kann bei festgehaltenem z_2 (mit $|z_2| = 1$) als eindimensionales Umkehrintegral aufgefaßt werden, wobei der Pol $a z_2/(z_2-b)$ innerhalb des Einheitskreises $|z_1| < 1$ liegt, da $|z_2| = 1$ gewählt wurde und deshalb

$$\left| \frac{a z_2}{z_2-b} \right| = \left| \frac{a}{1-\frac{b}{z_2}} \right| < \frac{|a|}{1-|b|} < 1$$

gilt. Somit erhält man

$$f[n_1,n_2] = \frac{1}{2\pi j} s[n_1] \oint_{|z_2|=1} \frac{z_2^{n_2}}{z_2-b} \left(\frac{a z_2}{z_2-b}\right)^{n_1} \mathrm{d}z_2 = \frac{a^{n_1}}{2\pi j} s[n_1] \oint_{|z_2|=1} \frac{z_2^{n_1+n_2}}{(z_2-b)^{n_1+1}} \mathrm{d}z_2 .$$

Auch das hier auftretende Integral kann als eindimensionales Umkehrintegral einfach ausgewertet werden. Man gelangt so zur Ausgangsfunktion $f[n_1,n_2]$, wenn man $1/(1-b/z_2)^{n_1+1}$ gemäß der oben genannten unendlichen Reihe ausdrückt.

Im allgemeinen ist die Umkehrformel nach Gl. (7.33) selbst für rationale Funktionen analytisch nicht auswertbar. Dies ist insbesondere darauf zurückzuführen, daß zweidimensionale Polynome im Gegensatz zu eindimensionalen Polynomen allgemein nicht in Elementarfaktoren zerlegbar sind und dadurch Partialbruchentwicklungen von rationalen zweidimensionalen Funktionen im allgemeinen nicht möglich sind.

3.2 EIGENSCHAFTEN DER ZWEIDIMENSIONALEN Z-TRANSFORMATION

Die zweidimensionale Z-Transformation besitzt eine Reihe nützlicher Eigenschaften, die den Grundgleichungen (7.31) und (7.33) direkt entnommen werden können. Auf sie wird im folgenden näher eingegangen. Die Zuordnung zwischen einem Signal $f[n_1, n_2]$ und seiner Z-Transformierten $F(z_1, z_2)$ wird symbolisch in der Form

$$f[n_1, n_2] \circ\!\!-\!\!\bullet\; F(z_1, z_2)$$

geschrieben.

(a) Linearität
Aus zwei Korrespondenzen

$$f_1[n_1, n_2] \circ\!\!-\!\!\bullet\; F_1(z_1, z_2), \quad f_2[n_1, n_2] \circ\!\!-\!\!\bullet\; F_2(z_1, z_2)$$

folgt mit beliebigen Konstanten c_1 und c_2 die Zuordnung

$$c_1 f_1[n_1, n_2] + c_2 f_2[n_1, n_2] \circ\!\!-\!\!\bullet\; c_1 F_1(z_1, z_2) + c_2 F_2(z_1, z_2) ,$$

wobei das Konvergenzgebiet dieser Transformierten gleich dem Durchschnitt der Konvergenzgebiete von $F_1(z_1, z_2)$ und $F_2(z_1, z_2)$ ist.

(b) Verschiebung
Aus der Korrespondenz

$$f[n_1, n_2] \circ\!\!-\!\!\bullet\; F(z_1, z_2)$$

folgt mit beliebigen ganzzahligen m_1 und m_2 die Zuordnung

$$f[n_1 - m_1, n_2 - m_2] \circ\!\!-\!\!\bullet\; z_1^{-m_1} z_2^{-m_2} F(z_1, z_2) . \tag{7.34}$$

Durch die Verschiebung wird das Konvergenzgebiet nicht verändert; eventuell muß man von Wertepaaren (z_1, z_2) mit $z_1 = 0$ oder $z_2 = 0$ absehen.

(c) Multiplikation mit $n_1 n_2$ oder $a^{n_1} b^{n_2}$
Aus der Korrespondenz

$$f[n_1, n_2] \circ\!\!-\!\!\bullet\; F(z_1, z_2)$$

folgt

$$n_1 n_2 f[n_1, n_2] \circ\!\!-\!\!\bullet\; z_1 z_2 \frac{\partial^2 F(z_1, z_2)}{\partial z_1 \partial z_2} \tag{7.35}$$

und

$$a^{n_1} b^{n_2} f[n_1, n_2] \circ\!\!-\!\!\bullet\; F(z_1/a, z_2/b) . \tag{7.36}$$

Die Änderung des Konvergenzgebiets ist offensichtlich.

(d) Faltungssatz
Aus den Korrespondenzen

$$f_1[n_1, n_2] \circ\!\!-\!\!\bullet\; F_1(z_1, z_2), \quad f_2[n_1, n_2] \circ\!\!-\!\!\bullet\; F_2(z_1, z_2)$$

folgt, sofern sich die Konvergenzgebiete G_1 und G_2 von $F_1(z_1, z_2)$ bzw. $F_2(z_1, z_2)$ überlappen, für die Faltung der beiden Signale (Abschnitt 2.2) die Zuordnung

$$f_1[n_1,n_2] ** f_2[n_1,n_2] \circ\!\!-\!\!\bullet\; F_1(z_1,z_2)\,F_2(z_1,z_2)\ , \tag{7.37}$$

wobei die entstandene Z-Transformierte im Durchschnitt von G_1 und G_2 konvergiert.

(e) Produkt

Für das Produkt zweier Signale $f_1[n_1,n_2]$ und $f_2[n_1,n_2]$ mit den zugehörigen Z-Transformierten $F_1(z_1,z_2)$ bzw. $F_2(z_1,z_2)$ gilt die Korrespondenz

$$f_1[n_1,n_2]\,f_2[n_1,n_2] \circ\!\!-\!\!\bullet\; \frac{1}{(2\pi\mathrm{j})^2}\oint_{C_1}\oint_{C_2} F_1(\zeta_1,\zeta_2)\,F_2\left(\frac{z_1}{\zeta_1},\frac{z_2}{\zeta_2}\right)\frac{\mathrm{d}\zeta_1}{\zeta_1}\,\frac{\mathrm{d}\zeta_2}{\zeta_2}\,. \tag{7.38}$$

Hierbei ist das zulässige Gebiet der Wertepaare (z_1,z_2) dadurch festgelegt, daß sich die Konvergenzgebiete von $F_1(\zeta_1,\zeta_2)$ und $F_2(z_1/\zeta_1, z_2/\zeta_2)$ in der (ζ_1,ζ_2)-Hyperebene überlappen. In diesem Überlappungsgebiet ist die Integration auf geschlossenen Wegen C_1 und C_2 einmal um den Ursprung im Gegenuhrzeigersinn zu führen.

(f) Spiegelung

Aus der Korrespondenz

$$f[n_1,n_2] \circ\!\!-\!\!\bullet\; F(z_1,z_2)$$

folgt

$$f[-n_1,n_2] \circ\!\!-\!\!\bullet\; F(1/z_1,z_2)\,,\qquad f[n_1,-n_2] \circ\!\!-\!\!\bullet\; F(z_1,1/z_2)\,, \tag{7.39a,b}$$

$$f[-n_1,-n_2] \circ\!\!-\!\!\bullet\; F(1/z_1,1/z_2),\qquad f^*[n_1,n_2] \circ\!\!-\!\!\bullet\; F^*(z_1^*,z_2^*)\,. \tag{7.39c,d}$$

Änderungen des Konvergenzgebiets sind direkt zu erkennen.

(g) Parsevalsche Formel

Aus den Korrespondenzen

$$f_1[n_1,n_2] \circ\!\!-\!\!\bullet\; F_1(z_1,z_2)\ ,\quad f_2[n_1,n_2] \circ\!\!-\!\!\bullet\; F_2(z_1,z_2)$$

folgt wegen der Zuordnungen (7.38) und (7.39d)

$$\sum_{n_1=-\infty}^{\infty}\sum_{n_2=-\infty}^{\infty} f_1[n_1,n_2]\,f_2^*[n_1,n_2] =$$

$$= \frac{1}{(2\pi\mathrm{j})^2}\oint_{C_1}\oint_{C_2} F_1(z_1,z_2)\,F_2^*\left(\frac{1}{z_1^*},\frac{1}{z_2^*}\right)\frac{\mathrm{d}z_1}{z_1}\,\frac{\mathrm{d}z_2}{z_2}\ . \tag{7.40}$$

Die Integrationswege müssen geschlossen sein, den betreffenden Ursprung einmal im Gegenuhrzeigersinn umlaufen und ganz im Konvergenzgebiet des Integranden liegen.

(h) Anfangswerte

Gilt $f[n_1,n_2]\equiv 0$ außerhalb des ersten Quadranten und ist $F(z_1,z_2)$ die Z-Transformierte von $f[n_1,n_2]$, dann bestehen die Beziehungen

$$\sum_{n_1=0}^{\infty} f[n_1,0]\,z_1^{-n_1} = \lim_{z_2\to\infty} F(z_1,z_2)\ , \tag{7.41}$$

$$\sum_{n_2=0}^{\infty} f[0, n_2] z_2^{-n_2} = \lim_{z_1 \to \infty} F(z_1, z_2) , \tag{7.42}$$

$$f[0, 0] = \lim_{\substack{z_1 \to \infty \\ z_2 \to \infty}} F(z_1, z_2) . \tag{7.43}$$

(i) Lineare Abbildung

Bestehen die Korrespondenzen

$$f_1[n_1, n_2] \circ\!\!-\!\!\bullet F_1(z_1, z_2), \quad f_2[n_1, n_2] \circ\!\!-\!\!\bullet F_2(z_1, z_2)$$

und die zweidimensionale diskrete Abbildungsbeziehung

$$f_1[n_1, n_2] = \begin{cases} f_2[m_1, m_2] & \text{für} \quad n_1 = \alpha m_1 + \beta m_2, n_2 = \gamma m_1 + \delta m_2, \\ 0 & \text{sonst} \end{cases}$$

zwischen den Signalen $f_1[n_1, n_2], f_2[n_1, n_2]$ mit $\alpha, \beta, \gamma, \delta \in \mathbb{N}$ und $\alpha\delta - \beta\gamma \neq 0$, dann gilt

$$F_1(z_1, z_2) = F_2(z_1^{\alpha} z_2^{\gamma}, z_1^{\beta} z_2^{\delta}) .$$

3.3 DIE ZWEIDIMENSIONALE FOURIER-TRANSFORMATION

Ist die Konvergenzbedingung (7.32) für $|z_1| = |z_2| = 1$ erfüllt, gilt also

$$\sum_{n_1=-\infty}^{\infty} \sum_{n_2=-\infty}^{\infty} |f[n_1, n_2]| = S < \infty , \tag{7.44}$$

so existieren die Grundgleichungen (7.31) und (7.33) für $z_1 = e^{j\omega_1}$ und $z_2 = e^{j\omega_2}$ mit variablen ω_1 und ω_2 ($-\pi \leqq \omega_1 \leqq \pi$, $-\pi \leqq \omega_2 \leqq \pi$). Auf diese Weise gelangt man zur zweidimensionalen Fourier-Transformation mit den Grundbeziehungen

$$F(e^{j\omega_1}, e^{j\omega_2}) = \sum_{n_1=-\infty}^{\infty} \sum_{n_2=-\infty}^{\infty} f[n_1, n_2] e^{-j(\omega_1 n_1 + \omega_2 n_2)} \tag{7.45}$$

und

$$f[n_1, n_2] = \frac{1}{4\pi^2} \int_{-\pi}^{\pi} \int_{-\pi}^{\pi} F(e^{j\omega_1}, e^{j\omega_2}) e^{j(\omega_1 n_1 + \omega_2 n_2)} d\omega_1 d\omega_2 . \tag{7.46}$$

Symbolisch soll die Transformation in der Form

$$f[n_1, n_2] \circ\!\!-\!\!\bullet F(e^{j\omega_1}, e^{j\omega_2})$$

ausgedrückt werden. Wie man sieht, ist das Spektrum $F(e^{j\omega_1}, e^{j\omega_2})$ in ω_1 und ω_2 periodisch mit der Grundperiode 2π.

Man kann aus den Eigenschaften der Z-Transformation direkt entsprechende Eigenschaften der Fourier-Transformation entnehmen. Diese sollen im folgenden kurz aufgeführt werden, wobei die Korrespondenzen

$$f[n_1, n_2] \circ\!\!-\!\!\bullet F(e^{j\omega_1}, e^{j\omega_2}) ,$$

$$f_1[n_1,n_2] \circ\!\!-\!\!\bullet\; F_1(\mathrm{e}^{\mathrm{j}\omega_1},\mathrm{e}^{\mathrm{j}\omega_2}), \quad f_2[n_1,n_2] \circ\!\!-\!\!\bullet\; F_2(\mathrm{e}^{\mathrm{j}\omega_1},\mathrm{e}^{\mathrm{j}\omega_2})$$

vorausgesetzt werden:

(a) Linearität

$$c_1 f_1[n_1,n_2] + c_2 f_2[n_1,n_2] \circ\!\!-\!\!\bullet\; c_1 F_1(\mathrm{e}^{\mathrm{j}\omega_1},\mathrm{e}^{\mathrm{j}\omega_2}) + c_2 F_2(\mathrm{e}^{\mathrm{j}\omega_1},\mathrm{e}^{\mathrm{j}\omega_2}) \,,$$

(b) Verschiebung

$$f[n_1-m_1,n_2-m_2] \circ\!\!-\!\!\bullet\; \mathrm{e}^{-\mathrm{j}(m_1\omega_1+m_2\omega_2)} F(\mathrm{e}^{\mathrm{j}\omega_1},\mathrm{e}^{\mathrm{j}\omega_2}) \,, \tag{7.47}$$

(c) Multiplikation mit $n_1 n_2$ oder $\mathrm{e}^{\mathrm{j}(\varphi_1 n_1+\varphi_2 n_2)}$

$$n_1 n_2\, f[n_1,n_2] \circ\!\!-\!\!\bullet\; -\frac{\partial^2 F(\mathrm{e}^{\mathrm{j}\omega_1},\mathrm{e}^{\mathrm{j}\omega_2})}{\partial\omega_1\,\partial\omega_2} \,, \tag{7.48}$$

$$\mathrm{e}^{\mathrm{j}(\varphi_1 n_1+\varphi_2 n_2)} f[n_1,n_2] \circ\!\!-\!\!\bullet\; F(\mathrm{e}^{\mathrm{j}(\omega_1-\varphi_1)},\mathrm{e}^{\mathrm{j}(\omega_2-\varphi_2)}) \,, \tag{7.49}$$

(d) Faltungssatz

$$f_1[n_1,n_2] ** f_2[n_1,n_2] \circ\!\!-\!\!\bullet\; F_1(\mathrm{e}^{\mathrm{j}\omega_1},\mathrm{e}^{\mathrm{j}\omega_2}) F_2(\mathrm{e}^{\mathrm{j}\omega_1},\mathrm{e}^{\mathrm{j}\omega_2}) \,, \tag{7.50}$$

(e) Produkt

$$f_1[n_1,n_2] f_2[n_1,n_2] \circ\!\!-\!\!\bullet\; \frac{1}{4\pi^2}\int_{-\pi}^{\pi}\int_{-\pi}^{\pi} F_1(\mathrm{e}^{\mathrm{j}\varphi_1},\mathrm{e}^{\mathrm{j}\varphi_2}) \\ F_2(\mathrm{e}^{\mathrm{j}(\omega_1-\varphi_1)},\mathrm{e}^{\mathrm{j}(\omega_2-\varphi_2)})\,\mathrm{d}\varphi_1\,\mathrm{d}\varphi_2 \,, \tag{7.51}$$

(f) Spiegelung

$$f[-n_1,n_2] \circ\!\!-\!\!\bullet\; F(\mathrm{e}^{-\mathrm{j}\omega_1},\mathrm{e}^{\mathrm{j}\omega_2}), \quad f[n_1,-n_2] \circ\!\!-\!\!\bullet\; F(\mathrm{e}^{\mathrm{j}\omega_1},\mathrm{e}^{-\mathrm{j}\omega_2}) \,, \tag{7.52a,b}$$

$$f[-n_1,-n_2] \circ\!\!-\!\!\bullet\; F(\mathrm{e}^{-\mathrm{j}\omega_1},\mathrm{e}^{-\mathrm{j}\omega_2}), \quad f^*[n_1,n_2] \circ\!\!-\!\!\bullet\; F^*(\mathrm{e}^{-\mathrm{j}\omega_1},\mathrm{e}^{-\mathrm{j}\omega_2}) \,, \tag{7.52c,d}$$

(g) Parsevalsche Formel

$$\sum_{n_1=-\infty}^{\infty}\sum_{n_2=-\infty}^{\infty} f_1[n_1,n_2] f_2^*[n_1,n_2] = \\ = \frac{1}{4\pi^2}\int_{-\pi}^{\pi}\int_{-\pi}^{\pi} F_1(\mathrm{e}^{\mathrm{j}\omega_1},\mathrm{e}^{\mathrm{j}\omega_2}) F_2^*(\mathrm{e}^{\mathrm{j}\omega_1},\mathrm{e}^{\mathrm{j}\omega_2})\,\mathrm{d}\omega_1\,\mathrm{d}\omega_2 \tag{7.53}$$

(für $f_1[n_1,n_2] \equiv f_2[n_1,n_2]$ erhält man den wichtigen Sonderfall des Energie-Theorems).

Man beachte, daß die Bedingung (7.44) nur eine hinreichende Bedingung für die Existenz der Grundgleichungen (7.45) und (7.46) darstellt. In Analogie zum eindimensionalen Fall kann die Klasse der transformierbaren Funktionen erweitert werden.

3.4 LINEARE, VERSCHIEBUNGSINVARIANTE SYSTEME IM FREQUENZBEREICH

Es wird ein lineares, verschiebungsinvariantes und stabiles System mit der Impulsantwort $h[n_1, n_2]$ betrachtet. Die Z-Transformierte der Impulsantwort

$$H(z_1, z_2) = \sum_{n_1=-\infty}^{\infty} \sum_{n_2=-\infty}^{\infty} h[n_1, n_2] z_1^{-n_1} z_2^{-n_2} \tag{7.54}$$

heißt *Übertragungsfunktion* des Systems. Für $z_1 = e^{j\omega_1}$ und $z_2 = e^{j\omega_2}$ erhält man den *Frequenzgang*

$$H(e^{j\omega_1}, e^{j\omega_2}) ,$$

der eine in ω_1 und ω_2 doppelperiodische Funktion mit den Grundperioden 2π ist. Durch inverse Z-Transformation kann aus $H(z_1, z_2)$ die Impulsantwort $h[n_1, n_2]$ gewonnen werden; ebenso läßt sich aus dem Frequenzgang durch inverse Fourier-Transformation die Impulsantwort gewinnen.

Das betrachtete System werde nun mit einem Eingangssignal $x[n_1, n_2]$ erregt, das die Z-Transformierte $X(z_1, z_2)$ habe. Unter der Voraussetzung, daß sich die Konvergenzgebiete der Z-Transformierten $X(z_1, z_2)$ und $H(z_1, z_2)$ überlappen, erhält man, wenn Gl. (7.16) der Z-Transformation unterworfen wird, für die Z-Transformierte des Ausgangssignals nach der Faltungskorrespondenz (7.37)

$$Y(z_1, z_2) = H(z_1, z_2) X(z_1, z_2) . \tag{7.55}$$

Dieser Zusammenhang ergibt sich auch, wenn man speziell die Differenzengleichung (7.27) der Z-Transformation unterwirft und die Verschiebungseigenschaft (Korrespondenz (7.34)) anwendet. Dabei erhält man für die Übertragungsfunktion $Y(z_1, z_2)/X(z_1, z_2)$ die Darstellung

$$H(z_1, z_2) =: \frac{A(z_1, z_2)}{B(z_1, z_2)} = \frac{\sum\limits_{\nu_1=-K_1}^{L_1} \sum\limits_{\nu_2=-K_2}^{L_2} \alpha_{\nu_1 \nu_2} z_1^{-\nu_1} z_2^{-\nu_2}}{\sum\limits_{\nu_1=-M_1}^{N_1} \sum\limits_{\nu_2=-M_2}^{N_2} \beta_{\nu_1 \nu_2} z_1^{-\nu_1} z_2^{-\nu_2}} . \tag{7.56}$$

Mit $A(z_1, z_2)$ wird der Zähler, mit $B(z_1, z_2)$ der Nenner bezeichnet. Für ein Filter, dessen Impulsantwort den ersten Quadranten als Träger hat, d. h. ein kausales Filter, gilt speziell $K_1 = K_2 = M_1 = M_2 = 0$.

Man nennt den Punkt (z_{10}, z_{20}) eine Nullstelle der Übertragungsfunktion $H(z_1, z_2)$, wenn $A(z_{10}, z_{20}) = 0$ und $B(z_{10}, z_{20}) \neq 0$ gilt. Entsprechend spricht man von einer Singularität (einem Pol) $(z_{1\infty}, z_{2\infty})$ der Übertragungsfunktion $H(z_1, z_2)$, wenn die Eigenschaft $B(z_{1\infty}, z_{2\infty}) = 0$ besteht. Die Singularität heißt *unwesentlich* und von *erster Art*, wenn zusätzlich noch $A(z_{1\infty}, z_{2\infty}) \neq 0$ gilt. An einer unwesentlichen Singularität *zweiter Art* verschwinden sowohl Zähler als auch Nenner der Übertragungsfunktion (vorausgesetzt wird, daß $A(z_1, z_2)$ und $B(z_1, z_2)$ keinen gemeinsamen Teiler haben, der an der Singularität verschwindet).

Im Gegensatz zu eindimensionalen Übertragungsfunktionen treten die Nullstellen und Singularitäten von zweidimensionalen Übertragungsfunktionen in der Regel nicht isoliert auf. Dies ist folgendermaßen zu verstehen: Man kann, ein kausales Filter vorausgesetzt, $A(z_1, z_2)$ und $B(z_1, z_2)$ als Polynome in z_1^{-1} auffassen, deren Koeffizienten Polynome in z_2^{-1} sind. Ebenso können beide Funktionen als Polynome in z_2^{-1} aufgefaßt werden mit Koeffizienten, die Polynome in z_1^{-1} sind. Wählt man nun für z_1 einen beliebigen festen Wert, so erhält man N_2 Nullstellen von $B(z_1, z_2)$ in der z_2-Ebene. Wird z_1 wenig verändert, dann aber wieder festgehalten, so ergeben sich erneut N_2 Nullstellen von $B(z_1, z_2)$ in der z_2-Ebene. Damit ist zu erkennen, daß die Pole von $H(z_1, z_2)$, ebenso die Nullstellen, bezüglich z_2 als Funktionen von z_1 stetig variieren. Ebenso variieren die Nullstellen und Pole von $H(z_1, z_2)$ bezüglich z_1 als Funktionen von z_2.

Existiert die Fourier-Transformierte des Eingangssignals, dann besteht auch der Zusammenhang

$$Y(e^{j\omega_1}, e^{j\omega_2}) = H(e^{j\omega_1}, e^{j\omega_2})X(e^{j\omega_1}, e^{j\omega_2}) \; . \tag{7.57}$$

Dabei existiert der Frequenzgang wegen der vorausgesetzten Stabilität. Durch Rücktransformation von $Y(z_1, z_2)$ oder $Y(e^{j\omega_1}, e^{j\omega_2})$ kann das Ausgangssignal $y[n_1, n_2]$ erhalten werden.

Wählt man als Eingangssignal

$$x[n_1, n_2] = z_1^{n_1} z_2^{n_2} \quad ,$$

wobei das Wertepaar (z_1, z_2) im Konvergenzgebiet der Übertragungsfunktion liegen möge, und führt dieses Signal in Gl. (7.17) ein, dann erhält man für das Ausgangssignal

$$y[n_1, n_2] = \sum_{\mu_1=-\infty}^{\infty} \sum_{\mu_2=-\infty}^{\infty} h[\mu_1, \mu_2] z_1^{n_1-\mu_1} z_2^{n_2-\mu_2}$$

oder mit Gl. (7.54)

$$y[n_1, n_2] = z_1^{n_1} z_2^{n_2} H(z_1, z_2) \; .$$

Dieses Ergebnis besagt, daß $z_1^{n_1} z_2^{n_2}$ Eigenfunktionen des Systems sind und die Übertragungsfunktion den zugehörigen Eigenwert repräsentiert.

Der Frequenzgang $H(e^{j\omega_1}, e^{j\omega_2})$ ist im allgemeinen eine komplexwertige Funktion von ω_1 und ω_2. Man kann daher sowohl den Betrag (die Amplitude) als auch den Winkel (die Phase) über einer kartesischen (ω_1, ω_2)-Ebene auftragen und je als Fläche veranschaulichen (Bild 7.12).

Ist die Impulsantwort $h[n_1, n_2]$ eines linearen, verschiebungsinvarianten und stabilen Systems eine separierbare Funktion

$$h[n_1, n_2] = h_1[n_1] h_2[n_2] \; , \tag{7.58a}$$

dann erhält man den Frequenzgang gemäß Gl. (7.54) mit $z_1 = e^{j\omega_1}$ und $z_2 = e^{j\omega_2}$ als Produkt

$$H(e^{j\omega_1}, e^{j\omega_2}) = H_1(e^{j\omega_1}) H_2(e^{j\omega_2}) \; , \tag{7.58b}$$

der als existent vorausgesetzten Spektren $H_1(e^{j\omega_1})$ und $H_2(e^{j\omega_2})$ von $h_1[n_1]$ bzw. $h_2[n_2]$.

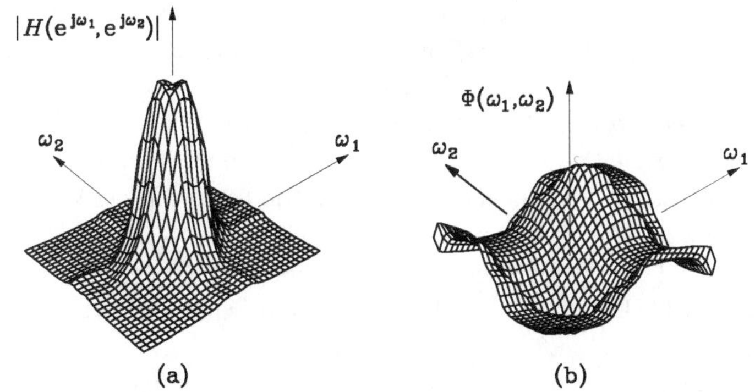

Bild 7.12: Betrag (a) und Phase (b) eines Frequenzgangs

Beispiel 7.3: Es sei die separierbare Impulsantwort

$$h[n_1, n_2] = \frac{\sin(\Omega_1 n_1)}{\pi n_1} \cdot \frac{\sin(\Omega_2 n_2)}{\pi n_2}$$

mit $0 < \Omega_1 < \pi$ und $0 < \Omega_2 < \pi$ gegeben. Da das eindimensionale diskontinuierliche Signal

$$f[n] = \frac{\sin(\Omega n)}{\pi n} \qquad (0 < \Omega < \pi)$$

das in ω periodische Spektrum

$$F(e^{j\omega}) = \begin{cases} 1 & \text{falls} \quad 0 \leqq |\omega| < \Omega, \\ 0 & \text{falls} \quad \Omega < |\omega| \leqq \pi \end{cases}$$

mit der Periode 2π hat, erhält man als Frequenzgang zur gegebenen Impulsantwort $h[n_1, n_2]$ die doppelperiodische Funktion

$$H(e^{j\omega_1}, e^{j\omega_2}) = \begin{cases} 1 & \text{falls} \quad |\omega_1| < \Omega_1 \quad \text{und} \quad |\omega_2| < \Omega_2, \\ 0 & \text{falls} \quad \Omega_1 < |\omega_1| \leqq \pi \quad \text{oder} \quad \Omega_2 < |\omega_2| \leqq \pi. \end{cases}$$

Es handelt sich hier also um den zweidimensionalen idealen rechteckförmigen Tiefpaß mit Phase Null.

3.5 ZWEIDIMENSIONALE ABTASTUNG, ABTASTTHEOREM

Ein mit einem zweidimensionalen System zu verarbeitendes Signal ist häufig zunächst als kontinuierliches Signal zweier (reeller) Variablen $f_a(t_1, t_2)$ verfügbar und muß in geeigneter Form in ein diskontinuierliches Signal $f[n_1, n_2]$ umgewandelt werden. Die einfachste Art einer solchen Umwandlung ist die gleichförmige Abtastung

$$f[n_1, n_2] = f_a(n_1 T_1, n_2 T_2) \tag{7.59}$$

mit geeigneten positiven Abtastperioden T_1 und T_2, wobei $f_a(t_1, t_2)$ als in beiden Variablen stetige Funktion vorausgesetzt wird. Man spricht hierbei von Abtastung mit Rechteckgeometrie, wenn t_1, t_2 als kartesische Koordinaten zu betrachten sind. Die Abtastpunkte

$(n_1 T_1, n_2 T_2)$ bilden dann ein Rechteckgitter auf der (t_1, t_2)-Ebene. Die Frage stellt sich, wie T_1 und T_2 zweckmäßig gewählt werden, damit durch das diskontinuierliche Signal $f[n_1, n_2]$ das kontinuierliche Signal $f_a(t_1, t_2)$ vorteilhaft beschrieben werden kann.

In Analogie zu eindimensionalen kontinuierlichen Signalen kann einem zweidimensionalen kontinuierlichen Signal $f_a(t_1, t_2)$ unter bestimmten Voraussetzungen das Spektrum

$$F_a(\mathrm{j}\,\tilde{\omega}_1, \mathrm{j}\,\tilde{\omega}_2) = \int_{-\infty}^{\infty} \int_{-\infty}^{\infty} f_a(t_1, t_2)\,\mathrm{e}^{-\mathrm{j}(\tilde{\omega}_1 t_1 + \tilde{\omega}_2 t_2)}\,\mathrm{d}t_1\,\mathrm{d}t_2 \tag{7.60}$$

zugeordnet werden, aus dem durch Rücktransformation das Originalsignal

$$f_a(t_1, t_2) = \frac{1}{4\pi^2} \int_{-\infty}^{\infty} \int_{-\infty}^{\infty} F_a(\mathrm{j}\,\tilde{\omega}_1, \mathrm{j}\,\tilde{\omega}_2)\,\mathrm{e}^{\mathrm{j}(\tilde{\omega}_1 t_1 + \tilde{\omega}_2 t_2)}\,\mathrm{d}\tilde{\omega}_1\,\mathrm{d}\tilde{\omega}_2 \tag{7.61}$$

gewonnen wird. Mit zwei positiven Konstanten T_1 und T_2 läßt sich $F_a(\mathrm{j}\,\tilde{\omega}_1, \mathrm{j}\,\tilde{\omega}_2)$ folgendermaßen periodisieren:

$$F_p(\mathrm{j}\omega_1, \mathrm{j}\omega_2) := \frac{1}{T_1 T_2} \sum_{\nu_1=-\infty}^{\infty} \sum_{\nu_2=-\infty}^{\infty} F_a\Big[\frac{\mathrm{j}}{T_1}(\omega_1 + \nu_1 2\pi), \frac{\mathrm{j}}{T_2}(\omega_2 + \nu_2 2\pi)\Big]\ . \tag{7.62}$$

Diese Funktion ist in ω_1 und ω_2 jeweils 2π-periodisch und kann somit als Spektrum eines diskontinuierlichen Signals $f_d[n_1, n_2]$ aufgefaßt werden, so daß nach Gl. (7.46)

$$f_d[n_1, n_2] = \frac{1}{4\pi^2} \int_{-\pi}^{\pi} \int_{-\pi}^{\pi} F_p(\mathrm{j}\omega_1, \mathrm{j}\omega_2)\,\mathrm{e}^{\mathrm{j}(\omega_1 n_1 + \omega_2 n_2)}\,\mathrm{d}\omega_1\,\mathrm{d}\omega_2 \tag{7.63}$$

folgt. Jetzt wird die Gl. (7.62) in Gl. (7.63) eingeführt und die Periodizität der im Integranden auftretenden Exponentialfunktion in ω_1 und ω_2 mit der jeweiligen Periode 2π berücksichtigt. Auf diese Weise erhält man

$$f_d[n_1, n_2] = \frac{1}{4\pi^2} \sum_{\nu_1=-\infty}^{\infty} \sum_{\nu_2=-\infty}^{\infty} \int_{-\pi}^{\pi} \int_{-\pi}^{\pi} F_a\Big[\frac{\mathrm{j}}{T_1}(\omega_1 + \nu_1 2\pi), \frac{\mathrm{j}}{T_2}(\omega_2 + \nu_2 2\pi)\Big] \cdot$$
$$\cdot\, \mathrm{e}^{\mathrm{j}(\omega_1 n_1 + \nu_1 2\pi n_1 + \omega_2 n_2 + \nu_2 2\pi n_2)}\,\frac{\mathrm{d}\omega_1}{T_1}\,\frac{\mathrm{d}\omega_1}{T_2}$$

oder

$$f_d[n_1, n_2] = \frac{1}{4\pi^2} \int_{-\infty}^{\infty} \int_{-\infty}^{\infty} F_a\left(\mathrm{j}\,\frac{\omega_1}{T_1}, \mathrm{j}\,\frac{\omega_2}{T_2}\right) \mathrm{e}^{\mathrm{j}(\omega_1 n_1 + \omega_2 n_2)}\,\frac{\mathrm{d}\omega_1}{T_1}\,\frac{\mathrm{d}\omega_2}{T_2}\ .$$

Ein Vergleich mit Gl. (7.61) liefert mit $\tilde{\omega}_1 = \omega_1 / T_1$ und $\tilde{\omega}_2 = \omega_2 / T_2$ schließlich

$$f_d[n_1, n_2] = f_a(n_1 T_1, n_2 T_2)\ ,$$

also die abgetastete Folge nach Gl. (7.59).

Damit ist folgendes Ergebnis gefunden: Die Abtastung eines kontinuierlichen Signals $f_a(t_1, t_2)$ mit der Periode T_1 in t_1-Richtung und der Periode T_2 in t_2-Richtung liefert ein Signal $f[n_1, n_2]$, dessen Spektrum $F(\mathrm{e}^{\mathrm{j}\omega_1}, \mathrm{e}^{\mathrm{j}\omega_2})$ gemäß Gl. (7.62) aus dem Spektrum $F_a(\mathrm{j}\,\tilde{\omega}_1, \mathrm{j}\,\tilde{\omega}_2)$ von $f_a(t_1, t_2)$ durch Periodisierung entsteht. Hat dieses Spektrum die Eigenschaft

$$F_a(\mathrm{j}\tilde{\omega}_1, \mathrm{j}\tilde{\omega}_2) \equiv 0 \tag{7.64}$$

außerhalb des Rechtecks $|\tilde{\omega}_1| \leqq \pi/T_1$, $|\tilde{\omega}_2| \leqq \pi/T_2$, d. h. ist $f_a(t_1, t_2)$ bezüglich der Kreisfrequenz π/T_1 bzw. π/T_2 bandbegrenzt, dann gilt

$$\frac{1}{T_1 T_2} F_a\left(\mathrm{j}\frac{\omega_1}{T_1}, \mathrm{j}\frac{\omega_2}{T_2}\right) \equiv F_p(\mathrm{j}\omega_1, \mathrm{j}\omega_2) \equiv F(\mathrm{e}^{\mathrm{j}\omega_1}, \mathrm{e}^{\mathrm{j}\omega_2}) \tag{7.65}$$

im Rechteckintervall

$$-\pi < \omega_1 < \pi \quad \text{und} \quad -\pi < \omega_2 < \pi$$

oder

$$-\pi/T_1 < \tilde{\omega}_1 < \pi/T_1 \quad \text{und} \quad -\pi/T_2 < \tilde{\omega}_2 < \pi/T_2 \, .$$

Dies besagt, daß aus dem Signal $f[n_1, n_2]$ über das Spektrum $F(\mathrm{e}^{\mathrm{j}\omega_1}, \mathrm{e}^{\mathrm{j}\omega_2})$ das Spektrum von $f_a(t_1, t_2)$ verfügbar ist und damit das kontinuierliche Signal gewonnen werden kann. Darüber hinaus besteht der Zusammenhang

$$f_a(t_1, t_2) = \sum_{n_1=-\infty}^{\infty} \sum_{n_2=-\infty}^{\infty} f[n_1, n_2] \frac{\sin\left(\frac{\pi}{T_1} t_1 - \pi n_1\right)}{\frac{\pi}{T_1} t_1 - \pi n_1} \frac{\sin\left(\frac{\pi}{T_2} t_2 - \pi n_2\right)}{\frac{\pi}{T_2} t_2 - \pi n_2} . \tag{7.66}$$

Beweis: Zunächst erhält man

$$f_a(t_1, t_2) = \frac{1}{4\pi^2} \int_{-\infty}^{\infty} \int_{-\infty}^{\infty} F_a(\mathrm{j}\tilde{\omega}_1, \mathrm{j}\tilde{\omega}_2) \mathrm{e}^{\mathrm{j}(\tilde{\omega}_1 t_1 + \tilde{\omega}_2 t_2)} \mathrm{d}\tilde{\omega}_1 \, \mathrm{d}\tilde{\omega}_2$$

und mit den Gln. (7.64) und (7.65)

$$f_a(t_1, t_2) = \frac{T_1 T_2}{4\pi^2} \int_{-\pi/T_1}^{\pi/T_1} \int_{-\pi/T_2}^{\pi/T_2} F(\mathrm{e}^{\mathrm{j}T_1\tilde{\omega}_1}, \mathrm{e}^{\mathrm{j}T_2\tilde{\omega}_2}) \mathrm{e}^{\mathrm{j}(\tilde{\omega}_1 t_1 + \tilde{\omega}_2 t_2)} \mathrm{d}\tilde{\omega}_2 \, \mathrm{d}\tilde{\omega}_1 \, .$$

Ersetzt man das Spektrum im Integranden gemäß Gl. (7.45), so ergibt sich

$$f_a(t_1, t_2) = \frac{T_1 T_2}{4\pi^2} \sum_{n_1=-\infty}^{\infty} \sum_{n_2=-\infty}^{\infty} f[n_1, n_2] \int_{-\pi/T_1}^{\pi/T_1} \int_{-\pi/T_2}^{\pi/T_2} \mathrm{e}^{\mathrm{j}\tilde{\omega}_1(t_1 - T_1 n_1)} \mathrm{e}^{\mathrm{j}\tilde{\omega}_2(t_2 - T_2 n_2)} \mathrm{d}\tilde{\omega}_2 \, \mathrm{d}\tilde{\omega}_1$$

oder nach Ausführung der Integration die Gl. (7.66).

Das Ergebnis wird zusammengefaßt im

Satz VII.1 *(Abtasttheorem)*: Ein bezüglich der Kreisfrequenz $\tilde{\omega}_{g1}$ in $\tilde{\omega}_1$-Richtung und bezüglich $\tilde{\omega}_{g2}$ in $\tilde{\omega}_2$-Richtung rechteckförmig bandbegrenztes zweidimensionales Signal $f_a(t_1, t_2)$ ist in eindeutiger Weise durch seine diskreten Werte

$$f[n_1, n_2] = f_a(n_1 T_1, n_2 T_2)$$

für alle $(n_1, n_2) \in \mathbb{Z} \times \mathbb{Z}$ nach Gl. (7.66) vollständig bestimmt, sofern

$$T_1 \leqq \pi/\tilde{\omega}_{g1} \quad \text{und} \quad T_2 \leqq \pi/\tilde{\omega}_{g2}$$

gewählt wird.

Anmerkung: Ein nicht bandbegrenztes stetiges Signal kann natürlich abgetastet werden, jedoch gilt dann Gl. (7.66) nicht. Dies ist wie im eindimensionalen Fall auf den Aliasing-Effekt zurückzuführen, bei dem gemäß Gl. (7.62) Teile des Spektrums $F_a(\mathrm{j}\,\tilde{\omega}_1, \mathrm{j}\,\tilde{\omega}_2)$ von Bereichen außerhalb des zweidimensionalen Basisbandes $-\pi/T_1 < \tilde{\omega}_1 < \pi/T_1$, $-\pi/T_2 < \tilde{\omega}_2 < \pi/T_2$ in das Basisband gelangen.

Man kann auf ein zweidimensionales kontinuierliches Signal $f_a(t_1, t_2)$ eine Abtastung auch mit einer anderen als der oben besprochenen Rechteckgeometrie anwenden. Dazu betrachtet man die lineare Transformation

$$\boldsymbol{t} = \boldsymbol{M}\boldsymbol{n}$$

mit

$$\boldsymbol{t} = [t_1, t_2]^{\mathrm{T}}, \quad \boldsymbol{n} = [n_1, n_2]^{\mathrm{T}}, \quad \boldsymbol{M} = \begin{bmatrix} m_{11} & m_{12} \\ m_{21} & m_{22} \end{bmatrix},$$

wobei $\det \boldsymbol{M} \neq 0$ vorausgesetzt wird und das Wertepaar (n_1, n_2) alle Elemente von $\mathbb{Z}\times\mathbb{Z}$ durchlaufe. Auf diese Weise entsteht das zweidimensionale diskontinuierliche Signal

$$f[n_1, n_2] := f_a(m_{11}n_1 + m_{12}n_2, m_{21}n_1 + m_{22}n_2) .$$

Diesem Signal sei das Spektrum $F(\mathrm{e}^{\mathrm{j}\omega_1}, \mathrm{e}^{\mathrm{j}\omega_2})$ und der Funktion $f_a(t_1, t_2)$ das Spektrum $F_a(\mathrm{j}\,\tilde{\omega}_1, \mathrm{j}\,\tilde{\omega}_2)$ zugeordnet. Es werden die Frequenzparameter durch die Beziehung

$$[\omega_1, \omega_2]^{\mathrm{T}} = \boldsymbol{M}^{\mathrm{T}}[\tilde{\omega}_1, \tilde{\omega}_2]^{\mathrm{T}}$$

miteinander verknüpft, und das Spektrum $F_a(\mathrm{j}\,\tilde{\omega}_1, \mathrm{j}\,\tilde{\omega}_2)$ wird gemäß

$$F_p(\mathrm{j}\omega_1, \mathrm{j}\omega_2) = \frac{1}{|\det \boldsymbol{M}|}\sum_{\nu_1=-\infty}^{\infty}\sum_{\nu_2=-\infty}^{\infty} F_a[\mathrm{j}(\tilde{\omega}_1 + n_{11}\nu_1 + n_{12}\nu_2), \mathrm{j}(\tilde{\omega}_2 + n_{21}\nu_1 + n_{22}\nu_2)] \tag{7.67}$$

periodisiert, wobei die Koeffizienten $n_{11}, n_{12}, n_{21}, n_{22}$ als Elemente der Matrix $\boldsymbol{N}$ gegeben sind, die durch

$$\boldsymbol{N}^{\mathrm{T}}\boldsymbol{M} = 2\pi\mathbf{E}$$

definiert ist. Man kann in der Darstellung von $f_a(t_1, t_2)$ gemäß Gl. (7.61) $\tilde{\omega}_1 t_1 + \tilde{\omega}_2 t_2 = [\tilde{\omega}_1, \tilde{\omega}_2]\boldsymbol{t}$ aufgrund obiger Beziehungen durch $[\omega_1, \omega_2]\boldsymbol{n} = \omega_1 n_1 + \omega_2 n_2$ und außerdem $\mathrm{d}\tilde{\omega}_1\,\mathrm{d}\tilde{\omega}_2$ durch $\mathrm{d}\omega_1\,\mathrm{d}\omega_2 / |\det \boldsymbol{M}|$ ersetzen. Dadurch läßt sich die Integration in Gl. (7.61) über die gesamte $(\tilde{\omega}_1, \tilde{\omega}_2)$-Ebene durch eine unendliche Doppelsumme von Integralen über Quadrate der Länge 2π in der (ω_1, ω_2)-Ebene ersetzen. Hierbei wird wegen der Beziehung

$$[\tilde{\omega}_1, \tilde{\omega}_2]^{\mathrm{T}} = (\boldsymbol{M}^{\mathrm{T}})^{-1}[\omega_1, \omega_2]^{\mathrm{T}} = \frac{1}{2\pi}\boldsymbol{N}\,[\omega_1, \omega_2]^{\mathrm{T}}$$

das durch $[\tilde{\omega}_1, \tilde{\omega}_2]^{\mathrm{T}}$ gegebene Paar von Kreisfrequenzen im Spektrum $F_a(\mathrm{j}\tilde{\omega}_1, \mathrm{j}\,\tilde{\omega}_2)$ durch $[\tilde{\omega}_1, \tilde{\omega}_2]^{\mathrm{T}} + \boldsymbol{N}[\nu_1, \nu_2]^{\mathrm{T}}$ substituiert, wobei (ν_1, ν_2) die Menge $\mathbb{Z}\times\mathbb{Z}$ durchläuft und nunmehr ω_1 und ω_2 bloß zwischen $-\pi$ und π variieren. Führt man in die Darstellung von $f_a(t_1, t_2)$ noch die Funktion $F_p(\mathrm{j}\omega_1, \mathrm{j}\omega_2)$ aus Gl. (7.67) ein und berücksichtigt die 2π-Periodizität der Exponentiellen $\mathrm{e}^{\mathrm{j}(\omega_1 n_1 + \omega_2 n_2)}$ bezüglich ω_1 und ω_2, so gelangt man schließlich zu einer Darstellung von $f_a(t_1, t_2)$ und damit von $f[n_1, n_2]$ in einer Form gemäß der Gl. (7.63). Dabei zeigt sich, daß $F_p(\mathrm{j}\omega_1, \mathrm{j}\omega_2)$ nach Gl. (7.67) im Fall der Bandbegrenzung von $f_a(t_1, t_2)$ und bei passender Wahl der Elemente der Matrix $\boldsymbol{M}$ mit dem Spektrum $F(\mathrm{e}^{\mathrm{j}\omega_1}, \mathrm{e}^{\mathrm{j}\omega_2})$ übereinstimmt. Damit kann man das Abtasttheorem in erweiterter Form aussprechen. Durch geeignete Wahl der Matrix $\boldsymbol{N}$ bzw. $\boldsymbol{M}$ kann die Zahl der zur vollständigen Darstellung erforderlichen Abtastwerte pro Fläche minimiert werden.

Die oben besprochene Abtastung mit einer Rechteckgeometrie ist durch

$$\boldsymbol{M} = \begin{bmatrix} T_1 & 0 \\ 0 & T_2 \end{bmatrix}, \quad \boldsymbol{N} = \begin{bmatrix} 2\pi/T_1 & 0 \\ 0 & 2\pi/T_2 \end{bmatrix}, \quad |\det \boldsymbol{M}| = T_1 T_2$$

gekennzeichnet. Ein weiterer interessanter Fall ist die durch

$$\boldsymbol{M} = \begin{bmatrix} T_1 & T_1 \\ T_2 & -T_2 \end{bmatrix}, \quad \boldsymbol{N} = \begin{bmatrix} \pi/T_1 & \pi/T_1 \\ \pi/T_2 & -\pi/T_2 \end{bmatrix}, \quad |\det \boldsymbol{M}| = 2T_1 T_2$$

charakterisierte Hexagonalabtastung.

3.6 DIE DISKRETE FOURIER-TRANSFORMATION

3.6.1 Definition und Eigenschaften

Ein wichtiges Hilfsmittel zur praktischen Durchführung der Transformationen zwischen Original- und Spektralbereich ist die diskrete Fourier-Transformation (DFT), die in diesem Abschnitt für zweidimensionale Funktionen vorgestellt werden soll.

Es wird ein rechteckig periodisches Signal $f[n_1, n_2]$ mit der Eigenschaft

$$f[n_1, n_2] \equiv f[n_1 + N_1, n_2] \quad \text{und} \quad f[n_1, n_2] \equiv f[n_1, n_2 + N_2] \tag{7.68a,b}$$

betrachtet. Das zweidimensionale Intervall

$$D = \{(n_1, n_2)\,;\, 0 \leqq n_1 \leqq N_1 - 1, 0 \leqq n_2 \leqq N_2 - 1\} \subset \mathbb{Z} \times \mathbb{Z} \tag{7.69}$$

heißt Grundperiode von $f[n_1, n_2]$.

Es ist nun möglich, die periodische Funktion $f[n_1, n_2]$ in der Form

$$f[n_1, n_2] = \frac{1}{N_1 N_2} \sum_{m_1=0}^{N_1-1} \sum_{m_2=0}^{N_2-1} F[m_1, m_2]\, e^{\mathrm{j}2\pi\left(\frac{n_1 m_1}{N_1} + \frac{n_2 m_2}{N_2}\right)} \tag{7.70}$$

mit

$$F[m_1, m_2] = \sum_{n_1=0}^{N_1-1} \sum_{n_2=0}^{N_2-1} f[n_1, n_2]\, e^{-\mathrm{j}2\pi\left(\frac{n_1 m_1}{N_1} + \frac{n_2 m_2}{N_2}\right)} \tag{7.71}$$

darzustellen. Dies sind die Grundgleichungen der diskreten Fourier-Transformation.

Die Verknüpfung gemäß den Gln. (7.70) und (7.71) läßt sich dadurch beweisen, daß man $F[m_1, m_2]$ gemäß Gl. (7.71) in die Gl. (7.70) einsetzt. Dadurch erhält man

$$f[n_1, n_2] = \frac{1}{N_1 N_2} \sum_{\mu_1=0}^{N_1-1} \sum_{\mu_2=0}^{N_2-1} f[\mu_1, \mu_2] \sum_{m_1=0}^{N_1-1} e^{\mathrm{j}2\pi \frac{m_1(n_1-\mu_1)}{N_1}} \sum_{m_2=0}^{N_2-1} e^{\mathrm{j}2\pi \frac{m_2(n_2-\mu_2)}{N_2}} .$$

Die innere Summe über m_1 ist gemäß den Gln. (4.44), (4.45) nur im Fall $\mu_1 = n_1$ von Null verschieden, und zwar gleich N_1; ebenso verschwindet die Summe über m_2 nur für $\mu_2 = n_2$ nicht, und sie liefert dann N_2. Damit ergibt sich insgesamt tatsächlich $f[n_1, n_2]$.

Die durch die Gln. (7.70) und (7.71) gegebene diskrete Fourier-Transformation ist in folgendem Sinne zu verstehen: Es werden die $N_1 N_2$ Zahlen $f[n_1, n_2]$ $(0 \leqq n_1 \leqq N_1 - 1$, $0 \leqq n_2 \leqq N_2 - 1)$ in die $N_1 N_2$ Zahlen $F[m_1, m_2]$ $(0 \leqq m_1 \leqq N_1 - 1,\ 0 \leqq m_2 \leqq N_2 - 1)$ transformiert und umgekehrt. Insofern spielt die vorausgesetzte Periodizität von $f[n_1, n_2]$ und die ersichtliche Periodizität von $F[m_1, m_2]$ keine Rolle. Nur wenn Verschiebungen von $f[n_1, n_2]$ oder $F[m_1, m_2]$ erfolgen (wie sie vor allem bei Faltungen vorkommen), sollen entsprechende Werte aus der betreffenden periodischen Fortsetzung in das Intervall D nach Gl. (7.69) gelangen. Die durch die Gln. (7.70) und (7.71) gegebene Zuordnung sei kurz in der Form

$$f[n_1, n_2] \underset{N_1, N_2}{\longmapsto} F[m_1, m_2]$$

geschrieben; das Zahlenpaar (N_1, N_2) kennzeichnet die Ordnung der Transformation.

Hat ein Signal $f[n_1, n_2]$ von Null verschiedene Werte ausschließlich im Intervall D nach Gl. (7.69), dann stimmt sein Spektrum $F(e^{j\omega_1}, e^{j\omega_2})$ nach Gl. (7.45) an den diskreten Stellen $\omega_1 = 2\pi m_1/N_1$, $\omega_2 = 2\pi m_2/N_2$ $(0 \leqq m_1 \leqq N_1 - 1, 0 \leqq m_2 \leqq N_2 - 1)$ mit $F[m_1, m_2]$ nach Gl. (7.71) überein.[1)] Betrachtet man die Abtastwerte des Spektrums $F(e^{j\omega_1}, e^{j\omega_2})$ für $\omega_1 = 2\pi m_1/N_1$, $\omega_2 = 2\pi m_2/N_2$ $(0 \leqq m_1 \leqq N_1 - 1, 0 \leqq m_2 \leqq N_2 - 1)$ eines nicht auf das Intervall D begrenzten Signals $f[n_1, n_2]$ als diskrete Fourier-Transformierte $F[m_1, m_2]$, so entspricht dieser nach Gl. (7.70) nicht das Signal $f[n_1, n_2]$, sondern vielmehr eine Funktion $\tilde{f}[n_1, n_2]$, die durch Superposition aller Signale $f[n_1 + \nu_1 N_1, n_2 + \nu_2 N_2]$ $(-\infty < \nu_1 < \infty$, $-\infty < \nu_2 < \infty)$ erzeugt werden kann, wie sich durch eine kurze Rechnung zeigen läßt. Die Abweichung von $\tilde{f}[n_1, n_2]$ gegenüber $f[n_1, n_2]$ ist also auf den Aliasing-Effekt zurückzuführen.

Die DFT besitzt eine Reihe von Eigenschaften, die den Grundgleichungen (7.70) und (7.71) direkt entnommen werden können. Hierauf soll nun kurz eingegangen werden.

(a) Linearität

Aus

$$f_1[n_1, n_2] \underset{N_1, N_2}{\longmapsto} F_1[m_1, m_2], \quad f_2[n_1, n_2] \underset{N_1, N_2}{\longmapsto} F_2[m_1, m_2]$$

folgt mit beliebigen Konstanten c_1 und c_2 stets

$$c_1 f_1[n_1, n_2] + c_2 f_2[n_1, n_2] \underset{N_1, N_2}{\longmapsto} c_1 F_1[m_1, m_2] + c_2 F_2[m_1, m_2].$$

(b) Verschiebung

Aus

$$f[n_1, n_2] \underset{N_1, N_2}{\longmapsto} F[m_1, m_2]$$

folgt

$$f[n_1 - k_1, n_2 - k_2] \underset{N_1, N_2}{\longmapsto} e^{-j2\pi\left(\frac{m_1 k_1}{N_1} + \frac{m_2 k_2}{N_2}\right)} F[m_1, m_2] \tag{7.72}$$

und

$$e^{j2\pi\left(\frac{n_1 k_1}{N_1} + \frac{n_2 k_2}{N_2}\right)} f[n_1, n_2] \underset{N_1, N_2}{\longmapsto} F[m_1 - k_1, m_2 - k_2]. \tag{7.73}$$

(c) Faltungssatz

Aus

$$f_1[n_1, n_2] \underset{N_1, N_2}{\longmapsto} F_1[m_1, m_2], \quad f_2[n_1, n_2] \underset{N_1, N_2}{\longmapsto} F_2[m_1, m_2]$$

folgt

---

1) Man beachte, daß das Symbol F zur Bezeichnung von zwei verschiedenen Funktionen verwendet wird. Diese Vereinfachungsmaßnahme dürfte jedoch kaum zu Verwechslungen führen.

$$\sum_{\nu_1=0}^{N_1-1}\sum_{\nu_2=0}^{N_2-1} f_1[\nu_1,\nu_2]f_2[n_1-\nu_1,n_2-\nu_2] \underset{N_1,N_2}{\longmapsto} F_1[m_1,m_2]F_2[m_1,m_2] \qquad (7.74)$$

und

$$f_1[n_1,n_2]f_2[n_1,n_2] \underset{N_1,N_2}{\longmapsto} \frac{1}{N_1N_2}\sum_{\mu_1=0}^{N_1-1}\sum_{\mu_2=0}^{N_2-1} F_1[\mu_1,\mu_2]F_2[m_1-\mu_1,m_2-\mu_2]. \qquad (7.75)$$

Aus der Korrespondenz (7.75) kann in der üblichen Weise ein Parsevalsches Theorem abgeleitet werden. Von den weiteren Eigenschaften der DFT seien noch die folgenden Korrespondenzen genannt.

Ist $f[n_1,n_2]$ reell und $F[m_1,m_2]$ die zugehörige diskrete Fourier-Transformierte der Ordnung (N_1,N_2), so gilt

$$F^*[m_1,m_2] = F[N_1-m_1,N_2-m_2] .$$

Aus der Korrespondenz

$$f[n_1,n_2] \underset{N_1,N_2}{\longmapsto} F[m_1,m_2]$$

folgt

$$f[n_2,n_1] \underset{N_2,N_1}{\longmapsto} F[m_2,m_1] ,$$

$$f[N_1-n_1,n_2] \underset{N_1,N_2}{\longmapsto} F[N_1-m_1,m_2] ,$$

$$f[n_1,N_2-n_2] \underset{N_1,N_2}{\longmapsto} F[m_1,N_2-m_2] ,$$

$$F^*[n_1,n_2] \underset{N_1,N_2}{\longmapsto} N_1N_2f^*[m_1,m_2] .$$

Bemerkung: Sollen zwei Signale $f_1[n_1,n_2]$ und $f_2[n_1,n_2]$ mit Träger $\{(n_1,n_2); 0 \leqq n_1 \leqq N_1^{(1)}-1,\ 0 \leqq n_2 \leqq N_2^{(1)}-1\}$ bzw. $\{(n_1,n_2); 0 \leqq n_1 \leqq N_1^{(2)}-1,\ 0 \leqq n_2 \leqq N_2^{(2)}-1\}$ gefaltet werden, so kann man sich der DFT bedienen. Man muß jedoch für die Durchführung der DFT die Ordnung (N_1,N_2) hinreichend groß wählen, und zwar

$$N_1 \geqq N_1^{(1)}+N_1^{(2)}-1 , \quad N_2 \geqq N_2^{(1)}+N_2^{(2)}-1 .$$

3.6.2 Praktische Durchführung

Die Berechnung der diskreten Fourier-Transformierten $F[m_1,m_2]$ eines Signals $f[n_1,n_2]$ kann durch direkte Auswertung der Gl. (7.71) erfolgen. Ebenso ist es möglich, die inverse Transformation durch Auswertung der Gl. (7.70) durchzuführen. Geht man davon aus, daß die Exponentialfaktoren verfügbar sind, dann benötigt man für die Berechnung von N_1N_2 Werten von $F[m_1,m_2]$ genau $(N_1N_2)^2$ Multiplikationen im allgemeinen komplexer Zahlen und eine ähnliche Anzahl von Additionen.

Man kann die Gl. (7.71) auch auf die Form

$$F[m_1, m_2] = \sum_{n_1=0}^{N_1-1} G[n_1, m_2]\, e^{-j2\pi \frac{n_1 m_1}{N_1}} \tag{7.76a}$$

mit

$$G[n_1, m_2] = \sum_{n_2=0}^{N_2-1} f[n_1, n_2]\, e^{-j2\pi \frac{n_2 m_2}{N_2}} \tag{7.76b}$$

bringen. Die Gln. (7.76a,b) lassen sich als eindimensionale DFT auffassen, d. h. als

$$f[n_1, n_2] \underset{N_2}{\longmapsto} G[n_1, m_2] \quad (n_1 \text{ fest}) ,$$

$$G[n_1, m_2] \underset{N_1}{\longmapsto} F[m_1, m_2] \quad (m_2 \text{ fest}) .$$

Damit läßt sich $F[m_1, m_2]$ dadurch gewinnen, daß man zunächst der Reihe nach für $n_1 = 0, 1, \ldots, N_1 - 1$ das Signal $f[n_1, n_2]$ bezüglich der Variablen n_2 eindimensional transformiert. Auf diese Weise entsteht das Feld $G[n_1, m_2]$. Jetzt wird diese Folge der Reihe nach für $m_2 = 0, 1, \ldots, N_2 - 1$ bezüglich der Variablen n_1 eindimensional transformiert. So entsteht die Funktion $F[m_1, m_2]$ durch alleinige Anwendung eindimensionaler DFT. Anstelle der Gln. (7.76a,b) kann eine ähnliche Darstellung von $F[m_1, m_2]$ verwendet werden, bei deren praktischer Auswertung $f[n_1, n_2]$ zunächst für $n_2 = 0, 1, \ldots, N_2 - 1$ der Transformation bezüglich n_1 unterworfen wird. In beiden Fällen sind $N_2^2 N_1 + N_1^2 N_2 = N_1 N_2 (N_1 + N_2)$ Multiplikationen erforderlich. Man kann diesen Aufwand erheblich reduzieren, wenn man die erforderlichen DFT mittels FFT durchführt. Gilt $N_1 = N_2 = N = 2^s$ und wendet man bei den eindimensionalen Transformationen die FFT gemäß Kapitel IV an, dann braucht man insgesamt $N^2 s$ komplexe Multiplikationen.

Es gibt noch eine weitere Möglichkeit, die zweidimensionale DFT aufwandsparend durchzuführen. Dabei wird im einfachsten Fall vorausgesetzt, daß N_1 und N_2 miteinander übereinstimmen und durch 2 teilbar sind. Man kann dann $F[m_1, m_2]$ mit $N_1 = N_2 = N$ als Summe

$$F[m_1, m_2] = F_{00}[m_1, m_2] + F_{01}[m_1, m_2]\, e^{-j\frac{2\pi}{N} m_2} + F_{10}[m_1, m_2]\, e^{-j\frac{2\pi}{N} m_1} + F_{11}[m_1, m_2]\, e^{-j\frac{2\pi}{N}(m_1 + m_2)} \tag{7.77}$$

darstellen, wobei die Grundfunktionen

$$F_{00}[m_1, m_2] := \sum_{\nu_1=0}^{N/2-1} \sum_{\nu_2=0}^{N/2-1} f[2\nu_1, 2\nu_2]\, e^{-j\frac{4\pi}{N}(\nu_1 m_1 + \nu_2 m_2)} , \tag{7.78a}$$

$$F_{01}[m_1, m_2] := \sum_{\nu_1=0}^{N/2-1} \sum_{\nu_2=0}^{N/2-1} f[2\nu_1, 2\nu_2 + 1]\, e^{-j\frac{4\pi}{N}(\nu_1 m_1 + \nu_2 m_2)} , \tag{7.78b}$$

$$F_{10}[m_1, m_2] := \sum_{\nu_1=0}^{N/2-1} \sum_{\nu_2=0}^{N/2-1} f[2\nu_1 + 1, 2\nu_2]\, e^{-j\frac{4\pi}{N}(\nu_1 m_1 + \nu_2 m_2)} , \tag{7.78c}$$

$$F_{11}[m_1, m_2] := \sum_{\nu_1=0}^{N/2-1} \sum_{\nu_2=0}^{N/2-1} f[2\nu_1+1, 2\nu_2+1]\, \mathrm{e}^{-\mathrm{j}\frac{4\pi}{N}(\nu_1 m_1 + \nu_2 m_2)} \tag{7.78d}$$

in beiden Variablen m_1 und m_2 periodisch mit der Grundperiode $N/2$ sind. Hat man die Basisfunktionen F_{00}, F_{01}, F_{10} und F_{11}, von denen jede in den vier Punkten (m_1, m_2), $(m_1 + N/2, m_2)$, $(m_1, m_2 + N/2)$ und $(m_1 + N/2, m_2 + N/2)$ den gleichen Wert hat, für (m_1, m_2) berechnet, so ergibt sich der Funktionswert für F im Punkt (m_1, m_2) und zugleich in den Punkten $(m_1 + N/2, m_2)$, $(m_1, m_2 + N/2)$, $(m_1 + N/2, m_2 + N/2)$ direkt nach Gl. (7.77) durch gewichtete Additionen, wobei zu beachten ist, daß $\mathrm{e}^{-\mathrm{j}\pi} = -1$ gilt. Damit kann man sich bei der Berechnung von $F[m_1, m_2]$ im wesentlichen auf die Auswertung von vier DFT der Ordnung $(N/2, N/2)$, nämlich der Gln. (7.78a-d) beschränken.

Man kann sich leicht davon überzeugen, daß die Berechnung von F an den vier Stellen (m_1, m_2), $(m_1 + N/2, m_2)$, $(m_1, m_2 + N/2)$, $(m_1 + N/2, m_2 + N/2)$ aus den Werten F_{00}, F_{01}, F_{10}, F_{11} an der Stelle (m_1, m_2) durch drei komplexe Multiplikationen und acht komplexe Additionen möglich ist. Diese Berechnung ist insgesamt an $(N/2)^2$ Stellen (m_1, m_2) auszuführen.

Ist N eine Zweierpotenz, dann kann jede der vier Funktionen $F_{00}[m_1, m_2]$, $F_{01}[m_1, m_2]$, $F_{10}[m_1, m_2]$ und $F_{11}[m_1, m_2]$ durch vier Transformationen der Ordnung $(N/4, N/4)$ dargestellt werden, und man kann in dieser Weise fortfahren, bis schließlich nur noch DFT der Ordnung $(2, 2)$ durchzuführen sind, die keine Multiplikation erfordern. Gilt $N = 2^s$, dann liegen s Berechnungsstufen vor. In jeder Stufe müssen $(N/2)^2$ Operationen ausgeführt werden, die, wie bereits gesagt, jeweils drei komplexe Multiplikationen und acht komplexe Additionen umfassen. Insgesamt benötigt man so $3(N/2)^2 s$ komplexe Multiplikationen und $8(N/2)^2 s$ komplexe Additionen. Im Fall der Verwendung der eindimensionalen FFT braucht man $N^2 s$ komplexe Multiplikationen im Vergleich zu nur $(3/4)N^2 s$ Multiplikationen hier. Die schnelle Durchführung der DFT kann verschiedentlich modifiziert werden. Gilt beispielsweise $N_1 = b_1^s$ und $N_2 = b_2^s$ mit b_1, $b_2 \in \mathbb{N}$, dann kann die DFT der Ordnung (N_1, N_2) auf Transformationen der Ordnung (b_1, b_2) zurückgeführt werden.

Es ist offenkundig, daß die beschriebenen Verfahren zur schnellen Berechnung der diskreten Fourier-Transformierten nicht nur für die Auswertung der Gl. (7.71) geeignet sind, sondern auch zur Berechnung von $f[n_1, n_2]$ aus $F[m_1, m_2]$ nach Gl. (7.70) verwendet werden können.

3.7 DAS KOMPLEXE CEPSTRUM

Im Zusammenhang mit der Behandlung verschiedener systemtheoretischer Probleme (Filterung, Entfaltung, Stabilisierung, Faktorisierung) ist das Konzept des Cepstrums ein nützliches Werkzeug (auch im eindimensionalen Fall).

3.7.1 Grundlegende Beziehungen

Es sei $f[n_1, n_2]$ ein zweidimensionales Signal mit der Z-Transformierten $F(z_1, z_2)$, die ein bestimmtes Konvergenzgebiet G besitze. Das zweidimensionale (komplexe) Cepstrum von $f[n_1, n_2]$ ist die Funktion $\hat{f}[n_1, n_2]$, deren Z-Transformierte mit $\ln F(z_1, z_2)$ übereinstimmt.[1] Es gilt also

$$\hat{f}[n_1, n_2] = \frac{1}{(2\pi j)^2} \oint \oint \ln F(z_1, z_2)\, z_1^{n_1-1} z_2^{n_2-1}\, dz_1\, dz_2 \ . \tag{7.79}$$

Zur Sicherung der Existenz von $\hat{f}[n_1, n_2]$ muß ein Gebiet existieren, in dem $\ln F(z_1, z_2)$ eindeutig und analytisch ist, und die Integration muß dort so geführt werden können, daß der jeweilige Ursprung einmal positiv umlaufen wird und $\ln F(z_1, z_2)$ beim mehrmaligen Durchlaufen periodisch ist.

Entsteht ein Signal $f[n_1, n_2]$ durch Faltung

$$f[n_1, n_2] = f_1[n_1, n_2] ** f_2[n_1, n_2]$$

zweier Signale $f_1[n_1, n_2]$ und $f_2[n_1, n_2]$ mit den Z-Transformierten $F_1(z_1, z_2)$ bzw. $F_2(z_1, z_2)$ und besitzt $f[n_1, n_2]$ selbst die Z-Transformierte $F(z_1, z_2)$, so gilt

$$F(z_1, z_2) = F_1(z_1, z_2)\, F_2(z_1, z_2) \tag{7.80a}$$

und damit

$$\ln F(z_1, z_2) = \ln F_1(z_1, z_2) + \ln F_2(z_1, z_2) \ ,$$

also für die Cepstren

$$\hat{f}[n_1, n_2] = \hat{f}_1[n_1, n_2] + \hat{f}_2[n_1, n_2] \ . \tag{7.80b}$$

Der Faltung im Originalbereich entspricht also die Addition im Cepstralbereich. Dies ist eine wichtige Eigenschaft des Cepstrums.

Ein separierbares Signal

$$f[n_1, n_2] = f[n_1]\, g[n_2]$$

besitzt, wie man zeigen kann, das Cepstrum

$$\hat{f}[n_1, n_2] = \hat{f}[n_1]\, \delta[n_2] + \hat{g}[n_2]\, \delta[n_1] \ ,$$

wobei $\hat{f}[n_1]$ und $\hat{g}[n_2]$ die eindimensionalen Cepstren von $f[n_1]$ bzw. $g[n_2]$ bedeuten.

Die Z-Transformierte $F(z_1, z_2)$ eines Signals $f[n_1, n_2]$ sei auf $|z_1| = |z_2| = 1$ analytisch und von Null verschieden. Dann kann für das Cepstrum

$$\hat{f}[n_1, n_2] = \frac{1}{(2\pi)^2} \int_0^{2\pi} \int_0^{2\pi} \ln F(e^{j\omega_1}, e^{j\omega_2})\, e^{j(\omega_1 n_1 + \omega_2 n_2)}\, d\omega_1\, d\omega_2 \tag{7.81}$$

geschrieben werden, sofern $\ln F(e^{j\omega_1}, e^{j\omega_2})$ eine in ω_1 und ω_2 doppelperiodische stetige Funktion ist. Letzteres ist gegeben, wenn die sogenannte *entrollte* ("unwrapped") Phase von $F(e^{j\omega_1}, e^{j\omega_2})$ eine in ω_1, ω_2 doppelperiodische stetige Funktion ist.

Der Begriff der entrollten Phase soll für den eindimensionalen Fall erläutert werden. Eine Übertragung auf den zweidimensionalen Fall ist naheliegend. Es sei $F(e^{j\omega}) = A(\omega)e^{j\Phi(\omega)}$ das als stetige, endliche und nirgends verschwindende Funktion angenommene Spektrum eines reellen diskontinuierlichen Signals $f[n]$. Mit $\Phi(0) = 0$ soll $\Phi(\omega)$ zunächst als eine in ω stetige Funktion verstanden werden. Schränkt man den Wertebereich von

[1] Das eindimensionale Cepstrum wird ganz entsprechend definiert.

$$\Phi_h(\omega) := \mathrm{Im}\{\ln F(\mathrm{e}^{\,\mathrm{j}\omega})\}$$

auf das Intervall $[-\pi, \pi)$ ein, das dem Hauptwert der Logarithmusfunktion entspricht, dann treten an den Kreisfrequenzen Phasensprünge auf, bei denen die Ortskurve $F(\mathrm{e}^{\,\mathrm{j}\omega})$ die negativ reelle Achse der komplexen F-Ebene überschreitet. In diesem Sinne spricht man von der *eingerollten* Phase des Spektrums. Schränkt man den Wertebereich der Phase nicht ein, dann können die möglichen Phasensprünge beseitigt werden, so daß $\Phi(\omega)$ überall stetig wird. Man erreicht dies dadurch, daß man an den Sprungstellen der eingerollten Phase den Zweig der ln-Funktion wechselt, mit der $\Phi_h(\omega)$ dargestellt wurde. Die so entstandene Phasenfunktion $\Phi(\omega)$ heißt *entrollt*. Da die entrollte Phase durch die Abbildung des Einheitskreises vermöge $F(\mathrm{e}^{\,\mathrm{j}\omega})$ geliefert wird, unterscheidet sich der Kurvenverlauf von $\Phi(\omega)$ im ω-Intervall $[2\pi, 4\pi)$ von dem im Intervall $[0, 2\pi)$ nur um eine Konstante $2\pi Z$ mit $Z \in \mathbb{Z}$. Dieselbe Differenz tritt zwischen dem Verlauf im Intervall $[4\pi, 6\pi)$ und dem Intervall $[2\pi, 4\pi)$ auf usw. Dabei ist Z nach Satz V.4 gleich $N-P$, wobei N die Zahl der Nullstellen und P die Zahl der Pole von $F(z)$ in $|z| < 1$ bedeutet. Damit kann die entrollte Phase stets in einen 2π-periodischen stetigen Anteil $\Phi_p(\omega)$ und einen linearen Anteil $Z\,\omega$ gemäß

$$\Phi(\omega) = \Phi_p(\omega) + Z\,\omega$$

zerlegt werden. Praktisch erhält man Z aus der Beziehung

$$Z\,2\pi = \Phi(2\pi) - \Phi(0)\,.$$

Die entrollte Phase läßt sich in der Form

$$\Phi(\omega) = \Phi(0) + \int_0^{\omega} \frac{\mathrm{d}\Phi_h(\xi)}{\mathrm{d}\xi}\,\mathrm{d}\xi$$

schreiben, wobei die Ableitung im Integral an den Sprungstellen der Phase undefiniert bleibt.

Angesichts der Voraussetzung, daß $F(z_1, z_2)$ auf $|z_1| = |z_2| = 1$ analytisch und von Null verschieden ist, folgt, daß dort auch $\ln F(z_1, z_2)$ analytisch ist und damit $f[n_1, n_2]$ und $\hat{f}[n_1, n_2]$ absolut summierbar sind. Außerdem ist das mit $1/F(z_1, z_2)$ korrespondierende Signal absolut summierbar. Alle drei Signale haben einen identischen Träger.

Mit

$$\hat{F}(\mathrm{e}^{\,\mathrm{j}\omega_1}, \mathrm{e}^{\,\mathrm{j}\omega_2}) := \ln F(\mathrm{e}^{\,\mathrm{j}\omega_1}, \mathrm{e}^{\,\mathrm{j}\omega_2}) \tag{7.82a}$$

erhält man

$$\frac{\partial \hat{F}(\mathrm{e}^{\,\mathrm{j}\omega_1}, \mathrm{e}^{\,\mathrm{j}\omega_2})}{\partial\,\omega_1} = \frac{1}{F(\mathrm{e}^{\,\mathrm{j}\omega_1}, \mathrm{e}^{\,\mathrm{j}\omega_2})}\;\frac{\partial F(\mathrm{e}^{\,\mathrm{j}\omega_1}, \mathrm{e}^{\,\mathrm{j}\omega_2})}{\partial\,\omega_1}\,. \tag{7.82b}$$

Überträgt man diese Beziehung in den Originalbereich, so folgt

$$n_1 \hat{f}[n_1, n_2] = \sum_{\mu_1}\sum_{\mu_2} \mu_1 f[\mu_1, \mu_2]\, i[n_1-\mu_1, n_2-\mu_2]\,. \tag{7.83a}$$

Dabei bedeutet $i[n_1, n_2]$ die Originalfunktion (Rücktransformierte) von $1/F(\mathrm{e}^{\,\mathrm{j}\omega_1}, \mathrm{e}^{\,\mathrm{j}\omega_2})$. Sie heißt Inverse von $f[n_1, n_2]$. Entsprechend erhält man

$$n_2 \hat{f}[n_1, n_2] = \sum_{\mu_1}\sum_{\mu_2} \mu_2 f[\mu_1, \mu_2]\, i[n_1-\mu_1, n_2-\mu_2]\,. \tag{7.83b}$$

Die Gln. (7.83a,b) zeigen, daß der Träger von $\hat{f}[n_1, n_2]$ durch die Träger des Signals $f[n_1, n_2]$ und des inversen Signals $i[n_1, n_2]$ bestimmt wird. Ist der erste Quadrant der (n_1, n_2)-Ebene Träger von $f[n_1, n_2]$ und von $i[n_1, n_2]$, dann stellt dieser Quadrant auch einen Träger von $\hat{f}[n_1, n_2]$ dar. Entsprechende Zusammenhänge bestehen auch für die anderen Quadranten, für die Halbebenen und für Keilgebiete. Umgekehrt werden die Träger von $f[n_1, n_2]$ und $i[n_1, n_2]$ durch den Träger von $\hat{f}[n_1, n_2]$ bestimmt. Nach Gl. (7.82a) läßt sich nämlich $F(e^{j\omega_1}, e^{j\omega_2})$ als Exponentielle von $\hat{F}(e^{j\omega_1}, e^{j\omega_2})$ ausdrücken und in eine unendliche Reihe entwickeln, die in den Originalbereich übertragen werden kann. Auf diese Weise wird $f[n_1, n_2]$ durch eine unendliche Reihe dargestellt, deren Summanden im wesentlichen iterierte Faltungen von $\hat{f}[n_1, n_2]$ sind. Deshalb ergibt sich der Träger von $f[n_1, n_2]$ als Träger des Signals, das man erhält, wenn $\hat{f}[n_1, n_2]$ unendlich oft mit sich selbst gefaltet wird. Ebenso kann $1/F(e^{j\omega_1}, e^{j\omega_2})$ durch $\hat{F}(e^{j\omega_1}, e^{j\omega_2})$ ausgedrückt und in den Originalbereich übertragen werden.

Falls die Periodizität von $F(e^{j\omega_1}, e^{j\omega_2})$ nicht gegeben ist, setzt sich die Phase additiv aus einem doppelperiodischen Anteil und einem rein linearen Teil zusammen. Durch Translation von $f[n_1, n_2]$ läßt sich der rein lineare Anteil beseitigen, so daß dann das Cepstrum gebildet werden kann. Dies läßt sich für ein Signal $f[n_1, n_2]$ endlicher Ausdehnung leicht zeigen. In diesem Fall ist $F(z_1, z_2)$ ein durch einen Term der Art $z_1^K z_2^L$ dividiertes Polynom, von dem vorausgesetzt wird, daß es auf der Fläche $|z_1| = |z_2| = 1$ nicht verschwindet. Für ein festes $\tilde{\omega}_2$ sei $Z_1(\tilde{\omega}_2)$ die Umlaufzahl von $F(z_1, e^{j\tilde{\omega}_2})$ beim einmaligen Durchlaufen des Einheitskreises $|z_1| = 1$ im Gegenuhrzeigersinn. Diese hängt nach Satz V.4 von der Zahl der Nullstellen von $F(z_1, e^{j\tilde{\omega}_2})$ in $|z_1| < 1$ ab. Man beachte, daß $Z_1(\tilde{\omega}_2)$ von $\tilde{\omega}_2$ $(0 \leqq \tilde{\omega}_2 < 2\pi)$ unabhängig ist. Denn eine Änderung von $Z_1(\tilde{\omega}_2)$ bei Variation von $\tilde{\omega}_2$ im Intervall $[0, 2\pi)$ ist deshalb ausgeschlossen, weil dies sonst eine Nullstelle von $F(z_1, z_2)$ auf $|z_1| = |z_2| = 1$ implizieren würde. Entsprechend muß die Umlaufzahl $Z_2(\tilde{\omega}_1)$ von $F(e^{j\tilde{\omega}_1}, z_2)$ beim Durchlaufen des Einheitskreises $|z_2| = 1$ im Gegenuhrzeigersinn von $\tilde{\omega}_1$ unabhängig sein. Damit kann man für die entrollte Phase $\Phi(\omega_1, \omega_2)$ von $F(e^{j\omega_1}, e^{j\omega_2})$ die Beziehungen

$$\Phi(2\pi, \omega_2) = \Phi(0, \omega_2) + 2\pi Z_1 \tag{7.84}$$

und

$$\Phi(\omega_1, 2\pi) = \Phi(\omega_1, 0) + 2\pi Z_2 \tag{7.85}$$

angeben. Betrachtet man nun die Z-Transformierte

$$G(z_1, z_2) = F(z_1, z_2) z_1^{-Z_1} z_2^{-Z_2} \tag{7.86}$$

und damit das Signal

$$g[n_1, n_2] = f[n_1 - Z_1, n_2 - Z_2] \ , \tag{7.87}$$

so ist zu erkennen, daß die Phase $\Psi(\omega_1, \omega_2)$ von $G(e^{j\omega_1}, e^{j\omega_2})$ eine stetige und doppelperiodische Funktion darstellt und damit $g[n_1, n_2]$ ein Cepstrum $\hat{g}[n_1, n_2]$ besitzt.

Unter Verwendung der oben genannten Reihendarstellung von $F(e^{j\omega_1}, e^{j\omega_2})$ und Gl. (7.86) läßt sich $g[n_1, n_2]$ durch eine unendliche Reihe darstellen, aus der sich ergibt, daß der Träger von $g[n_1, n_2]$, von einer Verschiebung abgesehen, wie der von $f[n_1, n_2]$ mit dem Träger von $\hat{f}[n_1, n_2]$ verknüpft ist.

Mit Hilfe der oben eingeführten Begriffe des Cepstrums und des inversen Signals läßt sich ein sogenanntes Mindestphasensignal auch für den zweidimensionalen Fall einführen. Hierunter versteht man eine Funktion $f[n_1, n_2]$, die absolut summierbar ist und deren Inverse sowie deren Cepstrum ebenfalls absolut summierbar sind und den gleichen Träger wie $f[n_1, n_2]$ haben. Es wird davon ausgegangen, daß dieser Träger ein konvexes Gebiet ist, wie beispielsweise ein Quadrant, eine Halbebene oder ein Keilgebiet.

Das zweidimensionale Cepstrum findet eine wichtige Anwendung bei der Behandlung des sogenannten Faktorisierungsproblems. Dabei geht es um die Lösung der folgenden Aufgabe: Es sei $R(e^{j\omega_1}, e^{j\omega_2})$ ein reelles beständig positives Spektrum, das zu einer reellen, symmetrischen Folge $r[n_1, n_2]$ endlicher Ausdehnung gehört. Gesucht wird ein reelles Mindestphasensignal $b[n_1, n_2]$ möglichst endlicher Ausdehnung, so daß

$$r[n_1, n_2] = b[n_1, n_2] ** b[-n_1, -n_2] , \qquad (7.88)$$

d. h. im Frequenzbereich

$$R(e^{j\omega_1}, e^{j\omega_2}) = B(e^{j\omega_1}, e^{j\omega_2}) B(e^{-j\omega_1}, e^{-j\omega_2}) = |B(e^{j\omega_1}, e^{j\omega_2})|^2 \qquad (7.89)$$

gilt. Dabei bedeutet $B(e^{j\omega_1}, e^{j\omega_2})$ das Spektrum von $b[n_1, n_2]$. Im allgemeinen ist es nicht möglich, das Faktorisierungsproblem gemäß Gl. (7.88) mit Hilfe eines Signals $b[n_1, n_2]$ endlicher Ausdehnung zu lösen. Jedoch ist eine transzendente Faktorisierung möglich, wie im folgenden gezeigt wird.

Es wird zu $r[n_1, n_2]$ das Cepstrum $\hat{r}[n_1, n_2]$ ermittelt und entsprechend der früher erkannten Eigenschaft additiv zerlegt in

$$\hat{r}[n_1, n_2] = \hat{b}[n_1, n_2] + \hat{b}[-n_1, -n_2] . \qquad (7.90a)$$

Dabei wird durch die Wahl

$$\hat{b}[n_1, n_2] = \begin{cases} \hat{r}[n_1, n_2] & \text{für } n_1 \in \mathbb{Z},\ n_2 \in \mathbb{N} \text{ sowie } n_1 \in \mathbb{N},\ n_2 = 0 , \\ \frac{1}{2}\hat{r}[0, 0] & \text{für } n_1 = n_2 = 0 , \\ 0 & \text{sonst} \end{cases} \qquad (7.90b)$$

erreicht, daß die dem Cepstrum $\hat{b}[n_1, n_2]$ entsprechende Originalfolge $b[n_1, n_2]$ ein Mindestphasensignal repräsentiert, wobei eine unsymmetrische Halbebene Träger ist. Eine endliche Ausdehnung von $b[n_1, n_2]$ kann jedoch im allgemeinen nicht gewährleistet werden. Jedoch erfüllt $b[n_1, n_2]$ die Beziehung (7.88).

3.7.2 Numerische Berechnung

Eine erste Möglichkeit der numerischen Berechnung des zweidimensionalen Cepstrums besteht in der direkten Auswertung der Gl. (7.81) unter Verwendung der zweidimensionalen DFT. Dabei kann man in der Regel davon ausgehen, daß das Signal $f[n_1, n_2]$, dessen Cepstrum berechnet werden soll, endliche Ausdehnung hat. Träger von $f[n_1, n_2]$ sei das Rechteck $0 \leqq n_1 < M_1$, $0 \leqq n_2 < M_2$. Die Ordnung der anzuwendenden diskreten Fourier-Transformation sei (N_1, N_2), wobei $M_1 \leqq N_1$ und $M_2 \leqq N_2$ gelte. Der Träger von $f[n_1, n_2]$ kann auf das Rechteck $0 \leqq n_1 < N_1$, $0 \leqq n_2 < N_2$ erweitert werden, indem die Funktionswerte an neu hinzugekommenen Stellen zu Null erklärt werden. Im erweiterten Träger werden $N_1 N_2$ Werte der Fourier-Transformierten $F(e^{j\omega_1}, e^{j\omega_2})$ für die Kreisfrequenzen $\omega_1 = 2\pi m_1 / N_1$, $\omega_2 = 2\pi m_2 / N_2$ mit $m_1 = 0, 1, \ldots, N_1 - 1$ und $m_2 = 0, 1, \ldots, N_2 - 1$ berechnet. Sie seien mit $F[m_1, m_2]$ bezeichnet. Zur korrekten Berechnung der Werte $\ln F[m_1, m_2]$ ist die entrollte Phase $\Phi[m_1, m_2]$ von $F[m_1, m_2]$ erforderlich. Sofern diese lineare Terme enthält, müssen sie entfernt werden. Gemäß Gl. (7.71) erhält man $F[0, 0]$ und daraus den Wert $\Phi[0, 0]$, der eindeutig festzulegen ist. Bei einem reellen Signal $f[n_1, n_2]$ wählt man üblicherweise $\Phi[0, 0] = 0$ oder π. Nun wird gemäß Gl. (7.71) für $m_2 = 0$ die entrollte Phase von

$$F[m_1, 0] = \sum_{n_1=0}^{N_1-1} e^{-j2\pi\frac{n_1 m_1}{N_1}} \sum_{n_2=0}^{N_2-1} f[n_1, n_2] \tag{7.91}$$

unter Berücksichtigung des Anfangswertes $\Phi[0, 0]$ ermittelt. So erhält man $\Phi[m_1, 0]$ für $m_1 = 0, 1, \ldots, N_1 - 1, N_1$. Hieraus ergibt sich die Umlaufzahl um den Ursprung

$$Z_1 = (\Phi[N_1, 0] - \Phi[0, 0])/2\pi \,. \tag{7.92}$$

Weiterhin wird die entrollte Phase von

$$F[k_1, m_2] = \sum_{n_2=0}^{N_2-1} e^{-j2\pi\frac{n_2 m_2}{N_2}} \sum_{n_1=0}^{N_1-1} f[n_1, n_2]\, e^{-j2\pi\frac{n_1 k_1}{N_1}} \tag{7.93}$$

unter Verwendung der Anfangsphase $\Phi[k_1, 0]$ für jedes feste k_1 von 0 bis $N_1 - 1$ berechnet. Man erhält $\Phi[k_1, m_2]$ für $m_2 = 0, 1, \ldots, N_2 - 1, N_2$ und daraus die Umlaufzahl um den Ursprung

$$Z_2 = (\Phi[k_1, N_2] - \Phi[k_1, 0])/2\pi \tag{7.94}$$

unabhängig von k_1. Es darf gewöhnlich vorausgesetzt werden, daß $F(e^{j\omega_1}, e^{j\omega_2})$ nirgends verschwindet. Damit ergibt sich die Phasenfunktion

$$\Psi[m_1, m_2] = \Phi[m_1, m_2] - \frac{2\pi m_1}{N_1} Z_1 - \frac{2\pi m_2}{N_2} Z_2 \tag{7.95}$$

und außerdem

$$\ln |G[m_1, m_2]| = \ln |F[m_1, m_2]| \,. \tag{7.96}$$

Wendet man nun die inverse zweidimensionale DFT an, dann gelangt man schließlich zur Folge

$$\hat{g}_a[n_1, n_2] = \frac{1}{N_1 N_2} \sum_{m_1=0}^{N_1-1} \sum_{m_2=0}^{N_2-1} \Big[\ln |G[m_1, m_2]| + j\Psi[m_1, m_2]\Big] e^{j2\pi(\frac{n_1 m_1}{N_1} + \frac{n_2 m_2}{N_2})} \,. \tag{7.97}$$

Diese Formel stellt eine diskrete Näherung von Gl. (7.81) dar und liefert eine Approximation für das Cepstrum $\hat{g}[n_1, n_2]$. Es besteht der Zusammenhang

$$\hat{g}_a[n_1, n_2] = \sum_{\nu_1=-\infty}^{\infty} \sum_{\nu_2=-\infty}^{\infty} \hat{g}[n_1 + \nu_1 N_1, n_2 + \nu_2 N_2] \,.$$

Dabei ist zu beachten, daß der Träger von $\hat{g}[n_1, n_2]$ unendliche Ausdehnung hat.

Eine weitere Möglichkeit zur (exakten) Berechnung des Cepstrums bietet ein Rekursionsalgorithmus, der im folgenden beschrieben wird. Dabei ist vorauszusetzen, daß $f[n_1, n_2]$ ein Mindestphasensignal mit dem ersten Quadranten als Träger ist. Zur Herleitung der Rekursion schreibt man die Gl. (7.82b) in der Form

$$F(\mathrm{e}^{\mathrm{j}\omega_1}, \mathrm{e}^{\mathrm{j}\omega_2}) \frac{\partial \hat{F}(\mathrm{e}^{\mathrm{j}\omega_1}, \mathrm{e}^{\mathrm{j}\omega_2})}{\partial \omega_1} = \frac{\partial F(\mathrm{e}^{\mathrm{j}\omega_1}, \mathrm{e}^{\mathrm{j}\omega_2})}{\partial \omega_1} .$$

Durch Überführung dieser Beziehung in den Originalbereich erhält man

$$\sum_{\nu_1=-\infty}^{\infty} \sum_{\nu_2=-\infty}^{\infty} f[n_1-\nu_1, n_2-\nu_2]\,\nu_1\,\hat{f}[\nu_1, \nu_2] = n_1\, f[n_1, n_2]$$

oder, wenn man beachtet, daß $f[n_1, n_2]$ ein Mindestphasensignal mit dem ersten Quadranten als Träger ist und damit der erste Quadrant auch einen Träger von $\hat{f}[n_1, n_2]$ darstellt,

$$\sum_{\nu_1=0}^{n_1} \sum_{\nu_2=0}^{n_2} f[n_1-\nu_1, n_2-\nu_2]\,\nu_1\,\hat{f}[\nu_1, \nu_2] = n_1\, f[n_1, n_2] . \tag{7.98}$$

Zieht man den Summanden für $(\nu_1, \nu_2) = (n_1, n_2)$ aus der Summe heraus, so liefert die Gl. (7.98)

$$\hat{f}[n_1, n_2] = \frac{1}{f[0,0]} \{ f[n_1, n_2] - \frac{1}{n_1} \sum_{\substack{\nu_1=0 \\ (\nu_1,\nu_2)\neq(n_1,n_2)}}^{n_1} \sum_{\nu_2=0}^{n_2} f[n_1-\nu_1, n_2-\nu_2]\,\nu_1\,\hat{f}[\nu_1, \nu_2] \} \tag{7.99}$$

$(n_1 \neq 0)$. Entsprechend ergibt sich

$$\hat{f}[n_1, n_2] = \frac{1}{f[0,0]} \{ f[n_1, n_2] - \frac{1}{n_2} \sum_{\substack{\nu_1=0 \\ (\nu_1,\nu_2)\neq(n_1,n_2)}}^{n_1} \sum_{\nu_2=0}^{n_2} f[n_1-\nu_1, n_2-\nu_2]\,\nu_2\,\hat{f}[\nu_1, \nu_2] \} \tag{7.100}$$

$(n_2 \neq 0)$. Den Wert $\hat{f}[0,0]$ erhält man mittels des zweidimensionalen Anfangswertsatzes als

$$\hat{f}[0,0] = \lim_{z_1, z_2 \to \infty} \ln F(z_1, z_2) = \ln f[0,0] .$$

Der Imaginärteil von $\hat{f}[0,0]$ ist nur bis auf ein ganzzahliges Vielfaches von 2π bestimmt. Mit Hilfe der Gl. (7.100) lassen sich nun sukzessiv die Werte $\hat{f}[0, n_2]$ und mit Hilfe der Gl. (7.99) die Werte $\hat{f}[n_1, 0]$ ermitteln. Anschließend erhält man die Werte von $\hat{f}[n_1, n_2]$ für $n_1 > 0$ und $n_2 > 0$ mittels einer der Formeln (7.99) und (7.100). Außerhalb des ersten Quadranten verschwindet $\hat{f}[n_1, n_2]$ identisch. Wenn die Voraussetzung, daß $f[n_1, n_2]$ ein Mindestphasensignal mit erstem Quadranten als Träger ist, nicht zutrifft, streben die Werte des Cepstrums im Verlauf der Rekursion über alle Grenzen.

3.8 STABILITÄTSANALYSE

Im Abschnitt 2 wurde der Begriff der Stabilität eines Systems eingeführt, und es wurde als Stabilitätskriterium zur Prüfung linearer, verschiebungsinvarianter Systeme die Forderung der absoluten Summierbarkeit der Impulsantwort gefunden. Da die Anwendung dieses Kriteriums die Kenntnis der Impulsantwort voraussetzt, sollen im folgenden weitere Möglichkeiten zur Stabilitätsprüfung besprochen werden.

Träger der Impulsantwort $h[n_1, n_2]$ eines rekursiv berechenbaren Systems ist ein Keilgebiet. Im Abschnitt 2.2 wurde gezeigt, wie eine solche Funktion linear in eine andere Funktion abgebildet werden kann, so daß der erste Quadrant Träger der abgebildeten Funktion ist. Es kann gezeigt werden, daß $h[n_1, n_2]$ absolut summierbar, das betreffende System also stabil ist, wenn das abgebildete Signal absolut summierbar ist. Die Stabilitätsprüfung eines Filters, dessen Impulsantwort einen keilförmigen Träger hat, läßt sich also auf die Stabilitätsprüfung eines Filters zurückführen, dessen Impulsantwort den ersten Quadranten als Träger besitzt. Daher sei die Stabilitätsanalyse auf Filter mit einer derartigen Impulsantwort, d. h. auf kausale Filter beschränkt, und es wird eine rationale Übertragungsfunktion vorausgesetzt.

Die Stabilität eines kausalen Filters wird wesentlich durch die Nullstellen des Nenners $B(z_1, z_2)$ der Übertragungsfunktion $H(z_1, z_2)$ nach Gl. (7.56) (mit $M_1 = M_2 = 0$) bestimmt. In gewissen Fällen beeinflußt auch noch der Zähler $A(z_1, z_2)$ die Stabilität.

Eliminiert man zunächst den Einfluß des Zählers $A(z_1, z_2)$ von $H(z_1, z_2)$, indem man sich auf den Sonderfall $A(z_1, z_2) \equiv 1$ beschränkt, dann ist ein kausales Filter genau dann stabil, wenn $B(z_1, z_2) \neq 0$ für alle Punkte (z_1, z_2) mit $|z_1| \geqq 1$, $|z_2| \geqq 1$ gilt (Bild 7.13).

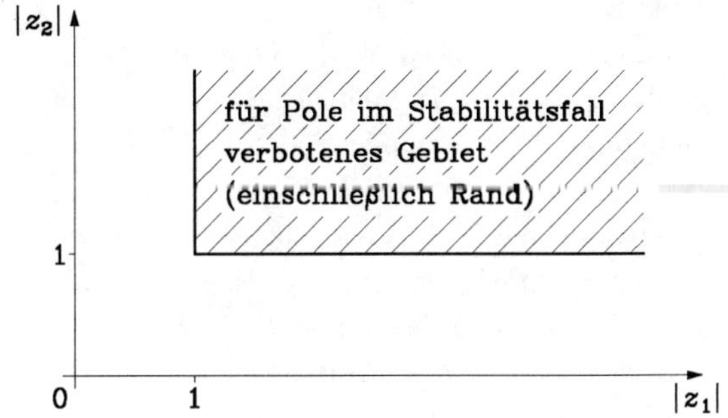

Bild 7.13: Veranschaulichung des Stabilitätskriteriums für zweidimensionale Filter

Diese Tatsache läßt sich folgendermaßen beweisen. Entwickelt man $H(z_1, z_2) = 1/B(z_1, z_2)$ in eine Potenzreihe nach z_1^{-1} und z_2^{-1}, d. h. in

$$H(z_1, z_2) = \sum_{n_1=0}^{\infty} \sum_{n_2=0}^{\infty} h[n_1, n_2] z_1^{-n_1} z_2^{-n_2} \quad ,$$

so konvergiert diese überall im Hyperkreisgebiet $|z_1| \geqq 1$, $|z_2| \geqq 1$, insbesondere für $|z_1| = |z_2| = 1$ absolut, vorausgesetzt $B(z_1, z_2) \neq 0$ gilt für $|z_1| \geqq 1$, $|z_2| \geqq 1$. Hieraus folgt unmittelbar die absolute Summierbarkeit der Impulsantwort $h[n_1, n_2]$. Andererseits impliziert die absolute Summierbarkeit von $h[n_1, n_2]$ die Konvergenz der Potenzreihe und damit $B(z_1, z_2) \neq 0$ für alle (z_1, z_2) im Gebiet $|z_1| \geqq 1$, $|z_2| \geqq 1$.

Eine direkte Prüfung dieser Eigenschaft ist schwierig. Im folgenden werden einige Möglichkeiten zur praktischen Stabilitätsprüfung vorgestellt. Die Beweise sind im Schrifttum zu finden [Hu1, Oc1, Sh1, St2].

Satz VII.2: Ein zweidimensionales kausales System mit der vorgegebenen Übertragungsfunktion $H(z_1, z_2) = 1/B(z_1, z_2)$ ist genau dann stabil, wenn eines der folgenden äquivalenten Kriterien (a), (b) oder (c) erfüllt ist:

(a) Shanks-Kriterium

(ai) $B(z_1, z_2) \neq 0$, für alle z_1, z_2 mit $|z_1| \geqq 1$, $|z_2| = 1$ und

(aii) $B(z_1, z_2) \neq 0$, für alle z_1, z_2 mit $|z_1| = 1$, $|z_2| \geqq 1$;

(b) Huang-Kriterium

(bi) $B(z_1, z_2) \neq 0$, für alle z_1, z_2 mit $|z_1| \geqq 1$, $|z_2| = 1$ und

(bii) $B(a, z_2) \neq 0$, für alle z_2 mit $|z_2| \geqq 1$ und für ein beliebiges, aber festes a mit $|a| \geqq 1$;

(c) DeCarlo-Strintzis-Kriterium

(ci) $B(z_1, z_2) \neq 0$, für alle z_1, z_2 mit $|z_1| = 1$, $|z_2| = 1$ und

(cii) $B(a, z_2) \neq 0$, für alle z_2 mit $|z_2| \geqq 1$, a beliebig, aber fest mit $|a| = 1$ und

(ciii) $B(z_1, b) \neq 0$, für alle z_1 mit $|z_1| \geqq 1$, b beliebig, aber fest mit $|b| = 1$.

Man beachte, daß es sich bei den Forderungen (bii), (cii) und (ciii) um eindimensionale Prüfbedingungen handelt. Dabei kann man $a = 1$ und $b = 1$ wählen. Die Anwendung der Bedingung (ci) erfordert zu prüfen, ob $B(\mathrm{e}^{\mathrm{j}\omega_1}, \mathrm{e}^{\mathrm{j}\omega_2})$ für $0 \leqq \omega_1 < 2\pi$ und $0 \leqq \omega_2 < 2\pi$ nicht verschwindet. Außerdem ist zu beachten, daß alle Betragsbedingungen "$\geqq 1$" den Punkt Unendlich umfassen.

Man kann die Nullstellen des Polynoms $B(z_1, \mathrm{e}^{\mathrm{j}\omega_2})$ bei festem ω_2 berechnen. Läßt man ω_2 das Intervall $[0, 2\pi)$ durchlaufen, so bewegen sich die Nullstellen des Polynoms auf bestimmten Ortskurven in der z_1-Ebene, wobei ω_2 als Ortskurvenparameter auftritt. Ebenso kann man die Nullstellen des Polynoms $B(\mathrm{e}^{\mathrm{j}\omega_1}, z_2)$ für jedes feste ω_1 ermitteln. Läßt man ω_1 das Intervall $[0, 2\pi)$ durchlaufen, dann bewegen sich die Nullstellen des Polynoms auf bestimmten Ortskurven in der z_2-Ebene. Auf diese Weise erhält man Wurzelortskurven in der z_1-Ebene und in der z_2-Ebene.

Wenn keine der Wurzelortskurven in der z_1-Ebene und keine der Wurzelortskurven in der z_2-Ebene den Einheitskreis schneidet oder erreicht, ist die Bedingung (ci) erfüllt. Die Bedingungen (cii) und (ciii) verlangen, daß die Wurzelortskurven in beiden Ebenen ausschließlich innerhalb des Einheitskreises liegen. Wenn im Rahmen der Prüfung von Bedingung (ci) festgestellt wurde, daß die Wurzelortskurven den Einheitskreis nicht schneiden, genügt es zu prüfen, ob alle Wurzeln der zwei eindimensionalen Polynome $B(z_1, 1)$ und $B(1, z_2)$ innerhalb des Einheitskreises liegen.

Die Bedingungen (bi) und (bii) sind erfüllt, wenn die Wurzelortskurven in beiden Ebenen innerhalb des Einheitskreises verlaufen.

Das Kriterium (c) von Satz VII.2 läßt sich unter Verwendung des Satzes vom logarithmischen Residuum (Satz V.4) praktisch anwenden. Dazu werden zunächst die Ortskurven

$$B(1, \mathrm{e}^{\mathrm{j}\omega_2}) \quad (0 \leqq \omega_2 < 2\pi)\ ; \quad B(\mathrm{e}^{\mathrm{j}\omega_1}, 1) \quad (0 \leqq \omega_1 < 2\pi)$$

untersucht. Ist ihre Umlaufzahl um den Ursprung jeweils Null, dann befinden sich alle Nullstellen von $B(1, z_2)$ in $|z_2| < 1$ und alle Nullstellen von $B(z_1, 1)$ in $|z_1| < 1$; die Bedingungen (cii) und (ciii) von Satz VII.2 sind dann erfüllt. Zur Prüfung der Bedingung (ci) untersucht man die Ortskurvenschar von $B(\mathrm{e}^{\mathrm{j}\omega_1}, \mathrm{e}^{\mathrm{j}\omega_2})$ mit ω_2 als Ortskurvenparameter und ω_1 als dem Scharparameter. Es werden dabei S_1 solche Ortskurven für $\omega_1 = 2\pi\nu/S_1$ mit $\nu = 1, 2, \ldots, S_1$ untersucht. Ist die Umlaufzahl jeder dieser Ortskurven bezüglich des Ursprungs Null und S_1 hinreichend groß gewählt, so befinden sich alle Nullstellen von $B(\mathrm{e}^{\mathrm{j}\omega_1}, z_2)$ in $|z_2| < 1$ (man beachte, daß $B(\mathrm{e}^{\mathrm{j}\omega_1}, z_2)$ ein Polynom in $1/z_2$ ist), und zwar für jeden Wert von ω_1 im Intervall $0 \leqq \omega_1 < 2\pi$. Damit ist die Bedingung (ci) von Satz VII.2 erfüllt.

Soll die geschilderte Stabilitätsprüfmethode aufgrund des Satzes vom logarithmischen Residuum *numerisch* angewendet werden, dann muß die Phase von $B(e^{j\omega_1}, e^{j\omega_2})$ bei konstantem ω_1, aber variablem ω_2 $(0 \leqq \omega_2 < 2\pi)$ bzw. bei konstantem ω_2, aber variablem ω_1 $(0 \leqq \omega_1 < 2\pi)$ berechnet werden, d. h. unter der Voraussetzung $B(e^{j\omega_1}, e^{j\omega_2}) \neq 0$

$$\Phi(\omega_1, \omega_2) := \arg B(e^{j\omega_1}, e^{j\omega_2}) = \arctan \frac{\operatorname{Im} B(e^{j\omega_1}, e^{j\omega_2})}{\operatorname{Re} B(e^{j\omega_1}, e^{j\omega_2})} . \tag{7.101}$$

Eine Schwierigkeit hierbei stellt die Mehrdeutigkeit der arctan-Funktion dar. Zur eindeutigen Festlegung der Phasenfunktion wird vereinbart, daß $\Phi(0,0)$ gleich Null ist und $\Phi(\omega_1, \omega_2)$ stetig von ω_1, ω_2 abhängt. Es besteht nun die Möglichkeit, aufgrund von Gl. (7.101) aus der Funktion $B(e^{j\omega_1}, e^{j\omega_2})$ die partiellen Ableitungen $\partial \Phi(\omega_1, \omega_2)/\partial \omega_1$ und $\partial \Phi(\omega_1, \omega_2)/\partial \omega_2$ zu berechnen, wobei die Ableitungen an möglichen Sprungstellen undefiniert bleiben. Dann kann man für feste Parameter $\widetilde{\omega}_1$ und $\widetilde{\omega}_2$ die stetigen Funktionen

$$\Phi(\omega_1, \widetilde{\omega}_2) = \Phi(0, \widetilde{\omega}_2) + \int_0^{\omega_1} \frac{\partial \Phi(\xi_1, \widetilde{\omega}_2)}{\partial \xi_1} \, d\xi_1 , \tag{7.102}$$

$$\Phi(\widetilde{\omega}_1, \omega_2) = \Phi(\widetilde{\omega}_1, 0) + \int_0^{\omega_2} \frac{\partial \Phi(\widetilde{\omega}_1, \xi_2)}{\partial \xi_2} \, d\xi_2 \tag{7.103}$$

und

$$\Phi(\omega_1, \omega_2) = \Phi(0,0) + \int_0^{\omega_1} \frac{\partial \Phi(\xi_1, 0)}{\partial \xi_1} \, d\xi_1 + \int_0^{\omega_2} \frac{\partial \Phi(\omega_1, \xi_2)}{\partial \xi_2} \, d\xi_2 \tag{7.104}$$

numerisch ermitteln. Sie repräsentieren die Phase in der entrollten Form.

Die oben formulierte Prüfung des Kriteriums (c) von Satz VII.2 kann jetzt folgendermaßen zusammengefaßt werden: Die entrollten Funktionen

$$\Phi(\omega_1, 0) , \quad \Phi(0, \omega_2) , \quad \Phi(2\pi\nu/S_1, \omega_2) \quad (\nu = 1, 2, \ldots, S_1)$$

müssen bei hinreichend großem S_1 *stetige periodische* Funktionen sein. Dies ist äquivalent mit der Forderung, daß die entrollte Phase $\Phi(\omega_1, \omega_2)$ eine stetige, doppelperiodische Funktion darstellt [Oc1, Oc2].

Hat ein zweidimensionales kausales System, dessen Stabilität analysiert werden soll, eine Übertragungsfunktion $H(z_1, z_2) = A(z_1, z_2)/B(z_1, z_2)$, die sich von der im Satz VII.2 genannten Funktion dadurch unterscheidet, daß das Zählerpolynom $A(z_1, z_2)$ nicht speziell gleich Eins ist, dann wird die Stabilität des Systems im allgemeinen nicht nur durch das Polynom $B(z_1, z_2)$, sondern auch durch $A(z_1, z_2)$ bestimmt. In [Go3] werden drei Beispiele von Übertragungsfunktionen angegeben, deren gemeinsamer Nenner $B(z_1, z_2) = 2 - z_1^{-1} - z_2^{-1}$ im Punkt $z_1 = z_2 = 1$ eine Nullstelle hat, die sich aber im Zähler wesentlich dadurch unterscheiden, daß eine der Übertragungsfunktionen mit $A(z_1, z_2) = 1$ in $z_1 = z_2 = 1$ im Zähler nicht verschwindet, während die anderen Übertragungsfunktionen mit dem Zähler $A(z_1, z_2) = (1 - z_1^{-1})^8 (1 - z_2^{-1})^8$ bzw. dem Zähler $A(z_1, z_2) = (1 - z_1^{-1})(1 - z_2^{-1})$ an der Stelle $z_1 = z_2 = 1$ eine *unwesentliche Singularität zweiter Art* auf dem zweidimensionalen Hypereinheitskreis aufweisen. Nur das System mit $(1 - z_1^{-1})^8 (1 - z_2^{-1})^8$ als dem Zählerpolynom ist stabil. Wenn für das Zählerpolynom $A(z_1, z_2) \neq$ const gilt, stellen die Bedingungen nach Satz VII.2 nur hinreichende Bedingungen dar. Falls keine unwesentliche Singularität zweiter Art in $|z_1| \geqq 1$, $|z_2| \geqq 1$ vorhanden ist, repräsentieren die Bedingungen nach Satz VII.2 auch notwendige Stabilitätsbedingungen.

4 Strukturen zweidimensionaler Digitalfilter

Die Impulsantwort und die Übertragungsfunktion sind Systemcharakteristiken, welche Eingangs- und Ausgangssignal eines Filters analytisch miteinander verknüpfen. Liegt eine Übertragungsfunktion explizit vor, so stellt sich die Frage nach ihrer Realisierung durch ein Digitalfilter, d. h. durch ein System, das aus einer Zusammenschaltung von Konstantmultiplizierern, Verzögerern, Addierern und Verteilknoten besteht. Im folgenden werden einige Möglichkeiten zur Verwirklichung von Übertragungsfunktionen beschrieben. Durch Anwendung des Dualitätsprinzips läßt sich analog zum eindimensionalen Fall (Kapitel II und [Un5]) zu jeder Realisierung eine äquivalente duale Verwirklichung der betreffenden Übertragungsfunktion angeben.

4.1 VIERTELEBENEN- UND HALBEBENENFILTER

Unter einem Viertelebenenfilter wird hier ein System mit der Übertragungsfunktion

$$H(z_1, z_2) = \frac{\sum_{\nu_1=0}^{L_1} \sum_{\nu_2=0}^{L_2} \alpha_{\nu_1 \nu_2} z_1^{-\nu_1} z_2^{-\nu_2}}{\sum_{\nu_1=0}^{N_1} \sum_{\nu_2=0}^{N_2} \beta_{\nu_1 \nu_2} z_1^{-\nu_1} z_2^{-\nu_2}} \tag{7.105}$$

mit $\beta_{00} \neq 0$ verstanden, so daß die Impulsantwort des Systems nur im ersten Quadranten $(n_1 \geqq 0, n_2 \geqq 0)$ von Null verschiedene Funktionswerte aufweist. Ein Halbebenenfilter sei durch die Übertragungsfunktion

$$H(z_1, z_2) = \frac{\sum_{\nu_1=0}^{L_1} \sum_{\nu_2=-K_2}^{L_2} \alpha_{\nu_1 \nu_2} z_1^{-\nu_1} z_2^{-\nu_2}}{\sum_{\nu_1=0}^{N_1} \sum_{\nu_2=-M_2}^{N_2} \beta_{\nu_1 \nu_2} z_1^{-\nu_1} z_2^{-\nu_2}} \tag{7.106}$$

mit $\beta_{00} \neq 0$ und

$$\alpha_{0\nu_2} = \beta_{0\nu_2} = 0 \quad \text{für} \quad \nu_2 < 0$$

charakterisiert, so daß die Impulsantwort nur in einer Halbebene von Null verschiedene Funktionswerte besitzt. Eingangs- und Ausgangsmaske des Halbebenenfilters sind also Keilgebiete. Im folgenden wird gezeigt, daß durch Einführung verallgemeinerter Verzögerungsglieder ein Halbebenenfilter wie ein Viertelebenenfilter behandelt werden kann.

Mit

$$M = \max(K_2, M_2) \tag{7.107}$$

werden die (verallgemeinerten) Verzögerungen

$$\zeta_1^{-1} := z_1^{-1} z_2^M \quad , \quad \zeta_2^{-1} := z_2^{-1} \tag{7.108a,b}$$

eingeführt. Damit kann für die kombinierte Verzögerung

$$z_1^{-\nu_1} z_2^{-\nu_2} = \zeta_1^{-\nu_1} \zeta_2^{-(\nu_1 M + \nu_2)} \tag{7.109}$$

oder bei Verwendung der neuen Bezeichnungen

$$\mu_1 := \nu_1 \quad , \quad \mu_2 := \nu_1 M + \nu_2 \tag{7.110a,b}$$

oder

$$\nu_1 = \mu_1 \quad , \quad \nu_2 = \mu_2 - \mu_1 M \tag{7.111a,b}$$

auch

$$z_1^{-\nu_1} z_2^{-\nu_2} = \zeta_1^{-\mu_1} \zeta_2^{-\mu_2} \tag{7.112}$$

geschrieben werden. Es werden die weiteren Bezeichnungen

$$a_{\mu_1 \mu_2} := \alpha_{\mu_1 (\mu_2 - \mu_1 M)} \quad , \quad b_{\mu_1 \mu_2} := \beta_{\mu_1 (\mu_2 - \mu_1 M)} \tag{7.113a,b}$$

eingeführt. Dann läßt sich die Übertragungsfunktion $H(z_1, z_2)$ nach Gl. (7.106) auf die Form

$$H(\zeta_1, \zeta_2) = \frac{\sum\limits_{\mu_1=0}^{L_1} \sum\limits_{\mu_2=0}^{\mu_1 M + L_2} a_{\mu_1 \mu_2} \zeta_1^{-\mu_1} \zeta_2^{-\mu_2}}{\sum\limits_{\mu_1=0}^{N_1} \sum\limits_{\mu_2=0}^{\mu_1 M + N_2} b_{\mu_1 \mu_2} \zeta_1^{-\mu_1} \zeta_2^{-\mu_2}} \tag{7.114}$$

eines Viertelebenenfilters umschreiben (der Einfachheit wegen wurde das Funktionszeichen H beibehalten). Die auftretenden Koeffizienten $a_{\mu_1 \mu_2}$ und $b_{\mu_1 \mu_2}$ erhält man gemäß den Gln. (7.113a,b) aus den $\alpha_{\nu_1 \nu_2}$ und $\beta_{\nu_1 \nu_2}$, jedoch nur insoweit, als die Indizes in den Intervallen $0 \leqq \nu_1 \leqq L_1$, $-K_2 \leqq \nu_2 \leqq L_2$ bzw. $0 \leqq \nu_1 \leqq N_1$, $-M_2 \leqq \nu_2 \leqq N_2$ liegen. Andernfalls haben die Koeffizienten den Wert Null.

Beispiel 7.4: Es sei $L_1 = K_2 = L_2 = 0$, $\alpha_{00} = 1$, $N_1 = 2$, $M_2 = 2$, $N_2 = 2$. Dann ergibt sich $M = 2$ und die Übertragungsfunktion

$$H(\zeta_1, \zeta_2) = \frac{1}{B(\zeta_1, \zeta_2)}$$

mit

$$B(\zeta_1, \zeta_2) = \beta_{00} + \beta_{01} \zeta_2^{-1} + \beta_{02} \zeta_2^{-2} + \beta_{1(-2)} \zeta_1^{-1} + \beta_{1(-1)} \zeta_1^{-1} \zeta_2^{-1} + \beta_{10} \zeta_1^{-1} \zeta_2^{-2} + \beta_{11} \zeta_1^{-1} \zeta_2^{-3}$$
$$+ \beta_{12} \zeta_1^{-1} \zeta_2^{-4} + \beta_{2(-2)} \zeta_1^{-2} \zeta_2^{-2} + \beta_{2(-1)} \zeta_1^{-2} \zeta_2^{-3} + \beta_{20} \zeta_1^{-2} \zeta_2^{-4} + \beta_{21} \zeta_1^{-2} \zeta_2^{-5} + \beta_{22} \zeta_1^{-2} \zeta_2^{-6} .$$

Da nunmehr Halbebenenfilter wie Viertelebenenfilter behandelt werden können, werden im folgenden vorzugsweise Viertelebenenfilter betrachtet.

4.2 NICHTREKURSIVE FILTER

Die Übertragungsfunktion eines nichtrekursiven (FIR-) Viertelebenenfilters hat die Form

$$H(z_1,z_2) = \sum_{\nu_1=0}^{L_1} \sum_{\nu_2=0}^{L_2} \alpha_{\nu_1\nu_2} z_1^{-\nu_1} z_2^{-\nu_2} . \tag{7.115}$$

Grundsätzlich haben FIR- ("*f*inite *i*mpulse *r*esponse") Filter den großen Vorteil, daß sie stets stabil sind. Ist $X(z_1,z_2)$ die Z-Transformierte des Eingangssignals und $Y(z_1,z_2)$ die des Ausgangssignals, dann besteht die Beziehung

$$Y(z_1,z_2) = \sum_{\nu_1=0}^{L_1} \sum_{\nu_2=0}^{L_2} \alpha_{\nu_1\nu_2} z_1^{-\nu_1} z_2^{-\nu_2} X(z_1,z_2) . \tag{7.116}$$

Aus dieser läßt sich direkt eine Realisierung der Übertragungsfunktion erhalten. Dazu konstruiert man für alle in der Übertragungsfunktion vorkommenden Verzögerungsterme $z_1^{-\nu_1} z_2^{-\nu_2}$ einen Verzögerungsbaum für $X(z_1,z_2)$. Die Zweige des Verzögerungsbaumes bestehen aus Elementarverzögerern z_1^{-1} bzw. z_2^{-1}. Den Enden dieses Baumes entnimmt man sämtliche Terme $z_1^{-\nu_1} z_2^{-\nu_2} X(z_1,z_2)$, die Multiplizierern $\alpha_{\nu_1\nu_2}$ zugeführt werden. Die Produkte übergibt man einem Addierer, der schließlich $Y(z_1,z_2)$ liefert. Liegen mehreren Multiplizierern gleiche Elementarverzögerer in Kaskade, so lassen sich Verzögerer einsparen. Durch unterschiedliche, jedoch bezüglich der erforderlichen Verzögerungsterme äquivalente Verzögerungsbäume kann man unterschiedliche Realisierungen der Übertragungsfunktion erhalten.

Beispiel 7.5: Es sei

$$H(z_1,z_2) = \alpha_{00} + \alpha_{01} z_2^{-1} + \alpha_{10} z_1^{-1} + \alpha_{11} z_1^{-1} z_2^{-1} + \alpha_{21} z_1^{-2} z_2^{-1} \tag{7.117}$$

gegeben. Die Realisierung erfolgt in drei Schritten, die im Bild 7.14 in Form von Signalflußdiagrammen beschrieben sind. Im ersten Schritt (Bild 7.14a) wird der Verzögerungsbaum gebildet, im zweiten Schritt (Bild 7.14b) erfolgt die Erweiterung des Baumes zum Gesamtfilter, und im dritten Schritt (Bild 7.14c) werden zwei Verzögerer eingespart. Die Signalflußdiagramme bestehen aus den gleichen Elementen wie im eindimensionalen Fall, allerdings kommen zwei Arten von Verzögerungen (z_1^{-1}, z_2^{-1}) vor.

Man kann die Übertragungsfunktion $H(z_1,z_2)$ nach Gl. (7.115) auch in der Form

$$H(z_1,z_2) = \sum_{\nu_1=0}^{L_1} z_1^{-\nu_1} H_{\nu_1}(z_2) \tag{7.118a}$$

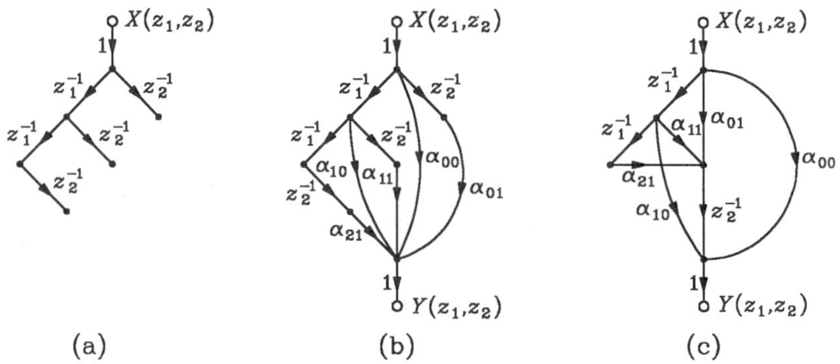

Bild 7.14: Realisierung der Übertragungsfunktion nach Gl. (7.117)

mit

$$H_{\nu_1}(z_2) = \sum_{\nu_2=0}^{L_2} \alpha_{\nu_1\nu_2} z_2^{-\nu_2} \qquad (\nu_1 = 0, 1, \ldots, L_1) \tag{7.118b}$$

schreiben. Die Teilübertragungsfunktionen $H_{\nu_1}(z_2)$ lassen sich durch eindimensionale FIR-Filter realisieren. Die Gesamtübertragungsfunktion $H(z_1, z_2)$ wird dann gemäß dem Signalflußdiagramm nach Bild 7.15 verwirklicht. Eine ähnliche Realisierung erhält man, wenn man Teilübertragungsfunktionen $H_{\nu_2}(z_1)$ $(\nu_2 = 0, 1, \ldots, L_2)$ verwendet. Es werden jedenfalls $(L_1+1)(L_2+1)$ Multiplikationen und $(L_1+1)(L_2+1) - 1 = L_1L_2 + L_1 + L_2$ Additionen benötigt.

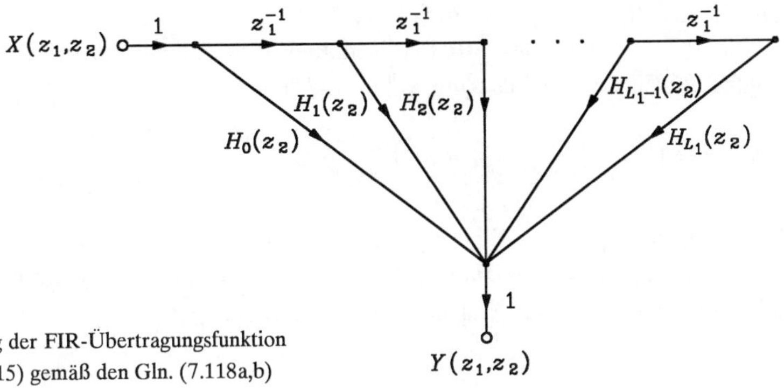

Bild 7.15: Realisierung der FIR-Übertragungsfunktion aus Gl. (7.115) gemäß den Gln. (7.118a,b)

Für bestimmte Anwendungen sind FIR-Systeme von Bedeutung, die einen rein reellen Frequenzgang haben. Man spricht in diesem Fall von Nullphasen-Filtern (obwohl die Phase dort den Wert π hat, wo der Frequenzgang einen negativen reellen Wert besitzt). Der Frequenzgang eines solchen Systems ist also dadurch ausgezeichnet, daß für alle reellen ω_1- und ω_2-Werte $H(e^{j\omega_1}, e^{j\omega_2})$ jeweils mit $[H(e^{j\omega_1}, e^{j\omega_2})]^*$ übereinstimmt. Nach den Eigenschaften der Fourier-Transformation gemäß den Korrespondenzen (7.52c,d) bedeutet diese Besonderheit für die Impulsantwort die Eigenschaft

$$h[n_1, n_2] = h^*[-n_1, -n_2] \ . \tag{7.119}$$

Sie setzt einen Träger der Impulsantwort in der (n_1, n_2)-Ebene mit Zentrum im Ursprung voraus, etwa ein Rechteckgebiet

$$\{(n_1, n_2)\,;\ |n_1| \leqq L_1\,,\ |n_2| \leqq L_2\}\ .$$

Ist die Impulsantwort eines Nullphasen-Filters rein reell, dann stimmen die Werte von $h[n_1, n_2]$ und $h[-n_1, -n_2]$ überein. Damit kann man auf der rechten Seite der Gl. (7.17), die im vorliegenden Fall des FIR-Filters nur aus endlich vielen Summanden besteht, abgesehen vom Summanden $h[0,0]x[n_1, n_2]$, alle Summanden paarweise an den Stellen (μ_1, μ_2) und $(-\mu_1, -\mu_2)$ im Träger zusammenfassen. Dadurch läßt sich die Zahl der Multiplikationen bei der Berechnung von $y[n_1, n_2]$ nahezu halbieren.

Geht man davon aus, daß alle zugelassenen Eingangssignale $x[n_1, n_2]$ eines FIR-Filters mit der Impulsantwort $h[n_1, n_2]$ einen gemeinsamen endlichen Träger haben, so läßt sich die Faltung zwischen dem jeweiligen Eingangssignal $x[n_1, n_2]$ und der Impulsantwort $h[n_1, n_2]$ mit Hilfe der zweidimensionalen DFT, insbesondere einer schnellen Version, durchführen, wobei die Ordnung (N_1, N_2) entsprechend groß (aber fest) zu wählen ist. Dazu muß man zunächst die diskrete Fourier-Transformierte $X[m_1, m_2]$ von $x[n_1, n_2]$ und anschließend das Produkt $X[m_1, m_2]H[m_1, m_2]$ bilden, wobei angenommen wird, daß die diskrete Fourier-Transformierte $H[m_1, m_2]$ im voraus berechnet wurde. Die inverse DFT dieses Produkts liefert bei Wahl einer genügend großen Ordnung das Ausgangssignal $y[n_1, n_2]$ exakt. Auf diese Weise lassen sich FIR-Filter durch zwei DFT realisieren. Diese Art der Realisierung, die durch ein Signalflußdiagramm beschrieben werden kann, ist durch einen verhältnismäßig großen Speicherplatzbedarf gekennzeichnet. Diese Schwierigkeit kann durch sogenannte Blockfaltung gemildert werden, allerdings auf Kosten eines Verlusts an Effektivität.

Die Realisierung eines FIR-Filters mittels Blockfaltung beruht auf der additiven Zerlegung des Eingangssignals $x[n_1, n_2]$ in eine Summe

$$x[n_1, n_2] = \sum_{\mu} x_{\mu}[n_1, n_2] \tag{7.120}$$

von Signalen $x_{\mu}[n_1, n_2]$, Blöcke genannt, deren Träger ausnahmslos disjunkt sind, sich also nicht überlappen. Ist $h[n_1, n_2]$ die Impulsantwort des Filters, dann erhält man aufgrund der Linearität des Filters das Ausgangssignal als Summe

$$y[n_1, n_2] = \sum_{\mu} x_{\mu}[n_1, n_2] ** h[n_1, n_2] . \tag{7.121}$$

Man kann jetzt zwischen zwei verschiedenen Vorgehensweisen unterscheiden. Zum einen lassen sich die Summanden in Gl. (7.121) exakt mittels (schneller) DFT ermitteln, indem man die Ordnung der DFT genügend groß wählt. Dabei werden sich allerdings die Träger der Summanden in Gl. (7.121) überlappen. Durch geeignete Zerlegung von $x[n_1, n_2]$ in Blöcke nach Gl. (7.120) läßt sich die Ordnung der erforderlichen DFT begrenzen und so der Speicherbedarf reduzieren. Eine andere Verfahrensweise ist die folgende: Führt man die Blockzerlegung von $x[n_1, n_2]$ nach Gl. (7.120) derart durch, daß die Träger dieser Blöcke durchweg Rechteckgestalt gleicher Breite N_1 und Höhe N_2 haben und im übrigen wesentlich größer sind als der Träger der Impulsantwort $h[n_1, n_2]$, und wählt man als Ordnung der DFT zur Berechnung der Summanden auf der rechten Seite von Gl. (7.121) (N_1, N_2), dann liefert die DFT zwar nicht die exakten Summanden, jedoch Blöcke, die im Zentrum ihres jeweiligen Trägers mit den korrekten Werten des betreffenden Summanden aus Gl. (7.121) übereinstimmen. Dieses Zentrum kann man leicht angeben, indem man überlegt, wo die Erscheinung des Aliasing auftritt (wenn der Träger des x-Blocks die Länge N_1 und die Breite N_2 hat und der Träger der Impulsantwort die Länge M_1 und die Breite M_2 aufweist, dann findet bei Anwendung der DFT der Ordnung (N_1, N_2) in einem Bereich der Länge $N_1 - M_1 + 1$ und der Breite $N_2 - M_2 + 1$ kein Aliasing statt; dort werden also exakte Ausgangswerte geliefert). Wenn die Blockzerlegung von $x[n_1, n_2]$ sorgfältig durchgeführt wird, lassen sich auf diese Weise sämtliche Werte des Ausgangssignals $y[n_1, n_2]$ exakt erhalten, wobei man allerdings Blocküberlappungen zulassen muß.

4.3 REKURSIVE FILTER

4.3.1 Getrennte Realisierung von Zähler und Nenner

Die Übertragungsfunktion nach Gl. (7.105), in der ohne Einschränkung der Allgemeinheit $\beta_{00} = 1$ vorausgesetzt werden darf, kann man in der Form

$$H(z_1, z_2) = A(z_1, z_2) \frac{1}{1 + \hat{B}(z_1, z_2)} \tag{7.122}$$

darstellen. Sie beschreibt das Eingang-Ausgang-Verhalten eines rekursiven Filters, auch IIR- ("*i*nfinite *i*mpulse *r*esponse") Filter genannt. Dabei bedeuten $A(z_1, z_2)$ und $\hat{B}(z_1, z_2)$ Übertragungsfunktionen von FIR-Filtern. Sie können nach Abschnitt 4.2 verwirklicht werden. Die Gesamtfunktion $H(z_1, z_2)$ aus Gl. (7.122) läßt sich dann gemäß Bild 7.16 realisieren. Eine alternative Verwirklichung ergibt sich, wenn man in der Struktur nach Bild 7.16 den Block $A(z_1, z_2)$ dem Rückkopplungsteil mit der Rückführung $\hat{B}(z_1, z_2)$ nachschaltet.

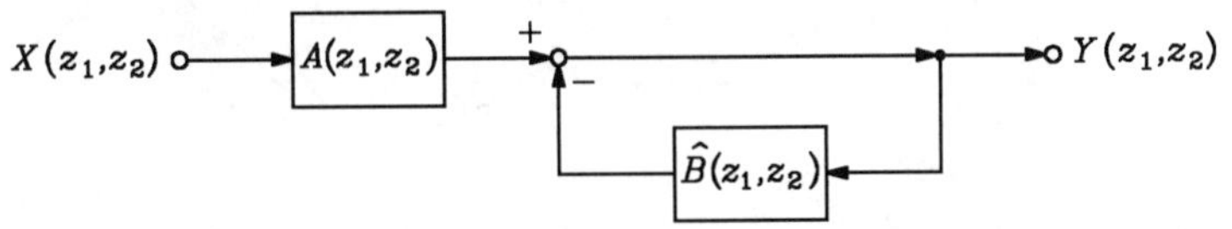

Bild 7.16: Realisierung einer IIR-Übertragungsfunktion durch zwei FIR-Filter

Eine erste Struktur

Für $Y(z_1, z_2)/X(z_1, z_2) = H(z_1, z_2)$ folgt aus Gl. (7.122) bei Berücksichtigung der Gl. (7.105) unmittelbar die Darstellung

$$Y(z_1, z_2) = A(z_1, z_2) \cdot X(z_1, z_2) \frac{1}{1 + \hat{B}(z_1, z_2)} = A(z_1, z_2) \cdot W(z_1, z_2)$$

und somit

$$Y(z_1, z_2) = \sum_{\nu_1 = 0}^{L_1} A_{\nu_1}(z_2) z_1^{-\nu_1} W(z_1, z_2) \,, \tag{7.123a}$$

$$W(z_1, z_2) = X(z_1, z_2) - \sum_{\nu_1 = 0}^{N_1} \hat{B}_{\nu_1}(z_2) z_1^{-\nu_1} W(z_1, z_2) \tag{7.123b}$$

mit den eindimensionalen FIR-Übertragungsfunktionen

$$A_{\nu_1}(z_2) = \sum_{\nu_2 = 0}^{L_2} \alpha_{\nu_1 \nu_2} z_2^{-\nu_2} \qquad (\nu_1 = 0, 1, \ldots, L_1) \,, \tag{7.124a}$$

$$\hat{B}_{\nu_1}(z_2) = \sum_{\substack{\nu_2 = 0 \\ (\nu_1, \nu_2) \neq (0,0)}}^{N_2} \beta_{\nu_1 \nu_2} z_2^{-\nu_2} \qquad (\nu_1 = 0, 1, \ldots, N_1) \tag{7.124b}$$

und der Hilfsfunktion $W(z_1, z_2)$. Den Gln. (7.123a,b) entnimmt man unmittelbar die im Bild 7.17 dargestellte Struktur. Die Pfade mit den eindimensionalen FIR-Übertragungsfunktionen lassen sich auf verschiedene Weise mit Hilfe bekannter Verfahren (Kapitel IV, VI) realisieren. Man kann Verzögerungselemente z_2^{-1} einsparen, wenn die eindimensionalen Übertragungsfunktionen paarweise zusammen realisiert werden, nämlich $A_0(z_2)$, $-\hat{B}_0(z_2)$ und $A_1(z_2)$, $-\hat{B}_1(z_2)$ etc. Im Bild 7.18 ist diese Zusammenfassung für $A_0(z_2)$, $-\hat{B}_0(z_2)$ gezeigt.

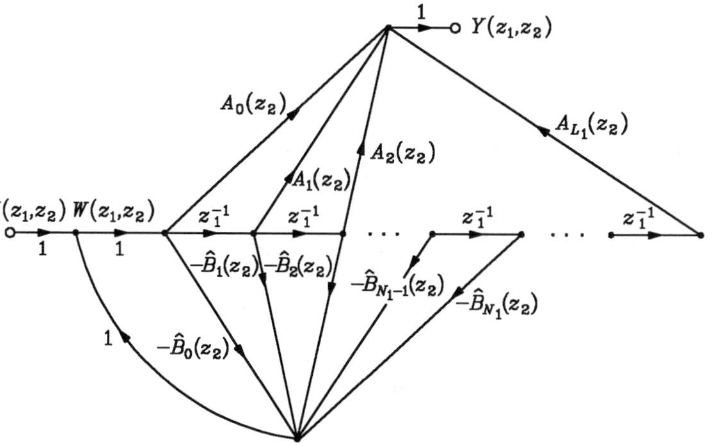

Bild 7.17: Struktur zur Realisierung einer allgemeinen Übertragungsfunktion. Es wurde $L_1 \geqq N_1$ vorausgesetzt. Andernfalls ist die Struktur zu modifizieren

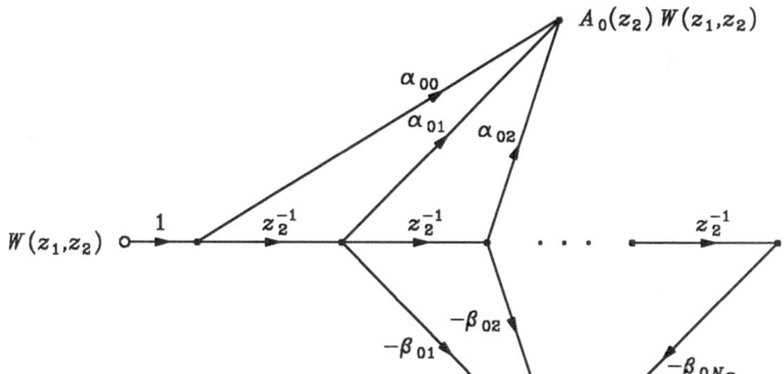

Bild 7.18: Gemeinsame Realisierung der Übertragungsfunktionen $A_0(z_2)$, $-\hat{B}_0(z_2)$

Eine zweite Struktur

Eine weitere interessante Filterstruktur entsteht, wenn man zunächst die in der Gl. (7.122) auftretenden FIR-Übertragungsfunktionen $A(z_1, z_2)$ und $-\hat{B}(z_1, z_2)$ aufgrund der Darstellungen

$$A(z_1, z_2) = \sum_{\nu_2=0}^{L_2} z_2^{-\nu_2} \sum_{\nu_1=0}^{L_1} \alpha_{\nu_1\nu_2} z_1^{-\nu_1} \tag{7.125}$$

und

$$-\hat{B}(z_1, z_2) = \sum_{\substack{\nu_2=0 \\ (\nu_1, \nu_2) \neq (0,0)}}^{N_2} z_2^{-\nu_2} \sum_{\nu_1=0}^{N_1} (-\beta_{\nu_1\nu_2}) z_1^{-\nu_1} \tag{7.126}$$

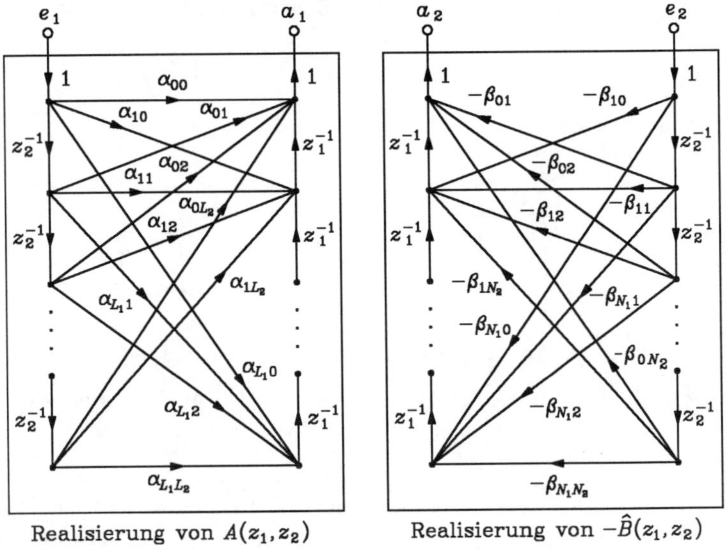

Bild 7.19: Realisierung von FIR-Übertragungsfunktionen

gemäß Bild 7.19 realisiert. Diese beiden FIR-Filter werden nun gemäß Bild 7.16 zusammengeschaltet. Die Zusammenschaltung liefert eine Realisierung der Übertragungsfunktion $H(z_1, z_2)$ und ist im Bild 7.20 angedeutet, wobei die Komponenten durch Bild 7.19 beschrieben werden. Da im Knoten a_2 eine Addition der Signale aus den beiden Teilfiltern stattfindet, können die beiden z_1^{-1}-Verzögerungsketten zusammengefaßt werden, und damit besteht die Möglichkeit einer erheblichen Einsparung von Verzögerungselementen. Dies soll durch den gestrichelten Teil im Bild 7.20 angedeutet werden. Man kann die beiden Teilsysteme aus Bild 7.19 auch in umgekehrter Reihenfolge zusammenschalten, d. h. e_2 und die Summe aus a_2 und dem Eingangssignal mit e_1 verbinden und a_1 als Ausgang verwenden. Auch damit wird $H(z_1, z_2)$ realisiert, wobei jetzt die z_2^{-1}-Verzögerungsketten zusammengefaßt werden können.

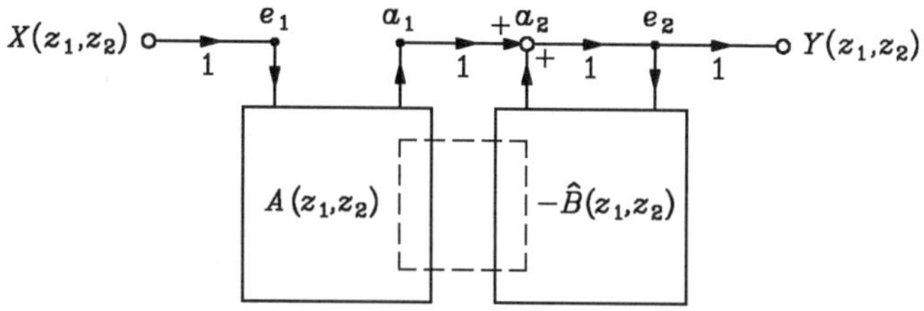

Bild 7.20: Zusammenfassung der FIR-Filter zu einem IIR-Filter. Die z_1^{-1}-Verzögerungsketten innerhalb des gestrichelten Teils können zu einer Kette vereinigt werden

Eine dritte Struktur

Eine Vielzahl weiterer Realisierungsmöglichkeiten bietet die folgende Überlegung. Man kann den Zähler $A(z_1, z_2)$ in Gl. (7.122) in der Form

$$A(z_1, z_2) = \boldsymbol{Z}_{1\alpha}^{\mathrm{T}} \boldsymbol{\alpha} \boldsymbol{Z}_{2\alpha} \tag{7.127}$$

mit den Matrizen

$$\boldsymbol{Z}_{1\alpha} = \begin{bmatrix} 1 \\ z_1^{-1} \\ \vdots \\ z_1^{-L_1} \end{bmatrix}, \quad \boldsymbol{\alpha} = \begin{bmatrix} \alpha_{00} & \cdots & \alpha_{0L_2} \\ \vdots & & \\ \alpha_{L_1 0} & \cdots & \alpha_{L_1 L_2} \end{bmatrix}, \quad \boldsymbol{Z}_{2\alpha} = \begin{bmatrix} 1 \\ z_2^{-1} \\ \vdots \\ z_2^{-L_2} \end{bmatrix} \tag{7.128a-c}$$

ausdrücken. (Entsprechend kann auch der Nenner in Gl. (7.56) oder der Nenneranteil $\hat{B}(z_1, z_2)$ in Gl. (7.122) geschrieben werden.) Die Matrix $\boldsymbol{\alpha}$ soll nun in ein Produkt

$$\boldsymbol{\alpha} = \boldsymbol{\beta}\boldsymbol{\gamma} \tag{7.129}$$

zerlegt werden, wobei $\boldsymbol{\beta}$ eine Matrix mit $L_1 + 1$ Zeilen, $M + 1$ Spalten und $\boldsymbol{\gamma}$ eine Matrix mit $M + 1$ Zeilen, $L_2 + 1$ Spalten bedeutet. Weiterhin werden die Vektoren

$$\boldsymbol{Z}_{1\alpha}^{\mathrm{T}} \boldsymbol{\beta} = \begin{bmatrix} \beta_0(z_1) \\ \vdots \\ \beta_M(z_1) \end{bmatrix}^{\mathrm{T}}, \quad \boldsymbol{\gamma} \boldsymbol{Z}_{2\alpha} = \begin{bmatrix} \gamma_0(z_2) \\ \vdots \\ \gamma_M(z_2) \end{bmatrix} \tag{7.130a,b}$$

eingeführt. Damit kann man nach Gl. (7.127) mit den Gln. (7.129) und (7.130a,b)

$$A(z_1, z_2) = \boldsymbol{Z}_{1\alpha}^{\mathrm{T}} \boldsymbol{\beta} \boldsymbol{\gamma} \boldsymbol{Z}_{2\alpha} = \sum_{\mu=0}^{M} \beta_\mu(z_1)\, \gamma_\mu(z_2) \tag{7.131}$$

schreiben, wobei alle $\beta_\mu(z_1)$ und $\gamma_\mu(z_2)$ eindimensionale FIR-Übertragungsfunktionen sind. Aufgrund von Gl. (7.131) läßt sich die Übertragungsfunktion $A(z_1, z_2)$ als Parallelschaltung von $M + 1$ Filtern verwirklichen, von denen sich jedes aus einer Kaskade zweier eindimensionaler Filter mit den Übertragungsfunktionen $\beta_\mu(z_1)$ bzw. $\gamma_\mu(z_2)$ ($\mu = 0, 1, \ldots, M$) zusammensetzt. Dies ist im Bild 7.21 gezeigt. Wird entsprechend $\hat{B}(z_1, z_2)$ realisiert, so erhält man nach Bild 7.16 eine Verwirklichung der kompletten Übertragungsfunktion $H(z_1, z_2)$. Die Verschiedenheit der Lösungsstrukturen hängt von der Produktzerlegung der Matrix $\boldsymbol{\alpha}$ nach Gl. (7.129) ab. In Frage kommen die Jordan-Zerlegung (nach vorheriger Ergänzung der betreffenden Matrix zu einer quadratischen Matrix durch Einführung von Nullelementen), die Singulärwert-Zerlegung, die LU-Zerlegung etc. [Go2]. Eine triviale Zerlegung von $\boldsymbol{\alpha}$ entsteht, wenn man $\boldsymbol{\beta} = \mathbf{E}$ (d. h. gleich der $(L_1 + 1)$-dimensionalen Einheitsmatrix) und zwangsläufig $\boldsymbol{\gamma} = \boldsymbol{\alpha}$ wählt. Dann entspricht Gl. (7.131) der Darstellung einer FIR-Übertragungsfunktion nach Gln. (7.118a,b). Vorteile der Struktur nach Bild 7.21 sind die hohe Parallelität und die Möglichkeit der Faktorisierung der eindimensionalen Teilübertragungsfunktionen. Ein Nachteil der Zerlegungsstruktur kann darin bestehen, daß sich die Zahl der Multiplizierer infolge der Produktzerlegung nach Gl. (7.129) erhöht. Bei den vorhergehenden Realisierungen benötigt man nur die Minimalzahl von Multiplizierern, die durch die Anzahl der Koeffizienten in der Übertragungsfunktion gegeben ist.

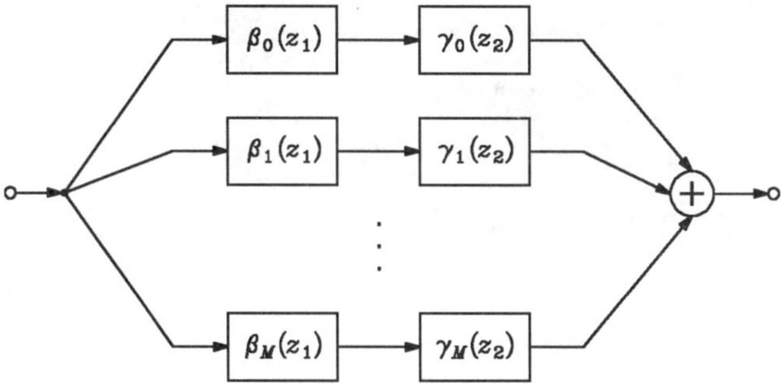

Bild 7.21: Prinzipstruktur nach Gl. (7.131)

4.3.2 Gemeinsame Realisierung von Zähler und Nenner

Die Übertragungsfunktion nach Gl. (7.105) kann in der Form

$$H(z_1, z_2) = \frac{\sum_{\nu_1=0}^{L_1} A_{\nu_1}(z_2)\, z_1^{-\nu_1}}{\sum_{\nu_1=0}^{N_1} B_{\nu_1}(z_2)\, z_1^{-\nu_1}}$$

geschrieben werden, wobei die $A_{\nu_1}(z_2)$ durch Gl. (7.124a) und die $B_{\nu_1}(z_2)$ durch entsprechende Summen gegeben sind. Betrachtet man zunächst alle $A_{\nu_1}(z_2)$ und $B_{\nu_1}(z_2)$ als Konstanten, so läßt sich die obige Übertragungsfunktion als eindimensionale Übertragungsfunktion in der Variablen z_1 durch ein Digitalfilter realisieren, in dem die $A_{\nu_1}(z_2)$ und $B_{\nu_1}(z_2)$ als Koeffizienten (Multiplizierer) auftreten. Hierfür gibt es zahlreiche Realisierungen, insbesondere diejenigen in Kapitel II. Anschließend werden alle "Koeffizienten" $A_{\nu_1}(z_2)$ und $B_{\nu_1}(z_2)$ als Übertragungsfunktionen in z_2 durch nichtrekursive eindimensionale Strukturen verwirklicht. Auch hierfür stehen zahlreiche Realisierungen zur Verfügung, so daß schließlich eine Vielzahl von Möglichkeiten zur Verwirklichung von $H(z_1, z_2)$ existiert. Weitere

Realisierungen lassen sich dadurch auffinden, daß man $H(z_1, z_2)$ zunächst als eindimensionale Übertragungsfunktion in z_2 mit Koeffizienten in Abhängigkeit von z_1 realisiert und dann letztere durch FIR-Filter verwirklicht.

4.4 ZUSTANDSRAUM-DARSTELLUNG

Ähnlich wie im eindimensionalen Fall lassen sich zweidimensionale Signalflußdiagramme in Zustandsraum-Darstellungen überführen, die dann als zusätzliche Modelle für zweidimensionale Filter betrachtet werden dürfen. Im folgenden soll das von Roesser [Ro2] eingeführte und von Kung et al. [Ku2] weiterentwickelte Modell kurz vorgestellt werden. Diese Zustandsraum-Beschreibung basiert auf zwei Arten von Zustandsvariablen: Zustandsvariable mit horizontaler Fortschreitung

$$z_{h1}[n_1, n_2]\ ,\quad z_{h2}[n_1, n_2]\ ,\ldots,\ z_{hq_h}[n_1, n_2]\ ,$$

die zum Zustandsvektor

$$\boldsymbol{z}_h[n_1, n_2] = [z_{h1}[n_1, n_2]\ \cdots\ z_{hq_h}[n_1, n_2]]^{\mathrm{T}}$$

zusammengefaßt werden, und Zustandsvariable mit vertikaler Fortschreitung

$$z_{v1}[n_1, n_2]\ ,\quad z_{v2}[n_1, n_2]\ ,\ldots,\ z_{vq_v}[n_1, n_2]\ ,$$

die zum Zustandsvektor

$$\boldsymbol{z}_v[n_1, n_2] = [z_{v1}[n_1, n_2]\ \cdots\ z_{vq_v}[n_1, n_2]]^{\mathrm{T}}$$

zusammengefaßt werden. Die Zustandsgleichungen lauten nun für ein System mit einem Eingang und einem Ausgang

$$\begin{bmatrix} \boldsymbol{z}_h[n_1+1, n_2] \\ \boldsymbol{z}_v[n_1, n_2+1] \end{bmatrix} = \begin{bmatrix} \boldsymbol{A}_{11} & \boldsymbol{A}_{12} \\ \boldsymbol{A}_{21} & \boldsymbol{A}_{22} \end{bmatrix} \begin{bmatrix} \boldsymbol{z}_h[n_1, n_2] \\ \boldsymbol{z}_v[n_1, n_2] \end{bmatrix} + \begin{bmatrix} \boldsymbol{b}_1 \\ \boldsymbol{b}_2 \end{bmatrix} x[n_1, n_2]\ , \tag{7.132a}$$

$$y[n_1, n_2] = [\boldsymbol{c}_1^{\mathrm{T}}\ \ \boldsymbol{c}_2^{\mathrm{T}}] \begin{bmatrix} \boldsymbol{z}_h[n_1, n_2] \\ \boldsymbol{z}_v[n_1, n_2] \end{bmatrix} + d\,x[n_1, n_2]\ . \tag{7.132b}$$

Dabei ist $\boldsymbol{A}_{11}$ eine (q_h, q_h)-Matrix, $\boldsymbol{A}_{12}$ eine (q_h, q_v)-Matrix, $\boldsymbol{A}_{21}$ eine (q_v, q_h)-Matrix, $\boldsymbol{A}_{22}$ eine (q_v, q_v)-Matrix; $\boldsymbol{b}_1, \boldsymbol{b}_2, \boldsymbol{c}_1, \boldsymbol{c}_2$ sind Vektoren mit q_h bzw. q_v Komponenten und d ist ein Skalar. Die Gln. (7.132a,b) haben Ähnlichkeit zur Zustandsbeschreibung eindimensionaler Systeme. Man kann als Zustandsvariable $z_{h1}[n_1, n_2]$, $z_{h2}[n_1, n_2], \ldots$ alle Ausgangssignale der z_1^{-1}-Verzögerer und als Zustandsvariable $z_{v1}[n_1, n_2]$, $z_{v2}[n_1, n_2], \ldots$ alle Ausgangssignale der z_2^{-1}-Verzögerer wählen. Die Werte $z_{h1}[n_1+1, n_2]$, $z_{h2}[n_1+1, n_2], \ldots$ treten dann an den Eingängen der z_1^{-1}-Verzögerer auf, die Werte $z_{v1}[n_1, n_2+1]$, $z_{v2}[n_1, n_2+1], \ldots$ an den Eingängen der z_2^{-1}-Verzögerer. Die Teilmatrizen $\boldsymbol{A}_{11}, \boldsymbol{A}_{12}, \boldsymbol{A}_{21}$ und $\boldsymbol{A}_{22}$ sowie die Vektoren $\boldsymbol{b}_1, \boldsymbol{b}_2$ erhält man dann, indem man das Eingangssignal eines jeden Verzögerers durch die Ausgangssignale aller Verzögerer und das System-Eingangssignal ausdrückt. Dabei müssen im Signalflußdiagramm alle verzögerungsfreien Wege von Verzögerer-Ausgängen zu Verzögerer-Eingängen und vom System-Eingang zu Verzögerer-Eingängen berücksichtigt werden. Die Vektoren $\boldsymbol{c}_1$ und $\boldsymbol{c}_2$ werden entsprechend ermittelt.

Beispiel 7.6: Bild 7.22 zeigt ein Signalflußdiagramm, das eine Übertragungsfunktion gemäß dem Verfahren nach den Bildern 7.19 und 7.20 realisiert. Das Eingangssignal des einzigen z_1^{-1}-Verzögerers ist $z_{h1}[n_1+1, n_2]$, die Eingangssignale der drei z_2^{-1}-Verzögerer sind $z_{v1}[n_1, n_2+1]$, $z_{v2}[n_1, n_2+1]$, $z_{v3}[n_1, n_2+1]$. Damit kann man die Zustandsgleichungen (7.132a,b) direkt dem Signalflußdiagramm entnehmen:

$$\begin{bmatrix} z_{h1}[n_1+1, n_2] \\ z_{v1}[n_1, n_2+1] \\ z_{v2}[n_1, n_2+1] \\ z_{v3}[n_1, n_2+1] \end{bmatrix} = \begin{bmatrix} -\beta_{10} & -\alpha_{01}\beta_{10}+\alpha_{11} & \beta_{10}\beta_{01}-\beta_{11} & \beta_{10}\beta_{02}-\beta_{12} \\ 0 & 0 & 0 & 0 \\ 1 & \alpha_{01} & -\beta_{01} & -\beta_{02} \\ 0 & 0 & 1 & 0 \end{bmatrix} \begin{bmatrix} z_{h1}[n_1, n_2] \\ z_{v1}[n_1, n_2] \\ z_{v2}[n_1, n_2] \\ z_{v3}[n_1, n_2] \end{bmatrix}$$

$$+ \begin{bmatrix} -\alpha_{00}\beta_{10}+\alpha_{10} \\ 1 \\ \alpha_{00} \\ 0 \end{bmatrix} x[n_1, n_2] ,$$

$$y[n_1, n_2] = [1 \quad \alpha_{01} \quad -\beta_{01} \quad -\beta_{02}] \begin{bmatrix} z_{h1}[n_1, n_2] \\ z_{v1}[n_1, n_2] \\ z_{v2}[n_1, n_2] \\ z_{v3}[n_1, n_2] \end{bmatrix} + \alpha_{00}\, x[n_1, n_2] .$$

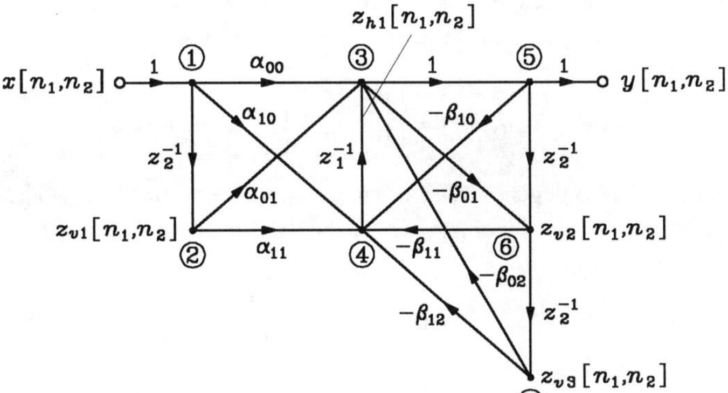

Bild 7.22: Prinzipstruktur nach Gl. (7.131)

Die Gln. (7.132a,b) liefern einen zweidimensionalen Rekursionsalgorithmus zur Berechnung des Ausgangssignals aus dem Eingangssignal. Betrachtet man (wie beispielsweise in der Bildverarbeitung) nur Zustände für $n_1 \geqq 0$ und $n_2 \geqq 0$ und nimmt man an, daß die Anfangszustände $\boldsymbol{z}_h[0, n_2]$ ($n_2 = 0, 1, 2, \ldots$) und $\boldsymbol{z}_v[n_1, 0]$ ($n_1 = 0, 1, 2, \ldots$) vorgegeben sind, so kann man zunächst die Zustände $\boldsymbol{z}_v[0, n_2]$ ($n_2 = 1, 2, \ldots$), dann die Zustände $\boldsymbol{z}_h[n_1, 0]$ ($n_1 = 1, 2, \ldots$), weiterhin die Zustandspaare $\boldsymbol{z}_v[1, n_2]$, $\boldsymbol{z}_h[1, n_2]$ ($n_2 = 1, 2, \ldots$), $\boldsymbol{z}_v[2, n_2]$, $\boldsymbol{z}_h[2, n_2]$ ($n_2 = 1, 2, \ldots$) usw. berechnen. Gleichzeitig lassen sich die Werte des Ausgangssignals ermitteln. Dieser Algorithmus kann auch durch ein spezifisches Signalflußdiagramm dargestellt werden. Im Hinblick auf eine möglichst effektive Zustandsraum-Darstellung einer gegebenen Übertragungsfunktion muß man bestrebt sein, möglichst wenige Zustandsvariablen zu verwenden.

Es wird nun eine Übergangsmatrix $\boldsymbol{\Phi}[n_1, n_2]$ als quadratische Matrix von der Ordnung $q_h + q_v$ eingeführt. Sie soll die Differenzengleichung

$$\boldsymbol{\Phi}[n_1+1, n_2+1] = \boldsymbol{\Phi}[1,0]\,\boldsymbol{\Phi}[n_1, n_2+1] + \boldsymbol{\Phi}[0,1]\,\boldsymbol{\Phi}[n_1+1, n_2] \tag{7.133}$$

erfüllen, wobei

$$\boldsymbol{\Phi}[0,0] = \mathbf{E}\ , \tag{7.134a}$$

$$\boldsymbol{\Phi}[n_1, n_2] = \mathbf{0} \quad \text{für} \quad n_1 < 0 \quad \text{oder} \quad n_2 < 0 \tag{7.134b}$$

und

$$\boldsymbol{\Phi}[1,0] = \begin{bmatrix} \boldsymbol{A}_{11} & \boldsymbol{A}_{12} \\ \mathbf{0} & \mathbf{0} \end{bmatrix}, \quad \boldsymbol{\Phi}[0,1] = \begin{bmatrix} \mathbf{0} & \mathbf{0} \\ \boldsymbol{A}_{21} & \boldsymbol{A}_{22} \end{bmatrix} \tag{7.134c,d}$$

definiert wird. Man kann dann feststellen, daß

$$\boldsymbol{z}[n_1, n_2] = \boldsymbol{\Phi}[n_1 - k_1, n_2 - k_2]\,\boldsymbol{z}[k_1, k_2] \quad (k_1 \leqq n_1, k_2 \leqq n_2) \tag{7.135}$$

für einen festen Punkt (k_1, k_2) in der (n_1, n_2)-Ebene bei beliebigem $\boldsymbol{z}[k_1, k_2]$ eine Lösung der homogenen Zustandsgleichung (7.132a) ($x[n_1, n_2] \equiv 0$) darstellt, wobei

$$\boldsymbol{z}[n_1, n_2] := \begin{bmatrix} \boldsymbol{z}_h[n_1, n_2] \\ \boldsymbol{z}_v[n_1, n_2] \end{bmatrix} \tag{7.136}$$

bedeutet. Um dies zu zeigen, wird Gl. (7.133) auf beiden Seiten von rechts mit $\boldsymbol{z}[0,0]$ durchmultipliziert. Auf diese Weise erhält man mit Gl. (7.135) und Gln. (7.134c,d) die Beziehung

$$\boldsymbol{z}[n_1+1, n_2+1] = \begin{bmatrix} \boldsymbol{A}_{11} & \boldsymbol{A}_{12} \\ \mathbf{0} & \mathbf{0} \end{bmatrix} \boldsymbol{z}[n_1, n_2+1] + \begin{bmatrix} \mathbf{0} & \mathbf{0} \\ \boldsymbol{A}_{21} & \boldsymbol{A}_{22} \end{bmatrix} \boldsymbol{z}[n_1+1, n_2]\ ,$$

die mit der homogenen Zustandsgleichung (7.132a) inhaltlich völlig identisch ist.

Als Lösung der inhomogenen Zustandsgleichung (7.132a) erhält man nunmehr für $n_1 > 0$, $n_2 > 0$

$$\begin{aligned} \boldsymbol{z}[n_1, n_2] = &\sum_{\nu_2=0}^{n_2} \boldsymbol{\Phi}[n_1, n_2 - \nu_2] \begin{bmatrix} \boldsymbol{z}_h[0, \nu_2] \\ \mathbf{0} \end{bmatrix} + \sum_{\nu_1=0}^{n_1} \boldsymbol{\Phi}[n_1 - \nu_1, n_2] \begin{bmatrix} \mathbf{0} \\ \boldsymbol{z}_v[\nu_1, 0] \end{bmatrix} \\ &+ \sum_{\nu_1=0}^{n_1} \sum_{\nu_2=0}^{n_2} \left\{ \boldsymbol{\Phi}[n_1 - \nu_1 - 1, n_2 - \nu_2] \begin{bmatrix} \boldsymbol{b}_1 \\ \mathbf{0} \end{bmatrix} \right. \\ &\left. + \boldsymbol{\Phi}[n_1 - \nu_1, n_2 - \nu_2 - 1] \begin{bmatrix} \mathbf{0} \\ \boldsymbol{b}_2 \end{bmatrix} \right\} x[\nu_1, \nu_2]\ , \end{aligned} \tag{7.137}$$

was sich durch Einsetzen in die Gl. (7.132a) leicht bestätigen läßt. Die beiden ersten Summanden bilden die allgemeine Lösung der homogenen Zustandsgleichung (7.132a), die der Gl. (7.135) entnommen werden kann. Dabei bestimmen $\boldsymbol{z}_h[0, \nu_2]$ ($\nu_2 = 0, 1, 2, \ldots, n_2$) und $\boldsymbol{z}_v[\nu_1, 0]$ ($\nu_1 = 0, 1, \ldots, n_1$) den Anfangszustand (Anfangsbedingungen) des Systems. Die Doppelsumme stellt eine partikuläre Lösung der Zustandsgleichung dar, die man analog zum eindimensionalen Fall, d. h. analog der partikulären Lösung in Gl. (2.207), in Verbindung mit Gl (7.135) erhält. Diese partikuläre Lösung der Gl. (7.132a) setzt sich aus einem "horizontalen" und einem "vertikalen" Anteil zusammen. Der "horizontale" Anteil besteht aus der Summe

$$\boldsymbol{z}_{hp}[n_1, n_2] = \sum_{\nu_2=0}^{n_2} \boldsymbol{z}_{\nu_2}[n_1, n_2]$$

mit

$$\boldsymbol{z}_{\nu_2}[n_1, n_2] = \sum_{\nu_1=0}^{n_1} \boldsymbol{\Phi}[n_1 - \nu_1 - 1, n_2 - \nu_2] \begin{bmatrix} \boldsymbol{b}_1 \\ \mathbf{0} \end{bmatrix} x[\nu_1, \nu_2] \ .$$

Entsprechend läßt sich der "vertikale" Anteil interpretieren. Führt man Gl. (7.137) in die Gl. (7.132b) ein, dann erhält man auch die explizite Lösung für $y[n_1, n_2]$.

Man kann die Gln. (7.132a,b) der Z-Transformation unterwerfen. Dadurch entstehen bei verschwindenden Anfangsbedingungen die Beziehungen

$$\begin{bmatrix} z_1 \mathbf{E}_{q_h} & \mathbf{0} \\ \mathbf{0} & z_2 \mathbf{E}_{q_v} \end{bmatrix} \boldsymbol{Z}(z_1, z_2) = \begin{bmatrix} \boldsymbol{A}_{11} & \boldsymbol{A}_{12} \\ \boldsymbol{A}_{21} & \boldsymbol{A}_{22} \end{bmatrix} \boldsymbol{Z}(z_1, z_2) + \begin{bmatrix} \boldsymbol{b}_1 \\ \boldsymbol{b}_2 \end{bmatrix} X(z_1, z_2)$$

und

$$Y(z_1, z_2) = [\boldsymbol{c}_1^{\mathrm{T}} \ \ \boldsymbol{c}_2^{\mathrm{T}}] \boldsymbol{Z}(z_1, z_2) + d\, X(z_1, z_2) \ ,$$

wobei $\mathbf{E}_{q_h}$ und $\mathbf{E}_{q_v}$ Einheitsmatrizen der Ordnung q_h bzw. q_v bedeuten. Löst man die erste Gleichung nach dem Vektor $\boldsymbol{Z}(z_1, z_2)$ der in den Z-Bereich transformierten Zustandvariablen auf, führt diese Darstellung in die zweite Gleichung ein und bildet schließlich den Quotienten $Y(z_1, z_2)/X(z_1, z_2)$, so erhält man für die Übertragungsfunktion die Darstellung

$$H(z_1, z_2) = [\boldsymbol{c}_1^{\mathrm{T}} \ \ \boldsymbol{c}_2^{\mathrm{T}}] \left\{ \begin{bmatrix} z_1 \mathbf{E}_{q_h} & \mathbf{0} \\ \mathbf{0} & z_2 \mathbf{E}_{q_v} \end{bmatrix} - \begin{bmatrix} \boldsymbol{A}_{11} & \boldsymbol{A}_{12} \\ \boldsymbol{A}_{21} & \boldsymbol{A}_{22} \end{bmatrix} \right\}^{-1} \begin{bmatrix} \boldsymbol{b}_1 \\ \boldsymbol{b}_2 \end{bmatrix} + d \ . \qquad (7.138)$$

Auch hier ist eine Ähnlichkeit zum eindimensionalen Fall erkennbar.

4.5 STUFENFORM

Es hat sich bisher gezeigt, daß zu einer gegebenen Übertragungsfunktion verhältnismäßig leicht ein Signalflußdiagramm angegeben werden kann. Für eine praktische Implementierung der Übertragungsfunktion ist es notwendig festzustellen, in welcher Reihenfolge die Knotensignale zu berechnen sind. Dies geht aus dem Signalflußdiagramm nicht unmittelbar hervor. Aus diesem Grund wurde vorgeschlagen, das Signalflußdiagramm in ein sogenanntes Stufenform-Modell umzuwandeln, welches die gewünschte Information enthält. Diese Umwandlungsprozedur wird im folgenden nach dem Vorbild von [Le1] besprochen.

Es sei das Signalflußdiagramm eines zweidimensionalen Filters gegeben. In diesem seien weder isolierte Knoten noch verzögerungsfreie Schleifen enthalten. Das Signalflußdiagramm wird in folgenden Schritten verändert.

(1) Jedes Knotenpaar k_1, k_2, das nur durch einen Zweig mit dem Übertragungsfaktor 1 (Einheitszweig) verbunden ist ($k_1 \to k_2$), verschmelze man zu einem Knoten, wenn k_1 nur von diesem Einheitszweig verlassen oder/und k_2 nur von diesem Einheitszweig gespeist wird.

(2) Es sind gegebenenfalls zusätzliche Knoten und Zweige mit von 1 verschiedenen Übertragungsfaktoren einzuführen, so daß Verzögerungszweige nur in der Form z_1^{-1} oder z_2^{-1} auftreten, d. h. ohne von 1 verschiedene konstante Faktoren.

(3) Es werden weitere (jedoch möglichst wenige) Knoten und Einheitszweige eingeführt, um folgendes zu erreichen:
   (a) Jeder Knoten, der von einem Verzögerungs- oder Ausgangssignalzweig verlassen wird, darf keine weiteren Ausgänge haben.
   (b) Jeder Knoten, der von einem Verzögerungs- oder Eingangssignalzweig gespeist wird, darf keine weiteren Eingänge haben.
   (c) Jeder Knoten, der von einem Verzögerungs- oder Eingangssignalzweig gespeist wird, darf von keinem Verzögerungs- oder Ausgangssignalzweig verlassen werden.

(4) Man teile alle Knoten in die nachfolgend definierten disjunkten Mengen $S_0, S_1, \ldots, S_L$ ein.
   S_0: Alle Endknoten von Verzögerungs- und Eingangszweigen,
   S_μ $(\mu = 1, 2, \ldots, L)$: Alle Knoten, die nur von Zweigen gespeist werden, die jeweils von einem Knoten der Menge $\{S_0, S_1, \ldots, S_{\mu-1}\}$ ausgehen.
   Sobald jeder Knoten des Diagramms Element einer der Mengen $S_0, S_1, \ldots, S_L$ ist, endet die rekursive Vorgehensweise mit der letzten Menge S_L. Die Anfangsknoten der Ausgangszweige werden der Menge S_L zugewiesen. Wenn die Prozedur deshalb endet, weil Knoten übrig bleiben, die keiner der Mengen S_μ zugeordnet werden können, ist dies ein Zeichen dafür, daß isolierte Knoten oder/und verzögerungsfreie Schleifen vorhanden sind. Beides wurde jedoch zu Beginn ausgeschlossen.

(5) Durch Einführung einer weiteren Menge $S_{L+1} = S_0$ kann erreicht werden, daß nunmehr für jeden Zweig vom Knoten k_1 zum Knoten k_2 gilt:

$$(k_1 \in S_\mu\,,\ k_2 \in S_\nu) \implies (\mu < \nu)\ .$$

(6) Man füge Knoten und Einheitszweige derart ein, daß jeder Zweig nur von einem Knoten einer Menge S_μ zu einem Knoten der Menge $S_{\mu+1}$ führt $(\mu = 0, \ldots, L\,; S_{L+1} = S_0)$. Durch diese Maßnahme wird erreicht, daß alle Signale in Knoten einer der Mengen S_μ nur aus den Werten der Signale in Knoten der vorausgehenden Menge $S_{\mu-1}$ $(\mu = 1, 2, \ldots, L)$ berechnet werden. Dies ist eine wesentliche Eigenschaft der entwickelten Stufenform.

(7) Es werden die Knoten jeder Menge S_μ neu numeriert.
   (a) S_0 und S_L: Die Knoten desselben Verzögerungszweigs erhalten die gleiche Nummer. Die Numerierung erfolgt in aufsteigender Reihenfolge beginnend mit allen z_1^{-1}-Verzögerern. Anschließend werden alle z_2^{-1}-Verzögerer durchnumeriert. Die höchste Nummer erhalten die Eingangs- bzw. Ausgangssignalknoten.
   (b) S_μ $(\mu = 1, 2, \ldots, L-1)$: Die Knoten jeder Menge werden separat durchnumeriert, stets beginnend mit 1. Die Reihenfolge der Knoten ist dabei in jeder Menge beliebig.
   (c) Zur besseren Anschaulichkeit ordnet man die Knoten jeder Menge S_μ in jeweils separate senkrechte Spalten entsprechend der Numerierung.

(8) Man kann jetzt dem entstandenen Diagramm die sogenannten Chan-Matrizen $\boldsymbol{P}_\mu$ $(\mu = 1, 2, \ldots, L)$ entnehmen. Das Element $(i\,, j)$ der Matrix $\boldsymbol{P}_\mu$ ist der Faktor des Zweigs, der vom Knoten j der Menge $S_{\mu-1}$ zum Knoten i der Menge S_μ führt. Parallel verlaufende Zweige müssen dabei zu einem Zweig zusammengefaßt, d. h. die Übertragungsfaktoren müssen addiert werden.

Die gewonnene Stufenform liefert dann zugleich eine Zustandsraum-Darstellung, nämlich

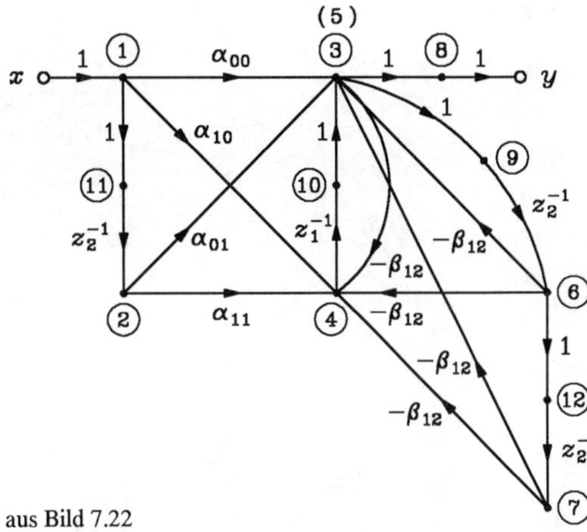

Bild 7.23: Modifikation des Signalflußdiagramms aus Bild 7.22

$$\begin{bmatrix} \boldsymbol{z}_h[n_1+1,n_2] \\ \boldsymbol{z}_v[n_1,n_2+1] \\ y[n_1,n_2] \end{bmatrix} = \boldsymbol{P}_L \boldsymbol{P}_{L-1} \cdots \boldsymbol{P}_1 \begin{bmatrix} \boldsymbol{z}_h[n_1,n_2] \\ \boldsymbol{z}_v[n_1,n_2] \\ x[n_1,n_2] \end{bmatrix}. \tag{7.139}$$

Dabei enthalten die Vektoren $\boldsymbol{z}_h[n_1+1,n_2]$ und $\boldsymbol{z}_v[n_1,n_2+1]$ die Signale, welche von den Knoten der Menge S_L in die Verzögerungszweige fließen. Die Vektoren $\boldsymbol{z}_h[n_1,n_2]$ und $\boldsymbol{z}_v[n_1,n_2]$ enthalten die Signale, welche über die Verzögerungszweige an die Knoten der Menge S_0 geliefert werden.

Zwischen der Zustandsdarstellung in Form des Roesser-Modells und der Stufenform besteht die Beziehung

$$\boldsymbol{P}_L \boldsymbol{P}_{L-1} \cdots \boldsymbol{P}_1 = \begin{bmatrix} \boldsymbol{A}_{11} & \boldsymbol{A}_{12} & \boldsymbol{b}_1 \\ \boldsymbol{A}_{21} & \boldsymbol{A}_{22} & \boldsymbol{b}_2 \\ \boldsymbol{c}_1^{\mathrm{T}} & \boldsymbol{c}_2^{\mathrm{T}} & d \end{bmatrix}.$$

Die einzelnen Matrizen $\boldsymbol{P}_\mu$ $(\mu = 1, 2, \ldots, L)$ enthalten die Strukturinformation des Signalflußdiagramms. Diese Information geht beim Ausmultiplizieren (Roesser-Modell) verloren.

Beispiel 7.7: Es wird das im Bild 7.22 beschriebene Signalflußdiagramm betrachtet. Entsprechend Schritt 1 werden die Knoten 3 und 5 verschmolzen. Schritt 2 entfällt. Im Rahmen von Schritt 3 werden fünf neue Knoten (8 bis 12) mit entsprechenden Einheitszweigen eingeführt, wie im Bild 7.23 gezeigt wird. Entsprechend den Schritten 4 und 5 kann nun das bis jetzt erhaltene und im Bild 7.23 dargestellte Diagramm in die Darstellung nach Bild 7.24 mit den Knotenmengen S_0, S_1 und S_2 $(L = 2)$ überführt werden. Entsprechend den Schritten 6 und 7 erhält man schließlich die Stufenform mit umnumerierten Knoten. Das Ergebnis zeigt Bild 7.25. Der Stufenform (Bild 7.25) kann man nun direkt die Chan-Matrizen entnehmen. Sie lauten

$$\boldsymbol{P}_1 = \begin{bmatrix} 0 & 1 & 0 & 0 & 0 \\ 0 & 0 & 1 & 0 & 0 \\ 0 & 0 & 0 & 0 & 1 \\ 0 & 0 & 0 & 1 & 0 \\ 1 & -\beta_{02} & -\beta_{01} & \alpha_{01} & \alpha_{00} \end{bmatrix},$$

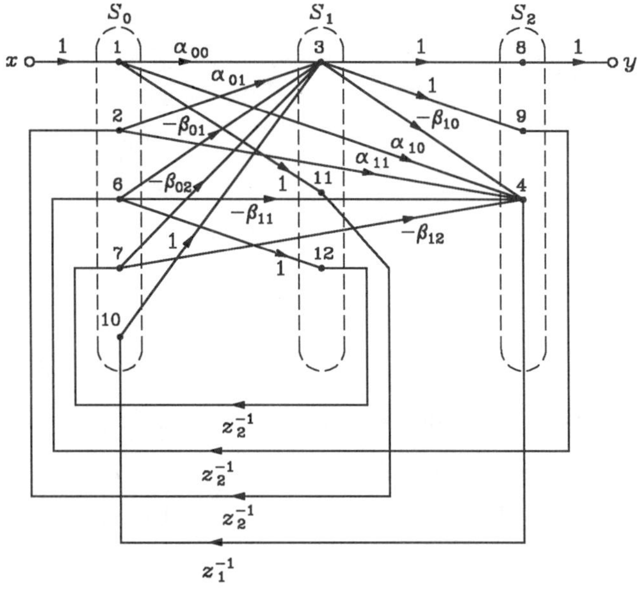

Bild 7.24: Weitere Umformung des Signalflußdiagramms aus Bild 7.22

$$\boldsymbol{P}_2 = \begin{bmatrix} -\beta_{12} & -\beta_{11} & \alpha_{10} & \alpha_{11} & -\beta_{10} \\ 0 & 1 & 0 & 0 & 0 \\ 0 & 0 & 0 & 0 & 1 \\ 0 & 0 & 1 & 0 & 0 \\ 0 & 0 & 0 & 0 & 1 \end{bmatrix} .$$

Hieraus folgt die Produktmatrix

$$\boldsymbol{P}_2\boldsymbol{P}_1 = \begin{bmatrix} -\beta_{10} & -\beta_{12}+\beta_{10}\beta_{02} & -\beta_{11}+\beta_{10}\beta_{01} & \alpha_{11}-\alpha_{01}\beta_{10} & \alpha_{10}-\alpha_{00}\beta_{10} \\ 0 & 0 & 1 & 0 & 0 \\ 1 & -\beta_{02} & -\beta_{01} & \alpha_{01} & \alpha_{00} \\ 0 & 0 & 0 & 0 & 1 \\ 1 & -\beta_{02} & -\beta_{01} & \alpha_{01} & \alpha_{00} \end{bmatrix} .$$

Diese Matrix liefert direkt eine Zustandsraum-Darstellung des Systems, welche (abgesehen von Zeilen- und Spaltenvertauschungen) mit der aus Abschnitt 4.4 übereinstimmt. Hiervon kann man sich leicht überzeugen.

Die eingeführte Stufenform für die Beschreibung von Signalflußdiagrammen läßt sich unmittelbar auf Systeme mit mehreren Eingängen und Ausgängen erweitern. Diese seien $x_\kappa[n_1, n_2]$ ($\kappa = 1, \ldots, m$) bzw. $y_\kappa[n_1, n_2]$ ($\kappa = 1, \ldots, r$) und zu den Vektoren $\boldsymbol{x}[n_1, n_2]$ und $\boldsymbol{y}[n_1, n_2]$ zusammengefaßt. Darüber hinaus lassen sich die Knotenvektoren $\boldsymbol{v}_\mu[n_1, n_2]$ für jede Berechnungsstufe einführen; die Komponenten dieser Vektoren bedeuten die einzelnen Knotensignale in der jeweiligen Stufe. Die Knotenvektoren können mittels der Matrizen $\boldsymbol{P}_\mu$ ($\mu = 1, 2, \ldots, L$) direkt ausgedrückt werden. Hierzu werden die Matrizen

$$\boldsymbol{\Omega}_\mu = \boldsymbol{P}_\mu \boldsymbol{P}_{\mu-1} \cdots \boldsymbol{P}_1 \quad (\mu = 1, 2, \ldots, L) \tag{7.140}$$

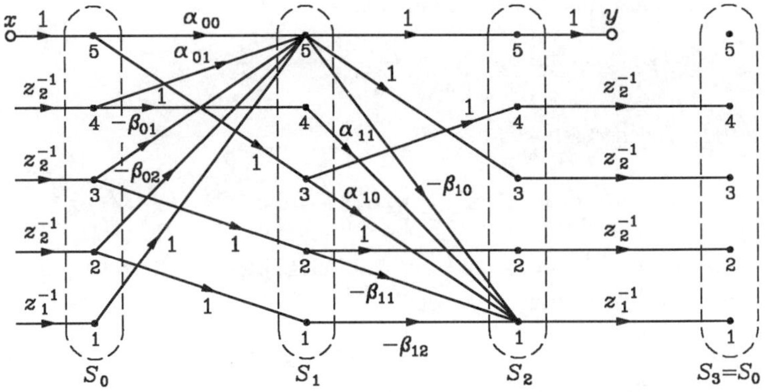

Bild 7.25: Stufenform für das Signalflußdiagramm aus Bild 7.22

verwendet, die noch gemäß

$$\boldsymbol{\Omega}_{\mu} = [\, \boldsymbol{\Omega}_{\mu z} , \boldsymbol{\Omega}_{\mu x}] \tag{7.141}$$

in zwei Teilmatrizen $\boldsymbol{\Omega}_{\mu z}$ und $\boldsymbol{\Omega}_{\mu x}$ mit $q_h + q_v$ bzw. m Spalten aufgeteilt werden. Mit

$$\boldsymbol{v}_0[n_1, n_2] := \begin{bmatrix} \boldsymbol{z}[n_1, n_2] \\ \boldsymbol{x}[n_1, n_2] \end{bmatrix}$$

erhält man

$$\boldsymbol{v}_{\mu}[n_1, n_2] = \boldsymbol{\Omega}_{\mu} \boldsymbol{v}_0[n_1, n_2] = \boldsymbol{\Omega}_{\mu z} \boldsymbol{z}[n_1, n_2] + \boldsymbol{\Omega}_{\mu x} \boldsymbol{x}[n_1, n_2] \tag{7.142}$$

für $\mu = 1, 2, \ldots, L$ mit

$$\boldsymbol{v}_L[n_1, n_2] = \boldsymbol{\Omega}_L \boldsymbol{v}_0[n_1, n_2] = \begin{bmatrix} \boldsymbol{z}_h[n_1 + 1, n_2] \\ \boldsymbol{z}_v[n_1, n_2 + 1] \\ \boldsymbol{y}[n_1, n_2] \end{bmatrix} . \tag{7.143}$$

Außerdem gilt

$$\boldsymbol{v}_{\mu}[n_1, n_2] = \boldsymbol{P}_{\mu} \boldsymbol{v}_{\mu-1}[n_1, n_2] \, .$$

Für verschiedene Anwendungen (Skalierung, Rauschoptimierung etc.) ist es zweckmäßig, die Knotenvektoren zu transformieren, ohne daß das Übertragungsverhalten des Systems verändert wird. Dies ist möglich mittels nichtsingulärer Matrizen $\boldsymbol{T}_{\mu}$ $(\mu = 0, 1, \ldots, L)$ mit

$$\boldsymbol{T}_0 = \begin{bmatrix} \boldsymbol{M} & \mathbf{0} \\ \mathbf{0} & \mathbf{E}_x \end{bmatrix} \quad \text{und} \quad \boldsymbol{T}_L = \begin{bmatrix} \boldsymbol{M} & \mathbf{0} \\ \mathbf{0} & \mathbf{E}_y \end{bmatrix}$$

geeigneter Ordnung, wobei $\mathbf{E}_x$ und $\mathbf{E}_y$ Einheitsmatrizen der Ordnung m bzw. r bedeuten. Dann erhält man als neue Knotenvektoren

$$\tilde{\boldsymbol{v}}_{\mu}[n_1, n_2] = \boldsymbol{T}_{\mu}^{-1} \, \boldsymbol{v}_{\mu}[n_1, n_2] \qquad (\mu = 0, 1, \ldots, L) \tag{7.144}$$

und als transformierte Chan-Matrizen

$$\widetilde{\boldsymbol{P}}_{\mu} = \boldsymbol{T}_{\mu}^{-1}\boldsymbol{P}_{\mu}\boldsymbol{T}_{\mu-1} \qquad (\mu = 1, 2, \ldots, L) \tag{7.145a}$$

mit der Eigenschaft

$$\widetilde{\boldsymbol{v}}_{\mu}[n_1, n_2] = \widetilde{\boldsymbol{P}}_{\mu}\widetilde{\boldsymbol{v}}_{\mu-1}[n_1, n_2]\ . \tag{7.145b}$$

Es wird nun die Gl. (7.137) für den Fall $\boldsymbol{z}_h[0, \nu_2] \equiv \boldsymbol{0}$, $\boldsymbol{z}_v[\nu_1, 0] \equiv \boldsymbol{0}$ betrachtet und zur Abkürzung die Matrix

$$\boldsymbol{\Psi}[n_1, n_2] = \boldsymbol{\Phi}[n_1 - 1, n_2]\begin{bmatrix}\boldsymbol{B}_1\\ \boldsymbol{0}\end{bmatrix} + \boldsymbol{\Phi}[n_1, n_2 - 1]\begin{bmatrix}\boldsymbol{0}\\ \boldsymbol{B}_2\end{bmatrix} \tag{7.146}$$

eingeführt, wobei mit den Matrizen $\boldsymbol{B}_1$ und $\boldsymbol{B}_2$ dem Fall eines Systems mit mehreren Eingängen und Ausgängen Rechnung getragen wird. Damit erhält man mit Gl. (7.142) für $n_1 \geqq 0, n_2 \geqq 0$

$$\boldsymbol{v}_{\mu}[n_1, n_2] = \sum_{\nu_1=0}^{n_1}\sum_{\nu_2=0}^{n_2} \boldsymbol{\Omega}_{\mu z}\boldsymbol{\Psi}[n_1 - \nu_1, n_2 - \nu_2]\boldsymbol{x}[\nu_1, \nu_2] + \boldsymbol{\Omega}_{\mu x}\boldsymbol{x}[n_1, n_2]\ . \tag{7.147}$$

Bei der Realisierung eines Digitalfilters in Festkomma-Arithmetik ist der Zahlenbereich (Dynamikbereich) auf das Intervall $[-1, 1]$ beschränkt. Daher ist für eine Implementierung eine Skalierung erforderlich, so daß alle Knotensignale den Dynamikbereich nicht verlassen. Dabei wird vorausgesetzt, daß $|x_{\kappa}[n_1, n_2]| \leqq 1$ für $\kappa = 1, \ldots, m$ gilt. An Hand der Gl. (7.147) kann man dann mit $|x_{\kappa}[n_1, n_2]| \leqq 1$ den maximalen Betrag jedes Knotensignals abschätzen. Unter Verwendung dieser Schranken können dann mit Hilfe von Diagonal-Transformationsmatrizen $\boldsymbol{T}_{\mu}$ Skalierungen einfach in der Weise durchgeführt werden, daß die transformierten Knotensignale den Dynamikbereich nicht verlassen.

Die Stufenform ermöglicht es, lineare, zeitinvariante mehrdimensionale Systeme einschließlich Halbebenenfilter bei beliebiger Anzahl von Eingängen und Ausgängen zu beschreiben. Sie liefert eine übersichtliche Darstellung bestimmter Strukturmerkmale, z. B. der Parallelität und der Anzahl von Berechnungsstufen, was für Echtzeit-Realisierungen von Bedeutung ist. Es ist möglich, strukturabhängige Eigenschaften realer Systeme durch geschlossene mathematische Ausdrücke zu erfassen, z. B. das Rundungsrauschen, die Stabilität, die Übersteuerungseffekte und die Empfindlichkeit. Dies spielt für die Realisierung in Festkomma-Arithmetik eine große Rolle. Es ist weiterhin möglich, Systemeigenschaften durch Skalierung, durch Strukturtransformation, durch eine Optimierung des Verhaltens bezüglich des Rundungsrauschens etc. mittels Matrixmethoden zu verbessern bzw. verändern. Schließlich sei auf die Möglichkeit hingewiesen, gängige Zustandsraummethoden anzuwenden, z. B. zur Berechnung von Übergangsmatrizen, Übertragungsfunktionen und Impulsantworten.

Die Analyse des realen Systems mit Hilfe der Chan-Matrizen bietet eine mathematisch fundierte Alternative zur häufig angewendeten Methode der Systemsimulation. Insbesondere können auch eindimensionale Digitalfilter in eleganter Weise analysiert werden.

5 Entwurfskonzepte

5.1 ENTWURF VON FIR-FILTERN

Dem Entwurf eines nichtrekursiven (FIR-) Filters liegt in der Regel eine Wunschvorschrift $H_0(e^{j\omega_1}, e^{j\omega_2})$ für den Frequenzgang $H(e^{j\omega_1}, e^{j\omega_2})$ oder eine Forderung $h_0[n_1, n_2]$ für die Impulsantwort $h[n_1, n_2]$ des Systems zugrunde. Dabei wird für das zu entwerfende FIR-Filter gewöhnlich ein Trägergebiet in der (n_1, n_2)-Ebene spezifiziert. Die Vorschrift $H_0(e^{j\omega_1}, e^{j\omega_2})$ kann z. B. der Frequenzgang eines idealen Tiefpasses sein.

Fensterung

Eine häufig benutzte Methode zur Ermittlung eines realisierbaren Frequenzganges oder einer realisierbaren Impulsantwort besteht darin, die gewünschte Impulsantwort $h_0[n_1, n_2]$ oder bei Vorgabe von $H_0(e^{j\omega_1}, e^{j\omega_2})$ die Rücktransformierte $h_0[n_1, n_2]$ dieser Frequenzfunktion mit einer Fensterfunktion $w[n_1, n_2]$ zu multiplizieren und das Produkt der beiden Funktionen als $h[n_1, n_2]$ bzw. die Fourier-Transformierte des Produkts als $H(e^{j\omega_1}, e^{j\omega_2})$ zu wählen. Dabei versteht man unter einer Fensterfunktion ein Signal $w[n_1, n_2]$ mit (in der Regel endlichem) Träger R. Die so entstehende Übertragungsfunktion kann nach der Korrespondenz (7.51) in der Form

$$H(z_1, z_2) = \frac{1}{4\pi^2} \int_{-\pi}^{\pi}\int_{-\pi}^{\pi} W(e^{j\varphi_1}, e^{j\varphi_2})\, H_0(z_1 e^{-j\varphi_1}, z_2 e^{-j\varphi_2})\, d\varphi_1 d\varphi_2 \qquad (7.148)$$

ausgedrückt werden, wobei $W(e^{j\omega_1}, e^{j\omega_2})$ das zur Fensterfunktion $w[n_1, n_2]$ gehörende Spektrum bedeutet. Um bei der Fensterung eine möglichst gute Übereinstimmung zwischen $H(e^{j\omega_1}, e^{j\omega_2})$ und $H_0(e^{j\omega_1}, e^{j\omega_2})$ zu erzielen, wird man angesichts der Gl. (7.148) versuchen, $w[n_1, n_2]$ derart zu wählen, daß $W(e^{j\omega_1}, e^{j\omega_2})$ die zweidimensionale Impulsfunktion $4\pi^2\delta(\omega_1, \omega_2)$ im Grundintervall möglichst genau annähert. Sofern das zu entwerfende FIR-Filter die Eigenschaft eines Nullphasen-Systems erhalten soll, wird noch verlangt, daß $w[n_1, n_2]$ überall mit $w^*[-n_1, -n_2]$ übereinstimmt. Fensterfunktionen lassen sich einfach aus eindimensionalen Fensterfunktionen $w[n]$ erzeugen, und zwar durch die Transformation $n = \sqrt{n_1^2 + n_2^2}$ oder als Produkt zweier Fensterfunktionen $w_1[n_1]$ und $w_2[n_2]$.

Fehlerminimierung

Ein FIR-Frequenzgang $H(e^{j\omega_1}, e^{j\omega_2})$ kann aufgrund einer vorgeschriebenen Charakteristik $H_0(e^{j\omega_1}, e^{j\omega_2})$ auch dadurch bestimmt werden, daß der mittlere quadratische Fehler

$$E_2 = \frac{1}{4\pi^2} \int_{-\pi}^{\pi}\int_{-\pi}^{\pi} |H(e^{j\omega_1}, e^{j\omega_2}) - H_0(e^{j\omega_1}, e^{j\omega_2})|^2\, d\omega_1 d\omega_2 \qquad (7.149)$$

eingeführt wird (der Faktor $1/4\pi^2$ hat im Hinblick auf spätere Betrachtungen nur formale Bedeutung), wobei

$$H(e^{j\omega_1}, e^{j\omega_2}) = \sum_{(n_1, n_2) \in S} \sum h[n_1, n_2] \, e^{-j(\omega_1 n_1 + \omega_2 n_2)} \tag{7.150}$$

die FIR-Übertragungsfunktion mit den gesuchten Koeffizienten $h[n_1, n_2]$ (Impulsantwort) und dem zugehörigen Träger S bedeutet. Die Gln. (7.149) und (7.150) lassen erkennen, daß E_2 eine in den Parametern $h[n_1, n_2]$ quadratische Funktion ist. Durch Minimierung von E_2 in bezug auf diese Parameter erhält man eine optimale Übertragungsfunktion, und zwar im wesentlichen aufgrund der Lösung eines linearen Gleichungssystems. Da angesichts der Gl. (7.53) der mittlere quadratische Fehler mit der Rücktransformierten $h_0[n_1, n_2]$ der Vorschrift $H_0(e^{j\omega_1}, e^{j\omega_2})$ auch in der Form

$$E_2 = \sum_{(n_1, n_2) \in S} \sum |h[n_1, n_2] - h_0[n_1, n_2]|^2 + \sum_{(n_1, n_2) \notin S} \sum |h_0[n_1, n_2]|^2 \tag{7.151}$$

ausgedrückt werden kann, sieht man, daß die optimale Lösung in der Wahl

$$h[n_1, n_2] = \begin{cases} h_0[n_1, n_2] & \text{für } (n_1, n_2) \in S \\ 0 & \text{für } (n_1, n_2) \notin S \end{cases}$$

besteht. Die Einführung des mittleren quadratischen Fehlers nach Gl. (7.149) hat den Vorteil, daß im Rahmen der Minimierung auch Nebenbedingungen einfach berücksichtigt werden können.

Soll die gesuchte Übertragungsfunktion $H(e^{j\omega_1}, e^{j\omega_2})$ Nullphasen-Eigenschaft erhalten und die Impulsantwort $h[n_1, n_2]$ reell werden, so schreibt man Gl. (7.150) wegen $h[n_1, n_2] = h[-n_1, -n_2]$ zunächst als

$$H(e^{j\omega_1}, e^{j\omega_2}) = h[0,0] + \sum_{(n_1, n_2) \in \tilde{S}} \sum 2h[n_1, n_2] \cos(\omega_1 n_1 + \omega_2 n_2) \, , \tag{7.152}$$

wobei $\tilde{S}$ aus dem Teil des gewünschten Trägers S besteht, für welchen $n_1 > 0$ gilt, und den Punkten $(0, n_2)$ mit $n_2 > 0$ von S. Jetzt wird Gl. (7.152) in Gl. (7.149) eingeführt und die Integration ausgeführt, so daß E_2 als ein quadratischer Ausdruck in den unbekannten Parametern $h[0, 0]$ und $h[n_1, n_2]$ $((n_1, n_2) \in \tilde{S})$ und mit bekannten Koeffizienten erscheint. Bildet man die partiellen Differentialquotienten dieser Darstellung von E_2 nach den einzelnen Parametern und setzt sie gleich Null, so erhält man ein lineares algebraisches Gleichungssystem zur Berechnung der unbekannten Parameter. Anstelle des mittleren quadratischen Fehlers kann auch ein anderer Fehler verwendet werden, z. B. E_p, der sich von E_2 dadurch unterscheidet, daß in Gl. (7.149) der Exponent 2 durch $p \in \mathbb{N}$ ersetzt wird. Der Grenzübergang $p \to \infty$ liefert die Tschebyscheff-Norm

$$E_\infty := \sup_{(\omega_1, \omega_2)} |H(e^{j\omega_1}, e^{j\omega_2}) - H_0(e^{j\omega_1}, e^{j\omega_2})| \, . \tag{7.153}$$

Man kann insbesondere zur Ermittlung des kleinsten Fehlers E_∞ in Abhängigkeit der Parameter ein Iterationsverfahren heranziehen. In der Definitionsgleichung (7.153) ist das Supremum über einem kompakten Gebiet der (ω_1, ω_2)-Ebene, bei einem frequenzselektiven Filter über dem Durchlaß- und dem Sperrbereich einschließlich der Ränder zu bestimmen. In diesem kompakten Gebiet kann man in praktisch bedeutsamen Fällen endlich viele (geeignet auszusuchende) Punkte wählen und die Berechnung des Fehlers bezüglich dieser Punkte beschränken. Dadurch läßt sich der Rechenaufwand wesentlich reduzieren.

Kaskadenansatz

Im Gegensatz zu eindimensionalen Filtern ist es bei mehrdimensionalen Systemen allgemein nicht möglich, eine Übertragungsfunktion, speziell eine FIR-Übertragungsfunktion, durch eine Kaskade von elementaren Teilfiltern zu realisieren. Eine Kaskaden-Realisierung läßt sich jedoch erreichen, wenn man von vornherein die Übertragungsfunktion des zu ermittelnden Filters als Produkt mehrerer Übertragungsfunktionen ansetzt und die Parameter dieser Teilübertragungsfunktionen nach einem numerischen Verfahren derart ermittelt, daß die Gesamtübertragungsfunktion die geforderten Spezifikationen erfüllt. Die Kaskadenanordnung der Systeme, welche die Teilübertragungsfunktionen realisieren, liefert dann eine Verwirklichung der Gesamtübertragungsfunktion, die jedoch zu einer eingeschränkten Klasse realisierbarer Übertragungsfunktionen gehört.

Singulärwertzerlegung

Eine weitere Möglichkeit, ein FIR-Filter aufgrund einer Vorschrift $h_0[n_1, n_2]$ für die Impulsantwort zu ermitteln, beruht auf der aus der Algebra bekannten Singulärwertzerlegung (SVD, "*s*ingular *v*alue *d*ecomposition") einer Matrix. Hierauf soll im folgenden eingegangen werden. Es wird angenommen, daß $h_0[n_1, n_2]$ einen rechteckigen Träger ($0 \leqq n_1 \leqq N_1 - 1$; $0 \leqq n_2 \leqq N_2 - 1$) der Länge N_1 und der Breite $N_2 \geqq N_1$ besitzt. Die in diesem Träger auftretenden Funktionswerte der Vorschrift für die Impulsantwort werden zu einer Matrix

$$\boldsymbol{H}_0 = [h_0[n_1, n_2]] \tag{7.154}$$

mit N_1 Spalten und N_2 Zeilen zusammengefaßt, so daß $h_0[n_1, n_2]$ in der $(n_1 + 1)$-ten Spalte und $(n_2 + 1)$-ten Zeile steht. Der Rang von $\boldsymbol{H}_0$ sei N_1. Nun werden die Eigenwerte $\lambda_1, \lambda_2, \ldots, \lambda_{N_1}$ der positiv-definiten quadratischen Matrix $\boldsymbol{H}_0^{\mathrm{T}} \boldsymbol{H}_0$ mit der Anordnung

$$\lambda_1 \geqq \lambda_2 \geqq \cdots \geqq \lambda_{N_1} > 0$$

sowie hierzu gehörende Eigenvektoren $\boldsymbol{h}_1, \boldsymbol{h}_2, \ldots, \boldsymbol{h}_{N_1}$ ermittelt; letztere müssen so bestimmt werden, daß sie ein Orthonormalsystem bilden. Weiterhin werden die Vektoren

$$\boldsymbol{g}_\mu = \frac{1}{\sqrt{\lambda_\mu}} \boldsymbol{H}_0 \boldsymbol{h}_\mu \qquad (\mu = 1, 2, \ldots, N_1) \tag{7.155}$$

mit $\| \boldsymbol{g}_\mu \| = \sqrt{\boldsymbol{g}_\mu^{\mathrm{T}} \boldsymbol{g}_\mu} = 1$ eingeführt. Damit ist es möglich, die Matrix $\boldsymbol{H}_0$ in der Form

$$\boldsymbol{H}_0 = \sum_{\mu=1}^{N_1} \sqrt{\lambda_\mu}\, \boldsymbol{g}_\mu \boldsymbol{h}_\mu^{\mathrm{T}} \tag{7.156}$$

auszudrücken. Ein einzelner Summand in Gl. (7.156) kann als Kaskade eines FIR-Systems mit der Impulsantwort $\sqrt{\lambda_\mu}\, g_\mu[n_2]$ und eines FIR-Systems mit der Impulsantwort $h_\mu[n_1]$ realisiert werden, wobei der Funktionswert von $g_\mu[n_2]$ ($0 \leqq n_2 \leqq N_2 - 1$) als $(n_2 + 1)$-te Komponente des Vektors $\boldsymbol{g}_\mu$ und der von $h_\mu[n_1]$ ($0 \leqq n_1 \leqq N_1 - 1$) durch die $(n_1 + 1)$-te Komponente des Vektors $\boldsymbol{h}_\mu$ gegeben ist, so daß im Einklang mit Gl. (7.156)

$$h_0[n_1, n_2] = \sum_{\mu=1}^{N_1} \sqrt{\lambda_\mu}\, g_\mu[n_2]\, h_\mu[n_1] \tag{7.157}$$

gilt mit $h_\mu[n_1] = g_\mu[n_2] = 0$ für $n_1 \notin \{0, 1, \ldots, N_1 - 1\}$, $n_2 \notin \{0, 1, \ldots, N_2 - 1\}$. Die vorgeschriebene Impulsantwort wird dann insgesamt durch die Parallelanordnung der genannten Kaskaden nach Bild 7.26 realisiert. Es handelt sich um eine Parallelschaltung von separierbaren Einzelfiltern. Besonders interessant wird dieses Verfahren, wenn Summanden in Gl. (7.157) vernachlässigbar sind, etwa solche, die zu vergleichsweise kleinen Eigenwerten λ_μ gehören.

Transformation eindimensionaler FIR-Filter

Zweidimensionale FIR-Filter können auch durch Transformation eindimensionaler FIR-Filter erzeugt werden. Soll ein Nullphasen-FIR-System ermittelt werden, so geht man von einem eindimensionalen Nullphasen-FIR-Filter aus, dessen Impulsantwort $h[n]$ die Eigenschaft

$$h[n] = h^*[-n]$$

für alle $n \in \mathbb{Z}$ hat. Beschränkt man sich auf eine reelle Impulsantwort, dann bedeutet dies, daß die Übertragungsfunktion des eindimensionalen Filters die Form

$$H(\mathrm{e}^{\mathrm{j}\omega}) = h[0] + h[1](\mathrm{e}^{-\mathrm{j}\omega} + \mathrm{e}^{\mathrm{j}\omega}) + h[2](\mathrm{e}^{-\mathrm{j}2\omega} + \mathrm{e}^{\mathrm{j}2\omega}) + \cdots + h[q](\mathrm{e}^{-\mathrm{j}q\omega} + \mathrm{e}^{\mathrm{j}q\omega})$$

oder

$$H(\mathrm{e}^{\mathrm{j}\omega}) = \sum_{n=0}^{q} A_n \cos n\omega \tag{7.158}$$

besitzt. Da $\cos n\omega$ als ein Polynom n-ten Grades in $\cos\omega$ ausgedrückt werden kann, läßt sich auch

$$H(\mathrm{e}^{\mathrm{j}\omega}) = \sum_{n=0}^{q} B_n \cos^n \omega \tag{7.159}$$

schreiben. In dieser Form wird die Übertragungsfunktion mittels einer geeigneten Transformationsfunktion

$$\cos\omega = F(\omega_1, \omega_2) \tag{7.160}$$

in eine zweidimensionale FIR-Übertragungsfunktion überführt. Als Transformationsfunktionen $F(\omega_1, \omega_2)$ kommen FIR-Nullphasen-Übertragungsfunktionen mit der Eigenschaft

$$|F(\omega_1, \omega_2)| \leqq 1 \qquad (-\pi \leqq \omega_\nu \leqq \pi;\ \nu = 1, 2)$$

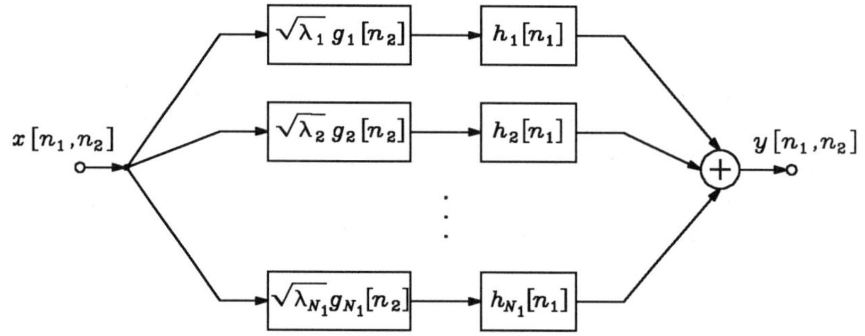

Bild 7.26: Realisierung einer Impulsantwort aufgrund von Singulärwertzerlegung

in Betracht. Bei der Wahl einer solchen Funktion müssen die Forderungen an die gewünschte Übertragungsfunktion $H(e^{j\omega_1}, e^{j\omega_2})$ und die Eigenschaften der vorhandenen eindimensionalen Übertragungsfunktion $H(e^{j\omega})$ berücksichtigt werden. Wählt man beispielsweise $S = \{(n_1, n_2);\ -1 \leqq n_1 \leqq 1,\ -1 \leqq n_2 \leqq 1\}$ als Träger für die Impulsantwort eines zur Transformation zu verwendenden Nullphasen-Filters, so erhält man als Übertragungsfunktion

$$F(\omega_1, \omega_2) = A + B\cos\omega_1 + C\cos\omega_2 + D\cos(\omega_1 - \omega_2) + E\cos(\omega_1 + \omega_2), \quad (7.161)$$

die bei geeigneter Wahl der Parameter A, B, C, D, E als Transformationsfunktion verwendet werden kann (McClellan-Transformation). Man kann nach der Wahl einer Funktion $F(\omega_1, \omega_2)$ in der (ω_1, ω_2)-Ebene die Kurven

$$F(\omega_1, \omega_2) = c = \text{const}$$

ermitteln. Längs jeder von diesen Kurven weist die transformierte Übertragungsfunktion $H(e^{j\omega_1}, e^{j\omega_2})$ einen konstanten Wert auf, und zwar den durch $H(e^{j\omega})$ nach Gl. (7.159) für $\cos\omega = c$ resultierenden Wert. Der Verlauf dieser Kurven kann durch die Wahl der Parameter A, B, C, D, E beeinflußt werden. Hierbei strebt man häufig kreisförmige oder elliptische Verläufe an. Falls das eindimensionale Referenzfilter ein Tiefpaß ist, muß die Transformationsfunktion derart gewählt werden, daß sie dort den Wert 1 annähert, wo das zu ermittelnde zweidimensionale Filter Durchlaßverhalten aufweisen soll, und den Wert -1 dort, wo Sperrverhalten gewünscht wird. Falls die Werte der ermittelten Funktion $F(\omega_1, \omega_2)$ im Intervall $-\pi \leqq \omega_1 \leqq \pi$, $-\pi \leqq \omega_2 \leqq \pi$ nicht ausschließlich zwischen -1 und 1 liegen, kann man mittels zweier Konstanten α und β eine Modifikation der Transformationsfunktion in der Form $\alpha F(\omega_1, \omega_2) + \beta$ vornehmen, ohne daß sich die Kurven konstanten Funktionswerts ändern. Ist nun $F_{\max}$ der Maximalwert und weiterhin $F_{\min}$ der Minimalwert von F in $-\pi \leqq \omega_1 \leqq \pi$, $-\pi \leqq \omega_2 \leqq \pi$, und bezeichnet man die Summe von $F_{\max}$ und $F_{\min}$ mit σ und die Differenz mit δ, so liefert die Wahl $\alpha = 2/\delta$ und $\beta = -\sigma/\delta$ eine modifizierte Transformationsfunktion, welche ihre Werte nur im Intervall $[-1, 1]$ hat.

Aufgrund der Gln. (7.159) und (7.160) kann jetzt die zweidimensionale Übertragungsfunktion in der Horner-Form

$$H(e^{j\omega_1}, e^{j\omega_2}) = \{\cdots\{B_q F(\omega_1, \omega_2) + B_{q-1}\}F(\omega_1, \omega_2) + B_{q-2}\}F(\omega_1, \omega_2) + \cdots \quad (7.162)$$

geschrieben werden. Daraus folgt die Realisierung nach Bild 7.27. Man beachte, daß es sich hierbei um eine modulare Struktur handelt. Eine Änderung des eindimensionalen Prototypfilters erfordert nur die Änderung der Koeffizienten $B_0, B_1, \ldots, B_q$. Ein Wechsel der Transformationsfunktion $F(\omega_1, \omega_2)$ verlangt eine entsprechende Änderung der Teilsysteme.

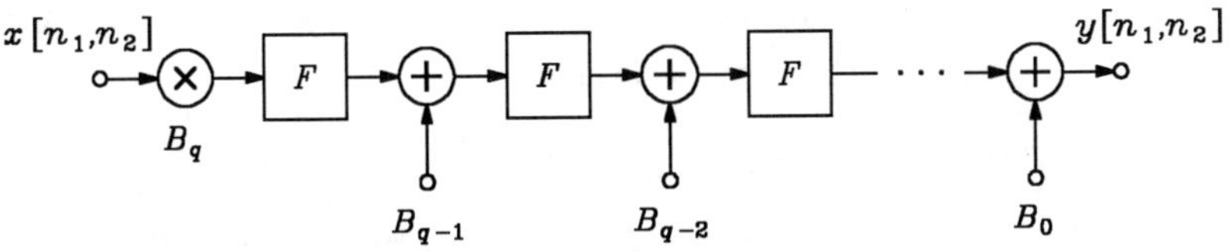

Bild 7.27: Realisierung eines zweidimensionalen nichtrekursiven Filters, das durch Transformation aus einem eindimensionalen Filter entstanden ist

5.2 ENTWURF VON IIR-FILTERN

Auch beim Entwurf rekursiver (IIR-) Filter ist gewöhnlich entweder für die Impulsantwort $h[n_1, n_2]$ eine bestimmte Vorschrift $h_0[n_1, n_2]$ oder für den Frequenzgang $H(e^{j\omega_1}, e^{j\omega_2})$ eine Vorschrift $H_0(e^{j\omega_1}, e^{j\omega_2})$ gegeben. Falls für ein bestimmtes Eingangssignal $x_0[n_1, n_2]$ ein spezifiziertes Ausgangssignal $y_0[n_1, n_2]$ verlangt wird, kann eine solche Forderung auf eine entsprechende Vorschrift $h_0[n_1, n_2]$ für die Impulsantwort oder eine zu erfüllende Spezifikation $H_0(e^{j\omega_1}, e^{j\omega_2})$ für die Übertragungsfunktion zurückgeführt werden. Es seien im folgenden nur reelle Systeme betrachtet. Das Ziel ist die Ermittlung der Koeffizienten

$$\alpha[n_1, n_2] := \alpha_{n_1 n_2} \qquad (-K_1 \leqq n_1 \leqq L_1 \,;\, -K_2 \leqq n_2 \leqq L_2)$$

und

$$\beta[n_1, n_2] := \beta_{n_1 n_2} \qquad (-M_1 \leqq n_1 \leqq N_1 \,;\, -M_2 \leqq n_2 \leqq N_2)$$

der Filter-Übertragungsfunktion nach Gl. (7.56) aufgrund der Vorschrift.

Wie beim Entwurf eindimensionaler Systeme pflegt man bestimmte Fehlerfunktionen im Original- und Bildbereich einzuführen, nämlich

$$\Delta h[n_1, n_2] := h[n_1, n_2] - h_0[n_1, n_2] \;, \tag{7.163}$$

$$\Delta H(e^{j\omega_1}, e^{j\omega_2}) := H(e^{j\omega_1}, e^{j\omega_2}) - H_0(e^{j\omega_1}, e^{j\omega_2}) \;. \tag{7.164}$$

Mit der Darstellung

$$H(e^{j\omega_1}, e^{j\omega_2}) = \frac{A(e^{j\omega_1}, e^{j\omega_2})}{B(e^{j\omega_1}, e^{j\omega_2})}$$

gemäß Gl. (7.56) und mit

$$C(e^{j\omega_1}, e^{j\omega_2}) := \frac{1}{B(e^{j\omega_1}, e^{j\omega_2})} \tag{7.165}$$

kann die Fehlerfunktion im Bildbereich auch in der Form

$$\Delta H(e^{j\omega_1}, e^{j\omega_2}) = C(e^{j\omega_1}, e^{j\omega_2})\{A(e^{j\omega_1}, e^{j\omega_2}) - H_0(e^{j\omega_1}, e^{j\omega_2})B(e^{j\omega_1}, e^{j\omega_2})\} \tag{7.166}$$

bzw. die entsprechende Originalfunktion

$$\Delta h[n_1, n_2] = \gamma[n_1, n_2] ** \{\alpha[n_1, n_2] - h_0[n_1, n_2] ** \beta[n_1, n_2]\} \tag{7.167}$$

verwendet werden, wobei $\gamma[n_1, n_2]$ die zu $C(e^{j\omega_1}, e^{j\omega_2})$ aus Gl. (7.165) gehörende Originalfunktion ist. Eine weitere interessante Fehlerfunktion erhält man durch Gewichtung von $\Delta H(e^{j\omega_1}, e^{j\omega_2})$ mit $B(e^{j\omega_1}, e^{j\omega_2})$. So ergibt sich

$$\begin{aligned} \Delta\widetilde{H}(e^{j\omega_1}, e^{j\omega_2}) &:= B(e^{j\omega_1}, e^{j\omega_2})\, \Delta H(e^{j\omega_1}, e^{j\omega_2}) \\ &= A(e^{j\omega_1}, e^{j\omega_2}) - H_0(e^{j\omega_1}, e^{j\omega_2}) B(e^{j\omega_1}, e^{j\omega_2}) \end{aligned} \tag{7.168}$$

oder die entsprechende Originalfunktion

$$\Delta\widetilde{h}[n_1,n_2] = \alpha[n_1,n_2] - h_0[n_1,n_2] ** \beta[n_1,n_2] \;, \tag{7.169}$$

womit erreicht wird, daß die Fehlerfunktion in $\alpha[n_1,n_2]$ und $\beta[n_1,n_2]$ linear ist. Dies hat Vorteile für die Fehlerminimierung.

Aus den genannten Fehlerfunktionen werden nun geeignete Normen gebildet und so (globale) Fehler eingeführt, die zum eigentlichen Entwurf verwendet werden. Benützt man die L_2-Norm, dann stimmen die entsprechenden Fehler aufgrund des Parsevalschen Theorems im Original- und Bildbereich im wesentlichen überein. So kann der L_2-Fehler

$$E_2 = \sum_{n_1=-\infty}^{\infty} \sum_{n_2=-\infty}^{\infty} \Delta h^2[n_1,n_2] \tag{7.170}$$

auch als

$$E_2 = \frac{1}{4\pi^2} \int_{-\pi}^{\pi} \int_{-\pi}^{\pi} |\Delta H(e^{j\omega_1}, e^{j\omega_2})|^2 d\omega_1 d\omega_2 \tag{7.171}$$

ausgedrückt werden. Schreibt man den Integranden als Produkt von $\Delta H(e^{j\omega_1}, e^{j\omega_2})$ mit $\Delta H(e^{-j\omega_1}, e^{-j\omega_2})$ und ersetzt beide Funktionen gemäß Gl. (7.164), wobei $H(e^{\pm j\omega_1}, e^{\pm j\omega_2})$ durch $A(e^{\pm j\omega_1}, e^{\pm j\omega_2})/B(e^{\pm j\omega_1}, e^{\pm j\omega_2})$ substituiert wird, so läßt sich auch

$$\begin{aligned} E_2 = {} & \frac{1}{4\pi^2} \int_{-\pi}^{\pi} \int_{-\pi}^{\pi} \frac{A(e^{j\omega_1}, e^{j\omega_2}) A(e^{-j\omega_1}, e^{-j\omega_2})}{B(e^{j\omega_1}, e^{j\omega_2}) B(e^{-j\omega_1}, e^{-j\omega_2})} d\omega_1 d\omega_2 \\ & - \frac{1}{4\pi^2} \int_{-\pi}^{\pi} \int_{-\pi}^{\pi} \frac{A(e^{j\omega_1}, e^{j\omega_2})}{B(e^{j\omega_1}, e^{j\omega_2})} H_0^*(e^{j\omega_1}, e^{j\omega_2}) d\omega_1 d\omega_2 \\ & - \frac{1}{4\pi^2} \int_{-\pi}^{\pi} \int_{-\pi}^{\pi} \frac{A(e^{-j\omega_1}, e^{-j\omega_2})}{B(e^{-j\omega_1}, e^{-j\omega_2})} H_0(e^{j\omega_1}, e^{j\omega_2}) d\omega_1 d\omega_2 \\ & + \frac{1}{4\pi^2} \int_{-\pi}^{\pi} \int_{-\pi}^{\pi} |H_0(e^{j\omega_1}, e^{j\omega_2})|^2 d\omega_1 d\omega_2 \end{aligned} \tag{7.172}$$

schreiben. Wird im Integranden in Gl. (7.171) der Exponent 2 durch eine natürliche Zahl p ersetzt, so erhält man den L_p-Fehler. Bei Wahl eines genügend großen p (etwa 20) hat der Fehler eine die Tschebyscheff-Norm nach Gl. (7.153) annähernde Wirkung.

Da sich die in den Gln. (7.171) und (7.172) auftretenden Integrale im allgemeinen analytisch nicht auswerten lassen, wird häufig das zweidimensionale Integrationsintervall $-\pi \leqq \omega_1 \leqq \pi$, $-\pi \leqq \omega_2 \leqq \pi$ diskretisiert, so daß die Integrale durch endliche Summen angenähert werden können. Entsprechend führt man in Gl. (7.170) endliche, aber dem Betrage nach hinreichend große Summationsgrenzen ein, so daß E_2 genügend genau durch eine endliche Summe angenähert wird.

Man kann den Fehler nach Gl. (7.170) ebenso wie den nach Gl. (7.171) dadurch modifizieren, daß man den Summanden in Gl. (7.170) bzw. den Integranden in Gl. (7.171) noch mit einer nichtnegativen reellen Gewichtsfunktion multipliziert, um die jeweilige Fehlerfunktion in verschiedenen Teilen des Summations- bzw. Integrationsbereichs unterschiedlich zu bewerten.

Bei Verwendung der Gl. (7.166) erhält man für E_2 nach Gl. (7.171)

$$E_2 = \frac{1}{4\pi^2} \int_{-\pi}^{\pi} \int_{-\pi}^{\pi} C(e^{j\omega_1}, e^{j\omega_2}) C(e^{-j\omega_1}, e^{-j\omega_2}) [A(e^{j\omega_1}, e^{j\omega_2}) A(e^{-j\omega_1}, e^{-j\omega_2})$$

$$- H_0(e^{j\omega_1}, e^{j\omega_2}) A(e^{-j\omega_1}, e^{-j\omega_2}) B(e^{j\omega_1}, e^{j\omega_2})$$

$$- H_0(e^{-j\omega_1}, e^{-j\omega_2}) A(e^{j\omega_1}, e^{j\omega_2}) B(e^{-j\omega_1}, e^{-j\omega_2})$$

$$+ | H_0(e^{j\omega_1}, e^{j\omega_2}) |^2 B(e^{j\omega_1}, e^{j\omega_2}) B(e^{-j\omega_1}, e^{-j\omega_2})] \, d\omega_1 d\omega_2 \,. \quad (7.173)$$

In den Gln. (7.172) und (7.173), durch welche der L_2-Fehler im Frequenzbereich ausgedrückt wird, sind die Koeffizienten $\alpha[n_1, n_2]$ und $\beta[n_1, n_2]$ direkter zugänglich als in Gl. (7.170), durch die der Fehler E_2 im Originalbereich beschrieben wird.

Die eigentliche Aufgabe besteht jetzt darin, den gewählten Fehler, beispielsweise E_2, in Abhängigkeit der Koeffizienten $\alpha[n_1, n_2]$ und $\beta[n_1, n_2]$ möglichst klein zu machen. Im Gegensatz zu FIR-Filtern tritt bei IIR-Filtern die Schwierigkeit auf, daß bei uneingeschränkter Änderung der Koeffizienten $\beta[n_1, n_2]$ die Stabilität des Systems nicht garantiert werden kann. Meistens nimmt man an, daß alle Funktionen $\alpha[n_1, n_2]$, $\beta[n_1, n_2]$, $h_0[n_1, n_2]$, $h[n_1, n_2]$ den ersten Quadranten als Träger haben, jedoch können auch andere Gebiete als Träger auftreten.

Zur Minimierung des gewählten Fehlers müssen dessen partielle Differentialquotienten bezüglich der Parameter $\alpha[n_1, n_2]$ und $\beta[n_1, n_2]$ gleich Null gesetzt werden. Es gibt einige grundsätzlich verschiedene Vorgehensweisen zur Fehlerminimierung, die im folgenden kurz beschrieben werden sollen.

Man erzeugt den Fehler $\widetilde{E}_2$ als L_2-Norm der Fehlerfunktion $\Delta\widetilde{H}(e^{j\omega_1}, e^{j\omega_2})$ aus Gl. (7.168), d. h. als das mit $(1/4\pi^2)$ multiplizierte Integral über das Betragsquadrat der Fehlerfunktion bezüglich des Intervalls $-\pi \leqq \omega_1 \leqq \pi$, $-\pi \leqq \omega_2 \leqq \pi$, oder als entsprechende Summe über das Quadrat von $\Delta\widetilde{h}[n_1, n_2]$ aus Gl. (7.169). Man sieht, daß $\widetilde{E}_2$ eine quadratische Funktion der Parameter $\alpha[n_1, n_2]$ und $\beta[n_1, n_2]$ ist. Bildet man dann sämtliche partiellen Differentialquotienten von $\widetilde{E}_2$ nach diesen Parametern und setzt sie gleich Null, dann erhält man ein lineares Gleichungssystem zur Berechnung der optimalen $\alpha[n_1, n_2]$ und $\beta[n_1, n_2]$. Dies ist zwar eine sehr einfache Vorgehensweise, man muß jedoch beachten, daß sich der Fehler $\widetilde{E}_2$ wesentlich vom Fehler E_2 unterscheidet: Es ist $|B(e^{j\omega_1}, e^{j\omega_2})|^2$ gewissermaßen als Gewichtsfunktion in E_2 nach Gl. (7.172) zusätzlich eingeführt worden.

Eine weitere Möglichkeit besteht darin, als Fehler die Norm E_2 nach Gl. (7.173) zu verwenden. Der Fehler E_2 ist zwar keine quadratische Funktion der Parameter $\alpha[n_1, n_2]$ und $\beta[n_1, n_2]$, da neben $B(e^{j\omega_1}, e^{j\omega_2})$ auch $C(e^{j\omega_1}, e^{j\omega_2})$ von den $\beta[n_1, n_2]$ abhängt. Betrachtet man jedoch $C(e^{j\omega_1}, e^{j\omega_2})$ als Funktion von ω_1 und ω_2 vorübergehend mit festen Koeffizienten, indem man in $C(e^{j\omega_1}, e^{j\omega_2})$ bestimmte feste Werte für alle $\beta[n_1, n_2]$ wählt, dann ist E_2 aufgrund von $A(e^{j\omega_1}, e^{j\omega_2})$ und $B(e^{j\omega_1}, e^{j\omega_2})$ eine quadratische Funktion der Koeffizienten $\alpha[n_1, n_2]$ und $\beta[n_1, n_2]$. Deren Werte werden als Lösung des linearen Gleichungssystems ermittelt, das man erhält, wenn alle partiellen Differentialquotienten von E_2 nach den Koeffizienten gleich Null gesetzt werden. Diese Differentialquotienten lassen sich leicht angeben. Mit den dabei erhaltenen Werten für $\beta[n_1, n_2]$ wird nun die Funktion $C(e^{j\omega_1}, e^{j\omega_2})$ korrigiert und dann die Prozedur wiederholt, um neue Koeffizientenwerte, insbesondere für alle $\beta[n_1, n_2]$ zu gewinnen. In dieser Weise kann iterativ verfahren werden, bis praktisch keine weiteren Verbesserungen mehr möglich sind. Man kann in der Regel E_2 noch weiter reduzieren, indem man jetzt bei der Berechnung der partiellen Differentialquotienten von E_2 nach den $\beta[n_1, n_2]$ auch die Abhängigkeit des im Integranden in Gl. (7.173) auftretenden Faktors $C(e^{j\omega_1}, e^{j\omega_2})\,C(e^{-j\omega_1}, e^{-j\omega_2})$ von diesen Koeffizienten berücksichtigt, für die Werte von $\beta[n_1, n_2]$ in $C(e^{j\omega_1}, e^{j\omega_2})$ und den Differentialquotienten aber wieder die zuletzt erhaltenen Werte wählt, so daß erneut ein lineares Gleichungssystem zur Ermittlung der Koeffizienten entsteht. Über die Konvergenz des Verfahrens kann allgemein nichts ausgesagt werden. Die Stabilität der Lösung ist generell nicht gesichert.

Schließlich sei noch die Möglichkeit erwähnt, den Fehler E_2 als Funktion aller Koeffizienten $\alpha[n_1, n_2]$ und $\beta[n_1, n_2]$ mit Hilfe eines numerischen Optimierungsverfahrens zu minimieren. Dabei können Optimierungsverfahren verwendet werden, die den Gradienten der Zielfunktion bezüglich der Optimierungsparameter $\alpha[n_1, n_2]$ und $\beta[n_1, n_2]$ erfordern, da sich die Differentialquotienten analytisch berechnen lassen. Die Stabilität der Lösung kann durch entsprechende Nebenbedingungen bei der Optimierung berücksichtigt werden. Eine gewisse Schwierigkeit bildet die Wahl geeigneter Startwerte für die Optimierungsparameter und die Überwindung eventueller Nebenminima.

Gelegentlich ist nur der Betrag der Übertragungsfunktion $|H(e^{j\omega_1}, e^{j\omega_2})|$ durch eine nichtnegative Funktion $A_0(\omega_1, \omega_2)$ $(-\pi \leqq \omega_1 \leqq \pi,\ -\pi \leqq \omega_2 \leqq \pi)$ vorgeschrieben; das Phasenverhalten ist dabei belanglos. Als Fehler wird eine Norm der Differenz zwischen $|H(e^{j\omega_1}, e^{j\omega_2})|$ und $A_0(\omega_1, \omega_2)$ eingeführt, die als Funktion der Koeffizienten der Übertragungsfunktion $H(e^{j\omega_1}, e^{j\omega_2})$ minimiert wird. Auch hier ergibt sich die Schwierigkeit, daß die Lösung $H(e^{j\omega_1}, e^{j\omega_2})$ möglicherweise nicht stabil ist. Man kann dann versuchen, nachträglich eine Stabilisierung durchzuführen. Hierunter versteht man die folgende Maßnahme. Ist

$$H(e^{j\omega_1}, e^{j\omega_2}) = \frac{A(e^{j\omega_1}, e^{j\omega_2})}{B(e^{j\omega_1}, e^{j\omega_2})}$$

eine im Rahmen einer Approximationsprozedur erhaltene Übertragungsfunktion, welche ein instabiles System kennzeichnet, dann ist eine Übertragungsfunktion $H_s(z_1, z_2)$ zu ermitteln, welche für $z_1 = e^{j\omega_1}$, $z_2 = e^{j\omega_2}$ und alle reellen Wertepaare (ω_1, ω_2) die Bedingung

$$|H_s(e^{j\omega_1}, e^{j\omega_2})| = |H(e^{j\omega_1}, e^{j\omega_2})| \tag{7.174}$$

und zugleich die Forderung der Stabilität erfüllt. Verschwindet der Nenner $B(e^{j\omega_1}, e^{j\omega_2})$ von $H(e^{j\omega_1}, e^{j\omega_2})$ für kein reelles Wertepaar (ω_1, ω_2), dann kann durch Faktorisierung von

$$R(e^{j\omega_1}, e^{j\omega_2}) := B(e^{j\omega_1}, e^{j\omega_2})\,B(e^{-j\omega_1}, e^{-j\omega_2}) \tag{7.175}$$

mit Hilfe des komplexen Cepstrums nach Abschnitt 3.7 ein Nenner $B_s(e^{j\omega_1}, e^{j\omega_2})$ gleichen Betrags wie $B(e^{j\omega_1}, e^{j\omega_2})$ ermittelt werden, dessen Originalfunktion $b_s[n_1, n_2]$ ein Mindestphasensignal ist, das allerdings keinen endlichen Träger hat. Wenn man nun in der Übertragungsfunktion $B(e^{j\omega_1}, e^{j\omega_2})$ durch $B_s(e^{j\omega_1}, e^{j\omega_2})$ ersetzt, erreicht man eine Stabilisierung unter Einhaltung der Bedingung nach Gl. (7.174). Der Preis für die Stabilisierung ist ein Träger von $b_s[n_1, n_2]$ mit unendlicher Ausdehnung. Es ist daher notwendig, $b_s[n_1, n_2]$ nachträglich durch geeignete Fensterung in ein Signal mit endlicher Ausdehnung überzuführen, ohne daß die Bedingung (7.174) wesentlich verletzt wird, die Stabilität aber jedenfalls gewahrt bleibt.

Auch beim Entwurf von rekursiven Filtern kann bei bestimmten Anwendungen verlangt sein, daß die Phase der Übertragungsfunktion nur den Wert 0 (oder π) haben soll. In einem solchen Fall wird gefordert, daß sowohl der Zähler $A(\mathrm{e}^{\mathrm{j}\omega_1}, \mathrm{e}^{\mathrm{j}\omega_2})$ als auch der Nenner $B(\mathrm{e}^{\mathrm{j}\omega_1}, \mathrm{e}^{\mathrm{j}\omega_2})$ der Übertragungsfunktion die Form gemäß Gl. (7.152) aufweist, wobei das Absolutglied im Nenner zweckmäßigerweise auf den Wert 1 normiert wird. Wie üblich kann dann ein L_2- (oder anderer) Fehler zwischen $H(\mathrm{e}^{\mathrm{j}\omega_1}, \mathrm{e}^{\mathrm{j}\omega_2})$ und der Vorschrift eingeführt und dieser in Abhängigkeit der Zähler- und Nennerkoeffizienten mittels eines Optimierungsverfahrens minimiert werden.

Eine alternative Möglichkeit zum Entwurf eines rekursiven Nullphasenfilters bietet die Transformation eines eindimensionalen Filters, beispielsweise mit Hilfe der McClellan-Transformation. Zu diesem Zweck ermittelt man zunächst ein eindimensionales Nullphasenfilter als Referenzsystem mit einer Übertragungsfunktion der – im Vergleich zu Gl. (7.159) erweiterten – Form

$$H(z) = \frac{\sum_{\nu=0}^{N} a_\nu w^\nu}{\sum_{\nu=0}^{M} b_\nu w^\nu} , \tag{7.176}$$

wobei die (komplexe) Variable

$$w = \frac{1}{2}(z + \frac{1}{z}) \tag{7.177}$$

eingeführt wurde (Kapitel VI). Durch geeignete Wahl der Koeffizienten a_ν und b_ν (oder der Nullstellen und Pole in der w-Ebene) kann ein gewünschter Funktionsverlauf im reellen Intervall $-1 \leqq w \leqq 1$ erzeugt werden [Un2]. Führt man die weiteren Variablen

$$w_1 = \frac{1}{2}(z_1 + \frac{1}{z_1}) \ , \quad w_2 = \frac{1}{2}(z_2 + \frac{1}{z_2}) \tag{7.178a,b}$$

ein, welche für $z_1 = \mathrm{e}^{\mathrm{j}\omega_1}$, $z_2 = \mathrm{e}^{\mathrm{j}\omega_2}$ speziell die Werte $w_1 = \cos\omega_1$ bzw. $w_2 = \cos\omega_2$ liefern, so läßt sich durch Anwendung der Transformation

$$w = \frac{1}{2}[-1 + w_1 + w_2 + w_1 w_2] \tag{7.179}$$

aus der Übertragungsfunktion $H(z)$ nach Gl. (7.176) eine zweidimensionale Nullphasen-Übertragungsfunktion erhalten. Im Bild 7.28 sind die Kurven $w = \text{const}$ im zweidimensionalen Intervall $-1 \leqq w_1 \leqq 1$, $-1 \leqq w_2 \leqq 1$, das dem Frequenzintervall $-\pi \leqq \omega_1 \leqq \pi$, $-\pi \leqq \omega_2 \leqq \pi$ entspricht, dargestellt. Andererseits zeigt Bild 7.29 die Abbildung der Kreise $\omega_1^2 + \omega_2^2 = r^2$ (für Werte $0 \leqq r \leqq \pi$) aus der (ω_1, ω_2)-Ebene in die (w_1, w_2)-Ebene. Hieraus kann man Nieder- und Hochfrequenzbereiche in der (w_1, w_2)-Ebene deutlich erkennen. Zusammen mit Bild 7.28 kann man den Bezug zum Verhalten des eindimensionalen Referenzfilters herstellen, was für den Entwurf wichtig ist.

Es ist möglich, die Filterstruktur der späteren Realisierung bereits in der Entwurfsphase zu beeinflussen, indem man die Übertragungsfunktion in spezieller Form ansetzt. In Frage kommen vor allem die Produktform

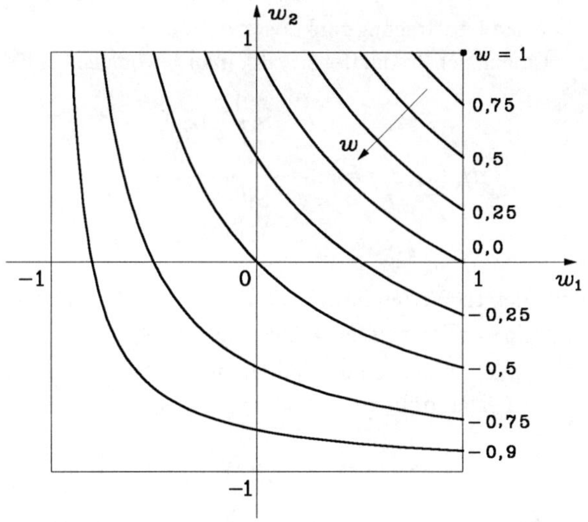

Bild 7.28: Darstellung der Kurven w = const

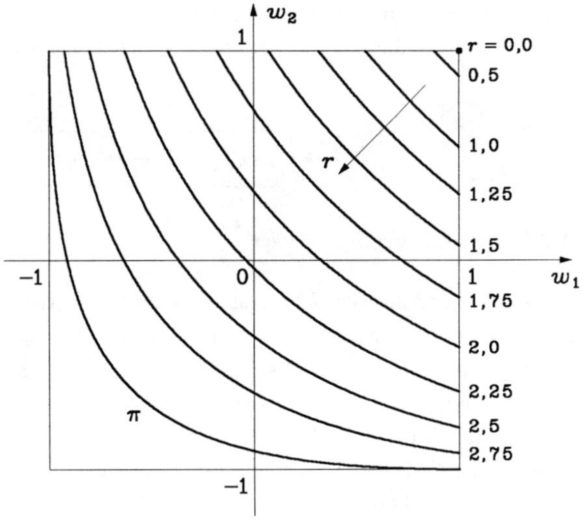

Bild 7.29: Bildkurven der Kreise $\omega_1^2 + \omega_2^2 = r^2$

$$H(z_1, z_2) = K \prod_{\kappa=1}^{q} H_\kappa(z_1, z_2) \tag{7.180}$$

(K = const) und die Übertragungsfunktion mit separierbarem Nenner

$$H(z_1, z_2) = \frac{A(z_1, z_2)}{B_1(z_1) B_2(z_2)} \tag{7.181}$$

$(B_1(\infty) = B_2(\infty) = 1)$. In beiden Fällen wird keinesfalls die Gesamtheit aller zweidimensionalen Übertragungsfunktionen erfaßt.

Im Fall der Produktform wählt man gewöhnlich als Teilübertragungsfunktionen

$$H_\kappa(z_1, z_2) = \frac{\sum\limits_{\nu_1=0}^{L_1^{(\kappa)}} \sum\limits_{\nu_2=0}^{L_2^{(\kappa)}} \alpha_{\nu_1\nu_2}^{(\kappa)} z_1^{-\nu_1} z_2^{-\nu_2}}{\sum\limits_{\nu_1=0}^{N_1^{(\kappa)}} \sum\limits_{\nu_2=0}^{N_2^{(\kappa)}} \beta_{\nu_1\nu_2}^{(\kappa)} z_1^{-\nu_1} z_2^{-\nu_2}}$$

mit kleinen Werten für $L_1^{(\kappa)}, L_2^{(\kappa)}, N_1^{(\kappa)}, N_2^{(\kappa)}$, vorzugsweise 1 oder 2, und auf 1 normierten Absolutkoeffizienten im Zähler und Nenner. Die Koeffizienten $\alpha_{\nu_1\nu_2}^{(\kappa)}$, $\beta_{\nu_1\nu_2}^{(\kappa)}$ und der Faktor K werden mittels eines Optimierungsverfahrens numerisch ermittelt, so daß eine zu wählende Fehlernorm

$$\| H(e^{j\omega_1}, e^{j\omega_2}) - H_0(e^{j\omega_1}, e^{j\omega_2}) \|$$

in Abhängigkeit der genannten Koeffizienten und des Faktors möglichst klein wird. Die Teilübertragungsfunktionen lassen sich nach einem der Verfahren aus Abschnitt 4 als Grundblöcke realisieren, so daß die Gesamtfunktion $H(z_1, z_2)$ als Kaskade dieser Blöcke nach Bild 7.30 verwirklicht wird; die Reihenfolge der Blöcke darf beliebig gewählt werden. Die Produktform hat den Vorteil, daß bei der Optimierung die Stabilität leicht geprüft werden kann, da hierbei nur einfache Teilübertragungsfunktionen zu testen sind. Bei der Optimierung können die Teilübertragungsfunktionen nacheinander einzeln optimiert werden.

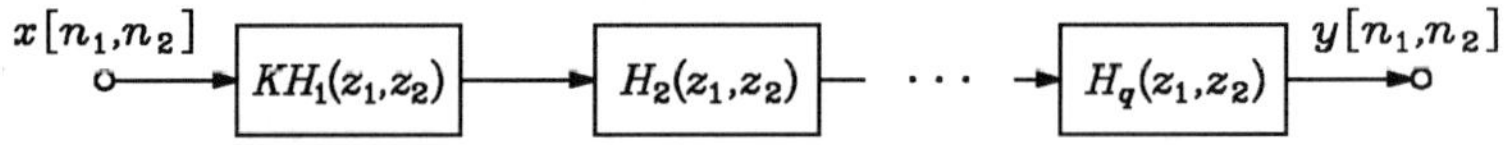

Bild 7.30: Kaskade von Grundblöcken

Bei Verwendung der Übertragungsfunktion in der Form nach Gl. (7.181) dienen die Koeffizienten der drei Polynome $A(z_1, z_2)$, $B_1(z_1)$ und $B_2(z_2)$ in z_1^{-1} und/bzw. z_2^{-1} als Approximationsparameter. Es muß dann wieder eine geeignete Fehlernorm gewählt und diese minimiert werden. Die Realisierung erfolgt dadurch, daß man ein FIR-Filter mit der Übertragungsfunktion $A(z_1, z_2)$ in Kaskade zu zwei eindimensionalen Filtern mit den (sogenannten Allpol-) Übertragungsfunktionen $1/B_1(z_1)$ bzw. $1/B_2(z_2)$ gemäß Bild 7.31 schaltet. Die Reihenfolge dieser Teilfilter bei der Kaskadierung ist willkürlich.

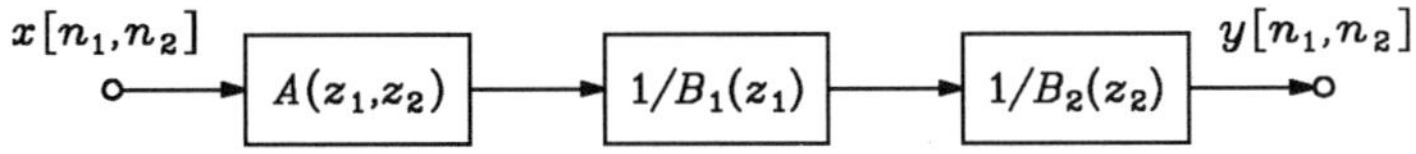

Bild 7.31: Realisierungskonzept für eine Übertragungsfunktion mit separierbarem Nenner

5.3 TEILSEPARABLE FILTER

Im folgenden sollen einige Besonderheiten der kausalen Filter mit einer rationalen Übertragungsfunktion

$$H(z_1,z_2) = \frac{A(z_1,z_2)}{B_1(z_1)B_2(z_2)} \tag{7.182}$$

beschrieben werden, wobei das Zählerpolynom in der Form

$$A(z_1,z_2) = z_1^{L_1} z_2^{L_2} \sum_{\nu_1=0}^{L_1} \sum_{\nu_2=0}^{L_2} a(\nu_1,\nu_2) z_1^{-\nu_1} z_2^{-\nu_2}$$

mit den Koeffizienten $a(\nu_1, \nu_2)$ dargestellt sei und das Nennerpolynom als Produkt der beiden Polynome

$$B_1(z_1) = z_1^{L_1} \sum_{\nu_1=0}^{L_1} b_1(\nu_1) z_1^{-\nu_1}$$

und

$$B_2(z_2) = z_2^{L_2} \sum_{\nu_2=0}^{L_2} b_2(\nu_2) z_2^{-\nu_2}$$

mit den Koeffizienten $b_1(\nu_1)$, $b_2(\nu_2)$ und mit $b_1(0) \neq 0$, $b_2(0) \neq 0$ geschrieben werden kann. Man spricht bei kausalen Filtern mit einer derartigen Übertragungsfunktion, deren Nennerpolynom separabel ist, von teilseparablen Filtern. Sie bilden eine wichtige Klasse der kausalen zweidimensionalen Systeme.

Teilseparable Filter spielen vor allem im Zusammenhang mit quadrantal symmetrischen Frequenzgängen eine besondere Rolle. Man bezeichnet einen Frequenzgang $H(e^{j\omega_1}, e^{j\omega_2})$ als quadrantal symmetrisch, wenn

$$H(e^{j\omega_1}, e^{j\omega_2}) \equiv H(e^{j|\omega_1|}, e^{j|\omega_2|})$$

für alle $\omega_1, \omega_2 \in [-\pi, \pi]$ gilt. Entsprechend ist die quadrantale Symmetrie des Betragsfrequenzgangs $|H(e^{j\omega_1}, e^{j\omega_2})|$ zu verstehen. Es kann nun folgende wichtige Aussage gemacht werden [Ka7].

Satz VII.3: Die Übertragungsfunktion eines reellen, kausalen und stabilen zweidimensionalen Systems der Ordnung (L_1, L_2), dessen Betragsfrequenzgang quadrantale Symmetrie aufweist, ist stets darstellbar in der Form

$$H(z_1,z_2) = z_1^N z_2^M \frac{P_1(z_1 + z_1^{-1}, z_2) P_2(z_1, z_2 + z_2^{-1})}{B_1(z_1) B_2(z_2)}, \tag{7.183}$$

wobei $P_1(x,y)$ und $P_2(x,y)$ zwei Polynome in x und y bedeuten. Dabei sind $N, M \in \mathbb{N}_0$ derart zu wählen, daß $H(z_1,z_2)$ die Form der Gl. (7.182) besitzt.

Einen Beweis von Satz VII.3 findet man in [Ka7]. Dieser Satz lehrt, daß Übertragungsfunktionen $H(z_1,z_2)$ mit separablem Nenner, d. h. einem Nenner $B(z_1,z_2)$, der sich als Produkt

$B_1(z_1)B_2(z_2)$ ausdrücken läßt, eine natürliche Wahl für den Entwurf eines Filters mit quadrantaler Symmetrie des Betragsfrequenzgangs darstellen. In der Praxis weisen Filtervorschriften häufig quadrantale Symmetrie des Betragsfrequenzganges auf. Aber auch Frequenzgänge, die diese Symmetrieeigenschaften nicht besitzen, lassen sich durch nennerseparable Übertragungsfunktionen für hinreichend große Ordnung (L_1, L_2) beliebig genau approximieren. Darüber hinaus bieten Übertragungsfunktionen mit separablem Nenner erhebliche Annehmlichkeiten bei der Stabilitätsanalyse und bei der Realisierung. Ein teilseparables Filter ist genau dann stabil, wenn $B_1(z_1) \neq 0$ für alle $|z_1| \geqq 1$ und $B_2(z_2) \neq 0$ für alle $|z_2| \geqq 1$ gilt.

Eine Besonderheit von Übertragungsfunktionen $H(z_1, z_2)$ mit separablem Nenner besteht darin, daß sie im Gegensatz zu allgemeinen rationalen Übertragungsfunktionen zweidimensionaler Systeme in eine Partialbruchsumme zerlegt werden können. Geht man davon aus, daß die Polynome $B_1(z_1)$ und $B_2(z_2)$ nur einfache Nullstellen $\zeta_{1\mu}$ $(\mu = 1, \ldots, L_1)$ bzw. $\zeta_{2\nu}$ $(\nu = 1, \ldots, L_2)$ aufweisen, so lautet die Partialbruchentwicklung der Übertragungsfunktion

$$H(z_1, z_2) = c_{00} + \sum_{\mu=1}^{L_1} \frac{c_{\mu 0}}{z_1 - \zeta_{1\mu}} + \sum_{\nu=1}^{L_2} \frac{c_{0\nu}}{z_2 - \zeta_{2\nu}} + \sum_{\mu=1}^{L_1} \sum_{\nu=1}^{L_2} \frac{c_{\mu\nu}}{(z_1 - \zeta_{1\mu})(z_2 - \zeta_{2\nu})}, \quad (7.184)$$

wobei $c_{\mu\nu}$ $(\mu = 0, 1, \ldots, L_1$ und $\nu = 0, 1, \ldots, L_2)$ die Entwicklungskoeffizienten bedeuten.

Wenn man nämlich $H(z_1, z_2)$ zunächst nur als Funktion von z_1 mit konstantem z_2 betrachtet, erhält man die Partialbruchentwicklung

$$H(z_1, z_2) = C_0(z_2) + \sum_{\mu=1}^{L_1} \frac{C_\mu(z_2)}{z_1 - \zeta_{1\mu}}, \quad (7.185)$$

wobei $C_\mu(z_2)$ rationale Funktionen in z_2 bedeuten. Diese erlauben die Partialbruchentwicklungen

$$C_\mu(z_2) = c_{\mu 0} + \sum_{\nu=1}^{L_2} \frac{c_{\mu\nu}}{z_2 - \zeta_{2\nu}} \quad (7.186)$$

für alle $\mu = 0, 1, \ldots, L_1$. Führt man die Gl. (7.186) in die Gl. (7.185) ein, so entsteht Gl. (7.184).

Treten mehrfache Nullstellen von $B_1(z_1)$ bzw. $B_2(z_2)$ auf, so ist die Partialbruchentwicklung entsprechend zu erweitern. Dieser Fall soll aber nicht weiter betrachtet werden.

Nennerseparable rationale Übertragungsfunktionen erlauben, neben der Partialbruchentwicklung gemäß Gl. (7.184) weitere Darstellungen ähnlicher Art anzugeben. Im folgenden soll eine auf J. L. Walsh [Wa3], [Ni1] zurückgehende Darstellung nennerseparabler rationaler Übertragungsfunktionen beschrieben werden. Vorausgesetzt wird jeweils Stabilität des entsprechenden Systems, d. h. $B_1(z_1) \neq 0$ für alle $|z_1| \geqq 1$ und $B_2(z_2) \neq 0$ für alle $|z_2| \geqq 1$. Die zu Gl. (7.184) alternative Darstellung lautet

$$H(z_1, z_2) = \sum_{\mu=0}^{L_1} \sum_{\nu=0}^{L_2} d_{\mu\nu} G_{1\mu}(z_1) G_{2\nu}(z_2) \quad (7.187)$$

mit

$$G_{10}(z_1) = 1, \qquad G_{11}(z_1) = \frac{1}{z_1 - \zeta_{11}},$$

$$G_{1\mu}(z_1) = \frac{1}{z_1 - \zeta_{1\mu}} \prod_{i=1}^{\mu-1} \frac{1 - \zeta_{1i}^* z_1}{z_1 - \zeta_{1i}} \qquad (2 \leqq \mu \leqq L_1)$$

und

$$G_{20}(z_2) = 1, \qquad G_{21}(z_2) = \frac{1}{z_2 - \zeta_{21}},$$

$$G_{2\nu}(z_2) = \frac{1}{z_2 - \zeta_{2\nu}} \prod_{i=1}^{\nu-1} \frac{1 - \zeta_{2i}^* z_2}{z_2 - \zeta_{2i}} \qquad (2 \leqq \nu \leqq L_2).$$

Es ist nun wichtig, daß die $(L_1 + 1)(L_2 + 1)$ (Basis-)Funktionen

$$G_{\mu\nu}(z_1, z_2) = G_{1\mu}(z_1) G_{2\nu}(z_2) \tag{7.188}$$

$(\mu = 0, 1, \ldots, L_1;\ \nu = 0, 1, \ldots, L_2)$ ein System zueinander orthogonaler Funktionen bilden, wobei die Orthogonalität aufgrund des inneren Produkts

$$F_1 \odot F_2 := \frac{1}{(2\pi \mathrm{j})^2} \oint_{|z_2|=1} \oint_{|z_1|=1} F_1(z_1, z_2) F_2^*(z_1, z_2) \frac{\mathrm{d}z_1 \mathrm{d}z_2}{z_1 z_2} \tag{7.189}$$

von zwei in $\{(z_1, z_2);\ |z_1| > 1$ und $|z_2| > 1\}$ analytischen und in $\{(z_1, z_2);\ |z_1| \geqq 1$ und $|z_2| \geqq 1\}$ stetigen Funktionen F_1 und F_2 zu verstehen ist. Die Integrationen in Gl. (7.189) längs $|z_1| = 1$ und $|z_2| = 1$ sind jeweils im Gegenuhrzeigersinn zu führen. Die Orthogonalität der Basisfunktionen nach Gl. (7.188) kann damit in der Form $G_{\mu\nu} \odot G_{rs} = 0$ für alle $(\mu, \nu) \neq (r, s)$ ausgedrückt werden.

Die Darstellung einer nennerseparablen rationalen Übertragungsfunktion $H(z_1, z_2)$ gemäß Gl. (7.187) bietet die Möglichkeit, $H(z_1, z_2)$ durch Digitalfilter zu realisieren, die gegenüber Wortlängeneffekten im allgemeinen außerordentlich unempfindlich reagieren [Ni1]. Die Durchführung einer solchen Realisierung erfordert zunächst die Berechnung der Koeffizienten $d_{\mu\nu}$. Dies läßt sich durch Interpolation von $H(z_1, z_2)$ an den $(L_1 + 1)(L_2 + 1)$ Punkten

$$\{(z_1, z_2);\ z_1 = \infty, 1/\zeta_{11}^*, 1/\zeta_{12}^*, \ldots, 1/\zeta_{1L_1}^* \quad \text{und}$$

$$z_2 = \infty, 1/\zeta_{21}^*, 1/\zeta_{22}^*, \ldots, 1/\zeta_{2L_2}^*\}$$

erreichen, wofür explizite Formeln angegeben werden können. Dabei ist zu unterscheiden, ob die Polynome $B_1(z_1)$ und $B_2(z_2)$ nur einfache oder auch mehrfache Nullstellen besitzen und ob diese Nullstellen von Null verschieden sind oder nicht. Wenn die Polynome $B_1(z_1)$ und $B_2(z_2)$ nur einfache und von Null verschiedene Nullstellen $\zeta_{1\mu}(\mu = 1, \ldots, L_1)$ bzw. $\zeta_{2\nu}(\nu = 1, \ldots, L_2)$ aufweisen, geht man folgendermaßen vor: Faßt man die Koeffizienten $d_{\mu\nu}$ in der Matrix

$$\boldsymbol{D} = \begin{bmatrix} d_{00} & d_{01} & \cdots & d_{0L_2} \\ d_{10} & d_{11} & \cdots & d_{1L_2} \\ \vdots & \vdots & & \vdots \\ d_{L_1 0} & d_{L_1 1} & & d_{L_1 L_2} \end{bmatrix}$$

zusammen, so gilt bei Verwendung der Matrizen

$$\boldsymbol{G}_1 = \begin{bmatrix} G_{10}(\infty) & G_{11}(\infty) & \cdots & G_{1L_1}(\infty) \\ G_{10}\left(\frac{1}{\zeta_{11}^*}\right) & G_{11}\left(\frac{1}{\zeta_{11}^*}\right) & \cdots & G_{1L_1}\left(\frac{1}{\zeta_{11}^*}\right) \\ \vdots & \vdots & & \vdots \\ G_{10}\left(\frac{1}{\zeta_{1L_1}^*}\right) & G_{11}\left(\frac{1}{\zeta_{1L_1}^*}\right) & \cdots & G_{1L_1}\left(\frac{1}{\zeta_{1L_1}^*}\right) \end{bmatrix},$$

$$\boldsymbol{G}_2 = \begin{bmatrix} G_{20}(\infty) & G_{21}(\infty) & \cdots & G_{2L_2}(\infty) \\ G_{20}\left(\frac{1}{\zeta_{21}^*}\right) & G_{21}\left(\frac{1}{\zeta_{21}^*}\right) & \cdots & G_{2L_2}\left(\frac{1}{\zeta_{21}^*}\right) \\ \vdots & \vdots & & \vdots \\ G_{20}\left(\frac{1}{\zeta_{2L_2}^*}\right) & G_{21}\left(\frac{1}{\zeta_{2L_2}^*}\right) & \cdots & G_{2L_2}\left(\frac{1}{\zeta_{2L_2}^*}\right) \end{bmatrix}$$

und

$$\boldsymbol{H}_1 = \begin{bmatrix} h_{00} & h_{01} & \cdots & h_{0L_2} \\ h_{10} & h_{11} & \cdots & h_{1L_2} \\ \vdots & \vdots & & \vdots \\ h_{L_1 0} & h_{L_1 1} & \cdots & h_{L_1 L_2} \end{bmatrix}$$

mit

$$h_{0\mu} = \begin{cases} H(\infty, \infty) & \text{für} \quad \mu = 0 \\ H(\infty, 1/\zeta_{2\mu}^*) & \text{für} \quad \mu = 1, 2, \ldots, L_2 \end{cases}$$

und für $\nu = 1, 2, \ldots, L_1$

$$h_{\nu\mu} = \begin{cases} H(1/\zeta_{1\nu}^*, \infty) & \text{für} \quad \mu = 0 \\ H(1/\zeta_{1\nu}^*, 1/\zeta_{2\mu}^*) & \text{für} \quad \mu = 1, 2, \ldots, L_2 \end{cases}$$

wegen Gl. (7.187) die Beziehung

$$\boldsymbol{H} = \boldsymbol{G}_1 \boldsymbol{D}\, \boldsymbol{G}_2^{\mathrm{T}}\,.$$

Die quadratischen Matrizen $\boldsymbol{G}_1$ und $\boldsymbol{G}_2$ sind nichtsingulär. Deswegen kann man $\boldsymbol{D}$ durch

$$\boldsymbol{D} = \boldsymbol{G}_1^{-1}\, \boldsymbol{H}(\boldsymbol{G}_2^{\mathrm{T}})^{-1}$$

bestimmen. Nach der Berechnung der Koeffizienten $d_{\mu\nu}$ sind die Funktionen $G_{1\mu}(z_1)$ und $G_{2\nu}(z_2)$ zu realisieren. Hierfür eignen sich insbesondere Kaskaden von Allpässen.

Eine weitere Realisierungsmöglichkeit von $H(z_1, z_2)$ mit ähnlich günstigen Empfindlichkeitseigenschaften erhält man, wenn man für $G_{1\mu}(z_1)$ und $G_{2\nu}(z_2)$ in Gl. (7.187) die Schur-Funktionen [Sc5]

$$G_{1\mu}(z_1) = \frac{z_1^{L_1} A_{1\mu}(z_1)}{B_1(z_1)} \qquad (\mu = 0, 1, \ldots, L_1)$$

und

$$G_{2\nu}(z_2) = \frac{z_2^{L_2} A_{2\nu}(z_2)}{B_2(z_2)} \qquad (\nu = 0, 1, \ldots, L_2)$$

mit

$$A_{1\mu}(z_1) = \sum_{\lambda=0}^{L_1-\mu} a_{1\mu}(\lambda) z_1^{-\lambda}$$

und

$$A_{2\nu}(z_2) = \sum_{\lambda=0}^{L_2-\nu} a_{2\nu}(\lambda) z_2^{-\lambda}$$

wählt. Die Zählerpolynome $A_{1\mu}(z_1)$ $(\mu = 0, 1, \ldots, L_1)$ und $A_{2\nu}(z_2)$ $(\nu = 0, 1, \ldots, L_2)$ lassen sich rekursiv aus den jeweiligen Nennerpolynomen $B_1(z_1)$ bzw. $B_2(z_2)$ berechnen. Für $A_{1\mu}(z_1)$ lautet die Rekursion unter der Annahme, daß $b_1(0) = 1$ gilt,

$$B_{10}(z_1) := z_1^{-L_1} B_1(z_1), \quad A_{10}(z_1) := B_1(z_1^{-1}),$$

$$k_{1\mu} = a_{1(\mu-1)}(0),$$

$$B_{1\mu}(z_1) = \frac{1}{1-k_{1\mu}^2}\left[B_{1(\mu-1)}(z_1) - k_{1\mu} A_{1(\mu-1)}(z_1)\right],$$

$$A_{1\mu}(z_1) = z_1^{-(L_1-\mu)} B_{1\mu}(z_1)$$

$$(\mu = 1, 2, \ldots, L_1).$$

Entsprechend kann man $A_{1\nu}(z_2)$ berechnen. Die aus den Schur-Funktionen nach Gl. (7.188) gebildeteten Basisfunktionen $G_{\mu\nu}(z_1, z_2)$ stellen bezüglich des in Gl. (7.189) definierten inneren Produkts ein System zueinander orthogonaler Funktionen dar.

Die Koeffizienten $d_{\mu\nu}$ in Gl. (7.187) kann man auch in diesem Fall, d. h. bei Verwendung der Schur-Funktionen wie oben gezeigt durch Interpolation bestimmen.

VIII Nichtlineare Systeme

Die vorausgegangenen Kapitel waren vorzugsweise der Behandlung linearer Systeme unterschiedlicher Art gewidmet. An verschiedenen Stellen wurde aber, wenn auch meistens nur kurz, auf nichtlineare Systeme eingegangen. Erwähnenswert ist hier die im Kapitel II, Abschnitt 3.5.5 zu findende Einführung in die direkte Methode von Lyapunov, die traditionell zur Stabilitätsanalyse nichtlinearer Systeme herangezogen wird. Darüber hinaus wurden im Kapitel V, Abschnitt 4.3 im Zusammenhang mit dem Nyquist-Kriterium und der Wurzelortskurvenmethode, die für die Stabilitätsuntersuchung linearer, zeitinvarianter Systeme nützlich sind, gedächtnislose, nichtlineare Rückkopplungen untersucht. Dabei gelang es, sowohl das Popov-Kriterium als auch das Kreiskriterium zur Prüfung der Stabilität von nichtlinearen rückgekoppelten Systemen zu begründen.

Im folgenden relativ umfangreichen Kapitel soll versucht werden, zusätzliche wichtige Konzepte der Theorie der nichtlinearen Systeme in einem angemessenen Rahmen systematisch vorzustellen.

Im Abschnitt 1 werden einige Grundlagen zur Beschreibung nichtlinearer Systeme im Zustandsraum eingeführt. Es geht dabei unter anderem um die Frage der Lösbarkeit von Zustandsgleichungen, um die Lösungsempfindlichkeit und die Linearisierung von Zustandsdarstellungen längs der Trajektorien von nichtlinearen Systemen.

Im Abschnitt 2 wird das Stabilitätsproblem für sogenannte autonome Systeme behandelt. Um dabei die Lyapunov-Analyse anwenden zu können, werden Möglichkeiten zur Auffindung von Lyapunov-Funktionen beschrieben. Weiterhin wird die Lyapunov-Linearisierung zur Stabilitätsanalyse nichtlinearer autonomer Systeme behandelt. Im Zusammenhang mit der Stabilitätsproblematik spielen die stabilen und instabilen Mannigfaltigkeiten sowie die Zentrumsmannigfaltigkeiten eine wichtige Rolle, auf die im einzelnen eingegangen wird. Eine Diskussion der Einzugsgebiete von asymptotisch stabilen Gleichgewichtspunkten beschließt den zweiten Abschnitt.

Abschnitt 3 ist dem Phänomen der Grenzzyklen gewidmet, die für nichtlineare Systeme eine Besonderheit darstellen. Dabei wird unter anderem die Stabilität von Grenzzyklen behandelt, und es wird das wichtige Konzept der Poincaré-Schnitte eingeführt.

Im Abschnitt 4 findet man eine kurze Einführung in die Bifurkationstheorie. Bifurkationen sind weitere Erscheinungen, die für nichtlineare Systeme typisch sind, und es wird versucht, mit Hilfe einer gewissen Klassifizierung eine Übersicht über diese Erscheinungen zu vermitteln.

Während bis zum vierten Abschnitt im wesentlichen autonome Systeme behandelt werden, ist der Abschnitt 5 nichtautonomen Systemen gewidmet, vor allem deren Stabilität, der Möglichkeit der Linearisierung, der Existenz von Lyapunov-Funktionen und gestörten nichtautonomen Systemen.

Im Abschnitt 6 wird das Passivitätskonzept diskutiert, das im Zusammenhang mit dem Stabilitätsbegriff zu sehen ist und namentlich beim Studium von adaptiven Systemen im Kapitel X von Bedeutung ist.

Der Abschnitt 7 beschäftigt sich mit Möglichkeiten zur konkreten Ermittlung der Lösungen von Zustandsgleichungen nichtlinearer Systeme. Dabei handelt es sich vorzugsweise um Näherungsverfahren, da geschlossene Lösungen nur in wenigen Sonderfällen berechnet werden können. Neben stückweise linearen Darstellungen findet man die klassische Methode der Beschreibungsfunktion und eine kurze Einführung in die Störungsrechnung. Letztere wird dazu verwendet, um typische reguläre Verhaltensweisen von nichtlinearen Systemen aufzuzeigen.

Im Abschnitt 8 wird kurz auf nichtlineare diskontinuierliche Systeme hingewiesen, während der Abschnitt 9 eine elementare Darstellung der Eingang-Ausgang-Beschreibung von nichtlinearen Systemen mittels Volterra-Reihen beinhaltet.

Die Beschäftigung mit nichtlinearen Systemen wird in den nachfolgenden Kapiteln fortgeführt, wobei es vor allem um Anwendungen, namentlich in der Regelungstechnik, und um das Studium von irregulären Verhaltensformen nichtlinearer Systeme geht.

1 Beschreibung im Zustandsraum

1.1 VORBEMERKUNGEN

Bereits im Kapitel II wurde auf die Beschreibung nichtlinearer kontinuierlicher Systeme im Zustandsraum in der Form

$$\frac{\mathrm{d}\boldsymbol{z}(t)}{\mathrm{d}t} = \boldsymbol{f}(\boldsymbol{z}(t), \boldsymbol{x}(t), t) \;, \tag{8.1a}$$

$$\boldsymbol{y}(t) = \boldsymbol{g}(\boldsymbol{z}(t), \boldsymbol{x}(t), t) \tag{8.1b}$$

mit dem Vektor $\boldsymbol{x}(t)$ der m Eingangssignale, dem Vektor $\boldsymbol{y}(t)$ der r Ausgangssignale und dem Vektor $\boldsymbol{z}(t)$ der q Zustandsvariablen hingewiesen; dabei sind $\boldsymbol{f} = [f_1 \; f_2 \; \cdots \; f_q]^{\mathrm{T}}$ und $\boldsymbol{g} = [g_1 \; g_2 \; \cdots \; g_r]^{\mathrm{T}}$ vektorielle Funktionen. Letztere seien derart beschaffen, daß bei Vorgabe eines Anfangszustands $\boldsymbol{z}(t_0)$ und bei Kenntnis des Vektors $\boldsymbol{x}(t)$ für jedes $t \geqq t_0$ eine eindeutige Lösung $\boldsymbol{z}(t)$ für $t \geqq t_0$ in einem bestimmten Gebiet des Zustandsraumes existiert. Diese Bedingung soll im folgenden näher besprochen werden. Hierbei, aber auch bei den weiteren Überlegungen, werden mathematische Begriffe verwendet, von denen angenommen wird, daß sie dem Leser bekannt sind; trotzdem soll auf einige dieser Begriffe kurz eingegangen werden.

Wie im Kapitel II, Abschnitt 3.5.1 im einzelnen erklärt wurde, wird unter der Norm eines Vektors $\boldsymbol{z}$ und einer quadratischen Matrix $\boldsymbol{Q}$ die Euklidische Norm verstanden, geschrieben $\| \boldsymbol{z} \|$ bzw. $\| \boldsymbol{Q} \|$, obwohl meistens auch andere Normen herangezogen werden könnten.

Der Zustandsraum, dessen Punkte wie bisher durch (Orts-) Vektoren $\boldsymbol{z}$ mit q Komponenten gekennzeichnet werden, wird mit $\mathbb{R}^q$ abgekürzt. Eine Menge G von Punkten $\boldsymbol{z}$ aus $\mathbb{R}^q$ nennt man *offen*, wenn zu jedem Punkt $\boldsymbol{z} \in G$ eine ε-Umgebung

$$N(\boldsymbol{z}, \varepsilon) = \{ \boldsymbol{\zeta} \in \mathbb{R}^q ; \; \| \boldsymbol{\zeta} - \boldsymbol{z} \| < \varepsilon \}$$

existiert, die vollständig in G enthalten ist, d. h. wenn $N(\boldsymbol{z}, \varepsilon) \subset G$ für alle $\boldsymbol{z} \in G$ gilt. Der Rand ∂G von G besteht aus sämtlichen Punkten $\boldsymbol{z} \in \mathbb{R}^q$ mit der Eigenschaft, daß jede Umgebung $N(\boldsymbol{z}, \varepsilon)$ mindestens einen Punkt von G und mindestens einen nicht zu G gehörenden Punkt enthält. Die Vereinigung der offenen Punktmenge G mit ihrem Rand ∂G bildet eine abgeschlossene Menge und wird Hülle $\overline{G} = G \cup \partial G$ genannt. Man spricht von einer *zusammenhängenden* Punktmenge G, wenn zwei beliebige Punkte von G stets durch eine ganz in G verlaufende (Jordan-) Kurve verbunden werden können. Die Punktmenge G heißt *beschränkt*, wenn für jeden Punkt $\boldsymbol{z} \in G$ die Bedingung $\| \boldsymbol{z} \| < r < \infty$ erfüllt ist. Eine Teilmenge von $\mathbb{R}^q$ ist *kompakt*, wenn sie abgeschlossen und beschränkt ist. Eine offene und zusammenhängende Punktmenge G wird *Gebiet* genannt. Im $\mathbb{R}^2$ heißt ein Gebiet G *einfach zusammenhängend*, wenn jede ganz in G verlaufende geschlossene (Jordan-) Kurve nur Punkte umschließt, die zu G gehören.

Ableitungen nach der Zeit t werden in diesem Kapitel wahlweise durch $\mathrm{d}/\mathrm{d}t$ oder einen Punkt über dem betreffenden Funktionssymbol bezeichnet.

1.2 EXISTENZ UND EINDEUTIGKEIT VON LÖSUNGEN

Im weiteren wird davon ausgegangen, daß $\boldsymbol{x}(t)$ für $t \geqq t_0$ und der Anfangszustand $\boldsymbol{z}_0$ bekannt sind. Somit wird statt Gl. (8.1a) auch kurz

$$\frac{\mathrm{d}\boldsymbol{z}}{\mathrm{d}t} = \boldsymbol{f}(\boldsymbol{z}, t) \quad \text{mit} \quad \boldsymbol{z}(t_0) = \boldsymbol{z}_0 \tag{8.2}$$

geschrieben. Um auch sprunghafte Änderungen der Erregung $\boldsymbol{x}(t)$ zu erfassen, werden Unstetigkeiten von $\boldsymbol{f}(\boldsymbol{z}, t)$ in der Variablen t zugelassen. Wenn die Vektorfunktion $\boldsymbol{f}$ in Gl. (8.2) die Zeitvariable t nicht explizit enthält, spricht man von einem *autonomen System* bzw. von einer autonomen Differentialgleichung. Diese schreibt man dann in der Form

$$\frac{\mathrm{d}\boldsymbol{z}}{\mathrm{d}t} = \boldsymbol{f}(\boldsymbol{z}) \quad \text{mit} \quad \boldsymbol{z}(t_0) = \boldsymbol{z}_0 \, . \tag{8.3}$$

Nun soll die Frage nach einer eindeutigen Lösung $\boldsymbol{z}(t) = \boldsymbol{\varphi}(t, \boldsymbol{z}_0)$ der Gl. (8.2) in einem Intervall $t_0 \leqq t \leqq t_1$ diskutiert werden. Die Theorie der Differentialgleichungen lehrt, daß eine eindeutige Lösung in einem Intervall $t_0 \leqq t \leqq t_0 + \delta$ existiert, falls $f(\boldsymbol{z}, t)$ in t stückweise stetig ist ($t_0 \leqq t \leqq t_1$) und die *Lipschitz-Bedingung*

$$\| \boldsymbol{f}(\boldsymbol{z}, t) - \boldsymbol{f}(\boldsymbol{\zeta}, t) \| \leqq L \| \boldsymbol{z} - \boldsymbol{\zeta} \| \tag{8.4a}$$

für alle $\boldsymbol{z}$ und $\boldsymbol{\zeta}$ mit

$$\| \boldsymbol{z} - \boldsymbol{z}_0 \| \leqq r \quad \text{und} \quad \| \boldsymbol{\zeta} - \boldsymbol{z}_0 \| \leqq r \tag{8.4b}$$

sowie für alle $t \in [t_0, t_1]$ erfüllt, wobei L eine positive Konstante, *Lipschitz-Konstante* genannt, bedeutet und $\delta \leqq t_1 - t_0$ sowie r geeignete positive Konstanten sind. Mit

$$h := \max_{t_0 \leqq t \leqq t_1} \| \boldsymbol{f}(\boldsymbol{z}_0, t) \|$$

kann gezeigt werden, daß jedenfalls bei Wahl von

$$\delta = \min \left\{ t_1 - t_0 , \frac{r}{Lr + h} , \frac{\rho}{L} \right\} \tag{8.5}$$

mit irgendeinem positiven $\rho < 1$ die Existenz und Eindeutigkeit der Lösung sichergestellt ist [Vi1].

Der entscheidende Punkt bei vorstehenden Aussagen ist die Forderung der Lipschitz-Bedingung (8.4a). Eine Funktion, die diese Bedingung erfüllt, nennt man *Lipschitz-Funktion* in der Variablen $\boldsymbol{z}$. Man unterscheidet dabei noch zwischen lokalen und globalen Lipschitz-Funktionen. Zunächst sei der autonome Fall angesprochen. Dann heißt $\boldsymbol{f}(\boldsymbol{z})$ eine lokale Lipschitz-Funktion in einem Gebiet G des Zustandsraums, falls jeder Punkt von G eine Umgebung U hat, so daß $\boldsymbol{f}(\boldsymbol{z})$ die Bedingung (8.4a) für alle Punkte von U mit einer im allgemeinen von U abhängigen Lipschitz-Konstante erfüllt. Kann die Lipschitz-Bedingung für alle Punkte im Gebiet G mit derselben Lipschitz-Konstante befriedigt werden, d. h. gilt $\| \boldsymbol{f}(\boldsymbol{z}) - \boldsymbol{f}(\boldsymbol{\zeta}) \| \leqq L \, \| \boldsymbol{z} - \boldsymbol{\zeta} \|$ für alle $\boldsymbol{z}$ und $\boldsymbol{\zeta}$ aus G, so ist $\boldsymbol{f}(\boldsymbol{z})$ eine Lipschitz-Funktion in G. Ist diese Eigenschaft mit derselben Konstante L im gesamten $\mathbb{R}^q$ gegeben, so heißt $\boldsymbol{f}(\boldsymbol{z})$ globale Lipschitz-Funktion. Eine Funktion, die in einem Gebiet G eine lokale Lipschitz-Funktion darstellt, ist in jeder kompakten Teilmenge von G eine Lipschitz-Funktion. Im nichtautonomen Fall verwendet man dieselbe Terminologie mit dem Zusatz der Gleichmäßigkeit in t in einem bestimmten Zeitintervall.

Es läßt sich zeigen (Aufgabe VIII.11), daß eine in einem Gebiet $G \subset \mathbb{R}^q$ und in einem Zeitintervall $t_1 \leqq t \leqq t_2$ stetige Funktion $\boldsymbol{f}(\boldsymbol{z}, t)$ eine lokale Lipschitz-Funktion von $\boldsymbol{z}$ ist, wenn für alle $\boldsymbol{z} \in G$ und alle $t \in [t_1, t_2]$ die Jacobi-Matrix der vektorwertigen Funktion $\boldsymbol{f} = [f_1 \;\; f_2 \;\cdots\; f_q]^{\mathrm{T}}$, d. h.

$$\frac{\partial \boldsymbol{f}}{\partial \boldsymbol{z}} := \begin{bmatrix} \dfrac{\partial f_1}{\partial z_1} & \dfrac{\partial f_1}{\partial z_2} & \cdots & \dfrac{\partial f_1}{\partial z_q} \\ \vdots & \vdots & & \vdots \\ \dfrac{\partial f_q}{\partial z_1} & \dfrac{\partial f_q}{\partial z_2} & \cdots & \dfrac{\partial f_q}{\partial z_q} \end{bmatrix} \tag{8.6}$$

existiert und jede partielle Ableitung $\partial f_i / \partial z_j$ mit $i, j = 1, \ldots, q$ für alle $\boldsymbol{z} \in G$ und $t \in [t_1, t_2]$ stetig ist. Diese Aussage gilt global genau dann, wenn die genannten Eigenschaften im gesamten Zustandsraum $\mathbb{R}^q$ bestehen und darüber hinaus $\partial \boldsymbol{f} / \partial \boldsymbol{z}$ für alle $\boldsymbol{z} \in \mathbb{R}^q$ und $t \in [t_1, t_2]$ gleichmäßig beschränkt ist.

Durch wiederholte Anwendung der obigen Ergebnisse, beginnend mit $\boldsymbol{z}(t_0)$ und $\boldsymbol{z}(t)$ in $t_0 \leqq t \leqq t_0 + \delta$, fortfahrend mit $\boldsymbol{z}(t_0 + \delta)$ und $\boldsymbol{z}(t)$ in $t_0 + \delta \leqq t \leqq t_0 + \delta + \delta_1$ usw. läßt sich das Zeitintervall für Existenz und Eindeutigkeit der Lösung auf einen größeren Zeitabschnitt ausdehnen, solange die oben genannten Voraussetzungen erfüllt sind. Es gibt ein maximales Intervall $[t_0, T)$, in welchem eine eindeutige Lösung existiert, die in $\boldsymbol{z}(t_0) = \boldsymbol{z}_0$ startet.

Für praktische Anwendungen wichtig ist nun die folgende Existenz- und Eindeutigkeitsaussage.

Satz VIII.1: Es sei $\boldsymbol{f}(\boldsymbol{z}, t)$ stückweise stetig in t, und es werden die Bedingungen

$$\| \boldsymbol{f}(\boldsymbol{z}, t) - \boldsymbol{f}(\boldsymbol{\zeta}, t) \| \leqq L \, \| \boldsymbol{z} - \boldsymbol{\zeta} \|$$

und

$$\| \boldsymbol{f}(\boldsymbol{z}_0, t) \| \leqq h$$

global für alle $\boldsymbol{z}$, $\boldsymbol{\zeta} \in \mathbb{R}^q$ und $t \in [t_0, t_1]$ erfüllt. Dann besitzt die Gl. (8.2) eine eindeutige Lösung im Intervall $[t_0, t_1]$.

Beweis: Da im vorliegenden Fall die Lipschitz-Bedingung global befriedigt wird, darf r in Gl. (8.4b) beliebig groß gewählt werden, so daß sich die Ungleichung (8.5) auf

$$\delta \leqq \min\left\{t_1 - t_0,\ \frac{\rho}{L}\right\} \quad \text{für irgendein positives} \quad \rho < 1$$

reduzieren läßt. Gilt nun $t_1 - t_0 < \rho/L$, dann wählt man $\delta = t_1 - t_0$. Andernfalls wählt man $\delta \leqq \rho/L$, und man unterteilt das Intervall $[t_0, t_1]$ in eine endliche Anzahl von Teilintervallen der Länge $\delta \leqq \rho/L$, und wendet die im Zusammenhang mit Ungleichung (8.5) gemachte lokale Existenz- und Eindeutigkeitsaussage wiederholt an. Dabei ist zu beachten, daß der Anfangszustand $\tilde{\boldsymbol{z}}$ in jedem Teilintervall die Bedingung $\|\boldsymbol{f}(\tilde{\boldsymbol{z}}, t)\| \leqq \tilde{h}$ mit einem geeigneten endlichen $\tilde{h}$ befriedigt.

Wenn in einer kompakten Punktmenge W die Funktion $\boldsymbol{f}(\boldsymbol{z})$ eine Lipschitz-Funktion ist und eine Lösung $\boldsymbol{\varphi}(t, \boldsymbol{z}_0)$ der Gl. (8.3) für alle $t \geqq t_0$ ganz in W verläuft, kann aufgrund der lokalen Existenz und Eindeutigkeit der Lösung sofort erkannt werden, daß $\boldsymbol{\varphi}(t, \boldsymbol{z}_0)$ in einem Zeitintervall $[t_0, t_0 + \delta]$ eindeutig vorhanden ist. Da $\boldsymbol{\varphi}(t, \boldsymbol{z}_0)$ die kompakte Punktmenge nicht verläßt, ist für $\boldsymbol{\varphi}(t, \boldsymbol{z}_0)$ die lokale Eindeutigkeit stets erfüllt, so daß durch wiederholte Anwendung der lokalen Aussage die Lösung sich unbegrenzt und eindeutig fortsetzen läßt. Diese Erkenntnis wird folgendermaßen formuliert.

Satz VIII.2: Die rechte Seite der Differentialgleichung (8.3) sei eine lokale Lipschitz-Funktion in einem Gebiet $G \subset \mathbb{R}^q$ und W sei eine kompakte Teilmenge von G. Es sei bekannt, daß die Lösung $\boldsymbol{\varphi}(t, \boldsymbol{z}_0)$ von Gl. (8.3) mit $\boldsymbol{z}_0 \in W$ ganz in W verläuft. Dann ist $\boldsymbol{\varphi}(t, \boldsymbol{z}_0)$ eindeutig vorhanden für alle $t \geqq t_0$.

1.3 EMPFINDLICHKEIT DER LÖSUNGEN

Man erwartet, daß die Lösungen der Zustandsgleichung (8.2) stetig vom Anfangszustand abhängen. Dies wird im folgenden Satz durch eine Abschätzung präzisiert.

Satz VIII.3: In Gl. (8.2) sei $\boldsymbol{f}(\boldsymbol{z}, t)$ eine Lipschitz-Funktion von $\boldsymbol{z}$ mit der Lipschitz-Konstante L für alle $\boldsymbol{z}$ aus einem Gebiet $G \subset \mathbb{R}^q$ und stückweise stetig in t für alle $t \in [t_0, t_1]$. Die Funktionen $\boldsymbol{z}(t)$ und $\boldsymbol{\zeta}(t)$ seien Lösungen der Gl. (8.2) für alle $t \in [t_0, t_1]$ mit den Anfangszuständen $\boldsymbol{z}(t_0) = \boldsymbol{z}_0$ bzw. $\boldsymbol{\zeta}(t_0) = \boldsymbol{\zeta}_0$, und es sei $\boldsymbol{z}(t)$, $\boldsymbol{\zeta}(t) \in G$ für alle $t \in [t_0, t_1]$. Dann gilt

$$\|\boldsymbol{z}(t) - \boldsymbol{\zeta}(t)\| \leqq \|\boldsymbol{z}(t_0) - \boldsymbol{\zeta}(t_0)\| \, \mathrm{e}^{L(t-t_0)} \tag{8.7}$$

für alle $t \in [t_0, t_1]$.

Beweis: Mit den Darstellungen

$$\boldsymbol{z}(t) = \boldsymbol{z}_0 + \int_{t_0}^{t} \boldsymbol{f}(\boldsymbol{z}(\sigma), \sigma)\, \mathrm{d}\sigma \quad \text{und} \quad \boldsymbol{\zeta}(t) = \boldsymbol{\zeta}_0 + \int_{t_0}^{t} \boldsymbol{f}(\boldsymbol{\zeta}(\sigma), \sigma)\, \mathrm{d}\sigma$$

für alle $t \in [t_0, t_1]$ erhält man die Abschätzung

$$\begin{aligned}\|\boldsymbol{z}(t) - \boldsymbol{\zeta}(t)\| &\leqq \|\boldsymbol{z}_0 - \boldsymbol{\zeta}_0\| + \int_{t_0}^{t} \|\boldsymbol{f}(\boldsymbol{z}(\sigma), \sigma) - \boldsymbol{f}(\boldsymbol{\zeta}(\sigma), \sigma)\|\, \mathrm{d}\sigma \\ &\leqq \|\boldsymbol{z}_0 - \boldsymbol{\zeta}_0\| + L \int_{t_0}^{t} \|\boldsymbol{z}(\sigma) - \boldsymbol{\zeta}(\sigma)\|\, \mathrm{d}\sigma . \end{aligned} \tag{8.8}$$

Mit den Abkürzungen

$$\Delta(t) := \| \boldsymbol{z}(t) - \boldsymbol{\zeta}(t) \| , \quad v(t) := L \int_{t_0}^{t} \Delta(\sigma)\,\mathrm{d}\sigma \tag{8.9a,b}$$

und

$$w(t) := v(t) - \Delta(t) + \Delta(t_0) \tag{8.10}$$

folgt aus Ungleichung (8.8) die Bedingung $w(t) \geqq 0$ und damit

$$\Delta(t_0) - w(t) \leqq \Delta(t_0) . \tag{8.11}$$

Außerdem liefert Gl. (8.9b) mit Gl. (8.10) die lineare Differentialgleichung

$$\frac{\mathrm{d}v}{\mathrm{d}t} = L\, v(t) + L\,(\Delta(t_0) - w(t))$$

für $v(t)$ mit der leicht zu verifizierenden Lösung

$$v(t) = L \int_{t_0}^{t} (\Delta(t_0) - w(\sigma))\, \mathrm{e}^{L(t-\sigma)}\, \mathrm{d}\sigma .$$

Hieraus folgt mit Ungleichung (8.11)

$$v(t) \leqq L\, \Delta(t_0) \int_{t_0}^{t} \mathrm{e}^{L(t-\sigma)}\, \mathrm{d}\sigma = -\Delta(t_0)\, \mathrm{e}^{L(t-\sigma)} \Big|_{\sigma = t_0}^{\sigma = t}$$

oder

$$v(t) \leqq \Delta(t_0)\,(\mathrm{e}^{L(t-t_0)} - 1) .$$

Führt man diese Ungleichung unter Benutzung der Gln. (8.9a,b) in Ungleichung (8.8) ein, so gelangt man zur Aussage von Satz VIII.3.

Man erwartet, daß die Lösungen der Zustandsgleichung (8.2) auch stetig von den Systemparametern abhängen. Dies wird im folgenden Satz präzisiert, wobei die stetige Abhängigkeit vom Anfangszustand mit einbezogen wird.

Satz VIII.4: Es sei $\boldsymbol{f}(\boldsymbol{z}, t, \boldsymbol{\lambda})$, die modifizierte rechte Seite von Gl. (8.2), stetig in den Variablen $\boldsymbol{z}, t, \boldsymbol{\lambda}$, wobei $\boldsymbol{\lambda}$ einen variablen Systemparametervektor bedeutet, weiterhin sei $\boldsymbol{f}(\boldsymbol{z}, t, \boldsymbol{\lambda})$ eine lokale Lipschitz-Funktion sowohl von $\boldsymbol{z}$ wie auch von $\boldsymbol{\lambda}$ für alle $\boldsymbol{z}$ in einem Gebiet $G \subset \mathbb{R}^q$, für alle $t \in [t_0, t_1]$ und alle $\boldsymbol{\lambda}$ mit $\| \boldsymbol{\lambda} - \boldsymbol{\lambda}_0 \| \leqq c$, wobei c eine positive reelle Konstante ist. Die Lösung der Zustandsgleichung sei mit $\boldsymbol{z}(t) = \boldsymbol{\varphi}(t, \boldsymbol{z}_0, \boldsymbol{\lambda})$ bezeichnet, wobei $\boldsymbol{\varphi}(t_0, \boldsymbol{z}_0, \boldsymbol{\lambda}) = \boldsymbol{z}_0$ gelte. Mit den Funktionen $\boldsymbol{\varphi}(t, \boldsymbol{z}_0, \boldsymbol{\lambda}_i)$ und $\boldsymbol{\varphi}(t, \boldsymbol{\zeta}_0, \boldsymbol{\lambda}_i)$ werden für $\| \boldsymbol{\lambda}_i - \boldsymbol{\lambda}_0 \| \leqq c$ $(i = 1, 2)$ Lösungen bezeichnet, die in G für alle $t \in [t_0, t_1]$ existieren. Gibt man ein beliebiges $\varepsilon > 0$ vor, dann kann ein $\delta > 0$ angegeben werden, so daß unter der Voraussetzung

$$\| \boldsymbol{z}_0 - \boldsymbol{\zeta}_0 \| < \delta \quad \text{und} \quad \| \boldsymbol{\lambda}_2 - \boldsymbol{\lambda}_1 \| < \delta$$

für alle $t \in [t_0, t_1]$

$$\| \boldsymbol{\varphi}(t, \boldsymbol{z}_0, \boldsymbol{\lambda}_2) - \boldsymbol{\varphi}(t, \boldsymbol{\zeta}_0, \boldsymbol{\lambda}_1) \| < \varepsilon$$

gilt.

Beweis: Man kann bei Beachtung von Ungleichung (8.7) die Abschätzung

$$\| \boldsymbol{\varphi}(t, \boldsymbol{z}_0, \boldsymbol{\lambda}_2) - \boldsymbol{\varphi}(t, \boldsymbol{\zeta}_0, \boldsymbol{\lambda}_1) \| = \| \boldsymbol{\varphi}(t, \boldsymbol{z}_0, \boldsymbol{\lambda}_2) - \boldsymbol{\varphi}(t, \boldsymbol{\zeta}_0, \boldsymbol{\lambda}_2) + \boldsymbol{\varphi}(t, \boldsymbol{\zeta}_0, \boldsymbol{\lambda}_2) - \boldsymbol{\varphi}(t, \boldsymbol{\zeta}_0, \boldsymbol{\lambda}_1) \|$$

$$\leqq \| \boldsymbol{z}_0 - \boldsymbol{\zeta}_0 \|\, \mathrm{e}^{L(t-t_0)} + \| \boldsymbol{\varphi}(t, \boldsymbol{\zeta}_0, \boldsymbol{\lambda}_2) - \boldsymbol{\varphi}(t, \boldsymbol{\zeta}_0, \boldsymbol{\lambda}_1) \|$$

für alle $t \in [t_0, t_1]$ angeben. Angesichts der Lipschitz-Eigenschaft von $\boldsymbol{f}$ in $\boldsymbol{\lambda}$ läßt sich weiterhin die folgende Abschätzung durchführen:

$$\| \boldsymbol{\varphi}(t, \boldsymbol{\zeta}_0, \boldsymbol{\lambda}_1) - \boldsymbol{\varphi}(t, \boldsymbol{\zeta}_0, \boldsymbol{\lambda}_2) \| = \| \int_{t_0}^{t} [\boldsymbol{f}(\boldsymbol{\varphi}(\sigma, \boldsymbol{\zeta}_0, \boldsymbol{\lambda}_1), \sigma, \boldsymbol{\lambda}_1) - \boldsymbol{f}(\boldsymbol{\varphi}(\sigma, \boldsymbol{\zeta}_0, \boldsymbol{\lambda}_2), \sigma, \boldsymbol{\lambda}_2)] \, \mathrm{d}\sigma \|$$

$$\leqq \int_{t_0}^{t} \| \boldsymbol{f}(\boldsymbol{\varphi}(\sigma, \boldsymbol{\zeta}_0, \boldsymbol{\lambda}_1), \sigma, \boldsymbol{\lambda}_1) - \boldsymbol{f}(\boldsymbol{\varphi}(\sigma, \boldsymbol{\zeta}_0, \boldsymbol{\lambda}_2), \sigma, \boldsymbol{\lambda}_2) \| \, \mathrm{d}\sigma \leqq \alpha(t_1 - t_0) \| \boldsymbol{\lambda}_1 - \boldsymbol{\lambda}_2 \| .$$

Dabei wurde die Lipschitz-Beschränktheit in der Form

$$\| \boldsymbol{f}(\boldsymbol{\varphi}(\sigma, \boldsymbol{\zeta}_0, \boldsymbol{\lambda}_1), \sigma, \boldsymbol{\lambda}_1) - \boldsymbol{f}(\boldsymbol{\varphi}(\sigma, \boldsymbol{\zeta}_0, \boldsymbol{\lambda}_2), \sigma, \boldsymbol{\lambda}_2) \| \leqq \alpha \| \boldsymbol{\lambda}_1 - \boldsymbol{\lambda}_2 \|$$

benutzt. Faßt man die bisherigen Abschätzungen zusammen, so ergibt sich

$$\| \boldsymbol{\varphi}(t, \boldsymbol{z}_0, \boldsymbol{\lambda}_2) - \boldsymbol{\varphi}(t, \boldsymbol{\zeta}_0, \boldsymbol{\lambda}_1) \| \leqq \| \boldsymbol{z}_0 - \boldsymbol{\zeta}_0 \| \, \mathrm{e}^{L(t-t_0)} + \alpha(t_1 - t_0) \| \boldsymbol{\lambda}_1 - \boldsymbol{\lambda}_2 \| < \varepsilon ,$$

falls man hierbei für die Normausdrücke $\| \boldsymbol{z}_0 - \boldsymbol{\zeta}_0 \| < (\varepsilon/2)\, \mathrm{e}^{-L(t_1 - t_0)}$ und $\| \boldsymbol{\lambda}_1 - \boldsymbol{\lambda}_2 \| < \varepsilon/(2\,\alpha(t_1 - t_0))$ wählt. Mit $\delta = \min\{(\varepsilon/2)\,\mathrm{e}^{-L(t_1 - t_0)}, \varepsilon/(2\,\alpha(t_1 - t_0))\}$ ist der Beweis abgeschlossen.

Beiläufig sei noch bemerkt, daß die Lösungen der Gl. (8.2) auch stetig vom Anfangszeitpunkt t_0 abhängen. Dies folgt aus der Tatsache, daß jede Lösung $\boldsymbol{\varphi}$ als

$$\boldsymbol{\varphi}(t, \boldsymbol{z}_0) = \boldsymbol{z}_0 + \int_{t_0}^{t} \boldsymbol{f}(\boldsymbol{\varphi}(\tau, \boldsymbol{z}_0), \tau) \, \mathrm{d}\tau$$

ausgedrückt werden kann.

1.4 LINEARISIERUNG

Oft lassen sich nichtlineare Systeme in ausreichender Weise durch lineare Systeme, insbesondere in der Umgebung eines Punktes oder einer Kurve im Zustandsraum, approximieren. Dies soll im folgenden erläutert werden.

Es sei $\boldsymbol{z} = \hat{\boldsymbol{z}}(t)$ die Lösung von Gl. (8.1a) zum Anfangszustand $\hat{\boldsymbol{z}}(t_0) = \hat{\boldsymbol{z}}_0$ und zum Eingangssignal $\boldsymbol{x} = \hat{\boldsymbol{x}}(t)$; es gelte also

$$\frac{\mathrm{d}\hat{\boldsymbol{z}}}{\mathrm{d}t} = \boldsymbol{f}(\hat{\boldsymbol{z}}, \hat{\boldsymbol{x}}, t) \quad \text{mit} \quad \hat{\boldsymbol{z}}(t_0) = \hat{\boldsymbol{z}}_0 \quad \text{und} \quad \hat{\boldsymbol{y}} = \boldsymbol{g}(\hat{\boldsymbol{z}}, \hat{\boldsymbol{x}}, t) .$$

Werden Anfangszustand und Eingangssignal nur geringfügig geändert, so darf erwartet werden, daß sich auch die Lösung $\hat{\boldsymbol{z}}, \hat{\boldsymbol{y}}$ nur geringfügig ändert. Um dies zu formulieren, setzt man $\boldsymbol{z}(t_0) = \hat{\boldsymbol{z}}_0 + \boldsymbol{\zeta}_0$ und

$$\boldsymbol{x} = \hat{\boldsymbol{x}} + \boldsymbol{\xi} , \quad \boldsymbol{y} = \hat{\boldsymbol{y}} + \boldsymbol{\eta} , \quad \boldsymbol{z} = \hat{\boldsymbol{z}} + \boldsymbol{\zeta} , \tag{8.12}$$

wobei $\boldsymbol{\zeta}_0$, $\boldsymbol{\xi}$, $\boldsymbol{\eta}$ und $\boldsymbol{\zeta}$ jeweils die Änderungen bedeuten. Nun wird angenommen, daß eine Taylor-Entwicklung der Form

$$\frac{\mathrm{d}\boldsymbol{z}}{\mathrm{d}t} = \boldsymbol{f}(\hat{\boldsymbol{z}} + \boldsymbol{\zeta}, \hat{\boldsymbol{x}} + \boldsymbol{\xi}, t) = \boldsymbol{f}(\hat{\boldsymbol{z}}, \hat{\boldsymbol{x}}, t) + \left.\frac{\partial \boldsymbol{f}}{\partial \boldsymbol{z}}\right|_{\boldsymbol{z} = \hat{\boldsymbol{z}}, \boldsymbol{x} = \hat{\boldsymbol{x}}} \cdot \boldsymbol{\zeta}(t) +$$

$$+ \left.\frac{\partial \boldsymbol{f}}{\partial \boldsymbol{x}}\right|_{\boldsymbol{z} = \hat{\boldsymbol{z}}, \boldsymbol{x} = \hat{\boldsymbol{x}}} \cdot \boldsymbol{\xi}(t) + \boldsymbol{r}_1(\boldsymbol{\zeta}, \boldsymbol{\xi}, t)$$

angegeben werden kann. Dabei ist $\partial \boldsymbol{f} / \partial \boldsymbol{z}$ für $\boldsymbol{z} = \hat{\boldsymbol{z}}, \boldsymbol{x} = \hat{\boldsymbol{x}}$ die Jacobi-Matrix von $\boldsymbol{f}$ nach Gl. (8.6) auf der Lösung $\hat{\boldsymbol{z}}$ und dem Eingangssignal $\hat{\boldsymbol{x}}$. Eine analoge Bedeutung hat $\partial \boldsymbol{f} / \partial \boldsymbol{x}$, und das Restglied $\boldsymbol{r}_1(\boldsymbol{\zeta}, \boldsymbol{\xi}, t)$ geht in höherer Ordnung mit $\boldsymbol{\zeta}, \boldsymbol{\xi}$ gegen Null. Eine weitere Taylor-Entwicklung liefert

$$\boldsymbol{y} = \boldsymbol{g}(\hat{\boldsymbol{z}} + \boldsymbol{\zeta}, \hat{\boldsymbol{x}} + \boldsymbol{\xi}, t) = \boldsymbol{g}(\hat{\boldsymbol{z}}, \hat{\boldsymbol{x}}, t) + \frac{\partial \boldsymbol{g}}{\partial \boldsymbol{z}}\bigg|_{\boldsymbol{z} = \hat{\boldsymbol{z}}, \boldsymbol{x} = \hat{\boldsymbol{x}}} \cdot \boldsymbol{\zeta}(t)$$

$$+ \frac{\partial \boldsymbol{g}}{\partial \boldsymbol{x}}\bigg|_{\boldsymbol{z} = \hat{\boldsymbol{z}}, \boldsymbol{x} = \hat{\boldsymbol{x}}} \cdot \boldsymbol{\xi}(t) + \boldsymbol{r}_2(\boldsymbol{\zeta}, \boldsymbol{\xi}, t) \; .$$

Da $\boldsymbol{f}(\hat{\boldsymbol{z}}, \hat{\boldsymbol{x}}, t)$ mit $\mathrm{d}\hat{\boldsymbol{z}}/\mathrm{d}t$ und $\boldsymbol{g}(\hat{\boldsymbol{z}}, \hat{\boldsymbol{x}}, t)$ mit $\hat{\boldsymbol{y}}$ übereinstimmt, erhält man aus den beiden Taylor-Entwicklungen die zu den Gln. (8.1a,b) äquivalenten Beziehungen

$$\frac{\mathrm{d}\boldsymbol{\zeta}}{\mathrm{d}t} = \frac{\partial \boldsymbol{f}}{\partial \boldsymbol{z}}\bigg|_{\boldsymbol{z} = \hat{\boldsymbol{z}}, \boldsymbol{x} = \hat{\boldsymbol{x}}} \cdot \boldsymbol{\zeta} + \frac{\partial \boldsymbol{f}}{\partial \boldsymbol{x}}\bigg|_{\boldsymbol{z} = \hat{\boldsymbol{z}}, \boldsymbol{x} = \hat{\boldsymbol{x}}} \cdot \boldsymbol{\xi} + \boldsymbol{r}_1(\boldsymbol{\zeta}, \boldsymbol{\xi}, t)$$

und

$$\boldsymbol{\eta} = \frac{\partial \boldsymbol{g}}{\partial \boldsymbol{z}}\bigg|_{\boldsymbol{z} = \hat{\boldsymbol{z}}, \boldsymbol{x} = \hat{\boldsymbol{x}}} \cdot \boldsymbol{\zeta} + \frac{\partial \boldsymbol{g}}{\partial \boldsymbol{x}}\bigg|_{\boldsymbol{z} = \hat{\boldsymbol{z}}, \boldsymbol{x} = \hat{\boldsymbol{x}}} \cdot \boldsymbol{\xi} + \boldsymbol{r}_2(\boldsymbol{\zeta}, \boldsymbol{\xi}, t) \; .$$

Vernachlässigt man nun um den "Arbeitspunkt" $(\hat{\boldsymbol{x}}, \hat{\boldsymbol{y}}, \hat{\boldsymbol{z}})$ die Terme $\boldsymbol{r}_1$ und $\boldsymbol{r}_2$ höherer Ordnung, so erhält man das lineare Näherungssystem

$$\frac{\mathrm{d}\boldsymbol{\zeta}}{\mathrm{d}t} = \boldsymbol{A}\boldsymbol{\zeta} + \boldsymbol{B}\boldsymbol{\xi} \, , \qquad \boldsymbol{\eta} = \boldsymbol{C}\boldsymbol{\zeta} + \boldsymbol{D}\boldsymbol{\xi} \; . \tag{8.13a,b}$$

Diese Gleichungen bilden das auf der Lösung $\hat{\boldsymbol{z}}$ und dem Eingangssignal $\hat{\boldsymbol{x}}$ linearisierte System. Dabei sind die Systemmatrizen durch die Beziehungen

$$\boldsymbol{A} = \frac{\partial \boldsymbol{f}}{\partial \boldsymbol{z}}\bigg|_{\boldsymbol{z} = \hat{\boldsymbol{z}}\, , \, \boldsymbol{x} = \hat{\boldsymbol{x}}} , \qquad \boldsymbol{B} = \frac{\partial \boldsymbol{f}}{\partial \boldsymbol{x}}\bigg|_{\boldsymbol{z} = \hat{\boldsymbol{z}}\, , \, \boldsymbol{x} = \hat{\boldsymbol{x}}} , \tag{8.14a,b}$$

$$\boldsymbol{C} = \frac{\partial \boldsymbol{g}}{\partial \boldsymbol{z}}\bigg|_{\boldsymbol{z} = \hat{\boldsymbol{z}}\, , \, \boldsymbol{x} = \hat{\boldsymbol{x}}} , \qquad \boldsymbol{D} = \frac{\partial \boldsymbol{g}}{\partial \boldsymbol{x}}\bigg|_{\boldsymbol{z} = \hat{\boldsymbol{z}}\, , \, \boldsymbol{x} = \hat{\boldsymbol{x}}} \tag{8.14c,d}$$

gegeben. Hierbei bedeutet $\partial \boldsymbol{f} / \partial \boldsymbol{z}$ die (Jacobi-) Matrix mit dem Element $\partial f_\mu / \partial z_\nu$ in der μ-ten Zeile und ν-ten Spalte, wenn f_μ die μ-te Komponente von $\boldsymbol{f}$ ist. Entsprechende Bedeutung haben die anderen partiellen Ableitungen in den Gln. (8.14a-d). Man beachte, daß die Vektorfunktionen $\hat{\boldsymbol{x}}, \hat{\boldsymbol{y}}$ und $\hat{\boldsymbol{z}}$ die Gln. (8.1a,b) erfüllen.

Außerdem sei hervorgehoben, daß das lineare System $(\boldsymbol{A}, \boldsymbol{B}, \boldsymbol{C}, \boldsymbol{D})$ auch dann zeitvariant sein kann, wenn das entsprechende nichtlineare System zeitinvariant ist, d. h. die rechten Seiten der Gln. (8.1a,b) nicht explizit von der Zeit t abhängig sind. Falls jedoch im betrachteten Fall eines zeitinvarianten nichtlinearen Systems $\hat{\boldsymbol{x}}$ ein zeitunabhängiges Signal ist und $\hat{\boldsymbol{z}}$ einen Gleichgewichtszustand darstellt, ist auch das linearisierte System zeitinvariant.

Wenn die rechte Seite der Gl. (8.1a) außer über $\boldsymbol{z}(t)$ nicht von der Zeit abhängt, spricht man, wie bereits gesagt, von einem autonomen System. Ein nicht erregtes (freies) zeitinvariantes System ist also autonom. Derartige Systeme kommen oft auch in der Gestalt vor, daß auf der rechten Seite von Gl. (8.1a) die Zeit t nicht explizit auftritt und $\boldsymbol{x}$ als konstanter Vektor festgehalten wird. Als Erregungen können auch allgemeinere Funktionen, wie eine Sinusfunktion, zugelassen werden, sofern man entsprechende Funktionsgeneratoren (d. h. Teilsysteme zur Erzeugung von Funktionen) mit jeweils einem konstanten Eingangssignal in das System einbezieht. Damit lassen sich autonome Systeme durch Zustandsgleichungen der

Art

$$\frac{\mathrm{d}\boldsymbol{z}}{\mathrm{d}t} = \boldsymbol{f}(\boldsymbol{z}, \hat{\boldsymbol{x}}) \tag{8.15}$$

mit zeitunabhängigem $\hat{\boldsymbol{x}}$ charakterisieren. Zu einem derartigen System gehören bestimmte Gleichgewichtszustände $\hat{\boldsymbol{z}}$ (auch Gleichgewichtspunkte, singuläre Punkte oder Fixpunkte genannt) als Lösungen der Gleichgewichtsbedingung $\boldsymbol{f}(\hat{\boldsymbol{z}}, \hat{\boldsymbol{x}}) = \boldsymbol{0}$. Linearisiert man das System bezüglich eines bestimmten derartigen Vektorpaares $(\hat{\boldsymbol{x}}, \hat{\boldsymbol{z}})$, dann werden die Systemmatrizen im allgemeinen wesentlich von diesen beiden Vektoren abhängen. Häufig wird die Abhängigkeit vom Parameter $\hat{\boldsymbol{x}}$ nicht explizit angegeben und einfach die Gl. (8.3) geschrieben.

Im weiteren werden zunächst autonome Systeme betrachtet. Die Gesamtheit aller Lösungstrajektorien $\boldsymbol{z}(t)$ der Gl. (8.3) – man nennt sie auch Orbits – bildet eine Repräsentation des Systems. Man spricht hierbei vom Phasenportrait. Dieser Darstellung bedient man sich vor allem im Fall von Systemen zweiter Ordnung, d. h. im Fall, daß der Zustandsraum eine Ebene ist, weil dann die Trajektorien als ebene Kurven veranschaulicht werden können.

Ein Gleichgewichtszustand $\hat{\boldsymbol{z}}$ eines durch Gl. (8.3) beschriebenen autonomen Systems ist durch die Eigenschaft

$$\boldsymbol{f}(\hat{\boldsymbol{z}}) = \boldsymbol{0} \tag{8.16}$$

als stationärer Punkt ausgezeichnet. Die Linearisierung des Systems bezüglich $\hat{\boldsymbol{z}}$ sei durch

$$\frac{\mathrm{d}\boldsymbol{\zeta}}{\mathrm{d}t} = \boldsymbol{A}\,\boldsymbol{\zeta} \tag{8.17}$$

mit $\boldsymbol{A} = \partial \boldsymbol{f} / \partial \boldsymbol{z} \,|_{\boldsymbol{z} = \hat{\boldsymbol{z}}}$ beschrieben. Dabei wird angenommen, daß $\boldsymbol{A}$ nichtsingulär ist, d. h. keinen verschwindenden Eigenwert hat, um sicherzustellen, daß das Trajektorienverhalten in der unmittelbaren Umgebung von $\hat{\boldsymbol{z}}$ näherungsweise durch Gl. (8.17) beschrieben wird. Andernfalls wäre in der Taylor-Entwicklung von $\boldsymbol{f}$ der lineare Term nicht dominant. Dies wird an späterer Stelle noch genau begründet.

Im Fall eines Systems *zweiter Ordnung* pflegt man an Hand der Jacobi-Matrix $\boldsymbol{A}$ die folgende Klassifizierung von Gleichgewichtszuständen des autonomen Systems vorzunehmen, wobei die Kurvenscharen im Bild 8.1 zu betrachten sind, die mit den Methoden von Kapitel II an Hand von Gl. (8.17) leicht verifiziert werden können.

(i) Sind die beiden Eigenwerte von $\boldsymbol{A}$ negativ reell, so spricht man von einem stabilen Knoten oder einer Senke, da die Trajektorien auf den Gleichgewichtszustand zulaufen. Gelegentlich nennt man einen solchen Punkt auch Punktattraktor. Die entsprechenden Phasenportraits sind den Bildern 8.1a,c,e zu entnehmen, wobei die zwei letzten (c und e) die Fälle mit doppelten Eigenwerten betreffen.

(ii) Sind die beiden Eigenwerte von $\boldsymbol{A}$ positiv reell, dann heißt der Gleichgewichtszustand instabiler Knoten. Die Trajektorien entfernen sich vom Knoten, weshalb auch von einem Punktrepellor die Rede ist. Die entsprechenden Phasenportraits sind den Bildern 8.1b,d,f zu entnehmen, wobei sich die zwei letzten (d und f) auf die Fälle mit doppelten Eigenwerten beziehen.

(iii) Sind die beiden Eigenwerte von $\boldsymbol{A}$ konjugiert komplex zueinander und haben sie negativen Realteil, so heißt der Gleichgewichtszustand stabiler Fokus oder stabiler Strudelpunkt oder stabile Spirale. Da die Trajektorien dem Gleichgewichtspunkt zustreben, ist auch hier gelegentlich von einem Attraktor die Rede (Bild 8.1g).

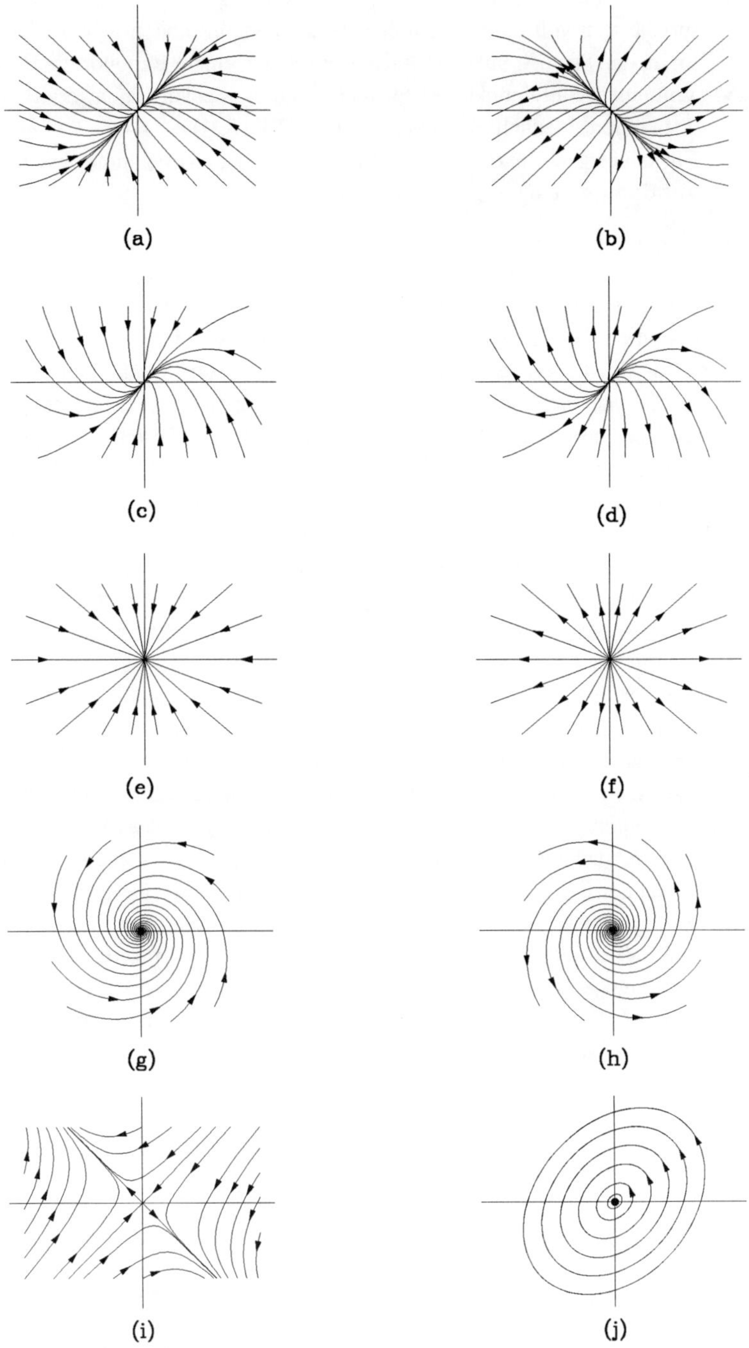

Bild 8.1: Phasenportraits der Umgebung verschiedener Typen von Gleichgewichtszuständen. (a), (c), (e) Stabiler Knoten; (b), (d), (f) instabiler Knoten; (g) stabiler Fokus; (h) instabiler Fokus; (i) Sattelpunkt; (j) Zentrum

(iv) Im Fall eines Paares konjugiert komplexer Eigenwerte von $\boldsymbol{A}$ mit positivem Realteil spricht man von einem instabilen Fokus oder instabilen Strudelpunkt. Da die Trajektorien den Strudelpunkt verlassen, ist auch von einem Repellor die Rede (Bild 8.1h).

(v) Von einem Sattelpunkt spricht man, wenn die beiden Eigenwerte von $\boldsymbol{A}$ reell sind, jedoch unterschiedliche Vorzeichen haben (Bild 8.1i).

(vi) Ein Gleichgewichtszustand heißt Zentrum oder Wirbelpunkt, wenn die beiden Eigenwerte von $\boldsymbol{A}$ rein imaginär sind (Bild 8.1j).

Wie aus Bild 8.1i zu erkennen ist, existieren im Falle eines Sattelpunktes spezielle Trajektorien, die direkt in den Sattelpunkt hineinlaufen, und solche, die zur Zeit $t = -\infty$ im Sattelpunkt gestartet sind und dann von diesem weglaufen. Sie spielen eine besondere Rolle, da sie das Verhalten der Gesamtheit aller Trajektorien wesentlich beeinflussen. Die Punktmengen, welche die in den Sattelpunkt hinein- oder von diesem weglaufenden Trajektorien bilden (wobei die hineinlaufenden Trajektorien den Sattelpunkt erst asymptotisch, d. h. für $t \to \infty$ erreichen), heißen die dem Sattelpunkt zugeordneten invarianten Mannigfaltigkeiten. Die den Sattelpunkt für $t \to \infty$ erreichenden Trajektorien nennt man stabile Mannigfaltigkeit, die seit $t = -\infty$ den Sattelpunkt verlassenden Trajektorien instabile Mannigfaltigkeit (Abschnitt 2.5).

Auch für Systeme *höherer Ordnung* führt man die Gleichgewichtszustände als singuläre Punkte oder Fixpunkte des Systems ein. Sie lassen sich ähnlich wie im Falle des Systems zweiter Ordnung diskutieren. So pflegt man im Falle eines dreidimensionalen Systems einen Gleichgewichtszustand Attraktor, Repellor oder Sattelpunkt zu nennen je nach Lage der drei Eigenwerte der Jacobi-Matrix, die zum Gleichgewichtspunkt gehört. Liegen alle drei Eigenwerte in der linken Hälfte der komplexen Ebene, dann handelt es sich um einen Attraktor, wobei man noch zwischen einem Knoten und einem Spiralknoten unterscheidet, je nachdem ob alle Eigenwerte reell sind oder nur einer reell ist und die beiden anderen ein konjugiert komplexes Paar bilden. Jedenfalls laufen alle Trajektorien auf den Attraktor zu, speziell beim Spiralknoten spiralförmig. Liegen alle Eigenwerte in der rechten Hälfte der komplexen Ebene, dann handelt es sich um einen Repellor, wobei man von einem Spiralrepellor spricht, wenn zwei der Eigenwerte konjugiert komplex sind. Die Trajektorien verlassen den Repellor. Ein Sattelpunkt ist dadurch ausgezeichnet, daß von den drei Eigenwerten zwei negativen Realteil haben und einer positiven Realteil besitzt (d. h. positiv reell ist) oder umgekehrt, wobei die beiden Eigenwerte mit negativem (bzw. positivem) Realteil reell oder konjugiert komplex sein können (insofern kann noch zwischen Sattel- und Spiralsattelpunkt unterschieden werden). Wie im zweidimensionalen Fall besitzt auch hier ein Sattelpunkt eine stabile und eine instabile Mannigfaltigkeit.

Beispiel 8.1: Es sei ein gedämpfter Schwinger betrachtet, welcher durch die nichtlineare Differentialgleichung

$$\frac{\mathrm{d}^2 y(t)}{\mathrm{d}t^2} + \alpha \frac{\mathrm{d}y(t)}{\mathrm{d}t} + \beta \sin y(t) = x(t) \tag{8.18}$$

beschrieben wird; $\alpha \geqq 0$ und $\beta > 0$ seien Konstanten. Ein solcher Schwinger kann z. B. ein erregtes mechanisches Pendel sein, wobei die Größe $y(t)$ den zeitlichen Verlauf des Ausschlagwinkels des Pendels bedeutet. Dabei wird die Dämpfung mit einem positiven α berücksichtigt, β ist gleich g/l (mit g als Erdbeschleunigung und l als Pendellänge), und $x(t)$ repräsentiert die Erregung (Bild 8.2). Zur Beschreibung im Zustandsraum werden die Variablen

$$z_1 = y \qquad \text{und} \qquad z_2 = \frac{\mathrm{d}y}{\mathrm{d}t} \tag{8.19a,b}$$

eingeführt. Damit erhält man die Zustandsdarstellung

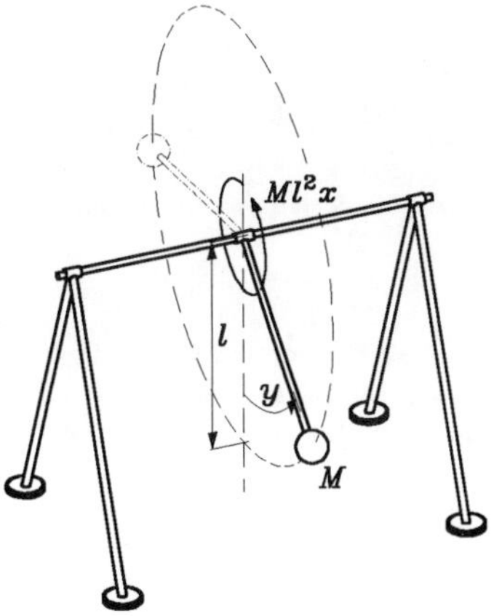

Bild 8.2: Mechanisches Pendel mit der Bewegungsgleichung $Ml^2\ddot{y} + b\dot{y} + Mgl\sin y = Ml^2 x$; dies bedeutet in der Gl. (8.18) $\alpha = b/(Ml^2)$ und $\beta = g/l$

$$\frac{dz_1}{dt} = z_2 , \quad \frac{dz_2}{dt} = -\beta\sin z_1 - \alpha z_2 + x , \quad y = z_1 . \tag{8.20a-c}$$

Führt man um einen "Arbeitspunkt" $z_1 = \hat{z}_1$, $z_2 = \hat{z}_2$, $x = \hat{x}$ gemäß den Gln. (8.13a,b) und (8.14a-d) eine Linearisierung durch, so ergeben sich die Systemmatrizen

$$\boldsymbol{A} = \begin{bmatrix} 0 & 1 \\ -\beta\cos\hat{z}_1 & -\alpha \end{bmatrix} ; \quad \boldsymbol{B} = \boldsymbol{b} = \begin{bmatrix} 0 \\ 1 \end{bmatrix} ; \quad \boldsymbol{C} = \boldsymbol{c}^{\mathrm{T}} = [1 \quad 0] ; \quad \boldsymbol{D} = 0 . \tag{8.21a-d}$$

Als Gleichgewichtszustände liefern die Gln. (8.20a,b) bei Wahl einer zeitunabhängigen Erregung $x = \hat{x}$ (die im weiteren beibehalten wird) mit

$$0 \leqq \hat{x} < \beta \tag{8.22}$$

direkt die von α unabhängigen singulären Punkte

$$\hat{z}_2 = 0 \quad \text{und} \quad \hat{z}_1 = \arcsin\frac{\hat{x}}{\beta} \quad \text{oder} \quad \hat{z}_1 = \pi - \arcsin\frac{\hat{x}}{\beta} , \tag{8.23a-c}$$

wobei arcsin den Hauptwert bedeutet. Für $\hat{z}_1$ erhält man noch weitere Lösungen, die aber von den in den Gln. (8.23b,c) angegebenen Werten nur um ganzzahlige Vielfache von 2π abweichen. Sie gehören zu Gleichgewichtszuständen, deren Eigenschaften sich physikalisch nicht von denjenigen der durch die Gln. (8.23a-c) gegebenen Punkte unterscheiden.

Für den Gleichgewichtszustand $\hat{z}_1 = \arcsin(\hat{x}/\beta)$, $\hat{z}_2 = 0$ ergibt sich aus Gl. (8.21a) die Systemmatrix

$$\boldsymbol{A} = \begin{bmatrix} 0 & 1 \\ -\sqrt{\beta^2 - \hat{x}^2} & -\alpha \end{bmatrix} \tag{8.24a}$$

und damit die Eigenwerte

$$p_{1,2} = -\frac{\alpha}{2} \pm \sqrt{\frac{\alpha^2}{4} - \sqrt{\beta^2 - \hat{x}^2}} , \tag{8.24b}$$

die wegen $\alpha \geqq 0$ beide keinen positiven Realteil haben. Der Gleichgewichtszustand ist also entweder ein stabiler Knoten oder ein stabiler Fokus oder ein Zentrum. Für $\hat{z}_1 = \pi - \arcsin(\hat{x}/\beta)$, $\hat{z}_2 = 0$ findet man sofort

$$\boldsymbol{A} = \begin{bmatrix} 0 & 1 \\ \sqrt{\beta^2 - \hat{x}^2} & -\alpha \end{bmatrix} \tag{8.25a}$$

und als Eigenwerte

$$p_{1,2} = -\frac{\alpha}{2} \pm \sqrt{\frac{\alpha^2}{4} + \sqrt{\beta^2 - \hat{x}^2}} , \tag{8.25b}$$

von denen der eine positiv reell, der andere negativ reell ist. Der Gleichgewichtszustand ist also ein Sattelpunkt.

Die Trajektorien lassen sich im dämpfungsfreien Fall $\alpha = 0$ einfach konstruieren. Es existiert nämlich eine "Energiefunktion"

$$V := \frac{1}{2} z_2^2 - \hat{x} z_1 - \beta \cos z_1 , \tag{8.26}$$

für die mit den Gln. (8.20a,b) und $x = \hat{x}$ längs der Trajektorien des nichtlinearen Systems

$$\frac{\mathrm{d}V}{\mathrm{d}t} = -\alpha z_2^2$$

gilt, insbesondere $\mathrm{d}V/\mathrm{d}t = 0$ für $\alpha = 0$. Damit ist im Fall $\alpha = 0$ längs einer jeden Trajektorie V zeitunabhängig. Die Schar der Kurven $V = \gamma = \text{const}$ mit V nach Gl. (8.26) und γ als Scharparameter repräsentiert also die Trajektorien im Fall $\alpha = 0$. Diese sind im Bild 8.3 skizziert. Man beachte die 2π-Periodizität des Portraits in z_1-Richtung.

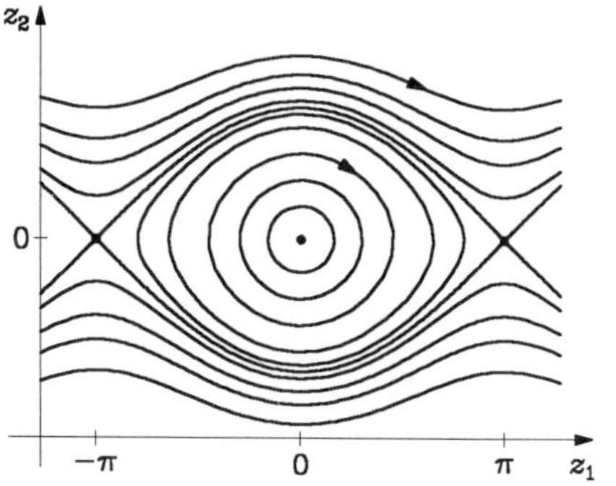

Bild 8.3: Phasenportrait für ein ungedämpftes nichtlineares Schwingungssystem nach Gl. (8.20a,b) ($\hat{x} = 0$; $\alpha = 0$; $\beta = 1$)

Beispiel 8.2: Es wird ein sehr großes Gewässer betrachtet, das eine Population von z_1 Hechten und z_2 Karpfen enthält. Dabei wird angenommen, daß einerseits die Hechte die Karpfen jagen, andererseits die Karpfen jede erforderliche Menge an Nahrung zum Überleben finden. Das einzige Problem der Karpfen ist, daß viele hungrige Hechte vorhanden sind. Solange die Hechte abwesend sind ($z_1 = 0$), können sich die Karpfen unbegrenzt vermehren; dies wird durch die Differentialgleichung $\mathrm{d}z_2/\mathrm{d}t - B\, z_2$ mit $B > 0$ beschrieben. Die Hechte benötigen die Karpfen, um zu überleben; denn bei Abwesenheit von Karpfen ($z_2 = 0$) sterben die Hechte aus, was durch die Differentialgleichung $\mathrm{d}z_1/\mathrm{d}t = -A\, z_1$ mit $A > 0$ beschrieben werden kann. Als einfachste Kopplung zwischen der Anzahl z_1 von Hechten und der Anzahl z_2 von Karpfen verwendet man bei Berücksichtigung der Räuber-Beute-Beziehung zwischen den beiden Tierarten die Differentialgleichungen

$$\frac{\mathrm{d}z_1}{\mathrm{d}t} = z_1(-A + b_1 z_2), \quad \frac{\mathrm{d}z_2}{\mathrm{d}t} = z_2(B - b_2 z_1)$$

($b_1, b_2 > 0$), die ein nichtlineares System darstellen. Dadurch wird zum Ausdruck gebracht, daß die Anzahl der Karpfen abnimmt, wenn die Anzahl der Hechte groß ist, und daß die Anzahl der Hechte abnimmt, wenn die Zahl der Karpfen klein ist. Das System hat zwei Gleichgewichtszustände, nämlich die Punkte $\hat{\boldsymbol{z}} = \boldsymbol{0}$ und $\tilde{\boldsymbol{z}} = [B/b_2 \;\; A/b_1]^{\mathrm{T}}$. Die Jacobi-Matrix des Systems lautet

$$\boldsymbol{A} = \begin{bmatrix} -A + b_1 z_2 & b_1 z_1 \\ -b_2 z_2 & B - b_2 z_1 \end{bmatrix},$$

woraus zu erkennen ist, daß $\hat{\boldsymbol{z}}$ ein Sattelpunkt und $\tilde{\boldsymbol{z}}$ ein Zentrum ist. Bild 8.4 zeigt ein entsprechendes Phasenportrait des Systems. Für das betrachtete Beispiel sind nur die Trajektorien im ersten Quadranten bedeutsam.

Die Ermittlung der Trajektorien eines nichtlinearen Systems erfordert häufig die Verwendung numerischer Verfahren zur Integration der betreffenden Differentialgleichungen. Oft genügt es, sich nur einen Überblick über den Trajektorienverlauf zu verschaffen. Dazu kann man sich im Fall autonomer Systeme sogenannter Isoklinen bedienen. Unter einer Isokline versteht man eine Kurve, die von Trajektorien stets unter demselben charakteristischen Win-

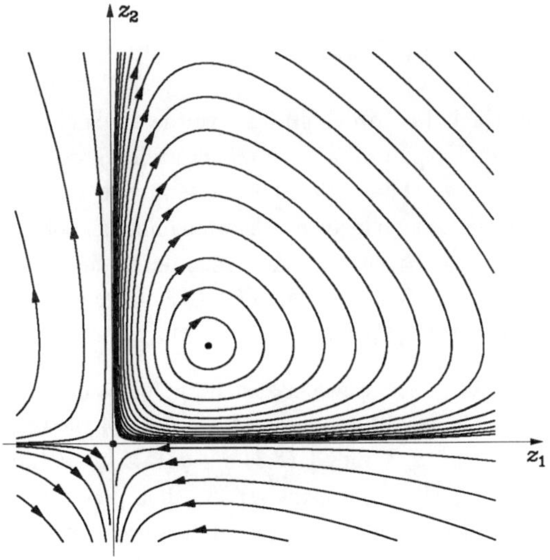

Bild 8.4: Phasenportrait für das Räuber-Beute-Problem mit den Gleichgewichtszuständen $\hat{\boldsymbol{z}}$ und $\tilde{\boldsymbol{z}}$

kel geschnitten wird. Verschiedene Isoklinen unterscheiden sich durch verschiedene charakteristische Winkel. Bezeichnet man die Komponenten des Vektors $\boldsymbol{f}(\boldsymbol{z})$ auf der rechten Seite der Gl. (8.3) mit $f_\mu(\boldsymbol{z})$ ($\mu = 1, 2, \ldots, q$), so kann man diese Gleichung in der Form

$$[\mathrm{d}z_1 \quad \mathrm{d}z_2 \cdots \mathrm{d}z_q] = [f_1(\boldsymbol{z}) \quad f_2(\boldsymbol{z}) \cdots f_q(\boldsymbol{z})]\,\mathrm{d}t$$

schreiben und erhält, $f_1(\boldsymbol{z}) \neq 0$ vorausgesetzt (was die Allgemeinheit nicht einschränkt, wenn man $\boldsymbol{f}(\boldsymbol{z}) \neq \boldsymbol{0}$ annimmt), für die Trajektorien die Differentialgleichungen

$$\frac{\mathrm{d}z_\mu}{\mathrm{d}z_1} = \frac{f_\mu(\boldsymbol{z})}{f_1(\boldsymbol{z})} \quad (\mu = 2, \ldots, q) . \tag{8.27}$$

Setzt man die rechte Seite der Gl. (8.27) gleich einer Konstante c_μ ($\mu = 2, \ldots, q$), verlangt man also feste Winkel zwischen den $\mathrm{d}z_\mu$ einerseits und $\mathrm{d}z_1$ andererseits entlang der Trajektorien, dann entstehen $q - 1$ Gleichungen für eine Isokline im Zustandsraum. Die verschiedenen Isoklinen unterscheiden sich dann durch unterschiedliche Zahlentupel $(c_2, \ldots, c_q)$. Bei Systemen zweiter Ordnung bilden die Isoklinen eine Schar ebener Kurven, die durch die Beziehung

$$f_2(\boldsymbol{z}) = c\, f_1(\boldsymbol{z}) \tag{8.28}$$

gegeben sind, wobei c der Scharparameter ist. Trägt man diese Isoklinen in die Zustandsebene ein, dann kann man sich zumindest einen qualitativen Verlauf der Trajektorien verschaffen.

Im Gegensatz zu den singulären Zuständen eines autonomen Systems, in denen die rechte Seite der Gl. (8.3), also $\boldsymbol{f}(\boldsymbol{z})$ verschwindet, heißen die Punkte des Zustandsraumes mit der Eigenschaft $\boldsymbol{f}(\boldsymbol{z}) \neq \boldsymbol{0}$ regulär. Da aus obigen Betrachtungen hervorgeht, daß durch jeden regulären Punkt nur eine Isokline geht, kann nun der folgende Satz ausgesprochen werden.

Satz VIII.5: Ein regulärer Punkt eines Gebiets, in dem Gl. (8.3) eindeutig lösbar ist, kann kein Schnittpunkt verschiedener Trajektorien des Systems sein.

2 Stabilität autonomer Systeme

Im Kapitel II, Abschnitt 3.5.2 wurde die Stabilität eines Gleichgewichtszustandes $\boldsymbol{z}_e$ im Sinne von Lyapunov für ein erregungsfreies System eingeführt. Danach wird ein Gleichgewichtszustand $\boldsymbol{z}_e$ stabil genannt, wenn sämtliche Trajektorien des Systems, die in einer hinreichend kleinen Umgebung von $\boldsymbol{z}_e$ starten, eine beliebig wählbare Umgebung von $\boldsymbol{z}_e$ niemals verlassen. Diese Eigenschaft kann man durch eine ε-δ-Bedingung ausdrücken, die im Falle eines autonomen Systems gemäß Gl. (8.3) folgendermaßen lautet (hierbei wurde ohne Einschränkung der Allgemeinheit $t_0 = 0$ gesetzt):

> Ein Gleichgewichtszustand $\boldsymbol{z}_e$ eines durch Gl. (8.3) beschriebenen Systems heißt stabil, wenn für jedes $\varepsilon > 0$ ein $\delta = \delta(\varepsilon) > 0$ angegeben werden kann, so daß jede Lösung $\boldsymbol{\varphi}(t, \boldsymbol{z}_0)$ von Gl. (8.3) mit $\boldsymbol{\varphi}(0, \boldsymbol{z}_0) = \boldsymbol{z}_0$ und $\| \boldsymbol{z}_0 - \boldsymbol{z}_e \| < \delta$ die ε-Umgebung von $\boldsymbol{z}_e$ für alle $t \geqq 0$ nicht verläßt, d. h. $\| \boldsymbol{\varphi}(t, \boldsymbol{z}_0) - \boldsymbol{z}_e \| < \varepsilon$ gilt. – Wenn diese Forderung nicht erfüllt werden kann, heißt $\boldsymbol{z}_e$ instabil. – Ist $\boldsymbol{z}_e$ stabil und kann δ derart gewählt werden, daß aus $\| \boldsymbol{z}_0 - \boldsymbol{z}_e \| < \delta$ stets $\lim_{t \to \infty} \boldsymbol{\varphi}(t, \boldsymbol{z}_0) = \boldsymbol{z}_e$ folgt, heißt $\boldsymbol{z}_e$ asymptotisch stabil.

Bei praktischen Anwendungen wird meistens die asymptotische Stabilität von Gleichgewichtszuständen verlangt. Im Falle der asymptotischen Stabilität stellt die δ-Umgebung, von der nur solche Trajektorien ausgehen, die für $t \to \infty$ in den betreffenden Gleichgewichtspunkt streben, eine (in der Regel grobe) Schätzung des Einzugsgebiets des Gleichgewichtszustands dar (Abschnitt 2.7). Die Definition der asymptotischen Stabilität umfaßt neben der Forderung, daß die in einer geeigneten Umgebung des Gleichgewichtszustands startenden Trajektorien ausnahmslos in diesen Punkt konvergieren, die Bedingung der (gewöhnlichen) Stabilität. Dadurch soll beispielsweise verhindert werden, daß Trajektorien zunächst Punkte in weiter Entfernung von $\boldsymbol{z}_e$ erreichen, ehe sie in den Punkt $\boldsymbol{z}_e$ streben.

In zahlreichen Anwendungsfällen spielt bei Stabilität auch die Konvergenzgeschwindigkeit der Trajektorien eine wichtige Rolle. Aus diesem Grunde wurde der Begriff der exponentiellen Stabilität eingeführt.

> Ein Gleichgewichtszustand $\boldsymbol{z}_e$ heißt exponentiell stabil, wenn zwei reelle Konstanten $\alpha > 0$ und $\beta > 0$ existieren, so daß
>
> $$\| \boldsymbol{z}(t) - \boldsymbol{z}_e \| \leqq \alpha \| \boldsymbol{z}(0) - \boldsymbol{z}_e \| \, \mathrm{e}^{-\beta t}$$
>
> für alle $t > 0$ und alle $\boldsymbol{z}(0)$ in einer Umgebung $\| \boldsymbol{z}(0) - \boldsymbol{z}_e \| < \delta$ gilt.

Der Zustandsvektor eines Systems mit einem exponentiell stabilen Gleichgewichtszustand $\boldsymbol{z}_e$ konvergiert schneller gegen $\boldsymbol{z}_e$ als eine Exponentialfunktion. Die Konstante β heißt Rate der exponentiellen Konvergenz.

Man beachte, daß die exponentielle Stabilität die asymptotische Stabilität stets impliziert. Die Aussage in umgekehrter Richtung ist im allgemeinen falsch.

Die bisherigen Stabilitätsdefinitionen betreffen das lokale Verhalten des Systems im betreffenden Gleichgewichtspunkt. Falls die Bedingungen der asymptotischen oder exponentiellen Stabilität für jeden beliebigen Anfangszustand erfüllt werden, heißt der Gleichgewichtszustand global asymptotisch bzw. exponentiell stabil.

Beispiel 8.3: Das durch die Differentialgleichung

$$\frac{\mathrm{d}z_1}{\mathrm{d}t} = -z_1^2$$

beschriebene System mit dem beliebig wählbaren Anfangszustand $z_1(0) = z_{10}$ besitzt die Lösung

$$z_1(t) = \frac{z_{10}}{t\, z_{10} + 1} \qquad (t \geqq 0).$$

Wie man sieht, strebt $z_1(t)$ für $t \to \infty$ mit jedem z_{10} gegen den Gleichgewichtszustand $z_1 = 0$, jedoch langsamer als jede Exponentialfunktion $\exp(-\beta t)$ mit $\beta > 0$. Es liegt zwar ein (sogar global) asymptotisch stabiler Gleichgewichtspunkt vor, der jedoch nicht exponentiell stabil ist.

Es ist zu beachten, daß bei linearen, zeitinvarianten Systemen, bei denen asymptotische oder marginale oder keine Stabilität vorliegt (Kapitel II), die asymptotische Stabilität stets global und zwangsläufig exponentiell vorhanden ist. Die verfeinerten Definitionen von Stabilität spielen daher nur bei nichtlinearen Systemen eine Rolle.

2.1 HINREICHENDE STABILITÄTSBEDINGUNGEN UND LYAPUNOVSCHE ANALYSE

Um für die Durchführung einer Stabilitätsanalyse die Lösungen $\boldsymbol{\varphi}(t, \boldsymbol{z}_0)$ nicht berechnen zu müssen, wurde von Lyapunov ein Stabilitätskriterium angegeben, das als Satz II.15 formuliert wurde. Dabei ist zu beachten, daß ohne Beschränkung der Allgemeinheit $\boldsymbol{z}_e = \boldsymbol{0}$ vorausgesetzt werden darf. Diese Voraussetzung wird im folgenden getroffen. Falls zunächst der zu untersuchende Gleichgewichtszustand nicht im Ursprung liegt, kann durch die Verschiebung des Koordinatensystems gemäß $\boldsymbol{\zeta} = \boldsymbol{z} - \boldsymbol{z}_e$ die Gl. (8.3) in die Darstellung

$$\dot{\boldsymbol{\zeta}} = \tilde{\boldsymbol{f}}(\boldsymbol{\zeta}) \quad \text{mit dem Gleichgewichtspunkt} \quad \boldsymbol{\zeta}_e = \boldsymbol{0}$$

und mit $\tilde{\boldsymbol{f}}(\boldsymbol{\zeta}) := \boldsymbol{f}(\boldsymbol{z}_e + \boldsymbol{\zeta})$ überführt werden. Für autonome Systeme lautet das Lyapunov-Kriterium wie folgt (man vergleiche auch Satz II.15).

Satz VIII.6: Es sei $\boldsymbol{z}_e = \boldsymbol{0}$ ein Gleichgewichtszustand des durch Gl. (8.3) beschriebenen Systems, und es existiere eine skalare Funktion $V(\boldsymbol{z})$ in einem Gebiet G, das den Gleichgewichtszustand enthalte. Die Funktion $V(\boldsymbol{z})$ sei in G stetig differenzierbar und besitze die Eigenschaften

$$V(\boldsymbol{0}) = 0 \quad \text{und} \quad V(\boldsymbol{z}) > 0 \quad \text{in} \quad G - \{\boldsymbol{0}\}. \tag{8.29}$$

Falls

$$\dot{V}(\boldsymbol{z}) = \frac{\partial V}{\partial \boldsymbol{z}} \cdot \boldsymbol{f}(\boldsymbol{z}) \leqq 0 \quad \text{in} \quad G - \{\boldsymbol{0}\} \tag{8.30a}$$

gilt, ist $\boldsymbol{z} = \boldsymbol{0}$ stabil. Falls

$$\dot{V}(\boldsymbol{z}) < 0 \quad \text{in} \quad G - \{\boldsymbol{0}\} \tag{8.30b}$$

gilt, ist $\boldsymbol{z} = \boldsymbol{0}$ asymptotisch stabil. Dabei bedeutet $\partial V/\partial \boldsymbol{z}$ den Zeilenvektor mit den Elementen $\partial V/\partial z_1, \partial V/\partial z_2, \ldots, \partial V/\partial z_q$. Falls

$$V(\boldsymbol{0}) = 0 \text{ und } V(\boldsymbol{z}) > 0 \text{ für alle } \boldsymbol{z} \neq \boldsymbol{0},$$

$$V(\boldsymbol{z}) \to \infty \text{ für alle } \|\boldsymbol{z}\| \to \infty \text{ und}$$

$$\dot{V}(\boldsymbol{z}) < 0 \text{ für alle } \boldsymbol{z} \neq \boldsymbol{0}$$

gilt, ist $\boldsymbol{z} = \boldsymbol{0}$ global asymptotisch stabil.

Eine Funktion $V(\boldsymbol{z})$ mit den Eigenschaften (8.29) heißt positiv-definit in G. Wird statt $V(\boldsymbol{z}) > 0$ nur $V(\boldsymbol{z}) \geqq 0$ in $G - \{\boldsymbol{0}\}$ erfüllt, dann spricht man von einer positiv-semidefiniten Funktion in G. Sinngemäß läßt sich die Eigenschaft der negativen Definitheit und die der negativen Semidefinitheit definieren. Insoweit besagt Satz VIII.6, daß der Ursprung einen stabilen Gleichgewichtszustand darstellt, wenn eine stetig differenzierbare positiv-definite Funktion $V(\boldsymbol{z})$ in G angegeben werden kann, so daß $\dot{V}(\boldsymbol{z})$ in G negativ-semidefinit ist. Eine solche Funktion heißt *Lyapunov-Funktion*. Ist eine Lyapunov-Funktion derart beschaffen, daß $\dot{V}(\boldsymbol{z})$ negativ-definit in G ist, dann stellt der Ursprung einen asymptotisch stabilen Gleichgewichtszustand dar.

Man kann sich den Mechanismus, der Satz VIII.6 zugrunde liegt, für den Fall $q = 2$ leicht vorstellen, indem man sich in der Nähe des Ursprungs die sogenannten Lyapunov-Kurven $V(\boldsymbol{z}) = c$ für verschiedene positive Konstanten $c = c_1$, $c = c_2$ usw. denkt. Diese stellen bei Wahl von $c_1 > c_2 > \cdots > 0$ eine Schar von ineinander geschachtelten geschlossenen Kurven dar (Bild 8.5), die sich mit $c_\mu \to 0$ $(\mu \to \infty)$ auf den Ursprung zusammenziehen. Die Eigenschaft $\dot{V}(\boldsymbol{z}) \leqq 0$ längs einer Trajektorie, die zu einem Zeitpunkt t' mit einem Punkt der Lyapunov-Kurve $V(\boldsymbol{z}) = c'$ zusammenfällt, impliziert, daß die betrachtete Trajektorie die Punktmenge $\{\boldsymbol{z} \in \mathbb{R}^2;\ V(\boldsymbol{z}) \leqq c'\}$ für $t \geqq t'$ niemals verläßt. Falls $\dot{V}(\boldsymbol{z}) < 0$ gemäß (8.30b) gilt, verläuft eine Trajektorie von einer Lyapunov-Kurve ständig zu einer anderen mit kleinerem c, bis sie schließlich für $t \to \infty$ den Ursprung asymptotisch erreicht. Solange nur $\dot{V} \leqq 0$ gesichert ist, kann nicht garantiert werden, daß die Trajektorie den Ursprung für $t \to \infty$ erreicht, obwohl die Stabilität des Ursprungs sichergestellt ist, da jede Trajektorie innerhalb jeder noch so kleinen Umgebung U des Ursprungs verbleibt, sofern sie auf einer Lyapunov-Kurve startet, die ganz in U enthalten ist (Bild 8.5).

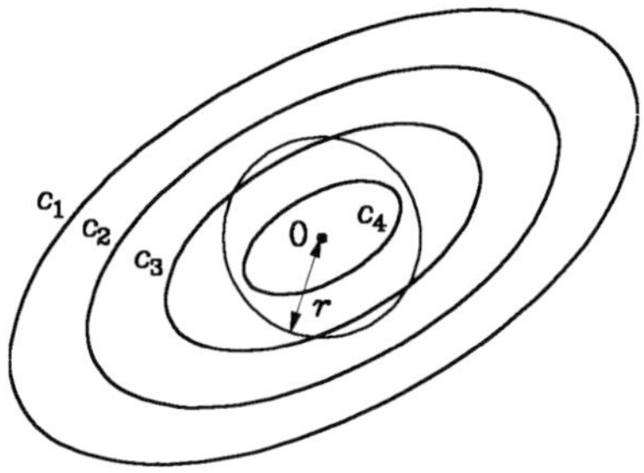

Bild 8.5: Lyapunov-Kurven $V(\boldsymbol{z}) = c$; alle Trajektorien, die auf der Lyapunov-Kurve mit $c = c_4$ starten und welche die Eigenschaft $\dot{V}(\boldsymbol{z}) \leqq 0$ aufweisen, verlassen die Umgebung $\{\boldsymbol{z} \in \mathbb{R}^2;\ \|\boldsymbol{z}\| \leqq r\}$ nicht

2.2 SUCHE NACH LYAPUNOV-FUNKTIONEN

Die Anwendung des Lyapunovschen Satzes VIII.6 erfordert die Auffindung einer Lyapunov-Funktion, wofür allerdings keine allgemein anwendbare systematische Methode existiert, wenngleich in bestimmten Fällen beispielsweise Energiefunktionen als natürliche Lyapunov-Funktionen verwendet werden können.

Beispiel 8.4: Das Masse-Feder-Dämpfer-System nach Bild 8.6 läßt sich durch die Differentialgleichungen

$$\frac{dz_1}{dt} = z_2 , \quad \frac{dz_2}{dt} = -\frac{b}{m} z_2 \,|z_2| - \frac{k_1}{m} z_1 - \frac{k_3}{m} z_1^3$$

mit den positiven Konstanten k_1, k_3, m und b beschreiben, wobei z_1 die Ortskoordinate der Masse m und z_2 deren Geschwindigkeit bedeutet. Der Term $bz_2|z_2|$ repräsentiert die nichtlineare Dämpfung, und der Ausdruck $(k_1 z_1 + k_3 z_1^3)$ ist der Federterm. Es wird angenommen, daß die Masse m von ihrer Gleichgewichtslage $z_1 = 0$, $z_2 = 0$ um eine relativ große Auslenkung wegbewegt und dann sich selbst überlassen wird. Es wird als mögliche Lyapunov-Funktion die gesamte gespeicherte Energie

$$V(\boldsymbol{z}) = \frac{1}{2} m z_2^2 + \int_0^{z_1} (k_1 \zeta_1 + k_3 \zeta_1^3)\, d\zeta_1 = \frac{1}{2} m z_2^2 + \frac{k_1}{2} z_1^2 + \frac{k_3}{4} z_1^4$$

gewählt. Man erhält

$$\frac{dV}{dt} = \frac{\partial V}{\partial \boldsymbol{z}} \cdot \boldsymbol{f}(\boldsymbol{z}) = [k_1 z_1 + k_3 z_1^3 \quad m z_2] \begin{bmatrix} z_2 \\ -\frac{b}{m} z_2 \,|z_2| - \frac{k_1}{m} z_1 - \frac{k_3}{m} z_1^3 \end{bmatrix} = -b z_2^2 \,|z_2| .$$

Die Funktion $V(\boldsymbol{z})$ ist positiv-definit, jedoch dV/dt nur negativ-semidefinit in einer Umgebung des Gleichgewichtspunktes $\boldsymbol{z} = \boldsymbol{0}$. Aus diesem Grund kann man mit Satz VIII.6 nur auf Stabilität schließen. Mit Hilfe eines Satzes von LaSalle (man vergleiche die Ergänzung von Satz II.15 oder Satz VIII.15) kann aber gezeigt werden (was physikalisch zu erwarten ist), daß der Gleichgewichtszustand $\boldsymbol{z} = \boldsymbol{0}$ asymptotisch stabil ist.

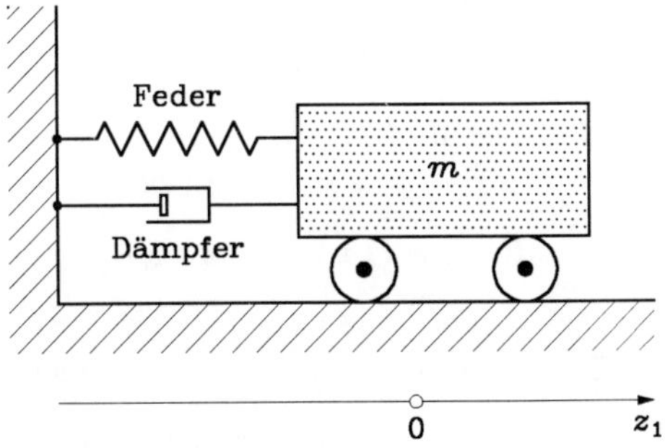

Bild 8.6: Nichtlineares Masse-Feder-Dämpfer-System mit der dynamischen Gleichung $m\ddot{z}_1 + b\dot{z}_1|\dot{z}_1| + k_1 z_1 + k_3 z_1^3 = 0$

Aufgrund der Beziehung $\dot{V}(\boldsymbol{z}) = (\partial V/\partial \boldsymbol{z}) \cdot \boldsymbol{f}(\boldsymbol{z})$ kann man versuchen $\partial V/\partial \boldsymbol{z}$ derart zu wählen, daß in einer Umgebung des Gleichgewichtspunktes einerseits $\partial V/\partial \boldsymbol{z}$ Gradient einer positiv-definiten Funktion $V(\boldsymbol{z})$ ist, andererseits $\dot{V}(\boldsymbol{z}) = (\partial V/\partial \boldsymbol{z}) \cdot \boldsymbol{f}(\boldsymbol{z})$ negativ-definit wird. Bei der Wahl von $\boldsymbol{h}(\boldsymbol{z}) := \partial V(\boldsymbol{z})/\partial \boldsymbol{z}$ ist allerdings darauf zu achten, daß der Zeilenvektor $\boldsymbol{h}(\boldsymbol{z})$, wie die Mathematik lehrt, genau dann Gradient einer Skalarfunktion ist, wenn die Jacobische Matrix $\partial \boldsymbol{h}/\partial \boldsymbol{z}$ symmetrisch ist (d.h. $\partial h_\mu/\partial z_\nu = \partial h_\nu/\partial z_\mu$ gilt); diese Forderung bedeutet die Wirbelfreiheit von $\boldsymbol{h}(\boldsymbol{z})$. Unter dieser Voraussetzung erhält man mit dem differentiellen (Spalten-) Vektor $d\boldsymbol{y}$

$$V(\boldsymbol{z}) = \int_{\boldsymbol{0}}^{\boldsymbol{z}} \boldsymbol{h}(\boldsymbol{y}) \cdot d\boldsymbol{y} . \tag{8.31}$$

Dieses Integral kann längs eines beliebigen Weges vom Ursprung bis zum Punkt $\boldsymbol{z}$ ausgeführt werden, etwa längs eines Weges, der beständig parallel zu einer der Koordinatenachsen verläuft. Die Freiheit in der Wahl von $\boldsymbol{h}(\boldsymbol{z})$ kann dazu verwendet werden, $V(\boldsymbol{z})$ positiv-definit zu machen.

Beispiel 8.5: Es wird das nichterregte, gedämpfte Pendel aus Beispiel 8.1(Punktmasse: M, Länge des Pendels: l, Erdbeschleunigung: g, Reibungskoeffizient: b, $\alpha := b/(Ml^2)$, $\beta := g/l$) mit der Zustandsdarstellung

$$\frac{\mathrm{d}z_1}{\mathrm{d}t} = z_2 , \quad \frac{\mathrm{d}z_2}{\mathrm{d}t} = -\beta \sin z_1 - \alpha z_2 ,$$

und dem Gleichgewichtszustand $\mathbf{0}$ betrachtet. Mit $\boldsymbol{h}(\boldsymbol{z}) := [h_1(\boldsymbol{z}) \quad h_2(\boldsymbol{z})]$ erhält man zunächst

$$\dot{V}(\boldsymbol{z}) = h_1(\boldsymbol{z}) z_2 - \beta h_2(\boldsymbol{z}) \sin z_1 - \alpha h_2(\boldsymbol{z}) z_2 .$$

Wählt man $h_2(\boldsymbol{z}) = z_2$ und $h_1(\boldsymbol{z}) = \beta \sin z_1$, so gilt $\partial h_1/\partial z_2 = \partial h_2/\partial z_1 = 0$, und es ergibt sich die Funktion $\dot{V}(\boldsymbol{z}) = -\alpha z_2^2$, die in der Nähe von $\boldsymbol{z} = \mathbf{0}$ negativ-semidefinit ist. Andererseits erhält man aus der Beziehung $\boldsymbol{h}(\boldsymbol{z}) = \partial V/\partial \boldsymbol{z}$

$$V(\boldsymbol{z}) = \int_0^{z_1} \beta \sin \xi \, \mathrm{d}\xi + \int_0^{z_2} \xi \, \mathrm{d}\xi = \beta(1 - \cos z_1) + \frac{z_2^2}{2} .$$

Da $V(\boldsymbol{z})$ bei $\boldsymbol{z} = \mathbf{0}$ lokal positiv-definit ist, erkennt man, daß der Ursprung lokal stabil ist. Man kann sich leicht davon überzeugen, daß V als $W_m/(Ml^2)$ interpretiert werden kann mit der mechanischen Energie W_m des Pendels. Auch hier läßt sich die asymptotische Stabilität mittels des Satzes von LaSalle beweisen.

Von N.N. Krasovskii wurde vorgeschlagen, zur Analyse des im Ursprung $\boldsymbol{z} = \mathbf{0}$ auftretenden Gleichgewichtszustands eines durch Gl. (8.3) gegebenen autonomen Systems mit im Gebiet $G = \{\boldsymbol{z} \in \mathbb{R}^q ; \; \| \boldsymbol{z} \| < \varepsilon\}$ stetig differenzierbarem $\boldsymbol{f}(\boldsymbol{z})$ folgendermaßen vorzugehen. Als mögliche Lyapunov-Funktion wird

$$V(\boldsymbol{z}) = \boldsymbol{f}^{\mathrm{T}}(\boldsymbol{z}) \boldsymbol{f}(\boldsymbol{z})$$

in der Umgebung G des Gleichgewichtszustands ins Auge gefaßt, und mit Hilfe der Jacobi-Matrix $\boldsymbol{J}(\boldsymbol{z}) = \partial \boldsymbol{f}(\boldsymbol{z})/\partial \boldsymbol{z}$ wird die Hilfsmatrix

$$\boldsymbol{F}(\boldsymbol{z}) = \boldsymbol{J}(\boldsymbol{z}) + \boldsymbol{J}^{\mathrm{T}}(\boldsymbol{z})$$

eingeführt. Wegen $\mathrm{d}\boldsymbol{f}(\boldsymbol{z})/\mathrm{d}t = (\partial \boldsymbol{f}/\partial \boldsymbol{z}) \, \mathrm{d}\boldsymbol{z}/\mathrm{d}t = (\partial \boldsymbol{f}/\partial \boldsymbol{z}) \boldsymbol{f} = \boldsymbol{J}(\boldsymbol{z}) \boldsymbol{f}(\boldsymbol{z})$ längs jeder Trajektorie des Systems erhält man aufgrund obiger Gleichungen

$$\frac{\mathrm{d}V}{\mathrm{d}t} = \boldsymbol{f}^{\mathrm{T}} \boldsymbol{J}^{\mathrm{T}} \boldsymbol{f} + \boldsymbol{f}^{\mathrm{T}} \boldsymbol{J} \boldsymbol{f} = \boldsymbol{f}^{\mathrm{T}} \boldsymbol{F} \boldsymbol{f} = 2 \boldsymbol{f}^{\mathrm{T}} \boldsymbol{J} \boldsymbol{f} .$$

Zur Anwendung von Satz VIII.6 wird jetzt gefordert, daß $\boldsymbol{F}(\boldsymbol{z})$ in der Umgebung G negativ-definit ist. Dies impliziert angesichts obiger Gleichung, daß auch $\boldsymbol{J}$ negativ-definit ist und damit $\boldsymbol{J}^{-1}$ in G existiert. Da voraussetzungsgemäß $\boldsymbol{J}$ stetig ist, kann nun die Funktion $\boldsymbol{w} = \boldsymbol{f}(\boldsymbol{z})$ in G umgekehrt werden, d.h. es existiert die inverse Funktion $\boldsymbol{z} = \boldsymbol{f}^{(-1)}(\boldsymbol{w})$ in G eindeutig. Daher verschwindet $\boldsymbol{f}$ in G nur im Punkt $\boldsymbol{z} = \mathbf{0}$, und dies bedeutet, daß $V(\boldsymbol{z})$ in G positiv-definit ist. Satz VIII.6 lehrt somit, daß der Ursprung $\boldsymbol{z} = \mathbf{0}$ einen lokal asymptotisch stabilen Gleichgewichtszustand des Systems darstellt. Kann der gesamte Zustandsraum $\mathbb{R}^q$ als Umgebung G gewählt werden und strebt $V(\boldsymbol{z}) \to \infty$ für $\| \boldsymbol{z} \| \to \infty$, dann ist die asymptotische Stabilität global gegeben.

In Verallgemeinerung der vorstehenden Überlegungen wird jetzt davon ausgegangen, daß zwei positiv-definite symmetrische konstante, von $\boldsymbol{z}$ unabhängige Matrizen $\boldsymbol{P}$ und $\boldsymbol{Q}$ angegeben werden können, so daß die Matrix

$$\boldsymbol{F}(\boldsymbol{z}) = \boldsymbol{P} \boldsymbol{J}(\boldsymbol{z}) + \boldsymbol{J}^{\mathrm{T}}(\boldsymbol{z}) \boldsymbol{P} + \boldsymbol{Q} ,$$

die für $\boldsymbol{P} = \mathbf{E}$ (Einheitsmatrix) und $\boldsymbol{Q} = \mathbf{0}$ in die oben verwendete Matrix $\boldsymbol{F}(\boldsymbol{z})$ übergeht, in G negativ-semidefinit ist. Danach wird

$$V(\boldsymbol{z}) = \boldsymbol{f}^{\mathrm{T}}(\boldsymbol{z})\boldsymbol{P}\boldsymbol{f}(\boldsymbol{z})$$

als mögliche Lyapunov-Funktion des betrachteten Systems eingeführt. Wegen $\mathrm{d}\boldsymbol{f}/\mathrm{d}t = \boldsymbol{J}\boldsymbol{f}$ längs jeder Trajektorie des Systems erhält man

$$\frac{\mathrm{d}V}{\mathrm{d}t} = \boldsymbol{f}^{\mathrm{T}}\boldsymbol{J}^{\mathrm{T}}\boldsymbol{P}\boldsymbol{f} + \boldsymbol{f}^{\mathrm{T}}\boldsymbol{P}\boldsymbol{J}\boldsymbol{f} = \boldsymbol{f}^{\mathrm{T}}\boldsymbol{F}\boldsymbol{f} - \boldsymbol{f}^{\mathrm{T}}\boldsymbol{Q}\boldsymbol{f} .$$

Da $\boldsymbol{F}$ als negativ-semidefinit und $\boldsymbol{Q}$ als positiv-definit vorausgesetzt wurde, ist $\mathrm{d}V/\mathrm{d}t$ zwangsläufig negativ-definit in G, und nach Satz VIII.6 ist somit der Gleichgewichtszustand $\boldsymbol{z} = \boldsymbol{0}$ asymptotisch stabil. Sofern $\mathbb{R}^q$ als G gewählt werden kann und $V(\boldsymbol{z})$ für $\|\boldsymbol{z}\| \to \infty$ über alle Grenzen strebt, gilt die Aussage global. Die gewonnenen Ergebnisse werden nun im Krasovskii-Theorem zusammengefaßt.

Satz VIII.7: Es wird das durch Gl. (8.3) beschriebene autonome System mit der in einem Gebiet $G := \{\boldsymbol{z} \in \mathbb{R}^q;\ \|\boldsymbol{z}\| < \varepsilon\}$ mit $\varepsilon > 0$ stetig differenzierbaren Funktion $\boldsymbol{f}(\boldsymbol{z})$ und $\boldsymbol{f}(\boldsymbol{0}) = \boldsymbol{0}$ betrachtet. Es sei $\boldsymbol{J}(\boldsymbol{z}) = \partial \boldsymbol{f}(\boldsymbol{z})/\partial \boldsymbol{z}$ die Jacobische Matrix des Systems.

a) Ist die Matrix $\boldsymbol{F}(\boldsymbol{z}) := \boldsymbol{J}(\boldsymbol{z}) + \boldsymbol{J}^{\mathrm{T}}(\boldsymbol{z})$ negativ-definit in G, dann ist $\boldsymbol{z} = \boldsymbol{0}$ ein asymptotisch stabiler Gleichgewichtszustand des Systems.

b) Existieren zwei positiv-definite symmetrische konstante, von $\boldsymbol{z}$ unabhängige Matrizen $\boldsymbol{P}$ und $\boldsymbol{Q}$, so daß

$$\boldsymbol{F}(\boldsymbol{z}) := \boldsymbol{P}\boldsymbol{J}(\boldsymbol{z}) + \boldsymbol{J}^{\mathrm{T}}(\boldsymbol{z})\boldsymbol{P} + \boldsymbol{Q}$$

in G negativ-semidefinit ist, dann stellt $\boldsymbol{z} = \boldsymbol{0}$ einen asymptotisch stabilen Gleichgewichtszustand des Systems dar.

c) Gilt eine der genannten Bedingungen im gesamten Zustandsraum $\mathbb{R}^q$ und strebt das betreffende $V(\boldsymbol{z}) = \boldsymbol{f}^{\mathrm{T}}(\boldsymbol{z})\boldsymbol{f}(\boldsymbol{z})$ bzw. $V(\boldsymbol{z}) = \boldsymbol{f}^{\mathrm{T}}(\boldsymbol{z})\boldsymbol{P}\boldsymbol{f}(\boldsymbol{z})$ mit $\|\boldsymbol{z}\| \to \infty$ über alle Grenzen, dann ist globale asymptotische Stabilität gegeben.

2.3 INSTABILITÄTSKRITERIUM UND LYAPUNOVSCHE LINEARISIERUNG

Satz VIII.6 liefert eine hinreichende Bedingung für die Stabilität eines Gleichgewichtszustands. Im folgenden wird zunächst ein hinreichendes Kriterium für die Instabilität eines Gleichgewichtszustandes angegeben. Man beachte, daß Instabilität nicht zwingend bedeutet, daß die Trajektorien, welche die unmittelbare Umgebung des betreffenden Gleichgewichtspunkts verlassen, über alle Grenzen streben. Sie können beispielsweise auch in einen Grenzzyklus (Abschnitt 3) einmünden.

Satz VIII.8: Es sei $\boldsymbol{z}_e = \boldsymbol{0}$ ein Gleichgewichtszustand des durch Gl. (8.3) beschriebenen Systems, und es existiere eine skalare Funktion $V(\boldsymbol{z})$ in einem Gebiet G, das den Gleichgewichtszustand enthalte. Die Funktion $V(\boldsymbol{z})$ sei in G stetig differenzierbar und besitze die Eigenschaft $V(\boldsymbol{0}) = 0$, und es gebe Punkte $\boldsymbol{z}_0$ in jeder noch so kleinen δ-Umgebung von $\boldsymbol{0}$, so daß $V(\boldsymbol{z}_0) > 0$ gilt. Falls

$$\dot{V}(\boldsymbol{z}) = \frac{\partial V}{\partial \boldsymbol{z}} \boldsymbol{f}(\boldsymbol{z}) > 0 \quad \text{in} \quad G - \{\boldsymbol{0}\}$$

gilt, ist $\boldsymbol{z}_e = \boldsymbol{0}$ instabil.

Beweis: Man wählt zunächst einen festen Punkt $\boldsymbol{z}_0 \neq \boldsymbol{0}$ im Gebiet G mit $V(\boldsymbol{z}_0) = a > 0$ und weiterhin die Punktmenge $H = \{\boldsymbol{z} \in G; \|\boldsymbol{z}\| \leqq \varepsilon\}$ mit festem Radius $\varepsilon > 0$. Es sei $\boldsymbol{z}(t)$ die Trajektorie, die zur Zeit $t = 0$ in $\boldsymbol{z}_0$ startet. Da $\dot{V}(t) \geqq 0$ in G ist, gilt dort $V(\boldsymbol{z}(t)) \geqq a$, solange $\boldsymbol{z}(t)$ innerhalb von G verläuft. Es sei

$$\gamma := \inf\{\dot{V}(\boldsymbol{z});\ \boldsymbol{z} \in G \text{ und } V(\boldsymbol{z}) \geqq a\}.$$

Es gilt sicher $\gamma > 0$, und damit erhält man

$$V(\boldsymbol{z}(t)) = V(\boldsymbol{z}_0) + \int_0^t \dot{V}(\boldsymbol{z}(\tau))\,\mathrm{d}\tau \geqq a + \gamma t .$$

Da V auf H beschränkt ist, verbleibt $\boldsymbol{z}(t)$ nicht ständig in H, auch wenn $\|\boldsymbol{z}_0\|$ beliebig klein gewählt wird. Daher ist der Ursprung instabil.

Ergänzung: Gelten für die Funktion $V(\boldsymbol{z})$ die Bedingungen nach Satz VIII.8 und ist mit einer positiven Konstante k

$$\dot{V}(\boldsymbol{z}) = k\,V(\boldsymbol{z}) + W(\boldsymbol{z}),$$

wobei $W(\boldsymbol{z})$ eine in G positiv-definite Funktion darstellt, dann ist $\boldsymbol{z}_e = \boldsymbol{0}$ instabil (man vergleiche hierzu auch Satz VIII.23).

Im Abschnitt 1.1.3 wurde auf die Linearisierung der Zustandsgleichungen eingegangen und deren Bedeutung für die Beurteilung des Systemverhaltens in der unmittelbaren Umgebung eines Gleichgewichtszustands aufgezeigt. Diese Betrachtung soll im folgenden für autonome Systeme präzisiert werden. Dabei darf ohne Einschränkung der Allgemeinheit der Ursprung $\boldsymbol{z} = \boldsymbol{0}$ als der zu untersuchende Gleichgewichtszustand betrachtet werden.

Satz VIII.9: Es sei der Ursprung $\boldsymbol{z} = \boldsymbol{0}$ Gleichgewichtszustand des durch Gl. (8.3) beschriebenen Systems, wobei $\boldsymbol{f}(\boldsymbol{z})$ in einer Umgebung des Ursprungs stetig differenzierbar sei. Es sei $\boldsymbol{A}$ die Jacobi-Matrix von $\boldsymbol{f}(\boldsymbol{z})$ im Ursprung, d.h. es gelte $\boldsymbol{A} = (\partial \boldsymbol{f} / \partial \boldsymbol{z})_{\boldsymbol{z}=\boldsymbol{0}}$. Die Eigenwerte von $\boldsymbol{A}$ seien mit $p_1, p_2, \ldots, p_q$ bezeichnet. Dann können folgende Aussagen gemacht werden:

a) Falls alle Eigenwerte von $\boldsymbol{A}$ in der linken p-Halbebene liegen, d.h. $\operatorname{Re} p_\mu < 0$ ($\mu = 1, 2, \ldots, q$) gilt, ist der Ursprung $\boldsymbol{z} = \boldsymbol{0}$ ein asymptotisch stabiler Gleichgewichtszustand des nichtlinearen Systems nach Gl. (8.3).
b) Falls mindestens einer der Eigenwerte von $\boldsymbol{A}$ in der rechten p-Halbebene liegt, d.h. $\operatorname{Re} p_\mu > 0$ für mindestens ein $\mu \in \{1, 2, \ldots, q\}$ gilt, ist der Ursprung $\boldsymbol{z} = \boldsymbol{0}$ ein instabiler Gleichgewichtszustand des nichtlinearen Systems nach Gl. (8.3).

Beweis: Der Beweis erfolgt in drei Schritten.

(i) Es wird $\operatorname{Re} p_\mu < 0$ für alle $\mu = 1, 2, \ldots, q$ vorausgesetzt. Nach Satz II.16 existiert zu jeder symmetrischen positiv-definiten $q \times q$-Matrix $\boldsymbol{Q}$ eindeutig eine symmetrische positiv-definite $q \times q$-Matrix $\boldsymbol{P}$, so daß die Lyapunov-Gleichung (2.189) erfüllt wird. Mit Hilfe einer Matrix $\boldsymbol{P}$, die man auf diese Weise nach Wahl einer Matrix $\boldsymbol{Q}$ erhalten hat, wird für das betrachtete nichtlineare System die Lyapunov-Funktion $V(\boldsymbol{z}) = \boldsymbol{z}^{\mathrm{T}} \boldsymbol{P} \boldsymbol{z}$ eingeführt. Die Ableitung von $V(\boldsymbol{z})$ längs einer Trajektorie des Systems lautet mit Gl. (8.3)

$$\dot{V}(\boldsymbol{z}) = \boldsymbol{f}^{\mathrm{T}}(\boldsymbol{z}) \boldsymbol{P} \boldsymbol{z} + \boldsymbol{z}^{\mathrm{T}} \boldsymbol{P} \boldsymbol{f}(\boldsymbol{z}). \tag{8.32}$$

In einer Umgebung U des Ursprungs, in der $\boldsymbol{f}(\boldsymbol{z})$ stetig differenzierbar ist, läßt sich diese Funktion mit Hilfe der Jacobi-Matrix $\tilde{\boldsymbol{J}}(\cdot) = \partial \boldsymbol{f} / \partial \boldsymbol{z}$ nach dem Mittelwertsatz der Differentialrechnung als

$$\boldsymbol{f}(\boldsymbol{z}) = \widetilde{\boldsymbol{J}}(\boldsymbol{\zeta})\boldsymbol{z} \qquad (\boldsymbol{z} \in U) \tag{8.33}$$

darstellen, wobei $\boldsymbol{\zeta}$ ein Punkt auf der Verbindungsgeraden zwischen $\boldsymbol{z}$ und dem Ursprung bedeutet. Man kann angesichts $\widetilde{\boldsymbol{J}}(\boldsymbol{0}) = \boldsymbol{A}$ die Jacobi-Matrix $\widetilde{\boldsymbol{J}}(\boldsymbol{\zeta})$ folgendermaßen ausdrücken:

$$\widetilde{\boldsymbol{J}}(\boldsymbol{\zeta}) = \boldsymbol{A} + (\widetilde{\boldsymbol{J}}(\boldsymbol{\zeta}) - \widetilde{\boldsymbol{J}}(\boldsymbol{0}))\,.$$

Der Term $\boldsymbol{A}_1 := \widetilde{\boldsymbol{J}}(\boldsymbol{\zeta}) - \widetilde{\boldsymbol{J}}(\boldsymbol{0})$ strebt gegen die Nullmatrix, wenn der betrachtete Punkt $\boldsymbol{z}$ und als Folge hiervon auch $\boldsymbol{\zeta}$ gegen Null strebt. Damit läßt sich Gl. (8.33) in der Form

$$\boldsymbol{f}(\boldsymbol{z}) = \boldsymbol{A}\,\boldsymbol{z} + \boldsymbol{A}_1(\boldsymbol{z})\boldsymbol{z} \qquad (\boldsymbol{z} \in U) \tag{8.34}$$

mit $\boldsymbol{A}_1(\boldsymbol{z}) \to \boldsymbol{0}$ für $\boldsymbol{z} \to \boldsymbol{0}$ schreiben. Damit ist mit $\gamma(\boldsymbol{z}) := \|\, \boldsymbol{A}_1(\boldsymbol{z}) \,\|$ die Abschätzung

$$\|\, \boldsymbol{A}_1(\boldsymbol{z})\boldsymbol{z} \,\| \leqq \gamma(\boldsymbol{z})\, \|\, \boldsymbol{z} \,\| \qquad (\boldsymbol{z} \in U) \tag{8.35}$$

möglich. Wählt man U genügend klein, dann kann $\gamma(\boldsymbol{z})$ beliebig klein gemacht werden. Nun wird die Gl. (8.34) in Gl. (8.32) eingeführt. Auf diese Weise erhält man mit der Lyapunov-Gleichung (2.189)

$$\dot{V}(\boldsymbol{z}) = \boldsymbol{z}^{\mathrm{T}}(\boldsymbol{A}^{\mathrm{T}}\boldsymbol{P} + \boldsymbol{P}\boldsymbol{A})\boldsymbol{z} + \boldsymbol{z}^{\mathrm{T}}(\boldsymbol{A}_1^{\mathrm{T}}(\boldsymbol{z})\boldsymbol{P} + \boldsymbol{P}\boldsymbol{A}_1(\boldsymbol{z}))\boldsymbol{z} = -\boldsymbol{z}^{\mathrm{T}}\boldsymbol{Q}\,\boldsymbol{z} + 2\boldsymbol{z}^{\mathrm{T}}\boldsymbol{P}\boldsymbol{A}_1(\boldsymbol{z})\boldsymbol{z}\,.$$

Die Abschätzung

$$\boldsymbol{z}^{\mathrm{T}}\boldsymbol{P}\boldsymbol{A}_1(\boldsymbol{z})\boldsymbol{z} \leqq \|\,\boldsymbol{z}\,\| \cdot \|\,\boldsymbol{P}\boldsymbol{A}_1(\boldsymbol{z})\boldsymbol{z}\,\| \leqq \|\,\boldsymbol{z}\,\| \cdot \|\,\boldsymbol{P}\,\| \cdot \|\,\boldsymbol{A}_1(\boldsymbol{z})\boldsymbol{z}\,\| \leqq \gamma(\boldsymbol{z})\,\|\,\boldsymbol{P}\,\| \cdot \|\,\boldsymbol{z}\,\|^2\,,$$

bei der Ungleichung (8.35) verwendet wurde, liefert schließlich

$$\dot{V}(\boldsymbol{z}) \leqq -\boldsymbol{z}^{\mathrm{T}}\boldsymbol{Q}\,\boldsymbol{z} + 2\gamma(\boldsymbol{z})\,\|\,\boldsymbol{P}\,\| \cdot \|\,\boldsymbol{z}\,\|^2\,.$$

Ist $p_{\min}$ der kleinste und $p_{\max}$ der größte Eigenwert der gewählten symmetrischen Matrix $\boldsymbol{Q}$, so kann man die Ungleichung $p_{\min}\,\|\,\boldsymbol{z}\,\|^2 \leqq \boldsymbol{z}^{\mathrm{T}}\boldsymbol{Q}\,\boldsymbol{z} \leqq p_{\max}\,\|\,\boldsymbol{z}\,\|^2$ angeben. Im vorliegenden Fall ergibt sich damit die Abschätzung

$$\dot{V}(\boldsymbol{z}) \leqq -(p_{\min} - 2\gamma(\boldsymbol{z})\,\|\,\boldsymbol{P}\,\|)\,\|\,\boldsymbol{z}\,\|^2 \qquad (\boldsymbol{z} \in U)\,.$$

Beschränkt man sich auf eine Umgebung U des Ursprungs, so daß dort $\gamma(\boldsymbol{z}) < p_{\min}/(2\,\|\,\boldsymbol{P}\,\|)$ gilt, dann ist $\dot{V}(\boldsymbol{z})$ negativ-definit in U. Da $V(\boldsymbol{z})$ positiv-definit ist, stellt der Ursprung nach Satz VIII.6 einen asymptotisch stabilen Gleichgewichtszustand dar.

(ii) Es wird angenommen, daß mindestens ein Eigenwert von $\boldsymbol{A}$ positiven Realteil besitzt, jedoch kein Eigenwert mit verschwindendem Realteil auftritt. Durch eine Äquivalenztransformation $\boldsymbol{z} = \boldsymbol{M}\,\boldsymbol{\zeta}$ kann $\boldsymbol{A}$ auf Jordansche Normalform (Anhang C)

$$\boldsymbol{J} = \boldsymbol{M}^{-1}\boldsymbol{A}\,\boldsymbol{M} = \begin{bmatrix} \boldsymbol{J}_1 & \boldsymbol{0} \\ \boldsymbol{0} & -\boldsymbol{J}_2 \end{bmatrix}$$

gebracht werden, so daß die quadratischen Matrizen $\boldsymbol{J}_1$ und $\boldsymbol{J}_2$ nur Eigenwerte mit negativen Realteilen aufweisen. In Analogie zu den Überlegungen unter (i) läßt sich die Zustandsgleichung (8.3) nun in der Form

$$\dot{\boldsymbol{\zeta}} = \boldsymbol{M}^{-1}\boldsymbol{f}(\boldsymbol{M}\,\boldsymbol{\zeta}) = \boldsymbol{J}\,\boldsymbol{\zeta} + \boldsymbol{M}^{-1}\boldsymbol{A}_1(\boldsymbol{z})\boldsymbol{M}\,\boldsymbol{\zeta}$$

darstellen oder durch Aufspaltung in zwei Gleichungen als

$$\dot{\boldsymbol{\zeta}}_1 = \boldsymbol{J}_1\,\boldsymbol{\zeta}_1 + \boldsymbol{G}_1(\boldsymbol{z})\boldsymbol{\zeta} \quad \text{und} \quad \dot{\boldsymbol{\zeta}}_2 = -\boldsymbol{J}_2\,\boldsymbol{\zeta}_2 + \boldsymbol{G}_2(\boldsymbol{z})\boldsymbol{\zeta} \tag{8.36a,b}$$

schreiben mit für $i = 1, 2$

$$\|\,\boldsymbol{G}_i(\boldsymbol{z})\boldsymbol{\zeta}\,\| \leqq \gamma_i(\boldsymbol{z})\,\|\,\boldsymbol{\zeta}\,\| \leqq \gamma_i(\boldsymbol{z})(\,\|\,\boldsymbol{\zeta}_1\,\| + \|\,\boldsymbol{\zeta}_2\,\|\,)\;(\gamma_i(\boldsymbol{z}) \to 0 \text{ für } \boldsymbol{z} \to \boldsymbol{0}) \tag{8.36c}$$

für $\boldsymbol{z} \in U$. Der Ursprung $\boldsymbol{\zeta} = \boldsymbol{0}$ ist Gleichgewichtszustand in den $\boldsymbol{\zeta}$-Koordinaten. Da $\boldsymbol{M}$ nichtsingulär ist, überträgt sich jede Stabilitätsaussage bezüglich $\boldsymbol{\zeta} = \boldsymbol{0}$ auf den Gleichgewichtszustand $\boldsymbol{z} = \boldsymbol{0}$ in $\boldsymbol{z}$-Koordinaten. Mit $\boldsymbol{Q}_i$ werden zwei beliebige symmetrische positiv-definite Matrizen derselben Ordnung wie $\boldsymbol{J}_i\,(i = 1, 2)$ eingeführt, mit deren Hilfe durch Lösung der Lyapunov-Gleichungen $\boldsymbol{P}_i\boldsymbol{J}_i + \boldsymbol{J}_i^{\mathrm{T}}\boldsymbol{P}_i = -\boldsymbol{Q}_i$ die symmetrischen positiv-definiten Matrizen $\boldsymbol{P}_i$ $(i = 1, 2)$ erhalten werden. Damit kann die skalare Funktion

$$V(\boldsymbol{\zeta}) = -\boldsymbol{\zeta}_1^{\mathrm{T}}\boldsymbol{P}_1\boldsymbol{\zeta}_1 + \boldsymbol{\zeta}_2^{\mathrm{T}}\boldsymbol{P}_2\boldsymbol{\zeta}_2 = \boldsymbol{\zeta}^{\mathrm{T}}\begin{bmatrix} -\boldsymbol{P}_1 & \boldsymbol{0} \\ \boldsymbol{0} & \boldsymbol{P}_2 \end{bmatrix}\boldsymbol{\zeta}$$

gebildet werden, die in jeder noch so kleinen Umgebung des Ursprungs $U = \{\boldsymbol{\zeta} \in \mathbb{R}^q ;\ \|\boldsymbol{\zeta}\| < \delta\}$ positive Werte annimmt. Denn wählt man $\boldsymbol{\zeta}$ in der Weise, daß $\boldsymbol{\zeta}_1 = \boldsymbol{0}$, aber $\boldsymbol{\zeta}_2 \neq \boldsymbol{0}$ ist, dann gilt $V(\boldsymbol{\zeta}) > 0$. Man erhält dann nach einer Zwischenrechnung mit Gln. (8.36a,b) und obigen Lyapunov-Gleichungen

$$\dot{V}(\boldsymbol{\zeta}) = \boldsymbol{\zeta}_1^{\mathrm{T}}\boldsymbol{Q}_1\boldsymbol{\zeta}_1 + \boldsymbol{\zeta}_2^{\mathrm{T}}\boldsymbol{Q}_2\boldsymbol{\zeta}_2 - 2\boldsymbol{\zeta}_1^{\mathrm{T}}\boldsymbol{P}_1\boldsymbol{G}_1(\boldsymbol{z})\boldsymbol{\zeta} + 2\boldsymbol{\zeta}_2^{\mathrm{T}}\boldsymbol{P}_2\boldsymbol{G}_2(\boldsymbol{z})\boldsymbol{\zeta}.$$

Mit $p_{i\,\min}$ $(i = 1, 2)$ wird der kleinste Eigenwert von $\boldsymbol{Q}_i$ bezeichnet. Dann liefert eine Abschätzung von unten bei Berücksichtigung der Ungleichung (8.36c) und nach Zusammenfassung der auftretenden Terme zu einer quadratischen Form die Ungleichung

$$\dot{V}(\boldsymbol{z}) \geqq \begin{bmatrix} \|\boldsymbol{\zeta}_1\| & \|\boldsymbol{\zeta}_2\| \end{bmatrix} \begin{bmatrix} p_{1\min} - 2\gamma_1\|\boldsymbol{P}_1\| & -\gamma_1\|\boldsymbol{P}_1\| - \gamma_2\|\boldsymbol{P}_2\| \\ -\gamma_1\|\boldsymbol{P}_1\| - \gamma_2\|\boldsymbol{P}_2\| & p_{2\min} - 2\gamma_2\|\boldsymbol{P}_2\| \end{bmatrix} \begin{bmatrix} \|\boldsymbol{\zeta}_1\| \\ \|\boldsymbol{\zeta}_2\| \end{bmatrix}.$$

Nun sorgt man durch Wahl von δ dafür, daß in U

$$p_{1\min} > 2\gamma_1\|\boldsymbol{P}_1\| \text{ und } (p_{1\min} - 2\gamma_1\|\boldsymbol{P}_1\|)(p_{2\min} - 2\gamma_2\|\boldsymbol{P}_2\|) - (\gamma_1\|\boldsymbol{P}_1\| + \gamma_2\|\boldsymbol{P}_2\|)^2 > 0$$

gilt, dann ist $\dot{V}(\boldsymbol{\zeta})$ in U positiv-definit, und nach Satz VIII.8 ist $\boldsymbol{z} = \boldsymbol{0}$ instabil.

(iii) Es wird vorausgesetzt, daß mindestens ein Eigenwert von $\boldsymbol{A}$ positiven Realteil und mindestens ein Eigenwert verschwindenden Realteil hat. Für alle Eigenwerte p_i von $\boldsymbol{A}$ mit $\mathrm{Re}\,p_i > 0$ gelte $0 < \delta < \mathrm{Re}\,p_i$. Die Matrix $\tilde{\boldsymbol{A}} = \boldsymbol{A} - \delta\mathbf{E}$ mit der Einheitsmatrix $\mathbf{E}$ hat als Eigenwerte die um $-\delta$ verschobenen Eigenwerte von $\boldsymbol{A}$, jedenfalls keine auf der imaginären Achse. Man kann nun nach dem Vorbild von Schritt (ii) symmetrische positiv-definite Matrizen $\boldsymbol{P}_i$, $\boldsymbol{Q}_i$ angeben, die durch die Lyapunov-Gleichung $\boldsymbol{P}_i\tilde{\boldsymbol{J}}_i + \tilde{\boldsymbol{J}}_i^{\mathrm{T}}\boldsymbol{P}_i = -\boldsymbol{Q}_i$ miteinander verknüpft sind. Die Wahl der skalaren Funktion $V(\boldsymbol{\zeta}) = -\boldsymbol{\zeta}_1^{\mathrm{T}}\boldsymbol{P}_1\boldsymbol{\zeta}_1 + \boldsymbol{\zeta}_2^{\mathrm{T}}\boldsymbol{P}_2\boldsymbol{\zeta}_2$ führt bei Beachtung der Gln. (8.36a,b) sowie $\tilde{\boldsymbol{J}}_1 = \boldsymbol{J}_1 - \delta\mathbf{E}_1$ und $\tilde{\boldsymbol{J}}_2 = \boldsymbol{J}_2 + \delta\mathbf{E}_2$ auf

$$\dot{V}(\boldsymbol{\zeta}) = \boldsymbol{\zeta}_1^{\mathrm{T}}\boldsymbol{Q}_1\boldsymbol{\zeta}_1 + \boldsymbol{\zeta}_2^{\mathrm{T}}\boldsymbol{Q}_2\boldsymbol{\zeta}_2 - 2\boldsymbol{\zeta}_1^{\mathrm{T}}\boldsymbol{P}_1\boldsymbol{G}_1(\boldsymbol{z})\boldsymbol{\zeta}_1 + 2\boldsymbol{\zeta}_2^{\mathrm{T}}\boldsymbol{P}_2\boldsymbol{G}_2(\boldsymbol{z})\boldsymbol{\zeta}_2 + 2\delta V(\boldsymbol{\zeta}),$$

und entsprechend der Ergänzung von Satz VIII.8 ist $\boldsymbol{z} = \boldsymbol{0}$ damit ein instabiler Gleichgewichtszustand.

2.4 LYAPUNOV-ANALYSE LINEARER, ZEITINVARIANTER SYSTEME

Im Kapitel II, Abschnitt 3.5.5 wurde gezeigt (Satz II.16), daß ein lineares, zeitinvariantes autonomes System mit der Zustandsgleichung $\mathrm{d}\boldsymbol{z}/\mathrm{d}t = \boldsymbol{A}\,\boldsymbol{z}$ in $\boldsymbol{z} = \boldsymbol{0}$ einen (global) asymptotisch stabilen Gleichgewichtszustand genau dann aufweist, wenn einer beliebig wählbaren konstanten positiv-definiten, symmetrischen $(q \times q)$-Matrix $\boldsymbol{Q}$ eindeutig eine konstante positiv-definite, symmetrische $(q \times q)$-Matrix $\boldsymbol{P}$ in der Weise zugeordnet werden kann, daß die Lyapunov-Gleichung

$$\boldsymbol{A}^{\mathrm{T}}\boldsymbol{P} + \boldsymbol{P}\boldsymbol{A} = -\boldsymbol{Q} \tag{8.37}$$

erfüllt wird. Der Beweis wurde unter Verwendung der Lyapunov-Funktion

$$V(\boldsymbol{z}) = \boldsymbol{z}^{\mathrm{T}}\boldsymbol{P}\,\boldsymbol{z} \quad \text{mit} \quad \frac{\mathrm{d}V}{\mathrm{d}t} = -\boldsymbol{z}^{\mathrm{T}}\boldsymbol{Q}\,\boldsymbol{z} \tag{8.38a,b}$$

geführt.

Geht man jetzt davon aus, daß asymptotische Stabilität des betrachteten Systems sichergestellt ist, dann läßt sich nach Lösung der Gl. (8.37) (bei Wahl irgendeiner positiv-definiten, symmetrischen $(q \times q)$-Matrix $\boldsymbol{Q}$) die Matrix $\boldsymbol{P}$ wie jede positiv-definite, symmetrische quadratische Matrix in der Form

$$\boldsymbol{P} = \boldsymbol{U}^{\mathrm{T}} \boldsymbol{D}\, \boldsymbol{U} \tag{8.39}$$

darstellen, wobei $\boldsymbol{U}$ eine zu $\boldsymbol{P}$ gehörende Modalmatrix mit der Eigenschaft $\boldsymbol{U}^{\mathrm{T}} \boldsymbol{U} = \mathbf{E}$ (Einheitsmatrix) bedeutet; $\boldsymbol{U}$ kann dabei aus den normierten Eigenvektoren der Matrix $\boldsymbol{P}$ gebildet werden. Die Matrix $\boldsymbol{D}$ ist jedenfalls eine Diagonalmatrix mit den Eigenwerten p_ν $(\nu = 1, 2, \ldots, q)$ von $\boldsymbol{P}$ in der Hauptdiagonalen. Man kann nun die Lyapunov-Funktion $V(\boldsymbol{z})$, welche die der Matrix $\boldsymbol{P}$ zugeordnete quadratische Form darstellt, für alle $\boldsymbol{z} \in \mathbb{R}^q$ als

$$V(\boldsymbol{z}) = \boldsymbol{z}^{\mathrm{T}} \boldsymbol{P}\, \boldsymbol{z} = \boldsymbol{z}^{\mathrm{T}} \boldsymbol{U}^{\mathrm{T}} \boldsymbol{D}\, \boldsymbol{U} \boldsymbol{z} = \boldsymbol{\zeta}^{\mathrm{T}} \boldsymbol{D}\, \boldsymbol{\zeta} \tag{8.40}$$

mit der neuen (transformierten) Variablen $\boldsymbol{\zeta} := \boldsymbol{U} \boldsymbol{z}$ schreiben, wobei

$$\boldsymbol{\zeta}^{\mathrm{T}} \boldsymbol{\zeta} = \boldsymbol{z}^{\mathrm{T}} \boldsymbol{z}\,, \tag{8.41}$$

also $\|\, \boldsymbol{z} \,\| = \|\, \boldsymbol{\zeta} \,\|$ gilt. Im weiteren soll mit $p_{\min}(\boldsymbol{M})$ der kleinste und mit $p_{\max}(\boldsymbol{M})$ der größte Eigenwert der symmetrischen, in der Regel positiv-definiten oder positiv-semidefiniten quadratischen Matrix $\boldsymbol{M}$ bezeichnet werden. Dann gilt

$$p_{\min}(\boldsymbol{P})\mathbf{E} \leqq \boldsymbol{D} \leqq p_{\max}(\boldsymbol{P})\mathbf{E}. \tag{8.42}$$

Dies bedeutet einerseits $\boldsymbol{D} - p_{\min}(\boldsymbol{P})\mathbf{E} \geqq \mathbf{0}$, d.h. daß die Matrix $\boldsymbol{D} - p_{\min}(\boldsymbol{P})\mathbf{E}$ positiv-semidefinit ist, andererseits $p_{\max}(\boldsymbol{P})\mathbf{E} - \boldsymbol{D} \geqq \mathbf{0}$, d.h. daß die Matrix $p_{\max}(\boldsymbol{P})\mathbf{E} - \boldsymbol{D}$ ebenfalls positiv-semidefinit ist. Damit kann bei Beachtung der Gln. (8.40) und (8.41) die Lyapunov-Funktion $V(\boldsymbol{z})$ für alle $\boldsymbol{z} \in \mathbb{R}^q$ folgendermaßen eingegrenzt werden:

$$p_{\min}(\boldsymbol{P}) \,\|\, \boldsymbol{z} \,\|^2 \leqq \boldsymbol{z}^{\mathrm{T}} \boldsymbol{P}\, \boldsymbol{z} \leqq p_{\max}(\boldsymbol{P}) \,\|\, \boldsymbol{z} \,\|^2 . \tag{8.43}$$

In dieser Weise lassen sich allgemein quadratische Formen abschätzen. Mit $p_{\min}(\boldsymbol{Q})$ und $p_{\max}(\boldsymbol{P})$ wird der Parameter

$$\lambda := \frac{p_{\min}(\boldsymbol{Q})}{p_{\max}(\boldsymbol{P})} \tag{8.44}$$

eingeführt, wobei $\boldsymbol{P}$ und $\boldsymbol{Q}$ durch Gl. (8.37) miteinander verknüpft sein sollen. Wegen der für alle $\boldsymbol{z} \in \mathbb{R}^q$ bestehenden Ungleichungen

$$\boldsymbol{z}^{\mathrm{T}} \boldsymbol{P}\, \boldsymbol{z} \leqq p_{\max}(\boldsymbol{P}) \,\|\, \boldsymbol{z} \,\|^2 \quad \text{und} \quad p_{\min}(\boldsymbol{Q}) \,\|\, \boldsymbol{z} \,\|^2 \leqq \boldsymbol{z}^{\mathrm{T}} \boldsymbol{Q}\, \boldsymbol{z}$$

kann man einerseits

$$\boldsymbol{z}^{\mathrm{T}} \boldsymbol{Q}\, \boldsymbol{z} \geqq \frac{p_{\min}(\boldsymbol{Q})}{p_{\max}(\boldsymbol{P})}\, \boldsymbol{z}^{\mathrm{T}} (p_{\max}(\boldsymbol{P})\mathbf{E}) \boldsymbol{z}$$

oder mit den Gln. (8.38a), (8.43) und (8.44)

$$\boldsymbol{z}^{\mathrm{T}} \boldsymbol{Q}\, \boldsymbol{z} \geqq \lambda V(\boldsymbol{z})\,,$$

andererseits

$$\frac{\mathrm{d}V(\boldsymbol{z})}{\mathrm{d}t} = -\boldsymbol{z}^{\mathrm{T}} \boldsymbol{Q}\, \boldsymbol{z} \leqq -\lambda V(\boldsymbol{z}) \tag{8.45}$$

abschätzen. Die letzte Ungleichung läßt sich auch als Gleichung

$$\frac{\mathrm{d}V(\boldsymbol{z}(t))}{\mathrm{d}t} + \lambda V(\boldsymbol{z}(t)) + k(t) = 0 \quad \text{mit} \quad k(t) \geqq 0$$

für alle $t \geqq 0$ schreiben. Ihre Lösung lautet gemäß Gl. (2.65) mit $\Phi(t) = \mathrm{e}^{-\lambda t}$ für $t \geqq 0$ und $v(t) := V(\boldsymbol{z}(t))$

$$v(t) = v(0)\,\mathrm{e}^{-\lambda t} - \int_0^t \mathrm{e}^{-\lambda(t-\sigma)}\, k(\sigma)\,\mathrm{d}\sigma\,,$$

woraus bei Beachtung von Ungleichung (8.43) wegen $k(\sigma) \geqq 0$ für alle $\sigma \geqq 0$ die Abschätzung

$$p_{\min}(\boldsymbol{P})\, \|\, \boldsymbol{z}(t)\, \|^2 \leqq v(t) \leqq v(0)\,\mathrm{e}^{-\lambda t} \tag{8.46}$$

folgt, was besagt, daß jede Lösung $\boldsymbol{z}(t)$ mindestens mit der Rate $\lambda/2$ gegen Null strebt.

Es soll die Lyapunov-Gleichung (8.37) im folgenden noch etwas näher betrachtet werden, wobei alle Eigenwerte von $\boldsymbol{A}$ in der linken p-Halbebene liegen sollen und davon ausgegangen wird, daß als $\boldsymbol{Q}$ eine beliebige positiv-definite, symmetrische $(q \times q)$-Matrix gewählt wird. Nun wird Gl. (8.37) mit einer reellen positiven Konstante κ multipliziert, so daß mit den Abkürzungen $\widetilde{\boldsymbol{P}} := \kappa \boldsymbol{P}$ und $\widetilde{\boldsymbol{Q}} := \kappa \boldsymbol{Q}$ die skalierte Lyapunov-Gleichung

$$\boldsymbol{A}^{\mathrm{T}} \widetilde{\boldsymbol{P}} + \widetilde{\boldsymbol{P}} \boldsymbol{A} = -\widetilde{\boldsymbol{Q}} \tag{8.47}$$

entsteht. Offensichtlich stimmen $p_{\min}(\boldsymbol{Q})/p_{\max}(\boldsymbol{P})$ und $p_{\min}(\widetilde{\boldsymbol{Q}})/p_{\max}(\widetilde{\boldsymbol{P}})$ miteinander überein, d.h. die Skalierung verändert den Paramter λ nicht. Die Skalierungskonstante κ soll nun derart gewählt werden, daß $p_{\min}(\widetilde{\boldsymbol{Q}}) = 1$ gilt. Neben der Lyapunov-Gleichung (8.47) mit beliebiger, jedoch auf $p_{\min}(\widetilde{\boldsymbol{Q}}) = 1$ normierter positiv-definiter, symmetrischer Matrix $\widetilde{\boldsymbol{Q}}$ wird noch die spezielle Lyapunov-Gleichung mit $\boldsymbol{Q} = \mathbf{E}$, nämlich

$$\boldsymbol{A}^{\mathrm{T}} \boldsymbol{P}_0 + \boldsymbol{P}_0 \boldsymbol{A} = -\mathbf{E} \tag{8.48}$$

betrachtet. Bildet man die Differenz der Gln. (8.47) und (8.48), so erhält man

$$\boldsymbol{A}^{\mathrm{T}}(\widetilde{\boldsymbol{P}} - \boldsymbol{P}_0) + (\widetilde{\boldsymbol{P}} - \boldsymbol{P}_0)\boldsymbol{A} = -(\widetilde{\boldsymbol{Q}} - \mathbf{E})\,.$$

Da $p_{\min}(\widetilde{\boldsymbol{Q}}) = 1 = p_{\max}(\mathbf{E})$ gilt, ist die Matrix $\widetilde{\boldsymbol{Q}} - \mathbf{E}$ positiv-semidefinit. Daher ist auch $\widetilde{\boldsymbol{P}} - \boldsymbol{P}_0$ positiv-semidefinit, woraus wegen $\boldsymbol{z}^{\mathrm{T}}[p_{\max}(\widetilde{\boldsymbol{P}})]\, \boldsymbol{z} \geqq \boldsymbol{z}^{\mathrm{T}} \widetilde{\boldsymbol{P}} \boldsymbol{z} \geqq \boldsymbol{z}^{\mathrm{T}} \boldsymbol{P}_0 \boldsymbol{z} \geqq 0$ sofort $p_{\max}(\widetilde{\boldsymbol{P}}) \geqq p_{\max}(\boldsymbol{P}_0)$ und wegen $p_{\min}(\widetilde{\boldsymbol{Q}}) = 1 = p_{\min}(\mathbf{E})$

$$\lambda = \frac{p_{\min}(\boldsymbol{Q})}{p_{\max}(\boldsymbol{P})} = \frac{p_{\min}(\widetilde{\boldsymbol{Q}})}{p_{\max}(\widetilde{\boldsymbol{P}})} \leqq \frac{p_{\min}(\mathbf{E})}{p_{\max}(\boldsymbol{P}_0)} \tag{8.49}$$

folgt. Dieses Resultat besagt, daß man den für die Abschätzung nach (8.46) optimalen Wert von λ erhält, wenn $\boldsymbol{Q} = \mathbf{E}$ gewählt wird, d.h. bei Verwendung von $\boldsymbol{P}_0$ als Lösung der speziellen Lyapunov-Gleichung (8.48).

Zur Interpretation dieses Ergebnisses sei angenommen, daß die Matrix $\boldsymbol{A}$ des als asymptotisch stabil vorausgesetzten linearen, zeitinvarianten Systems ausschließlich einfache reelle Eigenwerte aufweist. Dann kann $\boldsymbol{A}$ mittels einer normierten Modalmatrix $\boldsymbol{M}$ mit der Eigenschaft $\boldsymbol{M}^{\mathrm{T}}\boldsymbol{M} = \mathbf{E}$ auf Diagonalform $\boldsymbol{\Lambda} = \boldsymbol{M}^{\mathrm{T}}\boldsymbol{A}\,\boldsymbol{M}$ gebracht werden. Durch Linksmultiplikation der Gl. (8.48) mit $\boldsymbol{M}^{\mathrm{T}}$ und Rechtsmultiplikation mit $\boldsymbol{M}$ erhält man

$$\boldsymbol{M}^{\mathrm{T}} \boldsymbol{A}^{\mathrm{T}} \boldsymbol{M}\, \boldsymbol{M}^{\mathrm{T}} \boldsymbol{P}_0\, \boldsymbol{M} + \boldsymbol{M}^{\mathrm{T}} \boldsymbol{P}_0\, \boldsymbol{M}\, \boldsymbol{M}^{\mathrm{T}} \boldsymbol{A}\, \boldsymbol{M} = -\boldsymbol{M}^{\mathrm{T}} \boldsymbol{M}$$

oder

$$\boldsymbol{\Lambda}\Pi + \Pi\boldsymbol{\Lambda} = -\mathbf{E} \quad (\text{mit} \quad \Pi = \boldsymbol{M}^{\mathrm{T}} \boldsymbol{P}_0 \boldsymbol{M})\,. \tag{8.50}$$

Da die Eigenwertgleichung $\boldsymbol{P}_0 \boldsymbol{z} = p_0\, \boldsymbol{z}$ oder $\boldsymbol{M}^{\mathrm{T}} \boldsymbol{P}_0 \boldsymbol{M}\, \boldsymbol{M}^{\mathrm{T}} \boldsymbol{z} = p_0\, \boldsymbol{M}^{\mathrm{T}} \boldsymbol{z}$ identisch ist mit der Gleichung $\Pi\, \boldsymbol{\zeta} = p_0\, \boldsymbol{\zeta}$, wobei $\boldsymbol{\zeta} := \boldsymbol{M}^{\mathrm{T}} \boldsymbol{z}$ gesetzt wurde, haben die Matrizen $\boldsymbol{P}_0$ und Π genau dieselben Eigenwerte. Als Lösung von Gl. (8.50) erhält man $\Pi = -(1/2)\,\boldsymbol{\Lambda}^{-1}$. Damit ergibt sich

$$\lambda_{opt} = \frac{p_{min}(\mathbf{E})}{p_{max}(\mathbf{\Pi})} = \frac{1}{(1/2)\cdot 1/|p_{max}(\boldsymbol{A})|} = 2\,|p_{max}(\boldsymbol{A})|\ .$$

Der Betrag des dominanten Eigenwertes des linearen, zeitinvarianten Systems (d.h. des dominanten Poles einer Systemübertragungsfunktion) liefert also das optimale $\lambda/2$.

2.5 STABILE UND INSTABILE MANNIGFALTIGKEITEN

Betrachtet man einen Gleichgewichtszustand $\boldsymbol{z}_e$ eines nichtlinearen autonomen Systems, so nennt man die Gesamtheit aller Trajektorien, die für $t \to \infty$ den Zustand $\boldsymbol{z}_e$ erreichen, *stabile Mannigfaltigkeit* von $\boldsymbol{z}_e$. Die Gesamtheit aller Trajektorien, die für $t \to -\infty$ gegen $\boldsymbol{z}_e$ streben, heißt *instabile Mannigfaltigkeit* von $\boldsymbol{z}_e$.

Zur näheren Erläuterung sei ein Gleichgewichtszustand $\boldsymbol{z}_e$ eines nach Gl. (8.3) beschriebenen autonomen Systems betrachtet, dessen bezüglich $\boldsymbol{z}_e$ linearisiertes System eine (nichtsinguläre) Matrix $\boldsymbol{A}$ besitzen möge, von deren Eigenwerten vorausgesetzt wird, daß einer positiv reell ist, während die übrigen ausnahmslos negativen Realteil haben. Als Basis für die Beschreibung des Zustandsraums werden die Eigenvektoren $\boldsymbol{v}_\mu$ $(\mu = 1, 2, \ldots)$ der Matrix $\boldsymbol{A}^{\mathrm{T}}$ und erforderlichenfalls verallgemeinerte Eigenvektoren von $\boldsymbol{A}^{\mathrm{T}}$ mit $\|\boldsymbol{v}_\mu\| = 1$ als Normierung und den Eigenwerten p_μ $(\mu = 1, 2, \ldots)$, $p_1 > 0$, $\mathrm{Re}\,p_\mu < 0$, $\mu = 2, 3, \ldots$ verwendet. Dann gilt speziell

$$\boldsymbol{A}^{\mathrm{T}}\boldsymbol{v}_1 = p_1\boldsymbol{v}_1 \quad \text{oder} \quad \boldsymbol{v}_1^{\mathrm{T}}\boldsymbol{A} = p_1\boldsymbol{v}_1^{\mathrm{T}}\ ,$$

und es folgt damit aus der linearisierten Zustandsgleichung $\mathrm{d}\boldsymbol{\zeta}/\mathrm{d}t = \boldsymbol{A}\,\boldsymbol{\zeta}$ durch Multiplikation mit $\boldsymbol{v}_1^{\mathrm{T}}$ von links und Substitution von $\boldsymbol{v}_1^{\mathrm{T}}\boldsymbol{A}$ durch $p_1\boldsymbol{v}_1^{\mathrm{T}}$ die Differentialgleichung

$$\frac{\mathrm{d}}{\mathrm{d}t}(\boldsymbol{v}_1^{\mathrm{T}}\boldsymbol{\zeta}) = p_1(\boldsymbol{v}_1^{\mathrm{T}}\boldsymbol{\zeta})$$

mit der Lösung

$$\boldsymbol{v}_1^{\mathrm{T}}\boldsymbol{\zeta} = K_1\,\mathrm{e}^{p_1 t} \tag{8.51}$$

für die Komponente der Trajektorie $\boldsymbol{\zeta}$ des linearisierten Systems in der Richtung von $\boldsymbol{v}_1$, wobei K_1 eine Konstante bedeutet. Entsprechend lassen sich die Komponenten von $\boldsymbol{\zeta}$ bezüglich der anderen Basisvektoren ausdrücken. Nun werden die Punkte der Hyperebene

$$\boldsymbol{v}_1^{\mathrm{T}}\boldsymbol{\zeta} = 0 \tag{8.52}$$

als Anfangszustände betrachtet. Alle von diesen Punkten ausgehenden Trajektorien haben keine Komponente in Richtung $\boldsymbol{v}_1$, da aus Gl. (8.52) zwangsläufig $K_1 = 0$ folgt. Dies bedeutet, daß alle in der Hyperebene nach Gl. (8.52) beginnenden Trajektorien diese Ebene nicht verlassen und damit nur Komponenten aufweisen, die für $t \to \infty$ verschwinden. Denn nur Trajektorien, die in Punkten außerhalb der Hyperebene nach Gl. (8.52) starten, enthalten eine Komponente nach Gl. (8.51). Die Gesamtheit aller Trajektorien, die in Punkten der Hyperebene nach Gl. (8.52) beginnen, bilden für das linearisierte System die stabile Mannigfaltigkeit von $\boldsymbol{z}_e$. Ihre Dimension ist im vorliegenden Fall um Eins kleiner als die des Zustandsraums. Eine Trajektorie, die von einem Punkt $\boldsymbol{\zeta}(0) = \boldsymbol{w}_1$ ausgeht, wobei $\boldsymbol{w}_1$ Eigenvektor der Matrix $\boldsymbol{A}$ zum Eigenwert p_1 ist, wird durch die Vektorfunktion $\boldsymbol{\zeta}(t) = \boldsymbol{w}_1 \exp(p_1 t)$

beschrieben, da die Beziehung $\mathrm{d}\boldsymbol{\zeta}/\mathrm{d}t = p_1 \boldsymbol{w}_1 \exp(p_1 t) = \boldsymbol{A}\boldsymbol{w}_1 \exp(p_1 t) = \boldsymbol{A}\,\boldsymbol{\zeta}$ gilt. Damit ist zu erkennen, daß die Gesamtheit aller Trajektorien, die in einem Punkt auf der Ursprungsgeraden in Richtung des Vektors $\boldsymbol{w}_1$ starten, für $t \to -\infty$ gegen $\boldsymbol{\zeta} = \boldsymbol{0}$, d.h. gegen $\boldsymbol{z} = \boldsymbol{z}_e$ streben. Sie bilden für das linearisierte System die instabile Mannigfaltigkeit von $\boldsymbol{z}_e$.

Die stabile Mannigfaltigkeit des nichtlinearen Systems bezüglich $\boldsymbol{z}_e$, die in der Nähe von $\boldsymbol{z}_e$ durch die stabile Mannigfaltigkeit des linearisierten Systems approximiert wird, trennt Teilbereiche mit verschiedenem dynamischem Verhalten. Daher spricht man bei dieser Mannigfaltigkeit von einer *Separatrix.*

Man kann die vorausgegangenen Überlegungen in der folgenden Weise verallgemeinern und präzisieren. Hierbei wird zunächst vorausgesetzt, daß die Jacobi-Matrix $\boldsymbol{A}$ im Gleichgewichtspunkt $\boldsymbol{z}_e$ eines autonomen Systems keine Eigenwerte mit verschwindendem Realteil besitzt. Von den Eigenvektoren bzw. verallgemeinerten Eigenvektoren, die zu den Eigenwerten von $\boldsymbol{A}$ mit negativem Realteil gehören, wird ein Teilraum E_s des Zustandsraums $\mathbb{R}^q$ aufgespannt, der stabile invariante Unterraum des linearisierten Systems. Entsprechend wird im $\mathbb{R}^q$ der instabile invariante Unterraum E_u des linearisierten Systems von den Eigenvektoren bzw. verallgemeinerten Eigenvektoren aufgespannt, die zu den Eigenwerten von $\boldsymbol{A}$ mit positivem Realteil gehören. Für das in $\boldsymbol{z}_e$ linearisierte System bildet der Eigenraum E_s die stabile Mannigfaltigkeit von $\boldsymbol{z}_e$ und der Eigenraum E_u die instabile Mannigfaltigkeit von $\boldsymbol{z}_e$. Jede in E_s startende Trajektorie des linearisierten Systems verbleibt in E_s und nähert sich asymptotisch dem Gleichgewichtszustand. Jede in E_u startende Trajektorie verbleibt in E_u und strebt mit der Zeit über alle Grenzen.

In einer Umgebung U des Gleichgewichtszustands $\boldsymbol{z}_e$ kann man jetzt für das nichtlineare System eine lokale stabile Mannigfaltigkeit M_s^l und eine lokale instabile Mannigfaltigkeit M_u^l einführen, und zwar durch die Punktmengen

$$M_s^l := \{\boldsymbol{z} \in U\,;\ \lim_{t\to\infty} \boldsymbol{\varphi}(t,\boldsymbol{z}) = \boldsymbol{z}_e \quad \text{und} \quad \boldsymbol{\varphi}(t,\boldsymbol{z}) \in U \quad \text{für alle} \quad t \geqq 0\}$$

und

$$M_u^l := \{\boldsymbol{z} \in U\,;\ \lim_{t\to-\infty} \boldsymbol{\varphi}(t,\boldsymbol{z}) = \boldsymbol{z}_e \quad \text{und} \quad \boldsymbol{\varphi}(t,\boldsymbol{z}) \in U \quad \text{für alle} \quad t \leqq 0\}\,,$$

wobei $\boldsymbol{\varphi}(t,\boldsymbol{z})$ Lösung der Differentialgleichung (8.3) ist mit $\boldsymbol{\varphi}(0,\boldsymbol{z}) = \boldsymbol{z}$. Es gilt nun die folgende als Grobman-Hartman-Theorem bekannte wichtige Aussage:

Satz VIII.10: Ist $\boldsymbol{z}_e$ Gleichgewichtszustand eines autonomen Systems nach Gl. (8.3), wobei alle Eigenwerte der in $\boldsymbol{z} = \boldsymbol{z}_e$ gebildeten Jacobi-Matrix nichtverschwindenden Realteil aufweisen mögen, dann gibt es eine Umgebung U von $\boldsymbol{z}_e$, in der die beiden Differentialgleichungen $\mathrm{d}\boldsymbol{z}/\mathrm{d}t = \boldsymbol{f}(\boldsymbol{z})$ und $\mathrm{d}\boldsymbol{z}/\mathrm{d}t = \boldsymbol{A}(\boldsymbol{z} - \boldsymbol{z}_e)$ topologisch äquivalent sind, d.h., es existiert eine stetige und stetig umkehrbare Abbildung, die in U jede Trajektorie der einen Differentialgleichung in eine Trajektorie der anderen Differentialgleichung unter Beibehaltung des zeitlichen Durchlaufungssinns transformiert.

Das Grobman-Hartman-Theorem impliziert, daß in der Umgebung eines Gleichgewichtszustands die lokalen Mannigfaltigkeiten M_s^l und M_u^l durch die linearen Eigenräume E_s und E_u angenähert werden, wobei eine stetige umkehrbar eindeutige Abbildung (ein Homöomorphismus) existiert, welche M_s^l in E_s und M_u^l in E_u überführt und die Zeitparametrisierung der in der Umgebung von $\boldsymbol{z}_e$ auftretenden Trajektorien des nichtlinearen Systems und des linearisierten Systems beibehält.

Fixpunkte der hier betrachteten Art, deren Jacobi-Matrix also keine Eigenwerte mit verschwindendem Realteil aufweist, heißen hyperbolisch.

Unter der globalen stabilen Mannigfaltigkeit M_s^g und der globalen instabilen Mannigfaltigkeit M_u^g des Gleichgewichtszustands $\boldsymbol{z}_e$ eines autonomen Systems nach Gl. (8.3) versteht man die folgenden Punktmengen, wobei $\boldsymbol{\varphi}(t, \boldsymbol{z})$ wieder die Lösung von Gl. (8.3) mit der Anfangsbedingung $\boldsymbol{\varphi}(0, \boldsymbol{z}) = \boldsymbol{z}$ bedeutet:

$$M_s^g := \{\boldsymbol{z} \in \mathbb{R}^q \, ; \, \lim_{t \to \infty} \boldsymbol{\varphi}(t, \boldsymbol{z}) = \boldsymbol{z}_e\} \, ,$$

$$M_u^g := \{\boldsymbol{z} \in \mathbb{R}^q \, ; \, \lim_{t \to -\infty} \boldsymbol{\varphi}(t, \boldsymbol{z}) = \boldsymbol{z}_e\} \, .$$

Man kann diese Mannigfaltigkeiten erzeugen, indem man die entsprechenden lokalen Mannigfaltigkeiten mittels Trajektorien über U hinaus fortsetzt, d.h. durch die Vereinigungsmengen

$$M_s^g := \bigcup_{\boldsymbol{z}_0 \in M_s^l} \{\boldsymbol{z} \in \mathbb{R}^q \, ; \, \boldsymbol{z} = \boldsymbol{\varphi}(t, \boldsymbol{z}_0) \quad \text{für alle} \quad t \leqq 0\}$$

und

$$M_u^g := \bigcup_{\boldsymbol{z}_0 \in M_u^l} \{\boldsymbol{z} \in \mathbb{R}^q \, ; \, \boldsymbol{z} = \boldsymbol{\varphi}(t, \boldsymbol{z}_0) \quad \text{für alle} \quad t \geqq 0\} \, .$$

Die Menge M_s^g umfaßt also alle Trajektorien, die für $t \leqq 0$ existieren und in M_s^l starten. Entsprechend wird die Menge M_u^g von allen Trajektorien gebildet, die für $t \geqq 0$ existieren und in M_u^l starten.

2.6 ZENTRUMSMANNIGFALTIGKEITEN

Die Analyse der Stabilität eines autonomen Systems nach Satz VIII.9 und die Approximation von stabilen und instabilen Mannigfaltigkeiten durch Eigenräume gemäß Satz VIII.10 basieren auf der Linearisierung der Gl. (8.3) im interessierenden Gleichgewichtspunkt. Dabei waren Eigenwerte mit verschwindendem Realteil in der Jacobi-Matrix $\boldsymbol{A}$ im Gleichgewichtspunkt nicht zugelassen. Im folgenden soll diese Einschränkung aufgegeben werden.

Zunächst wird vorausgesetzt, daß die Matrix $\boldsymbol{A}$ nur Eigenwerte mit verschwindendem Realteil und Eigenwerte mit negativem Realteil aufweist; Eigenwerte mit positivem Realteil werden jedenfalls vorläufig ausgeschlossen. Der zu untersuchende Gleichgewichtszustand sei $\boldsymbol{z}_e = \boldsymbol{0}$. Die Funktion $\boldsymbol{f}(\boldsymbol{z})$ aus Gl. (8.3) sei zweimal stetig differenzierbar. Mit der Jacobi-Matrix $\boldsymbol{A} = (\partial \boldsymbol{f}(\boldsymbol{z}) / \partial \boldsymbol{z})_{\boldsymbol{z} = \boldsymbol{0}}$ wird Gl. (8.3) in der Form

$$\frac{\mathrm{d}\boldsymbol{z}}{\mathrm{d}t} = \boldsymbol{A}\,\boldsymbol{z} + \tilde{\boldsymbol{f}}(\boldsymbol{z}) \tag{8.53}$$

mit

$$\tilde{\boldsymbol{f}}(\boldsymbol{z}) = \boldsymbol{f}(\boldsymbol{z}) - \boldsymbol{A}\,\boldsymbol{z}$$

geschrieben. Dabei gilt

$$\tilde{\boldsymbol{f}}(\boldsymbol{0}) = \boldsymbol{0} \quad \text{und} \quad \left. \frac{\partial \tilde{\boldsymbol{f}}(\boldsymbol{z})}{\partial \boldsymbol{z}} \right|_{\boldsymbol{z} = \boldsymbol{0}} = \boldsymbol{0} \, ,$$

und $\tilde{\boldsymbol{f}}(\boldsymbol{z})$ ist zweimal stetig differenzierbar. Mit einer geeigneten nichtsingulären quadratischen Matrix $\boldsymbol{Q}$ kann die Ähnlichkeitstransformation

$$Q\,A\,Q^{-1} = \begin{bmatrix} A_1 & \mathbf{0} \\ \mathbf{0} & A_2 \end{bmatrix}$$

in der Weise durchgeführt werden, daß alle Eigenwerte von A_1 verschwindenden Realteil haben und die Realteile aller Eigenwerte von A_2 ausnahmslos negativ sind. Dabei sei A_1 eine $k \times k$- und A_2 eine $l \times l$-Matrix ($k + l = q$). Durch den Variablenwechsel

$$\begin{bmatrix} \zeta_1 \\ \zeta_2 \end{bmatrix} = Q\,z \quad \text{mit} \quad \zeta_1 \in \mathbb{R}^k , \quad \zeta_2 \in \mathbb{R}^l$$

wird Gl. (8.53) in die zwei Differentialgleichungen

$$\frac{\mathrm{d}\zeta_1}{\mathrm{d}t} = A_1\,\zeta_1 + g_1(\zeta_1, \zeta_2) \tag{8.54a}$$

und

$$\frac{\mathrm{d}\zeta_2}{\mathrm{d}t} = A_2\,\zeta_2 + g_2(\zeta_1, \zeta_2) \tag{8.54b}$$

übergeführt. Die Eigenschaften von $\tilde{f}$ werden dabei auf g_1 und g_2 übertragen, d.h. die zweimalige stetige Differenzierbarkeit und

$$g_\mu(\mathbf{0}, \mathbf{0}) = \mathbf{0}\,, \quad \left(\frac{\partial g_\mu}{\partial \zeta_\nu}\right)_{\mathbf{0},\mathbf{0}} = \mathbf{0} \tag{8.55a,b}$$

für $\mu = 1, 2$ und $\nu = 1, 2$. Nun wird die Existenz einer stetig differenzierbaren Funktion $\zeta_2 = h(\zeta_1)$ mit folgender Eigenschaft angenommen: Erfüllen $\zeta_1 = \zeta_1(0)$ und $\zeta_2 = \zeta_2(0)$ die Gleichung $\zeta_2 - h(\zeta_1) = \mathbf{0}$, dann wird diese Gleichung auch von den Lösungen $\zeta_1 = \zeta_1(t)$ und $\zeta_2 = \zeta_2(t)$ der Gln. (8.54a,b) in einem Intervall $0 \leqq t < t_1$ befriedigt. Falls $\zeta_2 = h(\zeta_1)$ die Eigenschaften

$$h(\mathbf{0}) = \mathbf{0} \quad \text{und} \quad \left(\frac{\partial h}{\partial \zeta_1}\right)_{\zeta_1 = \mathbf{0}} = \mathbf{0} \tag{8.56a,b}$$

erfüllt, heißt diese Funktion *Zentrumsmannigfaltigkeit* des nichtlinearen Systems. Es gilt nun folgende Aussage [Ca2].

Satz VIII.11: Die Funktionen g_1 und g_2 seien zweimal stetig differenzierbar und genügen den Gln. (8.55a,b); alle Eigenwerte von A_1 haben verschwindenden Realteil, während sämtliche Eigenwerte von A_2 negativen Realteil aufweisen mögen. Dann gibt es eine Konstante $\delta > 0$ und eine für alle $\|\,\zeta_1\,\| < \delta$ definierte, stetig differenzierbare Funktion $h(\zeta_1)$, so daß $\zeta_2 = h(\zeta_1)$ eine Zentrumsmannigfaltigkeit bezüglich der Gln. (8.54a,b) ist.

Sofern der Anfangszustand des durch die Gln. (8.54a,b) gegebenen Systems in der Zentrumsmannigfaltigkeit liegt, also $\zeta_2(0) = h(\zeta_1(0))$ gilt, verbleibt $[\,\zeta_1^{\mathrm{T}}(t) \;\; \zeta_2^{\mathrm{T}}(t)]^{\mathrm{T}}$ als Lösung der Gln. (8.54a,b) für $t \geqq 0$ in der Zentrumsmannigfaltigkeit. Die Zentrumsmannigfaltigkeit ist also eine invariante Menge. Es gilt dann $\zeta_2(t) = h(\zeta_1(t))$, und die Dynamik des Systems in der Zentrumsmannigfaltigkeit wird durch das *reduzierte System*

$$\frac{\mathrm{d}\zeta_1(t)}{\mathrm{d}t} = A_1\,\zeta_1(t) + g_1(\zeta_1, h(\zeta_1)) \tag{8.57}$$

beschrieben.

Falls man von einem Anfangszustand außerhalb der Zentrumsmannigfaltigkeit startet, d.h. $\boldsymbol{\zeta}_2(0) \neq \boldsymbol{h}(\boldsymbol{\zeta}_1(0))$ gilt, empfiehlt sich der Variablenwechsel

$$\begin{bmatrix} \boldsymbol{\zeta}_1 \\ \boldsymbol{\zeta}_3 \end{bmatrix} = \begin{bmatrix} \boldsymbol{\zeta}_1 \\ \boldsymbol{\zeta}_2 - \boldsymbol{h}(\boldsymbol{\zeta}_1) \end{bmatrix}, \tag{8.58}$$

wodurch sich aus den Gln. (8.54a,b)

$$\frac{\mathrm{d}\boldsymbol{\zeta}_1}{\mathrm{d}t} = \boldsymbol{A}_1\,\boldsymbol{\zeta}_1 + \boldsymbol{g}_1(\boldsymbol{\zeta}_1, \boldsymbol{\zeta}_3 + \boldsymbol{h}(\boldsymbol{\zeta}_1)), \tag{8.59a}$$

$$\frac{\mathrm{d}\boldsymbol{\zeta}_3}{\mathrm{d}t} = \boldsymbol{A}_2\,[\boldsymbol{\zeta}_3 + \boldsymbol{h}(\boldsymbol{\zeta}_1)] + \boldsymbol{g}_2(\boldsymbol{\zeta}_1, \boldsymbol{\zeta}_3 + \boldsymbol{h}(\boldsymbol{\zeta}_1)) - \frac{\partial \boldsymbol{h}(\boldsymbol{\zeta}_1)}{\partial \boldsymbol{\zeta}_1}[\boldsymbol{A}_1\,\boldsymbol{\zeta}_1 + \boldsymbol{g}_1(\boldsymbol{\zeta}_1, \boldsymbol{\zeta}_3 + \boldsymbol{h}(\boldsymbol{\zeta}_1))] \tag{8.59b}$$

ergibt. Die Zentrumsmannigfaltigkeit ist in den neuen Koordinaten durch $\boldsymbol{\zeta}_3 = \boldsymbol{0}$ gekennzeichnet und die dortige Bewegung des Systems durch $\boldsymbol{\zeta}_3(t) \equiv \boldsymbol{0}$, d.h. $\mathrm{d}\boldsymbol{\zeta}_3(t)/\mathrm{d}t \equiv \boldsymbol{0}$. Berücksichtigt man dies in Gl. (8.59b), so ergibt sich die Gleichung

$$\boldsymbol{R}(\boldsymbol{h}(\boldsymbol{\zeta}_1)) := \frac{\partial \boldsymbol{h}(\boldsymbol{\zeta}_1)}{\partial \boldsymbol{\zeta}_1}\Big[\boldsymbol{A}_1\,\boldsymbol{\zeta}_1 + \boldsymbol{g}_1(\boldsymbol{\zeta}_1, \boldsymbol{h}(\boldsymbol{\zeta}_1))\Big] - \boldsymbol{A}_2\boldsymbol{h}(\boldsymbol{\zeta}_1) - \boldsymbol{g}_2(\boldsymbol{\zeta}_1, \boldsymbol{h}(\boldsymbol{\zeta}_1)) = \boldsymbol{0}, \tag{8.60}$$

die von jeder Lösung in der Zentrumsmannigfaltigkeit befriedigt werden muß. Insofern ist Gl. (8.60) eine partielle Differentialgleichung für $\boldsymbol{h}(\boldsymbol{\zeta}_1)$. Die Gln. (8.59a,b) lassen sich bei Berücksichtigung von Gl. (8.60) in der Form

$$\frac{\mathrm{d}\boldsymbol{\zeta}_1}{\mathrm{d}t} = \boldsymbol{A}_1\,\boldsymbol{\zeta}_1 + \boldsymbol{g}_1(\boldsymbol{\zeta}_1, \boldsymbol{h}(\boldsymbol{\zeta}_1)) + \boldsymbol{N}_1(\boldsymbol{\zeta}_1, \boldsymbol{\zeta}_3),$$

$$\frac{\mathrm{d}\boldsymbol{\zeta}_3}{\mathrm{d}t} = \boldsymbol{A}_2\,\boldsymbol{\zeta}_3 + \boldsymbol{N}_2(\boldsymbol{\zeta}_1, \boldsymbol{\zeta}_3)$$

überführen, wobei

$$\boldsymbol{N}_1(\boldsymbol{\zeta}_1, \boldsymbol{\zeta}_3) := \boldsymbol{g}_1(\boldsymbol{\zeta}_1, \boldsymbol{\zeta}_3 + \boldsymbol{h}(\boldsymbol{\zeta}_1)) - \boldsymbol{g}_1(\boldsymbol{\zeta}_1, \boldsymbol{h}(\boldsymbol{\zeta}_1))$$

und

$$\boldsymbol{N}_2(\boldsymbol{\zeta}_1, \boldsymbol{\zeta}_3) := \boldsymbol{g}_2(\boldsymbol{\zeta}_1, \boldsymbol{\zeta}_3 + \boldsymbol{h}(\boldsymbol{\zeta}_1)) - \boldsymbol{g}_2(\boldsymbol{\zeta}_1, \boldsymbol{h}(\boldsymbol{\zeta}_1)) - \frac{\partial \boldsymbol{h}(\boldsymbol{\zeta}_1)}{\partial \boldsymbol{\zeta}_1}\boldsymbol{N}_1(\boldsymbol{\zeta}_1, \boldsymbol{\zeta}_3)$$

zwei zweifach stetig differenzierbare Funktionen mit den Eigenschaften

$$\boldsymbol{N}_\mu(\boldsymbol{\zeta}_1, \boldsymbol{0}) = \boldsymbol{0}, \quad \left(\frac{\partial \boldsymbol{N}_\mu}{\partial \boldsymbol{\zeta}_3}\right)_{\boldsymbol{0},\boldsymbol{0}} = \boldsymbol{0} \quad (\mu = 1, 2)$$

bedeuten. Diese Eigenschaften implizieren die Ungleichungen

$$\|\, \boldsymbol{N}_\mu(\boldsymbol{\zeta}_1, \boldsymbol{\zeta}_3) \,\| \leqq k_\mu \,\|\, \boldsymbol{\zeta}_3 \,\| \qquad (\mu = 1, 2)$$

in einem Gebiet $\|\, [\boldsymbol{\zeta}_1^{\mathrm{T}} \;\boldsymbol{\zeta}_3^{\mathrm{T}}]^{\mathrm{T}} \,\| < \rho$, wobei die positiven Konstanten k_1 und k_2 durch die Wahl eines hinreichend kleinen ρ beliebig klein gemacht werden können.

Man kann nun die folgende als *Reduktionsprinzip* (auch als Approximationstheorem) bekannte Aussage machen [Ca2].

Satz VIII.12: Ist unter den Annahmen von Satz VIII.11 der Ursprung $\boldsymbol{\zeta}_1 = \boldsymbol{0}$ des reduzierten Systems nach Gl. (8.57) asymptotisch stabil bzw. instabil, dann ist auch der Ursprung des vollständigen Systems nach Gln. (8.54a,b) asymptotisch stabil bzw. instabil.

Zur Anwendung dieses Satzes benötigt man die Zentrumsmannigfaltigkeit $\boldsymbol{h}(\boldsymbol{\zeta}_1)$. Die Funktion $\boldsymbol{h}(\boldsymbol{\zeta}_1)$ ist Lösung der Gl. (8.60) mit den Anfangsbedingungen (8.56a,b). Da dieses Anfangswertproblem in aller Regel nicht exakt lösbar ist, muß $\boldsymbol{h}(\boldsymbol{\zeta}_1)$ approximativ ermittelt werden. Dazu pflegt man, $\boldsymbol{h}(\boldsymbol{\zeta}_1)$ durch die Teilsumme einer Potenzreihe im Punkt $\boldsymbol{\zeta}_1 = \boldsymbol{0}$

anzunähern. In diesem Zusammenhang spielt die folgende Aussage eine besondere Rolle [Ca2].

Satz VIII.13: Kann eine stetig differenzierbare Funktion $\boldsymbol{\varphi}(\boldsymbol{\zeta}_1)$ mit den Eigenschaften $\boldsymbol{\varphi}(\mathbf{0}) = \mathbf{0}$ und $[\partial \boldsymbol{\varphi}/\partial \boldsymbol{\zeta}_1]_0 = \mathbf{0}$ ermittelt werden, so daß $\boldsymbol{R}(\boldsymbol{\varphi}(\boldsymbol{\zeta}_1)) = O(\| \boldsymbol{\zeta}_1 \|^r)$ mit einem ganzzahligen $r > 1$ gilt, d.h. $\| \boldsymbol{R}(\boldsymbol{\varphi}(\boldsymbol{\zeta}_1)) \| < k \| \boldsymbol{\zeta}_1 \|^r$ mit einem geeigneten $k > 0$ für hinreichend kleine $\| \boldsymbol{\zeta}_1 \|$, dann ergibt sich

$$\boldsymbol{h}(\boldsymbol{\zeta}_1) - \boldsymbol{\varphi}(\boldsymbol{\zeta}_1) = O(\| \boldsymbol{\zeta}_1 \|^r) \tag{8.61}$$

für hinreichend kleine $\| \boldsymbol{\zeta}_1 \|$, d.h. der Approximationsgrad r des Residuums $\boldsymbol{R}$ überträgt sich auf $\boldsymbol{h}$ und das reduzierte System kann durch

$$\frac{\mathrm{d}\boldsymbol{\zeta}_1}{\mathrm{d}t} = \boldsymbol{A}_1 \boldsymbol{\zeta}_1 + \boldsymbol{g}_1(\boldsymbol{\zeta}_1, \boldsymbol{\varphi}(\boldsymbol{\zeta}_1)) + O(\| \boldsymbol{\zeta}_1 \|^{r+1}). \tag{8.62}$$

beschrieben werden. Dabei ist die Funktion $\boldsymbol{R}$ (das Residuum) durch Gl. (8.60) definiert.

Die hier vorgestellten Approximations- und Reduktionsprinzipien haben Gültigkeit auch für den allgemeinen Fall, daß die Jacobi-Matrix $\boldsymbol{A}$ zusätzlich Eigenwerte mit positivem Realteil hat. Dann kann man mit den Eigenvektoren bzw. verallgemeinerten Eigenvektoren, die zu den Eigenwerten von $\boldsymbol{A}$ mit negativem Realteil gehören, den stabilen invarianten Unterraum E_s des linearisierten Systems aufspannen und mit den entsprechenden Vektoren, die zu den Eigenwerten von $\boldsymbol{A}$ mit positivem Realteil gehören, den instabilen invarianten Unterraum E_u des linearisierten Systems. Daneben wird durch die Eigenvektoren bzw. verallgemeinerten Eigenvektoren, die zu den Eigenwerten von $\boldsymbol{A}$ mit verschwindendem Realteil gehören, ein weiterer invarianter Eigenraum E_c, der Zentrumseigenraum aufgespannt. Die Eigenräume E_s, E_u und E_c tangieren die stabile Mannigfaltigkeit M_s, die instabile Mannigfaltigkeit M_u bzw. die Zentrumsmannigfaltigkeit M_c des nichtlinearen Systems im betrachteten Gleichgewichtspunkt. Alle drei Mannigfaltigkeiten sind invariant bezüglich der Gl. (8.3).

Beispiel 8.6: Es wird das System

$$\frac{\mathrm{d}z_1}{\mathrm{d}t} = z_1 z_2, \quad \frac{\mathrm{d}z_2}{\mathrm{d}t} = -z_2 + a z_1^2 \tag{8.63a,b}$$

(a = const) betrachtet. Entsprechend Gl. (8.53) erhält man

$$\frac{\mathrm{d}}{\mathrm{d}t}\begin{bmatrix} z_1 \\ z_2 \end{bmatrix} = \begin{bmatrix} 0 & 0 \\ 0 & -1 \end{bmatrix}\begin{bmatrix} z_1 \\ z_2 \end{bmatrix} + \begin{bmatrix} z_1 z_2 \\ a z_1^2 \end{bmatrix},$$

woraus die Eigenwerte $p_1 = 0$ und $p_2 = -1$ direkt abzulesen sind. Wie man weiterhin erkennt, liegt die Darstellung gemäß den Gln. (8.54a,b) bereits vor, d.h. es gilt $\boldsymbol{Q} = \mathbf{E}$, $\zeta_1 = z_1$, $\zeta_2 = z_2$ und

$$A_1 = 0, \quad A_2 = -1, \quad g_1(\zeta_1, \zeta_2) = \zeta_1 \zeta_2, \quad g_2(\zeta_1, \zeta_2) = a\, \zeta_1^2 .$$

Als Eigenräume des linearisierten Systems erhält man

$$E_1 = \{[\zeta_1 \; \zeta_2]^{\mathrm{T}} \in \mathbb{R}^2; \zeta_2 = 0\}, \quad E_2 = \{[\zeta_1 \; \zeta_2]^{\mathrm{T}} \in \mathbb{R}^2; \zeta_1 = 0\}.$$

Die Gl. (8.60) lautet hier speziell

$$R(h(\zeta_1)) := h'(\zeta_1)\zeta_1 h(\zeta_1) + h(\zeta_1) - a\,\zeta_1^2 = 0 . \tag{8.64}$$

Zur approximativen Ermittlung von $h(\zeta_1)$ wählt man gemäß den Gln. (8.56a,b) den Potenzreihenansatz

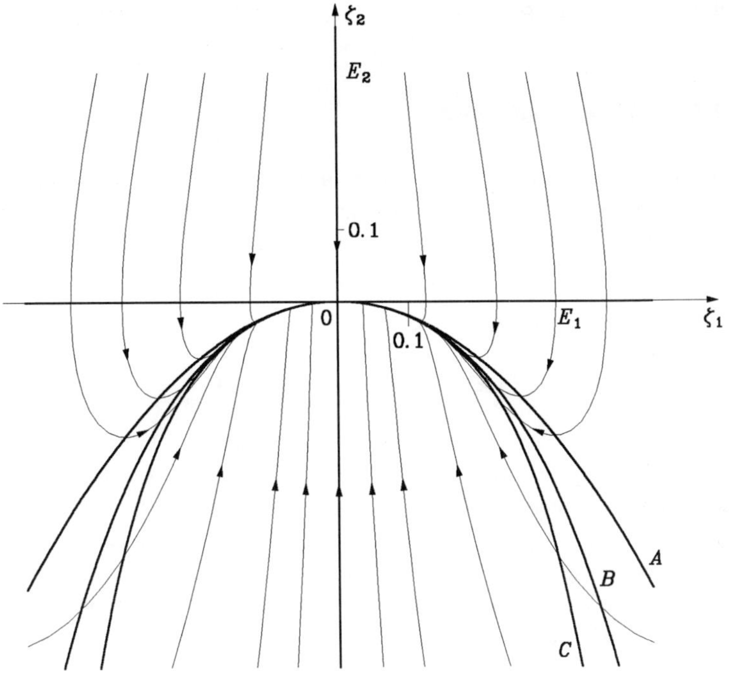

Bild 8.7: Trajektorien und Näherungen der Zentrumsmannigfaltigkeit des durch die Gln. (8.63a,b) gegebenen Systems ($a = -2$); A: $h(\zeta_1) = h_2\zeta_1^2$; B: $h(\zeta_1) = h_2\zeta_1^2 + h_4\zeta_1^4$; C: $h(\zeta_1) = h_2\zeta_1^2 + h_4\zeta_1^4 + h_6\zeta_1^6$

$$h(\zeta_1) = h_2\zeta_1^2 + h_3\zeta_1^3 + h_4\zeta_1^4 + h_5\zeta_1^5 + h_6\zeta_1^6 + \cdots$$

und führt ihn in die Gl. (8.64) ein. Man erhält für das Residuum bis zur sechsten Potenz von ζ_1

$$R(h(\zeta_1)) = (h_2 - a)\zeta_1^2 + h_3\zeta_1^3 + (2h_2^2 + h_4)\zeta_1^4 + (5h_3h_2 + h_5)\zeta_1^5 + (6h_2h_4 + 3h_3^2 + h_6)\zeta_1^6 + \cdots .$$

Aus der Forderung $R = 0$ folgt nun

$$h_2 = a, \quad h_3 = 0, \quad h_4 = -2a^2, \quad h_5 = 0, \quad h_6 = 12a^3 .$$

Gemäß Gl. (8.62) wird das reduzierte System durch

$$\frac{d\zeta_1}{dt} = \zeta_1 h(\zeta_1) \quad \text{oder} \quad \frac{d\zeta_1}{dt} = a\,\zeta_1^3 - 2a^2\zeta_1^5 + 12a^3\zeta_1^7 + O(|\zeta_1|^8) \tag{8.65}$$

beschrieben. Aus dieser Differentialgleichung ersieht man, daß der Ursprung des reduzierten Systems für $a < 0$ asymptotisch stabil ist, da dann der führende Term $a\,\zeta_1^3$ auf der rechten Seite von Gl. (8.65) und somit die zeitliche Änderung von ζ_1, nämlich $\dot{\zeta}_1$, in der Umgebung von $\zeta_1 = 0$ für $\zeta_1 > 0$ negativ und für $\zeta_1 < 0$ positiv ist; für $a > 0$ liegt Instabilität vor. Nach Satz VIII.12 ist damit der Ursprung des Ausgangssystems, gegeben durch die Gln. (8.63a,b), für $a < 0$ asymptotisch stabil und für $a > 0$ instabil. Bild 8.7 veranschaulicht die Ergebnisse, wobei die Zentrumsmannigfaltigkeit durch drei verschiedene Kurven approximiert wurde, die verschiedene Approximationsgrade (2, 4, 6) aufweisen.

2.7 BEREICH DER ANZIEHUNG EINES PUNKTATTRAKTORS

2.7.1 Das Einzugsgebiet

Im Kapitel II, Abschnitt 3.5.5 wurde folgendes gezeigt: Ist $\boldsymbol{z} = \boldsymbol{0}$ Gleichgewichtspunkt des durch Gl. (8.3) beschriebenen autonomen Systems und gelingt es, eine stetig differenzierbare skalare Funktion $V(\boldsymbol{z})$ anzugeben mit den Eigenschaften

(i) $V(\boldsymbol{0}) = 0$ und $V(\boldsymbol{z}) > 0$ für alle $\boldsymbol{z} \in \mathbb{R}^q - \{\boldsymbol{0}\}$,

(ii) $V(\boldsymbol{z}) \to \infty$ für $\|\boldsymbol{z}\| \to \infty$,

(iii) $\dot{V}(\boldsymbol{z}) = \dfrac{\partial V}{\partial \boldsymbol{z}} \cdot \boldsymbol{f}(\boldsymbol{z}) < 0$ für alle $\boldsymbol{z} \in \mathbb{R}^q - \{\boldsymbol{0}\}$,

dann ist $\boldsymbol{z} = \boldsymbol{0}$ *global* asymptotisch stabil. Dies bedeutet insbesondere, daß jedwede Trajektorie, die in irgendeinem Punkt des Zustandsraums startet, für $t \to \infty$ asymptotisch in den Ursprung einmündet.

Im allgemeinen strebt aber nur ein Teil der Trajektorien eines Systems für $t \to \infty$ in einen asymptotisch stabilen Gleichgewichtszustand. Dies führt zum Begriff des Bereichs der Anziehung, auch *Einzugsgebiet* genannt, eines asymptotisch stabilen Gleichgewichtszustands (Punktattraktors). Es sei $\boldsymbol{z} = \boldsymbol{0}$ ein asymptotisch stabiler Gleichgewichtszustand eines nichtlinearen autonomen Systems mit der Zustandsgleichung

$$\frac{\mathrm{d}\boldsymbol{z}}{\mathrm{d}t} = \boldsymbol{f}(\boldsymbol{z}), \quad \boldsymbol{f}(\boldsymbol{0}) = \boldsymbol{0}. \tag{8.66a,b}$$

Mit $\boldsymbol{\varphi}(t, \boldsymbol{z}_0)$ sei die zum Zeitpunkt $t = 0$ im Punkt $\boldsymbol{z}_0$ startende Lösung bezeichnet. Das Einzugsgebiet G_E des Ursprungs wird durch die Punktmenge

$$G_E = \{\boldsymbol{z}_0 \in \mathbb{R}^q;\ \boldsymbol{\varphi}(t, \boldsymbol{z}_0) \to \boldsymbol{0} \ \text{ für } \ t \to \infty\}$$

definiert, d.h. als Menge aller Punkte im Zustandsraum, von welchen die Trajektorien ausgehen, die mit $t \to \infty$ asymptotisch in den Ursprung einmünden. Man kann folgende Aussage machen:

Satz VIII.14: Ist $\boldsymbol{z} = \boldsymbol{0}$ ein asymptotisch stabiler Gleichgewichtszustand des durch Gl. (8.3) gegebenen autonomen Systems, dann hat das Einzugsgebiet G_E von $\boldsymbol{z} = \boldsymbol{0}$ folgende Eigenschaften:

a) Das Einzugsgebiet G_E ist eine offene und positiv invariante Punktmenge. Dabei bedeutet positiv invariant, daß jede zum Zeitpunkt $t = 0$ in G_E startende Trajektorie für alle $t > 0$ die Menge G_E nicht verläßt.

b) Der Rand von G_E wird von Trajektorien gebildet.

Beweis: Nimmt man an, daß für eine Lösung $\boldsymbol{\varphi}(t, \boldsymbol{z}_0)$ mit $\boldsymbol{z}_0 \in G_E$ in einem positiven Zeitpunkt t' $\boldsymbol{\varphi}(t', \boldsymbol{z}_0) = \boldsymbol{z}' \notin G_E$ gilt, dann würde $\boldsymbol{\varphi}(t, \boldsymbol{z}') = \boldsymbol{\varphi}(t + t', \boldsymbol{z}_0)$ für $t \to \infty$ gegen $\boldsymbol{0}$ streben, woraus $\boldsymbol{z}' \in G_E$ folgt. Daher muß G_E notwendigerweise positiv invariant sein. Bei Vorgabe eines beliebigen $\varepsilon > 0$ kann mit einem genügend großen T erreicht werden, daß $\|\boldsymbol{\varphi}(T, \boldsymbol{z}_0)\| < \varepsilon/2$ mit einem beliebigen $\boldsymbol{z}_0 \in G_E$ gilt. Wegen der stetigen Abhängigkeit der Trajektorien von ihrem Anfangszustand, kann man zum beliebig gewählten $\varepsilon > 0$ ein $\delta > 0$ angeben, so daß jede Trajektorie $\boldsymbol{\varphi}(t, \hat{\boldsymbol{z}})$ mit $\|\hat{\boldsymbol{z}} - \boldsymbol{z}_0\| < \delta$ die Bedingung

$$\| \boldsymbol{\varphi}(T, \hat{\boldsymbol{z}}) - \boldsymbol{\varphi}(T, \boldsymbol{z}_0) \| < \frac{\varepsilon}{2}$$

erfüllt. Wenn man ε derart wählt, daß die Umgebung $\| \boldsymbol{z} \| < \varepsilon$ ganz in G_E liegt, gehören alle Punkte $\hat{\boldsymbol{z}}$ der Umgebung $\| \hat{\boldsymbol{z}} - \boldsymbol{z}_0 \| < \delta$ auch zu G_E, da

$$\| \boldsymbol{\varphi}(T, \hat{\boldsymbol{z}}) \| \leqq \| \boldsymbol{\varphi}(T, \hat{\boldsymbol{z}}) - \boldsymbol{\varphi}(T, \boldsymbol{z}_0) \| + \| \boldsymbol{\varphi}(T, \boldsymbol{z}_0) \| < \varepsilon$$

gilt, woraus folgt, daß G_E eine offene Menge ist.

Es sei $\boldsymbol{z}_R$ ein beliebiger Randpunkt von G_E, zu dem man stets eine Punktfolge $\boldsymbol{z}_\nu \in G_E$ $(\nu = 1, 2, \ldots)$ wählen kann, die gegen $\boldsymbol{z}_R$ strebt. Da G_E invariant ist, verlaufen alle Trajektorien $\boldsymbol{\varphi}(t, \boldsymbol{z}_\nu)$ in G_E. Für jedes t $(-\infty < t < \infty)$ ist $\boldsymbol{\varphi}(t, \boldsymbol{z}_R)$ der Limes von $\boldsymbol{\varphi}(t, \boldsymbol{z}_\nu)$ für $\nu \to \infty$. Deshalb liegt $\boldsymbol{\varphi}(t, \boldsymbol{z}_R)$ für jedes $t \in \mathbb{R}$ auf dem Rand von G_E. Da $\boldsymbol{z}_R$ Randpunkt von G_E ist, verläuft $\boldsymbol{\varphi}(t, \boldsymbol{z}_R)$ nicht in G_E und gehört deshalb vollständig zum Rand von G_E.

Beispiel 8.7: Das System zweiter Ordnung

$$\frac{\mathrm{d}\boldsymbol{z}}{\mathrm{d}t} = (z_1^2 + z_2^2 - a^2)\, \boldsymbol{z}$$

$(a > 0)$ hat im Ursprung einen asymptotisch stabilen Gleichgewichtspunkt. Aus der Zustandsgleichung folgt für die Trajektorien die Differentialgleichung $\mathrm{d}z_1 / \mathrm{d}z_2 = z_1 / z_2$ mit der Lösung $z_1 = c\, z_2$. Die Trajektorien verlaufen also auf Ursprungsgeraden. In jedem Punkt der Kreisscheibe $\| \boldsymbol{z} \| < a$ sind $\boldsymbol{z}$ und $\mathrm{d}\boldsymbol{z} / \mathrm{d}t$ gegensinnig parallel, in jedem Punkt außerhalb der Kreisscheibe gleichsinnig parallel. Daher streben alle Trajektorien, die in einem Punkt innerhalb des Kreises $\| \boldsymbol{z} \| = a$ starten, für $t \to \infty$ geradlinig in den Ursprung und alle Trajektorien, die in einem Punkt außerhalb des Kreises $\| \boldsymbol{z} \| = a$ starten, geradlinig über alle Grenzen. Der Kreis $\| \boldsymbol{z} \| = a$ bildet eine Menge von instabilen Gleichgewichtszuständen. Sie begrenzt das Einzugsgebiet $\| \boldsymbol{z} \| < a$ des Ursprungs.

2.7.2 Schätzung von Einzugsgebieten

Aus den vorausgegangenen Überlegungen geht hervor, daß das Einzugsgebiet G_E eines asymptotisch stabilen Gleichgewichtszustands ermittelt werden kann, indem man die den Rand von G_E bildenden Trajektorien bestimmt. Eine analytische Lösung dieses Problems ist in den meisten Fällen außerordentlich schwierig oder unmöglich. Daher begnügt man sich in der Regel mit einer Schätzung von G_E. Man versteht dabei unter einer Schätzung von G_E die Ermittlung einer Teilmenge $\widetilde{G}_E \subset G_E$. Hierauf wird im folgenden eingegangen. Es sei $\boldsymbol{z} = \boldsymbol{0}$ ein asymptotisch stabiler Gleichgewichtszustand des durch $\dot{\boldsymbol{z}} = \boldsymbol{f}(\boldsymbol{z})$ beschriebenen autonomen Systems. Für dieses System liege eine stetig differenzierbare Lyapunov-Funktion $V(\boldsymbol{z})$ vor, die in einem $\boldsymbol{z} = \boldsymbol{0}$ enthaltenden Gebiet G die Bedingungen (8.29) und (8.30b) befriedigt. Man wählt nun innerhalb von G einen möglichst großen Kugelbereich

$$K_r := \{ \boldsymbol{z} \in \mathbb{R}^q ;\ \| \boldsymbol{z} \| \leqq r \} \subset G .$$

Es sei $m := \min\limits_{\| \boldsymbol{z} \| = r} V(\boldsymbol{z})$; wegen der speziellen Eigenschaften von $V(\boldsymbol{z})$ gilt sicher $m > 0$. Nach Wahl eines m_0 mit $0 < m_0 \leqq m$ bildet man

$$\widetilde{G}_E := \{ \boldsymbol{z} \in K_r ;\ V(\boldsymbol{z}) \leqq m_0 \} .$$

Jetzt wird irgendein Anfangszustand $\boldsymbol{z}_0 \in \widetilde{G}_E$ gewählt. Für die Trajektorie $\boldsymbol{\varphi}(t, \boldsymbol{z}_0)$ mit $\boldsymbol{\varphi}(0, \boldsymbol{z}_0) = \boldsymbol{z}_0$ erhält man für alle $t > 0$

$$V(\boldsymbol{\varphi}(t,\boldsymbol{z}_0)) < V(\boldsymbol{z}_0) \leqq m_0 .$$

Die Trajektorie verläßt den Bereich $\widetilde{G}_E$ nicht und strebt schließlich in den Ursprung (man vergleiche hierzu auch Satz VIII.15). Die Überlegungen lassen erkennen, daß $\widetilde{G}_E$ als Schätzung für G_E betrachtet werden kann. Im Bild 8.8 sind die verschiedenen Punktmengen veranschaulicht.

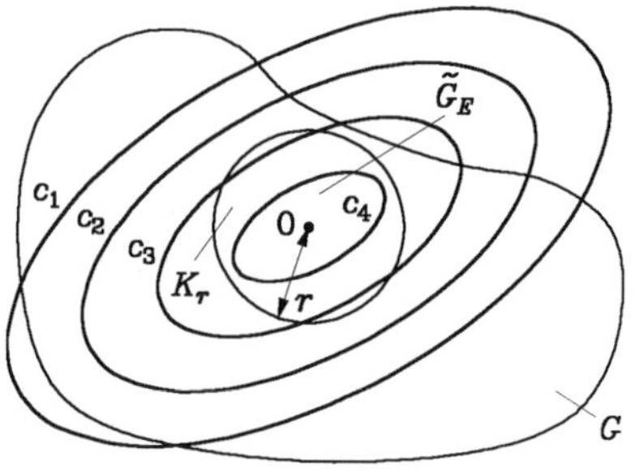

Bild 8.8: Die Punktmengen G, K_r und $\widetilde{G}_E$

Es ist zu beachten, daß die Kugel K_r (ebenso wie G) im allgemeinen nicht als Schätzung des Einzugsgebiets verwendet werden kann. Dies läßt sich folgendermaßen begründen: Eine in K_r (bzw. G) startende Trajektorie schneidet mit zunehmender Zeit zwar Lyapunov-Flächen $V(\boldsymbol{z}) = c_\nu$ ($\nu = 1, 2, \ldots$) mit $c_1 > c_2 > \cdots$, die ineinander geschachtelt sind, jedoch impliziert dies nicht das ständige Verbleiben der Trajektorien in K_r und G, solange nämlich eine von der Trajektorie erreichte Lyapunov-Fläche nicht vollständig innerhalb von G verläuft. Sobald die Trajektorie das Gebiet G verlassen hat, braucht $\dot{V}(\boldsymbol{z})$ nicht negativ zu bleiben, so daß dann $V(\boldsymbol{z})$ längs der Trajektorie nicht mehr abzunehmen braucht.

Besitzt die Jacobi-Matrix

$$\boldsymbol{A} = \left[\frac{\partial \boldsymbol{f}}{\partial \boldsymbol{z}}\right]_{\boldsymbol{z}=\boldsymbol{0}}$$

nur Eigenwerte mit negativem Realteil, dann läßt sich für das nichtlineare System, wie schon früher (im Beweisteil (i) von Satz VIII.9) gezeigt wurde, eine (quadratische) Lyapunov-Funktion folgendermaßen angeben: Man bildet mittels einer symmetrischen positiv-definiten Matrix $\boldsymbol{P}$, welche die eindeutige Lösung der Lyapunov-Gleichung $\boldsymbol{PA} + \boldsymbol{A}^{\mathrm{T}}\boldsymbol{P} = -\boldsymbol{Q}$ ($\boldsymbol{Q}$: irgendeine symmetrische positiv-definite Matrix) darstellt,

$$V(\boldsymbol{z}) = \boldsymbol{z}^{\mathrm{T}}\boldsymbol{P}\,\boldsymbol{z} \quad \text{mit} \quad \dot{V}(\boldsymbol{z}) = \boldsymbol{f}^{\mathrm{T}}(\boldsymbol{z})\boldsymbol{P}\,\boldsymbol{z} + \boldsymbol{z}^{\mathrm{T}}\boldsymbol{P}\boldsymbol{f}(\boldsymbol{z}).$$

Nun versucht man, eine Kugel $K_r = \{\boldsymbol{z} \in \mathbb{R}^q;\ \|\boldsymbol{z}\| \leqq r\}$ mit möglichst großem r zu ermitteln, so daß $\dot{V}(\boldsymbol{z}) < 0$ für alle $\boldsymbol{z} \in K_r - \{\boldsymbol{0}\}$ gilt, und bestimmt $c = \min\limits_{\|\boldsymbol{z}\|=r} V(\boldsymbol{z})$. Hieraus folgt die Schätzung $\widetilde{G}_E = \{\boldsymbol{z} \in \mathbb{R}^q; V(\boldsymbol{z}) \leqq c\}$. Da $V(\boldsymbol{z}) = \boldsymbol{z}^{\mathrm{T}}\boldsymbol{P}\boldsymbol{z} \geqq p_{\min}\|\boldsymbol{z}\|^2$ und damit die Relation $c \geqq p_{\min} r^2$ mit $p_{\min}$ als dem kleinsten Eigenwert von $\boldsymbol{P}$ gilt, läßt sich auch $\{\boldsymbol{z} \in \mathbb{R}^q$, $V(\boldsymbol{z}) \leqq p_{\min} r^2\}$ als Schätzung für G_E verwenden. Allerdings ist dazu neben $p_{\min}$ der Radius r erforderlich, der eventuell numerisch zu ermitteln oder abzuschätzen ist.

Als eine alternative Vorgehensweise kann man zunächst die Punkmenge S mit der Eigenschaft $\dot{V}(\boldsymbol{z}) = 0$, d.h.

$$\boldsymbol{f}^{\mathrm{T}}(\boldsymbol{z})\boldsymbol{P}\boldsymbol{z} + \boldsymbol{z}^{\mathrm{T}}\boldsymbol{P}\boldsymbol{f}(\boldsymbol{z}) = 0$$

ermitteln, die dann das Gebiet G im $\mathbb{R}^q$ liefert, in dem überall $\dot{V}(\boldsymbol{z}) < 0$ gilt. Als nächstes sucht man jetzt die Lyapunov-Fläche $V(\boldsymbol{z}) = c$ in G mit möglichst großem $c = \hat{c}$; dies gelingt oft über eine Abschätzung des absoluten Minimums von $V(\boldsymbol{z})$ auf $S - \{\mathbf{0}\}$.

Beispiel 8.8: Gegeben sei das System

$$\frac{dz_1}{dt} = -\alpha z_1 + \beta z_2 + z_1 z_2 , \quad \frac{dz_2}{dt} = -\beta z_1 - \alpha z_2 + \frac{z_1^2}{\beta} \tag{8.67a,b}$$

mit $\alpha^2 + \beta^2 = 1$ und $\alpha > 0$, $\beta > 0$. Offensichtlich ist der Ursprung $\boldsymbol{z} = [0, 0]^T$ ein stabiler Fokus. Die Matrix

$$\boldsymbol{A} = \begin{bmatrix} -\alpha & \beta \\ -\beta & -\alpha \end{bmatrix}$$

ist die Systemmatrix des bezüglich des Ursprungs linearisierten Systems. Führt man diese Matrix in die Lyapunov-Gleichung $\boldsymbol{A}^T\boldsymbol{P} + \boldsymbol{P}\boldsymbol{A} = -\boldsymbol{Q}$ ein und wählt als $\boldsymbol{Q}$ die Einheitsmatrix, so erhält man

$$\boldsymbol{P} = \frac{1}{2\alpha}\mathbf{E} ,$$

damit die Lyapunov-Funktion

$$V(\boldsymbol{z}) = \boldsymbol{z}^T\boldsymbol{P}\,\boldsymbol{z} = \frac{1}{2\alpha}(z_1^2 + z_2^2) \tag{8.68a}$$

und hieraus mit den Gln. (8.67a,b)

$$\frac{dV}{dt} = -(z_1^2 + z_2^2) + \frac{1+\beta}{\alpha\beta} z_1^2 z_2 . \tag{8.68b}$$

Somit sind $V(\boldsymbol{z})$ und $-dV/dt$ in einem gewissen Gebiet G um den Nullpunkt positiv-definit, und die Ruhelage des Systems ist asymptotisch stabil. Sicher zum Einzugsgebiet gehört nun die größtmögliche Kreisscheibe $V(\boldsymbol{z}) \leqq \hat{V}$, die ganz in G liegt und im folgenden bestimmt werden soll.

Die Gleichung $dV/dt = 0$ definiert eine Kurve im Zustandsraum. Sie läßt sich nach z_1^2 auflösen. Verwendet man diese Darstellung zur Substitution von z_1^2 in Gl. (8.68a), dann ergibt sich

$$V = \frac{(1+\beta)z_2^3}{2\alpha[(1+\beta)z_2 - \alpha\beta]} \tag{8.69}$$

längs der genannten Kurve, die nur für $z_2 > \alpha\beta/(1+\beta)$ existiert. Auf dieser Kurve wird das Minimum von V ermittelt, indem V aus Gl. (8.69) nach z_2 differenziert und der Differentialquotient gleich Null gesetzt wird. Man erhält $z_2 = 3\alpha\beta/[2(1+\beta)]$ und als Wert der Lyapunov-Funktion $V_m = 27\alpha\beta^2/[8(1+\beta)^2]$. Somit liefert die Forderung $V(\boldsymbol{z}) < V_m$, welche $dV/dt < 0$ längs der Trajektorien außerhalb des Ursprungs garantiert, mit Gl. (8.68a) die Bedingung

$$z_1^2 + z_2^2 \leqq r^2 < \frac{27\alpha^2\beta^2}{4(1+\beta)^2}$$

für eine Schätzung des Einzugsgebiets. Bild 8.9 zeigt die Begrenzung des Gebiets mit negativem $\dot{V}$ sowie die Schätzung des Einzugsgebiets als Kreisscheibe $z_1^2 + z_2^2 \leqq r^2$.

Beispiel 8.9: Das durch die Zustanddarstellung

$$\frac{dz_1}{dt} = -z_2 , \quad \frac{dz_2}{dt} = z_1 + (z_1^2 - 1)z_2$$

gegebene System beschreibt einen Van der Polschen Oszillator, wobei die Zeit t durch $-t$ ersetzt wurde. Wie man sieht, ist der Ursprung ein Gleichgewichtszustand. Die Jacobi-Matrix im Ursprung lautet

$$\boldsymbol{A} = \left(\frac{\partial \boldsymbol{f}}{\partial \boldsymbol{z}}\right)_{\boldsymbol{z}=\mathbf{0}} = \begin{bmatrix} 0 & -1 \\ 1 & -1 \end{bmatrix}.$$

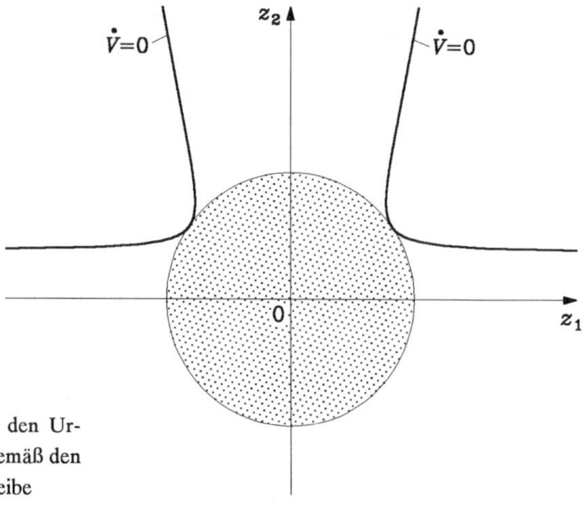

Bild 8.9: Schätzung des Einzugsgebiets für den Ursprung als Attraktor des Systems gemäß den Gln. (8.67a,b) durch eine Kreisscheibe

Beide Eigenwerte $(-1 \pm \mathrm{j}\sqrt{3})/2$ haben negativen Realteil, weshalb es sich um einen stabilen Gleichgewichtszustand handelt. Aus der Lyapunov-Gleichung $\boldsymbol{PA} + \boldsymbol{A}^{\mathrm{T}}\boldsymbol{P} = -\mathbf{E}$ ($\mathbf{E}$: Einheitsmatrix) erhält man die symmetrische positiv-definite Matrix

$$\boldsymbol{P} = \begin{bmatrix} 1{,}5 & -0{,}5 \\ -0{,}5 & 1 \end{bmatrix}$$

mit den Eigenwerten $1{,}25 \pm 0{,}25\sqrt{5}$. Die quadratische Funktion $V(\boldsymbol{z}) = \boldsymbol{z}^{\mathrm{T}}\boldsymbol{Pz}$ ist in dem Teil der Zustandsebene eine Lyapunov-Funktion, in der

$$\dot V(\boldsymbol{z}) = -z_1^2 - z_2^2 - z_1^3 z_2 + 2 z_1^2 z_2^2$$

ausschließlich negative Werte aufweist. Die durch $\dot V(\boldsymbol{z}) = 0$ gekennzeichnete Grenzkurve ist durch die Gleichung

$$z_2 = \frac{z_1^2 \pm \sqrt{z_1^4 + 8 z_1^2 - 4}}{2(2 z_1^2 - 1)}\, z_1 \tag{8.70}$$

für $|z_1| \geqq (\sqrt{20} - 4)^{1/2}$ $(z_1 \neq \pm\sqrt{2}/2)$ bestimmt und graphisch leicht darstellbar (Bild 8.10). Auf dieser Grenzkurve kann man entweder rechnerisch durch Substitution von Gl. (8.70) in V und Nullsetzen der Ableitung von V nach z_1 oder graphisch durch Konstruktion der die Grenzkurve tangierenden Ellipse $V(\boldsymbol{z}) = c$ das absolute Minimum $c_{\min}$ von V auf der Grenzkurve ermitteln. Als Schätzung des Einzugsgebiets erhält man dann das Innere dieser Ellipse $\{\boldsymbol{z} \in \mathbb{R}^2;\, V(\boldsymbol{z}) \leqq c < c_{\min}\}$. Man findet $c_{\min} = 2{,}3$. Man beachte, daß die Lyapunov-Kurven $V(\boldsymbol{z}) = c$ Ellipsen sind, deren Mittelpunkte im Ursprung liegen und deren kleine Halbachsen (der Länge $0{,}74\sqrt{c}$) um den negativen Winkel $\alpha\,(= -31{,}72°)$ mit $\tan 2\alpha = -2$ gegen die z_1-Achse geneigt sind, während die großen Achsen (der Länge $1{,}20\sqrt{c}$) um den Winkel α gegen die z_2-Achse geneigt sind. Bild 8.10 zeigt auch eine alternative Schätzung. Dort sieht man die Kreisscheibe mit Mittelpunkt im Ursprung und mit maximalem Radius r, so daß innerhalb der Kreisscheibe $\dot V(\boldsymbol{z}) < 0$ gilt. Für r kann nun eine Abschätzung gemacht werden, indem man mit etwas Rechnung $\dot V$ in Polarkoordinaten mit $z_1 = \rho\cos\varphi$ und $z_2 = \rho\sin\varphi$ schreibt und folgende Ungleichungskette aufstellt:

$$\dot V = -\rho^2 + \rho^4\cos^2\varphi\sin\varphi(2\sin\varphi - \cos\varphi) \leqq -\rho^2 + \rho^4\,|\cos^2\varphi\sin\varphi|\cdot|2\sin\varphi - \cos\varphi|$$

$$\leqq -\rho^2 + \rho^4\cdot\frac{2}{9}\sqrt{3}\cdot\sqrt{5} = -\rho^2 + \frac{2\sqrt{15}}{9}\rho^4\,,$$

woraus man sieht, daß $\dot V < 0$ wird für $\rho^2 < 9/(2\sqrt{15}) = 1{,}16$. Mit dem kleinsten Eigenwert $p_{\min} = 0{,}69$ von $\boldsymbol{P}$ erhält man schließlich, wenn man die entsprechende große Ellipsenachse $\sqrt{c/p_{\min}}$ gleich dem Schätzwert $\sqrt{1{,}16}$ für r setzt, $c = 0{,}69\cdot 1{,}16 = 0{,}802$ und damit als Schätzung für das Einzugsgebiet

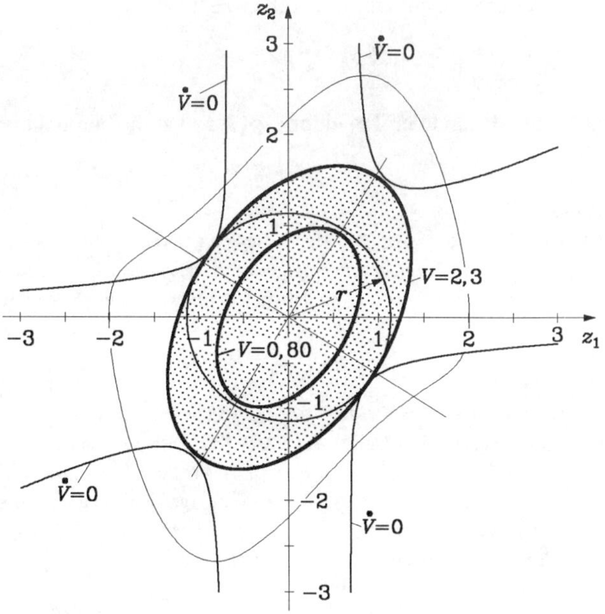

Bild 8.10: Verschiedene Schätzungen des Einzugsgebiets für den Ursprung als Attraktor eines Van der Polschen Oszillators

$$\{ \boldsymbol{z} \in \mathbb{R}^2;\ V(\boldsymbol{z}) \leqq 0{,}802 \}.$$

Im Bild 8.10 ist auch der Rand des Einzugsgebiets angegeben, der die Bedeutung eines instabilen Grenzzyklus hat (Abschnitt 3).

2.7.3 Das Theorem von LaSalle

Die bisher durchgeführten Schätzungen von Einzugsgebieten basieren auf der Wahl von Punktmengen, die von geeigneten Lyapunov-Flächen begrenzt sind. Es besteht nun die Möglichkeit, solche Schätzungen systematisch zu verbessern. Hierfür erweist sich ein Theorem von LaSalle (auch Invarianzprinzip genannt) oft als vorteilhaft. Dieses soll im folgenden formuliert werden.

Satz VIII.15: Es wird die Existenz einer kompakten Punktmenge B des Zustandsraums $\mathbb{R}^q$ vorausgesetzt, so daß jede in B startende Lösung der Gl. (8.3) die Punktmenge B niemals verläßt. Außerdem wird angenommen, daß eine stetig differenzierbare skalare Funktion $V(\boldsymbol{z})$ existiert und die Eigenschaft $\dot{V}(\boldsymbol{z}) = \partial V / \partial \boldsymbol{z} \cdot \boldsymbol{f}(\boldsymbol{z}) \leqq 0$ in B aufweist, weiterhin seien die Punktmengen $E = \{\boldsymbol{z} \in B;\ \dot{V}(\boldsymbol{z}) = 0\}$ und $M = \{\boldsymbol{z}_0 \in E;\ \boldsymbol{\varphi}(t, \boldsymbol{z}_0) \in M$ für alle $t \in \mathbb{R}\}$ eingeführt, wobei $\boldsymbol{\varphi}(t, \boldsymbol{z}_0)$ die Lösung von Gl. (8.3) mit $\varphi(0, \boldsymbol{z}_0) = \boldsymbol{z}_0$ bedeutet. Dann strebt jede in B startende Lösung $\boldsymbol{\varphi}(t, \boldsymbol{z}_0)$ für $t \to \infty$ gegen M, d.h. es existiert eine Folge von Zeitpunkten $t_1, t_2, \ldots \to \infty$, so daß gilt

$$\inf_{\boldsymbol{\zeta} \in M} \| \boldsymbol{\varphi}(t_\nu, \boldsymbol{z}_0) - \boldsymbol{\zeta} \| \to 0 \quad \text{für} \quad \nu \to \infty .$$

Anmerkung: E ist die Menge aller Punkte, in denen $\dot{V}(\boldsymbol{z})$ verschwindet, und M bedeutet die größte in E enthaltene invariante Menge, wobei von einer invarianten Menge gesprochen wird, wenn jede Trajektorie, die sich zum Zeitpunkt $t = 0$ in dieser Menge befindet, sich zu allen Zeiten dort aufhält. Der Zahlenwert

$$\inf_{\boldsymbol{\zeta} \in M} \| \boldsymbol{\varphi}(t_\nu, \boldsymbol{z}_0) - \boldsymbol{\zeta} \|$$

kann als Abstand der Trajektorie $\boldsymbol{\varphi}(t, \boldsymbol{z}_0)$ zum Zeitpunkt $t = t_\nu$ von der Punktmenge M interpretiert werden.

Beweis:

(i) Zunächst wird gezeigt, daß jede Lösung $\boldsymbol{z}(t)$ von Gl. (8.3), die sich für $t \geqq 0$ in B befindet und damit beschränkt ist, eine (nichtleere) positive Grenzmenge L^+ besitzt, die kompakt und invariant ist. Dabei umfaßt L^+ alle Punkte $\boldsymbol{\zeta}$, so daß zu jedem $\boldsymbol{\zeta} \in L^+$ eine Folge von Zeitpunkten $\{t_\nu\}$ angegeben werden kann mit

$$t_\nu \to \infty \quad \text{und} \quad \| \boldsymbol{z}(t_\nu) - \boldsymbol{\zeta} \| \to 0 \quad (\nu \to \infty).$$

Die Lösung $\boldsymbol{z}(t)$ besitzt für $t \to \infty$ (nach dem Bolzano-Weierstraßschen Satz) einen Häufungspunkt, weshalb L^+ sicher nicht leer ist. Zu jedem $\boldsymbol{\zeta} \in L^+$ gibt es eine unendliche Folge von über alle Grenzen strebenden Zeitpunkten $\{t_i\}$, so daß $\boldsymbol{z}(t_i) \to \boldsymbol{\zeta}$ für $i \to \infty$ konvergiert, weshalb L^+ beschränkt ist. Es sei $\{\boldsymbol{\zeta}_i\} \in L^+$ eine Folge, die für $i \to \infty$ gegen irgendeinen Häufungspunkt $\boldsymbol{\zeta}$ von L^+ strebt. Da zu jedem $\boldsymbol{\zeta}_i$ eine aufsteigende Folge $\{t_{i\mu}\}$ mit $t_{i\mu} \to \infty \, (\mu \to \infty)$ und $\boldsymbol{z}(t_{i\mu}) \to \boldsymbol{\zeta}_i \; (\mu \to \infty)$ existiert, läßt sich eine Teilfolge $\overline{t_i}$ aus der Folge $\{t_{i\mu}\}$ mit der Eigenschaft

$$\lim_{i \to \infty} \| \boldsymbol{z}(\overline{t_i}) - \boldsymbol{\zeta}_i \| = 0$$

entnehmen. Da außerdem $\lim_{i \to \infty} \| \boldsymbol{\zeta}_i - \boldsymbol{\zeta} \|$ verschwindet, bestehen für jedes beliebig kleine $\varepsilon > 0$ die Relationen

$$\| \boldsymbol{z}(\overline{t_i}) - \boldsymbol{\zeta}_i \| < \frac{\varepsilon}{2} \quad \text{und} \quad \| \boldsymbol{\zeta}_i - \boldsymbol{\zeta} \| < \frac{\varepsilon}{2},$$

also auch die Beziehung

$$\| \boldsymbol{z}(\overline{t_i}) \quad \boldsymbol{\zeta} \| < \varepsilon \quad \text{für} \quad i > N_0,$$

sofern man N_0 hinreichend groß wählt. Dies bedeutet, daß $\boldsymbol{z}(\overline{t_i})$ gegen $\boldsymbol{\zeta}$ strebt und damit der beliebig herausgegriffene Häufungspunkt $\boldsymbol{\zeta}$ von L^+ selbst zu L^+ gehört. Die positive Grenzmenge L^+ von $\boldsymbol{z}(t)$ ist also abgeschlossen und beschränkt (und damit kompakt), wobei zu beachten ist, daß eine Punktmenge genau dann abgeschlossen ist, wenn der Grenzwert jeder Folge von Punkten der Menge selbst in dieser Menge liegt.

Es sei $\boldsymbol{\varphi}(t, \boldsymbol{\zeta})$ die Lösung von Gl. (8.3) mit $\boldsymbol{\varphi}(0, \boldsymbol{\zeta}) = \boldsymbol{\zeta} \in L^+$. Für die eingangs gewählte Lösung $\boldsymbol{z}(t) = \boldsymbol{\varphi}(t, \boldsymbol{z}_0)$ gibt es sicher eine mit $\mu \to \infty$ über alle Grenzen strebende Folge $\{t_\mu\}$, so daß $\boldsymbol{z}(t_\mu)$ gegen $\boldsymbol{\zeta}$ konvergiert, wenn $\mu \to \infty$ geht. Andererseits erhält man

$$\boldsymbol{\varphi}(t + t_\mu, \boldsymbol{z}_0) = \boldsymbol{\varphi}(t, \boldsymbol{z}(t_\mu)),$$

woraus aufgrund der Stetigkeit

$$\lim_{\mu \to \infty} \boldsymbol{\varphi}(t + t_\mu, \boldsymbol{z}_0) = \boldsymbol{\varphi}(t, \boldsymbol{\zeta})$$

folgt. Dies zeigt $\boldsymbol{\varphi}(t, \boldsymbol{\zeta}) \in L^+$ für alle $t \in \mathbb{R}$, d.h. L^+ ist eine invariante Menge.

Man kann jetzt noch zeigen, daß

$$\inf_{\boldsymbol{\zeta} \in L^+} \| \boldsymbol{z}(t) - \boldsymbol{\zeta} \| \to 0 \quad \text{für} \quad t \to \infty$$

gilt, d.h. $\boldsymbol{z}(t)$ mit $t \to \infty$ gegen L^+ strebt. Wäre dem nicht so, dann müßte eine Folge $\{t_\mu\}$ mit $t_\mu \to \infty$ $(\mu \to \infty)$ existieren, so daß für ein $\varepsilon > 0$ die Ungleichung $\inf_{\boldsymbol{\zeta} \in L^+} \| \boldsymbol{z}(t_\mu) - \boldsymbol{\zeta} \| > \varepsilon$ für alle μ besteht. Wegen der Beschränktheit der Folge $\boldsymbol{z}(t_\mu)$ ist hierin eine konvergierende Teilfolge mit Limes $\hat{\boldsymbol{z}}$ enthalten. Da $\hat{\mathbf{z}}$ einerseits einen von Null verschiedenen Abstand von L^+ aufweist, andererseits gemäß obiger Überlegungen zu L^+ gehört, führt obige Annahme zu einem Widerspruch und muß daher verworfen werden.

(ii) Es sei $\mathbf{z}(t)$ irgendeine in B startende Lösung. Da $\dot{V}(\mathbf{z}(t))$ in B nicht positiv werden kann, nimmt $V(\mathbf{z}(t))$ in B nicht zu, ist aber dort wegen der Kompaktheit von B und der Stetigkeit von $V(\mathbf{z})$ auf B von unten beschränkt, so daß der Grenzwert V_∞ von $V(\mathbf{z}(t))$ für $t \to \infty$ existiert. Für jedes $\boldsymbol{\zeta}$ aus der positiven Grenzmenge L^+ von $\mathbf{z}(t)$, die notwendigerweise ganz in B enthalten ist, gibt es eine mit μ über alle Grenzen strebende Folge $\{t_\mu\}$ mit $\mathbf{z}(t_\mu) \to \boldsymbol{\zeta}$ $(\mu \to \infty)$. Es gilt sicher $V(\boldsymbol{\zeta}) = \lim_{\mu\to\infty} V(\mathbf{z}(t_\mu)) = V_\infty$. Deshalb besitzen alle Punkte $\boldsymbol{\zeta} \in L^+$ den Wert $V(\boldsymbol{\zeta}) = V_\infty$. Daraus folgt, daß überall auf L^+ der Differentialquotient $\dot{V}$ verschwindet, da nach (i) die Menge L^+ invariant ist. Es besteht damit die Relation $L^+ \subset M \subset E \subset B$. Da $\mathbf{z}(t)$ beschränkt ist, strebt $\mathbf{z}(t)$ nach (i) für $t \to \infty$ gegen L^+, also auch gegen M.

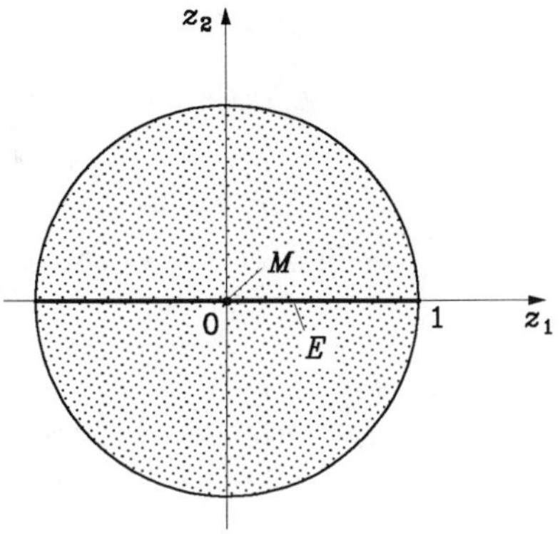

Bild 8.11: Schätzung des Einzugsgebiets eines Van der Polschen Systems mit den Mengen E und M

Man beachte, daß im Satz VIII.15 von $V(\mathbf{z})$ nicht die positive Definitheit gefordert wird. Der Satz wird hauptsächlich dazu verwendet, die asymptotische Stabilität des Ursprungs nachzuweisen und B als Teil des Einzugsgebietes zu verwenden. Dazu braucht man unter den genannten Voraussetzungen nur nachzuweisen, daß in der Menge E nur die triviale Lösung $\mathbf{z}(t) = \mathbf{0}$ für alle Zeiten verbleiben kann.

Beispiel 8.10: Es sei das Van der Polsche System

$$\frac{dz_1}{dt} = z_2\,, \qquad \frac{dz_2}{dt} = -z_1 + \varepsilon(1 - z_1^2)z_2$$

mit $\varepsilon < 0$ betrachtet. Zur Berechnung einer Lyapunov-Funktion $V(\mathbf{z})$ wird zunächst

$$\frac{dV}{dt} = \frac{\partial V}{\partial z_1}\dot{z}_1 + \frac{\partial V}{\partial z_2}\dot{z}_2 = \frac{\partial V}{\partial z_1}z_2 + \frac{\partial V}{\partial z_2}(-z_1 + \varepsilon z_2 - \varepsilon z_1^2 z_2)$$

geschrieben. Um das Verhalten $dV/dt \leqq 0$ im Falle $\varepsilon < 0$ in einer Nullpunktsumgebung zu erzwingen, wird der Ansatz $\partial V/\partial z_1 = z_1$ und $\partial V/\partial z_2 = z_2$ gemacht, womit die Bedingung $\partial^2 V/(\partial z_1\, \partial z_2) = \partial^2 V/(\partial z_2\, \partial z_1)$ erfüllt würde. Auf diese Weise ergibt sich

$$V(\mathbf{z}) = \frac{1}{2}(z_1^2 + z_2^2) \quad \text{und} \quad \frac{dV}{dt} = \varepsilon z_2^2(1 - z_1^2)\,.$$

Wählt man $B = \{\mathbf{z} \in \mathbb{R}^2;\ \|\mathbf{z}\| \leqq 1\}$, so erkennt man, daß alle Trajektorien, die auf den Rand $\|\mathbf{z}\| = 1$ von B treffen, wegen $dV/dt < 0$ ($\varepsilon < 0$ vorausgesetzt) direkt ins Innere von B verlaufen, abgesehen von den Randpunkten $[1, 0]^T$ und $[-1, 0]^T$, durch die Trajektorien verlaufen, die den Einheitskreis berühren. Weiterhin sind in Bild 8.11 die Mengen $E = \{\mathbf{z} \in \mathbb{R}^2;\ -1 \leqq z_1 \leqq 1, z_2 = 0\}$ und $M = \{\mathbf{0}\}$ zu erkennen. Nach Satz VIII.15 ist der Ursprung ein asymptotisch stabiler Gleichgewichtszustand, und $\{\mathbf{z} \in \mathbb{R}^2;\ \|\mathbf{z}\| \leqq 1\}$ kann als

Schätzung des Einzugsgebiets verwendet werden.

Beispiel 8.11: Die Zustandsbeschreibung eines Systems laute

$$\frac{\mathrm{d}z_1}{\mathrm{d}t} = 4(z_2 - z_1) + h(z_2 - z_1), \quad \frac{\mathrm{d}z_2}{\mathrm{d}t} = -z_1, \tag{8.71a,b}$$

wobei $h(z)$ eine ungerade und stetige, jedenfalls im Intervall (0,1] positive Funktion bedeutet. Um eine Lyapunov-Funktion zu berechnen, wird zunächst der Ansatz

$$\frac{\mathrm{d}V}{\mathrm{d}t} = \frac{\partial V}{\partial z_1}\dot{z}_1 + \frac{\partial V}{\partial z_2}\dot{z}_2 = \frac{\partial V}{\partial z_1}[4(z_2 - z_1) + h(z_2 - z_1)] - \frac{\partial V}{\partial z_2} z_1$$

gewählt. Im Hinblick auf die Bedingung $\mathrm{d}V/\mathrm{d}t \leqq 0$ in einer gewissen Umgebung des Ursprungs und die notwendige Forderung für den Gradienten einer skalaren Funktion wird

$$\frac{\partial V}{\partial z_1} = z_1 - z_2 \quad \text{und} \quad \frac{\partial V}{\partial z_2} = -z_1 + 2\lambda z_2$$

mit der noch festzulegenden Konstante λ gewählt. Hieraus folgt durch Integration

$$V = \frac{1}{2}z_1^2 - z_1 z_2 + \lambda z_2^2 = \boldsymbol{z}^{\mathrm{T}} \begin{bmatrix} 0{,}5 & -0{,}5 \\ -0{,}5 & \lambda \end{bmatrix} \boldsymbol{z}\,.$$

Für positive Definitheit von V ist $\lambda > 0{,}5$ zu verlangen. Man erhält dann

$$\frac{\mathrm{d}V}{\mathrm{d}t} = -(3z_1^2 + (2\lambda - 8)z_1 z_2 + 4z_2^2) - (z_1 - z_2)h(z_1 - z_2) = -\boldsymbol{z}^{\mathrm{T}} \begin{bmatrix} 3 & (\lambda-4) \\ (\lambda-4) & 4 \end{bmatrix} \boldsymbol{z} - (z_1 - z_2)h(z_1 - z_2),$$

wobei $h(z_1 - z_2) = -h(z_2 - z_1)$ benutzt wurde. Damit die hier auftretende quadratische Form negativ-definit wird, muß $12 > (\lambda - 4)^2$ gefordert werden. Mit $\lambda = 3$ lassen sich beide Bedingungen erfüllen, und es wird

$$\frac{\mathrm{d}V}{\mathrm{d}t} = -(3z_1^2 - 2z_1 z_2 + 4z_2^2) - (z_1 - z_2)h(z_1 - z_2) \leqq -3z_1^2 + 2z_1 z_2 - 4z_2^2 \quad \text{für alle} \quad |z_1 - z_2| \leqq 1,$$

d.h. $\mathrm{d}V/\mathrm{d}t$ ist jedenfalls im Streifen $S = \{\boldsymbol{z} \in \mathbb{R}^2;\ |z_1 - z_2| \leqq 1\}$ negativ-definit. Dieser Streifen wird von den Geraden $z_2 = z_1 + 1$ und $z_2 = z_1 - 1$ begrenzt und enthält den Ursprung. Auf der Geraden $z_2 = z_1 + 1$ haben die Trajektorien die Richtung $[4 + h(1) \quad -z_1]^{\mathrm{T}}$, und $[1 \quad 1]^{\mathrm{T}}$ gibt die Richtung dieser Geraden an, so daß die Bedingung

$$4 + h(1) + z_1 > 0 \quad \text{oder} \quad z_1 > -4$$

garantiert, daß alle Trajektorien, welche die Gerade schneiden, ins Innere von S verlaufen. Entsprechend sichert auf der Geraden $z_2 = z_1 - 1$ die Forderung $z_1 < 4$, daß auch die Trajektorien, welche diese zweite Gerade schneiden, ebenfalls ins Innere von S verlaufen. Bild 8.12 zeigt nun entsprechend den vorstehenden Überlegungen eine Punktmenge B, die von zwei Geradenstücken und zwei Kurvenbögen der Lyapunov-Kurve $V(\boldsymbol{z}) = 23$ begrenzt wird. Nur im Ursprung verschwindet $\mathrm{d}V/\mathrm{d}t$. Daher ist dieser Punkt nach Satz VIII.15

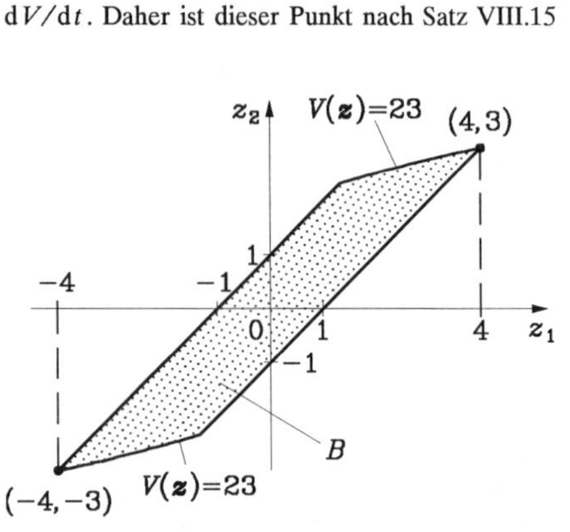

Bild 8.12: Schätzung des Einzugsgebiets für das System gemäß Gln. (8.71a,b)

ein asymptotisch stabiler Gleichgewichtszustand, und B kann als Schätzung des Einzugsgebiets verwendet werden.

Beispiel 8.12: Im Beispiel 8.4 wurde das Masse-Feder-Dämpfer-System behandelt und zur Stabilitätsanalyse die im System insgesamt gespeicherte mechanische Energie als Lyapunov-Funktion verwendet. Aufgrund von Satz VIII.6 konnte nur die Stabilität, nicht dagegen, wie physikalisch zu erwarten war, die asymptotische Stabilität des Systems nachgewiesen werden. Satz VIII.15 erlaubt nun, dies nachzuholen. Da man sich leicht davon überzeugen kann, daß hier die Menge E aus allen zulässigen Punkten mit der Eigenschaft $z_2 = 0$ besteht und die Menge M nur den Punkt $z_1 = 0, z_2 = 0$ umfaßt, ist zu erkennen, daß der Nullpunkt des Zustandsraums einen asymptotisch stabilen Gleichgewichtspunkt des betrachteten Systems darstellt. Eine entsprechende Betrachtung ist beim Pendel möglich (Beispiel 8.5).

2.7.4 Ergänzende Bemerkung

Eine weitere Möglichkeit, die Schätzung eines Einzugsgebiets zu verbessern, besteht darin, ausgehend von Punkten auf dem Rand des zunächst gefundenen Schätzgebiets die zugrundeliegende Differentialgleichung (8.3) in negativer t-Richtung sukzessive numerisch zu integrieren. Diese Maßnahme ist gleichbedeutend mit der Integration der Differentialgleichung (die aus Gl. (8.3) durch Substitution von t durch $-t$ entsteht)

$$\frac{\mathrm{d}\boldsymbol{z}}{\mathrm{d}t} = -\boldsymbol{f}(\boldsymbol{z})$$

in positiver t-Richtung. Auf diese Weise werden Trajektorien, die auf dem Rand des Schätzgebiets starten, rückwärts fortgesetzt, wodurch sich dieses Gebiet in aller Regel schrittweise vergrößern läßt. Die Startpunkte auf dem Rand des Gebiets werden am Anfang hinreichend dicht verteilt. Die auf diese Weise erzeugte Erweiterung des Schätzgebiets kann so lange fortgesetzt werden, bis die Voraussetzungen von Satz VIII.15 nicht mehr erfüllt sind. Damit kann das erweiterte Gebiet als Schätzung für das Einzugsgebiet verwendet werden.

3 Grenzzyklen

3.1 GRUNDSÄTZLICHES

Nichtlineare autonome Systeme weisen oft spezielle Trajektorien in Form geschlossener Orbits auf. Ist $\boldsymbol{z}_0(t)$ eine (nichttriviale) periodische Lösung des autonomen Systems nach Gl. (8.3) und ist T die Periodendauer, dann ist die Punktmenge

$$C = \{\boldsymbol{z} \in \mathbb{R}^q;\ \boldsymbol{z} = \boldsymbol{z}_0(t),\ 0 \leqq t \leqq T\}$$

das Bild von $\boldsymbol{z}_0(t)$ im Zustandsraum, und sie stellt einen geschlossenen und periodischen Orbit dar. Die Komponenten von $\boldsymbol{z}_0(t)$ sind periodische Funktionen, die dem System nicht von außen aufgezwungen werden. Man nennt nun einen geschlossenen Orbit C einen *Grenzzyklus*, wenn es mindestens eine in einem Punkt $\boldsymbol{z}_0$ außerhalb von C beginnende Trajektorie $\boldsymbol{\varphi}(t, \boldsymbol{z}_0)$ gibt, so daß jeder Punkt von C Grenzwert von $\boldsymbol{\varphi}(t_n, \boldsymbol{z}_0)$ für $n \to \infty$ ist, wobei

$t_1, t_2, \ldots$ eine geeignete Folge diskreter Zeitpunkte bilden, die gegen ∞ oder $-\infty$ strebt. Ein Grenzzyklus repräsentiert so eine periodische Lösung der Zustandsgleichungen, wobei der Zustand immer nach Ablauf einer Periodendauer zum Anfangszustand zurückkehrt, so daß der zugehörige Orbit ständig neu "durchlaufen" wird.

Während auch in linearen Systemen periodische Lösungen auftreten können, sind Grenzzyklen in nichtlinearen Systemen besondere Erscheinungen, und zwar isolierte Phänomene, da in ihrer Umgebung keine weiteren Grenzzyklen vorhanden sind. Man kann einen Grenzzyklus als asymptotisch stabil oder instabil klassifizieren, je nachdem ob die Nachbartrajektorien den betreffenden Grenzzyklus asymptotisch erreichen oder sich von ihm entfernen (Abschnitt 3.2). Ein System kann ein stabiles Grenzzyklusverhalten annehmen, wenn beispielsweise das System durch interne Veränderungen einen zunächst angenommenen Gleichgewichtszustand verläßt und in einen Grenzzyklus übergeht. Obwohl Grenzzyklen für bestimmte nichtlineare autonome Systeme zweiter Ordnung typisch sind, treten sie auch in Systemen höherer Ordnung auf. Es ist zu beachten, daß die Analyse von Grenzzyklen aufgrund der linearisierten Zustandsgleichungen in der Regel einigen Aufwand erfordert, da eine formelmäßige Beschreibung des Grenzzyklus meist nicht möglich ist und zudem solche Gleichungen zeitabhängige Parameter enthalten.

Zur Ermittlung von Grenzzyklen in nichtlinearen autonomen Systemen *zweiter Ordnung* kann das *Poincaré-Bendixson-Theorem* nützlich sein. Es läßt sich folgendermaßen formulieren:

Satz VIII.16: Enthält ein abgeschlossener endlicher Bereich D in der Zustandsebene $\mathbb{R}^2$ keinen Gleichgewichtszustand (singulären Punkt) eines durch Gl. (8.3) gegebenen Systems zweiter Ordnung und existiert eine Trajektorie des Systems, die innerhalb von D startet und D nicht verläßt, dann muß das System in D wenigstens einen Grenzzyklus aufweisen.

Ergänzung: Das Poincaré-Bendixson-Theorem kann auch in der folgenden Weise ausgesprochen werden. Es sei $\boldsymbol{\varphi}(t, \boldsymbol{z}_0)$ für $0 \leqq t < \infty$ oder $-\infty < t \leqq 0$ Lösung der Gl. (8.3) mit $q = 2$ und $\boldsymbol{\varphi}(0, \boldsymbol{z}_0) = \boldsymbol{z}_0$ in einem Gebiet $D \subset \mathbb{R}^2$. Die entsprechende Kurve im $\mathbb{R}^2$ heißt Semiorbit. Mit $L(\boldsymbol{z}_0)$ wird die Menge aller Punkte $\tilde{\boldsymbol{z}}$ im Zustandsraum bezeichnet mit der Eigenschaft $\tilde{\boldsymbol{z}} = \lim_{n \to \infty} \boldsymbol{\varphi}(t_n, \boldsymbol{z}_0)$, wobei $t_1, t_2, \ldots$ eine von $\tilde{\boldsymbol{z}}$ abhängige Folge geeigneter diskreter und gegen ∞ bzw. $-\infty$ strebender Zeitpunkte bedeutet (Mengen dieser Art werden allgemein als Grenzmengen bezeichnet). Wenn ein durch eine Funktion $\boldsymbol{\varphi}(t, \boldsymbol{z}_0)$ gegebener Semiorbit beschränkt ist und die entsprechende Menge $L(\boldsymbol{z}_0)$ keinen Gleichgewichtspunkt enthält, ist $L(\boldsymbol{z}_0)$ ein Grenzzyklus.

Man beachte, daß sich die Aussage des Poincaré-Bendixson-Theorems auf den zweidimensionalen Zustandsraum $\mathbb{R}^2$ bezieht. Eine Verallgemeinerung auf den $\mathbb{R}^n$ für $n > 2$ ist nicht möglich. Dies liegt vor allem daran, daß eine geschlossene Kurve im $\mathbb{R}^2$ den zweidimensionalen Zustandsraum in ein Gebiet innerhalb der Kurve und ein Gebiet außerhalb der Kurve zerlegt. Diese als Jordansches Kurventheorem bekannte Aussage ist eine Besonderheit des $\mathbb{R}^2$. Bezüglich eines Beweises von Satz VIII.16 sei auf [Hi1] verwiesen.

Es ist weiterhin zu beachten, daß das Poincaré-Bendixson-Theorem die Existenz mindestens eines Grenzzyklus garantiert, jedoch nicht dessen Eindeutigkeit. – Satz VIII.16 wird häufig in der Weise angewendet, daß man eine abgeschlossene Punktmenge in der Phasenebene sucht, so daß alle Trajektorien, welche die Berandung überschreiten, ins Innere des Gebiets verlaufen. Falls nun in diesem Gebiet kein Gleichgewichtszustand existiert, muß mindestens ein (stabiler) Grenzzyklus im Gebiet vorhanden sein.

Beispiel 8.13: Die Differentialgleichung

$$\frac{d^2y}{dt^2} + \varepsilon\left[\left(\frac{dy}{dt}\right)^3 - \frac{dy}{dt}\right] + y = 0\ , \quad \varepsilon > 0 \tag{8.72}$$

beschreibt ein nichtlineares autonomes System, das sich mit den Zustandsvariablen

$$z_1 := y \quad \text{und} \quad z_2 := \frac{dy}{dt} \tag{8.73}$$

in der Form

$$\frac{dz_1}{dt} = z_2\ , \quad \frac{dz_2}{dt} = -z_1 - \varepsilon(z_2^3 - z_2) \tag{8.74a,b}$$

darstellen läßt. Der einzige Gleichgewichtszustand ist der Nullzustand. Das um diesen Nullzustand linearisierte System besitzt die Systemmatrix

$$\boldsymbol{A} = \begin{bmatrix} 0 & 1 \\ -1 & \varepsilon \end{bmatrix} \quad \text{mit} \quad p^2 - \varepsilon p + 1 = 0$$

als charakteristische Gleichung. Da ε ein positiver Parameter ist, stellt der Nullzustand einen instabilen Gleichgewichtszustand dar. Gemäß Gl. (8.28) erhält man aus den Gln. (8.74a,b) für die Isoklinenschar die Gleichung

$$z_1 = (\varepsilon - c)z_2 - \varepsilon z_2^3 \qquad (-\infty < c < \infty) \tag{8.75}$$

mit dem Scharparameter c. Diese Kurvenschar ist für den Fall $\varepsilon = 1$ im Bild 8.13 angedeutet. Man kann sich hieraus einen raschen Überblick über den Verlauf der Trajektorien des Systems verschaffen. Es ist dann möglich, im Sinne des Poincaré-Bendixson-Theorems ein Ringgebiet anzugeben, in dessen Innerem ein Grenzzyklus auftritt.

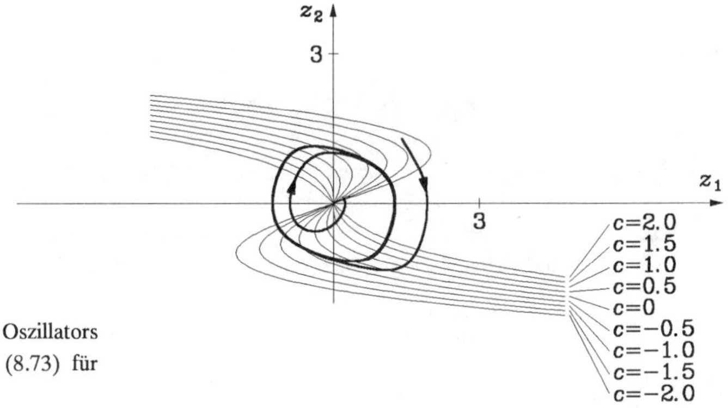

Bild 8.13: Phasenportrait des Oszillators nach Gln. (8.72), (8.73) für $\varepsilon = 1$

Beispiel 8.14: Es wird das durch die Zustandsgleichungen

$$\frac{dz_1}{dt} = z_2\ , \quad \frac{dz_2}{dt} = -z_1 + \varepsilon(1 - z_1^2)z_2 \tag{8.76a,b}$$

gegebene Van der Polsche System untersucht. Es weist für alle reellen Werte von $\varepsilon \neq 0$ einen (nichttrivialen) Grenzzyklus auf. Für $\varepsilon = 0$ erhält man ein lineares System mit den Lösungstrajektorien $z_1^2 + z_2^2 = c$ (= const), die konzentrische Kreise um den Ursprung darstellen und einen harmonischen Oszillator beschreiben. Da der Fall $\varepsilon < 0$ auf den Fall $\varepsilon > 0$ zurückgeführt werden kann, indem man t durch $-t$ und z_2 durch $-z_2$ ersetzt, beschränkt sich die folgende Untersuchung auf $\varepsilon > 0$. Aufgrund des Poincaré-Bendixson-Theorems soll gezeigt werden, daß ein Grenzzyklus existiert. Dazu wird in der Zustandsebene eine geschlossene Kurve C konstruiert, die zusammen mit dem Rand einer hinreichend kleinen Kreisumgebung des Ursprungs ein (positiv) invariantes Gebiet bezüglich der Trajektorien der Gln. (8.76a,b) begrenzt (Bild 8.14).

Zunächst wird in die Zustandsebene die Kurve eingetragen, auf der dz_2/dt verschwindet; sie ergibt sich als Bild der Gleichung

$$Q(z_1, z_2) := z_2 - \frac{z_1}{\varepsilon(1-z_1^2)} = 0 \tag{8.77}$$

und besteht aus drei Ästen. Auf dem im zweiten Quadranten ($z_1 < 0, z_2 > 0$) verlaufenden Ast liegen gemäß Gl. (8.76a) nur Punkte mit $\mathrm{d}z_1/\mathrm{d}t > 0$ ($\mathrm{d}z_2/\mathrm{d}t = 0$); d.h. alle Trajektorien, welche diesen Ast schneiden, verlaufen in Richtung zunehmender z_1-Werte, also von links nach rechts. Entsprechend wird der im vierten Quadranten verlaufende Ast der Kurve $Q(z_1, z_2) = 0$ nur von Trajektorien geschnitten, die von rechts nach links verlaufen.

Nun wird versucht, ein erstes Stück einer Kurve C im Bereich $0 < z_1 \leqq 1, z_2 > 0$ zu finden, indem von einem Punkt P_1 mit $z_1 = 0$ und genügend großem $z_2 = a > 0$ ausgegangen wird. Im genannten Bereich kann man die durch die Gln. (8.76a,b) gegebene Ableitung $\mathrm{d}z_2/\mathrm{d}z_1$ folgendermaßen abschätzen:

$$\frac{\mathrm{d}z_2}{\mathrm{d}z_1} = \frac{-z_1 + \varepsilon(1-z_1^2)z_2}{z_2} \leqq \frac{\varepsilon(1-z_1^2)z_2}{z_2} = \varepsilon(1-z_1^2)\,.$$

Daher wird jetzt die Trajektorie des Systems

$$\frac{\mathrm{d}z_2}{\mathrm{d}z_1} = \varepsilon(1-z_1^2), \quad \text{d.h.} \quad z_2 = \varepsilon(z_1 - \frac{1}{3}z_1^3) + a$$

($0 < z_1 \leqq 1$) betrachtet, die durch den Punkt P_1 verläuft und die (angesichts der gemachten Abschätzung) von Trajektorien des zu untersuchenden Systems gekreuzt wird, welche jedenfalls von oben nach unten verlaufen. Der Schnittpunkt des berechneten Kurvenstücks mit der Geraden $z_1 = 1$ hat die Ordinate $a + (2/3)\,\varepsilon$, der Punkt wird mit P_2 bezeichnet. Um die gesuchte Kurve C im Punkt P_2 fortzusetzen, führt man für $z_1 > 1$ die Abschätzung

$$\frac{\mathrm{d}z_2}{\mathrm{d}z_1} = \frac{-z_1 + \varepsilon(1-z_1^2)z_2}{z_2} < -\frac{z_1}{z_2}$$

durch, die für $z_2 \neq 0$ gültig ist. Damit wird die Trajektorie des Systems

$$\frac{\mathrm{d}z_2}{\mathrm{d}z_1} = -\frac{z_1}{z_2}, \quad \text{d.h.} \quad z_1^2 + z_2^2 = (a + \frac{2}{3}\varepsilon)^2 + 1$$

betrachtet, also ein Kreis um den Ursprung durch den Punkt P_2. Von diesem Kreis wird der Bogen zwischen P_2 und dem Schnittpunkt P_3 des Kreises mit dem Ast der Kurve $Q(z_1, z_2) = 0$ im vierten Quadranten als Fortsetzung des Kurvenstücks P_1P_2 verwendet. Auf diesem Kurvenast $Q(z_1, z_2) = 0$ soll nun die weitere Fortsetzung bis zu einem Punkt P_4 erfolgen. Dieser wird festgelegt, indem für $z_1 \neq 0$ und $z_2 < 0$ die Abschätzung

$$\frac{\mathrm{d}z_2}{\mathrm{d}z_1} = \frac{z_1 + \varepsilon(1-z_1^2)(-z_2)}{(-z_2)} < \frac{z_1 + \varepsilon(-z_2)}{-z_2} = \frac{-z_1 + \varepsilon z_2}{z_2}$$

gemacht und damit P_4 so gewählt wird, daß die Trajektorie des Systems

$$\frac{\mathrm{d}z_2}{\mathrm{d}z_1} = \frac{-z_1 + \varepsilon z_2}{z_2} \tag{8.78}$$

den Ast der Kurve $Q(z_1, z_2) = 0$ im vierten Quadranten im Punkt P_4 berührt. Für diesen Punkt erhält man daher die Tangentenbedingung durch Gleichsetzen der Ableitung $\mathrm{d}z_2/\mathrm{d}z_1$ aus Gl. (8.77) mit der Ableitung nach Gl. (8.78):

$$\frac{1}{\varepsilon}\,\frac{1-z_1^2 + 2z_1^2}{(1-z_1^2)^2} = \frac{-z_1 + \varepsilon z_2}{z_2}\,.$$

Hieraus resultiert, wenn man die rechte Seite, d.h. $\varepsilon - z_1/z_2$ gemäß Gl. (8.77) durch εz_1^2 ersetzt,

$$1 + (1-\varepsilon^2)z_1^2 + 2\varepsilon^2 z_1^4 - \varepsilon^2 z_1^6 = 0$$

zur Berechnung der Abszisse z_1 für P_4. Die linke Seite dieser Gleichung hat für $z_1 = 1$ den Wert 2 und wird für genügend große Werte von z_1 negativ, weshalb für $z_1 > 1$ eine erste Lösung der obigen Gleichung existiert, welche die gesuchte Abszisse liefert. Auf diese Weise entsteht der Punkt P_4, durch den die (zweckmäßigerweise numerisch zu ermittelnde) Trajektorie der Gl. (8.78) zu legen ist, bis der Schnittpunkt P_5 mit der z_2-Achse erreicht ist. Der Kurvenbogen P_4P_5 wird von Trajektorien des zu untersuchenden Systems geschnitten, und zwar stets vom Äußeren ins Innere der zu bildenten Kurve C. Da die Gln. (8.76a,b) bezüglich des Ursprungs symmetrisch sind, braucht man jetzt die Kurve $P_1P_2P_3P_4P_5$ nur noch am Ursprung zu spiegeln, um eine geschlossene Kurve $P_1P_2P_3P_4P_5P_1'P_2'P_3'P_4'P_5'$ zu erhalten. Diese bildet zusammen mit ihrem Inneren einen Bereich B, in den von außen Trajektorien eintreten, ohne daß auch nur eine Trajektorie den Bereich nach außen verläßt. Man beachte, daß die Trajektorien von Gln. (8.76a,b), die das geradlinige Kurvenstück P_1P_5' kreuzen, von links nach rechts verlaufen. Aus den Gln. (8.76a,b) folgt, daß der Ursprung ein Gleichgewichtszustand ist, und zwar ein instabiler Punkt, da das linearisierte System das charakteristische Polynom $p^2 - \varepsilon p + 1$ besitzt. Man kann also eine genügend kleine Kreisumgebung $K = \{\boldsymbol{z} \in \mathbb{R}^2;\ \|\boldsymbol{z}\| < r\}$ um den Ursprung angeben, durch deren Rand $\|\boldsymbol{z}\| = r$ nur Trajektorien den Kreis verlassen, so daß der Bereich $B - K$ die Voraussetzung des Poincaré-Bendixson-Theorems erfüllt, d.h. in $B - K$ verläuft ein Glenzzyklus. Man beachte, daß bei der beschriebenen Konstruktion die Wahl von a einen Freiheitsgrad darstellt. Durch Variation von a kann der Verlauf von $P_1P_2P_3$ beeinflußt werden. Man kann nun versuchen, a derart zu verändern (optimieren), daß $P_5 = P_1'$ wird oder daß auch P_3 ein Berührungspunkt des Bogens P_2P_3 mit dem Ast der Kurve $Q(z_1, z_2) = 0$ im vierten Quadranten wird. Ersetzt man in den Gln. (8.76a,b) t durch $-t$, so erhält man einen asymptotisch stabilen Gleichgewichtszustand im Ursprung, zu dem man eine Abschätzung für das Einzugsgebiet ermitteln kann. Dieses läßt sich dazu verwenden, den Verlauf des Grenzzyklus der Gln. (8.76a,b) noch weiter einzugrenzen. – Bild 8.14 zeigt auch den exakten Verlauf des Grenzzyklus.

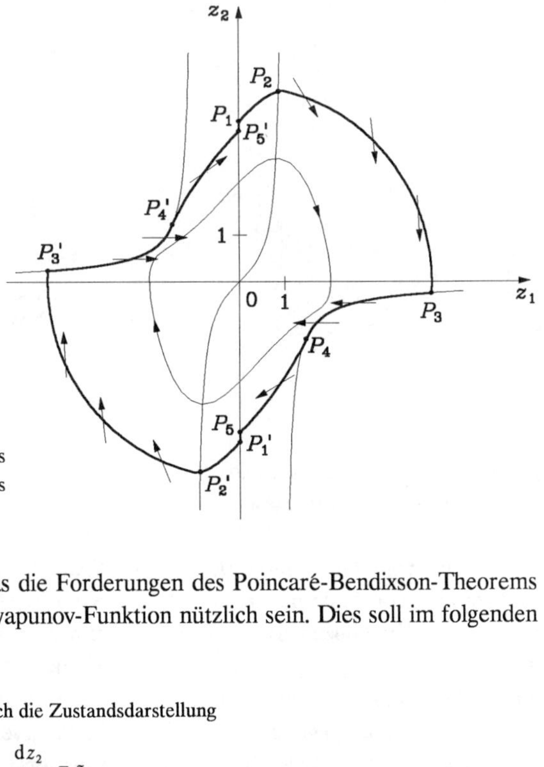

Bild 8.14: Konstruktion der Randkurve eines Gebietes, in dem ein Grenzzyklus der Gln. (8.76a,b) auftritt ($\varepsilon = 1$)

Bei der Suche nach einem Gebiet, das die Forderungen des Poincaré-Bendixson-Theorems erfüllt, kann die Verwendung einer Lyapunov-Funktion nützlich sein. Dies soll im folgenden Beispiel gezeigt werden.

Beispiel 8.15: Ein autonomes System sei durch die Zustandsdarstellung

$$\frac{dz_1}{dt} = -z_2 + z_1(1 - z_1^2 - 4z_2^2), \qquad \frac{dz_2}{dt} = z_1$$

gegeben. Als Kandidat einer Lyapunov-Funktion wird

$$V(\boldsymbol{z}) = z_1^2 + z_2^2$$

betrachtet. Die zeitliche Ableitung von $V(\boldsymbol{z})$ längs einer Trajektorie des Systems lautet

$$\dot{V}(\boldsymbol{z}) = 2z_1(-z_2 + z_1(1 - z_1^2 - 4z_2^2)) + 2z_2 z_1 ,$$

also

$$\dot{V}(\boldsymbol{z}) = 2z_1^2(1 - z_1^2 - 4z_2^2).$$

Wie man sieht, ist $\dot{V}(\boldsymbol{z}) > 0$ für alle Punkte $\boldsymbol{z}$, für die $1 - z_1^2 - 4z_2^2 > 0$ und $z_1 \neq 0$ gilt, d.h. innerhalb der Ellipse $z_1^2 + z_2^2/(1/2)^2 = 1$ mit Ausnahme der Punkte auf der z_2-Achse ($z_1 = 0$). Außerhalb dieser Ellipse und der z_2-Achse ist $\dot{V}(\boldsymbol{z}) < 0$. Darüber hinaus läßt die Zustandsdarstellung erkennen, daß der Ursprung $\boldsymbol{z} = \boldsymbol{0}$ der einzige Gleichgewichtszustand des Systems ist. Die Punkte auf der Kreislinie $z_1^2 + z_2^2 = (1/2)^2$ sind dadurch ausgezeichnet, daß alle Trajektorien, die auf dieser Kurve starten, ins Äußere des Kreises führen. Alle Trajektorien, die auf der Kreislinie $z_1^2 + z_2^2 = 1$ beginnen, verlaufen ins Innere des Kreises. Daher muß im Kreisringgebiet

$$\{(z_1, z_2);\ (0{,}5)^2 \leqq z_1^2 + z_2^2 \leqq 1\}$$

ein Grenzzyklus existieren. Bild 8.15 zeigt einige Kreise mit $V(\boldsymbol{z}) = \text{const}$, die genannte Ellipse und vier durch numerische Integration ermittelte Semiorbits, die sich dem Grenzzyklus asymptotisch nähern.

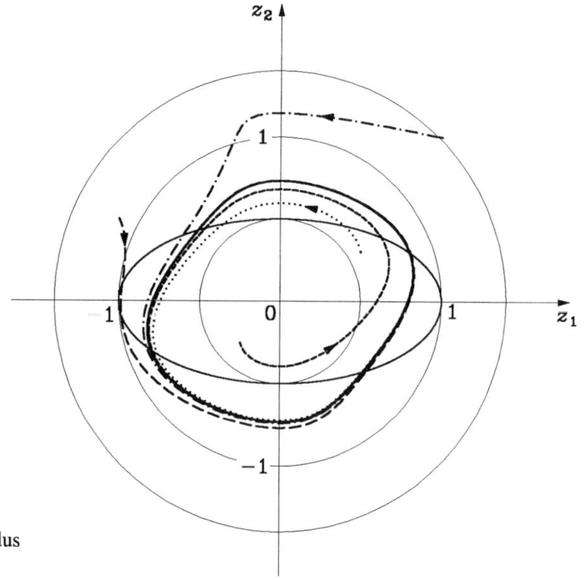

Bild 8.15: Eingrenzung eines Grenzzyklus durch ein Kreisringgebiet

Die von Poincaré eingeführte *Methode der Kontaktkurven* ist gelegentlich nützlich, mögliche Grenzzyklen von Systemen zweiter Ordnung zu lokalisieren. Zu diesem Zweck betrachtet man eine Schar konzentrischer Kreise um einen singulären Punkt der Zustandsebene. Es wird dann in der (z_1, z_2)-Ebene der geometrische Ort aller Punkte bestimmt, in denen diese Kreise die Trajektorien des betreffenden Systems tangieren. Dieser Ort ist die Kontaktkurve. Es wird davon ausgegangen, daß die Kontaktkurve in einem beschränkten Gebiet der (z_1, z_2)-Ebene liegt. Falls ein Grenzzyklus existiert, muß er notwendigerweise in einem Ringgebiet mit Mittelpunkt in der gewählten Singularität liegen, dessen Ränder der innerste berührende Kreis mit Radius $r_{\min}$ und der äußerste berührende Kreis mit Radius $r_{\max}$ sind. Man kann eventuell die Grenzzyklen enger lokalisieren, wenn man statt der konzentrischen Kreise andere geeignete geschlossene Kurven verwendet.

Beispiel 8.16: Es wird das System

$$\frac{dz_1}{dt} = -z_1(z_1^2 + z_1 z_2 + z_2^2 - 1) + z_2 , \qquad \frac{dz_2}{dt} = -z_1 - z_2(z_1^2 + z_1 z_2 + z_2^2 - 1)$$

betrachtet. Da der Nullpunkt singulärer Punkt ist, wird die Kreisschar

$$z_1^2 + z_2^2 = \rho^2$$

gewählt. Aus den Systemgleichungen erhält man die Steigung

$$\frac{dz_2}{dz_1} = \frac{z_1 + z_2(z_1^2 + z_1 z_2 + z_2^2 - 1)}{z_1(z_1^2 + z_1 z_2 + z_2^2 - 1) - z_2} ,$$

aus der Gleichung für die Kreisschar die Steigung

$$\frac{dz_2}{dz_1} = -\frac{z_1}{z_2} .$$

Setzt man beide Steigungen gleich, dann ergibt sich die Kontaktkurve in der Form

$$z_1^2 + z_1 z_2 + z_2^2 - 1 = 0 ,$$

nachdem man mit $z_1^2 + z_2^2$ gekürzt hat. Führt man Polarkoordinaten

$$z_1 = r\cos\varphi , \quad z_2 = r\sin\varphi$$

ein, so erhält die Gleichung für die Kontaktkurve die Form

$$r^2 = \frac{1}{1 + 0{,}5\sin 2\varphi} ,$$

d. h. die einer Ellipse. Wie man sieht, gilt

$$r_{\min} = \sqrt{\frac{2}{3}} , \quad r_{\max} = \sqrt{2} .$$

Es existiert also ein zum Ursprung konzentrisches Ringgebiet, dessen Randkreise die Radien $r_{\min}$ und $r_{\max}$ haben. Diese berühren die Kontaktkurve. Alle Grenzzyklen sind im Ringgebiet enthalten. Bild 8.16 zeigt die Kontaktkurve, das Ringgebiet und den allein vorhandenen Grenzzyklus.

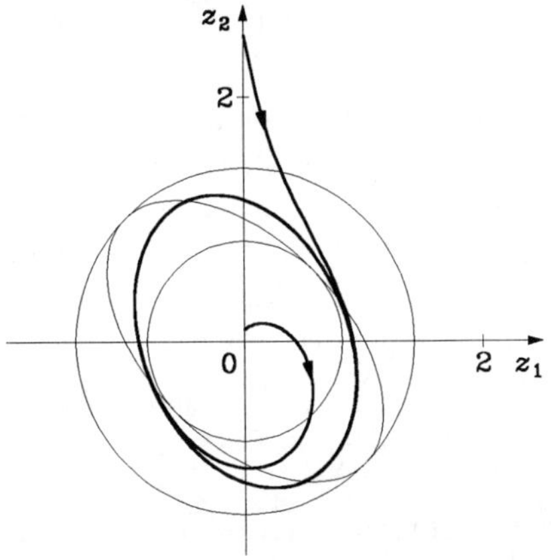

Bild 8.16: Kontaktkurve, Ringgebiet und Grenzzyklus eines Beispiels

Oft reicht es aus zu wissen, daß *kein* Grenzzyklus existiert. In manchen Fällen ist dabei das *Bendixson-Kriterium* nützlich, das eine Bedingung für die Nichtexistenz von Grenzzyklen in ebenen Gebieten liefert. Dieses Kriterium lautet folgendermaßen:

Satz VIII.17: Wechselt der Ausdruck

$$\operatorname{div}\boldsymbol{f} := \frac{\partial f_1(z_1,z_2)}{\partial z_1} + \frac{\partial f_2(z_1,z_2)}{\partial z_2}$$

mit der Funktion $\boldsymbol{f}(\boldsymbol{z}) = [f_1(z_1,z_2) \;\; f_2(z_1,z_2)]^{\mathrm{T}}$ aus Gl. (8.3) innerhalb eines einfach zusammenhängenden Gebiets D der (z_1, z_2)-Ebene sein Vorzeichen nicht und verschwindet $\operatorname{div}\boldsymbol{f}$ in keinem Teilgebiet von D identisch, dann existiert in diesem Gebiet keine geschlossene Trajektorie des betreffenden Systems zweiter Ordnung.

Beweis: Es sei γ eine geschlossene Trajektorie innerhalb D, welche das Gebiet $D_\gamma \subset D$ umschließt. Nach der zweidimensionalen Version des Gaußschen Integralsatzes erhält man

$$\iint_{D_\gamma} \operatorname{div}\boldsymbol{f}\; \mathrm{d}z_1 \mathrm{d}z_2 = \oint_\gamma \boldsymbol{f}^{\mathrm{T}} \cdot \mathrm{d}\boldsymbol{n}$$

mit $\mathrm{d}\boldsymbol{n} = [\mathrm{d}z_2/\mathrm{d}t \;\; -\mathrm{d}z_1/\mathrm{d}t]^{\mathrm{T}}\mathrm{d}t$. Da nach Gl. (8.3) $\mathrm{d}\boldsymbol{z}/\mathrm{d}t = \boldsymbol{f}(\boldsymbol{z})$, also $\boldsymbol{f}^{\mathrm{T}} \cdot \mathrm{d}\boldsymbol{n} \equiv 0$ gilt, kann $\operatorname{div}\boldsymbol{f}$ in D_γ nicht nur *ein* Vorzeichen aufweisen; denn $\operatorname{div}\boldsymbol{f}$ ist in D_γ nicht identisch Null.

Das von Poincaré eingeführte Index-Konzept bietet gelegentlich die Möglichkeit, Existenzaussagen über Grenzzyklen zu machen. Dies soll im folgenden kurz erläutert werden. Ausgangspunkt ist ein autonomes System, das durch Gl. (8.3) im ganzen $\mathbb{R}^2$ beschrieben werde. Nun wird eine beliebige einfach geschlossene, positiv (d.h. im Gegenuhrzeigersinn) orientierte (Jordan-) Kurve C in einem Gebiet $G \subset \mathbb{R}^2$ gewählt. Dieses Gebiet sei einfach zusammenhängend und enthalte, wenn überhaupt, nur isolierte Gleichgewichtszustände (singuläre Punkte) des Systems. Die Funktion $\boldsymbol{f}(\boldsymbol{z}) = [f_1(\boldsymbol{z}) \;\; f_2(\boldsymbol{z})]^{\mathrm{T}}$ aus Gl. (8.3) wird als Vektorfeld interpretiert, dessen Feldlinien mit den Trajektorien des Systems übereinstimmen. Mit $\alpha(\boldsymbol{z}) := \arctan\,(f_2(\boldsymbol{z})/f_1(\boldsymbol{z}))$ wird die Feldrichtung im Punkt $\boldsymbol{z}$ eingeführt. Unter dem Index des Vektorfeldes $\boldsymbol{f}(\boldsymbol{z})$ bezüglich der Kurve C, die durch keinen singulären Punkt verlaufen darf, wird

$$I_C = \frac{1}{2\pi} \int_C \mathrm{d}\alpha(\boldsymbol{z}) \tag{8.79a}$$

verstanden. Der Index I_C gibt also die Anzahl der Umdrehungen des Vektors $\boldsymbol{f}(\boldsymbol{z})$ beim einmaligen Durchlaufen der Kurve C im positiven Sinne an.

Wählt man die Kurve C (etwa als kleinen Kreis) derart, daß sie nur eine einzige Singularität $\boldsymbol{z}_e$ in deren unmittelbaren Umgebung positiv umschließt, dann schreibt man $I(\boldsymbol{z}_e) := I_C$ und spricht vom Index des Gleichgewichtszustands. Anhand des Bildes 8.1 kann folgende Beobachtung gemacht werden:

$$I = \begin{cases} 1, & \text{falls } \boldsymbol{z}_e \text{ ein Knoten, Fokus oder Zentrum,} \\ -1, & \text{falls } \boldsymbol{z}_e \text{ ein Sattelpunkt ist.} \end{cases}$$

Darüber hinaus kann man den folgenden Satz aussprechen:

Satz VIII.18: Umschließt die eingangs genannte Kurve C die N isolierten Gleichgewichtspunkte $\boldsymbol{z}_\mu$ mit den Indizes $I(\boldsymbol{z}_\mu)\,(\mu = 1, 2, \ldots, N)$ und liegt auf C selbst kein derartiger Punkt, so gilt

$$I_C = \sum_{\mu=1}^{N} I(\boldsymbol{z}_\mu) . \qquad (8.79b)$$

Beweis: Man betrachtet zunächst den Sonderfall, daß die Kurve C keinen Fixpunkt umschließt. Dann läßt man die Kurve stetig auf einen inneren Punkt P zusammenschrumpfen, indem man hierfür eine Parameterabhängigkeit $C(\lambda)$ mit $C = C(0)$ und $C(\lambda) \to P(\lambda \to \infty)$ einführt; dabei kann sich I_C nach Gl. (8.79a) nur stetig verändern. Für ein hinreichend großes λ verläuft $C(\lambda)$ in der unmittelbaren Umgebung von P, und man sieht dann, daß $I_{C(\lambda)} = 0$ und damit $I_C = 0$ gilt. Im allgemeinen Fall wählt man nach Bild 8.17 neben der Kurve C eine Kurve K, die ebenfalls einfach geschlossen ist und sich aus C, kleinen Kreisen um die Fixpunkte und "Korridoren" zusammensetzt, welche C mit den kleinen Kreisen verbinden, so daß K insgesamt keine Fixpunkte umschließt. Damit gilt

$$0 = I_K = I_C - \sum_{\mu=1}^{N} I(\boldsymbol{z}_\mu) ,$$

wodurch die Gl. (8.79b) bewiesen ist.

Fällt die Kurve C mit einer geschlossenen Trajektorie (einem Grenzzyklus) zusammen, die ohne Rücksicht auf deren zeitliche Richtung positiv orientiert werde, dann ist offensichtlich $I_C = 1$, da das Vektorfeld in jedem Punkt des Grenzzyklus tangential an C (d.h. parallel oder antiparallel zur Kurventangente) verläuft. Daraus folgt nach Satz VIII.18 sofort, daß jeder Grenzzyklus mindestens einen Gleichgewichtszustand umschließen muß. Nun setzt man voraus, daß C nur sogenannte hyperbolische Fixpunkte (d.h. keine Fixpunkte mit imaginären Eigenwerten der Jacobischen Matrix, sondern nur solche mit nichtverschwindendem Realteil) umschließt, und zwar N_1 Knoten und Foci sowie N_2 Sattelpunkte. Dann gilt die Beziehung $N_1 - N_2 = 1$.

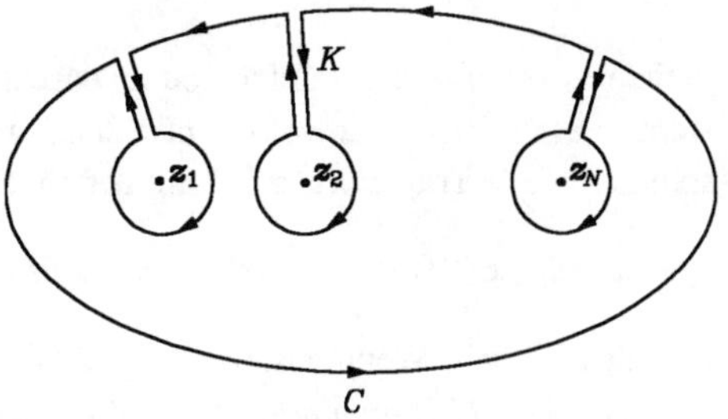

Bild 8.17: Zum Beweis von Gl. (8.79b)

Das folgende Beispiel soll eine typische Anwendungsmöglichkeit des Indexkonzepts demonstrieren.

Beispiel 8.17: Es wird das System

$$\frac{dz_1}{dt} = 0{,}5 z_1 + 0{,}5 z_2 - z_1 z_2 , \qquad \frac{dz_2}{dt} = -z_1 + z_1 z_2$$

untersucht. Es treten die zwei Gleichgewichtszustände $[0 \;\; 0]^T$ und $[1 \;\; 1]^T$ auf. Die zugehörigen Jacobischen Matrizen lauten

$$\frac{\partial \boldsymbol{f}}{\partial \boldsymbol{z}} = \begin{bmatrix} 0{,}5 & 0{,}5 \\ -1 & 0 \end{bmatrix} \quad \text{bzw.} \quad \frac{\partial \boldsymbol{f}}{\partial \boldsymbol{z}} = \begin{bmatrix} -0{,}5 & -0{,}5 \\ 0 & 1 \end{bmatrix},$$

woraus folgt, daß $[0 \;\; 0]^T$ ein (instabiler) Fokus und $[1 \;\; 1]^T$ ein Sattelpunkt ist. Es besteht also nur die Möglichkeit (jedoch nicht die Gewißheit), daß ein Grenzzyklus existiert, der den Ursprung umläuft.

3.2 STABILITÄT VON GRENZZYKLEN

Man kann den Begriff der Stabilität eines Gleichgewichtszustands auf allgemeine Trajektorien erweitern. Es sei $\boldsymbol{z}_0(t)$ eine Trajektorie eines nicht notwendig autonomen Systems mit der Zustandsbeschreibung $\mathrm{d}\boldsymbol{z}(t)/\mathrm{d}t = \boldsymbol{f}(\boldsymbol{z}, t)$, und $\boldsymbol{z}_0(t) + \boldsymbol{\zeta}(t)$ sei eine Nachbartrajektorie des Systems, so daß die Differentialgleichung

$$\frac{\mathrm{d}\boldsymbol{\zeta}(t)}{\mathrm{d}t} = \boldsymbol{f}_0(\boldsymbol{\zeta}(t), t) \quad \text{mit} \quad \boldsymbol{f}_0(\boldsymbol{\zeta}(t), t) = \boldsymbol{f}(\boldsymbol{z}_0(t) + \boldsymbol{\zeta}(t), t) - \boldsymbol{f}(\boldsymbol{z}_0(t), t) \quad (8.80\text{a,b})$$

besteht. Die Trajektorie $\boldsymbol{z}_0(t)$ entspricht dem Gleichgewichtspunkt $\boldsymbol{\zeta} = \boldsymbol{0}$ des nichtautonomen Systems nach Gl. (8.80a), d.h. das Verhalten der Lösungen von $\mathrm{d}\boldsymbol{z}/\mathrm{d}t = \boldsymbol{f}(\boldsymbol{z}, t)$ in der Nähe von $\boldsymbol{z}_0(t)$ ist äquivalent zum Verhalten der Lösungen von $\mathrm{d}\boldsymbol{\zeta}/\mathrm{d}t = \boldsymbol{f}_0(\boldsymbol{\zeta}, t)$ in der Nähe des Ursprungs $\boldsymbol{\zeta} = \boldsymbol{0}$.

Die Trajektorie $\boldsymbol{z}_0(t)$ heißt stabil, wenn für irgendein t_0 und $\varepsilon > 0$ ein $\delta(t_0, \varepsilon) > 0$ existiert, so daß aus $\|\boldsymbol{\zeta}(t_0)\| < \delta$ zwangsläufig $\|\boldsymbol{\zeta}(t)\| < \varepsilon$ für alle $t \geqq t_0$ folgt. Falls δ von t_0 unabhängig ist, spricht man von gleichmäßiger Stabilität. Entsprechend kann die asymptotische Stabilität einer Trajektorie erklärt werden. Der auf diese Weise eingeführte Stabilitätsbegriff hat sich für Grenzzyklen als nicht geeignet erwiesen. Aus diesem Grund wird nun der Stabilitätsbegriff nach Lyapunov folgendermaßen erweitert.

Ein Grenzzyklus (periodischer Orbit) repräsentiert eine geschlossene Kurve C im Zustandsraum. Die Entfernung $d_C(\boldsymbol{z})$ eines beliebigen Punktes $\boldsymbol{z}$ von C wird als

$$d_C(\boldsymbol{z}) = \inf_{\boldsymbol{q} \in C} \|\boldsymbol{z} - \boldsymbol{q}\|$$

definiert, wobei $\boldsymbol{q}$ alle Punkte von C durchläuft. Der Grenzzyklus C eines autonomen Systems $\mathrm{d}\boldsymbol{z}(t)/\mathrm{d}t = \boldsymbol{f}(\boldsymbol{z})$ wird *orbital stabil* genannt, wenn für jedes $\varepsilon > 0$ ein $\delta > 0$ existiert, so daß für jede Trajektorie $\boldsymbol{z}(t)$ mit der Eigenschaft

$$d_C(\boldsymbol{z}(0)) < \delta \qquad \text{stets} \qquad d_C(\boldsymbol{z}(t)) < \varepsilon$$

für alle $t \geqq 0$ gilt. Wenn zusätzlich $d_C(\boldsymbol{z}(t)) \to 0$ für $t \to \infty$ gilt, spricht man davon, daß der Grenzzyklus *orbital asymptotisch stabil* ist. Da bei Grenzzyklen künftig nur die soeben eingeführten Stabilitätsbegriffe verwendet werden, wird das näher kennzeichnende Wort "orbital" im folgenden weggelassen. Für einen nicht stabilen Grenzzyklus kann eine stabile und instabile Mannigfaltigkeit wie bei einem statischen Gleichgewichtszustand definiert werden.

Man kann wie üblich ein System um eine Trajektorie $\boldsymbol{z}_0(t)$ linearisieren und erhält

$$\frac{\mathrm{d}\boldsymbol{\zeta}(t)}{\mathrm{d}t} = \boldsymbol{A}(t)\,\boldsymbol{\zeta}(t)$$

mit $\boldsymbol{A}(t) = (\partial \boldsymbol{f}/\partial \boldsymbol{z})(\boldsymbol{z} = \boldsymbol{z}_0(t))$. Wenn die Trajektorie ein Grenzzyklus ist und die Periode T hat, so ist auch $\boldsymbol{A}(t)$ in t periodisch mit der Periode T. Mit der Übergangsmatrix $\boldsymbol{\Phi}(t, t_0)$ nach Kapitel II, für die im vorliegenden Fall $\boldsymbol{\Phi}(t + nT, t_0 + nT) = \boldsymbol{\Phi}(t, t_0)$ für jedes $n \in \mathbb{N}$ gilt, erhält man als Lösung zu den diskreten Zeitpunkten $t = nT + T$ $(n \in \mathbb{N})$

$$\boldsymbol{\zeta}(nT + T) = \boldsymbol{\Phi}(T, 0)\,\boldsymbol{\zeta}(nT) \qquad \text{oder} \qquad \boldsymbol{\zeta}(nT) = [\boldsymbol{\Phi}(T, 0)]^n\,\boldsymbol{\zeta}(0)\;.$$

Wie aus den Erörterungen von Kapitel II folgt, ist das linearisierte System genau dann stabil, wenn alle Eigenwerte der Matrix $\boldsymbol{\Phi}(T, 0)$ im abgeschlossenen Einheitskreis liegen, wobei auf dem Einheitskreis nur einfache Nullstellen des Minimalpolynoms zugelassen sind. Eine von diesen befindet sich stets im Punkt Eins und entspricht einer Bewegung auf dem Grenzzyklus. Wenn alle übrigen Nullstellen des Minimalpolynoms im Innern des Einheitskreises auftreten, dann ist der Grenzzyklus asymptotisch stabil [Co3].

Man kann mit Hilfe des eingeführten Begriffs der Stabilität eines Grenzzyklus die Stabilitätseigenschaften (nichttrivialer) periodischer Lösungen $\boldsymbol{z}_0(t)$ der Gl. (8.3) definieren. Demzufolge heißt eine periodische Lösung *stabil*, wenn der entsprechende Grenzzyklus stabil ist. Die periodische Lösung heißt *asymptotisch stabil*, wenn der entsprechende Grenzzyklus asymptotisch stabil ist.

3.3 STABILITÄT INVARIANTER MENGEN

Es wird ein autonomes System nach Gl. (8.3) betrachtet, wobei die Funktion $\boldsymbol{f}(\boldsymbol{z})$ wenigstens in einem Teil D des Zustandsraums $\mathbb{R}^q$ als stetig differenzierbare Abbildung erklärt sei. Man nennt, wie bereits ausgeführt, eine Menge $M \subset D$ eine *invariante* Menge des Systems nach Gl. (8.3), wenn für jede Lösung $\boldsymbol{z}(t)$ von Gl. (8.3) mit $\boldsymbol{z}(0) \in M$ für alle $t \in \mathbb{R}$ die Zugehörigkeit $\boldsymbol{z}(t) \in M$ folgt. Das heißt folgendes: Wenn eine Lösung in irgendeinem Zeitpunkt zu M gehört, gehört sie in allen Zeitpunkten zu M. Gelegentlich unterscheidet man noch zwischen positiv und negativ invarianten Mengen M, je nachdem ob aus $\boldsymbol{z}(0) \in M$ die Zugehörigkeit $\boldsymbol{z}(t) \in M$ nur für alle $t \geqq 0$ oder nur für alle $t \leqq 0$ folgt.

Wenn zu jedem $\varepsilon > 0$ ein $t_0 > 0$ existiert, so daß für eine Lösung $\boldsymbol{z}(t)$ des Systems nach Gl. (8.3) die Abstandsbedingung

$$d_M(\boldsymbol{z}) := \inf_{\boldsymbol{q} \in M} \| \boldsymbol{z} - \boldsymbol{q} \| < \varepsilon \quad \text{für alle} \quad t > t_0$$

gilt, sagt man, $\boldsymbol{z}(t)$ nähert sich der Menge M (die nicht notwendig eine invariante Menge zu sein braucht) mit $t \to \infty$.

Ein asymptotisch stabiler Gleichgewichtszustand und ein asymptotisch stabiler Grenzzyklus des Systems nach Gl. (8.3) zeichnen sich dadurch aus, daß jede Lösung $\boldsymbol{z}(t)$, die in genügender Nähe des Gleichgewichtspunktes bzw. Grenzzyklus startet, gegen diesen für $t \to \infty$ strebt. Gleichgewichtspunkte und Grenzzyklen wie überhaupt jede Trajektorie bilden Beispiele für eine invariante Menge. Im Falle der asymptotischen Stabilität ist die betreffende invariante Menge positive Grenzmenge jeder Lösung, die genügend nahe der Grenzmenge startet, wobei aber zu beachten ist, daß im Falle des Grenzzyklus eine solche Lösung nicht gegen einen bestimmten Punkt strebt für $t \to \infty$.

Eine Invariantenmenge M des Systems nach Gl. (8.3) nennt man stabil, wenn für jedes $\varepsilon > 0$ ein $\delta > 0$ existiert, so daß aus $\boldsymbol{z}(0)$ mit $d_M(\boldsymbol{z}(0)) < \delta$ die Eigenschaft $d_M(\boldsymbol{z}(t)) < \varepsilon$ für alle $t \geqq 0$ folgt, wobei $\boldsymbol{z}(t)$ Gl. (8.3) löst. Die Menge M heißt asymptotisch stabil, wenn sie stabil ist und ein $\delta > 0$ angegeben werden kann, so daß aus $\boldsymbol{z}(0)$ mit $d_M(\boldsymbol{z}(0)) < \delta$ die Eigenschaft $\lim_{t \to \infty} d_M(\boldsymbol{z}(t)) = 0$ folgt.

Ist M ein Gleichgewichtspunkt, dann reduzieren sich obige Definitionen auf bekannte Definitionen aus Kapitel II, Abschnitt 3.5.2. Entsprechendes trifft zu, wenn M ein Grenzzyklus ist (Abschnitt 3.2 des laufenden Kapitels).

3.4 POINCARE-SCHNITTE

Von Poincaré wurde eine Abbildung vorgeschlagen, die im Zustandsraum geometrisch einfach interpretiert werden kann und die es ermöglicht, bestimmte Verhaltensweisen dynamischer Systeme, insbesondere deren Langzeitverhalten anschaulich zu beschreiben. Dies soll im folgenden gezeigt werden.

3.4.1 Anwendung auf Grenzzyklen

Einen interessanten Einblick in das Konzept der Stabilität eines Grenzzyklus bietet die Poincaré-Abbildung, bei der das betreffende (kontinuierliche) autonome System q-ter Ordnung durch ein diskontinuierliches System der Ordnung $q-1$ ersetzt wird. Um dies im einzelnen zu erläutern, wählt man auf dem interessierenden Grenzzyklus C des entsprechenden, durch Gl. (8.3) beschriebenen Systems einen beliebigen Punkt $\boldsymbol{z}_0$ und zusätzlich eine Hyperebene H durch diesen Punkt (Bild 8.18). Von den Komponenten $z_{0\mu}$ $(\mu = 1, 2, \ldots, q)$ des Vektors $\boldsymbol{z}_0$ faßt man die ersten $q-1$ zum Vektor $\boldsymbol{\zeta}_0$ zusammen. Die Orientierung der Hyperebene H im Zustandsraum wird durch einen Vektor $\boldsymbol{a} = [a_1 \;\; a_2 \;\; \cdots \;\; a_q]^{\mathrm{T}}$ gekennzeichnet, der zu H orthogonal ist und dessen erste $q-1$ Komponenten zum Vektor $\boldsymbol{\alpha}$ zusammengefaßt werden. Damit lautet die Beschreibung von H

$$\boldsymbol{a}^{\mathrm{T}}(\boldsymbol{z}-\boldsymbol{z}_0) = 0 \quad \text{mit} \quad \boldsymbol{z}_0 = \begin{bmatrix} \boldsymbol{\zeta}_0 \\ z_{0q} \end{bmatrix} \quad \text{und} \quad \boldsymbol{a} = \begin{bmatrix} \boldsymbol{\alpha} \\ a_q \end{bmatrix}. \tag{8.81}$$

Dabei ist $\boldsymbol{z}$ der variable Zustandsvektor, und es wird vorausgesetzt, daß die Tangente an C im Punkt $\boldsymbol{z}_0$ nicht in H verläuft. Letzteres bedeutet, daß die Vektoren $\boldsymbol{a}$ und $\boldsymbol{f}(\boldsymbol{z}_0)$ nicht orthogonal zueinander verlaufen dürfen, weshalb $\boldsymbol{a}^{\mathrm{T}}\boldsymbol{f}(\boldsymbol{z}_0) \neq 0$ zu fordern ist. Offensichtlich

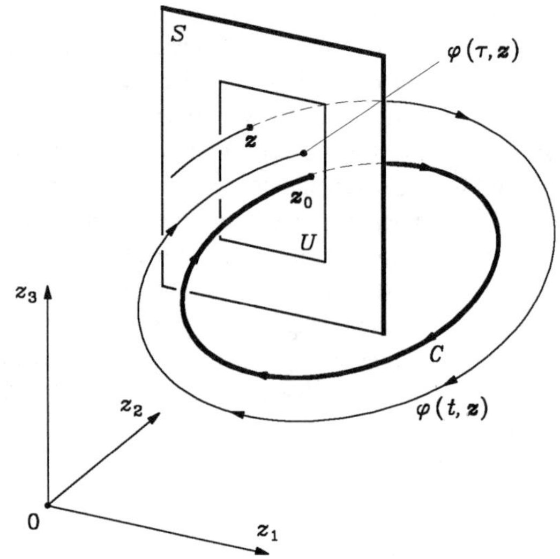

Bild 8.18: Poincaré-Schnitt und Poincaré-Abbildung

ist $\boldsymbol{a} \neq \mathbf{0}$, so daß man ohne Beschränkung der Allgemeinheit $a_q \neq 0$ annehmen darf (dies läßt sich notfalls durch Umnumerierung der Koordinatenachsen des Zustandsraums immer erreichen). In der Umgebung von $\boldsymbol{z}_0$ wird auf H eine Schnittfläche S gewählt, die C in $\boldsymbol{z}_0$ schneidet und auf der $\boldsymbol{a}^{\mathrm{T}}\boldsymbol{f}(\boldsymbol{z}) \neq 0$ für alle $\boldsymbol{z} \in S$ gilt (Bild 8.18). Die Trajektorie $\boldsymbol{z}(t)$, welche zur Zeit $t = 0$ in $\boldsymbol{z}_0 \in C$ startet, kehrt zur Zeit $t = T$ zum ersten Mal auf H (d.h. im Punkt $\boldsymbol{z}_0$) zurück. Das heißt, T ist die Periode des Grenzzyklus. Da die Lösungen $\boldsymbol{z}(t)$ von Gl. (8.3) bezüglich des Anfangszustands $\boldsymbol{z}(0)$ stetig sind (Satz VIII.3), kehren alle Trajektorien, die auf S in einer hinreichend kleinen Umgebung U von $\boldsymbol{z}_0$ starten (wobei U den Grenzzyklus C nur einmal in $\boldsymbol{z}_0$ schneiden darf), zum ersten Mal in der Nähe von $\boldsymbol{z}_0$ nach S zurück, und zwar nach einer Zeit τ, die etwa T beträgt. Die hierdurch entstehende Zuordnung der Punkte $\boldsymbol{z} \in U$ zu den Schnittpunkten der von $\boldsymbol{z}$ ausgehenden Trajektorien mit S

$$\boldsymbol{g}(\boldsymbol{z}) := \boldsymbol{\varphi}(\tau, \boldsymbol{z}) \qquad (\boldsymbol{z} \in U)$$

nennt man *Poincaré-Abbildung*. Dabei bedeutet $\boldsymbol{\varphi}(t, \boldsymbol{z})$ die Lösung der Gl. (8.3), die im Punkt $\boldsymbol{z}$ zur Zeit $t = 0$ startet und zur Zeit $t = \tau = \tau(\boldsymbol{z})$ erstmalig nach S zurückkehrt. Zwar gilt $\tau(\boldsymbol{z}_0) = T$, im allgemeinen ist aber $\tau(\boldsymbol{z}) \neq T$ für $\boldsymbol{z} \in U$.

Gewöhnlich ist die Poincaré-Abbildung nur für einen Teil von S definiert, nämlich für eine hinreichend kleine Umgebung U von $\boldsymbol{z}_0$ (Bild 8.18). Es sei nun $\boldsymbol{z}^{(0)} \in U$ und $\boldsymbol{z}^{(1)} = \boldsymbol{g}(\boldsymbol{z}^{(0)})$. Falls auch $\boldsymbol{z}^{(1)} \in U$ gilt, liefert die Poincaré-Abbildung $\boldsymbol{z}^{(2)} = \boldsymbol{g}(\boldsymbol{z}^{(1)})$. In dieser Weise kann man fortfahren, solange der Bildpunkt $\boldsymbol{z}^{(n+1)} = \boldsymbol{g}(\boldsymbol{z}^{(n)})$ für $n = 1, 2, \ldots$ definiert ist, d.h. $\boldsymbol{z}^{(n)} \in U$ ist. Insoweit kann man mit $\boldsymbol{z}[n] := \boldsymbol{z}^{(n)}$ das diskontinuierliche System

$$\boldsymbol{z}[n+1] = \boldsymbol{g}(\boldsymbol{z}[n]) \tag{8.82}$$

einführen. Es ist nichtlinear. Offensichtlich ist $\boldsymbol{z}_0$ ein Gleichgewichtszustand dieses Systems, da $\boldsymbol{z}_0 = \boldsymbol{g}(\boldsymbol{z}_0)$ gilt. Es besteht nun die Möglichkeit, die Ordnung des Systems zu reduzieren. Dazu wird neben den Vektoren $\boldsymbol{z}_0$ und $\boldsymbol{a}$ aus Gl. (8.81) in sinngemäßer Darstellung der variable Zustandsvektor und die Abbildungsfunktion

$$\boldsymbol{z} = \begin{bmatrix} \boldsymbol{\zeta} \\ z_q \end{bmatrix} \quad \text{bzw.} \quad \boldsymbol{g}(\cdot) = \begin{bmatrix} \boldsymbol{\gamma}(\cdot) \\ g_q(\cdot) \end{bmatrix} \tag{8.83}$$

verwendet. Mit Hilfe der Matrix

$$\boldsymbol{T} = \begin{bmatrix} \mathbf{E} & \mathbf{0} \\ \boldsymbol{\alpha}^{\mathrm{T}} & a_q \end{bmatrix} \quad \text{mit} \quad \boldsymbol{T}^{-1} = \begin{bmatrix} \mathbf{E} & \mathbf{0} \\ -\dfrac{1}{a_q}\boldsymbol{\alpha}^{\mathrm{T}} & \dfrac{1}{a_q} \end{bmatrix},$$

wobei $\mathbf{E}$ die Einheitsmatrix der Ordnung $q-1$ und $\mathbf{0}$ den Nullvektor der Länge $q-1$ bedeutet, wird eine Transformation des Zustandsraums durchgeführt, indem die Gl. (8.82) unter Beachtung von Gl. (8.83) von links mit der Matrix $\boldsymbol{T}$ multipliziert wird:

$$\begin{bmatrix} \mathbf{E} & \mathbf{0} \\ \boldsymbol{\alpha}^{\mathrm{T}} & a_q \end{bmatrix} \begin{bmatrix} \boldsymbol{\zeta}[n+1] \\ z_q[n+1] \end{bmatrix} = \begin{bmatrix} \mathbf{E} & \mathbf{0} \\ \boldsymbol{\alpha}^{\mathrm{T}} & a_q \end{bmatrix} \begin{bmatrix} \boldsymbol{\gamma}\left(\begin{bmatrix} \boldsymbol{\zeta}[n] \\ z_q[n] \end{bmatrix}\right) \\ g_q\left(\begin{bmatrix} \boldsymbol{\zeta}[n] \\ z_q[n] \end{bmatrix}\right) \end{bmatrix}. \tag{8.84}$$

Diese Gleichung läßt sich in die zwei Beziehungen

$$\boldsymbol{\zeta}[n+1] = \boldsymbol{\gamma}\left(\begin{bmatrix} \boldsymbol{\zeta}[n] \\ z_q[n] \end{bmatrix}\right) \tag{8.85a}$$

und

$$\boldsymbol{a}^{\mathrm{T}} \boldsymbol{z}[n+1] = \boldsymbol{a}^{\mathrm{T}} \boldsymbol{g}(\boldsymbol{z}[n]) \tag{8.85b}$$

zerlegen, wobei interessanterweise $\boldsymbol{a}^{\mathrm{T}} \boldsymbol{z}[n+1] = \boldsymbol{a}^{\mathrm{T}} \boldsymbol{z}_0$ unabhängig von n gilt, da die Punkte $\boldsymbol{z}[n+1]$ für alle n auf der Hyperebene gemäß Gl. (8.81) liegen. Daher ist die q-te Komponente in Gl. (8.84) eine feste Konstante. Andererseits liefert die Gl. (8.81)

$$\boldsymbol{\alpha}^{\mathrm{T}}(\boldsymbol{\zeta} - \boldsymbol{\zeta}_0) = a_q(z_{0q} - z_q),$$

also

$$z_q = z_{0q} - \frac{1}{a_q} \boldsymbol{\alpha}^{\mathrm{T}}(\boldsymbol{\zeta} - \boldsymbol{\zeta}_0). \tag{8.86}$$

Führt man Gl. (8.86) in Gl. (8.85a) ein, dann folgt

$$\boldsymbol{\zeta}[n+1] = \boldsymbol{\gamma}\left(\begin{bmatrix} \boldsymbol{\zeta}[n] \\ z_{0q} - \dfrac{1}{a_q} \boldsymbol{\alpha}^{\mathrm{T}}(\boldsymbol{\zeta}[n] - \boldsymbol{\zeta}_0) \end{bmatrix}\right) \tag{8.87a}$$

oder nach Abkürzung der rechten Seite mit $\boldsymbol{h}(\boldsymbol{\zeta}[n])$ die Beziehung

$$\boldsymbol{\zeta}[n+1] = \boldsymbol{h}(\boldsymbol{\zeta}[n]) \tag{8.87b}$$

als Beschreibung eines diskontinuierlichen Systems der Ordnung $q-1$. Dieses besitzt den Gleichgewichtszustand $\boldsymbol{\zeta}_0$, da die Gl. (8.87a) für $\boldsymbol{\zeta}[n] = \boldsymbol{\zeta}_0$ den Vektor

$$\boldsymbol{\zeta}[n+1] = \boldsymbol{\gamma}\left(\begin{bmatrix} \boldsymbol{\zeta}_0 \\ z_{0q} \end{bmatrix}\right) = \boldsymbol{\gamma}(\boldsymbol{z}_0) = \boldsymbol{\zeta}_0$$

liefert. Bezüglich der Stabilitätsdefinition für ein diskontinuierliches System wird auf Kapitel II, Abschnitt 4.5 verwiesen.

Es kann nun folgendes hinreichende Kriterium für die Stabilität des Grenzzyklus C ausgesprochen werden.

Satz VIII.19: Es sei C ein Grenzzyklus eines durch Gl. (8.3) beschriebenen autonomen Systems. Mit Hilfe der Poincaré-Abbildung wird das diskontinuierliche System gemäß Gl. (8.87b) eingeführt. Falls $\boldsymbol{\zeta}_0$ einen asymptotisch stabilen Gleichgewichtszustand des diskontinuierlichen Systems darstellt, ist C asymptotisch stabil.

Beweis: Der Beweis wird in mehreren Schritten durchgeführt.

(i) Zunächst wird folgendes gezeigt: Eine Trajektorie (des betrachteten kontinuierlichen Systems), die einmal irgendeinen Punkt, der sich in genügender Nähe von C befindet, passiert, erreicht Punkte in einer beliebig klein wählbaren Umgebung des Punktes $\boldsymbol{z}_0$, d.h. in $V = \{\boldsymbol{z} \in \mathbb{R}^q;\ \|\boldsymbol{z} - \boldsymbol{z}_0\| < \varepsilon\}$ (mit $\varepsilon > 0$ beliebig klein).

Es wird ein beliebiger Punkt $\boldsymbol{z}_P$ aus einer δ-Umgebung $U_\delta = \{\boldsymbol{z} \in \mathbb{R}^q:\ d_C(\boldsymbol{z}) < \delta\}$ des Grenzzyklus C gewählt und dazu ein Punkt $\boldsymbol{z}_C \in C$ mit $\|\boldsymbol{z}_P - \boldsymbol{z}_C\| < \delta$. Es seien $\boldsymbol{\varphi}(t, \boldsymbol{z}_P)$ und $\boldsymbol{\varphi}(t, \boldsymbol{z}_C)$ die Lösungen der Gl. (8.3), welche zur Zeit $t = 0$ in $\boldsymbol{z}_P$ bzw. $\boldsymbol{z}_C$ starten. Da sich die Lösung $\boldsymbol{\varphi}$ bezüglich des Anfangszustands stetig verhält, läßt sich aufgrund von Satz VIII.3

$$\|\boldsymbol{\varphi}(t, \boldsymbol{z}_P) - \boldsymbol{\varphi}(t, \boldsymbol{z}_C)\| \leqq \delta\, \mathrm{e}^{Lt}$$

für alle $t \geqq 0$ angegeben, wobei L eine Lipschitz-Konstante von $\boldsymbol{f}$ ist und $\boldsymbol{\varphi}(t, \boldsymbol{z}_C)$ eine periodische Lösung von Gl. (8.3) mit der Periode T darstellt. Damit existiert ein Zeitpunkt t_1 ($0 \leqq t_1 \leqq T$), so daß $\boldsymbol{\varphi}(t_1, \boldsymbol{z}_C) = \boldsymbol{z}_0$ gilt, und damit entnimmt man obiger Abschätzung

$$\| \boldsymbol{\varphi}(t_1, \boldsymbol{z}_P) - \boldsymbol{z}_0 \| \leqq \delta \, e^{L t_1} .$$

Durch Wahl eines hinreichend kleinen δ kann, wie man aus dieser Ungleichung sieht, sichergestellt werden, daß die Trajektorie $\boldsymbol{\varphi}(t, \boldsymbol{z}_P)$ durch eine beliebig kleine Umgebung V von $\boldsymbol{z}_0$ hindurchgeht.

(ii) Es wird jetzt folgendes bewiesen: Wenn die Umgebung V hinreichend klein gewählt wird, geht von jedem Punkt $\boldsymbol{z}$ aus V im Zeitpunkt Null eine Trajektorie $\boldsymbol{\varphi}(t, \boldsymbol{z})$ aus, welche nach einer bestimmten Zeit auf H trifft, wobei durch Wahl einer hinreichend kleinen Umgebung V das Zielgebiet auf H um $\boldsymbol{z}_0$ beliebig klein und die Zeitdauer bis zum Erreichen des Zielpunktes beliebig nahe T gemacht werden kann.

Es wird die Hilfsfunktion $l(t, \boldsymbol{z}) := \boldsymbol{a}^{\mathrm{T}}(\boldsymbol{\varphi}(t, \boldsymbol{z}) - \boldsymbol{z}_0)$ mit den Eigenschaften

$$l(T, \boldsymbol{z}_0) = 0 \quad \text{und} \quad \left(\frac{\partial l(t, \boldsymbol{z}_0)}{\partial t}\right)_{t=T} = \boldsymbol{a}^{\mathrm{T}} \boldsymbol{f}(\boldsymbol{z}_0) \neq 0$$

betrachtet, die aufgrund des Satzes über implizite Funktionen lehrt, daß aus der Gleichung $l(t, \boldsymbol{z}) = 0$ in einer genügend kleinen Umgebung $V \subset \mathbb{R}^q$ von $\boldsymbol{z}_0$ auf die Existenz der Funktion t in Abhängigkeit von $\boldsymbol{z}$ geschlossen werden kann. Sie sei mit $t = \tau(\boldsymbol{z})$ ($\boldsymbol{z} \in V$) bezeichnet, und es gilt $\tau(\boldsymbol{z}_0) = T$ sowie $l(\tau(\boldsymbol{z}), \boldsymbol{z}) = 0$ für alle $\boldsymbol{z} \in V$. Letzteres besagt, daß jede Lösung $\boldsymbol{\varphi}(t, \boldsymbol{z})$, die in $t = 0$ in V startet (d.h. mit $\boldsymbol{z} \in V$), im Zeitpunkt $t = \tau(\boldsymbol{z})$ auf der Hyperebene H eintrifft. Wegen der Stetigkeit der Lösung bezüglich des Anfangszustands ist es durch Wahl einer genügend kleinen Umgebung V möglich sicherzustellen, daß die Lösungen $\boldsymbol{\varphi}(t, \boldsymbol{z})$ mit $\boldsymbol{z} \in V$ auf die Ebene H innerhalb des Ausschnitts $U \subset S$ treffen (Bild 8.18). Wegen der Stetigkeit der Funktion $\tau(\boldsymbol{z})$ kann bei Vorgabe irgendeines Wertes $\Delta T \in (0, T)$ schließlich V so klein gewählt werden, daß

$$T - \Delta T \leqq \tau(\boldsymbol{z}) \leqq T + \Delta T \tag{8.88}$$

für alle $\boldsymbol{z} \in V$ gilt.

Die bisherigen Argumentationen (i) und (ii) lassen erkennen, daß eine hinreichend nahe C verlaufende Trajektorie einen Punkt in $U \subset S$ erreicht, auf den die Poincaré-Abbildung anwendbar ist.

(iii) Es wird jetzt das diskontinuierliche System nach Gl. (8.87b) mit dem Gleichgewichtszustand $\boldsymbol{\zeta}_0$ betrachtet. Wegen der vorausgesetzten asymptotischen Stabilität von $\boldsymbol{\zeta}_0$ existiert zu jedem $\varepsilon_1 > 0$ ein $\delta_1 > 0$, so daß die Folgerung

$$\| \boldsymbol{\zeta}[0] - \boldsymbol{\zeta}_0 \| < \delta_1 \implies \| \boldsymbol{\zeta}[n] - \boldsymbol{\zeta}_0 \| < \varepsilon_1 \tag{8.89}$$

für alle n gezogen werden kann. Nun läßt sich auf S gemäß den Gln. (8.81), (8.83), (8.86) die Beziehung

$$\boldsymbol{z} - \boldsymbol{z}_0 = \begin{bmatrix} \boldsymbol{\zeta} - \boldsymbol{\zeta}_0 \\ -\dfrac{1}{a_q} \boldsymbol{\alpha}^{\mathrm{T}}(\boldsymbol{\zeta} - \boldsymbol{\zeta}_0) \end{bmatrix}$$

angeben, woraus mit zwei Konstanten $k_1, k_2 > 0$ unmittelbar die Abschätzung

$$k_1 \| \boldsymbol{\zeta} - \boldsymbol{\zeta}_0 \| \leqq \| \boldsymbol{z} - \boldsymbol{z}_0 \| \leqq k_2 \| \boldsymbol{\zeta} - \boldsymbol{\zeta}_0 \|$$

für alle Punkte auf S hervorgeht. Angesichts dieser Tatsache gelangt man aufgrund obiger Ergebnisse zu folgender Erkenntnis: Nach Wahl eines beliebigen $\varepsilon_2 > 0$ kann stets ein $\delta_2 > 0$ angegeben werden, so daß

$$\| \boldsymbol{z}[0] - \boldsymbol{z}_0 \| < \delta_2 \implies \| \boldsymbol{z}[n] - \boldsymbol{z}_0 \| < \varepsilon_2$$

für alle $n \geqq 0$ gilt. Durch die Wahl eines genügend kleinen $\varepsilon_2 > 0$ wird erreicht, daß die Folge $\boldsymbol{z}[n]$ stets innerhalb der Umgebung V bleibt. Aufgrund der Entstehung des diskontinuierlichen Systems aus der Poincaré-Abbildung muß eine Trajektorie $\boldsymbol{\varphi}(t, \boldsymbol{z})$ mit der Eigenschaft $\boldsymbol{\varphi}(t_n, \boldsymbol{z}) = \boldsymbol{z}[n]$ existieren. Auf diese Weise ist eine Zeitfolge t_n festgelegt, so daß gemäß Ungleichung (8.88)

$$T - \Delta T \leqq t_{n+1} - t_n \leqq T + \Delta T \quad \text{und} \quad t_n \to \infty \, (n \to \infty)$$

mit $0 < \Delta T < T$ sowie

$$\| \boldsymbol{\varphi}(t_n, \boldsymbol{z}) - \boldsymbol{z}_0 \| < \varepsilon_2$$

für alle $n \geqq 0$ gilt. Im Intervall $t_n \leqq t \leqq t_{n+1}$ ist die Abschätzung

$$\| \boldsymbol{\varphi}(t - t_n, \boldsymbol{z}[n]) - \boldsymbol{\varphi}(t - t_n, \boldsymbol{z}_0) \| \leqq \| \boldsymbol{z}[n] - \boldsymbol{z}_0 \| \, \mathrm{e}^{L(T+\Delta T)} \tag{8.90}$$

mit einer Begründung wie an früherer Stelle möglich. Hieraus kann direkt auf

$$d_C(\boldsymbol{\varphi}(t, \boldsymbol{z})) \leqq \| \boldsymbol{\varphi}(t - t_n, \boldsymbol{z}[n]) - \boldsymbol{\varphi}(t - t_n, \boldsymbol{z}_0) \|$$

$$\leqq \| \boldsymbol{z}[n] - \boldsymbol{z}_0 \| \, \mathrm{e}^{L(T+\Delta T)} = k_3 \| \boldsymbol{\varphi}(t_n, z) - \boldsymbol{z}_0 \| < k_3 \, \varepsilon_2$$

für $t \geqq 0$ und alle $\boldsymbol{z} \in V$ geschlossen werden, wobei $k_3 = \mathrm{e}^{L(T+\Delta T)}$ eine positive Konstante ist und V genügend klein angenommen wird. Wählt man ε_2 hinreichend klein, so läßt sich $\boldsymbol{\varphi}(t, \boldsymbol{z})$ in jede ε-Umgebung von C

$$U_\varepsilon = \{ \boldsymbol{z} \in \mathbb{R}^q ; \; d_C(\boldsymbol{z}) < \varepsilon \}$$

für alle $t \geqq 0$ bringen.

Da $\boldsymbol{\zeta}_0$ als asymptotisch stabiler Gleichgewichtszustand des diskontinuierlichen Systems vorausgesetzt wurde, gilt

$$\lim_{n \to \infty} \| \boldsymbol{\zeta}[n] - \boldsymbol{\zeta}_0 \| = 0 \quad \text{und damit} \quad \lim_{n \to \infty} \| \boldsymbol{z}[n] - \boldsymbol{z}_0 \| = 0 \, .$$

Für jedes beliebige $\varepsilon > 0$ gibt es deshalb ein $N > 0$, so daß

$$\| \boldsymbol{z}[n] - \boldsymbol{z}_0 \| < \varepsilon \quad \text{für alle} \quad n \geqq N$$

ist. Damit liefert Ungleichung (8.90)

$$d_C(\boldsymbol{\varphi}(t, \boldsymbol{z})) < k_3 \, \varepsilon \quad \text{für alle} \quad t \geqq t_N$$

und somit

$$\lim_{t \to \infty} d_C(\boldsymbol{\varphi}(t, \boldsymbol{z})) = 0 \, .$$

3.4.2 Besonderes Verhalten von Trajektorien im dreidimensionalen Raum

Die im folgenden für ein System im $\mathbb{R}^3$ durchgeführten Untersuchungen lassen sich zumeist auf Systeme im $\mathbb{R}^q$ mit $q > 3$ übertragen. Es wird davon ausgegangen, daß im $\mathbb{R}^3$ eine Poincarésche Schnittebene vorliegt mit der Abbildungsvorschrift $\boldsymbol{\zeta}_{n+1} = \boldsymbol{h}(\boldsymbol{\zeta}_n)$ oder in Komponentenschreibweise

$$\zeta_1[n+1] = h_1(\zeta_1[n], \zeta_2[n]) \quad \text{und} \quad \zeta_2[n+1] = h_2(\zeta_1[n], \zeta_2[n]),$$

die als diskontinuierliches nichtlineares System gedeutet werden kann. Der Fixpunkt $\boldsymbol{\zeta}^*$ ist durch $\boldsymbol{\zeta}^* = \boldsymbol{h}(\boldsymbol{\zeta}^*)$, d.h. durch die Beziehungen

$$\zeta_1^* = h_1(\zeta_1^*, \zeta_2^*) \quad \text{und} \quad \zeta_2^* = h_2(\zeta_1^*, \zeta_2^*),$$

definiert und entspricht dem Grenzzyklus des Systems im $\mathbb{R}^3$. Der Fixpunkt läßt sich mit Hilfe der Eigenwerte der Jacobischen Matrix

$$\boldsymbol{H} = \begin{bmatrix} \dfrac{\partial h_1}{\partial \zeta_1} & \dfrac{\partial h_1}{\partial \zeta_2} \\ \dfrac{\partial h_2}{\partial \zeta_1} & \dfrac{\partial h_2}{\partial \zeta_2} \end{bmatrix}_{\zeta_1 = \zeta_1^*,\, \zeta_2 = \zeta_2^*}$$

charakterisieren. Die Eigenwerte von $\boldsymbol{H}$ seien λ_1 und λ_2. Die explizite Berechnung von λ_1 und λ_2 scheitert meistens daran, daß die Ermittlung der Funktionen h_1 und h_2 in geschlossener Form nur äußerst selten gelingt. Wenn $|\lambda_1| < 1$ und $|\lambda_2| < 1$ gilt, ist der Fixpunkt und damit auch der zugehörige Grenzzyklus asymptotisch stabil. Im Falle $|\lambda_1| > 1$ und $|\lambda_2| > 1$ ist der Fixpunkt ein Repellor und der Grenzzyklus (abstoßend) instabil.

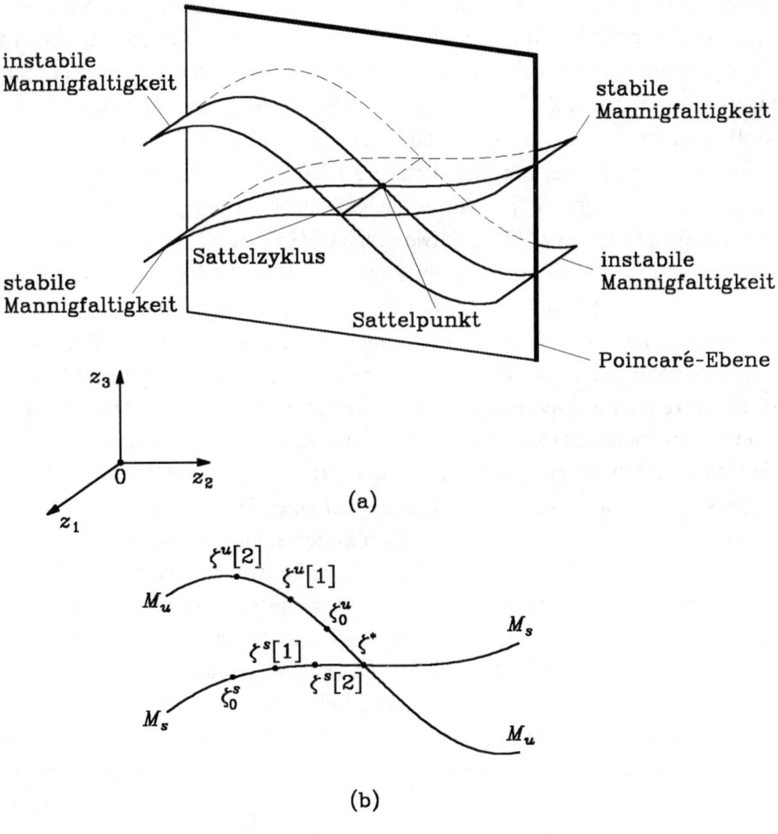

Bild 8.19: (a) Entstehung eines Sattelzyklus als Schnitt einer stabilen mit einer instabilen Mannigfaltigkeit; (b) Verhältnisse in der Poincaré-Ebene

Sogenannte *Sattelzyklen* sind durch $|\lambda_1| < 1$, $|\lambda_2| > 1$ oder $|\lambda_1| > 1$, $|\lambda_2| < 1$ gekennzeichnet. Sie spielen in der Theorie dynamischer Systeme eine besondere Rolle. Dem Sattelzyklus entspricht in der Poincaré-Abbildung ein Sattelpunkt. Durch den Sattelzyklus bzw. den Sattelpunkt in der Poincaré-Abbildung wird der Zustandsraum in besonderer Weise strukturiert. Dabei spielt die stabile und die instabile Mannigfaltigkeit eine herausragende Rolle; unter ersterer versteht man die dem Sattelzyklus bzw. Sattelpunkt zugeordnete Punktmenge, auf der Trajektorien verlaufen, die mit $t \to \infty$ den Sattelzyklus bzw. Sattelpunkt asymptotisch erreichen; die instabile Mannigfaltigkeit ist die Punktmenge, auf der Trajektorien verlaufen, die mit $t \to -\infty$ den Sattelzyklus bzw. Sattelpunkt asymptotisch erreichen. Beide Mannigfaltigkeiten bilden Grenzen verschiedener Teile des Zustandsraums. Diese Grenzen bestehen für alle Trajektorien. Trajektorien, die in der unmittelbaren Nähe, aber nicht auf der stabilen Mannigfaltigkeit verlaufen, werden sich zunächst auf den Sattelzyklus zu bewegen, dann aber abgestoßen, wobei die Abstoßung entlang der instabilen Mannigfaltigkeit erfolgt.

Das Bild 8.19a zeigt die geschilderte Situation in der Nähe eines dreidimensionalen Sattelzyklus und eines zweidimensionalen Sattelpunktes in der Poincaré-Ebene. Der Sattelzyklus entsteht als Schnitt der beiden Mannigfaltigkeiten. Im Bild 8.19b ist der entsprechende Poincaré-Schnitt mit Sattelpunkt $\boldsymbol{\zeta}^*$ dargestellt, der als Schnittpunkt von Sattelzyklus und Poincaré-Ebene gedeutet werden kann; weiterhin erkennt man die Schnittkurven der stabilen und der instabilen Mannigfaltigkeiten mit der Poincaré-Ebene. Sie sind mit $M_s(\boldsymbol{\zeta}^*)$ und $M_u(\boldsymbol{\zeta}^*)$ bezeichnet und heißen stabile bzw. instabile Mannigfaltigkeit des Sattelpunktes $\boldsymbol{\zeta}^*$. Man beachte, daß $M_s(\boldsymbol{\zeta}^*)$ und $M_u(\boldsymbol{\zeta}^*)$ keine Trajektorien darstellen.

Betrachtet man auf $M_s(\boldsymbol{\zeta}^*)$ einen Punkt $\boldsymbol{\zeta}_0^s$, so handelt es sich um den Schnitt einer bestimmten Trajektorie mit der Poincaré-Ebene, und die Poincaré-Abbildung liefert zu $\boldsymbol{\zeta}^s[0] = \boldsymbol{\zeta}_0^s$ den Punkt $\boldsymbol{\zeta}^s[1]$, den zeitlich nächsten Schnittpunkt derselben Trajektorie. Von $\boldsymbol{\zeta}^s[1]$ gelangt man zu $\boldsymbol{\zeta}^s[2]$ usw. Die Folge der Punkte $\{\boldsymbol{\zeta}^s[n]\}$ liegt auf $M_s(\boldsymbol{\zeta}^*)$ und strebt gegen $\boldsymbol{\zeta}^*$ für $n \to \infty$. Wenn $\boldsymbol{\zeta}_0^u$ ein Punkt auf $M_u(\boldsymbol{\zeta}^*)$ bedeutet, dann wird mit der Folge $\boldsymbol{\zeta}^u[1] = \boldsymbol{h}(\boldsymbol{\zeta}_0^u)$, $\boldsymbol{\zeta}^u[2] = \boldsymbol{h}(\boldsymbol{\zeta}^u[1])$ usw. eine Punktfolge erzeugt, die sich längs $M_u(\boldsymbol{\zeta}^*)$ mehr und mehr von $\boldsymbol{\zeta}^*$ entfernt. Wendet man auf $\boldsymbol{\zeta}_0^u$ die inverse Poincaré-Abbildung $\boldsymbol{h}^{-1}$ an, so erzeugt man eine Punktfolge $\{\boldsymbol{\zeta}^u[n]\}$, die für $n \to \infty$ gegen $\boldsymbol{\zeta}^*$ strebt. Die im Bild 8.19b gezeigten Kurven repräsentieren die Gesamtheit von Punktfolgen der genannten Art, wenn man unendlich viele verschiedene Startpunkte wählt. Für einen bestimmten Startpunkt jedoch springen die entsprechenden Elemente der Folge auf M_s bzw. M_u, sie bewegen sich nicht stetig im Gegensatz zu einem Punkt auf einer Trajektorie im Zustandsraum $\mathbb{R}^3$.

Wenn ein Parameter des betrachteten Systems, ein sogenannter Kontrollparameter, variiert wird, kann der Fall eintreten, daß sich die Kurven M_s und M_u derart verbiegen, daß ein Schnitt beider Kurven außer in $\boldsymbol{\zeta}^*$ in einem weiteren Punkt $\hat{\boldsymbol{\zeta}}$ stattfindet. Man spricht dann davon, daß in $\hat{\boldsymbol{\zeta}}$ ein homokliner Schnitt auftritt und nennt $\hat{\boldsymbol{\zeta}}$ homoklinen Schnittpunkt. Dabei ist vorauszusetzen, daß M_s und M_u Mannigfaltigkeiten desselben Sattelpunktes in der Poincaré-Ebene sind. Wichtig ist nun folgendes. Tritt in einem Punkt $\hat{\boldsymbol{\zeta}}_0$ ein Schnitt der stabilen und instabilen Mannigfaltigkeit eines Sattelpunktes in einer Poincaré-Ebene des betrachteten Systems auf, dann existieren unendlich viele homokline Schnittpunkte. Dies folgt daraus, daß mit $\hat{\boldsymbol{\zeta}}_0$ auch $\hat{\boldsymbol{\zeta}}[1] = \boldsymbol{h}(\hat{\boldsymbol{\zeta}}_0)$, $\hat{\boldsymbol{\zeta}}[2] = \boldsymbol{h}(\hat{\boldsymbol{\zeta}}[1]), \ldots$ homokline Punkte sind, so daß mit diesen homoklinen Schnitten ein homoklines "Gewirr" verbunden ist (Bild 8.20). Nur diejenigen Trajektorien im $\mathbb{R}^3$, die auf einen homoklinen Punkt treffen, werden weitere homokline Punkte antreffen.

Jedem homoklinen Punkt in der Poincaré-Ebene entspricht im Zustandsraum $\mathbb{R}^3$ eine Trajektorie, die man sich als Vereinigung einer Trajektorie auf der stabilen Mannigfaltigkeit mit einer Trajektorie auf der instabilen Mannigfaltigkeit zu *einer* Trajektorie vorstellen kann. Die Schnittpunkte dieser kontinuierlichen Trajektorie mit der Poincaré-Ebene bilden die Gesamtheit aller homoklinen Punkte $\{\hat{\boldsymbol{\zeta}}[n]\}$. Die so entstehende Trajektorie verbindet asymptotisch den Sattelzyklus mit sich selbst und heißt homokline Trajektorie oder homokliner Or-

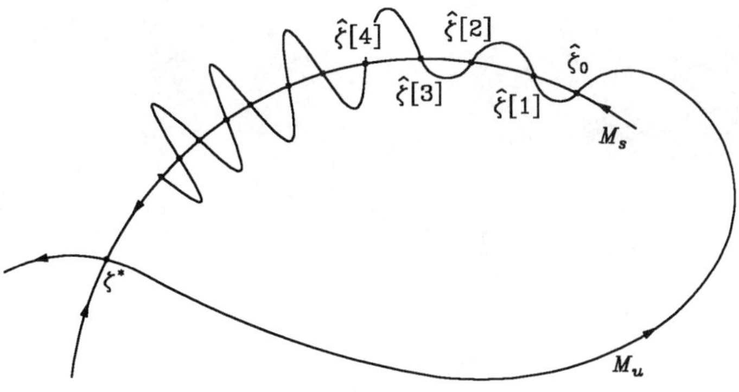

Bild 8.20: Entstehung homokliner Punkte in der Poincaré-Ebene

bit; sie bildet eine homokline Verbindung und schneidet die Poincaré-Ebene in unendlich vielen Punkten. Hierin liegt die dynamische Bedeutung der homoklinen Punkte und des damit verbundenen homoklinen "Gewirrs".

Unter der Annahme, daß im betrachteten System eine homokline Verbindung existiert, kann man nun Trajektorien betrachten, die sich dem Sattelpunkt des Poincaré-Schnittes nähern. Es ist zu erwarten, daß sich diese Trajektorien im Poincaré-Schnitt in der Nähe des Sattelpunkts der stabilen Mannigfaltigkeit nähern, ohne aber auf ihr anzukommen, daß sie sich dann aber nahe der instabilen Mannigfaltigkeit vom Sattelpunkt entfernen. Wenn man davon ausgeht, daß ein homoklines "Gewirr" vorliegt, kann von einer Trajektorie die sich zunächst in der Nähe des Sattelpunkts aufhält, folgende Verhaltensweise erwartet werden: Sie wird vom Sattelpunkt durch den homoklinen "Gewirrteil" der instabilen Mannigfaltigkeit abgestoßen, dann aber durch den "Gewirrteil" der stabilen Mannigfaltigkeit eingefangen und zurückgezogen. So läßt sich vorstellen, daß durch die Anwesenheit eines homoklinen "Gewirrs" Trajektorien auftreten, die im Zustandsraum nahe des Sattelzyklus willkürlich "herumstreifen". Solche Verhaltensweisen nennt man chaotisch.

Es ist möglich, daß sich die instabile Mannigfaltigkeit eines Sattelpunkts in der Poincaré-Ebene mit der stabilen Mannigfaltigkeit eines anderen Sattelpunkts desselben dynamischen Systems schneidet. In einem solchen Fall spricht man von einem heteroklinen Schnitt. So kommt eine asymptotische Verbindung zwischen zwei Sattelpunkten in der Poincaré-Ebene bzw. zwischen zwei Sattelzyklen im ursprünglichen Zustandsraum zustande. Diese Verbindung heißt heterokliner Orbit. Ein weiterer heterokliner Orbit kann vom zweiten Sattelpunkt zum ersten zurückführen. Falls eine derartige Kombination zweier Trajektorien vorliegt, spricht man von einer heteroklinen Verbindung zwischen den beiden Sattelzyklen. Man findet hierbei den gleichen allgemeinen Typ von Verhaltensweise wie bei homoklinen Verbindungen.

Man kann sich leicht davon überzeugen, daß die instabile Mannigfaltigkeit eines Sattelpunktes (oder Sattelzyklus) die instabile Mannigfaltigkeit eines anderen Sattelpunkts (oder Sattelzyklus) nicht schneiden kann. Entsprechendes trifft für zwei stabile Mannigfaltigkeiten zu.

Am Rande sei erwähnt, daß auch bei Grenzzyklen im $\mathbb{R}^2$ transversale Poincaré-Schnitte in Form gerader Linien verwendet werden können, um das Systemverhalten in der unmittelbaren Umgebung des Grenzzyklus, insbesondere das Stabilitätsverhalten zu charakterisieren. Mit ζ^* werde der Schnittpunkt des betrachteten Grenzzyklus mit der Poincaré-Ebene be-

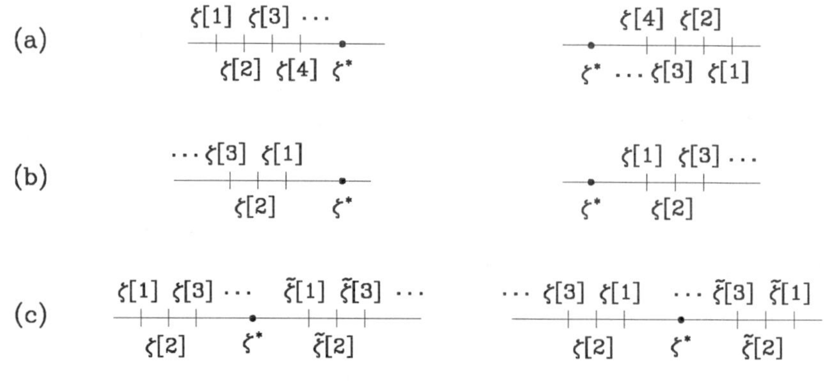

Bild 8.21: Lineare Poincaré-Schnitte zur Kennzeichnung eines zweidimensionalen Grenzzyklus, der dem Punkte ζ^* entspricht

zeichnet. Die Poincaré-Abbildung sei $\zeta[n+1] = g(\zeta[n])$. Im Bild 8.21 sind drei verschiedene Arten von Poincaré-Abbildungen und damit drei unterschiedliche Verhaltensweisen eines Grenzzyklus angedeutet. Der Fall a kennzeichnet einen stabilen Grenzzyklus oder einen Attraktor, Fall b kennzeichnet einen instabilen Grenzzyklus oder einen Repellor, und Fall c charakterisiert einen Sattelzyklus, bei dem auf der einen Seite von ζ^* Anziehung, auf der anderen Seite Abstoßung stattfindet. Mit Hilfe von $a := [\partial g / \partial \zeta]_{\zeta^*}$ wird die Differenzengleichung in $\zeta = \zeta^*$ linearisiert, d.h. $\zeta[n+1] = a\, \zeta[n]$ gebildet. Dabei muß a positiv sein, da eine Trajektorie im $\mathbb{R}^2$ einen Grenzzyklus nicht kreuzen kann, so daß die Bildpunkte der Poincaré-Abbildung immer entweder links oder rechts von ζ^* zu liegen kommen. Stabilität des Grenzzyklus liegt vor jedenfalls für $a < 1$ und Instabilität für $a > 1$. Im Falle $a = 1$ ist eine nähere Untersuchung der Ableitung der Abbildungsfunktion in der unmittelbaren Umgebung von ζ^* erforderlich. So kann für $a = 1$ ein Sattelzyklus vorliegen, falls die Ableitung der Abbildungsfunktion auf einer Seite von ζ^* größer als Eins und auf der anderen Seite von ζ^* kleiner als Eins ist.

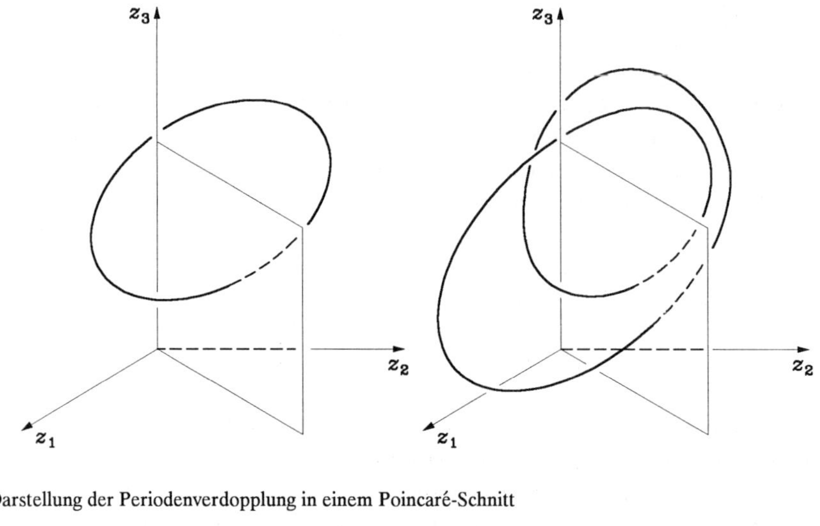

Bild 8.22: Darstellung der Periodenverdopplung in einem Poincaré-Schnitt

Schließlich sei noch darauf hingewiesen, daß anhand eines Poincaré-Schnittes das Phänomen der Periodenverdopplung (bzw. Periodenvervielfachung) einer periodischen Trajektorie infolge Änderung eines Systemparameters einfach gekennzeichnet werden kann. Im Bild 8.22 ist dies für den $\mathbb{R}^3$ angedeutet. Bezeichnet man die zweimalige Poincaré-Abbildung mit $\boldsymbol{g}^{(2)}(\boldsymbol{\zeta}[n]) := \boldsymbol{g}(\boldsymbol{g}(\boldsymbol{\zeta}[n]))$, so wird zuerst eine periodische Trajektorie mit Periode Eins durch einen Fixpunkt von $\boldsymbol{g}$, d.h. als Lösung der Gleichung $\boldsymbol{\zeta}^* = \boldsymbol{g}(\boldsymbol{\zeta}^*)$ gekennzeichnet, eine periodische Trajektorie mit Periode Zwei dagegen durch einen Fixpunkt von $\boldsymbol{g}^{(2)}$, d.h. als Lösung der Gleichung $\boldsymbol{\zeta}^* = \boldsymbol{g}^{(2)}(\boldsymbol{\zeta}^*)$. Entsprechend lassen sich Periodenvervielfachungen höherer Ordnung durch Fixpunkte iterierter Poincaré-Abbildungen $\boldsymbol{g}^{(m)}$ $(m = 3, 4, \ldots)$ charakterisieren. So nennt man einen Punkt $\boldsymbol{\zeta}^*$ einen periodischen Punkt der minimalen Periode m, wenn $\boldsymbol{g}^{(m)}(\boldsymbol{\zeta}^*) = \boldsymbol{\zeta}^*$ gilt und m die kleinste positive ganze Zahl mit dieser Eigenschaft ist. Darüber hinaus heißt ein periodischer Punkt $\boldsymbol{\zeta}^*$ mit minimaler Periode m stabil, asymptotisch stabil bzw. instabil, wenn $\boldsymbol{\zeta}^*$ ein stabiler, asymptotisch stabiler bzw. instabiler Fixpunkt von $\boldsymbol{g}^{(m)}$ ist.

4 Bifurkationen

Bei einem autonomen System gemäß Gl. (8.3) kann es vorkommen, daß die rechte Seite $\boldsymbol{f}$ von Gl. (8.3) außer vom Zustandsvektor $\boldsymbol{z}$ noch von einem oder mehreren (Kontroll-) Parametern abhängt. Änderungen dieser Parameter können zu einem ganz neuen Verhalten des Systems führen. Eine Veränderung der geometrischen Struktur des Trajektorienverlaufs im Zustandsraum als Folge der Änderung eines Kontrollparameters (oder mehrerer Parameter) nennt man *Bifurkation*. Beispielsweise kann durch Änderung eines Kontrollparameters ein stabiler Gleichgewichtszustand des betrachteten Systems in einen instabilen Gleichgewichtszustand übergehen, und es können sogar aus einem instabilen Gleichgewichtspunkt zwei neue stabile Gleichgewichtszustände entstehen. Auch die oben erwähnte Periodenverdopplung infolge Variation eines Kontrollparameters stellt eine Bifurkation dar. Aufgabe der Bifurkationstheorie ist das Studium der verschiedenen Arten von Bifurkationen und deren Klassifizierung. Grundsätzlich unterscheidet man zwischen lokalen und globalen Bifurkationen. Zu den einfachsten lokalen Bifurkationen zählen diejenigen, die mit einem Wechsel des Stabilitätstyps von Gleichgewichtszuständen bzw. Grenzzyklen verbunden sind. Die Besonderheit derartiger Bifurkationen ist darin zu sehen, daß sie aufgrund des lokalen Systemverhaltens in der Nähe eines Gleichgewichtspunkts bzw. eines Grenzzyklus beschrieben werden können. Globale Bifurkationen sind dadurch gekennzeichnet, daß infolge der Variation eines Kontrollparameters (oder mehrerer Parameter) qualitative Veränderungen der Systemdynamik hervorgerufen werden, die sich nicht lokal, sondern in Form von Systemstrukturen größeren Ausmaßes begründen lassen. Einzugsgebiete von Attraktoren und homokline Trajektorien (Abschnitt 3.4.2) sind Beispiele für Systemstrukturen größeren Ausmaßes.

4.1 BIFURKATIONEN VON GLEICHGEWICHTSZUSTÄNDEN

Es wird ein autonomes System betrachtet, das durch die Zustandsgleichung $\mathrm{d}\boldsymbol{z}/\mathrm{d}t = \boldsymbol{f}(\boldsymbol{z})$ mit einer glatten Funktion $\boldsymbol{f}(\boldsymbol{z})$ beschrieben wird, und es wird davon ausgegangen, daß $\boldsymbol{z}_e$ einen Gleichgewichtszustand (stationären Punkt, stationären Zustand, Fixpunkt) vom hyperbolischen Typ darstellt. Diese Eigenschaft von $\boldsymbol{z}_e$ bedeutet, daß die Eigenwerte des in $\boldsymbol{z}_e$

linearisierten Systems ausnahmslos nichtverschwindende Realteile aufweisen und daß sich das lokale Verhalten des nichtlinearen Systems völlig durch das linearisierte System beschreiben läßt. Kleine Störungen des nichtlinearen Systems ändern die hyperbolische Eigenschaft von $\boldsymbol{z}_e$ nicht, ebenso bleibt der Typ des Gleichgewichtszustands erhalten. Daher können Bifurkationen von stationären Punkten, d.h. Änderungen von deren Eigenschaften wie Anzahl und Typ, nur auftreten, wenn sich das System in der Weise verändert, daß ein stationärer Zustand nichthyperbolisch wird. Hieraus ergibt sich ein einfaches Kriterium zur Auffindung von Bifurkationen, wenn das System parameterabhängig ist. Man braucht dann nur die Werte der Systemparameter zu ermitteln, bei denen das in einem stationären Punkt linearisierte System mindestens einen Eigenwert mit verschwindendem Realteil aufweist. Man beachte aber, daß diese Forderung nur eine notwendige Bedingung für das Auftreten einer Bifurkation ist (z.B. tritt bei dem durch die Zustandsdifferentialgleichung $\mathrm{d}z_1/\mathrm{d}t = \mu - z_1^3$ gegebenen System mit dem Systemparameter μ im stationären Punkt $z_1 = 0$ mit $\mu = 0$ keine Bifurkation auf, obwohl $z_1 = 0$ für $\mu = 0$ ein nichthyperbolischer Gleichgewichtszustand ist). Um die Parameterabhängigkeit des Systems auszudrücken, wird die Zustandsgleichung des Systems in der Form

$$\frac{\mathrm{d}\boldsymbol{z}}{\mathrm{d}t} = \boldsymbol{f}(\boldsymbol{z}, \boldsymbol{\mu})$$

geschrieben, wobei die Komponenten des Vektors $\boldsymbol{\mu}$ die veränderbaren Systemparameter bedeuten. Es seien $\boldsymbol{z}$ und $\boldsymbol{\mu}$ (gegebenenfalls durch Verschiebung der Nullpunkte) in der Weise gewählt, daß $\boldsymbol{f}(\mathbf{0}, \mathbf{0}) = \mathbf{0}$ gilt und damit $\boldsymbol{z} = \mathbf{0}$ bei Wahl von $\boldsymbol{\mu} = \mathbf{0}$ einen stationären Punkt darstellt. Es sei nun

$$\frac{\mathrm{d}\boldsymbol{z}}{\mathrm{d}t} = \boldsymbol{A}\,\boldsymbol{z}$$

das für $\mu = \mathbf{0}$ im Ursprung $\boldsymbol{z} = \mathbf{0}$ linearisierte System. Es wird angenommen, daß $\boldsymbol{z} = \mathbf{0}$ ein nichthyperbolischer Gleichgewichtszustand ist, d.h. die Matrix $\boldsymbol{A}$ mindestens einen Eigenwert mit verschwindendem Realteil besitzt. Es ist nun möglich, den Zustandsraum durch einen Koordinatenvektor

$$\boldsymbol{\zeta} = [\,\boldsymbol{\zeta}_1^{\mathrm{T}}\ \ \boldsymbol{\zeta}_2^{\mathrm{T}}\ \ \boldsymbol{\zeta}_3^{\mathrm{T}}\,]^{\mathrm{T}}$$

zu beschreiben, so daß $\boldsymbol{\zeta} = \mathbf{0}$ der betrachtete nichthyperbolische Gleichgewichtspunkt ist und in dessen Umgebung die Zentrumsmannnigfaltigkeit, die instabile Mannigfaltigkeit und die stabile Mannigfaltigkeit (man vergleiche Abschnitt 2.6) durch die Differentialgleichungen

$$\frac{\mathrm{d}\boldsymbol{\zeta}_1}{\mathrm{d}t} = \boldsymbol{A}_1(\boldsymbol{\mu})\,\boldsymbol{\zeta}_1 + \boldsymbol{f}_1(\boldsymbol{\zeta}, \boldsymbol{\mu}), \tag{8.91a}$$

$$\frac{\mathrm{d}\boldsymbol{\zeta}_2}{\mathrm{d}t} = \boldsymbol{A}_2(\boldsymbol{\mu})\,\boldsymbol{\zeta}_2 + \boldsymbol{f}_2(\boldsymbol{\zeta}, \boldsymbol{\mu}), \tag{8.91b}$$

bzw.

$$\frac{\mathrm{d}\boldsymbol{\zeta}_3}{\mathrm{d}t} = \boldsymbol{A}_3(\boldsymbol{\mu})\,\boldsymbol{\zeta}_3 + \boldsymbol{f}_3(\boldsymbol{\zeta}, \boldsymbol{\mu}) \tag{8.91c}$$

beschrieben werden, die zusammen die Zustandsgleichung $\mathrm{d}\boldsymbol{\zeta}/\mathrm{d}t = \boldsymbol{f}(\boldsymbol{\zeta}, \boldsymbol{\mu})$ des nichtlinearen Systems bilden. Alle Eigenwerte von $\boldsymbol{A}_1(\mathbf{0})$ haben verschwindenden Realteil, und es gibt eine Umgebung von $\boldsymbol{\mu} = \mathbf{0}$, in der überall (einschließlich $\boldsymbol{\mu} = \mathbf{0}$) die Eigenwerte von $\boldsymbol{A}_2(\boldsymbol{\mu})$

und $\boldsymbol{A}_3(\boldsymbol{\mu})$ (streng) negativen bzw. positiven Realteil aufweisen. Die Funktionen $\boldsymbol{f}_i(\boldsymbol{\zeta}, \boldsymbol{\mu})$ ($i = 1, 2, 3$) enthalten die nichtlinearen Anteile in den Variablen $\boldsymbol{\zeta}_1$, $\boldsymbol{\zeta}_2$ und $\boldsymbol{\zeta}_3$. Daher gilt

$$\boldsymbol{f}_i(\mathbf{0}, \mathbf{0}) = \mathbf{0} \quad \text{und} \quad \left.\frac{\partial \boldsymbol{f}_i}{\partial \boldsymbol{\zeta}}\right|_{\substack{\boldsymbol{\zeta}=\mathbf{0}\\ \boldsymbol{\mu}=\mathbf{0}}} = \mathbf{0} \quad (i = 1, 2, 3).$$

Die linearen Eigenräume der Matrix $\boldsymbol{A}$ sind gekennzeichnet durch die drei Hyperebenen $E_1 = \{\boldsymbol{\zeta} \in \mathbb{R}^q;\ \boldsymbol{\zeta}_2 = \boldsymbol{\zeta}_3 = \mathbf{0}\}$, $E_2 = \{\boldsymbol{\zeta} \in \mathbb{R}^q;\ \boldsymbol{\zeta}_1 = \boldsymbol{\zeta}_3 = \mathbf{0}\}$ bzw. $E_3 = \{\boldsymbol{\zeta} \in \mathbb{R}^q;\ \boldsymbol{\zeta}_1 = \boldsymbol{\zeta}_2 = \mathbf{0}\}$.

Von besonderem Interesse ist die Dynamik des nichtlinearen Systems in der Umgebung von $\boldsymbol{\zeta} = \mathbf{0}$, $\boldsymbol{\mu} = \mathbf{0}$. Zu deren Beschreibung wird die Zentrumsmannigfaltigkeit des Systems verwendet, wobei eine Erweiterung dieser Mannigfaltigkeit durch Einbeziehung der Variablen $\boldsymbol{\mu}$ erfolgt. Dazu wird die triviale Differentialgleichung

$$\frac{\mathrm{d}\boldsymbol{\mu}}{\mathrm{d}t} = \mathbf{0} \tag{8.92}$$

zusätzlich eingeführt. Auf diese Weise läßt sich der Parameterraum in die Zentrumsmannigfaltigkeit einbeziehen, und damit erreicht diese für kleine $\|\boldsymbol{\zeta}\|$ und $\|\boldsymbol{\mu}\|$ Gültigkeit. Die Dimensionen der Zentrumsmannigfaltigkeit des erweiterten Systems ist gleich der Summe der Dimensionen von E_1 und $\boldsymbol{\mu}$. Diese Zentrumsmannigfaltigkeit verläuft für $\boldsymbol{\mu} = \mathbf{0}$ im Ursprung tangential zu E_1. Nach dem Vorbild der Ermittlung der Zentrumsmannigfaltigkeit im Abschnitt 2.6 wird nun versucht, die Zentrumsmannigfaltigkeit des erweiterten Systems durch einen Ansatz in Form der Gleichungen

$$\boldsymbol{\zeta}_2 = \boldsymbol{h}_2(\boldsymbol{\zeta}_1, \boldsymbol{\mu}) \tag{8.93a}$$

und

$$\boldsymbol{\zeta}_3 = \boldsymbol{h}_3(\boldsymbol{\zeta}_1, \boldsymbol{\mu}) \tag{8.93b}$$

zu beschreiben und nunmehr zu ermitteln. Führt man die Gln. (8.93a,b) in die Gl. (8.91a) ein, dann ergibt sich die für hinreichend kleine $\|\boldsymbol{\zeta}\|$ und $\|\boldsymbol{\mu}\|$ gültige Differentialgleichung

$$\frac{\mathrm{d}\boldsymbol{\zeta}_1}{\mathrm{d}t} = \boldsymbol{g}(\boldsymbol{\zeta}_1, \boldsymbol{\mu}) \tag{8.94a}$$

mit

$$\boldsymbol{g}(\boldsymbol{\zeta}_1, \boldsymbol{\mu}) := \boldsymbol{A}_1(\boldsymbol{\mu})\,\boldsymbol{\zeta}_1 + \boldsymbol{f}_1(\boldsymbol{\zeta}_1, \boldsymbol{h}_2(\boldsymbol{\zeta}_1, \boldsymbol{\mu}), \boldsymbol{h}_3(\boldsymbol{\zeta}_1, \boldsymbol{\mu}), \boldsymbol{\mu}) \tag{8.94b}$$

($\boldsymbol{f}_1(\boldsymbol{\zeta}_1, \boldsymbol{\zeta}_2, \boldsymbol{\zeta}_3, \boldsymbol{\mu})$ statt $\boldsymbol{f}_1(\boldsymbol{\zeta}, \boldsymbol{\mu})$), die im Zusammenhang mit Gl. (8.92) zu sehen ist. Auf diese Weise wird die Systemdynamik auf der Zentrumsmannigfaltigkeit beschrieben.

4.2 BIFURKATIONSPUNKT MIT NUR EINEM EIGENWERT AUF DER IMAGINÄREN ACHSE

Im folgenden wird angenommen, daß die Differentialgleichung $\mathrm{d}\boldsymbol{\zeta}/\mathrm{d}t = \boldsymbol{f}(\boldsymbol{\zeta}, \boldsymbol{\mu})$ einen nichthyperbolischen Gleichgewichtspunkt hat, der ohne Einschränkung der Allgemeinheit im Ursprung $\boldsymbol{\zeta} = \mathbf{0}$ für $\boldsymbol{\mu} = \mathbf{0}$ auftreten möge, wobei auch die Wahl von $\boldsymbol{\mu} = \mathbf{0}$ keine Beschränkung der Allgemeingültigkeit bedeutet. Darüber hinaus wird vorausgesetzt, daß die Jacobische Matrix des in $\boldsymbol{\zeta} = \mathbf{0}$ linearisierten Systems für $\boldsymbol{\mu} = \mathbf{0}$ nur *einen* Eigenwert mit verschwindendem Realteil aufweist, nämlich $p = 0$, und daß alle übrigen Eigenwerte außerhalb der imaginären Achse der komplexen p-Ebene auftreten. Schließlich wird davon ausgegangen, daß nur ein einziger reeller Systemparameter vorhanden ist, also $\boldsymbol{\mu} = \mu$ eine skalare Größe darstellt. Damit wird die Dynamik in der Zentrumsmannigfaltigkeit durch die Differentialgleichung

$$\frac{\mathrm{d}\zeta_1}{\mathrm{d}t} = g(\zeta_1, \mu) \tag{8.95}$$

mit $\zeta_1 \in \mathbb{R}$ und $\mu \in \mathbb{R}$ beschrieben. Für die rechte Seite dieser Gleichung gilt

$$g(0,0) = 0 \quad \text{und} \quad A_1(0) = \frac{\partial g}{\partial \zeta_1} = 0\,. \tag{8.96a,b}$$

Dabei ist die Ableitung wie im folgenden sämtliche Ableitungen für $\zeta_1 = 0$ und $\mu = 0$ zu nehmen. Angesichts dieser Eigenschaft läßt sich obige Differentialgleichung durch Taylor-Reihenentwicklung von $g(\zeta_1, \mu)$ nach beiden Variablen an der Stelle $\zeta_1 = \mu = 0$ in der Form

$$\begin{aligned}\frac{\mathrm{d}\zeta_1}{\mathrm{d}t} &= \frac{\partial g}{\partial \mu}\mu + \frac{1}{2}\left(\frac{\partial^2 g}{\partial \zeta_1^2}\zeta_1^2 + 2\frac{\partial^2 g}{\partial \zeta_1 \partial \mu}\zeta_1\mu + \frac{\partial^2 g}{\partial \mu^2}\mu^2\right) \\ &+ \frac{1}{6}\left(\frac{\partial^3 g}{\partial \zeta_1^3}\zeta_1^3 + 3\frac{\partial^3 g}{\partial \zeta_1^2 \partial \mu}\zeta_1^2\mu + 3\frac{\partial^3 g}{\partial \zeta_1 \partial \mu^2}\zeta_1\mu^2 + \frac{\partial^3 g}{\partial \mu^3}\mu^3\right) \\ &+ O\Big[(|\zeta_1| + |\mu|)^4\Big]\end{aligned} \tag{8.97}$$

ausdrücken. Alle partiellen Ableitungen sind, um es nochmals zu sagen, für $\zeta_1 = 0$ und $\mu = 0$ zu nehmen; im übrigen gilt die Differentialgleichung nur in einer genügend kleinen Umgebung von $\zeta_1 = 0$, $\mu = 0$.

Es soll der geometrische Ort der stationären Punkte für die erhaltene Differentialgleichung (8.97) in Abhängigkeit von μ bestimmt werden. Dazu wird zunächst diese Differentialgleichung, welche die Systemdynamik auf der Zentrumsmannigfaltigkeit beschreibt, auf die Form

$$\frac{\mathrm{d}\zeta_1}{\mathrm{d}t} = \sum_{\nu \geqq 0} \alpha_\nu(\mu)\,\zeta_1^\nu \tag{8.98}$$

gebracht, wobei

$$\alpha_0(\mu) = \frac{\partial g}{\partial \mu}\mu + \frac{1}{2}\frac{\partial^2 g}{\partial \mu^2}\mu^2 + \frac{1}{6}\frac{\partial^3 g}{\partial \mu^3}\mu^3 + O(\mu^4), \tag{8.99a}$$

$$\alpha_1(\mu) = \frac{\partial^2 g}{\partial \zeta_1 \partial \mu}\mu + \frac{1}{2}\frac{\partial^3 g}{\partial \zeta_1 \partial \mu^2}\mu^2 + O(\mu^3), \tag{8.99b}$$

$$\alpha_2(\mu) = \frac{1}{2}\frac{\partial^2 g}{\partial \zeta_1^2} + \frac{1}{2}\frac{\partial^3 g}{\partial \zeta_1^2 \partial \mu}\mu + O(\mu^2), \tag{8.99c}$$

$$\alpha_3(\mu) = \frac{1}{6}\frac{\partial^3 g}{\partial \zeta_1^3} + O(\mu) \tag{8.99d}$$

etc. gilt. Eine Näherung der rechten Seite von Gl. (8.98) bis zur zweiten Ordnung, d.h. die ausschließliche Berücksichtigung der ersten drei Summanden, liefert unter der Vorausssetzung $\partial^2 g/\partial \zeta_1^2 \neq 0$ durch Nullsetzen eine Approximation für die stationären Punkte, nämlich

$$\zeta_1 \cong \frac{-\alpha_1 \pm \sqrt{\alpha_1^2 - 4\alpha_0\alpha_2}}{2\alpha_2}$$

oder wenn man die gefundenen Ausdrücke für α_0, α_1 und α_2 einsetzt und nur Terme bis zur Ordnung $\mu^{1/2}$ berücksichtigt

$$\zeta_1 \cong \pm\sqrt{-2\mu(\partial g/\partial\mu)/(\partial^2 g/\partial\zeta_1^2)}. \tag{8.100}$$

(Eine Berücksichtigung nur der ersten zwei Summanden der rechten Seite von Gl. (8.98) würde jedenfalls für $\partial g/\partial\mu \neq 0$ keine lokale Lösung ergeben.)

Sattel-Knoten-Bifurkation. Unter der Voraussetzung $(\partial g/\partial\mu)/(\partial^2 g/\partial\zeta_1^2) < 0$ ist nach Gl. (8.100) für $\mu > 0$ eine Bifurkation zu erwarten. Angesichts der Form von Gl. (8.100) wird für die stationären Punkte der Reihenansatz

$$\zeta_1 = \sum_{\nu \geqq 1} \beta_\nu \mu^{\nu/2} \tag{8.101}$$

gemacht, der in die Gl. (8.97) eingeführt wird. Auf diese Weise lassen sich die Koeffizienten β_ν ermitteln, indem man berücksichtigt, daß nach Einführung des Ansatzes für ζ_1 die rechte Seite der Gl. (8.97) Null werden muß. Man erhält auf diese Weise die Gleichung

$$\left(\frac{\partial g}{\partial\mu} + \frac{1}{2}\beta_1^2\frac{\partial^2 g}{\partial\zeta_1^2}\right)\mu + \left(\beta_1\beta_2\frac{\partial^2 g}{\partial\zeta_1^2} + \beta_1\frac{\partial^2 g}{\partial\zeta_1\partial\mu} + \frac{1}{6}\beta_1^3\frac{\partial^3 g}{\partial\zeta_1^3}\right)\mu^{3/2}$$
$$+\left[\frac{1}{2}(2\beta_1\beta_3+\beta_2^2)\frac{\partial^2 g}{\partial\zeta_1^2} + \beta_2\frac{\partial^2 g}{\partial\zeta_1\partial\mu} + \frac{1}{2}\frac{\partial^2 g}{\partial\mu^2} + \frac{1}{2}\beta_1^2\beta_2\frac{\partial^3 g}{\partial\zeta_1^3}\right.$$
$$\left.+\frac{1}{2}\beta_1^2\frac{\partial^3 g}{\partial\zeta_1^2\partial\mu} + \frac{1}{24}\frac{\partial^4 g}{\partial\zeta_1^4}\beta_1^4\right]\mu^2 + \cdots = 0, \tag{8.102}$$

die unabhängig von μ zu erfüllen ist. Durch Nullsetzen der Koeffizienten bei μ und $\mu^{3/2}$ lassen sich β_1 und β_2 berechnen, und man erhält so

$$\beta_1 = \pm\sqrt{-2\frac{\partial g}{\partial\mu} \Big/ \frac{\partial^2 g}{\partial\zeta_1^2}} \tag{8.103a}$$

und

$$\beta_2 = \frac{1}{3(\partial^2 g/\partial\zeta_1^2)^2}\left[\frac{\partial^3 g}{\partial\zeta_1^3}\frac{\partial g}{\partial\mu} - 3\frac{\partial^2 g}{\partial\zeta_1^2}\frac{\partial^2 g}{\partial\zeta_1\partial\mu}\right]. \tag{8.103b}$$

Die Koeffizienten β_3, β_4 etc. lassen sich durch Weiterführung der Reihenentwicklung und Nullsetzen der nachfolgenden Koeffizenten gewinnen. Somit erhält man nach Gl. (8.101) für die stationären Punkte unter der Voraussetzung $(\partial g/\partial\mu)/(\partial^2 g/\partial\zeta_1^2) < 0$ für $\mu > 0$ die Approximation

$$\zeta_1 = \pm\sqrt{-2\frac{\partial g/\partial\mu}{\partial^2 g/\partial\zeta_1^2}}\,\mu^{1/2} + \frac{1}{3(\partial^2 g/\partial\zeta_1^2)^2}\left[\frac{\partial^3 g}{\partial\zeta_1^3}\frac{\partial g}{\partial\mu} - 3\frac{\partial^2 g}{\partial\zeta_1^2}\frac{\partial^2 g}{\partial\zeta_1\partial\mu}\right]\mu$$
$$+O(\mu^{3/2}), \tag{8.104}$$

die bis zur Ordnung $\mu^{1/2}$ mit Gl. (8.100) übereinstimmt. Entsprechend findet man im Falle $(\partial g/\partial\mu)(\partial^2 g/\partial\zeta_1^2) > 0$ ein Lösungspaar für $\mu < 0$, das sich als Reihe in $\sqrt{-\mu}$ darstellen läßt.

Um die Stabilität der stationären Punkte für kleine $|\mu|$ zu untersuchen, greift man auf die skalaren Differentialgleichungen (8.98) und (8.95) zurück und ermittelt in den Gleichgewichtspunkten das Vorzeichen der Ableitung $\partial g/\partial\zeta_1$, die sich zu $\alpha_1 + 2\alpha_2\zeta_1 + \cdots$ ergibt. Dabei ist $2\alpha_2\zeta_1$ der dominante Term von der Ordnung $\sqrt{\mu}$. Sofern $\partial^2 g/\partial\zeta_1^2 < 0$ (d.h. $\alpha_2 < 0$) gilt, ist der positive stationäre Punkt asymptotisch stabil, der negative instabil; im Falle $\partial^2 g/\partial\zeta_1^2 > 0$ ist der positive stationäre Punkt instabil, der negative asymptotisch stabil.

Die Ergebnisse werden folgendermaßen zusammengefaßt:

> Ausgegangen wird von einem skalaren System $\mathrm{d}\zeta_1/\mathrm{d}t = g(\zeta_1, \mu)$ mit der Eigenschaft $g(0,0) = \partial g/\partial\zeta_1 = 0$. Gilt $\partial g/\partial\mu \neq 0$ und $\partial^2 g/\partial\zeta_1^2 \neq 0$ (wobei alle Ableitungen für $\zeta_1 = \mu = 0$ zu nehmen sind), dann gibt es eine stetige Kurve als geometrischer Ort für die stationären Punkte in der Umgebung von $[\zeta_1 \;\; \mu]^{\mathrm{T}} = \mathbf{0}$, diese Kurve verläuft durch $[\zeta_1 \;\; \mu]^{\mathrm{T}} = \mathbf{0}$ tangential an $\mu = 0$. Falls $(\partial g/\partial\mu)/(\partial^2 g/\partial\zeta_1^2)$ im Bifurkationspunkt $[\zeta_1 \;\; \mu]^{\mathrm{T}} = \mathbf{0}$ negativ (bzw. positiv) ist, existieren keine stationären Punkte in der Nähe von $[\zeta_1 \;\; \mu]^{\mathrm{T}} = \mathbf{0}$, sofern $\mu < 0$ (bzw. $\mu > 0$) gewählt wird. Für jedes $\mu > 0$ (bzw. $\mu < 0$) gibt es in einer hinreichend kleinen Umgebung von $\mu = 0$ zwei stationäre Punkte nahe $\zeta_1 = 0$. Die stationären Zustände sind für $\mu \neq 0$ hyperbolisch, wobei der obere asymptotisch stabil und der untere instabil ist, falls $\partial^2 g/\partial\zeta_1^2$ für $[\zeta_1 \;\; \mu]^{\mathrm{T}} = \mathbf{0}$ negativ ist. Sofern $\partial^2 g/\partial\zeta_1^2$ für $[\zeta_1 \;\; \mu]^{\mathrm{T}} = \mathbf{0}$ positiv ist, ist der obere der stationären Punkte instabil, der untere asymptotisch stabil.

Dieses Ergebnis ist im Schrifttum als Sattel-Knoten-Bifurkationstheorem bekannt. Die Sattel-Knoten-Bifurkation wird gelegentlich auch Falte genannt.

Transkritische Bifurkation. Man kann statt des Ansatzes nach Gl. (8.101) zur Ermittlung der stationären Punkte auch versuchen, den Ansatz

$$\zeta_1 = \sum_{\nu \geqq 1} \gamma_\nu \mu^\nu \tag{8.105}$$

zu verwenden und in die Gl. (8.97) einzuführen, um durch Nullsetzten der rechten Seite dieser Gleichung die Koeffizienten γ_ν zu berechnen. Man erhält auf diese Weise die Gleichung

$$\left(\frac{\partial g}{\partial\mu}\right)\mu + \left(\frac{1}{2}\frac{\partial^2 g}{\partial\zeta_1^2}\gamma_1^2 + \frac{\partial^2 g}{\partial\zeta_1\partial\mu}\gamma_1 + \frac{1}{2}\frac{\partial^2 g}{\partial\mu^2}\right)\mu^2 + \left(\frac{\partial^2 g}{\partial\zeta_1^2}\gamma_1\gamma_2 + \frac{\partial^2 g}{\partial\zeta_1\partial\mu}\gamma_2\right.$$
$$\left. + \frac{1}{6}\frac{\partial^3 g}{\partial\zeta_1^3}\gamma_1^3 + \frac{1}{2}\frac{\partial^3 g}{\partial\zeta_1^2\partial\mu}\gamma_1^2 + \frac{1}{2}\frac{\partial^3 g}{\partial\zeta_1\partial\mu^2}\gamma_1 + \frac{1}{6}\frac{\partial^3 g}{\partial\mu^3}\right)\mu^3 = 0 . \tag{8.106}$$

Da diese Gleichung unabhängig von μ erfüllt sein muß, wird die Bedingung

$$\frac{\partial g}{\partial\mu} = 0 \tag{8.107}$$

gefordert. Trifft man zusätzlich die Voraussetzung

$$\frac{\partial^2 g}{\partial \zeta_1^2} \neq 0 \quad \text{und} \quad \Delta^2 := \left(\frac{\partial^2 g}{\partial \zeta_1 \partial \mu}\right)^2 - \frac{\partial^2 g}{\partial \zeta_1^2}\frac{\partial^2 g}{\partial \mu^2} > 0 \tag{8.108a,b}$$

mit $\Delta > 0$, dann erhält man auf die genannte Weise für den ersten Koeffizienten im Reihenansatz nach Gl. (8.105)

$$\gamma_1 = -\frac{\partial^2 g/(\partial \zeta_1 \partial \mu) \pm \Delta}{\partial^2 g/\partial \zeta_1^2}\,. \tag{8.109}$$

Alle auftretenden Ableitungen sind im Punkt $[\zeta_1 \;\; \mu]^{\mathrm{T}} = \mathbf{0}$ zu nehmen. Grundsätzlich lassen sich die weiteren Koeffizienten $\gamma_2, \gamma_3, \ldots$ in entsprechender Weise durch Fortführung der Rechnung erhalten.

Neben der generellen Voraussetzung nach Gln. (8.96a,b) für die Entstehung einer Bifurkation werden die Voraussetzungen (8.107) und (8.108a,b) getroffen. Damit erhält man nach Gl. (8.105) mit Gl. (8.109) für die stationären Punkte

$$\zeta_1 \cong -\frac{\partial^2 g/(\partial \zeta_1 \partial \mu) \pm \Delta}{\partial^2 g/\partial \zeta_1^2}\,\mu + O(\mu^2)\,, \tag{8.110}$$

wobei nach wie vor alle Ableitungen im Punkt $[\zeta_1 \;\; \mu]^{\mathrm{T}} = \mathbf{0}$ zu nehmen sind. Mit den Gln. (8.95), (8.98) und (8.99b,c) erhält man in den Gleichgewichtspunkten nach Gl. (8.110) die Ableitung $\partial g/\partial \zeta_1 = \alpha_1 + 2\alpha_2 \zeta_1 + \cdots = \mp \mu \Delta + O(\mu^2)$; aus dieser läßt sich die Stabilität der stationären Punkte ablesen, wobei das Minuszeichen zu nehmen ist, wenn man in Gl. (8.110) das Pluszeichen wählt, und umgekehrt. Die Gl. (8.110) lehrt nun, daß durch den Ursprung im kartesischen μ, ζ_1-Koordinatensystem zwei sich schneidende Bifurkationskurven (eine obere und eine untere Kurve) verlaufen, die den Ort der stationären Punkte ζ_1 in Abhängigkeit von μ beschreiben. Gilt $\partial^2 g/\partial \zeta_1^2 < 0$, dann erhält man mit dem Pluszeichen in Gl. (8.110) und für hinreichend kleines $\mu > 0$ die obere Kurve mit $\partial g/\partial \zeta_1 = -\mu\Delta < 0$, d.h. ausschließlich asymptotisch stabile Gleichgewichtspunkte und für $\mu < 0$ ($|\mu|$ hinreichend klein) die untere Kurve mit ausschließlich instabilen Gleichgewichtspunkten. Gilt $\partial^2 g/\partial \zeta_1^2 > 0$, so kehren sich die Aussagen um.

Die Ergebnisse werden folgendermaßen zusammengefaßt:

> Ausgegangen wird von einem skalaren System $\mathrm{d}\zeta_1/\mathrm{d}t = g(\zeta_1, \mu)$. Neben den Voraussetzungen nach Gln. (8.96a,b) werden die Annahmen gemäß Gl. (8.107) und (8.108a,b) getroffen. Dann gibt es zwei Kurven stationärer Punkte in der Umgebung von $[\zeta_1 \;\; \mu]^{\mathrm{T}} = \mathbf{0}$. Diese Kurven schneiden sich im Punkt $[\zeta_1 \;\; \mu]^{\mathrm{T}} = \mathbf{0}$. In einer genügend kleinen Umgebung dieser Stelle gibt es für jedes $\mu \neq 0$ zwei hyperbolische stationäre Punkte, von denen der obere asymptotisch stabil und der untere instabil ist, wenn $\partial^2 g/\partial \zeta_1^2 < 0$ gilt, dagegen ist der obere instabil und der untere asymptotisch stabil, wenn $\partial^2 g/\partial \zeta_1^2 > 0$ gilt.

Gabel-Bifurkation. Im folgenden werden neben den generellen Voraussetzungen für das Auftreten einer Bifurkation gemäß den Gln. (8.96a,b) zusätzlich die Bedingungen

$$\frac{\partial g}{\partial \mu} = \frac{\partial^2 g}{\partial \zeta_1^2} = 0\,, \quad \frac{\partial^2 g}{\partial \zeta_1 \partial \mu} \neq 0 \quad \text{und} \quad \frac{\partial^3 g}{\partial \zeta_1^3} \neq 0 \tag{8.111a-c}$$

gestellt. Man kann hier die stationären Punkte in der Umgebung von $[\zeta_1 \;\; \mu]^{\mathrm{T}} = \mathbf{0}$ gemäß Gl.

(8.101) als Reihe ansetzen und erhält bei Beachtung der Bedingungen (8.111a-c) durch Nullsetzen des Koeffizienten bei $\mu^{3/2}$ in Gl. (8.102) (der Koeffizient bei μ verschwindet zwangsläufig angesichts der gestellten Bedingung (8.111a))

$$\beta_1 = \pm \sqrt{\frac{-6\,\partial^2 g/(\partial\,\zeta_1\,\partial\,\mu)}{\partial^3 g/\partial\,\zeta_1^3}} \tag{8.112a}$$

und damit

$$\zeta_1 = \beta_1\,\mu^{1/2} + O(\mu)\,. \tag{8.112b}$$

Setzt man zusätzlich den Koeffizienten bei μ^2 in Gl. (8.102) Null und beachtet Gl. (8.112a), so erhält man auch β_2.

Es ist nun interessant, daß für die stationären Punkte auch der Ansatz nach Gl. (8.105) geeignet ist. Bei Beachtung der Bedingungen gemäß Gl. (8.111a-c) ergibt sich durch Nullsetzen des Koeffizienten bei μ^2 in Gl. (8.106) (der Koeffizient bei μ verschwindet zwangsläufig)

$$\gamma_1 = -\frac{\partial^2 g/\partial\,\mu^2}{2\,\partial^2 g/(\partial\,\zeta_1\,\partial\,\mu)} \tag{8.113a}$$

und damit

$$\zeta_1 = \gamma_1\,\mu + O(\mu^2)\,, \tag{8.113b}$$

weil $\partial^2 g/(\partial\,\zeta_1\,\partial\,\mu) \neq 0$ gilt. Setzt man zusätzlich den Koeffizienten bei μ^3 in Gl. (8.106) Null, so erhält man den weiteren Koeffizienten γ_2 usw.

Aus den vorausgegangenen Untersuchungen können folgende Schlußfolgerungen gezogen werden: Unter der Voraussetzung $(\partial^2 g/\partial\zeta_1\,\partial\mu)/(\partial^3 g/\partial\zeta_1^3) < 0$ gibt es in der Umgebung von $[\zeta_1 \;\; \mu]^{\mathrm{T}} = \mathbf{0}$ gemäß den Gln. (8.112a,b) für hinreichend kleine $\mu > 0$ in der μ, ζ_1-Ebene, wobei ζ_1 und μ kartesische Koordinaten bedeuten, eine zur μ-Achse symmetrische Kurve stationärer Punkte. Diese Kurve verläuft durch den Nullpunkt tangential zur ζ_1-Achse. Durch Betrachtung der (skalaren) Jacobi-Matrix $J := \partial g/\partial\zeta_1 = \alpha_1 + 2\alpha_2\,\zeta_1 + 3\alpha_3\,\zeta_1^2 + \cdots$ im Ursprung erkennt man, daß im Falle $\partial^2 g/\partial\zeta_1\,\partial\mu > 0$ (und damit $\partial^3 g/\partial\zeta_1^3 < 0$) diese Punkte asymptotisch stabil und im Falle $\partial^2 g/\partial\zeta_1\,\partial\mu < 0$ instabil sind, da die Beziehung $J = -2(\partial^2 g/\partial\zeta_1\,\partial\mu)\,\mu + O\,(\mu^{3/2})$ gilt. Falls $(\partial^2 g/\partial\zeta_1\,\partial\mu)/(\partial^3 g/\partial\zeta_1^3) > 0$ gilt, existiert eine Bifurkationskurve gleicher Art für $\mu < 0$ mit hinreichend kleinem μ (in diesem Falle verwendet man für ζ_1 eine Reihenentwicklung nach Potenzen von $\sqrt{-\mu}$). – Gemäß den Gln. (8.113a,b) gibt es im Falle $\partial^2 g/\partial\zeta_1\,\partial\mu \neq 0$ eine durch den Nullpunkt des μ, ζ_1-Koordinatensystems verlaufende Kurve stationärer Punkte.

Zusammenfassend kann festgestellt werden: Gilt unter der Voraussetzung, daß die Bedingungen (8.96a,b) und (8.111a-c) erfüllt sind, $(\partial^2 g/\partial\zeta_1\,\partial\mu)/\,(\partial^3 g/\partial\zeta_1^3) < 0$, dann gibt es in der Nähe von $\zeta_1 = 0$ drei stationäre Punkte für $\mu > 0$, von denen das äußere Paar asymptotisch stabil und der innere Punkt instabil ist, sofern $\partial^2 g/\partial\zeta_1\,\partial\mu$ positiv ist; für $\mu < 0$ existiert in der Nähe von $\zeta_1 = 0$ nur ein stationärer Punkt, der asymptotisch stabil ist, sofern $\partial^2 g/\partial\zeta_1\,\partial\mu$ positiv ist. Ist $\partial^2 g/\partial\zeta_1\,\partial\mu$ negativ, so kehren sich die Stabilitätseigenschaften um. – Gilt $(\partial^2 g/\partial\zeta_1\,\partial\mu)/\,(\partial^3 g/\partial\zeta_1^3) > 0$, dann erhält man für $\mu < 0$ drei stationäre Punkte in der Nähe von $\zeta_1 = 0$, wobei das äußere Paar (man vergleiche hierzu Bild 8.25) asymptotisch stabil und der innnere Gleichgewichtspunkt instabil ist, sofern $\partial^2 g/\partial\zeta_1\,\partial\mu$ negativ ist, während für $\mu > 0$ nur ein stationärer Punkt nahe $\zeta_1 = 0$ vorhanden ist, der asymptotisch stabil ist, falls $\partial^2 g / \partial\zeta_1 \partial\mu$ negativ ist. Bei positivem $\partial^2 g / \partial\zeta_1 \partial\mu$ kehren sich auch hier die Stabilitätseigenschaften um.

Die hier beschriebene Erscheinung heißt in der Literatur (Stimm-) Gabel-Bifurkation. Sie heißt superkritisch, wenn das bei der Bifurkation entstehende Paar von Gleichgewichtspunkten stabil ist, andernfalls nennt man die Bifurkation subkritisch.

4.3 BEISPIELE

Die im vorausgegangenen Abschnitt behandelten Bifurkationen sollen nun an Hand von vier Beispielen erläutert werden. Bei den ersten drei Beispielen sind die Differentialgleichungen bereits in Normalform gegeben, so daß sofort eine Bifurkationsanalyse möglich ist. Im vierten Beispiel muß zunächst die Zentrumsmannigfaltigkeit berechnet werden, und dann kann man erst die Bifurkationsanalyse durchführen.

Beispiel 8.18: Das klassische Beispiel einer Sattel-Knoten-Bifurkation wird durch das System erster Ordnung

$$\frac{d\zeta_1}{dt} = \zeta_1^2 - \mu$$

mit $\zeta_1, \mu \in \mathbb{R}$ repräsentiert, d.h. für $g(\zeta_1, \mu) = \zeta_1^2 - \mu$. Für $\zeta_1 = \mu = 0$ sind offensichtlich alle Bedingungen erfüllt, die für das Auftreten einer Bifurkation gemäß den Gln. (8.96a,b) unbedingt zu fordern sind; außerdem gilt $\partial g / \partial\mu = -1 \neq 0$ und $\partial^2 g / \partial\zeta_1^2 = 2 \neq 0$. Damit liegt für $\zeta_1 = \mu = 0$ eine Sattel-Knoten Bifurkation vor. Da $(\partial g / \partial\mu)/(\partial^2 g / \partial\zeta_1^2)$ negativ ist, gibt es für $\mu > 0$ zwei stationäre Punkte, die beim Durchlaufen der μ-Achse im Punkt $\mu = 0$ "geboren" werden und von denen der obere Punkt $\zeta_1 = \sqrt{\mu}$ $(\mu > 0)$ instabil, der untere $\zeta_1 = -\sqrt{\mu}$ asymptotisch stabil ist, da $\partial^2 g / \partial\zeta_1^2$ positiv ist; dies läßt sich an Hand der Ableitung $\partial g / \partial\zeta_1 = 2\zeta_1$ bestätigen. Für $\mu < 0$ existiert kein Gleichgewichtspunkt. Bild 8.23 zeigt das zugehörige Bifurkationsdiagramm, in dem der instabile Ast strichliert gezeichnet ist. Anzumerken ist, daß für $\mu = 0$ im zugehörigen Zustandsraum $\mathbb{R}^1$ eine Trajektorie von links in den Gleichgewichtspunkt $\zeta_1 = 0$ einmündet und daß eine Trajektorie diesen Punkt nach rechts verläßt; man kann daher $\zeta_1 = 0$ $(\mu = 0)$ als eine Art Sattelpunkt interpretieren. Da für $\mu > 0$ im Punkt $\zeta_1 = \sqrt{\mu}$ ein instabiler und in $\zeta_1 = -\sqrt{\mu}$ ein asymptotisch stabiler Gleichgewichtspunkt vorhanden ist, spricht man auch von einer Repellor-Attraktor-Bifurkation.

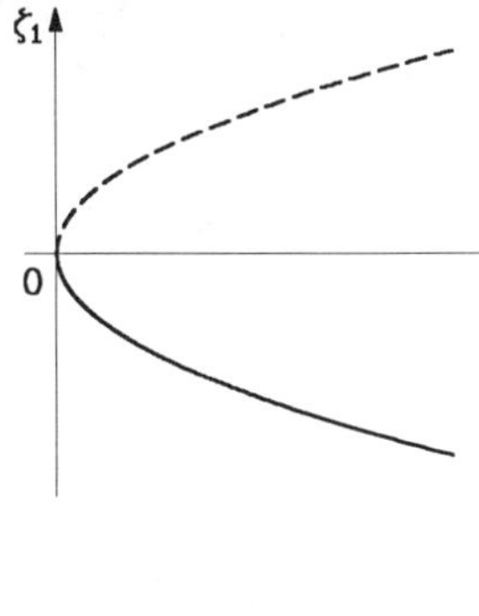

Bild 8.23: Bifurkationsdiagramm von Beispiel 8.18

Beispiel 8.19: Im folgenden wird das System

$$\frac{d\zeta_1}{dt} = \zeta_1^3 + 2\zeta_1^2 - (8 + \mu)\zeta_1 + 2\mu$$

$(\zeta_1, \mu \in \mathbb{R})$ untersucht. Um Bifurkationen zu lokalisieren, müssen Lösungen der Gleichung $g(\zeta_1, \mu) = 0$ mit

$$g(\zeta_1, \mu) := \zeta_1^3 + 2\zeta_1^2 - (8 + \mu)\zeta_1 + 2\mu = (\zeta_1 - 2)(\zeta_1^2 + 4\zeta_1 - \mu)$$

gesucht werden. Wie man sieht, ist $\zeta_1 = 2$ ein von μ unabhängiger Gleichgewichtspunkt; der quadratische Faktor liefert die beiden Gleichgewichtspunkte

$$\zeta_1 = -2 \pm \sqrt{4+\mu}\,,$$

sofern $\mu > -4$ gewählt wird. Dies deutet darauf hin, daß $\mu = -4$, $\zeta_1 = -2$ ein Bifurkationspunkt ist. Dies soll im folgenden bestätigt werden; auf eine Verschiebung der ζ_1- und μ-Koordinaten in den Nullpunkt wird verzichtet, weshalb die zu untersuchenden Ableitungen für $\zeta_1 = -2$, $\mu = -4$ zu nehmen sind. Man erhält so neben $g(-2, -4) = 0$ und $\partial g / \partial \zeta_1 = 3\zeta_1^2 + 4\zeta_1 - (8+\mu) = 12-8-4 = 0$ (für $\zeta_1 = -2$, $\mu = -4$)

$$\frac{\partial g}{\partial \mu} = -\zeta_1 + 2 = 4 > 0\,, \quad \frac{\partial^2 g}{\partial \zeta_1^2} = 6\zeta_1 + 4 = -8 < 0$$

$$\frac{\partial^2 g}{\partial \zeta_1\, \partial \mu} = -1\,, \quad \frac{\partial^2 g}{\partial \mu^2} = 0\,, \quad \frac{\partial g}{\partial \mu}\, \frac{\partial^2 g}{\partial \zeta_1^2} < 0\,.$$

Hieraus ist zu erkennen, daß im Bifurkationspunkt $\zeta_1 = -2$, $\mu = -4$ alle Bedingungen für das Auftreten einer Sattel-Knoten-Bifurkation erfüllt sind; darüber hinaus geht aus den Werten der Ableitungen für $\zeta_1 = -2$, $\mu = -4$ hervor, daß der obere Gleichgewichtspunkt für $\mu > -4$ asymptotisch stabil, der untere instabil ist, wobei μ nicht beliebig groß gewählt werden darf.

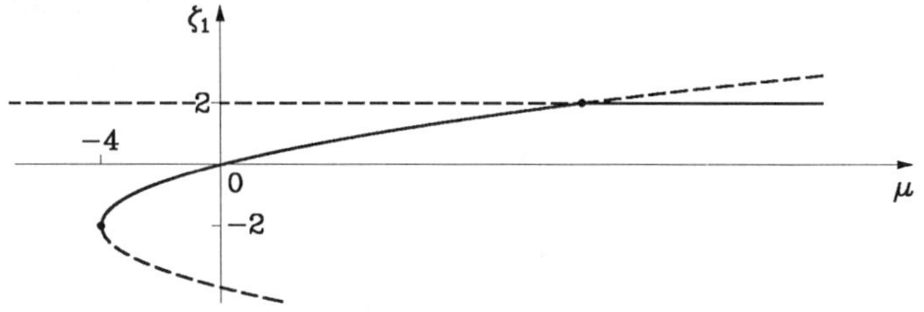

Bild 8.24: Bifurkationsdiagramm mit zwei Bifurkationspunkten aus Beispiel 8.19

Wie bereits festgestellt wurde, verschwindet der Funktionswert $g(2, \mu)$ unabhängig von der Wahl von μ. Da $\partial g / \partial \zeta_1 = 3\zeta_1^2 + 4\zeta_1 - (8+\mu)$ für $\zeta_1 = 2$ den Wert $12 - \mu$ aufweist, stellt sich die Frage, ob $\zeta_1 = 2$, $\mu = 12$ ein weiterer Bifurkationspunkt ist. Man erhält in diesem Punkt die Ableitungen

$$\frac{\partial g}{\partial \mu} = -\zeta_1 + 2 = 0\,, \quad \frac{\partial^2 g}{\partial \zeta_1^2} = 16 \neq 0\,, \quad \frac{\partial^2 g}{\partial \zeta_1\, \partial \mu} = -1\,, \quad \frac{\partial^2 g}{\partial \mu^2} = 0$$

und

$$\Delta^2 = \left(\frac{\partial^2 g}{\partial \zeta_1\, \partial \mu} \right)^2 - \frac{\partial^2 g}{\partial \zeta_1^2}\, \frac{\partial^2 g}{\partial \mu^2} = 1 > 0\,.$$

Hieraus ist zu erkennen, daß alle Voraussetzungen für das Auftreten einer transkritischen Bifurkation im Punkt $\zeta_1 = 2$, $\mu = 12$ erfüllt sind. Für $\mu > 12$ ist der obere stationäre Punkt instabil, da $\partial^2 g / \partial \zeta_1^2$ im Bifurkationspunkt positiv ist. Das vollständige Bifurkationsdiagramm ist im Bild 8.24 skizziert. Es ist durch die Funktion $\mu = (\zeta_1^3 + 2\zeta_1^2 - 8\zeta_1)/(\zeta_1 - 2)$ gegeben, die für $\zeta_1 \neq 2$ mit $\mu = \zeta_1(\zeta_1 + 4)$ identisch ist.

Beispiel 8.20: Es wird das System

$$\frac{d\zeta_1}{dt} = \mu\zeta_1 - \zeta_1^3$$

($\zeta_1, \mu \in \mathbb{R}$) betrachtet. Mit $g(\zeta_1, \mu) = \mu\zeta_1 - \zeta_1^3$ ist zu erkennen, daß $g = 0$ und $\partial g / \partial \zeta_1 = 0$ für $\zeta_1 = \mu = 0$ gilt. Die für das Auftreten einer Bifurkation im Nullpunkt notwendigerweise zu erfüllenden Bedingungen werden befriedigt. Darüber hinaus gilt für $\zeta_1 = \mu = 0$

$$\frac{\partial g}{\partial \mu} = \zeta_1 = 0\,, \quad \frac{\partial^2 g}{\partial \zeta_1^2} = -6\zeta_1 = 0\,, \quad \frac{\partial^2 g}{\partial \zeta_1\,\partial \mu} = 1\,, \quad \frac{\partial^2 g}{\partial \mu^2} = 0\,, \quad \frac{\partial^3 g}{\partial \zeta_1^3} = -6 < 0\,.$$

Man kann sich sofort davon überzeugen, daß alle Bedingungen für das Auftreten einer Gabel-Bifurkation in $\zeta_1 = 0$, $\mu = 0$ erfüllt sind. Nach Gl. (8.112a) erhält man $\beta_1 = \pm 1$, und nach Gl. (8.113a) gilt $\gamma_1 = 0$. Bild 8.25 zeigt das vollständige Bifurkationsdiagramm. Es wird durch die Gleichung $\zeta_1(\mu - \zeta_1^2) = 0$ beschrieben, die unter anderem zeigt, daß $\zeta_1 = 0$ immer ein Fixpunkt ist. Mit der Ableitung $\partial g/\partial \zeta_1 = \mu - 3\zeta_1^2$ gilt speziell $\partial g/\partial \zeta_1 = -2\zeta_1^2$ für $\mu = \zeta_1^2$ und $\partial g/\partial \zeta_1 = \mu$ für $\zeta_1 = 0$. Dies erklärt die im Bild 8.25 angedeuteten Stabilitätseigenschaften.

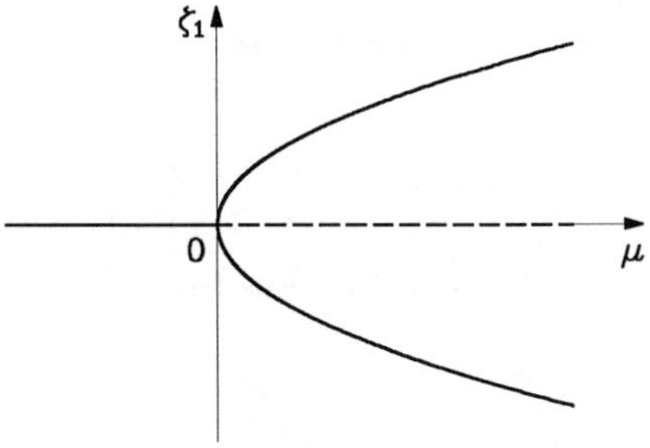

Bild 8.25: Bifurkationsdiagramm von Beispiel 8.20, das die Bezeichnung Gabel-Bifurkation erklärt

Beispiel 8.21: Das im folgenden zu untersuchende System wird durch die Differentialgleichungen

$$\frac{dz_1}{dt} = (1+\mu)z_1 - 2z_2 + z_1^2 - 2z_1 z_2\,, \quad \frac{dz_2}{dt} = 3z_1 - (2+\mu)z_2 + \frac{3}{2}z_1^2 - z_2^2 \qquad (8.114a,b)$$

beschrieben ($\mu \in \mathbb{R}$). Der Ursprung $\boldsymbol{z} := [z_1 \;\; z_2]^{\mathrm{T}} = \boldsymbol{0}$ ist ein stationärer Punkt unabhängig von der Wahl von μ. Im Ursprung lautet die Jacobi-Matrix

$$\boldsymbol{J} = \begin{bmatrix} 1+\mu & -2 \\ 3 & -(2+\mu) \end{bmatrix},$$

zu der das charakteristische Polynom

$$\det(p\,\mathbf{E} - \boldsymbol{J}) = (p-1-\mu)(p+2+\mu) + 6 = p^2 + p + (4 - 3\mu - \mu^2)$$

gehört. Um einen Eigenwert $p = 0$ zu erzwingen und damit zu erreichen, daß der Gleichgewichtspunkt $\boldsymbol{z} = \boldsymbol{0}$ nichthyperbolisch wird, hat man die Gleichung

$$\mu^2 + 3\mu - 4 = 0$$

durch Wahl von μ zu befriedigen, wofür $\mu = 1$ und $\mu = -4$ in Frage kommen (da nur der Absolutkoeffizient des charakteristischen Polynoms von μ abhängt und der Koeffizient bei p Eins ist, scheidet die Möglichkeit konjugiert komplexer Eigenwerte auf der imaginären Achse aus, und damit auch die Möglichkeit in $\boldsymbol{z} = \boldsymbol{0}$ einen weiteren nichthyperbolischen Fixpunkt zu schaffen). Im folgenden wird nur der Fall $\mu = 1$ näher betrachtet und dabei die Frage nach dem Bifurkationstyp gestellt. Der Beantwortung dieser Frage soll nun nachgegangen werden. Dazu wird zunächst der Zustandsraum derart transformiert, daß die Systemmatrix $\boldsymbol{A} = \boldsymbol{J}$ des in $\boldsymbol{z} = \boldsymbol{0}$ linearisierten Systems (für $\mu = 1$)

$$\frac{d\boldsymbol{z}}{dt} = \boldsymbol{A}\,\boldsymbol{z} \quad \text{mit} \quad \boldsymbol{A} = \begin{bmatrix} 2 & -2 \\ 3 & -3 \end{bmatrix} \qquad (8.115a,b)$$

Diagonalform erhält. Die Eigenwerte von $\boldsymbol{A}$ sind $p_1 = 0$ und $p_2 = -1$. Hierzu gehören, wie eine kurze Zwischenrechnung zeigt, die Eigenvektoren von $\boldsymbol{A}$

$$\boldsymbol{v}_1 = [1 \;\; 1]^{\mathrm{T}} \quad \text{und} \quad \boldsymbol{v}_2 = [2 \;\; 3]^{\mathrm{T}}\,.$$

Aus diesen wird die Modalmatrix

$$\boldsymbol{M} = \begin{bmatrix} 1 & 2 \\ 1 & 3 \end{bmatrix} \quad \text{mit} \quad \boldsymbol{M}^{-1} = \begin{bmatrix} 3 & -2 \\ -1 & 1 \end{bmatrix}$$

gebildet und zur Transformation des Zustandsraums in der Form

$$\boldsymbol{z} = \boldsymbol{M}\,\boldsymbol{\zeta} \quad \text{oder} \quad \boldsymbol{\zeta} = \boldsymbol{M}^{-1}\boldsymbol{z} \tag{8.116a,b}$$

mit dem transformierten Zustandsvektor $\boldsymbol{\zeta} = [\,\zeta_1 \quad \zeta_2\,]^{\mathrm{T}}$ verwendet. Führt man Gl. (8.116a) in die Gl. (8.115a) ein, dann ergibt sich die transformierte Zustandsgleichung

$$\frac{\mathrm{d}\boldsymbol{\zeta}}{\mathrm{d}t} = \boldsymbol{D}\,\boldsymbol{\zeta} \quad \text{mit} \quad \boldsymbol{D} = \boldsymbol{M}^{-1}\boldsymbol{A}\,\boldsymbol{M} = \begin{bmatrix} 0 & 0 \\ 0 & -1 \end{bmatrix}. \tag{8.117}$$

Nun soll das nichtlineare System, gegeben durch die Gln. (8.114a,b), ebenfalls der Transformation gemäß den Gln. (8.116a,b) unterworfen werden. Dazu werden die Gln. (8.114a,b) zunächst mit $\kappa := \mu - 1$ in der Form

$$\frac{\mathrm{d}\boldsymbol{z}}{\mathrm{d}t} = \boldsymbol{A}_0\,\boldsymbol{z} + \begin{bmatrix} \boldsymbol{z}^{\mathrm{T}}\boldsymbol{Q}_1\,\boldsymbol{z} \\ \boldsymbol{z}^{\mathrm{T}}\boldsymbol{Q}_2\,\boldsymbol{z} \end{bmatrix}$$

geschrieben; dabei bedeuten die Matrizen

$$\boldsymbol{A}_0 := \begin{bmatrix} 2+\kappa & -2 \\ 3 & -(3+\kappa) \end{bmatrix}, \quad \boldsymbol{Q}_1 := \begin{bmatrix} 1 & -1 \\ -1 & 0 \end{bmatrix}, \quad \boldsymbol{Q}_2 := \begin{bmatrix} 3/2 & 0 \\ 0 & -1 \end{bmatrix}.$$

Durch Anwendung von Gl. (8.116a) auf die obige Zustandsgleichung ergibt sich

$$\frac{\mathrm{d}\boldsymbol{\zeta}}{\mathrm{d}t} = \boldsymbol{M}^{-1}\boldsymbol{A}_0\,\boldsymbol{M}\,\boldsymbol{\zeta} + \boldsymbol{M}^{-1}\begin{bmatrix} \boldsymbol{\zeta}^{\mathrm{T}}\boldsymbol{M}^{\mathrm{T}}\boldsymbol{Q}_1\,\boldsymbol{M}\,\boldsymbol{\zeta} \\ \boldsymbol{\zeta}^{\mathrm{T}}\boldsymbol{M}^{\mathrm{T}}\boldsymbol{Q}_2\,\boldsymbol{M}\,\boldsymbol{\zeta} \end{bmatrix}.$$

Führt man die verschiedenen Matrizen ein, dann gelangt man zur Systemdarstellung

$$\frac{\mathrm{d}\zeta_1}{\mathrm{d}t} = \kappa\,(5\,\zeta_1 + 12\,\zeta_2) - 4\,\zeta_1^2 - 18\,\zeta_1\zeta_2 - 18\,\zeta_2^2, \tag{8.118a}$$

$$\frac{\mathrm{d}\zeta_2}{\mathrm{d}t} = -2\,\kappa\,\zeta_1 - (1+5\,\kappa)\,\zeta_2 + \frac{3}{2}\,\zeta_1^2 + 6\,\zeta_1\zeta_2 + 5\,\zeta_2^2, \tag{8.118b}$$

$$\frac{\mathrm{d}\kappa}{\mathrm{d}t} = 0, \tag{8.118c}$$

in welche der Parameterraum einbezogen wurde. Der Gl. (8.117) entnimmt man die Darstellung des in $\boldsymbol{\zeta} = \boldsymbol{0}$ und $\kappa = 0$ linearisierten Systems zu

$$\frac{\mathrm{d}\zeta_1}{\mathrm{d}t} = 0, \quad \frac{\mathrm{d}\zeta_2}{\mathrm{d}t} = -\zeta_2, \quad \frac{\mathrm{d}\kappa}{\mathrm{d}t} = 0$$

mit der zugehörigen stabilen Mannigfaltigkeit

$$E_s = \{\,[\,\boldsymbol{\zeta}^{\mathrm{T}} \quad \kappa\,]^{\mathrm{T}} \in \mathbb{R}^3\,;\ \zeta_1 = \kappa = 0\,\}$$

und der Zentrumsmannigfaltigkeit

$$E_c = \{\,[\,\boldsymbol{\zeta}^{\mathrm{T}} \quad \kappa\,]^{\mathrm{T}} \in \mathbb{R}^3\,;\ \zeta_2 = 0\,\}.$$

Für die nichtlineare Zentrumsmannigfaltigkeit wird der Ansatz

$$\zeta_2 = h(\zeta_1, \kappa) \quad \text{mit} \quad h(0,0) = \partial h/\partial\zeta_1 = \partial h/\partial\kappa = 0 \tag{8.119a}$$

gemacht, wobei alle Ableitungen für $\zeta_1 = \kappa = 0$ zu nehmen sind, d.h. der Ansatz kann in der Form

$$h(\zeta_1, \kappa) = a\,\zeta_1^2 + b\,\zeta_1\kappa + c\,\kappa^2 + \cdots \tag{8.119b}$$

geschrieben werden. Die Gl. (8.118b) liefert mit Gl. (8.119a) nun für die nichtlineare Zentrumsmannigfaltigkeit

$$\frac{d\zeta_2}{dt} = -2\kappa\zeta_1 - (1+5\kappa)h(\zeta_1,\kappa) + \frac{3}{2}\zeta_1^2 + 6\zeta_1 h(\zeta_1,\kappa) + 5h^2(\zeta_1,\kappa), \tag{8.120}$$

andererseits ergibt sich mit Hilfe von Gln. (8.118a,c)

$$\frac{d\zeta_2}{dt} = \frac{\partial h}{\partial\zeta_1}\frac{d\zeta_1}{dt} + \frac{\partial h}{\partial\kappa}\frac{d\kappa}{dt} = \frac{\partial h}{\partial\zeta_1}[\kappa(5\zeta_1 + 12h(\zeta_1,\kappa)) - 4\zeta_1^2 - 18\zeta_1 h(\zeta_1,\kappa) - 18h^2(\zeta_1,\kappa)]. \tag{8.121}$$

Es werden jetzt die rechten Seiten der Gln. (8.120) und (8.121) einander gleichgesetzt und dabei $h(\zeta_1,\kappa)$ nach Gl. (8.119b) zusammen mit der daraus folgenden partiellen Ableitung $\partial h/\partial\zeta_1 = 2a\,\zeta_1 + b\,\kappa + \cdots$ substituiert, um mittels der so entstehenden Gleichung die Koeffizienten $a, b, \ldots$ im Ansatz von h durch Koeffizientenvergleich zu ermitteln. Bezüglich ζ_1^2 liefert dieser Vergleich $a = 3/2$, bezüglich $\zeta_1\kappa$ bzw. κ^2 dagegen $b = -2$ und $c = 0$. Damit erhält man bis auf Terme dritter und höherer Ordnung für die nichtlineare Zentrumsmannigfaltigkeit

$$\zeta_2 = h(\zeta_1,\kappa) = \frac{3}{2}\zeta_1^2 - 2\zeta_1\kappa.$$

Führt man diese Darstellung in Gl. (8.118a) ein, so ergibt sich eine Differentialgleichung, welche die Projektion der Dynamik in der Zentrumsmannigfaltigkeit auf die ζ_1-Achse beschreibt:

$$\frac{d\zeta_1}{dt} = 5\zeta_1\kappa - 4\zeta_1^2 + O(\zeta_1^3, \zeta_1^2\kappa, \ldots),$$

wobei mit $O(\zeta_1^3, \zeta_1^2\kappa, \ldots)$ alle Glieder von mindestens dritter Ordnung in ζ_1 und κ gemeint sind.

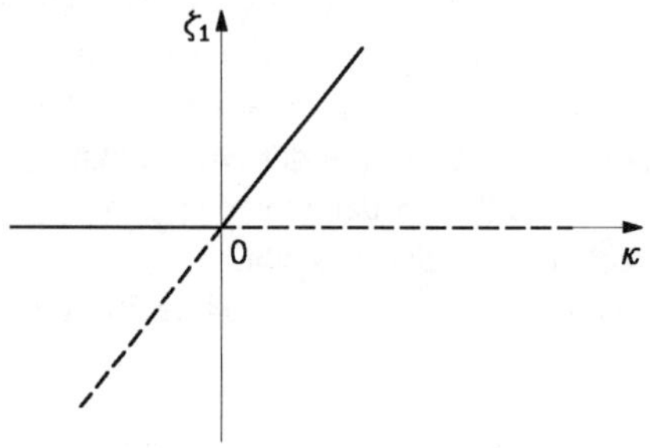

Bild 8.26: Bifurkationsdiagramm zu Beispiel 8.21

Jetzt kann das System $d\zeta_1/dt = g(\zeta_1,\kappa)$ mit $g(\zeta_1,\kappa) := 5\zeta_1\kappa - 4\zeta_1^2 + O(\zeta_1^3, \zeta_1^2\kappa, \ldots)$ untersucht werden. Zunächst ist zu erkennen, daß an der Stelle $\zeta_1 = \kappa = 0$ folgendes gilt:

$$g = \partial g/\partial\zeta_1 = \partial g/\partial\kappa = 0, \quad \frac{\partial^2 g}{\partial\zeta_1^2} = -8, \quad \frac{\partial^2 g}{\partial\zeta_1\,\partial\kappa} = 5, \quad \frac{\partial^2 g}{\partial\kappa^2} = 0.$$

Alle Bedingungen für das Auftreten einer transkritischen Bifurkation sind erfüllt. In unmittelbarer Umgebung des Ursprungs erhält man nach Gl. (8.110) für das Bifurkationsdiagramm die Gleichung $\zeta_1 = (5/4)\kappa$ und $\zeta_1 = 0$. Im Bild 8.26 ist dies gezeigt.

4.4 WEITERE BIFURKATIONEN

In diesem Abschnitt sollen aus der Vielzahl von Bifurkationen noch einige wenige kurz vorgestellt werden. Eine mathematische Durchdringung dieser Erscheinungen würde den Rahmen der beabsichtigten Einführung in die Bifurkationsphänomene sprengen. Daher werden nur Resultate und Beispiele beschrieben.

Hopf-Bifurkation. Eine Besonderheit der bisherigen Beispiele von Bifurkationen bestand darin, daß nichthyperbolische Gleichgewichtspunkte mit nur einem Eigenwert (des linearisierten Systems) auf der imaginären Achse, nämlich in $p = 0$, auftraten und daß damit die zugehörige Zentrumsmannigfaltigkeit, auf der Gleichgewichtspunkte entstehen oder verschwinden konnten, jeweils nur von der Dimension Eins war. Die Hopfsche Bifurkation zeichnet sich dadurch aus, daß eine zweidimensionale Zentrumsmannigfaltigkeit als Folge eines Paares imaginärer Eigenwerte $\pm \mathrm{j}\omega_0$ $(\omega_0 \neq 0)$ auftritt. Darüber hinaus ist noch wesentlich, daß bei der Hopfschen Bifurkation Grenzzyklen auftreten.

Ausgangspunkt ist ein zweidimensionales System mit der Differentialgleichung

$$\frac{\mathrm{d}\boldsymbol{z}}{\mathrm{d}t} = \boldsymbol{f}(\boldsymbol{z}, \mu)$$

$(\boldsymbol{z} \in \mathbb{R}^2; \mu \in \mathbb{R})$; dabei sei $\boldsymbol{f}(\boldsymbol{z}, \mu)$ stetig differenzierbar bezüglich aller unabhängigen Variablen. Der Nullpunkt $\boldsymbol{z} = \boldsymbol{0}$ sei ein Gleichgewichtspunkt, d.h. es gelte

$$\boldsymbol{f}(\boldsymbol{0}, \mu) = \boldsymbol{0},$$

und die Jacobi-Matrix $\boldsymbol{J}(\boldsymbol{z}, \mu) = \partial \boldsymbol{f} / \partial \boldsymbol{z}$ sei derart beschaffen, daß

$$\boldsymbol{J}(\boldsymbol{0}, 0) = \begin{bmatrix} 0 & -\omega_0 \\ \omega_0 & 0 \end{bmatrix}$$

gilt. Dies bedeutet einerseits, daß der Nullpunkt $\boldsymbol{z} = \boldsymbol{0}$ für $\mu = 0$ ein nichthyperbolischer Gleichgewichtspunkt ist; andererseits folgt aufgrund des aus der mathematischen Analysis bekannten Theorems über implizite Funktionen, daß eine ε-Umgebung mit $\|\boldsymbol{z}\| < \varepsilon$ und $|\mu| < \varepsilon$ existiert, in der eine Funktion $\boldsymbol{z} = \boldsymbol{h}(\mu)$ als Lösung von $\boldsymbol{f}(\boldsymbol{z}, \mu) = \boldsymbol{0}$ existiert. Das heißt, daß es in der Umgebung von $\boldsymbol{z} = \boldsymbol{0}$, $\mu = 0$ für jedes μ einen stationären Punkt des nichtlinearen Systems gibt.

Für das Auftreten einer Hopf-Bifurkation wird verlangt, daß

$$\sigma := \frac{\partial^2 f_1}{\partial \mu \, \partial z_1} + \frac{\partial^2 f_2}{\partial \mu \, \partial z_2} \neq 0$$

mit $[f_1 \;\; f_2]^{\mathrm{T}} = \boldsymbol{f}$ gilt und zudem eine bestimmte Konstante a ebenfalls von Null verschieden ist; diese Konstante ist durch einen algebraischen Ausdruck aus den Werten einer Reihe von partiellen Ableitungen der Funktionen f_1 und f_2 für $\boldsymbol{z} = \boldsymbol{0}$ und $\mu = 0$ definiert.[1)] Dann kann folgende Aussage gemacht werden: Falls $a\sigma < 0$ ist, gibt es für $\mu > 0$ Grenzzyklen; falls $a\sigma > 0$ gilt, treten die Grenzzyklen für $\mu < 0$ auf. Im Falle $\sigma < 0$ (bzw. $\sigma > 0$) ist $\boldsymbol{z} = \boldsymbol{0}$ asymptotisch stabil (bzw. instabil) für $\mu > 0$ und instabil (bzw. asymptotisch stabil) für $\mu < 0$. Wenn $\boldsymbol{z} = \boldsymbol{0}$ auf der Seite von $\mu = 0$, auf der die Grenzzyklen auftreten, instabil (bzw. stabil) ist, dann sind die Grenzzyklen stabil (bzw. instabil).

Beispiel 8.22: Es sei das System

$$\frac{\mathrm{d}z_1}{\mathrm{d}t} = z_2 + z_1(\mu - z_1^2 - z_2^2), \quad \frac{\mathrm{d}z_2}{\mathrm{d}t} = -z_1 + z_2(\mu - z_1^2 - z_2^2) \qquad (8.122\text{a,b})$$

---

1) $a = (\partial^3 f_1/\partial z_1^3 + \partial^3 f_2/\partial z_1^2 \partial z_2 + \partial^3 f_1/\partial z_1 \partial z_2^2 + \partial^3 f_2/\partial z_2^3)/16$
$+ [\partial^2 f_1/\partial z_1 \partial z_2 (\partial^2 f_1/\partial z_1^2 + \partial^2 f_1/\partial z_2^2) - \partial^2 f_2/\partial z_1 \partial z_2 (\partial^2 f_2/\partial z_1^2 + \partial^2 f_2/\partial z_2^2)$
$- (\partial^2 f_1/\partial z_1^2)(\partial^2 f_2/\partial z_1^2) + (\partial^2 f_1/\partial z_2^2)(\partial^2 f_2/\partial z_2^2)]/(16\,\omega_0)$ [Gl1]

gegeben. Wie man sieht, ist $\omega_0 = -1$. Durch Nullsetzen der rechten Seiten dieser Gleichungen, anschließende Multiplikation der ersten entstandenen Gleichung mit z_1, der zweiten mit z_2 und darauffolgende Addition der Gleichungen erhält man die Beziehung $(z_1^2 + z_2^2)(\mu - z_1^2 - z_2^2) = 0$. Sie zeigt, daß $\mathbf{z} = \mathbf{0}$ der einzige Gleichgewichtszustand ist. Die Funktion

$$V(\mathbf{z}) = z_1^2 + z_2^2$$

mit dem zeitlichen Differentialquotienten längs einer Trajektorie des Systems

$$\dot{V}(\mathbf{z}) = 2z_1\dot{z}_1 + 2z_2\dot{z}_2 = 2(z_1^2 + z_2^2)(\mu - z_1^2 - z_2^2)$$

kann für $\mu < 0$ als Lyapunov-Funktion des Gleichgewichtszustands $\mathbf{z} = \mathbf{0}$ betrachtet werden. Daher ist der Ursprung für $\mu < 0$ asymptotisch stabil und für $\mu > 0$ instabil. Für $\mu < 0$ liegt ein asymptotisch stabiler, für $\mu > 0$ ein instabiler Fokus vor. Darüber hinaus lehrt das Poincaré-Bendixson-Theorem, daß für $\mu > 0$ der Kreis $z_1^2 + z_2^2 = \mu$ ein stabiler Grenzzyklus ist. Offensichtlich ist $\mu = 0$ ein Bifurkationswert. Variiert μ, beginnend mit einem negativen Wert, in Richtung zunehmender Werte, dann wird am Bifurkationspunkt $\mu = 0$ der Fixpunkt instabil, und es tritt ein stabiler Grenzzyklus auf. Es liegt also eine Verzweigung eines Fokus in einen Grenzzyklus, d.h. eine Verzweigung eines Gleichgewichtszustands in einen periodischen Zustand vor. Mit anderen Worten, aus einem statischen Zustand entsteht ein dynamischer Zustand. Insofern handelt es sich um eine Bifurkation besonderer Art. Bild 8.27 veranschaulicht die Verhältnisse durch ein Bifurkationsdiagramm.

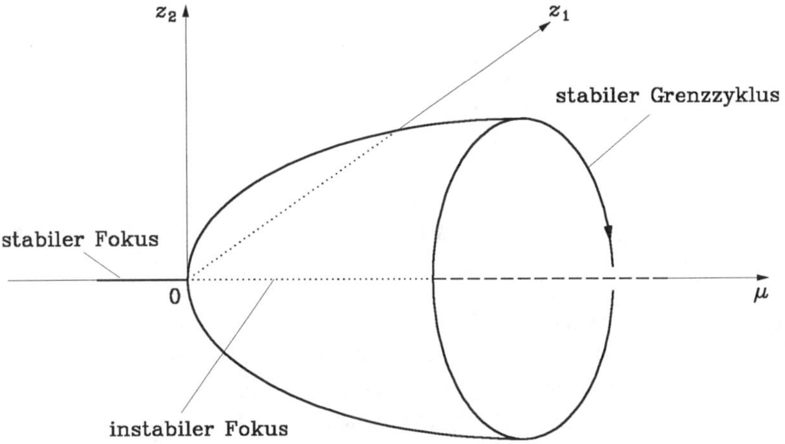

Bild 8.27: Bifurkationsdiagramm für die Hopf-Bifurkation. Für $\mu<0$ tritt im Ursprung $\mathbf{z} = \mathbf{0}$ ein stabiler Fokus auf, für $\mu>0$ ist der Fixpunkt im Ursprung ein instabiler Fokus, und als Attraktor tritt ein stabiler Grenzzyklus auf

Aufbrechen einer Sattelverbindung. Im folgenden Beispiel soll eine Bifurkation beschrieben werden, bei der eine Verbindung zwischen zwei Sattelpunkten in Abhängigkeit eines Kontrollparameters hergestellt und aufgebrochen wird. Dabei kommt die Sattelpunktverbindung dadurch zustande, daß die instabile Mannigfaltigkeit des einen Sattelpunktes und die stabile Mannigfaltigkeit des anderen Sattelpunktes gemeinsame Punkte aufweisen, und zwar derart, daß diese von einer Trajektorie gebildet werden, die vom einen zum anderen Sattelpunkt reicht. Eine derartige Trajektorie heißt, wie schon erwähnt, heteroklin. Würden die beiden Sattelpunkte zusammenfallen und entstünde dann eine Trajektorie, die im Sattelpunkt startet und dort einmündet, wäre von einem homoklinen Orbit die Rede.

Beispiel 8.23: Es wird das System

$$\frac{dz_1}{dt} = \mu + 2z_1z_2 \,, \quad \frac{dz_2}{dt} = 1 + z_1^2 - z_2^2 \tag{8.123a,b}$$

in Abhängigkeit des Parameters μ betrachtet. Bild 8.28 zeigt Phasenportraits für drei verschiedene Werte von μ. Für $\mu = 0$ treten die Gleichgewichtszustände $[0 \quad 1]^T$ und $[0 \quad -1]^T$ mit den Jacobischen Diagonalmatrizen $\mathrm{diag}(\pm 2, \mp 2)$ auf, woraus zu erkennen ist, daß es sich um zwei Sattelpunkte handelt. Wie man sieht, ist die z_2-Achse invariant; dies bedeutet, daß jede auf der z_2-Achse startende Trajektorie diese nicht verläßt. Jede Trajektorie, die auf der z_2-Achse zwischen den Sattelpunkten startet, strebt für $t \to -\infty$ gegen $[0 \quad -1]^T$ und für $t \to \infty$ gegen $[0 \quad 1]^T$. Es tritt also in der Tat eine heterokline Sattelpunktverbindung auf. Für betraglich kleine positive und negative μ existieren nach wie vor zwei Sattelpunkte, die nahe der z_2-Achse symmetrisch zum Ursprung liegen; jedoch besteht keine Sattelpunktverbindung. Die Bifurkation, die durch Änderung von μ, beginnend mit $\mu = 0$, entsteht, ist ein wichtiges globales dynamisches Phänomen und heißt Aufbrechen einer Sattelverbindung.

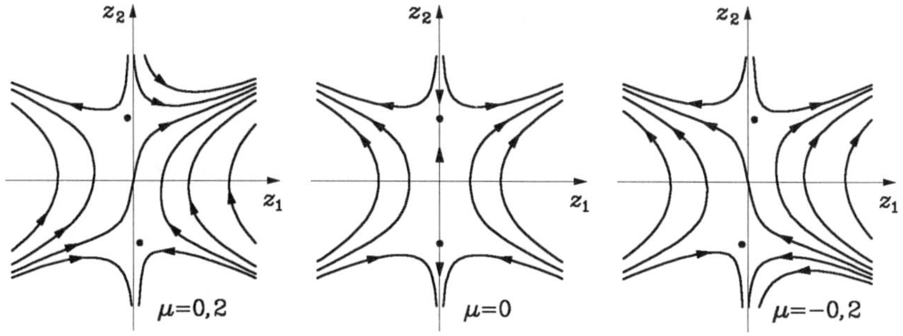

Bild 8.28: Phasenportraits für das System gemäß Gln. (8.123a,b) bei Wahl verschiedener Werte des Kontrollparameters μ

Diskontinuierliche Systeme. Die Dynamik diskontinuierlicher Systeme, wie die Poincaré-Abbildungen in der Umgebung von Grenzzyklen, läßt sich in ähnlicher Weise wie bei kontinuierlichen Systemen in der Nähe eines Bifurkationspunktes insbesondere im eindimensionalen Fall durch eine skalare Differenzengleichung der normierten Form

$$z_1[n+1] = A_0 + B_0 z_1[n] + C_0 z_1^2[n] + \cdots + \mu(A_1 + B_1 z_1[n] + C_1 z_1^2[n] + \cdots) + \cdots \tag{8.124}$$

beschreiben und studieren.

Beispiel 8.24: Es wird das diskontinuierliche System

$$z_1[n+1] = -z_1[n] - 3z_1^2[n] - \mu(z_1[n] + z_1^2[n]) \tag{8.125}$$

betrachtet. Der Ursprung $z_1 = 0$ ist ein Gleichgewichtspunkt. Dieser ist für $-2 < \mu < 0$ asymptotisch stabil. Für $\mu = 0$ ist der Ursprung ein nichthyperbolischer Attraktor und für alle hinreichend kleinen $\mu > 0$ ist der Ursprung zwar instabil, jedoch tritt ein asymptotisch stabiler periodischer Orbit der Periode 2 auf. Wie man sieht, wird am Bifurkationspunkt $\mu = 0$ ein Grenzzyklus geboren. Bild 8.29 dient zur Veranschaulichung; dabei wurde die Abkürzung $f(z_1, \mu) := -z_1 - 3z_1^2 - \mu(z_1 + z_1^2)$ verwendet.

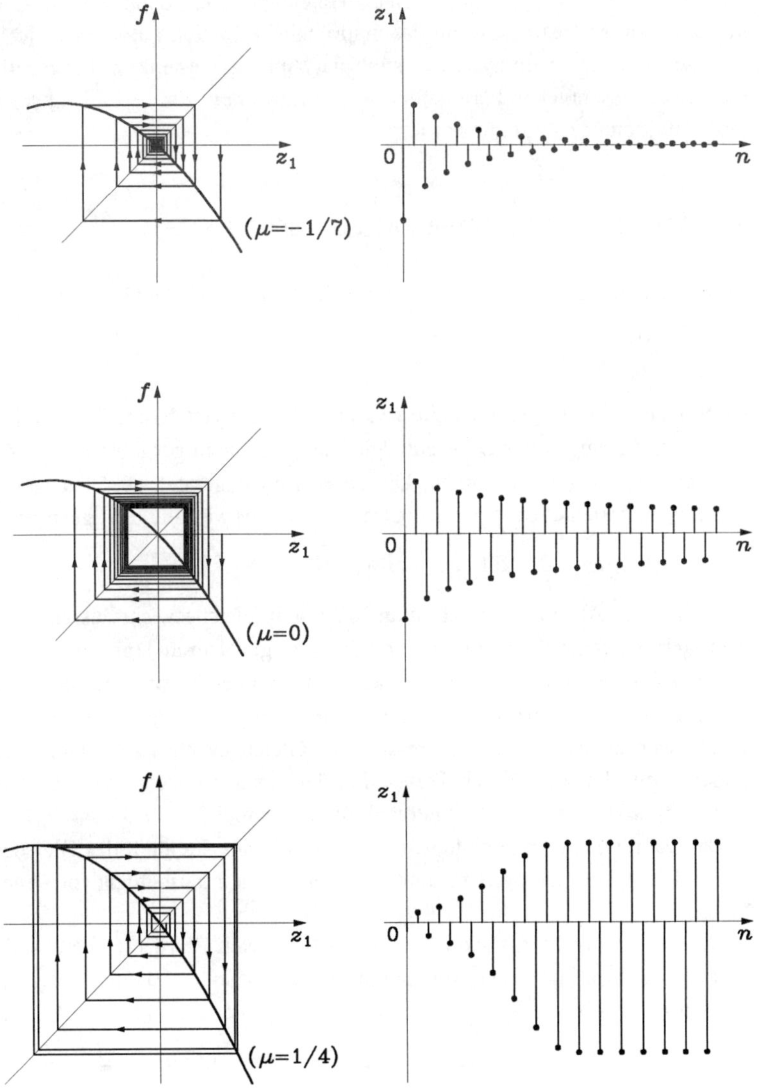

Bild 8.29: Veranschaulichung der Lösungen der Gl. (8.125) für $\mu = -1/7$, $\mu = 0$ und $\mu = 1/4$

5 Nichtautonome Systeme

In den vorausgegangenen Abschnitten wurden im wesentlichen autonome Systeme behandelt, die durch Gl. (8.3) beschrieben werden. In der Praxis treten aber auch dynamische Probleme auf, die durch nichtautonome Systeme zu beschrieben sind und gemäß den Gln. (8.1a,b) dargestellt werden können, wobei der Zeitparameter t explizit auf den rechten Seiten dieser Gleichungen auftritt. So kann es beispielsweise erforderlich werden, bei der Beschreibung der Bewegung eines Flugkörpers die Zeitabhängigkeit der Parameter wie Luftdruck und Lufttemperatur in die Systembeschreibung einzubeziehen. Darüber hinaus führt die Analyse der Stabilität einer Trajektorie auch dann auf die Untersuchung eines nichtautonomen Systems, wenn das ursprüngliche System autonom ist (Abschnitt 3.2). Anders als bei autonomen Systemen stellt der Anfangszeitpunkt t_0 bei nichtautonomen Systemen einen wesentlichen Parameter dar. Die folgenden Abschnitte sind der Frage der Stabilität nichtautonomer Systeme gewidmet.

5.1 GRUNDLEGENDE STABILITÄTSBEGRIFFE

Es wird ein nichtautonomes System betrachtet, das durch die Gleichung

$$\frac{d\boldsymbol{z}}{dt} = \boldsymbol{f}(\boldsymbol{z}, t) \tag{8.126}$$

beschrieben wird. Die rechte Seite $\boldsymbol{f}(\boldsymbol{z}, t)$ sei in der Art beschaffen, daß jedenfalls für $t \geqq t_0$ mit $t_0 \in \mathbb{R}$ Lösungen der Differentialgleichung in einem gewissen Gebiet $G \subset \mathbb{R}^q$ existieren, das den Ursprung $\boldsymbol{z} = \boldsymbol{0}$ enthält. Dieser wird im folgenden als Gleichgewichtszustand oder Gleichgewichtspunkt des Systems betrachtet, d.h. es wird die Gültigkeit der Beziehung

$$\boldsymbol{f}(\boldsymbol{0}, t) = \boldsymbol{0} \quad \text{für alle} \quad t \geqq t_0 \tag{8.127}$$

vorausgesetzt. Allgemein spricht man von einem Gleichgewichtszustand $\boldsymbol{z}_e$ des Systems zum Zeitpunkt t_0, wenn $\boldsymbol{f}(\boldsymbol{z}_e, t) = \boldsymbol{0}$ für alle $t \geqq t_0$ gilt. Durch Translation des Zustandsraumes $\boldsymbol{z} = \boldsymbol{z}_e + \boldsymbol{\zeta}$ kann immer erreicht werden, daß der Gleichgewichtszustand in den Ursprung zu liegen kommt. Insofern darf ohne Einschränkung der Allgemeinheit im weiteren vorausgesetzt werden, daß sich der interessierende Gleichgewichtszustand im Ursprung des $\mathbb{R}^q$ befindet. Weiterhin kann durch Translation der Zeitachse stets erreicht werden, daß der Anfangszeitpunkt t_0 mit dem Zeitnullpunkt zusammenfällt.

Die Definitionen von Stabilität und asymptotischer Stabilität des Gleichgewichtszustandes eines nichtautonomen Systems unterscheiden sich nur geringfügig von denen bei autonomen Systemen.

Der Gleichgewichtszustand $\boldsymbol{z} = \boldsymbol{0}$ des Systems nach Gl. (8.126) heißt stabil zum Zeitpunkt t_0 im Lyapunovschen Sinne, wenn zu jedem beliebigen $\varepsilon > 0$ ein $\delta = \delta(\varepsilon, t_0) > 0$ angegeben werden kann, so daß aus

$$\| \boldsymbol{z}(t_0) \| < \delta \quad \text{stets} \quad \| \boldsymbol{z}(t) \| < \varepsilon \quad \text{für alle} \quad t \geqq t_0$$

mit einem $t_0 \in \mathbb{R}$ folgt. Andernfalls heißt der Gleichgewichtszustand instabil zum Zeitpunkt t_0. Die Existenz von δ für jedes $t_0 \in \mathbb{R}$ garantiert nicht, daß eine nur von ε abhängige Konstante δ angegeben werden kann, die für alle t_0 verwendbar wäre, d.h. die Stabilität ist nach dieser Definition im allgemeinen nicht gleichmäßig in t_0. Die eingeführte Stabilität des Ursprungs garantiert, daß die Trajektorien $\boldsymbol{z}(t)$ des Systems für $t \geqq t_0$ innerhalb einer beliebig kleinen ε-Umgebung $\{\boldsymbol{z} \in \mathbb{R}^q;\ \| \boldsymbol{z} \| < \varepsilon\}$ gehalten werden können; dabei kann der Radius δ der Umgebung $\{\boldsymbol{z} \in \mathbb{R}^q;\ \| \boldsymbol{z} \| < \delta\}$, innerhalb welcher die Trajektorien zum Zeitpunkt t_0 starten dürfen, auch von t_0 und nicht nur von ε abhängen.

Fordert man zusätzlich zur Stabilität des Gleichgewichtszustandes $\boldsymbol{z} = \boldsymbol{0}$ zur Zeit t_0, daß eine Größe $\delta_0 = \delta_0(t_0) > 0$ existiert, so daß jedwede Lösung $\boldsymbol{z}(t)$ von Gl. (8.126) mit $\| \boldsymbol{z}(t_0) \| < \delta_0$ für $t \to \infty$ gegen den Ursprung strebt, dann heißt $\boldsymbol{z} = \boldsymbol{0}$ ein asymptotisch stabiler Gleichgewichtspunkt zum Zeitpunkt t_0. In diesem Fall gibt es ein im allgemeinen von t_0

abhängiges Einzugsgebiet, das aus allen Anfangszuständen besteht, von denen im Zeitpunkt t_0 Trajektorien ausgehen, die asymptotisch gegen den Gleichgewichtszustand streben. Auch die Konvergenzgeschwindigkeit der Trajektorien wird in der Regel von t_0 abhängen.

Der Gleichgewichtszustand $\boldsymbol{z} = \boldsymbol{0}$ heißt exponentiell stabil, wenn zwei Konstanten $\alpha > 0$ und $\beta > 0$ angegeben werden können, so daß für eine hinreichend kleine Norm $\| \boldsymbol{z}_0 \|$ mit $\boldsymbol{z}_0 := \boldsymbol{z}(t_0)$

$$\| \boldsymbol{z}(t) \| \leqq \alpha \| \boldsymbol{z}_0 \| \, e^{-\beta(t-t_0)} \quad \text{für alle} \quad t \geqq t_0$$

gilt.

Schließlich heißt der Gleichgewichtszustand $\boldsymbol{z} = \boldsymbol{0}$ global asymptotisch stabil zum Zeitpunkt t_0, wenn für t_0 der gesamte Zustandsraum $\mathbb{R}^q$ mit dem Einzugsgebiet identisch ist, d.h. wenn für alle Anfangszustände $\boldsymbol{z}(t_0) \in \mathbb{R}^q$ die Lösung $\boldsymbol{z}(t)$ für $t \to \infty$ gegen den Ursprung strebt.

Bei praktischen Anwendungen ist man bestrebt, sich von der Abhängigkeit vom Anfangszeitpunkt t_0 zu befreien. Dies führt zum Konzept der Gleichmäßigkeit in t_0. Bei autonomen Systemen ist die Gleichmäßigkeit grundsätzlich gegeben.

Der Gleichgewichtszustand $\boldsymbol{z} = \boldsymbol{0}$ des Systems nach Gl. (8.126) heißt genau dann

(i) gleichmäßig stabil, wenn zu jedem $\varepsilon > 0$ ein nur von ε abhängiges $\delta = \delta(\varepsilon) > 0$ existiert, so daß $\| \boldsymbol{z}(t_0) \| < \delta$ stets $\| \boldsymbol{z}(t) \| < \varepsilon$ für alle $t \geqq t_0$ und jedes $t_0 \in \mathbb{R}$ impliziert;

(ii) gleichmäßig asymptotisch stabil, wenn $\boldsymbol{z} = \boldsymbol{0}$ gleichmäßig stabil ist und ein δ_0 existiert, so daß die Lösung

$$\boldsymbol{z}(t) \longrightarrow \boldsymbol{0} \quad \text{für} \quad t \longrightarrow \infty$$

gleichmäßig in t_0 strebt, sofern $\| \boldsymbol{z}(t_0) \| < \delta_0$ gilt.

(Gleichmäßige Konvergenz in t_0 heißt hier: Es gibt zu beliebigen Größen δ_1 und δ_2 mit $0 < \delta_2 < \delta_1 < \delta_0$ ein von t_0 unabhängiges $T(\delta_1, \delta_2) > 0$, so daß $\| \boldsymbol{z}(t_0) \| < \delta_1$ impliziert $\| \boldsymbol{z}(t) \| < \delta_2$ für alle $t > t_0 + T$.)

Man beachte, daß die exponentielle Stabilität die gleichmäßige asymptotische Stabilität einschließt. Die Umkehrung dieser Aussage trifft im allgemeinen nicht zu.

Der Gleichgewichtszustand $\boldsymbol{z} = \boldsymbol{0}$ ist global gleichmäßig asymptotisch stabil, wenn er gleichmäßig asymptotisch stabil ist und wenn die Größe δ_0 beliebig groß gewählt werden darf.

5.2 HINREICHENDES STABILITÄTSKRITERIUM

Zur Formulierung eines Stabilitätskriteriums für nichtautonome Systeme werden skalare Funktionen $V(\boldsymbol{z}, t)$ benötigt, die im Gegensatz zu den autonomen Systemen im allgemeinen nicht nur von $\boldsymbol{z}$, sondern auch von t abhängen. Im folgenden werden einige Eigenschaften solcher Funktionen festgelegt.

Man nennt eine skalare Funktion $V(\boldsymbol{z}, t)$ in einem Gebiet G (das den Nullpunkt $\boldsymbol{z} = \boldsymbol{0}$ enthält) zum Zeitpunkt $t = t_0$ positiv-definit, wenn $V(\boldsymbol{0}, t) = 0$ für alle $t \geqq t_0$ gilt und in G eine positiv-definite Funktion $V_1(\boldsymbol{z})$ (d.h. $V_1(\boldsymbol{0}) = 0$ und $V_1(\boldsymbol{z}) > 0$ für alle $\boldsymbol{z} \neq \boldsymbol{0}$ aus G) existiert mit der Eigenschaft

$$V(\mathbf{z},t) \geqq V_1(\mathbf{z}) \quad \text{für alle } t \geqq t_0 \quad \text{und } \mathbf{z} \in G\,.$$

Das heißt, $V(\mathbf{z},t)$ majorisiert in G für alle $t \geqq t_0$ eine zeitinvariante positiv-definite Funktion. Man nennt $V(\mathbf{z},t)$ global positiv-definit, wenn obige Eigenschaft im ganzen Zustandsraum $\mathbb{R}^q$ gegeben ist. Weiterhin heißt $V(\mathbf{z},t)$ in G für $t = t_0$ positiv-semidefinit, wenn $V(\mathbf{0},t) = 0$ für alle $t \geqq t_0$ und $V(\mathbf{z},t) \geqq 0$ für alle $\mathbf{z}$ aus G und alle $t \geqq t_0$ gilt. Schließlich nennt man $V(\mathbf{z},t)$ für $t = t_0$ negativ-(semi-)definit in G, wenn $-V(\mathbf{z},t)$ positiv-(semi-)definit in G für $t = t_0$ ist.

Eine skalare Funktion $V(\mathbf{z},t)$ heißt dekreszent für $t \geqq t_0$ in einem Gebiet G, das den Nullpunkt $\mathbf{z} = \mathbf{0}$ enthält, wenn eine zeitinvariante positiv-definite Funktion $V_2(\mathbf{z})$ existiert, so daß im ganzen Gebiet G und für alle $t \geqq t_0$

$$|\,V(\mathbf{z},t)\,| \leqq V_2(\mathbf{z})$$

gilt. Eine dekreszente Funktion $V(\mathbf{z},t)$ wird also in einem Gebiet G für alle $t \geqq t_0$ durch eine zeitinvariante positiv-definite Funktion betraglich majorisiert.

Damit läßt sich folgende wichtige Aussage formulieren.

Satz VIII.20: Es sei $\mathbf{z} = \mathbf{0}$ Gleichgewichtszustand des Systems nach Gl. (8.126) für $t = t_0$, und es sei $G = \{\mathbf{z} \in \mathbb{R}^q;\ \|\,\mathbf{z}\,\| < r\}$. Die Funktion $V(\mathbf{z},t)$ sei für alle $\mathbf{z} \in G$ und $t \geqq t_0$ stetig differenzierbar.

a) Ist für $t = t_0$ in G

- $V(\mathbf{z},t)$ positiv-definit

und

- $\dfrac{\mathrm{d}V}{\mathrm{d}t} = \dfrac{\partial V}{\partial t} + \dfrac{\partial V}{\partial \mathbf{z}} \cdot \boldsymbol{f}(\mathbf{z},t)$ negativ-semidefinit,

dann ist der Gleichgewichtszustand $\mathbf{z} = \mathbf{0}$ für $t = t_0$ stabil im Lyapunovschen Sinne.

b) Ist für $t = t_0$ in G zusätzlich zu den in a genannten zwei Bedingungen

- $V(\mathbf{z},t)$ dekreszent,

dann ist der Ursprung gleichmäßig stabil.

c) Fordert man für $t = t_0$ in G die positive Definitheit und die Dekreszenz von $V(\mathbf{z},t)$ sowie die negative Definitheit von $\mathrm{d}V/\mathrm{d}t$, dann ist der Gleichgewichtszustand $\mathbf{z} = \mathbf{0}$ gleichmäßig asymptotisch stabil. – Kann man dabei als Gebiet G den gesamten Zustandsraum $\mathbb{R}^q$ wählen und ist zusätzlich $V(\mathbf{z},t)$ radial nicht beschränkt, d.h. existiert eine für $\|\,\mathbf{z}\,\| \to \infty$ über alle Schranken strebende Funktion $W_1(\,\|\,\mathbf{z}\,\|\,)$, so daß die Beziehung $W_1(\,\|\,\mathbf{z}\,\|\,) \leqq V(\mathbf{z},t)$ in $\mathbb{R}^q$ und für alle $t \geqq t_0$ gilt, dann ist $\mathbf{z} = \mathbf{0}$ global gleichmäßig asymptotisch stabil.

Bemerkung: Eine in einer Umbegung von $\mathbf{z} = \mathbf{0}$ existierende positiv-definite Funktion $V(\mathbf{z},t)$, deren Ableitung $\dot{V}(\mathbf{z},t)$ längs jeder Trajektorie dort negativ-semidefinit ist, heißt Lyapunov-Funktion des nichtautonomen Systems.

Beweis von Satz VIII.20: Man kann den Beweis weitgehend nach dem Vorbild des Beweises von Satz II.15 führen.

a) Zunächst gilt für die Lösung $\boldsymbol{\varphi}(t,\mathbf{z}_0)$ des Systems mit $\boldsymbol{\varphi}(t_0,\mathbf{z}_0) = \mathbf{z}_0$

$$V(\boldsymbol{\varphi}(t,\boldsymbol{z}_0),t) = \int_{t_0}^{t} \left[\frac{\mathrm{d}V}{\mathrm{d}t}\right]_{t=\sigma} \mathrm{d}\sigma + V(\boldsymbol{z}_0,t_0)$$

und wegen der vorausgesetzten negativen Semidefinitheit von $\mathrm{d}V/\mathrm{d}t$

$$V(\boldsymbol{\varphi}(t,\boldsymbol{z}_0),t) \leqq V(\boldsymbol{z}_0,t_0)$$

für alle $t \geqq t_0$, d.h. die Lösung $\boldsymbol{\varphi}(t,\boldsymbol{z}_0)$ verläuft derart, daß V monoton abnimmt.

Da $V(\boldsymbol{z},t)$ für $t = t_0$ in G positiv-definit ist, existiert eine zeitinvariante positiv-definite Funktion $V_1(\boldsymbol{z})$, so daß

$$V_1(\boldsymbol{z}) \leqq V(\boldsymbol{z},t) \quad \text{für alle } t \geqq t_0 \text{ und } \boldsymbol{z} \in G$$

gilt. Nun werden die Funktionen

$$W_1(x) = \inf_{x \leqq \|\boldsymbol{z}\| \leqq r} V_1(\boldsymbol{z}) \quad (0 \leqq x \leqq r) \quad \text{und} \quad \widetilde{W}_2(x,t_0) = \sup_{0 \leqq \|\boldsymbol{z}\| \leqq x} V(\boldsymbol{z},t_0) \quad (0 \leqq x \leqq r)$$

eingeführt.

Ausgehend von einem $\varepsilon > 0$ wird ein $\delta > 0$ nach Bild 8.30 in der Weise gewählt, daß $\widetilde{W}_2(\delta,t_0) < W_1(\varepsilon)$ gilt. Für einen beliebigen Zeitpunkt $t \geqq t_0$ erhält man nun, wenn ein Anfangszustand $\boldsymbol{z}_0$ mit $\|\boldsymbol{z}_0\| < \delta$ gewählt wird,

$$W_1(\|\boldsymbol{\varphi}(t,\boldsymbol{z}_0)\|) \leqq V(\boldsymbol{\varphi}(t,\boldsymbol{z}_0),t) \leqq V(\boldsymbol{z}_0,t_0) \leqq \widetilde{W}_2(\|\boldsymbol{z}_0\|,t_0) \leqq \widetilde{W}_2(\delta,t_0) < W_1(\varepsilon).$$

Hieraus folgt die Ungleichung $\|\boldsymbol{\varphi}(t,\boldsymbol{z}_0)\| < \varepsilon$ für $\|\boldsymbol{z}_0\| < \delta$ und jedes $t \geqq t_0$; denn im umgekehrten Falle $\|\boldsymbol{\varphi}(t,\boldsymbol{z}_0)\| \geqq \varepsilon$ müßte $V(\boldsymbol{\varphi}(t,\boldsymbol{z}_0),t) \geqq W_1(\varepsilon)$ gelten.

b) Falls $V(\boldsymbol{z},t)$ zusätzlich dekreszent ist, existiert eine skalare Funktion $V_2(\boldsymbol{z}) \geqq V(\boldsymbol{z},t)$ für alle $t \geqq t_0$ und $\boldsymbol{z} \in G$. Mit

$$W_2(x) = \sup_{0 \leqq \|\boldsymbol{z}\| \leqq x} V_2(\boldsymbol{z}) \quad (0 \leqq x \leqq r)$$

kann man $\widetilde{W}_2(x,t_0)$ ersetzen (Bild 8.30) und erhält angesichts der Bedingung $W_2(\delta) < W_1(\varepsilon)$ ein von t_0 unabhängiges δ, womit die Gleichmäßigkeit der Stabilität in t_0 garantiert ist.

c) Aufgrund der Eigenschaften von $V(\boldsymbol{z},t)$ und $\mathrm{d}V/\mathrm{d}t$ ist die Ruhelage $\boldsymbol{z} = \boldsymbol{0}$ gleichmäßig stabil. Daher ist nur noch die gleichmäßige Konvergenz nachzuweisen. Da $\mathrm{d}V/\mathrm{d}t$ in G negativ-definit ist, existiert eine skalare positiv-definite Funktion $V_3(\boldsymbol{z})$, so daß

$$\frac{\mathrm{d}V}{\mathrm{d}t} \leqq -V_3(\boldsymbol{z}) \leqq -W_3(\|\boldsymbol{z}\|) \tag{8.128a}$$

mit

$$W_3(x) = \inf_{x \leqq \|\boldsymbol{z}\| \leqq r} V_3(\boldsymbol{z}) \quad (0 \leqq x \leqq r) \tag{8.128b}$$

gilt. Ausgehend von $0 < \delta_2 < \delta_1$ wird nun ein $\delta > 0$ so gewählt, daß $W_2(\delta) < W_1(\delta_2)$ gilt, und es wird $T = W_2(\delta_1)/W_3(\delta)$ gesetzt. Es existiert dann für jeden Anfangszustand $\boldsymbol{z}_0$ mit $\|\boldsymbol{z}_0\| < \delta_1$ ein Zeit-

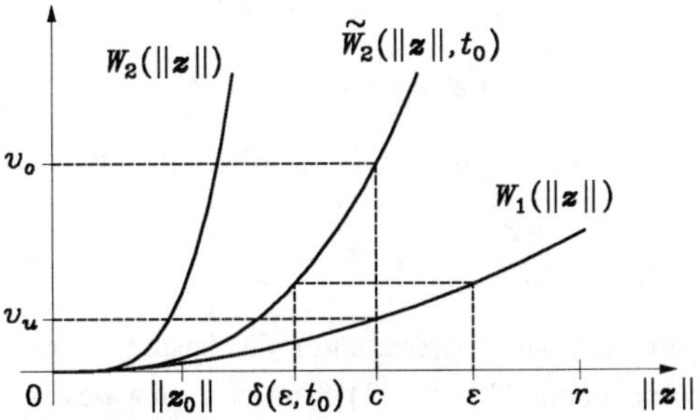

Bild 8.30: Zum Beweis von Satz VIII.20. Die Funktionswerte von $V(\boldsymbol{z},t_0)$ für $\|\boldsymbol{z}\| = c$ (c beliebig in $0 < c < r$) liegen im Intervall (v_u, v_0)

punkt $t_1 \in [t_0, t_0+T]$, so daß $\| \boldsymbol{\varphi}(t_1, \boldsymbol{z}_0) \| < \delta$ ist. Wäre nämlich $\| \boldsymbol{\varphi}(t, \boldsymbol{z}_0) \| \geqq \delta$ für alle $t \in [t_0, t_0+T]$, dann müßte mit Ungleichungen (8.128a,b)

$$0 < W_1(\delta) \leqq V(\boldsymbol{\varphi}(t_0+T, \boldsymbol{z}_0), t_0+T) = V(\boldsymbol{z}_0, t_0) + \int_{t_0}^{t_0+T} \left[\frac{\mathrm{d}V}{\mathrm{d}t} \right]_{t=\sigma} \mathrm{d}\sigma \leqq W_2(\delta_1) - W_3(\delta)T = 0$$

gelten, was unmöglich ist. Für alle $t > t_0 + T$ folgt damit $\| \boldsymbol{\varphi}(t, \boldsymbol{z}_0) \| < \delta_2$, denn es ist

$$W_1(\| \boldsymbol{\varphi}(t, \boldsymbol{z}_0) \|) \leqq V(\boldsymbol{\varphi}(t, \boldsymbol{z}_0)) \leqq V(\boldsymbol{\varphi}(t_1, \boldsymbol{z}_0)) \leqq W_2(\delta) < W_1(\delta_2), \tag{8.129}$$

woraus unmittelbar $\| \boldsymbol{\varphi}(t, \boldsymbol{z}_0) \| < \delta_2$ ersichtlich ist. Damit ist die gleichmäßige Konvergenz nachgewiesen.

Ist $G = \mathbb{R}^q$ und ist $V(\boldsymbol{z}, t)$ zusätzlich radial unbeschränkt, dann läßt sich zu jedem noch so großen δ nach Bild 8.30 ein $\varepsilon > 0$ finden mit der Eigenschaft $W_2(\delta) < W_1(\varepsilon)$. Damit ist zu erkennen, daß der Ursprung $\boldsymbol{z} = \boldsymbol{0}$ global asymptotisch stabil ist.

5.3 LINEARISIERUNG

Man kann die Methode der Linearisierung auch auf nichtautonome Systeme anwenden. Es sei ein nichtautonomes System nach Gl. (8.126) betrachtet, wobei $\boldsymbol{f}(\boldsymbol{z}, t)$ eine für alle $\boldsymbol{z}$ im Gebiet $G = \{\boldsymbol{z} \in \mathbb{R}^q;\ \|\boldsymbol{z}\| < r\}$ und alle $t \geqq t_0$ stetig differenzierbare Funktion sei. Die Jacobische Matrix $\boldsymbol{J}(\boldsymbol{z}, t) := \partial \boldsymbol{f}(\boldsymbol{z}, t)/\partial \boldsymbol{z}$ wird als beschränkt und in $\boldsymbol{z}$ als Lipschitz-Funktion vorausgesetzt, und zwar so, daß die Ungleichungen

$$\| \boldsymbol{J}(\boldsymbol{z}, t) \| < k \quad \text{und} \quad \| \boldsymbol{J}(\boldsymbol{z}_1, t) - \boldsymbol{J}(\boldsymbol{z}_2, t) \| \leqq L \, \| \boldsymbol{z}_1 - \boldsymbol{z}_2 \|$$

mit zwei Kostanten k und L für beliebige Punkte $\boldsymbol{z}, \boldsymbol{z}_1$ und $\boldsymbol{z}_2$ in G sowie für alle $t \geqq t_0$ bestehen. Nach dem Mittelwertsatz der Differentialrechnung kann die Darstellung

$$\boldsymbol{f}(\boldsymbol{z}, t) = \boldsymbol{f}(\boldsymbol{0}, t) + \boldsymbol{J}(\boldsymbol{\zeta}, t)\boldsymbol{z}$$

angegeben werden, wobei $\boldsymbol{\zeta}$ einen Punkt auf der geradlinigen Verbindung der Punkte $\boldsymbol{0}$ und $\boldsymbol{z}$ im $\mathbb{R}^q$ bedeutet. Es wird nun der Ursprung $\boldsymbol{z} = \boldsymbol{0}$ als Gleichgewichtszustand des nichtlinearen Systems angenommen, d.h. $\boldsymbol{f}(\boldsymbol{0}, t) = \boldsymbol{0}$ für alle $t \geqq t_0$ vorausgesetzt. Damit erhält man mit obiger Gleichung

$$\boldsymbol{f}(\boldsymbol{z}, t) = \boldsymbol{A}(t)\boldsymbol{z} + \boldsymbol{h}(\boldsymbol{z}, t), \tag{8.130}$$

wobei folgende Abkürzungen eingeführt wurden:

$$\boldsymbol{A}(t) = \boldsymbol{J}(\boldsymbol{0}, t) \quad \text{und} \quad \boldsymbol{h}(\boldsymbol{z}, t) = [\boldsymbol{J}(\boldsymbol{\zeta}, t) - \boldsymbol{J}(\boldsymbol{0}, t)]\boldsymbol{z} \,. \tag{8.131a,b}$$

Die Norm der Vektorfunktion $\boldsymbol{h}(\boldsymbol{z}, t)$ läßt sich in der Form

$$\| \boldsymbol{h}(\boldsymbol{z}, t) \| \leqq \| \boldsymbol{J}(\boldsymbol{z}, t) - \boldsymbol{J}(\boldsymbol{0}, t) \| \cdot \| \boldsymbol{z} \| \leqq L \, \| \boldsymbol{z} \|^2 \tag{8.132}$$

abschätzen. Aufgrund dieser Abschätzung betrachtet man das System

$$\frac{\mathrm{d}\boldsymbol{z}}{\mathrm{d}t} = \boldsymbol{A}(t)\boldsymbol{z} \tag{8.133}$$

für $t \geqq t_0$ als Approximation des Systems nach Gl. (8.126) in der Umgebung von $\boldsymbol{z} = \boldsymbol{0}$, und man nennt Gl. (8.133) Linearisierung des nichtautonomen nichtlinearen Systems um den Gleichgewichtspunkt $\boldsymbol{z} = \boldsymbol{0}$, der zugleich Gleichgewichtszustand des Näherungssystems ist.

Man beachte, daß es sich hierbei um ein lineares, zeitvariantes System handelt, dessen Lösungstrajektorien mit Anfangszustand $\boldsymbol{z}_0$ zur Zeit t_0 nach Teil II, Abschnitt 3.3.2 mit Hilfe der Übergangsmatrix $\boldsymbol{\Phi}(t, t_0)$ durch

$$\boldsymbol{\varphi}(t, t_0, \boldsymbol{z}_0) = \boldsymbol{\Phi}(t, t_0)\boldsymbol{z}_0 \tag{8.134}$$

ausgedrückt werden können. Über das Stabilitätsverhalten des Gleichgewichtszustands $\boldsymbol{z} = \boldsymbol{0}$ läßt sich die folgende Aussage machen.

Satz VIII.21: Es sei $\boldsymbol{z} = \boldsymbol{0}$ ein Gleichgewichtszustand des nichtlinearen nichtautonomen Systems nach Gl. (8.126). Dabei sei $\boldsymbol{f}(\boldsymbol{z}, t)$ eine im Gebiet $G = \{\boldsymbol{z} \in \mathbb{R}^q;\ \|\boldsymbol{z}\| < r\}$ und für alle $t \geqq t_0$ stetig differenzierbare Funktion. Die Jacobi-Matrix $\boldsymbol{J}(\boldsymbol{z}, t)$ sei beschränkt und eine Lipschitz-Funktion in $\boldsymbol{z} \in G$, und zwar gleichmäßig in t. Es sei $\boldsymbol{A}(t) := \boldsymbol{J}(\boldsymbol{0}, t)$. Dann ist der Ursprung ein exponentiell stabiler Gleichgewichtszustand des nichtlinearen Systems, wenn er ein exponentiell stabiler Gleichgewichtszustand des linearen Systems nach Gl. (8.133) ist.

Beweis: Dieser erfolgt in drei Schritten.

(i) Zunächst ist nachzuweisen, daß die Norm der Übergangsmatrix $\boldsymbol{\Phi}(t, t_0)$ des linearen Systems nach Gl. (8.133), dessen Gleichgewichtszustand $\boldsymbol{0}$ exponentiell stabil ist, in der Form

$$\|\boldsymbol{\Phi}(t, t_0)\| \leqq \alpha\, \mathrm{e}^{-\beta(t-t_0)} \tag{8.135}$$

für alle $t \geqq t_0$ mit geeigneten Konstanten α und β abgeschätzt werden kann. Nach Kapitel II, Abschnitt 3.5.1 und mit Gl. (8.134) kann folgendes geschrieben werden:

$$\|\boldsymbol{\Phi}(t, t_0)\| = \max_{\|\boldsymbol{z}_0\| = 1} \|\boldsymbol{\Phi}(t, t_0)\boldsymbol{z}_0\| = \max_{\|\boldsymbol{z}_0\| = 1} \|\boldsymbol{\varphi}(t, t_0, \boldsymbol{z}_0)\| . \tag{8.136}$$

Wegen der exponentiellen Stabilität des Ursprungs als Gleichgewichtszustand des linearen Systems gilt für jedweden Anfangszustand $\boldsymbol{z}_0$

$$\|\boldsymbol{\varphi}(t, t_0, \boldsymbol{z}_0)\| \leqq k\, \|\boldsymbol{z}_0\|\, \mathrm{e}^{-l(t-t_0)} \tag{8.137}$$

für alle $t \geqq t_0$ mit Konstanten k und l. Die Ungleichungen (8.136) und (8.137) liefern unmittelbar die zu beweisende Abschätzung (8.135).

Anmerkung: Man kann zeigen [Kh1], daß die Ungleichung (8.135) notwendig und hinreichend dafür ist, daß der Gleichgewichtszustand $\boldsymbol{z} = \boldsymbol{0}$ des linearen Systems nach Gl. (8.133) (global) gleichmäßig asymptotisch stabil ist.

(ii) Nachdem sichergestellt ist, daß $\boldsymbol{z} = \boldsymbol{0}$ unter der Voraussetzung (8.135) einen gleichmäßig asymptotisch stabilen Gleichgewichtszustand des linearisierten Systems nach Gl. (8.133) darstellt, wird angesichts der weiteren gemachten Voraussetzung, daß $\boldsymbol{A}(t)$ stetig und beschränkt ist, folgendes gezeigt: Es sei $\boldsymbol{Q}(t)$ eine stetige, gleichmäßig beschränkte, für $t \geqq t_0$ (gleichmäßig) positiv-definite symmetrische Matrix (man vergleiche Anhang C, Abschnitt 4). Dann existiert eine beschränkte, differenzierbare, positiv-definite symmetrische Matrix $\boldsymbol{P}(t)$, welche die Differentialgleichung

$$\frac{\mathrm{d}\boldsymbol{P}(t)}{\mathrm{d}t} + \boldsymbol{P}(t)\boldsymbol{A}(t) + \boldsymbol{A}^{\mathrm{T}}(t)\boldsymbol{P}(t) + \boldsymbol{Q}(t) = \boldsymbol{0} \tag{8.138}$$

erfüllt, so daß

$$V(\boldsymbol{z}, t) = \boldsymbol{z}^{\mathrm{T}}\boldsymbol{P}(t)\boldsymbol{z} \tag{8.139}$$

Lyapunov-Funktion des linearisierten Systems wird, da mit Gl. (8.133)

$$\frac{\mathrm{d}V(\boldsymbol{z}, t)}{\mathrm{d}t} = \frac{\mathrm{d}\boldsymbol{z}^{\mathrm{T}}}{\mathrm{d}t}\boldsymbol{P}\boldsymbol{z} + \boldsymbol{z}^{\mathrm{T}}\frac{\mathrm{d}\boldsymbol{P}}{\mathrm{d}t}\boldsymbol{z} + \boldsymbol{z}^{\mathrm{T}}\boldsymbol{P}\frac{\mathrm{d}\boldsymbol{z}}{\mathrm{d}t} = \boldsymbol{z}^{\mathrm{T}}\left(\boldsymbol{A}^{\mathrm{T}}\boldsymbol{P} + \frac{\mathrm{d}\boldsymbol{P}}{\mathrm{d}t} + \boldsymbol{P}\boldsymbol{A}\right)\boldsymbol{z} = -\boldsymbol{z}^{\mathrm{T}}\boldsymbol{Q}\,\boldsymbol{z}$$

gilt. – Ausgehend von dieser Lyapunov-Funktion wird nun mit Gl. (8.134) die quadratische Form

$$\boldsymbol{z}_0^{\mathrm{T}} \boldsymbol{P}(t_0)\boldsymbol{z}_0 = \int_{t_0}^{\infty} \boldsymbol{z}_0^{\mathrm{T}} \boldsymbol{\Phi}^{\mathrm{T}}(t,t_0)\boldsymbol{Q}(t)\boldsymbol{\Phi}(t,t_0)\boldsymbol{z}_0 \,\mathrm{d}t = \int_{t_0}^{\infty} \boldsymbol{\varphi}^{\mathrm{T}}(t,t_0,\boldsymbol{z}_0)\boldsymbol{Q}(t)\boldsymbol{\varphi}(t,t_0,\boldsymbol{z}_0)\,\mathrm{d}t \quad (8.140)$$

gebildet, die wegen der Ungleichung (8.137) und der Beschränktheit von $\|\boldsymbol{Q}(t)\| \leqq K$ mit einem von t unabhängigen $K > 0$ durch

$$\boldsymbol{z}_0^{\mathrm{T}} \boldsymbol{P}(t_0)\boldsymbol{z}_0 \leqq k^2 \|\boldsymbol{z}_0\|^2 K \int_{t_0}^{\infty} \mathrm{e}^{-2l(t-t_0)}\,\mathrm{d}t = k_1 \|\boldsymbol{z}_0\|^2 \quad (8.141)$$

mit der Konstante k_1 abgeschätzt werden kann. Außerdem lehrt die Gl. (8.140), daß für $\boldsymbol{z}_0 \neq \boldsymbol{0}$ wegen der positiven Definitheit von $\boldsymbol{Q}(t)$ das Integral in Gl. (8.140) für jedes t_0 positiv ist. Man kann darüber hinaus die Ungleichung

$$\|\boldsymbol{z}_0\| \,\mathrm{e}^{-L(t-t_0)} \leqq \|\boldsymbol{\varphi}(t,t_0,\boldsymbol{z}_0)\| \leqq \|\boldsymbol{z}_0\|\,\mathrm{e}^{L(t-t_0)} \quad (8.142)$$

herleiten, indem man mit Gl. (8.126)

$$\frac{\mathrm{d}}{\mathrm{d}t}[\boldsymbol{\varphi}^{\mathrm{T}}(t,t_0,\boldsymbol{z}_0)\boldsymbol{\varphi}(t,t_0,\boldsymbol{z}_0)] = \boldsymbol{f}^{\mathrm{T}}(\boldsymbol{\varphi}(t,t_0,\boldsymbol{z}_0),t)\boldsymbol{\varphi}(t,t_0,\boldsymbol{z}_0) + \boldsymbol{\varphi}^{\mathrm{T}}(t,t_0,\boldsymbol{z}_0)\boldsymbol{f}(\boldsymbol{\varphi}(t,t_0,\boldsymbol{z}_0),t)$$

und hieraus wegen

$$\|\boldsymbol{f}(\boldsymbol{\varphi}(t,t_0,\boldsymbol{z}_0),t)\| = \|\boldsymbol{f}(\boldsymbol{\varphi}(t,t_0,\boldsymbol{z}_0),t) - \boldsymbol{f}(\boldsymbol{0},t)\| \leqq L\,\|\boldsymbol{\varphi}(t,t_0,\boldsymbol{z}_0)\|$$

die Beziehung

$$\left|\frac{\mathrm{d}}{\mathrm{d}t}\|\boldsymbol{\varphi}(t,t_0,\boldsymbol{z}_0)\|^2\right| \leqq 2L\,\|\boldsymbol{\varphi}(t,t_0,\boldsymbol{z}_0)\|^2$$

oder

$$-2L\,\mathrm{d}t \leqq \frac{\mathrm{d}\|\boldsymbol{\varphi}(t,t_0,\boldsymbol{z}_0)\|^2}{\|\boldsymbol{\varphi}(t,t_0,\boldsymbol{z}_0)\|^2} \leqq 2L\,\mathrm{d}t$$

($\mathrm{d}t > 0$) beachtet. Durch Integration dieser Beziehung folgt unmittelbar Ungleichung (8.142), die dann wegen $\|\boldsymbol{Q}\| \geqq \text{const}$ aus Gl. (8.140) in Erweiterung der Herleitung von Beziehung (8.141)

$$k_2 \|\boldsymbol{z}_0\|^2 \leqq \boldsymbol{z}_0^{\mathrm{T}} \boldsymbol{P}(t_0)\boldsymbol{z}_0 \leqq k_1 \|\boldsymbol{z}_0\|^2 \quad (8.143)$$

liefert. Daher ist $\boldsymbol{P}(t)$ von oben und unten beschränkt und positiv-definit; außerdem ist zu erkennen, daß $\boldsymbol{P}(t)$ symmetrisch und stetig differenzierbar ist. Schließlich ist noch zu zeigen, daß $\boldsymbol{P}(t)$ die Differentialgleichung (8.138) befriedigt. Mit Hilfe der Differentiationsregel für quadratische Matrixfunktionen $\mathrm{d}\boldsymbol{M}^{-1}(t)/\mathrm{d}t = -\boldsymbol{M}^{-1}(t)(\mathrm{d}\boldsymbol{M}(t)/\mathrm{d}t)\boldsymbol{M}^{-1}(t)$ und der Eigenschaft $\boldsymbol{\Phi}(t,t_0) = \boldsymbol{\Phi}^{-1}(t_0,t)$ der Übergangsmatrix (Kapitel II, Abschnitt 3.3.2) sowie Gl. (2.90) erhält man zunächst die Beziehung

$$\frac{\partial \boldsymbol{\Phi}(t_0,t)}{\partial t} = -\boldsymbol{\Phi}(t_0,t)\boldsymbol{A}(t),$$

die benutzt wird zu zeigen, daß die Matrix

$$\boldsymbol{P}(t) = \int_t^{\infty} \boldsymbol{\Phi}^{\mathrm{T}}(t_0,t)\boldsymbol{Q}(t_0)\boldsymbol{\Phi}(t_0,t)\,\mathrm{d}t_0$$

Lösung der Gl. (8.138) ist:

$$\frac{\mathrm{d}\boldsymbol{P}(t)}{\mathrm{d}t} = \int_t^{\infty} \boldsymbol{\Phi}^{\mathrm{T}}(t_0,t)\boldsymbol{Q}(t_0)\frac{\partial \boldsymbol{\Phi}(t_0,t)}{\partial t}\,\mathrm{d}t_0 + \int_t^{\infty} \frac{\partial \boldsymbol{\Phi}^{\mathrm{T}}(t_0,t)}{\partial t}\boldsymbol{Q}(t_0)\boldsymbol{\Phi}(t_0,t)\,\mathrm{d}t_0 - \boldsymbol{Q}(t)$$

$$= -\int_t^{\infty} \boldsymbol{\Phi}^{\mathrm{T}}(t_0,t)\boldsymbol{Q}(t_0)\boldsymbol{\Phi}(t_0,t)\,\mathrm{d}t_0\,\boldsymbol{A}(t) - \boldsymbol{A}^{\mathrm{T}}(t)\int_t^{\infty} \boldsymbol{\Phi}^{\mathrm{T}}(t_0,t)\boldsymbol{Q}(t_0)\boldsymbol{\Phi}(t_0,t)\,\mathrm{d}t_0 - \boldsymbol{Q}(t)$$

$$= -\boldsymbol{P}(t)\boldsymbol{A}(t) - \boldsymbol{A}^{\mathrm{T}}(t)\boldsymbol{P}(t) - \boldsymbol{Q}(t).$$

(iii) Nun wird $V(\boldsymbol{z},t)$ als Lyapunov-Funktion des nichtlinearen Systems bestätigt. Dazu wird der Differentialquotient von V längs der Trajektorien unter Berücksichtigung von Gl. (8.130) gebildet:

$$\frac{\mathrm{d}V(\boldsymbol{z},t)}{\mathrm{d}t} = \boldsymbol{f}^{\mathrm{T}}(\boldsymbol{z},t)\boldsymbol{P}(t)\boldsymbol{z} + \boldsymbol{z}^{\mathrm{T}}\dot{\boldsymbol{P}}(t)\boldsymbol{z} + \boldsymbol{z}^{\mathrm{T}}\boldsymbol{P}(t)\boldsymbol{f}(\boldsymbol{z},t)$$

$$= \boldsymbol{z}^{\mathrm{T}}[\boldsymbol{A}^{\mathrm{T}}(t)\boldsymbol{P}(t) + \dot{\boldsymbol{P}}(t) + \boldsymbol{P}(t)\boldsymbol{A}(t)]\boldsymbol{z} + 2\boldsymbol{z}^{\mathrm{T}}\boldsymbol{P}(t)\boldsymbol{h}(\boldsymbol{z},t)$$

$$= -\boldsymbol{z}^{\mathrm{T}}\boldsymbol{Q}(t)\boldsymbol{z} + 2\boldsymbol{z}^{\mathrm{T}}\boldsymbol{P}(t)\boldsymbol{h}(\boldsymbol{z},t) \leqq -\|\boldsymbol{z}\|^2 k' + 2k''L\|\boldsymbol{z}\|^3$$

mit $k', k'' > 0$. Hieraus ist zu ersehen, daß in einem Gebiet $\{\boldsymbol{z} \in \mathbb{R}^q;\ \|\boldsymbol{z}\| < \rho\}$ mit hinreichend kleinem $\rho > 0$ die Ableitung $\mathrm{d}V(\boldsymbol{z},t)/\mathrm{d}t$ negativ-definit ist, genauer daß überall in diesem Gebiet

$$\frac{\mathrm{d}V(\boldsymbol{z},t)}{\mathrm{d}t} \leqq -k_3\|\boldsymbol{z}\|^2 \tag{8.144}$$

mit $k_3 > 0$ gilt. Aus den Ungleichungen (8.143) und (8.144) ergibt sich nun mit Gl. (8.139)

$$\frac{\mathrm{d}V(\boldsymbol{z},t)}{V(\boldsymbol{z},t)} \leqq -\frac{k_3}{k_2}\mathrm{d}t \quad \text{oder} \quad V(\boldsymbol{z},t) \leqq V(\boldsymbol{z}_0,t_0)\,\mathrm{e}^{-(k_3/k_2)(t-t_0)}.$$

Andererseits gilt mit dem kleinsten Eigenwert $p_{\min}(t)$ von $\boldsymbol{P}(t)$ die Ungleichung $p_{\min}\|\boldsymbol{z}\|^2 \leqq V$, so daß man mit $p_0 = \inf_{t \geqq t_0} p_{\min}$ für jede Lösung in der Umgebung des Ursprungs

$$\|\boldsymbol{z}\| \leqq \sqrt{V(\boldsymbol{z}_0,t_0)/p_0}\;\mathrm{e}^{-(k_3/2k_2)(t-t_0)}$$

erhält.

Ergänzung 1: Aus dem Beweis von Satz VIII.21 geht die folgende wichtige Aussage hervor: Die skalare Funktion $V(\boldsymbol{z},t) = \boldsymbol{z}^{\mathrm{T}}\boldsymbol{P}(t)\boldsymbol{z}$ mit der beschränkten, differenzierbaren und positiv-definiten symmetrischen Matrix $\boldsymbol{P}(t)$ erfülle die Bedingungen

$$k_2\|\boldsymbol{z}\|^2 \leqq V(\boldsymbol{z},t) \leqq k_1\|\boldsymbol{z}\|^2$$

und

$$\frac{\mathrm{d}V(\boldsymbol{z},t)}{\mathrm{d}t} \leqq -k_3\|\boldsymbol{z}\|^2,$$

wobei k_1, k_2, k_3 positive Konstanten seien und $\mathrm{d}V/\mathrm{d}t$ die Ableitung von V längs der Trajektorien des Systems nach Gl. (8.126) bedeute. Die Funktion $\boldsymbol{f}(\boldsymbol{z},t)$ erfülle die im Satz VIII.21 genannten Voraussetzungen. Dann ist der Ursprung $\boldsymbol{z} = \boldsymbol{0}$ ein exponentiell stabiler Gleichgewichtszustand des im allgemeinen nichtlinearen Systems nach Gl. (8.126).

Ergänzung 2: Unter den im Satz VIII.21 genannten Bedingungen ist die Forderung, daß das linearisierte System exponentiell stabil ist, nicht nur hinreichend, sondern auch notwendig dafür, daß der Ursprung ein exponentiell stabiler Gleichgewichtszustand des nichtlinearen Systems ist.

Beweisskizze: Es wird das linearisierte System in der Form

$$\frac{\mathrm{d}\boldsymbol{z}}{\mathrm{d}t} = \boldsymbol{f}(\boldsymbol{z},t) - \boldsymbol{h}(\boldsymbol{z},t) = \boldsymbol{A}(t)\boldsymbol{z}$$

mit der Funktion $\boldsymbol{h}(\boldsymbol{z},t)$ nach Gl. (8.131b) beschrieben, wobei nach Ungleichung (8.132) die Abschätzung $\|\boldsymbol{h}(\boldsymbol{z},t)\| \leqq L\|\boldsymbol{z}\|^2$ für alle $t \geqq t_0$ und $\boldsymbol{z} \in \{\boldsymbol{z} \in \mathbb{R}^q;\ \|\boldsymbol{z}\| < r\}$ möglich ist. Falls nun der Ursprung ein exponentiell stabiler Gleichgewichtszustand des nichtlinearen Systems $\mathrm{d}\boldsymbol{z}/\mathrm{d}t = \boldsymbol{f}(\boldsymbol{z},t)$ ist, kann die Existenz einer Funktion $V(\boldsymbol{z},t)$ (nach dem im Abschnitt 5.5 noch zu formulierenden Satz VIII.25) mit der Eigenschaft

$$\frac{\mathrm{d}V}{\mathrm{d}t} = \frac{\partial V}{\partial t} + \frac{\partial V}{\partial \boldsymbol{z}} \boldsymbol{f}(\boldsymbol{z},t) \leqq -k_3 \, || \, \boldsymbol{z} \, ||^2 \quad \text{und} \quad \left\| \frac{\partial V}{\partial \boldsymbol{z}} \right\| \leqq k_4 \, || \, \boldsymbol{z} \, ||$$

mit positiven Konstanten k_3 und k_4 in einem Gebiet $G_0 = \{\boldsymbol{z} \in \mathbb{R}^q;\ ||\,\boldsymbol{z}\,|| < r_0\}$ mit $r_0 \leqq r$ garantiert werden. Damit erhält man, indem man $V(\boldsymbol{z}, t)$ als potentielle Lyapunov-Funktion des *linearen* Systems betrachtet,

$$\frac{\mathrm{d}V}{\mathrm{d}t} = \frac{\partial V}{\partial t} + \frac{\partial V}{\partial \boldsymbol{z}} \boldsymbol{A}(t)\boldsymbol{z} = \frac{\partial V}{\partial t} + \frac{\partial V}{\partial \boldsymbol{z}} \boldsymbol{f}(\boldsymbol{z},t) - \frac{\partial V}{\partial \boldsymbol{z}} \boldsymbol{h}(\boldsymbol{z},t)$$

$$\leqq -k_3 \, ||\,\boldsymbol{z}\,||^2 + k_4 \, ||\,\boldsymbol{z}\,|| \, L \, ||\,\boldsymbol{z}\,||^2 \leqq -(k_3 - k_4 L \rho) \, ||\,\boldsymbol{z}\,||^2$$

für $||\,\boldsymbol{z}\,|| < \rho < \min\{r_0, k_3/k_4 L\}$, also eine (lokale) negativ-definite Ableitung. Außerdem garantiert Satz VIII.25 die Ungleichung $c_1 ||\,\boldsymbol{z}\,||^2 \leqq V(\boldsymbol{z},t) \leqq c_2 ||\,\boldsymbol{z}\,||^2$. Durch Anwendung der Ergänzung 1 zu Satz VIII.21 auf das lineare System geht nun sofort hervor, daß $\mathbf{0}$ ein exponentiell stabiler Gleichgewichtszustand des linearen Systems ist.

5.4 INSTABILITÄTSKRITERIEN

Mit Satz VIII.21 wurden hinreichende Bedingungen für die Stabilität des Gleichgewichtszustandes eines nichtautonomen Systems formuliert. Im folgenden sollen nun hinreichende Bedingungen für die Instabilität eines Gleichgewichtszustandes angegeben werden.

Satz VIII.22: Der Gleichgewichtspunkt $\boldsymbol{z} = \mathbf{0}$ des Systems nach Gl. (8.126) ist instabil, wenn in einer Umgebung $G = \{\boldsymbol{z} \in \mathbb{R}^q;\ ||\,\boldsymbol{z}\,|| < \rho\}$ des Ursprungs eine stetig differenzierbare, dekreszente skalare Funktion $V(\boldsymbol{z}, t)$ mit den folgenden Eigenschaften angegeben werden kann:

- Es gilt $V(\mathbf{0}, t) = 0$ für alle $t \geqq t_0$,
- es existieren Punkte $\boldsymbol{z}$ in jeder beliebigen Nähe des Ursprungs, so daß $V(\boldsymbol{z}, t_0) > 0$ gilt,
- $\dot{V}(\boldsymbol{z}, t)$ ist positiv-definit in G.

Zu beachten ist, daß die zweite Bedingung schwächer ist als die Forderung der positiven Definitheit von V. Beispielsweise erfüllt im $\mathbb{R}^2$ die Funktion $z_2^2 - z_1^2$ die zweite Bedingung, obwohl sie nicht positiv-definit ist.

Beweis: Wegen der Dekreszenz von $V(\boldsymbol{z},t)$ gibt es in G eine streng monoton steigende stetige Funktion $V_0(\,||\,\boldsymbol{z}\,||\,)$ mit der Eigenschaft $V(\boldsymbol{z},t) \leqq V_0(\,||\,\boldsymbol{z}\,||\,)$. Nun wird $\varepsilon = \rho/2$ gewählt. Mit einem beliebig kleinen $\delta > 0$ kann laut Voraussetzung stets ein $\boldsymbol{z}_0$ mit $||\,\boldsymbol{z}_0\,|| < \delta$ gewählt werden, so daß $V(\boldsymbol{z}_0, t_0) > 0$ gilt. Da $\dot{V}(\boldsymbol{z},t)$ überall in G positiv-definit ist, gilt, solange die Trajektorie $\boldsymbol{z}(t)$ des nichtlinearen Systems innerhalb von G verläuft, für $t > t_0$ entsprechend dem Beweis von Satz VIII.8 mit $\gamma > 0$

$$V(\boldsymbol{z}(t), t) = V(\boldsymbol{z}_0, t_0) + \int_{t_0}^{t} \left[\frac{\mathrm{d}V}{\mathrm{d}t} \right]_{t=\sigma} \mathrm{d}\sigma \geqq V(\boldsymbol{z}_0, t_0) + \gamma(t - t_0).$$

Es gibt dann einen endlichen Zeitpunkt $t = T$, für den $V(\boldsymbol{z}(T), T) = V_0(\varepsilon) \leqq V_0(\,||\,\boldsymbol{z}(T)\,||\,)$ erfüllt wird. Da hieraus $||\,\boldsymbol{z}(T)\,|| \geqq \varepsilon$ folgt, hat die Trajektorie $\boldsymbol{z}(t)$ die ε-Umgebung verlassen. Stabilität ist nicht gegeben.

Beispiel 8.25: Es wird das System

$$\frac{\mathrm{d}z_1}{\mathrm{d}t} = -z_2 + z_1(z_1^2 + z_2^4), \qquad \frac{\mathrm{d}z_2}{\mathrm{d}t} = z_1 + z_2(z_1^2 + z_2^4)$$

betrachtet. Man kann sich leicht davon überzeugen, daß die Jacobi-Matrix für $\boldsymbol{z} = \mathbf{0}$ die Eigenwerte $\pm\,\mathrm{j}$ aufweist, so daß aufgrund von Linearisierung unmittelbar keine Stabilitätsaussage möglich ist. Nun wird

$$V(\boldsymbol{z}) = z_1^2 + z_2^2 \quad \text{mit} \quad \frac{\mathrm{d}V}{\mathrm{d}t} = 2(z_1^2 + z_2^2)(z_1^2 + z_2^4)$$

gewählt. Da alle Voraussetzungen von Satz VIII.22 erfüllt sind, ist $\boldsymbol{z} = \boldsymbol{0}$ ein instabiler Gleichgewichtszustand.

Satz VIII.23: Der Gleichgewichtspunkt $\boldsymbol{z} = \boldsymbol{0}$ des Systems nach Gl. (8.126) ist instabil, wenn in einer Umgebung $G = \{\boldsymbol{z} \in \mathbb{R}^q;\ \|\boldsymbol{z}\| < \rho\}$ des Ursprungs eine stetig differenzierbare, dekreszente skalare Funktion $V(\boldsymbol{z}, t)$ mit den folgenden Eigenschaften angegeben werden kann:

- Es gilt $V(\boldsymbol{0}, t) = 0$ für alle $t \geqq t_0$, und es existieren Punkte $\boldsymbol{z}$ in jeder beliebigen Nähe des Ursprungs, so daß $V(\boldsymbol{z}, t_0) > 0$ gilt,
- es läßt sich eine Darstellung

  $$\dot{V}(\boldsymbol{z}, t) = \lambda V(\boldsymbol{z}, t) + V_1(\boldsymbol{z}, t)$$

  angeben mit einer Konstante $\lambda > 0$ und einer skalaren Funktion $V_1(\boldsymbol{z}, t) \geqq 0$ für alle $t \geqq t_0$ und $\boldsymbol{z} \in G$.

Beweis: Mit einem beliebig kleinen Wert $\delta > 0$ wählt man einen Anfangszustand $\boldsymbol{z}_0$, so daß $\|\boldsymbol{z}_0\| < \delta$ und $V(\boldsymbol{z}_0, t_0) > 0$ gilt. Solange $\|\boldsymbol{z}(t)\| < \rho$ für die Trajektorie $\boldsymbol{z}(t)$ gilt, liegt die Differentialgleichung

$$\frac{\mathrm{d}V(\boldsymbol{z}(t), t)}{\mathrm{d}t} = \lambda V(\boldsymbol{z}(t), t) + V_1(\boldsymbol{z}(t), t)$$

mit der Lösung gemäß Gl. (2.65)

$$V(\boldsymbol{z}(t), t) = V(\boldsymbol{z}(t_0), t_0)\,\mathrm{e}^{\lambda(t-t_0)} + \mathrm{e}^{\lambda t} \int_{t_0}^{t} V_1(\boldsymbol{z}(\tau), \tau)\,\mathrm{e}^{-\lambda \tau}\,\mathrm{d}\tau$$

vor. Da $V_1(\boldsymbol{z}(\tau), \tau) \geqq 0$ gilt, besteht die Ungleichung

$$V(\boldsymbol{z}(t), t) \geqq V(\boldsymbol{z}(t_0), t_0)\,\mathrm{e}^{\lambda(t-t_0)},$$

d.h. $V(\boldsymbol{z}(t), t)$ wächst über alle Schranken, und wegen der Dekreszenz erreicht schließlich $\|\boldsymbol{z}(t)\|$ den Wert ρ. Stabilität ist also nicht gegeben.

Beispiel 8.26: Es wird das System

$$\frac{\mathrm{d}z_1}{\mathrm{d}t} = z_1 + 2z_2 - 0{,}5 z_1 z_2^2, \quad \frac{\mathrm{d}z_2}{\mathrm{d}t} = 2z_1 + z_2 + 0{,}5 z_1^2 z_2$$

mit

$$V(\boldsymbol{z}) = z_2^2 - z_1^2 \quad \text{und} \quad \frac{\mathrm{d}V}{\mathrm{d}t} = 2V + 2z_1^2 z_2^2$$

betrachtet. Alle Voraussetzungen von Satz VIII.23 sind erfüllt, so daß $\boldsymbol{z} = \boldsymbol{0}$ einen instabilen Gleichgewichtszustand darstellt.

Satz VIII.24: Der Gleichgewichtszustand $\boldsymbol{z} = \boldsymbol{0}$ des Systems nach Gl. (8.126) ist instabil, wenn in einem Gebiet $G \subset \mathbb{R}^q$, das den Ursprung enthält, eine stetig differenzierbare, dekreszente skalare Funktion $V(\boldsymbol{z}, t)$ und ein Gebiet $\widetilde{G} \subset G$ existieren mit den folgenden Eigenschaften:

- $V(\boldsymbol{z}, t)$ und $\mathrm{d}V(\boldsymbol{z}, t)/\mathrm{d}t$ sind positiv-definit in $\widetilde{G}$ für $t \geqq t_0$,
- $\boldsymbol{z} = \boldsymbol{0}$ ist Randpunkt von $\widetilde{G}$,

- in allen Randpunkten von $\tilde{G}$, die zu G gehören, gilt $V(\boldsymbol{z}, t) = 0$ für alle $t \geqq t_0$.

Beweis: Auf den Trajektorien $\boldsymbol{z}(t)$ des Systems mit $\boldsymbol{z}(t_0) \in \tilde{G}$ nimmt V mit t beständig zu. Dabei kann keine Trajektorie $\boldsymbol{z}(t)$ den Rand von $\tilde{G}$ innerhalb G überschreiten, da dort V verschwindet. Weil V dekreszent ist, erreicht die Trajektorie schließlich den Rand von G, und zwar unabhängig vom Startpunkt in $\tilde{G}$. Damit ist Stabilität nicht gegeben.

Beispiel 8.27: Es wird das System

$$\frac{dz_1}{dt} = -z_1 + 2z_2^3\,, \quad \frac{dz_2}{dt} = z_1^3 + z_2^2$$

mit

$$V(\boldsymbol{z}) = -\frac{z_1^2}{2} + z_2\,, \quad \frac{dV}{dt} = z_1^2 + z_1^3 + z_2^2 - 2z_1z_2^3$$

betrachtet. Im Bild 8.31 sind Gebiete G und $\tilde{G}$ angegeben, in denen alle Bedingungen von Satz VIII.24 erfüllt werden, wie man leicht verifizieren kann. Daher ist der Ursprung ein instabiler Gleichgewichtszustand.

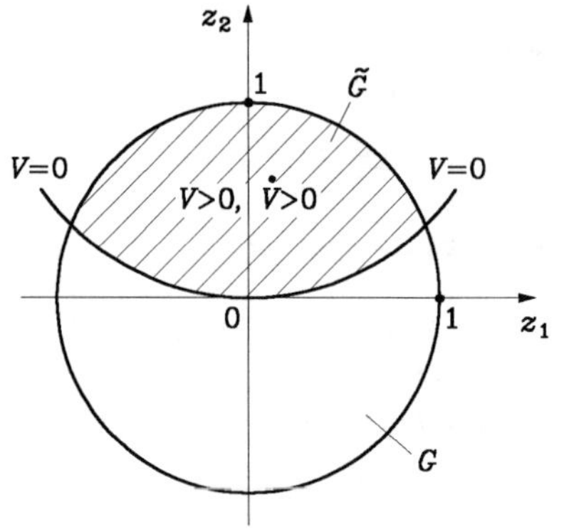

Bild 8.31: Geometrische Veranschaulichung der Bedingungen aus Satz VIII.24 für das Beispiel 8.27

5.5 EXISTENZ VON LYAPUNOV-FUNKTIONEN

Die Anwendung von Satz VIII.20 erfordert die Kenntnis einer Hilfsfunktion $V(\boldsymbol{z}, t)$, und das Ziel dabei ist, aus den Eigenschaften von $V(\boldsymbol{z}, t)$ Stabilitätseigenschaften der Ruhelage des Systems abzuleiten. In diesem Zusammenhang stellt sich die Frage, ob in einem konkreten Fall überhaupt eine Funktion $V(\boldsymbol{z}, t)$ existiert, welche die Forderungen von Satz VIII.20 erfüllt. Darüber hinaus ergibt sich die Frage, wie gegebenenfalls eine solche Funktion gefunden werden kann. Es besteht nun die Möglichkeit, die erstgenannte Frage in vielen Fällen positiv zu beantworten. Hierzu werden im folgenden zwei Sätze formuliert, welche die Existenz von Lyapunov-Funktionen unter bestimmten Voraussetzungen sicherstellen und deren Beweise konstruktiver Art sind, aber zur Ermittlung solcher Funktionen ohne Kenntnis der Trajektorien des Systems nicht verwendet werden können. Die Aussagen sind jedoch geeignet, allgemeine Schlüsse über das Verhalten dynamischer Systeme zu ziehen und in speziellen Situationen Lyapunov-Funktionen anzugeben.

Der erste der folgenden Sätze bezieht sich auf den Fall, daß der Ursprung ein exponentiell stabiler Gleichgewichtspunkt ist.

Satz VIII.25: Es sei $\boldsymbol{z} = \boldsymbol{0}$ ein Gleichgewichtszustand des durch Gl. (8.126) beschriebenen Systems, wobei $\boldsymbol{f}(\boldsymbol{z}, t)$ eine in $G = \{\boldsymbol{z} \in \mathbb{R}^q;\ \|\boldsymbol{z}\| < r\}$ und für alle $t \geqq t_0$ stetig differenzierbare Funktion bedeutet. Die Jacobi-Matrix $\partial \boldsymbol{f} / \partial \boldsymbol{z}$ sei in G gleichmäßig in $\boldsymbol{z}$ und t beschränkt, d.h. es gelte $\|\partial \boldsymbol{f} / \partial \boldsymbol{z}\| \leqq L$ überall in G (L sei unabhängig von $\boldsymbol{z}$ und t). Weiterhin seien k, γ und r_0 positive Konstanten mit der Einschränkung $r_0 < r/k$, und es sei $G_0 = \{\boldsymbol{z} \in \mathbb{R}^q;\ \|\boldsymbol{z}\| < r_0\}$. Es wird angenommen, daß alle Trajektorien des Systems die Bedingung

$$\|\boldsymbol{z}(t)\| \leqq k \, \|\boldsymbol{z}(t_0)\| \, \mathrm{e}^{-\gamma(t - t_0)}$$

für alle $\boldsymbol{z}(t_0) \in G_0$ und alle $t \geqq t_0$ erfüllen.

Dann existiert eine stetig differenzierbare skalare Funktion $V(\boldsymbol{z}, t)$ für alle $\boldsymbol{z} \in G_0$ und $t \geqq t_0$, welche folgende Ungleichungen erfüllt:

$$k_1 \|\boldsymbol{z}\|^2 \leqq V(\boldsymbol{z}, t) \leqq k_2 \|\boldsymbol{z}\|^2 , \tag{8.145a}$$

$$\frac{\partial V}{\partial t} + \frac{\partial V}{\partial \boldsymbol{z}} \boldsymbol{f}(\boldsymbol{z}, t) \leqq -k_3 \|\boldsymbol{z}\|^2 , \tag{8.145b}$$

$$\left\| \frac{\partial V}{\partial \boldsymbol{z}} \right\| \leqq k_4 \|\boldsymbol{z}\| \tag{8.145c}$$

mit gewissen positiven Konstanten k_1, k_2, k_3 und k_4. Falls $r = \infty$ und der Ursprung global exponentiell stabil ist, so existiert $V(\boldsymbol{z}, t)$ und erfüllt die obigen Ungleichungen im gesamten Zustandsraum. Im Falle eines autonomen Systems kann V zeitunabhängig gewählt werden.

Der folgende Satz bezieht sich auf den allgemeineren Fall gleichmäßig asymptotisch stabiler Gleichgewichtspunkte.

Satz VIII.26: Es sei $\boldsymbol{z} = \boldsymbol{0}$ ein Gleichgewichtszustand des durch Gl. (8.126) beschriebenen Systems, wobei $\boldsymbol{f}(\boldsymbol{z}, t)$ eine in $G = \{\boldsymbol{z} \in \mathbb{R}^q;\ \|\boldsymbol{z}\| < \rho\}$ und für alle $t \geqq t_0$ stetig differenzierbare Funktion bedeutet. Die Jacobi-Matrix $\partial \boldsymbol{f} / \partial \boldsymbol{z}$ sei in G gleichmäßig in $\boldsymbol{z}$ und t beschränkt. Es sei $\beta(r, s)$ eine stetige Funktion, die für jedes feste s in r $(0 \leqq r \leqq r_0)$ streng monoton steigt und für $r = 0$ verschwindet und die für jedes feste r bezüglich s $(0 \leqq s \leqq \infty)$ abnimmt mit Grenzwert 0 für $s \to \infty$. Dabei sei $r_0 > 0$ eine Konstante mit $\beta(r_0, 0) < \rho$, und es sei $G_0 = \{\boldsymbol{z} \in \mathbb{R}^q;\ \|\boldsymbol{z}\| < r_0\}$. Es wird vorausgesetzt, daß die Trajektorien des Systems die Ungleichung

$$\|\boldsymbol{z}(t)\| \leqq \beta(\|\boldsymbol{z}(t_0)\|, t - t_0)$$

für alle $\boldsymbol{z}(t_0) \in G_0$ und alle $t \geqq t_0$ erfüllen.

Dann existiert eine stetig differenzierbare skalare Funktion $V(\boldsymbol{z}, t)$ in G_0 und für alle $t \geqq t_0$, welche die folgenden Ungleichungen erfüllt:

$$V_1(\|\boldsymbol{z}\|) \leqq V(\boldsymbol{z}, t) \leqq V_2(\|\boldsymbol{z}\|), \tag{8.146a}$$

$$\frac{\partial V}{\partial t} + \frac{\partial V}{\partial \boldsymbol{z}} \boldsymbol{f}(\boldsymbol{z}, t) \leqq -V_3(\|\boldsymbol{z}\|), \tag{8.146b}$$

$$\left\| \frac{\partial V}{\partial \boldsymbol{z}} \right\| \leqq V_4(\, \| \boldsymbol{z} \| \,). \tag{8.146c}$$

Dabei sind $V_i(\, \| \boldsymbol{z} \| \,)$ $(i = 1, \ldots, 4)$ in $0 \leqq \| \boldsymbol{z} \| \leqq r_0$ streng monoton steigende stetige Funktionen mit $V_i(0) = 0$. Im Falle eines autonomen Systems kann V unabhängig von t gewählt werden.

Die Beweise der Sätze VIII.25 und VIII.26 sind recht aufwendig und werden daher hier nicht geführt. Interessierte Leser seien diesbezüglich auf das einschlägige Schrifttum verwiesen [Ha9], [Kh1], [Kr3].

5.6 SYSTEMSCHWANKUNGEN

Ein im allgemeinen nichtautonomes System, das durch die Differentialgleichung

$$\frac{\mathrm{d}\boldsymbol{z}}{\mathrm{d}t} = \boldsymbol{f}(\boldsymbol{z}, t) \tag{8.147}$$

beschrieben werde, soll sich in der Weise ändern, daß das neue System durch die Differentialgleichung

$$\frac{\mathrm{d}\boldsymbol{z}}{\mathrm{d}t} = \boldsymbol{f}(\boldsymbol{z}, t) + \boldsymbol{e}(\boldsymbol{z}, t) \tag{8.148}$$

dargestellt werden kann. Mit dem Term $\boldsymbol{e}(\boldsymbol{z}, t)$ wird der Änderung des Systems Rechnung getragen. Diese Änderung kann auf verschiedenartige Weise verursacht werden, beispielsweise durch eine fehlerhafte Modellierung des realen nichtlinearen Systems, durch Alterung von Systemelementen oder durch externe Störungen. Dabei wird vorausgesetzt, daß sowohl $\boldsymbol{f}(\boldsymbol{z}, t)$ als auch $\boldsymbol{e}(\boldsymbol{z}, t)$ in einem Gebiet $G \subset \mathbb{R}^q$ eine Lipschitz-Funktion von $\boldsymbol{z}$ ist und beide Funktionen für alle $t \geqq t_0$ stückweise stetig sind. Das Gebiet G enthalte den Ursprung. In den meisten Fällen wird der genaue Verlauf der Funktion $\boldsymbol{e}(\boldsymbol{z}, t)$ nicht bekannt sein, jedoch kennt man häufig eine obere Schranke der Norm von $\boldsymbol{e}(\boldsymbol{z}, t)$.

Bevor eine Stabilitätsbetrachtung angestellt wird, soll ein Vergleich der Lösungen von Gl. (8.147) und Gl. (8.148) miteinander durchgeführt werden. In diesem Zusammenhang läßt sich der folgende Satz aussprechen.

Satz VIII.27: Es sei $\boldsymbol{f}(\boldsymbol{z}, t)$ im Gebiet $G \subset \mathbb{R}^q$ eine Lipschitz-Funktion von $\boldsymbol{z}$ mit der Lipschitz-Konstante L und stückweise stetig in t im ganzen Intervall $I = [\, t_0, t_1 \,]$. Die Lösung von Gl. (8.147) in I sei $\boldsymbol{z}(t)$ mit dem Anfangszustand $\boldsymbol{z}(t_0) = \boldsymbol{z}_0$, und die Lösung von Gl. (8.148) in I sei $\boldsymbol{\zeta}(t)$ mit demselben Anfangszustand $\boldsymbol{\zeta}(t_0) = \boldsymbol{z}_0$. Beide Lösungen mögen in G verbleiben für alle $t \in I$. Mit einer positiven Konstante μ_0 gelte

$$\| \boldsymbol{e}(\boldsymbol{z}, t) \| \leqq \mu_0 \quad \text{für alle} \quad \boldsymbol{z} \in G \quad \text{und} \quad t \in I\,. \tag{8.149a}$$

Dann besteht die Ungleichung

$$\| \boldsymbol{\zeta}(t) - \boldsymbol{z}(t) \| \leqq \frac{\mu_0}{L} \left(\mathrm{e}^{L(t - t_0)} - 1 \right) \tag{8.149b}$$

für alle $t \in I$.

Beweis: Der Beweis stützt sich auf eine Ungleichung, die als Sonderfall einer Aussage aufgefaßt werden kann, welche in der Literatur als Gronwall-(Bellman-) Lemma bekannt ist. Diese spezielle Form des Lemmas lautet folgendermaßen: Es seien $y(t)$ und $\mu(t)$ zwei beliebige im Intervall $I: t_0 \leqq t \leqq t_1$ stetige reellwertige Funktionen, von denen $\mu(t)$ jedenfalls nicht negativ werden darf. Falls im gesamten Intervall $I = [t_0, t_1]$ die Ungleichung

$$y(t) \leqq \mu(t) + \lambda \int_{t_0}^{t} y(\sigma)\,\mathrm{d}\sigma \tag{8.150}$$

mit einem $\lambda > 0$ gilt, dann besteht überall in I auch die Ungleichung

$$y(t) \leqq \mu(t) + \lambda \int_{t_0}^{t} \mu(\sigma)\,\mathrm{e}^{\lambda(t-\sigma)}\,\mathrm{d}\sigma . \tag{8.151}$$

Zum Beweis dieser Behauptung führt man die Funktionen

$$z(t) = \lambda \int_{t_0}^{t} y(\sigma)\,\mathrm{d}\sigma \quad \text{und} \quad v(t) = \mu(t) + z(t) - y(t) \tag{8.152a,b}$$

ein. Wegen Gl. (8.150) gilt $v(t) \geqq 0$ im ganzen Intervall I. Aus der Gültigkeit von $\mathrm{d}z/\mathrm{d}t = \lambda y(t)$ und der Beziehung $y(t) = \mu(t) + z(t) - v(t)$ erhält man für $z(t)$ die lineare Differentialgleichung

$$\frac{\mathrm{d}z(t)}{\mathrm{d}t} = \lambda z(t) + \lambda[\mu(t) - v(t)] .$$

Sie besitzt die Übergangsfunktion $\Phi(t) = \mathrm{e}^{\lambda t}$. Da $z(t_0) = 0$ ist, liefert Gl. (2.65) die Lösung

$$z(t) = \lambda \int_{t_0}^{t} [\mu(\sigma) - v(\sigma)]\,\mathrm{e}^{\lambda(t-\sigma)}\,\mathrm{d}\sigma ,$$

die wegen $v(\sigma) \geqq 0 \; (t_0 \leqq \sigma \leqq t_1)$ durch

$$z(t) \leqq \lambda \int_{t_0}^{t} \mu(\sigma)\,\mathrm{e}^{\lambda(t-\sigma)}\,\mathrm{d}\sigma \tag{8.153}$$

abgeschätzt werden kann. Unter Beachtung von Gl. (8.152a) liefern die Ungleichungen (8.150) und (8.153) die Beziehung (8.151).

Nun läßt sich Satz VIII.27 schnell beweisen. Aus den Gln. (8.147) und (8.148) folgt direkt

$$\boldsymbol{z}(t) = \boldsymbol{z}_0 + \int_{t_0}^{t} \boldsymbol{f}(\boldsymbol{z}(\tau), \tau)\,\mathrm{d}\tau$$

und

$$\boldsymbol{\zeta}(t) = \boldsymbol{z}_0 + \int_{t_0}^{t} [\boldsymbol{f}(\boldsymbol{\zeta}(\tau), \tau) + \boldsymbol{e}(\boldsymbol{\zeta}(\tau), \tau)]\,\mathrm{d}\tau ,$$

womit sich durch Subtraktion der beiden Gleichungen die Abschätzung

$$\| \boldsymbol{\zeta}(t) - \boldsymbol{z}(t) \| \leqq \int_{t_0}^{t} \| \boldsymbol{e}(\boldsymbol{\zeta}(\tau), \tau) \|\,\mathrm{d}\tau + \int_{t_0}^{t} \| \boldsymbol{f}(\boldsymbol{\zeta}(\tau), \tau) - \boldsymbol{f}(\boldsymbol{z}(\tau), \tau) \|\,\mathrm{d}\tau$$

oder angesichts der Ungleichung (8.149a) und der Lipschitz-Eigenschaft von $\boldsymbol{f}$

$$\| \boldsymbol{\zeta}(t) - \boldsymbol{z}(t) \| \leqq \mu_0 (t - t_0) + L \int_{t_0}^{t} \| \boldsymbol{\zeta}(\tau) - \boldsymbol{z}(\tau) \|\,\mathrm{d}\tau$$

ergibt. Durch Anwendung von Ungleichung (8.151) erhält man nun mit $\mu(t) = \mu_0(t - t_0)$ und $\lambda = L$

$$\| \boldsymbol{\zeta}(t) - \boldsymbol{z}(t) \| \leqq \mu_0 (t - t_0) + L\,\mu_0 \int_{t_0}^{t} (\sigma - t_0)\, \mathrm{e}^{L(t-\sigma)}\, \mathrm{d}\sigma$$

und mittels partieller Integration

$$\| \boldsymbol{\zeta}(t) - \boldsymbol{z}(t) \| \leqq \mu_0 (t - t_0) + L\,\mu_0 \left[-\frac{1}{L}(t - t_0) - \frac{1}{L^2} + \frac{1}{L^2}\, \mathrm{e}^{L(t-t_0)} \right] \leqq \frac{\mu_0}{L} (\mathrm{e}^{L(t-t_0)} - 1)\,.$$

Damit ist Satz VIII.27 bewiesen.

Satz VIII.27 ergänzt die Sätze VIII.3 und VIII.4. Er macht eine Aussage über die Änderung der Lösungstrajektorie, wenn sich die rechte Seite der Differentialgleichung (8.147) additiv um einen Schwankungsterm $\boldsymbol{e}(\boldsymbol{z}, t)$ ändert, sofern dessen Norm unterhalb einer Schranke μ_0 bleibt. Da der Klammerausdruck auf der rechten Seite von Ungleichung (8.149b) im Intervall I beschränkt ist, folgt aus Satz VIII.27 folgendes: Gilt $\| \boldsymbol{e}(\boldsymbol{z}, t) \| \leqq k_1\, \varepsilon^M$, wobei $\varepsilon > 0$ eine sehr kleine reelle Zahl, $M \in \mathrm{N}$ und k_1 eine von ε unabhängige Konstante sein soll, so ergibt sich $\| \boldsymbol{\zeta}(t) - \boldsymbol{z}(t) \| \leqq k_2\, \varepsilon^M$ mit einer von ε unabhängigen Konstante k_2, d.h. vereinfacht ausgedrückt, die Abweichung der Lösungen voneinander ist von der gleichen Ordnung in ε wie die entsprechende Störungsfunktion $\boldsymbol{e}(\boldsymbol{z}, t)$.

Das ursprüngliche System nach Gl. (8.147) möge nun in $\boldsymbol{z} = \boldsymbol{0}$ einen gleichmäßig asymptotisch stabilen Gleichgewichtszustand haben. Damit stellt sich zwangsläufig die Frage nach der Stabilität des veränderten Systems. Um den Schwierigkeitsgrad dieses Problems in Grenzen zu halten, wird vorausgesetzt, daß $\boldsymbol{e}(\boldsymbol{0}, t) = \boldsymbol{0}$ für alle $t \geqq t_0$ gilt. Dies bedeutet, daß der Ursprung $\boldsymbol{z} = \boldsymbol{0}$ nicht nur einen Gleichgewichtszustand des ursprünglichen Systems darstellt, sondern auch einen Fixpunkt des gestörten Systems. Aufgrund von Satz VIII.25 existiert nun, wenn man voraussetzt, daß $\boldsymbol{z} = \boldsymbol{0}$ ein exponentiell stabiler Gleichgewichtszustand des ursprünglichen Systems nach Gl. (8.147) ist, eine Lyapunov-Funktion $V(\boldsymbol{z}, t)$, welche die Bedingungen (8.145a-c) befriedigt. Dabei müssen noch die im Satz VIII.25 genannten Eigenschaften von $\boldsymbol{f}(\boldsymbol{z}, t)$ vorausgesetzt werden. Vom Schwankungsterm $\boldsymbol{e}(\boldsymbol{z}, t)$ wird angenommen, daß seine Norm durch

$$\| \boldsymbol{e}(\boldsymbol{z}, t) \| \leqq \gamma(t)\, \| \boldsymbol{z} \| \tag{8.154}$$

für alle $\boldsymbol{z} \in G$ und alle $t \geqq t_0$ abgeschätzt werden kann. Hierbei bedeutet $\gamma(t) \geqq 0$ eine für alle $t \geqq t_0$ stückweise stetige Funktion. Nun wird versucht, die Lyapunov-Funktion $V(\boldsymbol{z}, t)$ des ursprünglichen Systems auch als solche des veränderten Systems zu verwenden. Dazu muß man die Ableitung von V nach der Zeit entlang der Trajektorien des Systems nach Gl. (8.148) bilden, d.h.

$$\frac{\mathrm{d}V}{\mathrm{d}t} = \frac{\partial V}{\partial t} + \frac{\partial V}{\partial \boldsymbol{z}} \boldsymbol{f}(\boldsymbol{z}, t) + \frac{\partial V}{\partial \boldsymbol{z}} \boldsymbol{e}(\boldsymbol{z}, t)\,,$$

wobei die beiden ersten Summanden auf der rechten Seite die zeitliche Ableitung von $V(\boldsymbol{z}, t)$ längs der Trajektorien des ursprünglichen Systems darstellen. Der dritte Term wird von der Systemschwankung verursacht. Aufgrund der Ungleichungen (8.145b,c) und (8.154) läßt sich folgende Abschätzung vornehmen:

$$\frac{\mathrm{d}V}{\mathrm{d}t} \leqq -k_3\, \| \boldsymbol{z} \|^2 + k_4\, \gamma(t)\, \| \boldsymbol{z} \|^2\,. \tag{8.155}$$

Nun wird davon ausgegangen, daß die Funktion $\gamma(t)$ durch

$$\gamma(t) \leqq \gamma_0 < \frac{k_3}{k_4} \tag{8.156}$$

für alle $t \geqq t_0$ abgeschätzt werden kann. Diese Annahme impliziert gemäß Ungleichung (8.155)

$$\frac{\mathrm{d}V}{\mathrm{d}t} \leqq -k \, \| \boldsymbol{z} \|^2 \quad \text{mit} \quad k := k_3 - \gamma_0 k_4 > 0 .$$

Damit lassen sich die Ergebnisse der bisherigen Überlegungen im folgenden Satz zusammenfassen.

Satz VIII.28: Es sei $\boldsymbol{z} = \boldsymbol{0}$ ein exponentiell stabiler Gleichgewichtszustand des Systems nach Gl. (8.147), und $V(\boldsymbol{z}, t)$ sei eine zugehörige Lyapunov-Funktion, welche die Bedingungen (8.145a-c) für alle $\boldsymbol{z} \in G = \{ \boldsymbol{z} \in \mathbb{R}^q : \| \boldsymbol{z} \| < r \}$ und alle $t \geqq t_0$ erfüllen möge. Das System erfahre eine Änderung, die mit Hilfe der Gl. (8.148) beschrieben werden kann. Dabei soll $\boldsymbol{e}(\boldsymbol{z}, t)$ für $\boldsymbol{z} = \boldsymbol{0}$ verschwinden und die Bedingungen (8.154) und (8.156) erfüllen. Dann ist $\boldsymbol{z} = \boldsymbol{0}$ auch ein exponentiell stabiler Gleichgewichtszustand des veränderten Systems. Sofern die Voraussetzungen global erfüllt sind, ist der Ursprung global exponentiell stabil. Die Konstanten (k_1, k_2), k_3 und k_4 sind durch Satz VIII.25 erklärt.

Die Anwendung von Satz VIII.28 erfordert grundsätzlich nicht die explizite Kenntnis einer Lyapunov-Funktion, welche die Beziehungen (8.145a-c) erfüllt. Die Existenz einer solchen Funktion ist gesichert, jedoch läßt sich die Schranke k_3 / k_4 in der Bedingung (8.156) nicht angeben, solange eine Lyapunov-Funktion der genannten Art nicht verfügbar ist. In diesem Fall liefert Satz VIII.28 nur eine qualitative Aussage in dem Sinne, daß exponentielle Stabilität des veränderten Systems für alle Schwankungen $\boldsymbol{e}(\boldsymbol{z}, t)$ garantiert werden kann, welche die Eigenschaft $\| \boldsymbol{e}(\boldsymbol{z}, t) \| \leqq \gamma_0 \| \boldsymbol{z} \|$ mit hinreichend kleinem γ_0 aufweisen.

Es sei noch der spezielle Fall eines ursprünglich linearen, zeitinvarianten nichterregten Systems betrachtet, das asymptotisch stabil sein soll, d.h. der Fall $\boldsymbol{f}(\boldsymbol{z}, t) = \boldsymbol{A} \boldsymbol{z}$ mit einer Hurwitz-Matrix $\boldsymbol{A}$. Es gelte nun $\| \boldsymbol{e}(\boldsymbol{z}, t) \| \leqq \gamma_0 \| \boldsymbol{z} \|$ für alle $\boldsymbol{z} \in \mathbb{R}^q$ und $t \geqq t_0$. Durch Lösung der Lyapunov-Gleichung (8.37) mit einer beliebig wählbaren positiv-definiten symmetrischen $q \times q$-Matrix $\boldsymbol{Q}$ erhält man die positiv-definite symmetrische $q \times q$-Matrix $\boldsymbol{P}$, mit deren Hilfe die Lyapunov-Funktion $V(\boldsymbol{z}) = \boldsymbol{z}^{\mathrm{T}} \boldsymbol{P} \boldsymbol{z}$ gebildet wird. Für diese gilt nach Ungleichung (8.43)

$$p_{\min}(\boldsymbol{P}) \, \| \boldsymbol{z} \|^2 \leqq V(\boldsymbol{z}) \leqq p_{\max}(\boldsymbol{P}) \, \| \boldsymbol{z} \|^2 ,$$

außerdem wegen Gl. (8.38b) längs der Trajektorien des linearen Systems

$$\frac{\mathrm{d}V}{\mathrm{d}t} = \frac{\partial V}{\partial \boldsymbol{z}} \boldsymbol{A} \boldsymbol{z} = -\boldsymbol{z}^{\mathrm{T}} \boldsymbol{Q} \boldsymbol{z}$$

und schließlich

$$\| \partial V / \partial \boldsymbol{z} \| = \| 2 \boldsymbol{z}^{\mathrm{T}} \boldsymbol{P} \| \leqq 2 \, \| \boldsymbol{P} \| \cdot \| \boldsymbol{z} \| \leqq 2 p_{\max}(\boldsymbol{P}) \, \| \boldsymbol{z} \| ,$$

woraus man längs der Trajektorien des veränderten Systems mit $\boldsymbol{z}^{\mathrm{T}} \boldsymbol{Q} \boldsymbol{z} \geqq p_{\min}(\boldsymbol{Q}) \, \| \boldsymbol{z} \|^2$

$$\frac{\mathrm{d}V}{\mathrm{d}t} = -\boldsymbol{z}^{\mathrm{T}}\boldsymbol{Q}\,\boldsymbol{z} + \frac{\partial V}{\partial \boldsymbol{z}}\,\boldsymbol{e}(\boldsymbol{z},t) \leqq -p_{\min}(\boldsymbol{Q})\,\|\,\boldsymbol{z}\,\|^2 + 2p_{\max}(\boldsymbol{P})\,\gamma_0\,\|\,\boldsymbol{z}\,\|^2$$

erhält. Damit ist nach Satz VIII.28 zu erkennen, daß im Falle $\gamma_0 < p_{\min}(\boldsymbol{Q})/2p_{\max}(\boldsymbol{P})$ das veränderte System in $\boldsymbol{z} = \boldsymbol{0}$ einen global exponentiell stabilen Gleichgewichtszustand aufweist. Der Wert der Schranke $p_{\min}(\boldsymbol{Q})/2p_{\max}(\boldsymbol{P})$ kann durch die Wahl von $\boldsymbol{Q}$ beeinflußt werden. Nach Abschnitt 2.4 erhält man den maximalen Wert, wenn $\boldsymbol{Q}$ gleich der Einheitsmatrix gewählt wird.

6 Passivität

6.1 DIE DEFINITION

Im folgenden soll auf das Konzept der Passivität, das in engem Zusammenhang mit dem Stabilitätsbegriff steht, kurz eingegangen werden. Dabei wird vorausgesetzt, daß das zu untersuchende System mit dem Eingangsvektor $\boldsymbol{x}(t)$ und dem Ausgangsvektor $\boldsymbol{y}(t)$ autonom ist und die gleiche Anzahl von Eingängen und Ausgängen besitzt, also $r = m$ gilt. Dann versteht man unter der Augenblicksleistung, die dem System zugeführt wird, die im allgemeinen zeitabhängige Größe $\boldsymbol{x}^{\mathrm{T}}(t)\boldsymbol{y}(t)$. Das System nennt man *passiv*, wenn es eine von unten beschränkte, differenzierbare Funktion $V(t)$ $(0 \leqq t < \infty)$ und eine für alle t nichtnegative, integrierbare Funktion $g(t)$ gibt, so daß die Beziehung

$$\boldsymbol{x}^{\mathrm{T}}(t)\boldsymbol{y}(t) = \frac{\mathrm{d}V(t)}{\mathrm{d}t} + g(t) \tag{8.157}$$

$(0 \leqq t < \infty)$ für alle Erregungen $\boldsymbol{x}(t)$ besteht. Man kann sich $V(t)$ als die im System momentan gespeicherte Energie und $g(t) \geqq 0$ als momentane Verlustleistung veranschaulichen (obwohl beide Funktionen keine direkte physikalische Bedeutung zu haben brauchen). Darüber hinaus heißt ein passives System *verlustbehaftet*, wenn stets

$$\int_0^\infty \boldsymbol{x}^{\mathrm{T}}(t)\boldsymbol{y}(t)\,\mathrm{d}t \neq 0 \implies \int_0^\infty g(t)\,\mathrm{d}t > 0$$

gilt, d. h., anschaulich ausgedrückt, wenn die Zufuhr einer von Null verschiedenen Energie während des Zeitintervalls $[0, \infty]$ immer zur Folge hat, daß positive "Energieverluste" auftreten.

Beispiel 8.28: Es wird das im Bild 8.32a gezeigte nichtlineare elektrische Netzwerk mit der Spannungserregung $x(t)$, der Stromstärke $y(t)$ als Ausgangsgröße, dem nichtlinearen Widerstand, dessen Strom-Spannungs-Kennlinie $f_R(y)$ im Bild 8.32b definiert ist, und der linearen Induktivität L betrachtet. Nach den Grundgleichungen der Netzwerktheorie gilt

$$x(t) = f_R(y(t)) + L\,\frac{\mathrm{d}y(t)}{\mathrm{d}t}\,.$$

Multipliziert man diese Gleichung mit $y(t)$ auf beiden Seiten, so erhält man nach kurzer Umformung

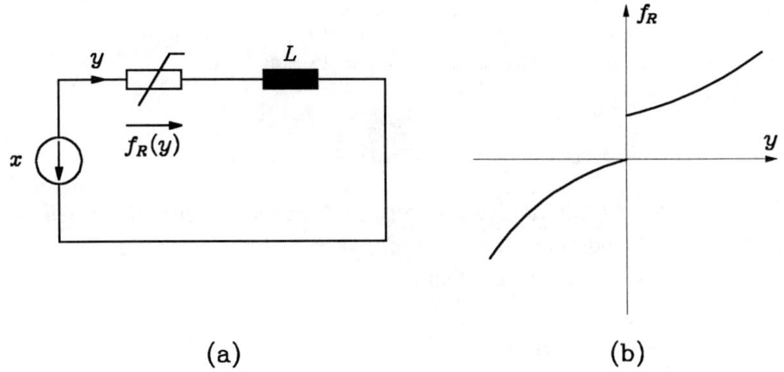

Bild 8.32: Nichtlineares elektrisches Netzwerk mit Strom-Spannungs-Kennlinie des Widerstands

$$x(t)\,y(t) = f_R(y(t))\,y(t) + \frac{1}{2} L \frac{\mathrm{d}y^2(t)}{\mathrm{d}t} .$$

Man kann nun

$$V = \frac{1}{2} L\, y^2 \quad \text{und} \quad g = f_R(y)\,y$$

wählen und erkennt sofort, daß das Netzwerk ein passives System darstellt. Dabei spielt der Verlauf der Strom-Spannungs-Kennlinie nach Bild 8.32b eine entscheidende Rolle, da dieser Verlauf sicherstellt, daß stets $g(t) \geqq 0$ gilt. Man kann außerdem erkennen, daß das Netzwerk verlustbehaftet ist.

Beispiel 8.29: Ein Masse-Feder-Dämpfer-System nach Bild 8.33 wird durch die Zustandsgleichungen

$$\frac{\mathrm{d}z_1}{\mathrm{d}t} = z_2 , \quad \frac{\mathrm{d}z_2}{\mathrm{d}t} = -\frac{b}{m} z_2 - \frac{k_1}{m} z_1 - \frac{k_3}{m} z_1^3 + \frac{1}{m} x , \quad y = z_2 \tag{8.158a-c}$$

beschrieben. Dabei bedeutet m die Masse des von der Kraft x in z_1-Richtung bewegten Körpers, $-b\,z_2$ die Dämpfungskraft (mit $b > 0$) und $-k_1 z_1 - k_3 z_1^3$ die Federrückstellkraft (mit $k_1 > 0$ und $k_3 > 0$). Die Multiplikation von Gl. (8.158b) mit $y = z_2$ liefert nach kurzer Umformung

$$x\,y = \frac{\mathrm{d}}{\mathrm{d}t}\left(\frac{1}{2} m\, z_2^2 + \frac{k_1}{2} z_1^2 + \frac{k_3}{4} z_1^4\right) + b\, z_2^2 .$$

Mit

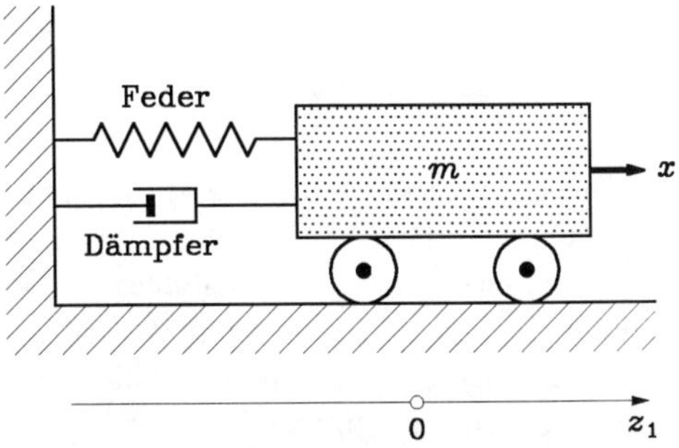

Bild 8.33: Nichtlineares Masse-Feder-Dämpfer-System unter dem Einfluß einer äußeren Kraft $x(t)$ und mit der dynamischen Gleichung $m\,\ddot{z}_1 + b\,\dot{z}_1 + k_1 z_1 + k_3 z_1^3 = x$

$$V = \frac{1}{2} m z_2^2 + \frac{k_1}{2} z_1^2 + \frac{k_3}{4} z_1^4 ,$$

der im System gespeicherten Gesamtenergie, und der Verlustleistung

$$g = b z_2^2 \geqq 0$$

ist sofort zu erkennen, daß das System passiv und verlustbehaftet ist.

Man kann in der Definitionsgleichung (8.157) die rechte Seite zusammenfassen und die Passivität auch folgendermaßen definieren: Ein System wird passiv genannt, wenn es eine Konstante c gibt, so daß die Ungleichung

$$\int_0^t \boldsymbol{x}^{\mathrm{T}}(\tau) \boldsymbol{y}(\tau) \, \mathrm{d}\tau \geqq c \tag{8.159}$$

für alle $t \geqq 0$ und alle Erregungen $\boldsymbol{x}(t)$ gilt.

Durch das Verbinden von passiven Systemen lassen sich weitere passive Systeme erzeugen. Dies soll im folgenden Beispiel an Hand der Parallelverbindung gezeigt werden.

Beispiel 8.30: Zwei passive Systeme mit den Eingangsgrößen $\boldsymbol{x}_1$ bzw. $\boldsymbol{x}_2$ (gleicher Komponentenzahl) und den Ausgangsgrößen $\boldsymbol{y}_1$ bzw. $\boldsymbol{y}_2$ seien gemäß Gl. (8.157) durch die Funktionenpaare V_1, g_1 bzw. V_2, g_2 charakterisiert. Sie werden wie in Bild 8.34 gezeigt derart miteinander verbunden, daß $\boldsymbol{x} = \boldsymbol{x}_1 = \boldsymbol{x}_2$ und $\boldsymbol{y} = \boldsymbol{y}_1 + \boldsymbol{y}_2$ gilt. Für das Gesamtsystem erhält man

$$\boldsymbol{x}^{\mathrm{T}} \boldsymbol{y} = \boldsymbol{x}^{\mathrm{T}} (\boldsymbol{y}_1 + \boldsymbol{y}_2) = \boldsymbol{x}_1^{\mathrm{T}} \boldsymbol{y}_1 + \boldsymbol{x}_2^{\mathrm{T}} \boldsymbol{y}_2 ,$$

also

$$\boldsymbol{x}^{\mathrm{T}} \boldsymbol{y} = \frac{\mathrm{d}V}{\mathrm{d}t} + g \quad \text{mit} \quad V = V_1 + V_2 \quad \text{und} \quad g = g_1 + g_2 .$$

Da V_1 und V_2 von unten beschränkt sind, trifft dies auch für V zu, und, da $g_1 \geqq 0, g_2 \geqq 0$ gilt, besteht auch die Ungleichung $g \geqq 0$. Daher ist das Gesamtsystem passiv.

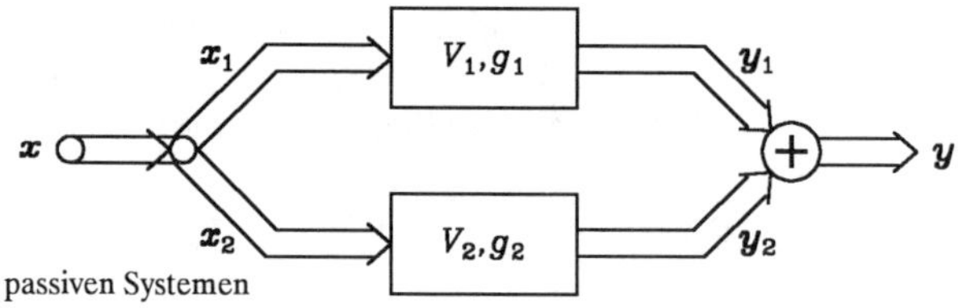

Bild 8.34: Parallelverbindung von zwei passiven Systemen

6.2 LINEARE SYSTEME

Für lineare, zeitinvariante Systeme läßt sich die Passivität besonders einfach im Frequenzbereich kennzeichnen.

Es wird ein lineares, zeitinvariantes und kausales System mit einem Eingang und einem Ausgang betrachtet. Man nimmt an, daß das System eine rationale, reelle Übertragungsfunktion $H(p)$ aufweist, und es wird die asymptotische Stabilität vorausgesetzt. Im folgenden wird gezeigt, daß ein solches System genau dann passiv ist, wenn

$$\operatorname{Re} H(\mathrm{j}\omega) \geqq 0 \quad \text{für alle} \quad \omega \in (-\infty, \infty) \tag{8.160}$$

gilt.

Beweis: Das System befinde sich zunächst im Ruhezustand und werde vom Zeitpunkt $t = 0$ an mit einem beliebigen Eingangssignal $x(t)$ erregt, dessen Spektrum $X(\mathrm{j}\omega)$ existieren möge. Die dem System von $t = 0$ bis $t = t_1 > 0$ zugeführte Energie läßt sich mit dem zugehörigen Ausgangssignal $y(t)$ in der Form

$$E(t_1) = \int_0^{t_1} x(t)\,y(t)\,\mathrm{d}t = \int_{-\infty}^{\infty} \tilde{x}(t)\,\tilde{y}(t)\,\mathrm{d}t\,,$$

ausdrücken, wobei die im zweiten Integral verwendeten Signale so zu verstehen sind, daß $\tilde{x}(t)$ zwar im Intervall $0 < t < t_1$ mit $x(t)$ übereinstimmt, jedoch nicht nur für $t < 0$, sondern auch für $t \geqq t_1$ identisch verschwindet, und $\tilde{y}(t)$ das zu $\tilde{x}(t)$ gehörende Ausgangssignal ist. Mit Hilfe von Gl. (3.63) und der Beziehung $\tilde{Y}(\mathrm{j}\omega) = H(\mathrm{j}\omega)\tilde{X}(\mathrm{j}\omega)$ erhält man

$$E(t_1) = \frac{1}{2\pi}\int_{-\infty}^{\infty} H(\mathrm{j}\omega)\,\tilde{X}(\mathrm{j}\omega)\,\tilde{X}(-\mathrm{j}\omega)\,\mathrm{d}\omega\,, \tag{8.161}$$

wobei $\tilde{X}(\mathrm{j}\omega)$ das Spektrum von $\tilde{x}(t) = x(t)\,[s(t_1 - t) - s(-t)]$ bedeutet. Da der Imaginärteil von $H(\mathrm{j}\omega)$ eine ungerade Funktion von ω ist und daher keinen Einfluß auf den Wert des Integrals in Gl. (8.161) hat, ergibt sich jetzt, wenn man t_1 durch t ersetzt,

$$\int_0^{t} x(\tau)\,y(\tau)\,\mathrm{d}\tau = \frac{1}{\pi}\int_0^{\infty} \mathrm{Re}\,[H(\mathrm{j}\omega)]\,|\tilde{X}(\mathrm{j}\omega)|^2\,\mathrm{d}\omega\,. \tag{8.162}$$

Angesichts der Gl. (8.162) ist damit folgendes zu erkennen: Ist die Bedingung (8.160) erfüllt, dann wird auch die Passivitätsforderung nach (8.159) befriedigt. Damit ist gezeigt, daß Ungleichung (8.160) eine hinreichende Bedingung für die Passivität darstellt. Um die Notwendigkeit der Bedingung zu beweisen, wird eine Kreisfrequenz $\omega_0 > 0$ angenommen, so daß $\mathrm{Re}\,H(\mathrm{j}\omega_0)$ negativ wird. Als erregendes Signal soll eine harmonische Zeitfunktion

$$x(t) = X\cos\omega_0 t \qquad (t > 0)$$

mit $X > 0$ gewählt werden. Zu ihr gehört das Ausgangssignal

$$y(t) = y_f(t) + Y\cos(\omega_0 t + \varphi) \qquad (t > 0)$$

mit $Y > 0$, wobei $y_f(t)$ den für $t \to \infty$ exponentiell nach Null strebenden Anteil der Einschwingvorgänge und der harmonische Summand den stationären Anteil bedeutet. Wegen $\mathrm{Re}\,H(\mathrm{j}\omega_0) < 0$ liegt die Nullphase φ im Intervall $(\pi/2, 3\pi/2)$. Für die Augenblicksleistung ergibt sich

$$x(t)\,y(t) = y_f(t)\,X\cos\omega_0 t + \frac{XY}{2}\,[\cos(2\omega_0 t + \varphi) + \cos\varphi]$$

und damit für die zugeführte Energie

$$E(t) = \int_0^{t} x(\tau)\,y(\tau)\,\mathrm{d}\tau = \int_0^{t} y_f(\tau)\,X\cos\omega_0\tau\,\mathrm{d}\tau + \frac{XY}{4\omega_0}\,[\sin(2\omega_0 t + \varphi) - \sin\varphi] + \left(\frac{XY}{2}\cos\varphi\right)t\,,$$

wobei die Abschätzung

$$\left|\int_0^{t} y_f(\tau)\,X\cos\omega_0\tau\,\mathrm{d}\tau\right| \leqq X\int_0^{t} |y_f(\tau)|\,\mathrm{d}\tau < K$$

mit einer passenden Konstante $K > 0$ möglich ist. Da $\cos\varphi < 0$ gilt, nimmt $E(t)$ jedenfalls für genügend großes t beliebig negative Werte an, womit auch die Notwendigkeit der Aussage (8.160) für die Passivität sichergestellt ist.

Übertragungsfunktionen der hier betrachteten Art, welche die Realteilbedingung (8.160) erfüllen und das Übertragungsverhalten von asymptotisch stabilen Systemen aufweisen, bilden eine (echte) Teilklasse der Klasse der positiven und reellen Funktionen. Diese Funktionenklasse, im deutschen Schrifttum auch Klasse der Zweipolfunktionen genannt [Un5], wurde bereits kurz im Abschnitt 4.3 von Kapitel V angesprochen, und es wurde im Satz V.6 ein Kriterium zur Prüfung der Positivität einer rationalen und reellen Funktion angegeben. Man kann das Konzept der rationalen, reellen und positiven Funktionen (Zweipolfunktionen) auf Systeme mit mehreren Eingängen und gleich vielen Ausgängen übertragen und gelangt dann zu den rationalen, reellen und positiven (Mehrtor-) Matrizen.

Eine im Zusammenhang mit Stabilitätsproblemen oft betrachtete Teilklasse von rationalen, reellen und positiven Funktionen bilden die rationalen, reellen und *streng positiven* (SP) Funktionen. Sie sind in der folgenden Weise definiert: Ausgehend von einer Funktion in der Form $H(p) := P_1(p)/P_2(p)$, wobei $P_1(p)$ und $P_2(p)$ zwei Polynome bedeuten, die keine gemeinsame Nullstelle, jedoch ausschließlich reelle Koeffizienten aufweisen, ist $H(p)$ streng positiv (SP), wenn ein reelles $\varepsilon > 0$ existiert, so daß $H(p - \varepsilon)$ eine positive Funktion (Zweipolfunktion) ist. Die Definition der SP-Funktionen beinhaltet, daß eine solche Funktion auf der imaginären Achse $p = \mathrm{j}\omega$ $(-\infty < \omega < \infty)$ keinen Pol und keine Nullstelle aufweist. Insoweit ist die Klasse der SP-Funktionen innerhalb der Klasse der rationalen, reellen und positiven Funktionen (Zweipolfunktionen) wesentlich eingeschränkt, da Zweipolfunktionen auch auf der imaginären Achse Nullstellen und Pole haben können, allerdings nur einfache mit positiven Entwicklungskoeffizienten [Un5]. Ist $H(p)$ eine SP-Funktion und gilt außerdem $H(\infty) \neq 0, \infty$, dann weist sie die Eigenschaft

$$\operatorname{Re} H(\mathrm{j}\omega) > 0 \quad \text{für} \quad -\infty \leqq \omega \leqq \infty \tag{8.163a}$$

auf, wobei die Gültigkeit bis $\omega = \pm\infty$ reicht. Gilt dagegen $H(\infty) = 0$ oder $H(\infty) = \infty$, dann weist $H(p)$ die Eigenschaft

$$\operatorname{Re} H(\mathrm{j}\omega) > 0 \quad \text{für} \quad -\infty < \omega < \infty \tag{8.163b}$$

auf.

Für die bei Anwendungen erforderliche Überprüfung der SP-Eigenschaft einer rationalen, reellen Funktion $H(p) = P_1(p)/P_2(p)$ (P_1 und P_2 sollen keine gemeinsame Nullstelle aufweisen und sich im Grad maximal um Eins unterscheiden) ist es zweckmäßig, drei Fälle zu unterscheiden.

a) Gilt $H(\infty) \neq 0, \infty$, dann sind die Bedingungen

(i) $P_2(p)$ stellt ein Hurwitz-Polynom dar,
(ii) es gilt $\operatorname{Re} H(\mathrm{j}\omega) > 0$ für $-\infty < \omega < \infty$

notwendig und hinreichend für die SP-Eigenschaft.

b) Gilt $H(\infty) = \infty$, dann wird

$$H_0(p) = H(p) - k\,p \quad \text{mit} \quad k = \frac{\alpha}{\beta}$$

gebildet, wobei α der Koeffizient des Zählerpolynoms $P_1(p)$ bei der höchsten p-Potenz und β der entsprechende Koeffizient des Nennerpolynoms bedeutet. Zusammen mit (i) und (ii) sind dann die Forderungen $k > 0$ und $H_0(\infty) \neq 0$ notwendig und hinreichend für die SP-Eigenschaft.

c) Gilt $H(\infty) = 0$, dann kann statt $H(p)$ die reziproke Funktion $\widetilde{H}(p) = P_2(p)/P_1(p)$ auf SP-Verhalten wie im Falle b geprüft werden. Die Funktion $\widetilde{H}(p)$ ist genau dann eine SP-Funktion, wenn dies auch für $H(p)$ zutrifft. In diesem Zusammenhang ist noch interessant, daß die Bedingungen Re $H(\mathrm{j}\omega) > 0\ (-\infty < \omega < \infty)$ und Re $\widetilde{H}(\mathrm{j}\omega) > 0\ (-\infty < \omega < \infty)$ äquivalent sind.

Beispiel 8.31: Es sollen die Funktionen

$$H_1(p) = \frac{1}{p+1} \quad \text{und} \quad H_2(p) = \frac{1}{6}\,\frac{p+3}{p^2+3p+2}$$

auf SP-Verhalten getestet werden. Eine kurze Rechnung liefert

$$\operatorname{Re} H_1(\mathrm{j}\omega) = \frac{1}{1+\omega^2} \quad \text{und} \quad \operatorname{Re} H_2(\mathrm{j}\omega) = \frac{1}{(\omega^2+1)(\omega^2+4)}\,,$$

woraus zu erkennen ist, daß $H_1(p)$, $\widetilde{H}_1(p) := 1/H_1(p)$, $H_2(p)$ und $\widetilde{H}_2(p) := 1/H_2(p)$ die Realteilbedingung (ii) erfüllen. Die Nennerpolynome von $\widetilde{H}_1(p)$ und $\widetilde{H}_2(p)$ sind trivialerweise Hurwitz-Polynome. Da $\widetilde{H}_1(\infty) = \infty$ und $\widetilde{H}_2(\infty) = \infty$ gilt, werden

$$\widetilde{H}_{10}(p) = \widetilde{H}_1(p) - p = 1 \quad \text{mit} \quad \widetilde{H}_{10}(\infty) = 1$$

und

$$\widetilde{H}_{20}(p) = \widetilde{H}_2(p) - 6p = \frac{12}{p+3} \quad \text{mit} \quad \widetilde{H}_{20}(\infty) = 0$$

gebildet. Jetzt ist zu erkennen, daß $H_1(p)$ eine SP-Funktion, $H_2(p)$ jedoch keine solche Funktion darstellt.

Im folgenden wird ein für die Lösung von bestimmten Stabilitätsproblemen nützlicher Satz formuliert und bewiesen.

6.3 KALMAN-YAKUBOVICH-LEMMA

Der folgende Satz ist eine auf praktische Anwendungen zugeschnittene Version eines in der Literatur wohlbekannten Lemmas.

Satz VIII.29: Es wird von der Darstellung

$$\frac{\mathrm{d}\boldsymbol{z}}{\mathrm{d}t} = \boldsymbol{A}\boldsymbol{z} + \boldsymbol{b}\,x\,, \quad y = \boldsymbol{c}^{\mathrm{T}}\boldsymbol{z} \tag{8.164a,b}$$

eines linearen, zeitinvarianten Systems im Zustandsraum $\mathbb{R}^q$ mit einem Eingang und einem Ausgang ausgegangen. Unter der Voraussetzung, daß $\boldsymbol{A}$ eine Hurwitz-Matrix darstellt, das System steuerbar ist, $\boldsymbol{c}^{\mathrm{T}}\boldsymbol{A}\boldsymbol{b} < 0$ gilt, existiert zu jeder symmetrischen, positiv-definiten $(q \times q)$-Matrix $\boldsymbol{L}$ genau dann ein $\varepsilon > 0$, ein q-dimensionaler Vektor $\boldsymbol{v}$ und eine symmetrische, positiv-definite $(q \times q)$-Matrix $\boldsymbol{P}$, welche die Beziehungen

$$\boldsymbol{A}^{\mathrm{T}}\boldsymbol{P} + \boldsymbol{P}\boldsymbol{A} = -\boldsymbol{v}\,\boldsymbol{v}^{\mathrm{T}} - \varepsilon\boldsymbol{L} \tag{8.165}$$

und

$$\boldsymbol{c} = \boldsymbol{P}\,\boldsymbol{b} \tag{8.166}$$

erfüllen, wenn die Übertragungsfunktion

$$H(p) = \boldsymbol{c}^{\mathrm{T}}(p\,\mathbf{E} - \boldsymbol{A})^{-1}\,\boldsymbol{b} \tag{8.167}$$

eine SP-Funktion ist.

Beweis: Da Steuerbarkeit des Systems vorliegt, darf ohne Einschränkung der Allgemeinheit angenommen werden, daß die gegebene Zustandsdarstellung Steuerungsnormalform aufweist, d. h. daß

$$\boldsymbol{A} = \begin{bmatrix} 0 & 1 & 0 & \cdots & 0 \\ 0 & 0 & 1 & \cdots & 0 \\ \vdots & \vdots & \vdots & & \vdots \\ 0 & 0 & 0 & \cdots & 1 \\ -\alpha_0 & -\alpha_1 & -\alpha_2 & \cdots & -\alpha_{q-1} \end{bmatrix}, \quad \boldsymbol{b} = \begin{bmatrix} 0 \\ 0 \\ \vdots \\ 0 \\ 1 \end{bmatrix} \tag{8.168a,b}$$

$$\boldsymbol{c} = [\beta_0 \quad \beta_1 \quad \cdots \quad \beta_{q-1}]^{\mathrm{T}} \tag{8.168c}$$

mit dem charakteristischen Polynom

$$D(p) = \det(p\,\mathbf{E} - \boldsymbol{A}) = \alpha_0 + \alpha_1 p + \cdots + \alpha_{q-1} p^{q-1} + p^q$$

und der Übertragungsfunktion

$$H(p) = \boldsymbol{c}^{\mathrm{T}}(p\,\mathbf{E} - \boldsymbol{A})^{-1}\boldsymbol{b} = \boldsymbol{c}^{\mathrm{T}}\boldsymbol{m}(p) \tag{8.169a}$$

mit dem Vektor

$$\boldsymbol{m}(p) = (p\,\mathbf{E} - \boldsymbol{A})^{-1}\boldsymbol{b} = \frac{1}{D(p)}\,[1 \quad p \quad p^2 \quad \cdots \quad p^{q-1}]^{\mathrm{T}} \tag{8.169b}$$

gilt. Zusätzlich werden die rationalen und reellen Funktionen

$$G(p) = H(p) + H(-p) \quad \text{und} \quad K(p) = \boldsymbol{m}^{\mathrm{T}}(-p)\,\boldsymbol{L}\,\boldsymbol{m}(p) \tag{8.170a,b}$$

eingeführt.

Hinlänglichkeit: Es wird angenommen, daß $H(p)$ eine SP-Funktion ist. Zu beweisen ist, daß zu jedem positiv-definiten $\boldsymbol{L}$ ein $\varepsilon > 0$, eine positiv-definite Matrix $\boldsymbol{P}$ und ein Vektor $\boldsymbol{v}$ existieren, so daß die Gln. (8.165) und (8.166) erfüllt sind. Zuerst wird zu einem positiv-definiten $\boldsymbol{L}$ ein $\varepsilon > 0$ gewählt, so daß

$$G(\mathrm{j}\omega) - \varepsilon K(\mathrm{j}\omega) \equiv 2\,\mathrm{Re}\,H(\mathrm{j}\omega) - \varepsilon\,\boldsymbol{m}^{\mathrm{T}}(-\mathrm{j}\omega)\,\boldsymbol{L}\boldsymbol{m}(\mathrm{j}\omega) > 0$$

für alle reellen ω gilt. Dies ist sicher möglich wegen der SP-Eigenschaft von $H(p)$ und der positiven Definitheit von $\boldsymbol{L}$. Dabei ist zu beachten, daß sich gemäß Gl. (5.52) $H(p)$ in einer Umgebung von $p = \infty$ wie

$$H(p) = \boldsymbol{c}^{\mathrm{T}}\boldsymbol{b}\,\frac{1}{p} + \boldsymbol{c}^{\mathrm{T}}\boldsymbol{A}\boldsymbol{b}\,\frac{1}{p^2} + \cdots$$

und damit die gerade Funktion $G(p)$ wie

$$G(p) = \boldsymbol{c}^{\mathrm{T}}\boldsymbol{A}\boldsymbol{b}\,\frac{2}{p^2} + \cdots$$

verhält, weshalb $\mathrm{Re}\,H(\mathrm{j}\omega) = (1/2)\,G(\mathrm{j}\omega)$ wegen $\boldsymbol{c}^{\mathrm{T}}\boldsymbol{A}\boldsymbol{b} < 0$ für große ω ein Verhalten der Art const/ω^2 ($\mathrm{const} > 0$) zeigt, d. h. $G(\mathrm{j}\omega)$ verschwindet für $\omega \to \infty$ nicht schneller als $K(\mathrm{j}\omega)$. Damit kann die Faktorisierung, man vergleiche Kapitel V, Abschnitt 6,

$$G(p) - \varepsilon K(p) = \frac{V(p)}{D(p)}\,\frac{V(-p)}{D(-p)} \tag{8.171}$$

mit einem geeigneten Polynom mit reellen Koeffizienten

$$V(p) = v_0 + v_1 p + \cdots + v_{q-1} p^{q-1} \tag{8.172}$$

durchgeführt werden. Mit dem Vektor $\boldsymbol{v} = [v_0 \quad v_1 \quad \cdots \quad v_{q-1}]^{\mathrm{T}}$ läßt sich

$$\frac{V(p)}{D(p)} = \boldsymbol{v}^{\mathrm{T}}\boldsymbol{m}(p) = \boldsymbol{m}^{\mathrm{T}}(p)\,\boldsymbol{v} \tag{8.173}$$

schreiben. Damit erhält man aufgrund der Gln. (8.171) und (8.170b) die Darstellung

$$G(p) = \varepsilon\,\boldsymbol{m}^{\mathrm{T}}(-p)\,\boldsymbol{L}\boldsymbol{m}(p) + \boldsymbol{m}^{\mathrm{T}}(-p)\,\boldsymbol{v}\,\boldsymbol{v}^{\mathrm{T}}\boldsymbol{m}(p)$$

oder

$$G(p) = \boldsymbol{m}^{\mathrm{T}}(-p)[\varepsilon \boldsymbol{L} + \boldsymbol{v}\,\boldsymbol{v}^{\mathrm{T}}]\,\boldsymbol{m}(p), \tag{8.174}$$

wobei $G(\mathrm{j}\omega) > 0$ für alle reellen ω gilt. Die so erhaltene symmetrische und positiv-definite Matrix $\varepsilon \boldsymbol{L} + \boldsymbol{v}\,\boldsymbol{v}^{\mathrm{T}}$ wird nun in Gl. (8.165) eingeführt. Als Lösung dieser Lyapunov-Gleichung erhält man eine symmetrische, positiv-definite Matrix $\boldsymbol{P}$. Damit läßt sich Gl. (8.174) auch in der Form

$$G(p) = -\boldsymbol{m}^{\mathrm{T}}(-p)[\boldsymbol{A}^{\mathrm{T}}\boldsymbol{P} + \boldsymbol{P}\boldsymbol{A}]\,\boldsymbol{m}(p)$$

oder

$$G(p) = -\boldsymbol{m}^{\mathrm{T}}(-p)[(p\,\mathbf{E} + \boldsymbol{A})^{\mathrm{T}}\boldsymbol{P} - \boldsymbol{P}(p\,\mathbf{E} - \boldsymbol{A})]\,\boldsymbol{m}(p)$$

ausdrücken. Mit Gl. (8.169b) ergibt sich hieraus weiterhin

$$G(p) = \boldsymbol{b}^{\mathrm{T}}\boldsymbol{P}\boldsymbol{m}(p) + \boldsymbol{m}^{\mathrm{T}}(-p)\,\boldsymbol{P}\boldsymbol{b}\,. \tag{8.175}$$

Ein Vergleich der Gln. (8.170a) und (8.175) miteinander liefert

$$H(p) = \boldsymbol{b}^{\mathrm{T}}\boldsymbol{P}\boldsymbol{m}(p)$$

und angesichts der Gl. (8.169a) schließlich Gl. (8.166), womit die Hinlänglichkeit der Aussage bewiesen ist.

Notwendigkeit: Es wird vorausgesetzt, daß für alle positiv-definiten Matrizen $\boldsymbol{L}$ ein Skalar $\varepsilon > 0$ vorhanden ist und eine symmetrische, positiv-definite Matrix $\boldsymbol{P}$ sowie ein Vektor $\boldsymbol{v}$, welche die Gln. (8.165) und (8.166) erfüllen. Zu zeigen ist, daß $H(p)$ eine SP-Funktion darstellt. Zunächst erhält man aus den Gln. (8.170a) und (8.169a) mit Gl. (8.166)

$$G(p) = (\boldsymbol{P}\boldsymbol{b})^{\mathrm{T}}\boldsymbol{m}(p) + \boldsymbol{m}^{\mathrm{T}}(-p)\,\boldsymbol{P}\boldsymbol{b} \tag{8.176}$$

und hieraus angesichts der Gl. (8.169b) mit

$$\boldsymbol{b} = (p\,\mathbf{E} - \boldsymbol{A})\,\boldsymbol{m}(p), \quad \boldsymbol{b}^{\mathrm{T}} = -\boldsymbol{m}^{\mathrm{T}}(-p)(p\,\mathbf{E} + \boldsymbol{A})^{\mathrm{T}}$$

weiterhin

$$G(p) = -\boldsymbol{m}^{\mathrm{T}}(-p)(p\,\mathbf{E} + \boldsymbol{A})^{\mathrm{T}}\boldsymbol{P}\boldsymbol{m}(p) + \boldsymbol{m}^{\mathrm{T}}(-p)\,\boldsymbol{P}(p\,\mathbf{E} - \boldsymbol{A})\,\boldsymbol{m}(p)$$

$$= -\boldsymbol{m}^{\mathrm{T}}(-p)(\boldsymbol{A}^{\mathrm{T}}\boldsymbol{P} + \boldsymbol{P}\boldsymbol{A})\,\boldsymbol{m}(p)$$

oder wegen Gl. (8.165)

$$G(p) = \boldsymbol{m}^{\mathrm{T}}(-p)(\boldsymbol{v}\,\boldsymbol{v}^{\mathrm{T}} + \varepsilon \boldsymbol{L})\,\boldsymbol{m}(p). \tag{8.177}$$

Da $\boldsymbol{v}\boldsymbol{v}^{\mathrm{T}} + \varepsilon \boldsymbol{L}$ eine symmetrische, positiv-definite Matrix ist, erfüllt $G(p)$ aufgrund der Gl. (8.177) die Bedingung

$$G(\mathrm{j}\omega) = 2\,\mathrm{Re}\,H(\mathrm{j}\omega) > 0 \tag{8.178}$$

für alle reellen ω-Werte. Da weiterhin $\boldsymbol{A}$ als Hurwitz-Matrix vorausgesetzt wurde, ist damit $H(p)$ eine rationale, reelle und positive Funktion (Zweipolfunktion). Daher muß auch das Zählerpolynom

$$N(p) = \beta_0 + \beta_1 p + \cdots + \beta_{q-1}p^{q-1}$$

von $H(p)$ ein Hurwitz-Polynom sein. Da voraussetzungsgemäß

$$\boldsymbol{c}^{\mathrm{T}}\boldsymbol{A}\boldsymbol{b} = \beta_{q-2} - \beta_{q-1}\alpha_{q-1} < 0$$

und somit wegen

$$\widetilde{H}_0(p) := \frac{1}{H(p)} - \frac{1}{\beta_{q-1}}\,p = \frac{\left(\alpha_{q-1} - \dfrac{\beta_{q-2}}{\beta_{q-1}}\right)p^{q-1} + \cdots}{\beta_{q-1}\,p^{q-1} + \cdots}$$

$\widetilde{H}_0(\infty) > 0$ gilt, ist $H(p)$ eine SP-Funktion, womit auch die Notwendigkeit gezeigt ist.

Bemerkungen

1. Man kann Satz VIII.29 erweitern, indem in Gl. (8.164b) ein Summand $dx(t)$ und in Gl. (8.167) ein Summand d mit einer positiven Konstante d aufgenommen wird. Die bisherige Voraussetzung $\boldsymbol{c}^{\mathrm{T}}\boldsymbol{Ab} < 0$ entfällt dann, und in Gl. (8.166) ist die rechte Seite um den Summanden $\sqrt{2d}\ \boldsymbol{v}$ zu ergänzen. Im übrigen ändert sich die Aussage des Satzes nicht. – Im Beweis der Hinlänglichkeit sind die beiden rechten Seiten der Gl. (8.169a) um den Summanden d und nach geeigneter Modifikation von Gl. (8.172) die beiden rechten Seiten der Gl. (8.173) um den Summanden $\sqrt{2d}$ zu ergänzen. Auf der rechten Seite von Gl. (8.174) treten die zusätzlichen Summanden $2d$, $\sqrt{2d}\ \boldsymbol{v}^{\mathrm{T}}\boldsymbol{m}(p)$ und $\sqrt{2d}\ \boldsymbol{m}^{\mathrm{T}}(-p)\boldsymbol{v}$ auf. In Gl. (8.175) erscheinen auf der rechten Seite die zusätzlichen Summanden $2d$, $\sqrt{2d}\ \boldsymbol{v}^{\mathrm{T}}\boldsymbol{m}(p)$ und $\sqrt{2d}\ \boldsymbol{m}^{\mathrm{T}}(-p)\boldsymbol{v}$, wonach man sofort

$$\boldsymbol{c} = \boldsymbol{Pb} + \sqrt{2d}\ \boldsymbol{v}$$

erhält. Beim Beweis der Notwendigkeit ist bei Beachtung von $\boldsymbol{c} = \boldsymbol{Pb} + \sqrt{2d}\ \boldsymbol{v}$ die Gl. (8.176) um den Summanden $2d + \sqrt{2d}\ [\boldsymbol{m}^{\mathrm{T}}(p) + \boldsymbol{m}^{\mathrm{T}}(-p)]\boldsymbol{v}$ zu ergänzen. Anstelle der Gl. (8.177) ergibt sich

$$G(p) = [\sqrt{2d} + \boldsymbol{m}^{\mathrm{T}}(p)\boldsymbol{v}][\sqrt{2d} + \boldsymbol{m}^{\mathrm{T}}(-p)\boldsymbol{v}] + \varepsilon\boldsymbol{m}^{\mathrm{T}}(-p)\boldsymbol{Lm}(p),$$

woraus

$$G(\mathrm{j}\omega) \equiv 2\,\mathrm{Re}\,H(\mathrm{j}\omega) = |\sqrt{2d} + \boldsymbol{m}^{\mathrm{T}}(\mathrm{j}\omega)\boldsymbol{v}|^2 + \varepsilon\boldsymbol{m}^{\mathrm{T}}(-\mathrm{j}\omega)\boldsymbol{Lm}(\mathrm{j}\omega) > 0$$

für alle reellen ω folgt.

2. Das Konzept der rationalen, reellen und positiven Funktion, das für Zweipole entwickelt wurde, läßt sich, wie bereits erwähnt, auf Mehrtore erweitern. Auch Satz VIII.29 kann dann auf Systeme mit mehreren Eingängen und Ausgängen verallgemeinert werden. Dabei spielen die rationalen, reellen und *streng positiven* Matrizen eine entscheidende Rolle.

Beispiel 8.32: Es sei die Übertragungsfunktion

$$H(p) = \frac{p + 0{,}5}{p^2 + 3p + 2}$$

betrachtet, die eine reelle, rationale SP-Funktion ist, wovon man sich leicht überzeugen kann. Man erhält zunächst eine Zustandsdarstellung mit

$$\boldsymbol{A} = \begin{bmatrix} 0 & 1 \\ -2 & -3 \end{bmatrix}, \quad \boldsymbol{b} = \begin{bmatrix} 0 \\ 1 \end{bmatrix}, \quad \boldsymbol{c} = \begin{bmatrix} 0{,}5 \\ 1 \end{bmatrix}.$$

Weiterhin ergibt sich

$$G(p) = \frac{-5p^2 + 2}{(p^2 + 3p + 2)(p^2 - 3p + 2)}$$

und mit dem Vektor

$$\boldsymbol{m}(p) = \frac{1}{p^2 + 3p + 2}[1 \quad p]^{\mathrm{T}},$$

wenn man $\boldsymbol{L} = \mathbf{E}$ wählt, die Funktion

$$K(p) = \frac{1 - p^2}{(p^2 + 3p + 2)(p^2 - 3p + 2)}$$

sowie

$$G(p) - \varepsilon K(p) = \frac{-(5 - \varepsilon)p^2 + (2 - \varepsilon)}{(p^2 + 3p + 2)(p^2 - 3p + 2)}.$$

Mit $\varepsilon = 1$ kann die Bedingung $G(\mathrm{j}\omega) - \varepsilon K(\mathrm{j}\omega) > 0$ für alle ω erfüllt werden. Damit folgt mit $V(p) = 1-2p$ als eine Wahlmöglichkeit für $V(p)$

$$\frac{V(p)}{D(p)} = \frac{1-2p}{p^2+3p+2}, \quad \text{also} \quad \boldsymbol{v} = [1 \quad -2]^{\mathrm{T}}.$$

Jetzt ist die Lyapunov-Gleichung

$$\boldsymbol{A}^{\mathrm{T}}\boldsymbol{P} + \boldsymbol{P}\boldsymbol{A} = -\begin{bmatrix} 1 \\ -2 \end{bmatrix}[1 \quad -2] - \begin{bmatrix} 1 & 0 \\ 0 & 1 \end{bmatrix}$$

also

$$\begin{bmatrix} 0 & -2 \\ 1 & -3 \end{bmatrix}\boldsymbol{P} + \boldsymbol{P}\begin{bmatrix} 0 & 1 \\ -2 & -3 \end{bmatrix} = \begin{bmatrix} -2 & 2 \\ 2 & -5 \end{bmatrix}$$

zu lösen. Man erhält

$$\boldsymbol{P} = \begin{bmatrix} \frac{11}{2} & \frac{1}{2} \\ \frac{1}{2} & 1 \end{bmatrix},$$

und nun kann sofort

$$\boldsymbol{P}\boldsymbol{b} = \begin{bmatrix} \frac{1}{2} & 1 \end{bmatrix}^{\mathrm{T}} = \boldsymbol{c}$$

verifiziert werden.

Das Kalman-Yakubovich-Lemma (Satz VIII.29) spielt vor allem bei der Stabilitätsanalyse bestimmter adaptiver Systeme eine Rolle. Hierfür wird ein geeigneter Satz bereitgestellt, für dessen Beweis ein Hilfssatz erforderlich ist, der zunächst formuliert werden soll.

Hilfssatz VIII.1: Es sei $f(t)$ eine in $[0, \infty)$ zweimal differenzierbare Funktion mit einem endlichen Grenzwert für $t \to \infty$. Die zweite Ableitung $f''(t)$ sei beschränkt, d.h. es gelte in $0 \leqq t < \infty$

$$|f''(t)| \leqq K < \infty.$$

Unter den genannten Voraussetzungen strebt $f'(t)$ für $t \to \infty$ gegen Null:

$$\lim_{t \to \infty} f'(t) = 0.$$

Beweis: Die Beweisführung erfolgt in zwei Schritten.

1) Zu zwei beliebigen Zeitpunkten t_1 und $t_2 > t_1 \geqq 0$ gibt es stets einen dritten Zeitpunkt t_3 mit $t_1 < t_3 < t_2$, so daß nach dem Mittelwertsatz der Differentialrechnung

$$f'(t_2) - f'(t_1) = f''(t_3)(t_2 - t_1)$$

gilt. Damit kann die Abschätzung

$$|f'(t_2) - f'(t_1)| \leqq K(t_2 - t_1)$$

durchgeführt werden. Zu jedem beliebigen $\varepsilon_0 > 0$ läßt sich nun mit $\delta = \varepsilon_0 / K$ für alle t_1 und $t_2 > t_1 \geqq 0$, welche die Abstandsbedingung $|t_2 - t_1| < \delta$ erfüllen, die Abschätzung

$$|f'(t_2) - f'(t_1)| < K\,\delta = \varepsilon_0 \tag{8.179a}$$

vornehmen. Das bedeutet, daß $f'(t)$ in $[0, \infty)$ gleichmäßig stetig ist.

2) Es wird angenommen, daß $f'(t)$ für $t \to \infty$ nicht gegen Null strebt. Dann gibt es sicher ein $\varepsilon > 0$, so daß für jedes $T > 0$ ein $t > T$ existiert mit der Eigenschaft $|f'(t)| \geqq \varepsilon$. Deshalb existiert eine unendliche Folge $t_1, t_2, \ldots$ mit $t_\nu \to \infty$ für $\nu \to \infty$, welche die Eigenschaft

$$|f'(t_\nu)| \geqq \varepsilon \tag{8.179b}$$

aufweist. Aufgrund der Ungleichung (8.179a) erhält man bei Wahl von $\varepsilon_0 = \varepsilon/2$ die Größe $\delta = \varepsilon/(2K)$, so daß für alle t mit der Einschränkung $|t - t_\nu| < \delta$ die Ungleichung

$$|f'(t) - f'(t_\nu)| < \frac{\varepsilon}{2}$$

für alle $\nu = 1, 2, \ldots$ und somit wegen Ungleichung (8.179b)

$$|f'(t)| > \frac{\varepsilon}{2}$$

gilt. In jedem Intervall $|t - t_\nu| < \delta$ ändert $f'(t)$ aus Gründen der Stetigkeit dieser Ableitung sein Vorzeichen nicht, und damit besteht die Beziehung

$$\left| \int_{t_\nu - \delta}^{t_\nu + \delta} f'(t)\,\mathrm{d}t \right| = \int_{t_\nu - \delta}^{t_\nu + \delta} |f'(t)|\,\mathrm{d}t > \frac{\varepsilon}{2} 2\delta = \varepsilon\delta$$

für alle $\nu = 1, 2, \ldots$ Jetzt kann man das Integral

$$\int_0^\infty f'(t)\,\mathrm{d}t = f(\infty) - f(0)$$

als eine unendliche Reihe schreiben, deren Reihenglieder Teilintegrale darstellen, zu denen alle Integrale

$$\int_{t_\nu - \delta}^{t_\nu + \delta} f'(t)\,\mathrm{d}t \qquad (\nu = 1, 2, \ldots)$$

gehören. Da letztere nicht gegen Null streben, divergiert die Reihe, obwohl $f(\infty) - f(0)$ einen endlichen Wert aufweist. Damit ist ein Widerspruch zur eingangs gemachten Annahme gefunden, d. h. $f'(t)$ muß zwingend für $t \to \infty$ gegen Null streben.

Bemerkung: Aus dem Beweis von Hilfssatz VIII.1 geht hervor, daß die Forderung der Beschränktheit von $f''(t)$ (einschließlich der Existenz von $f''(t)$) durch die Forderung der gleichmäßigen Stetigkeit von $f'(t)$ ersetzt werden kann. Der Hilfssatz ist im Schrifttum unter dem Namen Barbalat-Lemma bekannt.

Das Barbalat-Lemma liefert eine effektive Möglichkeit, unter bestimmten Bedingungen eine Stabilitätsanalyse durchzuführen. Diese Möglichkeit wird durch folgenden Satz ausgedrückt.

Satz VIII.30: Eine skalare Funktion $V(\boldsymbol{z}(t), t)$ sei von unten beschränkt, ihre zeitliche Ableitung $\mathrm{d}V(\boldsymbol{z}, t)/\mathrm{d}t$ sei negativ-semi-definit und gleichmäßig stetig bezüglich t. Unter den genannten Voraussetzungen gilt

$$\lim_{t \to \infty} \frac{\mathrm{d}V(\boldsymbol{z}, t)}{\mathrm{d}t} = 0.$$

Beweis: Da V von unten beschränkt ist und $\mathrm{d}V/\mathrm{d}t \leqq 0$ gilt, besitzt V einen endlichen Limes für $t \to \infty$. Wegen der gleichmäßigen Stetigkeit von $\mathrm{d}V/\mathrm{d}t$ bezüglich t besagt das Lemma von Barbalat, daß $\mathrm{d}V/\mathrm{d}t$ gegen Null strebt.

Bemerkung: Man beachte, daß V zwar als eine von unten beschränkte Funktion vorauszusetzen ist, im Gegensatz zu einer Lyapunov-Funktion jedoch nicht positiv-definit zu sein braucht. Die Forderung, daß $\mathrm{d}V/\mathrm{d}t$ gleichmäßig stetig ist, stellt eine zusätzliche Forderung dar und wird häufig dadurch sichergestellt, daß die Beschränktheit von $\mathrm{d}^2V/\mathrm{d}t^2$ nachgewiesen wird. Die Anwendung von Satz VIII.30 setzt gleichwohl voraus, zunächst eine geeignete Funktion V zu wählen, was nicht immer einfach ist.

Beispiel 8.33: Bei der Analyse von adaptiven Systemen im Kapitel X treten Probleme auf, die sich in ihrer einfachsten Form durch zwei Zustandsgleichungen vom Typ

$$\frac{\mathrm{d}e(t)}{\mathrm{d}t} = -e(t) + p(t)f(t), \qquad \frac{\mathrm{d}p(t)}{\mathrm{d}t} = -e(t)f(t)$$

beschreiben lassen. Dabei bedeuten $e(t)$ und $p(t)$ zwei Zustandsgrößen, deren asymptotisches Verhalten interessiert, und $f(t)$ ist eine beschränkte und stetige Funktion.

Es wird die skalare Funktion

$$V(t) = e^2(t) + p^2(t)$$

gewählt, für deren zeitlichen Differentialquotienten man

$$\frac{\mathrm{d}V}{\mathrm{d}t} = 2e(-e+pf) + 2p(-ef) = -2e^2 \leqq 0$$

erhält. Weiterhin ergibt sich

$$\frac{\mathrm{d}^2V}{\mathrm{d}t^2} = -4e(-e+pf).$$

Wie man jetzt sieht, gilt $V(t) \leqq V(0)$ für alle $t \geqq 0$, weshalb $e(t)$ und $p(t)$ beschränkte Funktionen darstellen. Da laut Voraussetzung auch $f(t)$ beschränkt ist, trifft dies auch für $\mathrm{d}^2V/\mathrm{d}t^2$ zu. Damit kann Satz VIII.30 angewendet werden, nach dem $\mathrm{d}V/\mathrm{d}t$ und somit $e(t)$ für $t \to \infty$ gegen Null streben. Man beachte, daß $p(t)$ zwar beschränkt ist, aber $p(t) \to 0$ für $t \to \infty$ nicht garantiert werden kann. Es ist also nicht sichergestellt, daß das System asymptotisch stabil ist. Es ist weiterhin zu beachten, daß Satz VIII.15 hier nicht anwendbar ist, da es sich um ein nichtautonomes System handelt.

Es wird jetzt der bereits angekündigte und für die Stabilitätsprüfung von adaptiven Systemen wichtige Satz formuliert.

Satz VIII.31: Es wird das im Bild 8.35 gezeigte System zugrundegelegt. Dabei ist

$$H(p) = \frac{\beta_{q-1}p^{q-1} + \beta_{q-2}p^{q-2} + \cdots + \beta_1 p + \beta_0}{p^q + \alpha_{q-1}p^{q-1} + \cdots + \alpha_1 p + \alpha_0}$$

eine SP-Funktion mit reellen Koeffizienten α_ν und β_ν ($\nu = 0, 1, \ldots, q-1$); Zählerpolynom und Nennerpolynom besitzen keine gemeinsame Nullstelle. Von der Konstante k ist nur das Vorzeichen $\operatorname{sgn} k$ bekannt, γ bedeutet eine bekannte positive Konstante, die Vektoren $\boldsymbol{v}$ und $\boldsymbol{x}$ besitzen die gleiche Länge. Das System wird durch die folgenden dynamischen Gleichungen beschrieben:

$$\frac{\mathrm{d}^q y(t)}{\mathrm{d}t^q} + \alpha_{q-1}\frac{\mathrm{d}^{q-1}y(t)}{\mathrm{d}t^{q-1}} + \cdots + \alpha_1\frac{\mathrm{d}y(t)}{\mathrm{d}t} + \alpha_0 y(t)$$
$$= \left[\beta_{q-1}\frac{\mathrm{d}^{q-1}}{\mathrm{d}t^{q-1}} + \beta_{q-2}\frac{\mathrm{d}^{q-2}}{\mathrm{d}t^{q-2}} + \cdots + \beta_1\frac{\mathrm{d}}{\mathrm{d}t} + \beta_0\right](k\,\boldsymbol{v}^{\mathrm{T}}(t)\boldsymbol{x}(t)) \quad (8.180)$$

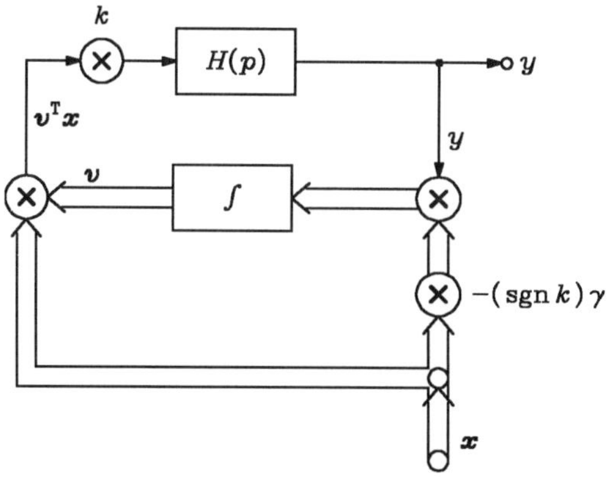

Bild 8.35: System mit einem Block, dessen Übertragungsfunktion $H(p)$ eine rationale, reelle SP-Funktion ist

und

$$\frac{\mathrm{d}\boldsymbol{v}(t)}{\mathrm{d}t} = -(\operatorname{sgn} k)\,\gamma\, y(t)\,\boldsymbol{x}(t). \tag{8.181}$$

Unter den genannten Bedingungen sind die Funktionen $y(t)$ und $\boldsymbol{v}(t)$ global beschränkt; sofern $\boldsymbol{x}(t)$ beschränkt ist, gilt

$$\lim_{t\to\infty} y(t) = 0.$$

Beweis: Die Gl. (8.180) läßt sich durch die Zustandsgleichungen

$$\frac{\mathrm{d}\boldsymbol{z}}{\mathrm{d}t} = \boldsymbol{A}\,\boldsymbol{z} + \boldsymbol{b}[k\,\boldsymbol{v}^{\mathrm{T}}\boldsymbol{x}] \quad \text{und} \quad y = \boldsymbol{c}^{\mathrm{T}}\boldsymbol{z} \tag{8.182a,b}$$

mit den Matrizen gemäß den Gln. (8.168a-c) ersetzen. Nach Satz VIII.29 kann eine symmetrische, positiv-definite Matrix $\boldsymbol{Q}$ gewählt werden, die eine weitere symmetrische, positiv-definite Matrix $\boldsymbol{P}$ impliziert, so daß die Lyapunov-Gleichung

$$\boldsymbol{A}^{\mathrm{T}}\boldsymbol{P} + \boldsymbol{P}\boldsymbol{A} = -\boldsymbol{Q} \tag{8.183a}$$

erfüllt wird und die Beziehung

$$\boldsymbol{c} = \boldsymbol{P}\,\boldsymbol{b} \tag{8.183b}$$

besteht. Nun wird die positiv-definite Funktion

$$V(\boldsymbol{z},\boldsymbol{v}) = \boldsymbol{z}^{\mathrm{T}}\boldsymbol{P}\,\boldsymbol{z} + \frac{|k|}{\gamma}\,\boldsymbol{v}^{\mathrm{T}}\boldsymbol{v} \tag{8.184a}$$

eingeführt, deren Ableitung nach der Zeit längs einer jeden Trajektorie des Systems gemäß den Gln. (8.182a) und (8.181)

$$\frac{\mathrm{d}V}{\mathrm{d}t} = \boldsymbol{z}^{\mathrm{T}}(\boldsymbol{P}\boldsymbol{A} + \boldsymbol{A}^{\mathrm{T}}\boldsymbol{P})\,\boldsymbol{z} + 2\boldsymbol{z}^{\mathrm{T}}\boldsymbol{P}\,\boldsymbol{b}\,(k\,\boldsymbol{v}^{\mathrm{T}}\boldsymbol{x}) - 2\boldsymbol{v}^{\mathrm{T}}(k\,y\,\boldsymbol{x})$$

lautet oder, wenn man die Gln. (8.183a,b) sowie Gl. (8.182b) berücksichtigt,

$$\frac{\mathrm{d}V}{\mathrm{d}t} = -\boldsymbol{z}^{\mathrm{T}}\boldsymbol{Q}\,\boldsymbol{z}. \tag{8.184b}$$

Damit ist zu erkennen, daß das durch die Gln. (8.180) und (8.181) gegebene System stabil im Großen ist. Die Gln. (8.184a,b) lehren weiterhin in Verbindung mit Gl. (8.182b), daß $\boldsymbol{v}$ und y global beschränkt sind. Die

Gl. (8.182a) läßt erkennen, daß $\mathrm{d}\boldsymbol{z}/\mathrm{d}t$ beschränkt ist, sofern $\boldsymbol{x}$ beschränkt ist. Da dann auch $\mathrm{d}^2 V/\mathrm{d}t^2 = -2\boldsymbol{z}^{\mathrm{T}}\boldsymbol{Q}\,\mathrm{d}\boldsymbol{z}/\mathrm{d}t$ beschränkt ist, strebt nach Hilfssatz VIII.1 $\mathrm{d}V/\mathrm{d}t$ für $t \to \infty$ gegen Null, d. h. es gilt in diesem Fall $\boldsymbol{z}(t) \to \boldsymbol{0}$ und wegen Gl. (8.182b) $y(t) \to 0$ für $t \to \infty$.

7 Analyseverfahren

Dieser Abschnitt beschäftigt sich mit Möglichkeiten zur Analyse des zeitlichen Verhaltens von nichtlinearen Systemen. Die dabei zu lösende zentrale Aufgabe besteht in der Ermittlung der Lösungen von Differentialgleichungen, welche bei der Beschreibung der Dynamik nichtlinearer Systeme auftreten. Eine exakte analytische Lösung in geschlossener Form ist nur für eine recht begrenzte Anzahl von speziellen nichtlinearen Differentialgleichungen möglich. In aller Regel müssen Näherungsmethoden herangezogen werden. Dabei unterscheidet man zwischen numerischen Lösungsverfahren und halbanalytischen Näherungsverfahren, zu denen auch die asymptotischen Methoden zu zählen sind. Im folgenden wird zunächst gezeigt, wie bei stückweise linearen Systembeschreibungen die Lösungsverfahren der linearen Zustandstheorie erfolgreich angewendet werden können. Sodann wird die Methode der Beschreibungsfunktion vorgestellt, die zur approximativen Berechnung periodischer Lösungen in nichtlinearen Rückkopplungssystemen verwendet werden kann. Danach findet man eine Einführung in die Störungsrechnung.

7.1 STÜCKWEISE LINEARE DARSTELLUNGEN

Bei praktischen Anwendungen treten oft Systeme mit einem einzigen nichtlinearen Systemelement auf, das stückweise als linear und zeitinvariant approximiert werden kann. Wenn die restlichen Systemkomponenten linear und zeitinvariant sind, läßt sich das Gesamtsystem mit den Methoden des Zustandsraums nach Kapitel II untersuchen. Dabei wird der Zustandsraum in einzelne Teilgebiete unterteilt, innerhalb denen das System jeweils als linear und zeitinvariant beschrieben wird. Sobald eine Trajektorie in ein neues Teilgebiet mündet, müssen die Zustandsgleichungen entsprechend geändert werden. Das heißt, daß die Lösungen in den verschiedenen Teilgebieten an den Grenzen aneinander angepaßt werden müssen. Wenn nun eine Trajektorie durch mehrere Teilgebiete verläuft, genügt es häufig, beispielsweise zur Beurteilung der Stabilität oder der Periodizität, das Systemverhalten allein durch die Zustände an den Grenzen zu charakterisieren. Bezeichnet man diese Grenzzustände mit $\boldsymbol{z}^{(1)}$, $\boldsymbol{z}^{(2)}, \ldots$ und startet die betrachtete Trajektorie in $\boldsymbol{z}^{(1)}$, so stellt $\boldsymbol{z}^{(2)}$ eine Funktion von $\boldsymbol{z}^{(1)}$ dar, $\boldsymbol{z}^{(3)}$ eine Funktion von $\boldsymbol{z}^{(2)}$ usw.:

$$\boldsymbol{z}^{(2)} = \boldsymbol{\Psi}_1(\boldsymbol{z}^{(1)}), \quad \boldsymbol{z}^{(3)} = \boldsymbol{\Psi}_2(\boldsymbol{z}^{(2)}), \ldots \tag{8.185}$$

Erreicht die Trajektorie im Punkt $\boldsymbol{z}^{(l)}$ mit $l = 2, 3, \ldots$ dieselbe Grenzfläche, auf der sich der Anfangszustand $\boldsymbol{z}^{(1)}$ befindet, dann läßt sich aus den Gln. (8.185) eine Abbildung

$$\boldsymbol{z}^{(l)} = \boldsymbol{\Psi}(\boldsymbol{z}^{(1)}) \tag{8.186}$$

gewinnen. Bedingung für einen Grenzzyklus ist dann die Forderung

$$\boldsymbol{z}^{(l)} = \boldsymbol{z}^{(1)} . \tag{8.187}$$

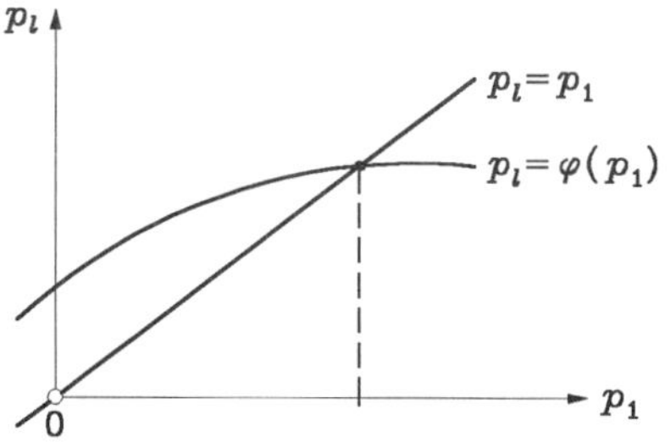

Bild 8.36: Zur Ermittlung eines Grenzzyklus. Im vorliegenden Fall ist der Grenzzyklus stabil

Es sei nun der wichtige Fall eines Systems der Ordnung Zwei betrachtet, bei dem der Zustandsraum eben ist und die Grenzen Kurven darstellen. Die Zustände $\boldsymbol{z}^{(1)}, \boldsymbol{z}^{(2)}, \ldots$ können dann durch reelle Parameter $p_1, p_2, \ldots$ gekennzeichnet werden, und damit entspricht der Gl. (8.186) eine Beziehung

$$p_l = \varphi(p_1) \; , \tag{8.188}$$

der Forderung nach Gl. (8.187) die Bedingung

$$p_l = p_1 \; . \tag{8.189}$$

Dieser Sachverhalt ist im Bild 8.36 erklärt und veranschaulicht. Derartige Darstellungen sind als Lemeré-Diagramme bekannt. Der Schnittpunkt der beiden Kurven nach den Gln. (8.188) und (8.189) liefert den Parameterwert p_1 und damit den speziellen Zustand $\boldsymbol{z}^{(1)}$, in dem ein Grenzzyklus beginnt. Das Lemeré-Diagramm erlaubt es auch festzustellen, ob der Grenzzyklus stabil oder instabil ist. Schneidet nämlich die Kurve $p_l = \varphi(p_1)$ die Winkelhalbierende $p_l = p_1$ mit einer Steigung, die betraglich kleiner als Eins ist, so ist der Grenzzyklus stabil. Ist die Steigung betraglich größer als Eins, dann liegt ein instabiler Grenzzyklus vor. Diese Tatsache ergibt sich gemäß Gl. (8.188) aus der Beziehung

$$\mathrm{d}p_l = \varphi'(p_1)\,\mathrm{d}p_1 \; ,$$

wobei φ' den Differentialquotienten von φ bedeutet. Eine kleine Änderung $\mathrm{d}p_1$ führt zu einer Änderung $\mathrm{d}p_l$ mit $|\,\mathrm{d}p_l\,| < |\,\mathrm{d}p_1\,|$ oder $|\,\mathrm{d}p_l\,| > |\,\mathrm{d}p_1\,|$, je nachdem ob die Bedingung $|\,\varphi'(p_1)\,| < 1$ oder $|\,\varphi'(p_1)\,| > 1$ gilt.

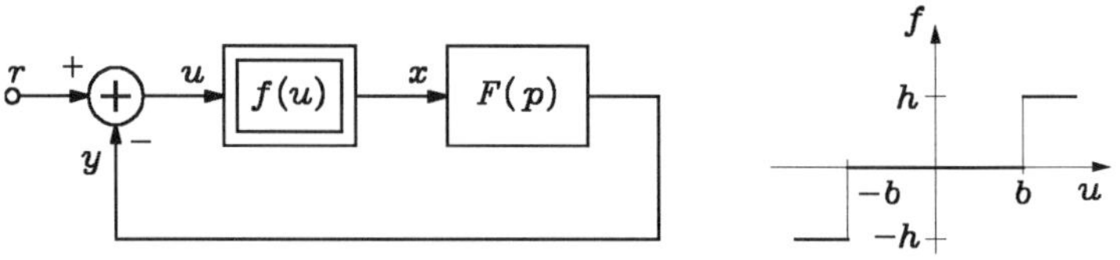

Bild 8.37: Rückgekoppeltes System

Beispiel 8.34: Es wird das im Bild 8.37 dargestellte rückgekoppelte System betrachtet. Es besteht aus einem linearen Teilsystem mit der Übertragungsfunktion

$$F(p) = \frac{k + l\,p}{p\,(p + a)} \qquad (a > 0) \tag{8.190}$$

zweiten Grades und einem gedächtnislosen Übertragungsglied mit der stückweise linearen Charakteristik

$$f(u) = \begin{cases} h & \text{falls} \quad u > b \ , \\ 0 & \text{falls} \quad |u| < b \ , \\ -h & \text{falls} \quad u < -b \ . \end{cases} \tag{8.191}$$

Dabei bedeuten a, b, h, k und l Konstanten.

Zur Untersuchung des Systems wird die Übertragungsfunktion $F(p)$ von Gl. (8.190) als Partialbruchsumme

$$F(p) = \frac{k/a}{p} - \frac{\frac{k}{a} - l}{p + a}$$

geschrieben. Entsprechend dieser Zerlegung kann man im Frequenzbereich zwischen der Ausgangsgröße und der Eingangsgröße des linearen Teilsystems die Beziehung

$$Y(p) = V(p) - W(p) \quad \text{mit} \quad p\,V(p) = \frac{k}{a} X(p) \, , \quad (p + a) W(p) = \left(\frac{k}{a} - l\right) X(p)$$

herstellen. Mit der als konstant zu betrachtenden Erregung r und $x = f(u)$ folgen hieraus bei Wahl der Zustandsvariablen $z_1 = v - r$ und $z_2 = w$ im Zeitbereich die Zustandsgleichungen

$$\frac{\mathrm{d}z_1(t)}{\mathrm{d}t} = \frac{k}{a} f(u) \, , \qquad \frac{\mathrm{d}z_2(t)}{\mathrm{d}t} + a\, z_2(t) = \left(\frac{k}{a} - l\right) f(u) \tag{8.192a,b}$$

und

$$y(t) = z_1(t) - z_2(t) + r \tag{8.193}$$

mit

$$u(t) = r - y(t) = z_2(t) - z_1(t) \ . \tag{8.194}$$

Weiterhin erhält man aus Gl. (8.194) mit den Gln. (8.192a,b)

$$\frac{\mathrm{d}u(t)}{\mathrm{d}t} = -a\, z_2(t) - l\, f(u) \ . \tag{8.195}$$

Wegen $u = z_2 - z_1$ kann nun die Zustandsebene, wie im Bild 8.38 zu erkennen ist, in drei Teilgebiete I, II und III zerlegt werden, welche durch die beiden Geraden

$$z_2 - z_1 = b \ , \qquad z_2 - z_1 = -b \tag{8.196a,b}$$

getrennt sind. Da $z_2 - z_1 = u$ ist, gilt gemäß Gl. (8.191) im Teilgebiet I $f = h$, in II $f = 0$ und in III $f = -h$. Erreicht eine Trajektorie aus dem Teilgebiet I die Grenzgerade nach Gl. (8.196a), so bewegt sie sich in das Gebiet II hinein, wenn an der Schnittstelle der Trajektorie mit der Grenzgerade $z_2 > 0$ ist, wie Gl. (8.195) lehrt. Entsprechend setzt sich eine Trajektorie in das Teilgebiet III fort, wenn sie aus dem Gebiet II kommend die Grenzgerade nach Gl. (8.196b) an einer Stelle erreicht, wo $z_2 > hl/a$ ist. Die Grenzgerade zwischen den Gebieten II und III wird von einer Trajektorie in Richtung des Teilgebiets II überschritten, wenn dort $z_2 < 0$ gilt. Beim Überschreiten der Grenzgerade von Gebiet II zu Gebiet I muß $-z_2 > hl/a$ gelten.

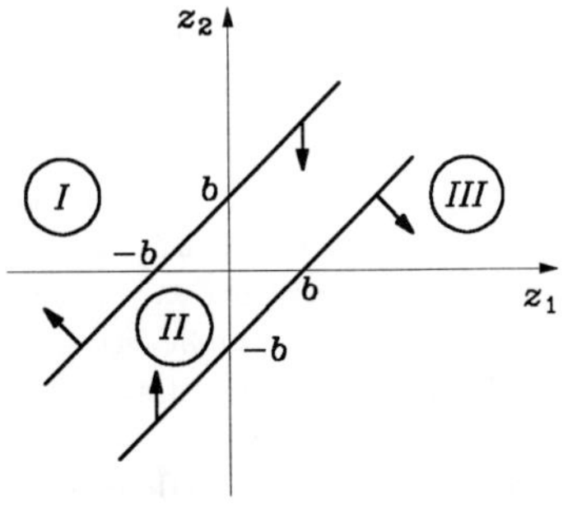

Bild 8.38: Einteilung der Zustandsebene in drei Teilgebiete

Es soll nun der Verlauf einer Trajektorie ermittelt werden, die zum Zeitpunkt $t = 0$ in einem Punkt

$$z_1^{(1)} < -b\,, \quad z_2^{(1)} = b + z_1^{(1)} < 0 \quad \text{mit} \quad -z_2^{(1)} > hl/a$$

startet. Sie bewegt sich zunächst in das Gebiet I gemäß den Gleichungen

$$\frac{\mathrm{d}z_1(t)}{\mathrm{d}t} = \frac{k\,h}{a}\,, \quad \frac{\mathrm{d}z_2(t)}{\mathrm{d}t} = -a\,z_2(t) + \left(\frac{k}{a} - l\right)h\,. \tag{8.197a,b}$$

Als Lösung erhält man

$$z_1(t) = z_1^{(1)} + \frac{k\,h}{a}t\,, \quad z_2(t) = \left(b + z_1^{(1)} - \frac{(k-a\,l)h}{a^2}\right)\mathrm{e}^{-at} + \frac{(k-a\,l)h}{a^2}\,. \tag{8.198a,b}$$

Für den Schnittpunkt $\boldsymbol{z}^{(2)} = [z_1^{(2)}\ z_2^{(2)}]^{\mathrm{T}}$ der Trajektorie mit der Grenzgerade nach Gl. (8.196a) zum Zeitpunkt τ erhält man nun aus den Gln. (8.198a,b)

$$z_1^{(2)} - z_1^{(1)} = \frac{k\,h}{a}\tau \quad \text{und} \quad z_2^{(2)} = \left(b + z_1^{(1)} - \frac{(k-a\,l)h}{a^2}\right)\mathrm{e}^{-a\tau} + \frac{(k-a\,l)h}{a^2} \tag{8.199a,b}$$

sowie nach Gl. (8.196a)

$$z_2^{(2)} - z_1^{(2)} = b\,, \tag{8.199c}$$

also drei Gleichungen für die drei Unbekannten $z_1^{(2)}, z_2^{(2)}$ und τ. Es wird angenommen, daß $z_2^{(2)} > 0$ ist. Dann tritt die Trajektorie in das Gebiet II ein, und zwar gemäß den Gleichungen

$$\frac{\mathrm{d}z_1(t)}{\mathrm{d}t} = 0\,, \quad \frac{\mathrm{d}z_2(t)}{\mathrm{d}t} = -a\,z_2(t)\,. \tag{8.200a,b}$$

Als Lösung erhält man

$$z_1(t) = z_1^{(2)}\,, \quad z_2(t) = z_2^{(2)}\mathrm{e}^{-a(t-\tau)}\,. \tag{8.201a,b}$$

Dieser Teil der Trajektorie verläuft also parallel zur z_2-Achse. Es wird jetzt angenommen, daß $z_1^{(2)} > b$ ist. Dann erreicht diese Trajektorie die Grenzgerade nach Gl. (8.196b) in einem Punkt $\boldsymbol{z}^{(3)} = [z_1^{(3)}\ z_2^{(3)}]^{\mathrm{T}}$ zu einem Zeitpunkt τ'. Es gilt nach den Gln. (8.201a,b)

$$z_1^{(3)} = z_1^{(2)}\,, \quad z_2^{(3)} = z_2^{(2)}\mathrm{e}^{-a(\tau'-\tau)} \tag{8.202a,b}$$

und nach Gl. (8.196b)

$$z_2^{(3)} - z_1^{(3)} = -b\,. \tag{8.202c}$$

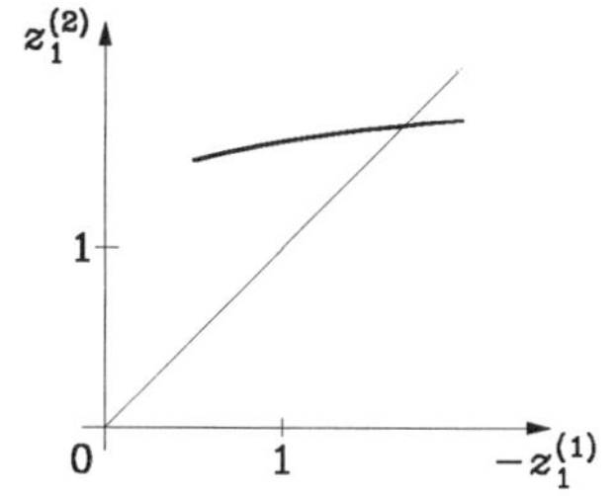

Bild 8.39: Lemeré-Diagramm für das Beispiel 8.34

Aus den drei Gln. (8.202a-c) lassen sich die drei Unbekannten $z_1^{(3)}, z_2^{(3)}$ und τ' ermitteln. Im Fall $z_1^{(2)} \leqq b$ würde die Trajektorie erst nach unendlich langer Zeit die z_1-Achse erreichen. Im Fall $z_1^{(2)} > b$ und $z_2^{(3)}\,a > h\,l$ setzt sich die Trajektorie in das Gebiet III fort und erreicht auf der unteren Grenzgeraden den Punkt $\boldsymbol{z}^{(4)} = [z_1^{(4)}\ z_2^{(4)}]^{\mathrm{T}}$; diese Bewegung ist symmetrisch zu der im Gebiet I. Die anschließende Bewegung im Gebiet II erfolgt wieder parallel zur z_2-Achse bis zu einem Punkt $\boldsymbol{z}^{(5)}$.

Ein Grenzzyklus tritt auf, wenn $\boldsymbol{z}^{(5)}$ mit $\boldsymbol{z}^{(1)}$ übereinstimmt. Dies ist angesichts der Symmetrie der Bewegung in den Gebieten I und III dann der Fall, wenn

$$z_1^{(2)} = -z_1^{(1)}$$

gilt. Bild 8.39 zeigt das Lemeré-Diagramm für $a = 0,5$, $h = 1$, $b = 0,6$, $k = 0,5$ und $l = -0,2$. Im Bild 8.40 ist der hieraus zu entnehmende Grenzzyklus dargestellt, soweit er im Gebiet I verläuft.

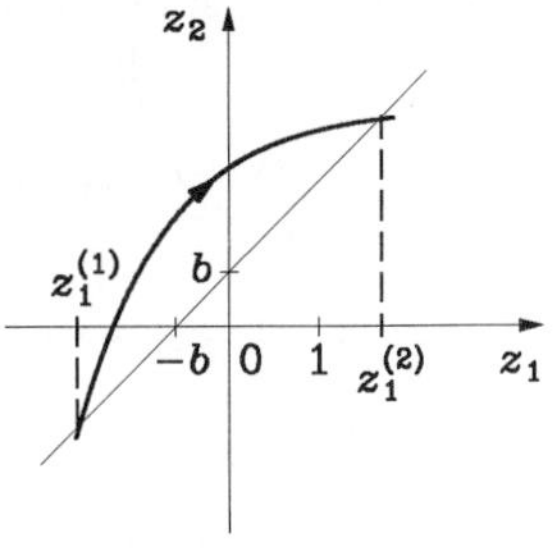

Bild 8.40: Grenzzyklus für das Beispiel 8.34

Abschließend sei noch erwähnt, daß in der gleichen Weise wie oben beschrieben das Verhalten von Systemen untersucht werden kann, bei denen die Systemparameter in verschiedenen Teilgebieten des Zustandsraums unterschiedliche Werte haben.

7.2 DIE METHODE DER BESCHREIBUNGSFUNKTION

Die Methode der Beschreibungsfunktion dient zur approximativen Analyse nichtlinearer Systeme unter der Voraussetzung, daß alle auftretenden Signale einen periodischen Verlauf mit gleicher Grundperiode aufweisen. Dabei werden alle Signale des betreffenden Systems durch trigonometrische Polynome gleicher Ordnung, häufig erster Ordnung, angenähert. Dies soll zunächst am Fall von einfachen nichtlinearen Systemen gezeigt werden, bei denen das Eingangssignal mit dem Ausgangssignal durch eine eindeutige oder zweideutige Charakteristik verknüpft ist. Anschließend werden allgemeinere nichtlineare Systeme untersucht.

7.2.1 Einfache nichtlineare Systeme

Zunächst wird ein gedächtnisloses System betrachtet, dessen Eingangssignal $x(t)$ mit dem Ausgangssignal $y(t)$ durch eine eindeutige Charakteristik in Form einer stückweise stetigen Funktion

$$y = f(x) \tag{8.203}$$

gemäß Bild 8.41 verknüpft ist. Als Eingangssignal wird

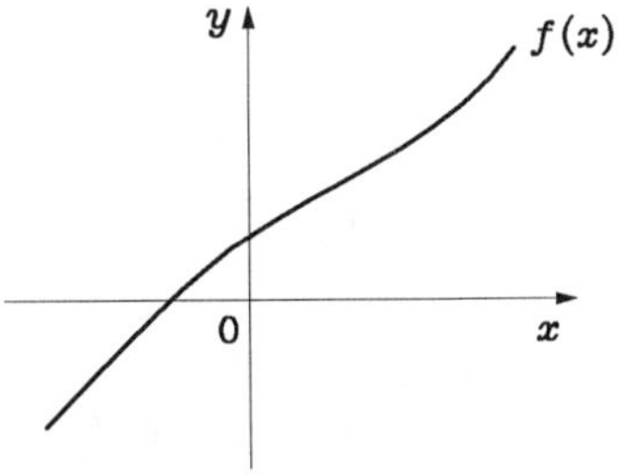

Bild 8.41: Charakteristik eines gedächtnislosen nichtlinearen Systems

$$x(t) = X_0 + X_1 \cos \omega t \tag{8.204}$$

gewählt. Dabei seien X_0, $X_1 > 0$ und $\omega > 0$ gegebene reelle Parameter. Das zugehörige Ausgangssignal $f(X_0 + X_1 \cos \omega t)$ stellt eine periodische Funktion in t mit der Periode $2\pi/\omega$ dar. Sie läßt sich in eine Fourier-Reihe entwickeln. Nimmt man nur die Teilsumme erster Ordnung dieser Reihe, dann ergibt sich

$$y(t) = f(X_0 + X_1 \cos \omega t) \cong Y_0 + Y_1 \cos(\omega t + \varphi) \tag{8.205}$$

oder

$$y(t) \cong Y_0 + \mathrm{Re}\,[\underline{Y}_1\, \mathrm{e}^{\mathrm{j}\omega t}] \tag{8.206a}$$

mit der Zeigergröße

$$\underline{Y}_1 = Y_1\, \mathrm{e}^{\mathrm{j}\varphi} \; . \tag{8.206b}$$

Nach Kapitel III gilt

$$Y_0 = \frac{1}{2\pi} \int_0^{2\pi} f(X_0 + X_1 \cos \tau)\, \mathrm{d}\tau \tag{8.207}$$

und

$$\underline{Y}_1 = \frac{1}{\pi} \int_0^{2\pi} f(X_0 + X_1 \cos \tau)\, \mathrm{e}^{-\mathrm{j}\tau} \mathrm{d}\tau \; . \tag{8.208}$$

Es werden nun die Größen

$$N_0 := \frac{Y_0}{X_0} = \frac{1}{2\pi X_0} \int_0^{2\pi} f(X_0 + X_1 \cos \tau)\, \mathrm{d}\tau \tag{8.209a}$$

und

$$N_1 := \frac{\underline{Y}_1}{X_1} = \frac{1}{\pi X_1} \int_0^{2\pi} f(X_0 + X_1 \cos \tau)\, \mathrm{e}^{-\mathrm{j}\tau} \mathrm{d}\tau \tag{8.209b}$$

eingeführt. Dabei repräsentieren N_0 und N_1 die *Beschreibungsfunktion.* Während N_0 für $X_0 \neq 0$ den Gleichanteil des Ausgangssignals liefert, erlaubt N_1 die Ermittlung des zeitabhängigen Anteils im Ausgangssignal auf einfache Weise. Beide Größen sind von X_0, X_1, dagegen nicht von ω abhängig. Nach den Gln. (8.207) und (8.209a) ist N_0 jedenfalls reell. Ist die Charakteristik $f(x)$ nach Gl. (8.203), wie zunächst vorausgesetzt, eine eindeutige Funktion, dann stellt auch N_1 eine rein reelle Größe dar. Man erhält nämlich aus Gl. (8.208)

$$\mathrm{Im}\,\underline{Y}_1 = -\frac{1}{\pi} \int_0^{2\pi} f(X_0 + X_1 \cos \tau) \sin \tau \; \mathrm{d}\tau$$

oder

$$\mathrm{Im}\,\underline{Y}_1 = \frac{1}{\pi X_1} \int_{X_0 + X_1}^{X_0 + X_1} f(x)\, \mathrm{d}x = 0 \; , \tag{8.210}$$

also $\mathrm{Im}\, N_1 = (\mathrm{Im}\,\underline{Y}_1)/X_1 = 0$. Ist darüber hinaus $f(x)$ eine ungerade Funktion und X_0 gleich Null, dann verschwindet auch Y_0; in Gl. (8.205) verbleibt $y(t) \cong Y_1 \cos \omega t$.

Bemerkung 1: Hat der zeitabhängige Anteil von $x(t)$ nach Gl. (8.204) die allgemeine Form $X_1 \cos(\omega t + \alpha)$ mit $X_1 > 0$ und $\alpha \in \mathbb{R}$, dann bedeutet N_1 den Quotienten $\underline{Y}_1 / \underline{X}_1$, wobei unter $\underline{X}_1$ die Zeigergröße $X_1 \exp(\mathrm{j}\alpha)$ verstanden wird.

Bemerkung 2: Für die betrachtete Erregung repräsentiert die Beschreibungsfunktion ein System, dessen "Übertragungsfunktion" für die Kreisfrequenz 0 den Wert N_0 und für die Kreisfrequenz ω den Wert N_1 annimmt. Aufgrund der Herleitung und der im Kapitel III, Abschnitt 4.6 diskutierten Eigenschaften der Fourier-Reihen ist dieses System für das gewählte Eingangssignal das optimale Ersatzsystem der betrachteten Nichtlinearität in dem Sinne, daß der Mittelwert der quadrierten Abweichung minimiert wird.

Es sei jetzt der Fall betrachtet, daß $f(x)$ eine zweideutige Charakteristik darstellt, genauer gesagt, eine Hysterese-Charakteristik. Dies ist im Bild 8.42 angedeutet. Dabei wird davon ausgegangen, daß die Parameter des Eingangssignals $x(t)$ nach Gl. (8.204) so beschaffen sind, daß die Charakteristik vollständig durchlaufen wird. Die beiden Äste der Charakteristik werden mit $f^+(x)$ bzw. $f^-(x)$ bezeichnet; der Ast $f^+(x)$ wird mit zunehmendem x durchlaufen, $f^-(x)$ bei abnehmendem x. Auch in diesem Fall kann das Ausgangssignal $y(t)$ gemäß Gl. (8.205) bzw. Gln. (8.206a,b) mit den Gln. (8.207) und (8.208) näherungsweise beschrieben werden. Hier ist allerdings der Imaginärteil der Beschreibungsfunktion nicht Null, obwohl $\operatorname{Im} \underline{Y}_1$ durch den Integralausdruck gemäß Gl. (8.210) ausgedrückt werden kann. Es ist jedoch zu beachten, daß bei der Integration vom Wert $x = X_0 + X_1$ über $x = X_0 - X_1$ bis $x = X_0 + X_1$ beide Kurvenäste $f^+(x)$ und $f^-(x)$ einmal vollständig durchlaufen werden. Dabei erhält man für das Integral $+A$ oder $-A$, je nachdem ob die Hysterese im Uhrzeigersinn oder Gegenuhrzeigersinn durchlaufen wird, wenn man mit A den von der Hysterese eingeschlossenen Flächeninhalt bezeichnet. Der Imaginärteil der Beschreibungsfunktion ergibt sich also zu

$$\operatorname{Im} N_1 = \pm \frac{A}{\pi X_1^2} . \qquad (8.211)$$

Führt man die Funktion

$$f_m(x) = \frac{1}{2}[f^+(x) + f^-(x)] \qquad (8.212)$$

ein, dann erhält man weiterhin, wie eine Untersuchung des Integrals aus Gl. (8.207) sowie des Integrals in der Beziehung

$$\operatorname{Re} \underline{Y}_1 = \frac{1}{\pi} \int_0^{2\pi} f(X_0 + X_1 \cos\tau) \cos\tau \, \mathrm{d}\tau$$

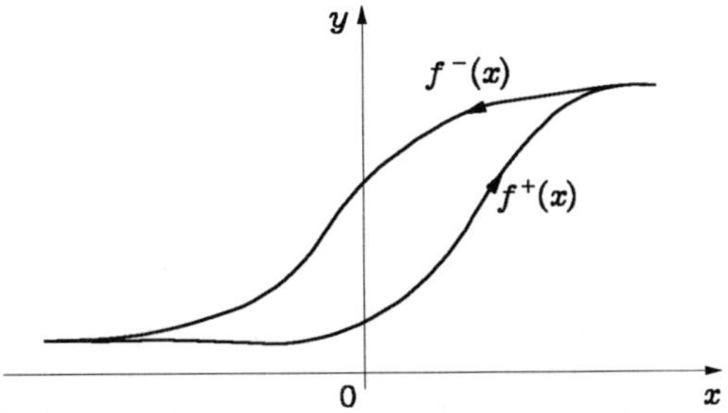

Bild 8.42: Beispiel für eine Hysterese-Charakteristik; sie wird im Gegenuhrzeigersinn durchlaufen

zeigt, die Formeln

$$N_0 = \frac{1}{2\pi X_0} \int_0^{2\pi} f_m(X_0 + X_1 \cos\tau)\,d\tau \tag{8.213}$$

und

$$\mathrm{Re}\,N_1 = \frac{1}{\pi X_1} \int_0^{2\pi} f_m(X_0 + X_1 \cos\tau)\cos\tau\,d\tau\ . \tag{8.214}$$

Man beachte, daß N_0 und N_1 gemäß den Gln. (8.209a,b) von f linear abhängen. Dies läßt sich bei der Berechnung der Beschreibungsfunktion vorteilhaft ausnützen, wenn eine Charakteristik vorliegt, die sich aus einer Summe einfacher Funktionen zusammensetzt.

Beispiel 8.35: Betrachtet wird die Hysterese-Charakteristik nach Bild 8.43a. Für das Eingangssignal $x(t)$ nach Gl. (8.204) gelte $X_1 > 0$. Damit die Hysteresekurve vollständig durchlaufen wird, muß für $X_0 > 0$ die Bedingung $X_1 - X_0 > \xi$, für $X_0 < 0$ dagegen $X_1 + X_0 > \xi$, insgesamt die Forderung

$$X_1 - |X_0| > \xi > 0 \tag{8.215}$$

eingehalten werden. Gemäß Gl. (8.212) ergibt sich im vorliegenden Fall mit der Sprungfunktion $s(x)$ die mittlere Charakteristik

$$f_m(x) = s(x-\xi) + s(x+\xi) - 1\ , \tag{8.216}$$

welche im Bild 8.43b dargestellt ist.

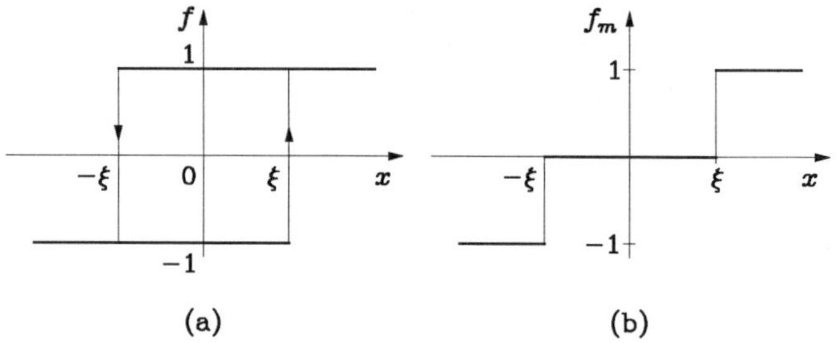

Bild 8.43: Hysterese-Charakteristik (a) und Kurve f_m (b)

Damit kann man die Gl. (8.213) auswerten und erhält

$$N_0 = \frac{1}{\pi X_0}\left(\arccos\frac{\xi - X_0}{X_1} - \arccos\frac{\xi + X_0}{X_1}\right). \tag{8.217}$$

Der hierbei auftretende Integrand ist im Bild 8.44a beschrieben. Dabei wurden die Werte

$$\tau_1 = \arccos\frac{\xi - X_0}{X_1}\ , \qquad \tau_2 = \arccos\frac{\xi + X_0}{X_1} \tag{8.218a,b}$$

verwendet. Entsprechend liefert Gl. (8.214)

$$\mathrm{Re}\,N_1 = \frac{2}{\pi X_1}(\sin\tau_1 + \sin\tau_2)\ ,$$

d. h. mit den Gln. (8.218a,b)

$$\mathrm{Re}\,N_1 = \frac{2}{\pi X_1}\left[\sqrt{1 - \left(\frac{\xi - X_0}{X_1}\right)^2} + \sqrt{1 - \left(\frac{\xi + X_0}{X_1}\right)^2}\,\right]. \tag{8.219a}$$

Der hierbei auftretende Integrand ist im Bild 8.44b dargestellt.

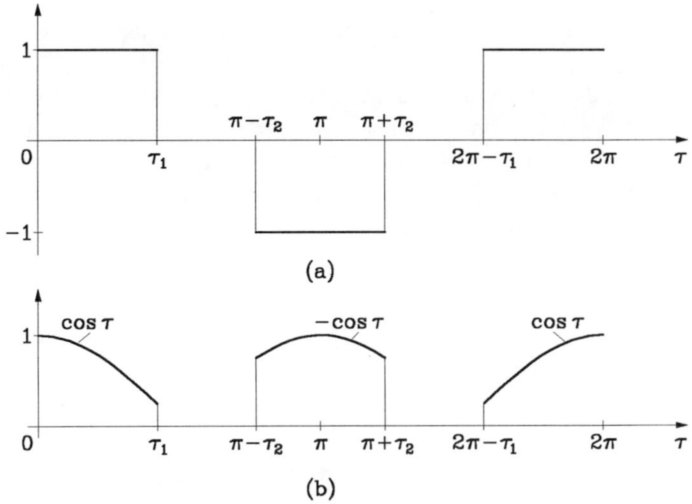

Bild 8.44: Graphische Darstellung der Integranden der Gln. (8.213) und (8.214) für das Beispiel

Schließlich liefert die Gl (8.211)

$$\operatorname{Im} N_1 = -\frac{4\,\xi}{\pi X_1^2} , \tag{8.219b}$$

wobei zu beachten ist, daß die Hysteresekurve im Gegenuhrzeigersinn durchlaufen wird.

Damit ist die Beschreibungsfunktion durch die Gln. (8.217) und (8.219a,b) vollständig ermittelt.

Ist die Charakteristik nach Gl. (8.203) eine Potenz von x, also

$$y = x^m \qquad (m \in \mathbb{N}) , \tag{8.220}$$

und ist das Eingangssignal durch Gl. (8.204) gegeben, d. h.

$$x = X_0 + \frac{X_1}{2}(\mathrm{e}^{\,\mathrm{j}\omega t} + \mathrm{e}^{\,-\mathrm{j}\omega t}) , \tag{8.221}$$

so erhält man die Approximation des Ausgangssignals nach Gl. (8.205) am einfachsten dadurch, daß man Gl. (8.221) in Gl. (8.220) einführt und alle Terme, die Faktoren $\mathrm{e}^{\,\mathrm{j}\mu\omega t}$ und $\mathrm{e}^{\,-\mathrm{j}\mu\omega t}$ mit $\mu > 1$ enthalten, unterdrückt.

Beispiel 8.36: Für $m = 3$ ergibt sich nach Gln. (8.220) und (8.221)

$$y = [X_0 + \frac{X_1}{2}(\mathrm{e}^{\,\mathrm{j}\omega t} + \mathrm{e}^{\,-\mathrm{j}\omega t})]^3 = X_0^3 + \frac{3}{2}X_0^2 X_1(\mathrm{e}^{\,\mathrm{j}\omega t} + \mathrm{e}^{\,-\mathrm{j}\omega t}) + \frac{3}{4}X_0 X_1^2(\mathrm{e}^{\,\mathrm{j}2\omega t} + 2 + \mathrm{e}^{\,-\mathrm{j}2\omega t})$$

$$+ \frac{1}{8}X_1^3(\mathrm{e}^{\,\mathrm{j}3\omega t} + 3\,\mathrm{e}^{\,\mathrm{j}\omega t} + 3\,\mathrm{e}^{\,-\mathrm{j}\omega t} + \mathrm{e}^{\,-\mathrm{j}3\omega t})$$

und damit

$$y \cong X_0^3 + \frac{3}{2}X_0 X_1^2 + X_1(3X_0^2 + \frac{3}{4}X_1^2)\cos\omega t .$$

Hieraus folgt direkt

$$N_0 = X_0^2 + \frac{3}{2}X_1^2 , \qquad N_1 = 3X_0^2 + \frac{3}{4}X_1^2 . \tag{8.222a,b}$$

7.2.2 Grenzzyklen in autonomen Rückkopplungssystemen

Es wird das im Bild 8.45 dargestellte rückgekoppelte System mit einem nichtlinearen gedächtnislosen und einem linearen dynamischen Teilsystem betrachtet. Das Eingangssignal r wird konstant gewählt, so daß das System als autonom betrachtet werden darf. Wenn man davon ausgeht, daß sich das System in einem Grenzzyklus befindet, kann das Eingangssignal der Nichtlinearität näherungsweise in der Form

$$x(t) \cong X_0 + X_1 \cos \omega t \qquad (X_1 \neq 0) \tag{8.223}$$

dargestellt werden. Gemäß den Gln. (8.206a), (8.209a,b) erhält man für das Ausgangssignal der Nichtlinearität

$$y(t) \cong N_0 X_0 + \mathrm{Re}[X_1 N_1 \mathrm{e}^{\mathrm{j}\omega t}]$$

und damit für das Ausgangssignal des linearen Teilsystems mit der Übertragungsfunktion $F(p)$

$$r - x = N_0 X_0 F(0) + \mathrm{Re}[X_1 N_1 F(\mathrm{j}\omega) \mathrm{e}^{\mathrm{j}\omega t}]$$

oder mit Gl. (8.223)

$$r - X_0 - X_1 \cos \omega t \equiv N_0 X_0 F(0) + X_1 \{\mathrm{Re}[N_1 F(\mathrm{j}\omega)]\} \cos \omega t$$
$$- X_1 \{\mathrm{Im}[N_1 F(\mathrm{j}\omega)]\} \sin \omega t \ . \tag{8.224}$$

Durch Koeffizientenvergleich auf beiden Seiten der Gl. (8.224) ergeben sich die Beziehungen

$$[1 + N_0 F(0)] X_0 = r \ , \tag{8.225a}$$

$$1 + \mathrm{Re}[N_1 F(\mathrm{j}\omega)] = 0 \ , \tag{8.225b}$$

$$\mathrm{Im}[N_1 F(\mathrm{j}\omega)] = 0 \ . \tag{8.225c}$$

Die Gl. (8.225a) kann mit der Funktion $N_0 = N_0(X_0, X_1)$ auch in der Form

$$F(0) = \frac{1}{N_0(X_0, X_1)} \left(\frac{r}{X_0} - 1 \right) \tag{8.226}$$

geschrieben werden, die Gln. (8.225b,c) lassen sich zusammenfassen zu

$$1 + N_1 F(\mathrm{j}\omega) = 0 \ ,$$

also mit der Funktion $N_1 = N_1(X_0, X_1)$ auch als

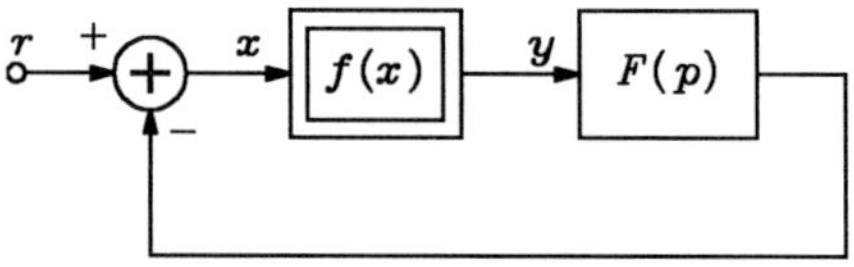

Bild 8.45: Rückgekoppeltes System mit einer Nichtlinearität

$$F(\mathrm{j}\omega) = \frac{-1}{N_1(X_0, X_1)} \tag{8.227}$$

schreiben. Falls die nichtlineare Charakteristik $f(x)$ eindeutig ist, ist $N_1(X_0, X_1)$ reell. In diesem Fall ist also gemäß Gl. (8.227)

$$\operatorname{Im} F(\mathrm{j}\omega) = 0 . \tag{8.228}$$

Die Gl. (8.228) stellt im Fall, daß $f(x)$ eindeutig ist, eine Beziehung zur Ermittlung der Kreisfrequenz ω des Grenzzyklus dar. Man beachte, daß diese Gleichung von X_0 und X_1 unabhängig ist.

Die Gln. (8.226) und (8.227) bilden Bedingungen für das Auftreten eines Grenzzyklus. Zur praktischen Auswertung empfiehlt es sich, die Gl. (8.226) nach X_0 aufzulösen. Dadurch erhält man eine Beziehung

$$X_0 = X(X_1) , \tag{8.229}$$

welche die Funktion

$$N(X_1) := N_1(X(X_1), X_1) \tag{8.230}$$

liefert. Dadurch reduziert sich die Grenzzyklusbedingung auf die Forderung

$$F(\mathrm{j}\omega) = \frac{-1}{N(X_1)} . \tag{8.231}$$

Wenn $f(x)$ eine ungerade Funktion ist und im voraus bekannt ist, daß X_0 verschwindet, dann wird die Beschreibungsfunktion allein durch N_1 gemäß Gl. (8.209b) mit $X_0 = 0$ repräsentiert, und $N_1(X_1)$ ist mit $N(X_1)$ identisch.

Man kann nun in einer komplexen Zahlenebene sowohl $F(\mathrm{j}\omega)$ als auch $-1/N(X_1)$ durch je eine Ortskurve als Funktion von ω bzw. X_1 darstellen. Der Schnitt dieser Ortskurven liefert näherungsweise die Grenzzyklus-Parameter ω und X_1 sowie aufgrund der Gl. (8.229) X_0.

Man kann jetzt noch untersuchen, ob der gefundene Grenzzyklus stabil oder instabil ist. Dazu wird von einer Oszillation ausgegangen, die jedenfalls zunächst in der unmittelbaren Umgebung des Grenzzyklus auftritt und die näherungsweise wie der Grenzzyklus selbst gemäß Gl. (8.231) bei einer Änderung Δp des Frequenzparameters $\mathrm{j}\omega$ und einer Änderung ΔX_1 der Amplitude X_1 beschrieben werden kann, d. h. aufgrund der Beziehung

$$F(\mathrm{j}\omega + \Delta p) = \frac{-1}{N(X_1 + \Delta X_1)} .$$

Hieraus erhält man näherungsweise sofort

$$\left.\frac{\mathrm{d}F(p)}{\mathrm{d}p}\right|_{p=\mathrm{j}\omega} \Delta p = \frac{\mathrm{d}}{\mathrm{d}X_1}\left(\frac{-1}{N(X_1)}\right)\Delta X_1 . \tag{8.232}$$

Da bei (analytischen) Funktionen $F(p)$ der Differentialquotient $\mathrm{d}F(p)/\mathrm{d}p$ von der Richtung von $\mathrm{d}p$ unabhängig ist, kann die linke Seite der Gl. (8.232) durch $\mathrm{d}F(\mathrm{j}\omega)/\mathrm{d}(\mathrm{j}\omega)$ ersetzt werden. Damit ergibt sich aus Gl. (8.232)

$$\frac{\Delta p}{\Delta X_1} = \mathrm{j}\,\frac{\mathrm{d}}{\mathrm{d}X_1}\left[\frac{-1}{N(X_1)}\right]\left[\frac{\mathrm{d}F(\mathrm{j}\omega)}{\mathrm{d}\omega}\right]^{-1} \tag{8.233}$$

oder mit

$$\Delta p = \Delta\sigma + \mathrm{j}\,\Delta\omega$$

und den Abkürzungen

$$v_1 := \frac{\mathrm{d}}{\mathrm{d}X_1}\left[\frac{-1}{N(X_1)}\right], \quad v_2 = \frac{\mathrm{d}F(\mathrm{j}\omega)}{\mathrm{d}\omega} \tag{8.234a,b}$$

speziell

$$\frac{\Delta\sigma}{\Delta X_1} = -\,\mathrm{Im}\,\frac{v_1}{v_2}\;. \tag{8.235}$$

Ist $\Delta\sigma$ positiv, so bedeutet dies, daß die betrachtete Oszillation einen angefachten Verlauf besitzt, während im Fall $\Delta\sigma < 0$ die Oszillation gedämpft ist. Für Stabilität des Grenzzyklus verlangt man nun, daß $\Delta\sigma$ und ΔX_1 unterschiedliche Vorzeichen aufweisen. Dadurch wird sichergestellt, daß bei Zunahme der Amplitude X_1 eine Dämpfung und bei Abnahme von X_1 eine Anfachung der Oszillation erfolgt und damit eine Rückkehr zum Grenzzyklus. Angesichts von Gl. (8.235) lautet damit die Forderung für Stabilität des Grenzzyklus

$$\mathrm{Im}\,\frac{v_1}{v_2} > 0\;,$$

d. h.

$$0 < \arg v_1 - \arg v_2 < \pi\;. \tag{8.236}$$

Diese Bedingung kann unmittelbar im Schnittpunkt der beiden Ortskurven $-1/N(X_1)$ und $F(\mathrm{j}\omega)$ geprüft werden. Der Winkel zwischen der Tangente an die Ortskurve $-1/N(X_1)$ im genannten Schnittpunkt in Richtung zunehmender X_1-Werte und der positiv reellen Achse liefert nämlich $\arg v_1$; entsprechend läßt sich $\arg v_2$ als Winkel zwischen der Tangente an die Ortskurve $F(\mathrm{j}\omega)$ im Schnittpunkt in Richtung zunehmender ω-Werte und der positiv reellen Achse interpretieren. Der Differenzenwinkel ist im Bild 8.46 erläutert, und zwar für einen stabilen und einen instabilen Grenzzyklus. Man beachte, daß im Beispiel von Bild 8.46a der Differenzenwinkel positiv und kleiner als 180° ist, im Beispiel von Bild 8.46b ist dieser Winkel negativ, aber größer als −180°.

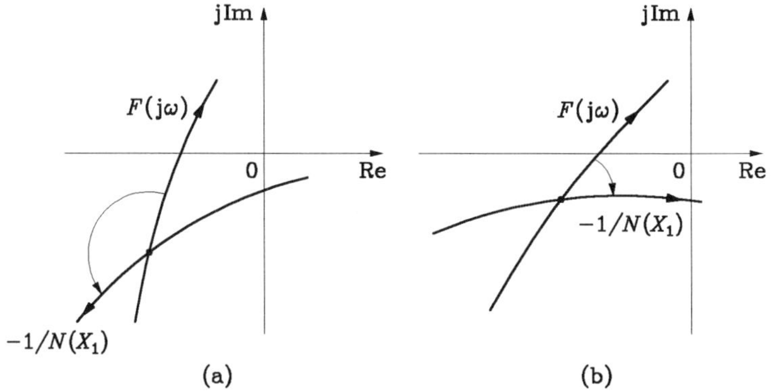

Bild 8.46: Stabilitätsprüfung eines Grenzzyklus: (a) stabiler, (b) instabiler Grenzzyklus

Grundsätzlich muß bei der Anwendung der Methode der Beschreibungsfunktion stets beachtet werden, daß die Ergebnisse nur Näherungscharakter haben, da bei der Darstellung aller periodischen Signale die Harmonischen höherer Ordnung vernachlässigt werden. Insofern hängt die Brauchbarkeit der Ergebnisse davon ab, ob die vernachlässigten Harmonischen unwesentlich sind oder nicht. Ersteres ist sicher der Fall, wenn die Nichtlinearität schwach ist und der lineare Teil des Systems Tiefpaß-Charakter hat, so daß die Signalanteile bei höheren Frequenzen hinreichend stark gedämpft werden, weswegen man üblicherweise $F(\mathrm{j}\infty) = 0$ voraussetzt. Der Durchlaßbereich des linearen Teilsystems muß so schmal sein, daß Signalanteile bei Vielfachen der Grenzzyklusfrequenz unterdrückt werden. Andernfalls sind die Ergebnisse nicht zuverlässig, und es ist damit zu rechnen, daß Grenzzyklen gefunden werden, die nicht existieren, und existierende Grenzzyklen nicht erkannt werden.

Beispiel 8.37: Es wird das rückgekoppelte System nach Bild 8.45 betrachtet, in dem das nichtlineare Element ein Relais mit der Charakteristik nach Bild 8.43a bedeutet und die Übertragungsfunktion des linearen Elements

$$F(p) = \frac{a_0}{p(p^2 + b_1 p + b_0)} \tag{8.237}$$

lautet, wobei a_0, b_0, b_1 positive Konstanten sind. Da $F(p)$ für $p \to 0$ über alle Grenzen steigt, lehren die Grenzzyklus-Bedingungen, daß $X_0 = 0$ für jede konstante Erregung r gilt. Aus den Gln. (8.219a,b) ergibt sich damit

$$N_1 = \frac{4}{\pi X_1}\left[\sqrt{1 - \frac{\xi^2}{X_1^2}} - \mathrm{j}\,\frac{\xi}{X_1}\right]$$

und hieraus

$$\frac{1}{N_1(X_1)} = \frac{\pi}{4}\left[\sqrt{X_1^2 - \xi^2} + \mathrm{j}\,\xi\right]. \tag{8.238a}$$

Weiterhin erhält man aus Gl. (8.237) nach kurzer Rechnung

$$F(\mathrm{j}\omega) = -\frac{a_0 b_1}{\omega^4 + (b_1^2 - 2b_0)\omega^2 + b_0^2} + \mathrm{j}\,\frac{a_0(\omega^2 - b_0)}{\omega[\omega^4 + (b_1^2 - 2b_0)\omega^2 + b_0^2]}. \tag{8.238b}$$

Gemäß Gl. (8.231) – mit $N(X_1) \equiv N_1(X_1)$ – folgen nun aus den Gln. (8.238a,b) die Beziehungen

$$\frac{a_0 b_1}{\omega^4 + (b_1^2 - 2b_0)\omega^2 + b_0^2} = \frac{\pi}{4}\sqrt{X_1^2 - \xi^2} \quad \text{und} \quad \frac{a_0(b_0 - \omega^2)}{\omega[\omega^4 + (b_1^2 - 2b_0)\omega^2 + b_0^2]} = \frac{\pi\xi}{4} \tag{8.239a,b}$$

zur Ermittlung von ω (aus Gl. (8.239b)) und von X_1 (anschließend aus Gl. (8.239a)). Bild 8.47 zeigt den Verlauf der Ortskurven $-1/N_1(X_1)$ und $F(\mathrm{j}\omega)$ für die Parameterwerte

$$a_0 = 12\,,\ b_0 = 3\,,\ b_1 = 3\,,\ \xi = 1\ .$$

Der Schnittpunkt der Ortskurven entspricht den Lösungen der Gln. (8.239a,b). Wie man sieht, ist der Grenzzyklus stabil.

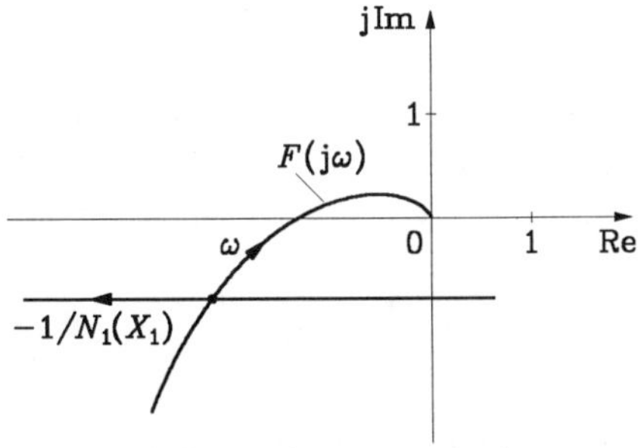

Bild 8.47: Ortskurven von $-1/N_1(X_1)$ und $F(\mathrm{j}\omega)$ für das Beispiel 8.37 zur Ermittlung eines Grenzzyklus

7.2.3 Rechtfertigung der Methode der Beschreibungsfunktion

Es wird angenommen, daß die Nichtlinearität im rückgekoppelten System nach Bild 8.45 eine eindeutige und ungerade Funktion $y = f(x)$ ist, d. h. $f(x) = -f(-x)$ für alle reellen x gilt, und daß das Eingangssignal $r(t)$ für alle Zeiten t verschwindet. Dann lehren die Gln. (8.225a) und (8.207), daß man $X_0 = 0$ und $Y_0 = 0$ zur Ermittlung periodischer Lösungen $x(t)$ wählen kann. Nach Gl. (8.209b) ergibt sich dann für die Beschreibungsfunktion eine reelle Größe, nämlich

$$N(X_1) = \frac{2}{\pi X_1} \int_0^{\pi} f(X_1 \cos \tau) \cos \tau \, d\tau . \tag{8.240}$$

Im weiteren wird die zusätzliche Annahme getroffen, daß $f(x)$ einem Sektor angehört, d. h.

$$\alpha(x_2 - x_1) \leqq f(x_2) - f(x_1) \leqq \beta(x_2 - x_1) \tag{8.241}$$

für alle reellen x_1 und $x_2 > x_1$ gilt.

Wählt man speziell $x_1 = 0$ und $x_2 > 0$, so folgt zunächst

$$\alpha x_2^2 \leqq x_2 f(x_2) \leqq \beta x_2^2$$

und hieraus für $N(X_1)$ einerseits als Abschätzung von unten

$$N(X_1) = \frac{2}{\pi X_1^2} \int_0^{\pi} f(X_1 \cos \tau)(X_1 \cos \tau) \, d\tau \geqq \frac{2\alpha}{\pi} \int_0^{\pi} \cos^2 \tau \, d\tau = \alpha$$

und andererseits als Abschätzung von oben

$$N(X_1) = \frac{2}{\pi X_1^2} \int_0^{\pi} f(X_1 \cos \tau)(X_1 \cos \tau) \, d\tau \leqq \frac{2\beta}{\pi} \int_0^{\pi} \cos^2 \tau \, d\tau = \beta .$$

Zusammenfassend besteht also die Relation

$$\alpha \leqq N(X_1) \leqq \beta \qquad \text{für alle} \qquad X_1 > 0 . \tag{8.242}$$

Eine weitere – im Hinblick auf die ungerade Symmetrie von $f(x)$ naheliegende – Voraussetzung betrifft nun die Annahme, daß die exakte Lösung $x(t)$ eine periodische Funktion ist, die nur Harmonische ungerader Ordnung enthält, d. h. daß in der Fourier-Reihenentwicklung von $x(t)$ gemäß Gl. (3.86c) alle Fourier-Koeffizienten mit geradem Index verschwinden. Die Lösung $x(t)$ wird dann in der Form

$$x(t) = X_1 \cos \omega t + x_f(t) \tag{8.243}$$

geschrieben, wobei $X_1 \cos \omega t$ die exakte Grundschwingung von $x(t)$ ist und $x_f(t)$ alle Oberschwingungen (3., 5., ... Ordnung) umfaßt. Dabei ist zu beachten, daß der Zeitnullpunkt so gewählt wurde, daß die Nullphase der Grundschwingung (der ersten Harmonischen) verschwindet. Die Fourier-Koeffizienten der ersten Harmonischen von $x(t)$ und $f(x(t))$ lauten

$$a_1 = \frac{X_1}{2} \quad \text{bzw.} \quad b_1 = \frac{1}{2\pi} \int_0^{2\pi} f(X_1 \cos \tau + x_f(\tau/\omega)) \, e^{-j\tau} d\tau .$$

Da nach Kapitel III, Abschnitt 4.3 die Beziehung $b_\mu F(j\mu\omega) = -a_\mu$ für $\mu = 1, 3, \ldots$ besteht, wobei die a_μ die Fourier-Koeffizienten von $x(t)$ und die b_μ die von $f(x(t))$ bedeuten, erhält man speziell für $\mu = 1$

$$b_1 F(\mathrm{j}\omega) = -a_1 .$$

Hieraus ergibt sich mit der Funktion

$$\widetilde{N}(X_1, x_f) := \frac{b_1}{a_1} = \frac{1}{\pi X_1} \int_0^{2\pi} f(X_1 \cos\tau + x_f(\tau/\omega))\, \mathrm{e}^{-\mathrm{j}\tau} \mathrm{d}\tau , \tag{8.244}$$

die für $x_f \equiv 0$ mit der Beschreibungsfunktion $N(X_1)$ übereinstimmt, die Gleichheit von $\widetilde{N}(X_1, x_f)$ und $-1/F(\mathrm{j}\omega)$ und somit

$$N(X_1) + \frac{1}{F(\mathrm{j}\omega)} = \Delta N , \tag{8.245}$$

wobei

$$\Delta N := N(X_1) - \widetilde{N}(X_1, x_f) \tag{8.246}$$

bedeutet. Für $x_f \equiv 0$ verschwindet ΔN, und Gl. (8.245) stimmt mit der Grundgleichung der harmonischen Balance (8.231) überein. Insoweit ist Gl. (8.231) eine Approximation der exakten Gleichung (8.245).

Da der Fehlerterm ΔN einer exakten Berechnung nicht zugänglich ist, wird im folgenden eine Abschätzung durchgeführt. Hierfür werden zwei Funktionen $\rho(\omega)$ und $\sigma(\omega)$ eingeführt, wozu zunächst in eine komplexe Ebene die Ortskurve von $1/F(\mathrm{j}\omega)$ für $\omega \geqq 0$ und der sogenannte kritische Kreis durch die Punkte $-\alpha$ und $-\beta$ symmetrisch zur reellen Achse eingetragen werden (Bild 8.48). Weiterhin ist in die Ebene die Ortskurve $-N(X_1)$ für $X_1 \geqq 0$ einzufügen, wobei zu beachten ist, daß diese Ortskurve auf der reellen Achse innerhalb des kritischen Kreises verläuft, da die Relation (8.242) besteht.

Es wird jetzt eine Kreisfrequenz ω derart gewählt, daß alle Ortskurvenpunkte $1/F(\mathrm{j}k\omega)$ für $k = 3, 5, 7, \ldots$ außerhalb des kritischen Kreises liegen, d. h. die Entfernungen dieser Punkte vom Mittelpunkt des kritischen Kreises $-(\alpha+\beta)/2$ ausnahmslos größer als dessen Radius $(\beta-\alpha)/2$ sind. Mit der Größe (Bild 8.48a)

$$\rho(\omega) := \inf_{k=3,5,7,\ldots} \left| \frac{\alpha+\beta}{2} + \frac{1}{F(\mathrm{j}k\omega)} \right| \tag{8.247}$$

läßt sich die Menge aller Kreisfrequenzen mit oben genannter Eigenschaft folgendermaßen kennzeichnen:

$$\Omega := \left\{ \omega;\ \rho(\omega) > \frac{1}{2}(\beta - \alpha) \right\}. \tag{8.248}$$

Auf einer zusammenhängenden Teilmenge Ω' von Ω definiert man die weitere positive Größe

$$\sigma(\omega) := \frac{\left(\dfrac{\beta-\alpha}{2}\right)^2}{\rho(\omega) - \dfrac{\beta-\alpha}{2}} , \tag{8.249}$$

mit der die folgenden Abschätzungen für alle $\omega \in \Omega'$ angegeben werden können [Kh1]:

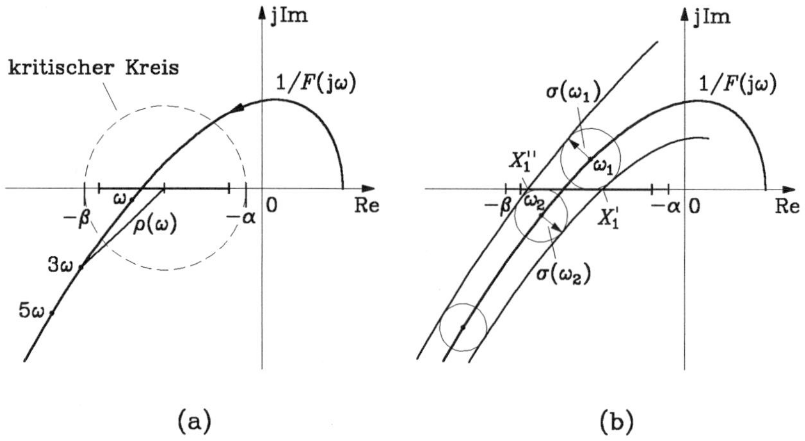

Bild 8.48: (a) Definition von $\rho(\omega)$; (b) Unsicherheitsschlauch und dessen vollständige Überschneidung mit der Ortskurve $-N(X_1)$

$$\frac{\omega}{\pi}\int_0^{2\pi/\omega} x_f^2(t)\,\mathrm{d}t \leqq \left[\frac{2\,\sigma(\omega)X_1}{\beta-\alpha}\right]^2 \tag{8.250}$$

und

$$\left|N(X_1)+\frac{1}{F(\mathrm{j}\omega)}\right| \leqq \sigma(\omega)\,. \tag{8.251}$$

Geometrisch besagt letztere Bedingung, daß der Punkt $-N(X_1)$ in einem Kreis um den Punkt $1/F(\mathrm{j}\omega)$ mit Radius $\sigma(\omega)$, dem Fehlerkreis, liegt. Man kann nun für jeden Wert $\omega \in \Omega' \subset \Omega$ einen Fehlerkreis konstruieren. Die Einhüllende aller Fehlerkreise, die zu Ω' gehören, bilden den sogenannten Unsicherheitsschlauch (Bild 8.48b), der einen möglichst engen Verlauf aufweisen sollte. Dementsprechend ist $\Omega' \subset \Omega$ zu wählen. Hat $F(p)$ ein ausgeprägtes Tiefpaßverhalten, dann wird $\rho(\omega)$ um so größer und damit $\sigma(\omega)$ um so kleiner, je kleiner $|F(\mathrm{j}k\omega)|$ für $k = 3, 5, 7, \dots$ ist. In der unmittelbaren Nähe des Randes von Ω nähert sich $\rho(\omega)$ dem Wert $(\beta-\alpha)/2$, und damit wird $\sigma(\omega)$ beliebig groß, so daß die zugehörigen Fehlerkreise keine verwertbare Aussage zu machen erlauben.

Von besonderem Interesse sind Überschneidungen des Unsicherheitsschlauches mit der Ortskurve $-N(X_1)$. Sind solche Überschneidungen nicht vorhanden, dann hat Gl. (8.245) mit $\omega \in \Omega'$ offenbar keine Lösung. Findet eine vollständige Überschneidung des Unsicherheitsschlauches mit der Ortskurve $-N(X_1)$ statt (Bild 8.48b), dann darf erwartet werden, daß es eine periodische Lösung $x(t)$ gibt. Dies soll im folgenden präzisiert werden.

Mit X_1' und $X_1'' > X_1'$ werden die Werte des Parameters X_1 bezeichnet, welche zu den Schnittpunkten der Berandung des Unsicherheitsschlauches mit der Ortskurve $-N(X_1)$ gehören. Weiterhin seien ω_1 und ω_2 die Kreisfrequenzen, deren Fehlerkreise mit den Radien $\sigma(\omega_1)$ bzw. $\sigma(\omega_2)$ die Ortskurve $-N(X_1)$ von verschiedenen Seiten berühren. Schließlich sei die Menge

$$\Gamma = \left\{(\omega, X_1)\,;\ \omega_1 < \omega < \omega_2 \quad \text{und} \quad X_1' < X_1 < X_1''\right\} \tag{8.252}$$

eingeführt, die das Wertepaar (ω_s, X_{1s}) enthält, für das sich die Ortskurven $1/F(\mathrm{j}\omega)$ und $-N(X_1)$ schneiden. Nun wird gefordert, daß die sogenannten Regularitätsbedingungen

$$\left.\frac{\mathrm{d}N(X_1)}{\mathrm{d}X_1}\right|_{X_1 = X_{1s}} \neq 0 \quad \text{und} \quad \left.\frac{\mathrm{d}\,\mathrm{Im}F(\mathrm{j}\omega)}{\mathrm{d}\omega}\right|_{\omega = \omega_s} \neq 0 \tag{8.253a,b}$$

erfüllt sind. Im weiteren wird von einer vollständigen Überschneidung zwischen Unsicherheitsschlauch und Ortskurve $-N(X_1)$ gesprochen, wenn sich die Ortskurven $1/F(\mathrm{j}\omega)$ und $-N(X_1)$ schneiden und eine beschränkte Menge Γ gemäß Gl. (8.252) definiert werden kann, so daß (ω_s, X_{1s}) den einzigen Schnittpunkt in Γ darstellt und die Regularitätsbedingung erfüllt ist. Für die Formulierung des Hauptergebnisses wird noch die Menge

$$\tilde{\Omega} = \left\{ \omega;\ \left| \frac{\alpha + \beta}{2} + \frac{1}{F(\mathrm{j}k\omega)} \right| > \frac{\beta - \alpha}{2},\ k = 1, 3, 5, \ldots \right\} \subset \Omega \tag{8.254}$$

eingeführt, die alle Kreisfrequenzen umfaßt, für die sämtliche Punkte $1/F(\mathrm{j}k\omega)$ mit den Parametern $k = 1, 3, 5, \ldots$ (insbesondere auch für $k = 1$) außerhalb des kritischen Kreises liegen. Es empfiehlt sich,

$$\omega_m = \inf\{\omega;\ \omega \in \tilde{\Omega}\}$$

als größte Kreisfrequenz von Ω' zu wählen und sodann ω kleiner werden zu lassen, bis die zugehörigen Fehlerkreise unbrauchbar groß werden.

Jetzt läßt sich eine hinreichende Bedingung für die Existenz periodischer Lösungen $x(t)$ und eine hinreichende Bedingung für die Nichtexistenz von solchen Lösungen aussprechen. Bezüglich der Beweise wird auf [Me4] und [Kh1] verwiesen.

Satz VIII.32: Es wird das rückgekoppelte System nach Bild 8.45 betrachtet, wobei das nichtlineare Element durch eine gedächtnislose, zeitinvariante, ungerade und eindeutige Charakteristik $y = f(x)$ im Sektor (8.241) darstellbar sei. Die Ortskurven $1/F(\mathrm{j}\omega)$ $(\omega \geqq 0)$ und $-N(X_1)$ $(X_1 > 0)$ sowie der kritische Kreis und der Unsicherheitsschlauch werden in die komplexe Ebene eingetragen. Dann lassen sich folgende Aussagen machen:

a) Es existieren keine periodischen Lösungen $x(t)$ (die nur Harmonische ungerader Ordnung enthalten) mit einer Grundkreisfrequenz $\omega \in \tilde{\Omega}$.
b) Es existieren keine periodischen Lösungen $x(t)$ (die nur Harmonische ungerader Ordnung enthalten) mit einer Grundkreisfrequenz $\omega \in \Omega' \subset \Omega$, falls der entsprechende Fehlerkreis die Ortskurve $-N(X_1)$ nicht schneidet.
c) Für jede vollständige Überschneidung zwischen dem Unsicherheitsschlauch und der Ortskurve $-N(X_1)$, wodurch eine Menge Γ in der ω, X_1-Ebene definiert wird, existiert mindestens eine periodische Lösung (die nur Harmonische ungerader Ordnung enthält)

$$x(t) = X_1 \cos\omega t + x_f(t)$$

mit (ω, X_1) in der Hülle von Γ und der Funktion $x_f(t)$, die durch die Ungleichung (8.250) abgeschätzt werden kann.

Beispiel 8.38: Im System nach Bild 8.45 wird als lineares Teilsystem ein Tschebyscheff-Tiefpaß dritten Grades [Un5] mit der Übertragungsfunktion

$$F(p) = \frac{1}{a_0 + a_1 p + a_2 p^2 + a_3 p^3}$$

($a_0 = 1{,}0$; $a_1 = 1{,}605258$; $a_2 = 1{,}183609$; $a_3 = 0{,}610482$) und für die Nichtlinearität (mit den Konstanten $m \geqq 0, M \geqq 0, x_0 > 0$)

$$f(x) = \begin{cases} (M-m)\,x_0 + M\,x & \text{für} \quad x < -x_0 \\ m\,x & \text{für} \quad -x_0 \leqq x \leqq x_0 \\ (m-M)\,x_0 + M\,x & \text{für} \quad x > x_0 \end{cases}$$

gewählt. Wie man sieht, gehört $f(x)$ zum Sektor (8.241) mit $\alpha = m$, $\beta = M$ oder $\alpha = M$, $\beta = m$, je nachdem ob $M > m$ oder $M < m$ gilt. Nach Gl. (8.240) erhält man

$$N(X_1) = \frac{4}{\pi X_1} \int_0^{\pi/2} f(X_1 \cos\tau) \cos\tau \, d\tau .$$

Für $0 < X_1 \leqq x_0$ folgt sofort

$$N(X_1) = \frac{4}{\pi X_1} \int_0^{\pi/2} m\,X_1 \cos^2\tau \, d\tau = m .$$

Für $X_1 > x_0$ ergibt sich mit $X_1 \cos\tau_0 = x_0$, d. h. $\tau_0 = \arccos(x_0/X_1)$

$$N(X_1) = \frac{4}{\pi X_1} \left[\int_0^{\tau_0} \left[(m-M)x_0 + M\,X_1 \cos\tau \right] \cos\tau \, d\tau + \int_{\tau_0}^{\pi/2} m\,X_1 \cos^2\tau \, d\tau \right]$$

und nach kurzer Zwischenrechnung

$$N(X_1) = m + \frac{2(M-m)}{\pi} \left(\arccos\frac{x_0}{X_1} - \frac{x_0}{X_1} \sqrt{1 - \left(\frac{x_0}{X_1}\right)^2} \right).$$

Zur praktischen Auswertung werden folgende Zahlenwerte gewählt:

$$m = 0{,}5; \qquad M = 2{,}5; \qquad x_0 = 1,$$

also $\alpha = 0{,}5$ und $\beta = 2{,}5$. Bild 8.49 zeigt den entsprechenden Verlauf von $f(x)$ und den von $N(X_1)$.

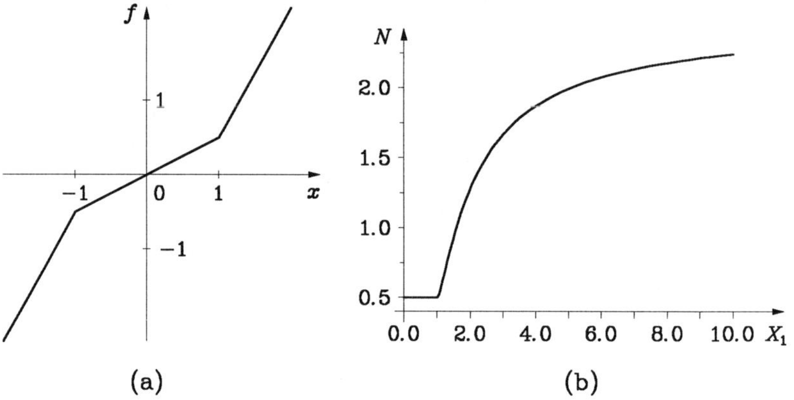

Bild 8.49: Verlauf von $f(x)$ und $N(X_1)$ für das Beispiel 8.38

Im Bild 8.50 sind in einer komplexen Ebene die Ortskurven von $1/F(j\omega)$ und $-N(X_1)$, der kritische Kreis (Mittelpunkt in $-1{,}5$; Radius 1) und der Unsicherheitsschlauch für die gewählten Zahlenwerte dargestellt. Eine numerische Rechnung (bzw. eine Vergrößerung des Überschneidungsbereichs der beiden Ortskurven)

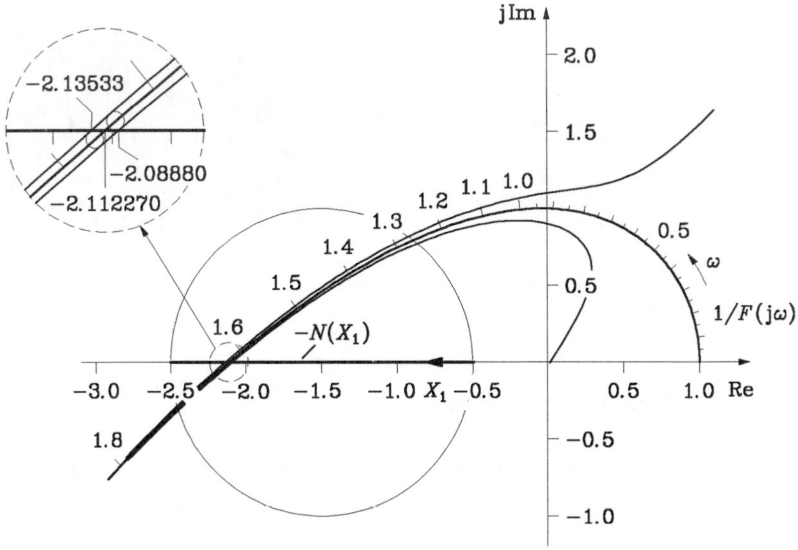

Bild 8.50: Ortskurvenbild und Verlauf von $N(X_1)$ für das Beispiel 8.38

liefert folgende Zahlenwerte

$$X_1' = 6{,}1656\,; \qquad X_1'' = 6{,}9589\,; \qquad X_{1s} = 6{,}542\,;$$

$$\omega_1 = 1{,}61686225\,; \qquad \omega_2 = 1{,}62616499\,; \qquad \omega_s = 1{,}6215735\,;$$

$$N(X_1') = 2{,}08880\,; \qquad N(X_1'') = 2{,}13533\,; \qquad N(X_{1s}) = 2{,}112270\,.$$

Entsprechend den Gln. (8.247) und (8.249) findet man

$$\rho(\omega_1) = 66{,}875230\,; \quad \rho(\omega_2) = 68{,}075001\,; \quad \rho(\omega_s) = 67{,}481133\,;$$

$$\sigma(\omega_1) = 0{,}0150659\,; \quad \sigma(\omega_2) = 0{,}0147984\,; \quad \sigma(\omega_s) = 0{,}0149296\,.$$

Schließlich liefert die Gl. (8.250)

$$\int_0^{2\pi/\omega} x_f^2(t)\,\mathrm{d}t \leqq \left(\frac{2\cdot 0{,}0150659\cdot 6{,}9589}{2}\right)^2 \frac{\pi}{1{,}61686225} = 0{,}0213574\,,$$

woraus zu entnehmen ist, daß $X_{1s}\cos\omega_s t$, die durch die Beschreibungsfunktion gelieferte Näherung, mit der exakten Schwingung $x(t)$ sehr gut übereinstimmt. Die Regularitätsbedingungen (8.253a,b) sind sicher erfüllt, da im Bereich des Schnittes der Ortskurven $1/F(\mathrm{j}\omega)$ und $-N(X_1)$ sowohl $N(X_1)$ als auch $\operatorname{Im} F(\mathrm{j}\omega)$ streng monoton verlaufende Funktionen sind. Der Leser möge übungshalber die in den Bedingungen (8.253a,b) auftretenden Ableitungen analytisch berechnen und für $X_1 = X_{1s}$ und $\omega = \omega_s$ numerisch auswerten.

Zur Überprüfung des Ergebnisses wurde aufgrund der Zustandsbeschreibung des Systems

$$\begin{bmatrix} \dot z_1 \\ \dot z_2 \\ \dot z_3 \end{bmatrix} = \begin{bmatrix} z_2 \\ z_3 \\ -\dfrac{1}{a_3}\left(a_0 z_1 + f(z_1) + a_1 z_2 + a_2 z_3\right) \end{bmatrix},$$

wobei $z_1 \equiv x$ bedeutet, eine numerische Integration mit den Anfangswerten $z_1 = 6{,}5$; $z_2 = 0$; $z_3 = -\,17{,}4$ durchgeführt. Bild 8.51 zeigt den Verlauf der periodischen Lösung. Die durch die harmonische Balance gelieferte Lösung $X_{1s}\cos\omega_s t$ stimmt mit dieser hervorragend überein.

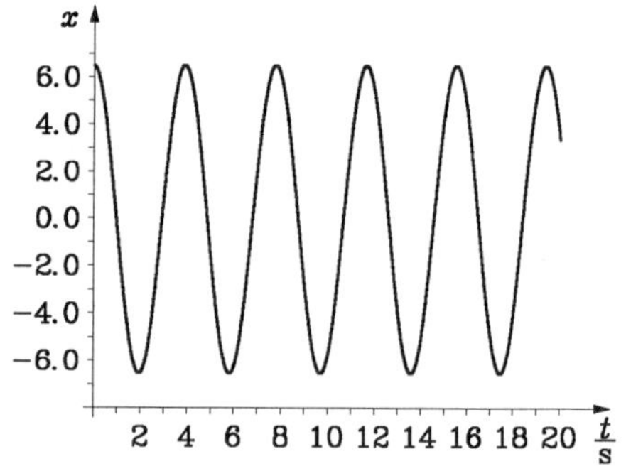

Bild 8.51: Durch numerische Integration berechnete Lösung des Beispiels 8.38

7.2.4 Nichtautonome Systeme

Im folgenden soll gezeigt werden, wie die Methode der Beschreibungsfunktion auch dann anwendbar ist, wenn das Eingangssignal r nunmehr eine Zeitfunktion der Art

$$r(t) = R_0 + R_1 \cos \omega t \tag{8.255}$$

($R_1 > 0$) ist und der unterstellte stationäre Zustand mit der Grundkreisfrequenz ω ermittelt werden soll. Den Betrachtungen soll das im Bild 8.52 dargestellte System zugrunde gelegt werden. Es möge beachtet werden, daß hier ω gegeben ist. Man geht davon aus, daß das Signal x in der Form

$$x(t) \cong X_0 + \mathrm{Re}\,[\underline{X}_1 \mathrm{e}^{\mathrm{j}\omega t}] \tag{8.256a}$$

mit der Zeigergröße

$$\underline{X}_1 := X_1 \mathrm{e}^{\mathrm{j}\psi} \tag{8.256b}$$

($X_1 > 0$) approximiert werden kann. Dann erhält man im Rahmen der Näherung nach der Methode der Beschreibungsfunktion zunächst

$$y(t) \cong N_0 X_0 + \mathrm{Re}\,[\underline{X}_1 N_1 \mathrm{e}^{\mathrm{j}\omega t}] \tag{8.257}$$

und weiterhin[1])

$$r(t) - y(t) = X_0 F^{-1}(0) + \mathrm{Re}\,[\underline{X}_1\, F^{-1}(\mathrm{j}\omega) \mathrm{e}^{\mathrm{j}\omega t}]\ . \tag{8.258a}$$

Andererseits gilt aufgrund der Gln. (8.255) und (8.257)

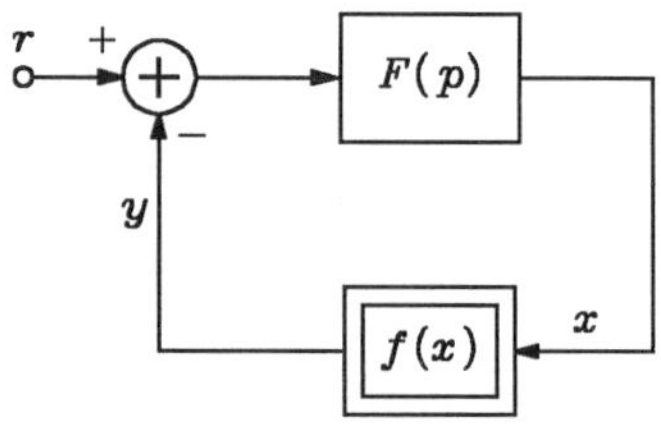

Bild 8.52: Modifikation des Systems nach Bild 8.45

1) $F^{-1}(\mathrm{j}\omega)$ steht hier für $1/F(\mathrm{j}\omega)$.

$$r(t) - y(t) \cong R_0 - N_0 X_0 + \mathrm{Re}\,[(R_1 - N_1 \underline{X}_1)\mathrm{e}^{\mathrm{j}\omega t}] \; . \tag{8.258b}$$

Ein Vergleich der Gln. (8.258a,b) liefert mit Gl. (8.256b) die Beziehungen

$$[F^{-1}(0) + N_0(X_0, X_1)]X_0 = R_0 \tag{8.259a}$$

und

$$[F^{-1}(\mathrm{j}\omega) + N_1(X_0, X_1)]X_1 \mathrm{e}^{\mathrm{j}\psi} = R_1 \; . \tag{8.259b}$$

Bei Vorgabe der Größen R_0, R_1 und ω und bei Kenntnis der Funktionen N_0, N_1 und F bilden die Gln. (8.259a,b) drei reelle Gleichungen zur Ermittlung der Größen X_0, X_1 und ψ. Der Gl. (8.259b) läßt sich eine Art Übertragungsfunktion $\underline{X}_1 / R_1$ entnehmen. Sie ist allerdings von R_0 und R_1 abhängig; außerdem können zu einem ω mehrere Funktionswerte gehören.

Es ist zweckmäßig, die Lösung der Gln. (8.259a,b) graphisch zu veranschaulichen. Zunächst erhält man aus Gl. (8.259a) eine Beziehung $X_0 = X(X_1)$ und damit

$$N(X_1) := N_1(X(X_1), X_1) \; . \tag{8.260}$$

Führt man Gl. (8.260) in Gl. (8.259b) ein, so ergibt sich die Gleichung

$$L(X_1) = R_1 \mathrm{e}^{-\mathrm{j}\psi} \tag{8.261}$$

mit der Abkürzung

$$L(X_1) := [F^{-1}(\mathrm{j}\omega) + N(X_1)]X_1 \; . \tag{8.262}$$

Man kann nun die komplexwertige Funktion $L(X_1)$ nach Gl. (8.262) als Ortskurve in einer komplexen Zahlenebene darstellen. Die Schnittpunkte dieser Ortskurve mit dem Kreis vom Radius R_1 um den Ursprung stellen die Lösungen der Gln. (8.259a,b) dar. Jeder Schnittpunkt liefert zunächst einen Wert X_1 und gemäß Gl. (8.261) einen Wert ψ; außerdem erhält man jeweils einen Wert $X_0 = X(X_1)$. Schneidet die Ortskurve $L(X_1)$ den Kreis vom Radius R_1 um den Ursprung in einem Punkt in Richtung vom Innern zum Äußeren des Kreises, so bedeutet dies, daß in der unmittelbaren Umgebung dieses Punktes die Größe X_1 eine monoton zunehmende Funktion von R_1 ist, während X_1 eine monoton abnehmende Funktion von R_1 darstellt, wenn der Schnitt von außen nach innen erfolgt. In ersterem Fall kann die periodische Lösung als stabil, in letzterem als instabil betrachtet werden. Dabei ist zu beachten, daß man normalerweise (wie bei einem linearen System) eine Zunahme von X_1 erwartet, wenn R_1 größer wird.

Beispiel 8.39: Es soll das rückgekoppelte System nach Bild 8.52 mit der Nichtlinearität

$$f(x) = x^3 \tag{8.263a}$$

und dem linearen Teilsystem mit der Übertragungsfunktion

$$F(p) = \frac{a}{p^2 + 2bp + 1} \tag{8.263b}$$

$(a > 0\,, b > 0)$ untersucht werden. Als Eingangssignal wird

$$r(t) = R_1 \cos \omega t \tag{8.264}$$

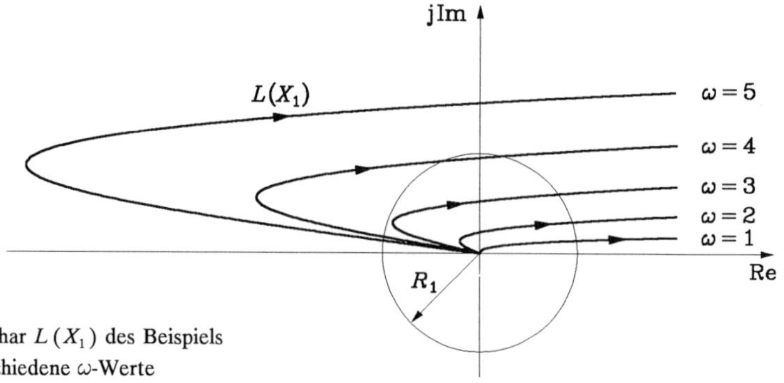

Bild 8.53: Ortskurvenschar $L(X_1)$ des Beispiels 8.39 für verschiedene ω-Werte

($R_1 > 0$) betrachtet, also $R_0 = 0$ gewählt. Aus Gl. (8.259a) findet man dann mit Gl. (8.222a) und $F(0) = a > 0$ direkt

$$X_0 = 0 \; .$$

Damit erhält man nach Gl. (8.222b)

$$N(X_1) = \frac{3}{4} X_1^2$$

und somit nach Gl. (8.262)

$$L(X_1) = X_1 F^{-1}(\mathrm{j}\omega) + \frac{3}{4} X_1^3 \; . \tag{8.265}$$

Die Ortskurve $L(X_1)$ muß jetzt bei festem ω mit dem Kreis um den Ursprung vom Radius R_1 geschnitten werden und so die Gleichung

$$X_1 F^{-1}(\mathrm{j}\omega) + \frac{3}{4} X_1^3 = R_1 \mathrm{e}^{-\mathrm{j}\psi} \tag{8.266}$$

nach X_1 und ψ gelöst werden. Dies ist im Bild 8.53 für die Wahl $a = 5$, $b = 0{,}3$ und $R_1 = 1$ und verschiedene ω-Werte gezeigt. Dabei ist zu erkennen, daß die Ortskurve den Kreis einmal oder dreimal schneidet. Bei großen und kleinen Werten ω tritt jeweils nur ein Schnittpunkt auf. In einem mittleren Frequenzintervall treten drei Schnittpunkte auf, von denen die äußeren je eine stabile Lösung liefern, der mittlere dagegen einer instabilen Lösung entspricht. Das genannte Frequenzintervall hängt von der Wahl von R_1 ab. Von der "Übertragungsfunktion" $\underline{X}_1 / R_1 = X_1 \mathrm{e}^{\mathrm{j}\psi} / R_1$ ist der Betrag in Abhängigkeit von ω im Bild 8.54 dargestellt. Er zeigt ein Sprungphänomen des Systems: Beim Durchlaufen der ω-Achse springt X_1 / R_1 an der Stelle $\omega = \omega_2$, falls die Kreisfrequenz steigt; bei fallendem ω springt X_1 / R_1 an der Stelle $\omega = \omega_1$.

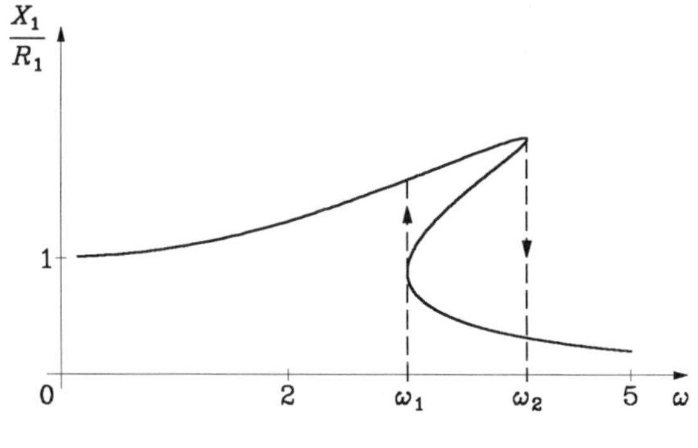

Bild 8.54: Verlauf von X_1 / R_1 in Abhängigkeit von ω für das Beispiel 8.39

Bemerkung: Wenn das Signal $r(t)$ von Gl. (8.255) auf das System aus Bild 8.45 wirkt, kann die Analyse des stationären Zustands ganz entsprechend wie für das System aus Bild 8.52 durchgeführt werden. Vergleicht man das Ausgangssignal des linearen Teilsystems, dargestellt mittels $y(t)$ aus Gl. (8.257) und der Übertragungsfunktion $F(p)$, mit der Darstellung von $r(t)-x(t)$ aufgrund der Gln. (8.255) und (8.256a) mit $R_1 \cos\omega t = \mathrm{Re}[R_1 \, \mathrm{e}^{\mathrm{j}\omega t}]$, so erhält man die den Gln. (8.259a,b) entsprechenden Beziehungen

$$[1+N_0(X_0,X_1)F(0)]X_0 = R_0 \quad \text{und} \quad [1+N_1(X_0,X_1)F(\mathrm{j}\omega)]X_1 \mathrm{e}^{\mathrm{j}\psi} = R_1$$

zur Ermittlung der Größen X_0, X_1 und ψ bei Kenntnis der Parameter R_0, R_1, ω und der Funktionen N_0, N_1, F.

Es wurde bei der näherungsweisen Beschreibung des Signals $x(t)$ in Form von Gl. (8.256a) angenommen, daß $x(t)$ dieselbe Grundkreisfrequenz ω wie das Eingangssignal $r(t)$ nach Gl. (8.255) besitzt. Dies ist jedoch keinesfalls zwingend. Es sind Lösungen möglich, deren Grundkreisfrequenz ein ganzzahliger Teil von ω ist, d. h. ω/m mit $m \in \mathbb{N}$. Man spricht in diesem Fall von subharmonischen Lösungen. Wie subharmonische Lösungen entsprechend der Methode der Beschreibungsfunktion näherungsweise ermittelt werden können, soll an Hand eines Beispiels erläutert werden.

Beispiel 8.40: Es wird ein nichtlineares System betrachtet, das durch die Duffingsche Differentialgleichung

$$\frac{\mathrm{d}^2 y}{\mathrm{d}t^2} + ay + by^3 = c\cos\omega t \tag{8.267}$$

$(a>0\,;\, bc \neq 0)$ beschrieben wird. Zur Ermittlung einer subharmonischen Lösung mit Grundkreisfrequenz $\omega/3$ wird der Näherungsansatz

$$y = Y_0 \cos\frac{\omega t}{3} + Y_1 \cos\omega t \tag{8.268}$$

$(Y_0 \neq 0)$ gemacht. Mit

$$y = \frac{Y_0}{2}\left[\mathrm{e}^{\mathrm{j}\frac{\omega t}{3}} + \mathrm{e}^{-\mathrm{j}\frac{\omega t}{3}}\right] + \frac{Y_1}{2}[\mathrm{e}^{\mathrm{j}\omega t} + \mathrm{e}^{-\mathrm{j}\omega t}]$$

erhält man nach einer Zwischenrechnung

$$y^3 = \left[\frac{3}{4}Y_0^3 + \frac{3}{4}Y_0^2 Y_1 + \frac{3}{2}Y_0 Y_1^2\right]\cos\frac{\omega t}{3} + \left[\frac{Y_0^3}{4} + \frac{3Y_0^2 Y_1}{2} + \frac{3Y_1^3}{4}\right]\cos\omega t$$

$$+ \frac{3Y_0 Y_1}{4}(Y_0+Y_1)\cos\frac{5\omega t}{3} + \frac{3Y_0 Y_1^2}{4}\cos\frac{7\omega t}{3} + \frac{Y_1^3}{4}\cos 3\omega t\ . \tag{8.269}$$

Führt man die Darstellungen nach den Gln. (8.268) und (8.269) in die Gl. (8.267) ein und vernachlässigt sämtliche harmonischen Terme, deren Kreisfrequenzen größer als ω sind, so liefert ein Koeffizientenvergleich die beiden Bestimmungsgleichungen für Y_0 und Y_1

$$-Y_0\frac{\omega^2}{9} + aY_0 + bY_0\left[\frac{3}{4}(Y_0 + \frac{1}{2}Y_1)^2 + \frac{21}{16}Y_1^2\right] = 0\,, \tag{8.270a}$$

$$-Y_1\omega^2 + aY_1 + b\left[\frac{Y_0^3}{4} + \frac{3Y_0^2 Y_1}{2} + \frac{3Y_1^3}{4}\right] = c\ . \tag{8.270b}$$

Die Gl. (8.270a) läßt erkennen, daß eine Lösung nur zu erwarten ist, wenn die Bedingung

$$\frac{1}{b}\left(\frac{\omega^2}{9} - a\right) > 0 \tag{8.271}$$

erfüllt ist, d. h. im Fall $b > 0$ ist $\omega > 3\sqrt{a}$, im Fall $b < 0$ dagegen $\omega < 3\sqrt{a}$ zu fordern.

7.3 STÖRUNGSRECHNUNG

Bei der Beschreibung von nichtlinearen Systemen treten oft Differentialgleichungen auf, die einen Parameter enthalten. Dieser Parameter, der im folgenden mit ε bezeichnet wird, zeichnet sich häufig dadurch aus, daß er Werte nur in einem Intervall $-\varepsilon_0 \leqq \varepsilon \leqq \varepsilon_0$ mit kleinem $\varepsilon_0 (0 < \varepsilon_0 \ll 1)$ annehmen kann. Das System, welches durch die entsprechende Differentialgleichung für $\varepsilon = 0$ gekennzeichnet ist, heißt Nominalsystem. Die Grundidee der Störungsrechnung liegt darin, daß das nichtlineare System mit irgendeinem $\varepsilon \in [-\varepsilon_0, \varepsilon_0]$ als Störung des Nominalsystems aufgefaßt wird und man die Lösung des gestörten Systems als Potenzreihe im Parameter ε konstruiert. Abgesehen vom ungestörten System, das durch eine lineare oder nichtlineare Differentialgleichung beschrieben wird, brauchen für die einzelnen Terme der genannten Potenzreihendarstellung nur lineare Differentialgleichungen sukzessive gelöst zu werden, die zwar im allgemeinen zeitvariant sind, jedoch ausnahmslos dieselbe homogene Lösung aufweisen.

7.3.1 Die klassische Vorgehensweise

Durch die Differentialgleichung

$$\frac{\mathrm{d}\boldsymbol{z}}{\mathrm{d}t} = \boldsymbol{f}(\boldsymbol{z}, t, \varepsilon) \quad \text{und} \quad \boldsymbol{z}(t_0) = \boldsymbol{\alpha}(\varepsilon) \tag{8.272a,b}$$

werde das im folgenden zu untersuchende System beschrieben. Dabei bedeute $\boldsymbol{f}(\boldsymbol{z}, t, \varepsilon)$ eine für alle $\boldsymbol{z}$ in einem endlichen Gebiet $G \subset \mathbb{R}^q$, für alle t in einem Intervall $[t_0, t_1]$ und für alle ε im Intervall $[-\varepsilon_0, \varepsilon_0]$ $(N+2)$-mal stetig differenzierbare Funktion, wobei N, wie noch zu erklären ist, die Approximationsgüte der zu ermittelnden Näherungslösung kennzeichnet. Auch die Funktion $\boldsymbol{\alpha}(\varepsilon)$ soll die gleichen Voraussetzungen aufweisen. Die Grenze ε_0 des zulässigen Intervalls sei klein $(0 < \varepsilon_0 \ll 1)$. Es ist zu erwarten, daß die Lösung $\boldsymbol{z}$ von Gln. (8.272a,b) im allgemeinen außer von der Zeit t auch vom Parameter ε abhängen wird. Dies soll im folgenden durch die Schreibweise $\boldsymbol{z}(t, \varepsilon)$ für die Lösung zum Ausdruck gebracht werden. Für diese wird nun die Darstellung in Form einer endlichen Taylor-Reihe in ε angenommen, d. h.

$$\boldsymbol{z}(t, \varepsilon) = \sum_{\nu=0}^{N} \boldsymbol{z}_\nu(t)\,\varepsilon^\nu + \varepsilon^{N+1}\boldsymbol{r}_1(t, \varepsilon). \tag{8.273a}$$

Eine entsprechende Darstellung wird für den als gegeben vorausgesetzten Anfangszustand angenommen:

$$\boldsymbol{\alpha}(\varepsilon) = \sum_{\nu=0}^{N} \boldsymbol{\alpha}_\nu\,\varepsilon^\nu + \varepsilon^{N+1}\boldsymbol{r}_2(\varepsilon). \tag{8.273b}$$

Hieraus folgt wegen Gl. (8.272b)

$$\boldsymbol{z}_\nu(t_0) = \boldsymbol{\alpha}_\nu \qquad (\nu = 0, 1, 2, \ldots, N). \tag{8.274}$$

Nun wird die Darstellung nach Gl. (8.273a) in die Gl. (8.272a) eingesetzt. Dazu wird zunächst die Funktion

$$\tilde{\boldsymbol{f}}(t,\varepsilon) := \boldsymbol{f}(\boldsymbol{z}(t,\varepsilon),t,\varepsilon) \tag{8.275}$$

mit $\boldsymbol{z}(t,\varepsilon)$ nach Gl. (8.273a) als Taylor-Reihe

$$\tilde{\boldsymbol{f}}(t,\varepsilon) = \sum_{\nu=0}^{N} \boldsymbol{f}_\nu(t)\,\varepsilon^\nu + \varepsilon^{N+1}\boldsymbol{r}_3(t,\varepsilon) \tag{8.276}$$

mit

$$\boldsymbol{f}_\nu(t) := \frac{1}{\nu!}\,\frac{\partial^\nu \tilde{\boldsymbol{f}}(t,\varepsilon)}{\partial\varepsilon^\nu}\bigg|_{\varepsilon=0} \qquad (\nu = 0, 1, \dots, N) \tag{8.277}$$

entwickelt. Führt man die Gln. (8.273a) und (8.276) in Gl. (8.272a) ein, so entsteht auf beiden Seiten der Gleichung eine Taylor-Darstellung, die in einem gewissen Intervall um den Nullpunkt in ε identisch gilt. Daher läßt sich ein Koeffizientenvergleich bezüglich der Terme mit ε^ν durchführen, der zu den Differentialgleichungen

$$\frac{\mathrm{d}\boldsymbol{z}_\nu(t)}{\mathrm{d}t} = \boldsymbol{f}_\nu(t) \tag{8.278}$$

für $\nu = 0, 1, 2, \dots, N$ führt. Die weitere Aufgabe besteht nun darin, die Funktionen $\boldsymbol{f}_\nu(t)$ im einzelnen auszudrücken, so daß die Differentialgleichungen (8.278) bei Berücksichtigung der Anfangsbedingungen nach Gl. (8.274) gelöst werden können und somit die Näherungssumme in der Lösung nach Gl. (8.273a) angegeben werden kann. Schließlich ist zu zeigen, daß diese Summe die exakte Lösung $\boldsymbol{z}(t,\varepsilon)$ mit einem Fehler der Ordnung $O(\varepsilon^{N+1})$ approximiert.

Zunächst ergibt sich gemäß den Gln. (8.277) und (8.276) mit $\boldsymbol{z}(t,0) = \boldsymbol{z}_0(t)$

$$\boldsymbol{f}_0(t) = \boldsymbol{f}(\boldsymbol{z}_0(t),t,0),$$

d. h. die Differentialgleichung

$$\frac{\mathrm{d}\boldsymbol{z}_0(t)}{\mathrm{d}t} = \boldsymbol{f}(\boldsymbol{z}_0(t),t,0) \quad \text{mit} \quad \boldsymbol{z}_0(t_0) = \boldsymbol{\alpha}_0 \tag{8.279a,b}$$

für das ungestörte System. Weiterhin erhält man gemäß Gl. (8.277) mit der Jacobi-Matrix $\boldsymbol{J}(\boldsymbol{z},t,\varepsilon) := \partial\boldsymbol{f}(\boldsymbol{z},t,\varepsilon)/\partial\boldsymbol{z}$

$$\begin{aligned}
\boldsymbol{f}_1(t) &= \frac{\mathrm{d}\boldsymbol{f}(\boldsymbol{z}(t,\varepsilon),t,\varepsilon)}{\mathrm{d}\varepsilon}\bigg|_{\varepsilon=0} = \left[\boldsymbol{J}(\boldsymbol{z},t,\varepsilon)\,\frac{\partial\boldsymbol{z}(t,\varepsilon)}{\partial\varepsilon} + \frac{\partial\boldsymbol{f}(\boldsymbol{z},t,\varepsilon)}{\partial\varepsilon}\right]_{\substack{\boldsymbol{z}=\boldsymbol{z}(t,\varepsilon)\\ \varepsilon=0}} \\
&= \left[\boldsymbol{J}(\boldsymbol{z},t,\varepsilon)(\boldsymbol{z}_1 + 2\varepsilon\boldsymbol{z}_2 + \cdots) + \frac{\partial\boldsymbol{f}(\boldsymbol{z},t,\varepsilon)}{\partial\varepsilon}\right]_{\substack{\boldsymbol{z}=\boldsymbol{z}_0(t)\\ \varepsilon=0}} \\
&= \boldsymbol{J}(\boldsymbol{z}_0(t),t,0)\,\boldsymbol{z}_1(t) + \frac{\partial\boldsymbol{f}}{\partial\varepsilon}\bigg|_{\substack{\boldsymbol{z}=\boldsymbol{z}_0(t)\\ \varepsilon=0}}
\end{aligned} \tag{8.280}$$

und mit den Abkürzungen

$$\boldsymbol{A}(t) := \boldsymbol{J}(\boldsymbol{z}_0(t),t,0), \qquad \boldsymbol{h}_1(t,\boldsymbol{z}_0(t)) := \frac{\partial\boldsymbol{f}}{\partial\varepsilon}\bigg|_{\substack{\boldsymbol{z}=\boldsymbol{z}_0(t)\\ \varepsilon=0}} \tag{8.281a,b}$$

die weitere Differentialgleichung

$$\frac{\mathrm{d}\boldsymbol{z}_1(t)}{\mathrm{d}t} = \boldsymbol{A}(t)\boldsymbol{z}_1(t) + \boldsymbol{h}_1(t, \boldsymbol{z}_0(t)) \quad \text{mit} \quad \boldsymbol{z}_1(t_0) = \boldsymbol{\alpha}_1 . \tag{8.282}$$

Schließlich ergibt sich nach Gl. (8.277) bei Beachtung von Gl. (8.280)

$$\boldsymbol{f}_2(t) = \frac{1}{2} \left. \frac{\mathrm{d}^2 \boldsymbol{f}(\boldsymbol{z}(t,\varepsilon), t, \varepsilon)}{\mathrm{d}\varepsilon^2} \right|_{\varepsilon=0}$$

$$= \frac{1}{2} \left[\frac{\partial}{\partial \boldsymbol{z}} (\boldsymbol{J}(\boldsymbol{z},t,\varepsilon)\boldsymbol{z}_1)\boldsymbol{z}_1 + \frac{\partial \boldsymbol{J}(\boldsymbol{z},t,\varepsilon)}{\partial \varepsilon}\boldsymbol{z}_1 + \boldsymbol{J}(\boldsymbol{z},t,\varepsilon) 2\boldsymbol{z}_2 \right.$$

$$\left. + \frac{\partial \boldsymbol{J}(\boldsymbol{z},t,\varepsilon)}{\partial \varepsilon}\boldsymbol{z}_1 + \frac{\partial^2 \boldsymbol{f}(\boldsymbol{z},t,\varepsilon)}{\partial \varepsilon^2} + \varepsilon(\cdots) \right]_{\substack{\boldsymbol{z}=\boldsymbol{z}_0(t)\\ \varepsilon=0}}$$

oder mit der Abkürzung

$$\boldsymbol{h}_2(t, \boldsymbol{z}_0(t), \boldsymbol{z}_1(t)) := \frac{1}{2} \frac{\partial}{\partial \boldsymbol{z}} (\boldsymbol{J}(\boldsymbol{z},t,\varepsilon)\boldsymbol{z}_1)\boldsymbol{z}_1 \Big|_{\substack{\boldsymbol{z}=\boldsymbol{z}_0(t)\\ \varepsilon=0}}$$

$$+ \frac{\partial \boldsymbol{J}(\boldsymbol{z},t,\varepsilon)}{\partial \varepsilon}\Big|_{\substack{\boldsymbol{z}=\boldsymbol{z}_0(t)\\ \varepsilon=0}} \boldsymbol{z}_1 + \frac{1}{2} \frac{\partial^2 \boldsymbol{f}(\boldsymbol{z},t,\varepsilon)}{\partial \varepsilon^2}\Big|_{\substack{\boldsymbol{z}=\boldsymbol{z}_0(t)\\ \varepsilon=0}} \tag{8.283}$$

die dritte Differentialgleichung

$$\frac{\mathrm{d}\boldsymbol{z}_2(t)}{\mathrm{d}t} = \boldsymbol{A}(t)\boldsymbol{z}_2(t) + \boldsymbol{h}_2(t, \boldsymbol{z}_0(t), \boldsymbol{z}_1(t)) \tag{8.284}$$

mit $\boldsymbol{z}_2(t_0) = \boldsymbol{\alpha}_2$. In dieser Weise kann man fortfahren, und man erhält insgesamt die Differentialgleichungen

$$\frac{\mathrm{d}\boldsymbol{z}_\nu(t)}{\mathrm{d}t} = \boldsymbol{A}(t)\boldsymbol{z}_\nu(t) + \boldsymbol{h}_\nu(t, \boldsymbol{z}_0(t), \ldots, \boldsymbol{z}_{\nu-1}(t)) \quad \text{mit } \boldsymbol{z}_\nu(t_0) = \boldsymbol{\alpha}_\nu \tag{8.285}$$

($\nu = 1, 2, \ldots, N$). Man beachte, daß $\boldsymbol{A}(t)$ die Jacobi-Matrix $\partial \boldsymbol{f} / \partial \boldsymbol{z}$ für $\boldsymbol{z} = \boldsymbol{z}_0(t)$ und $\varepsilon = 0$ bedeutet und der Term $\boldsymbol{h}_\nu$ ein Polynom in $\boldsymbol{z}_1, \boldsymbol{z}_2, \ldots, \boldsymbol{z}_{\nu-1}$ mit von t und $\boldsymbol{z}_0(t)$ abhängigen Koeffizienten darstellt.

Es wird jetzt angenommen, daß die rechte Seite $\boldsymbol{f}$ der Gl. (8.272a) derart beschaffen ist, daß $\boldsymbol{z}_0(t)$ als Lösung von Gln. (8.279a,b) im Intervall $[t_0, t_1]$ eindeutig existiert und zugleich für alle t aus diesem Intervall im Gebiet G verbleibt. Damit existiert auch $\boldsymbol{A}(t)$ im ganzen Intervall $[t_0, t_1]$. Aus diesem Grund besitzen alle linearen Differentialgleichungen (8.285) eindeutige Lösungen im ganzen Intervall $[t_0, t_1]$. Mit diesen sukzessive zu berechnenden Lösungen läßt sich die Taylor-Summe

$$\tilde{\boldsymbol{z}}(t, \varepsilon) = \sum_{\nu=0}^{N} \boldsymbol{z}_\nu(t)\, \varepsilon^\nu \tag{8.286}$$

als Approximation der exakten Lösung $\boldsymbol{z}(t, \varepsilon)$ im Intervall $[t_0, t_1]$ bilden.

Für den Differentialquotienten des Approximationsfehlers

$$\boldsymbol{e}(t, \varepsilon) := \boldsymbol{z}(t, \varepsilon) - \tilde{\boldsymbol{z}}(t, \varepsilon) \tag{8.287}$$

bezüglich t erhält man mittels der Gln. (8.272a), (8.286), (8.279a,b), (8.285)

$$\frac{\mathrm{d}\boldsymbol{e}}{\mathrm{d}t} = \boldsymbol{A}(t)\boldsymbol{e} + \boldsymbol{s}_1(\boldsymbol{e},t,\varepsilon) + \boldsymbol{s}_2(t,\varepsilon) \quad \text{mit} \quad \boldsymbol{e}(t_0,\varepsilon) = \varepsilon^{N+1}\boldsymbol{r}_2(\varepsilon), \tag{8.288}$$

wobei folgende Abkürzungen eingeführt wurden:

$$\boldsymbol{s}_1(\boldsymbol{e},t,\varepsilon) = \boldsymbol{f}\left(\sum_{\nu=0}^{N}\boldsymbol{z}_\nu(t)\varepsilon^\nu + \boldsymbol{e},t,\varepsilon\right) - \boldsymbol{f}\left(\sum_{\nu=0}^{N}\boldsymbol{z}_\nu(t)\varepsilon^\nu,t,\varepsilon\right) - \boldsymbol{A}(t)\boldsymbol{e} \tag{8.289}$$

und

$$\boldsymbol{s}_2(t,\varepsilon) = \boldsymbol{f}\left(\sum_{\nu=0}^{N}\boldsymbol{z}_\nu(t)\varepsilon^\nu,t,\varepsilon\right) - \boldsymbol{f}(\boldsymbol{z}_0(t),t,0)$$

$$- \sum_{\nu=1}^{N}[\boldsymbol{A}(t)\boldsymbol{z}_\nu(t) + \boldsymbol{h}_\nu(t,\boldsymbol{z}_0(t),\ldots,\boldsymbol{z}_{\nu-1}(t))]\varepsilon^\nu . \tag{8.290}$$

Für das Weitere wird beachtet, daß $\boldsymbol{z}_0(t)$ für alle t in $[t_0, t_1]$ im Gebiet G verläuft. Dieses Gebiet kann immer in der Weise definiert werden, daß bei Wahl eines ε mit hinreichend kleinem Betrag die Trajektorien $\tilde{\boldsymbol{z}}(t,\varepsilon)$ und $\boldsymbol{z}(t,\varepsilon)$ für alle t aus $[t_0, t_1]$ das endliche Gebiet G nicht verlassen. Neben der Differentialgleichung (8.288) wird jetzt noch die Gleichung

$$\frac{\mathrm{d}\tilde{\boldsymbol{e}}}{\mathrm{d}t} = \boldsymbol{A}(t)\tilde{\boldsymbol{e}} + \boldsymbol{s}_1(\tilde{\boldsymbol{e}},t,\varepsilon) \quad \text{mit} \quad \tilde{\boldsymbol{e}}(t_0) = \boldsymbol{0} \tag{8.291}$$

betrachtet, die wegen der Beschaffenheit von $\boldsymbol{A}(t)$ und $\boldsymbol{s}_1(\tilde{\boldsymbol{e}},t,\varepsilon)$ eine eindeutige Lösung in $[t_0, t_1]$ besitzt, nämlich die Nullösung, da $\boldsymbol{s}_1(\boldsymbol{0},t,\varepsilon)$ identisch in t verschwindet. Die Gl. (8.288), deren Lösung hier besonders interessiert, kann jetzt als gestörte Form von Gl. (8.291) betrachtet werden, wobei die Norm des Störungsterms $\boldsymbol{s}_2(t,\varepsilon)$, wie aus Gl. (8.290) gefolgert werden kann, von der Ordnung $O(\varepsilon^{N+1})$ ist. Wenn man $|\varepsilon|$ genügend klein wählt, existiert damit nach Satz VIII.4 eine eindeutige Funktion $\boldsymbol{e}(t,\varepsilon)$, die in der Form

$$\boldsymbol{e}(t,\varepsilon) = \boldsymbol{e}_0(t,\varepsilon) + \boldsymbol{e}(t_0,\varepsilon) = \boldsymbol{e}_0(t,\varepsilon) + \varepsilon^{N+1}\boldsymbol{r}_2(\varepsilon)$$

geschrieben werden kann. Man kann dann für $\boldsymbol{e}_0$ sofort eine Differentialgleichung anschreiben, die sich von der Differentialgleichung (8.288) für $\boldsymbol{e}$ nur um einen additiven Term der Ordnung $O(\varepsilon^{N+1})$ auf der rechten Seite unterscheidet, so daß nach Satz VIII.27 nunmehr zu erkennen ist, daß

$$\|\boldsymbol{e}(t,\varepsilon)\| = \|\boldsymbol{z}(t,\varepsilon) - \tilde{\boldsymbol{z}}(t,\varepsilon)\| = \|\boldsymbol{e}_0(t,\varepsilon) + \boldsymbol{e}(t_0,\varepsilon)\| = O(\varepsilon^{N+1})$$

gilt.

Die Ergebnisse der vorausgegangenen Überlegungen werden zusammengefaßt im

Satz VIII.33: Es werden die zwei folgenden Voraussetzungen gemacht.

(i) Die Funktionen $\boldsymbol{f}(\boldsymbol{z},t,\varepsilon)$ und $\boldsymbol{\alpha}(\varepsilon)$ sind $(N+2)$-mal stetig differenzierbar bezüglich aller unabhängigen Variablen für sämtliche $\boldsymbol{z} \in G$, $t \in [t_0, t_1]$ und $\varepsilon \in [-\varepsilon_0, \varepsilon_0]$.

(ii) Das durch die Gln. (8.279a,b) definierte Nominalsystem besitzt eine eindeutige Lösung $\boldsymbol{z}_0(t)$ im Intervall $t_0 \leqq t \leqq t_1$, und es gilt $\boldsymbol{z}_0(t) \in G$ für alle $t \in [t_0, t_1]$.

Dann existiert ein $\varepsilon_1 > 0$, so daß das durch die Gln. (8.272a,b) gegebene System eine eindeutige Lösung $\boldsymbol{z}(t,\varepsilon)$ für alle $\varepsilon \in [-\varepsilon_1, \varepsilon_1]$ und alle $t \in [t_0, t_1]$ hat. Für den Approximationsfehler gilt

$$\boldsymbol{e}(t,\varepsilon) := \boldsymbol{z}(t,\varepsilon) - \sum_{\nu=0}^{N} \boldsymbol{z}_\nu(t)\,\varepsilon^\nu = O(\varepsilon^{N+1}),$$

wobei die Funktionen $\boldsymbol{z}_\nu(t)$ als Lösungen der Gln. (8.279a,b) bzw. (8.285) gegeben sind.

Beispiel 8.41: Es wird der Van der Polsche Oszillator betrachtet, der durch die Differentialgleichung

$$\frac{d\boldsymbol{z}}{dt} = \begin{bmatrix} z_2 \\ -\varepsilon z_2(z_1^2 - 1) - z_1 \end{bmatrix} \quad \text{mit} \quad \boldsymbol{z}(0) = \begin{bmatrix} A \\ 0 \end{bmatrix} \tag{8.292a,b}$$

und $0 < \varepsilon \ll 1$ gegeben sei, wobei $\boldsymbol{z} = [z_1 \;\; z_2]^{\mathrm{T}}$ bedeutet. Das Nominalsystem ist durch

$$\frac{d}{dt}\begin{bmatrix} z_{01} \\ z_{02} \end{bmatrix} = \begin{bmatrix} z_{02} \\ -z_{01} \end{bmatrix} \quad \text{mit} \quad \boldsymbol{z}_0(0) = \begin{bmatrix} A \\ 0 \end{bmatrix} \tag{8.293a,b}$$

definiert. Es stellt den einfachen harmonischen Oszillator mit der Übergangsmatrix

$$\boldsymbol{\Phi}(t) = \begin{bmatrix} \cos t & \sin t \\ -\sin t & \cos t \end{bmatrix} \tag{8.294}$$

dar. Für $t \geqq 0$ erhält man die Lösung

$$\boldsymbol{z}_0(t) = A\begin{bmatrix} \cos t \\ -\sin t \end{bmatrix}. \tag{8.295}$$

Alle Voraussetzungen von Satz VIII.33 sind offensichtlich erfüllt, etwa im Zeitintervall $[0, \pi]$. Mit

$$\boldsymbol{J}(\boldsymbol{z}_0(t), t, 0) = \begin{bmatrix} 0 & 1 \\ -1 & 0 \end{bmatrix} \quad \text{und} \quad \boldsymbol{h}_1(t, \boldsymbol{z}_0(t)) = \begin{bmatrix} 0 \\ A \sin t\,(A^2\cos^2 t - 1) \end{bmatrix}$$

gelangt man zur Differentialgleichung für $\boldsymbol{z}_1$

$$\frac{d\boldsymbol{z}_1}{dt} = \begin{bmatrix} 0 & 1 \\ -1 & 0 \end{bmatrix}\boldsymbol{z}_1 + \frac{A}{4}\begin{bmatrix} 0 \\ (A^2-4)\sin t + A^2 \sin 3t \end{bmatrix} \quad \text{mit} \quad \boldsymbol{z}_1(0) = \boldsymbol{0},$$

wobei zur Umrechnung die Formel $\sin^3 t = (3\sin t - \sin 3t)/4$ verwendet wurde. Nach Gl. (2.65) erhält man

$$\boldsymbol{z}_1(t) = \frac{A}{4}\int_0^t \begin{bmatrix} \cos(t-\sigma) & \sin(t-\sigma) \\ -\sin(t-\sigma) & \cos(t-\sigma) \end{bmatrix}\begin{bmatrix} 0 \\ (A^2-4)\sin\sigma + A^2\sin 3\sigma \end{bmatrix} d\sigma \tag{8.296}$$

oder nach Ausführung elementarer Integrationen

$$\boldsymbol{z}_1(t) = \frac{A(A^2-4)}{8}\begin{bmatrix} \sin t - t\cos t \\ t \sin t \end{bmatrix} + \frac{A^3}{32}\begin{bmatrix} -\sin 3t + 3\sin t \\ -3\cos 3t + 3\cos t \end{bmatrix}. \tag{8.297}$$

Damit läßt sich die Lösung in der Form

$$\boldsymbol{z}(t) = \boldsymbol{z}_0(t) + \boldsymbol{z}_1(t)\,\varepsilon + O(\varepsilon^2)$$

ausdrücken. Die Steigerung der Approximationsgüte, etwa durch Hinzunahme des Summanden $\boldsymbol{z}_2(t)\,\varepsilon^2$, ist ohne weiteres möglich, jedoch mit weiterem Rechenaufwand verbunden.

Beispiel 8.42: Das Duffingsche System wird durch die Differentialgleichung

$$\frac{d\boldsymbol{z}}{dt} = \begin{bmatrix} z_2 \\ -z_1 - \varepsilon z_1^3 \end{bmatrix} \quad \text{mit} \quad \boldsymbol{z}(0) = \begin{bmatrix} 0 \\ A \end{bmatrix} \tag{8.298a,b}$$

und mit $0 < \varepsilon \ll 1$ beschrieben, wobei $\boldsymbol{z} = [z_1 \;\; z_2]^{\mathrm{T}}$ bedeutet. Das Nominalsystem ist dasselbe wie beim betrachteten Van der Polschen Oszillator, jedoch wurde hier ein anderer Anfangszustand gewählt. Damit erhält man mit der Übergangsmatrix aus Beispiel 8.41 als Lösung für das Nominalsystem

$$\boldsymbol{z}_0(t) = A \begin{bmatrix} \sin t \\ \cos t \end{bmatrix}.$$

Mit

$$\boldsymbol{J}(\boldsymbol{z}_0(t), t, 0) = \begin{bmatrix} 0 & 1 \\ -1 & 0 \end{bmatrix} \quad \text{und} \quad \boldsymbol{h}_1(t, \boldsymbol{z}_0(t)) = \begin{bmatrix} 0 \\ -A^3 \sin^3 t \end{bmatrix}$$

gelangt man bei Verwendung der Formel $\sin^3 t = (3 \sin t - \sin 3t)/4$ zur Differentialgleichung

$$\frac{d\boldsymbol{z}_1}{dt} = \begin{bmatrix} 0 & 1 \\ -1 & 0 \end{bmatrix} \boldsymbol{z}_1 - \frac{A^3}{4} \begin{bmatrix} 0 \\ 3 \sin t - \sin 3t \end{bmatrix} \quad \text{mit} \quad \boldsymbol{z}_1(0) = \mathbf{0} \tag{8.299}$$

für $\boldsymbol{z}_1$. Die Lösung gemäß Gl. (2.65) lautet

$$\boldsymbol{z}_1(t) = -\frac{A^3}{4} \int_0^t \begin{bmatrix} \cos(t-\sigma) & \sin(t-\sigma) \\ -\sin(t-\sigma) & \cos(t-\sigma) \end{bmatrix} \begin{bmatrix} 0 \\ 3 \sin \sigma - \sin 3\sigma \end{bmatrix} d\sigma$$

oder nach Auswertung elementarer Integrale

$$\boldsymbol{z}_1(t) = -\frac{A^3}{32} \begin{bmatrix} 9 \sin t - 12t \cos t + \sin 3t \\ 12t \sin t - 3 \cos t + 3 \cos 3t \end{bmatrix}. \tag{8.300}$$

Damit entsteht die Lösung in der Form

$$\boldsymbol{z}(t) = \boldsymbol{z}_0(t) + \boldsymbol{z}_1(t)\varepsilon + O(\varepsilon^2).$$

7.3.2 Die Verwendung mehrfacher Zeitskalen

Durch die Differentialgleichungen

$$\frac{dz_1}{dt} = z_2 \quad \text{und} \quad \frac{dz_2}{dt} = -z_1 + \varepsilon f(z_1) \tag{8.301a,b}$$

mit einer integrierbaren Funktion $f(z_1)$ wird eine Klasse nichtlinearer Systeme zweiter Ordnung beschrieben. Es ist interessant, daß jedem System aus dieser Klasse ein sogenanntes Erstes Integral

$$W := \frac{1}{2} z_1^2 + \frac{1}{2} z_2^2 - \varepsilon F(z_1) \tag{8.302}$$

zugeordnet werden kann, wobei $F(z_1)$ ein unbestimmtes Integral von $f(z_1)$ bedeutet, d. h. $dF(z_1)/dt = f(z_1)$ gilt. Die Funktion $W(z_1, z_2)$ zeichnet sich dadurch aus, daß sie längs jeder Trajektorie des betreffenden Systems konstant ist. Man erhält nämlich aus Gl. (8.302) bei Beachtung der Gln. (8.301a,b)

$$\frac{dW}{dt} = z_1 \dot{z}_1 + z_2 \dot{z}_2 - \varepsilon f(z_1) \dot{z}_1 = z_1 z_2 - z_2 z_1 + z_2 \varepsilon f(z_1) - \varepsilon f(z_1) z_2 \equiv 0.$$

Daher verlaufen alle Trajektorien des Systems in der Phasenebene auf Kurven $W = \text{const}$.

Für das Duffingsche System aus Beispiel 8.42 bedeutet diese Tatsache, daß die Trajektorien auf den Kurven

$$\frac{1}{2} z_1^2 + \frac{1}{2} z_2^2 + \frac{1}{4} \varepsilon z_1^4 = C \; (= \text{const}),$$

d. h. auf geschlossenen Wegen in der Phasenebene verlaufen, die periodische Orbits darstellen. Betrachtet man unter diesem Gesichtspunkt die im Beispiel 8.42 berechnete Lösung

$$\boldsymbol{z}(t) = \begin{bmatrix} A\sin t - \varepsilon\dfrac{A^3}{32}(9\sin t - 12t\cos t + \sin 3t) \\ A\cos t - \varepsilon\dfrac{A^3}{32}(-3\cos t + 12t\sin t + 3\cos 3t) \end{bmatrix} + \cdots ,$$

dann ist zu erkennen, daß hier eine Entwicklung von $\boldsymbol{z}(t)$ vorliegt, die für Zeiten der Ordnung ε^{-1} unbrauchbar ist. Der Grund hierfür liegt im Auftreten der beiden Summanden $(3\varepsilon t A^3\cos t)/8$ und $-(3\varepsilon t A^3\sin t)/8$, die vom Resonanzterm $-(3A^3/4)\sin t$ in der Differentialgleichung (8.299) für $\boldsymbol{z}_1$ hervorgerufen werden und von der Ordnung 1 sind, falls $t = O(\varepsilon^{-1})$ ist. Man kann nun diese Schwierigkeit dadurch umgehen, daß mit Hilfe der Entwicklungen

$$A\sin t + \varepsilon\frac{3}{8}A^3 t\cos t = A\sin\left(t + \frac{3}{8}\varepsilon A^2 t\right) + \cdots$$

$$A\cos t - \varepsilon\frac{3}{8}A^3 t\sin t = A\cos\left(t + \frac{3}{8}\varepsilon A^2 t\right) + \cdots$$

die Lösung auf die Form

$$\boldsymbol{z}(t) = \begin{bmatrix} A\sin\left(t + \dfrac{3}{8}\varepsilon A^2 t\right) + \varepsilon\left(-\dfrac{9A^3}{32}\sin t - \dfrac{A^3}{32}\sin 3t\right) + \cdots \\ A\cos\left(t + \dfrac{3}{8}\varepsilon A^2 t\right) + \varepsilon\left(\dfrac{3A^3}{32}\cos t - \dfrac{3A^3}{32}\cos 3t\right) + \cdots \end{bmatrix}$$

gebracht wird.

Im folgenden soll versucht werden, die am Beispiel des Duffing-Systems erläuterte Verfahrensweise systematisch zu untersuchen. Konvergenzfragen werden dabei jedoch ausgeklammert. Ausgegangen wird von der Klasse schwach nichtlinearer Systeme zweiter Ordnung, die durch Differentialgleichungen der Art

$$\frac{\mathrm{d}\boldsymbol{z}}{\mathrm{d}t} = \boldsymbol{A}\,\boldsymbol{z} + \varepsilon\boldsymbol{f}_1(\boldsymbol{z}, t) \tag{8.303}$$

mit $0 < \varepsilon \ll 1$ und zeitunabhängiger Matrix $\boldsymbol{A}$ beschrieben werden können. Neben der "schnellen" Zeit $\tau := t$ wird jetzt die "langsame" Zeit $T := \varepsilon t$ eingeführt. Letztere ist im Blick auf das Beispiel des Duffing-Systems insbesondere dafür vorgesehen, die zeitliche Entwicklung der Amplitude und Phase von Oszillationen als Lösungen der betrachteten Differentialgleichung darzustellen. Die Lösung der Gl. (8.303) wird nun in Form der Entwicklung

$$\boldsymbol{z}(t) = \boldsymbol{z}_0(\tau, T) + \varepsilon\boldsymbol{z}_1(\tau, T) + \cdots \tag{8.304}$$

konstruiert, wobei die Abhängigkeit von der Zeit τ von der Ordnung ε^{-1} sein soll. Die Veränderlichen τ und T betrachtet man als unabhängige Variable. Mit

$$\frac{\mathrm{d}}{\mathrm{d}t} = \frac{\partial}{\partial\tau} + \varepsilon\frac{\partial}{\partial T}$$

ergibt sich somit

$$\frac{\mathrm{d}\boldsymbol{z}}{\mathrm{d}t} = \frac{\partial \boldsymbol{z}_0}{\partial \tau} + \varepsilon \left(\frac{\partial \boldsymbol{z}_0}{\partial T} + \frac{\partial \boldsymbol{z}_1}{\partial \tau} \right) + \cdots . \tag{8.305}$$

Das ungestörte System ist hier linear und durch die Differentialgleichung

$$\frac{\partial \boldsymbol{z}_0(\tau, T)}{\partial \tau} = \boldsymbol{A}\, \boldsymbol{z}_0(\tau, T) \tag{8.306}$$

mit der Lösung

$$\boldsymbol{z}_0(\tau, T) = \mathrm{e}^{\boldsymbol{A}\tau}\, \boldsymbol{z}_a(T) \tag{8.307}$$

gegeben. Für $\boldsymbol{z}_1(\tau, T)$ ergibt sich, wenn man die Gln. (8.304) und (8.305) in die Gl. (8.303) einführt, die lineare Differentialgleichung

$$\frac{\partial \boldsymbol{z}_1}{\partial \tau} = \boldsymbol{A}\, \boldsymbol{z}_1 + \boldsymbol{f}_1(\boldsymbol{z}_0, \tau) - \frac{\partial \boldsymbol{z}_0}{\partial T} . \tag{8.308}$$

Im Term $\boldsymbol{f}_1(\boldsymbol{z}_0, \tau) - \partial \boldsymbol{z}_0 / \partial T$ auf der rechten Seite von Gl. (8.308) müssen nun alle Summanden identifiziert werden, die Lösungen der homogenen Gleichung $\partial \boldsymbol{z}_1 / \partial \tau = \boldsymbol{A}\, \boldsymbol{z}_1$ sind, d. h. die sogenannten Resonanzterme. Aufgrund der Forderung, daß die Resonanzterme keinen Einfluß auf die Lösung $\boldsymbol{z}_1$ von Gl. (8.308) ausüben dürfen, ergeben sich bestimmte Forderungen in Form von Beziehungen, die Nichtresonanz- oder Säkularitätsbedingungen genannt werden. Diese müssen dazu verwendet werden, die Abhängigkeit der in der Lösung $\boldsymbol{z}_0$ des ungestörten Systems auftretenden Parametergrößen (d. h. der Parameter in $\boldsymbol{z}_a(T)$) von T zu berechnen. Auf diese Weise gelangt man schließlich zur Approximation von $\boldsymbol{z}(t)$ durch $\boldsymbol{z}_0(\tau, T) = \boldsymbol{z}_0(t, \varepsilon\, t)$. Die folgenden Beispiele dienen zur Erläuterung.

Beispiel 8.43: Es wird das Van der Polsche System

$$\frac{\mathrm{d}\boldsymbol{z}}{\mathrm{d}t} = \begin{bmatrix} 0 & 1 \\ -1 & 0 \end{bmatrix} \boldsymbol{z} + \begin{bmatrix} 0 \\ -\varepsilon z_2 (z_1^2 - 1) \end{bmatrix} \tag{8.309}$$

mit $\boldsymbol{z} = [z_1 \quad z_2]^{\mathrm{T}}$, $\boldsymbol{z}(0) = [1 \quad 0]^{\mathrm{T}}$ und $0 < \varepsilon \ll 1$ betrachtet. Das ungestörte System ist durch die Differentialgleichung

$$\frac{\partial \boldsymbol{z}_0}{\partial \tau} = \begin{bmatrix} 0 & 1 \\ -1 & 0 \end{bmatrix} \boldsymbol{z}_0 \quad \text{mit} \quad \boldsymbol{z}_0(0, 0) = \begin{bmatrix} 1 \\ 0 \end{bmatrix}$$

gekennzeichnet. Es besitzt die Lösung

$$\boldsymbol{z}_0(\tau, T) = A\,(T) \begin{bmatrix} \cos(\tau + \varphi(T)) \\ -\sin(\tau + \varphi(T)) \end{bmatrix}, \tag{8.310}$$

woraus

$$\frac{\partial \boldsymbol{z}_0(\tau, T)}{\partial T} = \frac{\mathrm{d}A}{\mathrm{d}T} \begin{bmatrix} \cos(\tau + \varphi) \\ -\sin(\tau + \varphi) \end{bmatrix} + A \frac{\mathrm{d}\varphi}{\mathrm{d}T} \begin{bmatrix} -\sin(\tau + \varphi) \\ -\cos(\tau + \varphi) \end{bmatrix},$$

folgt. Damit ergibt sich für $\boldsymbol{z}_1(\tau, T)$ die Differentialgleichung

$$\frac{\partial \boldsymbol{z}_1}{\partial \tau} = \begin{bmatrix} 0 & 1 \\ -1 & 0 \end{bmatrix} \boldsymbol{z}_1 + \begin{bmatrix} 0 \\ -z_{02}(z_{01}^2 - 1) \end{bmatrix} - \begin{bmatrix} \dfrac{\partial z_{01}}{\partial T} \\ \dfrac{\partial z_{02}}{\partial T} \end{bmatrix} \tag{8.311a}$$

oder nach kurzer Zwischenrechnung bei Beachtung der Formel $\sin^3 x = (3/4)\sin x - (1/4)\sin 3x$

$$\frac{\partial \mathbf{z}_1}{\partial \tau} = \begin{bmatrix} 0 & 1 \\ -1 & 0 \end{bmatrix} \mathbf{z}_1 + \begin{bmatrix} \alpha\cos(\tau+\varphi) + \beta\sin(\tau+\varphi) \\ \gamma\cos(\tau+\varphi) + \delta\sin(\tau+\varphi) + \Theta\sin[3(\tau+\varphi)] \end{bmatrix} \tag{8.311b}$$

mit

$$\alpha = -A', \quad \beta = A\,\varphi', \quad \gamma = A\,\varphi', \quad \delta = A' + \frac{1}{4}A^3 - A, \quad \Theta = \frac{1}{4}A^3 .$$

Dabei bezeichnet der Strich jeweils den Differentialquotienten bezüglich T. Um den Einfluß der Resonanzterme, die mit $\cos(\tau+\varphi)$ bzw. $\sin(\tau+\varphi)$ behaftet sind, auf $\mathbf{z}_1$ als Lösung der Gl. (8.311b) zu eliminieren, müssen die Nichtresonanzbedingungen

$$\alpha - \delta = 0 \quad \text{und} \quad \beta + \gamma = 0$$

erfüllt werden. (Diese Bedingungen lassen sich leicht ableiten, indem man aus Gl. (8.311b) durch Elimination von z_2 eine Differentialgleichung zweiter Ordnung für z_1 aufstellt und die Koeffizienten bei $\cos(\tau+\varphi)$ und $\sin(\tau+\varphi)$ gleich Null setzt.) Sie liefern sofort die Differentialgleichungen

$$2\frac{\mathrm{d}A}{\mathrm{d}T} = A - \frac{1}{4}A^3 \quad \text{und} \quad 2A\frac{\mathrm{d}\varphi}{\mathrm{d}T} = 0,$$

d. h.

$$\frac{\mathrm{d}A}{\mathrm{d}T} = \frac{A}{8}(4 - A^2) \quad \text{und} \quad \frac{\mathrm{d}\varphi}{\mathrm{d}T} = 0 \tag{8.312a,b}$$

mit der Lösung

$$A(T) = \frac{2}{\sqrt{1 - k\,\mathrm{e}^{-T}}} \quad \text{bzw.} \quad \varphi(T) = \varphi_0$$

und den beiden Integrationskonstanten k und φ_0. Der vorgeschriebene Anfangszustand führt aufgrund von Gl. (8.310) auf die Bedingung

$$A(0)\begin{bmatrix} \cos\varphi(0) \\ -\sin\varphi(0) \end{bmatrix} = \begin{bmatrix} 1 \\ 0 \end{bmatrix},$$

also auf $\varphi(0) = 0$ und $A(0) = 1$, woraus $k = -3$ und $\varphi_0 = 0$, also

$$\mathbf{z}_0(t, \varepsilon t) = \frac{2}{\sqrt{1 + 3\,\mathrm{e}^{-\varepsilon t}}}\begin{bmatrix} \cos t \\ -\sin t \end{bmatrix} \tag{8.313}$$

folgt. Hieraus entnimmt man die periodische Lösung

$$\mathbf{z}(t) = 2\begin{bmatrix} \cos t \\ -\sin t \end{bmatrix} + O(\varepsilon).$$

Diese Lösung folgt auch direkt aus Gl. (8.295); mit Gl. (8.297) kann man unmittelbar die Wahl $A = 2$ erkennen. Die Gl. (8.312a) lehrt übrigens, daß es sich bei der periodischen Lösung um eine stabile Schwingung handelt, da $\mathrm{d}A/\mathrm{d}T > 0$ gilt, falls $0 < A < 2$ ist, und $\mathrm{d}A/\mathrm{d}T < 0$ gilt, falls $A > 2$ ist, woraus folgt, daß A stets gegen 2 strebt.

Beispiel 8.44: Nun wird das Duffing-System

$$\frac{\mathrm{d}\mathbf{z}}{\mathrm{d}t} = \begin{bmatrix} 0 & 1 \\ -1 & 0 \end{bmatrix}\mathbf{z} + \begin{bmatrix} 0 \\ -\varepsilon z_1^3 \end{bmatrix} \tag{8.314}$$

mit $\mathbf{z} = [z_1 \;\; z_2]^{\mathrm{T}}$, $\mathbf{z}(0) = [0 \;\; 1]^{\mathrm{T}}$ und $0 < \varepsilon \ll 1$ betrachtet. Das Nominalsystem ist durch die Differentialgleichung

$$\frac{\partial \mathbf{z}_0}{\partial \tau} = \begin{bmatrix} 0 & 1 \\ -1 & 0 \end{bmatrix}\mathbf{z}_0 \quad \text{mit} \quad \mathbf{z}_0(0,0) = \begin{bmatrix} 0 \\ 1 \end{bmatrix}$$

gegeben. Die Lösung des Nominalsystems wird in der (diesmal komplexen) Form

$$\boldsymbol{z}_0(\tau, T) = \begin{bmatrix} a(T)\,\mathrm{e}^{\mathrm{j}\tau} + a^*(T)\,\mathrm{e}^{-\mathrm{j}\tau} \\ \mathrm{j}\,a(T)\,\mathrm{e}^{\mathrm{j}\tau} + (\mathrm{j}\,a(T))^*\,\mathrm{e}^{-\mathrm{j}\tau} \end{bmatrix} \tag{8.315}$$

geschrieben. Hieraus folgt

$$\frac{\partial \boldsymbol{z}_0}{\partial T} = \begin{bmatrix} a'(T)\,\mathrm{e}^{\mathrm{j}\tau} + (a'(T))^*\,\mathrm{e}^{-\mathrm{j}\tau} \\ \mathrm{j}\,a'(T)\,\mathrm{e}^{\mathrm{j}\tau} + (\mathrm{j}\,a'(T))^*\,\mathrm{e}^{-\mathrm{j}\tau} \end{bmatrix}$$

und mit $\boldsymbol{z}_0 = [z_{01} \;\; z_{02}]^{\mathrm{T}}$

$$z_{01}^3 = a^3\,\mathrm{e}^{\mathrm{j}3\tau} + 3a^2a^*\,\mathrm{e}^{\mathrm{j}\tau} + 3a\,(a^*)^2\,\mathrm{e}^{-\mathrm{j}\tau} + (a^*)^3\,\mathrm{e}^{-\mathrm{j}3\tau}.$$

Damit ergibt sich für $\boldsymbol{z}_1(\tau, T)$ nach Gl. (8.308) die Differentialgleichung

$$\frac{\partial \boldsymbol{z}_1}{\partial \tau} = \begin{bmatrix} 0 & 1 \\ -1 & 0 \end{bmatrix} \boldsymbol{z}_1 - \begin{bmatrix} a'\,\mathrm{e}^{\mathrm{j}\tau} \\ (\mathrm{j}a' + 3a^2a^*)\,\mathrm{e}^{\mathrm{j}\tau} + a^3\,\mathrm{e}^{\mathrm{j}3\tau} \end{bmatrix} - \begin{bmatrix} \cdots \end{bmatrix}^*$$

oder

$$\frac{\partial \boldsymbol{z}_1}{\partial \tau} = \begin{bmatrix} 0 & 1 \\ -1 & 0 \end{bmatrix} \boldsymbol{z} - \begin{bmatrix} a' \\ \mathrm{j}\,a' + 3a^2a^* \end{bmatrix} \mathrm{e}^{\mathrm{j}\tau} - \begin{bmatrix} 0 \\ a^3 \end{bmatrix} \mathrm{e}^{\mathrm{j}3\tau} - \begin{bmatrix} \cdots \end{bmatrix}^* \mathrm{e}^{-\mathrm{j}\tau} - \begin{bmatrix} \cdots \end{bmatrix}^* \mathrm{e}^{-\mathrm{j}3\tau}. \tag{8.316}$$

Es muß jetzt dafür gesorgt werden, daß der Resonanzterm $[\,\cdots]\,\mathrm{e}^{\mathrm{j}\tau}$ (und zugleich der konjugiert komplexe Term $[\,\cdots]^*\,\mathrm{e}^{-\mathrm{j}\tau}$) keinen Einfluß auf die Lösung $\boldsymbol{z}_1$ ausübt. Man kann sich leicht (etwa durch Aufstellung einer Differentialgleichung zweiter Ordnung für z_1) davon überzeugen, daß die Nichtresonanzbedingung als Gleichung

$$2\mathrm{j}\,\frac{\mathrm{d}a}{\mathrm{d}T} + 3a^2a^* = 0$$

geschrieben werden kann. Stellt man $a = \rho\,\mathrm{e}^{\mathrm{j}\alpha}$ in Polarkoordinaten dar, so liefert die Nichtresonanzbedingung mit $\mathrm{d}a/\mathrm{d}T = \rho'\,\mathrm{e}^{\mathrm{j}\alpha} + \mathrm{j}\,\rho\,\alpha'\,\mathrm{e}^{\mathrm{j}\alpha}$ und $a^2a^* = \rho^3\,\mathrm{e}^{\mathrm{j}\alpha}$

$$\mathrm{j}\,\rho'\,\mathrm{e}^{\mathrm{j}\alpha} - \rho\,\alpha'\,\mathrm{e}^{\mathrm{j}\alpha} + \frac{3}{2}\rho^3\,\mathrm{e}^{\mathrm{j}\alpha} = 0, \quad \text{d. h.} \quad \rho\,\alpha' - \frac{3}{2}\rho^3 = 0 \quad \text{und} \quad \rho' = 0.$$

Mit den Lösungen $\rho = \rho_0$ und $\alpha = \frac{3}{2}\rho_0^2 T + \alpha_0$, wobei ρ_0 und α_0 Integrationskonstanten bedeuten, erhält man

$$a = \rho_0\,\mathrm{e}^{\mathrm{j}\left[\frac{3}{2}\rho_0^2 T + \alpha_0\right]}$$

und aufgrund des Anfangszustands $\boldsymbol{z}_0(0, 0) = [0 \;\; 1]^{\mathrm{T}}$ nach Gl. (8.315)

$$\begin{bmatrix} 0 \\ 1 \end{bmatrix} = 2\rho_0 \begin{bmatrix} \cos\alpha_0 \\ -\sin\alpha_0 \end{bmatrix},$$

woraus $\alpha_0 = -\pi/2$ und $\rho_0 = 1/2$ und schließlich

$$\boldsymbol{z}(t) = \begin{bmatrix} \sin\left(t + \frac{3}{8}\varepsilon t\right) \\ \cos\left(t + \frac{3}{8}\varepsilon t\right) \end{bmatrix} + O(\varepsilon)$$

resultiert. Man beachte, daß die vorausgegangene Rechnung auch ganz im Reellen hätte durchgeführt werden können, wie es im Beispiel 8.43 geschah. Jedoch wurde die Gelegenheit benutzt, die Vorteile der Rechnung im Komplexen zu zeigen.

Man kann Lösungen entwickeln, die sich in längeren Zeitintervallen verwenden lassen, etwa in solchen der Ordnung ε^{-2}. Dann führt man mehrere Zeitvariablen mit unterschiedlichen

Ablaufgeschwindigkeiten ein, z. B.

$$\tau := t, \quad T_1 = \varepsilon t \quad \text{und} \quad T_2 = \varepsilon^2 t .$$

Im Entwicklungsansatz

$$\boldsymbol{z}(t) = \boldsymbol{z}_0(\tau, T_1, T_2) + \varepsilon \boldsymbol{z}_1(\tau, T_1, T_2) + \varepsilon^2 \boldsymbol{z}_2(\tau, T_1, T_2) \tag{8.317}$$

werden die Veränderlichen τ, T_1 und T_2 als unabhängige Variable betrachtet. Mit der Operatorbeziehung $\mathrm{d}/\mathrm{d}t = \partial/\partial\tau + \varepsilon\,\partial/\partial T_1 + \varepsilon^2\,\partial/\partial T_2$ ergibt sich dann

$$\frac{\mathrm{d}\boldsymbol{z}}{\mathrm{d}t} = \frac{\partial \boldsymbol{z}_0}{\partial \tau} + \varepsilon\left(\frac{\partial \boldsymbol{z}_1}{\partial \tau} + \frac{\partial \boldsymbol{z}_0}{\partial T_1}\right) + \varepsilon^2\left(\frac{\partial \boldsymbol{z}_2}{\partial \tau} + \frac{\partial \boldsymbol{z}_1}{\partial T_1} + \frac{\partial \boldsymbol{z}_0}{\partial T_2}\right) + \cdots . \tag{8.318}$$

Die Gln. (8.317) und (8.318) werden nun in die Differentialgleichung

$$\frac{\mathrm{d}\boldsymbol{z}}{\mathrm{d}t} = \boldsymbol{A}\,\boldsymbol{z} + \varepsilon \boldsymbol{f}_1(\boldsymbol{z}, t) + \varepsilon^2 \boldsymbol{f}_2(\boldsymbol{z}, t),$$

von der hier mit $\boldsymbol{z} \in \mathbb{R}^2$ ausgegangen wird, eingeführt und lineare Differentialgleichungen für $\boldsymbol{z}_\nu(\tau, T_1, T_2)$ ($\nu = 0, 1, 2$) aufgestellt. Die Säkularitätsbedingungen bis zur zweiten Ordnung liefern schließlich die Näherungslösungen.

7.3.3 Nichtlineare Effekte am Beispiel des harmonisch erregten Van der Polschen Oszillators

Die im letzten Abschnitt entwickelte Methode soll nun dazu verwendet werden, einige bemerkenswerte nichtlineare Effekte zu beschreiben, die bei Störungen einfacher linearer Oszillatoren beobachtet werden können.

Dazu wird im folgenden zunächst der harmonisch erregte Van der Polsche Oszillator untersucht, der sich durch die Differentialgleichung

$$\frac{\mathrm{d}\boldsymbol{z}}{\mathrm{d}t} = \begin{bmatrix} 0 & 1 \\ -1 & 0 \end{bmatrix} \boldsymbol{z} + \begin{bmatrix} 0 \\ 2b(1-\omega^2)\cos\omega t \end{bmatrix} - \varepsilon \begin{bmatrix} 0 \\ z_2(z_1^2 - 1) + \delta z_1 - 2\eta\cos\omega t \end{bmatrix} \tag{8.319}$$

mit $\boldsymbol{z} = [z_1 \;\; z_2]^{\mathrm{T}} \in \mathbb{R}^2$ und $0 < \varepsilon \ll 1$ beschreiben läßt. Dabei bedeuten b, δ, η und $\omega \geqq 0$ ebenso wie ε reelle konstante Parameter. Die Lösung soll in der Form

$$\boldsymbol{z}(t) = \boldsymbol{z}_0(\tau, T) + \varepsilon \boldsymbol{z}_1(\tau, T) + O(\varepsilon^2)$$

mit $\tau := t$ und $T := \varepsilon t$ konstruiert werden. Die ungestörte Lösung $\boldsymbol{z}_0(\tau, T)$ erfüllt die Differentialgleichung

$$\frac{\partial \boldsymbol{z}_0}{\partial \tau} = \begin{bmatrix} 0 & 1 \\ -1 & 0 \end{bmatrix} \boldsymbol{z}_0 + b(1-\omega^2)\begin{bmatrix} 0 \\ 1 \end{bmatrix} \mathrm{e}^{\mathrm{j}\omega\tau} + b(1-\omega^2)\begin{bmatrix} 0 \\ 1 \end{bmatrix} \mathrm{e}^{-\mathrm{j}\omega\tau} .$$

Dazu gehört im Falle $\omega \neq 1$ die Lösung

$$\boldsymbol{z}_0(\tau, T) = a(T)\begin{bmatrix} 1 \\ \mathrm{j} \end{bmatrix} \mathrm{e}^{\mathrm{j}\tau} + a^*(T)\begin{bmatrix} 1 \\ -\mathrm{j} \end{bmatrix} \mathrm{e}^{-\mathrm{j}\tau} + b\begin{bmatrix} 1 \\ \mathrm{j}\omega \end{bmatrix} \mathrm{e}^{\mathrm{j}\omega\tau} + b\begin{bmatrix} 1 \\ -\mathrm{j}\omega \end{bmatrix} \mathrm{e}^{-\mathrm{j}\omega\tau} . \tag{8.320}$$

Im Falle $\omega = 1$ hat man in Gl. (8.320) nur $b = 0$ zu setzen. Mit $\boldsymbol{z}_0 = [z_{01} \;\; z_{02}]^{\mathrm{T}}$ erhält man für $\boldsymbol{z}_1(\tau, T)$ die Differentialgleichung

$$\frac{\partial \boldsymbol{z}_1}{\partial \tau} = \begin{bmatrix} 0 & 1 \\ -1 & 0 \end{bmatrix} \boldsymbol{z}_1 - \begin{bmatrix} 0 \\ z_{02}(z_{01}^2 - 1) + \delta z_{01} - 2\eta\cos\omega\tau \end{bmatrix} - \frac{\partial \boldsymbol{z}_0}{\partial T}. \tag{8.321}$$

Nach kurzer Zwischenrechnung ergibt sich

$$z_{02}(z_{01}^2 - 1) + \delta z_{01} - 2\eta\cos\omega\tau = \Big[\alpha_1 \mathrm{e}^{\mathrm{j}\tau} + \alpha_2 \mathrm{e}^{\mathrm{j}\omega\tau} + \alpha_3 \mathrm{e}^{\mathrm{j}3\tau} + \alpha_4 \mathrm{e}^{\mathrm{j}3\omega\tau}$$

$$+ \alpha_5 \mathrm{e}^{\mathrm{j}(\omega+2)\tau} + \alpha_6 \mathrm{e}^{\mathrm{j}(\omega-2)\tau} + \alpha_7 \mathrm{e}^{\mathrm{j}(2\omega+1)\tau} + \alpha_8 \mathrm{e}^{\mathrm{j}(2\omega-1)\tau}\Big] + [\;\cdots\;]^*$$

mit

$$\alpha_1 := \mathrm{j}\, a(a a^* + 2b^2 - 1) + a\,\delta\,, \tag{8.322a}$$

$$\alpha_2 := \mathrm{j}\omega b(2a a^* + b^2 - 1) + b\,\delta - \eta\,, \tag{8.322b}$$

$$\alpha_3 := \mathrm{j}\, a^3,\;\; \alpha_4 := \mathrm{j}\omega b^3,\;\; \alpha_5 := \mathrm{j}\,(2+\omega) a^2 b\,, \tag{8.322c-e}$$

$$\alpha_6 := \mathrm{j}\,(a^*)^2 b(\omega - 2)\,,\;\; \alpha_7 := \mathrm{j}\, a\, b^2(1 + 2\omega)\,, \tag{8.322f,g}$$

$$\alpha_8 := \mathrm{j}\, a^*\, b^2(2\omega - 1)\,. \tag{8.322h}$$

Damit läßt sich die Differentialgleichung (8.321) in der folgenden Form ausdrücken:

$$\frac{\partial \boldsymbol{z}_1}{\partial \tau} = \begin{bmatrix} 0 & 1 \\ -1 & 0 \end{bmatrix} \boldsymbol{z}_1 - \begin{bmatrix} \mathrm{d}a/\mathrm{d}T \\ \alpha_1 + \mathrm{j}\,\mathrm{d}a/\mathrm{d}T \end{bmatrix} \mathrm{e}^{\mathrm{j}\tau} - \begin{bmatrix} 0 \\ \alpha_2 \end{bmatrix} \mathrm{e}^{\mathrm{j}\omega\tau} - \begin{bmatrix} 0 \\ \alpha_3 \end{bmatrix} \mathrm{e}^{\mathrm{j}3\tau} - \begin{bmatrix} 0 \\ \alpha_4 \end{bmatrix} \mathrm{e}^{\mathrm{j}3\omega\tau}$$

$$- \begin{bmatrix} 0 \\ \alpha_5 \end{bmatrix} \mathrm{e}^{\mathrm{j}(\omega+2)\tau} - \begin{bmatrix} 0 \\ \alpha_6 \end{bmatrix} \mathrm{e}^{\mathrm{j}(\omega-2)\tau} - \begin{bmatrix} 0 \\ \alpha_7 \end{bmatrix} \mathrm{e}^{\mathrm{j}(2\omega+1)\tau} - \begin{bmatrix} 0 \\ \alpha_8 \end{bmatrix} \mathrm{e}^{\mathrm{j}(2\omega-1)\tau}$$

$$- \begin{bmatrix} \mathrm{d}a^*/\mathrm{d}T \\ \alpha_1^* + \mathrm{j}\,\mathrm{d}a^*/\mathrm{d}T \end{bmatrix} \mathrm{e}^{-\mathrm{j}\tau} - \begin{bmatrix} 0 \\ \alpha_2^* \end{bmatrix} \mathrm{e}^{-\mathrm{j}\omega\tau} - \cdots - \begin{bmatrix} 0 \\ \alpha_8^* \end{bmatrix} \mathrm{e}^{-\mathrm{j}(2\omega-1)\tau}. \tag{8.323}$$

Man beachte, daß bei den Parameterwerten $\omega = 0$, $1/3$, 1 und 3 neben den durch die Faktoren $\mathrm{e}^{\pm\mathrm{j}\tau}$ gekennzeichneten Resonanztermen zusätzliche Resonanzterme auftreten. Hierauf ist bei der Aufstellung der Säkularitätsbedingung zu achten, die ansonsten in gewohnter Weise zu formulieren ist. Ist beispielsweise $\omega \neq 0$, $1/3$, 1 und 3, so lautet diese Bedingung

$$2\mathrm{j}\,\frac{\mathrm{d}a}{\mathrm{d}T} + \alpha_1 = 0\,. \tag{8.324}$$

Frequenzeinrastung. Hier wird der Fall $b = 0$, $\omega = 1$ und $\eta > 0$, $\delta > 0$ untersucht. Dazu gehört gemäß Gl. (8.323) die Säkularitätsbedingung

$$2\mathrm{j}\,\frac{\mathrm{d}a}{\mathrm{d}T} + \alpha_1 + \alpha_2 = 0$$

oder mit den Gln. (8.322a,b,f,h)

$$2\frac{\mathrm{d}a}{\mathrm{d}T} = (1+\mathrm{j}\,\delta)a - a^2 a^* - \mathrm{j}\,\eta\,. \tag{8.325}$$

Diese Gleichung läßt sich bei Verwendung der Polarkoordinatendarstellung von a in der Form $a(T) = \rho(T)\,\mathrm{e}^{\mathrm{j}\,\Theta(T)}$ mit der Ableitung $\mathrm{d}a/\mathrm{d}T = (\mathrm{d}\rho/\mathrm{d}T + \mathrm{j}\,\rho\,\mathrm{d}\Theta/\mathrm{d}T)\,\mathrm{e}^{\mathrm{j}\,\Theta}$ in die beiden reellen Differentialgleichungen

$$\frac{\mathrm{d}\rho}{\mathrm{d}T} = \frac{1}{2}(\rho - \rho^3 - \eta\sin\Theta) \quad \text{und} \quad \frac{\mathrm{d}\Theta}{\mathrm{d}T} = \frac{1}{2}\left[\delta - \frac{\eta}{\rho}\cos\Theta\right] \tag{8.326a,b}$$

überführen. Zur Ermittlung der stationären Lösungen $a(T)$, die durch die Bedingungen $\mathrm{d}\rho/\mathrm{d}T = 0$ und $\mathrm{d}\Theta/\mathrm{d}T = 0$ gekennzeichnet sind, wird das aus den Gln. (8.326a,b) folgende Gleichungssystem

$$\sin\Theta = \frac{1}{\eta}\rho(1-\rho^2) \quad \text{und} \quad \rho = \frac{\eta}{\delta}\cos\Theta \tag{8.327a,b}$$

untersucht. Beide Gleichungen lassen sich in einer komplexen w-Ebene mit $w = \rho\,\mathrm{e}^{\mathrm{j}\,\Theta}$ durch Kurvenverläufe veranschaulichen. Dabei beschreibt Gl. (8.327b) einen Kreis mit Radius $\eta/(2\,\delta)$ und Mittelpunkt $w = w_0 := (\eta/(2\,\delta))\,\mathrm{e}^{\mathrm{j}\,0}$. Um die durch Gl. (8.327a) bestimmte Kurve in der w-Ebene zu diskutieren, sei die rechte Seite dieser Gleichung, d. h. die Größe $R := (1/\eta)\,\rho\,(1-\rho^2)$ betrachtet, deren Abhängigkeit von ρ im Bild 8.55 dargestellt ist. Das Maximum von R tritt für $\rho = \sqrt{3}/3$ auf und beträgt $R_{\max} := 2\sqrt{3}/(9\,\eta)$. Falls $R_{\max} < 1$, d. h. die Ungleichung $\eta > 2\sqrt{3}/9$ gilt, existiert ein Θ-Intervall $(\pi/2) - \Delta < \Theta < (\pi/2) + \Delta$ mit $\sin(\pi/2 - \Delta) = R_{\max}$, in dem kein ρ als Lösung von Gl. (8.327a) vorhanden ist. Dagegen existieren in den Θ-Intervallen $(0, \pi/2 - \Delta)$ und $(\pi/2 + \Delta, \pi)$ jeweils zwei ρ-Werte, im Θ-Intervall $(-\pi, 0)$ gibt es jeweils genau einen ρ-Wert. Bild 8.56a zeigt für $\eta = 0{,}4849$ den vollständigen Verlauf der Kurve, auf der $\mathrm{d}\rho/\mathrm{d}T$ verschwindet. Im Falle $R_{\max} > 1$, d. h. unter der Bedingung $\eta < 2\sqrt{3}/9$ gehören nach Gl. (8.327a) zu jedem Θ-Wert im Intervall $(0, \pi)$ zwei Werte ρ, während zu allen Θ-Werten zwischen $-\pi$ und 0 (wie im Falle $R_{\max} < 1$) jeweils nur ein ρ-Wert gehört. Im Bild 8.56b ist die Kurve für $\eta = 0{,}3349$ angegeben, auf der $\mathrm{d}\rho/\mathrm{d}T$ im Falle $R_{\max} > 1$ verschwindet. Im folgenden wird nur noch dieser Fall $R_{\max} > 1$ weiter untersucht. Die Untersuchung des anderen Falles kann analog erfolgen.

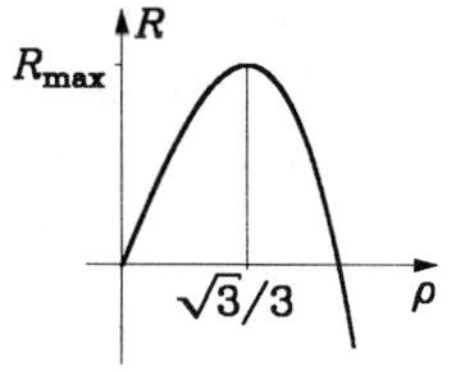

Bild 8.55: Verlauf der rechten Seite von Gl. (8.327a) in Abhängigkeit von ρ

Um die stationären Lösungen von $a(T)$ zu erhalten, wird die Kontur mit der Eigenschaft $\mathrm{d}\rho/\mathrm{d}T = 0$ mit dem Kreis, auf dem $\mathrm{d}\Theta/\mathrm{d}T = 0$ gilt, in der w-Ebene zum Schnitt gebracht. Dabei wird der Parameter $\eta\,(= 0{,}3349)$ festgehalten, während bei der Wahl von δ zwei Fälle $0 < \delta < \delta_c$ und $\delta > \delta_c$ unterschieden werden. Der erste dieser Fälle ist dadurch ausgezeichnet, daß der Kreisradius $\eta/(2\,\delta)$ genügend groß ist, um vier Schnittpunkte zwischen dem Kreis nach (8.327b) und der Kontur nach Gl. (8.327a) zu implizieren. Bild 8.57a zeigt die Situation für $\delta = 0{,}2791$ mit den Schnittpunkten A, B, C und 0. Im zweiten Fall $\delta > \delta_C$ soll der Radius des Kreises mit der Eigenschaft $\mathrm{d}\Theta/\mathrm{d}T = 0$ stets so klein sein, daß nur zwei

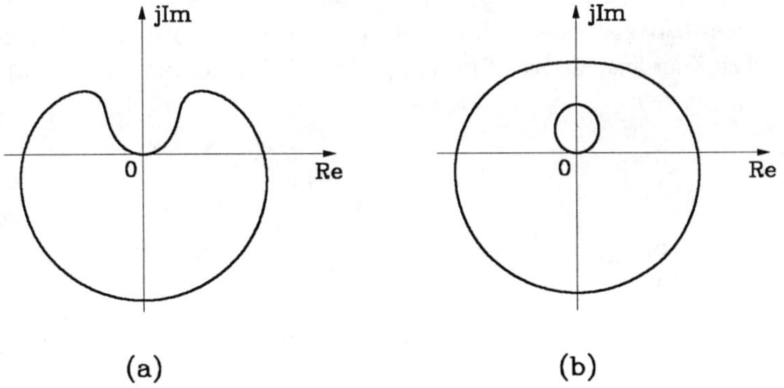

Bild 8.56: Verlauf der Kurven mit der Eigenschaft $d\rho/dT = 0$ in der w-Ebene; (a) für $\eta > 2\sqrt{3}/9$, (b) $\eta < 2\sqrt{3}/9$

Schnittpunkte A und 0 auftreten. Bild 8.57b zeigt die Verhältnisse für $\delta = 0{,}4882$. Auf die Bestimmung des kritischen Wertes δ_c, bei dem die Schittpunkte B und C zusammenfallen, wurde verzichtet.

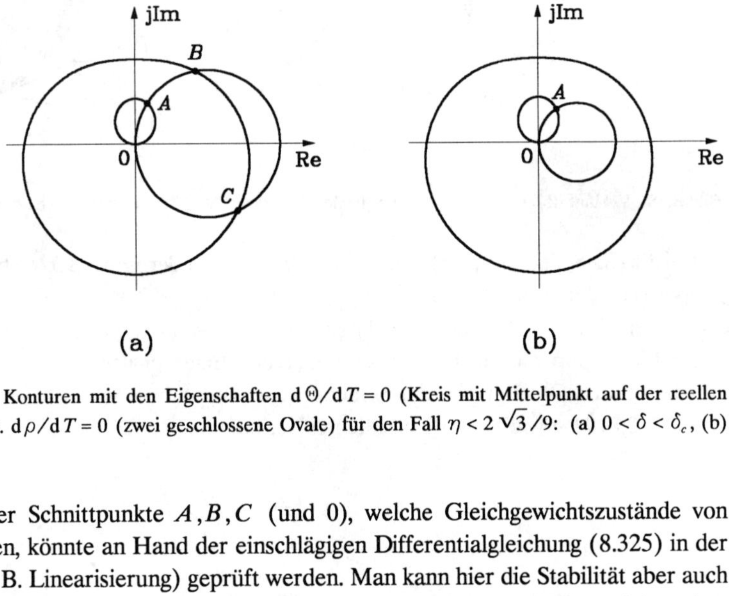

Bild 8.57: Schnitt der Konturen mit den Eigenschaften $d\Theta/dT = 0$ (Kreis mit Mittelpunkt auf der reellen Achse) bzw. $d\rho/dT = 0$ (zwei geschlossene Ovale) für den Fall $\eta < 2\sqrt{3}/9$: (a) $0 < \delta < \delta_c$, (b) $\delta > \delta_c$

Die Stabilität der Schnittpunkte A, B, C (und 0), welche Gleichgewichtszustände von $a(T)$ repräsentieren, könnte an Hand der einschlägigen Differentialgleichung (8.325) in der üblichen Weise (z. B. Linearisierung) geprüft werden. Man kann hier die Stabilität aber auch auf elementare Weise beurteilen, indem man folgendes beachtet: Der Differentialquotient $d\Theta/dT$ ist außerhalb der Kreislinie, längs der $d\Theta/dT = 0$ gilt, positiv und innerhalb dieser Kreislinie negativ. Der Differentialquotient $d\rho/dT$ ist ganz außerhalb der Kontur, auf der $d\rho/dT$ verschwindet, negativ und wechselt beim Überschreiten dieser Kontur stets das Vorzeichen. Dies bedeutet insbesondere im Bild 8.57a, daß jeweils außerhalb der durch B und C verlaufenden geschlossenen ovalen Kurve $d\rho/dT < 0$, zwischen dieser Kurve und der durch A und 0 verlaufenden inneren eiförmigen Kurve $d\rho/dT > 0$ und schließlich innerhalb der zuletzt genannten Kurve $d\rho/dT < 0$ gilt. Bei Berücksichtigung dieser Besonderheiten ist unmittelbar zu erkennen, daß A ein instabiler, C ein stabiler Fixpunkt und B ein Sattelpunkt ist. Der Punkt 0 (Ursprung) ist ein regulärer Punkt, er ist eine nur durch das Koordinatensystem hervorgerufene Singularität. Stellt man $a(T)$ statt in Polarkoordinaten in kartesischen Koordinaten als $a(T) = u(T) + \mathrm{j}\, v(T)$ dar, so liefert Gl. (8.325) das Differentialgleichungssystem

$$\frac{\mathrm{d}u}{\mathrm{d}T} = \frac{1}{2}(u - \delta v - (u^2 + v^2)u), \tag{8.328a}$$

$$\frac{\mathrm{d}v}{\mathrm{d}T} = \frac{1}{2}(v + \delta u - (u^2 + v^2)v - \eta). \tag{8.328b}$$

Diese Gleichungen bestätigen, daß der Ursprung $u = 0, v = 0$ (wegen $\eta > 0$) kein Fixpunkt ist.

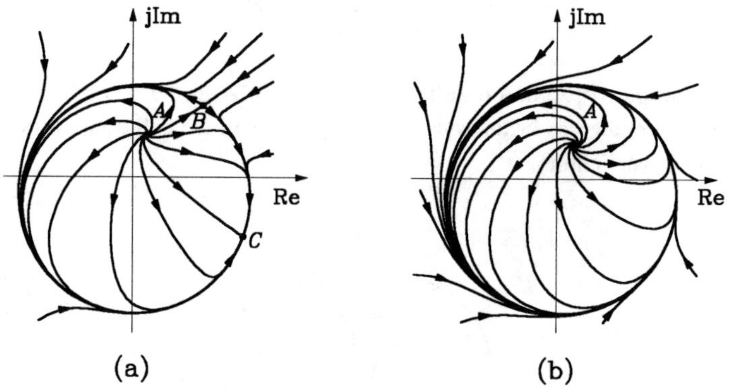

Bild 8.58: Verlauf der Trajektorien $a(T)$ für den Fall $\eta < 2\sqrt{3}/9$: (a) $\delta < \delta_c$, (b) $\delta > \delta_c$

Im Bild 8.58 sind die durch numerische Integration der Gln. (8.328a,b) gewonnenen Phasenportraits für $\eta < 2\sqrt{3}/9$, $\delta < \delta_c$ (Fall a) und $\eta < 2\sqrt{3}/9$, $\delta > \delta_c$ (Fall b) gezeigt, wobei für η und δ die oben gewählten Werte verwendet wurden. Rein qualitativ könnten diese Phasenportraits auch allein aufgrund der Eigenschaften der Fixpunkte beschrieben werden. Bild 8.59 zeigt den durch numerische Integration von Gl. (8.319) mit $\eta = 0{,}3349$ und $\delta = 0{,}2791$ sowie $\varepsilon = 0{,}07$ erhaltenen Verlauf von $z_1(t)$.

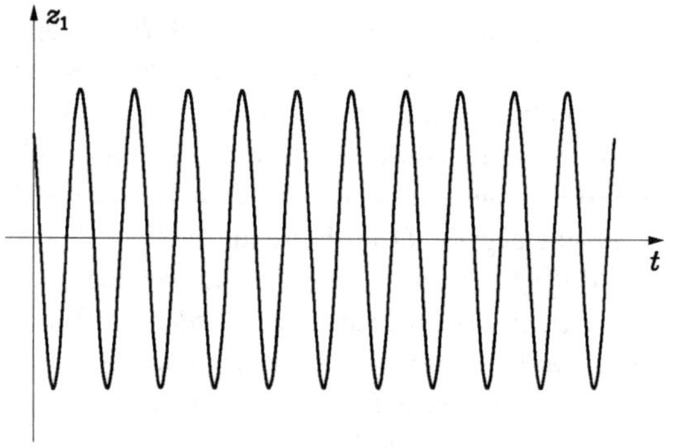

Bild 8.59: Verlauf von $z_1(t)$ entsprechend Bild 8.58a

Im Falle a werden die Lösungen $a(T)$ von einem nichttrivialen stationären Punkt angezogen. Dagegen münden die Lösungen im Falle b in einen stabilen Grenzzyklus ein. Dies bedeutet, daß im Falle a der Oszillator periodische Lösungen $\boldsymbol{z}(t)$ mit einer festen Frequenz aufweist, und man bezeichnet diese Erscheinung als *Frequenzeinrastung*. Im Falle b dagegen besitzt die asymptotische Lösung $\boldsymbol{z}(t)$ eine Amplitude und eine Phase, die in der Zeit εt oszillieren.

Man kann die Entstehung von Fall b aus Fall a folgendermaßen erklären: Ausgehend von einem Wert $\delta < \delta_c$ wird δ kontinuierlich erhöht, bis ein gewünschter Wert $\delta > \delta_c$ erreicht ist. Solange $\delta < \delta_c$ gilt, enthält das Phasenportrait eine invariante Kurve, die aus der instabilen Mannigfaltigkeit des Sattelpunkts B sowie aus B und dem Attraktor C besteht. Mit wachsendem δ bewegen sich die Punkte aufeinander zu, bis sie sich für $\delta = \delta_c$ zu einem Punkt vereinigt haben. Bei weiterer Zunahme entsteht aus der invarianten Kurve mit ursprünglich zwei Fixpunkten ein stabiler Grenzzyklus. Das beschriebene Phänomen stellt eine Bifurkation dar.

Asynchrone Schwingungsunterdrückung. Es wird ein Oszillator gemäß Gl. (8.319) mit den Parameterwerten $\delta = 0$ und $\eta = 0$ betrachtet. Für ω wird vorausgesetzt, daß $\omega \neq 0, 1/3, 1, 3$ gilt. Damit lautet die Säkularitätsbedingung gemäß Gl. (8.324) mit Gl. (8.322a)

$$2\mathrm{j}\,\frac{\mathrm{d}a}{\mathrm{d}T} + \mathrm{j}\,a^2 a^* + \mathrm{j}\,2a\,b^2 - \mathrm{j}\,a = 0,$$

woraus mit $a = \rho\,\mathrm{e}^{\mathrm{j}\Theta}$ die zwei reellen Differentialgleichungen

$$\frac{\mathrm{d}\rho}{\mathrm{d}T} = \frac{1}{2}\rho(1 - 2b^2 - \rho^2) \quad \text{und} \quad \frac{\mathrm{d}\Theta}{\mathrm{d}T} = 0 \qquad (8.329\text{a,b})$$

folgen.

Setzt man $b^2 > 1/2$ voraus, dann ist der Differentialquotient $\mathrm{d}\rho/\mathrm{d}T$ für alle $\rho > 0$ negativ. Das heißt, daß der Ursprung asymptotisch stabil ist und in der Lösung $\boldsymbol{z}_0(\tau, T)$ nach Gl. (8.320) der homogene Lösungsanteil (die freie Mode) verschwindet, also unterdrückt wird, so daß nur der partikuläre Lösungsanteil, also die von der Erregung hervorgerufene Reaktion übrigbleibt. Man spricht von *asynchroner Unterdrückung*, wobei sich "asynchron" auf die Vermeidung der Resonanzkreisfrequenzen $\omega = 0, 1/3, 1, 3$ bezieht. Beiläufig sei bemerkt, daß im Falle $b^2 < 1/2$ von weicher Erregung gesprochen wird. Hierauf soll nicht näher eingegangen werden.

Subharmonische Resonanz. Im folgenden werden für den erregten Van der Polschen Oszillator gemäß Gl. (8.319) die Parameter

$$\delta = 0, \quad \eta = 0, \quad \omega = 3(1 - \varepsilon\Delta), \quad b = \frac{B}{1 - (5/4)\,\varepsilon\Delta}$$

gewählt. Nach wie vor sei $0 < \varepsilon \ll 1$; Δ und B seien von ε unabhängige Konstanten. Durch Einführung der Zeitvariablen

$$\tilde{t} := (1 - \varepsilon\Delta)\,t$$

erhält Gl. (8.319) die Form

$$\frac{\mathrm{d}\boldsymbol{z}}{\mathrm{d}\tilde{t}} = \frac{1}{1-\varepsilon\Delta}\begin{bmatrix} 0 & 1 \\ -1 & 0 \end{bmatrix}\boldsymbol{z} - \frac{1}{1-\varepsilon\Delta}\begin{bmatrix} 0 \\ \dfrac{2B(8-18\,\varepsilon\Delta+9\,\varepsilon^2\Delta^2)}{1-(5/4)\,\varepsilon\Delta}\cos 3\tilde{t} \end{bmatrix}$$

$$- \frac{\varepsilon}{1-\varepsilon\Delta}\begin{bmatrix} 0 \\ z_2(z_1^2-1) \end{bmatrix}$$

und, wenn man die Potenzreihenentwicklung $1/(1-\varepsilon\Delta) = 1+\varepsilon\Delta + O(\varepsilon^2)$ sowie die leicht zu verifizierende Entwicklung $(8-18\,\varepsilon\Delta+9\varepsilon^2\Delta^2)/[(1-\varepsilon\Delta)(1-5\,\varepsilon\Delta/4)] = 8+O(\varepsilon^2)$ verwendet,

$$\frac{\mathrm{d}\boldsymbol{z}}{\mathrm{d}\tilde{t}} = \begin{bmatrix} 0 & 1 \\ -1 & 0 \end{bmatrix}(1+\varepsilon\Delta)\boldsymbol{z} - \begin{bmatrix} 0 \\ 16B\cos 3\tilde{t} \end{bmatrix} - \varepsilon\begin{bmatrix} 0 \\ z_2(z_1^2-1) \end{bmatrix} + O(\varepsilon^2). \quad (8.330)$$

Diese Differentialgleichung wird nun nach der Methode von Abschnitt 7.3.2 analysiert.

Das durch die Differentialgleichung

$$\frac{\partial \boldsymbol{z}_0}{\partial \tau} = \begin{bmatrix} 0 & 1 \\ -1 & 0 \end{bmatrix}\boldsymbol{z}_0 - \begin{bmatrix} 0 \\ 8B \end{bmatrix}\mathrm{e}^{\mathrm{j}3\tau} - \begin{bmatrix} 0 \\ 8B \end{bmatrix}\mathrm{e}^{-\mathrm{j}3\tau}$$

(mit $\tau := \tilde{t}$) gegebene ungestörte System hat die Lösung

$$\boldsymbol{z}_0 = a(T)\begin{bmatrix} 1 \\ \mathrm{j} \end{bmatrix}\mathrm{e}^{\mathrm{j}\tau} + a^*(T)\begin{bmatrix} 1 \\ -\mathrm{j} \end{bmatrix}\mathrm{e}^{-\mathrm{j}\tau} + B\begin{bmatrix} 1 \\ 3\mathrm{j} \end{bmatrix}\mathrm{e}^{\mathrm{j}3\tau} + B\begin{bmatrix} 1 \\ -3\mathrm{j} \end{bmatrix}\mathrm{e}^{-\mathrm{j}3\tau}$$

(mit $T := \varepsilon\tilde{t}$). Sie lehrt folgendes: Ist $a(T)$ eine von T unabhängige nichtverschwindende Konstante, dann stellt die Lösung der Van der Polschen Gleichung (im Rahmen der Rechnung von der Ordnung $O(\varepsilon)$) eine periodische Funktion mit der Periode 2π dar, also der (Grund-) Kreisfrequenz 1, die im Vergleich zur Kreisfrequenz 3 der Erregung des Oszillators zu sehen ist. Man spricht in diesem Zusammenhang von subharmonischer Resonanz, da die Frequenz der Systemreaktion ein (ganzzahliger) Teil der Frequenz der Erregung ist. Im weiteren wird gezeigt, daß in der Tat a eine von Null verschiedene Konstante sein kann.

Die Funktion $\boldsymbol{z}_1(\tau, T)$ in der Lösungsdarstellung von $\boldsymbol{z}$ gemäß Gl. (8.304) ist nach Gl. (8.308) durch die Differentialgleichung

$$\frac{\partial \boldsymbol{z}_1}{\partial \tau} = \begin{bmatrix} 0 & 1 \\ -1 & 0 \end{bmatrix}\boldsymbol{z}_1 + \Delta\begin{bmatrix} 0 & 1 \\ -1 & 0 \end{bmatrix}\boldsymbol{z}_0 - \begin{bmatrix} 0 \\ z_{02}(z_{01}^2-1) \end{bmatrix} - \frac{\partial \boldsymbol{z}_0}{\partial T}$$

bestimmt, die nach kurzer Zwischenrechnung auch als

$$\frac{\partial \boldsymbol{z}_1}{\partial \tau} = \begin{bmatrix} 0 & 1 \\ -1 & 0 \end{bmatrix}\boldsymbol{z}_1 + \Delta\begin{bmatrix} 0 & 1 \\ -1 & 0 \end{bmatrix}a\begin{bmatrix} 1 \\ \mathrm{j} \end{bmatrix}\mathrm{e}^{\mathrm{j}\tau}$$

$$- \begin{bmatrix} 0 \\ a^{*2}B + a^2a^* + 2aB^2 - a \end{bmatrix}\mathrm{j}\,\mathrm{e}^{\mathrm{j}\tau} - \begin{bmatrix} 1 \\ \mathrm{j} \end{bmatrix}\frac{\mathrm{d}a}{\mathrm{d}T}\mathrm{e}^{\mathrm{j}\tau} + \{\cdots\}\mathrm{e}^{-\mathrm{j}\tau} + \cdots$$

geschrieben werden kann. Hieraus folgt die Säkularitätsbedingung

$$-2\mathrm{j}\,\frac{\mathrm{d}a}{\mathrm{d}T} - 2a\Delta - (a^*)^2B\,\mathrm{j} - a^2a^*\,\mathrm{j} - 2aB^2\,\mathrm{j} + a\,\mathrm{j} = 0,$$

woraus sich mit der Polarkoordinatendarstellung $a = \rho \, e^{j\Theta}$ bie beiden reellen Differentialgleichungen

$$\frac{d\rho}{dT} = \frac{\rho}{2}(1 - 2B^2 - \rho B \cos 3\Theta - \rho^2) \tag{8.331a}$$

und

$$\frac{d\Theta}{dT} = \frac{1}{2}(2\Delta + \rho B \sin 3\Theta) \tag{8.331b}$$

oder bei Verwendung der Darstellung in kartesischen Koordinaten $a = u + j\,v$

$$\frac{du}{dT} = \frac{1}{2}(-2\Delta v + B(v^2 - u^2) - u(u^2 + v^2) - 2B^2 u + u) \tag{8.332a}$$

und

$$\frac{dv}{dT} = \frac{1}{2}(2\Delta u + 2B\,u\,v - (u^2 + v^2)v - 2B^2 v + v) \tag{8.332b}$$

ergeben. Die Gln. (8.332a,b) lassen erkennen, daß der Ursprung einen Fixpunkt von $a(T)$ darstellt, der genau für $B^2 > 1/2$ (asymptotisch) stabil ist. Die weiteren Fixpunkte werden ermittelt, indem die rechten Seiten der Gln. (8.331a,b) gleich Null gesetzt werden. Auf diese Weise erhält man das zu lösende Gleichungssystem

$$\sin 3\Theta = -\frac{2\Delta}{B\rho}, \quad \cos 3\Theta = \frac{1 - 2B^2 - \rho^2}{B\rho}. \tag{8.333a,b}$$

Im Falle $\Delta = 0$ $(B > 0)$ liefert Gl. (8.333a) die Lösungen $\Theta = 0$, $\pi/3$, $2\pi/3$, π, $4\pi/3$, $5\pi/3$, wovon jedoch nur $\Theta = \pi/3$, π und $4\pi/3$ stabil sind. Für diese stabilen Werte ist $\cos 3\Theta = -1$, womit aus Gl. (8.333b) die Beziehung

$$\rho^2 - B\rho + 2B^2 - 1 = 0$$

resultiert, die nur für $B^2 \leqq 4/7$ reelle ρ-Werte liefert. Aufgrund der bisherigen Überlegungen kann nun folgendes festgestellt werden: Ist im Falle $\Delta = 0$ die Ungleichung $B^2 < 1/2$ erfüllt, dann strebt $a(T)$ gegen eine stationäre nichtverschwindende Konstante (weiche Erregung). Falls die Einschränkung $1/2 < B^2 < 4/7$ gilt, streben die Lösungen $a(T)$ gegen eine nichtverschwindende Konstante, sofern der Startwert von $a(T)$ genügend weit vom Ursprung entfernt (d. h. außerhalb des Einzugsgebiets des Ursprungs) gewählt wird, andernfalls streben die Lösungen in den Ursprung (harte Erregung). Für $B^2 > 4/7$ wird die $a(T)$ zugeordnete Schwingung unterdrückt.

Nun sei der Fall $\Delta > 0$ betrachtet. Außerdem wird wie bisher $B > 0$ vorausgesetzt. Die Gl. (8.333a), die den geometrischen Ort aller Punkte mit der Eigenschaft $d\Theta/dT = 0$ beschreibt, liefert nur in den drei Winkelintervallen $\pi/3 < \Theta < 2\pi/3$, $\pi < \Theta < 4\pi/3$ und $5\pi/3 < \Theta < 2\pi$ jeweils genau einen positiv reellen ρ-Wert; d. h., die Kurve, längs der $d\Theta/dT$ verschwindet, setzt sich aus drei Ästen zusammen, die durch Drehung um den Winkel 120° bezüglich des Ursprungs ineinander übergehen. Die Gl. (8.331b) lehrt, daß $d\Theta/dT$ in der unmittelbaren Umgebung des Ursprungs positiv ist und negativ wird erst beim Überschreiten eines der genannten Kurvenäste. Die Gl. (8.333b), die den geometrischen Ort aller Punkte mit der Eigenschaft $d\rho/dT = 0$ beschreibt, stellt eine quadratische Gleichung für ρ dar mit der Lösung

$$\rho = \pm \frac{B}{2} \sqrt{\cos^2 3\Theta + \frac{4-8B^2}{B^2}} - \frac{B}{2} \cos 3\Theta .$$

Diese Lösungsdarstellung läßt folgendes erkennen: Gilt $(4-8B^2)/B^2 < -1$, d. h. $B^2 > 4/7$, dann existieren keine reellen ρ-Werte; der Ursprung ist ein stabiler Fixpunkt für $a(T)$, und es findet Schwingungsunterdrückung statt. Gilt $1/2 < B^2 < 4/7$, so gibt es drei Winkelintervalle $[(\pi/3) - \psi, (\pi/3) + \psi]$, $[\pi - \psi, \pi + \psi]$ und $[(5\pi/3) - \psi, (5\pi/3) + \psi]$, in denen jeweils zwei positive ρ-Werte vorhanden sind (der Wert von ψ läßt sich leicht ermitteln als $\psi = (1/3) \arccos [(2/B) \sqrt{2B^2 - 1}]$). Gilt dagegen $B^2 < 1/2$, so existiert für jeden Wert von Θ genau ein ρ-Wert. Der Gl. (8.331a) ist zu entnehmen, daß bei genügend großem ρ die Ableitung $d\rho/dT$ stets negativ ist; beim Überschreiten der Kontur $d\rho/dT = 0$ ändert sich jeweils das Vorzeichen von $d\rho/dT$.

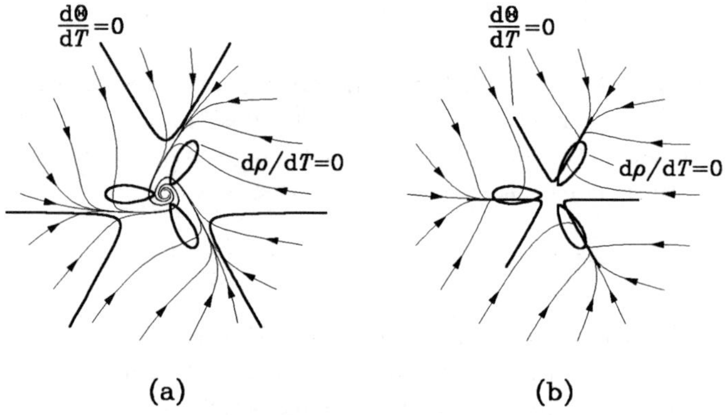

Bild 8.60: Darstellung der Konturen $d\Theta/dT = 0$ und $d\rho/dT = 0$ sowie der Trajektorien $a(T)$ für den Fall $1/2 < B^2 < 4/7$: (a) Δ groß, (b) Δ klein

Im Bild 8.60 sind die Kurven $d\rho/dT = 0$ und $d\Theta/dT = 0$ für $1/2 < B^2 < 4/7$ für großes Δ bzw. für kleines Δ dargestellt. Im Falle, daß Δ groß ist (Bild 8.60a) schneiden sich die Kurven $d\rho/dT = 0$ und $d\Theta/dT = 0$ nicht; die Trajektorien von $a(T)$, die ebenfalls im Bild angedeutet sind, münden in den stabilen Ursprung, und es findet Schwingungsunterdrückung statt. Im Falle, daß Δ klein ist (Bild 8.60b), treten zwischen jeweils einem Paar von Ästen der Kurven $d\rho/dT = 0$ und $d\Theta/dT = 0$ zwei Schnittpunkte auf, von denen einer einen stabilen Fixpunkt darstellt, welcher eine subharmonische Resonanz verursacht (der andere Schnittpunkt ist ein Sattelpunkt).

Bild 8.61 zeigt die Kurven $d\rho/dT = 0$ und $d\Theta/dT = 0$ für $B^2 < 1/2$, wobei erneut zwischen großem und kleinem Δ unterschieden wurde. Im Falle, daß Δ groß ist (Bild 8.61a), schneiden sich die Kurven $d\rho/dT = 0$ und $d\Theta/dT = 0$ nicht und die Lösungen von $a(T)$ münden in einen stabilen Grenzzyklus ein, dessen Entstehung als Bifurkation gedeutet werden kann. Im Falle, daß Δ klein ist (Bild 8.61b), schneidet sich jeder der drei Kurvenäste von $d\Theta/dT = 0$ mit der Kontur $d\rho/dT = 0$ in zwei Punkten, von denen einer ein stabiler Fixpunkt (der andere ein Sattelpunkt) von $a(T)$ ist. Dieser stabile Fixpunkt verursacht eine subharmonische Resonanz.

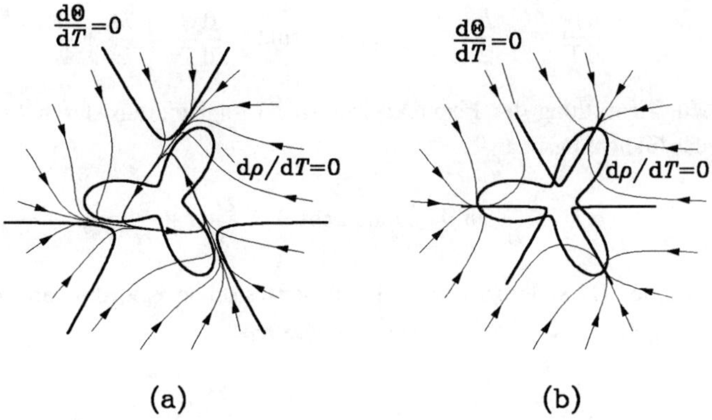

Bild 8.61: Darstellung der Konturen $\mathrm{d}\Theta/\mathrm{d}T = 0$ und $\mathrm{d}\rho/\mathrm{d}T = 0$ sowie der Trajektorien von $a(T)$ für den Fall $B^2 < 1/2$: (a) Δ groß, (b) Δ klein

7.3.4 Hystereseerscheinungen

Das im folgenden zu untersuchende System wird durch die Zustandsgleichung

$$\frac{\mathrm{d}\boldsymbol{z}}{\mathrm{d}t} = \begin{bmatrix} 0 & 1 \\ -1 & 0 \end{bmatrix} \boldsymbol{z} - \varepsilon \begin{bmatrix} 0 \\ Dz_1 + z_1^3 + Bz_2 - 2\alpha\cos t \end{bmatrix} \tag{8.334}$$

mit $0 < \varepsilon \ll 1$, $B > 0$ und $\alpha > 0$ beschrieben. Es handelt sich um ein erregtes Duffing-System mit Reibung. Die Lösungen sollen mittels des Verfahrens aus Abschnitt 7.3.2 diskutiert werden. Das ungestörte System hat (mit $\tau = t$ und $T = \varepsilon t$) die Lösung

$$\boldsymbol{z}_0 = a(T) \begin{bmatrix} 1 \\ \mathrm{j} \end{bmatrix} \mathrm{e}^{\mathrm{j}\tau} + a^*(T) \begin{bmatrix} 1 \\ -\mathrm{j} \end{bmatrix} \mathrm{e}^{-\mathrm{j}\tau}, \tag{8.335}$$

während die Komponente $\boldsymbol{z}_1$ in der Lösung $\boldsymbol{z}$ von Gl. (8.334) gemäß Gl. (8.308) durch die Differentialgleichung

$$\frac{\partial \boldsymbol{z}_1}{\partial \tau} = \begin{bmatrix} 0 & 1 \\ -1 & 0 \end{bmatrix} \boldsymbol{z}_1 - \begin{bmatrix} 0 \\ Dz_{01} + z_{01}^3 + Bz_{02} - \alpha\,\mathrm{e}^{\mathrm{j}\tau} - \alpha\,\mathrm{e}^{-\mathrm{j}\tau} \end{bmatrix} - \frac{\partial \boldsymbol{z}_0}{\partial T} \tag{8.336}$$

beschrieben wird, wobei $\boldsymbol{z}_0 = [z_{01} \;\; z_{02}]^{\mathrm{T}}$ als Lösung der Gl. (8.335) gegeben ist. Führt man Gl. (8.335) in Gl. (8.336) ein, so ergibt sich die Differentialgleichung

$$\frac{\partial \boldsymbol{z}_1}{\partial \tau} = \begin{bmatrix} 0 & 1 \\ -1 & 0 \end{bmatrix} \boldsymbol{z}_1 - \begin{bmatrix} \mathrm{d}a/\mathrm{d}T \\ Da + 3a^2 a^* + \mathrm{j}\,Ba - \alpha + \mathrm{j}\,\mathrm{d}a/\mathrm{d}T \end{bmatrix} \mathrm{e}^{\mathrm{j}\tau} - [\;\cdots\;]^* \,\mathrm{e}^{-\mathrm{j}\tau} + \cdots,$$

der die Säkularitätsbedingung

$$\frac{\mathrm{d}a}{\mathrm{d}T} = \frac{1}{2}(-B + \mathrm{j}\,D)\,a + \frac{3\mathrm{j}}{2}\,a^2 a^* - \mathrm{j}\,\frac{\alpha}{2} \tag{8.337}$$

entnommen wird. Aufgrund der Polarkoordinatendarstellung $a = \rho\,\mathrm{e}^{\mathrm{j}\Theta}$ liefert diese Bedingung das Paar gekoppelter Differentialgleichungen

$$\frac{\mathrm{d}\rho}{\mathrm{d}T} = -\frac{B}{2}\rho - \frac{\alpha}{2}\sin\Theta \quad \text{und} \quad \frac{\mathrm{d}\Theta}{\mathrm{d}T} = \frac{D}{2} + \frac{3}{2}\rho^2 - \frac{\alpha}{2\rho}\cos\Theta\,. \tag{8.338a,b}$$

Zur Ermittlung der Fixpunkte von $a(T)$ folgt hieraus durch Nullsetzen der rechten Seiten das Gleichungspaar

$$\rho = -\frac{\alpha}{B}\sin\Theta \quad \text{und} \quad \cos\Theta = \frac{D}{\alpha}\rho + \frac{3}{\alpha}\rho^3\,. \tag{8.339a,b}$$

Mit der Darstellung $a = u + \mathrm{j}\,v$ in kartesischen Koordinaten liefert die Säkularitätsbedingung (8.337) das Differentialgleichungspaar

$$\frac{\mathrm{d}u}{\mathrm{d}T} = -\frac{B}{2}u - \frac{D}{2}v - \frac{3}{2}(u^2+v^2)v \tag{8.340a}$$

und

$$\frac{\mathrm{d}v}{\mathrm{d}T} = \frac{D}{2}u - \frac{B}{2}v + \frac{3}{2}(u^2+v^2)u - \frac{\alpha}{2}\,. \tag{8.340b}$$

Es zeigt, daß der Ursprung ($u = 0, v = 0$) kein Fixpunkt ist, da $\alpha > 0$ vorausgesetzt wurde.

Nun sollen die durch die Gln. (8.339a,b) definierten Kurven in der komplexen w-Ebene ($w = u + \mathrm{j}\,v$) ermittelt werden. Gl. (8.339a) beschreibt einen Kreis vom Radius $\alpha/2B$ und Mittelpunkt $w = (\alpha/2B)\,\mathrm{e}^{-\mathrm{j}\,\pi/2}$.

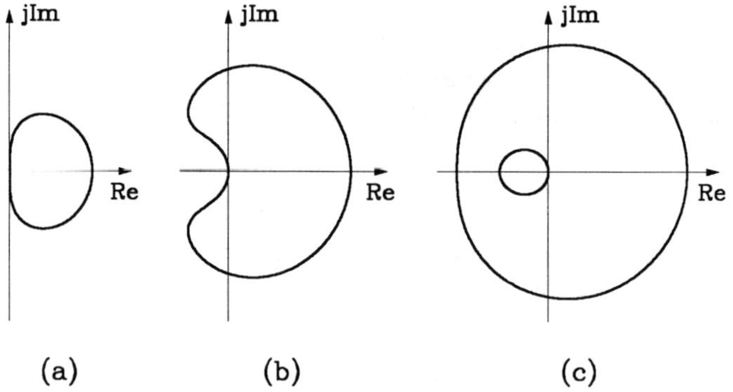

Bild 8.62: Geometrischer Ort für die Punkte mit der Eigenschaft $\mathrm{d}\Theta/\mathrm{d}T = 0$ (man vergleiche dazu die Gl. (8.339b): (a) $D > 0$; (b) $0 > D > D_c$; (c) $D < D_c$

Zur Bestimmung der durch die Gl. (8.339b) gegebenen Kontur wird die rechte Seite $f(\rho) := (D/\alpha)\rho + (3/\alpha)\rho^3$ dieser Gleichung untersucht. Für $D > 0$ steigt $f(\rho)$ vom Wert $f(0) = 0$ für $\rho > 0$ monoton an, so daß nur für Werte Θ im Intervall $(-\pi/2,\ \pi/2)$ jeweils genau ein positiver ρ-Wert existiert (Bild 8.62a). Für $D < 0$ erreicht $f(\rho)$ im Bereich $\rho > 0$ für $\rho = \sqrt{-D}/3$ ein absolutes Minimum mit negativem Wert $f_{\min} := 2D\sqrt{-D}/9\,\alpha$, so daß zu jedem f mit $0 > f > f_{\min}$ im Falle $f_{\min} \geqq -1$ stets genau zwei ρ-Werte gehören. Der kritische D-Parameterwert $D_c = -(81\,\alpha^2/4)^{1/3} < 0$ ist dadurch ausgezeichnet, daß in diesem Fall, d. h. bei der Wahl $D = D_c$, der Wert $f_{\min}$ gleich -1 wird, wovon man sich leicht überzeugen kann. Bei Wahl von D im Intervall $0 > D > D_c$ gilt $0 > f_{\min} > -1$, so daß zu jedem Wert Θ aus dem Intervall $(-\pi/2, \pi/2)$ genau ein ρ-Wert gehört und jedem Wert Θ aus einem der Intervalle $(\pi/2, \arccos f_{\min})$ und $(-\arccos f_{\min}, -\pi/2)$ genau zwei ρ-Werte nach Gl. (8.339b) zugeordnet sind (Bild 8.62b). Sobald man $D < D_c$ wählt, wird $f_{\min} < -1$, und es gibt zu $-\pi/2 < \Theta < \pi/2$ nach wie vor jeweils nur einen ρ-Wert, jedoch gehören zu jedem Θ-Wert im Intervall $(\pi/2, 3\pi/2)$ genau zwei ρ-Werte (Bild 8.62c).

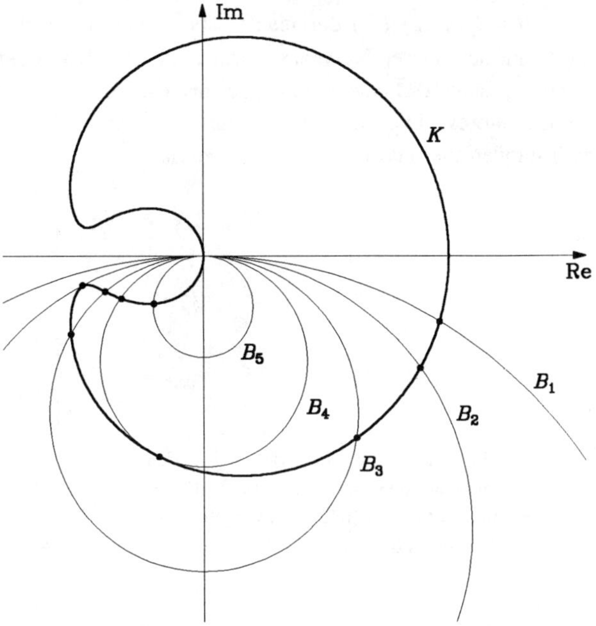

Bild 8.63: Schnitt der Konturen $\mathrm{d}\Theta/\mathrm{d}T = 0$ (K) mit dem Kreis $\mathrm{d}\rho/\mathrm{d}T = 0$ für verschiedene Werte von B mit $B_1 < B_2 < B_3 < B_4 < B_5$

Im weiteren soll nur noch der Fall $0 > D > D_c$ mit D in der Nähe von D_c interessieren. Bild 8.63 zeigt hierfür den Verlauf der Kontur K mit der Eigenschaft $\mathrm{d}\Theta/\mathrm{d}T = 0$ sowie Kreise gemäß Gl. (8.339a) mit der Eigenschaft $\mathrm{d}\rho/\mathrm{d}T = 0$ für verschiedene Werte von B mit $B_1 < B_2 < B_3 < B_4 < B_5$. Von besonderer Bedeutung sind die Schnittpunkte zwischen K und der Kreisschar, da diese Punkte stationäre Lösungen von $a(T)$ darstellen und damit periodischen Lösungen von $\boldsymbol{z}$ entsprechen. Bei der Beurteilung der Stabilität dieser Lösungen ist hier hilfreich zu beachten, daß innerhalb des Kreises $\mathrm{d}\rho/\mathrm{d}T = 0$ die Ableitung $\mathrm{d}\rho/\mathrm{d}T$ positiv, außerhalb des Kreises $\mathrm{d}\rho/\mathrm{d}T$ negativ ist, wie Gl. (8.338a) lehrt. Entsprechend ist der Gl. (8.338b) zu entnehmen, daß $\mathrm{d}\Theta/\mathrm{d}T$ in genügend großem Abstand vom Ursprung positiv ist und beim Überschreiten der Kontur $\mathrm{d}\Theta/\mathrm{d}T = 0$ stets das Vorzeichen wechselt. Wie Bild 8.63 zeigt, erhält man für jeden B-Wert im Intervall $0 < B < B_2$ (z. B. für $B = B_1$) *einen* Schnittpunkt zwischen den Kurven $\mathrm{d}\Theta/\mathrm{d}T = 0$ und $\mathrm{d}\rho/\mathrm{d}T = 0$; dieser entspricht einer stabilen periodischen Lösung $\boldsymbol{z}(t)$. Im Intervall $B_2 < B < B_4$ (z. B. für $B = B_3$) ergeben sich jeweils *drei* Schnittpunkte, von denen zwei (nämlich der im vierten Quadranten liegende Schnittpunkt und jener im "Schlund") stabile stationäre Lösungen von $a(T)$ darstellen und der dritte ein Sattelpunkt ist. Von $B = B_4$ an kompensieren sich der stabile Punkt aus dem vierten Quadranten und der Sattelpunkt, so daß für $B > B_4$ (z. B. $B = B_5$) nur noch ein Schnittpunkt verbleibt, der eine stabile stationäre Lösung von $a(T)$ repräsentiert.

Im Bild 8.64 ist die Abhängigkeit des Betrags ρ der stationären Lösungen a vom Parameter B als Kurve dargestellt. Wird B beginnend mit einem kleinen positiven Wert langsam und stetig erhöht, so durchläuft der Wert $\rho(B)$ bis zum Wert $B = B_4$ den oberen Kurvenast; bei weiterer Steigerung von B springt der Wert $\rho(B)$ auf den unteren Kurvenast und verbleibt auf diesem. Verkleinert man nun B, dann wird zunächst der untere Kurvenast bis zum Wert $B = B_2$ von $\rho(B)$ durchlaufen, bei weiterer Verkleinerung von B springt der Wert $\rho(B)$ auf den oberen Kurvenast zurück. Ob der obere oder der untere Kurvenast durchlaufen wird, hängt also davon ab, wo gestartet wird, d. h. von der Vergangenheit. Dieser Effekt heißt Hysterese. Der mittlere Kurvenast wird von $\rho(B)$ nicht durchlaufen, da dessen Punkte zu instabilen stationären Lösungen gehören.

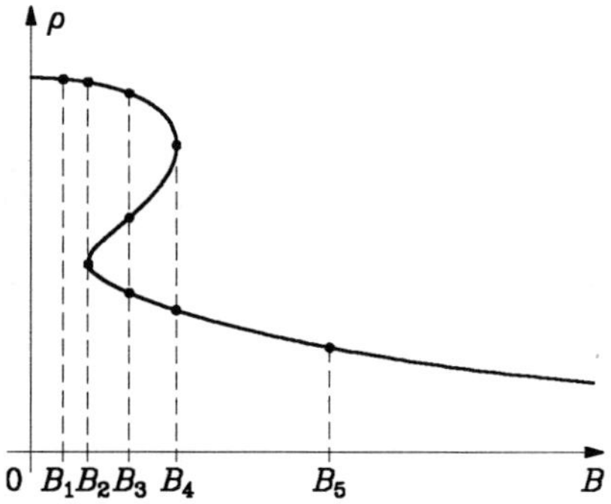

Bild 8.64: Abhängigkeit der Größe $\rho = |a|$ in den Schnittpunkten der Kurven $\mathrm{d}\Theta/\mathrm{d}T = 0$ und $\mathrm{d}\rho/\mathrm{d}T = 0$ (Bild 8.63) vom Wert des Parameters B

8 Nichtlineare diskontinuierliche Systeme

8.1 ZUSTANDSRAUMBESCHREIBUNGEN

Nichtlineare diskontinuierliche Systeme werden im Zustandsraum durch die Gleichungen

$$\boldsymbol{z}[n+1] = \boldsymbol{f}(\boldsymbol{z}[n], \boldsymbol{x}[n], n), \quad \boldsymbol{y}[n] = \boldsymbol{g}(\boldsymbol{z}[n], \boldsymbol{x}[n], n) \tag{8.341a,b}$$

mit dem Vektor $\boldsymbol{x}[n]$ der Eingangssignale, dem Vektor $\boldsymbol{y}[n]$ der Ausgangssignale und dem q-dimensionalen Vektor $\boldsymbol{z}[n]$ der Zustandsvariablen beschrieben. Mit n wird die diskrete Zeit bezeichnet.

Im folgenden wird der Fall betrachtet, daß die rechten Seiten der Gln. (8.341a,b) nicht explizit von n abhängig sind und ein von n unabhängiger Vektor $\boldsymbol{x}[n] = \hat{\boldsymbol{x}}$, z. B. $\hat{\boldsymbol{x}} = \boldsymbol{0}$, als Systemerregung wirkt. Jeder von n unabhängige Zustand $\boldsymbol{z}_e$ mit der Eigenschaft

$$\boldsymbol{z}_e = \boldsymbol{f}(\boldsymbol{z}_e, \hat{\boldsymbol{x}}) \tag{8.342}$$

heißt dann Gleichgewichtszustand des betreffenden (autonomen) Systems. Zu ihm gehört das Ausgangssignal

$$\boldsymbol{y}_e = \boldsymbol{g}(\boldsymbol{z}_e, \hat{\boldsymbol{x}}) , \tag{8.343}$$

das ebenfalls von n unabhängig ist. Das System wird nun um den Gleichgewichtszustand linearisiert, wodurch man mit den Variablen

$$\boldsymbol{\zeta}[n] = \boldsymbol{z}[n] - \boldsymbol{z}_e \ , \qquad \boldsymbol{\xi}[n] = \boldsymbol{x}[n] - \hat{\boldsymbol{x}} \ , \qquad \boldsymbol{\eta}[n] = \boldsymbol{y}[n] - \boldsymbol{y}_e \qquad (8.344\text{a-c})$$

die linearisierte Zustandsdarstellung

$$\boldsymbol{\zeta}[n+1] = \boldsymbol{A}\boldsymbol{\zeta}[n] + \boldsymbol{B}\boldsymbol{\xi}[n] \ , \qquad \boldsymbol{\eta}[n] = \boldsymbol{C}\boldsymbol{\zeta}[n] + \boldsymbol{D}\boldsymbol{\xi}[n] \qquad (8.345\text{a,b})$$

erhält. Die von n unabhängigen Systemmatrizen $\boldsymbol{A}, \boldsymbol{B}, \boldsymbol{C}, \boldsymbol{D}$ erhält man aus den Jacobi-Matrizen von $\boldsymbol{f}(\boldsymbol{z}, \boldsymbol{x})$ bzw. $\boldsymbol{g}(\boldsymbol{z}, \boldsymbol{x})$ im Gleichgewichtszustand entsprechend wie im kontinuierlichen Fall (Abschnitt 1.1.3). Nach Kapitel II ist das linearisierte System nach Gln. (8.345a,b) genau dann asymptotisch stabil, wenn alle Eigenwerte der Systemmatrix $\boldsymbol{A}$ innerhalb des Einheitskreises liegen. Nach Gl. (2.228) erhält man als Lösung der Gl. (8.345a)

$$\boldsymbol{\zeta}[n] = \boldsymbol{A}^n \boldsymbol{\zeta}[0] + \sum_{\nu=0}^{n-1} \boldsymbol{A}^{n-\nu-1} \boldsymbol{B}\boldsymbol{\xi}[\nu] \qquad (8.346)$$

für alle $n > 0$ mit dem Anfangszustand $\boldsymbol{\zeta}[0]$. Ist das linearisierte System asymptotisch stabil, dann hat auch das nichtlineare System diese Eigenschaft, allerdings zunächst nur lokal im betrachteten Gleichgewichtszustand.

Man kann zahlreiche Konzepte der Stabilität nichtlinearer kontinuierlicher Systeme auf den diskontinuierlichen Fall übertragen, insbesondere die zweite Methode von Lyapunov. Der wesentliche Unterschied zum kontinuierlichen Fall liegt darin, daß bei der diskontinuierlichen Version der zweiten Methode von Lyapunov dem Differentialquotienten der Lyapunov-Funktion in einer gewissen Weise die Differenz

$$\Delta V(\boldsymbol{z}[n]) = V(\boldsymbol{z}[n+1]) - V(\boldsymbol{z}[n]) \qquad (8.347)$$

entspricht, d. h. bei einem autonomen System mit der Darstellung

$$\boldsymbol{z}[n+1] = \boldsymbol{f}(\boldsymbol{z}[n]) \qquad (8.348)$$

die Differenz

$$\Delta V(\boldsymbol{z}[n]) = V(\boldsymbol{f}(\boldsymbol{z}[n])) - V(\boldsymbol{z}[n]) \ . \qquad (8.349)$$

Es wird nun eine Linearisierung der Zustandsgleichung (8.348) in einem Gleichgewichtszustand $\boldsymbol{z}_e$ von der Form

$$\boldsymbol{\zeta}[n+1] = \boldsymbol{A}\boldsymbol{\zeta}[n] \qquad (8.350)$$

mit $\boldsymbol{\zeta}$ gemäß Gl. (8.344a) durchgeführt und angenommen, daß das linearisierte System asymptotisch stabil ist. Dann bildet man mit einer symmetrischen, positiv-definiten $(q \times q)$-Matrix $\boldsymbol{P}$ die quadratische Form

$$V(\boldsymbol{\zeta}[n]) = \boldsymbol{\zeta}^{\mathrm{T}}[n]\boldsymbol{P}\boldsymbol{\zeta}[n] \ . \qquad (8.351)$$

Hieraus folgt gemäß Gl. (8.349) mit Gl. (8.350)

$$\Delta V(\boldsymbol{\zeta}[n]) = \boldsymbol{\zeta}^{\mathrm{T}}[n](\boldsymbol{A}^{\mathrm{T}}\boldsymbol{P}\boldsymbol{A} - \boldsymbol{P})\boldsymbol{\zeta}[n] \ . \qquad (8.352)$$

Um zu erreichen, daß die nach Gl. (8.351) gewählte quadratische Form eine Lyapunov-Funktion wird, ist zu verlangen, daß sich die in Gl. (8.352) auftretende Matrix mit einer symmetrischen, positiv-definiten $(q \times q)$-Matrix $\boldsymbol{Q}$ zu null addiert. Auf diese Weise gelangt man zur diskontinuierlichen Version der Lyapunov-Gleichung

$$\boldsymbol{A}^{\mathrm{T}}\boldsymbol{P}\boldsymbol{A} - \boldsymbol{P} = -\boldsymbol{Q} \ , \tag{8.353}$$

die zur Bestimmung von $\boldsymbol{P}$ bei Wahl von $\boldsymbol{Q}$ dient. Betrachtet man jetzt $V(\boldsymbol{\zeta}[n])$ nach Gl. (8.351) für das ursprüngliche nichtlineare System, so sind $V(\boldsymbol{\zeta}[n])$ und $-\Delta V(\boldsymbol{\zeta}[n])$ zwar nicht mehr für alle $\boldsymbol{\zeta}[n]$, jedoch in einem bestimmten offenen Gebiet um den Gleichgewichtspunkt, d. h. $\boldsymbol{z} = \boldsymbol{z}_e$ positiv-definit. Damit kann V auch als Lyapunov-Funktion des nichtlinearen Systems verwendet werden. Die so erhaltene Lyapunov-Funktion kann beispielsweise dazu benützt werden, das Einzugsgebiet um $\boldsymbol{z}_e$ abzuschätzen.

Auch das Popov-Kriterium kann in diskontinuierlicher Version formuliert werden. Dazu betrachtet man ein nichtlineares, rückgekoppeltes diskontinuierliches System mit einem steuerbaren und beobachtbaren linearen Teil und einem nichtlinearen Teil entsprechend Bild 5.28, wobei die Übertragungsfunktion des linearen Teilsystems durch

$$F_1(z) = \boldsymbol{c}^{\mathrm{T}}(z\mathbf{E} - \boldsymbol{A})^{-1}\boldsymbol{b}$$

gegeben sei und für die nichtlineare Charakteristik

$$\frac{f_1(y)}{y} > 0 \qquad \text{für alle} \quad y \neq 0$$

gelten möge. Falls $F_1((1+p)/(1-p))$ eine Zweipolfunktion ist, liegt Stabilität vor.

Im Falle eines nichtlinearen autonomen diskontinuierlichen Systems kann man aufgrund von Gl. (8.348) die n-fach iterierte Funktion

$$\boldsymbol{f}^{(n)}(\boldsymbol{z}[0]) := \boldsymbol{f}(\boldsymbol{f}(\boldsymbol{f}(\cdots \boldsymbol{f}(\boldsymbol{z}[0]) \cdots))) \tag{8.354}$$

einführen. Man erhält dann die Lösung der Gl. (8.348) in der Form

$$\boldsymbol{z}[n] = \boldsymbol{f}^{(n)}(\boldsymbol{z}[0]) \ . \tag{8.355}$$

Unter einem Fixpunkt $\tilde{\boldsymbol{z}}$ versteht man hierbei einen Zustand mit der Eigenschaft

$$\tilde{\boldsymbol{z}} = \boldsymbol{f}^{(m)}(\tilde{\boldsymbol{z}}) \ , \tag{8.356}$$

wobei m eine bestimmte Zahl aus $\mathbb{N}$ ist. Wählt man den Fixpunkt $\tilde{\boldsymbol{z}}$ als Anfangszustand, so kehrt das System nach der diskreten Zeitspanne m zu diesem Punkt zurück. Es liegt also ein Grenzzyklus der Periode m vor. Ein Gleichgewichtszustand ist in diesem Sinne ein entarteter Grenzzyklus der Periode 1. Zur Stabilitätsprüfung eines Grenzzyklus kann man einen Fixpunkt $\tilde{\boldsymbol{z}}$ auf dem Grenzzyklus wählen und Gl. (8.355) für $n = m$ bezüglich $\tilde{\boldsymbol{z}}$ linearisieren. Mit $\boldsymbol{z} = \tilde{\boldsymbol{z}} + \boldsymbol{\zeta}$, wobei $\boldsymbol{\zeta}$ eine kleine Abweichung von $\tilde{\boldsymbol{z}}$ bedeutet, erhält man dann

$$\boldsymbol{\zeta}[m] = \frac{\partial \boldsymbol{f}^{(m)}}{\partial \boldsymbol{z}}\bigg|_{\boldsymbol{z}=\tilde{\boldsymbol{z}}} \boldsymbol{\zeta}[0] + \cdots \ . \tag{8.357}$$

Falls alle Eigenwerte der Matrix $\partial \boldsymbol{f}^{(m)}/\partial \boldsymbol{z}$ für $\boldsymbol{z} = \tilde{\boldsymbol{z}}$ im Inneren des Einheitskreises liegen, verhält sich der Grenzzyklus asymptotisch stabil.

8.2 ABTASTSYSTEME

Ein einfaches rückgekoppeltes System. Bild 8.65 zeigt ein Abtastsystem mit Rückkopplungsstruktur. Es besteht aus einem kontinuierlichen und einem diskontinuierlichen Teil. Der kontinuierliche Teil setzt sich aus einer gedächtnislosen nichtlinearen Komponente mit der Charakteristik $f(u)$ und einer linearen, zeitinvarianten Komponente mit der Übertragungsfunktion $F(p)$ zusammen. Der diskontinuierliche Teil umfaßt ein lineares, zeitinvariantes System mit der Übertragungsfunktion

$$H(z) = \sum_{n=0}^{\infty} h[n] z^{-n} . \tag{8.358}$$

Dabei bedeutet $h[n]$ die Impulsantwort des Systems. Dieses Teilsystem ist über einen Analog-Digital-Konverter (AD) und einen Digital-Analog-Konverter (DA) mit dem kontinuierlichen Teilsystem verbunden. Die kontinuierliche Komponente mit der Übertragungsfunktion $F(p)$ sei im Zustandsraum durch das Quadrupel $(\boldsymbol{A}, \boldsymbol{b}, \boldsymbol{c}^{\mathrm{T}}, 0)$ beschreibbar. Es können also folgende Gleichungen aufgestellt werden:

$$\frac{\mathrm{d}\boldsymbol{z}(t)}{\mathrm{d}t} = \boldsymbol{A}\,\boldsymbol{z}(t) + \boldsymbol{b}\, f(u) , \quad y = \boldsymbol{c}^{\mathrm{T}} \boldsymbol{z}(t) , \tag{8.359a,b}$$

$$e(t) = x(t) - y(t) , \tag{8.360}$$

$$u[n] = h[n] * e[n] . \tag{8.361}$$

Dabei bedeutet

$$e[n] := e(nT) \tag{8.362}$$

und

$$u(t) := u[n] \quad \text{für} \quad nT < t < (n+1)T \tag{8.363}$$

$(n = 0, 1, \dots)$ mit der Abtastperiode T. Da $f(u)$ mit u nach Gl. (8.363) stückweise konstant ist, lassen sich die Gln. (8.359a,b) aufgrund von Gl. (2.65) mit $t_0 = 0$ und $t = nT$ einfach auflösen. Zunächst erhält man für das auftretende Integral

$$\int_0^{nT} \mathrm{e}^{\boldsymbol{A}(nT-\sigma)} \boldsymbol{b}\, f(u(\sigma))\, \mathrm{d}\sigma = \sum_{\mu=0}^{n-1} \int_{\mu T}^{(\mu+1)T} \mathrm{e}^{\boldsymbol{A}(nT-\sigma)} \boldsymbol{b}\, f(u[\mu])\, \mathrm{d}\sigma$$

$$= \sum_{\mu=0}^{n-1} \mathrm{e}^{\boldsymbol{A}(n-\mu-1)T} (\mathrm{e}^{\boldsymbol{A}T} - \mathbf{E}) \boldsymbol{A}^{-1} \boldsymbol{b}\, f(u[\mu]) .$$

Damit ergibt sich mit

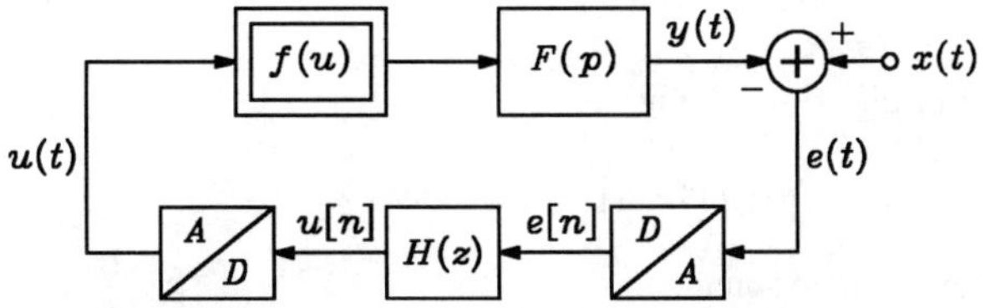

Bild 8.65: Abtastsystem

$$\boldsymbol{\Phi}[n] := \mathrm{e}^{\boldsymbol{A}nT} = \boldsymbol{\Phi}(nT) \tag{8.364}$$

und

$$y[n] := y(nT), \qquad \boldsymbol{z}[n] := \boldsymbol{z}(nT) \tag{8.365a,b}$$

die Darstellung

$$y[n] = \boldsymbol{c}^{\mathrm{T}} \boldsymbol{\Phi}[n] \boldsymbol{z}[0] + \boldsymbol{c}^{\mathrm{T}} \sum_{\mu=0}^{n-1} \boldsymbol{\Phi}[n-\mu-1] \boldsymbol{k} f(u[\mu]) \tag{8.366}$$

mit

$$\boldsymbol{k} := \{\boldsymbol{\Phi}[1] - \mathbf{E}\} \boldsymbol{A}^{-1} \boldsymbol{b} \ . \tag{8.367}$$

Weiterhin folgt aus Gln. (8.360) und (8.365a)

$$e[n] = x[n] - y[n] \tag{8.368}$$

mit $x[n] := x(nT)$. Betrachtet man das Eingangssignal $x(t)$, alle Systemgrößen $\boldsymbol{A}$, $\boldsymbol{b}$, $\boldsymbol{c}^{\mathrm{T}}$, f sowie $\boldsymbol{z}[0]$ und die Impulsantwort $h[n]$ als bekannt, so repräsentieren die Gln. (8.361), (8.366) und (8.368) Beziehungen zur Ermittlung von $e[n]$, $u[n]$ und $y[n]$. Um die Signalwerte $u[n]$ zu erhalten, wird zunächst in Gl. (8.361) $e[n]$ nach Gl. (8.368) mit $y[n]$ aus Gl. (8.366) ersetzt. Auf diese Weise gelangt man zur Beziehung

$$u[n] = h[n] * \{x[n] - \boldsymbol{c}^{\mathrm{T}} \boldsymbol{\Phi}[n] \boldsymbol{z}[0]\} - \sum_{\mu=0}^{n-1} h[n] * \boldsymbol{c}^{\mathrm{T}} \boldsymbol{\Phi}[n-\mu-1] \boldsymbol{k} f(u[\mu]) . \tag{8.369}$$

Im weiteren wird als Abkürzung das diskontinuierliche Signal

$$v[n-\mu] := h[n] * \boldsymbol{c}^{\mathrm{T}} \boldsymbol{\Phi}[n-\mu-1] \boldsymbol{k} \tag{8.370}$$

und ferner

$$u_0[n] := h[n] * \{x[n] - \boldsymbol{c}^{\mathrm{T}} \boldsymbol{\Phi}[n] \boldsymbol{z}[0]\} \tag{8.371}$$

eingeführt.

Eine Abschätzung. Es wird nun die Charakteristik $f(u)$ mit einer Konstante K und der Abweichung $\Delta f(u)$ in der Form

$$f(u) = K u + \Delta f(u) \tag{8.372}$$

geschrieben. Bezeichnet man mit $\widetilde{u}[n]$ die Lösung von $u[n]$ für $\Delta f(u) \equiv 0$, so liefern die Gln. (8.369) – (8.372)

$$\widetilde{u}[n] = u_0[n] - \sum_{\mu=0}^{n-1} v[n-\mu] K \widetilde{u}[\mu]$$

und

$$u[n] = u_0[n] - \sum_{\mu=0}^{n-1} v[n-\mu] (K u[\mu] + \Delta f(u[\mu])) \ .$$

Für die Abweichung

$$\Delta u[n] := u[n] - \widetilde{u}[n] \tag{8.373}$$

erhält man somit

$$\Delta u[n] = -\sum_{\mu=0}^{n-1} v[n-\mu](K\,\Delta u[\mu] + \Delta f(u[\mu]))\ . \tag{8.374}$$

Es wird jetzt die Gl. (8.374) der Z-Transformation unterworfen. Bezeichnet man die Z-Transformierten wie üblich mit Großbuchstaben, so ergibt sich mit $v[0] = 0$

$$\Delta U(z)(1+K\,V(z)) = -V(z)\Delta F(z)$$

oder

$$\Delta U(z) = \Psi(z)\Delta F(z) \quad \text{mit} \quad \Psi(z) = -\frac{V(z)}{1+K\,V(z)}\ . \tag{8.375a,b}$$

Dabei ist zu beachten, daß $\Delta F(z)$ lediglich als Z-Transformierte des zeitlich veränderlichen Signals $\Delta f(u[n])$ zu sehen ist und nicht als "Übertragungsfunktion" der nichtlinearen Funktion Δf interpretiert werden kann. Die Rücktransformation von Gl. (8.375a) liefert

$$\Delta u[n] = \sum_{\mu=0}^{n-1} \psi[n-\mu]\Delta f(u[\mu])\ , \tag{8.376}$$

wobei die Folge $\psi[n]$ durch Rücktransformation von $\Psi(z)$ aus Gl. (8.375b) gewonnen wird. Es werde nun

$$\Delta f(u) = f_0(u) + q(u) \tag{8.377}$$

geschrieben. Dabei gelte mit geeigneten Konstanten k und ρ

$$|f_0(u)| \leqq \rho\,|u|\ ; \qquad |q(u)| \leqq k \tag{8.378a,b}$$

für alle u im benützten Bereich. Damit erhält man aus Gl. (8.376) mit Gl. (8.377) und den Ungleichungen (8.378a,b) die Abschätzung

$$|\Delta u[n]| \leqq \sum_{\mu=1}^{n} |\psi[\mu]|\,\{k + \rho \max_{0\leqq\mu\leqq n-1} |u[\mu]|\}$$

oder, wenn man $|u[\mu]|$ gemäß Gl. (8.373) durch $|\Delta u[\mu]| + |\tilde{u}[\mu]|$ abschätzt und anschließend das Maximum der Werte $|\Delta u[\mu]|$ für $\mu = 0, 1, \ldots, n-1$ näherungsweise gleich $|\Delta u[n]|$ setzt,

$$|\Delta u[n]| \leqq \frac{\sum_{\mu=1}^{n} |\psi[\mu]|\,\{k + \rho \max_{0\leqq\mu\leqq n-1} |\tilde{u}[\mu]|\}}{1-\rho\sum_{\mu=1}^{n} |\psi[\mu]|}\ , \tag{8.379}$$

vorausgesetzt der Nennerausdruck ist positiv. Damit ist eine Schranke für die Abweichung des Signals u vom Signal $\tilde{u}$ gefunden. Man beachte, daß alle auf der rechten Seite von Ungleichung (8.379) auftretenden Größen verfügbar sind bzw. aufgrund früherer Beziehungen berechnet werden können.

Grenzzyklen. Wählt man im Abtastsystem nach Bild 8.65 das Eingangssignal $x(t) = r$ zeitunabhängig, dann ist mit dem Auftreten von Grenzzyklen zu rechnen. Üblicherweise darf erwartet werden, daß die Grenzzyklusperiode T_0 ein ganzzahliges Vielfaches der Abtastperiode T ist, d. h.

$$T_0 = mT \tag{8.380}$$

mit $m \in \mathbb{N}$ $(m > 1)$ gilt. Es wird nun für das Signal $y(t)$ der Näherungsansatz

$$y(t) \cong Y_0 + \mathrm{Re}\,[\underline{Y}_1\, e^{j\omega t}] \tag{8.381}$$

mit

$$\omega = \frac{2\pi}{T_0} \quad \text{und} \quad \underline{Y}_1 = Y_1 e^{j\varphi} \tag{8.382a,b}$$

$(Y_1 > 0)$ gewählt. Damit wird das Ausgangssignal des nichtlinearen Glieds durch

$$f(u(t)) \cong \frac{1}{F(0)} Y_0 + \mathrm{Re}\left[\frac{\underline{Y}_1}{F(j\omega)} e^{j\omega t}\right] \tag{8.383}$$

approximiert, und für das Fehlersignal erhält man

$$e(t) \cong r - Y_0 - \mathrm{Re}\,[\underline{Y}_1 e^{j\omega t}]\ . \tag{8.384}$$

Im stationären Zustand wird das Ausgangssignal des linearen diskontinuierlichen Teilsystems durch

$$u[n] = \sum_{\mu=-\infty}^{n} h[n-\mu]\, e[\mu] \tag{8.385}$$

beschrieben. Wählt man in Gl. (8.383) $t = nT$ und summiert auf beiden Seiten über n von 0 bis $m - 1$ und beachtet, daß für $m > 1$

$$\sum_{n=0}^{m-1} e^{\pm j \frac{2\pi}{T_0} nT} = \sum_{n=0}^{m-1} e^{\pm j \frac{2\pi}{m} n} = 0$$

gilt, dann findet man

$$Y_0 = \frac{F(0)}{m} \sum_{n=0}^{m-1} f(u[n])\ . \tag{8.386}$$

Wählt man noch einmal $t = nT$ in Gl. (8.383), beachtet dort die Beziehung

$$\mathrm{Re}\left[\frac{\underline{Y}_1}{F(j2\pi/T_0)} e^{j\frac{2\pi}{m}n}\right] = \frac{1}{2}\left[\frac{\underline{Y}_1}{F(j2\pi/T_0)} e^{j\frac{2\pi}{m}n} + \frac{\underline{Y}_1^*}{F(-j2\pi/T_0)} e^{-j\frac{2\pi}{m}n}\right]$$

und multipliziert dann die Gl. (8.383) mit $e^{-j2\pi n/m}$ durch, so resultiert nach Summation über n von 0 bis $m - 1$

$$\underline{Y}_1 = \frac{2}{m} F(j2\pi/T_0) \sum_{n=0}^{m-1} e^{-j\frac{2\pi}{m}n} f(u[n])\ , \tag{8.387}$$

wobei $m > 2$ vorausgesetzt und ausgenützt wurde, daß die Summe über $e^{-j4\pi n/m}$ von $n = 0$ bis $m - 1$ verschwindet. Es besteht nunmehr die Möglichkeit, in den Gln. (8.386) und (8.387) $u[n]$ gemäß Gl. (8.385) zu ersetzen und dabei $e[\mu]$ aufgrund von Gl. (8.384) zu substituieren. Auf diese Weise gewinnt man zwei Gleichungen zur Bestimmung von Y_0 und $\underline{Y}_1$, und damit ist es möglich, bei Wahl von m einen möglichen Grenzzyklus näherungsweise zu ermitteln.

9 Eingang-Ausgang-Beschreibung nichtlinearer Systeme mittels Volterra-Reihen

Im Kapitel I wurde gezeigt, wie lineare, zeitinvariante und kausale kontinuierliche Systeme mit einem Eingangssignal $x(t)$ und einem Ausgangssignal $y(t)$ in der Form

$$y(t) = \int_0^\infty h(\tau)x(t-\tau)\,\mathrm{d}\tau \tag{8.388}$$

dargestellt werden können. Dabei bedeutet $h(t)$ die Impulsantwort des Systems.

Es besteht nun die Möglichkeit, eine große Klasse von nichtlinearen, zeitinvarianten und kausalen kontinuierlichen Systemen mit einem Eingang und einem Ausgang in einer Form darzustellen, die als Erweiterung der Darstellung linearer Systeme nach Gl. (8.388) betrachtet werden kann. Diese erweiterte Beschreibung lautet

$$y(t) = \int_0^\infty h_1(\tau)x(t-\tau)\,\mathrm{d}\tau + \int_0^\infty\int_0^\infty h_2(\tau_1,\tau_2)x(t-\tau_1)x(t-\tau_2)\,\mathrm{d}\tau_1\,\mathrm{d}\tau_2 + \cdots \tag{8.389}$$

und ist als *Volterrasche Funktionalreihe* bekannt. Das System wird dabei durch unendlich viele sogenannte Kernfunktionen $h_\nu(t_1, t_2, \ldots, t_\nu)$ für $\nu = 1, 2, \ldots$ charakterisiert. Gilt $h_\nu \equiv 0$ für alle $\nu \geqq 2$, dann liegt der Sonderfall des durch Gl. (8.388) beschriebenen linearen Systems vor. Ein weiterer Sonderfall ist durch die speziellen Kerne

$$h_\nu(t_1, t_2, \ldots, t_\nu) = a_\nu\,\delta(t_1)\,\delta(t_2)\cdots\delta(t_\nu) \tag{8.390}$$

$(\nu = 1, 2, \ldots)$ gekennzeichnet, wobei $\delta(t)$ die Diracsche Delta-Funktion aus Kapitel I bedeutet. Führt man diese Kerne in Gl. (8.389) ein, dann ergibt sich

$$y(t) = a_1 x(t) + a_2 x^2(t) + \cdots , \tag{8.391}$$

d. h. ein gedächtnisloses, im allgemeinen nichtlineares System. – Gelegentlich wird auf der rechten Seite der Gl. (8.389) noch ein zeitunabhängiger Summand hinzugefügt. Ein solches Absolutglied kann jedoch immer mit dem Signal auf der linken Seite einfach zusammengefaßt werden.

Man kann die in Gl. (8.389) auftretenden Integrale durch endliche Summen approximieren. Dann läßt sich die Darstellung nach Gl. (8.389) folgendermaßen interpretieren: Das erste, den linearen Teil beschreibende Integral liefert als Beitrag eine Summe aller gewichteten früheren Werte des Eingangssignals $x(\sigma)$ $(\sigma \leqq t)$. Das zweite Integral liefert eine Summe aller gewichteten Zweierprodukte $x(\sigma_1)x(\sigma_2)$ $(\sigma_1 \leqq t,\ \sigma_2 \leqq t)$ von früheren Werten des Eingangssignals usw. Für praktische Anwendungen besonders wichtig sind Systeme (Modelle), die durch eine Teilsumme der Volterra-Reihe nach Gl. (8.389) beschrieben werden können. Hierbei ist vor allem das quadratische System, bei dem in Gl. (8.389) nur die beiden ersten Summanden vorkommen, und noch das kubische System wichtig, bei dem nur die drei ersten Summanden vorhanden sind. Diese Modelle eignen sich insbesondere für die Beschreibung schwach nichtlinearer (fast linearer) Systeme. Zunächst soll das quadratische System näher untersucht werden.

9.1 QUADRATISCHE SYSTEME

Die Eingang-Ausgang-Beschreibung eines quadratischen Systems nach Gl. (8.389) enthält neben dem rein linearen Anteil als weiteren wesentlichen Anteil nur das Doppelintegral mit der Kernfunktion $h_2(t_1, t_2)$. Man kann dabei ohne Einschränkung der Allgemeinheit einen symmetrischen Kern $h_2(t_1, t_2)$ voraussetzen, d. h. eine Funktion mit der Eigenschaft

$$h_2(t_1, t_2) \equiv h_2(t_2, t_1) \tag{8.392}$$

für alle t_1, t_2.

Diese Behauptung läßt sich dadurch beweisen, daß man ein nichtsymmetrisches $h_2(t_1, t_2)$ in die Summe

$$h_2(t_1, t_2) = h_{2s}(t_1, t_2) + h_{2a}(t_1, t_2) \tag{8.393}$$

aus der symmetrischen Komponente

$$h_{2s}(t_1, t_2) = \frac{1}{2}[h_2(t_1, t_2) + h_2(t_2, t_1)] \tag{8.394a}$$

und der antimetrischen Komponente

$$h_{2a}(t_1, t_2) = \frac{1}{2}[h_2(t_1, t_2) - h_2(t_2, t_1)] \tag{8.394b}$$

zerlegt. Entsprechend der Darstellung von $h_2(t_1, t_2)$ nach Gl. (8.393) kann das Doppelintegral mit dem Kern $h_2(t_1, t_2)$ in eine Summe von zwei Integralen aufgespalten werden, wobei das zweite Integral mit dem Kern $h_{2a}(t_1, t_2)$ gemäß Gl. (8.394b) als eine Differenz von zwei Integralen geschrieben werden kann, die offensichtlich identisch sind. Es darf also der Kern $h_2(t_1, t_2)$ einfach durch den symmetrischen Anteil $h_{2s}(t_1, t_2)$ ersetzt werden, ohne daß sich das Ergebnis des betreffenden Integrals in Gl. (8.389) ändert.

Es wird nun der Fall betrachtet, daß sich das Eingangssignal des quadratischen Systems aus einer Summe

$$x(t) = x_1(t) + x_2(t) \tag{8.395}$$

von zwei Teilsignalen $x_1(t)$ und $x_2(t)$ zusammensetzt. Das Ausgangssignal kann dann in der Form

$$y(t) = y_{1,1}(t) + y_{1,2}(t) + y_{2,1}(t) + y_{2,2}(t) + y_{2,12}(t) \tag{8.396}$$

geschrieben werden. Dabei bedeuten $y_{1,1}(t)$ und $y_{1,2}(t)$ die vom Kern $h_1(t)$ verursachten und durch $x_1(t)$ bzw. $x_2(t)$ erzeugten (linearen) Beiträge, während $y_{2,1}(t)$ und $y_{2,2}(t)$ die vom Kern $h_2(t_1, t_2)$ verursachten und durch $x_1(t)$ bzw. $x_2(t)$ allein erzeugten Beiträge sind. Der Summand $y_{2,12}(t)$ repräsentiert einen zusätzlichen von $h_2(t_1, t_2)$ verursachten und auf die gleichzeitige Anwesenheit von $x_1(t)$ und $x_2(t)$ zurückzuführenden Beitrag. Man erhält im einzelnen

$$y_{1,1}(t) = \int_0^\infty h_1(\tau)x_1(t-\tau)\,\mathrm{d}\tau \ , \quad y_{1,2}(t) = \int_0^\infty h_1(\tau)x_2(t-\tau)\,\mathrm{d}\tau \tag{8.397a,b}$$

$$y_{2,1}(t) = \int_0^\infty \int_0^\infty h_2(\tau_1, \tau_2)x_1(t-\tau_1)x_1(t-\tau_2)\,\mathrm{d}\tau_1\,\mathrm{d}\tau_2 \ , \tag{8.397c}$$

$$y_{2,2}(t) = \int_0^\infty \int_0^\infty h_2(\tau_1, \tau_2) x_2(t-\tau_1) x_2(t-\tau_2) \,\mathrm{d}\tau_1 \mathrm{d}\tau_2 \ , \tag{8.397d}$$

$$y_{2,12}(t) = \int_0^\infty \int_0^\infty h_2(\tau_1, \tau_2)[x_1(t-\tau_1)x_2(t-\tau_2) + x_1(t-\tau_2)x_2(t-\tau_1)] \mathrm{d}\tau_1 \mathrm{d}\tau_2 \,. \tag{8.397e}$$

Wegen der Symmetrie des Kerns $h_2(t_1, t_2)$ kann das letzte Integral auch in der Form

$$y_{2,12}(t) = 2\int_0^\infty \int_0^\infty h_2(\tau_1, \tau_2) x_1(t-\tau_1) x_2(t-\tau_2) \,\mathrm{d}\tau_1 \mathrm{d}\tau_2 \tag{8.398}$$

geschrieben werden.

Im Zusammenhang mit Gl. (8.395) interessant ist die spezielle Wahl

$$x_1(t) = \delta(t) \qquad \text{und} \qquad x_2(t) = \delta(t-T) \tag{8.399a}$$

($T \geqq 0$), mit der man nach Gl. (8.398)

$$y_{2,12}(t) = 2h_2(t, t-T) \tag{8.399b}$$

erhält. Auf diese Weise gewinnt man den Verlauf der Kernfunktion $h_2(t_1, t_2)$ in der (t_1, t_2)-Ebene längs der Geraden

$$t_1 = t \ , \qquad t_2 = t - T$$

mit t als Parameter, also längs der Geraden

$$t_2 = t_1 - T \ .$$

Durch Variation von T ($0 \leqq T < \infty$) läßt sich so der gesamte Verlauf von $h_2(t_1, t_2)$ im ersten Quadranten der (t_1, t_2)-Ebene angeben. Dieses Ergebnis ermöglicht auch eine meßtechnische Auswertung.

Eine weitere interessante Wahl im Zusammenhang mit Gl. (8.395) ist

$$x_1(t) = \mathrm{e}^{p_1 t} \quad , \quad x_2(t) = \mathrm{e}^{p_2 t} \tag{8.400}$$

mit $\mathrm{Re}\, p_1 \geqq 0$, $\mathrm{Re}\, p_2 \geqq 0$. Nach Gl. (8.398) ergibt sich

$$y_{2,12}(t) = 2H_2(p_1, p_2)\,\mathrm{e}^{(p_1+p_2)t} \tag{8.401}$$

mit

$$H_2(p_1, p_2) = \int_0^\infty \int_0^\infty h_2(\tau_1, \tau_2)\,\mathrm{e}^{-(p_1\tau_1 + p_2\tau_2)} \mathrm{d}\tau_1 \mathrm{d}\tau_2 \ , \tag{8.402}$$

wobei die Existenz des Integrals vorausgesetzt wird. Die Funktion $H_2(p_1, p_2)$ stellt die zweidimensionale Laplace-Transformierte der Kernfunktion $h_2(t_1, t_2)$ dar. Nach den Gln. (8.397c,d) erhält man weiterhin im vorliegenden Fall der Erregung nach Gl. (8.395) mit den Gln. (8.400)

$$y_{2,1}(t) = H_2(p_1, p_1)\,\mathrm{e}^{2p_1 t} \qquad \text{und} \qquad y_{2,2}(t) = H_2(p_2, p_2)\,\mathrm{e}^{2p_2 t} \ .$$

Mit

$$H_1(p) = \int_0^\infty h_1(\tau)\,e^{-p\tau}\,d\tau \qquad (8.403)$$

findet man insgesamt für das Ausgangssignal nach Gl. (8.396) im vorliegenden Fall

$$y(t) = H_1(p_1)\,e^{p_1 t} + H_1(p_2)\,e^{p_2 t} + H_2(p_1,p_1)\,e^{2p_1 t} + H_2(p_2,p_2)\,e^{2p_2 t}$$
$$+ 2H_2(p_1,p_2)\,e^{(p_1+p_2)t} \; . \qquad (8.404)$$

Die Systemfunktion $H_2(p_1,p_2)$ läßt sich also dem Signal $y(t)$ aus Gl. (8.404) als halber Faktor bei der Signalkomponente mit dem Exponentialfaktor $e^{(p_1+p_2)t}$ entnehmen. Diese Erkenntnis kann bei analytischen Rechnungen ausgenützt werden. Die Kenntnis von $H_2(p_1,p_2)$ ermöglicht in der Regel die Ermittlung des Kerns $h_2(t_1,t_2)$. Die Gl. (8.402) läßt sich nämlich unter bestimmten, allerdings recht allgemeinen Bedingungen dazu verwenden, $h_2(t_1,t_2)$ zu bestimmen:

$$h_2(t_1,t_2) = \frac{1}{(2\pi j)^2}\int_{-j\infty}^{j\infty}\int_{-j\infty}^{j\infty} H_2(p_1,p_2)\,e^{(p_1 t_1 + p_2 t_2)}\,dp_1\,dp_2 \; . \qquad (8.405)$$

Dabei ist die Integration für imaginäre p_1 und p_2 durchzuführen. Aus Gl. (8.402) ist zu erkennen, daß

$$H_2(p_1,p_2) \equiv H_2(p_2,p_1) \; , \qquad (8.406a)$$

d. h. speziell

$$H_2(j\omega_1,j\omega_2) \equiv H_2(j\omega_2,j\omega_1) \qquad (8.406b)$$

gilt. Außerdem folgt für reelle Systeme die Eigenschaft

$$H_2^*(j\omega_1,j\omega_2) \equiv H_2(-j\omega_1,-j\omega_2) \; . \qquad (8.407)$$

Schließlich sei das Eingangssignal des quadratischen Systems in der Form

$$x(t) = A_1\,e^{p_1 t} + A_{-1}\,e^{-p_1 t} + A_2\,e^{p_2 t} + A_{-2}\,e^{-p_2 t} \qquad (8.408)$$

gewählt. Nach kurzer Rechnung findet man bei Benutzung der Eigenschaften der Funktion $H_2(p_1,p_2)$

$$y(t) = A_1 H_1(p_1)\,e^{p_1 t} + A_{-1}H_1(-p_1)\,e^{-p_1 t} + A_2 H_1(p_2)\,e^{p_2 t}$$
$$+ A_{-2}H_1(-p_2)\,e^{-p_2 t} + 2A_1A_{-1}H_2(p_1,-p_1) + 2A_2A_{-2}H_2(p_2,-p_2)$$
$$+ A_1^2\,H_2(p_1,p_1)\,e^{2p_1 t} + A_{-1}^2\,H_2(-p_1,-p_1)\,e^{-2p_1 t}$$
$$+ A_2^2\,H_2(p_2,p_2)\,e^{2p_2 t} + A_{-2}^2\,H_2(-p_2,-p_2)\,e^{-2p_2 t}$$
$$+ 2A_1A_2H_2(p_1,p_2)\,e^{(p_1+p_2)t} + 2A_{-1}A_{-2}H_2(-p_1,-p_2)\,e^{-(p_1+p_2)t}$$
$$+ 2A_{-1}A_2H_2(-p_1,p_2)\,e^{(p_2-p_1)t} + 2A_1A_{-2}H_2(p_1,-p_2)\,e^{(p_1-p_2)t} \; . \qquad (8.409)$$

Die Gl. (8.408) umfaßt als Sonderfall mit

$$A_1^* = A_{-1}\,, \quad A_2^* = A_{-2}\,, \quad p_1 = \mathrm{j}\omega_1\,, \quad p_2 = \mathrm{j}\omega_2$$

die Summe von zwei harmonischen Schwingungen mit den Kreisfrequenzen ω_1 bzw. ω_2. Wie man sieht, enthält $y(t)$ nach Gl. (8.409) außer einem Gleichanteil harmonische Anteile mit den Kreisfrequenzen $\omega_1, \omega_2, 2\omega_1, 2\omega_2, \omega_1 + \omega_2, |\omega_1 - \omega_2|$. Man beachte, daß die Amplituden frequenzabhängig sind. Der Teilschwingung

$$4\,\mathrm{Re}[A_1 A_2 H_2(\mathrm{j}\omega_1, \mathrm{j}\omega_2)\,\mathrm{e}^{\mathrm{j}(\omega_1+\omega_2)t}]$$

$$= 4\,|A_1|\,|A_2|\,|H_2(\mathrm{j}\omega_1, \mathrm{j}\omega_2)|\cos([\omega_1 + \omega_2]t + \varphi)$$

mit

$$\varphi = \arg A_1 + \arg A_2 + \arg H_2(\mathrm{j}\omega_1, \mathrm{j}\omega_2)$$

kann $H_2(\mathrm{j}\omega_1, \mathrm{j}\omega_2)$ für alle $\omega_1 \geqq 0$, $\omega_2 \geqq 0$, d. h. für Paare (ω_1, ω_2) im ersten (und aus Symmetriegründen im dritten) Quadranten entnommen werden. Die Teilschwingung mit der Kreisfrequenz $|\omega_1 - \omega_2|$ liefert entsprechend $H_2(\mathrm{j}\omega_1, \mathrm{j}\omega_2)$ im zweiten und vierten Quadranten. Die Teilschwingungen mit den Kreisfrequenzen $2\omega_1$ und $2\omega_2$ liefern noch die Werte von $H_2(\mathrm{j}\omega_1, \mathrm{j}\omega_2)$ längs der Gerade $\omega_1 = \omega_2$ in der (ω_1, ω_2)-Ebene.

Der im Kapitel I eingeführte Stabilitätsbegriff für Systeme in der Eingang-Ausgang-Darstellung nach Gl. (1.56) läßt sich direkt auf die mittels Volterra-Reihen darstellbaren Systeme, insbesondere auf quadratische Systeme anwenden. Nimmt man an, daß in Gl. (8.389) nur der Term mit dem Kern $h_2(t_1, t_2)$ vorhanden ist und betrachtet man nur beschränkte Eingangssignale $x(t)$ mit $|x(t)| \leqq M < \infty$, so läßt sich wie beim Beweis des hinlänglichen Teils des Stabilitätskriteriums aus Kapitel I, Abschnitt 2.6 das Ausgangssignal durch

$$|y(t)| \leqq M^2 \int_0^\infty \int_0^\infty |h_2(\tau_1, \tau_2)|\,\mathrm{d}\tau_1 \mathrm{d}\tau_2$$

abschätzen. Dies bedeutet, daß ein System in der Darstellung nach Gl. (8.389), in der nur $h_2(t_1, t_2)$ vorhanden ist, die Eigenschaft der Stabilität aufweist, wenn

$$\int_0^\infty \int_0^\infty |h_2(\tau_1, \tau_2)|\,\mathrm{d}\tau_1 \mathrm{d}\tau_2 \leqq K < \infty \tag{8.410}$$

gilt, die Kernfunktion $h_2(t_1, t_2)$ also absolut integrierbar ist. Tritt in der Darstellung nach Gl. (8.389) zusätzlich zum zweiten Summanden noch der lineare Term mit dem Kern $h_1(t)$ auf und ist neben $h_2(t_1, t_2)$ auch $h_1(t)$ absolut integrierbar, dann besteht auch in diesem Fall Stabilität.

Für $\mathrm{Re}\,p_1 \geqq 0$ und $\mathrm{Re}\,p_2 \geqq 0$ läßt sich der Betrag der Systemfunktion $H_2(p_1, p_2)$ nach Gl. (8.402) in der Form

$$|H_2(p_1, p_2)| \leqq \int_0^\infty \int_0^\infty |h_2(\tau_1, \tau_2)|\,\mathrm{d}\tau_1 \mathrm{d}\tau_2$$

abschätzen. Besteht die Ungleichung (8.410), dann ist also die Systemfunktion $H_2(p_1, p_2)$ in $\mathrm{Re}\,p_1 \geqq 0$, $\mathrm{Re}\,p_2 \geqq 0$ beschränkt. Im Innern dieses Gebiets, d. h. in $\mathrm{Re}\,p_1 > 0$, $\mathrm{Re}\,p_2 > 0$ ist $H_2(p_1, p_2)$ sogar analytisch in beiden Variablen, wie gezeigt werden kann. Es sei angenommen, daß $H_2(p_1, p_2)$ eine rationale Funktion ist und das Nennerpolynom nicht in $\mathrm{Re}\, p_1 \geqq 0$, $\mathrm{Re}\, p_2 \geqq 0$ verschwindet, also Pole der Systemfunktion $H_2(p_1, p_2)$ (die im allgemeinen nicht isoliert auftreten) nur für $\mathrm{Re}\, p_1 < 0$ oder $\mathrm{Re}\, p_2 < 0$ vorkommen. Dann ist, wie gezeigt werden kann, $h_2(t_1, t_2)$ absolut integrierbar, die (hinreichende) Stabilitätsbedingung ist also erfüllt.

Das in der Eingang-Ausgang-Beschreibung quadratischer Systeme auftretende Integral

$$y_2(t) = \int_0^\infty \int_0^\infty h_2(\tau_1, \tau_2) x(t-\tau_1) x(t-\tau_2) \, d\tau_1 \, d\tau_2 \tag{8.411}$$

kann mit Hilfe der Systemfunktion $H_2(p_1, p_2)$ ausgewertet werden. Dazu ersetzt man in Gl. (8.411) die Kernfunktion $h_2(\tau_1, \tau_2)$ gemäß der Darstellung nach Gl. (8.405) durch $H_2(p_1, p_2)$. Nach der Substitution von $t - \tau_1$ durch σ_1 und $t - \tau_2$ durch σ_2 kann man die Laplace-Transformierte $X(p)$ von $x(t)$ einführen. Auf diese Weise erhält man im Fall eines stabilen Systems und einer beschränkten Erregung

$$y_2(t) = \frac{1}{(2\pi \mathrm{j})^2} \int_{-\mathrm{j}\infty}^{\mathrm{j}\infty} \int_{-\mathrm{j}\infty}^{\mathrm{j}\infty} H_2(p_1, p_2) \, \mathrm{e}^{(p_1+p_2)t} X(p_1) X(p_2) \, dp_1 \, dp_2 \ .$$

Jetzt werden die Integrationsvariablen p_1, p_2 gemäß

$$p_1 = p - s \ , \qquad p_2 = s$$

gewechselt. Dadurch erhält man die Formel

$$y_2(t) = \frac{1}{2\pi \mathrm{j}} \int_{p=-\mathrm{j}\infty}^{\mathrm{j}\infty} \left[\frac{1}{2\pi \mathrm{j}} \int_{s=-\mathrm{j}\infty}^{\mathrm{j}\infty} H_2(p-s, s) X(p-s) X(s) \, ds \right] \mathrm{e}^{pt} \, dp \ . \tag{8.412}$$

Der Ausdruck in Klammern auf der rechten Seite von Gl. (8.412) stellt eine Funktion in p dar. Wenn diese, als Laplace-Transformierte, in den Zeitbereich überführt wird, erhält man $y_2(t)$. Den vom Kern $h_1(t)$ herrührenden Anteil des Ausgangssignals $y(t)$ kann man wie bei einem linearen, zeitinvarianten und kausalen System durch Laplace-Rücktransformation von $H_1(p) X(p)$ erhalten, wobei die Systemfunktion $H_1(p)$ durch Gl. (8.403) gegeben ist.

Beispiel 8.45: Es sei das im Bild 8.66 dargestellte System betrachtet. Es enthält ein lineares, zeitinvariantes Subsystem mit der Übertragungsfunktion

$$H(p) = \frac{2p+3}{(p+1)(p+2)} \tag{8.413a}$$

und damit der Impulsantwort

$$h(t) = s(t)\,\mathrm{e}^{-t} + s(t)\,\mathrm{e}^{-2t} \ . \tag{8.413b}$$

Diesem Teil ist ein Quadrierer mit der Charakteristik

$$y(t) = u^2(t) \tag{8.414}$$

Bild 8.66: Beispiel für ein quadratisches System

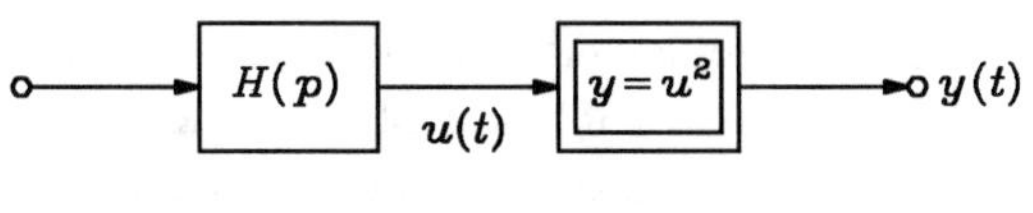

nachgeschaltet. Für das Ausgangssignal des linearen Teilsystems gilt

$$u(t) = \int_0^\infty h(\tau)x(t-\tau)\,d\tau \ .$$

Damit erhält man für das Ausgangssignal des Gesamtsystems

$$y(t) = \int_0^\infty \int_0^\infty h(\tau_1)h(\tau_2)x(t-\tau_1)x(t-\tau_2)\,d\tau_1\,d\tau_2 \ , \tag{8.415}$$

woraus

$$h_2(t_1, t_2) = h(t_1)h(t_2) \tag{8.416a}$$

und zudem

$$H_2(p_1, p_2) = H(p_1)H(p_2) \tag{8.416b}$$

folgt. Man beachte, daß die in den Gln. (8.416a,b) auftretenden Funktionen $h(t)$ und $H(p)$ durch die Gln. (8.413a,b) gegeben sind.

Es sei nun als spezielles Eingangssignal das Impulspaar

$$x(t) = \delta(t) + \delta(t-T)$$

mit der Laplace-Transformierten

$$X(p) = 1 + e^{-pT} \tag{8.417}$$

($T = \text{const} > 0$) gewählt. Nach Gl. (8.412) erhält man die Laplace-Transformierte des zugehörigen Ausgangssignals in der Form

$$Y(p) = \frac{1}{2\pi j} \int_{s=-j\infty}^{j\infty} H(p-s)X(p-s)H(s)X(s)\,ds \ . \tag{8.418}$$

Führt man die Gln. (8.413a) und (8.417) in Gl. (8.418) ein, so läßt sich $Y(p)$ explizit berechnen und in den Zeitbereich transformieren. Einfacher ist es aber, das Integral in Gl. (8.418) als Faltungsintegral aufzufassen, also

$$Y(p) = \frac{1}{2\pi j}[H(p)X(p)] * [H(p)X(p)]$$

zu schreiben. Dann erhält man nach dem Faltungssatz der Laplace-Transformation und der Korrespondenz

$$s(t)(e^{-t} + e^{-2t}) + s(t-T)(e^{-(t-T)} + e^{-2(t-T)}) \ \circ\!\!-\!\!\bullet \ \frac{2p+3}{(p+1)(p+2)}(1 + e^{-pT})$$

für das Ausgangssignal

$$y(t) = [s(t)(e^{-t} + e^{-2t}) + s(t-T)(e^{-(t-T)} + e^{-2(t-T)})]^2 \ , \tag{8.419}$$

was unmittelbar auch dem Blockschaltbild im Bild 8.66 entnommen werden kann, wenn man berücksichtigt, daß beim vorgegebenen Eingangssignal $x(t)$ einfach $u(t) = h(t) + h(t-\tau)$ gilt.

Das hier betrachtete System gehört zur Klasse der *separierbaren* Systeme. Diese sind dadurch gekennzeichnet, daß die Kernfunktionen die Eigenschaft

$$h_\nu(t_1, t_2, \ldots, t_\nu) = h_1(t_1) \cdots h_\nu(t_\nu) \tag{8.420}$$

($\nu = 1, 2, \ldots$) besitzen.

9.2 KUBISCHE SYSTEME

Die Eingang-Ausgang-Beschreibung eines kubischen Systems nach Gl. (8.389) enthält neben dem rein linearen Anteil mit dem Kern $h_1(t_1)$ und dem rein quadratischen Anteil mit dem Kern $h_2(t_1, t_2)$ als weiteren wesentlichen Anteil noch das Dreifachintegral mit der Kernfunktion $h_3(t_1, t_2, t_3)$. Weitere Summanden sind in der Beschreibung nach Gl. (8.389) nicht vorhanden. Man kann dabei ohne Einschränkung der Allgemeinheit einen symmetrischen Kern $h_3(t_1, t_2, t_3)$ voraussetzen, dessen Funktionswert sich bei beliebiger Permutation der Werte der unabhängigen Veränderlichen t_1, t_2, t_3 nicht verändert:

$$h_3(t_1, t_2, t_3) \equiv h_3(t_1, t_3, t_2) \equiv h_3(t_2, t_1, t_3) \equiv \cdots \quad .$$

Ist $h_3(t_1, t_2, t_3)$ nicht symmetrisch, so darf dieser Kern in Gl. (8.389) durch seinen symmetrischen Teil

$$h_{3s}(t) = \frac{1}{6}[h_3(t_1, t_2, t_3) + h_3(t_1, t_3, t_2) + h_3(t_2, t_1, t_3)$$

$$+ h_3(t_2, t_3, t_1) + h_3(t_3, t_1, t_2) + h_3(t_3, t_2, t_1)]$$

ersetzt werden, ohne daß sich das Ergebnis der Integration

$$y_3(t) = \int_0^\infty \int_0^\infty \int_0^\infty h_3(\tau_1, \tau_2, \tau_3) x(t - \tau_1) x(t - \tau_2) x(t - \tau_3) \mathrm{d}\tau_1 \mathrm{d}\tau_2 \mathrm{d}\tau_3 \qquad (8.421)$$

ändert. Zur Sicherstellung der Stabilität des Systems verlangt man die absolute Integrierbarkeit aller Kerne $h_1(t_1)$, $h_2(t_1, t_2)$ und $h_3(t_1, t_2, t_3)$.

Es soll jetzt der Fall betrachtet werden, daß das Eingangssignal

$$x(t) = x_1(t) + x_2(t) + x_3(t) \qquad (8.422)$$

aus drei additiven Komponenten $x_1(t)$, $x_2(t)$ und $x_3(t)$ besteht. Der Teil des Ausgangssignals, der nur vom Kern $h_3(t_1, t_2, t_3)$ verursacht und von $x(t)$ nach Gl. (8.422) erzeugt wird, läßt sich angesichts der Symmetrie des Kerns aufgrund von Gl. (8.421) in der Form

$$y_3(t) = y_{3,1}(t) + y_{3,2}(t) + y_{3,3}(t) + y_{3,12}(t) + y_{3,23}(t) + y_{3,13}(t) + y_{3,123}(t) \qquad (8.423)$$

schreiben. Dabei bedeuten

$$y_{3,\mu}(t) = \int_0^\infty \int_0^\infty \int_0^\infty h_3(\tau_1, \tau_2, \tau_3) x_\mu(t - \tau_1) x_\mu(t - \tau_2) x_\mu(t - \tau_3) \mathrm{d}\tau_1 \mathrm{d}\tau_2 \mathrm{d}\tau_3$$

$$(\mu = 1, 2, 3) \; , \qquad (8.424a)$$

$$y_{3,\mu\nu}(t) = 3\int_0^\infty \int_0^\infty \int_0^\infty h_3(\tau_1, \tau_2, \tau_3) [x_\mu(t - \tau_1) x_\mu(t - \tau_2) x_\nu(t - \tau_3)$$

$$+ x_\mu(t - \tau_1) x_\nu(t - \tau_2) x_\nu(t - \tau_3)] \mathrm{d}\tau_1 \mathrm{d}\tau_2 \mathrm{d}\tau_3 \qquad (8.424b)$$

$$((\mu, \nu) = (1,2), (2,3), (1,3)) \ ,$$

$$y_{3,123}(t) = 6\int_0^\infty \int_0^\infty \int_0^\infty h_3(\tau_1, \tau_2, \tau_3) x_1(t-\tau_1) x_2(t-\tau_2) x_3(t-\tau_3)\, \mathrm{d}\tau_1\, \mathrm{d}\tau_2\, \mathrm{d}\tau_3 \ . \quad (8.424\text{c})$$

Interessant ist die Wahl

$$x_1(t) = \delta(t), \quad x_2(t) = \delta(t - T_1), \quad x_3(t) = \delta(t - T_2)$$

in Gl (8.422), die auch Impuls-Tripel genannt wird. In diesem Fall liefert die Gl. (8.424c)

$$y_{3,123}(t) = 6 h_3(t, t - T_1, t - T_2) \ .$$

Auf diese Weise läßt sich bei Veränderung von T_1 und T_2 der Volterra-Kern $h_3(t_1, t_2, t_3)$ bestimmen.

Wählt man

$$x_1(t) = \mathrm{e}^{p_1 t}, \quad x_2(t) = \mathrm{e}^{p_2 t}, \quad x_3(t) = \mathrm{e}^{p_3 t}$$

mit $\operatorname{Re} p_1 \geqq 0$, $\operatorname{Re} p_2 \geqq 0$, $\operatorname{Re} p_3 \geqq 0$ und führt die Systemfunktion

$$H_3(p_1, p_2, p_3) = \int_0^\infty \int_0^\infty \int_0^\infty h_3(\tau_1, \tau_2, \tau_3)\, \mathrm{e}^{-(p_1\tau_1 + p_2\tau_2 + p_3\tau_3)}\, \mathrm{d}\tau_1\, \mathrm{d}\tau_2\, \mathrm{d}\tau_3 \quad (8.425)$$

unter der Voraussetzung ihrer Existenz ein, so ergibt sich aus Gl. (8.423) mit den Gln. (8.424a-c)

$$y_3(t) = \sum_{\mu=1}^{3} H_3(p_\mu, p_\mu, p_\mu)\, \mathrm{e}^{3p_\mu t} + 3 \sum_{\mu=1}^{3} \sum_{\substack{\nu=1 \\ (\mu \neq \nu)}}^{3} H_3(p_\mu, p_\mu, p_\nu)\, \mathrm{e}^{(2p_\mu + p_\nu)t}$$

$$+ 6 H_3(p_1, p_2, p_3)\, \mathrm{e}^{(p_1 + p_2 + p_3)t} \ , \quad (8.426)$$

wenn man die Symmetrie der Systemfunktion $H_3(p_1, p_2, p_3)$ ausnützt, die eine Konsequenz der Symmetrie von $h_3(t_1, t_2, t_3)$ ist. Gl. (8.426) zeigt, wie man aus dem Signal $y_3(t)$ die Systemfunktion $H_3(p_1, p_2, p_3)$ ermitteln kann.

Es ist zu beachten, daß $H_3(p_1, p_2, p_3)$ nach Gl. (8.425) die dreidimensionale Laplace-Transformierte des Kerns $h_3(t_1, t_2, t_3)$ darstellt. Unter bestimmten Bedingungen kann Gl. (8.425) invertiert werden:

$$h_3(t_1, t_2, t_3) = \frac{1}{(2\pi \mathrm{j})^3} \int_{-\mathrm{j}\infty}^{\mathrm{j}\infty} \int_{-\mathrm{j}\infty}^{\mathrm{j}\infty} \int_{-\mathrm{j}\infty}^{\mathrm{j}\infty} H_3(p_1, p_2, p_3)\, \mathrm{e}^{(p_1 t_1 + p_2 t_2 + p_3 t_3)}\, \mathrm{d}p_1\, \mathrm{d}p_2\, \mathrm{d}p_3 \ . \quad (8.427)$$

Die Gl. (8.421) läßt sich mit Hilfe der Systemfunktion $H_3(p_1, p_2, p_3)$ auswerten. Führt man nämlich Gl. (8.427) in Gl. (8.421) ein und verwendet die Laplace-Transformierte $X(p)$ des Eingangssignals $x(t)$, substituiert $t - \tau_1, t - \tau_2, t - \tau_3$ durch σ_1, σ_2 bzw. σ_3, so erhält man bei Voraussetzung der Stabilität des Systems und der Beschränktheit der Erregung zunächst

$$y_3(t) = \frac{1}{(2\pi j)^3} \int_{-j\infty}^{j\infty} \int_{-j\infty}^{j\infty} \int_{-j\infty}^{j\infty} H_3(p_1, p_2, p_3) X(p_1) X(p_2) X(p_3) \, e^{(p_1 + p_2 + p_3)t} \, dp_1 \, dp_2 \, dp_3 \tag{8.428}$$

und nach den weiteren Substitutionen

$$p_1 = p - s_1 - s_2 \,, \quad p_2 = s_1 \,, \quad p_3 = s_2 \tag{8.429}$$

die Darstellung

$$y_3(t) = \frac{1}{2\pi j} \int_{-j\infty}^{j\infty} \Big[\frac{1}{(2\pi j)^2} \int_{-j\infty}^{j\infty} \int_{-j\infty}^{j\infty} H_3(p - s_1 - s_2, s_1, s_2) X(p - s_1 - s_2) X(s_1) X(s_2) \, ds_1 \, ds_2 \Big] e^{pt} \, dp \,. \tag{8.430}$$

Die im Integral von Gl. (8.430) in eckigen Klammern stehende Funktion (von p) ist also die Laplace-Transformierte von $y_3(t)$.

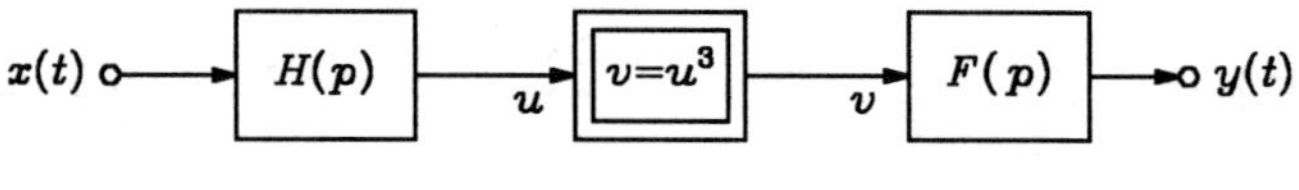

Bild 8.67: Beispiel für ein kubisches System

Beispiel 8.46: Bild 8.67 zeigt ein System, in dem ein nichtlineares Glied mit der Charakteristik $v = u^3$ zwischen zwei lineare und stabile Teilsysteme mit den Übertragungsfunktionen $H(p)$ bzw. $F(p)$ eingebettet ist. Mit der Impulsantwort $h(t)$ des ersten linearen Teilsystems lassen sich folgende Beziehungen angeben:

$$u(t) = \int_0^\infty h(\tau) x(t - \tau) \, d\tau \,,$$

$$v(t) = \int_0^\infty \int_0^\infty \int_0^\infty h(\tau_1) h(\tau_2) h(\tau_3) x(t - \tau_1) x(t - \tau_2) x(t - \tau_3) \, d\tau_1 \, d\tau_2 \, d\tau_3 \,.$$

Gemäß Gl. (8.428) folgt hieraus

$$v(t) = \frac{1}{(2\pi j)^3} \int_{-j\infty}^{j\infty} \int_{-j\infty}^{j\infty} \int_{-j\infty}^{j\infty} H(p_1) H(p_2) H(p_3) X(p_1) X(p_2) X(p_3) \, e^{(p_1 + p_2 + p_3)t} \, dp_1 \, dp_2 \, dp_3 \,,$$

also aufgrund von Gl. (8.430) für die Laplace-Transformierte $V(p)$ von $v(t)$

$$V(p) = \frac{1}{(2\pi j)^2} \int_{-j\infty}^{j\infty} \int_{-j\infty}^{j\infty} H(p - s_1 - s_2) H(s_1) H(s_2) X(p - s_1 - s_2) X(s_1) X(s_2) \, ds_1 \, ds_2 \,.$$

Hieraus ergibt sich für die Laplace-Transformierte $Y(p)$ des Ausgangssignals wegen $Y(p) = F(p) V(p)$ die Darstellung

$$Y(p) = \frac{1}{(2\pi j)^2} \int_{-j\infty}^{j\infty} \int_{-j\infty}^{j\infty} F(p) H(p - s_1 - s_2) H(s_1) H(s_2) X(p - s_1 - s_2) X(s_1) X(s_2) \, ds_1 \, ds_2 \,,$$

woraus aufgrund eines Vergleichs mit Gl. (8.430) und mit Gln. (8.429) für die Systemfunktion die Darstellung

$$H_3(p_1, p_2, p_3) = F(p_1 + p_2 + p_3) H(p_1) H(p_2) H(p_3)$$

abgelesen werden kann.

IX Rückgekoppelte dynamische Systeme

Gegenstand dieses Kapitels ist das Studium rückgekoppelter Systeme, wobei man gewöhnlich zwischen der Analyse und dem Entwurf solcher Systeme unterscheidet. Es werden vor allem nichtlineare Systeme bzw. Rückkopplungen untersucht. Die systemtheoretischen Konzepte, die linearen rückgekoppelten Systemen zugrundeliegen, gelten als ausgereift und sind in der Praxis längst fest etabliert. Sie sind in den Kapiteln I bis VII zu einem guten Teil behandelt und wurden zumeist unter der Annahme entwickelt, daß die Systemoperationen nur in relativ begrenzten Wertebereichen ausgeführt werden. Die Behandlung von Problemen, bei denen die auftretenden Größen in weiten Bereichen variieren, erfordert in aller Regel die Verwendung von nichtlinearen Modellen (Systemen). Darüber hinaus begegnet man nicht selten Aufgabenstellungen, bei denen die Nichtlinearitäten von grundsätzlicher Bedeutung sind, so daß eine Linearisierung bzw. die Verwendung eines linearen Modells von vornherein ausscheidet. Typische Beispiele hierfür sind Systeme mit Sättigungserscheinungen oder Hystereseeffekten.

Im ersten Teil des Kapitels werden Methoden beschrieben, bei denen die wesentliche Idee darin besteht, daß durch Anwendung einer bestimmten nichtlinearen Transformation der Zustandsvariablen und des Eingangssignals das betreffende nichtlineare System teilweise oder vollständig in ein lineares System übergeführt wird, um auf diese Weise die bewährten Verfahren der linearen rückgekoppelten Systeme anwenden zu können. Die genannte nichtlineare Transformation wird streng analytisch durchgeführt. Man spricht in diesem Zusammenhang von "exakter" (Feedback-) Linearisierung. Es handelt sich hier aber um ein ganz anderes Konzept der Linearisierung als bei der eingangs genannten "üblichen" Linearisierung, bei welcher der zugrundeliegende (dynamische) Prozeß in seinen ursprünglichen Größen direkt linear, etwa durch lineare Differentialgleichungen beschrieben wird. Nach Einführung der erforderlichen mathematischen Hilfsmittel aus der Differentialgeometrie wird gezeigt, welche Klasse nichtlinearer Systeme sich für eine exakte Linearisierung eignet, wie diese Methode im einzelnen durchzuführen ist und welche Grenzen der Anwendbarkeit bestehen.

In einem weiteren Teil dieses Kapitels werden Verfahren zur vorzugsweise numerischen Steuerung und Regelung nichtlinearer Systeme vorgestellt, welche wesentlich auf der aus der numerischen Mathematik stammenden Homotopiemethode basiert und die Linearisierung des Systems entlang Trajektorien ausnützt.

Ein letzter Teil dieses Kapitels ist dem Problem gewidmet, nicht meßbare Zustände eines Systems durch einen Zustandsbeobachter zu schätzen. Diese Aufgabe läßt sich für lineare, zeitinvariante Systeme elegant lösen, wie im Kapitel II, Abschnitt 5.3 und an weiteren Stellen in den Kapiteln V und VI gezeigt wurde. Für nichtlineare Systeme kann diese Aufgabe unter anderem mit Hilfe des erweiterten Kalman-Filters gelöst werden, das als Verallgemeinerung des Kalman-Bucy-Filters aufgefaßt werden kann und das sowohl für den kontinuierlichen Fall wie auch für den diskontinuierlichen Fall ausführlich behandelt wird, wobei stochastische Signale vorausgesetzt werden.

Die wichtigsten Ergebnisse dieses Kapitels werden an zahlreichen Beispielen ausführlich erläutert.

1 Aufgabenstellung und Vorbemerkungen

Die Aufgaben, die mit dem Entwurf von rückgekoppelten Systemen verbunden sind, lassen sich in zwei Kategorien unterteilen, nämlich in die *Stabilisierung* und in die *Nachführung.* Man geht dabei häufig davon aus, daß das zu regelnde System, meist Regelstrecke genannt, durch eine Zustandsdarstellung (ein Zustandsmodell) der Art

$$\frac{\mathrm{d}\boldsymbol{z}(t)}{\mathrm{d}t} = \boldsymbol{f}(\boldsymbol{z}(t), \boldsymbol{x}(t), t), \quad \boldsymbol{y}(t) = \boldsymbol{g}(\boldsymbol{z}(t), t) \tag{9.1a,b}$$

beschrieben werden kann. In diesem Zusammenhang spricht man bei den Komponenten von $\boldsymbol{x}(t)$ auch von den Stellgrößen und bei den Komponenten von $\boldsymbol{y}(t)$ auch von den Regelgrößen.

Im Falle eines Stabilisierungsproblems besteht die Aufgabe darin, ein *Regelgesetz* in der Form eines im allgemeinen zeitabhängigen Operators $\boldsymbol{\Psi}(\boldsymbol{z}, t)$, d. h. als eine Beziehung

$$\boldsymbol{x}(t) = \boldsymbol{\Psi}(\boldsymbol{z}, t) \tag{9.2}$$

festzulegen, so daß bei Wahl eines beliebigen Anfangszustands $\boldsymbol{z}(t_0)$ in einer bestimmten Umgebung des Punktes $\boldsymbol{z} = \boldsymbol{0}$ die Lösung $\boldsymbol{z}(t)$ der Gl. (9.1a) bei Berücksichtigung von Gl. (9.2) für $t \to \infty$ gegen $\boldsymbol{0}$ strebt. Dabei ist zu beachten, daß nach Gl. (9.2) die Eingangsgröße $\boldsymbol{x}(t)$ nicht nur vom aktuellen Zustand $\boldsymbol{z}(t)$, sondern auch von vergangenen Werten $\boldsymbol{z}(\tau)$, $\tau < t$ abhängen kann. Die Gln. (9.1a) und (9.2), die in der Form

$$\frac{\mathrm{d}\boldsymbol{z}(t)}{\mathrm{d}t} = \tilde{\boldsymbol{f}}(\boldsymbol{z}(t), t) \quad \text{mit} \quad \tilde{\boldsymbol{f}}(\boldsymbol{z}(t), t) = \boldsymbol{f}(\boldsymbol{z}(t), \boldsymbol{\Psi}(\boldsymbol{z}, t), t)$$

zusammengefaßt werden können, bilden die Dynamik des rückgekoppelten Systems (Regelkreises). Ist das Signal $\boldsymbol{x}(t)$ in jedem Zeitpunkt t nur von $\boldsymbol{z}(t)$ zum selben Zeitpunkt abhängig, $\boldsymbol{\Psi}(\boldsymbol{z}, t)$ also eine Funktion von $\boldsymbol{z}(t)$ und t, so spricht man von einem statischen Regelgesetz. Von einem dynamischen Regelgesetz ist die Rede, wenn $\boldsymbol{x}(t)$ durch $\boldsymbol{z}(t)$ aufgrund einer Differentialgleichung festgelegt wird. Es ist noch folgendes zu beachten: Besteht die Stabilisierungsaufgabe darin, den Zustand der vorliegenden Regelstrecke (asymptotisch) in einen Punkt $\boldsymbol{z}_\infty \neq \boldsymbol{0}$ überzuführen, dann läßt sich das Problem durch die Verwendung des verschobenen Zustandsvektors $\boldsymbol{\zeta}(t) := \boldsymbol{z}(t) - \boldsymbol{z}_\infty$ auf die zunächst betrachtete Form der Nullpunkt-Stabilisierung bringen.

Im Falle eines Nachführungsproblems ist für $\boldsymbol{y}(t)$ eine Vorschrift $\boldsymbol{y}_f(t)$ für alle $t \geqq t_0$ gegeben. Die Aufgabe besteht dann darin, ein Regelgesetz $\boldsymbol{x}(t) = \boldsymbol{\Psi}(\boldsymbol{z}, t)$ zu finden, so daß der Nachführungsfehler

$$\boldsymbol{e}(t) := \boldsymbol{y}(t) - \boldsymbol{y}_f(t) \tag{9.3}$$

für $t \to \infty$ stets gegen $\boldsymbol{0}$ strebt, sofern der Anfangszustand $\boldsymbol{z}(t_0)$ in einem bestimmten Gebiet G gewählt wird. Dabei wird verlangt, daß während der Nachführung von $\boldsymbol{y}(t)$ gegen $\boldsymbol{y}_f(t)$ die Norm $\|\boldsymbol{z}(t)\|$ beschränkt bleibt. Falls der Nachführungsfehler bereits vom Anfangszeitpunkt an beständig, d. h. für alle $t \geqq t_0$ verschwindet, spricht man von *perfekter* Nachführung, andernfalls von *asymptotischer* Nachführung.

Man kann jedes Stabilisierungsproblem stets als ein spezielles Nachführungsproblem betrachten, indem man $\boldsymbol{y}(t) = \boldsymbol{z}(t)$ und $\boldsymbol{y}_f(t)$ als einen festen Punkt wählt, nämlich als $\boldsymbol{z}(t) = \boldsymbol{0}$ für alle $t \geqq t_0$. Umgekehrt ist es oft möglich, ein Nachführungsproblem als ein Stabilisierungsproblem aufzufassen, insbesondere wenn die Vorschrift $\boldsymbol{y}_f(t)$ als Lösungstrajektorie im Zustandsraum beschrieben werden kann.

Beispiel 9.1: Gegeben sei im Zustandsraum $\mathbb{R}^2$ das System

$$\frac{\mathrm{d}\boldsymbol{z}}{\mathrm{d}t} = \begin{bmatrix} z_2 \\ h(z_1, z_2, x) \end{bmatrix}, \qquad y = z_1 \tag{9.4a,b}$$

mit einem Eingang und einem Ausgang. Weiterhin liege eine Vorschrift $y_f(t)$ vor, gegen die $y(t)$ geführt werden soll. Die hier auftretenden Funktionen sollen alle mathematischen Eigenschaften aufweisen, die im folgenden erforderlich sind. Da $y_f(t)$ als Vorschrift für $z_1(t)$ und, wegen des für die Trajektorien des vorliegenden Systems bestehenden Zusammenhangs $z_2 = \mathrm{d}z_1/\mathrm{d}t$, die Ableitung $\mathrm{d}y_f(t)/\mathrm{d}t$ als Vorschrift für $z_2(t)$ aufgefaßt werden darf, erhält man als Vorschrift für die Nachführung der Trajektorie

$$\boldsymbol{z}_f := \begin{bmatrix} y_f \\ \mathrm{d}y_f/\mathrm{d}t \end{bmatrix}. \tag{9.5}$$

Definiert man nun den neuen Zustandsvektor $\boldsymbol{\zeta} := \boldsymbol{z} - \boldsymbol{z}_f$ mit $\boldsymbol{\zeta} = [\zeta_1 \quad \zeta_2]^{\mathrm{T}}$, so gelangt man aufgrund der Gln. (9.4a) und (9.5) zur neuen Zustandsbeschreibung

$$\frac{\mathrm{d}\boldsymbol{\zeta}}{\mathrm{d}t} = \begin{bmatrix} \zeta_2 \\ h(\zeta_1 + y_f, \zeta_2 + \mathrm{d}y_f/\mathrm{d}t, x) - \mathrm{d}^2 y_f/\mathrm{d}t^2 \end{bmatrix} = \boldsymbol{f}_0(\boldsymbol{\zeta}, y_f, \mathrm{d}y_f/\mathrm{d}t, \mathrm{d}^2 y_f/\mathrm{d}t^2, x). \tag{9.6}$$

Damit ist die Nachführungsaufgabe in ein Stabilisierungsproblem übergeführt, da nun ein Regelgesetz in der Form $x = \Psi(\zeta_1, \zeta_2, t)$ gefunden werden muß, so daß die Lösung $\boldsymbol{\zeta}(t)$ von Gl. (9.6) gegen $\boldsymbol{0}$ konvergiert, wenn t über alle Grenzen strebt. Man beachte, daß es sich bei Gl. (9.6) um ein im allgemeinen zeitvariantes, nichtautonomes System handelt, da die Funktion y_f und ihre Ableitungen fest vorgegebene Zeitfunktionen sind.

Im folgenden werden einige Verfahren beschrieben, die zur Lösung von Aufgaben der genannten Art verwendet werden können. Dabei wird in aller Regel versucht, auf die Methoden der linearen Systemtheorie, soweit möglich, zurückzugreifen. In diesem Zusammenhang wird namentlich an Kapitel II, Abschnitt 5.2 erinnert, in dem die Zustandsgrößenrückkopplung linearer, zeitinvarianter Systeme behandelt wurde. Dabei geht es um die Lösung der folgenden Aufgabe: Es wird ein lineares, zeitinvariantes System betrachtet, das zunächst als offenes System ("offene Schleife") durch die Zustandsdarstellung

$$\frac{\mathrm{d}\boldsymbol{z}(t)}{\mathrm{d}t} = \boldsymbol{A}\boldsymbol{z}(t) + \boldsymbol{B}\boldsymbol{x}(t) \tag{9.7}$$

beschrieben wird. Nun führt man die Zustandsgrößenrückkopplung

$$\boldsymbol{x}(t) = \boldsymbol{K}\boldsymbol{z}(t) + \boldsymbol{u}(t) \tag{9.8}$$

mit der noch zu spezifizierenden $m \times q$-Matrix $\boldsymbol{K}$ und dem Vektor $\boldsymbol{u}(t)$ der neuen Eingangsgrößen ein. Dadurch entsteht das rückgekoppelte System ("geschlossene Schleife") mit der Zustandsdarstellung

$$\frac{\mathrm{d}\boldsymbol{z}(t)}{\mathrm{d}t} = (\boldsymbol{A} + \boldsymbol{B}\boldsymbol{K})\boldsymbol{z}(t) + \boldsymbol{B}\boldsymbol{u}(t). \tag{9.9}$$

Dieses System ist genau dann asymptotisch stabil, wenn $\boldsymbol{A} + \boldsymbol{B}\boldsymbol{K}$ eine Hurwitz-Matrix ist,

d. h. alle Eigenwerte dieser Matrix negativen Realteil aufweisen. Man kann nun unter geeigneten Bedingungen die Freiheit in der Wahl von $\boldsymbol{K}$ dazu nutzen, diese Eigenschaft zu erzwingen. Auf diese Weise läßt sich das möglicherweise zunächst instabile System durch Zustandsgrößenrückkopplung stabilisieren. Die eigentliche Aufgabe besteht darin, eine Matrix $\boldsymbol{K}$ derart zu entwerfen, daß $\boldsymbol{A} + \boldsymbol{BK}$ eine Hurwitz-Matrix wird. In Kapitel II, Abschnitt 5.2 wurde gezeigt, daß diese Aufgabe im Falle $m = 1$, d. h. in dem Falle, in welchem nur ein Eingangssignal vorhanden ist und daher $\boldsymbol{B}$ einen Spaltenvektor darstellt, stets gelöst werden kann, sofern die Steuerbarkeitsmatrix

$$\boldsymbol{U} = [\boldsymbol{B} \quad \boldsymbol{AB} \quad \cdots \quad \boldsymbol{A}^{q-1}\boldsymbol{B}] \tag{9.10}$$

den (maximalen) Rang q besitzt. Unter dieser Annahme kann die genannte Aufgabe aber auch im Falle $m > 1$ stets gelöst werden, wie im folgenden auf konstruktivem Wege gezeigt wird [He1].

Vorausgesetzt wird, wie gesagt, daß der Rang der Steuerbarkeitsmatrix $\boldsymbol{U}$ nach Gl. (9.10) des durch Gl. (9.7) gegebenen Systems gleich q ist. Mit $\boldsymbol{b}_1, \boldsymbol{b}_2, \ldots, \boldsymbol{b}_m$ werden die Spalten von $\boldsymbol{B}$ in der Reihenfolge ihrer Indizes bezeichnet, wobei durch entsprechende Numerierung der m Eingänge stets dafür gesorgt werden kann, daß eine speziell gewünschte Spalte von $\boldsymbol{B}$ durch $\boldsymbol{b}_1$ dargestellt wird. Im folgenden sei $\boldsymbol{b}_\mu \neq \boldsymbol{0}$ für alle $\mu = 1, \ldots, m$ vorausgesetzt, was (bei sinnvoller Modellbildung) keine Einschränkung der Allgemeinheit ist.

Nun wird eine nichtsinguläre $q \times q$-Matrix $\boldsymbol{Q}$ in folgender Weise konstruiert: Als die ersten k_1 Spalten, die untereinander linear unabhängig sein sollen, werden $\boldsymbol{b}_1, \boldsymbol{Ab}_1, \ldots, \boldsymbol{A}^{k_1-1}\boldsymbol{b}_1$ gewählt, wobei mit k_1 so weit zu gehen ist, bis $\boldsymbol{A}^{k_1}\boldsymbol{b}_1$ (und damit auch $\boldsymbol{A}^{k_1+\mu}\boldsymbol{b}_1$ für $\mu = 1, 2, \ldots$) als Linearkombination der ersten k_1 Spalten von $\boldsymbol{Q}$ ausgedrückt werden kann. Falls $k_1 = q$ ist, läßt sich das durch Gl. (9.7) gegebene System allein mit dem Eingangssignal $x_1(t)$ steuern. Dies erreicht man durch die Wahl

$$\boldsymbol{K} = [\boldsymbol{k} \quad \boldsymbol{0} \quad \boldsymbol{0} \quad \cdots \quad \boldsymbol{0}]^{\mathrm{T}} \tag{9.11}$$

mit einem Regelvektor $\boldsymbol{k}$ und den Nullvektoren $\boldsymbol{0}$, so daß in Gl. (9.9) $\boldsymbol{A} + \boldsymbol{BK} = \boldsymbol{A} + \boldsymbol{b}_1\boldsymbol{k}^{\mathrm{T}}$ wird und $\boldsymbol{k}$ nach Kapitel II, Abschnitt 5.2 aufgrund der Vorgabe der gewünschten Eigenwerte des rückgekoppelten Systems eindeutig bestimmt werden kann. Falls $k_1 < q$ gilt, werden im Anschluß an die Wahl der ersten k_1 Spalten von $\boldsymbol{Q}$ die nächsten k_2, mit den bereits festgelegten Spalten und untereinander linear unabhängigen Spalten gewählt, und zwar $\boldsymbol{b}_2, \boldsymbol{Ab}_2, \ldots, \boldsymbol{A}^{k_2-1}\boldsymbol{b}_2$, wobei mit k_2 so weit zu gehen ist, bis $\boldsymbol{A}^{k_2}\boldsymbol{b}_2$ als Linearkombination der ersten $k_1 + k_2$ Spalten von $\boldsymbol{Q}$ ausgedrückt werden kann. Falls bereits $\boldsymbol{b}_2$ von den ersten k_1 Spalten von $\boldsymbol{Q}$ linear abhängig ist, entfällt dieser zweite Schritt zur Konstruktion von $\boldsymbol{Q}$. Falls $k_1 + k_2 = q$ gilt, liegt $\boldsymbol{Q}$ vollständig vor. Im Falle $k_1 + k_2 < q$ werden die nächsten k_3 linear unabhängigen Spalten $\boldsymbol{b}_3, \boldsymbol{Ab}_3, \ldots, \boldsymbol{A}^{k_3-1}\boldsymbol{b}_3$ gewählt usw. Das stets eintreffende Ergebnis ist schließlich die nichtsinguläre $q \times q$-Matrix

$$\boldsymbol{Q} := [\boldsymbol{b}_1 \quad \boldsymbol{Ab}_1 \quad \cdots \quad \boldsymbol{A}^{k_1-1}\boldsymbol{b}_1 \quad \cdots \quad \boldsymbol{A}^{k_p-1}\boldsymbol{b}_p]. \tag{9.12}$$

Weiterhin wird die $(m \times q)$-Matrix

$$\boldsymbol{S} := [\boldsymbol{0} \quad \cdots \quad \boldsymbol{0} \quad \mathbf{e}_2 \quad \boldsymbol{0} \quad \cdots \quad \boldsymbol{0} \quad \mathbf{e}_3 \quad \boldsymbol{0} \quad \cdots \quad \boldsymbol{0} \quad \mathbf{e}_p] \tag{9.13}$$

gebildet, deren erste $k_1 - 1$ Spalten ausnahmslos Nullspalten sind, nach der k_1-ten Spalte $\mathbf{e}_2$ folgen weitere $k_2 - 1$ Nullspalten bis zur $(k_1 + k_2)$-ten Spalte $\mathbf{e}_3$. Die letzte Spalte $\mathbf{e}_p$ der Matrix $\boldsymbol{S}$, die von $\boldsymbol{0}$ verschieden ist, ist die Spalte Nr. $k_1 + k_2 + \cdots + k_{p-1} = q$. Dabei bedeutet $\mathbf{e}_j\,(j = 2, 3, \ldots, p)$ die j-te Spalte der $m \times m$-Einheitsmatrix. Jetzt wird die Matrix

$$\boldsymbol{K}_1 := \boldsymbol{S}\,\boldsymbol{Q}^{-1} \tag{9.14}$$

eingeführt. Man kann zeigen, daß das durch das Matrizenpaar

$$(\tilde{\boldsymbol{A}}, \tilde{\boldsymbol{b}}) \quad \text{mit} \quad \tilde{\boldsymbol{A}} = \boldsymbol{A} + \boldsymbol{BK}_1 \quad \text{und} \quad \tilde{\boldsymbol{b}} = \boldsymbol{b}_1$$

definierte System mit einem Eingang steuerbar ist, indem man beweist, daß die zugehörige Steuerbarkeitsmatrix

$$\tilde{\boldsymbol{U}} := [\boldsymbol{b}_1 \;\; \tilde{\boldsymbol{A}}\boldsymbol{b}_1 \;\; \cdots \;\; \tilde{\boldsymbol{A}}^{q-1}\boldsymbol{b}_1] \tag{9.15}$$

den Rang q aufweist. Dazu werden aufgrund des Zusammenhangs $\boldsymbol{K}_1\boldsymbol{Q} = \boldsymbol{S}$ gemäß Gl. (9.14), der angesichts der Gln. (9.12) und (9.13) im einzelnen besagt, daß

$$\boldsymbol{K}_1\boldsymbol{A}^{\nu}\boldsymbol{b}_1 = \boldsymbol{0} \qquad (\nu = 0, 1, \ldots, k_1 - 2),$$

$$\boldsymbol{K}_1\boldsymbol{A}^{k_1-1}\boldsymbol{b}_1 = \mathbf{c}_2,$$

$$\boldsymbol{K}_1\boldsymbol{A}^{\nu}\boldsymbol{b}_2 = \boldsymbol{0} \qquad (\nu = 0, 1, \ldots, k_2 - 2),$$

$$\boldsymbol{K}_1\boldsymbol{A}^{k_2-1}\boldsymbol{b}_2 = \mathbf{c}_3$$

usw.

gilt, folgende Beziehungen angegeben:

$$\tilde{\boldsymbol{b}} = \boldsymbol{b}_1,$$

$$\tilde{\boldsymbol{A}}\boldsymbol{b}_1 = (\boldsymbol{A} + \boldsymbol{B}\boldsymbol{K}_1)\,\boldsymbol{b}_1 = \boldsymbol{A}\boldsymbol{b}_1,$$

$$\tilde{\boldsymbol{A}}^{\nu}\boldsymbol{b}_1 = (\boldsymbol{A} + \boldsymbol{B}\boldsymbol{K}_1)\,\boldsymbol{A}^{\nu-1}\boldsymbol{b}_1 = \boldsymbol{A}^{\nu}\boldsymbol{b}_1 \qquad (\nu = 2, 3, \ldots, k_1 - 1),$$

$$\tilde{\boldsymbol{A}}^{k_1}\boldsymbol{b}_1 = (\boldsymbol{A} + \boldsymbol{B}\boldsymbol{K}_1)\,\boldsymbol{A}^{k_1-1}\boldsymbol{b}_1 = \boldsymbol{B}\,\mathbf{c}_2 + \boldsymbol{A}^{k_1}\boldsymbol{b}_1 = \boldsymbol{b}_2 + \cdots,$$

$$\tilde{\boldsymbol{A}}^{k_1+1}\boldsymbol{b}_1 = (\boldsymbol{A} + \boldsymbol{B}\boldsymbol{K}_1)(\boldsymbol{b}_2 + \boldsymbol{A}^{k_1}\boldsymbol{b}_1) = \boldsymbol{A}\boldsymbol{b}_2 + \cdots,$$

$$\vdots$$

$$\tilde{\boldsymbol{A}}^{q-1}\boldsymbol{b}_1 = (\boldsymbol{A} + \boldsymbol{B}\boldsymbol{K}_1)(\boldsymbol{A}^{k_p-2}\boldsymbol{b}_p + \cdots) = \boldsymbol{A}^{k_p-1}\boldsymbol{b}_p + \cdots.$$

Dabei soll mit den Punkten $\cdots$ angedeutet werden, daß es sich jeweils um eine Linearkombination der vorausgehenden Vektoren handelt. Damit ist zu erkennen, daß $\tilde{\boldsymbol{U}}$ den Rang q hat, da die auf den rechten Seiten obiger q Gleichungen explizit angeschriebenen Vektoren die Spalten der nichtsingulären Matrix $\boldsymbol{Q}$ darstellen.

Aus den bisher erzielten Ergebnissen darf nun folgender Schluß gezogen werden: Unter der Voraussetzung, daß das Matrizenpaar $(\boldsymbol{A}, \boldsymbol{B})$ steuerbar ist, läßt sich eine Matrix $\boldsymbol{K}_1$ konstruieren, so daß das durch

$$\frac{\mathrm{d}\boldsymbol{\zeta}}{\mathrm{d}t} = \tilde{\boldsymbol{A}}\,\boldsymbol{\zeta} + \boldsymbol{b}_1\xi \quad \text{mit} \quad \tilde{\boldsymbol{A}} := \boldsymbol{A} + \boldsymbol{B}\boldsymbol{K}_1 \tag{9.16}$$

gegebene lineare, zeitinvariante System mit einem Eingangssignal ξ steuerbar ist. Nach Kapitel II, Abschnitt 5.2 kann dieses System einer Zustandsgrößenrückkopplung unterworfen werden, indem $\xi = \mu + \boldsymbol{k}^{\mathrm{T}}\boldsymbol{\zeta}$ gewählt wird, wobei μ die neue Eingangsgröße bedeutet und der Regelvektor $\boldsymbol{k}$ so festgelegt werden kann, daß die Eigenwerte der Matrix

$$\boldsymbol{M} = \tilde{\boldsymbol{A}} + \boldsymbol{b}_1\boldsymbol{k}^{\mathrm{T}} = \boldsymbol{A} + \boldsymbol{B}\boldsymbol{K}_1 + \boldsymbol{b}_1\boldsymbol{k}^{\mathrm{T}}$$

an beliebig vorgebbaren Punkten der komplexen Ebene auftreten, insbesondere im Innern der linken Halbebene, wobei nichtreelle Eigenwerte stets nur paarweise konjugiert komplex zugelassen sind. Da man

$$\boldsymbol{b}_1\boldsymbol{k}^{\mathrm{T}} = \boldsymbol{B}[\boldsymbol{k} \;\; \boldsymbol{0} \;\; \cdots \;\; \boldsymbol{0}]^{\mathrm{T}}$$

mit Nullspalten $\boldsymbol{0}$ schreiben kann, erhält man für die Matrix $\boldsymbol{M}$ die alternative Form der Darstellung

$$\boldsymbol{M} = \boldsymbol{A} + \boldsymbol{B}\boldsymbol{K} \quad \text{mit} \quad \boldsymbol{K} = \boldsymbol{K}_1 + [\boldsymbol{k} \;\; \boldsymbol{0} \;\; \cdots \;\; \boldsymbol{0}]^{\mathrm{T}}. \tag{9.17}$$

Damit ist abschließend folgendes gezeigt: Bei Vorgabe eines steuerbaren Matrizenpaares $(\boldsymbol{A}, \boldsymbol{B})$ kann stets eine $m \times q$-Matrix $\boldsymbol{K}$ ermittelt werden, so daß die Matrix $\boldsymbol{A} + \boldsymbol{BK}$ beliebig vorgebbare Eigenwerte erhält. Es kann auf diese Weise insbesondere $\boldsymbol{K}$ derart entworfen werden, daß $\boldsymbol{A} + \boldsymbol{BK}$ eine Hurwitz-Matrix wird.

2 Stabilisierung mittels Jacobi-Linearisierung

Es wird von einem zeitinvarianten, nichtlinearen System mit der Zustandsbeschreibung

$$\frac{\mathrm{d}\boldsymbol{z}}{\mathrm{d}t} = \boldsymbol{f}(\boldsymbol{z}, \boldsymbol{x}) \tag{9.18}$$

ausgegangen. Dabei wird $\boldsymbol{f}(\boldsymbol{0}, \boldsymbol{0}) = \boldsymbol{0}$ angenommen und vorausgesetzt, daß $\boldsymbol{f}$ stetig differenzierbar ist. Nach Kapitel VIII, Abschnitt 1.1.3 liefert die Linearisierung der Gl. (9.18) um den Punkt $\boldsymbol{z} = \boldsymbol{0}$, $\boldsymbol{x} = \boldsymbol{0}$ das System mit der Zustandsdarstellung

$$\frac{\mathrm{d}\boldsymbol{z}}{\mathrm{d}t} = \boldsymbol{Az} + \boldsymbol{Bx} \, , \tag{9.19a}$$

wobei

$$\boldsymbol{A} = \left.\frac{\partial \boldsymbol{f}}{\partial \boldsymbol{z}}\right|_{\boldsymbol{z}=\boldsymbol{0},\boldsymbol{x}=\boldsymbol{0}} \quad \text{und} \quad \boldsymbol{B} = \left.\frac{\partial \boldsymbol{f}}{\partial \boldsymbol{x}}\right|_{\boldsymbol{z}=\boldsymbol{0},\boldsymbol{x}=\boldsymbol{0}} \tag{9.19b,c}$$

bedeutet. Das Matrizenpaar $(\boldsymbol{A}, \boldsymbol{B})$ wird als steuerbar angenommen. Nun wird nach dem im Abschnitt 1 beschriebenen Verfahren eine Matrix $\boldsymbol{K}$ konstruiert, so daß alle Eigenwerte der Matrix $\boldsymbol{A} + \boldsymbol{BK}$ negative Realteile aufweisen und, soweit gewünscht, an bestimmten Stellen in der linken p-Halbebene zu liegen kommen. Sodann wird auf das nichtlineare System nach Gl. (9.18) eine Zustandsgrößenrückkopplung in der Form

$$\boldsymbol{x} = \boldsymbol{Kz}$$

angewendet, so daß ein geschlossenes autonomes System entsteht, das durch die Zustandsgleichung

$$\frac{\mathrm{d}\boldsymbol{z}}{\mathrm{d}t} = \boldsymbol{f}_0(\boldsymbol{z}) \quad \text{mit} \quad \boldsymbol{f}_0(\boldsymbol{z}) := \boldsymbol{f}(\boldsymbol{z}, \boldsymbol{Kz}) \tag{9.20}$$

mit dem Gleichgewichtszustand $\boldsymbol{z} = \boldsymbol{0}$ beschrieben wird. Die Stabilität des Systems im Gleichgewichtspunkt $\boldsymbol{z} = \boldsymbol{0}$ läßt sich durch Linearisierung um den Ursprung, d. h. aufgrund der Gleichung

$$\frac{\mathrm{d}\boldsymbol{z}}{\mathrm{d}t} = \left[\left.\frac{\partial \boldsymbol{f}(\boldsymbol{z},\boldsymbol{x})}{\partial \boldsymbol{z}}\right|_{\boldsymbol{x}=\boldsymbol{Kz}} + \left.\frac{\partial \boldsymbol{f}(\boldsymbol{z},\boldsymbol{x})}{\partial \boldsymbol{x}}\right|_{\boldsymbol{x}=\boldsymbol{Kz}} \frac{\partial (\boldsymbol{Kz})}{\partial \boldsymbol{z}} \right]_{\boldsymbol{z}=\boldsymbol{0}} \boldsymbol{z}$$

$$= (\boldsymbol{A} + \boldsymbol{BK})\boldsymbol{z}$$

untersuchen. Nach Satz VIII.9 ist der Ursprung ein asymptotisch stabiler Gleichgewichtspunkt des rückgekoppelten nichtlinearen Systems, da die Matrix $\boldsymbol{M} := \boldsymbol{A} + \boldsymbol{BK}$ eine Hurwitz-Matrix ist. Nach Kapitel VIII, Abschnitt 2.7.2 kann nun eine Abschätzung des Einzugsgebiets durchgeführt werden, indem man mit einer beliebig wählbaren positiv-definiten symmetrischen $q \times q$-Matrix $\boldsymbol{Q}$ die Lyapunov-Gleichung

$$\boldsymbol{P}\boldsymbol{M} + \boldsymbol{M}^{\mathrm{T}}\boldsymbol{P} = -\boldsymbol{Q}$$

nach $\boldsymbol{P}$ löst. Dann darf die quadratische Funktion $V(\boldsymbol{z}) = \boldsymbol{z}^{\mathrm{T}}\boldsymbol{P}\,\boldsymbol{z}$ als eine Lyapunov-Funktion des rückgekoppelten Systems in der Umgebung von $\boldsymbol{z} = \boldsymbol{0}$ verwendet werden. Mit Hilfe von $V(\boldsymbol{z})$ kann dann in bekannter Weise das Einzugsgebiet abgeschätzt werden.

3 Eingangs-Zustands-Linearisierung

In diesem Abschnitt wird eine Methode vorgestellt, die es ermöglicht, ein durch die Gln. (9.1a,b) dargestelltes nichtlineares, zeitinvariantes System in ein lineares, zeitinvariantes System zu überführen, um zur Lösung von Regelungsaufgaben die bewährten Verfahren der linearen Systemtheorie anwenden zu können. Dazu wird einerseits der Zustandsvektor $\boldsymbol{z}$ in einen neuen Zustandsvektor $\boldsymbol{\zeta} = \boldsymbol{\zeta}(\boldsymbol{z})$ und andererseits der Vektor der Eingangsgrößen $\boldsymbol{x}$ in einen Vektor $\boldsymbol{\xi}$ gemäß $\boldsymbol{\xi} = \boldsymbol{\xi}(\boldsymbol{z}, \boldsymbol{x})$ transformiert. Das Ziel ist es, auf diese Weise eine Zustandsbeschreibung

$$\frac{\mathrm{d}\boldsymbol{\zeta}(t)}{\mathrm{d}t} = \boldsymbol{A}\,\boldsymbol{\zeta}(t) + \boldsymbol{B}\,\boldsymbol{\xi}(t) \tag{9.21}$$

für ein lineares, zeitinvariantes System zu erhalten. Dabei stellt sich als erste Frage, unter welchen Voraussetzungen bezüglich der Beschreibung des nichtlinearen Systems nach Gl. (9.1a) eine solche Transformation möglich ist, und als zweite Frage, wie gegebenenfalls eine derartige Transformation konkret durchgeführt werden kann. Bevor auf die Beantwortung dieser Fragen im einzelnen eingegangen werden kann, müssen einige Vorbereitungen getroffen werden.

3.1 MATHEMATISCHE HILFSMITTEL

Die Erörterungen in den nachfolgenden Abschnitten setzen einige Begriffe und Resultate aus der Differentialgeometrie voraus, die hier besprochen werden sollen. Die dabei auftretenden skalaren Funktionen bzw. Vektorfunktionen sind im Zustandsraum $\mathbb{R}^q$ in Abhängigkeit von der vektoriellen (Orts-)Variablen $\boldsymbol{z} = [z_1 \;\; z_2 \;\; \cdots \;\; z_q]^{\mathrm{T}}$ definiert und werden als hinreichend glatt, d. h. hinreichend oft differenzierbar vorausgesetzt.

Zunächst wird die *Lie-Ableitung* einer skalaren Funktion $h(\boldsymbol{z})$ in Bezug auf eine Vektorfunktion $\boldsymbol{f}(\boldsymbol{z})$ als

$$L_f h := \frac{\partial h}{\partial \boldsymbol{z}}\boldsymbol{f} \tag{9.22}$$

definiert. Gelegentlich wird auch vom dualen Produkt von $\partial h / \partial \boldsymbol{z}$ und $\boldsymbol{f}$ gesprochen. Dabei bedeutet $\partial h / \partial \boldsymbol{z} := [\partial h / \partial z_1 \;\; \partial h / \partial z_2 \;\; \cdots \;\; \partial h / \partial z_q]$ den Gradienten von h, und $\boldsymbol{f}$ ist eine Vektorfunktion in Abhängigkeit von $\boldsymbol{z}$ mit den Komponenten $f_1(\boldsymbol{z})$, $f_2(\boldsymbol{z})$, $\ldots, f_q(\boldsymbol{z})$. Man beachte, daß der Gradient erneut als Zeilenvektor definiert wurde.

Für die iterierten Lie-Ableitungen werden spezielle Bezeichnungen eingeführt, nämlich

$$L_f^0 h = h, \quad L_f^i h = L_f(L_f^{i-1} h) \qquad (i = 1, 2, \ldots). \tag{9.23a,b}$$

Beispiel 9.2: Gegeben sei die Systembeschreibung

$$\frac{d\boldsymbol{z}}{dt} = \boldsymbol{f}(\boldsymbol{z}), \quad y = g(\boldsymbol{z}).$$

Man erhält unmittelbar für die Ableitungen des Ausgangssignals

$$\frac{dy}{dt} = \frac{\partial g}{\partial \boldsymbol{z}} \frac{d\boldsymbol{z}}{dt} = \frac{\partial g}{\partial \boldsymbol{z}} \boldsymbol{f} = L_f g,$$

$$\frac{d^2 y}{dt^2} = \frac{\partial}{\partial \boldsymbol{z}}(L_f g) \frac{d\boldsymbol{z}}{dt} = \frac{\partial}{\partial \boldsymbol{z}}(L_f g) \boldsymbol{f} = L_f^2 g \quad \text{usw.}$$

Eine weitere wichtige Operation ist die *Lie-Klammer*, die zwei Vektorfunktionen $\boldsymbol{f}$ und $\boldsymbol{g}$ gleicher Dimension q zugeordnet wird. Sie ist selbst eine Vektorfunktion der Dimension q und wird als $[\boldsymbol{f}, \boldsymbol{g}]$ oder $\text{ad}_f \, \boldsymbol{g}$ geschrieben, wobei "ad" für "Adjungierte" steht. Die Definition lautet

$$[\boldsymbol{f}, \boldsymbol{g}] = \text{ad}_f \, \boldsymbol{g} := \frac{\partial \boldsymbol{g}}{\partial \boldsymbol{z}} \boldsymbol{f} - \frac{\partial \boldsymbol{f}}{\partial \boldsymbol{z}} \boldsymbol{g}. \tag{9.24}$$

Dabei bedeuten $\partial \boldsymbol{f} / \partial \boldsymbol{z}$ und $\partial \boldsymbol{g} / \partial \boldsymbol{z}$ die Jacobi-Matrizen von $\boldsymbol{f}$ bzw. $\boldsymbol{g}$ gemäß Gl. (8.6).

Beispiel 9.3: Es seien zwei Vektorfunktionen im $\mathbb{R}^3$ gegeben als

$$\boldsymbol{f}(\boldsymbol{z}) = [z_2^2 \;\; 0 \;\; 1]^{\mathrm{T}} \quad \text{und} \quad \boldsymbol{g}(\boldsymbol{z}) = [\sin z_2 \;\; z_1 \;\; z_1 + z_3^2]^{\mathrm{T}}.$$

Nach Gl. (9.24) erhält man

$$[\boldsymbol{f}, \boldsymbol{g}] = \begin{bmatrix} 0 & \cos z_2 & 0 \\ 1 & 0 & 0 \\ 1 & 0 & 2z_3 \end{bmatrix} \begin{bmatrix} z_2^2 \\ 0 \\ 1 \end{bmatrix} - \begin{bmatrix} 0 & 2z_2 & 0 \\ 0 & 0 & 0 \\ 0 & 0 & 0 \end{bmatrix} \begin{bmatrix} \sin z_2 \\ z_1 \\ z_1 + z_3^2 \end{bmatrix} = \begin{bmatrix} -2z_1 z_2 \\ z_2^2 \\ z_2^2 + 2z_3 \end{bmatrix}.$$

Iterierte Lie-Klammern sind durch die Vereinbarung

$$\text{ad}_f^0 \boldsymbol{g} := \boldsymbol{g}, \quad \text{ad}_f^i \boldsymbol{g} := \text{ad}_f (\text{ad}_f^{i-1} \boldsymbol{g}) \quad (i = 1, 2, \ldots) \tag{9.25a,b}$$

festgelegt.

Im folgenden werden einige nützliche Eigenschaften der Lie-Klammern zusammengestellt.

Hilfssatz IX.1: Die Lie-Klammern weisen die folgenden Eigenschaften auf:

(a) **Bilinearität**

Es gelten die Beziehungen

$$[\alpha_1 \boldsymbol{f}_1 + \alpha_2 \boldsymbol{f}_2, \boldsymbol{g}] = \alpha_1 [\boldsymbol{f}_1, \boldsymbol{g}] + \alpha_2 [\boldsymbol{f}_2, \boldsymbol{g}] \tag{9.26a}$$

und

$$[\boldsymbol{f}, \alpha_1 \boldsymbol{g}_1 + \alpha_2 \boldsymbol{g}_2] = \alpha_1 [\boldsymbol{f}, \boldsymbol{g}_1] + \alpha_2 [\boldsymbol{f}, \boldsymbol{g}_2], \tag{9.26b}$$

wobei $\boldsymbol{f}$, $\boldsymbol{f}_1$, $\boldsymbol{f}_2$, $\boldsymbol{g}$, $\boldsymbol{g}_1$ und $\boldsymbol{g}_2$ als glatte Vektorfunktionen, α_1 und α_2 als von $\boldsymbol{z}$ unabhängige Skalare vorausgesetzt werden.

(b) **Schiefsymmetrie**
Es besteht die Beziehung

$$[\boldsymbol{f},\boldsymbol{g}] = -[\boldsymbol{g},\boldsymbol{f}]. \tag{9.27}$$

(c) **Jacobische Identität**
Mit der skalaren zweimal stetig differenzierbaren Funktion $h(\boldsymbol{z})$ gilt

$$L_{\mathrm{ad}_{\boldsymbol{f}}\boldsymbol{g}}h = L_{\boldsymbol{f}}L_{\boldsymbol{g}}h - L_{\boldsymbol{g}}L_{\boldsymbol{f}}h\,. \tag{9.28}$$

Beweis: Die Eigenschaften der Bilinearität und Schiefsymmetrie folgen direkt aus der Definition der Lie-Klammer nach Gl. (9.24). Zum Beweis der Jacobi-Identität drückt man die linke Seite als

$$\frac{\partial h}{\partial \boldsymbol{z}}\,\mathrm{ad}_{\boldsymbol{f}}\boldsymbol{g} = \frac{\partial h}{\partial \boldsymbol{z}}\frac{\partial \boldsymbol{g}}{\partial \boldsymbol{z}}\boldsymbol{f} - \frac{\partial h}{\partial \boldsymbol{z}}\frac{\partial \boldsymbol{f}}{\partial \boldsymbol{z}}\boldsymbol{g}$$

und die rechte Seite als

$$\begin{aligned} L_{\boldsymbol{f}}\left(\frac{\partial h}{\partial \boldsymbol{z}}\boldsymbol{g}\right) - L_{\boldsymbol{g}}\left(\frac{\partial h}{\partial \boldsymbol{z}}\boldsymbol{f}\right) &= \frac{\partial}{\partial \boldsymbol{z}}\left(\frac{\partial h}{\partial \boldsymbol{z}}\boldsymbol{g}\right)\boldsymbol{f} - \frac{\partial}{\partial \boldsymbol{z}}\left(\frac{\partial h}{\partial \boldsymbol{z}}\boldsymbol{f}\right)\boldsymbol{g} \\ &= \boldsymbol{g}^{\mathrm{T}}\frac{\partial^2 h}{\partial \boldsymbol{z}^2}\boldsymbol{f} + \frac{\partial h}{\partial \boldsymbol{z}}\frac{\partial \boldsymbol{g}}{\partial \boldsymbol{z}}\boldsymbol{f} - \boldsymbol{f}^{\mathrm{T}}\frac{\partial^2 h}{\partial \boldsymbol{z}^2}\boldsymbol{g} - \frac{\partial h}{\partial \boldsymbol{z}}\frac{\partial \boldsymbol{f}}{\partial \boldsymbol{z}}\boldsymbol{g} \\ &= \frac{\partial h}{\partial \boldsymbol{z}}\frac{\partial \boldsymbol{g}}{\partial \boldsymbol{z}}\boldsymbol{f} - \frac{\partial h}{\partial \boldsymbol{z}}\frac{\partial \boldsymbol{f}}{\partial \boldsymbol{z}}\boldsymbol{g} \end{aligned}$$

aus. Dabei bedeutet $\partial^2 h/\partial \boldsymbol{z}^2$ die Hessesche Matrix $\boldsymbol{H} = [h_{ij}]$ von h, die symmetrisch ist und die Elemente $h_{ij} = \partial^2 h/\partial z_i\,\partial z_j$ besitzt. Die Jacobi-Identität ist damit verifiziert.

Ausgehend von einer hinreichend oft stetig differenzierbaren Funktion h lassen sich durch mehrmalige Anwendung der Jacobischen Identität die wichtigen Beziehungen

$$\begin{aligned} L_{\mathrm{ad}_{\boldsymbol{f}}^2\boldsymbol{g}}h &= L_{\mathrm{ad}_{\boldsymbol{f}}(\mathrm{ad}_{\boldsymbol{f}}\boldsymbol{g})}h = L_{\boldsymbol{f}}L_{\mathrm{ad}_{\boldsymbol{f}}\boldsymbol{g}}h - L_{\mathrm{ad}_{\boldsymbol{f}}\boldsymbol{g}}L_{\boldsymbol{f}}h \\ &= L_{\boldsymbol{f}}(L_{\boldsymbol{f}}L_{\boldsymbol{g}}h - L_{\boldsymbol{g}}L_{\boldsymbol{f}}h) - (L_{\boldsymbol{f}}L_{\boldsymbol{g}}L_{\boldsymbol{f}}h - L_{\boldsymbol{g}}L_{\boldsymbol{f}}L_{\boldsymbol{f}}h) \\ &= L_{\boldsymbol{f}}^2L_{\boldsymbol{g}}h - 2L_{\boldsymbol{f}}L_{\boldsymbol{g}}L_{\boldsymbol{f}}h + L_{\boldsymbol{g}}L_{\boldsymbol{f}}^2h\,, \end{aligned} \tag{9.29a}$$

$$\begin{aligned} L_{\mathrm{ad}_{\boldsymbol{f}}^3\boldsymbol{g}}h &= L_{\mathrm{ad}_{\boldsymbol{f}}(\mathrm{ad}_{\boldsymbol{f}}^2\boldsymbol{g})}h \\ &= L_{\boldsymbol{f}}(L_{\boldsymbol{f}}^2L_{\boldsymbol{g}}h - 2L_{\boldsymbol{f}}L_{\boldsymbol{g}}L_{\boldsymbol{f}}h + L_{\boldsymbol{g}}L_{\boldsymbol{f}}^2h) - (L_{\boldsymbol{f}}^2L_{\boldsymbol{g}} - 2L_{\boldsymbol{f}}L_{\boldsymbol{g}}L_{\boldsymbol{f}} + L_{\boldsymbol{g}}L_{\boldsymbol{f}}^2)L_{\boldsymbol{f}}h \\ &= L_{\boldsymbol{f}}^3L_{\boldsymbol{g}}h - 3L_{\boldsymbol{f}}^2L_{\boldsymbol{g}}L_{\boldsymbol{f}}h + 3L_{\boldsymbol{f}}L_{\boldsymbol{g}}L_{\boldsymbol{f}}^2h - L_{\boldsymbol{g}}L_{\boldsymbol{f}}^3h \end{aligned} \tag{9.29b}$$

etc.

$$L_{\mathrm{ad}_{\boldsymbol{f}}^i\boldsymbol{g}}h = L_{\boldsymbol{f}}^iL_{\boldsymbol{g}}h - \cdots + (-1)^iL_{\boldsymbol{g}}L_{\boldsymbol{f}}^ih \qquad (i = 1, 2, \ldots) \tag{9.29c}$$

ableiten. Hieraus folgt

Hilfssatz IX.2: Es sei $\zeta(\boldsymbol{z})$ eine hinreichend glatte Funktion in einem Gebiet $G \subset \mathbb{R}^q$. Dann sind in G die Gleichungen

$$L_{\boldsymbol{g}}\zeta = L_{\boldsymbol{g}}L_{\boldsymbol{f}}\zeta = \cdots = L_{\boldsymbol{g}}L_{\boldsymbol{f}}^m\zeta = 0 \tag{9.30a}$$

äquivalent zu den Gleichungen

$$L_g \zeta = L_{\mathrm{ad}_f g} \zeta = \cdots = L_{\mathrm{ad}_f^m g} \zeta = 0 , \tag{9.30b}$$

und es gilt dann

$$L_{\mathrm{ad}_f^{m+1} g} \zeta = (-1)^{m+1} L_g L_f^{m+1} \zeta , \tag{9.30c}$$

wobei m eine beliebige positive ganze Zahl ist.

Beweis: Die Äquivalenz der beiden Gleichungssysteme (9.30a,b) und die Gültigkeit von Gl. (9.30c) gehen unmittelbar aus den Gln. (9.28) und (9.29a-c) hervor.

Der Zustandsraum $\mathbb{R}^q$ kann, insbesondere zum Zwecke der Transformation eines nichtlinearen Systems, einer Abbildung unterworfen werden, so daß Punkte $\boldsymbol{z} \in G \subset \mathbb{R}^q$ in Punkte $\boldsymbol{\zeta} \in D \subset \mathbb{R}^q$ übergeführt werden. Dabei spielen sogenannte Diffeomorphismen eine besondere Rolle. Man nennt eine Funktion $\boldsymbol{\zeta} = \boldsymbol{\Phi}(\boldsymbol{z})$, die auf einem Gebiet $G \subset \mathbb{R}^q$ definiert ist und deren Bildpunkte in einem Gebiet $D \subset \mathbb{R}^q$ liegen, einen *Diffeomorphismus*, wenn $\boldsymbol{\Phi}$ in G glatt ist und wenn in D die Umkehrfunktion $\boldsymbol{\Phi}^{(-1)}$ existiert und ebenfalls glatt ist.

Man spricht von einem globalen Diffeomorphismus, wenn das Gebiet G den gesamten Raum $\mathbb{R}^q$ umfaßt. Andernfalls heißt der Diffeomorphismus lokal.

Auf der Basis des aus der Infinitesimalrechnung bekannten Theorems über implizite Funktionen kann man folgendermaßen prüfen, ob eine Abbildung $\boldsymbol{\zeta} = \boldsymbol{\Phi}(\boldsymbol{z})$ einen Diffeomorphismus darstellt: Es sei $\boldsymbol{\Phi}(\boldsymbol{z})$ in einem Gebiet $G \subset \mathbb{R}^q$ definiert und dort glatt. Wenn die Jacobische Matrix $\partial \boldsymbol{\Phi} / \partial \boldsymbol{z}$ in einem Punkt $\boldsymbol{z} = \boldsymbol{z}_0 \in G$ nichtsingulär ist, ist durch $\boldsymbol{\Phi}(\boldsymbol{z})$ in einer Umgebung $U \subset G$ von $\boldsymbol{z}_0$ ein lokaler Diffeomorphismus gegeben.

Zur Formulierung eines für spätere Anwendungen erforderlichen und in der Literatur als Frobenius-Theorem bekannten Satzes sind noch die Begriffe der vollständigen Integrierbarkeit und Involutivität von Vektorfunktionen einzuführen.

Ein System von $m < q$ linear unabhängigen Vektorfunktionen $\boldsymbol{f}_1, \boldsymbol{f}_2, \ldots, \boldsymbol{f}_m$, die für $\boldsymbol{z} \in G \subset \mathbb{R}^q$ erklärt sind, heißt *vollständig integrierbar*, wenn $q - m$ skalare Funktionen $h_1(\boldsymbol{z}), h_2(\boldsymbol{z}), \ldots, h_{q-m}(\boldsymbol{z})$ angegeben werden können, so daß dann die $m(q-m)$ partiellen Differentialgleichungen

$$\frac{\partial h_i}{\partial \boldsymbol{z}} \boldsymbol{f}_j = 0 \tag{9.31}$$

für alle ganzzahligen i und j mit $1 \leqq i \leqq q - m$ und $1 \leqq j \leqq m$ befriedigt werden und alle Gradienten $\partial h_i / \partial \boldsymbol{z}$ voneinander linear unabhängig sind.

Ein System von linear unabhängigen Vektorfunktionen $\boldsymbol{f}_1, \boldsymbol{f}_2, \ldots, \boldsymbol{f}_m$ (und der von diesen aufgespannte Raum) heißt *involutiv*, wenn es (glatte) skalare Funktionen $\alpha_{ijk}(\boldsymbol{z})$ mit der unabhängigen Variablen $\boldsymbol{z}$ aus $\mathbb{R}^q$ gibt, so daß für alle i, j und alle $\boldsymbol{z}$ die Darstellung

$$[\boldsymbol{f}_i, \boldsymbol{f}_j] = \sum_{k=1}^{m} \alpha_{ijk}(\boldsymbol{z}) \boldsymbol{f}_k(\boldsymbol{z}) \tag{9.32}$$

möglich ist. Involutivität eines gegebenen Systems von linear unabhängigen Vektorfunktionen bedeutet also, daß jede zu diesem System gehörende Lie-Klammer in jedem Punkt als Linearkombination der gegebenen Vektorfunktionen dargestellt werden kann. Dies läßt sich prüfen, indem man feststellt, ob für alle $\boldsymbol{z}$ der Rang einer jeden Matrix mit den Spalten $\boldsymbol{f}_1, \boldsymbol{f}_2, \ldots, \boldsymbol{f}_m, [\boldsymbol{f}_i, \boldsymbol{f}_j]$ für alle $i, j \in \{1, 2, \ldots, m\}$ mit dem Rang der Matrix übereinstimmt, die aus den Vektoren $\boldsymbol{f}_1, \boldsymbol{f}_2, \ldots, \boldsymbol{f}_m$ gebildet wird. Im Falle $m=1$ liegt trivialerweise stets Involutivität vor, ebenso im Falle, daß alle $\boldsymbol{f}_i (i = 1, \ldots, m)$ konstant sind, da die Lie-Klammer von zwei konstanten Vektoren verschwindet.

Es kann nun das Frobenius-Theorem formuliert werden.

Satz IX.1: Es wird angenommen, daß $\boldsymbol{f}_1, \ldots, \boldsymbol{f}_m$ ein System linear unabhängiger Vektorfunktionen bilden. Dieses System ist vollständig integrierbar genau dann, wenn es involutiv ist.

Bezüglich des Beweises sei auf die Fachliteratur aus der Differentialgeometrie verwiesen, z. B. auf das Buch [Bo6].

Das folgende Beispiel dient zur Veranschaulichung der gewonnenen Ergebnisse.

Beispiel 9.4: Es seien die zwei linear unabhängigen Vektorfunktionen

$$\boldsymbol{f}_1(\boldsymbol{z}) = [1 \quad 0 \quad g_1(z_1, z_2, z_3)]^{\mathrm{T}} \quad \text{und} \quad \boldsymbol{f}_2(\boldsymbol{z}) = [0 \quad 1 \quad g_2(z_1, z_2, z_3)]^{\mathrm{T}} \tag{9.33a,b}$$

im $\mathbb{R}^3$ gegeben, wobei g_1 und g_2 zwei hinreichend oft stetig differenzierbare Funktionen sein sollen. Um die Frage der vollständigen Integrierbarkeit der gegebenen Vektorfunktionen zu untersuchen, ist die Aufgabe gestellt, wegen $q=3$ und $m=2$ *eine* skalare Funktion $h(\boldsymbol{z})$ zu ermitteln, welche die Gleichungen

$$\frac{\partial h}{\partial \boldsymbol{z}} \boldsymbol{f}_1 = 0 \quad \text{und} \quad \frac{\partial h}{\partial \boldsymbol{z}} \boldsymbol{f}_2 = 0 \tag{9.34a,b}$$

befriedigt. Die Funktion $h(\boldsymbol{z})$ ist also derart zu bestimmen, daß, geometrisch gesehen, durch

$$h(\boldsymbol{z}) = \lambda (= \text{const})$$

im $\mathbb{R}^3$ eine Flächenschar mit λ als Scharparameter und der folgenden Eigenschaft beschrieben wird: In jedem Punkt $\boldsymbol{z}$ einer jeden Fläche der Schar wird die Tangentialebene von den Vektoren $\boldsymbol{f}_1(\boldsymbol{z})$ und $\boldsymbol{f}_2(\boldsymbol{z})$ aufgespannt, wie im Bild 9.1 angedeutet ist. Wenn solche Flächen existieren, spricht man von integralen Mannigfaltigkeiten des Differentialgleichungssystems nach Gln. (9.34a,b), und die Existenz der Flächen bedeutet, daß die gegebenen Vektorfunktionen vollständig integrierbar sind. Aus den Gln. (9.34a,b) folgt mit den Gln. (9.33a,b)

$$\frac{\partial h}{\partial z_1} = -\frac{\partial h}{\partial z_3} g_1(z_1, z_2, z_3) \quad \text{und} \quad \frac{\partial h}{\partial z_2} = -\frac{\partial h}{\partial z_3} g_2(z_1, z_2, z_3),$$

und es wird nun der Ansatz

$$h(\boldsymbol{z}) = z_3 - \varphi(z_1, z_2) \tag{9.35}$$

mit einer hinreichend oft stetig differenzierbaren Funktion φ gewählt. Damit entstehen aus den Gln. (9.34a,b) und (9.35) die weiteren Beziehungen

$$\frac{\partial \varphi(z_1, z_2)}{\partial z_1} = g_1(z_1, z_2, z_3) \quad \text{und} \quad \frac{\partial \varphi(z_1, z_2)}{\partial z_2} = g_2(z_1, z_2, z_3), \tag{9.36a,b}$$

woraus zu ersehen ist, daß g_1 und g_2 von z_3 unabhängig sind, d. h.

$$\frac{\partial g_1}{\partial z_3} = \frac{\partial g_2}{\partial z_3} = 0 \tag{9.37a}$$

gilt, und daß die Beziehung

$$\frac{\partial g_1}{\partial z_2} = \frac{\partial g_2}{\partial z_1} \tag{9.37b}$$

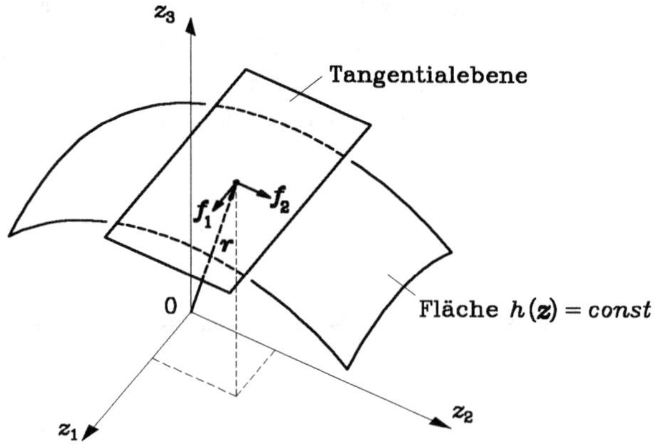

Bild 9.1: Lösungsfläche $h(\boldsymbol{z}) = \text{const}$ aus Beispiel 9.4

besteht.

Um das Frobenius-Theorem anzuwenden, wird die Lie-Klammer nach Gl. (9.24) aus $\boldsymbol{f}_1, \boldsymbol{f}_2$ nach den Gln. (9.33a,b) gebildet:

$$[\boldsymbol{f}_1, \boldsymbol{f}_2] = \begin{bmatrix} 0 & 0 & 0 \\ 0 & 0 & 0 \\ \partial g_2/\partial z_1 & \partial g_2/\partial z_2 & \partial g_2/\partial z_3 \end{bmatrix} \begin{bmatrix} 1 \\ 0 \\ g_1 \end{bmatrix} - \begin{bmatrix} 0 & 0 & 0 \\ 0 & 0 & 0 \\ \partial g_1/\partial z_1 & \partial g_1/\partial z_2 & \partial g_1/\partial z_3 \end{bmatrix} \begin{bmatrix} 0 \\ 1 \\ g_2 \end{bmatrix}$$

$$= \left[0 \quad 0 \quad \frac{\partial g_2}{\partial z_1} + g_1 \frac{\partial g_2}{\partial z_3} - \frac{\partial g_1}{\partial z_2} - g_2 \frac{\partial g_1}{\partial z_3} \right]^{\mathrm{T}} .$$

Wie man sieht, gilt also wegen Gln. (9.37a,b)

$$[\boldsymbol{f}_1, \boldsymbol{f}_2] = \mathbf{0} .$$

Dies bedeutet die Involutivität von $\boldsymbol{f}_1$ und $\boldsymbol{f}_2$, folglich nach Satz IX.1 die vollständige Integrierbarkeit des Systems der beiden Vektoren $\boldsymbol{f}_1, \boldsymbol{f}_2$.

Für spätere Anwendungen soll die folgende Aussage bereitgestellt werden.

Hilfssatz IX.3: Es sei im Zustandsraum $\mathbb{R}^q$ ein nichtlineares, zeitinvariantes System mit einem Eingang und einem Ausgang durch die Gleichungen

$$\frac{\mathrm{d}\boldsymbol{z}}{\mathrm{d}t} = \boldsymbol{f}(\boldsymbol{z}) + \boldsymbol{h}(\boldsymbol{z})x , \quad y = g(\boldsymbol{z}) \tag{9.38a,b}$$

gegeben, wobei $\boldsymbol{f}$, $\boldsymbol{h}$ und g hinreichend oft stetig differenzierbar seien. In einem bestimmten Gebiet $G \subset \mathbb{R}^q$ gelte

$$L_{\boldsymbol{h}} L_{\boldsymbol{f}}^{\nu} g(\boldsymbol{z}) \equiv 0 \quad \text{für} \quad \nu = 0, 1, \ldots, r-2 \tag{9.39a}$$

und

$$L_{\boldsymbol{h}} L_{\boldsymbol{f}}^{r-1} g(\boldsymbol{z}) \neq 0 . \tag{9.39b}$$

Behauptung: Die Funktionen $\mathrm{d}^{\nu}y/\mathrm{d}t^{\nu}$ ($\nu = 0, 1, \ldots, r$) lassen sich aufgrund der gegebenen Systemgleichungen explizit durch x und $\boldsymbol{z}$ ausdrücken, dabei sind alle $\partial[\mathrm{d}^{\nu}y/\mathrm{d}t^{\nu}]/\partial\boldsymbol{z}$ ($\nu = 0, 1, \ldots, r-1$) in G linear unabhängig voneinander.

Beweis: Durch Differentiation der Gl. (9.38b) nach der Zeit und Beachtung der Gln. (9.38a) und (9.39a) für $\nu = 0$ erhält man $\mathrm{d}y/\mathrm{d}t = L_f g(\boldsymbol{z})$. Wendet man hierauf erneut die Differentiation nach t an und beachtet die genannten Gleichungen, so ergibt sich $\mathrm{d}^2 y/\mathrm{d}t^2 = L_f^2 g(\boldsymbol{z})$. Fährt man in dieser Weise fort, dann gelangt man zu den Beziehungen

$$\mathrm{d}^\nu y/\mathrm{d}t^\nu = L_f^\nu g(\boldsymbol{z}) \quad (\nu = 0, 1, \ldots, r-1) \tag{9.40a}$$

und

$$\mathrm{d}^r y/\mathrm{d}t^r = L_f^r g(\boldsymbol{z}) + (L_{\boldsymbol{h}} L_f^{r-1} g(\boldsymbol{z}))\,x\,, \tag{9.40b}$$

die in G Gültigkeit haben. Um die lineare Unabhängigkeit der Funktionen $\partial[\mathrm{d}^\nu y/\mathrm{d}t^\nu]/\partial\boldsymbol{z}$ $(\nu = 0, 1, \ldots, r-1)$ zu zeigen, wird ein Widerspruchsbeweis geführt. Daher wird die lineare Abhängigkeit der fraglichen Funktionen angenommen. Damit müssen genügend glatte Funktionen $\alpha_\nu(\boldsymbol{z})$ $(\nu = 0, 1, \ldots, r-1)$ existieren, die nicht alle gleich Null sind, so daß überall in G die Beziehung

$$\sum_{\nu=0}^{r-1} \alpha_\nu(\boldsymbol{z}) \frac{\partial}{\partial\boldsymbol{z}} \left(\frac{\mathrm{d}^\nu y}{\mathrm{d}t^\nu}\right) = \boldsymbol{0} \tag{9.41a}$$

besteht. Hierfür kann wegen Gl. (9.40a) auch

$$\sum_{\nu=0}^{r-1} \alpha_\nu(\boldsymbol{z}) \frac{\partial}{\partial\boldsymbol{z}} L_f^\nu g(\boldsymbol{z}) = \boldsymbol{0} \tag{9.41b}$$

geschrieben werden. Multipliziert man diese Gleichung mit $\boldsymbol{h}(\boldsymbol{z})$ und berücksichtigt die Gln. (9.39a), so gelangt man zur Beziehung

$$\sum_{\nu=0}^{r-1} \alpha_\nu(\boldsymbol{z}) L_{\boldsymbol{h}} L_f^\nu g(\boldsymbol{z}) = \alpha_{r-1}(\boldsymbol{z}) L_{\boldsymbol{h}} L_f^{r-1} g(\boldsymbol{z}) = 0,$$

die in Anbetracht von Gl. (9.39b) $\alpha_{r-1}(\boldsymbol{z}) = 0$ liefert. Die Gl. (9.41b) reduziert sich damit zu

$$\sum_{\nu=0}^{r-2} \alpha_\nu(\boldsymbol{z}) \frac{\partial}{\partial\boldsymbol{z}} L_f^\nu g(\boldsymbol{z}) = \boldsymbol{0}\,. \tag{9.42}$$

Diese Gleichung wird nun mit $\mathrm{ad}_f \boldsymbol{h}$ durchmultipliziert. Dies ergibt unter Berücksichtigung der Gln. (9.28) und (9.39a)

$$\sum_{\nu=0}^{r-2} \alpha_\nu(\boldsymbol{z}) L_{\mathrm{ad}_f \boldsymbol{h}} L_f^\nu g(\boldsymbol{z}) = \sum_{\nu=0}^{r-2} \alpha_\nu(\boldsymbol{z}) (L_f L_{\boldsymbol{h}} L_f^\nu g(\boldsymbol{z}) - L_{\boldsymbol{h}} L_f^{\nu+1} g(\boldsymbol{z}))$$

$$= -\,\alpha_{r-2}(\boldsymbol{z}) L_{\boldsymbol{h}} L_f^{r-1} g(\boldsymbol{z}) = 0$$

und damit wegen Gl. (9.39b) $\alpha_{r-2}(\boldsymbol{z}) = 0$. Jetzt reduziert sich die Gl. (9.42) zu

$$\sum_{\nu=0}^{r-3} \alpha_\nu(\boldsymbol{z}) \frac{\partial}{\partial\boldsymbol{z}} L_f^\nu g(\boldsymbol{z}) = \boldsymbol{0}\,.$$

Diese Beziehung wird mit $\mathrm{ad}_f^2 \boldsymbol{h}$ durchmultipliziert, wodurch mit den Gln. (9.29a) und (9.39a)

$$\sum_{\nu=0}^{r-3} \alpha_\nu(\boldsymbol{z}) L_{\mathrm{ad}_f^2 \boldsymbol{h}} L_f^\nu g(\boldsymbol{z}) = \sum_{\nu=0}^{r-3} \alpha_\nu(\boldsymbol{z}) (L_f^2 L_{\boldsymbol{h}} L_f^\nu g - 2 L_f L_{\boldsymbol{h}} L_f^{\nu+1} g + L_{\boldsymbol{h}} L_f^{\nu+2} g)$$

$$= \alpha_{r-3}(\boldsymbol{z}) L_{\boldsymbol{h}} L_f^{r-1} g(\boldsymbol{z}) = 0\,,$$

somit wegen Gl. (9.39b) $\alpha_{r-3}(\boldsymbol{z}) = 0$ für jedes $\boldsymbol{z}$ in G folgt. In dieser Weise fährt man fort und findet aufgrund der Gln. (9.29c) und (9.39a,b) schließlich, daß sämtliche Funktionen $\alpha_\nu(\boldsymbol{z})$ $(\nu = 0, 1, \ldots, r-1)$ für jedes $\boldsymbol{z}$ in G verschwinden müssen. Damit ist ein Widerspruch zur eingangs gemachten Annahme gefunden. Das heißt, daß die Aussage von Hilfssatz IX.3 bewiesen ist.

3.2 EXAKTE LINEARISIERUNG

Die Zustandsdarstellung und deren Transformation. Es wird ein nichtlineares System mit nur einem Eingang betrachtet. Das System werde im Zustandsraum $\mathbb{R}^q$ durch die Differentialgleichung

$$\frac{\mathrm{d}\boldsymbol{z}}{\mathrm{d}t} = \boldsymbol{f}(\boldsymbol{z}) + \boldsymbol{h}(\boldsymbol{z})\,x \tag{9.43}$$

beschrieben. Die Besonderheit liegt darin, daß die Eingangsgröße x auf der rechten Seite der Gleichung linear auftritt. Die Funktionen $\boldsymbol{f}(\boldsymbol{z})$ und $\boldsymbol{h}(\boldsymbol{z})$ bedeuten zwei q-dimensionale Vektorfunktionen, die für alle $\boldsymbol{z}$ in einem Gebiet $G \subset \mathbb{R}^q$ erklärt und dort hinreichend oft stetig differenzierbar sein sollen.

Es wird nun die Existenz einer Abbildung, eines Diffeomorphismus

$$\boldsymbol{\zeta} = \boldsymbol{T}(\boldsymbol{z}) \tag{9.44}$$

angenommen, durch den jeder Punkt $\boldsymbol{z} \in G$ in einen Punkt $\boldsymbol{\zeta}$ eines Gebietes $D \subset \mathbb{R}^q$ umkehrbar eindeutig abgebildet wird, wobei $\boldsymbol{\zeta} = \boldsymbol{0}$ zu D gehören möge, so daß durch diese Abbildung die Zustandsgleichung (9.43) in die neue Darstellung

$$\frac{\mathrm{d}\boldsymbol{\zeta}}{\mathrm{d}t} = \boldsymbol{A}\,\boldsymbol{\zeta} + \boldsymbol{b}\,\xi \tag{9.45a}$$

mit

$$\xi = [x - \alpha(\boldsymbol{z})]/\beta(\boldsymbol{z}) \tag{9.45b}$$

und

$$\boldsymbol{A} = \begin{bmatrix} 0 & 1 & 0 & \cdots & 0 \\ 0 & 0 & 1 & \cdots & 0 \\ \vdots & & & & \\ 0 & 0 & 0 & \cdots & 1 \\ 0 & 0 & 0 & \cdots & 0 \end{bmatrix}, \qquad \boldsymbol{b} = \begin{bmatrix} 0 \\ 0 \\ \vdots \\ 0 \\ 1 \end{bmatrix} \tag{9.45c,d}$$

übergeführt wird. Unter $\alpha(\boldsymbol{z})$ und $\beta(\boldsymbol{z})$ sind zwei geeignete Funktionen zu verstehen, die in G definiert sind.

Jedem System, das im Zustandsraum durch Gl. (9.43) dargestellt ist und sich in der beschriebenen Weise auf die Form der Gln. (9.45a-d) transformieren läßt, schreibt man die Eigenschaft der *Eingangs-Zustands-Linearisierbarkeit* zu. Die neue Zustandsgröße $\boldsymbol{\zeta}$ nennt man den *linearisierten Zustand*. Die Beziehung

$$x = \alpha(\boldsymbol{z}) + \beta(\boldsymbol{z})\,\xi \tag{9.46}$$

gemäß Gl. (9.45b) heißt *linearisierendes Regelgesetz*. Man beachte, daß das transformierte System linear ist und gemäß den Gln. (2.32a,b) in Steuerungsnormalform gegeben ist.

Es stellt sich die Frage nach kennzeichnenden Bedingungen dafür, daß ein System gemäß Gl. (9.43) die Eigenschaft der Eingangs-Zustands-Linearisierbarkeit besitzt. Darüber hinaus ergibt sich die Aufgabe, eine konstruktive Methode zu finden, um die Eingangs-Zustands-Linearisierung im konkreten Fall durchführen zu können.

Im folgenden Satz werden notwendige und hinreichende Bedingungen für die Eingangs-Zustands-Linearisierbarkeit ausgesprochen.

Satz IX.2: Das nichtlineare System gemäß Gl. (9.43), in der $\boldsymbol{f}(\boldsymbol{z})$ und $\boldsymbol{h}(\boldsymbol{z})$ hinreichend oft stetig differenzierbare Vektorfunktionen in einem Gebiet $G \subset \mathbb{R}^q$ darstellen, besitzt die Eigenschaft der Eingangs-Zustands-Linearisierbarkeit genau dann, wenn die beiden folgenden Bedingungen erfüllt sind:

a) Die Vektorfunktionen $\boldsymbol{h}, \mathrm{ad}_f \boldsymbol{h}, \ldots, \mathrm{ad}_f^{q-1} \boldsymbol{h}$ bilden ein System voneinander linear unabhängiger Funktionen in G.
b) Die Funktionenmenge $\boldsymbol{h}, \mathrm{ad}_f \boldsymbol{h}, \ldots, \mathrm{ad}_f^{q-2} \boldsymbol{h}$ ist in G involutiv.

Beweis: Im ersten Teil des Beweises wird die *Notwendigkeit* der Aussage gezeigt. Dazu wird die Existenz einer Zustandstransformation nach Gl. (9.44), ebenso gemäß Gl. (9.45b) die eines linearisierenden Regelgesetzes nach Gl. (9.46) angenommen, so daß Gl. (9.45a) mit den Gln. (9.45c,d) gilt. Führt man in die Gl. (9.45a) die Transformation $\boldsymbol{\zeta} = \boldsymbol{T}(\boldsymbol{z})$ ein und beachtet die Gl. (9.43), so erhält man die Beziehung

$$\frac{\partial \boldsymbol{T}}{\partial \boldsymbol{z}} [\boldsymbol{f}(\boldsymbol{z}) + \boldsymbol{h}(\boldsymbol{z}) x] = \boldsymbol{A} \boldsymbol{\zeta} + \boldsymbol{b} \xi$$

oder, wenn man die Komponenten von $\boldsymbol{T}$ mit $\zeta_i(\boldsymbol{z})$ $(i = 1, 2, \ldots, q)$ bezeichnet, bei Beachtung der Gln. (9.45c,d)

$$\frac{\partial \zeta_i}{\partial \boldsymbol{z}} \boldsymbol{f} + \frac{\partial \zeta_i}{\partial \boldsymbol{z}} \boldsymbol{h} x = \zeta_{i+1} \qquad (i = 1, 2, \ldots, q-1)$$

und

$$\frac{\partial \zeta_q}{\partial \boldsymbol{z}} \boldsymbol{f} + \frac{\partial \zeta_q}{\partial \boldsymbol{z}} \boldsymbol{h} x = \xi .$$

Zwar hängt ξ von x ab, jedoch sind alle neuen Zustandsvariablen $\zeta_i (i = 1, 2, \ldots, q)$ nicht explizit abhängig von x, weshalb obige Beziehungen zu folgenden Gleichungen führen:

$$\frac{\partial \zeta_i}{\partial \boldsymbol{z}} \boldsymbol{f} = \zeta_{i+1} , \qquad \frac{\partial \zeta_i}{\partial \boldsymbol{z}} \boldsymbol{h} = 0 \qquad (i = 1, 2, \ldots, q-1) \tag{9.47a,b}$$

und außerdem $(\partial \zeta_q / \partial \boldsymbol{z}) \cdot \boldsymbol{h} \neq 0$. Unter Verwendung der Lie-Ableitung erhält man aus Gl. (9.47a)

$$\zeta_i = L_f^{i-1} \zeta_1 \qquad (i = 2, 3, \ldots, q)$$

und mit Gl. (9.47b)

$$L_h L_f^{i-1} \zeta_1 = 0 \qquad (i = 1, 2, \ldots, q-1)$$

oder mit dem Hilfssatz IX.2

$$L_h \zeta_1 = L_{\mathrm{ad}_f^i h} \zeta_1 = 0 \qquad (i = 1, 2, \ldots, q-2) ,$$

d. h.

$$\frac{\partial \zeta_1}{\partial \boldsymbol{z}} \boldsymbol{h} = \frac{\partial \zeta_1}{\partial \boldsymbol{z}} \mathrm{ad}_f^i \boldsymbol{h} = 0 \qquad (i = 1, \ldots, q-2) \tag{9.48a}$$

sowie

$$L_{\mathrm{ad}_f^{q-1} h} \zeta_1 = (-1)^{q-1} L_h \zeta_q \neq 0 ,$$

d. h.

$$\frac{\partial \zeta_1}{\partial \boldsymbol{z}} \mathrm{ad}_f^{q-1} \boldsymbol{h} = (-1)^{q-1} L_h \zeta_q \neq 0 . \tag{9.48b}$$

Jetzt läßt sich Teil a von Satz IX.2 sofort beweisen, indem zunächst angenommen wird, daß die Vektoren $\boldsymbol{h}, \mathrm{ad}_f \boldsymbol{h}, \ldots, \mathrm{ad}_f^{q-1} \boldsymbol{h}$ linear abhängig sind. Diese Annahme impliziert die Existenz eines q-dimensionalen

Vektors $[\alpha_1 \ \cdots \ \alpha_q]^T \neq \mathbf{0}$ mit der Eigenschaft

$$\alpha_1 \boldsymbol{h} + \alpha_2 \operatorname{ad}_{\boldsymbol{f}} \boldsymbol{h} + \cdots + \alpha_q \operatorname{ad}_{\boldsymbol{f}}^{q-1} \boldsymbol{h} = \mathbf{0}.$$

Multipliziert man diese Gleichung von links mit dem Gradienten $\partial \zeta_1 / \partial \boldsymbol{z}$ und beachtet man Gln. (9.48a,b), so findet man $\alpha_q = 0$. Damit verbleibt die Beziehung

$$\alpha_1 \boldsymbol{h} + \alpha_2 \operatorname{ad}_{\boldsymbol{f}} \boldsymbol{h} + \cdots \alpha_{q-1} \operatorname{ad}_{\boldsymbol{f}}^{q-2} \boldsymbol{h} = \mathbf{0},$$

die der Operation $\operatorname{ad}_{\boldsymbol{f}}$ unterworfen und dann von links mit $\partial \zeta_1 / \partial \boldsymbol{z}$ multipliziert wird. Die Gln. (9.48a,b) lehren nun, daß $\alpha_{q-1} = 0$ gilt. In dieser Weise fährt man fort und gelangt schließlich zum Ergebnis, daß alle $\alpha_i \, (i = 1, 2, \ldots, q)$ verschwinden. Damit ist ein Widerspruch zur obigen Annahme gefunden, womit die Notwendigkeit der Aussage a des zu beweisenden Satzes gezeigt ist. Die Notwendigkeit der Aussage b läßt sich folgendermaßen erkennen: Angesichts der Existenz von ζ_1 zeigt Gl. (9.48a), daß die Vektorfunktionen $\operatorname{ad}_{\boldsymbol{f}}^i \boldsymbol{h}$ $(i = 0, 1, 2, \ldots, q-2)$ vollständig integrierbar und damit nach Satz IX.1 involutiv sind.

Im weiteren ist die *Hinlänglichkeit* der Aussagen von Satz IX.2 zu zeigen. Da die Vektoren $\operatorname{ad}_{\boldsymbol{f}}^i \boldsymbol{h}$ $(i = 0, 1, \ldots, q-2)$ linear unabhängig und involutiv sind, muß nach Satz IX.1 eine Funktion $\zeta_1(\boldsymbol{z})$ existieren, welche die Differentialgleichungen

$$\frac{\partial \zeta_1}{\partial \boldsymbol{z}} \operatorname{ad}_{\boldsymbol{f}}^i \boldsymbol{h} = 0 \quad (i = 0, 1, \ldots, q-2) \tag{9.49}$$

befriedigt. Nach Hilfssatz IX.2 lassen sich diese Gleichungen auch in der Form

$$L_{\boldsymbol{h}} \zeta_1 = L_{\boldsymbol{h}} L_{\boldsymbol{f}} \zeta_1 = \cdots = L_{\boldsymbol{h}} L_{\boldsymbol{f}}^{q-2} \zeta_1 = 0 \tag{9.50}$$

ausdrücken. Damit kann man den neuen Zustandsvektor

$$\boldsymbol{\zeta} = [\zeta_1 \ \ L_{\boldsymbol{f}} \zeta_1 \ \cdots \ L_{\boldsymbol{f}}^{q-1} \zeta_1]^T$$

einführen, und angesichts der Gln. (9.50) können die Zustandsgleichungen

$$\frac{d\zeta_\nu}{dt} = \zeta_{\nu+1} \quad (\nu = 1, 2, \ldots, q-1)$$

aufgestellt werden. Weiterhin erhält man wegen $d\zeta_q/dt = (\partial \zeta_q / \partial \boldsymbol{z})(\boldsymbol{f} + \boldsymbol{h} x)$, $L_{\boldsymbol{f}} \zeta_q = L_{\boldsymbol{f}}^q \zeta_1$ und der Beziehung $L_{\boldsymbol{h}} \zeta_q = L_{\boldsymbol{h}} L_{\boldsymbol{f}}^{q-1} \zeta_1$ die Zustandsgleichung

$$\frac{d\zeta_q}{dt} = L_{\boldsymbol{f}}^q \zeta_1 + (L_{\boldsymbol{h}} L_{\boldsymbol{f}}^{q-1} \zeta_1) x . \tag{9.51}$$

Aufgrund der Gln. (9.49) ergibt sich nach Hilfssatz IX.2

$$L_{\boldsymbol{h}} L_{\boldsymbol{f}}^{q-1} \zeta_1 = (-1)^{q-1} \frac{\partial \zeta_1}{\partial \boldsymbol{z}} \operatorname{ad}_{\boldsymbol{f}}^{q-1} \boldsymbol{h} . \tag{9.52}$$

Jetzt kann man erkennen, daß $L_{\boldsymbol{h}} L_{\boldsymbol{f}}^{q-1} \zeta_1$ ungleich Null ist. Würde nämlich $L_{\boldsymbol{h}} L_{\boldsymbol{f}}^{q-1} \zeta_1$ und damit wegen Gl. (9.52) auch $(\partial \zeta_1 / \partial \boldsymbol{z}) \operatorname{ad}_{\boldsymbol{f}}^{q-1} \boldsymbol{h}$ verschwinden, dann würde, wenn man noch die Gln. (9.49) beachtet,

$$\frac{\partial \zeta_1}{\partial \boldsymbol{z}} [\boldsymbol{h} \ \ \operatorname{ad}_{\boldsymbol{f}} \boldsymbol{h} \ \ \operatorname{ad}_{\boldsymbol{f}}^2 \boldsymbol{h} \ \cdots \ \operatorname{ad}_{\boldsymbol{f}}^{q-1} \boldsymbol{h}] = \mathbf{0}$$

gelten, eine Beziehung, die wegen der linearen Unabhängigkeit der Vektorfunktionen $\boldsymbol{h}, \operatorname{ad}_{\boldsymbol{f}} \boldsymbol{h}, \ldots, \operatorname{ad}_{\boldsymbol{f}}^{q-1} \boldsymbol{h}$ in G nicht bestehen kann. Mit

$$\alpha := -\frac{L_{\boldsymbol{f}}^q \zeta_1}{L_{\boldsymbol{h}} L_{\boldsymbol{f}}^{q-1} \zeta_1}, \qquad \beta = \frac{1}{L_{\boldsymbol{h}} L_{\boldsymbol{f}}^{q-1} \zeta_1} \tag{9.53a,b}$$

und Gl. (9.45b) wird schließlich Gl. (9.51) die letzte noch ausstehende transformierte Zustandsgleichung

$$\frac{d\zeta_q}{dt} = \xi . \tag{9.54}$$

Es ist somit auf konstruktivem Wege gezeigt, daß unter den Bedingungen a und b von Satz IX.2 das nichtlineare System in der geforderten Weise linearisiert werden kann.

Bemerkungen. Die vorausgegangenen Untersuchungen werden durch vier wichtige Bemerkungen ergänzt.

1. Die Bedingung a von Satz IX.2 kann als eine Steuerbarkeitsbedingung für das nichtlineare System nach Gl. (9.43) gedeutet werden. Im Falle eines linearen, zeitinvarianten Systems mit einem Eingang und mit den Systemmatrizen $\boldsymbol{A}$, $\boldsymbol{b}$ erhält man als Vektoren $\boldsymbol{h}, \mathrm{ad}_f \boldsymbol{h}, \ldots, \mathrm{ad}_f^{q-1} \boldsymbol{h}$ die Vektoren $\boldsymbol{b}, -\boldsymbol{Ab}, \boldsymbol{A}^2 \boldsymbol{b}, \ldots, (-1)^{q-1} \boldsymbol{A}^{q-1} \boldsymbol{b}$, deren lineare Unabhängigkeit nach Satz II.1 eine notwendige und hinreichende Bedingung für die Steuerbarkeit des linearen, zeitinvarianten Systems $(\boldsymbol{A}, \boldsymbol{b})$ darstellt. Da die Vektoren $\boldsymbol{A}^{\nu} \boldsymbol{b}$ $(\nu = 0, 1, \ldots, q-2)$ eines derartigen Systems von $\boldsymbol{z}$ unabhängig sind, ist die Bedingung b von Satz IX.2 für lineare, zeitinvariante Systeme trivialerweise erfüllt.

2. Anstelle von x darf in Gl. (9.43) ein Term $w(x + \Phi(\boldsymbol{z}))$ mit einer invertierbaren skalaren Funktion w und einer skalaren Funktion Φ auftreten. Man braucht dann nur $u := w(x + \Phi(\boldsymbol{z}))$ in Gl. (9.43) zu setzen und erhält die gewünschte Form der Zustandsdarstellung. Für u ergibt sich das Regelgesetz

$$x = w^{(-1)}(u) - \Phi(\boldsymbol{z}),$$

wobei $w^{(-1)}$ die Umkehrfunktion von w bezeichnet.

3. Oft ist das Ziel der Linearisierung, das zunächst offene System in einem Gleichgewichtspunkt $\boldsymbol{z} = \boldsymbol{z}_e$ des nichterregten Systems durch Rückkopplung zu stabilisieren; es gilt dann zunächst $\boldsymbol{f}(\boldsymbol{z}_e) = \boldsymbol{0}$. Dann empfiehlt es sich, die Abbildung $\boldsymbol{\zeta} = \boldsymbol{T}(\boldsymbol{z})$ in der Weise durchzuführen, daß $\boldsymbol{T}(\boldsymbol{z}_e) = \boldsymbol{0}$ wird. Dies läßt sich bei der Lösung der Gln. (9.49) unter Beachtung von $(\partial \zeta_1 / \partial \boldsymbol{z})\, \mathrm{ad}_f^{q-1} \boldsymbol{h} \neq 0$ erreichen, indem man die Nebenbedingung $T_1(\boldsymbol{z}_e) = \zeta_1(\boldsymbol{z}_e) = 0$ fordert. Man beachte, daß die anderen Komponenten von $\boldsymbol{T}$ für $\boldsymbol{z} = \boldsymbol{z}_e$ wegen Gl. (9.47a) und $\boldsymbol{f}(\boldsymbol{z}_e) = \boldsymbol{0}$ verschwinden. Nun wählt man $\xi = \boldsymbol{k}^{\mathrm{T}} \boldsymbol{\zeta}$, d. h. nach Gl. (9.46)

$$x = \alpha(\boldsymbol{z}) + \beta(\boldsymbol{z}) \boldsymbol{k}^{\mathrm{T}} \boldsymbol{\zeta}$$

mit dem Regelvektor $\boldsymbol{k} = [k_1 \;\; k_2 \;\; \cdots \;\; k_q]^{\mathrm{T}}$. Damit erhält Gl. (9.45a) die Form

$$\frac{\mathrm{d}\boldsymbol{\zeta}}{\mathrm{d}t} = (\boldsymbol{A} + \boldsymbol{b}\boldsymbol{k}^{\mathrm{T}})\, \boldsymbol{\zeta}, \tag{9.55}$$

und durch geeignete Wahl von $\boldsymbol{k}^{\mathrm{T}}$ kann jetzt erreicht werden, daß die Eigenwerte der Systemmatrix $\boldsymbol{A} + \boldsymbol{b}\boldsymbol{k}^{\mathrm{T}}$ des geschlossenen Systems ausnahmslos negativen Realteil erhalten. Zur Implementierung des Regelgesetzes $\xi = \boldsymbol{k}^{\mathrm{T}} \boldsymbol{\zeta}$ müssen die linearisierten Zustandsvariablen $\zeta_1, \zeta_2, \ldots, \zeta_q$ verfügbar sein. Falls diese als physikalische Größen nicht meßbar sind, müssen die ursprünglichen Zustandsgrößen $z_1, z_2, \ldots, z_q$ gemessen und aufgrund der Transformationsbeziehung $\boldsymbol{\zeta} = \boldsymbol{T}(\boldsymbol{z})$ in die Größen $\zeta_1, \zeta_2, \ldots, \zeta_q$ umgewandelt werden.

Bei der praktischen Anwendung der geschilderten Stabilisierung muß davon ausgegangen werden, daß der Regler das Stellsignal $x = \alpha + \beta \boldsymbol{k}^{\mathrm{T}} \boldsymbol{\zeta}$ nicht exakt liefert, da die Funktionen α und β gewöhnlich nicht exakt realisiert werden, sondern mit Fehlern $\Delta\alpha$ bzw.

$\Delta\beta$ behaftet sind. Führt man jetzt für x das fehlerbehaftete Signal

$$\tilde{x} = \alpha + \Delta\alpha + (\beta + \Delta\beta)\,\boldsymbol{k}^{\mathrm{T}}\boldsymbol{\zeta}$$

in die Gln. (9.45a,b) ein, so gelangt man zur Zustandsbeschreibung

$$\frac{\mathrm{d}\boldsymbol{\zeta}}{\mathrm{d}t} = (\boldsymbol{A} + \boldsymbol{b}\boldsymbol{k}^{\mathrm{T}})\,\boldsymbol{\zeta} + \boldsymbol{b}\,\Delta(\boldsymbol{\zeta}) \tag{9.56}$$

mit

$$\Delta(\boldsymbol{\zeta}) = \frac{\Delta\alpha + \Delta\beta\,\boldsymbol{k}^{\mathrm{T}}\boldsymbol{\zeta}}{\beta},$$

wobei im allgemeinen $\Delta\alpha$, $\Delta\beta$ und β Funktionen von $\boldsymbol{\zeta}$ sind. Der Summand $\boldsymbol{b}\,\Delta(\boldsymbol{\zeta})$ kann als Fehler- oder Störungsterm des Nominalsystems gemäß Gl. (9.55) aufgefaßt werden. Es darf erwartet werden, daß in einer Umgebung U des Ursprungs $\boldsymbol{\zeta} = \boldsymbol{0}$ mit der Eigenschaft $|\boldsymbol{k}^{\mathrm{T}}\boldsymbol{\zeta}| \leqq 1$ die Abschätzungen

$$|\Delta\alpha| \leqq c_1 \,\|\boldsymbol{\zeta}\|, \qquad |\Delta\beta| \leqq c_2 \,\|\boldsymbol{\zeta}\|, \qquad |\beta| \geqq c_3 > 0$$

mit geeigneten Konstanten c_1, c_2 und c_3 möglich sind. Dann folgt hieraus in U

$$|\Delta(\boldsymbol{\zeta})| \leqq \frac{c_1 + c_2}{c_3}\,\|\boldsymbol{\zeta}\|\,. \tag{9.57}$$

Zur Matrix $\boldsymbol{A} + \boldsymbol{b}\boldsymbol{k}^{\mathrm{T}}$ gehört die Lyapunov-Gleichung

$$(\boldsymbol{A} + \boldsymbol{b}\boldsymbol{k}^{\mathrm{T}})^{\mathrm{T}}\boldsymbol{P} + \boldsymbol{P}(\boldsymbol{A} + \boldsymbol{b}\boldsymbol{k}^{\mathrm{T}}) = -\boldsymbol{Q}\,,$$

wobei $\boldsymbol{P}$ und $\boldsymbol{Q}$ symmetrische, positiv-definite $q \times q$-Matrizen bedeuten. Wählt man zunächst $\boldsymbol{Q}$ als eine beliebige Matrix dieser Art, so erhält man als Lösung der Lyapunov-Gleichung eine Matrix $\boldsymbol{P}$, mit der $V(\boldsymbol{\zeta}) = \boldsymbol{\zeta}^{\mathrm{T}}\boldsymbol{P}\boldsymbol{\zeta}$ als mögliche Lyapunov-Funktion des durch Gl. (9.56) beschriebenen rückgekoppelten Systems gebildet werden kann. Mit Gl. (9.56) erhält man

$$\frac{\mathrm{d}V}{\mathrm{d}t} = -\boldsymbol{\zeta}^{\mathrm{T}}\boldsymbol{Q}\,\boldsymbol{\zeta} + 2\,\boldsymbol{\zeta}^{\mathrm{T}}\boldsymbol{P}\boldsymbol{b}\,\Delta(\boldsymbol{\zeta})\,.$$

Mit dem kleinsten Eigenwert $p_{\min}$ von $\boldsymbol{Q}$ und Ungleichung (9.57) läßt sich die Abschätzung

$$\frac{\mathrm{d}V}{\mathrm{d}t} \leqq -p_{\min}\,\|\boldsymbol{\zeta}\|^2 + 2\,\|\boldsymbol{P}\boldsymbol{b}\|\,\frac{c_1 + c_2}{c_3}\,\|\boldsymbol{\zeta}\|^2$$

angeben, die zeigt, daß unter der Bedingung

$$\frac{c_1 + c_2}{c_3} < \frac{p_{\min}}{2\,\|\boldsymbol{P}\boldsymbol{b}\|}$$

$\mathrm{d}V/\mathrm{d}t$ negativ-definit ist, d. h. daß das fehlerbehaftete rückgekoppelte System im Gleichgewichtspunkt $\boldsymbol{\zeta} = \boldsymbol{0}$ asymptotisch stabil ist.

4. Um eine Nachführungsaufgabe zu lösen, muß die für die Nachführung vorgeschriebene Trajektorie vollständig in den neuen Zustandsvariablen ausgedrückt werden können.

Die transformierte Zustandsbeschreibung gemäß den Gln. (9.45a-d) enthält die lineare Differentialgleichung

$$\frac{d^q \zeta_1}{dt^q} = \xi .$$

Liegt für $\zeta_1(t)$ eine hinreichend oft differenzierbare Nachführungsvorschrift $\tilde{\zeta}_1(t)$ vor, so kann man bei Verwendung des Nachführungsfehlers $e(t) := \zeta_1(t) - \tilde{\zeta}_1(t)$

$$\xi = \frac{d^q \tilde{\zeta}_1}{dt^q} - \gamma_{q-1} \frac{d^{q-1} e}{dt^{q-1}} - \cdots - \gamma_1 \frac{de}{dt} - \gamma_0 e \tag{9.58}$$

wählen. Damit erhält man zur Beschreibung der Nachführungsdynamik für den Fehler die Differentialgleichung

$$\frac{d^q e}{dt^q} + \gamma_{q-1} \frac{d^{q-1} e}{dt^{q-1}} + \cdots + \gamma_1 \frac{de}{dt} + \gamma_0 e = 0 ,$$

die exponentiell stabil ist, wenn man die Konstanten $\gamma_0, \gamma_1, \ldots, \gamma_{q-1}$ derart wählt, daß das entsprechende charakteristische Polynom ein Hurwitz-Polynom darstellt. Die Gl. (9.58) ermöglicht so den Entwurf eines Nachführungsreglers.

Zusammenfassung der Ergebnisse. Die praktische Durchführung der Eingangs-Zustands-Linearisierung geschieht in folgenden Schritten.
1. Schritt: Es werden die Vektorfunktionen

$$\boldsymbol{h},\ \mathrm{ad}_f \boldsymbol{h},\ \ldots,\ \mathrm{ad}_f^{q-1} \boldsymbol{h}$$

des gegebenen Systems gebildet sowie dessen Steuerbarkeit und die Involutivität gemäß Satz IX.2 geprüft.
2. Schritt: Wenn beide Eigenschaften gegeben sind, ist die erste Zustandsvariable ζ_1 als Lösung der Gleichungen

$$\frac{\partial \zeta_1}{\partial \boldsymbol{z}} \mathrm{ad}_f^i \boldsymbol{h} = 0 \qquad (i = 0, 1, \ldots, q-2) , \tag{9.59a}$$

$$\frac{\partial \zeta_1}{\partial \boldsymbol{z}} \mathrm{ad}_f^{q-1} \boldsymbol{h} \neq 0 \tag{9.59b}$$

zu ermitteln. Letztere Beziehung wird üblicherweise mit einem beliebigen $k \neq 0$ durch die Gleichung $(\partial \zeta_1 / \partial \boldsymbol{z})\, \mathrm{ad}_f^{q-1} \boldsymbol{h} = k$ ersetzt.
3. Schritt: Zu berechnen sind die Zustandstransformation

$$\boldsymbol{\zeta} = \boldsymbol{T}(\boldsymbol{z}) = [\zeta_1 \quad L_f \zeta_1 \quad \cdots \quad L_f^{q-1} \zeta_1]^{\mathrm{T}} \tag{9.60}$$

und die Eingangstransformation $x = \alpha + \beta\, \xi$ nach Gl. (9.46) mit

$$\alpha(\boldsymbol{z}) = -\frac{L_f^q \zeta_1}{L_{\boldsymbol{h}} L_f^{q-1} \zeta_1} \quad \text{und} \quad \beta(\boldsymbol{z}) = \frac{1}{L_{\boldsymbol{h}} L_f^{q-1} \zeta_1} . \tag{9.61a,b}$$

3.3 BEISPIELE

Im folgenden wird das im Abschnitt 3.2 beschriebene Verfahren zur exakten Linearisierung an Hand von drei Beispielen erläutert und erprobt. Im ersten Beispiel wird die Stabilisierung eines mechanischen Pendels auf einen vorgeschriebenen Ausschlagswinkel behandelt. Im zweiten Beispiel, das im Schrifttum häufig zu finden ist, soll die Eingangs-Zustands-Linearisierung an einem Robotersystem vierter Ordnung demonstriert werden. Das dritte Beispiel ist der Stabilisierung eines magnetfeldgesteuerten Gleichstrommotors gewidmet.

Beispiel 9.5: Eine Punktmasse m, die über eine masselose Stange der Länge l um den festen Punkt 0 gemäß Bild 9.2 eine ebene Pendelbewegung ausführen kann, soll mittels eines Drehmoments T um einen gegebenen festen Winkel φ stabilisiert werden. Bei der Winkelstellung φ muß im Ruhezustand, wie aus Bild 9.2 abzulesen ist, das Drehmoment

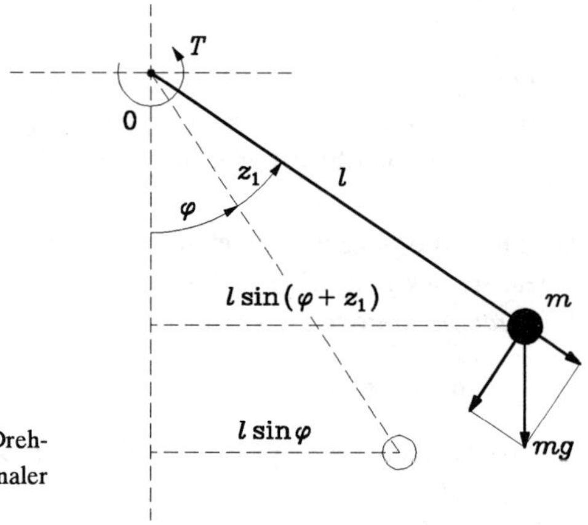

Bild 9.2: Pendelbewegung unter dem Einfluß des Drehmoments T, von geschwindigkeitsproportionaler Reibung und der Schwerkraft

$$T_0 = mgl \sin\varphi$$

aufgewendet werden (g: Erdbeschleunigung). Als Zustandsvariable werden die Winkeldifferenz z_1 bezüglich des Winkels φ und die Winkelgeschwindigkeit $z_2 := \mathrm{d}z_1/\mathrm{d}t$ gewählt. Das wirksame Drehmoment wird als

$$T = T_0 + x$$

geschrieben, so daß $x(t)$ als Eingangsgröße aufgefaßt werden kann. Damit lautet die Bewegungsgleichung des Pendels

$$ml^2 \frac{\mathrm{d}z_2}{\mathrm{d}t} = mgl \sin\varphi + x - kz_2 - mgl \sin(\varphi + z_1),$$

wobei der dritte Summand auf der rechten Seite $-kz_2$ das Reibungsmoment (mit der Reibungskonstante k) und der vierte Term das Schwerkraftmoment darstellt. Aus der Bewegungsgleichung folgt mit den Abkürzungen

$$a := g/l, \quad b := k/(ml^2), \quad c = 1/(ml^2)$$

die Zustandsbeschreibung der Pendelbewegung im $\mathbb{R}^2$

$$\frac{\mathrm{d}\boldsymbol{z}}{\mathrm{d}t} = \begin{bmatrix} z_2 \\ -a[\sin(z_1+\varphi) - \sin\varphi] - bz_2 \end{bmatrix} + \begin{bmatrix} 0 \\ c \end{bmatrix} x .$$

Wie man sieht, besitzt das nicht erregte System ($x \equiv 0$) im Ursprung $\boldsymbol{z} = \boldsymbol{0}$ einen Gleichgewichtspunkt.

Zunächst wird versucht, eine exakte Linearisierung durchzuführen. Mit den Vektoren

$$\boldsymbol{f}(\boldsymbol{z}) = [z_2 \quad -a[\sin(z_1+\varphi) - \sin\varphi] - bz_2]^{\mathrm{T}} \quad \text{und} \quad \boldsymbol{h}(\boldsymbol{z}) = [0 \quad c]^{\mathrm{T}}$$

erhält man

$$\mathrm{ad}_{\boldsymbol{f}}\boldsymbol{h} = -\begin{bmatrix} 0 & 1 \\ -a\cos(z_1+\varphi) & -b \end{bmatrix}\begin{bmatrix} 0 \\ c \end{bmatrix} = \begin{bmatrix} -c \\ bc \end{bmatrix}.$$

Da $\boldsymbol{h}$ und $\mathrm{ad}_{\boldsymbol{f}}\boldsymbol{h}$ linear unabhängig sind, ist Steuerbarkeit gegeben, und Involutivität liegt trivialerweise vor. Weiterhin sind die Differentialgleichungen

$$\frac{\partial \zeta_1}{\partial \boldsymbol{z}}\boldsymbol{h} = 0 \quad \text{und} \quad \frac{\partial \zeta_1}{\partial \boldsymbol{z}}\mathrm{ad}_{\boldsymbol{f}}\boldsymbol{h} = 1$$

(wobei die rechte Seite zu 1 normiert wurde), d. h.

$$\frac{\partial \zeta_1}{\partial z_2}c = 0 \quad \text{und} \quad -c\frac{\partial \zeta_1}{\partial z_1} + bc\frac{\partial \zeta_1}{\partial z_2} = 1$$

zu lösen. Man erhält unter der Nebenbedingung, daß $\boldsymbol{z} = \boldsymbol{0}$ in $\boldsymbol{\zeta} = \boldsymbol{0}$ übergeführt werden soll,

$$\zeta_1 = -\frac{1}{c}z_1 .$$

Außerdem ergibt sich

$$\zeta_2 = L_{\boldsymbol{f}}\zeta_1 = \frac{\partial \zeta_1}{\partial \boldsymbol{z}}\boldsymbol{f} = [-1/c \quad 0][z_2 \quad *]^{\mathrm{T}} = -\frac{1}{c}z_2 .$$

Die Zustandstransformation lautet also

$$\boldsymbol{\zeta} = -\frac{1}{c}\boldsymbol{z} .$$

Mit

$$L_{\boldsymbol{f}}^2\zeta_1 = L_{\boldsymbol{f}}(-z_2/c) = [0 \quad -1/c]\boldsymbol{f} = -\frac{1}{c}(-a[\sin(\varphi+z_1) - \sin\varphi] - bz_2)$$

und

$$L_{\boldsymbol{h}}L_{\boldsymbol{f}}\zeta_1 = L_{\boldsymbol{h}}(-z_2/c) = [0 \quad -1/c]\boldsymbol{h} = -1$$

gelangt man nach Gln. (9.53a,b) zu

$$\alpha = -\frac{1}{c}(-a[\sin(\varphi+z_1) - \sin\varphi] - bz_2) \quad \text{und} \quad \beta = -1 .$$

Aufgrund von Gl. (9.46) ergibt sich

$$x = \frac{a}{c}[\sin(\varphi+z_1) - \sin\varphi] + \frac{b}{c}z_2 - \xi .$$

Die transformierte Systemdarstellung lautet

$$\frac{\mathrm{d}\boldsymbol{\zeta}}{\mathrm{d}t} = \begin{bmatrix} 0 & 1 \\ 0 & 0 \end{bmatrix}\boldsymbol{\zeta} + \begin{bmatrix} 0 \\ 1 \end{bmatrix}\xi .$$

Die nun durchzuführende Zustandsgrößenrückkopplung

$$\xi = (k_1\zeta_1 + k_2\zeta_2) = -\frac{1}{c}\boldsymbol{k}^{\mathrm{T}}\boldsymbol{z}$$

liefert die Zustandsbeschreibung

$$\frac{\mathrm{d}\boldsymbol{\zeta}}{\mathrm{d}t} = \begin{bmatrix} 0 & 1 \\ k_1 & k_2 \end{bmatrix}\boldsymbol{\zeta}$$

des rückgekoppelten Systems mit dem charakteristischen Polynom

$$D(p) = \det\begin{bmatrix} p & -1 \\ -k_1 & p - k_2 \end{bmatrix} = p^2 - k_2 p - k_1 ,$$

das für $k_1 < 0$ und $k_2 < 0$ asymptotisch stabil ist. Da damit ζ_1 und ζ_2 gegen Null streben, konvergiert der ursprüngliche Zustand $\boldsymbol{z}$ gegen den Nullzustand.

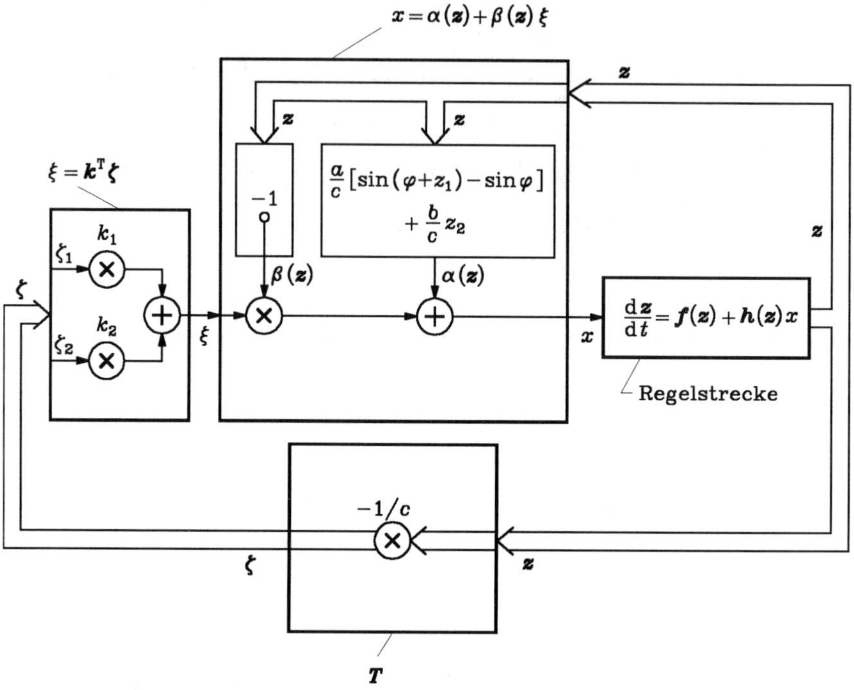

Bild 9.3: Blockdiagramm zur Stabilisierung eines Pendels durch Eingangs-Zustands-Linearisierung

Die Ergebnisse sind in Form eines Blockdiagramms im Bild 9.3 dargestellt. Man kann in diesem Diagramm zwei Rückkopplungsschleifen erkennen, und zwar eine innere Schleife zur Realisierung der Gl. (9.46) und eine äußere Schleife, in der Gl. (9.44) realisiert und die Eigenwerte plaziert werden. Betrachtet man die innere Schleife zusammen mit dem Block $\boldsymbol{\zeta} = \boldsymbol{T}(\boldsymbol{z})$, dann handelt es sich um den linearisierenden Teil des Gesamtsystems. Das Ergebnis der Stabilisierung ist global gültig. Im Bild 9.4 sind die zeitlichen Verläufe der Funktionen $z_1(t)$, $z_2(t)$ und $x(t)$ für die Zahlenwerte $l = 1\,\mathrm{m}$, $m = 1\,\mathrm{kg}$, $g = 9{,}81\,\mathrm{m/s^2}$, $k = 0{,}1\,\mathrm{N}$ und $k_1 = k_2 = -1$ sowie $\varphi = \pi/3$ dargestellt, wie sie durch Simulation gemäß Bild 9.3 erhalten wurden.

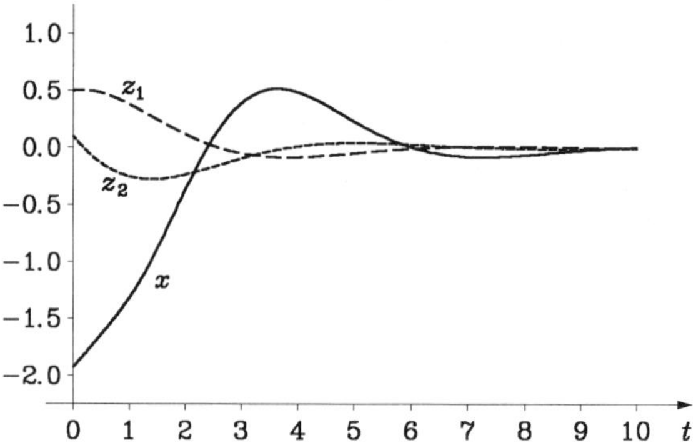

Bild 9.4: Simulationsergebnis zum Beispiel 9.5

Aus dem Stellsignal

$$x(t) = \frac{a}{c}[\sin(\varphi + z_1) - \sin\varphi] + \frac{k_1}{c} z_1 + \frac{k_2 + b}{c} z_2$$

ergibt sich als Folge von Änderungen Δa und Δc der Parameter a bzw. c im Regler (eine Änderung von b wird vernachlässigt)

$$\Delta x = \frac{c\,\Delta a - a\,\Delta c}{c(c + \Delta c)}[\sin(\varphi + z_1) - \sin\varphi] - \frac{\Delta c}{c(c + \Delta c)}[k_1 z_1 + (b + k_2) z_2]$$

als Fehler von x. Führt man nun in die Zustandsgleichungen des Pendels statt x die fehlerbehaftete Stellgröße $x + \Delta x$ ein, so erhält man die neuen Gleichungen

$$\frac{dz_1}{dt} = z_2 \quad \text{und} \quad \frac{dz_2}{dt} = k_1 z_1 + k_2 z_2 + \delta(\boldsymbol{z})$$

mit der Störgröße

$$\delta(\boldsymbol{z}) := \frac{c\,\Delta a - a\,\Delta c}{c + \Delta c}[\sin(\varphi + z_1) - \sin\varphi] - \frac{\Delta c}{c + \Delta c}[k_1 z_1 + (b + k_2) z_2],$$

die angesichts der Ungleichung $|\sin(\varphi + z_1) - \sin\varphi| \leqq |z_1|$ durch

$$|\delta| \leqq K\,\|\boldsymbol{z}\| \quad \text{mit} \quad K := \left|\frac{c\,\Delta a - a\,\Delta c}{c + \Delta c}\right| + \left|\frac{\Delta c}{c + \Delta c}\right| \sqrt{k_1^2 + (b + k_2)^2}$$

abgeschätzt werden kann. Es sei nun

$$\boldsymbol{P} = \begin{bmatrix} p_{11} & p_{12} \\ p_{12} & p_{22} \end{bmatrix}$$

die Lösung der Lyapunov-Gleichung

$$\begin{bmatrix} 0 & k_1 \\ 1 & k_2 \end{bmatrix} \boldsymbol{P} + \boldsymbol{P} \begin{bmatrix} 0 & 1 \\ k_1 & k_2 \end{bmatrix} = - \begin{bmatrix} 1 & 0 \\ 0 & 1 \end{bmatrix}.$$

Bei der Wahl von $V = \boldsymbol{z}^{\mathrm{T}} \boldsymbol{P} \boldsymbol{z}$ als mögliche Lyapunov-Funktion des rückgekoppelten Systems ergibt sich als hinreichende Forderung für asymptotische Stabilität

$$\frac{dV}{dt} = -\|\boldsymbol{z}\|^2 + 2\boldsymbol{z}^{\mathrm{T}}[p_{12} \;\; p_{22}]^{\mathrm{T}} \delta(\boldsymbol{z}) < 0 .$$

Diese Forderung ist sicher erfüllt, wenn die Ungleichung

$$-\|\boldsymbol{z}\|^2 + 2\sqrt{p_{12}^2 + p_{22}^2}\, K\,\|\boldsymbol{z}\|^2 < 0 ,$$

also

$$K < \frac{1}{2\sqrt{p_{12}^2 + p_{22}^2}}$$

befriedigt wird.

Beispiel 9.6 [Ma5]: Es wird der in Bild 9.5 gezeigte Mechanismus betrachtet. Er besteht aus einem Antriebsmotor und einem Manipulator (Roboterarm), die beide über eine Torsionsfeder miteinander verbunden sind. Mit φ_1 wird die Drehwinkelposition des Manipulators und mit φ_2 die Drehwinkelposition der Motorwelle jeweils gegenüber der Vertikalen bezeichnet. Weiterhin sei Θ_1 das Trägheitsmoment des Manipulators bezüglich der Drehachse, die sich im Abstand l vom Schwerpunkt des Manipulators befindet, und m sei dessen Masse. Schließlich bedeutet Θ_2 das Trägheitsmoment des rotierenden Teiles auf der Motorseite, x das Antriebsmoment des Motors und $k > 0$ die Federkonstante. Reibungen (Dämpfungen) mögen vernachlässigbar sein. Dann kann man sofort für die beiden Teile des Mechanismus die zwei Bewegungsgleichungen

$$\Theta_1 \frac{d^2\varphi_1}{dt^2} = -mgl\sin\varphi_1 - k(\varphi_1 - \varphi_2)$$

und

$$\Theta_2 \frac{d^2 \varphi_2}{dt^2} = -k(\varphi_2 - \varphi_1) + x$$

anschreiben. Als Zustandsgrößen werden nun

$$z_1 := \varphi_1, \quad z_2 := \frac{d\varphi_1}{dt}, \quad z_3 := \varphi_2, \quad z_4 := \frac{d\varphi_2}{dt}$$

eingeführt, wodurch sich sofort die Zustandsbeschreibung

$$\frac{d\boldsymbol{z}}{dt} = \begin{bmatrix} z_2 \\ -\frac{mgl}{\Theta_1}\sin z_1 - \frac{k}{\Theta_1}(z_1 - z_3) \\ z_4 \\ -\frac{k}{\Theta_2}(z_3 - z_1) \end{bmatrix} + \begin{bmatrix} 0 \\ 0 \\ 0 \\ \frac{1}{\Theta_2} \end{bmatrix} x$$

mit $\boldsymbol{z} = [z_1 \ z_2 \ z_3 \ z_4]^{\mathrm{T}}$ ergibt. Mit

$$\boldsymbol{f}(\boldsymbol{z}) = \left[z_2 \quad -\frac{mgl}{\Theta_1}\sin z_1 - \frac{k}{\Theta_1}(z_1 - z_3) \quad z_4 \quad \frac{k}{\Theta_2}(z_1 - z_3)\right]^{\mathrm{T}}$$

und

$$\boldsymbol{h}(\boldsymbol{z}) = \left[0 \quad 0 \quad 0 \quad \frac{1}{\Theta_2}\right]^{\mathrm{T}}$$

erhält man die Matrix

$$[\boldsymbol{h} \quad \mathrm{ad}_{\boldsymbol{f}}\boldsymbol{h} \quad \mathrm{ad}_{\boldsymbol{f}}^2\boldsymbol{h} \quad \mathrm{ad}_{\boldsymbol{f}}^3\boldsymbol{h}] = \begin{bmatrix} 0 & 0 & 0 & -\frac{k}{\Theta_1\Theta_2} \\ 0 & 0 & \frac{k}{\Theta_1\Theta_2} & 0 \\ 0 & -\frac{1}{\Theta_2} & 0 & \frac{k}{\Theta_2^2} \\ \frac{1}{\Theta_2} & 0 & -\frac{k}{\Theta_2^2} & 0 \end{bmatrix}.$$

Da wegen $k > 0$ diese Matrix den Rang 4 besitzt, ist Steuerbarkeit des Systems gegeben. Außerdem ist die Bedingung der Involutivität erfüllt, da die Vektorfunktionen $\boldsymbol{h}$, $\mathrm{ad}_{\boldsymbol{f}}\boldsymbol{h}$ und $\mathrm{ad}_{\boldsymbol{f}}^2\boldsymbol{h}$ konstant sind. Das vorliegende System ist demzufolge im Sinne von Satz IX.2 linearisierbar. Zur Ermittlung der Transformation $\boldsymbol{\zeta} = \boldsymbol{T}(\boldsymbol{z})$ sind gemäß den Gln. (9.59a,b) die Differentialgleichungen

$$\frac{\partial \zeta_1}{\partial z_2} = 0, \quad \frac{\partial \zeta_1}{\partial z_3} = 0, \quad \frac{\partial \zeta_1}{\partial z_4} = 0 \quad \text{und} \quad \frac{\partial \zeta_1}{\partial z_1} = 1$$

(wobei die Eins als eine normierte Konstante zu betrachten ist) zu lösen. Mit der Nebenbedingung, daß $\boldsymbol{z} = \boldsymbol{0}$ in $\boldsymbol{\zeta} = \boldsymbol{0}$ zu transformieren ist, erhält man zunächst

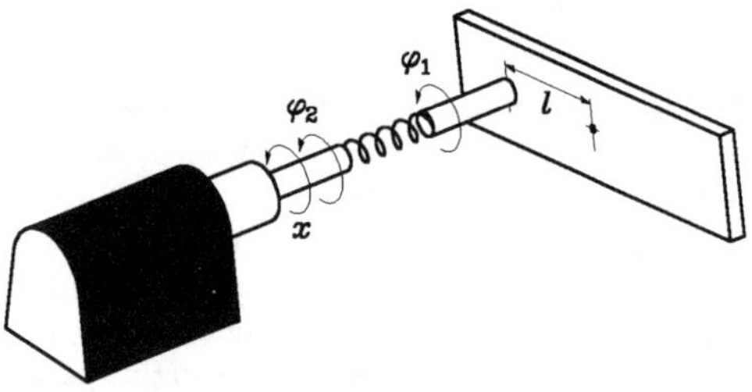

Bild 9.5: Mechanisches System aus Beispiel 9.6. Es besteht aus einem Roboterarm, der über eine Torsionsfeder mit einem Antriebsmotor verbunden ist

$$\zeta_1 = z_1$$

und gemäß Gl. (9.60)

$$\zeta_2 = L_f \zeta_1 = z_2 \,; \quad \zeta_3 = L_f \zeta_2 = L_f z_2 = -\frac{mgl}{\Theta_1} \sin z_1 - \frac{k}{\Theta_1}(z_1 - z_3) \,;$$

$$\zeta_4 = L_f \zeta_3 = -\frac{mgl}{\Theta_1} z_2 \cos z_1 + \frac{k}{\Theta_1}(z_4 - z_2) \,.$$

Mit

$$L_f^4 \zeta_1 = L_f \zeta_4 = \frac{mgl}{\Theta_1} \sin z_1 \left[z_2^2 + \frac{mgl}{\Theta_1} \cos z_1 + \frac{k}{\Theta_1} \right] + \frac{k}{\Theta_1}(z_1 - z_3) \left[\frac{mgl}{\Theta_1} \cos z_1 + \frac{k}{\Theta_1} + \frac{k}{\Theta_2} \right]$$

und

$$L_h L_f^3 \zeta_1 = L_h \zeta_4 = \frac{k}{\Theta_1 \Theta_2}$$

ergeben sich nach Gln. (9.61a,b) die Größen α und β sowie nach Gl. (9.46) $x = \alpha + \beta \xi$. Man kann obige Transformationsgleichungen leicht invertieren, wobei sich

$$z_1 = \zeta_1 \,, \quad z_2 = \zeta_2 \,, \quad z_3 = \zeta_1 + \frac{mgl}{k} \sin \zeta_1 + \frac{\Theta_1}{k} \zeta_3 \,, \quad z_4 = \zeta_2 + \frac{mgl}{k} \zeta_2 \cos \zeta_1 + \frac{\Theta_1}{k} \zeta_4$$

ergibt. Die erhaltenen Gleichungen zeigen, daß die Transformation global gilt, da $\boldsymbol{T}(\boldsymbol{z})$ im gesamten $\mathbb{R}^4$ einen Diffeomorphismus darstellt.

Beispiel 9.7: Ein feldgesteuerter Gleichstrommotor läßt sich durch die Gleichungen

$$u_f = R_f i_f + L_f \frac{\mathrm{d} i_f}{\mathrm{d} t} \,, \tag{9.62a}$$

$$u_a = c_1 i_f \omega + L_a \frac{\mathrm{d} i_a}{\mathrm{d} t} + R_a i_a \,, \tag{9.62b}$$

$$\Theta \frac{\mathrm{d}\omega}{\mathrm{d} t} = c_2 i_f i_a - c_3 \omega \tag{9.62c}$$

beschreiben. Dabei bedeuten i_f, u_f, R_f und L_f Stromstärke, Spannung, ohmscher Widerstand bzw. Induktivität der felderzeugenden Spule. Die entsprechenden Größen der Ankerwicklung sind i_a, u_a, R_a und L_a. Schließlich bedeutet ω die Winkelgeschwindigkeit des Ankers, Θ das Trägheitsmoment der rotierenden Masse und $c_3 > 0$ den mechanischen Reibungskoeffizienten. Die Gl. (9.62a) drückt die Maschengleichung des felderzeugenden Kreises aus, Gl. (9.62b) die Maschengleichung für den Ankerkreis, wobei $c_1 i_f \omega$ ($c_1 > 0$) die im Anker durch dessen Rotation im Magnetfeld induzierte Spannung und u_a = const die von außen an den Anker angelegte Gleichspannung ist. Die Gl. (9.62c) beschreibt die mechanische Rotationsbewegung, wobei $c_2 i_f i_a$ (mit der Konstante $c_2 > 0$) das durch die Wechselwirkung zwischen Ankerstrom und Magnetfeld (das vom Strom i_f erzeugt wird) hervorgerufene Drehmoment und der Term $-c_3 \omega$ das Reibungsmoment darstellt. Die Spannung $u_f = U_0 + \tilde{u}_f$ setzt sich aus einem festen Nominalwert U_0 und der variablen Stellgröße (Steuergröße) $\tilde{u}_f$ zusammen.

Nun werden die Zustandsgrößen

$$z_1 := i_f \,, \quad z_2 := i_a \,, \quad z_3 := \omega \,,$$

die Eingangsgröße

$$x := \frac{\tilde{u}_f}{L_f}$$

sowie die Konstanten

$$a := \frac{R_f}{L_f} \,, \quad b := \frac{R_a}{L_a} \,, \quad c := \frac{c_1}{L_a} \,, \quad d := \frac{c_2}{\Theta} \,, \quad e := \frac{c_3}{\Theta} \,, \quad k_1 := \frac{U_0}{L_f} \,, \quad k_2 := \frac{u_a}{L_a}$$

eingeführt. Damit lassen sich die Gln. (9.62a-c) in die Zustandsdarstellung im $\mathbb{R}^3$

$$\frac{\mathrm{d}\boldsymbol{z}}{\mathrm{d}t} = \boldsymbol{f}(\boldsymbol{z}) + \boldsymbol{h}(\boldsymbol{z})x \tag{9.63}$$

mit

$$\boldsymbol{z} = \begin{bmatrix} z_1 \\ z_2 \\ z_3 \end{bmatrix}, \quad \boldsymbol{f}(\boldsymbol{z}) = \begin{bmatrix} k_1 - az_1 \\ k_2 - bz_2 - cz_1z_3 \\ dz_1z_2 \end{bmatrix}, \quad \boldsymbol{h}(\boldsymbol{z}) = \begin{bmatrix} 1 \\ 0 \\ 0 \end{bmatrix}, \tag{9.64a-c}$$

überführen, wobei $e = 0$ angenommen wurde. Hieraus ergibt sich nach kurzer Zwischenrechnung

$$\mathrm{ad}_{\boldsymbol{f}}\boldsymbol{h} = [a \quad cz_3 \quad -dz_2]^{\mathrm{T}},$$

$$\mathrm{ad}_{\boldsymbol{f}}^2\boldsymbol{h} = [a^2 \quad (a+b)cz_3 \quad ((b-a)z_2 - k_2)d]^{\mathrm{T}},$$

und

$$\det[\boldsymbol{h} \quad \mathrm{ad}_{\boldsymbol{f}}\boldsymbol{h} \quad \mathrm{ad}_{\boldsymbol{f}}^2\boldsymbol{h}] = cdz_3(-k_2 + 2z_2b). \tag{9.65}$$

Außerdem erhält man

$$\mathrm{ad}_{\boldsymbol{h}}\,\mathrm{ad}_{\boldsymbol{f}}\boldsymbol{h} = \boldsymbol{0}. \tag{9.66}$$

Aus der Gl. (9.64b) ist zu erkennen, daß

$$\boldsymbol{z}_e = [k_1/a \quad 0 \quad ak_2/ck_1]^{\mathrm{T}} \tag{9.67}$$

ein Gleichgewichtspunkt des nichterregten Systems ist. Da nach Gl. (9.65) $\det[\boldsymbol{h} \ \cdots\ ]$ für $\boldsymbol{z} = \boldsymbol{z}_e$ nicht verschwindet, ist das System im Gleichgewichtspunkt und einer Umgebung von diesem steuerbar. Außerdem lehrt die Gl. (9.66), daß Involutivität von $\boldsymbol{h}$ und $\mathrm{ad}_{\boldsymbol{f}}\boldsymbol{h}$ gegeben ist. Damit ist nach Satz IX.2 eine Eingangs-Zustands-Linearisierung möglich. Die erste transformierte Zustandsvariable $\zeta_1 = \zeta_1(z_1, z_2, z_3)$ ergibt sich als Lösung der partiellen Differentialgleichungen

$$\frac{\partial\zeta_1}{\partial\boldsymbol{z}}[1 \quad 0 \quad 0]^{\mathrm{T}} = 0, \quad \text{d. h.} \quad \frac{\partial\zeta_1}{\partial z_1} = 0$$

und

$$\frac{\partial\zeta_1}{\partial\boldsymbol{z}}[a \quad cz_3 \quad -dz_2]^{\mathrm{T}} = 0, \quad \text{d. h.} \quad \frac{\partial\zeta_1}{\partial z_2}cz_3 - \frac{\partial\zeta_1}{\partial z_3}dz_2 = 0$$

zu

$$\zeta_1 = \frac{d}{2}z_2^2 + \frac{c}{2}z_3^2 + C \tag{9.68a}$$

mit der Integrationskonstante C. Diese wird derart gewählt, daß ζ_1 für $\boldsymbol{z} = \boldsymbol{z}_e$ verschwindet, d. h. als

$$C = -\frac{a^2k_2^2}{2ck_1^2}.$$

Die Bedingung nach Gl. (9.59b) ist wegen

$$\frac{\partial\zeta_1}{\partial\boldsymbol{z}}\mathrm{ad}_{\boldsymbol{f}}^2\boldsymbol{h} = [0 \quad dz_2 \quad cz_3][a^2 \quad (a+b)cz_3 \quad ((b-a)z_2 - k_2)d]^{\mathrm{T}} = (2bz_2 - k_2)cdz_3$$

für alle $\boldsymbol{z}$ mit $z_2 \neq k_2/(2b)$ und $z_3 \neq 0$ erfüllt. Die zwei weiteren transformierten Zustandsgrößen erhält man mit Gl. (9.68a) gemäß Gl. (9.60) zu

$$\zeta_2 = L_{\boldsymbol{f}}\zeta_1 = \frac{\partial\zeta_1}{\partial\boldsymbol{z}}\boldsymbol{f} = k_2dz_2 - bdz_2^2 \tag{9.68b}$$

und

$$\zeta_3 = L_{\boldsymbol{f}}^2\zeta_1 = (k_2d - 2bdz_2)(k_2 - bz_2 - cz_1z_3)$$

$$= k_2^2d - 3k_2bdz_2 - k_2cdz_1z_3 + 2b^2dz_2^2 + 2bcdz_1z_2z_3. \tag{9.68c}$$

Schließlich ergibt sich

$$L_f^3\zeta_1 = L_f\zeta_3 = (-k_2cdz_3 + 2bcdz_2z_3)(k_1 - az_1)$$

$$+ (-3k_2bd + 4b^2dz_2 + 2bcdz_1z_3)(k_2 - bz_2 - cz_1z_3) + (-k_2cdz_1 + 2bcdz_1z_2)dz_1z_2$$

und

$$L_{\boldsymbol{h}}L_f^2\zeta_1 = L_{\boldsymbol{h}}\zeta_3 = -k_2cdz_3 + 2bcdz_2z_3 .$$

Damit sind auch die Funktionen

$$\alpha(\boldsymbol{z}) = -\frac{L_f^3\zeta_1}{L_{\boldsymbol{h}}L_f^2\zeta_1} \quad \text{und} \quad \beta(\boldsymbol{z}) = \frac{1}{L_{\boldsymbol{h}}L_f^2\zeta_1} \tag{9.69a,b}$$

verfügbar.

Unter Verwendung der linearisierten Zustandsdarstellung kann nun das System im Punkt $\boldsymbol{\zeta} = \boldsymbol{0}$ (d. h. $\boldsymbol{z} = \boldsymbol{z}_e$) stabilisiert werden. Dazu müssen die Blöcke $\boldsymbol{\zeta} = \boldsymbol{T}(\boldsymbol{z})$ nach Gln. (9.68a-c), $x = \alpha(\boldsymbol{z}) + \beta(\boldsymbol{z})\xi$ mit Gln. (9.69a,b) sowie $\xi = \boldsymbol{k}^{\mathrm{T}}\boldsymbol{\zeta}$ realisiert werden, wobei der Regelvektor $\boldsymbol{k}$ derart zu wählen ist, daß die Matrix $\boldsymbol{A} + \boldsymbol{b}\,\boldsymbol{k}^{\mathrm{T}}$ mit $\boldsymbol{A}$ und $\boldsymbol{b}$ nach den Gln. (9.45c,d) eine Hurwitz-Matrix wird. Die Zusammenschaltung der Blöcke hat nach dem Vorbild von Bild 9.3 zu erfolgen. Die Regelstrecke ist der Motor, und es wird davon ausgegangen, daß alle Zustandsvariablen (physikalisch) verfügbar sind.

4 Eingangs-Ausgangs-Linearisierung

4.1 DIE GRUNDIDEE

Im Rahmen des Linearisierungskonzepts wurde ein Verfahren entwickelt, das unter dem Namen Eingangs-Ausgangs-Linearisierung im Schrifttum bekannt geworden und insbesondere zur Lösung von Nachführungsaufgaben gedacht ist, sich aber auch für die Behandlung von Stabilisierungsproblemen verwenden läßt. Ausgangspunkt ist ein System mit einem Eingang und einem Ausgang, welches im Zustandsraum durch die Gleichungen

$$\frac{\mathrm{d}\boldsymbol{z}}{\mathrm{d}t} = \boldsymbol{f}(\boldsymbol{z}, x) \quad \text{und} \quad y = g(\boldsymbol{z}) \tag{9.70a,b}$$

beschrieben sei. Wenn für das Ausgangssignal $y(t)$ eine Vorschrift in Form einer genügend oft differenzierbaren Funktion $y_f(t)$ gegeben und der Verlauf der Eingangsgröße (Stellgröße) $x(t)$ in Abhängigkeit von $y_f(t)$ und, soweit erforderlich, von Ableitungen der Vorschrift $y_f(t)$ gesucht ist, dann liegt eine Schwierigkeit zunächst darin, daß kein direkter Zusammenhang zwischen y und x besteht, sondern nur eine indirekte Verknüpfung über den Zustand $\boldsymbol{z}$ aufgrund der Gln. (9.70a,b) vorhanden ist. Das Verfahren der Eingangs-Ausgangs-Linearisierung basiert nun darauf, zur Lösung von Nachführungsaufgaben einen direkten und zugleich möglichst einfachen Zusammenhang zwischen Eingangs- und Ausgangssignal herzustellen, indem unter Einbeziehung der Gl. (9.70a) die Gl. (9.70b) für y fortlaufend so oft nach der Zeit differenziert wird, bis das Eingangssignal x explizit in Erscheinung tritt. Um diese Grundidee zum Erfolg zu führen, wird wie bei der Eingangs-Zustands-Linearisierung die Klasse der zu untersuchenden nichtlinearen Systeme in der Weise eingeschränkt, daß man von der speziellen Zustandsbeschreibung

$$\frac{\mathrm{d}\boldsymbol{z}}{\mathrm{d}t} = \boldsymbol{f}(\boldsymbol{z}) + \boldsymbol{h}(\boldsymbol{z})x , \quad y = g(\boldsymbol{z}) \tag{9.71a,b}$$

in einem bestimmten Gebiet $G \subset \mathbb{R}^q$ ausgeht, wobei $\boldsymbol{f}(\boldsymbol{z})$, $g(\boldsymbol{z})$ und $\boldsymbol{h}(\boldsymbol{z})$ in G hinreichend oft stetig differenzierbar seien.

Es wird jetzt das Ausgangssignal gemäß Gl. (9.71b) fortlaufend nach t differenziert, d. h. nach dem Vorbild von Beispiel 9.2 neben

$$y = g(\boldsymbol{z})$$

zunächst

$$\frac{\mathrm{d}y}{\mathrm{d}t} = \frac{\partial g}{\partial \boldsymbol{z}} \frac{\mathrm{d}\boldsymbol{z}}{\mathrm{d}t} = \frac{\partial g}{\partial \boldsymbol{z}} [\boldsymbol{f}(\boldsymbol{z}) + \boldsymbol{h}(\boldsymbol{z})x] = L_f g(\boldsymbol{z}) + L_{\boldsymbol{h}} g(\boldsymbol{z})x$$

und, falls $L_{\boldsymbol{h}} g(\boldsymbol{z}) \equiv 0$ in G gilt, weiterhin die zweite Ableitung

$$\frac{\mathrm{d}^2 y}{\mathrm{d}t^2} = L_f^2 g(\boldsymbol{z}) + L_{\boldsymbol{h}} L_f g(\boldsymbol{z})x$$

gebildet. Sofern auch $L_{\boldsymbol{h}} L_f g(\boldsymbol{z})$ in G identisch verschwindet, bildet man die dritte Ableitung

$$\frac{\mathrm{d}^3 y}{\mathrm{d}t^3} = L_f^3 g(\boldsymbol{z}) + L_{\boldsymbol{h}} L_f^2 g(\boldsymbol{z})x .$$

In dieser Weise fährt man fort, bis sich die r-te Ableitung

$$\frac{\mathrm{d}^r y}{\mathrm{d}t^r} = L_f^r g(\boldsymbol{z}) + L_{\boldsymbol{h}} L_f^{r-1} g(\boldsymbol{z})x \tag{9.72}$$

unter der Bedingung

$$L_{\boldsymbol{h}} L_f^{r-1} g(\boldsymbol{z}) \Big|_{\boldsymbol{z}=\boldsymbol{z}_0} \neq 0 \quad \text{und} \quad L_{\boldsymbol{h}} L_f^{i-1} g(\boldsymbol{z}) \equiv 0 \quad (i = 1, 2, \ldots, r-1)$$

in einem Punkt $\boldsymbol{z} = \boldsymbol{z}_0 \in G$ bzw. aus Stetigkeitsgründen in einer ganzen Umgebung $U \subset G$ von $\boldsymbol{z}_0$ ergeben hat. Wählt man jetzt

$$x = \frac{1}{L_{\boldsymbol{h}} L_f^{r-1} g(\boldsymbol{z})} (\xi - L_f^r g(\boldsymbol{z})) \tag{9.73}$$

in Gl. (9.72), so entsteht die lineare Differentialgleichung

$$\frac{\mathrm{d}^r y}{\mathrm{d}t^r} = \xi . \tag{9.74}$$

In Verallgemeinerung des Begriffes des relativen Grades bei linearen, zeitinvarianten Systemen (Kapitel V, Abschnitt 6.4) nennt man auch hier die Größe r den relativen Grad des betrachteten nichtlinearen Systems an der Stelle $\boldsymbol{z}_0$. Im weiteren wird vorausgesetzt, daß durch die Wahl des Gebietes G, in dem die Linearisierung durchgeführt werden soll, ein fester und einheitlicher Wert $r \leqq q$ in jedem Punkt $\boldsymbol{z} \in G$ definiert ist. Daß r die Ordnung q des Systems nicht übersteigen kann, geht aus späteren Überlegungen hervor. Zu beachten ist, daß die Wahl der Ausgangsgröße den relativen Grad hinsichtlich Existenz und Wert beeinflußt. Im Sonderfall $r = q$ erhält man mit den Zustandsgrößen

$$\zeta_\nu := \frac{\mathrm{d}^{\nu-1} y}{\mathrm{d}t^{\nu-1}} \quad (\nu = 1, 2, \ldots, q)$$

die Linearisierung gemäß den Gln. (9.45a-d) im Gebiet G. Im folgenden wird $r < q$ vorausgesetzt.

4.2 TRANSFORMATION AUF NORMALFORM

Nach der Ermittlung des relativen Grades, von dem vorausgesetzt wird, daß er kleiner als die Ordnung des Systems ist, läßt sich das System in einer besonders effizienten Form, *Normalform* genannt, beschreiben, worauf nun eingegangen werden soll. Die Darstellung in Normalform setzt sich aus zwei Teilen zusammen, der *äußeren* und der *inneren Dynamik*.

Zunächst werden die Zustandsgrößen, die sogenannten Normalkoordinaten, der äußeren Dynamik durch

$$\zeta_\nu := \frac{\mathrm{d}^{\nu-1} y}{\mathrm{d} t^{\nu-1}} \quad (\nu = 1, 2, \ldots, r) \tag{9.75}$$

definiert und zum Zustand(svektor) der äußeren Dynamik

$$\hat{\boldsymbol{\zeta}} = [\zeta_1 \quad \zeta_2 \quad \cdots \quad \zeta_r]^{\mathrm{T}}$$

zusammengefaßt. Man beachte, daß damit die Beziehung

$$\frac{\mathrm{d}\zeta_\nu}{\mathrm{d}t} = \zeta_{\nu+1} \quad (\nu = 1, 2, \ldots, r-1) \tag{9.76}$$

gelten. Neben den Normalkoordinaten der äußeren Dynamik werden die der inneren Dynamik eingeführt, das sind $q - r$ weitere Zustandsgrößen ζ_ν $(\nu = r+1, \ldots, q)$, die zum Zustand (svektor) der inneren Dynamik

$$\tilde{\boldsymbol{\zeta}} = [\zeta_{r+1} \quad \zeta_{r+2} \quad \cdots \quad \zeta_q]^{\mathrm{T}}$$

zusammengefaßt werden. Die Einführung dieser zusätzlichen Normalkoordinaten erfolgt in der Weise, daß unter Berücksichtigung der Gln. (9.75) und (9.76) zunächst die Darstellung der äußeren Dynamik

$$\frac{\mathrm{d}\hat{\boldsymbol{\zeta}}}{\mathrm{d}t} = \begin{bmatrix} \zeta_2 \\ \zeta_3 \\ \vdots \\ \zeta_r \\ a(\hat{\boldsymbol{\zeta}}, \tilde{\boldsymbol{\zeta}}) + b(\hat{\boldsymbol{\zeta}}, \tilde{\boldsymbol{\zeta}})\, x \end{bmatrix} \tag{9.77a}$$

und weiterhin die Beschreibung der inneren Dynamik

$$\frac{\mathrm{d}\tilde{\boldsymbol{\zeta}}}{\mathrm{d}t} = \boldsymbol{\Psi}(\hat{\boldsymbol{\zeta}}, \tilde{\boldsymbol{\zeta}}) \tag{9.77b}$$

mit

$$y = \zeta_1 \tag{9.77c}$$

entsteht, wodurch die Dynamik des betrachteten nichtlinearen Systems im Gebiet G beschrieben werden soll. Die Vektoren $\hat{\boldsymbol{\zeta}}$ und $\tilde{\boldsymbol{\zeta}}$ werden zum Zustandsvektor des Gesamtsystems

$$\boldsymbol{\zeta} := [\hat{\boldsymbol{\zeta}}^{\mathrm{T}} \;\; \tilde{\boldsymbol{\zeta}}^{\mathrm{T}}]^{\mathrm{T}}$$

zusammengefaßt. Die Gln. (9.77a-c) repräsentieren die Normalform des betrachteten nichtlinearen Systems. Besonders zu beachten ist dabei, daß die Eingangsgröße nur in Gl. (9.77a) auftritt. Das Zusammenwirken der Gln. (9.77a-c) ist im Bild 9.6 in Form eines Blockdiagrammes veranschaulicht.

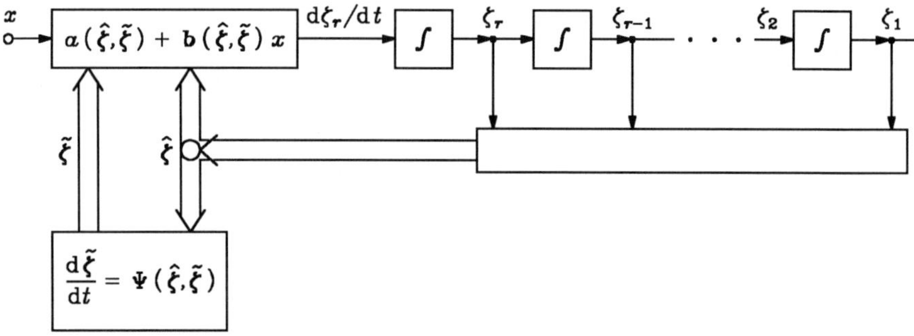

Bild 9.6: Veranschaulichung des Zusammenspiels der Gln. (9.77a-c)

Es ist nun zu zeigen, daß die Zustandsgleichungen (9.71a,b) in der Tat auf die Normalform nach Gln. (9.77a-c) gebracht werden können. Dazu muß ein Diffeomorphismus $\boldsymbol{\Phi}(\boldsymbol{z})$, d. h. eine Abbildung

$$\boldsymbol{\zeta} := [\hat{\boldsymbol{\zeta}}^{\mathrm{T}} \;\; \tilde{\boldsymbol{\zeta}}^{\mathrm{T}}]^{\mathrm{T}} = \boldsymbol{\Phi}(\boldsymbol{z})$$

des Gebietes G angegeben werden, die zu der Normalform führt. Dies geschieht in der Weise, daß zuerst die Jacobi-Matrix $\partial \boldsymbol{\Phi}/\partial \boldsymbol{z}$ einer solchen Abbildung konstruiert wird, von der gefordert werden muß, daß sie im Gebiet G nichtsingulär ist, damit durch Integration ein Diffeomorphismus $\boldsymbol{\Phi}(\boldsymbol{z})$ entsteht. Die erforderliche Nichtsingularität kann durch die Forderung ausgedrückt werden, daß die Zeilen $\partial \zeta_\nu/\partial \boldsymbol{z}$ $(\nu = 1, 2, \ldots, q)$ der Matrix $\partial \boldsymbol{\Phi}/\partial \boldsymbol{z}$ linear unabhängig sein müssen. Zunächst ist zu beachten, daß die ersten r Komponenten von $\boldsymbol{\Phi}(\boldsymbol{z})$ durch die Wahl der $\zeta_\nu (\nu = 1, 2, \ldots, r)$ gemäß Gl. (9.75) schon festliegen. Außerdem ist durch den Hilfssatz IX.3 bereits sichergestellt, daß die Gradienten $\partial \zeta_\nu/\partial \boldsymbol{z}$ $(\nu = 1, 2, \ldots, r)$ linear unabhängig sind. Darüber hinaus gelten aufgrund der Gln. (9.39a) und (9.40a) die Beziehungen

$$L_{\boldsymbol{h}} \zeta_\nu = 0 \quad (\nu = 1, 2, \ldots, r-1), \tag{9.78}$$

die ausdrücken, daß alle Gradienten $\partial \zeta_\nu/\partial \boldsymbol{z}$ $(\nu = 1, 2, \ldots, r-1)$ orthogonal zum Vektor $\boldsymbol{h} \neq \boldsymbol{0}$ stehen. Dagegen steht der Gradient $\partial \zeta_r/\partial \boldsymbol{z}$ wegen Gl. (9.39b) nicht senkrecht zu $\boldsymbol{h}$.

Nun wird ein fester Punkt $\boldsymbol{z}_0 \in G$ betrachtet und der Teilraum $\mathfrak{J}$ des Zustandsraums $\mathbb{R}^q$ eingeführt, der von allen Vektoren, die orthogonal zu $\boldsymbol{h}(\boldsymbol{z}_0)$ stehen, aufgespannt wird. Die Dimension von $\mathfrak{J}$ ist $q-1$. In $\mathfrak{J}$ können also neben den bereits vorhandenen linear unabhängigen Gradienten $\partial \zeta_\nu/\partial \boldsymbol{z}$ $(\nu = 1, 2, \ldots, r-1)$ weitere $(q-1)-(r-1) = q-r$ Gradienten $\partial \zeta_\nu/\partial \boldsymbol{z}$ $(\nu = r+1, \ldots, q)$ gewählt werden, die zusammen mit den $\partial \zeta_\nu/\partial \boldsymbol{z}$ $(\nu = 1, 2, \ldots, r-1)$ ein System von $q-1$ linear unabhängigen (Zeilen-)Vektoren bilden, die ausnahmslos orthogonal zu $\boldsymbol{h}(\boldsymbol{z}_0)$ stehen. Beachtet man, daß der Gradient $\partial \zeta_r / \partial \boldsymbol{z}$ nicht orthogonal zu $\boldsymbol{h}(\boldsymbol{z}_0)$ steht, dann wird klar, daß die Gesamtheit aller Gradienten $\partial \zeta_\nu / \partial \boldsymbol{z}$ $(\nu = 1, 2, \ldots, q)$ ein System von q linear unabhängigen (Zeilen-)Vektoren im Zustandsraum $\mathbb{R}^q$ bilden. Diese Gradienten sind die Zeilen der Jacobi-Matrix $\partial \boldsymbol{\Phi} / \partial \boldsymbol{z}$, die nicht nur im Punkt $\boldsymbol{z}_0 \in G$, sondern aus Stetigkeitsgründen in einer ganzen Umgebung $U \subset G$ von $\boldsymbol{z}_0$ nichtsingulär und damit invertierbar ist. Im weiteren wird zur Vereinfachung der Beziehungen die genannte Umgebung mit G identifiziert. Wie bereits gesagt, müssen die Gradienten $\partial \zeta_\nu / \partial \boldsymbol{z}$ $(\nu = r+1, \ldots, q)$ orthogonal zu $\boldsymbol{h}$ stehen. Daher können die Normalkoordinaten $\zeta_\nu (\nu = r+1, \ldots, q)$ durch Lösung der partiellen Differentialgleichungen

$$\frac{\partial \zeta_\nu}{\partial \boldsymbol{z}} \boldsymbol{h} = 0 \quad (\nu = r+1, \ldots, q) \tag{9.79}$$

in G ermittelt werden. Die Existenz der Lösungen ist durch das Frobenius-Theorem (Satz IX.1) gesichert. Denn $\boldsymbol{h}$ als alleiniger Vektor ist sicher involutiv, so daß zwingend $q-1$ skalare Funktionen $\zeta_1, \zeta_2, \ldots, \zeta_{r-1}, \zeta_{r+1}, \ldots, \zeta_q$ existieren, welche die Bedingung $L_{\boldsymbol{h}} \zeta_\nu = 0$ erfüllen. Ein Vergleich der Beziehungen (9.72) und (9.77a) zeigt, daß man nach Ermittlung der Transformation $\boldsymbol{\zeta} = \boldsymbol{\Phi}(\boldsymbol{z})$ mit der Umkehrabbildung $\boldsymbol{z} = \boldsymbol{\Phi}^{(-1)}(\boldsymbol{\zeta})$ die Funktionen

$$a(\hat{\boldsymbol{\zeta}}, \tilde{\boldsymbol{\zeta}}) = L_f^r g(\boldsymbol{\Phi}^{(-1)}(\boldsymbol{\zeta})) \tag{9.80a}$$

und

$$b(\hat{\boldsymbol{\zeta}}, \tilde{\boldsymbol{\zeta}}) = L_{\boldsymbol{h}} L_f^{r-1} g(\boldsymbol{\Phi}^{(-1)}(\boldsymbol{\zeta})) \tag{9.80b}$$

erhält. Es ist zu beachten, daß die Eingangsgröße x explizit nur in der r-ten Zeile der Gl. (9.77a) auftritt. Denn es gilt wegen Gln. (9.78) und (9.79)

$$\frac{\mathrm{d}\zeta_\nu}{\mathrm{d}t} = \frac{\partial \zeta_\nu}{\partial \boldsymbol{z}} (\boldsymbol{f}(\boldsymbol{z}) + \boldsymbol{h}(\boldsymbol{z}) x) = L_f \zeta_\nu(\boldsymbol{z})$$

für $\nu = 1, \ldots, r-1, r+1, \ldots, q$.

Zusammenfassung. Die praktische Durchführung der Transformation $\boldsymbol{\zeta} = \boldsymbol{\Phi}(\boldsymbol{z})$ erfordert zuerst die Ermittlung des relativen Grades r. Dabei ergeben sich die ersten r Komponenten der Transformation $\boldsymbol{\Phi}$ gemäß

$$\zeta_\nu = L_f^{\nu-1} g(\boldsymbol{z}) \quad (\nu = 1, 2, \ldots, r)$$

als Funktionen von $\boldsymbol{z}$. Die Lösungen der partiellen Differentialgleichungen (9.79) liefern die restlichen Komponenten $\zeta_\nu(\boldsymbol{z})$ $(\nu = r+1, \ldots, q)$ der Transformation $\boldsymbol{\Phi}$. Hierbei sind aber nur solche Lösungen $\zeta_\nu (\nu = r+1, \ldots, q)$ zu betrachten, deren Gradienten $\partial \zeta_\nu / \partial \boldsymbol{z}$ zusammen mit den Gradienten der bereits verfügbaren Komponenten $\zeta_\nu (\nu = 1, 2, \ldots, r)$ ein System von q linear unabhängigen (Zeilen-) Vektoren im $\mathbb{R}^q$ bilden. Durch eine geeignete Wahl der Integrationskonstanten bei der Lösung der partiellen Differentialgleichungen kann noch auf die Lage der Bildpunkte des Gebietes G Einfluß genommen werden. Durch Anwendung der erhaltenen Transformation auf die Zustandsbeschreibung in $\boldsymbol{z}$ erhält man die Normalform, bestehend aus der linearen äußeren Dynamik

$$\frac{d\hat{\boldsymbol{\zeta}}}{dt} = \begin{bmatrix} 0 & 1 & 0 & \cdots & 0 \\ 0 & 0 & 1 & \cdots & 0 \\ \vdots & & & & \\ 0 & 0 & 0 & \cdots & 1 \\ 0 & 0 & 0 & \cdots & 0 \end{bmatrix} \hat{\boldsymbol{\zeta}} + \begin{bmatrix} 0 \\ 0 \\ \vdots \\ 0 \\ 1 \end{bmatrix} \xi$$

der Ordnung $r \leqq q$ und der im allgemeinen nichtlinearen inneren Dynamik

$$\frac{d\tilde{\boldsymbol{\zeta}}}{dt} = \boldsymbol{\Psi}(\hat{\boldsymbol{\zeta}}, \tilde{\boldsymbol{\zeta}})$$

der Ordnung $q - r$ mit der neuen Eingangsgröße

$$\xi = a(\boldsymbol{\zeta}) + b(\boldsymbol{\zeta})x \ ,$$

der Ausgangsgröße

$$y = \zeta_1$$

sowie mit den Abkürzungen

$$a(\boldsymbol{\zeta}) := L_f^r g(\boldsymbol{\Phi}^{(-1)}(\boldsymbol{\zeta})) \ ,$$

$$b(\boldsymbol{\zeta}) := L_{\boldsymbol{h}} L_f^{r-1} g(\boldsymbol{\Phi}^{(-1)}(\boldsymbol{\zeta}))$$

und dem neuen Zustandsvektor des Gesamtsystems

$$\boldsymbol{\zeta} := \begin{bmatrix} \hat{\boldsymbol{\zeta}} \\ \tilde{\boldsymbol{\zeta}} \end{bmatrix} = [\zeta_1 \quad \zeta_2 \quad \cdots \quad \zeta_r \ \vdots \ \zeta_{r+1} \quad \cdots \quad \zeta_q]^{\mathrm{T}} .$$

Das folgende Beispiel dient zur näheren Erläuterung.

Beispiel 9.8: Ein nichtlineares System sei im $\mathbb{R}^3$ durch die Gleichungen

$$\frac{d\boldsymbol{z}}{dt} = \begin{bmatrix} (z_1 - z_2)(2z_2 - 1) + \sin z_2 \\ 2(z_1 - z_2)z_2 + \sin z_2 \\ 2z_2 \end{bmatrix} + \begin{bmatrix} (1/2) + e^{2z_2} \\ 1/2 \\ 0 \end{bmatrix} x$$

und

$$y = z_3$$

dargestellt. Durch Differentiation von y nach der Zeit erhält man

$$\frac{dy}{dt} = 2z_2 \quad \text{und} \quad \frac{d^2y}{dt^2} = 4(z_1 - z_2)z_2 + 2\sin z_2 + x \ ,$$

woraus der relative Grad $r = 2$ folgt. Weiterhin erhält man

$$L_f g(\boldsymbol{z}) = [0 \quad 0 \quad 1]\boldsymbol{f}(\boldsymbol{z}) = 2z_2 \ ,$$

$$L_f^2 g(\boldsymbol{z}) = [0 \quad 2 \quad 0]\boldsymbol{f}(\boldsymbol{z}) = 4(z_1 - z_2)z_2 + 2\sin z_2 \ ,$$

$$L_{\boldsymbol{h}} g(\boldsymbol{z}) = [0 \quad 0 \quad 1]\boldsymbol{h}(\boldsymbol{z}) = 0$$

und

$$L_{\boldsymbol{h}} L_{\boldsymbol{f}} g(\boldsymbol{z}) = [0 \quad 2 \quad 0] \cdot \boldsymbol{h}(\boldsymbol{z}) = 1 .$$

Die beiden ersten transformierten Variablen ergeben sich direkt zu

$$\zeta_1 = g(\boldsymbol{z}) = z_3 , \quad \zeta_2 = L_{\boldsymbol{f}} g(\boldsymbol{z}) = 2 z_2 .$$

Die dritte transformierte Variable erhält man als Lösung der partiellen Differentialgleichung

$$L_{\boldsymbol{h}} \zeta_3 \equiv \left(\frac{1}{2} + \mathrm{e}^{2z_2} \right) \frac{\partial \zeta_3}{\partial z_1} + \frac{1}{2} \frac{\partial \zeta_3}{\partial z_2} = 0 .$$

Mit einer frei wählbaren Konstante c ergibt sich als eine Lösung

$$\zeta_3 = c + z_1 - z_2 - \mathrm{e}^{2z_2} .$$

Damit gelangt man zur Jacobi-Matrix

$$\frac{\partial \boldsymbol{\zeta}}{\partial \boldsymbol{z}} = \begin{bmatrix} 0 & 0 & 1 \\ 0 & 2 & 0 \\ 1 & -1-2\mathrm{e}^{2z_2} & 0 \end{bmatrix},$$

die im gesamten $\mathbb{R}^3$ nichtsingulär ist. Die inverse Transformation $\boldsymbol{z} = \boldsymbol{\Phi}^{(-1)}(\boldsymbol{\zeta})$ lautet mit der Wahl $c = 1$, die dafür sorgt, daß $\boldsymbol{z} = \boldsymbol{0}$ in $\boldsymbol{\zeta} = \boldsymbol{0}$ übergeht,

$$z_1 = \zeta_3 + \frac{1}{2} \zeta_2 + \mathrm{e}^{\zeta_2} - 1 , \quad z_2 = \frac{1}{2} \zeta_2 , \quad z_3 = \zeta_1 .$$

Mit Hilfe dieser Transformation läßt sich die gegebene Zustandsbeschreibung in $\boldsymbol{z}$ auf die Normalform

$$\frac{\mathrm{d}\boldsymbol{\zeta}}{\mathrm{d}t} = \begin{bmatrix} \zeta_2 \\ 2\zeta_2(\mathrm{e}^{\zeta_2} + \zeta_3 - 1) + 2\sin\frac{\zeta_2}{2} + x \\ (1-\zeta_3-\mathrm{e}^{\zeta_2})(1+2\zeta_2\mathrm{e}^{\zeta_2}) - 2\mathrm{e}^{\zeta_2}\sin\frac{\zeta_2}{2} \end{bmatrix} = \begin{bmatrix} 0 & 1 & 0 \\ 0 & 0 & 0 \\ 0 & 0 & 0 \end{bmatrix} \boldsymbol{\zeta} + \begin{bmatrix} 0 \\ 1 \\ 0 \end{bmatrix} \xi + \begin{bmatrix} 0 \\ 0 \\ \Psi(\boldsymbol{\zeta}) \end{bmatrix},$$

$$y = \zeta_1$$

entsprechend den Gln. (9.77a-c) und der obigen Zusammenfassung bringen.

Die beschriebene Eingangs-Ausgangs-Linearisierung liefert die Systembeschreibung in Normalform nach den Gln. (9.77a-c). Diese Darstellung zeigt, daß sich die Dynamik des nichtlinearen Systems aus einem äußeren und einem inneren Teil zusammensetzt (Bild 9.7). Die äußere Dynamik besitzt den Zustandsvektor $\hat{\boldsymbol{\zeta}}$ und entsprechend der unterschiedlichen Betrachtung die Eingangssignale x und $\tilde{\boldsymbol{\zeta}}$ (Bild 9.7a) oder das einzige Eingangssignal ξ (Bild 9.b) sowie das Ausgangssignal y. Die innere Dynamik wird sowohl durch den Zustandsvektor $\tilde{\boldsymbol{\zeta}}$ als auch durch den Eingangsvektor $\hat{\boldsymbol{\zeta}}$ gekennzeichnet.

4.3 DIE NULLDYNAMIK

Von besonderem Interesse für Stabilitätsuntersuchungen ist der Fall, daß der Zustand $\hat{\boldsymbol{\zeta}}$ der äußeren Dynamik beständig Null ist. Dies bedeutet, daß das Ausgangssignal y (und damit auch alle Ableitungen von y nach t und insbesondere ξ) identisch verschwinden. Nach Gl. (9.73) ist dann für das Eingangssignal x in Abhängigkeit von $\boldsymbol{z}$ die spezielle Vorschrift

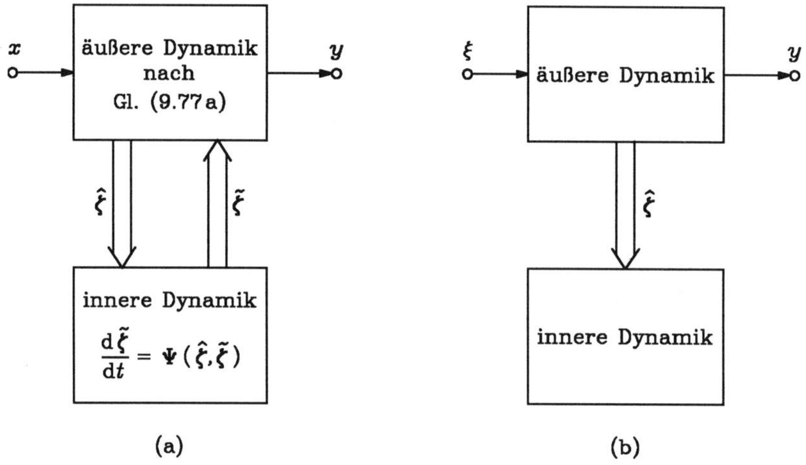

Bild 9.7: Äußere und innere Dynamik eines nichtlinearen Systems

$$x = -\frac{L_f^r g(\boldsymbol{z})}{L_h L_f^{r-1} g(\boldsymbol{z})} \tag{9.81a}$$

bzw. nach Gl. (9.77a) in Abhängigkeit des Zustands $\tilde{\boldsymbol{\zeta}}$ der inneren Dynamik

$$x = -\frac{a(\mathbf{0}, \tilde{\boldsymbol{\zeta}})}{b(\mathbf{0}, \tilde{\boldsymbol{\zeta}})} \tag{9.81b}$$

gegeben. Wenn die Eingangsgröße in dieser Weise und außerdem noch ein Anfangszustand $\boldsymbol{\zeta}(0) = [\mathbf{0}, \tilde{\boldsymbol{\zeta}}(0)^{\mathrm{T}}]^{\mathrm{T}}$ (d. h. unter der Bedingung $\hat{\boldsymbol{\zeta}}(0) = \mathbf{0}$) gewählt wird, läßt sich die Systemdynamik in der Form

$$\frac{\mathrm{d}\hat{\boldsymbol{\zeta}}}{\mathrm{d}t} = \mathbf{0} \quad \text{und} \quad \frac{\mathrm{d}\tilde{\boldsymbol{\zeta}}}{\mathrm{d}t} = \boldsymbol{\Psi}(\mathbf{0}, \tilde{\boldsymbol{\zeta}}) \tag{9.82a,b}$$

beschreiben. Die Gl. (9.82b) drückt die sogenannte *Nulldynamik* des durch die beiden Gln. (9.71a,b) gegebenen nichtlinearen Systems aus. Es ist zu beachten, daß sich die zur Nulldynamik gehörenden Trajektorien nur im Teilraum $\{ \boldsymbol{\zeta} \in \mathbb{R}^q ; \hat{\boldsymbol{\zeta}} = \mathbf{0} \}$ bewegen. In diesem Teilraum des $\mathbb{R}^q$ müssen stets auch die Anfangszustände der Nulldynamik gewählt werden.

Wenn man davon ausgeht, daß $\tilde{\boldsymbol{\zeta}} = \mathbf{0}$ ein Gleichgewichtszustand der Nulldynamik ist, kann zur Prüfung der Stabilität dieses Gleichgewichtspunktes die rechte Seite der Gl. (9.77b) im Punkt $\boldsymbol{\zeta} = \mathbf{0}$ in eine Taylor-Reihe entwickelt werden, wodurch die Beziehung

$$\frac{\mathrm{d}\tilde{\boldsymbol{\zeta}}}{\mathrm{d}t} = \boldsymbol{A}_1 \hat{\boldsymbol{\zeta}} + \boldsymbol{A}_2 \tilde{\boldsymbol{\zeta}} + O(\| \hat{\boldsymbol{\zeta}} \|^2, \| \tilde{\boldsymbol{\zeta}} \|^2) \tag{9.83a}$$

entsteht mit

$$\boldsymbol{A}_1 = \left. \frac{\partial \boldsymbol{\Psi}}{\partial \hat{\boldsymbol{\zeta}}} \right|_{\boldsymbol{\zeta}=\mathbf{0}} \quad \text{und} \quad \boldsymbol{A}_2 = \left. \frac{\partial \boldsymbol{\Psi}}{\partial \tilde{\boldsymbol{\zeta}}} \right|_{\boldsymbol{\zeta}=\mathbf{0}} . \tag{9.83b,c}$$

Falls $\boldsymbol{A}_2$ eine Hurwitz-Matrix darstellt, ist die Nulldynamik asymptotisch stabil in $\tilde{\boldsymbol{\zeta}} = \mathbf{0}$. Damit die Nulldynamik asymptotisch stabil ist, kann das durch $\mathrm{d}\tilde{\boldsymbol{\zeta}}/\mathrm{d}t = \boldsymbol{A}_2 \tilde{\boldsymbol{\zeta}}$ gegebene lineare, zeitinvariante System keine Eigenwerte in der offenen rechten Halbebene haben.

Es ist zu beachten, daß die Wahl der Ausgangsfunktion $y = g(\boldsymbol{z})$ die Nulldynamik, insbesondere deren Stabilität entscheidend beeinflussen kann. In Anlehnung an eine bekannte Bezeichnung bei linearen, zeitinvarianten Systemen nennt man nichtlineare Systeme von der Art, wie sie durch die Gln. (9.71a,b) beschrieben werden, (lokal) asymptotisch minimalphasig, wenn deren Nulldynamik (lokal) in $\tilde{\boldsymbol{\zeta}} = \mathbf{0}$ asymptotisch stabil ist. Liegt asymptotische Stabilität der Ruhelage $\tilde{\boldsymbol{\zeta}} = \mathbf{0}$ der Nulldynamik im Großen vor, so spricht man davon, daß das betreffende nichtlineare Gesamtsystem global asymptotisch minimalphasig ist.

Es kann passieren, daß der relative Grad r gleich der Systemordnung q ist. In einem solchen Fall können, wie schon erwähnt wurde, die Variablen $y, \mathrm{d}y/\mathrm{d}t, \ldots, \mathrm{d}^{q-1}y/\mathrm{d}t^{q-1}$ als neue Zustandsgrößen des Gesamtsystems verwendet werden, und die Eingangs-Ausgangs-Linearisierung besitzt keine Nulldynamik. Damit stellt in diesem Sonderfall die Eingangs-Ausgangs-Linearisierung eine Eingangs-Zustands-Linearisierung dar. Der relative Grad r kann grundsätzlich nicht größer als q sein, da im Zustandsraum $\mathbb{R}^q$ eines Systems der Ordnung q höchstens $q-1$ linear unabhängige Vektoren $\partial(L_f^{\nu-1}\boldsymbol{g}(\boldsymbol{z}))/\partial\boldsymbol{z}$ gefunden werden können, die zu $\boldsymbol{h}$ orthogonal sind.

Beispiel 9.9: Es sei im $\mathbb{R}^2$ ein nichtlineares System durch die Gleichungen

$$\frac{\mathrm{d}\boldsymbol{z}}{\mathrm{d}t} = \begin{bmatrix} f(z_2) \\ 0 \end{bmatrix} + \begin{bmatrix} 1 \\ 1 \end{bmatrix} x \quad \text{und} \quad y = z_1$$

gegeben, wobei $f(z_2)$ eine in $-\infty < z_2 < \infty$ stetige und ungerade Funktion mit der Eigenschaft $f(z_2) > 0$ für alle $z_2 > 0$ sei. Da man

$$\frac{\mathrm{d}y}{\mathrm{d}t} \equiv \frac{\mathrm{d}z_1}{\mathrm{d}t} = f(z_2) + x$$

erhält, besitzt das gegebene System den relativen Grad 1 überall im $\mathbb{R}^2$. Daher ist $\zeta_1 = y = z_1$ die einzige Normalkoordinate der äußeren Dynamik. Die zweite Normalkoordinate $\zeta_2(\boldsymbol{z})$ ist die einzige Zustandsvariable der inneren Dynamik, und sie ergibt sich als Lösung der partiellen Differentialgleichung

$$L_{\boldsymbol{h}}\zeta_2 \equiv \frac{\partial\zeta_2}{\partial z_1} + \frac{\partial\zeta_2}{\partial z_2} = 0 .$$

Es wird

$$\zeta_2 = z_1 - z_2$$

und damit

$$z_2 = \zeta_1 - \zeta_2$$

gewählt. Damit entsteht die nichtsinguläre Jacobi-Matrix

$$\frac{\partial\boldsymbol{\zeta}}{\partial\boldsymbol{z}} = \begin{bmatrix} 1 & 0 \\ 1 & -1 \end{bmatrix}.$$

Die Normalform der Zustandsbeschreibung lautet somit

$$\frac{\mathrm{d}\zeta_1}{\mathrm{d}t} = f(\zeta_1 - \zeta_2) + x , \quad \frac{\mathrm{d}\zeta_2}{\mathrm{d}t} = f(\zeta_1 - \zeta_2) .$$

Die Nulldynamik wird durch die Gleichung

$$\frac{\mathrm{d}\zeta_2}{\mathrm{d}t} = -f(\zeta_2)$$

beschrieben. Da $f(\zeta_2) > 0$ für $\zeta_2 > 0$ und $f(\zeta_2) < 0$ für $\zeta_2 < 0$ gilt, ist $\zeta_2 = 0$ ein asymptotisch stabiler Gleichgewichtspunkt der Nulldynamik.

Es sei für die Ausgangsgröße $y(t)$ für alle $t \geqq 0$ eine hinreichend oft stetig differenzierbare Führungsgröße $y_f(t)$ gegeben. Dann liegt für den Zustand $\hat{\boldsymbol{\zeta}}(t)$ für alle $t \geqq 0$ die Vorschrift

$$\hat{\boldsymbol{\zeta}}_f(t) := [y_f(t) \quad \mathrm{d}y_f(t)/\mathrm{d}t \quad \cdots \quad \mathrm{d}^{r-1}y_f(t)/\mathrm{d}t^{r-1}\,]^{\mathrm{T}}$$

vor, zu der man als Lösung der Differentialgleichung

$$\frac{\mathrm{d}\tilde{\boldsymbol{\zeta}}_f}{\mathrm{d}t} = \boldsymbol{\Psi}(\hat{\boldsymbol{\zeta}}_f, \tilde{\boldsymbol{\zeta}}_f) \tag{9.84a}$$

die Vorschrift $\tilde{\boldsymbol{\zeta}}_f(t)$ für $\tilde{\boldsymbol{\zeta}}(t)$ in $t \geqq 0$ erhält. Dabei hängt der Verlauf von $\tilde{\boldsymbol{\zeta}}_f$ von der Wahl des Anfangszustands $\tilde{\boldsymbol{\zeta}}_f(0)$ ab. Nach Gl. (9.77a) ergibt sich nun die Eingangsgröße (Stellgröße) $x = x_0(t)$ durch

$$x_0(t) = \frac{\mathrm{d}^r y_f/\mathrm{d}t^r - a(\hat{\boldsymbol{\zeta}}_f, \tilde{\boldsymbol{\zeta}}_f)}{b(\hat{\boldsymbol{\zeta}}_f, \tilde{\boldsymbol{\zeta}}_f)}, \tag{9.84b}$$

die dafür sorgt, daß das Ausgangssignal $y(t)$ für $t \geqq 0$ exakt der Vorschrift $y_f(t)$ folgt, sofern für $\tilde{\boldsymbol{\zeta}}(0)$ der festgelegte Wert gewählt wird. Für die Gln (9.84a,b) findet man im Schrifttum die Bezeichnung *inverse Dynamik* des durch die Gln. (9.71a,b) gegebenen Systems, da jene Gleichungen den Verlauf der Stellgröße $x_0(t)$ bei Vorgabe der Ausgangsgröße $y \equiv y_f$ liefern. Dabei kann $\tilde{\boldsymbol{\zeta}}_f$ als Zustand, $\hat{\boldsymbol{\zeta}}_f$ als Eingangsvektor und x_0 als Ausgangsgröße aufgefaßt werden.

4.4 RÜCKKOPPLUNGEN

Die Transformation eines nichtlinearen Systems auf Normalform ermöglicht unter bestimmten Voraussetzungen dessen Stabilisierung bzw. eine Nachführung der Ausgangsgröße. Die sich dabei stellende Aufgabe besteht darin, einen entsprechenden Funktionsverlauf für die Eingangsgröße (Stellgröße) $x(t)$ zu finden. Man kann zwei Lösungsansätze unterscheiden, die lineare Regelung der äußeren Dynamik und eine Lyapunov-Regelung. Hierauf soll im folgenden eingegangen werden.

Regelung der äußeren Dynamik. Man kann die r-te Komponente auf der rechten Seite von Gl. (9.77a) als neue Eingangsgröße

$$\xi := a(\hat{\boldsymbol{\zeta}}, \tilde{\boldsymbol{\zeta}}) + b(\hat{\boldsymbol{\zeta}}, \tilde{\boldsymbol{\zeta}})\,x \tag{9.85}$$

der Normalform betrachten. Wählt man nun diese Größe als eine Linearkombination der Normalkoordinaten der äußeren Dynamik, d. h. als

$$\xi = -\boldsymbol{\gamma}^{\mathrm{T}}\hat{\boldsymbol{\zeta}} = -\gamma_0 y - \gamma_1 \frac{\mathrm{d}y}{\mathrm{d}t} - \cdots - \gamma_{r-1}\frac{\mathrm{d}^{r-1}y}{\mathrm{d}t^{r-1}}, \tag{9.86a}$$

wobei der Vektor $\boldsymbol{\gamma} = [\gamma_0 \quad \gamma_1 \quad \cdots \quad \gamma_{r-1}]^{\mathrm{T}}$ reelle Komponenten aufweisen soll, dann bedeutet dies für die Eingangsgröße x als Stellgröße die Wahl

$$x = \frac{1}{L_h L_f^{r-1} y} \left(-L_f^r y - \gamma_0 y - \gamma_1 \frac{\mathrm{d}y}{\mathrm{d}t} - \cdots - \gamma_{r-1} \frac{\mathrm{d}^{r-1} y}{\mathrm{d}t^{r-1}} \right) \tag{9.86b}$$

und damit, daß das zunächst offene System nunmehr zu einem geschlossenen (rückgekoppelten) System geworden ist, dessen äußere Dynamik durch die Zustandsgleichung

$$\frac{\mathrm{d}\hat{\boldsymbol{\zeta}}}{\mathrm{d}t} = \boldsymbol{A}_0 \hat{\boldsymbol{\zeta}} \tag{9.87a}$$

mit der Matrix

$$\boldsymbol{A}_0 = \begin{bmatrix} 0 & 1 & 0 & \cdots & 0 \\ 0 & 0 & 1 & \cdots & 0 \\ \vdots & \vdots & \vdots & & \vdots \\ -\gamma_0 & -\gamma_1 & -\gamma_2 & \cdots & -\gamma_{r-1} \end{bmatrix} \tag{9.87b}$$

beschrieben wird. Sorgt man durch die Festlegung des Vektors $\boldsymbol{\gamma}$ dafür, daß das Polynom

$$K(p) = \sum_{\nu=0}^{r} \gamma_\nu p^\nu \tag{9.88}$$

mit $\gamma_r = 1$ ein Hurwitz-Polynom wird, dann ist die rückgekoppelte äußere Dynamik, gegeben durch die Gln. (9.87a,b), in $\hat{\boldsymbol{\zeta}} = \mathbf{0}$ lokal asymptotisch stabil. Darüber hinaus erweist sich das rückgekoppelte Gesamtsystem in $\boldsymbol{\zeta} = \mathbf{0}$ (lokal) asymptotisch stabil, also asymptotisch stabilisiert, falls die Nulldynamik in $\tilde{\boldsymbol{\zeta}} = \mathbf{0}$ (lokal) asymptotisch stabil ist. Dies läßt sich im Rahmen einer heuristischen Betrachtung folgendermaßen zeigen.

Mit Hilfe der Gln. (9.83a-c) und (9.87a,b) erhält man die Zustandsbeschreibung des rückgekoppelten Gesamtsystems in der Form

$$\frac{\mathrm{d}}{\mathrm{d}t} \begin{bmatrix} \hat{\boldsymbol{\zeta}} \\ \tilde{\boldsymbol{\zeta}} \end{bmatrix} = \boldsymbol{A} \begin{bmatrix} \hat{\boldsymbol{\zeta}} \\ \tilde{\boldsymbol{\zeta}} \end{bmatrix} + O(\|\hat{\boldsymbol{\zeta}}\|^2, \|\tilde{\boldsymbol{\zeta}}\|^2)$$

mit

$$\boldsymbol{A} = \begin{bmatrix} \boldsymbol{A}_0 & \mathbf{0} \\ \boldsymbol{A}_1 & \boldsymbol{A}_2 \end{bmatrix}.$$

Die Eigenwerte von $\boldsymbol{A}_0$ seien $p_\mu (\mu = 1, 2, \ldots, r)$ und die von $\boldsymbol{A}_2$ seien $p_\mu (\mu = r+1, \ldots, q)$. Dann bilden alle $p_\mu (\mu = 1, 2, \ldots, q)$ die Gesamtheit der Eigenwerte von $\boldsymbol{A}$, wobei mehrfache Eigenwerte jeweils ihrer Vielfachheit entsprechend oft aufgeführt sein sollen. Angesichts der Konstruktion der Rückkopplung nach Gl. (9.86a) befinden sich alle Eigenwerte $p_\mu (\mu = 1, \ldots, r)$ in der Halbebene $\operatorname{Re} p < 0$, weswegen $\|\hat{\boldsymbol{\zeta}}\|$ für $t \to \infty$ verschwindet, sofern auch die Norm $\|\tilde{\boldsymbol{\zeta}}\|$ beliebig klein wird. Dies ist infolge der vorausgesetzten asymptotischen Stabilität der Nulldynamik gewährleistet, so daß das rückgekoppelte Gesamtsystem ein in $\boldsymbol{\zeta} = \mathbf{0}$ asymptotisch stabiles System darstellt.

Beispiel 9.10: Gegeben sei im Zustandsraum $\mathbb{R}^2$ ein nichtlineares System durch die Gleichungen

$$\frac{\mathrm{d}\boldsymbol{z}}{\mathrm{d}t} = \begin{bmatrix} z_2 f(z_1) \\ a z_2 \end{bmatrix} + \begin{bmatrix} 0 \\ 1 \end{bmatrix} x$$

und

$$y = [c_1 \quad c_2] \boldsymbol{z}$$

mit nichtverschwindenden Konstanten c_1, c_2, a, wobei $c_1 c_2 > 0$ gilt, und einer stetig differenzierbaren Funktion $f(z_1)$, die im Ursprung eine zweifache Nullstelle besitzt und außerhalb des Ursprungs in einer Umgebung U von $z_1 = 0$ nur positive Werte aufweist, d. h. es gelte $f(z_1) > 0$ für alle $z_1 \in U$ und $f(0) = f'(0) = 0$. Da

$$\frac{\mathrm{d}y}{\mathrm{d}t} = c_1 z_2 f(z_1) + c_2 a z_2 + c_2 x$$

gilt, ist der relative Grad $r = 1$. Als erste neue Zustandsvariable (der äußeren Dynamik) erhält man so

$$\zeta_1 = y = c_1 z_1 + c_2 z_2 .$$

Die zweite neue Zustandsvariable (der inneren Dynamik) ergibt sich als Lösung der Differentialgleichung

$$\frac{\partial \zeta_2}{\partial \boldsymbol{z}} [0 \quad 1]^{\mathrm{T}} = \frac{\partial \zeta_2}{\partial z_2} = 0 .$$

Es wird

$$\zeta_2 = z_1$$

gewählt, so daß man die nichtsinguläre Jacobi-Matrix

$$\frac{\partial \boldsymbol{\zeta}}{\partial \boldsymbol{z}} = \begin{bmatrix} c_1 & c_2 \\ 1 & 0 \end{bmatrix}$$

und außerdem als inverse Transformation

$$z_1 = \zeta_2, \quad z_2 = \frac{1}{c_2}(\zeta_1 - c_1 \zeta_2)$$

erhält. Damit lauten die Zustandsgleichungen in Normalform

$$\frac{\mathrm{d}\zeta_1}{\mathrm{d}t} = (\zeta_1 - c_1 \zeta_2)\left[\frac{c_1}{c_2} f(\zeta_2) + a\right] + c_2 x$$

und

$$\frac{\mathrm{d}\zeta_2}{\mathrm{d}t} = (\zeta_1 - c_1 \zeta_2)\frac{1}{c_2} f(\zeta_2).$$

Die Nulldynamik ist durch

$$\frac{\mathrm{d}\zeta_2}{\mathrm{d}t} = -\frac{c_1}{c_2}\zeta_2 f(\zeta_2)$$

gegeben. Angesichts der Voraussetzungen ist c_1/c_2 positiv und $\zeta_2 f(\zeta_2)$ wechselt im Ursprung sein Vorzeichen bei monoton wachsenden Funktionswerten, so daß die asymptotische Stabilität in $\zeta_2 = 0$ sichergestellt ist. Durch die Wahl des Regelgesetzes

$$x = \frac{1}{c_2}[-c_1 z_2 f(z_1) - c_2 a z_2 - \gamma_0 y]$$

mit

$$y = c_1 z_1 + c_2 z_2$$

$(\gamma_0 > 0)$ wird das Gesamtsystem in $\boldsymbol{z} = \boldsymbol{0}$ lokal asymptotisch stabilisiert.

Das im Ursprung des $\mathbb{R}^2$ linearisierte Gesamtsystem wird durch die Zustandsgleichung

$$\frac{\mathrm{d}\boldsymbol{z}}{\mathrm{d}t} = \begin{bmatrix} 0 & 0 \\ 0 & a \end{bmatrix}\boldsymbol{z} + \begin{bmatrix} 0 \\ 1 \end{bmatrix} x, \quad y = [c_1 \quad c_2]\boldsymbol{z}$$

beschrieben. Wie man sieht, ist dieses System nicht steuerbar, so daß eine asymptotische Stabilisierung durch Zustandsgrößenrückkopplung nicht möglich ist. Das linearisierte System enthält nämlich eine nicht steuerbare, marginale Eigenlösung (Mode) mit Eigenwert 0.

Das Beispiel lehrt, daß Systeme asymptotisch stabilisiert werden können, die mittels linearisierter Zustandsgrößenrückkopplung (Abschnitt 2) nicht stabilisierbar sind. Im übrigen sollte beachtet werden, daß die Anwendbarkeit der hier geschilderten Stabilisierungsmethode von der Wahl $y = g(\boldsymbol{z})$ abhängt, da hierdurch das Stabilitätsverhalten der Nulldynamik beeinflußt werden kann, wenn man vom Fall $r = q$ absieht, in dem keine Nulldynamik auftritt.

Nachführung. Die Normalform eignet sich nicht nur, wie gezeigt, zur Stabilisierung, sondern auch zur Nachführung. In einem solchen Fall wird für ein nichtlineares System, das durch die Gln. (9.71a,b) gegeben ist und den festen relativen Grad r in einem interessierenden Gebiet $G \subset \mathbb{R}^q$ besitzt, eine hinreichend oft stetig differenzierbare und beschränkte Funktion $y_f(t)$ $(t \geqq 0)$ vorgeschrieben, der durch geeignete Wahl von $x(t)$ für $t \geqq 0$ das Ausgangssignal (die Regelgröße) $y(t)$ folgen soll. Damit liegt eine Vorschrift

$$\hat{\boldsymbol{\zeta}}_f(t) = [y_f(t) \quad \mathrm{d}y_f(t)/\mathrm{d}t \quad \cdots \quad \mathrm{d}^{r-1}y_f(t)/\mathrm{d}t^{r-1}]^{\mathrm{T}}$$

für den Zustand $\hat{\boldsymbol{\zeta}}(t)$ der äußeren Dynamik für alle $t \geqq 0$ vor. Als Nachführungsfehler wird

$$\Delta\hat{\boldsymbol{\zeta}}(t) := \hat{\boldsymbol{\zeta}}(t) - \hat{\boldsymbol{\zeta}}_f(t) \tag{9.89a}$$

d. h. mit $\Delta y(t) := y(t) - y_f(t)$

$$\Delta\hat{\boldsymbol{\zeta}}(t) = \left[\Delta y(t) \quad \frac{\mathrm{d}\Delta y(t)}{\mathrm{d}t} \quad \cdots \quad \frac{\mathrm{d}^{r-1}\Delta y(t)}{\mathrm{d}t^{r-1}}\right]^{\mathrm{T}} \tag{9.89b}$$

eingeführt. Es wird angenommen, daß $\tilde{\boldsymbol{\zeta}}_f(t)$ als Lösung der Zustandsgleichung der inneren Dynamik

$$\frac{\mathrm{d}\tilde{\boldsymbol{\zeta}}_f}{\mathrm{d}t} = \boldsymbol{\Psi}(\hat{\boldsymbol{\zeta}}_f, \tilde{\boldsymbol{\zeta}}_f) \tag{9.90}$$

mit Anfangszustand $\tilde{\boldsymbol{\zeta}}_f(0) = \mathbf{0}$ für $t \geqq 0$ existiert sowie beschränkt und gleichmäßig asymptotisch stabil ist. Nun wählt man als Stellsignal

$$x = \frac{1}{L_{\boldsymbol{h}} L_{\boldsymbol{f}}^{r-1} \zeta_1} \left[-L_{\boldsymbol{f}}^r \zeta_1 + \frac{\mathrm{d}^r y_f}{\mathrm{d}t^r} - \boldsymbol{\gamma}^{\mathrm{T}} \cdot \Delta\hat{\boldsymbol{\zeta}}\right] \tag{9.91a}$$

mit

$$\boldsymbol{\gamma} = [\gamma_0 \quad \gamma_1 \quad \cdots \quad \gamma_{r-1}]^{\mathrm{T}}, \tag{9.91b}$$

und es wird das gewählte Stellsignal x in Gl. (9.72) eingeführt und dabei beachtet, daß ζ_1 mit $y = g(\boldsymbol{z})$ übereinstimmt, sowie die Gl. (9.89b) berücksichtigt. Auf diese Weise entsteht die Differentialgleichung

$$\frac{\mathrm{d}^r \Delta y}{\mathrm{d}t^r} + \gamma_{r-1}\frac{\mathrm{d}^{r-1}\Delta y}{\mathrm{d}t^{r-1}} + \cdots + \gamma_1 \frac{\mathrm{d}\Delta y}{\mathrm{d}t} + \gamma_0 \Delta y = 0. \tag{9.92}$$

Den Vektor $\boldsymbol{\gamma}$ wählt man in der Weise, daß $K(p)$ nach Gl. (9.88) ein Hurwitz-Polynom wird. Dann strebt $\Delta y(t)$ für $t \to \infty$ exponentiell gegen Null. Es strebt zugleich der Nachführungsfehler $\Delta\hat{\boldsymbol{\zeta}}(t)$ exponentiell gegen $\mathbf{0}$, und es kann gezeigt werden, daß dabei der Gesamtzustand $\boldsymbol{\zeta}$ beschränkt bleibt [Is1].

Beispiel 9.11: Bild 9.8a zeigt einen mechanischen Drehschwinger, der aus einem Wagen mit der Masse m besteht. Dieser gleitet reibungsfrei auf einer Führungsschiene, deren Masse gegenüber der des Wagens vernachlässigbar klein sei. Der Wagen ist an einer masselosen, linearen Spannfeder befestigt, seine Position auf der Schiene soll mit z_3 bezeichnet werden. Für $z_3 = z_{30}$ sei die Feder entspannt. Die Führungsschiene ist in einem Punkt ($z_3 = 0$) reibungslos drehbar gelagert und über eine Torsionsfeder an den Motor gekoppelt. Mit z_1 wird der Drehwinkel der Schiene und mit x der des Motors bezeichnet. Für $z_1 = x$ ist die Torsionsfeder entspannt. Anhand der Skizze im Bild 9.8b läßt sich der Ort der Masse m durch den Ortsvektor

$$\boldsymbol{r}(t) = z_3(t)\begin{bmatrix}\cos z_1(t)\\ \sin z_1(t)\end{bmatrix}$$

kennzeichnen. Hieraus erhält man die Geschwindigkeit und die Beschleunigung der Masse m zu

$$\frac{\mathrm{d}\boldsymbol{r}}{\mathrm{d}t} = \frac{\mathrm{d}z_3}{\mathrm{d}t}\begin{bmatrix}\cos z_1\\ \sin z_1\end{bmatrix} + z_3\frac{\mathrm{d}z_1}{\mathrm{d}t}\begin{bmatrix}-\sin z_1\\ \cos z_1\end{bmatrix}$$

bzw.

$$\frac{\mathrm{d}^2\boldsymbol{r}}{\mathrm{d}t^2} = \frac{\mathrm{d}^2z_3}{\mathrm{d}t^2}\begin{bmatrix}\cos z_1\\ \sin z_1\end{bmatrix} + 2\frac{\mathrm{d}z_3}{\mathrm{d}t}\frac{\mathrm{d}z_1}{\mathrm{d}t}\begin{bmatrix}-\sin z_1\\ \cos z_1\end{bmatrix} + z_3\frac{\mathrm{d}^2z_1}{\mathrm{d}t^2}\begin{bmatrix}-\sin z_1\\ \cos z_1\end{bmatrix} - z_3\left(\frac{\mathrm{d}z_1}{\mathrm{d}t}\right)^2\begin{bmatrix}\cos z_1\\ \sin z_1\end{bmatrix}.$$

Nun werden neben den Koordinaten z_1 und z_3 als weitere Zustandsvariable

$$z_2 = \frac{\mathrm{d}z_1}{\mathrm{d}t} \quad \text{und} \quad z_4 = \frac{\mathrm{d}z_3}{\mathrm{d}t}$$

sowie nach Bild 9.8b die Einheitsvektoren $\boldsymbol{e}_r$ und $\boldsymbol{e}_\alpha$ eingeführt. Damit läßt sich die Beschleunigung der Masse m in der Form

$$\frac{\mathrm{d}^2\boldsymbol{r}}{\mathrm{d}t^2} = \left[\frac{\mathrm{d}z_4}{\mathrm{d}t} - z_3 z_2^2\right]\boldsymbol{e}_r + \left[2z_4z_2 + z_3\frac{\mathrm{d}z_2}{\mathrm{d}t}\right]\boldsymbol{e}_\alpha$$

ausdrücken. Der erste Summand stellt die Radialbeschleunigung in Richtung $\boldsymbol{e}_r$ dar, der zweite Summand die Tangentialbeschleunigung in Richtung $\boldsymbol{e}_\alpha$. Dementsprechend kann man jetzt für die Bewegung der Masse m in diesen beiden Richtungen sofort die folgenden Bewegungsgleichungen anschreiben:

$$m\left[\frac{\mathrm{d}z_4}{\mathrm{d}t} - z_3z_2^2\right] = -k_1(z_3 - z_{30}) \quad \text{und} \quad (m\,z_3^2)\frac{2z_4z_2 + z_3\dfrac{\mathrm{d}z_2}{\mathrm{d}t}}{z_3} = -k_2(z_1 - x).$$

Dabei sind k_1 (Kraft pro Länge) und k_2 (Drehmoment pro Winkel) die positiven Federkonstanten. Aufgrund der gefundenen Bewegungsgleichungen wird nun ein nichtlineares System eingeführt, indem die Konstante k_1/m durch "Eins mal Zeit hoch minus Zwei" und die Konstante k_2/m durch "Eins mal Geschwindigkeit im Quadrat" ersetzt werden. Anschließend sorgt man durch Normierung dafür, daß die aufgestellten Gleichungen

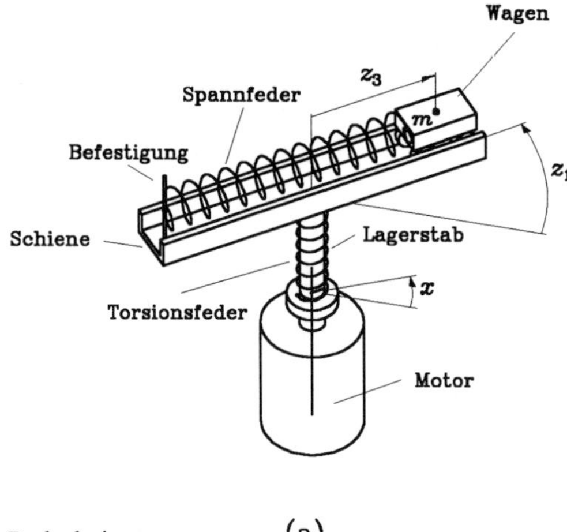

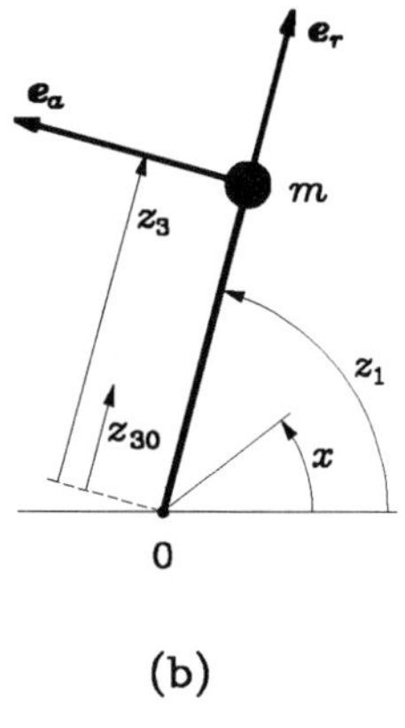

Bild 9.8: Drehschwinger

dimensionsfrei erscheinen. Damit erhält man die Zustandsbeschreibung im $\mathbb{R}^4$ in Form der Gleichung

$$\frac{\mathrm{d}\boldsymbol{z}}{\mathrm{d}t} = \begin{bmatrix} z_2 \\ -\dfrac{z_1}{z_3^2} - \dfrac{2z_2z_4}{z_3} \\ z_4 \\ z_2^2 z_3 - z_3 + z_{30} \end{bmatrix} + \begin{bmatrix} 0 \\ \dfrac{1}{z_3^2} \\ 0 \\ 0 \end{bmatrix} x . \tag{9.93a}$$

Im weiteren sei $z_{30} = -10$. Als Ausgangsgröße (Regelgröße) y wird

$$y = z_3 - 0{,}4 \tag{9.93b}$$

gewählt. Zunächst erhält man

$$\frac{\mathrm{d}y}{\mathrm{d}t} = z_4 , \tag{9.94}$$

$$\frac{\mathrm{d}^2y}{\mathrm{d}t^2} = z_2^2 z_3 - z_3 - 10 \tag{9.95}$$

und

$$\frac{\mathrm{d}^3y}{\mathrm{d}t^3} = \left(-2\frac{z_1z_2}{z_3} - 3z_2^2 z_4 - z_4\right) + \left(\frac{2z_2}{z_3}\right)x , \tag{9.96}$$

woraus der relative Grad $r = 3$ abzulesen ist. Als Normalkoordinaten der äußeren Dynamik erhält man

$$\hat{\boldsymbol{\zeta}} = \begin{bmatrix} \zeta_1 \\ \zeta_2 \\ \zeta_3 \end{bmatrix} = \begin{bmatrix} z_3 - 0{,}4 \\ z_4 \\ z_2^2 z_3 - z_3 - 10 \end{bmatrix}.$$

Die einzige Normalkoordinate der inneren Dynamik ζ_4 läßt sich als Lösung der partiellen Differentialgleichung

$$\frac{\partial \zeta_4}{\partial \boldsymbol{z}} \boldsymbol{h} \equiv \frac{\partial \zeta_4}{\partial z_2} \frac{1}{z_3^2} = 0$$

berechnen. Es liegt nahe

$$\tilde{\boldsymbol{\zeta}} = \zeta_4 = z_1$$

zu wählen, so daß man die Jacobi-Matrix

$$\frac{\partial \boldsymbol{\Phi}}{\partial \boldsymbol{z}} = \begin{bmatrix} 0 & 0 & 1 & 0 \\ 0 & 0 & 0 & 1 \\ 0 & 2z_2z_3 & z_2^2 - 1 & 0 \\ 1 & 0 & 0 & 0 \end{bmatrix}$$

erhält, der die Bedingung $z_2 z_3 \neq 0$ zu entnehmen ist, um die Invertierbarkeit zu garantieren. Die inverse Transformation ist dann durch

$$\boldsymbol{z} = \begin{bmatrix} \zeta_4 & \sqrt{\dfrac{\zeta_1 + \zeta_3 + 10{,}4}{0{,}4 + \zeta_1}} & \zeta_1 + 0{,}4 & \zeta_2 \end{bmatrix}^{\mathrm{T}}$$

gegeben.

Es soll nun versucht werden, das vorliegende nichtlineare System lokal zu stabilisieren. Die Aufgabe wird als Nachführungsproblem mit der Nachführungsvorschrift $y_f \equiv 0$ für y aufgefaßt. Gemäß Gl. (9.86b) hat man mit

$$L_{\boldsymbol{h}} L_{\boldsymbol{f}}^2 y = \frac{2z_2}{z_3} \quad \text{und} \quad L_{\boldsymbol{f}}^3 y = -2\frac{z_1z_2}{z_3} - 3z_2^2 z_4 - z_4$$

die Stellgröße

$$x = \frac{z_3}{2z_2}\left[2\frac{z_1z_2}{z_3} + 3z_2^2 z_4 + z_4 - \gamma_0 y - \gamma_1 \frac{\mathrm{d}y}{\mathrm{d}t} - \gamma_2 \frac{\mathrm{d}^2y}{\mathrm{d}t^2}\right]$$

zu wählen. Führt man diese Gleichung in Gl. (9.96) ein, so gelangt man schließlich zur Differentialgleichung

$$\frac{d^3 y}{dt^3} + \gamma_2 \frac{d^2 y}{dt^2} + \gamma_1 \frac{dy}{dt} + \gamma_0 y = 0 ,$$

die bei entsprechender Wahl der Koeffizienten $\gamma_0, \gamma_1, \gamma_2$ eine Lösung y aufweist, die für $t \to \infty$ exponentiell gegen Null strebt.

Als Lösung der Differentialgleichung (9.90), die hier wegen der Beziehung $\zeta_4 = z_1$ und damit angesichts $d\zeta_4/dt = z_2 = [(\zeta_1 + \zeta_3 + 10{,}4)/(\zeta_1 + 0{,}4)]^{1/2}$ unter der Bedingung $\hat{\boldsymbol{\zeta}}_f = \mathbf{0}$ (wegen $y_f \equiv 0$)

$$\frac{d\zeta_4}{dt} = \sqrt{26} \tag{9.97}$$

lautet, erhält man

$$\zeta_{4f} = \sqrt{26}\, t .$$

Man kann sich leicht davon überzeugen, daß diese Funktion keine asymptotisch stabile Lösung der Differentialgleichung (9.97) darstellt. Denn die Abweichung $\Delta\zeta_4 = \zeta_4 - \zeta_{4f}$ befriedigt die Differentialgleichung

$$\frac{d(\Delta\zeta_4)}{dt} = 0 ,$$

die nur marginal stabil ist. Aus diesem Grunde kann nicht garantiert werden, daß das System lokal asymptotisch stabil ist.

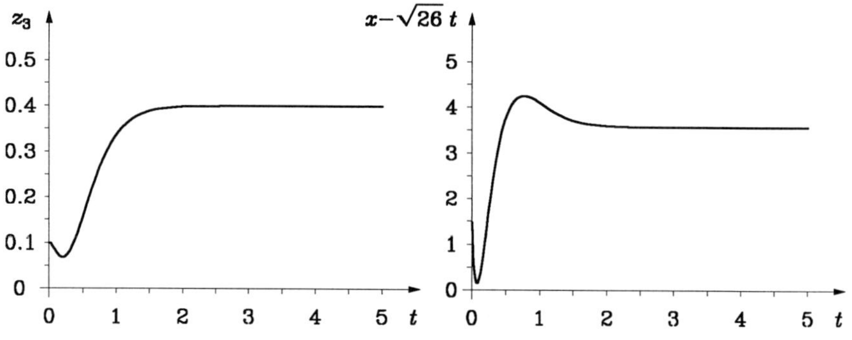

Bild 9.9: Zeitlicher Verlauf der Wagenposition z_3 und des Stellsignals $x - \sqrt{26}\, t$ für den Drehschwinger

Im Bild 9.9 sind die Verläufe von $z_3(t)$ und $x(t) - \sqrt{26}\, t$ für ein Zahlenbeispiel angegeben. Dabei wurde der Anfangszustand $\boldsymbol{z}(0) = [0 \quad \sqrt{26} \quad 0{,}1 \quad 0]^T$ gewählt, und die Konstanten $\gamma_0, \gamma_1, \gamma_2$ wurden so festgelegt, daß alle Nullstellen des Polynoms $K(p)$ in $p = -5$ liegen.

Lyapunov-Regelung. Eine weitere Methode zur Stabilisierung von nichtlinearen Systemen auf der Basis der Normalform stellt mehr oder weniger ein Probierverfahren dar, verläuft in zwei Schritten und beruht auf den folgenden Überlegungen. Man geht von der Systembeschreibung in Normalform aus und betrachtet im ersten Verfahrensschritt allein die innere Dynamik mit $\hat{\boldsymbol{\zeta}}$ als dem Vektor der Eingangsgrößen und $\tilde{\boldsymbol{\zeta}}$ als dem Vektor der Ausgangsgrößen. Nun versucht man, eine positiv-definite Funktion $V_0(\tilde{\boldsymbol{\zeta}})$ als eine mögliche Lyapunov-Funktion für den Fall (Bild 9.10a) anzusetzen, daß nach Wahl einer geeigneten Rückkopplung $\hat{\boldsymbol{\zeta}} = \hat{\boldsymbol{\zeta}}(\tilde{\boldsymbol{\zeta}})$ neben V_0 auch der Differentialquotient dV_0/dt, der im allgemeinen zunächst eine Funktion von $\tilde{\boldsymbol{\zeta}}$ und $\hat{\boldsymbol{\zeta}}$ ist, die bekannten Bedingungen zur Sicherstellung der asymptotischen Stabilität der rückgekoppelten inneren Dynamik erfüllt. Im zweiten Schritt wird das Gesamtsystem in der Normalform (Bild 9.10b) betrachtet und versucht, eine Lya-

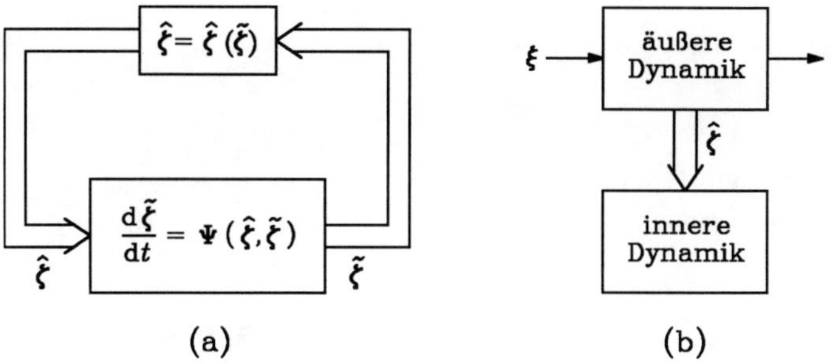

Bild 9.10: Rückkopplung der inneren Dynamik und Gesamtsystem

punov-Funktion $V(\hat{\zeta}, \tilde{\zeta})$ für das Gesamtsystem durch Erweiterung von $V_0(\tilde{\zeta})$, etwa in der Form

$$V = V_0 + \frac{1}{m} \| \hat{\zeta} - \hat{\zeta}(\tilde{\zeta}) \|^m$$

mit $m \in \boldsymbol{N}$, zu konstruieren, so daß jedenfalls V die Bedingungen des Invarianten-Theorems (Satz VIII.15) erfüllt. Dabei kann die Freiheit in der Wahl der Steuergröße ξ als Funktion von $\boldsymbol{\zeta}$ möglicherweise ausgenutzt werden, so daß auch $\mathrm{d}V/\mathrm{d}t$ die Bedingungen des Invarianten-Theorems befriedigt und damit V zur Stabilitätsanalyse des Gesamtsystems verwendet werden kann. Das folgende Beispiel dient zur Erläuterung.

Beispiel 9.12: Ein nichtlineares System mit dem relativen Grad $r = 1$ sei im $\mathbb{R}^3$ durch seine Normalform

$$\frac{\mathrm{d}\zeta_1}{\mathrm{d}t} = \xi, \quad \frac{\mathrm{d}\zeta_2}{\mathrm{d}t} = \zeta_3^3, \quad \frac{\mathrm{d}\zeta_3}{\mathrm{d}t} = -\zeta_3 + \zeta_2^5 - \zeta_1\zeta_2 \qquad (9.98\text{a-c})$$

gegeben. Für die innere Dynamik, die durch die Gln. (9.98b,c) beschrieben wird, soll als mögliche Lyapunov-Funktion

$$V_0(\zeta_2, \zeta_3) = \frac{1}{6}\zeta_2^6 + \frac{1}{4}\zeta_3^4$$

gewählt werden. Hieraus folgt mit den Gln. (9.98b,c)

$$\frac{\mathrm{d}V_0}{\mathrm{d}t} = \zeta_2^5\zeta_3^3 + \zeta_3^3(-\zeta_3 + \zeta_2^5 - \zeta_1\zeta_2) = -\zeta_3^4 - \zeta_2\zeta_3^3(\zeta_1 - 2\zeta_2^4),$$

woraus zu erkennen ist, daß bei Wahl der Rückkopplung als $\zeta_1 = 2\zeta_2^4$ die Ruhelage der rückgekoppelten inneren Dynamik (global) asymptotisch stabil wird, da V_0 offensichtlich die erforderlichen Eigenschaften einer Lyapunov-Funktion aufweist. Nun wird für das Gesamtsystem die mögliche Lyapunov-Funktion

$$V = V_0 + \frac{1}{2}(\zeta_1 - 2\zeta_2^4)^2$$

angesetzt, zu der angesichts der Gln. (9.98a,b) die Ableitung

$$\frac{\mathrm{d}V}{\mathrm{d}t} = \frac{\mathrm{d}V_0}{\mathrm{d}t} + (\zeta_1 - 2\zeta_2^4)(\xi - 8\zeta_2^3\zeta_3^3)$$

oder

$$\frac{\mathrm{d}V}{\mathrm{d}t} = -\zeta_3^4 - (\zeta_1 - 2\zeta_2^4)(-\xi + 8\zeta_2^3\zeta_3^3 + \zeta_2\zeta_3^3)$$

gehört. Wählt man nun das Regelgesetz

$$\xi = -(\zeta_1 - 2\zeta_2^4) + 8\zeta_2^3\zeta_3^3 + \zeta_2\zeta_3^3 ,$$

dann ergibt sich

$$\frac{\mathrm{d}V}{\mathrm{d}t} = -\zeta_3^4 - (\zeta_1 - 2\zeta_2^4)^2 .$$

Nach Satz VIII.15 ist $\boldsymbol{\zeta} = \mathbf{0}$ ein asymptotisch stabiler Gleichgewichtspunkt des rückgekoppelten Systems. Diese Aussage gilt global.

4.5 ERWEITERUNG AUF SYSTEME MIT MEHREREN EINGÄNGEN UND AUSGÄNGEN

Der relative Grad. In diesem Abschnitt soll in knapper Form gezeigt werden, wie die in den vorausgegangenen Abschnitten behandelte Eingangs-Ausgangs-Linearisierung auf Systeme mit mehreren Eingängen und Ausgängen erweitert werden kann. Um den rechnerischen Aufwand in Grenzen zu halten, wird vorausgesetzt, daß die Anzahl der Eingangssignale mit der Anzahl der Ausgangssignale übereinstimmt. Diese Anzahl sei mit m bezeichnet, und es sei $m \leqq q$. Die zu behandelnden Systeme werden im Zustandsraum $\mathbb{R}^q$ durch Gleichungen der Art

$$\frac{\mathrm{d}\boldsymbol{z}}{\mathrm{d}t} = \boldsymbol{f}(\boldsymbol{z}) + \boldsymbol{H}(\boldsymbol{z})\boldsymbol{x} \tag{9.99a}$$

und

$$\boldsymbol{y} = \boldsymbol{g}(\boldsymbol{z}) \tag{9.99b}$$

mit

$$\boldsymbol{f}(\boldsymbol{z}) = [f_1(\boldsymbol{z}) \cdots f_q(\boldsymbol{z})]^{\mathrm{T}}, \quad \boldsymbol{g}(\boldsymbol{z}) = [g_1(\boldsymbol{z}) \cdots g_m(\boldsymbol{z})]^{\mathrm{T}},$$

$$\boldsymbol{H}(\boldsymbol{z}) = [\boldsymbol{h}_1(\boldsymbol{z}) \cdots \boldsymbol{h}_m(\boldsymbol{z})],$$

$$\boldsymbol{h}_\mu(\boldsymbol{z}) = [h_{1\mu}(\boldsymbol{z}) \cdots h_{q\mu}(\boldsymbol{z})]^{\mathrm{T}} \quad (\mu = 1, 2, \ldots, m)$$

$$\boldsymbol{x} = [x_1 \cdots x_m]^{\mathrm{T}}, \quad \boldsymbol{y} = [y_1 \cdots y_m]^{\mathrm{T}}$$

beschrieben, wobei die Funktionen $\boldsymbol{f}$, $\boldsymbol{H}$ und $\boldsymbol{g}$ in einem interessierenden Gebiet $G \subset \mathbb{R}^q$ hinreichend oft stetig differenzierbar sein sollen.

Zu den Ausgangssignalen

$$y_\nu = g_\nu(\boldsymbol{z}) \quad (\nu = 1, 2, \ldots, m)$$

erhält man zunächst die ersten Ableitungen

$$\frac{\mathrm{d}y_\nu}{\mathrm{d}t} = \frac{\partial g_\nu}{\partial \boldsymbol{z}} [\boldsymbol{f}(\boldsymbol{z}) + \boldsymbol{H}(\boldsymbol{z})\boldsymbol{x}] = L_f g_\nu + \sum_{\mu=1}^{m} (L_{\boldsymbol{h}_\mu} g_\nu) x_\mu$$

($\nu = 1, 2, \ldots, m$). Für jedes feste $\nu \in \{1, 2, \ldots, m\}$ wird nun die folgende Prozedur durchgeführt: Falls alle $L_{\boldsymbol{h}_\mu} g_\nu$ ($\mu = 1, 2, \ldots, m$) verschwinden, wird die zweite Ableitung

$$\frac{\mathrm{d}^2 y_\nu}{\mathrm{d}t^2} = L_f^2 g_\nu + \sum_{\mu=1}^{m} (L_{\boldsymbol{h}_\mu} L_f g_\nu) x_\mu$$

gebildet. Sofern alle $L_{\boldsymbol{h}_\mu} L_{\boldsymbol{f}}\, g_\nu (\mu = 1, 2, \ldots, m)$ identisch Null sind, wird die dritte Ableitung von y_ν nach t gebildet, und man fährt in dieser Weise fort bis zur r_ν-ten Ableitung

$$\frac{\mathrm{d}^{r_\nu} y_\nu}{\mathrm{d}t^{r_\nu}} = L_{\boldsymbol{f}}^{r_\nu} g_\nu + \sum_{\mu=1}^{m} (L_{\boldsymbol{h}_\mu} L_{\boldsymbol{f}}^{r_\nu - 1} g_\nu)\, x_\mu \,, \tag{9.100}$$

in der mindestens einer der Terme $L_{\boldsymbol{h}_\mu} L_{\boldsymbol{f}}^{r_\nu - 1} g_\nu$ $(\mu = 1, 2, \ldots, m)$ in einer ganzen Umgebung eines Punktes $\boldsymbol{z}_0 \in G$ von Null verschieden ist. Damit kann man mit den Koeffizienten

$$l_{\nu\mu} := L_{\boldsymbol{h}_\mu} L_{\boldsymbol{f}}^{r_\nu - 1} g_\nu \tag{9.101}$$

die $(m \times m)$-Matrix

$$\boldsymbol{L}(\boldsymbol{z}) := \begin{bmatrix} l_{11} & l_{12} & \cdots & l_{1m} \\ l_{21} & l_{22} & \cdots & l_{2m} \\ \vdots & \vdots & & \vdots \\ l_{m1} & l_{m2} & \cdots & l_{mm} \end{bmatrix} \tag{9.102}$$

einführen, die offensichtlich auch in der Form

$$\boldsymbol{L}(\boldsymbol{z}) = \begin{bmatrix} \dfrac{\partial}{\partial \boldsymbol{z}} L_{\boldsymbol{f}}^{r_1 - 1} g_1 \\ \vdots \\ \dfrac{\partial}{\partial \boldsymbol{z}} L_{\boldsymbol{f}}^{r_m - 1} g_m \end{bmatrix} \boldsymbol{H}(\boldsymbol{z}) \tag{9.103}$$

geschrieben werden kann. Jede Zeile der Matrix $\boldsymbol{L}$ besitzt mindestens ein Element, das in einer Umgebung von $\boldsymbol{z} = \boldsymbol{z}_0$ nicht verschwindet. Das heißt, zu jedem ν-ten Ausgang gibt es mindestens einen Eingang Nr. μ, so daß das System mit dem einzigen Eingangssignal x_μ und dem einzigen Ausgangssignal y_ν den relativen Grad r_ν für $\boldsymbol{z} = \boldsymbol{z}_0$ besitzt, und, wenn man bei gleichem Ausgang einen anderen Eingang betrachtet, ist der relative Grad, soweit er existiert, gleich oder größer als r_ν. In Analogie zum Fall des Systems mit einem Eingang und einem Ausgang heißt $(r_1, r_2, \ldots, r_m)$ der (vektorielle) relative Grad des Systems. Die Nichtsingularität von $\boldsymbol{L}(\boldsymbol{z}_0)$ wird vorausgesetzt und bedingt aufgrund von Gl. (9.103), daß $\boldsymbol{H}(\boldsymbol{z}_0)$ maximalen Rang $m\,(\leqq q)$ aufweist, d. h. die Vektoren $\boldsymbol{h}_\mu(\boldsymbol{z}_0)$ $(\mu = 1, 2, \ldots, m)$ linear unabhängig sind. Der von diesen Vektoren aufgespannte Raum $\mathcal{H}$ besitzt daher die Dimension m.

Hilfssatz IX.4: Unter der Voraussetzung, daß das durch die Gln. (9.99a,b) gegebene System den relativen Grad $(r_1, r_2, \ldots, r_m)$ aufweist, sind die Zeilenvektoren

$$\boldsymbol{v}_{\nu\kappa}^{\mathrm{T}} := \frac{\partial}{\partial \boldsymbol{z}} L_{\boldsymbol{f}}^{\kappa} g_\nu \qquad (\nu = 1, 2, \ldots, m\,;\ \kappa = 0, 1, \ldots, r_\nu - 1) \tag{9.104}$$

für $\boldsymbol{z} = \boldsymbol{z}_0$ linear unabhängig.

Beweis: Es wird gezeigt, daß die Gleichung

$$\sum_{\nu=1}^{m} \sum_{\kappa=0}^{r_\nu - 1} \alpha_{\nu\kappa} \boldsymbol{v}_{\nu\kappa}^{\mathrm{T}} = \boldsymbol{0} \tag{9.105}$$

nur für $\alpha_{\nu\kappa} = 0$ ($\nu = 1, \ldots, m$; $\kappa = 0, \ldots, r_\nu - 1$) erfüllt werden kann. Zunächst sei festgehalten, daß aufgrund der Definition des relativen Grades die Beziehung

$$\boldsymbol{v}_{\nu\kappa}^{\mathrm{T}} \cdot \boldsymbol{h}_\mu = L_{\boldsymbol{h}_\mu} L_{\boldsymbol{f}}^\kappa g_\nu \begin{cases} = 0, & \text{falls } 0 \leqq \kappa \leqq r_\nu - 2 \text{ für } \mu = 1, \ldots, m \\ \neq 0, & \text{falls } \kappa = r_\nu - 1 \text{ für mindesten ein } \mu \text{ aus } \{1, \ldots, m\} \end{cases} \tag{9.106}$$

für alle ν besteht. Jetzt wird Gl. (9.105) von rechts mit $\boldsymbol{h}_\mu$ ($\mu = 1, 2, \ldots, m$) multipliziert. Wegen Gl. (9.106) erhält man

$$\sum_{\nu=1}^{m} \alpha_{\nu(r_\nu - 1)} L_{\boldsymbol{h}_\mu} L_{\boldsymbol{f}}^{r_\nu - 1} g_\nu = 0$$

für $\mu = 1, 2, \ldots, m$. Hiermit liegt ein System von m linearen, homogenen Gleichungen zur Bestimmung der Koeffizienten $\alpha_{\nu(r_\nu - 1)}$ ($\nu = 1, 2, \ldots, m$) vor, wobei die auftretende Koeffizientenmatrix die Transponierte von $\boldsymbol{L}$ nach Gl. (9.102) ist. Da die Matrix $\boldsymbol{L}$ voraussetzungsgemäß für $\boldsymbol{z} = \boldsymbol{z}_0$ nichtsingulär ist, folgt sofort $\alpha_{\nu(r_\nu - 1)} = 0$ für alle $\nu \in \{1, \ldots, m\}$. Nun wird Gl. (9.105), in der die Summation nach κ nur noch bis $r_\nu - 2$ geführt zu werden braucht, mit $\mathrm{ad}_{\boldsymbol{f}} \boldsymbol{h}_\mu$ von rechts multipliziert. Beachtet man Gl. (9.106) und Gl. (9.28), so gelangt man (gegebenenfalls nach Multiplikation einzelner Gleichungen mit (-1)) zum weiteren Gleichungssystem

$$\sum_{\nu=1}^{m} \alpha_{\nu(r_\nu - 2)} L_{\boldsymbol{h}_\mu} L_{\boldsymbol{f}}^{r_\nu - 1} g_\nu = 0$$

für $\mu = 1, 2, \ldots, m$, das dieselbe Koeffizientenmatrix wie das zuerst erhaltene Gleichungssystem besitzt. Daher müssen auch alle $\alpha_{\nu(r_\nu - 2)}$ ($\nu = 1, \ldots, m$) verschwinden. Im nächsten Schritt wird Gl. (9.105), in der die Summation nach κ nur noch bis $r_\nu - 3$ geführt zu werden braucht, mit $\mathrm{ad}_{\boldsymbol{f}}^2 \boldsymbol{h}_\mu$ von rechts multipliziert. Entsprechend wie oben wird gezeigt, daß alle $\alpha_{\nu(r_\nu - 3)}$ ($\nu = 1, \ldots, m$) verschwinden. In dieser Weise fährt man solange fort, bis schließlich Gl. (9.105) mit $\mathrm{ad}_{\boldsymbol{f}}^{r_1 - 1} \boldsymbol{h}_\mu$ multipliziert wird (wobei ohne Einschränkung der Allgemeinheit $r_1 \geqq r_\nu$, $\nu = 2, 3, \ldots, m$, angenommen werden darf), und man stellt dann fest, daß sämtliche $\alpha_{\nu\kappa}$ zwangsläufig verschwinden.

Einführung der Normalkoordinaten. Mit (dem sogenannten totalen relativen Grad des betrachteten Systems) $r := r_1 + r_2 + \cdots + r_m$ werden die r Normalkoordinaten

$$\zeta_{\nu\kappa} = L_{\boldsymbol{f}}^{\kappa - 1} g_\nu(\boldsymbol{z}) \tag{9.107}$$

für $\nu = 1, 2, \ldots, m$ und $\kappa = 1, 2, \ldots, r_\nu$ eingeführt. Für diese gilt aufgrund der Definition des relativen Grades

$$\frac{\mathrm{d}\zeta_{\nu\kappa}}{\mathrm{d}t} = \zeta_{\nu(\kappa+1)} \tag{9.108a}$$

($\nu = 1, 2, \ldots, m$; $\kappa = 1, 2, \ldots, r_\nu - 1$) und

$$\frac{\mathrm{d}\zeta_{\nu r_\nu}}{\mathrm{d}t} = L_{\boldsymbol{f}}^{r_\nu} g_\nu(\boldsymbol{z}) + \sum_{\mu=1}^{m} L_{\boldsymbol{h}_\mu} L_{\boldsymbol{f}}^{r_\nu - 1} g_\nu(\boldsymbol{z}) x_\mu . \tag{9.108b}$$

Die eingeführten Koordinaten werden folgendermaßen zu Vektoren zusammengefaßt:

$$\hat{\boldsymbol{\zeta}}_\nu = [\zeta_{\nu 1} \quad \zeta_{\nu 2} \quad \cdots \quad \zeta_{\nu r_\nu}]^{\mathrm{T}} \quad (\nu = 1, \ldots, m)$$

und

$$\hat{\boldsymbol{\zeta}} = [\hat{\boldsymbol{\zeta}}_1^{\mathrm{T}} \quad \hat{\boldsymbol{\zeta}}_2^{\mathrm{T}} \quad \cdots \quad \hat{\boldsymbol{\zeta}}_m^{\mathrm{T}}]^{\mathrm{T}} .$$

Die Transformation $\hat{\boldsymbol{\zeta}} = \hat{\boldsymbol{\zeta}}(\boldsymbol{z})$ ist durch Gl. (9.107) gegeben. Die Gln. (9.108a,b) repräsentieren die äußere Dynamik des Systems. Für r gilt $r \leqq q$, da nach Hilfssatz IX.4 r linear unabhängige Vektoren im $\mathbb{R}^q$ vorhanden sind und diese Anzahl nicht größer als die Dimension des Raumes sein kann. Im folgenden sei $r < q$. Dann ist es immer möglich, weitere $q - r$ Normalkoordinaten

$$\tilde{\zeta}_\mu = \tilde{\zeta}_\mu(\boldsymbol{z}) \quad (\mu = 1, 2, \ldots, q - r),$$

die zum Vektor

$$\tilde{\boldsymbol{\zeta}} = [\tilde{\zeta}_1 \quad \tilde{\zeta}_2 \quad \cdots \quad \tilde{\zeta}_{q-r}]$$

zusammengefaßt werden, in der Weise anzugeben, daß die Abbildung

$$\boldsymbol{\zeta} = \begin{bmatrix} \hat{\boldsymbol{\zeta}}(\boldsymbol{z}) \\ \tilde{\boldsymbol{\zeta}}(\boldsymbol{z}) \end{bmatrix} =: \boldsymbol{\Phi}(\boldsymbol{z}) \tag{9.109}$$

eine Jacobi-Matrix $\partial \boldsymbol{\Phi}/\partial \boldsymbol{z}$ aufweist, die für $\boldsymbol{z} = \boldsymbol{z}_0$ nichtsingulär ist. Die Transformation $\boldsymbol{\Phi}(\boldsymbol{z})$ stellt also in einer Umgebung von $\boldsymbol{z} = \boldsymbol{z}_0$ einen Diffeomorphismus dar und repräsentiert eine lokale Koordinatentransformation in dieser Umgebung.

Wenn die Vektoren $\boldsymbol{h}_\mu (\mu = 1, 2, \ldots, m)$ für $\boldsymbol{z} = \boldsymbol{z}_0$ involutiv sind, lassen sich die Koordinaten $\tilde{\zeta}_1(\boldsymbol{z}), \tilde{\zeta}_2(\boldsymbol{z}), \ldots, \tilde{\zeta}_{q-r}(\boldsymbol{z})$ als Lösungen der partiellen Differentialgleichungen

$$L_{\boldsymbol{h}_\mu} \tilde{\zeta}_\nu(\boldsymbol{z}) = 0 \tag{9.110}$$

für $\nu = 1, 2, \ldots, q - r$ und $\mu = 1, 2, \ldots, m$ ermitteln.

Beweis: Es wurde bereits darauf hingewiesen, daß der Raum $\mathcal{H}$, der von den Vektoren $\boldsymbol{h}_1, \boldsymbol{h}_2, \ldots, \boldsymbol{h}_m$ aufgespannt wird, die Dimension m besitzt. Nach dem Theorem von Frobenius (Satz IX.1) gibt es wegen der vorausgesetzten Involutivität der Vektoren $\boldsymbol{h}_\mu (\mu = 1, \ldots, m)$ $q - m$ skalare Funktionen $\bar{\zeta}_\nu(\boldsymbol{z})$ $(\nu = 1, \ldots, q - m)$, welche in einer Umgebung von $\boldsymbol{z} = \boldsymbol{z}_0$ die Gleichungen

$$L_{\boldsymbol{h}_\mu} \bar{\zeta}_\nu(\boldsymbol{z}) = 0 \quad (\mu = 1, 2, \ldots, m)$$

erfüllen und deren Gradienten

$$\frac{\partial}{\partial \boldsymbol{z}} \bar{\zeta}_1, \frac{\partial}{\partial \boldsymbol{z}} \bar{\zeta}_2, \ldots, \frac{\partial}{\partial \boldsymbol{z}} \bar{\zeta}_{q-m}$$

linear unabhängig sind und den $(q - m)$-dimensionalen Raum $\mathcal{H}^\perp$ aufspannen, der orthogonal zu $\mathcal{H}$ liegt. Der von den Gradienten

$$\frac{\partial}{\partial \boldsymbol{z}} \zeta_{\nu\kappa} \quad (\nu = 1, 2, \ldots, m\,;\; \kappa = 1, 2, \ldots, r_\nu)$$

aufgespannte Raum $\mathcal{G}$ besitzt nach Hilfssatz IX.4 die Dimension r. Es wird jetzt behauptet, daß der von $\mathcal{H}^\perp + \mathcal{G}$ gebildete Raum die Dimension q des Zustandsraumes hat. Andernfalls müßte es einen vom Nullvektor verschiedenen Vektor

$$\boldsymbol{h} = \sum_{\nu=1}^{m} \alpha_\nu \boldsymbol{h}_\nu \in \mathcal{H}$$

geben, der nicht zum Raum $\mathcal{G}$, jedoch zu dessen orthogonalem Raum $\mathcal{G}^\perp$ gehört. Dies bedeutet, daß $\boldsymbol{h}$ orthogonal zu allen Vektoren von $\mathcal{G}$, insbesondere zu $\partial(L_f^{r_\nu - 1} g_\nu)/\partial \boldsymbol{z}$ für $\nu = 1, 2, \ldots, m$ stehen müßte, es müßte also

$$\begin{bmatrix} \dfrac{\partial}{\partial \boldsymbol{z}} L_f^{r_1-1} g_1 \\ \vdots \\ \dfrac{\partial}{\partial \boldsymbol{z}} L_f^{r_m-1} g_m \end{bmatrix} \boldsymbol{h} = \boldsymbol{L} \begin{bmatrix} \alpha_1 \\ \vdots \\ \alpha_m \end{bmatrix} = \boldsymbol{0}$$

gelten, was in einer Umgebung von $\boldsymbol{z} = \boldsymbol{z}_0$ zu einem Widerspruch führt, da dort $\boldsymbol{L}$ nichtsingulär ist und daher $[\alpha_1 \quad \alpha_2 \quad \cdots \quad \alpha_m]^{\mathrm{T}} = \boldsymbol{0}$ im Gegensatz zur Voraussetzung $\boldsymbol{h} \neq \boldsymbol{0}$ implizieren würde.

Damit besteht die Möglichkeit, $q - r$ Lösungen $\tilde{\zeta}_\nu(\boldsymbol{z})$ des Systems von partiellen Differentialgleichungen (9.110) derart zu ermitteln, daß sie in einer Umgebung von $\boldsymbol{z} = \boldsymbol{z}_0$ zusammen mit den bereits verfügbaren Koordinaten $\zeta_{\nu\kappa}$ eine lokale Koordinatentransformation $\boldsymbol{\zeta} = \boldsymbol{\Phi}(\boldsymbol{z})$ liefern.

Für die zeitlichen Differentialquotienten der Normalkoordinaten $\tilde{\zeta}_\nu(\boldsymbol{z})$ erhält man wegen Gl. (9.99a) und Gl. (9.110)

$$\frac{\mathrm{d}\tilde{\zeta}_\nu}{\mathrm{d}t} = \frac{\partial \tilde{\zeta}_\nu}{\partial \boldsymbol{z}} (\boldsymbol{f}(\boldsymbol{z}) + \boldsymbol{H}(\boldsymbol{z})\boldsymbol{x}) = L_{\boldsymbol{f}} \tilde{\zeta}_\nu + \sum_{\mu=1}^{m} x_\mu L_{\boldsymbol{h}_\mu} \tilde{\zeta}_\nu(\boldsymbol{z})$$

$$= L_{\boldsymbol{f}} \tilde{\zeta}_\nu(\boldsymbol{z}) \Big|_{\boldsymbol{z} = \boldsymbol{\Phi}^{(-1)}(\boldsymbol{\zeta})} =: \Psi_\nu(\hat{\boldsymbol{\zeta}}, \tilde{\boldsymbol{\zeta}}),$$

d. h.

$$\frac{\mathrm{d}\tilde{\boldsymbol{\zeta}}}{\mathrm{d}t} = \boldsymbol{\Psi}(\hat{\boldsymbol{\zeta}}, \tilde{\boldsymbol{\zeta}}) \tag{9.111a}$$

mit den Komponenten Ψ_ν von $\boldsymbol{\Psi}$. Außerdem erhält man

$$\boldsymbol{y} = [\zeta_{11} \quad \zeta_{21} \quad \cdots \quad \zeta_{m1}]^{\mathrm{T}}. \tag{9.112}$$

Die Gln. (9.108a,b), (9.111a), (9.112) bilden die Normalform der lokalen Zustandsbeschreibung des betrachteten nichtlinearen Systems mit m Eingängen und m Ausgängen sowie dem relativen Grad $(r_1, r_2, \ldots, r_m)$. Durch direkte Anwendung der inversen Transformation $\boldsymbol{z} = \boldsymbol{\Phi}^{(-1)}(\boldsymbol{\zeta})$ auf Gl. (9.108b) läßt sich diese auch in der Form

$$\frac{\mathrm{d}\zeta_{\nu r_\nu}}{\mathrm{d}t} = a_\nu(\hat{\boldsymbol{\zeta}}, \tilde{\boldsymbol{\zeta}}) + \sum_{\mu=1}^{m} l_{\nu\mu}(\hat{\boldsymbol{\zeta}}, \tilde{\boldsymbol{\zeta}}) x_\mu \tag{9.113}$$

$(\nu = 1, 2, \ldots, m)$ mit $a_\nu(\hat{\boldsymbol{\zeta}}, \tilde{\boldsymbol{\zeta}}) := L_f^{r_\nu} g_\nu(\boldsymbol{\Phi}^{(-1)}(\boldsymbol{\zeta}))$ und $l_{\nu\mu}(\hat{\boldsymbol{\zeta}}, \tilde{\boldsymbol{\zeta}})$ nach Gl. (9.101) schreiben. Faßt man die $a_\nu(\hat{\boldsymbol{\zeta}}, \tilde{\boldsymbol{\zeta}})$ zu einem Vektor $\boldsymbol{a}(\hat{\boldsymbol{\zeta}}, \tilde{\boldsymbol{\zeta}})$ und die $l_{\nu\mu}(\hat{\boldsymbol{\zeta}}, \tilde{\boldsymbol{\zeta}})$ gemäß Gl. (9.102) zur Matrix $\boldsymbol{L}_0(\hat{\boldsymbol{\zeta}}, \tilde{\boldsymbol{\zeta}}) := \boldsymbol{L}(\boldsymbol{\Phi}^{(-1)}(\boldsymbol{\zeta}))$ zusammen, dann läßt sich statt Gl. (9.113) bzw. Gl. (9.108b) die Darstellung

$$\frac{\mathrm{d}}{\mathrm{d}t} [\zeta_{1r_1} \quad \cdots \quad \zeta_{m r_m}]^{\mathrm{T}} = \boldsymbol{a}(\hat{\boldsymbol{\zeta}}, \tilde{\boldsymbol{\zeta}}) + \boldsymbol{L}_0(\hat{\boldsymbol{\zeta}}, \tilde{\boldsymbol{\zeta}}) \boldsymbol{x} \tag{9.114}$$

angeben.

Wenn der von den Vektoren $\boldsymbol{h}_\mu (\mu = 1, 2, \ldots, m)$ aufgespannte Teilraum nicht involutiv ist, kann nicht erwartet werden, daß der Vektor $\tilde{\boldsymbol{\zeta}}$ der inneren Normalkoordinaten eine Differentialgleichung der Form von Gl. (9.111a) erfüllt, vielmehr wird die Normalgleichung im allgemeinen die Form

$$\frac{\mathrm{d}\tilde{\boldsymbol{\zeta}}}{\mathrm{d}t} = \boldsymbol{\Psi}(\hat{\boldsymbol{\zeta}}, \tilde{\boldsymbol{\zeta}}) + \boldsymbol{\chi}(\hat{\boldsymbol{\zeta}}, \tilde{\boldsymbol{\zeta}}) \boldsymbol{x} \tag{9.111b}$$

aufweisen. Die Gl. (9.111b) bzw. Gl. (9.111a) im Falle, daß die Vektoren $\boldsymbol{h}_\mu$ involutiv sind, repräsentiert die innere Dynamik des betrachteten Systems.

Es ist bemerkenswert, daß im Falle $\boldsymbol{f}(\boldsymbol{z}_0) = \boldsymbol{0}$, $\boldsymbol{g}(\boldsymbol{z}_0) = \boldsymbol{0}$ die Zustandsbeschreibung in Normalkoordinaten um den Punkt $\boldsymbol{\zeta} = \boldsymbol{0}$ lokal erfolgt, sofern bei der Bestimmung der Normalkoordinaten für die Erfüllung der Nebenbedingung $\tilde{\zeta}_1(\boldsymbol{z}_0) = \tilde{\zeta}_2(\boldsymbol{z}_0) = \cdots = \tilde{\zeta}_{q-r}(\boldsymbol{z}_0) = 0$ gesorgt wird.

Nulldynamik. Die Forderung $\boldsymbol{y}(t) \equiv \boldsymbol{0}$ impliziert

$$g_\nu(\boldsymbol{z}(t)) \equiv L_f g_\nu(\boldsymbol{z}(t)) \equiv \cdots \equiv L_f^{r_\nu - 1} g_\nu(\boldsymbol{z}(t)) \equiv 0 \quad \text{für} \quad \nu = 1, 2, \ldots, m ,$$

d. h. $\hat{\boldsymbol{\zeta}}(t) \equiv \boldsymbol{0}$ für alle t. Dies hat zur Folge, daß auch die linke Seite der Gl. (9.114) identisch in t verschwindet, so daß man für den Vektor der Eingangssignale

$$\boldsymbol{x}(t) = -\boldsymbol{L}_0^{-1}(\boldsymbol{0}, \tilde{\boldsymbol{\zeta}}(t))\, \boldsymbol{a}(\boldsymbol{0}, \tilde{\boldsymbol{\zeta}}(t)) \tag{9.115}$$

erhält. Dabei ist zu beachten, daß die Matrix $\boldsymbol{L}_0(\hat{\boldsymbol{\zeta}}, \tilde{\boldsymbol{\zeta}})$ für $\boldsymbol{\zeta} = \boldsymbol{0}$ (und in einer Umgebung dieses Punktes) nichtsingulär ist, sofern $\boldsymbol{0} = \boldsymbol{\Phi}(\boldsymbol{z}_0)$ gilt. Damit ergibt sich aus Gl. (9.111b) die Differentialgleichung für die innere Dynamik

$$\frac{\mathrm{d}\tilde{\boldsymbol{\zeta}}}{\mathrm{d}t} = \boldsymbol{\Psi}(\boldsymbol{0}, \tilde{\boldsymbol{\zeta}}) - \boldsymbol{\chi}(\boldsymbol{0}, \tilde{\boldsymbol{\zeta}})\boldsymbol{L}_0^{-1}(\boldsymbol{0}, \tilde{\boldsymbol{\zeta}})\, \boldsymbol{a}(\boldsymbol{0}, \tilde{\boldsymbol{\zeta}}), \tag{9.116}$$

die für einen beliebigen Anfangsvektor $\tilde{\boldsymbol{\zeta}}(0) = \tilde{\boldsymbol{\zeta}}_0$ gelöst werden kann, während $\hat{\boldsymbol{\zeta}}(0) = \boldsymbol{0}$ gewählt werden muß. Die Gl. (9.116) kennzeichnet die innere Dynamik unter der Bedingung $\boldsymbol{y}(t) \equiv \boldsymbol{0}$ und heißt *Nulldynamik* des Systems.

Inverse Dynamik. Es sei für den Vektor der Ausgangsgrößen $\boldsymbol{y}(t)$ für alle $t \geqq 0$ ein hinreichend oft stetig differenzierbarer Vektor $\boldsymbol{y}_f(t) = [y_{f1} \;\; y_{f2} \;\; \cdots \;\; y_{fm}]^{\mathrm{T}}$ als Führungsgröße gegeben. Angesichts der Tatsache, daß $\zeta_{\nu\kappa}$ für $\nu = 1, 2, \ldots, m$; $\kappa = 1, 2, \ldots, r_\nu$ mit $L_f^{\kappa-1} g_\nu = \mathrm{d}^{\kappa-1} y_\nu / \mathrm{d}t^{\kappa-1}$ übereinstimmt, stellen

$$\zeta_{\nu\kappa}^f := \frac{\mathrm{d}^{\kappa-1} y_{f\nu}}{\mathrm{d}t^{\kappa-1}}$$

Vorschriften für die $\zeta_{\nu\kappa}$ dar. Insgesamt erhält man so die Vorschrift

$$\hat{\boldsymbol{\zeta}}_f = [\zeta_{11}^f \;\; \zeta_{12}^f \cdots \zeta_{21}^f \;\; \zeta_{22}^f \cdots \zeta_{m1}^f \;\; \zeta_{m2}^f \cdots \zeta_{m r_m}^f]^{\mathrm{T}}$$

für $\hat{\boldsymbol{\zeta}}$. Es ist nun der Anfangszustand derart zu wählen, daß $\hat{\boldsymbol{\zeta}}(0) = \hat{\boldsymbol{\zeta}}_f(0)$ und $\tilde{\boldsymbol{\zeta}}(0) = \tilde{\boldsymbol{\zeta}}_0$ mit beliebigem $\tilde{\boldsymbol{\zeta}}_0$ gilt. Gemäß Gl. (9.114) ist der Vektor der Eingangsgrößen als

$$\boldsymbol{x}_0(t) = \boldsymbol{L}_0^{-1}(\hat{\boldsymbol{\zeta}}_f, \tilde{\boldsymbol{\zeta}}_f)\left\{\frac{\mathrm{d}}{\mathrm{d}t}[\zeta_{1r_1}^f \cdots \zeta_{mr_m}^f]^{\mathrm{T}} - \boldsymbol{a}(\hat{\boldsymbol{\zeta}}_f, \tilde{\boldsymbol{\zeta}}_f)\right\} \tag{9.117}$$

zu wählen, wobei $\tilde{\boldsymbol{\zeta}}_f$ aufgrund der Gl. (9.111b) Lösung der Differentialgleichung

$$\frac{\mathrm{d}\tilde{\boldsymbol{\zeta}}_f}{\mathrm{d}t} = \boldsymbol{\Psi}(\hat{\boldsymbol{\zeta}}_f, \tilde{\boldsymbol{\zeta}}_f) + \boldsymbol{\chi}(\hat{\boldsymbol{\zeta}}_f, \tilde{\boldsymbol{\zeta}}_f)\boldsymbol{x}_0 \tag{9.118}$$

mit $\boldsymbol{x}_0$ nach Gl. (9.117) und der Anfangsbedingung $\tilde{\boldsymbol{\zeta}}_f(0) = \tilde{\boldsymbol{\zeta}}_0$ bedeutet. Für jede Wahl des Anfangsvektors $\tilde{\boldsymbol{\zeta}}_0$ ist aufgrund der Vorschrift $\hat{\boldsymbol{\zeta}}_f$ der Verlauf von $\boldsymbol{\zeta}_f := [\hat{\boldsymbol{\zeta}}_f^{\mathrm{T}} \;\; \tilde{\boldsymbol{\zeta}}_f^{\mathrm{T}}]^{\mathrm{T}}$ und

$\boldsymbol{x}_0$ bestimmt. Die Gln. (9.117) und (9.118) beschreiben so eine Dynamik mit $\boldsymbol{y}_f(t)$ als dem Vektor der Eingangsgrößen und $\boldsymbol{x}_0(t)$ als dem Vektor der Ausgangsgrößen, während $\widetilde{\boldsymbol{\zeta}}_f(t)$ den Zustand repräsentiert. Da diese Dynamik als invers zum ursprünglichen System betrachtet werden kann, findet man in der Literatur hierfür auch die Bezeichnung *inverse Dynamik.*

Rückkopplung, Eingangs-Zustands-Linearisierung. Ausgehend von Gl. (9.108b), die bei Beachtung der Gln. (9.101) und (9.102) in Matrizenform

$$\frac{\mathrm{d}}{\mathrm{d}t}\begin{bmatrix}\zeta_{1r_1}\\ \vdots \\ \zeta_{m\,r_m}\end{bmatrix} = \begin{bmatrix}L_f^{r_1}g_1\\ \vdots \\ L_f^{r_m}g_m\end{bmatrix} + \boldsymbol{L}(\boldsymbol{z})\,\boldsymbol{x} \tag{9.119}$$

lautet, wird mit dem Vektor der neuen Eingangsgrößen

$$\boldsymbol{\xi} = [\,\xi_1 \quad \xi_2 \quad \cdots \quad \xi_m\,]^{\mathrm{T}}$$

für den Vektor $\boldsymbol{x}$ die Wahl

$$\boldsymbol{x} = \boldsymbol{L}^{-1}\begin{bmatrix}\xi_1 - L_f^{r_1}g_1\\ \vdots \\ \xi_m - L_f^{r_m}g_m\end{bmatrix} \tag{9.120}$$

getroffen. Dadurch erhält man die m entkoppelten linearen Differentialgleichungen

$$\frac{\mathrm{d}^{r_\nu}y_\nu}{\mathrm{d}t^{r_\nu}} = \xi_\nu \qquad (\nu = 1, \ldots, m)\,. \tag{9.121}$$

In diesem Zusammenhang nennt man $\boldsymbol{L}(\boldsymbol{z})$ die Entkopplungsmatrix des Systems, die in jedem Punkt einer Umgebung von $\boldsymbol{z} = \boldsymbol{z}_0$ als invertierbar angenommen wird.

Ein interessanter Fall liegt dann vor, wenn der totale relative Grad $r := r_1 + r_2 + \cdots + r_m$ mit q übereinstimmt. In diesem Fall gibt es keine innere Dynamik und damit auch keine Nulldynamik. Der Vektor der Normalkoordinaten

$$\boldsymbol{\zeta} = \hat{\boldsymbol{\zeta}} = \boldsymbol{\Phi}(\boldsymbol{z})$$

enthält dann keine inneren Koordinaten. Bei Verwendung der Entkopplungsmatrix

$$\boldsymbol{L}_0(\boldsymbol{\zeta}) := \boldsymbol{L}\,(\boldsymbol{\Phi}^{(-1)}(\boldsymbol{\zeta}))$$

und des Vektors

$$\boldsymbol{a}(\boldsymbol{\zeta}) := [a_1 \quad a_2 \quad \cdots \quad a_m]^{\mathrm{T}} \quad \text{mit} \quad a_\nu = L_f^{r_\nu} g_\nu\,(\boldsymbol{\Phi}^{(-1)}(\boldsymbol{\zeta}))$$

läßt sich der Vektor der neuen Eingangsgrößen als

$$\boldsymbol{\xi} = \boldsymbol{a}(\boldsymbol{\zeta}) + \boldsymbol{L}_0(\boldsymbol{\zeta})\,\boldsymbol{x} \tag{9.122a}$$

ausdrücken. Hieraus folgt die Rückkopplung

$$\boldsymbol{x} = \boldsymbol{L}_0^{-1}(\boldsymbol{\zeta})\,[\,\boldsymbol{\xi} - \boldsymbol{a}(\boldsymbol{\zeta})]\,. \tag{9.122b}$$

Die Zustandsbeschreibung in Normalform bildet dann eine Eingangs-Zustands-Linearisierung der Art

$$\frac{\mathrm{d}}{\mathrm{d}t}\begin{bmatrix}\zeta_{\nu 1}\\ \zeta_{\nu 2}\\ \vdots\\ \zeta_{\nu r_\nu}\end{bmatrix} = \begin{bmatrix}0 & 1 & 0 & \cdots & 0\\ 0 & 0 & 1 & \cdots & 0\\ & & & & \\ 0 & 0 & 0 & \cdots & 0\end{bmatrix}\begin{bmatrix}\zeta_{\nu 1}\\ \zeta_{\nu 2}\\ \vdots\\ \zeta_{\nu r_\nu}\end{bmatrix} + \begin{bmatrix}0\\ 0\\ \vdots\\ 1\end{bmatrix}\xi_\nu \tag{9.123a}$$

mit

$$y_\nu = \zeta_{\nu 1} \tag{9.123b}$$

$$(\nu = 1, 2, \ldots, m).$$

Die Zustandsbeschreibung nach Gl. (9.123a) ist für jedes ν steuerbar. Die Eingangssignale $\xi_\nu (\nu = 1, 2, \ldots, m)$ können jetzt wie im Falle des Systems mit nur einem Eingang und einem Ausgang gewählt werden, so daß es möglich wird, das System zu stabilisieren oder nachzuführen. Schwierigkeiten hinsichtlich der Stabilität der inneren Dynamik entstehen dabei nicht.

Bei der Eingangs-Zustands-Linearisierung von nichtlinearen Systemen, die durch Gl. (9.99a) im Zustandsraum beschrieben werden, besteht entsprechend den vorausgegangenen Überlegungen die wesentliche Aufgabe darin, geeignete Funktionen $g_\nu(\boldsymbol{z})(\nu = 1, 2, \ldots, m)$, d. h. passende Ausgangsgrößen $y_\nu(\nu = 1, 2, \ldots, m)$ zu finden, so daß in einem interessierenden Gebiet (normalerweise in einer Umgebung eines Punktes $\boldsymbol{z} = \boldsymbol{z}_0$) der relative Grad $(r_1, r_2, \ldots, r_m)$ existiert und der totale relative Grad $r = r_1 + r_2 + \cdots + r_m$ mit q übereinstimmt. Dabei muß jedenfalls die Matrix $\boldsymbol{H}$ im genannten Gebiet maximalen Rang haben. Es können notwendige und hinreichende Bedingungen für die Existenz von m Funktionen $g_\nu(\boldsymbol{z})$ mit den erforderlichen Eigenschaften angegeben werden. Hierauf kann im Rahmen dieses Buches nicht eingegangen werden. Der interessierte Leser wird auf das Schrifttum verwiesen [Is1].

Dynamische Erweiterung. Grundsätzliche Schwierigkeiten treten bei der Durchführung der beschriebenen Linearisierung auf, wenn die Entkopplungsmatrix $\boldsymbol{L}$ nicht invertierbar (d. h. singulär) ist, z. B. deshalb, weil eine Nullspalte existiert. Die im folgenden kurz beschriebene Methode der dynamischen Erweiterung wurde entwickelt, um solche Schwierigkeiten zu überwinden. Die prinzipielle Vorgehensweise wird für $m = 2$ gezeigt, d. h. für die Systembeschreibung

$$\frac{\mathrm{d}\boldsymbol{z}}{\mathrm{d}t} = \boldsymbol{f}(\boldsymbol{z}) + \boldsymbol{H}(\boldsymbol{z})[x_1 \;\; x_2]^{\mathrm{T}}, \quad \boldsymbol{y} = [g_1(\boldsymbol{z}) \;\; g_2(\boldsymbol{z})]^{\mathrm{T}}, \tag{9.124}$$

wobei

$$\begin{bmatrix}\dfrac{\mathrm{d}^{r_1}y_1}{\mathrm{d}t^{r_1}}\\[2ex] \dfrac{\mathrm{d}^{r_2}y_2}{\mathrm{d}t^{r_2}}\end{bmatrix} = \begin{bmatrix}L_f^{r_1}g_1(\boldsymbol{z})\\ L_f^{r_2}g_2(\boldsymbol{z})\end{bmatrix} + \boldsymbol{L}(\boldsymbol{z})\boldsymbol{x} \tag{9.125}$$

mit $\mathrm{rg}\boldsymbol{L}(\boldsymbol{z}) = 1$ angenommen wird. Die Matrix $\boldsymbol{L}(\boldsymbol{z})$ besitze also den Rang Eins. Man kann jetzt mit Hilfe einer geeigneten nichtsingulären 2×2-Matrix $\boldsymbol{M}(\boldsymbol{z})$ den Eingangsvektor $\boldsymbol{x} = [x_1 \;\; x_2]^{\mathrm{T}}$ in einen neuen Vektor $\boldsymbol{u} = [u_1 \;\; u_2]^{\mathrm{T}} = \boldsymbol{M}^{-1}\boldsymbol{x}$ derart transformieren, daß die Beziehung $\boldsymbol{Lx} = \boldsymbol{LMu} = [\boldsymbol{l}_1 \quad \mathbf{0}]\,\boldsymbol{u}$ und damit

$$\boldsymbol{L}(\boldsymbol{z})\boldsymbol{x} = \boldsymbol{l}_1(\boldsymbol{z})u_1 \tag{9.126}$$

mit $\boldsymbol{l}_1 \neq \mathbf{0}$ gilt. Nun wird Gl. (9.126) in Gl. (9.125) substituiert und dann letztere nach t differenziert. Auf diese Weise erhält man

$$\begin{bmatrix} \dfrac{\mathrm{d}^{r_1+1}y_1}{\mathrm{d}t^{r_1+1}} \\ \\ \dfrac{\mathrm{d}^{r_2+1}y_2}{\mathrm{d}t^{r_2+1}} \end{bmatrix} = \begin{bmatrix} L_f^{r_1+1}g_1(\boldsymbol{z}) \\ \\ L_f^{r_2+1}g_2(\boldsymbol{z}) \end{bmatrix} + \frac{\partial}{\partial \boldsymbol{z}} \begin{bmatrix} L_f^{r_1}g_1(\boldsymbol{z}) \\ \\ L_f^{r_2}g_2(\boldsymbol{z}) \end{bmatrix} \boldsymbol{H}(\boldsymbol{z})\boldsymbol{M}(\boldsymbol{z})\boldsymbol{u}$$

$$+ \frac{\partial}{\partial \boldsymbol{z}} \boldsymbol{l}_1(\boldsymbol{z})\Big[\boldsymbol{f}(\boldsymbol{z}) + \boldsymbol{H}(\boldsymbol{z})\boldsymbol{M}(\boldsymbol{z})\boldsymbol{u}\Big]u_1 + \boldsymbol{l}_1(\boldsymbol{z})\frac{\mathrm{d}u_1}{\mathrm{d}t}$$

oder nach Einführung naheliegender Abkürzungen

$$\begin{bmatrix} \dfrac{\mathrm{d}^{r_1+1}y_1}{\mathrm{d}t^{r_1+1}} \\ \dfrac{\mathrm{d}^{r_2+1}y_2}{\mathrm{d}t^{r_2+1}} \end{bmatrix} = \boldsymbol{a}(\boldsymbol{z}, u_1) + \boldsymbol{L}_1(\boldsymbol{z}, u_1) \begin{bmatrix} \mathrm{d}u_1/\mathrm{d}t \\ u_2 \end{bmatrix}. \tag{9.127a}$$

Es liegt damit die Form von Gl. (9.119) vor, wobei $\mathrm{d}u_1/\mathrm{d}t$, u_2 die neuen Eingangsgrößen sind, u_1 eine zusätzliche Zustandsgröße darstellt und, sofern $\boldsymbol{L}_1$ nichtsingulär ist, die erforderliche Bedingung für die Entkopplung erfüllt ist. Entsprechend Gl. (9.122b) wählt man

$$[\,\mathrm{d}u_1/\mathrm{d}t \quad u_2]^{\mathrm{T}} = \boldsymbol{L}_1^{-1}\,[\boldsymbol{v} - \boldsymbol{a}(\boldsymbol{z}, u_1)] \tag{9.127b}$$

mit dem neuen Eingangsvektor $\boldsymbol{v} := [v_1 \quad v_2]^{\mathrm{T}}$, der dazu verwendet werden kann, um beispielsweise die Eigenwerte der entsprechenden linearen Dynamik

$$\frac{\mathrm{d}}{\mathrm{d}t}\begin{bmatrix} \zeta_{\nu 1} \\ \zeta_{\nu 2} \\ \vdots \\ \zeta_{\nu(r_\nu+1)} \end{bmatrix} = \begin{bmatrix} 0 & 1 & 0 & \cdots & 0 \\ 0 & 0 & 1 & \cdots & 0 \\ \vdots & & & & \\ 0 & 0 & 0 & \cdots & 0 \end{bmatrix} \begin{bmatrix} \zeta_{\nu 1} \\ \zeta_{\nu 2} \\ \vdots \\ \zeta_{\nu(r_\nu+1)} \end{bmatrix} + \begin{bmatrix} 0 \\ \vdots \\ 0 \\ 1 \end{bmatrix} v_\nu ,$$

$$y_\nu = \zeta_{\nu 1}$$

($\nu = 1, 2$) an gewünschte Stellen zu bringen. Die Ermittlung von u_1 aufgrund der Gl. (9.127b) erfordert einen Integrierer.

Sofern auch die Matrix $\boldsymbol{L}_1$ singulär ist, kann das Verfahren wiederholt werden.

Beispiel 9.13: Gegeben sei im $\mathbb{R}^4$ ein System mit

$$\frac{\mathrm{d}\boldsymbol{z}}{\mathrm{d}t} = \begin{bmatrix} 0 \\ z_4 \\ z_3 + z_4 \\ 0 \end{bmatrix} + \begin{bmatrix} 1 & 2 \\ z_3 & 2z_3 \\ 0 & 0 \\ 0 & 1 \end{bmatrix} \begin{bmatrix} x_1 \\ x_2 \end{bmatrix}, \quad \boldsymbol{y} = \begin{bmatrix} z_1 \\ z_2 \end{bmatrix}.$$

Zunächst erhält man

$$\frac{\mathrm{d}}{\mathrm{d}t}\begin{bmatrix} y_1 \\ y_2 \end{bmatrix} = \begin{bmatrix} 0 \\ z_4 \end{bmatrix} + \begin{bmatrix} 1 & 2 \\ z_3 & 2z_3 \end{bmatrix}\begin{bmatrix} x_1 \\ x_2 \end{bmatrix}$$

mit der singulären Matrix

$$\boldsymbol{L}(\boldsymbol{z}) = \begin{bmatrix} 1 & 2 \\ z_3 & 2z_3 \end{bmatrix}.$$

Mittels

$$\boldsymbol{M} = \begin{bmatrix} 1 & -1 \\ 1 & 1/2 \end{bmatrix} \quad \text{und} \quad \boldsymbol{L}\,\boldsymbol{M} = \begin{bmatrix} 3 & 0 \\ 3z_3 & 0 \end{bmatrix}$$

erhält man

$$\frac{\mathrm{d}}{\mathrm{d}t}\begin{bmatrix} y_1 \\ y_2 \end{bmatrix} = \begin{bmatrix} 0 \\ z_4 \end{bmatrix} + \begin{bmatrix} 3 \\ 3z_3 \end{bmatrix} u_1$$

und

$$\frac{\mathrm{d}\boldsymbol{z}}{\mathrm{d}t} = \begin{bmatrix} 0 \\ z_4 \\ z_3 + z_4 \\ 0 \end{bmatrix} + \begin{bmatrix} 3 & 0 \\ 3z_3 & 0 \\ 0 & 0 \\ 1 & 1/2 \end{bmatrix}\begin{bmatrix} u_1 \\ u_2 \end{bmatrix}.$$

Weiterhin ergibt sich

$$\frac{\mathrm{d}^2}{\mathrm{d}t^2}\begin{bmatrix} y_1 \\ y_2 \end{bmatrix} = \begin{bmatrix} 0 \\ u_1 + u_2/2 \end{bmatrix} + \begin{bmatrix} 3\,\mathrm{d}u_1/\mathrm{d}t \\ 3(z_3 + z_4)u_1 + 3z_3\,\mathrm{d}u_1/\mathrm{d}t \end{bmatrix}$$

oder

$$\frac{\mathrm{d}^2}{\mathrm{d}t^2}\begin{bmatrix} y_1 \\ y_2 \end{bmatrix} = \begin{bmatrix} 0 \\ 1 + 3(z_3 + z_4) \end{bmatrix} u_1 + \begin{bmatrix} 3 & 0 \\ 3z_3 & 1/2 \end{bmatrix}\begin{bmatrix} \mathrm{d}u_1/\mathrm{d}t \\ u_2 \end{bmatrix}.$$

Die Matrix

$$\boldsymbol{L}_1 = \begin{bmatrix} 3 & 0 \\ 3z_3 & 1/2 \end{bmatrix}$$

ist nichtsingulär.

Im folgenden soll noch auf ein Verfahren hingewiesen werden, das als eine Alternative zur dynamischen Erweiterung betrachtet werden kann. Im Gegensatz zur dynamischen Erweiterung, bei der nur die Eingangssignale neu definiert wurden, werden jetzt auch die Ausgangssignale neu festgelegt. Es wird an den früheren Fall $m = 2$ angeknüpft.

Geht man noch einmal zur Gl. (9.125) mit Gl. (9.126) zurück, d. h. zur Beziehung

$$\begin{bmatrix} \dfrac{\mathrm{d}^{r_1} y_1}{\mathrm{d}t^{r_1}} \\[2ex] \dfrac{\mathrm{d}^{r_2} y_2}{\mathrm{d}t^{r_2}} \end{bmatrix} = \begin{bmatrix} L_f^{r_1} g_1(\boldsymbol{z}) \\ L_f^{r_2} g_2(\boldsymbol{z}) \end{bmatrix} + \boldsymbol{l}_1(\boldsymbol{z})u_1 \quad \text{mit} \quad \boldsymbol{l}_1(\boldsymbol{z}) = \begin{bmatrix} l_{11}(\boldsymbol{z}) \\ l_{21}(\boldsymbol{z}) \end{bmatrix},$$

so kann die Variable

$$\zeta = l_{21}(\boldsymbol{z})\,L_f^{r_1} g_1(\boldsymbol{z}) - l_{11}(\boldsymbol{z})\,L_f^{r_2} g_2(\boldsymbol{z})$$

eingeführt werden. Durch Differentiation nach der Zeit erhält man

$$\frac{\mathrm{d}\zeta}{\mathrm{d}t} = \frac{\partial}{\partial \boldsymbol{z}}[l_{21}(\boldsymbol{z})\,L_f^{r_1} g_1(\boldsymbol{z}) - l_{11}(\boldsymbol{z})\,L_f^{r_2} g_2(\boldsymbol{z})][\boldsymbol{f}(\boldsymbol{z}) + \boldsymbol{H}(\boldsymbol{z})\boldsymbol{M}(\boldsymbol{z})\boldsymbol{u}]$$

oder mit naheliegenden Abkürzungen

$$\frac{\mathrm{d}\zeta}{\mathrm{d}t} = \gamma_0(\boldsymbol{z}) + \gamma_1(\boldsymbol{z})u_1 + \gamma_2(\boldsymbol{z})u_2 \,.$$

Aufgrund der Gleichung

$$\begin{bmatrix} \dfrac{\mathrm{d}^{r_1} y_1}{\mathrm{d}t^{r_1}} \\ \dfrac{\mathrm{d}\zeta}{\mathrm{d}t} \end{bmatrix} = \begin{bmatrix} L_f^{r_1} g_1(\boldsymbol{z}) \\ \gamma_0(\boldsymbol{z}) \end{bmatrix} + \begin{bmatrix} l_{11}(\boldsymbol{z}) & 0 \\ \gamma_1(\boldsymbol{z}) & \gamma_2(\boldsymbol{z}) \end{bmatrix} \begin{bmatrix} u_1 \\ u_2 \end{bmatrix}$$

können y_1 und ζ als Ausgangssignale sowie u_1 und u_2 als Eingangssignale betrachtet werden. Es liegt erneut eine Beschreibung von der Form der Gl. (9.119) vor. Sofern

$$\boldsymbol{L}_2(\boldsymbol{z}) = \begin{bmatrix} l_{11}(\boldsymbol{z}) & 0 \\ \gamma_1(\boldsymbol{z}) & \gamma_2(\boldsymbol{z}) \end{bmatrix}$$

eine nichtsinguläre Matrix darstellt, ist die für eine Entkopplung erforderliche Bedingung erfüllt. Entsprechend Gl. (9.122b) kann man dann

$$\begin{bmatrix} u_1 \\ u_2 \end{bmatrix} = \boldsymbol{L}_2^{-1} \begin{bmatrix} v_1 - L_f^{r_1} g_1 \\ v_2 - \gamma_0 \end{bmatrix}$$

wählen, wobei v_1, v_2 neue Eingangsgrößen sind. Auf diese Weise entstehen die Gleichungen

$$\frac{\mathrm{d}^{r_1} y_1}{\mathrm{d}t^{r_1}} = v_1 \quad \text{und} \quad \frac{\mathrm{d}\zeta}{\mathrm{d}t} = v_2 \,,$$

mit denen die Größen ζ und y_1 geregelt werden können. Im Falle, daß $\boldsymbol{L}_2$ nicht invertierbar ist, kann das Verfahren wiederholt werden.

Beispiel 9.14: Es wird noch einmal das System von Beispiel 9.13 betrachtet und die Gleichung

$$\frac{\mathrm{d}}{\mathrm{d}t}\begin{bmatrix} y_1 \\ y_2 \end{bmatrix} = \begin{bmatrix} 0 \\ z_4 \end{bmatrix} + \begin{bmatrix} 3 \\ 3z_3 \end{bmatrix} u_1$$

übernommen. Mit $\boldsymbol{l}_1 = [3 \quad 3z_3]^{\mathrm{T}}$ erhält man

$$\zeta = -3z_4 \quad \text{und} \quad \frac{\mathrm{d}\zeta}{\mathrm{d}t} = -3(u_1 + u_2/2) \,.$$

Damit ergibt sich

$$\frac{\mathrm{d}}{\mathrm{d}t}\begin{bmatrix} y_1 \\ \zeta \end{bmatrix} = \begin{bmatrix} 3 & 0 \\ -3 & -3/2 \end{bmatrix} \begin{bmatrix} u_1 \\ u_2 \end{bmatrix} .$$

Die Entkopplungsmatrix

$$\boldsymbol{L}_2 = \begin{bmatrix} 3 & 0 \\ -3 & -3/2 \end{bmatrix}$$

ist nichtsingulär.

5 Homotopieverfahren

5.1 VORBEMERKUNGEN

In der numerischen Mathematik wurden Verfahren entwickelt, die unter dem Namen Homotopieverfahren bekannt geworden sind und sich vor allem zur Lösung nichtlinearer algebraischer Gleichungen und nichtlinearer Optimierungsprobleme eignen [Al2]. Die diesen Verfahren zugrundeliegende Idee besteht darin, ein zu lösendes Problem zu einer Klasse gleichartiger Probleme zu erweitern, wobei ein reeller (Homotopie-) Parameter σ eingeführt wird, um innerhalb der Problemklasse die verschiedenen Probleme voneinander unterscheiden zu können. Die Problemerweiterung erfolgt in der Weise, daß der Parameter σ in einem reellen Intervall variiert und daß jedem σ aus diesem Intervall ein Exemplar der Problemklasse entspricht. Es ist dafür zu sorgen, daß für einen speziellen σ-Wert σ_a das eigentlich zu lösende Problem erfaßt wird und daß für einen weiteren speziellen σ-Wert σ_b die entsprechende Lösung bereits bekannt ist oder leicht berechnet werden kann. Unter diesen Voraussetzungen läßt man dann den Parameter stetig vom Wert σ_b zum Wert σ_a variieren, während für jeden Zwischenwert σ das Problem gelöst wird, bis man schließlich für $\sigma = \sigma_a$ die gesuchte Lösung erreicht hat. Dabei geht man davon aus, daß der stetigen Variation des Homotopieparameters eine stetige Änderung der Lösung entspricht. Auf diese Weise wird versucht, eine bekannte, gewöhnlich einfach zu berechnende Lösung stetig in eine gesuchte, in der Regel schwieriger zu bestimmende Lösung überzuführen. Die gesuchte Lösung wird gewissermaßen durch Deformation der bekannten Lösung erzeugt.

Im folgenden soll der Homotopie-Gedanke auf Probleme der Steuerung und der Regelung von nichtlinearen Systemen angewendet werden. Es wird von einem nichtlinearen System ausgegangen, dessen Eingangsgröße derart zu ermitteln ist, daß der Systemzustand von einem gegebenen Anfangszustand in einen gewünschten Endzustand übergeführt wird, wobei ohne Einschränkung der Allgemeinheit als Endzustand der Nullzustand betrachtet werden darf und dieser von σ unabhängig aufzufassen ist. Der Anfangszustand wird längs einer Kurve im Zustandsraum, dem Homotopiepfad, variiert, wodurch sich eine Parameterabhängigkeit des nichtlinearen Problems ergibt. Es wird zunächst der Fall des offenen Regelkreises behandelt, später wird auch das Problem des geschlossenen Regelkreises diskutiert. Die Ausführungen basieren auf den Arbeiten [Re1], [Re2].

5.2 DIE GRUNDIDEE DER HOMOTOPIEVERFAHREN

Zunächst soll kurz die Grundidee der Homotopie besprochen werden. Es wird ein System von q parameterabhängigen, nichtlinearen Gleichungen

$$\boldsymbol{f}(\boldsymbol{z}, \sigma) = \boldsymbol{0} \tag{9.128}$$

betrachtet. Dabei sind sowohl $\boldsymbol{z}$ als auch $\boldsymbol{f}(\boldsymbol{z}, \sigma)$ Vektoren mit q Elementen und σ ein skalarer Parameter, der beliebig im Intervall $\sigma_a \leqq \sigma \leqq \sigma_b$ liegen kann. Gesucht ist die Lösung $\boldsymbol{z}$ des nichtlinearen Gleichungssystems (9.128) zu einer gegebenen nichtlinearen Funktion $\boldsymbol{f}$

für einen bestimmten Wert des Parameters σ. Sie kann unter Verwendung von numerischen Verfahren, z. B. eines Newton-Iterationsverfahrens, gelöst werden. Allerdings ist die Konvergenz von solchen numerischen Verfahren häufig nur für geeignete Startwerte gewährleistet, die bereits genügend nahe bei der gesuchten Lösung liegen. Derartige Startwerte stehen jedoch nicht immer zur Verfügung.

Die Homotopieverfahren benutzen nun eine bekannte Lösung der Gl. (9.128) für einen festen Wert des Parameters σ als Startwert für die Lösung bei einem eng benachbarten Wert $\sigma + \Delta\sigma$. Dieser Startwert wird dann z. B. mit Hilfe des Newton-Iterationsverfahrens entsprechend korrigiert, um die Lösung für $\sigma + \Delta\sigma$ zu erhalten. So ist es unter geeigneten Voraussetzungen möglich, alle Lösungen für die Werte $\sigma_a \leqq \sigma \leqq \sigma_b$ zu bestimmen.

Diese Vorgehensweise soll nun anhand der sogenannten Prädiktor-Korrektor-Methode kurz demonstriert werden. Man wählt eine Diskretisierung des Parameters σ in Gl. (9.128) in der Form

$$\sigma_a < \sigma_1 < \cdots < \sigma_n < \sigma_b .$$

Weiterhin wird angenommen, daß die Lösung von Gl. (9.128) für $\sigma = \sigma_a$ bekannt ist. Diese Lösung wird als Startwert für ein numerisches Iterationsverfahren benutzt, um die Lösung von Gl. (9.128) für $\sigma = \sigma_1$ zu bestimmen. Wählt man σ_1 nahe genug an σ_a, so liegen unter geeigneten Voraussetzungen auch die Lösungen von Gl. (9.128) für $\sigma = \sigma_a$ und $\sigma = \sigma_1$ nahe genug beieinander, so daß das numerische Iterationsverfahren gegen die gewünschte Lösung konvergiert. Daraufhin wird die so erhaltene Lösung als Startwert zur Lösung von Gl. (9.128) für $\sigma = \sigma_2$ benutzt usw. Durch Wiederholung dieser Prozedur gelangt man unter geeigneten Voraussetzungen zu allen Lösungen für die Werte $\sigma = \sigma_i$; $i = 1, \ldots, n$ und schließlich auch zur Lösung für $\sigma = \sigma_b$.

Die Homotopieverfahren können auch zur Lösung von parameterunabhängigen Gleichungssystemen der Form

$$\boldsymbol{g}(\boldsymbol{z}) = \boldsymbol{0}$$

eingesetzt werden. Dazu geht man von einem nichtlinearen Gleichungssystem

$$\boldsymbol{h}(\boldsymbol{z}) = \boldsymbol{0}$$

mit bekannter Lösung aus, wobei die Vektorfunktionen $\boldsymbol{g}$ und $\boldsymbol{h}$ gleiche Komponentenzahl haben mögen, und man konstruiert eine sogenannte Einbettung in Form von Gl. (9.128) mit $\boldsymbol{f}(\boldsymbol{z}, \sigma_a) = \boldsymbol{h}(\boldsymbol{z})$ und $\boldsymbol{f}(\boldsymbol{z}, \sigma_b) = \boldsymbol{g}(\boldsymbol{z})$. So kann z. B.

$$\boldsymbol{f}(\boldsymbol{z}, \sigma) = \frac{\sigma - \sigma_a}{\sigma_b - \sigma_a}\,\boldsymbol{g}(\boldsymbol{z}) + \frac{\sigma - \sigma_b}{\sigma_a - \sigma_b}\,\boldsymbol{h}(\boldsymbol{z})$$

gewählt werden. – Entsprechend kann man verfahren, wenn die bekannte Lösung für $\sigma = \sigma_b$ vorliegt und die gesuchte Lösung für $\sigma = \sigma_a$ auftritt.

5.3 DER OFFENE REGELKREIS

Das zu betrachtende System mit m Eingängen wird im Zustandsraum $\mathbb{R}^q$ durch die Differentialgleichung

$$\frac{\mathrm{d}\boldsymbol{z}(t)}{\mathrm{d}t} = \boldsymbol{f}(\boldsymbol{z}(t), \boldsymbol{x}(t)) \tag{9.129}$$

für $t \geqq 0$ beschrieben. Die Vektorfunktion $\boldsymbol{f}$ wird als stetig differenzierbar vorausgesetzt, so daß bei Vorgabe einer geeigneten Erregung $\boldsymbol{x}$ und bei Vorschrift eines Anfangszustands die Gl. (9.129) eine eindeutige Lösung besitzt. Weiterhin wird vorausgesetzt, daß das nichterregte System im Ursprung $\boldsymbol{z} = \boldsymbol{0}$ einen Gleichgewichtspunkt aufweist, daß also $\boldsymbol{f}(\boldsymbol{0}, \boldsymbol{0}) = \boldsymbol{0}$ gilt. Mit

$$\boldsymbol{z}_0(\sigma) := \boldsymbol{z}(0, \sigma)$$

wird die Parameterabhängigkeit des Anfangszustands eingeführt, die zugleich im Hinblick auf den vorgeschriebenen Endzustand eine Parameterabhängigkeit der Eingangs- und Zustandsgrößen des Systems bedingt, was durch die Notation

$$\boldsymbol{x} = \boldsymbol{x}(t, \sigma) \quad \text{bzw.} \quad \boldsymbol{z} = \boldsymbol{z}(t, \sigma)$$

ausgedrückt werden soll. Der Homotopieparameter variiert von σ_a bis σ_b. Entsprechend den Gln. (8.13a) und (8.14a,b) wird für alle $t \geqq 0$ im $\mathbb{R}^q$ die linearisierte Zustandsgleichung

$$\frac{\mathrm{d}\boldsymbol{\zeta}(t)}{\mathrm{d}t} = \boldsymbol{A}(t)\,\boldsymbol{\zeta}(t) + \boldsymbol{B}(t)\,\boldsymbol{\xi}(t) \tag{9.130}$$

mit dem linearisierten Zustand $\boldsymbol{\zeta}(t)$ und dem linearisierten Eingangssignal $\boldsymbol{\xi}(t)$ eingeführt. Die Matrizen $\boldsymbol{A}(t)$ und $\boldsymbol{B}(t)$ sind für alle $t \geqq 0$ durch

$$\boldsymbol{A}(t) = \left(\frac{\partial \boldsymbol{f}}{\partial \boldsymbol{z}}\right)_{\boldsymbol{z}(t), \boldsymbol{x}(t)} \quad \text{bzw.} \quad \boldsymbol{B}(t) = \left(\frac{\partial \boldsymbol{f}}{\partial \boldsymbol{x}}\right)_{\boldsymbol{z}(t), \boldsymbol{x}(t)} \tag{9.131a,b}$$

gegeben, wobei die Jacobi-Matrizen $\partial \boldsymbol{f}/\partial \boldsymbol{z}$ und $\partial \boldsymbol{f}/\partial \boldsymbol{x}$ für den zu einem (für alle $t \geqq 0$ festgelegten) Eingangsvektor $\boldsymbol{x}(t)$ gehörenden Zustand $\boldsymbol{z}(t)$ (mit bestimmtem Anfangszustand) des nichtlinearen Systems und für die betrachtete Erregung $\boldsymbol{x}(t)$ auszuwerten sind. Der folgende Satz ist von fundamentaler Bedeutung.

Satz IX.3: Es wird das durch Gl. (9.129) beschriebene nichtlineare System durch ein parameterabhängiges beschränktes Signal $\boldsymbol{x}(t, \sigma)$ erregt, es gelte also $\| \boldsymbol{x}(t, \sigma) \| < K < \infty$ ($K = \text{const} > 0$) für alle $t \geqq 0$ und alle σ im Intervall $[\sigma_a, \sigma_b]$. Die entsprechende parameterabhängige Lösung der Zustandsgleichung (9.129) mit dem gegebenen Anfangszustand $\boldsymbol{z}_0(\sigma)$ für $t = 0$ sei $\boldsymbol{z}(t, \sigma)$, es gelte also $\boldsymbol{z}(0, \sigma) = \boldsymbol{z}_0(\sigma)$ für alle σ im Intervall $[\sigma_a, \sigma_b]$. Vorausgesetzt wird, daß $\boldsymbol{z}_0$ und $\boldsymbol{x}$ bezüglich σ stetig differenzierbar sind.

Behauptung: Es gilt

$$\left(\frac{\partial \boldsymbol{z}}{\partial \sigma}\right)_{t, \sigma} = \boldsymbol{\zeta}(t, \sigma), \tag{9.132}$$

wobei $\boldsymbol{\zeta}$ die Lösung der linearisierten Zustandsgleichung (9.130) mit Anfangsbedingung

$$\boldsymbol{\zeta}(0, \sigma) = \left(\frac{\mathrm{d}\boldsymbol{z}_0}{\mathrm{d}\sigma}\right)_{\sigma} \tag{9.133}$$

und mit dem Eingangssignal

$$\boldsymbol{\xi}(t, \sigma) = \left(\frac{\partial \boldsymbol{x}}{\partial \sigma}\right)_{t, \sigma} \tag{9.134}$$

bedeutet.

Beweis: Es wird mit $\boldsymbol{z}(t,\sigma)$ die Lösung der Zustandsdifferentialgleichung (9.129) bezeichnet. Es gilt also für alle $t \geqq 0$ und $\sigma_a \leqq \sigma \leqq \sigma_b$

$$\frac{\partial \boldsymbol{z}(t,\sigma)}{\partial t} = \boldsymbol{f}(\boldsymbol{z},\boldsymbol{x}) \quad \text{mit} \quad \boldsymbol{z}(0,\sigma) = \boldsymbol{z}_0(\sigma).$$

Bildet man auf beiden Seiten dieser Gleichungen den Differentialquotienten bezüglich σ, dann ergibt sich zunächst

$$\frac{\partial}{\partial t}\left[\frac{\partial \boldsymbol{z}(t,\sigma)}{\partial \sigma}\right] = \left[\frac{\partial \boldsymbol{f}(\boldsymbol{z},\boldsymbol{x})}{\partial \boldsymbol{z}}\right]_{\substack{\boldsymbol{z}(t,\sigma)\\ \boldsymbol{x}(t,\sigma)}} \frac{\partial \boldsymbol{z}(t,\sigma)}{\partial \sigma} + \left[\frac{\partial \boldsymbol{f}}{\partial \boldsymbol{x}}\right]_{\substack{\boldsymbol{z}(t,\sigma)\\ \boldsymbol{x}(t,\sigma)}} \frac{\partial \boldsymbol{x}(t,\sigma)}{\partial \sigma}$$

und

$$\frac{\mathrm{d}\boldsymbol{z}(0,\sigma)}{\mathrm{d}\sigma} = \frac{\mathrm{d}\boldsymbol{z}_0(\sigma)}{\mathrm{d}\sigma},$$

wobei [So1] $\boldsymbol{z}$ und $\boldsymbol{z}_0$ differenzierbar sind und die Vertauschung der Operationen $(\partial/\partial t)$ und $(\partial/\partial\sigma)$ erlaubt ist. Mit den Gln. (9.131a,b) sowie mit den Identifizierungen

$$\boldsymbol{\zeta}(t,\sigma) = \frac{\partial \boldsymbol{z}(t,\sigma)}{\partial \sigma} \quad \text{und} \quad \boldsymbol{\xi}(t,\sigma) = \frac{\partial \boldsymbol{x}(t,\sigma)}{\partial \sigma}$$

sieht man, daß die Differentialgleichung

$$\frac{\partial \boldsymbol{\zeta}}{\partial t} = \boldsymbol{A}(t)\,\boldsymbol{\zeta} + \boldsymbol{B}(t)\,\boldsymbol{\xi} \quad \text{mit} \quad \boldsymbol{\zeta}(0,\sigma) = \frac{\mathrm{d}\boldsymbol{z}_0(\sigma)}{\mathrm{d}\sigma}$$

befriedigt wird.

Im folgenden sind nur Parametrisierungen mit $\sigma_a = 0$ zugelassen, die im Parameterintervall

$$0 \leqq \sigma \leqq \sigma_b \leqq \infty$$

die folgenden Eigenschaften aufweisen:

- Für $\sigma = \sigma_b$ gilt

  $$\boldsymbol{z} = (0, \sigma_b) = \boldsymbol{0} \qquad \text{und} \qquad \boldsymbol{x} = \boldsymbol{x}(t,\sigma_b) = \boldsymbol{0}$$

  für alle $t \geqq 0$ und damit wegen $\boldsymbol{f}(\boldsymbol{0},\boldsymbol{0}) = \boldsymbol{0}$

  $$\boldsymbol{z} = \boldsymbol{z}(t,\sigma_b) = \boldsymbol{0}$$

  für alle $t \geqq 0$.
- Für $\sigma = 0$ ist

  $$\boldsymbol{x} = \boldsymbol{x}(t,0) =: \hat{\boldsymbol{x}}(t)$$

  das gesuchte als beschränkt vorausgesetzte Eingangssignal des nichtlinearen Systems und

  $$\boldsymbol{z} = \boldsymbol{z}(t,0) =: \hat{\boldsymbol{z}}(t)$$

  die entsprechende Lösung der Gl. (9.129) für $t \geqq 0$ mit vorgeschriebenem Anfangszustand $\hat{\boldsymbol{z}}(0) = \hat{\boldsymbol{z}}_0$, so daß

  $$\frac{\mathrm{d}\hat{\boldsymbol{z}}(t)}{\mathrm{d}t} = \boldsymbol{f}(\hat{\boldsymbol{z}}(t), \hat{\boldsymbol{x}}(t)) \quad \text{mit} \quad \hat{\boldsymbol{z}}(0) = \hat{\boldsymbol{z}}_0$$

  und $\hat{\boldsymbol{z}}(T) = \boldsymbol{0}$ $(T \leqq \infty)$ gilt.

- Im Intervall $0 \leqq \sigma \leqq \sigma_b$ ist eine stetig differenzierbare Funktion $\boldsymbol{z}_0(\sigma)$ vorgeschrieben, die für alle σ-Werte mit $\boldsymbol{z}(0, \sigma)$ übereinstimmt, so daß insbesondere

  $$\boldsymbol{z}_0(\sigma_b) = \mathbf{0} \quad \text{und} \quad \boldsymbol{z}_0(0) = \hat{\boldsymbol{z}}_0$$

  gilt.

Aufgrund der Beziehungen

$$\frac{\mathrm{d}\boldsymbol{z}_0(\sigma)}{\mathrm{d}\sigma} = \boldsymbol{\zeta}(0, \sigma), \quad \frac{\partial \boldsymbol{x}(t, \sigma)}{\partial \sigma} = \boldsymbol{\xi}(t, \sigma) \tag{9.135a,b}$$

und

$$\frac{\partial \boldsymbol{z}(t, \sigma)}{\partial \sigma} = \boldsymbol{\zeta}(t, \sigma) \tag{9.135c}$$

aus Satz IX.3 und der festgelegten Parametrisierung erhält man jetzt die Darstellungen

$$\boldsymbol{x}(t, \sigma) = \int_{\sigma_b}^{\sigma} \boldsymbol{\xi}(t, \sigma')\, \mathrm{d}\sigma' \tag{9.136a}$$

und

$$\boldsymbol{z}(t, \sigma) = \int_{\sigma_b}^{\sigma} \boldsymbol{\zeta}(t, \sigma')\, \mathrm{d}\sigma' \tag{9.136b}$$

für alle $t \geqq 0$ und für alle $0 \leqq \sigma \leqq \sigma_b$. Hieraus erhält man speziell auch $\hat{\boldsymbol{x}}(t) = \boldsymbol{x}(t, 0)$, $\hat{\boldsymbol{z}}(t) = \boldsymbol{z}(t, 0)$ und $\boldsymbol{z}_0(\sigma) = \boldsymbol{z}(0, \sigma)$. Durch die Parameterabhängigkeit des Funktionspaares $\boldsymbol{x}(t, \sigma)$ und $\boldsymbol{z}(t, \sigma)$ werden auch die Matrizen $\boldsymbol{A}$ und $\boldsymbol{B}$ gemäß Gln. (9.131a,b) parameterabhängig. Dies soll durch die Notation $\boldsymbol{A} = \boldsymbol{A}(t, \sigma)$ und $\boldsymbol{B} = \boldsymbol{B}(t, \sigma)$ zum Ausdruck gebracht werden.

Das linearisierte System ist zeitvariant und kann mittels traditioneller Verfahren, beispielsweise mit Hilfe optimaler Regelung mit quadratischem Güteindex (Kapitel II, Abschnitt 5.4) durch geeignete Wahl von $\boldsymbol{\xi}$ für alle $0 \leqq \sigma \leqq \sigma_b$ stabilisiert werden. Nach Gl. (9.136a) erhält man dann das Eingangssignal $\boldsymbol{x}(t, \sigma)$ des nichtlinearen Systems aus $\boldsymbol{\xi}(t, \sigma)$. Auf diese Weise gelingt es, ein nichtlineares Steuerungsproblem auf eine parameterabhängige lineare, zeitvariante Aufgabe zurückzuführen. Bei der Stabilisierung des linearisierten Systems ist dafür zu sorgen, daß der Zustandsvektor $\boldsymbol{\zeta}(t, \sigma)$ zeitlich exponentiell abklingt. Falls weiterhin im Falle $\sigma_b = \infty$ sichergestellt wird, daß auch $\mathrm{d}\boldsymbol{z}_0/\mathrm{d}\sigma$ bei der Annäherung $\sigma \to \sigma_b$ exponentiell gegen Null strebt, klingt auch die Lösung $\hat{\boldsymbol{z}}(t)$ für $t \to \infty$ exponentiell ab. Die gestellte Aufgabe ist auf diese Weise gelöst. Dies wird im folgenden Satz genauer formuliert.

Satz IX.4: Es wird ein nichtlineares System betrachtet, das durch Gl. (9.129) beschrieben wird. Das entsprechende linearisierte System ist durch Gl. (9.130) gegeben. Vorausgesetzt wird eine Parametrisierung in der oben definierten Form. Es wird davon ausgegangen, daß passende, gleichmäßig beschränkte Eingangsgrößen für das linearisierte System und für das nichtlineare System verfügbar sind, so daß Gln. (9.136a,b) gelten. Weiterhin seien folgende Bedingungen erfüllt:

1. Sofern $\sigma_b = \infty$ gilt, können zwei positive Konstanten α und β angegeben werden, so daß die Ungleichung

   $$\| \mathrm{d}\boldsymbol{z}_0(\sigma)/\mathrm{d}\sigma \| \leqq \alpha\, \mathrm{e}^{-\beta\sigma} \tag{9.137}$$

für alle $\sigma \geqq 0$ erfüllt wird.

2. Es gibt positive Konstanten γ, δ, so daß die Ungleichung

$$\| \boldsymbol{\zeta}(t, \sigma) \| \leqq \delta \| \boldsymbol{\zeta}(0, \sigma) \| \, e^{-\gamma t} \tag{9.138}$$

für alle $t \geqq 0$ und $0 \leqq \sigma \leqq \sigma_b$ besteht.

Behauptung: Es gibt eine Konstante $\Theta \geqq 0$, so daß

$$\| \hat{\boldsymbol{z}}(t) \| \leqq \Theta \, e^{-\gamma t} \tag{9.139}$$

für alle $t \geqq 0$ gilt.

Beweis: Es wird zunächst $\sigma_b = \infty$ angenommen. Aus Gl. (9.136b) folgt für $\sigma = 0$ mit $\sigma_b = \infty$

$$\hat{\boldsymbol{z}}(t) = -\int_0^\infty \boldsymbol{\zeta}(t, \sigma) \, d\sigma$$

und mit Ungleichung (9.138)

$$\| \hat{\boldsymbol{z}}(t) \| \leqq \delta \int_0^\infty \| \boldsymbol{\zeta}(0, \sigma) \| \, e^{-\gamma t} d\sigma .$$

Weiterhin erhält man angesichts von Gl. (9.135a) und Ungleichung (9.137) schließlich

$$\| \hat{\boldsymbol{z}}(t) \| \leqq \alpha \delta \, e^{-\gamma t} \int_0^\infty e^{-\beta \sigma} d\sigma = \frac{\alpha \delta}{\beta} e^{-\gamma t} ,$$

also Ungleichung (9.139) mit $\Theta = \alpha \delta / \beta$. Im Falle eines endlichen Wertes σ_b ist $\| d\boldsymbol{z}_0(\sigma)/d\sigma \|$ im Intervall $0 \leqq \sigma \leqq \sigma_b < \infty$ beschränkt, so daß bei der obigen Vorgehensweise das Integral nach σ durch eine geeignete positive Konstante von oben direkt abgeschätzt werden kann.

Für die Anwendung von Satz IX.4 ist es erforderlich, die Ungleichung (9.138) zu erfüllen. Dazu ist es notwendig, für das linearisierte System ein Eingangssignal $\boldsymbol{\xi}(t, \sigma)$ zu ermitteln, so daß der Zustandsvektor $\boldsymbol{\zeta}(t, \sigma)$ in Abhängigkeit von t exponentiell abklingt. Hierfür eignet sich in besonderer Weise die in Kapitel II, Abschnitt 5.4 beschriebene optimale Regelung für lineare, zeitvariante Systeme. Danach muß die aus Kapitel II bekannte Riccatische Differentialgleichung (2.357a) in der Form

$$-\frac{\partial \boldsymbol{P}(t, \sigma)}{\partial t} = \boldsymbol{P}(t, \sigma) \boldsymbol{A}(t, \sigma) + \boldsymbol{A}^{\mathrm{T}}(t, \sigma) \boldsymbol{P}(t, \sigma) - \boldsymbol{P}(t, \sigma) \boldsymbol{B}(t, \sigma) \boldsymbol{R}^{-1} \boldsymbol{B}^{\mathrm{T}}(t, \sigma) \boldsymbol{P}(t, \sigma) + \boldsymbol{Q} \tag{9.140}$$

rückwärts in t mit der Endbedingung $\boldsymbol{P}(t_1, \sigma) = \boldsymbol{M}$ gelöst werden, wobei $\boldsymbol{R}$, $\boldsymbol{Q}$ und $\boldsymbol{M}$ als symmetrische, positiv-definite Matrizen gewählt werden und t_1 einen beliebigen, ausreichend groß gewählten Zeitpunkt bedeutet.[1] Das parameterabhängige optimale Eingangssignal des linearisierten Systems lautet dann gemäß Gl. (2.356)

---

[1] Um Bedingung (9.138) zu erfüllen, muß eigentlich der Fall $t_1 \to \infty$ gelöst werden. Da dies praktisch nicht möglich ist, wird der Zeitpunkt t_1 so groß gewählt, daß der Nullzustand im Rahmen der Rechengenauigkeit erreicht wird. Die Matrix $\boldsymbol{M}$ wird als Lösung $\boldsymbol{P}_0$ der algebraischen Riccati-Gleichung $\boldsymbol{P}_0 \boldsymbol{A}_0 + \boldsymbol{A}_0^{\mathrm{T}} \boldsymbol{P}_0 - \boldsymbol{P}_0 \boldsymbol{B}_0 \boldsymbol{R}^{-1} \boldsymbol{B}_0^{\mathrm{T}} \boldsymbol{P}_0 + \boldsymbol{Q} = \boldsymbol{0}$ gewählt, wobei $\boldsymbol{A}_0$ und $\boldsymbol{B}_0$ die Matrizen (9.131a,b) für $\boldsymbol{z} = \boldsymbol{0}$ und $\boldsymbol{x} = \boldsymbol{0}$ bedeuten.

$$\boldsymbol{\xi}(t,\sigma) = -\boldsymbol{R}^{-1}\boldsymbol{B}^{\mathrm{T}}(t,\sigma)\,\boldsymbol{P}(t,\sigma)\,\boldsymbol{\zeta}(t,\sigma) \tag{9.141}$$

mit der Lösung $\boldsymbol{P}$ von Gl. (9.140). Diese Wahl von $\boldsymbol{\xi}$ hat zur Folge, daß die Ungleichung (9.138) in der Tat befriedigt wird [An1].

Die praktische Anwendung der Homotopiemethode zur Steuerung des durch Gl. (9.129) gegebenen nichtlinearen Systems mittels eines geeigneten Signals $\boldsymbol{x}(t)$ verlangt, wie aus den vorausgegangenen Überlegungen hervorgeht, die Lösung von verschachtelten Anfangswertproblemen. Die Lösung des übergeordneten Anfangswertproblems ist durch Gln. (9.136a,b) gegeben. Dabei muß bezüglich des Homotopieparameters integriert werden. Die untergeordneten Anfangswertprobleme umfassen die Gleichung

$$\frac{\partial\,\boldsymbol{\zeta}(t,\sigma)}{\partial t} = \boldsymbol{A}(t,\sigma)\,\boldsymbol{\zeta}(t,\sigma) + \boldsymbol{B}(t,\sigma)\,\boldsymbol{\xi}(t,\sigma) \tag{9.142}$$

mit

$$\boldsymbol{A}(t,\sigma) = \left(\frac{\partial \boldsymbol{f}}{\partial \boldsymbol{z}}\right)_{\boldsymbol{z}(t,\sigma),\boldsymbol{x}(t,\sigma)}, \quad \boldsymbol{B}(t,\sigma) = \left(\frac{\partial \boldsymbol{f}}{\partial \boldsymbol{x}}\right)_{\boldsymbol{z}(t,\sigma),\boldsymbol{x}(t,\sigma)}$$

sowie die Gl. (9.140) und Gl. (9.141). Hierbei muß bezüglich der Zeit integriert werden. Für jeden Schritt des übergeordneten Anfangswertproblems muß ein vollständiges untergeordnetes Anfangswertproblem gelöst werden. Eine Möglichkeit zur Lösung dieser verschachtelten Anfangswertprobleme besteht darin, die Probleme auf der Basis des bekannten Runge-Kutta-Verfahrens zu diskretisieren. Auf das durch die Gln. (9.136a,b) gegebene übergeordnete Anfangswertproblem wendet man zweckmäßigerweise eine automatische Schrittweitensteuerung an. Für die durch die Gln. (9.140), (9.141) und (9.142) gegebenen untergeordneten Anfangswertprobleme verwendet man eine konstante Schrittweite, weil dies für das übergeordnete Problem sinnvoll ist.

Beispiel 9.15: Es soll das im Bild 9.11 skizzierte elektromechanische System untersucht werden, das aus einem Elektromagneten und einer Eisenkugel besteht. Letztere soll im Magnetfeld des Elektromagneten in Schwebe gehalten werden. Der Magnetkern und die Kugel bestehen aus weichmagnetischem Material. Mit τ wird die Zeit, mit M die Masse der Eisenkugel und mit y die vertikale Position dieser Kugel bezeichnet. Es wird nur eine Bewegung der Kugel in vertikaler Richtung betrachtet. Bei Verwendung des Koordinateneinheitsvektors $\boldsymbol{e}_y$ und des Ortsvektors $\boldsymbol{r} = y\,\boldsymbol{e}_y$ erhält man die Bewegungsgleichung

$$M\,\frac{\mathrm{d}^2\boldsymbol{r}}{\mathrm{d}\tau^2} = M\,g\,\boldsymbol{e}_y + \boldsymbol{F}_m(\boldsymbol{r},\tau)\,. \tag{9.143}$$

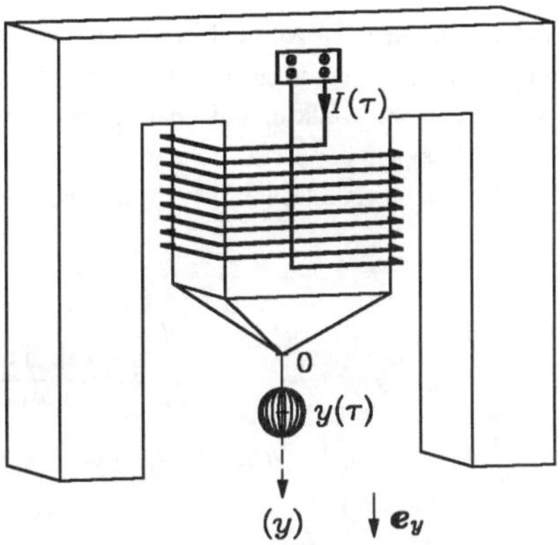

Bild 9.11: Elektromagnetisches System von Beispiel 9.15. Mit $y(\tau)$ wird die Position der Eisenkugel auf der y-Achse zum Zeitpunkt τ bezeichnet

Dabei bedeutet g die Erdbeschleunigung und $\boldsymbol{F}_m$ die auf die Kugel wirkende magnetische Feldkraft. Die vom Elektromagneten in der Umgebung der Kugel hervorgerufene magnetische Induktion $\boldsymbol{B}$ wird durch das Feld eines im Koordinatenursprung (Bild 9.11) positionierten magnetischen Dipols mit einem zur Stärke $I = I(\tau)$ des Stromes in der Magnetwicklung proportionalen Dipolmoment approximiert. Letzteres sei in y-Richtung orientiert. Auf diese Weise kann die Norm von $\boldsymbol{B}$ im Bereich der Kugel näherungsweise durch

$$\| \boldsymbol{B}(\boldsymbol{r}(\tau), \tau) \| = c_B \frac{|I(\tau)|}{\| \boldsymbol{r}(\tau) \|^3} \tag{9.144}$$

ausgedrückt werden [Kr2]. Das magnetische Verhalten der Kugel selbst wird ebenfalls durch einen magnetischen Dipol approximiert, von dem angenommen wird, daß sein Moment $\boldsymbol{m}$ durch das Feld $\boldsymbol{B}$ des Elektromagneten induziert wird. Geht man davon aus, daß die Norm von $\boldsymbol{m}$ proportional zur Norm des Feldes $\boldsymbol{B}$ am Ort der Kugel ist, so kann man

$$\| \boldsymbol{m}(\boldsymbol{r}(\tau), \tau) \| = c_M \| \boldsymbol{B}(\boldsymbol{r}(\tau), \tau) \| \tag{9.145}$$

schreiben. Damit sind alle Vorbereitungen getroffen, um die auf die Kugel wirkende magnetische Kraft näherungsweise angeben zu können. Nach [Kr2] (Abschnitt 6.3.2, S. 206) erhält man unter der Annahme, daß der induzierte magnetische Dipol der Kugel gleichsinnig feldparallel orientiert ist,

$$\boldsymbol{F}_m(\boldsymbol{r}(\tau), \tau) = \| \boldsymbol{m}(\boldsymbol{r}(\tau), \tau) \| \, (\nabla \| \boldsymbol{B}(\boldsymbol{r}(\tau), \tau) \|)^{\mathrm{T}}, \tag{9.146}$$

wobei der Gradient ∇ bezüglich $\boldsymbol{r}$ zu nehmen ist. Die Zusammenfassung der Gln. (9.143)-(9.146) liefert für die Beschleunigung der Kugel

$$\frac{\mathrm{d}^2 \boldsymbol{r}(\tau)}{\mathrm{d}\tau^2} = \left[g - \frac{3 c_B^2 c_M \, |I(\tau)|^2}{M \, \| \boldsymbol{r}(\tau) \|^7} \right] \boldsymbol{e}_y .$$

Dabei wurde $\nabla \| \boldsymbol{B}(\boldsymbol{r}, \tau) \| = -3 c_B \, |I| \, \boldsymbol{r} / \| \boldsymbol{r} \|^5$ berücksichtigt. Die Bewegung der Kugel in y-Richtung wird also durch die Differentialgleichung

$$\frac{\mathrm{d}^2 y(\tau)}{\mathrm{d}\tau^2} = g \left[1 - \frac{k I^2(\tau)}{|y(\tau)|^7} \right] \tag{9.147a}$$

beschrieben, wobei die Abkürzung

$$k := \frac{3 c_B^2 c_M}{M g} \tag{9.147b}$$

eingeführt wurde. Wie man aus der Gl. (9.147a) ersieht, wird die Kugel für $y(\tau) = [k \, I^2(\tau)]^{1/7}$ nicht mehr beschleunigt. Wählt man darüber hinaus $I(\tau) = I_0 = \text{const}$, also $\mathrm{d}y(\tau)/\mathrm{d}\tau = 0$, so liegt ein Gleichgewichtszustand vor mit der Koordinate

$$y = y_0 := [k \, I_0^2]^{1/7} > 0 . \tag{9.148}$$

Dieser Gleichgewichtszustand ist instabil, wie man durch das folgende physikalische Argument erklären kann: Für $y(\tau) > y_0$ ist die magnetische Anziehung zu schwach, um die Kugel im Gleichgewicht zu halten, so daß die Kugel nach unten fällt und die magnetische Anziehungskraft immer kleiner wird. Für $y(\tau) < y_0$ tritt ein ähnlicher Effekt auf, der zur Anziehung der Kugel durch den Elektromagneten führt.

Es werden jetzt folgende Normierungen und Zustandsgrößen eingeführt:

$$t = \frac{\tau}{T_0} \quad \text{mit} \quad T_0 = \sqrt{y_0 / g} \, ,$$

$$z_1(t) = \frac{y(\tau)}{y_0} - 1 \, , \quad z_2(t) = \frac{\mathrm{d} z_1(t)}{\mathrm{d}t} \, , \quad x(t) = \frac{I(\tau)}{I_0} - 1 \, .$$

Setzt man diese in Gl. (9.147a) ein und beachtet Gl. (9.148), so erhält man nun die Zustandsbeschreibung des Systems in der Form

$$\frac{dz_1(t)}{dt} = z_2(t), \tag{9.149a}$$

$$\frac{dz_2(t)}{dt} = 1 - \frac{[x(t)+1]^2}{[z_1(t)+1]^7}. \tag{9.149b}$$

Die auf diese Weise entstandene Systemdarstellung besitzt im nichterregten Falle ($\boldsymbol{x} \equiv \mathbf{0}$) den Gleichgewichtspunkt $\boldsymbol{z} := [z_1 \quad z_2]^T = \mathbf{0}$, wie man unmittelbar durch Einsetzen nachprüfen kann.

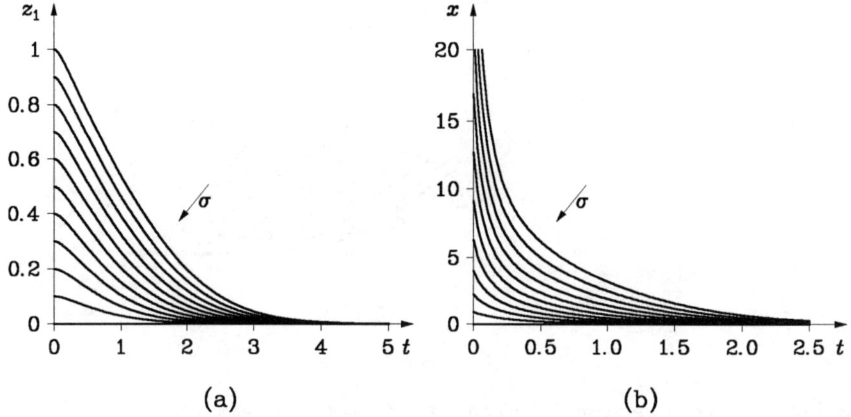

Bild 9.12: (a) Zeitlicher Verlauf der Kugelposition $z_1(t, \sigma)$ von Beispiel 9.15 für $\sigma = 0; 0,1; \ldots; 1$. Die Anfangswerte $z_1(0, \sigma)$ variieren von 0 bis 1; (b) Eingangssignal $x(t, \sigma)$ von Beispiel 9.15 in Abhängigkeit von der Zeit für verschiedene Werte $\sigma = 0; 0,1; \ldots; 1$

Es soll nun die Aufgabe gelöst werden, bei Vorgabe eines Anfangszustands $\boldsymbol{z}(0) = \hat{\boldsymbol{z}}_0$ ein Eingangssignal $\boldsymbol{x} = \hat{\boldsymbol{x}}_0(t)$ derart zu ermitteln, daß der zugehörige Zustand $\boldsymbol{z} = \hat{\boldsymbol{z}}(t)$ die Zustandsgleichungen (9.149a,b) erfüllt und außerdem asymptotisch gegen den Gleichgewichtszustand $\boldsymbol{z} = \mathbf{0}$ strebt. Als Anfangszustand sei

$$\hat{\boldsymbol{z}}_0 = [1 \quad 0]^T$$

gewählt, dessen Abweichung vom Gleichgewichtspunkt groß genug ist, um davon ausgehen zu können, daß eine lineare Steuerung im allgemeinen die Aufgabe nicht löst. Gleichwohl sei betont, daß die Abweichung vom Gleichgewichtspunkt weitgehend beliebig gewählt werden kann. Zur Anwendung des Homotopie-Verfahrens wird zunächst ein Homotopiepfad $\boldsymbol{z}_0(\sigma)$ $(0 \leqq \sigma \leqq 1)$ gewählt, der die Punkte $\boldsymbol{z}_0(0) = \hat{\boldsymbol{z}}_0$ und $\boldsymbol{z}_0(1) = \mathbf{0}$ verbindet. Als eine (wenn auch nicht einzige) Möglichkeit bietet sich die geradlinige Verbindung

$$\boldsymbol{z}_0(\sigma) = [1 - \sigma \quad 0]^T \tag{9.150}$$

an. Wie man sieht, ist $\boldsymbol{z}_0(\sigma)$ stetig differenzierbar. Das parameterabhängige Eingangssignal ergibt sich nach Gl. (9.136a) mit $\sigma_b = 1$ und der parameterabhängige Zustandsvektor nach Gl. (9.136b), ebenfalls für $\sigma_b = 1$. Zur Auswertung der genannten Gleichungen sind allerdings die parameterabhängigen Lösungen $\boldsymbol{\xi}(t, \sigma)$ und $\boldsymbol{\zeta}(t, \sigma)$ gemäß den Gln. (9.140), (9.141) und (9.142) erforderlich. Diese wurden für $t_1 = 5$, $\boldsymbol{Q} = \mathbf{E}$, $R = 1$ und $\boldsymbol{M} = \boldsymbol{P}_0$ nach der oben beschriebenen Verfahrensweise für $0 \leqq \sigma \leqq 1$ ermittelt.

Bild 9.12a zeigt den zeitlichen Verlauf der Kugelposition $z_1(t, \sigma)$ für die σ-Werte $\sigma_\nu = 0,1\,\nu$ $(\nu = 1, \ldots, 10)$, im Bild 9.12b ist der zeitliche Verlauf des Eingangssignals $x(t, \sigma)$ für $\sigma_\nu = 0,1\,\nu$ $(\nu = 1, \ldots, 10)$ dargestellt. Im Bild 9.13 sind z_1, z_2 und x zusammengefaßt.

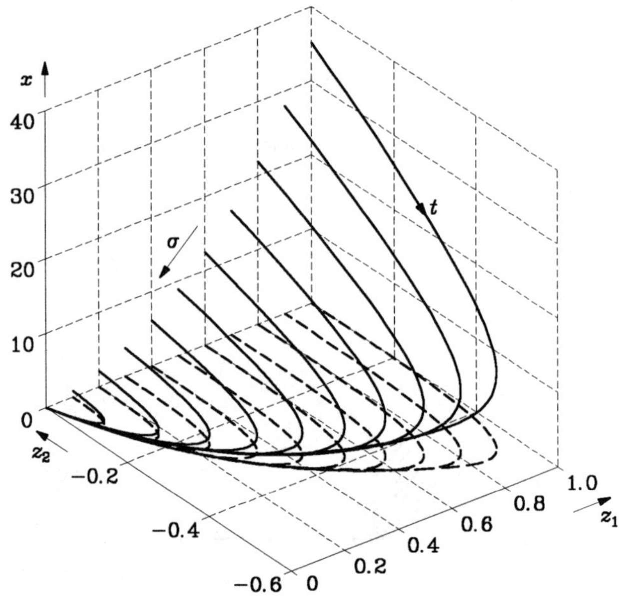

Bild 9.13: Zusammenfassung von $z_1(t, \sigma)$, $z_2(t, \sigma)$ und $x(t, \sigma)$ für Beispiel 9.15

5.4 DER GESCHLOSSENE REGELKREIS

Im vorausgegangenen Abschnitt wurde das Homotopieverfahren zur Steuerung eines offenen Systems angewendet, das durch Gl. (9.129) beschrieben wird. Das Verfahren liefert einen Steuervektor $\boldsymbol{x}(t) = \hat{\boldsymbol{x}}(t)$, der als explizite Funktion von t für $t \geqq 0$ angegeben wird. Häufig wird verlangt, daß das genannte System durch eine Zustandsgrößenrückkopplung gemäß Gl. (9.2)

$$\boldsymbol{x}(t) = \boldsymbol{\Psi}(\boldsymbol{z}(t)) \tag{9.151}$$

zu einem geschlossenen System, einem Regelkreis, ergänzt wird, so daß dann das rückgekoppelte System durch die Differentialgleichung

$$\frac{\mathrm{d}\boldsymbol{z}(t)}{\mathrm{d}t} = \boldsymbol{f}(\boldsymbol{z}(t), \boldsymbol{\Psi}(\boldsymbol{z}(t))) \tag{9.152}$$

beschrieben wird. Damit stellt sich die Aufgabe, bei Kenntnis von $\boldsymbol{f}$ mit $\boldsymbol{f}(\mathbf{0}, \mathbf{0}) = \mathbf{0}$ eine Rückkopplung $\boldsymbol{\Psi}$ mit $\boldsymbol{\Psi}(\mathbf{0}) = \mathbf{0}$ zur Systemstabilisierung zu entwerfen, so daß eine eindeutige Zuordnung von $\boldsymbol{z}(t)$ zu $\boldsymbol{x}(t)$ gemäß Gl. (9.151) entsteht und daß so bei Vorliegen eines bestimmten Anfangszustands $\hat{\boldsymbol{z}}_0$ der Verlauf von $\boldsymbol{z}(t)$ eindeutig geliefert wird und für $t \to \infty$ asymptotisch in den Gleichgewichtszustand $\mathbf{0}$ einmündet.

Will man zunächst versuchen, die vorliegende Aufgabe mit Hilfe des Homotopieverfahrens zu lösen, so muß zuerst ein Homotopiepfad $\boldsymbol{z}_0(\sigma)$ festgelegt werden, der den Punkt $\boldsymbol{z}_0(\sigma_b) = \mathbf{0}$ mit einem gegebenen Anfangszustand $\boldsymbol{z}_0(0) = \hat{\boldsymbol{z}}_0$ verbindet, wobei die stetige Differenzierbarkeit von $\boldsymbol{z}_0(\sigma)$ sichergestellt werden muß. Das Homotopieverfahren liefert die parameterabhängige Lösung

$$\boldsymbol{z} = \boldsymbol{z}(t, \sigma) \quad \text{mit} \quad \boldsymbol{z}(0, \sigma) = \boldsymbol{z}_0(\sigma)$$

und den Eingangssignalvektor

$$\boldsymbol{x} = \boldsymbol{x}(t, \sigma)$$

gemäß den Gln. (9.136a,b) für alle $t \geqq 0$ und $0 \leqq \sigma \leqq \sigma_b$. Da jeder Zeitpunkt einem bestimmten Zustand entspricht, ergibt sich auf diese Weise eine (möglicherweise nicht eindeutige) parameterabhängige Zuordnung $\boldsymbol{\Psi}_p$ mit

$$\boldsymbol{x}(t, \sigma) = \boldsymbol{\Psi}_p(\boldsymbol{z}(t, \sigma), \sigma).$$

Für $\sigma = 0$ erhält man speziell

$$\frac{\mathrm{d}\boldsymbol{z}(t, 0)}{\mathrm{d}t} = \boldsymbol{f}(\boldsymbol{z}(t, 0), \boldsymbol{\Psi}_p(\boldsymbol{z}, 0))$$

mit $\boldsymbol{z}(0, 0) = \hat{\boldsymbol{z}}_0$. Ein Vergleich dieser Differentialgleichung mit Gl. (9.152) könnte nahelegen, $\boldsymbol{\Psi}_p(\boldsymbol{z}, 0)$ als $\boldsymbol{\Psi}(\boldsymbol{z})$ zu verwenden. Dies erweist sich jedoch nur unter bestimmten Voraussetzungen als sinnvoll. Der Grund hierfür ist darin zu sehen, daß die Vektorfunktionen $\boldsymbol{z}(t, \sigma)$ und $\boldsymbol{x}(t, \sigma)$, wie sie das Homotopieverfahren liefert, insbesondere $\boldsymbol{z}(t, 0)$ und $\boldsymbol{x}(t, 0)$ wesentlich von der Wahl des Homotopiepfades abhängen, da der linearisierte Zustand $\boldsymbol{\zeta}(t, \sigma)$, durch dessen Integration $\boldsymbol{z}(t, \sigma)$ gebildet wird, im allgemeinen wesentlich von $\boldsymbol{\zeta}(0, \sigma) = \mathrm{d}\boldsymbol{z}_0 / \mathrm{d}\sigma$ und somit von $\boldsymbol{z}_0(\sigma)$ bestimmt wird. Dies läßt sich an Hand von Simulationen verifizieren, wie das folgende Beispiel zeigt.

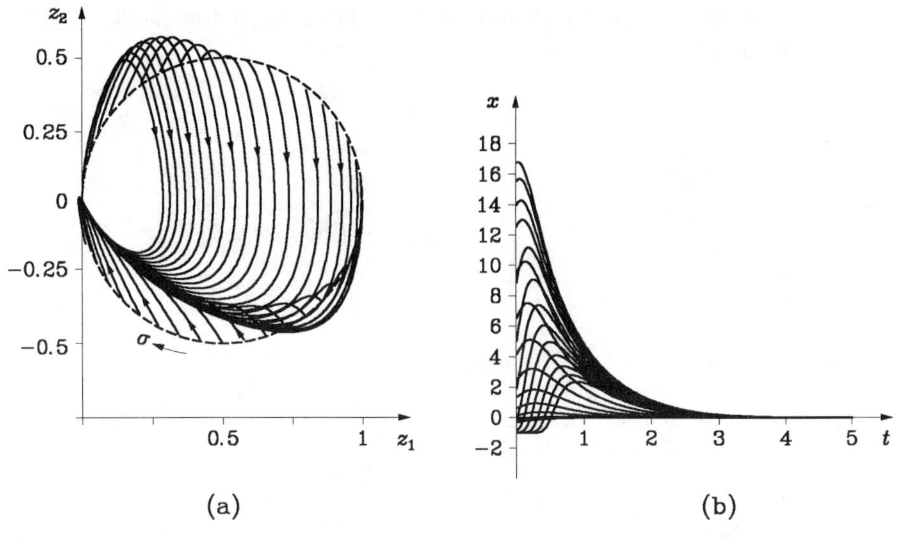

Bild 9.14: (a) Trajektorienschar von $\boldsymbol{z}(t, \sigma)$ $(0 \leqq \sigma \leqq 1)$ für das Beispiel 9.16 der schwebenden Kugel im Magnetfeld bei Verwendung eines kreisförmigen Homotopiepfades; (b) zugehörige Eingangssignale $x(t, \sigma)$

Beispiel 9.16: Es wird das Beispiel 9.15 der schwebenden Kugel im Magnetfeld betrachtet und das im Abschnitt 5.2 beschriebene Verfahren angewendet. Als parameterabhängige Anfangsbedingung wird die Kreislinie

$$\boldsymbol{z}_0(\sigma) = 0{,}5 \begin{bmatrix} 1 - \cos(2\pi\sigma) \\ \sin(2\pi\sigma) \end{bmatrix} \quad (0 \leqq \sigma \leqq 1)$$

gewählt, so daß $\boldsymbol{z}_0(0) = \boldsymbol{z}_0(1) = \boldsymbol{0}$ gilt. Bild 9.14 zeigt die erhaltenen Simulationsergebnisse, und zwar die Trajektorien und den Verlauf des Signals $x(t, \sigma)$. Im Bild 9.15 sind die zeitlichen Verläufe von $z_1(t, 0)$, $z_2(t, 0)$ und $x(t, 0)$ angegeben. Wie man sieht, wird das im Gleichgewichtspunkt $\hat{\boldsymbol{z}} = \boldsymbol{0}$ startende System zunächst von diesem Punkt weggeführt und kehrt auf diesen Punkt asymptotisch zurück. Die Abhängigkeit des Steuersignals $x(t, \sigma)$ vom gewählten Homotopiepfad wird hiermit deutlich, weil man auch $x(t, \sigma) \equiv 0$ für alle $\sigma \in [0, 1]$ wählen kann, um das System von $\boldsymbol{z} = \boldsymbol{0}$ nach $\boldsymbol{z} = \boldsymbol{0}$ zu führen. Der zugehörige Homotopiepfad ist dabei trivialerweise $\boldsymbol{z}_0(\sigma) \equiv \hat{\boldsymbol{z}}_0$.

Damit stellt sich die Aufgabe, den Homotopiepfad in der Weise zu führen, daß $\boldsymbol{\Psi}_p(\boldsymbol{z}, 0)$ gewisse erforderliche Eigenschaften aufweist. Um dieses Problem zu lösen, wird zunächst die Rückkopplung $\boldsymbol{\Psi}$ als gegeben betrachtet und

$$\boldsymbol{\varphi}(t, \hat{\boldsymbol{z}}_0) := \hat{\boldsymbol{z}}(t) \tag{9.153}$$

als die Lösung der Gl. (9.152) für alle $t \geqq 0$ mit der beliebig wählbaren Anfangsbedingung $\boldsymbol{\varphi}(0, \hat{\boldsymbol{z}}_0) = \hat{\boldsymbol{z}}_0$ eingeführt. Wegen der Lösungseindeutigkeit der Differentialgleichung (9.152) gilt

$$\boldsymbol{\varphi}(t, \boldsymbol{\varphi}(\tau, \hat{\boldsymbol{z}}_0)) = \boldsymbol{\varphi}(t + \tau, \hat{\boldsymbol{z}}_0) \tag{9.154}$$

für alle t, $\tau \geqq 0$. Damit kann man die spezielle parameterabhängige Anfangsbedingung

$$\boldsymbol{z}_0(\sigma) = \boldsymbol{\varphi}(\sigma, \hat{\boldsymbol{z}}_0) \tag{9.155}$$

einführen. In Anbetracht der Gln. (9.153), (9.154) und (9.155) gilt dann für die Trajektorie, die vom Anfangszustand $\boldsymbol{z}_0(\sigma)$ ausgeht,

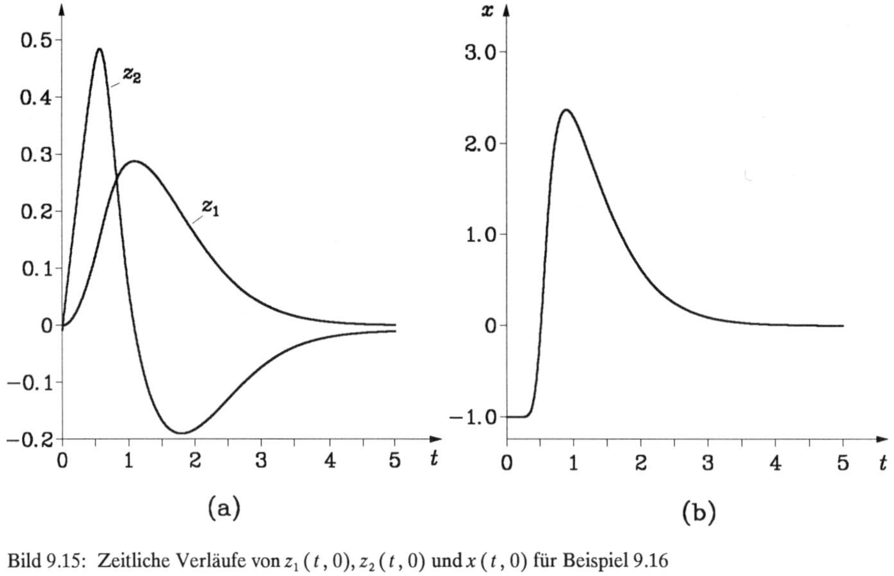

Bild 9.15: Zeitliche Verläufe von $z_1(t, 0)$, $z_2(t, 0)$ und $x(t, 0)$ für Beispiel 9.16

$$\boldsymbol{z}(t,\sigma) = \boldsymbol{\varphi}(t,\boldsymbol{\varphi}(\sigma,\hat{\boldsymbol{z}}_0)) = \boldsymbol{\varphi}(t+\sigma,\hat{\boldsymbol{z}}_0) = \hat{\boldsymbol{z}}(t+\sigma) \tag{9.156a}$$

und

$$\boldsymbol{x}(t,\sigma) = \boldsymbol{\Psi}(\hat{\boldsymbol{z}}(t+\sigma)), \tag{9.156b}$$

insbesondere

$$\hat{\boldsymbol{z}}(t) = \boldsymbol{z}(t,0) \quad \text{und} \quad \hat{\boldsymbol{x}}(t) = \boldsymbol{x}(t,0) = \boldsymbol{\Psi}(\hat{\boldsymbol{z}}(t)). \tag{9.157a,b}$$

Im Blick auf die Gln. (9.156b) und (9.157b) gilt

$$\boldsymbol{x}(t,\sigma) = \hat{\boldsymbol{x}}(t+\sigma). \tag{9.158}$$

Damit ist gezeigt, daß bei der Wahl des Homotopiepfades gemäß Gl. (9.155) die andernfalls störende Abhängigkeit des Eingangssignals vom Homotopiepfad nicht mehr auftritt und die gestellte Aufgabe für $\sigma = 0$ gelöst wird. Es ist also sinnvoll, im Fall des geschlossenen Regelkreises den Homotopiepfad nicht willkürlich, sondern in der angegebenen Weise als natürlichen Homotopiepfad festzulegen.

Beiläufig sei noch festgestellt, daß Gl. (9.156a) unmittelbar die Darstellung

$$\boldsymbol{\zeta}(t,\sigma) = \frac{\partial \boldsymbol{z}(t,\sigma)}{\partial \sigma} = \frac{\mathrm{d}\hat{\boldsymbol{z}}(t+\sigma)}{\mathrm{d}t} = \frac{\partial \boldsymbol{z}(t,\sigma)}{\partial t} \tag{9.159}$$

impliziert, so daß die Ungleichung (9.138) in der Form

$$\left\| \frac{\mathrm{d}\hat{\boldsymbol{z}}(t+\sigma)}{\mathrm{d}t} \right\| \leqq \delta \left\| \frac{\mathrm{d}\hat{\boldsymbol{z}}(\sigma)}{\mathrm{d}\sigma} \right\| \mathrm{e}^{-\gamma t} \tag{9.160}$$

geschrieben werden kann. Außerdem erhält man aus $\boldsymbol{\xi}(t,\sigma) = \partial \boldsymbol{x}(t,\sigma)/\partial\sigma$ angesichts der Gl. (9.158)

$$\hat{\boldsymbol{\xi}}(t+\sigma) := \boldsymbol{\xi}(t,\sigma) = \frac{\mathrm{d}\hat{\boldsymbol{x}}(t+\sigma)}{\mathrm{d}t} = \frac{\partial \boldsymbol{x}(t,\sigma)}{\partial t} \tag{9.161}$$

und zugleich wegen Gl. (9.157b)

$$\boldsymbol{\Psi}(\hat{\boldsymbol{z}}(t+\sigma)) = \int_{\infty}^{t} \hat{\boldsymbol{\xi}}(\tau+\sigma)\,\mathrm{d}\tau. \tag{9.162}$$

5.5 STABILITÄT DES GESCHLOSSENEN REGELKREISES

In diesem Abschnitt werden spezielle Eigenschaften des Homotopiekonzepts bei Anwendung auf rückgekoppelte Systeme besprochen. Dabei wird davon ausgegangen, daß der spezielle Homotopiepfad $\boldsymbol{z}_0(\sigma) = \boldsymbol{\varphi}(\sigma,\hat{\boldsymbol{z}}_0)$ gewählt wurde. Über die Stabilität des rückgekoppelten Systems gibt der folgende Satz Auskunft.

Satz IX.5: Es wird ein nichtlineares System betrachtet, das durch Gl. (9.129) beschrieben wird und gemäß Gl. (9.151) rückgekoppelt wird. Der Zustand des rückgekoppelten Systems sei durch die Vektorfunktion $\hat{\boldsymbol{z}}(t)$ beschrieben. Es wird die Existenz einer Nullpunktsumgebung $U_\varepsilon := \{\boldsymbol{z} \in \mathbb{R}^q;\ \|\boldsymbol{z}\| < \varepsilon\}$ mit einer geeigneten Konstante $\varepsilon > 0$ angenommen, so daß folgendes gilt:

- Das durch Gl. (9.152) gegebene rückgekoppelte System hat eine stetig differenzierbare Lösung $\boldsymbol{z} = \hat{\boldsymbol{z}}(t)$ für alle $t \geqq 0$ und jeden Anfangszustand $\hat{\boldsymbol{z}}_0 = \hat{\boldsymbol{z}}(0) \in U_\varepsilon$.
- Der einzige Gleichgewichtszustand des rückgekoppelten Systems in U_ε ist $\boldsymbol{z}_e = \mathbf{0}$.
- Es existieren Konstanten $\delta > 0$ und $\gamma > 0$, so daß

$$\left\| \frac{\mathrm{d}\hat{\boldsymbol{z}}(t)}{\mathrm{d}t} \right\| \leqq \delta \left\| \left(\frac{\mathrm{d}\hat{\boldsymbol{z}}(t)}{\mathrm{d}t} \right)_{t=0} \right\| \mathrm{e}^{-\gamma t} \tag{9.163}$$

für alle $t \geqq 0$ und jede Lösung $\hat{\boldsymbol{z}}(t)$ von Gl. (9.152) mit $\hat{\boldsymbol{z}}_0 \in U_\varepsilon$ gilt.

Behauptung: Das rückgekoppelte System ist exponentiell stabil in $\boldsymbol{z}_e = \mathbf{0}$. Das heißt, es gibt stets reelle Konstanten $\eta > 0$ und $\varepsilon_1 > 0$, so daß für jede Lösung $\hat{\boldsymbol{z}}(t)$ von Gl. (9.152) mit $\hat{\boldsymbol{z}}_0 \in U_{\varepsilon_1}$ die Ungleichung

$$\| \hat{\boldsymbol{z}}(t) \| \leqq \eta \, \| \hat{\boldsymbol{z}}(0) \| \, \mathrm{e}^{-\gamma t} \tag{9.164}$$

für alle $t \geqq 0$ gilt.

Beweis: Zunächst wird bewiesen, daß die Lösung $\hat{\boldsymbol{z}}(t)$ für $t \to \infty$ gegen einen Grenzwert $\hat{\boldsymbol{z}}(\infty)$ strebt. Dazu wird gezeigt, daß jede Komponente $\hat{z}_i$ $(i = 1, 2, \ldots, q)$ von $\hat{\boldsymbol{z}}$ für $t \to \infty$ einen Limes besitzt. Aus Ungleichung (9.163) folgt die Abschätzung

$$\left| \int_s^t \frac{\mathrm{d}\hat{z}_i(\tau)}{\mathrm{d}\tau} \mathrm{d}\tau \right| \leqq \int_s^t \| \mathrm{d}\hat{\boldsymbol{z}}(\tau)/\mathrm{d}\tau \| \, \mathrm{d}\tau \leqq \delta \, \| (\mathrm{d}\hat{\boldsymbol{z}}(t)/\mathrm{d}t)_{t=0} \| \int_s^t \mathrm{e}^{-\gamma\tau} \mathrm{d}\tau$$

$$= \frac{\delta}{\gamma} \| (\mathrm{d}\hat{\boldsymbol{z}}(t)/\mathrm{d}t)_{t=0} \| (\mathrm{e}^{-\gamma s} - \mathrm{e}^{-\gamma t}) \leqq \frac{\delta}{\gamma} \| (\mathrm{d}\hat{\boldsymbol{z}}(t)/\mathrm{d}t)_{t=0} \| \, \mathrm{e}^{-\gamma s} \tag{9.165}$$

für beliebige $0 \leqq s \leqq t$. Die Existenz von $\hat{z}_i(\infty)$ ist genau dann gewährleistet, wenn zu jedem $\varepsilon > 0$ ein T existiert, so daß

$$| \hat{z}_i(T_2) - \hat{z}_i(T_1) | < \varepsilon$$

gilt für alle $T_1, T_2 > T$. Wegen Gl. (9.165) ist aber

$$| \hat{z}_i(T_2) - \hat{z}_i(T_1) | = \left| \int_T^{T_2} \frac{\mathrm{d}\hat{z}_i(\tau)}{\mathrm{d}\tau} \mathrm{d}\tau - \int_T^{T_1} \frac{\mathrm{d}\hat{z}_i(\tau)}{\mathrm{d}\tau} \mathrm{d}\tau \right|$$

$$\leqq \frac{2\delta}{\gamma} \| (\mathrm{d}\hat{\boldsymbol{z}}(t)/\mathrm{d}t)_{t=0} \| \, \mathrm{e}^{-\gamma T} < \varepsilon ,$$

sofern

$$T \geqq (1/\gamma) \ln[(2\delta/(\gamma\varepsilon)) \, \| (\mathrm{d}\hat{\boldsymbol{z}}(t)/\mathrm{d}t)_{t=0} \| \,]$$

gewählt wird.

Die Ungleichung (9.163) ermöglicht mit $\mathrm{d}\hat{\boldsymbol{z}}(t)/\mathrm{d}t = \boldsymbol{f}(\hat{\boldsymbol{z}}(t), \, \boldsymbol{\Psi}(\hat{\boldsymbol{z}}(t)))$ die weitere Abschätzung

$$\| \hat{\boldsymbol{z}}(t) - \hat{\boldsymbol{z}}(\infty) \| = \left\| \int_t^\infty \frac{\mathrm{d}\hat{\boldsymbol{z}}(\tau)}{\mathrm{d}\tau} \mathrm{d}\tau \right\| \leqq \int_t^\infty \left\| \frac{\mathrm{d}\hat{\boldsymbol{z}}(\tau)}{\mathrm{d}\tau} \right\| \mathrm{d}\tau \leqq \frac{\delta}{\gamma} \| \boldsymbol{f}(\hat{\boldsymbol{z}}(0), \, \boldsymbol{\Psi}(\hat{\boldsymbol{z}}(0))) \| \, \mathrm{e}^{-\gamma t} . \tag{9.166}$$

Da $\boldsymbol{f}$ und $\boldsymbol{\Psi}$ stetig differenzierbar sind, läßt sich folgende Taylor-Entwicklung um $\boldsymbol{z} = \mathbf{0}$ mit $\boldsymbol{\Psi}(\mathbf{0}) = \mathbf{0}$ durchführen, nämlich mit $\boldsymbol{x} = \boldsymbol{\Psi}(\boldsymbol{z})$

$$\boldsymbol{f}(\boldsymbol{z}, \boldsymbol{x}) = \boldsymbol{f}(\mathbf{0}, \mathbf{0}) + \left[\left(\frac{\partial \boldsymbol{f}}{\partial \boldsymbol{z}} \right)_{\mathbf{0},\mathbf{0}} + \left(\frac{\partial \boldsymbol{f}}{\partial \boldsymbol{x}} \right)_{\mathbf{0},\mathbf{0}} \left(\frac{\mathrm{d}\boldsymbol{\Psi}}{\mathrm{d}\boldsymbol{z}} \right)_{\mathbf{0}} \right] \boldsymbol{z} + \boldsymbol{r}(\boldsymbol{z})$$

mit $\| \boldsymbol{r}(\boldsymbol{z}) \| \leqq \kappa \| \boldsymbol{z} \|^2$, wobei $\kappa > 0$ eine geeignete Konstante bedeutet und $\boldsymbol{z} \in U_\varepsilon$ gilt. Damit erhält man für $\boldsymbol{z} \in U_\varepsilon$

$$\| \boldsymbol{f}(\boldsymbol{z}, \boldsymbol{\Psi}(\boldsymbol{z})) \| \leqq \Theta \| \boldsymbol{z} \| \tag{9.167}$$

mit

$$\Theta = \left\| \left(\frac{\partial \boldsymbol{f}}{\partial \boldsymbol{z}} \right)_{0,0} + \left(\frac{\partial \boldsymbol{f}}{\partial \boldsymbol{x}} \right)_{0,0} \left(\frac{\mathrm{d} \boldsymbol{\Psi}}{\mathrm{d} \boldsymbol{z}} \right)_0 \right\| + \kappa \varepsilon .$$

Schätzt man die rechte Seite von Ungleichung (9.166) mit $\hat{\boldsymbol{z}}(0) \in U_\varepsilon$ aufgrund der Ungleichung (9.167) ab, so gelangt man zu

$$\| \hat{\boldsymbol{z}}(t) - \hat{\boldsymbol{z}}(\infty) \| \leqq \frac{\delta \Theta}{\gamma} \| \hat{\boldsymbol{z}}(0) \| \, \mathrm{e}^{-\gamma t} , \tag{9.168}$$

d. h. die Abweichung $\hat{\boldsymbol{z}}(t) - \hat{\boldsymbol{z}}(\infty)$ fällt exponentiell ab.

Wegen der Stetigkeit von $\boldsymbol{f}$ und $\boldsymbol{\Psi}$ gilt

$$\boldsymbol{f}\left[\lim_{t\to\infty} \hat{\boldsymbol{z}}(t), \boldsymbol{\Psi}(\lim_{t\to\infty} \hat{\boldsymbol{z}}(t)) \right] = \lim_{t\to\infty} \boldsymbol{f}(\hat{\boldsymbol{z}}(t), \boldsymbol{\Psi}(\hat{\boldsymbol{z}}(t))) ,$$

also wegen Ungleichung (9.163)

$$\boldsymbol{f}\left[\lim_{t\to\infty} \hat{\boldsymbol{z}}(t), \boldsymbol{\Psi}(\lim_{t\to\infty} \hat{\boldsymbol{z}}(t)) \right] = \lim_{t\to\infty} \frac{\mathrm{d}\hat{\boldsymbol{z}}(t)}{\mathrm{d}t} = \boldsymbol{0} .$$

Dies besagt, daß $\hat{\boldsymbol{z}}(\infty)$ ein Gleichgewichtspunkt ist. Angenommen sei $\hat{\boldsymbol{z}}(\infty) \neq \boldsymbol{0}$. Dann muß $\hat{\boldsymbol{z}}(\infty)$ außerhalb von U_ε liegen, es gilt daher $\| \hat{\boldsymbol{z}}(\infty) \| \geqq \varepsilon$. Jetzt wird

$$\varepsilon_1 = \min \left[\frac{\varepsilon}{2} , \frac{\gamma \varepsilon}{2 \delta \Theta} \right] \tag{9.169a}$$

und $\hat{\boldsymbol{z}}(0)$ mit $\| \hat{\boldsymbol{z}}(0) \| < \varepsilon_1$ gewählt. Dann erhält man

$$\varepsilon - \varepsilon_1 \leqq \| \hat{\boldsymbol{z}}(\infty) \| - \varepsilon_1 \leqq \| \hat{\boldsymbol{z}}(0) - \hat{\boldsymbol{z}}(\infty) \| + \| \hat{\boldsymbol{z}}(0) \| - \varepsilon_1 < \| \hat{\boldsymbol{z}}(0) - \hat{\boldsymbol{z}}(\infty) \| . \tag{9.169b}$$

Mit Ungleichung (9.168) für $t = 0$ und Ungleichung (9.169a,b) folgt jetzt

$$\frac{\varepsilon}{2} \leqq \varepsilon - \varepsilon_1 < \| \hat{\boldsymbol{z}}(0) - \hat{\boldsymbol{z}}(\infty) \| \leqq \frac{\delta \Theta}{\gamma} \| \hat{\boldsymbol{z}}(0) \| < \frac{\delta \Theta \varepsilon_1}{\gamma} \leqq \frac{\varepsilon}{2} ,$$

also ein Widerspruch, so daß die Annahme $\hat{\boldsymbol{z}}(\infty) \neq \boldsymbol{0}$ verworfen werden muß. Schließlich ergibt die Ungleichung (9.168) mit $\eta := \delta \Theta / \gamma$ die Ungleichung (9.164), womit der Satz vollständig bewiesen ist.

Satz IX.5 bringt zum Ausdruck, daß das nichtlineare System dadurch stabilisiert werden kann, daß man das "linearisierte System"

$$\frac{\mathrm{d}^2 \hat{\boldsymbol{z}}(t)}{\mathrm{d}t^2} = \boldsymbol{A}(t) \frac{\mathrm{d}\hat{\boldsymbol{z}}(t)}{\mathrm{d}t} + \boldsymbol{B}(t) \frac{\mathrm{d}\hat{\boldsymbol{x}}(t)}{\mathrm{d}t} \tag{9.170}$$

mit $\boldsymbol{A}(t)$ und $\boldsymbol{B}(t)$ gemäß Gln. (9.131a,b) (mit $\boldsymbol{z} = \hat{\boldsymbol{z}}$ und $\boldsymbol{x} = \hat{\boldsymbol{x}}$) stabilisiert, d. h. durch die Sicherstellung der Bedingung (9.163). Ein Vergleich der Gl. (9.170) mit Gl. (9.130) läßt erkennen, daß $\boldsymbol{\zeta}$ durch $\mathrm{d}\hat{\boldsymbol{z}}/\mathrm{d}t$ und $\boldsymbol{\xi}$ durch $\mathrm{d}\hat{\boldsymbol{x}}/\mathrm{d}t$ ersetzt wurde. Dies erklärt sich dadurch, daß gemäß Gl. (9.159) $\boldsymbol{\zeta}$ mit $\partial \hat{\boldsymbol{z}}/\partial t$ und gemäß Gl. (9.161) $\boldsymbol{\xi}$ mit $\partial \hat{\boldsymbol{x}}/\partial t$ übereinstimmt, was auf die besondere Wahl des Homotopiepfades in der Form $\boldsymbol{z}_0(\sigma) = \boldsymbol{\varphi}(\sigma, \hat{\boldsymbol{z}}_0)$ zurückzuführen ist. Da $\boldsymbol{A}(t)$ und $\boldsymbol{B}(t)$ von $\hat{\boldsymbol{z}}(t)$ und $\hat{\boldsymbol{x}}(t)$ abhängen, also auch von $\mathrm{d}\hat{\boldsymbol{z}}(t)/\mathrm{d}t$ und $\mathrm{d}\hat{\boldsymbol{x}}(t)/\mathrm{d}t$, ist nicht unmittelbar einsichtig, daß Gl. (9.170) wie eine lineare Differentialgleichung behandelt werden kann. Dieser Umstand bildet jedoch kein echtes Problem, wie im folgenden ausgeführt wird.

Satz IX.6: Es wird das durch Gl. (9.129) gegebene nichtlineare System und eine Rückkopplung $\boldsymbol{x}(t) = \boldsymbol{\Psi}(\boldsymbol{z}(t))$ betrachtet. Es wird die Existenz einer Nullpunktsumgebung $U_\varepsilon = \{ \boldsymbol{z} \in \mathbb{R}^q ; \| \boldsymbol{z} \| < \varepsilon \}$ mit einem $\varepsilon > 0$ vorausgesetzt, so daß die folgenden Bedingungen erfüllt werden:

- Die Differentialgleichung (9.152) des rückgekoppelten Systems hat eine stetig differenzierbare Lösung für alle $t \geqq 0$ und für jede Anfangsbedingung $\boldsymbol{z}(0) \in U_\varepsilon$.
- Die Rückführung $\boldsymbol{x}(t) = \boldsymbol{\Psi}(\boldsymbol{z}(t))$ erfüllt die Differentialgleichung

$$\frac{\mathrm{d}\boldsymbol{x}}{\mathrm{d}t} = \boldsymbol{K}(t)\,\boldsymbol{f}(\boldsymbol{z}(t), \boldsymbol{x}(t)) \tag{9.171}$$

in Verbindung mit Gl. (9.152), wobei $\boldsymbol{K}(t)$ als Rückkopplungsverstärkung derart bestimmt ist, daß das rückgekoppelte linearisierte System

$$\frac{\mathrm{d}\boldsymbol{\zeta}(t)}{\mathrm{d}t} = [\boldsymbol{A}(t) + \boldsymbol{B}(t)\boldsymbol{K}(t)]\,\boldsymbol{\zeta}(t) \tag{9.172}$$

exponentiell stabil ist, d. h. zwei Konstanten $\beta > 0$, $\gamma > 0$ vorhanden sind mit der Eigenschaft

$$\|\,\boldsymbol{\zeta}(t)\,\| \leqq \beta\,\|\,\boldsymbol{\zeta}(0)\,\|\;\mathrm{e}^{-\gamma t} \tag{9.173}$$

für alle $t \geqq 0$.

Behauptung: Es gilt die Ungleichung

$$\left\| \frac{\mathrm{d}\boldsymbol{z}(t)}{\mathrm{d}t} \right\| \leqq \beta \left\| \left(\frac{\mathrm{d}\boldsymbol{z}(t)}{\mathrm{d}t} \right)_{t=0} \right\| \mathrm{e}^{-\gamma t} \tag{9.174}$$

für alle $t \geqq 0$ und jedes $\boldsymbol{z}(0) \in U_\varepsilon$.

Beweis: Ersetzt man in Gl. (9.172) $\boldsymbol{\zeta}(t)$ durch $\mathrm{d}\boldsymbol{z}(t)/\mathrm{d}t$ und berücksichtigt man Gl. (9.171), so gelangt man zu Gl. (9.170). Das heißt, daß $\boldsymbol{\zeta}(t)$ und $\mathrm{d}\boldsymbol{z}(t)/\mathrm{d}t$ dieselbe Differentialgleichung (9.172) erfüllen. Wählt man $\boldsymbol{\zeta}(0) = (\mathrm{d}\boldsymbol{z}(t)/\mathrm{d}t)_{t=0}$, dann ist zu sehen, daß wegen der Lösungseindeutigkeit gewöhnlicher Differentialgleichungen die Ungleichung (9.173) die Ungleichung (9.174) impliziert.

5.6 SYNTHESE DER RÜCKKOPPLUNG

In diesem Abschnitt soll versucht werden, die Frage zu beantworten, wie eine Rückkopplung $\boldsymbol{x} = \boldsymbol{\Psi}(\boldsymbol{z})$ ermittelt werden kann, um das nichtlineare System zu stabilisieren. Wegen der Festlegung des speziellen Homotopiepfades $\boldsymbol{z}_0(\sigma) = \boldsymbol{\varphi}(\sigma, \hat{\boldsymbol{z}}_0)$ ist dieser zunächst nicht bekannt, und daher kann das im Abschnitt 5.4 verwendete Verfahren zur numerischen Auswertung nicht angewendet werden. Es müssen demnach Alternativen gesucht werden. Die Sätze IX.5 und IX.6 legen eine Vorgehensweise nahe, die aus den drei folgenden Schritten besteht:

- Man stelle die Gl. (9.130) für die Linearisierung des nichtlinearen Systems auf.
- Man ermittle eine stabilisierende Rückkopplungsverstärkung $\boldsymbol{K}(t)$ für das durch Gl. (9.172) beschriebene rückgekoppelte linearisierte System.
- Man löse die Differentialgleichung (9.171) für das rückgekoppelte nichtlineare System unter Berücksichtigung von Gl. (9.129).

Um die Bedingung (9.174) zu erfüllen, muß das rückgekoppelte linearisierte System nach Gl. (9.172) gemäß Satz IX.6 stabilisiert werden. Man beachte, daß diese Bedingung die zentrale Voraussetzung zur Anwendung von Satz IX.5 darstellt. Dazu wird ähnlich wie im

Abschnitt 5.3 die optimale Regelung mit vorgeschriebenem Stabilitätsgrad [An1] herangezogen. Danach erhält man die Rückkopplungsverstärkung in Gl. (9.171) durch

$$\boldsymbol{K}(t) = -\boldsymbol{R}^{-1}\boldsymbol{B}^{\mathrm{T}}(t)\boldsymbol{P}(t), \tag{9.175}$$

wobei $\boldsymbol{P}(t)$ die Riccatische Differentialgleichung

$$-\frac{\mathrm{d}\boldsymbol{P}(t)}{\mathrm{d}t} = (\boldsymbol{A}^{\mathrm{T}}(t) + \gamma\mathbf{E})\boldsymbol{P}(t) + \boldsymbol{P}(t)(\boldsymbol{A}(t) + \gamma\mathbf{E}) - \boldsymbol{K}^{\mathrm{T}}(t)\boldsymbol{R}\boldsymbol{K}(t) + \boldsymbol{Q} \tag{9.176}$$

($\mathbf{E}$: Einheitsmatrix) mit der Wahl von zeitunabhängigen, symmetrischen und positiv-definiten Matrizen $\boldsymbol{Q}$ und $\boldsymbol{R}$, einem γ nach Satz IX.6 und den durch die Gln. (9.131a,b) gegebenen Matrizen $\boldsymbol{A}(t)$ und $\boldsymbol{B}(t)$ erfüllt. Mit Gln. (9.171) und (9.175) erhält man für das Eingangssignal $\boldsymbol{x}(t)$ die Differentialgleichung

$$\frac{\mathrm{d}\boldsymbol{x}(t)}{\mathrm{d}t} = -\boldsymbol{R}^{-1}\boldsymbol{B}^{\mathrm{T}}(t)\boldsymbol{P}(t)\boldsymbol{f}(\boldsymbol{z}(t),\boldsymbol{x}(t)), \tag{9.177}$$

für deren numerische Behandlung die Gl. (9.129), also

$$\frac{\mathrm{d}\boldsymbol{z}(t)}{\mathrm{d}t} = \boldsymbol{f}(\boldsymbol{z}(t),\boldsymbol{x}(t)) \tag{9.178}$$

erforderlich ist. Die Gln. (9.176), (9.177) und (9.178) bilden in Verbindung mit den Gln. (9.131a,b) und (9.175) ein Randwertproblem zur Ermittlung von $\boldsymbol{P}(t)$, $\boldsymbol{z}(t)$ und $\boldsymbol{x}(t)$ bei Verwendung der Randbedingungen

$$\boldsymbol{P}(T) = \boldsymbol{P}_0, \quad \boldsymbol{z}(0) = \boldsymbol{z}_0, \quad \boldsymbol{x}(T) = \mathbf{0}, \tag{9.179a-c}$$

wobei die ausreichend groß gewählte Konstante $T > 0$ die Endzeit, $\boldsymbol{z}_0$ den Anfangszustand und $\boldsymbol{P}_0$ die Lösung der folgenden algebraischen Riccatischen Gleichung bedeutet:

$$(\boldsymbol{A}_0^{\mathrm{T}} + \gamma\mathbf{E})\boldsymbol{P}_0 + \boldsymbol{P}_0(\boldsymbol{A}_0 + \gamma\mathbf{E}) - \boldsymbol{P}_0\boldsymbol{B}_0\boldsymbol{R}^{-1}\boldsymbol{B}_0^{\mathrm{T}}\boldsymbol{P}_0 + \boldsymbol{Q} = \mathbf{0} \tag{9.180}$$

mit

$$\boldsymbol{A}_0 := \left(\frac{\partial\boldsymbol{f}}{\partial\boldsymbol{z}}\right)_{\mathbf{0},\mathbf{0}} \quad \text{und} \quad \boldsymbol{B}_0 := \left(\frac{\partial\boldsymbol{f}}{\partial\boldsymbol{x}}\right)_{\mathbf{0},\mathbf{0}}. \tag{9.181a,b}$$

Die Wahl des Endwertes $\boldsymbol{P}(T)$ nach Gl. (9.179a) stellt sicher, daß das System für $t > T$ im Gleichgewichtspunkt verbleibt.

Die Lösung des gestellten Randwertproblems erfordert die numerische Lösung der Gln. (9.176)-(9.178) mit den gemischten Randbedingungen gemäß den Gln. (9.179a-c), wobei zu beachten ist, daß es sich bei den Gln. (9.179a,c) um Bedingungen für das Ende des gewählten Zeitintervalls ($t = T$) und bei Gl. (9.179b) um eine Bedingung für den Anfang des Zeitintervalls ($t = 0$) handelt. Derartige Probleme lassen sich vorzugsweise durch sogenannte Schießverfahren behandeln. Bei diesen Verfahren werden neben den gegebenen Anfangsbedingungen – hier $\boldsymbol{z}(0)$ – für die zu ermittelnden Größen, für die Endwerte vorgeschrieben sind – im vorliegenden Fall handelt es sich um $\boldsymbol{P}$ und $\boldsymbol{x}$ mit den Bedingungen nach Gln. (9.179a,c) – auch Anfangswerte gewählt, hier $\boldsymbol{P}(0)$ und $\boldsymbol{x}(0)$, die sich auf den Anfangszeitpunkt beziehen. Danach werden alle zu ermittelnden Funktionen durch numerische Integration im Endpunkt T des Zeitintervalls, hier also $\boldsymbol{P}(T)$, $\boldsymbol{z}(T)$ und $\boldsymbol{x}(T)$ berechnet. Dabei bedient man sich eines numerischen Integrationsverfahrens, z. B. des Runge-Kutta-Verfahrens. Durch systematische iterative Veränderung der freien Parameter, im vorliegenden Fall

$\boldsymbol{P}(0)$ und $\boldsymbol{x}(0)$, werden die vorgeschriebenen Endwerte, hier also $\boldsymbol{P}(T)$ und $\boldsymbol{x}(T)$, erzielt. Um eine höhere numerische Genauigkeit zu erreichen, unterteilt man das Integrationsintervall $0 \leqq t \leqq T$ in N gleich lange Teilintervalle. Dabei treten $(N-1)\,(q^2+q+m)$ Elemente von $\boldsymbol{P}(t_i)$, $\boldsymbol{z}(t_i)$ und $\boldsymbol{x}(t_i)$ für $t_i = iT/N\,(i = 1, 2, \ldots, N-1)$ als zusätzliche freie Parameter auf. Als zusätzliche $(N-1)\,(q^2+q+m)$ Bedingungen wird die Forderung verwendet, daß jede Funktion $\boldsymbol{P}(t)$, $\boldsymbol{z}(t)$, $\boldsymbol{x}(t)$ stetig sein muß, und zwar insbesondere in allen Zeitpunkten $t = t_i$, den Grenzen zwischen jeweils zwei Teilintervallen. Auf diese Weise wird die Länge des Zeitintervalls, in dem numerisch integriert werden muß, auf den Wert T/N reduziert, so daß die Lösung mit einer höheren Genauigkeit bestimmt werden kann. Für die praktische Anwendung des skizzierten Verfahrens sind Computer-Programme verfügbar (z. B. das FORTRAN-Programm BOUNDSCO von H.J. Oberle [Ob1]).

Beispiel 9.17: Es wird das Beispiel 9.15 der schwebenden Eisenkugel im Magnetfeld aufgegriffen. Mit $\boldsymbol{Q} = \mathbf{E}$, $R = 1$, $\gamma = 1$ und $T = 5$ wurden Simulationen durchgeführt. Die Ergebnisse zeigen die Bilder 9.16a,b, wo der zeitliche Verlauf der Position $z_1(t)$ der Kugel für zwei verschiedene Anfangsauslenkungen und die zeitlichen Verläufe der zugehörigen Signale $x(t)$ dargestellt sind.

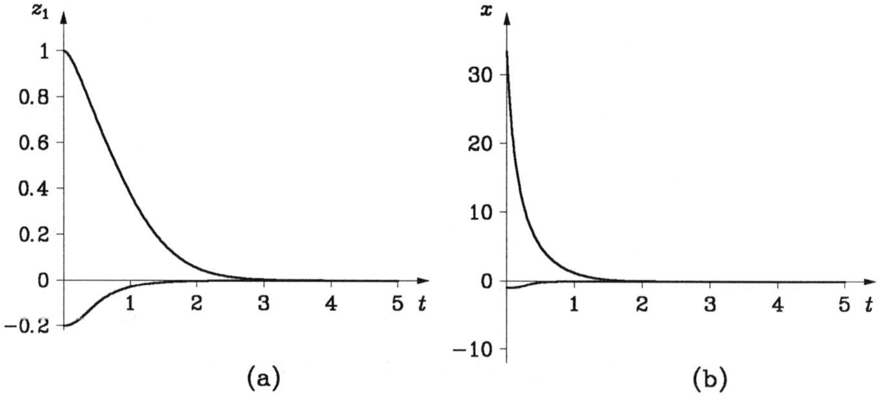

Bild 9.16: (a) Kugelposition $z_1(t)$ für Beispiel 9.17 zur Stabilisierung mittels Rückkopplung; (b) Rückkopplungssignal $x(t)$ für Beispiel 9.17

5.7 APPROXIMATIVE SYNTHESE DER RÜCKKOPPLUNG

Vorbereitung. Die Ergebnisse von Abschnitt 5.6 können auch dazu verwendet werden, die Rückkopplung $\boldsymbol{x} = \boldsymbol{\Psi}(\boldsymbol{z})$ näherungsweise durch Reihenentwicklung zu berechnen. Dies soll im folgenden für den Fall gezeigt werden, daß x ein Skalar, also $\Psi(\boldsymbol{z})$ eine skalare Funktion mit $\Psi(\mathbf{0}) = 0$ darstellt. Das zu stabilisierende durch Gl. (9.129) gegebene nichtlineare System besitze wie bisher im nichterregten Betrieb $(x \equiv 0)$ den Gleichgewichtszustand $\boldsymbol{z} = \mathbf{0}$. Es wird davon ausgegangen, daß die Rückkopplung in der Form einer Potenzreihe um $\boldsymbol{z} = \mathbf{0}$ (und damit $x = 0$) beschrieben werden kann, d. h. als

$$\Psi(\boldsymbol{z}) = \boldsymbol{k}^{\mathrm{T}}\boldsymbol{z} + \frac{1}{2}\boldsymbol{z}^{\mathrm{T}}\boldsymbol{H}\boldsymbol{z} + \cdots \tag{9.182}$$

mit dem Zeilenvektor

$$\boldsymbol{k}^{\mathrm{T}} = \left(\frac{\partial\Psi}{\partial\boldsymbol{z}}\right)_{0}$$

und der symmetrischen Hessenberg-Matrix

$$\boldsymbol{H} = \begin{bmatrix} h_{11} & h_{12} & \cdots & h_{1q} \\ h_{21} & h_{22} & \cdots & h_{2q} \\ \vdots & & & \\ h_{q1} & h_{q2} & \cdots & h_{qq} \end{bmatrix}, \quad h_{\mu\nu} = \left(\frac{\partial^2\Psi}{\partial z_\mu \partial z_\nu}\right)_{0},$$

wobei der Index **0** (auch im weiteren) die Auswertung für $\boldsymbol{z} = \boldsymbol{0}$ (und gegebenenfalls $x = 0$) bedeutet und vorausgesetzt wird, daß $\Psi(\boldsymbol{z})$ hinreichend oft stetig differenzierbar ist. Es wird die Möglichkeit weiterer Reihenentwicklungen vorausgesetzt, insbesondere für die Vektorfunktion $\boldsymbol{f}(\boldsymbol{z}, \Psi(\boldsymbol{z})) = [f_1(\boldsymbol{z}, \Psi(\boldsymbol{z})) \cdots f_q(\boldsymbol{z}, \Psi(\boldsymbol{z}))]^{\mathrm{T}}$, nämlich

$$\boldsymbol{f}(\boldsymbol{z}, \Psi(\boldsymbol{z})) = \left(\frac{\mathrm{d}\boldsymbol{f}}{\mathrm{d}\boldsymbol{z}}\right)_{0}\boldsymbol{z} + \frac{1}{2}\begin{bmatrix} \boldsymbol{z}^{\mathrm{T}}(\partial^2 f_1/\partial\boldsymbol{z}^2)_{0}\,\boldsymbol{z} \\ \vdots \\ \boldsymbol{z}^{\mathrm{T}}(\partial^2 f_q/\partial\boldsymbol{z}^2)_{0}\,\boldsymbol{z} \end{bmatrix} + \cdots, \tag{9.183}$$

wobei

$$\left(\frac{\mathrm{d}\boldsymbol{f}}{\mathrm{d}\boldsymbol{z}}\right)_{0} := \left(\frac{\partial\boldsymbol{f}(\boldsymbol{z},x)}{\partial\boldsymbol{z}}\right)_{0} + \left(\frac{\partial\boldsymbol{f}(\boldsymbol{z},x)}{\partial x}\right)_{0}\left(\frac{\mathrm{d}\Psi(\boldsymbol{z})}{\mathrm{d}\boldsymbol{z}}\right)_{0} = \boldsymbol{A}_0 + \boldsymbol{B}_0\boldsymbol{k}^{\mathrm{T}} \tag{9.184a}$$

und

$$\frac{\partial^2 f_i(\boldsymbol{z}, \Psi(\boldsymbol{z}))}{\partial\boldsymbol{z}^2} := \begin{bmatrix} \dfrac{\partial^2 f_i(\boldsymbol{z}, \Psi(\boldsymbol{z}))}{\partial z_1^2} & \cdots & \dfrac{\partial^2 f_i(\boldsymbol{z}, \Psi(\boldsymbol{z}))}{\partial z_1 \partial z_q} \\ \vdots & & \vdots \\ \dfrac{\partial^2 f_i(\boldsymbol{z}, \Psi(\boldsymbol{z}))}{\partial z_q \partial z_1} & \cdots & \dfrac{\partial^2 f_i(\boldsymbol{z}, \Psi(\boldsymbol{z}))}{\partial z_q^2} \end{bmatrix}$$

$$(i = 1, 2, \ldots, q) \tag{9.184b}$$

bedeuten. Bei den Differentiationen in Gl. (9.184b) ist jeweils die vollständige Abhängigkeit der Funktionen f_i von der jeweiligen Variablen zu beachten. Aus den Gln. (9.182) und (9.183) erhält man nun mit Gln. (9.184a,b)

$$\frac{\mathrm{d}x}{\mathrm{d}t} = \frac{\mathrm{d}\Psi(\boldsymbol{z}(t))}{\mathrm{d}t} = \frac{\partial\Psi(\boldsymbol{z})}{\partial\boldsymbol{z}}\,\frac{\mathrm{d}\boldsymbol{z}}{\mathrm{d}t} = \frac{\partial\Psi(\boldsymbol{z})}{\partial\boldsymbol{z}}\,\boldsymbol{f}(\boldsymbol{z}, \Psi(\boldsymbol{z}))$$

oder

$$\frac{\mathrm{d}x}{\mathrm{d}t} = (\boldsymbol{k}^{\mathrm{T}} + \boldsymbol{z}^{\mathrm{T}}\boldsymbol{H} + \cdots)\left(\left(\frac{\mathrm{d}\boldsymbol{f}}{\mathrm{d}\boldsymbol{z}}\right)_{0}\boldsymbol{z} + \right.$$

$$\left. + \frac{1}{2}[\boldsymbol{z}^{\mathrm{T}}(\partial^2 f_1/\partial\boldsymbol{z}^2)_{0}\boldsymbol{z} \cdots \boldsymbol{z}^{\mathrm{T}}(\partial^2 f_q/\partial\boldsymbol{z}^2)_{0}\boldsymbol{z}]^{\mathrm{T}} + \cdots\right). \tag{9.185}$$

Als weitere Entwicklungen werden die folgenden vorausgesetzt:

$$\boldsymbol{K}(t) := \boldsymbol{K}(\boldsymbol{z}(t)) = \boldsymbol{K}_0 + \sum_{i=1}^{q}\boldsymbol{K}_i z_i + \cdots \tag{9.186a}$$

mit

$$\boldsymbol{K}_0 := \boldsymbol{K}(\boldsymbol{0}) \quad \text{und} \quad \boldsymbol{K}_i := \left(\frac{\partial \boldsymbol{K}}{\partial z_i}\right)_{\mathbf{0}} \quad (i = 1, 2, \ldots, q), \tag{9.186b}$$

$$\boldsymbol{P}(t) := \boldsymbol{P}(\boldsymbol{z}(t)) = \boldsymbol{P}_0 + \sum_{i=1}^{q} \boldsymbol{P}_i z_i + \cdots \tag{9.187a}$$

mit

$$\boldsymbol{P}_0 := \boldsymbol{P}(\boldsymbol{0}) \quad \text{und} \quad \boldsymbol{P}_i := \left(\frac{\partial \boldsymbol{P}}{\partial z_i}\right)_{\mathbf{0}} \quad (i = 1, 2, \ldots, q) \tag{9.187b}$$

$$\boldsymbol{A}(t) = \boldsymbol{A}_0 + \sum_{i=1}^{q} \boldsymbol{A}_i z_i + \cdots \tag{9.188a}$$

mit

$$\boldsymbol{A}_0 := \left(\frac{\partial \boldsymbol{f}(\boldsymbol{z}, x)}{\partial \boldsymbol{z}}\right)_{\mathbf{0}}$$

und

$$\boldsymbol{A}_i := \left(\frac{\mathrm{d}}{\mathrm{d}z_i} \frac{\partial \boldsymbol{f}(\boldsymbol{z}, x)}{\partial \boldsymbol{z}}\right)_{\mathbf{0}} = \left(\frac{\partial}{\partial z_i}\left(\frac{\partial \boldsymbol{f}(\boldsymbol{z}, x)}{\partial \boldsymbol{z}}\right)\right)_{\mathbf{0}} + \left(\frac{\partial}{\partial x}\left(\frac{\partial \boldsymbol{f}(\boldsymbol{z}, x)}{\partial \boldsymbol{z}}\right)\frac{\partial \Psi(\boldsymbol{z})}{\partial z_i}\right)_{\mathbf{0}},$$

$$(i = 1, 2, \ldots, q) \tag{9.188b}$$

und schließlich

$$\boldsymbol{B}(t) = \boldsymbol{B}_0 + \sum_{i=1}^{q} \boldsymbol{B}_i z_i + \cdots \tag{9.189a}$$

mit

$$\boldsymbol{B}_0 := \left(\frac{\partial \boldsymbol{f}(\boldsymbol{z}, x)}{\partial x}\right)_{\mathbf{0}}$$

und

$$\boldsymbol{B}_i := \left(\frac{\mathrm{d}}{\mathrm{d}z_i} \frac{\partial \boldsymbol{f}(\boldsymbol{z}, x)}{\partial x}\right)_{\mathbf{0}} = \left(\frac{\partial}{\partial z_i}\left(\frac{\partial \boldsymbol{f}(\boldsymbol{z}, x)}{\partial x}\right)\right)_{\mathbf{0}} + \left(\frac{\partial}{\partial x}\left(\frac{\partial \boldsymbol{f}(\boldsymbol{z}, x)}{\partial x}\right)\frac{\partial \Psi(\boldsymbol{z})}{\partial z_i}\right)_{\mathbf{0}}$$

$$(i = 1, 2, \ldots, q). \tag{9.189b}$$

Die Gln. (9.183) und (9.186a) ermöglichen jetzt die Entwicklung

$$\begin{aligned}\boldsymbol{K}(t)\boldsymbol{f}(\boldsymbol{z}, \Psi(\boldsymbol{z})) &= \left(\boldsymbol{K}_0 + \sum_{i=1}^{q} \boldsymbol{K}_i z_i + \cdots\right)\left(\left(\frac{\mathrm{d}\boldsymbol{f}}{\mathrm{d}\boldsymbol{z}}\right)_{\mathbf{0}}\boldsymbol{z} + \right.\\ &\quad \left. + \frac{1}{2}[\boldsymbol{z}^{\mathrm{T}}(\partial^2 f_1/\partial \boldsymbol{z}^2)_{\mathbf{0}}\boldsymbol{z} \cdots \boldsymbol{z}^{\mathrm{T}}(\partial^2 f_q/\partial \boldsymbol{z}^2)_{\mathbf{0}}\boldsymbol{z}]^{\mathrm{T}} + \cdots\right)\\ &= \boldsymbol{K}_0\left(\frac{\mathrm{d}\boldsymbol{f}}{\mathrm{d}\boldsymbol{z}}\right)_{\mathbf{0}}\boldsymbol{z} + \left(\sum_{i=1}^{q} \boldsymbol{K}_i z_i\right)\left(\frac{\mathrm{d}\boldsymbol{f}}{\mathrm{d}\boldsymbol{z}}\right)_{\mathbf{0}}\boldsymbol{z}\\ &\quad + \frac{1}{2}\boldsymbol{K}_0[\boldsymbol{z}^{\mathrm{T}}(\partial^2 f_1/\partial \boldsymbol{z}^2)_{\mathbf{0}}\boldsymbol{z} \cdots \boldsymbol{z}^{\mathrm{T}}(\partial^2 f_q/\partial \boldsymbol{z}^2)_{\mathbf{0}}\boldsymbol{z}]^{\mathrm{T}} + \cdots .\end{aligned} \tag{9.190}$$

Entwicklung der Grundformeln. Nun werden die Gln. (9.185) und (9.190) in Gl. (9.171) eingeführt. Durch Vergleich der linearen Terme auf beiden Seiten ergibt sich

$$\boldsymbol{k}^{\mathrm{T}} = \boldsymbol{K}_0, \tag{9.191}$$

wobei die Nichtsingularität von $(\partial \boldsymbol{f} / \partial \boldsymbol{z})_0$ vorausgesetzt wird. Der Vergleich der quadratischen Terme auf beiden Seiten liefert unter Beachtung von Gl. (9.191)

$$\boldsymbol{z}^{\mathrm{T}} \boldsymbol{H} \left(\frac{\mathrm{d}\boldsymbol{f}}{\mathrm{d}\boldsymbol{z}} \right)_0 \boldsymbol{z} = \sum_{i=1}^{q} \boldsymbol{K}_i z_i \left(\frac{\mathrm{d}\boldsymbol{f}}{\mathrm{d}\boldsymbol{z}} \right)_0 \boldsymbol{z} , \tag{9.192a}$$

wobei

$$\left(\frac{\mathrm{d}\boldsymbol{f}}{\mathrm{d}\boldsymbol{z}} \right)_0 \boldsymbol{z} = \sum_{j=1}^{q} \left(\frac{\mathrm{d}\boldsymbol{f}}{\mathrm{d}z_j} \right)_0 z_j \tag{9.192b}$$

geschrieben werden kann. Vergleicht man die Koeffizienten von $z_\mu z_\nu$ auf beiden Seiten der Gl. (9.192a) bei Beachtung von Gl. (9.192b), dann erhält man für $1 \leqq \mu \leqq q$, $1 \leqq \nu \leqq q$ und mit

$$\boldsymbol{H} = [h_{\mu\nu}], \quad \boldsymbol{f} = [f_1 \ \cdots \ f_q]^{\mathrm{T}}$$

die Beziehung

$$\sum_{l=1}^{q} \left[h_{\mu l} \left(\frac{\mathrm{d}f_l}{\mathrm{d}z_\nu} \right)_0 + h_{\nu l} \left(\frac{\mathrm{d}f_l}{\mathrm{d}z_\mu} \right)_0 \right] = \boldsymbol{K}_\mu \left(\frac{\mathrm{d}\boldsymbol{f}}{\mathrm{d}z_\nu} \right)_0 + \boldsymbol{K}_\nu \left(\frac{\mathrm{d}\boldsymbol{f}}{\mathrm{d}z_\mu} \right)_0 .$$

Durch Zusammenfassung und bei Beachtung von $\boldsymbol{H} = \boldsymbol{H}^{\mathrm{T}}$ ergibt sich

$$\boldsymbol{H} \left(\frac{\mathrm{d}\boldsymbol{f}}{\mathrm{d}\boldsymbol{z}} \right)_0 + \left(\frac{\mathrm{d}\boldsymbol{f}}{\mathrm{d}\boldsymbol{z}} \right)_0^{\mathrm{T}} \boldsymbol{H} = \boldsymbol{K}_{\boldsymbol{z}} \left(\frac{\mathrm{d}\boldsymbol{f}}{\mathrm{d}\boldsymbol{z}} \right)_0 + \left(\frac{\mathrm{d}\boldsymbol{f}}{\mathrm{d}\boldsymbol{z}} \right)_0^{\mathrm{T}} \boldsymbol{K}_{\boldsymbol{z}}^{\mathrm{T}} , \tag{9.193a}$$

wobei

$$\boldsymbol{K}_{\boldsymbol{z}} := \begin{bmatrix} \partial \boldsymbol{K} / \partial z_1 \\ \vdots \\ \partial \boldsymbol{K} / \partial z_q \end{bmatrix}_0 = \begin{bmatrix} \boldsymbol{K}_1 \\ \vdots \\ \boldsymbol{K}_q \end{bmatrix} \tag{9.193b}$$

bedeutet.

Führt man die Gln. (9.186a), (9.189a) und (9.187a) in die Gl. (9.175) ein und vergleicht auf beiden Seiten die Absolutglieder miteinander, dann gelangt man zur Beziehung

$$\boldsymbol{K}_0 = -\boldsymbol{R}^{-1} \boldsymbol{B}_0^{\mathrm{T}} \boldsymbol{P}_0 . \tag{9.194a}$$

Durch den Vergleich der linearen Glieder auf beiden Seiten dagegen ergibt sich

$$\boldsymbol{K}_i = -\boldsymbol{R}^{-1} (\boldsymbol{B}_i^{\mathrm{T}} \boldsymbol{P}_0 + \boldsymbol{B}_0^{\mathrm{T}} \boldsymbol{P}_i) \quad (i = 1, 2, \ldots, q) . \tag{9.194b}$$

Nun werden in die Gl. (9.176) die Darstellung

$$\frac{\mathrm{d}\boldsymbol{P}(t)}{\mathrm{d}t} = \sum_{i=1}^{q} \left[\boldsymbol{P}_i \sum_{j=1}^{q} (\mathrm{d}f_i / \mathrm{d}z_j)_0 \, z_j \right] + \cdots , \tag{9.195}$$

die sich aus Gl. (9.187a) und

$$\frac{\mathrm{d}z_i}{\mathrm{d}t} = f_i(\boldsymbol{z}, \Psi(\boldsymbol{z})) = \sum_{j=1}^{q} (\mathrm{d}f_i / \mathrm{d}z_j)_0 z_j + \cdots$$

ergibt, sowie die Gln. (9.186a), (9.187a) und (9.188a) eingeführt und beide Seiten der entstandenen Beziehung miteinander vergleichen. Die absoluten Terme liefern

$$(\boldsymbol{A}_0^{\mathrm{T}} + \gamma \mathbf{E})\boldsymbol{P}_0 + \boldsymbol{P}_0(\boldsymbol{A}_0 + \gamma \mathbf{E}) - \boldsymbol{K}_0^{\mathrm{T}} \boldsymbol{R} \boldsymbol{K}_0 + \boldsymbol{Q} = \mathbf{0} \tag{9.196a}$$

und die linearen Terme

$$-\sum_{i=1}^{q} \boldsymbol{P}_i \left(\frac{\mathrm{d}f_i}{\mathrm{d}z_j} \right)_0 = (\boldsymbol{A}_0^{\mathrm{T}} + \gamma \mathbf{E})\boldsymbol{P}_j + \boldsymbol{P}_j(\boldsymbol{A}_0 + \gamma \mathbf{E}) + \boldsymbol{A}_j^{\mathrm{T}} \boldsymbol{P}_0 + \boldsymbol{P}_0 \boldsymbol{A}_j$$

$$- \boldsymbol{K}_0^{\mathrm{T}} \boldsymbol{R} \boldsymbol{K}_j - \boldsymbol{K}_j^{\mathrm{T}} \boldsymbol{R} \boldsymbol{K}_0 \quad (j = 1, 2, \ldots, q). \tag{9.196b}$$

Die Bestimmung der Koeffizienten. Zunächst sei darauf hingewiesen, daß die Gln. (9.191), (9.194a) und (9.196a) den traditionellen linearen optimalen Regler mit quadratischem Güteindex liefern. Nach Wahl von γ, $\boldsymbol{Q}$, $\boldsymbol{R}$ und Berechnung von $\boldsymbol{A}_0$ und $\boldsymbol{B}_0$ gemäß den Gln. (9.181a,b) ermittelt man daraus $\boldsymbol{P}_0$ und $\boldsymbol{k}^{\mathrm{T}} = \boldsymbol{K}_0$. Wie bereits im Kapitel II, Abschnitt 5.4.3 erwähnt wurde, stehen hierfür Standardmethoden und fertige Softwarepakete zur Verfügung [Ch6].

Im folgenden soll gezeigt werden, wie $\Psi(\boldsymbol{z})$ nach Gl. (9.182) bis zum quadratischen Term berechnet werden kann:

- Man wähle $\boldsymbol{Q}$, $\boldsymbol{R}$ und γ.
- Man berechne $\boldsymbol{A}_0 = (\partial \boldsymbol{f} / \partial \boldsymbol{z})_0$ und $\boldsymbol{B}_0 = (\partial \boldsymbol{f} / \partial \boldsymbol{x})_0$.
- Man bestimme die positiv-definite Lösung $\boldsymbol{P}_0$ der algebraischen Riccati-Gleichung (9.196a), in der $\boldsymbol{K}_0$ durch $-\boldsymbol{R}^{-1} \boldsymbol{B}_0^{\mathrm{T}} \boldsymbol{P}_0$ gegeben ist:

  $$(\boldsymbol{A}_0^{\mathrm{T}} + \gamma \mathbf{E})\boldsymbol{P}_0 + \boldsymbol{P}_0 (\boldsymbol{A}_0 + \gamma \mathbf{E}) - \boldsymbol{P}_0 \boldsymbol{B}_0 \boldsymbol{R}^{-1} \boldsymbol{B}_0^{\mathrm{T}} \boldsymbol{P}_0 + \boldsymbol{Q} = \mathbf{0}.$$

  Danach erhält man gemäß den Gln. (9.191) und (9.194a)

  $$\boldsymbol{k}^{\mathrm{T}} = -\boldsymbol{R}^{-1} \boldsymbol{B}_0^{\mathrm{T}} \boldsymbol{P}_0 .$$

- Man berechne $(\mathrm{d}\boldsymbol{f} / \mathrm{d}\boldsymbol{z})_0$, $\boldsymbol{A}_i (i = 1, 2, \ldots, q)$ und $\boldsymbol{B}_i (i = 1, 2, \ldots, q)$ gemäß den Gln. (9.184a), (9.188b) und (9.189b).
- Man bestimme $\boldsymbol{K}_i$ und $\boldsymbol{P}_i (i = 1, 2, \ldots, q)$ aus den Gln. (9.194b) und (9.196b). Dabei ist zu beachten, daß es sich um $q^2(q+1)$ lineare Gleichungen für die $q^2(q+1)$ Matrizenelemente von $\boldsymbol{P}_i$ und $\boldsymbol{K}_i$ handelt.
- Es sind die berechneten $\boldsymbol{K}_i$ in Gl. (9.193a) unter Beachtung von Gl. (9.193b) einzusetzen und daraus $\boldsymbol{H}$ zu bestimmen. Dabei handelt es sich um q^2 lineare Gleichungen für die Elemente der Matrix $\boldsymbol{H}$, die in Form einer Lyapunov-Gleichung (2.189) gegeben sind.

Wenn man die Symmetrien der Matrizen in den Gln. (9.193a) und (9.196b) ausnützt, läßt sich der Rechenaufwand reduzieren.

Beispiel 9.18: Es wird erneut das Beispiel 9.15 der schwebenden Kugel im Magnetfeld aufgegriffen. Die Anwendung der Näherungsmethode mit $\boldsymbol{Q} = \mathbf{E}$, $\boldsymbol{R} = 1$ und $\gamma = 1$ liefert

$$\boldsymbol{K}_0 = [\,10{,}2005 \quad 3{,}8839\,]$$

und

$$\boldsymbol{H} = \begin{bmatrix} 37{,}7664 & 13{,}7970 \\ 13{,}7970 & 1{,}3691 \end{bmatrix}.$$

Im linearen Fall, in dem $\boldsymbol{K}_0$ als Reglerverstärkung dient, erhält der geschlossene Regelkreis die Eigenwerte

– 2,5864 und – 5,1813.

Im Bild 9.17a sind die zeitlichen Verläufe von $z_1(t)$ bei Wahl des Anfangszustands $\mathbf{z}_0 = [1 \;\; 0]^T$ für den linearen Regler und für die quadratische Approximation der Regelung dargestellt. Bild 9.17b zeigt entsprechende Verläufe bei $\mathbf{z}_0 = [-0{,}2 \;\; 0]^T$. Wie man sieht, weist der lineare Regler bei den gewählten Anfangsauslenkungen instabiles Verhalten auf, während der quadratische Regler jeweils ein gutes Ergebnis liefert. Zum Vergleich sind auch die Resultate des im Beispiel 9.17 auf dasselbe Problem angewendeten Verfahrens gemäß Abschnitt 5.6 und die Ergebnisse eines nichtlinearen optimalen Reglers gemäß Kapitel II, Abschnitt 5.4.1 in beiden Bildern eingetragen. Für den nichtlinearen optimalen Regler wurde der Güteindex (2.317) zu

$$J[x(t)] = \frac{1}{2}\int_{t_0}^{t_1}(z_1^2(t) + z_2^2(t) + x^2(t))\,dt + \frac{1}{2}(z_1^2(t_1) + z_2^2(t_1))$$

gewählt. Dementsprechend lautet die Hamiltonsche Funktion

$$H(\mathbf{z}, x, t) = \frac{1}{2}(z_1^2(t) + z_2^2(t) + x^2(t)) + \lambda_1 z_2(t) + \lambda_2\left(1 - \frac{(x(t)+1)^2}{(z_1(t)+1)^7}\right),$$

und aus $\partial H/\partial x = 0$ ergibt sich das optimale Eingangssignal

$$x(t) = \frac{2\lambda_2}{(z_1(t)+1)^7 - 2\lambda_2}.$$

Laut Kapitel II, Abschnitt 5.4.1, Gln. (2.327a,b) sind weiterhin die Differentialgleichungen

$$\frac{d\lambda_1(t)}{dt} = -z_1(t) - 7\lambda_2\frac{(x(t)+1)^2}{(z_1(t)+1)^8},$$

$$\frac{d\lambda_2(t)}{dt} = -z_2(t) - \lambda_1$$

mit der Endbedingung $\boldsymbol{\lambda}^T(t_1) = \mathbf{z}(t_1)$ zu erfüllen. Zusammen mit den Zustandsdifferentialgleichungen (9.149a,b) und der Anfangsbedingung $\mathbf{z}(0) = [1 \;\; 0]^T$ bzw. $\mathbf{z}(0) = [-0{,}20 \;\; 0]^T$ ergibt sich ein Zweipunkt-Randwertproblem, das unter der Verwendung der Prozedur [Ob1] numerisch gelöst wurde. Die Simulationsergebnisse sind in Bild 9.17 gezeigt.

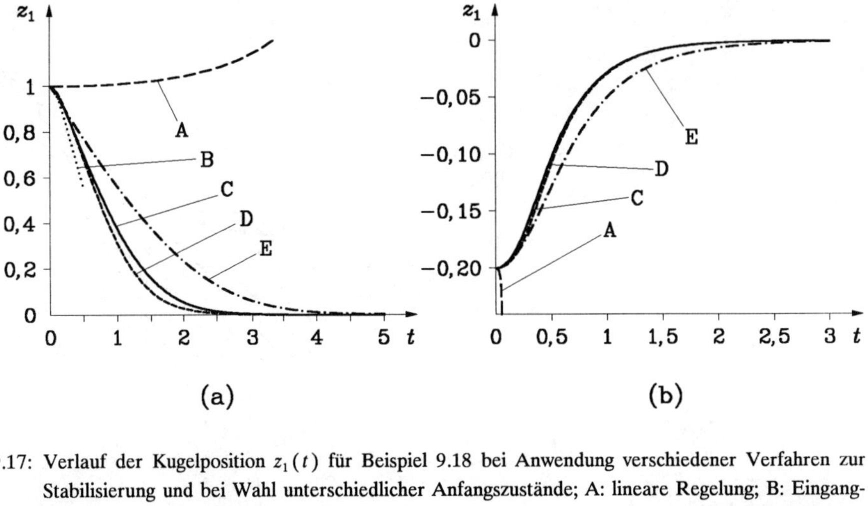

Bild 9.17: Verlauf der Kugelposition $z_1(t)$ für Beispiel 9.18 bei Anwendung verschiedener Verfahren zur Stabilisierung und bei Wahl unterschiedlicher Anfangszustände; A: lineare Regelung; B: Eingang-Ausgang-Linearisierung; C: Regelung nach Abschnitt 5.6; D: quadratische Approximation; E: nichtlineare optimale Regelung nach Kapitel II, Abschnitt 5.4.1

Außerdem wurde versucht, die Eingangs-Ausgangs-Linearisierung nach Abschnitt 4 anzuwenden. Dazu muß in Gl. (9.149b) die neue Eingangsgröße $u = (1+x)^2$ eingeführt werden, wodurch die Zustandsbeschreibung

$$\frac{\mathrm{d}z_1}{\mathrm{d}t} = z_2 \,; \quad \frac{\mathrm{d}z_2}{\mathrm{d}t} = 1 - \frac{u}{(1+z_1)^7} \quad \text{mit} \quad y = z_1$$

die für die Anwendung des Verfahrens erforderliche Gestalt erhält. Im Sinne von Abschnitt 4 ergibt sich

$$\frac{\mathrm{d}y}{\mathrm{d}t} = z_2 \quad \text{und} \quad \frac{\mathrm{d}^2 y}{\mathrm{d}t^2} = 1 - \frac{u}{(1+z_1)^7}\,, \quad \text{also} \quad r = 2\,.$$

Die Wahl von

$$u = (1+z_1)^7(1-v)$$

liefert die Differentialgleichung

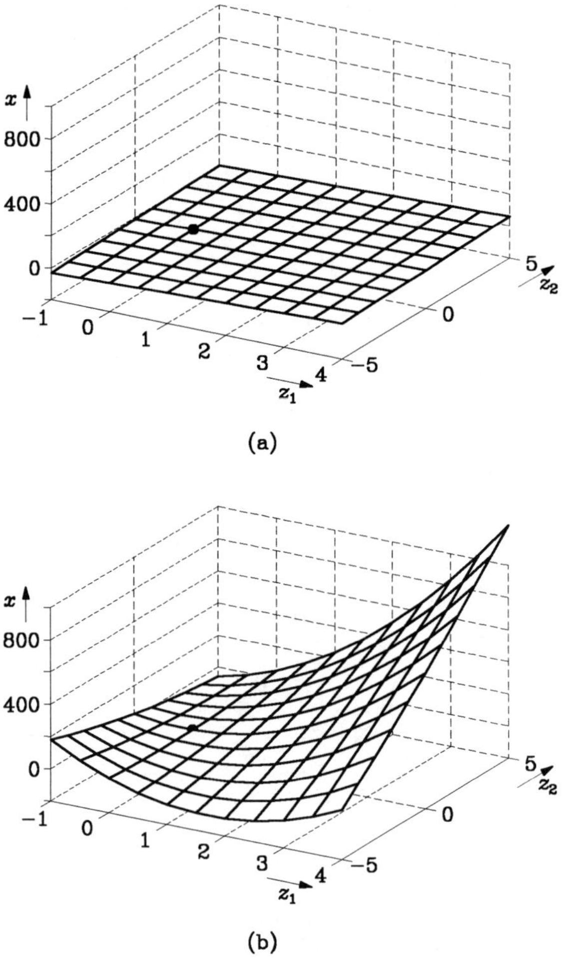

Bild 9.18: Steuersignal $x = \Psi(\boldsymbol{z})$ in Abhängigkeit von z_1 (Position) und z_2 (Geschwindigkeit) für Beispiel 9.18. (a) Lineare Regelung; (b) quadratische Regelung

$$\frac{d^2 y}{dt^2} = v$$

und mit der Rückkopplung $v = -\gamma_1 dy/dt - \gamma_0 y$

$$\frac{d^2 y}{dt} + \gamma_1 \frac{dy}{dt} + \gamma_0 y = 0 .$$

Die Konstanten werden zu $\gamma_1 = 6$ und $\gamma_0 = 9$ gewählt, so daß man das charakteristische Polynom $(p + 3)^2$ erhält. Das linearisierende Eingangssignal ist durch

$$x = \sqrt{(1 + z_1)^7 (1 - v)} - 1$$

gegeben. Da $r = 2$ ist, tritt keine Nulldynamik auf. Falls $v > 1$ wird, kann x nicht mehr berechnet werden, sofern gleichzeitig $z_1 > -1$ gilt. (Entsprechend würde das Verfahren für $v < 1$ scheitern, wenn $z_1 < -1$ gilt, was jedoch aus physikalischen Gründen unmöglich ist.) Aus diesem Grund bricht der Kurvenverlauf $z_1(t)$ bei Anwendung dieses Verfahrens ab (Bild 9.17).

In den Bildern 9.18a,b ist noch für den linearen und den quadratischen Regler jeweils die Funktion $x = \Psi(\boldsymbol{z})$ dargestellt. In beiden Bildern ist der Gleichgewichtszustand durch einen Punkt hervorgehoben. Im linearen Fall ist für große Werte von z_1 und z_2 das Eingangssignal x offensichtlich zu schwach, um die Kugel im Schwebezustand zu halten; sie fällt nach unten. Die Verbesserung des Verhaltens des quadratischen Reglers kann man intuitiv verstehen.

6 Das erweiterte Kalman-Filter

In den vorausgegangenen Abschnitten dieses Kapitels wurde vorausgesetzt, daß zu jeder Zeit alle Zustände des zu regelnden Systems durch entsprechende Messungen bestimmt werden können. Diese Bedingung ist in der Praxis häufig nicht erfüllt, zudem sind die gemessenen Größen oft durch Rauschen verfälscht. Um die nicht meßbaren Zustandsgrößen zu bestimmen, kann ein Zustandsbeobachter eingesetzt werden. Für lineare Systeme wurde dies bereits im Kapitel II, Abschnitt 5.3 sowie im Kapitel V, Abschnitt 7.2 für den kontinuierlichen Fall bzw. im Kapitel VI, Abschnitt 5.2 für den diskontinuierlichen Fall behandelt. Im Falle nichtlinearer Systeme ist eine Vielzahl von Möglichkeiten vorgeschlagen worden, die linearen Beobachter für die Anwendung auf nichtlineare Systeme zu verallgemeinern [Mi1, Wa2]. Von diesen Möglichkeiten wird das erweiterte Kalman-Filter am häufigsten in der Praxis eingesetzt, weil es sich auf einfache Weise implementieren läßt und gleichzeitig in vielen Anwendungsfällen gute Schätzwerte liefert.

Obwohl das Kalman-Bucy-Filter (man vergleiche Kapitel V, Abschnitt 7.2) in seiner ursprünglichen Form nur für die Anwendung auf lineare Systeme gedacht war, kann es in verhältnismäßig einfacher Weise auf nichtlineare Systeme erweitert werden. Üblicherweise wird das nichtlineare System am aktuellen Schätzwert linearisiert, und für diese Linearisierung wird dann ein Kalman-Bucy-Filter entworfen. Diese Vorgehensweise führt zum sogenannten erweiterten Kalman-Filter, das in den folgenden Abschnitten behandelt wird.

Im Gegensatz zur Nomenklatur in früheren Kapiteln sind hier stochastische Größen nur dann fettgedruckt, wenn deren Realisierungen Vektoren oder Matrizen sind.

6.1 DAS KONTINUIERLICHE ERWEITERTE KALMAN-FILTER

6.1.1 Schätzung von Zuständen stochastisch erregter nichtlinearer Systeme

Vorbereitungen. Um stochastisch erregte nichtlineare, kontinuierliche Systeme in ihrer vollen Allgemeinheit behandeln zu können, ist die mathematische Theorie der stochastischen Differentialgleichungen nötig. In der mathematischen Literatur wird häufig das sogenannte Ito-Kalkül [Ar1] verwendet. Die Besonderheiten der Itoschen stochastischen Differentialgleichungen liegen unter anderem darin, daß die auftretenden Integrale keine üblichen Riemann-Integrale sind und daß die Kettenregel durch die sogenannte Ito-Formel ersetzt wird. Die folgenden Abschnitte beschränken sich jedoch auf Fälle, bei denen diese Besonderheiten keine Rolle spielen.

In Analogie zu Kapitel V, Abschnitt 7.2.2 wird das betrachtete System durch die Gleichungen 1)

$$\frac{\mathrm{d}\boldsymbol{z}(t)}{\mathrm{d}t} = \boldsymbol{f}(\boldsymbol{z}(t), \boldsymbol{x}(t), t) + \boldsymbol{G}(t)\,\boldsymbol{u}(t), \tag{9.197a}$$

$$\boldsymbol{y}(t) = \boldsymbol{g}(\boldsymbol{z}(t), \boldsymbol{x}(t), t) + \boldsymbol{v}(t) \tag{9.197b}$$

beschrieben. Die als bekannt zu betrachtenden nichtlinearen Funktionen $\boldsymbol{f}$ und $\boldsymbol{g}$ seien stetig differenzierbar und derart beschaffen, daß die Differentialgleichung (9.197a) im stochastischen Sinne eine eindeutige Lösung besitzt [Ar1]. Die Größe $\boldsymbol{G}(t)$ bedeutet eine gegebene zeitabhängige Matrix mit k Spalten und q Zeilen; der Anfangszustand $\boldsymbol{z}(0) = \boldsymbol{z}_0$ ist ein unbekannter deterministischer Vektor. Ferner sind $\boldsymbol{u}(t)$ und $\boldsymbol{v}(t)$ $\mathbb{R}^k$- bzw. $\mathbb{R}^r$-wertige, unkorrelierte, mittelwertfreie weiße Rauschprozesse, d. h. es gilt

$$E[\boldsymbol{u}(t)] = \boldsymbol{0}, \tag{9.198a}$$

$$E[\boldsymbol{v}(t)] = \boldsymbol{0}, \tag{9.198b}$$

$$E[\boldsymbol{u}(t)\boldsymbol{u}^{\mathrm{T}}(\tau)] = \boldsymbol{M}(t)\,\delta(t-\tau), \tag{9.199a}$$

$$E[\boldsymbol{v}(t)\boldsymbol{v}^{\mathrm{T}}(\tau)] = \boldsymbol{N}(t)\,\delta(t-\tau), \tag{9.199b}$$

$$E[\boldsymbol{u}(t)\boldsymbol{v}^{\mathrm{T}}(\tau)] = \boldsymbol{0} \tag{9.199c}$$

mit gegebenen zeitabhängigen positiv-definiten Matrizen $\boldsymbol{M}(t)$ und $\boldsymbol{N}(t)$. Der Zustandsschätzer wird in der Form

---

1) In der mathematischen Literatur, wo die Zustandsgleichungen mit Hilfe des Ito-Kalküls formuliert sind (man vergleiche z. B. [Ar1]), hat es sich eingebürgert, in die Ausgangsgleichung (9.197b) einen zusätzlichen Integrierer in der Form $\mathrm{d}\boldsymbol{y}(t)/\mathrm{d}t = \boldsymbol{g}(\boldsymbol{z}(t), \boldsymbol{x}(t), t) + \boldsymbol{v}(t)$ einzuführen. Wird diese Form anstelle von Gl. (9.197b) benutzt, so gilt es zu beachten, daß in Gl. (9.206) dann $\mathrm{d}\boldsymbol{y}(t)/\mathrm{d}t$ anstelle von $\boldsymbol{y}(t)$ zu verwenden ist.

$$\frac{d\hat{\boldsymbol{z}}(t)}{dt} = \boldsymbol{f}(\hat{\boldsymbol{z}}(t), \boldsymbol{x}(t), t) + \boldsymbol{K}(t)[\boldsymbol{y}(t) - \boldsymbol{g}(\hat{\boldsymbol{z}}(t), \boldsymbol{x}(t), t)] \tag{9.200}$$

angesetzt, wobei $\hat{\boldsymbol{z}}(t)$ der Vektor der Zustandsschätzung bedeutet und $\boldsymbol{K}(t)$ die Verstärkungsmatrix ist. Nun werden die nichtlinearen Funktionen in der Form

$$\boldsymbol{f}(\boldsymbol{z}(t), \boldsymbol{x}(t), t) - \boldsymbol{f}(\hat{\boldsymbol{z}}(t), \boldsymbol{x}(t), t)$$

$$= \boldsymbol{A}(t)(\boldsymbol{z}(t) - \hat{\boldsymbol{z}}(t)) + \boldsymbol{r}_f(\boldsymbol{z}(t), \hat{\boldsymbol{z}}(t), \boldsymbol{x}(t), t), \tag{9.201a}$$

$$\boldsymbol{g}(\boldsymbol{z}(t), \boldsymbol{x}(t), t) - \boldsymbol{g}(\hat{\boldsymbol{z}}(t), \boldsymbol{x}(t), t)$$

$$= \boldsymbol{C}(t)(\boldsymbol{z}(t) - \hat{\boldsymbol{z}}(t)) + \boldsymbol{r}_g(\boldsymbol{z}(t), \hat{\boldsymbol{z}}(t), \boldsymbol{x}(t), t) \tag{9.201b}$$

mit

$$\boldsymbol{A}(t) = \left(\frac{\partial \boldsymbol{f}}{\partial \boldsymbol{z}}\right)_{\hat{\boldsymbol{z}}(t), \boldsymbol{x}(t), t}, \quad \boldsymbol{C}(t) = \left(\frac{\partial \boldsymbol{g}}{\partial \boldsymbol{z}}\right)_{\hat{\boldsymbol{z}}(t), \boldsymbol{x}(t), t} \tag{9.202a,b}$$

entwickelt, wobei in $\boldsymbol{r}_f(\boldsymbol{z}(t), \hat{\boldsymbol{z}}(t), \boldsymbol{x}(t), t)$ und $\boldsymbol{r}_g(\boldsymbol{z}(t), \hat{\boldsymbol{z}}(t), \boldsymbol{x}(t), t)$ die Glieder zweiter und höherer Ordnung zusammengefaßt sind. Wie auch im Kapitel II, Abschnitt 5.3 ist der Schätzfehler durch

$$\boldsymbol{w}(t) = \boldsymbol{z}(t) - \hat{\boldsymbol{z}}(t) \tag{9.203}$$

gegeben. Subtrahiert man Gl. (9.200) von Gl. (9.197a), so erhält man unter Berücksichtigung der Gln. (9.197b), (9.201a,b) und (9.202a,b) die folgende Differentialgleichung für den Schätzfehler

$$\frac{d\boldsymbol{w}(t)}{dt} = \left[\boldsymbol{A}(t) - \boldsymbol{K}(t)\boldsymbol{C}(t)\right]\boldsymbol{w}(t) + \boldsymbol{r}_N(t) + \boldsymbol{r}_R(t), \tag{9.204}$$

wobei mit

$$\boldsymbol{r}_N(t) = \boldsymbol{r}_f(\boldsymbol{z}(t), \hat{\boldsymbol{z}}(t), \boldsymbol{x}(t), t) - \boldsymbol{K}(t)\,\boldsymbol{r}_g(\boldsymbol{z}(t), \hat{\boldsymbol{z}}(t), \boldsymbol{x}(t), t) \tag{9.205a}$$

die nichtlinearen Terme und mit

$$\boldsymbol{r}_R(t) = \boldsymbol{G}(t)\,\boldsymbol{u}(t) - \boldsymbol{K}(t)\,\boldsymbol{v}(t) \tag{9.205b}$$

die Rauschterme zusammengefaßt wurden.

Entwurfsgleichungen. Die Entwurfsgleichungen des erweiterten Kalman-Filters ergeben sich in einfacher Weise aus dem im Kapitel V, Abschnitt 7.2 behandelten Kalman-Bucy-Filter, wenn die Systemmatrizen durch die entsprechenden Jacobi-Matrizen ersetzt werden. Dies entspricht einer Linearisierung des nichtlinearen Systems am aktuellen Schätzwert $\hat{\boldsymbol{z}}(t)$. Für eine Anwendung des erweiterten Kalman-Filters muß die Differentialgleichung (9.200) für den Schätzwert

$$\frac{d\hat{\boldsymbol{z}}(t)}{dt} = \boldsymbol{f}(\hat{\boldsymbol{z}}(t), \boldsymbol{x}(t), t) + \boldsymbol{K}(t)[\boldsymbol{y}(t) - \boldsymbol{g}(\hat{\boldsymbol{z}}(t), \boldsymbol{x}(t), t)] \tag{9.206}$$

simultan zur Riccati-Differentialgleichung (man vergleiche Gl. (5.269))

$$\frac{\mathrm{d}\boldsymbol{P}(t)}{\mathrm{d}t} = \boldsymbol{A}(t)\boldsymbol{P}(t) + \boldsymbol{P}(t)\boldsymbol{A}^{\mathrm{T}}(t) + \boldsymbol{Q}(t) - \boldsymbol{P}(t)\boldsymbol{C}^{\mathrm{T}}(t)\boldsymbol{R}^{-1}(t)\boldsymbol{C}(t)\boldsymbol{P}(t) \qquad (9.207)$$

gelöst werden, wobei nach den Gln. (9.202a,b) die Matrizen

$$\boldsymbol{A}(t) = \left[\frac{\partial \boldsymbol{f}}{\partial \boldsymbol{z}}\right]_{\hat{\boldsymbol{z}}(t),\boldsymbol{x}(t),t}, \qquad \boldsymbol{C}(t) = \left[\frac{\partial \boldsymbol{g}}{\partial \boldsymbol{z}}\right]_{\hat{\boldsymbol{z}}(t),\boldsymbol{x}(t),t} \qquad (9.208\text{a,b})$$

definiert sind und die Verstärkungsmatrix nach Gl. (5.268) durch

$$\boldsymbol{K}(t) = \boldsymbol{P}(t)\,\boldsymbol{C}^{\mathrm{T}}(t)\,\boldsymbol{R}^{-1}(t) \qquad (9.209)$$

gegeben ist. Ferner sind $\boldsymbol{Q}(t)$, $\boldsymbol{R}(t)$ und der Anfangswert $\boldsymbol{P}(t_0)$ für die Riccati-Differentialgleichung (9.207) als symmetrische positiv-definite Matrizen zu wählen.

Hierzu sollen noch die folgenden Bemerkungen gemacht werden:

1. Bei den Differentialgleichungen (9.206) und (9.207) handelt es sich im allgemeinen um stochastische Differentialgleichungen, die man z. B. mit Hilfe einer Euler-Diskretisierung und eines Zufallszählergenerators (für die Rauschprozesse) numerisch lösen kann (man vergleiche hierzu auch [Ru2]).
2. Häufig wählt man für $\boldsymbol{Q}(t)$ und $\boldsymbol{R}(t)$ die Kovarianzmatrizen der Rauschprozesse $\boldsymbol{u}(t)$ bzw. $\boldsymbol{v}(t)$, d. h.

$$\boldsymbol{Q}(t) = \boldsymbol{G}(t)\,\boldsymbol{M}(t)\,\boldsymbol{G}^{\mathrm{T}}(t), \qquad (9.210\text{a})$$

$$\boldsymbol{R}(t) = \boldsymbol{N}(t), \qquad (9.210\text{b})$$

wobei $\boldsymbol{M}(t)$ und $\boldsymbol{N}(t)$ durch die Gln. (9.199a,b) gegeben sind. In bestimmten Fällen, z.B. bei der Zustandsschätzung für nichtlineare Systeme ohne Rauschterme (d.h. im Falle $\boldsymbol{M}(t) \equiv \boldsymbol{0}$ und $\boldsymbol{N}(t) \equiv \boldsymbol{0}$), aber auch bei der Zustandsschätzung stochastisch erregter nichtlinearer Systeme, ist eine andere Wahl für $\boldsymbol{Q}(t)$ und $\boldsymbol{R}(t)$ nicht nur möglich, sondern durchaus sinnvoll. Die Matrizen $\boldsymbol{Q}(t)$ und $\boldsymbol{R}(t)$ sind damit Entwurfsparameter.

Dynamik des Schätzfehlers. Das Kalman-Bucy-Filter für lineare Systeme wurde derart entworfen, daß die Fehlerkovarianzmatrix in einem gewissen Sinne minimiert wird (man vergleiche hierzu Kapitel V, Abschnitt 7.2.3). Für nichtlineare Systeme wird die Fehlerkovarianz $E[\boldsymbol{w}^{\mathrm{T}}(t)\,\boldsymbol{w}(t)]$ im allgemeinen zwar nicht minimiert, jedoch bleibt sie unter bestimmten Voraussetzungen beschränkt. Diese Aussage wird in folgendem Satz präzisiert, dessen Beweis in [Re3] gegeben ist.

Satz IX.7: Es sei ein stochastisch erregtes nichtlineares, kontinuierliches System, das durch die Gln. (9.197a) - (9.199c) beschrieben wird, sowie ein erweitertes Kalman-Filter nach den Gln. (9.206) - (9.209) gegeben. Weiterhin seien folgende Voraussetzungen erfüllt:

1. Es gibt reelle positive Zahlen $c_{\max}$, $p_{\min}$, $p_{\max}$, $q_{\min}$, $r_{\min}$ derart, daß folgende Ungleichungen für $t \geqq t_0$ erfüllt sind: [1]

$$\|\,\boldsymbol{C}(t)\,\| \leqq c_{\max}, \qquad (9.211)$$

---

[1] Die Matrizenungleichungen sind in dem Sinn zu verstehen, daß für zwei symmetrische Matrizen $\boldsymbol{X}$ und $\boldsymbol{Y}$ die Ungleichung $\boldsymbol{X} \geqq \boldsymbol{Y}$ genau dann besteht, wenn $\boldsymbol{X} - \boldsymbol{Y}$ positiv-semidefinit ist.

$$p_{\min}\,\mathbf{E} \leqq \boldsymbol{P}(t) \leqq p_{\max}\,\mathbf{E}, \tag{9.212}$$

$$q_{\min}\,\mathbf{E} \leqq \boldsymbol{Q}(t), \quad r_{\min}\,\mathbf{E} \leqq \boldsymbol{R}(t). \tag{9.213a,b}$$

2. Es gibt positiv-reelle Zahlen ε_{fg}, κ_f, κ_g derart, daß die Restglieder in Gl. (9.205a) durch

$$\| \boldsymbol{r}_f(\boldsymbol{z},\hat{\boldsymbol{z}},\boldsymbol{x},t) \| \leqq \kappa_f \; \| \boldsymbol{z} - \hat{\boldsymbol{z}} \|^2, \tag{9.214a}$$

$$\| \boldsymbol{r}_g(\boldsymbol{z},\hat{\boldsymbol{z}},\boldsymbol{x},t) \| \leqq \kappa_g \; \| \boldsymbol{z} - \hat{\boldsymbol{z}} \|^2 \tag{9.214b}$$

für $\| \boldsymbol{z} - \hat{\boldsymbol{z}} \| \leqq \varepsilon_{fg}$ und alle $\boldsymbol{x}$ und t beschränkt sind.

Dann gibt es für jedes $\varepsilon_{\boldsymbol{w}} > 0$ zwei Konstanten $\delta_{\boldsymbol{w}}$, $\delta_R > 0$ derart, daß der Schätzfehler nach Gl. (9.203) durch die Ungleichung

$$E[\, \| \boldsymbol{w}(t) \|^2] \leqq \varepsilon_{\boldsymbol{w}}^2 \tag{9.215}$$

für $t \geqq t_0$ beschränkt ist; dabei wird vorausgesetzt, daß der Anfangsschätzfehler und die Kovarianzmatrizen der Rauschterme nach den Gln. (9.199a,b) klein genug sind, damit die Ungleichungen

$$\| \boldsymbol{w}(t_0) \| \leqq \delta_{\boldsymbol{w}}, \tag{9.216a}$$

$$\boldsymbol{G}(t)\,\boldsymbol{M}(t)\,\boldsymbol{G}^{\mathrm{T}}(t) \leqq \delta_R^2\,\mathbf{E}, \tag{9.216b}$$

$$\boldsymbol{N}(t) \leqq \delta_R^2\,\mathbf{E} \tag{9.216c}$$

erfüllt werden.
Es sollen noch folgende Bemerkungen gemacht werden:

1. Die Ungleichungen (9.213a,b) können durch eine geeignete Wahl von $\boldsymbol{Q}(t)$ und $\boldsymbol{R}(t)$ sichergestellt werden, z. B. indem man zeitlich konstante, positiv-definite Matrizen wählt. Dagegen müssen die Bedingungen (9.211) und (9.212) numerisch überprüft werden.
2. Mit Hilfe von Standardabschätzungen kann gezeigt werden, daß die Ungleichungen (9.214a,b) dann erfüllt sind, wenn die Funktionen $\boldsymbol{f}$ und $\boldsymbol{g}$ zweimal stetig differenzierbar sind und die Normen der zu $\boldsymbol{f}$ und $\boldsymbol{g}$ gehörenden Hesse-Matrizen beschränkt sind [He3]. In vielen praktischen Anwendungen kann man also davon ausgehen, daß die Ungleichungen (9.214a,b) gelten.
3. Man beachte, daß im Gegensatz zum linearen Fall die Lösung der Riccati-Differentialgleichung im allgemeinen nicht gleich der Kovarianzmatrix des Schätzfehlers ist, d. h. es gilt im allgemeinen

$$\mathbf{E}[\boldsymbol{w}(t)\,\boldsymbol{w}^{\mathrm{T}}(t)] \neq \boldsymbol{P}(t). \tag{9.217}$$

4. Ist das betrachtete System linear und setzt man

$$\boldsymbol{Q}(t) = \boldsymbol{G}(t)\,\boldsymbol{M}(t)\,\boldsymbol{G}^{\mathrm{T}}(t), \qquad \boldsymbol{R}(t) = \boldsymbol{N}(t), \tag{9.218a,b}$$

so gilt

$$\boldsymbol{P}(t) \equiv E[\boldsymbol{w}(t)\,\boldsymbol{w}^{\mathrm{T}}(t)], \tag{9.219}$$

und die Beschränktheit für die Kovarianz des Schätzfehlers folgt direkt aus Gl. (9.212).

Mit anderen Worten besagt Satz IX.7 folgendes: Unter geeigneten Voraussetzungen bleibt der Schätzfehler beschränkt, und die Schranke kann beliebig klein gewählt werden, sofern der Anfangsschätzfehler und die Rauschterme klein genug sind. Wenn jedoch der Anfangsschätzfehler oder das Rauschen zu groß wird, kann dies zur Divergenz des Schätzfehlers führen. Dieses Verhalten soll nun anhand von Beispielen demonstriert werden.

Beispiel 9.19: Es wird ein stochastisch erregtes nichtlineares System mit den Zustandsgleichungen (9.197a,b) betrachtet, wobei

$$\boldsymbol{f}(\boldsymbol{z},\boldsymbol{x},t) = \begin{bmatrix} z_2 \\ -z_1 + (z_1^2 + z_2^2 - 1)\,z_2 \end{bmatrix}, \tag{9.220a}$$

$$\boldsymbol{g}(\boldsymbol{z},\boldsymbol{x},t) = z_1\,, \tag{9.220b}$$

$k = q = 2$ und $\boldsymbol{G}(t) = \mathbf{E}$ gewählt wird. Daraus berechnet man sofort

$$\boldsymbol{A}(t) = \left(\frac{\partial \boldsymbol{f}}{\partial \boldsymbol{z}}\right)_{\hat{\boldsymbol{z}},\boldsymbol{x},t} = \begin{bmatrix} 0 & 1 \\ -1 + 2\hat{z}_1\hat{z}_2 & \hat{z}_1^2 + 3\hat{z}_2^2 - 1 \end{bmatrix} \tag{9.221a}$$

und

$$\boldsymbol{C}(t) = \left(\frac{\partial \boldsymbol{g}}{\partial \boldsymbol{z}}\right)_{\hat{\boldsymbol{z}},\boldsymbol{x},t} = [1 \quad 0]\,. \tag{9.221b}$$

Für die numerische Lösung der stochastischen Differentialgleichungen wurde die stochastische Version des Heun-Verfahrens [Ru2] mit der Schrittweite $\Delta t = 10^{-3}$ benutzt, es kann aber auch genausogut das Euler-Verfahren eingesetzt werden. In allen folgenden Simulationen wurde $\boldsymbol{M} = 10^{-2}\mathbf{E}$, $\boldsymbol{Q}(t) = \mathbf{E}$, $\boldsymbol{R}(t) = 1$, $\boldsymbol{P}(0) = \mathbf{E}$ und $\boldsymbol{z}(0) = [0{,}8 \quad 0{,}2]$ gewählt. Es werden drei verschiedene Fälle betrachtet: Kleiner Anfangsschätzfehler und kleines Rauschen, kleiner Anfangsschätzfehler und großes Rauschen sowie großer Anfangsschätzfehler und kleines Rauschen. Die entsprechenden Werte für die Kovarianzmatrix $\boldsymbol{N}(t)$ sind 0,1; 1; 0,1 und für den Anfangsschätzwert $\hat{\boldsymbol{z}}(0)$ jeweils $[0{,}5 \quad 0{,}5]^{\mathrm{T}}$, $[0{,}5 \quad 0{,}5]^{\mathrm{T}}$ und $[1{,}5 \quad 1]^{\mathrm{T}}$. Die Simulationsergebnisse sind in Bild 9.19 gezeigt, in dem Realisierungen der stochastischen Prozesse $z_2(t)$ und $\hat{z}_2(t)$ als Funktionen der Zeit t im Intervall $[0, 10]$ aufgetragen sind. Man erkennt, daß der Schätzfehler beschränkt bleibt, sofern der Anfangsschätzfehler und das Rauschen nicht zu groß sind, wie im Bild 9.19a gezeigt ist. Wenn dagegen der Anfangsschätzfehler oder das Rauschen zu groß ist, divergiert der Schätzfehler, wie man den Bildern 9.19b-c entnimmt.

Beispiel 9.20: In diesem Beispiel wird das erweiterte Kalman-Filter zur Demodulation eines phasenmodulierten Signals eingesetzt. Nach [An2] wird das Signalmodell durch

$$\frac{\mathrm{d}\boldsymbol{z}(t)}{\mathrm{d}t} = \boldsymbol{A}\,\boldsymbol{z}(t) + \boldsymbol{G}\,u(t), \tag{9.222a}$$

$$y(t) = \sqrt{2}\sin\left[\omega t + z_2(t)\right] + v(t) \tag{9.222b}$$

mit

$$\boldsymbol{A} = \begin{bmatrix} -\dfrac{1}{\beta} & 0 \\ 1 & 0 \end{bmatrix}, \quad \boldsymbol{G} = \begin{bmatrix} 1 \\ 0 \end{bmatrix} \tag{9.223a,b}$$

beschrieben, wobei $\beta > 0$ gilt und ω die normierte Trägerkreisfrequenz ist. Im folgenden wird $\beta = 25$ und $\omega = 10^8$ gewählt. Das Nutzsignal ist dabei durch $z_1(t)$ gegeben. Aus Gl. (9.222b) berechnet man

$$\boldsymbol{C}(t) = \left(\frac{\partial g}{\partial \boldsymbol{z}}\right)_{\hat{\boldsymbol{z}}(t),t} = \left[0 \quad \sqrt{2}\cos(\omega t + \hat{z}_2(t))\right]. \tag{9.224}$$

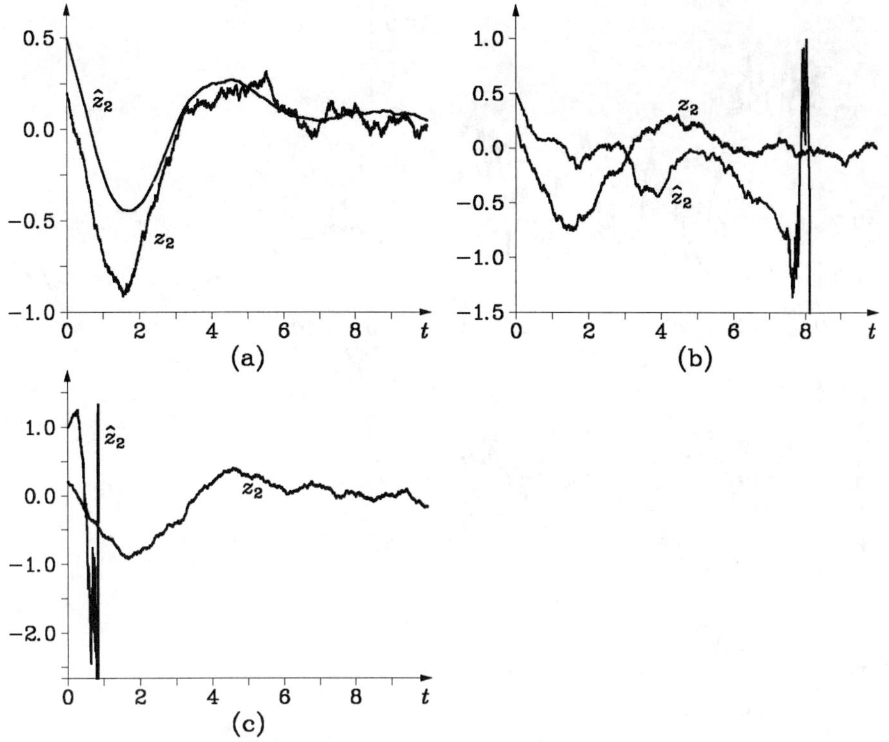

Bild 9.19: Ergebnisse der numerischen Simulationen zu Beispiel 9.19. (a) Kleiner Anfangsschätzfehler und kleines Rauschen; (b) kleiner Anfangsschätzfehler und großes Rauschen; (c) großer Anfangsschätzfehler und kleines Rauschen

Für die Simulationen wurde eine Heun-Diskretisierung mit der Schrittweite $\Delta t = 5 \cdot 10^{-2}$ gewählt, ferner wurden $\boldsymbol{M}(t) = 2/\beta$, $\boldsymbol{Q}(t) = \mathbf{E}$, $\boldsymbol{R}(t) = 1$, $\boldsymbol{P}(0) = \mathbf{E}$ und $\boldsymbol{z}(0) = [1 \quad 0]^{\mathrm{T}}$ gewählt. Es werden wieder drei Fälle betrachtet, die entsprechenden Realisierungen für das Nutzsignal $z_1(t)$ und dessen Schätzwert $\hat{z}_1(t)$ sind im Bild 9.20 veranschaulicht: Wenn das Rauschen und der Anfangsschätzfehler klein sind ($\boldsymbol{N}(t) = 10^{-2}$, $\hat{\boldsymbol{z}}(0) = [0 \quad \pi/2]^{\mathrm{T}}$), kann der Schätzwert $\hat{z}_1(t)$ dem Nutzsignal $z_1(t)$ gut folgen, wie Bild 9.20a zeigt. Ein großer Anfangsschätzfehler ($\boldsymbol{N}(t) = 10^{-2}$, $\hat{\boldsymbol{z}}(0) = [10 \quad \pi/6]^{\mathrm{T}}$) führt in diesem Beispiel nicht zu einer Divergenz des Schätzfehlers, sondern lediglich zu einer erhöhten Einschwingzeit, wie Bild 9.20b verdeutlicht. (Zusätzlich hat der große Anfangsschätzfehler eine konstante Abweichung des Schätzwerts $\hat{z}_2(t)$ von $z_2(t)$ zur Folge, die jedoch in diesem Beispiel ohne Belang ist.) Wird das Meßrauschen zu groß ($\boldsymbol{N}(t) = 1$, $\hat{\boldsymbol{z}}(0) = [0 \quad \pi/2]^{\mathrm{T}}$), so bleiben die Schätzwerte $\hat{z}_1(t)$ zwar beschränkt, aber nicht mehr nahe genug an $z_1(t)$, und eine korrekte Übertragung des Nutzsignals ist nicht mehr sichergestellt, wie man im Bild 9.20c erkennt.

6.1.2 Schätzung von Zuständen deterministisch erregter nichtlinearer Systeme

Vorbereitungen. In diesem Abschnitt werden die Betrachtungen auf den deterministischen Fall beschränkt, d. h. das zugrundegelegte System wird wie in den Gln. (8.1a,b) durch die Zustandsgleichungen

$$\frac{\mathrm{d}\boldsymbol{z}(t)}{\mathrm{d}t} = \boldsymbol{f}(\boldsymbol{z}(t), \boldsymbol{x}(t), t), \qquad (9.225\mathrm{a})$$

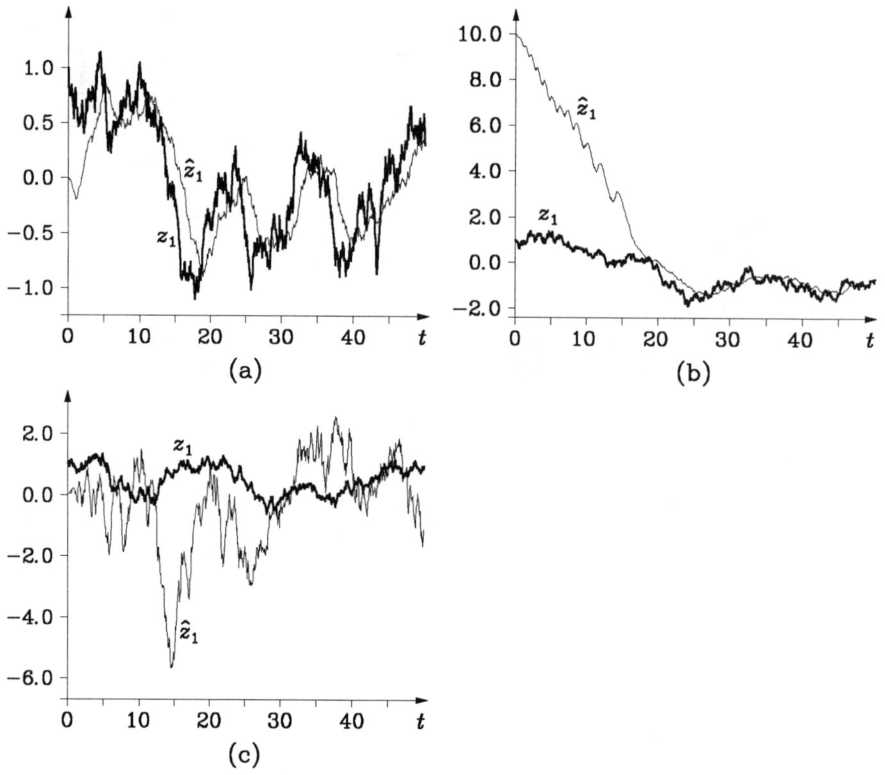

Bild 9.20: Ergebnisse der numerischen Simulationen zu Beispiel 9.20 (Demodulation eines phasenmodulierten Signals). (a) Kleiner Anfangsschätzfehler und kleines Rauschen; (b) großer Anfangsschäzfehler und kleines Rauschen; (c) kleiner Anfangsschätzfehler und großes Rauschen

$$\boldsymbol{y}(t) = \boldsymbol{g}(\boldsymbol{z}(t), \boldsymbol{x}(t), t) \tag{9.225b}$$

beschrieben. Der Zustandsschätzer wird wie in Gl. (9.200) angesetzt, und auch die dort durchgeführten Betrachtungen können auf den deterministischen Fall übertragen werden. Es ergibt sich lediglich der Unterschied, daß in Gl. (9.204) der Term $\boldsymbol{r}_R(t)$ wegfällt, d. h. der Schätzfehler $\boldsymbol{w}(t) = \boldsymbol{z}(t) - \hat{\boldsymbol{z}}(t)$ erfüllt die Differentialgleichung

$$\frac{\mathrm{d}\boldsymbol{w}(t)}{\mathrm{d}t} = \left[\boldsymbol{A}(t) - \boldsymbol{K}(t)\boldsymbol{C}(t)\right]\boldsymbol{w}(t) + \boldsymbol{r}_N(t), \tag{9.226}$$

wobei $\boldsymbol{r}_N(t)$ durch die Gl. (9.205a) gegeben ist. Auch die Entwurfsgleichungen (9.206) - (9.209) für das erweiterte Kalman-Filter können auf den deterministischen Fall unverändert übertragen werden, für die Matrizen $\boldsymbol{Q}(t)$ und $\boldsymbol{R}(t)$ sind dabei beliebige, positiv-definite (kompatible) Matrizen zu verwenden. Die Differentialgleichungen (9.206) - (9.207) sind in diesem Fall Differentialgleichungen für deterministische Funktionen, die mit dem üblichen Runge-Kutta-Verfahren numerisch gelöst werden können.

Dynamik des Schätzfehlers. Für deterministisch erregte nichtlineare Systeme läßt sich die Aussage von Satz IX.7 noch weiter verschärfen. Da hier die Rauschterme entfallen, ist zu vermuten, daß der Schätzfehler gegen Null konvergiert. Es ist sogar noch eine wesentlich stärkere Aussage möglich, die im folgenden Satz präzisiert wird:

Satz IX.8: Es sei ein nichtlineares, kontinuierliches System, das durch die Gln. (9.225a,b) charakterisiert wird, sowie ein erweitertes Kalman-Filter nach den Gln. (9.206) - (9.209) gegeben. Weiterhin seien folgende Voraussetzungen erfüllt:

1. Es gibt positive reelle Zahlen $c_{\max}$, $p_{\min}$, $p_{\max}$, $q_{\min}$, $r_{\min}$ derart, daß folgende Ungleichungen für $t \geqq t_0$ erfüll sind:

$$\| \boldsymbol{C}(t) \| \leqq c_{\max} , \tag{9.227}$$

$$p_{\min} \mathbf{E} \leqq \boldsymbol{P}(t) \leqq p_{\max} \mathbf{E} , \tag{9.228}$$

$$q_{\min} \mathbf{E} \leqq \boldsymbol{Q}(t), \quad r_{\min} \mathbf{E} \leqq \boldsymbol{R}(t). \tag{9.229a,b}$$

2. Es gibt positive reelle Zahlen ε_{fg}, κ_f, κ_g derart, daß die Restglieder in Gl. (9.205a) durch

$$\| \boldsymbol{r}_f (\boldsymbol{z}, \hat{\boldsymbol{z}}, \boldsymbol{x}, t) \| \leqq \kappa_f \| \boldsymbol{z} - \hat{\boldsymbol{z}} \|^2 , \tag{9.230a}$$

$$\| \boldsymbol{r}_g (\boldsymbol{z}, \hat{\boldsymbol{z}}, \boldsymbol{x}, t) \| \leqq \kappa_g \| \boldsymbol{z} - \hat{\boldsymbol{z}} \|^2 \tag{9.230b}$$

für $\| \boldsymbol{z} - \hat{\boldsymbol{z}} \| \leqq \varepsilon_{fg}$ und alle $\boldsymbol{x}$ und t beschränkt sind.

Dann ist die Differentialgleichung (9.226) für den Schätzfehler exponentiell stabil, d. h. es gibt reelle Konstanten α, β, $\varepsilon > 0$, so daß

$$\| \boldsymbol{w}(t) \| \leqq \alpha \| \boldsymbol{w}(t_0) \| \, \mathrm{e}^{-\beta(t - t_0)} \tag{9.231}$$

für $\| \boldsymbol{w}(t_0) \| \leqq \varepsilon$ und $t \geqq t_0$ gilt.

Beweis: Für den Beweis der exponentiellen Stabilität wird eine Lyapunov-Funktion in der Form

$$V(\boldsymbol{w}, t) = \boldsymbol{w}^{\mathrm{T}} \boldsymbol{P}^{-1} \boldsymbol{w} \tag{9.232}$$

angesetzt. Aus der Ungleichung (9.228) folgt, daß die Lyapunov-Funktion durch

$$\frac{1}{p_{\max}} \| \boldsymbol{w} \|^2 \leqq V(\boldsymbol{w}, t) \leqq \frac{1}{p_{\min}} \| \boldsymbol{w} \|^2 \tag{9.233}$$

von oben und unten beschränkt ist. Differenziert man Gl. (9.232) nach der Zeit t, so ergibt sich

$$\frac{\mathrm{d}V(\boldsymbol{w}, t)}{\mathrm{d}t} = \frac{\mathrm{d}\boldsymbol{w}^{\mathrm{T}}}{\mathrm{d}t} \boldsymbol{P}^{-1} \boldsymbol{w} + \boldsymbol{w}^{\mathrm{T}} \frac{\mathrm{d}\boldsymbol{P}^{-1}}{\mathrm{d}t} \boldsymbol{w} + \boldsymbol{w}^{\mathrm{T}} \boldsymbol{P}^{-1} \frac{\mathrm{d}\boldsymbol{w}}{\mathrm{d}t} . \tag{9.234}$$

Nun wird $\mathrm{d}\boldsymbol{w}/\mathrm{d}t$ nach Gl. (9.226) eingesetzt, und man erhält

$$\frac{\mathrm{d}V(\boldsymbol{w}, t)}{\mathrm{d}t} = \boldsymbol{w}^{\mathrm{T}} \frac{\mathrm{d}\boldsymbol{P}^{-1}}{\mathrm{d}t} \boldsymbol{w} + \boldsymbol{w}^{\mathrm{T}} [\boldsymbol{A} - \boldsymbol{K}\boldsymbol{C}]^{\mathrm{T}} \boldsymbol{P}^{-1} \boldsymbol{w} + \boldsymbol{w}^{\mathrm{T}} \boldsymbol{P}^{-1} [\boldsymbol{A} - \boldsymbol{K}\boldsymbol{C}] \boldsymbol{w} + 2 \boldsymbol{w}^{\mathrm{T}} \boldsymbol{P}^{-1} \boldsymbol{r}_N . \tag{9.235}$$

Als nächstes wird der letzte Summand in Gl. (9.235) abgeschätzt. Mit den Gln. (9.205a) und (9.209) ergibt sich

$$\begin{aligned} 2 \boldsymbol{w}^{\mathrm{T}} \boldsymbol{P}^{-1} \boldsymbol{r}_N &= 2 \boldsymbol{w}^{\mathrm{T}} \boldsymbol{P}^{-1} \boldsymbol{r}_f (\boldsymbol{z}, \hat{\boldsymbol{z}}, \boldsymbol{x}, t) - 2 \boldsymbol{w}^{\mathrm{T}} \boldsymbol{P}^{-1} \boldsymbol{K} \boldsymbol{r}_g (\boldsymbol{z}, \hat{\boldsymbol{z}}, \boldsymbol{x}, t) \\ &\leqq | 2 \boldsymbol{w}^{\mathrm{T}} \boldsymbol{P}^{-1} \boldsymbol{r}_f (\boldsymbol{z}, \hat{\boldsymbol{z}}, \boldsymbol{x}, t) | + | 2 \boldsymbol{w}^{\mathrm{T}} \boldsymbol{C}^{\mathrm{T}} \boldsymbol{R}^{-1} \boldsymbol{r}_g (\boldsymbol{z}, \hat{\boldsymbol{z}}, \boldsymbol{x}, t) | . \end{aligned} \tag{9.236}$$

Unter Ausnutzung der Ungleichungen (9.227) - (9.230b) folgt weiterhin

$$2\,\boldsymbol{w}^{\mathrm T}\boldsymbol{P}^{-1}\boldsymbol{r}_n \leqq 2\,\|\,\boldsymbol{w}\,\|\,\frac{\kappa_f}{p_{\min}}\,\|\,\boldsymbol{w}\,\|^2 + 2\,\|\,\boldsymbol{w}\,\|\,\frac{c_{\max}\kappa_g}{r_{\min}}\,\|\,\boldsymbol{w}\,\|^2 = \kappa\,\|\,\boldsymbol{w}\,\|^3 \tag{9.237a}$$

für $\|\,\boldsymbol{w}\,\| \leqq \varepsilon_{fg}$ mit

$$\kappa = \frac{2\,\kappa_f}{p_{\min}} + \frac{2\,c_{\max}\,\kappa_g}{r_{\min}}\,. \tag{9.237b}$$

Setzt man Gl. (9.237a) in Gl. (9.235) ein, so erhält man unter Benutzung von Gl. (9.209)

$$\frac{\mathrm d V(\boldsymbol{w},t)}{\mathrm d t} \leqq \boldsymbol{w}^{\mathrm T}\left[\frac{\mathrm d\boldsymbol{P}^{-1}}{\mathrm d t} + \boldsymbol{A}^{\mathrm T}\boldsymbol{P}^{-1} + \boldsymbol{P}^{-1}\boldsymbol{A} - 2\,\boldsymbol{C}^{\mathrm T}\boldsymbol{R}^{-1}\,\boldsymbol{C}\right]\boldsymbol{w} + \kappa\,\|\,\boldsymbol{w}\,\|^3 \tag{9.238}$$

für $\|\,\boldsymbol{w}\,\| \leqq \varepsilon_{fg}$. Des weiteren wird die Beziehung

$$\frac{\mathrm d\boldsymbol{P}^{-1}}{\mathrm d t} = -\,\boldsymbol{P}^{-1}\,\frac{\mathrm d\boldsymbol{P}}{\mathrm d t}\,\boldsymbol{P}^{-1} \tag{9.239}$$

ausgenutzt und $\frac{\mathrm d\boldsymbol{P}}{\mathrm d t}$ nach Gl. (9.207) eingesetzt:

$$\frac{\mathrm d V(\boldsymbol{w},t)}{\mathrm d t} \leqq -\boldsymbol{w}^{\mathrm T}\left[\boldsymbol{P}^{-1}\boldsymbol{Q}\,\boldsymbol{P}^{-1} + \boldsymbol{C}^{\mathrm T}\boldsymbol{R}^{-1}\boldsymbol{C}\right]\boldsymbol{w} + \kappa\,\|\,\boldsymbol{w}\,\|^3\,. \tag{9.240}$$

Mit den Gln. (9.228) - (9.229b) erhält man die weitere Abschätzung

$$\frac{\mathrm d V(\boldsymbol{w},t)}{\mathrm d t} \leqq -\left(\frac{q_{\min}}{p_{\max}^2} - \kappa\,\|\,\boldsymbol{w}\,\|\right)\|\,\boldsymbol{w}\,\|^2 \tag{9.241}$$

und mit

$$\varepsilon' = \min\left(\varepsilon_{fg},\,\frac{q_{\min}}{2\,\kappa\,p_{\max}^2}\right) \tag{9.242a}$$

schließlich

$$\frac{\mathrm d V(\boldsymbol{w},t)}{\mathrm d t} \leqq -\frac{q_{\min}}{2\,p_{\max}^2}\,\|\,\boldsymbol{w}\,\|^2 \tag{9.242b}$$

für $\|\,\boldsymbol{w}\,\| \leqq \varepsilon'$. Mit den Gln. (9.233) und (9.242b) erfüllt man die Bedingungen aus Ergänzung 1 zu Satz VIII.21. Daraus folgt, daß die Differentialgleichung (9.226) für den Schätzfehler exponentiell stabil ist.

Dieser Satz soll nun anhand eines Beispiels veranschaulicht werden.

Beispiel 9.21: Es wird ein symmetrischer dreiphasiger Asynchronmotor betrachtet. Nach [Pf1] sind die Zustandsgleichungen durch

$$\dot z_1 = k_1 z_1 + x_1 z_2 + k_2 z_3 + x_2\,, \tag{9.243a}$$

$$\dot z_2 = -x_1 z_1 + k_1 z_2 + k_2 z_4\,, \tag{9.243b}$$

$$\dot z_3 = k_3 z_1 + k_4 z_3 + (x_1 - z_5) z_4\,, \tag{9.243c}$$

$$\dot z_4 = k_3 z_2 - (x_1 - z_5) z_3 + k_4 z_4\,, \tag{9.243d}$$

$$\dot z_5 = k_5 (z_1 z_4 - z_2 z_3) + k_6 x_3 \tag{9.243e}$$

und

$$y_1 = k_7 z_1 + k_8 z_3\,, \tag{9.244a}$$

$$y_2 = k_7 z_2 + k_8 z_4 \tag{9.244b}$$

gegeben. Dabei sind sämtliche Komponenten des Zustandsvektors $\boldsymbol{z}$ normierte Größen (vgl. [Pf1]). Im einzelnen sind z_1, z_2 die Komponenten des Ständerflusses bzw. z_3, z_4 die entsprechenden Komponenten des Läuferflusses, die senkrecht zur Drehachse stehen, und z_5 bezeichnet die Winkelgeschwindigkeit der Rotation. Die

Eingangsgrößen x_1, x_2 sind Kreisfrequenz bzw. Amplitude der als sinusförmig vorgegebenen Ständerspannung sowie x_3 das Lastmoment. Als Ausgangsgrößen werden hier die Ständerströme y_1, y_2 gewählt. Für die Konstanten $k_1, \ldots, k_8$ werden die Werte

$$k_1 = -0{,}186, \quad k_2 = 0{,}178, \quad k_3 = 0{,}225, \quad k_4 = -0{,}234,$$
$$k_5 = -0{,}081, \quad k_6 = -0{,}018, \quad k_7 = 4{,}643, \quad k_8 = -4{,}448$$

eingesetzt. Sie ergeben sich, wenn man in den ursprünglichen, noch nicht normierten Gleichungen für die dort auftretenden Konstanten bestimmte, physikalisch sinnvolle Werte einsetzt [Pf1]. Für die Eingangssignale wird $x_1(t) = s(t), x_2(t) = s(t), x_3(t) = 0$ gewählt, wobei $s(t)$ die Sprungfunktion bezeichnet. Aus den Zustandsgleichungen berechnet man unter Benutzung von Gln. (9.208a,b)

$$\boldsymbol{A} = \begin{bmatrix} k_1 & x_1 & k_2 & 0 & 0 \\ -x_1 & k_1 & 0 & k_2 & 0 \\ k_3 & 0 & k_4 & x_1 - \hat{z}_5 & -\hat{z}_4 \\ 0 & k_3 & \hat{z}_5 - x_1 & k_4 & \hat{z}_3 \\ k_5\hat{z}_4 & -k_5\hat{z}_3 & -k_5\hat{z}_2 & k_5\hat{z}_1 & 0 \end{bmatrix} \tag{9.245a}$$

und

$$\boldsymbol{C} = \begin{bmatrix} k_7 & 0 & k_8 & 0 & 0 \\ 0 & k_7 & 0 & k_8 & 0 \end{bmatrix}. \tag{9.245b}$$

Ferner wird $\boldsymbol{Q} = \mathbf{E}, \boldsymbol{R} = \mathbf{E}$ sowie $\boldsymbol{z}(0) = [0{,}2 \quad -0{,}6 \quad -0{,}4 \quad 0{,}1 \quad 0{,}3]^{\mathrm{T}}$ gesetzt. Bild 9.21 zeigt den zeitlichen Verlauf der tatsächlichen und der geschätzten Winkelgeschwindigkeit. Für kleine Anfangsschätzfehler ist nach Satz IX.8 zu erwarten, daß der Schätzwert $\hat{z}_5$ gegen den tatsächlichen Zustand z_5 konvergiert. Dies wird durch Bild 9.21a bestätigt, wobei $\hat{\boldsymbol{z}}(0) = [0{,}5 \quad -0{,}3 \quad -0{,}7 \quad 0{,}3 \quad 0{,}6]^{\mathrm{T}}$ gewählt wurde. Ist der Anfangsschätzfehler zu groß, so ist die Konvergenz des Verfahrens nicht mehr gewährleistet, wie man in Bild 9.21b erkennt ($\hat{\boldsymbol{z}}(0) = [0{,}5 \quad 0{,}1 \quad 0{,}3 \quad -0{,}2 \quad 4]^{\mathrm{T}}$).

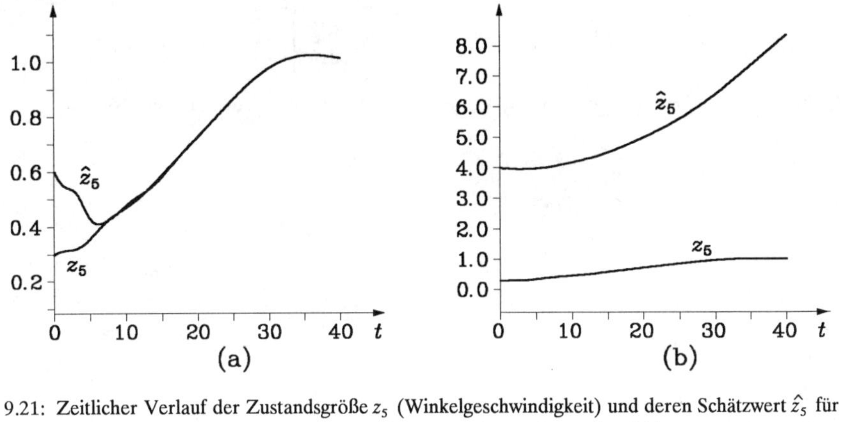

Bild 9.21: Zeitlicher Verlauf der Zustandsgröße z_5 (Winkelgeschwindigkeit) und deren Schätzwert $\hat{z}_5$ für Beispiel 9.21. (a) Kleiner Anfangsschätzfehler; (b) großer Anfangsschätzfehler

Die durch das erweiterte Kalman-Filter geschätzten Zustandsgrößen können zur Regelung eines nichtlinearen Systems verwendet werden. Diese Vorgehensweise wurde bereits in Kapitel II, Abschnitt 5.3 für lineare Systeme demonstriert und soll nun auf das in Beispiel 9.11 betrachtete System angewendet werden. Es ist jedoch zu beachten, daß die Separationseigenschaft aus Kapitel II, Abschnitt 5.3 nicht ohne weiteres auf nichtlineare Systeme verallgemeinert werden kann. Die Stabilität des Gesamtsystems, bestehend aus dem zu regelnden

System, dem Zustandsschätzer und der Rückkopplung ist nicht automatisch gewährleistet und muß daher bei Bedarf gesondert untersucht werden.

Beispiel 9.22: Es wird erneut der Drehschwinger aus Beispiel 9.11 betrachtet. Die Zustandsdifferentialgleichung ist durch Gl. (9.93a) gegeben, als Ausgangsvektor wird

$$\boldsymbol{y} = \begin{bmatrix} z_1 \\ z_2 \end{bmatrix} = \begin{bmatrix} 1 & 0 & 0 & 0 \\ 0 & 1 & 0 & 0 \end{bmatrix} \boldsymbol{z} \tag{9.246}$$

gewählt, woraus

$$\boldsymbol{C} = \begin{bmatrix} 1 & 0 & 0 & 0 \\ 0 & 1 & 0 & 0 \end{bmatrix} \tag{9.247}$$

direkt abgelesen werden kann. Zur Schätzung der Zustandsgrößen wird die Differentialgleichung

$$\frac{\mathrm{d}\hat{\boldsymbol{z}}}{\mathrm{d}t} = \boldsymbol{f}(\hat{\boldsymbol{z}}, x) + \boldsymbol{K}(\boldsymbol{y} - \boldsymbol{C}\hat{\boldsymbol{z}}) \tag{9.248}$$

simultan zur Riccati-Differentialgleichung (9.207) mit

$$\boldsymbol{A} = \left(\frac{\partial \boldsymbol{f}}{\partial \boldsymbol{z}}\right)_{\hat{\boldsymbol{z}},x} = \begin{bmatrix} 0 & 1 & 0 & 0 \\ -\dfrac{1}{\hat{z}_3^2} & -2\dfrac{\hat{z}_4}{\hat{z}_3} & -2\dfrac{x-\hat{z}_1}{\hat{z}_3^3} + 2\dfrac{\hat{z}_2\hat{z}_4}{\hat{z}_3^2} & -2\dfrac{\hat{z}_2}{\hat{z}_3} \\ 0 & 0 & 0 & 1 \\ 0 & 2\hat{z}_2\hat{z}_3 & \hat{z}_2^2 - 1 & 0 \end{bmatrix}, \tag{9.249}$$

$\boldsymbol{Q} = \mathbf{E}$, $\boldsymbol{R} = \mathbf{E}$, $\boldsymbol{P}(0) = \mathbf{E}$ gelöst, wobei $\boldsymbol{K}$ durch Gl. (9.209) gegeben ist. Das Regelgesetz wird in völliger Analogie zu Beispiel 9.11 angesetzt (vgl. Gl. (9.93b) ff.), wobei jeweils $\hat{z}_i$ statt z_i $(i = 1, \ldots, 4)$ und $\tilde{y} = z_3 - 0{,}4$ statt y eingesetzt wird:

$$x = \frac{\hat{z}_3}{2\hat{z}_2}\left[2\frac{\hat{z}_1\hat{z}_2}{\hat{z}_3} + 3\hat{z}_2^2\hat{z}_4 + \hat{z}_4 - \gamma_0\tilde{y} - \gamma_1\frac{\mathrm{d}\tilde{y}}{\mathrm{d}t} - \gamma_2\frac{\mathrm{d}^2\tilde{y}}{\mathrm{d}t^2}\right]. \tag{9.250}$$

Die Koeffizienten γ_i $(i = 0, 1, 2)$ wurden derart gewählt, daß die Eigenwerte der äußeren Dynamik

$$\frac{\mathrm{d}^3\tilde{y}}{\mathrm{d}t^3} + \gamma_2\frac{\mathrm{d}^2\tilde{y}}{\mathrm{d}t^2} + \gamma_1\frac{\mathrm{d}\tilde{y}}{\mathrm{d}t} + \gamma_0\tilde{y} = 0 \tag{9.251}$$

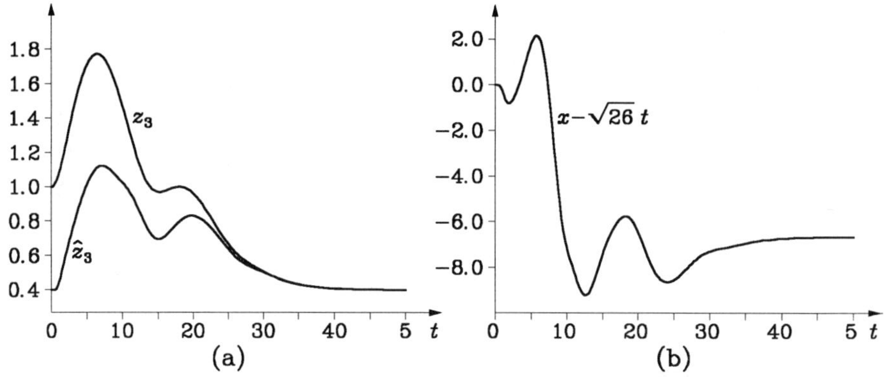

Bild 9.22: Zeitlicher Verlauf der tatsächlichen Wagenposition $z_3(t)$, der geschätzten Wagenposition $\hat{z}_3(t)$ und des Stellsignals $x(t) - \sqrt{26}\,t$ für Beispiel 9.22

bei -5 liegen. Bild 9.22 zeigt die numerisch berechneten zeitlichen Verläufe der tatsächlichen Wagenposition $z_3(t)$, der geschätzten Wagenposition $\hat{z}_3(t)$ sowie des Stellsignals $x(t) - \sqrt{26}t$ für $\boldsymbol{z}(0) = [0 \;\; \sqrt{26} \;\; 1 \;\; 0]^{\mathrm{T}}$ und $\hat{\boldsymbol{z}}(0) = [0 \;\; \sqrt{26} \;\; 0{,}4 \;\; 0]^{\mathrm{T}}$.

6.2 DAS DISKONTINUIERLICHE ERWEITERTE KALMAN-FILTER

Vorbereitungen. In diesem Abschnitt werden stochastisch erregte nichtlineare, diskontinuierliche Systeme behandelt. Hierfür werden die Zustandsgleichungen (8.341a,b) für nichtlineare, didkontinuierliche Systeme in Analogie zu den Gln. (6.106a,b) um stochastische Rauschterme ergänzt:

$$\boldsymbol{z}[n+1] = \boldsymbol{f}(\boldsymbol{z}[n], \boldsymbol{x}[n], n) + \boldsymbol{G}[n]\boldsymbol{u}[n], \tag{9.252a}$$

$$\boldsymbol{y}[n] = \boldsymbol{g}(\boldsymbol{z}[n], \boldsymbol{x}[n], n) + \boldsymbol{v}[n]. \tag{9.252b}$$

Die nichtlinearen Funktionen werden auch hier als stetig differenzierbar vorausgesetzt, und $\boldsymbol{G}[n]$ ist eine zeitabhängige Matrix mit q Zeilen und k Spalten. Darüber hinaus sind $\boldsymbol{u}[n]$ und $\boldsymbol{v}[n]$ $\mathbb{R}^k$- bzw. $\mathbb{R}^r$-wertige, unkorrelierte, mittelwertfreie weiße Rauschprozesse mit

$$E[\boldsymbol{u}[n]] = \boldsymbol{0}, \qquad E[\boldsymbol{v}[n]] = \boldsymbol{0}, \tag{9.253a,b}$$

$$E[\boldsymbol{u}[n]\boldsymbol{u}^{\mathrm{T}}[\nu]] = \boldsymbol{M}[n]\,\delta[n-\nu], \tag{9.254a}$$

$$E[\boldsymbol{v}[n]\boldsymbol{v}^{\mathrm{T}}[\nu]] = \boldsymbol{N}[n]\,\delta[n-\nu], \tag{9.254b}$$

$$E[\boldsymbol{u}[n]\boldsymbol{v}^{\mathrm{T}}[\nu]] = \boldsymbol{0}, \tag{9.254c}$$

wobei $\boldsymbol{M}[n]$ und $\boldsymbol{N}[n]$ zeitabhängige positiv-definite Matrizen sind. Wie bereits in Kapitel VI, Abschnitt 5.2 erwähnt wurde, hat es sich im diskontinuierlichen Fall eingebürgert, die Rekursion für den Zustandsschätzer in zwei Teilschritte zu zerlegen. Die Rekursion besteht aus einer Extrapolation entsprechend der Zustandsgleichung des zu beobachtenden Systems

$$\hat{\boldsymbol{z}}^-[n+1] = \boldsymbol{f}(\hat{\boldsymbol{z}}^+[n], \boldsymbol{x}[n], n) \tag{9.255a}$$

und einer Korrektur mit Hilfe der Ausgangsgrößen

$$\hat{\boldsymbol{z}}^+[n] = \hat{\boldsymbol{z}}^-[n] + \boldsymbol{K}[n](\boldsymbol{y}[n] - \boldsymbol{g}(\hat{\boldsymbol{z}}^-[n], \boldsymbol{x}[n], n)). \tag{9.255b}$$

Dabei ist $\boldsymbol{K}[n]$ die Verstärkungsmatrix; $\hat{\boldsymbol{z}}^-[n]$ wird *a priori*-Schätzwert und $\hat{\boldsymbol{z}}^+[n]$ *a posteriori*-Schätzwert genannt (man vergleiche hierzu Kapitel VI, Abschnitt 5.2). Wie auch im kontinuierlichen Fall werden die nichtlinearen Funktionen bis zum linearen Glied entwickelt:

$$\boldsymbol{f}(\boldsymbol{z}[n], \boldsymbol{x}[n], n) - \boldsymbol{f}(\hat{\boldsymbol{z}}^+[n], \boldsymbol{x}[n], n)$$

$$= \boldsymbol{A}[n](\boldsymbol{z}[n] - \hat{\boldsymbol{z}}^+[n]) + \boldsymbol{r}_f(\boldsymbol{z}[n], \hat{\boldsymbol{z}}^+[n], \boldsymbol{x}[n], n), \tag{9.256a}$$

$$\boldsymbol{g}(\boldsymbol{z}[n], \boldsymbol{x}[n], n) - \boldsymbol{g}(\hat{\boldsymbol{z}}^-[n], \boldsymbol{x}[n], n)$$

$$= \boldsymbol{C}[n](\boldsymbol{z}[n] - \hat{\boldsymbol{z}}^-[n]) + \boldsymbol{r}_g(\boldsymbol{z}[n], \hat{\boldsymbol{z}}^-[n], \boldsymbol{x}[n], n). \tag{9.256b}$$

Dabei sind die Jacobi-Matrizen durch

$$\boldsymbol{A}[n] = \left(\frac{\partial \boldsymbol{f}}{\partial \boldsymbol{z}}\right)_{\hat{\boldsymbol{z}}^+[n], \boldsymbol{x}[n], n}, \qquad \boldsymbol{C}[n] = \left(\frac{\partial \boldsymbol{g}}{\partial \boldsymbol{z}}\right)_{\hat{\boldsymbol{z}}^-[n], \boldsymbol{x}[n], n} \tag{9.257a,b}$$

gegeben und die Restglieder (bestehend aus Termen zweiter und höherer Ordnung) mit $\boldsymbol{r}_f(\boldsymbol{z}[n], \hat{\boldsymbol{z}}^+[n], \boldsymbol{x}[n], n)$ und $\boldsymbol{r}_g(\boldsymbol{z}[n], \hat{\boldsymbol{z}}^-[n], \boldsymbol{x}[n], n)$ bezeichnet. Des weiteren werden die Schätzfehler

$$\boldsymbol{w}^-[n] = \boldsymbol{z}[n] - \hat{\boldsymbol{z}}^-[n], \quad \boldsymbol{w}^+[n] = \boldsymbol{z}[n] - \hat{\boldsymbol{z}}^+[n] \tag{9.258a,b}$$

eingeführt. Substrahiert man Gl. (9.255a) von Gl. (9.252a), so erhält man bei Verwendung von Gl. (9.256a) nach Elimination von $\hat{\boldsymbol{z}}^+[n]$ durch $\hat{\boldsymbol{z}}^-[n]$ gemäß Gl. (9.255b) mit Gl. (9.258a) zunächst

$$\boldsymbol{w}^-[n+1] = \boldsymbol{A}[n]\boldsymbol{w}^-[n] - \boldsymbol{A}[n]\boldsymbol{K}[n](\boldsymbol{y}[n] - \boldsymbol{g}(\hat{\boldsymbol{z}}^-[n], \boldsymbol{x}[n], n)).$$

Ersetzt man nun $\boldsymbol{y}[n]$ nach Gl. (9.252b) und wendet Gl. (9.256b) an, dann gelangt man schließlich zur Darstellung

$$\boldsymbol{w}^-[n+1] = \boldsymbol{A}[n](\mathbf{E} - \boldsymbol{K}[n]\boldsymbol{C}[n])\boldsymbol{w}^-[n] + \boldsymbol{r}_N[n] + \boldsymbol{r}_R[n], \tag{9.259}$$

wobei mit

$$\boldsymbol{r}_N[n] = \boldsymbol{r}_f(\boldsymbol{z}[n], \hat{\boldsymbol{z}}^+[n], \boldsymbol{x}[n], n) - \boldsymbol{A}[n]\boldsymbol{K}[n]\boldsymbol{r}_g(\boldsymbol{z}[n], \hat{\boldsymbol{z}}^-[n], \boldsymbol{x}[n], n) \tag{9.260a}$$

die nichtlinearen Terme und mit

$$\boldsymbol{r}_R[n] = \boldsymbol{G}[n]\boldsymbol{u}[n] - \boldsymbol{A}[n]\boldsymbol{K}[n]\boldsymbol{v}[n] \tag{9.260b}$$

die Rauschterme zusammengefaßt wurden.

Entwurfsgleichungen. Analog zum kontinuierlichen Fall gehen die Entwurfsgleichungen des diskontinuierlichen erweiterten Kalman-Filters unmittelbar aus denen des linearen Kalman-Filters (man vergleiche Gln. (6.123a)-(6.125)) hervor, wenn man in den drei Beziehungen für die $\boldsymbol{P}$-Matrix und die $\boldsymbol{K}$-Matrix anstelle der Systemmatrizen die Jacobi-Matrizen aus den Gln. (9.257a,b) verwendet. Wie für das diskontinuierliche Kalman-Filter setzen sich die Entwurfsgleichungen aus einem Extrapolations- und einem Korrekturschritt zusammen. Zwischen diesen beiden Schritten wird jeweils eine Linearisierung durchgeführt. Der Extrapolationsschritt lautet

$$\hat{\boldsymbol{z}}^-[n+1] = \boldsymbol{f}(\hat{\boldsymbol{z}}^+[n], \boldsymbol{x}[n], n), \tag{9.261a}$$

$$\boldsymbol{P}^-[n+1] = \boldsymbol{A}[n]\boldsymbol{P}^+[n]\boldsymbol{A}^{\mathrm{T}}[n] + \boldsymbol{Q}[n]. \tag{9.261b}$$

Die Linearisierung der Funktion $\boldsymbol{f}$ wird am Schätzwert $\hat{\boldsymbol{z}}^+[n]$ vorgenommen:

$$\boldsymbol{A}[n] = \frac{\partial \boldsymbol{f}}{\partial \boldsymbol{z}}\bigg|_{\hat{\boldsymbol{z}}^+[n], \boldsymbol{x}[n], n}. \tag{9.262}$$

Der Korrekturschritt ist durch

$$\hat{\boldsymbol{z}}^+[n] = \hat{\boldsymbol{z}}^-[n] + \boldsymbol{K}[n](\boldsymbol{y}[n] - \boldsymbol{g}(\hat{\boldsymbol{z}}^-[n], \boldsymbol{x}[n], n)), \qquad (9.263a)$$

$$\boldsymbol{P}^+[n] = (\mathbf{E} - \boldsymbol{K}[n]\boldsymbol{C}[n])\boldsymbol{P}^-[n] \qquad (9.263b)$$

gegeben, wobei die Verstärkungsmatrix

$$\boldsymbol{K}[n] = \boldsymbol{P}^-[n]\boldsymbol{C}^{\mathrm{T}}[n](\boldsymbol{C}[n]\boldsymbol{P}^-[n]\boldsymbol{C}^{\mathrm{T}}[n] + \boldsymbol{R}[n])^{-1} \qquad (9.264)$$

lautet und die Funktion $\boldsymbol{g}$ an der Stelle $\hat{\boldsymbol{z}}^-[n]$ linearisiert wird:

$$\boldsymbol{C}[n] = \left.\frac{\partial \boldsymbol{g}}{\partial \boldsymbol{z}}\right|_{\hat{\boldsymbol{z}}^-[n], \boldsymbol{x}[n], n} . \qquad (9.265)$$

Dabei sind $\boldsymbol{Q}[n]$, $\boldsymbol{R}[n]$ und der Anfangswert $\boldsymbol{P}^+[n_0]$ für die Gl. (9.261b) als symmetrische, positiv-definite Matrizen zu wählen.

Zum diskontinuierlichen erweiterten Kalman-Filter sollen noch folgende Bemerkungen gemacht werden:

1. In vielen Anwendungsfällen empfiehlt es sich, $\boldsymbol{Q}[n]$ und $\boldsymbol{R}[n]$ als Kovarianzmatrizen der Rauschprozesse zu wählen, d. h.

$$\boldsymbol{Q}[n] = \boldsymbol{G}[n]\boldsymbol{M}[n]\boldsymbol{G}^{\mathrm{T}}[n], \quad \boldsymbol{R}[n] = \boldsymbol{N}[n], \qquad (9.266a,b)$$

wobei $\boldsymbol{M}[n]$, $\boldsymbol{N}[n]$ entsprechend den Gln. (9.254a,b) einzusetzen sind. Unter besonderen Umständen, z. B. für den Fall $\boldsymbol{M}[n] = \mathbf{0}$, $\boldsymbol{N}[n] = \mathbf{0}$ oder bei Systemen mit starken Nichtlinearitäten ist jedoch eine andere Wahl von $\boldsymbol{Q}[n]$ und $\boldsymbol{R}[n]$ günstiger.

2. Wie bereits in Kapitel VI, Abschnitt 5.2 gezeigt wurde, kann Gl. (9.263b) (gleichbedeutend mit Gl. (6.122)) mit Hilfe elementarer algebraischer Umformungen in die äquivalente Form von Gl. (6.118)

$$\boldsymbol{P}^+[n] = (\mathbf{E} - \boldsymbol{K}[n]\boldsymbol{C}[n])\boldsymbol{P}^-[n](\mathbf{E} - \boldsymbol{K}[n]\boldsymbol{C}[n])^{\mathrm{T}} + \boldsymbol{K}[n]\boldsymbol{R}[n]\boldsymbol{K}^{\mathrm{T}}[n] \qquad (9.267)$$

gebracht werden.

3. Aus den Gln. (9.263b) und (9.264) ersieht man direkt, daß

$$\begin{aligned}\boldsymbol{P}^+[n] &= \boldsymbol{P}^-[n] - \boldsymbol{P}^-[n]\boldsymbol{C}^{\mathrm{T}}[n](\boldsymbol{C}[n]\boldsymbol{P}^-[n]\boldsymbol{C}^{\mathrm{T}}[n] + \boldsymbol{R}[n])^{-1}\boldsymbol{C}[n]\boldsymbol{P}^-[n] \\ &\leqq \boldsymbol{P}^-[n]\end{aligned} \qquad (9.268)$$

gilt,[1] wobei die positive Definitheit der Matrizen $\boldsymbol{P}^-[n]$ und $\boldsymbol{R}[n]$ ausgenützt wurde.

Dynamik des Schätzfehlers. Unter geeigneter Voraussetzung kann garantiert werden, daß der Schätzfehler des erweiterten Kalman-Filters beschränkt bleibt. Dies ist der Inhalt des folgenden Satzes.

Satz IX.9: Gegeben sei ein stochastisch erregtes nichtlineares, diskontinuierliches System nach den Gln. (9.252a,b) und ein erweitertes Kalman-Filter gemäß den Gln. (9.261a)-(9.265). Es seien folgende Voraussetzungen erfüllt:

---

[1] Man vergleiche hierzu die Fußnote auf Seite 328

1. Es gibt positive reelle Zahlen $a_{\max}$, $c_{\max}$, $p_{\min}$, $p_{\max}$, $q_{\min}$, $r_{\min}$ derart, daß die folgenden Ungleichungen für alle $n \geqq n_0$ erfüllt sind:

$$\| \boldsymbol{A}[n] \| \leqq a_{\max} , \qquad \| \boldsymbol{C}[n] \| \leqq c_{\max} , \tag{9.269a,b}$$

$$p_{\min} \mathbf{E} \leqq \boldsymbol{P}^{+}[n] \leqq \boldsymbol{P}^{-}[n] \leqq p_{\max} \mathbf{E} , \tag{9.270}$$

$$q_{\min} \mathbf{E} \leqq \boldsymbol{Q}[n] , \qquad r_{\min} \mathbf{E} \leqq \boldsymbol{R}[n] . \tag{9.271a,b}$$

wobei $\boldsymbol{P}^{+}[n] \leqq \boldsymbol{P}^{-}[n]$ durch Ungleichung (9.268) garantiert wird.

2. Die Matrix $\boldsymbol{A}[n]$ ist für jedes $n \geqq n_0$ invertierbar.

3. Es gibt positive reelle Zahlen ε_{fg}, κ_f, κ_g derart, daß die Restglieder in Gln. (9.256a,b) durch

$$\| \boldsymbol{r}_f(\boldsymbol{z}, \hat{\boldsymbol{z}}^{+}, \boldsymbol{x}, n) \| \leqq \kappa_f \, \| \boldsymbol{z} - \hat{\boldsymbol{z}}^{+} \|^2 , \tag{9.272a}$$

$$\| \boldsymbol{r}_g(\boldsymbol{z}, \hat{\boldsymbol{z}}^{-}, \boldsymbol{x}, n) \| \leqq \kappa_g \, \| \boldsymbol{z} - \hat{\boldsymbol{z}}^{-} \|^2 , \tag{9.272b}$$

beschränkt sind.

Dann gibt es für jedes $\varepsilon_{\boldsymbol{w}} > 0$ zwei Konstanten $\delta_{\boldsymbol{w}}$, $\delta_R > 0$ derart, daß der Schätzfehler nach Gl. (9.258a) durch die Ungleichung

$$E[\, \| \boldsymbol{w}^{-}[n] \|^2] \leqq \varepsilon_{\boldsymbol{w}}^2 , \tag{9.273}$$

für alle $n \geqq n_0$ beschränkt ist, sofern der Erwartungswert des Anfangsschätzfehlers $\boldsymbol{w}^{-}[n_0]$ und die Kovarianzen der Rauschterme nach den Gln. (9.254a,b) klein genug sind, so daß die Ungleichungen

$$E[\, \| \boldsymbol{w}^{-}[n_0] \|^2] \leqq \delta_{\boldsymbol{w}}^2 , \tag{9.274a}$$

$$\boldsymbol{G}[n] \boldsymbol{M}[n] \boldsymbol{G}^{\mathrm{T}}[n] \leqq \delta_R^2 \mathbf{E} , \tag{9.274b}$$

$$\boldsymbol{N}[n] \leqq \delta_R^2 \mathbf{E} \tag{9.274c}$$

erfüllt werden.

Bemerkungen:

1. Aus Gl. (9.263b) folgt

$$\mathbf{E} - \boldsymbol{K}[n] \boldsymbol{C}[n] = \boldsymbol{P}^{+}[n] (\boldsymbol{P}^{-}[n])^{-1} , \tag{9.275}$$

wobei die Invertierbarkeit von $\boldsymbol{P}^{-}[n]$ nach Ungleichung (9.270) sichergestellt wird, und mit derselben Ungleichung (9.270) ergibt sich weiterhin

$$\mathbf{E} - \boldsymbol{K}[n] \boldsymbol{C}[n] \leqq \frac{p_{\max}}{p_{\min}} \mathbf{E} . \tag{9.276}$$

2. Man vergleiche hierzu auch sinngemäß die Bemerkungen 1-4 nach Satz IX.7.

Beweis: Der Beweis benutzt zwar nur elementare Hilfsmittel, ist aber verhältnismäßig umfangreich. Um ihn dennoch übersichtlich zu halten, ist er in zwei Teile aufgegliedert. Teil 1 behandelt Ungleichungen, die später in Teil 2 zum Beweis von Satz IX.9 verwendet werden. Im gesamten Beweis wird das Argument $[n]$ weggelassen, wenn es aus dem Kontext klar ersichtlich ist. Weiterhin wird die abgekürzte Schreibweise für die L_2-Norm eines Zufallsvektors $\boldsymbol{x}$

$$\|\boldsymbol{x}\|_2 = \sqrt{E[\|\boldsymbol{x}\|^2]} \tag{9.277}$$

verwendet und von der Cauchy-Schwarzschen Ungleichung

$$|E[\boldsymbol{x}^{\mathrm{T}}\boldsymbol{y}]| \leqq \|\boldsymbol{x}\|_2 \|\boldsymbol{y}\|_2 \tag{9.278}$$

Gebrauch gemacht.

Teil 1: Da laut Annahme 2 die Matrix $\boldsymbol{A}^{-1}$ existiert, erhält man aus Gl. (9.261b)

$$\boldsymbol{P}^-[n+1] = \boldsymbol{A}(\boldsymbol{P}^+ + \boldsymbol{A}^{-1}\boldsymbol{Q}(\boldsymbol{A}^{-1})^{\mathrm{T}})\boldsymbol{A}^{\mathrm{T}}, \tag{9.279}$$

was sich mit Hilfe der Gln. (9.269a) und (9.271a) zu

$$\boldsymbol{P}^-[n+1] \geqq \boldsymbol{A}(\boldsymbol{P}^+ + a_{\max}^{-1} q_{\min} a_{\max}^{-1} \mathbf{E})\boldsymbol{A}^{\mathrm{T}} \geqq \boldsymbol{A}\left(1 + \frac{q_{\min}}{a_{\max}^2 p_{\max}}\right)\boldsymbol{P}^+\boldsymbol{A}^{\mathrm{T}} \tag{9.280}$$

abschätzen läßt. Aus Gl. (9.267) folgt weiterhin

$$\boldsymbol{P}^+ \geqq (\mathbf{E} - \boldsymbol{KC})\boldsymbol{P}^-(\mathbf{E} - \boldsymbol{KC})^{\mathrm{T}}, \tag{9.281}$$

so daß sich eingesetzt in Ungleichung (9.280)

$$\boldsymbol{P}^-[n+1] \geqq \left(1 + \frac{q_{\min}}{a_{\max}^2 p_{\max}}\right)\boldsymbol{A}(\mathbf{E} - \boldsymbol{KC})\boldsymbol{P}^-(\mathbf{E} - \boldsymbol{KC})^{\mathrm{T}}\boldsymbol{A}^{\mathrm{T}} \tag{9.282}$$

ergibt. Inversion von Ungleichung (9.282) liefert

$$(\boldsymbol{P}^-[n+1])^{-1} \leqq (1-\alpha)(\boldsymbol{A}^{-1})^{\mathrm{T}}[(\mathbf{E} - \boldsymbol{KC})^{-1}]^{\mathrm{T}}(\boldsymbol{P}^-)^{-1}(\mathbf{E} - \boldsymbol{KC})^{-1}\boldsymbol{A}^{-1} \tag{9.283}$$

mit

$$0 < \alpha = 1 - \left(1 + \frac{q_{\min}}{a_{\max}^2 p_{\max}}\right)^{-1} < 1, \tag{9.284}$$

wobei die Invertierbarkeit von $\boldsymbol{A}$ nach Annahme 2 und die von $\mathbf{E} - \boldsymbol{KC}$ nach Gl. (9.275) und Ungleichung (9.270) ausgenutzt wurde.

Zur Abschätzung des Restgliedes $\boldsymbol{r}_R$ berechnet man mit Gl. (9.260b)

$$E[\boldsymbol{r}_R^{\mathrm{T}}\boldsymbol{r}_R] = E[\boldsymbol{u}^{\mathrm{T}}\boldsymbol{G}^{\mathrm{T}}\boldsymbol{G}\,\boldsymbol{u}] + E[\boldsymbol{v}^{\mathrm{T}}\boldsymbol{K}^{\mathrm{T}}\boldsymbol{A}^{\mathrm{T}}\boldsymbol{A}\,\boldsymbol{K}\,\boldsymbol{v}], \tag{9.285}$$

wobei die Annahme benutzt wurde, daß $\boldsymbol{u}$ und $\boldsymbol{v}$ unkorreliert sind. Da beide Seiten von Gl. (9.285) Skalare sind, kann auf der rechten Seite die Spur gebildet werden, ohne daß sich an deren Wert etwas ändert. Unter Benutzung der Gln. (9.264) und (9.269a)-(9.271b) ergibt sich somit

$$E[\boldsymbol{r}_R^{\mathrm{T}}\boldsymbol{r}_R] \leqq E[\mathrm{sp}(\boldsymbol{u}^{\mathrm{T}}\boldsymbol{G}^{\mathrm{T}}\boldsymbol{G}\,\boldsymbol{u})] + \frac{p_{\max}^2 c_{\max}^2}{r_{\min}^2} a_{\max}^2 E[\mathrm{sp}(\boldsymbol{v}^{\mathrm{T}}\boldsymbol{v})]. \tag{9.286}$$

Macht man weiterhin von der Matrizeneigenschaft

$$\mathrm{sp}(\boldsymbol{X}\boldsymbol{Y}) = \mathrm{sp}(\boldsymbol{Y}\boldsymbol{X}) \tag{9.287}$$

Gebrauch (wobei $\boldsymbol{X}$ und $\boldsymbol{Y}$ kompatible Matrizen bedeuten) und vertauscht den Erwartungswert mit der Spurbildung, so folgt

$$\| \boldsymbol{r}_R \|_2^2 \leqq \mathrm{sp}(E[\boldsymbol{G}\,\boldsymbol{u}\,\boldsymbol{u}^{\mathrm{T}}\boldsymbol{G}^{\mathrm{T}}]) + \frac{a_{\max}^2\, c_{\max}^2\, p_{\max}^2}{r_{\min}^2}\,\mathrm{sp}(E[\boldsymbol{v}\,\boldsymbol{v}^{\mathrm{T}}])\,. \tag{9.288}$$

Mit den Gln. (9.254a,b) und (9.274b,c) erhält man

$$\| \boldsymbol{r}_R \|_2^2 \leqq \mathrm{sp}(\delta_R^2\,\mathbf{E}_q) + \frac{a_{\max}^2\, c_{\max}^2\, p_{\max}^2}{r_{\min}^2}\,\mathrm{sp}(\delta_R^2\,\mathbf{E}_r)\,. \tag{9.289}$$

Die Spur der $(q \times q)$-Einheitsmatrix $\mathbf{E}_q$ und die Spur der $(r \times r)$-Einheitsmatrix $\mathbf{E}_r$ ergeben sich sofort zu q bzw. r, und somit erhält man schließlich

$$\| \boldsymbol{r}_R \|_2 \leqq \kappa_R'\,\delta_R \tag{9.290a}$$

mit

$$\kappa_R' = \sqrt{q + \frac{a_{\max}^2\, c_{\max}^2\, p_{\max}^2}{r_{\min}^2}\,r}\,. \tag{9.290b}$$

In völlig analoger Weise berechnet man

$$\| \boldsymbol{K}\,\boldsymbol{v} \|_2 \leqq \frac{p_{\max} c_{\max}}{r_{\min}}\,\sqrt{r}\;\delta_R\,. \tag{9.291}$$

Als nächstes werden Terme abgeschätzt, die in Teil 2 des Beweises als Restglieder höherer Ordnung oder als Rauschterme auftreten. Mit den Gln. (9.252b), (9.255b), (9.256b) und (9.258a,b) ergibt sich

$$\boldsymbol{w}^+ = (\mathbf{E} - \boldsymbol{K}\boldsymbol{C})\,\boldsymbol{w}^- - \boldsymbol{K}\,\boldsymbol{r}_g - \boldsymbol{K}\,\boldsymbol{v}\,, \tag{9.292}$$

was mit der Gl. (9.264) und den Ungleichungen (9.276), (9.269b)-(9.271a), (9.272b) und (9.291) für $\| \boldsymbol{w}^- \|_2 \leqq \varepsilon_{fg}$ zur Abschätzung

$$\begin{aligned} \| \boldsymbol{w}^+ \|_2 &\leqq \frac{p_{\max}}{p_{\min}}\,\| \boldsymbol{w}^- \|_2 + \frac{p_{\max}\, c_{\max}}{r_{\min}}\,\kappa_g\,\| \boldsymbol{w}^- \|_2^2 + \frac{p_{\max}\, c_{\max}\,\sqrt{r}}{r_{\min}}\,\delta_R \\ &\leqq \kappa_{wN}\,\| \boldsymbol{w}^- \|_2 + \kappa_{wR}\,\delta_R \end{aligned} \tag{9.293}$$

mit

$$\kappa_{wN} = \frac{p_{\max}}{p_{\min}} + \frac{p_{\max}\, c_{\max}}{r_{\min}}\,\kappa_g\,\varepsilon_{fg}\,, \qquad \kappa_{wR} = \frac{p_{\max}\, c_{\max}\,\sqrt{r}}{r_{\min}} \tag{9.294a,b}$$

führt. Damit erhält man unter Verwendung der Dreiecksungleichung weiterhin mit den Gln. (9.260a), (9.264) sowie den Ungleichungen (9.269a)-(9.272b) und (9.293)

$$\begin{aligned} \| \boldsymbol{r}_N \|_2 &\leqq \kappa_f\left(\kappa_{wN}\,\| \boldsymbol{w}^- \|_2 + \kappa_{wR}\,\delta_R\right)^2 + a_{\max}\,\frac{p_{\max}\, c_{\max}}{r_{\min}}\,\kappa_g\,\| \boldsymbol{w}^- \|_2^2 \\ &\leqq \left[\kappa_f\,\kappa_{wN}^2 + a_{\max}\,\frac{p_{\max}\, c_{\max}}{r_{\min}}\,\kappa_g\right]\| \boldsymbol{w}^- \|_2^2 + 2\,\kappa_f\,\kappa_{wN}\,\varepsilon_{fg}\,\kappa_{wR}\,\delta_R + \kappa_f\,\kappa_{wR}^2\,\delta_R^2 \end{aligned} \tag{9.295}$$

für $\| \boldsymbol{w}^- \|_2 \leqq \varepsilon_{fg}$. Ohne Beschränkung der Allgemeinheit kann $\delta_R < 1$ gewählt werden, und es folgt dann wegen $\delta_R^2 < \delta_R$

$$\| \boldsymbol{r}_N \|_2 \leqq \kappa_N'\,\| \boldsymbol{w}^- \|_2^2 + \kappa_{NR}'\,\delta_R \tag{9.296a}$$

mit

$$\kappa_N' = \kappa_f\,\kappa_{wN}^2 + a_{\max}\,\frac{p_{\max}\, c_{\max}}{r_{\min}}\,\kappa_g\,, \qquad \kappa_{NR}' = 2\,\kappa_f\,\kappa_{wN}\,\varepsilon_{fg}\,\kappa_{wR} + \kappa_f\,\kappa_{wR}^2\,. \tag{9.296b,c}$$

Mit den Ungleichungen (9.296a), (9.269a), (9.270), (9.276) und $\| \boldsymbol{w}^- \|_2 \leqq \varepsilon_{fg}$ ergibt sich

$$E\left[\boldsymbol{r}_N^{\mathrm{T}}(\boldsymbol{P}^-[n+1])^{-1}\,(2\boldsymbol{A}\,(\mathbf{E} - \boldsymbol{K}\boldsymbol{C})\,\boldsymbol{w}^- + \boldsymbol{r}_N)\right]$$

$$\leqq (\kappa'_N \| \boldsymbol{w}^- \|_2^2 + \kappa'_{NR}\delta_R)\,\frac{1}{p_{\min}}\left[2\,a_{\max}\,\frac{p_{\max}}{p_{\min}}\,\| \boldsymbol{w}^- \|_2 + \kappa'_N \| \boldsymbol{w}^- \|_2^2 + \kappa'_{NR}\delta_R\right]$$

$$\leqq \frac{\kappa'_N}{p_{\min}}\,\| \boldsymbol{w}^- \|_2^2\left[2\,a_{\max}\,\frac{p_{\max}}{p_{\min}} + \kappa'_N\,\varepsilon_{fg}\right]\| \boldsymbol{w}^- \|_2$$

$$+\left[\frac{\kappa'_N}{p_{\min}}\,\varepsilon_{fg}^2\,\kappa'_{NR} + \frac{\kappa'_{NR}}{p_{\min}}\,2\,a_{\max}\,\frac{p_{\max}}{p_{\min}}\,\varepsilon_{fg} + \frac{\kappa'_{NR}}{p_{\min}}\,\kappa'_N\,\varepsilon_{fg}^2\right]\delta_R + \frac{(\kappa'_{NR})^2}{p_{\min}}\,\delta_R^2\,. \tag{9.297}$$

Wählt man wieder $\delta_R < 1$ und weiterhin

$$\kappa_N = \frac{\kappa'_N}{p_{\min}}\left[2\,a_{\max}\,\frac{p_{\max}}{p_{\min}} + \kappa'_N\,\varepsilon_{fg}\right], \tag{9.298}$$

$$\kappa_{NR} = \frac{\kappa'_N}{p_{\min}}\,\varepsilon_{fg}^2\,\kappa'_{NR} + \frac{\kappa'_{NR}}{p_{\min}}\,2\,a_{\max}\,\frac{p_{\max}}{p_{\min}}\,\varepsilon_{fg} + \frac{\kappa'_{NR}}{p_{\min}}\,\kappa'_N\,\varepsilon_{fg}^2 + \frac{(\kappa'_{NR})^2}{p_{\min}}\,, \tag{9.299}$$

so folgt die Ungleichung

$$E\left[\boldsymbol{r}_N^{\mathrm{T}}(\boldsymbol{P}^-[n+1])^{-1}(2\boldsymbol{A}(\mathbf{E}-\boldsymbol{KC})\boldsymbol{w}^- + \boldsymbol{r}_N)\right] \leqq \kappa_N \| \boldsymbol{w}^- \|_2^3 + \kappa_{NR}\,\delta_R\,, \tag{9.300}$$

die in Teil 2 des Beweises benutzt wird.

Zur Abschätzung der Rauschterme werden die Ungleichungen (9.290a), (9.269a), (9.270), (9.276), (9.296a) benutzt. Ohne Beschränkung der Allgemeinheit kann $\delta_R < 1$ gewählt werden, und man erhält für $\| \boldsymbol{w}^- \|_2 \leqq \varepsilon_{fg}$ die Ungleichung

$$E\left[\boldsymbol{r}_R^{\mathrm{T}}(\boldsymbol{P}^-[n+1])^{-1}(2\boldsymbol{A}(\mathbf{E}-\boldsymbol{KC})\boldsymbol{w}^- + 2\boldsymbol{r}_N + \boldsymbol{r}_R)\right]$$

$$\leqq \kappa'_R\,\delta_R\,\frac{1}{p_{\min}}\left[2\,a_{\max}\,\frac{p_{\max}}{p_{\min}}\,\varepsilon_{fg} + 2(\kappa'_N\,\varepsilon_{fg}^2 + \kappa'_{NR}\delta_R) + \kappa'_R\,\delta_R\right],$$

d. h.

$$E\left[\boldsymbol{r}_R^{\mathrm{T}}(\boldsymbol{P}^-[n+1])^{-1}(2\boldsymbol{A}(\mathbf{E}-\boldsymbol{KC})\boldsymbol{w}^- + 2\boldsymbol{r}_N + \boldsymbol{r}_R)\right] \leqq \kappa_R\,\delta_R \tag{9.301a}$$

mit

$$\kappa_R = \kappa'_R\,\frac{1}{p_{\min}}\left[2\,a_{\max}\,\frac{p_{\max}}{p_{\min}}\,\varepsilon_{fg} + 2(\kappa'_N\,\varepsilon_{fg}^2 + \kappa'_{NR}) + \kappa'_R\right], \tag{9.301b}$$

die ebenfalls in Teil 2 des Beweises benötigt wird.

Teil 2: Ähnlich wie im Beweis von Satz IX.8 wird

$$V(\boldsymbol{w}^-, n) = (\boldsymbol{w}^-)^{\mathrm{T}}(\boldsymbol{P}^-)^{-1}\boldsymbol{w}^- \tag{9.302}$$

angesetzt. Aus Ungleichung (9.270) folgt direkt

$$\frac{1}{p_{\max}}\,\| \boldsymbol{w}^- \|_2^2 \leqq E[V(\boldsymbol{w}^-, n)] \leqq \frac{1}{p_{\min}}\,\| \boldsymbol{w}^- \|_2^2\,. \tag{9.303}$$

Weiterhin erhält man aus

$$V(\boldsymbol{w}^-[n+1], n+1) = (\boldsymbol{w}^-[n+1])^{\mathrm{T}}(\boldsymbol{P}^-[n+1])^{-1}\boldsymbol{w}^-[n+1] \tag{9.304}$$

mit Gl. (9.259) und Ungleichung (9.283)

$$V(\boldsymbol{w}^-[n+1], n+1) \leqq (1-\alpha)V(\boldsymbol{w}^-, n) + \boldsymbol{r}_N^{\mathrm{T}}(\boldsymbol{P}^-[n+1])^{-1}\,[2\boldsymbol{A}(\mathbf{E}-\boldsymbol{KC})\boldsymbol{w}^- + \boldsymbol{r}_N]$$

$$+\,\boldsymbol{r}_R^{\mathrm{T}}(\boldsymbol{P}^-[n+1])^{-1}\,[2\boldsymbol{A}(\mathbf{E}-\boldsymbol{KC})\boldsymbol{w}^- + 2\boldsymbol{r}_N + \boldsymbol{r}_R]\,. \tag{9.305}$$

Nun wird der Erwartungswert gebildet, und es werden die Ungleichungen (9.300) und (9.301a) berücksichtigt. Damit ergibt sich

$$E[V(\boldsymbol{w}^-[n+1], n+1)] \leqq (1-\alpha)E[V(\boldsymbol{w}^-, n)] + \kappa_N \, \| \boldsymbol{w}^- \|_2^3 + \kappa_{NR}\,\delta_R + \kappa_R\,\delta_R \tag{9.306}$$

für $\| \boldsymbol{w}^- \|_2 \leqq \varepsilon_{fg}$. Führt man weiterhin

$$\varepsilon = \min\left(\varepsilon_{fg}, \frac{\alpha}{2p_{\max}\kappa_N}\right) \tag{9.307}$$

ein, so erhält man mit der Ungleichung (9.303) für $\| \boldsymbol{w}^- \|_2 \leqq \varepsilon$ den Zusammenhang

$$\kappa_N \, \| \boldsymbol{w}^- \|_2^3 \leqq \frac{\alpha}{2p_{\max}} \, \| \boldsymbol{w}^- \|_2^2 \leqq \frac{\alpha}{2} E[V(\boldsymbol{w}^-, n)] . \tag{9.308}$$

Setzt man Ungleichung (9.308) in die Ungleichung (9.306) ein, so ergibt sich

$$E[V(\boldsymbol{w}^-[n+1], n+1)] \leqq \left(1 - \frac{\alpha}{2}\right) E[V(\boldsymbol{w}^-, n)] + (\kappa_{NR} + \kappa_R)\,\delta_R \tag{9.309}$$

für $\| \boldsymbol{w}^- \|_2 \leqq \varepsilon$. Wählt man nun zu einem vorgegebenen $\varepsilon_{\boldsymbol{w}} > 0$ entsprechend Ungleichung (9.274a)

$$\| \boldsymbol{w}^-[n_0] \|_2^2 \leqq \delta_{\boldsymbol{w}}^2 = \frac{p_{\min}}{2p_{\max}} [\min(\varepsilon, \varepsilon_{\boldsymbol{w}})]^2 \tag{9.310}$$

sowie

$$\delta_R = \frac{\alpha [\min(\varepsilon, \varepsilon_{\boldsymbol{w}})]^2}{4p_{\max}(\kappa_{NR} + \kappa_R)} \tag{9.311}$$

so folgt aus Ungleichung (9.309) für $n = n_0$ mit Ungleichung (9.303) bei Verwendung von Ungleichung (9.310)

$$\frac{1}{p_{\max}} \, \| \boldsymbol{w}^-[n_0+1] \|_2^2 \leqq \left(1 - \frac{\alpha}{2}\right) E[V(\boldsymbol{w}^-[n_0], n_0)] + (\kappa_{NR} + \kappa_R)\,\delta_R$$

$$\leqq \left(1 - \frac{\alpha}{2}\right) \frac{1}{p_{\min}} \, \| \boldsymbol{w}^-[n_0] \|_2^2 + \frac{\alpha [\min(\varepsilon, \varepsilon_{\boldsymbol{w}})]^2}{2p_{\max}} \leqq \frac{1}{p_{\max}} [\min(\varepsilon, \varepsilon_{\boldsymbol{w}})]^2 \tag{9.312a}$$

d. h.

$$\| \boldsymbol{w}^-[n_0+1] \|_2 \leqq \min(\varepsilon, \varepsilon_{\boldsymbol{w}}) . \tag{9.312b}$$

Man kann die vorangehenden Überlegungen aufgrund der Ungleichungen (9.303) und (9.309) für $n = n_0 + 1$ wiederholen und erhält

$$\frac{1}{p_{\max}} \, \| \boldsymbol{w}^-[n_0+2] \|_2^2 \leqq \left(1 - \frac{\alpha}{2}\right) E[V(\boldsymbol{w}^-[n_0+1], n_0+1)] + (\kappa_{NR} + \kappa_R)\,\delta_R$$

$$\leqq \left(1 - \frac{\alpha}{2}\right) \left[\left(1 - \frac{\alpha}{2}\right) E[V(\boldsymbol{w}^-[n_0], n_0)] + (\kappa_{NR} + \kappa_R)\,\delta_R \right]$$

$$+ (\kappa_{NR} + \kappa_R)\,\delta_R$$

$$= \left(1 - \frac{\alpha}{2}\right)^2 E[V(\boldsymbol{w}^-[n_0], n_0)] + (\kappa_{NR} + \kappa_R)\,\delta_R \left\{ 1 + \left(1 - \frac{\alpha}{2}\right) \right\} .$$

Durch mehrmalige Wiederholung des Vorstehenden gelangt man zu

$$\frac{1}{p_{\max}} \, \| \boldsymbol{w}^-[n] \|_2^2 \leqq \left(1 - \frac{\alpha}{2}\right)^{n-n_0} E[V(\boldsymbol{w}^-[n_0], n_0)]$$

$$+ (\kappa_{NR} + \kappa_R)\,\delta_R \left\{ 1 + \cdots + \left(1 - \frac{\alpha}{2}\right)^{n-n_0-1} \right\} , \tag{9.313}$$

und mit der Summenformel für die geometrische Reihe

$$1 + \cdots + \left(1 - \frac{\alpha}{2}\right)^{n - n_0 - 1} \leqq \sum_{n=0}^{\infty} \left(1 - \frac{\alpha}{2}\right)^n = \frac{1}{1 - \left(1 - \frac{\alpha}{2}\right)} = \frac{2}{\alpha} \tag{9.314}$$

sowie $0 < (1 - \alpha/2) < 1$ ergibt sich schließlich hieraus bei erneuter Beachtung von Ungleichung (9.303)

$$\| \boldsymbol{w}^-[n] \|_2^2 \leqq \frac{p_{\max}}{p_{\min}} \| \boldsymbol{w}^-[n_0] \|_2^2 + \frac{2 p_{\max}}{\alpha} (\kappa_{NR} + \kappa_R) \delta_R , \tag{9.315}$$

d. h. für ein vorgegebenes $\varepsilon_w > 0$ gibt es angesichts der Ungleichungen (9.310) Konstanten

$$\delta_w = \sqrt{\frac{p_{\min}}{2 p_{\max}}} \min(\varepsilon, \varepsilon_w) \quad \text{und} \quad \delta_R = \frac{\alpha [\min(\varepsilon, \varepsilon_w)]^2}{4 p_{\max} (\kappa_{NR} + \kappa_R)} \tag{9.316a,b}$$

derart, daß $E[\| \boldsymbol{w}^- \|^2] = \| \boldsymbol{w}^- \|_2^2$ die geforderte Bedingung (9.273) erfüllt, falls die Ungleichungen (9.274a-c) gelten.

Beispiel 9.23: Es wird ein stochastisch erregtes diskontinuierliches, nichtlineares System mit den Zustandsgleichungen (9.252a,b) im $\mathbb{R}^2$ betrachtet, wobei

$$\boldsymbol{f}(\boldsymbol{z}, \boldsymbol{x}, n) = \begin{bmatrix} z_1 + T z_2 \\ z_2 + T(-z_1 + (z_1^2 + z_2^2 - 1) z_2) \end{bmatrix}, \qquad \boldsymbol{g}(\boldsymbol{z}, \boldsymbol{x}, n) = z_1 \tag{9.317a,b}$$

und $\boldsymbol{G}[n] = \mathbf{E}$ gewählt wird. Dabei bezeichnen z_1 und z_2 die Komponenten des Zustandsvektors $\boldsymbol{z}$. Aus den Gln. (9.317a,b) berechnet man

$$\boldsymbol{A} = \frac{\partial \boldsymbol{f}}{\partial \boldsymbol{z}} \bigg|_{\hat{\boldsymbol{z}}, \boldsymbol{x}, n} = \begin{bmatrix} 1 & T \\ (-1 + 2 \hat{z}_1 \hat{z}_2) T & 1 + (\hat{z}_1^2 + 3 \hat{z}_2^2 - 1) T \end{bmatrix}, \tag{9.318}$$

$$\boldsymbol{C} = \frac{\partial \boldsymbol{g}}{\partial \boldsymbol{z}} \bigg|_{\hat{\boldsymbol{z}}, \boldsymbol{x}, n} = [1 \quad 0] . \tag{9.319}$$

In allen folgenden Simulationen wurde $T = 10^{-3}$, $\boldsymbol{M}[n] = 10^{-5}\mathbf{E}$, $\boldsymbol{Q}[n] = 10^{-3}\mathbf{E}$, $R = 10^3$, $\boldsymbol{P}[0] = \mathbf{E}$ und $\boldsymbol{z}[0] = [0{,}8 \quad 0{,}2]^{\mathrm{T}}$ gewählt. Wie auch in Beispiel 9.19 werden drei Fälle betrachtet: Kleiner Anfangsschätzfehler und kleines Rauschen, kleiner Anfangsschätzfehler und großes Rauschen, großer Anfangsschätzfehler und kleines Rauschen. Die entsprechenden Werte für die als konstant angenommene Matrix $\boldsymbol{N}[n]$ sind 10, 10^3, 10 und für den Anfangsschätzwert $[0{,}5 \quad 0{,}5]^{\mathrm{T}}$, $[0{,}5 \quad 0{,}5]^{\mathrm{T}}$ bzw. $[1{,}5 \quad 1]^{\mathrm{T}}$. Bild 9.23 zeigt die Simulationsergebnisse, wobei Realisierungen der stochastischen Prozesse $z_2[n]$ und $\hat{z}_2[n]$ als Funktionen von n für $0 \leqq n \leqq 10^4$ aufgetragen sind. Wie man aus Bild 9.23a ersieht, bleibt der Schätzfehler beschränkt, solange der Anfangsschätzfehler oder das Rauschen klein genug sind. Ist dagegen der Anfangsschätzfehler oder das Rauschen zu groß, so kann dies zu einer Divergenz des Schätzfehlers führen (Bild 9.23b,c).

Beispiel 9.24: In diesem Beispiel wird die Demodulation eines phasenmodulierten Signals aus Beispiel 9.20 erneut aufgegriffen. Das Signalmodell nach den Gln. (9.221a,b)

$$\frac{\mathrm{d}\boldsymbol{z}(t)}{\mathrm{d}t} = \tilde{\boldsymbol{A}} \boldsymbol{z}(t) + \tilde{\boldsymbol{G}} \tilde{u}(t) , \tag{9.320a}$$

$$y(t) = \sqrt{2} \sin(\omega t + z_2(t)) + \tilde{v}(t) \tag{9.320b}$$

mit $\beta = 25$ und $\omega = 10^8$ wird mit Hilfe des Euler-Verfahrens diskretisiert, wobei eine Schrittweite $T > 0$ zugrundegelegt wird:

$$\boldsymbol{z}[n+1] = \boldsymbol{A} \boldsymbol{z}[n] + \boldsymbol{G} u[n] , \tag{9.321a}$$

$$y[n] = \sqrt{2} \sin(\omega T n + z_2[n]) + v[n] \tag{9.321b}$$

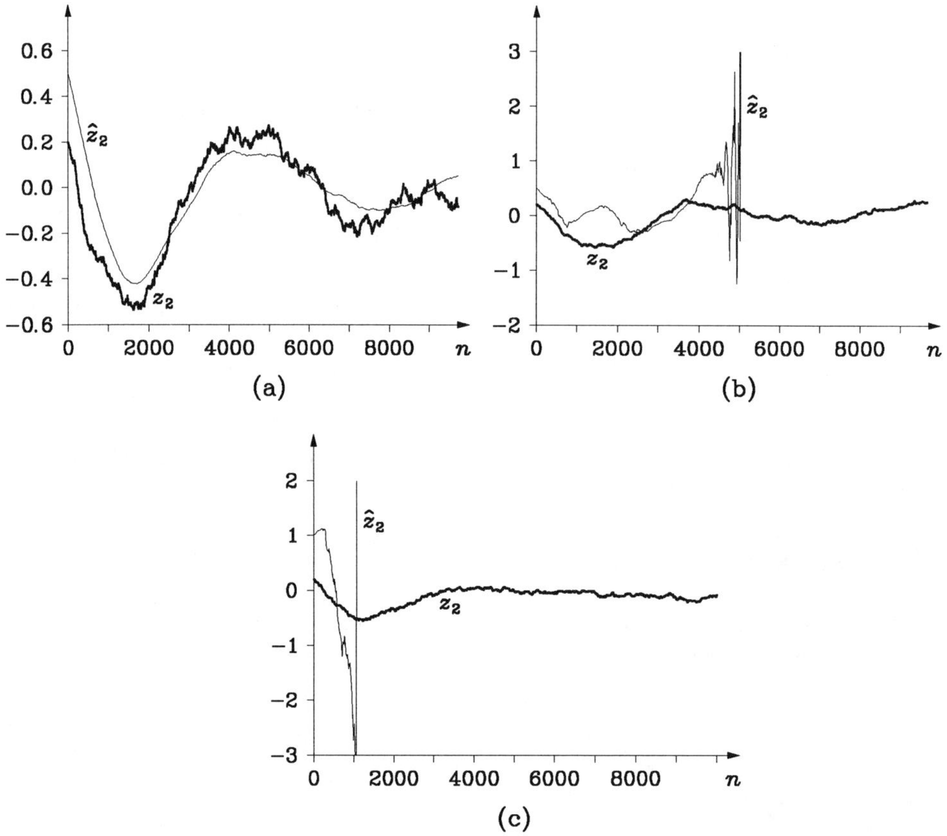

Bild 9.23: Numerische Simulationen zu Beispiel 9.23. (a) Kleiner Anfangsschätzfehler und kleines Rauschen; (b) kleiner Anfangsschätzfehler und großes Rauschen; (c) großer Anfangsschätzfehler und kleines Rauschen

mit $\boldsymbol{A} = \mathbf{E} + \tau \tilde{\boldsymbol{A}}$. Für den Fall, daß die Matrizen $\tilde{\boldsymbol{G}}^{\mathrm{T}}(t)\,\tilde{\boldsymbol{M}}(t)\,\tilde{\boldsymbol{G}}(t)$ und $\tilde{\boldsymbol{N}}(t)$ konstant sind, gilt nach [Le2]

$$\boldsymbol{G}^{\mathrm{T}}[n]\,\boldsymbol{M}[n]\,\boldsymbol{G}[n] = \tau\,\tilde{\boldsymbol{G}}^{\mathrm{T}}(\tau n)\,\tilde{\boldsymbol{M}}(\tau n)\,\tilde{\boldsymbol{G}}(\tau n)\,, \tag{9.322a}$$

$$\boldsymbol{N}[n] = \frac{1}{\tau}\,\tilde{\boldsymbol{N}}(\tau n)\,. \tag{9.322b}$$

Für die numerischen Simulationen wurde $\tau = 5 \cdot 10^{-2}$, $\boldsymbol{G}[n] = \sqrt{\tau}\,\tilde{\boldsymbol{G}}(t) = [\sqrt{\tau} \quad 0]^{\mathrm{T}}$, $\boldsymbol{M}[n] = 2/\beta$, $\boldsymbol{Q}[n] = \tau\,\mathbf{E}$, $\boldsymbol{R}[n] = 1/\tau$, $\boldsymbol{P}^{+}[0] = \mathbf{E}$ und $\boldsymbol{z}[0] = [1 \quad 0]^{\mathrm{T}}$ gewählt. Wie auch in Beispiel 9.20 werden drei Fälle betrachtet. Bild 9.24 zeigt die Realisierungen für das Nutzsignal $z_1[n]$ und dessen Schätzwert. Bei kleinem Rauschen und kleinem Anfangsschätzfehler ($\boldsymbol{N}[n] = 0{,}2$; $\hat{\boldsymbol{z}}[0] = [0 \quad \pi/2]^{\mathrm{T}}$) kann der Schätzwert $\hat{z}_1[n]$ dem Nutzsignal $z_1[n]$ gut folgen (Bild 9.24a). Der Fall eines kleinen Rauschens, aber eines großen Anfangsschätzfehlers ($\boldsymbol{N}[n] = 0{,}2$; $\hat{\boldsymbol{z}}[0] = [10 \quad \pi/6]^{\mathrm{T}}$) führt nicht zu einer Divergenz des Schätzfehlers, sondern nur zu einer erhöhten Einschwingzeit (Bild 9.24b). Wie in Beispiel 9.20 hat der große Anfangsschätzfehler eine konstante Abweichung des Schätzwertes $\hat{z}_2[n]$ von $z_2[n]$ zur Folge, was aber in diesem Beispiel keine störenden Konsequenzen nach sich zieht. Wird jedoch das Meßrauschen zu groß ($\boldsymbol{N}[n] = 20$; $\hat{\boldsymbol{z}}[0] = [0 \quad \pi/2]^{\mathrm{T}}$), so kann der Schätzwert $\hat{z}_1[n]$ dem Nutzsignal $z_1[n]$ nicht mehr im ausreichenden Maße folgen, und eine korrekte Übertragung des Nutzsignales ist nicht mehr sichergestellt (Bild 9.24c).

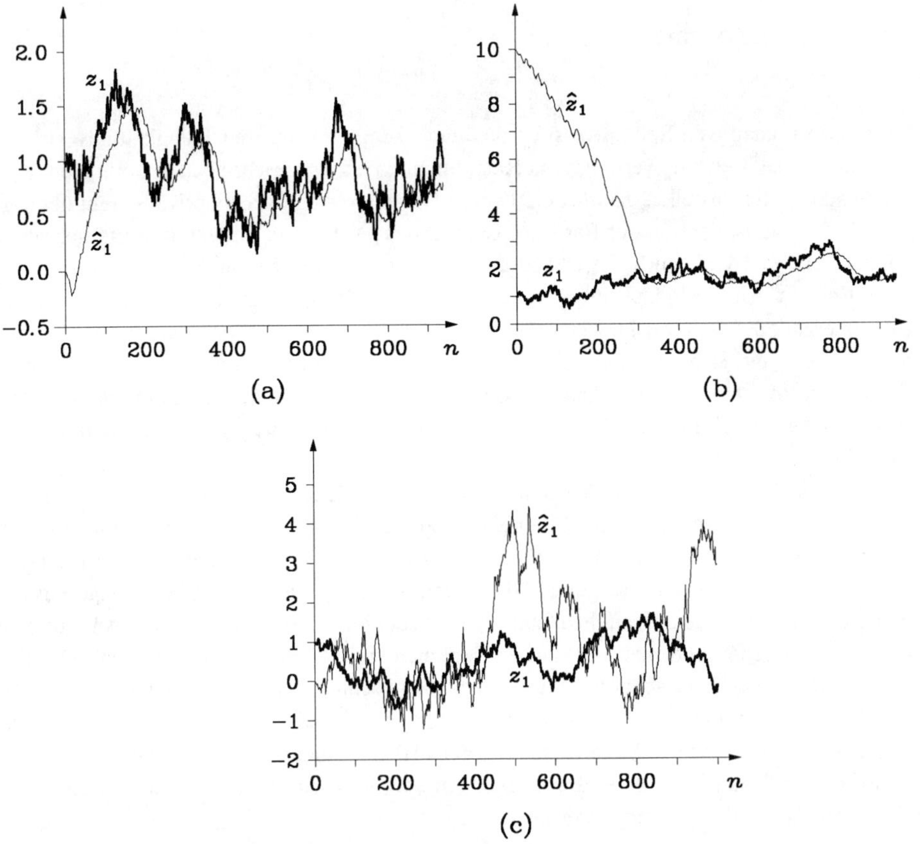

Bild 9.24: Numerische Simulationen zu Beispiel 9.24 (Demodulation eines phasenmodulierten Signals). (a) Kleiner Anfangsschätzfehler und kleines Rauschen; (b) großer Anfangsschätzfehler und kleines Rauschen; (c) kleiner Anfangsschätzfehler und großes Rauschen

X Adaptive Systeme

Unter einem adaptiven System versteht man ein System, das mit der Fähigkeit ausgestattet ist, sein eigenes Leistungsvermögen in Relation zu einem vorgeschriebenen optimalen Verhalten ständig festzustellen, zu messen. Darüber hinaus verfügt das adaptive System über einen Mechanismus, der, auf der Basis des Ergebnisses der Leistungsmessung, Systemparameter mit dem Ziel verändert, das gewünschte Optimum immer besser anzunähern. Insoweit basiert das Prinzip des adaptiven Systems auf einer Rückkopplungsaktion, durch welche die Charakteristik des Systems im Laufe der Zeit verändert wird. Als Systemparameter können beispielsweise die Koeffizienten der Übertragungsfunktion des Systems ohne Adaptionseinrichtung in Betracht kommen. Eine Besonderheit ist darin zu sehen, daß ein adaptives System in aller Regel ein nichtlineares System darstellt, auch dann, wenn das System ohne Adaptionsmechanismus linear ist.

In diesem Kapitel wird auf Probleme und Lösungsmöglichkeiten beim Entwurf diskontinuierlicher und kontinuierlicher adaptiver Systeme eingegangen. Die diskontinuierlichen adaptiven Systeme werden im Abschnitt 1 primär unter dem Gesichtspunkt von Anwendungen in der digitalen Signalverarbeitung diskutiert, wobei die einzelnen Überlegungen insbesondere von den in den Kapiteln I und VI behandelten diskontinuierlichen stochastischen Prozessen ausgehen und man bei solchen Systemen von adaptiven Filtern spricht. Der Bedeutung kontinuierlicher adaptiver Systeme soll im Abschnitt 2 unter dem Aspekt der adaptiven Regelungssysteme Rechnung getragen werden. Dabei sind vor allem Ergebnisse der Stabilitätstheorie nichtlinearer Systeme aus Kapitel VIII von fundamentaler Bedeutung.

Abweichend von den früheren Bezeichnungen werden stochastische Signale in diesem Kapitel nicht mit Fettbuchstaben bezeichnet.

1 Adaptive Filter

Zunächst wird in einer Einleitung versucht, die der adaptiven (Digital-)Filterung zugrundeliegende Problemstellung an Hand von Beispielen zu präzisieren.

1.1 EINLEITUNG

Bild 10.1 zeigt die Struktur einer wichtigen Klasse von adaptiven Filtern. Wie zu erkennen ist, empfängt das System ein Eingangssignal $x[n]$, und es entsteht ein Ausgangssignal $\hat{y}[n]$. Weiterhin wird von außen ein gewünschtes Signal (Referenzsignal) $y[n]$ zugeführt. Aus dem Differenzsignal $e[n]$ und dem Eingangssignal erzeugt der installierte adaptive Algorithmus die aktuellen Koeffizienten $a_0, a_1, \ldots, a_q$ des Systems, die ihrerseits den weiteren Verlauf des Ausgangssignals beeinflussen. Das Ziel der Adaption ist, ein aus dem Differenzsignal gebildetes Fehlermaß möglichst klein zu machen. Welche Art von Problemen sich auf diese Weise lösen läßt, soll an Hand von Beispielen im folgenden erläutert werden. Dabei spielt das adaptive Filter nur als Ganzes eine Rolle, d.h. das im Bild 10.1 umrahmte System. Der innere Teil ohne den adaptiven Algorithmus wird stets als lineares, zeitinvariantes diskontinuierliches System betrachtet, dessen Parameter einstellbar sind.

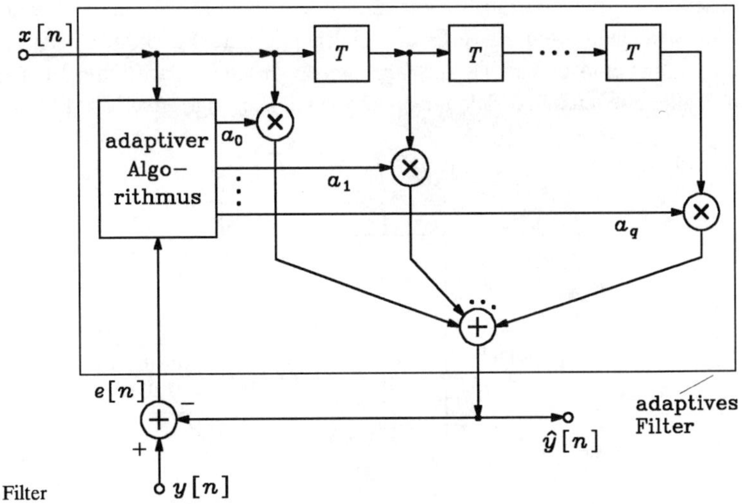

Bild 10.1: Adaptives Filter

Bei vielen technischen Anwendungen liegt ein (lineares, zeitinvariantes diskontinuierliches) System mit unbekannter Struktur, aber vorgegebenem Eingangssignal $x[n]$ und bekanntem zugehörigen Ausgangssignal $y[n]$ vor. Eine Möglichkeit zur Ermittlung der Impulsantwort (oder einer anderen Charakteristik) des vorliegenden Systems ist die Verwendung eines adaptiven Filters. Dies ist im Bild 10.2 gezeigt. Eine aus dem Fehlersignal $e[n]$ zu bildende Norm muß im Rahmen der Adaption minimiert werden. So nähert die Impulsantwort des adaptiven Filters die des unbekannten Systems an, da das Filter und das System bei Erregung mit demselben Eingangssignal $x[n]$ näherungsweise gleiche Ausgangssignale liefern. Auf diese Weise ist die Modellierung eines Systems mit Hilfe eines adaptiven Filters möglich.

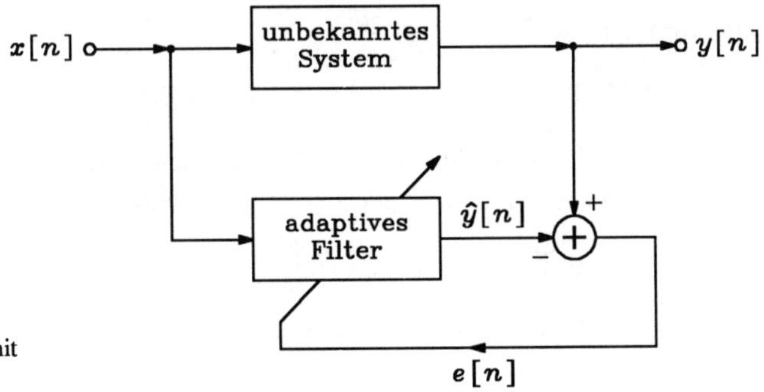

Bild 10.2: Systemmodellierung mit einem adaptiven Filter

Man kann künftige Werte eines zeitlich korrelierten diskontinuierlichen Signals aus dem gegenwärtigen Wert und den vergangenen Werten des Signals schätzen. Eine Möglichkeit hierfür bietet – als Alternative zum Wiener-Filter (man vergleiche Kapitel V und VI) – die adaptive Filterung. Dies ist im Bild 10.3 skizziert. Das Eingangssignal $x[n]$ wird um m Einheiten verzögert einem adaptiven Filter zugeführt. Das unverzögerte Signal $x[n]$ dient als Referenz für das adaptive Filter. Die Parameter des adaptiven Filters stellen sich durch Minimierung einer Norm von $e[n]$ derart ein, daß $\hat{y}[n]$ als Näherung von $x[n]$ und somit das Ausgangssignal des adaptiven Filters als Schätzung seines um m Zeiteinheiten vorauseilenden Eingangssignals aufgefaßt werden kann. Die optimalen Parameter des adaptiven Filters werden in ein "Slave-Filter" (gleicher Struktur) kopiert, dessen Eingangssignal $x[n]$ ist. Damit repräsentiert das Ausgangssignal $w[n]$ des "Slave-Filters" eine Prädiktion des um m Takteinheiten in die Zukunft verschobenen Eingangssignals $x[n]$.

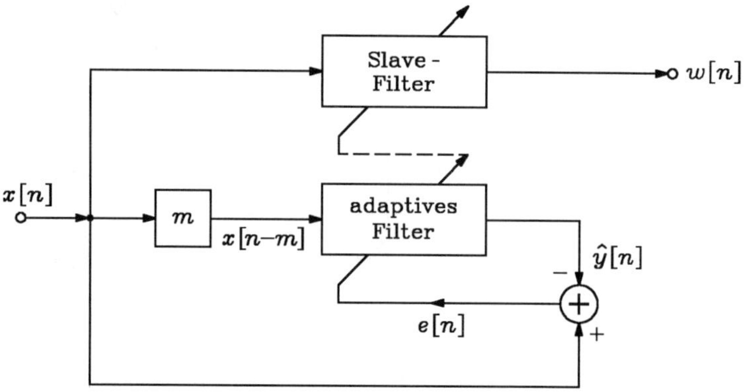

Bilde 10.3: Signalprädiktion mittels eines adaptiven Filters

Bild 10.4 zeigt das Prinzip der adaptiven Befreiung eines Signals von Rauschen. Allerdings verlangt die Anwendung dieser Methode eine zusätzliche Rauschquelle, deren Prozeß $n_1[n]$ mit dem Rauschsignal $n_0[n]$ korreliert ist. Dabei bedeutet $n_0[n]$ das dem Nutzsignal $m[n]$ überlagerte stochastische Störsignal. Die Signale $m[n]$, $n_0[n]$, $n_1[n]$, $\nu[n]$ werden als stationäre stochastische und mittelwertfreie Prozesse betrachtet. Es sei $m[n]$ nicht korreliert mit $n_0[n]$ und $n_1[n]$. Das Ausgangssignal ist

$$e[n] = m[n] + n_0[n] - \nu[n]. \qquad (10.1)$$

Hieraus folgt

$$e^2[n] = m^2[n] + (n_0[n] - \nu[n])^2 + 2m[n](n_0[n] - \nu[n]).$$

Bildet man auf beiden Seiten dieser Gleichung den Erwartungswert und beachtet, daß $m[n]$ mit $n_0[n]$ und $\nu[n]$ nicht korreliert und zudem mittelwertfrei ist, so erhält man

$$E[e^2[n]] = E[m^2[n]] + E[(n_0[n] - \nu[n])^2]. \qquad (10.2)$$

Die Adaption bewirkt, daß dieser Erwartungswert und damit der zweite Summand auf der

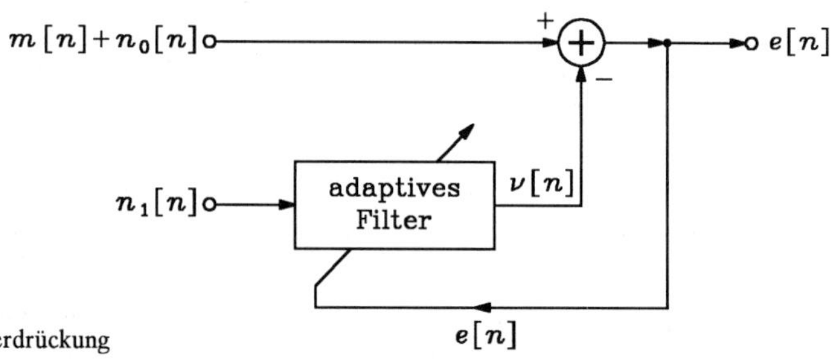

Bild 10.4: Adaptive Rauschunterdrückung

rechten Seite der Gl. (10.2) minimiert wird. Daher wird gemäß Gl. (10.1) auch der Erwartungswert von $(e[n] - m[n])^2$ minimiert. Somit kann $e[n]$ als Näherung des Nutzsignals $m[n]$ betrachtet werden. Der wesentliche Unterschied zur klassischen Rauschbefreiung von Signalen (Kapitel V und VI) ist, daß hier die Störung subtrahiert und nicht *aus*gefiltert wird.

1.2 DAS KRITERIUM DES KLEINSTEN MITTLEREN FEHLERQUADRATS

1.2.1 Die Normalgleichung

Den folgenden Überlegungen sei die im Bild 10.5 dargestellte Anordnung zur Modellierung eines unbekannten linearen, zeitinvarianten diskontinuierlichen Systems durch ein nichtrekursives (FIR-) Filter zugrundegelegt. Die Aufgabe besteht darin, die Impulsantwort

$$h[n] = \begin{cases} a_n\,, & \text{falls } n \in \{0, 1, \ldots, q\} \\ 0 & \text{sonst} \end{cases} \tag{10.3}$$

des FIR-Filters zu ermitteln, so daß dieses das unbekannte System möglichst genau nachbildet.

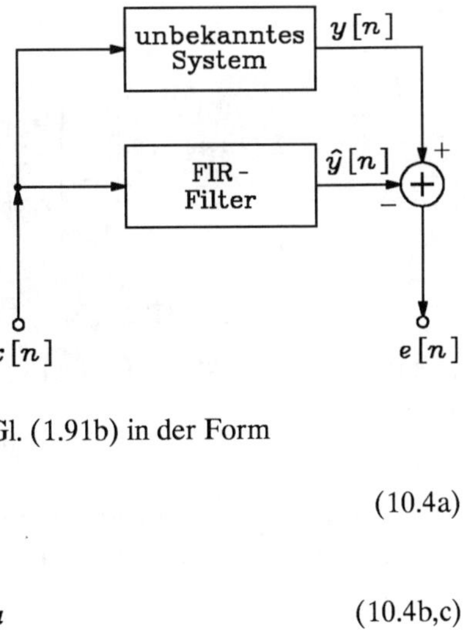

Bild 10.5: Zur Modellierung eines Systems durch ein FIR-Filter

Das Ausgangssignal des FIR-Filters läßt sich nach Gl. (1.91b) in der Form

$$\hat{y}[n] = \sum_{\mu=0}^{q} a_\mu x[n-\mu] \tag{10.4a}$$

oder

$$\hat{y}[n] = \boldsymbol{a}^{\mathrm{T}} \boldsymbol{x}[n] \quad \text{bzw.} \quad \hat{y}[n] = \boldsymbol{x}^{\mathrm{T}}[n]\, \boldsymbol{a} \tag{10.4b,c}$$

ausdrücken, wobei

$$\boldsymbol{a} := [a_0 \quad a_1 \quad \cdots \quad a_q]^{\mathrm{T}} \tag{10.5}$$

und

$$\boldsymbol{x}[n] := [x[n] \quad x[n-1] \quad \cdots \quad x[n-q]]^{\mathrm{T}} \tag{10.6}$$

bedeutet. Das Fehlersignal kann als Differenz

$$e[n] = y[n] - \hat{y}[n] \tag{10.7a}$$

oder mit den Gln. (10.4b,c) als

$$e[n] = y[n] - \boldsymbol{a}^{\mathrm{T}} \boldsymbol{x}[n] \quad \text{oder} \quad e[n] = y[n] - \boldsymbol{x}^{\mathrm{T}}[n]\,\boldsymbol{a} \tag{10.7b,c}$$

geschrieben werden. Es sei $x[n]$ ein stationäres stochastisches Signal. Damit sind auch $y[n]$, $\hat{y}[n]$ und $e[n]$ stationäre stochastische Signale. Als Maß für die Abweichung des FIR-Filters vom unbekannten System wird der Fehler ε in Form des Erwartungswerts von $e^2[n]$ eingeführt. Dieser Fehler ist von $\boldsymbol{a}$ abhängig, weshalb

$$\varepsilon(\boldsymbol{a}) = E[e^2[n]] \tag{10.8}$$

geschrieben wird. Durch Multiplikation der beiden Gln. (10.7b,c) miteinander erhält man eine Darstellung für $e^2[n]$, die der Operation $E[\cdot]$ unterworfen wird. Auf diese Weise ergibt sich

$$\varepsilon(\boldsymbol{a}) = E[y^2[n]] - 2\,\boldsymbol{a}^{\mathrm{T}} E[y[n]\,\boldsymbol{x}[n]] + \boldsymbol{a}^{\mathrm{T}} E[\boldsymbol{x}[n]\,\boldsymbol{x}^{\mathrm{T}}[n]]\,\boldsymbol{a}\,. \tag{10.9}$$

Mit Hilfe der Autokorrelierten $r_{xx}[n]$ und der Kreuzkorrelierten $r_{xy}[n]$ lassen sich zwei der in Gl. (10.9) auftretenden Erwartungswerte folgendermaßen ausdrücken:

$$\boldsymbol{R} := E[\boldsymbol{x}[n]\,\boldsymbol{x}^{\mathrm{T}}[n]] = \begin{bmatrix} r_{xx}[0] & r_{xx}[1] & \cdots & r_{xx}[q] \\ r_{xx}[1] & r_{xx}[0] & \cdots & r_{xx}[q-1] \\ \vdots & & & \\ r_{xx}[q] & r_{xx}[q-1] & \cdots & r_{xx}[0] \end{bmatrix}, \tag{10.10}$$

$$\boldsymbol{r} := E[y[n]\,\boldsymbol{x}[n]] = \begin{bmatrix} r_{xy}[0] \\ r_{xy}[1] \\ \vdots \\ r_{xy}[q] \end{bmatrix}. \tag{10.11}$$

Schreibt man noch

$$y_{\text{eff}}^2 = E[y^2[n]] \tag{10.12}$$

und führt dann die Gln. (10.10), (10.11) und (10.12) in Gl. (10.9) ein, so erhält man für den Fehler

$$\varepsilon(\boldsymbol{a}) = y_{\text{eff}}^2 - 2\,\boldsymbol{a}^{\mathrm{T}}\boldsymbol{r} + \boldsymbol{a}^{\mathrm{T}}\boldsymbol{R}\,\boldsymbol{a}\,. \tag{10.13}$$

Da $\varepsilon(\boldsymbol{a})$ stets nichtnegativ ist, insbesondere auch für $y[n] = 0$, folgt aus Gl. (10.9) für die Autokorrelationsmatrix $\boldsymbol{R}$ aus Gl. (10.10) die Eigenschaft

$$\boldsymbol{a}^{\mathrm{T}}\boldsymbol{R}\,\boldsymbol{a} \geqq 0 \tag{10.14}$$

für beliebige Vektoren $\boldsymbol{a}$. Es soll angenommen werden, daß $\boldsymbol{R}$ darüber hinaus nichtsingulär ist. Dann stellt die Autokorrelationsmatrix eine positiv-definite Matrix dar; sie ist eine Toeplitz-Matrix (alle Elemente in der Hauptdiagonalen sind gleich, ebenso in sämtlichen Nebendiagonalen parallel zur Hauptdiagonalen).

Beiläufig sei bemerkt, daß die Elemente von $\boldsymbol{R}$ und $\boldsymbol{r}$ auf der Basis der Ergodenhypothese durch zeitliche Mittelwertbildung gewonnen werden können.

Die Aufgabe der Systemmodellierung wird nun dadurch gelöst, daß die durch den Vektor $\boldsymbol{a}$ gekennzeichnete Impulsantwort des FIR-Filters durch die Forderung

$$\varepsilon(\boldsymbol{a}) \overset{!}{=} \text{Min} \tag{10.15}$$

festgelegt wird. Hierfür muß notwendigerweise die Bedingung

$$\frac{\partial \varepsilon}{\partial \boldsymbol{a}} = \boldsymbol{0} \tag{10.16}$$

erfüllt werden, wobei

$$\frac{\partial \varepsilon}{\partial \boldsymbol{a}} := [\partial\varepsilon/\partial a_0 \quad \cdots \quad \partial\varepsilon/\partial a_q]$$

den Gradienten von ε bedeutet. Mit Gl. (10.13) erhält man zunächst

$$\left(\frac{\partial \varepsilon}{\partial \boldsymbol{a}}\right)^{\mathrm{T}} = -2\boldsymbol{r} + 2\boldsymbol{R}\,\boldsymbol{a}\,. \tag{10.17}$$

Führt man Gl. (10.17) in die Gl. (10.16) ein, so ergibt sich die Normalgleichung

$$\boldsymbol{R}\,\boldsymbol{a} = \boldsymbol{r} \tag{10.18}$$

zur Bestimmung der optimalen Impulsantwort $\boldsymbol{a} =: \boldsymbol{a}_{\text{opt}}$. Da $\boldsymbol{R}$ nichtsingulär ist, erhält man

$$\boldsymbol{a}_{\text{opt}} = \boldsymbol{R}^{-1}\boldsymbol{r}\,. \tag{10.19}$$

Man beachte, daß die Lösung des Optimierungsproblems eindeutig ist. Es wird davon ausgegangen, daß $\boldsymbol{r} \neq \boldsymbol{0}$ gilt, da sonst die Filterung wirkungslos ist. Angesichts der Symmetrie der Autokorrelationsmatrix folgt aus Gl. (10.19)

$$\boldsymbol{a}_{\text{opt}}^{\mathrm{T}}\,\boldsymbol{R}\,\boldsymbol{a}_{\text{opt}} = \boldsymbol{r}^{\mathrm{T}}\boldsymbol{R}^{-1}\boldsymbol{r} = \boldsymbol{r}^{\mathrm{T}}\boldsymbol{a}_{\text{opt}}\,. \tag{10.20}$$

Aus den Gl.(10.13) und (10.20) ergibt sich damit

$$\varepsilon_{\min} := \varepsilon(\boldsymbol{a}_{\text{opt}}) = y_{\text{eff}}^2 - \boldsymbol{a}_{\text{opt}}^{\mathrm{T}}\boldsymbol{r} = y_{\text{eff}}^2 - \boldsymbol{r}^{\mathrm{T}}\boldsymbol{R}^{-1}\boldsymbol{r}\,. \tag{10.21}$$

Weiterhin erhält man aus Gl. (10.17) die Hessenberg-Matrix

$$\frac{\partial^2 \varepsilon}{\partial \boldsymbol{a}^2} := \left[\frac{\partial^2 \varepsilon}{\partial a_\mu\, \partial a_\nu}\right] = 2\boldsymbol{R}\,. \tag{10.22}$$

Da sie positiv-definit ist, liefert $\boldsymbol{a}_{\text{opt}}$ tatsächlich ein Minimum des Fehlers.

Die Darstellung der Lösung nach Gl. (10.19) eignet sich wegen des hiermit verbundenen hohen Rechenaufwands für eine praktische Anwendung zur adaptiven Filterung nicht. In Betracht zu ziehen sind dagegen die iterative Methode des steilsten Abstiegs und der Durbin-Algorithmus, der in endlich vielen gleichartigen Schritten die Lösung liefert. Auf diese Verfahren wird noch ausführlich eingegangen.

1.2.2 Eigenschaften der Lösung

Man kann die Bedingungsgleichung (10.16) für die optimale Lösung des im letzten Abschnitt behandelten Minimumproblems mit Gl. (10.8) auch in der Form

$$2E\left[e[n]\,\frac{\partial e[n]}{\partial \boldsymbol{a}}\right] = \boldsymbol{0}$$

oder mit Gl. (10.7b) als

$$E\,[e[n]\boldsymbol{x}[n]] = \mathbf{0}\,,$$

d.h.

$$E\,[e[n]x[n-\mu]] = 0\,, \quad \mu = 0,1,\ldots, q \tag{10.23}$$

ausdrücken. Dies ist eine charakteristische Eigenschaft des Optimums, die Orthogonalitätsprinzip genannt wird (man vergleiche hierzu auch Kapitel III, Abschnitt 4.6). Ist $\boldsymbol{x}[n]$ oder $e[n]$ mittelwertfrei, so gilt weiterhin

$$E\,[e[n]]\,E[x[n-\mu]] = 0\,, \quad \mu = 0,1,\ldots, q\,. \tag{10.24}$$

Aus der Gleichheit der linken Seiten der Gln. (10.23) und (10.24) ist zu erkennen, daß $e[n]$ und $x[n-\mu]$ nicht korreliert sind. Das Optimum zeichnet sich also dadurch aus, daß $e[n]$ und $x[n-\mu]$ orthogonal und nicht korreliert sind, vorausgesetzt daß mindestens einer der beiden Prozesse mittelwertfrei ist. – Man kann aus der Orthogonalitätseigenschaft auch die Normalgleichung ableiten.

Einen weiteren interessanten Einblick in die Lösung des Minimumproblems bietet die Hauptachsentransformation des Fehlers $\varepsilon(\boldsymbol{a})$ von Gl. (10.13). Hierzu wird zunächst die Koordinatentranslation

$$\boldsymbol{b} = \boldsymbol{a} - \boldsymbol{a}_{\text{opt}}\,, \tag{10.25a}$$

d.h. mit Gl. (10.19)

$$\boldsymbol{a} = \boldsymbol{b} + \boldsymbol{R}^{-1}\boldsymbol{r} \tag{10.25b}$$

durchgeführt. Ersetzt man nun in Gl. (10.13) den Vektor $\boldsymbol{a}$ gemäß Gl. (10.25b), dann ergibt sich

$$\varepsilon = y_{\text{eff}}^2 - 2\boldsymbol{b}^{\text{T}}\boldsymbol{r} - 2\boldsymbol{r}^{\text{T}}\boldsymbol{R}^{-1}\boldsymbol{r} + (\boldsymbol{b}^{\text{T}} + \boldsymbol{r}^{\text{T}}\boldsymbol{R}^{-1})\boldsymbol{R}\,(\boldsymbol{b} + \boldsymbol{R}^{-1}\boldsymbol{r})$$

oder wegen $\boldsymbol{b}^{\text{T}}\boldsymbol{r} = \boldsymbol{r}^{\text{T}}\boldsymbol{b}$

$$\varepsilon = y_{\text{eff}}^2 - \boldsymbol{r}^{\text{T}}\boldsymbol{R}^{-1}\boldsymbol{r} + \boldsymbol{b}^{\text{T}}\boldsymbol{R}\,\boldsymbol{b}$$

und mit Gl. (10.21) schließlich

$$\varepsilon - \varepsilon_{\min} = \boldsymbol{b}^{\text{T}}\boldsymbol{R}\,\boldsymbol{b}\,. \tag{10.26}$$

Wegen der positiven Definitheit von $\boldsymbol{R}$ ist die rechte Seite von Gl. (10.26) eine positiv-definite quadratische Form. Daher gilt

$$\varepsilon \geqq \varepsilon_{\min}\,,$$

wobei das Gleichheitszeichen für (und nur für) $\boldsymbol{b} = \mathbf{0}$, d.h. $\boldsymbol{a} = \boldsymbol{a}_{\text{opt}}$ gilt. Die Eigenwerte der Matrix $\boldsymbol{R}$ sind ausschließlich positiv reell; sie seien mit λ_μ ($\mu = 0, 1, \ldots, q$) bezeichnet. Es kann aus den Eigenvektoren von $\boldsymbol{R}$ eine Modalmatrix $\boldsymbol{M}$ angegeben werden (Anhang C), die orthonormal ist, für die also $\boldsymbol{M}^{-1} = \boldsymbol{M}^{\text{T}}$ gilt, und mit der sich $\boldsymbol{R}$ auf Diagonalform transformieren läßt. Mit dieser Matrix wird eine weitere (Dreh-) Transformation

$$\boldsymbol{b} = \boldsymbol{M}\,\boldsymbol{\beta} \tag{10.27}$$

durchgeführt. Führt man Gl. (10.27) in Gl. (10.26) ein, so entsteht die Beziehung

$$\varepsilon - \varepsilon_{\min} = \boldsymbol{\beta}^{\mathrm{T}} \boldsymbol{D} \boldsymbol{\beta} \tag{10.28}$$

mit der Diagonalmatrix

$$\boldsymbol{D} = \operatorname{diag}(\lambda_0, \lambda_1, \ldots, \lambda_q) = \boldsymbol{M}^{\mathrm{T}} \boldsymbol{R} \boldsymbol{M} . \tag{10.29}$$

Wie man nun sieht, sind die Flächen $\varepsilon = \text{const}$ ($\geqq \varepsilon_{\min}$) Hyper-Ellipsoide. Der Leser möge sich dies an Hand der Gl. (10.28) für $q = 1$ vorstellen. Mit abnehmendem ε ziehen sich diese Ellipsoide auf einen Punkt ($\boldsymbol{\beta} = \mathbf{0}$) zusammen.

1.3 DIE METHODE DES STEILSTEN ABSTIEGS

1.3.1 Die Iteration und ihre Konvergenz

Zur Lösung der Normalgleichung (10.18) kann man ε als skalare Funktion des Vektors $\boldsymbol{a}$ auffassen und ausgehend von einem Anfangsvektor – zu dem ein bestimmter Wert $\varepsilon \neq \varepsilon_{\min}$ gehört – diesen schrittweise derart verändern, daß ε sukzessive kleiner wird. Eine derartige Veränderung führt man vorzugsweise in Richtung des negativen Gradienten von ε durch, d.h. in Richtung von $-\partial\varepsilon/\partial\boldsymbol{a}$. Diese Verfahrensweise ist im Bild 10.6 für den Fall $q = 1$ angedeutet. Sie läßt sich folgendermaßen analytisch beschreiben:

$$\boldsymbol{a}[k+1] = \boldsymbol{a}[k] - \mu \left(\frac{\partial \varepsilon}{\partial \boldsymbol{a}} \right)_k^{\mathrm{T}} \quad (k = 0, 1, 2, \ldots). \tag{10.30}$$

Dabei bedeutet $\boldsymbol{a}[k]$ den Näherungsvektor von $\boldsymbol{a}_{\text{opt}}$ zu Beginn des k-ten Iterationsschrittes, $\partial\varepsilon/\partial\boldsymbol{a}\,|_k$ den Gradienten für $\boldsymbol{a} = \boldsymbol{a}[k]$ und μ eine geeignet zu wählende positive Konstante; ein Startvektor $\boldsymbol{a}[0]$ ist ebenfalls zu wählen. Mit Gl. (10.17) und der Abkürzung

$$\alpha = 2\mu \tag{10.31}$$

läßt sich Gl. (10.30) auf die Form

$$\boldsymbol{a}[k+1] = (\mathbf{E} - \alpha \boldsymbol{R})\boldsymbol{a}[k] + \alpha \boldsymbol{r} \tag{10.32}$$

bringen ($\mathbf{E} \neq \alpha \boldsymbol{R}$ vorausgesetzt). Wie man sieht, benötigt man für die praktische Anwen-

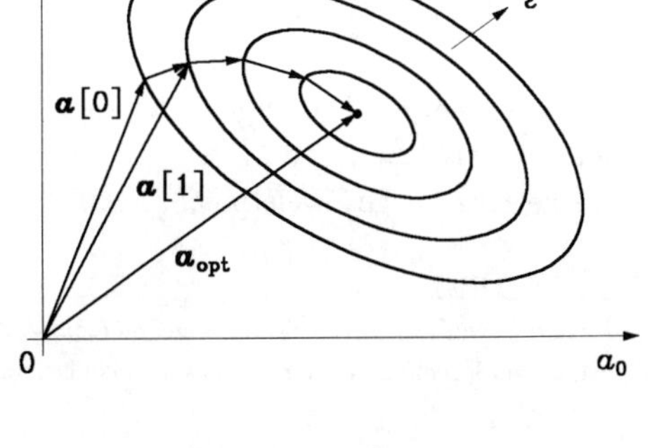

Bild 10.6: Veranschaulichung der Auffindung des optimalen Lösungsvektors durch die Methode des steilsten Abstiegs

dung der Iterationsvorschrift nach Gl. (10.32) die Autokorrelationsmatrix $\boldsymbol{R}$ und den Kreuzkorrelationsvektor $\boldsymbol{r}$. Für beide ließen sich Näherungen durch Schätzungen angeben.

Es stellt sich nun die Frage, ob die aus der Gl. (10.32) resultierende Folge $\boldsymbol{a}[0], \boldsymbol{a}[1], \boldsymbol{a}[2], \ldots$ gegen die Lösung der Normalgleichung strebt. Zur Beantwortung dieser Frage wird für $\boldsymbol{a}[k]$ aus Gl. (10.32) eine explizite Lösung ermittelt. Man kann die Gl. (10.32) als eine Zustandsgleichung entsprechend Gl. (2.208) auffassen und demzufolge eine Lösung gemäß der Gl. (2.228) angeben, wobei die Matrix $\mathbf{E} - \alpha\boldsymbol{R}$ der Systemmatrix $\boldsymbol{A}$ und daher die Matrix $(\mathbf{E} - \alpha\boldsymbol{R})^k$ der Übergangsmatrix $\boldsymbol{\Phi}[k]$ entspricht. So gelangt man zur Lösung

$$\boldsymbol{a}[k] = (\mathbf{E} - \alpha\boldsymbol{R})^k \boldsymbol{a}[0] + \alpha \sum_{\nu=0}^{k-1} (\mathbf{E} - \alpha\boldsymbol{R})^{\nu} \boldsymbol{r} \,. \tag{10.33}$$

Der Summenausdruck läßt sich als eine geometrische Summe auffassen und somit in der geschlossenen Form $\{\mathbf{E} - (\mathbf{E} - \alpha\boldsymbol{R})^k\}(\alpha\boldsymbol{R})^{-1}\boldsymbol{r}$ ausdrücken, so daß man

$$\boldsymbol{a}[k] = (\mathbf{E} - \alpha\boldsymbol{R})^k \boldsymbol{a}[0] + \{\mathbf{E} - (\mathbf{E} - \alpha\boldsymbol{R})^k\}\boldsymbol{R}^{-1}\boldsymbol{r} \tag{10.34}$$

oder

$$\boldsymbol{a}[k] = \boldsymbol{R}^{-1}\boldsymbol{r} + (\mathbf{E} - \alpha\boldsymbol{R})^k \{\boldsymbol{a}[0] - \boldsymbol{R}^{-1}\boldsymbol{r}\} \tag{10.35}$$

erhält. Die Gl. (10.35) läßt nun erkennen, daß das Iterationsverfahren im Fall $\boldsymbol{a}[0] \neq \boldsymbol{a}_{\text{opt}}$ für $k \to \infty$ genau dann konvergiert, wenn die Matrix $(\mathbf{E} - \alpha\boldsymbol{R})^k$ für $k \to \infty$ gegen die Nullmatrix strebt;[1)] der Grenzwert $\boldsymbol{a}[\infty]$ ist dann $\boldsymbol{R}^{-1}\boldsymbol{r} = \boldsymbol{a}_{\text{opt}}$. Dies ist aber nach den Überlegungen von Kapitel II dann und nur dann der Fall, wenn alle Eigenwerte der Matrix $\mathbf{E} - \alpha\boldsymbol{R}$ dem Betrag nach kleiner als 1 sind. Die Eigenwerte von $\mathbf{E} - \alpha\boldsymbol{R}$ sind die Größen

$$1 - \alpha\lambda_\kappa \quad (\kappa = 0, 1, \ldots, q),$$

wobei λ_κ die Eigenwerte der Autokorrelationsmatrix bedeuten. Die Konvergenzforderung läßt sich damit in der Form

$$|1 - \alpha\lambda_\kappa| < 1 \quad (\kappa = 0, 1, \ldots, q) \tag{10.36}$$

oder

$$-1 < 1 - \alpha\lambda_\kappa < 1 \quad (\kappa = 0, 1, \ldots, q)$$

ausdrücken. Da alle Eigenwerte positiv reell sind, muß α die Bedingung

$$0 < \alpha < \frac{2}{\lambda_\kappa} \quad (\kappa = 0, 1, \ldots, q)$$

erfüllen. Mit $\lambda_{\max} = \max\{\lambda_0, \lambda_1, \ldots, \lambda_q\}$ kann man diese Forderung auch als

$$0 < \alpha < \frac{2}{\lambda_{\max}} \tag{10.37}$$

schreiben. Um die Konvergenz der Iteration sicherzustellen, muß also der Adaptionsparameter α zwischen 0 und $2/\lambda_{\max}$ gewählt werden. Man wählt ihn aus praktischen Gründen als eine ganzzahlige Zweierpotenz deutlich unterhalb der oberen Schranke.

---

1) Hierbei wurde stillschweigend angenommen, daß $\boldsymbol{a}[0] - \boldsymbol{R}^{-1}\boldsymbol{r}$ nicht im Nullraum der Matrix $\mathbf{E} - \alpha\boldsymbol{R}$ liegt, der im Regelfall ohnehin nur aus dem Nullvektor besteht.

1.3.2 Zeitkonstanten der Adaption

Mit der bereits im Abschnitt 1.2.2 eingeführten Modalmatrix $\boldsymbol{M}$ von $\boldsymbol{R}$ wird die Gl. (10.35) umgeformt, und zwar durch Linksmultiplikation mit der Matrix $\boldsymbol{M}^{\mathrm{T}} = \boldsymbol{M}^{-1}$ und Einführung von $\mathbf{E} = \boldsymbol{M}^{\mathrm{T}}\boldsymbol{M}$. Auf diese Weise erhält man die Darstellung

$$\boldsymbol{M}^{\mathrm{T}}\boldsymbol{a}[k] = \boldsymbol{M}^{\mathrm{T}}\boldsymbol{R}^{-1}\boldsymbol{r} + \boldsymbol{M}^{\mathrm{T}}(\mathbf{E} - \alpha\boldsymbol{R})^{k}\boldsymbol{M}\{\boldsymbol{M}^{\mathrm{T}}\boldsymbol{a}[0] - \boldsymbol{M}^{\mathrm{T}}\boldsymbol{R}^{-1}\boldsymbol{r}\}.$$

Berücksichtigt man, daß $\boldsymbol{M}^{\mathrm{T}}(\mathbf{E} - \alpha\boldsymbol{R})^{k}\boldsymbol{M}$ mit $(\mathbf{E} - \alpha\boldsymbol{D})^{k}$ übereinstimmt, und schreibt man zur Abkürzung für den gedrehten Vektor

$$\boldsymbol{\alpha}[k] = \boldsymbol{M}^{\mathrm{T}}\boldsymbol{a}[k],$$

so lautet obige Gleichung

$$\boldsymbol{\alpha}[k] = \boldsymbol{\alpha}[\infty] + (\mathbf{E} - \alpha\boldsymbol{D})^{k}\{\boldsymbol{\alpha}[0] - \boldsymbol{\alpha}[\infty]\}. \tag{10.38}$$

Vom Übergangsanteil $(\mathbf{E} - \alpha\boldsymbol{D})^{k}\{\boldsymbol{\alpha}[0] - \boldsymbol{\alpha}[\infty]\}$ wird nun eine beliebige Komponente

$$(1 - \alpha\lambda_{\kappa})^{k}\{\alpha_{\kappa}[0] - \alpha_{\kappa}[\infty]\}$$

herausgegriffen, die für $k = 0$ den Wert $\alpha_{\kappa}[0] - \alpha_{\kappa}[\infty]$ besitzt. Damit dieser (als von Null verschieden vorausgesetzte) Wert auf den e-ten Teil zurückgeht, muß

$$\frac{\alpha_{\kappa}[0] - \alpha_{\kappa}[\infty]}{\mathrm{e}} = (1 - \alpha\lambda_{\kappa})^{\tau_{\kappa}}\{\alpha_{\kappa}[0] - \alpha_{\kappa}[\infty]\}$$

verlangt werden. Diese Beziehung liefert die Forderung

$$-\ln \mathrm{e} = \tau_{\kappa}\ln(1 - \alpha\lambda_{\kappa})$$

oder, wenn man durch Wahl von α alle $\alpha\lambda_{\kappa}$ hinreichend klein gemacht hat, mit der Näherung $\ln(1 - x) = -x$ für $0 < x \ll 1$

$$\tau_{\kappa} \cong \frac{1}{\alpha\lambda_{\kappa}} \quad (\kappa = 0, 1, \ldots, q). \tag{10.39}$$

Die so eingeführten Größen $\tau_0, \tau_1, \ldots, \tau_q$ heißen Zeitkonstanten der Adaption. Die maximale und damit für die Adaptionsgeschwindigkeit maßgebende Zeitkonstante ist damit

$$\tau_{\max} = \frac{1}{\alpha\lambda_{\min}} \tag{10.40}$$

mit $\lambda_{\min} = \min\{\lambda_0, \lambda_1, \ldots, \lambda_q\}$. Mit Gl. (10.40) kann man den Parameter α in der Ungleichung (10.37) eliminieren und erhält sofort

$$\tau_{\max} > \frac{\lambda_{\max}}{2\lambda_{\min}}. \tag{10.41}$$

Dieses Ergebnis lehrt, daß die Konvergenzgeschwindigkeit durch das Verhältnis $\lambda_{\max}/\lambda_{\min}$ bestimmt wird.

1.4 DER ALGORITHMUS DES KLEINSTEN MITTLEREN QUADRATS (LMS)

Im folgenden wird davon ausgegangen, daß die bei der Adaption durchzuführenden Iterationen stets im Zeitraster vollzogen werden, d.h. es wird $k = n$ angenommen.

1.4.1 Das Verfahren

Der durch Gl. (10.32) gekennzeichnete Algorithmus zur Lösung der Normalgleichung wird in dieser Form selten angewendet, da $\boldsymbol{R}$ und $\boldsymbol{r}$ meistens nicht verfügbar sind.

Ein Ansatz zur Vermeidung dieser Schwierigkeit ist eine zur Gl. (10.17) alternative Darstellung des Gradienten $\partial\varepsilon/\partial\boldsymbol{a}$. Aus Gl. (10.8) erhält man nämlich

$$\frac{\partial\varepsilon}{\partial\boldsymbol{a}} = 2E\left[e[n]\frac{\partial e[n]}{\partial\boldsymbol{a}}\right]$$

oder mit Gl. (10.7b), d.h. mit $\partial e[n]/\partial\boldsymbol{a} = -\boldsymbol{x}^{\mathrm{T}}[n]$

$$\left(\frac{\partial\varepsilon}{\partial\boldsymbol{a}}\right)^{\mathrm{T}} = -2E[e[n]\boldsymbol{x}[n]]. \tag{10.42}$$

Ersetzt man nun in Gl. (10.30) den Gradienten mittels Gl. (10.42) und 2μ gemäß Gl. (10.31) durch α, dann ergibt sich die Iterationsvorschrift

$$\boldsymbol{a}[n+1] = \boldsymbol{a}[n] + \alpha E[e[n]\boldsymbol{x}[n]]. \tag{10.43}$$

Für $E[e[n]\boldsymbol{x}[n]]$ wird eine Schätzung $\hat{E}[e[n]\boldsymbol{x}[n]]$ verwendet, so daß aus Gl. (10.43) die Vorschrift

$$\boldsymbol{a}[n+1] = \boldsymbol{a}[n] + \alpha\hat{E}[e[n]\boldsymbol{x}[n]] \tag{10.44}$$

resultiert. Eine naheliegende Möglichkeit ist, den Erwartungswert durch eine zeitliche Mittelung zu schätzen. Dies liefert den Algorithmus

$$\boldsymbol{a}[n+1] = \boldsymbol{a}[n] + \frac{\alpha}{M}\sum_{\nu=0}^{M-1} e[n-\nu]\boldsymbol{x}[n-\nu], \tag{10.45}$$

der bei großem M jedoch einen wesentlichen Rechenaufwand erfordert. Besonders interessant erscheint nun die Wahl $M = 1$. Man erhält so den sehr einfachen Algorithmus

$$\boldsymbol{a}[n+1] = \boldsymbol{a}[n] + \alpha e[n]\boldsymbol{x}[n], \tag{10.46}$$

der sich besonders durch geringen Speicherbedarf auszeichnet. Diese Wahl bedeutet eine Schätzung des Gradienten durch $-2e[n]\boldsymbol{x}^{\mathrm{T}}[n]$ und impliziert, daß nun auch $\boldsymbol{a}[n]$ als stochastische Größe aufgefaßt wird. Man spricht im Zusammenhang mit Gl. (10.46) vom Algorithmus des kleinsten mittleren Quadrats (LMS, *l*east *m*ean *s*quares).

Im folgenden soll die Konvergenz des LMS-Algorithmus untersucht werden. Zu diesem Zweck ersetzt man in Gl. (10.46) $e[n]$ gemäß Gl. (10.7c) und erhält so, wenn man noch die leicht zu verifizierende Übereinstimmung von $(\boldsymbol{x}^{\mathrm{T}}[n]\,\boldsymbol{a}[n])\,\boldsymbol{x}[n]$ mit $(\boldsymbol{x}[n]\,\boldsymbol{x}^{\mathrm{T}}[n])\,\boldsymbol{a}[n]$ beachtet,

$$\boldsymbol{a}[n+1] = (\mathbf{E} - \alpha \boldsymbol{x}[n]\boldsymbol{x}^{\mathrm{T}}[n])\,\boldsymbol{a}[n] + \alpha y[n]\,\boldsymbol{x}[n]. \tag{10.47}$$

Ein Vergleich von Gl. (10.47) mit Gl. (10.32) zeigt die große Ähnlichkeit zwischen dem LMS-Algorithmus und dem Verfahren des steilsten Abstiegs. In Gl. (10.47) treten Augenblickswerte auf, nämlich $\boldsymbol{x}[n]\boldsymbol{x}^{\mathrm{T}}[n]$ und $y[n]\boldsymbol{x}[n]$, wo in Gl. (10.32) entsprechende Erwartungswerte vorkommen. Insofern ist der LMS-Algorithmus eine Approximation des steilsten Abstiegs. Das Verfahren des steilsten Abstiegs ist deterministisch, während der LMS-Algorithmus ein stochastisches Verfahren darstellt. Bei letzterem wird für den Gradienten eine stochastische Approximation verwendet.

Unterwirft man die Gl. (10.47) der Operation $E[\cdot]$, dann erfüllt der Mittelwert mit der Abkürzung

$$\bar{\boldsymbol{a}}[n] = E[\boldsymbol{a}[n]]$$

die Differenzengleichung

$$\bar{\boldsymbol{a}}[n+1] = (\mathbf{E} - \alpha \boldsymbol{R})\,\bar{\boldsymbol{a}}[n] + \alpha \boldsymbol{r}\,. \tag{10.48}$$

Dies bedeutet, daß sich $\bar{\boldsymbol{a}}[n]$ des LMS-Algorithmus genau gleich verhält wie $\boldsymbol{a}[n]$ beim Verfahren des steilsten Abstiegs. Die Ergebnisse aus Abschnitt 1.3, insbesondere die Konvergenzbedingung (10.37) und die Bedingung (10.41) für die Zeitkonstante lassen sich direkt auf $\bar{\boldsymbol{a}}[n]$ beim LMS-Algorithmus übertragen. Insofern ist eine diesbezügliche Analyse des Algorithmus nicht erforderlich.

Bild 10.7 zeigt eine direkte Realisierung der Gl. (10.46). Jeder Koeffizient $a_\mu[n]$ ($\mu = 0, 1, \ldots, q$) wird in Übereinstimmung mit Gl. (10.46) aus $a_\mu[n-1]$ durch Addition von $\alpha e[n-1]\,x[n-\mu-1]$ gebildet, wie unmittelbar zu erkennen ist. Man kann die Koeffizienten $a_0, a_1, \ldots, a_q$ statt an den Eingängen auch an den Ausgängen der entsprechenden Ver-

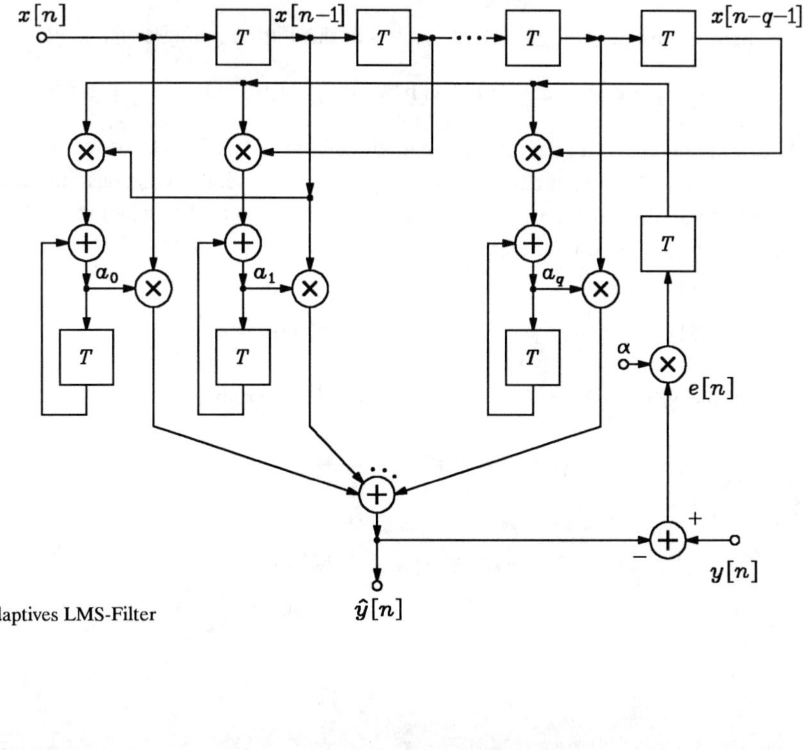

Bild 10.7: Adaptives LMS-Filter

zögerer entnehmen, sofern man den oberen Multiplizierern sämtliche Signale einen Takt früher zuführt. Auf diese Weise lassen sich im Netzwerk von Bild 10.7 zwei (die beiden rechten) Verzögerer einsparen.

1.4.2 Der Restfehler

Sobald die LMS-Adaption praktisch einen stationären Zustand erreicht hat, schwanken die Filterkoeffizienten um ihren optimalen Wert. Dies ist darauf zurückzuführen, daß der Gradient nur geschätzt wird und der Adaptionsparameter α konstant gehalten wird. Der Differenzenvektor zwischen dem theoretischen Fehlergradienten, den man nach Gl. (10.17) und nach Gl. (10.18) (in der $\boldsymbol{a} = \boldsymbol{a}_{\text{opt}}$ ist) als

$$\left(\frac{\partial\varepsilon}{\partial\boldsymbol{a}}\right)^{\mathrm{T}} = 2\boldsymbol{R}(\boldsymbol{a}[n] - \boldsymbol{a}_{\text{opt}})$$

oder mit Gl. (10.25a) in der Form

$$\left(\frac{\partial\varepsilon}{\partial\boldsymbol{a}}\right)^{\mathrm{T}} = 2\boldsymbol{R}\,\boldsymbol{b}[n] \tag{10.49}$$

beschreiben kann, und dem Näherungsgradienten $-2e[n]\boldsymbol{x}^{\mathrm{T}}[n]$ des LMS-Verfahrens wird nun durch

$$\boldsymbol{f}[n] = 2\boldsymbol{R}\,\boldsymbol{b}[n] + 2e[n]\boldsymbol{x}[n] \tag{10.50}$$

ausgedrückt und als stochastischer Prozeß aufgefaßt. Man nennt ihn gelegentlich Gradientenrauschen und betrachtet dabei $\boldsymbol{b}[n]$ als Rauschprozeß, der $\boldsymbol{a}_{\text{opt}}$ überlagert ist, so daß

$$\boldsymbol{a}[n] = \boldsymbol{a}_{\text{opt}} + \boldsymbol{b}[n] \tag{10.51}$$

in Übereinstimmung mit Gl. (10.25a) gilt. Für das Filterausgangssignal folgt demnach

$$\hat{y}[n] = \boldsymbol{x}^{\mathrm{T}}[n]\,\boldsymbol{a}_{\text{opt}} + \boldsymbol{x}^{\mathrm{T}}[n]\,\boldsymbol{b}[n] = \hat{y}_i[n] + g[n]\ . \tag{10.52}$$

Hierbei bedeutet $\hat{y}_i[n]$ das im Fall des optimalen Filters erwartete Ausgangssignal, und $g[n]$ ist das auf das Koeffizientenrauschen $\boldsymbol{b}[n]$ zurückzuführende Ausgangsrauschen.

Führt man die aus Gl. (10.50) folgende Darstellung von $e[n]\boldsymbol{x}[n]$ in Gl. (10.46) ein und subtrahiert auf beiden Seiten den Vektor $\boldsymbol{a}_{\text{opt}}$, so erhält man mit Gl. (10.25a) die Differenzengleichung

$$\boldsymbol{b}[n+1] = \boldsymbol{b}[n] - \alpha\left(\boldsymbol{R}\,\boldsymbol{b}[n] - \frac{1}{2}\boldsymbol{f}[n]\right). \tag{10.53}$$

Mittels der (Dreh-) Transformation nach Gl. (10.27) ergibt sich hieraus weiterhin

$$\boldsymbol{\beta}[n+1] = \boldsymbol{\beta}[n] - \alpha\left(\boldsymbol{D}\,\boldsymbol{\beta}[n] - \frac{1}{2}\boldsymbol{M}^{\mathrm{T}}\boldsymbol{f}[n]\right)$$

oder

$$\boldsymbol{\beta}[n+1] = (\mathbf{E} - \alpha\boldsymbol{D})\,\boldsymbol{\beta}[n] + \frac{1}{2}\alpha\boldsymbol{M}^{\mathrm{T}}\boldsymbol{f}[n]\,, \tag{10.54}$$

wobei wie früher $\boldsymbol{M}$ eine orthonormale Modalmatrix der Autokorrelationsmatrix $\boldsymbol{R}$ und $\boldsymbol{D}$ die Diagonalmatrix mit den Eigenwerten der Autokorrelationsmatrix bedeutet. Es wird aus Gl. (10.54) die Matrix $\boldsymbol{\beta}[n+1]\,\boldsymbol{\beta}^{\mathrm{T}}[n+1]$ und anschließend deren Erwartungswert gebildet, wobei die Unabhängigkeit der Prozesse $\boldsymbol{b}[n]$ und $\boldsymbol{f}[n]$ unterstellt wird. Auf diese Weise entsteht die Beziehung

$$E[\boldsymbol{\beta}[n+1]\,\boldsymbol{\beta}^{\mathrm{T}}[n+1]] = (\mathbf{E}-\alpha\boldsymbol{D})E[\boldsymbol{\beta}[n]\,\boldsymbol{\beta}^{\mathrm{T}}[n]](\mathbf{E}-\alpha\boldsymbol{D}) + \frac{1}{4}\alpha^2\boldsymbol{M}^{\mathrm{T}}E[\boldsymbol{f}[n]\,\boldsymbol{f}^{\mathrm{T}}[n]]\boldsymbol{M}\,. \tag{10.55a}$$

Wenn man auf der rechten Seite der Gl. (10.50) angesichts der unmittelbaren Umgebung des Optimums den ersten Summanden unterdrückt, erhält man die Matrix

$$E[\boldsymbol{f}[n]\,\boldsymbol{f}^{\mathrm{T}}[n]] = 4E[e[n]\,\boldsymbol{x}[n]\,\boldsymbol{x}^{\mathrm{T}}[n]\,e[n]]\,. \tag{10.55b}$$

Nun wird in den Gln. (10.55a,b) der Grenzübergang $n \to \infty$ durchgeführt, wodurch nur noch Diagonalmatrizen verbleiben. Faßt man die so vereinfachten Gln. (10.55a,b) zusammen, so resultiert die Beziehung

$$\operatorname{diag}(\beta_0^2,\ldots,\beta_q^2) = (\mathbf{E}-\alpha\boldsymbol{D})^2\operatorname{diag}(\beta_0^2,\ldots,\beta_q^2) + \alpha^2\operatorname{diag}(\lambda_0,\ldots,\lambda_q)\varepsilon_{\min} \tag{10.56}$$

mit $\varepsilon_{\min} = E[e^2[n]]$ für $n \to \infty$. Dabei wurde Unabhängigkeit von $e[n]$ und $\boldsymbol{x}[n]$ angenommen, und mit β_ν^2 $(\nu = 0,\ldots,q)$ werden die Erwartungswerte der quadrierten Komponenten des Vektors $\boldsymbol{\beta}$ bezeichnet. Für ein einzelnes Element lautet Gl. (10.56)

$$\beta_\nu^2 = (1-\alpha\lambda_\nu)^2\beta_\nu^2 + \alpha^2\lambda_\nu\varepsilon_{\min}\,.$$

Hieraus folgt

$$\beta_\nu^2 = \frac{\alpha\varepsilon_{\min}}{2-\alpha\lambda_\nu} \cong \frac{\alpha\varepsilon_{\min}}{2}\,. \tag{10.57}$$

Die Näherung gilt für kleines α. Andererseits liefert Gl. (10.26) mit Gl. (10.27)

$$\varepsilon - \varepsilon_{\min} = \sum_{\nu=0}^{q}\beta_\nu^2\lambda_\nu\,. \tag{10.58}$$

Führt man Gl. (10.57) in Gl. (10.58) ein, dann gelangt man zum Restfehler

$$\varepsilon \cong \varepsilon_{\min}\left[1 + \frac{\alpha}{2}\sum_{\nu=0}^{q}\lambda_\nu\right]. \tag{10.59}$$

Die Gl. (10.59) lehrt, daß der Restfehler größer ist als der Minimalfehler und diesen um so mehr erreicht, je kleiner α ist.

1.4.3 Varianten des LMS-Algorithmus

Es wurden verschiedene Varianten des durch Gl. (10.46) beschriebenen LMS-Algorithmus vorgeschlagen, bei denen der Verbesserungsvektor $\alpha e[n]\,\boldsymbol{x}[n]$ modifiziert wird. Im folgenden sollen zwei Möglichkeiten kurz vorgestellt werden.

Für den Adaptionsparameter α wurde bereits eine Einschränkung gemäß Ungleichung (10.37) gefunden. Beachtet man, daß

$$\lambda_{\max} \leqq \sum_{\nu=0}^{q} \lambda_\nu = E[\boldsymbol{x}^{\mathrm{T}}[n]\,\boldsymbol{x}[n]] \tag{10.60}$$

gilt, wobei die λ_ν nach wie vor die Eigenwerte der Autokorrelationsmatrix $E[\boldsymbol{x}[n]\,\boldsymbol{x}^{\mathrm{T}}[n]]$ bedeuten und der Spur-Satz aus der Algebra auf diese Matrix angewendet wurde, dann läßt sich Ungleichung (10.37) in der verschärften Form

$$0 < \alpha < \frac{2}{E[\boldsymbol{x}^{\mathrm{T}}[n]\,\boldsymbol{x}[n]]} \tag{10.61}$$

ausdrücken. Dies motiviert eine Normierung von α mit dem Faktor $\boldsymbol{x}^{\mathrm{T}}[n]\,\boldsymbol{x}[n]$, so daß die Iterationsvorschrift

$$\boldsymbol{a}[n+1] = \boldsymbol{a}[n] + \frac{\alpha\, e[n]\,\boldsymbol{x}[n]}{\boldsymbol{x}^{\mathrm{T}}[n]\,\boldsymbol{x}[n]} \tag{10.62}$$

mit $0 < \alpha < 2$ entsteht. Man fügt meistens noch im Nenner dem Produkt $\boldsymbol{x}^{\mathrm{T}}[n]\,\boldsymbol{x}[n]$ einen kleinen positiven Summanden hinzu, um zu verhindern, daß sich der Nenner zeitweise der Null nähert. Der mit dieser Modifikation verbundene Mehraufwand an Rechnung läßt sich in Grenzen halten, wenn man die Beziehung

$$\boldsymbol{x}^{\mathrm{T}}[n+1]\,\boldsymbol{x}[n+1] = \boldsymbol{x}^{\mathrm{T}}[n]\,\boldsymbol{x}[n] + x^2[n+1] - x^2[n-q]$$

rekursiv auswertet.

Ein weiterer Vorschlag lautet

$$\boldsymbol{a}[n+1] = \boldsymbol{a}[n] + \Delta\boldsymbol{a}[n] \tag{10.63}$$

mit

$$\Delta\boldsymbol{a}[n] = \alpha(\operatorname{sgn} e[n])\,\boldsymbol{x}[n] \tag{10.64a}$$

oder

$$\Delta\boldsymbol{a}[n] = \alpha e[n] \operatorname{sgn} \boldsymbol{x}[n] \tag{10.64b}$$

oder

$$\Delta\boldsymbol{a}[n] = \alpha(\operatorname{sgn} e[n]) \operatorname{sgn} \boldsymbol{x}[n]\,. \tag{10.64c}$$

Dabei bedeutet $\operatorname{sgn}\boldsymbol{x}[n]$, daß die Signum-Operation auf sämtliche Komponenten des Vektors $\boldsymbol{x}[n]$ anzuwenden ist. Auf diese Weise läßt sich die Zahl der erforderlichen Multiplikationen drastisch reduzieren. Wie bereits vorgeschlagen, empfiehlt es sich, den Adaptionsparameter α als Zweierpotenz zu wählen. Der zu zahlende Preis ist eine im Vergleich zum LMS-Algorithmus schlechtere Konvergenz. Der Parameter α sollte sehr klein gewählt werden.

1.5 REKURSIONSALGORITHMUS DER KLEINSTEN QUADRATE

Der im vorausgegangenen Abschnitt beschriebene LMS-Algorithmus, welcher den Vektor der Impulsantwort $\boldsymbol{a}$ sukzessive in seine optimale Lage bringt, zeichnet sich durch seine Einfachheit aus. Der Nachteil des Verfahrens liegt darin, daß die Konvergenz möglicherweise sehr langsam erfolgt und der Vektor $\boldsymbol{a}$ in der Nähe des Optimums mehr um die optimale Lösung "pendelt" als gegen diese Lösung strebt. Zur Überwindung solcher Schwierigkeiten wird ein neuer Algorithmus vorgestellt. Dabei wird an die im Bild 10.5 dargestellte Situation angeknüpft und die bisherigen Bezeichnungen beibehalten. Es wird wieder $k = n$ angenommen. Aus der Gl. (10.4a), welche das Ausgangssignal des FIR-Filters beschreibt, erhält man mit der Impulsantwort $a_\mu[n]$ ($\mu = 0, 1, \ldots, q$) für $\nu = 0, 1, \ldots, n$ die Werte des Ausgangssignals

$$\hat{y}[\nu] = \sum_{\mu=0}^{q} a_\mu[n]\, x[\nu - \mu] \tag{10.65}$$

oder

$$\hat{y}[\nu] = \boldsymbol{a}^{\mathrm{T}}[n]\, \boldsymbol{x}[\nu] = \boldsymbol{x}^{\mathrm{T}}[\nu]\, \boldsymbol{a}[n] \tag{10.66}$$

mit dem Vektor der Eingangssignalwerte

$$\boldsymbol{x}[\nu] := [x[\nu] \quad x[\nu-1] \quad \cdots \quad x[\nu-q]]^{\mathrm{T}} \tag{10.67}$$

und dem Vektor der Filter-Koeffizienten (Werte der Impulsantwort) zum Zeitpunkt n

$$\boldsymbol{a}[n] := [a_0[n] \quad a_1[n] \quad \cdots \quad a_q[n]]^{\mathrm{T}} . \tag{10.68}$$

Hieraus erhält man eine Folge von Fehlern

$$e[\nu|n] := y[\nu] - \hat{y}[\nu] \quad (\nu = 0, 1, \ldots) , \tag{10.69}$$

wobei das Zeichen n darauf hinweist, daß $\hat{y}[\nu]$ das Ausgangssignal des Filters mit den zum Zeitpunkt n erreichten Koeffizienten bedeutet. Diese Folge von Fehlern dient nun dazu, ein kumulatives quadratisches Fehlersignal

$$\varepsilon[n] := \sum_{\nu=0}^{n} \lambda^{n-\nu} e^2[\nu|n] \tag{10.70}$$

einzuführen. Dabei bedeutet λ einen festen Parameter, der im Intervall $0 < \lambda \leqq 1$ zu wählen ist und dazu verwendet wird, die einzelnen Summanden in $\varepsilon[n]$ unterschiedlich zu bewerten, und zwar um so schwächer, je weiter ihr Argument ν gegenüber n zurückliegt. Mit dem Parameter λ kann man also erreichen, daß die zurückliegenden Summanden mit zunehmender Zeit n mehr und mehr "in Vergessenheit" geraten. Dieser Effekt tritt nicht auf, wenn, was oft geschieht, $\lambda = 1$ gewählt wird.

Die zu lösende Aufgabe besteht darin, die Filterkoeffizienten $a_\mu[n]$ so zu bestimmen, daß $\varepsilon[n]$ minimal wird. Es wird daher der Gradient des Fehlersignals gleich Null gesetzt:

$$\frac{\partial \varepsilon[n]}{\partial \boldsymbol{a}[n]} = \boldsymbol{0} . \tag{10.71}$$

Dabei ist $\boldsymbol{a}[n]$ durch Gl. (10.68) definiert. Führt man Gl. (10.70) in Gl. (10.71) ein, substituiert $e[\nu|n]$ gemäß den Gln. (10.69), (10.66) und verwendet man aufgrund derselben Gleichungen

$$\left(\frac{\partial e[\nu|n]}{\partial \boldsymbol{a}[n]}\right)^{\mathrm{T}} = -\boldsymbol{x}[\nu] , \tag{10.72}$$

dann entsteht die Forderung

$$\mathbf{0} = -2\sum_{\nu=0}^{n}\lambda^{n-\nu}y[\nu]\,\boldsymbol{x}[\nu] + 2\sum_{\nu=0}^{n}\lambda^{n-\nu}\boldsymbol{x}[\nu]\,\boldsymbol{x}^{\mathrm{T}}[\nu]\,\boldsymbol{a}[n]$$

oder mit den Abkürzungen

$$\boldsymbol{R}[n] := \sum_{\nu=0}^{n}\lambda^{n-\nu}\boldsymbol{x}[\nu]\,\boldsymbol{x}^{\mathrm{T}}[\nu] \tag{10.73}$$

und

$$\boldsymbol{r}[n] := \sum_{\nu=0}^{n}\lambda^{n-\nu}y[\nu]\,\boldsymbol{x}[\nu] \tag{10.74}$$

die Gleichung

$$\boldsymbol{R}[n]\,\boldsymbol{a}[n] = \boldsymbol{r}[n] \tag{10.75}$$

mit der Lösung

$$\boldsymbol{a}[n] = \boldsymbol{R}^{-1}[n]\,\boldsymbol{r}[n]. \tag{10.76}$$

Es wird vorausgesetzt, daß $\boldsymbol{R}[n]$ für hinreichend großes n nichtsingulär und damit positiv-definit ist. Man beachte, daß die durch Gl. (10.73) definierte Matrix und der Vektor $\boldsymbol{r}[n]$ nach Gl. (10.74) korrelationsartige Größen sind, die aus Mustersignalen gebildet werden. Auf der Basis der Ergodenhypothese erhält man für $\lambda = 1$ durch

$$\lim_{n\to\infty}\frac{1}{n}\boldsymbol{R}[n] = \boldsymbol{R}$$

die Autokorrelationsmatrix gemäß Gl. (10.10).

Ein wesentliches Merkmal des zu entwickelnden Algorithmus ist eine rekursive Ermittlung der inversen Matrix

$$\boldsymbol{S}[n] := \boldsymbol{R}^{-1}[n]. \tag{10.77}$$

Eine direkte Inversion wäre nämlich zu aufwendig. Zur rekursiven Inversion der Matrix $\boldsymbol{R}[n]$ schreibt man gemäß Gl. (10.73)

$$\boldsymbol{R}[n] = \lambda\sum_{\nu=0}^{n-1}\lambda^{n-1-\nu}\boldsymbol{x}[\nu]\,\boldsymbol{x}^{\mathrm{T}}[\nu] + \boldsymbol{x}[n]\,\boldsymbol{x}^{\mathrm{T}}[n]$$

oder

$$\boldsymbol{R}[n] = \lambda\boldsymbol{R}[n-1] + \boldsymbol{x}[n]\,\boldsymbol{x}^{\mathrm{T}}[n]. \tag{10.78}$$

Diese Beziehung stellt eine Rekursion für die Berechnung der Matrix $\boldsymbol{R}[n]$ dar. Aus ihr läßt sich unmittelbar auch eine Rekursion für die inverse Matrix $\boldsymbol{S}[n]$ gewinnen. Durch Anwendung der Matrizenbeziehung

$$(\boldsymbol{A} + \boldsymbol{B}\,\boldsymbol{C}\,\boldsymbol{D})^{-1} = \boldsymbol{A}^{-1} - \boldsymbol{A}^{-1}\boldsymbol{B}(\boldsymbol{C}^{-1} + \boldsymbol{D}\boldsymbol{A}^{-1}\boldsymbol{B})^{-1}\boldsymbol{D}\boldsymbol{A}^{-1}$$

auf die rechte Seite der Gl. (10.78) mit

$$\boldsymbol{A} = \lambda\boldsymbol{R}[n-1], \quad \boldsymbol{B} = \boldsymbol{x}[n], \quad \boldsymbol{C} = 1, \quad \boldsymbol{D} = \boldsymbol{x}^{\mathrm{T}}[n]$$

erhält man

$$\boldsymbol{S}[n] = \frac{1}{\lambda}\left\{\boldsymbol{S}[n-1] - \frac{\boldsymbol{S}[n-1]\boldsymbol{x}[n]\boldsymbol{x}^{\mathrm{T}}[n]\boldsymbol{S}[n-1]}{\lambda + \mu[n]}\right\}. \tag{10.79}$$

Dabei bedeutet

$$\mu[n] := \boldsymbol{x}^{\mathrm{T}}[n]\boldsymbol{S}[n-1]\boldsymbol{x}[n]. \tag{10.80}$$

Diese Größe stellt ein Maß für die Eingangssignalleistung mit einer Gewichtung durch $\boldsymbol{S}[n-1]$ dar und ist stets positiv, vorausgesetzt $\boldsymbol{x}[n] \neq \boldsymbol{0}$, da als Folge der positiven Definitheit von $\boldsymbol{R}[n-1]$ auch die Inverse $\boldsymbol{S}[n-1]$ diese Eigenschaft aufweist. Damit kann man aus $\boldsymbol{S}[n-1]$ mit $\boldsymbol{x}[n]$, d.h. mit einem neuen Eingangssignalwert $x[n]$, nach den Gln. (10.79) und (10.80) $\boldsymbol{S}[n]$ berechnen. Es ist also nicht erforderlich, $\boldsymbol{R}[n]$ zu ermitteln und zu invertieren. Man pflegt als Abkürzung den Vektor

$$\boldsymbol{g}[n] = \frac{\boldsymbol{S}[n-1]\boldsymbol{x}[n]}{\lambda + \mu[n]} \tag{10.81}$$

einzuführen. Damit erhält Gl. (10.79) die übersichtliche Form

$$\boldsymbol{S}[n] = \frac{1}{\lambda}\{\boldsymbol{S}[n-1] - \boldsymbol{g}[n]\boldsymbol{x}^{\mathrm{T}}[n]\boldsymbol{S}[n-1]\}. \tag{10.82}$$

Bei der Anwendung von Gl. (10.82) zur rekursiven Berechnung von $\boldsymbol{S}[n]$ muß man zunächst $\boldsymbol{S}[0]$ als nichtsinguläre quadratische Matrix der Ordnung $q+1$ vorgeben, worauf noch einzugehen ist. Dann werden sukzessive $\boldsymbol{S}[1], \boldsymbol{S}[2], \ldots, \boldsymbol{S}[n]$ ermittelt. Der erforderliche Rechenaufwand ist wesentlich geringer (von der Ordnung $(q+1)^2$) als bei einer direkten Inversion (von der Ordnung $(q+1)^3$). Dies wirkt sich entsprechend auf die Berechnung von $\boldsymbol{a}[n]$ aus.

Aus Gl. (10.74) folgt die weitere Rekursion

$$\boldsymbol{r}[n] = \lambda\boldsymbol{r}[n-1] + y[n]\boldsymbol{x}[n]. \tag{10.83}$$

Mit den Gln. (10.77), (10.82), (10.83) und (10.76) erhält man

$$\begin{aligned}\boldsymbol{a}[n] &= \frac{1}{\lambda}\{\boldsymbol{S}[n-1] - \boldsymbol{g}[n]\boldsymbol{x}^{\mathrm{T}}[n]\boldsymbol{S}[n-1]\}\{\lambda\boldsymbol{r}[n-1] + y[n]\boldsymbol{x}[n]\}\\ &= \boldsymbol{S}[n-1]\boldsymbol{r}[n-1] - \boldsymbol{g}[n]\boldsymbol{x}^{\mathrm{T}}[n]\boldsymbol{S}[n-1]\boldsymbol{r}[n-1]\\ &\quad + \frac{1}{\lambda}\{\boldsymbol{S}[n-1]\boldsymbol{x}[n] - \boldsymbol{g}[n]\boldsymbol{x}^{\mathrm{T}}[n]\boldsymbol{S}[n-1]\boldsymbol{x}[n]\}y[n]\end{aligned}$$

und hieraus mit den Gln. (10.76), (10.81), (10.80)

$$\boldsymbol{a}[n] = \boldsymbol{a}[n-1] - \boldsymbol{g}[n]\boldsymbol{x}^{\mathrm{T}}[n]\boldsymbol{a}[n-1] + \frac{1}{\lambda}\{\lambda\boldsymbol{g}[n] + \mu[n]\boldsymbol{g}[n] - \boldsymbol{g}[n]\mu[n]\}y[n]$$

oder

$$\boldsymbol{a}[n] = \boldsymbol{a}[n-1] + \boldsymbol{g}[n]\{y[n] - \boldsymbol{x}^{\mathrm{T}}[n]\boldsymbol{a}[n-1]\}. \tag{10.84}$$

Mit Gl. (10.69) kann man auch

$$\boldsymbol{a}[n] = \boldsymbol{a}[n-1] + \boldsymbol{g}[n]e[n|n-1] \tag{10.85}$$

schreiben. Damit ist in Gestalt der Gl. (10.84) oder Gl. (10.85) der Rekursionsalgorithmus der kleinsten Quadrate (der RLS-Algorithmus) gefunden. Der Vektor $\boldsymbol{g}[n]$ wird aufgrund von Gl. (10.81) bei der Rekursion von $\boldsymbol{S}[n]$ gemäß Gl. (10.82) ermittelt.

Den in Gl. (10.85) auftretenden Term

$$e[n \mid n-1] = y[n] - \boldsymbol{x}^{\mathrm{T}}[n]\,\boldsymbol{a}[n-1]$$

kann man als "a priori"- Fehler interpretieren. Denn $\boldsymbol{x}^{\mathrm{T}}[n]\,\boldsymbol{a}[n-1]$ ist das "a priori"- Ausgangssignal mit dem neuen Datenvektor $\boldsymbol{x}^{\mathrm{T}}[n]$, jedoch mit dem zur Zeit $n-1$ ermittelten optimalen Koeffizientenvektor, in dem die Komponente $x[n]$ des Vektors $\boldsymbol{x}^{\mathrm{T}}[n]$ noch nicht berücksichtigt ist.

Die beschriebene rekursive Berechnung der inversen Matrix $\boldsymbol{S}[n] = \boldsymbol{R}^{-1}[n]$ erfordert einen Anfangswert. Man kann zunächst die Matrix $\boldsymbol{R}$ gemäß Gl. (10.78) und zugleich den Vektor $\boldsymbol{r}$ nach Gl. (10.83) sukzessive aufbauen, bis $\boldsymbol{R}$ nichtsingulär ist, und dann invertieren. Von da an kann das rekursive Verfahren starten. Man bewahrt so bei jedem Schritt die Optimalität; der Preis ist aber beachtlich, da die einmalige Matrix-Inversion Berechnungen der Größenordnung $(q+1)^3$ erfordert. Daher verfährt man häufig anders, d.h. die Rekursion wird einfach mit einer Diagonalmatrix $\eta\,\mathbf{E}$ ($\eta \gg 1$) als Anfangsmatrix von $\boldsymbol{S}$ initialisiert. Die dadurch entstehende Ungenauigkeit beeinflußt allerdings letztlich den Vektor $\boldsymbol{a}[n]$. In der Praxis hat es sich als günstig erwiesen, den Parameter η möglichst groß zu wählen.

Die Ähnlichkeit zum LMS-Algorithmus zeigt sich, wenn man dessen Iterationsvorschrift in der Form

$$\boldsymbol{a}[n] = \boldsymbol{a}[n-1] + \alpha\,\boldsymbol{x}[n-1]\,e[n-1 \mid n-1]$$

schreibt und mit Gl. (10.85) vergleicht. Zu beachten ist, daß der RLS-Algorithmus an jeder Stelle der Iteration die optimale Lösung liefert, der LMS-Algorithmus liefert die optimale Lösung erst asymptotisch.

1.6 PRÄDIKTION DURCH KREUZGLIED-FILTER

Auch hier werden die im Rahmen der adaptiven Algorithmen durchzuführenden Iterationen im Zeitraster vollzogen.

1.6.1 Der Durbin-Algorithmus

Im Abschnitt 1.2.1 wurde die Normalgleichung (10.18) zur Bestimmung der optimalen Impulsantwort $\boldsymbol{a}$ für das FIR-Filter aus Bild 10.5 aufgestellt. Im Abschnitt 1.3.1 konnte gezeigt werden, wie unter Umgehung einer direkten Lösung, die einer Inversion der Koeffizientenmatrix (Autokorrelationsmatrix) entspricht, der optimale Vektor $\boldsymbol{a}$ iterativ nach der Methode des steilsten Abstiegs ermittelt werden kann. Für den Fall der einfachen Prädiktion (Bild 10.8)

$$y[n] = x[n]\,, \qquad \hat{y}[n] = \sum_{\mu=0}^{q} a_\mu x[n-\mu-1] = \boldsymbol{a}^{\mathrm{T}}\boldsymbol{x}[n-1] \qquad (10.86\mathrm{a,b})$$

bietet der Durbin-Algorithmus eine alternative Möglichkeit zur Auflösung der Normalgleichung. Dieser Algorithmus ist wegen der Toeplitz-Struktur der Autokorrelationsmatrix $\boldsymbol{R}$, die als nichtsingulär vorausgesetzt wird, und der gemäß den Gln. (10.86a,b) folgenden besonderen Form des Kreuzkorrelationsvektors

$$\boldsymbol{r} = E[x[n]\boldsymbol{x}[n-1]] = [r_{xx}[1] \ \cdots \ r_{xx}[q+1]]^{\mathrm{T}} \tag{10.87}$$

anwendbar. Der Durbin-Algorithmus ist ein rekursives Verfahren, das nach endlich vielen Schritten die exakte Lösung liefert. Diese Vorgehensweise hat, wie sich zeigen wird, den großen Vorteil, daß neben der Abzweigstruktur des FIR-Filters, welche direkt dem Lösungsvektor $\boldsymbol{a}$ entspricht, eine weitere Realisierungsmöglichkeit in Form der Kaskade von einfachen Kreuzgliedern mit günstigem Verhalten angegeben werden kann.

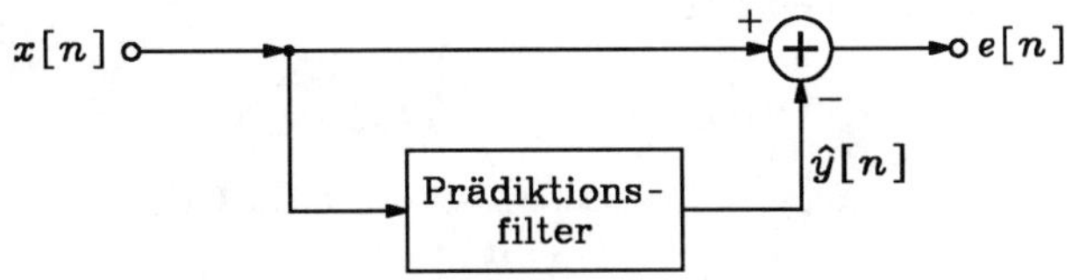

Bild 10.8: Prädiktionssystem mit $\hat{y}[n]$ nach Gl. (10.86b)

Zur Erklärung des Durbin-Algorithmus wird die Normalgleichung in der Form

$$\boldsymbol{R}^{(\kappa)}\boldsymbol{a}^{(\kappa)} = \boldsymbol{r}^{(\kappa)} \tag{10.88}$$

geschrieben, wobei $\boldsymbol{R}^{(\kappa)}$ die symmetrische Autokorrelationsmatrix der Ordnung κ gemäß Gl. (10.10) mit Toeplitz-Form und der ersten Zeile

$$r_{xx}[0],\ r_{xx}[1], \ldots,\ r_{xx}[\kappa-1]$$

bedeutet, $\boldsymbol{r}^{(\kappa)}$ ist der spezielle Kreuzkorrelationsvektor der Dimension κ gemäß Gl. (10.87), d.h.

$$\boldsymbol{r}^{(\kappa)} = [r_{xx}[1] \ \ r_{xx}[2] \ \cdots \ r_{xx}[\kappa]]^{\mathrm{T}}, \tag{10.89}$$

und $\boldsymbol{a}^{(\kappa)}$ bezeichnet den zugehörigen optimalen Koeffizientenvektor eines FIR-Filters vom Grad $\kappa - 1$. Die interessierende Lösung $\boldsymbol{a}_{\text{opt}}$ nach Gl. (10.19) erhält man dann als $\boldsymbol{a}^{(q+1)}$.

Der Durbin-Algorithmus beruht darauf, daß die Lösung $\boldsymbol{a}^{(\kappa-1)}$ der Normalgleichung

$$\boldsymbol{R}^{(\kappa-1)}\boldsymbol{a}^{(\kappa-1)} = \boldsymbol{r}^{(\kappa-1)} \tag{10.90}$$

als bekannt betrachtet wird und die Lösung $\boldsymbol{a}^{(\kappa)}$ der Gl. (10.88) aus jener einfach ermittelt wird. Es ist zweckmäßig, die Komponentenschreibweise

$$\boldsymbol{a}^{(\kappa)} = [a_0^{(\kappa)} \ \ a_1^{(\kappa)} \ \cdots \ a_{\kappa-1}^{(\kappa)}]^{\mathrm{T}} \tag{10.91}$$

zu verwenden und neben diesem Vektor noch die Vektoren

$$\overline{\boldsymbol{a}}^{(\kappa)} = [a_{\kappa-1}^{(\kappa)} \ \ a_{\kappa-2}^{(\kappa)} \ \cdots \ a_0^{(\kappa)}]^{\mathrm{T}} \tag{10.92}$$

und

$$\overline{\boldsymbol{r}}^{(\kappa)} = [r_{xx}[\kappa] \ \ r_{xx}[\kappa-1] \ \cdots \ r_{xx}[1]]^{\mathrm{T}} \tag{10.93}$$

einzuführen, die sich von $\boldsymbol{a}^{(\kappa)}$ bzw. $\boldsymbol{r}^{(\kappa)}$ durch inverse Anordnung der Komponenten unterscheiden. Damit kann die Normalgleichung (10.88) auch in der Form

$$\boldsymbol{R}^{(\kappa)}\overline{\boldsymbol{a}}^{(\kappa)} = \overline{\boldsymbol{r}}^{(\kappa)} \tag{10.94}$$

geschrieben werden. Für die weiteren Betrachtungen wird noch der Vektor

$$\boldsymbol{a}_1^{(\kappa)} = [\,a_0^{(\kappa)} \quad a_1^{(\kappa)} \quad \cdots \quad a_{\kappa-2}^{(\kappa)}\,]^{\mathrm{T}} \tag{10.95}$$

der Dimension $\kappa - 1$ benötigt. Damit läßt sich die Normalgleichung (10.88) als

$$\begin{bmatrix} \boldsymbol{R}^{(\kappa-1)} & \overline{\boldsymbol{r}}^{(\kappa-1)} \\ \overline{\boldsymbol{r}}^{(\kappa-1)\mathrm{T}} & r_{xx}[0] \end{bmatrix} \begin{bmatrix} \boldsymbol{a}_1^{(\kappa)} \\ k_\kappa \end{bmatrix} = \begin{bmatrix} \boldsymbol{r}^{(\kappa-1)} \\ r_{xx}[\kappa] \end{bmatrix} \tag{10.96}$$

ausdrücken. Dabei ist

$$k_\kappa := a_{\kappa-1}^{(\kappa)} \tag{10.97}$$

der sogenannte κ-te Reflexionskoeffizient. Die Gl. (10.96) läßt sich in die zwei Beziehungen

$$\boldsymbol{R}^{(\kappa-1)}\boldsymbol{a}_1^{(\kappa)} + k_\kappa \overline{\boldsymbol{r}}^{(\kappa-1)} = \boldsymbol{r}^{(\kappa-1)} \tag{10.98a}$$

und

$$\overline{\boldsymbol{r}}^{(\kappa-1)\mathrm{T}}\boldsymbol{a}_1^{(\kappa)} + k_\kappa r_{xx}[0] = r_{xx}[\kappa] \tag{10.98b}$$

aufspalten. Zur Lösung dieser Gleichungen multipliziert man zunächst Gl. (10.98a) auf beiden Seiten von links mit $(\boldsymbol{R}^{(\kappa-1)})^{-1}$ und erhält angesichts der Gln. (10.88) und (10.94) (mit $\kappa - 1$ statt κ)

$$\boldsymbol{a}_1^{(\kappa)} = \boldsymbol{a}^{(\kappa-1)} - k_\kappa \overline{\boldsymbol{a}}^{(\kappa-1)} . \tag{10.99}$$

Führt man diese Darstellung in Gl. (10.98b) ein, dann folgt

$$k_\kappa \{\, r_{xx}[0] - \boldsymbol{r}^{(\kappa-1)\mathrm{T}}\boldsymbol{a}^{(\kappa-1)} \,\} = r_{xx}[\kappa] - \overline{\boldsymbol{r}}^{(\kappa-1)\mathrm{T}}\boldsymbol{a}^{(\kappa-1)} , \tag{10.100}$$

wobei noch $\overline{\boldsymbol{r}}^{(\kappa-1)\mathrm{T}}\overline{\boldsymbol{a}}^{(\kappa-1)}$ durch $\boldsymbol{r}^{(\kappa-1)\mathrm{T}}\boldsymbol{a}^{(\kappa-1)}$ ersetzt wurde und $\overline{\boldsymbol{r}}^{(\kappa-1)\mathrm{T}}\boldsymbol{a}^{(\kappa-1)}$ durch $\boldsymbol{r}^{(\kappa-1)\mathrm{T}}\overline{\boldsymbol{a}}^{(\kappa-1)}$ substituiert werden könnte. Nach Gl. (10.21) ist mit $y_{\mathrm{eff}}^2 = x_{\mathrm{eff}}^2 = r_{xx}[0]$ der Ausdruck in geschweiften Klammern in Gl. (10.100) gleich dem minimalen Prädiktionsfehler $\varepsilon_{\kappa-1}$, so daß man für den Reflexionskoeffizienten

$$k_\kappa = \frac{1}{\varepsilon_{\kappa-1}} \{\, r_{xx}[\kappa] - \boldsymbol{r}^{(\kappa-1)\mathrm{T}}\overline{\boldsymbol{a}}^{(\kappa-1)} \,\} \tag{10.101}$$

erhält. Gemäß Gl. (10.21) folgt weiterhin die Beziehung

$$\varepsilon_\kappa = r_{xx}[0] - \boldsymbol{r}^{(\kappa)\mathrm{T}}\boldsymbol{a}^{(\kappa)} \tag{10.102}$$

oder mit Gl. (10.89) und den Gln. (10.91), (10.95), (10.97), (10.99)

$$\varepsilon_\kappa = r_{xx}[0] - \begin{bmatrix} \boldsymbol{r}^{(\kappa-1)\mathrm{T}} & r_{xx}[\kappa] \end{bmatrix} \begin{bmatrix} \boldsymbol{a}^{(\kappa-1)} - k_\kappa \overline{\boldsymbol{a}}^{(\kappa-1)} \\ k_\kappa \end{bmatrix}$$

oder

$$\varepsilon_\kappa = r_{xx}[0] - \boldsymbol{r}^{(\kappa-1)\mathrm{T}}\boldsymbol{a}^{(\kappa-1)} - k_\kappa \{\, r_{xx}[\kappa] - \boldsymbol{r}^{(\kappa-1)\mathrm{T}}\overline{\boldsymbol{a}}^{(\kappa-1)} \,\} .$$

Bei Berücksichtigung der Gln. (10.100) und (10.102) ergibt sich schließlich

$$\varepsilon_\kappa = \varepsilon_{\kappa-1}\{1 - k_\kappa^2\} . \tag{10.103}$$

Wegen der vorausgesetzten Nichtsingularität der Autokorrelationsmatrix $\boldsymbol{R} = \boldsymbol{R}^{(q+1)}$ müssen $\varepsilon_1, \varepsilon_2, \ldots, \varepsilon_q$ von Null verschieden sein, so daß die Reflexionskoeffizienten k_κ existieren.

Der Durbin-Algorithmus läßt sich nun folgendermaßen zusammenfassen:
Man wähle $k_1 = r_{xx}[1]/r_{xx}[0]$, $\boldsymbol{a}^{(1)} = \bar{\boldsymbol{a}}^{(1)} = k_1$, $\varepsilon_1 = r_{xx}[0](1-k_1^2)$ und berechne für $\kappa = 2, 3, \ldots, q+1$

k_κ nach Gl. (10.101) bei Beachtung der Gln. (10.89) und (10.92),

$\boldsymbol{a}_1^{(\kappa)}$ nach Gl. (10.99), $a_{\kappa-1}^{(\kappa)} = k_\kappa$,

$\boldsymbol{a}^{(\kappa)} = [\, \boldsymbol{a}_1^{(\kappa)\mathrm{T}} \quad a_{\kappa-1}^{(\kappa)}\,]^{\mathrm{T}}$,

ε_κ nach Gl. (10.103).

Als Resultat erhält man $\boldsymbol{a}_{\mathrm{opt}} = \boldsymbol{a}^{(q+1)}$.

1.6.2 Realisierung durch Kreuzglieder

Nach Ausführung des Durbin-Algorithmus liegt die optimale Impulsantwort $\boldsymbol{a}_{\mathrm{opt}}$ vor, so daß eine FIR-Filter-Realisierung in Transversalstruktur unmittelbar möglich ist. Die im Verlauf des Durbin-Algorithmus entstandenen Reflexionskoeffizienten erlauben aber auch eine alternative Realisierung, die gegenüber dem Transversalfilter beachtliche Vorteile bietet. Hierauf soll im folgenden eingegangen werden.

Da das FIR-Filter zur Prädiktion von $x[n]$ verwendet wird, schreibt man $\hat{x}[n]$ statt $\hat{y}[n]$ und erhält gemäß Gl. (10.86b)

$$\hat{x}[n] = \boldsymbol{x}^{\mathrm{T}}[n-1]\,\boldsymbol{a}_{\mathrm{opt}} . \tag{10.104}$$

Die Komponenten des Vektors $\boldsymbol{a}_{\mathrm{opt}}$ sind $a_\mu^{(q+1)}$ $(\mu = 0, 1, \ldots, q)$. Das Fehlersignal ist

$$e_{q+1}^f[n] = x[n] - \hat{x}[n] , \tag{10.105a}$$

also

$$e_{q+1}^f[n] = x[n] - \sum_{\mu=0}^{q} a_\mu^{(q+1)} x[n-\mu-1] . \tag{10.105b}$$

Man nennt $e_{q+1}^f[n]$ den zum Prädiktionsfilter der Ordnung $q+1$ gehörenden Vorwärtsvorhersagefehler (FPE: "forward prediction error"), da der zu schätzende Wert $x[n]$ im Vergleich zu den zur Schätzung verwendeten Werten $x[n-1], x[n-2], \ldots, x[n-q-1]$ zu einem vorausliegenden Zeitpunkt auftritt.

Man kann die Gl. (10.105b) als Eingang-Ausgang-Beziehung eines linearen, zeitinvarianten diskontinuierlichen Systems auffassen, dessen Eingangssignal $x[n]$ und dessen Ausgangssignal $e_{q+1}^f[n]$ ist. Es wird vom FPE-Filter gesprochen. Dieses System besitzt die Übertragungsfunktion

$$H_{q+1}^{f}(z) = 1 - \sum_{\mu=0}^{q} a_{\mu}^{(q+1)} z^{-\mu-1} \tag{10.106}$$

Man kann die Gl. (10.104) verallgemeinern, indem man dort statt $\boldsymbol{a}_{\text{opt}}$ die Impulsantwort $\boldsymbol{a}^{(\kappa)}$ für $\kappa = 2, 3, \ldots, q+1$ zur Prädiktion verwendet. Als Fehlersignal ergibt sich dann

$$e_{\kappa}^{f}[n] = x[n] - \sum_{\mu=0}^{\kappa-1} a_{\mu}^{(\kappa)} x[n-\mu-1] \tag{10.107}$$

und als Übertragungsfunktion

$$H_{\kappa}^{f}(z) = 1 - \sum_{\mu=0}^{\kappa-1} a_{\mu}^{(\kappa)} z^{-\mu-1} \tag{10.108}$$

des FPE-Filters der Ordnung κ. Nach Gl. (10.99) erhält man

$$a_{\mu}^{(\kappa)} = a_{\mu}^{(\kappa-1)} - k_{\kappa} a_{\kappa-\mu-2}^{(\kappa-1)} \quad (\mu = 0, 1, \ldots, \kappa-2) \tag{10.109a}$$

und nach Gl. (10.97)

$$a_{\kappa-1}^{(\kappa)} = k_{\kappa} \,. \tag{10.109b}$$

Mit

$$H_{\kappa-1}^{f}(z) = 1 - \sum_{\mu=0}^{\kappa-2} a_{\mu}^{(\kappa-1)} z^{-\mu-1} \tag{10.110}$$

folgt nun aus den Gln. (10.108), (10.109a,b)

$$H_{\kappa}^{f}(z) = H_{\kappa-1}^{f}(z) - k_{\kappa} \left\{ z^{-\kappa} - \sum_{\mu=0}^{\kappa-2} a_{\kappa-\mu-2}^{(\kappa-1)} z^{-\mu-1} \right\}. \tag{10.111}$$

Die der Übertragungsfunktion $H_{\kappa}^{f}(z)$ nach Gl. (10.108) entsprechende Impulsantwort wird durch den Vektor

$$\boldsymbol{h}_{\kappa}^{f} = [1 \quad -a_{0}^{(\kappa)} \quad -a_{1}^{(\kappa)} \quad \cdots \quad -a_{\kappa-1}^{(\kappa)}]^{\mathrm{T}} \tag{10.112}$$

zusammengefaßt.

Durch die Impulsantwort

$$\boldsymbol{h}_{\kappa}^{b} = [-a_{\kappa-1}^{(\kappa)} \quad -a_{\kappa-2}^{(\kappa)} \quad \cdots \quad -a_{0}^{(\kappa)} \quad 1]^{\mathrm{T}} \tag{10.113}$$

wird das BPE-Filter (BPE: "backward prediction error") definiert. Die Antwort des BPE-Filters der Ordnung κ lautet

$$e_{\kappa}^{b}[n] := \boldsymbol{x}^{\mathrm{T}}[n]\, \boldsymbol{h}_{\kappa}^{b} = x[n-\kappa] - \hat{x}[n-\kappa] \tag{10.114a}$$

mit

$$\hat{x}[n-\kappa] = a_{0}^{(\kappa)} x[n-\kappa+1] + a_{1}^{(\kappa)} x[n-\kappa+2] + \cdots + a_{\kappa-1}^{(\kappa)} x[n] \,. \tag{10.114b}$$

Die auf der rechten Seite von Gl. (10.107) auftretende Summe repräsentiert die Antwort des FIR-Filters mit der Impulsantwort

$$h[n] = \begin{cases} a_{n}^{(\kappa)}, & \text{falls } n \in \{0, 1, \ldots, \kappa-1\} \\ 0 & \text{sonst} \end{cases}$$

auf die Erregung durch die Folge $x[n-\kappa]$, $x[n-\kappa+1], \ldots, x[n-1]$. Dagegen stellt die Summe in Gl. (10.114b) die Reaktion desselben Filters auf die Erregung durch die Zahlenfolge $x[n], x[n-1], \ldots, x[n-\kappa+1]$ dar. Es ist daher sinnvoll, das Ergebnis im ersten Fall zur Approximation von $x[n]$ und das Ergebnis im zweiten Fall zur Annäherung von $x[n-\kappa]$ zu verwenden.

Aus Gl. (10.113) folgt als Übertragungsfunktion

$$H_\kappa^b(z) = -a_{\kappa-1}^{(\kappa)} - a_{\kappa-2}^{(\kappa)} z^{-1} - \cdots - a_0^{(\kappa)} z^{-\kappa+1} + z^{-\kappa} . \tag{10.115}$$

Mit Gl.(10.110) und Gl. (10.115) erhält man sofort

$$H_{\kappa-1}^f(1/z) = z^{\kappa-1} H_{\kappa-1}^b(z) \tag{10.116a}$$

und hieraus

$$H_\kappa^f(z) = z^{-\kappa} H_\kappa^b(1/z) . \tag{10.116b}$$

Weiterhin erhält man aus Gl. (10.111) mit Gl. (10.115) für $\kappa-1$ statt κ die Rekursionsbeziehung

$$H_\kappa^f(z) = H_{\kappa-1}^f(z) - k_\kappa z^{-1} H_{\kappa-1}^b(z) \tag{10.117}$$

für die Übertragungsfunktion des FPE-Filters. Eliminiert man in Gl. (10.117) die beiden FPE-Übertragungsfunktionen gemäß Gl. (10.116b), ersetzt dann z durch $1/z$, multipliziert die erhaltene Beziehung mit $z^{-\kappa}$ durch und wendet schließlich Gl. (10.116a) bei Substitution von z durch $1/z$ an, so erhält man die Rekursionsbeziehung

$$H_\kappa^b(z) = z^{-1} H_{\kappa-1}^b(z) - k_\kappa H_{\kappa-1}^f(z) \tag{10.118}$$

für die Übertragungsfunktion des BPE-Filters. Durch die Gln. (10.117) und (10.118) lassen sich die Übertragungsfunktionen des Prädiktors der Ordnung κ rekursiv erzeugen. Im z-Bereich bestehen (formal) die Zusammenhänge

$$E_\kappa^f(z) = X(z) H_\kappa^f(z) , \tag{10.119}$$

$$E_\kappa^b(z) = X(z) H_\kappa^b(z) \tag{10.120}$$

oder, wenn man die Gln. (10.117) und (10.118) einführt,

$$E_\kappa^f(z) = X(z) H_{\kappa-1}^f(z) - k_\kappa z^{-1} X(z) H_{\kappa-1}^b(z) , \tag{10.121}$$

$$E_\kappa^b(z) = z^{-1} X(z) H_{\kappa-1}^b(z) - k_\kappa X(z) H_{\kappa-1}^f(z) . \tag{10.122}$$

Unter Verwendung der Gln. (10.119) und (10.120) mit $\kappa-1$ statt κ lassen sich die Gln. (10.121), (10.122) in der Form

$$E_\kappa^f(z) = E_{\kappa-1}^f(z) - k_\kappa z^{-1} E_{\kappa-1}^b(z) , \tag{10.123}$$

$$E_\kappa^b(z) = z^{-1} E_{\kappa-1}^b(z) - k_\kappa E_{\kappa-1}^f(z) \tag{10.124}$$

schreiben. Diese Beziehungen werden nun in den Zeitbereich übertragen, wodurch man für $\kappa = 2, 3, \ldots, q+1$ die Rekursionsbeziehungen

$$e_\kappa^f[n] = e_{\kappa-1}^f[n] - k_\kappa e_{\kappa-1}^b[n-1] , \tag{10.125}$$

$$e^b_\kappa[n] = e^b_{\kappa-1}[n-1] - k_\kappa e^f_{\kappa-1}[n] \tag{10.126}$$

erhält. Man kann sich an Hand der vorausgegangenen Betrachtungen leicht davon überzeugen, daß

$$k_1 = r_{xx}[1]/r_{xx}[0] = a_0^{(1)}$$

und damit gemäß den Gln. (10.107) bzw. (10.114a,b)

$$e^f_1[n] = x[n] - k_1 x[n-1], \tag{10.127}$$

$$e^b_1[n] = x[n-1] - k_1 x[n] \tag{10.128}$$

gilt. Aufgrund der Gln. (10.125) bis (10.128) erhält man damit die Realisierung des Prädiktionsfilters gemäß Bild 10.9, wobei $e^f_{q+1}[n]$ mit $e[n]$ von Bild 10.8 bei optimaler Wahl der Filterparameter identisch ist.

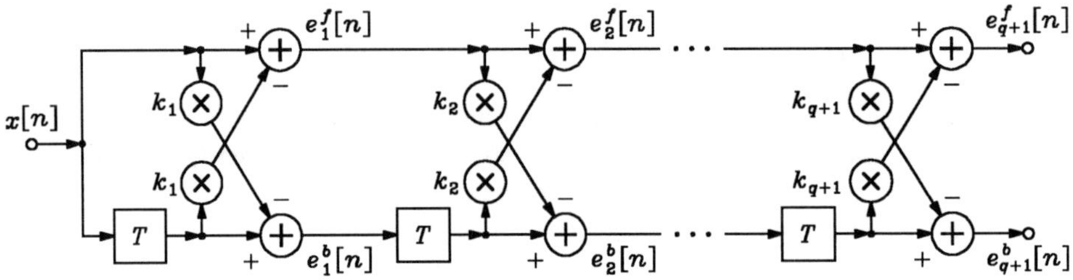

Bild 10.9: Prädiktionsfilter in Form einer Kaskade von Kreuzgliedern

In der Praxis werden diese Prädiktionsfilter in der Weise verwendet, daß man aus den verfügbaren Daten zunächst die Werte der Autokorrelationsfunktion $r_{xx}[\nu]$ für $\nu = 0, 1, \ldots, q+1$ aufgrund der Ergodenhypothese mittels zeitlicher Mittelung schätzt und dann den Durbin-Algorithmus zur Berechnung der Reflexionskoeffizienten $k_1, \ldots, k_{q+1}$ anwendet. Damit kann das Filter nach Bild 10.9 realisiert werden. Eine äquivalente Realisierung mit einem Transversalfilter ist möglich, und zwar aufgrund des ebenfalls durch den Durbin-Algorithmus gelieferten Vektors $\boldsymbol{a}_{\text{opt}}$. Das Filter kann adaptiv betrieben werden, indem man das Signal $x[n]$ in Abschnitte bestimmter Länge (z. B. 200) unterteilt. Jeder dieser Datenblöcke dient dazu, die Koeffizienten k_κ neu zu berechnen (beispielsweise 40 mal pro Sekunde).

1.6.3 Optimierung der Reflexionskoeffizienten

Die bei der Anwendung des Durbin-Algorithmus erforderliche Schätzung der Autokorrelationsfunktion $r_{xx}[\nu]$ hat Fehler in den Koeffizienten k_κ zur Folge. Es liegt daher nahe zu versuchen, diese Koeffizienten direkt zu schätzen und gegebenenfalls adaptiv zu verändern.

Im optimalen Prädiktionsfilter nach Bild 10.9 sind die Koeffizienten k_κ so festgelegt, daß die mittlere Leistung sowohl von $e^f_\kappa[n]$ als auch von $e^b_\kappa[n]$ am Ausgang jeder Stufe ($\kappa = 1, \ldots, q+1$) minimal ist. Zur direkten Ermittlung der Reflexionskoeffizienten kann man daher als Kriterium fordern, daß der Erwartungswert von $(e^f_\kappa[n])^2$ oder von $(e^b_\kappa[n])^2$ für $\kappa = 1, \ldots, q+1$ minimal ist. Häufig wird verlangt, daß der Erwartungswert

$$E[(e_\kappa^f[n])^2 + (e_\kappa^b[n])^2]$$

für $\kappa = 1, \ldots, q+1$ möglichst klein wird. Dies führt zur Forderung

$$\frac{\partial}{\partial k_\kappa} E[(e_\kappa^f[n])^2 + (e_\kappa^b[n])^2] = 0, \tag{10.129a}$$

d. h.

$$E\left[e_\kappa^f[n]\frac{\partial e_\kappa^f[n]}{\partial k_\kappa} + e_\kappa^b[n]\frac{\partial e_\kappa^b[n]}{\partial k_\kappa}\right] = 0 \tag{10.129b}$$

oder mit Gln. (10.125) und (10.126)

$$E[e_\kappa^f[n]e_{\kappa-1}^b[n-1] + e_\kappa^b[n]e_{\kappa-1}^f[n]] = 0. \tag{10.129c}$$

Ersetzt man $e_\kappa^f[n]$ nach Gl. (10.125) und $e_\kappa^b[n]$ nach Gl. (10.126), so erhält man eine Bestimmungsgleichung für k_κ. Sie liefert für $\kappa = 1, \ldots, q+1$

$$k_\kappa = \frac{2E[e_{\kappa-1}^f[n]e_{\kappa-1}^b[n-1]]}{E[\{e_{\kappa-1}^b[n-1]\}^2] + E[\{e_{\kappa-1}^f[n]\}^2]}, \tag{10.130}$$

wobei $e_0^b[n] = e_0^f[n] = x[n]$ zu berücksichtigen ist. Da nur in seltenen Fällen die genaue Statistik der hier auftretenden Fehlersignale bekannt ist, müssen die Erwartungswerte geschätzt werden:

$$\hat{E}[e_{\kappa-1}^f[n]e_{\kappa-1}^b[n-1]] = \frac{1}{N}\sum_{\nu=1}^{N} e_{\kappa-1}^f[\nu]e_{\kappa-1}^b[\nu-1], \tag{10.131a}$$

$$\hat{E}[\{e_{\kappa-1}^b[n-1]\}^2] = \frac{1}{N}\sum_{\nu=1}^{N}\{e_{\kappa-1}^b[\nu-1]\}^2, \tag{10.131b}$$

$$\hat{E}[\{e_{\kappa-1}^f[n]\}^2] = \frac{1}{N}\sum_{\nu=1}^{N}\{e_{\kappa-1}^f[\nu]\}^2. \tag{10.131c}$$

Allerdings muß bei dieser Art der Schätzung von k_κ ($\kappa = 1, \ldots, q+1$) jeweils die Berechnung eines Blocks von N Werten der Fehlersignale abgewartet werden, bis ein Reflexionskoeffizient berechnet werden kann. Da diese Verzögerung $(q+1)$-mal auftritt, wird diese Verfahrensweise nur selten angewendet.

Oft ist es notwendig, die Reflexionskoeffizienten adaptiv nachzuführen, insbesondere wenn das Signal $x[n]$ nicht stationär ist. Da die blockweise Ermittlung der Korrelationsfunktionen hierbei meistens zu langsam erfolgt, ist es häufig erforderlich, die Reflexionskoeffizienten zu jedem Zeitpunkt nachzuführen. Dabei hat es sich als zweckmäßig erwiesen, die Korrektur der k_κ aufgrund des Verlaufs der Fehler vorzunehmen. Verbreitet ist die durch die Vorschrift

$$k_\kappa[n+1] = k_\kappa[n] - \mu_\kappa \frac{\partial(\{e_\kappa^f[n]\}^2 + \{e_\kappa^b[n]\}^2)}{\partial k_\kappa} \tag{10.132}$$

gekennzeichnete Gradientenmethode mit der geeignet zu wählenden positiven Konstante μ_κ. Mit den Gln. (10.125) und (10.126) sowie $\alpha_\kappa := 2\mu_\kappa$ ergibt sich aus Gl. (10.132) die Form

$$k_\kappa[n+1] = k_\kappa[n] + \alpha_\kappa \{e_\kappa^f[n] e_{\kappa-1}^b[n-1] + e_{\kappa-1}^f[n] e_\kappa^b[n]\} \tag{10.133}$$

für die Vorschrift. Der Parameter α_κ ist so zu wählen, daß sich der Algorithmus stabil verhält. Oft läßt man $\alpha_\kappa = \alpha_\kappa[n]$ mit der Zeit variieren, um Stabilität zu erzielen.

Die in Gl. (10.130) auftretenden Erwartungswerte können statt nach Gln. (10.131a-c) auch durch

$$\frac{Z_\kappa[n]}{n} := \frac{1}{n} \sum_{\nu=1}^{n} e_{\kappa-1}^f[\nu] e_{\kappa-1}^b[\nu-1], \tag{10.134}$$

$$\frac{N_\kappa[n]}{n} := \frac{1}{n} \sum_{\nu=1}^{n} \left(\{e_{\kappa-1}^b[\nu-1]\}^2 + \{e_{\kappa-1}^f[\nu]\}^2 \right) \tag{10.135}$$

angenähert werden, wodurch man

$$k_\kappa[n] = 2 Z_\kappa[n] / N_\kappa[n] \tag{10.136}$$

erhält. Damit kann man aufgrund der Gl. (10.136)

$$k_\kappa[n+1] = 2 \frac{Z_\kappa[n+1]}{N_\kappa[n+1]} = k_\kappa[n] \frac{N_\kappa[n]}{N_\kappa[n+1]} \cdot \frac{Z_\kappa[n+1]}{Z_\kappa[n]}$$

schreiben oder mit Gl. (10.134)

$$k_\kappa[n+1] = k_\kappa[n] \frac{N_\kappa[n]}{N_\kappa[n+1]} \left(1 + \frac{e_{\kappa-1}^f[n+1] e_{\kappa-1}^b[n]}{Z_\kappa[n]} \right)$$

oder, wenn man die Klammer ausmultipliziert und nochmals Gl. (10.136) heranzieht,

$$k_\kappa[n+1] = k_\kappa[n] \frac{N_\kappa[n]}{N_\kappa[n+1]} + 2 \frac{e_{\kappa-1}^f[n+1] e_{\kappa-1}^b[n]}{N_\kappa[n+1]} . \tag{10.137}$$

Es darf davon ausgegangen werden, daß in praktischen Fällen $e_{\kappa-1}^f[n]$ und $e_{\kappa-1}^b[n-1]$ niemals gleichzeitig verschwinden. Daher ist einerseits $N_\kappa[n+1]$ immer positiv, andererseits $N_\kappa[n]/N_\kappa[n+1]$ kleiner als Eins, $N_\kappa[n]$ nimmt also mit wachsendem n ständig zu. Bezüglich der Frage nach der Konvergenz des durch Gl. (10.137) gegebenen Algorithmus sei auf die Arbeit [Ho2] verwiesen.

1.6.4 Beispiel: Identifikation eines Systems

Bild 10.10 zeigt ein kausales System mit der Übertragungsfunktion

$$H_1(z) = \frac{1}{1 - \sum_{\mu=0}^{q} a_\mu z^{-\mu-1}}, \tag{10.138}$$

deren Koeffizienten $a_\mu (\mu = 0, 1, \ldots, q)$ geschätzt werden sollen. Dazu wird das System durch Zwischenschaltung eines Verzögerungselements mit weißem Rauschen $v[n]$ der spektralen Leistungsdichte Eins erregt, und das Ausgangssignal $x[n]$ wird einem Prädiktionsfilter

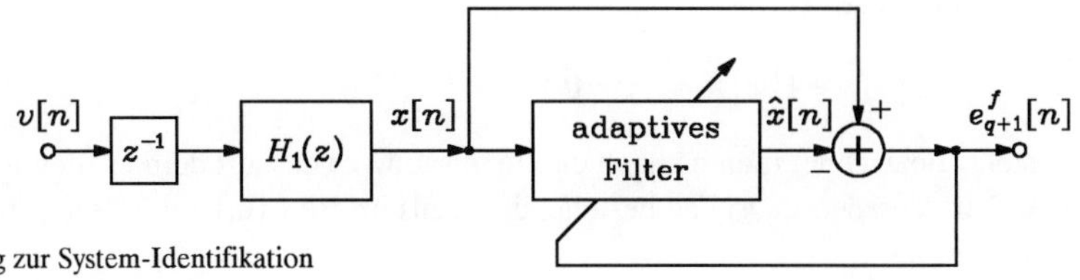

Bild 10.10: Schaltung zur System-Identifikation

zugeführt, dessen Ordnung mit der des zu identifizierenden Systems übereinstimmt.

Aufgrund von Gl. (10.138) gilt

$$x[n] = \sum_{\mu=0}^{q} a_\mu x[n-\mu-1] + v[n-1]$$

oder

$$x[n] = \boldsymbol{a}^{\mathrm{T}} \boldsymbol{x}[n-1] + v[n-1] \tag{10.139}$$

mit

$$\boldsymbol{a} := [\,a_0 \quad a_1 \quad \cdots \quad a_q\,]^{\mathrm{T}} \tag{10.140a}$$

und

$$\boldsymbol{x}[n-1] := [\,x[n-1] \quad \cdots \quad x[n-q-1]\,]^{\mathrm{T}}. \tag{10.140b}$$

Weiterhin gilt

$$\hat{x}[n] = \hat{\boldsymbol{a}}^{\mathrm{T}} \boldsymbol{x}[n-1], \tag{10.141}$$

wobei der Vektor $\hat{\boldsymbol{a}} = [\,\hat{a}_0 \quad \hat{a}_1 \quad \cdots \quad \hat{a}_q\,]^{\mathrm{T}}$ die Impulsantwort des adaptiven Filters mit der Übertragungsfunktion

$$\hat{H}(z) = \sum_{\mu=0}^{q} \hat{a}_\mu z^{-\mu-1}$$

repräsentiert. Für den Fehler am Ausgang des Systems erhält man

$$e_{q+1}^f[n] := x[n] - \hat{x}[n],$$

d. h. mit den Gln. (10.139) und (10.141)

$$e_{q+1}^f[n] = (\boldsymbol{a} - \hat{\boldsymbol{a}})^{\mathrm{T}} \boldsymbol{x}[n-1] + v[n-1]. \tag{10.142}$$

Der Erwartungswert des Fehlerquadrats wird damit

$$\begin{aligned}\varepsilon := E[(e_{q+1}^f[n])^2] &= (\boldsymbol{a} - \hat{\boldsymbol{a}})^{\mathrm{T}} E[\boldsymbol{x}[n-1]\boldsymbol{x}^{\mathrm{T}}[n-1]]\,(\boldsymbol{a} - \hat{\boldsymbol{a}}) \\ &+ 2E[v[n-1]\boldsymbol{x}^{\mathrm{T}}[n-1]]\,(\boldsymbol{a} - \hat{\boldsymbol{a}}) + E[v^2[n-1]].\end{aligned} \tag{10.143}$$

Die Komponenten des Vektors $\hat{\boldsymbol{a}}$ sind durch die Forderung $\partial\varepsilon/\partial\hat{\boldsymbol{a}} = \boldsymbol{0}$ festgelegt. Dadurch ergibt sich die Gleichung

$$E[\boldsymbol{x}[n-1]\boldsymbol{x}^{\mathrm{T}}[n-1]]\,(\boldsymbol{a} - \hat{\boldsymbol{a}}) + E[v[n-1]\boldsymbol{x}[n-1]] = \boldsymbol{0}.$$

Sie liefert

$$\hat{\boldsymbol{a}} = \boldsymbol{a},$$

da die Beziehung

$$E[v[n-1]\boldsymbol{x}[n-1]] = \mathbf{0} \tag{10.144}$$

besteht. Bezeichnet man nämlich die Impulsantwort des aus dem zu identifizierenden System und dem Verzögerungsglied bestehenden Teils im Bild 10.10 mit $h[n]$, so folgt aus der Faltungssumme

$$x[n-\mu] = \sum_{\nu=-\infty}^{n-\mu} v[\nu]\,h[n-\mu-\nu] \qquad (\mu = 1, 2, \ldots, q+1)$$

sofort

$$E[v[n-1]\,x[n-\mu]] = \sum_{\nu=-\infty}^{n-\mu} h[n-\mu-\nu]\,E[v[n-1]\,v[\nu]] = h[1-\mu]. \tag{10.145}$$

Denn $E[v[n-1]v[\nu]]$ hat voraussetzungsgemäß für $\nu = n-1$ den Wert 1, sonst den Wert 0. Da aber $h[1-\mu]$ für $\mu = 1, 2, \ldots$ verschwindet, sind alle Komponenten des Vektors auf der linken Seite von Gl. (10.144) Null.

Im folgenden soll gezeigt werden, wie die Koeffizienten $\hat{a}_0$, $\hat{a}_1$, ... durch die Reflexionskoeffizienten, die im Prädiktionsfilter auftreten, ausgedrückt werden können. Als Beispiel sei $q=1$ gewählt. Nach Gl. (10.125) erhält man für $\kappa = 2$

$$e_2^f[n] = e_1^f[n] - k_2[n]\,e_1^b[n-1]$$

oder, wenn man $e_1^f[n]$ nach Gl. (10.125) und $e_1^b[n-1]$ nach Gl. (10.126) substituiert,

$$e_2^f[n] = e_0^f[n] - k_1[n]e_0^b[n-1] - k_2[n]\{e_0^b[n-2] - k_1[n-1]e_0^f[n-1]\}$$

oder, wenn man gemäß Bild 10.9 $e_0^f[n] \equiv e_0^b[n] \equiv x[n]$ berücksichtigt,

$$e_2^f[n] = x[n] - \Big(k_1[n] - k_1[n-1]\,k_2[n]\Big)x[n-1] - k_2[n]\,x[n-2]. \tag{10.146a}$$

Gemäß Gl. (10.107) folgt mit $a_\mu^{(2)} = \hat{a}_\mu$ $(\mu = 0, 1)$

$$e_2^f[n] = x[n] - \hat{a}_0 x[n-1] - \hat{a}_1 x[n-2]. \tag{10.146b}$$

Ein Vergleich der Gln. (10.146a,b) lehrt, daß

$$\hat{a}_0[n] = k_1[n] - k_1[n-1]\,k_2[n], \qquad \hat{a}_1[n] = k_2[n] \tag{10.147a,b}$$

gilt. Es kann erwartet werden, daß im praktischen Experiment die durch die Gln. (10.147a,b) gegebenen Koeffizienten für $n \to \infty$ die Koeffizienten a_0 und a_1 des zu identifizierenden Systems approximieren.

1.7 DER LS-ALGORITHMUS FÜR KREUZGLIED-FILTER

In diesem Abschnitt wird ein Algorithmus zur Implementierung von Kreuzglied-Prädiktionsfiltern beschrieben. Dieser Algorithmus basiert auf Konzepten der linearen Vektorräume und zeichnet sich durch eine hohe Leistungsfähigkeit aus. Zur Vorbereitung der eigentlichen Untersuchungen werden zunächst einige Betrachtungen in linearen Vektorräumen durchgeführt.

1.7.1 Lineare Vektorräume für adaptive Filter

Es wird ein linearer Vektorraum betrachtet, der von den m linear unabhängigen Vektoren $\boldsymbol{b}_\mu$ $(\mu = 1, 2, \ldots, m)$ gleicher Dimension $l > m$ aufgespannt wird. Diese Vektoren werden zur Matrix

$$\boldsymbol{B} = [\,\boldsymbol{b}_1 \;\cdots\; \boldsymbol{b}_m\,] \tag{10.148}$$

zusammengefaßt. Zu ermitteln ist ein Vektor $\hat{\boldsymbol{x}}$ im gegebenen Vektorraum $\{\boldsymbol{B}\}$, d. h. eine Repräsentation $\boldsymbol{a}$, so daß

$$\hat{\boldsymbol{x}} = \boldsymbol{B}\,\boldsymbol{a} \tag{10.149}$$

einen vorgegebenen Vektor $\boldsymbol{x}$ der Dimension l, der nicht im Vektorraum $\{\boldsymbol{B}\}$ liegt, im Sinne minimalen Abstandsquadrats [1])

$$\varepsilon = \langle\, \boldsymbol{e}\,,\, \boldsymbol{e}\,\rangle := \boldsymbol{e}^{\mathrm{T}}\boldsymbol{e} \tag{10.150}$$

mit

$$\boldsymbol{e} := \boldsymbol{x} - \hat{\boldsymbol{x}} \tag{10.151}$$

approximiert. Aus der Literatur (beispielsweise [Go2], auch [Un5]) ist die Lösung in der Form

$$\hat{\boldsymbol{x}} = \boldsymbol{P}\,\boldsymbol{x} \tag{10.152}$$

bekannt mit der sogenannten *Projektionsmatrix*

$$\boldsymbol{P} := \boldsymbol{B}(\boldsymbol{B}^{\mathrm{T}}\boldsymbol{B})^{-1}\boldsymbol{B}^{\mathrm{T}}\,. \tag{10.153}$$

Aus den Gln. (10.151) und (10.152) folgt

$$\boldsymbol{e} = \boldsymbol{Q}\,\boldsymbol{x} \tag{10.154}$$

mit der *orthogonalen Projektionsmatrix*

$$\boldsymbol{Q} := \mathbf{E} - \boldsymbol{P}\,. \tag{10.155}$$

Aus der Gl. (10.153) geht unmittelbar hervor, daß die Projektionsmatrix die Eigenschaften

$$\boldsymbol{P}\boldsymbol{P} = \boldsymbol{P} \quad \text{und} \quad \boldsymbol{P}^{\mathrm{T}} = \boldsymbol{P} \tag{10.156a,b}$$

besitzt. Aufgrund von Gl. (10.156a) und der Gl. (10.155) findet man sofort die wichtige Beziehung

$$\boldsymbol{P}\boldsymbol{Q} = \mathbf{0}\,. \tag{10.157}$$

Außerdem sind die Eigenschaften

$$\boldsymbol{Q}\boldsymbol{Q} = \boldsymbol{Q} \quad \text{und} \quad \boldsymbol{Q}^{\mathrm{T}} = \boldsymbol{Q} \tag{10.158a,b}$$

direkt zu erkennen.

Man spricht im Zusammenhang mit Gl. (10.152) davon, daß $\hat{\boldsymbol{x}}$ die Projektion von $\boldsymbol{x}$ in den Vektorraum $\{\boldsymbol{B}\}$ darstellt. Der durch Gl. (10.154) gegebene Fehlervektor $\boldsymbol{e}$ heißt

---

1) Das innere Produkt zweier Vektoren $\boldsymbol{x}$ und $\boldsymbol{y}$ gleicher Dimension, d. h. $\boldsymbol{x}^{\mathrm{T}}\boldsymbol{y}$, wird hier mit $\langle\, \boldsymbol{x}, \boldsymbol{y}\,\rangle$ bezeichnet.

orthogonal zu $\{\boldsymbol{B}\}$, denn es gilt wegen Gl. (10.157)

$$\boldsymbol{P}\boldsymbol{e} = \mathbf{0} \tag{10.159}$$

(man vergleiche hierzu auch Kapitel III, Abschnitt 4.6). Generell gilt für jeden Vektor $\boldsymbol{\xi}$ der Dimension l wegen Gl. (10.157)

$$\langle \boldsymbol{Q}\boldsymbol{\xi}, \boldsymbol{P}\boldsymbol{\xi} \rangle = \boldsymbol{\xi}^{\mathrm{T}}\boldsymbol{Q}\boldsymbol{P}\boldsymbol{\xi} = 0 ,$$

d. h. Projektion und orthogonale Projektion eines jeden Vektors stehen senkrecht aufeinander. Im übrigen läßt sich $\boldsymbol{\xi}$, wie aus Gl. (10.155) hervorgeht, als Summe der Projektion $\boldsymbol{P}\boldsymbol{\xi}$ und der orthogonalen Projektion $\boldsymbol{Q}\boldsymbol{\xi}$ darstellen.

Es soll nun der Vektorraum $\{\boldsymbol{B}\}$ um einen Basisvektor $\boldsymbol{b}_{m+1}$ der Dimension l erweitert werden. Es wird angenommen, daß $\boldsymbol{b}_{m+1}$ nicht in $\{\boldsymbol{B}\}$ liegt. Die Spalten der Matrix

$$\widetilde{\boldsymbol{B}} := [\,\boldsymbol{b}_1 \ \cdots \ \boldsymbol{b}_m \ \ \boldsymbol{b}_{m+1}] \tag{10.160}$$

kennzeichnen einen Vektorraum $\{\widetilde{\boldsymbol{B}}\}$, der $\{\boldsymbol{B}\}$ als Teilraum enthält. Die zu $\{\widetilde{\boldsymbol{B}}\}$ gehörende Projektionsmatrix $\widetilde{\boldsymbol{P}}$ ist gegeben durch

$$\widetilde{\boldsymbol{P}} = \widetilde{\boldsymbol{B}}\,(\widetilde{\boldsymbol{B}}^{\mathrm{T}}\widetilde{\boldsymbol{B}})^{-1}\widetilde{\boldsymbol{B}}^{\mathrm{T}} , \tag{10.161}$$

die orthogonale Matrix ist

$$\widetilde{\boldsymbol{Q}} := \mathbf{E} - \widetilde{\boldsymbol{P}} . \tag{10.162}$$

Der Vektor $\boldsymbol{b}_{m+1}$ hat als orthogonale Projektion zum Vektorraum $\{\boldsymbol{B}\}$ den Vektor

$$\boldsymbol{s} := \boldsymbol{Q}\,\boldsymbol{b}_{m+1} . \tag{10.163}$$

Dieser Vektor definiert den linearen Vektorraum $\{\boldsymbol{s}\}$ mit der Projektionsmatrix

$$\boldsymbol{P}_s := \boldsymbol{s}\,(\boldsymbol{s}^{\mathrm{T}}\boldsymbol{s})^{-1}\boldsymbol{s}^{\mathrm{T}} = \boldsymbol{Q}\,\boldsymbol{b}_{m+1}(\boldsymbol{b}_{m+1}^{\mathrm{T}}\,\boldsymbol{Q}\,\boldsymbol{b}_{m+1})^{-1}\boldsymbol{b}_{m+1}^{\mathrm{T}}\,\boldsymbol{Q} . \tag{10.164}$$

Da die Projektion eines jeden Vektors der Dimension l ($l > m+1$ vorausgesetzt) in den Vektorraum $\{\widetilde{\boldsymbol{B}}\}$ als Summe der Projektion dieses Vektors in den Vektorraum $\{\boldsymbol{B}\}$ und der Projektion des Vektors in $\{\boldsymbol{s}\}$ erzeugt werden kann, gilt die Beziehung

$$\widetilde{\boldsymbol{P}} = \boldsymbol{P} + \boldsymbol{P}_s , \tag{10.165}$$

also mit Gl. (10.164)

$$\widetilde{\boldsymbol{P}} = \boldsymbol{P} + \boldsymbol{Q}\,\boldsymbol{b}_{m+1}(\boldsymbol{b}_{m+1}^{\mathrm{T}}\,\boldsymbol{Q}\,\boldsymbol{b}_{m+1})^{-1}\boldsymbol{b}_{m+1}^{\mathrm{T}}\,\boldsymbol{Q} . \tag{10.166}$$

Aufgrund der Gl. (10.162) erhält man weiterhin bei Beachtung von Gl. (10.155)

$$\widetilde{\boldsymbol{Q}} = \boldsymbol{Q} - \boldsymbol{Q}\,\boldsymbol{b}_{m+1}(\boldsymbol{b}_{m+1}^{\mathrm{T}}\,\boldsymbol{Q}\,\boldsymbol{b}_{m+1})^{-1}\boldsymbol{b}_{m+1}^{\mathrm{T}}\,\boldsymbol{Q} . \tag{10.167}$$

Es seien $\boldsymbol{y}$ und $\boldsymbol{z}$ zwei l-dimensionale Vektoren. Aufgrund der Gln. (10.166) und (10.167) können damit die folgenden wichtigen Formeln angegeben werden:

$$\boldsymbol{z}^{\mathrm{T}}\widetilde{\boldsymbol{P}}\boldsymbol{y} = \boldsymbol{z}^{\mathrm{T}}\boldsymbol{P}\boldsymbol{y} + \boldsymbol{z}^{\mathrm{T}}\boldsymbol{Q}\,\boldsymbol{b}_{m+1}(\boldsymbol{b}_{m+1}^{\mathrm{T}}\,\boldsymbol{Q}\,\boldsymbol{b}_{m+1})^{-1}\boldsymbol{b}_{m+1}^{\mathrm{T}}\,\boldsymbol{Q}\boldsymbol{y} , \tag{10.168}$$

$$\boldsymbol{z}^{\mathrm{T}}\widetilde{\boldsymbol{Q}}\boldsymbol{y} = \boldsymbol{z}^{\mathrm{T}}\boldsymbol{Q}\boldsymbol{y} - \boldsymbol{z}^{\mathrm{T}}\boldsymbol{Q}\,\boldsymbol{b}_{m+1}(\boldsymbol{b}_{m+1}^{\mathrm{T}}\,\boldsymbol{Q}\,\boldsymbol{b}_{m+1})^{-1}\boldsymbol{b}_{m+1}^{\mathrm{T}}\,\boldsymbol{Q}\boldsymbol{y} . \tag{10.169}$$

Bei den späteren Anwendungen treten $\boldsymbol{B}$-Matrizen der Art

$$\boldsymbol{B}[l] := [\boldsymbol{b}_0[l] \ \cdots \ \boldsymbol{b}_{m-1}[l]] \tag{10.170}$$

auf, wobei für $\mu = 0, 1, \ldots, m-1$

$$\boldsymbol{b}_\mu[l] := [0 \ \cdots \ 0 \ \ b[1] \ \ b[2] \ \cdots \ b[l-\mu]]^{\mathrm{T}} \tag{10.171}$$

einen l-dimensionalen Vektor mit μ Nullelementen bedeutet. Es sei $l > m$. Die zur Basismatrix $\boldsymbol{B}[l]$ gehörende Projektionsmatrix sei $\boldsymbol{P}[l]$, die orthogonale Projektionsmatrix $\boldsymbol{Q}[l]$. Mit dem Vektor

$$\boldsymbol{u}[l] := [0 \ \cdots \ 0 \ \ 1]^{\mathrm{T}} \tag{10.172}$$

der Dimension l wird die Matrix

$$\widetilde{\boldsymbol{B}}[l] := [\boldsymbol{B}[l], \ \boldsymbol{u}[l]] \tag{10.173}$$

gebildet. Zu dem durch die Spalten der Matrix $\widetilde{\boldsymbol{B}}[l]$ definierten linearen Vektorraum gehören die Projektionsmatrix $\widetilde{\boldsymbol{P}}[l]$ und die orthogonale Projektionsmatrix $\widetilde{\boldsymbol{Q}}[l]$. Der durch die Spalten der Matrix $\widetilde{\boldsymbol{B}}[l]$ gegebene Vektorraum läßt sich offensichtlich auch durch die Spalten der Matrix

$$\begin{bmatrix} \boldsymbol{B}[l-1] & \boldsymbol{0} \\ \boldsymbol{0}^{\mathrm{T}} & 1 \end{bmatrix}$$

aufspannen ($\boldsymbol{0}$ bedeutet eine Nullspalte der Dimension $l-1$, $\boldsymbol{0}^{\mathrm{T}}$ eine Nullzeile mit m Elementen). Diese Tatsache bedeutet, daß ein jeder Vektor $[v_1 \ \cdots \ v_l]^{\mathrm{T}}$ in den Vektorraum $\{\widetilde{\boldsymbol{B}}[l]\}$ dadurch projiziert werden kann, daß man den Vektor $[v_1 \ \cdots \ v_{l-1}]^{\mathrm{T}}$ in den Vektorraum $\{\boldsymbol{B}[l-1]\}$ projiziert, den Projektionsvektor durch eine Nullkomponente zum Vektor $[w_1 \ \cdots \ w_{l-1} \ \ 0]^{\mathrm{T}}$ erweitert und schließlich noch den Vektor $[0 \ \cdots \ 0 \ \ v_l]^{\mathrm{T}}$ addiert. Daher erhält man für die Projektionsmatrix die Darstellung

$$\widetilde{\boldsymbol{P}}[l] = \begin{bmatrix} \boldsymbol{P}[l-1] & \boldsymbol{0} \\ \boldsymbol{0}^{\mathrm{T}} & 1 \end{bmatrix} \tag{10.174}$$

und für die orthogonale Projektionsmatrix

$$\widetilde{\boldsymbol{Q}}[l] = \begin{bmatrix} \boldsymbol{Q}[l-1] & \boldsymbol{0} \\ \boldsymbol{0}^{\mathrm{T}} & 0 \end{bmatrix}. \tag{10.175}$$

1.7.2 Der Algorithmus

Vorbereitungen

Im folgenden werden zwei Prädiktionen durchgeführt, die an Hand geeigneter Systeme erläutert werden. Sie dienen zur Herleitung der Rekursionsformeln des Adaptionsalgorithmus.

Vorwärtsprädiktion (Forward Prediction: FP). Den folgenden Überlegungen liegt das Prädiktionssystem nach Bild 10.11 zugrunde. Gemäß Gl. (10.86b) erhält man für den Vektor

$$\hat{\boldsymbol{y}}_0[n] := [\hat{y}[1] \quad \hat{y}[2] \quad \cdots \quad \hat{y}[n]]^{\mathrm{T}} \tag{10.176}$$

des Ausgangssignals des nichtrekursiven (Vorwärts-) Prädiktionsfilters

$$\hat{\boldsymbol{y}}_0[n] = \boldsymbol{X}^f \boldsymbol{a} \, . \tag{10.177}$$

Dabei bedeutet $\boldsymbol{X}^f$ eine Matrix mit n Zeilen und m ($< n$) Spalten, nämlich

$$\boldsymbol{X}^f := [\boldsymbol{x}_1[n] \quad \boldsymbol{x}_2[n] \quad \cdots \quad \boldsymbol{x}_m[n]] \, , \tag{10.178}$$

und $\boldsymbol{a}$ ist der Vektor

$$\boldsymbol{a} := [a_0 \quad a_1 \quad \cdots \quad a_{m-1}]^{\mathrm{T}} \tag{10.179}$$

der Impulsantwort. Die Spalten der Matrix $\boldsymbol{X}^f$ bedeuten die Vektoren

$$\boldsymbol{x}_\mu[n] := [0 \quad \cdots \quad 0 \quad x[1] \quad \cdots \quad x[n-\mu]]^{\mathrm{T}} \qquad (\mu = 1, \ldots, m) \, , \tag{10.180a}$$

die μ Nullelemente enthalten. Dabei wird $x[\nu] \equiv 0$ für $\nu \leqq 0$ und $x[1] \neq 0$ gefordert. Zusätzlich ist im folgenden noch der Vektor

$$\boldsymbol{x}_0[n] := [x[1] \quad \cdots \quad x[n]]^{\mathrm{T}} \tag{10.180b}$$

erforderlich.

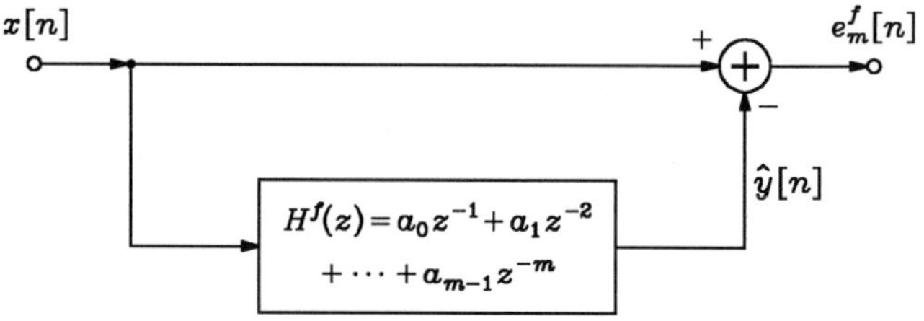

Bild 10.11: Vorwärtsprädiktionsfilter mit $x[\nu] \equiv 0$ für $\nu \leqq 0$

Es wird nun der FP-Fehlervektor

$$\boldsymbol{e}_0^f[n] := \boldsymbol{x}_0[n] - \hat{\boldsymbol{y}}_0[n] \tag{10.181}$$

eingeführt. Der Vektor $\hat{\boldsymbol{y}}_0[n]$ wird jetzt durch die Forderung festgelegt, daß der Fehler

$$\varepsilon_m^f[n] = \langle \boldsymbol{e}_0^f[n], \boldsymbol{e}_0^f[n] \rangle \tag{10.182}$$

minimiert wird. Diese Forderung führt gemäß Abschnitt 1.7.1 (man vergleiche insbesondere die Gl. (10.152)) zur Lösung

$$\hat{\boldsymbol{y}}_0[n] = \boldsymbol{P}^f \boldsymbol{x}_0[n] \, , \tag{10.183}$$

wobei $\boldsymbol{P}^f$ die Projektionsmatrix des Vektorraumes $\{\boldsymbol{X}^f\}$ bedeutet und gemäß Gl. (10.153) erhalten werden kann, indem die Matrix $\boldsymbol{B}$ durch $\boldsymbol{X}^f$ substituiert wird. Der Fehlervektor lautet gemäß Gl. (10.154)

$$\boldsymbol{e}_0^f[n] = \boldsymbol{Q}^f \boldsymbol{x}_0[n] \, , \tag{10.184}$$

wobei $\boldsymbol{Q}^f = \mathbf{E} - \boldsymbol{P}^f$ die orthogonale Projektionsmatrix von $\{\boldsymbol{X}^f\}$ bedeutet. Mit dem n-dimensionalen Vektor

$$\hat{\boldsymbol{y}}_\mu[n] := [0 \ \cdots \ 0 \ \ \hat{y}[1] \ \cdots \ \hat{y}[n-\mu]]^{\mathrm{T}} \qquad (\mu = 0, 1, \ldots, m), \qquad (10.185)$$

der μ Nullelemente enthält, wird zunächst in Erweiterung von Gl. (10.181) der Fehlervektor

$$\boldsymbol{e}_\mu^f[n] := \boldsymbol{x}_\mu[n] - \hat{\boldsymbol{y}}_\mu[n] \qquad (10.186)$$

und damit der Fehler

$$\varepsilon_m^f[n-\mu] = \langle \, \boldsymbol{e}_\mu^f[n], \ \boldsymbol{e}_\mu^f[n] \rangle \qquad (10.187)$$

eingeführt. Den momentanen Fehler $x[n] - \hat{y}[n]$ erhält man als

$$e_m^f[n] := \langle \, \boldsymbol{u}[n], \ \boldsymbol{e}_0^f[n] \rangle = \langle \, \boldsymbol{u}[n], \ \boldsymbol{Q}^f \boldsymbol{x}_0[n] \rangle \qquad (10.188)$$

mit $\boldsymbol{u}[n]$ gemäß Gl. (10.172).

Rückwärtsprädiktion (Backward Prediction: BP). Den weiteren Überlegungen liegt das Prädiktionssystem nach Bild 10.12 zugrunde, wobei m zunächst eine feste natürliche Zahl ist. Man kann jetzt für den n-dimensionalen Vektor

$$\hat{\boldsymbol{y}}_{m+\mu}^b[n] = [\hat{y}[1-m-\mu] \ \cdots \ \hat{y}[n-m-\mu]]^{\mathrm{T}} \qquad (10.189)$$

mit

$$\hat{y}[n-m] = \sum_{\nu=0}^{m-1} x[n-\nu] \, a_{m-1-\nu} \, ,$$

speziell im Fall $\mu = 0$ die Darstellung

$$\hat{\boldsymbol{y}}_m^b[n] = \boldsymbol{X}^b \, \overline{\boldsymbol{a}} \qquad (10.190)$$

angeben, wobei

$$\boldsymbol{X}^b := [\boldsymbol{x}_0[n] \ \ \boldsymbol{x}_1[n] \ \cdots \ \boldsymbol{x}_{m-1}[n]] \qquad (10.191)$$

und

$$\overline{\boldsymbol{a}} := [a_{m-1} \ \ a_{m-2} \ \cdots \ a_0]^{\mathrm{T}} \qquad (10.192)$$

bedeutet.

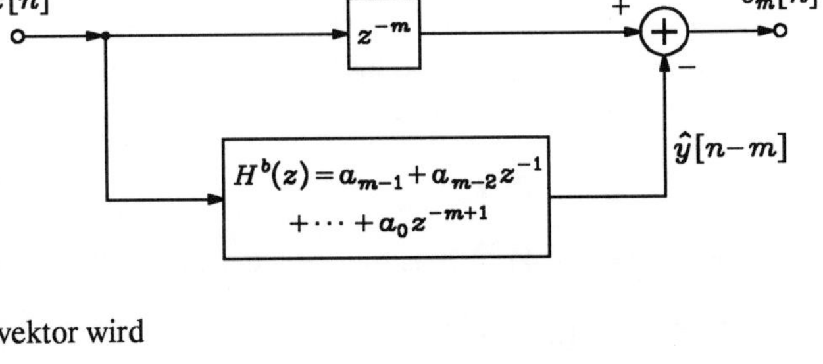

Bild 10.12: Rückwärtsprädiktionsfilter mit $x[\nu] \equiv 0$ für $\nu \leqq 0$

Als zugehöriger BP-Fehlervektor wird

$$\boldsymbol{e}_0^b[n] := \boldsymbol{x}_m[n] - \hat{\boldsymbol{y}}_m^b[n] \, , \qquad (10.193)$$

generell

$$\boldsymbol{e}_{\mu}^{b}[n] := \boldsymbol{x}_{m+\mu}[n] - \hat{\boldsymbol{y}}_{m+\mu}^{b}[n] \qquad (\mu = 0, 1, \ldots, n-m) \tag{10.194}$$

verwendet. Hierzu gehört der Fehler

$$\varepsilon_m^b[n-\mu] := \langle\, \boldsymbol{e}_{\mu}^{b}[n],\ \boldsymbol{e}_{\mu}^{b}[n] \rangle . \tag{10.195}$$

Der Vektor $\hat{\boldsymbol{y}}_m^b[n]$ wird durch die Forderung festgelegt, daß $\varepsilon_m^b[n]$ nach Gl. (10.195) minimal wird. Dabei wird der Vektor $\boldsymbol{x}_m[n]$ als gegeben und $\hat{\boldsymbol{y}}_m^b[n]$ als Element des linearen Vektorraums $\{\boldsymbol{X}^b\}$ gemäß Gl. (10.190) betrachtet. Daher erhält man nach Abschnitt 1.7.1

$$\hat{\boldsymbol{y}}_m^b[n] = \boldsymbol{P}^b \boldsymbol{x}_m[n] , \tag{10.196}$$

wobei $\boldsymbol{P}^b$ die Projektionsmatrix des Vektorraumes $\{\boldsymbol{X}^b\}$ bedeutet und gemäß Gl. (10.153) erhalten werden kann, indem man die Matrix $\boldsymbol{B}$ durch $\boldsymbol{X}^b$ substituiert. Der Fehlervektor wird gemäß Gl. (10.154)

$$\boldsymbol{e}_0^b[n] = \boldsymbol{Q}^b \boldsymbol{x}_m[n] , \tag{10.197}$$

wobei $\boldsymbol{Q}^b = \mathbf{E} - \boldsymbol{P}^b$ die orthogonale Projektionsmatrix von $\{\boldsymbol{X}^b\}$ bedeutet. Der momentane Fehler $x[n-m] - \hat{y}[n-m]$ ist

$$e_m^b[n] := \langle\, \boldsymbol{u}[n],\ \boldsymbol{e}_0^b[n] \rangle = \langle\, \boldsymbol{u}[n],\ \boldsymbol{Q}^b \boldsymbol{x}_m[n] \rangle . \tag{10.198}$$

Allgemein ist

$$e_m^b[n-\mu] = \langle\, \boldsymbol{u}[n],\ \boldsymbol{e}_{\mu}^b[n] \rangle . \tag{10.199}$$

Mit der Beziehung $\boldsymbol{Q}^f = \mathbf{E} - \boldsymbol{P}^f$ und $\boldsymbol{x}_{m+1}[n]$ gemäß Gl. (10.180a) für $\mu = m+1$ erhält man zunächst

$$\boldsymbol{Q}^f \boldsymbol{x}_{m+1}[n] = \boldsymbol{x}_{m+1}[n] - \boldsymbol{P}^f \boldsymbol{x}_{m+1}[n] . \tag{10.200a}$$

Es wird der Vektorraum $\{\widetilde{\boldsymbol{X}}\}$ mit $\widetilde{\boldsymbol{X}} = [\boldsymbol{x}_0[n] \ \cdots \ \boldsymbol{x}_m[n]]$ betrachtet, der mit dem Vektorraum $\{\boldsymbol{X}^b\}$ mit $\boldsymbol{X}^b$ gemäß Gl. (10.191) übereinstimmt, wenn man m durch $m+1$ ersetzt. Dieser Vektorraum kann als Vereinigung der Räume $\{\boldsymbol{X}^f\}$ und $\{\boldsymbol{x}_0[n]\}$ mit $\boldsymbol{X}^f$ gemäß Gl. (10.178) und $\boldsymbol{x}_0[n]$ gemäß Gl. (10.180b) aufgefaßt werden. Wegen der speziellen Struktur der Spalten von $\widetilde{\boldsymbol{X}}$ – man vergleiche Gl. (10.180a) – kann $\{\widetilde{\boldsymbol{X}}\}$ auch als Vereinigung von $\{\boldsymbol{X}^f\}$ und $\{[1 \ 0 \ \cdots \ 0]^{\mathrm{T}}\}$ erzeugt werden. Diese Teilräume sind zueinander orthogonal, wovon man sich leicht überzeugen kann. Damit erhält man die Projektion von $\boldsymbol{x}_{m+1}[n]$ auf den Raum $\{\widetilde{\boldsymbol{X}}\}$, d.h. $\hat{\boldsymbol{y}}_{m+1}^b[n]$, als Summe der Projektionen dieses Vektors auf $\{\boldsymbol{X}^f\}$ und auf $\{[1 \ 0 \ \cdots \ 0]^{\mathrm{T}}\}$. Da die zweite Projektion verschwindet (die ersten $m+1$ Komponenten von $\boldsymbol{x}_{m+1}[n]$ sind Nullen), ergibt sich die Darstellung

$$\hat{\boldsymbol{y}}_{m+1}^b[n] = \boldsymbol{P}^f \boldsymbol{x}_{m+1}[n] . \tag{10.200b}$$

Die Gln. (10.194) und (10.200a,b) liefern nun die wichtige Gleichung

$$\boldsymbol{Q}^f \boldsymbol{x}_{m+1}[n] = \boldsymbol{e}_1^b[n] . \tag{10.200c}$$

Im folgenden werden Formeln zur rekursiven Berechnung der Fehler und von hiermit zusammenhängenden Größen entwickelt. Dabei spielt die Gl. (10.169) eine wichtige Rolle. Man beachte, daß diese auch in der Form

$$\langle \boldsymbol{z}, \tilde{\boldsymbol{Q}} \boldsymbol{y} \rangle = \langle \boldsymbol{z}, \boldsymbol{Q} \boldsymbol{y} \rangle - \frac{\langle \boldsymbol{z}, \boldsymbol{Q} \boldsymbol{b}_{m+1} \rangle \langle \boldsymbol{b}_{m+1}, \boldsymbol{Q} \boldsymbol{y} \rangle}{\langle \boldsymbol{Q} \boldsymbol{b}_{m+1}, \boldsymbol{Q} \boldsymbol{b}_{m+1} \rangle} \tag{10.201}$$

geschrieben werden kann.

Erste Rekursionsformeln

Zunächst werden Rekursionsformeln hergeleitet, die eine Graderhöhung der Prädiktoren von $m-1$ auf m beschreiben. Die Realisierung der Formeln erfolgt durch ein Kreuzglied.

Wählt man zur Anwendung der Gl. (10.201) die Spalten der Matrix $\boldsymbol{X}^f$ von Gl. (10.178) als Basis $\{\boldsymbol{B}\}$, also $\boldsymbol{Q} = \boldsymbol{Q}^f$, weiterhin $\boldsymbol{b}_{m+1} = \boldsymbol{x}_{m+1}[n]$, $\boldsymbol{y} = \boldsymbol{x}_0[n]$, $\boldsymbol{z} = \boldsymbol{u}[n]$, beachtet man die Gln. (10.188), (10.195), (10.200c) und die Möglichkeit, $\langle \boldsymbol{x}_{m+1}[n], \boldsymbol{Q}^f \boldsymbol{x}_0[n] \rangle$ durch $\langle \boldsymbol{Q}^f \boldsymbol{x}_{m+1}[n], \boldsymbol{x}_0[n] \rangle$ zu ersetzen, dann erhält man, wenn man $\{\boldsymbol{X}^f, \boldsymbol{x}_{m+1}[n]\}$ als Basis $\{\boldsymbol{X}^f\} = \{\boldsymbol{x}_1[n], \ldots, \boldsymbol{x}_{m+1}[n]\}$ mit $m+1$ Spalten auffaßt,

$$e_{m+1}^f[n] = e_m^f[n] - \frac{\langle \boldsymbol{u}[n], \boldsymbol{e}_1^b[n] \rangle \langle \boldsymbol{e}_1^b[n], \boldsymbol{x}_0[n] \rangle}{\varepsilon_m^b[n-1]} . \tag{10.202}$$

Die im Zähler des Bruches in Gl. (10.202) auftretenden inneren Produkte werden nun vereinfacht. Nach Gl. (10.199) wird

$$\langle \boldsymbol{u}[n], \boldsymbol{e}_1^b[n] \rangle = e_m^b[n-1] . \tag{10.203a}$$

Weiterhin erhält man, wenn man $\boldsymbol{x}_0[n]$ aufgrund der Gl. (10.181) darstellt und dann $\hat{\boldsymbol{y}}_0[n]$ nach Gl. (10.183) ersetzt,

$$\langle \boldsymbol{e}_1^b[n], \boldsymbol{x}_0[n] \rangle = \langle \boldsymbol{e}_1^b[n], \boldsymbol{e}_0^f[n] \rangle , \tag{10.203b}$$

da $\langle \boldsymbol{e}_1^b[n], \boldsymbol{P}^f \boldsymbol{x}_0[n] \rangle$ verschwindet; denn nach Gl. (10.200c) findet man mit Gl. (10.157)

$$\langle \boldsymbol{e}_1^b[n], \boldsymbol{P}^f \boldsymbol{x}_0[n] \rangle = \langle \boldsymbol{Q}^f \boldsymbol{x}_{m+1}[n], \boldsymbol{P}^f \boldsymbol{x}_0[n] \rangle = 0 .$$

Verwendet man als Abkürzung

$$\Delta_{m+1}[n] := \langle \boldsymbol{e}_1^b[n], \boldsymbol{e}_0^f[n] \rangle \tag{10.204}$$

und führt die Gln. (10.203a,b,) in Gl. (10.202) ein, so erhält man die Rekursion

$$e_{m+1}^f[n] = e_m^f[n] - k_{m+1}^b[n] e_m^b[n-1] \tag{10.205a}$$

mit dem Rückwärts-Reflexionskoeffizienten

$$k_{m+1}^b[n] := \frac{\Delta_{m+1}[n]}{\varepsilon_m^b[n-1]} . \tag{10.205b}$$

Es wird erneut die Gl. (10.201) angewendet, und dabei werden wieder die Spalten der Matrix $\boldsymbol{X}^f$ als Basis $\{\boldsymbol{B}\}$, also $\boldsymbol{Q} = \boldsymbol{Q}^f$, nun aber $\boldsymbol{b}_{m+1} = \boldsymbol{x}_0[n]$, $\boldsymbol{y} = \boldsymbol{x}_{m+1}[n]$ und $\boldsymbol{z} = \boldsymbol{u}[n]$ gewählt. Man beachte, daß die Basis $\{\boldsymbol{X}^f, \boldsymbol{x}_0[n]\}$ als $\{\boldsymbol{X}^b\} = \{\boldsymbol{x}_0[n], \ldots, \boldsymbol{x}_m[n]\}$ mit

$m+1$ Spalten aufgefaßt werden kann. Entsprechend bedeutet $\tilde{\boldsymbol{Q}}$ die Matrix $\boldsymbol{Q}^b$ mit um 1 erhöhtem m. Berücksichtigt man, daß $\langle \boldsymbol{u}[n], \boldsymbol{Q}^f \boldsymbol{x}_{m+1}[n] \rangle$ nach Gl. (10.200c) mit $\langle \boldsymbol{u}[n], \boldsymbol{e}_1^b[n] \rangle$, d.h. angesichts der Gl. (10.199) mit $e_m^b[n-1]$ übereinstimmt, beachtet man ferner die Gl. (10.198) mit um 1 erhöhtem m und schließlich die Gln. (10.184), (10.187), so erhält man

$$e_{m+1}^b[n] = e_m^b[n-1] - \frac{\langle \boldsymbol{u}[n], \boldsymbol{e}_0^f[n] \rangle \langle \boldsymbol{x}_{m+1}[n], \boldsymbol{e}_0^f[n] \rangle}{\varepsilon_m^f[n]} . \qquad (10.206)$$

Die im Zähler des Bruches in Gl.(10.206) auftretenden inneren Produkte lassen sich nun vereinfachen. Gemäß Gl. (10.188) darf das erste Produkt durch $e_m^f[n]$ ersetzt werden. Zur Auswertung des zweiten Produkts wird $\boldsymbol{x}_{m+1}[n]$ gemäß Gl. (10.194) ersetzt, wodurch sich $\langle \boldsymbol{e}_1^b[n], \boldsymbol{e}_0^f[n] \rangle = \Delta_{m+1}[n]$ ergibt, sofern man beachtet, daß mit Gl. (10.184) und der Gl. (10.200b) wegen Gl. (10.157)

$$\langle \hat{\boldsymbol{y}}_{m+1}^b[n], \boldsymbol{e}_0^f[n] \rangle = \boldsymbol{x}_{m+1}^{\mathrm{T}}[n] \boldsymbol{P}^f \boldsymbol{Q}^f \boldsymbol{x}_0[n] = 0$$

folgt. Damit ergibt sich aus Gl. (10.206)

$$e_{m+1}^b[n] = e_m^b[n-1] - k_{m+1}^f[n] e_m^f[n] \qquad (10.207a)$$

mit dem Vorwärts-Reflexionskoeffizienten

$$k_{m+1}^f[n] := \frac{\Delta_{m+1}[n]}{\varepsilon_m^f[n]} . \qquad (10.207b)$$

Dabei ist $\Delta_{m+1}[n]$ durch Gl. (10.204) gegeben. Die Gln. (10.205a) und (10.207a) beschreiben die Kreuzgliedstruktur nach Bild 10.13.

Weitere Rekursionsformeln

Zur Gewinnung weiterer rekursiver Beziehungen werden zunächst zwei Hilfsformeln entwickelt. Ersetzt man in Gl. (10.187) mit $\mu = 0$ die beiden Vektoren $\boldsymbol{e}_0^f[n]$ gemäß Gl. (10.184) jeweils durch $\boldsymbol{Q}^f \boldsymbol{x}_0[n]$ und dann in einem dieser Vektoren die Matrix $\boldsymbol{Q}^f$ durch $\mathbf{E} - \boldsymbol{P}^f$, so erhält man wegen Gl. (10.157)

$$\varepsilon_m^f[n] = \langle \boldsymbol{x}_0[n], \boldsymbol{Q}^f \boldsymbol{x}_0[n] \rangle . \qquad (10.208)$$

Man kann in Gl. (10.195) mit $\mu = 0$ die beiden Vektoren $\boldsymbol{e}_0^b[n]$ gemäß Gl. (10.197) durch $\boldsymbol{Q}^b \boldsymbol{x}_m[n]$ und dann in einem dieser Vektoren die Matrix $\boldsymbol{Q}^b$ durch $\mathbf{E} - \boldsymbol{P}^b$ ersetzen. Dann ergibt sich wegen Gl. (10.157) die zweite Formel

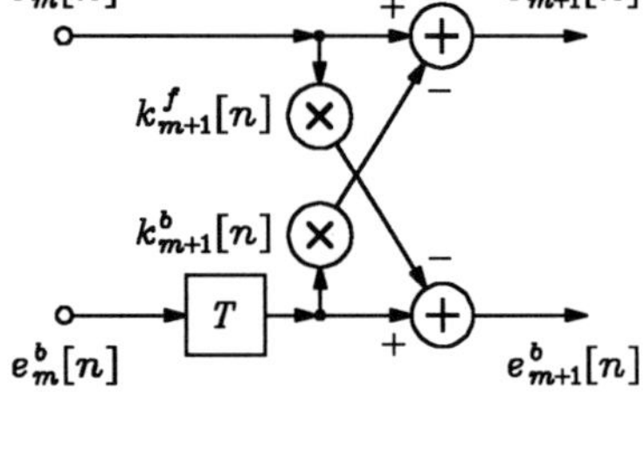

Bild 10.13: Kreuzglied zur Realisierung der Gln. (10.205a) und (10.207a)

$$\varepsilon_m^b[n] = \langle \boldsymbol{x}_m[n], \boldsymbol{Q}^b \boldsymbol{x}_m[n] \rangle . \tag{10.209}$$

Es soll nun erneut Gl. (10.201) mit $\boldsymbol{B} = \boldsymbol{X}^f$, $\boldsymbol{b}_{m+1} = \boldsymbol{x}_{m+1}[n]$, $\boldsymbol{y} = \boldsymbol{z} = \boldsymbol{x}_0[n]$ angewendet werden. Mit Gl. (10.208) erhält man dann, wenn man $\{\boldsymbol{X}^f, \boldsymbol{x}_{m+1}[n]\}$ als Basis $\{\boldsymbol{X}^f\} = \{\boldsymbol{x}_1[n], \ldots, \boldsymbol{x}_{m+1}[n]\}$ mit $m+1$ Spalten auffaßt,

$$\varepsilon_{m+1}^f[n] = \varepsilon_m^f[n] - \frac{\langle \boldsymbol{x}_0[n], \boldsymbol{Q}^f \boldsymbol{x}_{m+1}[n] \rangle^2}{\langle \boldsymbol{Q}^f \boldsymbol{x}_{m+1}[n], \boldsymbol{Q}^f \boldsymbol{x}_{m+1}[n] \rangle} . \tag{10.210}$$

Mit den Gln. (10.200c), (10.195), (10.203b), (10.204) folgt schließlich

$$\varepsilon_{m+1}^f[n] = \varepsilon_m^f[n] - \frac{\Delta_{m+1}^2[n]}{\varepsilon_m^b[n-1]} . \tag{10.211}$$

Eine erneute Anwendung der Gl. (10.201) mit $\boldsymbol{B} = \boldsymbol{X}^f$, $\boldsymbol{b}_{m+1} = \boldsymbol{x}_0[n]$, $\boldsymbol{y} = \boldsymbol{z} = \boldsymbol{x}_{m+1}[n]$ liefert aufgrund der Gl. (10.209), wenn man $\{\boldsymbol{X}^f, \boldsymbol{x}_0[n]\}$ als Basis $\{\boldsymbol{X}^b\} = \{\boldsymbol{x}_0[n], \ldots, \boldsymbol{x}_m[n]\}$ mit $m+1$ Spalten auffaßt, zunächst

$$\varepsilon_{m+1}^b[n] = \langle \boldsymbol{x}_{m+1}[n], \boldsymbol{Q}^f \boldsymbol{x}_{m+1}[n] \rangle - \frac{\langle \boldsymbol{x}_{m+1}[n], \boldsymbol{Q}^f \boldsymbol{x}_0[n] \rangle^2}{\langle \boldsymbol{Q}^f \boldsymbol{x}_0[n], \boldsymbol{Q}^f \boldsymbol{x}_0[n] \rangle} . \tag{10.212}$$

Das erste innere Produkt auf der rechten Seite von Gl. (10.212) stimmt mit dem inneren Produkt $\langle \boldsymbol{Q}^f \boldsymbol{x}_{m+1}[n], \boldsymbol{Q}^f \boldsymbol{x}_{m+1}[n] \rangle$ und damit wegen den Gln. (10.200c) und (10.195) mit $\varepsilon_m^b[n-1]$ überein. Andererseits ist der Nennerausdruck in der Gl. (10.212) wegen Gln. (10.184), (10.187) gleich $\varepsilon_m^f[n]$, und im Zähler steht der Ausdruck $\langle \boldsymbol{x}_{m+1}[n], \boldsymbol{e}_0^f[n] \rangle$, der, wie an früherer Stelle beim Übergang von Gl. (10.206) zu Gl. (10.207a) bereits gezeigt wurde, mit $\langle \boldsymbol{e}_1^b[n], \boldsymbol{e}_0^f[n] \rangle = \Delta_{m+1}[n]$ übereinstimmt. Somit erhält Gl. (10.212) die Form

$$\varepsilon_{m+1}^b[n] = \varepsilon_m^b[n-1] - \frac{\Delta_{m+1}^2[n]}{\varepsilon_m^f[n]} . \tag{10.213}$$

Zur Herleitung einer weiteren Rekursionsformel wird in der Gl. (10.201) $\boldsymbol{B} = \boldsymbol{X}^f$, d.h. $\boldsymbol{Q} = \boldsymbol{Q}^f[n]$, $\boldsymbol{b}_{m+1} = \boldsymbol{u}[n]$, $\boldsymbol{y} = \boldsymbol{x}_{m+1}[n]$ und $\boldsymbol{z} = \boldsymbol{x}_0[n]$ gewählt. Für die zum linearen Vektorraum $\{\boldsymbol{X}^f, \boldsymbol{u}[n]\}$ gehörende orthogonale Projektionsmatrix $\tilde{\boldsymbol{Q}} = \tilde{\boldsymbol{Q}}^f[n]$ gilt wegen Gl. (10.175)

$$\tilde{\boldsymbol{Q}}^f[n] = \begin{bmatrix} \boldsymbol{Q}^f[n-1] & \boldsymbol{0} \\ \boldsymbol{0}^{\mathrm{T}} & 0 \end{bmatrix} .$$

Damit erhält man für die linke Seite der Gl. (10.201)

$$\begin{aligned} \langle \boldsymbol{x}_0[n], \tilde{\boldsymbol{Q}}^f[n] \boldsymbol{x}_{m+1}[n] \rangle &= \langle \boldsymbol{x}_0[n-1], \boldsymbol{Q}^f[n-1] \boldsymbol{x}_{m+1}[n-1] \rangle \\ &= \langle \boldsymbol{Q}^f[n-1] \boldsymbol{x}_0[n-1], \boldsymbol{Q}^f[n-1] \boldsymbol{x}_{m+1}[n-1] \rangle \\ &= \langle \boldsymbol{e}_0^f[n-1], \boldsymbol{e}_1^b[n-1] \rangle = \Delta_{m+1}[n-1] , \end{aligned}$$

wobei die Gln. (10.184), (10.200c) und (10.204) verwendet wurden. Entsprechend findet man, daß der erste Summand auf der rechten Seite der Gl. (10.201) $\Delta_{m+1}[n]$ ist. Unter Verwendung der Gln. (10.184) und (10.200c) ergibt die Gl. (10.201) somit

$$\Delta_{m+1}[n] = \Delta_{m+1}[n-1] + \frac{\langle \boldsymbol{e}_0^f[n],\ \boldsymbol{u}[n]\rangle \langle \boldsymbol{e}_1^b[n],\ \boldsymbol{u}[n]\rangle}{\langle \boldsymbol{Q}^f[n]\boldsymbol{u}[n],\ \boldsymbol{Q}^f[n]\boldsymbol{u}[n]\rangle}. \tag{10.214}$$

Hieraus folgt mit den Gln. (10.188), (10.199) und (10.158a) sowie der Abkürzung

$$\gamma_m[n-1] := \langle \boldsymbol{u}[n],\ \boldsymbol{Q}^f[n]\boldsymbol{u}[n]\rangle \tag{10.215}$$

schließlich

$$\Delta_{m+1}[n] = \Delta_{m+1}[n-1] + \frac{e_m^f[n]\, e_m^b[n-1]}{\gamma_m[n-1]}. \tag{10.216}$$

Für $\gamma_m[n-1]$ kann man aus Gl. (10.201) eine Rekursionsformel gewinnen, wenn man $\boldsymbol{B} = \boldsymbol{X}^f$, $\boldsymbol{b}_{m+1} = \boldsymbol{x}_{m+1}[n]$, $\boldsymbol{y} = \boldsymbol{z} = \boldsymbol{u}[n]$ wählt; $\widetilde{\boldsymbol{Q}}^f$ bedeutet dann die zum linearen Vektorraum $\{\boldsymbol{x}_1[n], \ldots, \boldsymbol{x}_{m+1}[n]\}$ gehörende orthogonale Projektionsmatrix, $\boldsymbol{Q}^f$ gehört nach wie vor zum Raum $\{\boldsymbol{x}_1[n], \ldots, \boldsymbol{x}_m[n]\}$. Damit erhält man mit den Gln. (10.195), (10.199), (10.200c) und (10.215) die Rekursion

$$\gamma_{m+1}[n-1] = \gamma_m[n-1] - \frac{(e_m^b[n-1])^2}{\varepsilon_m^b[n-1]}. \tag{10.217}$$

Zusammenfassung

Entsprechend Bild 10.9 werden nun $q+1$ Kreuzglieder aus Bild 10.13 mit $m = 0, 1, \ldots, q$ in Kette geschaltet und der Eingang des Gesamtfilters mit dem Signal $x[n]$ durch Verbindung der Eingänge des ersten Kreuzglieds erzeugt.

Aus den Gln. (10.216), (10.205a,b), (10.207a,b), (10.211), (10.213), (10.217) lassen sich jetzt insbesondere $e_{q+1}^f[n]$ und $e_{q+1}^b[n]$ für $n > q$ iterativ berechnen, indem man diese Gleichungen für $n = q+1,\ q+2, \ldots$ und $m = 0, 1, \ldots, q$ auswertet. Die dabei erforderlichen Anfangswerte für Δ_{m+1}, e_m^f, e_m^b, γ_m, ε_m^f, ε_m^b können aus den einschlägigen Definitionsformeln gewonnen werden. Da der Algorithmus jedoch sehr robust ist, darf die Iteration in der Weise durchgeführt werden, daß die oben genannten Gleichungen zunächst für $n = 1$ und $m = 0, 1, \ldots, q$, dann für $n = 2$ und $m = 0, 1, \ldots, q$ usw. bis zum aktuellen Zeitpunkt n und $m = 0, 1, \ldots, q$ ausgewertet werden. Zur Initialisierung kann man [Al1]

$$e_m^b[0] = \Delta_{m+1}[0] = 0, \quad \gamma_m[0] = 1, \quad \varepsilon_m^f[0] = \varepsilon_m^b[0] = \delta$$

(wobei δ weitgehend willkürlich gewählt werden darf) verwenden, außerdem für beliebige $n \geqq 1$

$$e_0^f[n] = e_0^b[n] = x[n],$$

$$\varepsilon_0^b[n] = \varepsilon_0^f[n] = \varepsilon_0^f[n-1] + x^2[n],$$

$$\gamma_0[n] = 1.$$

Auf diese Weise wird das Kreuzgliedfilter realisiert.

1.8 ADAPTIVE REKURSIVE FILTER

Obwohl die Mehrzahl der adaptiven Filteraufgaben mit nichtrekursiven (FIR-) Filtern gelöst wird, empfiehlt sich doch in bestimmten Fällen, rekursive (IIR-) Filter heranzuziehen, um den Aufwand an Multiplizierern und Verzögerern drastisch zu reduzieren. Zu bezahlen ist dieser Vorteil allerdings, wie bei nichtadaptiven IIR-Systemen, durch mögliche Stabilitätsprobleme, die bei FIR-Filtern grundsätzlich nicht auftreten. Im folgenden soll auf die Möglichkeit eingegangen werden, rekursive Systeme zur adaptiven Filterung zu verwenden.

Als adaptive rekursive Filter wählt man solche, die durch eine Eingang-Ausgang-Beschreibung der Art (ARMA-Modell)

$$\hat{y}[n] = \sum_{\nu=1}^{q} a_\nu[n]\hat{y}[n-\nu] + \sum_{\nu=0}^{q} b_\nu[n]x[n-\nu] \tag{10.218}$$

gekennzeichnet sind. Man beachte, daß nicht alle aufgeführten Koeffizienten $a_\nu[n]$ und $b_\nu[n]$ von Null verschieden sein müssen. Verschwindet mindestens einer der Koeffizienten $a_\nu[n]$ nicht, so ist die Impulsantwort des Systems (bei vorübergehend konstant gehaltenen Koeffizienten) unendlich lang. In der Regel verlangt man, daß $\hat{y}[n]$ einem verfügbaren Signal $y[n]$ im Sinne der kleinsten Fehlerquadratsumme nachgeführt wird. Zu diesem Zweck wählt man mit den Vektoren

$$\boldsymbol{a} := [a_1 \quad a_2 \quad \cdots \quad a_q]^{\mathrm{T}} \quad \text{und} \quad \boldsymbol{b} := [b_0 \quad b_1 \quad \cdots \quad b_q]^{\mathrm{T}} \tag{10.219a,b}$$

den Fehler

$$\varepsilon(\boldsymbol{a}, \boldsymbol{b}) = \sum_{\nu=1}^{M} (y[\nu] - \hat{y}[\nu])^2 , \tag{10.220}$$

und die Aufgabe besteht darin, die Komponenten der Vektoren $\boldsymbol{a}$ und $\boldsymbol{b}$ in den Gln. (10.219a,b) so zu wählen, daß ε möglichst klein wird. Zur Lösung dieser Aufgabe kann man wie bei adaptiven FIR-Filtern das Gradientenkonzept heranziehen. Zur Vereinfachung pflegt man den Gradienten des Fehlers $\varepsilon(\boldsymbol{a}, \boldsymbol{b})$ dadurch zu approximieren, daß man den Gradienten des *momentanen* Fehlerquadrats $(y[n] - \hat{y}[n])^2$ verwendet. Dadurch entsteht der Algorithmus

$$\boldsymbol{a}[n+1] = \boldsymbol{a}[n] - \frac{1}{2}\boldsymbol{\Delta}_1 \left(\frac{\partial (y[n] - \hat{y}[n])^2}{\partial \boldsymbol{a}[n]} \right)^{\mathrm{T}} \tag{10.221a}$$

und

$$\boldsymbol{b}[n+1] = \boldsymbol{b}[n] - \frac{1}{2}\boldsymbol{\Delta}_2 \left(\frac{\partial (y[n] - \hat{y}[n])^2}{\partial \boldsymbol{b}[n]} \right)^{\mathrm{T}} \tag{10.221b}$$

mit

$$\boldsymbol{\Delta}_1 = \operatorname{diag}(\alpha_1, \alpha_2, \ldots, \alpha_q) \quad (\alpha_\nu \geqq 0) \tag{10.222a}$$

und

$$\boldsymbol{\Delta}_2 = \operatorname{diag}(\beta_0, \beta_1, \ldots, \beta_q) \quad (\beta_\nu \geqq 0). \tag{10.222b}$$

Dabei sind die Faktoren $1/2$ unwesentlich und dienen nur zur Vereinfachung der weiteren Darstellung; α_ν und β_ν sind Null zu wählen, soweit die entsprechenden Koeffizienten derart festgelegt sind, daß sie beständig verschwinden. Im weiteren werden die Beziehungen

$$\frac{\partial (y[n] - \hat{y}[n])^2}{\partial \boldsymbol{a}[n]} = -2(y[n] - \hat{y}[n]) \frac{\partial \hat{y}[n]}{\partial \boldsymbol{a}[n]} \tag{10.223}$$

und

$$\frac{\partial (y[n] - \hat{y}[n])^2}{\partial \boldsymbol{b}[n]} = -2(y[n] - \hat{y}[n]) \frac{\partial \hat{y}[n]}{\partial \boldsymbol{b}[n]} \tag{10.224}$$

sowie die Abkürzungen

$$\boldsymbol{x}[n] = [x[n] \ \cdots \ x[n-q]]^{\mathrm{T}} , \tag{10.225}$$

$$\hat{\boldsymbol{y}}[n] = [\hat{y}[n-1] \ \cdots \ \hat{y}[n-q]]^{\mathrm{T}} , \tag{10.226}$$

$$\frac{\partial \hat{\boldsymbol{y}}[n]}{\partial \boldsymbol{a}[n]} = \begin{bmatrix} \dfrac{\partial \hat{y}[n-1]}{\partial \boldsymbol{a}[n]} \\ \vdots \\ \dfrac{\partial \hat{y}[n-q]}{\partial \boldsymbol{a}[n]} \end{bmatrix} \quad \text{und} \quad \frac{\partial \hat{\boldsymbol{y}}[n]}{\partial \boldsymbol{b}[n]} = \begin{bmatrix} \dfrac{\partial \hat{y}[n-1]}{\partial \boldsymbol{b}[n]} \\ \vdots \\ \dfrac{\partial \hat{y}[n-q]}{\partial \boldsymbol{b}[n]} \end{bmatrix} \tag{10.227a,b}$$

benötigt. Zu beachten ist, daß alle Koeffizienten $a_\nu[n]$ und $b_\nu[n]$ in Form von Funktionen mit den $\hat{y}[n-\mu]$ $(\mu = 1, \ldots, q)$ verknüpft sind. Aufgrund der Gl. (10.218) kann man nun die in den Gln. (10.223) und (10.224) auftretenden Differentialquotienten in der Form

$$\begin{bmatrix} \left(\dfrac{\partial \hat{y}[n]}{\partial \boldsymbol{a}[n]} \right)^{\mathrm{T}} \\ \left(\dfrac{\partial \hat{y}[n]}{\partial \boldsymbol{b}[n]} \right)^{\mathrm{T}} \end{bmatrix} = \begin{bmatrix} \hat{\boldsymbol{y}}[n] \\ \boldsymbol{x}[n] \end{bmatrix} + \begin{bmatrix} \left(\dfrac{\partial \hat{\boldsymbol{y}}[n]}{\partial \boldsymbol{a}[n]} \right)^{\mathrm{T}} \\ \left(\dfrac{\partial \hat{\boldsymbol{y}}[n]}{\partial \boldsymbol{b}[n]} \right)^{\mathrm{T}} \end{bmatrix} \boldsymbol{a}[n] \tag{10.228}$$

ausdrücken. Man darf annehmen, daß die Adaptionsparameter α_ν und β_ν sehr klein gewählt werden und damit näherungsweise

$$\frac{\partial \hat{y}[n-\mu]}{\partial a_\nu[n]} \cong \frac{\partial \hat{y}[n-\mu]}{\partial a_\nu[n-\mu]} \quad (\mu = 1, 2, \ldots, q ; \quad \nu = 1, 2, \ldots, q) \tag{10.229a}$$

und

$$\frac{\partial \hat{y}[n-\mu]}{\partial b_\nu[n]} \cong \frac{\partial \hat{y}[n-\mu]}{\partial b_\nu[n-\mu]} \quad (\mu = 1, 2, \ldots, q ; \quad \nu = 0, 1, \ldots, q) \tag{10.229b}$$

gilt. Führt man nun die weiteren Abkürzungen

$$\boldsymbol{\psi}[n] = \begin{bmatrix} \left(\dfrac{\partial \hat{y}[n]}{\partial \boldsymbol{a}[n]} \right)^{\mathrm{T}} \\ \left(\dfrac{\partial \hat{y}[n]}{\partial \boldsymbol{b}[n]} \right)^{\mathrm{T}} \end{bmatrix}, \quad \boldsymbol{\xi}[n] = \begin{bmatrix} \hat{\boldsymbol{y}}[n] \\ \boldsymbol{x}[n] \end{bmatrix} \tag{10.230a,b}$$

ein, dann läßt sich unter Verwendung der entstandenen Näherungsgleichungen (10.229a,b) die Gl. (10.228) in der Form

$$\boldsymbol{\psi}[n] = \boldsymbol{\xi}[n] + [\, \boldsymbol{\psi}[n-1] \ \cdots \ \boldsymbol{\psi}[n-q]]\, \boldsymbol{a}[n] \tag{10.231}$$

ausdrücken. Diese Beziehung kann dazu verwendet werden, die partiellen Ableitungen des Ausgangssignals bezüglich der Filterparameter näherungsweise rekursiv zu berechnen. Faßt man die Koeffizientenvektoren zum Parametervektor

$$\boldsymbol{p}[n] = \begin{bmatrix} \boldsymbol{a}[n] \\ \boldsymbol{b}[n] \end{bmatrix} \tag{10.232}$$

zusammen und führt die Diagonalmatrix

$$\boldsymbol{\Delta} = \operatorname{diag}(\alpha_1, \ldots, \alpha_q, \beta_0, \ldots, \beta_q) \tag{10.233}$$

sowie das Fehlersignal

$$e[n] = y[n] - \hat{y}[n] \tag{10.234}$$

ein, so lassen sich die Gln. (10.221a,b) unter Beachtung der Gln. (10.223), (10.224), (10.230a) als

$$\boldsymbol{p}[n+1] = \boldsymbol{p}[n] + \boldsymbol{\Delta}\boldsymbol{\psi}[n]\, e[n] \tag{10.235}$$

schreiben, wobei $\boldsymbol{\psi}[n]$ durch Gl. (10.231) gegeben ist.

Die Eingang-Ausgang-Beziehung (10.218) kann jetzt in der Form

$$\hat{y}[n+1] = \boldsymbol{\xi}^{\mathrm{T}}[n+1]\,\boldsymbol{p}[n+1] \tag{10.236}$$

dargestellt werden.

Die Ermittlung des Vektors $\boldsymbol{\psi}[n]$ der partiellen Ableitungen von $\hat{y}[n]$ bezüglich der aktuellen Filterparameter nach Gl. (10.232) erfordert einen beachtlichen Aufwand an Rechnung und Speicherung. Wenn dieser vermieden werden soll, kann man Gl. (10.231) radikal vereinfachen und den Vektor der partiellen Ableitungen einfach durch

$$\boldsymbol{\psi}[n] = \boldsymbol{\xi}[n] \tag{10.237}$$

annähern. Wählt man zusätzlich alle Adaptionsparameter gleich α, so vereinfacht sich die Grundgleichung (10.235) zu

$$\boldsymbol{p}[n+1] = \boldsymbol{p}[n] + \alpha\boldsymbol{\xi}[n]\, e[n]\ . \tag{10.238}$$

Dementsprechend erhält man das adaptive IIR-Filter gemäß Bild 10.14.

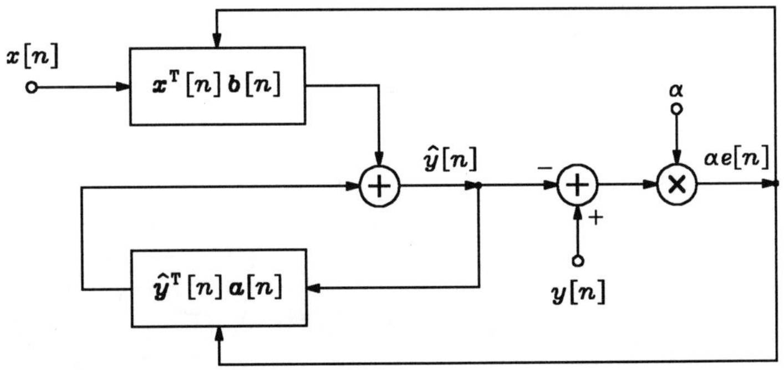

Bild 10.14: Adaptives rekursives Filter

Wie bereits erwähnt, ist bei der Adaption von IIR-Filtern mit Instabilität zu rechnen. Zur Überwachung der Stabilität eines IIR-Filters empfiehlt es sich, das Filter als Kettenschaltung (Kaskade) von Blöcken zweiten Grades zu bilden. Damit wird die Übertragungsfunktion ($H(\infty) \neq 0$ vorausgesetzt) als Produkt von Teilübertragungsfunktionen realisiert, d. h. in der Form

$$H(z) = K\prod_{\nu=1}^{m} \frac{1 + b_1^{(\nu)} z^{-1} + b_2^{(\nu)} z^{-2}}{1 - a_1^{(\nu)} z^{-1} - a_2^{(\nu)} z^{-2}} \,. \tag{10.239}$$

Die Stabilität kann überwacht werden, indem nach Kapitel II, Abschnitt 4.5 (Beispiel 2.28) die Bedingung

$$|\, a_2^{(\nu)} \,| < 1 \,, \qquad |\, a_1^{(\nu)} \,| < 1 - a_2^{(\nu)} \qquad (\nu = 1, 2, \ldots, m) \tag{10.240}$$

eingehalten wird. Die partiellen Ableitungen des mittels der Übertragungsfunktion $H(z)$ und der Z-Transformierten $X(z)$ des Eingangssignals $x[n]$ nach Kapitel VI in der Form

$$\hat{y}[n] = \frac{1}{2\pi \mathrm{j}} \oint z^{n-1} H(z) X(z)\, \mathrm{d}z \tag{10.241}$$

darstellbaren Ausgangssignals bezüglich der aktuellen Filterparameter erhält man aufgrund der Gln. (10.239) und (10.241) als

$$\frac{\partial \hat{y}[n]}{\partial a_\mu^{(\nu)}} = \frac{1}{2\pi \mathrm{j}} \oint z^{n-1} \frac{z^{-\mu} H(z) X(z)\, \mathrm{d}z}{1 - a_1^{(\nu)} z^{-1} - a_2^{(\nu)} z^{-2}} \tag{10.242a}$$

bzw.

$$\frac{\partial \hat{y}[n]}{\partial b_\mu^{(\nu)}} = \frac{1}{2\pi \mathrm{j}} \oint z^{n-1} \frac{z^{-\mu} H(z) X(z)\, \mathrm{d}z}{1 + b_1^{(\nu)} z^{-1} + b_2^{(\nu)} z^{-2}} \,. \tag{10.242b}$$

Man beachte, daß $\hat{Y}(z) = H(z)X(z)$ die Z-Transformierte des Ausgangssignals $\hat{y}[n]$ ist. Die Gln. (10.242a,b) lassen folgendes erkennen: Die partiellen Ableitungen des Ausgangssignals $\hat{y}[n]$ bezüglich der Koeffizienten $a_\mu^{(\nu)}$ ($\mu = 1, 2$) erhält man am Ausgang des Filters mit der Übertragungsfunktion $z^{-\mu}/(1 - a_1^{(\nu)} z^{-1} - a_2^{(\nu)} z^{-2})$, dem man das Signal $\hat{y}[n]$ zuführt; entsprechend ergeben sich die partiellen Ableitungen bezüglich der Koeffizienten $b_\mu^{(\nu)}$ am Ausgang des Filters mit $z^{-\mu}/(1 + b_1^{(\nu)} z^{-1} + b_2^{(\nu)} z^{-2})$ als Übertragungsfunktion, dem

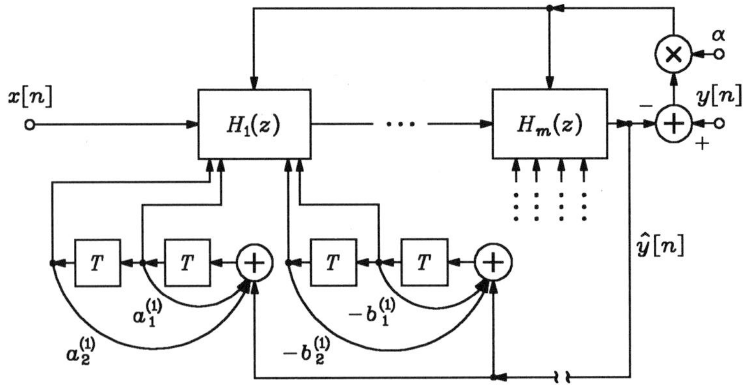

Bild 10.15: Adaptives IIR-Filter in Kettenform

man das Signal $\hat{y}[n]$ zuführt. Im Bild 10.15 ist die Realisierung des Filters in Kettenform dargestellt. Besonders einfach wird diese Verfahrensweise, wenn man sich auf ein sogenanntes Allpol-Filter (den autoregressiven Fall) beschränkt, d.h. auf den Fall $b_1^{(\nu)} = b_2^{(\nu)} = 0$. In jedem Fall ist die Stabilität ständig gemäß der Bedingung (10.240) zu überwachen. Abschließend sei noch bemerkt, daß die hier verwendete Art der Realisierung der partiellen Ableitungen von $\hat{y}[n]$ entsprechend auch anwendbar ist, wenn das Filter nicht in Kettenform realisiert, vielmehr durch die Koeffizientenvektoren $\boldsymbol{a}$ und $\boldsymbol{b}$ nach den Gln. (10.219a,b) charakterisiert wird.

2 Adaptive rückgekoppelte Systeme

Aufgabe der adaptiven Regelung ist es, dynamische Systeme zu regeln, von deren Parametern bekannt ist, daß sie zeitunabhängige oder langsam zeitvariante Größen darstellen, daß ihre Werte aber unbekannt oder zumindest nicht genau bekannt sind. Als Beispiel sei ein Energieversorgungssystem genannt, dessen Belastung zeitlichen Schwankungen unterworfen ist. Die Methoden der adaptiven Regelung sind insoweit zur Beseitigung von Parameterunsicherheiten vorgesehen, gewissermaßen als eine Präambel einer stabilen und exakten Regelungsmaßnahme im Echtzeitbetrieb. Zur Vermeidung von mathematischen Komplikationen und zur Erleichterung des Verständnisses wird im folgenden bei der Analyse und beim Entwurf von adaptiven Regelungssystemen angenommen, daß die unbekannten Systemparameter (Parameter der Regelstrecke) konstant sind. In der Betriebsphase wird dann toleriert, daß diese Parameter relativ zur Adaptionsgeschwindigkeit langsam variieren. Denn der Adaptionsmechanismus wird derart konzipiert, daß während des Betriebs Parameteränderungen der Regelstrecke korrigiert werden, indem die Reglerparameter auf der Basis der Messung von Signalen im System geeignet nachgeführt werden. Deshalb müssen adaptive Regler im Gegensatz zu den gewöhnlichen Reglern über zugängliche zeitvariante Parameter verfügen, die aufgrund des Verlaufs der gemessenen Signale einstellbar sind.

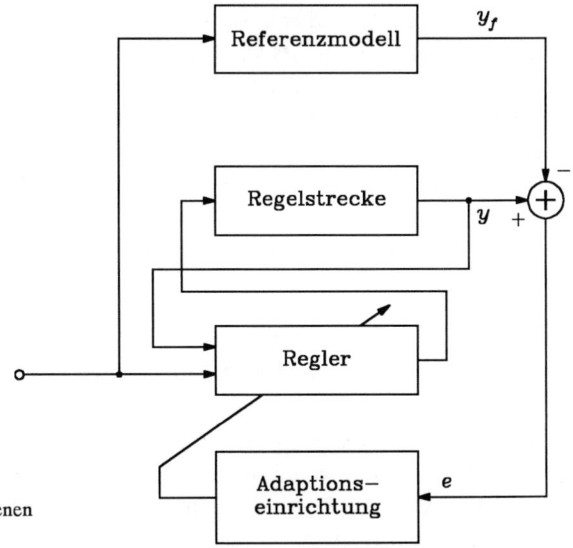

Bild 10.16: Struktur eines modellbezogenen adaptiven Regelungssystems

Bild 10.16 zeigt das Strukturbild eines *modellbezogenen* adaptiven Regelungssystems bestehend aus vier Komponenten: dem Referenzmodell, der Regelstrecke, dem Adaptionsmechanismus und dem Regler. Das Referenzmodell, dessen Charakteristik vollständig bekannt sein muß, dient dabei zur Beschreibung der idealen Reaktion der Regelstrecke auf eine äußere Erregung. Es wird also durch das Referenzmodell der gewünschte Verlauf der Regelgröße in kompakter Form beschrieben. Der Adaptionsmechanismus hat die Aufgabe, die Parameter des Reglers ständig nachzustellen mit dem Ziel, das Ausgangssignal der Regelstrecke y (Regelgröße) dem Modellausgangssignal y_f nachzuführen. Insoweit ist das Hauptziel, das Fehlersignal e (asymptotisch, d.h. für $t \to \infty$) betraglich unter jede beliebige Schranke zu drücken, wobei die Stabilität des Gesamtsystems stets garantiert werden muß. Man beachte, daß der Adaptionsmechanismus bei gewöhnlichen Reglern nicht vorhanden ist. Von der Regelstrecke wird vorausgesetzt, daß ihre Struktur bekannt ist. Das besagt beispielsweise bei einer linearen, zeitinvarianten Regelstrecke, daß die Anzahl der Pole und die Anzahl der Nullstellen der als rational angenommenen Regelstreckenübertragungsfunktion bekannt sind, ohne daß man den genauen Ort dieser Punkte in der komplexen p-Ebene kennt. Beim Entwurf eines adaptiven Regelungssystems ist besonders auf folgende Punkte zu achten: Das Referenzmodell ist in der Weise zu entwerfen, daß es alle Systemspezifikationen vollständig erfüllt (z.B. Anstiegszeit, Einschwingzeit, Höhe von Überschwingern, Frequenzverhalten, jeweils der Regelgröße). Das gewünschte ideale Verhalten des Systems sollte grundsätzlich erreichbar sein. Diese Forderung steht im Zusammenhang mit dem Erfordernis, daß der Regler, bei entsprechender Wahl seiner Parameterwerte, perfekte Nachführungseigenschaften aufweist.

Während bei der modellbezogenen adaptiven Regelung die Reglerparameter in der Weise eingestellt werden, daß der Nachführungsfehler e asymptotisch verschwindet, basiert die Regelung von Systemen mit *Selbsteinstellung des Reglers* auf einem anderen Prinzip. Derartige Systeme enthalten neben der Regelstrecke und dem Regler einen Parameterschätzer, der aufgrund der Messung der Eingangs- und Ausgangssignale der Regelstrecke deren Identifikation vornimmt, indem Schätzwerte für die Regelstreckenparameter ermittelt werden, die dann dem Regler zugeführt werden. Auf der Basis dieser Schätzwerte werden die Reglerparameter eingestellt, und zwar so, als handelte es sich bei den Schätzwerten um die exakten Werte. Die Adaption kann ständig wiederholt werden, um einer eventuellen zeitlichen Änderung der Regelstreckenparameter zu begegnen bzw. überhaupt die Genauigkeit der Schätzwerte zu verbessern, welche durch das Meßrauschen verfälscht wird.

Die Abschnitte 2.1 und 2.2 sind primär modellbezogenen adaptiven Regelungssystemen gewidmet, und Abschnitt 2.3 beschäftigt sich mit adaptiven Beobachtern, deren Entwurf auf ähnlichen Prinzipien beruht wie der von modellbezogenen adaptiven Regelungssystemen. Im Abschnitt 2.4 wird kurz auf Regelungssysteme mit Selbsteinstellung des Reglers eingegangen.

2.1 ADAPTION VON SYSTEMEN MIT MESSBAREM ZUSTAND

In diesem Abschnitt werden Möglichkeiten zur modellbezogenen Regelung von Systemen und zur Identifikation von Systemen unter der Voraussetzung studiert, daß der Zustand $\mathbf{z}(t)$ des betreffenden Systems stets meßbar ist. Zunächst werden lineare, später auch nichtlineare Systeme betrachtet.

2.1.1 Lineare Systeme

Lösung von Nachführungsaufgaben. Gegeben sei ein lineares und zeitinvariantes System der Ordnung q mit mehreren Eingängen, das im Zustandsraum $\mathbb{R}^q$ durch die Gleichung

$$\frac{\mathrm{d}\boldsymbol{z}(t)}{\mathrm{d}t} = \boldsymbol{A}\,\boldsymbol{z}(t) + \boldsymbol{B}\,\boldsymbol{x}(t) \tag{10.243a}$$

beschrieben werden kann. Dabei bedeuten $\boldsymbol{A}$ und $\boldsymbol{B}$ unbekannte Matrizen, $\boldsymbol{z}(t)$ ist der Zustandsvektor und $\boldsymbol{x}(t)$ der Vektor der m Eingangssignale. Das System sei in der Darstellung von Gl. (10.243a) steuerbar, und es wird angenommen, daß der Zustandsvektor $\boldsymbol{z}(t)$ jederzeit zugänglich (meßbar) ist. Die Aufgabe besteht darin, die Elemente der Matrizen $\boldsymbol{A}$ und $\boldsymbol{B}$ derart zu verändern, daß der Zustand $\boldsymbol{z}(t)$ asymptotisch dem Zustand $\boldsymbol{\zeta}(t)$ eines im Zustandsraum $\mathbb{R}^q$ gegebenen und vollständig bekannten linearen, zeitinvarianten und asymptotisch stabilen Modellsystems mit der Darstellung

$$\frac{\mathrm{d}\boldsymbol{\zeta}(t)}{\mathrm{d}t} = \boldsymbol{A}_m\,\boldsymbol{\zeta}(t) + \boldsymbol{B}_m\,\boldsymbol{r}(t) \tag{10.243b}$$

folgt. Dabei bedeutet $\boldsymbol{r}(t)$ den m-dimensionalen Vektor der Modelleingangssignale, und es wird der Fall untersucht, daß $\boldsymbol{x}(t) = \boldsymbol{r}(t)$ für alle $t \geqq t_0$ gewählt werden kann. Weiterhin geht man davon aus, daß sich alle Elemente der Matrizen $\boldsymbol{A}$ und $\boldsymbol{B}$ verändern (einstellen) lassen. Das Ziel der Regelung ist es, die Nachführungsbedingung

$$\lim_{t \to \infty} [\boldsymbol{z}(t) - \boldsymbol{\zeta}(t)] = \boldsymbol{0}$$

zu erfüllen.

Zur Lösung der gestellten Aufgabe werden die Matrizen $\boldsymbol{A}$ und $\boldsymbol{B}$ als zeitveränderlich betrachtet. Dies wird durch die Notation $\hat{\boldsymbol{A}}(t)$ und $\hat{\boldsymbol{B}}(t)$ zum Ausdruck gebracht. Damit erhält man aus den Zustandsgleichungen

$$\frac{\mathrm{d}\boldsymbol{z}(t)}{\mathrm{d}t} = \hat{\boldsymbol{A}}(t)\boldsymbol{z}(t) + \hat{\boldsymbol{B}}(t)\boldsymbol{r}(t) \quad \text{(Regelstrecke)} \tag{10.244a}$$

und

$$\frac{\mathrm{d}\boldsymbol{\zeta}(t)}{\mathrm{d}t} = \boldsymbol{A}_m\,\boldsymbol{\zeta}(t) + \boldsymbol{B}_m\,\boldsymbol{r}(t) \quad \text{(Modellstrecke)} \tag{10.244b}$$

für die Fehlerfunktion

$$\boldsymbol{e}(t) := \boldsymbol{z}(t) - \boldsymbol{\zeta}(t) \tag{10.245}$$

mit den Parameterabweichungen

$$\tilde{\boldsymbol{A}}(t) := \hat{\boldsymbol{A}}(t) - \boldsymbol{A}_m \quad \text{und} \quad \tilde{\boldsymbol{B}}(t) := \hat{\boldsymbol{B}}(t) - \boldsymbol{B}_m \tag{10.246a,b}$$

die Differentialgleichung

$$\frac{\mathrm{d}\boldsymbol{e}(t)}{\mathrm{d}t} = \boldsymbol{A}_m\boldsymbol{e}(t) + \tilde{\boldsymbol{A}}(t)\boldsymbol{z}(t) + \tilde{\boldsymbol{B}}(t)\boldsymbol{r}(t)\,, \tag{10.247}$$

deren Stabilität im folgenden untersucht werden soll. Man kann sich zunächst nach Kapitel VIII ein Paar von symmetrischen und positiv-definiten Matrizen $\boldsymbol{P}$ und $\boldsymbol{Q}$ verschaffen, welche die Lyapunov-Gleichung

$$\boldsymbol{A}_m^{\mathrm{T}}\boldsymbol{P} + \boldsymbol{P}\boldsymbol{A}_m = -\boldsymbol{Q} \tag{10.248}$$

erfüllen. Als Kandidat für eine Lyapunov-Funktion für Gl. (10.247) wird dann

$$V(\boldsymbol{e},\widetilde{\boldsymbol{A}},\widetilde{\boldsymbol{B}}) := \boldsymbol{e}^{\mathrm{T}}\boldsymbol{P}\,\boldsymbol{e} + \mathrm{sp}(\widetilde{\boldsymbol{A}}^{\mathrm{T}}\,\widetilde{\boldsymbol{A}} + \widetilde{\boldsymbol{B}}^{\mathrm{T}}\,\widetilde{\boldsymbol{B}})$$

gewählt. Dabei bezeichnet sp die Spur der jeweiligen Matrix (d. h. die Summe der Hauptdiagonalelemente). Für die zeitliche Ableitung der Funktion V längs der Lösungen von Gl. (10.247) erhält man

$$\frac{\mathrm{d}V}{\mathrm{d}t} = (\boldsymbol{e}^{\mathrm{T}}\boldsymbol{A}_m^{\mathrm{T}} + \boldsymbol{z}^{\mathrm{T}}\widetilde{\boldsymbol{A}}^{\mathrm{T}} + \boldsymbol{r}^{\mathrm{T}}\widetilde{\boldsymbol{B}}^{\mathrm{T}})\boldsymbol{P}\boldsymbol{e} + \boldsymbol{e}^{\mathrm{T}}\boldsymbol{P}(\boldsymbol{A}_m\boldsymbol{e} + \widetilde{\boldsymbol{A}}\,\boldsymbol{z} + \widetilde{\boldsymbol{B}}\boldsymbol{r})$$

$$+ \mathrm{sp}\left(\frac{\mathrm{d}\widetilde{\boldsymbol{A}}^{\mathrm{T}}}{\mathrm{d}t}\,\widetilde{\boldsymbol{A}} + \widetilde{\boldsymbol{A}}^{\mathrm{T}}\,\frac{\mathrm{d}\widetilde{\boldsymbol{A}}}{\mathrm{d}t} + \frac{\mathrm{d}\widetilde{\boldsymbol{B}}^{\mathrm{T}}}{\mathrm{d}t}\,\widetilde{\boldsymbol{B}} + \widetilde{\boldsymbol{B}}^{\mathrm{T}}\,\frac{\mathrm{d}\widetilde{\boldsymbol{B}}}{\mathrm{d}t}\right)$$

oder mit Gl. (10.248)

$$\frac{\mathrm{d}V}{\mathrm{d}t} = -\boldsymbol{e}^{\mathrm{T}}\boldsymbol{Q}\,\boldsymbol{e} + 2(\boldsymbol{z}^{\mathrm{T}}\widetilde{\boldsymbol{A}}^{\mathrm{T}} + \boldsymbol{r}^{\mathrm{T}}\widetilde{\boldsymbol{B}}^{\mathrm{T}})\boldsymbol{P}\boldsymbol{e} + 2\,\mathrm{sp}\left(\frac{\mathrm{d}\widetilde{\boldsymbol{A}}^{\mathrm{T}}}{\mathrm{d}t}\,\widetilde{\boldsymbol{A}} + \frac{\mathrm{d}\widetilde{\boldsymbol{B}}^{\mathrm{T}}}{\mathrm{d}t}\,\widetilde{\boldsymbol{B}}\right).$$

Diese Gleichung legt es nahe,

$$\frac{\mathrm{d}\widetilde{\boldsymbol{A}}}{\mathrm{d}t} = -\boldsymbol{P}\boldsymbol{e}\,\boldsymbol{z}^{\mathrm{T}} \quad \text{und} \quad \frac{\mathrm{d}\widetilde{\boldsymbol{B}}}{\mathrm{d}t} = -\boldsymbol{P}\boldsymbol{e}\,\boldsymbol{r}^{\mathrm{T}} \tag{10.249a,b}$$

zu wählen. Nach dieser Wahl erhält man

$$\frac{\mathrm{d}V}{\mathrm{d}t} = -\boldsymbol{e}^{\mathrm{T}}\boldsymbol{Q}\,\boldsymbol{e} + 2(\boldsymbol{z}^{\mathrm{T}}\widetilde{\boldsymbol{A}}^{\mathrm{T}} + \boldsymbol{r}^{\mathrm{T}}\widetilde{\boldsymbol{B}}^{\mathrm{T}})\boldsymbol{P}\boldsymbol{e} - 2\,\mathrm{sp}(\boldsymbol{z}\,\boldsymbol{e}^{\mathrm{T}}\boldsymbol{P}\widetilde{\boldsymbol{A}} + \boldsymbol{r}\,\boldsymbol{e}^{\mathrm{T}}\boldsymbol{P}\,\widetilde{\boldsymbol{B}}).$$

Da $\mathrm{sp}(\boldsymbol{v}_1\,\boldsymbol{v}_2^{\mathrm{T}}) = \boldsymbol{v}_1^{\mathrm{T}}\,\boldsymbol{v}_2$ für jedes Vektorpaar $\boldsymbol{v}_1$, $\boldsymbol{v}_2$ gleicher Dimension gilt, insbesondere also $\mathrm{sp}(\boldsymbol{z}\,\boldsymbol{e}^{\mathrm{T}}\boldsymbol{P}\widetilde{\boldsymbol{A}}) = \boldsymbol{z}^{\mathrm{T}}\,\widetilde{\boldsymbol{A}}^{\mathrm{T}}\boldsymbol{P}\,\boldsymbol{e}$ und entsprechend $\mathrm{sp}(\boldsymbol{r}\,\boldsymbol{e}^{\mathrm{T}}\boldsymbol{P}\widetilde{\boldsymbol{B}}) = \boldsymbol{r}^{\mathrm{T}}\,\widetilde{\boldsymbol{B}}^{\mathrm{T}}\boldsymbol{P}\,\boldsymbol{e}$, ergibt sich schließlich

$$\frac{\mathrm{d}V}{\mathrm{d}t} = -\boldsymbol{e}^{\mathrm{T}}\boldsymbol{Q}\,\boldsymbol{e} \leqq 0.$$

Da $V(\boldsymbol{e},\widetilde{\boldsymbol{A}},\widetilde{\boldsymbol{B}})$ von unten beschränkt ist, $\mathrm{d}V/\mathrm{d}t$ negativ-semidefinit und gleichmäßig stetig in t ist, strebt $\mathrm{d}V/\mathrm{d}t$ nach Satz VIII.30 für $t \to \infty$ gegen 0. Dies impliziert

$$\lim_{t\to\infty} \boldsymbol{e}(t) = \boldsymbol{0}.$$

Das Ziel der Regelung, d. h. die Nachführung von $\boldsymbol{z}(t)$ gegen $\boldsymbol{\zeta}(t)$, ist somit erreicht. Daß dabei möglicherweise $\widetilde{\boldsymbol{A}}$ und $\widetilde{\boldsymbol{B}}$ nicht gegen $\boldsymbol{0}$ streben, ist direkt nicht relevant. Wenn $\boldsymbol{r}(t)$ jedoch eine "beständige Erregung" darstellt, streben $\widetilde{\boldsymbol{A}}(t)$ und $\widetilde{\boldsymbol{B}}(t)$ asymptotisch gegen $\boldsymbol{0}$ [Na1].

Angesichts der Gln. (10.246a,b) lassen sich die Adaptionsgleichungen (10.249a,b) auch in der Form

$$\frac{\mathrm{d}\hat{\boldsymbol{A}}}{\mathrm{d}t} = -\boldsymbol{P}\boldsymbol{e}\,\boldsymbol{z}^{\mathrm{T}}\,, \qquad \frac{\mathrm{d}\hat{\boldsymbol{B}}}{\mathrm{d}t} = -\boldsymbol{P}\boldsymbol{e}\,\boldsymbol{r}^{\mathrm{T}} \tag{10.250a,b}$$

schreiben. Man beachte, daß die Gln. (10.244a,b) und (10.250a,b) das Gesamtsystem im Zustandsraum beschreiben.

Ein spezieller Typ von Regelstrecke. Es sei eine Regelstrecke betrachtet, die im Zustandsraum $\mathbb{R}^q$ durch

$$\frac{\mathrm{d}\boldsymbol{z}}{\mathrm{d}t} = \begin{bmatrix} 0 & 1 & 0 & \cdots & 0 \\ 0 & 0 & 1 & \cdots & 0 \\ \vdots & \vdots & \vdots & & \vdots \\ 0 & 0 & 0 & \cdots & 1 \\ -\dfrac{a_0}{a_q} & -\dfrac{a_1}{a_q} & -\dfrac{a_2}{a_q} & \cdots & -\dfrac{a_{q-1}}{a_q} \end{bmatrix} \boldsymbol{z} + \frac{1}{a_q} \begin{bmatrix} 0 \\ 0 \\ \vdots \\ 0 \\ 1 \end{bmatrix} x\,, \tag{10.251a}$$

$$y = [1 \quad 0 \quad \cdots \quad 0]\,\boldsymbol{z} \tag{10.251b}$$

beschrieben wird. Eine äquivalente Form der Darstellung ist

$$a_q \frac{\mathrm{d}^q y}{\mathrm{d}t^q} + a_{q-1} \frac{\mathrm{d}^{q-1} y}{\mathrm{d}t^{q-1}} + \cdots + a_0 y = x\,. \tag{10.252}$$

Vorgeschrieben sei für $y(t)$ eine hinreichend oft stetig differenzierbare Funktion $y_f(t)$, während die Koeffizienten $a_\nu\,(\nu = 0, 1, \ldots, q)$ unbekannt sind.

Um ein Regelgesetz abzuleiten, wird zunächst ein Hilfssignal

$$u := \frac{\mathrm{d}^q y}{\mathrm{d}t^q} - \sum_{\nu=0}^{q} \beta_\nu \frac{\mathrm{d}^\nu e}{\mathrm{d}t^\nu} \tag{10.253}$$

eingeführt, wobei

$$e(t) := y(t) - y_f(t) \tag{10.254}$$

den Nachführungsfehler bedeutet. Die Konstanten β_ν seien derart gewählt, daß $\beta_q = 1$ ist und

$$p^q + \beta_{q-1} p^{q-1} + \beta_{q-2} p^{q-2} + \cdots + \beta_1 p + \beta_0$$

ein Hurwitz-Polynom darstellt. Die Gl. (10.253) liefert

$$a_q \left[\frac{\mathrm{d}^q y}{\mathrm{d}t^q} - u \right] = a_q \sum_{\nu=0}^{q} \beta_\nu \frac{\mathrm{d}^\nu e}{\mathrm{d}t^\nu}\,,$$

die Gl. (10.252) dagegen

$$a_q \left[\frac{\mathrm{d}^q y}{\mathrm{d}t^q} - u \right] = x - \sum_{\nu=0}^{q-1} a_\nu \frac{\mathrm{d}^\nu y}{\mathrm{d}t^\nu} - a_q u\,,$$

und hieraus folgt die Beziehung

$$a_q \sum_{\nu=0}^{q} \beta_\nu \frac{\mathrm{d}^\nu e}{\mathrm{d}t^\nu} = x - \sum_{\nu=0}^{q-1} a_\nu \frac{\mathrm{d}^\nu y}{\mathrm{d}t^\nu} - a_q u\,. \tag{10.255a}$$

Sie legt die Wahl für das Regelstreckeneingangssignal in der Form

$$x = (a_q + \tilde{a}_q)u + \sum_{\nu=0}^{q-1} (a_\nu + \tilde{a}_\nu) \frac{\mathrm{d}^\nu y}{\mathrm{d}t^\nu} \tag{10.255b}$$

mit den Parameteränderungen $\tilde{a}_\nu (\nu = 0, 1, \ldots, q)$ nahe. Führt man Gl. (10.255b) in Gl. (10.255a) ein, dann erhält man für den Nachführungsfehler e im geschlossenen System die Differentialgleichung

$$a_q \sum_{\nu=0}^{q} \beta_\nu \frac{\mathrm{d}^\nu e}{\mathrm{d}t^\nu} = \tilde{a}_q u + \sum_{\nu=0}^{q-1} \tilde{a}_\nu \frac{\mathrm{d}^\nu y}{\mathrm{d}t^\nu}\,. \tag{10.256a}$$

Mit den Abkürzungen

$$\boldsymbol{w} := [y \quad \mathrm{d}y/\mathrm{d}t \quad \cdots \quad \mathrm{d}^{q-1}y/\mathrm{d}t^{q-1} \quad u]^\mathrm{T} = [z_1 \quad z_2 \quad \cdots \quad z_q \quad u(\boldsymbol{z})]^\mathrm{T}$$

und

$$\tilde{\boldsymbol{a}} := [\tilde{a}_0 \quad \tilde{a}_1 \quad \cdots \quad \tilde{a}_q]^\mathrm{T}$$

läßt sich Gl. (10.256a) in der Form

$$\sum_{\nu=0}^{q} \beta_\nu \frac{\mathrm{d}^\nu e}{\mathrm{d}t^\nu} = \frac{1}{a_q} \boldsymbol{w}^\mathrm{T} \tilde{\boldsymbol{a}} \tag{10.256b}$$

schreiben, die mit

$$\boldsymbol{\zeta} := [e \quad \mathrm{d}e/\mathrm{d}t \quad \cdots \quad \mathrm{d}^{q-1}e/\mathrm{d}t^{q-1}]^\mathrm{T}$$

$$= \boldsymbol{z} - [y_f \quad \mathrm{d}y_f/\mathrm{d}t \quad \cdots \quad \mathrm{d}^{q-1}y_f/\mathrm{d}t^{q-1}]^\mathrm{T},$$

$$\boldsymbol{A}_0 = \begin{bmatrix} 0 & 1 & 0 & \cdots & 0 \\ 0 & 0 & 1 & \cdots & 0 \\ \vdots & & & & \\ -\beta_0 & -\beta_1 & -\beta_2 & \cdots & -\beta_{q-1} \end{bmatrix}, \quad \boldsymbol{b} = \begin{bmatrix} 0 \\ 0 \\ \vdots \\ 0 \\ 1 \end{bmatrix}, \quad \boldsymbol{c} = \begin{bmatrix} 1 \\ 0 \\ \vdots \\ 0 \end{bmatrix}$$

im Zustandsraum durch

$$\frac{\mathrm{d}\boldsymbol{\zeta}}{\mathrm{d}t} = \boldsymbol{A}_0 \boldsymbol{\zeta} + \boldsymbol{b}[(1/a_q)\,\boldsymbol{w}^\mathrm{T} \tilde{\boldsymbol{a}}] \tag{10.257a}$$

und

$$e = \boldsymbol{c}^\mathrm{T} \boldsymbol{\zeta} \tag{10.257b}$$

ausgedrückt werden kann.

Zur Formulierung eines Adaptionsgesetzes wird eine Stabilitätsuntersuchung durchgeführt. Dazu wählt man eine beliebige symmetrische und positiv-definite $q \times q$-Matrix $\boldsymbol{Q}$ und eine beliebige symmetrische und positiv-definite $(q+1) \times (q+1)$-Matrix Γ. Die Lösung der Lyapunov-Gleichung

$$\boldsymbol{P}\boldsymbol{A}_0 + \boldsymbol{A}_0^\mathrm{T} \boldsymbol{P} = -\boldsymbol{Q} \tag{10.258}$$

liefert die symmetrische und positiv-definite Matrix $\boldsymbol{P}$. Damit läßt sich die Funktion

$$V(\boldsymbol{\zeta}, \tilde{\boldsymbol{a}}) := \boldsymbol{\zeta}^{\mathrm{T}} \boldsymbol{P} \boldsymbol{\zeta} + \tilde{\boldsymbol{a}}^{\mathrm{T}} \Gamma^{-1} \tilde{\boldsymbol{a}}$$

einführen, für deren zeitlichen Differentialquotienten längs der Lösungstrajektorien von Gl. (10.257a) man bei Beachtung von Gl. (10.258)

$$\frac{\mathrm{d}V}{\mathrm{d}t} = -\boldsymbol{\zeta}^{\mathrm{T}} \boldsymbol{Q} \boldsymbol{\zeta} + 2 \frac{1}{a_q} \tilde{\boldsymbol{a}}^{\mathrm{T}} \boldsymbol{w} \boldsymbol{b}^{\mathrm{T}} \boldsymbol{P} \boldsymbol{\zeta} + 2 \tilde{\boldsymbol{a}}^{\mathrm{T}} \Gamma^{-1} \frac{\mathrm{d}\tilde{\boldsymbol{a}}}{\mathrm{d}t}$$

erhält. Hieraus leitet man das Adaptionsgesetz

$$\frac{\mathrm{d}\tilde{\boldsymbol{a}}}{\mathrm{d}t} = \frac{\mathrm{d}\hat{\boldsymbol{a}}}{\mathrm{d}t} = -\frac{1}{a_q} \Gamma \boldsymbol{w} \boldsymbol{b}^{\mathrm{T}} \boldsymbol{P} \boldsymbol{\zeta} \tag{10.259}$$

für $\hat{\boldsymbol{a}}(t) := \boldsymbol{a} + \tilde{\boldsymbol{a}}(t)$ ab, so daß

$$\frac{\mathrm{d}V}{\mathrm{d}t} = -\boldsymbol{\zeta}^{\mathrm{T}} \boldsymbol{Q} \boldsymbol{\zeta} \leqq 0$$

folgt. Wie an früherer Stelle läßt sich auch hier erkennen, daß $\boldsymbol{\zeta}(t)$ für $t \to \infty$ gegen den Nullvektor konvergiert. Daher streben auch $e, \mathrm{d}e/\mathrm{d}t, \ldots, \mathrm{d}^{q-1}e/\mathrm{d}t^{q-1}$ gegen Null. Die Parameterkonvergenz hängt von der Erregung ab. Ist diese derart, daß die Komponenten des Vektors $\boldsymbol{w}(t)$ in jedem Intervall $[t, t+T]$ mit einem $T > 0$ für alle t bis $t \to \infty$ ein System unabhängiger Funktionen bilden und strebt die linke Seite von Gl. (10.256b) für $t \to \infty$ gegen Null, so strebt $\tilde{\boldsymbol{a}}$ gegen den Nullvektor. Man beachte, daß das Gesamtsystem durch die Gln. (10.251a,b) und (10.259) im Zustandsraum beschrieben wird.

Das Identifikationsproblem. Für das durch Gl. (10.243a) beschriebene System kann die Aufgabe gestellt werden, die Elemente der Matrizen $\boldsymbol{A}$ und $\boldsymbol{B}$ zu bestimmen. Bild 10.17 zeigt ein Blockdiagramm zur Lösung dieses Identifikationsproblems. Wie man sieht, wurde das zu identifizierende System durch einen Schätzer ergänzt, in dem eine willkürlich wählbare Hurwitz-Matrix $\boldsymbol{A}_m$ verwendet wird. Der Schätzer läßt sich, wie man Bild 10.17 entnimmt, durch die Gleichung

$$\frac{\mathrm{d}\boldsymbol{\zeta}(t)}{\mathrm{d}t} = \boldsymbol{A}_m \boldsymbol{\zeta}(t) + [\hat{\boldsymbol{A}}(t) - \boldsymbol{A}_m] \boldsymbol{z}(t) + \hat{\boldsymbol{B}}(t) \boldsymbol{x}(t) \tag{10.260}$$

beschreiben. Der Fehler ist

$$\boldsymbol{e}(t) := \boldsymbol{z}(t) - \boldsymbol{\zeta}(t).$$

Die Matrizen $\hat{\boldsymbol{A}}(t)$ und $\hat{\boldsymbol{B}}(t)$ bedeuten Schätzungen von $\boldsymbol{A}$ bzw. $\boldsymbol{B}$,

$$\tilde{\boldsymbol{A}}(t) := \hat{\boldsymbol{A}}(t) - \boldsymbol{A} \quad \text{und} \quad \tilde{\boldsymbol{B}}(t) := \hat{\boldsymbol{B}}(t) - \boldsymbol{B}$$

sind die entsprechenden Fehlermatrizen. Aufgrund der Gln. (10.243a) und (10.260) erhält man nun für den Fehlervektor $\boldsymbol{e}(t)$ die Differentialgleichung

$$\frac{\mathrm{d}\boldsymbol{e}(t)}{\mathrm{d}t} = \boldsymbol{A}_m \boldsymbol{e}(t) - \tilde{\boldsymbol{A}}(t) \boldsymbol{z}(t) - \tilde{\boldsymbol{B}}(t) \boldsymbol{x}(t). \tag{10.261}$$

Nach Wahl einer beliebigen symmetrischen und positiv-definiten konstanten $q \times q$-Matrix $\boldsymbol{Q}$ liefert die Lösung der Lyapunov-Gleichung

$$\boldsymbol{A}_m^{\mathrm{T}} \boldsymbol{P} + \boldsymbol{P} \boldsymbol{A}_m = -\boldsymbol{Q}$$

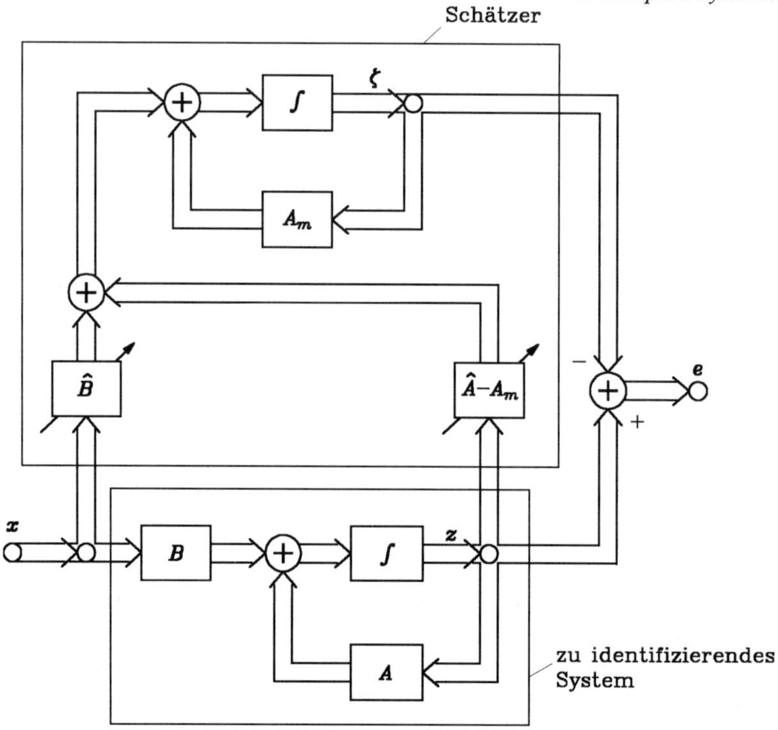

Bild 10.17: Struktur eines Systems zur Systemidentifikation

die symmetrische und positiv-definite konstante Matrix $\boldsymbol{P}$, mit der

$$V(\boldsymbol{e},\widetilde{\boldsymbol{A}},\widetilde{\boldsymbol{B}}) = \boldsymbol{e}^{\mathrm{T}}\boldsymbol{P}\,\boldsymbol{e} + \operatorname{sp}(\widetilde{\boldsymbol{A}}^{\mathrm{T}}\widetilde{\boldsymbol{A}} + \widetilde{\boldsymbol{B}}^{\mathrm{T}}\widetilde{\boldsymbol{B}})$$

als Kandidat für eine Lyapunov-Funktion gewählt wird. Längs der Lösungstrajektorien der Fehlergleichung (10.261) ergibt sich nach kurzer Rechnung

$$\frac{\mathrm{d}V}{\mathrm{d}t} = -\boldsymbol{e}^{\mathrm{T}}\boldsymbol{Q}\,\boldsymbol{e} - 2(\boldsymbol{z}^{\mathrm{T}}\widetilde{\boldsymbol{A}}^{\mathrm{T}} + \boldsymbol{x}^{\mathrm{T}}\widetilde{\boldsymbol{B}}^{\mathrm{T}})\boldsymbol{P}\boldsymbol{e} + 2\operatorname{sp}\left[\widetilde{\boldsymbol{A}}^{\mathrm{T}}\frac{\mathrm{d}\widetilde{\boldsymbol{A}}}{\mathrm{d}t} + \widetilde{\boldsymbol{B}}^{\mathrm{T}}\frac{\mathrm{d}\widetilde{\boldsymbol{B}}}{\mathrm{d}t}\right].$$

Diese Gleichung legt es nahe, als Adaptionsgesetz

$$\frac{\mathrm{d}\hat{\boldsymbol{A}}}{\mathrm{d}t}\left(=\frac{\mathrm{d}\widetilde{\boldsymbol{A}}}{\mathrm{d}t}\right) = \boldsymbol{P}\boldsymbol{e}\,\boldsymbol{z}^{\mathrm{T}} \tag{10.262a}$$

und

$$\frac{\mathrm{d}\hat{\boldsymbol{B}}}{\mathrm{d}t}\left(=\frac{\mathrm{d}\widetilde{\boldsymbol{B}}}{\mathrm{d}t}\right) = \boldsymbol{P}\boldsymbol{e}\,\boldsymbol{x}^{\mathrm{T}} \tag{10.262b}$$

zu wählen. Damit folgt mit

$$2\operatorname{sp}\left[\widetilde{\boldsymbol{A}}^{\mathrm{T}}\frac{\mathrm{d}\widetilde{\boldsymbol{A}}}{\mathrm{d}t} + \widetilde{\boldsymbol{B}}^{\mathrm{T}}\frac{\mathrm{d}\widetilde{\boldsymbol{B}}}{\mathrm{d}t}\right] = 2\operatorname{sp}(\widetilde{\boldsymbol{A}}^{\mathrm{T}}\boldsymbol{P}\boldsymbol{e}\,\boldsymbol{z}^{\mathrm{T}} + \widetilde{\boldsymbol{B}}^{\mathrm{T}}\boldsymbol{P}\boldsymbol{e}\,\boldsymbol{x}^{\mathrm{T}})$$

$$= 2\operatorname{sp}(\boldsymbol{z}\,\boldsymbol{e}^{\mathrm{T}}\boldsymbol{P}\widetilde{\boldsymbol{A}} + \boldsymbol{x}\,\boldsymbol{e}^{\mathrm{T}}\boldsymbol{P}\widetilde{\boldsymbol{B}}) = 2(\boldsymbol{z}^{\mathrm{T}}\widetilde{\boldsymbol{A}}^{\mathrm{T}} + \boldsymbol{x}^{\mathrm{T}}\widetilde{\boldsymbol{B}}^{\mathrm{T}})\boldsymbol{P}\boldsymbol{e}$$

schließlich

$$\frac{\mathrm{d}V}{\mathrm{d}t} = -\boldsymbol{e}^{\mathrm{T}}\boldsymbol{Q}\,\boldsymbol{e} \leqq 0 .$$

Wegen der somit erkennbaren Eigenschaften von V als Lyapunov-Funktion kann festgestellt werden, daß der Punkt $\boldsymbol{e} = \boldsymbol{0}$, $\widetilde{\boldsymbol{A}} = \boldsymbol{0}$, $\widetilde{\boldsymbol{B}} = \boldsymbol{0}$ ein global stabiler Gleichgewichtszustand ist. Da $\mathrm{d}V/\mathrm{d}t$ für $t \to \infty$ gegen Null strebt, gilt

$$\lim_{t\to\infty} \boldsymbol{e}(t) = \boldsymbol{0} .$$

Die Konvergenzgüte wird wesentlich von der Wahl der Matrizen $\boldsymbol{A}_m$ und $\boldsymbol{Q}$ bestimmt. Die Konvergenz von $\widetilde{\boldsymbol{A}}$ und $\widetilde{\boldsymbol{B}}$ gegen $\boldsymbol{0}$ kann nicht garantiert werden.

2.1.2 Nichtlineare Systeme

In Verallgemeinerung der durch die Gln. (10.251a,b) gegebenen Systemklasse seien nun nichtlineare Systeme betrachtet, die im Zustandsraum $\mathbb{R}^q$ durch die Gleichungen

$$\frac{\mathrm{d}\boldsymbol{z}}{\mathrm{d}t} = \begin{bmatrix} z_2 \\ z_3 \\ \vdots \\ z_q \\ -\dfrac{1}{a_q}\sum\limits_{\mu=0}^{q-1} a_\mu f_\mu(\boldsymbol{z},t) \end{bmatrix} + \frac{1}{a_q}\begin{bmatrix} 0 \\ 0 \\ \vdots \\ 0 \\ 1 \end{bmatrix} x , \tag{10.263a}$$

$$y = [1 \quad 0 \quad \cdots \quad 0]\,\boldsymbol{z} \tag{10.263b}$$

beschrieben werden. Durch einfache Umformung dieser Gleichungen erhält man als eine weitere Möglichkeit zur Beschreibung des Systems die Differentialgleichung

$$a_q \frac{\mathrm{d}^q y}{\mathrm{d}t^q} + \sum_{\mu=0}^{q-1} a_\mu f_\mu(\boldsymbol{z},t) = x , \tag{10.264}$$

wobei

$$\boldsymbol{z} = [y \quad \mathrm{d}y/\mathrm{d}t \quad \cdots \quad \mathrm{d}^{q-1}y/\mathrm{d}t^{q-1}]^{\mathrm{T}}$$

gilt.

Für $y(t)$ sei nun eine hinreichend oft stetig differenzierbare Funktion $y_f(t)$ vorgeschrieben. Bekannt seien die Funktionen $f_\mu(\boldsymbol{z},t)$ ($\mu = 0, 1, \ldots, q-1$) und $\operatorname{sgn} a_q$, während die Koeffizienten a_μ unbekannt sind. Es stellt sich die Aufgabe, das Signal $y(t)$ in der Weise nachzuführen, daß der Fehler

$$e(t) := y(t) - y_f(t)$$

für $t \to \infty$ gegen Null strebt. Angesichts von Gl. (10.264) wird das Regelgesetz

$$x = a_q \left[\frac{\mathrm{d}^q y}{\mathrm{d}t^q} - \frac{\mathrm{d}\varepsilon}{\mathrm{d}t} \right] - k\,\varepsilon + \sum_{\mu=0}^{q-1} a_\mu f_\mu \tag{10.265}$$

mit dem erweiterten Fehler

$$\varepsilon := \frac{\mathrm{d}^{q-1} e}{\mathrm{d}t^{q-1}} + \gamma_{q-2} \frac{\mathrm{d}^{q-2} e}{\mathrm{d}t^{q-2}} + \cdots + \gamma_0 e$$

eingeführt, wobei von der Konstante k nur verlangt wird, daß sgn k mit sgn a_q übereinstimmt. Die Konstanten γ_ν sind derart zu wählen, daß

$$p^{q-1} + \gamma_{q-2} p^{q-2} + \cdots + \gamma_1 p + \gamma_0$$

ein Hurwitz-Polynom ist. Setzt man Gl. (10.265) in die Gl. (10.264) ein, so gelangt man zur Differentialgleichung

$$a_q \frac{\mathrm{d}\varepsilon}{\mathrm{d}t} + k\varepsilon = 0$$

mit der Eigenschaft $\varepsilon \to 0$ für $t \to \infty$. Jetzt sollen die Koeffizienten a_ν im Regelgesetz um Werte $\widetilde{a}_\nu$ variieren. Dadurch ergibt sich statt der Gl. (10.265)

$$x = (a_q + \widetilde{a}_q) \frac{\mathrm{d}^q y}{\mathrm{d}t^q} - (a_q + \widetilde{a}_q) \frac{\mathrm{d}\varepsilon}{\mathrm{d}t} - k\varepsilon + \sum_{\mu=0}^{q-1} (a_\mu + \widetilde{a}_\mu) f_\mu \tag{10.266a}$$

oder, wenn man ε und e substituiert und $\gamma_{q-1} = 1$ definiert

$$x = (a_q + \widetilde{a}_q) \left[\sum_{\mu=0}^{q-1} \gamma_\mu \frac{\mathrm{d}^{\mu+1} y_f}{\mathrm{d}t^{\mu+1}} - \sum_{\mu=0}^{q-2} \gamma_\mu z_{\mu+2} \right]$$

$$+ k \left[\sum_{\mu=0}^{q-1} \gamma_\mu \frac{\mathrm{d}^\mu y_f}{\mathrm{d}t^\mu} - \sum_{\mu=0}^{q-1} \gamma_\mu z_{\mu+1} \right] + \sum_{\mu=0}^{q-1} (a_\mu + \widetilde{a}_\mu) f_\mu . \tag{10.266b}$$

Führt man die Gl. (10.266a) in Gl. (10.264) ein, dann entsteht die Differentialgleichung

$$(a_q + \widetilde{a}_q) \frac{\mathrm{d}\varepsilon}{\mathrm{d}t} + k\varepsilon = \widetilde{a}_q \frac{\mathrm{d}^q y}{\mathrm{d}t^q} + \sum_{\mu=0}^{q-1} \widetilde{a}_\mu f_\mu . \tag{10.267}$$

Es empfiehlt sich, eine Hilfsfunktion $y_r(t)$ mit der Eigenschaft

$$\frac{\mathrm{d}^{q-1} y_r}{\mathrm{d}t^{q-1}} = \frac{\mathrm{d}^{q-1} y}{\mathrm{d}t^{q-1}} - \varepsilon \quad \left(= \frac{\mathrm{d}^{q-1} y_f}{\mathrm{d}t^{q-1}} - \sum_{\nu=0}^{q-2} \gamma_\nu \frac{\mathrm{d}^\nu e}{\mathrm{d}t^\nu} \right) \tag{10.268}$$

einzuführen. Damit läßt sich die Gl. (10.267) in der Form

$$\frac{\mathrm{d}\varepsilon}{\mathrm{d}t} + \frac{k}{a_q} \varepsilon = \xi$$

mit

$$\xi = \frac{1}{a_q} \widetilde{\boldsymbol{a}}^{\mathrm{T}} \boldsymbol{w}$$

und den Vektoren

$$\widetilde{\boldsymbol{a}} := [\widetilde{a}_0 \;\; \widetilde{a}_1 \;\; \cdots \;\; \widetilde{a}_q]^{\mathrm{T}}$$

und

$$\boldsymbol{w}(t) := [f_0 \;\; f_1 \;\; \cdots \;\; f_{q-1} \;\; \mathrm{d}^q y_r / \mathrm{d}t^q]^{\mathrm{T}}$$

ausdrücken, wobei die Koeffizientenvariationen $\widetilde{a}_\mu$ ($\mu = 0, 1, \ldots, q$) als zeitvariant betrachtet werden. Die Übertragungsfunktion vom Signal ξ zum Signal ε ist

$$H(p) = \frac{1}{p + (k/a_q)} .$$

Das ist eine streng positive (SP-)Funktion wegen $k/a_q > 0$ (Kapitel VIII, Abschnitt 6.2). Betrachtet man $\hat{a}_\mu(t) = a_\mu + \tilde{a}_\mu(t)$ als Schätzgrößen für die exakten Werte a_μ, die für die Rückkopplung $x(t)$ in Gl. (10.265) erforderlich sind, dann erhält man entsprechend Satz VIII.31 mit einem $\gamma > 0$ das Adaptionsgesetz

$$\frac{\mathrm{d}\hat{a}_\mu}{\mathrm{d}t} = -\gamma(\operatorname{sgn} a_q)\,\varepsilon f_\mu \qquad (\mu = 0, 1, \ldots, q-1) \tag{10.269a}$$

und

$$\frac{\mathrm{d}\hat{a}_q}{\mathrm{d}t} = -\gamma(\operatorname{sgn} a_q)\,\varepsilon \frac{\mathrm{d}^q y_r}{\mathrm{d}t^q} . \tag{10.269b}$$

Man kann jetzt folgende Lyapunov-Funktion bilden:

$$V(\varepsilon, \tilde{\boldsymbol{a}}) = |\,a_q\,|\,\varepsilon^2 + \frac{1}{\gamma}\sum_{\mu=0}^{q} \tilde{a}_\mu^2 .$$

Für den Differentialquotienten $\mathrm{d}V/\mathrm{d}t$ erhält man

$$\frac{\mathrm{d}V}{\mathrm{d}t} = |\,a_q\,|\,2\varepsilon \frac{\mathrm{d}\varepsilon}{\mathrm{d}t} + \frac{2}{\gamma}\sum_{\mu=0}^{q} \tilde{a}_\mu \frac{\mathrm{d}\tilde{a}_\mu}{\mathrm{d}t} ,$$

woraus mit den Gln. (10.269a,b)

$$\frac{\mathrm{d}V}{\mathrm{d}t} = |\,a_q\,|\,2\varepsilon \frac{\mathrm{d}\varepsilon}{\mathrm{d}t} - 2(\operatorname{sgn} a_q)\,\varepsilon \left[\sum_{\mu=0}^{q-1} \tilde{a}_\mu f_\mu + \tilde{a}_q \frac{\mathrm{d}^q y_r}{\mathrm{d}t^q}\right] \tag{10.270}$$

oder wegen Gl. (10.267) bei Berücksichtigung von $\mathrm{d}^q y_r/\mathrm{d}t^q = \mathrm{d}^q y/\mathrm{d}t^q - \mathrm{d}\varepsilon/\mathrm{d}t$ gemäß Gl. (10.268) (so daß der Klammerausdruck in Gl. (10.270) durch $a_q\,\mathrm{d}\varepsilon/\mathrm{d}t + k\varepsilon$ ersetzt werden kann) schließlich

$$\frac{\mathrm{d}V}{\mathrm{d}t} = -2\,|\,k\,|\,\varepsilon^2 \leqq 0$$

folgt. Damit läßt sich die globale Konvergenz des Nachführungsfehlers erkennen.

Beispiel 10.1: Es sei $q = 2, a_0 = 2, a_1 = -1, a_2 = 1$ und

$$f_0(\boldsymbol{z}) = z_1 + \cos z_1 , \quad f_1(\boldsymbol{z}) = z_2 - \sin z_2$$

gewählt. Das Führungssignal $y_f(t)$ sei durch das System mit der Zustandsdarstellung

$$\frac{\mathrm{d}\zeta_1}{\mathrm{d}t} = \zeta_2 , \qquad \frac{\mathrm{d}\zeta_2}{\mathrm{d}t} = \zeta_2 - \sin\zeta_2 - 2\zeta_1 - 2\cos\zeta_1 + \xi , \qquad y_f = \zeta_1$$

gegeben, wobei ζ_1, ζ_2 die Zustandsvariablen sind und ξ die Eingangsgröße bedeutet. Es wurde $\gamma_0 = \gamma = 1$ und $k = 1$ gewählt. Die Gl. (10.266b) liefert dann

$$x(t) = \hat{a}_2(t)[\zeta_2(t) + \mathrm{d}\zeta_2(t)/\mathrm{d}t - z_2] + [\zeta_1(t) + \zeta_2(t) - z_1(t) - z_2(t)] + \hat{a}_0(t) f_0(\boldsymbol{z}) + \hat{a}_1(t) f_1(\boldsymbol{z}) .$$

Bild 10.18 zeigt ein Strukturdiagramm der Simulation und Bild 10.19 den zeitlichen Verlauf der Parameterschätzungen $\hat{a}_0(t), \hat{a}_1(t), \hat{a}_2(t)$ sowie den Verlauf der Fehlerfunktion $\varepsilon(t)$ bei Verwendung der Erregung

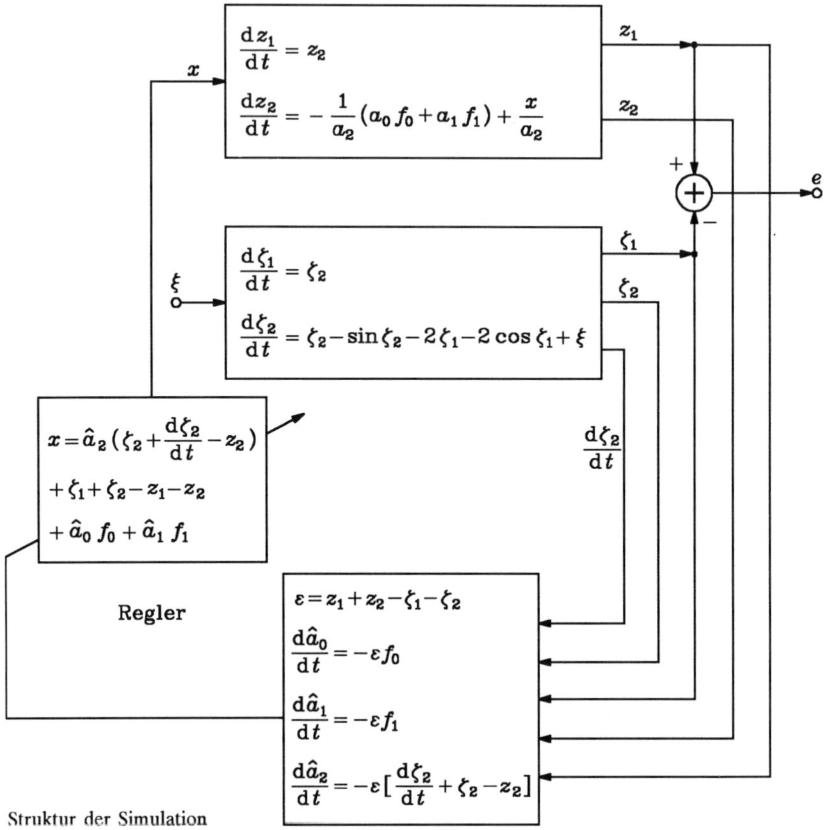

Bild 10.18: Struktur der Simulation von Beispiel 10.1

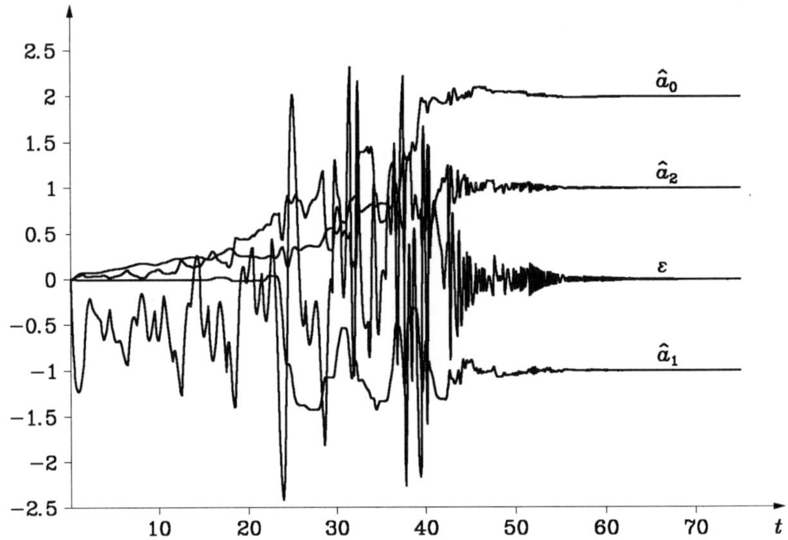

Bild 10.19: Verlauf der Parameter $\hat{a}_0(t)$, $\hat{a}_1(t)$, $\hat{a}_2(t)$ und des Fehlers $\varepsilon(t)$ von Beispiel 10.1

$$\xi(t) = e^{\frac{t}{10}}(\cos 2t)p(t) \quad \text{mit} \quad p(t) = p(t+2) = \begin{cases} 1 & \text{falls } -1/2 \leqq t < 1/2 \\ 0 & \text{falls } 1/2 \leqq t < 3/2 . \end{cases}$$

Wie man erkennen kann, streben die Parameterfunktionen gegen die exakten Werte.

2.2 ADAPTION VON LINEAREN SYSTEMEN BEI ALLEINIGER MESSUNG DES AUSGANGSSIGNALS

2.2.1 Vorbetrachtung

In diesem Abschnitt wird die Regelung von linearen, zeitinvarianten Systemen besprochen, bei denen nur die Systemausgangsgrößen verfügbar (meßbar) sind, dagegen nicht der vollständige Zustand wie im Abschnitt 2.1. Die Aufgabe besteht dann darin, ein vorliegendes lineares und zeitinvariantes System (als Regelstrecke betrachtet) mit einem Eingang und einem Ausgang durch eine adaptive Regelung derart zu ergänzen, daß das Übertragungsverhalten des ergänzten Systems trotz fehlender Kenntnis der Regelstreckenparameter mit dem entsprechenden Verhalten eines vollständig bekannten (linearen und zeitinvarianten) Modellsystems wenigstens asymptotisch zur Übereinstimmung gebracht werden kann. Das hier zu lösende Problem ist schwieriger als die adaptive Regelung in Abschnitt 2.1, da das Ausgangssignal im allgemeinen weniger Information enthält als der Systemzustand.

Von der Regelstrecke sei a priori ihre Struktur in Form der reellen Übertragungsfunktion

$$H_s(p) = k_s \frac{N_s(p)}{D_s(p)} \tag{10.271}$$

mit dem Zählerpolynom

$$N_s(p) = p^{q-r} + a_{q-r-1}p^{q-r-1} + \cdots + a_1 p + a_0 \tag{10.272a}$$

und dem Nennerpolynom

$$D_s(p) = p^q + b_{q-1}p^{q-1} + \cdots + b_1 p + b_0 \tag{10.272b}$$

bekannt, wobei von den Polynomen $N_s(p)$ und $D_s(p)$ angenommen wird, daß keine gemeinsame Nullstelle vorhanden ist. Es wird allerdings davon ausgegangen, daß das Vorzeichen von k_s, d.h. $\operatorname{sgn} k_s$, die Ordnung q der Regelstrecke und der relative Grad $r\,(0 \leqq r \leqq q)$ bekannt sind, daß aber die Werte der Koeffizienten a_ν und b_ν sowie $|k_s|$ unbekannt sind. Außerdem wird angenommen, daß $N_s(p)$ keine Nullstellen in der Halbebene $\operatorname{Re} p > 0$ hat.

Die Modellstrecke sei ein lineares, zeitinvariantes und asymptotisch stabiles System mit der explizit bekannten reellen Übertragungsfunktion

$$H_m(p) = k_m \frac{N_m(p)}{D_m(p)} , \tag{10.273}$$

wobei das Zählerpolynom

$$N_m(p) = p^{q-r} + c_{q-r-1}p^{q-r-1} + \cdots + c_1 p + c_0 \tag{10.274a}$$

und das Nennerpolynom

$$D_m(p) = p^q + d_{q-1}p^{q-1} + \cdots + d_1 p + d_0 \qquad (10.274b)$$

keine gemeinsame Nullstelle aufweisen.

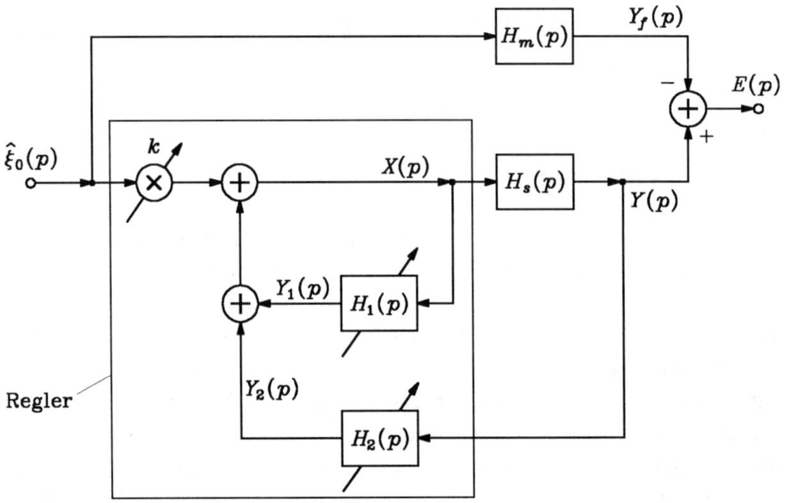

Bild 10.20: Konfiguration zur modellbezogenen adaptiven Regelung

Eine verbreitete Konfiguration zur Lösung der gestellten Aufgabe zeigt das Bild 10.20. Das Teilsystem, das die Blöcke mit den Übertragungsfunktionen $H_1(p)$ bzw. $H_2(p)$ und den Multiplizierer k umfaßt, bildet den Regler. Diese Übertragungsfunktionen werden in der Form

$$H_1(p) = \frac{N_1(p)}{D(p)} \quad \text{und} \quad H_2(p) = \frac{N_2(p)}{D(p)} + \beta_{q-1} \qquad (10.275a,b)$$

mit

$$N_1(p) = \alpha_{q-2}p^{q-2} + \alpha_{q-3}p^{q-3} + \cdots + \alpha_1 p + \alpha_0 \, , \qquad (10.276a)$$

$$N_2(p) = \beta_{q-2}p^{q-2} + \beta_{q-3}p^{q-3} + \cdots + \beta_1 p + \beta_0 \qquad (10.276b)$$

und

$$D(p) = p^{q-1} + \delta_{q-2}p^{q-2} + \cdots + \delta_1 p + \delta_0 \qquad (10.276c)$$

festgelegt. Während das Polynom $D(p)$, das als Hurwitz-Polynom $(q-1)$-ten Grades beliebig wählbar ist, festgehalten wird, dienen die Koeffizienten α_ν und $\beta_\nu (\nu = 0, 1, \ldots, q-2)$ sowie der Multiplikator k als einstellbare Reglerparameter. Mit den Funktionen $\hat{\xi}_0(p)$, $X(p)$, $Y(p)$, $Y_f(p)$ und $E(p)$ werden die Laplace-Transformierten des Referenzeingangssignals $\xi_0(t)$, des Regelstreckeneingangssignals (Stellsignals) $x(t)$, des als meßbar angenommenen Regelstreckenausgangssignals $y(t)$, des Modellstreckenausgangssignals $y_f(t)$ bzw. des Fehlersignals $e(t)$ bezeichnet. Bild 10.20 entnimmt man die Beziehung

$$Y(p) = H_s(p)[k\,\hat{\xi}_0(p) + H_1(p)X(p) + H_2(p)Y(p)]$$

oder mit $H_s(p)\,X(p) = Y(p)$

$$Y(p) = k\,H_s(p)\,\hat{\xi}_0(p) + [H_1(p) + H_2(p)H_s(p)]\,Y(p)\,,$$

woraus die Übertragungsfunktion

$$H(p) := \frac{Y(p)}{\hat{\xi}_0(p)} = \frac{k\,H_s(p)}{1 - H_1(p) - H_2(p)H_s(p)} \tag{10.277}$$

folgt, mit der sich schließlich

$$E(p) = [H(p) - H_m(p)]\,\hat{\xi}_0(p) \tag{10.278}$$

ergibt.

Das Ziel besteht jetzt darin, die Übertragungsfunktion $H(p)$ nach Gl. (10.277) in Übereinstimmung mit $H_m(p)$ zu bringen. Bevor hierauf im einzelnen eingegangen wird, soll die Abhängigkeit der Größe $X(p)$ bzw. $x(t)$ von den Reglerparametern angegeben werden. Man erhält aus Bild 10.20 direkt die Beziehung

$$\begin{aligned} X(p) &= H_1(p)X(p) + H_2(p)Y(p) + k\,\hat{\xi}_0(p) \\ &= \sum_{\nu=0}^{q-2} [\alpha_\nu X(p) + \beta_\nu Y(p)]\frac{p^\nu}{D(p)} + \beta_{q-1}Y(p) + k\,\hat{\xi}_0(p)\,. \end{aligned} \tag{10.279}$$

Mit den Signalen

$$\xi_{\nu+1}(t) \circ\!\!-\!\!\bullet \frac{p^\nu X(p)}{D(p)}$$

und

$$\xi_{q+\nu}(t) \circ\!\!-\!\!\bullet \frac{p^\nu Y(p)}{D(p)}$$

$(\nu = 0, 1, \ldots, q-2)$, dem Signalvektor

$$\boldsymbol{\xi}(t) := [\xi_0(t) \quad \xi_1(t) \quad \xi_2(t) \quad \cdots \quad \xi_{2q-2}(t) \quad y(t)]^{\mathrm{T}} \tag{10.280a}$$

und dem Parametervektor

$$\boldsymbol{p} := [k \quad \alpha_0 \quad \alpha_1 \quad \cdots \quad \alpha_{q-2} \quad \beta_0 \quad \beta_1 \quad \cdots \quad \beta_{q-1}]^{\mathrm{T}} \tag{10.280b}$$

liefert die Gl. (10.279) das Regelgesetz

$$x(t) = \boldsymbol{p}^{\mathrm{T}}\,\boldsymbol{\xi}(t)\,. \tag{10.281}$$

Es ist zu beachten, daß die Signale $\xi_1, \xi_2, \ldots, \xi_{2q-2}$ in Echtzeit ("on-line") erzeugt werden können, bespielsweise $\xi_1, \ldots, \xi_{q-1}$ durch Realisierung der Zustandsbeschreibung mit den Matrizen

$$\boldsymbol{A} = \begin{bmatrix} 0 & 1 & 0 & \cdots & 0 \\ 0 & 0 & 1 & \cdots & 0 \\ \vdots & \vdots & \vdots & & \vdots \\ 0 & 0 & 0 & \cdots & 1 \\ -\delta_0 & -\delta_1 & -\delta_2 & \cdots & -\delta_{q-2} \end{bmatrix}, \quad \boldsymbol{b} = \begin{bmatrix} 0 \\ 0 \\ \vdots \\ 0 \\ 1 \end{bmatrix},$$

$$\boldsymbol{C} = \mathbf{E}, \quad \boldsymbol{d} = \mathbf{0}$$

in Steuerungsnormalform mit $\mathbf{E}$ als $(q-1)\times(q-1)$-Einheitsmatrix, mit der Eingangsgröße $x(t)$ und dem Vektor der Ausgangssignale $\boldsymbol{\eta}_1 := [\,\xi_1 \quad \xi_2 \quad \cdots \quad \xi_{q-1}]^{\mathrm{T}}$. Für die Realisierung der Signale $\xi_q, \xi_{q+1}, \ldots, \xi_{2q-2}$ verwendet man ebenfalls die Steuerungsnormalform mit denselben Matrizen, jedoch mit $y(t)$ als Eingangsgröße und dem Vektor der Ausgangssignale $\boldsymbol{\eta}_2 := [\,\xi_q \quad \xi_{q+1} \quad \cdots \quad \xi_{2q-2}]$.

Im folgenden Abschnitt wird der Fall einer SP-Modellstrecke mit $r = 1$ behandelt.

2.2.2 Der Fall einer SP-Modellstrecke

Es wird hier angenommen, daß die Modellstrecke eine Übertragungsfunktion hat, die rational, reell und streng positiv (SP) ist. Näheres über solche Übertragungsfunktionen ist im Abschnitt 6.2 von Kapitel VIII ausgeführt. Darüber hinaus sei hier $q \geqq 2$ und der relative Grad r der Übertragungsfunktion $H_m(p)$ gleich Eins. (Der Fall $q = 1$ und $r = 1$ wird im Beispiel 10.2 behandelt.) Im hier zu besprechenden Fall wird für das gemeinsame Nennerpolynom der Übertragungsfunktionen $H_1(p)$ und $H_2(p)$

$$D(p) = N_m(p) \tag{10.282}$$

gewählt. Damit erhält man aufgrund der Gln. (10.277), (10.275a,b) und (10.271) für die Übertragungsfunktion von $\xi_0(t)$ zu $y(t)$

$$H(p) = \frac{k\,N_m(p)}{\dfrac{N_m(p) - N_1(p)}{k_s\,N_s(p)}\,D_s(p) - N_2(p) - \beta_{q-1}\,N_m(p)}\,. \tag{10.283}$$

Zunächst stellt man die Forderung

$$N_m(p) - N_1(p) \equiv N_s(p)\,,$$

d. h.

$$(p^{q-1} + c_{q-2}\,p^{q-2} + \cdots + c_0) - (\alpha_{q-2}\,p^{q-2} + \cdots + \alpha_1\,p + \alpha_0)$$

$$\equiv p^{q-1} + a_{q-2}\,p^{q-2} + \cdots + a_1\,p + a_0\,.$$

Hieraus ergibt sich

$$\alpha_\nu = c_\nu - a_\nu \qquad (\nu = 0, 1, \ldots, q-2)\,. \tag{10.284}$$

Als zweite Forderung verlangt man

$$D_s(p)/k_s - N_2(p) - \beta_{q-1}N_m(p) \equiv k\,D_m(p)\,,$$

woraus mit den Gl. (10.272b), (10.276b), (10.274a,b)

$$k = \frac{1}{k_s}\,, \qquad \beta_{q-1} = \frac{1}{k_s}\,(b_{q-1} - d_{q-1}) \tag{10.285a,b}$$

und

$$\beta_\nu = \frac{1}{k_s}(b_\nu - d_\nu) - \beta_{q-1}c_\nu \quad (\nu = 0, 1, \ldots, q-2) \tag{10.285c}$$

folgt. Die beiden gestellten Forderungen bewirken gemäß Gl. (10.283), daß $H(p)$ mit $H_m(p)$ übereinstimmt. Dies bedeutet, daß die Aufgabe gelöst ist, wenn die Reglerparameter gemäß den Gln. (10.284) und (10.285a-c) eingestellt sind. Diese idealen Werte, im weiteren mit

$$\overline{k} := \frac{1}{k_s}, \quad \overline{\alpha}_\nu := c_\nu - a_\nu \quad (\nu = 0, 1, \ldots, q-2)$$

$$\overline{\beta}_\nu := \frac{1}{k_s}[b_\nu - d_\nu - (b_{q-1} - d_{q-1})c_\nu] \quad (\nu = 0, 1, \ldots, q-2)$$

$$\overline{\beta}_{q-1} := \frac{1}{k_s}(b_{q-1} - d_{q-1}) \tag{10.286a-d}$$

bezeichnet, sind jedoch nicht bekannt, da die Regelstreckenparameter k_s, a_ν und b_ν unbekannt sind. Daher muß eine Adaption durchgeführt werden, die im folgenden beschrieben wird.

Die Abweichungen der Parameterwerte von den idealen Werten seien

$$\widetilde{k} := k - \overline{k}, \quad \widetilde{\alpha}_\nu := \alpha_\nu - \overline{\alpha}_\nu, \quad \widetilde{\beta}_\nu := \beta_\nu - \overline{\beta}_\nu .$$

Zusätzlich werden

$$\widetilde{\boldsymbol{p}} := [\widetilde{k} \ \ \widetilde{\alpha}_0 \ \ \widetilde{\alpha}_1 \ \cdots \ \widetilde{\alpha}_{q-2} \ \ \widetilde{\beta}_0 \ \cdots \ \widetilde{\beta}_{q-1}]^{\mathrm{T}},$$

$$e(t) := y(t) - y_f(t)$$

und

$$\widetilde{H}_1(p) := H_1(p) - \overline{H}_1(p), \quad \widetilde{H}_2(p) = H_2(p) - \overline{H}_2(p)$$

verwendet. Aus dem Blockdiagramm von Bild 10.20, das die Struktur des gesamten modellbezogenen adaptiven Regelungssystems zeigt, läßt sich die Gleichung

$$Y(p) = [k\,\hat{\xi}_0(p) + (\overline{H}_1(p) + \widetilde{H}_1(p))X(p) + (\overline{H}_2(p) + \widetilde{H}_2(p))Y(p)]\,H_s(p)$$

entnehmen, die folgendermaßen umgeformt werden kann:

$$Y(p) = \Big[\frac{k}{\overline{k}}\Big(\hat{\xi}_0(p) + \frac{\widetilde{H}_1(p)X(p) + \widetilde{H}_2(p)Y(p)}{k}\Big)\overline{k}$$
$$+ \overline{H}_1(p)X(p) + \overline{H}_2(p)Y(p)\Big]H_s(p). \tag{10.287}$$

Diese Gleichung läßt sich durch das im Bild 10.21 gezeigte System darstellen. Dieses System ist dem aus Bild 10.20 äquivalent. Aus Bild 10.21 ist zu erkennen, daß bei Verwendung idealer Parameterwerte die Übertragungsfunktion von $W(p)$ zu $Y(p)$ mit $H(p)$ übereinstimmt, es gilt also

$$\frac{Y(p)}{W(p)} = H_m(p).$$

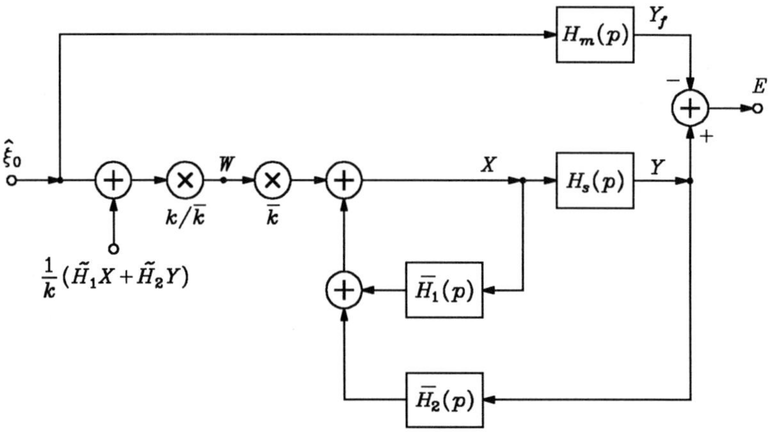

Bild 10.21: Zum System aus Bild 10.20 äquivalentes System

Daher besteht nach Bild 10.21 die Beziehung

$$Y(p) = \left[\hat{\xi}_0(p) + \frac{1}{k}(\tilde{H}_1(p)X(p) + \tilde{H}_2(p)Y(p))\right]\frac{k}{\bar{k}}H_m(p).$$

Andererseits gilt

$$Y_f(p) = H_m(p)\hat{\xi}_0(p),$$

so daß mit $\tilde{k} := k - \bar{k}$ und $E(p) := Y(p) - Y_f(p)$

$$E(p) = [\tilde{k}\hat{\xi}_0(p) + \tilde{H}_1(p)X(p) + \tilde{H}_2(p)Y(p)]\frac{H_m(p)}{\bar{k}}$$

oder

$$E(p) = H_m(p)[\tilde{k} \quad \tilde{H}_1(p) \quad \tilde{H}_2(p)]\begin{bmatrix}\hat{\xi}_0(p)\\ X(p)\\ Y(p)\end{bmatrix}\frac{1}{\bar{k}}$$

folgt. Diese Gleichung wird jetzt in den Zeitbereich übertragen, wodurch sich für den Nachführungsfehler

$$e(t) = h_m(t) * [\tilde{\boldsymbol{p}}^{\mathrm{T}} \boldsymbol{\xi}(t)]\frac{1}{\bar{k}} \tag{10.288}$$

ergibt, wobei $h_m(t)$ die Zeitfunktion bedeutet, die mit $H_m(p)$ korrespondiert, also die Impulsantwort der Modellstrecke.

Nun sollen die Komponenten des Parametervektors

$$\boldsymbol{p}(t) = \bar{\boldsymbol{p}} + \tilde{\boldsymbol{p}}(t)$$

zeitlich variieren; es gilt dann $\mathrm{d}\boldsymbol{p}/\mathrm{d}t = \mathrm{d}\tilde{\boldsymbol{p}}/\mathrm{d}t$. Die Parametervariation soll derart erfolgen, daß der Nachführungsfehler $e(t)$ asymptotisch verschwindet. Zu diesem Zweck wird $\boldsymbol{p}(t)$ gemäß Satz VIII.31 nach der Vorschrift

$$\frac{\mathrm{d}\boldsymbol{p}}{\mathrm{d}t} = -(\operatorname{sgn} k_s)\gamma e(t)\,\boldsymbol{\xi}(t) \tag{10.289}$$

geändert, wobei $\gamma > 0$ der Adaptionsgewinn ist. Man geht davon aus, daß k angesichts von Gl. (10.289) das gleiche Vorzeichen wie k_s hat. Der genannte Satz lehrt, daß bei Veränderung der Reglerparameter gemäß dem Adaptionsgesetz nach Gl. (10.289) der Fehler $e(t)$ für $t \to \infty$ gegen Null strebt, da $H_m(p)$ eine SP-Funktion ist.

Man kann die Regelstrecke mit der Übertragungsfunktion $H_s(p)$ nach Gl. (10.271) sowie den Regler mit den Blöcken $H_1(p)$ und $H_2(p)$ nach den Gln. (10.275a,b) im Zustandsraum in der Steuerungsnormalform (Kapitel II, Abschnitt 3.1) unter Verwendung von $3q-2$ Zustandsvariablen beschreiben. Angesichts des Adaptionsgesetzes nach Gl. (10.289) sind auch die Komponenten k, α_ν $(\nu = 0, 1, \ldots, q-2)$ und β_ν $(\nu = 0, 1, \ldots, q-1)$ als weitere $2q$ Zustandsvariable zu betrachten. Das Gesamtsystem (ohne die Modellstrecke, die unabhängig vom übrigen Teil des Gesamtsystems analysiert werden kann) läßt sich dann durch $5q-2$ Zustandsgrößen beschreiben und stellt ein nichtlineares System dar. Die Konvergenz des Fehlers $e(t)$ gegen Null für $t \to \infty$ ist sichergestellt, nicht jedoch die Konvergenz des Parameterfehlervektors $\tilde{\boldsymbol{p}}(t)$ gegen den Nullvektor für $t \to \infty$. Letzteres hängt wesentlich von der Wahl des Referenzsignals $\xi_0(t)$ ab und stellt ein fundamentales Problem der Adaption dar. Numerische Experimente haben folgendes gezeigt: Sofern durch $\xi_0(t)$ die Moden der Regelstrecke "hinreichend intensiv und fortwährend" angeregt werden, strebt $\tilde{\boldsymbol{p}}$ für $t \to \infty$ gegen $\mathbf{0}$. Hierauf wird auch in den folgenden Beispielen eingegangen.

Beispiel 10.2: Es wird der Fall $q = r = 1$ betrachtet. In diesem Fall kann

$$H_1(p) = 0 \quad \text{und} \quad H_2(p) = \beta_0$$

gewählt werden. Mit

$$H_s(p) = \frac{a_0}{p + b_0} \quad \text{und} \quad H_m(p) = \frac{c_0}{p + d_0} \tag{10.290a,b}$$

erhält man nach Gl. (10.277) die Übertragungsfunktion

$$H(p) = \frac{k\, H_s(p)}{1 - \beta_0 H_s(p)} = \frac{k\, a_0}{p + (b_0 - \beta_0 a_0)} . \tag{10.291}$$

Um $H(p)$ mit $H_m(p)$ für alle p zu identifizieren, hat man aufgrund der Gln. (10.290b) und (10.291) die idealen Reglerparameter

$$k = \overline{k} := \frac{c_0}{a_0} \quad \text{und} \quad \beta_0 = \overline{\beta}_0 := \frac{b_0 - d_0}{a_0}$$

zu wählen. Mit

$$\boldsymbol{\xi}(t) = [\,\xi_0(t) \quad y(t)]^{\mathrm{T}} \quad \text{und} \quad \boldsymbol{p}(t) = [k(t) \quad \beta_0(t)]^{\mathrm{T}}$$

gemäß den Gln. (10.280a,b) ergibt sich aufgrund der Gl. (10.289) das Adaptionsgesetz

$$\frac{\mathrm{d}k(t)}{\mathrm{d}t} = -\gamma e(t)\, \xi_0(t) , \qquad \frac{\mathrm{d}\beta_0(t)}{\mathrm{d}t} = -\gamma e(t) y(t) , \tag{10.292a,b}$$

sofern $c_0 > 0$ und $d_0 > 0$ gilt. Letztere Bedingungen garantieren, daß $H_m(p)$ eine SP-Funktion ist. Bild 10.22 zeigt das entsprechende Gesamtsystem.

Die Ausgangssignale von Regelstrecke und Modellstrecke werden durch die Differentialgleichungen

$$\frac{\mathrm{d}y}{\mathrm{d}t} = (a_0 \beta_0 - b_0) y + a_0 k\, \xi_0 \quad \text{bzw.} \quad \frac{\mathrm{d}y_f}{\mathrm{d}t} = -d_0 y_f + c_0\, \xi_0 \tag{10.293a,b}$$

beschrieben. Die Dynamik der Fehlerfunktion $e(t) = y(t) - y_f(t)$ ergibt sich somit aus den Gln. (10.293a,b), wenn man die Abweichungen der Parametergrößen

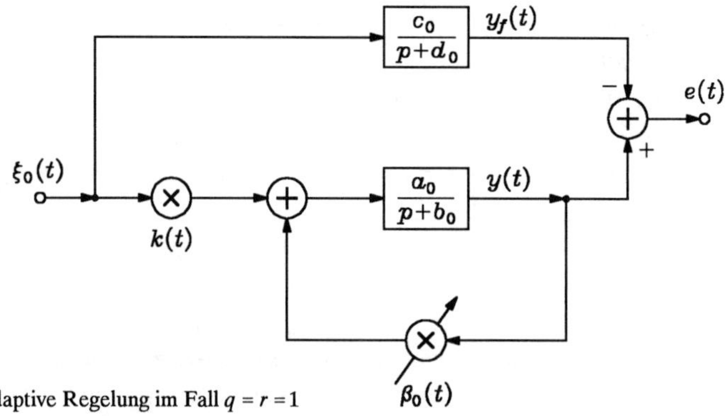

Bild 10.22: Modellbezogene adaptive Regelung im Fall $q = r = 1$

$$\tilde{k} = k - \bar{k} := k - \frac{c_0}{a_0} \quad \text{und} \quad \tilde{\beta}_0 = \beta_0 - \bar{\beta}_0 = \beta_0 - \frac{b_0 - d_0}{a_0}$$

einführt, als Differentialgleichung

$$\frac{\mathrm{d}e}{\mathrm{d}t} = -d_0 e + a_0(\tilde{\beta}_0 y + \tilde{k}\,\xi_0). \tag{10.294}$$

Da $e(t)$ asymptotisch verschwindet, gilt

$$\tilde{\beta}_0(t)y(t) + \tilde{k}(t)\,\xi_0(t) \to 0 \quad \text{für} \quad t \to \infty .$$

Bezeichnet man die Grenzwerte von $\tilde{\beta}_0(t)$ und $\tilde{k}(t)$ für $t \to \infty$ mit $\Delta\beta_0$ bzw. Δk, die entsprechenden asymptotischen Verläufe von $y(t)$ und $\xi_0(t)$ mit $y_\infty(t)$ bzw. $\xi_{0\infty}(t)$, so gilt

$$\Delta\beta_0\, y_\infty(t) + \Delta k\; \xi_{0\infty}(t) = 0 \quad \text{für} \quad t \to \infty . \tag{10.295}$$

Um zu erreichen, daß nicht nur $e(t)$ für $t \to \infty$ verschwindet, sondern auch $\Delta\beta_0$ und Δk Null werden, muß man durch geeignete Wahl von $\xi_0(t)$ dafür sorgen, daß die "stationären Teile" $y_\infty(t)$ und $\xi_{0\infty}(t)$ von $y(t)$ bzw. $\xi_0(t)$ voneinander linear unabhängig sind. Dann streben auch k und β_0 gegen die idealen Parameterwerte. Wählt man beispielsweise eine zeitunabhängige Erregung ξ_0 (= const), dann ist auch y_∞ eine Konstante, und Gl. (10.295) erlaubt nicht den Schluß $\Delta k = \Delta\beta_0 = 0$ (wie auch numerische Experimente bestätigen), sondern nur, daß, geometrisch gesehen, der Punkt $(\Delta\beta_0, \Delta k)$in einem zweidimensionalen kartesischen Koordinatensystem auf einer durch den Ursprung verlaufenden Geraden liegt.

Wählt man speziell $a_0 = 2$, $b_0 = -1$, $c_0 = 1$, $d_0 = 1$, $\gamma = 1$ und

$$\xi_0(t) = 2\cos t + 3\cos 2t\,,$$

so erhält man die im Bild 10.23 dargestellten Funktionsverläufe für $e(t)$, $k(t)$ und $\beta_0(t)$, die mit $\bar{k} = 1/2$ und $\bar{\beta}_0 = -1$ zu vergleichen sind. Als Anfangswerte wurden jeweils die Werte Null gewählt.

Beispiel 10.3: Es wird der Fall $q = 2$ und $r = 1$ betrachtet. Die Übertragungsfunktionen von Regelstrecke und Modellstrecke lauten

$$H_s(p) = k_s\,\frac{p + a_0}{p^2 + b_1 p + b_0} \quad \text{bzw.} \quad H_m(p) = k_m\,\frac{p + c_0}{p^2 + d_1 p + d_0}\,.$$

Damit die Übertragungsfunktion

$$H_m(p) = k_m\,\frac{p + c_0}{p^2 + d_1 p + d_0} = \frac{k_m}{p + \dfrac{(d_1 - c_0)\,p + d_0}{p + c_0}}$$

eine SP-Funktion darstellt, müssen die (notwendigen und hinreichenden) Bedingungen

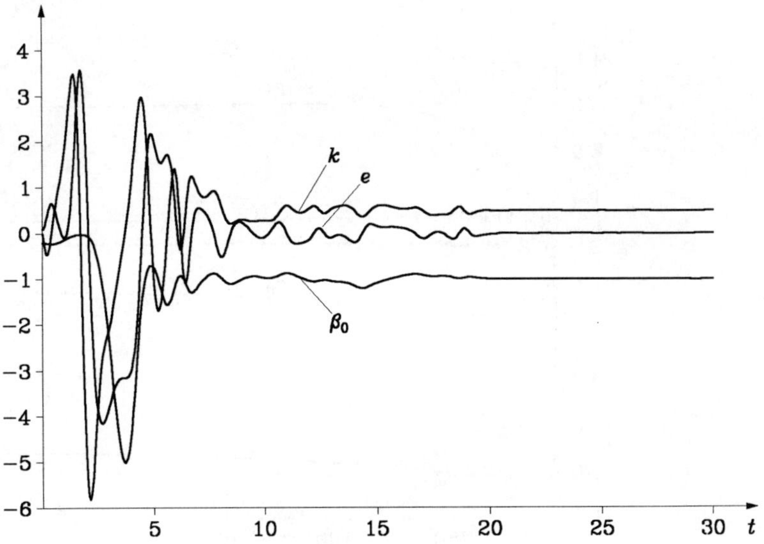

Bild 10.23: Verlauf der Funktionen $e(t)$, $k(t)$ und $\beta_0(t)$ für Beispiel 10.2

$$k_m > 0\,,\quad d_1 > c_0 > 0 \quad \text{und} \quad d_0 > 0$$

eingehalten werden. Zur Simulation werden die Regelstrecke, die Modellstrecke und die Reglerblöcke mit den Übertragungsfunktionen $H_1(p) = \alpha_0/(p + c_0)$ und $H_2(p) = \beta_0/(p + c_0) + \beta_1$ im Zustandsraum beschrieben:

Regelstrecke:

$$\frac{\mathrm{d}z_1}{\mathrm{d}t} = z_2\,,\quad \frac{\mathrm{d}z_2}{\mathrm{d}t} = -b_0 z_1 - b_1 z_2 + k\,\xi_0 + \alpha_0\,\xi_1 + \beta_0\,\xi_2 + \beta_1 y\,,$$

$$y = k_s a_0 z_1 + k_s z_2\,,$$

Modellstrecke:

$$\frac{\mathrm{d}\zeta_1}{\mathrm{d}t} = \zeta_2\,,\quad \frac{\mathrm{d}\zeta_2}{\mathrm{d}t} = -d_0\,\zeta_1 - d_1\,\zeta_2 + \xi_0\,,$$

$$y_f = k_m c_0\,\zeta_1 + k_m\,\zeta_2\,,$$

Block H_1:

$$\frac{\mathrm{d}\,\xi_1}{\mathrm{d}t} = -c_0\,\xi_1 + k\,\xi_0 + \alpha_0\,\xi_1 + \beta_0\,\xi_2 + \beta_1 y\,,$$

Block H_2:

$$\frac{\mathrm{d}\,\xi_2}{\mathrm{d}t} = -c_0\,\xi_2 + y\,.$$

Das Adaptionsgesetz ergibt sich aufgrund von Gl. (10.289) als

$$\frac{\mathrm{d}k}{\mathrm{d}t} = -(\operatorname{sgn} k_s)\,\gamma\,e(t)\,\xi_0(t),\qquad \frac{\mathrm{d}\,\alpha_0}{\mathrm{d}t} = -(\operatorname{sgn} k_s)\,\gamma\,e(t)\,\xi_1(t),$$

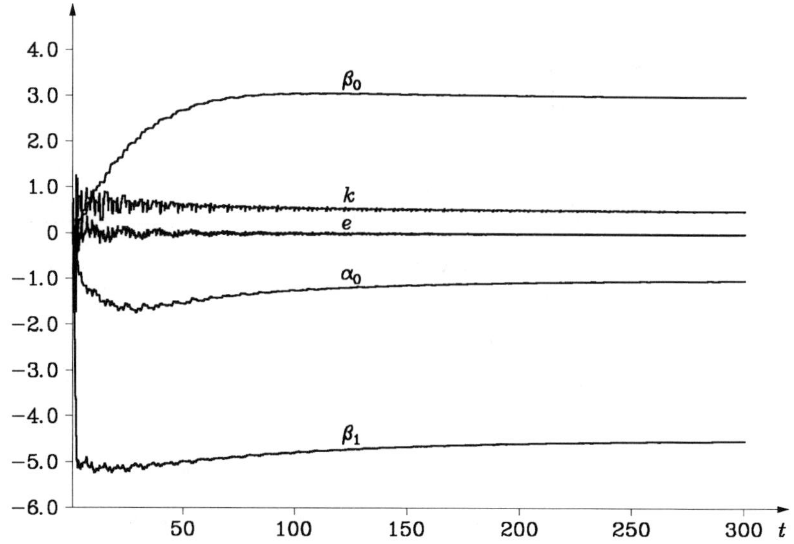

Bild 10.24: Simulationsergebnisse von Beispiel 10.3 für $b_1 = -4$

$$\frac{\mathrm{d}\beta_0}{\mathrm{d}t} = -(\operatorname{sgn} k_s)\gamma e(t)\xi_2(t), \quad \frac{\mathrm{d}\beta_1}{\mathrm{d}t} = -(\operatorname{sgn} k_s)\gamma e(t)y(t),$$

wobei $e(t) := y(t) - y_f(t)$ die Fehlerfunktion bedeutet. Als Zahlenwerte werden gewählt:

$$k_s = 2, \quad a_0 = 2, \quad b_0 = 3, \quad b_1 = \pm 4,$$

$$k_m = 1, \quad c_0 = 1, \quad d_0 = 6, \quad d_1 = 5.$$

Bild 10.24 zeigt die Ergebnisse der Simulation bei der Wahl von $b_1 = -4$ sowie

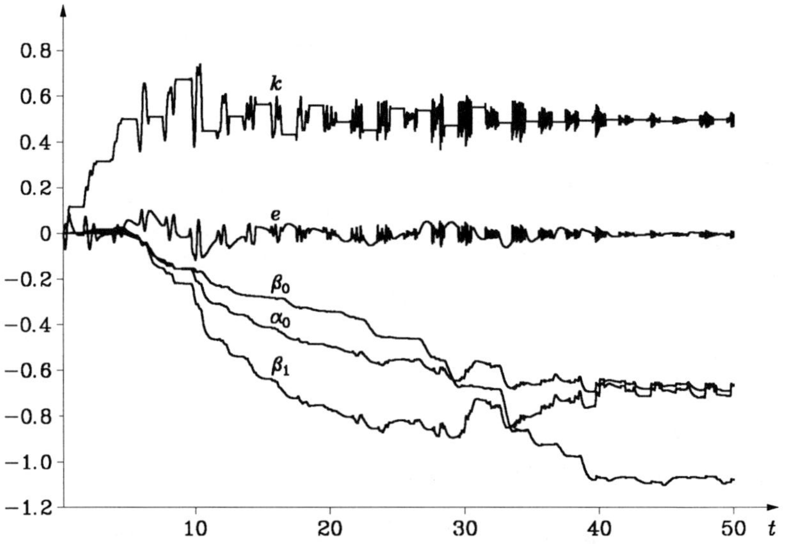

Bild 10.25: Simulationsergebnisse von Beispiel 10.3 für $b_1 = 4$

$$\gamma = 5\,, \quad \xi_0 = 5\cos(\mathrm{e}t)\,p(t)$$

mit $p(t)$ aus Beispiel 10.1 und Anfangswerten Null. Die Ergebnisse sind mit den idealen Werten $\overline{k} = 0{,}5$; $\overline{\alpha}_0 = -1$, $\overline{\beta}_0 = 3$ und $\overline{\beta}_1 = -4{,}5$ zu vergleichen. Bild 10.25 zeigt die Simulationsergebnisse bei Wahl von $b_1 = 4$ sowie

$$\gamma = 10\,, \quad \xi_0 = \mathrm{e}^{-\frac{t}{10}} \cos(10t)\,p(t)$$

und den Anfangswerten Null. Die Ergebnisse sind mit den idealen Werten $\overline{k} = 0{,}5$; $\overline{\alpha}_0 = -1$, $\overline{\beta}_0 = -1$ und $\overline{\beta}_1 = -0{,}5$ zu vergleichen.

2.2.3 Regelstrecken mit relativem Grad größer als Eins

Wenn der relative Grad r der Übertragungsfunktion $H_m(p)$ größer als Eins ist, kann diese grundsätzlich keine SP-Funktion sein. Das ist ein wesentlicher Unterschied zur bisherigen Betrachtung. Das gemeinsame Nennerpolynom der Reglerübertragungsfunktionen $H_1(p)$ und $H_2(p)$ wird nun im Gegensatz zu Gl. (10.282) als

$$D(p) = N_m(p)\,h(p) \tag{10.296}$$

gewählt, wobei $h(p)$ ein Hurwitz-Polynom vom Grad $r-1$ mit dem Koeffizienten Eins bei der höchsten p-Potenz bedeutet. Damit besitzt $D(p)$ den Grad $q-1$.

Zunächst soll gezeigt werden, daß bei Kenntnis der Regelstreckenübertragungsfunktion $H_s(p)$ die Reglerparameter eindeutig eingestellt werden können, so daß $H(p)$ mit $H_m(p)$ übereinstimmt. Führt man die Gln. (10.271), (10.275a,b) mit Gl. (10.296) in Gl. (10.277) ein, so erhält man

$$H(p) = \frac{k\,k_s N_s(p)\,N_m(p)\,h(p)}{D_s(p)\,[N_m(p)\,h(p) - N_1(p)] - k_s N_s(p)\,[N_2(p) + \beta_{q-1} N_m(p)\,h(p)]}\,.$$

Nun wird die Identität

$$D_s(p)\,[N_m(p)\,h(p) - N_1(p)] - k_s N_s(p)\,[N_2(p) + \beta_{q-1} N_m(p)\,h(p)]$$

$$= k\,k_s N_s(p)\,h(p)\,D_m(p)/k_m \tag{10.297}$$

gefordert, um zu erreichen, daß die Gleichheit

$$H(p) = k_m \frac{N_m(p)}{D_m(p)}\,,$$

d. h. die Übereinstimmung von $H(p)$ mit $H_m(p)$ entsteht. Im folgenden soll gezeigt werden, wie die idealen Polynome

$$N_1(p) = \overline{N}_1(p) \quad \text{und} \quad N_2(p) = \overline{N}_2(p)$$

sowie die idealen Parameterwerte $\beta_{q-1} = \overline{\beta}_{q-1}$ und $k = \overline{k}$ als Lösung der Gl. (10.297) erhalten werden können. Zunächst ergibt der Vergleich der Koeffizienten bei der höchsten p-Potenz auf beiden Seiten von Gl. (10.297) miteinander, daß der Faktor $k k_s / k_m$ mit 1 übereinstimmen muß. Hieraus folgt

$$\bar{k} = \frac{k_m}{k_s}. \tag{10.298}$$

Weiterhin wird die Gl. (10.297) mit $D_s(p)N_s(p)$ auf beiden Seiten dividiert, so daß die Gleichung

$$\frac{\bar{N}_1(p)}{N_s(p)} + \frac{k_s[\bar{N}_2(p) + \bar{\beta}_{q-1}N_m(p)h(p)]}{D_s(p)} = \frac{N_m(p)h(p)}{N_s(p)} - \frac{D_m(p)h(p)}{D_s(p)} \tag{10.299a}$$

entsteht. Die rechte Seite dieser Gleichung

$$R(p) := \frac{N_m(p)h(p)}{N_s(p)} - \frac{D_m(p)h(p)}{D_s(p)} \tag{10.299b}$$

ist bei Kenntnis von $H_s(p)$ nach Gl. (10.271) und von $H_m(p)$ nach Gl. (10.273) sowie nach Wahl von $h(p)$ explizit bekannt. Da $N_s(p)$ und $D_s(p)$ voraussetzungsgemäß keine gemeinsame Nullstelle haben, besitzen sie kein gemeinsames Faktorpolynom (mindestens ersten Grades). Die rationale Funktion $R(p)$ nach Gl. (10.299b) ist jetzt in eine Partialbruchsumme zu entwickeln. Zur Vereinfachung sei angenommen, daß $N_s(p)$ und $D_s(p)$ ausschließlich einfache Nullstellen $p_1, p_2, \ldots, p_{q-r}$ bzw. $r_1, r_2, \ldots, r_q$ aufweisen. Dann läßt sich die Partialbruchsumme in der Form

$$R(p) = A_{-(r-1)}p^{r-1} + A_{-(r-2)}p^{r-2} + \cdots + A_0 + \sum_{\nu=1}^{q-r} \frac{A_\nu}{p - p_\nu}$$

$$+ B_{-(r-1)}p^{r-1} + B_{-(r-2)}p^{r-2} + \cdots + B_0 + \sum_{\nu=1}^{q} \frac{B_\nu}{p - r_\nu} \tag{10.300}$$

mit $A_{-(r-1)} + B_{-(r-1)} = 0$ schreiben. Aufgrund des Vergleichs von Gl. (10.300) mit Gl. (10.299a) erhält man die Darstellungen

$$\frac{\bar{N}_1(p)}{N_s(p)} = (A_{-(r-2)} + B_{-(r-2)})p^{r-2} + \cdots + (A_0 + B_0) + \sum_{\nu=1}^{q-r} \frac{A_\nu}{p - p_\nu} \tag{10.301a}$$

und

$$\frac{\bar{N}_2(p) + \bar{\beta}_{q-1}N_m(p)h(p)}{D_s(p)} = \frac{1}{k_s} \sum_{\nu=1}^{q} \frac{B_\nu}{p - r_\nu} \tag{10.301b}$$

oder, wenn man die Partialbruchsummen auf den rechten Seiten von Gln. (10.301a,b) auf den Hauptnenner $N_s(p)$ bzw. $D_s(p)$ bringt,

$$\frac{\bar{N}_1(p)}{N_s(p)} = \frac{P_1(p)}{N_s(p)} \tag{10.302a}$$

und

$$\frac{\bar{N}_2(p) + \bar{\beta}_{q-1}N_m(p)h(p)}{D_s(p)} = \frac{P_2(p)}{D_s(p)} \tag{10.303a}$$

mit den Polynomen

$$P_1(p) = u_{q-2}\,p^{q-2} + u_{q-3}\,p^{q-3} + \cdots + u_0 \qquad (10.302b)$$

und

$$P_2(p) = v_{q-1}\,p^{q-1} + v_{q-2}\,p^{q-2} + \cdots + v_0\,. \qquad (10.303b)$$

Die Gl. (10.303a) lehrt in Verbindung mit Gl. (10.303b), daß

$$\overline{\beta}_{q-1} = v_{q-1} \qquad (10.304a)$$

zu wählen ist. Die Polynome $\overline{N}_1(p)$ und $\overline{N}_2(p)$ erhält man schließlich, wie aus obigen Gleichungen hervorgeht, durch

$$\overline{N}_1(p) = P_1(p) \qquad (10.304b)$$

und

$$\overline{N}_2(p) = P_2(p) - v_{q-1} N_m(p)\,h(p)\,. \qquad (10.304c)$$

Bei mehrfachen Nullstellen von $N_s(p)$ und $D_s(p)$ ist die Partialbruchentwicklung von $R(p)$ entsprechend zu erweitern.

Die vorausgegangenen Überlegungen haben gezeigt, daß die idealen Polynome $\overline{N}_1(p)$ und $\overline{N}_2(p)$ sowie der ideale Koeffizient $\overline{\beta}_{q-1}$ durch Partialbruchentwicklung der rationalen Funktion $R(p)$ von Gl. (10.299b) erhalten werden. Dadurch wird erreicht, daß die Übertragungsfunktionen $H(p)$ und $H_m(p)$ für alle p-Werte miteinander übereinstimmen. In diesem Fall werden die Reglerübertragungsfunktionen und die Parameter mit einem Querstrich versehen.

Beispiel 10.4: Es sei

$$H_m(p) = \frac{2}{p^2 + p + 1} \quad \text{und} \quad H_s(p) = \frac{1}{p^2 - p - 2}\,,$$

also $r = 2$, und es wird

$$h(p) = p + 3$$

gewählt, so daß

$$k_m = 2\,, \quad N_m(p) = 1\,, \quad D_m(p) = p^2 + p + 1\,,$$

$$k_s = 1\,, \quad N_s(p) = 1\,, \quad D_s(p) = p^2 - p - 2 = (p+1)(p-2)$$

sowie

$$H_1(p) = \frac{\alpha_0}{p+3}\,, \quad H_2(p) = \frac{\beta_0}{p+3} + \beta_1\,,$$

d. h. $N_1(p) = \alpha_0$ und $N_2(p) = \beta_0$ gilt. Die Gl. (10.298) liefert

$$\overline{k} = 2\,,$$

Gl. (10.299b)

$$R(p) = p + 3 - \frac{(p^2 + p + 1)(p + 3)}{(p+1)(p-2)}\,.$$

Durch Partialbruchentwicklung ergibt sich

$$R(p) = -2 + \frac{2/3}{p+1} - \frac{35/3}{p-2}$$

und damit gemäß Gln. (10.302a) und (10.303a)

$$\frac{\overline{N}_1(p)}{N_s(p)} = -2 \quad \text{und} \quad \frac{\overline{N}_2(p) + \overline{\beta}_{q-1} N_m(p) h(p)}{D_s(p)} = \frac{2/3}{p+1} - \frac{35/3}{p-2} = \frac{-11p - 13}{D_s(p)} .$$

Hieraus folgt aufgrund von Gln. (10.304a,c)

$$\overline{\beta}_1 = -11 \quad \text{und} \quad \overline{N}_2(p) = -11p - 13 + 11(p+3) = 20 .$$

Das Resultat lautet also

$$\overline{k} = 2, \quad \overline{H}_1(p) = \frac{-2}{p+3}, \quad \overline{H}_2(p) = -11 + \frac{20}{p+3} = \frac{-11p - 13}{p+3} .$$

Man kann anhand der Gl. (10.277) leicht verifizieren, daß $H(p) \equiv H_m(p)$ gilt.

Das Regelgesetz ist auch hier durch Gl. (10.281) gegeben, der Nachführungsfehler $e(t)$ wird durch Gl. (10.288) beschrieben. Da $H_m(p)$ aber hier keine SP-Funktion ist, kann die Adaption nicht nach Gl. (10.289) durchgeführt werden. Um die diesbezügliche Schwierigkeit zu überwinden, wurde das Konzept des sogenannten erweiterten Fehlers [Mo1] eingeführt. Hierauf wird im folgenden eingegangen.

Der zunächst zu definierende Hilfsfehler

$$e_0(t) := \boldsymbol{p}^{\mathrm{T}}(t)\,[h_m(t) * \boldsymbol{\xi}(t)] - h_m(t) * [\boldsymbol{p}^{\mathrm{T}}(t)\,\boldsymbol{\xi}(t)] \tag{10.305a}$$

hat die bemerkenswerte Eigenschaft, daß er für $\boldsymbol{p}(t) \equiv \overline{\boldsymbol{p}}$, d. h. im angestrebten Idealfall mit dem zeitunabhängigen Parametervektor $\overline{\boldsymbol{p}}$, identisch verschwindet. Insofern darf auf der rechten Seite von Gl. (10.305a) der Parametervektor $\boldsymbol{p}(t)$ durch den Fehlervektor $\widetilde{\boldsymbol{p}}(t) = \boldsymbol{p}(t) - \overline{\boldsymbol{p}}$ ersetzt werden, ohne daß sich die Darstellung von $e_0(t)$ dadurch ändert:

$$e_0(t) := \widetilde{\boldsymbol{p}}^{\mathrm{T}}(t)\,[h_m(t) * \boldsymbol{\xi}(t)] - h_m(t) * [\widetilde{\boldsymbol{p}}^{\mathrm{T}}(t)\,\boldsymbol{\xi}(t)] . \tag{10.305b}$$

Mit Hilfe des Nachführungsfehlers $e(t)$ nach Gl. (10.288) und des Hilfsfehlers nach Gln. (10.305a,b) läßt sich nun der erweiterte Fehler

$$\varepsilon(t) := e(t) + \left[\frac{1}{\overline{k}} + \alpha(t)\right] e_0(t) \tag{10.306}$$

definieren. Dabei bedeutet $\alpha(t)$ einen zunächst zeitvarianten Parameter, der aber keinen Reglerparameter darstellt, sondern zur Bildung von $\varepsilon(t)$ eingeführt und durch Adaption festgelegt wird. Führt man die Gln. (10.288) und (10.305b) in Gl. (10.306) ein, so erhält man

$$\varepsilon(t) = \frac{1}{\overline{k}}[h_m(t) * (\widetilde{\boldsymbol{p}}^{\mathrm{T}}(t)\,\boldsymbol{\xi}(t)) + \widetilde{\boldsymbol{p}}^{\mathrm{T}}(t)\,(h_m(t) * \boldsymbol{\xi}(t))$$

$$- h_m(t) * (\widetilde{\boldsymbol{p}}^{\mathrm{T}}(t)\,\boldsymbol{\xi}(t))] + \alpha(t) e_0(t)$$

oder mit der Abkürzung

$$\boldsymbol{\eta}(t) := h_m(t) * \boldsymbol{\xi}(t) \tag{10.307}$$

schließlich für den erweiterten Fehler die Darstellung

$$\varepsilon(t) = \frac{1}{\bar{k}}\tilde{\boldsymbol{p}}^{\mathrm{T}}(t)\,\boldsymbol{\eta}(t) + \alpha(t)e_0(t). \tag{10.308}$$

Im Vergleich zum Nachführungsfehler $e(t)$ nach Gl. (10.288) ist der erweiterte Fehler $\varepsilon(t)$ mit dem Parameterfehler $\tilde{\boldsymbol{p}}$ vorteilhafter verknüpft.

Es werden $\tilde{\boldsymbol{p}}(t)$ und $\alpha(t)$ als Parameter zur Reduzierung des Quadrates des erweiterten Fehlers betrachtet. Hierfür bietet sich das Gradientenverfahren an, dessen Grundgedanke darin besteht, die Richtung der zeitlichen Änderungen

$$\frac{\mathrm{d}\boldsymbol{p}(t)}{\mathrm{d}t} = \frac{\mathrm{d}\tilde{\boldsymbol{p}}(t)}{\mathrm{d}t} \quad \text{und} \quad \frac{\mathrm{d}\alpha(t)}{\mathrm{d}t}$$

entgegen der Gradientenänderungen $\partial\,\varepsilon^2/\partial\,\tilde{\boldsymbol{p}}$ bzw. $\partial\,\varepsilon^2/\partial\,\alpha$ zu wählen. Für diese Gradienten erhält man aufgrund von Gl. (10.308)

$$\frac{\partial\,\varepsilon^2}{\partial\,\tilde{\boldsymbol{p}}} = \frac{2\,\varepsilon}{\bar{k}}\,\boldsymbol{\eta}^{\mathrm{T}} \quad \text{bzw.} \quad \frac{\partial\,\varepsilon^2}{\partial\,\alpha} = 2\,\varepsilon\,e_0\,.$$

Nimmt man wieder an, daß $\bar{k}$ und k_s das gleiche Vorzeichen haben, und führt man erneut einen Adaptionsgewinn $\gamma > 0$ sowie eine Normierung mit dem Faktor $1 + \boldsymbol{\eta}^{\mathrm{T}}\boldsymbol{\eta}$ ein, dann gelangt man zum Adaptionsgesetz

$$\frac{\mathrm{d}\boldsymbol{p}(t)}{\mathrm{d}t} = -\frac{\operatorname{sgn}(k_s)\,\gamma\,\varepsilon(t)}{1 + \boldsymbol{\eta}^{\mathrm{T}}(t)\,\boldsymbol{\eta}(t)}\,\boldsymbol{\eta}(t) \tag{10.309a}$$

und

$$\frac{\mathrm{d}\alpha(t)}{\mathrm{d}t} = -\frac{\gamma\,\varepsilon(t)}{1 + \boldsymbol{\eta}^{\mathrm{T}}(t)\,\boldsymbol{\eta}(t)}\,e_0(t). \tag{10.309b}$$

Das globale asymptotische Verschwinden des Nachführungsfehlers läßt sich auf der Basis der Gln. (10.281) und (10.309a,b) zeigen. Wegen des mathematischen Aufwands wird auf einen Beweis verzichtet und stattdessen auf das Schrifttum verwiesen [Na1]. Es ist zu beachten, daß die Auswertung der Gl. (10.306) den Wert $\bar{k}$ erfordert, der jedoch zunächst unbekannt ist. Da aber $1/\bar{k}$ mit $\alpha(t)$ additiv verknüpft ist, genügt es, für $1/\bar{k}$ einen Schätzwert zu verwenden. Der dadurch entstehende Fehler läßt sich in den von $\alpha(t)$ einbeziehen und hat auf das Adaptionsgesetz keinen Einfluß.

Bild 10.26 zeigt die beschriebene adaptive Regelung in Form eines Blockdiagramms. Die Realisierung der Reglerblöcke $H_1(p)$ und $H_2(p)$ ist dem Bild 10.27 zu entnehmen.

Beispiel 10.5: Es werden die Systeme aus Beispiel 10.4 gewählt. Zur Simulation der Regelstrecke wird die Zustandsdarstellung

$$\frac{\mathrm{d}z_1(t)}{\mathrm{d}t} = z_2(t), \quad \frac{\mathrm{d}z_2(t)}{\mathrm{d}t} = -b_0 z_1(t) - b_1 z_2(t) + k(t)\,\xi_0(t) + \alpha_0(t)\,\xi_1(t) + \beta_0(t)\,\xi_2(t) + \beta_1(t)\,y(t)$$

$$y(t) = k_s\,z_1(t)$$

mit $k_s = 1$, $b_0 = -2$ und $b_1 = -1$ verwendet. Die Beschreibung der Modellstrecke lautet

$$\frac{\mathrm{d}\zeta_1(t)}{\mathrm{d}t} = \zeta_2(t), \quad \frac{\mathrm{d}\zeta_2(t)}{\mathrm{d}t} = -d_0\,\zeta_1(t) - d_1\,\zeta_2(t) + \xi_0(t),$$

$$y_f(t) = k_m\,\zeta_1(t)$$

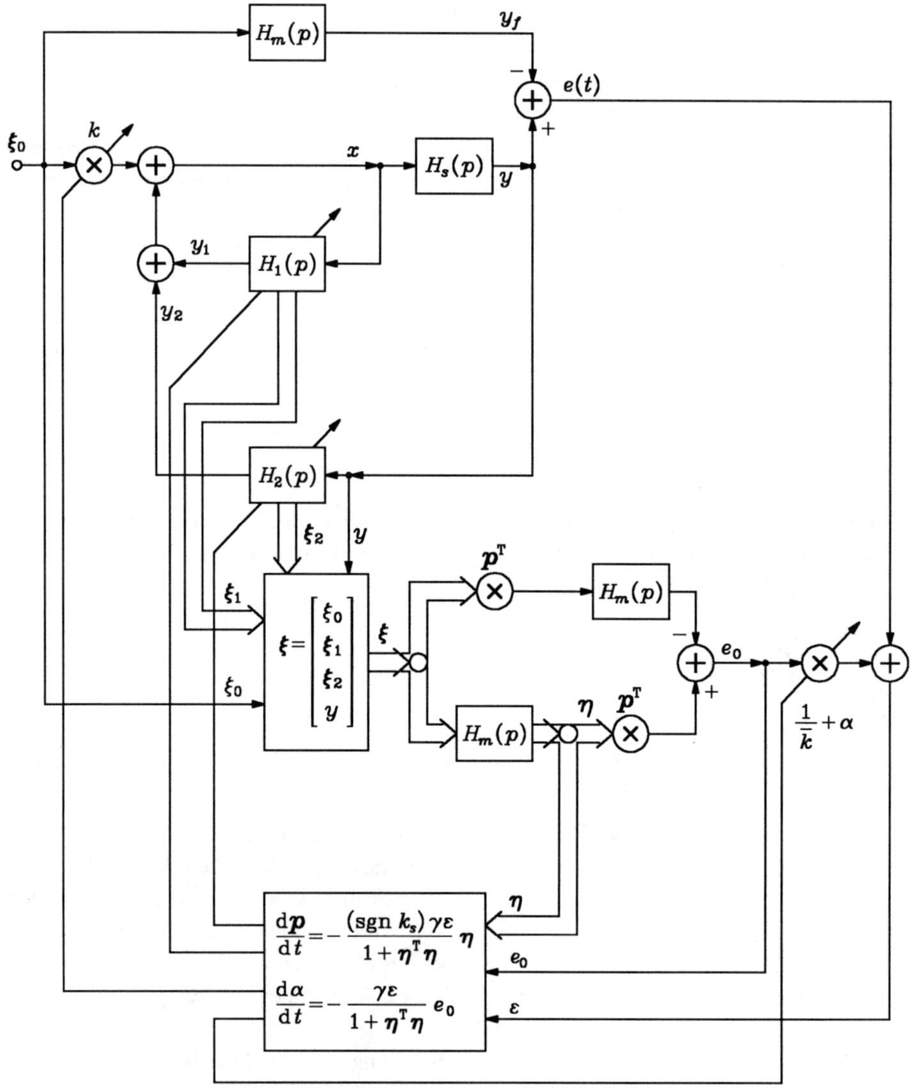

Bild 10.26: Modellbezogene adaptive Regelung für den Fall, daß $H_m(p)$ keine SP-Funktion ist. Es bedeutet $\boldsymbol{\xi}_1 = [\,\xi_1 \quad \xi_2 \quad \cdots \quad \xi_{q-1}\,]^{\mathrm{T}}$ und $\boldsymbol{\xi}_2 = [\,\xi_q \quad \xi_{q+1} \quad \cdots \quad \xi_{2q-2}\,]^{\mathrm{T}}$

mit $k_m = 2$, $d_0 = 1$ und $d_1 = 1$. Die Blöcke H_1 und H_2 werden durch die Zustandsgleichungen

$$\frac{\mathrm{d}\,\xi_1(t)}{\mathrm{d}t} = -\,\delta_0\,\xi_1(t) + k(t)\,\xi_0(t) + \alpha_0(t)\,\xi_1(t) + \beta_0(t)\,\xi_2(t) + \beta_1(t)y(t)\,,$$

$$y_1(t) = \alpha_0(t)\,\xi_1(t)$$

bzw.

$$\frac{\mathrm{d}\,\xi_2(t)}{\mathrm{d}t} = -\,\delta_0\,\xi_2(t) + y(t)\,, \qquad y_2(t) = \beta_0(t)\,\xi_2(t) + \beta_1(t)y(t)$$

beschrieben mit $\delta_0 = 3$.

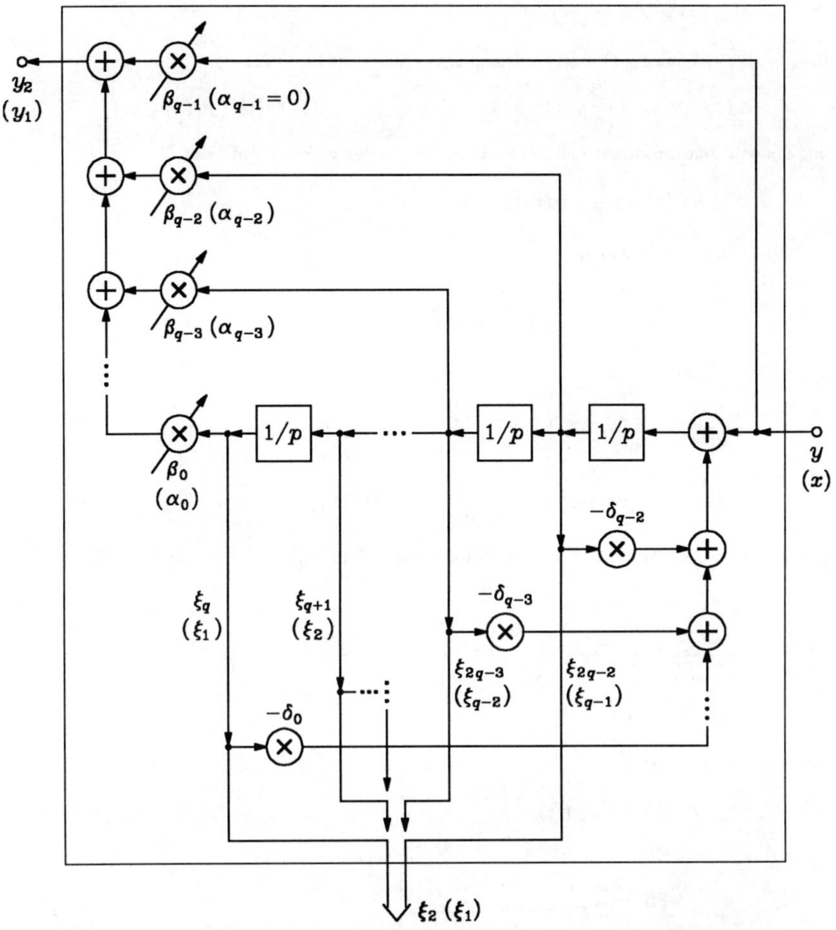

Bild 10.27: Realisierung der Reglerblöcke $H_1(p)$ und $H_2(p)$ aus Bild 10.26 mit einstellbaren Parametern α_0, $\alpha_1, \ldots, \alpha_{q-2}$ und $\beta_0, \beta_1, \ldots, \beta_{q-1}$. Die in Klammern angegebenen Größen beziehen sich auf $H_1(p)$, wobei $\alpha_{q-1} = 0$ zu beachten ist (der entsprechende Pfad entfällt bei der Realisierung von $H_1(p)$). Es bedeutet $\boldsymbol{\xi}_1 = [\,\xi_1 \quad \xi_2 \quad \cdots \quad \xi_{q-1}]^{\mathrm{T}}$ und $\boldsymbol{\xi}_2 = [\,\xi_q \quad \cdots \quad \xi_{2q-2}]^{\mathrm{T}}$

Zur Realisierung des Hilfsfehlers $e_0(t)$ und des erweiterten Fehlers $\varepsilon(t)$ werden die folgenden Differentialgleichungen verwendet.

Für $h_m(t) * [\boldsymbol{p}^{\mathrm{T}}(t)\ \boldsymbol{\xi}(t)]$:

$$\frac{\mathrm{d}w_1(t)}{\mathrm{d}t} = w_2(t),$$

$$\frac{\mathrm{d}w_2(t)}{\mathrm{d}t} = -d_0 w_1(t) - d_1 w_2(t) + k(t)\,\xi_0(t) + \alpha_0(t)\,\xi_1(t) + \beta_0(t)\,\xi_2(t) + \beta_1(t)\,y(t),$$

$$\eta_0(t) = k_m w_1(t).$$

Für $\boldsymbol{p}^{\mathrm{T}}(t)\ [h_m(t) * \boldsymbol{\xi}(t)] = \boldsymbol{p}^{\mathrm{T}}(t)\,\boldsymbol{\eta}(t)$:

$$\frac{\mathrm{d}w_{3+2\nu}(t)}{\mathrm{d}t} = w_{4+2\nu}(t), \qquad \frac{\mathrm{d}w_{4+2\nu}(t)}{\mathrm{d}t} = -d_0 w_{3+2\nu}(t) - d_1 w_{4+2\nu}(t) + \xi_\nu(t),$$

$$\eta_{1+\nu}(t) = k_m w_{3+2\nu}(t)$$

für $\nu = 0, 1, 2, 3$ und $\xi_3(t) := y(t)$. Damit erhält man den Hilfsfehler

$$e_0(t) = -\eta_0(t) + k(t)\eta_1(t) + \alpha_0(t)\eta_2(t) + \beta_0(t)\eta_3(t) + \beta_1(t)\eta_4(t)$$

und mit dem Nachführungsfehler $e(t) = y(t) - y_f(t)$ den erweiterten Fehler

$$\varepsilon(t) = e(t) + \left[\frac{1}{\overline{k}} + \alpha(t)\right] e_0(t).$$

Bei Verwendung der Abkürzung

$$v(t) := \frac{\gamma\,\varepsilon(t)}{1 + \eta_1^2(t) + \eta_2^2(t) + \eta_3^2(t) + \eta_4^2(t)}$$

lautet das Adaptionsgesetz

$$\frac{\mathrm{d}k(t)}{\mathrm{d}t} = -v(t)\eta_1(t), \quad \frac{\mathrm{d}\alpha(t)}{\mathrm{d}t} = -v(t)e_0(t),$$

$$\frac{\mathrm{d}\alpha_0(t)}{\mathrm{d}t} = -v(t)\eta_2(t), \quad \frac{\mathrm{d}\beta_0(t)}{\mathrm{d}t} = -v(t)\eta_3(t), \quad \frac{\mathrm{d}\beta_1(t)}{\mathrm{d}t} = -v(t)\eta_4(t).$$

Bild 10.28 zeigt die Ergebnisse der Simulation bei der Wahl von $\gamma = 1$, $\overline{k} = 1$ und

$$\xi_0(t) = 2\cos t + 3\cos 2t\,.$$

Als Startwerte wurden $k = 2{,}2$; $\alpha_0 = -2{,}2$; $\beta_0 = 25{,}0$ und $\beta_1 = -5{,}0$ gewählt.

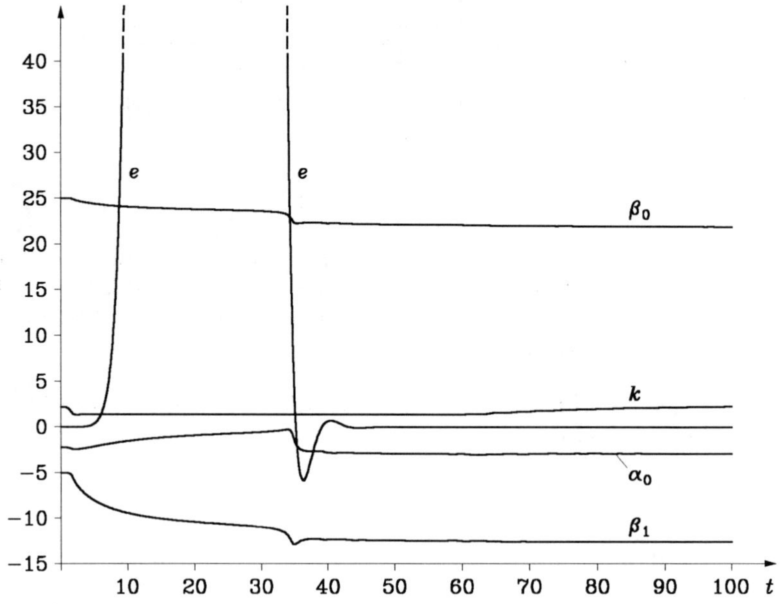

Bild 10.28: Simulationsergebnisse von Beispiel 10.5

2.3 ADAPTIVE BEOBACHTER

Im Kapitel II, Abschnitt 5.3 wurde der Luenberger-Beobachter eingeführt, der dazu dient, die Zustandsgrößen eines linearen, zeitinvarianten und beobachtbaren Systems aufgrund der alleinigen Messung des Eingangssignals und des Ausgangssignals zu ermitteln, wobei angenommen wird, daß alle Parameter einer Zustandsdarstellung des Systems bekannt sind.

Adaptive Beobachter sind dazu gedacht, den Zustand eines linearen, zeitinvarianten und beobachtbaren Systems bei alleiniger Verwendung der Eingangsgrößen und Ausgangsgrößen zu ermitteln, wobei aber im Gegensatz zum Luenberger-Beobachter die Parameter des zu beobachtenden Systems unbekannt sind. Bekannt sei jedoch, daß das zu beobachtende System im Zustandsraum mit der (minimalen) Ordnung q darstellbar ist. Der Zustand $\boldsymbol{z}_0(t)$ einer solchen Darstellung soll geschätzt werden. Im folgenden wird ein Konzept zur Synthese von adaptiven Beobachtern vorgestellt, das wesentlich auf den Arbeiten [Lu5] und [Kr1] basiert.

2.3.1 Vorbereitung

Es wird ein lineares, zeitinvariantes System mit einem Eingang und einem Ausgang betrachtet, das durch seine Übertragungsfunktion

$$H_0(p) = \frac{N_0(p)}{D_0(p)} \tag{10.310}$$

mit den reellen Polynomen

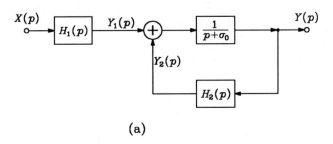

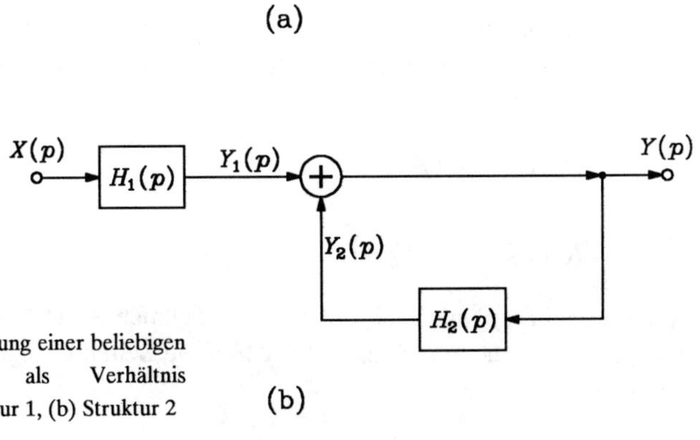

Bild 10.29: Nichtminimale Darstellung einer beliebigen Übertragungsfunktion als Verhältnis $Y(p)/X(p)$; (a) Struktur 1, (b) Struktur 2

$$N_0(p) = b_{q-1}p^{q-1} + \cdots + b_1 p + b_0 \tag{10.311a}$$

und

$$D_0(p) = p^q + a_{q-1}p^{q-1} + \cdots + a_1 p + a_0 \tag{10.311b}$$

spezifiziert sein soll. Dabei wird angenommen, daß $N_0(p)$ und $D_0(p)$ keine gemeinsame Nullstelle haben und $D_0(p)$ ein Hurwitz-Polynom ist. Im folgenden wird gezeigt, daß jedes derartige System gemäß der Struktur nach Bild 10.29a oder der Konfiguration nach Bild 10.29b aufgrund der Forderung $H_0(p) = Y(p)/X(p)$ realisiert werden kann, indem die Übertragungsfunktionen

$$H_1(p) = \frac{N_1(p)}{D(p)} \quad \text{und} \quad H_2(p) = \frac{N_2(p)}{D(p)} \tag{10.312a,b}$$

der auftretenden Blöcke geeignet gewählt werden. Das gemeinsame Nennerpolynom $D(p)$ bedeutet im Fall der Struktur nach Bild 10.29a ein Hurwitz-Polynom $(q-1)$-ten Grades

$$D(p) := p^{q-1} + d_{q-2}p^{q-2} + \cdots + d_1 p + d_0 \tag{10.313a}$$

und im Fall der Struktur nach Bild 10.29b ein Hurwitz-Polynom q-ten Grades

$$D(p) := p^q + d_{q-1}p^{q-1} + \cdots + d_1 p + d_0 , \tag{10.313b}$$

das als solches beliebig gewählt werden darf. Auch der im System von Bild 10.29a auftretende Parameter σ_0 darf als positive reelle Konstante willkürlich gewählt werden.

Struktur 1. Bild 10.29a entnimmt man direkt die Beziehung

$$Y(p) = \frac{1}{p + \sigma_0}\,[H_1(p)X(p) + H_2(p)Y(p)] ,$$

aus der

$$H(p) := \frac{Y(p)}{X(p)} = \frac{H_1(p)}{(p + \sigma_0) - H_2(p)}$$

folgt. Führt man hier die Gln. (10.312a,b) ein, dann entsteht die Darstellung

$$H(p) = \frac{N_1(p)}{(p + \sigma_0)D(p) - N_2(p)} \tag{10.314}$$

der Übertragungsfunktion, die mit der gegebenen Übertragungsfunktion $H_0(p)$ aus Gl. (10.310) identifiziert werden soll. Wie man sieht, stimmen beide Darstellungen miteinander überein, wenn man

$$N_1(p) \equiv N_0(p) \tag{10.315a}$$

und

$$N_2(p) \equiv (p + \sigma_0)D(p) - D_0(p) \tag{10.315b}$$

wählt, wobei $D(p)$ nach Gl. (10.313a) zu nehmen ist. Damit ist gezeigt, daß jede Übertragungsfunktion der betrachteten Art durch die Systemkonfiguration nach Bild 10.29a realisierbar ist.

Die Teilsysteme mit den Übertragungsfunktionen $H_1(p)$ und $H_2(p)$, welche auch in der Form

$$H_1(p) = k_0 + \frac{k_{q-1}p^{q-2} + \cdots + k_2 p + k_1}{D(p)} \tag{10.316a}$$

bzw.

$$H_2(p) = l_0 + \frac{l_{q-1}p^{q-2} + \cdots + l_2 p + l_1}{D(p)} \tag{10.316b}$$

mit $D(p)$ aus Gl. (10.313a) geschrieben werden können, lassen sich in der Steuerungsnormalform folgendermaßen im Zustandsraum $\mathbb{R}^{q-1}$ beschreiben:

$$\frac{\mathrm{d}\boldsymbol{\zeta}_1}{\mathrm{d}t} = \boldsymbol{A}\,\boldsymbol{\zeta}_1 + \boldsymbol{b}x_1\,, \quad y_1 = \boldsymbol{k}^{\mathrm{T}}\boldsymbol{\zeta}_1 + k_0 x_1 \tag{10.317a,b}$$

bzw.

$$\frac{\mathrm{d}\boldsymbol{\zeta}_2}{\mathrm{d}t} = \boldsymbol{A}\,\boldsymbol{\zeta}_2 + \boldsymbol{b}x_2\,, \quad y_2 = \boldsymbol{l}^{\mathrm{T}}\boldsymbol{\zeta}_2 + l_0 x_2 \tag{10.318a,b}$$

mit

$$\boldsymbol{A} := \begin{bmatrix} 0 & 1 & 0 & \cdots & 0 \\ 0 & 0 & 1 & \cdots & 0 \\ \vdots & \vdots & \vdots & & \vdots \\ 0 & 0 & 0 & \cdots & 1 \\ -d_0 & -d_1 & -d_2 & \cdots & -d_{q-2} \end{bmatrix}, \quad \boldsymbol{b} := \begin{bmatrix} 0 \\ 0 \\ \vdots \\ 0 \\ 1 \end{bmatrix}, \tag{10.319a,b}$$

$$\boldsymbol{k} := [k_1 \;\; k_2 \;\; \cdots \;\; k_{q-1}]^{\mathrm{T}}, \quad \boldsymbol{l} := [l_1 \;\; l_2 \;\; \cdots \;\; l_{q-1}]^{\mathrm{T}}. \tag{10.320a,b}$$

Dabei bedeuten $\boldsymbol{\zeta}_1$ und $\boldsymbol{\zeta}_2$ die $(q-1)$-dimensionalen Zustandsvektoren, x_1 und x_2 die Eingangssignale und y_1, y_2 die Ausgangssignale. Das Teilsystem mit der Übertragungsfunktion $1/(p + \sigma_0)$ kann im Zustandsraum $\mathbb{R}$ durch die Differentialgleichung

$$\frac{\mathrm{d}z_1}{\mathrm{d}t} = -\sigma_0 z_1 + x_3\,, \quad y_3 = z_1 \tag{10.321a,b}$$

mit der Zustandsgröße z_1, der Eingangsgröße x_3 und der Ausgangsgröße y_3 beschrieben werden. Im Bild 10.30 wird das Zusammenspiel der im Zustandsraum dargestellten Teilsysteme in Form eines Blockdiagramms veranschaulicht. Wie man sieht, gilt

$$x_1 = x\,, \quad x_2 = z_1\,, \quad x_3 = y_1 + y_2\,, \quad y_3 = y = z_1\,. \tag{10.322}$$

Außerdem kann man dem Bild 10.30 die Beziehung

$$y_1 + y_2 = [k_0 \;\; \boldsymbol{k}^{\mathrm{T}} \;\; l_0 \;\; \boldsymbol{l}^{\mathrm{T}}] \begin{bmatrix} x \\ \boldsymbol{\zeta}_1 \\ z_1 \\ \boldsymbol{\zeta}_2 \end{bmatrix} \tag{10.323}$$

entnehmen. Das Gesamtsystem wird nunmehr durch die Gln. (10.317a), (10.318a) und (10.321a) unter Beachtung der Gln. (10.319a,b) und (10.323) im Zustandsraum $\mathbb{R}^{2q-1}$ be-

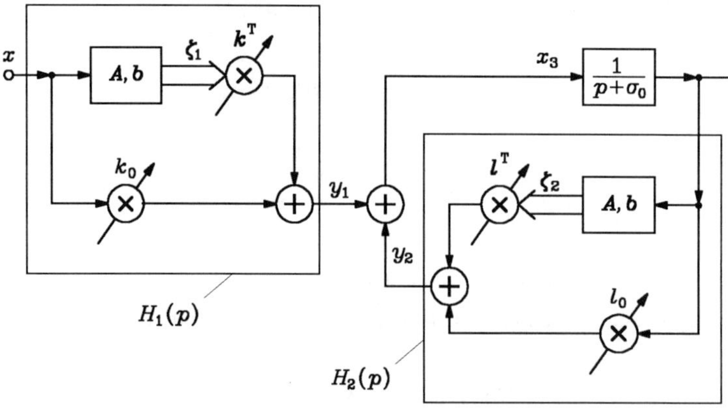

Bild 10.30: Beschreibung des zu beobachtenden Systems mit unbekannten Parametern k_0, $\boldsymbol{k}$, l_0, $\boldsymbol{l}$ (Struktur 1) und $y = y_3$

schrieben. Dabei handelt es sich nicht um eine minimale Darstellung, da die Ordnung des Gesamtsystems q ist. Grundsätzlich kann man, etwa aufgrund der Gl. (10.310) mit Gln. (10.311a,b) eine Minimaldarstellung im Zustandsraum $\mathbb{R}^q$ angeben, in die sich die vorliegende Darstellung im $\mathbb{R}^{2q-1}$ durch eine geeignete lineare Transformation überführen läßt. Mit dem Zustandsvektor

$$\boldsymbol{z} := [z_1 \quad \boldsymbol{\zeta}_1^T \quad \boldsymbol{\zeta}_2^T]^T \tag{10.324a}$$

und den weiteren Vektoren

$$\boldsymbol{\zeta} := [x \quad \boldsymbol{\zeta}_1^T \quad y \quad \boldsymbol{\zeta}_2^T]^T \tag{10.324b}$$

und

$$\boldsymbol{p} := [k_0 \quad \boldsymbol{k}^T \quad l_0 \quad \boldsymbol{l}^T]^T \tag{10.324c}$$

lassen sich die Zustandsdarstellungen der Teilsysteme zusammenfassen:

$$\frac{d\boldsymbol{z}}{dt} = \begin{bmatrix} -\sigma_0 & \boldsymbol{0} & \boldsymbol{0} \\ \boldsymbol{0} & \boldsymbol{A} & \boldsymbol{0} \\ \boldsymbol{0} & \boldsymbol{0} & \boldsymbol{A} \end{bmatrix} \boldsymbol{z} + \begin{bmatrix} \boldsymbol{p}^T & & & & & & & \\ \boldsymbol{b} & \boldsymbol{0} & \cdots & \boldsymbol{0} & \boldsymbol{0} & \boldsymbol{0} & \cdots & \boldsymbol{0} \\ \boldsymbol{0} & \boldsymbol{0} & \cdots & \boldsymbol{0} & \boldsymbol{b} & \boldsymbol{0} & \cdots & \boldsymbol{0} \end{bmatrix} \boldsymbol{\zeta}, \tag{10.325a}$$

$$y = z_1 . \tag{10.325b}$$

Eine alternative Form hierfür ist

$$\frac{dz_1}{dt} = -\sigma_0 z_1 + \boldsymbol{p}^T \boldsymbol{\zeta}, \tag{10.326a}$$

$$\frac{d}{dt}\begin{bmatrix} \boldsymbol{\zeta}_1 \\ \boldsymbol{\zeta}_2 \end{bmatrix} = \begin{bmatrix} \boldsymbol{A} & \boldsymbol{0} \\ \boldsymbol{0} & \boldsymbol{A} \end{bmatrix} \begin{bmatrix} \boldsymbol{\zeta}_1 \\ \boldsymbol{\zeta}_2 \end{bmatrix} + \begin{bmatrix} \boldsymbol{b}\, x \\ \boldsymbol{b}\, y \end{bmatrix} \tag{10.326b}$$

und

$$y = z_1 . \tag{10.326c}$$

Struktur 2. Bild 10.29b entnimmt man die Beziehung

$$Y(p) = H_1(p)X(p) + H_2(p)Y(p),$$

aus der

$$H(p) := \frac{Y(p)}{X(p)} = \frac{H_1(p)}{1 - H_2(p)}$$

folgt. Die Forderung $H(p) \equiv H_0(p)$ lautet bei Beachtung der Gln. (10.310) und (10.312a,b)

$$\frac{N_0(p)}{D_0(p)} \equiv \frac{N_1(p)}{D(p) - N_2(p)} .$$

Hieraus ergibt sich bei Wahl von $D(p)$ nach Gl. (10.313b)

$$N_1(p) \equiv N_0(p) \tag{10.327a}$$

und

$$N_2(p) \equiv D(p) - D_0(p). \tag{10.327b}$$

Damit ist gezeigt, daß jede Übertragungsfunktion der betrachteten Art durch die Systemkonfiguration nach Bild 10.29b realisierbar ist. Man beachte, daß im Gegensatz zur Struktur 1 hier die Übertragungsfunktionen $H_1(p)$ und $H_2(p)$ den Grad q aufweisen. Sie lassen sich auch in der Form

$$H_1(p) = \frac{[1 \; p \; \cdots \; p^{q-1}]\boldsymbol{k}}{D(p)}, \qquad H_2(p) = \frac{[1 \; p \; \cdots \; p^{q-1}]\boldsymbol{l}}{D(p)} \tag{10.328a,b}$$

mit

$$\boldsymbol{k} = [k_1 \;\; k_2 \;\; \cdots \;\; k_q]^{\mathrm{T}} \quad \text{und} \quad \boldsymbol{l} = [l_1 \;\; l_2 \;\; \cdots \;\; l_q]^{\mathrm{T}} \tag{10.329a,b}$$

schreiben, wobei $k_\nu = b_{\nu-1}$ und $l_\nu = d_{\nu-1} - a_{\nu-1}$ für $\nu = 1, 2, \ldots, q$ gilt. Damit kann man jedes der Teilsysteme im Zustandsraum $\mathbb{R}^q$ folgendermaßen beschreiben:

$$\frac{\mathrm{d}\boldsymbol{\zeta}_1}{\mathrm{d}t} = \boldsymbol{A}\,\boldsymbol{\zeta}_1 + \boldsymbol{b}\,x_1 , \quad y_1 = \boldsymbol{k}^{\mathrm{T}}\boldsymbol{\zeta}_1 \tag{10.330a,b}$$

bzw.

$$\frac{\mathrm{d}\boldsymbol{\zeta}_2}{\mathrm{d}t} = \boldsymbol{A}\,\boldsymbol{\zeta}_2 + \boldsymbol{b}\,x_2 , \quad y_2 = \boldsymbol{l}^{\mathrm{T}}\boldsymbol{\zeta}_2 \tag{10.331a,b}$$

mit

$$\boldsymbol{A} := \begin{bmatrix} 0 & 1 & 0 & \cdots & 0 \\ 0 & 0 & 1 & \cdots & 0 \\ \vdots & \vdots & \vdots & & \vdots \\ 0 & 0 & 0 & \cdots & 1 \\ -d_0 & -d_1 & -d_2 & \cdots & -d_{q-1} \end{bmatrix}, \quad \boldsymbol{b} := \begin{bmatrix} 0 \\ 0 \\ \vdots \\ 0 \\ 1 \end{bmatrix}, \tag{10.332a,b}$$

Für das Gesamtsystem gilt

$$x = x_1 \quad \text{und} \quad y = y_1 + y_2 = x_2 \tag{10.333a,b}$$

oder

$$y = \boldsymbol{p}^{\mathrm{T}} \boldsymbol{\zeta} \quad \text{mit} \quad \boldsymbol{p} := [\, \boldsymbol{k}^{\mathrm{T}} \;\; \boldsymbol{l}^{\mathrm{T}} \,]^{\mathrm{T}} \quad \text{und} \quad \boldsymbol{\zeta} := [\, \boldsymbol{\zeta}_1^{\mathrm{T}} \;\; \boldsymbol{\zeta}_2^{\mathrm{T}} \,]^{\mathrm{T}} . \tag{10.333c}$$

Bild 10.31 dient zur Veranschaulichung der Beschreibung des Gesamtsystems im Zustandsraum $\mathbb{R}^{2q}$ mit Zustand $\boldsymbol{\zeta} = [\, \boldsymbol{\zeta}_1^{\mathrm{T}} \;\; \boldsymbol{\zeta}_2^{\mathrm{T}} \,]^{\mathrm{T}}$.

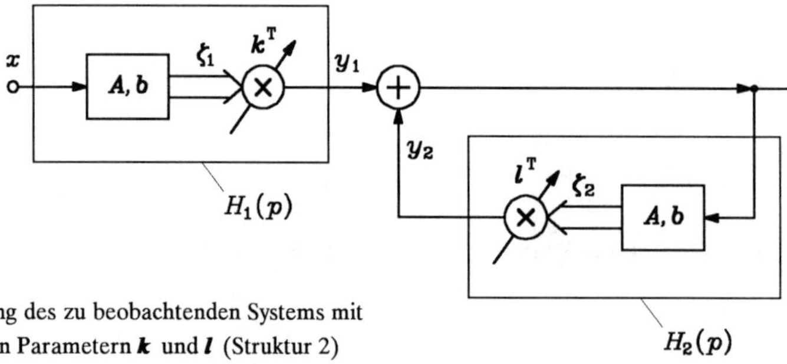

Bild 10.31: Beschreibung des zu beobachtenden Systems mit unbekannten Parametern $\boldsymbol{k}$ und $\boldsymbol{l}$ (Struktur 2)

2.3.2 Das Beobachterkonzept

Struktur 1. Bild 10.32 zeigt die Struktur 1 des zu diskutierenden Beobachterkonzepts. Das zu beobachtende asymptotisch stabile System sei durch die Gln. (10.326a-c) beschrieben, wobei jedoch der Parametervektor $\boldsymbol{p}$ nach Gl. (10.324c) unbekannt ist. Der Beobachter wird entsprechend durch

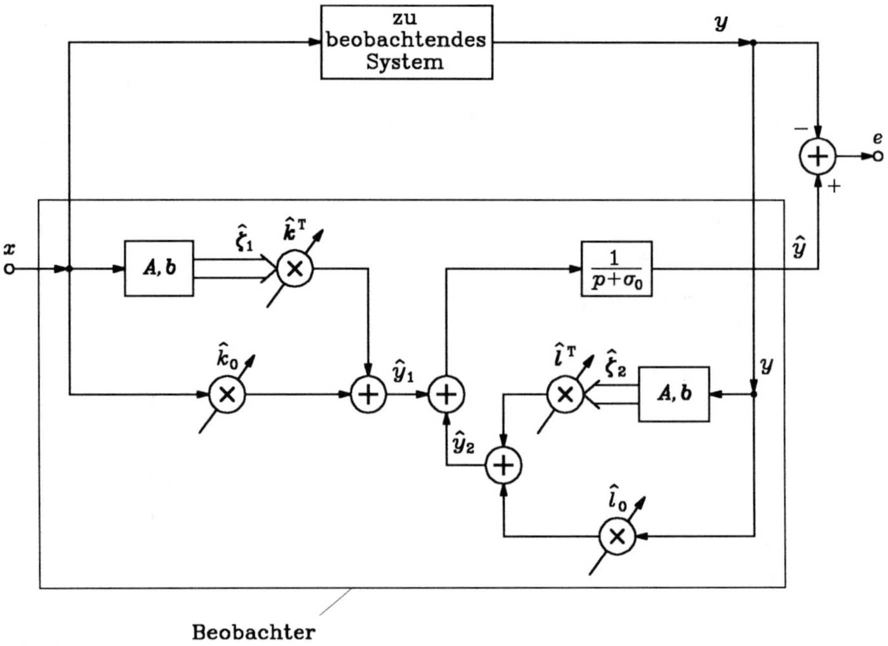

Bild 10.32: Struktur 1 des Beobachterkonzepts

$$\frac{\mathrm{d}\hat{z}_1}{\mathrm{d}t} = -\sigma_0 \hat{z}_1 + \hat{\boldsymbol{p}}^{\mathrm{T}} \hat{\boldsymbol{\zeta}}, \tag{10.334a}$$

$$\frac{\mathrm{d}}{\mathrm{d}t}\begin{bmatrix} \hat{\boldsymbol{\zeta}}_1 \\ \hat{\boldsymbol{\zeta}}_2 \end{bmatrix} = \begin{bmatrix} \boldsymbol{A} & \boldsymbol{0} \\ \boldsymbol{0} & \boldsymbol{A} \end{bmatrix} \begin{bmatrix} \hat{\boldsymbol{\zeta}}_1 \\ \hat{\boldsymbol{\zeta}}_2 \end{bmatrix} + \begin{bmatrix} \boldsymbol{b}\, x \\ \boldsymbol{b}\, y \end{bmatrix} \tag{10.334b}$$

und

$$\hat{y} = \hat{z}_1 \tag{10.334c}$$

mit dem zeitvarianten Parameterschätzvektor $\hat{\boldsymbol{p}} = \hat{\boldsymbol{p}}(t)$ dargestellt. Dabei ist besonders zu beachten, daß dem Beobachter anstelle von $\hat{y}$ das Ausgangssignal y des zu beobachtenden Systems zugeführt wird. Für den Differenzenvektor

$$\Delta \boldsymbol{\zeta} := [\Delta \boldsymbol{\zeta}_1^{\mathrm{T}} \;\; \Delta \boldsymbol{\zeta}_2^{\mathrm{T}}]^{\mathrm{T}} := [\hat{\boldsymbol{\zeta}}_1^{\mathrm{T}} - \boldsymbol{\zeta}_1^{\mathrm{T}} \;\; \hat{\boldsymbol{\zeta}}_2^{\mathrm{T}} - \boldsymbol{\zeta}_2^{\mathrm{T}}]^{\mathrm{T}} \tag{10.335}$$

erhält man gemäß den Gln. (10.326b) und (10.334b) die Differentialgleichung

$$\frac{\mathrm{d}\Delta \boldsymbol{\zeta}}{\mathrm{d}t} = \begin{bmatrix} \boldsymbol{A} & \boldsymbol{0} \\ \boldsymbol{0} & \boldsymbol{A} \end{bmatrix} \Delta \boldsymbol{\zeta}, \tag{10.336}$$

woraus zu erkennen ist, daß sowohl $\Delta \boldsymbol{\zeta}_1$ als auch $\Delta \boldsymbol{\zeta}_2$ asymptotisch gegen den Nullvektor strebt. Das Ausgangssignal y des zu beobachtenden Systems und das Ausgangssignal $\hat{y}$ des Beobachters sind durch die Differentialgleichungen

$$\frac{\mathrm{d}y}{\mathrm{d}t} = -\sigma_0 y + \boldsymbol{p}^{\mathrm{T}} \boldsymbol{\zeta},$$

bzw.

$$\frac{\mathrm{d}\hat{y}}{\mathrm{d}t} = -\sigma_0 \hat{y} + \hat{\boldsymbol{p}}^{\mathrm{T}} \hat{\boldsymbol{\zeta}}$$

beschrieben, wobei $\hat{\boldsymbol{p}}$ analog zu $\boldsymbol{p}$ durch $[\hat{k}_0 \;\; \hat{\boldsymbol{k}}^{\mathrm{T}} \;\; \hat{l}_0 \;\; \hat{\boldsymbol{l}}^{\mathrm{T}}]^{\mathrm{T}}$ und $\hat{\boldsymbol{\zeta}}$ analog zu $\boldsymbol{\zeta}$ durch $[x \;\; \hat{\boldsymbol{\zeta}}_1^{\mathrm{T}} \;\; y \;\; \hat{\boldsymbol{\zeta}}_2^{\mathrm{T}}]^{\mathrm{T}}$ definiert ist. Für den Beobachtungsfehler

$$e(t) := \hat{y}(t) - y(t)$$

erhält man damit die Differentialgleichung

$$\frac{\mathrm{d}e}{\mathrm{d}t} = -\sigma_0 e + \tilde{\boldsymbol{p}}^{\mathrm{T}} \hat{\boldsymbol{\zeta}} + \boldsymbol{p}^{\mathrm{T}} \tilde{\boldsymbol{\zeta}} \tag{10.337}$$

mit

$$\tilde{\boldsymbol{\zeta}} := \hat{\boldsymbol{\zeta}} - \boldsymbol{\zeta} = [0 \;\; \Delta \boldsymbol{\zeta}_1^{\mathrm{T}} \;\; 0 \;\; \Delta \boldsymbol{\zeta}_2^{\mathrm{T}}]^{\mathrm{T}}$$

und

$$\tilde{\boldsymbol{p}} := \hat{\boldsymbol{p}} - \boldsymbol{p}.$$

Zu beachten ist, daß $\tilde{\boldsymbol{\zeta}}$ asymptotisch gegen den Nullvektor strebt, da die Vektoren $\Delta \boldsymbol{\zeta}_\nu$ ($\nu = 1, 2$) für $t \to \infty$ gegen den Nullvektor konvergieren.

Jetzt wird mit $\Delta \boldsymbol{\zeta}$ nach Gl. (10.335) als ein Kandidat für eine Lyapunov-Funktion

$$V(e, \tilde{\boldsymbol{p}}, \Delta \boldsymbol{\zeta}) = \frac{1}{2}(e^2 + \tilde{\boldsymbol{p}}^{\mathrm{T}} \tilde{\boldsymbol{p}} + \beta \Delta \boldsymbol{\zeta}^{\mathrm{T}} \boldsymbol{P} \Delta \boldsymbol{\zeta})$$

gewählt. Hierbei bedeutet $\beta > 0$ eine Konstante, und $\boldsymbol{P}$ ist die (symmetrische und positiv-definite) Lösung der Lyapunov-Gleichung

$$\begin{bmatrix} \boldsymbol{A} & \mathbf{0} \\ \mathbf{0} & \boldsymbol{A} \end{bmatrix}^{\mathrm{T}} \boldsymbol{P} + \boldsymbol{P} \begin{bmatrix} \boldsymbol{A} & \mathbf{0} \\ \mathbf{0} & \boldsymbol{A} \end{bmatrix} = -\boldsymbol{Q} \tag{10.338}$$

mit einer beliebig wählbaren symmetrischen und positiv-definiten $2(q-1) \times 2(q-1)$-Matrix $\boldsymbol{Q}$. Der zeitliche Differentialquotient von V längs der durch Gl. (10.337) gegebenen Trajektorien läßt sich leicht bilden. Man erhält

$$\frac{\mathrm{d}V}{\mathrm{d}t} = -\sigma_0 e^2 + e\,\widetilde{\boldsymbol{p}}^{\mathrm{T}} \hat{\boldsymbol{\zeta}} + e\,\boldsymbol{p}^{\mathrm{T}} \widetilde{\boldsymbol{\zeta}} + \widetilde{\boldsymbol{p}}^{\mathrm{T}} \frac{\mathrm{d}\widetilde{\boldsymbol{p}}}{\mathrm{d}t} + \frac{\beta}{2} \left[\frac{\mathrm{d}\Delta\boldsymbol{\zeta}^{\mathrm{T}}}{\mathrm{d}t} \boldsymbol{P} \Delta\boldsymbol{\zeta} + \Delta\boldsymbol{\zeta}^{\mathrm{T}} \boldsymbol{P} \frac{\mathrm{d}\Delta\boldsymbol{\zeta}}{\mathrm{d}t} \right]$$

oder angesichts von Gl. (10.336)

$$\frac{\mathrm{d}V}{\mathrm{d}t} = -\sigma_0 e^2 + e\,\widetilde{\boldsymbol{p}}^{\mathrm{T}} \hat{\boldsymbol{\zeta}} + e\,\boldsymbol{p}^{\mathrm{T}} \widetilde{\boldsymbol{\zeta}} + \widetilde{\boldsymbol{p}}^{\mathrm{T}} \frac{\mathrm{d}\widetilde{\boldsymbol{p}}}{\mathrm{d}t}$$

$$+ \frac{\beta}{2} \Delta\boldsymbol{\zeta}^{\mathrm{T}} \left\{ \begin{bmatrix} \boldsymbol{A} & \mathbf{0} \\ \mathbf{0} & \boldsymbol{A} \end{bmatrix}^{\mathrm{T}} \boldsymbol{P} + \boldsymbol{P} \begin{bmatrix} \boldsymbol{A} & \mathbf{0} \\ \mathbf{0} & \boldsymbol{A} \end{bmatrix} \right\} \Delta\boldsymbol{\zeta}$$

und bei Beachtung von Gl. (10.338) schließlich

$$\frac{\mathrm{d}V}{\mathrm{d}t} = -\sigma_0 e^2 + e\,\widetilde{\boldsymbol{p}}^{\mathrm{T}} \hat{\boldsymbol{\zeta}} + e\,\boldsymbol{p}^{\mathrm{T}} \widetilde{\boldsymbol{\zeta}} + \widetilde{\boldsymbol{p}}^{\mathrm{T}} \frac{\mathrm{d}\widetilde{\boldsymbol{p}}}{\mathrm{d}t} - \frac{\beta}{2} \Delta\boldsymbol{\zeta}^{\mathrm{T}} \boldsymbol{Q} \Delta\boldsymbol{\zeta}. \tag{10.339}$$

Es empfiehlt sich, als Adaptionsgesetz

$$\frac{\mathrm{d}\widetilde{\boldsymbol{p}}(t)}{\mathrm{d}t} = \frac{\mathrm{d}\hat{\boldsymbol{p}}(t)}{\mathrm{d}t} = -e\,\hat{\boldsymbol{\zeta}} \tag{10.340}$$

einzuführen. Dadurch erhält Gl. (10.339) die Gestalt

$$\frac{\mathrm{d}V}{\mathrm{d}t} = -\sigma_0 e^2 + e\,\boldsymbol{p}^{\mathrm{T}} \widetilde{\boldsymbol{\zeta}} - \frac{\beta}{2} \Delta\boldsymbol{\zeta}^{\mathrm{T}} \boldsymbol{Q} \Delta\boldsymbol{\zeta}.$$

Mit dem kleinsten Eigenwert $p_{\min}(\boldsymbol{Q})$ der Matrix $\boldsymbol{Q}$ läßt sich jetzt die Abschätzung

$$\frac{\mathrm{d}V}{\mathrm{d}t} \leqq -\sigma_0 \left(e^2 - \frac{1}{\sigma_0} e\,\boldsymbol{p}^{\mathrm{T}} \widetilde{\boldsymbol{\zeta}} \right) - \frac{\beta}{2} p_{\min}(\boldsymbol{Q}) \, || \Delta\boldsymbol{\zeta} ||^2$$

oder

$$\frac{\mathrm{d}V}{\mathrm{d}t} \leqq -\sigma_0 \left(e - \frac{1}{2\sigma_0} \boldsymbol{p}^{\mathrm{T}} \widetilde{\boldsymbol{\zeta}} \right)^2 + \frac{1}{4\sigma_0} (\boldsymbol{p}^{\mathrm{T}} \widetilde{\boldsymbol{\zeta}})^2 - \frac{\beta}{2} p_{\min}(\boldsymbol{Q}) \, || \Delta\boldsymbol{\zeta} ||^2$$

durchführen. Da $(\boldsymbol{p}^{\mathrm{T}} \widetilde{\boldsymbol{\zeta}})^2 \leqq || \boldsymbol{p} ||^2 \, || \widetilde{\boldsymbol{\zeta}} ||^2$ und $|| \widetilde{\boldsymbol{\zeta}} || = || \Delta\boldsymbol{\zeta} ||$ gilt, ergibt sich schließlich die Abschätzung

$$\frac{\mathrm{d}V}{\mathrm{d}t} \leqq -\sigma_0 \left(e - \frac{1}{2\sigma_0} \boldsymbol{p}^{\mathrm{T}} \widetilde{\boldsymbol{\zeta}} \right)^2 - \frac{1}{2} \left(\beta p_{\min}(\boldsymbol{Q}) - \frac{1}{2\sigma_0} || \boldsymbol{p} ||^2 \right) || \widetilde{\boldsymbol{\zeta}} ||^2 .$$

Hieraus ist zu erkennen, daß bei der Wahl von

$$\beta > \frac{|| \boldsymbol{p} ||^2}{2\sigma_0 \, p_{\min}(\boldsymbol{Q})} \tag{10.341}$$

$\mathrm{d}V/\mathrm{d}t \leqq 0$ gilt. Unter dieser Voraussetzung streben e und $\widetilde{\boldsymbol{p}}$ global asymptotisch gegen stationäre Werte. Nach Satz VIII.30 konvergiert nämlich $\mathrm{d}V/\mathrm{d}t$ für $t \to \infty$ gegen Null, so daß e asymptotisch den Wert Null erreicht und damit wegen Gl. (10.340) $\widetilde{\boldsymbol{p}}$ einen konstanten Wert. Weiterhin gilt für den Zustandsvektor $\boldsymbol{z}$ nach Gl. (10.324a) des zu schätzenden Systems und den Zustandsvektor $\hat{\boldsymbol{z}} := [\hat{z}_1 \quad \hat{\boldsymbol{\zeta}}_1^{\mathrm{T}} \quad \hat{\boldsymbol{\zeta}}_2^{\mathrm{T}}]^{\mathrm{T}}$ des Schätzers

$$\lim_{t \to \infty} [\hat{\boldsymbol{z}}(t) - \boldsymbol{z}(t)] = \boldsymbol{0},$$

da $\hat{z}_1 - z_1 = e$ asymptotisch gegen 0 strebt, ebenso $\Delta \boldsymbol{\zeta}_1$ und $\Delta \boldsymbol{\zeta}_2$ gegen $\boldsymbol{0}$ konvergieren.

Der eigentlich zu schätzende Zustand $\boldsymbol{z}_0$ ist mit dem Zustand $\boldsymbol{z}$ in der Form einer linearen Abbildung

$$\boldsymbol{z}_0 = \boldsymbol{T}\boldsymbol{z} \tag{10.342}$$

verknüpft. Im konkreten Fall muß $\boldsymbol{T}$ ermittelt werden. Es handelt sich hierbei um eine $q \times (2q-1)$-Matrix, die durch die Elemente des Vektors $\boldsymbol{p}$ bestimmt ist. Mit Hilfe des Vektors der Schätzparameter $\hat{\boldsymbol{p}}$ kann $\boldsymbol{T}$ durch eine Matrix $\hat{\boldsymbol{T}}(t)$ geschätzt werden. Auf diese Weise erhält man für $\boldsymbol{z}_0(t)$ die Schätzung

$$\hat{\boldsymbol{z}}_0(t) = \hat{\boldsymbol{T}}(t)\,\hat{\boldsymbol{z}}(t).$$

Die Frage der Konvergenz der Parameterschätzwerte gegen die wahren Parameterwerte, die Frage also, ob $\widetilde{\boldsymbol{p}}$ asymptotisch gegen den Nullvektor strebt, ist kompliziert, da es bei diesem Problem wesentlich auf die Struktur des Eingangssignals $x(t)$ und des Ausgangssignals ankommt.

Beispiel 10.6: Ein zu beobachtendes System sei im Zustandsraum $\mathbb{R}^2$ in der Form

$$\frac{\mathrm{d}\boldsymbol{z}_0}{\mathrm{d}t} = \begin{bmatrix} -1 & l_1 \\ 1 & l_0 - \sigma_0 \end{bmatrix} \boldsymbol{z}_0 + \begin{bmatrix} k_1 \\ k_0 \end{bmatrix} x,$$

$$y = [0 \quad 1]\,\boldsymbol{z}_0$$

mit unbekannten Parametern k_0, k_1, l_0 und l_1 beschrieben; σ_0 ist frei wählbar. Die zu obiger Zustandsdarstellung gehörende Übertragungsfunktion ist

$$H(p) = \frac{k_0 p + (k_0 + k_1)}{p^2 + (\sigma_0 - l_0 + 1)p + (\sigma_0 - l_0 - l_1)}.$$

Mit $D(p) = p + 1$ erhält man die Übertragungsfunktionen

$$H_1(p) = \frac{k_0 p + (k_0 + k_1)}{p+1} = k_0 + \frac{k_1}{p+1}$$

und

$$H_2(p) = \frac{l_0 p + (l_0 + l_1)}{p+1} = l_0 + \frac{l_1}{p+1}.$$

Der Beobachter kann nun im Zustandsraum folgendermaßen dargestellt werden:

$$\frac{\mathrm{d}\hat{z}_1}{\mathrm{d}t} = -\sigma_0 \hat{z}_1 + \hat{y}_1 + \hat{y}_2, \quad \frac{\mathrm{d}\hat{\zeta}_1}{\mathrm{d}t} = -\hat{\zeta}_1 + x, \quad \frac{\mathrm{d}\hat{\zeta}_2}{\mathrm{d}t} = -\hat{\zeta}_2 + y,$$

$$\hat{y}_1 = \hat{k}_1 \hat{\zeta}_1 + \hat{k}_0 x, \quad \hat{y}_2 = \hat{l}_1 \hat{\zeta}_2 + \hat{l}_0 y, \quad \hat{y} = \hat{z}_1.$$

Man kann sich leicht davon überzeugen, daß der gesuchte Zustand $\boldsymbol{z}_0$ aus dem Zustandsvektor

$$\boldsymbol{z} = [z_1 \quad \zeta_1 \quad \zeta_2]^{\mathrm{T}},$$

der vom Beobachter durch $\hat{\boldsymbol{z}}$ geschätzt wird, folgendermaßen erhalten werden kann:

$$\boldsymbol{z}_0 = \begin{bmatrix} 0 & k_1 & l_1 \\ 1 & 0 & 0 \end{bmatrix} \boldsymbol{z} .$$

Die Transformationsmatrix $\boldsymbol{T}$ ist hier zu erkennen. Zu Simulationszwecken wurde $k_0 = 1$, $k_1 = 0$, $l_0 = -2$, $l_1 = -2$ und $\sigma_0 = 2$ gewählt. Das zu beobachtende System wurde anhand der aus den gewählten Parameterwerten folgenden Übertragungsfunktion

$$H(p) = \frac{p+1}{p^2+5p+6}$$

simuliert. Die verwendeten Adaptionsgleichungen (mit zusätzlich eingeführten positiven Gewichtungsparametern γ_i) lauten

$$\frac{\mathrm{d}\hat{k}_0}{\mathrm{d}t} = -\gamma_1 e\, x\,, \quad \frac{\mathrm{d}\hat{k}_1}{\mathrm{d}t} = -\gamma_2 e\, \hat{\zeta}_1\,, \quad \frac{\mathrm{d}\hat{l}_0}{\mathrm{d}t} = -\gamma_3 e\, \hat{y}\,, \quad \frac{\mathrm{d}\hat{l}_1}{\mathrm{d}t} = -\gamma_4 e\, \hat{\zeta}_2\,.$$

Die mit

$$\gamma_1 = \gamma_2 = 1\,, \quad \gamma_3 = \gamma_4 = 10$$

und

$$x = \mathrm{e}^{[(t-100)/100]}\,(5\cos t + 10\cos 2t)$$

erzielten Simulationsresultate zeigt Bild 10.33 in Form der Funktionsverläufe $e(t)$, $\hat{k}_0(t)$, $\hat{k}_1(t)$, $\hat{l}_0(t)$ und $\hat{l}_1(t)$.

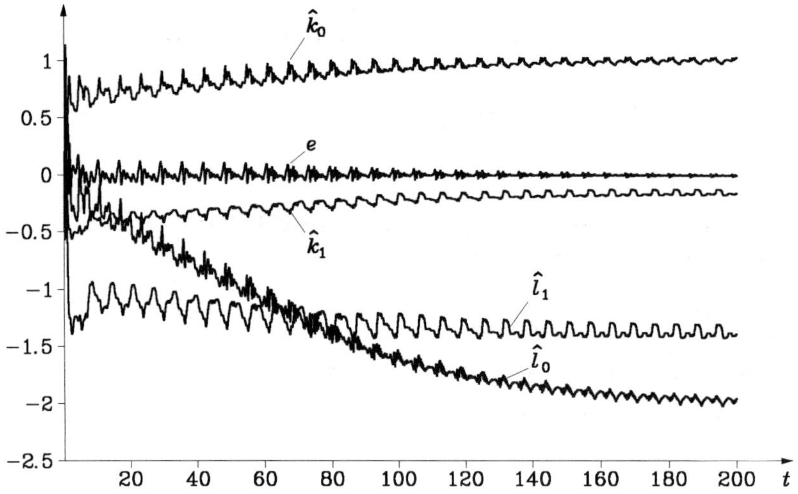

Bild 10.33: Simulationsergebnisse von Beispiel 10.6

Struktur 2. Bild 10.34 zeigt die Struktur 2 des Beobachterkonzepts. Das zu beobachtende asymptotisch stabile System sei durch die Gln. (10.330a,b) - (10.333a-c) dargestellt, wobei der Parametervektor $\boldsymbol{p} = [\boldsymbol{k}^{\mathrm{T}} \quad \boldsymbol{l}^{\mathrm{T}}]^{\mathrm{T}}$ unbekannt ist. Der Beobachter wird entsprechend durch

$$\frac{\mathrm{d}\hat{\boldsymbol{\zeta}}}{\mathrm{d}t} = \begin{bmatrix} \boldsymbol{A} & \mathbf{0} \\ \mathbf{0} & \boldsymbol{A} \end{bmatrix} \hat{\boldsymbol{\zeta}} + \begin{bmatrix} \boldsymbol{b}\,x \\ \boldsymbol{b}\,y \end{bmatrix} \tag{10.343a}$$

und

$$\hat{y} = \hat{\boldsymbol{p}}^{\mathrm{T}} \hat{\boldsymbol{\zeta}} \tag{10.343b}$$

mit $\hat{\boldsymbol{\zeta}} = [\,\hat{\boldsymbol{\zeta}}_1^{\mathrm{T}} \;\; \hat{\boldsymbol{\zeta}}_2^{\mathrm{T}}]^{\mathrm{T}}$, $\hat{\boldsymbol{p}} = [\,\hat{\boldsymbol{k}}^{\mathrm{T}} \;\; \hat{\boldsymbol{l}}^{\mathrm{T}}\,]^{\mathrm{T}}$ und $\boldsymbol{A}$, $\boldsymbol{b}$ nach Gln. (10.332a,b) beschrieben. Man beachte, daß auch hier der Parameterschätzvektor $\hat{\boldsymbol{p}} = \hat{\boldsymbol{p}}(t)$ zeitvariant ist und daß dem Beobachter das Ausgangssignal y des zu beobachtenden Systems zugeführt wird. Für den Differenzenvektor

$$\tilde{\boldsymbol{\zeta}} := \hat{\boldsymbol{\zeta}} - \boldsymbol{\zeta}$$

erhält man aufgrund der Gln. (10.330a), (10.331a) und (10.343a) die Differentialgleichung

$$\frac{\mathrm{d}\tilde{\boldsymbol{\zeta}}}{\mathrm{d}t} = \begin{bmatrix} \boldsymbol{A} & \mathbf{0} \\ \mathbf{0} & \boldsymbol{A} \end{bmatrix} \tilde{\boldsymbol{\zeta}}, \tag{10.344}$$

woraus hervorgeht, daß $\tilde{\boldsymbol{\zeta}}$ asymptotisch gegen den Nullvektor strebt. Die Besonderheit von Struktur 2 ist darin zu sehen, daß das Ausgangssignal $\hat{y}$ als Linearkombination von $2q$ zugänglichen Signalen dargestellt werden kann.

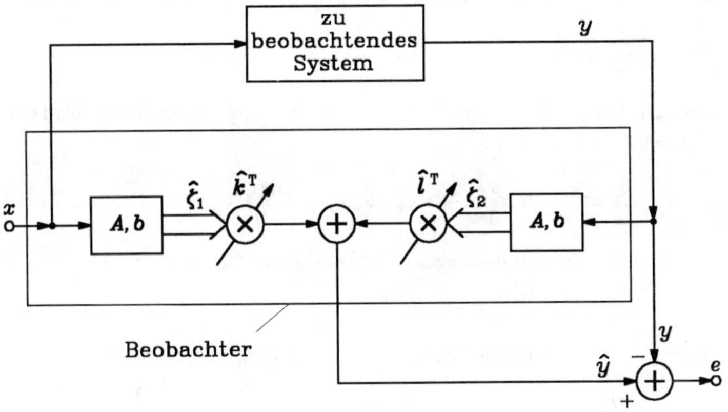

Bild 10.34: Struktur 2 des Beobachterkonzepts

Zur Untersuchung der Stabilität des Gesamtsystems wird zunächst die Fehlerfunktion

$$\begin{aligned} e := \hat{y} - y &= \hat{\boldsymbol{p}}^{\mathrm{T}} \hat{\boldsymbol{\zeta}} - \boldsymbol{p}^{\mathrm{T}} \boldsymbol{\zeta} = (\hat{\boldsymbol{p}} - \boldsymbol{p})^{\mathrm{T}} \hat{\boldsymbol{\zeta}} + \boldsymbol{p}^{\mathrm{T}} (\hat{\boldsymbol{\zeta}} - \boldsymbol{\zeta}) \\ &= \tilde{\boldsymbol{p}}^{\mathrm{T}} \hat{\boldsymbol{\zeta}} + \boldsymbol{p}^{\mathrm{T}} \tilde{\boldsymbol{\zeta}} \end{aligned} \tag{10.345}$$

eingeführt. Als Kandidat für eine Lyapunov-Funktion wird

$$V = \frac{1}{2} \tilde{\boldsymbol{p}}^{\mathrm{T}} \tilde{\boldsymbol{p}} \quad \text{mit} \quad \frac{\mathrm{d}V}{\mathrm{d}t} = \tilde{\boldsymbol{p}}^{\mathrm{T}} \frac{\mathrm{d}\tilde{\boldsymbol{p}}}{\mathrm{d}t}$$

gewählt. Nach Wahl des Adaptionsgesetzes

$$\frac{d\tilde{\boldsymbol{p}}}{dt} = \frac{d\hat{\boldsymbol{p}}}{dt} = -\hat{\boldsymbol{\zeta}} e \qquad (10.346)$$

erhält man mit Gl. (10.345) für den zeitlichen Differentialquotienten von V

$$\frac{dV}{dt} = -\tilde{\boldsymbol{p}}^{\mathrm{T}} \hat{\boldsymbol{\zeta}} (\tilde{\boldsymbol{p}}^{\mathrm{T}} \hat{\boldsymbol{\zeta}} + \boldsymbol{p}^{\mathrm{T}} \tilde{\boldsymbol{\zeta}}),$$

woraus folgendes ersehen werden kann: Sofern $\tilde{\boldsymbol{p}} \to \mathbf{0}$ für $t \to \infty$ nicht gilt, folgt $dV/dt \leqq 0$ für $t \geqq t_0$ mit hinreichend großem t_0, da $\tilde{\boldsymbol{\zeta}}$ wegen Gl. (10.344) asymptotisch gegen $\mathbf{0}$ strebt (insbesondere, wenn sich aufgrund einer entsprechenden Erregung ein nicht identisch verschwindender stationärer Zustand $\hat{\boldsymbol{\zeta}}(t)$ einstellt). Angesichts der vorausgesetzten asymptotischen Stabilität des zu beobachtenden Systems ist $\hat{\boldsymbol{\zeta}}$ und somit auch e beschränkt, sofern das Eingangssignal x beschränkt ist. Weiterhin sind $d\tilde{\boldsymbol{p}}/dt$, $d\hat{\boldsymbol{\zeta}}/dt$ und $d\tilde{\boldsymbol{\zeta}}/dt$ sowie demzufolge de/dt beschränkt. Damit lehrt Satz VIII.30, daß

$$\lim_{t \to \infty} e(t) = 0$$

gilt. Ob $\hat{\boldsymbol{p}}(t)$ asymptotisch gegen $\boldsymbol{p}$ strebt, hängt wesentlich von der Struktur des Eingangssignals $x(t)$ ab.

Beispiel 10.7: Es wird als zu beobachtendes System das gleiche wie im Beispiel 10.6 gewählt. Demzufolge wird dieses System mit der Übertragungsfunktion $H_0(p) = (p+1)/(p^2+5p+6)$ durch die Zustandsgleichungen

$$\frac{dz_1}{dt} = z_2, \quad \frac{dz_2}{dt} = -6z_1 - 5z_2 + x, \quad y = z_1 + z_2$$

simuliert. Mit $D(p) = p^2 + p + 1$, d. h. $d_0 = d_1 = 1$ (bei $q = 2$) erhält man als Darstellung für den Beobachter aufgrund der Gl. (10.343a)

$$\frac{d\hat{\zeta}_1}{dt} = \hat{\zeta}_2, \quad \frac{d\hat{\zeta}_2}{dt} = -\hat{\zeta}_1 - \hat{\zeta}_2 + x, \quad \frac{d\hat{\zeta}_3}{dt} = \hat{\zeta}_4, \quad \frac{d\hat{\zeta}_4}{dt} = -\hat{\zeta}_3 - \hat{\zeta}_4 + y.$$

Das Ausgangssignal des Beobachters ergibt sich gemäß Gl. (10.343b) zu

$$\hat{y} = \hat{k}_1 \hat{\zeta}_1 + \hat{k}_2 \hat{\zeta}_2 + \hat{l}_1 \hat{\zeta}_3 + \hat{l}_2 \hat{\zeta}_4,$$

und mit $e = \hat{y} - y$ lauten die Adaptionsgleichungen gemäß Gl. (10.346)

$$\frac{d\hat{k}_1}{dt} = -e\hat{\zeta}_1, \quad \frac{d\hat{k}_2}{dt} = -e\hat{\zeta}_2, \quad \frac{d\hat{l}_1}{dt} = -e\hat{\zeta}_3, \quad \frac{d\hat{l}_2}{dt} = -e\hat{\zeta}_4.$$

Bild 10.35 zeigt Simulationsergebnisse mit dem Parameterstartvektor $[0 \;\; 0{,}5 \;\; -5{,}2 \;\; -3{,}5]^{\mathrm{T}}$. Der exakte Parametervektor ist $\boldsymbol{p} = [1 \;\; 1 \;\; -5 \;\; -4]^{\mathrm{T}}$ aufgrund der Gln. (10.327a,b) und (10.328a,b). Als Erregung wurde

$$\xi_0 = e^{t/10}(\cos 2t)\, p(t)$$

gewählt mit der periodischen Funktion $p(t)$ aus Beispiel 10.1.

2.4 SYSTEME MIT SELBSTEINSTELLUNG DER REGLER

Bild 10.36 zeigt das Strukturbild eines Regelungssystems mit Selbsteinstellung des Reglers. In jedem Augenblick liefert der Schätzer dem Regler einen Satz geschätzter Streckenparameter $\hat{\boldsymbol{p}}$, die aufgrund der bis zu diesem Zeitpunkt gemessenen Eingangs-Ausgangsdaten der Strecke berechnet wurden. Daraus ergeben sich neue Parameterwerte für den Regler,

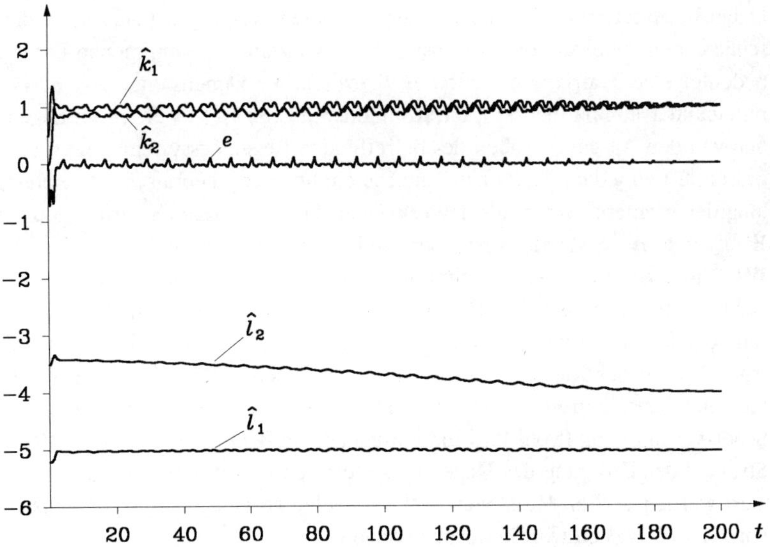

Bild 10.35: Simulationsergebnisse von Beispiel 10.7

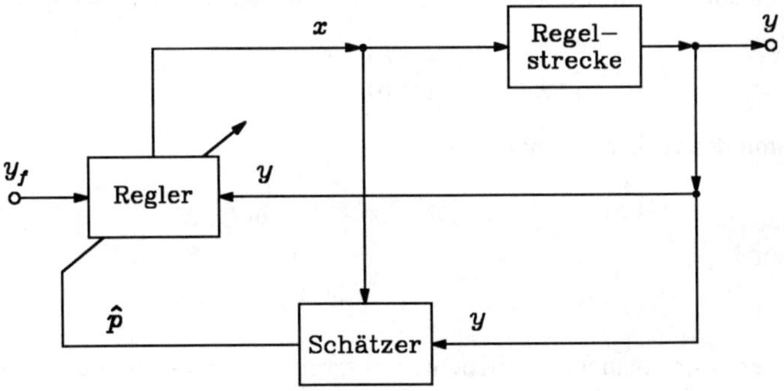

Bild 10.36: Regelungssystem mit Selbsteinstellung des Reglers; y_f bezeichnet das Führungssignal

und es resultiert somit der weitere Verlauf der Stellgröße x, welche neue Werte der Regelgröße y erzeugt. Im folgenden soll ein kurzer Einblick in diese Art adaptiver Systeme gegeben werden, die für Echtzeit- ("On-line"-) Anwendungen geeignet sind.

2.4.1 Vorbereitungen

Die Schätzung von Parametern eines Systems, das einen Regler mit Selbsteinstellung enthält, erfordert die Aufstellung eines geeigneten (Schätz-) Modells, eines Systems zur Parameterschätzung. Als besonders effektiv haben sich Schätzsysteme erwiesen, die sich durch eine lineare Parametrisierung auszeichnen, das sind Systeme mit einer Eingangs-Ausgangs-Beschreibung der Art

$$\boldsymbol{\eta}(t) = \boldsymbol{W}(t)\boldsymbol{p} . \tag{10.347}$$

Dabei bedeutet $\boldsymbol{\eta}(t)$ den Vektor der meßbaren Ausgangssignale, $\boldsymbol{p}$ ist der Vektor der zu schätzenden unbekannten, zunächst aber als konstant angenommenen Parameter, und $\boldsymbol{W}(t)$ bedeutet eine Matrix von meßbaren Signalen. Die Dimensionen von $\boldsymbol{p}$, $\boldsymbol{W}$ und $\boldsymbol{\eta}$ müssen miteinander kompatibel sein; die Komponenten von $\boldsymbol{\eta}(t)$ werden im allgemeinen verschieden von den Ausgangsgrößen des betreffenden Regelungssystems sein. Die Gl. (10.347) repräsentiert zu jedem Zeitpunkt t ein System linearer algebraischer Gleichungen zur Ermittlung der Elemente von $\boldsymbol{p}$ als den (einzigen) Unbekannten. Es wird davon ausgegangen, daß $\boldsymbol{W}(t)$ und $\boldsymbol{\eta}(t)$ ständig verfügbar sind. Damit wird durch kontinuierliche Messung von $\boldsymbol{W}(t)$ und $\boldsymbol{\eta}(t)$ in einem bestimmten Zeitintervall eine Vielzahl von linearen Gleichungen zur Ermittlung von $\boldsymbol{p}$ geliefert, jedenfalls viel mehr Gleichungen als die Zahl der Unbekannten (der Elemente von $\boldsymbol{p}$) beträgt. Dieser Umstand wird dazu ausgenützt, die Parameter, trotz des mit der Messung zwangsläufig verbundenen Rauschens und trotz des Modellfehlers, möglichst getreu zu schätzen. Die Qualität der Schätzung hängt vom verwendeten Schätzverfahren und vom Informationsgehalt von $\boldsymbol{W}(t)$ und $\boldsymbol{\eta}(t)$ ab. Letzterer wird von der Struktur der Erregung des Regelungssystems bestimmt. Bevor einige Schätzverfahren skizziert werden, soll an Hand von zwei Beispielen gezeigt werden, wie Schätzmodelle der Art von Gl. (10.347) entworfen werden können.

Ein lineares System. Es sei ein lineares, zeitinvariantes System mit einem Eingang und einem Ausgang betrachtet. Die Übertragungsfunktion dieses Systems habe die Form

$$H(p) := \frac{Y(p)}{X(p)} = \frac{N(p)}{D(p)} \tag{10.348}$$

mit den reellen Polynomen

$$D(p) := p^q + a_{q-1} p^{q-1} + \cdots + a_0 \tag{10.349a}$$

und

$$N(p) := b_{q-1} p^{q-1} + b_{q-2} p^{q-2} + \cdots + b_0 , \tag{10.349b}$$

deren unbekannte Koeffizienten aufgrund der Messung des Eingangssignals $x(t)$ und des Ausgangssignals $y(t)$ zu schätzen sind; $X(p)$ und $Y(p)$ bedeuten die entsprechenden Laplace-Transformierten. Mit Hilfe eines beliebig wählbaren Hurwitz-Polynoms

$$D_0(p) = p^q + \delta_{q-1} p^{q-1} + \cdots + \delta_0$$

läßt sich die Gl. (10.348) auf die Form

$$Y(p) = \frac{D_0(p) - D(p)}{D_0(p)} Y(p) + \frac{N(p)}{D_0(p)} X(p) \tag{10.350}$$

umschreiben. Mit den Signalen

$$w_\nu(t) \circ\!\!-\!\!\bullet \frac{p^\nu}{D_0(p)} Y(p) \quad (\nu = 0, 1, \ldots, q-1)$$

und

$$w_{q+\nu}(t) \circ\!\!-\!\!\bullet \frac{p^\nu}{D_0(p)} X(p) \quad (\nu = 0, 1, \ldots, q-1) ,$$

die in naheliegender Weise durch Filterung von Eingangs- bzw. Ausgangssignal "on-line" erzeugt werden können, wird der $2q$-dimensionale Signalvektor

$$\boldsymbol{w}(t) := [w_0(t) \quad w_1(t) \quad \cdots \quad w_{2q-1}(t)]^{\mathrm{T}} \tag{10.351a}$$

eingeführt. Als $2q$-dimensionaler Parametervektor wird

$$\boldsymbol{p} := [(\delta_0 - a_0) \quad (\delta_1 - a_1) \quad \cdots \quad (\delta_{q-1} - a_{q-1}) \quad b_0 \quad b_1 \quad \cdots \quad b_{q-1}]^{\mathrm{T}} \tag{10.351b}$$

definiert. Damit läßt sich Gl. (10.350) im Zeitbereich in der Form

$$y(t) = \boldsymbol{w}^{\mathrm{T}}(t)\boldsymbol{p} \tag{10.351c}$$

ausdrücken. Das ist die gewünschte Form der Gl. (10.347), wobei das Modellausgangssignal mit der Ausgangsgröße des Systems übereinstimmt, dessen Parameter zu schätzen sind.

Ein nichtlineares System. Die nichtlineare Differentialgleichung zweiter Ordnung für die Funktion $z(t)$

$$a_1 f_1(z) \frac{\mathrm{d}^2 z}{\mathrm{d}t^2} + a_2 f_2(z, \mathrm{d}z/\mathrm{d}t) + a_3 f_3(z) = x \tag{10.352}$$

beschreibt für $t \geqq 0$ eine große Klasse von nichtlinearen Erscheinungen in Physik und Technik (man vergleiche etwa Beispiel 8.1). Im folgenden wird angenommen, daß die Funktionen f_ν ($\nu = 1, 2, 3$) bekannt sind. Die unbekannten Parameter a_1, a_2 und a_3 sollen aufgrund der Messung von $z(t)$, $\mathrm{d}z(t)/\mathrm{d}t$ und der Erregung $x = x(t)$ geschätzt werden. Die zweite Ableitung $\mathrm{d}^2 z/\mathrm{d}t^2$ sei nicht verfügbar. Eine Erzeugung von $\mathrm{d}^2 z/\mathrm{d}t^2$ durch Differentiation von $\mathrm{d}z(t)/\mathrm{d}t$ scheidet normalerweise wegen der mit dieser Operation verbundenen Fehler aus. Einen Ausweg bietet eine lineare Filterung der Differentialgleichung (10.352). Es sei $h(t)$ die Impulsantwort eines linearen, zeitinvarianten und asymptotisch stabilen Meßsystems, z. B. eines Tiefpasses erster Ordnung mit $h(t) = s(t)\mathrm{e}^{-t/T}$ ($T = \text{const} > 0$). Die Gl. (10.352) wird nun der Faltung mit $h(t)$ unterworfen. Auf diese Weise erhält man die Beziehung

$$a_1 w_1(t) + a_2 w_2(t) + a_3 w_3(t) = \eta(t) \tag{10.353}$$

mit

$$w_1(t) := \int_0^t h(t-\tau) f_1(z(\tau)) \frac{\mathrm{d}^2 z(\tau)}{\mathrm{d}\tau^2}\,\mathrm{d}\tau = \left[h(t-\tau) f_1(z(\tau)) \frac{\mathrm{d}z(\tau)}{\mathrm{d}\tau} \right]_0^t$$

$$- \int_0^t \frac{\mathrm{d}z(\tau)}{\mathrm{d}\tau} \left[\frac{\mathrm{d}f_1(z(\tau))}{\mathrm{d}z} \frac{\mathrm{d}z(\tau)}{\mathrm{d}\tau} h(t-\tau) + \frac{\mathrm{d}h(t-\tau)}{\mathrm{d}\tau} f_1(z) \right] \mathrm{d}\tau$$

oder bei Verwendung der Abkürzungen $h'(t) := \mathrm{d}h(t)/\mathrm{d}t$, $f_1'(z) = \mathrm{d}f_1(z)/\mathrm{d}z$ und $z'(t) := \mathrm{d}z(t)/\mathrm{d}t$

$$w_1(t) := h(0) f_1(z(t)) z'(t) - h(t) f_1(z(0)) z'(0)$$

$$- \int_0^t h(t-\tau) f_1'(z(\tau)) (z'(\tau))^2\,\mathrm{d}\tau + \int_0^t h'(t-\tau) f_1(z(\tau)) z'(\tau)\,\mathrm{d}\tau\,, \tag{10.354a}$$

$$w_2(t) := \int_0^t h(t-\tau) f_2(z(\tau),\ \mathrm{d}z(\tau)/\mathrm{d}\tau)\,\mathrm{d}\tau\,, \tag{10.354b}$$

$$w_3(t) := \int_0^t h(t-\tau) f_3(z(\tau))\,\mathrm{d}\tau \tag{10.354c}$$

und

$$\eta(t) := \int_0^t h(t-\tau) x(\tau)\,\mathrm{d}\tau\,. \tag{10.355}$$

Führt man den Signalvektor

$$\boldsymbol{w}(t) := [w_1(t) \quad w_2(t) \quad w_3(t)]^{\mathrm{T}} \tag{10.356a}$$

und den Parametervektor

$$\boldsymbol{p} = [a_1 \quad a_2 \quad a_3]^{\mathrm{T}} \tag{10.356b}$$

ein, so lautet die Gl. (10.353) nunmehr

$$\eta(t) = \boldsymbol{w}^{\mathrm{T}}(t)\boldsymbol{p}\,. \tag{10.356c}$$

Wie aus den Gln. (10.354a-c) und (10.355) hervorgeht, lassen sich die Komponenten von $\boldsymbol{w}(t)$ und das Signal $\eta(t)$ in jedem Zeitpunkt $t > 0$ "on-line" aufgrund der meßbaren Signale $x(t)$, $z(t)$ und $\mathrm{d}z(t)/\mathrm{d}t$ bei Verwendung von Filtern mit der Impulsantwort $h(t)$ bzw. $h'(t)$ erzeugen. Bemerkenswert ist, daß die Ausgangsgröße $\eta(t)$ des Schätzmodells die gefilterte Erregung des Systems repräsentiert, dessen Parameter geschätzt werden sollen.

2.4.2 Schätzverfahren

Vorbemerkungen. Bei den nachfolgenden Überlegungen treten Matrixdifferentialgleichungen der Art

$$\frac{\mathrm{d}\boldsymbol{M}(t)}{\mathrm{d}t} = -\lambda(t)\boldsymbol{M}(t) + \boldsymbol{N}(t) \tag{10.357}$$

mit quadratischen Matrizen $\boldsymbol{M}(t)$, $\boldsymbol{N}(t)$ und einer skalaren Funktion $\lambda(t)$ auf. Dabei seien $\boldsymbol{N}(t)$ und $\lambda(t)$ in der Weise spezifiziert, daß im gesamten Intervall $t \geqq t_0$ eine eindeutige Lösung für $\boldsymbol{M}(t)$ existiert. Diese erhält man folgendermaßen (man vergleiche hierzu Kapitel II, Abschnitt 3.3):

Mit der Abkürzung

$$\Lambda_0(t) := \int_{t_0}^t \lambda(\tau)\,\mathrm{d}\tau \tag{10.358}$$

ist, wovon man sich leicht überzeugen kann,

$$\boldsymbol{M}(t) = \boldsymbol{M}(t_0)\,\mathrm{e}^{-\Lambda_0(t)}$$

Lösung der homogenen Gl. (10.357). Mit dem Ansatz (der Variation der Konstante)

$$\boldsymbol{M}(t) = \boldsymbol{K}(t)\,\mathrm{e}^{-\Lambda_0(t)}$$

zur Lösung der inhomogenen Gl. (10.357) ergibt sich durch Einsetzen zunächst

$$-\lambda(t)\boldsymbol{M}(t)+\frac{\mathrm{d}\boldsymbol{K}(t)}{\mathrm{d}t}\,\mathrm{e}^{-\Lambda_0(t)} = -\lambda(t)\boldsymbol{M}(t)+\boldsymbol{N}(t)$$

oder

$$\frac{\mathrm{d}\boldsymbol{K}}{\mathrm{d}t} = \mathrm{e}^{\Lambda_0(t)}\boldsymbol{N}(t),$$

woraus sich aufgrund des obigen Lösungsansatzes und durch dessen Superposition mit der bereits vorhandenen Lösung der homogenen Differentialgleichung als komplette Lösung

$$\boldsymbol{M}(t) = \boldsymbol{M}(t_0)\,\mathrm{e}^{-\Lambda_0(t)} + \mathrm{e}^{-\Lambda_0(t)}\int_{t_0}^{t}\mathrm{e}^{\Lambda_0(\sigma)}\boldsymbol{N}(\sigma)\,\mathrm{d}\sigma \tag{10.359}$$

ergibt.

Als weitere Vorbereitung sei eine nichtsinguläre quadratische und differenzierbare Matrixfunktion $\boldsymbol{M}(t)$ betrachtet. Durch Differentiation der Identität $\boldsymbol{M}(t)\boldsymbol{M}^{-1}(t) = \mathbf{E}$ (mit der Einheitsmatrix $\mathbf{E}$) erhält man die Beziehung $\mathrm{d}\boldsymbol{M}/\mathrm{d}t\,\boldsymbol{M}^{-1} + \boldsymbol{M}\,\mathrm{d}(\boldsymbol{M}^{-1})/\mathrm{d}t = \mathbf{0}$, aus der

$$\frac{\mathrm{d}\boldsymbol{M}^{-1}(t)}{\mathrm{d}t} = -\boldsymbol{M}^{-1}(t)\,\frac{\mathrm{d}\boldsymbol{M}(t)}{\mathrm{d}t}\,\boldsymbol{M}^{-1}(t) \tag{10.360}$$

folgt.

Ausgehend vom Schätzmodell, das durch die Gl. (10.347) gegeben ist, erhält man mit dem Vektor $\hat{\boldsymbol{p}}$ der geschätzten Parameter den Schätzwert $\hat{\boldsymbol{\eta}}$ für $\boldsymbol{\eta}$ als

$$\hat{\boldsymbol{\eta}} = \boldsymbol{W}\hat{\boldsymbol{p}} \tag{10.361}$$

und damit den Prädiktionsfehlervektor

$$\boldsymbol{\Delta}(t) := \hat{\boldsymbol{\eta}}(t) - \boldsymbol{\eta}(t) = \boldsymbol{W}(t)\hat{\boldsymbol{p}} - \boldsymbol{W}(t)\boldsymbol{p} \tag{10.362a}$$

oder mit dem Schätzfehlervektor $\tilde{\boldsymbol{p}} := \hat{\boldsymbol{p}} - \boldsymbol{p}$

$$\boldsymbol{\Delta}(t) = \boldsymbol{W}(t)\tilde{\boldsymbol{p}}(t), \tag{10.362b}$$

wobei $\tilde{\boldsymbol{p}} = \tilde{\boldsymbol{p}}(t)$ angesichts von $\hat{\boldsymbol{p}} = \hat{\boldsymbol{p}}(t)$ als zeitabhängig betrachtet werden muß. Mit $\boldsymbol{\Delta}$ bildet man das Normquadrat

$$\boldsymbol{\Delta}^{\mathrm{T}}\boldsymbol{\Delta} = (\hat{\boldsymbol{p}}^{\mathrm{T}}\boldsymbol{W}^{\mathrm{T}} - \boldsymbol{\eta}^{\mathrm{T}})(\boldsymbol{W}\hat{\boldsymbol{p}} - \boldsymbol{\eta})$$

oder

$$\boldsymbol{\Delta}^{\mathrm{T}}\boldsymbol{\Delta} = \hat{\boldsymbol{p}}^{\mathrm{T}}\boldsymbol{W}^{\mathrm{T}}\boldsymbol{W}\hat{\boldsymbol{p}} - 2\hat{\boldsymbol{p}}^{\mathrm{T}}\boldsymbol{W}^{\mathrm{T}}\boldsymbol{\eta} + \boldsymbol{\eta}^{\mathrm{T}}\boldsymbol{\eta} \tag{10.363}$$

und den zugehörigen Gradientenvektor bezüglich des Vektors $\hat{\boldsymbol{p}}$

$$\left(\frac{\partial\,\boldsymbol{\Delta}^{\mathrm{T}}\boldsymbol{\Delta}}{\partial\hat{\boldsymbol{p}}}\right)^{\mathrm{T}} = 2(\boldsymbol{W}^{\mathrm{T}}\boldsymbol{W}\hat{\boldsymbol{p}} - \boldsymbol{W}^{\mathrm{T}}\boldsymbol{\eta})$$

oder wegen $\boldsymbol{W}\hat{\boldsymbol{p}} - \boldsymbol{\eta} = \boldsymbol{\Delta}$ nach Gl. (10.362a)

$$\left(\frac{\partial\,\boldsymbol{\Delta}^{\mathrm{T}}\boldsymbol{\Delta}}{\partial\hat{\boldsymbol{p}}}\right)^{\mathrm{T}} = 2\boldsymbol{W}^{\mathrm{T}}\boldsymbol{\Delta}. \tag{10.364}$$

Gradientenschätzer. Der Gradientenschätzer beruht auf der Überlegung, zur asymptotischen Überführung von $\hat{\boldsymbol{p}}(t)$ nach $\boldsymbol{p}$ die zeitliche Änderung $\mathrm{d}\hat{\boldsymbol{p}}(t)/\mathrm{d}t$ in Gegenrichtung zum Gradientenvektor des Fehlernormquadrats $\|\boldsymbol{\Delta}\|^2 = \boldsymbol{\Delta}^{\mathrm{T}}\boldsymbol{\Delta}$ zu wählen, um so das Fehlernormquadrat möglichst klein (im Idealfall zu Null) zu machen. Auf diese Weise gelangt man mit einer Konstante $\gamma_0 > 0$ zur Vorschrift

$$\frac{\mathrm{d}\hat{\boldsymbol{p}}(t)}{\mathrm{d}t} = -\frac{\gamma_0}{2}\left[\frac{\partial\,\boldsymbol{\Delta}^{\mathrm{T}}\boldsymbol{\Delta}}{\partial\hat{\boldsymbol{p}}}\right]^{\mathrm{T}}$$

für die zeitliche Änderung des Schätzvektors $\hat{\boldsymbol{p}}$ oder angesichts von Gl. (10.364) zu

$$\frac{\mathrm{d}\hat{\boldsymbol{p}}(t)}{\mathrm{d}t} = -\gamma_0\boldsymbol{W}^{\mathrm{T}}\boldsymbol{\Delta}. \tag{10.365a}$$

Mit Gl. (10.362b) ergibt sich hieraus für den Schätzfehlervektor $\tilde{\boldsymbol{p}}(t) = \hat{\boldsymbol{p}}(t) - \boldsymbol{p}$ die Differentialgleichung

$$\frac{\mathrm{d}\tilde{\boldsymbol{p}}(t)}{\mathrm{d}t} = -\gamma_0\boldsymbol{W}^{\mathrm{T}}(t)\boldsymbol{W}(t)\tilde{\boldsymbol{p}}(t), \tag{10.365b}$$

zu der $V(\tilde{\boldsymbol{p}}) = (1/2)\tilde{\boldsymbol{p}}^{\mathrm{T}}\tilde{\boldsymbol{p}}$ als Kandidat einer Lyapunov-Funktion gewählt wird. Für den zeitlichen Differentialquotienten von V erhält man

$$\frac{\mathrm{d}V(\tilde{\boldsymbol{p}}(t))}{\mathrm{d}t} = -\gamma_0\tilde{\boldsymbol{p}}^{\mathrm{T}}(t)\boldsymbol{W}^{\mathrm{T}}(t)\boldsymbol{W}(t)\tilde{\boldsymbol{p}}(t) \leqq 0.$$

Hieraus ist zu ersehen, daß die Gl. (10.365b), durch die der Verlauf von $\tilde{\boldsymbol{p}}(t)$ festgelegt ist, die beständige Abnahme von $\|\tilde{\boldsymbol{p}}(t)\|$ und damit auch von $\|\boldsymbol{\Delta}\|$, zugleich also die Stabilität des Gradientenschätzers sicherstellt.

Es kann von folgendem ausgegangen werden: Ist die Matrix $\boldsymbol{W} = [\boldsymbol{w}_1\ \ \boldsymbol{w}_2\ \ \cdots\,]$ derart beschaffen, daß die Spaltenvektoren $\boldsymbol{w}_1(t), \boldsymbol{w}_2(t), \ldots$ in jedem Intervall $[t, t+T]$ mit einem $T > 0$ für alle $t > 0$ einschließlich $t \to \infty$ ein System linear unabhängiger Vektorfunktionen bilden, dann strebt $\boldsymbol{\Delta}^{\mathrm{T}}\boldsymbol{\Delta} = \tilde{\boldsymbol{p}}^{\mathrm{T}}\boldsymbol{W}^{\mathrm{T}}\boldsymbol{W}\tilde{\boldsymbol{p}}$ und damit $\|\tilde{\boldsymbol{p}}\|$ gegen Null.

Der LS-Schätzer. 1) Es wird der sogenannte Prädiktionsfehler als zeitabhängiges Funktional

$$\begin{aligned} J(\hat{\boldsymbol{p}}) &= \frac{1}{2}\int_0^t \|\boldsymbol{\eta}(\tau) - \boldsymbol{W}(\tau)\hat{\boldsymbol{p}}(t)\|^2\,\mathrm{d}\tau \\ &= \frac{1}{2}\int_0^t \|\boldsymbol{\eta}(\tau)\|^2\,\mathrm{d}\tau - \hat{\boldsymbol{p}}^{\mathrm{T}}(t)\int_0^t \boldsymbol{W}^{\mathrm{T}}(\tau)\boldsymbol{\eta}(\tau)\,\mathrm{d}\tau \\ &\quad + \frac{1}{2}\hat{\boldsymbol{p}}^{\mathrm{T}}(t)\int_0^t \boldsymbol{W}^{\mathrm{T}}(\tau)\boldsymbol{W}(\tau)\,\mathrm{d}\tau\,\hat{\boldsymbol{p}}(t) \end{aligned} \tag{10.366}$$

eingeführt. Das Ziel ist, J zu minimieren. Dazu bildet man zunächst den Gradienten von J bezüglich $\hat{\boldsymbol{p}}$, d.h.

$$\left(\frac{\partial J}{\partial\hat{\boldsymbol{p}}}\right)^{\mathrm{T}} = \boldsymbol{P}^{-1}(t)\hat{\boldsymbol{p}}(t) - \int_0^t \boldsymbol{W}^{\mathrm{T}}(\tau)\boldsymbol{\eta}(\tau)\,\mathrm{d}\tau \tag{10.367}$$

mit der symmetrischen (als nichtsingulär vorausgesetzten) Matrix

---

1) LS steht für Least-Squares.

$$\boldsymbol{P}^{-1}(t) := \int_0^t \boldsymbol{W}^{\mathrm{T}}(\tau)\boldsymbol{W}(\tau)\,\mathrm{d}\tau \,. \tag{10.368}$$

Die Forderung $\partial J/\partial \hat{\boldsymbol{p}} = \boldsymbol{0}$ für das absolute Minimum des Funktionals liefert nun den Parameterschätzvektor

$$\hat{\boldsymbol{p}}(t) = \boldsymbol{P}(t)\int_0^t \boldsymbol{W}^{\mathrm{T}}(\tau)\boldsymbol{\eta}(\tau)\,\mathrm{d}\tau \,. \tag{10.369}$$

Unter Verwendung dieser Gleichung wird jetzt $\boldsymbol{P}^{-1}(t)\hat{\boldsymbol{p}}(t)$ differenziert, wodurch man mit Gl. (10.368)

$$\boldsymbol{W}^{\mathrm{T}}(t)\boldsymbol{W}(t)\hat{\boldsymbol{p}}(t) + \boldsymbol{P}^{-1}(t)\frac{\mathrm{d}\hat{\boldsymbol{p}}(t)}{\mathrm{d}t} = \boldsymbol{W}^{\mathrm{T}}(t)\boldsymbol{\eta}(t) \,,$$

also angesichts von Gln. (10.361) und (10.362a)

$$\frac{\mathrm{d}\hat{\boldsymbol{p}}(t)}{\mathrm{d}t} = -\boldsymbol{P}(t)\boldsymbol{W}^{\mathrm{T}}(t)\boldsymbol{\Delta}(t) \tag{10.370}$$

als Vorschrift für die zeitliche Änderung des Schätzvektors $\hat{\boldsymbol{p}}$ erhält. Durch Anwendung von Gl. (10.360) auf $\boldsymbol{M} = \boldsymbol{P}^{-1}$ und Beachtung von Gl. (10.368) ergibt sich die Differentialgleichung

$$\frac{\mathrm{d}\boldsymbol{P}(t)}{\mathrm{d}t} = -\boldsymbol{P}(t)\boldsymbol{W}^{\mathrm{T}}(t)\boldsymbol{W}(t)\boldsymbol{P}(t) \tag{10.371}$$

für die sogenannte Gewinnmatrix $\boldsymbol{P}(t)$. Die Gln. (10.370) und (10.371) bilden die Grundlage für die LS-Schätzung in Echtzeit. Hierzu sind Initialisierungswerte für $\hat{\boldsymbol{p}}(0)$ und $\boldsymbol{P}(0)$ erforderlich. Unglücklicherweise existiert aber $\boldsymbol{P}(0)$ nach Gl. (10.368) nicht. Um diese Schwierigkeit zu umgehen, denkt man sich den Startzeitpunkt gegenüber $t = 0$ vorverlegt und wählt für $\hat{\boldsymbol{p}}(0)$ einen möglichst guten Schätzwert; für $\boldsymbol{P}(0)$ verwendet man etwa eine nichtsinguläre Diagonalmatrix, so daß Gl. (10.368) durch

$$\boldsymbol{P}^{-1}(t) = \boldsymbol{P}^{-1}(0) + \int_0^t \boldsymbol{W}^{\mathrm{T}}(\tau)\boldsymbol{W}(\tau)\,\mathrm{d}\tau \tag{10.372}$$

ersetzt werden kann. In der Beziehung

$$\frac{\mathrm{d}}{\mathrm{d}t}[\boldsymbol{P}^{-1}(t)\tilde{\boldsymbol{p}}(t)] = \frac{\mathrm{d}\boldsymbol{P}^{-1}(t)}{\mathrm{d}t}\tilde{\boldsymbol{p}}(t) + \boldsymbol{P}^{-1}(t)\frac{\mathrm{d}\tilde{\boldsymbol{p}}(t)}{\mathrm{d}t}$$

substituiert man nun die Matrix $\mathrm{d}\boldsymbol{P}^{-1}(t)/\mathrm{d}t$ gemäß Gl. (10.368) durch $\boldsymbol{W}^{\mathrm{T}}(t)\boldsymbol{W}(t)$ und $\mathrm{d}\tilde{\boldsymbol{p}}(t)/\mathrm{d}t = \mathrm{d}\hat{\boldsymbol{p}}(t)/\mathrm{d}t$ gemäß Gl. (10.370) durch $-\boldsymbol{P}(t)\boldsymbol{W}^{\mathrm{T}}(t)\boldsymbol{\Delta}(t)$. Auf diese Weise ergibt sich mit Gl. (10.362b)

$$\frac{\mathrm{d}}{\mathrm{d}t}[\boldsymbol{P}^{-1}(t)\tilde{\boldsymbol{p}}(t)] = \boldsymbol{W}^{\mathrm{T}}(t)\boldsymbol{W}(t)\tilde{\boldsymbol{p}}(t) - \boldsymbol{P}^{-1}(t)\boldsymbol{P}(t)\boldsymbol{W}^{\mathrm{T}}(t)\boldsymbol{W}(t)\tilde{\boldsymbol{p}}(t) = \boldsymbol{0} \,,$$

woraus für den Parameterfehlervektor

$$\tilde{\boldsymbol{p}}(t) = \boldsymbol{P}(t)\boldsymbol{P}^{-1}(0)\tilde{\boldsymbol{p}}(0) \tag{10.373}$$

folgt. Wenn es gelingt, dafür zu sorgen, daß der kleinste Eigenwert der durch Gl. (10.368) gegebenen Matrix für $t \to \infty$ über alle Grenzen strebt, so konvergiert $\boldsymbol{P}$ gegen die Nullmatrix und damit $\tilde{\boldsymbol{p}}$ gegen $\mathbf{0}$.

Der LS-Schätzer mit exponentieller Löschung des Gedächtnisses. Im Funktional J des LS-Schätzers werden die Meßdaten $\boldsymbol{\eta}(\tau)$ und $\boldsymbol{W}(\tau)$ von Beginn des Schätzvorgangs im Zeitnullpunkt bis zum aktuellen Zeitpunkt t ausgewertet, und zwar derart, daß alle Meßergebnisse einheitlich bewertet werden. Wenn die zu schätzenden Parameter zeitlich variieren, kann man davon ausgehen, daß Meßdaten mit den aktuellen Parameterwerten um so schwächer verknüpft sind, je weiter der Meßzeitpunkt τ gegenüber dem aktuellen Zeitpunkt t zurückliegt. Diesem Umstand wird durch Einführung eines geeigneten zeitabhängigen Faktors im Prädiktionsfehler J des LS-Schätzers von Gl. (10.366) Rechnung getragen. Auf diese Weise entsteht das neue zeitabhängige Funktional

$$J(\hat{\boldsymbol{p}}) = \frac{1}{2}\int_0^t \| \boldsymbol{\eta}(\tau) - \boldsymbol{W}(\tau)\hat{\boldsymbol{p}}(t) \|^2 \, \mathrm{e}^{-\Lambda(\tau,t)} \mathrm{d}\tau \tag{10.374a}$$

mit

$$\Lambda(\tau,t) := \int_\tau^t \lambda(\sigma)\,\mathrm{d}\sigma \tag{10.374b}$$

und einem zu wählenden zeitabhängigen Löschfaktor $\lambda(t) \geqq 0$ für alle $t \geqq 0$. Im Falle $\lambda = c$ ($=$ const > 0) wird $\Lambda(\tau,t) = c(t-\tau)$ und die Auswirkung des Exponentialfaktors im Integranden von Gl. (10.374a) ist deutlich zu erkennen. Die Meßdaten werden um so stärker berücksichtigt, je "jünger" sie sind, d. h. je kleiner die Zeitspanne $t-\tau$ ist.

Für den Gradienten von J bezüglich $\hat{\boldsymbol{p}}$ erhält man

$$\left(\frac{\partial J}{\partial \hat{\boldsymbol{p}}}\right)^{\mathrm{T}} = \boldsymbol{P}^{-1}(t)\hat{\boldsymbol{p}}(t) - \int_0^t \boldsymbol{W}^{\mathrm{T}}(\tau)\boldsymbol{\eta}(\tau)\mathrm{e}^{-\Lambda(\tau,t)}\mathrm{d}\tau \tag{10.375}$$

mit der symmetrischen (als nichtsingulär vorausgesetzten) Matrix

$$\boldsymbol{P}^{-1}(t) := \int_0^t \boldsymbol{W}^{\mathrm{T}}(\tau)\boldsymbol{W}(\tau)\mathrm{e}^{-\Lambda(\tau,t)}\mathrm{d}\tau . \tag{10.376}$$

Die Forderung $\partial J/\partial\hat{\boldsymbol{p}} = \mathbf{0}$ für das absolute Minimum von J liefert den Parameterschätzvektor

$$\hat{\boldsymbol{p}}(t) = \boldsymbol{P}(t)\int_0^t \boldsymbol{W}^{\mathrm{T}}(\tau)\boldsymbol{\eta}(\tau)\mathrm{e}^{-\Lambda(\tau,t)}\mathrm{d}\tau . \tag{10.377}$$

Multipliziert man diese Gleichung von links mit $\boldsymbol{P}^{-1}(t)$ und differenziert anschließend nach t, so ergibt sich bei Beachtung der einschlägigen Regeln der Differentialrechnung, von Gl. (10.376), von $\Lambda(t,t) = 0$ und $\mathrm{d}\Lambda(\tau,t)/\mathrm{d}t = \lambda(t)$

$$[\boldsymbol{W}^{\mathrm{T}}(t)\boldsymbol{W}(t) - \lambda(t)\boldsymbol{P}^{-1}(t)]\hat{\boldsymbol{p}} + \boldsymbol{P}^{-1}\frac{\mathrm{d}\hat{\boldsymbol{p}}(t)}{\mathrm{d}t} = \boldsymbol{W}^{\mathrm{T}}(t)\boldsymbol{\eta}(t) - \lambda(t)\boldsymbol{P}^{-1}(t)\hat{\boldsymbol{p}}(t),$$

woraus mit den Gln. (10.361) und (10.362a)

$$\frac{\mathrm{d}\hat{\boldsymbol{p}}(t)}{\mathrm{d}t} = -\boldsymbol{P}(t)\boldsymbol{W}^{\mathrm{T}}(t)\boldsymbol{\Delta}(t) \tag{10.378}$$

folgt. Durch Anwendung von Gl. (10.360) mit $\boldsymbol{M} = \boldsymbol{P}^{-1}$ und Beachtung von Gl. (10.376) gelangt man zur Differentialgleichung

$$\frac{\mathrm{d}\boldsymbol{P}(t)}{\mathrm{d}t} = -\boldsymbol{P}(t)[\boldsymbol{W}^{\mathrm{T}}(t)\boldsymbol{W}(t) - \lambda(t)\boldsymbol{P}^{-1}(t)]\boldsymbol{P}(t),$$

d. h.

$$\frac{\mathrm{d}\boldsymbol{P}(t)}{\mathrm{d}t} = \boldsymbol{P}(t)\lambda(t) - \boldsymbol{P}(t)\boldsymbol{W}^{\mathrm{T}}(t)\boldsymbol{W}(t)\boldsymbol{P}(t) \tag{10.379}$$

für die Gewinnmatrix $\boldsymbol{P}(t)$.

Für die inverse Matrix $\boldsymbol{P}^{-1}(t)$ erhält man eine lineare Differentialgleichung, indem man Gl. (10.376) nach t differenziert. Es ergibt sich unmittelbar

$$\frac{\mathrm{d}\boldsymbol{P}^{-1}(t)}{\mathrm{d}t} = -\lambda(t)\boldsymbol{P}^{-1}(t) + \boldsymbol{W}^{\mathrm{T}}(t)\boldsymbol{W}(t). \tag{10.380}$$

Mit Hilfe dieser Gleichung und $\mathrm{d}\tilde{\boldsymbol{p}}(t)/\mathrm{d}t = \mathrm{d}\hat{\boldsymbol{p}}(t)/\mathrm{d}t = -\boldsymbol{P}(t)\boldsymbol{W}^{\mathrm{T}}(t)\boldsymbol{\Delta}(t)$ nach Gl. (10.378) erhält man

$$\frac{\mathrm{d}(\boldsymbol{P}^{-1}(t)\tilde{\boldsymbol{p}}(t))}{\mathrm{d}t} = [-\lambda(t)\boldsymbol{P}^{-1}(t) + \boldsymbol{W}^{\mathrm{T}}(t)\boldsymbol{W}(t)]\tilde{\boldsymbol{p}}(t)$$
$$+\boldsymbol{P}^{-1}(t)[-\boldsymbol{P}(t)\boldsymbol{W}^{\mathrm{T}}(t)\boldsymbol{\Delta}(t)]$$

oder wegen $\boldsymbol{W}(t)\tilde{\boldsymbol{p}}(t) = \boldsymbol{\Delta}(t)$ die Differentialgleichung

$$\frac{\mathrm{d}(\boldsymbol{P}^{-1}(t)\tilde{\boldsymbol{p}}(t))}{\mathrm{d}t} = -\lambda(t)\boldsymbol{P}^{-1}(t)\tilde{\boldsymbol{p}}(t)$$

für $\boldsymbol{P}^{-1}(t)\tilde{\boldsymbol{p}}(t)$ vom Typ der Gl. (10.357) mit $\boldsymbol{M}(t) = \boldsymbol{P}^{-1}(t)\tilde{\boldsymbol{p}}(t)$ und $\boldsymbol{N}(t) \equiv \boldsymbol{0}$. Daher ergibt sich aufgrund von Gl. (10.359) mit $t_0 = 0$

$$\tilde{\boldsymbol{p}}(t) = \boldsymbol{P}(t)\boldsymbol{P}^{-1}(0)\tilde{\boldsymbol{p}}(0)\,\mathrm{e}^{-\Lambda(0,t)}, \tag{10.381}$$

wobei $\boldsymbol{P}(t)$ als Inverse der Lösung der linearen Differentialgleichung (10.380) gemäß Gl. (10.359), d. h. der Matrix

$$\boldsymbol{P}^{-1}(t) = \boldsymbol{P}^{-1}(0)\,\mathrm{e}^{-\Lambda(0,t)} + \int_0^t \boldsymbol{W}^{\mathrm{T}}(\sigma)\boldsymbol{W}(\sigma)\,\mathrm{e}^{\Lambda(t,\sigma)}\,\mathrm{d}\sigma \tag{10.382}$$

erhalten werden kann. Diese Darstellung bildet eine Erweiterung von Gl. (10.376) für den Fall $\boldsymbol{P}^{-1}(0) \neq \boldsymbol{0}$. Ein Vergleich von Gl. (10.381) mit Gl. (10.373) zeigt die Verbesserung der Konvergenz von $\tilde{\boldsymbol{p}}(t)$ durch Einführung der Löschung des Gedächtnisses, da $\mathrm{e}^{\Lambda(t,0)}$ eine mit t monoton abnehmende Funktion ist.

Für die Konvergenz $\tilde{\boldsymbol{p}} \to \boldsymbol{0}$ muß dafür gesorgt werden, daß $\boldsymbol{P}^{-1}(t)$ für $t \to \infty$ nicht gegen die Nullmatrix und damit $\boldsymbol{P}(t)$ nicht über alle Grenzen strebt. Man kann von folgendem ausgehen: Wenn durch beständige Erregung dafür gesorgt wird, daß die Spaltenvektoren von $\boldsymbol{W}(t)$ in jedem Intervall $[t, t+T]$ (mit einem $T > 0$) für alle $t > 0$ bis $t \to \infty$ linear unabhängige Vektorfunktionen sind, dann gilt $\|\boldsymbol{P}(t)\| < K < \infty$ für alle $t > 0$. Die für $\boldsymbol{W}(t)$ geforderte Bedingung läßt sich durch

$$\int_t^{t+T} \boldsymbol{W}^{\mathrm{T}}(\tau)\,\boldsymbol{W}(\tau)\,\mathrm{d}\tau \geqq \alpha\,\mathbf{E} \tag{10.383}$$

für alle $t > 0$ bis $t \to \infty$ mit einem konstanten $\alpha > 0$ ausdrücken. Es muß grundsätzlich darauf geachtet werden, daß $\|\,\boldsymbol{P}(t)\,\|$ nicht allzu große Werte annimmt, damit durch Störungen und Rauschen im Prädiktionsfehler keine allzu großen Schwankungen der geschätzten Parameter aufgrund von Gl. (10.378) auftreten. Da der Werteverlauf von $\|\,\boldsymbol{P}(t)\,\|$ ein Maß für den Grad der Erregung von $\boldsymbol{W}(t)$ liefert, wurde vorgeschlagen, den Löschfaktor $\lambda(t)$ von $\|\,\boldsymbol{P}(t)\,\|$ abhängig zu wählen, nämlich als

$$\lambda(t) = \lambda_0(1 - \|\,\boldsymbol{P}(t)\,\| / k_0) \tag{10.384}$$

mit positiven Konstanten λ_0 und k_0. Dabei bedeutet λ_0 die maximale Löschrate und k_0 eine obere Schranke von $\|\,\boldsymbol{P}(t)\,\|$, die im voraus festgelegt werden muß. Ist $\|\,\boldsymbol{P}(t)\,\|$ relativ groß, so wird aufgrund von Gl. (10.384) das Gedächtnis langsamer gelöscht; falls $\|\,\boldsymbol{P}(t)\,\|$ relativ klein ist, erfolgt die Löschung schneller.

2.4.3 Abschließende Bemerkungen

Die im vorausgegangenen Abschnitt skizzierten Schätzverfahren zur adaptiven Regelung unterscheiden sich wesentlich von den Verfahren der modellbezogenen adaptiven Regelung. Während bei letzteren die Parameteranpassung aufgrund der Minimierung des Nachführungsfehlers erfolgt und das Parameteränderungsgesetz jeweils vom Regelgesetz beeinflußt wird, geschieht die Parameterschätzung bei den Schätzverfahren (Verfahren der adaptiven Regelung mit Selbsteinstellung des Reglers) aufgrund der Anpassung an Meßdaten, und das Gesetz zur Adaption ist unabhängig von der Wahl des Regelgesetzes. In beiden Konzepten der adaptiven Regelung tritt aber eine innere Schleife zur Regelung und eine äußere Schleife zur Parameteradaption auf.

Bei den Verfahren der modellbezogenen adaptiven Regelung können Stabilität und Konvergenz des Nachführungsfehlers gegen Null in aller Regel garantiert werden. Bei den Verfahren der adaptiven Regelung mit Selbsteinstellung des Reglers ist es nicht immer einfach, die Stabilität und Konvergenz des Reglers sicherzustellen. Es wurden mehrere Schätzer kurz vorgestellt. Der Gradientenschätzer ist konzeptionell einfach, zeigt aber langsame Konvergenz. Der LS-Schätzer ist unempfindlich (robust) gegenüber Rauschen, jedoch wenig geeignet bei der Schätzung zeitvarianter Parameter. Der LS-Schätzer mit exponentieller Löschung des Gedächtnisses ist dazu geeignet, zeitabhängige Parameter zu adaptieren, birgt aber die Gefahr in sich, daß die Norm der Gewinnmatrix unzulässig große Werte annimmt, insbesondere, wenn nicht beständig erregt wird. Um die Vorteile des LS-Schätzers mit Löschung des Gedächtnisses beizubehalten, der Gefahr des Anwachsens der Norm der Gewinnmatrix aber entgegenzuwirken, wurde für den LS-Schätzer mit Löschung des Gedächtnisses ein von der Gewinnmatrix abhängiger Löschfaktor eingeführt. Dieser Schätzer zeichnet sich durch schnelle Konvergenz und geringe Rauschempfindlichkeit aus. Bei der praktischen Anwendung eines Schätzers ist vor allem auf die Initialisierung der Parameter und der Gewinnmatrix, auf die Wahl von λ_0 und k_0 in Gl. (10.384), nicht zuletzt aber auf die Wahl der Erregung zu achten. Bei der Wahl von k_0 ist das Rauschen und der Bereich zulässiger

Schwankungen der Parameterschätzwerte zu berücksichtigen. Der Spektralbereich der Erregung sollte groß genug sein, um die Konvergenz der Parameter zu sichern, jedenfalls innerhalb des Durchlaßbereichs des zu schätzenden Systems. Im Falle zeitvarianter Parameter sollte die Grenzfrequenz der zeitlichen Parameteränderung viel kleiner sein als die Grenzfrequenz des zu schätzenden Systems, es sei denn, daß die Parameterdynamik modelliert wird.

Kleine Nachführungsfehler und kleine Prädiktionsfehler können durch Rauschen, Rundungsfehler oder Modellungenauigkeiten verursacht werden und ein Abdriften der Parameter zur Folge haben. Eine Abhilfe kann dadurch geschaffen werden, daß ein positiver Schwellwert festgelegt wird; solange der Betrag des Fehlers unterhalb des Schwellwertes liegt, erfolgt keine Änderung der Schätzwerte. Erst wenn der Fehlerbetrag größer als der Schwellwert ist, wird das betreffende Adaptionsgesetz angewendet.

2.5 KOMBINIERTE ADAPTION

Es besteht die Möglichkeit, die auf der ständigen Reduzierung des Nachführungsfehlers beruhende Adaption mit der auf der Minimierung des Prädiktionsfehlers basierenden Parameterschätzung zu kombinieren. Auf diese Weise gelangt man zu einem weiteren allgemeinen Konzept der adaptiven Regelung, mit dem versucht werden kann, die Leistungsfähigkeit der bisherigen Adaptionsmethoden zu steigern. Voraussetzung für die Anwendung dieser Idee ist jedoch, daß im Nachführungsfehler und im Prädiktionsfehler derselbe Parametersatz verwendet wird. Erst dann wird eine Kombination der beiden Fehlertypen zur adaptiven Regelung möglich. Es handelt sich in der Tat um zwei verschiedene Fehlertypen, da jeder der beiden Fehler eine eigene Quelle der Information über die zunächst unbekannten Parameter besitzt.

Die Möglichkeiten der kombinierten Adaption soll am Fall der adaptiven Regelung eines SP-Systems erster Ordnung gezeigt werden. Dieser Fall wurde im Rahmen der reinen modellbezogenen adaptiven Regelung bereits im Beispiel 10.2 behandelt. Es sollen alle Voraussetzungen und Bezeichnungen von Beispiel 10.2 einschließlich der von Bild 10.22 im folgenden verwendet werden.

Mit den Vektoren

$$\boldsymbol{\xi}(t) := [\xi_0(t) \quad y(t)]^{\mathrm{T}}, \quad \boldsymbol{p} := [k \quad \beta_0]^{\mathrm{T}}$$

lautet das Regelgesetz der modellbezogenen adaptiven Regelung

$$x(t) = \boldsymbol{p}^{\mathrm{T}} \boldsymbol{\xi}(t),$$

das unverändert übernommen wird. Mit dem Nachführungsfehler $e := y - y_f$ läßt sich das allein auf e bezogene Adaptionsgesetz durch

$$\frac{\mathrm{d}\hat{\boldsymbol{p}}(t)}{\mathrm{d}t} = -\gamma\, \boldsymbol{\xi}(t) e(t) \tag{10.385}$$

ausdrücken.

Zur Einführung eines Prädiktionsfehlers zur Schätzung der Parameter k und β_0 wird zunächst dem Bild 10.22 die Beziehung

$$Y(p) = \frac{a_0}{p + b_0} X(p)$$

(mit $a_0 > 0$ und $b_0 > 0$) entnommen, die auf die Form

$$pY(p) + d_0 Y(p) = -(b_0 - d_0) Y(p) + a_0 X(p)$$

umgeschrieben wird. Durch Division dieser Gleichung mit $a_0(p + d_0)$ ergibt sich, wenn man die Beziehungen $\overline{\beta}_0 = (b_0 - d_0)/a_0$ und $\overline{k} = c_0/a_0$ für die idealen Parameterwerte berücksichtigt,

$$\frac{X(p)}{p + d_0} = \overline{k}\,\frac{Y(p)}{c_0} + \overline{\beta}_0 \frac{Y(p)}{p + d_0}\,. \tag{10.386}$$

Mit den Zeitfunktionen

$$\eta(t) \circ\!\!-\!\!\bullet \frac{X(p)}{p + d_0}\,, \quad w_0(t) \circ\!\!-\!\!\bullet \frac{Y(p)}{c_0}\,, \quad w_1(t) \circ\!\!-\!\!\bullet \frac{Y(p)}{p + d_0}$$

und dem Vektor

$$\boldsymbol{w}(t) := [w_0(t) \quad w_1(t)]^{\mathrm{T}}$$

erhält man aufgrund von Gl. (10.386) die Schätzmodellbeziehung

$$\eta(t) = \boldsymbol{p}^{\mathrm{T}}(t)\boldsymbol{w}(t)$$

bzw. für den Schätzwert

$$\hat{\eta}(t) = \hat{\boldsymbol{p}}^{\mathrm{T}}(t)\boldsymbol{w}(t)\,,$$

wobei $\boldsymbol{p}$ den Vektor der idealen Parameterwerte und $\hat{\boldsymbol{p}}$ den Vektor der geschätzten Parameterwerte bedeutet. Gemäß Gl. (10.370) ergibt sich mit dem Prädiktionsfehler $\Delta := \hat{\eta} - \eta$ und mit $\boldsymbol{W} = \boldsymbol{w}^{\mathrm{T}}$ das Gesetz zur reinen Parameterschätzung in der Form

$$\frac{\mathrm{d}\hat{\boldsymbol{p}}(t)}{\mathrm{d}t} = -\boldsymbol{P}(t)\boldsymbol{w}(t)\Delta(t)\,. \tag{10.387}$$

Es sollen nun die beiden Gesetze nach den Gln. (10.385) und (10.387) kombiniert werden. Von den verschiedenen Möglichkeiten sei als Beispiel

$$\frac{\mathrm{d}\hat{\boldsymbol{p}}(t)}{\mathrm{d}t} = -\gamma[\boldsymbol{\xi}(t)e(t) + \boldsymbol{w}(t)\Delta(t)] \tag{10.388}$$

gewählt.

Zur Untersuchung der Stabilität des erhaltenen adaptiven Regelungssystems wird als Kandidat einer Lyapunov-Funktion

$$V(e, \tilde{\boldsymbol{p}}) = \frac{\gamma}{2} e^2(t) + \frac{1}{2} a_0 \tilde{\boldsymbol{p}}^{\mathrm{T}}(t)\tilde{\boldsymbol{p}}(t)$$

verwendet. Mit den Gln. (10.294) und (10.388) erhält man für den zeitlichen Differentialquotienten von V

$$\frac{\mathrm{d}V}{\mathrm{d}t} = \gamma e(-d_0 e + a_0 \tilde{\boldsymbol{p}}^{\mathrm{T}} \boldsymbol{\xi}) - a_0 \tilde{\boldsymbol{p}}^{\mathrm{T}} \gamma(\boldsymbol{\xi} e + \boldsymbol{w}\,\Delta)$$

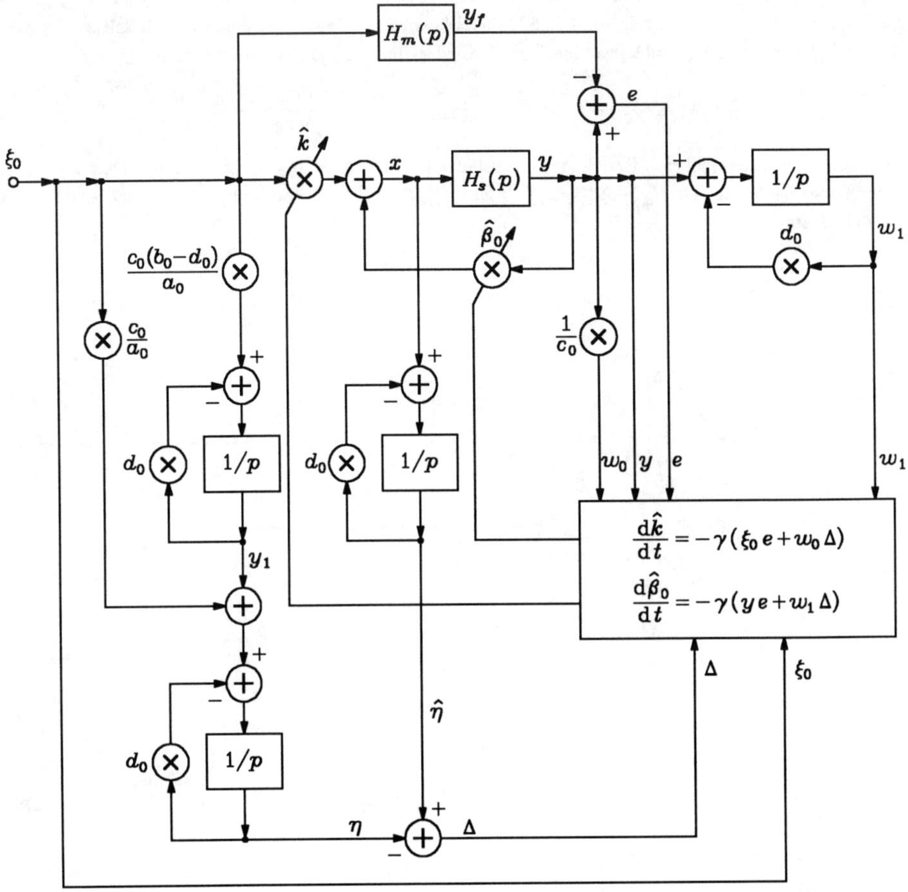

Bild 10.37: Ablaufdiagramm für die Simulation der kombinierten adaptiven Regelung von Beispiel 10.8

oder wegen $\tilde{\boldsymbol{p}}^{\mathrm{T}} \boldsymbol{w} = \hat{\eta} - \eta = \Delta$ schließlich

$$\frac{\mathrm{d}V}{\mathrm{d}t} = -\gamma(d_0 e^2 + a_0 \Delta^2).$$

Hieraus kann auf die Konvergenz $e \to 0$ und $\Delta \to 0$ für $t \to \infty$ geschlossen werden.

Mit $\Delta = \tilde{\boldsymbol{p}}^{\mathrm{T}} \boldsymbol{w}$ läßt sich das kombinierte Adaptionsgesetz nach Gl. (10.388) als lineare Differentialgleichung

$$\frac{\mathrm{d}\tilde{\boldsymbol{p}}(t)}{\mathrm{d}t} + \gamma \boldsymbol{w}(t) \boldsymbol{w}^{\mathrm{T}}(t) \tilde{\boldsymbol{p}}(t) = -\gamma \boldsymbol{\xi}(t) e(t) \qquad (10.389)$$

für $\tilde{\boldsymbol{p}}$ mit variablen Koeffizienten schreiben. Ohne den Prädiktionsterm $\gamma \boldsymbol{w}\, \boldsymbol{w}^{\mathrm{T}} \tilde{\boldsymbol{p}}$ ist das die Gl. (10.385) der modellbezogenen adaptiven Regelung. Wie man sieht, beruht die Adaption bei der modellbezogenen Regelung auf einer reinen Integration, während das Prinzip der kombinierten Adaption eine zeitvariante Tiefpaßfilterung ist. Letzteres impliziert gewöhnlich eine schnellere Adaption ohne störende Oszillation der geschätzten Parameterverläufe.

Beispiel 10.8: Es werden dieselben Zahlenwerte $a_0 = 2$; $b_0 = -1$; $c_0 = d_0 = 1$ wie im Beispiel 10.2 gewählt. Den Ablauf einer Simulation zeigt Bild 10.37. Dabei können die Regelstrecke und die Modellstrecke gemäß den Gln. (10.293a,b) nachgebildet werden. Das Signal η ist durch die Differentialgleichung

$$\frac{\mathrm{d}\eta}{\mathrm{d}t} = -d_0\eta + \frac{c_0}{a_0}\xi_0 + y_1 \qquad \text{mit} \qquad \frac{\mathrm{d}y_1}{\mathrm{d}t} = -d_0 y_1 + \frac{c_0(b_0-d_0)}{a_0}\xi_0$$

simuliert, wie sich aus früheren Beziehungen begründen läßt. In der praktischen Anwendung kann man η etwa aufgrund seines Spektrums $H_m(\mathrm{j}\omega)\hat{\xi}_0(\mathrm{j}\omega)/\,[(\mathrm{j}\omega + d_0)H_s(\mathrm{j}\omega)]$ erzeugen, wobei $\hat{\xi}_0(\mathrm{j}\omega)$ das Spektrum von $\xi_0(t)$ bedeutet.

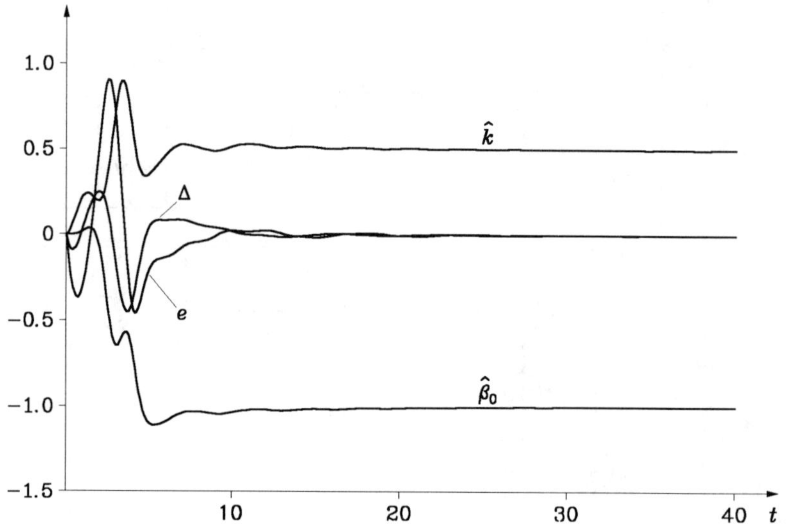

Bild 10.38: Simulationsergebnisse von Beispiel 10.8

Bild 10.38 zeigt die zeitlichen Verläufe von $e(t)$, $\Delta(t)$, $\hat{k}(t)$ und $\hat{\beta}_0(t)$, die bei Wahl von

$$\xi_0(t) = \cos t \qquad \text{und} \qquad \gamma = 1{,}0$$

und mit verschwindenden Startwerten im Rahmen der Simulation erhalten wurden.

XI Chaos

Nichtlineare Systeme können unter bestimmten Bedingungen ungewöhnliche Verhaltensformen zeigen, die bereits dem französischen Mathematiker Henri Poincaré (1854-1912) grundsätzlich bekannt waren, die aber erst seit einigen Jahrzehnten, zweifellos hervorgerufen durch die Möglichkeiten elektronischer Computer, insbesondere zur Simulation von Differentialgleichungen, in ihrer Auswirkung und ihren Konsequenzen allgemein wahrgenommen werden. Man spricht in diesem Zusammenhang von chaotischem Verhalten. Betrachtet man ein autonomes nichtlineares System, das im Zustandsraum $\mathbb{R}^q$ mit $q \geqq 3$ durch die Gl. (8.3) beschrieben sei, dann geht man davon aus, daß ein deterministisches System in dem Sinne vorliegt, daß bei Vorgabe eines Anfangszustandes $\boldsymbol{z}(t_0)$ die Trajektorie $\boldsymbol{z}(t)$ für $t \geqq t_0$ durch Integration der Zustandsdifferentialgleichung eindeutig berechnet werden kann. Insoweit nimmt man an, daß das zukünftige Verhalten des Systems vorausgesagt werden kann. Es gibt nun nichtlineare Systeme, bei denen folgendes unerwartete Verhalten ihrer Trajektorien festgestellt werden kann, während bekannt ist, daß die Trajektorien grundsätzlich in einem beschränkten Bereich im $\mathbb{R}^q$ bleiben, ohne daß sie asymptotisch einen periodischen (oder quasiperiodischen) Verlauf nehmen: Führt man die (im Rahmen der verfügbaren Rechengenauigkeit) kleinstmögliche Veränderung des Anfangszustandes durch, dann nimmt die Trajektorie einen völlig anderen Kurvenverlauf. Da sich eine, wenn auch noch so kleine, Ungenauigkeit in der Vorgabe des Anfangszustandes niemals vermeiden läßt, ist zu erkennen, daß das zukünftige Verhalten eines solchen, chaotisch genannten Systems in Wirklichkeit nicht vorausgesagt werden kann. Man spricht davon, daß die Zukunft eines chaotischen Systems unbestimmbar ist, obwohl das System deterministisch ist. Man kann sich das chaotische Verhalten in der Weise erklären, daß Trajektorien, die zunächst in beliebig kleiner Entfernung voneinander verlaufen, mit Zunahme der Zeit in außerordentlich starkem Maße auseinanderstreben. Dadurch können geringste Änderungen in den Anfangsbedingungen zu ungewöhnlich starken Unterschieden im Langzeitverhalten des Systems führen. Prognosen in die Zukunft sind nicht mehr möglich. Ein Verlust an Voraussagbarkeit kann auch in folgender Weise eintreten: Es gibt nichtlineare autonome Systeme im $\mathbb{R}^q (q \geqq 3)$ mit zwei getrennten Grenzzyklen und drei qualitativ unterschiedlichen Gebieten im $\mathbb{R}^q$, nämlich den zwei disjunkten Einzugsgebieten der beiden Grenzzyklen und einem sogenannten fraktalen Grenzgebiet. Letzteres zeichnet sich durch die Eigenschaft aus, daß jede Trajektorie, die im fraktalen Gebiet startet, entweder in den einen oder den anderen Grenzzyklus asymptotisch mündet, d.h. es können zwei Anfangszustände mit beliebig kleinem Abstand gewählt werden, die zu unterschiedlichem regulärem Langzeitverhalten führen. Obwohl in einem solchen Fall, den man zwischen chaotischem und nichtchaotischem Verhalten einordnet, reguläres Verhalten vorliegt, kann eine sichere Langzeitprognose nicht gemacht werden.

Die Einschränkung $q \geqq 3$ bedeutet, daß nur autonome Systeme von mindestens dritter Ordnung chaotisches Verhalten zeigen, wobei zu beachten ist, daß ein nichtautonomes System der Ordnung q durch die Einbeziehung der Zeit t als zusätzliche Zustandsvariable $z_{q+1} = t$ mit der zusätzlichen Gleichung $\mathrm{d}z_{q+1}/\mathrm{d}t = 1$ in ein äquivalentes autonomes System mit um Eins höherer Ordnung $(q+1)$ umgewandelt werden kann. Grundsätzlich werden im Rahmen des Studiums chaotischer Systeme nur dissipative Systeme betrachtet, die Attraktoren besitzen und im einzelnen noch definiert werden. Da chaotisches Verhalten damit zusammenhängt, daß die Trajektorien einen beschränkten Bereich des $\mathbb{R}^q$ nicht verlassen, sich nicht schneiden und zugleich exponentiell auseinanderstreben, wenn sie zunächst in unmittelbarer Nähe zueinander verlaufen, läßt sich die Bedingung $q \geqq 3$ in Anbetracht des Poincaré-Bendixson-Theorems aus Kapitel VIII erklären.

Im Abschnitt 1 wird die Klasse der dissipativen Systeme und die der konservativen Systeme definiert. Der Abschnitt 2 ist der Einführung einiger Konzepte gewidmet, die zur Quantifizierung chaotischer Verhaltensformen verwendet werden können. Im Abschnitt 3 wird die wichtigste Klasse der konservativen Systeme, d.h. die Klasse der Hamiltonschen Systeme vorgestellt, durch deren Störung chaotisches Verhalten entstehen kann. Inzwischen schon klassisch zu nennende dissipative Systeme, die sich chaotisch verhalten, sind im Abschnitt 4 zu finden, nämlich das Lorenz-System, das Chua-System und das Rössler-System als Vertreter der kontinuierlichen Systeme, während im Abschnitt 5 die logistische Abbildung und die Hénon-Abbildung als Vertreter der diskontinuierlichen Systeme vorgestellt werden. Im abschließenden Abschnitt 6 wird kurz auf die Chaos-Beseitigung bzw. Chaos-Nutzung eingegangen.

1 Der Satz von Liouville

Es wird ein autonomes System dritter Ordnung mit der Zustandsgleichung

$$\frac{\mathrm{d}\boldsymbol{z}}{\mathrm{d}t} = \boldsymbol{f}(\boldsymbol{z}), \quad \boldsymbol{f}(\boldsymbol{z}) = [f_1(\boldsymbol{z}) \;\; f_2(\boldsymbol{z}) \;\; f_3(\boldsymbol{z})]^{\mathrm{T}}$$

($\boldsymbol{z} \in \mathbb{R}^3$) betrachtet. Im dreidimensionalen Zustandsraum denke man sich die Gesamtheit der Trajektorien des Systems als ein Vektorfeld (z.B. ein Strömungsfeld). In diesem Vektorfeld wird ein beliebiges Raumgebiet G mit der Oberfläche S und dem Rauminhalt V gewählt. Dies zeigt Bild 11.1a, wobei zusätzlich ein willkürliches vektorielles Oberflächenelement $\mathrm{d}\boldsymbol{a} = \boldsymbol{n}\,\mathrm{d}a$ mit dem Normaleneinheitsvektor $\boldsymbol{n}$ hervorgehoben wurde. Alle Punkte von G einschließlich jener von S sollen sich nun unter dem Einfluß des Trajektorienfeldes bewegen. Dadurch verändert sich auch der Rauminhalt von G, d.h. es gilt $V = V(t)$. Das im Bild 11.1a gewählte (differentielle) Flächenelement überstreicht im Intervall $(t, t + \mathrm{d}t)$ nach Bild 11.1b einen räumlichen Bereich, dessen Rauminhalt offensichtlich

$$\mathrm{d}^2 V = \boldsymbol{f}^{\mathrm{T}} \mathrm{d}t \cdot \mathrm{d}\boldsymbol{a}$$

ist. Hieraus erhält man den Inhalt des Raumes, der von der gesamten Oberfläche S im genannten Zeitintervall überstrichen wird, durch Summation über S, d.h. als

$$\mathrm{d}V = \oint\!\!\oint_S \boldsymbol{f}^{\mathrm{T}} \cdot \mathrm{d}\boldsymbol{a}\; \mathrm{d}t\,.$$

Das ist zugleich die Änderung des Rauminhalts V im Intervall $(t, t + \mathrm{d}t)$, so daß sich für den Differentialquotienten der Funktion $V(t)$ der Ausdruck

$$\frac{\mathrm{d}V(t)}{\mathrm{d}t} = \oint\!\!\oint_S \boldsymbol{f}^{\mathrm{T}} \cdot \mathrm{d}\boldsymbol{a}$$

ergibt. Dieses Hüllintegral kann mit Hilfe des Gaußschen Satzes (z.B. [Kr2]) durch das Raumintegral der Divergenz von $\boldsymbol{f}$, d.h.

$$\operatorname{div} \boldsymbol{f} = \frac{\partial f_1}{\partial z_1} + \frac{\partial f_2}{\partial z_2} + \frac{\partial f_3}{\partial z_3} = \operatorname{sp} \boldsymbol{J} \tag{11.1}$$

mit der Jacobi-Matrix $\boldsymbol{J}$ von $\boldsymbol{f}$ über das Gebiet G ausgedrückt werden. Mit sp wird die Spur einer Matrix bezeichnet. Auf diese Weise gelangt man zum Satz von Liouville in der Form

$$\frac{\mathrm{d}V(t)}{\mathrm{d}t} = \iiint\limits_G \operatorname{div} \boldsymbol{f} \, \mathrm{d}\tau . \tag{11.2}$$

Diese Aussage kann auf den Fall eines beliebigen autonomen Systems q-ter Ordnung sinngemäß unmittelbar verallgemeinert werden.

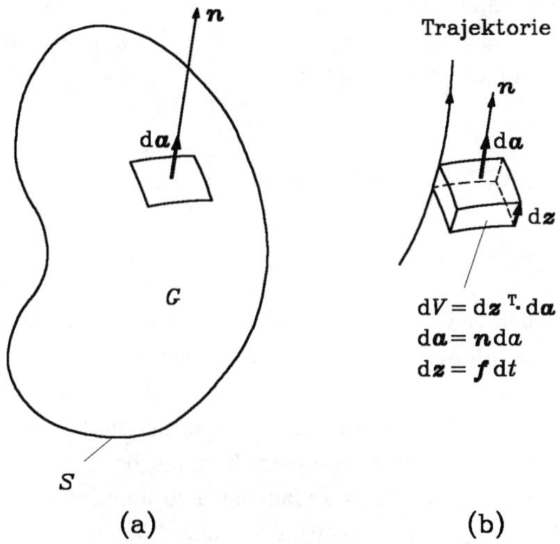

Bild 11.1: (a) Raumgebiet G im $\mathbb{R}^3$ mit Oberfläche S; (b) infinitesimales Volumen, das vom Flächenelement $\mathrm{d}\boldsymbol{a}$ im Intervall $(t, t+\mathrm{d}t)$ unter dem Einfluß der Trajektorienbewegung überstrichen wird

Ist die Divergenz $\operatorname{div} \boldsymbol{f}$ im Gebiet $G_0 \subset \mathbb{R}^q$ negativ, dann heißt das autonome System *dissipativ* in G_0. In einem solchen Fall ist der Inhalt $V(t)$ eines jeden Raumgebietes G in G_0 unter dem Einfluß des Trajektorienfeldes eine monoton abnehmende Funktion, und diese strebt schließlich gegen Null, wenn alle Trajektorien, die in G starten, das Gebiet G_0 nicht verlassen. Die Trajektorien "kollabieren" allmählich zu einem Attraktor, dessen geometrische Dimension kleiner ist als die geometrische Dimension q des Zustandsraums der Trajektorien. Im Fall eines dissipativen Systems der Ordnung 2 kommt als Attraktor entweder ein Punkt (Knoten) oder eine geschlossene Kurve (ein Grenzzyklus) in Betracht. Darüber hinaus sind noch Zustandsmengen in Form geschlossener Kurven denkbar, die jeweils aus einer oder mehreren durch singuläre Punkte begrenzte Trajektorien bestehen (als Beispiel seien drei durch singuläre Punkte begrenzte Trajektorien genannt, die zusammen eine geschlossene Kurve bilden). Die genannten Mengen bilden Sonderfälle von invarianten Mengen, die allgemeine Systeme q-ter Ordnung im Zustandsraum nach Kapitel VIII, Abschnitt 3.3 aufweisen können. Dabei werden die Attraktoren als invariante Mengen von positiven Grenzmengen gebildet. Im Falle eines dissipativen Systems mindestens dritter Ordnung treten unter Umständen auch sogenannte seltsame (chaotische) Attraktoren auf, wie sie später an konkreten Systemen demonstriert werden. Obwohl die seltsamen Attraktoren einen Teilraum des Zustandsraums niedrigerer Dimension einnehmen, können sie nicht als Mannigfaltigkeiten klassifiziert werden.

Falls div $\boldsymbol{f}$ im gesamten Zustandsraum verschwindet, spricht man von einem nichtdissipativen, konservativen oder volumentreuen System. Zu dieser Systemklasse gehören namentlich die Hamilton-Systeme, denen Abschnitt 3 gewidmet ist.

2 Messung von Chaos

In diesem Abschnitt sollen von der Vielzahl von Verfahren zur Quantifizierung chaotischen Verhaltens autonomer dissipativer Systeme einige wenige kurz besprochen werden. Die Chaosquantifizierung ist unter anderem nützlich, um chaotisches von stochastischem Verhalten unterscheiden zu können.

2.1 KORRELATIONSANALYSE

Durch Interpretation der Langzeitausgangssignale eines nichtlinearen Systems kann man versuchen, auf die Eigenschaften des Systems zu schließen. So läßt sich das Grenzzyklusverhalten gewöhnlich leicht durch Analyse des zeitlichen Verlaufs der verschiedenen Zustandsgrößen des Systems erkennen, indem man feststellt, daß diese Größen periodische Signale mit ein und derselben Periodendauer darstellen. Schwieriger ist es, auf fastperiodisches (quasiperiodisches) Verhalten oder gar chaotisches Verhalten zu schließen. Es ist nicht einfach, zwischen der Reaktion eines Systems, das sich in einem chaotischen Zustand befindet, und einem beobachteten Zufallssignal zu unterscheiden, das durch Meßfehler, Auswertungsfehler oder extern verursachte Störungen hervorgerufen wurde.

Ein nützliches Hilfsmittel zur Untersuchung von Langzeitsignalen bietet die Korrelationsanalyse. Es sei $f(t)$ ein zu analysierendes Signal. Die Autokorrelierte von $f(t)$ lautet gemäß Gl. (1.129)

$$r(\tau) = \lim_{T \to \infty} \frac{1}{2T} \int_{-T}^{T} f(t) f(t+\tau) \, \mathrm{d}t \,, \tag{11.3}$$

und die zugehörige spektrale Leistungsdichte ist nach Gl. (3.239)

$$S(\omega) = \int_{-\infty}^{\infty} r(\tau) \, \mathrm{e}^{-\mathrm{j}\omega\tau} \, \mathrm{d}\tau \,. \tag{11.4}$$

Ist $f(t)$ eine periodische Funktion, die sich gemäß Gl. (3.86c) durch die Fourier-Reihe

$$f(t) = \sum_{\mu=-\infty}^{\infty} A_\mu \, \mathrm{e}^{\mathrm{j}\mu\omega_0 t}$$

$(\omega_0 = 2\pi/T)$ darstellen läßt, dann erhält man aufgrund von Gl. (11.3) die Autokorrelierte von $f(t)$ als

$$r(\tau) = \sum_{\mu=-\infty}^{\infty} |A_\mu|^2 \, \mathrm{e}^{\mathrm{j}\mu\omega_0\tau}$$

und damit nach Gl. (11.4) die spektrale Leistungsdichte des periodischen Signals

$$S(\omega) = 2\pi \sum_{\nu=-\infty}^{\infty} |A_\nu|^2 \, \delta(\omega - \nu\,\omega_0)\,.$$

Die spektrale Leistungsdichte eines periodischen Signals stellt also ein Linienspektrum dar, wobei die Spektrallinien an den äquidistanten Kreisfrequenzen $\nu\,\omega_0$ $(\nu \in \mathbf{Z})$ auftreten. Fastperiodische Signale, insbesondere solche, die als zweidimensionale Fourier-Reihe

$$f(t) = \sum_{\mu=-\infty}^{\infty} \sum_{\nu=-\infty}^{\infty} A_{\mu\nu}\, \mathrm{e}^{\,\mathrm{j}(\mu\omega_1 + \nu\omega_2)t}$$

dargestellt werden können, wobei ω_1/ω_2 keine rationale Zahl (d.h. $\omega_1/\omega_2 \neq M/N$ mit M, $N \in \mathbf{Z}$) ist, besitzen ebenfalls ein Linienspektrum $S(\omega)$, dessen Spektrallinien aber im allgemeinen nicht äquidistant verteilt sind.

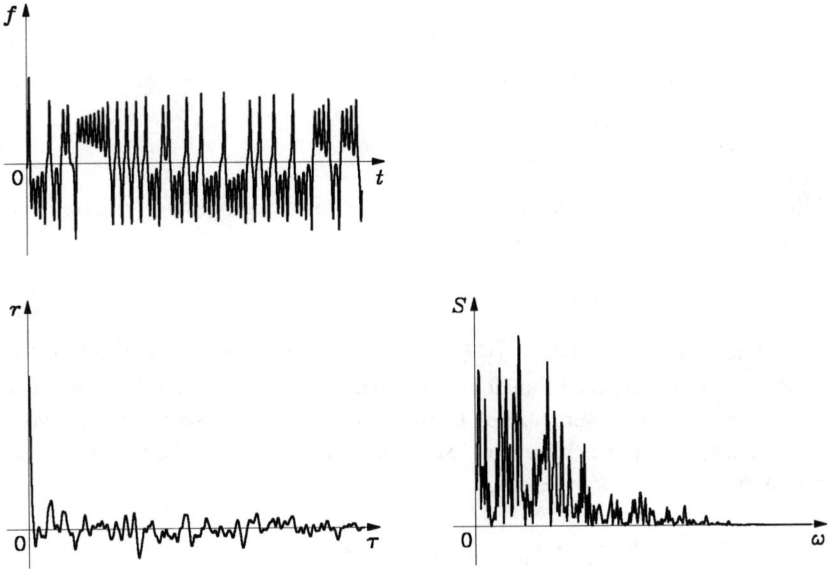

Bild 11.2: Autokorrelierte $r(\tau)$ und spektrale Leistungsdichte $S(\omega)$ eines chaotischen Signals $f(t)$

Falls $f(t)$ chaotisch ist und den zeitlichen Mittelwert Null hat, fällt die Autokorrelierte mit τ schnell ab. Dies ist auf die "sensitive Abhängigkeit" des Systemverhaltens von den Anfangsbedingungen zurückzuführen. Demzufolge weisen chaotische Signale nach den Überlegungen in Kapitel III breitbandige spektrale Leistungsdichten auf. Bild 11.2 zeigt das an einem Beispiel. Insofern lassen sich mit Hilfe der spektralen Leistungsdichte periodische und fastperiodische Signale von chaotischen Signalen unterscheiden.

Durch eine Näherungssumme läßt sich die rechte Seite von Gl. (11.3) approximieren, und die näherungsweise berechnete Autokorrelierte $r(\tau)$ kann dann, etwa unter Verwendung der FFT (Kapitel IV), in die spektrale Leistungsdichte übergeführt werden.

2.2 LYAPUNOV-EXPONENTEN

Die Lyapunov-Exponenten sind eingeführt worden, um das Langzeitverhalten von nichtlinearen Systemen durch geeignete Analyse der asymptotischen Eigenschaften ihrer Trajektorien zu beurteilen. Das Verfahren unterscheidet sich wesentlich von der Korrelationsanalyse des letzten Abschnitts. Betrachtet wird ein autonomes System im $\mathbb{R}^q$ mit der Zustandsdarstellung

$$\frac{d\boldsymbol{z}}{dt} = \boldsymbol{f}(\boldsymbol{z}). \tag{11.5}$$

Es sei $\hat{\boldsymbol{z}}(t)$ eine Lösung dieser Zustandsgleichung für $t \geqq t_0$ mit der Anfangsbedingung $\hat{\boldsymbol{z}}(t_0) = \hat{\boldsymbol{z}}_0$. Nach Kapitel VIII, Abschnitt 1.1.3 wird die nichtlineare Differentialgleichung (11.5) längs der (Referenz-) Trajektorie $\hat{\boldsymbol{z}}(t)$ $(t \geqq t_0)$ in der Form

$$\frac{d\boldsymbol{\zeta}(t)}{dt} = \boldsymbol{A}(t)\,\boldsymbol{\zeta}(t) \tag{11.6a}$$

linearisiert mit der Jacobi-Matrix

$$\boldsymbol{A}(t) := \left(\frac{\partial \boldsymbol{f}}{\partial \boldsymbol{z}}\right)_{\boldsymbol{z} = \hat{\boldsymbol{z}}(t)}. \tag{11.6b}$$

Mittels der von $\hat{\boldsymbol{z}}(t)$ abhängigen Übergangsmatrix $\boldsymbol{\Phi}(t, t_0)$ des linearisierten Systems kann die Lösung von Gl. (11.6a) durch

$$\boldsymbol{\zeta}(t) = \boldsymbol{\Phi}(t, t_0)\,\boldsymbol{\zeta}_0 \tag{11.7}$$

ausgedrückt werden, wobei $\boldsymbol{\zeta}_0 := \boldsymbol{\zeta}(t_0)$ den Anfangszustand bedeutet. Der Vektor $\boldsymbol{\zeta}(t)$ kann als Abweichung eines Punktes im $\mathbb{R}^q$ vom Punkt $\hat{\boldsymbol{z}}(t)$ auf der Referenztrajektorie zum Zeitpunkt t aufgefaßt werden. Von Interesse ist das asymptotische Verhalten von $\boldsymbol{\zeta}(t)$. Dazu wird das Konzept des Lyapunov-Exponenten eingeführt. Hierfür muß für die Übergangsmatrix $\boldsymbol{\Phi}(t, t_0)$ die Voraussetzung

$$\overline{\lim_{t \to \infty}} \frac{1}{t} \ln \| \boldsymbol{\Phi}(t, t_0) \| \leqq K \; (= \text{const}) < \infty \tag{11.8}$$

getroffen werden. [1)]

Die Definition des Lyapunov-Exponent (1. Ordnung) lautet nun

$$\lambda(\boldsymbol{\zeta}_0) := \overline{\lim_{t \to \infty}} \frac{1}{t} \ln \| \boldsymbol{\zeta}(t) \| . \tag{11.9}$$

Die Existenz von λ darf wegen der Voraussetzung gemäß Ungleichung (11.8) und angesichts von Gl. (11.7) als gesichert betrachtet werden. Beschränkt man sich bei vorstehenden Überlegungen auf das Einzugsgebiet eines Attraktors, so daß alle Trajektorien asymptotisch in den Attraktor münden, dann kann man aufgrund heuristischer Argumentation von folgendem ausgehen: Der Lyapunov-Exponent ist eine Größe, bei der das transiente Verhalten des Systems eliminiert und damit das dynamische Systemverhalten im Bereich des betreffenden

---

1) Mit $\overline{\lim}$ ist der limes superior gemeint, unter dem man den größten Häufungspunkt versteht.

Attraktors charakterisiert wird, und zwar unabhängig von der Wahl der Referenztrajektorie $\hat{\boldsymbol{z}}(t)$ [Os1].

Der Lyapunov-Exponent weist zwei interessante Eigenschaften auf, die im folgenden genannt werden sollen. Zunächst ist der Gl. (11.9) mit einer reellen Konstante $c \neq 0$ unmittelbar die erste Eigenschaft

$$\lambda(c\,\boldsymbol{\zeta}) = \lambda(\boldsymbol{\zeta}) \tag{11.10}$$

zu entnehmen. Weiterhin kann mit Hilfe der Ungleichung

$$\ln \| \boldsymbol{\zeta}_1 + \boldsymbol{\zeta}_2 \| \leqq \ln(\| \boldsymbol{\zeta}_1 \| + \| \boldsymbol{\zeta}_2 \|)$$

$$= \ln \| \boldsymbol{\zeta}_1 \| + \ln(1 + \| \boldsymbol{\zeta}_2 \| / \| \boldsymbol{\zeta}_1 \|) = \ln \| \boldsymbol{\zeta}_2 \| + \ln(1 + \| \boldsymbol{\zeta}_1 \| / \| \boldsymbol{\zeta}_2 \|)$$

sofort die zweite Eigenschaft

$$\lambda(\boldsymbol{\zeta}_1 + \boldsymbol{\zeta}_2) \leqq \max\{\lambda(\boldsymbol{\zeta}_1), \lambda(\boldsymbol{\zeta}_2)\} \tag{11.11}$$

angegeben werden.

Aufgrund obiger Eigenschaften läßt sich über die Entstehung der Lyapunov-Exponenten eine (teilweise heuristische) Vorstellung entwickeln, die im folgenden beschrieben wird. Die Gesamtheit aller Anfangsvektoren $\boldsymbol{\zeta}_0$, deren Lyapunov-Exponenten $\lambda(\boldsymbol{\zeta}_0)$ nicht größer als eine vorgegebene reelle Konstante Λ sind, die also die Bedingung

$$\lambda(\boldsymbol{\zeta}_0) \leqq \Lambda$$

erfüllen, bilden einen linearen Vektorraum $U \subset \mathbb{R}^q$ mit den Eigenschaften

$$\boldsymbol{\zeta}_0 \in U \implies c\,\boldsymbol{\zeta}_0 \in U\,,$$

$$\boldsymbol{\zeta}_0^{(1)}, \boldsymbol{\zeta}_0^{(2)} \in U \implies \boldsymbol{\zeta}_0^{(1)} + \boldsymbol{\zeta}_0^{(2)} \in U\,,$$

wobei c eine beliebige reelle Konstante bedeutet. In Abhängigkeit von allen Anfangsvektoren $\boldsymbol{\zeta}_0 \in \mathbb{R}^q$ können daher höchstens q verschiedene Lyapunov-Exponenten auftreten, die ihrer Größe nach numeriert stets in der Form

$$\lambda_1 \geqq \lambda_2 \geqq \cdots \geqq \lambda_q\,, \tag{11.12a}$$

angeschrieben werden können. Die Gesamtheit der untereinander verschiedenen Lyapunov-Exponenten seien

$$\lambda_{q_1} > \lambda_{q_2} > \cdots > \lambda_{q_s}\,, \tag{11.12b}$$

so daß die Beziehungen

$$\lambda_1 = \lambda_2 = \cdots = \lambda_{q_1}\,,\ \lambda_{q_1+1} = \lambda_{q_1+2} = \cdots = \lambda_{q_2}\,, \ldots,\ \lambda_{q_{s-1}+1} = \lambda_{q_{s-1}+2} = \cdots = \lambda_{q_s} = \lambda_q$$

bestehen. Zu jedem der Lyapunov-Exponenten λ_{q_ν} ($\nu = 1, 2, \ldots, s$) gehört ein Unterraum

$$U_\nu := \{ \boldsymbol{\zeta}_0 \in \mathbb{R}^q;\ \lambda(\boldsymbol{\zeta}_0) \leqq \lambda_{q_\nu} \} \tag{11.13}$$

($\nu = 1, 2, \ldots, s$). Offensichtlich bestehen die Relationen

$$U_s \subset U_{s-1} \subset U_{s-2} \subset \cdots \subset U_1 = \mathbb{R}^q\,.$$

Man kann q zueinander orthogonale Einheitsvektoren $\mathbf{e}_\mu \in \mathbb{R}^q$ $(\mu = 1, 2, \ldots, q)$ in der Weise einführen, daß

$$\begin{array}{lll} \{\mathbf{e}_1, \mathbf{e}_2, \ldots, \mathbf{e}_q\} & \text{den Raum} & U_1, \\ \{\mathbf{e}_{q_1+1}, \mathbf{e}_{q_1+2}, \ldots, \mathbf{e}_q\} & \text{den Raum} & U_2, \\ \{\mathbf{e}_{q_2+1}, \mathbf{e}_{q_2+2}, \ldots, \mathbf{e}_q\} & \text{den Raum} & U_3, \\ \vdots & & \\ \{\mathbf{e}_{q_{s-1}+1}, \mathbf{e}_{q_{s-1}+2}, \ldots, \mathbf{e}_q\} & \text{den Raum} & U_s, \end{array}$$

aufspannt und $\lambda(\mathbf{e}_i) = \lambda_i$ gilt. Als Anfangsvektor wird nun

$$\boldsymbol{\zeta}_0 = \sum_{\mu=1}^{q} c_\mu \mathbf{e}_\mu$$

mit den (konstanten) Komponenten c_μ gewählt, und man erhält dann im Falle

$$\begin{array}{ll} [c_1 \ c_2 \ \cdots \ c_{q_1}]^{\mathrm{T}} \neq \mathbf{0}: & \lambda(\boldsymbol{\zeta}_0) = \lambda_{q_1}, \\ [c_{q_1+1} \ c_{q_1+2} \ \cdots \ c_{q_2}]^{\mathrm{T}} \neq \mathbf{0}: & \lambda(\boldsymbol{\zeta}_0) = \lambda_{q_2}, \\ \vdots & \\ [c_{q_{s-1}+1} \ c_{q_{s-1}+2} \ \cdots \ c_q]^{\mathrm{T}} \neq \mathbf{0}: & \lambda(\boldsymbol{\zeta}_0) = \lambda_{q_s}. \end{array}$$

Unter asymptotischen Bedingungen, d.h. für $t \to \infty$ ergeben sich also folgende Vehaltensformen:

$$\boldsymbol{\zeta}_0 \in U_s: \quad \| \boldsymbol{\zeta}(t) \| \sim \mathrm{e}^{\lambda_{q_s} t}, \tag{11.14a}$$

$$\vdots$$

$$\boldsymbol{\zeta}_0 \in U_2: \quad \| \boldsymbol{\zeta}(t) \| \sim \mathrm{e}^{\lambda_{q_2} t}, \tag{11.14b}$$

$$\boldsymbol{\zeta}_0 \in U_1: \quad \| \boldsymbol{\zeta}(t) \| \sim \mathrm{e}^{\lambda_{q_1} t}. \tag{11.14c}$$

Da schon infolge numerischer Ungenauigkeiten in jedem Fall der Vektor $\boldsymbol{\zeta}(t)$ in den durch $\mathbf{e}_1, \mathbf{e}_2, \ldots, \mathbf{e}_q$ aufgespannten Raum U_1 gelangt, ergibt sich bei der praktischen Auswertung von Gl. (11.9) immer der Fall des asymptotischen Verhaltens (11.14c), und es wird daher nur der größte Lyapunov-Exponent $\lambda_1 = \lambda_{q_1}$ geliefert. Bevor auf Maßnahmen eingegangen wird, um außer λ_1 auch die übrigen Lyapunov-Exponenten zu berechnen, soll eine Formel für $\lambda(\boldsymbol{\zeta})$ angegeben werden, die vor allem für die numerische Ermittlung von λ_1 geeignet ist.

Zur numerischen Ermittlung von λ_1 legt man zunächst äquidistante Zeitpunkte

$$t_\nu := t_0 + \nu \Delta t \qquad (\nu = 0, 1, 2, \ldots)$$

mit einem gewählten $\Delta t > 0$ fest. Dann läßt sich durch wiederholte Anwendung von Gl. (2.89), ausgehend von $\boldsymbol{\zeta}_0 := \boldsymbol{\zeta}(t_0)$, der Vektor $\boldsymbol{\zeta}_N := \boldsymbol{\zeta}(t_N)$ als

$$\boldsymbol{\zeta}_N = \left[\prod_{i=1}^{N} \boldsymbol{\Phi}(t_i, t_{i-1}) \right] \boldsymbol{\zeta}_0$$

gewinnen. Zur Vermeidung von Überlaufschwierigkeiten empfiehlt es sich, mit $\zeta_\nu := \zeta(t_\nu)$ die normierten Vektoren

$$\frac{\zeta_\nu}{\| \zeta_{\nu-1} \|} = \Phi(t_\nu, t_{\nu-1}) \frac{\zeta_{\nu-1}}{\| \zeta_{\nu-1} \|} \tag{11.15}$$

für $\nu = 1, 2, \ldots, N$ zu berechnen, so daß man mit Hilfe der Normen der berechneten Vektoren

$$d_\nu := \frac{\| \zeta_\nu \|}{\| \zeta_{\nu-1} \|} \tag{11.16}$$

schließlich den Wert

$$\| \zeta_N \| = d_N \, d_{N-1} \, d_{N-2} \cdots d_1 \, d_0$$

mit $d_0 := \| \zeta_0 \|$ erhält, aus dem für ein hinreichend großes N die Näherung

$$\lambda_1 \approx \frac{1}{N \, \Delta t} \ln \prod_{\nu=0}^{N} d_\nu = \frac{1}{N \, \Delta t} \sum_{\nu=0}^{N} \ln d_\nu \tag{11.17}$$

folgt. Die praktische Auswertung von Gl. (11.15) wird zweckmäßigerweise durch numerische Integration von Gl. (11.6a) von $t_{\nu-1}$ bis t_ν durchgeführt. Dabei ist es notwendig, die Matrix $\boldsymbol{A}(t)$ nach Gl. (11.6b) im Integrationsintervall zu berechnen, wozu die Referenztrajektorie zunächst verfügbar sein muß. Letzteres erreicht man in aller Regel durch numerische Lösung der Gl. (11.5). Im Bild 11.3 ist die Vorgehensweise angedeutet.

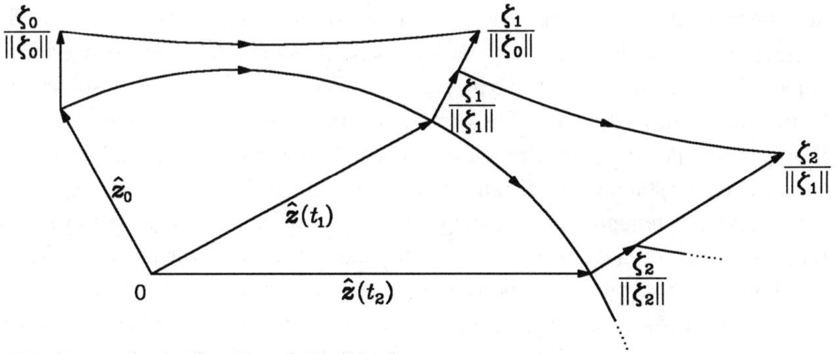

Bild 11.3: Zur Berechnung der Größen d_ν nach Gl. (11.16)

Um außer dem größten Lyapunov-Exponenten λ_1 auch die übrigen Lyapunov-Exponenten zu erhalten, wird das Konzept der Lyapunov-Exponenten höherer Ordnung eingeführt. Man betrachtet die Gesamtheit der durch ein p-dimensionales Parallelepiped im $\mathbb{R}^q$ bestimmten Punkte als Anfangszustände zum Zeitpunkt $t = 0$ und beobachtet deren zeitliche Veränderung unter dem Einfluß des linearisierten Systems gemäß Gl. (11.7). Das Volumen des Parallelepipeds zum Zeitpunkt Null sei $V(0)$. Zu einem Zeitpunkt $t > 0$ schließe das aus den genannten Anfangszuständen gemäß Gl. (11.7) hervorgegangene Parallelepiped das Volumen $V(t)$ ein. Zur Definition des Lyapunov-Exponenten höherer Ordnung betrachtet man nun die mittlere exponentielle Wachstumsrate des Volumens $V(t)$ und definiert als Lyapunov-Exponenten p-ter Ordnung

$$\lambda^{(p)} = \overline{\lim_{t \to \infty}} \frac{1}{t} \ln V_p(t). \tag{11.18}$$

Dabei geht man davon aus, daß dieser Grenzwert existiert, und zwar unabhängig von der Wahl einer speziellen Referenztrajektorie im Einzugsgebiet des zu charakterisierenden Attraktors. Wählt man nunmehr als Parallelepiped das von den oben eingeführten Basisvektoren $\mathbf{e}_\nu$ ($\nu = 1, 2, \ldots, p$) aufgespannte geometrische Gebilde, so erhält man

$$\lambda^{(p)} = \lambda(\mathbf{e}_1) + \lambda(\mathbf{e}_2) + \cdots + \lambda(\mathbf{e}_p) \tag{11.19}$$

oder wegen der bereits genannten Eigenschaft $\lambda(\mathbf{e}_i) = \lambda_i$ die wichtige Beziehung

$$\lambda^{(p)} = \lambda_1 + \lambda_2 + \cdots + \lambda_p. \tag{11.20}$$

Wie beim Lyapunov-Exponenten 1. Ordnung kommt es bei der faktischen Bestimmung von $\lambda^{(p)}$ wegen der unvermeidbaren numerischen Ungenauigkeiten nicht auf die Anfangsorientierung des p-dimensionalen Parallelepipeds an, so daß auch bei anderer Wahl der Kantenvektoren stets der größtmögliche Wert nach Gl. (11.20) geliefert wird. Auf diese Weise lassen sich für $p = 2, 3, \ldots, q$ genau $q - 1$ Gleichungen aufstellen, aus denen man nach Berechnung aller Lyapunov-Exponenten bis zur Ordnung q und des größten Lyapunov-Exponenten λ_1 erster Ordnung ein lineares Gleichungssystem zur einfachen Berechnung von λ_2, $\lambda_3, \ldots, \lambda_q$ erhält.

Zur praktischen Ermittlung der $\lambda^{(p)}$ kann man wie bei der Berechnung von λ_1 in einzelnen Zeitschritten der Länge Δt vorgehen und zunächst mit einem im Raum $\mathbb{R}^q$ beliebig orientierten p-dimensionalen Hyperwürfel mit den orthonormalen Kantenvektoren $\boldsymbol{v}_\nu$ beginnen. Die Kanteneinheitsvektoren $\boldsymbol{v}_\nu$ ($\nu = 1, 2, \ldots, p$) werden als Anfangsvektoren des linearisierten Systems zur Berechnung von Vektoren im Zeitpunkt t_1 gemäß Gl. (11.7) verwendet, die wie früher normiert werden. Diese p neuen Vektoren spannen im allgemeinen keinen Würfel, sondern ein Hyperparallelepiped auf. Würde man sofort zum nächsten Schritt, der vom Zeitpunkt t_1 bis zum Zeitpunkt t_2 reicht, übergehen und das Hyperparallelepiped wie den Hyperwürfel auf ein neues Hyperparallelepiped abbilden und in entsprechender Weise ständig fortfahren, so würden sich alle Kantenvektoren der im Verlauf des Verfahrens entstehenden Parallelepipede (bei paarweise verschiedenen Lyapunov-Exponenten) schließlich parallel ausrichten. Aus diesem Grund wird vor der Durchführung eines jeden Integrationsschrittes das aktuelle Parallelepiped in dem von ihm aufgespannten Raum durch Anwendung eines Orthonormalisierungsverfahrens (das traditionelle Verfahren ist der Gram-Schmidtsche-Algorithmus) durch einen p-dimensionalen Hypereinheitswürfel ersetzt. Nach Durchführung von N Integrationsschritten, denen stets eine Orthonormalisierung vorausgeht und an deren Enden die Rauminhalte $V_1, V_2, \ldots, V_N$ der Parallelepipede bestimmt werden, erhält man

$$V_{pN} = V_N V_{N-1} \cdots V_2 V_1$$

als Rauminhalt des Parallelepipeds, das aus dem zu Beginn gewählten Einheitswürfel nach der Zeit $t = N\,\Delta t$ durch Abbildung gemäß Gl. (11.7) entstanden ist. [1]) Ist N hinreichend groß, dann läßt sich ähnlich wie für λ_1 gemäß Gl. (11.17) auch für $\lambda^{(p)}$ eine Näherung an-

---

1) Dabei ist zu beachten, daß zwei (Hyper-) Parallelepipede, welche wie oben beschrieben durch Kantenabbildung von zwei (Hyper-) Parallelepipeden gleicher Rauminhalte vermöge Gl. (11.7) entstanden sind, ebenfalls gleiche Rauminhalte haben.

gegeben, nämlich angesichts von Gl. (11.19)

$$\lambda^{(p)} \approx \frac{1}{N\,\Delta t} \sum_{\nu=1}^{N} \ln V_\nu \,. \tag{11.21}$$

Das Auftreten eines seltsamen Attraktors bei den im Abschnitt 4 zu besprechenden Systemen dritter Ordnung ist unter anderem dadurch gekennzeichnet, daß der größte Lyapunov-Exponent λ_1 positiv ist und für die beiden anderen Lyapunov-Exponenten $\lambda_2 = 0$ bzw. $\lambda_3 < 0$ gilt. Die Positivität von λ_1 erklärt das für seltsame Attraktoren charakteristische Auseinanderstreben der Trajektorien im Bereich des Attraktors. Insofern begnügt man sich häufig mit der alleinigen Berechnung von λ_1, um festzustellen, ob dieser positiv ist und damit chaotisches Verhalten vorliegt.

2.3 ENTROPIE-DIMENSION

Im folgenden wird eine weitere Methode zur Quantifizierung chaotischen Verhaltens im Zustandsraum vorgestellt. Die Methode lehnt sich formal an das Konzept der Entropie aus der Thermodynamik und statistischen Mechanik an.

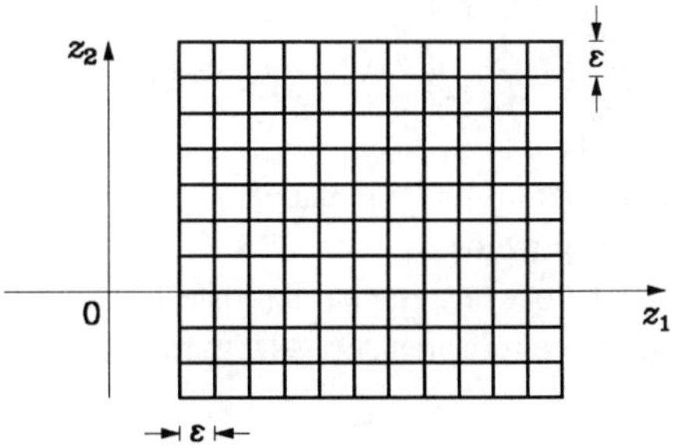

Bild 11.4: Aufteilung eines Teilbereichs des Zustandsraums in kleine Zellen in Form von Quadraten der Seitenlänge ε

Zunächst wird der Zustandsraum, in dem das zu untersuchende System dargestellt sei, in einzelne Zellen gleicher geometrischer Form und Größe unterteilt. In aller Regel wählt man (Hyper-) Würfel der Kantenlänge ε. Im Falle eines dissipativen Systems mit einem Attraktor genügt es, nur einen Teilbereich in Zellen aufzuteilen, welcher den Attraktor umfaßt. Im Falle eines konservativen Systems wird ein Bereich verwendet, in welchem sich die Trajektorien bewegen. Bild 11.4 zeigt das Beispiel einer Zellenaufteilung im zweidimensionalen Raum. Nun wird ein Ensemble von M Trajektorien des zu untersuchenden Systems betrachtet. Diese Trajektorien sollen ausnahmslos in derselben Zelle zum Zeitpunkt $t = 0$ starten. Die Zeit wird mit der Zeitspanne $\Delta t > 0$ diskretisiert, und nach n ($n \in \mathbb{N}$) Zeitschritten werden die relativen Häufigkeiten p_ν gemessen, mit denen die einzelnen Zellen ($\nu = 1, 2, \ldots, Z_n$) von den M Trajektorien erreicht werden. Enthält also die Zelle Nr. ν von den M Trajektorien, die zur Zeit $t = 0$ in der Anfangszelle starten, unmittelbar nach der Zeit $t = n\,\Delta t$ genau M_ν dieser Trajektorien (wobei davon ausgegangen wird, daß Trajektorienpunkte nur im Inneren der Zellen auftreten), dann ist die relative Häufigkeit

$$p_\nu = \frac{M_\nu}{M} \,.$$

Diese Größe gibt also den relativen Teil von M möglichen Trajektorienpunkten an, die zur

Zeit $t = n\ \Delta t$ in der Zelle ν zu beobachten sind. Als Entropie wird nun die von ε abhängige Größe

$$S_\varepsilon(n) = -\sum_{\nu=1}^{Z_n} p_\nu \ln p_\nu \tag{11.22}$$

definiert, wobei über alle Z_n Zellen mit einer zum Zeitpunkt $t = n\ \Delta t$ von Null verschiedenen Häufigkeit p_ν zu summieren ist.

Beispiel 11.1: Es sei der Fall betrachtet, daß die M zur Zeit $t = 0$ in derselben Zelle gestarteten Trajektorien zu jedem Zeitpunkt $t = n\ \Delta T$ die nämliche Zelle erreicht haben, die im allgemeinen von Zeitpunkt zu Zeitpunkt eine andere sein kann. Es gilt dann $Z_n = 1$ für alle n und die Summe in Gl. (11.22) enthält nur einen Summanden mit der Häufigkeit 1, so daß die Entropie Null beträgt. Dies entspricht einem "regulären" Verhalten. Nun sei der Fall betrachtet, daß sich alle M zur Zeit $t = 0$ in der gleichen Zelle gestarteten Trajektorien nach einer gewissen Zeit in M verschiedenen Zellen befinden. In diesen Zellen gilt dann $p_\nu = 1/M$, und die Entropie wird $\ln M$. Dies entspricht dem Auseinanderstreben von zunächst benachbarten Trajektorien.

Die beiden betrachteten Fälle lassen erkennen, daß ein Übergang von "Ordnung" zu "Unordnung", d.h. ein Informationsverlust, mit einer Zunahme der Entropie verbunden ist.

Zur Beurteilung der Dynamik eines zu untersuchenden Systems ist die Änderung der Entropie von Bedeutung. Aus diesem Grund führt man die Änderungsrate der Entropie pro Zeit

$$K_n := \frac{S_\varepsilon(n+1) - S_\varepsilon(n)}{\Delta t}$$

ein. Hieraus bildet man den Mittelwert über N aufeinanderfolgende Werte, wobei N so groß gewählt werden sollte, daß sich die zur Zeit $t = 0$ startenden Trajektorien bis zum Zeitpunkt $N\ \Delta t$ über den zu charakterisierenden Attraktor des zu untersuchenden Systems vollständig ausgebreitet haben. So gelangt man zur Größe

$$K := \lim_{N\to\infty} \frac{1}{N\ \Delta t} \sum_{n=0}^{N-1} [S_\varepsilon(n+1) - S_\varepsilon(n)] = \lim_{N\to\infty} \frac{1}{N\ \Delta t} [S_\varepsilon(N) - S_\varepsilon(0)]\,. \tag{11.23}$$

Es ist üblich, jetzt noch zwei weitere Idealisierungen vorzunehmen, nämlich die Kantenlänge ε eines einzelnen Zellen(-hyper)würfels immer kleiner werden zu lassen und das Zeitintervall Δt gegen Null streben zu lassen. Auf diese Weise ergibt sich die Kolmogorov-Sinai-Entropie

$$K = \lim_{\Delta t\to 0}\ \lim_{\varepsilon\to 0}\ \lim_{N\to\infty} \frac{1}{N\ \Delta t} [S_\varepsilon(N) - S_\varepsilon(0)]\,. \tag{11.24}$$

Beispiel 11.2: Es sei $Z_n = Z_0\, e^{\lambda n \Delta t}$ die Anzahl der besetzten Zellen im Zeitpunkt $t = n\ \Delta t$, und alle besetzten Zellen mögen die gleiche relative Besetzungshäufigkeit $p_\nu = 1/Z_n$ haben. Nach Gl. (11.22) erhält man

$$S_\varepsilon(n) = \frac{\ln Z_n}{Z_n} Z_n = \ln Z_0 + \lambda n\ \Delta t\,.$$

Damit liefert Gl. (11.24) direkt mit $S_\varepsilon(N) - S_\varepsilon(0) = \lambda N\ \Delta t$

$$K = \lambda\,.$$

Wenn man davon ausgeht, daß Z_n (für $n \to \infty$) proportional zum Rauminhalt des Quaders V_p nach Gl. (1.18) ist, in dem sich zur Zeit $T = n\ \Delta t$ die momentanen Punkte der Trajektorien befinden, die ursprünglich in einer gemeinsamen Zelle gestartet sind, dann kann man sich vorstellen, daß die K-Entropie mit der Summe der positiven Lyapunov-Exponenten übereinstimmt [Pe1].

Ausgehend von der Entropie nach Gl. (11.22) ist es nun üblich, die Entropie-Dimension (auch Informations-Dimension genannt)

$$D_E = \lim_{\varepsilon \to 0} \frac{S_\varepsilon(n)}{\ln(1/\varepsilon)}$$

einzuführen, die ein Maß dafür ist, wie schnell die Entropie wächst, wenn $\varepsilon \to 0$ geht.

2.4 FRAKTALE DIMENSION

Die in den vorausgegangenen Abschnitten beschriebenen Möglichkeiten zur Quantifizierung chaotischen Verhaltens basieren auf der Langzeitdynamik der Trajektorien. Eine zweite Art von Quantifizierung beleuchtet die geometrische Struktur von Attraktoren, wobei nach deren geometrischer Dimension gefragt wird. Man erwartet zunächst, daß die Dimension eines Attraktors eines dissipativen Systems q-ter Ordnung kleiner als q ist. Zur Beantwortung der Frage nach der Dimension eines Attraktors hat es sich als notwendig erwiesen, den klassischen Begriff der geometrischen Dimension, wie er der Euklidischen Geometrie eigen ist, zu erweitern. Von den verschiedenen bekannt gewordenen Erweiterungsmöglichkeiten soll eine im folgenden kurz vorgestellt werden, die üblicherweise Kapazitätsdimension genannt wird und erstmals wohl von Kolmogorov auf dynamische Probleme angewendet wurde.

Zur Ermittlung der Kapazitätsdimension D_C eines geometrischen Objekts geht man folgendermaßen vor: Der vom betrachteten geometrischen Gebilde eingenommene Raum wird vollständig und lückenlos mit sich nicht überlappenden (Hyper-) Würfeln der Kantenlänge ε (ähnlich wie im Abschnitt 2.3) überdeckt, so daß jeder Punkt des Objekts einem der Würfel angehört und jeder Würfel mindestens einen Punkt des Objekts enthält. Im Falle einer Punktmenge im $\mathbb{R}^1$ sind als "Würfel" Liniensegmente der Länge ε zu wählen. Mit $N(\varepsilon)$ wird die Anzahl der zur vollständigen Überdeckung des betrachteten Objekts erforderlichen Zellen (Würfel) bezeichnet. Es ist zu erwarten, daß in der Regel mit der Abnahme von ε die Zahl $N(\varepsilon)$ wächst. Die Kapazitätsdimension D_C wird nun in der Weise definiert, daß

$$N(\varepsilon) = \varepsilon^{-D_C} \quad \text{für} \quad \varepsilon \to 0$$

gilt. Hieraus folgt

$$D_C = -\lim_{\varepsilon \to 0} \frac{\ln N(\varepsilon)}{\ln \varepsilon} . \tag{11.25}$$

Beispiel 11.3: In einem zweidimensionalen Raum sei ein isolierter Punkt betrachtet. In diesem Fall wird der Punkt durch Quadrate der Seitenlänge ε überdeckt. Da $N(\varepsilon) = 1$ für alle $\varepsilon > 0$ gilt, liefert Gl. (11.25) $D_C = 0$. Denselben Wert erhält man offensichtlich, wenn das geometrische Gebilde aus einer endlichen Anzahl isolierter Punkte besteht. Denn wenn ε kleiner als der kleinste Abstand $d_{\min}$ zwischen benachbarten Punkten gewählt wird, ist $N(\varepsilon)$ unabhängig von $\varepsilon < d_{\min}$ gleich der Anzahl der Punkte, und man erhält nach Gl. (11.25) $D_C = 0$. Ein Quadrat der Seitenlänge L im $\mathbb{R}^2$ kann mit $N(\varepsilon) = L^2/\varepsilon^2$ Quadraten der Seitenlänge ε überdeckt werden, so daß aus Gl. (11.25) $D_C = 2$ folgt. Im Falle eines Kreises im $\mathbb{R}^2$ lassen sich zwei Quadrate angeben, von denen eines innerhalb des Kreises liegt und das andere den Kreis vollständig enthält. Nach Gl. (11.25) kann die Kapazitätsdimension des Kreises nicht kleiner als die des kleineren Quadrates und nicht größer als die des größeren Quadrates sein. Da aber die Quadratdimensionen zwei sind, gilt $D_C = 2$ für den Kreis.

Das Beispiel hat gezeigt, daß die Definition nach Gl. (11.25) sinnvoll ist. Im folgenden soll gezeigt werden, daß es geometrische Objekte gibt, die nichtganzzahlige Dimensionen D_C haben. Solche Gebilde nennt man Fraktale.

Beispiel 11.4: Die folgende von Cantor [1] eingeführte Menge ist ein Fraktal. Man beginnt mit einer Strecke der Länge 1. Von dieser Strecke wird in einem ersten Schritt das mittlere Drittel entfernt, so daß zwei Strecken jeweils der Länge $1/3$ verbleiben. Von letzteren wird im zweiten Schritt jeweils das mittlere Drittel der Länge $1/9$ entfernt, so daß vier Strecken verbleiben, die jeweils die Länge $1/9$ haben. Im n-ten Schritt wird das mittlere Drittel von jeder der vorhandenen 2^{n-1} Strecken der jeweiligen Länge $(1/3)^{n-1}$ entfernt, wodurch sich 2^n Strecken der Länge $(1/3)^n$ ergeben (Bild 11.5). Falls dieser Prozeß bis $N \to \infty$ fortgeführt wird, verbleibt die Cantor-Menge. Zur Berechnung der Kapazitätsdimension der Cantor-Menge sei $N(\varepsilon)$ die Mindestzahl von Zellen (Streckensegmenten der Länge ε), die notwendig sind, um das geometrische Gebilde im n-ten Schritt zu überdecken. Offensichtlich gilt $N(\varepsilon) = 2^n$ mit $\varepsilon = (1/3)^n$. Mit diesen Werten liefert Gl. (11.25)

$$D_C = -\lim_{n\to\infty} \frac{\ln 2^n}{\ln(1/3)^n} = \frac{\ln 2}{\ln 3} = 0{,}63\ldots$$

Da die Cantor-Menge eine Kapazitätsdimension zwischen 0 und 1 besitzt, repräsentiert sie mehr als eine Ansammlung von Punkten, jedoch weniger als eine Strecke.

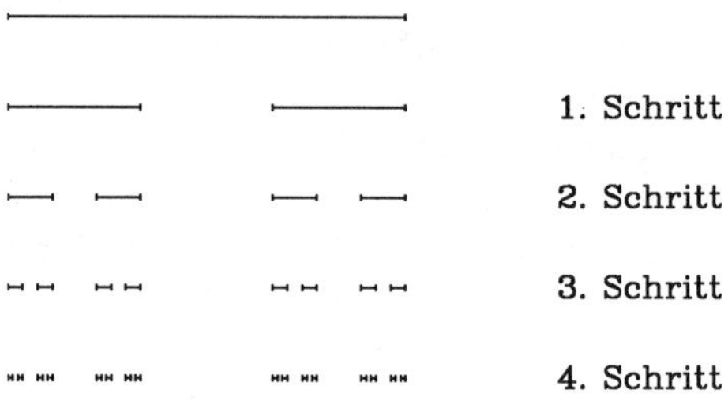

Bild 11.5: Die ersten vier Schritte zur Erzeugung der Cantor-Menge

Im nächsten Beispiel wird die sogenannte von-Koch-Kurve als ein Fraktal mit einer Kapazitätsdimension größer als Eins vorgestellt. Es handelt sich um eine Kurve unendlicher Länge, sie ist an keiner Stelle glatt.

Beispiel 11.5: Ausgangspunkt ist eine Strecke der Länge 1. In einem ersten Schritt wird das mittlere Drittel dieser Strecke entfernt und durch zwei Strecken je der Länge $1/3$ ersetzt, welche zusammen ein "Zelt" bilden. In einem zweiten Schritt wird das mittlere Drittel von jeder der vier vorhandenen Strecken der Länge $1/3$ entfernt und jeweils durch zwei Strecken der Länge $(1/3)^2$ ersetzt, so daß weitere Zelte entstehen. Im n-ten Schritt der Konstruktion werden 4^n Strecken je der Länge $(1/3)^n$ gebildet. Die von-Koch-Kurve entsteht für $n \to \infty$. Bild 11.6 zeigt die ersten zwei Konstruktionsschritte. Mit $N(\varepsilon) = 4^n$ und $\varepsilon = (1/3)^n$ erhält man nach Gl. (11.25)

$$D_C = -\lim_{n\to\infty} \frac{\ln 4^n}{(1/3)^n} = \frac{\ln 4}{\ln 3} = 1{,}26\ldots$$

Wie man sieht, ist die von-Koch-Kurve mehr als eine gewöhnliche Kurve (welche die Dimension 1 hat), jedoch weniger als eine Fläche. Für die Länge ergibt sich $L = \lim_{n\to\infty} 4^n (1/3)^n = \infty$.

Die in den Beispielen 11.4 und 11.5 untersuchten fraktalen geometrischen Gebilde zeichnen sich durch eine Eigenschaft aus, die im Schrifttum Selbstähnlichkeit genannt wird. Damit soll die Besonderheit ausgedrückt werden, daß jeder noch so kleine Objektausschnitt durch ge-

---

[1] Mathematiker Georg Cantor (1845-1918)

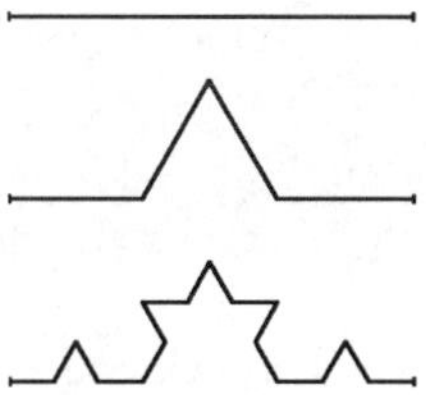

1. Schritt

2. Schritt

Bild 11.6: Die ersten zwei Schritte zur Konstruktion der von-Koch-Kurve

eignete Vergrößerung mit dem Objekt selbst identisch ist. Die selbstähnlichen Objekte stellen eine besonders einfache Klasse von Fraktalen dar. Es sind aber nicht alle Fraktale selbstähnlich. Die Klasse der selbstaffinen Fraktale ist dadurch gekennzeichnet, daß verschiedene Verstärkungsfaktoren in unterschiedlichen Richtungen erforderlich sind, um Selbstähnlichkeit zu erzeugen.

Wenn ein dissipatives System einen Attraktor besitzt, der ein Fraktal ist, spricht man von einem seltsamen oder chaotischen Attraktor; das System heißt chaotisch. Die praktische Berechnung der Kapazitätsdimension eines geometrischen Gebildes, insbesondere eines Attraktors kann mit erheblichen numerischen Schwierigkeiten verbunden sein, da der Grenzübergang $\varepsilon \to 0$ in Gl. (11.25) wegen der begrenzten Rechengenauigkeit nicht exakt durchgeführt werden kann. Daher soll im folgenden Abschnitt ein weiteres Dimensionskonzept vorgestellt werden, das bei praktischen Problemen leichter anwendbar ist.

Abschließend sei noch folgendes bemerkt. Die eingeführte Kapazitätsdimension ist eine vereinfachte Version eines allgemeineren Dimensionsbegriffs, der als Hausdorff-Dimension bezeichnet wird. Die Besonderheit der Kapazitätsdimension ist darin zu sehen, daß die Überdeckung des geometrischen Objekts E, dessen Dimension gemessen werden soll, durch gleiche Hyperwürfel der Kantenlänge ε erfolgt. Die Hyperwürfel gehören zum Raum $\mathbb{R}^q$, in den das Objekt $E \subset \mathbb{R}^q$ eingebettet ist. Bei der Hausdorff-Dimension wird das Objekt E durch geometrische Gebilde (Punktmengen) $V_i (i = 1, 2, \dots)$ von allgemeiner Form und Größe überdeckt, jedenfalls derart, daß

$$\bigcup_{i=1}^{\infty} V_i = E$$

gilt. Von den überdeckenden Punktmengen V_i wird verlangt, daß ihr Durchmesser diam (V_i) kleiner als ein $\varepsilon > 0$ ist, und es wird mit einem festen $s > 0$ die Summe

$$S_\varepsilon(E) = \sum_{i=1}^{\infty} [\operatorname{diam}(V_i)]^s$$

gebildet. Ermittelt man für alle ε-Überdeckungen von E der genannten Art das Infimum von $S_\varepsilon(E)$ und führt schließlich den Grenzübergang $\varepsilon \to 0$ durch, so erhält man das Hausdorff-Maß

$$\mathcal{H}^s(E) = \lim_{\varepsilon \to 0} \{ \inf \sum_{i=1}^{\infty} [\operatorname{diam}(V_i)]^s \} .$$

Gibt es nun ein D, so daß $\mathcal{H}^s(E) = 0$ für alle $s > D$ und $\mathcal{H}^s(E) = \infty$ für alle $s < D$ gilt, dann ist D die Hausdorff-Dimension von E.

2.5 KORRELATIONSDIMENSION

Die im folgenden einzuführende Korrelationsdimension ist im Vergleich zur Kapazitätsdimension numerisch einfacher zu handhaben, vor allem bei der Dimensionsermittlung von Attraktoren.

Es sei $\boldsymbol{z} = \boldsymbol{z}(t)$ eine Trajektorie auf einem Attraktor, deren Verlauf während eines längeren Zeitintervalls beobachtet und dabei an $N > 1$ Zeitpunkten t_i gemessen wird. Die Meßwerte seien $\boldsymbol{z}_i$ $(i = 1, 2, \ldots, N)$. Zu jedem $\boldsymbol{z}_i$ wird die Anzahl von Trajektorienpunkten $\boldsymbol{z}_j$ ermittelt, deren Entfernung von $\boldsymbol{z}_i$ kleiner als ein $\varepsilon > 0$ ist, wobei $\boldsymbol{z}_i$ selbst nicht mitgezählt wird. Diese Anzahl sei $N_i(\varepsilon)$. Die relative Anzahl von Punkten, deren Abstand von $\boldsymbol{z}_i$ kleiner als ε ist, lautet $p_i(\varepsilon) = N_i(\varepsilon)/(N-1)$, wobei $N_i(\varepsilon)$ maximal $N-1$, also $p_i(\varepsilon)$ höchstens 1 sein kann. Als Korrelationssumme wird die Größe

$$C(\varepsilon) := \frac{1}{N} \sum_{i=1}^{N} p_i(\varepsilon) \tag{11.26a}$$

definiert. Wenn sich alle Punkte $\boldsymbol{z}_i$ innerhalb einer (Hyper-) Kugel vom Radius $\varepsilon/2$ befinden, dann haben alle p_i den Wert 1, und es gilt dann $C(\varepsilon) = 1$. Ist dagegen ε kleiner als der kleinste Abstand zweier Punkte, so verschwinden alle p_i und $C(\varepsilon)$ ist Null. Der kleinste nichtverschwindende Wert für $C(\varepsilon)$ ist $2/[N(N-1)]$. Er tritt auf, wenn nur zwei der N Punkte eine Entfernung zueinander haben, die kleiner als ε ist. Mit Hilfe der Sprungfunktion $s(x)$, die für alle negativen x-Werte und für $x = 0$ verschwindet und für alle $x > 0$ den Wert Eins hat (durch die Einbeziehung des Arguments $x = 0$ ist eine Abweichung von der Definition der Sprungfunktion in Kapitel I zu beachten), läßt sich

$$p_i(\varepsilon) = \frac{1}{N-1} \sum_{\substack{j=1 \\ j \neq i}}^{N} s(\varepsilon - \| \boldsymbol{z}_i - \boldsymbol{z}_j \|)$$

schreiben, so daß man für die Korrelationssumme

$$C(\varepsilon) = \frac{1}{N(N-1)} \sum_{i=1}^{N} \sum_{\substack{j=1 \\ j \neq i}}^{N} s(\varepsilon - \| \boldsymbol{z}_i - \boldsymbol{z}_j \|) \tag{11.26b}$$

erhält. Oft wird hierbei noch der Grenzübergang $N \to \infty$ durchgeführt, um den gesamten Attraktor einzubeziehen. Die Korrelationsdimension D_K wird nun als die Zahl definiert, mit der $C(\varepsilon)$ und ε^{D_K} für immer kleiner werdendes ε übereinstimmen, d. h. als

$$D_K = \lim_{\varepsilon \to 0} \frac{\lg C(\varepsilon)}{\lg \varepsilon} \tag{11.27}$$

(lg: Zehnerlogarithmus). Es ist jedoch zu beachten, daß bei der Auswertung von Gl. (11.27) die Limesoperation nicht ausgeführt werden kann, da $C(\varepsilon)$ verschwindet, sobald ε kleiner ist als der kürzeste Abstand $\| \boldsymbol{z}_i - \boldsymbol{z}_j \|$ $(i \neq j)$. Man behilft sich in der Praxis folgendermaßen: Es wird $C(\varepsilon)$ in einem genügend großen Intervall von ε-Werten berechnet und $\lg C(\varepsilon)$ als Funktion von $\lg \varepsilon$ dargestellt. Dann versucht man, ein ε-Teilintervall auszuwählen, in dem $\lg C(\varepsilon)$ als Funktion von $\lg \varepsilon$ durch eine Gerade angenähert werden kann, d. h.

$$\lg C(\varepsilon) \approx \lg k + D_K \lg \varepsilon$$

mit k = const gilt. Die Steigung der Geraden liefert dann eine Näherung für D_K.

Beispiel 11.6: Die Gleichung

$$z[n+1] = Az[n](1 - z[n]) \tag{11.28}$$

beschreibt ein diskontinuierliches System der Ordnung Eins, das in der Literatur als logistische Abbildung bekannt ist (Abschnitt 5.1). Dabei ist A eine Konstante, deren Wert das Systemverhalten wesentlich bestimmt. Aus Gl. (11.28) wurde bei Wahl von $A = 3{,}56995$ eine Zahlenfolge $z[n]$ für $n = 1, 2, 3, \ldots, 1000$ mit $z[0] = 0{,}1$ berechnet und die Korrelationssumme $C(\varepsilon)$ nach Gl. (11.26b) mit $N = 1000$ für 121 ε-Werte im Intervall $-5 \leqq \lg \varepsilon \leqq 0$ ausgewertet. Bild 11.7 zeigt das Ergebnis in der Darstellung mit $\lg C(\varepsilon)$ als Ordinate und $\lg \varepsilon$ als Abzisse. Legt man nun durch die Punktfolge eine mittlere Gerade, dann ergibt sich eine Steigung dieser Geraden mit dem Näherungswert $(-0{,}46 + 1{,}97)/(-1 + 4) \cong 0{,}503$. Dieser Wert kann dann als Korrelationsdimension betrachtet werden. Er stimmt mit bekannten Werten aus der Literatur (z.B. [Hi2]) hervorragend überein.

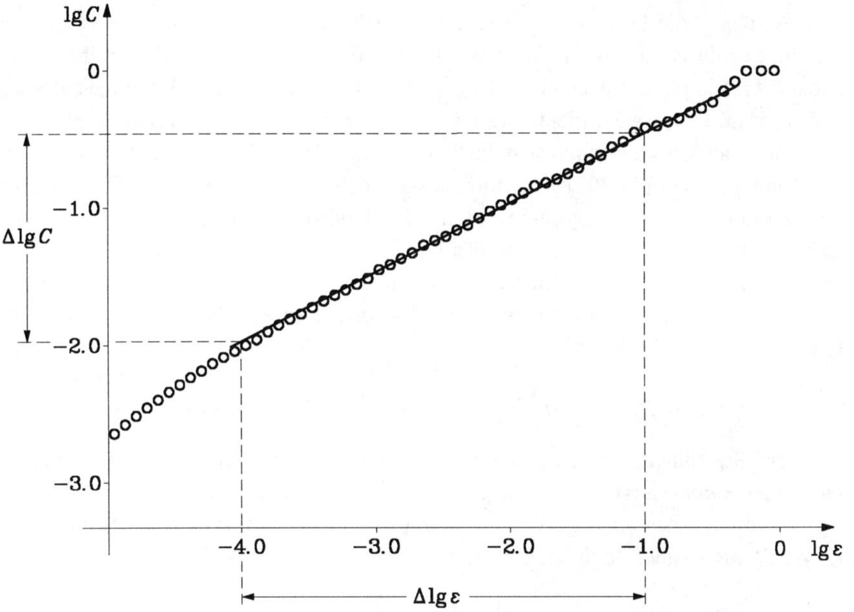

Bild 11.7: Näherungsweise Berechnung der Korrelationsdimension als Steigung der approximierenden mittleren Geraden von $\lg C(\varepsilon)$ in Abhängigkeit von $\lg \varepsilon$. Die Daten entstammen der logistischen Abbildung (Abschnitt 5.1)

3 Hamiltonsche Systeme

Die in diesem Abschnitt kurz zu besprechenden Hamiltonschen Systeme sind spezielle nichtdissipative Modelle, die unter anderem in der Himmelsmechanik und in der Hochenergiephysik von großer Bedeutung sind. Eine ausführliche Darstellung dieser Systeme findet man z.B. im Buch [La2].

3.1 EINIGES AUS DER MECHANIK

3.1.1 Die Hamiltonschen Gleichungen

Es wird von einem autonomen System mit der Darstellung

$$\frac{\mathrm{d}\boldsymbol{z}}{\mathrm{d}t} = \boldsymbol{f}(\boldsymbol{z}) \tag{11.29}$$

im $\mathbb{R}^q$ ausgegangen. Die Vektorfunktion $\boldsymbol{f}(\boldsymbol{z})$ sei hinreichend oft stetig differenzierbar und möge in allen Punkten des $\mathbb{R}^q$ die Gleichung

$$\operatorname{div} \boldsymbol{f}(\boldsymbol{z}) = 0 \tag{11.30}$$

erfüllen, wobei die Divergenz von $\boldsymbol{f}(\boldsymbol{z})$ mit der Spur der Jacobi-Matrix $\partial \boldsymbol{f}/\partial \boldsymbol{z}$ übereinstimmt. Die durch die Gl. (11.30) ausgedrückte Eigenschaft der Quellenfreiheit des Vektorfeldes $\boldsymbol{f}(\boldsymbol{z})$ impliziert nach Gl. (11.2), daß der Inhalt eines jeden Volumens, das sich unter dem Einfluß des Trajektorienfeldes $\boldsymbol{z}(t)$ mit der Zeit verändert, erhalten bleibt, also sich mit t nicht ändert. Stellt man sich die Trajektorien als Feldlinien einer Flüssigkeitsströmung vor, dann kann Gl. (11.30) als Kontinuitätsgleichung für inkompressible Flüssigkeiten aufgefaßt werden. Autonome Systeme mit der Zustandsbeschreibung nach Gl. (11.29) heißen nichtdissipativ oder konservativ, sofern Gl. (11.30) im gesamten Definitionsgebiet des Systems, d.h. im $\mathbb{R}^q$ gilt. Eine besonders wichtige Klasse von konservativen Systemen bilden die Hamiltonschen Systeme. In der Hamilton-Theorie ist es üblich, die Zustandsvariablen als Komponenten zweier Vektoren

$$\boldsymbol{p} = [p_1 \;\; p_2 \;\; \cdots \;\; p_N]^{\mathrm{T}} \quad \text{und} \quad \boldsymbol{q} = [q_1 \;\; q_2 \;\; \cdots \;\; q_N]^{\mathrm{T}}$$

in einem Koordinatensystem zusammenfassen. Eine besondere Rolle spielt dabei die sogenannte *Hamilton-Funktion* $H(\boldsymbol{p}, \boldsymbol{q})$, von der hier allgemein vorausgesetzt wird, daß sie nicht explizit von der Zeit abhängt. Einem Hamiltonschen System ist nun eine Hamilton-Funktion $H(\boldsymbol{p}, \boldsymbol{q})$ zugeordnet, so daß die Zustandsgleichungen[1])

$$\frac{\mathrm{d}\boldsymbol{q}^{\mathrm{T}}}{\mathrm{d}t} = \frac{\partial H}{\partial \boldsymbol{p}} \quad \text{und} \quad \frac{\mathrm{d}\boldsymbol{p}^{\mathrm{T}}}{\mathrm{d}t} = -\frac{\partial H}{\partial \boldsymbol{q}} \tag{11.31a,b}$$

gelten, die Hamiltonsche Gleichungen genannt werden. Bildet man mit

$$\boldsymbol{f}(\boldsymbol{p}, \boldsymbol{q}) := \left[-\frac{\partial H}{\partial \boldsymbol{q}} \quad \frac{\partial H}{\partial \boldsymbol{p}} \right]^{\mathrm{T}}$$

die Divergenz

$$\operatorname{div} \boldsymbol{f} = -\operatorname{sp} \frac{\partial}{\partial \boldsymbol{p}} \left(\frac{\partial H}{\partial \boldsymbol{q}} \right)^{\mathrm{T}} + \operatorname{sp} \frac{\partial}{\partial \boldsymbol{q}} \left(\frac{\partial H}{\partial \boldsymbol{p}} \right)^{\mathrm{T}}, \tag{11.32}$$

so ist zu erkennen, daß die Divergenz überall verschwindet, wenn man davon ausgeht, daß alle in Gl. (11.32) auftretenden Ableitungen der Hamilton-Funktion stetig sind.

---

1) Es wird daran erinnert, daß $\partial H/\partial \boldsymbol{p} := [\,\partial H/\partial p_1 \;\cdots\; \partial H/\partial p_N\,]$ per definitionem ein Zeilenvektor ist.

Die Hamiltonschen Gleichungen (11.31a,b) beschreiben die Bewegung von M Massenpunkten $m_1, m_2, \dots, m_M$ im Raum, sofern keine Reibung auftritt [La2]. Dabei sind die Zustandsgrößen $q_\nu (\nu = 1, 2, \dots, N)$ sogenannte verallgemeinerte (Orts-)Koordinaten und $\mathrm{d}q_\nu / \mathrm{d}t$ sind die verallgemeinerten Geschwindigkeiten, N ist dabei die Anzahl der Freiheitsgrade. Für M Massenpunkte und b Zwangsbedingungen in Form von b Gleichungen zwischen den Ortskoordinaten besteht im dreidimensionalen Raum die Beziehung $N = 3M - b$. Mit T wird im folgenden die kinetische Energie und mit U die potentielle Energie der M Massenpunkte bezeichnet. Dann wird

$$L(\boldsymbol{q}, \dot{\boldsymbol{q}}) = T(\boldsymbol{q}, \dot{\boldsymbol{q}}) - U(\boldsymbol{q}) \tag{11.33}$$

mit $\dot{\boldsymbol{q}} := \mathrm{d}\boldsymbol{q} / \mathrm{d}t$ *Lagrange-Funktion* genannt. Die Hamilton-Funktion ist als gesamte Energie des Massenpunktsystems gegeben, d.h. als [1)]

$$H(\boldsymbol{p}, \boldsymbol{q}) = T(\boldsymbol{p}, \boldsymbol{q}) + U(\boldsymbol{q}) . \tag{11.34}$$

Bei Verwendung kartesischer Koordinaten bedeutet $\boldsymbol{p}_i$ den Impuls der Masse m_i; insofern heißen die $\boldsymbol{p}_i$ $(i = 1, 2, \dots, N)$ verallgemeinerte Impulskoordinaten. Sie lassen sich aus der Lagrange-Funktion durch

$$\boldsymbol{p}^{\mathrm{T}} = \frac{\partial L(\boldsymbol{q}, \dot{\boldsymbol{q}})}{\partial \dot{\boldsymbol{q}}} \tag{11.35a}$$

erhalten. Weiterhin gilt

$$\frac{\mathrm{d}\boldsymbol{p}^{\mathrm{T}}}{\mathrm{d}t} = \frac{\partial L(\boldsymbol{q}, \dot{\boldsymbol{q}})}{\partial \boldsymbol{q}} . \tag{11.35b}$$

Die Gln. (11.35a,b) stehen im Einklang mit den *Lagrange-Gleichungen* der Mechanik, die in Vektorschreibweise

$$\frac{\mathrm{d}}{\mathrm{d}t} \frac{\partial L}{\partial \dot{\boldsymbol{q}}} - \frac{\partial L}{\partial \boldsymbol{q}} = \boldsymbol{0}$$

lauten [La2]. Längs jeder Trajektorie, die man als eine Lösung der Hamilton-Gleichungen (11.31a,b) bei Vorgabe eines Anfangszustandes $\boldsymbol{p}(t_0)$, $\boldsymbol{q}(t_0)$ im $\mathbb{R}^{2N}$ erhält, ist die Energie $H = W$ des Systems eine Konstante. Dies läßt sich mittels der Gln. (11.31a,b) sofort bestätigen:

$$\frac{\mathrm{d}H}{\mathrm{d}t} = \frac{\partial H}{\partial \boldsymbol{p}} \frac{\mathrm{d}\boldsymbol{p}}{\mathrm{d}t} + \frac{\partial H}{\partial \boldsymbol{q}} \frac{\mathrm{d}\boldsymbol{q}}{\mathrm{d}t} = \frac{\mathrm{d}\boldsymbol{q}^{\mathrm{T}}}{\mathrm{d}t} \frac{\mathrm{d}\boldsymbol{p}}{\mathrm{d}t} - \frac{\mathrm{d}\boldsymbol{p}^{\mathrm{T}}}{\mathrm{d}t} \frac{\mathrm{d}\boldsymbol{q}}{\mathrm{d}t} = 0 .$$

Dabei wurde die Tatsache beachtet, daß die Hamilton-Funktion nicht explizit von der Zeit abhängt. Damit wird deutlich, daß Trajektorien von Hamilton-Systemen auf Flächen konstanter Hamilton-Funktion (konstanter Energie) liegen, es gilt also für die Anzahl der Zwangsbedingungen $b \geqq 1$. Eine Folge der Erhaltung der Volumina, durch welche sich die Hamilton-Systeme auszeichnen, ist die Tatsache, daß solche Systeme keine Punktattrakto-

---

1) Es ist zu beachten, daß die Lagrange-Funktion üblicherweise als Funktion der Ortskoordinaten $\boldsymbol{q}$ und der Geschwindigkeiten $\dot{\boldsymbol{q}}$, die Hamilton-Funktion jedoch als Funktion der Ortskoordinaten $\boldsymbol{q}$ und der Impulse $\boldsymbol{p}$ ausgedrückt wird; der Einfachheit wegen wurde für die kinetische Energie in den Gln. (11.33) und (11.34) dennoch dasselbe Funktionssymbol verwendet.

ren, keine Grenzzyklen und keine seltsamen Attraktoren besitzen. Gleichwohl können bei *gestörten* Hamilton-Systemen chaotische Verhaltensformen festgestellt werden, worauf an späterer Stelle eingegangen wird.

Es kann der Fall eintreten, daß in einem Hamilton-System eine Variable p_i zeitunabhängig ist. Dann folgt aus Gl. (11.31b) $\partial H / \partial q_i = 0$, d.h., H ist nicht explizit von q_i abhängig. Im allgemeinen wird dann H nur von $2N - 2$ Variablen abhängen, wenn man bedenkt, daß durch die Bindung $H(\boldsymbol{p}, \boldsymbol{q}) = W$ jedenfalls schon eine Bedingung besteht. Tritt nun der Fall ein, daß die Gleichung $\mathrm{d}p_i / \mathrm{d}t = 0$ für alle $i = 1, 2, \ldots, N$ gilt, so hängt H nur noch von $p_1, p_2, \ldots, p_N$ ab, und man schreibt dann

$$H = H(\boldsymbol{p}).$$

In diesem Fall lassen sich die Hamilton-Gleichungen sofort integrieren. Zunächst erhält man

$$p_i(t) = p_i(t_0) = \alpha_i \quad (i = 1, 2, \ldots, N), \tag{11.36}$$

und aus Gl. (11.31a) folgt dann

$$\frac{\mathrm{d}q_i(t)}{\mathrm{d}t} = \frac{\partial H(\boldsymbol{p})}{\partial p_i},$$

also

$$\omega_i(\alpha_1, \alpha_2, \ldots, \alpha_N) := \frac{\partial H}{\partial p_i} = \frac{\mathrm{d}q_i(t)}{\mathrm{d}t}. \tag{11.37}$$

Aus Gl. (11.37) ergibt sich jetzt mit der Integrationskonstante β_i die Lösung

$$q_i(t) = \omega_i(\alpha_1, \alpha_2, \ldots, \alpha_N)\, t + \beta_i \quad (i = 1, 2, \ldots, N). \tag{11.38}$$

In diesem Fall nennt man p_i Wirkungsvariable, q_i Winkelvariable und ω_i Kreisfrequenz.

Die Hamiltonschen Systeme hängen eng mit der optimalen Regelung aus Kapitel II, Abschnitt 5.4 zusammen. Betrachtet man die Bewegung eines Systems, so besagt das sogenannte *Hamiltonsche Prinzip* oder das *Prinzip der kleinsten Wirkung* [La2], daß bei dieser Bewegung das Integral

$$J = \int_{t_0}^{t_1} L(\boldsymbol{q}, \boldsymbol{x})\, \mathrm{d}t \qquad \text{mit} \qquad \boldsymbol{x} = \dot{\boldsymbol{q}}$$

den kleinstmöglichen Wert annimmt. Dieses Integral kann im Sinne von Gl. (2.317) als Güteindex aufgefaßt werden, wobei in diesem Falle $S \equiv 0$ gilt und L durch Gl. (11.33) gegeben ist sowie $\boldsymbol{x} = \dot{\boldsymbol{q}}$ und $\boldsymbol{z} = \boldsymbol{q}$ gesetzt wird. Die Hamilton-Funktion nach Gl. (2.324) ist hier durch

$$H = -L + \boldsymbol{p}^{\mathrm{T}} \boldsymbol{x}$$

mit der Bedeutung $\boldsymbol{\lambda} = \boldsymbol{p}$ gegeben. [1)] Damit erhält man aus den Gln. (2.326)-(2.327a)

$$\frac{\partial H}{\partial \boldsymbol{x}} = -\frac{\partial L}{\partial \boldsymbol{x}} + \boldsymbol{p}^{\mathrm{T}} = \boldsymbol{0}, \qquad \frac{\mathrm{d}\boldsymbol{p}^{\mathrm{T}}}{\mathrm{d}t} = -\frac{\partial H}{\partial \boldsymbol{q}} = \frac{\partial L}{\partial \boldsymbol{q}},$$

d.h. die Gln. (11.35a-b), wenn man $\boldsymbol{x} = \dot{\boldsymbol{q}}$ beachtet.

---

1) Im Gegensatz zu Gl. (2.324) tritt hier bei L ein Minuszeichen auf. Dieses Minuszeichen hat keine tiefere Bedeutung, es entspricht lediglich einer Konvention. In Anlehnung an die traditionelle Literatur über klassische Mechanik wurde es hier mit aufgenommen.

3.1.2 Kanonische Transformationen

Man kann jetzt versuchen, die Variablen $\boldsymbol{p}$ und $\boldsymbol{q}$ eines Hamilton-Systems in neue Variable $\boldsymbol{J}$ und $\boldsymbol{\Theta}$ zu transformieren, einfachheitshalber ausgedrückt durch

$$\boldsymbol{p} = \boldsymbol{p}(\boldsymbol{J}, \boldsymbol{\Theta}) \quad \text{und} \quad \boldsymbol{q} = \boldsymbol{q}(\boldsymbol{J}, \boldsymbol{\Theta}). \tag{11.39a,b}$$

Dabei sind nur solche Transformationen von Interesse, durch deren Anwendung die Hamilton-Gleichungen in ihrer Form erhalten bleiben. Mit der transformierten Hamilton-Funktion

$$H_0(\boldsymbol{J}, \boldsymbol{\Theta}) := H(\boldsymbol{p}(\boldsymbol{J}, \boldsymbol{\Theta}), \boldsymbol{q}(\boldsymbol{J}, \boldsymbol{\Theta})) \tag{11.40}$$

werden also die Beziehungen

$$\frac{\mathrm{d}\boldsymbol{J}^{\mathrm{T}}}{\mathrm{d}t} = -\frac{\partial H_0}{\partial \boldsymbol{\Theta}} \quad \text{und} \quad \frac{\mathrm{d}\boldsymbol{\Theta}^{\mathrm{T}}}{\mathrm{d}t} = \frac{\partial H_0}{\partial \boldsymbol{J}} \tag{11.41a,b}$$

gefordert. Transformationen, die diese Eigenschaft aufweisen, heißen kanonisch. Der Satz von Liouville beinhaltet neben der im Abschnitt 2 bereits gemachten Aussage die weitere Feststellung über Hamiltonsche Systeme, daß nämlich Rauminhalte von Gebieten, die durch eine kanonische Transformation auseinander hervorgehen, gleich sind [La2].

Ein Hamiltonsches System nennt man integrierbar, wenn es gelingt, eine kanonische Transformation zu finden, so daß die transformierte Hamilton-Funktion H_0 nur von $\boldsymbol{J}$ und nicht von $\boldsymbol{\Theta}$ abhängt, also $H_0 = H_0(\boldsymbol{J})$ gilt. In diesem Zusammenhang spricht man davon, daß das System in Normalform dargestellt ist. Aus den Gleichungen

$$\frac{\mathrm{d}\boldsymbol{J}^{\mathrm{T}}}{\mathrm{d}t} = -\frac{\partial H_0}{\partial \boldsymbol{\Theta}} = \boldsymbol{0} \quad \text{und} \quad \frac{\mathrm{d}\boldsymbol{\Theta}^{\mathrm{T}}}{\mathrm{d}t} = \frac{\partial H_0}{\partial \boldsymbol{J}}$$

erhält man dann als Lösung

$$\boldsymbol{J} = \text{const} \quad \text{und} \quad \boldsymbol{\Theta} = \boldsymbol{\omega} t + \boldsymbol{\Theta}_0 \quad \text{mit} \quad \boldsymbol{\omega} := (\partial H_0 / \partial \boldsymbol{J})^{\mathrm{T}}$$

und $\boldsymbol{\Theta}_0$ als vektorielle Integrationskonstante. Zur Auffindung einer solchen kanonischen Transformation wird der Ansatz

$$\boldsymbol{p}^{\mathrm{T}} = \frac{\partial S(\boldsymbol{q}, \boldsymbol{J})}{\partial \boldsymbol{q}} \quad \text{und} \quad \boldsymbol{\Theta}^{\mathrm{T}} = \frac{\partial S(\boldsymbol{q}, \boldsymbol{J})}{\partial \boldsymbol{J}} \tag{11.42a,b}$$

gewählt, wobei S eine sogenannte erzeugende Funktion ist. [1] Ausgehend von S kann mit den Gln. (11.42a,b) $\boldsymbol{q} = \boldsymbol{q}(\boldsymbol{J}, \boldsymbol{\Theta})$ und $\boldsymbol{p} = \boldsymbol{p}(\boldsymbol{J}, \boldsymbol{\Theta})$ ermittelt werden. Zur Bestimmung von S ergibt sich aus der Beziehung

$$H(\boldsymbol{p}, \boldsymbol{q}) = W$$

mit W als Gesamtenergie des Systems die Hamilton-Jacobi-Gleichung

$$H\left(\left(\frac{\partial S}{\partial \boldsymbol{q}}\right)^{\mathrm{T}}, \boldsymbol{q}\right) = W, \tag{11.43}$$

die eine partielle Differentialgleichung erster Ordnung für S ist.

---

[1] Eine ausführliche Begründung für diese Wahl von S ist z.B. in [La2] zu finden.

Die Bewegungsgleichungen in den transformierten Variablen lauten mit der transformierten Hamilton-Funktion $H_0 = H_0(\boldsymbol{J})$

$$\frac{\mathrm{d}\boldsymbol{J}}{\mathrm{d}t} = -\left[\frac{\partial H_0}{\partial \boldsymbol{\Theta}}\right]^{\mathrm{T}} = \boldsymbol{0}, \tag{11.44a}$$

$$\frac{\mathrm{d}\boldsymbol{\Theta}}{\mathrm{d}t} = \left[\frac{\partial H_0}{\partial \boldsymbol{J}}\right]^{\mathrm{T}} = \boldsymbol{\omega}(\boldsymbol{J}), \tag{11.44b}$$

aus denen die Lösungen

$$\boldsymbol{J} = \text{const} \quad \text{und} \quad \boldsymbol{\Theta} = \boldsymbol{\omega} t + \boldsymbol{\Theta}_0 \tag{11.45a,b}$$

hervorgehen.

Beispiel 11.7: Es wird ein dämpfungsfreies Masse-Feder-System als Beispiel für einen harmonischen Oszillator betrachtet. Das System besteht nach Bild 11.8 aus der Masse m, die auf einer horizontalen reibungsfreien Ebene mit einer einseitig fixierten Feder verbunden ist und sich geradlinig bewegt. Die Feder sei als ein lineares Systemelement mit der Federkonstante k angenommen. Die Ortskoordinate der Masse m sei q, die vom Ort der entspannten Feder aus gemessen wird. Die kinetische Energie des Systems (bei Vernachlässigung des Anteils der Feder) ist

$$T = \frac{1}{2} m \left(\frac{\mathrm{d}q}{\mathrm{d}t}\right)^2,$$

während die potentielle Energie durch

$$U = \frac{1}{2} k q^2$$

ausgedrückt werden kann. Damit erhält man als Lagrange-Funktion

$$L = T - U = \frac{1}{2}\left[m\left(\frac{\mathrm{d}q}{\mathrm{d}t}\right)^2 - k q^2\right].$$

Hieraus folgt nach Gl. (11.35a)

$$p = \frac{\partial L}{\partial \dot{q}} = m \frac{\mathrm{d}q}{\mathrm{d}t}.$$

Die Hamilton-Funktion lautet mit $\mathrm{d}q/\mathrm{d}t = p/m$

$$H = T + U = \frac{1}{2}\left(\frac{p^2}{m} + k q^2\right) = W,$$

und hieraus resultiert die Hamilton-Jacobi-Differentialgleichung

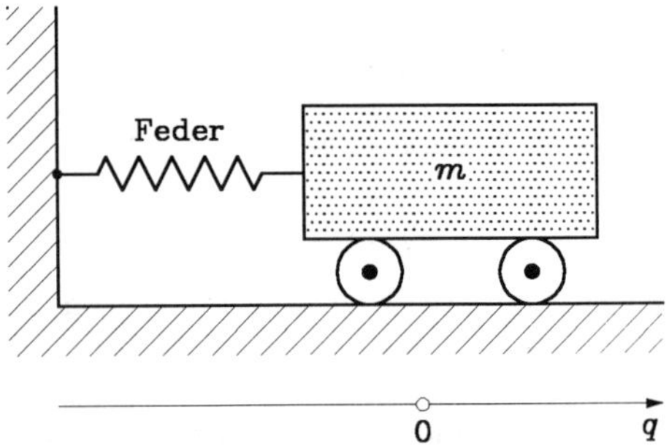

Bild 11.8: Lineares Masse-Feder-System

$$\frac{1}{2}\left[\frac{1}{m}\left(\frac{\partial S}{\partial q}\right)^2 + k\,q^2\right] = W\,,$$

der die Ableitung

$$\frac{\partial S}{\partial q} = \sqrt{m\,(\,2W - k\,q^2)} \tag{11.46}$$

entnommen werden kann. Diese Ableitung stimmt nach Gl. (11.42a) mit p überein, so daß das Integral

$$\oint p\;\mathrm{d}q = \oint \frac{\partial S}{\partial q}\,\mathrm{d}q \tag{11.47}$$

über eine Periode der Schwingung als Inhalt der Fläche gedeutet werden kann, welche von der Trajektorie in der $q\,,p$-Ebene berandet wird (Bild 11.9a). Nach dem Satz von Liouville bleibt jedes Integral, das einen Volumeninhalt im Zustandsraum darstellt, bei Anwendung einer kanonischen Transformation auf ein Hamilton-System erhalten, d.h. es gilt

$$\oint p\;\mathrm{d}q = \iint\limits_A \mathrm{d}p\;\mathrm{d}q = \iint\limits_{A'} \mathrm{d}J\;\mathrm{d}\Theta = J_0\,2\,\pi\,, \tag{11.48}$$

da die transformierte Fläche ein Rechteck ist. Die rechte Seite von Gl. (11.47) läßt sich mit Gl. (11.46) und der Substitution $q = \sqrt{2\,W/k}\;\sin\psi$ folgendermaßen auswerten:

$$\oint \frac{\partial S}{\partial q}\,\mathrm{d}q = \int_0^{2\pi} \sqrt{2m\,W}\;\sqrt{1-\sin^2\psi}\;\sqrt{2\,W/k}\;\cos\psi\,\mathrm{d}\psi$$

$$= 2\,W\sqrt{m/k}\int_0^{2\pi}\cos^2\psi\,\mathrm{d}\psi = 2\,\pi W\sqrt{m/k}\;. \tag{11.49}$$

Aus den Gln. (11.48) und (11.49) folgt

$$J_0 = \sqrt{m/k}\;W\,,$$

also, da die Hamilton-Funktion mit der Gesamtenergie W übereinstimmt,

$$H_0(J) = \sqrt{k/m}\;J_0\,.$$

Aufgrund der Gln. (11.44a,b) gelangt man schließlich zu

$$J = J_0 = \text{const} \quad \text{und} \quad \Theta = \omega t + \Theta_0$$

mit $\omega = \sqrt{k/m}$. Weiterhin liefert die Gl. (11.42b) mit Gl. (11.46) und $W = \sqrt{k/m}\;J$

$$\Theta = \frac{\partial S(q,J)}{\partial J} = \frac{\partial}{\partial J}\int\sqrt{m\,(2\,W - k\,q^2)}\,\mathrm{d}q = \int\frac{\partial}{\partial J}\sqrt{m\,(2\sqrt{k/m}\;J - k\,q^2)}\,\mathrm{d}q$$

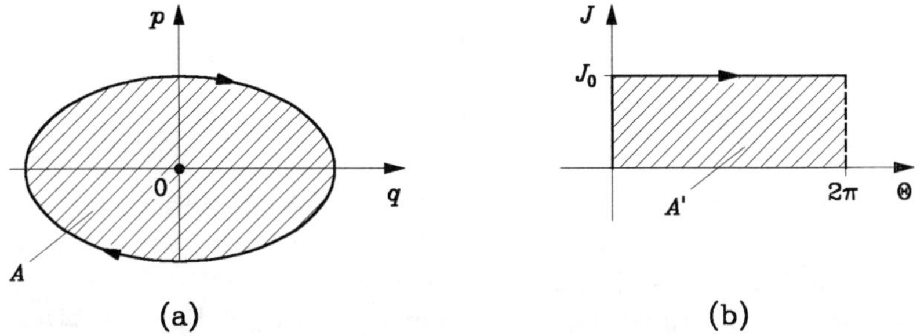

Bild 11.9: (a) Bewegungstrajektorie des Masse-Feder-Systems in der $q\,,p$-Ebene; (b) kanonisch transformierte Zustandsebene

$$= \int \frac{1}{\sqrt{(2J/\sqrt{k\,m}\,) - q^2}}\,\mathrm{d}q = \arcsin\left[\sqrt{m\,\omega/(2J)}\;q\right]$$

bei entsprechender Wahl der Integrationskonstante. Hieraus folgt

$$q = \sqrt{\frac{2J}{m\,\omega}}\,\sin\Theta \tag{11.50a}$$

und damit wegen Gl. (11.46) und $p = \partial S/\partial q$ bei Beachtung von $W = \sqrt{k/m}\;J$ und $\omega = \sqrt{k/m}$

$$p = \sqrt{2m\,\omega J}\,\cos\Theta . \tag{11.50b}$$

Die Gln. (11.45a,b) lassen erkennen, daß die Bewegungsgleichungen eines integrierbaren Hamilton-Systems, das N Freiheitsgrade besitzt, mit den Bewegungsgleichungen von N entkoppelten harmonischen Oszillatoren übereinstimmen. Zu beachten ist jedoch, daß die Kreisfrequenzen ω_i der einzelnen Oszillatoren im allgemeinen vom Wert der Wirkungsvariablen abhängig sind. Beim harmonischen Oszillator von Beispiel 11.7 ist ω von J unabhängig. Die Trajektorien eines integrierbaren Hamilton-Systems im $\mathbb{R}^{2N}$ mit den Koordinaten $(\boldsymbol{p}^{\mathrm{T}}, \boldsymbol{q}^{\mathrm{T}})$ befinden sich auf einer N-dimensionalen Mannigfaltigkeit, einem Hypertorus. Letzterer ist im Falle $N=1$ ein Kreis und im Falle $N=2$ eine gewöhnliche Torusfläche im $\mathbb{R}^3$ mit der Darstellung

$$\boldsymbol{z} = \begin{bmatrix} (R_1 + R_2 \sin\omega_2 t)\cos\omega_1 t \\ R_2 \cos\omega_2 t \\ (R_1 + R_2 \sin\omega_2 t)\sin\omega_1 t \end{bmatrix}, \tag{11.51}$$

vorausgesetzt $R_2 < R_1$ (Bild 11.10).

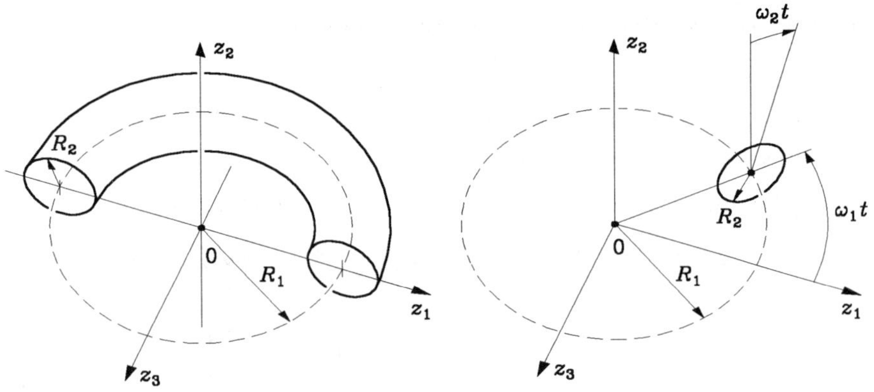

Bild 11.10: Torusfläche im $\mathbb{R}^3$

Stellt ω_1/ω_2 ein rationales Zahlenverhältnis dar, so ist jede Trajektorie auf der Torusfläche eine geschlossene Kurve, $\boldsymbol{z}(t)$ ist periodisch. Ist dagegen ω_1/ω_2 irrational, dann beschreiben die Trajektorien auf der Torusfläche keine geschlossenen Kurven, und $\boldsymbol{z}(t)$ ist, wie man sagt, fastperiodisch (quasiperiodisch). In letzterem Fall kommt jede der genannten Trajektorien jedem Punkt der Torusfläche im Laufe der Zeit beliebig nahe. Eine Bedingung für das Auftreten geschlossener Trajektorien lautet demzufolge

$$\omega_1 n_1 + \omega_2 n_2 = 0 \quad \text{mit} \quad n_1, n_2 \in \mathbb{Z}\,. \tag{11.52}$$

Diese Bedingung läßt sich sinngemäß auf den Fall einer N-dimensionalen Mannigfaltigkeit verallgemeinern.

3.2 STABILITÄT VON TORUS-TRAJEKTORIEN

Die folgenden Überlegungen sind der Frage gewidmet, ob sich die Trajektorien, die bei integrierbaren Hamilton-Systemen auf Tori verlaufen, bei kleinen Systemstörungen stabil verhalten oder irreguläre Bewegungen ausführen. Eine Antwort auf diese Frage liefert eine Theorie, die in der Literatur als KAM-Theorie (nach den Schöpfern *K*olmogorov, *A*rnol'd und *M*oser) bekannt geworden ist.

3.2.1 Die KAM-Theorie

Die Grundidee, um deren Darstellung es hier geht, besteht darin, das integrierbare Hamilton-System zunächst einer kleinen Störung zu unterwerfen und danach zu versuchen, die Bewegungsgleichungen des gestörten Systems auf Normalform zu transformieren. Ist dies möglich, so existiert auch für die gestörten Trajektorien ein Torus, d.h. die Trajektorien verhalten sich stabil. Da die Transformation auf Normalform die Lösung der Hamilton-Jacobi-Differentialgleichung erfordert, läßt sich die Frage der Stabilität der Trajektorien auf die Frage der Lösbarkeit der Hamilton-Jacobi-Differentialgleichung zurückführen. Dies soll im weiteren für den Fall $N = 2$ skizziert werden.

Die auf Normalform transformierte Hamilton-Funktion des ursprünglichen Systems sei $H_0(\boldsymbol{J})$, wobei durch die Vektoren

$$\boldsymbol{J} = [J_1 \quad J_2]^{\mathrm{T}} \quad \text{und} \quad \boldsymbol{\Theta} = [\Theta_1 \quad \Theta_2]^{\mathrm{T}}$$

die Wirkungs- bzw. Winkelkoordinaten zusammengefaßt sind. Mit Hilfe einer kleinen Störung $\varepsilon H_1(\boldsymbol{J}, \boldsymbol{\Theta})$ $(0 < \varepsilon \ll 1)$ wird die Hamilton-Funktion

$$H(\boldsymbol{J}, \boldsymbol{\Theta}) = H_0(\boldsymbol{J}) + \varepsilon H_1(\boldsymbol{J}, \boldsymbol{\Theta}) \tag{11.53}$$

des gestörten Systems eingeführt. Es muß davon ausgegangen werden, daß J_1, J_2 und Θ_1, Θ_2 keine Wirkungs- bzw. Winkelvariablen des gestörten Systems sind. Die Hamilton-Gleichungen des gestörten Systems lauten in den Variablen $\boldsymbol{J}$ und $\boldsymbol{\Theta}$

$$\frac{\mathrm{d}\boldsymbol{J}^{\mathrm{T}}}{\mathrm{d}t} = -\frac{\partial H(\boldsymbol{J}, \boldsymbol{\Theta})}{\partial \boldsymbol{\Theta}} \quad \text{und} \quad \frac{\mathrm{d}\boldsymbol{\Theta}^{\mathrm{T}}}{\mathrm{d}t} = \frac{\partial H(\boldsymbol{J}, \boldsymbol{\Theta})}{\partial \boldsymbol{J}}\,, \tag{11.54a,b}$$

wobei für die rechten Seiten

$$\left[\frac{\partial H(\boldsymbol{J}, \boldsymbol{\Theta})}{\partial \boldsymbol{\Theta}}\right]_{\varepsilon=0} = \boldsymbol{0} \quad \text{und} \quad \left[\frac{\partial H(\boldsymbol{J}, \boldsymbol{\Theta})}{\partial \boldsymbol{J}}\right]_{\varepsilon=0} = \boldsymbol{\omega}(\boldsymbol{J})$$

gilt. Um das gestörte Hamilton-System auf Normalform mit den kanonischen Variablen $\widetilde{\boldsymbol{J}}$, $\widetilde{\boldsymbol{\Theta}}$ und der transformierten Hamilton-Funktion $\widetilde{H}(\widetilde{\boldsymbol{J}})$ zu bringen, wird gemäß Gl. (11.43) die Hamilton-Jacobi-Differentialgleichung

$$H\left[\left(\frac{\partial S}{\partial \boldsymbol{\Theta}}\right)^{\mathrm{T}}, \boldsymbol{\Theta}\right] = \widetilde{H}(\widetilde{\boldsymbol{J}})$$

oder mit Gl. (11.53)

$$H_0\left[\left(\frac{\partial S}{\partial \boldsymbol{\Theta}}\right)^{\mathrm{T}}\right] + \varepsilon H_1\left[\left(\frac{\partial S}{\partial \boldsymbol{\Theta}}\right)^{\mathrm{T}}, \boldsymbol{\Theta}\right] = \widetilde{H}(\widetilde{\boldsymbol{J}}) \tag{11.55}$$

betrachtet, wobei die erzeugende Funktion $S(\boldsymbol{\Theta}, \widetilde{\boldsymbol{J}})$ die Transformation

$$\boldsymbol{J}^{\mathrm{T}} = \frac{\partial S(\boldsymbol{\Theta}, \widetilde{\boldsymbol{J}})}{\partial \boldsymbol{\Theta}} \quad \text{und} \quad \widetilde{\boldsymbol{\Theta}}^{\mathrm{T}} = \frac{\partial S(\boldsymbol{\Theta}, \widetilde{\boldsymbol{J}})}{\partial \widetilde{\boldsymbol{J}}}$$

vermittelt. Da für $\varepsilon = 0$ die Beziehungen $\boldsymbol{J} = \widetilde{\boldsymbol{J}}$ und $\widetilde{\boldsymbol{\Theta}} = \boldsymbol{\Theta}$ bestehen, also $S = \boldsymbol{\Theta}^{\mathrm{T}} \cdot \widetilde{\boldsymbol{J}}$ gewählt werden kann, läßt die erzeugende Funktion $S(\boldsymbol{\Theta}, \widetilde{\boldsymbol{J}})$ die Darstellung

$$S(\boldsymbol{\Theta}, \widetilde{\boldsymbol{J}}) = \boldsymbol{\Theta}^{\mathrm{T}} \cdot \widetilde{\boldsymbol{J}} + \varepsilon S_1(\boldsymbol{\Theta}, \widetilde{\boldsymbol{J}}) + O(\varepsilon^2) \tag{11.56}$$

zu, woraus

$$\frac{\partial S(\boldsymbol{\Theta}, \widetilde{\boldsymbol{J}})}{\partial \boldsymbol{\Theta}} = \widetilde{\boldsymbol{J}}^{\mathrm{T}} + \varepsilon \frac{\partial S_1(\boldsymbol{\Theta}, \widetilde{\boldsymbol{J}})}{\partial \boldsymbol{\Theta}} + O(\varepsilon^2) \tag{11.57}$$

folgt. Mit Gl. (11.57) erhält man

$$H_0\left[\left(\frac{\partial S}{\partial \boldsymbol{\Theta}}\right)^{\mathrm{T}}\right] = H_0(\widetilde{\boldsymbol{J}}) + \varepsilon \frac{\partial H_0}{\partial \boldsymbol{J}} \cdot \left(\frac{\partial S_1}{\partial \boldsymbol{\Theta}}\right)^{\mathrm{T}} + O(\varepsilon^2) \tag{11.58a}$$

und

$$\varepsilon H_1\left[\left(\frac{\partial S}{\partial \boldsymbol{\Theta}}\right)^{\mathrm{T}}, \boldsymbol{\Theta}\right] = \varepsilon H_1(\widetilde{\boldsymbol{J}}, \boldsymbol{\Theta}) + O(\varepsilon^2). \tag{11.58b}$$

Die Hamilton-Jacobi-Differentialgleichung (11.55) liefert nun mit den Gln. (11.58a,b)

$$H_0(\widetilde{\boldsymbol{J}}) + \varepsilon\left[\frac{\partial H_0}{\partial \boldsymbol{J}} \cdot \left(\frac{\partial S_1}{\partial \boldsymbol{\Theta}}\right)^{\mathrm{T}} + H_1(\widetilde{\boldsymbol{J}}, \boldsymbol{\Theta})\right] + O(\varepsilon^2) = \widetilde{H}(\widetilde{\boldsymbol{J}}),$$

woraus wegen der Unabhängigkeit der rechten und damit auch der linken Seite von $\boldsymbol{\Theta}$ und wegen $\partial H_0 / \partial \boldsymbol{J} = \boldsymbol{\omega}^{\mathrm{T}}(\boldsymbol{J})$ gemäß Gl. (11.44b) die wichtige Beziehung

$$\boldsymbol{\omega}^{\mathrm{T}} \cdot \left(\frac{\partial S_1}{\partial \boldsymbol{\Theta}}\right)^{\mathrm{T}} = -H_1(\widetilde{\boldsymbol{J}}, \boldsymbol{\Theta}) \tag{11.59}$$

folgt. Wählt man die Störung H_1 als eine in den Komponenten von $\boldsymbol{\Theta}$ 2π-periodische Funktion mit verschwindendem Gleichanteil, dann lassen sich unter Beachtung der Beziehung nach Gl. (11.59) die Fourier-Reihenentwicklungen

$$S_1(\boldsymbol{\Theta}, \widetilde{\boldsymbol{J}}) = \sum_{n_1=-\infty}^{\infty} \sum_{n_2=-\infty}^{\infty} S_{1 n_1 n_2}(\widetilde{\boldsymbol{J}}) \, \mathrm{e}^{\mathrm{j}(n_1 \Theta_1 + n_2 \Theta_2)} \tag{11.60a}$$

und

$$H_1(\widetilde{\boldsymbol{J}}, \boldsymbol{\Theta}) = \sum_{n_1=-\infty}^{\infty} \sum_{n_2=-\infty}^{\infty} H_{1 n_1 n_2}(\widetilde{\boldsymbol{J}}) \, \mathrm{e}^{\mathrm{j}(n_1 \Theta_1 + n_2 \Theta_2)}, \tag{11.60b}$$

mit $S_{100}(\widetilde{\boldsymbol{J}}) = 0$ und $H_{100}(\widetilde{\boldsymbol{J}}) = 0$ ansetzen, die nun in Gl. (11.59) eingeführt werden. Es wird dann ein Koeffizientenvergleich durchgeführt, wodurch man zunächst zur Darstellung

$$S_{1 n_1 n_2}(\widetilde{\boldsymbol{J}}) = \mathrm{j}\, H_{1 n_1 n_2}(\widetilde{\boldsymbol{J}}) / (n_1 \omega_1 + n_2 \omega_2) \quad \text{für alle} \quad (n_1, n_2) \neq (0,0)$$

und dann wegen Gln. (11.56) und (11.60a) zur Beziehung

$$S(\boldsymbol{\Theta},\widetilde{\boldsymbol{J}}) = \boldsymbol{\Theta}^{\mathrm{T}} \cdot \widetilde{\boldsymbol{J}} + \mathrm{j}\,\varepsilon \sum_{n_1=-\infty}^{\infty} \sum_{\substack{n_2=-\infty \\ (n_1,n_2)\neq(0,0)}}^{\infty} \frac{H_{1 n_1 n_2}}{n_1\,\omega_1 + n_2\,\omega_2}\, \mathrm{e}^{\mathrm{j}(n_1\Theta_1 + n_2\Theta_2)} + O(\varepsilon^2) \tag{11.61}$$

gelangt. Die Gl. (11.61) zeigt, daß die Reihe divergiert, wenn die Bedingung (11.52) erfüllt ist, d.h. ω_1/ω_2 eine rationale Zahl ist. Die durchgeführte Störungsrechnung liefert also die Erkenntnis, daß das gestörte System nicht integrierbar ist, wenn das Frequenzverhältnis ω_1/ω_2 rational ist. In diesem Fall kann keine Aussage über die Stabilität der betreffenden Trajektorie gemacht werden. Eine Integration scheint allenfalls bei irrationalen Werten ω_1/ω_2 möglich zu sein, sofern die Reihen in ε konvergieren. Es sind aber Fälle irrationalen Verhältnisses ω_1/ω_2 denkbar, bei denen es Zahlenpaare n_1, n_2 gibt, für die der Betrag des Nenners des entsprechenden Fourier-Koeffizienten in Gl. (11.61) beliebig klein wird, da man in jeder noch so kleinen Umgebung einer rationalen Zahl immer eine irrationale Zahl findet und umgekehrt. Die KAM-Theorie liefert nun folgende fundamentale Aussage für $N=2$ (und entsprechend für $N>2$): Wenn die Determinante der Jacobi-Matrix $\partial\boldsymbol{\omega}/\partial\boldsymbol{J}$ nicht verschwindet, dann sind die Trajektorien jener Tori mit einem irrationalen Frequenzverhältnis ω_1/ω_2 unter der Störung εH_1 mit fest gegebenem positiven $\varepsilon \ll 1$ stabil, sofern die Ungleichung

$$\left| \frac{\omega_1}{\omega_2} - \frac{\mu}{\nu} \right| > \frac{k(\varepsilon)}{\nu^{2,5}} \tag{11.62}$$

für sämtliche teilerfremden ganzen Zahlen $\mu \geqq 0$ und $\nu > 0$ erfüllt ist; dabei strebt $k(\varepsilon) > 0$ für $\varepsilon \to 0$ gegen Null. Die Größe $2k(\varepsilon)\,\nu^{-2,5}$ ist damit die Länge des Intervalls um jede rationale Zahl μ/ν, für das keine Aussage über die Konvergenz, d.h. die Frage der Regularität der Bewegung gemacht werden kann. Stabilität ist also für solche Tori gesichert, deren Frequenzverhältnis gemäß Bedingung (11.62) hinreichend irrational ist. Für ein Frequenzverhältnis ω_1/ω_2 im Intervall $0 < \omega_1/\omega_2 < 1$ sind zur Überprüfung der Bedingung (11.62) für jedes $\nu \in \{1, 2, 3, \ldots\}$ die ν Werte $\mu = 0, 1, 2, \ldots, \nu - 1$ zu betrachten. Die Länge L aller Intervalle von Frequenzverhältnissen $\omega_1/\omega_2 \in (0,1)$, für die keine Aussage über die Konvergenz gemacht werden kann, für die also die Ungleichung (11.62) nicht erfüllt wird, läßt sich nach den vorausgegangenen Überlegungen durch

$$L < 2k(\varepsilon) \sum_{\nu=1}^{\infty} \nu^{-2,5}\,\nu = 2k(\varepsilon) \sum_{\nu=1}^{\infty} \nu^{-3/2} = c\,k(\varepsilon)$$

($c = \text{const} < \infty$) abschätzen, wobei $k(\varepsilon)$ für $\varepsilon \to 0$ ebenfalls gegen Null strebt. Diese Überlegung zeigt, daß die Menge von Frequenzverhältnissen ω_1/ω_2 im Intervall $0<\omega_1/\omega_2<1$, bei denen die Störung εH_1 eine Trajektorie auf einem Torus in eine Trajektorie auf einem nur geringfügig verformten Torus überführt, ein positives Längenmaß von $1 - \text{const}\,k(\varepsilon)$ ($\to 1$ für $\varepsilon \to 0$) aufweist. Um jede rationale Zahl zwischen 0 und 1 existieren aber "Lücken" von Frequenzverhältnissen, über die sich bezüglich der Regularität der Trajektorienbewegung keine Aussage machen läßt und deren gesamte Intervallänge abgeschätzt werden kann. Die Ungleichung (11.62) stellt eine Bedingung dafür dar, daß ω_1/ω_2 zu keiner dieser Lücken gehört. Für kleine ε läßt sich diese Bedingung leicht erfüllen. Mit wachsendem ε nimmt die Länge L der ausgeschlossenen Intervalle zu, und mehr und mehr Tori werden instabil.

Das KAM-Theorem in der Formulierung nach Ungleichung (11.62) liefert eine Aussage über die Existenz invarianter Tori. Im folgenden sollen die Tori betrachtet werden, über die das KAM-Theorem keine Aussage macht, und es werden dabei gestörte Bahnkurven untersucht, die aufgrund entsprechender Anfangsbedingungen in den Lücken zwischen den als invariant gesicherten Tori auftreten. Nach wie vor seien nur Hamilton-Systeme mit $N = 2$ zugrundegelegt.

3.2.2 Das Poincaré-Birkhoff-Theorem

Es empfiehlt sich, bei den folgenden Überlegungen einen ebenen Poincaré-Schnitt nach Kapitel VIII, Abschnitt 3.4 zu verwenden. Dieser Schnitt wird senkrecht zur Achse des Torus des ungestörten integrierbaren Hamilton-Systems mit der Hamilton-Funktion $H_0(J_1, J_2)$ gewählt. Von diesem System wird ausgegangen. Bild 11.11 zeigt den Poincaré-Schnitt. Durch die Schnittpunkte der Trajektorien auf einem Torus mit der Poincaré-Ebene kommt eine Abbildung zustande, die in Polarkoordinaten durch die Gleichungen

$$r_{i+1} = r_i \quad \text{und} \quad \varphi_{i+1} = \varphi_i + 2\pi \frac{\omega_1}{\omega_2}$$

für $i = 1, 2, \ldots$ ausgedrückt werden kann. Dabei ist zu beachten, daß die Zeit zwischen zwei aufeinanderfolgenden Schnitten einer Trajektorie mit der Poincaré-Ebene $t_0 = 2\pi/\omega_2$ beträgt, weshalb der Winkel φ in dieser Zeit um $\omega_1 t_0 = \omega_1 (2\pi/\omega_2)$ zunimmt. Da der Poincaré-Abbildung ein Hamilton-System zugrundeliegt, ist die Abbildung flächentreu [Gu2], und es treten daher keine asymptotisch stabilen Gleichgewichtspunkte auf, sondern nur Fixpunkte mit zwei konjugiert komplexen Eigenwerten vom Betrag Eins, sogenannte elliptische Fixpunkte, oder instabile Fixpunkte mit zwei reellen und zueinander reziproken Eigenwerten, die zur Kategorie der hyperbolischen Fixpunkte gehören. Vom Grenzfall eines doppelten Eigenwertes vom Betrag Eins (einem parabolischen Eigenwert) wird abgesehen [Ar2].

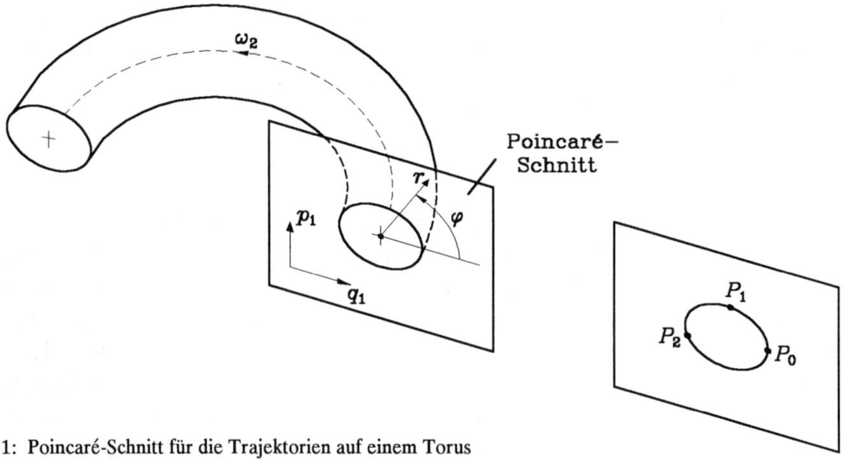

Bild 11.11: Poincaré-Schnitt für die Trajektorien auf einem Torus

Da die Kreisfrequenzen $\omega_i = \partial H_0(J_1, J_2)/\partial J_i$ $(i = 1, 2)$ Funktionen nur von J_1 und J_2 darstellen, weiterhin aus $H_0(J_1, J_2) = W$ folgt, daß die Koordinate J_2 nur von J_1 abhängt, und aufgrund des Liouville-Theorems (man vergleiche eine entsprechende Begründung in Beispiel 11.7)

$$2\pi J_1 \left(= \oint p_1 \, \mathrm{d}q_1 \right) = \pi r^2$$

mit dem Torusradius r in der Poincaré-Ebene gilt, d.h. J_1 mit $r^2/2$ übereinstimmt, kann man nun feststellen, daß das Frequenzverhältnis $\omega_1/\omega_2 = a(r)$ eine Funktion des Radius r ist. Die Poincaré-Abbildung kann daher auch in der Form

$$\begin{bmatrix} r' \\ \varphi' \end{bmatrix} = T\left(\begin{bmatrix} r \\ \varphi \end{bmatrix} \right) = \begin{bmatrix} r \\ \varphi + 2\pi a(r) \end{bmatrix}$$

geschrieben werden. Ist $a(r_0) = n_1/n_2$ rational, dann ist jeder Punkt (r_0, φ_0) auf dem Kreis vom Radius r_0 ein Fixpunkt der n_2-fach iterierten Poincaré-Abbildung T^{n_2}. Im Falle einer fastperiodischen Trajektorie auf dem Torus ist $a(r_0)$ irrational und die Folge der Bildpunkte $T^i([r \quad \varphi]^{\mathrm{T}})$ füllt für $i \to \infty$ den Kreis überall dicht aus.

Das Hamilton-System mit der Hamilton-Funktion H_0 wird nun mit εH_1 gestört. Die hierdurch entstehende Poincaré-Abbildung kann in der Form

$$\begin{bmatrix} r_{i+1} \\ \varphi_{i+1} \end{bmatrix} = T_\varepsilon\left([r_i \quad \varphi_i]^{\mathrm{T}} \right) = \begin{bmatrix} r_i + \varepsilon f(r_i, \varphi_i) \\ \varphi_i + 2\pi a(r_i) + \varepsilon g(r_i, \varphi_i) \end{bmatrix} + O(\varepsilon^2)$$

ausgedrückt werden. Auch sie ist aufgrund des Liouville-Theorems, das auf das gestörte Hamilton-System anwendbar ist, flächentreu. Die Funktionen f und g hängen von H_1 ab. In der Poincaré-Ebene werden drei konzentrische Kreise K_1, K und K_2 mit den Radien R_1, r bzw. R_2 gewählt, wobei K zu einem rationalen Frequenzverhältnis $a(r) = n_1/n_2$ gehören und

$$R_1 < r < R_2$$

sowie

$$a(R_1) < a(r) < a(R_2) \tag{11.63}$$

gelten möge. Außerdem wird angenommen, daß K_1 und K_2 KAM-Kurven sind, d.h. daß sie die Bedingung (11.62) des KAM-Theorems erfüllen und daher unter dem Einfluß der Störung ihre geometrische Form beibehalten und nur geringfügig von ihrer ursprünglichen Kreisform abweichen. Die durch die Störung zustandekommende Poincaré-Abbildung T_ε wird nun n_2-mal auf die Kreise K_1, K und K_2 angewendet; die resultierende Abbildung wird durch $T_\varepsilon^{n_2}$ bezeichnet. Anhand der Ungleichung (11.63) läßt sich folgende Überlegung anstellen: Unterwirft man K_1, K und K_2 zunächst der Abbildung T^{n_2}, dann bleiben alle Punkte von K als Fixpunkte erhalten, während die Punkte von K_1 im Uhrzeigersinn und die Punkte von K_2 im Gegenuhrzeigersinn gedreht werden. Diese Drehungen bleiben unter dem Einfluß von $T_\varepsilon^{n_2}$ erhalten, wenn man ε hinreichend klein wählt. Auf jedem Strahl, der vom Mittelpunkt M ausgeht, muß es daher einen Punkt geben, dessen Winkelkoordinate unter der Abbildung $T_\varepsilon^{n_2}$ konstant bleibt. Die Gesamtheit dieser Punkte bildet eine Kurve C_ε zwischen den Kreisen K_1 und K_2 nahe K, die durch $T_\varepsilon^{n_2}$ (abgesehen von den Fixpunkten) radial abgebildet wird. Bild 11.12 zeigt die Kurve C_ε samt Bildkurve $T_\varepsilon^{n_2}(C_\varepsilon)$ und Andeutung der radialen Abbildung. Da die von beiden Kurven eingeschlossenen Flächen gleiche Inhalte haben

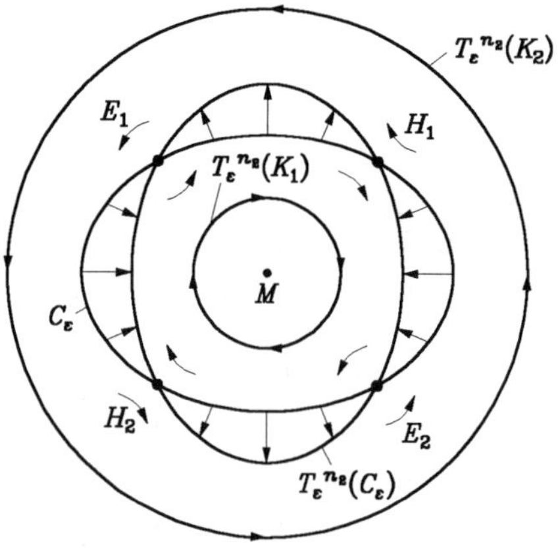

Bild 11.12: Zum Poincaré-Birkhoff-Theorem; E_1, E_2 sind elliptische Fixpunkte, H_1 und H_2 hyperbolische Fixpunkte

müssen, tritt eine gerade Anzahl von Schnittpunkten beider Kurven auf, die Fixpunkte der Abbildung sind, und zwar in alternierender Reihenfolge elliptische und hyperbolische Fixpunkte. Die vorausgegangenen Überlegungen zeigen, daß die Störung des Hamilton-Systems den (instabilen) Torus mit rationalem Frequenzverhältnis nicht vollständig aufgelöst hat, sondern eine gerade Anzahl von Fixpunkten hinterlassen hat. Dies ist der Inhalt des Poincaré-Birkhoff-Theorems.

Die in der Poincaré-Ebene entstandenen elliptischen Fixpunkte sind von umlaufenden Punkten umgeben, die Durchstoßpunkte von Trajektorien auf kleinen Tori darstellen. Diese kleinen Tori können in der gleichen Weise wie der ursprüngliche Torus analysiert werden. Demzufolge befinden sich unter diesen kleinen Tori sowohl stabile Tori gemäß dem KAM-Theorem als auch solche, die gemäß dem Poincaré-Birkhoff-Theorem zerfallen, wobei in der Umgebung der dabei entstandenen elliptischen Fixpunkte noch kleinere Tori zerfallen. Diese Überlegung kann man unendlich oft wiederholen. Damit wird klar, daß durch die Ineinanderschachtelung von regulären Trajektorien und irregulären Bereichen eine außerordentlich komplizierte Struktur von selbstähnlichen Mustern entstanden ist.

3.3 PERIODISCH ZEITVARIANT GESTÖRTE HAMILTON-SYSTEME

Bei gewissen nichtlinearen (kontinuierlichen) Systemen treten bei der Variation eines Parameters Bifurkationen auf, die zu chaotischem Verhalten des Systems führen und auf folgende Weise erklärt werden können. Zunächst bildet sich ein homokliner Orbit, indem bei einem bestimmten Wert des Bifurkationsparameters die stabile und die instabile Mannigfaltigkeit eines Gleichgewichtspunktes zusammenfallen, so daß eine Trajektorie entsteht, die eine direkte Verbindung des Gleichgewichtspunktes mit sich selbst, eine homokline Verbindung darstellt. Durch Veränderung des Bifurkationsparameters wird die homokline Verbindung aufgebrochen. Die dabei entstehenden topologischen Veränderungen führen zu Chaos. Sie sollen im folgenden an einem zeitvarianten System zweiter Ordnung erläutert werden, obwohl die hier verwendete, asymptotische Methode nach Mel'nikov [Me3] auch auf allgemeinere Systeme anwendbar ist.

3.3.1 Die Systembeschreibung

Es wird ein System betrachtet, das im Zustandsraum $\mathbb{R}^2$ durch die Gleichung

$$\frac{\mathrm{d}\boldsymbol{z}}{\mathrm{d}t} = \boldsymbol{f}(\boldsymbol{z}) + \varepsilon\boldsymbol{h}(\boldsymbol{z}, t) \tag{11.64}$$

beschrieben wird. Dabei gelte

$$\boldsymbol{f}(\boldsymbol{z}) = [\partial H(\boldsymbol{z})/\partial z_2 \quad -\partial H(\boldsymbol{z})/\partial z_1]^{\mathrm{T}}$$

mit einer Funktion $H = H(\boldsymbol{z})$ für alle $\boldsymbol{z} = [z_1 \;\; z_2]^{\mathrm{T}} \in \mathbb{R}^2$. Insofern liegt für $\varepsilon = 0$ das Hamilton-System

$$\frac{\mathrm{d}\boldsymbol{z}}{\mathrm{d}t} = \boldsymbol{f}(\boldsymbol{z}) \tag{11.65}$$

mit der Hamilton-Funktion $H(\boldsymbol{z})$ (und $z_1 = q, z_2 = p$) vor. Weiterhin sei $\boldsymbol{h}(\boldsymbol{z}, t)$ eine in der Zeit t periodische Funktion mit der Periode T, d.h. es gelte für alle $\boldsymbol{z}$ und t

$$\boldsymbol{h}(\boldsymbol{z}, t) = \boldsymbol{h}(\boldsymbol{z}, t + T).$$

Schließlich sei $0 < \varepsilon \ll 1$. Die beiden Funktionen $\boldsymbol{f}(\boldsymbol{z})$ und $\boldsymbol{h}(\boldsymbol{z}, t)$ seien hinreichend oft stetig differenzierbar. Das durch die Gl. (11.64) beschriebene System kann als ein gestörtes Hamilton-System, d.h. als das durch Gl. (11.65) gegebene und durch $\varepsilon\boldsymbol{h}(\boldsymbol{z}, t)$ gestörte Basissystem betrachtet werden.

Es wird angenommen, daß das Basissystem einen Sattelpunkt $\boldsymbol{z}_e$ mit einer homoklinen Verbindung $\hat{\boldsymbol{z}}(t - t_0)$ besitzt. Die Vektorfunktion $\hat{\boldsymbol{z}}(t - t_0)$ erfüllt also die Gl. (11.65), und es gilt

$$\lim_{t \to \pm\infty} \hat{\boldsymbol{z}}(t - t_0) = \boldsymbol{z}_e . \tag{11.66}$$

Der Parameter t_0 wird in der Weise gewählt, daß $\hat{\boldsymbol{z}}(0)$ einen auf der homoklinen Verbindung des Basissystems beliebig wählbaren Punkt darstellt. Man beachte, daß $\hat{\boldsymbol{z}}(t - t_0)$ sowohl in der stabilen Mannigfaltigkeit $M_s(\boldsymbol{z}_e)$ des Fixpunktes $\boldsymbol{z}_e$ als auch in der instabilen Mannigfaltigkeit $M_u(\boldsymbol{z}_e)$ des Fixpunktes $\boldsymbol{z}_e$ liegt, die beide auf der homoklinen Verbindung zusammenfallen. Weiterhin ist zu beachten, daß $M_s(\boldsymbol{z}_e)$ und $M_u(\boldsymbol{z}_e)$ ebene Kurven sind, da das Basissystem nach Gl. (11.65) im $\mathbb{R}^2$ beschrieben wird.

Nun wird der Fall $\varepsilon \neq 0$ betrachtet. Dabei empfiehlt es sich, das nichtautonome System durch ein äquivalentes autonomes System im dreidimensionalen Raum zu ersetzen, indem als dritte Koordinate $z_3 = t$ eingeführt wird. Auf diese Weise gelangt man zur Systembeschreibung

$$\frac{\mathrm{d}\boldsymbol{z}}{\mathrm{d}t} = \boldsymbol{f}(\boldsymbol{z}) + \varepsilon\boldsymbol{h}(\boldsymbol{z}, z_3), \tag{11.67a}$$

$$\frac{\mathrm{d}z_3}{\mathrm{d}t} = 1, \tag{11.67b}$$

die zur Gl. (11.64) äquivalent ist. Zur geometrischen Veranschaulichung der Lösungsvielfalt der Systemdarstellung nach Gln. (11.67a,b) bedient man sich einer Poincaré-Abbildung (man vergleiche Kapitel VIII, Abschnitt 3.4), die folgendermaßen festgelegt wird. Ausgehend von einem Anfangszustand $\boldsymbol{z} = \boldsymbol{z}_0$ für $t = t_0 \in [0, T]$ wird Gl. (11.64) bis zum Zeitpunkt $t = t_0 + T$ integriert. Der auf diese Weise entstehende Bildpunkt von $\boldsymbol{z}_0, t_0$ kann unter Verwendung der Lösung

$$\boldsymbol{z}(t) = \boldsymbol{\varphi}_\varepsilon(t, t_0, \boldsymbol{z}_0) \tag{11.68}$$

von Gl. (11.64) mit dem Anfangswert $\boldsymbol{z}(t_0) = \boldsymbol{z}_0$ durch $\boldsymbol{z}_1 := \boldsymbol{\varphi}_\varepsilon(t_0 + T, t_0, \boldsymbol{z}_0)$ ausgedrückt werden. Unterwirft man auch den Punkt $\boldsymbol{z}_1$ der Poincaré-Abbildung, so erhält man als Bildpunkt $\boldsymbol{z}_2 := \boldsymbol{\varphi}_\varepsilon(t_0 + T, t_0, \boldsymbol{z}_1) = \boldsymbol{\varphi}_\varepsilon(t_0 + 2T, t_0, \boldsymbol{z}_0)$. Fährt man in dieser Weise fort, dann wird die Trajektorie nach Gl. (11.68) in eine unendliche Folge von Punkten $\boldsymbol{z}_\nu$ $(\nu = 0, 1, \ldots)$ abgebildet. Diese Punktfolge möge in die z_1, z_2-Ebene gelegt werden. Die Folge der zur Trajektorie $\boldsymbol{\varphi}_\varepsilon(t, t_0, \boldsymbol{z}_0)$ gehörenden Bildpunkte $\boldsymbol{z}_0, \boldsymbol{z}_1, \boldsymbol{z}_2, \ldots$ läßt sich auch als eine stroboskopische Abbildung der entsprechenden Kurve im dreidimensionalen Raum (mit $z_3 = t$) deuten. Die Abbildung kann als

$$\boldsymbol{z}_\nu = \boldsymbol{P}_\varepsilon^{t_0}(\boldsymbol{z}_{\nu-1}) \tag{11.69}$$

geschrieben werden. Mit den Indizes ε und t_0 soll die Abhängigkeit der Abbildung von diesen Parametern ausgedrückt werden. Im Falle $\varepsilon = 0$ liegt der Bildpunkt $\boldsymbol{z}_\nu$ von $\boldsymbol{z}_{\nu-1}$ auf der Trajektorie von Gl. (11.65) durch $\boldsymbol{z}_{\nu-1}$. Die stabile Mannigfaltigkeit $\boldsymbol{M}_s(\boldsymbol{z}_e)$ des Fixpunktes $\boldsymbol{z}_e$ des Basissystems nach Gl. (11.65) ist dann auch stabile Mannigfaltigkeit der Poincaré-Abbildung $\boldsymbol{P}_0^{t_0}$. Entsprechendes gilt für die instabile Mannigfaltigkeit, und $\boldsymbol{z}_e$ ist auch Sattelpunkt der Poincaré-Abbildung.

Es stellt sich jetzt die Frage nach den Verhältnissen im Falle $0 < \varepsilon \ll 1$. Man kann unter Verwendung von Bild 11.13 die folgende Vorstellung entwickeln: Für $\varepsilon \neq 0$ verschiebt sich der Sattelpunkt von $\boldsymbol{z}_e$ nach $\boldsymbol{z}_e^P = \boldsymbol{z}_e + O(\varepsilon)$, auch die Mannigfaltigkeiten $M_s(\boldsymbol{z}_e)$ und $M_u(\boldsymbol{z}_e)$ gehen in die stabile Mannigfaltigkeit $M_s^P(\boldsymbol{z}_e^P)$ bzw. instabile Mannigfaltigkeit $M_u^P(\boldsymbol{z}_e^P)$ des Fixpunktes $\boldsymbol{z}_e^P$ der Poincaré-Abbildung über. Diese in der Poincaré-Ebene liegenden Kurven sind von der Wahl von t_0 abhängig. Die Abhängigkeit von t_0 ist periodisch mit der Periode T. Man beachte, daß dem Fixpunkt $\boldsymbol{z}_e^P$ eine periodische Trajektorie des Systems nach Gln. (11.67a,b) entspricht.

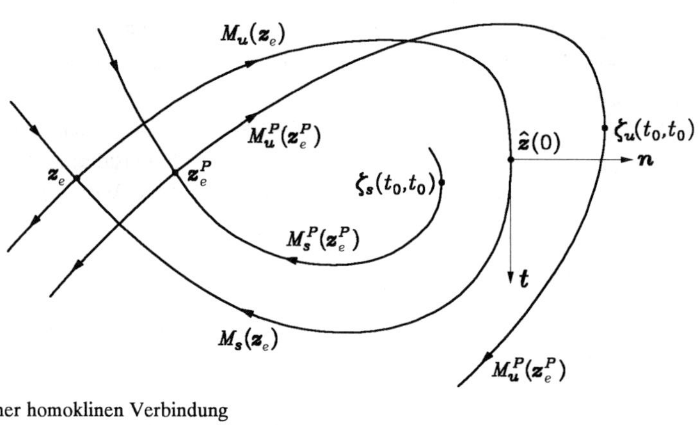

Bild 11.13: Aufbrechen einer homoklinen Verbindung

Wählt man $\boldsymbol{z}_0 \in M_s^P(\boldsymbol{z}_e^P)$, so strebt die Lösungsfolge $\boldsymbol{z}_\nu$ der Abbildungsgleichung (11.69) für $\nu \to \infty$ gegen $\boldsymbol{z}_e^P$. Wählt man $\boldsymbol{z}_0 \in M_u^P(\boldsymbol{z}_e^P)$, so strebt diese Folge für $\nu \to -\infty$ gegen $\boldsymbol{z}_e^P$.

Im Bild 11.13 sind die Verläufe der stabilen und instabilen Mannigfaltigkeiten des Fixpunktes $\boldsymbol{z}_e$, der zum Basissystem gehört, sowie der stabilen und instabilen Mannigfaltigkeiten des Fixpunktes $\boldsymbol{z}_e^P$ der Poincaré-Abbildung $\boldsymbol{P}_\varepsilon^{t_0}$ skizziert. Man beachte, daß für $\varepsilon \to 0$ die Mannigfaltigkeiten des Fixpunktes $\boldsymbol{z}_e^P$ in die endsprechenden Mannigfaltigkeiten des Fixpunktes $\boldsymbol{z}_e$ übergehen und auch $\boldsymbol{z}_e^P$ gegen $\boldsymbol{z}_e$ strebt.

Im folgenden soll für kleines ε der Abstand der Mannigfaltigkeiten $M_s^P(\boldsymbol{z}_e^P)$ und $M_u^P(\boldsymbol{z}_e^P)$ in der Nähe von $\hat{\boldsymbol{z}}(0)$ näherungsweise nach einer Methode bestimmt werden, die auf Mel'nikov [Me3] zurückgeht und auch auf allgemeinere Fälle anwendbar ist. Obwohl der gesuchte Abstand sowohl von $\hat{\boldsymbol{z}}(0)$ als auch von t_0 abhängig ist, wird $\hat{\boldsymbol{z}}(0)$ fest gewählt und t_0 als variabler Parameter betrachtet. Ziel ist es, festzustellen, ob ein t_0 vorhanden ist, so daß sich $M_s^P(\boldsymbol{z}_e^P)$ und $M_u^P(\boldsymbol{z}_e^P)$ in der Poincaré-Ebene nahe $\hat{\boldsymbol{z}}(0)$ kreuzen. Diese Vorgehensweise ist aber gleichbedeutend mit der Feststellung, ob ein $\hat{\boldsymbol{z}}(0)$ bei festgehaltenem t_0 existiert, so daß sich die Mannigfaltigkeiten kreuzen, da die Veränderung von t_0 nur eine Translation der Zeitkoordinate und damit eine Verschiebung längs der homoklinen Trajektorie bewirkt. Mit $\boldsymbol{\zeta}_s(t, t_0)$ und $\boldsymbol{\zeta}_u(t, t_0)$ werden Lösungen der Gl. (11.64) bezeichnet, welche die Eigenschaft

$$\lim_{t \to \infty} \boldsymbol{\zeta}_s(t, t_0) = \boldsymbol{z}_e^P \qquad \text{bzw.} \qquad \lim_{t \to -\infty} \boldsymbol{\zeta}_u(t, t_0) = \boldsymbol{z}_e^P$$

aufweisen, d.h. die Trajektorien $\boldsymbol{z} = \boldsymbol{\zeta}_s(t, t_0)$ und $\boldsymbol{z} = \boldsymbol{\zeta}_u(t, t_0)$ mit $t = z_3$ liegen in der stabilen bzw. instabilen Mannigfaltigkeit des durch Gln. (11.67a,b) gegebenen Systems. Es können die folgenden Entwicklungen angegeben werden:

$$\boldsymbol{\zeta}_s(t, t_0) = \hat{\boldsymbol{z}}(t - t_0) + \varepsilon \boldsymbol{\zeta}_{1s}(t, t_0) + O(\varepsilon^2) \tag{11.70a}$$

für $t \geqq t_0$ und

$$\boldsymbol{\zeta}_u(t, t_0) = \hat{\boldsymbol{z}}(t - t_0) + \varepsilon \boldsymbol{\zeta}_{1u}(t, t_0) + O(\varepsilon^2) \tag{11.70b}$$

für $t \leqq t_0$ und kleines ε. Die Vektorfunktionen $\boldsymbol{\zeta}_s(t, t_0)$ und $\boldsymbol{\zeta}_u(t, t_0)$ müssen die Gl. (11.64) erfüllen, $\hat{\boldsymbol{z}}(t)$ ist Lösung von Gl. (11.65). Führt man die Gl. (11.70a) in die Gl. (11.64) ein, entwickelt die rechte Seite der entstandenen Beziehung nach Potenzen von ε und beachtet Gl. (11.65) für $\hat{\boldsymbol{z}}(t - t_0)$, dann liefert der Koeffizientenvergleich beider Seiten der Beziehung bis zum ε-Glied die Differentialgleichung

$$\frac{\mathrm{d}\boldsymbol{\zeta}_{1s}(t, t_0)}{\mathrm{d}t} = \boldsymbol{J}(\hat{\boldsymbol{z}}(t - t_0))\, \boldsymbol{\zeta}_{1s}(t, t_0) + \boldsymbol{h}(\hat{\boldsymbol{z}}(t - t_0), t) \tag{11.71a}$$

für $t \geqq t_0$ und kleines ε. Entsprechend erhält man mit Gl. (11.70b) statt Gl. (11.70a) die Differentialgleichung

$$\frac{\mathrm{d}\boldsymbol{\zeta}_{1u}(t, t_0)}{\mathrm{d}t} = \boldsymbol{J}(\hat{\boldsymbol{z}}(t - t_0))\, \boldsymbol{\zeta}_{1u}(t, t_0) + \boldsymbol{h}(\hat{\boldsymbol{z}}(t - t_0), t) \tag{11.71b}$$

für $t \leqq t_0$. In den Gln. (11.71a,b) bedeutet $\boldsymbol{J}(\boldsymbol{z})$ die Jacobi-Matrix von $\boldsymbol{f}(\boldsymbol{z})$. Die Randbedingungen für die Lösungen der Gln. (11.71a,b) lauten

$$\lim_{t \to \infty} \boldsymbol{\zeta}_{1s}(t, t_0) = \lim_{\varepsilon \to 0} \frac{\boldsymbol{z}_e^P - \boldsymbol{z}_e}{\varepsilon} \qquad \text{bzw.} \qquad \lim_{t \to -\infty} \boldsymbol{\zeta}_{1u}(t, t_0) = \lim_{\varepsilon \to 0} \frac{\boldsymbol{z}_e^P - \boldsymbol{z}_e}{\varepsilon}\,.$$

3.3.2 Der Mel'nikov-Abstand

Zur Definition des Abstandes zwischen den Mannigfaltigkeiten $M_s^P(\boldsymbol{z}_e^P)$ und $M_u^P(\boldsymbol{z}_e^P)$ für $\varepsilon \ll 1$ führt man im Punkt $\hat{\boldsymbol{z}}(0)$ den Tangenteneinheitsvektor $\boldsymbol{t}$ und den Normaleneinheitsvektor $\boldsymbol{n}$ der Homoklinen $\hat{\boldsymbol{z}}(t-t_0)$ ein (Bild 11.13):

$$\boldsymbol{t} = \frac{\boldsymbol{f}(\hat{\boldsymbol{z}}(0))}{\|\boldsymbol{f}(\hat{\boldsymbol{z}}(0))\|} = \frac{[f_1(\hat{\boldsymbol{z}}(0)) \;\; f_2(\hat{\boldsymbol{z}}(0))]^{\mathrm{T}}}{\|\boldsymbol{f}(\hat{\boldsymbol{z}}(0))\|}, \tag{11.72a}$$

$$\boldsymbol{n} = \frac{[-f_2(\hat{\boldsymbol{z}}(0)) \;\; f_1(\hat{\boldsymbol{z}}(0))]^{\mathrm{T}}}{\|\boldsymbol{f}(\hat{\boldsymbol{z}}(0))\|}. \tag{11.72b}$$

Außerdem verwendet man den Differenzvektor

$$\boldsymbol{d}(t_0) = \boldsymbol{\zeta}_u(t_0, t_0) - \boldsymbol{\zeta}_s(t_0, t_0) = \varepsilon[\boldsymbol{\zeta}_{1u}(t_0, t_0) - \boldsymbol{\zeta}_{1s}(t_0, t_0)] + O(\varepsilon^2). \tag{11.73}$$

Es ist zu beachten, daß bei kleinem ε die Punkte $\boldsymbol{\zeta}_u(t_0, t_0)$ und $\boldsymbol{\zeta}_s(t_0, t_0)$ nur geringfügig gegenüber $\hat{\boldsymbol{z}}(0)$ verschoben sind (Bild 11.13). Der Abstand zwischen den Mannigfaltigkeiten $M_s^P(\boldsymbol{z}_e^P)$ und $M_u^P(\boldsymbol{z}_e^P)$ zum Zeitpunkt t_0 wird nun als Projektion von $\boldsymbol{d}(t_0)$ auf die Richtung des Vektors $\boldsymbol{n}$ gemessen. Auf diese Weise gelangt man zum Mel'nikov-Abstand

$$D(t_0) = \boldsymbol{n}^{\mathrm{T}} \cdot \boldsymbol{d}. \tag{11.74}$$

Zu einem Vektor $\boldsymbol{a} = [a_1 \;\; a_2]^{\mathrm{T}}$ wird nun $\boldsymbol{a}^{\perp} = [-a_2 \;\; a_1]$ als dessen transponierter, orthogonaler Vektor eingeführt. Damit kann man für den Normaleneinheitsvektor $\boldsymbol{n}^{\mathrm{T}} = \boldsymbol{t}^{\perp}$ schreiben, und angesichts der Gln. (11.72a,b) und (11.73) läßt sich Gl. (11.74) in der Form

$$D(t_0) = \frac{\varepsilon \boldsymbol{f}^{\perp}(\hat{\boldsymbol{z}}(0)) \cdot [\boldsymbol{\zeta}_{1u}(t_0, t_0) - \boldsymbol{\zeta}_{1s}(t_0, t_0)]}{\|\boldsymbol{f}(\hat{\boldsymbol{z}}(0))\|} + O(\varepsilon^2) \tag{11.75}$$

ausdrücken. Zur Auswertung von Gl. (11.75) wird zunächst die Funktion

$$\Delta_s(t, t_0) := \boldsymbol{f}^{\perp}(\hat{\boldsymbol{z}}(t-t_0)) \cdot \boldsymbol{\zeta}_{1s}(t, t_0) \tag{11.76}$$

untersucht. Durch zeitliche Differentiation ergibt sich bei Beachtung der Produktregel und von Gl. (11.65) für $\hat{\boldsymbol{z}}(t-t_0)$

$$\frac{\mathrm{d}\Delta_s(t, t_0)}{\mathrm{d}t} = [\boldsymbol{J}(\hat{\boldsymbol{z}}(t-t_0))\boldsymbol{f}(\hat{\boldsymbol{z}}(t-t_0))]^{\perp} \cdot \boldsymbol{\zeta}_{1s}(t, t_0) + \boldsymbol{f}^{\perp}(\hat{\boldsymbol{z}}(t-t_0)) \cdot \frac{\mathrm{d}\boldsymbol{\zeta}_{1s}(t, t_0)}{\mathrm{d}t}$$

oder mit Gl. (11.71a)

$$\frac{\mathrm{d}\Delta_s(t, t_0)}{\mathrm{d}t} = [\boldsymbol{J}(\hat{\boldsymbol{z}}(t-t_0))\boldsymbol{f}(\hat{\boldsymbol{z}}(t-t_0))]^{\perp} \cdot \boldsymbol{\zeta}_{1s}(t, t_0) + \boldsymbol{f}^{\perp}(\hat{\boldsymbol{z}}(t-t_0)) \cdot [\boldsymbol{J}(\hat{\boldsymbol{z}}(t-t_0))\,\boldsymbol{\zeta}_{1s}(t, t_0) + \boldsymbol{h}(\hat{\boldsymbol{z}}(t-t_0), t)]. \tag{11.77}$$

Aufgrund der leicht zu verifizierenden Beziehung

$$(\boldsymbol{J}\cdot\boldsymbol{a})^{\perp}\cdot\boldsymbol{b}+\boldsymbol{a}^{\perp}\cdot(\boldsymbol{J}\cdot\boldsymbol{b})=(\mathrm{sp}\cdot\boldsymbol{J})(\boldsymbol{a}^{\perp}\cdot\boldsymbol{b}),$$

wobei

$$\boldsymbol{J}=\begin{bmatrix}J_{11} & J_{12}\\ J_{21} & J_{22}\end{bmatrix},\quad \boldsymbol{a}=\begin{bmatrix}a_1\\ a_2\end{bmatrix},\quad \boldsymbol{b}=\begin{bmatrix}b_1\\ b_2\end{bmatrix}$$

und sp die Spur einer Matrix bedeutet, läßt sich die Gl. (11.77) auf die Form

$$\frac{\mathrm{d}\Delta_s(t,t_0)}{\mathrm{d}t}=\mathrm{sp}[\boldsymbol{J}(\hat{\boldsymbol{z}}(t-t_0))][\boldsymbol{f}^{\perp}(\hat{\boldsymbol{z}}(t-t_0))\cdot\boldsymbol{\zeta}_{1s}(t,t_0)]$$

$$+\boldsymbol{f}^{\perp}(\hat{\boldsymbol{z}}(t-t_0))\cdot\boldsymbol{h}(\hat{\boldsymbol{z}}(t-t_0),t)$$

oder, wenn man beachtet, daß durch Gl. (11.65) ein Hamilton-System beschrieben wird und daher $\mathrm{sp}\,\boldsymbol{J}=\partial f_1/\partial z_1+\partial f_2/\partial z_2=\partial^2 H/\partial z_1\,\partial z_2-\partial^2 H/\partial z_2\,\partial z_1=0$ gilt, auf die Form

$$\frac{\mathrm{d}\Delta_s(t,t_0)}{\mathrm{d}t}=\boldsymbol{f}^{\perp}(\hat{\boldsymbol{z}}(t-t_0))\cdot\boldsymbol{h}(\hat{\boldsymbol{z}}(t-t_0),t)$$

bringen. Diese Gleichung wird von $t=\infty$ bis $t=t_0$ integriert, wobei nach Gl. (11.76)

$$\Delta_s(\infty,t_0)=\lim_{t\to\infty}[\boldsymbol{f}^{\perp}(\hat{\boldsymbol{z}}(t-t_0))\cdot\boldsymbol{\zeta}_{1s}(t,t_0)]=0$$

gilt, da $\boldsymbol{f}(\hat{\boldsymbol{z}}(t-t_0))$ für $t\to\infty$ gegen $\boldsymbol{f}(\boldsymbol{z}_e)=\boldsymbol{0}$ strebt und dabei $\boldsymbol{\zeta}_{1s}(t,t_0)$ endlich bleibt. Damit erhält man

$$\Delta_s(t_0,t_0)=\int_{\infty}^{t_0}\boldsymbol{f}^{\perp}(\hat{\boldsymbol{z}}(t-t_0))\cdot\boldsymbol{h}(\hat{\boldsymbol{z}}(t-t_0),t)\,\mathrm{d}t\,. \tag{11.78}$$

Entsprechend findet man für

$$\Delta_u(t,t_0):=\boldsymbol{f}^{\perp}(\boldsymbol{z}(t-t_0))\cdot\boldsymbol{\zeta}_{1u}(t,t_0) \tag{11.79}$$

die Darstellung

$$\Delta_u(t_0,t_0)=\int_{-\infty}^{t_0}\boldsymbol{f}^{\perp}(\hat{\boldsymbol{z}}(t-t_0))\cdot\boldsymbol{h}(\hat{\boldsymbol{z}}(t-t_0),t)\,\mathrm{d}t\,. \tag{11.80}$$

Als Differenz $\Delta_u(t_0,t_0)-\Delta_s(t_0,t_0)$ erhält man die Mel'nikov-Funktion

$$M(t_0):=\int_{-\infty}^{\infty}\boldsymbol{f}^{\perp}(\hat{\boldsymbol{z}}(t-t_0))\cdot\boldsymbol{h}(\hat{\boldsymbol{z}}(t-t_0),t)\,\mathrm{d}t\,. \tag{11.81}$$

Da wegen der Gln. (11.76), (11.79) und (11.75)

$$D(t_0)=\varepsilon\,\frac{\Delta_u(t_0,t_0)-\Delta_s(t_0,t_0)}{\|\,\boldsymbol{f}(\hat{\boldsymbol{z}}(0))\,\|}+O(\varepsilon^2)$$

gilt und der hier auftretende Zähler mit der Mel'nikov-Funktion übereinstimmt, gelangt man schließlich zu dem wichtigen Ergebnis

$$D(t_0)=\frac{\varepsilon M(t_0)}{\|\,\boldsymbol{f}(\hat{\boldsymbol{z}}(0))\,\|}+O(\varepsilon^2)\,. \tag{11.82}$$

Man beachte, daß bei Kenntnis der homoklinen Trajektorie $\hat{\boldsymbol{z}}(t)$ der Mel'nikov-Abstand berechnet werden kann.

3.3.3 Folgerungen

Aus dem gewonnenen Ergebnis lassen sich wichtige Folgerungen ziehen. Besitzt die Mel'nikov-Funktion $M(t_0)$ keine Nullstelle, dann verschwindet auch der Abstand $D(t_0)$ der Mannigfaltigkeiten von $\boldsymbol{z}_e^P$ für kein t_0. Dies bedeutet, daß $M_u^P(\boldsymbol{z}_e^P)$ und $M_s^P(\boldsymbol{z}_e^P)$ Verläufe haben, wie sie im Bild 11.14a bzw. Bild 11.14b skizziert sind. Hat dagegen $M(t_0)$ eine einfache Nullstelle $t_0 = \tau$, dann besitzt auch $D(t_0)$ bei kleinem ε in der Nähe von τ eine einfache Nullstelle, und an dem entsprechenden Punkt (homokliner Punkt genannt) schneiden sich die stabile und die instabile Mannigfaltigkeit. Dann müssen alle Bilder dieses Punktes, die durch wiederholte Anwendung der Poincaré-Abbildung $P_\varepsilon^{t_0}$ entstehen, und zwar für steigende und fallende Werte von ν in Gl. (11.69), auf jeder der beiden Mannigfaltigkeiten liegen, da diese Mannigfaltigkeiten invariante Mengen von $\boldsymbol{P}_\varepsilon^{t_0}$ sind. Es treten daher unendlich viele Schnitte der Mannigfaltigkeiten auf. Da eine Trajektorie, die zu einer der Mannigfaltigkeiten gehört, den Sattelpunkt der Poincaré-Abbildung exponentiell annähert bzw. verläßt, folgen die Schnittpunkte der Mannigfaltigkeiten bei Annäherung an den Fixpunkt in immer kürzeren Abständen, wie im Bild 11.14c angedeutet ist. Das Bild eines Punktes auf einer Seite einer Mannigfaltigkeit vermöge $P_\varepsilon^{t_0}$ liegt aus Stetigkeitsgründen immer auf derselben Seite der jeweiligen Mannigfaltigkeit. Entsprechend kann man sich vorstellen, wie die Flächenstücke zwischen den beiden Mannigfaltigkeiten durch die Poincaré-Abbildung auseinander hervorgehen. Da diesbezüglich im Falle von (schwach gestörten) Hamilton-Systemen (nähe-

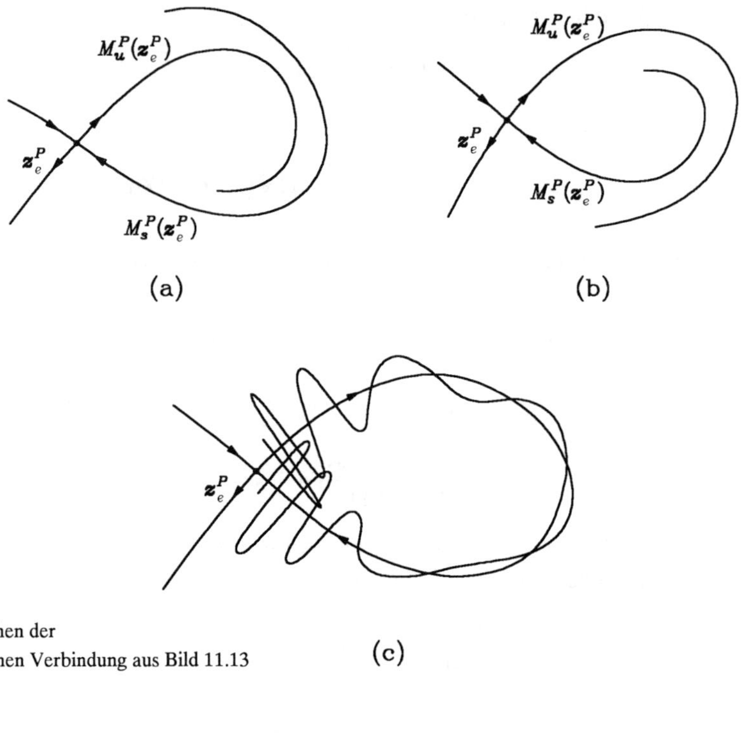

Bild 11.14: Aufbrechen der homoklinen Verbindung aus Bild 11.13

rungsweise) Flächentreue besteht, steigen die Ausschläge der Flächenränder mit Annäherung an den Fixpunkt exponentiell an, wodurch ein chaotisches Verhalten entsteht.

Die Gl. (11.81) läßt erkennen, daß die Mel'nikov-Funktion eine periodische Funktion mit der Periode T ist. Ersetzt man nämlich in Gl. (11.81) t_0 durch $t_0 + T$ und substituiert $t - T$ durch die neue Integrationsvariable τ, dann erhält man wegen der Periodizität von $\boldsymbol{h}(\boldsymbol{z}, t)$ in t das gleiche Integral. Auf diese Weise wird die Tatsache bestätigt, daß ein Schnitt zwischen der stabilen und der instabilen Mannigfaltigkeit unendlich viele solche Schnitte nach sich zieht.

3.4 DUFFING-SYSTEME

Die in diesem Abschnitt behandelten Systeme bilden eine wichtige Klasse von gestörten Hamilton-Systemen, über die umfangreiche Untersuchungen in der Literatur bekannt geworden sind.

3.4.1 Die Systembeschreibung

Im folgenden werden Systeme betrachtet, die durch die Duffing-Gleichung [Du5]

$$\frac{d^2 z_1}{dt^2} + \delta \frac{dz_1}{dt} - \beta z_1 + \alpha z_1^3 = \gamma \cos(\omega t) \tag{11.83}$$

beschrieben werden können. Solche Systeme dienen als Modell zur Darstellung bestimmter fremderregter nichtlinearer Schwingungsvorgänge. Als Beispiel sei ein homogener geradliniger Balken genannt, den man in einen Rahmen einspannt, um ihn zunächst zu knicken, und dann in Schwingung versetzt, indem man der statischen Auslenkung des Balkens durch eine harmonische Krafterregung des Rahmens eine transversale periodische Auslenkung überlagert [Ar2]. Die Konstanten α und β heißen Steifigkeitsparameter, wobei man im Falle $\beta > 0$ von negativer Steifigkeit spricht, die hier besonders interessiert. Weitere Parameter sind die Dämpfungskonstante $\delta > 0$, die Amplitude γ und die Kreisfrequenz ω der Erregung. Abhängig von den fünf Parametern der Duffing-Differentialgleichung (11.83) und von den Anfangsbedingungen können die verschiedensten Verhaltensmuster festgestellt werden. Die Gl. (11.83) kann durch Einführung der Zustandsvariablen $z_3 = t$ auf die autonome Zustandsform

$$\frac{dz_1}{dt} = z_2 , \tag{11.84a}$$

$$\frac{dz_2}{dt} = \beta z_1 - \alpha z_1^3 - \delta z_2 + \gamma \cos(\omega z_3) , \tag{11.84b}$$

$$\frac{dz_3}{dt} = 1 \tag{11.84c}$$

gebracht werden. Diese Darstellung darf als gestörte Version des Hamilton-Systems

$$\frac{dz_1}{dt} = z_2 , \tag{11.85a}$$

$$\frac{dz_2}{dt} = \beta z_1 - \alpha z_1^3 \tag{11.85b}$$

mit der Hamilton-Funktion

$$H(\mathbf{z}) = -\frac{\beta}{2} z_1^2 + \frac{\alpha}{4} z_1^4 + \frac{1}{2} z_2^2 \tag{11.86}$$

aufgefaßt werden. Die Trajektorien des Hamilton-Systems verlaufen auf den Kurven

$$H(\mathbf{z}) = W\,(= \text{const}). \tag{11.87}$$

Man beachte, daß im Falle $\alpha = 0$, $\beta > 0$ keine Schwingungen des Hamilton-Systems auftreten. Im Falle $\alpha > 0$, $\beta > 0$ jedoch existieren periodische Lösungen. Im Bild 11.15 ist für einen solchen Fall das Phasenportrait angedeutet, in dem Trajektorien periodischer Lösungen zu erkennen sind. Diese erhält man aus Gl. (11.87) mit Gl. (11.86) für verschiedene Werte von W. Für $W = 0$ ergibt sich ein Orbit, der vom Ursprung zunächst in den ersten Quadranten verläuft und über den vierten Quadranten zum Ursprung zurückkehrt. Aus Symmetriegründen gibt es für $W = 0$ einen weiteren Orbit, der den Ursprung über den dritten und zweiten Quadranten verbindet. Der Ursprung selbst stellt einen Sattelpunkt des Systems dar. Die genannten Orbits, die zusammen die Form einer Acht haben, sind homokline Verbindungen, die von $t = -\infty$ bis $t = \infty$ durchlaufen werden. Jede der beiden homoklinen Verbindungen ist eine Separatrix, auf der jeweils eine stabile und eine instabile Mannigfaltigkeit des Sattelpunktes zusammenfallen. Außer dem Fixpunkt $\mathbf{z} = \mathbf{0}$ treten noch Zentren in den Punkten $z_1 = \sqrt{\beta/\alpha}$, $z_2 = 0$ und $z_1 = -\sqrt{\beta/\alpha}$, $z_2 = 0$ auf. Es ist zu beachten, daß das gesamte Phasenportrait bezüglich der beiden Koordinatenachsen symmetrisch ist, da sich die Hamilton-Funktion $H(\mathbf{z})$ nach Gl. (11.86) nicht ändert, wenn man z_1 durch $-z_1$ bzw. z_2 durch $-z_2$ ersetzt.

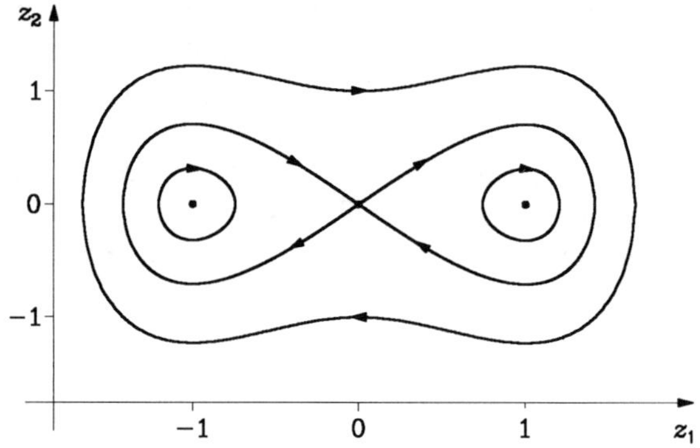

Bild 11.15: Phasenportrait der Duffing-Differentialgleichung für $\alpha > 0, \beta > 0, \gamma = 0, \delta = 0$

Im Falle $\beta > 0$, $\delta > 0$ existieren keine Schwingungen des nichterregten Systems. Das Auftreten der Dämpfung im nichterregten System bewirkt, daß die homoklinen Verbindungen aufgebrochen werden, der Sattelpunkt bleibt erhalten, aus den Zentren werden jedoch zwei Foki. Das im Bild 11.16 dargestellte Phasenportrait, das bezüglich des Ursprungs punktsymmetrisch ist, zeigt diese Besonderheiten.

Solange das System nicht erregt wird, d.h. der Parameter γ verschwindet, beschreibt die Duffing-Differentialgleichung ein autonomes System zweiter Ordnung, weshalb chaotisches

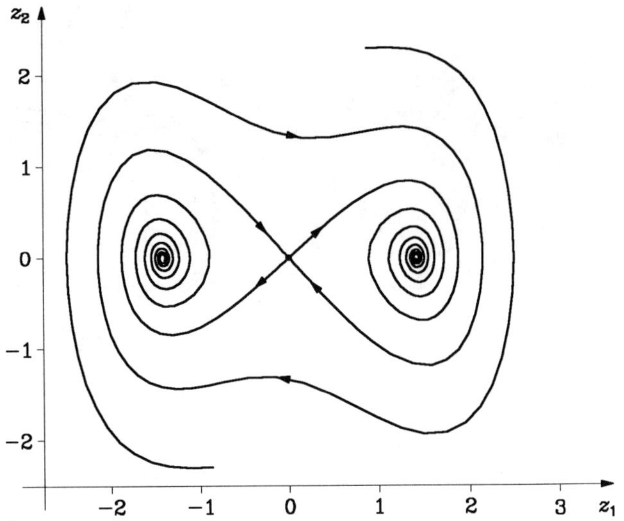

Bild 11.16: Phasenportrait der Duffing-Differentialgleichung für $\alpha > 0$; $\beta > 0$; $\gamma = 0$; $\delta > 0$

Verhalten grundsätzlich nicht möglich ist. Im Falle $\gamma \neq 0$ ändern sich die Verhältnisse grundlegend, da dann ein autonomes System dritter Ordnung vorliegt. Es sind subharmonische Lösungen und chaotische Verhaltensformen möglich. Der Strukturenreichtum der Bifurkationen, die mit den Lösungen bei Variation der fünf Parameter des Duffing-Systems verbunden sind, ist ungewöhnlich groß und komplex. Im folgenden soll eine kleine Auswahl der Vielzahl von diesen interessanten Erscheinungen gebracht werden.

3.4.2 Typische Verhaltensformen

Die Ergebnisse der folgenden Beispiele beruhen auf Computersimulationen. Zunächst sei auf stabile Grenzzyklen der Periode $2\pi/\omega$ hingewiesen.

Bild 11.17 zeigt hierfür ein Beispiel für den Fall $\alpha = 100$; $\beta = 10$; $\gamma = 3$; $\delta = 1$ und $\omega = 3{,}6$. Ein weiteres Beispiel ist Bild 11.18 für den Fall $\alpha = 100$; $\beta = 10$; $\gamma = 0{,}4$; $\delta = 1$ und $\omega = 3{,}6$ zu entnehmen, wobei die Trajektorie im Ursprung startet und nach einigen Umläufen in den stabilen Grenzzyklus mündet.

Weiterhin sei auf subharmonische Lösungen hingewiesen, von denen Bild 11.19 eine mit der Periode $T = 6\pi/\omega$ bei Wahl von $\alpha = \beta = \omega = 1$, $\gamma = 0{,}3$ und $\delta = 0{,}22$ zeigt. Im Bild 11.20 ist ein interessantes Transientenverhalten des Duffing-Systems mit schwacher Dämpfung $\delta = 0{,}01$ und einer relativ kleinen Kreisfrequenz $\omega = 0{,}03$ der Erregung dargestellt. Man beachte, daß $\beta = -10$ negativ gewählt wurde. Die übrigen Parameter sind $\alpha = 6$ und $\gamma = 8$. Die dargestellte Trajektorie, die im Ursprung startet, mündet in einen niederfrequenten Grenzzyklus.

In den Bildern 11.21 und 11.22 sind chaotische Verhaltensmuster für die Parametersätze $\alpha = 0{,}53$; $\beta = 0{,}2$; $\gamma = 0{,}4$; $\delta = 0{,}04$; $\omega = 0{,}16$ bzw. $\alpha = 100$; $\beta = 10$; $\gamma = 1{,}17$; $\delta = 1$; $\omega = 3{,}6$ dargestellt. Das völlig irreguläre Verhalten ist deutlich zu erkennen. Mittels der Mel'nikov-Methode von Abschnitt 3.3 läßt sich chaotisches Verhalten des Duffing-Systems erklären. Dies ist Gegenstand des nächsten Abschnitts.

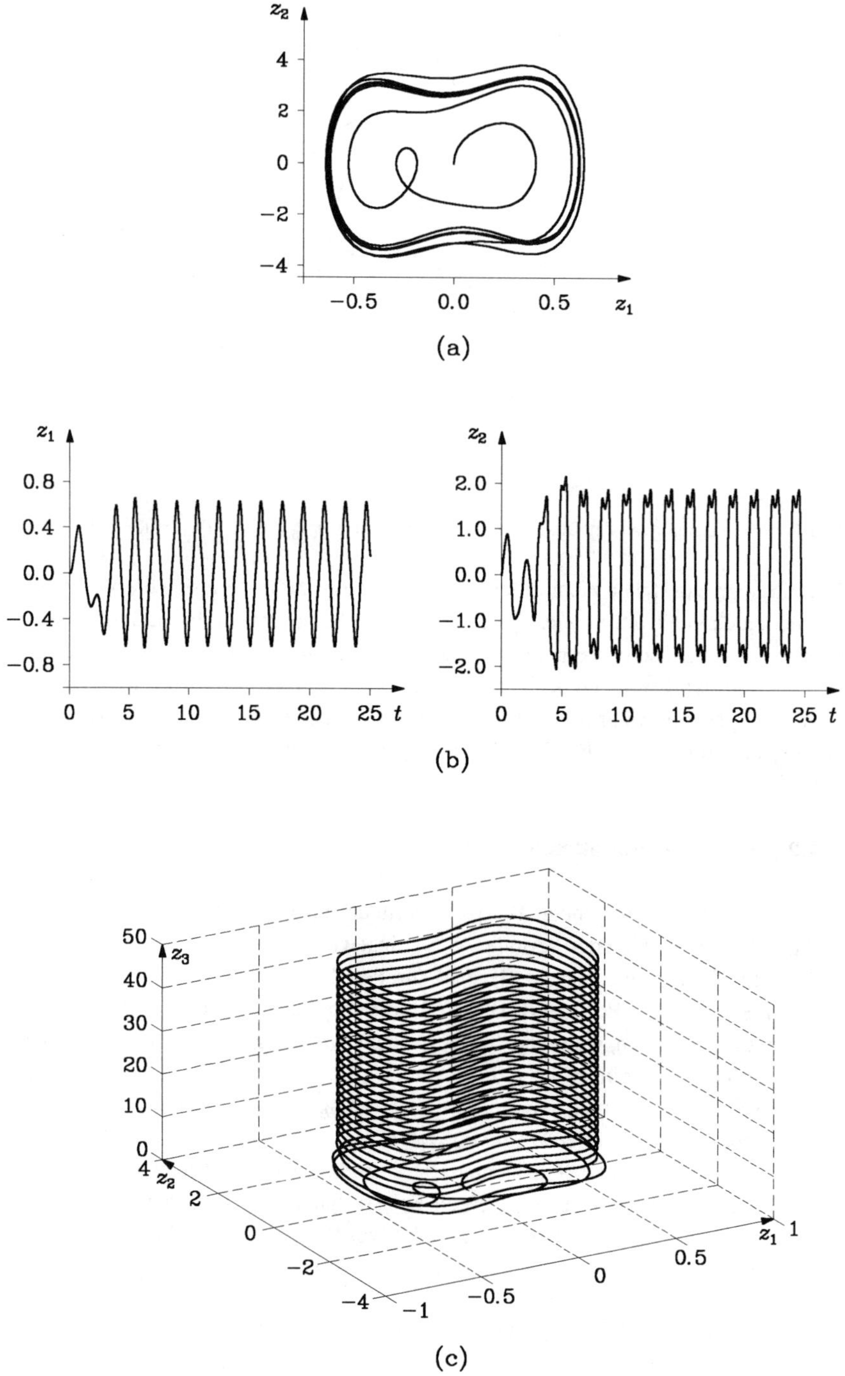

Bild 11.17: Duffing-System mit $\alpha = 100$; $\beta = 10$; $\gamma = 3$; $\delta = 1$; $\omega = 3{,}6$. (a), (c) Stabiler Grenzzyklus mit der Periode $2\,\pi/\omega$; (b) zeitlicher Verlauf von $z_1(t)$ und $z_2(t)$

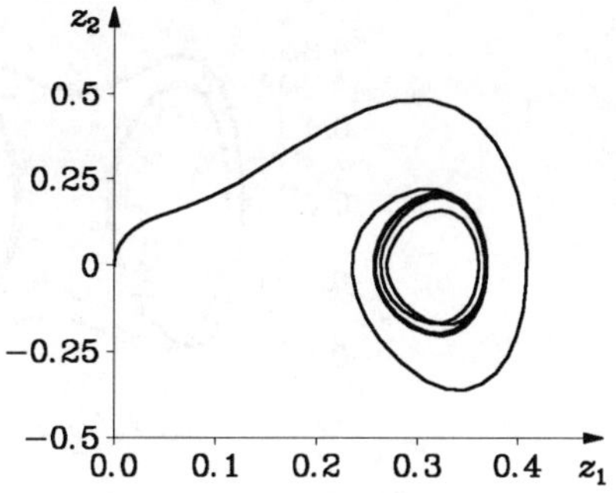

(a)

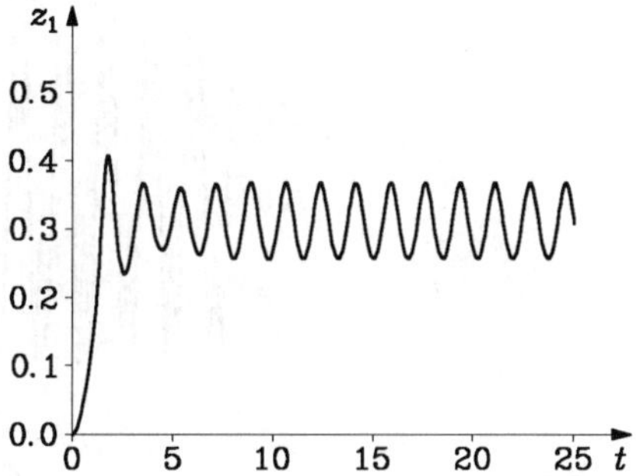

(b)

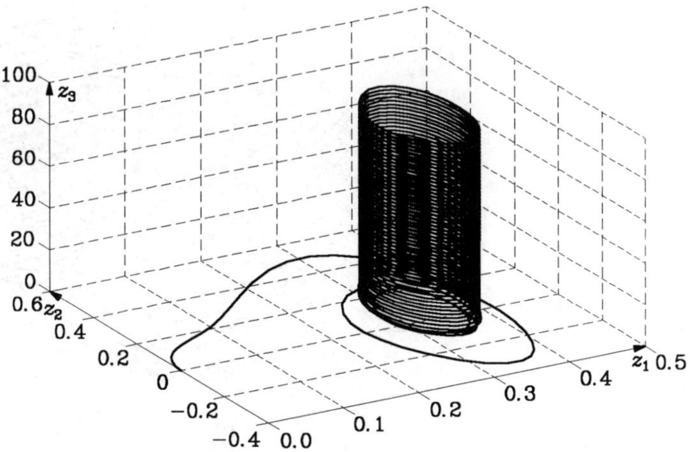

(c)

Bild 11.18: Duffing-System mit $\alpha = 100$; $\beta = 10$; $\gamma = 0{,}4$; $\delta = 1$; $\omega = 3{,}6$. (a), (c) Transientenverlauf in einen stabilen Grenzzyklus mit Periode $2\,\pi/\omega$; (b) zeitlicher Verlauf von $z_1\,(t)$

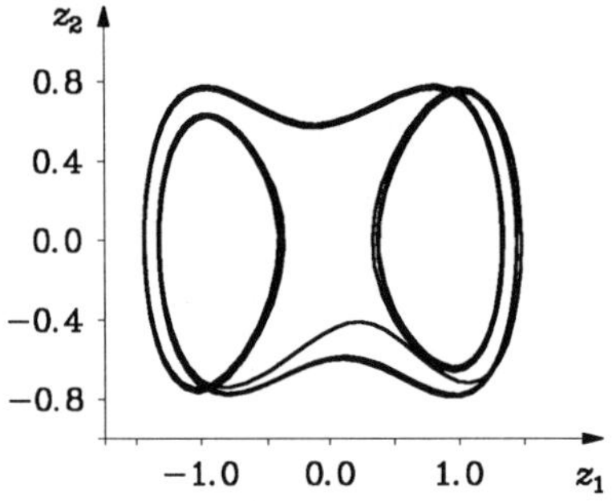

(a)

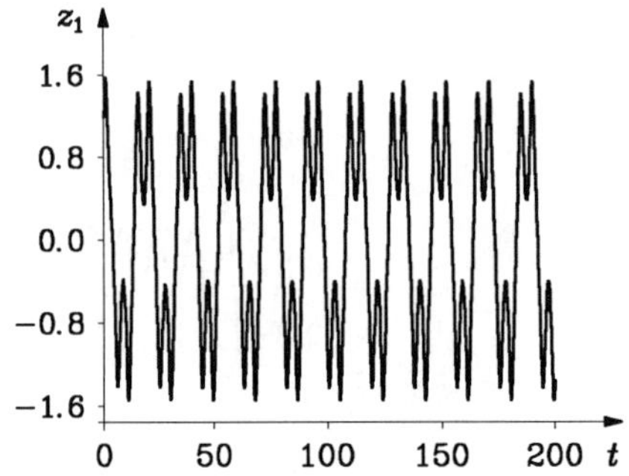

(b)

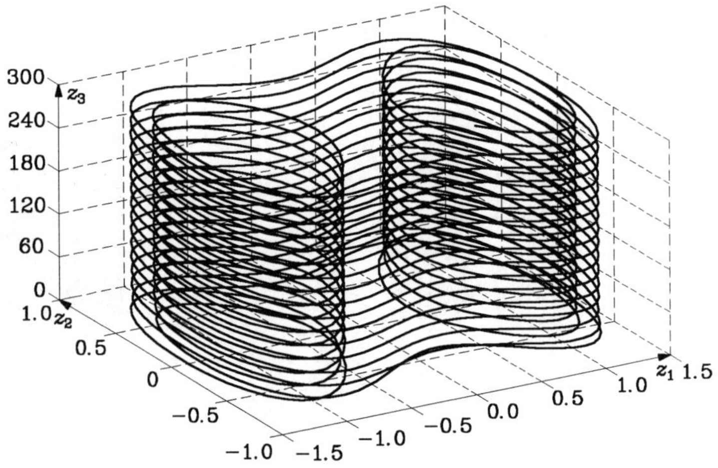

(c)

Bild 11.19: Duffing-System mit $\alpha = \beta = \omega = 1$; $\gamma = 0{,}3$; $\delta = 0{,}22$. (a), (b) Stabiler Grenzzyklus mit der Periode $6\,\pi/\omega$; (c) zeitlicher Verlauf von $z_1(t)$

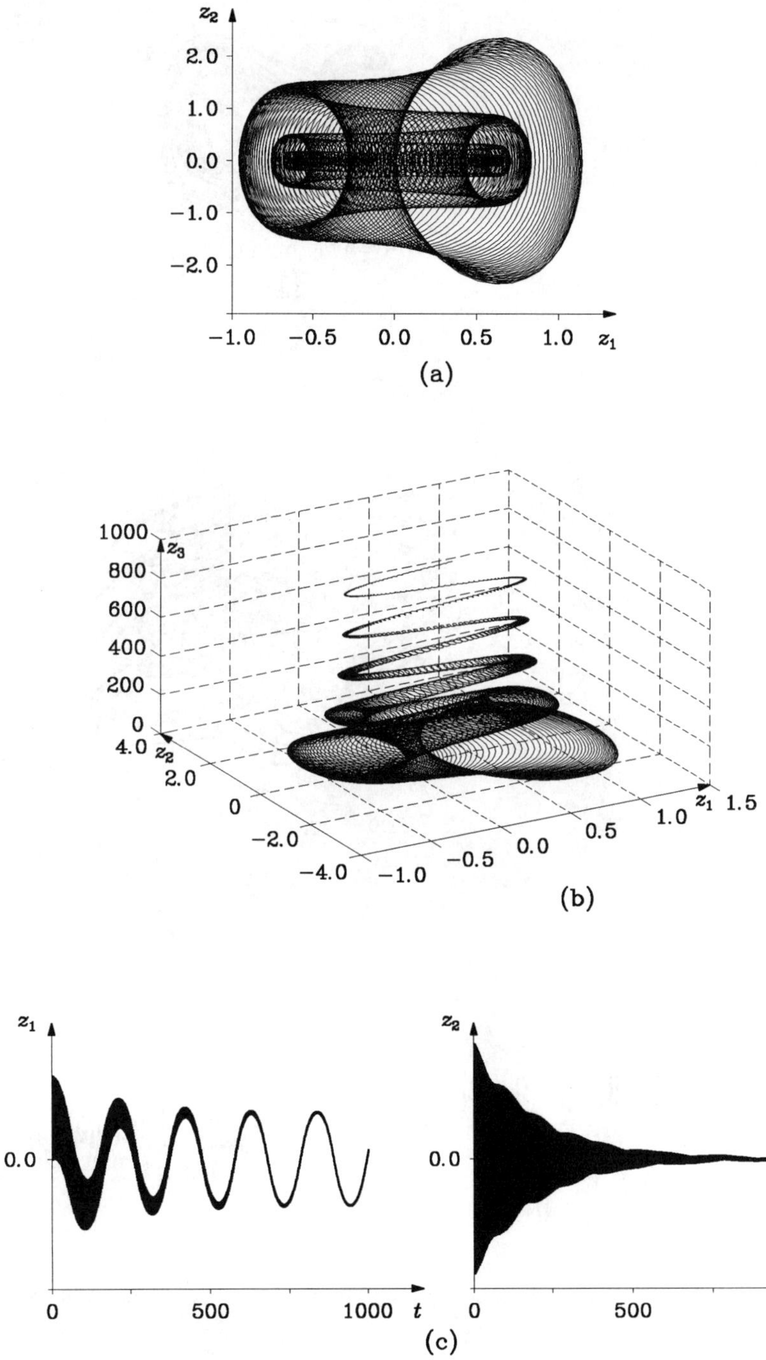

Bild 11.20: Duffing-System mit $\alpha = 6$; $\beta = -10$; $\gamma = 8$; $\delta = 0{,}01$; $\omega = 0{,}03$ [Ar2]. (a), (b) Die Trajektorie strebt in einen stabilen Grenzzyklus; (c) zeitliche Verläufe von $z_1(t)$ und $z_2(t)$

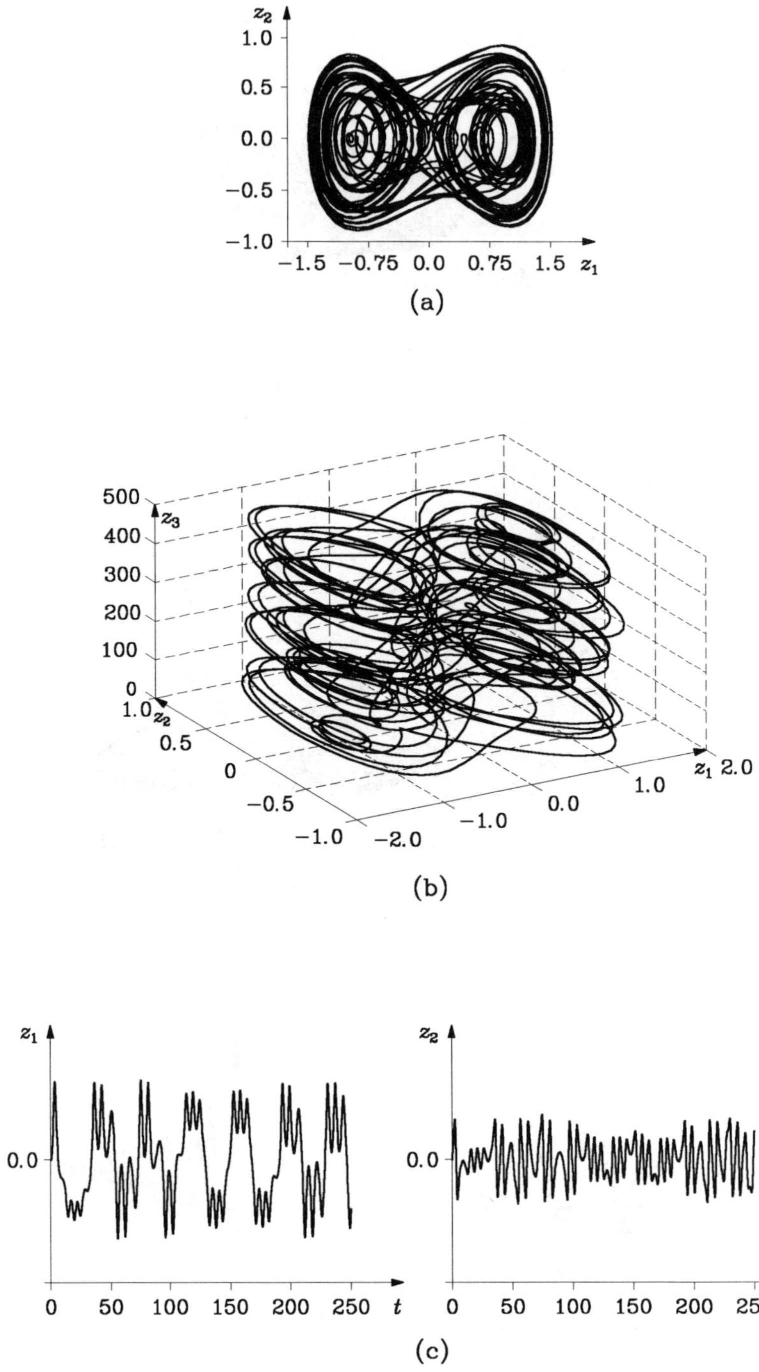

Bild 11.21: Duffing-System mit $\alpha = 0{,}53$; $\beta = 0{,}2$; $\gamma = 0{,}4$; $\delta = 0{,}04$; $\omega = 0{,}16$. (a), (b) Chaotisches Verhalten; (c) zugehöriger zeitlicher Verlauf von $z_1(t)$ und $z_2(t)$

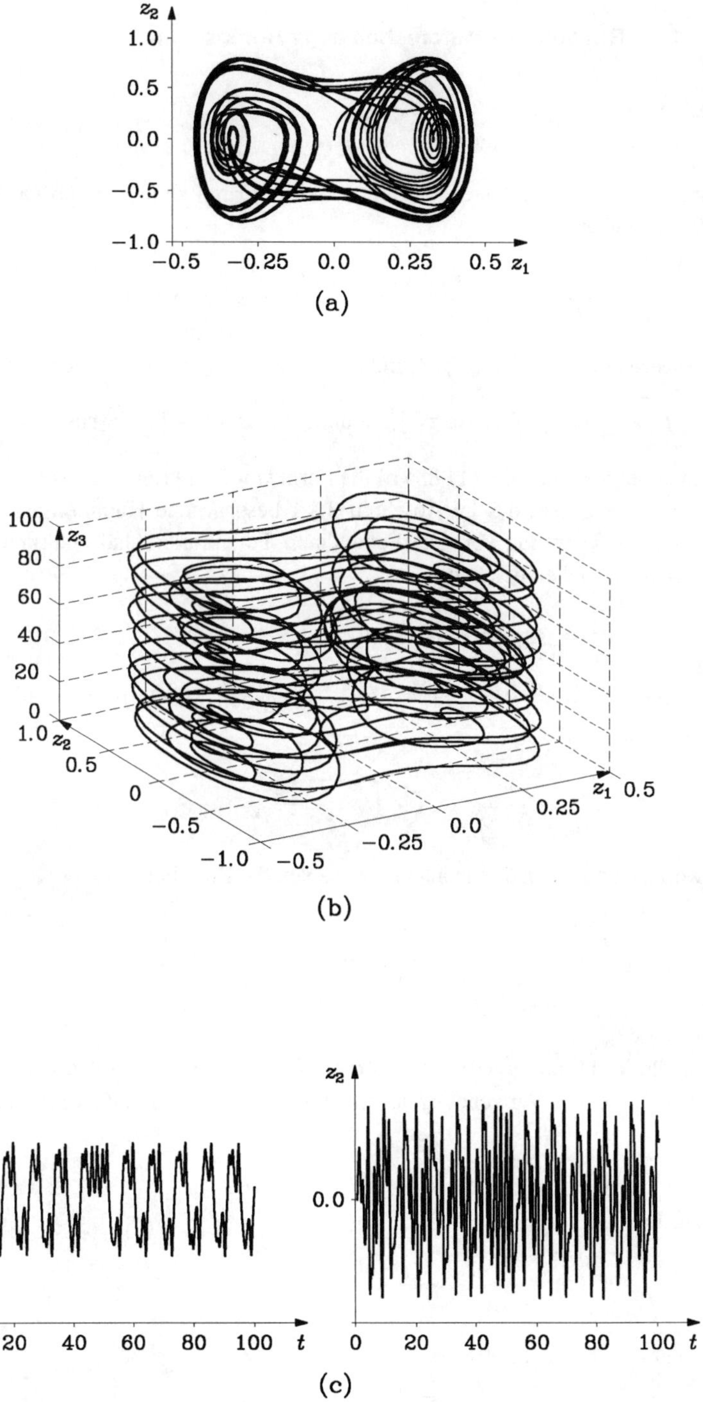

Bild 11.22: Duffing-System für $\alpha = 100$; $\beta = 10$; $\gamma = 1{,}17$; $\delta = 1$; $\omega = 3{,}6$. (a), (b) Chaotisches Verhalten; (c) zugehöriger zeitlicher Verlauf von $z_1(t)$ und $z_2(t)$

3.4.3 Chaotisches Aufbrechen einer Homoklinen

Es sei

$$\delta = \varepsilon\,\hat{\delta} \quad \text{und} \quad \gamma = \varepsilon\,\hat{\gamma}$$

mit $0 < \varepsilon \ll 1$ und festen Werten $\hat{\delta}$ und $\hat{\gamma}$. Damit kann man das Duffing-System durch die Gleichungen

$$\frac{\mathrm{d}z_1}{\mathrm{d}t} = z_2\,, \quad \frac{\mathrm{d}z_2}{\mathrm{d}t} = \beta z_1 - \alpha z_1^3 + \varepsilon(\hat{\gamma}\cos(\omega t) - \hat{\delta} z_2) \tag{11.88a,b}$$

beschreiben, wobei α, β, $\hat{\gamma}$, $\hat{\delta}$ und ω positive Konstanten bedeuten. Setzt man

$$\boldsymbol{f}(\boldsymbol{z}) := [z_2 \quad \beta z_1 - \alpha z_1^3]^{\mathrm{T}} \quad \text{und} \quad \boldsymbol{h}(\boldsymbol{z},t) := [0 \quad \hat{\gamma}\cos(\omega t) - \hat{\delta} z_2]^{\mathrm{T}}\,, \tag{11.89a,b}$$

dann nehmen die Gln. (11.88a,b) die Form von Gl. (11.64) an.

Für $\varepsilon = 0$ liegt das im Abschnitt 3.4.1 besprochene Hamilton-System mit einem Sattelpunkt im Ursprung vor. Die homoklinen Trajektorien sind aufgrund von Gl. (11.86) mit $H = 0$ durch die Gleichung

$$z_2^2 = \beta z_1^2 \left(1 - \frac{\alpha}{2\beta} z_1^2\right) \tag{11.90}$$

im Intervall $-\sqrt{2\beta/\alpha} \leqq z_1 \leqq \sqrt{2\beta/\alpha}$ gegeben. Mit $\mathrm{d}z_1/\mathrm{d}t = z_2$ liefert Gl. (11.90) für die Homokline

$$\frac{\mathrm{d}z_1}{\mathrm{d}t} = \pm\sqrt{\beta}\, z_1 \sqrt{1 - \frac{\alpha}{2\beta} z_1^2}\,,$$

woraus man durch Trennung der Variablen die Beziehung

$$\int_{\hat{z}_1(0)}^{\hat{z}_1(t)} \frac{\mathrm{d}z_1}{\pm z_1 \sqrt{1 - \frac{\alpha}{2\beta} z_1^2}} = \sqrt{\beta}\, t \tag{11.91}$$

erhält. Wählt man $\hat{z}_1(0) = \sqrt{2\beta/\alpha}$ (Bild 11.15), so ist im Integranden das Minuszeichen zu nehmen. Unter Verwendung der Integraltafel [Gr2] (Nr. 236,5d) gelangt man über

$$-\operatorname{arcosh}\left(\sqrt{\frac{2\beta}{\alpha}} \,/\, \hat{z}_1\right) = \sqrt{\beta}\, t$$

zur Lösung

$$\hat{z}_1(t) = \frac{\sqrt{2\beta/\alpha}}{\cosh(\sqrt{\beta}\, t)}\,, \tag{11.92a}$$

zu der nach Gl. (11.90)

$$\hat{z}_2(t) = -\sqrt{\frac{2}{\alpha}}\, \beta\, \frac{\tanh(\sqrt{\beta}\, t)}{\cosh(\sqrt{\beta}\, t)} \tag{11.92b}$$

gehört. Damit erhält man für die Homokline die Darstellung

$$\hat{\boldsymbol{z}}(t) = \sqrt{\frac{2\beta}{\alpha}}\,\frac{1}{\cosh(\sqrt{\beta}\,t)}\,[1 \quad -\sqrt{\beta}\tanh(\sqrt{\beta}t)]^{\mathrm{T}}\,. \tag{11.93}$$

Mit den Gln. (11.89a,b) ergibt sich

$$\boldsymbol{f}^{\perp}(\boldsymbol{z})\cdot\boldsymbol{h}(\boldsymbol{z}) = z_2[\hat{\gamma}\cos(\omega t) - \hat{\delta} z_2]\,.$$

Bei Verwendung der berechneten Lösung $\hat{\boldsymbol{z}}(t)$ folgt nun nach Gl. (11.81) für die Mel'nikov-Funktion

$$M(t_0) = \int_{-\infty}^{\infty} \hat{z}_2(t-t_0)[\hat{\gamma}\cos(\omega t) - \hat{\delta}\hat{z}_2(t-t_0)]\,\mathrm{d}t$$

oder

$$M(t_0) = \int_{-\infty}^{\infty} \hat{z}_2(\tau)[\hat{\gamma}\cos(\omega(\tau+t_0)) - \hat{\delta}\hat{z}_2(\tau)]\,\mathrm{d}\tau$$

oder mit $\cos(\omega(\tau+t_0)) = \cos(\omega\tau)\cos(\omega t_0) - \sin(\omega\tau)\sin(\omega t_0)$

$$M(t_0) = \hat{\gamma}\cos(\omega t_0)\int_{-\infty}^{\infty}\hat{z}_2(\tau)\cos(\omega\tau)\,\mathrm{d}\tau - \hat{\gamma}\sin(\omega t_0)\int_{-\infty}^{\infty}\hat{z}_2(\tau)\sin(\omega\tau)\,\mathrm{d}\tau$$
$$-\hat{\delta}\int_{-\infty}^{\infty}\hat{z}_2^2(\tau)\,\mathrm{d}\tau\,. \tag{11.94}$$

Da $\hat{z}_2(\tau)\cos(\omega\tau)$ wegen Gl. (11.92b) eine in τ ungerade Funktion ist, verschwindet das erste Integral in Gl. (11.94). Damit verbleibt, wenn $\hat{z}_2(\tau)$ nach Gl. (11.93) substituiert wird,

$$M(t_0) = \hat{\gamma}\sin(\omega t_0)\sqrt{\frac{2}{\alpha}}\,\beta\int_{-\infty}^{\infty}\frac{\tanh(\sqrt{\beta}\,\tau)}{\cosh(\sqrt{\beta}\,\tau)}\sin(\omega\tau)\,\mathrm{d}\tau$$
$$-\hat{\delta}\,\frac{2\beta^2}{\alpha}\int_{-\infty}^{\infty}\frac{\tanh^2(\sqrt{\beta}\,\tau)}{\cosh^2(\sqrt{\beta}\,\tau)}\,\mathrm{d}\tau\,.$$

Die beiden Integrale lassen sich nach [Gr1] (Nr. 3.982,2 bzw. Nr. 3.512,2) in der expliziten Form $(\pi\omega/\beta)[\cosh(\pi\omega/2\sqrt{\beta})]^{-1}$ bzw. $2/(3\sqrt{\beta})$ ausdrücken. Die Mel'nikov-Funktion erhält damit die Darstellung

$$M(t_0) = \pi\sqrt{\frac{2}{\alpha}}\,\omega\hat{\gamma}\,\frac{\sin(\omega t_0)}{\cosh(\pi\omega/2\sqrt{\beta})} - \frac{4\hat{\delta}\beta^{3/2}}{3\alpha}\,. \tag{11.95}$$

Stimmt $4\hat{\delta}\beta^{3/2}/3\alpha$ mit $\pi\sqrt{2/\alpha}\,\omega\hat{\gamma}/\cosh(\pi\omega/2\sqrt{\beta})$ überein, dann ergibt sich mit $\delta = \varepsilon\hat{\delta}$ und $\gamma = \varepsilon\hat{\gamma}$ für γ die sogenannte Holmes-Mel'nikov-Grenze

$$\gamma_k := \frac{2\sqrt{2}}{3\pi}\,\frac{\beta^{3/2}\delta}{\sqrt{\alpha}\,\omega}\cosh(\pi\omega/2\sqrt{\beta})\,, \tag{11.96}$$

bei der $M(t_0)$ eine doppelte Nullstelle hat und bei der sich die stabile und die instabile Mannigfaltigkeit des Sattelpunktes der Poincaré-Abbildung berühren. Falls $\gamma > \gamma_k$ gilt, schneiden sich die stabile und die instabile Mannigfaltigkeit, und es entsteht für $\varepsilon \neq 0$ chaotisches Verhalten. Im Falle $\gamma < \gamma_k$ gilt $M(t_0) < 0$ für alle t_0, und es findet kein chaotisches Aufbrechen der homoklinen Verbindung statt.

Numerische Experimente [Mo2] haben zu folgenden Ergebnissen geführt. Wählt man die Parameter α, β und δ fest ($\alpha = \beta = 0{,}5$; $\delta = 0{,}15$) und variiert man ω und γ ($0{,}6 < \omega < 1{,}0$), so zeigt sich, daß für $\gamma < \gamma_k(\omega)$ glatte Grenzen zwischen den Einzugsgebieten der vorhandenen zwei periodischen Attraktoren bestehen. Für γ-Werte, die etwas oberhalb von $\gamma_k(\omega)$ gewählt werden, existieren keine glatten Grenzen, sondern sogenannte fraktale Grenzen der Einzugsgebiete. Die Wahl von Wertepaaren ω, γ in einem solchen Grenzgebiet führt zu Lösungen, deren Langzeitverhalten zwar regulär ist, bei denen aber aufgrund der Werte von ω, γ nicht vorausgesagt werden kann, in welchen Attraktor sich das System einschwingt. Insofern zeichnen sich die fraktalen Grenzen durch einen Verlust an Voraussagbarkeit aus. Bei weiterer Steigerung von γ verhält sich das System chaotisch, d.h. das Langzeitverhalten ist nicht voraussagbar.

4 Dissipative Systeme

In diesem Abschnitt werden dissipative nichtlineare Systeme untersucht. Diese zeichnen sich im Gegensatz zu den im letzten Abschnitt behandelten dissipationsfreien Systemen (den ungestörten Hamilton-Systemen) dadurch aus, daß in den Gebieten des Zustandsraumes, wo die Divergenz des Vektors der rechten Seiten der Zustandsgleichungen negativ ist, ein Volumenelement unter dem Einfluß des Trajektorienflusses beständig kleiner wird. Reguläres Verhalten dissipativer Systeme ist dadurch gekennzeichnet, daß als Attraktoren nur Fixpunkte, Grenzzyklen und Tori auftreten. Irreguläres, d.h. chaotisches Verhalten dissipativer nichtlinearer Systeme zeichnet sich dadurch aus, daß attraktive Punktmengen im endlichen Zustandsraum vorhanden sind, die weder Fixpunkte, Grenzzyklen noch Tori darstellen, sondern durch äußerst regellose Bewegung der Trajektorien im Bereich dieser sogenannten seltsamen (chaotischen) Punktmengen charakterisiert sind.

4.1 DAS LORENZ-SYSTEM

Am Beispiel des Lorenz-Systems soll versucht werden, das Auftreten eines seltsamen Attraktors zu erläutern.

4.1.1 Die Systembeschreibung im Zustandsraum

Der amerikanische Meteorologe E.N. Lorenz [Lo1] untersuchte das folgende System von drei Differentialgleichungen als Konvektionsmodell für eine zweidimensionale Strömung in einer von unten erhitzten horizontalen Flüssigkeitsschicht:

$$\frac{dz_1(t)}{dt} = -\sigma z_1(t) + \sigma z_2(t), \tag{11.97a}$$

$$\frac{dz_2(t)}{dt} = [r - z_3(t)]z_1(t) - z_2(t), \tag{11.97b}$$

$$\frac{dz_3(t)}{dt} = z_1(t)z_2(t) - b\,z_3(t). \tag{11.97c}$$

Diese Gleichungen sind durch Vereinfachung der physikalischen Grundgleichungen (Kontinuitätsgleichung, Bewegungsgleichung, Wärmetransportgleichung) entstanden, die der Bewegung und Erwärmung der betrachteten Schicht zugrundeliegen. In Abhängigkeit von der Zeit t repräsentiert die Zustandsgröße $z_1(t)$ die Geschwindigkeit der Flüssigkeit, und $z_2(t)$, $z_3(t)$ repräsentieren die Temperaturvariation der Flüssigkeit in horizontaler bzw. vertikaler Richtung. Von den drei positiven Parametern r, σ und b, die durch die Erwärmung der Flüssigkeitsschicht, die physikalischen Eigenschaften der Flüssigkeit und die Schichthöhe bestimmt sind, ist σ proportional zur Prandtl-Zahl und r ist proportional zur Rayleigh-Zahl; b ist ein geometrischer Modellparameter. Man beachte, daß die Lorenz-Gleichungen zwei Nichtlinearitäten, jeweils von zwei Variablen, enthalten, nämlich einerseits $z_1(t)z_3(t)$ und andererseits $z_1(t)\,z_2(t)$.

Es erscheint interessant, daß die Gln. (11.97a-c) nicht nur von Lorenz dazu verwendet wurden, zwischen dem komplizierten turbulenten Verhalten eines hydrodynamischen Systems, das angesichts der zugrundeliegenden partiellen Differentialgleichungen unendlich viele Freiheitsgrade hat, und dem chaotischen Verhalten eines endlichdimensionalen Systems eine Beziehung herzustellen, sondern daß darüber hinaus gezeigt wurde, wie die Gln. (11.97a-c) auch anderen physikalischen Vorgängen entnommen werden können. Von den vielen Beispielen seien H. Haken [Ha5] und E. Knobloch [Kn1] genannt. Im einen Fall wurden die Lorenz-Gleichungen dazu verwendet, das Phänomen des irregulären "Spiking" in Lasern zu beschreiben, im zweiten Fall gelang es, die Gln. (11.97a-c) auf einen Scheibendynamo anzuwenden.

Für die Spur der Jacobi-Matrix $\partial \boldsymbol{f}/\partial \boldsymbol{z}$ des Vektors der rechten Seiten von Gln. (11.97a-c) $\boldsymbol{f}(\boldsymbol{z})$ mit $\boldsymbol{z} = [z_1 \;\; z_2 \;\; z_3]^{\mathrm{T}}$ erhält man

$$\operatorname{sp} \partial \boldsymbol{f}/\partial \boldsymbol{z} = -(\sigma + 1 + b). \tag{11.98}$$

Da diese Spur mit der Divergenz $\operatorname{div} \boldsymbol{f}$ übereinstimmt und σ, b positive Parameter darstellen, kann obiger Gleichung entnommen werden, daß das Lorenz-System im gesamten Zustandsraum dissipativ ist. Bewegt sich eine Punktmenge im Zustandsraum $\mathbb{R}^3$ gemäß den Gln. (11.97a-c) des Lorenz-Systems und ist $V(t)$ der geometrische Rauminhalt dieser Punktmenge zum Zeitpunkt t, dann strebt $V(t)$ wegen der Eigenschaft gemäß Gl. (11.98) für $t \to \infty$ gegen Null. Das bedeutet, daß der Rauminhalt eines jeden Attraktors Null sein muß. Die Gln. (11.97a-c) lassen auch erkennen, daß sie sich nicht ändern, wenn das Tripel (z_1, z_2, z_3) durch $(-z_1, -z_2, z_3)$ ersetzt wird. Daher muß das Trajektorienbild (Phasenportrait) des Lorenzsystems im $\mathbb{R}^3$ zur z_3-Achse symmetrisch sein. Schließlich erkennt man unmittelbar, daß die z_3-Achse eine Trajektorie ist, d.h. die Vektorfunktion

$$\boldsymbol{z}(t) = [0 \;\; 0 \;\; \varphi(t)]$$

erfüllt die Gln. (11.97a-c), wobei φ bei beliebiger Wahl des Anfangswertes $\varphi(t_0)$ die homogene lineare Differentialgleichung $\mathrm{d}\varphi(t)/\mathrm{d}t = -b\,\varphi(t)$ für alle $t \geqq t_0$ befriedigen muß; für $t \to \infty$ strebt diese Trajektorie stets in den Ursprung.

4.1.2 Die Gleichgewichtspunkte

Durch Nullsetzen der rechten Seiten von Gln. (11.97a-c) erhält man folgende Gleichgewichtszustände:

$$\boldsymbol{z}_0 := \boldsymbol{0}, \tag{11.99a}$$

$$\boldsymbol{z}_1 := \begin{bmatrix} \sqrt{b(r-1)} & \sqrt{b(r-1)} & r-1 \end{bmatrix}^{\mathrm{T}} \quad (r > 1), \tag{11.99b}$$

$$\boldsymbol{z}_2 := \begin{bmatrix} -\sqrt{b(r-1)} & -\sqrt{b(r-1)} & r-1 \end{bmatrix}^{\mathrm{T}} \quad (r > 1). \tag{11.99c}$$

Fixpunkt im Ursprung. Für den Gleichgewichtspunkt $\boldsymbol{z}_0$ ergibt sich die Jacobi-Matrix

$$\boldsymbol{A}_0 := \begin{bmatrix} -\sigma & \sigma & 0 \\ r & -1 & 0 \\ 0 & 0 & -b \end{bmatrix} \tag{11.100}$$

mit dem charakteristischen Polynom

$$P_0(p) := (p+b)[p^2 + (1+\sigma)p + \sigma(1-r)] \tag{11.101}$$

und damit den Eigenwerten

$$p_1 := -b, \quad p_{2,3} := -\frac{1+\sigma}{2} \pm \frac{1}{2}\sqrt{(1+\sigma)^2 - 4(1-r)\sigma}\,. \tag{11.102a-c}$$

Das Polynom $P_0(p)$ von Gl. (11.101) ist, wie man sieht, genau dann ein Hurwitz-Polynom, wenn $0 < r < 1$ gilt. Dann und nur dann ist $\boldsymbol{z}_0$ ein asymptotisch stabiler Gleichgewichtspunkt des Lorenz-Systems. Man kann zeigen, daß im Falle $r < 1$ der allein vorhandene Gleichgewichtspunkt $\boldsymbol{z}_0 = \boldsymbol{0}$ global asymptotisch stabil ist. Dazu verwendet man

$$V(\boldsymbol{z}) = \frac{1}{2}(z_1^2 + \sigma z_2^2 + \sigma z_3^2)$$

als Kandidat für eine Lyapunov-Funktion. Die zeitliche Ableitung von V längs der Trajektorien des Lorenz-Systems erhält man aufgrund der Gln. (11.97a-c) als

$$\frac{\mathrm{d}V}{\mathrm{d}t} = z_1\frac{\mathrm{d}z_1}{\mathrm{d}t} + \sigma z_2\frac{\mathrm{d}z_2}{\mathrm{d}t} + \sigma z_3\frac{\mathrm{d}z_3}{\mathrm{d}t}$$

$$= -\frac{1}{2}\sigma(1+r)(z_1 - z_2)^2 - \frac{1}{2}\sigma(1-r)(z_1^2 + z_2^2) - \sigma b\, z_3^2\,.$$

Im Falle $r = 1$ gilt $\mathrm{d}V/\mathrm{d}t \leqq 0$ mit dem Gleichheitszeichen genau dann, wenn $z_1 = z_2$ und $z_3 = 0$ ist. Daher ist das Lorenz-System im Falle $r = 1$ in $\boldsymbol{z}_0$ global stabil. Im Falle $r < 1$ gilt $\mathrm{d}V/\mathrm{d}t \leqq 0$ mit dem Gleichheitszeichen genau dann, wenn $\boldsymbol{z} = \boldsymbol{0}$ ist. Daher ist das Lorenz-System im Falle $r < 1$ global asymptotisch stabil in $\boldsymbol{z}_0$. Für $r > 1$ gilt $p_2 > 0$ und $p_1, p_3 < 0$, d.h. $\boldsymbol{z}_0$ ist ein Sattelpunkt im $\mathbb{R}^3$. Trajektorien, die den Punkt $\boldsymbol{z}_0$ verlassen, verlaufen dabei parallel oder antiparallel zum Eigenvektor $\boldsymbol{e}_2$, der dem Eigenwert p_2 zugeordnet ist. Trajektorien, die in den Punkt $\boldsymbol{z}_0$ einlaufen, bewegen sich asymptotisch in der von den Eigenvektoren $\boldsymbol{e}_1$ und $\boldsymbol{e}_3$ aufgespannten Ebene; diese Eigenvektoren gehören zu den Eigenwerten p_1 und p_3.

Fixpunkte außerhalb des Ursprungs. Die Jacobi-Matrizen in den Gleichgewichtspunkten $\boldsymbol{z}_1$ und $\boldsymbol{z}_2$, die nur für $r > 1$ vorhanden sind, lauten

$$\boldsymbol{A}_1 := \begin{bmatrix} -\sigma & \sigma & 0 \\ 1 & -1 & -c \\ c & c & -b \end{bmatrix} \tag{11.103}$$

bzw.

$$\boldsymbol{A}_2 := \begin{bmatrix} -\sigma & \sigma & 0 \\ 1 & -1 & c \\ -c & -c & -b \end{bmatrix}, \tag{11.104}$$

wobei

$$c := \sqrt{b(r-1)} > 0$$

bedeutet. Für beide Matrizen $\boldsymbol{A}_1$ und $\boldsymbol{A}_2$ erhält man dasselbe charakteristische Polynom

$$P_1(p) := p^3 + (\sigma + 1 + b)p^2 + b(\sigma + r)p + 2b\sigma(r-1). \tag{11.105}$$

Dieses ist nach Kapitel II genau dann ein Hurwitz-Polynom, wenn neben der Forderung $r > 1$ die Bedingung

$$(\sigma + 1 + b)b(\sigma + r) > 2b\sigma(r-1)$$

d.h.

$$r(1 + b - \sigma) + \sigma^2 + (3 + b)\sigma > 0$$

erfüllt ist. Diese Bedingung wird aber genau dann befriedigt, wenn entweder

$$\sigma \leqq b + 1 \tag{11.106a}$$

oder

$$\sigma > b + 1 \quad \text{und} \quad r < r_c := \frac{\sigma(\sigma + b + 3)}{\sigma - 1 - b} \tag{11.106b}$$

gilt. Wenn und nur wenn eine der Ungleichungen (11.106a,b) erfüllt wird, sind die Gleichgewichtszustände $\boldsymbol{z}_1$ und $\boldsymbol{z}_2$ asymptotisch stabile Fixpunkte des Lorenz-Systems. Die Anwendung von Bedingung (11.106b) setzt stets voraus, daß r_c größer als Eins ist.

Es sei nochmals betont, daß die Gleichgewichtspunkte $\boldsymbol{z}_1$ und $\boldsymbol{z}_2$ nur existieren, wenn $r > 1$ ist. Nun soll im weiteren bloß noch der Fall $r_c > 1$ betrachtet werden. Es wird untersucht, wie sich das charakteristische Polynom $P_1(p)$ von Gl. (11.105) verhält, wenn bei festen Parameterwerten b und σ der Parameter r ausgehend vom Wert Eins immer größer wird. Die Nullstellen von $P_1(p)$ seien s_1, s_2 und s_3. Der Koeffizient von $P_1(p)$ bei p^2 ist nach Gl. (11.105) gleich $(\sigma + 1 + b) > 0$, und er stimmt mit $-(s_1 + s_2 + s_3)$ überein. Für $r = 1$ erhält man

$$s_1 = 0, \quad s_2 = -b, \quad s_3 = -(\sigma + 1),$$

wie aus Gl. (11.105) unmittelbar zu entnehmen ist. Aus dieser Gleichung kann weiterhin das asymptotische Verhalten

$$s_1 \sim -\frac{2\sigma(r-1)}{\sigma+1} \quad \text{für} \quad r \to 1+$$

abgelesen werden, d.h. wenn r ausgehend von $r=1$ wächst, ist $P_1(p)$ zunächst ein Hurwitz-Polynom, $\boldsymbol{z}_1$ und $\boldsymbol{z}_2$ sind daher zunächst asymptotisch stabile Gleichgewichtspunkte. Da für $r>1$ alle Koeffizienten von $P_1(p)$ positiv sind und daher auf der positiv reellen Achse der p-Ebene keine Nullstelle von $P_1(p)$ auftreten kann, beginnt mit zunehmendem r Instabilität von $\boldsymbol{z}_1$ und $\boldsymbol{z}_2$ dann, wenn für $r=r_c$ zwei Nullstellen s_1 und s_2 auf der imaginären Achse angekommen sind, also $s_1 = \mathrm{j}\omega$ und $s_2 = -\mathrm{j}\omega$ $(\omega > 0)$ mit, wie aus Gl. (11.105) folgt, $\omega = \sqrt{b(\sigma + r_c)}$ gilt (außer s_1 und s_2 ist noch als dritte Nullstelle $s_3 = -(b+1+\sigma)$ vorhanden). Bei weiterem Anwachsen von r wandern die beiden Nullstellen in die Halbebene $\operatorname{Re} p > 0$ und bleiben dort als ein Paar konjugiert komplexer Eigenwerte. Jeder der zwei Gleichgewichtspunkte $\boldsymbol{z}_1$ und $\boldsymbol{z}_2$ besitzt dann, nachdem Instabilität eingetreten ist, einen negativen Eigenwert und zwei konjugiert-komplexe Eigenwerte mit positivem Realteil. Jeder dieser Punkte stellt einen sogenannten Sattel-Fokus dar. Die den Eigenwerten s_1, s_2 und s_3 entsprechenden Eigenvektoren seien $\boldsymbol{u}_1$, $\boldsymbol{u}_2$ bzw. $\boldsymbol{u}_3$, die in $\boldsymbol{z}_1$ und $\boldsymbol{z}_2$ je ein Dreibein bilden. Trajektorien, die in der von $\boldsymbol{u}_1$ und $\boldsymbol{u}_2$ aufgespannten Ebene in $\boldsymbol{z}_1$ oder $\boldsymbol{z}_2$ starten, bewegen sich spiralförmig nach außen und, soweit sie zurückkehren, geschieht dies asymptotisch in der Richtung von $\boldsymbol{u}_3$.

4.1.3 Globales Verhalten

Man kann zeigen, daß Trajektorien in hinreichend weiter Entfernung vom Ursprung in Richtung gegen den Punkt $(0,\ 0,\ r+\sigma)$ verlaufen. Dazu wird die skalare Funktion

$$\widetilde{V}(\boldsymbol{z}) := \frac{1}{2}\left[z_1^2 + z_2^2 + (z_3 - r - \sigma)^2\right] \tag{11.107a}$$

gewählt. Mit den Gln. (11.97a-c) erhält man

$$\frac{\mathrm{d}\widetilde{V}(\boldsymbol{z})}{\mathrm{d}t} = z_1 \frac{\mathrm{d}z_1}{\mathrm{d}t} + z_2 \frac{\mathrm{d}z_2}{\mathrm{d}t} + (z_3 - r - \sigma)\frac{\mathrm{d}z_3}{\mathrm{d}t}$$

$$= -\sigma z_1^2 - z_2^2 - b\,z_3^2 + b(r+\sigma)z_3\,. \tag{11.107b}$$

Diese Ableitung ist für $\|\,\boldsymbol{z}\,\| \to \infty$ negativ. Da $\widetilde{V}(\boldsymbol{z})$ in hinreichend weiter Entfernung vom Ursprung eine positiv-definite Funktion ist, die längs der Trajektorien des Lorenz-Systems abnimmt, wenn t wächst und $\|\,\boldsymbol{z}\,\|$ groß ist, bewegen sich die dortigen Trajektorien in Richtung gegen den Punkt $(0,\ 0,\ r+\sigma)$. Da das Lorenz-System dissipativ ist, können keine Quellen für Volumina existieren, weshalb im voraus gewisse Typen invarianter Mengen (wie ein instabiler Fokus oder ein Grenzzyklus mit "abstoßender" Eigenschaft) ausgeschlossen werden können. Auch fastperiodische Lösungen der Gln. (11.97a-c) sind auszuschließen, da sie auf Tori verlaufen müßten, die aber als invariante Flächen mit einem von Null verschiedenen eingeschlossenen Rauminhalt in einem dissipativen System nicht existieren können.

Im folgenden soll an Hand der numerisch ermittelten Trajektorienverläufe untersucht werden, wie sich das Lorenz-System bei festen Werten von σ und b in Abhängigkeit von r verhält. Dieses Verhalten ist durch eine Vielzahl von Bifurkationen gekennzeichnet. Wie bereits festgestellt wurde, verlaufen alle Trajektorien von der Fernkugel (Kugelfläche mit Radius $R \to \infty$) nach innen. Räumliche Gebiete "kollabieren" mit zunehmender Zeit, so daß weder räumliche Attraktoren noch fastperiodische Orbits existieren können.

4.1.4 Ergebnisse numerischer Experimente

Eine in der Literatur verbreitete Parameterwahl, die ursprünglich von Lorenz getroffen wurde, ist

$$\sigma = 10 \quad \text{und} \quad b = 8/3 .$$

Sie wird auch den folgenden Computerexperimenten zugrundegelegt. Nach Gl. (11.106b) erhält man mit obigen Werten

$$r_c = 24{,}74 .$$

(i) Für Werte von r im Intervall

$$0 < r < 1$$

ist nur *ein* Gleichgewichtszustand vorhanden, nämlich $\boldsymbol{z}_0 = \boldsymbol{0}$. Es handelt sich um einen stabilen Gleichgewichtspunkt. Für $\sigma = 10$ und $b = 8/3$ ergeben sich nach Gln. (11.102a-c) drei negativ reelle Eigenwerte. Alle Trajektorien münden in den Ursprung.

(ii) Für r-Werte im Intervall

$$1 < r < r_1 \approx 13{,}9265$$

ist $\boldsymbol{z}_0$ ein instabiler Gleichgewichtspunkt, nämlich, wie bereits bemerkt, ein Sattelpunkt, und $\boldsymbol{z}_1$, $\boldsymbol{z}_2$ stellen stabile Gleichgewichtspunkte dar. Trajektorien, die nahe $\boldsymbol{z}_0$ starten, laufen im allgemeinen nach $\boldsymbol{z}_1$ oder $\boldsymbol{z}_2$, was durch Bild 11.23 angedeutet wird.

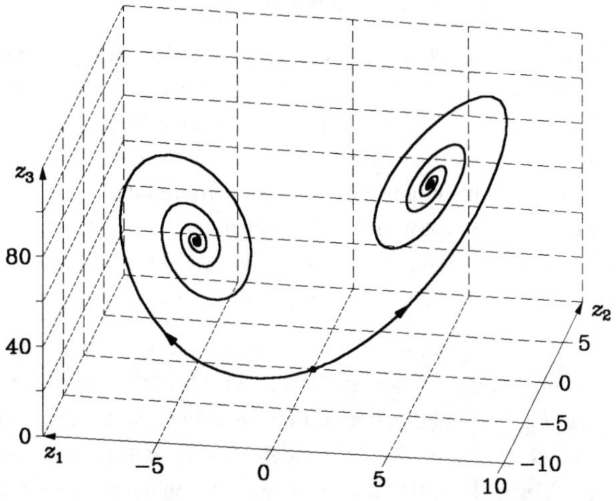

Bild 11.23: Trajektorienverlauf des Lorenz-Systems mit $\sigma = 10; b = 8/3; r = 8$

(iii) Für $r = r_1 \approx 13{,}9265$ findet eine grundlegende Änderung der Trajektorientopologie statt, da sich zwei homokline Orbits ausbilden, die den instabilen Gleichgewichtspunkt $\boldsymbol{z}_0$ mit sich selbst verbinden. Dies läßt sich folgendermaßen erklären: Zum Punkt $\boldsymbol{z}_0$ gehört eine eindimensionale instabile Mannigfaltigkeit M_u in Form von zwei Trajektorien, die vom Ursprung in entgegengesetzter Richtung ausgehen, und eine zweidimensionale stabile Mannigfaltigkeit M_s, die dadurch ausgezeichnet ist, daß jede Trajektorie, die auf M_s startet, mit zunehmender Zeit in dieser Mannigfaltigkeit bleibt und asymptotisch gegen $\boldsymbol{z}_0$ strebt. Solange noch $r < r_1$ gilt, haben M_u und M_s abgesehen von $\boldsymbol{z}_0$ keinen gemeinsamen Punkt. Der Parameterwert $r = r_1$ ist gerade dadurch gekennzeichnet, daß M_u plötzlich in der Fläche M_s verläuft, wodurch die beiden homoklinen Verbindungen entstehen, die Bild 11.24 zeigt.

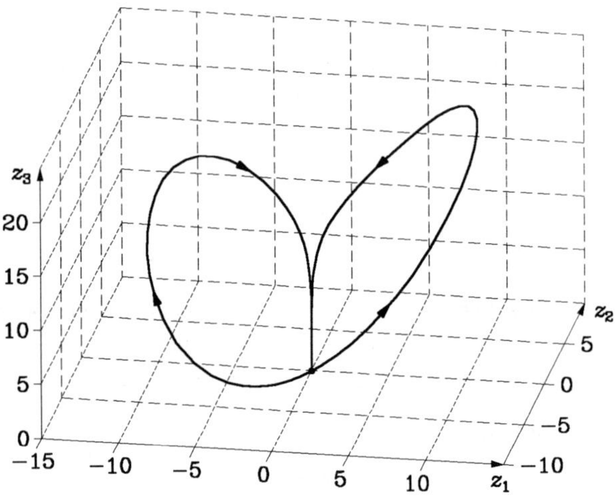

Bild 11.24: Homokline Verbindungen des Lorenz-Systems mit $\sigma = 10$; $b = 8/3$; $r = 13{,}9265$

(iv) Im Intervall

$$r_1 < r < r_2 \approx 24{,}06$$

ist $\boldsymbol{z}_0$ instabil und $\boldsymbol{z}_1$, $\boldsymbol{z}_2$ sind asymptotisch stabil, und man kann zwei instabile Grenzzyklen feststellen (Bild 11.25), die sich aus den homoklinen Orbits gebildet haben. Die instabilen Grenzzyklen sorgen dafür, daß die instabile Mannigfaltigkeit M_u, die vom Ursprung in Form von zwei Kurven ausgeht, zunächst im Bereich des nächstliegenden asymptotisch stabilen Gleichgewichtspunktes abgestoßen wird und dann in den Bereich des entfernteren Gleichgewichtspunktes einmündet. Abgesehen von den Trajektorien auf M_s und den Trajektorien auf den stabilen Mannigfaltigkeiten der zwei instabilen Grenzzyklen, münden alle Trajektorien entweder in $\boldsymbol{z}_1$ oder $\boldsymbol{z}_2$. Dies gilt, solange $\boldsymbol{z}_1$ und $\boldsymbol{z}_2$ die einzigen Attraktoren sind.

(v) Für $r = r_2$ mündet die Kurve M_u, die vom Ursprung aus zunächst im ersten Oktanten verläuft, in den instabilen Grenzzyklus um $\boldsymbol{z}_2$, und die andere Kurve M_u, die in der Gegenrichtung startet, mündet in den instabilen Grenzzyklus um $\boldsymbol{z}_1$. Diese Trajektorien sind im Bild 11.26 dargestellt. Es handelt sich um heterokline Orbits zwischen $\boldsymbol{z}_0$ und Grenzzyklen, d.h. Verbindungen von zwei verschiedenen invarianten Punktmengen für $t \to \pm\infty$.

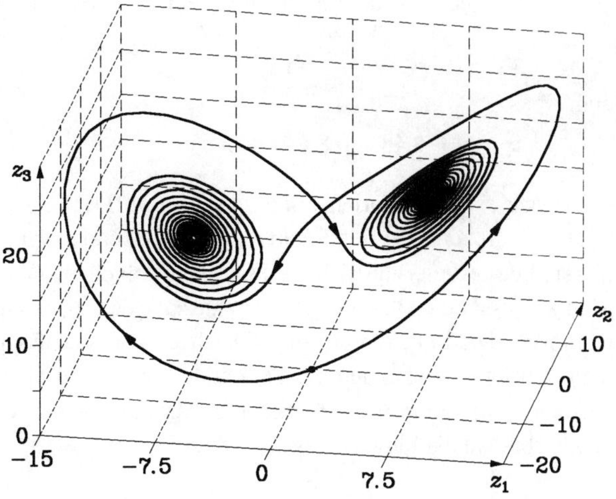

Bild 11.25: Zwei Trajektorien des Lorenz-Systems mit $\sigma = 10$; $b = 8/3$; $r = 18$

(vi) Chaotisches Verhalten beginnt, sobald r den Wert r_2 überschritten hat. Die Entstehung eines seltsamen Attraktors setzt also die Instabilität der Fixpunkte $\boldsymbol{z}_1$ und $\boldsymbol{z}_2$ nicht voraus. Bis $r = r_c \approx 24{,}74$, d.h. im Intervall $r_2 < r < r_c$, kann man die Koexistenz zweier Punktattraktoren mit einem seltsamen Attraktor feststellen.

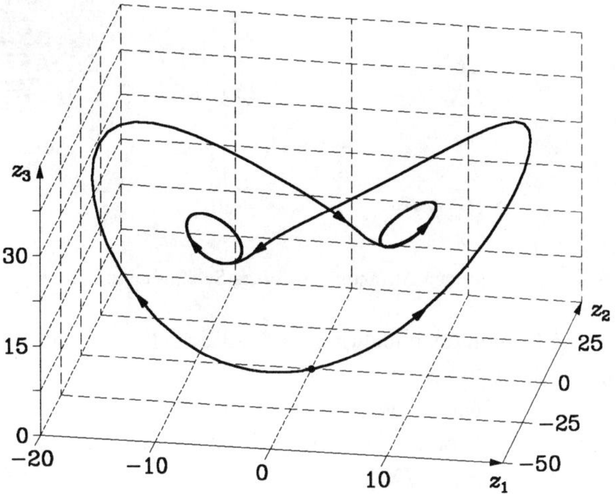

Bild 11.26: Heterokline Verbindungen des Lorenz-Systems mit $\sigma = 10$; $b = 8/3$; $r = 24{,}06$

(vii) Für $r = r_c \approx 24{,}74$ findet eine Verschmelzung der Grenzzyklen mit den Fixpunkten $\boldsymbol{z}_1$ und $\boldsymbol{z}_2$ statt. Letztere werden mit wachsendem r instabil. Damit existieren keine stabilen Gleichgewichtspunkte mehr, weiterhin ist für $r > r_c$ ein seltsamer Attraktor vorhanden. Bei der Wahl von

$$r = 28 \quad \text{und} \quad \boldsymbol{z}(0) \cong \boldsymbol{0}$$

und mit den Gleichgewichtspunkten gemäß den Gln. (11.99b,c)

$$\boldsymbol{z}_1 = [\,8{,}48 \quad 8{,}48 \quad 27\,]^{\mathrm{T}}$$

und

$$\boldsymbol{z}_2 = [\,-8{,}48 \quad -8{,}48 \quad 27\,]^{\mathrm{T}}$$

ergibt sich ein Trajektorienverlauf, der im Bild 11.27 dargestellt ist. Die berechnete Trajektorie umläuft zunächst den Punkt $\boldsymbol{z}_1$. Anschließend umrundet sie den Punkt $\boldsymbol{z}_2$ mehrmals. In dieser Weise wiederholt sich die Bewegung ständig, wobei die Trajektorie beschränkt bleibt. Man kann sich die Bewegung als ein ausbalanciertes Zusammenspiel der stabilen und instabilen Mannigfaltigkeiten der drei Gleichgewichtspunkte vorstellen. Den auftretenden seltsamen Attraktor muß man sich als Spirale um $\boldsymbol{z}_1$ und als sich anschließende Spirale um $\boldsymbol{z}_2$ vorstellen, wobei die Vielzahl dieser Spiralwindungen als eine Zufallsfolge erscheint und das Gesamtbild an die Flügel eines Schmetterlings erinnert.

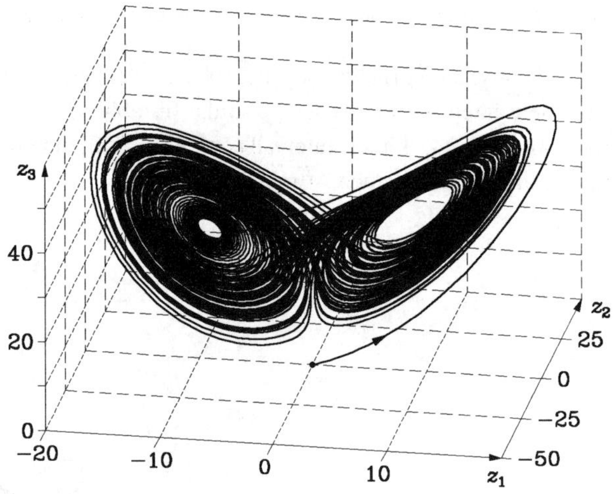

Bild 11.27: Seltsamer Attraktor des Lorenz-Systems mit $\sigma = 10$; $b = 8/3$; $r = 28$

Die Computersimulation zeigt, daß Trajektorien, die zunächst in unmittelbarer Nähe voneinander verlaufen, mit der Zeit im Mittel exponentiell auseinanderstreben. Zwei derartige, anfangs beieinander verlaufende Trajektorien verlieren also schnell ihre gegenseitige Korrelation, obwohl beide denselben seltsamen Attraktor durchlaufen. Unter den drei Lyapunov-Exponenten erster Ordnung des seltsamen Attraktors ist ein verschwindender, ein negativer und ein positiver zu finden. Diese Besonderheit ist typisch für seltsame Attraktoren. Für die Hausdorff-Dimension des seltsamen Attraktors des Lorenzsystems (für $r = 28$; $\sigma = 10$; $b = 8/3$) findet man in [Sc4] den Wert 2,06, derselbe Wert wird auch für die Kapazitätsdimension in [Ar2] angegeben, wo Einzelheiten über die numerische Berechnung dieser Dimension an Hand einer einzelnen numerisch berechneten Trajektorie, die zum Einzugsgebiet des seltsamen Attraktors gehört, beschrieben werden.

Von den vielfältigen Verhaltensmustern des Lorenz-Systems sind noch zwei Grenzzyklen für $r = 100{,}45$ und für $r = 99{,}8$ in den Bildern 11.28 und 11.29 dargestellt. Diese beiden Bilder zeigen einen Ausschnitt einer Folge von Bifurkationen mit variablem Parameter r, die

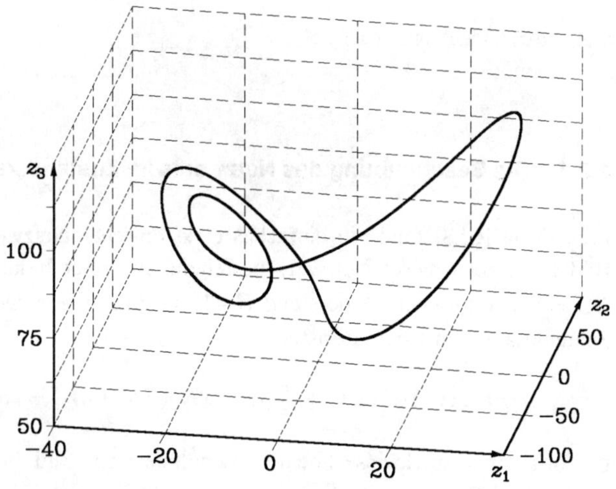

Bild 11.28: Grenzzyklus des Lorenz-Attraktors für $\sigma = 10$; $b = 8/3$; $r = 100{,}45$

als Periodenverdopplung bekannt sind und von $r = 100{,}5$ über $r = 99{,}96$ und $r = 99{,}6$ bis $r = 99{,}4$ ins Chaos führt. Es existieren noch weitere Periodenverdopplungsbifurkationen in den Parameterfenstern $145{,}0 < r < 166{,}0$ und $r > 214{,}364$ [Ha6].

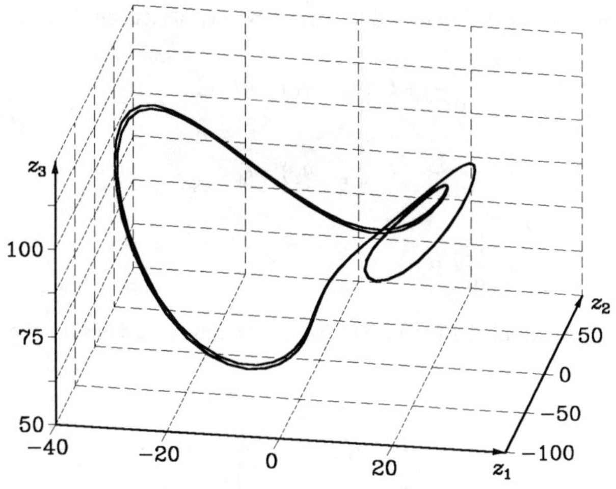

Bild 11.29: Grenzzyklus des Lorenz-Attraktors für $\sigma = 10$; $b = 8/3$; $r = 99{,}8$

Abschließend sei noch erwähnt, daß das Lorenz-System für den Parameterwert $r = 166{,}3$ chaotisches Verhalten aufweist, das durch die Erscheinung der Intermittenz folgendermaßen erklärt werden kann. Wenn sich ein Signal über längere Zeiträume regulär (periodisch) verhält, jedoch von Zeit zu Zeit kurze Intervalle mit stärkeren irregulären Ausbrüchen auftreten, dann spricht man von Intermittenz. Es kann vorkommen, daß die Häufigkeit der irregulären Unterbrechungen infolge der Veränderung eines Systemparameters ständig zunimmt, bis das reguläre Verhalten schließlich kontinuierlich in Chaos übergeht.

4.2 DAS CHUA-NETZWERK

4.2.1 Die Beschreibung des Netzwerks im Zustandsraum

L.O. Chua [Ch8] fand ein einfaches elektronisches Netzwerk mit chaotischem Verhalten. Bild 11.30 zeigt dieses Netzwerk bestehend aus einer Induktivität L, zwei Kapazitäten C_1, C_2, einem ohmschen Widerstand $R = 1/G$ und einem nichtlinearen Widerstand mit der Spannungs-Strom-Charakteristik

$$i_1 = g(u_1) = G_2 u_1 + \frac{1}{2}(G_1 - G_2)(\,|u_1 + u_0| - |u_1 - u_0|\,) \tag{11.108}$$

in Form einer stückweise linearen Kennlinie nach Bild 11.30b, wobei $u_0 > 0$, $G_1 < 0$ und $G_2 < 0$ feste Parameter bedeuten; G_1 ist die Steigung der Kennlinie des nichtlinearen Widerstands im Intervall $-u_0 \leqq u_1 \leqq u_0$, während G_2 die Steigung der Kennlinie außerhalb dieses Intervalls, d.h. für $|u_1| > u_0$ bedeutet. Das Netzwerk enthält also nur *ein* nichtlineares Netzwerkelement. Wendet man auf die Knoten 1 und 2 des Netzwerks (Bild 11.30a) die Knotenregel an und berücksichtigt die Strom-Spannungs-Beziehungen der verschiedenen Netzwerkelemente [Un4] einschließlich der Charakteristik nach Gl. (11.108), so gelangt man zur folgenden Zustandsbeschreibung des Chua-Netzwerks mit den Kapazitätsspannungen u_1, u_2 und dem Induktivitätsstrom i_3 als Zustandsgrößen:

$$C_1 \frac{\mathrm{d}u_1}{\mathrm{d}t} = G(u_2 - u_1) - g(u_1)\,, \tag{11.109a}$$

$$C_2 \frac{\mathrm{d}u_2}{\mathrm{d}t} = G(u_1 - u_2) - i_3\,, \tag{11.109b}$$

$$L\frac{\mathrm{d}i_3}{\mathrm{d}t} = u_2\,. \tag{11.109c}$$

Physikalisch läßt sich das Netzwerk durch handelsübliche Bauelemente realisieren, wobei

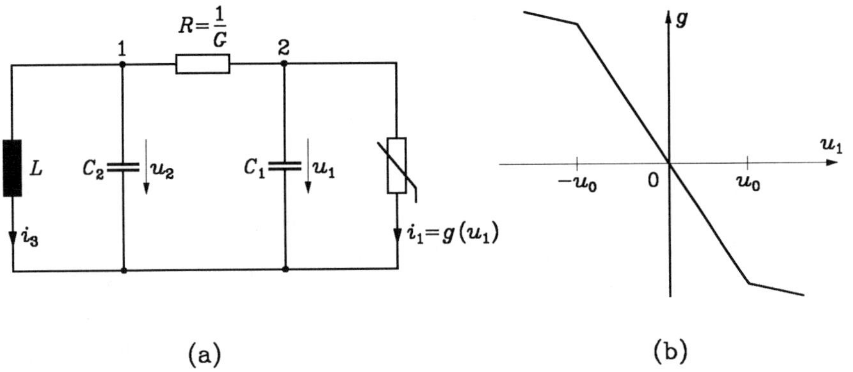

Bild 11.30: Chua-Netzwerk. (a) Das Netzwerk; (b) Kennlinie des nichtlinearen Widerstands

das nichtlineare Netzwerkelement mittels einfacher elektronischer Komponenten verwirklicht werden kann [Ma6].

Es werden nun als normierte Zustandsvariable

$$z_1(t) := \frac{u_1(t)}{u_0}\,, \quad z_2(t) := \frac{u_2(t)}{u_0}\,, \quad z_3(t) := \frac{i_3(t)}{u_0 G}\,,$$

als normierte Zeit

$$\tau := \frac{tG}{C_2}$$

und als dimensionslose reelle Konstanten

$$a := \frac{G_1}{G}\,, \quad b := \frac{G_2}{G}\,, \quad \alpha := \frac{C_2}{C_1}\,, \quad \beta := \frac{C_2}{L\,G^2}$$

mit der Eigenschaft $a < 0$, $b < 0$, $\alpha > 0$ und $\beta > 0$ eingeführt. Damit lassen sich die Gln. (11.109a-c) in der normierten Form

$$\frac{\mathrm{d}z_1(\tau)}{\mathrm{d}\tau} = \alpha[z_2(\tau) - z_1(\tau) - f(z_1(\tau))]\,, \tag{11.110a}$$

$$\frac{\mathrm{d}z_2(\tau)}{\mathrm{d}\tau} = z_1(\tau) - z_2(\tau) - z_3(\tau)\,, \tag{11.110b}$$

$$\frac{\mathrm{d}z_3(\tau)}{\mathrm{d}\tau} = \beta z_2(\tau) \tag{11.110c}$$

mit

$$f(z_1) := bz_1 + \frac{1}{2}(a-b)(\,|z_1+1| - |z_1-1|\,) \tag{11.111}$$

ausdrücken, wobei einfachheitshalber $z_\nu(C_2\tau/G)$ durch $z_\nu(\tau)$ für $\nu = 1, 2, 3$ ersetzt wurde.

Substituiert man in Gln. (11.110a-c) $\boldsymbol{z} := [z_1 \;\; z_2 \;\; z_3]^{\mathrm{T}}$ durch $-\boldsymbol{z}$, so ändern sich die Gleichungen nicht. Dies bedeutet, daß das Feld der Trajektorien (Phasenportrait) zum Ursprung punktsymmetrisch ist. Für den Vektor $\boldsymbol{f}(\boldsymbol{z})$ der rechten Seiten der Gln. (11.110a-c) erhält man

$$\operatorname{div}\boldsymbol{f} = -\alpha(1 + \mathrm{d}f(z_1)/\mathrm{d}z_1) - 1\,. \tag{11.112}$$

Durch Nullsetzen der rechten Seiten von Gln. (11.110a-c) findet man folgende Gleichgewichtspunkte:

$$\boldsymbol{z}_0 = \boldsymbol{0}\,, \tag{11.113a}$$

$$\boldsymbol{z}_1 = \left[\frac{b-a}{b+1} \quad 0 \quad \frac{b-a}{b+1}\right]^{\mathrm{T}}, \quad \text{sofern } a \neq b\,, b \neq -1 \text{ und } (a+1)(b+1) < 0\,, \tag{11.113b}$$

$$\boldsymbol{z}_2 = \left[-\frac{b-a}{b+1} \quad 0 \quad -\frac{b-a}{b+1}\right]^{\mathrm{T}}, \quad \text{sofern } a \neq b\,,\; b \neq -1 \text{ und } (a+1)(b+1) < 0\,. \tag{11.113c}$$

Beweis: Beschränkt man sich auf den Bereich des $\mathbb{R}^3$, in dem $|z_1| \leqq 1$ gilt, dann sieht man, daß die rechten Seiten der Gln. (11.110a-c) nur für $z_1 = z_2 = z_3 = 0$ verschwinden. Betrachtet man das Gebiet des $\mathbb{R}^3$, in dem $z_1 > 1$ gilt, dann lauten die Forderungen für einen Fixpunkt $z_2 = 0$ und $z_1 = z_3$ sowie

$$z_1 = -f(z_1) = -[b\, z_1 + (a-b)],$$

woraus zunächst neben $a \neq b$, $b \neq -1$ die Forderung

$$z_1 = \frac{b-a}{b+1} > 1,$$

d.h. im Falle $b+1 > 0$ die Bedingung $a+1 < 0$ und im Falle $b+1 < 0$ die Bedingung $a+1 > 0$, zusammengefaßt $(a+1)(b+1) < 0$ folgt. Beschränkt man sich auf das Gebiet des $\mathbb{R}^3$, in dem $z_1 < -1$ gilt, dann gelangt man zum Fixpunkt $z_2 = 0, z_1 = z_3$ mit

$$z_1 = -f(z_1) = -[b\, z_1 - (a-b)],$$

woraus

$$z_1 = -\frac{b-a}{b+1} < -1$$

folgt, sofern die Bedingungen $a \neq b$, $b \neq -1$ und $(a+1)(b+1) < 0$ erfüllt sind.

Als Jacobi-Matrizen des Systems in den Gleichgewichtspunkten erhält man aufgrund der Gln. (11.110a-c) bei Beachtung von Gl. (11.111) für $\boldsymbol{z}_0$

$$\boldsymbol{A}_0 = \begin{bmatrix} -\alpha(1+a) & \alpha & 0 \\ 1 & -1 & -1 \\ 0 & \beta & 0 \end{bmatrix}, \tag{11.114a}$$

für $\boldsymbol{z}_1$ und $\boldsymbol{z}_2$

$$\boldsymbol{A}_1 = \begin{bmatrix} -\alpha(1+b) & \alpha & 0 \\ 1 & -1 & -1 \\ 0 & \beta & 0 \end{bmatrix}. \tag{11.114b}$$

Hierzu gehören die charakteristischen Polynome

$$P_0(p) = p^3 + [1 + \alpha(1+a)]\,p^2 + (a\,\alpha + \beta)\,p + \alpha\,\beta(1+a) \tag{11.115a}$$

bzw.

$$P_1(p) = p^3 + [1 + \alpha(1+b)]\,p^2 + (b\,\alpha + \beta)\,p + \alpha\,\beta(1+b). \tag{11.115b}$$

4.2.2 Computer-Simulation

Bei der im Schrifttum verbreiteten Wahl der Parameter

$$\alpha = 9, \quad \beta = 100/7, \quad a = -8/7, \quad b = -5/7$$

erhält man neben dem Gleichgewichtspunkt $\boldsymbol{z}_0 = \boldsymbol{0}$ die Fixpunkte

$$\boldsymbol{z}_1 = -\boldsymbol{z}_2 = [3/2 \quad 0 \quad 3/2]^{\mathrm{T}}$$

mit den Eigenwerten der zugehörigen Jacobi-Matrizen in $\boldsymbol{z}_0$

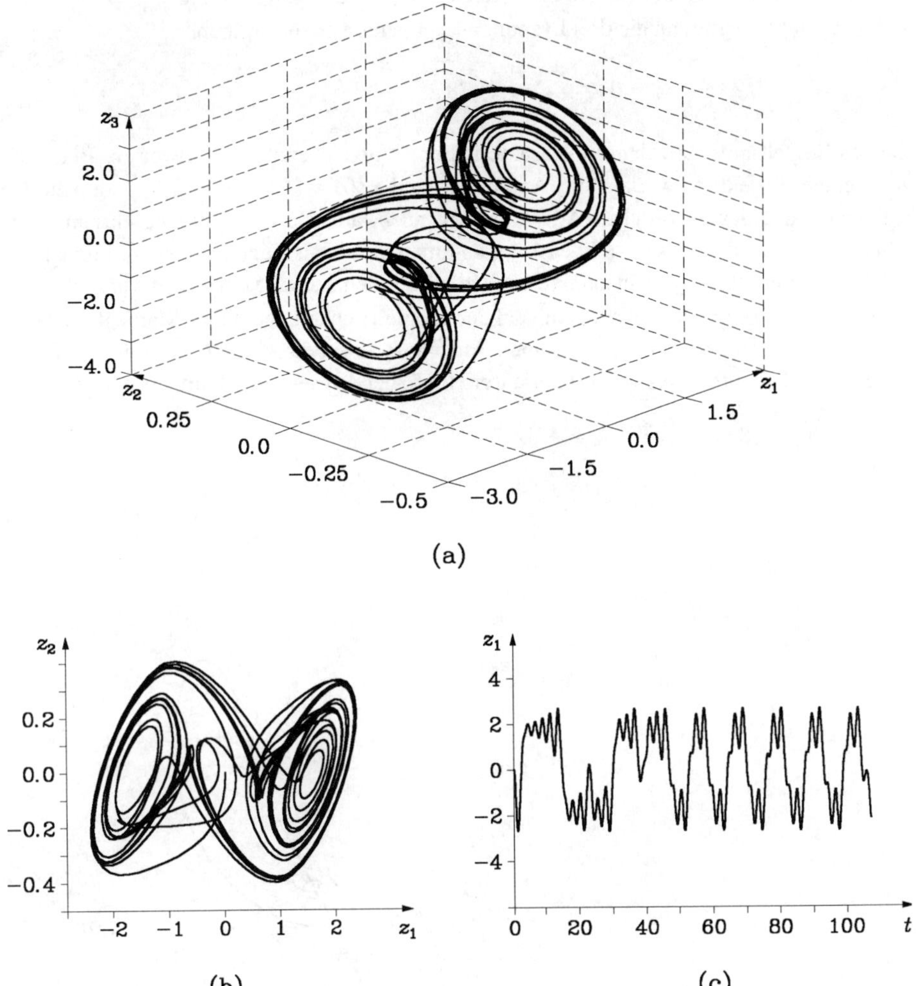

Bild 11.31: Seltsamer Attraktor des Chua-Systems mit $\alpha = 9$; $\beta = 100/7$; $a = -8/7$; $b = -5/7$.
(a), (b) "Doppelrollen"-Attraktor; (c) zeitlicher Verlauf von $z_1(t)$

$$p_1 = 2{,}2174\,; \quad p_{2,3} = -\,0{,}966 \pm \mathrm{j}\,2{,}711$$

und in $\boldsymbol{z}_1, \boldsymbol{z}_2$

$$s_1 = -\,3{,}942\,; \quad s_{2,3} = 0{,}1854 \pm \mathrm{j}\,3{,}047\,.$$

Die Divergenz nach Gl. (11.112) liefert

$$\operatorname{div} \boldsymbol{f} = \begin{cases} \dfrac{2}{7} & \text{falls} \quad |z_1| < 1 \\[2ex] -\dfrac{25}{7} & \text{falls} \quad |z_1| > 1\,. \end{cases}$$

Dies bedeutet, daß sich das System im Bereich $|z_1| > 1$ dissipativ verhält.

Nach [Ma6] erhält man die drei Lyapunov-Exponenten erster Ordnung

$$\lambda_1 = 0{,}23\,; \quad \lambda_2 = 0\,; \quad \lambda_3 = -1{,}78\,,$$

die das für seltsame Attraktoren charakteristische Vorzeichenmuster aufweisen. Bild 11.31 zeigt einen Trajektorienverlauf mit Anfangszustand $\boldsymbol{z}(0) = [0{,}02 \quad 0{,}0 \quad 1{,}0]^{\mathrm{T}}$, der die Gestalt und Lage des chaotischen Attraktors erkennen läßt. Da die Systembeschreibung des Chua-Netzwerks bereichsweise linear ist, kann man die stabilen und instabilen Mannigfaltigkeiten der drei Gleichgewichtspunkte einfach als die den Jacobi-Matrizen $\boldsymbol{A}_0$ und $\boldsymbol{A}_1$ zugeordneten Eigenräume berechnen. Anhand der geometrischen Lage dieser Mannigfaltigkeiten lassen sich die Entstehung des seltsamen Attraktors sowie die Empfindlichkeit der Trajektorien bezüglich ihrer Anfangswerte erklären. Im folgenden seien die Parameterwerte

$$a = -8/7 \quad \text{und} \quad b = -5/7$$

beibehalten.

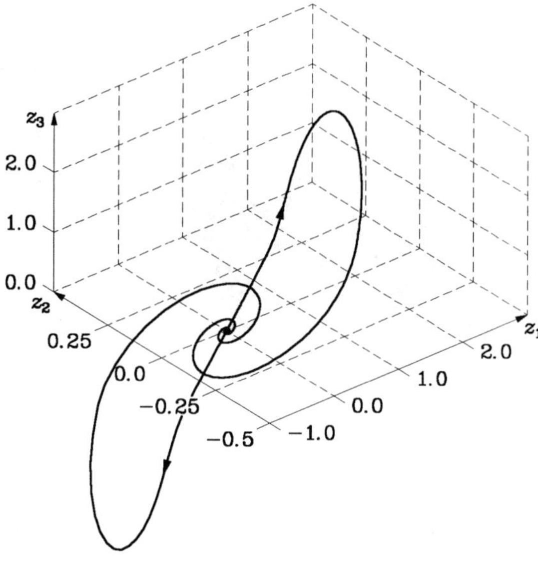

Bild 11.32: Homokliner Orbit des Chua-Systems in $\boldsymbol{z}_0$ für $a = -8/7$; $b = -5/7$; $\alpha = 11{,}0917459$ und $\beta = 100/7$.

Für $\alpha = 11{,}0917459$ und $\beta = 100/7$ kann man die im Bild 11.32 dargestellte homokline Verbindung des Ursprungs feststellen. Auch das Chua-System zeigt das Phänomen der Periodenverdopplung, d.h. einer Folge von Bifurkationen, bei denen in Abhängigkeit des Parameters α bei festem β die Periode eines auftretenden Grenzzyklus wiederholt verdoppelt wird, bis die ständige Periodenverdopplung schließlich zu einem chaotischen Attraktor führt. Im Falle des Chua-Systems findet man diese Erscheinung für festes $\beta = 16$ und die Folge $\alpha = 8{,}80$; $\alpha = 8{,}86$; $\alpha = 9{,}12$ usw., bis schließlich für $\alpha = 9{,}5$ ein seltsamer Attraktor entsteht, wie im Bild 11.33 durch numerische Versuchsergebnisse angedeutet werden soll.

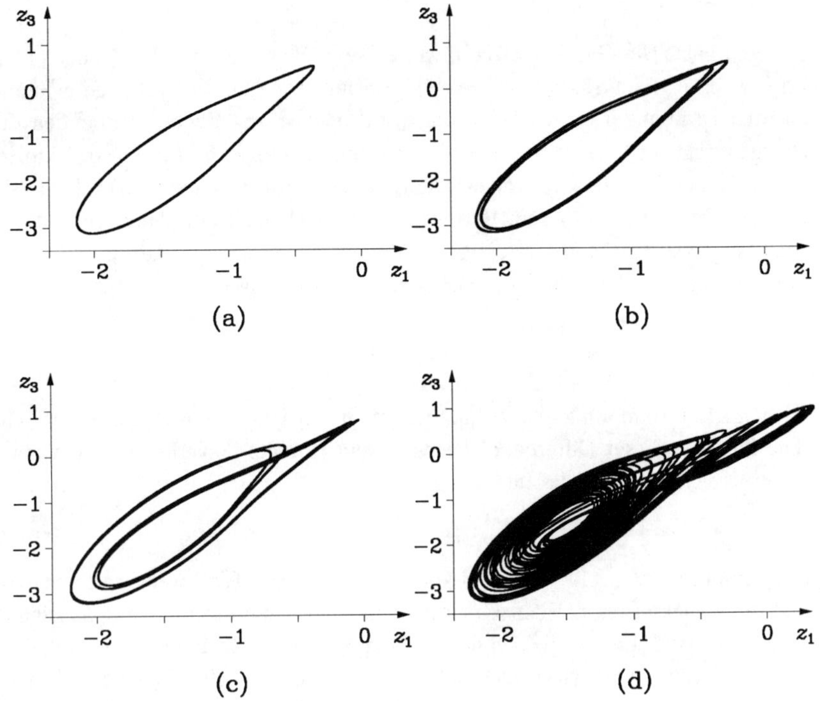

Bild 11.33: Periodenverdopplung beim Chua-System mit $a = -8/7$; $b = -5/7$; $\beta = 16$. (a) $\alpha = 8{,}80$ (Periode $P = 1$); (b) $\alpha = 8{,}86$ ($P = 2$); (c) $\alpha = 9{,}12$ ($P = 4$); (d) Chaos für $\alpha = 9{,}5$

4.3 DAS RÖSSLER-SYSTEM

4.3.1 Die Systembeschreibung im Zustandsraum

Das von O.E. Rössler [Rö1] vorgeschlagene nichtlineare System dritter Ordnung wird im Zustandsraum durch die Gleichungen

$$\frac{\mathrm{d}z_1(t)}{\mathrm{d}t} = -z_2(t) - z_3(t), \tag{11.116a}$$

$$\frac{\mathrm{d}z_2(t)}{\mathrm{d}t} = z_1(t) + a\, z_2(t), \tag{11.116b}$$

$$\frac{\mathrm{d}z_3}{\mathrm{d}t} = b + z_3(t)[z_1(t) - c] \tag{11.116c}$$

beschrieben. Die drei Systemparameter a, b und c seien positiv und werden durch die Bedingung

$$c^2 - 4ab > 0 \tag{11.117}$$

eingeschränkt. Die Gln. (11.116a-c) weisen keine den Gln. (11.97a-c) oder (11.110a-c) des Lorenz- bzw. Chua-Systems vergleichbare Symmetrie auf. Sie enthalten als einzigen nichtlinearen Term in der dritten Gleichung das Produkt $z_1 \cdot z_3$. Jeder Term in den Zustandsgleichungen trägt zur Erzeugung einer gewünschten Topologie der Lösungstrajektorien bei.

Zur Erläuterung des Systemverhaltens sei zunächst angenommen, daß in Gl. (11.116a) die Zustandsgröße $z_3(t)$ dem Betrage nach sehr klein ist und damit gegenüber $z_2(t)$ vernachlässigt werden kann. Unter dieser Voraussetzung können die Gln. (11.116a,b) in der Form der linearen Differentialgleichung zweiter Ordnung

$$\frac{\mathrm{d}^2 z_2(t)}{\mathrm{d}t^2} - a\,\frac{\mathrm{d}z_2(t)}{\mathrm{d}t} + z_2(t) = 0 \tag{11.118}$$

mit negativer Dämpfung $-a$ zusammengefaßt werden. Offensichtlich ist das charakteristische Polynom dieser Differentialgleichung kein Hurwitz-Polynom. Schränkt man den Parameterbereich von a auf das Intervall

$$0 < a < 2$$

ein, dann besitzt Gl. (11.118) zwei konjugiert komplexe Eigenwerte mit positivem Realteil, und die Trajektorien, die den Ursprung verlassen, laufen spiralförmig auseinander. Dieses Auseinanderstreben wird jedoch durch den nichtlinearen Term begrenzt, wobei der Parameter c als Schwellwert wirkt. Die Gl. (11.116c) läßt nämlich erkennen, daß der Faktor bei $z_3(t)$ negativ ist, solange $z_1 < c$ gilt, und damit $z_3(t)$ gegen $b/(c - z_1(t))$ tendiert. Sobald $z_1 > c$ wird, wechselt der Koeffizient bei $z_3(t)$ sein Vorzeichen, und demzufolge wächst $z_3(t)$ stark an, da $b > 0$ gilt. Damit darf $z_3(t)$ nicht länger in der Gl. (11.116a) vernachlässigt werden, und aufgrund der Rückkopplungswirkung der Variablen $z_3(t)$ in Gl. (11.116a) wird $\mathrm{d}z_1(t)/\mathrm{d}t$ negativ, so daß $z_1(t)$ jetzt abnimmt und allmählich kleiner als c wird. Dadurch verringert sich nach Gl. (11.116c) auch $z_3(t)$ und die betreffende Trajektorie verläuft wieder in unmittelbarer Nähe der z_1, z_2-Ebene. Das Bewegungsspiel beginnt von neuem.

Durch Nullsetzen der rechten Seiten von Gln. (11.116a-c) findet man die zwei Gleichgewichtspunkte

$$\boldsymbol{z}_{1,2} = \frac{1}{2a}\,[\,a(c \pm d) \quad -(c \pm d) \quad c \pm d\,]^{\mathrm{T}} \tag{11.119}$$

mit dem Parameter

$$d := \sqrt{c^2 - 4ab}\,. \tag{11.120}$$

Die Jacobi-Matrizen in den Gleichgewichtspunkten lauten

$$\boldsymbol{A}_{1,2} := \begin{bmatrix} 0 & -1 & -1 \\ 1 & a & 0 \\ \dfrac{c \pm d}{2a} & 0 & \dfrac{-c \pm d}{2} \end{bmatrix}, \tag{11.121}$$

aus denen man die charakteristischen Polynome

$$P_{1,2}(p) := p^3 + \frac{c \mp d - 2a}{2}\, p^2 + \left(1 - a\,\frac{c \mp d}{2} + \frac{c \pm d}{2a}\right) p \mp d \tag{11.122}$$

erhält. Die Divergenz des Vektors der rechten Seiten von Gln. (11.116a-c) ist

$$\operatorname{div} \boldsymbol{f} = z_1 + a - c \; ,$$

die für $z_1 < c - a$ negativ wird. In diesem Bereich ist das System dissipativ.

4.3.2 Computer-Simulation

Es werden die folgenden Parameterwerte gewählt:

$$a = b = 0{,}2\,; \quad c = 5{,}7\,.$$

Hierzu gehören nach den Gln. (11.119) und (11.120) die Gleichgewichtspunkte

$$\boldsymbol{z}_1 = [\,0{,}007026 \quad -0{,}03513103 \quad 0{,}03513103\,]^{\mathrm{T}}$$

und

$$\boldsymbol{z}_2 = [\,5{,}692973 \quad -28{,}464869 \quad 28{,}464869\,]^{\mathrm{T}}$$

mit den Eigenwerten

$$p_1 = -5{,}68698\,, \quad p_{2,3} = 0{,}097001 \pm \mathrm{j}\; 0{,}995193$$

bzw.

$$s_1 = 0{,}192983\,, \quad s_{2,3} = -0{,}459667 \cdot 10^{-5} \pm \mathrm{j}\; 5{,}428026$$

Wie man sieht, sind die beiden Fixpunkte Sattelpunkte im $\mathbb{R}^3$.

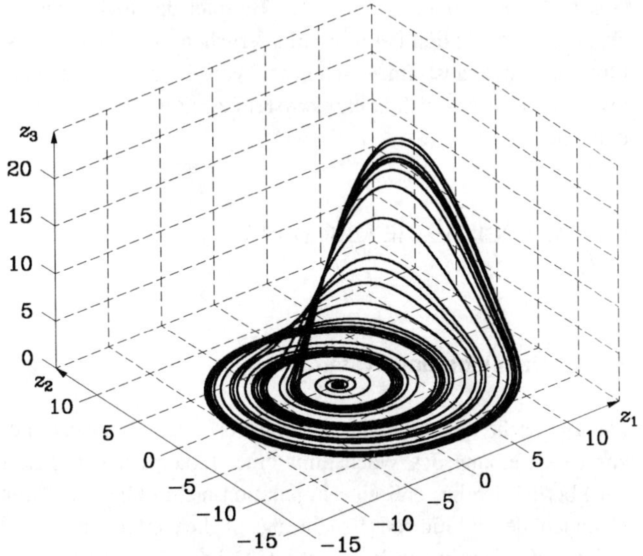

Bild 11.34: Rössler-Attraktor mit $a = b = 0{,}2$ und $c = 5{,}7$

Bild 11.34 zeigt den zugehörigen Attraktor mit drei Lyapunov-Exponenten erster Ordnung $\lambda_1 > 0$, $\lambda_2 = 0$, $\lambda_3 < 0$. Einer der Sattelpunkte, $\boldsymbol{z}_1$, befindet sich im Zentrum des Attraktors nahe des Ursprungs. Dieser Sattelpunkt hat eine zweidimensionale instabile Mannigfaltigkeit $M_u(\boldsymbol{z}_1)$, in der sich die Trajektorien entsprechend der Beschreibung durch die Gln. (11.116a,b) bei Vernachlässigung von z_3 spiralförmig nach außen bewegen. Die stabile Mannigfaltigkeit des Fixpunktes $\boldsymbol{z}_1$ ist eindimensional und treibt benachbarte Trajektorien auf die instabile Mannigfaltigkeit $M_u(\boldsymbol{z}_1)$ mit Spiralwirkung zu. Der zweite Sattelpunkt $\boldsymbol{z}_2$ befindet sich in relativ weitem Abstand vom Attraktor. Dieser zweite Fixpunkt besitzt eine zweidimensionale stabile Mannigfaltigkeit $M_s(\boldsymbol{z}_2)$ mit Spiralwirkung nach innen. Der hierdurch hervorgerufene Wirbeleffekt ist zusammen mit dem entsprechenden Effekt, der von der instabilen Mannigfaltigkeit $M_u(\boldsymbol{z}_1)$ des Fixpunktes $\boldsymbol{z}_1$ erzeugt wird, für das Zustandekommen des chaotischen Attraktors wesentlich verantwortlich. Die instabile Mannigfaltigkeit $M_u(\boldsymbol{z}_2)$ des Fixpunktes $\boldsymbol{z}_2$ ist eindimensional und treibt Trajektorien, die in der Nähe von $M_u(\boldsymbol{z}_2)$ auf der dem Attraktor zugekehrten Seite der stabilen Mannigfaltigkeit $M_s(\boldsymbol{z}_2)$ verlaufen, auf den Attraktor zu. Trajektorien, die in der Nähe von $M_u(\boldsymbol{z}_2)$ auf der dem Attraktor abgewandten Seite von $M_s(\boldsymbol{z}_2)$ verlaufen, bewegen sich von $M_s(\boldsymbol{z}_2)$ weg ins Unendliche. Wie man sieht, ist der Mechanismus, der dem Zustandekommen eines seltsamen Attraktors zugrundeliegt, beim Rössler-System ein ganz anderer als beim Lorenz-System.

5 Diskontinuierliche Systeme

Die in den vorausgegangenen Abschnitten bei kontinuierlichen nichtlinearen Systemen beobachteten Phänomene treten auch bei diskontinuierlichen nichtlinearen Systemen auf. Es ist überraschend, daß man viele dieser Erscheinungen schon bei ganz einfachen diskontinuierlichen Systemen entdecken kann. Zu diesen Systemen gehört vor allem die sogenannte logistische Abbildung, das ist ein nichtlineares diskontinuierliches System erster Ordnung, das im Abschnitt 5.1 behandelt wird. Am Beispiel der logistischen Abbildung wird deutlich, daß chaotisches Verhalten bei diskontinuierlichen Systemen bereits im Falle von Systemen erster Ordnung möglich ist. Im Abschnitt 5.2 wird kurz auf das Hénon-System eingegangen, das ein diskontinuierliches nichtlineares System zweiter Ordnung mit chaotischen Verhaltensformen darstellt.

5.1 DIE LOGISTISCHE ABBILDUNG

5.1.1 Definition des Systems

Die logistische Abbildung hat ihren historischen Ursprung in einem mathematischen Modell zur Beschreibung des Wachstums einer biologischen Population [Ma7]. In diesem Modell wird berücksichtigt, daß eine Population nicht unbegrenzt wachsen kann, sondern etwa aus Gründen der limitierten Ernährungsmöglichkeiten und der Umweltsituation (natürlicher Feinde) das Wachstum begrenzt ist. Daher setzt sich das Wachstumsmodell einerseits aus einem die Zunahme der Population beschreibenden linearen Term und andererseits aus einem quadratischen Term zusammen, welcher der Wachstumsbegrenzung Rechnung trägt. Aufgrund dieser Überlegung entstand das Wachstumsgesetz in Form der Rekursion

$$z[n+1] = Az[n](1 - z[n]) \tag{11.123}$$

mit einer positiven Konstante A. Dabei bedeutet $z[n]$ die normierte Anzahl der Individuen in der betrachteten Spezies zum normierten Zeitpunkt $n \in \mathbb{Z}$. Da die Normierung der Individuenzahl bezüglich einer nicht überschreitbaren maximalen Anzahl durchgeführt wurde, besteht die Einschränkung

$$0 \leqq z[n] \leqq 1 \tag{11.124}$$

für alle n. In Gl. (11.123) bedeutet $Az[n]$ den Wachstumsterm und $-Az^2[n]$ den Begrenzungsterm. Mit Gl. (11.123) wird ein diskontinuierliches nichtlineares System erster Ordnung

$$z[n+1] = f(z[n]) \tag{11.125a}$$

mit

$$f(z) := Az(1 - z) \tag{11.125b}$$

definiert. Bild 11.35 zeigt den Verlauf von $f(z)$ im Intervall $0 \leqq z \leqq 1$ für verschiedene Parameterwerte A. Wegen der Einschränkung gemäß Ungleichung (11.124) wird $A \leqq 4$ gewählt. Denn $f(z)$ erreicht für $A > 4$ im Intervall $0 \leqq z \leqq 1$ auch Werte, die größer als Eins sind, wie aus Bild 11.35 zu ersehen ist. Damit besteht die Bedingung

$$0 < A \leqq 4. \tag{11.126}$$

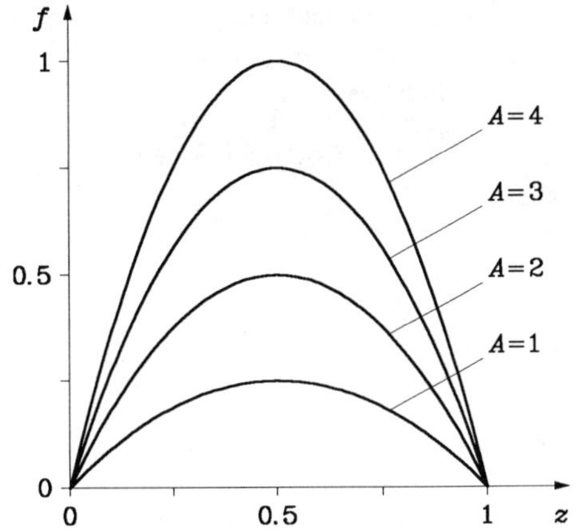

Bild 11.35: Verlauf der Funktion $f(z)$ aus Gl. (11.125b) im Intervall $0 \leqq z \leqq 1$ für verschiedene Werte von A

Von besonderem Interesse ist das Langzeitverhalten der logistischen Abbildung nach Gl. (11.123). Dieses wird wesentlich durch den Wert von A und geringfügig auch durch den Anfangswert der Folge $z[n]$ bestimmt. Bild 11.36 zeigt, wie man sich die Entstehung der Folge $z[0], z[1], z[2], \ldots$ graphisch veranschaulichen kann: Man beginnt auf der Abszissenachse mit dem Wert $z[0]$ und wählt den zugehörigen Punkt P_1' auf der Parabel mit der Ordinate $z[1] = f(z[0])$. Von diesem Punkt geht man horizontal bis zum Punkt P_1 auf der Winkelhalbierenden des Koordinatensystems. Vom Punkt P_1, der die Abszisse $z[1]$ besitzt, gelangt

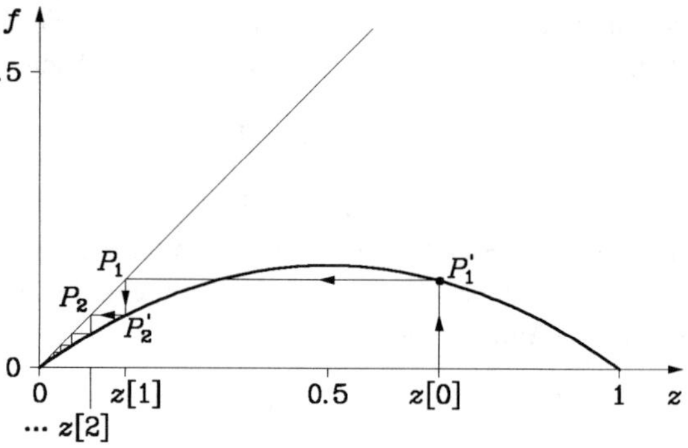

Bild 11.36: Graphische Veranschaulichung der Bildung der Folge $z[0]$, $z[1]$, $z[2]$, ... für die logistische Abbildung mit $A = 0{,}7$

man parallel zur Ordinatenachse auf der Parabel zum Punkt P_2' mit dem Ordinatenwert $z[2]$. Dem Punkt P_2' folgt der Punkt P_2 als Schnitt der Parallelen zur Abszissenachse durch P_2' mit der Winkelhalbierenden. Der Punkt P_2 hat die Abszisse $z[2]$. In dieser Weise fährt man fort und erzeugt die Folge $z[n]$ für $n = 0, 1, 2, \ldots$ als Lösung von Gl. (11.123), d.h. als Trajektorie der logistischen Abbildung. Für das im Bild 11.36 gewählte Beispiel mit $A = 0{,}7$ sieht man, daß die Trajektorie in den Ursprung strebt.

5.1.2 Die Fixpunkte

Für die Beurteilung des Langzeitverhaltens sind die Fixpunkte der logistischen Abbildung von besonderer Bedeutung. Ein Fixpunkt z_e muß die Gleichung

$$z_e = f(z_e) \tag{11.127}$$

erfüllen. Die Linearisierung um einen Gleichgewichtspunkt lautet gemäß Kapitel VIII, Abschnitt 8.1

$$\zeta[n+1] = a\,\zeta[n] \tag{11.128}$$

mit

$$a := \left[\frac{\mathrm{d}f(z)}{\mathrm{d}z}\right]_{z=z_e} \quad \text{und} \quad \zeta[n] := z[n] - z_e\,. \tag{11.129a,b}$$

Asymptotische Stabilität in z_e ist dann gegeben, wenn

$$|\,a\,| < 1 \tag{11.130}$$

gilt.

Wendet man vorstehende Überlegungen auf die logistische Abbildung an, dann erhält man aufgrund der Gln. (11.127) und (11.125b) die Beziehung

$$z_e = A z_e (1 - z_e)\,,$$

d.h. die Lösungen

$$z_{e1} = 0 \quad \text{und} \quad z_{e2} = 1 - \frac{1}{A} .$$

Zu diesen Lösungen gehören mit $\mathrm{d}f(z)/\mathrm{d}z = A(1-2z)$ die Werte

$$a_1 := \left(\frac{\mathrm{d}f}{\mathrm{d}z}\right)_{z=z_{e1}} = A \quad \text{bzw.} \quad a_2 := \left(\frac{\mathrm{d}f(z)}{\mathrm{d}z}\right)_{z=z_{e2}} = 2 - A .$$

Hieraus folgt, daß im Falle $0 < A \leqq 1$ im Intervall $0 \leqq z \leqq 1$ nur ein Gleichgewichtspunkt, nämlich $z_e = 0$ auftritt, der asymptotisch stabil ist, sofern $A \neq 1$ gilt. Im Falle $1 < A < 4$ befinden sich die zwei Gleichgewichtspunkte $z_{e1} = 0$ und $z_{e2} = 1 - 1/A$ im Intervall $0 \leqq z \leqq 1$, von denen z_{e1} stets instabil ist; dagegen ist z_{e2} für $1 < A < 3$ asymptotisch stabil, für $3 < A \leqq 4$ instabil.

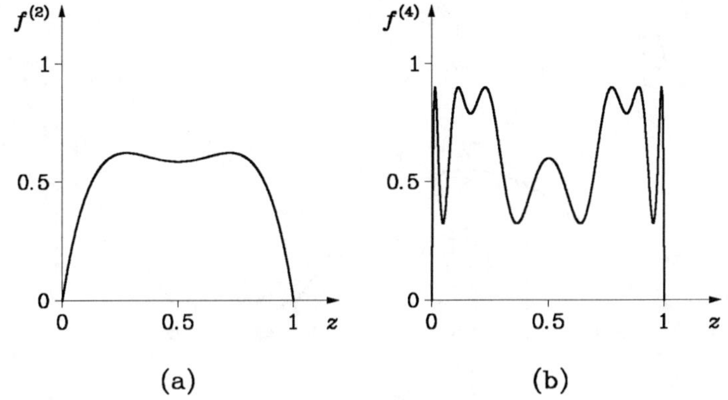

Bild 11.37: Iterierte Abbildungsfunktionen der logistischen Abbildung. (a) $f^{(2)}$ für $A = 2{,}5$; (b) $f^{(4)}$ für $A = 3{,}6$

Für die weiteren Überlegungen sind auch die iterierten Abbildungsfunktionen

$$f^{(m)}(z) := f(f(f \cdots (f(z)) \cdots)) \tag{11.131}$$

von Bedeutung. Es handelt sich dabei um die Abbildung, die durch m-malige aufeinanderfolgende Anwendung von $f(z)$ entsteht. Im Bild 11.37 sind für die logistische Abbildung die Funktionen $f^{(2)}(z) = f(f(z))$ für $A = 2{,}5$ und $f^{(4)}(z) = f(f(f(f(z)))) = f^{(2)}(f^{(2)}(z))$ für den Parameterwert $A = 3{,}6$ dargestellt. Man kann sich leicht davon überzeugen, daß die Beziehung $f^{(m_1+m_2)}(z) = f^{m_1}(f^{m_2}(z))$ besteht.

5.1.3 Die Bifurkationskaskade

Wählt man zunächst A im Intervall $1 < A \leqq 2$, dann ist, wie bereits festgestellt, der Fixpunkt $z_{e1} = 0$ instabil, der Fixpunkt $z_{e2} = 1 - 1/A$ dagegen ist asymptotisch stabil. Letzterer entsteht als Abszisse des Schnittpunktes zwischen der Parabel $y = f(z)$ und der Geraden $y = z$ (Bild 11.38a), und es gilt $0 < z_{e2} \leqq 0{,}5$. Wie die Bilder 11.38b,c erkennen lassen, ist die asymptotische Stabilität abgesehen von den Anfangswerten $z[0] = 0$ und $z[0] = 1$ global, und spätestens ab $n = 1$ strebt die Folge $z[n]$ mit zunehmendem n monoton gegen z_{e2}, unabhängig von der Wahl des Anfangswertes $z[0]$ im Intervall $(0, 1)$.

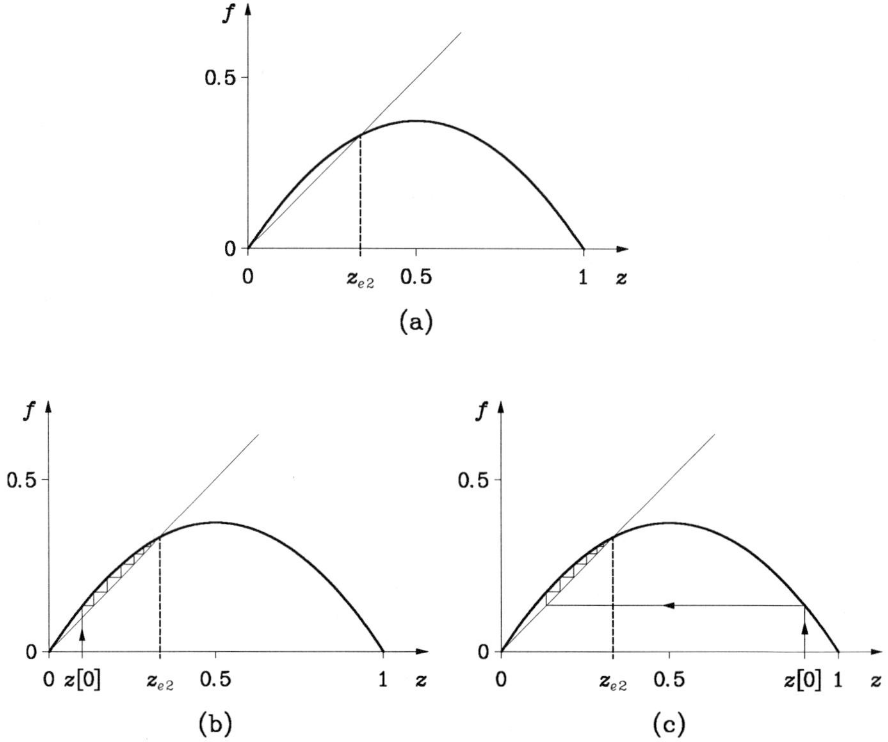

Bild 11.38: Logistische Abbildung. (a) Entstehung des Gleichgewichtspunktes z_{e2} als Abszisse des Schnittpunktes der Parabel mit der Geraden; (b), (c) monotone Konvergenz der Folge $z[n]$ gegen z_{e2} für $n \to \infty$ im Falle $A = 3/2$

Wählt man A im Intervall $2 < A < 3$, dann schneidet sich die Parabel $y = f(z)$ mit der Geraden $y = z$ in einem Punkt mit der Abszisse z_{e2}, die jetzt im Intervall $0{,}5 < z < 1$ liegt. Während $z_{e1} = 0$ weiterhin ein instabiler Fixpunkt ist, stellt $z_{e2} = 1 - 1/A$ einen im Intervall $0 < z < 1$ global asymptotisch stabilen Gleichgewichtszustand dar. Allerdings konvergiert $z[n]$ nicht monoton gegen z_{e2}, wie Bild 11.39 für den Wert $A = 2{,}75$ zeigt.

Beim Wert $A = A_1 = 3$ findet eine Bifurkation statt. Im Bild 11.40a ist das Verhalten der Folge $z[n]$ für $A_1 = 3$ graphisch veranschaulicht.

Sobald der Wert $A_1 = 3$ überschritten ist, tritt ein überraschendes Verhalten auf. Die beiden Gleichgewichtspunkte z_{e1} und z_{e2} sind nun instabil. Jedoch springen die Werte von $z[n]$ bei hinreichend großem und monoton steigendem n in alternierender Weise zwischen zwei konstanten Werten $\hat{z}$ und $\tilde{z}$ mit der Eigenschaft

$$\tilde{z} = f(\hat{z}) \quad \text{und} \quad \hat{z} = f(\tilde{z}) \tag{11.132}$$

hin und her. Dies ist offensichtlich ein Zeichen für das Vorhandensein eines Grenzzyklus der Periode 2 der logistischen Abbildung. Ein derartiger Grenzzyklus, dessen Zustandekommen im Bild 11.40b graphisch veranschaulicht wird, ist dann ein Fixpunkt der Abbildung

$$z[n+1] = f^{(2)}(z[n]), \tag{11.133}$$

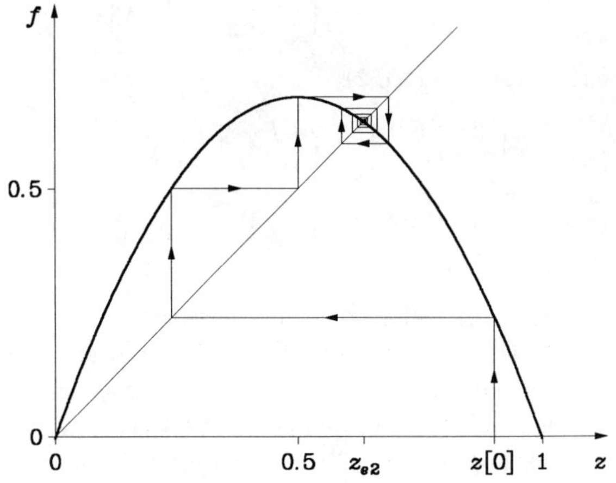

Bild 11.39: Konvergenz der Folge $z[n]$ der logistischen Abbildung gegen z_{e2} für $n \to \infty$ im Falle $A = 2{,}75$

wobei $f^{(2)}(z)$ die zweite Iterierte von $f(z)$, d.h. $f(f(z))$ bedeutet. Aus Gl. (11.125b) erhält man für die logistische Abbildung

$$f^{(2)}(z) = A^2 z(1-z)(Az^2 - Az + 1). \tag{11.134}$$

Ein Fixpunkt der Abbildung nach Gl. (11.134) muß die Beziehung

$$z = f^{(2)}(z) \tag{11.135}$$

erfüllen. Dies wird im Bild 11.41 durch die Schnittpunkte der Geraden $y = z$ mit der Kurve $y = f^{(2)}(z)$ graphisch veranschaulicht. Man beachte, daß z_{e1} und z_{e2} auch als Lösungen der Gl. (11.135) auftreten. Für $A = 2{,}8$ erhält man außer z_{e1} nur z_{e2} als Abszisse eines Schnittpunktes, der einen Fixpunkt beider Abbildungen nach Gl. (11.123) und Gl. (11.133) darstellt. Für $A = 3{,}2$ kommen zwei zusätzliche Fixpunkte $\hat{z}$ und $\tilde{z}$ der Abbildung nach Gl. (11.133) mit der Eigenschaft nach Gl. (11.135) hinzu. In diesen beiden Punkten erhält man

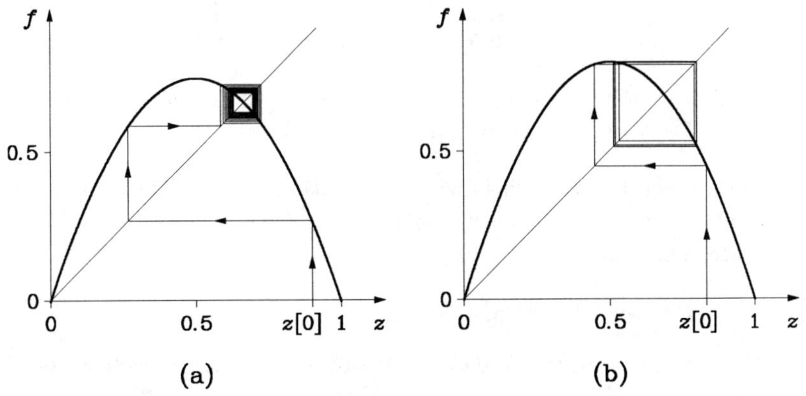

Bild 11.40: Logistische Abbildung. (a) Für $A = 3$; (b) für $A = 3{,}2$

$$\left(\frac{\mathrm{d}f^{(2)}(z)}{\mathrm{d}z}\right)_{\hat{z}} = \left(\frac{\mathrm{d}f(f(z))}{\mathrm{d}z}\right)_{\hat{z}} = \left(\frac{\mathrm{d}f}{\mathrm{d}z}\right)_{f(\hat{z})}\left(\frac{\mathrm{d}f}{\mathrm{d}z}\right)_{\hat{z}}$$

oder wegen Gl. (11.132)

$$\left(\frac{\mathrm{d}f^{(2)}(z)}{\mathrm{d}z}\right)_{\hat{z}} = \left(\frac{\mathrm{d}f}{\mathrm{d}z}\right)_{\tilde{z}}\left(\frac{\mathrm{d}f}{\mathrm{d}z}\right)_{\hat{z}} \tag{11.136b}$$

bzw.

$$\left(\frac{\mathrm{d}f^{(2)}(z)}{\mathrm{d}z}\right)_{\tilde{z}} = \left(\frac{\mathrm{d}f}{\mathrm{d}z}\right)_{f(\tilde{z})}\left(\frac{\mathrm{d}f}{\mathrm{d}z}\right)_{\tilde{z}} = \left(\frac{\mathrm{d}f}{\mathrm{d}z}\right)_{\hat{z}}\left(\frac{\mathrm{d}f}{\mathrm{d}z}\right)_{\tilde{z}}, \tag{11.136b}$$

d.h. die beiden Differentialquotienten stimmen miteinander überein. Da dieser Wert, wie aus Bild 11.41b zu erkennen ist, für $A = 3{,}2$ betraglich kleiner als Eins ist, handelt es sich hier um asymptotisch stabile Fixpunkte der Abbildung nach Gl. (11.133) und damit um einen asymptotisch stabilen Grenzzyklus der logistischen Abbildung, während z_{e2} ein instabiler Fixpunkt von Gl. (11.133) ist. Im Falle $A = 3$ fallen die Punkte $z_{e2} = 1 - 1/A$ und $\hat{z}$ sowie $\tilde{z}$ zusammen. Weil hierbei die Steigung der Funktion f, d.h. die Ableitung $(\mathrm{d}f/\mathrm{d}z)_{z_{e2}}$ gleich -1 ist, gilt $(\mathrm{d}f^{(2)}(z)/\mathrm{d}z)_{z_{e2}} = 1$. Die Gln. (11.134) und (11.135) liefern eine Polynomgleichung vierten Grades, nach deren Division mit dem Faktor $z(z-1+1/A)$, der den instabilen Fixpunkten entspricht, die Bestimmungsgleichung

$$A^2z^2 - A(A+1)z + A + 1 = 0 \tag{11.137a}$$

für $\hat{z}$ und $\tilde{z}$ verbleibt.

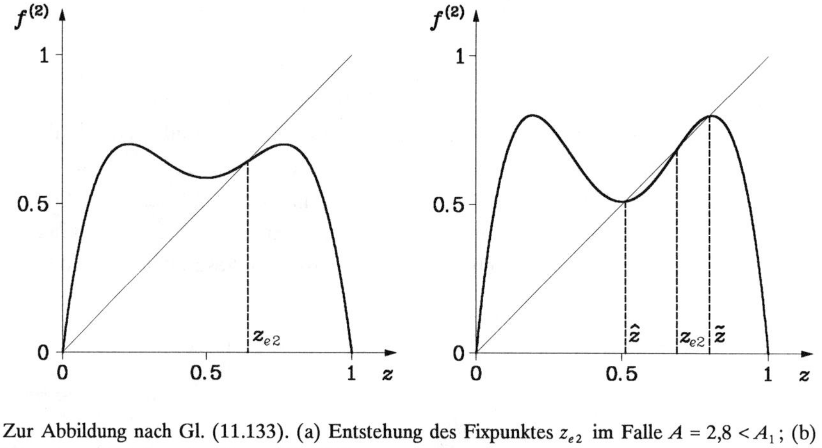

Bild 11.41: Zur Abbildung nach Gl. (11.133). (a) Entstehung des Fixpunktes z_{e2} im Falle $A = 2{,}8 < A_1$; (b) Entstehung der Fixpunkte $\hat{z}, z_{e2}, \tilde{z}$ im Falle $A = 3{,}2 > A_1$

Es wird nun A weiter erhöht. Zunächst bleiben die Fixpunkte $\hat{z}$ und $\tilde{z}$ als asymptotisch stabile Gleichgewichtspunkte der Abbildung nach Gl. (11.133) erhalten. Diese Situation ändert sich, sobald für

$$A = A_2 := 1 + \sqrt{6}$$

$(\mathrm{d}f^{(2)}(z)/\mathrm{d}z)_{\hat{z}} = (\mathrm{d}f^{(2)}(z)/\mathrm{d}z)_{\tilde{z}} = -1$ wird; bei weiterer Steigerung von A sinkt dieser Wert unter -1. Dies bedeutet, daß für $A > A_2$ die Fixpunkte $\hat{z}$ und $\tilde{z}$ instabil werden. Es zeigt sich, daß für Werte von A, die etwas größer als A_2 sind, ein Grenzzyklus der logistischen Abbildung nach Gl. (11.123) mit der Periode 4 entsteht, d.h. es ergeben sich vier Werte z_1, z_2, z_3, z_4 mit der Eigenschaft

$$z_2 = f(z_1), \quad z_3 = f(z_2), \quad z_4 = f(z_3), \quad z_1 = f(z_4).$$

Diese vier Werte stellen Fixpunkte der Abbildung

$$z[n+1] = f^{(4)}(z[n]) \tag{11.137b}$$

dar und können entsprechend berechnet werden. Im Bild 11.42 ist die Entstehung dieser Fixpunkte als Abszissen von Schnittpunkten der Kurve $y = f^{(4)}(z)$ für $A = 3{,}498$ mit der Geraden $y = z$ gezeigt. Man beachte, daß abgesehen vom Ursprung 7 Schnittpunkte auftreten, nämlich die drei instabilen Fixpunkte z_{e2}, $\hat{z}$, $\tilde{z}$ und die asymptotisch stabilen Fixpunkte z_1, z_2, z_3, z_4 der Abbildung nach Gl. (11.137b). Bei letzteren gilt $|(\mathrm{d}f^{(4)}(z)/\mathrm{d}z)_{z_\nu}| < 1$ für $\nu = 1, 2, 3, 4$.

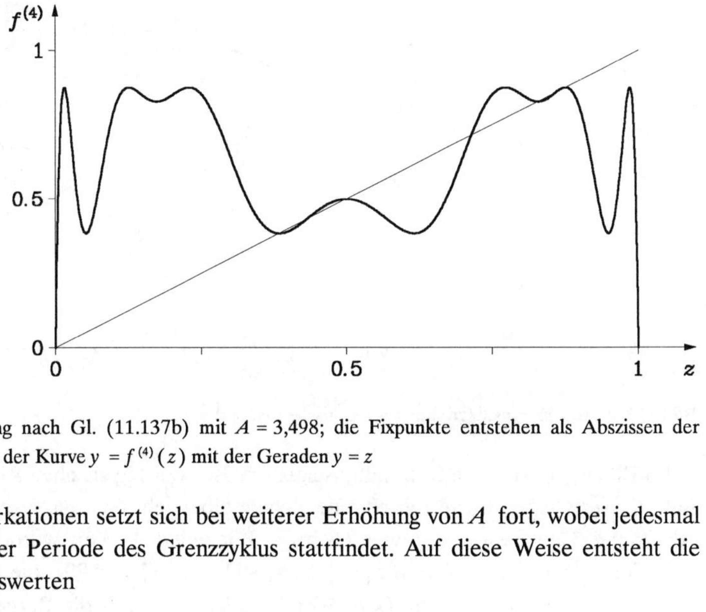

Bild 11.42: Zur Abbildung nach Gl. (11.137b) mit $A = 3{,}498$; die Fixpunkte entstehen als Abszissen der Schnittpunkte der Kurve $y = f^{(4)}(z)$ mit der Geraden $y = z$

Die Folge der Bifurkationen setzt sich bei weiterer Erhöhung von A fort, wobei jedesmal eine Verdoppelung der Periode des Grenzzyklus stattfindet. Auf diese Weise entsteht die Folge von Bifurkationswerten

$$A_1 = 3\,; \quad A_2 \cong 3{,}449\,; \quad A_3 \cong 3{,}544\,; \quad A_4 \cong 3{,}564\,; \quad \cdots$$

Diese Folge $A_\nu\,(\nu = 1, 2, \ldots)$ strebt für $\nu \to \infty$ gegen den Wert $A_\infty \cong 3{,}570$. Es ist interessant, daß die Folge der Quotienten von aufeinanderfolgenden Änderungen der Bifurkationswerte gegen eine Konstante strebt, d.h.

$$\lim_{\nu \to \infty} \frac{A_\nu - A_{\nu-1}}{A_{\nu+1} - A_\nu} = 4{,}6692016 \cdots \tag{11.138}$$

Diese Konstante wird nach ihrem Entdecker Feigenbaum-Konstante genannt.

5.1.4 Chaotisches Verhalten

Für Werte von A oberhalb von $A_\infty = 3{,}569944 \cdots$ verhält sich die logistische Abbildung chaotisch. Der Bereich von A-Werten, in dem sich die logistische Abbildung chaotisch verhält, wird durch Intervalle unterbrochen, wo periodisches Verhalten festgestellt werden kann. So findet man ein "Fenster", bei dem ein Grenzzyklus der Periode 3 auftritt (etwa bei $A = 3{,}83$). Die entsprechende Bifurkation findet bei einem A-Wert statt, bei dem $y = z$ die Kurve $y = f^{(3)}(z)$ an drei Stellen tangiert. Bei weiterer Steigerung des Wertes von A treten erneut Periodenverdopplungs-Bifurkationen auf, wobei man wieder auf das Grenzwertverhalten gemäß Gl. (11.138) stößt.

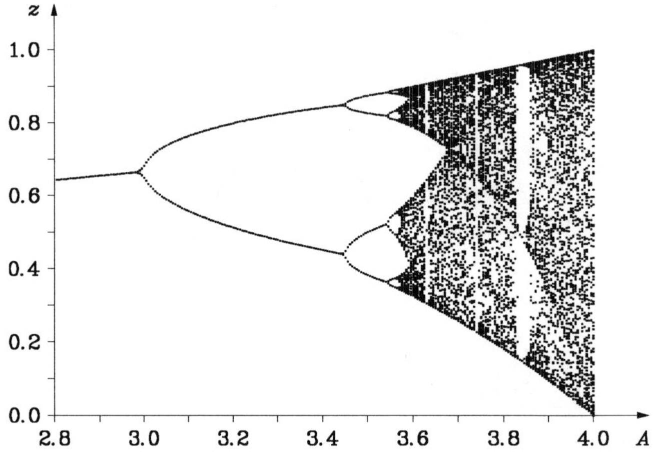

Bild 11.43: Bifurkationsdiagramm der logistischen Abbildung

Im Bild 11.43 sind die Bifurkationseigenschaften der logistischen Abbildung zusammengefaßt. Dieses Diagramm vermittelt eine globale Übersicht über das Verhalten der logistischen Abbildung. Dabei variiert A von 2,8 bis 4. Für jeden A-Wert wurde in Ordinatenrichtung eine Folge von 100 z-Werten $z[n_0]$, $z[n_0+1], \ldots, z[n_0+99]$, die nach Gl. (11.123) berechnet wurden, aufgetragen. Dem Wert $z[n_0]$ ging jeweils die Berechnung von 100 unterdrückten z-Werten voraus, um im Diagramm das Langzeitverhalten darzustellen.

5.2 DIE HENON-ABBILDUNG

Ein in der Literatur über nichtlineare Systeme intensiv untersuchtes und inzwischen als klassisch zu betrachtendes diskontinuierliches System ist die Hénon-Abbildung. Dieses nichtlineare System ist von zweiter Ordnung und wurde von M. Hénon [He2] als vereinfachtes Modell eines Poincaré-Schnittes des Lorenz-Systems eingeführt. Die Definition lautet mit $\boldsymbol{z}[n] := [z_1[n] \quad z_2[n]]^{\mathrm{T}}$

$$\boldsymbol{z}[n+1] = \boldsymbol{f}(\boldsymbol{z}[n]), \tag{11.139a}$$

wobei die rechte Seite dieser vektoriellen Differenzengleichung die Bedeutung

$$\boldsymbol{f}(\boldsymbol{z}) := \begin{bmatrix} f_1(\boldsymbol{z}) \\ f_2(\boldsymbol{z}) \end{bmatrix} := \begin{bmatrix} 1 + z_2 - a\, z_1^2 \\ b\, z_1 \end{bmatrix} \tag{11.139b}$$

mit zwei gegebenen reellen Parametern a und b hat. Offensichtlich liegt für $b \neq 0$ eine umkehrbare Abbildung vor, da $\boldsymbol{z}[n]$ eindeutig aus $\boldsymbol{z}[n+1]$ angegeben werden kann. Es existieren zwei Fixpunkte, deren Koordinaten als Lösungen der Gleichungen

$$z_1 = f_1(z_1, z_2) \quad \text{und} \quad z_2 = f_2(z_1, z_2),$$

d. h. z_1 als Lösung von

$$a\, z_1^2 + (1-b) z_1 - 1 = 0$$

und z_2 durch $b\, z_1$ gegeben sind. Bei diesen Fixpunkten handelt es sich also um

$$\boldsymbol{z}_e^{(1)} := [z_{e1}^{(1)} \quad z_{e2}^{(1)}]^{\mathrm{T}} := \frac{b - 1 + \sqrt{(1-b)^2 + 4a}}{2a} [1 \quad b]^{\mathrm{T}} \tag{11.140a}$$

und

$$\boldsymbol{z}_e^{(2)} := [z_{e1}^{(2)} \quad z_{e2}^{(2)}]^{\mathrm{T}} := \frac{b - 1 - \sqrt{(1-b)^2 + 4a}}{2a} [1 \quad b]^{\mathrm{T}}, \tag{11.140b}$$

sofern

$$a > a_0 := -\frac{1}{4}(1-b)^2 \quad \text{und} \quad a \neq 0 \tag{11.141}$$

gilt. Wie die Gln. (11.140a,b) erkennen lassen, findet bei festem b und variablem Parameter a für $a = a_0$ und $z_{e1}^{(1,2)} = (b-1)/2a$ eine Bifurkation statt.

Mit dem Differenzvektor

$$\boldsymbol{\zeta}[n] := [\zeta_1[n] \quad \zeta_2[n]]^{\mathrm{T}} := \boldsymbol{z}[n] - \boldsymbol{z}_e^{(1,2)}$$

ergibt sich um einen der Fixpunkte die Linearisierung

$$\boldsymbol{\zeta}[n+1] = \boldsymbol{J}(\boldsymbol{z}_e^{(1,2)})\, \boldsymbol{\zeta}[n]$$

mit der Jacobi-Matrix

$$\boldsymbol{J}(\boldsymbol{z}_e^{(1,2)}) := \begin{bmatrix} -2a\, z_{e1}^{(1,2)} & 1 \\ b & 0 \end{bmatrix}.$$

Hieraus erhält man für die Fixpunkte jeweils die beiden Eigenwerte

$$\lambda_{1,2}^{(1,2)} = -a\, z_{e1}^{(1,2)} \pm \sqrt{a^2 (z_{e1}^{(1,2)})^2 + b}\ . \tag{11.142}$$

Der Fixpunkt $\boldsymbol{z}_e^{(i)}$ $(i = 1, 2)$ ist dann asymptotisch stabil, wenn $|\lambda_1^{(i)}| < 1$ und $|\lambda_2^{(i)}| < 1$ $(i = 1, 2)$ gilt. Für die Determinante der Jacobi-Matrix ergibt sich

$$\det \boldsymbol{J}(\boldsymbol{z}) = -b\,.$$

Da, wie man sich leicht klarmachen kann, $|\det \boldsymbol{J}(\boldsymbol{z})|$ den Faktor darstellt, mit dem ein Flächenelement im Punkt $\boldsymbol{z}$ der Zustandsebene bei jedem (Iterations-) Schritt des durch Gl. (11.139a) gegebenen Systems multipliziert wird, kann folgende Feststellung gemacht werden: Gilt $|b| < 1$, dann ist die Hénon-Abbildung gleichmäßig kontrahierend, für $b = \pm 1$ ist die Abbildung flächentreu und für $|b| > 1$ gleichmäßig expandierend.

Bei vielen im Schrifttum zu findenden Untersuchungen über die Hénon-Abbildung wird $b = 0{,}3$ gewählt. In diesem Fall ist $\boldsymbol{z}_e^{(2)}$ für alle $a > a_0$ ein Sattelpunkt, da nach Gl. (11.142) $|\lambda_1^{(2)}| > 1$ und $|\lambda_2^{(2)}| < 1$ für alle $a > a_0$ gilt. Der Fixpunkt $\boldsymbol{z}_e^{(1)}$ ist ein asymptotisch stabiler Gleichgewichtszustand, wenn $a_0 < a < a_1 = 0{,}3675$ gewählt wird. Läßt man a, ausgehend vom Wert $a = a_0$, kontinuierlich größer werden, dann setzt bei $a = a_1$ eine Periodenverdopplung ein, der bei weiterer Erhöhung des Parameters für $a = a_\nu$ ($\nu = 2, 3, \ldots$) ($a_2 = 0{,}9125$; $a_3 = 1{,}026$; $a_4 = 1{,}051$; $a_5 = 1{,}056\,536$; $a_6 = 1{,}057\,730\,83$; $a_7 = 1{,}057\,980\,8931; \ldots$ [Th1]) zusätzliche Periodenverdopplungen, ähnlich wie bei der logistischen Abbildung, folgen. Diese Periodenverdopplungskaskade geht schließlich in ein chaotisches Verhalten über. Bei diesem Übergang kann man bezüglich der a_ν erneut das Feigenbaum-Szenario gemäß Gl. (11.138) beobachten. Das in der Literatur (z.B. [Th1]) verbreitete Bifurkationsdiagramm in einem (a, z_1)-Koordinatensystem im Intervall $1{,}052 < a < 1{,}082$ läßt mehrere seltsame Attraktoren wie im Intervall $1{,}06237 < a < 1{,}08$ erkennen. Das gesamte Diagramm hat starke Ähnlichkeit mit dem entsprechenden Diagramm für die logistische Abbildung (Bild 11.43).

Bei der auf M. Hénon zurückgehenden Wahl von $a = 1{,}4$ und $b = 0{,}3$ entsteht ein seltsamer Attraktor. Nach den Gln. (11.140a,b) erhält man die beiden Fixpunkte

$$\boldsymbol{z}_e^{(1)} = [\,0{,}631\,353\,571 \quad 0{,}189\,406\,071\,]^{\mathrm{T}}$$

und

$$\boldsymbol{z}_e^{(2)} = [\,-1{,}13\,135 \quad -0{,}339\,406\,]^{\mathrm{T}}\,.$$

Sie sind nach den früheren Überlegungen instabil. Die Trajektorie $\boldsymbol{z}[n]$ bewegt sich völlig irregulär über den auftretenden seltsamen Attraktor, wenn man etwa in der Nähe von $\boldsymbol{z}_e^{(2)}$ startet. Falls man nun nach Berechnung einer größeren Anzahl von Trajektorienpunkten eine Umgebung von $\boldsymbol{z}_e^{(1)}$ vergrößert und die in dieser Umgebung vorhandenen Trajektorienpunkte darstellt, erhält man ein Bild, das große Ähnlichkeit mit dem Bild aufweist, das entsteht, wenn man nach Berechnung einer weiteren Vielzahl von Trajektorienpunkten in der vergrößerten Umgebung von $\boldsymbol{z}_e^{(1)}$ erneut eine Umgebung herausgreift und diese vergrößert. Wiederholt man diesen Vergrößerungsprozeß mehrmals, wobei stets eine Umgebung von $\boldsymbol{z}_e^{(1)}$ in der unmittelbar zuvor vergrößerten Umgebung nach Berechnung von vielen weiteren Trajektorienpunkten verwendet wird, so beobachtet man ständig das fast gleiche Muster, das sich kaum von seinen Vorgängern unterscheiden läßt. Insgesamt entstehen durch die wiederholte Vergrößerung selbstähnliche Muster. Man gewinnt den Eindruck, daß dieser Vergrößerungsprozeß, der eine Folge von nahezu gleichen Mustern erzeugt, beliebig oft wiederholt werden kann, wie es entsprechend bei der Cantor-Menge (Beispiel 11.4) möglich ist. Die entstehende chaotische Punktmenge erscheint in jedem noch so kleinen Maßstab von ähnlicher Struktur. Die Punktmenge erscheint entlang der zu erkennenden Vorzugsrichtung dicht wie eine Kurve, jedoch in der dazu transversalen Richtung wie eine Cantor-Menge, so daß der Attraktor als ein kartesisches Produkt einer Kurve und einer Cantor-Menge aufgefaßt werden kann. In [Sc4] wird für den hier betrachteten Attraktor ($a = 1{,}4$; $b = 0{,}3$) eine Hausdorff-Dimension von $D = 1{,}26$ angegeben. Bild 11.44 zeigt einige der erwähnten Vergröße-

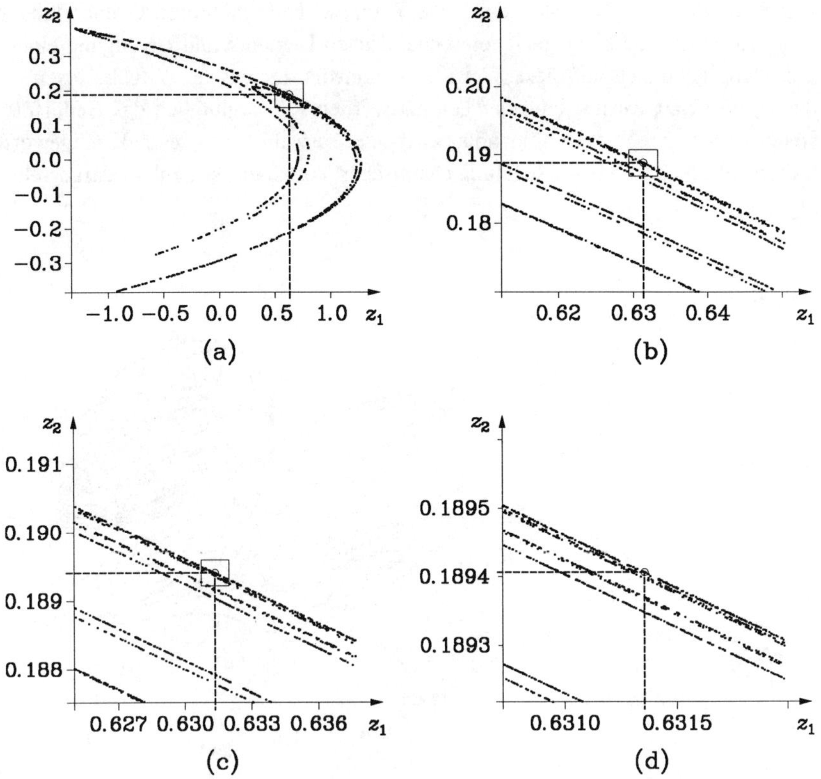

Bild 11.44: Darstellung von sehr vielen aufeinanderfolgenden Trajektorienpunkten $\mathbf{z}[n]$ der Hénon-Abbildung für $a = 1{,}4$; $b = 0{,}3$. Zur Erzeugung der Bilder (a), (b), (c) und (d) wurden 1000, 43207, 911543 bzw. 24436185 Punkte berechnet, von denen jeweils 1000 dargestellt sind

rungen.

6 Vom Chaos zur Ordnung

6.1 EINFÜHRUNG

In den vorausgegangenen Abschnitten wurden Mechanismen beschrieben, die chaotischen Verhaltensformen nichtlinearer Systeme zugrundeliegen. Man neigt dazu, diese Phänomene als in der Regel unerwünscht zu betrachten. Insofern stellt sich die Frage nach Möglichkeiten der Verringerung oder Vermeidung von Chaos. Andererseits ist aber bemerkenswert, daß mit Erfolg bereits versucht wurde, den Formenreichtum von Chaos auch sinnvoll auszunutzen. So wurden die folgenden interessanten Überlegungen angestellt [Ot1], wobei davon ausgegangen wurde, daß ein verfügbarer chaotischer Attraktor eine dichte Menge von instabilen Grenzzyklen enthält: Gelingt es, einen dieser instabilen Grenzzyklen zu stabilisieren, so könnte das betreffende System als ein Oszillator verwendet werden, und zwar in flexibler

Weise, wenn es möglich wird, dabei die Wahl zwischen mehreren Grenzzyklen anzubieten. Durch die Synthese einer geeigneten chaotischen Dynamik und Erzeugung einer passenden Steuerung ließe sich auf diese Weise eine sinnvolle technische Aufgabe lösen. Unabhängig davon, ob Chaos vermieden oder genutzt werden soll, ergibt sich das Bedürfnis, Chaos zu steuern oder zu regeln. Im folgenden wird eine Auswahl der vielen bekanntgewordenen Verfahren zur Steuerung bzw. Regelung chaotischer Vorgänge skizzenhaft dargestellt.

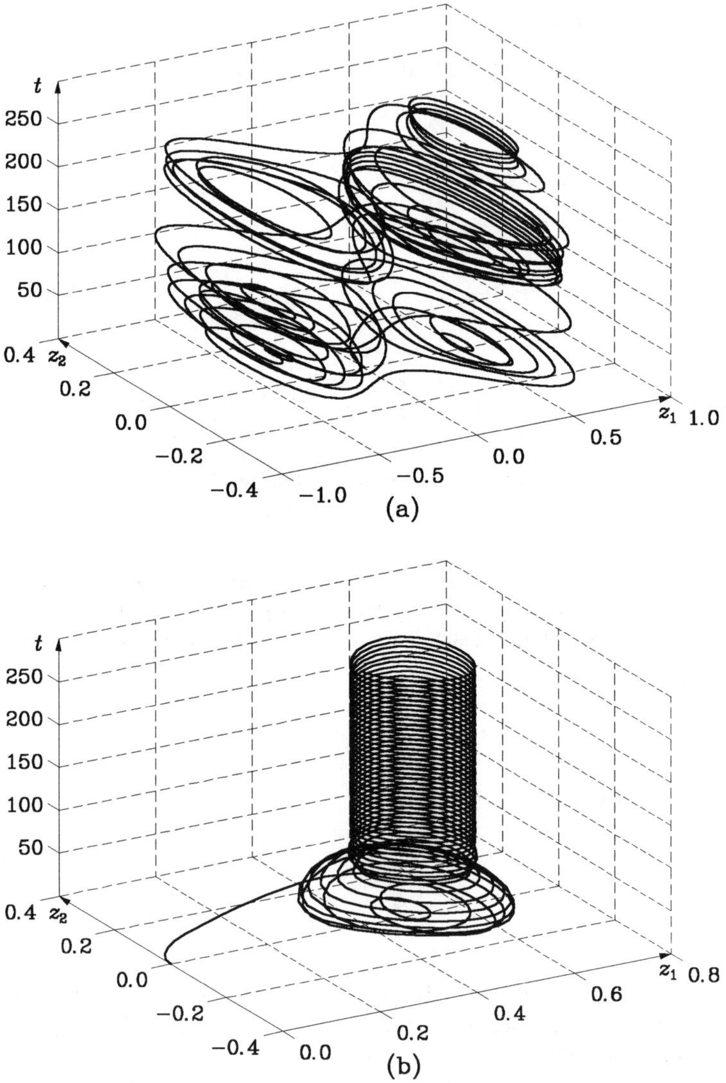

Bild 11.45: Parametervariation beim Duffing-System. (a) Chaotisches Verhalten bei festem Parameter α; (b) reguläres Verhalten durch harmonische Variation des Parameters mit $\omega_0 = \omega$

Grundsätzlich kann man zwischen Verfahren, die ursprünglich innerhalb der Physik entwickelt wurden, und weiteren Verfahren unterscheiden, die auf bewährten Strategien der Theorie der rückgekoppelten Systeme basieren.

Zur ersten Kategorie von Verfahren gehören die Methoden der Parametervariation und die der Trajektorienumlenkung. Die einfachste Form der Parametervariation sei am Beispiel des Duffing-Systems skizziert. Man kann in den Gln. (11.88a,b), mit denen das Duffing-System beschrieben wird, den ursprünglich konstanten Parameter α zeitlich variieren, indem dieser durch $\alpha(1+\eta\cos\omega_0 t)$ ersetzt wird. Dadurch gelangt man zur modifizierten Systembeschreibung

$$\frac{\mathrm{d}\boldsymbol{z}}{\mathrm{d}t} = \begin{bmatrix} z_2 \\ \beta z_1 - \alpha(1+\eta\cos\omega_0 t) z_1^3 \end{bmatrix} + \begin{bmatrix} 0 \\ -\delta z_2 + \gamma\cos\omega t \end{bmatrix}.$$

Als Parameterwerte kann man beispielsweise

$$\alpha = 4; \quad \eta = 0{,}03; \quad \gamma = 0{,}088; \quad \delta = 0{,}154; \quad \omega = 1{,}1$$

wählen, und es läßt sich bei der Wahl von $\omega_0 = \omega$ feststellen, daß sich das ursprünglich chaotische System regulär verhält (Bild 11.45). Diese Vorgehensweise [Pe2] wurde erweitert [Ot1], wobei davon ausgegangen wurde, daß ein verfügbarer chaotischer Attraktor eine dichte Menge instabiler periodischer Orbits enthält. Zur Lösung der Aufgabe, einen dieser Orbits auszuwählen und zu stabilisieren, wird ein Poincaré-Schnitt (Kapitel VIII, Abschnitt 3.4) eingeführt, so daß die ursprüngliche Systembeschreibung

$$\frac{\mathrm{d}\boldsymbol{z}(t)}{\mathrm{d}t} = \boldsymbol{f}(\boldsymbol{z}, p) \tag{11.143a}$$

mit einem Systemparameter p in die Poincaré-Abbildung

$$\boldsymbol{\zeta}[n+1] = \boldsymbol{P}(\boldsymbol{\zeta}[n], p) \tag{11.143b}$$

übergeht entsprechend der Vorgehensweise im Abschnitt 3.3.1. Mit Hilfe der Systembeschreibung nach Gl. (11.143b) lassen sich innerhalb des vorhandenen chaotischen Attraktors instabile periodische Orbits feststellen, und es sei einer davon ausgewählt und im Poincaré-Schnitt mit $\boldsymbol{\zeta}_e$ bezeichnet, der aktuelle Parameterwert sei $p = p_e$. Zunächst wird das System beobachtet und gewartet, bis sich der Zustand $\boldsymbol{\zeta}[n]$ in der Nähe von $\boldsymbol{\zeta}_e$ befindet. Dann wird der bisherige Parameterwert $p = p_e$ auf einen neuen Wert $p = p_e + \Delta p$ gebracht, wodurch sich der Fixpunkt $\boldsymbol{\zeta}_e$ zusammen mit seinen lokalen stabilen und instabilen Mannigfaltigkeiten (die durch Linearisierung von Gl. (11.143b) in $\boldsymbol{\zeta} = \boldsymbol{\zeta}_e$, $p = p_e$ ermittelt werden) verschiebt. Die Parameteränderung Δp kann nun derart gewählt werden, daß der nächste Zustand $\boldsymbol{\zeta}[n+1]$ auf die lokale stabile Mannigfaltigkeit von $\boldsymbol{\zeta}_e$ des Systems für $p = p_e$ fällt. Nach Rücknahme der Parameteränderung müßte das System gegen $\boldsymbol{\zeta}_e$ streben. Da aber aufgrund von Fehlern bzw. Rechenungenauigkeiten, die auch durch die benützte Linearisierung von Gl. (11.143b) verursacht werden, die Punktfolge $\boldsymbol{\zeta}[n+1]$, $\boldsymbol{\zeta}[n+2], \ldots$ nicht genau in die stabile Mannigfaltigkeit von $\boldsymbol{\zeta}_e$ fällt, wird der Prozeß der Parameteränderung bei jedem Iterationsschritt der Poincaré-Abbildung wiederholt.

Die numerische Auswertung der Formel zur jeweiligen Berechnung der Parameteränderung ist nicht einfach; daher werden oft experimentelle Verfahren einbezogen.

Die Trajektorienumlenkungsverfahren wurden vor allem für komplizierte Systeme mit vielen Attraktoren möglicherweise unterschiedlicher topologischer Struktur entwickelt. Im Gegensatz zu den Parametervariationsverfahren muß hier die Dynamik des betreffenden Systems durch Differentialgleichungen oder Abbildungen genau beschrieben sein. Eine besondere Rolle spielen sogenannte Bereiche mit Konvergenz im Zustandsraum, in denen die Trajektorien des Systems gegeneinander streben. In einem solchen Bereich wird eine räumlich beschränkte Zieldynamik mit einer bestimmten topologischen Charakteristik gewählt. Dies kann beispielsweise ein Gleichgewichtspunkt, ein Grenzzyklus oder ein seltsamer Attraktor sein. Die Aufgabe der Trajektorienumlenkung besteht darin, durch geeignete Maßnahmen wie Parametervariation oder Regelung dafür zu sorgen, daß die Trajektorien des Systems asymptotisch in die Zieldynamik überführt werden.

Im folgenden wird an Hand von einigen konkreten Beispielen gezeigt, wie man chaotisches Verhalten mit Hilfe von traditionellen Regelungskonzepten in reguläres Verhalten direkt überführen kann.

6.2 DAS GESTEUERTE DUFFING-SYSTEM

Im Abschnitt 3.4 wurde das Duffing-System eingeführt und durch die Gln. (11.84a-c) mit fünf Systemparametern α, β, γ, δ, ω beschrieben. Dabei bedeutet z_3 die Zeit t. Es wurde festgestellt, daß sich das Duffing-System bei bestimmter Wahl der Zahlenwerte für die genannten Parameter chaotisch verhält. Im folgenden soll gezeigt werden, wie chaotische Trajektorien des Duffing-Systems bei Verwendung eines konventionellen Reglers asymptotisch gegen einen der vorhandenen Grenzzyklen geführt werden können. Mit $\hat{z}_1(t)$, $\hat{z}_2(t)$ sei der "anvisierte" periodische Orbit bezeichnet. Er erfüllt die Systemgleichungen, d. h. es gilt

$$\frac{\mathrm{d}\hat{z}_1(t)}{\mathrm{d}t} = \hat{z}_2(t) \tag{11.144a}$$

und

$$\frac{\mathrm{d}\hat{z}_2(t)}{\mathrm{d}t} = \beta\hat{z}_1(t) - \alpha\hat{z}_1^3(t) - \delta\hat{z}_2(t) + \gamma\cos(\omega t) . \tag{11.144b}$$

6.2.1 Ein nichtlinearer Regler

Das Duffing-System wird nun gemäß Bild 11.46 durch eine Rückkopplung modifiziert. Die modifizierten Systemgleichungen lauten

$$\frac{\mathrm{d}z_1}{\mathrm{d}t} = z_2 , \tag{11.145a}$$

$$\frac{\mathrm{d}z_2}{\mathrm{d}t} = \beta z_1 - \alpha z_1^3 - \delta z_2 + \gamma\cos(\omega t) + u(z_1, \hat{z}_1) , \tag{11.145b}$$

wobei $u(z_1, \hat{z}_1)$ den gedächtnislosen Regler repräsentiert. Subtrahiert man Gl. (11.144b) von Gl. (11.145b) und verwendet man die Differenz

$$\zeta_1 = z_1 - \hat{z}_1 , \tag{11.146}$$

so gelangt man bei Beachtung der Gln. (11.144a) und (11.145a) zur Differentialgleichung

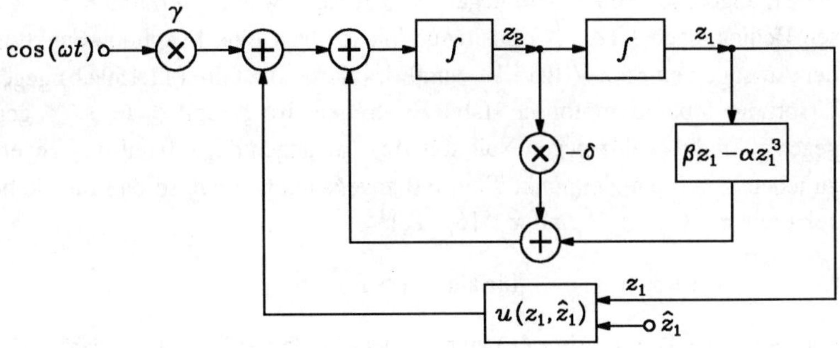

Bild 11.46: Das rückgekoppelte nichtlineare Duffing-System

$$\frac{d^2 \zeta_1}{dt^2} = \beta \zeta_1 - \alpha (z_1^3 - \hat{z}_1^3) - \delta \frac{d\zeta_1}{dt} + u(z_1, \hat{z}_1). \tag{11.147}$$

Neben ζ_1 wird jetzt noch die Größe $\zeta_2 = d\zeta_1 / dt + \delta \zeta_1$ in Gl. (11.147) eingeführt. Auf diese Weise entsteht das folgende System von Differentialgleichungen für ζ_1 und ζ_2:

$$\frac{d\zeta_1}{dt} = \zeta_2 - \delta \zeta_1 , \tag{11.148a}$$

$$\frac{d\zeta_2}{dt} = \beta \zeta_1 - \alpha (z_1^3 - \hat{z}_1^3) + u(z_1, \hat{z}_1). \tag{11.148b}$$

Nun wird $\alpha = 1$ und als Rückkopplung [Ch9]

$$\begin{aligned} u(z_1, \hat{z}_1) &= 3\hat{z}_1^2 (z_1 - \hat{z}_1) + 3\hat{z}_1 (z_1 - \hat{z}_1)^2 - K(z_1 - \hat{z}_1) \\ &= -3\hat{z}_1^2 z_1 + 3\hat{z}_1 z_1^2 - K(z_1 - \hat{z}_1) \end{aligned} \tag{11.149}$$

mit einer Konstante K gewählt. Führt man diese Rückkopplung in Gl. (11.148b) ein und beachtet Gl. (11.146), so lassen sich die Gln. (11.148a,b) in der Form

$$\frac{d\zeta_1}{dt} = \zeta_2 - \delta \zeta_1 , \quad \frac{d\zeta_2}{dt} = (\beta - K) \zeta_1 - \zeta_1^3 \tag{11.150a,b}$$

schreiben. Zur Analyse der Stabilität des hierdurch gegebenen Systems wird als Kandidat für eine Lyapunov-Funktion

$$V(\zeta_1, \zeta_2) = \frac{K - \beta}{2} \zeta_1^2 + \frac{1}{4} \zeta_1^4 + \frac{1}{2} \zeta_2^2$$

gewählt. Für die zeitliche Ableitung längs der Lösungen von Gln. (11.150a,b) ergibt sich

$$\begin{aligned} \frac{dV}{dt} &= (K - \beta) \zeta_1 (\zeta_2 - \delta \zeta_1) + \zeta_1^3 (\zeta_2 - \delta \zeta_1) + \zeta_2 [(\beta - K) \zeta_1 - \zeta_1^3] \\ &= -\delta (K - \beta) \zeta_1^2 - \delta \zeta_1^4 . \end{aligned}$$

Sie ist, abgesehen von $\zeta_1 = 0$, negativ genau dann, wenn $\delta > 0$ und $K \geqq \beta$ gilt. Da unter diesen Bedingungen $V(\zeta_1, \zeta_2)$ positiv-definit ist, liegt eine Lyapunov-Funktion vor. Aufgrund der Aussage von Satz VIII.15 ist damit das durch die Gln. (11.150a,b) gegebene System im Ursprung global asymptotisch stabil. Es streben also ζ_1 und ζ_2 für $t \to \infty$ gegen Null, d.h. z_1 gegen $\hat{z}_1$ und $\mathrm{d}\zeta_1/\mathrm{d}t$ gegen Null, d.h. $\mathrm{d}z_1/\mathrm{d}t$ gegen $\mathrm{d}\hat{z}_1/\mathrm{d}t$, also z_2 gegen $\hat{z}_2$. Daher kann zu jedem $\varepsilon > 0$ ein Zeitpunkt $T(\varepsilon) > 0$ angegeben werden, so daß für die beiden Zustandsvektoren $\boldsymbol{z} = [z_1 \quad z_2]^{\mathrm{T}}$ und $\hat{\boldsymbol{z}} = [\hat{z}_1 \quad \hat{z}_2]^{\mathrm{T}}$

$$|| \boldsymbol{z} - \hat{\boldsymbol{z}} || < \varepsilon \qquad \text{für alle} \quad t > T$$

gilt, wobei die Trajektorie $\boldsymbol{z}(t)$ an beliebiger Stelle des $\mathbb{R}^2$ starten darf.

6.2.2 Ein linearer Regler

Anstelle der nichtlinearen Rückkopplung wird im Duffing-System jetzt gemäß Bild 11.47 eine lineare Rückkopplung verwendet. Dabei bedeuten $K_{11}, K_{12}, K_{21}, K_{22}$ reelle Konstanten. Bild 11.47 lassen sich direkt die Systemgleichungen

$$\frac{\mathrm{d}z_1}{\mathrm{d}t} = z_2 - K_{11}\zeta_1 - K_{12}\zeta_2 , \tag{11.151a}$$

$$\frac{\mathrm{d}z_2}{\mathrm{d}t} = \beta z_1 - \alpha z_1^3 - \delta z_2 + \gamma\cos(\omega t) - K_{21}\zeta_1 - K_{22}\zeta_2 , \tag{11.151b}$$

mit

$$\zeta_1 := z_1 - \hat{z}_1 \qquad \text{und} \qquad \zeta_2 = z_2 - \hat{z}_2 \tag{11.152a,b}$$

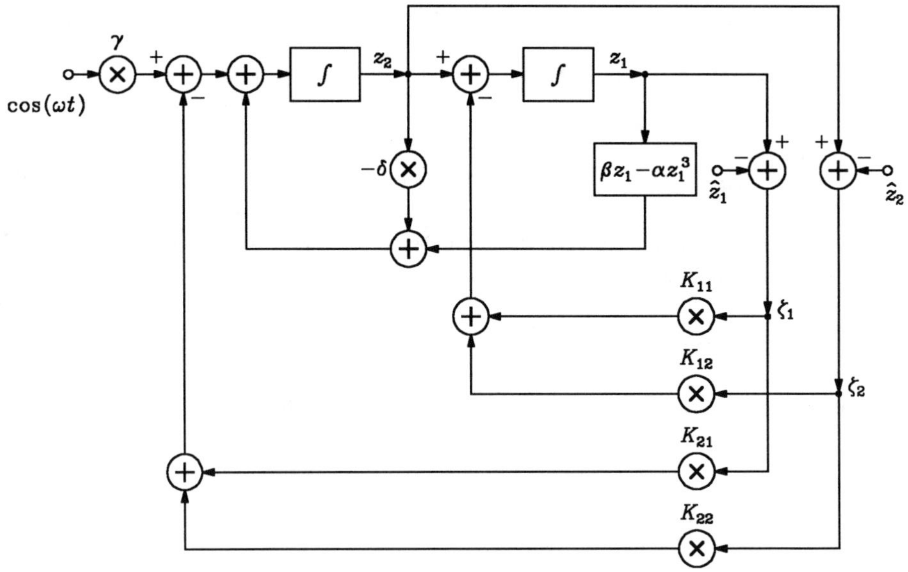

Bild 11.47: Das linear rückgekoppelte Duffing-System

entnehmen. Zunächst soll untersucht werden, wie die Konstanten $K_{\mu\nu}(\mu, \nu \in \{1, 2\})$ gewählt werden müssen, um die Stabilität des rückgekoppelten Systems um den vorgeschriebenen Orbit $\hat{\boldsymbol{z}}(t) = [\hat{z}_1(t) \;\; \hat{z}_2(t)]^{\mathrm{T}}$ sicherzustellen. Dazu werden die Gln. (11.151a,b) um $\hat{\boldsymbol{z}}(t)$ linearisiert. Man erhält mit den Gln. (11.152a,b)

$$\frac{\mathrm{d}\zeta_1}{\mathrm{d}t} + \frac{\mathrm{d}\hat{z}_1}{\mathrm{d}t} = \zeta_2 + \hat{z}_2 - K_{11}\zeta_1 - K_{12}\zeta_2 ,$$

$$\frac{\mathrm{d}\zeta_2}{\mathrm{d}t} + \frac{\mathrm{d}\hat{z}_2}{\mathrm{d}t} = \beta\zeta_1 + \beta\hat{z}_1 - \alpha\hat{z}_1^3 - 3\alpha\hat{z}_1^2\zeta_1 - \delta\zeta_2$$

$$- \delta\hat{z}_2 + \gamma\cos(\omega t) - K_{21}\zeta_1 - K_{22}\zeta_2 .$$

Berücksichtigt man jetzt die Gln. (11.144a,b), so entsteht das Kleinsignalmodell bezüglich des vorgeschriebenen Orbits $\hat{\boldsymbol{z}}(t)$, nämlich

$$\frac{\mathrm{d}\zeta_1}{\mathrm{d}t} = -K_{11}\zeta_1 + (1 - K_{12})\zeta_2 ,$$

$$\frac{\mathrm{d}\zeta_2}{\mathrm{d}t} = (\beta - 3\alpha\hat{z}_1^2 - K_{21})\zeta_1 - (\delta + K_{22})\zeta_2 .$$

Zur Stabilitätsanalyse kann man sich auf folgendes hinreichende Kriterium beziehen (man vergleiche Aufgabe VIII.12): Das nichterregte lineare, im allgemeinen zeitvariante System $\mathrm{d}\boldsymbol{z}/\mathrm{d}t = \boldsymbol{A}(t)\boldsymbol{z}(t)$ ist asymptotisch stabil, wenn für alle Eigenwerte $p_i(\boldsymbol{M})$ der Matrix $\boldsymbol{M} = \boldsymbol{A} + \boldsymbol{A}^{\mathrm{T}}$ die Ungleichung

$$p_i(\boldsymbol{M}) \leqq -\varepsilon < 0$$

für alle $t \geqq 0$ gilt. Im vorliegenden Fall ist

$$\boldsymbol{M} = \begin{bmatrix} -2K_{11} & 1 - K_{12} + \beta - K_{21} - 3\alpha\hat{z}_1^2(t) \\ 1 - K_{12} + \beta - K_{21} - 3\alpha\hat{z}_1^2(t) & -2(\delta + K_{22}) \end{bmatrix},$$

und hieraus ergibt sich das charakteristische Polynom

$$P(p) := p^2 + 2(K_{11} + K_{22} + \delta)p + 4K_{11}(\delta + K_{22}) - [1 - K_{12} - K_{21} + \beta - 3\alpha\hat{z}_1^2]^2 .$$

Damit erhält man die Stabilitätsbedingungen

$$K_{11} + K_{22} + \delta > 0$$

und

$$4K_{11}(\delta + K_{22}) - [1 - K_{12} - K_{21} + \beta - 3\alpha\hat{z}_1^2(t)]^2 > 0$$

für alle $t \geqq 0$.

Im Sonderfall $K_{12} = K_{21} = K_{22} = 0$ reduzieren sich die Bedingungen auf

$$K_{11} + \delta > 0 \quad \text{und} \quad 4\delta K_{11} > [1 + \beta - 3\alpha\hat{z}_1^2(t)]^2 . \tag{11.153}$$

6.2.3 Computersimulation

Bei Wahl der Parameterwerte

$$\alpha = 1, \quad \beta = 1{,}1, \quad \gamma = 2{,}1, \quad \delta = 0{,}4, \quad \omega = 1{,}8$$

verhält sich das Duffing-System chaotisch. Ändert man nur den γ-Wert auf $\gamma = 0{,}62$, so entsteht ein periodischer Orbit, auf den das chaotische System geregelt werden soll. Es wird der Sonderfall $K_{12} = K_{21} = K_{22} = 0$ gewählt, und es zeigt sich, daß mit $K_{11} = 20$ die Bedingungen (11.153) erfüllt werden können. Bild 11.48a zeigt den chaotischen Verlauf, und die Bilder 11.48b-d lassen den geregelten Verlauf der Trajektorien erkennen.

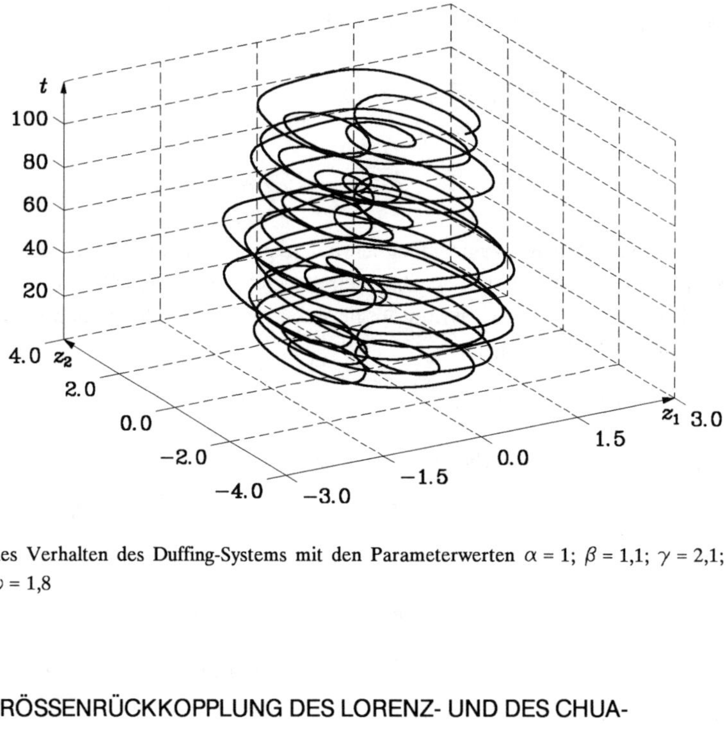

Bild 11.48a: Chaotisches Verhalten des Duffing-Systems mit den Parameterwerten $\alpha = 1$; $\beta = 1{,}1$; $\gamma = 2{,}1$; $\delta = 0{,}4$; $\omega = 1{,}8$

6.3 ZUSTANDSGRÖSSENRÜCKKOPPLUNG DES LORENZ- UND DES CHUA-SYSTEMS

In diesem Abschnitt soll für das Lorenz- und das Chua-System gezeigt werden, wie sich durch einfache lineare Zustandsgrößenrückkopplung chaotisches Verhalten unterdrücken läßt. Dazu wird in der ursprünglichen Systemdarstellung, die im $\mathbb{R}^q$ in der vertrauten Zustandsform

$$\frac{d\boldsymbol{z}}{dt} = \boldsymbol{f}(\boldsymbol{z}) \tag{11.154}$$

vorliegen möge, ein Rückkopplungsterm $-\boldsymbol{K}(\boldsymbol{z} - \boldsymbol{z}_e)$ aufgenommen, so daß die Zustandsbeschreibung des nunmehr rückgekoppelten Systems

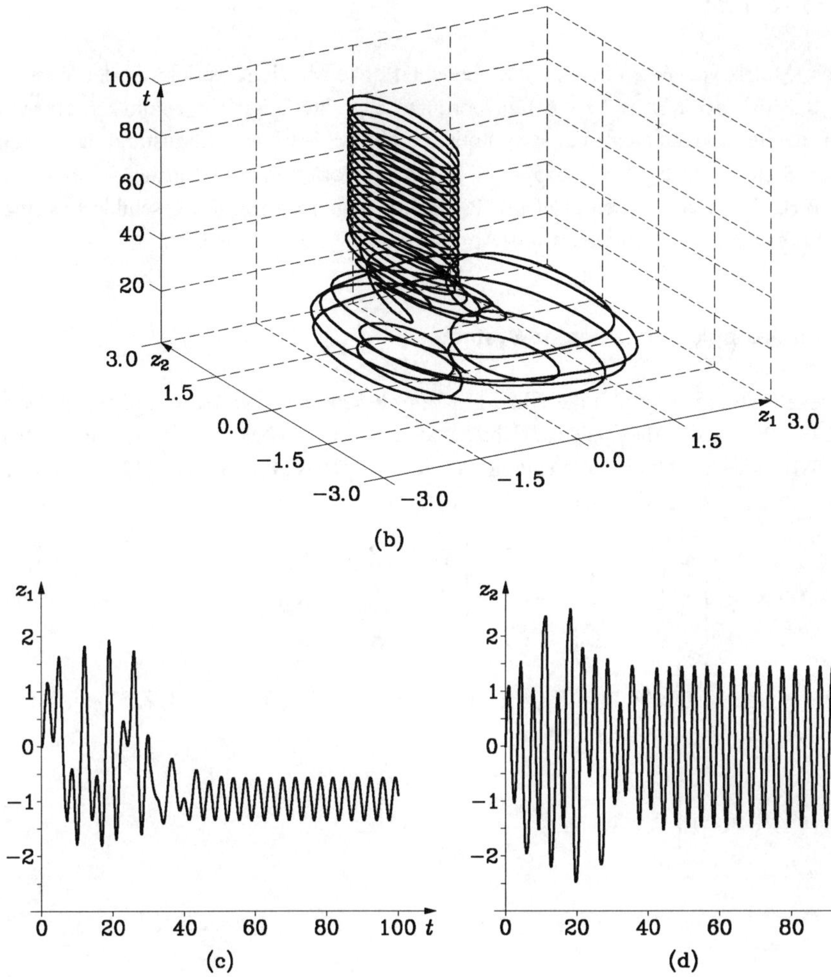

Bild 11.48b-d: Trajektorie des rückgekoppelten Duffing-Systems mit $K_{12} = K_{21} = K_{22} = 0$ und $K_{11} = 20$. Der Zielorbit hat die Parameterwerte $\alpha = 1$; $\beta = 1{,}1$; $\gamma = 0{,}62$; $\delta = 0{,}4$; $\omega = 1{,}8$. Die Regelung wurde zum Zeitpunkt $t = 30$ zugeschaltet

$$\frac{\mathrm{d}\boldsymbol{z}}{\mathrm{d}t} = \boldsymbol{f}(\boldsymbol{z}) - \boldsymbol{K}(\boldsymbol{z} - \boldsymbol{z}_e) \tag{11.155}$$

lautet. Dabei bedeutet $\boldsymbol{K}$ die noch zu spezifizierende konstante Rückkopplungsmatrix, und $\boldsymbol{z}_e$ ist ein zu wählender Punkt im $\mathbb{R}^q$, dem die Trajektorien des rückgekoppelten Systems lokal asymptotisch zustreben sollen. Man kann den Punkt $\boldsymbol{z}_e$ im Zentrum eines chaotischen Attraktors wählen und dann die Gl. (11.155) um $\boldsymbol{z}_e$ linearisieren, so daß mit $\boldsymbol{z} = \boldsymbol{z}_e + \boldsymbol{\zeta}$ die linearisierte Systemdarstellung

$$\frac{\mathrm{d}\boldsymbol{\zeta}}{\mathrm{d}t} = (\boldsymbol{J} - \boldsymbol{K})\,\boldsymbol{\zeta}$$

entsteht, wobei

$$\boldsymbol{J} := \left(\frac{\partial \boldsymbol{f}}{\partial \boldsymbol{z}}\right)_{\boldsymbol{z}_e}$$

die Jacobi-Matrix von $\boldsymbol{f}(\boldsymbol{z})$ im Punkt $\boldsymbol{z}_e$ bedeutet. Die Matrix $\boldsymbol{K}$ ist jetzt in der Weise zu wählen, daß das der Matrix $(\boldsymbol{J} - \boldsymbol{K})$ zugeordnete charakteristische Polynom ein Hurwitz-Polynom darstellt. Dann ist $\boldsymbol{z}_e$ ein asymptotisch stabiler Gleichgewichtszustand des rückgekoppelten Systems nach Gl. (11.155), und alle Trajektorien, die im Einzugsgebiet von $\boldsymbol{z}_e$ starten, verlaufen asymptotisch in diesen Punkt. Im folgenden soll das geschilderte Prinzip auf den Lorenz-Attraktor und den Chua-Attraktor angewendet werden.

6.3.1 Rückkopplung des Lorenz-Systems

Das Lorenz-System wird durch die Gln. (11.97a-c) beschrieben, wobei $r > 1$ sein soll. Durch die Gln. (11.99a-c) sind die Gleichgewichtspunkte des Systems bekannt. Als $\boldsymbol{z}_e$ wird $\boldsymbol{z}_1$ nach Gl. (11.99b) gewählt. Unter Verwendung der Jacobi-Matrix $\boldsymbol{A}_1$ nach Gl. (11.103) mit der Größe $c = \sqrt{b(r-1)}$ ergibt sich

$$\boldsymbol{J} - \boldsymbol{K} = \begin{bmatrix} -\sigma & \sigma & 0 \\ 1 & -1 & -c \\ c & c & -b \end{bmatrix} - \begin{bmatrix} K_{11} & K_{12} & K_{13} \\ K_{21} & K_{22} & K_{23} \\ K_{31} & K_{32} & K_{33} \end{bmatrix}.$$

Zur Vereinfachung wählt man $K_{33} = k$ und alle übrigen $K_{\mu\nu}$ $(\mu, \nu \in \{1, 2, 3\})$ zu Null, so daß sich das charakteristische Polynom

$$P(p) = \det \begin{bmatrix} p+\sigma & -\sigma & 0 \\ -1 & p+1 & c \\ -c & -c & p+b+k \end{bmatrix}$$

$$= p^3 + (1 + b + k + \sigma)p^2 + [b(r+\sigma) + k(1+\sigma)]p + 2b\sigma(r-1)$$

ergibt, das genau dann ein Hurwitz-Polynom ist, wenn, außer $b > 0$, $\sigma > 0$, $r > 1$, die Bedingungen

$$1 + b + k + \sigma > 0$$

und

$$(1 + b + k + \sigma)[b(r+\sigma) + k(1+\sigma)] - 2b\sigma(r-1) > 0$$

erfüllt sind. Für $r = 28$, $\sigma = 10$, $b = 8/3$ lautet die zweite Bedingung

$$33k^2 + 755k - \frac{496}{3} > 0,$$

und zusammen mit der ersten Bedingung ergibt sich hieraus

$$k > 0{,}21692772.$$

Wählt man beispielsweise $k = 3$, so liefert das rückgekoppelte Lorenz-System die im Bild 11.49 gezeigte Trajektorie, die im Punkt $\boldsymbol{z}(0) = [0 \quad 0 \quad 0]^{\mathrm{T}}$ startet. Im Zeitpunkt $t = 40$

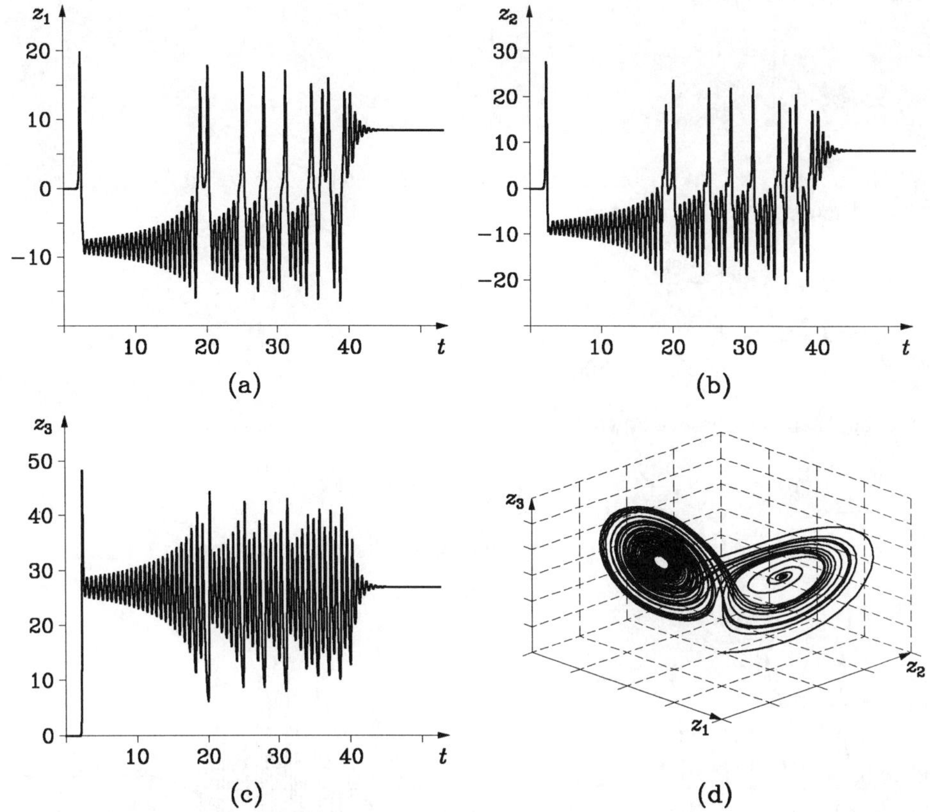

Bild 11.49: Trajektorie des rückgekoppelten Lorenz-Systems

wurde die Rückkopplung eingeschaltet.

6.3.2 Rückkopplung des Chua-Systems

Es wird eine Polynomvariante [Ha7] des ursprünglichen Chua-Systems nach Gln. (11.110a-c) in der Form

$$\frac{\mathrm{d}\boldsymbol{z}}{\mathrm{d}t} = \boldsymbol{f}(\boldsymbol{z}) \tag{11.156a}$$

mit

$$\boldsymbol{f}(\boldsymbol{z}) = \begin{bmatrix} \alpha[z_2 + (z_1 - 2z_1^3)/7] \\ z_1 - z_2 - z_3 \\ \beta z_2 \end{bmatrix} \tag{11.156b}$$

betrachtet. Die drei Gleichgewichtspunkte sind

$$\boldsymbol{z}_0 = \boldsymbol{0}\,; \quad \boldsymbol{z}_1 = [\,\sqrt{0{,}5} \quad 0 \quad \sqrt{0{,}5}\,]^{\mathrm{T}}; \quad \boldsymbol{z}_3 = -\boldsymbol{z}_2\,.$$

Die Jacobi-Matrix von $\boldsymbol{f}(\boldsymbol{z})$ lautet

$$\boldsymbol{J} = \begin{bmatrix} \alpha(1-6z_1^2)/7 & \alpha & 0 \\ 1 & -1 & -1 \\ 0 & \beta & 0 \end{bmatrix}.$$

Wählt man $\boldsymbol{z}_e = \boldsymbol{z}_1$, so ergibt sich bei gleicher Wahl von $\boldsymbol{K}$ wie im Abschnitt 6.3.1 und $\alpha = 9{,}4$ sowie $\beta = 100/7$ die Matrix

$$\boldsymbol{J} - \boldsymbol{K} = \begin{bmatrix} -\dfrac{94}{35} & 9{,}4 & 0 \\ 1 & -1 & -1 \\ 0 & 100/7 & -k \end{bmatrix}$$

mit dem charakteristischen Polynom

$$P(p) = p^3 + \left(\frac{129}{35} + k\right)p^2 + \left(\frac{129}{35}k + \frac{53}{7}\right)p + \left(\frac{1880}{49} - \frac{47}{7}k\right),$$

das genau dann ein Hurwitz-Polynom ist, wenn für $k > 0$ die Bedingungen

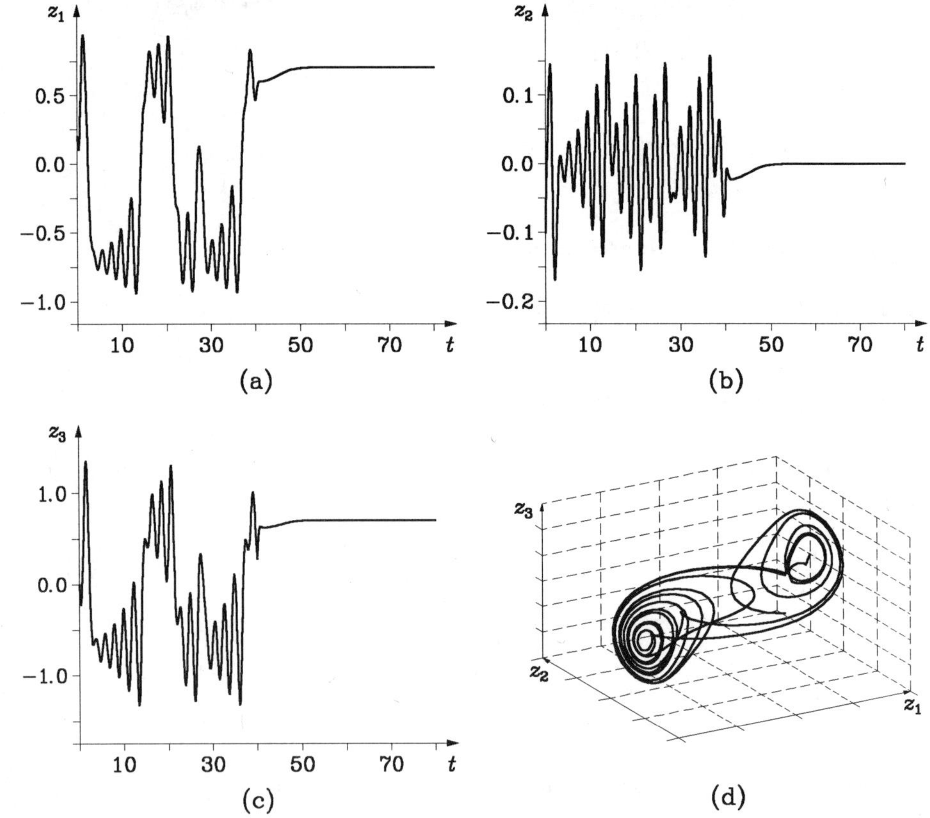

Bild 11.50: Simulation des rückgekoppelten Chua-Systems

$$\frac{1880}{49} > \frac{47}{7}k \quad \text{und} \quad \left(\frac{129}{35}+k\right)\left(\frac{129}{35}k+\frac{53}{7}\right)-\left(\frac{1880}{49}-\frac{47}{7}k\right) > 0$$

erfüllt sind. Bild 11.50 zeigt Simulationsergebnisse für die Wahl von $k = 4$. Die Rückkopplung wurde im Zeitpunkt $t = 40$ eingeschaltet.

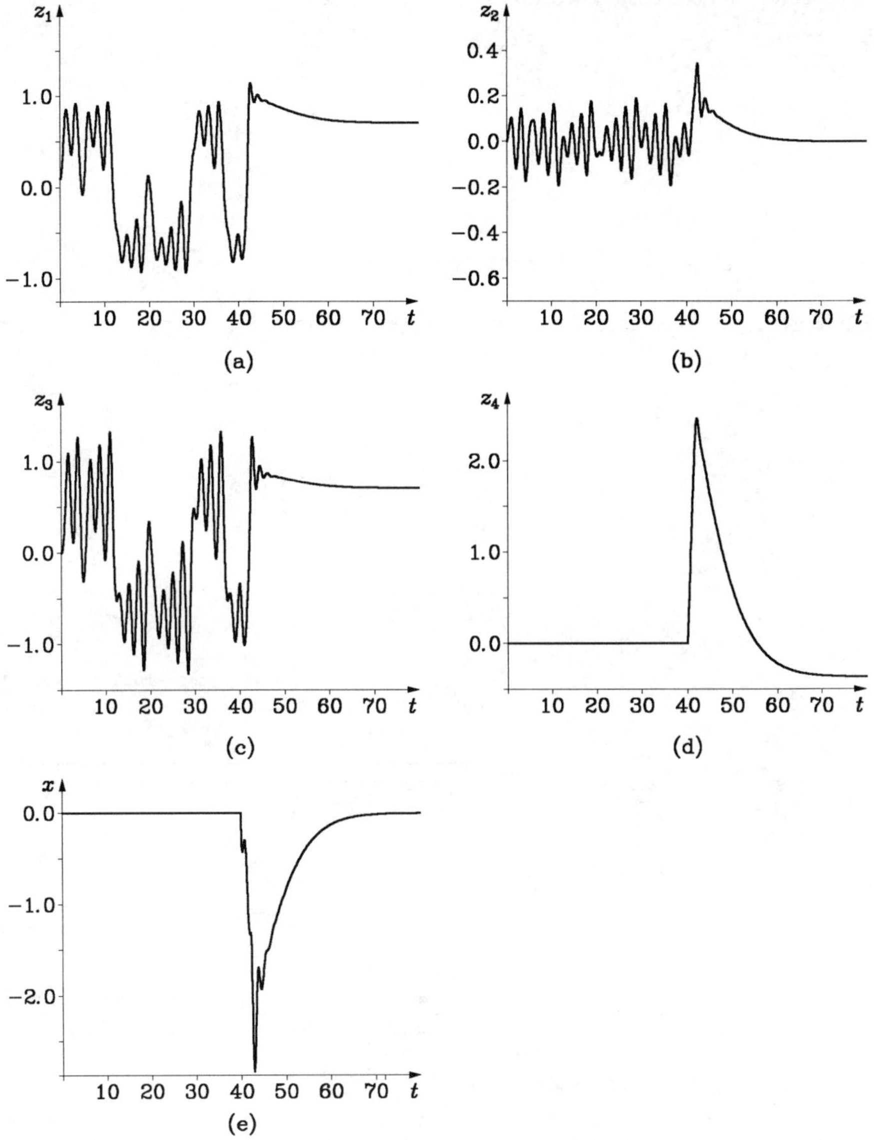

Bild 11.51: Simulationsergebnisse der optimalen Regelung des Chua-Systems mit den Parameterwerten $\alpha = 9{,}4$; $\beta = 100/7$; $z_{e1} = \sqrt{0{,}5}$. Als Anfangszustand wurde $\mathbf{z}(0) = [0{,}1 \quad 0 \quad 0 \quad 0]^T$ gewählt. Die Regelung begann im Zeitpunkt $t = 40$. Die Integration von z_4 startete ebenfalls erst im Zeitpunkt $t = 40$

Eine Variante zur Regelung des Chua-Systems [Ha7] besteht darin, zunächst als zusätzliche Zustandsvariable das Integral über die Abweichung der Zustandsgröße $z_1(t)$ von der Komponente z_{e1} des vorgeschriebenen Punktes $\boldsymbol{z}_e$ einzuführen, dann das System zu linearisieren und aufgrund dieser Linearisierung eine optimale Regelung (Kapitel II, Abschnitt 5.4.2) durchzuführen. Die gegenüber den Gln. (11.156a,b) modifizierte Zustandsbeschreibung lautet mit dem Zustandsvektor $\boldsymbol{z} = [z_1 \quad z_2 \quad z_3 \quad z_4]^{\mathrm{T}}$

$$\frac{\mathrm{d}\boldsymbol{z}}{\mathrm{d}t} = \begin{bmatrix} \alpha[z_2 + (z_1 - 2z_1^3)/7] \\ z_1 - z_2 - z_3 \\ \beta z_2 + x \\ z_{e1} - z_1 \end{bmatrix},$$

wobei

$$x = \boldsymbol{K}^{\mathrm{T}}\boldsymbol{z} \quad \text{mit} \quad \boldsymbol{K}^{\mathrm{T}} = [K_1 \quad K_2 \quad K_3 \quad K_4]$$

die Rückkopplung bedeutet. Das linearisierte System lautet

$$\frac{\mathrm{d}\boldsymbol{z}}{\mathrm{d}t} = \begin{bmatrix} \frac{\alpha}{7} - \frac{6\alpha z_{e1}^2}{7} & \alpha & 0 & 0 \\ 1 & -1 & -1 & 0 \\ 0 & \beta & 0 & 0 \\ -1 & 0 & 0 & 0 \end{bmatrix} \boldsymbol{z} + \begin{bmatrix} 0 \\ 0 \\ 1 \\ 0 \end{bmatrix} x .$$

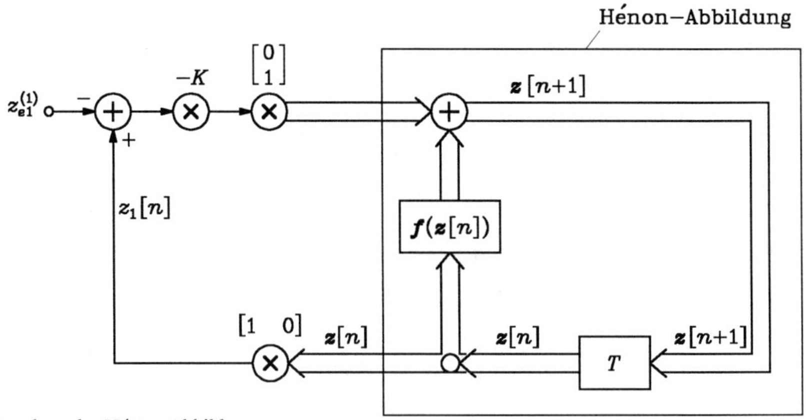

Bild 11.52: Regelung der Hénon-Abbildung

Die Anwendung des Verfahrens der optimalen Regelung liefert bei der Wahl von $\alpha = 9{,}4$; $\beta = 100/7$ und $z_{e1} = \sqrt{0{,}5}$ den Vektor

$$\boldsymbol{K} = [1{,}6152 \quad 1{,}7679 \quad -2{,}1297 \quad -1]^{\mathrm{T}}.$$

Bild 11.51 zeigt die erhaltenen Ergebnisse.

6.4 ZUSTANDSGRÖSSENRÜCKKOPPLUNG DER HENON-ABBILDUNG

Im Abschnitt 5.2 wurde die Hénon-Abbildung als ein interessantes diskontinuierliches chaotisches System vorgestellt. Die Zustandsbeschreibung erfolgte durch die Gln. (11.139a,b), die zugehörigen Fixpunkte $\boldsymbol{z}_e^{(1)}$ und $\boldsymbol{z}_e^{(2)}$ sind durch die Gln. (11.140a,b) mit Gl. (11.141) gegeben. Bild 11.52 zeigt ein Regelungskonzept für die Hénon-Abbildung, wobei K der Reglerparameter ist. Numerische Simulationen [Do4] haben gezeigt, daß für bestimmte Werte der Systemparameter a und b bei Wahl von K in einem geeigneten Intervall die Trajektorie der Hénon-Abbildung in den Gleichgewichtspunkt $\boldsymbol{z}_e^{(1)}$ nach Gl. (11.140a) geführt werden kann, sofern die Regelung einsetzt, wenn die Trajektorie eine bestimmte Umgebung von $\boldsymbol{z}_e^{(1)}$ erreicht hat; diese Umgebung ist durch die Bedingung $|z_1[n] - z_{e1}^{(1)}[n]| \leqq \Delta_B < \infty$ mit einem geeigneten (durch Simulation zu bestimmenden) konstanten und positiven Δ_B gegeben. Bild 11.53 zeigt die Ergebnisse einer Computersimulation für die Parameterwerte $a = 1{,}3$; $b = 0{,}3$ und $K = 0{,}9977$ $(0{,}9853 < K < 1{,}01012)$.

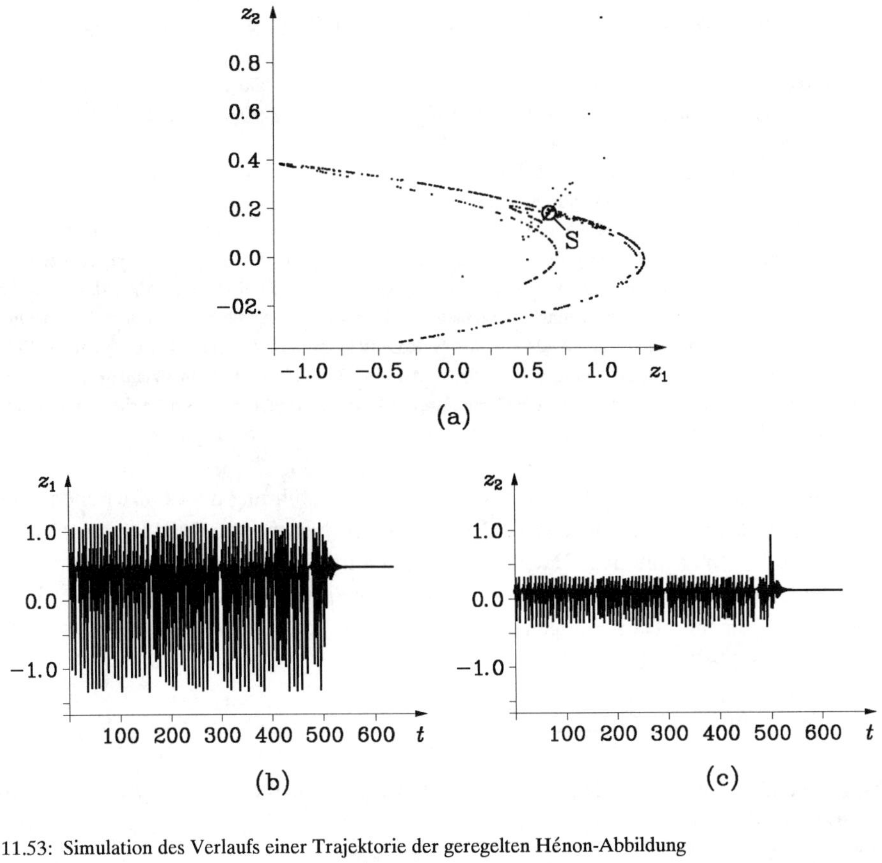

Bild 11.53: Simulation des Verlaufs einer Trajektorie der geregelten Hénon-Abbildung

XII Neuronale Systeme

Neuronale Systeme, meistens (künstliche) neuronale Netzwerke [1] genannt, stellen einen Versuch dar, die Struktur und den Mechanismus des Gehirns und des Nervensystems von Lebewesen nachzubilden. Es handelt sich dabei um Systeme zur Informations- und Signalverarbeitung, um Systeme, die in aller Regel aus einer großen Anzahl einfacher Verarbeitungsbausteine, sogenannter (künstlicher) Neuronen bestehen. Letztere sind über Verbindungen miteinander verknüpft und können so als Ganzes zusammenwirken und damit als neuronales System jeweils eine bestimmte Funktion erfüllen. Zu den besonderen Merkmalen neuronaler Systeme gehören die parallele Architektur, welche eine Parallelverarbeitung mit vielen Vorzügen ermöglicht, und ihre Fähigkeit, durch Änderung der Verbindungsstärken sich an spezielle Umgebungsbedingungen anzupassen. Darüber hinaus sei erwähnt, daß die Verbindungsstärken eines neuronalen Systems als dessen Parameter nicht analytisch berechnet werden, sondern im Rahmen eines Trainingsprozesses – unter Umständen "on-line" – eingestellt (einjustiert) werden. Systemtheoretisch gesehen sind neuronale Netzwerke adaptive nichtlineare Systeme mit im allgemeinen mehreren Eingängen und Ausgängen.

Historische Anmerkungen. Im Jahre 1943 veröffentlichten W.S. McCulloch und W. Pitts eine Studie über Möglichkeiten und Fähigkeiten der Verbindung mehrerer Grundkomponenten, die durch das Modell eines Neurons begründet waren. D.O. Hebb befaßte sich 1949 mit Adaptionsgesetzen für neuronale Systeme. Im Jahre 1958 wurde das Perzeptron von F. Rosenblatt erfunden, eine strenge Analyse des Perzeptrons führten M.L. Minsky und S.A. Papert 1969 durch. Mehrere grundlegende Architekturen für neuronale Netzwerke wurden von S. Grossberg im Jahre 1976 vorgeschlagen, und J.J. Hopfield wies 1982 auf Möglichkeiten hin, neuronale Netzwerke zur Lösung von gewissen Grundaufgaben wie Optimierungsproblemen heranzuziehen. D.E. Rummelhart et al. veröffentlichten im Jahre 1986 eine Reihe von Ergebnissen und Algorithmen, welche als Katalysator für die weitere Entwicklung des Gebietes wirkten. Grundlegende Beiträge über Neurocomputing aus dem Jahre 1988 gehen auf J.A. Anderson und E. Rosenfeld zurück. R. Hecht-Nielsen erkannte 1988 eine Vielzahl von praktischen Beispielen in verschiedenen Anwendungsfeldern, die vom Finanzwesen bis zur Luftfahrttechnik reichen. Anfang der neunziger Jahre wurde begonnen, neuronale Netzwerke zur Lösung regelungstechnischer Probleme anzuwenden.

Im vorliegenden Kapitel findet der Leser eine kurze Einführung in das inzwischen außerordentlich stark angewachsene Gebiet der neuronalen Netzwerke. Die Monographien [Ci1] und [Lu6] bieten ausführliche Darstellungen bestimmter Aspekte neuronaler Netzwerke, die Anwendungen im Bereich der Optimierung und der Signalverarbeitung betreffen. Bezüglich weiterer allgemeiner Darstellungen des Gebietes sei auf das Literaturverzeichnis verwiesen.

1 Das Neuron als Grundbaustein

Im folgenden werden Modelle für Neuronen eingeführt, die als Bausteine für neuronale Netzwerke dienen.

---

[1] Englisch: neural networks

1.1 EIN STATISCHES NEURONENMODELL

Bild 12.1 zeigt die Struktur eines (künstlichen) Neurons in seiner einfachsten Version. Der vorhandene Summierer bildet die Summe der N mit den Parameterwerten w_i gewichteten Eingangssignale $x_i\,(i = 1, 2, \ldots, N)$ einschließlich eines äußeren Schwellwertes Θ, gelegentlich Offset oder Bias genannt. Dieser wird durch die zusätzliche Eingangsgröße $x_0 = 1$ mit dem Gewicht $w_0 = \Theta$ berücksichtigt. Das Ausgangssignal des Summierers wird einer statischen Nichtlinearität zugeführt, deren Charakteristik Ψ Aktivierungsfunktion genannt wird. Damit läßt sich das Ausgangssignal des Neurons in der geschlossenen Form

$$y(t) = \Psi\left[\sum_{i=0}^{N} w_i x_i(t)\right] \tag{12.1}$$

mit

$$w_0 = \Theta \quad \text{und} \quad x_0(t) \equiv 1$$

ausdrücken. Die reellwertigen Gewichte w_i repräsentieren die Verbindungsstärken des Neurons mit anderen Neuronen in einem neuronalen Netzwerk; sie werden synaptische Gewichte oder synaptische Stärken genannt. Im folgenden wird der biologische Hintergrund kurz angedeutet.

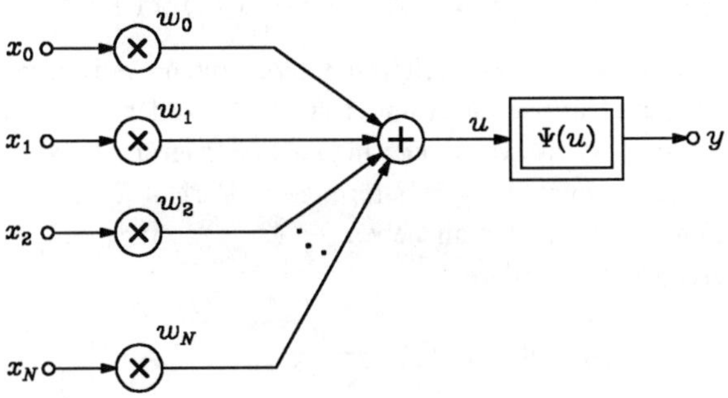

Bild 12.1: (Künstliches) Neuron in seiner einfachsten Version

Bild 12.2 zeigt eine schematische Skizze einer Nervenzelle, eines (biologischen) Neurons. Die Dendriten bilden den Teil des Neurons, der Informationen von anderen Neuronen empfängt. Der Zellkörper, Soma genannt, sammelt und kombiniert diese von anderen Neuronen erhaltenen Informationen. Das Neuron selber übermittelt Information über eine einzige Leitung, das sogenannte Axon, zu weiteren Neuronen. Die Länge von Axonen variiert zwischen 50 μm und einigen Metern. Die Verbindungsstellen eines Axons mit einer Dendrite (die im Bild 12.2 durch Kreise umschlossen sind) heißen Synapsen. Ein einzelnes Axon kann Hunderte von synaptischen Verbindungen mit anderen Neuronen haben. In den Synapsen sind "Kenntnisse und Erfahrungen" gespeichert.

Charakteristisch für ein Neuron ist seine Aktivierungsfunktion Ψ. Im einfachsten Fall verwendet man $\Psi(u) = s(u)$ mit der Sprungfunktion s aus Kapitel I, Abschnitt 1.4.1, wobei man gewöhnlich abweichend von der dortigen Definition $s(0) = 1$ vereinbart. Dann nimmt y nur den Wert 0 oder 1 an, je nachdem ob die Summe der mit w_i gewichteten Eingangssignale $x_i\,(i = 1, 2, \ldots, N)$ kleiner als der negative Schwellwert $-\Theta = -w_0$ ist oder nicht. Insofern repräsentiert die Sprungfunktion einen Komparator. Als weitere Aktivierungsfunktionen werden die Signumfunktion $\Psi(u) = \operatorname{sgn} u$ (Hartbegrenzer mit $\operatorname{sgn} 0 = 1$) und der Hartbegrenzer mit Totzone

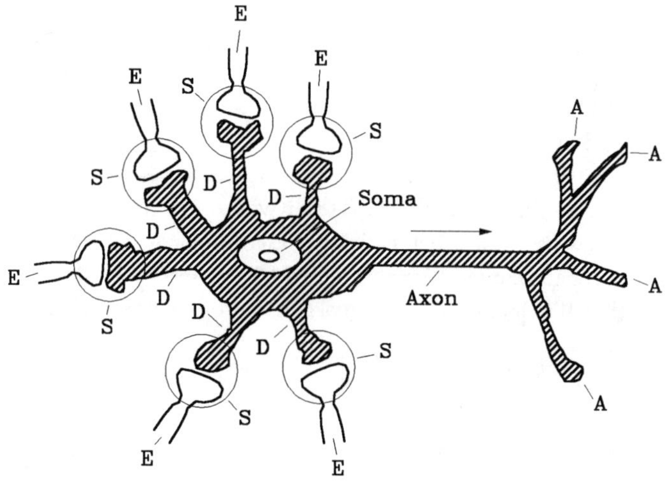

Bild 12.2: Schematische Darstellung eines biologischen Neurons. D: Dendriten; S: Synapsen; E: Eingänge von anderen Neuronen oder Sensoren; A: Ausgänge zu anderen Neuronen; der Pfeil gibt die Richtung des Informationsflusses an

$$\Psi(u) = s(u - \delta) - s(-(u + \delta)) \quad (\delta > 0)$$

verwendet. Zu den weiteren interessanten Aktivierungsfunktionen gehören der Schmitt-Trigger (Hartbegrenzer mit Hysterese) und der Absolutor $\Psi(u) = |u|$ [Ci1].

Vorzugsweise verwendet man als Aktivierungsfunktion in Neuronen eine streng monoton steigende Funktion von "s-förmigem" Verlauf, eine sogenannte Sigmoidfunktion. Zu diesen Funktionen zählt man neben $y = (2/\pi)\arctan(\gamma u)$ mit $\gamma > 0$ (und dem Hauptwert von arctan) insbesondere

$$y = \tanh(\gamma u) = \frac{1 - e^{-2\gamma u}}{1 + e^{-2\gamma u}} \tag{12.2}$$

$(\gamma > 0)$ mit zum Ursprung symmetrischem Verlauf (Bild 12.3a) und

$$y = \frac{1}{1 + e^{-\gamma u}} \tag{12.3}$$

$(\gamma > 0)$ mit zum Ursprung unsymmetrischem Verlauf und Funktionswerten nur eines Vorzeichens (Bild 12.3b). Man beachte, daß durch geeignete Wahl des Parameters γ in den Gln. (12.2) und (12.3) der Anstieg der beiden Sigmoidfunktionen in gewünschter Weise eingestellt werden kann.

Bild 12.3c zeigt noch die Rampenfunktion

$$y = \frac{u}{\delta} s(u) - \frac{(u - \delta)}{\delta} s(u - \delta) \tag{12.4}$$

$(\delta > 0)$, die ebenfalls als Aktivierungsfunktion verwendet werden kann.

Man kann das eingeführte Neuron durch ein elektronisches Netzwerk nach Bild 12.4 einfach realisieren. Dabei wird angenommen, daß der Spannungsverstärker die Übertragungscharakteristik $y = \Psi(u)$ und einen unendlich großen Eingangswiderstand aufweist. Die Signale x_i $(i = 0, 1, \ldots, N)$, u und y sind elektrische Spannungen. Die ohmschen Widerstände besitzen die Leitwerte

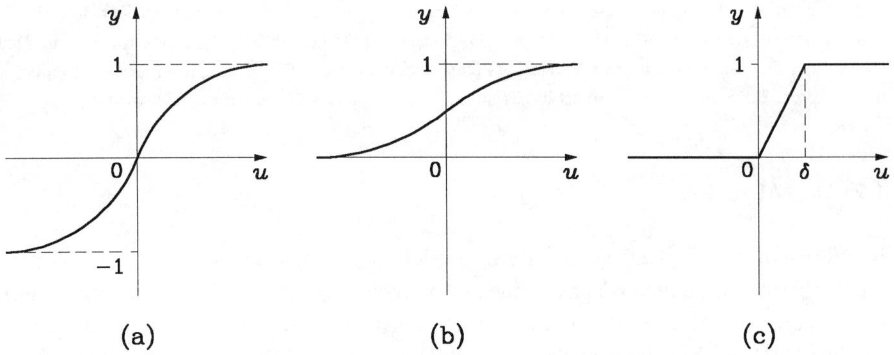

Bild 12.3: (a), (b) Sigmoidfunktionen; (c) Rampenfunktion als Aktivierungsfunktionen

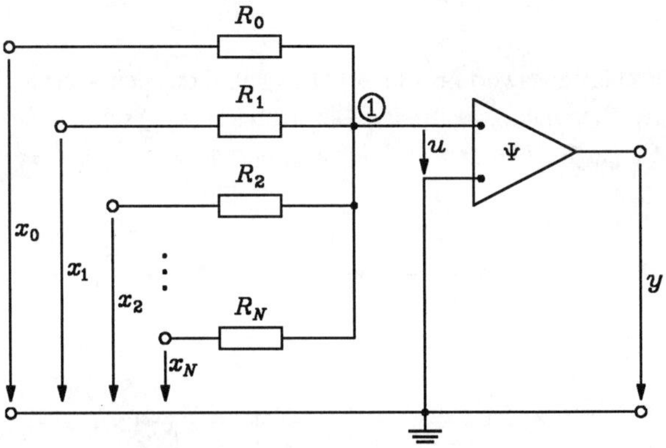

Bild 12.4: Elektronische Realisierung eines Neurons in Analogtechnik

$$G_i = \frac{1}{R_i} \quad (i = 0, 1, \ldots, N).$$

Wendet man auf den Knoten 1 die Knotenregel (das erste Kirchhoffsche Gesetz) an, so erhält man die Beziehung

$$\sum_{i=0}^{N} (x_i - u)\, G_i = 0 ,$$

woraus für die Spannung am Verstärkereingang

$$u = \frac{\sum_{i=0}^{N} x_i G_i}{\sum_{i=0}^{N} G_i}$$

folgt. Damit erhält man für das Ausgangssignal

$$y = \Psi\left(\sum_{i=0}^{N} w_i x_i\right) \quad \text{mit} \quad w_i = \frac{G_i}{\sum_{\nu=0}^{N} G_\nu} .$$

Die (Sigmoid-) Funktion $\Psi(u)$ wird durch die Charakteristik des Verstärkers realisiert. Mit den einstellbaren Widerstandswerten R_i lassen sich die Gewichte w_i verändern.

Man kann hier die Analogie zum biologischen Neuron (Bild 12.2) folgendermaßen leicht herstellen: Der Spannungsverstärker simuliert den Zellkörper (das Soma), die Drähte am Eingang repräsentieren die Dendriten und der Draht am Ausgang des Verstärkers entspricht dem Axon. Die variablen Widerstände modellieren die Synapsen. Die Spannung y simuliert die Pulsrate, die vom realen Neuron ausgesendet wird.

1.2 DAS ADALINE

B. Widrow und M.E. Hoff [Wi5] führten ein lernfähiges Neuron ein, das sie Adaline nannten. Es besteht aus einem adaptiven linearen Verbindungsteil (ALC) und einem zweistufigen Quantisierer als Aktivierungsfunktion in der Form eines Hartbegrenzers (Bild 12.5). Das Adaline hat $N+1$ Eingangssignale $x_\nu\,(\nu = 0, 1, \ldots, N)$ und zwei Ausgangssignale, das kontinuierliche Ausgangssignal u, internes Potential genannt, mit der Darstellung

$$u = \sum_{\nu=0}^{N} w_\nu x_\nu \tag{12.5}$$

und ein zweiwertiges (binäres) Signal y, das den Wert -1 oder 1 hat, je nachdem ob u negativ oder nicht negativ ist. Die für $u(t)$ vorgeschriebene Funktion $d(t)$ ist eine zusätzliche Eingangsgröße und wird nur während der Lernphase verwendet.

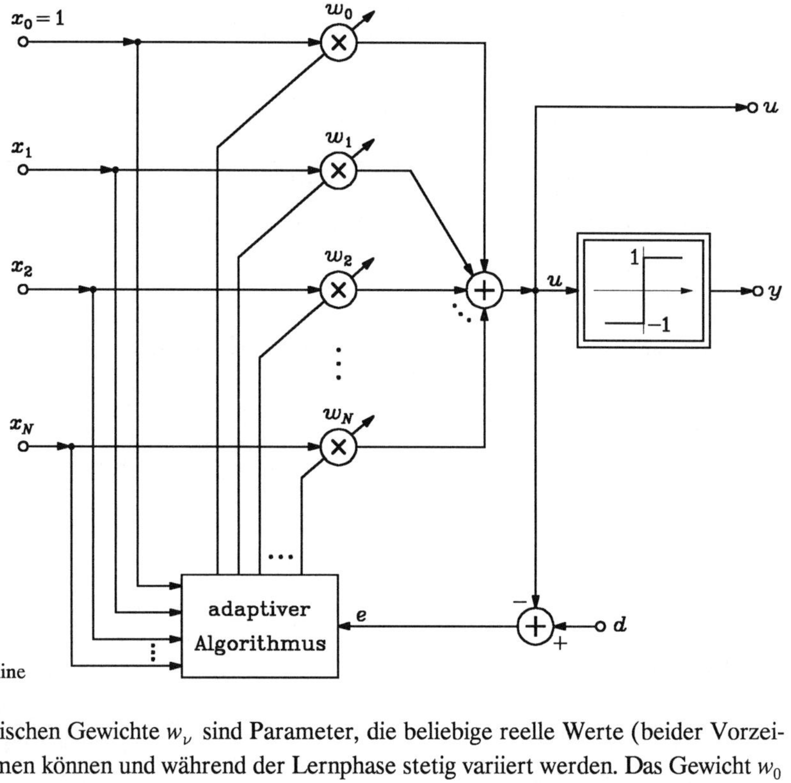

Bild 12.5: Adaline

Die synaptischen Gewichte w_ν sind Parameter, die beliebige reelle Werte (beider Vorzeichen) annehmen können und während der Lernphase stetig variiert werden. Das Gewicht w_0 bestimmt das Schwellwertniveau. Das Fehlersignal $e(t)$ entsteht als Differenz zwischen der Vorschrift $d(t)$ und dem Ausgangssignal $u(t)$ und dient dazu, die synaptischen Gewichte derart einzustellen, daß das mittlere Fehlerquadrat minimiert wird. Betrachtet man das Fehlerquadrat

$$E(t) := \frac{1}{2} e^2(t) = \frac{1}{2} [d(t) - u(t)]^2 , \tag{12.6}$$

dann kann man im Sinne der Methode des steilsten Abstiegs (z.B. analog zu Gl. (10.30)) für die Änderung der synaptischen Gewichte die Differentialgleichung

$$\frac{\mathrm{d}w_i(t)}{\mathrm{d}t} = -\mu \frac{\partial E}{\partial w_i} = -\mu \frac{\partial E}{\partial u} \frac{\partial u}{\partial w_i} \tag{12.7}$$

aufstellen, wobei $\mu > 0$ eine geeignet zu wählende Konstante (Lernparameter genannt) bedeutet. Mit den Gln. (12.5) und (12.6) liefert die Gl. (12.7) den zeitkontinuierlichen Widrow-Hoff-LMS-Algorithmus in der Form

$$\frac{\mathrm{d}w_i(t)}{\mathrm{d}t} = \mu e(t) x_i(t) = \mu \left[d(t) - \sum_{\nu=0}^{N} w_\nu x_\nu(t) \right] x_i(t) \tag{12.8}$$

für $i = 0, 1, 2, \ldots, N$. Bild 12.6 zeigt ein Signalflußdiagramm des Adaline zusammen mit diesem Lernalgorithmus. Durch Diskretisierung der Zeit gemäß $t = nT$ läßt sich der Differentialquotient $\mathrm{d}w_i(t)/\mathrm{d}t$ durch den Differenzenquotienten $(w_i[n+1] - w_i[n])/T$ mit den zeitdiskreten Werten $w_i[n] := w_i(nT)$ approximieren, wodurch die Gl. (12.8) in die diskontinuierliche Version des Widrow-Hoff-Algorithmus, in die sogenannte Widrow-Hoff-Delta-Regel

$$w_i[n+1] = w_i[n] + \eta e[n] x_i[n] \tag{12.9}$$

mit $e[n] := e(nT)$, $x_i[n] := x_i(nT)$ und $\eta := \mu T$ übergeht (man vergleiche auch den Al-

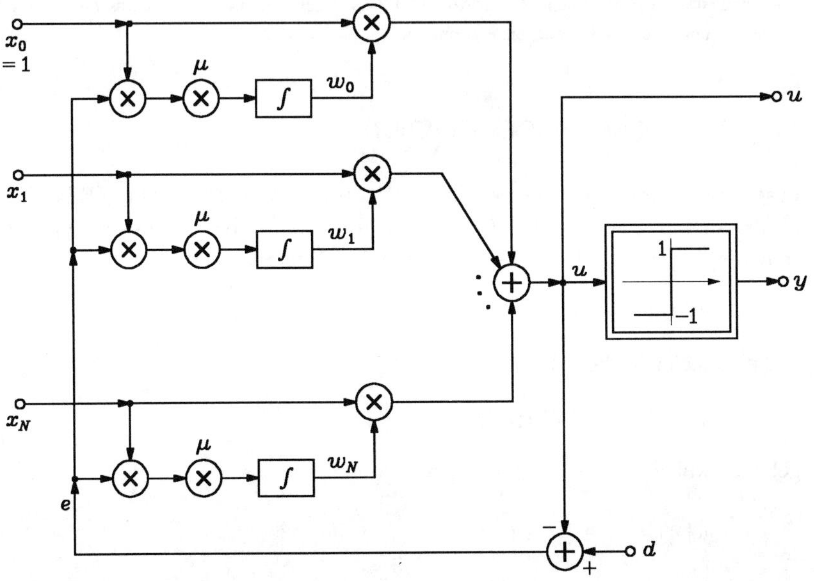

Bild 12.6: Adaline mit Widrow-Hoff-LMS-Algorithmus

gorithmus gemäß Gl. (10.46)). Hier heißt der Parameter η, der auch mit n verändert werden darf, beispielsweise in der Form $\eta[n] = \eta_0 / \sum_{i=1}^{N} (x_i[n])^2$ mit $\eta_0 > 0$, Lernparameter oder Lernrate. Die Wahl des Lernparameters hat Einfluß auf die Konvergenzgeschwindigkeit und die Stabilität des Adaptionsprozesses; er ist stets positiv und aus Stabilitätsgründen von oben beschränkt zu wählen. Obwohl mit Hilfe eines einzelnen Adalines einige logische Funktionen (z.B. AND, NOT, OR) einfach realisiert werden können [Ci1], ist sein Anwendungsbereich doch eng begrenzt.

Beispiel 12.1: Es wird ein diskontinuierliches Adaline mit drei Eingangssignalen $x_0[n] \equiv 1$, $x_1[n]$ und $x_2[n]$ betrachtet, wobei x_1 und x_2 beliebig reellwertig sein können. Mit den synaptischen Gewichten w_0, w_1 und w_2 erhält man für das Ausgangssignal

$$y = \operatorname{sgn}(w_0 + w_1x_1 + w_2x_2).$$

Durch

$$w_0 + w_1x_1 + w_2x_2 = 0$$

wird eine Gerade in einem kartesischen x_1, x_2-Koordinatensystem definiert. Der Bereich

$$E^+ := \{(x_1, x_2) \in \mathbb{R}^2; \quad w_0 + w_1x_1 + w_2x_2 \geqq 0\}$$

($w_1^2 + w_2^2 \neq 0$ vorausgesetzt) umfaßt alle Punkte der abgeschlossenen Halbebene, die von der genannten Geraden berandet wird und in welcher überall $y = 1$ gilt. Den Punkten der anderen von derselben Geraden berandeten (offenen) Halbebene entspricht der Wert $y = -1$. Es läßt sich also ein einzelnes Adaline in der Weise trainieren, daß in einer Ebene zwischen zwei Punktmengen unterschieden werden kann, welche durch eine Gerade begrenzt werden. Verwendet man ein Adaline mit vier Eingängen, dann lassen sich im dreidimensionalen Raum zwei Punktmengen (Halbräume) unterscheiden, die durch eine gemeinsame Ebene begrenzt werden. Eine Unterscheidung von Punktmengen, die nicht von einer einzelnen (Hyper-) Ebene, sondern auf andere Weise begrenzt sind, ist allerdings mit einem einzelnen Adaline nicht möglich, allenfalls durch geeignete Verbindung mehrerer Adalines. Ein Beispiel für eine nichtlinear separierbare logische Funktion (die XOR-Funktion) und deren Realisierung mittels zweier Adalines findet man in Aufgabe XII.1. Das prinzipielle Vorgehen ist auch aus Beispiel 12.2 im Abschnitt 3.1 bei der Anwendung eines einschichtigen Perzeptrons zur Klassifizierung einer Punktmenge zu erkennen.

1.3 DAS EINSCHICHTIGE PERZEPTRON

In seiner einfachsten Form leitet sich das Perzeptron aus dem Adaline (Bild 12.5) durch eine kleine Änderung ab, wie das Bild 12.7 zeigt. Mit Hilfe des vorgeschriebenen zweiwertigen (binären) Signals $d[n]$ ($d \in \{-1, 1\}$) wird das Differenzsignal

$$e[n] := d[n] - y[n]$$

und die "augenblickliche Leistung"

$$E_1[n] = -e[n]u[n]$$

gebildet, wobei

$$u[n] = \sum_{i=0}^{N} w_i[n]x_i[n]$$

und

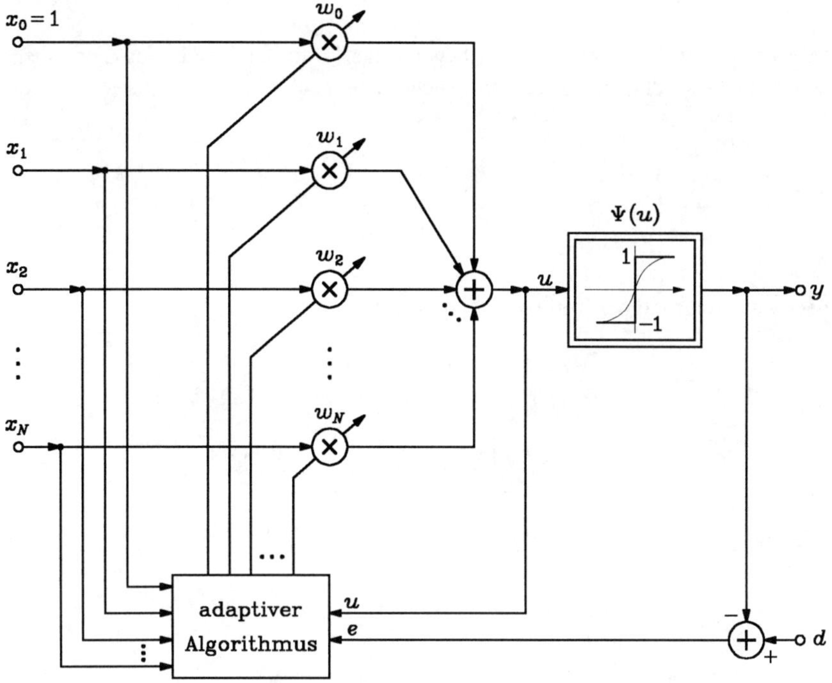

Bild 12.7: Das einschichtige Perzeptron mit Hartbegrenzer oder Sigmoidfunktion $\Psi(u)$

$$y[n] = \operatorname{sgn} u[n]$$

bedeutet. Hieraus folgt mit dem Gewichtsvektor $\boldsymbol{w} = [w_0 \quad w_1 \quad \cdots \quad w_N]^{\mathrm{T}}$ der Gradient

$$\frac{\partial E_1}{\partial \boldsymbol{w}} = -e[n] \; [1 \quad x_1[n] \quad \cdots \quad x_N[n]],$$

wobei berücksichtigt wurde, daß $y[n]$ entweder den konstanten Wert -1 oder 1 aufweist und eine infinitesimale Änderung der Gewichte diesen Wert nicht beeinflußt ($u \neq 0$ vorausgesetzt). Damit ergibt sich durch Anwendung des Algorithmus des steilsten Abstiegs mit positiver Lernrate η

$$w_i[n+1] = w_i[n] - \eta \, \partial E_1 / \partial w_i[n],$$

d.h. die sogenannte Rosenblattsche Lernregel

$$w_i[n+1] = w_i[n] + \eta e[n] x_i[n], \tag{12.10}$$

wobei $x_0[n] \equiv 1$ zu beachten ist. Die Lernregel für das Perzeptron nach Gl. (12.10) entspricht der Widrow-Hoff-Delta-Regel, obwohl sie aufgrund des Hartbegrenzers eine Nichtlinearität enthält, die sich auf e auswirkt, während die Widrow-Hoff-Regel einen linearen Fehler e enthält.

Bei der Realisierung eines Perzeptrons verwendet man üblicherweise statt des Hartbegrenzers eine glatte nichtlineare Aktivierungsfunktion, vorzugsweise die Sigmoidfunktion

$$y = \tanh(\gamma u), \tag{12.11}$$

wobei man den Parameter γ dazu benützt, die Form der Sigmoidfunktion einzustellen. In einem solchen Fall dient als augenblickliches Gütemaß

$$E_2[n] := \frac{1}{2}(e[n])^2 = \frac{1}{2}(d[n] - y[n])^2,$$

wobei

$$y[n] = \Psi(u[n]) \quad \text{mit} \quad u[n] = \sum_{\nu=0}^{N} w_\nu x_\nu[n]$$

bedeutet. Aufgrund der Kettenregel ergibt sich

$$\frac{\partial E_2[n]}{\partial w_i[n]} = \frac{\partial E_2[n]}{\partial e[n]} \frac{\partial e[n]}{\partial w_i[n]} = \frac{\partial E_2[n]}{\partial e[n]} \frac{\partial e[n]}{\partial u[n]} \frac{\partial u[n]}{\partial w_i[n]}$$

$$= -e[n] \frac{\partial y[n]}{\partial u[n]} x_i[n] = -e[n] \frac{\mathrm{d}\Psi(u)}{\mathrm{d}u} x_i[n]$$

oder mit $\Psi(u)$ nach Gl. (12.11), d.h. $\Psi'(u) = \gamma[1 - \tanh^2(\gamma u)]$,

$$\frac{\partial E_2}{\partial w_i} = -e[n]\gamma(1 - y^2[n])x_i[n].$$

Damit erhält man für das Perzeptron den Lernalgorithmus

$$w_i[n+1] = w_i[n] + \eta\gamma e[n](1 - y^2[n])x_i[n]. \tag{12.12}$$

1.4 EIN DYNAMISCHES MODELL EINES NEURONS: DAS HOPFIELD-NEURON

Bild 12.8 zeigt das Signalflußdiagramm eines häufig verwendeten dynamischen Neuronenmodells, das von J.J. Hopfield eingeführt wurde. Es besteht aus Summierern und Multiplizierern mit den synaptischen Gewichten $w_1, w_2, \ldots, w_N$ bzw. mit den Faktoren $1/\tau$ und α, einem Integrierer und einer Nichtlinearität mit sigmoider Aktivierungsfunktion als Charakteristik gemäß Gl. (12.2) oder Gl. (12.3). Die Größe Θ repräsentiert den Offset. Man kann dem Diagramm von Bild 12.8 unmittelbar die Gleichungen

$$\tau \frac{\mathrm{d}u(t)}{\mathrm{d}t} = \Theta + \sum_{\nu=1}^{N} w_\nu x_\nu(t) - \alpha u(t) \tag{12.13a}$$

und

$$y(t) = \Psi(u(t)) \tag{12.13b}$$

entnehmen.

Das Hopfield-Neuron mit dem Signalflußdiagramm nach Bild 12.8 läßt sich durch ein elektronisches Netzwerk realisieren, das im Bild 12.9 dargestellt ist. Es besteht aus der Kapazität C, den ohmschen Widerständen R_ν ($\nu = 0, 1, \ldots, N$) und dem nichtlinearen Verstärker mit der Übertragungscharakteristik $\Psi(u)$ und zwei symmetrischen Ausgangsspannungen y bzw. $-y$. Es wird davon ausgegangen, daß die ohmschen Widerstände, die Kapazität, die Stärke I des eingeprägten Gleichstromes und der Parameter γ der Sigmoidfunktion

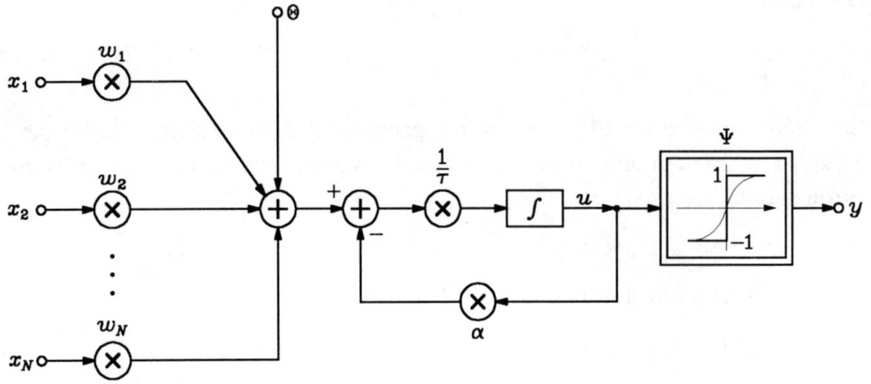

Bild 12.8: Signalflußdiagramm des Hopfield-Neurons

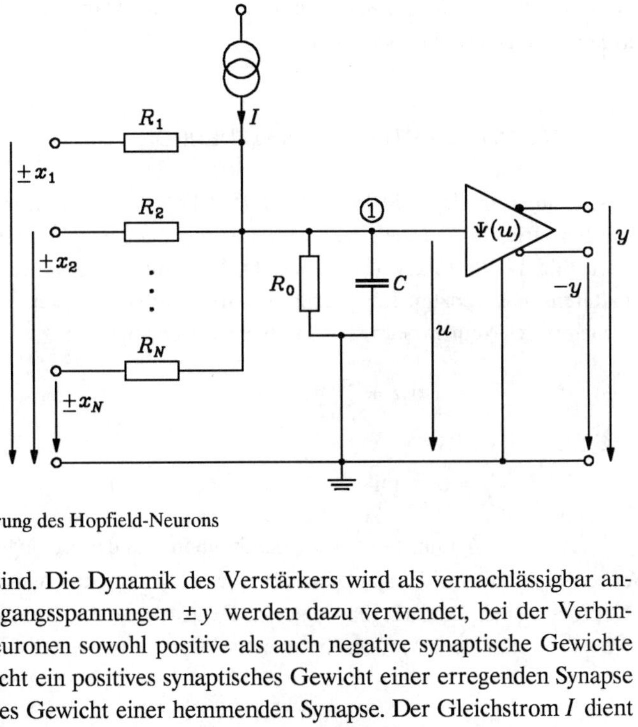

Bild 12.9: Elektronische Realisierung des Hopfield-Neurons

des Verstärkers einstellbar sind. Die Dynamik des Verstärkers wird als vernachlässigbar angenommen. Die beiden Ausgangsspannungen $\pm y$ werden dazu verwendet, bei der Verbindung mehrerer Hopfield-Neuronen sowohl positive als auch negative synaptische Gewichte zu realisieren. Dabei entspricht ein positives synaptisches Gewicht einer erregenden Synapse und ein negatives synaptisches Gewicht einer hemmenden Synapse. Der Gleichstrom I dient als Schwellwert. Die Dynamik des Neurons wird durch die Kapazität C und die ohmschen Widerstände R_ν bestimmt. Die Spannung u heißt Aktionspotential. Wendet man auf den Knoten 1 die Kirchhoffsche Knotenregel an, so erhält man die Gleichung

$$C \frac{\mathrm{d}u}{\mathrm{d}t} = -\frac{u}{R} + \sum_{\nu=1}^{N} \frac{\pm x_\nu}{R_\nu} + I \,, \tag{12.14a}$$

und weiterhin gilt

$$y = \Psi(u) \,. \tag{12.14b}$$

Dabei bedeutet

$$\frac{1}{R} = \frac{1}{R_0} + \sum_{\nu=1}^{N} \frac{1}{R_\nu} .$$

Die Größen x_ν sind die Eingangssignale (Spannungen). Nun wird Gl. (12.14a) mit einem willkürlich wählbaren positiven Normierungswiderstand r_0 multipliziert, und es werden die Abkürzungen

$$\tau := r_0 C , \qquad \Theta := r_0 I , \qquad \alpha := r_0 / R , \qquad w_\nu := \pm r_0 / R_\nu$$

eingeführt. Damit lassen sich die Gln. (12.14a,b) in die Darstellung

$$\tau \frac{\mathrm{d}u}{\mathrm{d}t} = -\alpha u + \sum_{\nu=1}^{N} w_\nu x_\nu + \Theta , \tag{12.15a}$$

$$y = \Psi(u) \tag{12.15b}$$

(also in Gln. (12.13a,b)) überführen, wobei α der Dämpfungskoeffizient ist und die w_ν die synaptischen Gewichte bedeuten.

1.5 EIN MODIFIZIERTES HOPFIELD-NEURON

Ersetzt man im Hopfield-Neuron von Bild 12.8 den nichtlinearen Verstärker Ψ durch einen idealen verlustlosen Integrierer mit Sättigung, dann gelangt man zum Modell eines Neurons nach Bild 12.10a [Ya1]. Damit besteht das Neuron aus zwei Integrierern, einem verlustbehafteten unbegrenzten Integrierer [1)] und einem verlustlosen Integrierer mit Sättigung. Die Dynamik des Neurons läßt sich durch die Gleichungen

$$\tau \frac{\mathrm{d}u}{\mathrm{d}t} = -\alpha u + \sum_{\nu=1}^{N} w_\nu x_\nu + \Theta \tag{12.16}$$

und

$$T \frac{\mathrm{d}y}{\mathrm{d}t} = u \quad \text{mit} \quad -1 \leqq x_\nu \leqq 1, \quad \alpha \geqq 0$$

($\nu = 1, 2, \ldots, N$) und $-1 \leqq y \leqq 1$ beschreiben. Bei den Bedingungen $-1 \leqq x_\nu \leqq 1$ geht man davon aus, daß die Eingangssignale $x_1, x_2, \ldots, x_N$ Ausgangssignale anderer gleichartiger Neuronen sind. Bild 12.10b zeigt die Realisierung des Neurons durch ein elektronisches Netzwerk mit (idealen) Operationsverstärkern.

1.6 VERALLGEMEINERTE MODELLE EINES NEURONS

Bild 12.11 zeigt ein erstes verallgemeinertes Modell eines Neurons bestehend aus einem Summierer, dem wie bisher die gewichteten Eingangssignale zugeführt werden, und einem linearen, zeitinvarianten Übertragungselement mit einem Eingang und einem Ausgang sowie einem nichtlinearen statischen Element $\Psi(u)$. Am Eingang des linearen, zeitinvarianten Elements wirkt das Signal

---

1) Dieser Baustein besteht aus den Multiplizierern $1/\tau$ und α, aus dem Bauelement für die Differenzenbildung sowie aus dem idealen Integrierer ohne Sättigung.

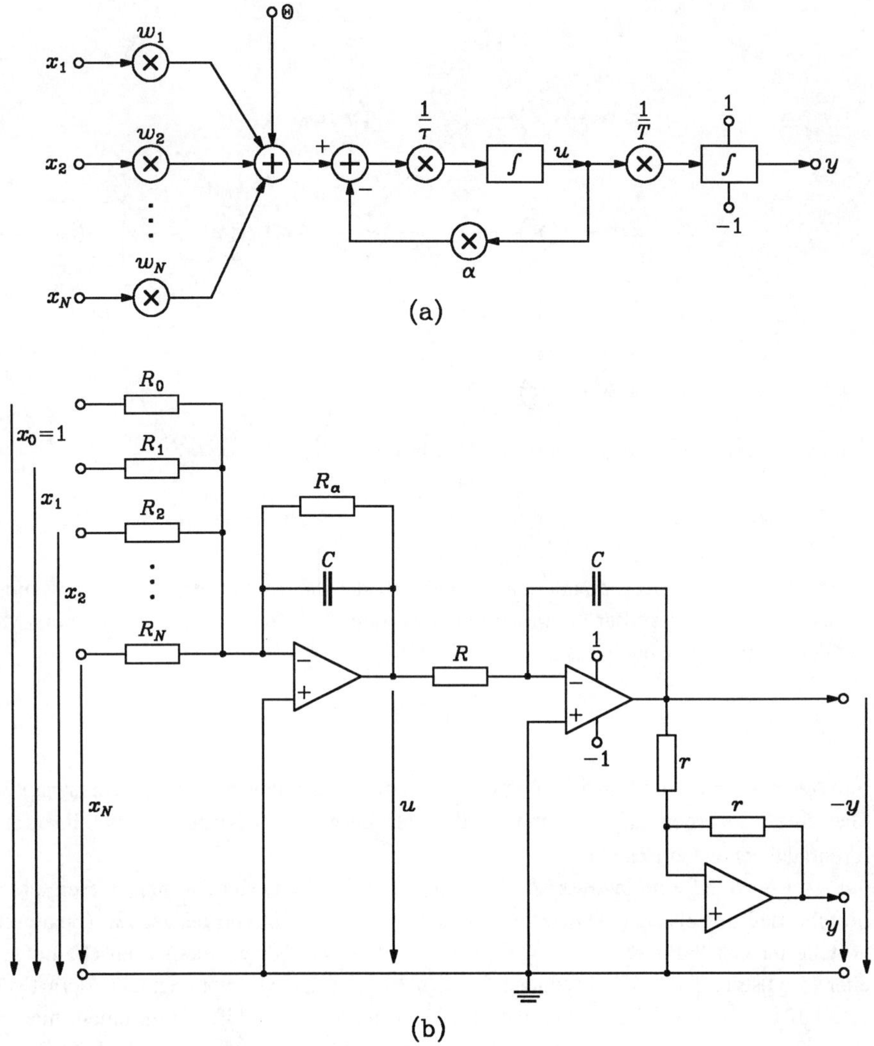

Bild 12.10: Modifiziertes Hopfield-Neuron; (a) Signalflußdiagramm; (b) Netzwerk-Realisierung

$$v = \sum_{i=0}^{N} w_i x_i \,.$$

Dieses Element mit dem Eingangssignal $v(t)$ und dem Ausgangssignal $u(t)$ hat die Übertragungsfunktion $H(p)$, so daß mit den Laplace-Transformierten $V(p)$ und $U(p)$ von $v(t)$ bzw. $u(t)$ die Beziehung

$$U(p) = H(p)V(p) \quad \text{bzw.} \quad u(t) = \int_{-\infty}^{\infty} h(\tau)v(t-\tau)\,\mathrm{d}\tau$$

gilt, wobei $h(t)$ die Impulsantwort des linearen, zeitinvarianten Elements ist. Im Sonderfall $H(p) \equiv 1$ erhält man das statische Modell nach Bild 12.1. Das Hopfield-Neuron nach Bild 12.8 ergibt sich für

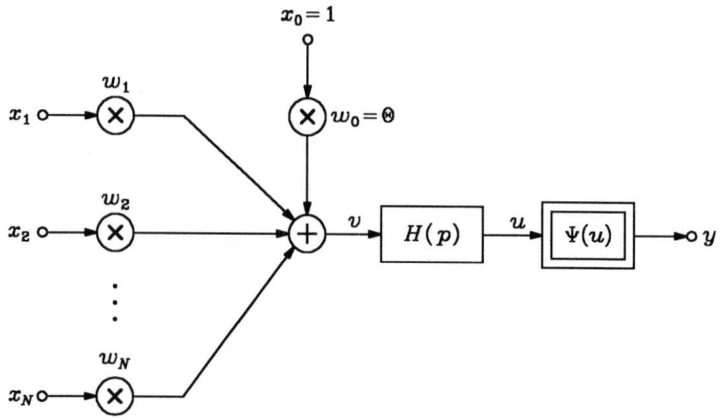

Bild 12.11: Verallgemeinertes kontinuierliches Modell eines Neurons

$$H(p) = \frac{1}{\alpha + \tau p}.$$

Es wurden auch Neuronenmodelle eingeführt, die durch eine nichtlineare Zustandsgleichung für u als Zustandsgröße beschrieben werden. Ein Beispiel ist das Grossberg-Modell mit der Zustandsgleichung

$$\tau \frac{\mathrm{d}u}{\mathrm{d}t} = -\alpha u + (\gamma - \beta u) \sum_{\nu=0}^{N} w_i x_i$$

mit $x_0 \equiv 1$, $w_0 = \Theta$ und $y = \Psi(u)$ sowie konstanten Parametern α, β, γ. Die synaptischen Gewichte w_ν werden aufgrund einer bestimmten Lernregel in Form einer nichtlinearen Differentialgleichung eingestellt.

Es sei noch auf eine interessante Variante des Grossberg-Modells hingewiesen, die darin besteht, daß anstelle der Aktivierungsfunktion $y = \Psi(u)$ ein von der Größe (Spannung) u gesteuerter Oszillator verwendet wird, dessen Ausgangsgröße y eine periodische Folge gleicher Impulse darstellt. Die Frequenz f dieser Impulsfolge wird vom Signal u derart gesteuert, daß f vom Wert 0 im Falle, daß das Neuron nicht "aktiv" ist, bis zu einem maximalen Wert $f_{\max}$ variiert, wenn das Neuron "seine volle Aktivität" entfaltet. Diese Funktionsweise entspricht dem Verhalten vieler biologischer Neuronen, bei denen die Information in der Form von Impulsfolgen übertragen wird, deren Pulsrate von den inneren Potentialen abhängt. Die übertragene Information wird also in Form der Impulsdichte repräsentiert.

1.7 DISKONTINUIERLICHE MODELLE FÜR NEURONEN

Die bisher untersuchten Modelle für Neuronen stellen kontinuierliche Systeme dar. Das dynamische Verhalten kontinuierlicher Modelle wird durch Differentialgleichungen beschrieben. Im folgenden soll ein diskontinuierliches Modell für ein Neuron vorgestellt werden. Es wird durch die Differenzengleichung

$$z_\mu[n+1] = \Psi\left(\sum_{\nu=1}^{N} w_\nu z_\nu[n] + \Theta\right) \tag{12.17}$$

($\mu \in \{1, 2, \ldots, N\}$) beschrieben, wobei die Werte $z_\nu[n]$ die Abtastwerte $z_\nu(nT)$ eines kontinuierlichen Signals $z_\nu(t)$ bedeuten können und T dann die Abtastperiode ist. Bild 12.12 zeigt eine entsprechende Realisierung. Die Parameter w_ν repräsentieren die synaptischen Gewichte, und Ψ ist die Aktivierungsfunktion, die üblicherweise als Signumfunktion gewählt wird. Seine eigentliche Bedeutung erlangt dieses Neuronenmodell erst als Grundbaustein des im Abschnitt 2.2.6 zu besprechenden diskontinuierlichen neuronalen Hopfield-Netzwerks.

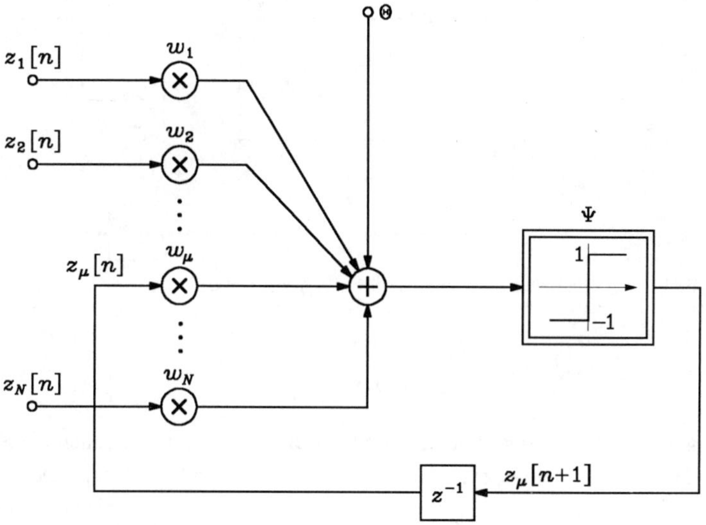

Bild 12.12: Ein diskontinuierliches Neuronenmodell

Bild 12.13 zeigt ein weiteres diskontinuierliches Modell für ein Neuron. Dieses wird durch die Differenzengleichungen

$$u_\mu[n+1] = u_\mu[n] + \left[\sum_{\nu=1}^{N} w_\nu z_\nu[n] + \Theta \right], \tag{12.18a}$$

$$z_\mu[n+1] = \Psi(u_\mu[n+1]) \tag{12.18b}$$

($\mu \in \{1, 2, \ldots, N\}$) beschrieben. Es kann als eine diskrete Version des kontinuierlichen Hopfield-Neurons aufgefaßt werden. Man kann die Gl. (12.18a) als Realisierung der Eulerschen Vorwärtsintegration des auf der rechten Seite auftretenden Klammerausdrucks interpretieren.

In Analogie zum verallgemeinerten kontinuierlichen Modell nach Bild 12.11 kann auch ein verallgemeinertes diskontinuierliches Modell eines Neurons verwendet werden. Der Unterschied zum Signalflußdiagramm aus Bild 12.11 ist darin zu sehen, daß die kontinuierlichen Signale $x_\nu(t)$ ($\nu = 0, 1, \ldots, N$), $u(t)$, $v(t)$ und $y(t)$ durch diskontinuierliche Signale $x_\nu[n]$, $u[n]$, $v[n]$ bzw. $y[n]$ ersetzt werden und die Übertragungsfunktion $H(p)$ durch $H(z)$. Als Beispiel für diese Übertragungsfunktion sei

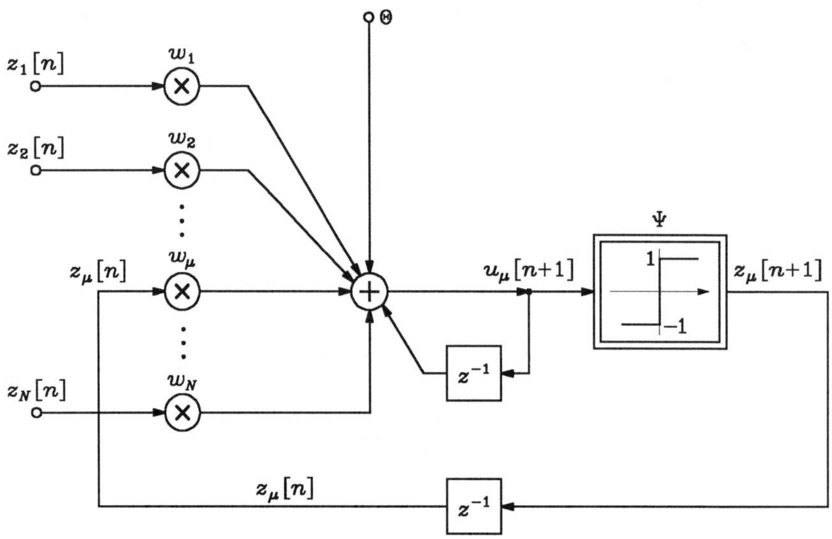

Bild 12.13: Ein weiteres diskontinuierliches Neuronenmodell

$$H(z) = \frac{a_0 + a_1 z^{-1} + a_2 z^{-2}}{1 + b_1 z^{-1} + b_2 z^{-2}}$$

genannt. Neben den synaptischen Gewichten w_ν sind dann auch die Koeffizienten a_i und b_j Trainingsparameter, eventuell zusätzlich noch γ, falls Ψ als Sigmoidfunktion gewählt wird.

2 Neuronale Netzwerke

Wenn mehrere, in der Regel sehr viele, Neuronen miteinander verbunden werden, entsteht ein neuronales System, meistens neuronales Netzwerk genannt. Die Verbindungen erfolgen über die äußeren Knoten der beteiligten Neuronen. Es gibt viele Möglichkeiten, Neuronen miteinander zu verbinden. Die unterschiedlichen Verbindungsstrukturen heißen Architekturen. Eine Grundaufgabe der Theorie der neuronalen Netzwerke besteht einerseits darin, Architekturen für neuronale Netzwerke zu entwickeln, die zur Lösung bestimmter Aufgaben geeignet sind, andererseits in der Bereitstellung von entsprechenden Algorithmen, insbesondere zur Einstellung der Parameter des Netzwerks. Hierbei spricht man vom Vorgang des Lernens oder Trainierens. Wenn der Lernprozeß aufgrund einer Vorschrift von außen durchgeführt wird, nennt man den Prozeß überwachtes Lernen ("Lernen mit einem Lehrer"). Falls das Netzwerk in der Lage ist, aufgrund einer in seiner Struktur vorhandenen Fähigkeit die Parameter selbst zu adaptieren, heißt der Vorgang unüberwachtes Lernen. Bei den Architekturen neuronaler Netzwerke kann man zwischen nichtrückgekoppelten, rückgekoppelten und zellularen Netzwerken unterscheiden. Bei den nichtrückgekoppelten ("Feedforward"-) Netzwerkarchitekturen sind die Neuronen derart miteinander verbunden, daß jedes Neuron seine Eingangssignale von außen oder von anderen Neuronen empfängt, ohne daß eine Rückkopplung, d.h. ein geschlossener Weg für den Signalfluß innerhalb der Architektur vorhanden ist. Insofern treten bei neuronalen Netzwerken dieser Art keine Stabilitätsprobleme auf. Die Architekturen rückgekoppelter neuronaler Systeme enthalten Signalflußrückführungen. Auf diese Weise lassen sich besondere dynamische Verhaltensweisen erzeugen, wie sie für nichtlineare Systeme bereits in Kapitel VIII erörtert wurden. Zellulare neuronale Netzwerke bestehen aus regelmäßig angeordneten speziellen Neuronen, auch Zellen genannt, die mit anderen Neuronen, jedoch nur in ihrer unmittelbaren Umgebung kommunizieren. Benachbarte Zellen können so über direkte Verbindungen miteinander kooperieren. Zellen, die nicht direkt miteinander verbunden sind, können einander nur indirekt durch Signalfortpflanzung im Netzwerk beeinflußen. Die Zellen des Netzwerks sind üblicherweise in Form eines zweidimensionalen Gitters angeordnet.

Es ist zu erwarten, daß die Eigenschaften eines neuronalen Netzwerks nicht nur von seiner Architektur, sondern auch vom Typ der auftretenden Neuronen bestimmt werden.

Im folgenden werden einige neuronale Netzwerke vorgestellt, die aus Neuronen aufgebaut sind, welche im vorausgegangenen Abschnitt eingeführt wurden, und inzwischen als traditionell betrachtet werden dürfen.

2.1 DAS NICHTRÜCKGEKOPPELTE MEHRSCHICHTIGE PERZEPTRON

2.1.1 Die Netzwerkstruktur

Das im Abschnitt 1.3 als Modell eines Neurons eingeführte (einschichtige) Perzeptron wird zu einem neuronalen Netzwerk, dem sogenannten mehrschichtigen Perzeptron erweitert. Die Architektur dieser Klasse neuronaler Netzwerke ist dadurch ausgezeichnet, daß alle Neuronen des Netzwerks in verschiedenen Schichten angeordnet sind. Alle Neuronen einer Schicht sind zwar nicht miteinander, jedoch mit sämtlichen Neuronen in den beiden unmittelbar angrenzenden Schichten verbunden. Im Bild 12.14a wird die Struktur einer einzelnen Schicht Nr. i gezeigt. Jeder der N_{i-1} Eingänge dieser Schicht ist mit jedem der N_i Addierer verbunden, wobei auf jeder dieser Verbindungen das einlaufende Signal $v_k^{(i-1)}$ mit dem synaptischen Gewicht $w_{jk}^{(i)}$ $(k = 1, 2, \ldots, N_{i-1};\, j = 1, 2, \ldots, N_i)$ multipliziert wird. Mit den eingeführten Schwellwerten $w_{j0}^{(i)} := \Theta_j^{(i)}$ $(j = 1, 2, \ldots, N_i)$ und $v_0^{(i-1)}(t) \equiv 1$ erhält man die Ausgangssignale

$$v_j^{(i)}(t) = \Psi_j^{(i)}\left[\sum_{k=0}^{N_{i-1}} v_k^{(i-1)}(t)\, w_{jk}^{(i)}\right] \qquad (j = 1, 2, \ldots, N_i), \tag{12.19}$$

wobei $\Psi_j^{(i)}$ die Aktivierungsfunktionen sind. Es werden nun die folgenden Bezeichnungen festgelegt:

$$\boldsymbol{v}^{(i)} := \begin{bmatrix} 1 \\ v_1^{(i)} \\ v_2^{(i)} \\ \vdots \\ v_{N_i}^{(i)} \end{bmatrix}; \quad \boldsymbol{w}_j^{(i)} := \begin{bmatrix} \Theta_j^{(i)} \\ w_{j1}^{(i)} \\ \vdots \\ w_{jN_{i-1}}^{(i)} \end{bmatrix}; \quad \boldsymbol{W}^{(i)} := [\, \boldsymbol{w}_1^{(i)} \ \cdots \ \boldsymbol{w}_{N_i}^{(i)} \,] \tag{12.20a-c}$$

und

$$\boldsymbol{\Psi}^{(i)}(\boldsymbol{v}^{(i-1)}, \boldsymbol{W}^{(i)}) := [\, \Psi_1^{(i)}(\boldsymbol{v}^{(i-1)\mathrm{T}} \boldsymbol{w}_1^{(i)}) \ \cdots \ \Psi_{N_i}^{(i)}(\boldsymbol{v}^{(i-1)\mathrm{T}} \boldsymbol{w}_{N_i}^{(i)}) \,]^{\mathrm{T}} . \tag{12.20d}$$

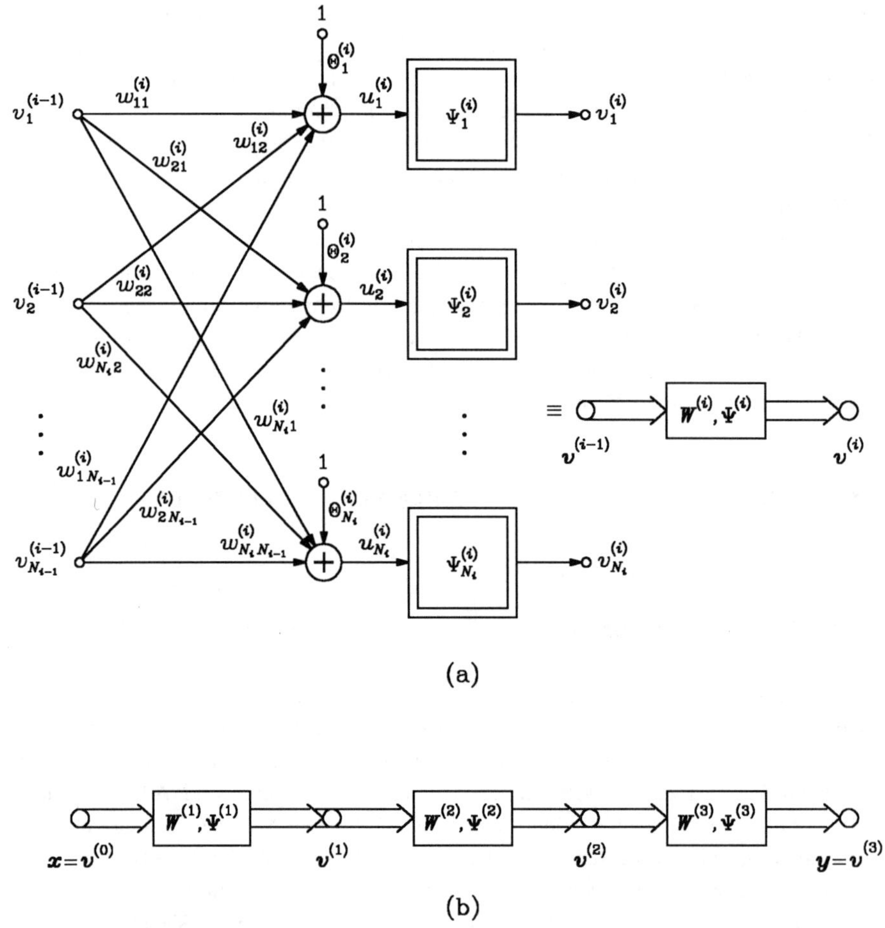

Bild 12.14: Mehrschichtiges Perzeptron; (a) Struktur einer einzelnen Schicht (i = 1, 2, 3); (b) Kaskade von drei Schichten

Durch Kaskadierung mehrerer Schichten entsteht ein mehrschichtiges Perzeptron. Bild 12.14b zeigt als Beispiel ein dreischichtiges Perzeptron [1)] mit $\boldsymbol{x} = \boldsymbol{v}^{(0)}$ und $\boldsymbol{y} = \boldsymbol{v}^{(3)}$. Aufgrund der Beziehung

$$\boldsymbol{v}^{(i)} = \boldsymbol{\Psi}^{(i)}(\boldsymbol{v}^{(i-1)}, \boldsymbol{W}^{(i)})$$

gilt für das Perzeptron von Bild 12.14b

$$\boldsymbol{y}(t) = \boldsymbol{\Psi}^{(3)}(\boldsymbol{\Psi}^{(2)}(\boldsymbol{\Psi}^{(1)}(\boldsymbol{x}(t), \boldsymbol{W}^{(1)}), \boldsymbol{W}^{(2)}), \boldsymbol{W}^{(3)}) =: \boldsymbol{\Psi}(\boldsymbol{x}(t)). \tag{12.21}$$

Man beachte, daß durch die Kaskadierung der Schichten nur die unmittelbar benachbarten

1) Man kann die Eingänge zu einer Eingangsschicht zusammenfassen, in der nur die Eingangssignale weitergeleitet werden. Ebenso kann man die Ausgänge zu einer Ausgangsschicht zusammenfassen, in der nur die Ausgangssignale nach außen abgegeben werden. Bei dieser Betrachtungsweise handelt es sich im Bild 12.14b um ein Perzeptron mit 5 Schichten.

Schichten miteinander verbunden sind. Signalrückführungen (Rückkopplungen) sind nicht vorhanden.

Die synaptischen Gewichte sind in der Weise einzustellen, daß das neuronale Netzwerk ein gewünschtes Übertragungsverhalten gemäß Gl. (12.21) aufweist und damit eine geforderte Zuordnung von $\boldsymbol{x}(t)$ zu $\boldsymbol{y}(t)$ liefert, somit die Eingangsdaten richtig verarbeitet. Die Einstellung der Gewichte geschieht durch einen Berechnungsprozeß, den man Lern- oder Trainingsvorgang nennt.

2.1.2 Der Back-Propagation-Algorithmus

Im folgenden wird ein Standardverfahren beschrieben, das dazu dient, ein mehrschichtiges Perzeptron zu trainieren. Einfachheitshalber erfolgt eine Beschränkung auf ein Perzeptron mit drei Schichten (Bild 12.14). Die Anzahl der Neuronen in der Schicht Nr. i sei $N_i (i = 1, 2, 3)$. Die Zahl der Eingänge des gesamten Systems wird mit N_0 bezeichnet. Für die Werte der Ausgangsgrößen y_ν $(\nu = 1, 2, \ldots, N_3)$ als Reaktion auf einen bestimmten Eingangsvektor $\boldsymbol{x}$ ist ein Mustertupel $(d_1, d_2, \ldots, d_{N_3})$ vorgeschrieben, d.h. es wird verlangt, daß durch geeignete Wahl der synaptischen Gewichte jedes y_ν möglichst genau mit $d_\nu (\nu = 1, 2, \ldots, N_3)$ übereinstimmt. Mit $w_{jk}^{(i)}$ wird das synaptische Gewicht in der Schicht i bezeichnet, das längs der Verbindung des k-ten Eingangs der Schicht i mit dem j-ten Neuron derselben Schicht wirkt. Die Signale an den Addiererausgängen in der Schicht i seien $u_j^{(i)} (j = 1, 2, \ldots, N_i)$, die Signale an den Ausgängen der Nichtlinearitäten, die in jeder Schicht eine einheitliche Aktivierungsfunktion $\Psi_j^{(i)} = \Psi^{(i)}$ haben sollen, seien $v_j^{(i)}$, so daß

$$v_j^{(i)} = \Psi^{(i)}(u_j^{(i)}) \qquad (12.22)$$

$(i = 1, 2, 3;\ j = 1, 2, \ldots, N_i)$ geschrieben werden kann. Neben dieser Gleichung besteht noch die im folgenden wichtige Beziehung

$$u_j^{(i)} = \sum_{k=1}^{N_{i-1}} v_k^{(i-1)} w_{jk}^{(i)} + \Theta_j^{(i)} \qquad (12.23)$$

für $i = 1, 2, 3$ und $j = 1, 2, \ldots, N_i$. Zu beachten sind noch die Relationen

$$x_j = v_j^{(0)} \quad (j = 1, 2, \ldots, N_0)$$

und

$$y_j = v_j^{(3)} \quad (j = 1, 2, \ldots, N_3).$$

Als Maß für die Approximation der vorgeschriebenen Werte d_j durch die Werte y_j wird der Fehler

$$E := \frac{1}{2} \sum_{j=1}^{N_3} e_j^2 \qquad (12.24)$$

mit

$$e_j := d_j - y_j \qquad (12.25)$$

eingeführt. Weiterhin werden die Größen

$$\delta_j^{(i)} := -\frac{\partial E}{\partial u_j^{(i)}} \tag{12.26}$$

für $i = 1, 2, 3$ und $j = 1, 2, \ldots, N_i$ definiert. Sie seien im weiteren δ-Koeffizienten genannt. Sie stellen ein Maß für die Abnahme des Fehlers E bei Variation der Größe $u_j^{(i)}$ dar.

Für $i = 3$ ergibt sich aufgrund der Gln. (12.24) und (12.22) sowie wegen $y_j = v_j^{(3)}$

$$\delta_j^{(3)} = -\frac{\partial E}{\partial e_j}\frac{\partial e_j}{\partial u_j^{(3)}} = e_j\frac{\partial y_j}{\partial u_j^{(3)}} = e_j\frac{\mathrm{d}\Psi^{(3)}(u_j^{(3)})}{\mathrm{d}u_j^{(3)}} . \tag{12.27}$$

Weiterhin ergibt sich

$$\delta_j^{(2)} = -\frac{\partial E}{\partial v_j^{(2)}}\frac{\partial v_j^{(2)}}{\partial u_j^{(2)}} = -\frac{\partial E}{\partial v_j^{(2)}}\frac{\mathrm{d}\Psi^{(2)}(u_j^{(2)})}{\mathrm{d}u_j^{(2)}}$$

und mit

$$-\frac{\partial E}{\partial v_j^{(2)}} = -\sum_{k=1}^{N_3}\frac{\partial E}{\partial u_k^{(3)}}\frac{\partial u_k^{(3)}}{\partial v_j^{(2)}} = \sum_{k=1}^{N_3}\left(-\frac{\partial E}{\partial u_k^{(3)}}\right)\frac{\partial}{\partial v_j^{(2)}}\left[\sum_{\mu=1}^{N_3} v_\mu^{(2)} w_{k\mu}^{(3)} + \Theta_k^{(3)}\right]$$

$$= \sum_{k=1}^{N_3}\delta_k^{(3)} w_{kj}^{(3)}$$

schließlich

$$\delta_j^{(2)} = \frac{\mathrm{d}\Psi^{(2)}(u_j^{(2)})}{\mathrm{d}u_j^{(2)}}\sum_{k=1}^{N_3}\delta_k^{(3)} w_{kj}^{(3)} . \tag{12.28}$$

Entsprechend erhält man

$$\delta_j^{(1)} = \frac{\mathrm{d}\Psi^{(1)}(u_j^{(1)})}{\mathrm{d}u_j^{(1)}}\sum_{k=1}^{N_2}\delta_k^{(2)} w_{kj}^{(2)} . \tag{12.29}$$

Als Ergebnis der vorausgegangenen Überlegungen kann festgestellt werden, daß die δ-Koeffizienten der ersten Schicht nach Gl. (12.29) im wesentlichen aus den δ-Koeffizienten der zweiten Schicht erhalten werden. Die δ-Koeffizienten der zweiten Schicht berechnen sich nach Gl. (12.28) im wesentlichen aus denen der dritten (letzten) Schicht. Die δ-Koeffizienten der letzten Schicht erhält man einfach nach Gl. (12.27). Man sieht also, wie alle δ-Koeffizienten rückläufig aus den aktuellen Werten der synaptischen Gewichte, den Größen e_j nach Gl. (12.25) und den Differentialquotienten der Aktivierungsfunktionen $\Psi^{(i)}(u_j^{(i)})$ für die aktuellen Werte der Größen $u_j^{(i)}$ berechnet werden können.

Die δ-Koeffizienten lassen sich nun dazu verwenden, das neuronale Netzwerk zu trainieren. Dazu werden die synaptischen Gewichte nach der Methode des steilsten Abstiegs additiv verändert, d.h. mit einem $\eta > 0$ die Gewichte $w_{jk}^{(3)}$ um

$$\Delta w_{jk}^{(3)} = -\eta\frac{\partial E}{\partial w_{jk}^{(3)}} = -\eta\frac{\partial E}{\partial u_j^{(3)}}\frac{\partial u_j^{(3)}}{\partial w_{jk}^{(3)}}$$

$$= \eta\,\delta_j^{(3)} v_k^{(2)} , \tag{12.30}$$

die Gewichte $w_{jk}^{(2)}$ um

$$\Delta w_{jk}^{(2)} = -\eta \frac{\partial E}{\partial w_{jk}^{(2)}} = -\eta \frac{\partial E}{\partial u_j^{(2)}} \frac{\partial u_j^{(2)}}{\partial w_{jk}^{(2)}}$$

$$= \eta\, \delta_j^{(2)} v_k^{(1)} \tag{12.31}$$

und die Gewichte $w_{jk}^{(1)}$ um

$$\Delta w_{jk}^{(1)} = -\eta \frac{\partial E}{\partial w_{jk}^{(1)}} = -\eta \frac{\partial E}{\partial u_j^{(1)}} \frac{\partial u_j^{(1)}}{\partial w_{jk}^{(1)}}$$

$$= \eta\, \delta_j^{(1)} v_k^{(0)} \quad (v_k^{(0)} = x_k)\,. \tag{12.32}$$

Die Ergebnisse können direkt auf Netzwerke mit mehr als drei Schichten erweitert werden.

Es besteht nun die Möglichkeit, den vorstehend beschriebenen sogenannten Back-Propagation-Algorithmus unter Verwendung von mehreren Eingangs-Ausgangs-Mustervektorpaaren $(\boldsymbol{x}^{(\nu)}, \boldsymbol{d}^{(\nu)})$ $(\nu = 1, 2, \ldots, M)$ zyklisch in folgenden Schritten durchzuführen:

(i) Zunächst werden den Gewichten willkürliche Anfangswerte zugeordnet, die betraglich nicht zu groß gewählt werden sollten, um zu vermeiden, daß die Aktivierungsfunktionen zu Beginn in die Sättigung geraten.

(ii) Es wird gemäß Gl. (12.21) der zum ersten Eingangsvektor $\boldsymbol{x}^{(1)}$ gehörige Ausgangsvektor $\boldsymbol{y}^{(1)}$ berechnet, wobei die aktuellen Werte der Gewichte zu verwenden sind.

(iii) Aufgrund des berechneten Vektors $\boldsymbol{y}^{(1)}$ und des für $\boldsymbol{y}^{(1)}$ vorgeschriebenen Vektors $\boldsymbol{d}^{(1)}$ werden die δ-Koeffizienten nach den Gln. (12.27)-(12.29) berechnet.

(iv) Mit Hilfe der Gewichtsänderungen, die nach den Gln. (12.30)-(12.32) zu berechnen sind, werden neue Werte für die Gewichte gebildet.

(v) Mit dem nächsten Eingangsmuster $\boldsymbol{x}^{(2)}$ und den neuen Gewichten wird nach Rückkehr zum Schritt (ii) der Algorithmus erneut durchgeführt, wobei $\boldsymbol{d}^{(2)}$ der für $\boldsymbol{y}^{(2)}$ vorgeschriebene Vektor ist.

Der Algorithmus wird für alle Vektorpaare $(\boldsymbol{x}^{(\nu)}, \boldsymbol{d}^{(\nu)})$ in der beschriebenen Weise wiederholt.

Eine Variante des dargestellten Algorithmus (des On-Line-Lernens) besteht darin, daß man anstelle des Fehlers nach Gl. (12.24) unter Beibehaltung der Startwerte für die Gewichte zunächst alle Ausgangsvektoren $\boldsymbol{y}^{(\nu)}$ für sämtliche Eingangsmuster $\boldsymbol{x}^{(\nu)}$ $(\nu = 1, 2, \ldots, M)$ berechnet und dann mit den entsprechenden Vorschriften $\boldsymbol{d}^{(\nu)}$ für die $\boldsymbol{y}^{(\nu)}$ die Größe

$$E := \frac{1}{2} \sum_{\nu=1}^{M} \| \boldsymbol{d}^{(\nu)} - \boldsymbol{y}^{(\nu)} \|^2 \tag{12.33}$$

als neuen Fehler einführt. Durch Variation der Gewichte kann jetzt dieser Fehler schrittweise verkleinert werden. Dabei wird in jedem Schritt eine entsprechende Änderung der Gewichte berechnet und die Prozedur so lange wiederholt, bis E ein Minimum oder einen genügend kleinen Wert erreicht hat. Diese Vorgehensweise wird häufig Batch-Lernen genannt.

2.1.3 Die Approximationsfähigkeit des mehrschichtigen Perzeptrons

Die Hauptanwendung des mehrschichtigen Perzeptrons ist die Approximation von im allgemeinen nichtlinearen Funktionen. Gemäß Gl. (12.21) wird durch ein mehrschichtiges Perzeptron eine Abbildung

$$\boldsymbol{y} = \boldsymbol{f}(\boldsymbol{x})$$

vermittelt. Die Form von $\boldsymbol{f}(\boldsymbol{x})$ wird durch die Anzahl der Schichten des Perzeptrons, die Anzahl der Neuronen in den einzelnen Schichten, durch die Wahl der Aktivierungsfunktionen und der Werte der synaptischen Gewichte bestimmt. Wenn man davon ausgeht, daß als Aktivierungsfunktionen nur die im Abschnitt 1.1 vorgestellten Funktionen zugelassen werden, so läßt sich die folgende Aussage machen [Ho3]: Eine in einem Gebiet $G \subset \mathbb{R}^{N_0}$ vorgeschriebene stetige Funktion $\boldsymbol{f}_0(\boldsymbol{x})$ läßt sich beliebig genau durch eine Funktion $\boldsymbol{f}(\boldsymbol{x})$ approximieren, die zur Gesamtheit aller Abbildungen gehört, welche durch ein zweischichtiges Perzeptron realisiert werden. Das heißt, daß jede stetige Funktion beliebig genau durch ein geeignetes zweischichtiges Perzeptron verwirklicht werden kann. Diese Aussage drückt die universelle Approximationsfähigkeit des zweischichtigen Perzeptrons aus. In der zweiten (Ausgabe-) Schicht des Perzeptrons dürfen hierbei sogar alle Aktivierungsfunktionen als Identitäten $\Psi^{(2)}(u) = u$ gewählt werden.

2.2 DAS KONTINUIERLICHE HOPFIELD-NETZWERK

2.2.1 Die Netzwerkarchitektur

Das im folgenden zu besprechende auf J.J. Hopfield zurückgehende neuronale Netzwerk ist ein rückgekoppeltes dynamisches System und unterscheidet sich systemtheoretisch wesentlich vom rein statischen (mehrschichtigen) Perzeptron des vorausgegangenen Abschnitts. Es wird sich zeigen, daß das Hopfield-Netzwerk ein nichtlineares System darstellt, das mit Konzepten aus Kapitel VIII untersucht werden kann.

Bild 12.15 zeigt das Hopfield-Netzwerk, das aus einer Verbindung eines regelmäßigen Feldes von $2q^2$ ohmschen Widerständen $R_{ji}^{\pm} > 0$ mit q nichtlinearen Verstärkern sowie mit q äußeren (Bias-) Gleichstromquellen und q RC-Gliedern mit $R_{j0} > 0$, $C_j > 0$ $(j = 1, \ldots, q)$ besteht. Die Verstärker besitzen die statischen Charakteristiken $v_i = \Psi_i(u_i)$ $(i = 1, 2, \ldots, q)$ und symmetrische Ausgänge $\pm z_i$. Die beiden Verstärkerausgänge sind erforderlich, um positive und negative synaptische Gewichte einstellen zu können. Ein Vergleich mit Bild 12.9 läßt erkennen, daß das Netzwerk von Bild 12.15 aus einer Verbindung von Hopfield-Neuronen entstanden ist. Wendet man auf die Knoten $1, 2, \ldots, q$ an den q Verstärkereingängen die Kirchhoffsche Knotenregel an, so erhält man das Gleichungssystem

$$C_j \frac{\mathrm{d}u_j}{\mathrm{d}t} = \sum_{i=1}^{q} \frac{1}{R_{ji}^{+}}(z_i - u_j) + \sum_{i=1}^{q} \frac{1}{R_{ji}^{-}}(-z_i - u_j) + I_j - \frac{u_j}{R_{j0}}, \tag{12.34a}$$

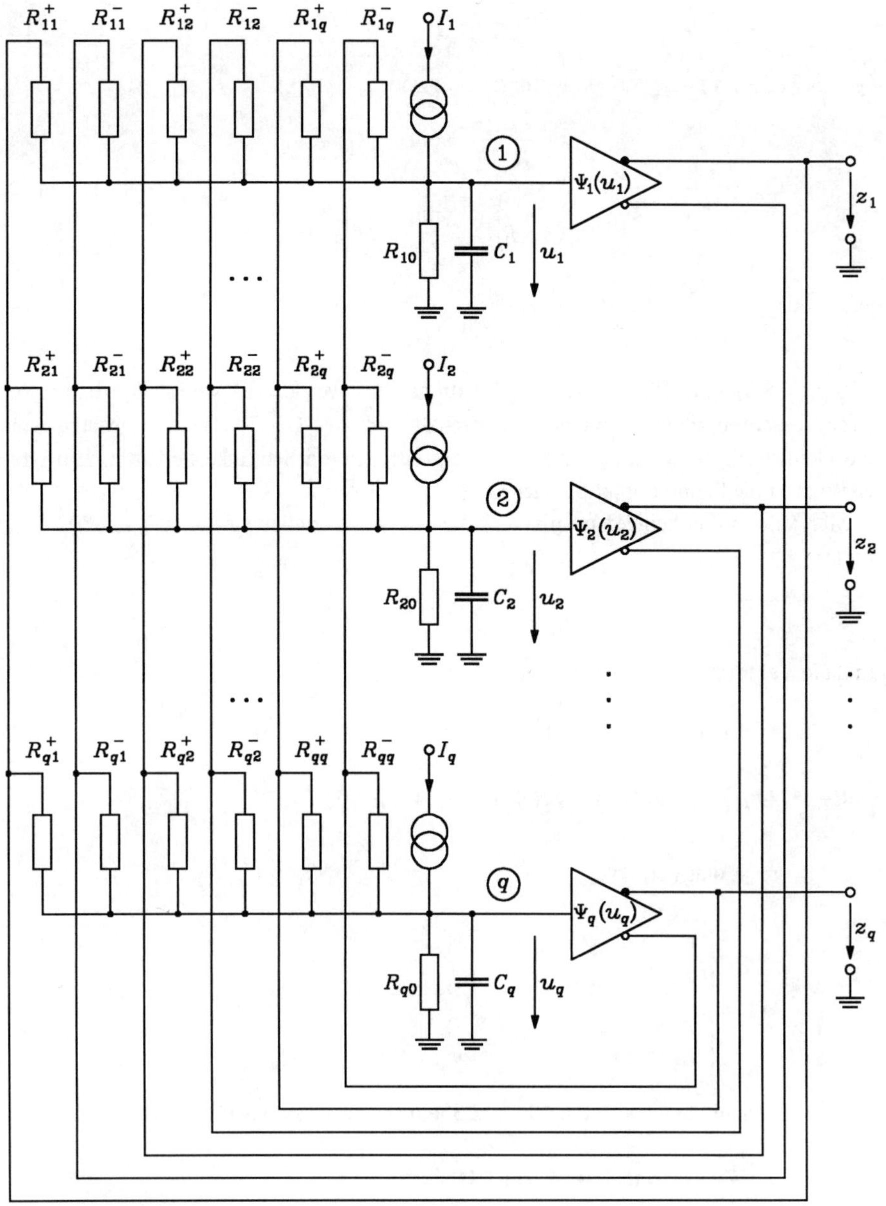

Bild 12.15: Elektronische Realisierung des kontinuierlichen Hopfield-Netzwerks

$$z_j = \Psi_j(u_j) \tag{12.34b}$$

($j = 1, 2, \ldots, q$), das auch in der modifizierten Form

$$C_j \frac{\mathrm{d}u_j}{\mathrm{d}t} = -\frac{u_j}{R_j} + \sum_{i=1}^{q} G_{ji} z_i + I_j , \tag{12.35a}$$

$$z_j = \Psi_j(u_j) \tag{12.35b}$$

$(j = 1, 2, \dots, q)$ ausgedrückt werden kann, wobei

$$G_{ji} = \frac{1}{R_{ji}^+} - \frac{1}{R_{ji}^-} = \begin{cases} \dfrac{1}{R_{ji}^+} & \text{mit} \quad R_{ji}^- = \infty , \\ -\dfrac{1}{R_{ji}^-} & \text{mit} \quad R_{ji}^+ = \infty \end{cases} \tag{12.36a}$$

und

$$\frac{1}{R_j} = \frac{1}{R_{j0}} + \sum_{i=1}^{q} \left(\frac{1}{R_{ji}^+} + \frac{1}{R_{ji}^-} \right) \tag{12.36b}$$

$(R_{ji}^+, R_{ji}^- > 0)$ gilt. Die Aktivierungsfunktionen Ψ_j werden als stetig differenzierbar und streng monoton steigend mit der Eigenschaft $-\hat{Z} < \Psi_j(u_j) < \hat{Z}$ vorausgesetzt, wobei $\hat{Z}$ die kleinste obere Schranke und $-\hat{Z}$ die größte untere Schranke bedeutet. Ein typisches Beispiel ist die Sigmoidfunktion nach Gl. (12.2) mit $\hat{Z} = 1$.

Man kann mit beliebigen positiven Skalierungswiderständen r_j $(j = 1, 2, \dots, q)$ die Parameter

$$\tau_j := r_j C_j , \quad \alpha_j := \frac{r_j}{R_j} , \quad w_{ji} := r_j G_{ji} , \quad \Theta_j := r_j I_j$$

und die Vektoren bzw. Matrizen

$$\boldsymbol{u} := [u_1 \quad u_2 \quad \cdots \quad u_q]^{\mathrm{T}} , \quad \boldsymbol{\Theta} := [\Theta_1 \quad \Theta_2 \quad \cdots \quad \Theta_q]^{\mathrm{T}} ,$$

$$\boldsymbol{\Psi}(\boldsymbol{u}) := [\Psi_1(u_1) \quad \Psi_2(u_2) \quad \cdots \quad \Psi_q(u_q)]^{\mathrm{T}} ,$$

$$\boldsymbol{\alpha} := \operatorname{diag}(\alpha_1, \alpha_2, \dots, \alpha_q), \quad \boldsymbol{\tau} := \operatorname{diag}(r_1 C_1, r_2 C_2, \dots, r_q C_q),$$

$$\boldsymbol{W} := \begin{bmatrix} w_{11} & w_{12} & \cdots & w_{1q} \\ w_{21} & w_{22} & \cdots & w_{2q} \\ \vdots & \vdots & & \vdots \\ w_{q1} & w_{q2} & \cdots & w_{qq} \end{bmatrix}$$

einführen. Damit lassen sich die Gln. (12.35a,b) in der Zustandsform

$$\boldsymbol{\tau} \frac{\mathrm{d}\boldsymbol{u}}{\mathrm{d}t} = -\boldsymbol{\alpha}\boldsymbol{u} + \boldsymbol{W}\boldsymbol{\Psi}(\boldsymbol{u}) + \boldsymbol{\Theta} \tag{12.37}$$

schreiben. Die Gleichgewichtspunkte des Hopfield-Netzwerks erhält man als die Lösungen $\boldsymbol{u} = \boldsymbol{u}_e$ der Gleichungen, die entstehen, wenn die rechte Seite der Gl. (12.37) gleich dem Nullvektor gesetzt wird.

2.2.2 Zustandsdarstellung und Stabilitätsanalyse

Es werden nun die Spannungen z_j $(j = 1, 2, \dots, q)$ als Zustandsgrößen gewählt. Die Umkehrfunktion von $z_j = \Psi_j(u_j)$ sei

$$u_j = \Psi_j^{(-1)}(z_j) \tag{12.38}$$

$(j = 1, 2, \ldots, q)$. Mit

$$\frac{\mathrm{d}z_j}{\mathrm{d}t} = \frac{\mathrm{d}\Psi_j(u_j)}{\mathrm{d}u_j}\,\frac{\mathrm{d}u_j}{\mathrm{d}t}$$

und der Abkürzung

$$h_j(z_j) := \left[\,\frac{\mathrm{d}\Psi_j(u_j)}{\mathrm{d}u_j}\,\right]_{u_j = \Psi_j^{(-1)}(z_j)} \tag{12.39}$$

liefert Gl. (12.35a)

$$\frac{\mathrm{d}z_j}{\mathrm{d}t} = \frac{1}{C_j}\,h_j(z_j)\left[-\frac{\Psi_j^{(-1)}(z_j)}{R_j} + \sum_{i=1}^{q} G_{ji} z_i + I_j\right] \tag{12.40}$$

für $j = 1, 2, \ldots, q$. Alle Zustände $\mathbf{z} = [z_1 \;\; z_2 \;\; \cdots \;\; z_q]^{\mathrm{T}}$ können wegen Gl. (12.34b) und $|\,\Psi_j\,| < \hat{Z}$ für alle $j \in \{1, \ldots, q\}$ nur in der Punktmenge

$$H = \{\mathbf{z} \in \mathbb{R}^q\,; \quad -\hat{Z} < z_j < \hat{Z}\,,\; j = 1, 2, \ldots, q\,\}$$

auftreten. Man beachte, daß aufgrund der getroffenen Voraussetzungen über die Aktivierungsfunktion die Funktion $h_j(z_j)$ nach Gl. (12.39) die Bedingung

$$h_j(z_j) > 0 \quad \text{für alle} \quad z_j \in (-\hat{Z}, \hat{Z})$$

erfüllt. Die Gleichgewichtszustände des Systems erhält man als Lösungen des Gleichungssystems

$$-\frac{\Psi_j^{(-1)}(z_j)}{R_j} + \sum_{i=1}^{q} G_{ji} z_i + I_j = 0 \tag{12.41}$$

für $j = 1, 2, \ldots, q$, wobei mehrere Lösungen in H möglich sind. Diese hängen von den Aktivierungscharakteristiken, von den ohmschen Widerständen und den Biasströmen ab. Es wird im weiteren angenommen, daß nur endlich viele Gleichgewichtszustände in H vorhanden sind und damit alle Gleichgewichtspunkte isolierte Punkte darstellen. Man beachte, daß die Zustandsdarstellung nach Gl. (12.40) äquivalent zum Modell nach Gl. (12.37) ist.

2.2.3 Der symmetrische Fall

Es wird jetzt angenommen, daß die Symmetriebedingung

$$G_{ji} = G_{ij} \tag{12.42}$$

für alle i und j erfüllt ist. Dann kann der transponierte Vektor mit der j-ten Komponente

$$-\left[-\frac{1}{R_j}\,\Psi_j^{(-1)}(z_j) + \sum_{i=1}^{q} G_{ji} z_i + I_j\right]$$

als Gradient $\partial V / \partial \mathbf{z}$ einer skalaren Funktion V aufgefaßt werden. Diese skalare Funktion lautet

$$V(\boldsymbol{z}) = -\frac{1}{2}\sum_{j=1}^{q}\sum_{i=1}^{q} G_{ji} z_j z_i + \sum_{j=1}^{q}\frac{1}{R_j}\int_0^{z_j}\Psi_j^{(-1)}(\zeta)\,\mathrm{d}\zeta - \sum_{j=1}^{q} I_j z_j \tag{12.43a}$$

oder, wenn man die Koeffizienten G_{ji} zur $q \times q$-Matrix $\boldsymbol{G}$, die I_j zum Vektor $\boldsymbol{I}$ zusammenfaßt und den Zustandsvektor $\boldsymbol{z}$ verwendet,

$$V(\boldsymbol{z}) = -\frac{1}{2}\boldsymbol{z}^{\mathrm{T}}\boldsymbol{G}\,\boldsymbol{z} - \boldsymbol{z}^{\mathrm{T}}\boldsymbol{I} + \sum_{j=1}^{q}\frac{1}{R_j}\int_0^{z_j}\Psi_j^{(-1)}(\zeta)\,\mathrm{d}\zeta . \tag{12.43b}$$

Diese Funktion ist stetig differenzierbar, jedoch nicht positiv-definit. Man kann jetzt aber Gl. (12.40) auf die Form

$$\frac{\mathrm{d}z_j}{\mathrm{d}t} = -\frac{1}{C_j}h_j(z_j)\frac{\partial V}{\partial z_j} \tag{12.44a}$$

$(j = 1, 2, \dots, q)$ oder mit der Diagonalmatrix $\boldsymbol{C} = \mathrm{diag}(C_1, \dots, C_q)$ und der Diagonalmatrix $\boldsymbol{H}(\boldsymbol{z}) = \mathrm{diag}(h_1(z_1), \dots, h_q(z_q))$ auf die Form

$$\boldsymbol{C}\frac{\mathrm{d}\boldsymbol{z}}{\mathrm{d}t} = -\boldsymbol{H}(\boldsymbol{z})\left(\frac{\partial V}{\partial \boldsymbol{z}}\right)^{\mathrm{T}} \tag{12.44b}$$

bringen. Es ist zu beachten, daß die Integrale in den Gln. (12.43a,b) vernachlässigt werden können, wenn Ψ_j eine Sigmoidfunktion mit sehr großem γ_j und $|z_j| < \hat{Z}$ ist. Wenn $\Psi_j = \mathrm{sgn}\, u_j$ gilt, verschwindet das entsprechende Integral.

Die Operation des neuronalen Hopfield-Netzwerks kann nun darin gesehen werden, daß $V(\boldsymbol{z})$ minimiert wird. Insofern spricht man auch von einem gradientenähnlichen Netzwerk. Für die zeitliche Ableitung von $V(\boldsymbol{z})$ längs der Trajektorien des betrachteten Systems ergibt sich bei Beachtung von Gl. (12.44a)

$$\frac{\mathrm{d}V(\boldsymbol{z})}{\mathrm{d}t} = \sum_{j=1}^{q}\frac{\partial V}{\partial z_j}\frac{\mathrm{d}z_j}{\mathrm{d}t} = -\sum_{j=1}^{q}\frac{1}{C_j}h_j(z_j)\left(\frac{\partial V}{\partial z_j}\right)^2 \leqq 0 . \tag{12.45}$$

Das Verschwinden von $\mathrm{d}V(\boldsymbol{z})/\mathrm{d}t$ impliziert, wie man sieht, das Verschwinden von $\partial V/\partial z_j$, d.h. von $\mathrm{d}z_j/\mathrm{d}t$ für alle $j = 1, 2, \dots, q$ und umgekehrt. Dies bedeutet, daß das Gleichheitszeichen in der Ungleichung (12.45) nur in den Gleichgewichtspunkten des Systems auftritt.

Es wird die beschränkte und abgeschlossene Punktmenge

$$\Omega(\varepsilon) := \{\boldsymbol{z} \in \mathbb{R}^q;\ -(\hat{Z} - \varepsilon) \leqq z_j \leqq (\hat{Z} - \varepsilon),\ j = 1, \dots, q\} \tag{12.46}$$

mit einem beliebig kleinen $\varepsilon > 0$ eingeführt. Es gilt $\mathrm{d}V(\boldsymbol{z})/\mathrm{d}t \leqq 0$ in allen Punkten von $\Omega(\varepsilon)$. Als Aktivierungsfunktionen werden jetzt speziell

$$z_j = \Psi_j(u_j) = \frac{2\hat{Z}}{\pi}\arctan\frac{\gamma\pi u_j}{2\hat{Z}} \tag{12.47a}$$

mit einem $\gamma > 0$, also

$$u_j = \frac{2\hat{Z}}{\gamma\pi}\tan\frac{\pi z_j}{2\hat{Z}} \tag{12.47b}$$

gewählt. Die Zustandsgleichungen (12.40) erhalten damit die Gestalt

$$\frac{\mathrm{d}z_j}{\mathrm{d}t} = \frac{1}{C_j} h_j(z_j) \left[-\frac{2\hat{Z}}{\gamma \pi R_j} \tan \frac{\pi z_j}{2\hat{Z}} + \sum_{i=1}^{q} G_{ji} z_i + I_j \right] \tag{12.48}$$

$(j = 1, 2, \ldots, q)$. Da für $\hat{Z} > |z_j| \geqq \hat{Z} - \varepsilon \quad (j = 1, 2, \ldots, q)$ die Abschätzung

$$\left| \tan \frac{\pi z_j}{2\hat{Z}} \right| \geqq \tan \frac{\pi(\hat{Z} - \varepsilon)}{2\hat{Z}}$$

gemacht werden kann, wobei die rechte Seite für $\varepsilon \to 0$ über alle Grenzen strebt, gelangt man bei Wahl eines hinreichend kleinen $\varepsilon > 0$ zur Beziehung

$$-\frac{2\hat{Z} z_j}{\gamma \pi R_j} \tan \frac{\pi z_j}{2\hat{Z}} + z_j \sum_{i=1}^{q} G_{ji} z_i + z_j I_j < 0$$

für $\hat{Z} - \varepsilon \leqq |z_j| < \hat{Z}$ $(j = 1, 2, \ldots, q)$. Damit ergibt sich aufgrund von Gl. (12.48)

$$\frac{\mathrm{d}(z_j^2)}{\mathrm{d}t} = 2 z_j \frac{\mathrm{d}z_j}{\mathrm{d}t} < 0 \quad \text{für} \quad \hat{Z} - \varepsilon \leqq |z_j| < \hat{Z}$$

für alle j. Demzufolge wird jede Trajektorie, die in $\Omega(\varepsilon)$ startet, diese Punktmenge nicht verlassen, und alle Trajektorien, die in $H - \Omega(\varepsilon)$, d.h. außerhalb $\Omega(\varepsilon)$ starten, treten in $\Omega(\varepsilon)$ ein. Die Punktmenge $\Omega(\varepsilon)$ ist also eine positiv invariante Menge. Alle Gleichgewichtspunkte des Systems befinden sich daher in $\Omega(\varepsilon)$. Die Menge M aller Gleichgewichtspunkte stimmt mit der Menge aller Punkte überein, in denen $\mathrm{d}V/\mathrm{d}t$ verschwindet, und sie ist eine Teilmenge von $\Omega(\varepsilon)$. Aufgrund des Satzes von LaSalle (Satz VIII.15) strebt jede in $\Omega(\varepsilon)$ startende Trajektorie für $t \to \infty$ gegen die größte in der Punktmenge

$$\{\boldsymbol{z} \in \Omega(\varepsilon); \; \dot{V}(\boldsymbol{z}) = 0\}$$

enthaltene invariante Menge, die hier durch M gegeben ist. Da M aus endlich vielen isolierten Punkten besteht, verläuft jede Trajektorie, die für $t \to \infty$ gegen M strebt, gegen *einen* der Gleichgewichtspunkte. Erreicht eine Trajektorie ausgehend von einem Gleichgewichtspunkt $\boldsymbol{z}_{e1}$ nach einer (infinitesimalen) Auslenkung einen Gleichgewichtspunkt $\boldsymbol{z}_{e2} \neq \boldsymbol{z}_{e1}$, dann besteht zwangsläufig die Ungleichung $V(\boldsymbol{z}_{e2}) < V(\boldsymbol{z}_{e1})$, so daß eine Rückkehr des Systems in den Gleichgewichtspunkt z_{e1} (nach einer weiteren infinitesimalen Auslenkung) nicht möglich ist: Oszillationen können damit ausgeschlossen werden.

Eine wesentliche Voraussetzung bei der Herleitung des vorstehenden Resultates war die Annahme der Symmetrieeigenschaft gemäß der Gl. (12.42). Im folgenden soll hierauf verzichtet werden.

2.2.4 Der unsymmetrische Fall

Ein neuronales Hopfield-Netzwerk ist eine Verbindung von, im allgemeinen sehr vielen, Hopfield-Neuronen, d.h. ein System relativ hoher Ordnung bestehend aus einer Verbindung von asymptotisch stabilen Subsystemen erster Ordnung. Im folgenden sollen Bedingungen gesucht werden, unter denen die Stabilität des Systems dadurch analysiert werden kann, daß von der Stabilität der Neuronen auf die Stabilität des Gesamtsystems geschlossen werden kann. Dabei empfiehlt es sich, auf das Zustandsmodell nach Gl. (12.37) mit den Zustandsgrößen u_j zurückzugreifen. Auch hier wird davon ausgegangen, daß nur endlich viele isolierte Gleichgewichtspunkte vorhanden sind. Einer dieser Punkte sei

$$\boldsymbol{u}_e = [u_{e1} \quad u_{e2} \quad \cdots \quad u_{eq}]^{\mathrm{T}} ,$$

der im folgenden betrachtet wird und für den gemäß den Gln. (12.35a,b)

$$0 = -\frac{u_{ej}}{R_j} + \sum_{i=1}^{q} G_{ji} \Psi_i(u_{ei}) + I_j \qquad (12.49)$$

$(j = 1, 2, \ldots, q)$ gilt. Mit den Variablen $\zeta_j = u_j - u_{ej}$ läßt sich der Gleichgewichtspunkt in den Ursprung verschieben. Aufgrund der Gln. (12.35a,b) und (12.49) ergibt sich

$$\frac{d\zeta_j}{dt} = \frac{1}{C_j}\left(-\frac{\zeta_j}{R_j} + \sum_{i=1}^{q} G_{ji}\,[\Psi_i(u_{ei}+\zeta_i) - \Psi_i(u_{ei})]\right) \qquad (12.50)$$

oder

$$\frac{d\zeta_j}{dt} = \frac{1}{C_j}\left(\sum_{i=1}^{q} G_{ji}\,\Gamma_i(\zeta_i) - \frac{\zeta_j}{R_j}\right) \qquad (12.51)$$

$(j = 1, 2, \ldots, q)$, wobei

$$\Gamma_i(\zeta_i) := \Psi_i(u_{ei}+\zeta_i) - \Psi_i(u_{ei}) \qquad (12.52)$$

gesetzt wurde. Von dieser Funktion wird nun verlangt, daß sie die Sektorbedingung

$$\zeta_i^2 k_{i1} \leqq \zeta_i \Gamma_i(\zeta_i) \leqq \zeta_i^2 k_{i2} \quad \text{für} \quad -\zeta_{0i} \leqq \zeta_i \leqq \zeta_{0i} \qquad (12.53)$$

erfüllt, wobei k_{i1} und k_{i2} geeignete positive Konstanten bedeuten. Bei Verwendung der Funktion $\Psi_i(u_i)$ nach Gl. (12.47a) ergibt sich

$$\Gamma_i(\zeta_i) = \frac{2\hat{Z}}{\pi}\left[\arctan\frac{\gamma\pi(u_{ei}+\zeta_i)}{2\hat{Z}} - \arctan\frac{\gamma\pi u_{ei}}{2\hat{Z}}\right] \qquad (12.54)$$

mit einem $\gamma > 0$. Wie im Bild 12.16 erklärt wird, läßt sich für diese Funktion stets die Sektorbedingung erfüllen.

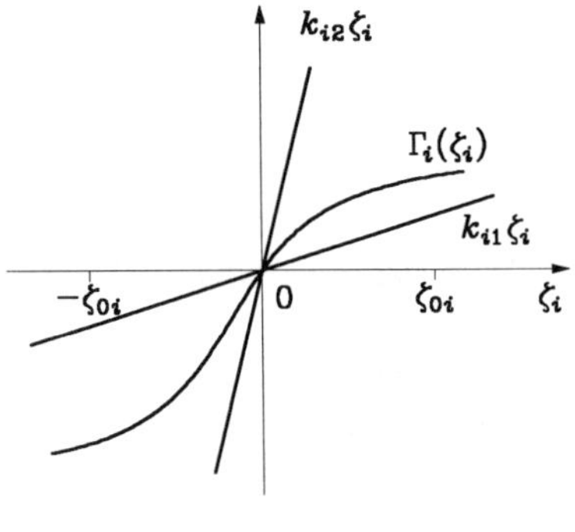

Bild 12.16: Verlauf der Funktion $\Gamma_i(\zeta_i)$ nach Gl. (12.54)

Nun werden die Gln. (12.51) bei Verwendung von $\boldsymbol{\zeta} = [\zeta_1 \quad \zeta_2 \quad \cdots \quad \zeta_q]^{\mathrm{T}}$ als Zustandsvektor in der Form

$$\frac{\mathrm{d}\zeta_j}{\mathrm{d}t} = f_j(\zeta_j) + g_j(\boldsymbol{\zeta}) \tag{12.55}$$

$(j = 1, 2, \ldots, q)$ mit

$$f_j(\zeta_j) = -\frac{1}{C_j R_j}\zeta_j + \frac{1}{C_j} G_{jj}\,\Gamma_j(\zeta_j) \tag{12.56a}$$

und

$$g_j(\boldsymbol{\zeta}) = \frac{1}{C_j}\sum_{\substack{i \neq j \\ i=1}}^{q} G_{ji}\,\Gamma_i(\zeta_i) \tag{12.56b}$$

geschrieben, wobei zu beachten ist, daß die Funktion $g_j(\boldsymbol{\zeta})$ von ζ_j unabhängig ist. Aufgrund dieser Darstellung betrachtet man das System als eine Komposition von Teilsystemen, die durch die Zustandsgleichungen

$$\frac{\mathrm{d}\zeta_j}{\mathrm{d}t} = f_j(\zeta_j) \tag{12.57}$$

mit

$$V_j(\zeta_j) := \frac{1}{2} C_j \zeta_j^2$$

als Kandidat für eine Lyapunov-Funktion beschrieben werden. Man erhält längs der Lösungen des Systems nach Gl. (12.57) die Ableitung

$$\frac{\mathrm{d}V_j(\zeta_j)}{\mathrm{d}t} = \frac{\partial V_j}{\partial \zeta_j} f_j(\zeta_j) = -\frac{1}{R_j}\zeta_j^2 + G_{jj}\zeta_j\Gamma_j(\zeta_j),$$

für die mit der Hilfsgröße

$$\delta_j := \begin{cases} -G_{jj}\,k_{j1} & \text{für} \quad G_{jj} \leqq 0, \\ -G_{jj}\,k_{j2} & \text{für} \quad G_{jj} > 0 \end{cases}$$

unter der Voraussetzung $G_{jj}k_{j2} < 1/R_j$ die Abschätzung

$$\frac{\mathrm{d}V_j(\zeta_j)}{\mathrm{d}t} = \frac{\partial V_j}{\partial \zeta_j} f_j(\zeta_j) \leqq -\left(\frac{1}{R_j} + \delta_j\right)\zeta_j^2 \leqq 0 \tag{12.58}$$

$(-\zeta_{0j} \leqq \zeta_j \leqq \zeta_{0j})$ durchgeführt werden kann. Außerdem gilt

$$\frac{\partial V_j}{\partial \zeta_j} \leqq C_j\,|\,\zeta_j\,|\,. \tag{12.59}$$

Die Terme $g_j(\boldsymbol{\zeta})$ aus Gl. (12.56b) lassen sich folgendermaßen abschätzen:

$$|\,g_j(\boldsymbol{\zeta})\,| \leqq \frac{1}{C_j}\sum_{\substack{i \neq j \\ i=1}}^{q} |\,G_{ji}\,| \cdot |\,\Gamma_i(\zeta_i)\,| \leqq \sum_{\substack{i \neq j \\ i=1}}^{q} \frac{|\,G_{ji}\,|\,k_{i2}}{C_j}\,|\,\zeta_i\,|\,. \tag{12.60}$$

Mit positiven Konstanten d_j wird nun als mögliche Lyapunov-Funktion für das Gesamtsystem die positiv-definite Funktion

$$V(\boldsymbol{\zeta}) := \sum_{j=1}^{q} d_j V_j(\zeta_j)$$

eingeführt. Längs der Trajektorien des Gesamtsystems erhält man nunmehr angesichts von Gl. (12.55) die zeitliche Ableitung

$$\frac{\mathrm{d}V}{\mathrm{d}t} = \sum_{j=1}^{q} d_j \left[\frac{\partial V_j}{\partial \zeta_j} f_j(\zeta_j) + \frac{\partial V_j}{\partial \zeta_j} g_j(\boldsymbol{\zeta}) \right],$$

die aufgrund von Ungleichungen (12.58)-(12.60) durch

$$\frac{\mathrm{d}V}{\mathrm{d}t} \leqq \sum_{j=1}^{q} d_j \left[-\left(\frac{1}{R_j} + \delta_j \right) |\,\zeta_j\,|^2 + \sum_{\substack{i \neq j \\ i=1}}^{q} |\,G_{ji}\,| k_{i2} \,|\,\zeta_j\,| \cdot |\,\zeta_i\,| \right] \tag{12.61}$$

abgeschätzt werden kann. Die rechte Seite dieser Ungleichung ist eine quadratische Funktion in den $|\,\zeta_j\,|$. Bei Verwendung der Matrix $\boldsymbol{S} = [s_{ji}]$ mit den Elementen

$$s_{ji} = \begin{cases} \dfrac{1}{R_j} + \delta_j & \text{für} \quad j = i\,, \\ -\,|\,G_{ji}\,| k_{i2} & \text{für} \quad j \neq i \end{cases} \tag{12.62}$$

und des Vektors

$$\boldsymbol{w} = [\,|\,\zeta_1\,| \quad |\,\zeta_2\,| \quad \cdots \quad |\,\zeta_q\,|\,]^{\mathrm{T}}$$

sowie der Diagonalmatrix

$$\boldsymbol{D} = \operatorname{diag}(d_1, d_2, \ldots, d_q)$$

läßt sich die Ungleichung (12.61) in der Form

$$\frac{\mathrm{d}V}{\mathrm{d}t} \leqq -\frac{1}{2} \boldsymbol{w}^{\mathrm{T}} (\boldsymbol{D}\,\boldsymbol{S} + \boldsymbol{S}^{\mathrm{T}} \boldsymbol{D}) \boldsymbol{w}$$

ausdrücken. Damit $V(\boldsymbol{\zeta})$ als Lyapunov-Funktion des Gesamtsystems verwendet werden kann, kommt es nun darauf an, daß $\boldsymbol{D}\,\boldsymbol{S} + \boldsymbol{S}^{\mathrm{T}}\boldsymbol{D}$ eine positiv-definite Matrix ist. Dazu kann folgende Aussage [Fi1] herangezogen werden: Es existiert eine positiv-definite Diagonalmatrix $\boldsymbol{D}$, so daß $\boldsymbol{D}\,\boldsymbol{S} + \boldsymbol{S}^{\mathrm{T}}\boldsymbol{D}$ eine positiv-definite Matrix darstellt, wenn und nur wenn die q Hauptabschnittsdeterminanten der Matrix $\boldsymbol{S}$ positiv sind, d.h.

$$\det \begin{bmatrix} s_{11} & s_{12} & \cdots & s_{1j} \\ s_{21} & s_{22} & \cdots & s_{2j} \\ \vdots & \vdots & & \vdots \\ s_{j1} & s_{j2} & \cdots & s_{jj} \end{bmatrix} > 0 \tag{12.63}$$

für $j = 1, 2, \ldots, q$ gilt. Die Erfüllung dieser Bedingungen stellt die asymptotische Stabilität des gewählten Gleichgewichtszustandes sicher. Es ist zu beachten, daß die an früherer Stelle getroffene Voraussetzung $G_{jj}k_{j2} < 1/R_j$ oder $s_{jj} > 0$ in diesen Bedingungen enthalten ist. Matrizen, welche die genannte Eigenschaft aufweisen, heißen in der Literatur M-Matrizen. Die beschriebene Stabilitätsanalyse muß auf jeden Fixpunkt separat angewendet werden.

Mit $Q = \{ \boldsymbol{\zeta} \in \mathbb{R}^q ;\ |\zeta_j| \leqq \zeta_{0j}$ für $j = 1, 2, \ldots, q \}$ wird ein Hyperquader eingeführt. Dann läßt sich im Falle der asymptotischen Stabilität von $\boldsymbol{\zeta} = \mathbf{0}$ das zugehörige Einzugsgebiet durch eine Punktmenge

$$\left\{ \boldsymbol{\zeta} \in \mathbb{R}^q ;\ \sum_{j=1}^{q} d_j V_j(\zeta_j) \leqq c \right\} \subset Q$$

mit hinreichend kleinem c = const abschätzen.

2.2.5 Modifikation des neuronalen Hopfield-Netzwerks

Das in den vorausgegangenen Abschnitten besprochene kontinuierlich arbeitende Hopfield-Netzwerk ist ein häufig angewendetes neuronales System, nicht zuletzt deshalb, weil es in VLSI-Technik bequem implementiert werden kann. Allerdings sind auch Nachteile zu beachten. So hat jede Änderung eines Widerstandswertes $R_{ji}^{\pm}$ eine Veränderung nicht nur des synaptischen Gewichts w_{ji}, sondern auch der Größe R_j nach Gl. (12.36b) und damit des Koeffizienten α_j zur Folge, weshalb sich die Parameter des Netzwerks nicht unabhängig voneinander einstellen lassen. Weiterhin können die Beträge der inneren Potentiale u_j außerordentlich große Werte erreichen, so daß bei der Implementierung Skalierungsprobleme entstehen. Die Gleichgewichtszustände des Netzwerks müssen als Lösungen eines Systems nichtlinearer Gleichungen berechnet werden (man vergleiche die Gl. (12.49)). Wegen der hiermit verbundenen Schwierigkeiten kann die Überprüfung der Leistungsfähigkeit des Netzwerks Probleme schaffen, wodurch die Gefahr besteht, daß das Netzwerk in ein unerwünschtes lokales Minimum der Funktion $V(\boldsymbol{z})$ gelangt.

Bild 12.17 zeigt ein weiteres neuronales Netzwerk, das als eine Modifikation des Hopfield-Netzwerks betrachtet werden kann [Li4]. Die Modifikation besteht darin, daß alle verlustbehafteten Integrierer und nichtlinearen Verstärker durch ideale Integrierer mit Sättigung ersetzt werden. Mit der Matrix der synaptischen Gewichte

$$\boldsymbol{W} = \begin{bmatrix} w_{11} & \cdots & w_{1q} \\ \vdots & & \vdots \\ w_{q1} & \cdots & w_{qq} \end{bmatrix},$$

dem Vektor der Schwellwerte

$$\boldsymbol{\Theta} = [\,\Theta_1 \quad \Theta_2 \quad \cdots \quad \Theta_q\,]^{\mathrm{T}}$$

sowie dem Zustandsvektor $\boldsymbol{z}$ entnimmt man dem Netzwerk sofort die Zustandsdarstellung

$$T\,\frac{\mathrm{d}\boldsymbol{z}}{\mathrm{d}t} = \boldsymbol{W}\boldsymbol{z} + \boldsymbol{\Theta} \tag{12.64}$$

mit $-z_{j\,\mathrm{min}} \leqq z_j \leqq z_{j\,\mathrm{max}}$ $(j = 1, 2, \ldots, q)$ und $T > 0$. Als Zielfunktion des Systems wird

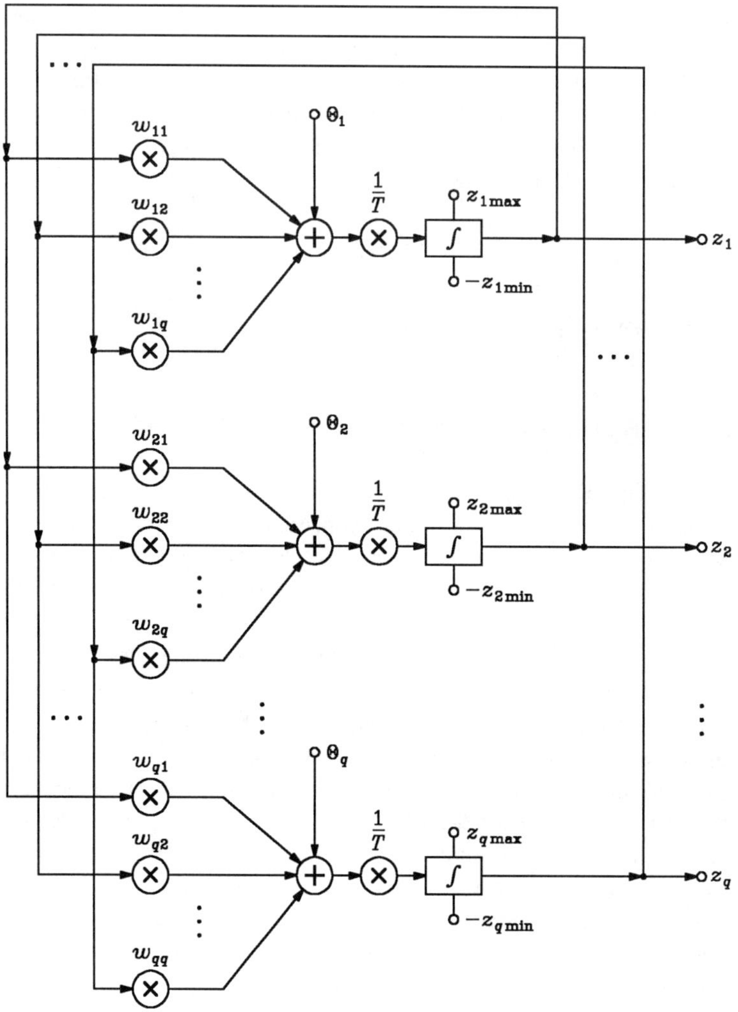

Bild 12.17: Signalflußdiagramm des M-Modells

$$V(\boldsymbol{z}) = -\frac{1}{2}\boldsymbol{z}^{\mathrm{T}}\boldsymbol{W}\boldsymbol{z} - \boldsymbol{z}^{\mathrm{T}}\boldsymbol{\Theta}$$

gewählt. Es wird nun angenommen, daß $\boldsymbol{W}$ eine symmetrische Matrix ist. Mit

$$-\left[\frac{\partial V(\boldsymbol{z})}{\partial \boldsymbol{z}}\right]^{\mathrm{T}} = \boldsymbol{W}\boldsymbol{z} + \boldsymbol{\Theta}$$

kann jetzt Gl. (12.64) als Zustandsmodell eines Gradientensystems in der Form

$$T\,\frac{\mathrm{d}\boldsymbol{z}^{\mathrm{T}}}{\mathrm{d}t} = -\frac{\partial V(\boldsymbol{z})}{\partial \boldsymbol{z}} \tag{12.65}$$

und

$$-z_{j\min} \leqq z_j \leqq z_{j\max} \qquad (j = 1, 2, \ldots, q) \tag{12.66}$$

geschrieben werden, so daß man längs der Trajektorien des Systems

$$\frac{\mathrm{d}V(\boldsymbol{z})}{\mathrm{d}t} = \frac{\partial V}{\partial \boldsymbol{z}} \frac{\mathrm{d}\boldsymbol{z}}{\mathrm{d}t} = -\frac{1}{T} \| \partial V/\partial \boldsymbol{z} \|^2 \tag{12.67}$$

erhält. Das bedeutet, daß das Netzwerk die Zielfunktion $V(\boldsymbol{z})$ in dem durch die Ungleichungen (12.66) gegebenen Bereich minimiert.

Im Bild 12.18 ist eine elektronische Implementierung des modifizierten Hopfield-Netzwerks dargestellt, das in der Literatur als M-Modell bekannt geworden ist. Es besteht aus ohmschen Widerständen, Kapazitäten und Operationsverstärkern (einschließlich Invertern). Wendet man auf alle Minuseingänge der Operationsverstärker die Kirchhoffsche Knotenregel an, so gelangt man zum System von Differentialgleichungen

$$\frac{\mathrm{d}z_j}{\mathrm{d}t} = \frac{1}{C_j} \left[\sum_{i=1}^{q} \frac{1}{R_{ji}} (\pm z_i) + I_j \right] \tag{12.68}$$

$(j = 1, 2, \ldots, q)$ mit Spannungssättigung $|z_j| \leqq \hat{Z}$, wobei beachtet wurde, daß die Spannungen z_j nur zwischen $-\hat{Z}$ und $\hat{Z}$ variieren. In Gl. (12.68) ist das Pluszeichen zu wählen, wenn der Widerstand R_{ji} mit z_i verbunden ist, und das Minuszeichen, wenn R_{ji} mit $-z_i$ verbunden ist. Nimmt man einfachheitshalber an, daß $C_j = C$ für alle $j = 1, 2, \ldots, q$ gilt, und wählt man einen Normierungswiderstand $R > 0$ und setzt $T := RC$ sowie

$$w_{ji} := \begin{cases} \dfrac{R}{R_{ji}} & \text{falls der Widerstand } R_{ji} \text{ mit } z_j \text{ verbunden ist,} \\ -\dfrac{R}{R_{ji}} & \text{falls der Widerstand } R_{ji} \text{ mit } -z_j \text{ verbunden ist,} \end{cases}$$

und

$$\Theta_j := R\, I_j ,$$

so gelangt man zur Zustandsdarstellung nach Gl. (12.64).

Wenn man ein Hopfield-Netzwerk (Bild 12.15) statt aus Hopfield-Neuronen (Bild 12.9) entsprechend aus Neuronenmodellen gemäß Bild 12.19 aufbaut, so erhält man die Zustandsgleichungen

$$\sum_{i=1}^{q} \frac{\pm 1}{R_{ji}} z_i + I_j + C \frac{\mathrm{d}u_j}{\mathrm{d}t} + \frac{1}{R_\alpha} u_j = 0 \tag{12.69a}$$

und

$$C_j \frac{\mathrm{d}z_j}{\mathrm{d}t} = \frac{u_j}{R_j} \tag{12.69b}$$

$(j = 1, 2, \ldots, q)$. Nach Wahl eines Normierungswiderstandes $R > 0$ werden die folgenden Größen eingeführt:

$$w_{ji} := \mp \frac{R}{R_{ji}}, \quad \alpha := \frac{R}{R_\alpha}, \quad \tau := RC, \quad \tau_j := R_j C_j, \quad \Theta_j := -RI_j .$$

Dann erhalten die Gln. (12.69a,b) die Form

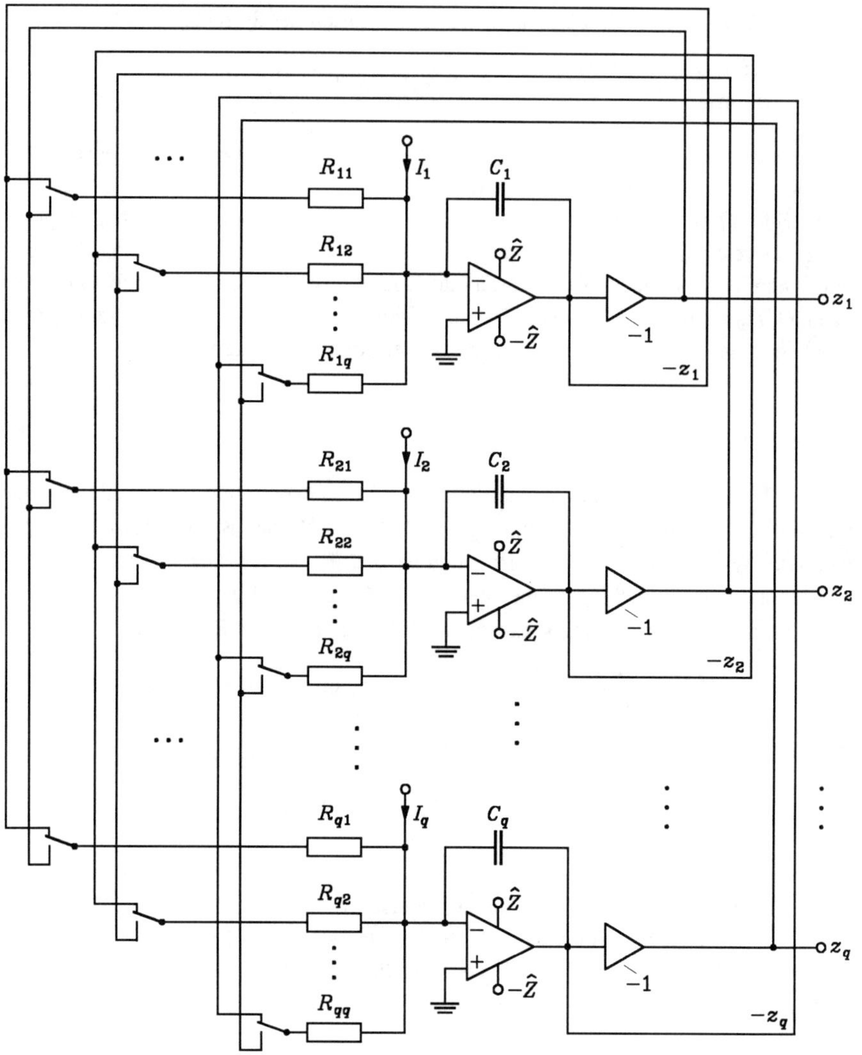

Bild 12.18: Elektronische Realisierung des Signalflußdiagramms von Bild 12.17

$$\tau \frac{\mathrm{d}u_j}{\mathrm{d}t} = -\alpha u_j + \sum_{i=1}^{q} w_{ji} z_i + \Theta_j , \tag{12.70a}$$

$$\tau_j \frac{\mathrm{d}z_j}{\mathrm{d}t} = u_j , \quad -\hat{Z} \leqq z_j \leqq \hat{Z} \tag{12.70b}$$

für $j = 1, 2, \ldots, q$. Für das Netzwerk wird als Zielfunktion

$$V(\boldsymbol{z}) := -\sum_{j=1}^{q} \sum_{i=1}^{q} \tau_j w_{ji} z_j z_i + \sum_{j=1}^{q} \tau \tau_j^2 \left(\frac{\mathrm{d}z_j}{\mathrm{d}t} \right)^2 - 2 \sum_{j=1}^{q} \tau_j z_j \Theta_j \tag{12.71}$$

eingeführt. Im weiteren wird die Symmetrie der synaptischen Gewichte $w_{ji} = w_{ij}$ für alle i und j vorausgesetzt. Außerdem wird angenommen, daß alle Zeitkonstanten τ_j denselben

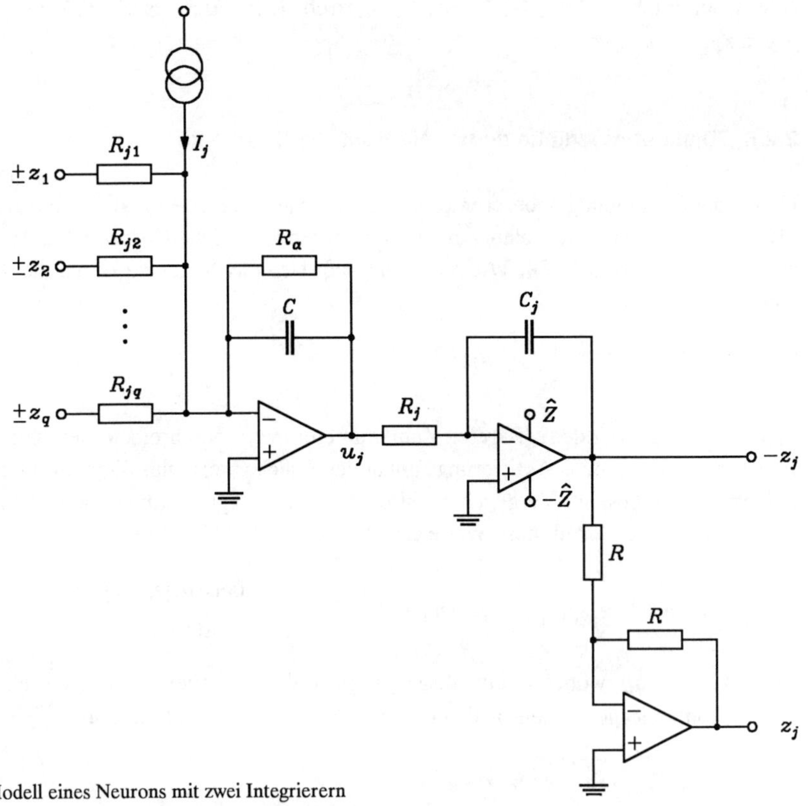

Bild 12.19: Modell eines Neurons mit zwei Integrierern

Wert τ_0 aufweisen. Dann lassen sich die Gln. (12.70a,b) und (12.71) in der Matrixform

$$\tau \frac{\mathrm{d}\boldsymbol{u}}{\mathrm{d}t} = -\alpha \boldsymbol{u} + \boldsymbol{W}\boldsymbol{z} + \boldsymbol{\Theta}, \tag{12.72a}$$

$$\tau_0 \frac{\mathrm{d}\boldsymbol{z}}{\mathrm{d}t} = \boldsymbol{u}, \tag{12.72b}$$

$$V(\boldsymbol{z}) = -\tau_0 \boldsymbol{z}^{\mathrm{T}} \boldsymbol{W} \boldsymbol{z} + \tau \boldsymbol{u}^{\mathrm{T}} \boldsymbol{u} - 2\tau_0 \boldsymbol{\Theta}^{\mathrm{T}} \boldsymbol{z} \tag{12.73}$$

schreiben, wobei die Vektoren $\boldsymbol{u}$, $\boldsymbol{z}$, $\boldsymbol{\Theta}$ und die Matrix $\boldsymbol{W}$ in naheliegender Weise zu verstehen sind. Längs der Systemtrajektorien erhält man

$$\frac{\mathrm{d}V(\boldsymbol{z})}{\mathrm{d}t} = -2\tau_0 \boldsymbol{z}^{\mathrm{T}} \boldsymbol{W} \frac{\mathrm{d}\boldsymbol{z}}{\mathrm{d}t} + 2\tau \boldsymbol{u}^{\mathrm{T}} \frac{\mathrm{d}\boldsymbol{u}}{\mathrm{d}t} - 2\tau_0 \boldsymbol{\Theta}^{\mathrm{T}} \frac{\mathrm{d}\boldsymbol{z}}{\mathrm{d}t}$$

oder mit den Gln. (12.72a,b)

$$\frac{\mathrm{d}V(\boldsymbol{z})}{\mathrm{d}t} = -2\boldsymbol{z}^{\mathrm{T}} \boldsymbol{W} \boldsymbol{u} + 2\boldsymbol{u}^{\mathrm{T}}(-\alpha \boldsymbol{u} + \boldsymbol{W}\boldsymbol{z} + \boldsymbol{\Theta}) - 2\boldsymbol{\Theta}^{\mathrm{T}} \boldsymbol{u} = -2\alpha \boldsymbol{u}^{\mathrm{T}} \boldsymbol{u} \leqq 0 .$$

Hieraus ist zu erkennen, daß die Zielfunktion $V(\boldsymbol{z})$ nicht zunimmt und das Netzwerk $V(\boldsymbol{z})$ in dem durch $-\hat{Z} \leqq z_j \leqq \hat{Z}$ $(j = 1, 2, \dots, q)$ spezifizierten Bereich $B \subset \mathbb{R}^q$ minimiert. Existiert in B eine abgeschlossene invariante Punktmenge Ω, z.B. eine Menge $\Omega = \{\boldsymbol{z} \in \mathbb{R}^q;\ -(\hat{Z} - \varepsilon) \leqq z_j \leqq \hat{Z} - \varepsilon;\ j = 1, 2, \dots, q\}$ mit einem $0 < \varepsilon < \hat{Z}$, ist $\boldsymbol{W}$ negativ-definit und gehört der Punkt $\boldsymbol{z}_e := -\boldsymbol{W}^{-1}\boldsymbol{\Theta}$ zu Ω, so strebt jede Trajektorie $\boldsymbol{z}(t)$, die in Ω startet, gegen $\boldsymbol{z}_e$.

2.2.6 Diskontinuierliche neuronale Hopfield-Netzwerke

Durch die Verbindung mehrerer diskontinuierlicher Neuronenmodelle, die durch die Gl. (12.17) erklärt wurden, gelangt man zum diskontinuierlichen neuronalen Hopfield-Netzwerk. Dies zeigt Bild 12.20. Wie man sieht, läßt sich das Netzwerk durch die Zustandsgleichungen

$$z_j[n+1] = \Psi_j\left(\sum_{i=1}^{q} w_{ji} z_i[n] + \Theta_j\right) \tag{12.74}$$

$(j = 1, 2, \ldots, q)$ mit dem diskreten Zeitparameter $n \in \mathbb{Z}$ beschreiben. Bei digitaler Realisierung verwendet man als Aktivierungsfunktionen üblicherweise nur Signumfunktionen (Hartbegrenzer), da diese im Vergleich zu differenzierbaren Sigmoidfunktionen leicht realisierbar und anwendbar sind. Auf diese Weise erhält man aus Gl. (12.74)

$$z_j[n+1] = \operatorname{sgn}\left(\sum_{i=1}^{q} w_{ji} z_i[n] + \Theta_j\right) = \begin{cases} 1 & \text{falls } u_j[n+1] \geqq 0\,, \\ -1 & \text{sonst} \end{cases} \tag{12.75}$$

$(j = 1, 2, \ldots, q)$, wobei u_j die Ausgangssignale der Summierer bedeuten. Nun kann man dem diskontinuierlichen neuronalen Hopfield-Netzwerk die Zielfunktion

$$V(\boldsymbol{z}) := -\frac{1}{2}\boldsymbol{z}^{\mathrm{T}}\boldsymbol{W}\boldsymbol{z} - \boldsymbol{z}^{\mathrm{T}}\boldsymbol{\Theta} \tag{12.76}$$

mit dem Zustandsvektor $\boldsymbol{z}$, dem Vektor $\boldsymbol{\Theta}$ der Schwellwerte und der $q \times q$-Matrix der synaptischen Gewichte zuordnen. Die Zielfunktion läßt sich in der Form

$$V(\boldsymbol{z}[n]) = -\frac{1}{2}\sum_{i=1}^{q}\sum_{j=1}^{q} z_i[n] z_j[n] w_{ji} - \sum_{i=1}^{q} z_i[n]\,\Theta_i$$

$$= \cdots - \frac{1}{2}\left[z_\kappa[n]\sum_{\substack{i=1\\ i\neq\kappa}}^{q} z_i[n] w_{\kappa i} + z_\kappa[n]\sum_{\substack{i=1\\ i\neq\kappa}}^{q} z_i[n] w_{i\kappa} + z_\kappa^2[n] w_{\kappa\kappa}\right] - z_\kappa[n]\,\Theta_\kappa - \cdots \tag{12.77}$$

ausdrücken, wobei alle mit z_κ ($\kappa \in \{1, 2, \ldots, q\}$ fest) behafteten Terme explizit angegeben und die restlichen von z_κ unabhängigen Terme nur durch Punkte angedeutet wurden. Man erhält jetzt die Änderung von V bei *alleiniger* Änderung von z_κ gemäß

$$\Delta z_\kappa = z_\kappa[n+1] - z_\kappa[n] \tag{12.78}$$

für ein festes $\kappa \in \{1, 2, \ldots, q\}$ aufgrund von Gl. (12.77) nach einer Zwischenrechnung als

$$\Delta_\kappa V := [V(\boldsymbol{z})]_{\substack{z_i = z_i[n] \text{ für alle } i \neq \kappa \\ z_\kappa = z_\kappa[n+1]}} - [V(\boldsymbol{z})]_{z_i = z_i[n] \text{ für alle } i}$$

$$= -\frac{1}{2}\left[\Delta z_\kappa \sum_{i=1}^{q} z_i[n] w_{\kappa i} + \Delta z_\kappa \sum_{i=1}^{q} z_i[n] w_{i\kappa} + (\Delta z_\kappa)^2 w_{\kappa\kappa}\right] - \Delta z_\kappa\,\Theta_\kappa$$

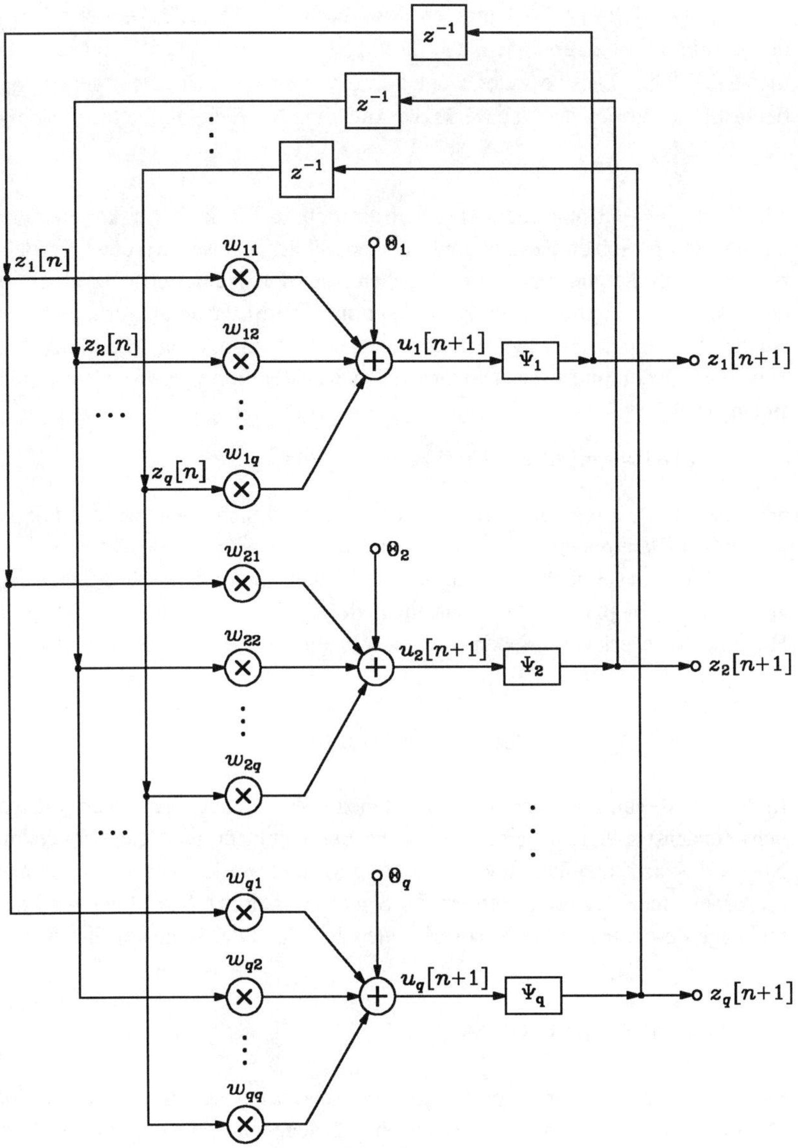

Bild 12.20: Diskontinuierliches Modell eines Hopfield-Netzwerks

oder bei Annahme der Symmetrie der Matrix $\boldsymbol{W}$, d.h. $w_{i\kappa} = w_{\kappa i}$

$$\Delta_\kappa V := -\Delta z_\kappa \left(\sum_{i=1}^{q} z_i[n] w_{\kappa i} + \Theta_\kappa \right) - \frac{1}{2} w_{\kappa\kappa} (\Delta z_\kappa)^2 .$$

Da nach Bild 12.20 der Klammerausdruck mit $u_\kappa[n+1]$ übereinstimmt, kann man

$$\Delta_\kappa V := -\Delta z_\kappa u_\kappa[n+1] - \frac{1}{2} w_{\kappa\kappa} (\Delta z_\kappa)^2 \qquad (12.79)$$

mit Δz_κ nach Gl. (12.78) schreiben. Weil nach Gl. (12.75) $z_\kappa[n+1]$ mit sgn $(u_\kappa[n+1])$ übereinstimmt, ist zu erkennen, daß für $u_\kappa[n+1] \geqq 0$ stets $\Delta z_\kappa \geqq 0$ und für $u_\kappa[n+1] < 0$ immer $\Delta z_\kappa \leqq 0$ gilt. Dies bedeutet, wenn im weiteren $w_{\kappa\kappa} \geqq 0$ für alle κ angenommen wird, daß bei seriellem Betrieb des Netzwerks die Änderung der Zielfunktion nicht positiv ist, d.h.

$$\Delta_\kappa V \leqq 0 \tag{12.80}$$

gilt. Dabei versteht man unter seriellem Betrieb, daß in jedem diskreten Zeitpunkt n stets nur ein Neuron seinen Zustand ändern kann. Üblicherweise wird diese Betriebsweise derart realisiert, daß die Neuronen in der Reihenfolge ihrer Numerierung zyklisch betrieben werden. Da V von unten beschränkt ist, kann nach [Br5] davon ausgegangen werden, daß das Netzwerk in einen Gleichgewichtszustand, der einem lokalen Minimum der Zielfunktion entspricht, strebt, und zwar in endlich vielen Schritten. Ein Gleichgewichtspunkt ist durch die Bedingung

$$\boldsymbol{z}[n] = \operatorname{sgn}[\boldsymbol{W}\boldsymbol{z}[n] + \boldsymbol{\Theta}]$$

gekennzeichnet, d.h. dadurch, daß sich der Zustand nicht mehr ändert. Hierbei ist die Signumfunktion komponentenweise anzuwenden.

Abschließend sei noch bemerkt, daß sich weitere diskontinuierliche neuronale Netzwerke gewinnen lassen [Ci1], indem man im Differentialgleichungssystem, mit dem das analoge Hopfield-Netzwerk beschrieben wird, die Ableitungen durch Differenzenquotienten ersetzt.

3 Anwendungen neuronaler Netzwerke

In diesem Abschnitt werden Möglichkeiten zur Anwendung neuronaler Netzwerke beschrieben. Zunächst sollen einige grundsätzliche Betrachtungen über die Verwendung neuronaler Netzwerke zur Klassifikation von Mustern angestellt werden. Danach findet man verschiedene Anwendungen aus dem Bereich der Signalverarbeitung. Schließlich wird auf Möglichkeiten hingewiesen, neuronale Netzwerke auch im Gebiet der Regelung anzuwenden.

3.1 KLASSIFIKATION VON MUSTERN

Die Aufgabe der Klassifikation ist darin zu sehen, Eingangsvektoren $\boldsymbol{x}$ aus einer definierten Originalmenge in Ausgangsvektoren $\boldsymbol{y}$ einer gegebenen Bildmenge zu transformieren. Dabei stellt die Menge der Vektoren $\boldsymbol{x}$ die Gesamtheit der zu klassifizierenden Muster dar, und die Vektoren $\boldsymbol{y}$ repräsentieren die einzelnen Klassen. Es handelt sich also um die Aufgabe, eine Funktion

$$\boldsymbol{y} = \boldsymbol{f}(\boldsymbol{x}) \tag{12.81}$$

zu finden, so daß jedem Muster $\boldsymbol{x}$ die ihm entsprechende Klasse $\boldsymbol{y}$ zugeordnet wird. Das in den Abschnitten 1.3 und 2.1 behandelte Perzeptron eignet sich in besonderer Weise zur Lösung solcher Aufgaben, und zwar Dank der Möglichkeit, mit solchen Netzwerken allgemeine Funktionszuordnungen realisieren zu können. Ein wichtiger Aspekt bei der Verwendung eines Perzeptrons zur Klassifikation ist der Lernvorgang, zu dessen Durchführung hinreichend viele Trainigsmuster verfügbar sein müssen.

In einem ersten Beispiel wird gezeigt, wie ein einschichtiges Perzeptron mit Hartbegrenzer (man vergleiche Abschnitt 1.3) derart trainiert wird, daß eine vorgegebene Menge von Vektoren $\boldsymbol{x} \in \mathbb{R}^2$, die durch Punkte in einer Ebene veranschaulicht werden können, auf drei Vektoren $\boldsymbol{y} \in \mathbb{R}^2$ in gewünschter Weise abgebildet werden. Letztere kennzeichnen drei Klassen. Besondere Beachtung wird dem Lernvorgang und dem Problem der Erlernbarkeit geschenkt.

In einem zweiten Beispiel geht es darum, ein mehrschichtiges Perzeptron zur Erkennung von Ziffern, insbesondere handgeschriebener Ziffern zu trainieren. Es handelt sich um eine der klassischen Anwendungen von neuronalen Netzwerken, die eine praktikable Alternative zur Anwendung von statistischen Klassifikatoren darstellt, beispielsweise zum Lesen kompletter Anschriftenfelder auf Briefen.

Beispiel 12.2: Gegeben seien 9 Paare von Vektoren $(\boldsymbol{x}^{(\nu)}, \boldsymbol{d}^{(\nu)})$, $\nu = 1, 2, \ldots, 9$, bestehend aus den Eingangsvektoren (Trainingsvektoren) $\boldsymbol{x}^{(\nu)} \in \mathbb{R}^2$ und den zugehörigen Bildvektoren

$$\boldsymbol{d}^{(\nu)} \in \{[-1 \quad -1]^{\mathrm{T}},\ [1 \quad -1]^{\mathrm{T}},\ [1 \quad 1]^{\mathrm{T}}\},$$

wobei $[-1 \quad -1]^{\mathrm{T}}$ die Klasse "o", $[1 \quad -1]^{\mathrm{T}}$ die Klasse "+" und $[1 \quad 1]^{\mathrm{T}}$ die Klasse "×" repräsentiert. Die gegebenen Vektorpaare lauten

$$\begin{aligned}
\boldsymbol{x}^{(1)} &= [-1{,}8 \quad -2{,}2]^{\mathrm{T}}, & \boldsymbol{d}^{(1)} &= [1 \quad -1]^{\mathrm{T}};\\
\boldsymbol{x}^{(2)} &= [4{,}0 \quad 1{,}5]^{\mathrm{T}}, & \boldsymbol{d}^{(2)} &= [1 \quad 1]^{\mathrm{T}};\\
\boldsymbol{x}^{(3)} &= [-2{,}0 \quad 0{,}1]^{\mathrm{T}}, & \boldsymbol{d}^{(3)} &= [1 \quad -1]^{\mathrm{T}};\\
\boldsymbol{x}^{(4)} &= [3{,}8 \quad -0{,}1]^{\mathrm{T}}, & \boldsymbol{d}^{(4)} &= [-1 \quad -1]^{\mathrm{T}};\\
\boldsymbol{x}^{(5)} &= [0{,}1 \quad 0{,}4]^{\mathrm{T}}, & \boldsymbol{d}^{(5)} &= [1 \quad -1]^{\mathrm{T}};\\
\boldsymbol{x}^{(6)} &= [1{,}0 \quad -2{,}0]^{\mathrm{T}}, & \boldsymbol{d}^{(6)} &= [-1 \quad -1]^{\mathrm{T}};\\
\boldsymbol{x}^{(7)} &= [2{,}0 \quad -2{,}5]^{\mathrm{T}}, & \boldsymbol{d}^{(7)} &= [-1 \quad -1]^{\mathrm{T}};\\
\boldsymbol{x}^{(8)} &= [1{,}8 \quad 1{,}0]^{\mathrm{T}}, & \boldsymbol{d}^{(8)} &= [1 \quad 1]^{\mathrm{T}};\\
\boldsymbol{x}^{(9)} &= [4{,}0 \quad 3{,}0]^{\mathrm{T}}, & \boldsymbol{d}^{(9)} &= [1 \quad 1]^{\mathrm{T}}.
\end{aligned}$$

Bild 12.21 zeigt diese Vektoren $\boldsymbol{x}^{(\nu)}$ $(\nu = 1, 2, \ldots, 9)$ als Punkte in der x_1, x_2-Ebene mit Angabe ihrer Klassenzugehörigkeit.

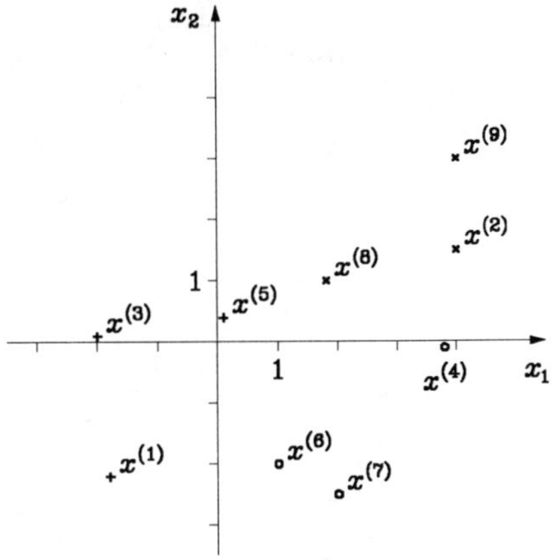

Bild 12.21: Trainingspunkte $\boldsymbol{x}^{(\nu)}$ $(\nu = 1, 2, \ldots, 9)$ von Beispiel 12.2

Im folgenden soll untersucht werden, ob die gegebenen Eingangsvektoren mit Hilfe eines Zwei-Neuronen-Perzeptrons mit Hartbegrenzer den zugehörigen Soll-Ausgangsvektoren zugeordnet werden können. Durch die Verbindung von zwei Perzeptronneuronen aus Bild 12.7 entsteht die Netzwerkstruktur nach Bild 12.22. Als Aktivierungsfunktion Ψ wird der Hartbegrenzer

$$\Psi(u_j) = \operatorname{sgn} u_j = \begin{cases} 1 & \text{für} \quad u_j \geqq 0 \\ -1 & \text{für} \quad u_j < 0 \end{cases}$$

($j = 1, 2$) verwendet. Für die Ausgangssignale erhält man

$$y_1 = \operatorname{sgn}(w_{10} + w_{11} x_1 + w_{12} x_2) \tag{12.82a}$$

bzw.

$$y_2 = \operatorname{sgn}(w_{20} + w_{21} x_1 + w_{22} x_2) . \tag{12.82b}$$

Wie im Beispiel 12.1 wird hier durch jede der beiden Funktionen nach Gln. (12.82a,b) die x_1, x_2-Ebene in zwei komplementäre, geradlinig begrenzte Hälften zerlegt, in denen $y_j = 1$ bzw. $y_j = -1$ ($j = 1, 2$) gilt. Die Grenzgeraden werden durch die Gleichungen

$$u_1 := w_{10} + w_{11} x_1 + w_{12} x_2 = 0$$

und

$$u_2 := w_{20} + w_{21} x_1 + w_{22} x_2 = 0$$

mit festen Werten w_{j0}, w_{j1}, w_{j2} ($j = 1, 2$) beschrieben ($w_{11}^2 + w_{12}^2 \neq 0$ und $w_{21}^2 + w_{22}^2 \neq 0$ vorausgesetzt). Geht man davon aus, daß sich die beiden Geraden genau in einem Punkt schneiden, dann wird die x_1, x_2-Ebene in vier Punktmengen unterteilt, in denen $y_1 = 1$, $y_2 = 1$ bzw. $y_1 = 1$, $y_2 = -1$ bzw. $y_1 = -1$, $y_2 = 1$ bzw. $y_1 = -1$, $y_2 = -1$ gilt. Bild 12.23 dient zur Veranschaulichung der Situation für eine zufällige Wahl der synaptischen Gewichte w_{ji} ($i = 0, 1, 2$; $j = 1, 2$).

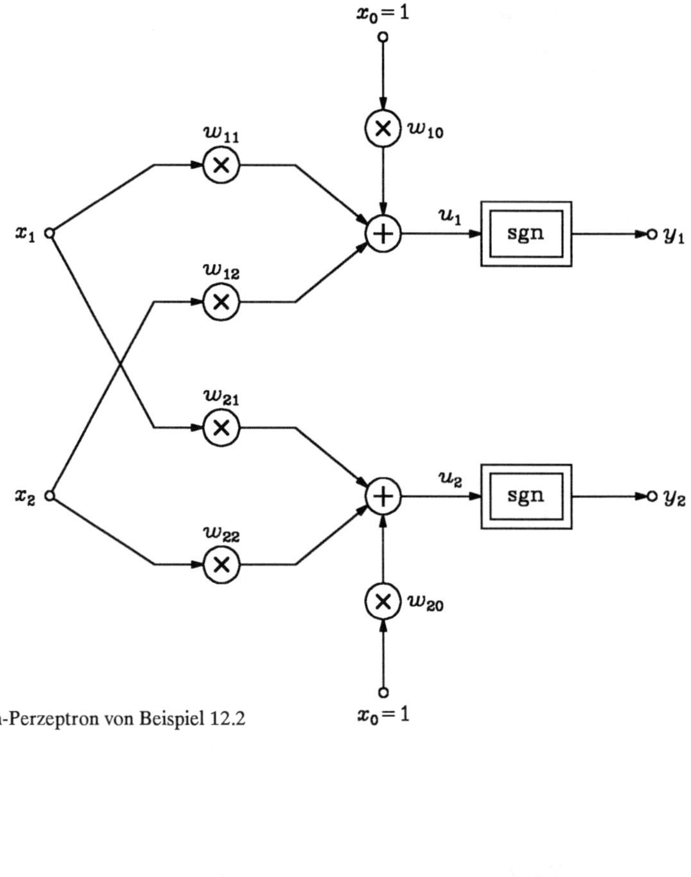

Bild 12.22: Zwei-Neuronen-Perzeptron von Beispiel 12.2

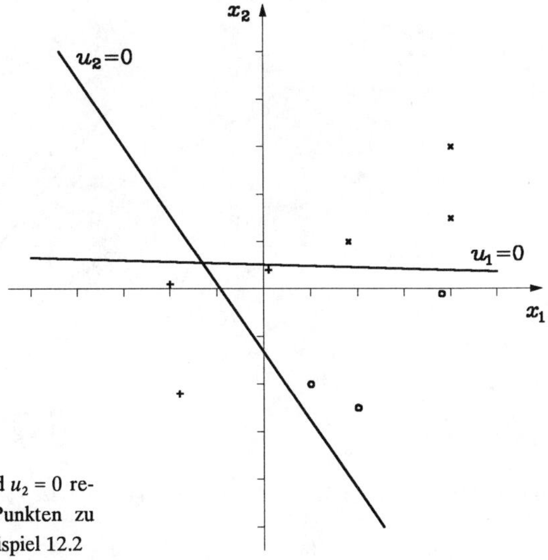

Bild 12.23: Lage der Trenngeraden $u_1 = 0$ und $u_2 = 0$ relativ zu den vorgeschriebenen Punkten zu Beginn der Trainingsphase von Beispiel 12.2

Diese Werte werden als Startwerte $w_{ji}[0]$ für den nun folgenden Trainingsprozeß gewählt:

$$w_{10}[0] = -0{,}3411; \quad w_{11}[0] = 0{,}0193; \quad w_{12}[0] = 0{,}6686;$$
$$w_{20}[0] = 0{,}6041; \quad w_{21}[0] = 0{,}6517; \quad w_{22}[0] = 0{,}4529.$$

Man kann sich davon überzeugen, daß nur die Trainingsvektoren $\boldsymbol{x}^{(1)}$ und $\boldsymbol{x}^{(3)}$ der korrekten Klasse $[y_1 \;\; y_2]^T = [1 \;\; -1]^T$ zugeordnet werden könnten. Daher müssen die synaptischen Gewichte variiert werden, um die Lage der Trenngeraden in der x_1, x_2-Ebene so lange zu verändern, bis die vorgeschriebenen 9 Punkte durch die beiden Geraden in der gewünschten Weise getrennt werden. Dazu wird die Rosenblattsche Lernregel verwendet. Da im vorliegenden Beispiel mehrere Trainingsvektoren $\boldsymbol{x}^{(\nu)} = [x_1^{(\nu)} \;\; x_2^{(\nu)}]^T$ mit entsprechenden Ausgangsvektoren $\boldsymbol{d}^{(\nu)} = [d_1^{(\nu)} \;\; d_2^{(\nu)}]^T$ ($\nu = 1, 2, \ldots, 9$) berücksichtigt werden müssen, wird Gl. (12.10) in der Form

$$w_{ji}[n+1] = w_{ji}[n] + \eta \sum_{\nu=1}^{9} (e_j^{(\nu)}[n]\, x_i^{(\nu)}[n])$$

mit

$$e_j^{(\nu)}[n] = d_j^{(\nu)} - y_j^{(\nu)} = d_j^{(\nu)} - \operatorname{sgn}\left(\sum_{\mu=0}^{2} w_{j\mu}[n]\, x_\mu^{(\nu)} \right)$$

modifiziert, wobei $x_0^{(\nu)} \equiv 1$ und $i = 0, 1, 2$ sowie $j = 1, 2$ gilt. Der iterative Lernprozeß ist beendet, sobald das Netzwerk alle Trainingsvektoren $\boldsymbol{x}^{(\nu)}$ richtig klassifiziert. Falls dies nicht möglich ist, wird der Lernvorgang abgebrochen.

Analog zum Gütemaß $E_2[n]$, das im Abschnitt 1.3 eingeführt wurde, wird der Fehler

$$E_2[n] := \frac{1}{2} \sum_{\nu=1}^{9} \| \boldsymbol{d}^{(\nu)} - \boldsymbol{y}^{(\nu)}[n] \|^2 = \frac{1}{2} \sum_{\nu=1}^{9} \{ (e_1^{(\nu)}[n])^2 + (e_2^{(\nu)}[n])^2 \}$$

mit

$$\boldsymbol{y}^{(\nu)}[n] = \begin{bmatrix} \operatorname{sgn}(w_{10}[n] + w_{11}[n]x_1^{(\nu)} + w_{12}[n]x_2^{(\nu)}) \\ \operatorname{sgn}(w_{20}[n] + w_{21}[n]x_1^{(\nu)} + w_{22}[n]x_2^{(\nu)}) \end{bmatrix}$$

($\nu = 1, 2, \ldots, 9$) verwendet. Ziel des Lernprozesses ist es, E_2 zum Verschwinden zu bringen. Bild 12.24 zeigt den Verlauf des Fehlers in Abhängigkeit von der Zahl n der Lernschritte, wenn man $\eta = 1$ wählt. Man sieht, daß im sechsten Schritt das Ziel $E_2 = 0$ erreicht wird. Die erzielten Gewichte sind

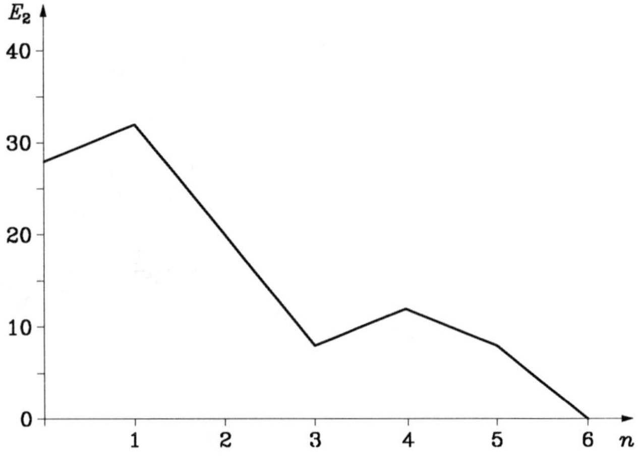

Bild 12.24: Verlauf des Fehlers E_2 in Abhängigkeit von der Zahl der Lernschritte von Beispiel 12.2

$$w_{10}[6] = 11{,}6589; \quad w_{11}[6] = -4{,}9807; \quad w_{12}[6] = 8{,}2687;$$
$$w_{20}[6] = -13{,}3958; \quad w_{21}[6] = 2{,}6517; \quad w_{22}[6] = 22{,}6529.$$

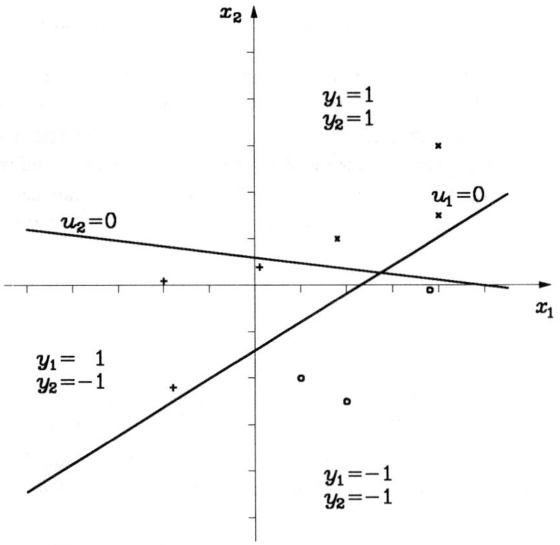

Bild 12.25: Lage der Trenngeraden relativ zu den Trainingspunkten nach erfolgreichem Abschluß des Lernvorgangs

Die zugehörigen Trenngeraden zeigt Bild 12.25. Wie man sieht, sind die Trainingsvektoren $\boldsymbol{x}^{(\nu)}$ ($\nu = 1, 2, 3, \ldots, 9$) in der gewünschten Weise linear separabel. Dem trainierten Netzwerk können nun auch Vektoren $\boldsymbol{x} \in \mathbb{R}$ zugeführt werden, die mit keinem der $\boldsymbol{x}^{(\nu)}$ ($\nu = 1, 2, \ldots, 9$) übereinzustimmen brauchen. Beispielsweise liefert das Netzwerk für $\boldsymbol{x} = [2 \quad -2]^{\mathrm{T}}$ den Ausgangsvektor $[-1 \quad -1]^{\mathrm{T}}$, welcher der Klasse "o" entspricht.

Beispiel 12.3: In diesem Beispiel soll die Klassifikation der Ziffern 0 bis 9 mit einem neuronalen Perzeptron-Netzwerk behandelt werden. Dabei läßt sich zugleich das Wesentliche der Schriftzeichenerkennung mittels neuronaler Netzwerke zeigen. Für die Klassifikation werden die Ziffern in einem (5×3)-Punkteraster folgendermaßen definiert:

010	010	111	111	010
101	110	001	001	110
101	010	111	111	111
101	010	100	001	010
010	111	111	111	010
0	1	2	3	4

111	111	111	111	111
100	100	001	101	101
111	111	010	010	111
001	101	010	101	001
111	111	010	111	111
5	6	7	8	9

Man beachte, daß im Raster die Werte 1 für "schwarz" und die Werte 0 für "weiß" stehen. Das zu entwerfende neuronale Netzwerk soll dazu verwendet werden, die Helligkeitswerte einer zu klassifizierenden Ziffer im (5×3)-Punkteraster (die beispielsweise als normierte Spannungswerte von einem Bildaufnahmesystem, etwa einer CCD-Kamera geliefert werden) auszuwerten. Dabei ist zu beachten, daß infolge von Störeinflüssen, wie unterschiedliche Lichtverhältnisse oder Verschmutzung, die Helligkeitswerte (Spannungswerte) von 0 bzw. von 1 mehr oder weniger abweichen. Diese Abweichungen werden üblicherweise in erster Näherung durch additives normalverteiltes Rauschen modelliert. Somit ergibt sich die Aufgabe, die Ziffern 0 bis 9 aus den verrauschten Werten eines (5×3)-Punkterasters zu erkennen.

Zur Lösung der Klassifikationsaufgabe wird ein Perzeptron nach Abschnitt 2.1 gewählt, bestehend aus zwei Schichten. Die erste Schicht soll entsprechend den 15 Punkten des (5×3)-Punkterasters genau 15 Eingänge erhalten. Die 15 Eingangswerte werden in einer fest gewählten Reihenfolge zum Eingangsvektor $\boldsymbol{x}$ zusammengefaßt. Die Anzahl der Eingänge der zweiten Schicht sei ebenfalls 15. Als Zahl der Neuronen und Zahl der Ausgänge der zweiten Schicht wird jeweils 10 gewählt, entsprechend der Anzahl der festgelegten Klassen. Für alle Neuronen wird als Aktivierungsfunktion die unipolare Sigmoidfunktion (man vergleiche Gl. (12.3) mit $\gamma = 1$)

$$\Psi(u) = \frac{1}{1 + e^{-u}}$$

verwendet. Die Ausgänge des Perzeptrons werden mit einem (1 aus 10)-Entscheider mit Rückweisemöglichkeit verbunden. Dem Entscheider wird also der Ausgangsvektor $\boldsymbol{y} = [y_1 \;\; y_2 \;\; \cdots \;\; y_{10}]^{\mathrm{T}}$ des Perzeptrons mit den 10 Komponenten $y_\nu \in \{0, 1\}$, $\nu = 1, 2, \ldots, 10$, zugeführt. Am Ausgang des Entscheiders erscheint ein Wert $w \in \{0, 1, \ldots, 9\}$ als Resultat der Klassifikation und weiterhin ein binärer Wert $r \in \{0, 1\}$ für Nichtzurückweisung bzw. Zurückweisung. Die Werte für w und r werden folgendermaßen gebildet: Zunächst wird eine untere und eine obere Schwelle s_u bzw. s_o mit $0 \leqq s_u < s_o \leqq 1$ festgelegt, z.B. $s_u = 0{,}1$ und $s_o = 0{,}9$. Dann nimmt w den Wert $\nu - 1$ und r den Wert Null an, wenn für genau ein ν die Bedingung $y_\nu \geqq s_o$ *und* für alle $\mu \neq \nu$ die Bedingung $y_\mu \leqq s_u$ erfüllt ist, $\nu, \mu \in \{1, 2, \ldots, 10\}$. In allen sonstigen Fällen, insbesondere falls $y_\nu \geqq s_o$ für kein oder mehrere ν zutrifft *oder* $s_u < y_\mu < s_o$ für mindestens ein μ gilt, kann keine Entscheidung getroffen werden. Dies wird durch ein aktives Rückweisesignal $r = 1$ angezeigt, das gleichzeitig den (undefinierten) Wert w als ungültig kennzeichnet. Bild 12.26 zeigt die Struktur des Netzwerks, wobei die Schichten durch Bild 12.14 erklärt sind.

Die synaptischen Gewichte werden nun im Rahmen eines Trainingsprozesses eingestellt. Dazu benötigt man einen Satz von Trainingsmustern $\{\boldsymbol{x}^{(1)}, \boldsymbol{x}^{(2)}, \ldots\}$. Letztere müssen den entsprechenden Sollausgangsvektoren zugeordnet werden. Dabei ist

$$\boldsymbol{d} = [0 \;\; 0 \;\; \cdots \;\; 0 \;\; 1 \;\; 0 \;\; \cdots \;\; 0]^{\mathrm{T}}$$

mit einer 1 an k-ter Position und neun Nullen an den übrigen Stellen der Sollausgangsvektor des Perzeptrons für die Ziffer $k - 1$ $(k = 1, 2, \ldots, 10)$. Während der Lernphase bleibt der Entscheider unberücksichtigt. Im Hinblick auf die spätere Anwendung des neuronalen Netzwerks zur Erkennung gestörter Ziffern erzeugt man

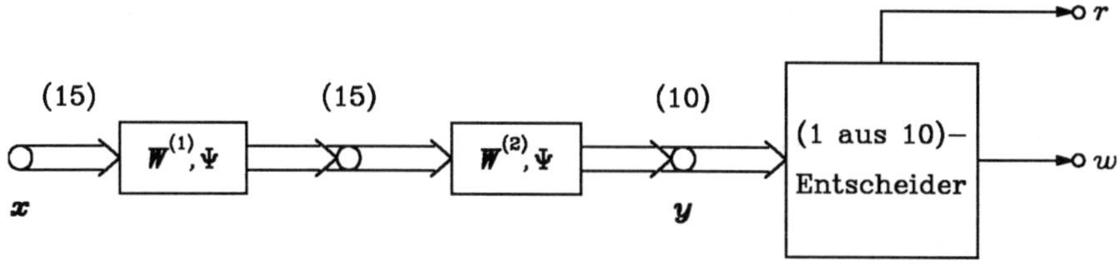

Bild 12.26: [15 : 15 : 10]-Mehrschichtperzeptron mit nachgeschaltetem Entscheider von Beispiel 12.3

als Trainingseingangsmuster beispielsweise fünf Kopien der Bildpunktrepräsentationen der Ziffern 0 bis 9 und überlagert diesen kleine Störungen, die mit einem Generator für normalverteiltes Rauschen (das mittelwertfrei ist, die Varianz 1 und den Vorfaktor 1/30 besitzt) erzeugt werden. So entstehen z.B. aus der ungestörten Ziffer 0 die folgenden fünf Trainingsmuster für die Null:

$$\begin{bmatrix} 0.0388 & 1.0209 & 0.0025 \\ 1.0117 & -0.0232 & 1.0565 \\ 1.0020 & 0.0599 & 1.0088 \\ 1.0291 & -0.0482 & 0.9766 \\ 0.0415 & 0.9787 & 0.0192 \end{bmatrix}, \begin{bmatrix} 0.0175 & 0.9939 & 0.0066 \\ 1.0530 & 0.0011 & 1.0296 \\ 0.9567 & 0.0394 & 1.0606 \\ 0.9805 & -0.0337 & 0.9680 \\ 0.0230 & 0.9747 & -0.0032 \end{bmatrix},$$

$$\begin{bmatrix} 0.0139 & 1.0082 & 0.0235 \\ 1.0211 & -0.0331 & 1.0589 \\ 0.9873 & -0.0304 & 0.9668 \\ 1.0398 & -0.0053 & 1.0901 \\ -0.0066 & 0.9953 & 0.0137 \end{bmatrix}, \begin{bmatrix} -0.0171 & 1.0632 & -0.0084 \\ 0.9942 & 0.0326 & 1.0430 \\ 0.9823 & -0.0231 & 0.9713 \\ 1.0176 & -0.0076 & 1.0126 \\ 0.0407 & 1.0366 & -0.0284 \end{bmatrix},$$

$$\begin{bmatrix} 0.0554 & 0.9915 & -0.0269 \\ 0.9974 & -0.0532 & 1.0389 \\ 0.9780 & 0.0129 & 0.9937 \\ 0.9467 & -0.0320 & 1.0043 \\ 0.0298 & 1.0116 & 0.0253 \end{bmatrix}.$$

Die zugehörigen Sollausgangsvektoren sind hier ausnahmslos $\boldsymbol{d} = [1 \;\; 0 \;\; 0 \;\; \cdots \;\; 0]^{\mathrm{T}}$. Für die übrigen Ziffern wird analog verfahren.

Als Lernprozeß wird der Back-Propagation-Algorithmus angewendet, wobei in jedem Lernschritt die Anpassung der Gewichte nach Verarbeitung *aller* Trainingsmuster $\boldsymbol{x}^{(p)}$, $p = 1, 2, \ldots, 50$ (man vergleiche Abschnitt 2.1.2) erfolgt. Dabei ist der Fehler gemäß Gl. (12.33) bezüglich aller Trainingsmuster

$$E := \frac{1}{2} \sum_{p=1}^{50} \| \boldsymbol{d}^{(p)} - \boldsymbol{y}^{(p)} \|^2 \tag{12.83}$$

zu minimieren. Hierbei bedeutet $\boldsymbol{y}^{(p)}$ den dem Trainingsmuster $\boldsymbol{x}^{(p)}$ entsprechenden Ausgangsvektor des Perzeptrons und $\boldsymbol{d}^{(p)}$ den zugehörigen Sollausgangsvektor. Bild 12.27 zeigt den Verlauf des Fehlers E in Abhängigkeit von der Zahl n der Lernschritte.

Nach Abschluß der Trainingsphase werden die synaptischen Gewichte nicht mehr verändert. Nun wird das neuronale Netzwerk gemäß Bild 12.26 mit dem Entscheider verbunden und das Gesamtsystem getestet. Dazu werden zwei Eingabemuster $\boldsymbol{x}$ verwendet. Zunächst wird als Testbeispiel die Bildpunktrepräsentation der Ziffer 9 wie oben beschrieben verrauscht. Das Mehrschichtperzeptron antwortet mit einem Vektor $\boldsymbol{y}$, welcher $w = 9$ entspricht, also eine Entscheidung zu Gunsten der richtigen Ziffer. Wählt man dagegen beispielsweise eine Bildpunktrepräsentation des Buchstabens A als Eingabemuster, so reagiert der Entscheider mit einer Rückweisung.

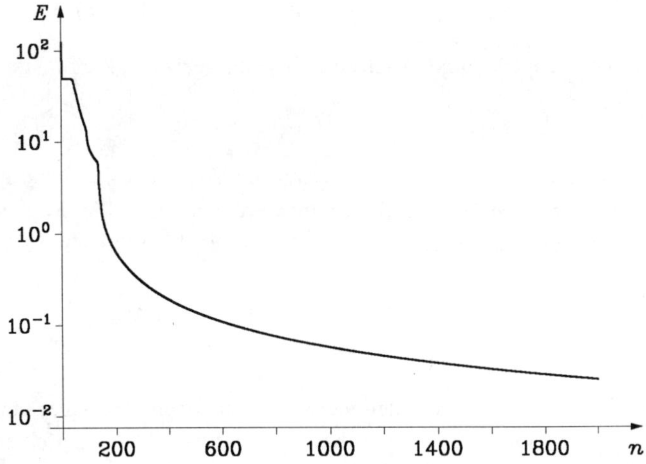

Bild 12.27: Verlauf des Fehlers E in Abhängigkeit von der Zahl der Lernschritte

3.2 SIGNALDEKOMPOSITION

Aufgrund einer Messung sei ein Signal $y(t)$ verfügbar, von dem man weiß, daß es die Form

$$y(t) = \sum_{i=1}^{N} w_i \, \Phi_i(t) + e(t) \tag{12.84}$$

hat. Dabei sind $\Phi_i(t)$ $(i = 1, 2, \ldots, N)$ bekannte Signale, die als voneinander linear unabhängig vorausgesetzt werden und Basisfunktionen heißen; $e(t)$ ist ein im allgemeinen zeitabhängiger Meßfehlerterm. Die im folgenden zu behandelnde Aufgabe besteht darin, die Koeffizienten w_i derart zu ermitteln, daß bei Kenntnis von $y(t)$ und der Basisfunktionen der Einfluß des Fehlerterms in Gl. (12.84) möglichst gering wird. Einer Aufgabe dieser Art begegnet man beispielsweise in der Energietechnik im Zusammenhang mit der Regelung und dem Schutz von Energiesystemen, wenn eine zu messende harmonische Spannung oder ein harmonischer Strom mit bekannter Kreisfrequenz ω gestört ist durch eine Exponentialkomponente $\exp(-\alpha t)$. In diesem Fall gilt

$$\Phi_1(t) = \cos \omega t\,, \quad \Phi_2(t) = \sin \omega t\,, \quad \Phi_3(t) = \mathrm{e}^{-\alpha t}\,,$$

wobei neben den Gewichtsfaktoren w_1, w_2 und w_3 eventuell noch $w_4 := \alpha$ als weitere Unbekannte hinzukommen kann.

Zur Lösung der Aufgabe wird vom Fehler

$$e(\boldsymbol{w}, t) = y(t) - \sum_{i=1}^{N} w_i \, \Phi_i(t) \tag{12.85a}$$

ausgegangen, der nun auch in Abhängigkeit der Gewichte betrachtet als

$$e(\boldsymbol{w}, t) = y(t) - \boldsymbol{w}^{\mathrm{T}} \boldsymbol{\Phi}(t) \tag{12.85b}$$

mit den Vektoren

$$\boldsymbol{w} := [w_1 \ \cdots \ w_N]^{\mathrm{T}} \quad \text{und} \quad \boldsymbol{\Phi}(t) = [\Phi_1(t) \ \cdots \ \Phi_N(t)]^{\mathrm{T}}$$

geschrieben wird, und es soll zunächst eine geeignete Zielfunktion

$$E(\boldsymbol{w}, t) = \sigma(e(\boldsymbol{w}, t)) \tag{12.86}$$

festgelegt werden, so daß die optimalen Werte der Gewichte w_i durch das absolute Minimum von E bezüglich $\boldsymbol{w}$ bestimmt werden können. Die Wahl von $\sigma := e^2/2$ entspricht der Strategie der kleinsten Quadrate. Die in der Literatur als Huber-Funktion bekannte Funktion

$$\sigma(e) := \begin{cases} e^2/2 & \text{für} \quad |e| \leqq \beta \\ \beta\,|e| - \beta^2/2 & \text{für} \quad |e| > \beta \end{cases}$$

wird vorzugsweise in Fällen verwendet, in denen die Fehler einzelne Spitzen ("Ausreißer") aufweisen. Die Wahl des positiven Parameters β ist dabei problemabhängig. Als eine weitere Funktion, die bei der Behandlung des vorliegenden Problems von Bedeutung ist, sei die sogenannte logistische Funktion

$$\sigma(e) := \beta^2 \ln(\cosh(e/\beta))$$

genannt.

Die Zielfunktion $E(\boldsymbol{w}, t)$ nach Gl. (12.86) wird jetzt bezüglich des Vektors $\boldsymbol{w}$ bei Verwendung eines dynamischen Gradientenverfahrens minimiert. Dazu wird der Vektor $\boldsymbol{w}$ als zeitvariant betrachtet und unter Beachtung der Gl. (12.85b) der Gradient

$$\frac{\partial E}{\partial \boldsymbol{w}} = \frac{\mathrm{d}\sigma}{\mathrm{d}e} \frac{\partial e}{\partial \boldsymbol{w}} = -\frac{\mathrm{d}\sigma}{\mathrm{d}e} \boldsymbol{\Phi}^{\mathrm{T}}(t)$$

gebildet und gefordert, daß der zeitliche Differentialquotient des Gewichtsvektors $\mathrm{d}\boldsymbol{w}/\mathrm{d}t$ proportional zum negativen (transponierten) Gradienten der Zielfunktion bezüglich $\boldsymbol{w}$ ist. Auf diese Weise entsteht die Vektordifferentialgleichung

$$\frac{\mathrm{d}\boldsymbol{w}}{\mathrm{d}t} = \boldsymbol{\mu} \frac{\mathrm{d}\sigma}{\mathrm{d}e} \boldsymbol{\Phi}(t) \tag{12.87a}$$

mit einer Diagonalmatrix

$$\boldsymbol{\mu} = \operatorname{diag}(\mu_1, \mu_2, \ldots, \mu_N) \tag{12.87b}$$

aus positiven Größen μ_i. Bild 12.28 zeigt eine Realisierung der Differentialgleichung (12.87a) in Form eines sich selbst einstellenden neuronalen Netzwerks mit der Aktivierungsfunktion $\mathrm{d}\sigma(e)/\mathrm{d}e$, wobei die sich einstellenden Werte der synaptischen Gewichte die gesuchten Größen sind.

Im Falle, daß als Basisfunktionen $\Phi_i(t)$ die trigonometrischen Funktionen $\cos(k\,\omega_0 t)$ und $\sin(k\,\omega_0 t)$ mit $k \in \mathbb{N}_0$ verwendet werden, handelt es sich darum, daß auf y eine harmonische Analyse angewendet wird. Das entsprechende Netzwerk wird Fourier-Netzwerk genannt (vgl. Aufgabe XII.3). Im Falle $\sigma = e^2/2$ stellt Gl. (12.87a) die zeitkontinuierliche Version des LMS-Algorithmus dar (man vergleiche dazu auch Gl. (10.46)).

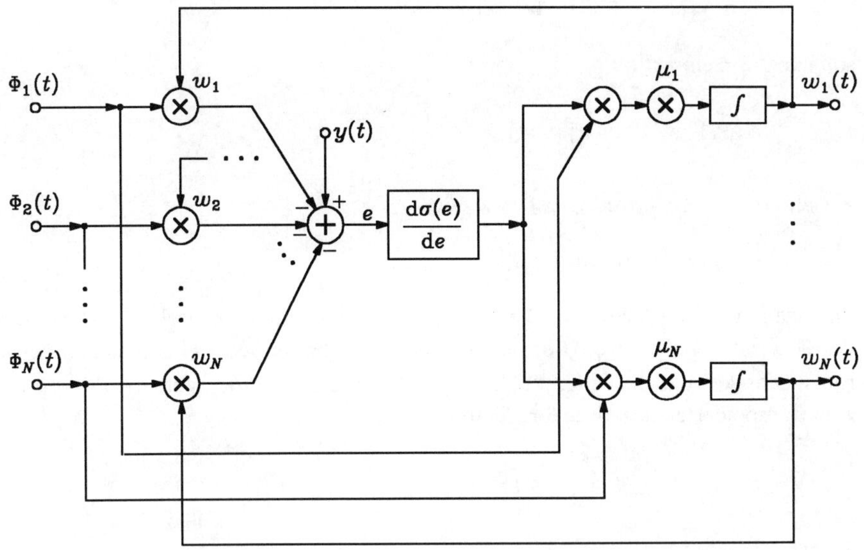

Bild 12.28: Realisierung der Differentialgleichung (12.87a)

3.3 SYSTEMMODELLIERUNG

Zur näherungsweisen Beschreibung des Eingangs-Ausgangsverhaltens eines unbekannten kontinuierlichen, linearen und zeitinvarianten Systems mit einem Eingang und einem Ausgang wird die Differenzengleichung

$$y[n] = -\sum_{\nu=1}^{N} a_\nu y[n-\nu] + \sum_{\mu=1}^{M} b_\mu x[n-\mu] \tag{12.88}$$

mit geeignet gewählten N und M verwendet. Die Eingangs- und Ausgangssignale $x_d(t)$ bzw. $y_d(t)$ des zu modellierenden kontinuierlichen Systems seien stets verfügbar, insbesondere die Werte zu den diskreten Zeitpunkten $t = nT$ $(n = 1, 2, \ldots, L; T = \text{const} > 0)$. Die Werte des Eingangssignals $x[n]$ des diskontinuierlichen Modells werden gleich den Werten $x_d(nT)$ gewählt. Mit

$$w_\nu := a_\nu \ (\nu = 1, 2, \ldots, N) \quad \text{und} \quad w_{N+\mu} := b_\mu \ (\mu = 1, 2, \ldots, M)$$

als den Gewichten wird der zu ermittelnde Vektor

$$\boldsymbol{w} := [w_1 \ \ w_2 \ \ \cdots \ \ w_{N+M}]^{\mathrm{T}}$$

gebildet, außerdem der Vektor

$$\boldsymbol{\Phi}[n] := [-y[n-1] \ \cdots \ -y[n-N] \ \ x[n-1] \ \cdots \ x[n-M]]^{\mathrm{T}},$$

dessen Komponenten mit $\Phi_\nu[n]$ für $\nu = 1, 2, \ldots, N+M$ bezeichnet werden, wobei $y[n]$ die Reaktion des Modells auf die Erregung $x[n]$ bedeutet. Mit dem Fehler

$$e[n, \boldsymbol{w}] := y_d(nT) - \boldsymbol{w}^{\mathrm{T}} \boldsymbol{\Phi}[n]$$

soll nun die Zielfunktion

$$E(\boldsymbol{w}) := \sum_{\nu=1}^{L} \sigma(e[\nu, \boldsymbol{w}]) \tag{12.89}$$

eingeführt werden; für $\sigma(e)$ wird vorzugsweise

$$\sigma(e) := \beta^2 \ln\cosh(e/\beta)$$

mit einem positiven β gewählt. Die Minimierung der Zielfunktion nach Gl. (12.89) bezüglich der Gewichte $w_1, \ldots, w_{N+M}$ erfolgt jetzt durch ein dynamisches Gradientenabstiegsverfahren, indem der zeitliche Differentialquotient des Vektors der Gewichte $\mathrm{d}\boldsymbol{w}/\mathrm{d}t$ proportional zum transponierten negativen Gradienten

$$-\frac{\partial E}{\partial \boldsymbol{w}} = \sum_{\nu=1}^{L} \beta \Psi[\nu, \boldsymbol{w}] \boldsymbol{\Phi}^{\mathrm{T}}[\nu]$$

mit der Aktivierungsfunktion

$$\Psi[\nu, \boldsymbol{w}] := \frac{1}{\beta} \frac{\mathrm{d}\sigma(e)}{\mathrm{d}e} = \tanh(e[\nu, \boldsymbol{w}]/\beta)$$

gesetzt wird. Nähert man den Differentialquotienten $\mathrm{d}\boldsymbol{w}/\mathrm{d}t$ durch den Differenzenquotienten $(\boldsymbol{w}[n+1] - \boldsymbol{w}[n])/T$ an, so gelangt man zur Differenzengleichung

$$\boldsymbol{w}[n+1] = \boldsymbol{w}[n] + \beta\alpha[n] \sum_{\nu=1}^{L} \Psi[\nu, \boldsymbol{w}] \boldsymbol{\Phi}[\nu] \tag{12.90}$$

mit $\alpha[n] > 0$, wobei typischerweise $\alpha[n] = 1/n^{\gamma}$ $(1/2 < \gamma < 1)$ gewählt wird. Bild 12.29 zeigt ein Blockdiagramm zur Realisierung der Differenzengleichung (12.90) in Form eines sich selbst einstellenden neuronalen Netzwerks. Die sich schließlich einstellenden Werte der synaptischen Gewichte ergeben die gesuchten Koeffizienten des Modells nach Gl. (12.88).

3.4 PRÄDIKTION

Wenn ein Vorgang, dessen Verlauf in der Zukunft vorausgesagt werden soll, analytisch beschrieben werden kann, beispielsweise mittels Differentialgleichungen, dann wird man in aller Regel versuchen, Prädiktionen durch Auswertung der verfügbaren analytischen Beschreibung durchzuführen. Es kann jedoch der Fall eintreten, daß eine Prädiktion auf der Basis eines bekannten analytischen Modells nicht möglich ist, etwa wenn die Information über die Dynamik des interessierenden Prozesses unvollständig ist. In solchen Situationen bieten sich neuronale Netzwerke an. Dabei kann man in der folgenden Weise vorgehen. Man versucht, den zu untersuchenden dynamischen Vorgang aufgrund einer nichtlinearen Funktion

$$y[n] = F_0(y[n-1], y[n-2], \ldots, y[n-N])$$

zu beschreiben, wobei durch $y[n]\,(n = N_0, N_0 - 1, \ldots, 1)$ mit einem geeigneten $N \ll N_0$ die Ausgangswerte des Prozesses zu den diskreten Zeitpunkten $t = nT$ bezeichnet werden.

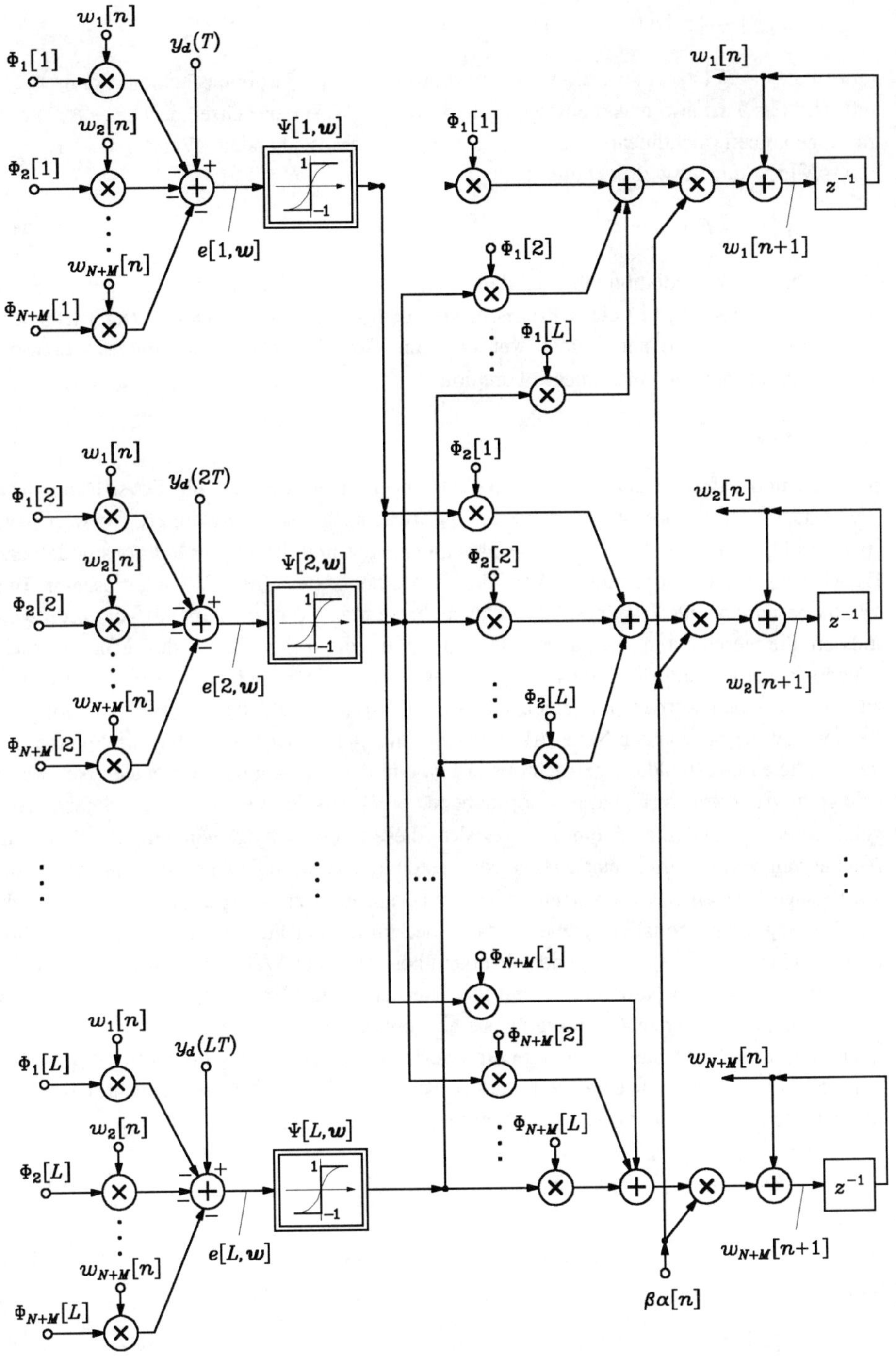

Bild 12.29: Realisierung der Differenzengleichung (12.90) mit $\boldsymbol{\Phi}[\nu] = [\,\Phi_1[\nu] \;\; \Phi_2[\nu] \;\cdots\; \Phi_{N+M}[\nu]\,]^{\mathrm{T}}$

Mit

$$\boldsymbol{z}[n] := [z_1[n] \ \cdots \ z_N[n]]^{\mathrm{T}} := [y[n-1] \ \cdots \ y[n-N]]^{\mathrm{T}}$$

kann man $y = F_0(z_1, z_2, \ldots, z_N)$ als eine Fläche im $(N+1)$-dimensionalen Raum $\mathbb{R}^{N+1}$ auffassen. Es wird also davon ausgegangen, daß jeder Wert der Zeitreihe $y[n]$ $(n \in \mathbb{Z})$ eine im allgemeinen nichtlineare Funktion seiner N vorausgehenden Werte $y[n-1], \ldots,$ $y[n-N]$ ist, kurz ausgedrückt durch

$$y[n] = F_0(\boldsymbol{z}[n]). \tag{12.91a}$$

Das Problem der Prädiktion läßt sich damit folgendermaßen formulieren: Es liegt das meßbare Ausgangssignal $y(t)$ eines Prozesses vor, dem die Zeitreihe $y[n] = y(nT)$ $(n = 1, 2, \ldots, N_0;\ T = \text{const} > 0)$ entnommen werden kann. Gesucht wird ein neuronales Netzwerk, das eine im allgemeinen nichtlineare Funktion

$$\hat{y}[n] = F(\boldsymbol{z}[n]) \tag{12.91b}$$

realisiert und aufgrund der verfügbaren Zeitreihe trainiert werden soll. Da sich auf diese Weise jede nichtlineare stetige Funktion F_0 beliebig genau approximieren bzw. rekonstruieren läßt, stellt Gl. (12.91b) ein relativ allgemeines und flexibles Prädiktionsmodell dar. Es wird dazu verwendet, einen Wert der Zeitreihe in der Zukunft vorauszusagen. Bild 12.30a beschreibt die Trainingsphase. Um mehrere Schritte in die Zukunft vorauszusagen, müssen die geschätzten Ausgangssignalwerte $\hat{y}[n]$ an den Eingang des Modells rückgekoppelt werden und die anderen Modelleingangswerte $y[\nu]$ ständig um eine Zeiteinheit zurückverschoben werden, um einen nächsten Schätzwert zu erhalten (Bild 12.30b). Der Lernprozeß des neuronalen Netzwerks kann als ein Approximationsvorgang zur Annäherung der nichtlinearen Abbildung betrachtet werden, und das Training des neuronalen Netzwerks erfolgt aufgrund von verfügbaren Zuordnungen von F_0 aus der Vergangenheit. Sofern genügend Daten vorhanden sind, empfiehlt es sich, diese in eine Menge von Trainingsdaten zur Annäherung von F_0 und in eine Menge von Testdaten zu unterteilen, um mit Hilfe dieser die Vorhersagefähigkeit des trainierten neuronalen Netzwerks zu überprüfen. Insofern besteht die Wirkung des neuronalen Netzwerks darin, daß mittels der Funktion F eine Extrapolation durchgeführt wird. Ein grundlegendes Problem besteht in der Wahl einer für die Zeitreihenprädiktion geeigneten Netzwerkarchitektur. Hierbei spielen Erfahrung, Intuition und Einblick in die physikalischen Zusammenhänge eine entscheidende Rolle.

Die zur Prädiktion häufig benutzte Netzwerkstruktur ist die des Perzeptrons. Im Falle eines Perzeptrons mit nur einer verborgenen Schicht und einer Ausgangsschicht, deren Aktivierungsfunktion $\Psi(u) \equiv u$ ist, ergibt sich speziell als Schätzmodell

$$\hat{y}[n] = w_0 + \sum_{j=1}^{M} w_j \Psi_j \left(\sum_{i=1}^{N} w_{ji} y[n-i] + w_{j0} \right). \tag{12.92}$$

Als Aktivierungsfunktionen Ψ_j verwendet man vorzugsweise eine Sigmoidfunktion. Der Fehler zwischen dem gewünschten Wert $y[n]$ und dem Schätzwert ist

$$e[n] := y[n] - \hat{y}[n],$$

womit sich die Zielfunktion

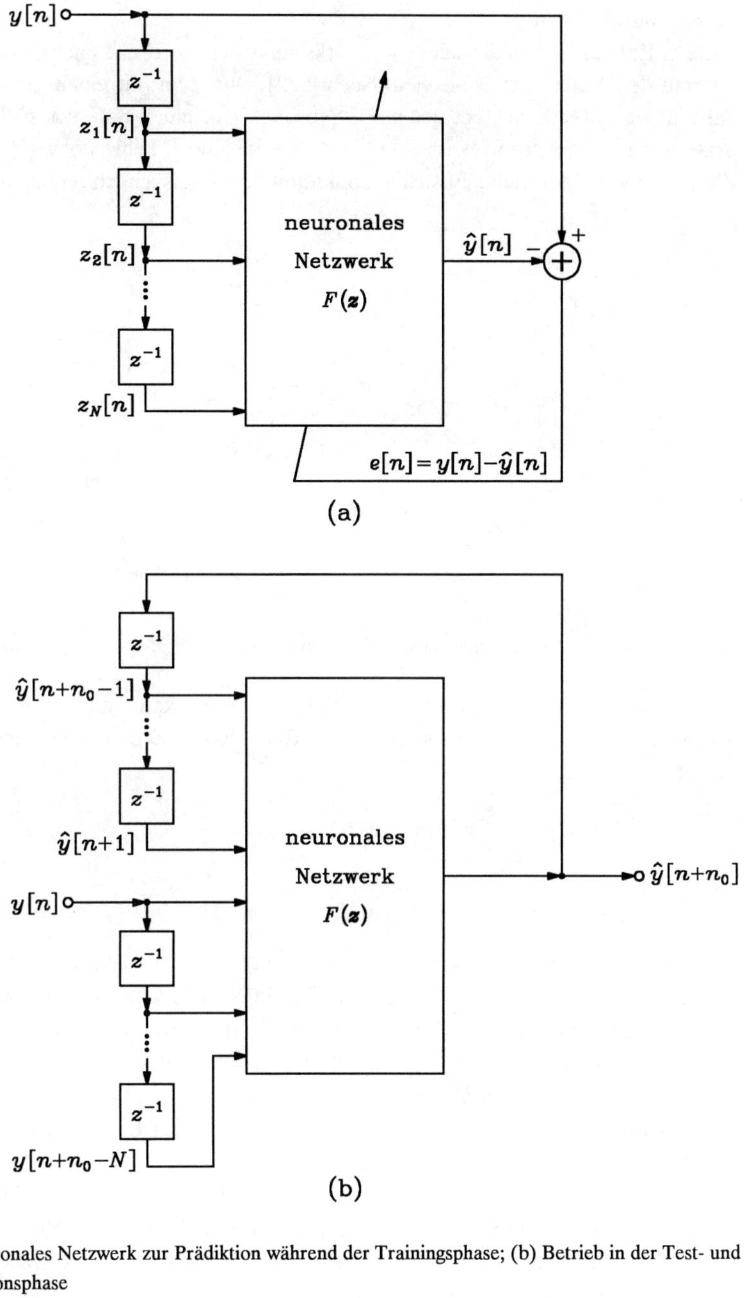

Bild 12.30: (a) Neuronales Netzwerk zur Prädiktion während der Trainingsphase; (b) Betrieb in der Test- und Prädiktionsphase

$$E(\mathbf{w}) := \sum_{\nu=1}^{L} \sigma(e[\nu])$$

ergibt. Dabei stellt σ eine geeignete Funktion dar, beispielsweise $\sigma(e) = e^2/2$, und $\mathbf{w}$ den Gewichtsvektor. Die Summation erfolgt über L Trainingsbeispiele. Die Minimierung der Zielfunktion zur Festlegung der Gewichte läßt sich mit Hilfe des Back-Propagation-Algorithmus durchführen.

Beim Entwurf des neuronalen Netzwerks stellt sich die Frage nach der Anzahl der Schichten und der Anzahl der Neuronen. Nach [Sa2] kann man mit einem neuronalen Netzwerk, das eine verborgene Schicht mit $p-1$ Neuronen hat, einen Satz von p Trainingsbeispielen exakt implementieren. Dies ist eine hinreichende, jedoch keine notwendige Bedingung. Die Zahl von $p-1$ Neuronen läßt sich in konkreten Fällen tatsächlich reduzieren.

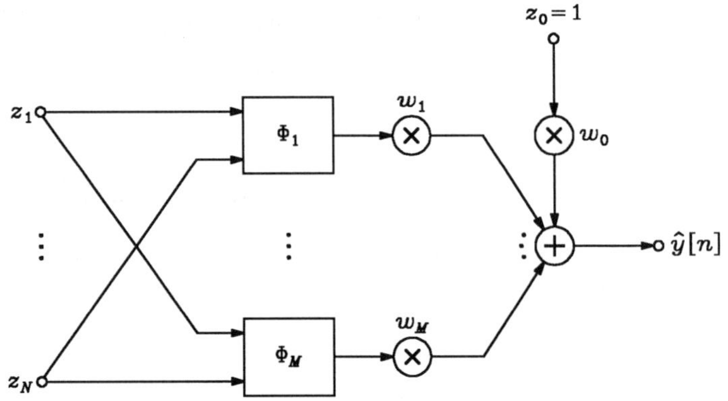

Bild 12.31: Neuronales Netzwerk mit Radialbasisfunktionen

Als alternatives Modell zum Mehrschichtperzeptron kann zur Prädiktion von Zeitreihen ein neuronales Netzwerk mit sogenannten Radialbasisfunktionen verwendet werden. Dabei lautet das Modell

$$\hat{y}[n] = w_0 + \sum_{i=1}^{M} w_i \, \Phi_i \left(\| \boldsymbol{z}[n] - \boldsymbol{c}_i \| \right) \tag{12.93}$$

mit

$$\boldsymbol{z}[n] := [z_1[n] \ \cdots \ z_N[n]]^{\mathrm{T}} := [y[n-1] \ \cdots \ y[n-N]]^{\mathrm{T}}$$

und den sogenannten Zentren $\boldsymbol{c}_i \in \mathbb{R}^N$ $(i = 1, 2, \ldots, M)$ sowie den Radialbasisfunktionen Φ_i, die man im konkreten Fall meistens für ein Netzwerk einheitlich wählt, d.h. als $\Phi = \Phi_i$ für alle i. Als $\Phi(r)$ kommen beispielsweise r, r^3 oder $\exp(-r^2/\sigma^2)$ in Frage, wobei letztere Funktion bevorzugt wird. Während des Lernprozesses werden die Zentren $\boldsymbol{c}_i$ festgehalten und nur die synaptischen Gewichte w_i eingestellt. Die Wahl der Zentren, für die verschiedene Vorschläge gemacht wurden, beeinflußt wesentlich die Qualität der Approximation [Ci1]. Bild 12.31 zeigt ein Signalflußdiagramm zu Gl. (12.93) mit den Radialbasisfunktionen Φ_i. Die synaptischen Gewichte w_i werden häufig im Rahmen eines LMS-Lernalgorithmus eingestellt. Der Trainingsprozeß verläuft in der Regel viel schneller als bei einem Mehrschichtperzeptron ähnlicher Leistungsfähigkeit unter Verwendung des klassischen Back-Propagation-Algorithmus, da nur ein lineares Regressionsproblem gelöst werden muß.

Beispiel 12.4: Mit Hilfe eines Mehrschichtperzeptrons soll an einer Zeitreihe $\ldots, y[n-3], y[n-2], y[n-1], y[n]$ eine Prädiktion derart durchgeführt werden, daß ein Schätzwert $\hat{y}[n+2]$ für den Zeitreihenwert $y[n+2]$ unter der ausschließlichen Verwendung des aktuellen Wertes $y[n]$ und der letzten 8 unmittelbar zurückliegenden Werte $y[n-8], \ldots, y[n-1]$ sowie des bereits im vorausgegangenen Prädiktionsschritt geschätzten Wertes $\hat{y}[n+1]$ geliefert wird. Die Vorhersage soll bezüglich einer bestimmten Zeitreihe optimiert (Trainingsphase) und mit einer anderen getestet (Betriebsphase) werden.

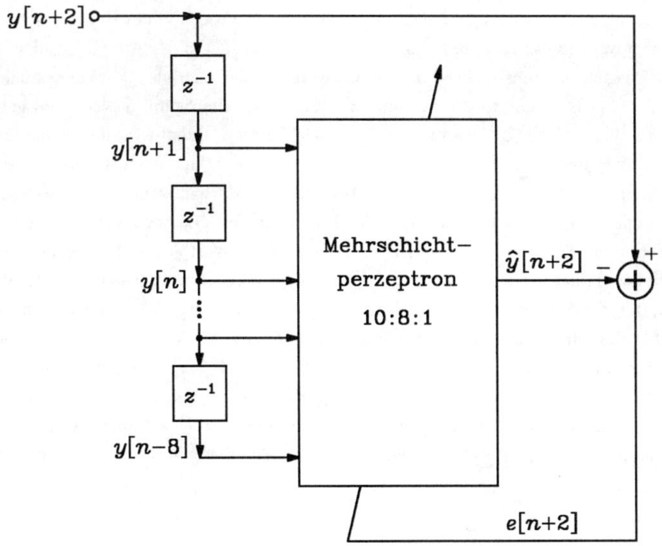

(a)

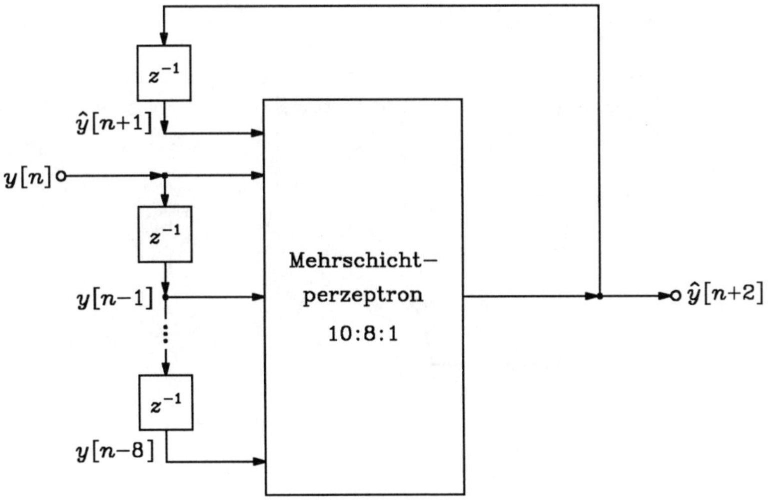

(b)

Bild 12.32: Beschaltung des Mehrschichtperzeptrons (a) während der Trainingsphase, (b) während der Prädiktionsphase

Die Aufgabenstellung legt weitgehend die Struktur des Netzwerks gemäß Bild 12.30b mit $N = 10$ und $n_0 = 2$ fest. Da insgesamt $N = 10$ Zeitreihenwerte zur Berechnung von $\hat{y}[n+2]$ verwendet werden, benötigt man eine Verzögerungskette aus 9 Gliedern (bzw. 10 Gliedern für die Trainingsphase), die als Gedächtnis [1] dem Mehr-

---

1) Man beachte, daß das Mehrschichtperzeptron (Abschnitt 2.1) ein statisches Netzwerk ist und keine Möglichkeit zur Speicherung innerer Zustände besitzt. Um ein dynamisches Verhalten zu erzeugen, muß das Netzwerk durch ein Gedächtnis ergänzt werden.

schichtperzeptron vorgeschaltet wird. Damit liegt die Anzahl der Neuronen in der Eingangsschicht mit 10 fest. Da nur *ein* Zeitreihenwert geschätzt wird, ergibt sich die Neuronenzahl in der Ausgangsschicht zu 1. Um den Wertebereich des Ausgangsneurons nicht einzuschränken, verwendet man als Aktivierungsfunktion die identische Abbildung $y = \Psi(u) = u$. Es wird weiterhin eine versteckte Schicht mit 8 Neuronen gewählt, die sich später für die zu lösende Aufgabe als ausreichend herausstellen wird. Dabei wird die sigmoide Aktivierungsfunktion nach Gl. (12.3) mit $\gamma = 1$ gewählt. Die Neuronen der versteckten Schicht und der Ausgangsschicht erhalten variable Schwellwerte. Auf diese Weise ergeben sich die Beschaltungen des Mehrschichtperzeptrons nach Bild 12.32 als spezielle Strukturen von Bild 12.30. Man kann dort erkennen, daß das neuronale Netzwerk stets aus den Werten $y[n-8], y[n-7], \ldots, y[n]$ und $\hat{y}[n+1]$ den Wert $\hat{y}[n+2]$ berechnet. Da während der Trainingsphase alle Zeitreihenwerte bekannt sind, wird die Beschaltung entsprechend Bild 12.30a gemäß Bild 12.32a verwendet, d.h. der Schätzwert $\hat{y}[n+1]$ durch den exakten Wert $y[n+1]$ ersetzt. Somit kann man den Trainingsprozeß für das Mehrschichtperzeptron ohne Verwendung der Verzögerungskette folgendermaßen durchführen: Ausgehend von einer gegebenen Zeitreihe $y[n]$ $(n = 1, 2, \ldots, N_0)$ werden jeweils 11 aufeinanderfolgende Werte $y[n_p - 10], y[n_p - 9], \ldots, y[n_p]$, $n_p \in \{11, 12, \ldots, N_0\}$) zu einem Mustervektor $(\boldsymbol{y}_e^{(p)}, y_d^{(p)})$ bestehend aus $\boldsymbol{y}_e^{(p)} = [y[n_p - 10] \;\; y[n_p - 9] \;\; \cdots \;\; y[n_p - 1]]^{\mathrm{T}}$ als Eingangsvektor und dem zugehörigen Wunschausgangswert $y_d^{(p)} = y[n_p]$ zusammengefaßt. Auf diese Weise erzeugt man die Trainingsmustermenge

$$S = \{(\boldsymbol{y}_e^{(1)}, y_d^{(1)}), (\boldsymbol{y}_e^{(2)}, y_d^{(2)}), \ldots, (\boldsymbol{y}_e^{(P)}, y_d^{(P)})\},$$

die maximal $P = N_0 - 10$ Elemente enthalten kann. Zur Auffindung optimaler Werte der Gewichte mit Hilfe des Back-Propagation-Algorithmus im Batch-Modus (Abschnitt 2.1.2) minimiert man üblicherweise die Fehlerfunktion gemäß Gl. (12.33)

$$E(\boldsymbol{w}, S) = \frac{1}{2} \sum_{p=1}^{P} (y_d^{(p)} - \hat{y}(\boldsymbol{y}_e^{(p)}, \boldsymbol{w}))^2, \tag{12.94}$$

wobei im Parametervektor $\boldsymbol{w}$ alle Gewichte des Mehrschichtperzeptrons zusammengefaßt sind und $\hat{y}(\boldsymbol{y}_e^{(p)}, \boldsymbol{w})$ der Wert des Ausgangsneurons ist, wenn an der Eingangsschicht $\boldsymbol{y}_e^{(p)}$ anliegt und die Gewichte $\boldsymbol{w}$ verwendet werden.

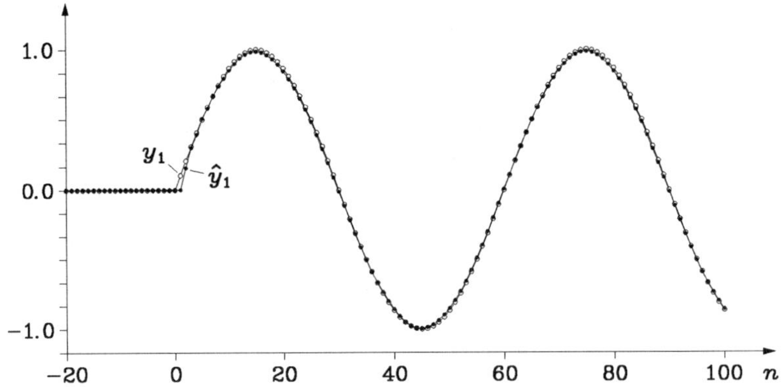

Bild 12.33: Vorhergesagte $\hat{y}_1[n]$ und tatsächliche Daten $y_1[n]$ von Beispiel 12.4

Die folgenden Simulationen sollen einen Eindruck von der Leistungsfähigkeit der Prädiktion vermitteln. Als Zeitreihe werden die Abtastwerte des Ausgangssignals eines Sinusgenerators

$$y_1[n] := \begin{cases} 0 & \text{für} \quad -20 \leqq n < 0 \\ \sin\left(\dfrac{2\pi}{60} n\right) & \text{für} \quad 0 \leqq n \leqq 100 \end{cases}$$

gewählt. Sie dient zum Training. Zunächst werden die maximal möglichen 111 Elemente der Trainingsmustermenge S wie oben beschrieben erzeugt. Wendet man nun den Back-Propagation-Algorithmus zur Einstellung der synaptischen Gewichte des neuronalen Netzwerks an, so nimmt der Fehler nach Gl. (12.94) rasch ab. Wie Bild 12.33 [1] zeigt, erlaubt das gewählte und trainierte neuronale Netzwerk, die Vorhersage mit kleinen Fehlern durchzuführen.

Versucht man nun, Werte einer anderen $y_1[n]$ nur ähnlichen Zeitreihe

$$y_2[n] = \begin{cases} 0 & \text{für} \quad -20 \leqq n < 0 \\ \sin^5\left(\dfrac{2\pi}{60}n\right) & \text{für} \quad 0 \leqq n \leqq 100 \end{cases}$$

(ohne Veränderung der synaptischen Gewichte) vorherzusagen, so zeigen sich teilweise erhebliche Prädiktionsfehler (Bild 12.34). Verändert man die Frequenz von y_2 für $n \geqq 0$ oder ändert man die Signalform z.B. in ein Rechteck, dann verschlechtert sich das Ergebnis weiter. Dies zeigt die beschränkte Anwendbarkeit des Verfahrens zur Prädiktion, wenn die Trainingsdaten nicht sorgfältig auf den späteren Betrieb abgestimmt wurden.

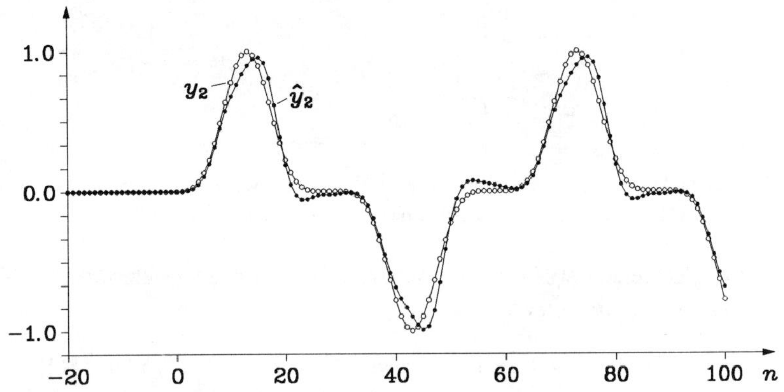

Bild 12.34: Vorhergesagte $\hat{y}_2[n]$ und tatsächliche Daten $y_2[n]$ von Beispiel 12.4

3.5 IDENTIFIKATION NICHTLINEARER SYSTEME

Es liege ein diskontinuierliches, nichtlineares und zeitinvariantes, stabiles System mit einem Eingang und einem Ausgang vor. Verfügbar seien nur das Eingangssignal $x[n]$ und das zugehörige Ausgangssignal $y[n]$. Die Aufgabe besteht darin, ein neuronales Netzwerk zu entwerfen, das unter der gleichen Erregung $x[n]$ ein Ausgangssignal $\hat{y}[n]$ liefert, welches das Ausgangssignal $y[n]$ des zu identifizierenden Systems schätzt.

Zur Lösung der Aufgabe wird mit dem Fehler

$$e[n] := y[n] - \hat{y}[n]$$

die Zielfunktion

$$E := \frac{1}{2} \sum_{n=1}^{L} e^2[n]$$

eingeführt.

---

1) Um den Verlauf der diskreten Signale besser erkennen zu können, sind in den Bildern 12.33 und 12.34 die diskreten Punkte durch Polygonzüge verbunden.

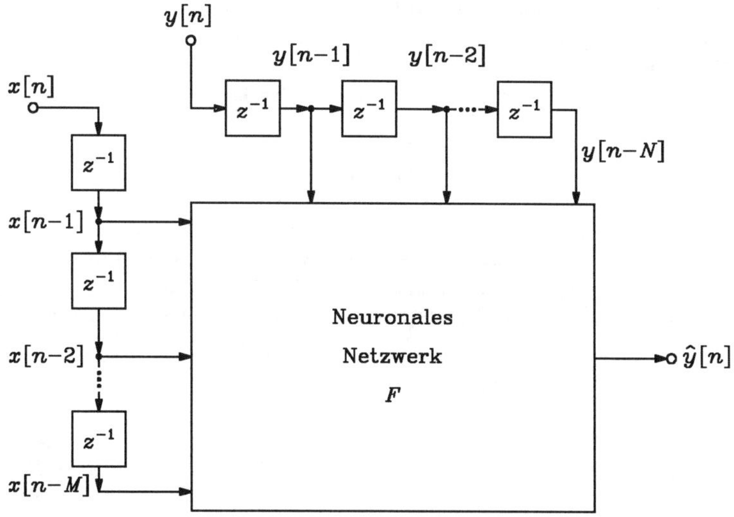

Bild 12.35: Modell eines diskontinuierlichen, nichtlinearen Systems mit einem Eingang und einem Ausgang in der Lernphase. In der Betriebsphase wird $y[n]$ durch $\hat{y}[n]$ ersetzt

Als allgemeine Form zur Beschreibung eines neuronalen Netzwerks zur Identifikation von nichtlinearen Systemen wird häufig

$$\hat{\boldsymbol{y}}[n] = \boldsymbol{F}(\boldsymbol{y}[n-1], \ldots, \boldsymbol{y}[n-N], \boldsymbol{x}[n-1], \ldots, \boldsymbol{x}[n-M]) \tag{12.95}$$

gewählt. Im folgenden wird, wie bereits gesagt, angenommen, daß nur ein Eingang und nur ein Ausgang vorhanden sind, die unbekannte Systemfunktion $\boldsymbol{F}$ damit also eine skalare Funktion darstellt. Weiterhin wird davon ausgegangen, daß die Systemfunktion eine stetige Abbildung repräsentiert. Das durch Gl. (12.95) gekennzeichnete Modell kann somit durch das neuronale System nach Bild 12.35 realisiert werden. Es ist jedoch für die Anwendung eines Lernverfahrens noch zu allgemein. Aus diesem Grunde versucht man, aufgrund von gewissen Kenntnissen über das zu identifizierende System eine Vereinfachung vorzunehmen. Eine dieser Möglichkeiten basiert auf dem speziellen Modell

$$\hat{y}[n] = F_1(x[n-1], \ldots, x[n-M]) + F_2(y[n-1], \ldots, y[n-N])$$

und kann entsprechend Bild 12.36 durch ein Blockdiagramm dargestellt werden, in dem F_1 und F_2 durch zwei neuronale Teilnetzwerke repräsentiert werden. Diese lassen sich im Falle der Verwendung von Perzeptren mittels des Back-Propagation-Algorithmus trainieren.

3.6 REGELUNGSTECHNISCHE ANWENDUNG

3.6.1 Vorbemerkung

Ein interessantes und wichtiges Anwendungsgebiet der neuronalen Netzwerke ist die Regelungstechnik. Hierbei kann man in besonderer Weise die Möglichkeit ausnützen, mit Hilfe

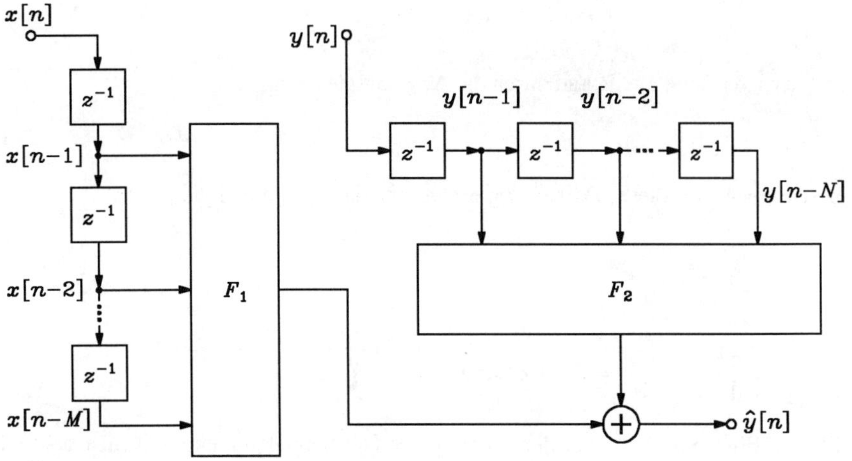

Bild 12.36: Spezielles Modell von Bild 12.35. In der Betriebsphase wird $y[n]$ durch $\hat{y}[n]$ ersetzt

neuronaler Netzwerke Funktionen, deren Werte lediglich an diskreten Stützstellen, etwa aufgrund von Messungen, bekannt sind, durch eine glatte kontinuierliche Funktion zu approximieren und letztere bei Hinzunahme weiterer Werte der zu approximierenden Funktion ständig besser an die Vorschrift anzupassen, also im Rahmen eines On-Line-Lernvorgangs eine Adaption zu erreichen. Dies soll im folgenden bei der Lösung der Aufgabe gezeigt werden, für eine Regelstrecke eine Eingangs-Ausgangs-Linearisierung durchzuführen, so daß eine einfache Zustandsregelung möglich wird. Zwei Mehrschichtperzeptren dienen dabei zur näherungsweisen Durchführung der erforderlichen nichtlinearen Transformation der Stellgröße.

Bezüglich der Erstellung eines Regelstreckenmodells darf erwartet werden, daß das Ergebnis der Regelung um so besser mit dem gewünschten Verhalten übereinstimmen wird, je mehr Wissen über die Regelstrecke in den Reglerentwurf eingebracht werden kann. Insbesondere stellt der relative Grad r der Regelstrecke (man vergleiche Kapitel IX, Abschnitt 4.1) einen kritischen Parameter dar. Dieser sei im folgenden als bekannt vorausgesetzt. Die Simulation der nichtlinearen Regelstrecke wird hier mit Hilfe der exakten Beschreibung durchgeführt. Die explizite Kenntnis dieser Beschreibung wird jedoch, abgesehen von r, nur zur Bewertung von Simulationsergebnissen verwendet.

3.6.2 Die Aufgabe

Die im folgenden zu betrachtende Regelstrecke wird im Zustandsraum durch die Differentialgleichungen[1]

$$\frac{\mathrm{d}z_1}{\mathrm{d}t} = z_2 \, , \tag{12.96a}$$

[1] Die im folgenden verwendeten Größen sind ausschließlich als normierte Größen zu betrachten.

$$\frac{\mathrm{d}z_2}{\mathrm{d}t} = (z_1 + c)\sin z_2 + \left(1 + \frac{z_1^2}{2}\right)x \tag{12.96b}$$

mit der Konstante $c \in \mathbb{R}$ und durch die Ausgangsgleichung

$$y = z_1 \tag{12.96c}$$

beschrieben. Aus dieser Darstellung erhält man die Differentialquotienten

$$\frac{\mathrm{d}y}{\mathrm{d}t} = \frac{\mathrm{d}z_1}{\mathrm{d}t} = z_2 , \tag{12.97a}$$

und

$$\frac{\mathrm{d}^2y}{\mathrm{d}t^2} = \frac{\mathrm{d}z_2}{\mathrm{d}t} = (z_1 + c)\sin z_2 + \left(1 + \frac{z_1^2}{2}\right)x . \tag{12.97b}$$

Da das Eingangssignal x in der Folge dieser Differentialquotienten explizit erstmals in der zweiten Ableitung von y in Erscheinung tritt, ist der relative Grad der Regelstrecke $r = 2$. Diese besitzt keine innere Dynamik, weil $q - r = 0$ gilt. Da die Zusammenhänge $y = z_1$ und $\mathrm{d}y/\mathrm{d}t = z_2$ bestehen, erhält man nach Gl. (9.75) als Normalkoordinaten $\zeta_1 = z_1$ und $\zeta_2 = z_2$. Gemäß Gl. (9.77a) ergibt sich dann die Darstellung der Regelstrecke in der Normalform

$$\frac{\mathrm{d}\boldsymbol{\zeta}}{\mathrm{d}t} = \begin{bmatrix} \zeta_2 \\ a(\boldsymbol{\zeta}) + b(\boldsymbol{\zeta})x \end{bmatrix} \tag{12.98}$$

mit

$$a(\boldsymbol{\zeta}) := (\zeta_1 + c)\sin\zeta_2 \quad \text{und} \quad b(\boldsymbol{\zeta}) := (1 + \zeta_1^2/2). \tag{12.99a,b}$$

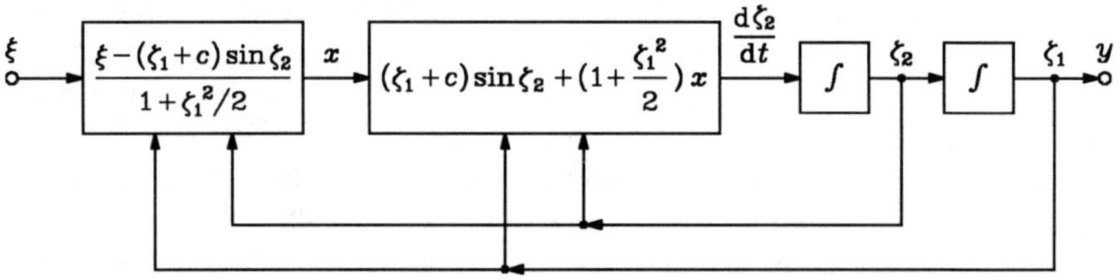

Bild 12.37: Modell der linearisierten Regelstrecke mit den transformierten Größen $\boldsymbol{\zeta}$ und ξ

Man wählt entsprechend Gl. (9.73) als Stellgröße

$$x = \frac{1}{b(\boldsymbol{\zeta})}(\xi - a(\boldsymbol{\zeta})) \tag{12.100}$$

und erhält das Modell der linearisierten Regelstrecke nach Bild 12.37 bei Verwendung der transformierten Variablen ζ_1, ζ_2 und ξ. Diese wird durch

$$\frac{\mathrm{d}\boldsymbol{\zeta}}{\mathrm{d}t} = \begin{bmatrix} 0 & 1 \\ 0 & 0 \end{bmatrix}\boldsymbol{\zeta} + \begin{bmatrix} 0 \\ 1 \end{bmatrix}\xi \tag{12.101}$$

mit $y = \zeta_1$ beschrieben. Da die Zustandsvariablen

$$\zeta_\nu = \frac{d^{\nu-1}y}{dt^{\nu-1}} \qquad (\nu = 1, 2) \tag{12.102}$$

im vorliegenden Modell verfügbar sind, gestaltet sich die Polvorgabe durch einen Zustandsregler (man vergleiche Kapitel IX, Abschnitt 4.4) recht einfach. Soll das Ausgangssignal y einem vorgeschriebenen Führungssignal $y_f(t)$ nachgeführt werden, so verwendet man gemäß Gl. (9.89a) den Nachführungsfehler

$$\Delta\boldsymbol{\zeta} := \boldsymbol{\zeta} - \boldsymbol{\zeta}_f \tag{12.103a}$$

mit

$$\boldsymbol{\zeta}_f := [y_f \quad dy_f/dt]^{\mathrm{T}} . \tag{12.103b}$$

Man erhält mit Gl. (9.91a)

$$x = \frac{1}{b(\boldsymbol{\zeta})} \left[\frac{d^2 y_f}{dt^2} - \boldsymbol{k}^{\mathrm{T}} \Delta\boldsymbol{\zeta} - a(\boldsymbol{\zeta}) \right] \tag{12.104a}$$

und damit aufgrund von Gl. (12.100) für das Eingangssignal der linearisierten Regelstrecke

$$\xi = \frac{d^2 y_f}{dt^2} - \boldsymbol{k}^{\mathrm{T}} \Delta\boldsymbol{\zeta} , \tag{12.104b}$$

wobei $\boldsymbol{k}$ derart gewählt werden muß, daß das mit den Komponenten dieses Vektors gemäß Gl. (9.88) gebildete Polynom ein Hurwitz-Polynom ist. Bild 12.38 zeigt an Hand des Modells der linearisierten Regelstrecke deren Regelung.

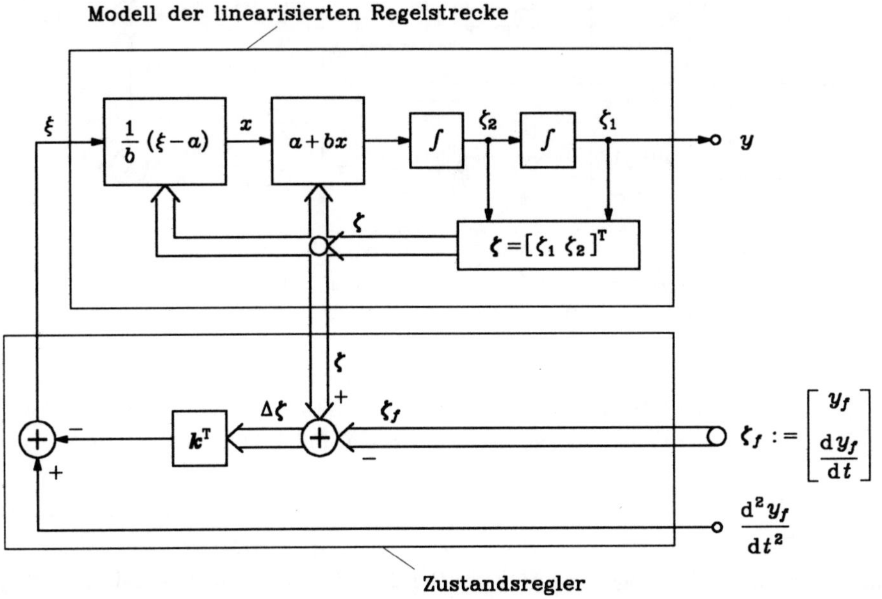

Bild 12.38: Regelung des Modells der linearisierten Regelstrecke mit Führungsgrößenvorgabe

Das bisherige Regelungskonzept geht außer von der Modelldarstellung nach Bild 12.37 davon aus, daß die Funktionen $a(\boldsymbol{\zeta})$ und $b(\boldsymbol{\zeta})$ bekannt sind. Läßt man diese Annahme fallen, dann stellt sich die Aufgabe, mit Hilfe verfügbarer Daten zwei Funktionen zu finden, welche $a(\boldsymbol{\zeta})$ und $b(\boldsymbol{\zeta})$ hinreichend gut approximieren.

3.6.3 Lösung der Aufgabe mit Hilfe eines neuronalen Netzwerks

Zur Lösung der gestellten Aufgabe werden zwei Mehrschichtperzeptren (man vergleiche Abschnitt 2.1) mit jeweils zwei Schichten herangezogen. Beide Perzeptren haben einen Eingangsvektor $\boldsymbol{\zeta} = [\zeta_1 \quad \zeta_2]^{\mathrm{T}}$ mit zwei Komponenten und eine Ausgangsgröße $\hat{a}(\boldsymbol{\zeta}, \boldsymbol{w}_a)$ bzw. $\hat{b}(\boldsymbol{\zeta}, \boldsymbol{w}_b)$, wobei in den Parametervektoren $\boldsymbol{w}_a$ und $\boldsymbol{w}_b$ alle Gewichte $\boldsymbol{W}_a^{(1)}$ und $\boldsymbol{W}_a^{(2)}$ bzw. $\boldsymbol{W}_b^{(1)}$ und $\boldsymbol{W}_b^{(2)}$ zusammengefaßt sind (Bild 12.39). Im vorliegenden Beispiel werden 10 bzw. 8 Neuronen in den versteckten Schichten gewählt, wobei die Neuronen in den versteckten Schichten und den Ausgangsschichten veränderliche Schwellwerte besitzen. Die Aktivierungsfunktionen werden sigmoid, gemäß Gl. (12.2) mit $\gamma = 1$,

$$\Psi^{(1)}(u) = \tanh(u) \tag{12.105a}$$

bzw. linear

$$\Psi^{(2)}(u) = u \tag{12.105b}$$

gewählt.

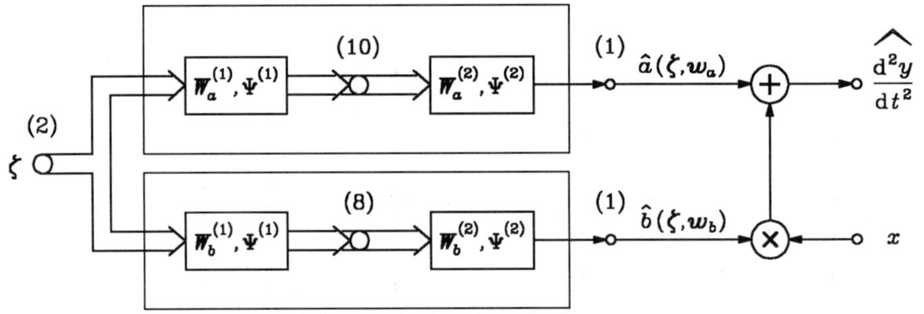

Bild 12.39: Neuronales Netzwerk mit zwei Mehrschichtperzeptren zur Bildung der Funktionen $\hat{a}$, $\hat{b}$ und dem für das Training benötigten Hilfssignal $\widehat{\mathrm{d}^2 y/\mathrm{d}t^2}$

Es stellt sich nun das Problem, die Werte der Parameter $\boldsymbol{w}_a$ und $\boldsymbol{w}_b$ in der Weise zu wählen, daß $\hat{a}(\boldsymbol{\zeta}, \boldsymbol{w}_a)$ und $\hat{b}(\boldsymbol{\zeta}, \boldsymbol{w}_b)$ in einem noch festzulegenden Sinne bestmögliche Näherungen von $a(\boldsymbol{\zeta})$ bzw. $b(\boldsymbol{\zeta})$ darstellen. Aufgrund der Gln. (12.98) und (12.102) findet man

$$\frac{\mathrm{d}^2 y}{\mathrm{d}t^2} = a(\boldsymbol{\zeta}) + b(\boldsymbol{\zeta})x\,. \tag{12.106}$$

Leitet man also das Ausgangssignal $y(t)$ der Regelstrecke, die mit dem Signal $x(t)$ erregt wird und für die keine Beschreibung (kein Modell) verfügbar ist, zweimal nach der Zeit ab, so erhält man $a(\boldsymbol{\zeta}) + b(\boldsymbol{\zeta})x$, und weiterhin steht dann auch $\boldsymbol{\zeta} = [y \quad \mathrm{d}y/\mathrm{d}t]^{\mathrm{T}}$ zur Verfügung. Damit darf davon ausgegangen werden, daß Referenzwerte zum Trainieren des neuronalen Netzwerks nach Bild 12.39 vorhanden sind. Das Blockdiagramm für das gesamte System zeigt Bild 12.40.

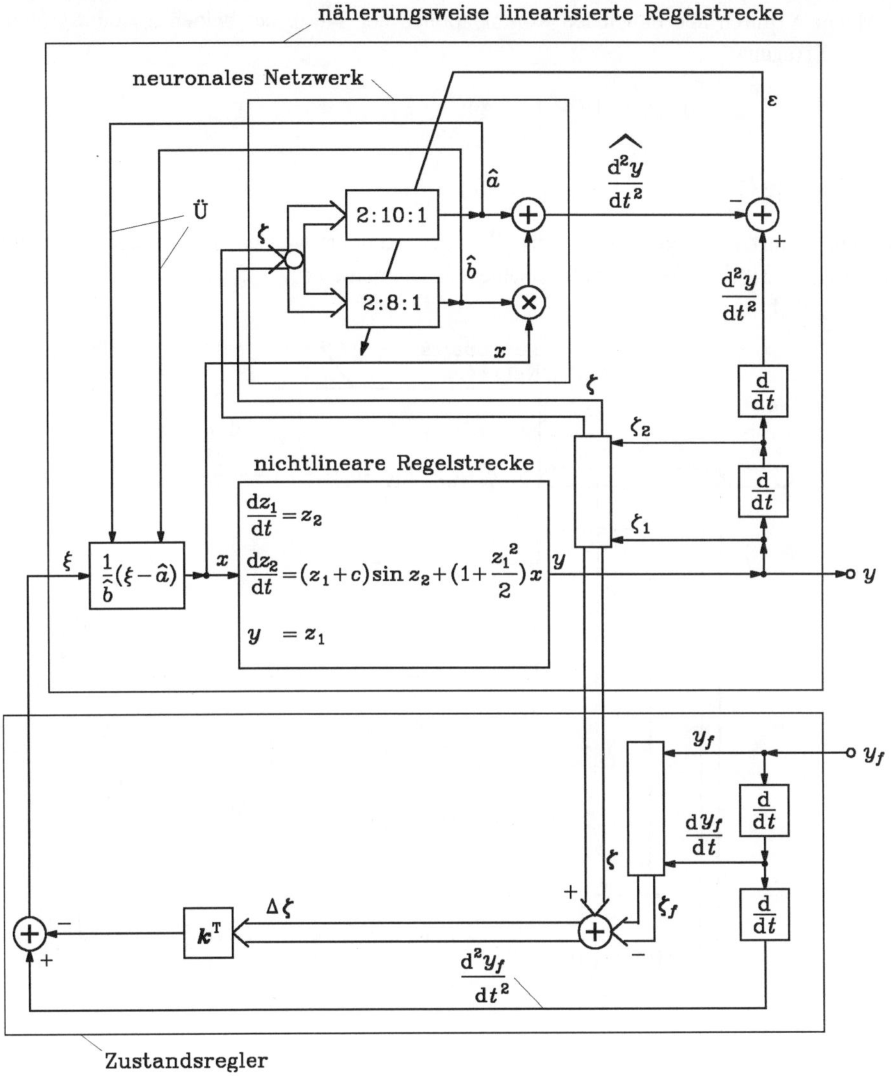

Bild 12.40: Blockdiagramm des untersuchten Systems. Ü: Übergabe der Werte für $\hat{a}$ und $\hat{b}$, ausgewertet an der Stelle $\boldsymbol{\zeta}$

Die Trainingsdaten bestehen aus einer Menge S von P Tripeln $(\boldsymbol{\zeta}_p, x_p, (\mathrm{d}^2y/\mathrm{d}t^2)_p)$. Jedes Tripel setzt sich aus einem $\boldsymbol{\zeta}$-Anfangszustand, einem x-Wert und dem zugehörigen Wert der zweiten Ableitung des Ausgangssignals zusammen. Um ein solches Trainingstripel zu generieren, wählt man ein Intervall $0 \leqq t \leqq \delta$ mit genügend kleinem $\delta > 0$, einen Anfangszustand $\boldsymbol{z}(0) = \boldsymbol{\zeta}(0) = \boldsymbol{\zeta}_p$ und eine konstante Erregung $x(t) = x_p$ für die Regelstrecke als Referenz und ermittelt aus dem Verlauf von $y(t)$ den Wert des Differentialquotienten zweiter Ordnung $(\mathrm{d}^2y/\mathrm{d}t^2)_p = (\mathrm{d}^2y/\mathrm{d}t^2)_{t=0}$. Sind die Anfangszustände der Regelstrecke nicht direkt zugänglich, so kann man durch Wahl des Verlaufs der Erregung $x(t \leqq 0)$ Werte $\zeta_1 = y$, $\zeta_2 = \mathrm{d}y/\mathrm{d}t$ und $\mathrm{d}^2y/\mathrm{d}t^2$ zum Zeitpunkt $t = 0$ erzeugen und auf diese Weise einen ausreichend großen Trainingsdatensatz S bilden (Bild 12.41). Im vorliegenden Beispiel sei die Menge S durch alle möglichen Kombinationen der Werte der beiden Zustandsgrößen bzw. der Erregung

$$\zeta_1,\ \zeta_2 \in \{-1/2,\ -1/4,\ 0,\ 1/4,\ 1/2\}$$

und

$$x \in \{-10,\ -9, \dots,\ 0, \dots,\ 9,\ 10\}$$

und dem daraus sich ergebenden Wert $\mathrm{d}^2y/\mathrm{d}t^2$ generiert worden. Die Menge S umfaßt somit insgesamt $P = 5 \cdot 5 \cdot 21 = 525$ verschiedene Elemente $(\boldsymbol{\zeta}_p,\ x_p,\ (\mathrm{d}^2y/\mathrm{d}t^2)_p)$.

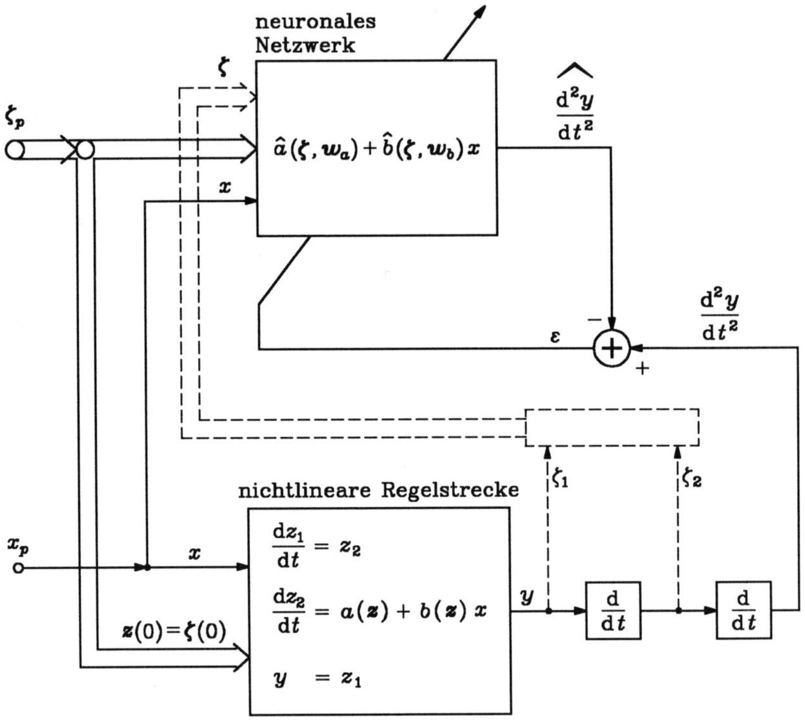

Bild 12.41: Vorgehensweise beim Training. Kann $\boldsymbol{z}(0) = \boldsymbol{\zeta}(0)$ nicht vorgegeben werden, so erzeugt man $\boldsymbol{\zeta}(0)$ aus $y(t)$ und der zeitlichen Ableitung von $y(t)$ und steuert damit das neuronale Netzwerk an (gestrichelt). Der Eingang $\boldsymbol{\zeta}_p$ samt Pfad zum neuronalen Netzwerk und zur Regelstrecke entfallen dann

Als Gütemaß für die Gewichte definiert man entsprechend Gl. (12.33)

$$E(\boldsymbol{w}_a, \boldsymbol{w}_b, S) = \frac{1}{2} \sum_{p=1}^{P} \varepsilon_p^2 \qquad (12.107\text{a})$$

mit dem Fehler

$$\varepsilon_p := \left(\frac{\mathrm{d}^2 y}{\mathrm{d}t^2}\right)_p - [\hat{a}(\boldsymbol{\zeta}_p, \boldsymbol{w}_a) + \hat{b}(\boldsymbol{\zeta}_p, \boldsymbol{w}_b)x_p\,], \tag{12.107b}$$

wobei $(\boldsymbol{\zeta}_p,\, x_p,\, (\mathrm{d}^2 y/\mathrm{d}t^2)_p) \in S$ für alle $p = 1, 2, \ldots, P$ gilt. Man kann jetzt ein Gradientenabstiegsverfahren wie den Back-Propagation-Algorithmus im Modus "Batch-Lernen" nach Abschnitt 2.1.2 anwenden, um die Zielfunktion E durch geeignete Veränderung der Gewichte sukzessive kleiner zu machen. Auf diese Weise ergeben sich für die Gewichte die folgenden Verbesserungsvorschriften:

$$\boldsymbol{w}_a[n+1] = \boldsymbol{w}_a[n] - \eta\left(\frac{\partial E}{\partial \boldsymbol{w}_a}\right)^{\mathrm{T}} = \boldsymbol{w}_a[n] + \eta\sum_{p=1}^{P}\varepsilon_p\left(\frac{\partial \hat{a}}{\partial \boldsymbol{w}_a}\right)^{\mathrm{T}}_{\boldsymbol{\zeta}_p,\, \boldsymbol{w}_a[n]}$$

und

$$\boldsymbol{w}_b[n+1] = \boldsymbol{w}_b[n] - \eta\left(\frac{\partial E}{\partial \boldsymbol{w}_b}\right)^{\mathrm{T}} = \boldsymbol{w}_b[n] + \eta\sum_{p=1}^{P}\varepsilon_p\, x_p\left(\frac{\partial \hat{b}}{\partial \boldsymbol{w}_b}\right)^{\mathrm{T}}_{\boldsymbol{\zeta}_p,\, \boldsymbol{w}_b[n]},$$

wobei ε_p durch Gl. (12.107b) gegeben ist.

3.6.4 Numerische Simulation

Wenn man die Komponenten der Gewichtsvektoren $\boldsymbol{w}_a$, $\boldsymbol{w}_b$ gleichverteilt im Intervall $[-1, 1]$ initialisiert, erfordert der beschriebene Algorithmus ungefähr 3000 Iterationsschritte, um den Fehler E von einem Wert von etwa $2 \cdot 10^5$ auf einen Wert von etwa 1 zu reduzieren.

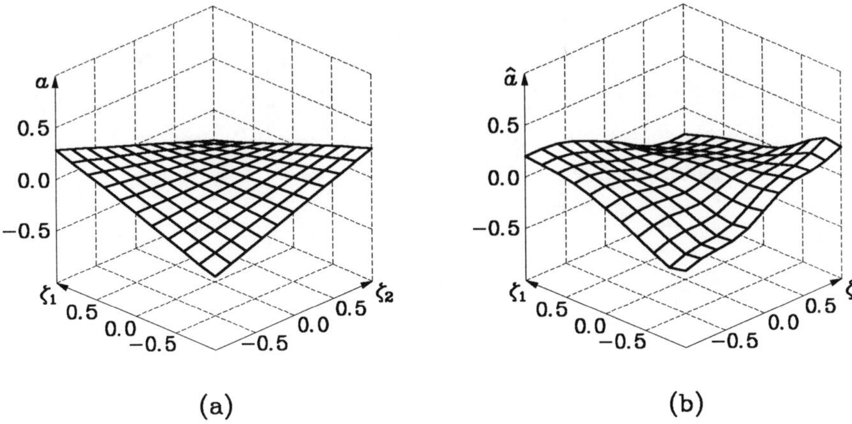

Bild 12.42: $a(\boldsymbol{\zeta})$ und die durch das neuronale Netzwerk realisierte Näherungsfunktion $\hat{a}(\boldsymbol{\zeta}, \boldsymbol{w}_a^*)$

Im folgenden wird der in Gl. (12.96b) auftretende Parameter c gleich Null gesetzt. Zur Demonstration der Approximationsfähigkeit des neuronalen Netzwerks wird exemplarisch der Verlauf der Funktion $\hat{a}(\boldsymbol{\zeta}, \boldsymbol{w}_a^*)$ mit dem von $a(\boldsymbol{\zeta}) = \zeta_1 \sin\zeta_2$ nach Bild 12.42 verglichen, wobei mit dem Stern die optimalen Parameterwerte bezeichnet werden. Bild 12.43 zeigt den Verlauf des Ausgangssignals $y(t) = y_r(t)$ der geregelten Regelstrecke (Bild 12.38) bei Verwendung der (eigentlich unbekannten) Funktionen a und b (Referenzgröße) und $y(t) = y_n(t)$ bei Verwendung der Näherungen $\hat{a}$ und $\hat{b}$ anstelle von a und b bei der Regelung nach Bild 12.38, wobei als Führungssignal stets

$$y_f(t) = \begin{cases} \sin(2\pi t/T) & \text{für} \quad t \geqq 0 \\ 0 & \text{für} \quad t < 0 \end{cases} \qquad (12.108)$$

mit $T = 5$ gewählt wurde. Da die Abweichungen der dabei erzielten zwei Ausgangssignale voneinander außerordentlich klein sind, darf davon ausgegangen werden, daß brauchbare Funktionen $\hat{a}$ und $\hat{b}$ gefunden wurden. Der grundsätzliche Verlauf dieser Signale wird wesentlich von den Werten der Komponenten des Regelvektors $\boldsymbol{k}$ des Zustandsreglers bestimmt. Hier wurde der Vektor $\boldsymbol{k} = [9 \quad 6]^{\mathrm{T}}$ gewählt, wodurch die beiden Pole des rückgekoppelten Systems nach -3 gelangten.

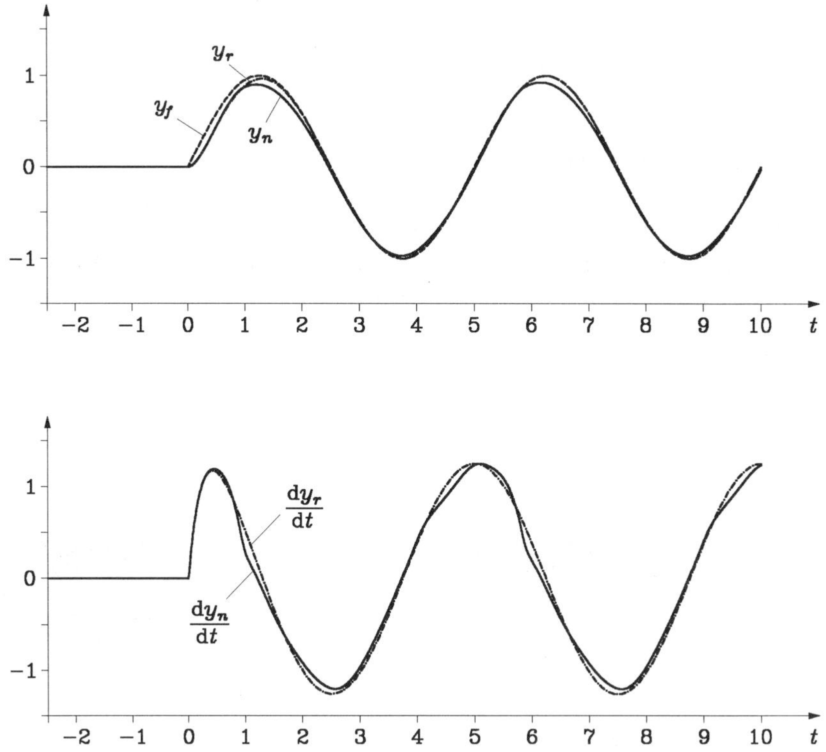

Bild 12.43: Reaktion der exakt linearisierten Regelstrecke bei einsetzender Sinuserregung: Führungssignal $y_f(t)$, Ausgangssignal $y_r(t)$ des Referenzmodells unter Verwendung von a und b, Ausgangssignal $y_n(t)$ bei Verwendung von $\hat{a}$ und $\hat{b}$

Durch eine kleine Erweiterung des beschriebenen Systems läßt sich dessen praktischer Anwendungsbereich erheblich vergrößern. Bisher wurde stillschweigend davon ausgegangen, daß die während der Trainingsphase ermittelten Werte der synaptischen Gewichte des neuronalen Netzwerks während des Betriebs festgehalten, sozusagen eingefroren werden. Die Linearisierung ist somit auf die zugrundegelegte Regelstrecke abgestimmt. Eine Änderung der Regelstreckenparameter während der Betriebsphase würde somit zwangsläufig zu einer fehlerhaften Regelung führen. Um in einem solchen Fall Abhilfe zu schaffen, empfiehlt es sich, den Trainingsprozeß auch während des Regelbetriebs beizubehalten und so durch Adaption der synaptischen Gewichte die Funktionen $\hat{a}$ und $\hat{b}$ ständig an das geänderte Verhalten der Regelstrecke anzupassen. Dabei sind mehrere Strategien denkbar. Zum einen kann man am Batch-Lernen festhalten, indem man die Trainingsmustermenge S (man vergleiche die Gl. (12.107a,b)) durch aktuelle Muster $(\zeta, x, \mathrm{d}^2 y / \mathrm{d}t^2)$ ergänzt, die durch Abtastung der entsprechenden Zeitfunktionen gewonnen werden. Um ein ständiges Anwachsen der Zahl der Elemente von S und damit eine entsprechende Zunahme der Trainingszeiten zu vermeiden, können "alte" Muster aus S entfernt werden. Eine andere Möglichkeit, das Training fortzusetzen, ist der Übergang zum On-Line-Lernen (Abschnitt 2.1.2) während des Betriebs.

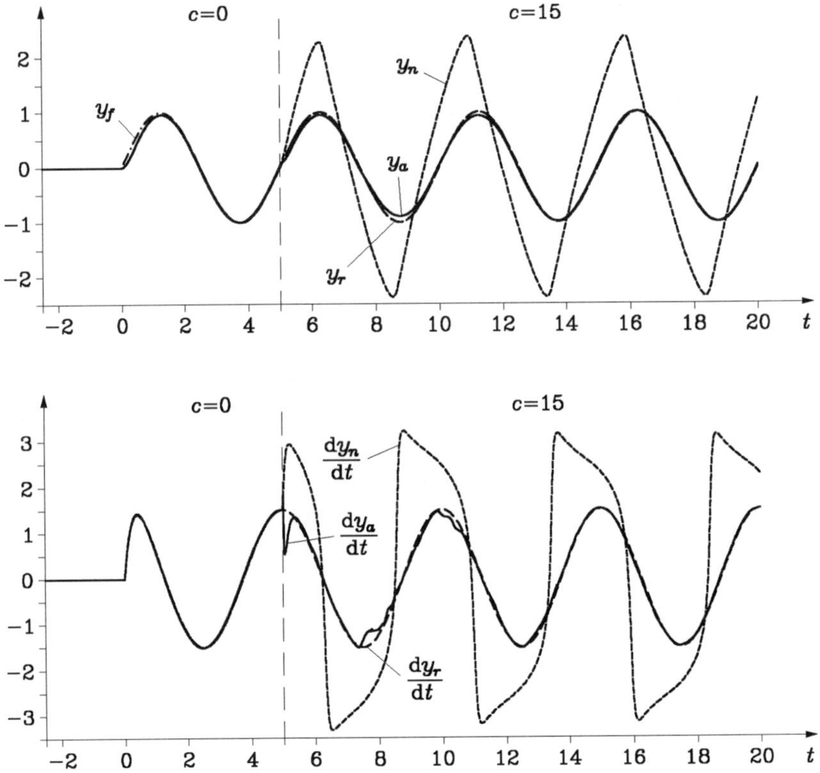

Bild 12.44: Auswirkung der Regelung bei Änderung der nichtlinearen Regelstrecke; nichtadaptives System: $y_n(t)$; adaptives System: $y_a(t)$; Referenzmodell: $y_r(t)$ unter Verwendung der Größen a, b; Führungssignal: $y_f(t)$

Der Vorteil des adaptiv arbeitenden Systems, welches durch das neuronale Netzwerk (einschließlich einer Lernregel) realisiert wurde, soll durch die Simulationsergebnisse von Bild 12.44 verdeutlicht werden. Bei dieser Simulation, bei der seit Anfang an der Trainingsprozeß (On-Line-Lernen) aktiv ist, wird die Konstante c aus Gl. (12.96b) zum Zeitpunkt $t = 5$ vom bisherigen Wert 0 auf den Wert 15 geändert. Es wurde bezüglich des Ausgangssignals ein Vergleich durchgeführt, und zwar zwischen dem Fall der linearisierten Regelstrecke bei Verwendung der für den jeweiligen Wert für c analytisch berechneten Funktionen a und b

mit $y(t) = y_r(t)$, dem entsprechenden Fall des Systems mit unveränderlichen Funktionen $\hat{a}$ und $\hat{b}$ mit $y(t) = y_n(t)$ und schließlich dem Fall des Systems mit adaptiven $\hat{a}$ und $\hat{b}$ und $y(t) = y_a(t)$. In allen Fällen ist das Führungssignal $y_f(t)$ das bei $t = 0$ einsetzende Sinussignal nach Gl. (12.108). Es ist erkennbar, daß sich das adaptive System unmittelbar auf die veränderte Regelstrecke einstellt und das Ausgangssignal $y_a(t)$ nach etwa zwei Perioden nur noch wenig vom idealen Signalverlauf $y_r(t)$ abweicht, während bei unveränderten Funktionen $\hat{a}$ und $\hat{b}$ die Nachführungsaufgabe deutlich schlechter gelöst wird, wie der Verlauf von $y_n(t)$ zeigt.

ANHANG A: Kurzer Einblick in die Distributionentheorie

1 Die Delta-Funktion

In der Analysis versteht man unter einer Funktion $y = f(t)$ eine eindeutige Vorschrift für die Abbildung einer Zahlenmenge $\{t\}$ auf eine Zahlenmenge $\{y\}$. So versteht man unter der Sprungfunktion $y = s(t)$ den Prozeß, durch welchen alle reellen Zahlen $t < 0$ auf $y = 0$ und alle reellen Zahlen $t > 0$ auf $y = 1$ abgebildet werden. Die in Gl. (1.18) formal eingeführte Delta-Funktion $\delta(t)$ läßt sich auf diese Weise nicht definieren. Es gibt nämlich keine Funktion $\delta(t)$ im obigen Sinne, so daß bei Wahl irgendeiner stetigen Funktion f das Integral in Gl. (1.18) den Wert $f(t)$ liefert.

Zur Überwindung dieser Schwierigkeit wird die Delta-Funktion im folgenden als *verallgemeinerte Funktion* oder *Distribution* definiert. Dazu wird eine Menge von *Testfunktionen* $\{\varphi(t)\}$ gewählt, die gewöhnliche Funktionen, d. h. Funktionen im eingangs genannten Sinne der Analysis, sein sollen. Zunächst genügt es, als $\{\varphi(t)\}$ die Menge C aller in $-\infty < t < \infty$ stetigen Funktionen zu betrachten. Die Distribution $\delta(t)$ wird nun als Prozeß erklärt, durch den jeder Testfunktion $\varphi(t) \in C$ ein bestimmter Zahlenwert, nämlich $\varphi(0)$, zugeordnet wird. Die verallgemeinerte Funktion $\delta(t)$ wird also als Funktional [1)] definiert, und man schreibt hierfür gewöhnlich

$$\langle\, \delta(t), \varphi(t)\, \rangle = \varphi(0) \ . \tag{A-1}$$

Diese Art der Beschreibung eines zeitlichen Vorgangs ist vergleichbar mit der Darstellung eines Zeitvorgangs durch seine Laplace-Transformierte: Der Zeitvorgang $f(t)$ wird im Laplace-Bereich beschrieben, indem jedem Element der Funktionenmenge $\{e^{-pt}\}$ (dabei ist t die unabhängige Veränderliche und p ein die Menge kennzeichnender komplexwertiger Parameter) ein bestimmter Zahlenwert $F_I(p)$ zugeordnet wird. Die Art dieser durch Gl. (5.4) ausgedrückten Zuordnung ist charakteristisch für die Darstellung von $f(t)$ im Laplace-Bereich. Es handelt sich also auch hier um die Beschreibung eines zeitlichen Vorganges durch ein Funktional. Insofern stellt die Erklärung der Delta-Funktion gemäß Gl. (A-1) nichts Außergewöhnliches dar.

Die Delta-Funktion, d. h. das Funktional nach Gl. (A-1), soll bestimmte Eigenschaften (Linearität, Stetigkeit) aufweisen. Diese können dadurch festgelegt werden, daß man das Funktional nach Gl. (A-1) formal als

$$\int_{-\infty}^{\infty} \delta(t)\, \varphi(t)\, \mathrm{d}t = \varphi(0) \tag{A-2}$$

schreibt und vereinbart, daß die linke Seite der Gl. (A-2) formal wie ein Integral zu behandeln ist. Man beachte jedoch, daß die linke Seite der Gl. (A-2) nicht als Integral im mathematisch üblichen Sinne (d. h. im Riemannschen oder Lebesgueschen Sinne) interpretiert werden kann.

---

1) Ein Funktional ist eine Vorschrift, durch die jedem Element einer bestimmten Funktionenmenge eine Zahl zugewiesen wird.

Angesichts der getroffenen Vereinbarung hat man beispielsweise unter der Distribution $\delta(t - t_0)$ das Funktional

$$\int_{-\infty}^{\infty} \delta(t - t_0)\, \varphi(t)\, \mathrm{d}t = \int_{-\infty}^{\infty} \delta(t)\, \varphi(t + t_0)\, \mathrm{d}t = \varphi(t_0)$$

und unter $\delta(at)$ mit $a \neq 0$ das Funktional

$$\int_{-\infty}^{\infty} \delta(at)\, \varphi(t)\, \mathrm{d}t = \frac{1}{|a|} \int_{-\infty}^{\infty} \delta(t)\, \varphi(t/a)\, \mathrm{d}t = \frac{1}{|a|}\, \varphi(0)$$

zu verstehen, so daß also $|a|\, \delta(at) = \delta(t)$ geschrieben werden kann. – Bei der Erklärung des Differentialquotienten $\mathrm{d}\delta(t)/\mathrm{d}t$ muß die Klasse der bisher betrachteten Testfunktionen $\varphi(t)$ weiter eingeschränkt werden. Diese Einschränkung ist auch bei der Definition weiterer Distributionen erforderlich. Deshalb wird im nächsten Abschnitt eine allgemeine Distributionentheorie skizziert.

2 Distributionentheorie

Als Klasse von Testfunktionen $\{\varphi(t)\}$ wird die Gesamtheit aller in $-\infty < t < \infty$ unbegrenzt oft differenzierbaren reellen Funktionen betrachtet, die außerhalb irgendeines endlichen Intervalls verschwinden. Ein bekanntes Beispiel für derartige Testfunktionen ist

$$\varphi(t) = \begin{cases} a \exp[b^2/(t^2 - b^2)] & \text{für} \quad |t| < b\,, \\ 0 & \text{für} \quad |t| \geqq b\,. \end{cases} \tag{A-3}$$

Hierbei werden die Differentialquotienten von $\varphi(t)$ in den Punkten $t = \pm b$ als Grenzwerte der Differentialquotienten bei Annäherung an diese Punkte definiert. Weitere Testfunktionen erhält man z. B., indem man $\varphi(t)$ aus Gl. (A-3) mit irgendeinem Polynom in der Variablen t multipliziert.

Die Menge aller Testfunktionen mit den genannten Eigenschaften wird als Funktionenraum D bezeichnet. Es gilt $D \subset C$.

Unter einer Distribution $g(t)$ versteht man nun den Prozeß, durch den jeder Testfunktion $\varphi(t) \in D$ ein reeller Zahlenwert zugeordnet wird. Die Distribution $g(t)$ ist also ein Funktional über dem Raum D, und es wird hierfür üblicherweise $\langle g(t), \varphi(t) \rangle$ geschrieben. Die Art der Abbildung des Raumes D auf den Raum der reellen Zahlen ist kennzeichnend für die betreffende Distribution. Allgemein soll das Funktional, durch das eine Distribution definiert wird, *linear* und *stetig* sein, d. h. es soll stets

$$\langle g(t), a\,\varphi_1(t) + b\,\varphi_2(t) \rangle = a\, \langle g(t), \varphi_1(t) \rangle + b\, \langle g(t), \varphi_2(t) \rangle$$

gelten mit $\varphi_1(t), \varphi_2(t) \in D$ und $a, b = \text{const}$, und es soll weiterhin

$$\lim_{\nu \to \infty} \langle g(t), \varphi_\nu(t) \rangle = \langle g(t), \lim_{\nu \to \infty} \varphi_\nu(t) \rangle = 0$$

sein für $\varphi_\nu(t) \in D$, sofern die Testfunktionen $\varphi_\nu(t)$ $(\nu = 1, 2, \ldots)$ samt ihren Ableitungen für $\nu \to \infty$ gegen Null streben.

Man kann jede gewöhnliche Funktion $f(t)$, die also im eingangs erwähnten Sinne durch die Abbildung zweier Zahlenmengen definiert ist und von der angenommen wird, daß sie in

$-\infty < t < \infty$ stückweise stetig und beschränkt ist, durch folgendes Funktional als Distribution erklären[1]:

$$\langle f(t), \varphi(t) \rangle = \int_{-\infty}^{\infty} f(t)\, \varphi(t)\, \mathrm{d}t \ , \qquad \varphi(t) \in D \ .$$

Beispielsweise ist die Sprungfunktion $s(t)$ auf diese Weise als Distribution durch

$$\langle s(t), \varphi(t) \rangle = \int_{0}^{\infty} \varphi(t)\, \mathrm{d}t \ , \qquad \varphi(t) \in D \ , \tag{A-4}$$

gegeben. Die Distribution $s(t)$ ist also der Prozeß, durch den jeder Funktion $\varphi(t) \in D$ ihr Integral von Null bis Unendlich zugeordnet wird.

Im vorstehenden Sinn kann man den Begriff der Distribution als Erweiterung des klassischen Funktionsbegriffs auffassen.

Für Distributionen hat man Operationen eingeführt, von denen ein Teil im folgenden genannt werden soll. Allgemein können diese Operationen dadurch erklärt werden, daß man das Funktional formal als Integral

$$\langle g(t), \varphi(t) \rangle = \int_{-\infty}^{\infty} g(t)\, \varphi(t)\, \mathrm{d}t$$

schreibt und die formale Gültigkeit der mit Integralen verbundenen Rechenregeln fordert. Auf diese Weise ergeben sich die folgenden Operationen. Dabei sind die Definitionsgleichungen stets für alle $\varphi(t) \in D$ zu verstehen. Alle auftretenden Distributionen sollen also über dem Raum D erklärt sein.

a) Die *Summe zweier Distributionen* $g(t) = g_1(t) + g_2(t)$ ist definiert durch

$$\int_{-\infty}^{\infty} g(t)\, \varphi(t)\, \mathrm{d}t = \int_{-\infty}^{\infty} g_1(t)\, \varphi(t)\, \mathrm{d}t + \int_{-\infty}^{\infty} g_2(t)\, \varphi(t)\, \mathrm{d}t \ . \tag{A-5}$$

b) Unter der *Translation* $g(t - t_0)$ einer Distribution $g(t)$ versteht man das durch die Beziehung

$$\int_{-\infty}^{\infty} g(t - t_0)\, \varphi(t)\, \mathrm{d}t = \int_{-\infty}^{\infty} g(t)\, \varphi(t + t_0)\, \mathrm{d}t \tag{A-6}$$

gekennzeichnete Funktional.

c) Eine *Änderung des Zeitmaßstabes*, die einen Übergang von der Distribution $g(t)$ zur Distribution $g(at)$ mit $a \neq 0$ bewirkt, ist gekennzeichnet durch

$$\int_{-\infty}^{\infty} g(at)\, \varphi(t)\, \mathrm{d}t = \frac{1}{|a|} \int_{-\infty}^{\infty} g(t)\, \varphi\left(\frac{t}{a}\right) \mathrm{d}t \ . \tag{A-7}$$

d) Das *Produkt* $g(t) f(t)$ einer Distribution $g(t)$ mit einer beliebig oft differenzierbaren gewöhnlichen Funktion $f(t)$ ist definiert durch

$$\int_{-\infty}^{\infty} [g(t) f(t)]\, \varphi(t)\, \mathrm{d}t = \int_{-\infty}^{\infty} g(t)\, [f(t)\, \varphi(t)]\, \mathrm{d}t \ . \tag{A-8}$$

---

[1] Das hierbei auftretende Integral ist im Gegensatz zur Gl. (A-2) als Integral im üblichen (Riemannschen) Sinne zu verstehen.

Man beachte, daß $[f(t)\,\varphi(t)] \in D$ gilt. Beispielsweise stellt jedes Polynom in t eine beliebig oft differenzierbare Funktion $f(t)$ dar.

e) Der *Differentialquotient* n-ter Ordnung $\mathrm{d}^n g(t)/\mathrm{d}t^n$ einer Distribution $g(t)$ wird durch

$$\int_{-\infty}^{\infty} \frac{\mathrm{d}^n g(t)}{\mathrm{d}t^n}\,\varphi(t)\,\mathrm{d}t = (-1)^n \int_{-\infty}^{\infty} g(t)\,\frac{\mathrm{d}^n \varphi(t)}{\mathrm{d}t^n}\,\mathrm{d}t \qquad \text{(A-9)}$$

erklärt. Man beachte, daß $\mathrm{d}^n \varphi(t)/\mathrm{d}t^n \in D$ gilt. Die Definition nach Gl. (A-9) resultiert aus der wiederholten formalen Anwendung partieller Integration auf das linke Integral.

f) Man spricht von der *Konvergenz einer Folge* von Distributionen $\{g_\nu(t)\}$ gegen die Distribution $g(t)$, wenn für alle $\varphi(t) \in D$

$$\lim_{\nu\to\infty} \int_{-\infty}^{\infty} g_\nu(t)\,\varphi(t)\,\mathrm{d}t = \int_{-\infty}^{\infty} g(t)\,\varphi(t)\,\mathrm{d}t \qquad \text{(A-10a)}$$

gilt. Man schreibt hierfür

$$g(t) = \lim_{\nu\to\infty} g_\nu(t)\ . \qquad \text{(A-10b)}$$

g) Eine Distribution $g(t)$ heißt *gerade*, wenn

$$g(t) = g(-t)\ , \qquad \text{(A-11a)}$$

wenn also gemäß Gl. (A-7) mit $a = -1$

$$\int_{-\infty}^{\infty} g(t)\,\varphi(t)\,\mathrm{d}t = \int_{-\infty}^{\infty} g(t)\,\varphi(-t)\,\mathrm{d}t \qquad \text{(A-11b)}$$

gilt. Die Distribution $g(t)$ heißt *ungerade*, wenn

$$g(t) = -g(-t)\ , \qquad \text{(A-12a)}$$

wenn also gemäß Gl. (A-7) mit $a = -1$

$$\int_{-\infty}^{\infty} g(t)\,\varphi(t)\,\mathrm{d}t = -\int_{-\infty}^{\infty} g(t)\,\varphi(-t)\,\mathrm{d}t \qquad \text{(A-12b)}$$

gilt.

h) Man sagt, eine Distribution $g(t)$ sei außerhalb eines abgeschlossenen Intervalls $[a,b]$ Null, wenn für jede Testfunktion $\varphi(t)$, welche überall in diesem Intervall verschwindet, die Gleichung

$$\int_{-\infty}^{\infty} g(t)\,\varphi(t)\,\mathrm{d}t = 0$$

gilt. Entsprechend wird die Eigenschaft festgelegt, daß eine Distribution innerhalb eines Intervalls verschwindet.

i) Bei der *Faltung* $g_1(t) * g_2(t)$ zweier Distributionen $g_1(t)$ und $g_2(t)$ wird vorausgesetzt, daß wenigstens eine dieser Distributionen außerhalb irgendeines endlichen Intervalls gleich Null ist. Die Faltung $g_1(t) * g_2(t)$ wird dann erklärt durch die Beziehung

$$\int_{-\infty}^{\infty} [g_1(t) * g_2(t)]\,\varphi(t)\,\mathrm{d}t = \int_{-\infty}^{\infty} g_1(t)\left[\int_{-\infty}^{\infty} g_2(\tau)\,\varphi(t+\tau)\,\mathrm{d}\tau\right]\mathrm{d}t\ , \qquad \text{(A-13a)}$$

und es gilt

$$g_1(t) * g_2(t) = g_2(t) * g_1(t) \;. \tag{A-13b}$$

Einen Beweis für die Vertauschbarkeit der Faltung gemäß Gl. (A-13b) findet man in [Fe1]. Daß die Definition der Faltung nach Gl. (A-13a) sinnvoll ist, läßt sich folgendermaßen begründen. Ist beispielsweise $g_2(t)$ außerhalb eines endlichen Intervalls gleich Null, dann ist jede Funktion

$$\psi(t) = \int_{-\infty}^{\infty} g_2(\tau)\, \varphi(t+\tau)\, \mathrm{d}\tau$$

für alle $\varphi(t) \in D$ beliebig oft differenzierbar, und außerdem verschwindet $\psi(t)$ wegen der besonderen Eigenschaft von $g_2(t)$ außerhalb eines gewissen endlichen Intervalls. Es gilt deshalb $\psi(t) \in D$, und damit hat das Funktional

$$\int_{-\infty}^{\infty} g_1(t)\, \psi(t)\, \mathrm{d}t = \int_{-\infty}^{\infty} [g_1(t) * g_2(t)]\, \varphi(t)\, \mathrm{d}t$$

einen Sinn. Ist andererseits $g_1(t)$ außerhalb eines endlichen Intervalls gleich Null und $g_2(t)$ eine beliebige Distribution, dann ist die genannte Funktion $\psi(t)$ für alle $\varphi \in D$ beliebig oft differenzierbar, aber im allgemeinen außerhalb eines endlichen Intervalls nicht gleich Null. Da aber $g_1(t)$ außerhalb eines endlichen Intervalls Null ist, hat auch in diesem Fall die Gl. (A-13a) einen Sinn.

3 Einige Anwendungen

Es soll zunächst gezeigt werden, daß der Differentialquotient der (als Distribution aufgefaßten) Sprungfunktion $\mathrm{d}s(t)/\mathrm{d}t$ mit der Distribution $\delta(t)$ identisch ist. Mit Gl. (A-9) für $n = 1$ erhält man

$$\int_{-\infty}^{\infty} \frac{\mathrm{d}s(t)}{\mathrm{d}t}\, \varphi(t)\, \mathrm{d}t = -\int_{-\infty}^{\infty} s(t) \frac{\mathrm{d}\varphi}{\mathrm{d}t}\, \mathrm{d}t = \varphi(0) \;.$$

Ein Vergleich dieses Ergebnisses mit Gl. (A-2) zeigt, daß

$$\frac{\mathrm{d}s(t)}{\mathrm{d}t} = \delta(t) \tag{A-14}$$

sein muß.

Aus Gl. (A-8) folgt unter Beachtung der Definitionsgleichung (A-1) für die Deltafunktion die im Text häufig benutzte Beziehung

$$\delta(t) f(t) = \delta(t) f(0) \;, \tag{A-15}$$

in der $f(t)$ eine gewöhnliche Funktion bedeutet. Hierbei braucht $f(t)$ nicht beliebig oft differenzierbar zu sein, sondern es genügt zu fordern, daß $f(t)$ (im Nullpunkt) stetig ist.

Weiterhin kann man die Gültigkeit der Beziehung

$$f(t)\, \delta'(t) = f(0)\, \delta'(t) - f'(0)\, \delta(t) \tag{A-16}$$

leicht zeigen. Dabei wird mit dem Strich jeweils der Differentialquotient bezeichnet. Mit $f(t)$ ist eine gewöhnliche Funktion gemeint, von der man nur zu fordern braucht, daß sie (im Nullpunkt) differenzierbar ist.

Beweis: Um die Richtigkeit von Gl. (A-16) zu zeigen, setzt man die linke Seite gleich $g_1(t)$ und die rechte Seite gleich $g_2(t)$. Dann erhält man gemäß den Gln. (A-8) und (A-9) bei Beachtung von Gl. (A-1)

$$\int_{-\infty}^{\infty} g_1(t)\,\varphi(t)\,\mathrm{d}t = \int_{-\infty}^{\infty} \delta'(t)\,[f(t)\,\varphi(t)]\,\mathrm{d}t = -f'(0)\,\varphi(0) - f(0)\,\varphi'(0)$$

und entsprechend

$$\int_{-\infty}^{\infty} g_2(t)\,\varphi(t)\,\mathrm{d}t = f(0)\int_{-\infty}^{\infty} \delta'(t)\,\varphi(t)\,\mathrm{d}t - f'(0)\int_{-\infty}^{\infty} \delta(t)\,\varphi(t)\,\mathrm{d}t = -f(0)\,\varphi'(0) - f'(0)\,\varphi(0)\;.$$

Damit müssen $g_1(t)$ und $g_2(t)$ übereinstimmen.

Aus der Gl. (A-16) folgt sofort die interessante Beziehung

$$t\,\delta'(t) = -\delta(t)\;. \tag{A-17}$$

Gemäß Gl. (A-11b) ist $\delta(t)$ eine gerade Distribution, gemäß Gl. (A-12b) ist $\delta'(t)$ ungerade. Man sieht weiterhin sofort ein, daß die Delta-Distribution außerhalb jedes abgeschlossenen endlichen Intervalls, das den Nullpunkt $t = 0$ enthält, Null ist. Deshalb erhält man mit Gl. (A-13a)

$$g(t) * \delta(t - t_0) = g(t - t_0)\;. \tag{A-18}$$

Dabei ist $g(t)$ eine beliebige Distribution.

Gemäß den Gln. (A-10a,b) kann man direkt die Gültigkeit der Gl. (1.20) zeigen. Etwas mehr Aufwand erfordert der Nachweis, daß die Gln. (3.16a,b) bestehen. Hierauf soll im folgenden eingegangen werden. Man erhält mit der Gl. (3.16b)

$$\int_{-\infty}^{\infty} \delta_\Omega(t)\,\varphi(t)\,\mathrm{d}t = \int_{-\infty}^{-\varepsilon} (\sin\Omega t)\,\frac{\varphi(t)}{\pi t}\,\mathrm{d}t + \int_{-\varepsilon}^{\varepsilon} \frac{\sin\Omega t}{\pi t}\,\varphi(t)\,\mathrm{d}t + \int_{\varepsilon}^{\infty} (\sin\Omega t)\,\frac{\varphi(t)}{\pi t}\,\mathrm{d}t\;.$$

Dabei bedeutet ε eine sehr kleine positive Zahl. Das erste und das dritte Integral auf der rechten Seite dieser Gleichung streben für $\Omega \to \infty$ (nach dem Riemann-Lebesgue-Lemma) gegen Null, und zwar auch für $\varepsilon \to 0$. Für das mittlere Integral erhält man für ein festes $\varepsilon > 0$ den Ausdruck

$$\int_{-\varepsilon}^{\varepsilon} \frac{\sin\Omega t}{\pi t}\,\varphi(t)\,\mathrm{d}t = \varphi(0)\int_{-\varepsilon}^{\varepsilon} \frac{\sin\Omega t}{\pi t}\,\mathrm{d}t + R(\varepsilon) = \varphi(0)\int_{-\varepsilon\Omega}^{\varepsilon\Omega} \frac{\sin x}{\pi x}\,\mathrm{d}x + R(\varepsilon)\;,$$

welcher für $\Omega \to \infty$ gegen $\varphi(0) + R(\varepsilon)$ strebt. Läßt man dann noch $\varepsilon \to 0$ gehen, so konvergiert $R(\varepsilon)$ gegen Null. Deshalb gilt

$$\lim_{\Omega\to\infty} \int_{-\infty}^{\infty} \delta_\Omega(t)\,\varphi(t)\,\mathrm{d}t = \varphi(0)\;,$$

und aufgrund der Gl. (A-2) und der Gln. (A-10a,b) sind damit die Gln. (3.16a,b) als richtig erkannt.

Es sei dem Leser als Übung empfohlen zu beweisen, daß auch die Folgen der Funktionen $(\pi\varepsilon)^{-1/2}\,\mathrm{e}^{-t^2/\varepsilon}$, $2\varepsilon/(\varepsilon^2 + 4\pi^2 t^2)$, natürlich als Distributionen aufgefaßt, für $\varepsilon \to 0$ gegen $\delta(t)$ konvergieren. Damit ist am Beispiel der δ-Distribution gezeigt, daß gewisse Distributionen als Grenzwert völlig verschiedener Funktionenfolgen dargestellt werden können.

4 Verallgemeinerte Fourier-Transformation

Die Fourier-Transformierte $G(\mathrm{j}\omega)$ einer Distribution $g(t)$ wird definiert durch die Funktionalbeziehung

$$\int_{-\infty}^{\infty} G(\mathrm{j}\omega)\,\varphi(\omega)\,\mathrm{d}\omega = \int_{-\infty}^{\infty} g(t)\,\Phi(\mathrm{j}t)\,\mathrm{d}t \; . \tag{A-19a}$$

Dabei bedeutet

$$\Phi(\mathrm{j}t) = \int_{-\infty}^{\infty} \varphi(\omega)\,\mathrm{e}^{-\mathrm{j}\omega t}\,\mathrm{d}\omega \tag{A-19b}$$

die Fourier-Transformierte der Testfunktion $\varphi(\omega)$. Bei gewöhnlichen Funktionen ergibt sich die Gl. (A-19a) aus der Korrespondenz (3.61), indem man dort $\omega = 0$ setzt und $f_1(t)$ mit $g(t)$ und $f_2(t)$ mit $\Phi(\mathrm{j}t)$ identifiziert.

Der Definition der Fourier-Transformierten gemäß Gl. (A-19a) legt man als Testfunktionen die Klasse E von Funktionen $\varphi(\omega)$ zugrunde, die beliebig oft differenzierbar sind und die samt ihren Differentialquotienten beliebiger Ordnung für $|\omega| \to \infty$ stärker als jede Potenz von $1/|\omega|$ gegen Null streben. Es gilt $D \subset E$. Der Grund für diese Wahl von Testfunktionen ist darin zu sehen, daß mit $\varphi(\omega)$ stets auch deren Fourier-Transformierte $\Phi(\mathrm{j}t)$ zur Funktionenklasse E gehören muß. Dies kann unmittelbar gezeigt werden. Man kann diese Definition der Fourier-Transformierten als Erweiterung der für gewöhnliche Funktionen eingeführten Definition betrachten. Es sei allerdings bemerkt, daß aufgrund obiger Voraussetzung nur für solche Distributionen eine Fourier-Transformierte erklärt ist, die über dem Raum E definiert sind. Dies gilt sicherlich für die Distribution $\delta(t)$, und es folgt direkt aus den Gln. (A-19a,b), daß $\delta(t)$ die Fourier-Transformierte 1 hat.

Die verallgemeinerte Fourier-Transformation weist zahlreiche Eigenschaften der gewöhnlichen Fourier-Transformation auf. Es gilt z. B. die Korrespondenz

$$\frac{\mathrm{d}^n g(t)}{\mathrm{d}t^n} \circ\!\!-\; (\mathrm{j}\omega)^n\, G(\mathrm{j}\omega) \; . \tag{A-20}$$

Dabei ist $g(t)$ eine beliebige, über E definierte Distribution, und $G(\mathrm{j}\omega)$ bedeutet deren Fourier-Transformierte.

Beweis: Um die Richtigkeit der Korrespondenz (A-20) zu zeigen, bildet man entsprechend den Gln. (A-19a,b) und der Gl. (A-9), ausgehend von $\mathrm{d}^n g(t)/\mathrm{d}t^n$,

$$\int_{-\infty}^{\infty} \frac{\mathrm{d}^n g(t)}{\mathrm{d}t^n}\,\Phi(\mathrm{j}t)\,\mathrm{d}t = (-1)^n \int_{-\infty}^{\infty} g(t)\frac{\mathrm{d}^n \Phi(\mathrm{j}t)}{\mathrm{d}t^n}\,\mathrm{d}t$$

$$= \int_{-\infty}^{\infty} g(t)\left[\int_{-\infty}^{\infty} (\mathrm{j}\omega)^n\,\varphi(\omega)\,\mathrm{e}^{-\mathrm{j}\omega t}\,\mathrm{d}\omega\right]\mathrm{d}t = \int_{-\infty}^{\infty} G(\mathrm{j}\omega)\,(\mathrm{j}\omega)^n\,\varphi(\omega)\,\mathrm{d}\omega \; .$$

Die letzte Gleichung in der Gleichungsfolge erhält man durch Anwendung der Gl. (A-19a) von rechts nach links. Damit ist die Aussage der Korrespondenz (A-20) bewiesen.

Auch der Verschiebungssatz

$$g(t - t_0) \circ\!\!-\; G(\mathrm{j}\omega)\,\mathrm{e}^{-\mathrm{j}\omega t_0} \tag{A-21}$$

läßt sich auf einfache Weise herleiten.

Es gilt nämlich

$$\int_{-\infty}^{\infty} g(t-t_0)\,\Phi(\mathrm{j}t)\,\mathrm{d}t = \int_{-\infty}^{\infty} g(t)\,\Phi[\mathrm{j}(t+t_0)]\,\mathrm{d}t = \int_{-\infty}^{\infty} G(\mathrm{j}\omega)\,\mathrm{e}^{-\mathrm{j}\omega t_0}\,\varphi(\omega)\,\mathrm{d}\omega\,.$$

Weiterhin gilt der Faltungssatz in der Form

$$g_1(t) * g_2(t) \circ\!\!- G_1(\mathrm{j}\omega)\,G_2(\mathrm{j}\omega)\,. \qquad \text{(A-22)}$$

Dabei sind $G_1(\mathrm{j}\omega)$ und $G_2(\mathrm{j}\omega)$ die Fourier-Transformierten der über E erklärten Distributionen $g_1(t)$ und $g_2(t)$, und es wird vorausgesetzt, daß die in der Korrespondenz (A-22) auftretenden Distributionen existieren. Dazu ist hier jedenfalls vorauszusetzen, daß eine der beiden Distributionen $g_1(t)$, $g_2(t)$ außerhalb eines endlichen Intervalls verschwindet.

Beweis: Um die Richtigkeit der Korrespondenz (A-22) zu zeigen, darf angesichts der Vertauschbarkeit der Faltung ohne Einschränkung der Allgemeinheit angenommen werden, daß $g_1(t)$ außerhalb eines endlichen Intervalls Null ist. Ausgehend von der linken Seite der Korrespondenz (A-22) erhält man aus den Gln. (A-19a,b) und mit den Gln. (A-13a,b)

$$\int_{-\infty}^{\infty} [g_1(t) * g_2(t)]\,\Phi(\mathrm{j}t)\,\mathrm{d}t = \int_{-\infty}^{\infty} g_2(t)\left[\int_{-\infty}^{\infty} g_1(\tau)\int_{-\infty}^{\infty} \mathrm{e}^{-\mathrm{j}(t+\tau)\omega}\,\varphi(\omega)\,\mathrm{d}\omega\,\mathrm{d}\tau\right]\mathrm{d}t$$

$$= \int_{-\infty}^{\infty} g_2(t)\left[\int_{-\infty}^{\infty} \mathrm{e}^{-\mathrm{j}\omega t}\,G_1(\mathrm{j}\omega)\,\varphi(\omega)\,\mathrm{d}\omega\right]\mathrm{d}t = \int_{-\infty}^{\infty} G_1(\mathrm{j}\omega)\,G_2(\mathrm{j}\omega)\,\varphi(\omega)\,\mathrm{d}\omega\,.$$

Damit ist der Beweis vollständig erbracht.

ANHANG B: Grundbegriffe der Wahrscheinlichkeitsrechnung

1 Wahrscheinlichkeit und relative Häufigkeit

Betrachtet wird ein Experiment, bei dem der Ausgang oder das Versuchsergebnis vom Zufall abhängt. Das Experiment läßt also eine Anzahl (die auch unendlich groß sein kann) verschiedener möglicher Ausgänge e_i zu, und es ist nicht vorhersehbar, welches dieser Versuchsergebnisse eintreten wird. Als Beispiele genannt seien das Würfelspiel, bei dem die Gesamtheit der möglichen Ausgänge durch die Menge der sechs Flächen bzw. der Augenzahlen $\{1, 2, \ldots, 6\}$ beschrieben werden kann, oder das Werfen einer Münze, bei dem nur zwei Ausgänge, Wappen oder Zahl, möglich sind. Ein Beispiel für ein Experiment mit unendlich vielen möglichen Versuchsergebnissen wäre gegeben, wenn man die Zeitdauer bestimmen würde, die eine willkürlich aus einer Produktionsserie ausgewählte Glühbirne brennt.

Im folgenden soll zunächst angenommen werden, daß das betrachtete Experiment nur endlich viele Versuchsergebnisse hat. Wird das Experiment N-mal durchgeführt und tritt das

Ergebnis e dabei n_e-mal auf, dann ist die relative Häufigkeit dieses Versuchsergebnisses gegeben durch

$$h(e) = \frac{n_e}{N} , \tag{B-1}$$

und es gilt $0 \leqq h(e_i) \leqq 1$ für alle möglichen Ergebnisse e_i und $\sum_i h(e_i) = 1$.

Beispiel 1: Beim N-maligen Werfen einer Münze kann beispielsweise für das Versuchsergebnis "Wappen" die in Tabelle 1 dargestellte Wertefolge ermittelt werden.

Tabelle 1: Versuchsergebnis beim Werfen einer Münze

N	1	2	3	4	5	6	7	...	100	...	1000
n_e	1	1	2	3	3	3	3	...	49	...	505
$h(e)$	1	0,5	$0{,}6\overline{6}$	0,75	0,6	0,5	0,429	...	0,49	...	0,505

Läßt man N gegen Unendlich gehen, dann darf erwartet werden, daß für jedes Versuchsergebnis e die relative Häufigkeit $h(e)$ einem festen Wert zustrebt, und man kann vorläufig diesen "Grenzwert" als die Wahrscheinlichkeit des Versuchsergebnisses erklären:

$$P(e) = \lim_{N \to \infty} \frac{n_e}{N} . \tag{B-2}$$

Es gilt dann $0 \leqq P \leqq 1$ sowie $\sum_i P(e_i) = 1$, und man spricht vom unmöglichen Versuchsausgang, wenn $P = 0$, und vom sicheren Ausgang, wenn $P = 1$ gilt. Hat ein Experiment n verschiedene Ausgänge, die alle gleichwahrscheinlich sind, dann gilt

$$P(e_i) = \frac{1}{n} , \quad i = 1, \ldots , n , \quad \text{und} \quad P = \frac{m}{n}$$

für das Auftreten eines von m dieser n möglichen Ausgänge.

Beispiel 2: Eine Urne enthält 4 schwarze, 10 weiße und 3 rote Kugeln. Gefragt wird nach der Wahrscheinlichkeit, mit der man beim Herausnehmen von 4 Kugeln gerade 4 weiße Kugeln erhält. In diesem Fall ist die Zahl der möglichen Ausgänge gegeben durch

$$n = \binom{17}{4} = \frac{17!}{4!\,13!} = 2380 .$$

Darunter gibt es

$$m = \binom{10}{4} = \frac{10!}{4!\,6!} = 210$$

Ergebnisse mit 4 weißen Kugeln, und somit gilt für die gesuchte Wahrscheinlichkeit

$$P = \frac{210}{2380} = \frac{3}{34} .$$

Dieses Beispiel zeigt, daß man nicht nur den n unmittelbaren Versuchsergebnissen $\{e_1, e_2, \ldots, e_n\}$, sondern auch weiteren Teilmengen dieser Gesamtmenge eine Wahrscheinlichkeit zuordnen kann. Die Wahrscheinlichkeit ist somit eine Zahl zwischen Null und Eins, die auf der Menge E aller unmittelbaren Versuchsergebnisse e_i und auf der Menge $\boldsymbol{A}$ der daraus abgeleiteten Teilmengen definiert ist. [1] Man nennt die Elemente von $\boldsymbol{A}$, also die aus allen

---

[1] Aus Gründen, die hier nicht erörtert werden können, läßt sich bei überabzählbar vielen Versuchsergebnissen nicht immer wirklich allen Teilmengen von E eine Wahrscheinlichkeit zuordnen. Derartige Teilmengen müssen dann im folgenden als "Ereignisse" ausgeschlossen werden.

möglichen Versuchsergebnissen gebildeten Teilmengen, *Ereignisse*, und es sei daran erinnert, daß $\boldsymbol{A}$ neben den Mengen $\{e_i\}$, die *Elementarereignisse* genannt werden, auch die Nullmenge ϕ, die ganze Menge E und alle denkbaren Durchschnitte und Vereinigungen dieser Mengen enthält. Dem zugrundeliegenden Experiment sind somit eine Anzahl Ereignisse zugeordnet, für die Wahrscheinlichkeiten angegeben werden können. Bei einer Ausführung des Experiments tritt das Ereignis $A \in \boldsymbol{A}$ ein, wenn das Versuchsergebnis e_i in der Menge A enthalten ist.

Die Gleichung (B-2) hat als Basis für eine strenge mathematische Theorie gravierende Unzulänglichkeiten, und deswegen ist es heute üblich, den Begriff der Wahrscheinlichkeit axiomatisch in folgender Weise einzuführen:

Für jedes Ereignis $A_i \in \boldsymbol{A}$ eines vom Zufall abhängigen Experiments mit der Menge E der Elementarereignisse sei eine Zahl $P(A_i)$ erklärt, die folgende Bedingungen erfüllt:

(i) $P(A_i) \geqq 0$,

(ii) $P(E) = 1$,

(iii) $P(A_1 \cup A_2 \cup \cdots) = P(A_1) + P(A_2) + \cdots$ für $A_i \cap A_j = \phi, \; i \neq j$.

Diese Zahl heißt dann die *Wahrscheinlichkeit des Ereignisses* A_i. Mit den Eigenschaften (i) bis (iii) können nun ausgehend von den gegebenen Wahrscheinlichkeiten bestimmter Ereignisse die Wahrscheinlichkeiten daraus abgeleiteter Ereignisse gewonnen werden. Dies führt z. B. zum Begriff der *bedingten Wahrscheinlichkeit* $P(A/B)$ des Ereignisses A unter der Annahme, daß das Ereignis B eingetreten ist. Man kann sich leicht überlegen, daß

$$P(A/B) = \frac{P(A \cap B)}{P(B)} \tag{B-3}$$

gelten muß, wobei $P(B) > 0$ vorausgesetzt wird. Von großer Bedeutung ist auch der Begriff der Unabhängigkeit zweier Ereignisse: Man nennt die Ereignisse A und B *unabhängig*, wenn

$$P(A \cap B) = P(A) \cdot P(B) \tag{B-4}$$

gilt, oder anders ausgedrückt, wenn $P(A/B) = P(A)$ und $P(B/A) = P(B)$ ist, die Wahrscheinlichkeit des einen Ereignisses also vom Eintreten des andern nicht abhängt.

2 Zufallsvariable, Verteilungsfunktion, Dichtefunktion

Die Elementarereignisse $\{e_i\}$ und die daraus abgeleiteten Ereignisse $A \in \boldsymbol{A}$ können beliebige Objekte sein, die Augenzahl eines Würfels, das Wappen einer Münze, die Farbe einer Kugel. Oft ordnet man jedem Versuchsausgang e eine Zahl $\xi(e)$ zu, man erklärt also eine Funktion mit dem Definitionsbereich E aller möglichen Versuchsausgänge und dem Wertebereich $\mathbb{R}$ (oder $\mathbb{C}$) der reellen (oder komplexen) Zahlen. Diese Funktion nennt man dann eine reelle (oder komplexe) *Zufallsvariable*. Wenn eine Zufallsvariable nur diskrete Werte annehmen kann, spricht man von einer *diskreten Zufallsvariablen*, und entsprechend kann eine *kontinuierliche Zufallsvariable* beliebige Werte in einem kontinuierlichen Intervall annehmen. Im folgenden werden nur reelle Zufallsvariablen betrachtet.

Beispiel 3: Ordnet man den sechs Flächen eines Würfels die Augenzahlen 1 bis 6 zu, dann handelt es sich um eine diskrete Zufallsvariable, während die (normierte) Brenndauer einer beliebig ausgewählten Glühbirne eine kontinuierliche Zufallsvariable darstellt.

Für irgendeine Zufallsvariable ξ läßt sich nun das Ereignis $\{\xi \leqq x\}$ für jedes $x \in \mathbb{R}$ definieren (als die Menge aller Versuchsergebnisse e_i, für die $\xi(e_i) \leqq x$ ist), und man kann diesem Ereignis eine Wahrscheinlichkeit zuordnen. Die Funktion [1]

$$P(\xi \leqq x) = F_\xi(x) \tag{B-5}$$

nennt man die *Verteilungsfunktion* der Zufallsvariablen ξ, und man erkennt leicht, daß diese Funktion die Eigenschaften

$$0 \leqq F_\xi(x) \leqq 1 \;, \quad F_\xi(-\infty) = 0 \;, \quad F_\xi(\infty) = 1$$

haben muß. Weiterhin ist für $x_2 > x_1$

$$F_\xi(x_2) - F_\xi(x_1) = P(x_1 < \xi \leqq x_2) \geqq 0 \;.$$

Damit ist $F_\xi(x)$ eine monoton wachsende Funktion mit dem prinzipiellen Verlauf nach Bild B.1a. Ist ξ eine diskrete Zufallsvariable, dann wird $F_\xi(x)$ eine Treppenfunktion nach Bild B.1b.

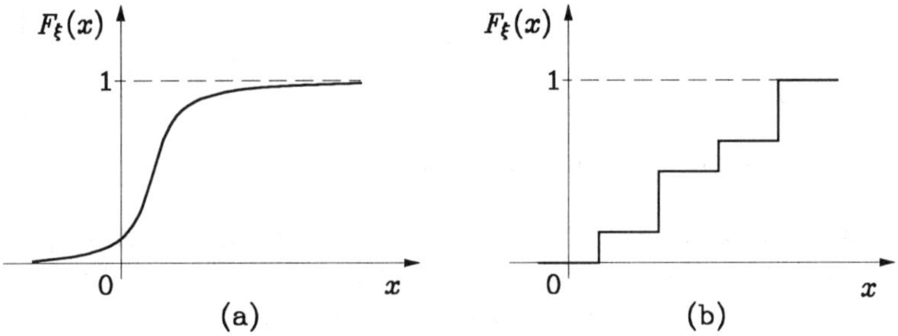

Bild B.1: Darstellung von Verteilungsfunktionen

Die Wahrscheinlichkeit, mit der die Zufallsvariable ξ einen Wert x_0 annimmt, ist nur dann von Null verschieden, wenn x_0 eine Sprungstelle von $F_\xi(x)$ ist, und dann gilt

$$P(\xi = x_0) = p_0 \;,$$

wobei p_0 die Sprunghöhe der Funktion $F_\xi(x)$ an der Stelle $x = x_0$ bedeutet. Bei einer kontinuierlichen Zufallsvariablen mit stetiger Verteilungsfunktion gilt

$$P(\xi = x) = 0$$

für alle Werte x; die Wahrscheinlichkeit, daß ξ einen bestimmten Wert x annimmt, ist also überall gleich Null. Als lokale Beschreibung der Wahrscheinlichkeit wird daher noch die *Wahrscheinlichkeitsdichtefunktion* eingeführt in der Form

$$f_\xi(x) = \frac{\mathrm{d}F_\xi(x)}{\mathrm{d}x} \;, \tag{B-6}$$

wobei an Sprungstellen von $F_\xi(x)$ die Ableitung im distributiven Sinne zu nehmen ist. Da $F_\xi(x)$ eine monoton wachsende Funktion ist, muß $f_\xi(x) \geqq 0$ sein, [2] und es gilt

---

[1] Zur Vereinfachung wird anstelle von $P(\{\xi \leqq x\})$ stets $P(\xi \leqq x)$ geschrieben.

[2] Aus formalen Gründen müssen hierbei die Stellen x_ν ausgenommen werden, an denen $f_\xi(x)$ nicht als gewöhnliche Funktion erklärt ist.

$$\int_{-\infty}^{x} f_\xi(y)\,\mathrm{d}y = F_\xi(x) \quad \text{und} \quad \int_{-\infty}^{\infty} f_\xi(x)\,\mathrm{d}x = 1 \,.$$

Im kontinuierlichen Fall ist $f_\xi(x)\,\Delta x$ für hinreichend kleine $\Delta x > 0$ näherungsweise gleich der Wahrscheinlichkeit, daß der Wert der Zufallsvariablen ξ zwischen x und $x + \Delta x$ liegt. Im diskreten Fall ist $f_\xi(x)$ eine Folge von δ-Impulsen der Stärke $P(\xi = x_\nu) = p_\nu$. In Bild B.2 ist der typische Verlauf von $f_\xi(x)$ für eine kontinuierliche und eine diskrete Zufallsvariable angegeben, der Fall einer gemischten diskret-kontinuierlichen Zufallsvariablen ist ebenfalls möglich.

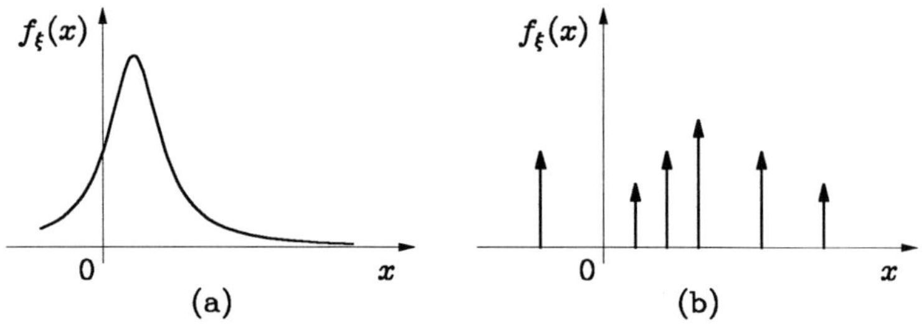

Bild B.2: Darstellung von Wahrscheinlichkeitsdichtefunktionen

Man kann für das gleiche Experiment mit den möglichen Ausgängen $\{e_1, e_2, \ldots, e_i, \ldots\}$ mehrere Zufallsvariablen $\xi(e), \eta(e), \zeta(e), \ldots$ definieren und den Ereignissen $\{\xi \leqq x\}$, $\{\eta \leqq y\}$, $\{\zeta \leqq z\}, \ldots$ die Wahrscheinlichkeiten $F_\xi(x), F_\eta(y), F_\zeta(z), \ldots$ bzw. die Dichtefunktionen $f_\xi(x), f_\eta(y), f_\zeta(z), \ldots$ zuordnen. Weiterhin kann z. B. dem Ereignis $\{\xi \leqq x, \eta \leqq y\}$ eine Wahrscheinlichkeit zugeordnet werden, und man nennt

$$P(\xi \leqq x, \eta \leqq y) = F_{\xi\eta}(x, y) \tag{B-7}$$

die *Verbundverteilungsfunktion* der Zufallsvariablen ξ und η bzw. die Funktion

$$\frac{\partial^2 F_{\xi\eta}(x,y)}{\partial x\ \partial y} = f_{\xi\eta}(x,y) \tag{B-8}$$

die *Verbunddichtefunktion* von ξ und η. Die Eigenschaften dieser Funktionen und weitere Verallgemeinerungen auf mehr als zwei Variablen sind naheliegend und brauchen hier nicht erörtert zu werden. Genannt sei allerdings die Eigenschaft der stochastischen Unabhängigkeit zweier Zufallsvariablen ξ und η, die genau dann vorliegt, wenn die Ereignisse $\{\xi \leqq x\}$ und $\{\eta \leqq y\}$ unabhängig voneinander sind. Es gilt dann

$$P(\xi \leqq x, \eta \leqq y) = P(\xi \leqq x) \cdot P(\eta \leqq y) \,,$$

also

$$F_{\xi\eta}(x,y) = F_\xi(x)\,F_\eta(y) \quad \text{oder} \quad f_{\xi\eta}(x,y) = f_\xi(x)\,f_\eta(y) \,, \tag{B-9a,b}$$

und dies bedeutet, daß kein Versuchsergebnis für die Variable ξ irgendeinen Einfluß auf die Wahrscheinlichkeitsverteilung für die Variable η zur Folge hat und umgekehrt.

Beispiel 4: Bild B.3 zeigt eine elektrische Schaltung mit zwei Lampen L1, L2, zwei Ohmwiderständen R_1, R_2 und einer Gleichspannungsquelle U_0. Die Lebensdauer von L1 sei ξ, diejenige von L2 sei η. Als Wahrscheinlichkeitsverteilungsdichte tritt $f_{\xi\eta}(x, y)$ auf. Die Wahrscheinlichkeit P, daß beide Lampen im Zeitpunkt T noch brennen ist

$$P = \int_T^\infty \int_T^\infty f_{\xi\eta}(x, y)\, dx\, dy \, .$$

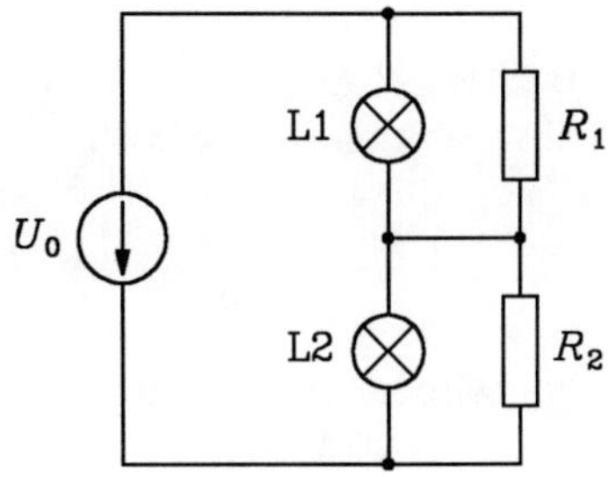

Bild B.3: Elektrische Schaltung

3 Erwartungswert, Varianz, Kovarianz

Eine der wichtigsten stochastischen Kenngrößen einer Zufallsvariablen ist ihr sogenannter *Mittelwert* oder *Erwartungswert*, für den die Bezeichnungen m_ξ oder $E[\xi]$ üblich sind. Der Erwartungswert ist definiert durch die Beziehung

$$m_\xi = E[\xi] = \int_{-\infty}^{\infty} x f_\xi(x)\, dx \, , \tag{B-10a}$$

die im Falle einer diskreten Zufallsvariablen die Form

$$m_\xi = E[\xi] = \sum_\nu x_\nu P(\xi = x_\nu) = \sum_\nu x_\nu p_\nu \tag{B-10b}$$

annimmt. Man kann m_ξ interpretieren als die Abszisse des geometrischen Schwerpunkts der unter der Kurve $f_\xi(x)$ eingeschlossenen Fläche.

Bezeichnet g irgendeine Funktion, dann ist mit ξ auch $\eta = g(\xi)$ eine Zufallsvariable (sie ordnet dem Versuchsausgang e die Zahl $\eta(e) = g[\xi(e)]$ zu), und man kann den Mittelwert m_η von η definieren. Mit einiger Überlegung läßt sich zeigen, daß

$$m_\eta = E[g(\xi)] = \int_{-\infty}^{\infty} g(x) f_\xi(x)\, dx \tag{B-11a}$$

bzw. für diskrete Zufallsvariablen

$$m_\eta = E[g(\xi)] = \sum_\nu g(x_\nu)\, p_\nu \tag{B-11b}$$

gilt. Ganz entsprechend gilt für die Funktion $\zeta = g(\xi, \eta)$ zweier Zufallsvariablen

$$m_\zeta = E[g(\xi, \eta)] = \int_{-\infty}^{\infty} \int_{-\infty}^{\infty} g(x, y) f_{\xi\eta}(x, y)\, dx\, dy \, . \tag{B-11c}$$

Wie Gl. (B-11a) deutlich macht, ist die Bildung des Erwartungswerts eine lineare Operation, d. h. für beliebige Konstanten a_1, a_2 und Funktionen $g_1(\xi)$, $g_2(\xi)$ gilt stets

$$E[a_1 g_1(\xi) + a_2 g_2(\xi)] = a_1 E[g_1(\xi)] + a_2 E[g_2(\xi)] \, . \tag{B-12a}$$

Entsprechend folgt aus Gl. (B-11c) bei Heranziehung der Gl. (B-8) nach einer Zwischenrechnung die wichtige Eigenschaft

$$E[\xi + \eta] = E[\xi] + E[\eta] \, . \tag{B-12b}$$

Ist in Gl. (B-11a) insbesondere $g(\xi) = \xi^n$, dann nennt man den zugehörigen Erwartungswert das *n-te Moment* der Zufallsvariablen ξ. Als *Varianz* wird das zweite Moment der Zufallsvariablen $\xi - m_\xi$ bezeichnet, also die Größe

$$\sigma_\xi^2 = E[(\xi - m_\xi)^2] = \int_{-\infty}^{\infty} (x - m_\xi)^2 f_\xi(x)\,\mathrm{d}x \ . \tag{B-13a}$$

Diese Größe läßt sich interpretieren als das Trägheitsmoment der Fläche unter $f_\xi(x)$ bezüglich der Achse $x = m_\xi$, und sie ist ein Maß für die Konzentration der Wahrscheinlichkeitsdichte $f_\xi(x)$ um $x = m_\xi$. Die (positive) Größe σ_ξ nennt man auch die *Streuung* von ξ. Bei diskreten Zufallsvariablen ergibt sich

$$\sigma_\xi^2 = \sum_\nu (x_\nu - m_\xi)^2 p_\nu \ . \tag{B.13b}$$

Ein Erwartungswert, der von zwei Zufallsvariablen abhängt, ist die *Kovarianz*, die definiert ist als

$$c_{\xi\eta} = E[(\xi - m_\xi)(\eta - m_\eta)] = \int_{-\infty}^{\infty}\int_{-\infty}^{\infty} (x - m_\xi)(y - m_\eta) f_{\xi\eta}(x,y)\,\mathrm{d}x\,\mathrm{d}y, \tag{B-14}$$

und man kann leicht zeigen, daß stets

$$c_{\xi\eta} = E[\xi\eta] - E[\xi] \cdot E[\eta]$$

gilt. Die Kovarianz $c_{\xi\eta}$ kennzeichnet die stochastische Abhängigkeit von ξ und η. Sie wird häufig in der normierten Form $\rho_{\xi\eta} = c_{\xi\eta} / \sigma_\xi \sigma_\eta$ verwendet und dann als *Korrelationskoeffizient* bezeichnet. Ist

$$E[\xi\eta] = E[\xi] \cdot E[\eta] \tag{B-15}$$

also $\rho_{\xi\eta} = 0$, dann nennt man ξ und η *unkorreliert*. Stochastisch unabhängige Zufallsvariablen sind stets auch unkorreliert; die Umkehrung dieser Aussage gilt jedoch nicht allgemein. Ist $E[\xi\eta] = 0$, dann heißen die Zufallsvariablen ξ und η zueinander *orthogonal*.

Faßt man n Zufallsvariablen $\xi_1, \ldots, \xi_n$ zu einem Zufallsvektor $\boldsymbol{\xi}$ zusammen, dann werden Mittelwert $\boldsymbol{m}$ und Streuung $\boldsymbol{\sigma}$ von $\boldsymbol{\xi}$ erklärt, indem man die Mittelwerte m_i bzw. die Streuungen σ_i entsprechend zu Vektoren zusammenfaßt. Unter der *Kovarianzmatrix* des Vektors $\boldsymbol{\xi}$ versteht man die Matrix $\boldsymbol{C} = [c_{ij}]$, wobei c_{ij} die Varianz der Zufallsvariablen ξ_i, ξ_j bedeutet. Es gilt also

$$\boldsymbol{C} = E[(\boldsymbol{\xi} - \boldsymbol{m})(\boldsymbol{\xi} - \boldsymbol{m})^{\mathrm{T}}] \ .$$

4 Normalverteilung (Gaußsche Verteilung)

Ein Beispiel für die Wahrscheinlichkeitsverteilung einer Zufallsvariablen, das bei praktischen Anwendungen sehr große Bedeutung besitzt, ist die *Gaußsche* oder *normalverteilte* Zufallsvariable, bei der die Wahrscheinlichkeitsdichtefunktion gegeben ist durch

$$f_\xi(x) = \frac{1}{\sqrt{2\pi}\,\sigma}\, \mathrm{e}^{-\frac{(x-m)^2}{2\sigma^2}} \tag{B-16}$$

mit dem Mittelwert $m_\xi = m$ und der Streuung $\sigma_\xi = \sigma$. Der Verlauf dieser Dichtefunktion ist im Bild B.4 für einige Werte der Streuung σ angegeben.

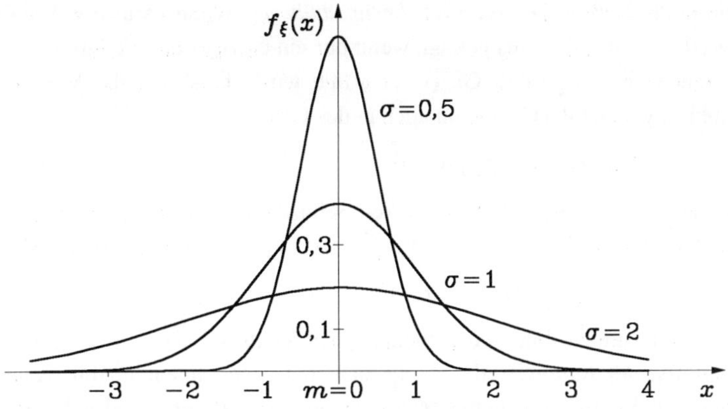

Bild B.4: Dichtefunktionen der Normalverteilung für verschiedene Parameterwerte σ

Man kann einerseits zeigen, daß die Summe $\zeta = \xi + \eta$ zweier unabhängiger Gaußscher Zufallsvariablen wiederum eine Gaußsche Zufallsvariable darstellt, und andererseits, daß unter gewissen, wenig einschränkenden Voraussetzungen die Summe einer Anzahl von unabhängigen Zufallsvariablen

$$\xi = \sum_{i=1}^{n} \xi_i$$

mit nahezu beliebigen Dichtefunktionen $f_{\xi_i}(x)$ für $n \to \infty$ gegen eine Gaußsche Zufallsvariable strebt. Dies ist der Grund, warum die Gaußsche Verteilung bei praktischen Anwendungen eine überragende Rolle spielt.

ANHANG C: Einiges aus der linearen Algebra

1 Vorbemerkungen

Im folgenden werden Vektoren in einem (endlichdimensionalen) linearen Vektorraum betrachtet. Erklärt seien also die Verknüpfung von jeweils zwei Vektoren durch Addition zu einem Summenvektor und die Multiplikation eines jeden Vektors mit einem Skalar. Man beschreibt dabei die Vektoren jeweils als Spaltenanordnung von q reellen oder komplexen Zahlen (den Komponenten) und definiert die Addition und Skalarmultiplikation durch die komponentenweise Ausführung der entsprechenden Zahlenoperationen.

Liegen m Vektoren $\boldsymbol{x}_1, \boldsymbol{x}_2, \ldots, \boldsymbol{x}_m$ vor, so nennt man diese *linear unabhängig*, wenn mit dem Nullvektor $\mathbf{0}$ die Beziehung

$$\alpha_1 \boldsymbol{x}_1 + \alpha_2 \boldsymbol{x}_2 + \cdots + \alpha_m \boldsymbol{x}_m = \mathbf{0} \tag{C-1}$$

nur mit ausnahmslos verschwindenden Skalaren $\alpha_1, \alpha_2, \ldots, \alpha_m$ erfüllt werden kann. Andernfalls heißen die Vektoren *linear abhängig*. Wenn es also ein m-Tupel $(\alpha_1, \ldots, \alpha_m) \neq (0, \ldots, 0)$ gibt – es genügt, wenn nur ein einziger der Skalare $\alpha_1, \ldots, \alpha_m$ von Null verschieden ist –, so daß Gl. (C-1) erfüllt wird, dann sind die Vektoren $\boldsymbol{x}_1, \ldots, \boldsymbol{x}_m$ linear abhängig. Die Gl. (C-1) kann auch in der Form

$$[\boldsymbol{x}_1, \boldsymbol{x}_2, \ldots, \boldsymbol{x}_m]\,\boldsymbol{\alpha} = \boldsymbol{0} \tag{C-2}$$

geschrieben werden. Auf der linken Seite dieser Gleichung steht das Produkt der aus den Vektoren $\boldsymbol{x}_\nu = [x_{1\nu}, x_{2\nu}, \ldots, x_{q\nu}]^{\mathrm{T}}$ $(\nu = 1, 2, \ldots, m)$ gebildeten Matrix mit dem Vektor

$$\boldsymbol{\alpha} := [\alpha_1, \alpha_2, \ldots, \alpha_m]^{\mathrm{T}}.$$

Die maximale Zahl linear unabhängiger Vektoren in einem linearen Vektorraum heißt *Dimension des Raums*. Jede Menge maximal vieler, linear unabhängiger Vektoren in einem linearen Vektorraum nennt man eine *Basis des Raums*, und jeder Vektor des Raums läßt sich eindeutig als Linearkombination der Vektoren einer gewählten Basis darstellen. Ist also q die Dimension eines linearen Vektorraums, dann kann jede Menge von q linear unabhängigen Vektoren $\{\boldsymbol{b}_1, \boldsymbol{b}_2, \ldots, \boldsymbol{b}_q\}$ als Basis verwendet werden, und jeder Vektor $\boldsymbol{x}$ im Raum läßt sich eindeutig als Linearkombination der Basisvektoren in der Form

$$\boldsymbol{x} = [\boldsymbol{b}_1, \boldsymbol{b}_2, \ldots, \boldsymbol{b}_q]\,\boldsymbol{\alpha} \tag{C-3}$$

mit

$$\boldsymbol{\alpha} = [\alpha_1, \alpha_2, \ldots, \alpha_q]^{\mathrm{T}}$$

ausdrücken. Dabei heißt $\boldsymbol{\alpha}$ *Repräsentation* von $\boldsymbol{x}$ bezüglich der Basis $\{\boldsymbol{b}_1, \ldots, \boldsymbol{b}_q\}$. Als Basis werden häufig die natürlichen Basisvektoren

$$\boldsymbol{n}_1 = \begin{bmatrix} 1 \\ 0 \\ \vdots \\ 0 \\ 0 \end{bmatrix}, \quad \boldsymbol{n}_2 = \begin{bmatrix} 0 \\ 1 \\ 0 \\ \vdots \\ 0 \end{bmatrix}, \ldots, \quad \boldsymbol{n}_q = \begin{bmatrix} 0 \\ 0 \\ \vdots \\ 0 \\ 1 \end{bmatrix} \tag{C-4}$$

verwendet. Dann sind die Repräsentation eines Vektors und das q-Tupel seiner Komponenten identisch. Wird ein und derselbe Vektor $\boldsymbol{x}$ in einem q-dimensionalen linearen Vektorraum bezüglich zweier verschiedener Basen $\{\boldsymbol{b}_1, \boldsymbol{b}_2, \ldots, \boldsymbol{b}_q\}$ und $\{\widetilde{\boldsymbol{b}}_1, \widetilde{\boldsymbol{b}}_2, \ldots, \widetilde{\boldsymbol{b}}_q\}$ durch $\boldsymbol{\alpha}$ bzw. $\widetilde{\boldsymbol{\alpha}}$ repräsentiert, gilt also

$$\boldsymbol{x} = \boldsymbol{B}\,\boldsymbol{\alpha} = \widetilde{\boldsymbol{B}}\,\widetilde{\boldsymbol{\alpha}}, \tag{C-5}$$

wobei $\boldsymbol{B}$ die aus den Spalten $\boldsymbol{b}_1, \ldots, \boldsymbol{b}_q$ gebildete Matrix und $\widetilde{\boldsymbol{B}}$ die Matrix mit den Spalten $\widetilde{\boldsymbol{b}}_1, \ldots, \widetilde{\boldsymbol{b}}_q$ bedeutet, so besteht die Beziehung

$$\boldsymbol{\alpha} = \boldsymbol{Q}\,\widetilde{\boldsymbol{\alpha}} \tag{C-6}$$

mit einer nichtsingulären quadratischen Matrix $\boldsymbol{Q}$ der Ordnung q (d.h. einer quadratischen Matrix mit q linear unabhängigen Spalten). Dies ist zu erkennen, wenn man die Repräsentationen $\boldsymbol{q}_1, \boldsymbol{q}_2, \ldots, \boldsymbol{q}_q$ der Vektoren $\widetilde{\boldsymbol{b}}_1, \widetilde{\boldsymbol{b}}_2, \ldots, \widetilde{\boldsymbol{b}}_q$ bezüglich der Basis $\{\boldsymbol{b}_1, \boldsymbol{b}_2, \ldots, \boldsymbol{b}_q\}$ zur Matrix $\boldsymbol{Q}$ zusammenfaßt und

$$\widetilde{\boldsymbol{B}} = \boldsymbol{B}\,\boldsymbol{Q}$$

schreibt. Ersetzt man nun in Gl. (C-5) $\widetilde{\boldsymbol{B}}$ durch $\boldsymbol{BQ}$, so folgt direkt Gl. (C-6) aufgrund der

Eindeutigkeit der Repräsentation. Es sei nochmals festgestellt, daß die i-te Spalte der Matrix $\boldsymbol{Q}$ die Repräsentation von $\tilde{\boldsymbol{b}}_i$ bezüglich $\{\boldsymbol{b}_1, \boldsymbol{b}_2, \ldots, \boldsymbol{b}_q\}$ ist.

Eine *lineare Abbildung* eines linearen Vektorraums der Dimension q in sich wird durch die Beziehung

$$\boldsymbol{y} = \boldsymbol{A}\,\boldsymbol{x} \tag{C-7}$$

beschrieben, wobei $\boldsymbol{x}$ und $\boldsymbol{y}$ Repräsentationen zweier Vektoren bezüglich einer gewählten Basis $\{\boldsymbol{b}_1, \ldots, \boldsymbol{b}_q\}$ des Raums sind und $\boldsymbol{A}$ eine quadratische Matrix der Ordnung q ist. Soll die Abbildung bezüglich einer anderen Basis ausgedrückt werden, so muß man $\boldsymbol{x}$ und $\boldsymbol{y}$ gemäß Gl. (C-6) in Gl. (C-7) substituieren und erhält

$$\boldsymbol{Q}\,\tilde{\boldsymbol{y}} = \boldsymbol{A}\,\boldsymbol{Q}\,\tilde{\boldsymbol{x}}$$

oder

$$\tilde{\boldsymbol{y}} = \boldsymbol{Q}^{-1}\boldsymbol{A}\,\boldsymbol{Q}\,\tilde{\boldsymbol{x}}\,. \tag{C-8}$$

Das heißt: Der Übergang zur neuen Basis hat die Überführung der Abbildungsmatrix $\boldsymbol{A}$ in die Matrix

$$\tilde{\boldsymbol{A}} := \boldsymbol{Q}^{-1}\boldsymbol{A}\,\boldsymbol{Q} \tag{C-9}$$

zur Folge. Die beiden Matrizen $\boldsymbol{A}$ und $\tilde{\boldsymbol{A}}$ heißen zueinander *ähnlich*. Der Übergang von $\boldsymbol{A}$ zu $\tilde{\boldsymbol{A}}$ heißt *Ähnlichkeitstransformation*. Aus der Gl. (C-9) folgt

$$\boldsymbol{Q}\,\tilde{\boldsymbol{A}} = \boldsymbol{A}\,\boldsymbol{Q}$$

oder, wenn man die Spalten von $\tilde{\boldsymbol{A}}$ mit $\tilde{\boldsymbol{a}}_1, \ldots, \tilde{\boldsymbol{a}}_q$, die von $\boldsymbol{A}$ mit $\boldsymbol{a}_1, \ldots, \boldsymbol{a}_q$ und jene von $\boldsymbol{Q}$ mit $\boldsymbol{q}_1, \ldots, \boldsymbol{q}_q$ bezeichnet,

$$[\boldsymbol{q}_1, \ldots, \boldsymbol{q}_q]\,\tilde{\boldsymbol{a}}_i = \boldsymbol{A}\boldsymbol{q}_i\,, \tag{C-10}$$

d.h. $\tilde{\boldsymbol{a}}_i$ ist die Repräsentation von $\boldsymbol{A}\boldsymbol{q}_i$ bezüglich $\{\boldsymbol{q}_1, \ldots, \boldsymbol{q}_q\}$.

Nach Gl. (C-9) gilt mit $n \in \mathbb{N}$

$$\tilde{\boldsymbol{A}}^n = \boldsymbol{Q}^{-1}\boldsymbol{A}^n\boldsymbol{Q}\,. \tag{C-11}$$

Entsprechend lassen sich Matrizenpolynome transformieren.

Lineare Abbildungen gemäß Gl. (C-7) eines linearen Vektorraums der Dimension m in einen linearen Vektorraum der Dimension r werden durch im allgemeinen nichtquadratische (r, m)-Matrizen beschrieben.

Die Menge aller Vektoren $\boldsymbol{x}$, für die $\boldsymbol{A}\boldsymbol{x} = \boldsymbol{0}$ gilt, bildet den *Nullraum* der Matrix $\boldsymbol{A}$. Unter dem *Rang* einer Matrix $\boldsymbol{A}$, bezeichnet $\operatorname{rg}(\boldsymbol{A})$, versteht man die Maximalzahl linear unabhängiger Spalten von $\boldsymbol{A}$ (diese Zahl ist gleich der Maximalzahl linear unabhängiger Zeilen). Die Summe aus Rang einer Matrix und Dimension des Nullraumes ist gleich der Zahl der Spalten der Matrix.

2 Die Jordansche Normalform

2.1 EIGENVEKTOREN UND VERALLGEMEINERTE EIGENVEKTOREN

Es sei $\boldsymbol{A}$ eine quadratische q-reihige Matrix, deren Elemente im allgemeinen komplexe Zahlen sind. Jede vom Nullvektor verschiedene Lösung $\boldsymbol{x}$ der Gleichung

$$\boldsymbol{A}\,\boldsymbol{x} = p\,\boldsymbol{x} \qquad \text{bzw.} \qquad (\boldsymbol{A} - \mathbf{E}p)\boldsymbol{x} = \mathbf{0} \tag{C-12a,b}$$

heißt *Eigenvektor* der Matrix $\boldsymbol{A}$ bezüglich des *Eigenwerts* p von $\boldsymbol{A}$. Dabei kommen für p nur endlich viele skalare Werte in Betracht. Sie ergeben sich aus Gl. (C-12b) aufgrund der Forderung, daß eine nichtverschwindende Lösung $\boldsymbol{x}$ des homogenen algebraischen Gleichungssystems (C-12b) existiert. So entsteht die charakteristische Polynomgleichung

$$\det(\boldsymbol{A} - p\,\mathbf{E}) = 0 \tag{C-13}$$

zur Bestimmung der l Eigenwerte $p_1, p_2, \ldots, p_l$ mit den Vielfachheiten $r_1, r_2, \ldots, r_l$. Dabei ist $\mathbf{E}$ die Einheitsmatrix.

Es sei p_0 irgendeiner der Eigenwerte der Matrix $\boldsymbol{A}$. Hat die Matrix $\boldsymbol{A} - p_0\mathbf{E}$ den Rang r, so besitzt der Nullraum dieser Matrix die Dimension $q - r$. Das heißt, es existieren genau $q - r$ linear unabhängige Lösungen $\boldsymbol{x}_1, \boldsymbol{x}_2, \ldots, \boldsymbol{x}_{q-r}$ der Gl. (C-12b) mit $p = p_0$, so daß jede Lösung als Linearkombination der genannten Lösungen ausgedrückt werden kann. Insofern gehört zum Eigenwert p_0 eine Basis aus genau $q - r$ Eigenvektoren (die allerdings nicht eindeutig bestimmt sind).

Neben der Matrix $(\boldsymbol{A} - p_0\mathbf{E})$ werden die Matrizen

$$(\boldsymbol{A} - p_0\mathbf{E})^2\,, \quad (\boldsymbol{A} - p_0\mathbf{E})^3\,, \ldots$$

betrachtet. Der Vektor $\boldsymbol{x}$ heißt nun *verallgemeinerter Eigenvektor* der Matrix $\boldsymbol{A}$ vom Rang k bezüglich des Eigenwerts p_0, wenn

$$(\boldsymbol{A} - p_0\mathbf{E})^k\boldsymbol{x} = \mathbf{0} \qquad \text{und} \qquad (\boldsymbol{A} - p_0\mathbf{E})^{k-1}\boldsymbol{x} \neq \mathbf{0}$$

gilt. Der Fall $k = 1$ entspricht dem eingangs betrachteten Fall des Eigenvektors.

Man kann die lineare Unabhängigkeit von zwei verallgemeinerten Eigenvektoren $\boldsymbol{u}_i$ und $\boldsymbol{v}_j$ zum Eigenwert p_0 vom Rang i bzw. $j \neq i$ leicht nachweisen, wenn man für $i > j$ ausgehend von $c_1\boldsymbol{u}_i + c_2\boldsymbol{v}_j = \mathbf{0}$, $c_1c_2 \neq 0$, durch Multiplikation mit der Matrix $(\boldsymbol{A} - p_0\mathbf{E})^{i-1}$ den Widerspruch $(\boldsymbol{A} - p_0\mathbf{E})^{i-1}c_1\boldsymbol{u}_i + (\boldsymbol{A} - p_0\mathbf{E})^{i-1}c_2\boldsymbol{v}_j = c_1(\boldsymbol{A} - p_0\mathbf{E})^{i-1}\boldsymbol{u}_i = \mathbf{0}$, d.h. $c_1 = 0$ herbeiführt.

Aus $\boldsymbol{x}$ werden jetzt die folgenden k Vektoren gebildet:

$$\boldsymbol{x}_{\mu-1} := (\boldsymbol{A} - p_0\mathbf{E})\boldsymbol{x}_\mu \qquad \text{für} \quad \mu = k, k-1, \ldots, 1 \quad \text{mit} \quad \boldsymbol{x}_k := \boldsymbol{x}\,; \quad \boldsymbol{x}_0 = \mathbf{0}\,.$$

Diese Vektoren haben die Eigenschaft

$$(\boldsymbol{A} - p_0\mathbf{E})\boldsymbol{x}_1 = (\boldsymbol{A} - p_0\mathbf{E})^2\boldsymbol{x}_2 = \cdots = (\boldsymbol{A} - p_0\mathbf{E})^k\boldsymbol{x}_k = \mathbf{0}$$

und

$$\boldsymbol{x}_1 = (\boldsymbol{A} - p_0\mathbf{E})\boldsymbol{x}_2 = \cdots = (\boldsymbol{A} - p_0\mathbf{E})^{k-1}\boldsymbol{x}_k \neq \mathbf{0}\,.$$

Das heißt, der Vektor $\boldsymbol{x}_\mu$ $(\mu = 1, 2, \ldots, k)$ ist ein verallgemeinerter Eigenvektor der Matrix $\boldsymbol{A}$ vom Rang μ bezüglich des Eigenwerts p_0. Die Vektoren $\{\boldsymbol{x}_1, \boldsymbol{x}_2, \ldots, \boldsymbol{x}_k\}$ bilden eine *Kette von verallgemeinerten Eigenvektoren* der Länge k von $\boldsymbol{A}$ bezüglich des Eigenwerts p_0.

Im folgenden werden Eigenschaften der verallgemeinerten Eigenvektoren beschrieben.

(i) Die Vektoren einer Kette von verallgemeinerten Eigenvektoren erfüllen die wichtigen Beziehungen

$$\boldsymbol{A}\,\boldsymbol{x}_1 = p_0\,\boldsymbol{x}_1\,, \quad \boldsymbol{A}\,\boldsymbol{x}_\mu = \boldsymbol{x}_{\mu-1} + p_0\,\boldsymbol{x}_\mu \quad (\mu = 2, \ldots, k)\,. \tag{C-14}$$

Dies folgt unmittelbar aus der Definition einer Kette verallgemeinerter Eigenvektoren.

(ii) Verallgemeinerte Eigenvektoren zum selben Eigenwert mit unterschiedlichem Rang sind voneinander linear unabhängig. Somit sind auch die Vektoren einer Kette verallgemeinerter Eigenvektoren linear unabhängig.

(iii) Verallgemeinerte Eigenvektoren zu verschiedenen Eigenwerten sind linear unabhängig.

Im folgenden werden einige Aussagen über die Zahl der verallgemeinerten Eigenvektoren gemacht.

Es sei $\boldsymbol{A}_0 := (\boldsymbol{A} - p_0 \mathbf{E})$ und κ_μ ($\mu \in \mathbb{N}$) die Dimension des Nullraums der quadratischen, q-reihigen Matrix $\boldsymbol{A}_0^\mu$. Der Nullraum der Matrix $\boldsymbol{A}_0^\mu$ wird also durch eine Basis von κ_μ verallgemeinerten Eigenvektoren von maximalem Rang μ aufgespannt. Entsprechend wird der Nullraum der Matrix $\boldsymbol{A}_0^{\mu-1}$ durch eine Basis von $\kappa_{\mu-1}$ verallgemeinerten Eigenvektoren von maximalem Rang $\mu - 1$ gebildet. Folglich muß es genau $\kappa_\mu - \kappa_{\mu-1}$ verallgemeinerte Eigenvektoren vom Rang μ zum Eigenwert p_0 geben, welche zusammen mit der aus den $\kappa_{\mu-1}$ rangniedrigeren verallgemeinerten Eigenvektoren gebildeten Basis ein System linear unabhängiger Vektoren darstellen. Diese $\kappa_\mu - \kappa_{\mu-1}$ Vektoren ergänzen also die Basis des Nullraums von $\boldsymbol{A}_0^{\mu-1}$ zu einer Basis des Nullraums von $\boldsymbol{A}_0^\mu$, und in diesem Sinne sollen im folgenden die verallgemeinerten Eigenvektoren vom Rang μ verstanden werden, und entsprechend soll von der Zahl der verallgemeinerten Eigenvektoren die Rede sein. (Selbstverständlich kann der Nullraum von $\boldsymbol{A}_0^\mu$ auch durch κ_μ linear unabhängige verallgemeinerte Eigenvektoren vom Rang μ aufgespannt werden, wenn man von den bereits vorhandenen $\kappa_{\mu-1}$ Basisvektoren des Nullraums von $\boldsymbol{A}_0^{\mu-1}$ keinen Gebrauch macht. Eine solche Basis ist aber bedeutungslos.)

Sind die verallgemeinerten Eigenvektoren vom Rang $\mu - 1, \mu - 2, \ldots, 1$ bekannt, so erhält man die verallgemeinerten Eigenvektoren vom Rang μ als inhomogene Lösungen des Gleichungssystems

$$\boldsymbol{A}_0 \boldsymbol{x}_\mu = \boldsymbol{y}_{\mu-1} ,$$

wobei $\boldsymbol{y}_{\mu-1}$ ein Vektor ist, der durch Linearkombination aller verallgemeinerten Eigenvektoren vom Rang $\mu - 1, \mu - 2, \ldots, 1$ so gebildet wird, daß das genannte Gleichungssystem lösbar ist. Bezeichnet $\alpha_{\mu-1} = \kappa_{\mu-1} - \kappa_{\mu-2}$ die Zahl der verallgemeinerten Eigenvektoren vom Rang $\mu - 1$, so enthält die Linearkombination $\boldsymbol{y}_{\mu-1}$ genau $\alpha_{\mu-1}$ Koeffizienten bei den verallgemeinerten Eigenvektoren vom Rang $\mu - 1$ neben weiteren Koeffizienten bei rangniedrigeren verallgemeinerten Eigenvektoren. Für den Fall, daß das Gleichungssystem für beliebige Wahl dieser $\alpha_{\mu-1}$ Koeffizienten, also allein mittels geeigneter Wahl der verbleibenden, zu den rangniedrigeren verallgemeinerten Eigenvektoren gehörenden Koeffizienten lösbar wird, erhält man die maximal mögliche Zahl verallgemeinerter Eigenvektoren vom Rang μ, nämlich $\alpha_{\mu-1} = \kappa_{\mu-1} - \kappa_{\mu-2}$ Vektoren. Deshalb kann die Zahl der verallgemeinerten Eigenvektoren vom Rang μ nicht größer sein als die Zahl der verallgemeinerten Eigenvektoren vom Rang $\mu - 1$. Besitzen weiterhin von einer Zahl $\mu = k$ an die Nullräume zweier aufeinander folgenden Potenzen $\boldsymbol{A}_0^k$ und $\boldsymbol{A}_0^{k+1}$ dieselbe Dimension, gilt also $\kappa_{k+1} = \kappa_k$, so gilt dies auch für alle weiteren Potenzen von $\boldsymbol{A}_0$. [1] Es ist also κ_k die größtmögliche Dimension der durch $\boldsymbol{A}_0^\mu$ ($\mu \in \mathbb{N}$) gebildeten Nullräume und k der höchstmögliche Rang eines zum Eigenwert p_0 gehörenden verallgemeinerten Eigenvektors. Die genannten Eigenschaften werden jetzt zusammengefaßt.

(iv) Mit $\boldsymbol{A}_0 = (\boldsymbol{A} - p_0 \mathbf{E})$ und der Dimension κ_μ des Nullraums der Matrix $\boldsymbol{A}_0^\mu$ folgt:

(a) Es gibt zum Eigenwert p_0 genau $\kappa_\mu - \kappa_{\mu-1}$ verallgemeinerte Eigenvektoren vom Rang μ als Basisergänzung der rangniedrigeren Vektoren. Für $\mu = 1$ erhält man dieselbe Aussage auch für die Eigenvektoren.

(b) Die Zahl der verallgemeinerten Eigenvektoren vom Rang μ ist kleiner oder gleich der Zahl der verallgemeinerten Eigenvektoren vom Rang $\mu - 1$ zum Eigenwert p_0.

---

[1] Dies ist auf folgenden Umstand zurückzuführen: Die beiden Matrizen $\boldsymbol{A}_0^k$ und $\boldsymbol{A}_0^{k+1}$ besitzen wegen $\kappa_{k+1} = \kappa_k$ denselben Nullraum, d.h. jeder Vektor $\boldsymbol{v}$, für den $\boldsymbol{A}_0^{k+1} \boldsymbol{v} = \mathbf{0}$ gilt, erfüllt auch die Beziehung $\boldsymbol{A}_0^k \boldsymbol{v} = \mathbf{0}$ und umgekehrt. Für jeden Vektor $\boldsymbol{w}$ mit $\boldsymbol{A}_0^{k+2} \boldsymbol{w} = \mathbf{0}$ liegt der Vektor $\boldsymbol{A}_0 \boldsymbol{w}$ im Nullraum von $\boldsymbol{A}_0^{k+1}$ und damit auch im Nullraum von $\boldsymbol{A}_0^k$. Damit gilt $\boldsymbol{A}_0^k \cdot \boldsymbol{A}_0 \boldsymbol{w} = \boldsymbol{A}_0^{k+1} \boldsymbol{w} = \mathbf{0}$, d.h. jeder Vektor $\boldsymbol{w}$ aus dem Nullraum von $\boldsymbol{A}_0^{k+2}$ liegt auch im Nullraum von $\boldsymbol{A}_0^{k+1}$.

(c) Es gibt einen höchstmöglichen Rang $k \leqq r_0$, welcher von keinem verallgemeinerten Eigenvektor überschritten wird, und damit genau κ_k linear unabhängige verallgemeinerte Eigenvektoren zum Eigenwert p_0. Es läßt sich zeigen, daß κ_k gerade auch die Vielfachheit r_0 des Eigenwerts p_0 ist [Wa1].

Zur praktischen Berechnung der zum Eigenwert p_0 mit der Vielfachheit r_0 gehörenden verallgemeinerten Eigenvektoren kann man beispielsweise nach folgendem Algorithmus vorgehen, der von obigen Überlegungen etwas abweicht.

(1) **Vorbereitungen**
- Man bestimme die Dimension κ_1 des Nullraums der Matrix $\boldsymbol{A}_0 = \boldsymbol{A} - p_0\mathbf{E}$.
- Man ermittle κ_1 linear unabhängige Eigenvektoren von $\boldsymbol{A}$.
- Falls $\kappa_1 = r_0$ gilt, treten keine verallgemeinerten Eigenvektoren auf, der Algorithmus ist beendet.

(2) **Verallgemeinerte Eigenvektoren**
- Es ist mit $\mu = 2$ zu starten.
- Falls die Vielfachheit des Eigenwerts p_0 größer als die Zahl der bisher ermittelten linear unabhängigen verallgemeinerten Eigenvektoren ist, verfährt man folgendermaßen:
  - Man berechne die Matrix $\boldsymbol{A}_0^{\mu}$ und die zugehörige Dimension κ_μ des Nullraums.
  - Man ermittle $(\kappa_\mu - \kappa_{\mu-1})$ verallgemeinerte Eigenvektoren $\boldsymbol{x}_\mu$ vom Rang μ als Basisergänzung zu den bereits gewonnenen rangniedrigeren Vektoren. Hierzu kann beispielsweise das Gleichungssystem

$$\boldsymbol{A}_0^{\mu-1}\,\boldsymbol{x}_\mu = \boldsymbol{y}_1$$

    für eine geeignet gewählte Linearkombination $\boldsymbol{y}_1$ der κ_1 berechneten Eigenvektoren gelöst werden. 1)
- Es ist μ um 1 weiterzuzählen und der Algorithmus fortzusetzen.

Beispiel 1: Es sind die verallgemeinerten Eigenvektoren zur Matrix

$$\boldsymbol{A} = \boldsymbol{A}_0 = \begin{bmatrix} 0 & 1 & 1 & 1 \\ 0 & 0 & 1 & 0 \\ 0 & 0 & 0 & 0 \\ 0 & 0 & -1 & 0 \end{bmatrix}$$

mit dem vierfachen Eigenwert $p_0 = 0$ gesucht. Man erkennt bereits ohne Rechnung, daß diese Matrix nur zwei linear unabhängige Spaltenvektoren besitzt, also gilt $\kappa_1 = 2$. Zwei linear unabhängige Eigenvektoren erhält man als Lösungen des linearen Gleichungssystems $\boldsymbol{A}_0\boldsymbol{x} = \mathbf{0}$ zu

$$\boldsymbol{x}_1^{(1)} = [1\ \ 0\ \ 0\ \ 0]^{\mathrm{T}}\,, \quad \boldsymbol{x}_1^{(2)} = [0\ \ 1\ \ 0\ \ -1]^{\mathrm{T}}\,.$$

Jetzt können die beiden noch fehlenden verallgemeinerten Eigenvektoren von höherem Rang berechnet werden. Mit $\mu = 2$ erhält man zunächst

$$\boldsymbol{A}_0^{\mu} = \boldsymbol{A}_0^{2} = \mathbf{0}\,,$$

1) Man beachte, daß an die rechte Seite $\boldsymbol{y}_1$ obiger Gleichung Lösbarkeitsbedingungen zu stellen sind, da die Matrix $\boldsymbol{A}_0^{\mu-1}$ in jedem Falle singulär ist. Deshalb muß auf der rechten Seite die Linearkombination aller Eigenvektoren mit noch freien Konstanten mitgeführt werden. Führt man dann zur Lösung des Gleichungssystems beispielsweise den Gauß-Algorithmus durch, so erhält man aus der rechten Seite die entsprechenden Lösbarkeitsbedingungen in Form von Gleichungen für die genannten Konstanten.

woraus $\kappa_2 = 4$ folgt. Also gibt es genau $\kappa_2 - \kappa_1 = 2$ verallgemeinerte Eigenvektoren vom Rang Zwei. Um diese zu berechnen, wird das inhomogene Gleichungssystem

$$\boldsymbol{A}_0 \boldsymbol{x}_2 = c_1 \boldsymbol{x}_1^{(1)} + c_2 \boldsymbol{x}_1^{(2)} ,$$

d.h.

$$\begin{bmatrix} 0 & 1 & 1 & 1 \\ 0 & 0 & 1 & 0 \\ 0 & 0 & 0 & 0 \\ 0 & 0 & -1 & 0 \end{bmatrix} \boldsymbol{x}_2 = c_1 \begin{bmatrix} 1 \\ 0 \\ 0 \\ 0 \end{bmatrix} + c_2 \begin{bmatrix} 0 \\ 1 \\ 0 \\ -1 \end{bmatrix}$$

gelöst. Dieses Gleichungssystem ist für alle $c_1, c_2 \in \mathbb{R}$ lösbar und liefert als inhomogene Lösungen mit $c_1 = 1$ und $c_2 = 0$ einen verallgemeinerten Eigenvektor

$$\boldsymbol{x}_2^{(1)} = [0 \ \ 1 \ \ 0 \ \ 0]^{\mathrm{T}} ,$$

mit $c_1 = 0$ und $c_2 = 1$ einen verallgemeinerten Eigenvektor

$$\boldsymbol{x}_2^{(2)} = [0 \ \ -1 \ \ 1 \ \ 0]^{\mathrm{T}} .$$

Beispiel 2: Es sind die verallgemeinerten Eigenvektoren zur Matrix

$$\boldsymbol{A} = \boldsymbol{A}_0 = \begin{bmatrix} 0 & 1 & 1 & 1 \\ 0 & 0 & 1 & 0 \\ 0 & 0 & 0 & 0 \\ 0 & 0 & 1 & 0 \end{bmatrix}$$

mit dem vierfachen Eigenwert $p_0 = 0$ gesucht. Diese Matrix besitzt die Dimension des Nullraums $\kappa_1 = 2$. Die beiden Eigenvektoren lauten z.B.

$$\boldsymbol{x}_1^{(1)} = [1 \ \ 1 \ \ 0 \ \ -1]^{\mathrm{T}} \quad \text{und} \quad \boldsymbol{x}_1^{(2)} = [0 \ \ 1 \ \ 0 \ \ -1]^{\mathrm{T}} ,$$

welche eine mögliche Basis des Nullraums von $\boldsymbol{A}_0$ darstellen. Zur Berechnung der verallgemeinerten Eigenvektoren wird zunächst die Matrix

$$\boldsymbol{A}_0^2 = \begin{bmatrix} 0 & 0 & 2 & 0 \\ 0 & 0 & 0 & 0 \\ 0 & 0 & 0 & 0 \\ 0 & 0 & 0 & 0 \end{bmatrix}$$

gebildet, deren Nullraum die Dimension $\kappa_2 = 3$ hat. Folglich gibt es nur einen verallgemeinerten Eigenvektor vom Rang Zwei. Dieser wird mittels des inhomogenen Gleichungssystems

$$\boldsymbol{A}_0 \boldsymbol{x}_2 = c_1 \boldsymbol{x}_1^{(1)} + c_2 \boldsymbol{x}_1^{(2)} ,$$

d.h.

$$\begin{bmatrix} 0 & 1 & 1 & 1 \\ 0 & 0 & 1 & 0 \\ 0 & 0 & 0 & 0 \\ 0 & 0 & 1 & 0 \end{bmatrix} \boldsymbol{x}_2 = c_1 \begin{bmatrix} 1 \\ 1 \\ 0 \\ -1 \end{bmatrix} + c_2 \begin{bmatrix} 0 \\ 1 \\ 0 \\ -1 \end{bmatrix}$$

berechnet, welches nur dann lösbar ist, wenn $c_1 = -c_2$ und $c_1 \in \mathbb{R}$ (beliebig) gilt. Als mögliche inhomogene Lösung erhält man z.B. mit $c_1 = 1$ den Vektor

$$\boldsymbol{x}_2 = [0 \ \ 1 \ \ 0 \ \ 0]^{\mathrm{T}}$$

als verallgemeinerten Eigenvektor vom Rang Zwei. Die homogenen Lösungen des Systems interessieren nicht mehr, denn sie enthalten nur alle rangniedrigeren verallgemeinerten Eigenvektoren, hier die bereits berechneten Eigenvektoren.

Jetzt fehlt noch ein verallgemeinerter Eigenvektor vom Rang Drei, denn die Vielfachheit des Eigenwerts $p_0 = 0$ ist Vier. Mit $\boldsymbol{A}_0^3 = \boldsymbol{0}$ erhält man $\kappa_3 = 4$, womit folgt, daß in der Tat noch ein verallgemeinerter Eigenvektor vom Rang Drei existiert. Er berechnet sich aus

$$\boldsymbol{A}_0^2 \boldsymbol{x}_3 = c_1 \boldsymbol{x}_1^{(1)} + c_2 \boldsymbol{x}_1^{(2)} ,$$

d.h.

$$\begin{bmatrix} 0 & 0 & 2 & 0 \\ 0 & 0 & 0 & 0 \\ 0 & 0 & 0 & 0 \\ 0 & 0 & 0 & 0 \end{bmatrix} \boldsymbol{x}_3 = c_1 \begin{bmatrix} 1 \\ 1 \\ 0 \\ -1 \end{bmatrix} + c_2 \begin{bmatrix} 0 \\ 1 \\ 0 \\ -1 \end{bmatrix} .$$

Das Lösen genau dieses Systems hat den Vorteil, daß man wieder alle rangniedrigeren verallgemeinerten Eigenvektoren als homogene Lösungen des Systems ausblenden kann. Das Gleichungssystem ist lösbar für $c_1 = -c_2$, und mit $c_1 = 2$ erhält man z.B. die inhomogene Lösung

$$\boldsymbol{x}_3 = [0 \;\; 0 \;\; 1 \;\; 0]^{\mathrm{T}}$$

als verallgemeinerten Eigenvektor vom Rang Drei.

Das Verfahren bricht automatisch ab, wenn es keine ranghöheren verallgemeinerten Eigenvektoren mehr gibt, da dann mit keiner Linearkombination aus den Eigenvektoren das erforderliche inhomogene Gleichungssystem gelöst werden kann.

Die praktische Berechnung von in Ketten angeordneten verallgemeinerten Eigenvektoren ist nicht so leicht durchführbar wie die Berechnung der verallgemeinerten Eigenvektoren im vorausgegangenen Abschnitt. Mit dem genannten Verfahren erhält man zwar die Gesamtheit aller verallgemeinerten Eigenvektoren; da aber im allgemeinen mehrere Ketten mit linear unabhängigen Vektoren existieren, ist die Zuordnung der richtigen Vektoren zur richtigen Kette schwierig. Auch das von ranghohen verallgemeinerten Eigenvektoren ausgehende Absteigen durch fortgesetzte Linksmultiplikation mit $\boldsymbol{A}_0$, um Ketten zu erzeugen, ist nicht systematisch durchführbar, da man die Endvektoren einer Kette nicht kennt und ein beliebiges Herausgreifen von κ_k linear unabhängigen verallgemeinerten Eigenvektoren der höchsten Stufe k im allgemeinen auf ein linear abhängiges Vektorsystem führt, obwohl die Vektoren einer Kette linear unabhängig sind. Ein systematisches Verfahren zur Berechnung von Ketten verallgemeinerter Eigenvektoren ist in [Zu1] angegeben, welches nachfolgend kurz umrissen wird.

(i) **Vorbereitungen**

- Man berechne zunächst κ_1 linear unabhängige Eigenvektoren zum Eigenwert p_0.
- Man berechne eine Basis $\boldsymbol{y}_1, \boldsymbol{y}_2, \ldots, \boldsymbol{y}_{\kappa_1}$ des Nullraums der transponierten Matrix $\boldsymbol{A}_0^{\mathrm{T}}$ (Linkseigenvektoren), denn das Gleichungssystem $\boldsymbol{A}_0 \boldsymbol{x}_\mu = \boldsymbol{x}_{\mu-1}$ ist genau dann lösbar, wenn $\boldsymbol{x}_{\mu-1}$ senkrecht auf allen Lösungen $\boldsymbol{y}_i$ des transponierten Systems $\boldsymbol{A}_0^{\mathrm{T}} \boldsymbol{y} = \boldsymbol{0}$ steht.
- Es sei $\boldsymbol{X}_1 = [\boldsymbol{x}_1^{(1)}, \boldsymbol{x}_1^{(2)}, \ldots, \boldsymbol{x}_1^{(\kappa_1)}]$ die Matrix der berechneten Eigenvektoren, und weiterhin sei $\boldsymbol{Y} = [\boldsymbol{y}_1, \boldsymbol{y}_2, \ldots, \boldsymbol{y}_{\kappa_1}]$ die Matrix der Lösungen des transponierten Systems $\boldsymbol{A}_0^{\mathrm{T}} \boldsymbol{y} = \boldsymbol{0}$. Man bestimme die Matrix $\boldsymbol{N}_1 = \boldsymbol{X}_1^{\mathrm{T}} \boldsymbol{Y}$. Sie läßt unmittelbar erkennen, welche Eigenvektoren senkrecht auf allen $\boldsymbol{y}_i$ $(i = 1, \ldots, \kappa_1)$ stehen.

(ii) **Verallgemeinerte Eigenvektoren**

- Es ist mit $\mu = 1$ zu starten.
- Mit

$$\boldsymbol{N}^{(\mu)} = \begin{bmatrix} \widetilde{\boldsymbol{N}}^{(\mu-1)} \\ \boldsymbol{N}_\mu \end{bmatrix}, \quad \boldsymbol{N}^{(1)} = \boldsymbol{N}_1 \qquad \text{und} \qquad \boldsymbol{X}^{(\mu)\mathrm{T}} = \begin{bmatrix} \widetilde{\boldsymbol{X}}^{(\mu-1)\mathrm{T}} \\ \boldsymbol{X}_\mu^{\mathrm{T}} \end{bmatrix}, \quad \boldsymbol{X}^{(1)\mathrm{T}} = \boldsymbol{X}_1^{\mathrm{T}}$$

transformiere man das Schema $\boldsymbol{N}^{(\mu)}, \boldsymbol{X}^{(\mu)\mathrm{T}}$ z.B. mit Hilfe des Gauß-Algorithmus, in ein Schema $\widetilde{\boldsymbol{N}}^{(\mu)}, \widetilde{\boldsymbol{X}}^{(\mu)\mathrm{T}}$, so daß die Matrix $\boldsymbol{N}^{(\mu)}$ in die obere Dreiecksmatrix $\widetilde{\boldsymbol{N}}^{(\mu)}$ übergeht, ohne daß der Rang der in den Zeilen der mitgeführten Matrix $\widetilde{\boldsymbol{X}}^{(\mu)\mathrm{T}}$ stehenden verallgemeinerten Eigenvektoren im Vergleich zur Matrix $\boldsymbol{X}^{(\mu)\mathrm{T}}$ verändert wird.

- Die Berechnung der verallgemeinerten Eigenvektoren ist abgeschlossen, wenn für ein $\mu = k$ die Matrix $\boldsymbol{N}_\mu$ von maximalem Rang war.
- Die bei den Nullzeilen von $\widetilde{\boldsymbol{N}}^{(\mu)}$ stehenden transponierten verallgemeinerten Eigenvektoren aus $\widetilde{\boldsymbol{X}}^{(\mu)\mathrm{T}}$ vom Rang μ benütze man zum weiteren Aufstieg gemäß

  $$\boldsymbol{A}_0\, \boldsymbol{x}_{\mu+1} = \widetilde{\boldsymbol{x}}_\mu \,.$$

  Dieses Gleichungssystem ist für die genannten Vektoren $\widetilde{\boldsymbol{x}}_\mu$ lösbar.
- Die so berechneten verallgemeinerten Eigenvektoren vom Rang $\mu+1$ fasse man zur Matrix $\boldsymbol{X}_{\mu+1}$ zusammen und berechne damit $\boldsymbol{N}_{\mu+1} = \boldsymbol{X}_{\mu+1}^{\mathrm{T}}\boldsymbol{Y}$.
- Es ist μ um 1 weiterzuzählen.

(iii) **Kettenbildung**

- Da die neben den nicht verschwindenden Zeilen von $\widetilde{\boldsymbol{N}}^{(k)}$ in $\widetilde{\boldsymbol{X}}^{(k)\mathrm{T}}$ stehenden transponierten verallgemeinerten Eigenvektoren Endvektoren einer Kette darstellen, können alle Vektoren der zugehörigen Kette durch fortgesetzte Linksmultiplikation gemäß

  $$\boldsymbol{x}_{\mu-1}^{(\nu)} = \boldsymbol{A}_0\, \boldsymbol{x}_\mu^{(\nu)}$$

  gewonnen werden. Die Vektoren sind jetzt linear unabhängig.

2.2 TRANSFORMATION AUF NORMALFORM

Im folgenden soll gezeigt werden, wie sich eine quadratische Matrix durch eine Ähnlichkeitstransformation in Jordansche Normalform überführen läßt.

Eine quadratische Matrix $\boldsymbol{A}$ der Ordnung q besitze die Eigenwerte $p_1, p_2, \ldots, p_l$ mit den Vielfachheiten $r_1, r_2, \ldots$ bzw. r_l. Es werden q linear unabhängige verallgemeinerte Eigenvektoren $\boldsymbol{x}_\mu^{(\lambda,\nu)}$ der Matrix $\boldsymbol{A}$ berechnet, die in der Weise angeordnet seien, daß $\lambda \in \{1, \ldots, l\}$ die Nummer des entsprechenden Eigenwerts, $\nu \in \{1, \ldots, k_\lambda\}$ die Nummer der entsprechenden Kette und $\mu \in \{1, \ldots, q_{\lambda\nu}\}$ den Rang des betreffenden verallgemeinerten Eigenvektors bedeutet. Es liegen also folgende Ketten verallgemeinerter Eigenvektoren (auch Hauptvektorketten genannt) vor:

Eigenwert p_1 :

$$\begin{array}{llllll}
\text{Kette } 1: & \boldsymbol{x}_1^{(1,1)} & \rightarrow & \boldsymbol{x}_2^{(1,1)} & \rightarrow \cdots \rightarrow & \boldsymbol{x}_{q_{11}}^{(1,1)}\,, \\
\text{Kette } 2: & \boldsymbol{x}_1^{(1,2)} & \rightarrow & \boldsymbol{x}_2^{(1,2)} & \rightarrow \cdots \rightarrow & \boldsymbol{x}_{q_{12}}^{(1,2)}\,, \\
\quad\vdots & & & & & \\
\text{Kette } k_1: & \boldsymbol{x}_1^{(1,k_1)} & \rightarrow & \boldsymbol{x}_2^{(1,k_1)} & \rightarrow \cdots \rightarrow & \boldsymbol{x}_{q_{1k_1}}^{(1,k_1)}\,,
\end{array}$$

$\vdots$

Eigenwert p_λ :

$$\begin{array}{llll}
\text{Kette } 1: & \boldsymbol{x}_1^{(\lambda,1)} & \rightarrow \cdots \rightarrow & \boldsymbol{x}_{q_{\lambda 1}}^{(\lambda,1)}\,, \\
\quad\vdots & & & \\
\text{Kette } \nu: & \boldsymbol{x}_1^{(\lambda,\nu)} & \rightarrow \cdots \rightarrow & \boldsymbol{x}_{q_{\lambda\nu}}^{(\lambda,\nu)}\,, \\
\quad\vdots & & & \\
\text{Kette } k_\lambda: & \boldsymbol{x}_1^{(\lambda,k_\lambda)} & \rightarrow \cdots \rightarrow & \boldsymbol{x}_{q_{\lambda k_\lambda}}^{(\lambda,k_\lambda)}\,,
\end{array}$$

$\vdots$

Eigenwert p_l :

$$\text{Kette } 1: \quad \boldsymbol{x}_1^{(l,1)} \quad \to \cdots \to \quad \boldsymbol{x}_{q_{l1}}^{(l,1)} ,$$

$$\vdots$$

$$\text{Kette } k_l: \quad \boldsymbol{x}_1^{(l,k_l)} \quad \to \cdots \to \quad \boldsymbol{x}_{q_{lk_l}}^{(l,k_l)} .$$

Aus diesen wird eine Basis für den q-dimensionalen Raum gebildet, und die Vektoren werden der Reihe nach zur Matrix

$$\boldsymbol{Q} = [\boldsymbol{x}_1^{(1,1)}, \boldsymbol{x}_2^{(1,1)}, \ldots, \boldsymbol{x}_\mu^{(\lambda,\nu)}, \ldots, \boldsymbol{x}_{q_{lk_l}}^{(l,k_l)}] \tag{C-15}$$

zusammengefaßt. Für die ν-te Kette zum Eigenwert p_λ gilt

$$\begin{aligned}
\boldsymbol{A}\,\boldsymbol{x}_1^{(\lambda,\nu)} &= \qquad\qquad p_\lambda \boldsymbol{x}_1^{(\lambda,\nu)} = \boldsymbol{Q}\,[0,\ldots,0,p_\lambda,0,0,\ldots,0,0,\ldots,0]^{\mathrm{T}} ,\\
\boldsymbol{A}\,\boldsymbol{x}_2^{(\lambda,\nu)} &= \boldsymbol{x}_1^{(\lambda,\nu)} + p_\lambda \boldsymbol{x}_2^{(\lambda,\nu)} = \boldsymbol{Q}\,[0,\ldots,0,1,p_\lambda,0,\ldots,0,0,\ldots,0]^{\mathrm{T}} ,\\
&\vdots\\
\boldsymbol{A}\,\boldsymbol{x}_{q_{\lambda\nu}}^{(\lambda,\nu)} &= \boldsymbol{x}_{q_{\lambda\nu}-1}^{(\lambda,\nu)} + p_\lambda \boldsymbol{x}_{q_{\lambda\nu}}^{(\lambda,\nu)} = \boldsymbol{Q}\,[0,\ldots,0,0,\ldots,0,1,p_\lambda,0,\ldots,0]^{\mathrm{T}} .
\end{aligned}$$

Damit ergibt sich die Matrizengleichung

$$\boldsymbol{A}\,\boldsymbol{Q} = \boldsymbol{Q}\,\boldsymbol{J}$$

oder

$$\boldsymbol{A} = \boldsymbol{Q}\,\boldsymbol{J}\,\boldsymbol{Q}^{-1} \tag{C-16}$$

mit der *Jordan-Matrix*

$$\boldsymbol{J} = \operatorname{diag}(\boldsymbol{J}_1, \boldsymbol{J}_2, \ldots, \boldsymbol{J}_l) . \tag{C-17}$$

Die Jordan-Matrix nach Gl. (C-17) ist eine Blockdiagonalmatrix mit den *Jordan-Blöcken* $\boldsymbol{J}_1, \boldsymbol{J}_2, \ldots, \boldsymbol{J}_l$, die ebenfalls Blockdiagonalform haben, nämlich die Gestalt

$$\boldsymbol{J}_\lambda = \operatorname{diag}(\boldsymbol{J}_{\lambda 1}, \boldsymbol{J}_{\lambda 2}, \ldots, \boldsymbol{J}_{\lambda k_\lambda}) \tag{C-18}$$

mit den *Jordan-Kästchen*

$$\boldsymbol{J}_{\lambda\nu} = \begin{bmatrix} p_\lambda & 1 & & \\ & & \vdots & \\ & & & 1 \\ & & & p_\lambda \end{bmatrix} \tag{C-19}$$

($\lambda = 1, \ldots, l$; $\nu = 1, \ldots, k_\lambda$), die außerhalb der Hauptdiagonalen und der oberen Nebendiagonalen nur Nullelemente aufweisen. Jede Kette verallgemeinerter Eigenvektoren erzeugt ein Jordan-Kästchen, dessen Ordnung gleich der Länge der Kette ist. Die maximale Ordnung q_λ aller Jordan-Kästchen, die zu einem Eigenwert p_λ gehören, heißt *Index* des Eigenwerts p_λ. Er ist folglich so groß wie die Länge der längsten zum Eigenwert p_λ gehörenden Kette, das ist gleichbedeutend mit dem Rang des ranghöchsten verallgemeinerten Eigenvektors zum Eigenwert p_λ.

Die aus einem Jordan-Kästchen gebildete Matrix $(\boldsymbol{J}_{\lambda\nu} - p_\lambda \mathbf{E})^\mu$ ($\mu = 0, 1, \ldots, q_{\lambda\nu}$) besitzt den Rang $q_{\lambda\nu} - \mu$. Hieraus ergibt sich die interessante Eigenschaft, daß die Matrix

$$(\boldsymbol{J}_{\lambda\nu} - p_\lambda \mathbf{E})^\mu$$

gleich der Nullmatrix ist, sofern μ mit der Ordnung $q_{\lambda\nu}$ des Jordan-Kästchens übereinstimmt oder diese übersteigt. Diese Eigenschaft wird insbesondere für die Herleitung des Minimalpolynoms benötigt.

Ein wichtiger Sonderfall ist dadurch gekennzeichnet, daß zu $\boldsymbol{A}$ ein vollständiges System linear unabhängiger Eigenvektoren existiert und damit alle Ketten verallgemeinerter Eigenvektoren die Länge Eins besitzen. Bildet man mit diesen Eigenvektoren die nichtsinguläre Transformationsmatrix $\boldsymbol{Q}$ in beschriebener Weise, so erhält man als Jordan-Matrix eine Diagonalmatrix, da sich alle Jordan-Kästchen auf den zugehörigen Eigenwert als Skalar reduzieren. Im Fall einfacher Eigenwerte gilt dann mit $l = q$

$$\boldsymbol{J} = \operatorname{diag}(p_1, p_2, \ldots, p_q).$$

2.3 MINIMALPOLYNOM

Unter dem Minimalpolynom einer quadratischen Matrix $\boldsymbol{A}$ versteht man das gradniedrigste normierte Polynom $Q(p)$, so daß $Q(\boldsymbol{A}) = \boldsymbol{0}$ gilt. Normiert heißt, daß der Koeffizient, der in der Koeffizientendarstellung von $Q(p)$ bei der höchsten p-Potenz auftritt, gleich Eins ist.

Beispiel 3: Die Matrix

$$\boldsymbol{A} = \begin{bmatrix} 2 & 0 & 0 & 0 \\ 0 & 2 & 0 & 0 \\ 0 & 0 & 2 & 0 \\ 0 & 0 & 0 & 1 \end{bmatrix}$$

besitzt das Minimalpolynom

$$Q(p) = (p-2)(p-1) = p^2 - 3p + 2.$$

Es gilt nämlich

$$Q(\boldsymbol{A}) = \boldsymbol{A}^2 - 3\boldsymbol{A} + 2\mathbf{E} = \operatorname{diag}(4,4,4,1) - 3\operatorname{diag}(2,2,2,1) + 2\mathbf{E} = \boldsymbol{0}.$$

Das Minimalpolynom einer quadratischen Matrix kann folgendermaßen gebildet werden. Zunächst berechnet man die Eigenwerte $p_1, p_2, \ldots, p_l$ mit den entsprechenden Vielfachheiten $r_1, r_2, \ldots, r_l$. Durch Ermittlung der Indizes $q_1, q_2, \ldots, q_l$ aller Eigenwerte erhält man

$$Q(p) = \prod_{i=1}^{l} (p - p_i)^{q_i} \quad . \tag{C-20}$$

Man beachte, daß für das charakteristische Polynom die Darstellung

$$P(p) = \prod_{i=1}^{l} (p - p_i)^{r_i} \tag{C-21}$$

besteht. Da $1 \leqq q_i \leqq r_i$ für alle i gilt, ist $Q(p)$ ein Teiler von $P(p)$, und jeder Eigenwert von $\boldsymbol{A}$ tritt auch als Nullstelle von Q auf. Unter Ausnützung dieser Tatsache kann man zumindest in einfachen Fällen $Q(p)$ durch systematisches Probieren aus $P(p)$ gewinnen.

Daß $Q(p)$ das Minimalpolynom von $\boldsymbol{A}$ ist, läßt sich aufgrund folgender Überlegungen beweisen. Es ist $Q(\boldsymbol{A})$ genau dann Minimalpolynom von $\boldsymbol{A}$, wenn Q Minimalpolynom von $\boldsymbol{J}$ ist, wobei $\boldsymbol{J}$ die zu $\boldsymbol{A}$ gehörende Jordan-Matrix bedeutet. Es sei $\boldsymbol{J} = \operatorname{diag}(\boldsymbol{J}_1, \ldots, \boldsymbol{J}_l)$ mit dem Jordan-Block $\boldsymbol{J}_\lambda$ zum Eigenwert p_λ. Weiterhin sei $\boldsymbol{J}_\lambda = \operatorname{diag}(\boldsymbol{J}_{\lambda 1}, \ldots, \boldsymbol{J}_{\lambda k_\lambda})$. Es gilt nun

$$Q(\boldsymbol{J}) = \operatorname{diag}(Q(\boldsymbol{J}_1), \ldots, Q(\boldsymbol{J}_l))$$

und

$$Q(\boldsymbol{J}_\lambda) = \operatorname{diag}(Q(\boldsymbol{J}_{\lambda 1}), \ldots, Q(\boldsymbol{J}_{\lambda k_\lambda})) .$$

Man sieht schnell, daß $Q_\lambda(p) = (p - p_\lambda)^{q_\lambda}$ Minimalpolynom von $\boldsymbol{J}_\lambda$ ist. Denn es gilt

$$Q_\lambda(\boldsymbol{J}_\lambda) = \operatorname{diag}\left[(\boldsymbol{J}_{\lambda 1} - p_\lambda \mathbf{E})^{q_\lambda}, \ldots, (\boldsymbol{J}_{\lambda k_\lambda} - p_\lambda \mathbf{E})^{q_\lambda}\right] = \mathbf{0} \qquad \text{(C-22)}$$

wegen der bereits genannten Eigenschaft der Jordan-Kästchen und der Bedeutung des Index q_λ von p_λ. Offensichtlich ist q_λ der kleinstmögliche Exponent in Gl. (C-22), für den $Q_\lambda(\boldsymbol{J}_\lambda)$ mit der Nullmatrix übereinstimmt, und andere gradniedrigere Polynome scheiden aus, da sie sich nicht als annullierend erweisen, wie deren Darstellung in Potenzen von $(p - p_\lambda)$ unmittelbar zeigt. Damit repräsentiert $Q(p)$ nach Gl. (C-20) das Minimalpolynom von $\boldsymbol{A}$. Ersetzt man in diesen Betrachtungen die Indizes q_λ durch die Vielfachheiten r_λ, dann erkennt man, daß $\boldsymbol{J}$ und somit $\boldsymbol{A}$ auch das charakteristische Polynom nach Gl. (C-21) annulliert (Cayley-Hamilton-Theorem).

Beispiel 4: Die zwölfreihige Matrix $\boldsymbol{A}$ besitze den sechsfachen Eigenwert $p_1 = 2$, den fünffachen Eigenwert $p_2 = 3$ und den einfachen Eigenwert $p_3 = 4$.

Zu den drei Eigenwerten seien die folgenden Ketten verallgemeinerter Eigenvektoren angebbar:

Eigenwert $p_1 = 2$:

Kette 1: $\boldsymbol{x}_1^{(1,1)} \to \boldsymbol{x}_2^{(1,1)} \to \boldsymbol{x}_3^{(1,1)}$

Kette 2: $\boldsymbol{x}_1^{(1,2)} \to \boldsymbol{x}_2^{(1,2)}$

Kette 3: $\boldsymbol{x}_1^{(1,3)}$

Eigenwert $p_2 = 3$:

Kette 1: $\boldsymbol{x}_1^{(2,1)}$

Kette 2: $\boldsymbol{x}_1^{(2,2)} \to \boldsymbol{x}_2^{(2,2)} \to \boldsymbol{x}_3^{(2,2)} \to \boldsymbol{x}_4^{(2,2)}$

Eigenwert $p_3 = 4$:

Kette 1: $\boldsymbol{x}_1^{(3,1)}$

Die Matrix $\boldsymbol{Q}$ lautet

$$\boldsymbol{Q} = [\boldsymbol{x}_1^{(1,1)}, \boldsymbol{x}_2^{(1,1)}, \boldsymbol{x}_3^{(1,1)}, \boldsymbol{x}_1^{(1,2)}, \boldsymbol{x}_2^{(1,2)}, \boldsymbol{x}_1^{(1,3)}, \boldsymbol{x}_1^{(2,1)}, \boldsymbol{x}_1^{(2,2)}, \boldsymbol{x}_2^{(2,2)}, \boldsymbol{x}_3^{(2,2)}, \boldsymbol{x}_4^{(2,2)}, \boldsymbol{x}_1^{(3,1)}] .$$

Die Jordan-Normalform der Matrix $\boldsymbol{A}$ ist die Blockdiagonalmatrix

$$\boldsymbol{J} = \boldsymbol{Q}^{-1}\boldsymbol{A}\boldsymbol{Q} = \begin{bmatrix} 2 & 1 & 0 & & & & & & & & & \\ 0 & 2 & 1 & & & & & & & 0 & & \\ 0 & 0 & 2 & & & & & & & & & \\ & & & 2 & 1 & & & & & & & \\ & & & 0 & 2 & & & & & & & \\ & & & & & 2 & & & & & & \\ & & & & & & 3 & & & & & \\ & & & & & & & 3 & 1 & 0 & 0 & \\ & & & & & & & 0 & 3 & 1 & 0 & \\ & & & 0 & & & & 0 & 0 & 3 & 1 & \\ & & & & & & & 0 & 0 & 0 & 3 & \\ & & & & & & & & & & & 4 \end{bmatrix},$$

welche ohne explizite Berechnung der Matrix $\boldsymbol{Q}^{-1}$ angegeben werden kann.

Die Indizes zu den drei Eigenwerten sind:

$$\text{Eigenwert } p_1 = 2: \quad q_1 = 3,$$

$$\text{Eigenwert } p_2 = 3: \quad q_2 = 4,$$

$$\text{Eigenwert } p_3 = 4: \quad q_3 = 1.$$

Das Minimalpolynom zu $\boldsymbol{J}$ lautet daher

$$Q(p) = (p-2)^3 (p-3)^4 (p-4),$$

denn mit $(\boldsymbol{J} - 2\mathbf{E})^3$ werden alle zum Eigenwert $p_1 = 2$, mit $(\boldsymbol{J} - 3\mathbf{E})^4$ alle zum Eigenwert $p_2 = 3$ gehörenden Jordan-Kästchen und mit $(\boldsymbol{J} - 4\mathbf{E})$ das zum Eigenwert $p_3 = 4$ gehörende Jordan-Kästchen annulliert. Wegen der Beziehung $\boldsymbol{A}^n = (\boldsymbol{Q} \cdot \boldsymbol{J} \cdot \boldsymbol{Q}^{-1})^n = \boldsymbol{Q} \cdot \boldsymbol{J}^n \cdot \boldsymbol{Q}^{-1}$ ist $Q(p)$ auch Minimalpolynom von $\boldsymbol{A}$.

3 Matrix-Funktionen

Funktionen einer quadratischen Matrix können durch Potenzreihen definiert werden, wobei die Konvergenz der Reihe garantiert werden muß. Ist $\boldsymbol{A}$ eine quadratische Matrix, so erklärt man $e^{\boldsymbol{A}}$ beispielsweise dadurch, daß man die Potenzreihenentwicklung von e^x, d.h. $1 + x + x^2/2! + x^3/3! + \cdots$ auf $\mathbf{E} + \boldsymbol{A} + \boldsymbol{A}^2/2! + \boldsymbol{A}^3/3! + \cdots$ überträgt.

Ist $f(\boldsymbol{A})$ irgendeine durch eine Potenzreihe von $\boldsymbol{A}$ erklärte Funktion der quadratischen Matrix $\boldsymbol{A}$ und unterwirft man $\boldsymbol{A}$ einer Ähnlichkeitstransformation gemäß Gl. (C-9), dann kann man sich leicht davon überzeugen, daß

$$f(\boldsymbol{A}) = \boldsymbol{Q} f(\tilde{\boldsymbol{A}}) \boldsymbol{Q}^{-1} \tag{C-23}$$

gilt. Durch geeignete Wahl der Matrix $\boldsymbol{Q}$ erhält $\tilde{\boldsymbol{A}}$ Jordan-Form, d.h.

$$\tilde{\boldsymbol{A}} = \boldsymbol{J} = \operatorname{diag}(\boldsymbol{J}_1, \boldsymbol{J}_2, \ldots, \boldsymbol{J}_l).$$

Weiterhin ist zu erkennen, daß nun die Darstellung

$$f(\tilde{\boldsymbol{A}}) = \operatorname{diag}(f(\boldsymbol{J}_1), f(\boldsymbol{J}_2), \ldots, f(\boldsymbol{J}_l)) \tag{C-24}$$

besteht. Damit kann die Berechnung von $f(\boldsymbol{A})$ aufgrund der Gln. (C-23), (C-24) auf die Berechnung der Funktion für die Jordan-Kästchen reduziert werden.

Beispiel 5: Es sei $f(\boldsymbol{A}) = \ln \boldsymbol{A}$ betrachtet, wobei $\boldsymbol{A}$ eine gegebene nichtsinguläre quadratische Matrix sei. Aufgrund der Taylorschen Reihenentwicklung

$$\ln x = \ln x_0 + \frac{1}{x_0}(x - x_0) - \frac{1}{2x_0^2}(x - x_0)^2 + - \cdots \quad (|x - x_0| < |x_0|) \tag{C-25}$$

an der Stelle $x = x_0 \neq 0$ definiert man den Logarithmus eines Jordan-Kästchens mit von Null verschiedenem Eigenwert als

$$\ln \boldsymbol{J}_{\lambda\nu} = \mathbf{E} \ln x_0 + \frac{1}{x_0}(\boldsymbol{J}_{\lambda\nu} - x_0\mathbf{E}) - \frac{1}{2x_0^2}(\boldsymbol{J}_{\lambda\nu} - x_0\mathbf{E})^2 + - \cdots$$

Wendet man diese Reihe nach Transformation von $\boldsymbol{A}$ auf Jordan-Form auf alle Jordan-Kästchen $\boldsymbol{J}_{\lambda\nu}$ zum Eigenwert p_λ an, so erhält man bei Wahl von $x_0 = p_\lambda$ eine abbrechende Reihe, also ein Polynom in $\boldsymbol{J}_{\lambda\nu}$. Aus den so erhaltenen Matrizen $\ln \boldsymbol{J}_{\lambda\nu}$ lassen sich sofort die Matrizen

$$\ln \boldsymbol{J}_\lambda = \mathrm{diag}(\ln \boldsymbol{J}_{\lambda 1}, \ldots, \ln \boldsymbol{J}_{\lambda k_\lambda}) \tag{C-26}$$

für $\lambda = 1, 2, \ldots, l$ angeben. Man definiert nun, wie unten begründet wird,

$$\ln \boldsymbol{J} := \mathrm{diag}(\ln \boldsymbol{J}_1, \ldots, \ln \boldsymbol{J}_l) \quad \text{sowie} \quad \ln \boldsymbol{A} := \boldsymbol{Q}\,(\ln \boldsymbol{J})\,\boldsymbol{Q}^{-1}. \tag{C-27a,b}$$

Damit kann man nach dem oben entwickelten Konzept $\ln \boldsymbol{A}$ berechnen, indem $\ln \boldsymbol{J}$ von links mit $\boldsymbol{Q}$ und von rechts mit $\boldsymbol{Q}^{-1}$ multipliziert wird. Dabei bedeutet $\boldsymbol{Q}$ die nichtsinguläre Matrix, mit der die gegebene Matrix $\boldsymbol{A}$ gemäß Gl. (C-16) auf Jordan-Form transformiert wird.

Es ist möglich, entsprechend Gl. (C-25) für $\ln \boldsymbol{A}$ eine Potenzreihenentwicklung anzuschreiben. Dabei ist allerdings zu beachten, daß diese nicht für alle nichtsingulären Matrizen $\boldsymbol{A}$ konvergiert, obwohl $\ln \boldsymbol{A}$ existiert und berechnet werden kann.

Als nähere Begründung für die obige Vorgehensweise sei folgendes angeführt. Aufgrund der Darstellung der Exponentialmatrix als eine für alle quadratischen Matrizen $\boldsymbol{X}$ konvergente Potenzreihe

$$\mathrm{e}^{\boldsymbol{X}} = \mathbf{E} + \frac{1}{1!}\boldsymbol{X} + \frac{1}{2!}\boldsymbol{X}^2 + \cdots \tag{C-28}$$

ist unmittelbar zu erkennen, daß angesichts der Gln. (C-25) und (C-26)

$$\mathrm{e}^{\ln \boldsymbol{J}} = \mathrm{diag}(\mathrm{e}^{\ln \boldsymbol{J}_1}, \mathrm{e}^{\ln \boldsymbol{J}_2}, \ldots, \mathrm{e}^{\ln \boldsymbol{J}_l}) = \mathrm{diag}(\mathrm{e}^{\ln \boldsymbol{J}_{11}}, \ldots, \mathrm{e}^{\ln \boldsymbol{J}_{lk_l}})$$

und damit als Begründung für die Gl. (C-27a)

$$\mathrm{e}^{\ln \boldsymbol{J}} = \mathrm{diag}(\boldsymbol{J}_1, \boldsymbol{J}_2, \ldots, \boldsymbol{J}_l) = \boldsymbol{J}$$

geschrieben werden kann. Weiterhin lassen sich jetzt nach den Gln. (C-28) und (C-23) die Zusammenhänge

$$\mathrm{e}^{\boldsymbol{Q}(\ln \boldsymbol{J})\boldsymbol{Q}^{-1}} = \boldsymbol{Q}\,\mathrm{e}^{\ln \boldsymbol{J}}\boldsymbol{Q}^{-1} = \boldsymbol{Q}\,\boldsymbol{J}\,\boldsymbol{Q}^{-1} = \boldsymbol{A}$$

angeben, welche die Definition $\boldsymbol{Q}\,(\ln \boldsymbol{J})\,\boldsymbol{Q}^{-1} =: \ln \boldsymbol{A}$ nach Gl. (C-27b) für alle nichtsingulären Matrizen $\boldsymbol{A}$ erklären.

4 Definite und indefinite Matrizen und quadratische Formen

Man kann jeder quadratischen $q \times q$-Matrix $\boldsymbol{M}$ mit reellen Elementen eine quadratische Form

$$Q(\boldsymbol{z}) := \boldsymbol{z}^{\mathrm{T}} \boldsymbol{M} \boldsymbol{z} \tag{C-29}$$

zuordnen, wobei der Vektor $\boldsymbol{z} := [z_1 \ \ z_2 \ \ \cdots \ \ z_q]^{\mathrm{T}}$ beliebig im Raum $\mathbb{R}^q$ variiert. Ist $\boldsymbol{M}$ schiefsymmetrisch, besteht also die Beziehung $\boldsymbol{M} = -\boldsymbol{M}^{\mathrm{T}}$, dann gilt $Q(\boldsymbol{z}) \equiv 0$ für alle $\boldsymbol{z} \in \mathbb{R}^q$, da man wegen $Q(\boldsymbol{z}) = Q^{\mathrm{T}}(\boldsymbol{z}) = (\boldsymbol{z}^{\mathrm{T}}\boldsymbol{M}\boldsymbol{z})^{\mathrm{T}} = \boldsymbol{z}^{\mathrm{T}}\boldsymbol{M}^{\mathrm{T}}\boldsymbol{z}$ im vorliegenden Fall

$$Q(\boldsymbol{z}) = -\boldsymbol{z}^{\mathrm{T}}\boldsymbol{M}\boldsymbol{z} = -Q(\boldsymbol{z})$$

schreiben kann. Umgekehrt folgt aus $Q(\boldsymbol{z}) \equiv 0$ die Schiefsymmetrie von $\boldsymbol{M}$. Denn mit dem Einheitsvektor $\boldsymbol{z} = \boldsymbol{e}_i := [0 \ \cdots \ 0 \ \ 1 \ \ 0 \ \cdots \ 0]^{\mathrm{T}}$, dessen i-te Komponente eine Eins ist und dessen übrige Komponenten Nullen darstellen, erhält man einerseits

$$Q(\boldsymbol{e}_i) = m_{ii} = 0$$

für alle $i = 1, 2, \ldots, q$, andererseits

$$Q(\boldsymbol{e}_i + \boldsymbol{e}_j) = m_{ii} + m_{jj} + m_{ij} + m_{ji} = 0,$$

also wegen $m_{ii} = m_{jj} = 0$ die Beziehung $m_{ij} = -m_{ji}$ für alle i und j aus $\{1, 2, \ldots, q\}$.

Jede quadratische Matrix $\boldsymbol{M}$ läßt sich als Summe

$$\boldsymbol{M} = \boldsymbol{M}_s + \boldsymbol{M}_a$$

der symmetrischen Matrix

$$\boldsymbol{M}_s = \frac{1}{2}(\boldsymbol{M} + \boldsymbol{M}^{\mathrm{T}})$$

und der schiefsymmetrischen (antisymmetrischen) Matrix

$$\boldsymbol{M}_a = \frac{1}{2}(\boldsymbol{M} - \boldsymbol{M}^{\mathrm{T}})$$

darstellen. Entsprechend läßt sich die der Matrix $\boldsymbol{M}$ zugeordnete quadratische Form als

$$Q(\boldsymbol{z}) := \boldsymbol{z}^{\mathrm{T}}\boldsymbol{M}\boldsymbol{z} = \boldsymbol{z}^{\mathrm{T}}\boldsymbol{M}_s\boldsymbol{z} + \boldsymbol{z}^{\mathrm{T}}\boldsymbol{M}_a\boldsymbol{z} = \boldsymbol{z}^{\mathrm{T}}\boldsymbol{M}_s\boldsymbol{z}$$

schreiben.

Aufgrund der vorstehenden Überlegungen darf man bei der Untersuchung einer quadratischen Form $Q(\boldsymbol{z})$ nach Gl. (C-29) ohne Einschränkung der Allgemeinheit voraussetzen, daß die zugehörige Matrix $\boldsymbol{M}$ symmetrisch ist.

Eine symmetrische $q \times q$-Matrix $\boldsymbol{M}$ heißt positiv-definit, wenn

$$\boldsymbol{z}^{\mathrm{T}}\boldsymbol{M}\boldsymbol{z} > 0 \quad \text{für alle} \quad \boldsymbol{z} \in \mathbb{R}^q \quad \text{mit} \quad \boldsymbol{z} \neq \boldsymbol{0}$$

gilt. Die einer solchen Matrix $\boldsymbol{M}$ zugeordnete quadratische Form $Q(\boldsymbol{z})$ heißt ebenfalls positiv-definit.

Eine symmetrische $q \times q$-Matrix $\boldsymbol{M}$ heißt positiv-semidefinit, wenn

$$\boldsymbol{z}^{\mathrm{T}}\boldsymbol{M}\boldsymbol{z} \geqq 0 \quad \text{für alle} \quad \boldsymbol{z} \in \mathbb{R}^q$$

gilt. Die einer solchen Matrix $\boldsymbol{M}$ zugeordnete quadratische Form $Q(\boldsymbol{z})$ heißt ebenfalls positiv-semidefinit.

Eine symmetrische $q \times q$-Matrix $\boldsymbol{M}$ und die zugeordnete quadratische Form $Q(\boldsymbol{z})$ heißen negativ-definit, wenn $-\boldsymbol{M}$ bzw. $-Q(\boldsymbol{z})$ positiv-definit ist. Sinngemäß ist die negative Semidefinitheit einer symmetrischen Matrix und der zugehörigen quadratischen Form definiert.

Nach dem Sylvesterschen Trägheitssatz [Zu1] ist notwendig und hinreichend dafür, daß eine symmetrische Matrix $\boldsymbol{M}$ positiv-definit ist, die folgende Eigenschaft von $\boldsymbol{M}$: Alle Hauptabschnittsdeterminanten von $\boldsymbol{M}$ sind positiv, [1] *oder* alle Eigenwerte von $\boldsymbol{M}$ sind positiv. Hieraus folgt speziell, daß jede positiv-definite Matrix invertierbar ist, da die Determinante von $\boldsymbol{M}$ zu den Hauptabschnittsdeterminanten gehört.

Man kann jede positiv-definite symmetrische $q \times q$-Matrix $\boldsymbol{M}$ durch die Beziehung

$$\boldsymbol{M} = \boldsymbol{U}^{\mathrm{T}}\boldsymbol{D}\,\boldsymbol{U} \tag{C-30}$$

darstellen [Zu1]. Dabei bedeutet $\boldsymbol{D}$ eine Diagonalmatrix, deren Hauptdiagonalelemente die Eigenwerte $p_\nu\ (\nu = 1, 2, \ldots, q)$ von $\boldsymbol{M}$ sind (mehrfache Eigenwerte werden entsprechend ihrer Vielfachheit oft aufgeführt):

$$\boldsymbol{D} = \operatorname{diag}(p_1, p_2, \ldots, p_q).$$

Die Spalten der Matrix $\boldsymbol{U}^{\mathrm{T}}$ sind Eigenvektoren von $\boldsymbol{M}$, und es gilt $\boldsymbol{U}^{\mathrm{T}}\boldsymbol{U} = \mathbf{E}$, d. h. $\boldsymbol{U}^{\mathrm{T}} = \boldsymbol{U}^{-1}$. Insofern beschreibt die Gl. (C-30) eine Ähnlichkeitstransformation zwischen $\boldsymbol{D}$

---

[1] D. h. $m_{11} > 0, m_{11}m_{22} - m_{12}m_{21} > 0, \ldots, \det\boldsymbol{M} > 0$.

und $\boldsymbol{M}$. Aufgrund dieser Ähnlichkeitstransformation läßt sich die $\boldsymbol{M}$ zugeordnete quadratische Form als

$$Q(\boldsymbol{z}) := \boldsymbol{z}^{\mathrm{T}} \boldsymbol{M} \boldsymbol{z} = \boldsymbol{z}^{\mathrm{T}} \boldsymbol{U}^{\mathrm{T}} \boldsymbol{D}\, \boldsymbol{U} \boldsymbol{z}$$

oder mit

$$\boldsymbol{w} = [w_1 \quad w_2 \quad \cdots \quad w_q]^{\mathrm{T}} := \boldsymbol{U} \boldsymbol{z}$$

als

$$Q(\boldsymbol{z}) = \boldsymbol{w}^{\mathrm{T}} \boldsymbol{D}\, \boldsymbol{w} = \sum_{\nu=1}^{q} p_\nu w_\nu^2 \tag{C-31}$$

schreiben. Man beachte, daß

$$\boldsymbol{w}^{\mathrm{T}} \boldsymbol{w} = \boldsymbol{z}^{\mathrm{T}} \boldsymbol{U}^{\mathrm{T}} \boldsymbol{U} \boldsymbol{z} = \boldsymbol{z}^{\mathrm{T}} \boldsymbol{z} \qquad \text{oder} \qquad \|\, \boldsymbol{w} \,\| = \|\, \boldsymbol{z} \,\|$$

gilt, wobei $\|\cdot\|$ die Länge (Euklidische Norm) eines Vektors bedeutet.

Bezeichnet man mit $p_{\min}$ den kleinsten und mit $p_{\max}$ den größten Eigenwert der positiv-definiten symmetrischen Matrix $\boldsymbol{M}$, so kann man aufgrund von Gl. (C-31) die wichtige Ungleichung

$$\sum_{\nu=1}^{q} p_{\min} w_\nu^2 \leqq Q(\boldsymbol{z}) \leqq \sum_{\nu=1}^{q} p_{\max} w_\nu^2$$

oder wegen $\|\, \boldsymbol{z} \,\|^2 = \|\, \boldsymbol{w} \,\|^2$

$$p_{\min} \|\, \boldsymbol{z} \,\|^2 \leqq \boldsymbol{z}^{\mathrm{T}} \boldsymbol{M} \boldsymbol{z} \leqq p_{\max} \|\, \boldsymbol{z} \,\|^2 \tag{C-32}$$

aufstellen.

Es ist üblich, die positive Definitheit einer symmetrischen Matrix $\boldsymbol{M}$ kurz durch

$$\boldsymbol{M} > \mathbf{0},$$

die positive Semidefinitheit durch

$$\boldsymbol{M} \geqq \mathbf{0}$$

auszudrücken. Entsprechende Bedeutung haben die Notationen $\boldsymbol{M} < \mathbf{0}$ und $\boldsymbol{M} \leqq \mathbf{0}$. Ungleichungen der Art

$$\boldsymbol{M}_1 > \boldsymbol{M}_2 \qquad \text{und} \qquad \boldsymbol{M}_1 \geqq \boldsymbol{M}_2$$

mit symmetrischen $q \times q$-Matrizen $\boldsymbol{M}_1$ und $\boldsymbol{M}_2$ bedeuten

$$\boldsymbol{M}_1 - \boldsymbol{M}_2 > \mathbf{0} \qquad \text{bzw.} \qquad \boldsymbol{M}_1 - \boldsymbol{M}_2 \geqq \mathbf{0}.$$

Schließlich heißt eine zeitvariante symmetrische Matrix $\boldsymbol{M}(t)$ für $t \geqq 0$ gleichmäßig positiv-definit, wenn es eine positive Konstante α gibt, so daß

$$\boldsymbol{M}(t) \geqq \alpha \mathbf{E}$$

für alle $t \geqq 0$ gilt. Eine entsprechende Definition verwendet man für die gleichmäßige negative Definitheit einer zeitinvarianten symmetrischen Matrix.

ANHANG D: Einiges aus der Funktionentheorie

1 Funktionen, Wege und Gebiete

Es wird zunächst eine allgemeine Funktion

$$f: \quad z \longmapsto f(z)$$

betrachtet, durch die allen Punkten einer bestimmten Teilmenge der komplexen (Gaußschen) Zahlenebene, der z-Ebene, Punkte einer zweiten komplexen Zahlenebene, der w-Ebene, eindeutig zugeordnet werden. Eine derartige Funktion wird kurz durch

$$w = f(z) \tag{D-1}$$

bezeichnet. Sowohl z als auch w werden häufig durch Realteil und Imaginärteil beschrieben:

$$z = x + \mathrm{j}y, \quad w = u + \mathrm{j}v. \tag{D-2}$$

Damit läßt sich Gl.(D-1) auch durch zwei reelle Funktionen

$$u = u(x,y) \quad \text{und} \quad v = v(x,y) \tag{D-3a,b}$$

ausdrücken.

Beispiele 1: Die Exponentialfunktion $f(z) = \mathrm{e}^z$ läßt sich mit $z = x + \mathrm{j}y$ in der Form $\mathrm{e}^x \mathrm{e}^{\mathrm{j}y}$ oder mittels der Eulerschen Formel als $\mathrm{e}^x(\cos y + \mathrm{j}\sin y)$ schreiben, woraus sofort $u = \mathrm{e}^x \cos y$ und $v = \mathrm{e}^x \sin y$ folgt. Der Leser möge sich an Hand der Schreibweise $\mathrm{e}^z = \mathrm{e}^x \mathrm{e}^{\mathrm{j}y}$ klarmachen, daß der Streifen $\{(x,y);\ -\infty \leqq x < \infty, -\pi \leqq y < \pi\}$ in der z-Ebene durch diese Funktion auf die vollständige w-Ebene abgebildet wird. Allgemein wird jeder Streifen $S_m = \{(x,y);\ -\infty \leqq x < \infty, (2m-1)\pi \leqq y < (2m+1)\pi\}$ mit $m = 0, \pm 1, \pm 2, \ldots$ aus der z-Ebene auf die vollständige w-Ebene abgebildet, wobei jeder Halbstreifen $\{(x,y);\ -\infty \leqq x \leqq 0, (2m-1)\pi \leqq y < (2m+1)\pi\}$ in das abgeschlossene Innere des Einheitskreises $|w| \leqq 1$ und jeder Halbstreifen $\{(x,y);\ 0 < x < \infty, (2m-1)\pi \leqq y < (2m+1)\pi\}$ in das Äußere des Einheitskreises $|w| > 1$ übergeht. Es empfiehlt sich, jedem Streifen S_m als Bildmenge ein Exemplar W_m der w-Ebene (ein Blatt) zuzuordnen. Die Gesamtheit aller W_m, in der man sich zweckmäßigerweise die Blätter W_m und W_{m+1} längs der positiv reellen Achse kreuzweise verheftet vorstellt, bildet eine *Riemannsche Fläche*, auf der jedem Punkt w genau ein Punkt z entspricht. Bei Verwendung einer unendlich- blättrigen Riemannschen z-Fläche kann man sich deren Abbildung vermöge der Vorschrift $w = \ln z = \ln|z| + \mathrm{j}\arg z$ in die w-Ebene und damit die Funktion $\ln z$ mit $z = |z|\mathrm{e}^{\mathrm{j}\arg z}$ veranschaulichen. – Als weiteres Beispiel einer Funktion sei $f(z) = (z-1)/(z+1)$ genannt. Durch dieses $f(z)$ wird jedem z in der rechten Halbebene $\operatorname{Re} z \geqq 0$ ein w im abgeschlossenen Einheitskreis $|w| \leqq 1$ zugeordnet, und jedes z in der linken Halbebene $\operatorname{Re} z < 0$ wird in einen Punkt in $|w| > 1$ transformiert. Die imaginäre Achse $\operatorname{Re} z = 0$ $(z = \mathrm{j}y)$ geht in die Einheitskreislinie $|w| = 1$ über: $w = \mathrm{e}^{-\mathrm{j}2\arctan y}$.

Unter einem *Wegstück* in der z-Ebene versteht man eine Punktmenge

$$z = z(\tau) = x(\tau) + \mathrm{j}y(\tau) \quad (\tau_1 \leqq \tau \leqq \tau_2),$$

wobei vorausgesetzt wird, daß $x(\tau)$ und $y(\tau)$ stetig differenzierbare reelle Funktionen bedeuten und zwei verschiedenen Werten τ auch zwei verschiedene Punkte z entsprechen. Fügt man endlich viele Wegstücke stetig aneinander, so entsteht ein *Weg*. Dieser erlaubt eine Darstellung $z = z(\tau)$, so daß der Punkt z den ganzen Weg genau einmal in bestimmtem

Sinne durchläuft, wenn τ ein bestimmtes reelles Intervall überstreicht. Fallen Anfangs- und Endpunkt eines Weges zusammen, so spricht man von einem *geschlossenen Weg*. Gehören zu verschiedenen Parameterwerten τ (abgesehen von denen, die dem Anfangs- bzw. Endpunkt entsprechen) verschiedene z-Werte, so heißt der geschlossene Weg *doppelpunktfrei*.

Jede offene und zusammenhängende Punktmenge der z-Ebene (bzw. der w-Ebene) nennt man ein *Gebiet*, wobei *zusammenhängend* bedeutet, daß je zwei Punkte der Punktmenge durch einen ganz in der Menge liegenden Polygonzug verbunden werden können, und *offen* besagt, daß zur Punktmenge die Randpunkte nicht gerechnet werden. Werden die Randpunkte eines Gebiets zur betrachteten Punktmenge hinzugerechnet, so spricht man von einem *abgeschlossenen* Gebiet. Ein Gebiet heißt *einfach zusammenhängend*, wenn jeder im Gebiet verlaufende doppelfunktfreie geschlossene Weg nur Punkte dieses Gebietes selbst (also keine Randpunkte oder außerhalb des Gebietes liegende Punkte) einschließt.

2 Stetigkeit und Differenzierbarkeit

Die Eigenschaft der Stetigkeit und die der Differenzierbarkeit einer Funktion $f(z)$ werden ganz entsprechend wie bei reellen Funktionen definiert. Der wesentliche Unterschied gegenüber den reellen Funktionen liegt darin, daß Annäherungen an einen komplexen Punkt z_0 in der Gaußschen Zahlenebene zweidimensional erfolgen. Das heißt beispielsweise für den Differentialquotienten $\mathrm{d}f(z)/\mathrm{d}z = f'(z)$ an einer Stelle $z = z_0$ des Definitionsgebiets, daß die Existenz genau dann gesichert ist, wenn der Grenzwert

$$f'(z_0) := \lim_{z \to z_0} \frac{f(z) - f(z_0)}{z - z_0} \tag{D-4}$$

existiert, unabhängig davon, wie z gegen z_0 strebt. Die Regeln des Differenzierens sind formal die gleichen wie im Reellen. Beispielsweise gilt wie im Reellen die Produktregel, die Quotientenregel und die Kettenregel; weiterhin gilt beispielsweise $\mathrm{d}z^n/\mathrm{d}z = n\,z^{n-1}$ $(n \in \mathbb{Z})$, $\mathrm{d}\ln z/\mathrm{d}z = 1/z$, $\mathrm{d}\,\mathrm{e}^z/\mathrm{d}z = \mathrm{e}^z$.

Als Folge der Differenzierbarkeit einer Funktion $f(z) = u(x,y) + \mathrm{j}\,v(x,y)$ ergeben sich für Realteil und Imaginärteil die *Cauchy-Riemannschen Differentialgleichungen*

$$\frac{\partial u}{\partial x} = \frac{\partial v}{\partial y}, \quad \frac{\partial u}{\partial y} = -\frac{\partial v}{\partial x}. \tag{D-5a,b}$$

Eine in einem Gebiet G überall differenzierbare Funktion heißt in G *analytische*, *reguläre* oder *holomorphe* Funktion. Analytische Funktionen haben die fundamentale Eigenschaft, daß sie in jedem Punkt ihres Regularitätsgebiets beliebig oft differenzierbar sind.

3 Das Integral

Die Funktion $w = f(z)$ sei eine in einem Gebiet G stetige Funktion von z. In G sei ein Weg C vorhanden, der einen Punkt $z = a$ mit einem Punkt $z = b$ verbindet. Das bestimmte Integral von $f(z)$ längs des Weges C wird nun folgendermaßen erklärt: Man zerlege C beliebig in m Teile und nenne die Teilpunkte $z_0 = a, z_1, \ldots, z_m = b$. Wählt man auf jedem Wegstück $z_{\nu-1} \cdots z_\nu$ $(\nu = 1, \ldots, m)$ einen beliebigen Zwischenpunkt ζ_ν und bildet die Summe

$$J_m = \sum_{\nu=1}^{m} (z_\nu - z_{\nu-1}) f(\zeta_\nu), \tag{D-6a}$$

so erhält man eindeutig das bestimmte Integral

$$\int_C f(z)\,\mathrm{d}z := \lim_{m \to \infty} J_m , \tag{D-6b}$$

sofern alle $|z_\nu - z_{\nu-1}|$ $(\nu = 1, 2, \ldots, m)$ mit $m \to \infty$ gegen Null streben.

Häufig ist es möglich, ein einfach zusammenhängendes Gebiet G anzugeben, das Regularitätsgebiet einer betrachteten Funktion $f(z)$ ist und in dem der Integrationsweg C liegt. Dann ist das bestimmte Integral über $f(z)$ längs C nach dem *Hauptsatz der Funktionentheorie* nur vom Anfangspunkt $z = a$ und vom Endpunkt $z = b$ von C, dagegen nicht vom Verlauf des Weges C zwischen den Punkten a und b abhängig. Man pflegt dann das Integral in der Form

$$\int_a^b f(z)\,\mathrm{d}z$$

zu schreiben. Gleichbedeutend damit ist, daß in einem einfach zusammenhängenden Regularitätsgebiet das Integral über $f(z)$ längs jedes *geschlossenen* Weges C Null ist.

Bestimmte Integrale in einem einfach zusammenhängenden Regularitätsgebiet G lassen sich wie im Reellen mit Hilfe einer Stammfunktion berechnen. Das heißt, man sucht eine Funktion $F(z)$, deren Differentialquotient (Ableitung) $F'(z)$ mit dem Integranden $f(z)$ in G identisch ist und bildet dann

$$\int_a^b f(z)\,\mathrm{d}z = F(b) - F(a). \tag{D-7}$$

Beispiel 2: Es soll $f(z) = z^m$ $(m \in \mathbb{Z})$ längs des im mathematisch positiven Sinn durchlaufenen Einheitskreises $|z| = 1$ von $z = 1$ bis $z = \mathrm{e}^{\mathrm{j}\varphi}$ $(0 < \varphi < 2\pi)$ integriert werden. Dazu bettet man den Einheitskreis von $z = 1$ bis $z = \mathrm{e}^{\mathrm{j}\varphi}$ in ein einfach zusammenhängendes Gebiet ein, das etwa aus einem "Schlauch" um diesen Kreisbogen besteht, und ermittelt die Stammfunktion $z^{m+1}/(m+1)$ von z^m für $m \neq -1$ bzw. $\ln z$ von z^{-1}. Dann erhält man

$$\int_1^{\mathrm{e}^{\mathrm{j}\varphi}} z^m\,\mathrm{d}z = \begin{cases} z^{m+1}/(m+1)\,\Big|_1^{\mathrm{e}^{\mathrm{j}\varphi}} = (\mathrm{e}^{\mathrm{j}(m+1)\varphi} - 1)/(m+1) & (m \neq -1), \\ \ln z\,\Big|_1^{\mathrm{e}^{\mathrm{j}\varphi}} = \mathrm{j}\varphi & (m = -1). \end{cases}$$

Interessant ist der Fall $\varphi \to 2\pi$, d.h. die Integration längs des vollständigen Einheitskreises. Man erhält den Integralwert 0 für $m \neq -1$ bzw. $2\pi\mathrm{j}$ für $m = -1$.

Es sollen noch einige oft nützliche (aus der Integral-Definition unmittelbar folgende) Eigenschaften des Integrals genannt werden: Die Summe von Integralen längs stetig aufeinander folgender Wegstücke ist gleich dem Integral längs des Gesamtweges. Wenn $f(z)$ längs desselben Weges einmal in der einen, das andere Mal in der entgegengesetzten Richtung integriert wird, so sind die Resultate entgegengesetzt gleich. Ein konstanter Faktor darf beim Integrieren vor das Integral gesetzt werden. Eine Summe endlich vieler Funktionen darf (wie im Reellen) gliedweise integriert werden. Es gilt die Abschätzung

$$\left| \int_C f(z)\,\mathrm{d}z \right| \leqq M\,l , \tag{D-8}$$

wenn M eine positive Zahl ist, die von $|f(z)|$ für kein z längs des Weges C übertroffen wird, und wenn C die Länge l hat.

Eine wichtige Folgerung des Hauptsatzes ist die *Cauchysche Integralformel*, die folgendes besagt: Ist $f(z)$ in einem Gebiet G analytisch und ist C ein geschlossener doppelpunktfreier, positiv orientierter Weg, dessen Inneres ganz zu G gehört, so gilt für jeden im Innern von C gelegenen Punkt z

$$f(z) = \frac{1}{2\pi \mathrm{j}} \oint_C \frac{f(\zeta)}{\zeta - z} \mathrm{d}\zeta. \tag{D-9}$$

Der Funktionswert $f(z)$ kann also ausschließlich mittels der Randwerte $f(\zeta)$ längs C bestimmt werden.

4 Potenzreihenentwicklungen

Ein wichtiges Merkmal analytischer Funktionen ist die Möglichkeit ihrer (*Taylorschen*) *Potenzreihenentwicklung.*

Ist $f(z)$ eine in einem Gebiet G analytische Funktion und $z_0 \in G$, dann existiert in eindeutiger Weise eine Potenzreihe

$$\sum_{\nu=0}^{\infty} a_\nu (z - z_0)^\nu \quad \text{mit} \quad a_\nu = \frac{1}{\nu!} f^{(\nu)}(z_0)$$

(dabei ist $f^{(\nu)}(z)$ der Differentialquotient der Ordnung ν von $f(z)$), welche in einer bestimmten Umgebung von z_0 konvergiert und dort $f(z)$ darstellt.

Beispiel 3: Es sei $f(z) = 1/(1-z)$ und $z_0 = 0$. Dann gilt in $|z| < 1$

$$f(z) = 1 + z + z^2 + \cdots .$$

Man beachte, daß hier $f(z)$ in der gesamten z-Ebene mit Ausnahme $z = 1$ analytisch ist.

Ist $f(z)$ in einem Ringgebiet $r_1 < |z - z_0| < r_2$ um den Punkt z_0 analytisch, so besteht in diesem Gebiet die *Laurentsche Entwicklung*

$$f(z) = \sum_{\nu=-\infty}^{\infty} a_\nu (z - z_0)^\nu \quad \text{mit} \quad a_\nu = \frac{1}{2\pi \mathrm{j}} \oint_C \frac{f(\zeta)}{(\zeta - z_0)^{\nu+1}} \mathrm{d}\zeta, \tag{D-10}$$

wobei C einen positiv orientierten Kreis um z_0 im Ringgebiet bedeutet. Die Teilsumme von $\nu = -\infty$ bis $\nu = -1$ wird gelegentlich Hauptteil der Entwicklung genannt.

Beispiel 4: Man kann sich leicht davon überzeugen, daß die Funktion $f(z) = 1/[(z-1)(z-2)]$ im Ringgebiet $1 < |z| < 2$ die Entwicklung

$$-\sum_{\nu=-\infty}^{-1} z^\nu - \sum_{\nu=0}^{\infty} z^\nu / 2^{\nu+1},$$

im Ringgebiet $2 < |z| < \infty$ dagegen die Entwicklung

$$\sum_{\nu=-\infty}^{-2} (2^{-\nu-1} - 1) z^\nu$$

besitzt.

Es sei nun der Fall betrachtet, daß das Ringgebiet, in dem $f(z)$ analytisch ist, die Form $0 < |z - z_0| < r_2$ hat. Gilt dann $a_\nu = 0$ für alle $n < -n_0$ ($n_0 \in \mathbb{N}$) und $a_{-n_0} \neq 0$, so stellt z_0

einen sogenannten *Pol* (auch außerwesentliche Singularität genannt) von $f(z)$ der Ordnung n_0 dar; a_{-n_0} heißt Entwicklungskoeffizient von $f(z)$ im Pol z_0. (Sind hingegen von den Koeffizienten $a_{-1}, a_{-2}, \ldots$ unendlich viele von Null verschieden, so spricht man von einer wesentlichen Singularität z_0.) Gilt $a_\nu = 0$ für alle $\nu < n_1$ $(n_1 \in \mathbb{N})$ und $a_{n_1} \neq 0$, so stellt z_0 eine *Nullstelle* von $f(z)$ der Ordnung n_1 dar; a_{n_1} heißt Entwicklungskoeffizient von $f(z)$ in der Nullstelle z_0.

Ist $r_1 < |z| < \infty$ Regularitätsgebiet von $f(z)$, so existiert dort die Laurent-Entwicklung

$$f(z) = \sum_{\nu=-\infty}^{\infty} a_\nu z^{-\nu} . \tag{D-11}$$

Gilt $a_\nu = 0$ für alle $\nu < -n_0$ $(n_0 \in \mathbb{N})$ und $a_{-n_0} \neq 0$, dann ist $z = \infty$ ein Pol von $f(z)$ der Ordnung n_0, und a_{-n_0} heißt Entwicklungskoeffizient von $f(z)$ im Pol $z = \infty$. Gilt $a_\nu = 0$ für alle $\nu < n_1$ $(n_1 \in \mathbb{N})$ und $a_{n_1} \neq 0$, so ist $z = \infty$ eine Nullstelle von $f(z)$ der Ordnung n_1; a_{n_1} heißt Entwicklungskoeffizient von $f(z)$ in der Nullstelle $z = \infty$.

5 Rationale Funktionen

Jede Funktion $f(z)$, die in der gesamten z-Ebene einschließlich $z = \infty$ analytisch ist, wenn man von endlich vielen Polen absieht, heißt *rational*. Sie kann in der *Koeffizientenform*

$$f(z) = \frac{a_0 + a_1 z + \cdots + a_{\widetilde{m}} z^{\widetilde{m}}}{b_0 + b_1 z + \cdots + b_{\widetilde{n}} z^{\widetilde{n}}} \tag{D-12}$$

$(a_{\widetilde{m}} b_{\widetilde{n}} \neq 0)$ oder in der *Pol-Nullstellen-Form*

$$f(z) = K \frac{\prod_{\mu=1}^{\widetilde{m}} (z - z_{0\mu})}{\prod_{\nu=1}^{\widetilde{n}} (z - z_{\infty\nu})} \tag{D-13}$$

oder in der *Partialbruchform*

$$f(z) = \sum_{\nu=1}^{q} \sum_{\mu=1}^{r_\nu} \frac{A_\mu^{(\nu)}}{(z - z_\nu)^\mu} + \sum_{\mu=1}^{r_\infty} A_\mu^{(\infty)} z^\mu + A_0 \tag{D-14}$$

mit den q untereinander verschiedenen endlichen Polen $z_1, z_2, \ldots, z_q$ und deren Vielfachheiten $r_1, r_2, \ldots, r_q$ geschrieben werden. Die zweite Summe in Gl. (D-14) tritt nur auf, wenn $z = \infty$ ein Pol von $f(z)$ ist. In Gl. (D-13) sind alle Nullstellen $z_{0\mu}$ $(\mu = 1, 2, \ldots, \widetilde{m})$ und alle Pole $z_{\infty\nu}$ $(\nu = 1, 2, \ldots, \widetilde{n})$ jeweils ihrer Vielfachheit entsprechend oft aufgeführt. Ist es möglich, in Gl. (D-12) ausschließlich rein reelle Koeffizienten zu verwenden, so heißt die rationale Funktion *reell*. In diesem Fall treten alle nichtreellen Nullstellen $z_{0\mu}$ und alle nichtreellen Pole $z_{\infty\nu}$ paarweise konjugiert komplex auf, und die Konstante K muß reell sein.

In jedem endlichen Pol und in jeder endlichen Nullstelle einer rationalen Funktion $f(z)$ läßt sich diese in der Form der Gl. (D-10) entwickeln. Dabei beginnt die Summation in dieser Laurent-Entwicklung nicht mit $\nu = -\infty$, sondern erst mit einem endlichen $\nu = \nu_0$ $(\nu_0 < 0$ bedeutet, daß z_0 ein Pol ist, $\nu_0 > 0$ dagegen, daß z_0 eine Nullstelle ist). Entsprechend läßt sich $f(z)$ gemäß Gl. (D-11) entwickeln, wobei die Summation nicht mit $\nu = -\infty$, sondern mit einem endlichen $\nu = \nu_0$ beginnt; $\nu_0 < 0$ weist auf einen Pol $z = \infty$ und $\nu_0 > 0$ auf eine Nullstelle $z = \infty$ von $f(z)$ hin. Stillschweigend wird stets $a_{\nu_0} \neq 0$ angenommen.

6 Residuensatz

Bei der Berechnung von Integralen kann man oft vom Residuensatz Gebrauch machen. Bevor dieser Satz formuliert wird, muß der Begriff des *Residuums* einer analytischen Funktion $f(z)$ in einem singulären Punkt z_0 eingeführt werden. Hierunter versteht man den Koeffizienten a_{-1} in der Laurent-Entwicklung von $f(z)$ gemäß Gl. (D-10) um die Singularität z_0. Man kann sich an Hand dieser Entwicklung davon überzeugen (man vergleiche auch das Beispiel im Abschnitt 3 dieses Anhangs), daß

$$\oint_C f(z)\,\mathrm{d}z = 2\pi \mathrm{j}\, a_{-1} \tag{D-15}$$

gilt, wobei C ein z_0 umschließender einfach geschlossener und (bezüglich z_0) positiv durchlaufener Weg im Regularitätsgebiet von $f(z)$ ist. Eine weitere Singularität soll von C nicht umschlossen werden.

Der *Residuensatz* läßt sich folgendermaßen aussprechen: Es sei $f(z)$ in einem Gebiet G eindeutig und analytisch, C sei ein doppelpunktfreier geschlossener, in G liegender Weg, in dessen Innengebiet $f(z)$ analytisch ist bis auf endlich viele singuläre Stellen, die von C positiv umlaufen werden (d.h. beim Durchlaufen von C liegen die Singularitäten links); dann gilt

$$\oint_C f(z)\,\mathrm{d}z = 2\pi\mathrm{j}\left\{\begin{array}{l}\text{Summe aller Residuen von } f(z)\\ \text{in den von } C \text{ umschlossenen}\\ \text{Singularitäten}\end{array}\right\}. \tag{D-16}$$

Beispiel 5: Es soll das Integral

$$J = \int_{-\infty}^{\infty} \frac{\mathrm{d}x}{1+x^2}$$

mit Hilfe des Residuensatzes berechnet werden (obwohl man durch direkte Integration sofort $J = \pi$ erhalten kann). Zur Anwendung des Residuensatzes geht man folgendermaßen vor. Man wählt in der z-Ebene als geschlossenen Weg C denjenigen, der im Punkt $z = -R$ beginnt, zunächst auf der reellen Achse geradlinig bis $z = R$ verläuft und von dort längs des oberen Halbkreises $|z| = R$ zurück nach $z = -R$ führt. Da

$$f(z) = \frac{1}{1+z^2} = \frac{1}{2\mathrm{j}}\left(\frac{1}{z-\mathrm{j}} - \frac{1}{z+\mathrm{j}}\right)$$

ist, umschließt der Weg C, sobald $R > 1$ ist, genau einen Pol von $f(z)$, nämlich den Pol j mit dem Residuum $1/(2\mathrm{j})$. Daher gilt für $R > 1$

$$\oint_C f(z)\,\mathrm{d}z = 2\pi\mathrm{j}\,\frac{1}{2\mathrm{j}} = \pi,$$

d.h.

$$\int_{-R}^{R} \frac{\mathrm{d}x}{1+x^2} + \int_H \frac{\mathrm{d}z}{1+z^2} = \pi, \tag{D-17}$$

wobei H den genannten Halbkreis bedeutet. Gemäß Ungleichung (D-8) ist für $R > 1$

$$\left|\int_H \frac{\mathrm{d}z}{1+z^2}\right| \leq \frac{\pi R}{R^2-1}.$$

Da die rechte Seite dieser Ungleichung für $R \to \infty$ verschwindet, liefert Gl. (D-17) im Grenzfall $R \to \infty$ für das gesuchte Integral den Wert π.

Oft ist es günstig, den Residuensatz zur Berechnung eines Integrals in der Weise anzuwenden, daß der Punkt $z = \infty$ im Innengebiet von C liegt. Dann tritt in der Residuensumme als Summand auch das Residuum von $f(z)$ in $z = \infty$ auf, das sich entsprechend der allgemeinen Definition gemäß Gl. (D-15) als *negativer Koeffizient* $-a_1$ aus der Laurent-Entwicklung von Gl. (D-11) um den Punkt $z = \infty$ ergibt.

Beispiel 6: Für das Integral J über $(6z+1)/[z(z+1/2)]$ längs des in positiver Richtung durchlaufenen Einheitskreises $|z| = 1$ erhält man, wenn G in der Weise gewählt wird, daß die Pole $z = 0$ und $z = -1/2$ im Gebiet liegen (z.B. $|z| < \rho$ mit $\rho > 1$),

$$J = \int_{|z|=1} \frac{6z+1}{z(z+1/2)}\,\mathrm{d}z = \int_{|z|=1} \left[\frac{2}{z} + \frac{4}{z+1/2}\right]\mathrm{d}z = 2\pi\mathrm{j}\,(2+4) = 12\pi\mathrm{j}\ .$$

Wählt man dagegen das Gebiet G derart, daß die beiden Pole außerhalb von G liegen (z.B. $|z| > \rho$ mit $1/2 < \rho < 1$), so ergibt sich mit dem aus der Reihenentwicklung

$$\frac{6z+1}{z(z+1/2)} = \frac{6/z + 1/z^2}{1+1/2z} = \left(\frac{6}{z} + \frac{1}{z^2}\right)\left(1 - \frac{1}{2z} + - \cdots\right) = \frac{6}{z} + \cdots$$

folgenden Residuum -6 des Integranden in $z = \infty$ sofort $J = -2\pi\mathrm{j}\cdot(-6) = 12\pi\mathrm{j}$ (das erste Minuszeichen rührt daher, daß der Teil des Gebiets G, der vom Integrationsweg berandet wird, von diesem negativ umlaufen wird; denn dieser Teil von G liegt beim Durchlaufen des Integrationsweges zur Rechten).

Aufgaben

Kapitel VII

VII. 1. Zwei separierbare Signale $f[n_1,n_2] = f_1[n_1]f_2[n_2]$ und $g[n_1,n_2] = g_1[n_1]g_2[n_2]$ sollen gefaltet werden. Man zeige, wie die zweidimensionale Faltung von $f[n_1,n_2]$ und $g[n_1,n_2]$ im vorliegenden Fall allein durch eindimensionale Faltungen dargestellt werden kann und daß das Ergebnis wieder ein separierbares Signal repräsentiert.

VII. 2. Es sei

$$f[n_1,n_2] = \sum_{\nu_1=0}^{2} \sum_{\nu_2=0}^{2} \delta[n_1-\nu_1,n_2-\nu_2].$$

Man bilde die Faltung dieses Signals mit sich selbst.

VII. 3. Durch die Differenzengleichung

$$y[n_1,n_2]+\alpha y[n_1-1,n_2-1]+\beta y[n_1-1,n_2]+\gamma y[n_1-1,n_2+1] = x[n_1,n_2]$$

wird das Eingang-Ausgang-Verhalten eines Systems beschrieben. Man gebe Randbedingungen an, die garantieren, daß das System linear, verschiebungsinvariant und rekursiv berechenbar ist.

VII. 4. Man gebe für das Signal $f[n_1,n_2] = a^{n_1} b^{n_2} s[-n_1,-n_2]$ die Z-Transformierte einschließlich des Konvergenzgebietes an.

VII. 5. Man ermittle das Signal $f[n_1,n_2]$ mit der Z-Transformierten

$$F(z_1,z_2) = \frac{1}{1-\alpha z_1^{-2} z_2^{-1} - \beta z_2^{-1}}.$$

Dabei kann vorausgesetzt werden, daß der Hyper-Einheitskreis im Konvergenzgebiet liegt und $|\alpha| + |\beta| < 1$ gilt.

VII. 6. Gegeben sind die drei Signale

$$f_1[n_1,n_2] = \sum_{\nu_1=-3}^{3} \sum_{\nu_2=-3}^{3} \delta[n_1-\nu_1,n_2-\nu_2] - \delta[n_1-3,n_2] - \delta[n_1+3,n_2] - \delta[n_1,n_2-3] - \delta[n_1,n_2+3],$$

$$f_2[n_1,n_2] = \sum_{\nu_2=-3}^{1} \sum_{\nu_1=\nu_2-1}^{-\nu_2+1} \delta[n_1-\nu_1,n_2-\nu_2],$$

$$f_3[n_1,n_2] = \sum_{\nu_1=-3}^{3} \sum_{\nu_2=-3}^{3} \delta[n_1-\nu_1,n_2-\nu_2] - \sum_{\nu_1=-3}^{1} \sum_{\nu_2=-3}^{1} \delta[n_1-\nu_1,n_2-\nu_2] - \sum_{\nu_1=1}^{3} \sum_{\nu_2=1}^{3} \delta[n_1-\nu_1,n_2-\nu_2].$$

Man betrachte die Spektren $F_\kappa(e^{j\omega_1},e^{j\omega_2})$ $(\kappa = 1,2,3)$ dieser Signale und stelle fest, welche dieser Spektren reell sind und welche Symmetrieeigenschaften die Spektren in der (ω_1,ω_2)-Ebene aufweisen.

VII. 7. Gegeben sind die Spektren

$$F_1(e^{j\omega_1},e^{j\omega_2}) = \frac{e^{j(\omega_1+\omega_2)}}{(e^{j\omega_1}-a^2)(e^{j\omega_2}-a)} \quad (|a|<1), \quad F_2(e^{j\omega_1},e^{j\omega_2}) = \frac{e^{j(\omega_1+4\omega_2)}}{e^{j(\omega_1+4\omega_2)}-a} \quad (|a|<1).$$

Man ermittle die entsprechenden Signale $f_1[n_1,n_2]$ bzw. $f_2[n_1,n_2]$.

VII. 8. Gegeben sei das Signal

$$x[n_1,n_2] = \sum_{\nu=-N}^{N} \delta[n_1-\nu m_1,n_2-\nu m_2]$$

mit festen Werten $m_1, m_2 \in \mathbb{Z}$. Es sei N sehr groß. Weiterhin sei ein lineares, verschiebungsinvariantes Filter mit der Übertragungsfunktion $H(e^{j\omega_1}, e^{j\omega_2})$ gegeben. Dabei verschwinde $H(e^{j\omega_1}, e^{j\omega_2})$ in den Intervallen $(0 < \omega_1 < \pi, 0 < \omega_2 < \pi)$ und $(-\pi < \omega_1 < 0, -\pi < \omega_2 < 0)$, während $H(e^{j\omega_1}, e^{j\omega_2})$ in den Intervallen $(-\pi < \omega_1 < 0, 0 < \omega_2 < \pi)$ und $(0 < \omega_1 < \pi, -\pi < \omega_2 < 0)$ den konstanten Wert Eins aufweist.

a) Man ermittle die Fourier-Transformierte $X(e^{j\omega_1}, e^{j\omega_2})$ von $x[n_1, n_2]$ in geschlossener Form und beschreibe deren Verlauf unter Berücksichtigung der Voraussetzung, daß N sehr groß ist.

b) Man bestimme die Fourier-Transformierte $Y(e^{j\omega_1}, e^{j\omega_2})$ des Ausgangssignals $y[n_1, n_2]$, wenn das genannte System mit dem Signal $x[n_1, n_2]$ erregt wird. Hieraus ist $y[n_1, n_2]$ für die Fälle $m_1 m_2 = 1$ und $m_1 m_2 = -1$ anzugeben.

VII. 9. Ein lineares, verschiebungsinvariantes System mit Träger der Impulsantwort im ersten Quadranten wird durch die Differenzengleichung $y[n_1, n_2] - 0{,}4y[n_1 - 1, n_2] + 0{,}5y[n_1 - 1, n_2 - 1] = x[n_1, n_2]$ beschrieben.

a) Man gebe die Übertragungsfunktion $H(z_1, z_2)$ an und prüfe die Stabilität des Systems.

b) Man berechne die Impulsantwort $h[n_1, n_2]$ im Intervall $(0 \leqq n_1 \leqq 3, 0 \leqq n_2 \leqq 3)$.

VII. 10. Gegeben sei die Übertragungsfunktion

$$H(z_1, z_2) = \frac{1}{1 + a\, z_1^{-1} + b\, z_2^{-1} + c\, z_1^{-1} z_2^{-1}}$$

mit reellen Koeffizienten a, b, c und Träger der Impulsantwort im ersten Quadranten. Unter Auswertung der Wurzelortskurve $z_1 = -(a\, e^{j\omega_2} + c)/(b + e^{j\omega_2})$ $(-\pi \leqq \omega_2 < \pi)$, d.h. der Kurve in der z_1-Ebene, längs der für $|z_2| = 1$ der Nenner von $H(z_1, z_2)$ verschwindet, sind notwendige und hinreichende Bedingungen für Stabilität anzugeben.

VII. 11. Es sei $f[n_1, n_2]$ eine rechteckig periodische Funktion mit der Periodizitätsmatrix $\operatorname{diag}(N_1, N_2)$. Dabei seien N_1 und N_2 teilerfremde natürliche Zahlen. Aus $f[n_1, n_2]$ wird die eindimensionale periodische Funktion $g[n] = f[n, n]$ gebildet.

a) Man gebe die Grundperiode N von $g[n]$ an. Wie ändert sich das Ergebnis, wenn die Voraussetzung aufgegeben wird, daß N_1 und N_2 teilerfremd sind?

b) Man drücke die Fourier-Koeffizienten $G[m]$ (diskrete Fourier-Transformierte) von $g[n]$ durch die Fourier-Koeffizienten $F[m_1, m_2]$ von $f[n_1, n_2]$ aus.

VII. 12. Man ermittle die DFT $F[m_1, m_2]$ für die Funktion

$$f[n_1, n_2] = a^{n_1} b^{n_2}, \quad 0 \leqq n_1 \leqq N_1 - 1, \quad 0 \leqq n_2 \leqq N_2 - 1$$

und diskutiere die verschiedenen Berechnungsmöglichkeiten.

VII. 13. Durch die beiden quadratischen Matrizen

$$\begin{bmatrix} x[0,1] & x[1,1] \\ x[0,0] & x[1,0] \end{bmatrix} = \begin{bmatrix} \alpha & \beta \\ \gamma & \delta \end{bmatrix} \quad \text{und} \quad \begin{bmatrix} y[0,1] & y[1,1] \\ y[0,0] & y[1,0] \end{bmatrix} = \begin{bmatrix} 1 & 2 \\ 3 & 4 \end{bmatrix}$$

sind zwei rechteckig periodische Funktionen $x[n_1, n_2]$ und $y[n_1, n_2]$ mit den Perioden $N_1 = N_2 = 2$ gegeben. Man ermittle die Faltung beider Signale direkt und über die DFT.

VII. 14. Ein zweidimensionales kontinuierliches Signal hat ein Spektrum, das in der (ω_1, ω_2)-Ebene ausschließlich in einem Gebiet von Null verschiedene Werte aufweist, welches durch $-3\pi \leqq \omega_1 \leqq 3\pi$ und $-\pi \leqq \omega_2 \leqq \pi$ sowie durch $-\pi \leqq \omega_1 \leqq \pi$ und $(\pi \leqq \omega_2 \leqq 4\pi$ oder $-4\pi \leqq \omega_2 \leqq -\pi)$ beschrieben wird. Man gebe die minimale Abtastdichte (in Abtastwerten pro Fläche) bei rechteckiger Abtastung an, so daß das kontinuierliche Signal exakt aus den Abtastwerten rekonstruiert werden kann.

VII. 15. Durch das Signalflußdiagramm in Bild P. VII. 15 wird ein System beschrieben. Man ermittle die Übertragungsfunktion $H(z_1, z_2)$. Man prüfe die Stabilität des Systems.

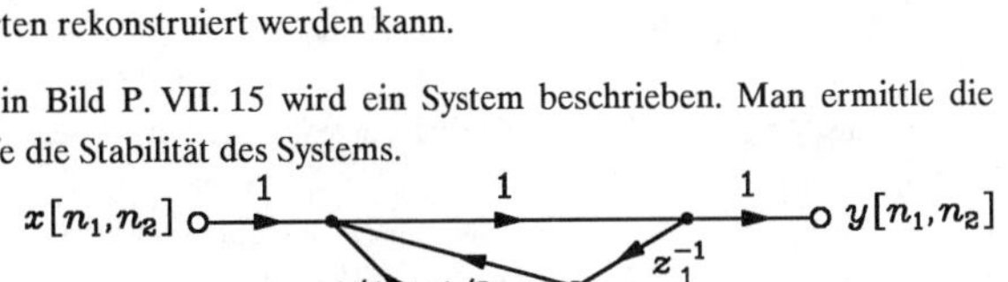

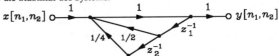

Bild P. VII. 15

VII. 16. Im Bild P. VII. 16 ist ein System durch ein Signalflußdiagramm beschrieben.

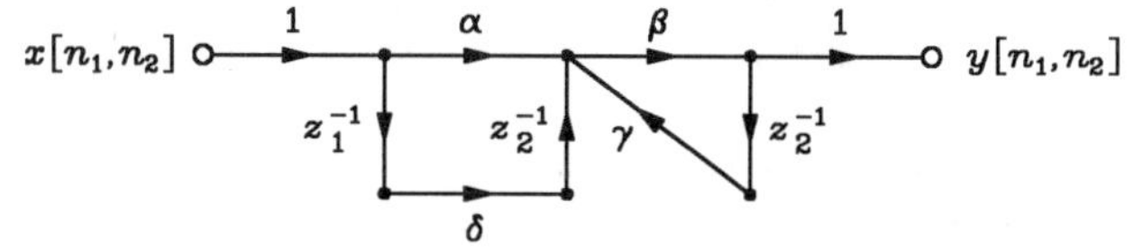

Bild P. VII. 16

a) Man gebe die Übertragungsfunktion $H(z_1,z_2)$ des Systems direkt aus dem Signalflußdiagramm an.

b) Man gebe die Differenzengleichung an, welche das Eingangssignal $x[n_1,n_2]$ mit dem Ausgangssignal $y[n_1,n_2]$ verknüpft.

c) Man gebe eine Zustandsdarstellung des Systems an.

d) Man berechne die Übertragungsfunktion $H(z_1,z_2)$ mit Hilfe der Gl. (7.138) und bestätige das Ergebnis von Teilaufgabe a.

e) Man realisiere die Übertragungsfunktion $H(z_1,z_2)$ nach dem Konzept von Chan (Bild 7.20).

f) Man überführe die Realisierung aus Teilaufgabe e in die Stufenform.

g) Man gebe die Chan-Matrizen und die daraus folgende Zustandsdarstellung an.

VII. 17. Ein unsymmetrisches Halbebenenfilter sei durch die Differenzengleichung

$$y[n_1,n_2] = -\sum_{\nu_1=0}^{2}\beta_{\nu_1 0}\, y[n_1-\nu_1,n_2] - \sum_{\nu_1=-2}^{2}\sum_{\nu_2=1}^{2}\beta_{\nu_1\nu_2}\, y[n_1-\nu_1,n_2-\nu_2] + x[n_1,n_2]$$

gegeben. Durch Einführung der verallgemeinerten Verzögerungen $\zeta_1^{-1} = z_1^{-1}$ und $\zeta_2^{-1} = z_1^{2}\, z_2^{-1}$ überführe man das System in ein Viertelebenenfilter und gebe die Übertragungsfunktion $H(\zeta_1,\zeta_2)$ an.

VII. 18. Für die Impulsantwort eines zweidimensionalen FIR-Filters sind die Funktionswerte $h_0[0,0] = 0$, $h_0[0,1] = \sqrt{2}$, $h_0[1,0] = 2$, $h_0[1,1] = \sqrt{3}$ und der Träger $(0 \leqq n_1 \leqq 1,\ 0 \leqq n_2 \leqq 1)$ vorgeschrieben. Man realisiere diese Impulsantwort nach der Methode der Singulärwertzerlegung.

VII. 19. Die Übertragungsfunktion $H_0(e^{j\omega_1}, e^{j\omega_2})$ eines idealen Tiefpasses, welche in dem Intervall $I_1 = (-\alpha < \omega_1 < \alpha;\ -\beta < \omega_2 < \beta)$ mit $0 < \alpha < \pi,\ 0 < \beta < \pi$ den Wert 1 hat und im Intervall $I_0 = I \setminus I_1$ mit $I = (|\omega_1| < \pi,\ |\omega_2| < \pi)$ verschwindet, soll durch die Übertragungsfunktion

$$H(e^{j\omega_1}, e^{j\omega_2}) = A + B\cos\omega_1 + C\cos\omega_2$$

mit $A, B, C \in \mathbb{R}$ im Sinne des kleinsten mittleren Fehlerquadrats in I approximiert werden. Man berechne die Parameter A, B und C.

Kapitel VIII

VIII. 1. Die Dynamik eines elektrischen Synchrongenerators läßt sich unter bestimmten Idealisierungen durch die Differentialgleichung

$$\Theta\frac{d^2\vartheta}{dt^2} + c\,\frac{d\vartheta}{dt} + M_e\sin\vartheta = M_m \qquad (1)$$

für den Polradwinkel ϑ beschreiben. Dabei ist Θ das Trägheitsmoment, $c\ (>0)$ die Reibungskonstante, $M_e\ (>0)$ das maximale elektrische Moment und M_m das Antriebsmoment.

a) Man überführe die Differentialgleichung (1) in eine Zustandsdarstellung mit den Zustandsgrößen $z_1 = \vartheta$, $z_2 = d\vartheta/dt$, dem Eingangssignal $x = M_m$ und dem Ausgangssignal $y = M_e \sin\vartheta$.

b) Man ermittle die Gleichgewichtszustände. Dabei darf $|M_m|/M_e \leqq 1$ in den Gleichgewichtszuständen vorausgesetzt werden.

c) Man linearisiere die Zustandsgleichungen um einen Gleichgewichtspunkt.

d) Man ermittle die Übertragungsfunktion des linearisierten Systems und prüfe die Stabilität der Gleichgewichtszustände.

VIII. 2. Man betrachte den Sonderfall $c = 0, x = \hat{x}$ (const) von Aufgabe VIII. 1 und eliminiere in den Differentialgleichungen für z_1 und z_2 die Zeit t. Durch Integration der so entstandenen Differentialgleichung sind die Trajektorien anzugeben.

VIII. 3. Ein nichtlineares System sei durch die Zustandsgleichungen

$$\frac{dz_1}{dt} = (1-\alpha)z_1 z_2 + \alpha z_1^2 z_2 + \alpha\beta z_1 z_2^2 - z_1 , \qquad \frac{dz_2}{dt} = -z_1 z_2 + z_2 - \beta z_2^2$$

mit $0 < \beta < 1$ gegeben.

a) Man ermittle alle Gleichgewichtszustände.

b) Man führe eine Linearisierung um den Gleichgewichtszustand durch, der nichtverschwindende Koordinaten besitzt. Man gebe eine Bedingung für Stabilität dieses Gleichgewichtszustands an.

c) Für $\alpha = 1{,}5$ und $\beta = 0{,}5$ ermittle man mittels eines Programms zur numerischen Lösung der Zustandsgleichungen die Tajektorien mit den Anfangszuständen $(0{,}4; 1)$ bzw. $(0{,}5; 3)$.

VIII. 4. Man löse die Zustandsgleichungen

$$\frac{dz_1}{dt} = -z_1 z_3 + \alpha z_2 , \qquad \frac{dz_2}{dt} = -\alpha z_1 - z_2 z_3 , \qquad \frac{dz_3}{dt} = \ln(z_1^2 + z_2^2)$$

in geschlossener Form und diskutiere den Einfluß des Parameters α auf die Lösung. Unter welchen Bedingungen stellen die Lösungstrajektorien geschlossene Kurven dar?

VIII. 5. Bild P. VIII. 5 zeigt ein nichtlineares System. Das gedächtnislose Teilsystem besitze die Charakteristik $f(y)$ gemäß der Gl. (8.191) mit dem Wert $b = 0$, das lineare Teilsystem habe die Übertragungsfunktion $F(p) = p / [p^2 + 2\alpha p + 1]$ mit $0 < \alpha < 1$.

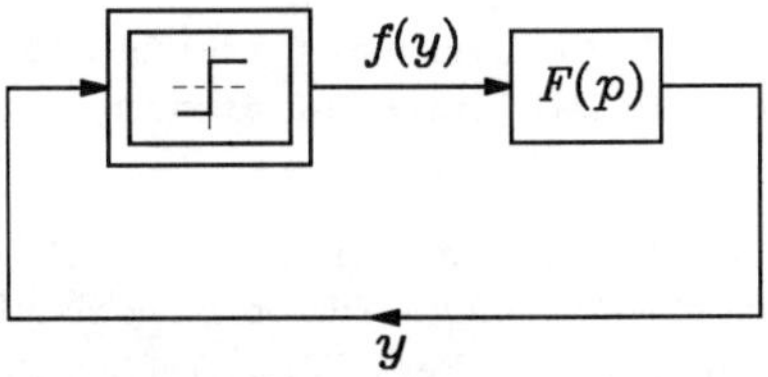

Bild P. VIII. 5

a) Man zeige, daß das System im Zustandsraum in der Form

$$\frac{dz_1}{dt} = z_2 , \quad \frac{dz_2}{dt} = -z_1 - 2\alpha z_2 + \operatorname{sgn} z_2$$

beschrieben werden kann.

b) Das System soll in einem Anfangszustand $[p_1, 0]^T$ mit $p_1 > 0$ gestartet werden. Man ermittle eine Bedingung für p_1, so daß ein Grenzzyklus entsteht. Welche Periode besitzt dieser Grenzzyklus?

VIII. 6. Man berechne für die Charakteristik $f(x) = -1 + s(x+a) + s(x-a)$ $(a > 0)$ die Beschreibungsfunktion unter der Voraussetzung, daß $X_0 = 0$ gilt. Dabei bedeutet $s(x)$ die Sprungfunktion.

VIII. 7. Es soll ein System gemäß Bild 8.45 mit $r = \text{const}, F(p) = K / [p(p+2)^2]$ (K reell) und $f(x)$ nach Aufgabe VIII. 6. betrachtet werden. Im Rahmen der Methode der Beschreibungsfunktion soll untersucht werden, unter welchen Bedingungen Grenzzyklen auftreten und ob diese stabil oder instabil sind.

VIII. 8. Bild P. VIII. 8 zeigt ein elektrisches Netzwerk, das zwei Ohmwiderstände R_1, R_2, zwei Kapazitäten C_1, C_2 und einen Verstärker mit der Spannungsverstärkung v enthält. Der nichtlineare Eingangswiderstand des Verstärkers kann durch die Kennlinie $i = g(u) = u + \alpha u^3 + \beta u^5$ ($\alpha = \text{const} > 0$, $\beta = \text{const} > 0$) beschrieben werden. Die Parameter aller Netzwerkelemente seien normiert, und es sei im folgenden $R_1 = C_1 = C_2 = 1$, $v = 3$ und $R_2 > 2$.

a) Unter Verwendung der beiden Kapazitätsspannungen als Zustandsgrößen z_1, z_2 gebe man eine Zustandsdarstellung des Netzwerks an.

b) Man zeige, daß die Ruhelage des nichterregten Systems asymptotisch stabil im Großen ist, indem man eine Lyapunov-Funktion der Form $V(\mathbf{z}) = a z_1^2 + z_2^2$ mit geeignet gewähltem a verwendet.

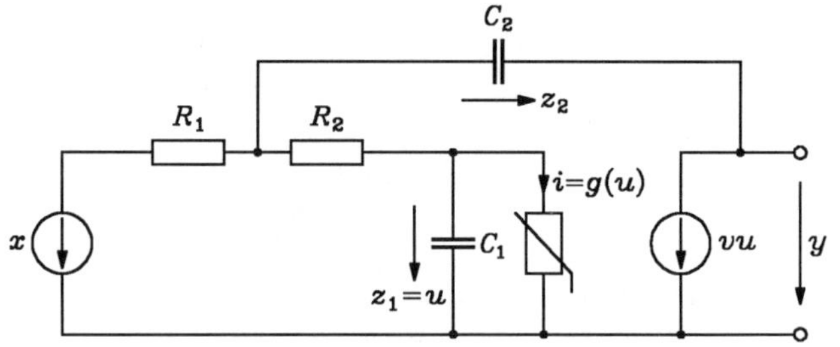

Bild P. VIII. 8

VIII. 9. Ein lineares, zeitinvariantes System mit dem Eingangssignal x und dem Ausgangssignal y sei im Zustandsraum mittels des Matrizenquadrupels $(\boldsymbol{A}, \boldsymbol{b}, \boldsymbol{c}^{\mathrm{T}}, d)$ beschrieben. Die von außen zugeführte Leistung sei $x\,y$. Das System heißt verlustlos, wenn eine positiv-definite, symmetrische Matrix $\boldsymbol{Q}$ existiert, so daß für jedes Eingangssignal x auf den Trajektorien der Differentialquotient $\mathrm{d}(\boldsymbol{z}^{\mathrm{T}}\boldsymbol{Q}\,\boldsymbol{z})/\mathrm{d}t$ mit $x\,y$ übereinstimmt.

a) Man zeige, daß das System dann und nur dann verlustlos ist, wenn $d = 0$ gilt und eine positiv-definite, symmetrische Matrix $\boldsymbol{P}$ existiert mit den Eigenschaften

$$\boldsymbol{P}\boldsymbol{A} + \boldsymbol{A}^{\mathrm{T}}\boldsymbol{P} = \boldsymbol{0} \quad \text{und} \quad \boldsymbol{P}\boldsymbol{b} = \boldsymbol{c}\,.$$

b) Das System werde nun mit einem nichtlinearen Element rückgekoppelt, so daß $x = -f(y)$ gilt, wobei $f(y)$ die Kennlinie des nichtlinearen Elements mit dem Eingangssignal y und dem Ausgangssignal $f(y)$ bedeutet; es gelte $f(0) = 0$ und $y\,f(y) \geqq 0$ für alle $y \neq 0$. Man zeige mit Hilfe der Lyapunovschen Methode, daß die Verlustlosigkeit des Systems $(\boldsymbol{A}, \boldsymbol{b}, \boldsymbol{c}^{\mathrm{T}}, 0)$ die Stabilität des rückgekoppelten Systems im Nullpunkt impliziert.

VIII. 10. Ein quadratisches System bestehe gemäß Bild 8.66 aus der Kettenschaltung eines linearen Teilsystems mit der Übertragungsfunktion $H(p) = 1/(p+a)^2$ und eines Quadrierers. Man gebe die Impulsantwort $h_2(t_1, t_2)$ des Gesamtsystems an.

VIII. 11. Für alle $\boldsymbol{z}$ eines Gebietes $G \subset \mathbb{R}^q$ und alle $t \in [t_1, t_2]$ sei $\boldsymbol{f}(\boldsymbol{z}, t) = [f_1(\boldsymbol{z}, t) \cdots f_q(\boldsymbol{z}, t)]^{\mathrm{T}}$ eine stetige Vektorfunktion, außerdem seien alle Ableitungen $\partial f_\mu(\boldsymbol{z}, t)/\partial z_\nu$ $(\mu, \nu = 1, 2, \ldots, q)$ vorhanden und dort stetig. Man zeige, daß $\boldsymbol{f}(\boldsymbol{z}, t)$ in G und $[t_1, t_2]$ eine lokale Lipschitz-Funktion bezüglich $\boldsymbol{z}$ ist.

VIII. 12. Durch die Zustandsdifferentialgleichung

$$\frac{\mathrm{d}\boldsymbol{z}(t)}{\mathrm{d}t} = \boldsymbol{A}(t)\boldsymbol{z}(t) \tag{1}$$

werde ein lineares, zeitvariantes System im $\mathbb{R}^q$ für $t \geqq 0$ beschrieben, wobei $\boldsymbol{A}(t)$ eine für alle $t \geqq 0$ stetige $q \times q$-Matrix bedeutet. Durch Verwendung von $V(\boldsymbol{z}) = \boldsymbol{z}^{\mathrm{T}}\boldsymbol{z}$ als Lyapunov-Funktion soll gezeigt werden, daß das System asymptotisch stabil ist, sofern alle (im allgemeinen zeitabhängigen) Eigenwerte $p_i(\boldsymbol{M})$ $(i = 1, 2, \ldots, q)$ der Matrix

$$\boldsymbol{M}(t) = \boldsymbol{A}(t) + \boldsymbol{A}^{\mathrm{T}}(t) \tag{2}$$

die Bedingung

$$p_i \leqq -\varepsilon \tag{3}$$

für alle $t \geqq 0$ mit einem $\varepsilon > 0$ erfüllen. – *Anleitung*: Man beweise die Wazewskische Ungleichung

$$\|\boldsymbol{z}(t)\| \leqq \|\boldsymbol{z}(0)\| \exp\left[\frac{1}{2}\int_0^t p_{\max}(\tau)\,\mathrm{d}\tau\right] \tag{4}$$

$(t \geqq 0)$, wobei $p_{\max}$ den größten Eigenwert der Matrix $\boldsymbol{M}$ bedeutet.

VIII. 13. Durch die Zustandsdifferentialgleichung

$$\frac{\mathrm{d}\boldsymbol{z}(t)}{\mathrm{d}t} = \begin{bmatrix} 0 & a \\ b & c \end{bmatrix}\boldsymbol{z}(t) \tag{1}$$

mit $\boldsymbol{z} = [z_1 \;\; z_2]^{\mathrm{T}}$, $ab < 0$ und $c < 0$ wird ein (linearer, zeitinvarianter) gedämpfter Oszillator beschrieben. Man wähle in der skalaren Funktion

$$V(\boldsymbol{z}(t)) = \frac{1}{2} z_1^2(t) + \frac{A}{2} z_2^2(t) \tag{2}$$

den Parameter $A > 0$ derart, daß $\mathrm{d}V(t)/\mathrm{d}t$ längs der Trajektorien des Oszillators die Form $\mathrm{const}\, z_2^2$ mit $\mathrm{const} < 0$ erhält. Unter Verwendung des Theorems von LaSalle ist die asymptotische Stabilität des Nullzustands zu zeigen.

VIII. 14. Mit Hilfe der positiv-definiten Funktion $V(\boldsymbol{z}) = (1/2)z_1^2 + (3/2)z_2^2$, ($\boldsymbol{z} = [z_1 \quad z_2]^{\mathrm{T}}$) soll gezeigt werden, daß das durch die Gleichungen

$$\frac{\mathrm{d}z_1}{\mathrm{d}t} = -\frac{7}{2}z_1 + \frac{3}{2}z_2 + \frac{1}{2}(z_1 + z_2)^3 , \qquad \frac{\mathrm{d}z_2}{\mathrm{d}t} = \frac{1}{2}z_1 - \frac{1}{2}z_2$$

gegebene System im Ursprung asymptotisch stabil ist. Unter Verwendung der Kurven $\mathrm{d}V(\boldsymbol{z}(t))/\mathrm{d}t = (\partial V/\partial \boldsymbol{z})(\mathrm{d}\boldsymbol{z}/\mathrm{d}t) = 0$ und $V(\boldsymbol{z}) = 1$ ist zu erläutern, daß die Punktmenge $U = \{\boldsymbol{z} \in \mathbb{R}^2; V(\boldsymbol{z}) \leqq k < 1\}$ zum Einzugsgebiet des Ursprungs gehört.

VIII. 15. Ein Masse-Feder-Dämpfer-System läßt sich im Zustandsraum durch die Gleichung

$$\frac{\mathrm{d}\boldsymbol{z}(t)}{\mathrm{d}t} = \begin{bmatrix} 0 & 1 \\ -1 & 0 \end{bmatrix} \boldsymbol{z}(t) + \begin{bmatrix} 0 \\ x(t) - f(z_2(t)) \end{bmatrix} \tag{1}$$

mit $\boldsymbol{z} = [z_1 \quad z_2]^{\mathrm{T}}$, der nichtlinearen Dämpfung $f(z_2)$ und der Erregung $x(t)$ beschreiben. Die Funktion $f(z_2)$ sei stetig und erfülle die Bedingungen $f(0) = 0$, $z_2 f(z_2) > 0$ und $|f(z_2)| < 1$ für alle $z_2 \neq 0$.

a) Bei Verwendung der Lyapunov-Funktion $V = (z_1^2 + z_2^2)/2$ zeige man, daß der Gleichgewichtspunkt $\boldsymbol{z} = \boldsymbol{0}$ des nicht erregten Systems global gleichmäßig asymptotisch stabil ist.

b) Es soll gezeigt werden, daß das Ausgangssignal $y(t) := z_1(t)$ bei Erregung des Systems mit dem (beschränkten) Signal $x(t) = A \cos t$ $(A > 6/\pi)$ vom Nullzustand $\boldsymbol{z}(0) = \boldsymbol{0}$ aus zu den Zeitpunkten $t_\nu = (2\nu + 1/2)\pi$ (mit $\nu \in \mathbb{N}$) für $\nu \to \infty$ über alle Grenzen strebt.

VIII. 16. Durch die Gln. (8.20a-c) wird die Bewegung eines gedämpften mechanischen Pendels (Bild 8.2) beschrieben.

a) Für den Fall des freien Pendels ($x \equiv 0$) ermittle man unter Verwendung der Energiefunktion eine Lyapunov-Funktion und bestimme einen Teil des Einzugsgebietes des Gleichgewichtszustands $\boldsymbol{0}$.

b) Für den Fall des ungedämpften ($\alpha = 0$), jedoch harmonisch erregten Pendels mit $\beta = 2{,}9$ und $x(t) = A \sin t$ ($A = 0{,}73$) suche man mit Hilfe eines numerischen Differentialgleichungslösers (MATLAB) durch systematische Variation des Anfangszustands eine subharmonische Lösung für $y = z_1$ mit der Periode 6π.

VIII. 17. Mit Hilfe einer geeigneten Funktion $V(\boldsymbol{z})$ zeige man, daß das System

$$\mathrm{d}z_1/\mathrm{d}t = z_2 , \qquad \mathrm{d}z_2/\mathrm{d}t = b z_2^3 + z_1^7$$

in der Ruhelage $\boldsymbol{z} = \boldsymbol{0}$ instabil ist.

VIII. 18. Es sei $\boldsymbol{A}$ eine $q \times q$-Systemmatrix, und es seien weiterhin zwei symmetrische, positiv-definite $q \times q$-Matrizen $\boldsymbol{P}$ und $\boldsymbol{Q}$ vorhanden, welche die Gleichung $\boldsymbol{A}^{\mathrm{T}}\boldsymbol{P} + \boldsymbol{P}\boldsymbol{A} + 2\lambda\boldsymbol{P} = -\boldsymbol{Q}$ befriedigen, wobei λ eine reelle Zahl bedeutet. Man zeige, daß für alle Eigenwerte p_i der Matrix $\boldsymbol{A}$ die Beziehung $\mathrm{Re}\, p_i < -\lambda$ gilt [Lu4].

Kapitel IX

IX. 1. Gegeben sei ein nichtlineares System im Zustandsraum $\mathbb{R}^3$ durch die Gleichung

$$\frac{\mathrm{d}\boldsymbol{z}}{\mathrm{d}t} = \boldsymbol{f}(\boldsymbol{z}) + \boldsymbol{h}(\boldsymbol{z})x \quad \text{mit} \quad \boldsymbol{f} = [z_2^2 + z_3 + z_3^2 \quad z_2^2 \quad z_2 + \sin(z_1 - z_2)]^{\mathrm{T}} \quad \text{und} \quad \boldsymbol{h} = [1 \quad 1 \quad 0]^{\mathrm{T}} .$$

a) Man zeige, daß auf das System die Eingangs-Zustands-Linearisierung anwendbar ist.

b) Man zeige, daß als linearisierter Zustand $\boldsymbol{\zeta}$ die Vektorfunktion

$$\boldsymbol{\zeta} = \boldsymbol{T}(\boldsymbol{z}) = [z_1 - z_2 \quad z_3 + z_3^2 \quad z_2 + \sin(z_1 - z_2) + 2z_3\{z_2 + \sin(z_1 - z_2)\}]^{\mathrm{T}}$$

verwendet werden kann.

IX. 2. Gegeben sei die Zustandsbeschreibung

$$\frac{dz_1}{dt} = -z_2^3 + x\,, \quad \frac{dz_2}{dt} = x\,, \quad y = z_1$$

eines nichtlinearen Systems, das einer Eingangs-Ausgangs-Linearisierung unterworfen werden soll.

a) Man transformiere das System auf die Normalform, wobei der Nullpunkt auf sich abgebildet werden soll.

b) Man untersuche die Stabilität der Nulldynamik.

IX. 3. Das Ausgangssignal des durch die Zustandsbeschreibung

$$\frac{dz_1}{dt} = \sin z_2\,, \quad \frac{dz_2}{dt} = z_1^2 \cos z_2 + x\,, \quad y = z_1$$

gegebenen Systems soll einem verfügbaren Signal $y_f(t)$ nachgeführt werden. Letzteres sei hinreichend oft differenzierbar.

a) Man transformiere das System auf Normalform.

b) Unter der Annahme, daß die Zustandsvariablen z_1 und z_2 zugänglich sind, soll ein Regler entworfen werden, der die Nachführung von y gegen y_f asymptotisch leistet.

IX. 4. Ein nichtlineares System werde im Zustandsraum $\mathbb{R}^3$ durch die Gleichungen

$$\frac{dz_1}{dt} = z_1^2 \, e^{-z_1^2 z_2} + x\,, \quad \frac{dz_2}{dt} = -z_3\,, \quad \frac{dz_3}{dt} = -z_3^3 - z_2^7 + z_1 z_2^2\,, \quad y = z_1$$

beschrieben.

a) Man führe eine Eingangs-Ausgangs-Linearisierung durch.

b) Ist das System minimalphasig?

c) Erforderlichenfalls soll das System in der Ruhelage stabilisiert werden.

IX. 5. Man gebe ein Signalflußdiagramm für die Zustandsgrößenrückkopplung der im Kapitel IX, Abschnitt 4.5 beschriebenen dynamischen Erweiterung an.

IX. 6. Für die im folgenden im Zustandsraum $\mathbb{R}^1$ beschriebenen Systeme soll eine approximative Synthese der Rückkopplung nach Kapitel IX, Abschnitt 5.7 (bis zum quadratischen Glied) durchgeführt werden:

a) $dz/dt = 2 - 2\cos z + x\,,$ **b)** $dz/dt = z^2 + zx + x\,.$

Die Gewichtsmatrizen sind hier Skalare und sollen als $\boldsymbol{Q} = \boldsymbol{R} = 1$ gewählt werden. Ferner ist $\gamma = 0$ zu wählen.

IX. 7. Gegeben sei das Pendel aus Beispiel 2.3 mit den Zustandsgleichungen

$$dz_1/dt = z_2\,, \quad dz_2/dt = -\sin z_1 - x\cos z_1 \quad \text{und} \quad y = z_1\,.$$

Es soll ein erweitertes Kalman-Filter für das Pendel mit festem Aufhängepunkt, d.h. $x(t) \equiv 0$, entworfen werden, wobei $\boldsymbol{P}(0) = \boldsymbol{Q} = \mathbf{E}$ und $R = r = 1$ gesetzt werden soll. Ferner sollen die zeitlichen Verläufe der Zustandsgrößen des Beobachters und des zu beobachtenden Systems für $\boldsymbol{z}(0) = [1 \quad 0]^T$ und $\hat{\boldsymbol{z}}(0) = \boldsymbol{0}$ numerisch berechnet werden.

Kapitel X

X. 1. Von einem stationären stochastischen Signal $x[n]$ sind die folgenden Werte der Autokorrelationsfunktion $r_{xx}[\nu]$ bekannt: $r_{xx}[0] = 1{,}00$; $r_{xx}[1] = 0{,}75$; $r_{xx}[2] = 0{,}50$; $r_{xx}[3] = 0{,}25$. Es soll der Funktionswert $x[n]$ zum Zeitpunkt n aufgrund der unmittelbar vorausgegangenen Werte geschätzt werden. Man gebe für $q = 0$, $q = 1$ und $q = 2$ durch direkte Lösung der Normalgleichung jeweils das im Sinne minimalen Fehlers ε optimale FIR-Filter und den zugehörigen Wert von ε an.

X. 2. Das Signal $x[n]$ sei ein diskontinuierlicher Markoff-Prozeß mit der Autokorrelationsfunktion $r_{xx}[\nu] = r\alpha^{|\nu|}$ $(0 < \alpha < 1)$. Charakteristisch für Markoff-Prozesse ist, daß der Wert $x[n]$ stets nur vom unmittelbar vorausgehenden Wert abhängt. Für $x[n]$ soll aufgrund der Werte $x[n-1], x[n-2], \ldots$ eine Prädiktion mittels eines FIR-Filters durchgeführt werden. Man berechne die Filter-Koeffizienten durch direkte Lösung der Normalgleichung. Die Rechnung soll für $q = 0$ und $q = 1$ durchgeführt werden. Man vergleiche die beiden Filter.

X. 3. Man gebe notwendige und hinreichende Bedingungen für die Elemente $r_{xx}[0]$ und $r_{xx}[1]$ einer zweireihigen Autokorrelationsmatrix an, so daß sie positiv-definit ist.

X. 4. Unter der Voraussetzung der Ergodizität sollen die Werte $r[0], r[1], r[2]$ der Autokorrelationsfunktion $r[\nu]$ des Signals $x[n] = \cos(n\pi/2)$ durch zeitliche Mittelwertbildung berechnet werden. Sodann gebe man die Koeffizienten des optimalen (einfachen) FIR-Prädiktionsfilters für $q = 1$ an.

X. 5. Es seien gemäß den Gln. (10.10) und (10.11) die Autokorrelationsmatrix und der Kreuzkorrelationsvektor

$$\boldsymbol{R} = \begin{bmatrix} 1 & 0{,}8 \\ 0{,}8 & 1 \end{bmatrix} \quad \text{bzw.} \quad \boldsymbol{r} = \begin{bmatrix} 0{,}8 \\ 0{,}7 \end{bmatrix}$$

gegeben. Das dadurch definierte Modellierungsproblem (Bild 10.5) soll nach der Methode des steilsten Abstiegs mit $q = 1$ gelöst werden. Man zeige, daß sich bei der Wahl von $\boldsymbol{a}[0] = \boldsymbol{0}$ für den Vektor der Koeffizienten des FIR-Filters

$$\boldsymbol{a}[k] = \begin{bmatrix} \frac{2}{3} \\ \frac{1}{6} \end{bmatrix} + \begin{bmatrix} -\frac{1}{4}(1-0{,}2\,\alpha)^k - \frac{5}{12}(1-1{,}8\,\alpha)^k \\ \frac{1}{4}(1-0{,}2\,\alpha)^k - \frac{5}{12}(1-1{,}8\,\alpha)^k \end{bmatrix}$$

ergibt. Wie ist α einzuschränken, damit $\boldsymbol{a}[k]$ für $k \to \infty$ konvergiert ?

X. 6. Ein Signal $x[n]$ wird durch die Differenzengleichung

$$x[n] = u[n] - 0{,}6u[n-1] - 0{,}8x[n-1]$$

beschrieben, wobei $u[n]$ ein weißer Rauschprozeß mit der spektralen Leistungsdichte 1 bedeutet. Man berechne die Koeffizienten des optimalen (einfachen) Prädiktionsfilters für $q = 0, q = 1$.

X. 7. Bild P. X. 7 zeigt ein System, das aus einem zu identifizierenden Teil mit den Koeffizienten α und β sowie aus einem adaptiven Teil mit den Koeffizienten $a_0[n]$ und $a_1[n]$ besteht. Das Eingangssignal $x[n]$ sei ein mittelwertfreier, nicht korrelierter stationärer stochastischer Prozeß mit Streuungsquadrat σ_x^2. Die Koeffizienten α und β sollen identifiziert werden, indem $\boldsymbol{a}[n] = [a_0[n], a_1[n]]^{\mathrm{T}}$ nach dem LMS-Verfahren ermittelt werden. Man drücke den Erwartungswert $E[\boldsymbol{a}[n]]$ durch die Koeffizienten α und β sowie durch $E[\boldsymbol{a}[0]], \sigma_x^2$ und den Adaptionsparameter $\overline{\alpha}$ aus.

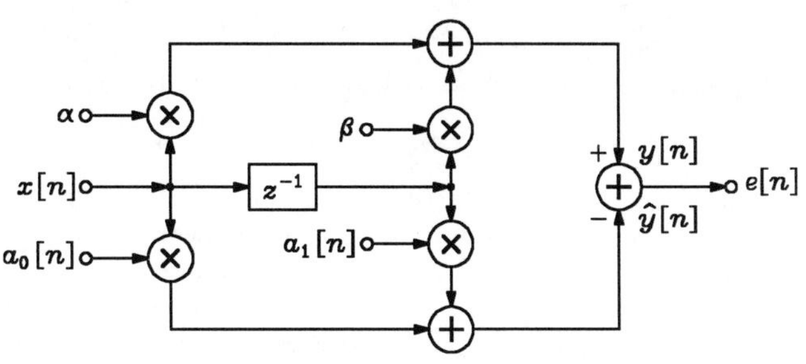

Bild P. X. 7

X. 8. Unter Verwendung des Durbin-Algorithmus sollen die Koeffizienten a_0, a_1 und die Reflexionskoeffizienten k_1, k_2 des optimalen (einfachen) Prädiktionsfilters für $q = 1$ berechnet werden, wobei die folgenden Werte der Autokorrelationsfunktion des Eingangssignals bekannt seien: $r_{xx}[0] = 15, r_{xx}[1] = 10, r_{xx}[2] = 5$.

X. 9. Es seien die Koeffizienten a_0, a_1, a_2 eines optimalen (einfachen) Prädiktionsfilters mit $q = 2$ bekannt. Man drücke die zugehörigen Reflexionskoeffizienten k_1, k_2, k_3 in Abhängigkeit der Koeffizienten a_0, a_1, a_2 aus. Man werte die Ergebnisse speziell für $a_0 = 1, a_1 = 0{,}39$ und $a_2 = 0{,}118$ aus.

X. 10. Man drücke die Koeffizienten a_0, a_1 eines optimalen (einfachen) Prädiktionsfilters mit $q = 1$ mittels der Werte der Autokorrelationsfunktion $r_{xx}[\nu]$ des Eingangssignals aus. Weiterhin überführe man die Koeffizienten a_0, a_1 in die entsprechenden Reflexionskoeffizienten k_1, k_2.

X. 11. Eine Regelstrecke sei durch die Differentialgleichung

$$\frac{\mathrm{d}y}{\mathrm{d}t} = -b_0 y - b_1 f(y) + a_0 x \tag{1}$$

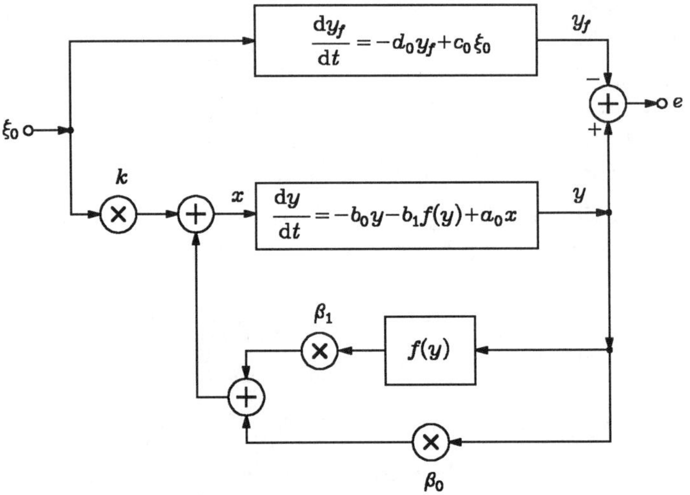

Bild P. X. 11

beschrieben. Dabei seien die zeitunabhängigen Koeffizienten a_0, b_0, b_1 unbekannt, jedoch sgn a_0 sowie $f(y)$ seien bekannt. Das Ausgangssignal y soll einem Signal y_f nachgeführt werden, das von einer Modellstrecke geliefert wird. Letztere sei durch die Differentialgleichung

$$\frac{\mathrm{d}y_f}{\mathrm{d}t} = -d_0 y_f + c_0 \xi_0 \tag{2}$$

mit dem beschränkten Referenzsignal ξ_0 und den bekannten positiven Koeffizienten c_0 und d_0 beschrieben. Zur Lösung der Nachführungsaufgabe soll das im Bild P. X. 11 erläuterte Regelungskonzept verwendet werden. Bild P.X.11 ist insbesondere das Regelgesetz

$$x = \beta_0 y + \beta_1 f(y) + k\,\xi_0 \tag{3}$$

zu entnehmen.

a) Man zeige, daß der Nachführungsfehler $e := y - y_f$ die Differentialgleichung

$$\frac{\mathrm{d}e}{\mathrm{d}t} + d_0 e = A_0 \xi_0 + B_0 y + B_1 f(y)$$

mit den Konstanten A_0, B_0 und B_1 erfüllt. Man drücke A_0, B_0 und B_1 in Abhängigkeit von $a_0, b_0, b_1, c_0, d_0, k, \beta_0$ und β_1 aus. Man ermittle die idealen Reglerparameter $\overline{k}, \overline{\beta}_0$ und $\overline{\beta}_1$ in Abhängigkeit von a_0, b_0, b_1, c_0 und d_0, so daß A_0, B_0 und B_1 verschwinden, der Nachführungsfehler somit asymptotisch gegen 0 strebt und auf diese Weise eine perfekte Modellanpassung zustandekommt.

b) Da die Koeffizienten a_0, b_0 und b_1 der Regelstrecke nicht bekannt sind und damit die Werte $\overline{k}, \overline{\beta}_0$ und $\overline{\beta}_1$ aus Teilaufgabe a im Regler nicht eingestellt werden können, soll ein Adaptionsgesetz für Schätzwerte $\hat{k}$, $\hat{\beta}_0$ und $\hat{\beta}_1$ der Reglerparameter entwickelt werden. Dazu ist aufgrund der Differentialgleichung für e, in der $k = \hat{k}$, $\beta_0 = \hat{\beta}_0$ und $\beta_1 = \hat{\beta}_1$ gewählt und anschließend $\tilde{k} := \hat{k} - \overline{k}$, $\tilde{\beta}_0 := \hat{\beta}_0 - \overline{\beta}_0$, $\tilde{\beta}_1 := \hat{\beta}_1 - \overline{\beta}_1$ eingeführt werden, als Kandidat für eine Laypunov-Funktion des adaptiven Regelungssystems

$$V(e, \tilde{k}, \tilde{\beta}_0, \tilde{\beta}_1) = \frac{1}{2} e^2 + \frac{1}{2\gamma} |a_0| (\tilde{k}^2 + \tilde{\beta}_0^2 + \tilde{\beta}_1^2) \tag{4}$$

mit einem positiven Adaptionsgewinn γ zu wählen. Auf der Basis der Forderung

$$\frac{\mathrm{d}V}{\mathrm{d}t} = -d_0 e^2$$

leite man ein Adaptionsgesetz der Art

$$\frac{d\tilde{\boldsymbol{p}}}{dt} = -\gamma(\operatorname{sgn} a_0)\, e\, \boldsymbol{v}$$

für den Parameterfehlervektor $\tilde{\boldsymbol{p}} = \tilde{\boldsymbol{p}}(t) := [\tilde{k} \quad \tilde{\beta}_0 \quad \tilde{\beta}_1]^T$ ab. Wie ist der Vektor $\boldsymbol{v}$ zu wählen?

c) Man diskutiere die Konvergenz von e und der Parameter.

X. 12. Ein nichtlineares System sei durch die Zustandsgleichungen

$$\frac{dz_1}{dt} = \cos z_2 + \sqrt{1+t}\, z_2 , \quad \frac{dz_2}{dt} = -a_0 z_1 z_2 \sin z_2 - a_1 z_1^2 \cos z_2 + x , \quad y = z_1 \tag{1a-c}$$

beschrieben. Dabei seien die Koeffizienten a_0 und a_1 unbekannt, der Systemzustand $\boldsymbol{z} = [z_1 \quad z_2]^T$ sei aber stets meßbar. Die Aufgabe besteht darin, das Ausgangssignal $y(t)$ einem Führungssignal $y_f(t)$ nachzuführen. Das Signal $y_f(t)$ sei zusammen mit den Differentialquotienten $dy_f(t)/dt$ und $d^2y_f(t)/dt^2$ stets verfügbar. Im folgenden soll ein adaptives Regelungssystem entworfen werden.

a) Man bilde aus den Gln. (1a-c) eine Differentialgleichung vom Typ

$$\frac{d^2y(t)}{dt^2} + a_0 f_0(\boldsymbol{z}, t) + a_1 f_1(\boldsymbol{z}, t) = u(t, x, \boldsymbol{z}) \tag{2}$$

und gebe $f_0(\boldsymbol{z}, t), f_1(\boldsymbol{z}, t)$ und $u(t, x, \boldsymbol{z})$ an.

b) Die rechte Seite u der Gl. (2) ist derart zu wählen, daß für den erweiterten Fehler

$$\varepsilon := \frac{de}{dt} + \gamma_0 e \tag{3}$$

mit einer beliebig wählbaren Konstante $\gamma_0 > 0$ und $e(t) = y(t) - y_f(t)$ die Differentialgleichung

$$\frac{d\varepsilon(t)}{dt} + k\, \varepsilon(t) = 0 \tag{4}$$

mit einem $k > 0$ entsteht.

c) Nun werden in dem in Teilaufgabe b gewählten Ausdruck für u die unbekannten Koeffizienten a_0 und a_1 durch Schätzwerte $\hat{a}_0$ und $\hat{a}_1$ ersetzt. Man gebe die gegenüber Gl. (4) dadurch geänderte Differentialgleichung für ε an, wobei die Parameterfehler $\tilde{a}_0 = \hat{a}_0 - a_0$ und $\tilde{a}_1 = \hat{a}_1 - a_1$ zu verwenden sind. Aus der erhaltenen Differentialgleichung für ε soll ein Adaptionsgesetz abgeleitet werden.

d) Man gebe für das adaptive System ein Signalflußdiagramm an.

X. 13. Es sei $\eta = w\, p$ ein Modell mit einem skalaren Parameter p, der geschätzt werden soll.

a) Man gebe für den Gradientenschätzer die einschlägige Differentialgleichung für den Parameterfehler $\tilde{p}$ sowie deren Lösung an.

b) Man gebe für den LS-Schätzer mit exponentieller Löschung des Gedächtnisses bei Wahl eines konstanten Löschfaktors λ_0 die einschlägige Gleichung für die zeitliche Verbesserung des Schätzwertes $\hat{p}$, die Differentialgleichung für $P^{-1}(t)$, deren Lösung und den zeitlichen Verlauf des Parameterfehlers $\tilde{p}$ an.

Kapitel XI

XI. 1. Über jeder Seite der Länge Eins eines gleichseitigen Dreiecks soll eine von-Koch-Kurve (Bild 11.6) konstruiert werden. Die resultierende geometrische Figur nennt man von-Koch-Schneeflocke. Man zeige daß der Rand der von-Koch-Schneeflocke unendliche Länge hat, die Kapazitätsdimension D_C dieser Kurve jedoch endlich ist. Man gebe den Wert von D_C an.

XI. 2. Eine punktförmige Masse m bewege sich geradlinig auf einer q-Koordinatenachse. Die Hamilton-Funktion H dieses Systems ergibt sich als Summe aus der kinetischen Energie $p^2/2m = (m/2)(dq/dt)^2$ und der potentiellen Energie $U = -\int_0^q F_q(x)\,dx$, wobei $p = m\,\dot{q}$ den Impuls der Masse und $F_q(x)$ die q-Komponente der auf die Masse m im Punkt $q = x$ wirkenden Kraft bedeutet. Es gilt also

$$H = \frac{p^2}{2m} + U(q) . \tag{1}$$

a) Man zeige, daß die Anwendung der Hamilton-Gleichungen auf das vorliegende System das Newtonsche Gesetz der Bewegung für die Masse m liefert.

b) Man erläutere die Einzelheiten am Beispiel einer an einer linearen Feder (mit der Federkonstante c) vertikal schwingfähig aufgehängten Masse m.

XI. 3. Bild P. XI. 3 zeigt das Brockettsche Rückkopplungssystem [Br6] mit einem linearen dynamischen Teil, dessen Übertragungsfunktion die Form

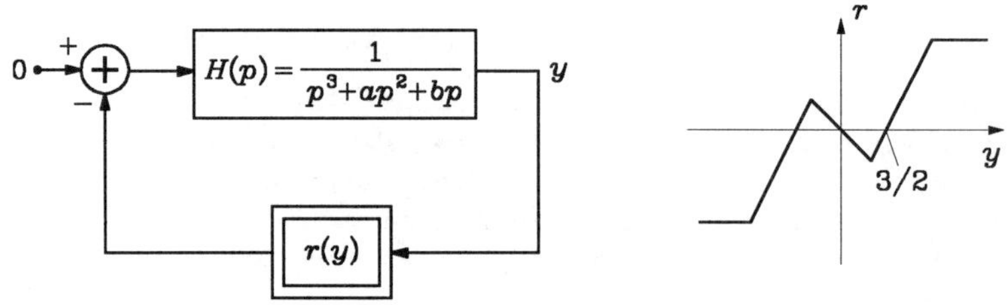

Bild P. XI. 3

$$H(p) = \frac{1}{p^3 + ap^2 + bp} \tag{1}$$

mit $a > 0$, $b > 0$ aufweist, und einem nichtlinearen statischen Teil, dessen Charakteristik durch

$$r(y) = \begin{cases} -ky & \text{für } |y| \leqq 1 \\ 2ky - 3k\,\mathrm{sgn}(y) & \text{für } 1 < |y| < 3 \\ 3k\,\mathrm{sgn}(y) & \text{für } |y| \geqq 3 \end{cases} \tag{2}$$

mit $k > 0$ gegeben ist.

a) Man beschreibe das System im Zustandsraum mit den Zustandsgrößen $z_1 = y$, $z_2 = \dot{y}$ und $z_3 = \ddot{y}$ und ermittle alle Gleichgewichtszustände des Systems.

b) Man berechne die charakteristischen Polynome in den Gleichgewichtspunkten und beurteile deren Stabilität. Ist das System dissipativ?

c) Man versuche, bei Wahl der Parameterwerte $a = 1$; $b = 1{,}25$ und $k = 1{,}8$ den Verlauf einer Trajektorie mit Hilfe eines Computerprogramms darzustellen.

XI. 4. Unter der Gaußschen Abbildung versteht man die Rekursion

$$z[n+1] = e^{-az^2[n]} + b$$

mit den beiden Parametern $a > 0$ und b. Der Wert des Parameters a bestimmt die Breite der Gaußschen Abbildungsfunktion

$$f(z) := e^{-az^2} + b\ ,$$

wobei das Maximum bei $z = 0$ mit dem Wert $1 + b$ auftritt. Für $|z| \to \infty$ nähert sich $f(z)$ dem Wert b. Für $z = \pm 1/\sqrt{a}$ ist die Funktion vom Maximum $1 + b$ auf den Wert $(1/e) + b$ abgefallen. Deshalb ist $2/\sqrt{a}$ ein grobes Maß für die Breite der Kurve von $f(z)$.

a) Die Gaußsche Abbildungsfunktion $f(z)$ besitzt zwei Wendepunkte, d.h. zwei Kurvenpunkte, in denen die zweite Ableitung von $f(z)$ verschwindet. Man berechne die z-Werte der Wendepunkte in Abhängigkeit von a.

b) Man wähle $a = 7{,}5$ und $b = -0{,}9$ und zeige durch ein Bild, daß die Gaußsche Abbildung zwei stabile Fixpunkte und einen instabilen Fixpunkt besitzt. Man zeige weiterhin durch graphische Iteration, daß bei Wahl des Anfangswertes $z[0] = 0$ die Trajektorie $z[n]$ für $n \to \infty$ den größten Fixpunkt erreicht. Man wiederhole die Prozedur mit $z[0] = 0{,}7$ und zeige, daß $z[n]$ gegen den zweiten stabilen Fixpunkt strebt.

c) Mit Hilfe eines geeigneten Computerprogramms erstelle man nach dem Vorbild der logistischen Abbildung auch für die Gaußsche Abbildung Bifurkationsdiagramme mit b als variablem Bifurkationsparameter $(-1 \leqq b \leqq 1)$, und zwar für

(i) $a = 7{,}5$ und $z[0] = 0$; (ii) $a = 4$ und $z[0] = 0$.

Welche Besonderheit läßt sich den Diagrammen entnehmen?

d) Man wiederhole die Berechnung von Teilaufgabe c, Fall (i), jedoch mit $z[0] = 0{,}7$.

Kapitel XII

XII. 1. Bild P.XII.1 zeigt ein neuronales Netzwerk, das aus zwei Adaline-Neuronen aufgebaut ist.

a) Man beschreibe die Punktmenge in der x_1, x_2-Ebene, auf der $y = 1$ ist. Ebenso soll die Punktmenge angegeben werden, auf der $y = -1$ gilt.

b) Man zeige, daß das neuronale Netzwerk von Bild P.XII.1 die logische Funktion XOR ("exklusives Oder") realisiert. Diese Funktion ist als $y = x_1 \oplus x_2$ mit $x_i \in \{-1, 1\}$ derart definiert, daß $y = 1$ für $x_1 \neq x_2$ und $y = -1$ für $x_1 = x_2$ gilt.

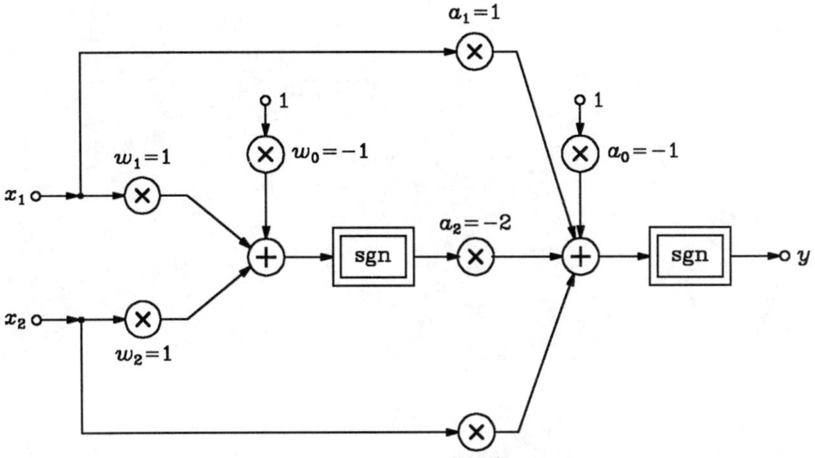

Bild P. XII. 1

XII. 2. Die Anwendung des Back-Propagation-Algorithmus erfordert nach Kapitel XII, Abschnitt 2.1.2 die Berechnung der δ-Koeffizienten. Diese Berechnung soll im folgenden für das Perzeptron mit drei Schichten übersichtlich gestaltet werden.

a) Man führe folgende Vektoren bzw. Matrizen ein:

$$\boldsymbol{\delta}_i = [\,\delta_1^{(i)} \quad \delta_2^{(i)} \quad \cdots \quad \delta_{N_i}^{(i)}\,]^{\mathrm{T}}\,, \quad \boldsymbol{e} = [\,e_1 \quad e_2 \quad \cdots \quad e_{N_3}\,]^{\mathrm{T}}\,,$$

$$\boldsymbol{W}_i = \begin{bmatrix} w_{11}^{(i)} & w_{21}^{(i)} & \cdots & w_{N_i 1}^{(i)} \\ w_{12}^{(i)} & w_{22}^{(i)} & \cdots & w_{N_i 2}^{(i)} \\ \vdots & & & \\ w_{1N_i-1}^{(i)} & w_{2N_i-1}^{(i)} & \cdots & w_{N_i N_i-1}^{(i)} \end{bmatrix},$$

$$\boldsymbol{D}_i = \operatorname{diag}\left(\frac{\mathrm{d}\,\Psi^{(i)}(u_1^{(i)})}{\mathrm{d}u_1^{(i)}}, \ldots, \frac{\mathrm{d}\,\Psi^{(i)}(u_{N_i}^{(i)})}{\mathrm{d}u_{N_i}^{(i)}}\right)$$

für $i = 1, 2, 3$. Unter Verwendung dieser Größen und bei Beachtung der Gln. (12.27)-(12.29) sollen die Vektoren der δ-Koeffizienten formelmäßig ausgedrückt werden.

b) Man beschreibe die Ergebnisse von Teilaufgabe a durch ein Blockdiagramm, das als Ergänzung zum Diagramm von Bild 12.14 betrachtet werden kann.

XII. 3. Es sei eine Meßkurve $y(t)$ im Intervall $0 \leqq t \leqq T_0$ gegeben. Unter der Annahme, daß ein möglicherweise zunächst in $y(t)$ vorhandener Gleichanteil a_0 entfernt wurde, soll mit $\omega_0 = 2\pi/T_0$ eine Darstellung der Art

$$y(t) = \sum_{i=1}^{N} [a_i \cos(i\,\omega_0 t) + b_i \sin(i\,\omega_0 t)] + e(t)$$

mit "möglichst kleinem" e ermittelt werden, indem bei gegebenem N die (Fourier-) Koeffizienten a_i und b_i entsprechend bestimmt werden.

a) Man löse die gestellte Aufgabe durch Anwendung des Verfahrens der Signaldekomposition nach Kapitel XII, Abschnitt 3.2. Dabei bilde man die Zielfunktion mit Hilfe der Huber-Funktion. Man gebe ein System von Differentialgleichungen zur Minimierung der Zielfunktion an.

b) Man gebe das Blockdiagramm eines neuronalen Netzwerks (eines Fourier-Netzwerks) an, das die in Teilaufgabe a gefundenen Differentialgleichungen simuliert.

XII. 4. Unter Verwendung des Modells nach Bild 12.36 zur Identifikation von im allgemeinen nichtlinearen Systemen sollen Modelle für die beiden folgenden speziellen diskontinuierlichen Systeme mit jeweils einem Eingang und einem Ausgang angegeben werden:

(i) $$\hat{y}[n] = \sum_{i=1}^{M} b_i\, x[n-i] + F_2(y[n-1], \ldots, y[n-N]),$$

(ii) $$\hat{y}[n] = F_1(x[n-1], \ldots, x[n-M]) + \sum_{i=1}^{N} a_i\, y[n-i].$$

Lösungen

Kapitel I

I. 1. **a)** Der Kurvenverlauf von $f(t)$ ist dadurch gegeben, daß im Intervall $0 < t < 2$ die Funktion mit der Cosinusschwingung $\cos \pi t$, außerhalb dieses Intervalls mit der Null identisch ist. Die Kurve $f(-t)$ ergibt sich aus jener von $f(t)$ durch Spiegelung an der Ordinatenachse ($f(t) \equiv 0$ außerhalb $-2 \leqq t \leqq 0, f(t) \equiv \cos \pi t$ innerhalb dieses Intervalls). Die Kurve $f(t-2)$ entsteht aus jener von $f(t)$ durch bloße translatorische Verschiebung um 2 in positiver t-Richtung ($f(t) \equiv 0$ außerhalb des Intervalls $2 \leqq t \leqq 4, f(t) \equiv \cos \pi t$ innerhalb dieses Intervalls). Die Kurve $f(2-t)$ entsteht aus jener von $f(t)$ durch Spiegelung an der Ordinatenachse und anschließende translatorische Verschiebung um den Wert 2 in Abszissenrichtung ($f(2-t) \equiv f(t)$). Die Kurve $f(2t+2)$ entsteht aus der von $f(u)$ durch lineare Verzerrung $u = 2t + 2$ oder $t = (u-2)/2$ der Abszissenachse ($u = 0 \to t = -1, u = 1 \to t = -1/2, u = 2 \to t = 0$), es gilt also $f(2t+2) \equiv 0$ außerhalb des Intervalls $-1 \leqq t \leqq 0$ und $f(2t+2) \equiv \cos 2\pi t$ innerhalb des Intervalls. Die Kurve $f^2(t)$ verläuft außerhalb des Intervalls $0 \leqq t \leqq 2$ entlang der t-Achse, innerhalb des Intervalls ist der Verlauf durch $\cos^2 \pi t = 0{,}5 + 0{,}5 \cos 2\pi t$ gegeben. Die Kurve von $f(t^2)$ ist zur Ordinatenachse symmetrisch und verläuft außerhalb des Intervalls $-\sqrt{2} \leqq t \leqq \sqrt{2}$ entlang der t-Achse ($f(t^2) \equiv 0$), innerhalb des Intervalls hat sie den durch $\cos \pi t^2$ gegebenen Verlauf. Da $f(2-3t)$ außerhalb des Intervalls $0 \leqq t \leqq 2/3$ verschwindet und innerhalb mit $\cos 3\pi t$ identisch ist, verschwindet auch $\mathrm{d}f(2-3t)/\mathrm{d}t$ außerhalb des genannten Intervalls, innerhalb des Intervalls ist der Verlauf des Differentialquotienten durch $-3\pi \sin 3\pi t$ gegeben, an den Stellen $t = 0$, $t = 2/3$ treten noch δ-Impulse der Stärke 1 bzw. -1 auf, d.h. Summanden $\delta(t)$ und $-\delta(t-2/3)$. Da die Funktion $f(2-\tau)$ außerhalb des Intervalls $0 \leqq \tau \leqq 2$ verschwindet und innerhalb mit $\cos \pi\tau$ identisch ist, liefert das Integral über $f(2-\tau)$ von $-\infty$ bis $t \leqq 0$ den Wert Null, die Funktion $(1/\pi)\sin \pi t$ im Intervall $0 < t \leqq 2$ und den Wert Null für $t > 2$.

b) Die Funktion $f[n]$ hat die Werte $4, 2, 1, 1/2$ an den Stellen $n = 0, 1, 2$ bzw. 3, für alle übrigen $n \in \mathbb{Z}$ den Wert 0. Die Funktion $f[-n]$ hat die Werte $4, 2, 1, 1/2$ an den Stellen $n = 0, -1, -2$ bzw. -3, sonst den Wert 0. Die Funktion $f[n-3]$ hat die Werte $4, 2, 1, 1/2$ an den Stellen $n = 3, 4, 5$ bzw. 6, sonst den Wert 0. Die Funktion $f[3-n]$ hat die Werte $4, 2, 1, 1/2$ an den Stellen $n = 3, 2, 1$ bzw. 0, sonst den Wert 0. Die Funktion $f[2n+3]$ hat die Werte $2, 1/2$ an der Stelle $n = -1$ bzw. 0, sonst den Wert 0. Die Funktion $f^2[n]$ hat die Werte $16, 4, 1, 1/4$ an den Stellen $n = 0, 1, 2$ bzw. 3, sonst den Wert 0. Die Funktion $f[n^2]$ hat die Werte $4, 2$ an den Stellen $n = 0$ bzw. ± 1.

c) Die Funktion $f[n]$ hat die Werte $0, 1, 2$ an den Stellen $n = 0, 1$ bzw. 2, sonst den Wert 0. Die Funktion $f[-2n]$ hat den Wert 2 an der Stelle $n = -1$, sonst den Wert 0. Die Funktion $f[n+2]$ hat die Werte $1, 2$ an den Stellen $n = -1$ bzw. 0, sonst den Wert 0. Die Funktion $f[2n]$ hat den Wert 2 an der Stelle $n = 1$, sonst den Wert 0. Die Funktion $f[n-1]\{s[n] - s[n-2]\}$ ist für alle $n \in \mathbb{Z}$ Null. Die Funktion $f[-n+1]\,\delta[n+1]$ hat den Wert 2 für $n = -1$, sonst den Wert Null.

I. 2. Man erhält

(i) $$\int_{-\infty}^{\infty} [\mathrm{d}s(t)/\mathrm{d}t]\,\varphi(t)\,\mathrm{d}t = [s(t)\,\varphi(t)]_{-\infty}^{\infty} - \int_{-\infty}^{\infty} s(t)\,[\mathrm{d}\varphi(t)/\mathrm{d}t]\,\mathrm{d}t = -\int_{0}^{\infty} \varphi'(t)\,\mathrm{d}t = \varphi(0)$$

mit der Testfunktion $\varphi(t)$, also $\mathrm{d}s(t)/\mathrm{d}t = \delta(t)$ (mit dem Strich wird der Differentialquotient bezeichnet);

(ii) $\mathrm{d}s(at+b)/\mathrm{d}t = [\mathrm{d}s(at+b)/\mathrm{d}(at+b)] \cdot [\mathrm{d}(at+b)/\mathrm{d}t] = a\,\delta(at+b)$;

(iii) $\mathrm{d}\delta(at+b)/\mathrm{d}t = a\,\delta'(at+b)$;

(iv) $$\int_{-\infty}^{\infty} \delta(at+b)\,\varphi(t)\,\mathrm{d}t = (1/|a|)\int_{-\infty}^{\infty} \delta(x+b)\,\varphi(x/a)\,\mathrm{d}x = (1/|a|)\,\varphi(-b/a)$$

(mit $x = at$), also $\delta(at+b) = (1/|a|)\,\delta(t+b/a)$ und $\delta(at+b)f(t) = (1/|a|)\,f(-b/a)\delta(t+b/a)$.

I. 3. Man erhält

$$3\delta(t)\cos t + e^t d\delta(t)/dt = 3\delta(t) + d\delta(t)/dt - \delta(t) = 2\delta(t) + d\delta(t)/dt ,$$

also $A = 2$ und $B = 1$.

I. 4. Das System ist linear, da jedes Eingangssignal der Art $x(t) = k_1 x_1(t) + k_2 x_2(t)$ das Ausgangssignal $y(t) = k_1 y_1(t) + k_2 y_2(t)$ liefert, wobei $y_\nu(t)$ die Reaktion auf $x_\nu(t)$ $(\nu = 1,2)$ bedeutet. Das System ist zeitinvariant, da das Eingangssignal $x(t - t_0)$ das Ausgangssignal $y(t - t_0)$ hervorruft. Das System ist kausal, da die Impulsantwort $h(t) = 3\delta(t) + \delta(1-t)$ für $t < 0$ verschwindet. Das System ist stabil, da aus $|x(t)| < M$ direkt $|y(t)| < 4M$ folgt.

I. 5. Da jedes Eingangssignal der Art $x[n] = k_1 x_1[n] + k_2 x_2[n]$ das Ausgangssignal $y[n] = k_1 y_1[n] + k_2 y_2[n]$ für beliebige $\alpha \geqq 0$, $\beta \geqq 0$ liefert, wobei $y_\nu[n]$ die Reaktion von $x_\nu[n]$ $(\nu = 1,2)$ bedeutet, ist das System linear für alle $\alpha \geqq 0$, $\beta \geqq 0$. Da das System bei Erregung durch das Signal $x[n - \nu]$ ($\nu \in \mathbb{Z}$ beliebig) mit $y[n - \nu]$ reagiert, ist das System für alle $\alpha \geqq 0$, $\beta \geqq 0$ zeitinvariant. Die Impulsantwort $h[n] = \delta[n - \alpha] + \delta[n - \alpha + 1] + \cdots + \delta[n + \beta]$ verschwindet für $n < 0$ genau dann, wenn $\beta = 0$ ist. Daher ist das System für $\alpha \geqq 0$ und $\beta = 0$ kausal. Das System ist für $\alpha = \beta = 0$ gedächtnislos. Da das System bei Erregung durch ein beschränktes Signal $x[n]$ ($|x[n]| < M$) mit $y[n]$ reagiert, für das $|y[n]| < (\alpha + \beta + 1)M$ gilt, ist das System für beliebige, aber endliche $\alpha \geqq 0$, $\beta \geqq 0$ stabil.

I. 6. **a)** Das Signal $x(t)$ hat im Intervall $0 < t < 1$ den Wert 1, im Intervall $1 < t < 2$ den Wert 2, im Intervall $2 < t < 3$ den Wert 1, überall sonst den Wert 0. Das Signal $y(t)$ besteht im Intervall $0 < t < 1$ aus dem Parabelbogen $4t(1-t)$. Wird dieser translatorisch um 1 in positiver t-Richtung verschoben, so entsteht der Kurvenverlauf im Intervall $1 < t < 2$; außerhalb des Intervalls $0 < t < 2$ verschwindet $y(t)$.
b) Da $x(t)$ im Intervall $-\infty < t < 1$ mit $s(t)$ identisch ist, gilt in diesem Intervall $y(t) \equiv a(t)$, wobei $a(t)$ die Sprungantwort bedeutet. Da im Intervall $1 < t < 2$ für das Ausgangssignal $y(t) = a(t) + a(t-1)$ wegen $x(t) = s(t) + s(t-1)$ gilt, muß $a(t)$ in diesem Intervall identisch verschwinden, damit sich der vorgeschriebene (parabelförmige) Verlauf ergibt. Im Intervall $2 < t < 3$ gilt für das Ausgangssignal $y(t) = a(t) + a(t-1) - a(t-2)$ wegen $x(t) = s(t) + s(t-1) - s(t-2)$. Damit in diesem Intervall laut Vorschrift $y(t) \equiv 0$ wird, muß $a(t)$ im Intervall $2 < t < 3$ den gleichen parabelförmigen Verlauf wie im Intervall $0 < t < 1$ aufweisen. Für $t > 3$ gilt $y(t) = a(t) + a(t-1) - a(t-2) - a(t-3) \equiv 0$. So gelangt man zu

$$a(t) = \sum_{\nu=0}^{\infty} 4(t - 2\nu)(1 + 2\nu - t)\{s(t - 2\nu) - s(t - 1 - 2\nu)\} .$$

c) Aufgrund der Beziehung $h(t) = da(t)/dt$ erhält man

$$h(t) = \sum_{\nu=0}^{\infty} 4(1 + 2(2\nu - t))\{s(t - 2\nu) - s(t - 1 - 2\nu)\} .$$

I. 7. Da $y(t)$ die Reaktion auf $x(t) = s(t) - s(t-2)$ ist, gilt $y(t) = a(t) - a(t-2)$. Vergleicht man mit dem gegebenen $y(t)$, dann erhält man im Intervall $-1 \leqq t < 0$ für die Sprungantwort $a(t) = t + 1$, dagegen $a(t) = 1$ im Intervall $0 \leqq t < 1$. Weiterhin findet man aufgrund von $y(t) = a(t) - a(t-2)$ und dem gegebenen $y(t)$, daß $a(t) = t$ im Intervall $1 \leqq t < 2$ gilt. Diese Überlegung kann fortgesetzt werden. Schließlich gelangt man zur Sprungantwort

$$a(t) = (1+t)\{s(t+1) - s(t)\} + \sum_{\nu=0}^{\infty} [\{s(t - 2\nu) - s(t - 1 - 2\nu)\} + (t - 2\nu)\{s(t - 1 - 2\nu) - s(t - 2 - 2\nu)\}] .$$

Daraus folgt sofort $\bar{y}(t) = a(t) - a(t-1)$. Eine nähere Betrachtung liefert $\bar{y}(t) = t - \nu$ in den Intervallen $\nu < t < \nu + 1$ $(\nu = -1, 1, 3, 5, \ldots)$, $\bar{y}(t) = -(t - \nu)$ in den Intervallen $\nu < t < \nu + 1$ $(\nu = 2, 4, 6, \ldots)$ und $\bar{y}(t) = 1 - t$ in $0 < t < 1$.

I. 8. Man kann schreiben

$$g(t) := f_1(t) * f_2(t) = \int_{-\infty}^{\infty} f_1(\tau) f_2(t - \tau)\, d\tau = 2\int_{2}^{3} f_2(t - \tau)\, d\tau = 2\int_{2}^{3} [s(t + 2 - \tau) - s(t - 2 - \tau)]\, d\tau ,$$

und hieraus folgt der Funktionswert 0 für alle $t < 0$ und $t > 5$, im Intervall $0 \leqq t \leqq 1$ gilt $g(t) = 2t$, im Intervall $4 \leqq t \leqq 5$ wird $g(t) = 2(5 - t)$ und in $1 < t < 4$ erhält man $g(t) = 2$. Bild L.I.8 dient zur Veranschaulichung des Faltungsintegrals. Die schraffierte Fläche liefert $g(t)$.

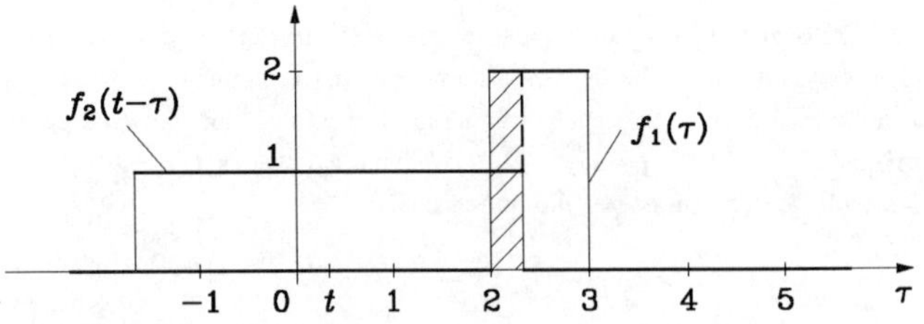

Bild L.I.8

I. 9. Für die Sprungantwort entnimmt man $a(t) = s(t)(A\,\mathrm{e}^{-3t} + 2/3)$ direkt der Differentialgleichung. Führt man diese Darstellung zusammen mit $\mathrm{d}a/\mathrm{d}t = (A + 2/3)\,\delta(t) - 3A\,\mathrm{e}^{-3t}s(t)$ in die Differentialgleichung ein, so findet man $A = -2/3$. Schließlich erhält man für die Impulsantwort $h(t) = 2\,\mathrm{e}^{-3t}s(t)$.

I. 10. Die Sprungantwort des ersten Systems lautet $a[n] = 4s[n] - 2s[n-1]$, die Impulsantwort des zweiten Systems kann in der Form $h[n] = 2(-3)^n s[n]$ geschrieben werden.

I. 11. Man erhält $y(t) = h(t) * x(t)$, d.h.

$$y(t) = \int_0^\infty (1 - 2\,\mathrm{e}^{-2\tau})\,\mathrm{e}^{2(t-\tau)}\,\mathrm{d}\tau = \mathrm{e}^{2t}\int_0^\infty (\mathrm{e}^{-2\tau} - 2\,\mathrm{e}^{-4\tau})\,\mathrm{d}\tau = 0 \quad \text{für alle } t\,.$$

I. 12. Man erhält generell

$$y(t) = \int_{-\infty}^{\infty} x(\tau)h(t-\tau)\,\mathrm{d}\tau\,,$$

wobei $x(\tau)$ und $h(t-\tau)$ im Bild L.I.12 dargestellt sind. Daraus ist zu erkennen, daß

$$y(t) = \int_0^t \tau\,\mathrm{d}\tau = \frac{t^2}{2} \quad (0 \leqq t \leqq 1)\,, \quad y(t) = \int_{t-1}^1 \tau\,\mathrm{d}\tau = \frac{1}{2}(2t - t^2) \quad (1 < t \leqq 2)$$

für die angegebenen Intervalle geschrieben werden kann und dieser Verlauf mit der Periode 2 periodisch fortzusetzen ist.

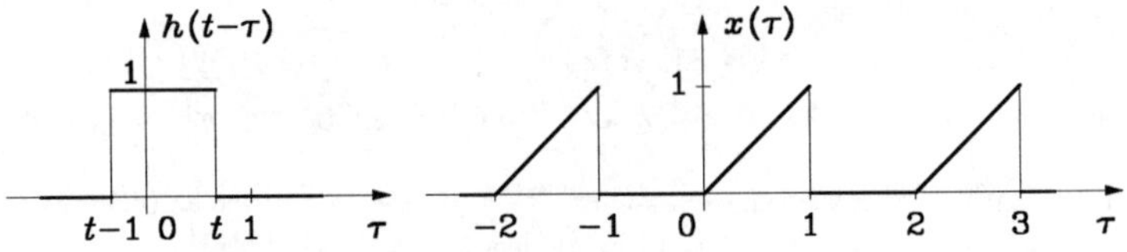

Bild L.I.12

I. 13. Es kann $y_1(t) = T(3\,\delta(t-4)) = 3h(t-4) = 3\,\delta(t-4) - 12\{\mathrm{e}^{-2t+8} - \mathrm{e}^{-4t+16}\}s(t-4)$ dargestellt werden. Dabei ist $T(\;)$ der Systemoperator. Weiterhin erhält man

$$y_2(t) = T(4s(t)) = 4a(t) = 4s(t)\int_{0-}^{t} h(\tau)\,\mathrm{d}\tau = 4s(t) - 16\left(-\frac{1}{2}\mathrm{e}^{-2t} + \frac{1}{2} + \frac{1}{4}\mathrm{e}^{-4t} - \frac{1}{4}\right)s(t)$$
$$= (8\,\mathrm{e}^{-2t} - 4\,\mathrm{e}^{-4t})s(t)\,.$$

Schließlich ergibt sich

$$y_3(t) = s(t)\int_{0-}^{t} [\delta(\tau) - 4\{\mathrm{e}^{-2\tau} - \mathrm{e}^{-4\tau}\}][2\,\delta(t-\tau) + \mathrm{e}^{-3(t-\tau)}s(t-\tau)]\,\mathrm{d}\tau = 2\,\delta(t)$$
$$+ [\mathrm{e}^{-3t} - 8(\mathrm{e}^{-2t} - \mathrm{e}^{-4t}) - 4\,\mathrm{e}^{-3t}\int_0^t (\mathrm{e}^{\tau} - \mathrm{e}^{-\tau})\,\mathrm{d}\tau]s(t) = 2\,\delta(t) + (-12\,\mathrm{e}^{-2t} + 9\,\mathrm{e}^{-3t} + 4\,\mathrm{e}^{-4t})s(t)\,.$$

I. 14. Nach Gl. (1.90) erhält man für das Ausgangssignal $z[n]$ des ersten Systems mit der Impulsantwort $h_1[n,\nu]$ bei Erregung mit $x[n]$ und entsprechend für das Ausgangssignal $y[n]$ des zweiten Systems die Darstellungen

$$z[n] = \sum_{\nu=-\infty}^{\infty} x[\nu]h_1[n,\nu]\,, \quad y[n] = \sum_{\mu=-\infty}^{\infty} z[\mu]h_2[n,\mu]$$

und hieraus

$$y[n] = \sum_{\nu=-\infty}^{\infty} x[\nu]h[n,\nu] \quad \text{mit} \quad h[n,\nu] = \sum_{\mu=-\infty}^{\infty} h_2[n,\mu]h_1[\mu,\nu]\,.$$

Letztere Beziehung zeigt die Linearität des Gesamtsystems und die Darstellung der Impulsantwort $h[n,\nu]$ des Gesamtsystems mit Hilfe der Impulsantworten $h_1[n,\nu]$ und $h_2[n,\nu]$. In dieser Formel sind die Indizes 1 und 2 miteinander zu vertauschen, wenn die Reihenfolge der Zusammenschaltung geändert wird. Wählt man beispielsweise $h_1[n,\nu] = s[n-\nu]0{,}5^{n+\nu}$ und $h_2[n,\nu] = s[n-\nu]0{,}5^{2n+\nu}$, so erhält man je nach Wahl der Reihenfolge der Teilsysteme die Impulsantwort

$$h[n,\nu] = s[n-\nu]0{,}5^{2n+\nu}\sum_{\mu=\nu}^{n}0{,}5^{2\mu} \quad \text{oder} = s[n-\nu]0{,}5^{n+\nu}\sum_{\mu=\nu}^{n}0{,}5^{3\mu}\,.$$

Beide sind offensichtlich nicht identisch, wie die Berechnung der Funktionswerte z.B. für $n=2$ und $\nu=1$ zeigt.

I. 15. **a)** Für jedes $t\in I_\nu = \{t;\, \nu T_0 < t < (\nu+1)T_0,\, \nu\in\mathbb{Z}\}$ erhält man $E[\boldsymbol{x}(t)] = 0$, da die Werte a und $-a$ gleichwahrscheinlich sind. Weiter erhält man für jedes $t\in I_\nu$ stets $\sigma_x^2(t) = E[\boldsymbol{x}^2(t)] = a^2$, da $\xi_\nu^2 = a^2$ ist.
b) Angenommen wird $t\in I_\nu$. Für $\nu T_0 < t+\tau < (\nu+1)T_0$ erhält man für die Autokorrelierte den Wert a^2, für Werte $t+\tau$ außerhalb von I_ν (aber $t\neq\mu T_0$, $\mu\in\mathbb{Z}$) hat die Autokorrelierte überall den Wert Null.
c) Eine Musterfunktion $x_i(t)$, die im Intervall $-NT_0 < t < NT_0$ genau p_i positive und n_i negative Pulse aufweist, hat nach dem Gesetz der großen Zahlen den zeitlichen Mittelwert

$$\overline{x_i(t)} = \lim_{N\to\infty}\frac{(p_i-n_i)T_0 a}{2NT_0} = \lim_{N\to\infty}\left(\frac{p_i}{N}-1\right)a = 0\,.$$

Weiterhin gilt $\overline{x_i^2(t)} = a^2$, da $x_i^2(t)$ für fast alle t den Wert a^2 hat. Der Vergleich mit Teilaufgabe **a** liefert also

$$E[\boldsymbol{x}(t)] = \overline{x_i(t)} \quad \text{und} \quad E[\boldsymbol{x}^2(t)] = \overline{x_i^2(t)}\,,$$

auch wenn der vorliegende Prozeß nicht stationär im weiteren Sinn ist.

I. 16. **a)** Man erhält $E[\boldsymbol{x}(t)\boldsymbol{x}(t+\tau)] = E[a^2\sin(\omega_0 t+\varphi)\sin(\omega_0 t+\omega_0\tau+\varphi)] + E[ab\sin(\omega_0 t+\varphi)] + E[ab\sin(\omega_0 t+\omega_0\tau+\varphi)] + E[b^2] = (a^2/2)E[\cos(\omega_0\tau)] - (a^2/2)E[\cos(2\omega_0 t+\omega_0\tau+2\varphi)] + E[b^2]$, also

$$E[\boldsymbol{x}(t)\boldsymbol{x}(t+\tau)] = (a^2/2)\cos(\omega_0\tau) + b^2 = r_{xx}(\tau)\,.$$

b) Es ergibt sich

$$E[\boldsymbol{x}(t)] = b\,,\quad \operatorname{Var}[\boldsymbol{x}(t)] = E[(\boldsymbol{x}(t)-E[\boldsymbol{x}(t)])^2] = r_{xx}(0) - 2E[\boldsymbol{x}(t)b] + b^2 = a^2/2\,.$$

c) Man kann schreiben

$$E[\boldsymbol{w}(t)\boldsymbol{w}(t+\tau)] = E[\boldsymbol{x}(t)\boldsymbol{x}(t+\tau)] + E[\boldsymbol{x}(t)\boldsymbol{v}(t+\tau)] + E[\boldsymbol{x}(t+\tau)\boldsymbol{v}(t)]$$
$$+ E[\boldsymbol{v}(t)\boldsymbol{v}(t+\tau)] = r_{xx}(\tau) + 2b\,E[\boldsymbol{v}(t)] + r_{vv}(\tau) \quad \text{mit} \quad E[\boldsymbol{v}(t)] = \sqrt{r_{vv}(\infty)}\,.$$

I. 17. **a)** Da der Erwartungswert von $\mathrm{e}^{\mathrm{j}\nu(\omega_0 t+\varphi)}$ für $\nu\neq 0$ verschwindet (denn das Integral über diese Funktion von $\varphi=-\pi$ bis $\varphi=\pi$ ist Null), erhält man $E\left[\sum_{\nu=-\infty}^{\infty} c_\nu \mathrm{e}^{\mathrm{j}\nu(\omega_0 t+\varphi)}\right] = E[c_0\mathrm{e}^{\mathrm{j}0}] = c_0$.
b) Aus $\boldsymbol{x}(t)\boldsymbol{x}(t+\tau) = \sum_{\nu=-\infty}^{\infty}\sum_{\mu=-\infty}^{\infty} c_\nu c_\mu \mathrm{e}^{\mathrm{j}(\nu+\mu)(\omega_0 t+\varphi)}\mathrm{e}^{\mathrm{j}\mu\omega_0\tau}$ folgt $E[\boldsymbol{x}(t)\boldsymbol{x}(t+\tau)] = \sum_{\nu=-\infty}^{\infty} c_\nu c_{-\nu}\mathrm{e}^{-\mathrm{j}\nu\omega_0\tau}$, da die Erwartungswerte aller Summanden in der Darstellung von $\boldsymbol{x}(t)\boldsymbol{x}(t+\tau)$ mit Ausnahme jener für $\mu=-\nu$ verschwinden.
c) Mittelwert und Autokorrelierte sind von t unabhängig.

I. 18. **a)** Es gilt $E[\boldsymbol{x}^2(t)] = r_{xx}(0) = 16/3$.
b) Für die Wahrscheinlichkeitsdichtefunktion von $\boldsymbol{x}$ erhält man $f(x) = 1/(2a)$ im Intervall $-a<x<a$, sonst Null. Damit ergibt sich $E[\boldsymbol{x}^2(t)] = \int_{-a}^{a} x^2[1/(2a)]\,\mathrm{d}x = a^2/3$. Da dieser Wert 16/3 sein muß, ist $a=4$.

I. 19. Zunächst erhält man

$$\boldsymbol{y}(t)\boldsymbol{y}(t+\tau) = \{\boldsymbol{x}(t) + \int_{-\infty}^{\infty}\boldsymbol{x}(\xi)h(t-\xi)\,\mathrm{d}\xi\}\{\boldsymbol{x}(t+\tau) + \int_{-\infty}^{\infty}\boldsymbol{x}(\xi)h(t+\tau-\xi)\mathrm{d}\xi\}$$

$$= \boldsymbol{x}(t)\boldsymbol{x}(t+\tau) + \int_{-\infty}^{\infty}\boldsymbol{x}(t)\boldsymbol{x}(\xi)h(t+\tau-\xi)\,\mathrm{d}\xi + \int_{-\infty}^{\infty}\boldsymbol{x}(t+\tau)\boldsymbol{x}(\xi)h(t-\xi)\,\mathrm{d}\xi$$

$$+ \int_{-\infty}^{\infty}\int_{-\infty}^{\infty}\boldsymbol{x}(\xi)\boldsymbol{x}(\eta)h(t-\xi)h(t+\tau-\eta)\,\mathrm{d}\xi\,\mathrm{d}\eta$$

und durch Erwartungswertbildung

$$r_{yy}(\tau) = r_{xx}(\tau) + \int_{-\infty}^{\infty} r_{xx}(t-\xi)h(t+\tau-\xi)\,\mathrm{d}\xi + \int_{-\infty}^{\infty} r_{xx}(\xi-t-\tau)h(t-\xi)\,\mathrm{d}\xi$$

$$+ \int_{-\infty}^{\infty}\int_{-\infty}^{\infty} r_{xx}(\xi-\eta)h(t-\xi)h(t+\tau-\eta)\,\mathrm{d}\xi\,\mathrm{d}\eta$$

oder mit $r_{xx}(\tau) = \delta(\tau)$ und $\vartheta = t - \xi$

$$r_{yy}(\tau) = \delta(\tau) + h(\tau) + h(-\tau) + \int_{-\infty}^{\infty} h(\vartheta)h(\vartheta+\tau)\,\mathrm{d}\vartheta .$$

Kapitel II

II. 1. Aus den Gln. (2.32a-d) folgt

$$\boldsymbol{A} = \begin{bmatrix} 0 & 1 \\ -2 & -3 \end{bmatrix}, \quad \boldsymbol{b} = \begin{bmatrix} 0 \\ 1 \end{bmatrix}, \quad \boldsymbol{c}^{\mathrm{T}} = [1, \ 0], \quad d = 0,$$

mit den Eigenwerten $-1, -2$ der Matrix $\boldsymbol{A}$ und

$$\boldsymbol{M} = \begin{bmatrix} 1 & 1 \\ p_1 & p_2 \end{bmatrix} = \begin{bmatrix} 1 & 1 \\ -1 & -2 \end{bmatrix} \quad \text{sowie} \quad \boldsymbol{M}^{-1} = \begin{bmatrix} 2 & 1 \\ -1 & -1 \end{bmatrix}$$

gemäß den Gln. (2.44a-d)

$$\tilde{\boldsymbol{A}} = \begin{bmatrix} -1 & 0 \\ 0 & -2 \end{bmatrix}, \quad \tilde{\boldsymbol{b}} = \begin{bmatrix} 1 \\ -1 \end{bmatrix}, \quad \tilde{\boldsymbol{c}}^{\mathrm{T}} = [1, \ 1], \quad \tilde{d} = 0 .$$

II. 2. Der Strom durch den Ohmwiderstand R_1 läßt sich in der Form $i_1 = (x - z_1)/R_1$, der Strom durch den Ohmwiderstand R_2 als $i_2 = z_2/R_2 = y$ schreiben. Damit erhält man den Kapazitätsstrom $C_1\,\mathrm{d}z_1/\mathrm{d}t$ als $i_1 - z_3 = (x - z_1)/R_1 - z_3$, den Kapazitätsstrom $C_3\,\mathrm{d}z_2/\mathrm{d}t$ als $z_3 - i_2 = z_3 - z_2/R_2$; außerdem ergibt sich die Induktivitätsspannung $L_2\,\mathrm{d}z_3/\mathrm{d}t$ zu $z_1 - z_2$. Damit liegt die Zustandsbeschreibung vor. Das charakteristische Polynom lautet

$$\begin{aligned}\det(p\mathbf{E}-\boldsymbol{A}) &= [p + 1/(R_1C_1)][p^2 + p/(R_2C_3) + 1/(L_2C_3)] + [1/(C_1L_2)][p + 1/(R_2C_3)] \\ &= p^3 + [1/(R_1C_1) + 1/(R_2C_3)]p^2 + [1/(L_2C_3) + 1/(R_1R_2C_1C_3) + 1/(C_1L_2)]p \\ &\quad + [1/(R_1C_1L_2C_3) + 1/(R_2C_1C_3L_2)].\end{aligned}$$

II. 3. **a)** Ersetzt man y durch $\tilde{y} + dx$, so erhält man aus der Differentialgleichung q-ter Ordnung für y dieselbe Differentialgleichung für $\tilde{y}$ mit $d = 0$. Diese Differentialgleichung für $\tilde{y}$ läßt sich durch ein Quadrupel $(\boldsymbol{A}, \boldsymbol{b}, \boldsymbol{c}^{\mathrm{T}}, 0)$ gemäß den Gln. (2.32a-d) im Zustandsraum beschreiben. Der Übergang zum dualen System $(\boldsymbol{A}^{\mathrm{T}}, \boldsymbol{c}, \boldsymbol{b}^{\mathrm{T}}, 0)$ verändert die Differentialgleichung für $\tilde{y}$ nicht. Schließlich kann in der Zustandsgleichung $\tilde{y}$ durch $y - dx$ ersetzt werden.

b) Die Beobachtbarkeitsmatrix $\boldsymbol{V}$ ist im vorliegenden Fall eine Dreiecksmatrix, deren Elemente auf der Nebendiagonalen ausschließlich Einsen und oberhalb der Nebendiagonalen Nullen sind. Daher gilt $\det \boldsymbol{V} \neq 0$. Oder: Da $(\boldsymbol{A}, \boldsymbol{b}, \boldsymbol{c}^{\mathrm{T}}, 0)$ steuerbar ist, ist das duale System beobachtbar.

II. 4. Die Eigenwerte von $\boldsymbol{A}$ sind 1, 2 und 3. Zum Eigenwert 1 gehört der Eigenvektor $[1, \ 0, \ -3]^{\mathrm{T}}$, zum Eigenwert 2 der Eigenvektor $[0, \ -1, \ 4]^{\mathrm{T}}$ und zum Eigenwert 3 der Eigenvektor $[0, \ 0, \ 1]^{\mathrm{T}}$. Damit erhält man

$$\boldsymbol{M} = \begin{bmatrix} 1 & 0 & 0 \\ 0 & -1 & 0 \\ -3 & 4 & 1 \end{bmatrix}; \quad \boldsymbol{M}^{-1} = \begin{bmatrix} 1 & 0 & 0 \\ 0 & -1 & 0 \\ 3 & 4 & 1 \end{bmatrix}; \quad \tilde{\boldsymbol{A}} = \boldsymbol{M}^{-1}\boldsymbol{A}\boldsymbol{M} = \begin{bmatrix} 1 & 0 & 0 \\ 0 & 2 & 0 \\ 0 & 0 & 3 \end{bmatrix}.$$

II. 5. **a)** Das charakteristische Polynom lautet $\det(p\mathbf{E} - \boldsymbol{A}_1) = (p - \lambda)^3$; also liegt der dreifache Eigenwert $p = \lambda$ vor. Da die Matrix $\boldsymbol{A}_1$ einen Jordan-Block mit zwei Jordan-Kästchen der Ordnung $q_1 = 2$ bzw. $q_2 = 1$ darstellt, ist der Index des Eigenwerts $p = \lambda$ gleich $\max(q_1, q_2) = 2$ und damit das Minimalpolynom $(p - \lambda)^2$.

b) Man kann zunächst

$$e^{A_1 t} = \mathrm{diag}(e^{\mathbf{E}\lambda t} e^{L t}, e^{\lambda t}) \quad \text{mit} \quad \mathbf{E} = \begin{bmatrix} 1 & 0 \\ 0 & 1 \end{bmatrix}, \quad L = \begin{bmatrix} 0 & 1 \\ 0 & 0 \end{bmatrix}$$

schreiben und weiterhin, da $L^{\nu} = \mathbf{0}$ für $\nu \geqq 2$ gilt, aufgrund der Reihenentwicklung von $e^{Lt} = \mathbf{E} + L\,t$

$$e^{A_1 t} = e^{\lambda t} \begin{bmatrix} 1 & t & 0 \\ 0 & 1 & 0 \\ 0 & 0 & 1 \end{bmatrix}.$$

c) Da A_2 ein Jordan-Block ist mit drei Jordan-Kästchen der Ordnung $q_1 = 1$, $q_2 = 1$ bzw. $q_3 = 1$, ist der Index des dreifachen Eigenwerts $p = \lambda$ gleich $\max(q_1, q_2, q_3) = 1$ und damit das Minimalpolynom $(p - \lambda)$.

d) Nur das System mit der Matrix A_2 ist im Fall $\lambda = 0$ (marginal) stabil, da $p = 0$ *einfache* Nullstelle des Minimalpolynoms ist.

II. 6. Aus $\det(p\mathbf{E} - A) = 0$ erhält man die Eigenwerte der Matrix A zu $p_1 = -3$ und $p_2 = -4$. Nach dem Cayley-Hamilton-Theorem hat die Übergangsmatrix die Form $\Phi(t) = \alpha_0(t)\mathbf{E} + \alpha_1(t)A$. Andererseits gilt $e^{p_\mu t} = \alpha_0(t) + \alpha_1(t)p_\mu$ für $\mu = 1$ und $\mu = 2$, d.h. $e^{-3t} = \alpha_0(t) - 3\alpha_1(t)$ und $e^{-4t} = \alpha_0(t) - 4\alpha_1(t)$. Als Lösungen ergibt sich $\alpha_0(t) = 4e^{-3t} - 3e^{-4t}$ und $\alpha_1(t) = e^{-3t} - e^{-4t}$. Mit diesen Koeffizientenfunktionen erhält man aus obiger Formel die Matrix $\Phi(t)$. Eine alternative Lösungsmethode ist es zu zeigen, daß $\Phi(t)$ die gegebene Zustandsgleichung erfüllt.

II. 7. Die Steuerbarkeitsmatrix U_1 und die Beobachtbarkeitsmatrix V_2 lauten

$$U_1 = \begin{bmatrix} 0 & -75 & 0 \\ 3 & 60 & 0 \\ -1 & 12 & 15 \end{bmatrix}, \quad V_2 = \begin{bmatrix} 1 & 0 & 0 & 1 & -1 & 1 \\ 0 & 1 & -1 & 1 & 1 & -7 \\ -1 & 1 & 1 & -7 & 1 & 15 \end{bmatrix}^{\mathrm{T}}.$$

Da $\mathrm{rg}\,U_1 = 3$ und $\mathrm{rg}\,V_2 = 3$ gilt, wovon man sich leicht überzeugen kann, ist das erste System steuerbar und das zweite System beobachtbar.

II. 8. Es empfiehlt sich, zur Lösung der Aufgabe das System zu transformieren, so daß die A-Matrix Diagonalgestalt erhält. Aus der gegebenen A-Matrix erhält man zunächst das charakteristische Polynom $\det(p\mathbf{E} - A) = p^2 + 3p + 2 = (p+1)(p+2)$, also die Eigenwerte $p_1 = -1$ und $p_2 = -2$ mit den Eigenvektoren $[1, \ -1]^{\mathrm{T}}$ bzw. $[2, \ -1]^{\mathrm{T}}$. Damit ergeben sich die Matrizen

$$M = \begin{bmatrix} 1 & 2 \\ -1 & -1 \end{bmatrix}, \quad M^{-1} = \begin{bmatrix} -1 & -2 \\ 1 & 1 \end{bmatrix}, \quad \tilde{A} = M^{-1} A M = \begin{bmatrix} -1 & 0 \\ 0 & -2 \end{bmatrix},$$

$$\tilde{b} = M^{-1} b = \begin{bmatrix} -1 \\ 1 \end{bmatrix}, \quad \zeta(0) = M^{-1} z(0) = \begin{bmatrix} 1 \\ 0 \end{bmatrix}, \quad \tilde{\Phi}(t) = \begin{bmatrix} e^{-t} & 0 \\ 0 & e^{-2t} \end{bmatrix}.$$

Das transformierte System lautet

$$\frac{d\zeta}{dt} = \tilde{A}\,\zeta + \tilde{b}\,x\,.$$

a) Die Übergangsmatrix des Systems wird

$$\Phi(t) = M\tilde{\Phi}(t)M^{-1} = \begin{bmatrix} 2e^{-2t} - e^{-t} & 2e^{-2t} - 2e^{-t} \\ e^{-t} - e^{-2t} & 2e^{-t} - e^{-2t} \end{bmatrix}.$$

b) Da die Steuerbarkeitsmatrix $\tilde{V} = [\,\tilde{b}, \ \tilde{A}\tilde{b}\,]$ des transformierten Systems nichtsingulär ist, gilt dies auch für $V = [\,b, Ab\,]$; d.h. das System ist steuerbar.

c) Es wird $x(t)$ so gewählt, daß der Anfangszustand $\zeta(0)$ bis zum Zeitpunkt t_1 in den Nullzustand $\zeta(t_1) = \mathbf{0}$ übergeführt ist, und von da an wird $x(t)$ beständig Null gewählt. Den Verlauf von $x(t)$ im Intervall $0 \leqq t \leqq t_1$ erhält man gemäß Kapitel II, Abschnitt 3.4.2 als

$$x(t) = -\tilde{b}^{\mathrm{T}}\tilde{\Phi}^{\mathrm{T}}(-t)\tilde{W}_s^{-1}(t_1)\zeta(0) \quad \text{mit} \quad \tilde{W}_s(t_1) = \int_0^{t_1} \tilde{\Phi}(-\sigma)\tilde{b}\,\tilde{b}^{\mathrm{T}}\tilde{\Phi}^{\mathrm{T}}(-\sigma)\,d\sigma\,.$$

Mit den berechneten Matrizen $\tilde{\Phi}, \tilde{b}, \zeta(0)$ findet man mit $t_1 = \ln 2$ nach einer einfachen Zwischenrechnung

$$\tilde{W}_s(t_1) = \begin{bmatrix} 3/2 & -7/3 \\ -7/3 & 15/4 \end{bmatrix} \quad \text{und} \quad \tilde{W}_s(t_1)^{-1} = \frac{72}{13}\begin{bmatrix} 15/4 & 7/3 \\ 7/3 & 3/2 \end{bmatrix}$$

und daraus

$$x(t) = \frac{1}{13}(270\,e^{t} - 168\,e^{2t}) \quad (0 \leqq t \leqq t_1).$$

II. 9. Im Fall $x_1 \equiv 0$ erhält man die Steuerbarkeitsmatrix $\boldsymbol{U}_1 = [\boldsymbol{b}_2, \boldsymbol{A}\boldsymbol{b}_2, \boldsymbol{A}^2\boldsymbol{b}_2]$ mit $\boldsymbol{b}_2 = [1, \ 0, \ 1]^T$, im Fall $x_2 \equiv 0$ lautet die Steuerbarkeitsmatrix $\boldsymbol{U}_2 = [\boldsymbol{b}_1, \boldsymbol{A}\boldsymbol{b}_1, \boldsymbol{A}^2\boldsymbol{b}_1]$ mit $\boldsymbol{b}_1 = [0, \ 1, \ 1]^T$, d.h.

$$\boldsymbol{U}_1 = \begin{bmatrix} 1 & 1 & 1+4a \\ 0 & a & 0 \\ 1 & a & a^2 \end{bmatrix}, \quad \boldsymbol{U}_2 = \begin{bmatrix} 0 & 4 & 0 \\ 1 & -1 & 1+4a \\ 1 & a & a^2 \end{bmatrix} \quad \text{mit } \det \boldsymbol{U}_1 = a(a^2 - 4a - 1), \ \det \boldsymbol{U}_2 = -4(a^2 - 4a - 1).$$

Damit $\det \boldsymbol{U}_1 \neq 0$ und $\det \boldsymbol{U}_2 \neq 0$ wird, muß $a \neq 0$, $a \neq 2 \pm \sqrt{5}$ verlangt werden.

II. 10. Aufgrund der Beziehung $\boldsymbol{\Phi}(t) = e^{\boldsymbol{A}t}$ mit $\boldsymbol{A} = \boldsymbol{K} + \operatorname{diag}(-1, -1, -2)$ (wobei $\boldsymbol{K}$ an der Stelle $(2,1)$ mit 1, überall sonst mit Nullelementen besetzt ist und daher die Beziehung $\boldsymbol{K}^\nu = \boldsymbol{0}$ für $\nu \geqq 2$ gilt) ergibt sich $\boldsymbol{\Phi}(t) = (\boldsymbol{E} + \boldsymbol{K}t)\operatorname{diag}(e^{-t}, e^{-t}, e^{-2t})$, damit $\boldsymbol{z}(t) = \boldsymbol{\Phi}(t)\boldsymbol{z}(0)$, also $z_1(t) = e^{-t}z_1(0)$, $z_2(t) = t\,e^{-t}z_1(0) + e^{-t}z_2(0)$, $z_3(t) = e^{-2t}z_3(0)$ für $t \geqq 0$. Hieraus folgt $y(t) = z_1(0)(e^{-t} + t\,e^{-t}) + z_2(0)e^{-t} + z_3(0)e^{-2t}$ für $t \geqq 0$. Den gewünschten Verlauf erhält man also bei Wahl von $z_1(0) = 1$, $z_2(0) = -1$, $z_3(0) = 0$, d.h. $\boldsymbol{z}(0) = [1, \ -1, \ 0]^T$. Da $t\,e^{-t}$ eine Eigenschwingung des Systems und das System beobachtbar ist, ließ sich die Aufgabe lösen.

II. 11. a) Wegen der Frobenius-Form der $\boldsymbol{A}$-Matrix erhält man direkt das charakteristische Polynom $D(p) = p^4 + 5p^3 + 11p^2 + kp + 6$. Nach Gl. (2.179) ergeben sich dann die Hurwitz-Determinanten zu $\Delta_1 = 5$, $\Delta_2 = 55 - k$, $\Delta_3 = -k^2 + 55k - 150$, $\Delta_4 = 6\Delta_3$. Die Stabilitätsforderung $\Delta_2 > 0$, $\Delta_3 > 0$ liefert die Einschränkung $(55/2) - (5/2)\sqrt{97} < k < (55/2) + (5/2)\sqrt{97}$ (etwa $2{,}9 < k < 52{,}1$). Es besteht Stabilität für $k = 20$ und $k = 50$, Instabilität für $k = 0$.

b) Als Beobachtbarkeitsmatrix erhält man für $k = 40$

$$\boldsymbol{V} = \begin{bmatrix} \boldsymbol{c}^T \\ \boldsymbol{c}^T\boldsymbol{A} \\ \boldsymbol{c}^T\boldsymbol{A}^2 \\ \boldsymbol{c}^T\boldsymbol{A}^3 \end{bmatrix} = \begin{bmatrix} 2 & 10 & 10 & 0 \\ 0 & 2 & 10 & 10 \\ -60 & -400 & -108 & -40 \\ 240 & 1540 & 40 & 92 \end{bmatrix}.$$

Man kann sich schnell davon überzeugen, daß $\det \boldsymbol{V} = 811456 \neq 0$ gilt, das System also beobachtbar ist.

c) Gemäß Kapitel II, Abschnitt 3.1, insbesondere Gl. (2.28), erhält man mit $\alpha_0 = 6$, $\alpha_1 = k$, $\alpha_2 = 11$, $\alpha_3 = 5$, $\beta_0 = 2$, $\beta_1 = 10$, $\beta_2 = 10$, $\beta_3 = 0$ und dadurch, daß man y durch $y - dx$ (mit $d = 1$) ersetzt, die Differentialgleichung

$$\frac{d^4y}{dt^4} + 5\frac{d^3y}{dt^3} + 11\frac{d^2y}{dt^2} + k\frac{dy}{dt} + 6y = \frac{d^4x}{dt^4} + 5\frac{d^3x}{dt^3} + 21\frac{d^2x}{dt^2} + (10+k)\frac{dx}{dt} + 8x.$$

Ein Signalflußdiagramm ist im Bild L.II.11 dargestellt.

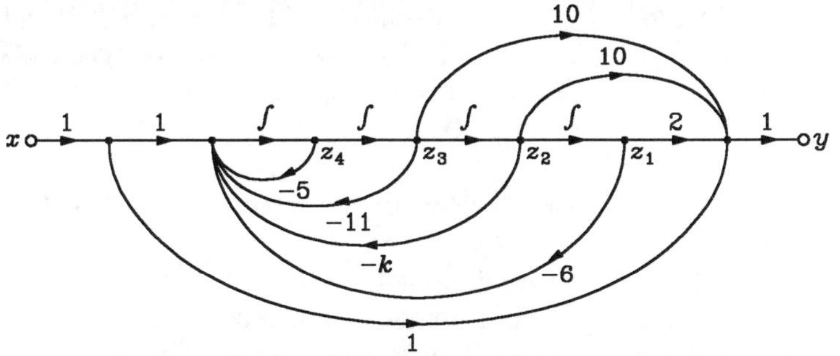

Bild L.II.11

II. 12. a) Man entnimmt dem Netzwerk direkt die Beziehungen $x_1 = -Ry + L\,dz_1/dt + z_2$, $y = -z_1 - (L/R_1)\,dz_1/dt$, $y = -C\,dz_2/dt - z_2/R + x_2$. Durch Auflösung nach dz_1/dt, dz_2/dt und y erhält man die gewünschte Zustandsdarstellung mit den Matrizen

$$\boldsymbol{A} = \begin{bmatrix} \dfrac{-R\,R_1}{L\,(R+R_1)} & \dfrac{-R_1}{L\,(R+R_1)} \\[2ex] \dfrac{R_1}{C\,(R+R_1)} & \dfrac{-(2R+R_1)}{C\,R\,(R+R_1)} \end{bmatrix}, \quad \boldsymbol{B} = \begin{bmatrix} \dfrac{R_1}{L\,(R+R_1)} & 0 \\[2ex] \dfrac{1}{C\,(R+R_1)} & \dfrac{1}{C} \end{bmatrix}, \quad \boldsymbol{c} = \begin{bmatrix} \dfrac{-R_1}{R+R_1} \\[2ex] \dfrac{1}{R+R_1} \end{bmatrix}, \quad \boldsymbol{d} = \begin{bmatrix} \dfrac{-1}{R+R_1} \\ 0 \end{bmatrix}.$$

Mit $R_1 = 2R$, $CR_1/2 = L/R_1 = T$ und der Normierung $t = \tau T$ ergeben sich die Systemmatrizen

$$\tilde{\boldsymbol{A}} = T\boldsymbol{A} = \begin{bmatrix} -\frac{1}{3} & -\frac{1}{3R} \\ \frac{2R}{3} & -\frac{4}{3} \end{bmatrix}, \quad \tilde{\boldsymbol{B}} = T\boldsymbol{B} = \begin{bmatrix} \frac{1}{3R} & 0 \\ \frac{1}{3} & R \end{bmatrix}, \quad \tilde{\boldsymbol{c}} = \begin{bmatrix} -\frac{2}{3} \\ \frac{1}{3R} \end{bmatrix}, \quad \tilde{\boldsymbol{d}} = \begin{bmatrix} -\frac{1}{3R} \\ 0 \end{bmatrix},$$

zu denen die Größen $\tilde{x}_1(\tau)$, $\tilde{x}_2(\tau)$, $\tilde{y}(\tau)$, $\tilde{z}_1(\tau)$, $\tilde{z}_2(\tau)$ gehören.

b) Den Systemmatrizen entnimmt man direkt das im Bild L.II.12 dargestellte Signalflußdiagramm.

c) Es ist die Beobachtbarkeit des Systems zu fordern, d.h. $\det \boldsymbol{V} \neq 0$. Da

$$\boldsymbol{V} = \begin{bmatrix} \tilde{\boldsymbol{c}}^{\mathrm{T}} \\ \tilde{\boldsymbol{c}}^{\mathrm{T}}\tilde{\boldsymbol{A}} \end{bmatrix} = \begin{bmatrix} -2/3 & 1/3R \\ 4/9 & -2/9R \end{bmatrix}$$

ist, gilt jedoch $\det \boldsymbol{V} = 0$.

d) Als Eigenwerte erhält man $p_1 = -2/3$ und $p_2 = -1$ als Nullstellen des charakteristischen Polynoms $\det(\mathbf{E}p - \tilde{\boldsymbol{A}}) = p^2 + (5/3)p + 2/3$. Nach dem Cayley-Hamilton-Theorem wird $\tilde{\boldsymbol{\Phi}}(\tau) = \alpha_0(\tau)\mathbf{E} + \alpha_1(\tau)\tilde{\boldsymbol{A}}$, wobei $\alpha_0(\tau)$ und $\alpha_1(\tau)$ aus den Gleichungen $e^{p_\mu \tau} = \alpha_0(\tau) + \alpha_1(\tau)p_\mu$ für $\mu = 1,2$ zu $\alpha_0(\tau) = 3e^{-2\tau/3} - 2e^{-\tau}$, $\alpha_1(\tau) = 3(e^{-2\tau/3} - e^{-\tau})$ ergeben. Auf diese Weise findet man

$$\tilde{\boldsymbol{\Phi}}(\tau) = \begin{bmatrix} 2\,e^{-2\tau/3} - e^{-\tau} & (e^{-\tau} - e^{-2\tau/3})/R \\ 2R(e^{-2\tau/3} - e^{-\tau}) & -e^{-2\tau/3} + 2\,e^{-\tau} \end{bmatrix}.$$

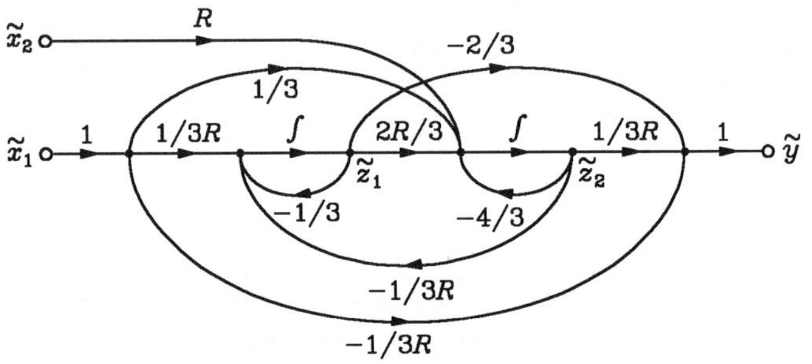

Bild L.II.12

II. 13. a) Unter Verwendung der beiden Induktivitätsströme als Zustandsvariablen z_1 und z_2 liefern die dem Netzwerk unmittelbar zu entnehmenden Beziehungen $L_1 \mathrm{d}z_1/\mathrm{d}t + R_1 z_1 = x$, $L_2 \mathrm{d}z_2/\mathrm{d}t + R_2 z_2 = x$ und $y = z_1 + z_2$ mit den gegebenen Größen für R_1, R_2, L_1 und L_2 die Zustandsbeschreibung

$$\begin{bmatrix} \mathrm{d}z_1/\mathrm{d}t \\ \mathrm{d}z_2/\mathrm{d}t \end{bmatrix} = \begin{bmatrix} -2 + \cos t & 0 \\ 0 & -1 + \cos t \end{bmatrix} \begin{bmatrix} z_1 \\ z_2 \end{bmatrix} + \begin{bmatrix} 2 \\ 1 \end{bmatrix} x, \quad y = [1, \ 1] \begin{bmatrix} z_1 \\ z_2 \end{bmatrix}.$$

b) Da $z_1 = \exp(2t_0 - 2t + \sin t - \sin t_0)$ und $z_2 = \exp(t_0 - t + \sin t - \sin t_0)$ die Lösungen der beiden Differentialgleichungen für $x \equiv 0$ (homogener Fall) mit $z_1(t_0) = z_2(t_0) = 1$ sind, lautet die Übergangsmatrix

$$\boldsymbol{\Phi}(t, t_0) = \begin{bmatrix} e^{2(t_0 - t) + \sin t - \sin t_0} & 0 \\ 0 & e^{t_0 - t + \sin t - \sin t_0} \end{bmatrix}.$$

c) Mit der in t und t_0 periodischen Matrix $\boldsymbol{P}(t, t_0) = \mathbf{E}\exp(\sin t - \sin t_0)$ und $\tilde{\boldsymbol{A}} = \operatorname{diag}(-2, -1)$ erhält man die Darstellung

$$\boldsymbol{\Phi}(t, t_0) = \boldsymbol{P}(t, t_0)\, e^{\tilde{\boldsymbol{A}} \cdot (t - t_0)} \quad \text{mit} \quad \boldsymbol{P}(t, t_0) \equiv \boldsymbol{P}(t + 2\pi, t_0) \equiv \boldsymbol{P}(t, t_0 + 2\pi).$$

d) Da die Eigenwerte $p_1 = -2$, $p_2 = -1$ der Matrix $\tilde{\boldsymbol{A}}$ in der linken Hälfte der p-Ebene liegen, ist das nicht erregte System stabil. Dies ist darauf zurückzuführen, daß das System passiv ist.

II. 14. Zunächst wird die Variablensubstitution $w = p + 1$, d.h. $p = w - 1$ durchgeführt. Man erhält so das Polynom

$$(w - 1)^3 + 8(w - 1)^2 + 22(w - 1) + 20 = w^3 + 5w^2 + 9w + 5,$$

von dem man mittels des Routh-Schemas oder der Hurwitz-Determinanten ($\Delta_1 = 5 > 0$, $\Delta_2 = 5 \cdot 9 - 5 = 40 > 0$, $\Delta_3 = 5\Delta_2 > 0$) nachweist, daß alle Nullstellen negativen Realteil haben; daher besitzen alle Nullstellen in p Realteile, die kleiner als -1 sind.

II. 15. **a)** Da $p^2 + a^2$ das charakteristische Polynom ist, sind $p_1 = \mathrm{j}a$ und $p_2 = -\mathrm{j}a$ die Eigenwerte. Sie sind zugleich einfache Nullstellen des Minimalpolynoms. Daher ist das nicht erregte System nach Satz II.12 marginal stabil.

b) Aufgrund des Cayley-Hamilton-Theorems erhält man $\boldsymbol{\Phi}(t) = \alpha_0(t)\mathbf{E} + \alpha_1(t)\boldsymbol{A}$, $\mathrm{e}^{\pm \mathrm{j}at} = \alpha_0(t) \pm \alpha_1(t)\mathrm{j}a$, d.h. $\alpha_0(t) = \cos at$, $\alpha_1(t) = (\sin at)/a$ und damit

$$\boldsymbol{\Phi}(t) = \begin{bmatrix} \cos at & -\sin at \\ \sin at & \cos at \end{bmatrix}, \quad \boldsymbol{\Psi}(t) = \boldsymbol{\Phi}(t)\boldsymbol{b} = \begin{bmatrix} b\cos at \\ b\sin at \end{bmatrix}.$$

Da $\boldsymbol{\Psi}(t)$ nicht absolut integrierbar ist, liegt ein instabiles erregtes System vor.

c) Das charakteristische Polynom p^2 liefert den doppelten Eigenwert $p = 0$. Man erhält die Jordan-Matrix

$$\boldsymbol{J} = \boldsymbol{M}^{-1}\boldsymbol{A}\boldsymbol{M} = \begin{bmatrix} 0 & 1 \\ 0 & 0 \end{bmatrix} \quad \text{mit} \quad \boldsymbol{M} = \begin{bmatrix} 0 & 1 \\ a & 0 \end{bmatrix}, \quad \boldsymbol{M}^{-1} = \begin{bmatrix} 0 & 1/a \\ 1 & 0 \end{bmatrix},$$

die erkennen läßt, daß der Index des Eigenwerts 2, also $p = 0$ eine doppelte Nullstelle des Minimalpolynoms ist. Das nicht erregte System ist daher instabil. Aufgrund des Cayley-Hamilton-Theorems erhält man $\boldsymbol{\Phi}(t) = \alpha_0(t)\mathbf{E} + \alpha_1(t)\boldsymbol{A}$ mit $\mathrm{e}^{p_0 t} = \alpha_0(t) + \alpha_1(t)p_0$, $t\,\mathrm{e}^{p_0 t} = \alpha_1(t)$ für $p_0 = 0$, also $\alpha_0(t) = 1$, $\alpha_1(t) = t$ und

$$\boldsymbol{\Phi}(t) = \begin{bmatrix} 1 & 0 \\ at & 1 \end{bmatrix}, \quad \boldsymbol{\Psi}(t) = \boldsymbol{\Phi}(t)\boldsymbol{b} = \begin{bmatrix} b \\ abt \end{bmatrix},$$

woraus die Instabilität des erregten Systems folgt, da $\boldsymbol{\Psi}(t)$ nicht absolut integrierbar ist. Anmerkung: Als Minimalpolynom kommen nur p oder p^2 in Betracht, wobei p ausscheidet, da $\boldsymbol{A} \neq \mathbf{0}$ gilt.

II. 16. Zur Abspaltung eines nicht steuerbaren Teilsystems bildet man zunächst die Steuerbarkeitsmatrix $\boldsymbol{U} = [\boldsymbol{b}, \boldsymbol{A}\boldsymbol{b}, \boldsymbol{A}^2\boldsymbol{b}, \boldsymbol{A}^3\boldsymbol{b}]$. Sie besteht aus den Spalten $[1,-1,1,0]^{\mathrm{T}}$, $[0,1,-1,0]^{\mathrm{T}}$, $[-2,-1,1,0]^{\mathrm{T}}$ und $[6,1,-1,0]^{\mathrm{T}}$, von denen die beiden letzten von den zwei ersten linear abhängen. Daher werden jene durch die beiden Spalten $[0,0,1,0]^{\mathrm{T}}$ und $[0,0,0,1]^{\mathrm{T}}$ ersetzt, wodurch die nichtsinguläre Matrix $\boldsymbol{M}$ entsteht. Damit erhält man gemäß Satz II.8

$$\tilde{\boldsymbol{A}} = \boldsymbol{M}^{-1}\boldsymbol{A}\boldsymbol{M} = \begin{bmatrix} 0 & -2 & -2 & 1 \\ 1 & -3 & -4 & 3 \\ 0 & 0 & -3 & 1 \\ 0 & 0 & 0 & -2 \end{bmatrix}, \quad \tilde{\boldsymbol{b}} = \boldsymbol{M}^{-1}\boldsymbol{b} = \begin{bmatrix} 1 \\ 0 \\ 0 \\ 0 \end{bmatrix}, \quad \tilde{\boldsymbol{c}} = \boldsymbol{M}^{\mathrm{T}}\boldsymbol{c} = \begin{bmatrix} 1 \\ -1 \\ 1 \\ -1 \end{bmatrix}$$

$$\text{mit} \quad \boldsymbol{M} = \begin{bmatrix} 1 & 0 & 0 & 0 \\ -1 & 1 & 0 & 0 \\ 1 & -1 & 1 & 0 \\ 0 & 0 & 0 & 1 \end{bmatrix}, \quad \boldsymbol{M}^{-1} = \begin{bmatrix} 1 & 0 & 0 & 0 \\ 1 & 1 & 0 & 0 \\ 0 & 1 & 1 & 0 \\ 0 & 0 & 0 & 1 \end{bmatrix} \quad \text{und} \quad \tilde{\boldsymbol{U}} = \begin{bmatrix} 1 & 0 & -2 & 6 \\ 0 & 1 & -3 & 7 \\ 0 & 0 & 0 & 0 \\ 0 & 0 & 0 & 0 \end{bmatrix}.$$

Weiterhin erhält man durch Transformation der Subsysteme mit den $\boldsymbol{A}$-Matrizen

$$\tilde{\boldsymbol{A}}_{11} = \begin{bmatrix} 0 & -2 \\ 1 & -3 \end{bmatrix}, \quad \tilde{\boldsymbol{A}}_{22} = \begin{bmatrix} -3 & 1 \\ 0 & -2 \end{bmatrix}$$

gemäß Satz II.9 nach Zusammenfassung der Transformation

$$\boldsymbol{A}_k = \overline{\boldsymbol{M}}^{-1}\tilde{\boldsymbol{A}}\overline{\boldsymbol{M}} = \begin{bmatrix} -1 & 0 & 2 & 0 \\ 1 & -2 & -4 & -1 \\ 0 & 0 & -3 & 0 \\ 0 & 0 & 0 & -2 \end{bmatrix}, \quad \boldsymbol{b}_k = \overline{\boldsymbol{M}}^{-1}\tilde{\boldsymbol{b}} = \begin{bmatrix} 1 \\ 0 \\ 0 \\ 0 \end{bmatrix}, \quad \boldsymbol{c}_k = \overline{\boldsymbol{M}}^{\mathrm{T}}\tilde{\boldsymbol{c}} = \begin{bmatrix} 1 \\ 0 \\ 1 \\ 0 \end{bmatrix} \quad \text{mit} \quad \overline{\boldsymbol{M}} = \begin{bmatrix} 1 & 1 & 0 & 0 \\ 0 & 1 & 0 & 0 \\ 0 & 0 & 1 & 1 \\ 0 & 0 & 0 & 1 \end{bmatrix},$$

$$\overline{\boldsymbol{M}}^{-1} = \begin{bmatrix} 1 & -1 & 0 & 0 \\ 0 & 1 & 0 & 0 \\ 0 & 0 & 1 & -1 \\ 0 & 0 & 0 & 1 \end{bmatrix} \quad \text{sowie} \quad \boldsymbol{M}_k = \boldsymbol{M}\overline{\boldsymbol{M}} = \begin{bmatrix} 1 & 1 & 0 & 0 \\ -1 & 0 & 0 & 0 \\ 1 & 0 & 1 & 1 \\ 0 & 0 & 0 & 1 \end{bmatrix}, \quad \boldsymbol{M}_k^{-1} = \begin{bmatrix} 0 & -1 & 0 & 0 \\ 1 & 1 & 0 & 0 \\ 0 & 1 & 1 & -1 \\ 0 & 0 & 0 & 1 \end{bmatrix}.$$

II. 17. Ist $\boldsymbol{V}$ die Beobachtbarkeitsmatrix des gegebenen Systems, dann ist die Transformationsmatrix $\boldsymbol{M}$ durch die Forderung $\tilde{\boldsymbol{V}} = \boldsymbol{V}\boldsymbol{M} = \mathbf{E}$ bestimmt, d.h. durch

$$\boldsymbol{M} = \begin{bmatrix} 1 & 1 & 0 \\ -3 & -1 & 1 \\ 3 & 2 & -4 \end{bmatrix}^{-1} = \frac{1}{7}\begin{bmatrix} -2 & -4 & -1 \\ 9 & 4 & 1 \\ 3 & -1 & -2 \end{bmatrix}.$$

Damit erhält man gemäß den Gln. (2.44a-d)

$$\tilde{\boldsymbol{A}} = \begin{bmatrix} 0 & 1 & 0 \\ 0 & 0 & 1 \\ -5 & -5 & -3 \end{bmatrix}, \quad \tilde{\boldsymbol{b}} = \begin{bmatrix} 2 \\ -4 \\ 5 \end{bmatrix}, \quad \tilde{\boldsymbol{c}} = \begin{bmatrix} 1 \\ 0 \\ 0 \end{bmatrix}, \quad \tilde{d} = 0 .$$

Für die zweite Transformation ist $\tilde{\boldsymbol{U}} = \boldsymbol{M}^{-1}\boldsymbol{U} = \mathbf{E}$ zu fordern, d.h. man erhält jetzt als Transformationsmatrix

$$\boldsymbol{M} = \begin{bmatrix} 1 & -1 & 0 \\ 1 & -3 & 5 \\ 0 & -1 & 0 \end{bmatrix} = \begin{bmatrix} 1 & 0 & -1 \\ 0 & 0 & -1 \\ -1/5 & 1/5 & -2/5 \end{bmatrix}^{-1}$$

und dann gemäß den Gln. (2.44a-d)

$$\tilde{\boldsymbol{A}} = \begin{bmatrix} 0 & 0 & -5 \\ 1 & 0 & -5 \\ 0 & 1 & -3 \end{bmatrix}, \quad \tilde{\boldsymbol{b}} = \begin{bmatrix} 1 \\ 0 \\ 0 \end{bmatrix}, \quad \tilde{\boldsymbol{c}} = \begin{bmatrix} 2 \\ -4 \\ 5 \end{bmatrix}, \quad \tilde{d} = 0 .$$

II. 18. Das charakteristische Polynom des offenen Systems lautet $\det(p\mathbf{E}-\boldsymbol{A}) = p^2 - 3p + 3$, das des rückgekoppelten Systems $(p+1)(p+2) = p^2 + 3p + 2$. Damit erhält man den transformierten Regelvektor $\tilde{\boldsymbol{k}}^{\mathrm{T}} = [3-2, -3-3] = [1, -6]$ und die Transformationsmatrix

$$\boldsymbol{M} = \boldsymbol{U}\boldsymbol{\Delta} = \begin{bmatrix} 2 & 1 \\ 1 & 4 \end{bmatrix} \begin{bmatrix} -3 & 1 \\ 1 & 0 \end{bmatrix} = \begin{bmatrix} -5 & 2 \\ 1 & 1 \end{bmatrix} \quad \text{mit} \quad \boldsymbol{M}^{-1} = \frac{1}{7} \begin{bmatrix} -1 & 2 \\ 1 & 5 \end{bmatrix}.$$

Schließlich erhält man für den Regelvektor

$$\boldsymbol{k}^{\mathrm{T}} = \tilde{\boldsymbol{k}}^{\mathrm{T}}\boldsymbol{M}^{-1} = [-1, -4] .$$

II. 19. **a)** Durch die Substitution $\tilde{y}[n] = y[n] - x[n]$ erhält man die Differenzengleichung

$$\tilde{y}[n+3] - \tilde{y}[n+2] + \tilde{y}[n+1] - \tilde{y}[n] = 3x[n+2] + 2x[n+1] + 5x[n],$$

welche gemäß den Gln. (2.215) und (2.216) im Zustandsraum beschrieben werden kann mit den Matrizen

$$\boldsymbol{A} = \begin{bmatrix} 0 & 1 & 0 \\ 0 & 0 & 1 \\ 1 & -1 & 1 \end{bmatrix}, \quad \boldsymbol{b} = \begin{bmatrix} 0 \\ 0 \\ 1 \end{bmatrix}, \quad \boldsymbol{c}^{\mathrm{T}} = [5, \ 2, \ 3]$$

und $d = 1$, wenn man die Substitution rückgängig macht.

b) Aus dem charakteristischen Polynom $\det(z\mathbf{E} - \boldsymbol{A}) = z^3 - z^2 + z - 1 = (z-1)(z^2+1)$ folgen die Eigenwerte $z_1 = 1$, $z_2 = \mathrm{j}$, $z_3 = -\mathrm{j}$; entsprechende Eigenvektoren sind $[1, 1, 1]^{\mathrm{T}}$, $[\mathrm{j}, -1, -\mathrm{j}]^{\mathrm{T}}$, $[\mathrm{j}, 1, -\mathrm{j}]^{\mathrm{T}}$. Damit erhält man

$$\boldsymbol{M} = \begin{bmatrix} 1 & \mathrm{j} & \mathrm{j} \\ 1 & -1 & 1 \\ 1 & -\mathrm{j} & -\mathrm{j} \end{bmatrix} \quad \text{und} \quad \boldsymbol{M}^{-1} = \frac{1}{4} \begin{bmatrix} 2 & 0 & 2 \\ 1-\mathrm{j} & -2 & 1+\mathrm{j} \\ -1-\mathrm{j} & 2 & -1+\mathrm{j} \end{bmatrix}$$

und hieraus folgt gemäß den Gln. (2.220a-d)

$$\tilde{\boldsymbol{A}} = \begin{bmatrix} 1 & 0 & 0 \\ 0 & \mathrm{j} & 0 \\ 0 & 0 & -\mathrm{j} \end{bmatrix}, \quad \tilde{\boldsymbol{b}} = \frac{1}{4} \begin{bmatrix} 2 \\ 1+\mathrm{j} \\ -1+\mathrm{j} \end{bmatrix}, \quad \tilde{\boldsymbol{c}}^{\mathrm{T}} = [10, \ -2+2\mathrm{j}, \ 2+2\mathrm{j}], \quad \tilde{d} = 1 .$$

c) Das System $(\hat{\boldsymbol{A}}, \hat{\boldsymbol{b}}, \hat{\boldsymbol{c}}^{\mathrm{T}}, d)$ ist genau dann äquivalent zum System $(\boldsymbol{A}, \boldsymbol{b}, \boldsymbol{c}^{\mathrm{T}}, d)$, wenn eine nichtsinguläre Matrix $\hat{\boldsymbol{M}}$ existiert, so daß $\hat{\boldsymbol{M}}\hat{\boldsymbol{A}} = \boldsymbol{A}\hat{\boldsymbol{M}}$, $\hat{\boldsymbol{M}}\hat{\boldsymbol{b}} = \boldsymbol{b}$, $\hat{\boldsymbol{c}}^{\mathrm{T}} = \boldsymbol{c}^{\mathrm{T}}\hat{\boldsymbol{M}}$ gilt. Man findet

$$\hat{\boldsymbol{M}} = \begin{bmatrix} 0 & 0 & -1 \\ 0 & 1 & 0 \\ -1 & 0 & 0 \end{bmatrix}.$$

II. 20. **a)** Aus den Zustandsgleichungen erhält man auf direktem Weg für $\nu = 0, 1, 2, 3$

$$\boldsymbol{z}[n+\nu] = \boldsymbol{A}^{\nu}\boldsymbol{z}[n] + \sum_{\mu=0}^{\nu-1} \boldsymbol{A}^{\mu}\boldsymbol{b}\, x[n+\nu-1-\mu], \quad y[n+\nu] = \boldsymbol{c}^{\mathrm{T}}\boldsymbol{A}^{\nu}\boldsymbol{z}[n] + \boldsymbol{c}^{\mathrm{T}} \sum_{\mu=0}^{\nu-1} \boldsymbol{A}^{\mu}\boldsymbol{b}\, x[n+\nu-1-\mu]$$

(wobei für $\nu = 0$ die Summen entfallen). Aus der zweiten Gleichung folgt für $\nu = 0, 1, 2$

$$\begin{bmatrix} y[n] \\ y[n+1] - \boldsymbol{c}^{\mathrm{T}}\boldsymbol{b}\,x[n] \\ y[n+2] - \boldsymbol{c}^{\mathrm{T}}\boldsymbol{A}\boldsymbol{b}\,x[n] - \boldsymbol{c}^{\mathrm{T}}\boldsymbol{b}\,x[n+1] \end{bmatrix} = \begin{bmatrix} \boldsymbol{c}^{\mathrm{T}}\boldsymbol{z}[n] \\ \boldsymbol{c}^{\mathrm{T}}\boldsymbol{A}\,\boldsymbol{z}[n] \\ \boldsymbol{c}^{\mathrm{T}}\boldsymbol{A}^2\boldsymbol{z}[n] \end{bmatrix} = \boldsymbol{V}\boldsymbol{z}[n] \ ,$$

was zu beweisen war. Diese Beziehung, nach $\boldsymbol{z}[n]$ aufgelöst, wird in obige Gleichung für $y[n+3]$ eingesetzt. Auf diese Weise erhält man

$$y[n+3] = \boldsymbol{c}^{\mathrm{T}}\boldsymbol{A}^3\boldsymbol{V}^{-1}\begin{bmatrix} y[n] \\ y[n+1] - \boldsymbol{c}^{\mathrm{T}}\boldsymbol{b}\,x[n] \\ y[n+2] - \boldsymbol{c}^{\mathrm{T}}\boldsymbol{A}\,\boldsymbol{b}\,x[n] - \boldsymbol{c}^{\mathrm{T}}\boldsymbol{b}\,x[n+1] \end{bmatrix} + \boldsymbol{c}^{\mathrm{T}}\boldsymbol{A}^2\boldsymbol{b}\,x[n]$$

$$+ \boldsymbol{c}^{\mathrm{T}}\boldsymbol{A}\,\boldsymbol{b}\,x[n+1] + \boldsymbol{c}^{\mathrm{T}}\boldsymbol{b}\,x[n+2] \ .$$

b) Für das Zahlenbeispiel erhält man

$$\boldsymbol{V} = \begin{bmatrix} 0 & 0 & 1 \\ 2 & 2 & 1 \\ 6 & 4 & 1 \end{bmatrix}, \quad \boldsymbol{V}^{-1} = \begin{bmatrix} 1/2 & -1 & 1/2 \\ -1 & 3/2 & -1/2 \\ 1 & 0 & 0 \end{bmatrix},$$

$$y[n+3] = [12,\ 8,\ 1]\begin{bmatrix} 1/2 & -1 & 1/2 \\ -1 & 3/2 & -1/2 \\ 1 & 0 & 0 \end{bmatrix}\begin{bmatrix} y[n] \\ y[n+1] - 2x[n] \\ y[n+2] - 18x[n] - 2x[n+1] \end{bmatrix}$$

$$+ 42x[n] + 18x[n+1] + 2x[n+2] \ ,$$

also nach kurzer Zwischenrechnung die Differenzengleichung

$$y[n+3] - 2y[n+2] + y[n] = 2x[n+2] + 14x[n+1] + 6x[n] \ .$$

II. 21. Aufgrund der Gln. (2.215) und (2.216) erhält man eine Zustandsbeschreibung mit den Matrizen

$$\boldsymbol{A} = \begin{bmatrix} 0 & 1 & 0 \\ 0 & 0 & 1 \\ -1 & -1 & 1 \end{bmatrix}, \quad \boldsymbol{b} = \begin{bmatrix} 0 \\ 0 \\ 1 \end{bmatrix}, \quad \boldsymbol{c}^{\mathrm{T}} = [1,\ 1,\ 1]\ , \quad d = 0\ .$$

Daraus folgt unmittelbar das im Bild L.II.21 gezeigte Signalflußdiagramm.

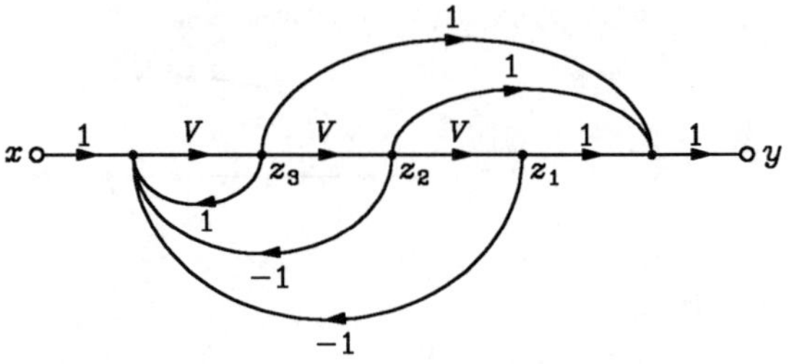

Bild L.II.21

II. 22. a) Bild L.II.22 zeigt das direkt aus den gegebenen Zustandsgleichungen folgende Signalflußdiagramm.

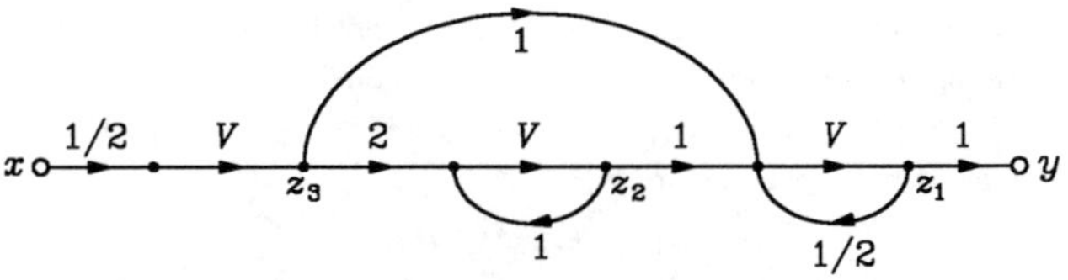

Bild L.II.22

b) Aufgrund des Cayley-Hamilton-Theorems wählt man den Ansatz $\boldsymbol{\Phi}[n] = \boldsymbol{A}^n = \alpha_0[n]\mathbf{E} + \alpha_1[n]\boldsymbol{A} + \alpha_2[n]\boldsymbol{A}^2$. Die Funktionen $\alpha_\mu[n]$ ($\mu = 0,1,2$) bestimmen sich aus der Beziehung $z_\mu^n = \alpha_0[n] + \alpha_1[n]z_\mu + \alpha_2[n]z_\mu^2$ ($\mu = 1,2,3$), wobei $z_1 = 1/2$, $z_2 = 1$, $z_3 = 0$ die Eigenwerte der Matrix $\boldsymbol{A}$ sind. Man erhält $\alpha_0[n] \equiv 0$, $\alpha_1[n] = 2^{2-n} - 1$, $\alpha_2[n] = 2 - 2^{2-n}$ und somit für $n \geqq 1$

$$\boldsymbol{\Phi}[n] = \boldsymbol{A}^n = \begin{bmatrix} 2^{-n} & 2 - 2^{1-n} & 4 - 3\cdot 2^{1-n} \\ 0 & 1 & 2 \\ 0 & 0 & 0 \end{bmatrix}, \quad \text{für} \quad n = 0 \quad \text{gilt} \quad \boldsymbol{\Phi}[n] = \mathbf{E}\ .$$

c) Gemäß Gln. (2.224) und (2.228) für $n_0 = 0$ gilt

$$y[n] = \boldsymbol{c}^{\mathrm{T}} \{\boldsymbol{\Phi}[n]\boldsymbol{z}[0] + \sum_{\nu=0}^{n-1} \boldsymbol{\Phi}[n-\nu-1]\boldsymbol{b}x[\nu]\} = 6 - 7\cdot 2^{-n} + \sum_{\nu=0}^{n-1} (2 - 3\cdot 2^{\nu+1-n})2^{-\nu} ,$$

d.h.

$$y[n] = 10 - 11\cdot 2^{-n} - 3n\cdot 2^{1-n} \quad \text{für} \quad n \geqq 1 , \quad y[0] = 1 .$$

d) Da $z = 1$ ein einfacher Pol ist, liegt (marginale) Stabilität vor.

II. 23. Man hat $x[n]$ derart zu wählen, daß der Zustandsvektor $\boldsymbol{z}[n]$ vom Anfangszustand $\boldsymbol{z}[0]$ den Nullzustand zum Zeitpunkt $n = 3$ erreicht und $x[n] \equiv 0$ für $n \geqq 3$ gilt. Nach Gl. (2.260) erhält man

$$\boldsymbol{z}[3] = \boldsymbol{A}^3\boldsymbol{z}[0] + [\boldsymbol{b}, \boldsymbol{Ab}, \boldsymbol{A}^2\boldsymbol{b}]\,[x[2], x[1], x[0]]^{\mathrm{T}}$$

und hieraus mit $\boldsymbol{U} = [\boldsymbol{b}, \boldsymbol{Ab}, \boldsymbol{A}^2\boldsymbol{b}]$ die Werte $x[0], x[1]$ und $x[2]$ zu

$$\begin{bmatrix} x[2] \\ x[1] \\ x[0] \end{bmatrix} = \boldsymbol{U}^{-1}(\boldsymbol{z}[3] - \boldsymbol{A}^3\boldsymbol{z}[0]) = \begin{bmatrix} 1 & 3 & 2 \\ 0 & -1 & -2 \\ 0 & 0 & 1 \end{bmatrix} \left(\begin{bmatrix} 0 \\ 0 \\ 0 \end{bmatrix} - \begin{bmatrix} 4 \\ -5/2 \\ 2 \end{bmatrix} \right) = \begin{bmatrix} -1/2 \\ 3/2 \\ -2 \end{bmatrix} .$$

II. 24. a) Da die Determinante der Steuerbarkeitsmatrix mit den Spalten $\boldsymbol{b} = [0, 1]^{\mathrm{T}}, \boldsymbol{Ab} = [1, 0]$ den Wert -1 ($\neq 0$) hat, ist das System steuerbar. Analog zu Aufgabe II.23 fordert man $\boldsymbol{z}[2] = \boldsymbol{0}$ und $x[n] \equiv 0$ für $n \geqq 2$, also

$$\boldsymbol{z}[2] = \boldsymbol{A}^2\boldsymbol{z}[0] + [\boldsymbol{b}, \boldsymbol{Ab}][x[1], x[0]]^{\mathrm{T}} ,$$

d.h.

$$\begin{bmatrix} x[1] \\ x[0] \end{bmatrix} = \boldsymbol{U}^{-1}(\boldsymbol{z}[2] - \boldsymbol{A}^2\boldsymbol{z}[0]) = \begin{bmatrix} 0 & 1 \\ 1 & 0 \end{bmatrix} \left(\begin{bmatrix} 0 \\ 0 \end{bmatrix} - \begin{bmatrix} 1 \\ 0 \end{bmatrix} \right) = \begin{bmatrix} 0 \\ -1 \end{bmatrix} .$$

b) Aus der zu stellenden Forderung

$$\det \boldsymbol{V} = \det \begin{bmatrix} \alpha & \beta \\ -\alpha & \alpha \end{bmatrix} = \alpha(\alpha + \beta) = 0$$

findet man $\alpha = 0$ (β beliebig) und $\alpha = -\beta$ als Lösungen.

c) Die Forderung $y[0] = [1, \ 1]\boldsymbol{z}[0] = 0$ kann beispielsweise durch $\boldsymbol{z}[0] = \boldsymbol{0}$ oder $\boldsymbol{z}[0] = [-1, \ 1]^{\mathrm{T}}$ erfüllt werden.

II. 25. a) Bild L.II.25 zeigt ein Signalflußdiagramm.

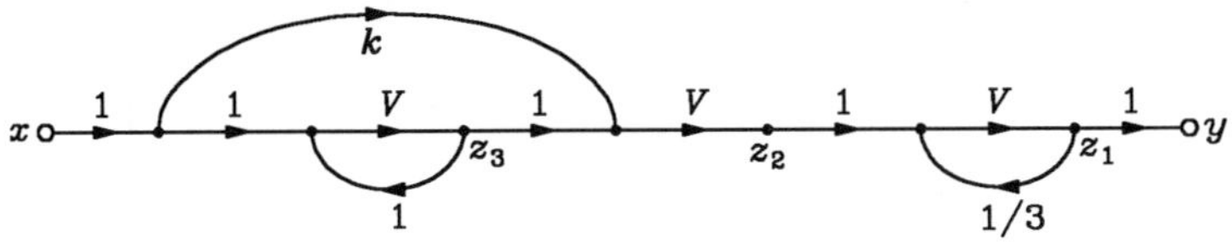

Bild L.II.25

b) Wegen

$$\det \boldsymbol{U} = \det \begin{bmatrix} 0 & k & 1 + k/3 \\ k & 1 & 1 \\ 1 & 1 & 1 \end{bmatrix} = (\frac{2k}{3} - 1)(1 - k)$$

ist das System für alle $k \neq 3/2$ und $k \neq 1$ steuerbar.

c) Aufgrund des Cayley-Hamilton-Theorems erhält man $\boldsymbol{\Phi}[n] = \boldsymbol{A}^n = \alpha_0[n]\mathbf{E} + \alpha_1[n]\boldsymbol{A} + \alpha_2[n]\boldsymbol{A}^2$, wobei die Koeffizienten $\alpha_\mu[n]$ ($\mu = 0, 1, 2$) mittels der Eigenwerte $z_1 = 1/3$, $z_2 = 0$, $z_3 = 1$ von $\boldsymbol{A}$ durch $z_\nu^n = \alpha_0[n] + \alpha_1[n]z_\nu + \alpha_2[n]z_\nu^2$ ($\nu = 1, 2, 3$) zu $\alpha_0 = 0$, $\alpha_1 = (3^{2-n} - 1)/2$, $\alpha_2 = (3 - 3^{2-n})/2$ bestimmt werden. Damit ergibt sich für $n \geqq 1$

$$\boldsymbol{\Phi}[n] = \begin{bmatrix} 3^{-n} & 3^{1-n} & (3 - 3^{2-n})/2 \\ 0 & 0 & 1 \\ 0 & 0 & 1 \end{bmatrix} \quad \text{mit} \quad \boldsymbol{A}^2 = \begin{bmatrix} 1/9 & 1/3 & 1 \\ 0 & 0 & 1 \\ 0 & 0 & 1 \end{bmatrix} .$$

d) Man erhält

$$\boldsymbol{z}[1] = \boldsymbol{A}\,\boldsymbol{z}[0] + \boldsymbol{b} = [4/3, (1 + k), 2]^{\mathrm{T}} ; \quad \boldsymbol{z}[2] = \boldsymbol{A}\,\boldsymbol{z}[1] = [(13/9 + k), 2, 2]^{\mathrm{T}}$$

und für $n \geqq 3$

$$\boldsymbol{z}[n] = \boldsymbol{\Phi}[n-1]\boldsymbol{z}[1] = \begin{bmatrix} 3^{1-n} & 3^{2-n} & \frac{1}{2}(3 - 3^{3-n}) \\ 0 & 0 & 1 \\ 0 & 0 & 1 \end{bmatrix} \begin{bmatrix} 4/3 \\ 1 + k \\ 2 \end{bmatrix} = \begin{bmatrix} 3 + 3^{-n}(9k - 14) \\ 2 \\ 2 \end{bmatrix} ,$$

schließlich $y[0]=1$, $y[1]=4/3$, $y[2]=13/9+k$, $y[n]=3+3^{-n}(9k-14)$ $(n\geqq 3)$.

e) Aus den Zustandsdifferenzengleichungen folgt $y[n+1]=y[n]/3+z_2[n]$, $z_2[n+1]=z_3[n]+k\,x[n]$, $z_3[n+1]=z_3[n]+x[n]$. Aus den beiden ersten dieser Gleichungen erhält man die Beziehung $z_3[n]=y[n+2]-y[n+1]/3-k\,x[n]$, welche, in die dritte der Gleichungen eingesetzt, schließlich $y[n+3]-(4/3)y[n+2]+(1/3)y[n+1]=k\,x[n+1]+(1-k)x[n]$ liefert.

II. 26. **a)** Man entnimmt dem Signalflußdiagramm direkt die Zustandsbeschreibung

$$\boldsymbol{z}[n+1]=\begin{bmatrix}1/2 & 0 & \beta\\ \alpha & 3/2 & -3/2\\ 0 & 1 & -1\end{bmatrix}\boldsymbol{z}[n]+\begin{bmatrix}0\\1\\0\end{bmatrix}x[n]\,,\quad y[n]=[0,\ 0,\ 1]\boldsymbol{z}[n]\,.$$

b) Wegen

$$\det\boldsymbol{U}=\det\begin{bmatrix}0 & 0 & \beta\\ 1 & 3/2 & 3/4\\ 0 & 1 & 1/2\end{bmatrix}=\beta\,,\quad \det\boldsymbol{V}=\det\begin{bmatrix}0 & 0 & 1\\ 0 & 1 & -1\\ \alpha & 1/2 & -1/2\end{bmatrix}=-\alpha$$

ist zu ersehen, daß Steuerbarkeit genau dann vorliegt, wenn $\beta\neq 0$ ist, und daß Beobachtbarkeit genau dann besteht, wenn $\alpha\neq 0$ gilt.

c) Für $\alpha=0$ erhält man als charakteristisches Polynom $\det(\mathbf{E}z-\boldsymbol{A})=(z-1/2)[(z-3/2)(z+1)+3/2]=z(z-1/2)^2$, woraus die Eigenwerte $z_1=0, z_2=1/2$ (doppelt) folgen. Das Cayley-Hamilton-Theorem liefert $\boldsymbol{A}^n=\alpha_0[n]\mathbf{E}+\alpha_1[n]\boldsymbol{A}+\alpha_2[n]\boldsymbol{A}^2$, $z_\nu^n=\alpha_0[n]+\alpha_1[n]z_\nu+\alpha_2[n]z_\nu^2$ $(\nu=1,2)$ und $n\,z_2^{n-1}=\alpha_1[n]+2\,\alpha_2[n]z_2$. Hieraus erhält man $\alpha_0[n]=0$, $\alpha_1[n]=2^{1-n}(2-n)$, $\alpha_2[n]=2^{2-n}(n-1)$ und damit für $n\geqq 1$

$$\boldsymbol{\Phi}[n]=\boldsymbol{A}^n=\begin{bmatrix}2^{-n} & 2^{2-n}(n-1)\beta & 2^{1-n}(3-2n)\beta\\ 0 & 3\cdot 2^{-n} & -3\cdot 2^{-n}\\ 0 & 2^{1-n} & -2^{1-n}\end{bmatrix}.$$

d) Schließlich folgt mit $x[n]=s[n]$ und $\boldsymbol{\Phi}[0]=\mathbf{E}$

$$y[n]=[0,\ 0,\ 1]\{\boldsymbol{\Phi}[n]\boldsymbol{z}[0]+\sum_{\nu=0}^{n-1}\boldsymbol{\Phi}[n-\nu-1]\boldsymbol{b}\}=4-2^{2-n}\quad\text{für}\quad n\geqq 1\,.$$

II. 27. **a)** Dem Signalflußdiagramm entnimmt man unmittelbar die Zustandsbeschreibung

$$\boldsymbol{z}[n+1]=\begin{bmatrix}\alpha & 0 & 0\\ \alpha & \beta & 0\\ 0 & \beta & \gamma\end{bmatrix}\boldsymbol{z}[n]+\begin{bmatrix}\gamma & 0\\ 1 & 1\\ 0 & 0\end{bmatrix}\boldsymbol{x}[n]\,,\quad y[n]=[0,\ 0,\ 1]\boldsymbol{z}[n]\,.$$

b) Die Beobachtbarkeitsmatrix $\boldsymbol{V}$ besteht aus den Zeilen $[0,0,1]$, $[0,\beta,\gamma]$, $[\alpha\beta,\ \beta^2+\beta\gamma,\ \gamma^2]$ und hat die Determinante $-\alpha\beta^2\neq 0$, d.h. das System ist beobachtbar.

c) Wählt man $x_2[n]\equiv 0$, so erhält man eine Steuerbarkeitsmatrix $\boldsymbol{U}_1$ (bezüglich $x_1[n]$) mit den Spalten $[1,1,0]^{\mathrm{T}}$, $[2,3,1]^{\mathrm{T}}$, $[4,7,4]^{\mathrm{T}}$. Da $\boldsymbol{U}_1$ eine nichtsinguläre Matrix darstellt ($\det\boldsymbol{U}_1=1$), ist das System allein durch x_1 (mit $x_2\equiv 0$) steuerbar. Analog zu Aufgabe II.23 wählt man $x_1[0]$, $x_1[1]$, $x_1[2]$ derart, daß $\boldsymbol{z}[3]=\boldsymbol{0}$ wird, und im übrigen $x_1[n]\equiv 0$ für $n\geqq 3$. Es folgt $x_1[0]=-5$, $x_1[1]=8$, $x_1[2]=-4$ aus

$$\begin{aligned}\boldsymbol{0}=\boldsymbol{z}[3]&=\boldsymbol{A}^3\boldsymbol{z}[0]+\boldsymbol{U}_1[x_1[2],\ x_1[1],\ x_1[0]]^{\mathrm{T}}\\ &=[8,15,12]^{\mathrm{T}}+[x_1[2]+2x_1[1]+4x_1[0],\ x_1[2]+3x_1[1]+7x_1[0],\ x_1[1]+4x_1[0]]^{\mathrm{T}}\,.\end{aligned}$$

d) Wählt man $x_1[n]\equiv 0$, so erhält man eine Steuerbarkeitsmatrix $\boldsymbol{U}_2$ (bezüglich $x_2[n]$) mit den Spalten $[0,1,0]^{\mathrm{T}}$, $[0,1,1]^{\mathrm{T}}$, $[0,1,2]^{\mathrm{T}}$. Da $\det\boldsymbol{U}_2=0$ gilt, ist das System durch x_2 allein nicht steuerbar.

e) Wie man der Matrix $\boldsymbol{A}$ entnimmt, sind α, β und γ die Eigenwerte. Das nicht erregte System ist also genau dann asymptotisch stabil, wenn $|\alpha|<1$, $|\beta|<1$, $|\gamma|<1$ gilt.

f) Da das System steuerbar und beobachtbar ist, muß $|\alpha|<1$, $|\beta|<1$, $|\gamma|<1$ gefordert werden.

II. 28. Nach dem Cayley-Hamilton-Theorem hat die Übergangsmatrix die Form $\boldsymbol{\Phi}[n]=\alpha_0[n]\mathbf{E}+\alpha_1[n]\boldsymbol{A}+\alpha_2[n]\boldsymbol{A}^2+\alpha_3[n]\boldsymbol{A}^3$. Die Koeffizienten $\alpha_\nu[n]$ $(\nu=0,1,2,3)$ berechnen sich aus $z^n=\alpha_0[n]+\alpha_1[n]z+\alpha_2[n]z^2+\alpha_3[n]z^3$, $n\,z^{n-1}=\alpha_1[n]+2\alpha_2[n]z+3\alpha_3[n]z^2$, $n(n-1)z^{n-2}=2\alpha_2[n]+6\alpha_3[n]z$, $n(n-1)(n-2)z^{n-3}=6\alpha_3[n]$ für $z=1$, den vierfachen Eigenwert der Matrix $\boldsymbol{A}$. Man erhält die Lösungen $\alpha_0[n]=1+n(-11+6n-n^2)/6$, $\alpha_1[n]=n(6-5n+n^2)/2$, $\alpha_2[n]=n(-3+4n-n^2)/2$, $\alpha_3[n]=n(n^2-3n+2)/6$ und damit

$$A^n = \begin{bmatrix} 1 & n & n(n-1)/2 & -n(n+1)/2 \\ 0 & 1 & n & -n \\ 0 & 0 & 1 & 0 \\ 0 & 0 & 0 & 1 \end{bmatrix}.$$

Um die Jordan-Form (Anhang C) anzuwenden, bildet man mit dem 4-fachen Eigenwert $z = 1$ die Matrix

$$A_0 := A - z\,\mathbf{E} = \begin{bmatrix} 0 & 1 & 0 & -1 \\ 0 & 0 & 1 & -1 \\ 0 & 0 & 0 & 0 \\ 0 & 0 & 0 & 0 \end{bmatrix}.$$

Da der Rang von A_0 Zwei ist, kann man $4 - 2 = 2$ Eigenvektoren angeben, nämlich $x_1^{(1)} = [1, 0, 0, 0]^T$, $x_1^{(2)} = [0, 1, 1, 1]^T$. Man erhält zwei verallgemeinerte Eigenvektoren (Anhang C)

$$x_3^{(1)} = \begin{bmatrix} 0 \\ 0 \\ 1 \\ 0 \end{bmatrix}, \quad x_2^{(1)} = A_0 x_3^{(1)} = \begin{bmatrix} 0 \\ 1 \\ 0 \\ 0 \end{bmatrix} \quad \text{für} \quad A_0^2 = \begin{bmatrix} 0 & 0 & 1 & -1 \\ 0 & 0 & 0 & 0 \\ 0 & 0 & 0 & 0 \\ 0 & 0 & 0 & 0 \end{bmatrix}, \quad A_0^3 = \mathbf{0}.$$

Damit kann man eine Matrix

$$Q = \begin{bmatrix} 1 & 0 & 0 & 0 \\ 0 & 1 & 0 & 1 \\ 0 & 0 & 1 & 1 \\ 0 & 0 & 0 & 1 \end{bmatrix} \quad \text{mit} \quad Q^{-1} = \begin{bmatrix} 1 & 0 & 0 & 0 \\ 0 & 1 & 0 & -1 \\ 0 & 0 & 1 & -1 \\ 0 & 0 & 0 & 1 \end{bmatrix}$$

bilden. Man erhält damit die Jordan-Form

$$J = Q^{-1} A\, Q = \begin{bmatrix} J_1 & \mathbf{0} \\ \mathbf{0} & J_2 \end{bmatrix} \quad \text{mit} \quad J_1 = \begin{bmatrix} 1 & 1 & 0 \\ 0 & 1 & 1 \\ 0 & 0 & 1 \end{bmatrix}, \quad J_2 = [1].$$

Hieraus folgt mit der Darstellung $J_1 = \mathbf{E} + L$, wobei die dreireihige Matrix L durch Gl. (2.83) gegeben ist, zunächst

$$J_1^n = (\mathbf{E} + L)^n = \mathbf{E} + \binom{n}{1} L + \binom{n}{2} L^2 = \begin{bmatrix} 1 & n & n(n-1)/2 \\ 0 & 1 & n \\ 0 & 0 & 1 \end{bmatrix},$$

da $L^\nu = \mathbf{0}$ für $\nu \geqq 3$ gilt. Schließlich erhält man aufgrund von

$$A^n = Q\, J^n Q^{-1} = Q \begin{bmatrix} J_1^n & \mathbf{0} \\ \mathbf{0} & J_2^n \end{bmatrix} Q^{-1}$$

mit obigen Matrizen und $J_2^n = 1$ dasselbe Ergebnis wie bei Verwendung des Cayley-Hamilton-Theorems.

II. 29. Mit dem Ansatz $y[n] = z^n$ erhält man das charakteristische Polynom $P(z) = 8z^4 + 8z^3 + 2z^2 - 2z - 1$. Wendet man Satz II.21 an, so gelangt man zu den Ungleichungen $8 > |-1|$, $63 > |-8|$, $3905 > 1630$, $12592125 > 9213750$. Es liegt also asymptotische Stabilität vor.

Kapitel III

III. 1. Durch Partialbruchentwicklung erhält man sofort $(2 + j\omega)/\{(1 + j\omega)(3 + j\omega)\} = (1/2)/(1 + j\omega) + (1/2)/(3 + j\omega)$, woraus als entsprechende Zeitfunktion $(1/2)\,e^{-t} s(t) + (1/2)\,e^{-3t} s(t)$ folgt.

III. 2. **a)** Es gilt zunächst $f_g(t) = e^{-at}(1+at)s(t) + e^{at}(1-at)s(-t) = e^{-a|t|}(1+a\,|t|)$ und weiterhin $f_u(t) = e^{-at}(1+at)\,s(t) - e^{at}(1-at)s(-t) = (at + \operatorname{sgn} t)\,e^{-a|t|}$. Bild L.III.2 zeigt den Verlauf von f_g und f_u.

b) Da $1/(a + j\omega)$ die Fourier-Transformierte von $e^{-at} s(t)$ und $d[1/(a + j\omega)]/d\omega = -j/(a + j\omega)^2$ diejenige von $-jt\, e^{-at} s(t)$ ist, korrespondiert $f(t)$ mit

$$F(j\omega) = 2/(a + j\omega) + 2a/(a + j\omega)^2 = 2(2a + j\omega)/(a + j\omega)^2.$$

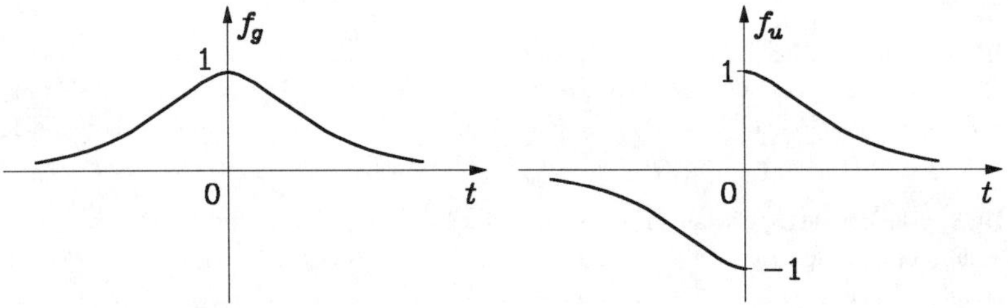

Bild L.III.2

c) Es bestehen die Korrespondenzen

$$f_g(t) \circ\!\!- \operatorname{Re}F(\mathrm{j}\omega) = \frac{4a^3}{(a^2+\omega^2)^2}, \quad f_u(t) \circ\!\!- \mathrm{j}\operatorname{Im}F(\mathrm{j}\omega) = \frac{-2\mathrm{j}\omega(3a^2+\omega^2)}{(a^2+\omega^2)^2}.$$

III. 3. Aufgrund des Faltungssatzes ergibt sich zunächst $F_k(\mathrm{j}\omega) = F(\mathrm{j}\omega) * [1/(\mathrm{j}\omega) + \pi\delta(\omega)]/2\pi = F(\mathrm{j}\omega) * [1/(\mathrm{j}\omega)]/2\pi + F(\mathrm{j}\omega)/2$. Da für ein kausales Signal $f_k(t)$ die Beziehung $f_k(|t|) = 2f_g(t)$ mit dem geraden Anteil $f_g(t)$ von $f_k(t)$ gilt, erhält man $\widetilde{F}(\mathrm{j}\omega) = 2\operatorname{Re}F_k(\mathrm{j}\omega)$ mit obigem $F_k(\mathrm{j}\omega)$.

III. 4. (i) Aus der Fourier-Transformierten $p_\Omega(\omega)$ von $(1/\pi t)\sin\Omega t$ (Anhang E) erhält man nach dem Verschiebungssatz die gesuchte Fourier-Transformierte $p_\Omega(\omega)\,\mathrm{e}^{-\mathrm{j}\omega t_0}$.

(ii) Entsprechend ergibt sich (man vergleiche Anhang E) die Fourier-Transformierte $q_\Omega(\omega)\,\mathrm{e}^{-\mathrm{j}\omega t_0} = (1-|\omega|/\Omega)p_\Omega(\omega)\,\mathrm{e}^{-\mathrm{j}\omega t_0}$ des Signals $g(t) = [2\sin^2(\Omega\{t-t_0\}/2)]/\{\pi\Omega(t-t_0)^2\}$. Schließlich folgt für die Fourier-Transformierte des gegebenen Signals $f(t) = g(t)\sin\omega_0 t = g(t)\,\mathrm{e}^{\mathrm{j}\omega_0 t}/2\mathrm{j} - g(t)\,\mathrm{e}^{-\mathrm{j}\omega_0 t}/2\mathrm{j}$ aufgrund des Frequenzverschiebungssatzes sofort $q_\Omega(\omega-\omega_0)\,\mathrm{e}^{-\mathrm{j}(\omega-\omega_0)t_0}/2\mathrm{j} - q_\Omega(\omega+\omega_0)\,\mathrm{e}^{-\mathrm{j}(\omega+\omega_0)t_0}/2\mathrm{j}$.

(iii) Die Fourier-Transformierte von $\mathrm{e}^{-2t}(1+2\sin t)s(t)$ erhält man aus der entsprechenden Laplace-Transformierten (Anhang E) einfach für $p=\mathrm{j}\omega$ (auf $\operatorname{Re}p=0$ liegen keine Pole!), nämlich $F_k(\mathrm{j}\omega) = 1/(2+\mathrm{j}\omega) + 2/[(\mathrm{j}\omega+2)^2+1]$. Die gesuchte Fourier-Transformierte ergibt sich als $F(\mathrm{j}\omega) = 2\operatorname{Re}F_k(\mathrm{j}\omega) = 4/(4+\omega^2) + 4(5-\omega^2)/[(5-\omega^2)^2+16\omega^2]$.

III. 5. a) Aus der bekannten Korrespondenz (3.72) zwischen $\operatorname{sgn}t$ und $2/\mathrm{j}\omega$ erhält man mit dem Symmetriesatz $2/\mathrm{j}t \circ\!\!- -2\pi\operatorname{sgn}\omega$, also $1/(\pi t) \circ\!\!- -\mathrm{j}\operatorname{sgn}\omega$.

b) Differenziert man $1/(\pi t)$ nach t, so entsteht $-1/\pi t^2$; im Frequenzbereich entspricht dieser Operation die Multiplikation mit $\mathrm{j}\omega$, so daß das Spektrum $\omega\operatorname{sgn}\omega = |\omega|$ resultiert.

c) Nach dem Faltungssatz besitzt $f'(t) * (1/\pi t)$ das Spektrum $\mathrm{j}\omega F(\mathrm{j}\omega)\cdot(-\mathrm{j}\operatorname{sgn}\omega) = |\omega|\,F(\mathrm{j}\omega)$.

III. 6. Da $F(\mathrm{j}\omega) = (4/T\omega^2)\sin^2(T\omega/2)$ die Zeitfunktion $f(t) = q_T(t) = (1-|t|/T)p_T(t)$ hat, gilt aufgrund des Fourier-Umkehrintegrals

$$2\pi f(t) = \int_{-\infty}^{\infty} F(\mathrm{j}\omega)\,\mathrm{e}^{\mathrm{j}\omega t}\,\mathrm{d}\omega, \quad \text{also für} \quad t=0 \quad \text{wegen} \quad f(0)=1 \quad \text{speziell} \quad 2\pi = I_q .$$

Andererseits erhält man mit der Korrespondenz zwischen $G(\mathrm{j}\omega) = (2/\omega)\sin(T\omega/2)$ und $g(t) = p_{T/2}(t)$ nach dem Parsevalschen Theorem

$$I_q = \frac{1}{T}\int_{-\infty}^{\infty} G^2(\mathrm{j}\omega)\,\mathrm{d}\omega = \frac{2\pi}{T}\int_{-\infty}^{\infty} g^2(t)\,\mathrm{d}t = \frac{2\pi}{T}\cdot T = 2\pi .$$

Generell erhält man aus dem Fourier-Integral für den speziellen Wert $\omega=0$ direkt $I = F(0)$. Für das Beispiel $f(t) = (\sin^4 t)/t^4 = (\{\sin^2 t\}/t^2)^2$ bildet man zunächst das Spektrum $F(\mathrm{j}\omega)$ aus dem Spektrum $\pi q_2(\omega)$ von $(\sin^2 t)/t^2$ (Anhang E)

$$F(\mathrm{j}\omega) = \frac{1}{2\pi}\pi q_2(\omega) * \pi q_2(\omega) = \frac{\pi}{2}\int_{-\infty}^{\infty} q_2(\eta)\,q_2(\omega-\eta)\,\mathrm{d}\eta ,$$

woraus folgt

$$I = F(0) = \frac{\pi}{2}\int_{-\infty}^{\infty} q_2^2(\eta)\,\mathrm{d}\eta = \frac{\pi}{2}\cdot 2\int_{0}^{2}\left(1-\frac{\eta}{2}\right)^2\mathrm{d}\eta = \frac{2\pi}{3} .$$

III. 7. Das Spektrum des gegebenen Eingangssignals ist $X(\mathrm{j}\omega) = \pi p_a(\omega)$. Mit der Übertragungsfunktion $H(\mathrm{j}\omega) = p_1(\omega)$ lautet das Spektrum des Ausgangssignals $Y(\mathrm{j}\omega) = \pi p_a(\omega)p_1(\omega)$, also $Y(\mathrm{j}\omega) = \pi p_a(\omega)$ für $a<1$ und $Y(\mathrm{j}\omega) = \pi p_1(\omega)$ für $a \geqq 1$. Daraus folgt das genannte $y(t)$.

III. 8. Man kann für das gegebene Signal $g(t) = f(t) * p_T(t)$ schreiben und erhält nach dem Faltungssatz $G(j\omega) = F(j\omega)(2/\omega)\sin T\omega$. Andererseits erhält man $g'(t) = f(t+T) - f(t-T)$ durch Differentiation der Definitionsgleichung von $g(t)$ nach t. Transformiert man in den Frequenzbereich, so ergibt sich $j\omega G(j\omega) = F(j\omega)e^{j\omega T} - F(j\omega)e^{-j\omega T} = F(j\omega)\cdot 2j\sin\omega T$, also wieder $G(j\omega) = 2F(j\omega)(\sin\omega T)/\omega$.

III. 9. Die der (als Spektrum aufgefaßten) Realteilfunktion $R(\omega)$ entsprechende Zeitfunktion ist der gerade Teil $h_g(t)$ der Impulsantwort $h(t)$. Aus der Partialbruchentwicklung $R(\omega) = 1/(\omega^2+1) + 3/(\omega^2+9)$ erhält man $h_g(t) = e^{-|t|}/2 + e^{-3|t|}/2$. Da im Fall eines kausalen Signals $h(t) = 2h_g(t)$ für alle $t > 0$ gilt, folgt nun $h(t) = (e^{-t} + e^{-3t})s(t)$.

III. 10. Es sei $\tilde{f}_1(t) = f_1(-t)$ mit der Fourier-Transformierten $\tilde{F}_1(j\omega)$. Da $\tilde{F}_1(j\omega) = F_1(-j\omega)$ gilt (wovon man sich leicht überzeugen kann), läßt sich das Spektrum von

$$f(t) = \int_{-\infty}^{\infty} f_1(\tau)f_2(t+\tau)\,d\tau = \int_{-\infty}^{\infty} \tilde{f}_1(-\tau)f_2(t+\tau)\,d\tau = \int_{-\infty}^{\infty} \tilde{f}_1(\sigma)f_2(t-\sigma)\,d\sigma$$

nach dem Faltungssatz als $F(j\omega) = \tilde{F}_1(j\omega)F_2(j\omega) = F_1(-j\omega)F_2(j\omega) = F_1^*(j\omega)F_2(j\omega)$ ausdrücken.

III. 11. **a)** Aufgrund der Partialbruchentwicklung der Funktion $H(j\omega)/\sin(\omega T)$ erhält man die Darstellung $H(j\omega) = \{\sin(\omega T)\}/\omega - (1/2)[e^{j\omega T}/(2+j\omega) - e^{-j\omega T}/(2+j\omega)]$, woraus sofort (man vergleiche den Anhang E) $h(t) = (1/2)p_T(t) - (1/2)[s(t+T)e^{-2(t+T)} - s(t-T)e^{-2(t-T)}]$ als Impulsantwort folgt. Man sieht, daß das System zwar reell, aber nicht kausal ist. Denn es gilt $h(t) \neq 0$ für alle $t > -T$.

b) Man erhält wegen $H_0(j\omega) = H(j\omega)e^{-j\omega t_0}$ als Impulsantwort $h_0(t) = h(t-t_0)$. Daher muß $t_0 \geqq T$ gewählt werden, um Kausalität zu erzielen. Die Einführung des Faktors $e^{-j\omega t_0}$ beeinflußt die Amplitudenfunktion nicht und hat eine generelle Verzögerung der Ausgangssignale um t_0 ohne Formänderung zur Folge.

c) Die Signale $x(t)$ und $y(t)$ lassen sich durch die Fourier-Reihen

$$x(t) = \sum_{\mu=-\infty}^{\infty} \alpha_\mu e^{j\mu 2\pi t/T_0}\,, \quad y(t) = \sum_{\mu=-\infty}^{\infty} \alpha_\mu H(j\mu 2\pi/T_0)e^{j\mu 2\pi t/T_0}$$

beschreiben. Es ist $H(j\mu 2\pi/T_0) = 0$ für alle ganzzahligen $\mu \neq 0$ zu fordern, was erreicht wird, wenn man $\sin(\mu 2\pi T/T_0) = 0$ für alle $\mu \neq 0$ erfüllt. Dies gelingt mit der Wahl $2\pi T/T_0 = m\pi$ ($m \in \mathbb{N}$ beliebig, aber fest), d.h. beispielsweise $T_0 = 2T$. Dann verbleibt in der Fourier-Reihe von $y(t)$ nur das Absolutglied $\alpha_0 H(0) = \alpha_0 T$.

III. 12. Das Signal $\tilde{x}(t)$ besitzt das Spektrum (man vergleiche auch Anhang E)

$$\tilde{X}(j\omega) = \frac{1}{2\pi}X(j\omega) * \frac{2\pi}{T}\sum_{\mu=-\infty}^{\infty}\delta(\omega - \mu 2\pi/T) = \frac{1}{T}\sum_{\mu=-\infty}^{\infty}X[j(\omega - \mu 2\pi/T)]\,,$$

womit durch Rücktransformation von $Y(j\omega) = p_{\pi/T}(\omega)\tilde{X}(j\omega)$ das Ausgangssignal

$$y(t) = \frac{1}{T}\left\{\frac{1}{\pi t}\sin\frac{\pi t}{T}\right\} * \left[x(t)\sum_{\mu=-\infty}^{\infty} e^{j\mu 2\pi t/T}\right]$$

$$= \frac{1}{T}\left\{\frac{1}{\pi t}\sin\frac{\pi t}{T}\right\} * \left[x(t)\,T\sum_{\mu=-\infty}^{\infty}\delta(t-\mu T)\right] = \frac{1}{T}\sum_{\mu=-\infty}^{\infty} x(\mu T)\frac{\sin\{\frac{\pi}{T}(t-\mu T)\}}{\frac{\pi}{T}(t-\mu T)}$$

folgt.

III. 13. **a)** Mit der Darstellung $\tilde{x}(t) = x(t)\sum_{\nu=-\infty}^{\infty}\delta(t-\nu T)$ erhält man

$$Y(j\omega) = H(j\omega)\frac{1}{2\pi}\left[X(j\omega) * \frac{2\pi}{T}\sum_{\mu=-\infty}^{\infty}\delta(\omega-\mu 2\pi/T)\right] = \frac{1}{T}H(j\omega)\sum_{\mu=-\infty}^{\infty}X[j(\omega-\mu 2\pi/T)]$$

$$= (1/T)H(j\omega)X(j\omega)\,.$$

b) Im Fall $H(j\omega) = A_0 p_{\omega_g}(\omega)e^{-j\omega t_0}$ wird $Y(j\omega) = (A_0/T)X(j\omega)e^{-j\omega t_0}$, also $y(t) = (A_0/T)x(t-t_0)$.

c) Im Fall $H(j\omega) = A_0(1 - |\omega|/\omega_g)p_{\omega_g}(\omega)e^{-j\omega t_0}$ wird $Y(j\omega) = (A_0/T)X(j\omega)e^{-j\omega t_0} - (A_0/\omega_g T)|\omega| \cdot X(j\omega)e^{-j\omega t_0}$, also $y(t) = (A_0/T)x(t-t_0) - (A_0/\omega_g T)\xi(t-t_0)$ mit $\xi(t) = x'(t) * (1/\pi t)$ (man vergleiche Aufgabe III.5(c)).

III. 14. **a)** Es wird das Signal

$$\tilde{x}(t) = \sum_{\mu=-\infty}^{\infty} x(\mu\pi/\omega_g)\,\delta(t-\mu\pi/\omega_g) = x(t)\sum_{\mu=-\infty}^{\infty}\delta(t-\mu\pi/\omega_g)$$

in den Frequenzbereich transformiert. Man erhält

$$\tilde{X}(\mathrm{j}\omega) = \sum_{\mu=-\infty}^{\infty} x(\mu\pi/\omega_g)\,\mathrm{e}^{-\mathrm{j}\mu\pi\omega/\omega_g} = \frac{1}{2\pi}X(\mathrm{j}\omega)*2\,\omega_g\sum_{\mu=-\infty}^{\infty}\delta(\omega-\mu 2\,\omega_g) = \frac{\omega_g}{\pi}\sum_{\mu=-\infty}^{\infty}X[\mathrm{j}(\omega-\mu 2\,\omega_g)]\ .$$

Multipliziert man diese Gleichungen auf beiden Seiten mit $p_{\omega_g}(\omega)$, dann erhält man

$$X(\mathrm{j}\omega) = \frac{\pi}{\omega_g}p_{\omega_g}(\omega)\sum_{\mu=-\infty}^{\infty}x(\mu\pi/\omega_g)\,\mathrm{e}^{-\mathrm{j}\mu\pi\omega/\omega_g}\ .$$

Da wegen des Zusammenhangs $Y(\mathrm{j}\omega) = H(\mathrm{j}\omega)X(\mathrm{j}\omega)$ neben $x(t)$ auch $y(t)$ bezüglich ω_g bandbegrenzt ist, besteht die Beziehung

$$Y(\mathrm{j}\omega) = \frac{\pi}{\omega_g}p_{\omega_g}(\omega)\sum_{\nu=-\infty}^{\infty}y(\nu\pi/\omega_g)\,\mathrm{e}^{-\mathrm{j}\nu\pi\omega/\omega_g}\ .$$

b) Aus der Beziehung $Y(\mathrm{j}\omega) = H(\mathrm{j}\omega)X(\mathrm{j}\omega)$ folgt

$$\sum_{\nu=-\infty}^{\infty}y(\nu\pi/\omega_g)\,\mathrm{e}^{-\mathrm{j}\nu\pi\omega/\omega_g} = \sum_{\nu=-\infty}^{\infty}h_\nu\,\mathrm{e}^{-\mathrm{j}\nu\pi\omega/\omega_g}\sum_{\mu=-\infty}^{\infty}x(\mu\pi/\omega_g)\,\mathrm{e}^{-\mathrm{j}\mu\pi\omega/\omega_g}$$

und damit durch Vergleich der beiden Seiten dieser Gleichung das in der Aufgabe angegebene Gleichungssystem.

c) Man erhält $y(0) = 2\cdot 1 = 2$, $y(1) = 3\cdot 1 = 3$, $y(2) = 2\cdot 1 + 1\cdot 1 = 3$, $y(3) = 3\cdot 1 = 3$, $y(4) = 1\cdot 1 = 1$, $y(\nu) = 0$, falls $\nu < 0$ oder $\nu > 4$ gilt. Die Übertragungsfunktion $p_{\omega_g}(\omega)\,H(\mathrm{j}\omega)$ setzt sich additiv aus $p_{\omega_g}(\omega)$ und $p_{\omega_g}(\omega)\,\mathrm{e}^{-\mathrm{j}2\omega}$ zusammen, so daß eine Realisierung möglich ist in Form der Parallelschaltung zweier idealer Tiefpässe, von denen der eine die Laufzeit $t_0 = 0$, der andere die Laufzeit $t_0 = 2$ hat. Beide idealen Tiefpässe besitzen die Grenzkreisfrequenz $\omega_g = \pi$ und die Amplitude $A_0 = 1$ im Durchlaßbereich.

III. 15. **a)** Mit dem Spektrum

$$G(\mathrm{j}\omega) = 2\pi\sum_{\nu=-\infty}^{\infty}g_\nu\,\delta(\omega-\nu\,\omega_0) \quad \text{von} \quad g(t) = \sum_{\nu=-\infty}^{\infty}g_\nu\,\mathrm{e}^{\mathrm{j}\nu\omega_0 t} \quad (\omega_0 = 2\pi/T_0)$$

erhält man nach dem Faltungssatz

$$X(\mathrm{j}\omega) = \frac{1}{2\pi}F(\mathrm{j}\omega)*G(\mathrm{j}\omega) = \sum_{\nu=-\infty}^{\infty}g_\nu\,F[\mathrm{j}(\omega-\nu\,\omega_0)]\ .$$

b) Es ist $\omega_0 > 2\,\omega_g$, d.h. $T_0 < \pi/\omega_g$ zu verlangen. Dann erhält man $X(\mathrm{j}\omega)p_{\omega_g}(\omega) = g_0 F(\mathrm{j}\omega)$.

c) Das Signal $f(t)$ hat das Spektrum $F(\mathrm{j}\omega) = p_{\omega_g}(\omega)$. Aus $g(t) = 1 + \cos(2\pi t/T_0) = (1/2)\,\mathrm{e}^{-\mathrm{j}\omega_0 t} + 1 + (1/2)\,\mathrm{e}^{\mathrm{j}\omega_0 t}$ folgt $g_{-1} = 1/2$, $g_0 = 1$ und $g_1 = 1/2$. Daher erhält man nunmehr $X(\mathrm{j}\omega) = (1/2)p_{\omega_g}(\omega+\omega_0) + p_{\omega_g}(\omega) + (1/2)p_{\omega_g}(\omega-\omega_0)$. Bild L.III.15 zeigt den Verlauf von $X(\mathrm{j}\omega) \equiv |X(\mathrm{j}\omega)|$.

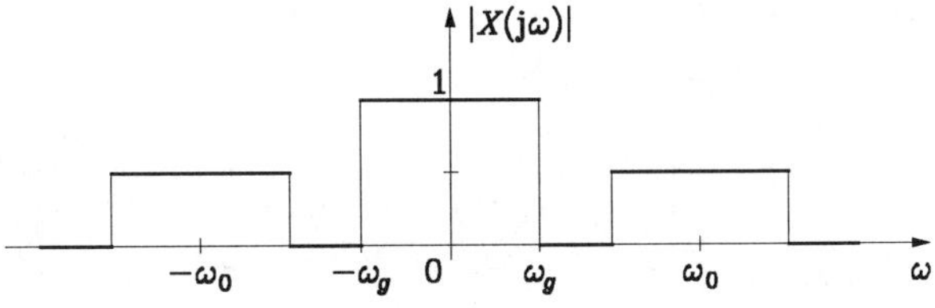

Bild L.III.15

III. 16. **a)** Durch Rekonstruktion von $x(t)$ erhält man das Signal $f(t)$. Da das Spektrum der Funktion $x(t) = f(t)\,\mathrm{e}^{\mathrm{j}\omega_0 t}/2 + f(t)\,\mathrm{e}^{-\mathrm{j}\omega t_0}/2$ die Form $X(\mathrm{j}\omega) = F[\mathrm{j}(\omega-\omega_0)]/2 + F[\mathrm{j}(\omega+\omega_0)]/2$ hat, ist zu erkennen, daß $\omega_0 + \omega_g$ die Grenzkreisfrequenz des Signals $x(t)$ ist. Dabei bedeutet $F(\mathrm{j}\omega)$ das Spektrum von $f(t)$. Daher ist $T \leqq \pi/(\omega_0 + \omega_g)$ zu fordern.

b) Mit $\omega_0 = 2\,\omega_g$ liegen die von Null verschiedenen Anteile des Spektrums von $X(\mathrm{j}\omega)$, welche durch Verschiebung des Spektralanteils von $F(\mathrm{j}\omega)$ aus dem Basisintervall $-\omega_g \leqq \omega \leqq \omega_g$ entstanden sind, im Intervall $[\omega_g, 3\,\omega_g]$ bzw. $[-3\,\omega_g, -\omega_g]$. Aus diesem Grund ist ein ideales Bandpaßsystem mit der Übertragungsfunktion $H(p) = p_{\omega_g}(\omega - 2\,\omega_g) + p_{\omega_g}(\omega + 2\,\omega_g)$ zu wählen.

III. 17. a) Es gilt

$$u(t) = \sum_{\nu=-\infty}^{\infty} x(\nu T)\,\delta(t-\nu T) * p_{T/2}(t-T) = \sum_{\nu=-\infty}^{\infty} x(\nu T) p_{T/2}(t-\nu T - T) \ ,$$

woraus zu erkennen ist, daß $u(t)$ eine Treppenfunktion mit dem Wert $x(\nu T)$ im Intervall $(\nu + 1/2)T < t < (\nu + 3/2)T$ $(\nu \in \mathbb{Z})$ darstellt.

b) Aus der Beziehung $u(t) = \tilde{x}(t) * p_{T/2}(t-T)$ folgt die Impulsantwort $\tilde{h}(t) = p_{T/2}(t-T)$ und die Übertragungsfunktion $\tilde{H}(\mathrm{j}\omega) = (2/\omega)\sin(T\omega/2)\,\mathrm{e}^{-\mathrm{j}\omega T}$.

c) Das Signal $y(t) = u(t)\,\mathrm{e}^{\mathrm{j}\omega_0 t}/2 + u(t)\,\mathrm{e}^{-\mathrm{j}\omega_0 t}/2$ hat das Fourier-Spektrum $Y(\mathrm{j}\omega) = U[\mathrm{j}(\omega - \omega_0)]/2 + U[\mathrm{j}(\omega + \omega_0)]/2$ mit $\omega_0 = 2\pi/T$.

d) Aus $U(\mathrm{j}\omega) = \tilde{X}(\mathrm{j}\omega)\tilde{H}(\mathrm{j}\omega)$ und dem Spektrum $\tilde{X}(\mathrm{j}\omega) = (1/T)\sum_{\mu=-\infty}^{\infty} X[\mathrm{j}(\omega - \mu\omega_0)]$ des Impulskammes

$$\tilde{x}(t) = x(t)\sum_{\nu=-\infty}^{\infty}\delta(t-\nu T) \quad (\omega_0 = 2\pi/T) \quad \text{folgt} \quad U(\mathrm{j}\omega) = \frac{1}{T}\sum_{\mu=-\infty}^{\infty}\tilde{H}(\mathrm{j}\omega)X[\mathrm{j}(\omega-\mu\omega_0)] .$$

Deshalb gilt für das Spektrum $Y(\mathrm{j}\omega) = U[\mathrm{j}(\omega-\omega_0)]/2 + U[\mathrm{j}(\omega+\omega_0)]/2$ im Intervall $-\omega_g \leqq \omega \leqq \omega_g$ angesichts $\omega_0 \geqq 2\omega_g$

$$Y(\mathrm{j}\omega) = \frac{1}{2T}\{\tilde{H}[\mathrm{j}(\omega+\omega_0)] + \tilde{H}[\mathrm{j}(\omega-\omega_0)]\}X(\mathrm{j}\omega) \ ,$$

woraus die gesuchte Übertragungsfunktion als

$$H(\mathrm{j}\omega) = 2T\,p_{\omega_g}(\omega)\{\tilde{H}[\mathrm{j}(\omega+\omega_0)] + \tilde{H}[\mathrm{j}(\omega-\omega_0)]\}^{-1}$$

folgt.

III. 18. a) Für das Signal $f_c(t) = f(t)\,\mathrm{e}^{\mathrm{j}\omega_0 t}/2 + f(t)\,\mathrm{e}^{-\mathrm{j}\omega_0 t}/2$ erhält man das Spektrum $F_c(\mathrm{j}\omega) = F[\mathrm{j}(\omega-\omega_0)]/2 + F[\mathrm{j}(\omega+\omega_0)]/2$. Bild L.III.18 veranschaulicht diesen Sachverhalt für ein Beispiel.

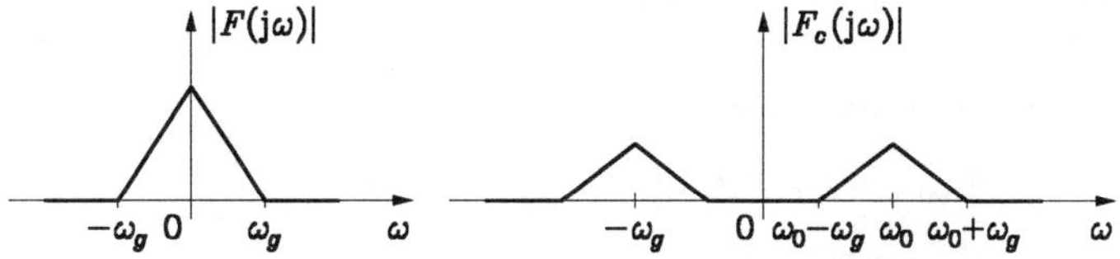

Bild L.III.18

b) Aus $y(t) = a_2A^2/2 + a_1A\cos\omega_0 t + (a_2A^2/2)\cos 2\omega_0 t + a_1 B f(t) + a_2B^2f^2(t) + 2a_2A\,B\,f(t)\cos\omega_0 t$ ist zu ersehen, daß sich das Spektrum $Y(\mathrm{j}\omega)$ von $y(t)$ additiv zusammensetzt aus 5 δ-Stößen bei $\omega = 0$, $\omega = \pm\omega_0$, $\omega = \pm 2\omega_0$ der Stärke $\pi a_2 A^2$, $\pi a_1 A$ bzw. $\pi a_2 A^2/2$ sowie Spektralanteilen von $a_1 B\,F(\mathrm{j}\omega)$ im Intervall $-\omega_g \leqq \omega \leqq \omega_g$, Anteilen von $(a_2B^2/2\pi)F(\mathrm{j}\omega) * F(\mathrm{j}\omega)$ im Intervall $-2\omega_g \leqq \omega \leqq 2\omega_g$ (man beachte, daß durch Faltung $F(\mathrm{j}\omega) * F(\mathrm{j}\omega)$ die Grenzkreisfrequenz des Spektrums $F(\mathrm{j}\omega)$ verdoppelt wird), von $a_2A\,B\,F[\mathrm{j}(\omega \pm \omega_0)]$ in den Intervallen $|\,\omega \pm \omega_0\,| \leqq \omega_g$. Um die zuletzt genannten Anteile herauszufiltern, muß $\omega_0 \geqq 3\omega_g$, $a_1 = 0$ und $2a_2A\,B = 1$ und ein ideales Bandpaßsystem mit der Übertragungsfunktion $H(\mathrm{j}\omega) = p_{\omega_g}(\omega+\omega_0) + p_{\omega_g}(\omega-\omega_0)$ gewählt werden.

c) Man erhält

$$f_c(t)g(t) = \frac{f(t)}{2}\sum_{\nu=-\infty}^{\infty} g_\nu\,\mathrm{e}^{\mathrm{j}(\nu+1)\omega_0 t} + \frac{f(t)}{2}\sum_{\nu=-\infty}^{\infty} g_\nu\,\mathrm{e}^{\mathrm{j}(\nu-1)\omega_0 t} \quad \text{mit} \quad g(t) = \sum_{\nu=-\infty}^{\infty} g_\nu\,\mathrm{e}^{\mathrm{j}\nu\omega_0 t} \ ,$$

im Intervall $-\omega_g \leqq \omega \leqq \omega_g$ also das Spektrum $F(\mathrm{j}\omega)(g_{-1} + g_1)/2$. Wählt man einen Tiefpaß mit der Übertragungsfunktion $H(\mathrm{j}\omega) = p_{\omega_g}(\omega)$, so liefert dieser bei Erregung mit $f_c(t)g(t)$ am Ausgang das Signal $f(t)(g_{-1} + g_1)/2$. Es muß dabei $g(t)$ so gewählt werden, daß $(g_{-1} + g_1)/2 \neq 0$ gilt.

III. 19. a) Man erhält $Y(\mathrm{j}\omega) = a_1X(\mathrm{j}\omega) + a_2X(\mathrm{j}\omega) * X(\mathrm{j}\omega)/2\pi$. Aus der Darstellung

$$X_1(\mathrm{j}\omega) := X(\mathrm{j}\omega) * X(\mathrm{j}\omega) = \int_{-\infty}^{\infty} X(\mathrm{j}\eta)X[\mathrm{j}(\omega-\eta)]\,\mathrm{d}\eta$$

geht hervor, daß, $X(\mathrm{j}\omega) \equiv 0$ für $|\,\omega\,| > \Omega$ vorausgesetzt, $X_1(\mathrm{j}\omega) \equiv 0$ für $|\,\omega\,| > 2\Omega$ gilt. Daher besteht auch die Identität $Y(\mathrm{j}\omega) \equiv 0$ für $|\,\omega\,| > 2\Omega$.

b) Mit $X(\mathrm{j}\omega) = p_\Omega(\omega)$ ergibt sich $X(\mathrm{j}\omega) * X(\mathrm{j}\omega) = p_{2\Omega}(\omega)(2\Omega - |\,\omega\,|)$, also $Y(\mathrm{j}\omega) = a_1 p_\Omega(\omega) + (a_2/2\pi)p_{2\Omega}(\omega)(2\Omega - |\,\omega\,|)$. Bild L.III.19 dient zur Veranschaulichung.

c) Mit der Notation $X_1(\mathrm{j}\omega) := X(\mathrm{j}\omega)$, $X_k(\mathrm{j}\omega) = X_{k-1}(\mathrm{j}\omega) * X(\mathrm{j}\omega)$ für $k = 2, 3, \ldots$ läßt sich

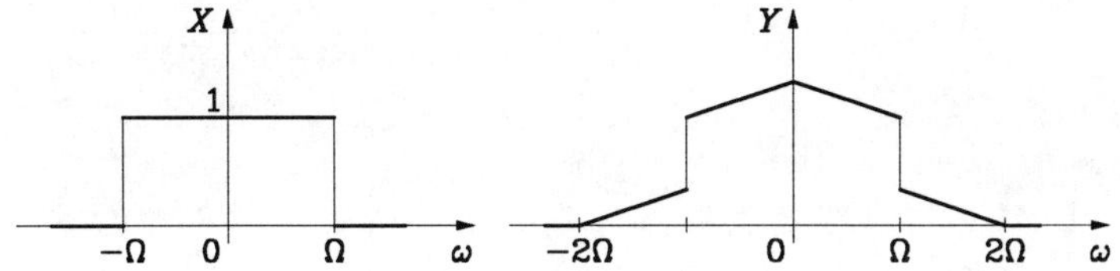

Bild L.III.19

$$Y(\mathrm{j}\omega) = \sum_{\mu=1}^{m} a_\mu (2\pi)^{1-\mu} X_\mu(\mathrm{j}\omega)$$

schreiben, und man kann wie in Teilaufgabe a leicht feststellen, daß $X_k(\mathrm{j}\omega) \equiv 0$ für $|\omega| \geqq k\Omega$ gilt, wenn $X_{k-1}(\mathrm{j}\omega) \equiv 0$ für $|\omega| \geqq (k-1)\Omega$ besteht ($k = 2,3,\ldots$). Damit gilt $Y(\mathrm{j}\omega) \equiv 0$ für $|\omega| \geqq m\Omega$.

III. 20. **a)** Nach Gl. (3.51b) besteht für $t > 0$ die Darstellung

$$a(t) = \frac{2}{\pi}\int_0^\infty \frac{R(\omega)}{\omega}\sin\omega t\,\mathrm{d}\omega = \frac{2}{\pi}\int_0^\infty \frac{R(x/t)}{x}\sin x\,\mathrm{d}x\ .$$

Hieraus erhält man

$$a(\infty) = \frac{2}{\pi}\lim_{t\to\infty}\int_0^\infty \frac{R(x/t)}{x}\sin x\,\mathrm{d}x = \frac{2}{\pi}R(0)\int_0^\infty \frac{\sin x}{x}\mathrm{d}x = \frac{2}{\pi}R(0)\,\mathrm{Si}(\infty) = R(0)\ .$$

b) Aus obiger Integraldarstellung ergibt sich

$$a(t) = \sum_{\nu=0}^{\infty}(-1)^\nu a_\nu(t) \quad \text{mit} \quad a_\nu(t) = \frac{2}{\pi}\int_{\nu\pi/t}^{(\nu+1)\pi/t} \frac{R(\omega)}{\omega}\,|\sin\omega t|\,\mathrm{d}\omega\ .$$

Aus dieser Darstellung folgt, da $R(\omega)/\omega$ in sämtlichen Integrationsintervallen nicht negativ und im übrigen mit ω monoton abnimmt, $0 \leqq a_{\nu+1}(t) \leqq a_\nu(t)$ für $\nu = 0,1,\ldots$. Daher gilt wegen $a(t) = a_0(t) - [a_1(t) - a_2(t)] - [a_3(t) - a_4(t)] - \cdots$ und $a(t) = [a_0(t) - a_1(t)] + [a_2(t) - a_3(t)] + \cdots$ die Ungleichung (2).

c) Für die Funktion $a_0(t)$ kann man mit $R(0) = a(\infty)$

$$a_0(t) = \frac{2}{\pi}\int_0^{\pi/t}\frac{R(\omega)}{\omega}\sin\omega t\,\mathrm{d}\omega = \frac{2}{\pi}\int_0^{\pi}\frac{R(x/t)}{x}\sin x\,\mathrm{d}x \leqq \frac{2}{\pi}R(0)\,\mathrm{Si}(\pi) = \frac{2}{\pi}a(\infty)\frac{\pi}{2}\cdot 1{,}18$$

schreiben. Wegen Ungleichung (2) folgt hiermit

$$a_{\max} \leqq a(\infty)\cdot 1{,}18 \quad \text{oder} \quad a_{\max} - a(\infty) \leqq 0{,}18\,a(\infty)\,, \quad \text{also} \quad \ddot{u} \leqq 0{,}18\ .$$

III. 21. **a)** Nach Gl. (1.121) erhält man $\sigma_x^2 = r_{xx}(0) - m_x^2 = 1 - 0$, also $\sigma_x = 1$.

b) Die spektrale Leistungsdichte lautet $S_{xx}(\omega) = (4/\omega^2)\sin^2(\omega/2)$. Da sie mit $H(\mathrm{j}\omega)H(-\mathrm{j}\omega)$ übereinstimmt, gilt $S_{xx}(\omega) = H(\mathrm{j}\omega)H(-\mathrm{j}\omega)\cdot 1$, d.h. $\boldsymbol{x}(t)$ wird in der genannten Weise erzeugt. Aus der Impulsantwort $h(t) = p_{1/2}(t - t_0)$, die durch Rücktransformation von $H(\mathrm{j}\omega)$ entsteht, ist zu erkennen, daß $t_0 \geqq 1/2$ gewählt werden muß, um Kausalität zu garantieren.

c) Aus der Impulsantwort $h(t) = s(t)\mathrm{e}^{-t}\cos 2t$ ergibt sich (Anhang E) die Übertragungsfunktion $H(\mathrm{j}\omega) = (1 + \mathrm{j}\omega)/(5 - \omega^2 + 2\mathrm{j}\omega)$. Mit $S_{xx}(\omega)$ aus Teilaufgabe b folgt für die spektrale Leistungsdichte des Ausgangssignals

$$S_{yy}(\omega) = H(\mathrm{j}\omega)H(-\mathrm{j}\omega)S_{xx}(\omega) = \frac{4(1+\omega^2)\sin^2(\omega/2)}{\omega^2(\omega^4 - 6\omega^2 + 25)}\ .$$

III. 22. **a)** Zunächst erhält man

$$r_{xx}(0) = \frac{1}{2\pi}\int_{-\infty}^{\infty} S_{xx}(\omega)\,\mathrm{d}\omega = \frac{1}{\pi}\int_{-\infty}^{\infty}[1/(1+\omega^2)]\,\mathrm{d}\omega = 1\ .$$

Wegen $m_x = 0$ folgt daher nach Gl. (1.121) $\sigma_x = 1$.

b) Da für den Mittelwert des Ausgangsprozesses $m_y = H(0)\,m_x = 0$ gilt, ergibt sich für das Streuungsquadrat des Ausgangsprozesses $\sigma_y^2 = r_{yy}(0) = 3$, also $\sigma_y = \sqrt{3}$.

c) Aus $r_{yy}(\tau)$ ergibt sich (gemäß Anhang E) $S_{yy}(\omega) = 2(8 + 6\omega^2 + 3\omega^4)/\{(1+\omega^2)(4+\omega^4)\}$ und damit $S_{yy}(\omega)/S_{xx}(\omega) = H(\mathrm{j}\omega)H(-\mathrm{j}\omega) = (8 + 6\omega^2 + 3\omega^4)/(4 + \omega^4)$. Ersetzt man ω durch p/j, so erhält man

$$H(p)H(-p) = \frac{[\sqrt{8} + \sqrt{6+4\sqrt{6}}\,p + \sqrt{3}\,p^2][\sqrt{8} - \sqrt{6+4\sqrt{6}}\,p + \sqrt{3}\,p^2]}{(2+2p+p^2)(2-2p+p^2)} ,$$

also $H(p) = (\sqrt{8} + \sqrt{6+4\sqrt{6}}\,p + \sqrt{3}\,p^2)/(2+2p+p^2)$.

d) Gl. (3.244) liefert

$$S_{xy}(\omega) = H(\mathrm{j}\omega)S_{xx}(\omega) = 2(\sqrt{8} + \sqrt{6+4\sqrt{6}}\,\mathrm{j}\omega - \sqrt{3}\,\omega^2)/[(1+\omega^2)(2+2\mathrm{j}\omega-\omega^2)] .$$

III. 23. **a)** Die Beziehung $m_x^2 = \lim_{\tau\to\infty} r_{xx}(\tau) = 2$ liefert den Mittelwert $m_x = \sqrt{2}$. Nach Gl. (1.121) erhält man $\sigma_x^2 = r_{xx}(0) - m_x^2 = 3 - 2 = 1$, also $\sigma_x = 1$.

b) Die Beziehung $m_y = m_x H(0) = \sqrt{2}\cdot 0$ liefert $m_y = 0$. Mit $S_{xx}(\omega) = 4\pi\delta(\omega) + 2/(1+\omega^2)$ und $H(\mathrm{j}\omega)H(-\mathrm{j}\omega) = \omega^2/(4+\omega^2)$ erhält man $S_{yy}(\omega) = H(\mathrm{j}\omega)H(-\mathrm{j}\omega)S_{xx}(\omega) = 2\omega^2/[(1+\omega^2)(4+\omega^2)]$ und hieraus mit dem Residuensatz

$$r_{yy}(0) = \frac{1}{2\pi}\int_{-\infty}^{\infty} S_{yy}(\omega)\,\mathrm{d}\omega = \frac{1}{2\pi\mathrm{j}}\int \frac{-2p^2}{(p-2)(p+2)(p-1)(p+1)}\,\mathrm{d}p$$

$$= \frac{2}{3} - \frac{1}{3} \quad \text{(Summe der Residuen bei } p=-2 \text{ und } p=-1) = \frac{1}{3} .$$

Also gilt $\sigma_y^2 = 1/3$, d.h. $\sigma_y = \sqrt{3}/3$.

III. 24. Mit der Übertragungsfunktion $H_0(\mathrm{j}\omega) = p_{\omega_g}(\omega)\,\mathrm{e}^{-\mathrm{j}\omega/\omega_g}$ des idealen Tiefpasses und $\Delta\Theta(\omega) = (1/10)\sin(\pi\omega/\omega_g)$ läßt sich

$$H(\mathrm{j}\omega) = H_0(\mathrm{j}\omega)[1-(\omega/\omega_g)^2]\,\mathrm{e}^{-\mathrm{j}\Delta\Theta(\omega)} \cong H_0(\mathrm{j}\omega)[1-(\omega/\omega_g)^2](1-\mathrm{j}\Delta\Theta(\omega))$$

schreiben. Mit $\mathrm{j}\Delta\Theta(\omega) = (\mathrm{j}/10)\sin(\pi\omega/\omega_g) = (1/20)(\mathrm{e}^{\mathrm{j}\pi\omega/\omega_g} - \mathrm{e}^{-\mathrm{j}\pi\omega/\omega_g})$ findet man schließlich

$$H(\mathrm{j}\omega) \cong H_0(\mathrm{j}\omega) + \frac{1}{\omega_g^2}H_0(\mathrm{j}\omega)(\mathrm{j}\omega)^2 - \frac{1}{20}H_0(\mathrm{j}\omega)\,\mathrm{e}^{\mathrm{j}\pi\omega/\omega_g}$$

$$- \frac{1}{20\,\omega_g^2}H_0(\mathrm{j}\omega)(\mathrm{j}\omega)^2\,\mathrm{e}^{\mathrm{j}\pi\omega/\omega_g} + \frac{1}{20}H_0(\mathrm{j}\omega)\,\mathrm{e}^{-\mathrm{j}\pi\omega/\omega_g} + \frac{1}{20\,\omega_g^2}H_0(\mathrm{j}\omega)(\mathrm{j}\omega)^2\,\mathrm{e}^{-\mathrm{j}\pi\omega/\omega_g} .$$

Bezeichnet man mit $y_0(t)$ die Antwort des idealen Tiefpasses mit der Übertragungsfunktion $H_0(\mathrm{j}\omega)$ auf die Erregung $x(t)$, so erhält man für das Ausgangssignal $y(t)$ des gegebenen Tiefpasses mit der Übertragungsfunktion $H(\mathrm{j}\omega)$ bei Erregung mit $x(t)$

$$y(t) \cong y_0(t) + \frac{1}{\omega_g^2}y_0''(t) - \frac{1}{20}y_0(t+\frac{\pi}{\omega_g}) - \frac{1}{20\,\omega_g^2}y_0''(t+\frac{\pi}{\omega_g}) + \frac{1}{20}y_0(t-\frac{\pi}{\omega_g}) + \frac{1}{20\,\omega_g^2}y_0''(t-\frac{\pi}{\omega_g}) .$$

III. 25. Mit dem Spektrum $Y(\mathrm{j}\omega) = X(\mathrm{j}\omega)\exp[-\mathrm{j}\,\Theta(\omega)]$ des Ausgangssignals ergibt sich aufgrund des Parseval-Theorems der Fehler

$$E = \frac{1}{2\pi}\int_{-\infty}^{\infty} |X(\mathrm{j}\omega)|^2\,|\,\mathrm{e}^{-\mathrm{j}\Theta(\omega)} - \mathrm{e}^{-\mathrm{j}\omega t_0}\,|^2\,\mathrm{d}\omega$$

oder mit $|\exp(-\mathrm{j}\,\Theta(\omega)) - \exp(-\mathrm{j}\omega t_0)|^2 = [2 - 2\cos\{\Theta(\omega) - \omega t_0\}]$

$$E = (1/\pi)\int_{-\infty}^{\infty} |X(\mathrm{j}\omega)|^2\,[1-\cos\{\omega t_0 - \Theta(\omega)\}]\,\mathrm{d}\omega ,$$

insbesondere für die ideale Phase $\Theta_i(\omega)$ und mit $\omega_g = \Theta(\infty)/t_0$

$$E_{\text{opt}} = (1/\pi)\int_{\omega_g}^{\infty} |X(\mathrm{j}\Omega)|^2\,[1-\cos\{\Omega t_0 - \Theta(\infty)\}]\,\mathrm{d}\Omega .$$

Zu zeigen ist $E > E_{\text{opt}}$. Im Bild L.III.25 sind die grundsätzlichen Verläufe von $\varphi(\omega) = \omega t_0 - \Theta(\omega)$ und $\varphi_{\text{opt}}(\Omega) = \Omega t_0 - \Theta(\infty)$ angegeben. Dabei ist $\omega_g > \omega_0 \geqq 0$. Wie man dem Bild L.III.25 entnimmt, gilt für die konstruierten Abszissenwerte $\omega < \Omega$ und $\mathrm{d}\omega > \mathrm{d}\Omega$. Durch Δ (Bild L.III.25) wird jeweils ein Teilintegral von E und E_{opt} eingeführt. Hierbei erhält man für die Integranden

$$|X(\mathrm{j}\omega)|^2\,[1-\cos\{\omega t_0 - \Theta(\omega)\}]\,\mathrm{d}\omega > |X(\mathrm{j}\Omega)|^2\,[1-\cos\{\Omega t_0 - \Theta(\infty)\}]\,\mathrm{d}\Omega .$$

Man unterteilt die gesamte Ordinatenachse in infinitesimale Δ-Intervalle. Zu jedem Δ-Intervall gehört ein Teilintegral von E und eines von E_{opt}. Das erste ist stets größer als das zweite Teilintegral, so daß man $E > E_{opt}$ erhält.

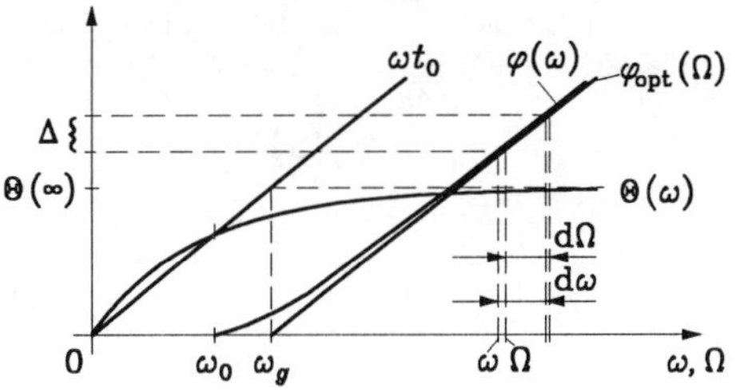

Bild L.III.25

III. 26. a) Da $y(t)$ und daher auch $y(t-\tau)$ bezüglich $\omega_g = 3\,\tilde{\omega}$ bandbegrenzt sind, läßt sich $y(t)$ und damit wegen $X(\mathrm{j}\omega) = Y(\mathrm{j}\omega)/H(\mathrm{j}\omega)$ auch $x(t)$ rekonstruieren, wenn $T \leqq \pi/(3\,\tilde{\omega})$ gewählt wird.

b) Mit $y_n := y(nT-\tau)$ kann die Darstellung

$$\hat{y}(t) = \sum_{n=-\infty}^{\infty} y(nT-\tau)\,\delta(t-nT) = y(t-\tau)\sum_{n=-\infty}^{\infty}\delta(t-nT)$$

angegeben werden. Durch Überführung in den Frequenzbereich bei Verwendung des Faltungssatzes im Frequenzbereich ergibt sich das zugehörige Spektrum

$$\hat{Y}(\mathrm{j}\omega) = \frac{1}{2\pi}[Y(\mathrm{j}\omega)\,\mathrm{e}^{-\mathrm{j}\omega\tau}] * \frac{2\pi}{T}\sum_{n=-\infty}^{\infty}\delta(\omega - n\,\omega_0) = \frac{1}{T}\sum_{n=-\infty}^{\infty} Y[\mathrm{j}(\omega - n\,\omega_0)]\,\mathrm{e}^{-\mathrm{j}(\omega - n\omega_0)\tau}$$

mit $\omega_0 = 2\pi/T$ oder wegen $Y(\mathrm{j}\omega) = H(\mathrm{j}\omega)\,X(\mathrm{j}\omega)$ schließlich

$$\hat{Y}(\mathrm{j}\omega) = \frac{1}{T}\sum_{n=-\infty}^{\infty} H[\mathrm{j}(\omega - n\,\omega_0)]\,X[\mathrm{j}(\omega - n\,\omega_0)]\,\mathrm{e}^{-\mathrm{j}(\omega - n\omega_0)\tau}\,.$$

c) Aus

$$\hat{x}(t) = \sum_{n=-\infty}^{\infty} x(nT)\,\delta(t-nT) = x(t)\sum_{n=-\infty}^{\infty}\delta(t-nT)$$

erhält man ähnlich wie im Falle von $\hat{Y}(\mathrm{j}\omega)$ das Spektrum

$$\hat{X}(\mathrm{j}\omega) = \frac{1}{T}\sum_{n=-\infty}^{\infty} X[\mathrm{j}(\omega - n\,\omega_0)]\,,$$

wobei $\omega_0 = 2\pi/T = \pi\,\tilde{\omega}$ gilt. Aus $\tau = T/2$ und $T = 2/\tilde{\omega}$ folgt $\tau = 1/\tilde{\omega}$ und damit aus dem Ergebnis von Teilaufgabe b wegen $H(\mathrm{j}\omega) \equiv 1$ und $\omega_0 = \pi\,\tilde{\omega}$

$$\hat{Y}(\mathrm{j}\omega) = \frac{1}{T}\sum_{n=-\infty}^{\infty} X[\mathrm{j}(\omega - n\,\pi\,\tilde{\omega})]\,\mathrm{e}^{-\mathrm{j}\omega/\tilde{\omega}}\,(-1)^n\,.$$

Im Bild L.III.26a sind beispielhaft die Summanden $X[\mathrm{j}(\omega - n\,\pi\,\tilde{\omega})]$ für $n = -1, 0$ und 1 skizziert, die übrigen Summanden enthalten keine signifikanten Anteile im Intervall $-3\,\tilde{\omega} \leqq \omega \leqq 3\,\tilde{\omega}$. Multipliziert man $\hat{Y}(\mathrm{j}\omega)$ mit $\mathrm{e}^{\mathrm{j}\omega/\tilde{\omega}}$ und addiert $\hat{X}(\mathrm{j}\omega)$, dann verbleibt somit im Intervall $-3\,\tilde{\omega} \leqq \omega \leqq 3\,\tilde{\omega}$ das Spektrum $(2/T)\,X(\mathrm{j}\omega)$. Diese Beobachtung führt direkt zum System nach Bild L.III.26b.

d) Bild L.III.26c beschreibt die detaillierte Funktionsweise des zu betrachtenden Systems (Bild P.III.26c). Dabei bedeutet $-\mathrm{j}\,\mathrm{sgn}\,\omega$ die Übertragungsfunktion des Teilsystems mit der Impulsantwort $1/(\pi t)$. Im Bild L.III.26d sind die Spektren $X_1(\mathrm{j}\omega)$, $V_1(\mathrm{j}\omega)$, $V_2(\mathrm{j}\omega)$ und $V(\mathrm{j}\omega)$ angegeben, die sofort aufgrund des Verlaufs von $X(\mathrm{j}\omega)$ (Bild P.III.26b) und der Struktur des Systems (Bild L.III.26c) angegeben werden können.

e) Da $v(t)$ bezüglich $\tilde{\omega}$ bandbegrenzt ist, gilt $T_0 = \pi/\tilde{\omega}$.

f) Nach dem Abtasttheorem besteht die Darstellung

$$v(t) = \sum_{n=-\infty}^{\infty} v(nT_0)\,\frac{\sin(\tilde{\omega}t - n\,\pi)}{\tilde{\omega}t - n\,\pi}\,,$$

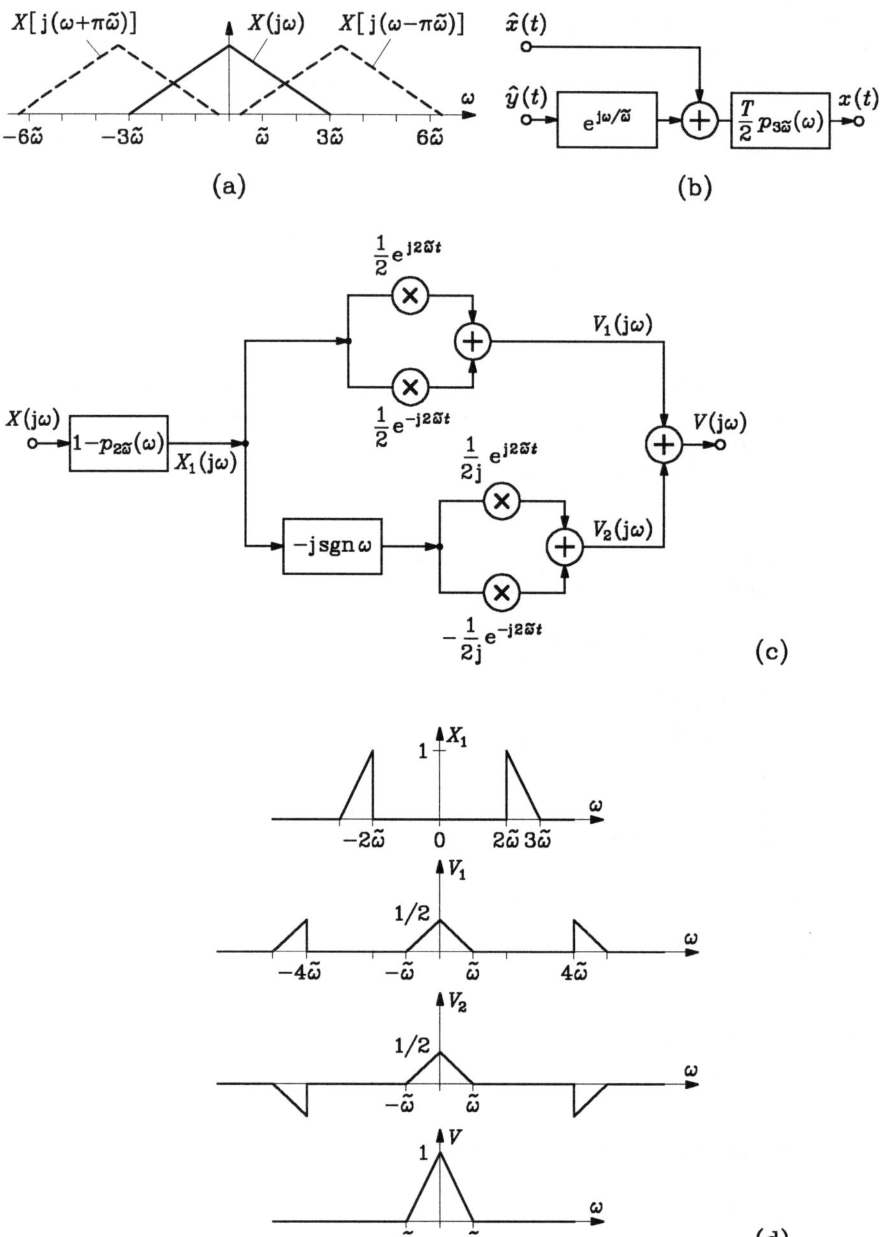

Bild L.III.26

woraus das zugehörige Spektrum

$$V(j\omega) = p_{\tilde{\omega}}(\omega)\, T_0 \sum_{n=-\infty}^{\infty} v(nT_0)\, e^{-j\omega n T_0}$$

folgt. Wertet man die letzte Gleichung für $\omega = 0$ aus und beachtet, daß nach Bild L.III.26d $V(0) = 1$ gilt, so erhält man die Beziehung

$$W = 1/T_0 .$$

III. 27. **a)** Da $g(t) = (1/\pi) f(t) * (1/t)$ gilt und $1/(\pi t)$ das Spektrum $-\mathrm{j}\,\mathrm{sgn}\,\omega$ hat, erhält man

$$G(\mathrm{j}\omega) = -\mathrm{j}(\mathrm{sgn}\,\omega) F(\mathrm{j}\omega)$$

für das Spektrum von $g(t)$. Diese Beziehung lehrt, daß $F(\mathrm{j}\omega) \equiv 0$ für $|\omega| > \omega_g = \pi/T$ die Bedingung $G(\mathrm{j}\omega) \equiv 0$ für $|\omega| > \omega_g$ impliziert.

b) Aus obiger Beziehung im Frequenzbereich folgt

$$F(\mathrm{j}\omega) = \mathrm{j}(\mathrm{sgn}\,\omega) G(\mathrm{j}\omega).$$

Im Zeitbereich lautet dieser Zusammenhang

$$f(t) = -\frac{1}{\pi t} * g(t) = -\frac{1}{\pi} \int_{-\infty}^{\infty} \frac{g(\tau)}{t-\tau} \,\mathrm{d}\tau.$$

Führt man in diese Gleichung die aus dem Abtasttheorem sich ergebende Darstellung

$$g(t) = \sum_{n=-\infty}^{\infty} g(nT) \frac{\sin(\omega_g t - n\pi)}{\omega_g t - n\pi}$$

ein, dann resultiert

$$f(t) = -\frac{1}{\pi} \sum_{n=-\infty}^{\infty} g(nT) \int_{-\infty}^{\infty} \frac{\sin(\omega_g \tau - n\pi)}{(t-\tau)(\omega_g \tau - n\pi)} \,\mathrm{d}\tau.$$

c) Die Anwendung der Fourier-Transformation auf

$$\hat{f}(t) = \sum_{n=-\infty}^{\infty} f(n2T)\,\delta(t - n2T) = f(t) \sum_{n=-\infty}^{\infty} \delta(t - n2T)$$

ergibt aufgrund des Faltungssatzes im Frequenzbereich mit dem Spektrum $F(\mathrm{j}\omega)$ von $f(t)$ und dem Spektrum $(\pi/T) \sum_{n=-\infty}^{\infty} \delta(\omega - n\pi/T)$ von $\sum_{n=-\infty}^{\infty} \delta(t - n2T)$ für das Spektrum von $\hat{f}(t)$

$$\hat{F}(\mathrm{j}\omega) = \frac{1}{2\pi}\frac{\pi}{T} F(\mathrm{j}\omega) * \sum_{n=-\infty}^{\infty} \delta(\omega - n\pi/T) = \frac{1}{2T} \sum_{n=-\infty}^{\infty} F[\mathrm{j}(\omega - n\omega_g)].$$

Entsprechend erhält man für das Spektrum von

$$\hat{g}(t) = g(t) \sum_{n=-\infty}^{\infty} \delta(t - n2T)$$

die Funktion

$$\hat{G}(\mathrm{j}\omega) = \frac{1}{2T} \sum_{n=-\infty}^{\infty} G[\mathrm{j}(\omega - n\omega_g)],$$

wobei $G(\mathrm{j}\omega)$ die Fourier-Transformierte von $g(t)$ bedeutet. Die Beachtung von $G(\mathrm{j}\omega) = -\mathrm{j}(\mathrm{sgn}\,\omega) F(\mathrm{j}\omega)$ liefert schließlich das Resultat

$$\hat{G}(\mathrm{j}\omega) = -\frac{\mathrm{j}}{2T} \sum_{n=-\infty}^{\infty} [\mathrm{sgn}(\omega - n\omega_g)] F[\mathrm{j}(\omega - n\omega_g)].$$

d) Bild L.III.27 zeigt beispielhaft die Summanden in $\hat{F}(\mathrm{j}\omega)$ und $\hat{G}(\mathrm{j}\omega)$ (ohne den Faktor $-\mathrm{j}/(2T)$) für $n = -1, 0, 1$; alle anderen Summanden liefern im Intervall $|\omega| \leqq \omega_g$ keine Beiträge zu $\hat{F}(\mathrm{j}\omega)$ bzw. $\hat{G}(\mathrm{j}\omega)$. Damit ist folgendes zu erkennen: Multipliziert man $\hat{G}(\mathrm{j}\omega)$ mit $\mathrm{j}\,\mathrm{sgn}\,\omega$ und addiert man anschließend $\hat{F}(\mathrm{j}\omega)$ hinzu, so erhält man im Intervall $|\omega| \leqq \omega_g$ als Summe $(1/T) F(\mathrm{j}\omega)$. Aus diesem Grund hat man

$$A = T \quad \text{und} \quad H(\mathrm{j}\omega) = \mathrm{j}\, T p_{\omega_g}(\omega)\,\mathrm{sgn}\,\omega$$

zu wählen.

e) Aus Teilaufgabe d, insbesondere Bild L.III.27 folgt die Beziehung

$$f(t) = \hat{f}(t) * h_1(t) + \hat{g}(t) * h_2(t)$$

mit den Impulsantworten

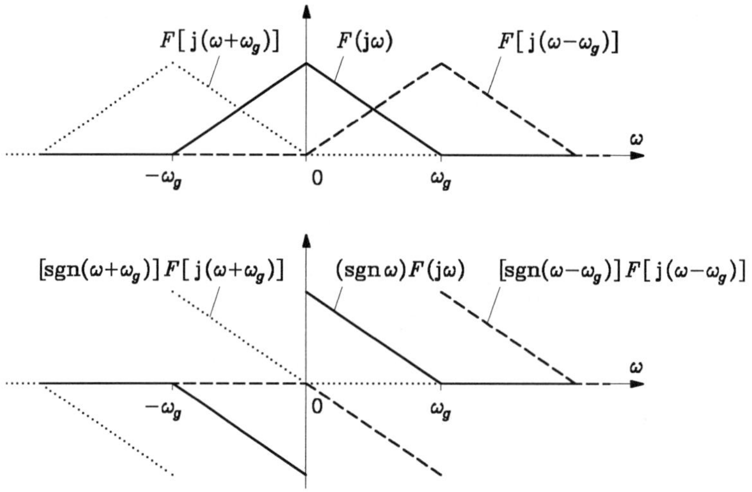

Bild L.III.27

$$h_1(t) = \frac{T}{\pi t}\sin\omega_g t \;\circ\!\!-\; Tp_{\omega_g}(\omega) \quad \text{und} \quad h_2(t) = -T\,\frac{1}{\pi t} * \frac{\sin\omega_g t}{\pi t} \;\circ\!\!-\; \mathrm{j}\,Tp_{\omega_g}(\omega)\,\operatorname{sgn}\omega\,.$$

Führt man in obige Gleichung für $f(t)$ die Darstellungen von $\hat{f}(t)$ und $\hat{g}(t)$ aus Teilaufgabe c ein, so ergibt sich

$$f(t) = \sum_{n=-\infty}^{\infty} [f(n2T)\,\delta(t-n2T) * h_1(t) + g(n2T)\,\delta(t-n2T) * h_2(t)]$$

$$= \sum_{n=-\infty}^{\infty} [f(n2T)\,h_1(t-n2T) + g(n2T)\,h_2(t-n2T)]\,.$$

Damit liegt das Resultat

$$\alpha(t) = h_1(t) = \frac{T}{\pi t}\sin\omega_g t \quad \text{und} \quad \beta(t) = h_2(t) = -\frac{T}{\pi t} * \frac{\sin\omega_g t}{\pi t}$$

vor.

III. 28. Der Polygonzug $f_0(t)$ ist zwar stetig, jedoch weist sein Differentialquotient $\mathrm{d}f_0(t)/\mathrm{d}t$ an den Stellen $n = 0, \pm 1, \pm 2, \ldots$ im allgemeinen Sprünge auf. Verwendet man die Abkürzung $f_n := f(nT)$, dann läßt sich der Sprungwert Δ der Ableitung $\mathrm{d}f_0(t)/\mathrm{d}t$ an einer beliebig wählbaren Stelle $n = \nu$ durch

$$\Delta = \frac{f_{\nu+1} - f_\nu}{T} - \frac{f_\nu - f_{\nu-1}}{T} = \frac{f_{\nu+1} - 2f_\nu + f_{\nu-1}}{T}$$

ausdrücken. Dadurch kann man die zweite Ableitung von $f_0(t)$ in der Form

$$\frac{\mathrm{d}^2 f_0(t)}{\mathrm{d}t^2} = \sum_{\nu=-\infty}^{\infty} \frac{f_{\nu+1} - 2f_\nu + f_{\nu-1}}{T}\,\delta(t-\nu T)$$

darstellen. Diese Gleichung wird in den Frequenzbereich überführt, wobei mit $F_0(\mathrm{j}\omega)$ das Spektrum von $f_0(t)$ bezeichnet werden soll. Man erhält bei Beachtung der einschlägigen Regeln

$$(\mathrm{j}\omega)^2 F_0(\mathrm{j}\omega) = \sum_{\nu=-\infty}^{\infty} \frac{f_{\nu+1} - 2f_\nu + f_{\nu-1}}{T}\,\mathrm{e}^{-\mathrm{j}\omega\nu T}\,.$$

Es empfiehlt sich, das Spektrum

$$F_1(\mathrm{j}\omega) := \sum_{\mu=-\infty}^{\infty} f_\mu\,\mathrm{e}^{-\mathrm{j}\omega\mu T}$$

einzuführen. Damit kann obige Gleichung in der Form

$$(\mathrm{j}\omega)^2 F_0(\mathrm{j}\omega) = \frac{1}{T} F_1(\mathrm{j}\omega)(\mathrm{e}^{\mathrm{j}\omega T} - 2 + \mathrm{e}^{-\mathrm{j}\omega T}) = \frac{1}{T} F_1(\mathrm{j}\omega)(\mathrm{e}^{\mathrm{j}\omega T/2} - \mathrm{e}^{-\mathrm{j}\omega T/2})^2 = -\frac{4}{T} F_1(\mathrm{j}\omega)\sin^2\frac{\omega T}{2}$$

geschrieben werden. Hieraus folgt

$$F_0(\mathrm{j}\omega) = \frac{4}{\omega^2 T}\sin^2\frac{\omega T}{2} F_1(\mathrm{j}\omega).$$

Für $F(\mathrm{j}\omega)$ gilt nach den Gln. (3.101a,b) in $|\omega| < \omega_g$

$$F(\mathrm{j}\omega) = T\sum_{\nu=-\infty}^{\infty} f_\nu\, \mathrm{e}^{-\mathrm{j}\nu\omega T} = T F_1(\mathrm{j}\omega).$$

Durch Auswertung der beiden letzten Gleichungen für $\omega \to 0$ ergibt sich

$$F_0(0) = \left[\lim_{\omega\to 0}\left(\frac{2}{\omega T}\right)^2 \sin^2\frac{\omega T}{2}\right] T F_1(0) = F(0).$$

Da

$$\int_{-\infty}^{\infty} f_0(t)\,\mathrm{d}t = F_0(0) \quad \text{und} \quad \int_{-\infty}^{\infty} f(t)\,\mathrm{d}t = F(0)$$

gilt, ist der Beweis erbracht.

III. 29. Durch komplexe Wechselstromrechnung erhält man aus Bild P.III.29 sofort für die Übertragungsfunktion

$$H(\mathrm{j}\omega) = \frac{1}{1+\mathrm{j}\omega RC}$$

und damit nach Gl. (3.245) für die spektrale Leistungsdichte des Ausgangsprozesses

$$S_{yy}(\omega) = S_{xx}(\omega)\,|H(\mathrm{j}\omega)|^2 = \frac{KR}{1+\omega^2R^2C^2} = \frac{KR}{2RC}\,\frac{2/(RC)}{1/(RC)^2+\omega^2}.$$

Durch Fourier-Rücktransformation (Tabelle) ergibt sich die zugehörige Autokorrelationsfunktion

$$r_{yy}(\tau) = \frac{K}{2C}\,\mathrm{e}^{-|\tau|/(RC)}.$$

Die komplexe Wechselstromrechnung liefert weiterhin die Impedanz

$$W(\mathrm{j}\omega) = \frac{R}{1+\mathrm{j}\omega RC} = \frac{1}{C}\,\frac{1}{\frac{1}{RC}+\mathrm{j}\omega},$$

die für $\tau > 0$ mit der Originalfunktion

$$w(\tau) = \frac{1}{C}\,\mathrm{e}^{-\tau/(RC)}$$

korrespondiert. Damit ist zu erkennen, daß für $\tau > 0$ die Beziehung

$$\frac{K}{2}\,w(\tau) = \frac{K}{2C}\,\mathrm{e}^{-\tau/(RC)} \qquad (\equiv r_{yy}(\tau))$$

besteht, was zu zeigen war.

Aus $m_y = \lim_{\tau\to\infty} r_{yy}(\tau)$ erhält man den Mittelwert $m_y = 0$ und aus

$$\sigma_y^2 = \frac{1}{2\pi}\int_{-\infty}^{\infty} S_{yy}(\omega)\,\mathrm{d}\omega = r_{yy}(0)$$

die Varianz $\sigma_y^2 = K/(2C)$.

III. 30. Die Wahrscheinlichkeitsdichtefunktion von $\boldsymbol{x}(t)$ lautet

$$f_x(\xi) = \begin{cases} 1/3 & \text{falls } -1 < \xi < 2 \\ 0 & \text{andernfalls}. \end{cases}$$

Damit ergibt sich der Mittelwert zu

$$m_x = \int_{-1}^{2} (1/3)\,\xi\,\mathrm{d}\xi = \frac{4-1}{6} = \frac{1}{2}$$

und die Varianz zu

$$\sigma_x^2 = \int_{-1}^{2} (\xi - \frac{1}{2})^2 \frac{1}{3}\,\mathrm{d}\xi = \frac{\frac{27}{8} + \frac{27}{8}}{9} = \frac{3}{4}$$

(siehe Anhang B, Abschnitt 3).

a) Nach Gln. (1.120) und (1.121) folgt $\sigma_x^2 = c_{xx}(0)$, d. h. $3/4 = A$, also $A = 3/4$.

b) Weiterhin liefert Gl. (1.120)

$$r_{xx}(\tau) = c_{xx}(\tau) + m_x^2 = \frac{1}{4} + \frac{3}{4}\frac{\sin\tau}{\tau}.$$

c) Mit den spektralen Leistungsdichten $S_{xx}(\omega)$ und $S_{yy}(\omega)$ von $\boldsymbol{x}(t)$ bzw. $\boldsymbol{y}(t)$ und der Übertragungsfunktion $H(\mathrm{j}\omega)$ besteht der Zusammenhang

$$S_{yy}(\omega) = |H(\mathrm{j}\omega)|^2 S_{xx}(\omega),$$

wobei $S_{yy}(\omega)$ von der Form $\widetilde{S}_{yy}(\omega) + m_y^2\,\delta(\omega)$ ist; dabei bedeutet m_y den Mittelwert des Ausgangssignals. Letzterer verschwindet, wenn $S_{yy}(\omega)$ keinen Anteil der Form const $\cdot\ \delta(\omega)$ enthält. Nach obiger Gleichung muß daher $H(0) = 0$ verlangt werden. Durch Fourier-Transformation von $r_{xx}(\tau)$ ergibt sich

$$S_{xx}(\omega) = \frac{1}{4}\delta(\omega) + \frac{3\pi}{4} p_1(\omega).$$

Weiterhin erhält man

$$\sigma_{yy}^2 = 3 = \frac{1}{2\pi}\int_{-\infty}^{\infty} S_{yy}(\omega)\,\mathrm{d}\omega = \frac{1}{2\pi}\int_{-\infty}^{\infty} |H(\mathrm{j}\omega)|^2 \frac{3\pi}{4} p_1(\omega)\,\mathrm{d}\omega,$$

wobei $H(0) = 0$ berücksichtigt wurde. Damit entsteht als weitere Forderung an $H(\mathrm{j}\omega)$

$$\int_0^1 |H(\mathrm{j}\omega)|^2\,\mathrm{d}\omega = 4.$$

III. 31. Im ersten Fall ist $\boldsymbol{x}_2(t) = 2\boldsymbol{x}_1(t)$ und damit die Autokorrelationsfunktion der Erregung

$$r_{xx}(\tau) = E[3\boldsymbol{x}_1(t)\,3\boldsymbol{x}_1(t+\tau)] = 9 r_1(\tau)$$

mit der spektralen Leistungsdichte

$$S_{xx}(\omega) = \frac{18 a_1}{1+\omega^2} + 9 b_1\,\delta(\omega).$$

Hieraus ergibt sich

$$S_{yy}(\omega) = |H(\mathrm{j}\omega)|^2 S_{xx}(\omega) = \frac{\omega^2}{4+\omega^2}\,\frac{18 a_1}{1+\omega^2} = 6 a_1\left[\frac{4}{\omega^2+4} - \frac{1}{\omega^2+1}\right]$$

und durch Fourier-Rücktransformation (Korrespondenztabelle)

$$r_{yy}(\tau) = 6 a_1 (\mathrm{e}^{-2|\tau|} - \frac{1}{2}\mathrm{e}^{-|\tau|}),$$

woraus die Varianz $\sigma_y^2 = r_{yy}(0) = 3 a_1$ folgt.

Im zweiten Fall gilt

$$r_{xx}(\tau) = E[(\boldsymbol{x}_1(t) + \boldsymbol{x}_2(t))(\boldsymbol{x}_1(t+\tau) + \boldsymbol{x}_2(t+\tau))] = r_1(\tau) + r_2(\tau) = 3 a_1 \mathrm{e}^{-|\tau|} + 3 b_1,$$

da $E[\boldsymbol{x}_1(t)\boldsymbol{x}_2(t+\tau)] = E[\boldsymbol{x}_1(t+\tau)\boldsymbol{x}_2(t)] = 0$ ist. Durch Übergang in den Frequenzbereich ergibt sich

$$S_{xx}(\omega) = \frac{6 a_1}{1+\omega^2} + 3 b_1\,\delta(\omega)$$

und durch Vergleich mit dem ersten Fall für die Varianz $\sigma_y^2 = a_1$.

Kapitel IV

IV. 1. (i) Man erhält $F(\mathrm{e}^{\mathrm{j}\omega T}) = \sum_{n=0}^{\infty} (\mathrm{e}^{\mathrm{j}\omega T}/a)^n = \dfrac{a}{a - \mathrm{e}^{\mathrm{j}\omega T}}$.

(ii) Weiterhin ergibt sich $F(\mathrm{e}^{\mathrm{j}\omega T}) = \sum_{n=0}^{\infty} (n+1)(a\,\mathrm{e}^{-\mathrm{j}\omega T})^n = \dfrac{1}{(1 - a/\mathrm{e}^{\mathrm{j}\omega T})^2}$. Hierbei wurde die leicht zu verifizierende Formel $\sum_{n=0}^{\infty} (n+1)x^n = 1/(1-x)^2$ $(\,|\,x\,|\, < 1)$ verwendet.

(iii) Aus der Darstellung $f[n] = s[n]a^n(\mathrm{e}^{\mathrm{j}\omega_0 n T} + \mathrm{e}^{-\mathrm{j}\omega_0 n T})/2$ folgt $F(\mathrm{e}^{\mathrm{j}\omega T}) = \frac{1}{2}\sum_{n=0}^{\infty} [a\,\mathrm{e}^{\mathrm{j}(\omega_0 - \omega)T}]^n + \frac{1}{2}\sum_{n=0}^{\infty} [a\,\mathrm{e}^{-\mathrm{j}(\omega_0 + \omega)T}]^n$, also $F(\mathrm{e}^{\mathrm{j}\omega T}) = 1/\{2[1 - a\,\mathrm{e}^{\mathrm{j}(\omega_0 - \omega)T}] + 1/\{2[1 - a\,\mathrm{e}^{-\mathrm{j}(\omega_0 + \omega)T}]\}$.

(iv) Aus der Korrespondenz (4.20) ergibt sich mit $\omega_0 T = \pi$ die Zuordnung

$$(-1)^n \circ\!\!-\!\!\bullet \frac{2\pi}{T} \sum_{\nu=-\infty}^{\infty} \delta(\omega - (2\nu+1)\pi/T) \,.$$

IV. 2. (i) Aus der Darstellung $F(\mathrm{e}^{\mathrm{j}\omega T}) = (\mathrm{e}^{\mathrm{j}\omega T} + \mathrm{e}^{-\mathrm{j}\omega T})^3/8 = (\mathrm{e}^{\mathrm{j}3\omega T} + 3\,\mathrm{e}^{\mathrm{j}\omega T} + 3\,\mathrm{e}^{-\mathrm{j}\omega T} + \mathrm{e}^{-\mathrm{j}3\omega T})/8$ folgt mit der Korrespondenz zwischen $\delta[n]$ und 1 sowie der Zeitverschiebungseigenschaft das Signal $f[n] = (\delta[n+3] + 3\,\delta[n+1] + 3\,\delta[n-1] + \delta[n-3])/8$.

(ii) Für den Anteil $\mathrm{j}\cos\omega T = \mathrm{j}(\mathrm{e}^{\mathrm{j}\omega T} + \mathrm{e}^{-\mathrm{j}\omega T})/2$ läßt sich direkt das Signal $\mathrm{j}\,\{\delta[n+1] + \delta[n-1]\}/2$ angeben. Das Signal des Spektralanteils $\sin(\omega T/2) = (\mathrm{e}^{\mathrm{j}\omega T/2} - \mathrm{e}^{-\mathrm{j}\omega T/2})/2\mathrm{j}$ ergibt sich durch Anwendung von Gl. (4.10a) mit $\omega_g = \pi/T$ als

$$\frac{1}{2\,\omega_g}\int_{-\omega_g}^{\omega_g} \frac{1}{2\mathrm{j}}\{\mathrm{e}^{\mathrm{j}\omega T(n+1/2)} - \mathrm{e}^{\mathrm{j}\omega T(n-1/2)}\}\,\mathrm{d}\omega = \frac{(-1)^n}{2\pi\mathrm{j}}\{\frac{1}{n+1/2} + \frac{1}{n-1/2}\} \,.$$

Damit erhält man insgesamt

$$F(\mathrm{e}^{\mathrm{j}\omega T}) = \frac{(-1)^n}{2\pi\mathrm{j}}\{\frac{1}{n+1/2} + \frac{1}{n-1/2}\} + \frac{\mathrm{j}}{2}\{\delta[n+1] + \delta[n-1]\} \,.$$

(iii) Nach Gl. (4.10a) findet man mit $x := \omega T$

$$f[n] = \frac{1}{2\pi}\int_{-2\pi/3}^{2\pi/3} \mathrm{e}^{\mathrm{j}(3+n)x}\,\mathrm{d}x = \frac{1}{2\pi(3+n)\mathrm{j}}\,\mathrm{e}^{\mathrm{j}(3+n)x}\Big|_{-2\pi/3}^{2\pi/3} = \frac{\sin(2\pi n/3)}{\pi(3+n)} \qquad (n \neq -3)$$

bzw. $f[n] = 2/3$ für $n = -3$.

IV. 3. **a)** Aus der Korrespondenz $a^n s[n] \circ\!\!-\!\!\bullet (1 - a\,\mathrm{e}^{-\mathrm{j}\omega T})^{-1}$ und der hieraus gemäß der Eigenschaft der Differentiation im Frequenzbereich folgenden Zuordnung $n\,a^n s[n] \circ\!\!-\!\!\bullet a\,\mathrm{e}^{-\mathrm{j}\omega T}/(1 - a\,\mathrm{e}^{-\mathrm{j}\omega T})^2$ erhält man durch Superposition (Linearitätseigenschaft) sofort die zu beweisende Korrespondenz.

b) Durch Anwendung der Eigenschaft der Differentiation im Frequenzbereich auf die zu beweisende Korrespondenz und anschließende Division mit der Konstante $a\,m$ erhält man

$$\frac{(n+m-1)!}{(n-1)!\,m!}\,a^{n-1}s[n-1] \circ\!\!-\!\!\bullet \frac{\mathrm{e}^{-\mathrm{j}\omega T}}{(1 - a\,\mathrm{e}^{-\mathrm{j}\omega T})^{m+1}} \,.$$

Berücksichtigt man noch die Zeitverschiebungseigenschaft, so erhält man die zu beweisende Korrespondenz mit $m+1$ statt m (Induktionsfortpflanzung). Da diese für $m = 1$ bereits sichergestellt ist (Induktionsanfang), ist der Beweis komplett.

IV. 4. Gemäß Gl. (4.10b) erhält man

$$F(1) = \sum_{n=-\infty}^{\infty} f[n] = -1; \qquad F(-1) = \sum_{n=-\infty}^{\infty} (-1)^n f[n] = 3 \,.$$

Aufgrund von Gl. (4.10a) bzw. Gl. (4.35) ergibt sich

$$\int_{-\pi}^{\pi} F(e^{j\Omega})\,d\Omega = 2\pi f[0] = 6\pi\ , \qquad \int_{-\pi}^{\pi} |F(e^{j\Omega})|^2\,d\Omega = 2\pi \sum_{n=-\infty}^{\infty} |f[n]|^2 = 38\pi\ .$$

Schließlich erhält man mit der Korrespondenz zwischen $dF(e^{j\Omega})/d\Omega$ und $-jn\,f[n]$ gemäß Gl. (4.35)

$$\int_{-\pi}^{\pi} |dF(e^{j\Omega})/d\Omega|^2 d\Omega = 2\pi \sum_{n=-\infty}^{\infty} |n\,f[n]|^2 = 316\pi\ .$$

IV. 5. Zerlegt man $f[n]$ in die Summe aus geradem Teil $f_g[n] = \{f[n] + f[-n]\}/2$ und ungeradem Teil $f_u[n] = \{f[n] - f[-n]\}/2$, so lehrt Gl. (4.10b), daß $f_g[n]$ das Spektrum $R(e^{j\omega T}) = \operatorname{Re} F(e^{j\omega T})$ und $f_u[n]$ das Spektrum $I(e^{j\omega T}) = j\,\operatorname{Im} F(e^{j\omega T})$ besitzt. Da im vorliegenden Fall $G(e^{j\omega T}) = I(e^{j\omega T})$ ist, muß $g[n]$ mit $f_u[n]$ übereinstimmen.

IV. 6. **a)** Bezeichnet man das Ausgangssignal des Verzögerungselements mit $z[n]$, so entnimmt man dem Signalflußdiagramm $y[n] = c\,z[n+1] + b\,z[n]$, also auch $y[n+1] = c\,z[n+2] + b\,z[n+1]$. Weiterhin ergibt sich unmittelbar $x[n] = z[n+1] - a\,z[n]$, also auch $x[n+1] = z[n+2] - a\,z[n+1]$. Bildet man aus den beiden ersten Beziehungen $y[n+1] - a\,y[n]$ und beachtet dann die zwei letzten Gleichungen, so gewinnt man die Differenzengleichung $y[n+1] - a\,y[n] = c\,x[n+1] + b\,x[n]$.

b) Gemäß Gl. (4.6b) erhält man die Übertragungsfunktion $H(e^{j\omega T}) = (c\,e^{j\omega T} + b)/(e^{j\omega T} - a)$.

c) Durch Zerlegung $H(e^{j\omega T}) = c/(1 - a\,e^{-j\omega T}) + b\,e^{-j\omega T}(1 - a\,e^{-j\omega T})$, Beachtung einer in Aufgabe IV.3 angegebenen Korrespondenz und Anwendung der Zeitverschiebungseigenschaft erhält man $h[n]$ in der gegebenen Form.

d) Damit $h[n]$ absolut summierbar ist, muß $|a| < 1$ gelten. Dies wurde aber vorausgesetzt.

IV. 7. Es ist zu verlangen, daß $\tilde{H}(j\omega) = e^{-jk\omega} - (1/2) - (1/2)e^{-j2k\omega}$ mit $H(e^{j\omega T})$ im Intervall $|\omega| \leqq \omega_g$ mit $\omega_g = \pi/T$, d.h. für $k = 2T$, identisch ist. Daraus folgt $H(e^{j\omega T}) = -(1/2) + e^{-j2\omega T} - (1/2)e^{-j4\omega T}$. Ein entsprechendes Signalflußdiagramm zeigt Bild L.IV.7.

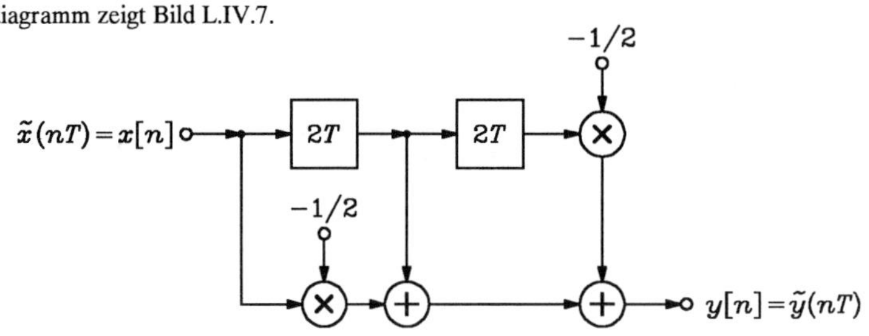

Bild L.IV.7.

IV. 8. Gemäß Gl. (4.44b) erhält man $\{X[0], X[1], X[2], X[3]\} = \{6, -2+2j, -2, -2-2j\}$ mit $N = 4$. Weiterhin ergibt sich gemäß $Y[m] = X[m]H(e^{j2\pi m/N})$ das Quadrupel $\{Y[0], Y[1], Y[2], Y[3]\} = \{24, (8+16j)/5, 0, (8-16j)/5\}$ mit $\{H(0), H(j), H(-1), H(-j)\} = \{4, (2-6j)/5, 0, (2+6j)/5\}$. Durch Rücktransformation nach Gl. (4.44a) findet man schließlich das Quadrupel $\{y[0], y[1], y[2], y[3]\} = \{34, 22, 26, 38\}/5$.

IV. 9. Die Darstellung $F[m] = \sum_{n=0}^{3} f[n]\,e^{-j\pi mn/2} = \sum_{n=0}^{1} f[2n](-1)^{nm} + (-j)^m \sum_{n=0}^{1} f[2n+1](-1)^{mn}$ liefert

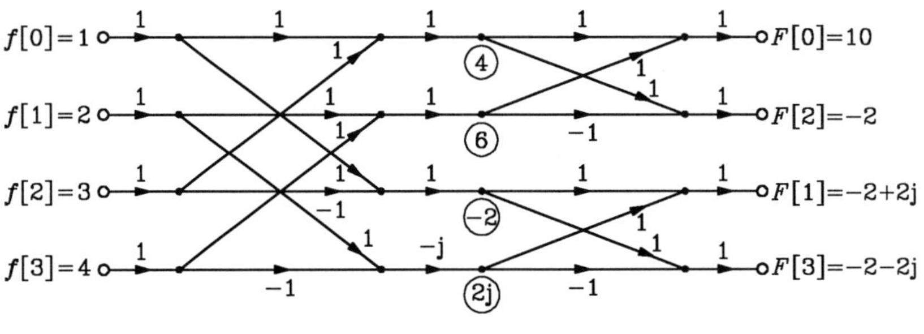

Bild L.IV.9

das im Bild L.IV.9 dargestellte Signalflußdiagramm.

IV. 10. a) Mit dem Spektrum $(2/\omega)\,e^{-jT\omega/2}\sin(T\omega/2)$ des Spalts erhält man zunächst

$$\widetilde{W}(j\omega) = \frac{1}{2\pi}\hat{X}(j\omega) * \{\frac{2}{\omega}\,e^{-jT\omega/2}\sin(T\omega/2)\} \ .$$

Da $W(e^{j\omega T}) = \sum_{\nu=-\infty}^{\infty} \tilde{w}(\nu T)\,e^{-j\omega\nu T} = \int_{-\infty}^{\infty}\{\tilde{w}(t)\sum_{\nu=-\infty}^{\infty}\delta(t-\nu T)\}\,e^{-j\omega t}\,dt$ mit der Fourier-Transformierten von $\tilde{w}(t)\sum_{\nu=-\infty}^{\infty}\delta(t-\nu T)$ übereinstimmt und diese als Faltung von $\widetilde{W}(j\omega)$ mit $(1/T)\sum_{\mu=-\infty}^{\infty}\delta(\omega-\mu 2\pi/T)$ erzeugt werden kann, folgt weiterhin

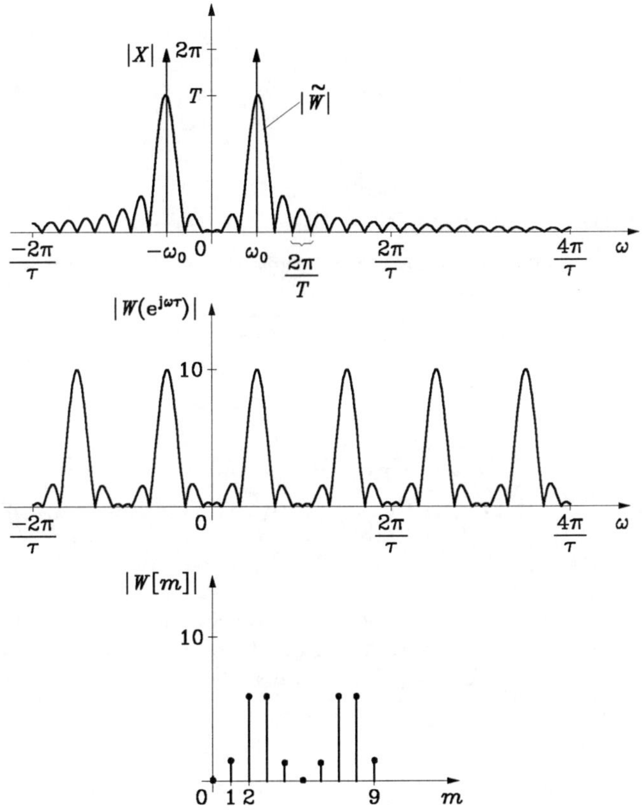

Bild L.IV.10

$$W(e^{j\omega T}) = \frac{1}{\pi T}\sum_{\mu=-\infty}^{\infty}\hat{X}[j(\omega-\mu 2\pi/T)] * \frac{1}{\omega-\mu 2\pi/T}\,e^{-j\frac{T}{2}(\omega-\mu\frac{2\pi}{T})}\sin[\frac{T}{2}(\omega-\mu\frac{2\pi}{T})] \ .$$

b) Beachtet man, daß $\tilde{w}(t)$ außerhalb des Intervalls $0 \leqq t \leqq T$ verschwindet und $\widetilde{W}(j\omega)/T$ näherungsweise im Intervall $|\,\omega T\,| < \pi$ mit $W(e^{j\omega T})$ übereinstimmt, so ergibt sich für $|\,m\,| \leqq (N+1)/2$

$$W[m] = \sum_{n=0}^{N-1} w[n]\,e^{-j2\pi m n/N} = \sum_{n=-\infty}^{\infty} w[n]\,e^{-j2\pi m n/N} = W(e^{j2\pi m/N}) \cong \frac{1}{T}\widetilde{W}(j2\pi m/N\,T)$$

$$= \frac{1}{T}\widetilde{W}(j2\pi m/T) = \frac{1}{2\pi T}\left\{\left[p_{\omega_g}(\omega)X(j\omega)\right] * \left[\frac{2}{\omega}\,e^{-jT\omega/2}\sin(T\omega/2)\right]\right\}_{\omega=2\pi m/T} .$$

Die $W[m]$ für $0 \leqq m \leqq N-1$ ergeben sich dann durch die Periodizität von $W[m]$.

c) Man kann folgende Beziehungen aufstellen:

$$X(\mathrm{j}\omega) = 2\pi[\delta(\omega+\omega_0) + \delta(\omega-\omega_0)] ,$$

$$|\tilde{W}(\mathrm{j}\omega)| \cong |\frac{2}{\omega+\omega_0}\sin[\frac{T}{2}(\omega+\omega_0)] - \frac{2}{\omega-\omega_0}\sin[\frac{T}{2}(\omega-\omega_0)]| ,$$

$$|W(\mathrm{e}^{\mathrm{j}\omega T})| = \frac{1}{T}|\sum_{\mu=-\infty}^{\infty}\tilde{W}(\mathrm{j}\omega - \mathrm{j}\mu 2\pi/T)| , \quad |W[m]| = |W(\mathrm{e}^{\mathrm{j}2\pi m/10})| .$$

Bild L.IV.10 veranschaulicht die Ergebnisse.

Kapitel V

V. 1. Mit der Laplace-Transformierten $1/p$ von $s(t)$ und der Zeitverschiebungseigenschaft erhält man die Laplace-Transformierte $F_I(p) = (1-\mathrm{e}^{-ap})/p$ von $f(t)$. Da $F_I(p)$ in der gesamten (endlichen) p-Ebene analytisch ist ($p=0$ ist eine hebbare Singularität), gilt $F(\mathrm{j}\omega) \equiv F_I(\mathrm{j}\omega)$ für die Fourier-Transformierte von $f(t)$. Nach Korrespondenz (5.9) ergibt sich $-\mathrm{d}F_I(p)/\mathrm{d}p = 1/p^2 - \mathrm{e}^{-ap}(1+ap)/p^2$ als Laplace-Transformierte von $g(t)$.

V. 2. Nach Kapitel V, Abschnitt 1.2 erhält man für $F_I(p) = (A/2\mathrm{j}\omega_0)/(p-\mathrm{j}\omega_0) - (A/2\mathrm{j}\omega_0)/(p+\mathrm{j}\omega_0)$ die Fourier-Transformierte $F(\mathrm{j}\omega) = F_I(\mathrm{j}\omega) + (A\pi/2\mathrm{j}\omega_0)\{\delta(\omega-\omega_0) - \delta(\omega+\omega_0)\}$.

V. 3. Unter Verwendung bekannter Zuordnungen und Eigenschaften der Laplace-Transformation ergeben sich folgende Korrespondenzen:

(i) $F_I(p) = \dfrac{1/2}{p} + \dfrac{-1/2}{p+2} \bullet\!\!-\!\!\circ \dfrac{1}{2}s(t)(1-\mathrm{e}^{-2t})$,

(ii) $F_I(p) = \dfrac{-1}{(p+1)^2} + \dfrac{1}{p+1} \bullet\!\!-\!\!\circ s(t)(1-t)\mathrm{e}^{-t}$,

(iii) $F_I(p) = 4\sqrt{2}\left[\dfrac{(p+\sqrt{2}/2)+\sqrt{2}/2}{(p+\sqrt{2}/2)^2+1/2} - \dfrac{(p-\sqrt{2}/2)-\sqrt{2}/2}{(p-\sqrt{2}/2)^2+1/2}\right] \bullet\!\!-\!\!\circ$

$$4\sqrt{2}s(t)[\mathrm{e}^{-\sqrt{2}t/2}(\cos\{t/\sqrt{2}\} + \sin\{t/\sqrt{2}\}) - \mathrm{e}^{\sqrt{2}t/2}(\cos\{t/\sqrt{2}\} - \sin\{t/\sqrt{2}\})] ,$$

(iv) $F_I(p) = \dfrac{p+1+1}{[(p+1)^2+1]^2} \bullet\!\!-\!\!\circ \dfrac{1}{2}s(t)\mathrm{e}^{-t}(t\sin t + \sin t - t\cos t)$.

V. 4. a) Durch Rücktransformation von $X(p)$ ergibt sich $x(t) = 125s(t)\sin 2t$.
b) Man kann sich leicht davon überzeugen, daß $H(p)X(p)$ die Partialbruchsumme $(-125/32)p/(p^2+4)$ enthält. Alle übrigen Partialbruchsummanden enthalten Pole in $\mathrm{Re}\,p<0$. Daher lautet der stationäre Anteil des Ausgangssignals $(-125/32)\cos 2t$.

V. 5. Man erhält

(i) $F_I(p) = 1 - 2/(p+1) \bullet\!\!-\!\!\circ \delta(t) - 2\mathrm{e}^{-t}s(t)$,

(ii) $F_I(p) = 2 + 3/(p+1) + 2/(p+3) \bullet\!\!-\!\!\circ 2\delta(t) + (3\mathrm{e}^{-t} + 2\mathrm{e}^{-3t})s(t)$,

(iii) $F_I(p) = 10/(p+1) - 20\mathrm{e}^{-p}/(p+1) \bullet\!\!-\!\!\circ 10\mathrm{e}^{-t}s(t) - 20\mathrm{e}^{-(t-1)}s(t-1)$,

(iv) $F_I(p) = \mathrm{e}^{-p} - 2\mathrm{e}^{-p}/(p+2) \bullet\!\!-\!\!\circ \delta(t-1) - 2\mathrm{e}^{-2(t-1)}s(t-1)$,

(v) $F_I(p) = (1/p)(1 + \mathrm{e}^{-p} + \mathrm{e}^{-2p} + \cdots) \bullet\!\!-\!\!\circ s(t) + s(t-1) + s(t-2) + \cdots$.

V. 6. a) Es ist $F_0(p) = F_I(p)(1-\mathrm{e}^{-2p}) = (1 - 2\mathrm{e}^{-p} + \mathrm{e}^{-2p})/p$ die Laplace-Transformierte der Zeitfunktion $f_0(t) = s(t) - 2s(t-1) + s(t-2)$. Die Periodizitätsbedingung ist erfüllt, da $f_0(t)$ außerhalb des Intervalls $0 \leqq t \leqq 2$ verschwindet.

b) Es gilt $f(t) = \sum_{\mu=0}^{\infty} f_0(t-2\mu)$.

V. 7. a) Es gilt $\mathrm{d}f_\mu(t)/\mathrm{d}t = [1+g(t)]^{n-\mu-1}s(t)[\mathrm{d}g(t)/\mathrm{d}t]/(n-\mu-1)! + 0 = f_{\mu+1}(t)\,\mathrm{d}g(t)/\mathrm{d}t$.
b) Man erhält $F_{\mu-1}(p) = (1/p)\tilde{F}_{\mu-1}(p)$.
c) Es ergibt sich die Folge von Funktionen $F_n(p) = 1/p$, $F_{n-1}(p) = (1/p)\mathcal{L}\{f_n(t)\,\mathrm{d}g(t)/\mathrm{d}t\}$,

$F_{n-2}(p) = (1/p)\mathcal{L}\{f_{n-1}(t)\,\mathrm{d}g(t)/\mathrm{d}t\}$ usw. Dabei bezeichnet $\mathcal{L}$ die Laplace-Transformierte.

d) Es gilt $\mathrm{d}g(t)/\mathrm{d}t = (1/T)\mathrm{e}^{-t/T}s(t)$, $F_{n-1}(p) = (1/pT)F_n(p+1/T) = 1/[pT(p+1/T)]$, $F_{n-2}(p) = (1/pT)F_{n-1}(p+1/T) = 1/[p(1+pT)(2+pT)], \ldots, F_0(p) = 1/[p(1+pT)\cdots(n+pT)]$, d.h.

$$f_0(t) = \frac{1}{n!}[1-\mathrm{e}^{-t/T}]^n s(t) \circ\!\!-\!\!\bullet \frac{1}{p(1+pT)(2+pT)\cdots(n+pT)} .$$

V. 8. (i) Nach dem Anfangswert-Theorem wird $f(0+) = \lim_{p\to\infty} pF_I(p) = 0$.

(ii) Nach dem Endwert-Theorem erhält man $f(\infty) = \lim_{p\to 0} p\,F_I(p) = 2$.

(iii) Das Integral stimmt mit der Laplace-Transformierten des Signals $[f(t)-2]s(t)$ für $p=0$ überein, d.h. mit $(2p+4)/[p(p^2+2p+2)] - 2/p = -2(p+1)/(p^2+2p+2)$ für $p=0$, also -1.

V. 9. (i) Mit $F_I(p) = F_0(p)/(1-\mathrm{e}^{-3p})$, wobei zur Laplace-Transformierten $F_0(p) = (1-\mathrm{e}^{1-p})/(p-1)$ die Zeitfunktion $f_0(t) = \mathrm{e}^t s(t) - \mathrm{e}\cdot\mathrm{e}^{t-1}s(t-1) = \mathrm{e}^t\{s(t)-s(t-1)\}$ gehört, erhält man die gesuchte Zeitfunktion $f(t) = \sum_{\nu=0}^{\infty} f_0(t-3\nu)$.

(ii) Die Rücktransformation ist nach Kapitel V, Abschnitt 2.2 möglich, da alle Voraussetzungen erfüllt sind. Die Funktion $\mathrm{e}^{pt}F_I(p)$ hat ihre Pole an den Stellen $p = \pm\mathrm{j}\pi/2, p=0, p=\pm\mathrm{j}\nu\pi$ ($\nu\in\mathbb{N}$) mit den Residuen

$$\frac{\mathrm{e}^{pt}}{2p\sinh p}\bigg|_{p=\pm\mathrm{j}\pi/2} = \frac{\mathrm{e}^{\pm\mathrm{j}\pi t/2}}{\pm\mathrm{j}\pi(\pm\mathrm{j}\sin\pi/2)}\,,\quad \frac{4}{\pi^2}\,,\quad \frac{\mathrm{e}^{pt}}{[p^2+(\pi/2)^2]\cosh p}\bigg|_{p=\pm\mathrm{j}\nu\pi} = \frac{(-1)^\nu\,\mathrm{e}^{\pm\mathrm{j}\nu\pi t}}{\pi^2(1/4-\nu^2)} .$$

Bildet man die Residuensumme, so erhält man das gesuchte Signal

$$f(t) = -\frac{2}{\pi}\cos\frac{\pi t}{2} + \frac{4}{\pi^2} + \frac{2}{\pi^2}\sum_{\nu=1}^{\infty}\frac{(-1)^\nu}{1/4-\nu^2}\cos\nu\pi t .$$

V. 10. Es gibt drei mögliche Konvergenzstreifen mit spezifischen Zeitfunktionen:

(i) $\operatorname{Re}p > 0$: $f(t) = s(t)(1+\mathrm{e}^{-at})$;

(ii) $-a < \operatorname{Re}p < 0$: $f(t) = s(t)\mathrm{e}^{-at} - s(-t)$;

(iii) $\operatorname{Re}p < -a$: $f(t) = -s(-t)(1+\mathrm{e}^{-at})$.

V. 11. a) Es ist $2I_1 = -2\pi\mathrm{j}\,R_\infty^+$, wobei R_∞^+ das Residuum von $Z(p)$ in $p=\infty$ bedeutet. Da sich $Z(p)$ im Unendlichen wie $1/Cp$ verhält, gilt $R_\infty^+ = -1/C$ und somit $I_1 = \mathrm{j}\,\pi/C$. Entsprechend wird $2I_2 = 2\pi\mathrm{j}\,R_\infty^-$, wobei R_∞^- das Residuum von $Z(-p)$ in $p=\infty$ bedeutet. Da sich $Z(-p)$ im Unendlichen wie $-1/pC$ verhält, gilt $R_\infty^- = 1/C$, also $I_2 = \pi\mathrm{j}/C$.

b) Für $\rho\to\infty$ wird

$$\frac{1}{2}\int_{K_1''} Z(p)\,\mathrm{d}p = \frac{1}{2}\int_{\rho\mathrm{e}^{\mathrm{j}\pi/2}}^{\rho\mathrm{e}^{\mathrm{j}3\pi/2}}\frac{\mathrm{d}p}{pC} = \frac{1}{2C}\ln\frac{\rho\,\mathrm{e}^{\mathrm{j}3\pi/2}}{\rho\,\mathrm{e}^{\mathrm{j}\pi/2}} = \frac{\mathrm{j}\pi}{2C}\,,\quad \frac{1}{2}\int_{K_2''} Z(-p)\,\mathrm{d}p = \frac{1}{2}\int_{\rho\mathrm{e}^{\mathrm{j}\pi/2}}^{\rho\mathrm{e}^{-\mathrm{j}\pi/2}}\frac{-\mathrm{d}p}{pC} = \frac{-1}{2C}(-\mathrm{j}\pi) .$$

c) Man erhält mit den Ergebnissen der Teilaufgaben a und b mit $G(p) = [Z(p)+Z(-p)]/2$

$$\int_{-\mathrm{j}\infty}^{\mathrm{j}\infty} G(p)\,\mathrm{d}p = I_1 + I_2 - 2\frac{\mathrm{j}\pi}{2C} = \frac{\mathrm{j}\pi}{C} .$$

d) Aufgrund des Ergebnisses von Teilaufgabe c gilt

$$\int_0^\infty \operatorname{Re}Z(\mathrm{j}\omega)\,\mathrm{d}\omega = \frac{1}{2}\int_{-\infty}^{\infty} G(\mathrm{j}\omega)\,\mathrm{d}\omega = \frac{1}{2\mathrm{j}}\cdot\frac{\mathrm{j}\pi}{C} = \frac{\pi}{2C} .$$

V. 12. Die dem Eingang zugeführte Wirkleistung ist $P_x = I^2\operatorname{Re}Z(\mathrm{j}\omega)$, die Wirkleistung im Abschlußwiderstand $P_y = I^2\,|H(\mathrm{j}\omega)|^2/R$. Durch Integration der Ungleichung $P_y \leqq P_x$ erhält man unter Verwendung des Ergebnisses von Aufgabe V.11(d) und mit der Eingangskapazität C_i des Zweitors

$$(1/R)\int_0^\infty |H(\mathrm{j}\omega)|^2\,\mathrm{d}\omega \leqq \int_0^\infty \operatorname{Re}Z(\mathrm{j}\omega)\,\mathrm{d}\omega = \frac{\pi}{2(C+C_i)} \leqq \frac{\pi}{2C} .$$

Im Falle eines verlustlosen Zweitors gilt $P_y = P_x$ und durchgehend das Gleichheitszeichen, sofern noch $C_i = 0$ gilt.

V. 13. (i) Man erhält die Funktionswerte $f(0+) = \lim_{p\to\infty} p\, F_I(p) = 1$, $f(\infty) = \lim_{p\to 0} p\, F_I(p) = 0$ in Übereinstimmung mit den entsprechenden Werten von $f(t) = e^{-at} s(t)$. (ii) Nach dem Anfangswert-Theorem gilt $f(0+) = \lim_{p\to\infty} p\, F_I(p) = 0$; das Endwert-Theorem läßt sich nicht anwenden (oder liefert ∞), da in $p = \infty$ ein doppelter Pol vorhanden ist. Diese Feststellung steht im Einklang mit dem aus der Partialbruchentwicklung $F_I(p) = (-1/a^2)/p + (1/a)/p^2 + (1/a^2)/(p+a)$ unmittelbar folgenden Signal, nämlich der Zeitfunktion $f(t) = (-1/a^2 + t/a + e^{-at}/a^2)\, s(t)$, die $f(0+) = 0$ und $f(\infty) = \infty$ liefert.

V. 14. Es wird angenommen, daß $H(p)$ in $\operatorname{Re} p \geqq 0$ (einschließlich $p = \infty$) analytisch ist. Da $\mathcal{L}\{a(t)\} = H(p)/p$ gilt, erhält man $a(0+) = \lim_{p\to\infty} p\, \mathcal{L}\{a(t)\} = H(\infty)$ und $a(\infty) = \lim_{p\to 0} p\, \mathcal{L}\{a(t)\} = H(0)$.

V. 15. Angesichts der mit $f(t) \circ\!\!-\!\!\bullet F_I(p)$ verknüpften Korrespondenz $f'(t) \circ\!\!-\!\!\bullet p\, F_I(p) - f(0+) = [(a-12)p^4 + (b-72)p^3 + \cdots]/(p^4 + 6p^3 + 5p^2 + 3p + 1)$ erhält man $f(0+) = 12 = \lim_{p\to\infty} p\, F_I(p) = a$ und $f'(0+) = \lim_{p\to\infty} \{p^2 F_I(p) - p\, f(0+)\} = b - 72 = -36$, also $a = 12$ und $b = 36$.

V. 16. Es wird $X(p) = X_0(p)/(1 - e^{-2p})$ mit $X_0(p) = 1/p - 4/p^2 + 4/p^3 - e^{-2p}(1/p + \alpha/p^2 + \beta/p^3)$ geschrieben.

a) Es muß gefordert werden, daß das der Funktion $X_0(p)$ entsprechende Signal $x_0(t) = (1 - 4t + 2t^2)s(t) - \{1 + \alpha(t-2) + (\beta/2)(t-2)^2\}s(t-2)$ außerhalb des Intervalls $0 \leqq t \leqq 2$ verschwindet. Es ist also $1 - 4t + 2t^2 - 1 - \alpha t + 2\alpha - (\beta/2)t^2 + 2\beta t - 2\beta \equiv 0$ zu fordern, woraus $\alpha = \beta = 4$ folgt.

b) Man erhält nun $x_0(t) = (1 - 4t + 2t^2)\{s(t) - s(t-2)\}$, also $x(t) = \sum_{\nu=0}^{\infty} x_0(t - 2\nu)$.

c) Man schreibt

$$Y(p) = \frac{p^2 - 4p + 4 - e^{-2p}(p^2 + 4p + 4)}{p^2(1 - e^{-2p})} \cdot \frac{p+4}{p^2 + 4p + 3} = \frac{A}{p+1} + \frac{B}{p+3} + Y_s(p)$$

und erhält $A = 3(9 - e^2)/[2(1 - e^2)]$, $B = (25 - e^6)/[18(e^6 - 1)]$. Damit folgt der flüchtige Anteil

$$y_{fl}(t) = A\, e^{-t} + B\, e^{-3t} \quad \text{für} \quad t \geqq 0 \ .$$

d) Zur Berechnung des stationären Teils bildet man

$$Y_s(p) = Y(p) - \frac{A}{p+1} - \frac{B}{p+3} = \frac{Y_{s0}(p)}{1 - e^{-2p}}$$

mit

$$Y_{s0}(p) = \frac{(p+4)(p^2 - 4p + 4)}{p^2(p+1)(p+3)} - \frac{A}{p+1} - \frac{B}{p+3} + \{\cdots\}e^{-2p} = \widetilde{Y}_{s0}(p) + \{\cdots\}e^{-2p} \ .$$

Dabei kann

$$\widetilde{Y}_{s0}(p) = \frac{\widetilde{A} - A}{p+1} + \frac{\widetilde{B} - B}{p+3} + \frac{C}{p^2} + \frac{D}{p}$$

mit $\widetilde{A} = 27/2$, $\widetilde{B} = -25/18$, $C = 16/3$, $D = -100/9$ geschrieben werden. Damit ergibt sich der stationäre Lösungsanteil im Intervall $0 \leqq t < 2$ zu

$$y_{s0}(t) = [(\widetilde{A} - A)e^{-t} + (\widetilde{B} - B)e^{-3t} + (16/3)t - (100/9)][s(t) - s(t-2)] \ ,$$

und die stationäre Lösung selbst lautet $y_s(t) = \sum_{\nu=0}^{\infty} y_{s0}(t - 2\nu)$.

V. 17. Mit $x_0(t) = x(t)[s(t) - s(t-T)]$ und der hierzu gehörigen Laplace-Transformierten $X_0(p) = \int_0^T e^{3t} e^{-pt}\, dt = [1 - e^{(3-p)T}]/(p-3)$ erhält man $X(p) = X_0(p)/[1 - e^{-pT}]$.

V. 18. a) Man erhält als Übertragungsfunktion

$$H(p) = \boldsymbol{c}^T (p\mathbf{E} - \boldsymbol{A})^{-1} \boldsymbol{b} + d = [c_1\,, \ -3] \begin{bmatrix} p & -1 \\ 4 & p+5 \end{bmatrix}^{-1} \begin{bmatrix} 0 \\ 2 \end{bmatrix} = \frac{-6p + 2c_1}{p^2 + 5p + 4} \ ,$$

woraus für die Sprungantwort $a(t)$

$$a(\infty) = \lim_{p\to 0} H(p) = c_1/2 = 0 \ , \qquad \text{also} \qquad c_1 = 0$$

folgt.

b) Durch Rücktransformation von $H(p) = 2/(p+1) - 8/(p+4)$ ergibt sich $h(t) = (2\,e^{-t} - 8\,e^{-4t})\,s(t)$.

V. 19. **a)** Man erhält die Übertragungsfunktion

$$H(p) = \boldsymbol{c}^{\mathrm{T}}(p\mathbf{E} - \boldsymbol{A})^{-1}\boldsymbol{b} + d = [\alpha,\ \beta]\begin{bmatrix} p+\sigma & \omega \\ -\omega & p+\sigma \end{bmatrix}^{-1}\begin{bmatrix}\alpha \\ \beta\end{bmatrix} = \frac{(\alpha^2+\beta^2)(p+\sigma)}{p^2+2\sigma p+\sigma^2+\omega^2}\ .$$

b) Es ist $\sigma = 1$, $\beta = \pm 1$ und $\omega = \pm 2$ zu wählen.

V. 20. **a)** Zur gegebenen Übertragungsfunktion $H(p)$ gehört die Differentialgleichung $y''' + a\,y'' + c\,y' + y = x'' + a\,x' + b\,x$. Damit erhält man gemäß den Gln. (2.32a-d) die Steuerungsnormalform

$$\boldsymbol{A} = \begin{bmatrix} 0 & 1 & 0 \\ 0 & 0 & 1 \\ -1 & -c & -a \end{bmatrix},\quad \boldsymbol{b} = \begin{bmatrix} 0 \\ 0 \\ 1 \end{bmatrix},\quad \boldsymbol{c}^{\mathrm{T}} = [b\ ,\ a\ ,\ 1]\ ,\quad d = 0\ .$$

b) Wegen

$$\det \boldsymbol{U} = \det\begin{bmatrix} 0 & 0 & 1 \\ 0 & 1 & -a \\ 1 & -a & a^2-c \end{bmatrix} \neq 0\ ,\quad \det \boldsymbol{V} = \det\begin{bmatrix} b & a & 1 \\ -1 & b-c & 0 \\ 0 & -1 & b-c \end{bmatrix} = b\,(b-c)^2 + a\,(b-c) + 1$$

ist zu erkennen, daß das System stets steuerbar und sicher für $b = c$ auch beobachtbar ist. Im Fall $b \neq c$ läßt sich die reziproke Übertragungsfunktion in der Form

$$1/H(p) = p + (c-b)/[p + \{a - 1/(c-b)\} + \{b\,(b-c)^2 + a\,(b-c) + 1\}/\{(c-b)^2 p + c - b\}]$$

ausdrücken. Die Tatsache, daß Zähler und Nenner von $H(p)$ keine gemeinsame Nullstelle haben, drückt sich aufgrund dieser Darstellung in der Form $b\,(b-c)^2 + a\,(b-c) + 1 \neq 0$ aus, woraus $\det \boldsymbol{V} \neq 0$, also die Beobachtbarkeit, folgt.

V. 21. **a)** Man kann stets $1/Z(p) = C\,p + Y_0(p)$ mit der in $p = \infty$ polfreien Funktion $Y_0(p)$ schreiben. Damit erhält man $1/\lim\limits_{p\to\infty}[p\,Z(p)] = C$ oder $1/C = \lim\limits_{p\to\infty} p\,Z(p)$. Auf der anderen Seite liefert das Widerstands-Integral-Theorem für $1/C$ das mit $2/\pi$ multiplizierte Integral über $\mathrm{Re}\,Z(\mathrm{j}\omega)$ von $\omega = 0$ bis $\omega = \infty$. Damit ist die Gültigkeit der angegebenen Beziehung unmittelbar zu erkennen.

b) Man erhält nunmehr

$$\lim_{p\to\infty} p\,Z(p) = \frac{1}{\pi}\int_{-\infty}^{\infty}\mathrm{Re}\,Z(\mathrm{j}\omega)\,\mathrm{d}\omega = \frac{1}{\pi}\int_{-\infty}^{\infty}|F(\mathrm{j}\omega)|^2\,\mathrm{d}\omega = 2\int_{-\infty}^{\infty} f^2(t)\,\mathrm{d}t = 2E\ ,$$

woraus die zu beweisende Formel sofort folgt.

c) Zunächst ergibt sich mit dem geraden Teil $G(p)$ von $Z(p)$

$$G(\mathrm{j}\omega) = \mathrm{Re}\,Z(\mathrm{j}\omega) = 1/(1+\omega^6)\ ,\quad \text{also}\quad (1/2)[Z(p) + Z(-p)] = 1/(1-p^6)\ .$$

Durch Partialbruchentwicklung von $1/(1-p^6)$ findet man weiterhin

$$\frac{1}{1-p^6} = \frac{1}{2}\left[\frac{(2/3)p^2 + (4/3)p + 1}{p^3 + 2p^2 + 2p + 1} + \frac{(2/3)p^2 - (4/3)p + 1}{-p^3 + 2p^2 - 2p + 1}\right],$$

woraus $Z(p) = [(2/3)p^2 + (4/3)p + 1]/[p^3 + 2p^2 + 2p + 1]$ aufgrund des oben angegebenen Zusammenhangs zwischen $Z(p)$ und $G(p) = 1/(1-p^6)$ folgt. Diese Funktion liefert $E = (1/2)\lim\limits_{p\to\infty} p\,Z(p) = 1/3$.

V. 22. Nach dem Nyquist-Kriterium liegt Stabilität genau dann vor, wenn die Ortskurve $F_1(\mathrm{j}\omega)$ $(-\infty < \omega < \infty)$ den Punkt $1/K$ nicht umläuft, da $F_1(p)$ nur in $\mathrm{Re}\,p < 0$ Pole hat. Die Ortskurve $F_1(\mathrm{j}\omega)$ umfaßt den unendlich oft durchlaufenen Einheitskreis. Daher ist $1/|K| > 1$, also $|K| < 1$ zu verlangen.

V. 23. Es muß verlangt werden, daß von $1 + F_1(p)F_2(p) = 1 + (p+4)/(p^3 + k\,p^2 + p)$ sämtliche Nullstellen, d.h. alle Nullstellen des Polynoms $p^3 + k\,p^2 + 2p + 4$ in der linken Halbebene $\mathrm{Re}\,p < 0$ liegen. Als Hurwitz-Determinanten erhält man $\Delta_1 = k$, $\Delta_2 = 2k - 4$ und $\Delta_3 = 4\,\Delta_2$. Asymptotische Stabilität ist genau dann gegeben, wenn $\Delta_1 > 0$, $\Delta_2 > 0$ und $\Delta_3 > 0$ gilt, also $k > 2$.

V. 24. Für das erste Teilsystem erhält man die Übertragungsfunktion $F_1(p) = 1/(p+2)$. Für das zweite Teilsystem ergibt sich

$$F_2(p) = [0, \ \gamma] \begin{bmatrix} p & -1 \\ 2 & p+3 \end{bmatrix}^{-1} \begin{bmatrix} 0 \\ 1 \end{bmatrix} = \frac{\gamma p}{p^2 + 3p + 2} .$$

Aus $1 + F_1(p)F_2(p) = [p^3 + 5p^2 + (8 + \gamma)p + 4]/\{(p^2 + 3p + 2)(p + 2)\}$ erhält man die Forderung, daß das Polynom $p^3 + 5p^2 + (8 + \gamma)p + 4$ ein Hurwitz-Polynom sein muß. Die Hurwitz-Determinanten sind $\Delta_1 = 5$, $\Delta_2 = 5(8 + \gamma) - 4 = 36 + 5\gamma$, $\Delta_3 = 4\Delta_2$. Asymptotische Stabilität liegt genau dann vor, wenn $\gamma > -36/5$ gilt.

V. 25. Da der Frequenzgang von $F_1(p)\,e^{p} = (p - 2)/(p + 3)$ (für $p = j\omega$) einen Kreis um den Punkt $1/6$ mit Radius $5/6$ in der komplexen Ebene repräsentiert, stellt $F_1(j\omega)$ eine Ortskurve dar, die innerhalb des Einheitskreises (einschließlich des Punktes 1) bleibt, diesem aber beliebig nahe kommt. Daher ist $1/|K| > 1$, d.h. $|K| < 1$ zu fordern.

V. 26. In der unmittelbaren Umgebung eines Poles $p = j\omega_\infty$ von $F_1(p)$ verhält sich diese Funktion wie $A/(p - j\omega_\infty)$ mit positiv reellem A. Beim Durchlaufen eines kleinen Halbkreises um $p = j\omega_\infty$ in $\mathrm{Re}\,p > 0$ hat daher $F_1(p)$ ständig nicht negativen Realteil. Dies gilt auch beim Durchlaufen eines sehr großen, in $\mathrm{Re}\,p > 0$ verlaufenden Halbkreises um den Ursprung, da sich $F_1(p)$ in der Umgebung von $p = \infty$ wie $B\,p$ mit $B > 0$ verhält. Außerhalb der Pole auf der imaginären Achse ist $F_1(p)$ rein imaginär. Damit kann folgendes festgestellt werden: Durchläuft man die imaginäre Achse der p-Ebene unter Umgehung aller Pole in der in der Aufgabenstellung genannten Weise, so verläßt die Ortskurve $F_1(j\omega)$ die abgeschlossene rechte Halbebene nicht. Der Punkt -1 wird also nicht umlaufen. Deshalb besteht Stabilität.

V. 27. Zunächst erhält man den geraden Teil

$$G(p) = R(p/j) = \frac{p^4 + 2p^2}{p^4 - 5p^2 + 4} = 1 + \frac{7p^2 - 4}{(p+1)(p+2)(p-1)(p-2)} .$$

Durch Partialbruchentwicklung ergibt sich weiterhin

$$G(p) = \frac{1}{2}\left[1 + \frac{1}{p+1} - \frac{4}{p+2} + 1 - \frac{1}{p-1} + \frac{4}{p-2}\right] .$$

Hieraus entnimmt man wegen $G(p) = [H(p) + H(-p)]/2$ die Übertragungsfunktion

$$H(p) = 1 + \frac{1}{p+1} - \frac{4}{p+2} = \frac{p^2}{(p+1)(p+2)} .$$

V. 28. Zunächst erhält man den ungeraden Teil der Übertragungsfunktion

$$U(p) = j\,X(p/j) = \frac{3p^3 - p}{p^4 - 5p^2 + 4} = \frac{3p^3 - p}{(p+1)(p+2)(p-1)(p-2)} .$$

Durch Partialbruchentwicklung von $U(p)/p$ ergibt sich weiterhin

$$U(p) = \frac{1}{2}\left[\frac{(2/3)p}{p+1} - \frac{(11/6)p}{p+2} - \frac{(2/3)p}{p-1} + \frac{(11/6)p}{p-2}\right] ,$$

woraus wegen $U(p) = [H(p) - H(-p)]/2$ die Übertragungsfunktion

$$H(p) = B_0 + \frac{(2/3)p}{p+1} - \frac{(11/6)p}{p+2}$$

folgt. Aufgrund der Forderung $H(\infty) = B_0 + 2/3 - 11/6 = 0$ findet man den Wert $B_0 = 7/6$ und damit die Funktion $H(p) = (9p + 7)/(3p^2 + 9p + 6)$.

V. 29. Aus $|H(j\omega)|^2$ folgt

$$H(p)H(-p) = \frac{p^4 + p^2 + 1}{(p^2 - 4)(p^2 - 1)} = \frac{(p^2 + p + 1)(p^2 - p + 1)}{(p^2 + 3p + 2)(p^2 - 3p + 2)}$$

und hieraus $H(p) = (p^2 + p + 1)/(p^2 + 3p + 2)$.

V. 30. a) Durch Anwendung der Transformation $\omega = -\tan(\vartheta/2)$ erhält man direkt $R(\tan\{\vartheta/2\}) = |\vartheta|$ $(-\pi < \vartheta \leqq \pi)$. Durch Fourier-Reihenentwicklung ergibt sich

$$R(\tan\{\vartheta/2\}) = \frac{\pi}{2} - \frac{4}{\pi}\sum_{\nu=0}^{\infty}\frac{\cos\{(2\nu+1)\vartheta\}}{(2\nu+1)^2}\ .$$

Hieraus folgt sofort die in ϑ 2π-periodische transformierte Imaginärteilfunktion

$$X(\tan\{\vartheta/2\}) = \frac{4}{\pi}\sum_{\nu=0}^{\infty}\frac{\sin\{(2\nu+1)\vartheta\}}{(2\nu+1)^2} = \frac{1}{2}\vartheta(\pi - |\vartheta|) \quad (-\pi < \vartheta \leqq \pi)$$

und mit $\vartheta = -2\arctan\omega$ die Imaginärteilfunktion $X(\omega) = -(\pi - 2\,|\arctan\omega\,|)\arctan\omega$.

b) Nach Gl. (5.169) erhält man für die Übertragungsfunktion

$$H(p) = \frac{\pi}{2} - \frac{4}{\pi}\sum_{\nu=0}^{\infty}\frac{1}{(2\nu+1)^2}\left(\frac{1-p}{1+p}\right)^{2\nu+1}\ .$$

V. 31. **a)** Die Übertragungsfunktionen (ii), (iii) und (iv) sind Mindestphasenübertragungsfunktionen.

b) Zur Übertragungsfunktion (i) gehört $H_m(p) = (p+1)/[(p+2)(p+4)]$ als Mindestphasenübertragungsfunktion gleicher Amplitude für $p = \mathrm{j}\omega$.

V. 32. **a)** Mit $A(\omega) = \mathrm{e}^{-\alpha(\omega)}$ liefert die Gl. (5.180) für $\nu = 1$

$$\alpha(\omega) = \alpha(0) - \frac{2\omega^2}{\pi}\int_0^{\infty}\frac{\Theta(\eta)}{\eta(\eta^2-\omega^2)}\,\mathrm{d}\eta = \alpha(0) - \frac{2\omega^2\Theta_0}{\pi}\int_{\omega_g}^{\infty}\frac{\mathrm{d}\eta}{\eta(\eta^2-\omega^2)}$$

$$= \alpha(0) + \frac{\Theta_0}{\pi}\left[\ln\frac{\eta^2}{|\eta^2-\omega^2|}\right]_{\omega_g}^{\infty} = \alpha(0) - \frac{\Theta_0}{\pi}\ln\frac{\omega_g^2}{|\omega^2-\omega_g^2|}\ .$$

Damit erhält man

$$A(\omega) = \mathrm{e}^{-\alpha(0)}\left[\omega_g^2/|\omega^2-\omega_g^2|\right]^{\Theta_0/\pi}\ .$$

b) Mit $\Theta_0 = \pi$ und $\alpha(0) = 0$ ergibt sich $A(\omega) = \omega_g^2/|\omega^2-\omega_g^2|$. Bild L.V.32 zeigt den Verlauf von $A(\omega)$.

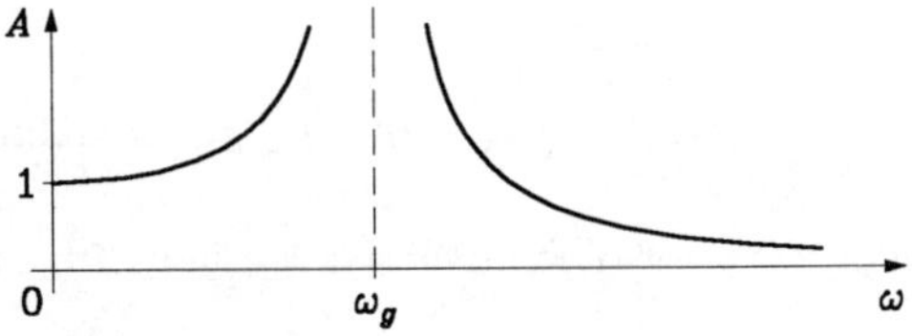

Bild L.V.32

V. 33. Man kann generell ein kausales Signal als Impulsantwort eines kausalen Systems auffassen und dessen Fourier-Transformierte, die Existenz vorausgesetzt, als Übertragungsfunktion des Systems verstehen.

a) Schreibt man das Spektrum von $f(t)$ in der Form $F(\mathrm{j}\omega) = A(\omega)\,\mathrm{e}^{-\mathrm{j}\,\Theta(\omega)}$ und beachtet, daß $f(t)$ quadratisch integrierbar ist, dann erkennt man an Hand des Parseval-Theorems die quadratische Integrierbarkeit auch von $A(\omega)$. Wäre nun $A(\omega)$ in einem Intervall $\omega_1 < \omega < \omega_2$ identisch Null, so würde sich aufgrund von Satz V.9 ein Widerspruch zur Kausalität von $f(t)$ ergeben, da die Ungleichung (5.182) nicht erfüllt wird. Denn der dortige Integrand ist im genannten Intervall unendlich groß.

b) Das Signal $g(t) = f(t-T)$ mit dem Spektrum $G(\mathrm{j}\omega) = F(\mathrm{j}\omega)\,\mathrm{e}^{-\mathrm{j}\omega T}$ ist kausal, und es gilt $|G(\mathrm{j}\omega)| \equiv |F(\mathrm{j}\omega)|$ mit $|G(\mathrm{j}\omega)| \equiv 0$ für $|\omega| > \omega_g$. Diese Amplitudenfunktion ist sicher quadratisch integrierbar, da $g(t)$ eine endliche Energie aufweist. Da aufgrund von Satz V.9 ein Widerspruch entsteht, können $f(t)$ und $F(\mathrm{j}\omega)$ nicht gleichzeitig begrenzt sein.

V. 34. Die Anwendung der (zweiseitigen) Laplace-Transformation auf die gegebene Beziehung zwischen $x(t)$ und $y(t)$ liefert

$$pY(p) + aY(p) = \frac{1}{p-b}\,[X(p) + 3\,Y(p)] + cp\,X(p)\,.$$

a) Hieraus erhält man durch Auflösung nach $Y(p)$ die Übertragungsfunktion

$$H(p) := \frac{Y(p)}{X(p)} = \frac{cp^2 - bcp + 1}{p^2 + (a-b)\,p - ab - 3}\ .$$

b) Bild P.V.34 liefert zunächst $a(0+) = a(\infty) = 1/2$. Da $a(0+) = H(\infty)$ und $a(\infty) = H(0)$ gilt, ergeben sich die Aussagen

$$c = \frac{1}{2} \quad \text{und} \quad \frac{-1}{ab+3} = \frac{1}{2}.$$

Weiterhin ist zu erkennen, daß die Impulsantwort $h(t)$ mit der Laplace-Transformierten $H(p)$ von der Form $h(t) = (1/2)\,\delta(t) + a_e'(t)$ ist. Im p-Bereich lautet dieser Zusammenhang mit der Laplace-Transformierten $A(p)$ der Sprungantwort

$$H(p) = \frac{1}{2} + pA(p),$$

so daß man

$$pA(p) = H(p) - \frac{1}{2} = \frac{-\frac{a}{2}p + \frac{5}{2} + \frac{ab}{2}}{p^2 + (a-b)p - ab - 3}$$

erhält. Bild P.V.34 liefert $a'(0+) = -1$. Damit ergibt sich aufgrund des Anfangswert-Theorems

$$-1 = \lim_{p \to \infty} p[pA(p)], \quad \text{d. h.} \quad -1 = -a/2.$$

Hieraus folgt $a = 2$ und somit $b = -5/2$.

c) Die Fläche

$$F = \int_0^\infty [1/2 - a(t)]\,\mathrm{d}t$$

erhält man aus der Laplace-Transformierten von $s(t)[1/2 - a(t)]$, nämlich aus

$$\frac{1}{2p} - \frac{H(p)}{p} = \frac{1}{2p} - \frac{2p^2+5p+4}{(4p^2+18p+8)p} = \frac{4p}{2p(2p^2+9p+4)}$$

für $p = 0$, d. h. es ist $F = 1/2$.

d) Mit

$$X_0(p) = \int_0^{3T} x(t)\,\mathrm{e}^{-pt}\,\mathrm{d}t = \int_0^{T} \mathrm{e}^{-pt}\,\mathrm{d}t = \frac{1-\mathrm{e}^{-pT}}{p}$$

erhält man gemäß Gl. (5.35) zunächst die Laplace-Transformierte des Eingangssignals

$$X(p) = \frac{1-\mathrm{e}^{-pT}}{p(1-\mathrm{e}^{-3Tp})}$$

und hieraus die Laplace-Transformierte des Ausgangssignals

$$Y(p) = H(p)X(p) = \frac{2p^2+5p+4}{4p^2+18p+8}\,\frac{1-\mathrm{e}^{-pT}}{p(1-\mathrm{e}^{-3Tp})} = \frac{\alpha}{p+(1/2)} + \frac{\beta}{p+4} + Y_s(p)$$

mit

$$\alpha = \frac{2p^2+5p+4}{4p+16}\,\frac{1-\mathrm{e}^{-pT}}{p(1-\mathrm{e}^{-3Tp})}\bigg|_{p=-\frac{1}{2}} = -\frac{2}{7}\,\frac{1-\mathrm{e}^{T/2}}{1-\mathrm{e}^{3T/2}}$$

und

$$\beta = \frac{2p^2+5p+4}{4p+2}\,\frac{1-\mathrm{e}^{-pT}}{p(1-\mathrm{e}^{-3Tp})}\bigg|_{p=-4} = \frac{2}{7}\,\frac{1-\mathrm{e}^{4T}}{1-\mathrm{e}^{12T}}.$$

Die Laplace-Transformierte des stationären Anteils kann damit in der Form

$$Y_s(p) = \frac{2p^2+5p+4}{4p^2+18p+8}\,\frac{1-\mathrm{e}^{-pT}}{p(1-\mathrm{e}^{-3Tp})} - \frac{\alpha}{p+(1/2)} - \frac{\beta}{p+4}$$

$$= \frac{2p^2+5p+4}{p(4p^2+18p+8)}(1-\mathrm{e}^{-pT})(1+\mathrm{e}^{-3Tp}+\mathrm{e}^{-6Tp}+\cdots) - \frac{\alpha}{p+(1/2)} - \frac{\beta}{p+4}$$

$$= \left(\frac{1/2}{p} - \frac{2/7}{p+(1/2)} + \frac{2/7}{p+4}\right)(1-\mathrm{e}^{-pT}) - \frac{\alpha}{p+(1/2)} - \frac{\beta}{p+4} + \mathrm{e}^{-3Tp}\{\cdots\}$$

geschrieben werden. Hieraus folgt für $0 \leqq t \leqq 3T$

$$y_s(t) = \frac{1}{2} - \frac{2}{7}\,e^{-t/2} + \frac{2}{7}\,e^{-4t} - s(t-T)\left[\frac{1}{2} - \frac{2}{7}\,e^{-(t-T)/2} + \frac{2}{7}\,e^{-4(t-T)}\right] - \alpha\,e^{-t/2} - \beta\,e^{-4t}$$

$$= \frac{1}{2} + \frac{2}{7}\left[\frac{1-e^{T/2}}{1-e^{3T/2}} - 1\right]e^{-t/2} + \frac{2}{7}\left[1 - \frac{1-e^{4T}}{1-e^{12T}}\right]e^{-4t}$$

$$- s(t-T)\left[\frac{1}{2} - \frac{2}{7}\,e^{-(t-T)/2} + \frac{2}{7}\,e^{-4(t-T)}\right].$$

V. 35. Da der gerade Teil $[H(p) + H(-p)]/2$ für $p = \mathrm{j}\omega$ mit dem Realteil $\operatorname{Re} H(\mathrm{j}\omega)$ und $H(p)\,H(-p)$ für $p = \mathrm{j}\omega$ mit dem Betragsquadrat $|H(\mathrm{j}\omega)|^2$ übereinstimmt, besteht in der gesamten p-Ebene (abgesehen von den Polstellen von $H(p)$ und $H(-p)$) die Gleichungskette

$$\frac{1}{2}[H(p) + H(-p)] = H(p)\,H(-p) = \frac{a\,p^4 + 16p^2 + b}{4p^4 - 65p^2 + 16} = \frac{a\,p^4 + 16p^2 + b}{(2p^2 + 9p + 4)(2p^2 - 9p + 4)}.$$

Man sieht, daß die Übertragungsfunktion die Form

$$H(p) = \frac{\alpha p^2 + \beta p + \gamma}{2p^2 + 9p + 4}$$

aufweisen muß. Führt man diese in obige Gleichungskette ein, so erhält man folgende Beziehungen, indem man die Zählerpolynome identifiziert:

$$2\alpha p^4 + (4\,\alpha + 2\gamma - 9\,\beta)\,p^2 + 4\gamma = \alpha^2 p^4 + (2\,\alpha\gamma - \beta^2)\,p^2 + \gamma^2 = a\,p^4 + 16p^2 + b\,.$$

Ein Koeffizientenvergleich liefert

$$2\,\alpha = \alpha^2 = a\,, \quad 4\,\gamma = \gamma^2 = b\,, \quad 4\,\alpha + 2\,\gamma - 9\,\beta = 2\,\alpha\gamma - \beta^2 = 16\,.$$

Da $\alpha = 0$ und $\gamma = 0$ offensichtlich als Lösungen ausscheiden, kommen aufgrund der beiden ersten Gleichungen nur

$$\alpha = 2 \quad \text{und} \quad \gamma = 4\,, \quad \text{d. h.} \quad a = 4 \quad \text{und} \quad b = 16$$

in Betracht. Man kann sich jetzt leicht davon überzeugen, daß alle obigen Gleichungen befriedigt werden, wenn man noch $\beta = 0$ wählt. Die Übertragungsfunktion lautet also

$$H(p) = \frac{2p^2 + 4}{2p^2 + 9p + 4}\,.$$

V. 36. Nach Satz V.5, insbesondere nach dessen Ergänzung, muß die Ortskurve $H_1(\mathrm{j}\omega)\,H_2(\mathrm{j}\omega)$ bei zunehmendem ω den Punkt -1 genau einmal im Gegenuhrzeigersinn umlaufen. Dies trifft im Falle der Wahl von $H_2(p) = V > 0$ nicht zu, da $VH_1(\mathrm{j}\omega)$ den Punkt -1, wenn überhaupt, unendlich oft im Uhrzeigersinn umläuft.

Im Falle $H_2(p) = V/p\ (V > 0)$ ist die Ortskurve

$$F(\mathrm{j}\omega) = (V/\mathrm{j}\omega)\,H_1(\mathrm{j}\omega) = V\,e^{-\mathrm{j}\omega}/(2\,\mathrm{j}\omega - 1)$$

zu untersuchen. Dazu werden die Komponenten

$$R(\omega) := \operatorname{Re} F(\mathrm{j}\omega) = V\,\frac{-\cos\omega - 2\omega\sin\omega}{1 + 4\omega^2}$$

und

$$I(\omega) := \operatorname{Im} F(\mathrm{j}\omega) = V\,\frac{\sin\omega - 2\omega\cos\omega}{1 + 4\omega^2}$$

betrachtet. Die Nullstellen von $R(\omega)$ erfüllen die Gleichung $\cot\omega = -2\,\omega$ und die von $I(\omega)$ die Gleichung $\tan\omega = 2\,\omega$. Bild L.V.36a zeigt die Entstehung dieser Nullstellen $\omega_{r1}, \omega_{r2}, \ldots$ bzw. $\omega_{i1}, \omega_{i2}, \ldots$ als Schnittpunkte der Geraden $y = -2\omega$ bzw. $y = 2\omega$ mit der Kurve $y = \cot\omega$ bzw. $y = \tan\omega$. Man sieht die alternierende Lage gemäß

$$0 < \omega_{i1} < \omega_{r1} < \omega_{i2} < \omega_{r2} < \cdots\,.$$

Dies macht den grundsätzlichen Verlauf der Ortskurve $F(\mathrm{j}\omega)$ deutlich, wie sie im Bild L.V.36b skizziert ist. Daß die Ortskurve vom Punkt $-V$ aus, der für $\omega = 0$ erreicht wird, mit wachsendem ω nach unten verläuft, zeigt obige Beziehung für $I(\omega)$, die sich in der Nähe von $\omega = 0$ wie $V(\omega - 2\omega + \cdots)/(1 + 4\omega^2)$ verhält. Mit

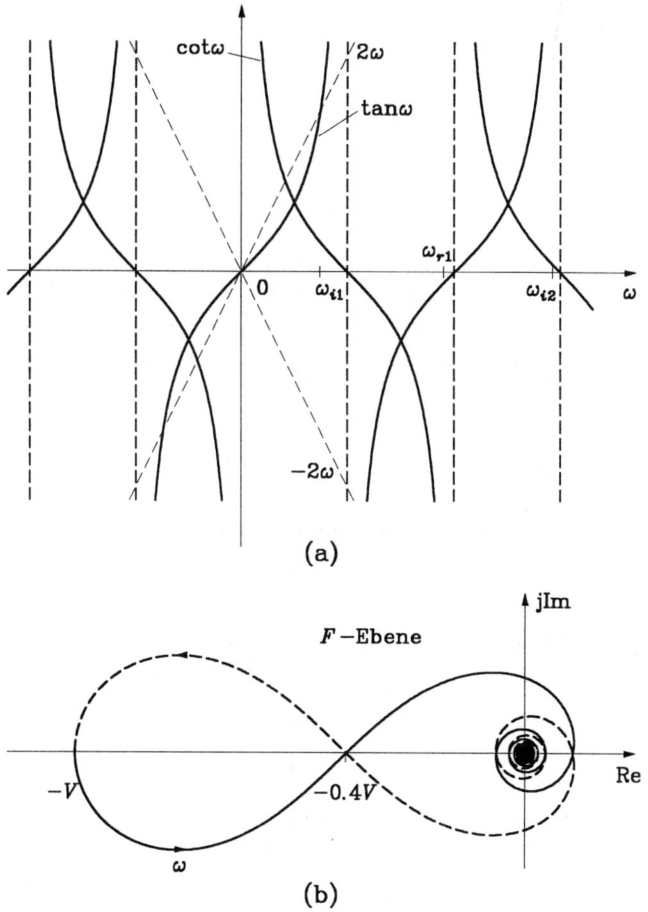

Bild L.V.36

$\omega_{i1} \approx 1{,}1656$ erhält man $R(\omega_{i1}) \approx -0{,}3942\,V$. Die notwendige Forderung $0{,}4\,V < 1$ liefert $V < 2{,}5$, so daß man zusammen mit der Forderung $V > 1$

$$1 < V < 2{,}5$$

als Stabilitätsbedingung erhält, vorausgesetzt, daß $H_2(p) = V/p$ gewählt wird.

Kapitel VI

VI. 1. Man erhält

(i) $F(z) = \sum_{\nu=0}^{\infty} (3z)^{\nu} = 1/(1-3z) \quad (|z| < 1/3)$;

(ii) $F(z) = 1 + 1/(4z) + 1/(4z)^2 = (16z^2 + 4z + 1)/(16z^2)$;

(iii) $F(z) = \dfrac{1}{2} \sum_{n=0}^{\infty} \dfrac{1}{(2z)^n} (e^{j\pi/3} e^{j\pi n/2} + e^{-j\pi/3} e^{-j\pi n/2}) = (e^{j\pi/3}/2) \sum_{n=0}^{\infty} (j/(2z))^n$

$$+ (e^{-j\pi/3}/2) \sum_{n=0}^{\infty} (-j/(2z))^n = (e^{j\pi/3}/2)/(1 - j/(2z)) + (e^{-j\pi/3}/2)/(1 + j/(2z))$$

$$= \frac{4z^2 \cos \pi/3 - 2z \sin \pi/3}{4z^2 + 1} = \frac{2z^2 - \sqrt{3}z}{4z^2 + 1} \qquad (|z| > 1/2);$$

(iv) $F(z) = \sum_{n=3}^{\infty} 1/(3z)^n = (1/(27z^3)) \sum_{n=0}^{\infty} 1/(3z)^n = 1/\{9z^2(3z-1)\} \qquad (|z| > 1/3)$;

(v) $F(z) = 1 + 1/z + 1/z^2 + 1/z^3 + \sum_{n=1}^{\infty} 1/(n z^n) = 1 + 1/z + 1/z^2 + 1/z^3 - \int \sum_{n=2}^{\infty} z^{-n}\,\mathrm{d}z$

$$= 1 + 1/z + 1/z^2 + 1/z^3 - \int \{z/(z-1) - 1 - 1/z\}\,\mathrm{d}z$$

$$= 1 + 1/z + 1/z^2 + 1/z^3 + \ln\frac{z}{z-1} \qquad (|z| > 1);$$

(vi) $F(z) = z\sum_{n=0}^{N-1} n\, z^{-n-1} = -z\dfrac{\mathrm{d}}{\mathrm{d}z}\sum_{n=0}^{N-1} z^{-n} = -z\dfrac{\mathrm{d}}{\mathrm{d}z}\,\dfrac{1-z^N}{z^{N-1}-z^N} = \dfrac{z^N + N - 1 - Nz}{z^{N-1}(1-z)^2}$;

(vii) $F(z) = \sum_{\nu=0}^{\infty} a^{2\nu} z^{-2\nu} + \sum_{\nu=0}^{\infty} b^{2\nu+1} z^{-(2\nu+1)} = \dfrac{1}{1-(a/z)^2} + \dfrac{b/z}{1-(b/z)^2} \quad (|z| > \max\{|a|, |b|\})$.

VI. 2. Es ergibt sich

$$F(z) = \sum_{n=0}^{N-1} f[n]z^{-n} + z^{-N}\sum_{n=0}^{N-1} f[n]z^{-n} + z^{-2N}\sum_{n=0}^{N-1} f[n]z^{-n} + \cdots = \frac{1}{1-z^{-N}}\sum_{n=0}^{N-1} f[n]z^{-n} \quad (|z| > 1).$$

VI. 3. Man findet

$$F(z) = \sum_{n=0}^{\infty} (a/z)^n + \sum_{n=-\infty}^{-1} a^{-n}z^{-n} = \sum_{n=0}^{\infty} (a/z)^n + \sum_{m=0}^{\infty} (az)^m - 1 = \frac{1}{1-a/z} + \frac{1}{1-az} - 1$$

$(|z| > |a|,\ |z| < 1/|a|)$.

Speziell für $a = 1/3$ erhält man $F(z) = \dfrac{3z}{3z-1} + \dfrac{3}{3-z} - 1 = \dfrac{8z}{-3z^2+10z-3}$.

VI. 4. (i) Aus $F(z) = \dfrac{1}{1-2/z}$ folgt das Signal $f[n] = 2^n s[n]$.

(ii) Aus $F(z) = \dfrac{z\,(2z+1)}{(z-1)(z-1/4)} = \dfrac{4z}{z-1} - \dfrac{2z}{z-1/4} = \dfrac{4}{1-z^{-1}} - \dfrac{2}{1-4^{-1}z^{-1}}$ erhält man das Signal $f[n] = (4-2\cdot 4^{-n})s[n]$.

(iii) Aus $F(z) = z^{-3}\cdot\dfrac{4/3}{1-\dfrac{1}{3z}}$ folgt $f[n] = \dfrac{4}{3}\cdot\dfrac{1}{3^{n-3}}s[n-3] = 4\cdot 3^{2-n}s[n-3]$.

VI. 5. Betrachtet man $|z| > 2$ als Konvergenzgebiet, dann erhält man aus der Funktion $F(z) = -z/(z-2) + z/(z-2)^2 + z/(z-1)$ das Signal $f[n] = -s[n]2^n + (1/2)n\,2^n s[n] + s[n]$. Wählt man $1 < |z| < 2$ als Konvergenzgebiet, so ergibt sich aus obiger Darstellung von $F(z)$ aufgrund der Korrespondenz (6.12), nach der zu $-z/(z-2)$ das Signal $s[-n-1]2^n$ und zu $z/(z-2)^2$ das Signal $-s[-n-1]n\cdot 2^{n-1}$ gehört, $f[n] = s[-n-1]2^n - s[-n-1]n\cdot 2^{n-1} + s[n]$. Im Fall des Konvergenzgebiets $|z| < 1$ schließlich liefert die Korrespondenz (6.12) aus obiger Darstellung von $F(z)$ das Signal $s[-n-1](2^n - n\cdot 2^{n-1} - 1)$.

VI. 6. Mit $f[0] = \alpha$ folgt aus der Differenzengleichung $f[-1] = 0$. Unterwirft man diese Gleichung der (einseitigen) Z-Transformation, so erhält man sofort die Beziehung $F(z) - \beta z^{-1}F(z) = \alpha/(1-z^{-1})$, woraus $F(z) = \alpha z^2/\{(z-1)(z-\beta)\}$ oder für $\beta \neq 1$ die Z-Transformierte $F(z) = \dfrac{\alpha}{1-\beta}z/(z-1) + \dfrac{\alpha\beta}{\beta-1}z/(z-\beta)$, also $f[n] = \{\dfrac{\alpha}{1-\beta} + \dfrac{\alpha\beta}{\beta-1}\beta^n\}\,s[n] = \alpha\dfrac{\beta^{n+1}-1}{\beta-1}s[n]$ resultiert. Für $\beta = 1$ ergibt sich zunächst die Funktion $F(z) = \alpha z^2/(z-1)^2$, woraus $f[n] = \alpha(n+1)s[n]$ folgt.

VI. 7. Da die diskontinuierliche Funktion $f[n]$ akausal ist, muß $|z| < 1/2$ das Konvergenzgebiet sein. Aus der Funktion $F(z) = -z/(z-1/2) + 2z/(z-1)$ erhält man nach der Korrespondenz (6.12) das Signal $f[n] = \{2^{-n} - 2\}\,s[-n-1]$.

VI. 8. (i) Aus $F(z) = \ln(1-2z)$ folgt der Differentialquotient $F'(z) = -2/(1-2z) = -2\sum_{n=0}^{\infty}(2z)^n$, also

$F(z) = -2 \sum_{n=0}^{\infty} 2^n z^{n+1}/(n+1)$ und somit $f[n] = (2^{-n}/n) s[-n-1]$.

(ii) Aus $F(z) = \ln\{1 - (2z)^{-1}\}$ folgt $F'(z) = \dfrac{2}{4z^2}\left[1 + \dfrac{1}{2z} + \dfrac{1}{(2z)^2} + \cdots\right]$, also $F(z) = -(2z)^{-1} - 2^{-1}(2z)^{-2} - 3^{-1}(2z)^{-3} - \cdots$ und somit $f[n] = -n^{-1}2^{-n} s[n-1]$.

VI. 9. Aus $F_2(z) = F_1(z^{-1}) = \sum_{n=-\infty}^{\infty} f_1[n] z^n = \sum_{n=-\infty}^{\infty} f_1[-n] z^{-n} = \sum_{n=-\infty}^{\infty} f_2[n] z^{-n}$ folgt $f_1[-n] \equiv f_2[n]$.

VI. 10. Nach Gl. (6.30) ergibt sich

$$H(z) = \boldsymbol{c}^{\mathrm{T}}(z\mathbf{E} - \boldsymbol{A})^{-1}\boldsymbol{b} + d = \left[0,\ 2,\ -\frac{1}{2}\right] \begin{bmatrix} z-1 & -1 & 0 \\ 1/2 & z-1 & 1/2 \\ 3/2 & 0 & z+1/2 \end{bmatrix}^{-1} \begin{bmatrix} 0 \\ 0 \\ 1 \end{bmatrix}$$

$$= \left[0,\ 2,\ -\frac{1}{2}\right] \frac{1}{D(z)} \begin{bmatrix} \cdots & \cdots \\ \vdots & 1/2 - z/2 \\ \cdots & z^2 - 2z + 3/2 \end{bmatrix} \begin{bmatrix} 0 \\ 0 \\ 1 \end{bmatrix} = \frac{1 - 2z^2}{4z^3 - 6z^2 + 2z} .$$

VI. 11. Man erhält direkt

$$f[0] = \lim_{z\to\infty} F(z) = 1,\ f[1] = \lim_{z\to\infty}\{F(z) - f[0]\}z = \lim_{z\to\infty} \frac{-3z^2 - 4z}{z^2 + 4z + 5} = -3 ,$$

$$f[2] = \lim_{z\to\infty}\{(F(z)z - f[0])z - f[1]\}z = \lim_{z\to\infty} \frac{8z^2 + 15z}{z^2 + 4z + 5} = 8 .$$

VI. 12. Zunächst ergibt sich nach Gl. (6.32)

$$\hat{\boldsymbol{\Phi}}(z) = (z\mathbf{E} - \boldsymbol{A})^{-1} z = \begin{bmatrix} z & -1 & 0 \\ 2/9 & z-1 & 4 \\ 0 & 0 & z \end{bmatrix}^{-1} z = \frac{1}{z^2 - z + (2/9)} \begin{bmatrix} z^2 - z & z & -4 \\ -2z/9 & z^2 & -4z \\ 0 & 0 & z^2 - z + 2/9 \end{bmatrix} .$$

Dieser Matrix entnimmt man $\lim_{n\to\infty} \boldsymbol{\Phi}[n] = \lim_{z\to 1}(z-1)\hat{\boldsymbol{\Phi}}(z) = \mathbf{0}$. Nach den Gln. (6.30) und (6.32) ergibt sich $H(z) = [1,\ 0,\ 0] z^{-1} \hat{\boldsymbol{\Phi}}(z) [0,\ 1,\ 0]^{\mathrm{T}} = z/(z^3 - z^2 + 2z/9) = 3z^{-1}/(1 - 2z^{-1}/3) - 3z^{-1}/(1 - z^{-1}/3)$, woraus $h[n] = 3\{(2/3)^{n-1} - (1/3)^{n-1}\} s[n-1]$ folgt.

VI. 13. Das Signal $\tilde{f}(t) = f(t) \sum_{n=-\infty}^{\infty} \delta(t - nT)$ liefert aufgrund des Faltungssatzes das Spektrum $\tilde{F}(\mathrm{j}\omega) = (1/2\pi) F(\mathrm{j}\omega) * (2\pi/T) \sum_{\mu=-\infty}^{\infty} \delta(\omega - \mu 2\pi/T) = (1/T) \sum_{\mu=-\infty}^{\infty} F\{\mathrm{j}(\omega - \mu 2\omega_g)\}$, d.h. $\tilde{F}(\mathrm{j}\omega) = (1/T) F(\mathrm{j}\omega)$ für $|\omega| < \omega_g$. Auf der anderen Seite ergibt sich direkt $\tilde{F}(\mathrm{j}\omega) = \sum_{n=-\infty}^{\infty} f(nT) \int_{-\infty}^{\infty} \delta(t - nT) \mathrm{e}^{-\mathrm{j}\omega t} \mathrm{d}t = \sum_{n=-\infty}^{\infty} x[n] \mathrm{e}^{-\mathrm{j}\omega n T}$ $= X(\mathrm{e}^{\mathrm{j}\omega T})$. Daher gilt $X(\mathrm{e}^{\mathrm{j}\omega T}) \equiv (1/T) F(\mathrm{j}\omega)$ für $|\omega| < \omega_g$. Weiterhin erhält man mit $\omega_g = \pi/T$

$$y[n] = \frac{1}{2\omega_g} \int_{-\omega_g}^{\omega_g} H(\mathrm{e}^{\mathrm{j}\omega T}) X(\mathrm{e}^{\mathrm{j}\omega T}) \mathrm{e}^{\mathrm{j}n\omega T} \mathrm{d}\omega = \frac{1}{2\pi} \int_{-\omega_g}^{\omega_g} F(\mathrm{j}\omega) H(\mathrm{e}^{\mathrm{j}\omega T}) \mathrm{e}^{\mathrm{j}n\omega T} \mathrm{d}\omega .$$

VI. 14. Aus der Gleichungskette $F_2(z) = F_1(z^N) = \sum_{n=-\infty}^{\infty} f_1[n] z^{-Nn} = \sum_{n=-\infty}^{\infty} f_2[n] z^{-n}$ ist zu ersehen, daß $f_2[kN] = f_1[k]$ für $k = 0, \pm 1, \pm 2, \ldots$ und $f_2[n] = 0$ sonst gilt.

VI. 15. (i) Es ergibt sich

$$H(z) = \sum_{n=0}^{\infty} h[n] z^{-n} = \sum_{n=0}^{\infty} \tilde{h}(nT) z^{-n} = \sum_{n=0}^{\infty} \frac{z^{-n}}{2\pi\mathrm{j}} \int_{\sigma-\mathrm{j}\infty}^{\sigma+\mathrm{j}\infty} \tilde{H}(p) \mathrm{e}^{pnT} \mathrm{d}p$$

$$= \frac{1}{2\pi\mathrm{j}} \int_{\sigma-\mathrm{j}\infty}^{\sigma+\mathrm{j}\infty} \tilde{H}(p) \sum_{n=0}^{\infty} \left(\frac{\mathrm{e}^{pT}}{z}\right)^n \mathrm{d}p = \frac{z}{2\pi\mathrm{j}} \int_{\sigma-\mathrm{j}\infty}^{\sigma+\mathrm{j}\infty} \frac{\tilde{H}(p)}{z - \mathrm{e}^{pT}} \mathrm{d}p .$$

(ii) Entsprechend erhält man

$$\frac{z}{z-1} H(z) = \sum_{n=0}^{\infty} \tilde{a}(nT) z^{-n} = \sum_{n=0}^{\infty} \frac{z^{-n}}{2\pi\mathrm{j}} \int_{\sigma-\mathrm{j}\infty}^{\sigma+\mathrm{j}\infty} \frac{1}{p} \tilde{H}(p) \mathrm{e}^{pnT} \mathrm{d}p = \frac{1}{2\pi\mathrm{j}} \int_{\sigma-\mathrm{j}\infty}^{\sigma+\mathrm{j}\infty} \tilde{H}(p) \frac{z}{p(z - \mathrm{e}^{pT})} \mathrm{d}p ,$$

also

$$H(z) = \frac{z-1}{2\pi j} \int_{\sigma - j\infty}^{\sigma + j\infty} \frac{\tilde{H}(p)}{p(z - e^{pT})} \, dp .$$

VI. 16. Abweichend von der in Kapitel VI, Abschnitt 3.1 beschriebenen Methode wird folgendermaßen vorgegangen. Ersetzt man $\cos \omega T$ durch den Ausdruck $(z + 1/z)/2 = (z^2 + 1)/(2z)$ und somit $\cos^2 \omega T$ durch $(z^4 + 2z^2 + 1)/(4z^2)$, so ergibt sich nach einer kurzen Zwischenrechnung

$$R(z) = \frac{1}{4} \frac{2z^4 + 5z^3 + 6z^2 + 5z + 2}{2z^4 + 6z^3 + 9z^2 + 6z + 2} .$$

Mit dem Ansatz $(\alpha z^2 + \beta z + \gamma)(\gamma z^2 + \beta z + \alpha) = 2z^4 + 6z^3 + 9z^2 + 6z + 2$ wird zunächst der Nenner faktorisiert. Durch Koeffizientenvergleich findet man $\alpha = \beta = 2$, $\gamma = 1$ als Lösungen der Gleichungen $\alpha\gamma = 2$, $(\alpha + \gamma)\beta = 6$, $\alpha^2 + \beta^2 + \gamma^2 = 9$ (d.h. $x^4 - 5x^3 + 8x^2 - 20x + 16 = 0$ mit $x = \gamma^2$). Damit kann die Übertragungsfunktion in der Form $H(z) = (a z^2 + b z + c)/(2z^2 + 2z + 1)$ angeschrieben werden. Hieraus bildet man $2R(z) = H(z) + H(1/z) = [(a + 2c)z^4 + (2a + 3b + 2c)z^3 + 2(2a + 2b + c)z^2 + \cdots]/\cdots$. Ein Vergleich mit der vorgeschriebenen Funktion $R(z)$ liefert nunmehr die drei linearen Gleichungen $a + 2c = 1$, $2a + 3b + 2c = 5/2$, $2a + 2b + c = 3/2$ mit den Lösungen $a = 0$, $b = c = 1/2$. Damit lautet das Ergebnis

$$H(z) = \frac{z + 1}{2(2z^2 + 2z + 1)} .$$

VI. 17. Ersetzt man $j \sin \omega T$ durch $(z - 1/z)/2$ und $\cos \omega T$ durch $(z + 1/z)/2$ in $j X(e^{j\omega T})$, so ergibt sich die kreisantimetrische Komponente

$$I(z) = \frac{5}{2} \frac{z^2 - 1}{2z^2 + 5z + 2} = \frac{1}{2}[H(z) - H(1/z)]$$

von $H(z)$. Aus den Nullstellen $-1/2$ und -2 des Nennerpolynoms erhält man die Faktorzerlegung $(2z^2 + 5z + 2) = (2z + 1)(z + 2)$. Damit kann man $H(z) = (\alpha z + \beta)/(2z + 1)$ schreiben. Führt man diese Darstellung der Übertragungsfunktion $H(z)$ in die obige Gleichung ein, so findet man sofort die Darstellung $I(z) = [(\alpha - 2\beta)z^2 - \alpha + 2\beta]/[2(2z^2 + 5z + 2)]$. Durch Koeffizientenvergleich erhält man jetzt $\alpha - 2\beta = 5$; weiterhin folgt aus der Forderung $H(1) = 1$ die Gleichung $\alpha + \beta = 3$, so daß man zu den Lösungen $\alpha = 11/3$, $\beta = -2/3$, also zu

$$H(z) = \frac{11z - 2}{3(2z + 1)}$$

gelangt. Weiterhin erhält man für die Amplitudencharakteristik $|H(e^{j\omega T})| = \sqrt{H(z)H(1/z)}$ mit $z = e^{j\omega T}$, also $|H(e^{j\omega T})| = \sqrt{(125 - 44\cos\omega T)/(5 + 4\cos\omega T)}/3$. Die spektrale Leistungsdichte des Ausgangsprozesses ist $S_{yy}(\omega) = |H(e^{j\omega T})|^2 \cdot 1$. Hieraus folgt

$$y_{\text{eff}}^2 = r_{yy}[0] = \frac{T}{2\pi} \int_{-\pi}^{\pi} S_{yy}(\omega)\, d\omega = \frac{T}{2\pi} \int_{-\pi}^{\pi} H(e^{j\omega T})H(e^{-j\omega T})\, d\omega = \frac{1}{2\pi j} \int_{|z|=1} H(z)H(\frac{1}{z}) \frac{dz}{z} .$$

Dieses auf dem Einheitskreis zu erstreckende Integral wird mit Hilfe des Residuensatzes ausgewertet. Der Integrand $H(z)H(1/z)/z$ hat innerhalb des Einheitskreises die Pole $z_1 = -1/2$ und $z_2 = 0$ mit den Residuen $R_1 = 20/3$ bzw. $R_2 = -11/9$. Damit ergibt sich $y_{\text{eff}}^2 = 20/3 - 11/9 = 49/9$, also $y_{\text{eff}} = 7/3$.

VI. 18. Mit der Formel $\sin^2 x = (1 - \cos 2x)/2$ und nach Substitution $e^{j\omega T} = z$ erhält man

$$H(z)H(1/z) = \frac{\varepsilon}{\varepsilon + \frac{1}{2} - \frac{1}{4}(z + \frac{1}{z})} = \frac{-4\varepsilon z}{z^2 - 2(2\varepsilon + 1)z + 1} .$$

Pole dieser Funktion sind $z_1 = 2\varepsilon + 1 - 2\sqrt{\varepsilon(\varepsilon + 1)}$ und $1/z_1$. Damit hat die Übertragungsfunktion die Form

$$H(z) = \frac{\alpha z}{z - z_1}, \quad \text{also} \quad H(1/z) = \frac{-\alpha/z_1}{z - 1/z_1} \quad \text{und} \quad H(z)H(1/z) = \frac{-(\alpha^2/z_1)z}{z^2 - 2(2\varepsilon + 1)z + 1} .$$

Durch Koeffizientenvergleich ergibt sich $4\varepsilon = \alpha^2/z_1$, also $\alpha = 2\sqrt{\varepsilon z_1}$, wodurch $H(z)$ vollständig bestimmt ist.

Aufgrund der Beziehung

$$F(z) = \sum_{n=0}^{\infty} \{a[n] - a[\infty]\} z^{-n} = \frac{z}{z-1} H(z) - a[\infty] \frac{z}{z-1}$$

und mit $a[\infty] = H(1)$ erhält man die gesuchte Größe

$$F(1) = \lim_{z \to 1} \frac{z}{z-1} \{H(z) - H(1)\} = \lim_{z \to 1} \frac{z}{(z-1)} \cdot \frac{\alpha z_1 (z-1)}{(z_1 - 1)(z - z_1)} = \frac{-\alpha z_1}{(z_1 - 1)^2} .$$

VI. 19. **a)** Man entnimmt dem System die Gleichungen

$$z_1[n+1] = x[n], \quad z_2[n+1] = z_1[n], \quad z_3[n+1] = z_2[n],$$

d. h.

$$\boldsymbol{z}[n+1] = \boldsymbol{A}\boldsymbol{z}[n] + \boldsymbol{b}x[n] \quad \text{mit} \quad \boldsymbol{A} = \begin{bmatrix} 0 & 0 & 0 \\ 1 & 0 & 0 \\ 0 & 1 & 0 \end{bmatrix}, \quad \boldsymbol{b} = \begin{bmatrix} 1 \\ 0 \\ 0 \end{bmatrix}$$

und

$$y[n] = \boldsymbol{c}^{\mathrm{T}} \boldsymbol{z}[n] + dx[n] \quad \text{mit} \quad \boldsymbol{c} = [\,\alpha_1 \;\; \alpha_2 \;\; \alpha_3\,]^{\mathrm{T}}, \quad d = \alpha_0 .$$

Man erhält $a[0]$ als $y[0]$ mit $\boldsymbol{z}[0] = \boldsymbol{0}$ und $x[0] = 1$, also gilt $2 = \alpha_0$, d. h. $\alpha_0 = 2$.

b) Nach Gl. (6.30) ergibt sich

$$H(z) = [\alpha_1 \;\; \alpha_2 \;\; \alpha_3] \begin{bmatrix} z & 0 & 0 \\ -1 & z & 0 \\ 0 & -1 & z \end{bmatrix}^{-1} \begin{bmatrix} 1 \\ 0 \\ 0 \end{bmatrix} + 2$$

$$= [\alpha_1 \;\; \alpha_2 \;\; \alpha_3] \frac{1}{z^3} \begin{bmatrix} z^2 & * & * \\ z & * & * \\ 1 & * & * \end{bmatrix} \begin{bmatrix} 1 \\ 0 \\ 0 \end{bmatrix} + 2$$

$$= \frac{\alpha_1 z^2 + \alpha_2 z + \alpha_3}{z^3} + 2 = \frac{2z^3 + \alpha_1 z^2 + \alpha_2 z + \alpha_3}{z^3} .$$

Dieses Resultat läßt sich auch direkt der Systemstruktur nach Bild P.VI.19 entnehmen. Das Zählerpolynom ist aufgrund der Nullstellen

$$k(z - 1/2)(z-1)(z-2) = k\left(z^3 - \frac{7}{2} z^2 + \frac{7}{2} z - 1\right).$$

Ein Vergleich mit $2z^3 + \alpha_1 z^2 + \alpha_2 z + \alpha_3$ liefert $k = 2$, $\alpha_1 = -7$, $\alpha_2 = 7$, $\alpha_3 = -2$.

c) Man erhält, wenn $x[n]$ in den Zustandsgleichungen durch $u[n] + \boldsymbol{k}^{\mathrm{T}} \boldsymbol{z}[n]$ ersetzt wird,

$$\boldsymbol{z}[n+1] = (\boldsymbol{A} + \boldsymbol{b}\boldsymbol{k}^{\mathrm{T}}) \boldsymbol{z}[n] + \boldsymbol{b}u[n], \quad y[n] = (\boldsymbol{c}^{\mathrm{T}} + d\,\boldsymbol{k}^{\mathrm{T}}) \boldsymbol{z}[n] + d\,u[n],$$

d. h.

$$\boldsymbol{z}[n+1] = \tilde{\boldsymbol{A}} \boldsymbol{z}[n] + \tilde{\boldsymbol{b}} u[n], \quad y[n] = \tilde{\boldsymbol{c}}^{\mathrm{T}} \boldsymbol{z}[n] + d\,u[n]$$

mit

$$\tilde{\boldsymbol{A}} = \boldsymbol{A} + \boldsymbol{b}\boldsymbol{k}^{\mathrm{T}}, \quad \tilde{\boldsymbol{b}} = \boldsymbol{b}, \quad \tilde{\boldsymbol{c}} = \boldsymbol{c} + d\,\boldsymbol{k}, \quad \tilde{d} = d .$$

Im vorliegenden Fall gilt

$$\tilde{\boldsymbol{A}} = \begin{bmatrix} k_1 & k_2 & k_3 \\ 1 & 0 & 0 \\ 0 & 1 & 0 \end{bmatrix}, \quad \tilde{\boldsymbol{b}} = \begin{bmatrix} 1 \\ 0 \\ 0 \end{bmatrix}, \quad \tilde{\boldsymbol{c}} = \begin{bmatrix} -7+2k_1 \\ 7+2k_2 \\ -2+2k_3 \end{bmatrix}, \quad \tilde{d} = 2 .$$

Hieraus folgt die Übertragungsfunktion

$$\tilde{H}(z) = \begin{bmatrix} -7+2k_1 \\ 7+2k_2 \\ -2+2k_3 \end{bmatrix}^{\mathrm{T}} \begin{bmatrix} z - k_1 & -k_2 & -k_3 \\ -1 & z & 0 \\ 0 & -1 & z \end{bmatrix}^{-1} \begin{bmatrix} 1 \\ 0 \\ 0 \end{bmatrix} + 2$$

$$= \begin{bmatrix} -7+2k_1 \\ 7+2k_2 \\ -2+2k_3 \end{bmatrix}^{\mathrm{T}} \frac{1}{(z-k_1)z^2 - k_2 z - k_3} \begin{bmatrix} z^2 \\ z \\ 1 \end{bmatrix} + 2 = \frac{(-7+2k_1)z^2 + (7+2k_2)z - 2 + 2k_3}{z^3 - k_1 z^2 - k_2 z - k_3} + 2$$

oder

$$\widetilde{H}(z) = \frac{2z^3 - 7z^2 + 7z - 2}{z^3 - k_1 z^2 - k_2 z - k_3}.$$

Man sieht, daß $H(z)$ und $\widetilde{H}(z)$ das gleiche Zählerpolynom, also gleiche Nullstellen haben.

d) Für $u \equiv 0$ erhält man

$$\boldsymbol{z}[n+1] = \widetilde{\boldsymbol{A}}\boldsymbol{z}[n] \quad \text{und} \quad y[n] = \widetilde{\boldsymbol{c}}^{\mathrm{T}}\boldsymbol{z}[n],$$

durch Transformation in den Z-Bereich also

$$z\,\boldsymbol{Z}(z) - z\,\boldsymbol{z}[0] = \widetilde{\boldsymbol{A}}\boldsymbol{Z}(z) \quad \text{und} \quad Y(z) = \widetilde{\boldsymbol{c}}^{\mathrm{T}}\boldsymbol{Z}(z).$$

Hieraus ergibt sich

$$\boldsymbol{Z}(z) = z(z\,\mathbf{E} - \widetilde{\boldsymbol{A}})^{-1}\boldsymbol{z}[0]$$

und

$$Y(z) = z\,\boldsymbol{c}^{\mathrm{T}}(z\,\mathbf{E} - \widetilde{\boldsymbol{A}})^{-1}\boldsymbol{z}[0] = \begin{bmatrix} -7+2k_1 \\ 7+2k_2 \\ -2+2k_3 \end{bmatrix}^{\mathrm{T}} \frac{z}{z^3 - k_1 z^2 - k_2 z - k_3} \begin{bmatrix} z^2 & * & * \\ z & * & * \\ 1 & * & * \end{bmatrix} \begin{bmatrix} z_1[0] \\ z_2[0] \\ z_3[0] \end{bmatrix}.$$

Gefordert wird aufgrund der Vorschrift für $y[n]$ (Tabelle)

$$Y(z) = \frac{z}{z - 1/2} + \frac{z(z - 1/2)}{z^2 - z + 1} + \frac{\sqrt{3}\,z/2}{z^2 - z + 1}$$

$$= \frac{P(z)}{(z - 1/2)(z^2 - z + 1)} = \frac{P(z)}{z^3 - (3/2)z^2 + (3/2)z - (1/2)}.$$

Ein Vergleich der beiden Darstellungen für $Y(z)$ liefert

$$k_1 = \frac{3}{2}, \quad k_2 = -\frac{3}{2}, \quad k_3 = \frac{1}{2}.$$

e) Mit den erhaltenen Parametern wird

$$\boldsymbol{b} = \begin{bmatrix} 1 \\ 0 \\ 0 \end{bmatrix}, \quad \widetilde{\boldsymbol{A}} = \begin{bmatrix} 3/2 & -3/2 & 1/2 \\ 1 & 0 & 0 \\ 0 & 1 & 0 \end{bmatrix},$$

woraus für die Steuerbarkeitsmatrix

$$\widetilde{\boldsymbol{U}} = \begin{bmatrix} 1 & 3/2 & * \\ 0 & 1 & * \\ 0 & 0 & 1 \end{bmatrix}$$

folgt. Da $\det \widetilde{\boldsymbol{U}} \neq 0$ gilt, ist das System steuerbar.

f) Die Übertragungsfunktion lautet nun

$$\widetilde{H}(z) = \frac{2z^3 - 7z^2 + 7z - 2}{z^3 - \frac{3}{2}z^2 + \frac{3}{2}z - \frac{1}{2}} = 2\,\frac{2z^3 - 7z^2 + 7z - 2}{2z^3 - 3z^2 + 3z - 1}.$$

Durch Anwendung des Euklidschen Algorithmus (fortgesetzte Division), d. h.

$(2z^3 - 7z^2 + 7z - 2) : (2z^3 - 3z^2 + 3z - 1) = 1$, Rest $-4z^2 + 4z - 1$;

$(2z^3 - 3z^2 + 3z - 1) : (-4z^2 + 4z - 1) = -(1/2)z + (1/4)$, Rest $(3/2)z - (3/4)$;

$(-4z^2 + 4z - 1) : ((3/2)z - (3/4)) = -(8/3)z + (4/3)$, Rest 0,

findet man $z - (1/2)$ als gemeinsamen Polynomfaktor, der in $\widetilde{H}(z)$ gekürzt werden kann. So gelangt man zu

$$\widetilde{H}(z) = \frac{2z^2 - 6z + 4}{z^2 - z + 1} = 2 + \frac{-4z + 2}{z^2 - z + 1}$$

oder durch eine Umformung

$$\widetilde{H}(z) = 4 - 2\,\frac{z(z+1)}{z^2 - z + 1} = 4 - 2\,\frac{z(z - \frac{1}{2})}{z^2 - z + 1} - \frac{6}{\sqrt{3}}\,\frac{(\sqrt{3}/2)z}{z^2 - z + 1}.$$

Mittels der Korrespondenztabelle ergibt sich aus der zweiten Darstellung von $\widetilde{H}(z)$ die Impulsantwort

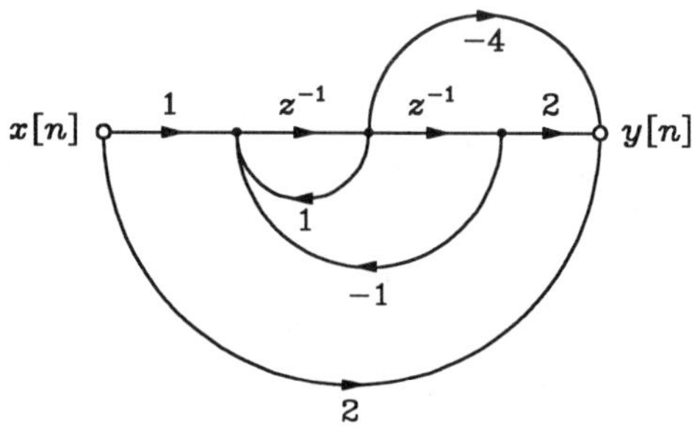

Bild L.VI.19

$$h[n] = 4\,\delta[n] - 2s[n]\cos(n\frac{\pi}{3}) - 2\sqrt{3}s[n]\sin(n\frac{\pi}{3})$$

und aus der ersten Darstellung gemäß Bild 2.22 (Steuerungsnormalform) die Realisierung nach Bild L.VI.19.

VI. 20. a) Offenbar erfüllen alle ζ_ν die Gleichung $z^N - 1 = 0$, d. h. die Menge $\{\zeta_\nu;\ \nu = 0, 1, \ldots, N-1\}$ ist in der Menge $\{z_\nu;\ \nu = 0, 1, \ldots, N-1\}$ enthalten. Um die Übereinstimmung beider Mengen zu zeigen, braucht nur noch bewiesen zu werden, daß sämtliche ζ_ν voneinander verschieden sind. Dazu werden (im Hinblick auf einen Widerspruchsbeweis) zwei Indizes ν und $\mu \neq \nu$ aus $\{0, 1, \ldots, N-1\}$ gewählt, wobei ohne Einschränkung der Allgemeinheit $\nu > \mu$ vorausgesetzt werden darf, und die Annahme $\zeta_\nu = \zeta_\mu$ getroffen, d. h. mit $\Delta := \mu - \nu$

$$\zeta_\mu / \zeta_\nu = e^{j(2\pi M/N)\Delta} = 1.$$

Hieraus folgt, daß $(M/N)\,\Delta$ eine natürliche Zahl sein muß. Sie sei mit N_0 bezeichnet. Damit muß die Beziehung

$$M\Delta = NN_0 \quad \text{mit} \quad 1 \leqq \Delta \leqq N-1$$

bestehen. Die Ungleichung impliziert $1 \leqq N_0 \leqq M-1$. Damit ist direkt zu erkennen, daß $M\Delta$ nicht mit NN_0 übereinstimmt, falls M und N teilerfremd sind. Obige Annahme ist daher zu verwerfen. – Besitzen jedoch M und N einen (von 1 verschiedenen) gemeinsamen Faktor $Q \in \mathbb{N}$, gilt also

$$M = Q\,M' \quad \text{und} \quad N = Q\,N' \quad (\text{mit } M', N' \in \mathbb{N}),$$

so lautet obige Gleichung

$$Q\,M'\Delta = Q\,N'N_0,$$

und man kann diese mit $\Delta = N'$ und $N_0 = M'$ befriedigen.

b) Mit $W = e^{-j(2\pi/N)}$ erhält man nach Gl. (6.147) mit Gl. (6.149) für die Z-Transformierten von $y_1[n]$ bzw. $y_2[n]$

$$Y_1(z) = \frac{1}{N}\sum_{\nu=0}^{N-1} X(z^{M/N}W^{\nu}) \quad \text{und} \quad Y_2(z) = \frac{1}{N}\sum_{\nu=0}^{N-1} X(z^{M/N}W^{\nu M}).$$

Beide Funktionen sind identisch, da

$$\{W^{\nu};\ \nu = 0, 1, \ldots, N-1\} = \{W^{\nu M};\ \nu = 0, 1, \ldots, N-1\}$$

nach Teilaufgabe a genau dann gilt, wenn M und N teilerfremd sind.

VI. 21. a) Bild L.VI.21a zeigt die schrittweise Erzeugung des endgültigen Systems. Für die Sicherstellung der Äquivalenz ist die Äquivalenzumwandlung nach Aufgabe VI.20 erforderlich. Dabei ist zu beachten, daß 2 und 3 zwei teilerfremde ganze Zahlen sind.

b) Im Bild L.VI.21b ist das resultierende System dargestellt. Man vergleiche auch [Hs1]. Man kann das Konzept verallgemeinern auf den Fall, daß M und N zwei beliebige teilerfremde natürliche Zahlen sind. Aufgrund der Darstellung $1 = n_0 N - m_0 M$ $(n_0, m_0 \in \mathbb{N}_0)$ kann dann jeder Verzögerer z^{-1} durch $z^{m_0 M} z^{-n_0 N}$ ersetzt werden. Danach lassen sich Verschiebungen und Vertauschungen von Operationen etc. in Analogie zum

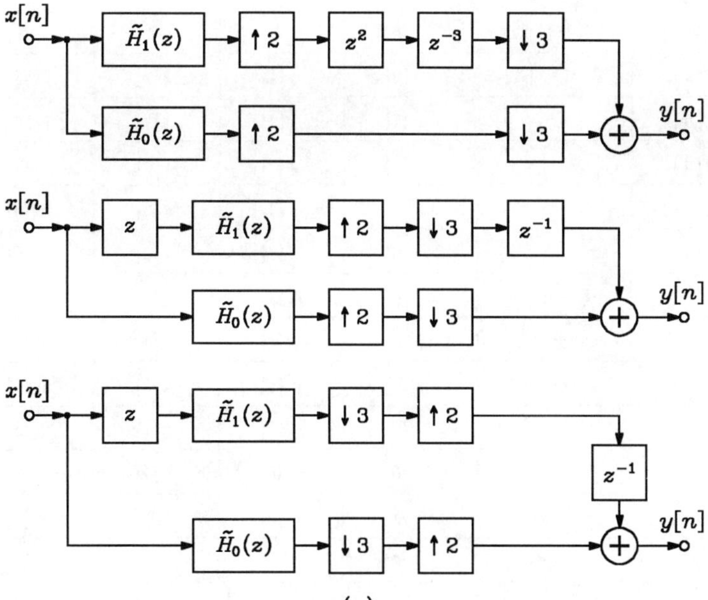

(a)

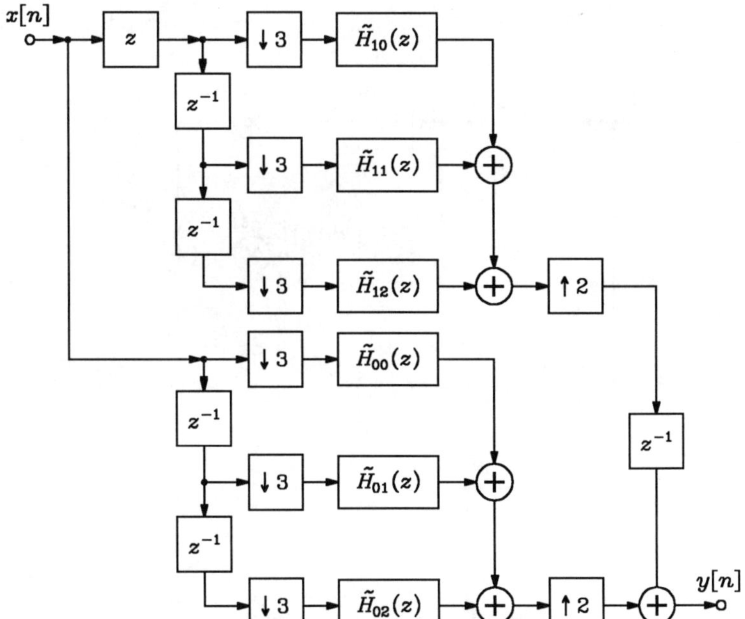

Bild L.VI.21a,b

(b)

behandelten Beispiel durchführen.

c) Bild L.VI.21c zeigt das spezielle System mit dem gegebenen speziellen $H(z)$. Zur Ermittlung von $y[3]$ für dieses System wird folgende Tabelle angelegt:

n	$\cdots$ −1	0	1	2	3	4 $\cdots$
$x[n]$	$x[-1]$	$x[0]$	$x[1]$	$x[2]$	$x[3]$	$x[4]$ $\cdots$
$x_0[n]$	$\cdots$	$x[1]$	$x[4]$	$x[7]$	$x[10]$	$x[13]$ $\cdots$
$x_1[n]$	$\cdots$	$x[0]$	$x[3]$	$x[6]$	$x[9]$	$x[12]$ $\cdots$
$x_2[n]$	$\cdots$	$x[-1]$	$x[2]$	$x[5]$	$x[8]$	$x[11]$ $\cdots$
$x_3[n]$	$\cdots$	$x[0]$	$x[3]$	$x[6]$	$x[9]$	$x[12]$ $\cdots$
$x_4[n]$	$\cdots$	$x[-1]$	$x[2]$	$x[5]$	$x[8]$	$x[11]$ $\cdots$
$x_5[n]$	$\cdots$	$x[-2]$	$x[1]$	$x[4]$	$x[7]$	$x[10]$ $\cdots$
$y_1[n]$	$\cdots$	$y_1[0]$	$y_1[1]$	$y_1[2]$	$y_1[3]$	$y_1[4]$ $\cdots$
$y_2[n]$	$\cdots$	$y_2[0]$	$y_2[1]$	$y_2[2]$	$y_2[3]$	$y_2[4]$ $\cdots$
$w_1[n]$	$\cdots$	$y_1[0]$	0	$y_1[1]$	0	$y_1[2]$ $\cdots$
$w_1[n-1]$	$\cdots$	0	$y_1[0]$	0	$y_1[1]$	0 $\cdots$
$w_2[n]$	$\cdots$	$y_2[0]$	0	$y_2[1]$	0	$y_2[2]$ $\cdots$
$y[n]$	$\cdots$	$y_2[0]$	$y_1[0]$	$y_2[1]$	$y_1[1]$	$y_2[2]$ $\cdots$

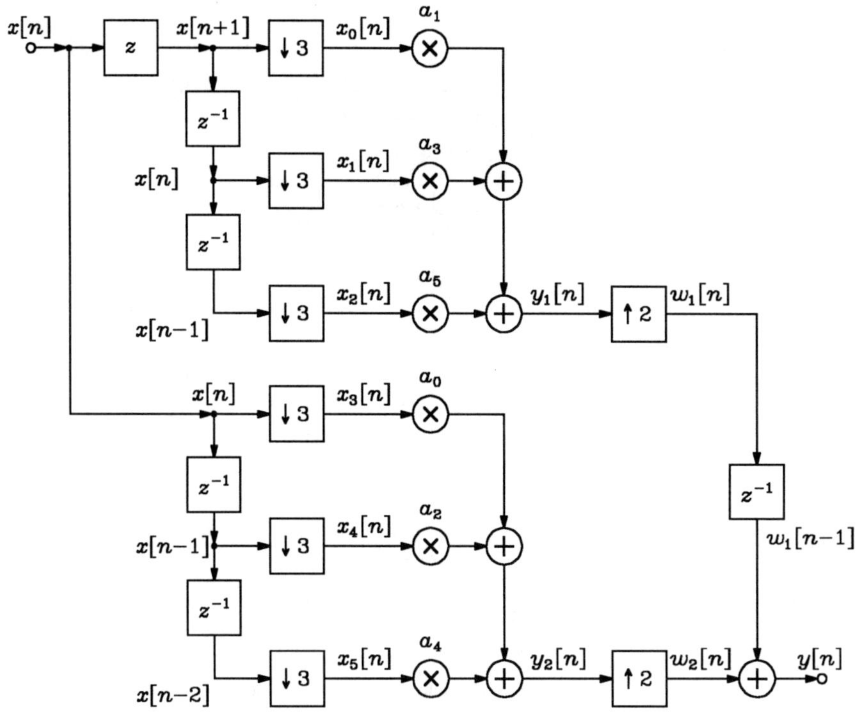

Bild L.VI.21c (c)

Man sieht nun, daß die Beziehung

$$y[3] = y_1[1] = a_1 x_0[1] + a_3 x_1[1] + a_5 x_2[1] = a_1 x[4] + a_3 x[3] + a_5 x[2]$$

gilt. Bezeichnet man im Bild P.VI.21a das Eingangssignal des Blockes $H(z)$ mit $x_1[n]$ und das Ausgangssignal mit $y_1[n]$, so entnimmt man diesem Bild direkt den Zusammenhang

$$y[3] = y_1[9] = a_0 x_1[9] + a_1 x_1[8] + a_2 x_1[7] + a_3 x_1[6] + a_4 x_1[5] + a_5 x_1[4]$$

$$= a_1 x[4] + a_3 x[3] + a_5 x[2] \,,$$

da $x_1[9] = x_1[7] = x_1[5] = 0$ gilt. Damit ist die Übereinstimmung gezeigt. Was die Vorteile des Filters betrifft, so ist zu bemerken, daß die Multiplizierer nur mit dem dritten Teil der Eingangsrate arbeiten. Die Filterstruktur arbeitet besonders effizient, weil alle Dezimatoren links und alle Expander rechts von den Recheneinheiten durch Verschiebungen plaziert werden konnten.

VI. 22. **a)** Es gilt

$$H_0(z) = \widetilde{H}_{00}(z^2) + z^{-1}\widetilde{H}_{01}(z^2)\,, \quad H_1(z) = H_0(-z) = \widetilde{H}_{00}(z^2) - z^{-1}\widetilde{H}_{01}(z^2)\,,$$

$$V_0(z) = H_0(z) = \widetilde{H}_{00}(z^2) + z^{-1}\widetilde{H}_{01}(z^2)\,, \quad V_1(z) = -H_1(z) = -\widetilde{H}_{00}(z^2) + z^{-1}\widetilde{H}_{01}(z^2)\,.$$

Hieraus erhält man

$$\begin{bmatrix} H_0(z) \\ H_1(z) \end{bmatrix} = \boldsymbol{M}_1 \begin{bmatrix} \widetilde{H}_{00}(z^2) \\ z^{-1}\widetilde{H}_{01}(z^2) \end{bmatrix} \quad \text{mit} \quad \boldsymbol{M}_1 = \begin{bmatrix} 1 & 1 \\ 1 & -1 \end{bmatrix}$$

und

$$\begin{bmatrix} V_0(z) \\ V_1(z) \end{bmatrix}^{\mathrm{T}} = \begin{bmatrix} z^{-1}\widetilde{H}_{01}(z^2) \\ \widetilde{H}_{00}(z^2) \end{bmatrix}^{\mathrm{T}} \boldsymbol{M}_2 \quad \text{mit} \quad \boldsymbol{M}_2 = \begin{bmatrix} 1 & 1 \\ 1 & -1 \end{bmatrix}.$$

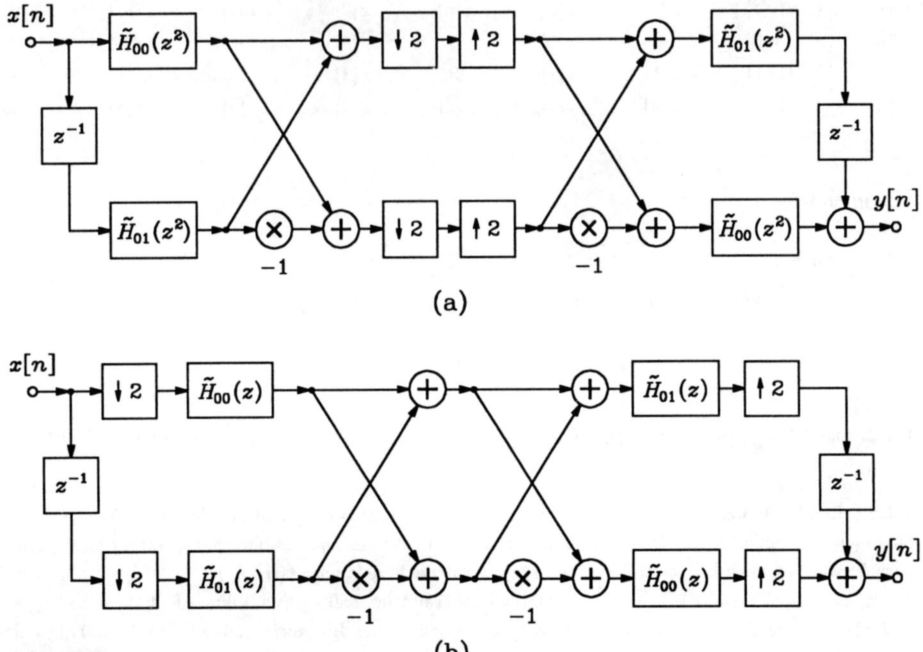

Bild L.VI.22

b) Die gewonnenen Darstellungen aus Teilaufgabe a liefern zunächst die QMF-Bank in Polyphasenform nach Bild L.VI.22a. Durch einfache Äquivalenzumwandlung erhält man das System nach Bild L.VI.22b.

c) Falls $H_0(z)$ eine FIR-Übertragungsfunktion ist, trifft dies auch auf $\widetilde{H}_{00}(z^2)$ und $\widetilde{H}_{01}(z^2)$ zu. Damit lehrt die aus Beispiel 6.12 bekannte Beziehung $H(z) = 2z^{-1}\widetilde{H}_{00}(z^2)\widetilde{H}_{01}(z^2)$ folgendes: Die bestehende Forderung $H(z) \equiv \text{const}\, z^{-Q}\,(Q \in \mathbb{N}_0)$ läßt sich genau dadurch erfüllen, daß man $\widetilde{H}_{00}(z^2) = A_0 z^{-2q_0}$ und zugleich $\widetilde{H}_{01}(z^2) = A_1 z^{-2q_1}$ wählt, d. h.

$$H_0(z) = A_0 z^{-2q_0} + A_1 z^{-(2q_1+1)} \quad \text{und} \quad H_1(z) = A_0 z^{-2q_0} - A_1 z^{-(2q_1+1)}$$

$(A_0, A_1 = \text{const}; q_0, q_1 \in \mathbb{N}_0)$.

VI. 23. a) Man entnimmt dem System die Übertragungsfunktionen

$$H_0(z) = 1, \quad H_1(z) = z^{-1}, \quad V_0(z) = z^{-1}, \quad V_1(z) = 1.$$

Damit ergibt sich nach Gl. (6.182b) mit $W = -1$

$$A_0(z) = \frac{1}{2}[H_0(z)V_0(z) + H_1(z)V_1(z)] = z^{-1}$$

und

$$A_1(z) = \frac{1}{2}[H_0(-z)V_0(z) + H_1(-z)V_1(z)] = 0,$$

d. h. Gl. (6.183) ist erfüllt, und man erhält nach Gl. (6.184b)

$$H(z) = \frac{1}{2}[V_0(z)H_0(z) + V_1(z)H_1(z)] = z^{-1}.$$

b)

n	0	1	2	3	4	5	6	7
$x[n]$	$x[0]$	$x[1]$	$x[2]$	$x[3]$	$x[4]$	$x[5]$	$x[6]$	$x[7]$
$x_0[n]$	$x[0]$	$x[2]$	$x[4]$	$x[6]$	$x[8]$	$x[10]$	$x[12]$	$x[14]$
$x_1[n]$	$x[-1]$	$x[1]$	$x[3]$	$x[5]$	$x[7]$	$x[9]$	$x[11]$	$x[13]$
$y_0[n]$	$x[0]$	0	$x[2]$	0	$x[4]$	0	$x[6]$	0
$y_1[n]$	$x[-1]$	0	$x[1]$	0	$x[3]$	0	$x[5]$	0
$y[n]$	$x[-1]$	$x[0]$	$x[1]$	$x[2]$	$x[3]$	$x[4]$	$x[5]$	$x[6]$

Kapitel VII

VII. 1. Man erhält

$$f[n_1,n_2] ** g[n_1,n_2] = \sum_{\nu_1=-\infty}^{\infty} f_1[\nu_1]g_1[n_1-\nu_1] \sum_{\nu_2=-\infty}^{\infty} f_2[\nu_2]g_2[n_2-\nu_2]$$
$$= (f_1[n_1] * g_1[n_1])(f_2[n_2] * g_2[n_2]).$$

VII. 2. Die Faltung $f[n_1,n_2] ** f[n_1,n_2] = \sum_{\nu_1=-\infty}^{\infty}\sum_{\nu_2=-\infty}^{\infty} f[\nu_1,\nu_2] f[n_1-\nu_1, n_2-\nu_2]$ wird im Bild L.VII.2 erklärt.

VII. 3. Bild L.VII.3 zeigt die Ausgangsmaske, die so gelegt werden muß, daß sich der kleine Kreis über der Stelle (n_1, n_2) befindet. Die den Punkten entsprechenden y-Werte sind zur Berechnung von $y[n_1,n_2]$ erforderlich. Man kann sich nun leicht davon überzeugen, daß die Punktmenge $\{(n_1,n_2);\; n_1 \geqq 0,\; -n_1 \leqq n_2 \leqq n_1\}$ Träger der Impulsantwort $h[n_1,n_2]$ ist. Aufgrund der Tatsache, daß $y[n_1,n_2]$ durch Faltung von $x[n_1,n_2]$ und $h[n_1,n_2]$ gebildet werden kann, läßt sich bei Vorgabe eines Eingangssignals $x[n_1,n_2]$ ein Träger des entsprechenden Ausgangssignals angeben, außerhalb dem alle y-Werte Null gewählt werden müssen (Randwerte). Die rekursive Berechnung von $y[n_1,n_2]$ ist längs Parallelen zur n_2-Achse mit jeweils um 1 zunehmen-

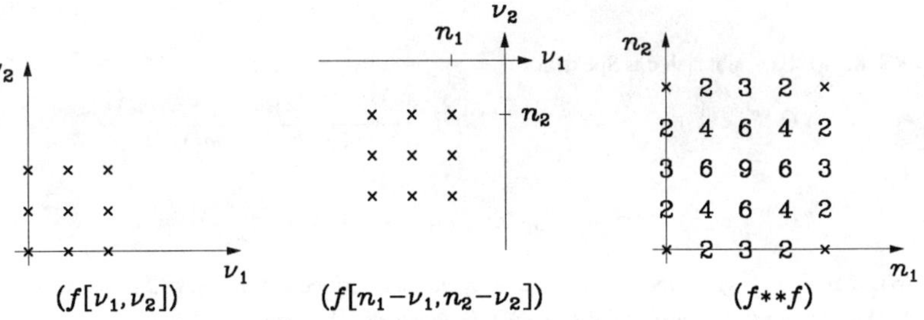

Bild L.VII.2: Die Kreuzchen markieren Punkte mit Funktionswert 1. Alle übrigen von Null verschiedenen Funktionswerte sind explizit angegeben

dem Parameter n_1 möglich.

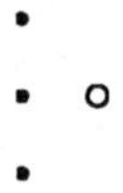

Bild L.VII.3

VII. 4. Man erhält

$$F(z_1,z_2)=\sum_{n_1=-\infty}^{0} a^{n_1} z_1^{-n_1}\sum_{n_2=-\infty}^{0} b^{n_2} z_2^{-n_2}=\sum_{n_1=0}^{\infty}\left(\frac{z_1}{a}\right)^{n_1}\sum_{n_2=0}^{\infty}\left(\frac{z_2}{b}\right)^{n_2}=\frac{a}{a-z_1}\cdot\frac{b}{b-z_2}$$

$$(\,|z_1|<|a|\quad\text{und}\quad|z_2|<|b|\,)\,.$$

VII. 5. Nach Gl. (7.33) ergibt sich

$$f[n_1,n_2]=\frac{1}{2\pi j}\oint_{|z_1|=1} z_1^{n_1-1}\frac{1}{2\pi j}\oint_{|z_2|=1}\frac{z_2^{n_2-1}}{1-\left(\dfrac{\alpha+\beta z_1^2}{z_1^2}\right)z_2^{-1}}\,dz_2\,dz_1=\frac{s[n_2]}{2\pi j}\oint_{|z_1|=1} z_1^{n_1-1}\left(\frac{\alpha+\beta z_1^2}{z_1^2}\right)^{n_2}dz_1\,,$$

wobei berücksichtigt wurde, daß $|(\alpha+\beta z_1^2)/z_1^2|\leqq|\alpha|+|\beta|<1$ auf dem Einheitskreis $|z_1|=1$ gilt. Schließlich erhält man

$$f[n_1,n_2]=\frac{s[n_2]}{2\pi j}\oint_{|z_1|=1}(\alpha+\beta z_1^2)^{n_2}\,z_1^{n_1-2n_2-1}\,dz_1=\begin{cases} s[n_1,n_2]\dbinom{n_2}{n_2-\dfrac{n_1}{2}}\alpha^{n_1/2}\,\beta^{n_2-n_1/2} \\ \text{falls } n_1 \text{ gerade und } 0\leqq n_1\leqq 2n_2\,, \\ 0 \qquad\qquad \text{sonst}\,. \end{cases}$$

Die Auswertung des letzten Integrals erfolgte nach dem Residuensatz bei Anwendung des Binomialsatzes auf $(\alpha+\beta z_1^2)^{n_2}$.

VII. 6. Die Werteverteilung von $f_1[n_1,n_2]$ in der (n_1,n_2)-Ebene ist bezüglich beider Koordinatenachsen und damit auch bezüglich des Ursprungs symmetrisch. Daher ist das zugehörige Spektrum $F_1(e^{j\omega_1},e^{j\omega_2})$ rein reell, bezüglich der ω_1-Achse, der ω_2-Achse und des Ursprungs $(\omega_1,\omega_2)=(0,0)$ symmetrisch. Da die Werteverteilung von $f_2[n_1,n_2]$ zur n_2-Achse symmetrisch ist, gilt für das zugehörige Spektrum $F_2(e^{j\omega_1},e^{j\omega_2}) = F_2(e^{-j\omega_1},e^{j\omega_2})$; es ist also zur ω_2-Achse symmetrisch. Die Werteverteilung von $f_3[n_1,n_2]$ ist zur Geraden $n_2=n_1$ symmetrisch. Deshalb gilt für das zugehörige Spektrum $F_3(e^{j\omega_1},e^{j\omega_2})=F_3(e^{j\omega_2},e^{j\omega_1})$; es ist also zur Winkelhalbierenden $\omega_2=\omega_1$ symmetrisch.

VII. 7. Man erhält

$$f_1[n_1,n_2]=\frac{1}{2\pi j}\oint_{|z_1|=1}\frac{z_1^{n_1}}{z_1-a^2}\,dz_1\cdot\frac{1}{2\pi j}\oint_{|z_2|=1}\frac{z_2^{n_2}}{z_2-a}\,dz_2=s[n_1,n_2]\,a^{2n_1+n_2}\,,$$

$$f_2[n_1,n_2]=\frac{1}{2\pi j}\oint_{|z_2|=1} z_2^{n_2-1}\,\frac{1}{2\pi j}\oint_{|z_1|=1}\frac{z_1^{n_1-1}}{1-\dfrac{a}{z_2^4}z_1^{-1}}\,dz_1\,dz_2=\frac{s[n_1]\,a^{n_1}}{2\pi j}\oint_{|z_2|=1} z_2^{n_2-1-4n_1}\,dz_2$$

$$= s[n_1]\delta[n_2 - 4n_1]a^{n_1} \ .$$

VII. 8. a) Es ergibt sich das Spektrum

$$X(e^{j\omega_1}, e^{j\omega_2}) = \sum_{\nu=-N}^{N} e^{j(\omega_1 m_1 + \omega_2 m_2)\nu} = \frac{\sin\{(N+1/2)(\omega_1 m_1 + \omega_2 m_2)\}}{\sin\{(\omega_1 m_1 + \omega_2 m_2)/2\}}$$

und für $N \to \infty$

$$X(e^{j\omega_1}, e^{j\omega_2}) = 2\pi \sum_{\mu=-\infty}^{\infty} \delta(m_1\omega_1 + m_2\omega_2 + \mu 2\pi) \ .$$

Wie man sieht, liegt Periodizität in ω_1 und ω_2 mit der Periode $2\pi/m_1$ bzw. $2\pi/m_2$ vor.
b) Für die Fourier-Transformierte des Ausgangssignals erhält man

$$Y(e^{j\omega_1}, e^{j\omega_2}) = H(e^{j\omega_1}, e^{j\omega_2})X(e^{j\omega_1}, e^{j\omega_2})$$

und hieraus mit obiger Form von $X(e^{j\omega_1}, e^{j\omega_2})$ im Fall $m_1 m_2 = 1$ (d.h. $m_1 = m_2 = 1$ oder $m_1 = m_2 = -1$)

$$Y(e^{j\omega_1}, e^{j\omega_2}) = H(e^{j\omega_1}, e^{j\omega_2})2\pi\delta(m_1\omega_1 + m_2\omega_2) = 2\pi\delta(m_1\omega_1 + m_2\omega_2) \quad (\,|\omega_1| < \pi \ , \ |\omega_2| < \pi) \ ,$$

woraus

$$y[n_1, n_2] = \frac{1}{4\pi^2}\int_{-\pi}^{\pi}\int_{-\pi}^{\pi} 2\pi\delta(m_1\omega_1 + m_2\omega_2)\, e^{j(\omega_1 n_1 + \omega_2 n_2)}\, d\omega_1\, d\omega_2 = x[n_1, n_2]$$

folgt, während sich im Fall $m_1 m_2 = -1$ (d.h. $m_1 = 1 = -m_2$ oder $m_1 = -1 = -m_2$) $Y(e^{j\omega_1}, e^{j\omega_2}) = 0$, also $y[n_1, n_2] = 0$ ergibt.

VII. 9. a) Durch Anwendung der Z-Transformation auf die Differenzengleichung erhält man die Beziehung $Y(z_1, z_2)\{1 - 0{,}4z_1^{-1} + 0{,}5z_1^{-1}z_2^{-1}\} = X(z_1, z_2)$, also

$$\frac{Y(z_1, z_2)}{X(z_1, z_2)} = \frac{1}{1 - 0{,}4z_1^{-1} + 0{,}5z_1^{-1}z_2^{-1}} \ .$$

Zur Stabilitätsprüfung wird zunächst der Nenner $B(z_1, z_2) = 1 - 0{,}4z_1^{-1} + 0{,}5z_1^{-1}z_2^{-1}$ untersucht. In der Punktmenge $|z_1| = |z_2| = 1$ erhält man keine Nullstelle von $B(z_1, z_2)$, da $1 > |0{,}4z_1^{-1} - 0{,}5z_1^{-1}z_2^{-1}|$ für $|z_1| = |z_2| = 1$ gilt. Weiterhin ist zu erkennen, daß $B(1, z_2) = 0{,}6 + 0{,}5z_2^{-1}$ in $|z_2| \geqq 1$ und $B(z_1, 1) = 1 + 0{,}1z_1^{-1}$ in $|z_1| \geqq 1$ nicht verschwindet. Damit liegt nach Satz VII.2(c) Stabilität vor.
b) Nach Wahl der Randwerte $h[n_1, n_2] = 0$ im Innern des 2., 3. und 4. Quadranten erhält man durch Rekursion der gegebenen Differenzengleichung mit $x[n_1, n_2] = \delta[n_1, n_2]$ die Werte der Impulsantwort $h[0,0] = 1$; $h[0,1] = h[0,2] = h[0,3] = 0$; $h[1,0] = 0{,}4$; $h[1,1] = -0{,}5$; $h[1,2] = h[1,3] = 0$; $h[2,0] = 0{,}16$; $h[2,1] = -0{,}4$; $h[2,2] = 0{,}25$; $h[2,3] = 0$; $h[3,0] = 0{,}064$; $h[3,1] = -0{,}24$; $h[3,2] = 0{,}3$; $h[3,3] = -0{,}125$.

VII. 10. Die Ortskurve $z_1(\omega_2) = -(a\,e^{j\omega_2} + c)/(b + e^{j\omega_2})$ repräsentiert in der z_1-Ebene einen Kreis, der zur reellen Achse symmetrisch verläuft. Dieser Kreis schneidet die reelle Achse in den Punkten $z_1(0)$ und $z_1(\pi)$. Damit dieser Kreis innerhalb des Einheitskreises verläuft, muß $|z_1(0)| < 1$ und $|z_2(\pi)| < 1$ gefordert werden. Dadurch wird sichergestellt, daß für $|z_2| = 1$ und $|z_1| \geqq 1$ der Nenner von $H(z_1, z_2)$ nicht verschwindet. Damit der Nenner auch in $|z_2| > 1$ und $|z_1| \geqq 1$ nicht verschwindet, braucht man nur zu verlangen, daß das Gebiet $|z_2| > 1$ vermöge der Abbildung $z_1 = -(a\,z_2 + c)/(b + z_2)$ ins Innere (und nicht ins Äußere) der Ortskurve $z_1(\omega_2)$ transformiert wird, wozu bloß sichergestellt werden muß, daß $z_2 = \infty$ dorthin abgebildet wird. Auf diese Weise erhält man die notwendigen und hinreichenden Stabilitätsbedingungen

$$-1 < \min\{z_1(0), z_1(\pi)\} < -a < \max\{z_1(0), z_1(\pi)\} < 1$$

mit $z_1(0) = -(a + c)/(b + 1)$ und $z_1(\pi) = -(-a + c)/(b - 1)$.

VII. 11. a) Es ist $N = m_1 N_1 = m_2 N_2$ $(m_1, m_2 \in \mathbb{N})$ mit minimalen m_1, m_2 zu fordern. Wenn N_1 und N_2 teilerfremd sind, ist $m_1 = N_2$ und $m_2 = N_1$. Es ist N jedenfalls das kleinste gemeinsame Vielfache von N_1 und N_2, das in der üblichen Weise bestimmt wird, auch wenn N_1 und N_2 nicht teilerfremd sind.
b) Nach Gl. (4.62b) und mit Gl. (7.70) erhält man

$$G[m] = \sum_{n=0}^{N_1N_2-1} f[n,n]\,e^{-j2\pi n m/(N_1N_2)} = \frac{1}{N_1N_2}\sum_{n=0}^{N_1N_2-1}\sum_{m_1=0}^{N_1-1}\sum_{m_2=0}^{N_2-1} F[m_1, m_2]\,e^{j2\pi\frac{n}{N_1N_2}(m_1N_2 + m_2N_1 - m)} \ .$$

VII. 12. Wegen der Separierbarkeit von $f[n_1, n_2]$ liefert die Gl. (7.71) bei Verwendung der bekannten Formel $1 + q + \cdots + q^{N-1} = (q^N - 1)/(q - 1)$

$$F[m_1, m_2] = \left\{ \sum_{n_1=0}^{N_1-1} a^{n_1} \, \mathrm{e}^{-\mathrm{j}2\pi n_1 m_1/N_1} \right\} \left\{ \sum_{n_2=0}^{N_2-1} b^{n_2} \, \mathrm{e}^{-\mathrm{j}2\pi n_2 m_2/N_2} \right\} = \frac{a^{N_1} - 1}{a\,\mathrm{e}^{-\mathrm{j}2\pi m_1/N_1} - 1} \cdot \frac{b^{N_2} - 1}{b\,\mathrm{e}^{-\mathrm{j}2\pi m_2/N_2} - 1} .$$

Mit Hilfe der FFT kann die Berechnung beschleunigt werden, sofern N_1 und N_2 entsprechende Werte haben.

VII. 13. (i) Durch direkte Faltung, d.h. durch Spiegelung von $y[\nu_1, \nu_2]$ am Ursprung der (ν_1, ν_2)-Ebene, Erzeugung von $y[n_1 - \nu_1, n_2 - \nu_2]$ mittels entsprechender Verschiebung und durch Summation von $x[\nu_1, \nu_2]y[n_1 - \nu_1, n_2 - \nu]$ über das Intervall $\{(\nu_1, \nu_2)\,;\ \nu_1 = 0, 1;\ \nu_2 = 0, 1\}$, erhält man im Intervall $\{(n_1, n_2);\ n_1 = 0, 1\,;\ n_2 = 0, 1\}$ das Signal

$$x[n_1, n_2] ** y[n_1, n_2] = \begin{bmatrix} 3\alpha + 4\beta + \gamma + 2\delta & 4\alpha + 3\beta + 2\gamma + \delta \\ \alpha + 2\beta + 3\gamma + 4\delta & 2\alpha + \beta + 4\gamma + 3\delta \end{bmatrix},$$

das man sich periodisch fortgesetzt zu denken hat. (ii) Die DFT liefert mit $N_1 = N_2 = 2$

$$X[m_1, m_2] = \gamma + \delta\,\mathrm{e}^{-\mathrm{j}\pi m_1} + \alpha\,\mathrm{e}^{-\mathrm{j}\pi m_2} + \beta\,\mathrm{e}^{-\mathrm{j}\pi(m_1 + m_2)} = \gamma + (-1)^{m_1}\delta + (-1)^{m_2}\alpha + (-1)^{m_1 + m_2}\beta ,$$

$$Y[m_1, m_2] = 3 + (-1)^{m_1}4 + (-1)^{m_2} + (-1)^{m_1 + m_2}2 ,$$

also hieraus

$$X[m_1, m_2]Y[m_1, m_2] = (3\gamma + 4\delta + \alpha + 2\beta) + (4\gamma + 3\delta + 2\alpha + \beta)(-1)^{m_1}$$
$$+ (\gamma + 2\delta + 3\alpha + 4\beta)(-1)^{m_2} + (2\gamma + \delta + 4\alpha + 3\beta)(-1)^{m_1 + m_2} .$$

Die in Klammern stehenden Terme liefern direkt die Werte von $x[n_1, n_2] ** y[n_1, n_2]$ im zweidimensionalen Periodizitätsintervall.

VII. 14. Da das Spektrum des Signals für $|\omega_1| > \tilde{\omega}_{g1} = 3\pi$ und $|\omega_2| > \tilde{\omega}_{g2} = 4\pi$ verschwindet, sind die Werte $T_1 = \pi/\tilde{\omega}_{g1} = 1/3$ und $T_2 = \pi/\tilde{\omega}_{g2} = 1/4$ die maximalen Abtastperioden. Die minimale Abtastdichte ist somit $1/(T_1 T_2) = 12$.

VII. 15. Die Beziehung $Y(z_1, z_2) = X(z_1, z_2) + (1/2)z_1^{-1}\,Y(z_1, z_2) + (1/4)z_1^{-1}z_2^{-1}\,Y(z_1, z_2)$ entnimmt man direkt dem Signalflußdiagramm, woraus die Übertragungsfunktion $Y(z_1, z_2)/X(z_1, z_2)$ in der Form

$$H(z_1, z_2) = \frac{1}{1 - (1/2)z_1^{-1} - (1/4)z_1^{-1}z_2^{-1}}$$

folgt. Mit $B(z_1, z_2) = 1 - (1/2)z_1^{-1} - (1/4)z_1^{-1}z_2^{-1}$ stellt man sofort fest, daß $B(z_1, z_2) \neq 0$ gilt für $|z_1| = |z_2| = 1$ und daß sowohl $B(1, z_2)$ in $|z_2| \geqq 1$ als auch $B(z_1, 1)$ in $|z_1| \geqq 1$ nicht verschwindet. Nach Satz VII. 2(c) liegt damit Stabilität vor.

VII. 16. **a)** Die Beziehung $Y(z_1, z_2) = \{(\alpha + \delta z_1^{-1}z_2^{-1})X(z_1, z_2) + \gamma z_2^{-1}\,Y(z_1, z_2)\}\,\beta$ entnimmt man direkt dem Signalflußdiagramm. Hieraus folgt die Übertragungsfunktion als $Y(z_1, z_2)/X(z_1, z_2)$ in der Form

$$H(z_1, z_2) = \frac{\alpha\beta + \beta\delta z_1^{-1}z_2^{-1}}{1 - \beta\gamma z_2^{-1}} .$$

b) Die Übertragungsfunktion liefert die Differenzengleichung

$$y[n_1, n_2] - \beta\gamma y[n_1, n_2 - 1] = \alpha\beta x[n_1, n_2] + \beta\delta x[n_1 - 1, n_2 - 1] .$$

c) Man wählt als Variable $z_{h1}[n_1, n_2]$ das Ausgangssignal des vom Eingang abgehenden z_1^{-1}-Verzögerers, als $z_{v1}[n_1, n_2]$ das Ausgangssignal des (von links gesehen) ersten z_2^{-1}-Verzögerers und als $z_{v2}[n_1, n_2]$ das Ausgangssignal des zweiten z_2^{-1}-Verzögerers. Dann lassen sich die folgenden Beziehungen angeben:

$$\begin{bmatrix} z_{h1}[n_1 + 1, n_2] \\ z_{v1}[n_1, n_2 + 1] \\ z_{v2}[n_1, n_2 + 1] \end{bmatrix} = \begin{bmatrix} 0 & 0 & 0 \\ \delta & 0 & 0 \\ 0 & \beta & \beta\gamma \end{bmatrix} \begin{bmatrix} z_{h1}[n_1, n_2] \\ z_{v1}[n_1, n_2] \\ z_{v2}[n_1, n_2] \end{bmatrix} + \begin{bmatrix} 1 \\ 0 \\ \alpha\beta \end{bmatrix} x[n_1, n_2] ,$$

$$y[n_1, n_2] = [0,\ \beta,\ \beta\gamma] \begin{bmatrix} z_{h1}[n_1, n_2] \\ z_{v1}[n_1, n_2] \\ z_{v2}[n_1, n_2] \end{bmatrix} + \alpha\beta x[n_1, n_2] .$$

d) Man erhält

$$H(z_1,z_2) = [0,\ \beta,\ \beta\gamma] \begin{bmatrix} z_1 & 0 & 0 \\ -\delta & z_2 & 0 \\ 0 & -\beta & z_2 - \beta\gamma \end{bmatrix}^{-1} \begin{bmatrix} 1 \\ 0 \\ \alpha\beta \end{bmatrix} + \alpha\beta$$

$$= [0,\ \beta,\ \beta\gamma] \begin{bmatrix} z_1^{-1} & 0 & 0 \\ \delta z_1^{-1} z_2^{-1} & z_2^{-1} & 0 \\ \dfrac{\beta\delta z_1^{-1} z_2^{-1}}{z_2 - \beta\gamma} & \dfrac{\beta z_2^{-1}}{z_2 - \beta\gamma} & \dfrac{1}{z_2 - \beta\gamma} \end{bmatrix} \begin{bmatrix} 1 \\ 0 \\ \alpha\beta \end{bmatrix} + \alpha\beta = \frac{(\alpha + \delta z_1^{-1} z_2^{-1})\beta}{1 - \beta\gamma z_2^{-1}} .$$

e) Wendet man das Realisierungskonzept nach Bild 7.20 an, und zwar in der Reihenfolge Nenner-Zähler (also umgekehrt wie im Bild 7.20), so entsteht die Verwirklichung nach Bild L.VII.16a.

f) Bild L.VII.16b zeigt die Entstehung der Stufenform, wobei das Signalflußdiagramm zunächst (im 1. Teilbild) entsprechend den Schritten (1) - (3) modifiziert wurde, dann (im 2. Teilbild) die Verfahrensschritte (4) und (5), schließlich die Schritte (6) und (7) durchgeführt wurden.

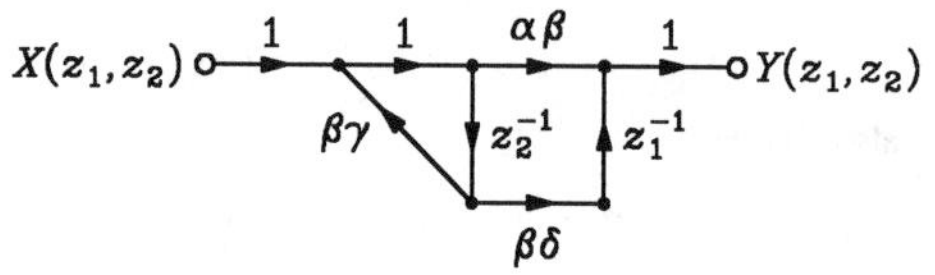

Bild L.VII.16a

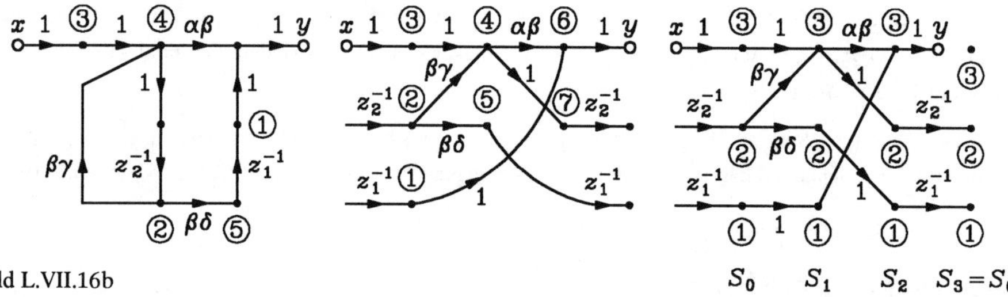

Bild L.VII.16b

g) Aufgrund der Stufenform erhält man die Chan-Matrizen

$$\boldsymbol{P}_1 = \begin{bmatrix} 1 & 0 & 0 \\ 0 & \beta\delta & 0 \\ 0 & \beta\gamma & 1 \end{bmatrix}, \quad \boldsymbol{P}_2 = \begin{bmatrix} 0 & 1 & 0 \\ 0 & 0 & 1 \\ 1 & 0 & \alpha\beta \end{bmatrix} \quad \text{sowie} \quad \boldsymbol{P}_2\boldsymbol{P}_1 = \begin{bmatrix} 0 & \beta\delta & 0 \\ 0 & \beta\gamma & 1 \\ 1 & \alpha\beta^2\gamma & \alpha\beta \end{bmatrix} .$$

Hieraus folgt die Zustandsdarstellung

$$\begin{bmatrix} z_h[n_1+1, n_2] \\ z_v[n_1, n_2+1] \end{bmatrix} = \begin{bmatrix} 0 & \beta\delta \\ 0 & \beta\gamma \end{bmatrix} \begin{bmatrix} z_h[n_1,n_2] \\ z_v[n_1,n_2] \end{bmatrix} + \begin{bmatrix} 0 \\ 1 \end{bmatrix} x[n_1,n_2] ,$$

$$y[n_1,n_2] = [1,\ \alpha\beta^2\gamma] \begin{bmatrix} z_h[n_1,n_2] \\ z_v[n_1,n_2] \end{bmatrix} + \alpha\beta x[n_1,n_2] .$$

Sie läßt sich auch dem Signalflußdiagramm von Bild L.VII.16a entnehmen.

VII. 17. Durch Anwendung der Z-Transformation auf die Differenzengleichung ergibt sich zunächst

$$Y(z_1,z_2)\left\{1 + \sum_{\nu_1=0}^{2} \beta_{\nu_1 0} z_1^{-\nu_1} + \sum_{\nu_1=-2}^{2} \sum_{\nu_2=1}^{2} \beta_{\nu_1\nu_2} z_1^{-\nu_1} z_2^{-\nu_2}\right\} = X(z_1,z_2) .$$

Ersetzt man z_1^{-1} durch ζ_1^{-1} und z_2^{-1} durch $\zeta_1^{-2}\zeta_2^{-1}$, so erhält man

$$Y\left\{1+\sum_{\nu_1=0}^{2}\beta_{\nu_1 0}\,\zeta_1^{-\nu_1}+\sum_{\nu_1=-2}^{2}\sum_{\nu_2=1}^{2}\beta_{\nu_1\nu_2}\,\zeta_1^{-\nu_1-2\nu_2}\zeta_2^{-\nu_2}\right\}=X\ .$$

Führt man in der Doppelsumme $\mu_1 := \nu_1 + 2\,\nu_2$, $\mu_2 := \nu_2$ ein, so kann mit $b_{\mu_1\mu_2} := \beta_{\mu_1-2\mu_2,\,\mu_2}$

$$Y\left\{1+\sum_{\nu_1=0}^{2}\beta_{\nu_1 0}\,\zeta_1^{-\nu_1}+\sum\sum_{(\mu_1,\mu_2)\in Q} b_{\mu_1\mu_2}\,\zeta_1^{-\mu_1}\zeta_2^{-\mu_2}\right\}=X$$

geschrieben werden, wobei die Indexpaare (μ_1, μ_2) die Menge $Q = \{(0,1);\ (2,2);\ (1,1);\ (3,2);\ (2,1);$ $(4,2),\ (3,1);\ (5,2);\ (4,1);\ (6,2)\}$ durchlaufen. Als Übertragungsfunktion erhält man so

$$H(\zeta_1,\zeta_2)=\frac{1}{1+\sum\limits_{\nu_1=0}^{2}\beta_{\nu_1 0}\,\zeta_1^{-\nu_1}+\sum\sum\limits_{(\mu_1,\mu_2)\in Q} b_{\mu_1\mu_2}\,\zeta_1^{-\mu_1}\zeta_2^{-\mu_2}}\ .$$

VII. 18. Zunächst werden die Matrizen gebildet

$$\boldsymbol{H}_0=\begin{bmatrix} h_0[0,0] & h_0[1,0] \\ h_0[0,1] & h_0[1,1]\end{bmatrix}=\begin{bmatrix} 0 & 2 \\ \sqrt{2} & \sqrt{3}\end{bmatrix} \quad \text{und} \quad \boldsymbol{H}_0^{\mathrm T}\boldsymbol{H}_0=\begin{bmatrix} 2 & \sqrt{6} \\ \sqrt{6} & 7\end{bmatrix}.$$

Das charakteristische Polynom von $\boldsymbol{H}_0^{\mathrm T}\boldsymbol{H}_0$ ist $\lambda^2 - 9\,\lambda + 8$; es liefert die Eigenwerte $\lambda_1 = 8$ und $\lambda_2 = 1$ mit den normierten Eigenvektoren

$$\boldsymbol{h}_1=\frac{1}{\sqrt{7}}\begin{bmatrix} 1 \\ \sqrt{6}\end{bmatrix},\quad \boldsymbol{h}_2=\frac{1}{\sqrt{7}}\begin{bmatrix} -\sqrt{6} \\ 1\end{bmatrix} \quad \text{sowie}$$

$$\boldsymbol{g}_1=\frac{1}{\sqrt{\lambda_1}}\boldsymbol{H}_0\boldsymbol{h}_1=\frac{1}{\sqrt{7}}\begin{bmatrix} \sqrt{3} \\ 2\end{bmatrix},\quad \boldsymbol{g}_2=\frac{1}{\sqrt{\lambda_2}}\boldsymbol{H}_0\boldsymbol{h}_2=\frac{1}{\sqrt{7}}\begin{bmatrix} 2 \\ -\sqrt{3}\end{bmatrix}.$$

Gemäß Gl. (7.156) für $N_1 = 2$ erhält man die Realisierung der gegebenen Impulsantwort nach Bild 7.26. Dies zeigt Bild L.VII.18.

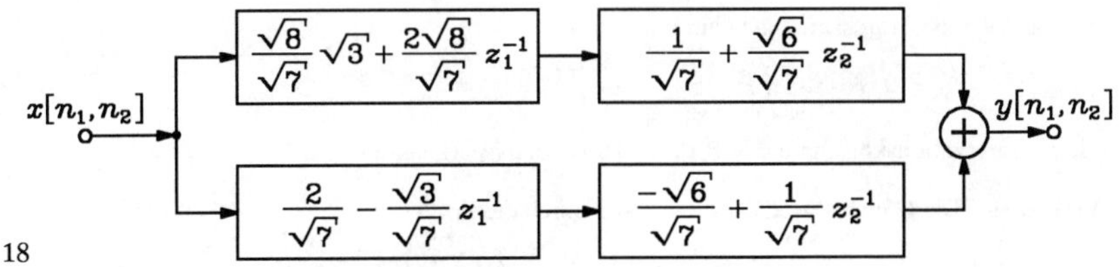

Bild L.VII. 18

VII. 19. Für den Approximationsfehler läßt sich schreiben

$$E=\frac{1}{4\pi^2}\int_{-\pi}^{\pi}\int_{-\pi}^{\pi}\{H(\mathrm e^{\mathrm j\omega_1},\mathrm e^{\mathrm j\omega_2})-H_0(\mathrm e^{\mathrm j\omega_1},\mathrm e^{\mathrm j\omega_2})\}^2\,\mathrm d\omega_1\,\mathrm d\omega_2$$

$$=\frac{1}{4\pi^2}\iint_{I_1}(A+B\cos\omega_1+C\cos\omega_2-1)^2\,\mathrm d\omega_1\,\mathrm d\omega_2+\frac{1}{4\pi^2}\iint_{I_0}(A+B\cos\omega_1+C\cos\omega_2)^2\,\mathrm d\omega_1\,\mathrm d\omega_2$$

$$=\frac{1}{4\pi^2}\int_{-\pi}^{\pi}\int_{-\pi}^{\pi}(A+B\cos\omega_1+C\cos\omega_2)^2\,\mathrm d\omega_1\,\mathrm d\omega_2-\frac{1}{2\pi^2}\int_{-\beta}^{\beta}\int_{-\alpha}^{\alpha}(A+B\cos\omega_1+C\cos\omega_2)\,\mathrm d\omega_1\,\mathrm d\omega_2+\frac{\alpha\beta}{\pi^2}$$

$$=\frac{1}{4\pi^2}(A^2 4\pi^2+B^2 2\pi^2+C^2 2\pi^2)-\frac{2\alpha\beta}{\pi^2}A-\frac{2\beta\sin\alpha}{\pi^2}B-\frac{2\alpha\sin\beta}{\pi^2}C+\frac{\alpha\beta}{\pi^2}$$

oder

$$E=A^2+\frac{1}{2}B^2+\frac{1}{2}C^2-\frac{2\alpha\beta}{\pi^2}A-\frac{2\beta\sin\alpha}{\pi^2}B-\frac{2\alpha\sin\beta}{\pi^2}C+\frac{\alpha\beta}{\pi^2}\ .$$

Das absolute Minimum des Fehlers berechnet sich aus der Forderung $\partial E/\partial A = 2A - 2\,\alpha\beta/\pi^2 = 0$, $\partial E/\partial B = B - 2\,\beta\sin\alpha/\pi^2 = 0$, $\partial E/\partial C = C - 2\,\alpha\sin\beta/\pi^2 = 0$. Die Lösung lautet also

$$A=\frac{\alpha\beta}{\pi^2}\,,\quad B=\frac{2\beta\sin\alpha}{\pi^2}\,,\quad C=\frac{2\alpha\sin\beta}{\pi^2}\ .$$

Kapitel VIII

VIII. 1. a) Mit $\mathrm{d}z_1/\mathrm{d}t = z_2$ ($= \mathrm{d}\vartheta/\mathrm{d}t$) und $\mathrm{d}^2\vartheta/\mathrm{d}t^2 = \mathrm{d}z_2/\mathrm{d}t$ liefert die gegebene Differentialgleichung

$$\frac{\mathrm{d}}{\mathrm{d}t}\begin{bmatrix} z_1 \\ z_2 \end{bmatrix} = \begin{bmatrix} z_2 \\ (-M_e \sin z_1 - c\, z_2 + x)/\Theta \end{bmatrix}, \quad y = M_e \sin z_1 \ .$$

b) Zur Ermittlung der Gleichgewichtszustände muß der Vektor auf der rechten Seite der ermittelten Zustandsgleichung gleich dem Nullvektor gesetzt werden. Auf diese Weise erhält man mit $k \in \mathbb{Z}$ die Zustände

$$\hat{z}_1^{(1)} = \arcsin(\hat{M}_m/M_e) + k\,2\pi\ , \quad \hat{z}_2^{(1)} = 0 \quad \text{und} \quad \hat{z}_1^{(2)} = \pi - \arcsin(\hat{M}_m/M_e) + k\,2\pi\ , \quad \hat{z}_2^{(2)} = 0\ ,$$

wobei arc sin den Hauptwert der Funktion bezeichnet und $\hat{M}_m$ den jeweiligen Wert von M_m bedeutet.
c) Eine Linearisierung der Zustandsgleichung um $\hat{\boldsymbol{z}} = [\hat{z}_1^{(\nu)},\ \hat{z}_2^{(\nu)}]^{\mathrm{T}}$ $(\nu = 1,2)$ liefert mit $\xi = x - \hat{x}$, $\eta = y - \hat{y}$, $\boldsymbol{\zeta} = \boldsymbol{z} - \hat{\boldsymbol{z}}$, $\boldsymbol{z} = [z_1\ ,\ z_2]^{\mathrm{T}}$

$$\frac{\mathrm{d}\boldsymbol{\zeta}}{\mathrm{d}t} = \begin{bmatrix} 0 & 1 \\ -\dfrac{M_e \cos\hat{z}_1^{(\nu)}}{\Theta} & -\dfrac{c}{\Theta} \end{bmatrix}\boldsymbol{\zeta} + \begin{bmatrix} 0 \\ \dfrac{1}{\Theta} \end{bmatrix} x\ , \quad y = [M_e \cos\hat{z}_1^{(\nu)}\ ,\ 0]\,\boldsymbol{\zeta}\ .$$

Dabei gilt $\cos\hat{z}_1^{(1)} = \sqrt{1 - \hat{M}_m^2/M_e^2}$ bzw. $\cos\hat{z}_1^{(2)} = -\sqrt{1 - \hat{M}_m^2/M_e^2}$.
d) Die Übertragungsfunktion ergibt sich zu

$$H(p) = \boldsymbol{c}^{\mathrm{T}}(p\,\mathbf{E} - \boldsymbol{A})^{-1}\boldsymbol{b} = \frac{M_e \cos\hat{z}_1^{(\nu)}}{\Theta p^2 + c\,p + M_e \cos\hat{z}_1^{(\nu)}}\ .$$

Wie man sieht, liegt für $\nu = 1$ ($\cos\hat{z}_1^{(1)} > 0$) Stabilität, für $\nu = 2$ ($\cos\hat{z}_1^{(2)} < 0$) Instabilität vor.

VIII. 2. Durch Division der beiden skalaren Zustandsgleichungen aus Aufgabe VIII.1 mit $c = 0$ und $x = \hat{x}$ erhält man

$$\frac{\mathrm{d}z_1}{\mathrm{d}z_2} = \frac{z_2\,\Theta}{-M_e \sin z_1 + \hat{x}} \quad \text{oder} \quad \int z_2\,\Theta\,\mathrm{d}z_2 = \int(-M_e \sin z_1 + \hat{x})\,\mathrm{d}z_1\ .$$

Hieraus folgt die Trajektoriengleichung

$$\frac{\Theta}{2} z_2^2 = M_e \cos z_1 + \hat{x}\, z_1 + k$$

mit der Integrationskonstante $k \in \mathbb{R}$ (Trajektorienscharparameter).

VIII. 3. a) Die Gleichgewichtszustände sind durch die Forderungen

$$z_1[(1-\alpha)z_2 + \alpha z_1 z_2 + \alpha\beta z_2^2 - 1] = 0\ , \quad z_2(1 - z_1 - \beta z_2) = 0$$

bestimmt. Hieraus folgen die drei Lösungen

$$\hat{\boldsymbol{z}}_1 = \begin{bmatrix} 0 \\ 0 \end{bmatrix}, \quad \hat{\boldsymbol{z}}_2 = \begin{bmatrix} 1-\beta \\ 1 \end{bmatrix}, \quad \hat{\boldsymbol{z}}_3 = \begin{bmatrix} 0 \\ 1/\beta \end{bmatrix}.$$

b) Eine Linearisierung um $\hat{\boldsymbol{z}}_2$ liefert die Zustandsmatrix

$$\boldsymbol{A} = \begin{bmatrix} (1-\alpha)\hat{z}_2 + 2\alpha\hat{z}_1\hat{z}_2 + \alpha\beta\hat{z}_2^2 - 1 & (1-\alpha)\hat{z}_1 + \alpha\hat{z}_1^2 + 2\alpha\beta\hat{z}_1\hat{z}_2 \\ -\hat{z}_2 & -\hat{z}_1 + 1 - 2\beta\hat{z}_2 \end{bmatrix} = \begin{bmatrix} \alpha(1-\beta) & (1+\alpha\beta)(1-\beta) \\ -1 & -\beta \end{bmatrix},$$

die das charakteristische Polynom $\det(p\,\mathbf{E} - \boldsymbol{A}) = p^2 + (\alpha\beta + \beta - \alpha)p + (1-\beta)$ hat. Asymptotische Stabilität liegt also genau dann vor, wenn $\alpha\beta + \beta - \alpha > 0$ gilt, d.h. $\beta > \alpha(1-\beta)$ ist.
c) Bild L.VIII.3 zeigt die beiden numerisch berechneten Trajektorien.

VIII. 4. Aus den beiden ersten Zustandsgleichungen erhält man die Differentialgleichung

$$\frac{\mathrm{d}z_1}{\mathrm{d}t} z_2 - z_1 \frac{\mathrm{d}z_2}{\mathrm{d}t} = \alpha(z_1^2 + z_2^2) \quad \text{oder} \quad \frac{\mathrm{d}}{\mathrm{d}t}(z_1/z_2) = \alpha[1 + (z_1/z_2)^2]$$

mit der Lösung $\arctan(z_1/z_2) = \alpha(t - t_0)$ oder

$$z_1 = z_2 \tan\{\alpha(t - t_0)\}\ . \qquad (1)$$

Weiterhin ergibt sich die Differentialgleichung $z_1\,\mathrm{d}z_1/\mathrm{d}t + z_2\,\mathrm{d}z_2/\mathrm{d}t = -z_3(z_1^2 + z_2^2)$ aus den beiden ersten

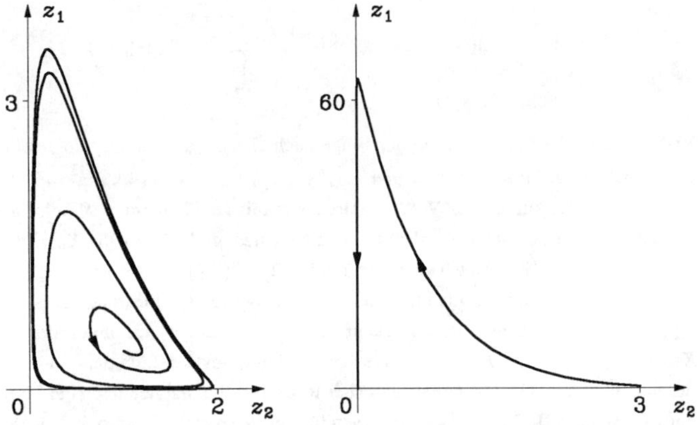

Bild L.VIII.3

Zustandsgleichungen. Diese Differentialgleichung liefert zusammen mit der dritten Zustandsgleichung die Beziehung $\mathrm{d}^2 z_3 / \mathrm{d}t^2 = -2z_3$ mit der Lösung

$$z_3 = A \cos\{\sqrt{2}(t - t_1)\} \, . \tag{2}$$

Führt man die Gln. (1) und (2) in die zweite Zustandsgleichung ein, so folgt

$$\frac{\mathrm{d}z_2}{\mathrm{d}t} = [-\alpha \tan\{\alpha(t - t_0)\} - A \cos\{\sqrt{2}(t - t_1)\}] z_2$$

mit der Lösung

$$z_2 = B \cos\{\alpha(t - t_0)\} \, \mathrm{e}^{-\frac{A}{\sqrt{2}} \sin\{\sqrt{2}(t - t_1)\}} \tag{3}$$

und somit mit Gl. (1)

$$z_1 = B \sin\{\alpha(t - t_0)\} \, \mathrm{e}^{-\frac{A}{\sqrt{2}} \sin\{\sqrt{2}(t - t_1)\}} \, . \tag{4}$$

Die Gln. (2), (3) und (4) repräsentieren die Lösung der gegebenen Zustandsgleichungen mit den Integrationskonstanten A, B, t_0, t_1. Führt man diese Lösung in die dritte der gegebenen Zustandsgleichungen ein, so findet man für B den festen Wert 1. Der Parameter α beeinflußt die Periodizität der Lösung. Für $A = 0$ erhält man jedenfalls periodische Lösungen, also geschlossene Trajektorien. Für $A \neq 0$ ergeben sich periodische Lösungen, sofern $\alpha = q\sqrt{2}$ gilt, wobei q eine rationale Zahl bedeutet.

VIII. 5. a) Aufgrund der gegebenen Übertragungsfunktion $F(p)$ erhält man die Integro-Differentialgleichung

$$\frac{\mathrm{d}y}{\mathrm{d}t} + 2\alpha y + \int y \, \mathrm{d}t = f(y) \, ,$$

aus der mit $z_2 = y$ und $\mathrm{d}z_1/\mathrm{d}t = z_2$ die gegebenen Zustandsgleichungen folgen. Nach einer Zwischenrechnung findet man mit der Abkürzung $\beta = \sqrt{1 - \alpha^2}$ als Lösung für die Zustandsgleichungen

$$z_1 = -\mathrm{e}^{-\alpha t}[(\alpha A + \beta B)\cos\beta t + (\alpha B - \beta A)\sin\beta t] \pm 1 \, , \qquad z_2 = \mathrm{e}^{-\alpha t}(A \cos\beta t + B \sin\beta t)$$

mit den Integrationskonstanten A und B.

b) Im Zeitpunkt $t = 0$ ist $z_1 = p_1 > 0$, $z_2 = 0$, also $\mathrm{d}z_2/\mathrm{d}t < 0$, so daß zunächst $\operatorname{sgn} z_2 = -1$ gilt. Dies ist in obiger Lösung für z_1 zu beachten, so daß man

$$z_1 = \frac{1 + p_1}{\beta} \mathrm{e}^{-\alpha t}(\beta \cos\beta t + \alpha \sin\beta t) - 1 \, , \qquad z_2 = -\frac{1 + p_1}{\beta} \mathrm{e}^{-\alpha t} \sin\beta t$$

erhält. Diese Lösung ist für $t > 0$ gültig, bis zum ersten Mal $z_2 = 0$ wird, d.h. bis $t_1 = \pi/\beta$. In diesem Zeitpunkt erreicht z_1 den Wert $p_2 = -(1 + p_1)\mathrm{e}^{-\alpha t_1} - 1$. Ein Grenzzyklus tritt genau dann ein, wenn $p_2 = -p_1$ ist, da aus Symmetriegründen dann zum Zeitpunkt $t_2 = 2t_1$ der Anfangszustand wieder erreicht ist. (Dies läßt sich auch dadurch bestätigen, daß man die obige Lösung auswertet.) So erhält man für einen Grenzzyklus die Bedingung $p_1 = (1 + p_1)\mathrm{e}^{-\alpha t_1} + 1$, welche $p_1 = \coth(\alpha\pi/2\beta) > 1$ liefert. Die Periode des Grenzzyklus ist $2t_1 = 2\pi/\beta$.

VIII. 6. Da $X_0 = 0$ gilt, existiert N_0 nicht; N_1 ist reell. Für $X_1 > a$ hat $f(X_1 \cos\tau)\cos\tau$ den Verlauf gemäß Bild 8.44b mit $\tau_1 = \tau_2 = \arccos(a/X_1)$, so daß man nach Gl. (8.209b) folgendes Ergebnis erhält:

$$N_1 = \begin{cases} \dfrac{4}{\pi X_1}\sin\arccos(a/X_1) = \dfrac{4\sqrt{X_1^2 - a^2}}{\pi X_1^2}, & \text{falls } X_1 > a \\ 0, \quad \text{falls } 0 \leqq X_1 \leqq a \ . \end{cases}$$

VIII. 7. Für die Beantwortung der Frage nach Grenzzyklen ist ein möglicher Schnitt zwischen den Ortskurven $F(j\omega) = K/[j\omega(j\omega + 2)^2]$ und $-1/N_1(X_1) = -\pi X_1^2/(4\sqrt{X_1^2 - a^2})$ für $\omega > 0$ und $X_1 > a$ zu untersuchen. Die Ortskurve $-1/N_1(X_1)$ durchläuft mit zunehmendem X_1 die negativ reelle Achse von $-\infty$ bis $-\pi a/2$ und zurück nach $-\infty$. Dabei ist zu beachten, daß $\mathrm{d}(-1/N_1(X_1))/\mathrm{d}X_1$ im interessierenden Intervall $X_1 > a$ für $X_1 = \sqrt{2}\,a$ verschwindet und dort $-1/N(X_1)$ den Maximalwert $-\pi a/2$ erreicht. Ein Schnitt der genannten Ortskurven ist nur für reelles $F(j\omega)$ möglich, d.h. für imaginäres $(j\omega + 2)^2$, also $\omega = 2$. Man erhält $F(j2) = -K/16$. Damit ist zu erkennen, daß ein Schnitt nur unter der Bedingung $K/16 \geqq \pi a/2$, d.h. $K \geqq 8\pi a$ auftritt. Für $K > 8\pi a$ treten zwei Schnittpunkte auf, da die $(-1/N_1)$-Ortskurve in zwei Richtungen durchlaufen wird. Dies bedeutet, daß (bei Rücklauf) ein stabiler und (bei Hinlauf) ein instabiler Grenzzyklus auftritt. Bild L.VIII.7 zeigt die Ortskurven für ein Beispiel, bei dem sich diese Kurven nicht schneiden.

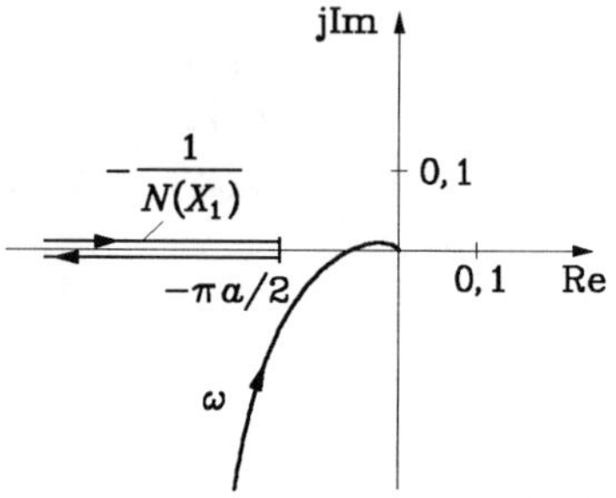

Bild L.VIII.7

VIII. 8. **a)** Durch Anwendung der Maschenregel ergibt sich $z_2 + v\,z_1 - z_1 - R_2(C_1\,\mathrm{d}z_1/\mathrm{d}t + z_1 + \alpha z_1^3 + \beta z_1^5) = 0$, woraus

$$\frac{\mathrm{d}z_1}{\mathrm{d}t} = \frac{v - R_2 - 1}{R_2 C_1} z_1 - \frac{\alpha}{C_1} z_1^3 - \frac{\beta}{C_1} z_1^5 + \frac{1}{R_2 C_1} z_2 \tag{1}$$

folgt. Durch Anwendung der Knotenregel erhält man $C_2\,\mathrm{d}z_2/\mathrm{d}t = R_1^{-1}(x - v\,z_1 - z_2) + R_2^{-1}(z_1 - v\,z_1 - z_2)$. Hieraus folgt

$$\frac{\mathrm{d}z_2}{\mathrm{d}t} = \frac{R_1(1-\nu) - R_2\nu}{R_1 R_2 C_2} z_1 - \frac{R_1 + R_2}{R_1 R_2 C_2} z_2 + \frac{1}{R_1 C_2} x \ . \tag{2}$$

Für die speziellen Zahlenwerte lauten die Gln. (1) und (2)

$$\frac{\mathrm{d}z_1}{\mathrm{d}t} = \left(\frac{2}{R_2} - 1\right)z_1 - \alpha z_1^3 - \beta z_1^5 + \frac{1}{R_2} z_2 \, , \qquad \frac{\mathrm{d}z_2}{\mathrm{d}t} = -\left(3 + \frac{2}{R_2}\right)z_1 - \left(1 + \frac{1}{R_2}\right)z_2 + x \ .$$

b) Mit $V(\boldsymbol{z}) = a\,z_1^2 + z_2^2$ bildet man

$$\frac{\mathrm{d}V}{\mathrm{d}t} = 2az_1\frac{\mathrm{d}z_1}{\mathrm{d}t} + 2z_2\frac{\mathrm{d}z_2}{\mathrm{d}t} = 2\left[a\left(\frac{2}{R_2} - 1\right)z_1^2 - \left(1 + \frac{1}{R_2}\right)z_2^2 - a\,\alpha z_1^4 - a\,\beta z_1^6 + \left(\frac{a}{R_2} - 3 - \frac{2}{R_2}\right)z_1 z_2\right].$$

Man beachte, daß die Ungleichung $(2/R_2 - 1) < 0$ gilt, da $R_2 > 2$ ist. Damit wird $\mathrm{d}V/\mathrm{d}t < 0$ für alle Zustände $\boldsymbol{z} = [z_1\,,\ z_2]^{\mathrm{T}} \neq \boldsymbol{0}$, wenn die Bedingung $a/R_2 - 3 - 2/R_2 = 0$ eingehalten wird, d.h. $a = 3R_2 + 2$ gewählt wird. Bei dieser Wahl erfüllt $V(\boldsymbol{z})$ alle Bedingungen von Satz II.15, insbesondere noch $V(\boldsymbol{0}) = 0$ und $0 < V_1(\boldsymbol{z}) \leqq V(\boldsymbol{z}) \leqq V_2(\boldsymbol{z})$ für alle $\boldsymbol{z} \neq \boldsymbol{0}$, z.B. mit $V_1(\boldsymbol{z}) = V(\boldsymbol{z})/2$ und $V_2(\boldsymbol{z}) = 2V(\boldsymbol{z})$. Der Nullzustand ist also eine im Großen asymptotisch stabile Ruhelage.

VIII. 9. **a)** Die Verlustlosigkeit ist durch die Bedingung $\mathrm{d}(\boldsymbol{z}^{\mathrm{T}}\boldsymbol{Q}\,\boldsymbol{z})/\mathrm{d}t = x\,\boldsymbol{c}^{\mathrm{T}}\boldsymbol{z} + x\,d\,x\,(=xy)$ charakterisiert. Zunächst wird die linke Seite dieser Beziehung mittels der Zustandsgleichungen umgeschrieben. Dadurch erhält man

$$\mathrm{d}(\boldsymbol{z}^{\mathrm{T}}\boldsymbol{Q}\,\boldsymbol{z})/\mathrm{d}t = (\mathrm{d}\boldsymbol{z}^{\mathrm{T}}/\mathrm{d}t)\boldsymbol{Q}\,\boldsymbol{z} + \boldsymbol{z}^{\mathrm{T}}\boldsymbol{Q}\,\mathrm{d}\boldsymbol{z}/\mathrm{d}t = \boldsymbol{z}^{\mathrm{T}}(\boldsymbol{A}^{\mathrm{T}}\boldsymbol{Q} + \boldsymbol{Q}\,\boldsymbol{A})\boldsymbol{z} + x\,\boldsymbol{b}^{\mathrm{T}}\boldsymbol{Q}\,\boldsymbol{z} + \boldsymbol{z}^{\mathrm{T}}\boldsymbol{Q}\,\boldsymbol{b}\,x\,.$$

Faßt man die Summe der Skalare $x\,\boldsymbol{b}^{\mathrm{T}}\boldsymbol{Q}\,\boldsymbol{z} + \boldsymbol{z}^{\mathrm{T}}\boldsymbol{Q}\,\boldsymbol{b}\,x$ zu $2x\,\boldsymbol{b}^{\mathrm{T}}\boldsymbol{Q}\,\boldsymbol{z}$ zusammen, dann läßt sich die Bedingung für Verlustlosigkeit in der Form

$$\boldsymbol{z}^{\mathrm{T}}(\boldsymbol{A}^{\mathrm{T}}\boldsymbol{Q} + \boldsymbol{Q}\,\boldsymbol{A})\boldsymbol{z} + 2x\,\boldsymbol{b}^{\mathrm{T}}\boldsymbol{Q}\,\boldsymbol{z} = x\,\boldsymbol{c}^{\mathrm{T}}\boldsymbol{z} + x\,d\,x$$

schreiben. Ein Vergleich beider Seiten dieser Beziehung lehrt, daß diese für allgemeine Verläufe von $x(t)$ bzw. $\boldsymbol{z}(t)$ dann und nur dann bestehen kann, wenn

$$\boldsymbol{A}^{\mathrm{T}}\boldsymbol{Q} + \boldsymbol{Q}\,\boldsymbol{A} = \boldsymbol{0}\,, \quad 2\boldsymbol{b}^{\mathrm{T}}\boldsymbol{Q} = \boldsymbol{c}^{\mathrm{T}}\,, \quad d = 0$$

gilt. Identifiziert man $2\,\boldsymbol{Q}$ mit $\boldsymbol{P}$, so ist der Beweis erbracht.

b) Es gilt nun $\mathrm{d}(\boldsymbol{z}^{\mathrm{T}}\boldsymbol{Q}\,\boldsymbol{z})/\mathrm{d}t = x\,y = -y\,f(y) \leqq 0$. Damit folgt aufgrund der positiven Definitheit von $V(\boldsymbol{z}) = \boldsymbol{z}^{\mathrm{T}}\boldsymbol{Q}\,\boldsymbol{z}$ und $\mathrm{d}V/\mathrm{d}t \leqq 0$ nach Satz II.15 die Stabilität des Systems.

VIII. 10. Man erhält als Ausgangssignal

$$y(t) = \left[\int_0^{\infty} h(\tau)x(t-\tau)\mathrm{d}\tau\right]^2 = \int_0^{\infty}\int_0^{\infty} h(\tau_1)h(\tau_2)x(t-\tau_1)x(t-\tau_2)\,\mathrm{d}\tau_1\mathrm{d}\tau_2\,.$$

Andererseits gilt nach Gl. (8.411)

$$y(t) = \int_0^{\infty}\int_0^{\infty} h_2(\tau_1,\tau_2)x(t-\tau_1)x(t-\tau_2)\,\mathrm{d}\tau_1\mathrm{d}\tau_2\,.$$

Ein Vergleich liefert

$$h_2(t_1,t_2) = h(t_1)h(t_2)\,,$$

und hieraus folgt mit der Impulsantwort $h(t) = t\,\mathrm{e}^{-at}s(t)$, die durch Rücktransformation von $H(p)$ erhalten wird,

$$h_2(t_1,t_2) = t_1 t_2\,\mathrm{e}^{-a(t_1+t_2)}s(t_1)s(t_2)\,.$$

VIII. 11. Für ein beliebiges $\boldsymbol{z}_0 \in G$ wird ein $r > 0$ derart gewählt, daß

$$U := \{\boldsymbol{z} \in \mathbb{R}^q;\ \|\boldsymbol{z} - \boldsymbol{z}_0\| \leqq r\} \subset G$$

gilt. Nun werden zwei willkürlich wählbare Punkte $\boldsymbol{z} \in U$ und $\boldsymbol{\zeta} \in U$ sowie das Liniensegment S zwischen $\boldsymbol{z}$ und $\boldsymbol{\zeta}$ (d.h. die Menge aller Punkte auf der geradlinigen Verbindung von $\boldsymbol{z}$ nach $\boldsymbol{\zeta}$, die übrigens ausnahmslos zu U gehören) betrachtet. Wegen der vorausgesetzten Stetigkeit sind alle $\partial f_\mu(\boldsymbol{z},t)/\partial z_\nu$ auf S gleichmäßig beschränkt. Nach dem Mittelwertsatz der Differentialrechnung existiert mindestens ein Punkt $\boldsymbol{\zeta}_0 \in S$, so daß für jedes $i = 1, 2, \ldots, q$ und alle $t \in [t_1, t_2]$

$$|f_i(\boldsymbol{z},t) - f_i(\boldsymbol{\zeta},t)| = |(\partial f_i/\partial \boldsymbol{z})_{\boldsymbol{\zeta}_0,t}\cdot(\boldsymbol{z} - \boldsymbol{\zeta})| \leqq M\,\|\boldsymbol{z} - \boldsymbol{\zeta}\|$$

gilt. Dabei bedeutet $M = \max_i \{\|(\partial f_i/\partial \boldsymbol{z})^{\mathrm{T}}_{\boldsymbol{\zeta}_0,t}\|\}$ eine von i unabhängige Konstante. Jetzt wird zunächst folgende Abschätzung durchgeführt:

$$\|\boldsymbol{f}(\boldsymbol{z},t) - \boldsymbol{f}(\boldsymbol{\zeta},t)\| \leqq \sum_{i=1}^{q} |f_i(\boldsymbol{z},t) - f_i(\boldsymbol{\zeta},t)|\,.$$

Hieraus ergibt sich mit Hilfe obiger Ungleichung und mit $L := q\,M$ schließlich

$$\|\boldsymbol{f}(\boldsymbol{z},t) - \boldsymbol{f}(\boldsymbol{\zeta},t)\| \leqq L\,\|\boldsymbol{z} - \boldsymbol{\zeta}\|\,,$$

womit gezeigt ist, daß $\boldsymbol{f}(\boldsymbol{z},t)$ in G eine lokale Lipschitz-Funktion ist.

Bemerkungen: 1. Der Beweis zeigt, wie bei Kenntnis der Jacobi-Matrix $\partial \boldsymbol{f}/\partial \boldsymbol{z}$ eine Lipschitz-Konstante berechnet werden kann. 2. Aus dem Beweis geht weiterhin hervor: Sind die Funktionen $\boldsymbol{f}(\boldsymbol{z},t)$ und $\partial \boldsymbol{f}(\boldsymbol{z},t)/\partial \boldsymbol{z}$ für alle $\boldsymbol{z} \in \mathbb{R}^q$ und $t \in [t_1, t_2]$ stetig, dann stellt $\boldsymbol{f}(\boldsymbol{z},t)$ dort eine globale Lipschitz-Funktion dar, wenn und nur wenn die Jacobi-Matrix $\partial \boldsymbol{f}/\partial \boldsymbol{z}$ für alle $\boldsymbol{z} \in \mathbb{R}^q$ und $t \in [t_1, t_2]$ gleichmäßig beschränkt ist.

VIII. 12. Aus $V(\boldsymbol{z}) = \boldsymbol{z}^{\mathrm{T}}\boldsymbol{z}$ folgt mit Gl. (1)

$$\frac{\mathrm{d}V(\boldsymbol{z}(t))}{\mathrm{d}t} = \boldsymbol{z}^{\mathrm{T}}(t)\boldsymbol{M}(t)\boldsymbol{z}(t)$$

mit $\boldsymbol{M}(t)$ nach Gl. (2). Hieraus erhält man die Abschätzung

$$\frac{\mathrm{d}V(\boldsymbol{z}(t))}{\mathrm{d}t} \leqq p_{\max} \,\|\, \boldsymbol{z}(t) \,\|^2 ,$$

wobei $p_{\max} = \max_i \{p_i(\boldsymbol{M})\}$ bedeutet. Nach Division dieser Ungleichung durch $V(\boldsymbol{z}) = \boldsymbol{z}^{\mathrm{T}}\boldsymbol{z}$ und anschließender Integration ergibt sich hieraus

$$\int_0^t \frac{\mathrm{d}V(\boldsymbol{z}(\tau))/\mathrm{d}\tau}{V(\boldsymbol{z}(\tau))}\,\mathrm{d}\tau \leqq \int_0^t p_{\max}(\tau)\,\mathrm{d}\tau , \quad \text{also} \quad \ln \frac{V(\boldsymbol{z}(t))}{V(\boldsymbol{z}(0))} \leqq \int_0^t p_{\max}(\tau)\,\mathrm{d}\tau$$

oder

$$\|\, \boldsymbol{z}(t) \,\|^2 \leqq \|\, \boldsymbol{z}(0) \,\|^2 \exp\left[\int_0^t p_{\max}(\tau)\,\mathrm{d}\tau\right]$$

für alle $t \geqq 0$, d.h. die Ungleichung (4). Diese lehrt, daß das betrachtete System asymptotisch stabil ist, sofern die Bedingung (3) für alle i erfüllt ist, d.h. $p_{\max}(t) \leqq -\varepsilon < 0$ für alle $t \geqq 0$ gilt.

VIII. 13. Aus den Gln. (1) und (2) folgt längs der Trajektorien des Systems

$$\frac{\mathrm{d}V}{\mathrm{d}t} = \frac{\partial V}{\partial \boldsymbol{z}} \frac{\mathrm{d}\boldsymbol{z}}{\mathrm{d}t} = Ac\, z_2^2 + (Ab + a) z_1 z_2 ,$$

bei Wahl von $A = -a/b > 0$ also die Ableitung $\mathrm{d}V/\mathrm{d}t = -(ac/b) z_2^2 \leqq 0$. Zur Anwendung von Satz VIII.15 (Theorem von LaSalle) kann man als Punktmenge B eine beliebige Kreisscheibe $\|\, \boldsymbol{z} \,\| < r$ wählen und erhält als Punktmenge E den in B verlaufenden Teil der z_1-Achse (auf der $\dot{z}_1 = 0$ und $\dot{z}_2 = bz_1$ gilt). Die größte in E enthaltene invariante Menge M besteht nur aus dem Ursprung $\{\boldsymbol{0}\}$. Damit ist die asymptotische Stabilität des Nullzustands sichergestellt.

VIII. 14. Man erhält als Fixpunkte $\boldsymbol{z}_0 = \boldsymbol{0}$, $\boldsymbol{z}_1 = [\sqrt{2}/2 \quad \sqrt{2}/2]^{\mathrm{T}}$, $\boldsymbol{z}_2 = -\boldsymbol{z}_1$ und längs der Trajektorien des Systems

$$\frac{\mathrm{d}V}{\mathrm{d}t} = -\frac{7}{2}z_1^2 + 3z_1z_2 - \frac{3}{2}z_2^2 + \frac{1}{2}z_1(z_1+z_2)^3 = -\boldsymbol{z}^{\mathrm{T}}\begin{bmatrix} 7/2 & -3/2 \\ -3/2 & 3/2 \end{bmatrix}\boldsymbol{z} + \frac{1}{2}z_1(z_1+z_2)^3 ,$$

woraus hervorgeht, daß in $\|\, \boldsymbol{z} \,\| < \varepsilon$ mit genügend kleinem $\varepsilon > 0$ die Ableitung $\mathrm{d}V/\mathrm{d}t$ negativ-definit ist, da dies für den führenden quadratischen Anteil offensichtlich gilt. Damit ist die asymptotische Stabilität von $\boldsymbol{z}_0$ sichergestellt. Bild L.VIII.14 zeigt den Verlauf der Kurven $\dot{V}(\boldsymbol{z}) = 0$ und $V(\boldsymbol{z}) = 1$. Die Fixpunkte $\boldsymbol{z}_1$ und $\boldsymbol{z}_2$ liegen auf der Kurve $\dot{V}(\boldsymbol{z}) = 0$ und der Ellipse $V(\boldsymbol{z}) = 1$; sie gehören nicht zum Einzugsgebiet von $\boldsymbol{z}_0$. Zwischen den beiden Ästen der Kurve $\dot{V}(\boldsymbol{z}) = 0$ ist, abgesehen vom Nullpunkt, $\dot{V}(\boldsymbol{z}) < 0$. Daher gehört die Punktmenge U zum Einzugsgebiet.

Anmerkung: Mit $u := z_1 + z_2$ und $v := z_1 - z_2$, d.h. $z_1 = (u+v)/2$ und $z_2 = (u-v)/2$ erhält man

$$\frac{\mathrm{d}V}{\mathrm{d}t} = -\frac{1}{4}[8v^2 + (4u - u^3)v + (2-u^2)u^2] ,$$

so daß die Gleichung $\mathrm{d}V/\mathrm{d}t = 0$ nach v aufgelöst werden kann:

$$v = u\,\frac{u^2 - 4 \pm \sqrt{u^4 + 24u^2 - 48}}{16} .$$

Damit kann man die Punkte auf der Kurve $\mathrm{d}V/\mathrm{d}t = 0$ zunächst als Wertepaare (u, v) und anschließend als (z_1, z_2) bestimmen.

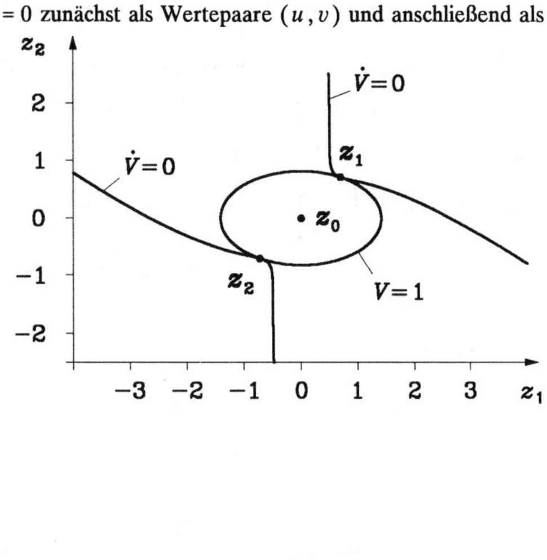

Bild L.VIII.14

VIII. 15. **a)** Man erhält längs der Trajektorien des nichterregten Systems

$$\frac{\mathrm{d}V}{\mathrm{d}t} = z_1 z_2 + z_2(-z_1 - f(z_2)) = -z_2 f(z_2) \leqq 0 ,$$

woraus nach Satz VIII.15 das Stabilitätsverhalten im Ursprung unmittelbar folgt.

b) Wenn man das System gemäß Gl. (1) als linearen Oszillator mit der Erregung $[0 \quad x(t) - f(z_2)]^{\mathrm{T}}$ interpretiert, liefert Gl. (2.65) als Lösung für $t \geqq 0$

$$\boldsymbol{z}(t) = \boldsymbol{\Phi}(t)\boldsymbol{z}(0) + \int_0^t \boldsymbol{\Phi}(t-\sigma)[0 \quad x(\sigma) - f(z_2(\sigma))]^{\mathrm{T}}\,\mathrm{d}\sigma \quad \text{mit} \quad \boldsymbol{\Phi}(t) = \begin{bmatrix} \cos t & \sin t \\ -\sin t & \cos t \end{bmatrix},$$

also wegen $\boldsymbol{z}(0) = \boldsymbol{0}$, $x(t) = A\cos t$ und $y = z_1$

$$y(t) = A\int_0^t \sin(t-\sigma)\cos\sigma\,\mathrm{d}\sigma - \int_0^t \sin(t-\sigma) f(z_2(\sigma))\,\mathrm{d}\sigma .$$

Durch Auswertung des ersten Integrals und Abschätzung des zweiten Integrals ergibt sich

$$y(t) \geqq \frac{A}{2} t \sin t - \int_0^t |\sin(t-\sigma)|\,\mathrm{d}\sigma .$$

Da

$$\int_0^t |\sin(t-\sigma)|\,\mathrm{d}\sigma \leqq \frac{2}{\pi}(1+\varepsilon)t \tag{2}$$

für alle $t \geqq t_0$ mit einem $\varepsilon > 0$ und einem geeigneten $t_0 > 0$ gilt (für $\varepsilon = 0$ würde in obiger Ungleichung (2) bei der Wahl von $t = n\pi$ mit $n \in \mathbb{N}$ das Gleichheitszeichen gelten), findet man als weitere Abschätzung

$$y(t) \geqq \left[\frac{A}{2}\sin t - \frac{2}{\pi}(1+\varepsilon)\right] t .$$

Wählt man speziell $t = t_\nu = (1/2 + 2\nu)\pi$ (mit $\nu \in \mathbb{N}$) und $\varepsilon = 1/2$, so gelangt man schließlich zur Beziehung

$$y(t_\nu) \geqq \frac{1}{2}\left(A - \frac{6}{\pi}\right) t_\nu ,$$

woraus angesichts der Voraussetzung $A > 6/\pi$ zu erkennen ist, daß $y(t_\nu) \to \infty$ strebt für $\nu \to \infty$.

VIII. 16. **a)** Die im freien System (Bild 8.2) momentan gespeicherte Energie ist

$$W(t) = \frac{1}{2} M \left(l\,\frac{\mathrm{d}y}{\mathrm{d}t}\right)^2 + Mgl\,(1 - \cos y) .$$

Nach Division mit Ml^2 und mit $z_1 := y$, $z_2 := \mathrm{d}z_1/\mathrm{d}t$ sowie $\beta := g/l$ erhält man

$$V(\boldsymbol{z}) = \frac{1}{2} z_2^2 + \beta(1 - \cos z_1) .$$

Längs der Trajektorien des Systems ergibt sich

$$\frac{\mathrm{d}V}{\mathrm{d}t} = (\beta \sin z_1) z_2 + z_2(-\beta\sin z_1 - \alpha z_2) = -\alpha z_2^2 \leqq 0 .$$

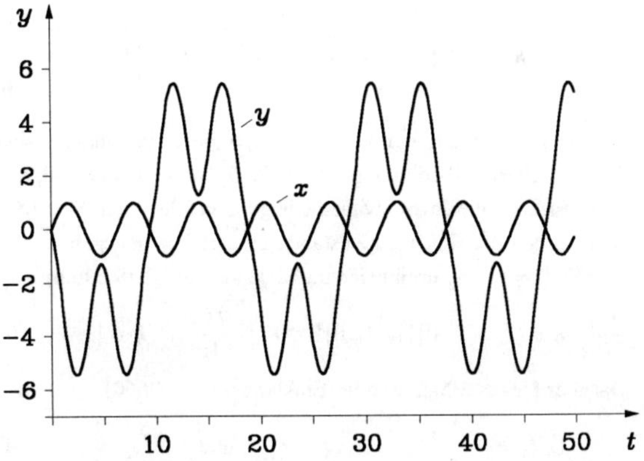

Bild L.VIII.16

Zur Anwendung des Theorems von LaSalle wählt man die Menge $B = \{\boldsymbol{z} \in \mathbb{R}^2;\ |z_1| < \pi \text{ und } V(\boldsymbol{z}) < 2\beta\}$ und findet die weiteren Mengen $E = \{\boldsymbol{z} \in B;\ z_2 = 0\}$ und $M = \{\boldsymbol{0}\}$. Dann besagt das Theorem, daß jede in B startende Lösung asymptotisch in den Ursprung mündet. Dies bedeutet, daß B jedenfalls ein Teil des Einzugsgebietes von $\boldsymbol{z} = \boldsymbol{0}$ ist.

b) Bei Wahl des Anfangszustands $\boldsymbol{z}(0) = [0 \quad -1{,}979]^{\mathrm{T}}$ erhält man die im Bild L.VIII.16 dargestellte subharmonische Schwingung $y(t) = z_1(t)$. Das Bild zeigt auch die Erregung $x(t) = 0{,}73 \sin t$.

VIII. 17. Es wird $V = z_1 z_2$ gewählt. Längs der Trajektorien des Systems gilt

$$\frac{\mathrm{d}V}{\mathrm{d}t} = z_2^2 + z_1^8 + b\, z_1 z_2^3 \qquad \text{oder} \qquad \frac{\mathrm{d}V}{\mathrm{d}t} = z_1^8 + z_2^2\,(1 + b\, z_1 z_2)\,.$$

Man kann nun leicht eine Ursprungsumgebung G angeben, in deren Punkten die Bedingung $1 + b\, z_1 z_2 > 0$ erfüllt wird. Daher stellt $\mathrm{d}V/\mathrm{d}t$ im Gebiet G eine positiv-definite Funktion dar. Andererseits enthält jede noch so kleine δ-Umgebung des Ursprungs Punkte, in denen V positiv ist. Nach Satz VIII.8 ist der Ursprung daher instabil.

VIII. 18. Man kann die vorliegende Gleichung in der Form $(\boldsymbol{A} + \lambda\boldsymbol{E})^{\mathrm{T}}\boldsymbol{P} + \boldsymbol{P}(\boldsymbol{A} + \lambda\boldsymbol{E}) = -\boldsymbol{Q}$ als Lyapunov-Gleichung für die Matrix $\boldsymbol{M} := \boldsymbol{A} + \lambda\boldsymbol{E}$ schreiben. Da $\boldsymbol{P}$ und $\boldsymbol{Q}$ symmetrische, positiv-definite Matrizen sind, ist $\boldsymbol{M}$ eine Hurwitz-Matrix. Bezeichnet man die Eigenwerte von $\boldsymbol{M}$ mit s_i, so gilt $\operatorname{Re} s_i < 0$ für alle i. Zwischen den Eigenwerten s_i von $\boldsymbol{M}$ und den Eigenwerten p_i von $\boldsymbol{A}$ besteht wegen $\boldsymbol{M} = \boldsymbol{A} + \lambda\boldsymbol{E}$ der Zusammenhang $s_i = \lambda + p_i$. Aus $\operatorname{Re} s_i < 0$ folgt nun sofort $\lambda + \operatorname{Re} p_i < 0$ oder $\operatorname{Re} p_i < -\lambda$.

Kapitel IX

IX. 1. a) Zunächst erhält man die Vektorfunktionen

$$\mathrm{ad}_{\boldsymbol{f}}\boldsymbol{h} = \frac{\partial \boldsymbol{h}}{\partial \boldsymbol{z}}\boldsymbol{f} - \frac{\partial \boldsymbol{f}}{\partial \boldsymbol{z}}\boldsymbol{h} = -\begin{bmatrix} 0 & 2z_2 & 1 + 2z_3 \\ 0 & 2z_2 & 0 \\ \cos(z_1 - z_2) & 1 - \cos(z_1 - z_2) & 0 \end{bmatrix}\begin{bmatrix} 1 \\ 1 \\ 0 \end{bmatrix} = \begin{bmatrix} -2z_2 \\ -2z_2 \\ -1 \end{bmatrix},$$

$$\mathrm{ad}_{\boldsymbol{f}}^2\boldsymbol{h} = \mathrm{ad}_{\boldsymbol{f}}\begin{bmatrix} -2z_2 \\ -2z_2 \\ -1 \end{bmatrix} = \begin{bmatrix} 0 & -2 & 0 \\ 0 & -2 & 0 \\ 0 & 0 & 0 \end{bmatrix}\begin{bmatrix} z_2^2 + z_3 + z_3^2 \\ z_2^2 \\ z_2 + \sin(z_1 - z_2) \end{bmatrix}$$

$$+\begin{bmatrix} 0 & 2z_2 & 1+2z_3 \\ 0 & 2z_2 & 0 \\ \cos(z_1 - z_2) & 1 - \cos(z_1 - z_2) & 0 \end{bmatrix}\begin{bmatrix} 2z_2 \\ 2z_2 \\ 1 \end{bmatrix} = \begin{bmatrix} 1 + 2z_3 + 2z_2^2 \\ 2z_2^2 \\ 2z_2 \end{bmatrix}$$

und außerdem

$$[\boldsymbol{h}, \mathrm{ad}_{\boldsymbol{f}}\boldsymbol{h}] = \frac{\partial\, \mathrm{ad}_{\boldsymbol{f}}\boldsymbol{h}}{\partial \boldsymbol{z}}\boldsymbol{h} - \frac{\partial \boldsymbol{h}}{\partial \boldsymbol{z}}\mathrm{ad}_{\boldsymbol{f}}\boldsymbol{h} = \begin{bmatrix} 0 & -2 & 0 \\ 0 & -2 & 0 \\ 0 & 0 & 0 \end{bmatrix}\begin{bmatrix} 1 \\ 1 \\ 0 \end{bmatrix} = \begin{bmatrix} -2 \\ -2 \\ 0 \end{bmatrix}.$$

Da die Vektorfunktionen $\boldsymbol{h}$, $\mathrm{ad}_{\boldsymbol{f}}\boldsymbol{h}$, $\mathrm{ad}_{\boldsymbol{f}}^2\boldsymbol{h}$ linear unabhängig sind, wovon man sich leicht überzeugen kann, ist die Steuerbarkeitsbedingung erfüllt. Da $\boldsymbol{h}$, $\mathrm{ad}_{\boldsymbol{f}}\boldsymbol{h}$ und $[\boldsymbol{h}, \mathrm{ad}_{\boldsymbol{f}}\boldsymbol{h}]$ linear abhängig sind, wie man ebenfalls direkt sieht, ist auch die Involutivitätsbedingung erfüllt. Nach Satz IX.2 sind damit alle Voraussetzungen für die Anwendbarkeit der Eingangs-Zustands-Linearisierung gegeben.

b) Mit $\zeta_1 = z_1 - z_2$ ergibt sich im Einklang mit Gl. (9.59a,b)

$$\frac{\partial \zeta_1}{\partial \boldsymbol{z}}\boldsymbol{h} = [1 \quad -1 \quad 0][1 \quad 1 \quad 0]^{\mathrm{T}} = 0\,, \quad \frac{\partial \zeta_1}{\partial \boldsymbol{z}}\mathrm{ad}_{\boldsymbol{f}}\boldsymbol{h} = [1 \quad -1 \quad 0][-2z_2 \quad -2z_2 \quad -1]^{\mathrm{T}} = 0\,, \quad \frac{\partial \zeta_1}{\partial \boldsymbol{z}}\mathrm{ad}_{\boldsymbol{f}}^2\boldsymbol{h} \neq 0\,.$$

Darüber hinaus erhält man im Einklang mit Gl. (9.60)

$$L_{\boldsymbol{f}}\zeta_1 = \frac{\partial \zeta_1}{\partial \boldsymbol{z}}\boldsymbol{f} = z_3 + z_3^2 = \zeta_2 \qquad \text{und} \qquad L_{\boldsymbol{f}}^2\zeta_1 = [0 \quad 0 \quad 1+2z_3]\boldsymbol{f} = (1+2z_3)(z_2 + \sin(z_1 - z_2)) = \zeta_3\,.$$

IX. 2. Aus der gegebenen Zustandsbeschreibung erhält man $\mathrm{d}y/\mathrm{d}t = -z_2^3 + x$, woraus der relative Grad $r = 1$ folgt. Außerdem ergibt sich $\zeta_1 = y = z_1$. Zur Berechnung der Normalkoordinate ζ_2 muß die Differentialgleichung (vgl. Gl. (9.79))

$$\frac{\partial \zeta_2}{\partial \boldsymbol{z}} \boldsymbol{h} = 0 \quad \text{mit} \quad \boldsymbol{h} = [1 \quad 1]^{\mathrm{T}}, \quad \text{d.h.} \quad \frac{\partial \zeta_2}{\partial z_1} + \frac{\partial \zeta_2}{\partial z_2} = 0$$

gelöst werden. Sie liefert $\zeta_2 = z_1 - z_2$. Die Transformation auf Normalkoordinaten lautet also

$$\begin{bmatrix} \zeta_1 \\ \zeta_2 \end{bmatrix} = \begin{bmatrix} 1 & 0 \\ 1 & -1 \end{bmatrix} \begin{bmatrix} z_1 \\ z_2 \end{bmatrix} \quad \text{oder} \quad \begin{bmatrix} z_1 \\ z_2 \end{bmatrix} = \begin{bmatrix} 1 & 0 \\ 1 & -1 \end{bmatrix} \begin{bmatrix} \zeta_1 \\ \zeta_2 \end{bmatrix}.$$

Führt man diese in die Zustandsgleichungen ein, so entsteht die Normalform

$$\frac{\mathrm{d}\zeta_1}{\mathrm{d}t} = -(\zeta_1 - \zeta_2)^3 + x, \quad \frac{\mathrm{d}\zeta_2}{\mathrm{d}t} = -(\zeta_1 - \zeta_2)^3 \quad \text{oder} \quad \frac{\mathrm{d}\zeta_1}{\mathrm{d}t} = \xi, \quad \frac{\mathrm{d}\zeta_2}{\mathrm{d}t} = -(\zeta_1 - \zeta_2)^3 \quad \text{(1a,b)}$$

mit

$$\xi = a + b\,x, \quad a = -(\zeta_1 - \zeta_2)^3, \quad b = 1.$$

Man beachte, daß mit

$$\boldsymbol{f} = [-z_2^3 \quad 0], \quad \boldsymbol{h} = [1 \quad 1]^{\mathrm{T}} \quad \text{und} \quad g = z_1$$

die Beziehungen

$$a = L_{\boldsymbol{f}} g = [1 \quad 0][-z_2^3 \quad 0]^{\mathrm{T}} = -z_2^3 = -(\zeta_1 - \zeta_2)^3 \quad \text{und} \quad b = L_{\boldsymbol{h}} g = [1 \quad 0][1 \quad 1]^{\mathrm{T}} = 1$$

bestehen. Die Gl. (1a) beschreibt die äußere Dynamik, Gl. (1b) die innere Dynamik.

b) Mit $\boldsymbol{\Psi}(\boldsymbol{\zeta}) = -(\zeta_1 - \zeta_2)^3$ (vgl. Gl. (9.77b)) erhält man die Nulldynamik in der Form

$$\frac{\mathrm{d}\zeta_2}{\mathrm{d}t} = \zeta_2^3,$$

deren Ruhelage $\zeta_2 = 0$ instabil ist, da die rechte Seite dieser Differentialgleichung, d.h. ζ_2^3 für $\zeta_2 > 0$ positiv und für $\zeta_2 < 0$ negativ ist.

IX. 3. a) Durch Differentiation des Ausgangssignals y erhält man

$$\frac{\mathrm{d}y}{\mathrm{d}t} = \sin z_2 \quad \text{und} \quad \frac{\mathrm{d}^2 y}{\mathrm{d}t^2} = z_1^2 \cos^2 z_2 + (\cos z_2)x. \quad \text{(1a,b)}$$

Der relative Grad ist also $r = 2$. Mit $\boldsymbol{f} = [\sin z_2 \quad z_1^2 \cos z_2]^{\mathrm{T}}$, $\boldsymbol{h} = [0 \quad 1]^{\mathrm{T}}$, $g = z_1$ erhält man für die Normalkoordinaten

$$\zeta_1 = y = z_1, \quad \zeta_2 = L_{\boldsymbol{f}} g = [1 \quad 0]\boldsymbol{f} = \sin z_2, \quad \text{d.h.} \quad z_1 = \zeta_1 \quad \text{und} \quad z_2 = \arcsin \zeta_2.$$

Durch Anwendung der Transformation auf die Zustandsdarstellung ergibt sich

$$\frac{\mathrm{d}\zeta_1}{\mathrm{d}t} = \zeta_2 \quad \text{und} \quad \frac{\mathrm{d}\zeta_2}{\mathrm{d}t} = z_1^2 \cos^2 z_2 + (\cos z_2)x$$

oder

$$\frac{\mathrm{d}\zeta_1}{\mathrm{d}t} = \zeta_2, \quad \frac{\mathrm{d}\zeta_2}{\mathrm{d}t} = \xi \quad \text{mit} \quad \xi = z_1^2 \cos^2 z_2 + (\cos z_2)x.$$

Zur Kontrolle wird

$$a = L_{\boldsymbol{f}}^2 g = L_{\boldsymbol{f}} \sin z_2 = \frac{\partial \sin z_2}{\partial \boldsymbol{z}} \boldsymbol{f} = z_1^2 \cos^2 z_2 \quad \text{und} \quad b = L_{\boldsymbol{h}} L_{\boldsymbol{f}}\, g = L_{\boldsymbol{h}} \sin z_2 = \frac{\partial \sin z_2}{\partial \boldsymbol{z}} \boldsymbol{h} = \cos z_2$$

gebildet. Man beachte, daß das System keine innere Dynamik aufweist.

b) Gemäß Gl. (9.91a) wird mit $\zeta_1 = z_1 = g$ als Stellsignal

$$x = \frac{1}{\cos z_2} \left(-z_1^2 \cos^2 z_2 + \frac{\mathrm{d}^2 y_f}{\mathrm{d}t^2} - [\gamma_0 \quad \gamma_1][y - y_f \quad \dot{y} - \dot{y}_f]^{\mathrm{T}} \right) \quad (2)$$

gewählt, wobei für γ_0 und γ_1 beliebige positive Werte genommen werden können. Nun führt man das gewählte Stellsignal in die Zustandsdarstellung des Systems ein. Auf diese Weise erhält man die Dynamik des Regelkreises

$$\frac{\mathrm{d}z_1}{\mathrm{d}t} = \sin z_2, \quad \frac{\mathrm{d}z_2}{\mathrm{d}t} = \frac{1}{\cos z_2} \left(\frac{\mathrm{d}^2 y_f}{\mathrm{d}t^2} + \gamma_1 \frac{\mathrm{d}y_f}{\mathrm{d}t} + \gamma_0 y_f - \gamma_1 \frac{\mathrm{d}y}{\mathrm{d}t} - \gamma_0 y \right).$$

Aus den Gln. (1b) und (2) ergibt sich für den Nachführungsfehler $\Delta y = y_f - y$ die Differentialgleichung

$$\frac{\mathrm{d}^2 \Delta y}{\mathrm{d}t^2} + \gamma_1 \frac{\mathrm{d}\Delta y}{\mathrm{d}t} + \gamma_0 \, \Delta y = 0 ,$$

die erkennen läßt, daß $\Delta y \to 0$ strebt für $t \to \infty$, sofern $\gamma_0 > 0$ und $\gamma_1 > 0$ gewählt wird. Bild L.IX.3 zeigt ein Signalflußdiagramm für den Regelkreis, wobei $\mathrm{d}y/\mathrm{d}t = \sin z_2$ zu beachten ist.

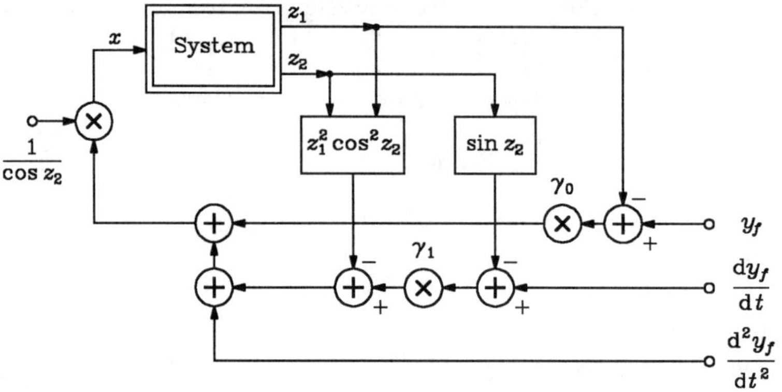

Bild L.IX.3

IX. 4. a) Da $\mathrm{d}y/\mathrm{d}t = z_1^2 \, \mathrm{e}^{-z_1^2 z_2} + x$ gilt, ist der relative Grad $r = 1$. Neben $\zeta_1 = z_1$ erhält man mit $\boldsymbol{h} = [1 \quad 0 \quad 0]^{\mathrm{T}}$ zunächst für die übrigen Normalkoordinaten die Differentialgleichungen (vgl. Gl. (9.79))

$$\frac{\partial \zeta_2}{\partial \boldsymbol{z}} \boldsymbol{h} = \frac{\partial \zeta_2}{\partial z_1} = 0 \quad \text{und} \quad \frac{\partial \zeta_3}{\partial \boldsymbol{z}} \boldsymbol{h} = \frac{\partial \zeta_3}{\partial z_1} = 0$$

mit den Lösungen $\zeta_2 = z_2$ und $\zeta_3 = z_3$. Die Normalform lautet also

$$\frac{\mathrm{d}\zeta_1}{\mathrm{d}t} = \zeta_1^2 \, \mathrm{e}^{-\zeta_1^2 \zeta_2} + x = \xi , \quad \frac{\mathrm{d}\zeta_2}{\mathrm{d}t} = -\zeta_3 , \quad \frac{\mathrm{d}\zeta_3}{\mathrm{d}t} = -\zeta_3^3 - \zeta_2^7 + \zeta_1 \zeta_2^2 . \tag{1a-c}$$

Zur Kontrolle werden mit $\boldsymbol{f} = [z_1^2 \, \mathrm{e}^{-z_1^2 z_2} \quad -z_3 \quad -z_3^3 - z_2^7 + z_1 z_2^2]^{\mathrm{T}}$, $\boldsymbol{h} = [1 \quad 0 \quad 0]^{\mathrm{T}}$ und $g = z_1$ die Formeln

$$a = L_{\boldsymbol{f}} g = \zeta_1^2 \, \mathrm{e}^{-\zeta_1^2 \zeta_2} , \quad b = L_{\boldsymbol{h}} g = 1$$

ausgewertet.

b) Die Nulldynamik lautet

$$\mathrm{d}\zeta_2 / \mathrm{d}t = -\zeta_3 , \quad \mathrm{d}\zeta_3 / \mathrm{d}t = -\zeta_3^3 - \zeta_2^7 .$$

Zur Stabilitätsprüfung der Ruhelage wird $V(\zeta_2, \zeta_3) = -\zeta_2 \zeta_3$ gewählt. Längs der Trajektorien der Nulldynamik erhält man

$$\mathrm{d}V/\mathrm{d}t = \zeta_3^2 + \zeta_2^8 + \zeta_2 \zeta_3^3 = \zeta_2^8 + \zeta_3^2 (1 + \zeta_2 \zeta_3) .$$

Da $V(\zeta_2, \zeta_3)$ die Voraussetzungen von Satz VIII.8 erfüllt, ist die Ruhelage instabil (man vergleiche auch Aufgabe VIII.17). Das System ist also nicht minimalphasig.

c) Da das System nicht minimalphasig ist, scheidet eine Stabilisierung durch lineare Rückkopplung der Normalkoordinaten der äußeren Dynamik aus. – Zur Anwendung der Lyapunov-Regelung wählt man zunächst

$$V_0(\zeta_2, \zeta_3) = \zeta_2^8 + \zeta_3^2 .$$

Längs der Trajektorien der inneren Dynamik erhält man aufgrund der Gln. (1b,c)

$$\frac{\mathrm{d}V_0}{\mathrm{d}t} = 8 \zeta_2^7 (-\zeta_3) + 2 \zeta_3 (-\zeta_3^3 - \zeta_2^7 + \zeta_1 \zeta_2^2) \quad \text{oder} \quad \frac{\mathrm{d}V_0}{\mathrm{d}t} = -2 \zeta_3^4 - 2 \zeta_2^2 \zeta_3 (5 \zeta_2^5 - \zeta_1) .$$

Bei Wahl der Rückkopplung $\zeta_1 = 5 \zeta_2^5$ (vgl. Bild 9.10a) ist die Ruhelage asymptotisch stabil. Nun wird

$$V = V_0 + \frac{1}{2} (\zeta_1 - 5 \zeta_2^5)^2$$

für das Gesamtsystem angesetzt. Längs der Trajektorien des Gesamtsystems erhält man

$$\frac{dV}{dt} = \frac{dV_0}{dt} + (\zeta_1 - 5\,\zeta_2^5)(\xi + 25\,\zeta_2^4\,\zeta_3) \quad \text{oder} \quad \frac{dV}{dt} = -\,2\,\zeta_3^4 + (\zeta_1 - 5\,\zeta_2^5)(\xi + 25\,\zeta_2^4\,\zeta_3 + 2\,\zeta_2^2\zeta_3)\,.$$

Bei Wahl von $\xi = -\,(\zeta_1 - 5\,\zeta_2^5) - 25\,\zeta_2^4\,\zeta_3 - 2\,\zeta_2^2\zeta_3$ als Regelgesetz ergibt sich

$$\frac{dV}{dt} = -\,2\,\zeta_3^4 - (\zeta_1 - 5\,\zeta_2^5)^2\,.$$

Damit erfüllt die Funktion $V(\boldsymbol{\zeta})$ alle Voraussetzungen für die Anwendung von Satz VIII.15 (die Menge M besteht nur aus $\mathbf{0}$). Das heißt, die Ruhelage $\boldsymbol{\zeta} = \boldsymbol{z} = \mathbf{0}$ ist global asymptotisch stabil.

IX. 5. Man hat

$$v_1 = \gamma_{01}\,y_1 + \gamma_{11}\,\frac{dy_1}{dt} + \cdots + \gamma_{r_1 1}\,\frac{d^{r_1} y_1}{dt^{r_1}}\,, \qquad v_2 = \gamma_{02}\,y_2 + \gamma_{12}\,\frac{dy_2}{dt} + \cdots + \gamma_{r_2 2}\,\frac{d^{r_2} y_2}{dt^{r_2}}$$

zu wählen. Bild L.IX.5 zeigt das Signalflußdiagramm für die Zustandsgrößenrückkopplung.

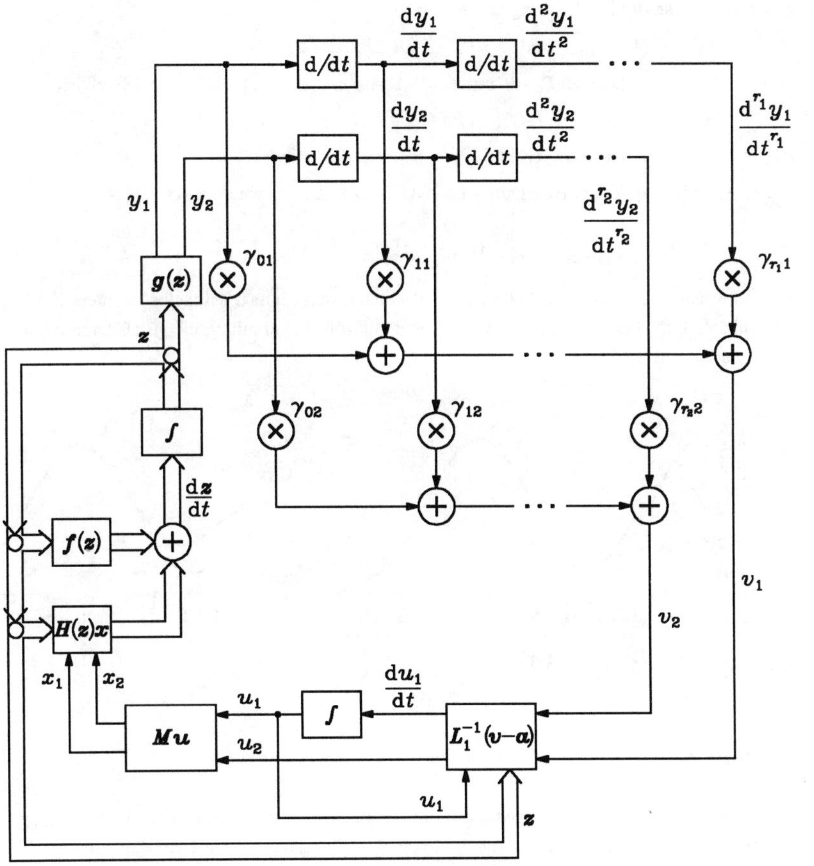

Bild L.IX.5

IX. 6. a) Um eine Rückkopplung $x = \Psi(z)$ der Form (9.182) zu berechnen, wird gemäß der dort beschriebenen Vorgehensweise zuerst

$$A_0 = (\partial f/\partial z)_0 = 0 \quad \text{und} \quad B_0 = (\partial f/\partial x)_0 = 1$$

ermittelt. Die algebraische Riccati-Gleichung (9.196a) mit $K_0 = -\,P_0$ nach Gl. (9.194a) vereinfacht sich zu $-\,P_0^2 + 1 = 0$, woraus die positiv-definite Lösung $P_0 = 1$ folgt. Somit erhält man $k = -1$ nach Gl. (9.191). Als nächstes wird gemäß Gln. (9.184a), (9.188b) und (9.189b) mit $q = 1$

$$\left(\frac{df}{dz}\right)_0 = 0 - 1 = -1\,, \quad A_1 = 2 + 0 = 2\,, \quad B_1 = 0 + 0 = 0$$

berechnet. Damit liefern die Gln. (9.194b) und (9.196b)

$$K_1 = -(0+P_1) = -P_1\,, \quad -P_1(-1) = 0+0+2P_0+2P_0-(-1)(-P_1)-(-P_1)(-1)\,,$$

aufgelöst nach P_1 erhält man $P_1 = (4/3)P_0 = 4/3$ und $K_1 = -P_1 = -4/3$. Eine Auswertung von Gl. (9.193a) liefert

$$H(-1)+(-1)H = -\frac{4}{3}(-1)+(-1)(-\frac{4}{3})\,,$$

also $H = -4/3$. Somit lautet die gewünschte Rückkopplung gemäß Gl. (9.182)

$$x = \Psi(z) = -z-2z^2/3\,.$$

b) Analog zu Teilaufgabe a berechnet man $A_0 = (2z+x)_0 = 0$, $B_0 = (z+1)_0 = 1$. Die algebraische Riccati-Gleichung lautet in diesem Fall ebenfalls $-P_0^2+1=0$, so daß man als positiv-definite Lösung $P_0 = 1$ erhält, also $k=-1$. Eine Auswertung der Gln. (9.184a), (9.188b) und (9.189b) liefert $(\mathrm{d}f/\mathrm{d}z)_0 = 0-1 = -1$, $A_1 = 2+1(-1) = 1$, $B_1 = 1+0 = 1$. Mit Hilfe der Gln. (9.194b) und (9.196b) sowie mit $K_0 = -P_0 = -1$ ergeben sich zunächst die Gleichungen

$$K_1 = -(1+P_1) \quad \text{und} \quad -P_1(-1) = 2P_0-2(-1)K_1$$

und mit $P_0 = 1$ die Lösungen $P_1 = 0$ und $K_1 = -1$. Aus Gl. (9.193a) erhält man schließlich

$$H(-1)+(-1)H = (-1)(-1)+(-1)(-1)\,,$$

d.h. $H = -1$. Die gewünschte Rückkopplung lautet also $x = \Psi(z) = -z-z^2/2$.

IX. 7. Gemäß Kapitel IX, Abschnitt 6.1.1, Gln. (9.208a,b) berechnet man

$$\boldsymbol{A}(t) = \begin{bmatrix} 0 & 1 \\ -\cos z_1 & 0 \end{bmatrix}, \quad \boldsymbol{C}(t) = \boldsymbol{c}^{\mathrm{T}}(t) = [1 \quad 0].$$

Die Entwicklungsgleichungen (9.206)-(9.209) können somit numerisch gelöst werden. Die Ergebnisse sind in den Bildern L.IX.7a,b gezeigt. Die zu schätzenden Größen sind mit z_i, die geschätzten Zustandsgrößen mit $\hat{z}_i$ bezeichnet ($i = 1, 2$).

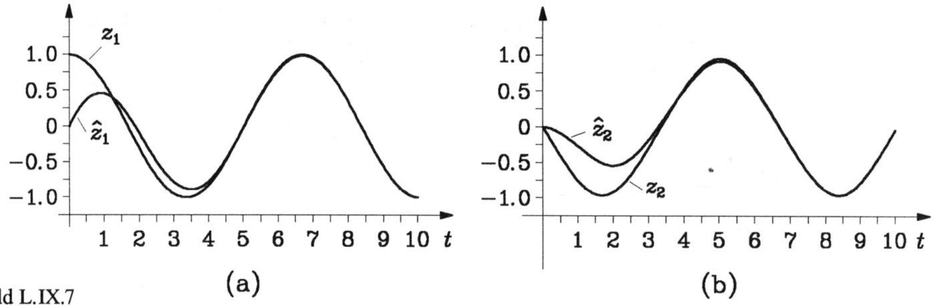

Bild L.IX.7

Kapitel X

X. 1. Im Fall der einfachen Prädiktion ist der Kreuzkorrelationsvektor $\boldsymbol{r} = [r_{xx}[1], \ldots, r_{xx}[q+1]]^{\mathrm{T}}$. Mit der Autokorrelationsmatrix $\boldsymbol{R}$ lautet dann die Normalgleichung $\boldsymbol{Ra} = \boldsymbol{r}$ zur Ermittlung des Koeffizientenvektors $\boldsymbol{a}$ des optimalen FIR-Filters. Den erreichten Fehler erhält man mit $y_{\mathrm{eff}}^2 = x_{\mathrm{eff}}^2 = r_{xx}[0] = 1$ gemäß Gl. (10.21) zu $\varepsilon_{\min} = 1-\boldsymbol{a}^{\mathrm{T}}\boldsymbol{r}$.

(i) Für $q=0$ lautet die Normalgleichung $1{,}00\,a_0 = 0{,}75$, woraus einerseits $\boldsymbol{a} = a_0 = 0{,}75$ und andererseits $\varepsilon_{\min} = 1-0{,}75\cdot 0{,}75 = 7/16$ folgt.

(ii) Für $q=1$ lautet die Normalgleichung

$$\begin{bmatrix} 1{,}00 & 0{,}75 \\ 0{,}75 & 1{,}00 \end{bmatrix}\begin{bmatrix} a_0 \\ a_1 \end{bmatrix} = \begin{bmatrix} 0{,}75 \\ 0{,}50 \end{bmatrix} \quad \text{mit} \quad \begin{bmatrix} a_0 \\ a_1 \end{bmatrix} = \frac{1}{7}\begin{bmatrix} 6 \\ -1 \end{bmatrix} \quad \text{und} \quad \varepsilon_{\min} = 1-\frac{9}{14}+\frac{1}{14} = \frac{3}{7}\,.$$

(iii) Für $q=2$ lautet die Normalgleichung

$$\begin{bmatrix} 1{,}00 & 0{,}75 & 0{,}50 \\ 0{,}75 & 1{,}00 & 0{,}75 \\ 0{,}50 & 0{,}75 & 1{,}00 \end{bmatrix} \begin{bmatrix} a_0 \\ a_1 \\ a_2 \end{bmatrix} = \begin{bmatrix} 0{,}75 \\ 0{,}50 \\ 0{,}25 \end{bmatrix} \quad \text{mit} \quad \begin{bmatrix} a_0 \\ a_1 \\ a_2 \end{bmatrix} = \frac{1}{6} \begin{bmatrix} 5 \\ 0 \\ -1 \end{bmatrix} \quad \text{und} \quad \varepsilon_{\min} = 1 - \frac{5}{8} + \frac{1}{24} = \frac{5}{12} .$$

X. 2. Die Lösung erfolgt analog zu Aufgabe X.1 mit $r_{xx}[0] = r$, $r_{xx}[1] = r\alpha$, $r_{xx}[2] = r\alpha^2$.

(i) Im Fall $q = 0$ liefert die Normalgleichung $r\, a_0 = r\,\alpha$ die Lösung $a_0 = \alpha$ mit $\varepsilon_{\min} = r - \alpha r \alpha = r(1-\alpha^2)$ als Fehler.

(ii) Im Fall $q = 1$ erhält man aus der Normalgleichung

$$\begin{bmatrix} r & r\alpha \\ r\alpha & r \end{bmatrix} \begin{bmatrix} a_0 \\ a_1 \end{bmatrix} = \begin{bmatrix} r\alpha \\ r\alpha^2 \end{bmatrix} \quad \text{die Lösung} \quad \begin{bmatrix} a_0 \\ a_1 \end{bmatrix} = \begin{bmatrix} \alpha \\ 0 \end{bmatrix}$$

mit dem Fehler $\varepsilon_{\min} = r - \alpha \cdot r\alpha - 0 \cdot r\alpha^2 = r\,(1-\alpha^2)$. Die beiden Filter sind identisch, d.h. die Erhöhung von q brachte keine Verbesserung.

X. 3. Die quadratische Form

$$\boldsymbol{a}^{\mathrm{T}} \boldsymbol{R}\, \boldsymbol{a} = r_{xx}[0]\, a_0^2 + 2 r_{xx}[1]\, a_0 a_1 + r_{xx}[0]\, a_1^2 = r_{xx}[0]\,(a_0 + a_1)^2 + 2\,\{r_{xx}[1] - r_{xx}[0]\}\, a_0 a_1$$

($q = 1$) ist genau dann positiv definit, wenn die durch die Transformation $a_0 + a_1 = x$, $a_0 - a_1 = y$, d.h. durch die Substitution $a_0 = (x+y)/2$, $a_1 = (x-y)/2$, entstehende quadratische Form

$$\frac{1}{2}\{r_{xx}[0] + r_{xx}[1]\}x^2 + \frac{1}{2}\{r_{xx}[0] - r_{xx}[1]\}y^2 > 0$$

ist für alle Paare $(x, y) \neq (0, 0)$. Dies ist dann und nur dann der Fall, wenn die beiden in geschweiften Klammern stehenden Terme positiv sind, also $r_{xx}[0] > |\, r_{xx}[1]\,|$ gilt.

X. 4. Für die Autokorrelationsfunktion erhält man

$$r_{xx}[\nu] = \lim_{N\to\infty} \frac{1}{N+1} \sum_{n=0}^{N} \cos(n\,\pi/2) \cos\{(n+\nu)\,\pi/2\} = \frac{1}{4} \lim_{N\to\infty} \frac{1}{N+1} \sum_{n=0}^{N} (\mathrm{j}^{\,n} + \mathrm{j}^{\,-n})(\mathrm{j}^{\,n+\nu} + \mathrm{j}^{\,-n-\nu})$$

$$= \frac{\mathrm{j}^{\,\nu}}{4} + \frac{\mathrm{j}^{\,-\nu}}{4} + \frac{\mathrm{j}^{\,\nu}}{4} \lim_{N\to\infty} \frac{1}{N+1} \sum_{n=0}^{N} \mathrm{j}^{\,2n} + \frac{\mathrm{j}^{\,-\nu}}{4} \lim_{N\to\infty} \frac{1}{N+1} \sum_{n=0}^{N} \mathrm{j}^{\,-2n} .$$

Da die beiden Grenzwerte verschwinden, verbleibt mit $\mathrm{j} = \mathrm{e}^{\,\mathrm{j}\pi/2}$

$$r_{xx}[\nu] = \frac{1}{4}(\mathrm{j}^{\,\nu} + \mathrm{j}^{\,-\nu}) = \frac{1}{2}\cos(\nu\pi/2) \;, \quad \text{insbesondere} \quad r_{xx}[0] = \frac{1}{2} \,,\quad r_{xx}[1] = 0 \,,\quad r_{xx}[2] = -\frac{1}{2} .$$

Das optimale Prädiktionsfilter berechnet sich für $q = 1$ aus

$$\begin{bmatrix} 1/2 & 0 \\ 0 & 1/2 \end{bmatrix} \begin{bmatrix} a_0 \\ a_1 \end{bmatrix} = \begin{bmatrix} 0 \\ -1/2 \end{bmatrix} , \quad \text{also zu} \quad \begin{bmatrix} a_0 \\ a_1 \end{bmatrix} = \begin{bmatrix} 0 \\ -1 \end{bmatrix} .$$

X. 5. Nach Gl. (10.35) erhält man für den Vektor der Koeffizienten

$$\boldsymbol{a}[k] = \begin{bmatrix} 1 & 0{,}8 \\ 0{,}8 & 1 \end{bmatrix}^{-1} \begin{bmatrix} 0{,}8 \\ 0{,}7 \end{bmatrix} + \begin{bmatrix} 1-\alpha & -0{,}8\,\alpha \\ -0{,}8\,\alpha & 1-\alpha \end{bmatrix}^{k} \left\{ - \begin{bmatrix} 1 & 0{,}8 \\ 0{,}8 & 1 \end{bmatrix}^{-1} \begin{bmatrix} 0{,}8 \\ 0{,}7 \end{bmatrix} \right\} .$$

Die zu potenzierende Matrix hat die Eigenwerte $\lambda_1 = 1 - 0{,}2\,\alpha$ und $\lambda_2 = 1 - 1{,}8\,\alpha$ mit den Eigenvektoren $[1,\ -1]^{\mathrm{T}}$ bzw. $[1,\ 1]^{\mathrm{T}}$. Damit läßt sich die Matrixpotenz einfach darstellen, und es ergibt sich

$$\boldsymbol{a}[k] = \frac{25}{9} \begin{bmatrix} 1 & -0{,}8 \\ -0{,}8 & 1 \end{bmatrix} \begin{bmatrix} 0{,}8 \\ 0{,}7 \end{bmatrix} + \frac{1}{2} \begin{bmatrix} 1 & 1 \\ -1 & 1 \end{bmatrix} \begin{bmatrix} (1-0{,}2\,\alpha)^k & 0 \\ 0 & (1-1{,}8\,\alpha)^k \end{bmatrix} \begin{bmatrix} 1 & -1 \\ 1 & 1 \end{bmatrix} \{\cdots\}$$

$$= \begin{bmatrix} \frac{2}{3} \\ \frac{1}{6} \end{bmatrix} - \frac{1}{2} \begin{bmatrix} (1-1{,}8\,\alpha)^k + (1-0{,}2\,\alpha)^k & (1-1{,}8\,\alpha)^k - (1-0{,}2\,\alpha)^k \\ (1-1{,}8\,\alpha)^k - (1-0{,}2\,\alpha)^k & (1-1{,}8\,\alpha)^k + (1-0{,}2\,\alpha)^k \end{bmatrix} \begin{bmatrix} \frac{2}{3} \\ \frac{1}{6} \end{bmatrix} ,$$

woraus sofort das angegebene Resultat folgt. Die Matrixpotenz läßt sich auch nach Cayley-Hamilton errechnen. Die Autokorrelationsmatrix hat die Eigenwerte 0,2 und 1,8. Damit lautet die Konvergenzbedingung gemäß Ungleichung (10.37) $0 < \alpha < 2/\lambda_{\max}$, also $0 < \alpha < 10/9$ mit $\lambda_{\max} = 1{,}8$. Dies läßt sich auch der Darstellung von $\boldsymbol{a}[k]$ entnehmen: $-1 < 1 - 0{,}2\,\alpha < 1$, $-1 < 1 - 1{,}8\,\alpha < 1$.

X. 6. Durch formale Anwendung der Z-Transformation auf die gegebene Differenzengleichung erhält man die Beziehung $X(z)(1+0{,}8z^{-1}) = U(z)(1-0{,}6z^{-1})$, also die Übertragungsfunktion

$$H(z) = \frac{X(z)}{U(z)} = \frac{1-0{,}6z^{-1}}{1+0{,}8z^{-1}} .$$

Aus der spektralen Leistungsdichte $S_{uu}(z) \equiv 1$ ergibt sich die spektrale Leistungsdichte

$$S_{xx}(z) = H(z)H(1/z)S_{uu}(z) = \frac{5z-3}{5z+4}\cdot\frac{5-3z}{5+4z} = -\frac{3}{4} - \frac{259/9}{5z+4} + \frac{37\cdot 35/36}{5+4z} .$$

Die Rücktransformation liefert die Autokorrelationsfunktion, z.B. aufgrund der Laurent-Entwicklung

$$S_{xx}(z) = \left(\frac{259}{36} - \frac{3}{4}\right) - \frac{259}{45}\left[z^{-1} - \frac{4}{5}z^{-2} + \left(\frac{4}{5}\right)^2 z^{-3} - \left(\frac{4}{5}\right)^3 z^{-4} + - \cdots\right]$$

$$- \frac{259}{45}\left[z - \frac{4}{5}z^2 + \left(\frac{4}{5}\right)^2 z^3 - \left(\frac{4}{5}\right)^3 z^4 + - \cdots\right]$$

zu

$$r_{xx}[0] = \frac{58}{9}, \quad r_{xx}[\pm 1] = -\frac{259}{45}, \quad r_{xx}[\pm 2] = -\frac{259}{45}\left(-\frac{4}{5}\right), \quad r_{xx}[\pm 3] = -\frac{259}{45}\left(-\frac{4}{5}\right)^2, \dots .$$

Für die Koeffizienten des optimalen Prädiktionsfilters findet man im Fall

(i) $q = 0$: $\quad \frac{58}{9}a_0 = -\frac{259}{45}, \quad$ also $\quad a_0 = -\frac{259}{290}$,

(ii) $q = 1$: $\quad \begin{bmatrix} \frac{58}{9} & -\frac{259}{45} \\ -\frac{259}{45} & \frac{58}{9} \end{bmatrix} \begin{bmatrix} a_0 \\ a_1 \end{bmatrix} = \begin{bmatrix} -\frac{259}{45} \\ \frac{1036}{225} \end{bmatrix}, \quad$ also $\quad \begin{bmatrix} a_0 \\ a_1 \end{bmatrix} = \begin{bmatrix} -1{,}26 \\ -0{,}411 \end{bmatrix}$.

X. 7. Die Übertragungsfunktion des zu identifizierenden Systems ist $H_0(z) = \alpha + \beta z^{-1}$. Damit kann das Kreuzleistungsspektrum $S_{xy}(z) = H_0(z)S_{xx}(z)$ mit $S_{xx}(z) = \sigma_x^2$ in der Form $S_{xy}(z) = \sigma_x^2\alpha + \sigma_x^2\beta z^{-1}$ geschrieben werden, woraus sofort die Kreuzkorrelationsfunktion $r_{xy}[\nu] = \sigma_x^2\alpha\,\delta[\nu] + \sigma_x^2\beta\,\delta[\nu-1]$ folgt. Für $\overline{\boldsymbol{a}}[n] = E[\boldsymbol{a}[n]]$ mit $\boldsymbol{a}[n] = [a_0[n], a_1[n]]^{\mathrm{T}}$ erhält man unter Verwendung der Autokorrelationsmatrix $\boldsymbol{R} = \sigma_x^2\mathbf{E}$, dem Kreuzkorrelationsvektor $\boldsymbol{r} = \sigma_x^2[\alpha, \beta]^{\mathrm{T}}$ und mit $\overline{\alpha}$ gemäß Gl. (10.35) die Lösung

$$\overline{\boldsymbol{a}}[n] = \begin{bmatrix} \alpha \\ \beta \end{bmatrix} + \begin{bmatrix} (1-\overline{\alpha}\sigma_x^2)^n & 0 \\ 0 & (1-\overline{\alpha}\sigma_x^2)^n \end{bmatrix} \left\{\overline{\boldsymbol{a}}[0] - \begin{bmatrix} \alpha \\ \beta \end{bmatrix}\right\} .$$

Die Konvergenzbedingung lautet $0 < \overline{\alpha} < 2/\sigma_x^2$.

X. 8. Nach dem am Ende von Abschnitt 6.1 (Kapitel X) zusammengefaßten Algorithmus erhält man zunächst $k_1 = 10/15 = 2/3$, $\boldsymbol{a}^{(1)} = \overline{\boldsymbol{a}}^{(1)} = 2/3$, $\varepsilon_1 = 15(1-4/9) = 25/3$ und für den Parameterwert $\kappa = 2$ dann $k_2 = (3/25)(5 - 10\cdot 2/3) = -1/5$, $\boldsymbol{a}_1^{(2)} = [2/3 + (1/5)\cdot(2/3)] = 4/5$, $a_1^{(2)} = -1/5$, also die optimale Lösung $\boldsymbol{a}^{(2)} = [4/5, -1/5]^{\mathrm{T}}$ und außerdem $\varepsilon_2 = (25/3)\cdot(24/25) = 24/3$.

X. 9. Dem Bild 10.9 kann man formal für $q = 2$ direkt

$$E_3^f(z) = X(z)[1 - k_1 z^{-1} - k_2(z^{-2} - k_1 z^{-1}) - k_3(z^{-3} - k_1 z^{-2} + k_1 k_2 z^{-2} - k_2 z^{-1})]$$

entnehmen. Andererseits liefert Gl. (10.106) formal

$$H_3^f(z) = E_3^f(z)/X(z) = 1 - z^{-1}H_{\mathrm{opt}}(z) \quad \text{mit} \quad H_{\mathrm{opt}}(z) = a_0 + a_1 z^{-1} + a_2 z^{-2} ,$$

wobei $a_0 = a_0^{(3)}$, $a_1 = a_1^{(3)}$, $a_2 = a_2^{(3)}$ die optimalen Filterkoeffizienten bedeuten. Ein Vergleich obiger Beziehung ergibt

$$a_0 = k_1 - k_1 k_2 - k_2 k_3 , \quad a_1 = k_2 - k_1 k_3 + k_1 k_2 k_3 , \quad a_2 = k_3 .$$

Durch Auflösung nach den Reflexionskoeffizienten erhält man

$$k_1 = \frac{a_0 + a_1 a_2}{1 - a_1 - a_0 a_2 - a_2^2}, \quad k_2 = \frac{a_1 + a_0 a_2}{1 - a_2^2}, \quad k_3 = a_2 .$$

Speziell für $a_0 = 1$; $a_1 = 0{,}39$; $a_2 = 0{,}118$ findet man $k_1 = 2{,}188$; $k_2 = 0{,}5152$; $k_3 = 0{,}118$.

X. 10. Als Lösung der Normalgleichung

$$\begin{bmatrix} r_{xx}[0] & r_{xx}[1] \\ r_{xx}[1] & r_{xx}[0] \end{bmatrix} \begin{bmatrix} a_0 \\ a_1 \end{bmatrix} = \begin{bmatrix} r_{xx}[1] \\ r_{xx}[2] \end{bmatrix} \quad \text{erhält man} \quad \begin{bmatrix} a_0 \\ a_1 \end{bmatrix} = \frac{1}{r_{xx}^2[0] - r_{xx}^2[1]} \begin{bmatrix} r_{xx}[1](r_{xx}[0] - r_{xx}[2]) \\ r_{xx}[0]r_{xx}[2] - r_{xx}^2[1] \end{bmatrix}.$$

Analog zu Aufgabe X.9 findet man aufgrund der Beziehung $E_2^f(z) = X(z)(1 - k_1 z^{-1} + k_1 k_2 z^{-1} - k_2 z^{-2})$ die Zusammenhänge $k_1 = a_0/(1 - a_1)$ und $k_2 = a_1$, also mit obigen Darstellungen für a_0, a_1

$$k_1 = \frac{r_{xx}[1]}{r_{xx}[0]}, \quad k_2 = \frac{r_{xx}[0]r_{xx}[2] - r_{xx}^2[1]}{r_{xx}^2[0] - r_{xx}^2[1]}.$$

X. 11. a) Führt man Gl. (3) in Gl. (1) ein und subtrahiert Gl. (2), dann ergibt sich mit $e = y - y_f$

$$\frac{\mathrm{d}e}{\mathrm{d}t} = -(b_0 - a_0\beta_0)y + d_0 y_f - (b_1 - a_0\beta_1)f(y) + (a_0 k - c_0)\xi_0$$

oder

$$\frac{\mathrm{d}e}{\mathrm{d}t} + d_0 e = a_0(\beta_0 - \frac{b_0 - d_0}{a_0})y + a_0(\beta_1 - \frac{b_1}{a_0})f(y) + a_0(k - \frac{c_0}{a_0})\xi_0, \tag{5}$$

d.h. die Wahl der Koeffizienten A_0, B_0, B_1 lautet

$$A_0 = a_0(k - \frac{c_0}{a_0}), \quad B_0 = a_0(\beta_0 - \frac{b_0 - d_0}{a_0}), \quad B_1 = a_0(\beta_1 - \frac{b_1}{a_0}).$$

Die idealen Reglerparameter sind somit

$$\overline{k} = \frac{c_0}{a_0}, \quad \overline{\beta}_0 = \frac{b_0 - d_0}{a_0}, \quad \overline{\beta}_1 = \frac{b_1}{a_0}.$$

Mit diesen Werten für k, β_0 bzw. β_1 gilt für die Fehlerfunktion die Differentialgleichung

$$\frac{\mathrm{d}e}{\mathrm{d}t} + d_0 e = 0.$$

b) Mit den Schätzwerten $\beta_0 = \hat{\beta}_0$, $\beta_1 = \hat{\beta}_1$ und $k = \hat{k}$ in Gl. (5) und $\tilde{\beta}_0 = \hat{\beta}_0 - \overline{\beta}_0$, $\tilde{\beta}_1 = \hat{\beta}_1 - \overline{\beta}_1$ und $\tilde{k} = \hat{k} - \overline{k}$ erhält man aus Gl. (5) die Differentialgleichung

$$\frac{\mathrm{d}e(t)}{\mathrm{d}t} + d_0 e(t) = a_0[\tilde{k}(t)\xi_0(t) + \tilde{\beta}_0(t)y(t) + \tilde{\beta}_1(t)f(y)]. \tag{6}$$

Die zeitliche Ableitung von V aus Gl. (4) wird mit Gl. (6)

$$\frac{\mathrm{d}V}{\mathrm{d}t} = e[-d_0 e + a_0(\tilde{k}\xi_0 + \tilde{\beta}_0 y + \tilde{\beta}_1 f(y))] + \frac{1}{\gamma}|a_0|\left(\tilde{k}\frac{\mathrm{d}\tilde{k}}{\mathrm{d}t} + \tilde{\beta}_0\frac{\mathrm{d}\tilde{\beta}_0}{\mathrm{d}t} + \tilde{\beta}_1\frac{\mathrm{d}\tilde{\beta}_1}{\mathrm{d}t}\right). \tag{7}$$

Um die gewünschte Form von $\mathrm{d}V/\mathrm{d}t$ zu erhalten, wird in Gl. (7)

$$\frac{\mathrm{d}\tilde{k}}{\mathrm{d}t} = -\gamma(\operatorname{sgn} a_0)e\,\xi_0, \quad \frac{\mathrm{d}\tilde{\beta}_0}{\mathrm{d}t} = -\gamma(\operatorname{sgn} a_0)e\,y, \quad \frac{\mathrm{d}\tilde{\beta}_1}{\mathrm{d}t} = -\gamma(\operatorname{sgn} a_0)e\,f(y)$$

als Adaptionsgesetz gewählt. Es ist also $\boldsymbol{v} = [\xi_0 \;\; y \;\; f(y)]^{\mathrm{T}}$.

c) Die erzielten Eigenschaften von V garantieren, daß das adaptive Regelungssystem global stabil ist. Dies bedeutet, daß e, $\tilde{k}$, $\tilde{\beta}_0$ und $\tilde{\beta}_1$ beschränkt sind. Angesichts von Gl. (6) folgt aus der Beschränktheit von $\tilde{k}$, $\tilde{\beta}_0$, $\tilde{\beta}_1$ und e die Beschränktheit von $\mathrm{d}e/\mathrm{d}t$ und damit die gleichmäßige Stetigkeit von $\mathrm{d}V/\mathrm{d}t$. Satz VIII.30 impliziert daher $\mathrm{d}V/\mathrm{d}t \to 0$, d.h. $e \to 0$ für $t \to \infty$.

Nach Gl. (6) ist $e(t)$ die Reaktion eines asymptotisch stabilen Systems erster Ordnung. Da e für $t \to \infty$ verschwindet, muß auch die rechte Seite von Gl. (6), die Systemerregung, für $t \to \infty$ gegen Null streben, d.h. es gilt $\boldsymbol{v}^{\mathrm{T}}\tilde{\boldsymbol{p}} \to 0$. Aufgrund des Adaptionsgesetzes und wegen $e \to 0$ strebt der Vektor $\mathrm{d}\tilde{\boldsymbol{p}}(t)/\mathrm{d}t$ für $t \to \infty$ gegen $\mathbf{0}$, d.h. $\tilde{\boldsymbol{p}}(\infty)$ ist ein zeitunabhängiger Vektor. Man erhält also

$$\boldsymbol{v}^{\mathrm{T}}(t)\tilde{\boldsymbol{p}}(\infty) \to 0 \quad (t \to \infty).$$

Wenn $\xi_0(t)$ als beständige Erregung derart gewählt wird, daß die Komponenten des Vektors $\boldsymbol{v}(t)$ in jedem Intervall $[t, t+T]$ mit einem gewissen $T > 0$ bis $t \to \infty$ linear unabhängig sind, gilt $\tilde{\boldsymbol{p}}(\infty) = \mathbf{0}$, d.h. die Parameterkonvergenz ist sichergestellt. Dabei spielt $f(y)$ eine nicht unwesentliche Rolle.

X. 12. a) Durch Differentiation von Gl. (1a) nach t und Verwendung der Gln. (1b,c) erhält man

$$\frac{\mathrm{d}^2 y}{\mathrm{d}t^2} = (-\sin z_2 + \sqrt{1+t})(-a_0 z_1 z_2 \sin z_2 - a_1 z_1^2 \cos z_2 + x) + \frac{1}{2\sqrt{1+t}} z_2,$$

woraus

$$f_0(\boldsymbol{z},t) = (-\sin z_2 + \sqrt{1+t}\,) z_1 z_2 \sin z_2\,, \quad f_1(\boldsymbol{z},t) = (-\sin z_2 + \sqrt{1+t}\,) z_1^2 \cos z_2 \tag{5a,b}$$

und

$$u = (-\sin z_2 + \sqrt{1+t}\,) x + \frac{1}{2\sqrt{1+t}} z_2 \tag{5c}$$

folgt.

b) Es wird in Gl. (2)

$$u = \frac{\mathrm{d}^2 y}{\mathrm{d}t^2} - \frac{\mathrm{d}\varepsilon}{\mathrm{d}t} - k\,\varepsilon + a_0 f_0 + a_1 f_1 \tag{6a}$$

gewählt, d.h. mit Gl. (3) und $e = y - y_f$

$$u = \frac{\mathrm{d}^2 y_f}{\mathrm{d}t^2} - (\gamma_0 + k)\frac{\mathrm{d}e}{\mathrm{d}t} - k\,\gamma_0 e + a_0 f_0 + a_1 f_1\,. \tag{6b}$$

Dadurch erhält man Gl. (4).

c) Mit

$$u = \frac{\mathrm{d}^2 y}{\mathrm{d}t^2} - \frac{\mathrm{d}\varepsilon}{\mathrm{d}t} - k\,\varepsilon + \hat{a}_0 f_0 + \hat{a}_1 f_1 \tag{7}$$

in Gl. (2) erhält man statt Gl. (4)

$$\frac{\mathrm{d}\varepsilon(t)}{\mathrm{d}t} + k\,\varepsilon(t) = \tilde{a}_0 f_0(\boldsymbol{z},t) + \tilde{a}_1 f_1(\boldsymbol{z},t)\,.$$

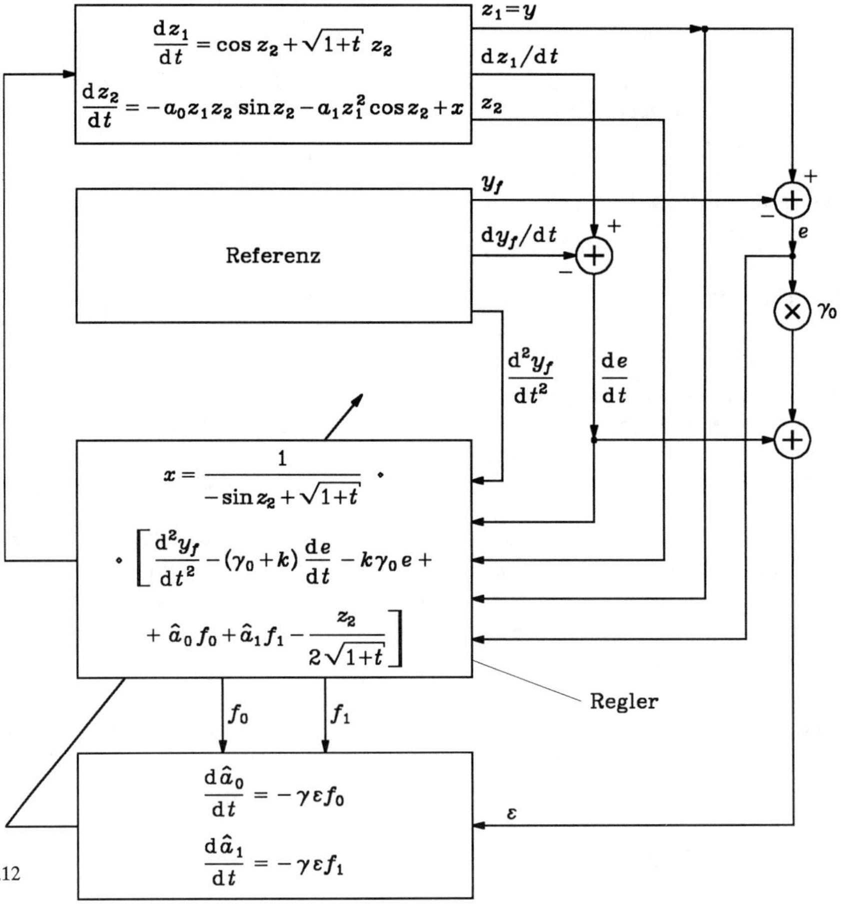

Bild L.X.12

Hieraus ergibt sich aufgrund von Satz VIII.31 das Adaptionsgesetz

$$\frac{\mathrm{d}\hat{a}_0}{\mathrm{d}t} = -\gamma\varepsilon f_0 , \quad \frac{\mathrm{d}\hat{a}_1}{\mathrm{d}t} = -\gamma\varepsilon f_1 \tag{8a,b}$$

mit einem Adaptionsgewinn $\gamma > 0$.

d) Aus den Gln. (5c) und (6b) folgt mit $\hat{a}_0$ und $\hat{a}_1$ statt a_0 bzw. a_1 das Regelgesetz

$$x = \frac{1}{-\sin z_2 + \sqrt{1+t}} \left[\frac{\mathrm{d}^2 y_f}{\mathrm{d}t^2} - (\gamma_0 + k)\frac{\mathrm{d}e}{\mathrm{d}t} - k\gamma_0 e + \hat{a}_0 f_0 + \hat{a}_1 f_1 - \frac{z_2}{2\sqrt{1+t}} \right].$$

Bild L.X.12 zeigt ein Signalflußdiagramm des adaptiven Regelungssystems.

X. 13. a) Nach Gl. (10.365a) gilt $\mathrm{d}\hat{p}/\mathrm{d}t = -\gamma_0 w \Delta$ mit einem Gewinnfaktor $\gamma_0 > 0$. Wegen $\mathrm{d}\tilde{p}/\mathrm{d}t = \mathrm{d}\hat{p}/\mathrm{d}t$ und $\Delta = w\tilde{p}$ erhält man hieraus $\mathrm{d}\tilde{p}/\mathrm{d}t = -\gamma_0 w^2 \tilde{p}$ und durch Integration (Trennung der Variablen)

$$\tilde{p}(t) = \tilde{p}(0)\,\mathrm{e}^{-\gamma_0 \varphi(t)} \quad \text{mit} \quad \varphi(t) = \int_0^t w^2(\tau)\,\mathrm{d}\tau .$$

Wie man sieht, konvergiert der Parameterfehler $\tilde{p}$ für $t \to \infty$ gegen Null, wenn $\varphi(t)$ mit $t \to \infty$ gegen Unendlich strebt. Das heißt, $w(t)$ darf nicht oder nicht zu schnell asymptotisch verschwinden.

b) Gemäß Gl. (10.378) gilt $\mathrm{d}\hat{p}(t)/\mathrm{d}t = -P(t)w(t)\Delta(t)$, und man erhält die Differentialgleichung

$$\frac{\mathrm{d}P^{-1}(t)}{\mathrm{d}t} = -\lambda_0 P^{-1}(t) + w^2(t) \quad \text{mit} \quad P^{-1}(t) = P^{-1}(0)\,\mathrm{e}^{-\lambda_0 t} + \mathrm{e}^{-\lambda_0 t}\int_0^t \mathrm{e}^{\lambda_0 \tau} w^2(\tau)\,\mathrm{d}\tau$$

als Lösung aufgrund der Gln. (10.380) und (10.382). Für den Parameterfehler $\tilde{p}$ ergibt sich gemäß Gl. (10.381)

$$\tilde{p}(t) = \tilde{p}(0)\,\mathrm{e}^{-\lambda_0 t} P(t) P^{-1}(0) .$$

Wenn durch beständige Erregung dafür gesorgt wird, daß $|P(t)| <$ const für alle t gilt, strebt $\tilde{p}$ asymptotisch exponentiell gegen Null. Wie man sieht, muß $w(t)$ entsprechend verlaufen. Im Falle $w(t) = \mathrm{e}^{-t}$ beispielsweise verschwindet $P^{-1}(t)$ asymptotisch, d.h. $P(t)$ strebt für $t \to \infty$ über alle Grenzen.

Kapitel XI

XI. 1. Man denke sich die von-Koch-Schneeflocke schrittweise konstruiert (Bild L.XI.1). Nach dem ersten Schritt besteht der Schneeflockenrand aus $3 \cdot 4^1$ Strecken der Länge $1/3$. Nach dem zweiten Schritt liegen $3 \cdot 4^2$ Strecken der Länge $(1/3)^2$ vor. Nach dem n-ten Schritt umfaßt die Konfiguration $3 \cdot 4^n$ Strecken der Länge $(1/3)^n$. Für die Gesamtlänge des Schneeflockenrandes erhält man

$$l = \lim_{n\to\infty} 3 \cdot 4^n \cdot (1/3)^n = \infty .$$

Mit $N(\varepsilon) = 3 \cdot 4^n$ und $\varepsilon = (1/3)^n$ ergibt sich gemäß Gl. (11.25) die Kapazitätsdimension

$$D_C = -\lim_{\varepsilon\to 0} \frac{\ln N(\varepsilon)}{\ln \varepsilon} = \lim_{n\to\infty} \frac{\ln(3 \cdot 4^n)}{\ln 3^n}$$

$$= \lim_{n\to\infty} \frac{\ln 4 + (1/n)\ln 3}{\ln 3} = \frac{\ln 4}{\ln 3} = 1{,}26 \cdots .$$

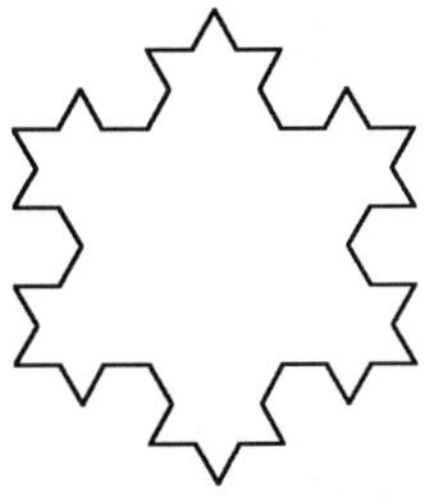

Bild L.XI.1

XI. 2. a) Führt man Gl. (1) in die Hamilton-Gleichung (11.31b) ein, so erhält man

$$\frac{\mathrm{d}p}{\mathrm{d}t} = -\frac{\mathrm{d}U(q)}{\mathrm{d}q}$$

oder, wenn man die Beziehungen $\mathrm{d}U(q)/\mathrm{d}q = -F_q(q)$ und $p = m\,\mathrm{d}q/\mathrm{d}t$ berücksichtigt,

$$m\,\frac{\mathrm{d}^2 q}{\mathrm{d}t^2} = F_q(q)\,.$$

b) Mit $q = 0$ wird der Ort der reibungsfrei, vertikal sich bewegenden Masse m (Bild L. XI. 2) bezeichnet, wo die Feder entspannt ist. Die potentielle Energie bezüglich $q = 0$ wird nun

$$U(q) = -\int_0^q (m\,g - c\,x)\,\mathrm{d}x = -m\,g\,q + \frac{c}{2}q^2$$

(g: Erdbeschleunigung). Demzufolge lautet die Hamilton-Funktion

$$H(p,q) = \frac{p^2}{2m} - m\,g\,q + \frac{c}{2}q^2\,.$$

Die Hamilton-Gleichung $\mathrm{d}(m\,\dot{q})/\mathrm{d}t = -\partial H/\partial q$ liefert $m\,\ddot{q} = m\,g - c\,q$.

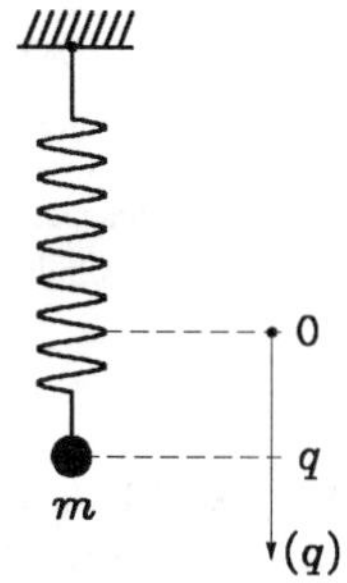

Bild L.XI.2

XI. 3. a) Entsprechend der Übertragungsfunktion des linearen Teilsystems nach Gl. (1) besteht die Differentialgleichung

$$\frac{\mathrm{d}^3 y}{\mathrm{d}t^3} + a\frac{\mathrm{d}^2 y}{\mathrm{d}t^2} + b\frac{\mathrm{d}y}{\mathrm{d}t} = -r(y)\,.$$

Damit erhält man mit $z_1 = y$, $z_2 = \mathrm{d}y/\mathrm{d}t$ und $z_3 = \mathrm{d}^2y/\mathrm{d}t^2$ die Zustandsdarstellung

$$\frac{\mathrm{d}\boldsymbol{z}}{\mathrm{d}t} = \begin{bmatrix} 0 & 1 & 0 \\ 0 & 0 & 1 \\ 0 & -b & -a \end{bmatrix}\boldsymbol{z} - \begin{bmatrix} 0 \\ 0 \\ r(z_1) \end{bmatrix} \qquad (3)$$

mit $r(z_1)$ nach Gl. (2). Durch Nullsetzen der rechten Seite von Gl. (3) erhält man $z_2 = z_3 = 0$ und $r(z_1) = 0$, woraus $z_1 = 0;\ 3/2;\ -3/2$ folgt. Es existieren also die drei Gleichgewichtszustände

$$\boldsymbol{z}_0 = \boldsymbol{0}\,; \quad \boldsymbol{z}_1 = [3/2 \quad 0 \quad 0]^{\mathrm{T}}\,; \quad \boldsymbol{z}_2 = [-3/2 \quad 0 \quad 0]^{\mathrm{T}}\,.$$

b) Mit den Jacobi-Matrizen

$$\begin{bmatrix} 0 & 1 & 0 \\ 0 & 0 & 1 \\ k & -b & -a \end{bmatrix} \text{ für } \boldsymbol{z}_0 \quad \text{und} \quad \begin{bmatrix} 0 & 1 & 0 \\ 0 & 0 & 1 \\ -2k & -b & -a \end{bmatrix} \text{ für } \boldsymbol{z}_{1,2}$$

erhält man die charakteristischen Polynome

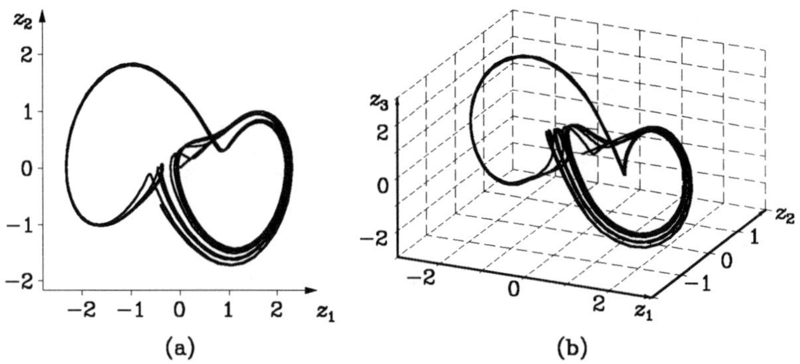

Bild L.XI.3

$$P_0(p) = p^3 + a\,p^2 + b\,p - k \quad \text{bzw.} \quad P_{1,2}(p) = p^3 + a\,p^2 + b\,p + 2k\,.$$

Da $a > 0$, $b > 0$, $k > 0$ vorausgesetzt wurde, ist (nach Kap. II) $\boldsymbol{z}_0$ instabil, und $\boldsymbol{z}_{1,2}$ sind genau dann asymptotisch stabil, wenn $b > 2k/a$ gilt. Da mit $\boldsymbol{f}(\boldsymbol{z})$ als der rechten Seite von Gl. (3) $\operatorname{div}\boldsymbol{f} = -a$ gilt, ist das Brockettsche System im gesamten $\mathbb{R}^3$ dissipativ.

c) Wählt man $a = 1$; $b = 1{,}25$ und $k = 1{,}8$, dann sind alle drei Gleichgewichtspunkte instabil. Man kann sich davon überzeugen, daß $P_0(p)$ eine positiv reelle Nullstelle und zwei konjugiert komplexe Nullstellen mit negativem Realteil aufweist. Das Polynom $P_{1,2}(p)$ hat eine negativ reelle Nullstelle und zwei konjugiert komplexe Nullstellen mit positivem Realteil. Man kann nach Kapitel VIII, Abschnitt 2.5 in jedem der Gleichgewichtspunkte mit Hilfe der Eigenvektoren der entsprechenden transponierten Jacobi-Matrix die stabilen und instabilen Eigenräume des linearisierten Systems ermitteln. Diese approximieren die lokalen stabilen bzw. instabilen Mannigfaltigkeiten des nichtlinearen Systems (Satz VIII.10) in den drei Gleichgewichtspunkten. Das Zusammenspiel dieser Mannigfaltigkeiten ist für das besondere (chaotische) Verhalten des Systems verantwortlich.

Im Bild L. XI. 3 ist der Verlauf einer numerisch (mit MATLAB) berechneten Trajektorie ausschnittsweise dargestellt, die auf das Vorhandensein eines chaotischen Attraktors hinweist.

XI. 4. a) Durch zweimalige Differentiation von $f(z)$ erhält man

$$f''(z) = 2a\,\mathrm{e}^{-a z^2}(2a\,z^2 - 1)\,,$$

woraus die Abszissen $z_{1,2} = \pm 1/\sqrt{2a}$ für die Wendepunkte folgen. Der zugehörige Ordinatenwert ist $f(z_{1,2}) = \mathrm{e}^{-1/2} + b$.

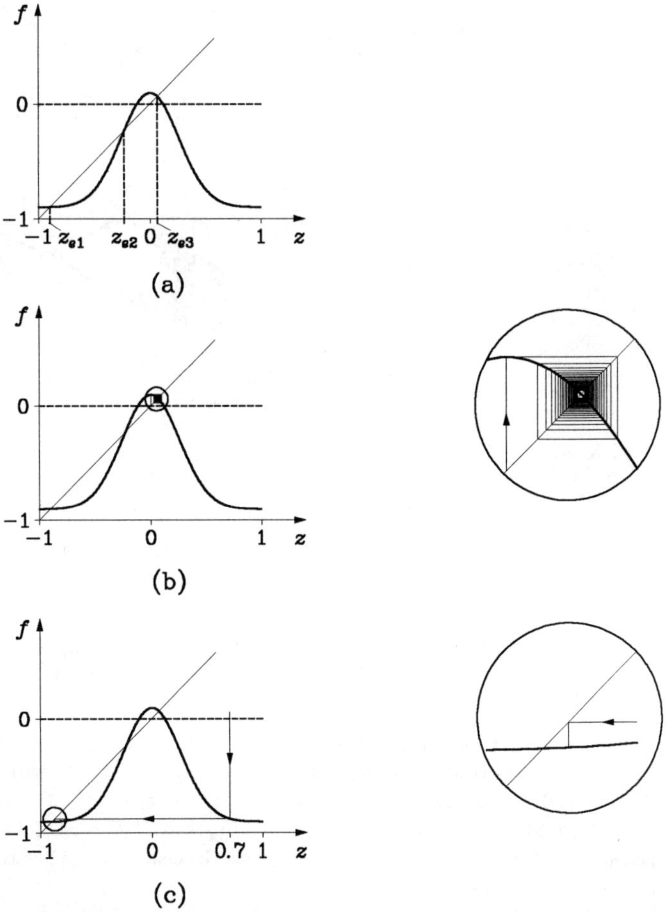

Bild L.XI.4a-c

b) Bild L. XI. 4a zeigt die Entstehung der Fixpunkte z_{e1}, z_{e2} und z_{e3} durch die Schnittpunkte der Winkelhalbierenden des 1. und 3. Quadranten mit der Kurve von $f(z)$. Da, wie man sieht, $|f'(z_{e1})|$ und $|f'(z_{e3})|$ kleiner als Eins sind, stellen z_{e1} und z_{e3} asymptotisch stabile Fixpunkte dar, während z_{e2} instabil ist, da $|f'(z_{e2})| > 1$ gilt. Bild L. XI. 4b zeigt, wie das System ausgehend von $z[0] = 0$ nach z_{e3} strebt. Bild L. XI. 4c zeigt die Konvergenz nach z_{e1} bei Wahl von $z[0] = 0{,}7$.

c) Bild L. XI. 4d zeigt das Bifurkationsdiagramm für $a = 7{,}5$ $(-1 \leqq b \leqq 1)$ und mit beständigem Anfangszustand $z[0] = 0$. Durchläuft man das Diagramm von links nach rechts, dann sieht man, daß eine Folge von Periodenverdopplungen ins Chaos führt. Man erkennt chaotische Bänder und periodische Fenster. Das Diagramm endet mit "Periodenentdopplung". Im Bild L. XI. 4e ist das Bifurkationsdiagramm für $a = 4$ und mit $z[0] = 0$ dargestellt. Wie man sieht, verhält sich das System für $a = 4$ nicht chaotisch. Beim Durchlaufen des Diagramms von links nach rechts erkennt man eine Periodenverdopplungsbifurkation von der Periode Eins zur Periode Zwei und zur Periode Vier. Dann schließt sich eine Periodenentdopplung an.

d) Bild L. XI. 4f zeigt das Bifurkationsdiagramm für $a = 7{,}5$ mit $z[0] = 0{,}7$. Der Vergleich der Bilder L. XI. 4d und f zeigt die Abhängigkeit des Bifurkationsdiagramms vom Anfangszustand. In beiden Diagrammen kann man in der Nähe von $b = -1$ ein periodisches Verhalten mit Periode Eins, jedoch mit unterschiedlichen Werten beobachten. Von einem bestimmten b-Wert an verhält sich das Diagramm in Bild L. XI. 4f ähnlich dem von Bild L. XI. 4d.

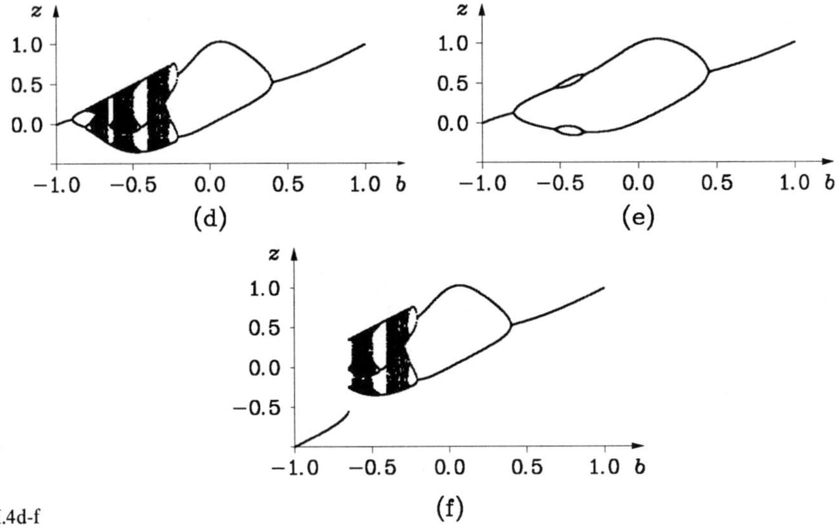

Bild L.XI.4d-f

Kapitel XII

XII. 1. **a)** Man entnimmt Bild P.XII.1 direkt die Beziehung

$$y = \operatorname{sgn}[x_1 + x_2 - 1 - 2\operatorname{sgn}(x_1 + x_2 - 1)]\,. \tag{1}$$

Es ist zweckmäßig, zwei Fälle an Hand von Gl. (1) zu unterscheiden:

(i) $y = 1$. Dieser Fall tritt ein, wenn entweder $x_1 + x_2 \geqq 1$ und $x_1 + x_2 \geqq 3$ oder $x_1 + x_2 < 1$ und $x_1 + x_2 \geqq -1$ gilt.

(ii) $y = -1$. Dieser Fall tritt ein, wenn entweder $x_1 + x_2 \geqq 1$ und $x_1 + x_2 < 3$ oder $x_1 + x_2 < 1$ und $x_1 + x_2 < -1$ gilt.

Im Bild L.XII.1 ist die Punktmenge mit $y = 1$ durch senkrechte Schraffur, die Punktmenge mit $y = -1$ durch horizontale Schraffur angegeben. Dabei gehören die Geraden $x_1 + x_2 = 3$ und $x_1 + x_2 = -1$ zu $y = 1$, dagegen die Gerade $x_1 + x_2 = 1$ zu $y = -1$.

b) Da die zwei Punkte $(1, -1)$ und $(-1, 1)$ in der x_1, x_2-Ebene Elemente der Punktmenge mit $y = 1$ sind und

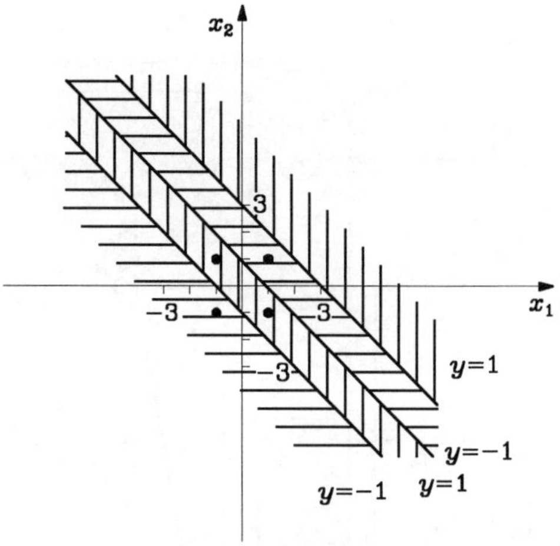

Bild L.XII.1

die beiden Punkte (1, 1) und (−1, −1) zur Punktmenge mit $y = -1$ gehören (Bild L.XII.1), realisiert das Netzwerk die Funktion XOR.

XII. 2. **a)** Aufgrund von Gl. (12.27) erhält man zunächst

$$\boldsymbol{\delta}_3 = \boldsymbol{D}_3 \boldsymbol{e} \; .$$

Die Gl. (12.28) liefert

$$\boldsymbol{\delta}_2 = \boldsymbol{D}_2 \boldsymbol{W}_3 \boldsymbol{\delta}_3 \; ,$$

und Gl. (12.29) schließlich

$$\boldsymbol{\delta}_1 = \boldsymbol{D}_1 \boldsymbol{W}_2 \boldsymbol{\delta}_2 \; .$$

b) Bild L.XII.2 zeigt ein Blockdiagramm zur Realisierung der oben angegebenen Formeln. Dabei bedeuten

$$\boldsymbol{y} = [y_1 \;\; y_2 \;\; \cdots \;\; y_{N_3}]^{\mathrm{T}} \quad \text{und} \quad \boldsymbol{d} = [d_1 \;\; d_2 \;\; \cdots \;\; d_{N_3}]^{\mathrm{T}} \; .$$

Der Vektor $\boldsymbol{d}$ stellt die Vorschrift für $\boldsymbol{y}$ dar.

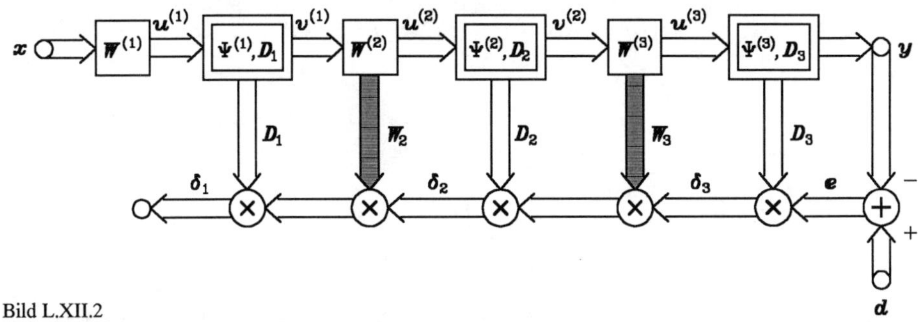

Bild L.XII.2

XII. 3. **a)** Unter Verwendung der Huber-Funktion nach Abschnitt 3.2

$$\sigma(e) = \begin{cases} e^2/2 & \text{für} \quad |e| \leqq \beta \, , \\ \beta\,|e| - \beta^2/2 & \text{für} \quad |e| > \beta \end{cases}$$

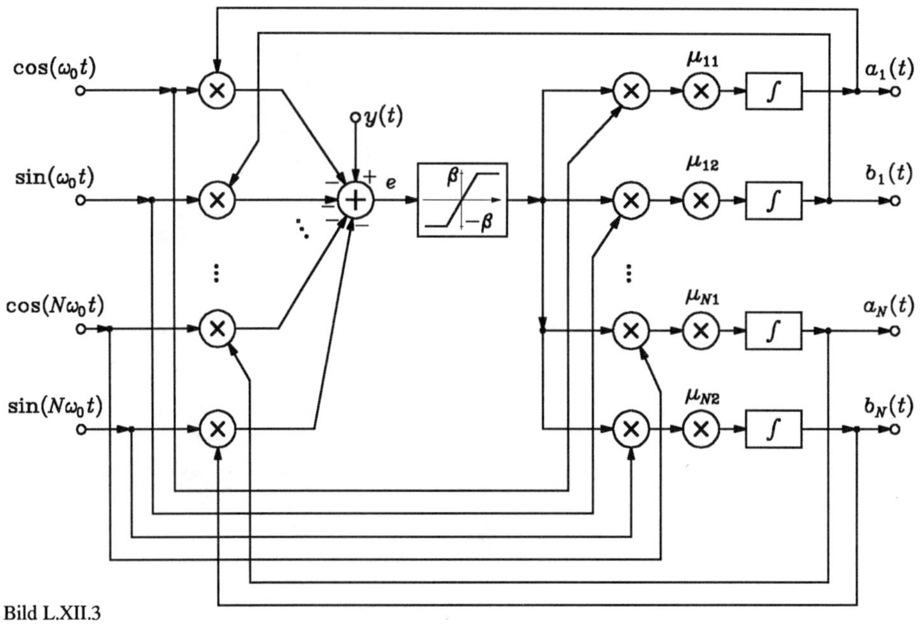

Bild L.XII.3

mit einem geeigneten $\beta > 0$ und der Ableitung dieser Funktion

$$\Psi(e) := \frac{\mathrm{d}\,\sigma(e)}{\mathrm{d}e} = \begin{cases} -\beta & \text{für} \quad e < -\beta \\ e & \text{für} \quad |e| \leqq \beta \\ \beta & \text{für} \quad e > \beta \end{cases}$$

erhält man zunächst gemäß Gl. (12.86) die Zielfunktion

$$E(\boldsymbol{w}, t) = \sigma(e(\boldsymbol{w}, t)) \quad \text{mit} \quad e(\boldsymbol{w}, t) = y(t) - \boldsymbol{w}^{\mathrm{T}} \boldsymbol{\Phi}(t),$$

wobei der Vektor $\boldsymbol{w}$ aus den Fourier-Koeffizienten a_i, b_i und der Vektor der Basisfunktionen $\boldsymbol{\Phi}(t)$ entsprechend aus den Harmonischen $\cos(i\,\omega_0 t)$, $\sin(i\,\omega_0 t)$ $(i = 1, 2, \ldots, N)$ gebildet wird. Gemäß Gl. (12.87a) ergeben sich nun die Differentialgleichungen

$$\frac{\mathrm{d}a_i}{\mathrm{d}t} = \mu_{i1}\,\Psi(e)\cos(i\,\omega_0 t) \quad \text{und} \quad \frac{\mathrm{d}b_i}{\mathrm{d}t} = \mu_{i2}\,\Psi(e)\sin(i\,\omega_0 t)$$

mit $\mu_{i1} > 0$, $\mu_{i2} > 0$ für $i = 1, 2, \ldots, N$.

b) Bild L.XII.3 zeigt das Blockdiagramm des Fourier-Netzwerks, das obige Differentialgleichungen realisiert. Die Koeffizienten $a_i(t)$ und $b_i(t)$ stellen sich schließlich auf optimale Werte ein.

XII. 4. Im Falle des Systems (i) ist

$$F_1 = \sum_{i=1}^{M} b_i\,x[n-i].$$

Realisiert man diese Funktion in Bild 12.36, so entsteht das Modell nach Bild L.XII.4a. Entsprechend erhält man im Falle des Systems (ii) mit

$$F_2 = \sum_{i=1}^{N} a_i\,y[n-i]$$

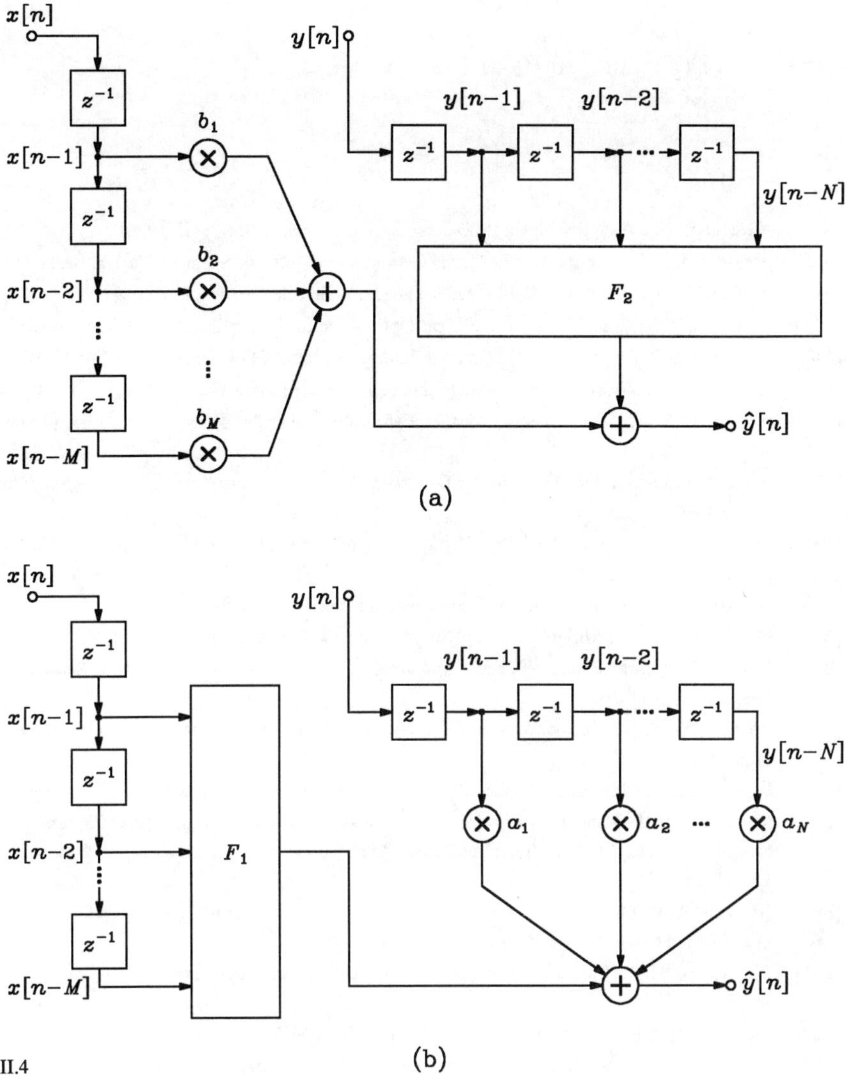

Bild L.XII.4

aus Bild 12.36 das Modell nach Bild L.XII.4b.

Literatur (Ergänzung zu Band 1)

[Al1] Alexander, S.T.: Adaptive Signal Processing. Springer-Verlag, New York 1986.

[Al2] Allgower, E.L. und Georg, K.: Numerical Continuation Methods. Springer-Verlag, Berlin 1990.

[Am1] Amann, H.: Gewöhnliche Differentialgleichungen. Walter de Gruyter, Berlin 1983.

[An1] Anderson, B.D.O. und Moore, J.B.: Linear Optimal Control. Prentice-Hall, Englewood Cliffs 1971.

[An2] Anderson, B.D. und Moore, J.B.: Optimal Filtering. Prentice-Hall, Englewood Cliffs 1979.

[Ar1] Arnold, L.: Stochastische Differentialgleichungen. R. Oldenbourg Verlag, München 1973.

[Ar2] Argyris, J., Faust, G. und Haase, M.: Die Erforschung des Chaos. Friedr. Vieweg und Sohn, Braunschweig 1995.

[Ba2] Baker, G.L. und Gollub, J.P.: Chaotic Dynamics: An Introduction. Cambridge University Press, Cambridge 1990.

[Be1] Bellanger, M.C.: Adaptive Digital Filters and Signal Analysis. Marcel Dekker, New York and Basel 1987.

[Be3] Berkovitz, L.D.: Optimal Control Theory. Springer-Verlag, Heidelberg 1974.

[Bo4] Bose, N.K.: Applied Multidimensional Systems Theory. Van Nostrand Reinhold, New York 1982.

[Bo5] Bose, N.K.: Digital Filters – Theory and Applications. North-Holland, Elsevier Science, New York 1985.

[Bo6] Boothby, W.M.: An Introduction to Differentiable Manifolds and Riemannian Geometry. Academic Press, New York 1975.

[Br4] Bryson, A.E. und Ho, Y.C.: Applied Optimal Control. Ginn and Company, Waltham 1969.

[Br5] Bruck, J.: On the convergence properties of the Hopfield model. Proc. IEEE 78 (Special Issue On Neural Networks Analysis, Techniques and Applications, Eds. C. Lau and B. Widrow) (1990), S. 1579-1585.

[Br6] Brockett, R.W.: On conditions leading to chaos in feedback systems. Proc. of the 21st IEEE Conf. on Decision and Control, Orlando, FL, 2 (1982), S. 932-936.

[Bu1] Butterweck, H.-J.: Frequenzabhängige nichtlineare Übertragungssysteme. AEÜ 21 (1967), S. 239-254.

[Ca2] Carr, J.: Applications of Centre Manifold Theory. Springer-Verlag, New York 1981.

[Ch1] Chan, D.S.K.: A novel framework for the description of realization structures for 1-D and 2-D digital filters. IEEE Electronics and Space Convention Record (1976), S. 157(A-H).

[Ch2] Chan, D.S.K.: A simple derivation of minimal and near-minimal realizations of 2-D transfer functions. Proc. IEEE 66 (1978), S. 515-516.

[Ch3] Chan, D.S.K.: Theory and implementation of multidimensional discrete systems for signal processing. Dissertation, Department of Electrical Engineering and Computer Science, Massachusetts Institute of Technology (1978).

[Ch6] Chiang, R.Y. und Safonov, M.G.: Robust Control Toolbox, User's Guide. The Mathworks, Natick 1992.

[Ch8] Chua, L.O.: The genesis of Chua's Circuit. AEÜ 46 (1992), S. 250-257.

[Ch9] Chen, G.: Controlling chaotic trajectories to unstable limit cycles – A case study, IEEE Proc. of American Contr. Conf., San Fransisco (1993), S. 2413-2414.

[Ch10] Chen, G. und Dong, X.: From chaos to order – perspectives and methodologies in controlling chaotic nonlinear dynamical systems. Intern. Journal of Bifurcation and Chaos 3 (1993), S. 1363-1409.

[Ci1] Cichocki, A. und Unbehauen, R.: Neural Networks for Optimization and Signal Processing. John Wiley and Sons, Chichester 1993.

[Co1] Coddington, E.A. und Levinson, N.: Theory of Ordinary Differential Equations. MacGraw-Hill, New York 1955.

[Co3] Cook, P.A.: Nonlinear Dynamical Systems. Prentice-Hall, Englewood Cliffs 1986.

[De1] DeCarlo, R., Murray, J. und Saeks, R.: Multivariate Nyquist theory. Int. J. Control 25 (1977), S. 657-675.

[Do4] Dong, X. und Chen, G.: Control of discrete-time chaotic systems. IEEE Proc. of Amer. Contr. Conf., Chicago (1992), S. 2234-2235.

[Dr1] Drazin, P.G.: Nonlinear Systems. Cambridge University Press, Cambridge 1993.

[Du1] Dudgeon, D.E.: The existence of Cepstra for two-dimensional rational polynomials. IEEE Trans. Acoustics, Speech, and Signal Processing ASSP-23 (1975), S. 242-243.

[Du2] Dudgeon, D.E.: The computation of two-dimensional Cepstra. IEEE Trans. Acoustics, Speech, and Signal Processing ASSP-25 (1977), S. 476-484.

[Du3] Dudgeon, D.E. und Mersereau, R.M.: Multidimensional Digital Signal Processing. Prentice-Hall, Englewood Cliffs 1984.

[Du4] Durbin, J.: Efficient estimation of parameters in moving average models. Biometrika 46 (1959), S. 306-316.

[Du5] Duffing, G.: Erzwungene Schwingungen bei veränderlicher Eigenfrequenz und ihre technische Bedeutung. Friedr. Vieweg und Sohn, Braunschweig 1918.

[Ek1] Ekstrom, M.P. und Woods, J.W.: Two-dimensional spectral factorization with applications in recursive digital filtering. IEEE Trans. Acoustics, Speech, and Signal Processing ASSP-24 (1976), S. 115-128.

[El1] Ellacott, S. und Bose, D.: Neural Networks: Deterministic Methods of Analysis. School of Computing and Mathematical Sciences University of Brighton, International Thomson Computer Press, London 1996.

[Fe1] Fenyö, S. und Frey, T.: Moderne mathematische Methoden in der Technik. Birkhäuser, Basel 1967.

[Fi1] Fiedler, M. und Ptak, V.: On matrices with nonnegative off-diagonal elements and positive principal minors. Czech. Math. J. 12 (1962), S. 382-400.

[Fl1] Fleming, W.H. und Rishel, R.W.: Deterministic and Stochastic Optimal Control. Springer-Verlag, Berlin 1975.

[Ge1] Gelb, A. et al.: Applied Optimal Estimation. M.I.T.-Press, Cambridge, Massachusetts 1984.

[Gl1] Glendinning, P.: Stability, Instability and Chaos: An Introduction to the Theory of Nonlinear Differential Equations. Cambridge University Press, Cambridge 1994.

[Go2] Golub, G.H. und Van Loan, C.F.: Matrix Computations. John Hopkins University Press, 4. Auflage, Baltimore 1993.

[Go3] Goodman, D.: Some stability properties of two-dimensional linear shift-invariant digital filters. IEEE Trans. Circuits and Systems CAS-24 (1977), S. 201-208.

[Gr1] Gradshteyn, I.S. und Ryzhik, I.M.: Table of Integrals, Series, and Products. 4. Auflage, Academic Press, New York 1983.

[Gr2] Gröbner, W. und Hofreiter, N.: Integraltafel, Erster Teil: Unbestimmte Integrale. Springer-Verlag, Wien 1965.

[Gu2] Guckenheimer, J. und Holmes, P.: Nonlinear Oszillations, Dynamical Systems, and Bifurcations of Vector Fields. Springer-Verlag, New York 1983.

[Ha3] Hasler, M. und Neirynck, J.: Nonlinear Circuits. Artech House, Boston 1985.

[Ha5] Haken, H.: Analogy between higher instabilities in fluids and lasers. Phys. Letters 53A (1975), S. 77-78.

[Ha6] Hale, J. und Kocak, H.: Dynamics and Bifurcations. Springer-Verlag, New York 1991.

[Ha7] Hartley, T.T. und Mossayebi, F.: Control of Chua's circuit. Journal of Circ. Sys. Comput. 3 (1993), S. 173-194.

[Ha8] Haykin, S.: Neural Networks – A Comprehensive Foundation. Macmillan Publising Company, New York 1994.

[Ha9] Hahn, W.: Stability of Motion. Springer-Verlag, New York 1967.

[Ha10] Hartman, P.: Ordinary Differential Equations. John Wiley and Sons, New York 1964.

[He1] Heymann, M.: Comments 'On pole assignment in multi-input controllable linear systems.' IEEE Trans. Automatic Control AC-13 (1968), S. 748-749.

[He2] Hénon, M.: A two-dimensional mapping with a strange attractor. Commun. Math. Phys. 50 (1976), S. 69-77.

[He3] Heuser, H.: Lehrbuch der Analysis, Band 1 und 2. B.G. Teubner, Stuttgart 1990.

[Hi1] Hirsch, M.W. und Smale, S.: Differential Equations, Dynamical Systems, and Linear Algebra. Academic Press, New York 1974.

[Hi2] Hilborn, R.C.: Chaos and Nonlinear Dynamics. Oxford University Press, New York 1994.

[Ho2] Honig, M.J. und Messerschmitt, D.D.: Convergence properties of an adaptive digital lattice filter. IEEE Trans. Acoustics, Speech, and Signal Processing ASSP-29 (1981), S. 642-653.

[Ho3] Hornik, K., Stinchcombe, M. und White, H.: Multilayer feedforward networks are universal approximators. Neural Networks 2 (1989), S. 359-366.

[Ho4] Hoppensteadt, F.C.: Analysis and Simulation of Chaotic Systems. Springer-Verlag, New York 1993.

[Ho5] Hopfield, J.J.: Neural networks and physical systems with emergent collective computational abilities. Proc. Nat. Acad. Sci. USA 79 (1982), S. 2554-2558.

[Hs1] Hsiao, C.-C.: Polyphase filter matrix for rational sampling rate conversions. Proc. IEEE Int. Conf. on ASSP, Dallas (1987), S. 2173-2176.

[Hu1] Huang, T.S.: Stability of two-dimensional recursive filters. IEEE Trans. Audio and Electroacoustics AU-20 (1972), S. 158-163.

[Is1] Isidori, A.: Nonlinear Control Systems. Springer-Verlag, Berlin 1995.

[Ju1] Justice, J.H. und Shanks, J.L.: Stability criterion for N-dimensional digital filters. IEEE Trans. Automatic Control AC-18 (1973), S. 284-286.

[Ka2] Kalman, R.E. und Bucy, R.S.: New results in linear filtering and prediction theory. Trans. ASME, ser. D, 83 (1961), S. 95-108.

[Ka3] Kalman, R.E., Ho, Y.C. und Narendra, K.S.: Controllability of linear dynamical systems. Contrib. Differential Equations 1 (1961), S. 189-213.

[Ka7] Karivaratharajan, P. und Swamy, M.N.S.: Quadrantal symmetry associated with two-dimensional digital transfer functions. IEEE Trans. Circuits and Systems CAS-25 (1978), S. 340-343.

[Kh1] Khalil, H.K.: Nonlinear Systems. Macmillan Publishing Company, New York 1992.

[Kn1] Knobloch, E.: Chaos in a segmented disc dynamo. Phys. Letters A82 (1981), S. 439-440.

[Kr1] Kreisselmeier, G.: Adaptive observers with exponential rate of convergence. IEEE Trans. Automatic Control AC-22 (1977), S. 2-8.

[Kr2] Kröger, R. und Unbehauen, R.: Elektrodynamik – Einführung für Physiker und Ingenieure. B.G. Teubner, Stuttgart 1993.

[Kr3] Krasovskii, N.N.: Stability of Motion. Stanford University Press, Stanford 1963.

[Ku2] Kung, S.-Y., Lévy, B.C., Morf, M. und Kailath, T.: New results in 2-D system theory, part II: 2-D state-space models – realization and the notions of controllability, observability, and minimality. Proc. IEEE 65 (1977), S. 945-961.

[La2] Landau, L.D. und Lifschitz, E.M.: Lehrbuch der theoretischen Physik, Band 1: Mechanik. Akademie-Verlag, Berlin 1973.

[Le1] Lehner, D.: Über Beschreibung und Realisierungen multidimensionaler Digitalfilter. Dissertation, Universität Erlangen-Nürnberg (1988).

[Le2] Lewis, F.L.: Optimal Estimation. John Wiley and Sons, New York 1986.

[Li4] Li, J.-H., Michel, A.N. und Parod, W.: Analysis and synthesis of a class of neural networks: linear systems operating on a closed hypercube. IEEE Trans. Circuits and Systems CAS-36 (1989), S. 1405-1422.

[Lo1] Lorenz, E.N.: Deterministic non-periodic flow. J. Atmos. Sci. 20 (1963), S. 130-141.

[Lu1] Luenberger, D.G.: Oberserving the state of a linear system. IEEE Trans. Military Electronics MIL-8 (1964), S. 74-80.

[Lu2] Luenberger, D.G.: Observers for multivariable systems. IEEE Trans. Automatic Control AC-11 (1966), S. 190-197.

[Lu3] Luenberger, D.G.: Canonical forms for linear multivariable systems. IEEE Trans. Automatic Control AC-12 (1967), S. 290-293.

[Lu4] Luenberger, D.G.: Introduction to Dynamic Systems – Theory, Models, and Applications. John Wiley and Sons, New York 1979.

[Lu5] Lüders, G. und Narendra, K.S.: A new canonical form for an adaptive observer. IEEE Trans. Automatic Control AC-19 (1974), S. 117-119.

[Lu6] Luo, F.-L. und Unbehauen, R.: Applied Neural Networks for Signal Processing. Cambridge University Press, New York 1997.

[Ma2] Markel, J.D. und Gray, A.H.: Linear Prediction of Speech. Springer-Verlag, New York 1975.

[Ma4] Mathis, W.: Theorie nichtlinearer Netzwerke. Springer-Verlag, Berlin 1987.

[Ma5] Marino, R. und Spong, M.W.: Nonlinear control techniques for flexible joint manipulators: A single link case study. IEEE Conf. Rob. Autom., San Fransico (1986), S.1030-1036.

[Ma6] Matsumoto, T., Chua, L.O. und Tokumasu, K.: Double scroll via a two-transistor circuit. IEEE Trans. Circuits and Systems CAS-33 (1986), S. 828-835.

[Ma7] May, R.: Simple mathematical models with very complicated dynamics. Nature 261 (1976), S. 45-67.

[Mc1] McClellan, J.H.: The design of two-dimensional digital filters by transformation. Proc. 7th Annual Princeton Conf. Information Sciences and Systems (1973), S. 247-251.

[Mc2] McCulloch, W.S. und Pitts, W.: A logical calculus of the ideas immanent in nervous activity. Bulletin Math. Biophys. 5 (1943), S. 115-133.

[Me1] Mersereau, R.M. und Dudgeon, D.E.: Two-dimensional digital filtering. Proc. IEEE 63 (1975), S. 610-623.

[Me2] Mersereau, R.M., Mecklenbräuker, F.G. und Quatieri, Jr., Th.F.: McClellan transformation for 2-D digital filtering: I – Design. IEEE Trans. Circuits and Systems CAS-23 (1976), S. 405-414.

[Me3] Mel'nikov, V.K.: On the stability of the centre for time-periodic perturbations. Trans. Moscow Math. Soc. 12 (1963), S. 1-57.

[Me4] Mees, A.I.: Dynamics of Feedback Systems. John Wiley and Sons, Chichester 1981.

[Mi1] Misawa, E.A. und Hedrick, J.K.: Nonlinear observers – a state-of-the-art survey. ASME Journ. Dyn. Syst. Meas. Contr. 111 (1989), S. 344-352.

[Mo1] Monopoli, R.V.: Model reference adaptive control with an augmented error signal. IEEE Trans. Automatic Control AC-19 (1974), S. 474-484.

[Mo2] Moon, F.C. und Lie, G.-X.: Fractal basin boundaries and homoclinic orbits for periodic motion in a two-well potential. Phys. Rev. Lett. 55 (1985), S. 1439-1442.

[Na1] Narendra, K.S. und Annaswamy, A.M.: Stable Adaptive Systems. Prentice-Hall, Englewood Cliffs 1989.

[Ni1] Nie, X.: Beiträge zur Synthese zweidimensionaler Digitalfilter. Dissertation, Universität Erlangen-Nürnberg 1992.

[Ni2] Nijmeijer, H. und Van der Schaft, A.J.: Nonlinear Dynamical Control Systems. Springer-Verlag, New York 1996.

[Ob1] Oberle, H.J.: BOUNDSCO Rechenprogamm. Institut für Angewandte Mathematik, Universität Hamburg 1992.

[Oc1] O'Connor, B.T. und Huang, T.S.: Stability of general two-dimensional recursive digital filters. IEEE Trans. Acoustics, Speech, and Signal Processing ASSP-26 (1978), S. 550-560.

[Oc2] O'Connor, B.T.: Techniques for determining the stability of two-dimensional recursive filters and their application to image restoration. Dissertation, School of Electrical Engineering, Purdue University 1978.

[Os1] Oseledec, V.I.: A multiplicative ergodic theorem: the Lyapunov characteristic numbers of dynamical systems. Trans. Mosc. Math. Soc. 19 (1968), S. 197-231.

[Ot1] Ott, E, Grebogi, C. und Yorke, J.A.: Controlling chaos. Phys. Rev. Lett. 64 (1990), S. 1196-1199.

[Pe1] Pesin, Ya.B.: Characteristic Lyapunov exponents and smooth ergodic theory. Russ. Math. Surveys 32 (1977), S. 55-114.

[Pe2] Pettini, M.: Controlling chaos through parametric excitations, in Dynamics and Stochastic Processes. Herausg. R. Lima, L. Streit und R.V. Mendes, Springer-Verlag, New York 1988, S. 242-250.

[Pf1] Pfaff, G.: Regelung elektrischer Antriebe I. R. Oldenbourg Verlag, München 1990.

[Re1] Reif, K., Weinzierl, K., Zell, A. und Unbehauen, R.: Application of homotopy methods to nonlinear control problems. Proc. of the 35th IEEE Conf. on Decision and Control, Japan, Kobe (1996) S. 533-538.

[Re2] Reif, K., Weinzierl, K., Zell, A. und Unbehauen, R.: Nonlinear control using homotopy methods. Proc. 22nd IEEE Conf. on Ind. Electron., Contr. and Instrumentation, Taipei, Taiwan (1996), S. 1922-1926.

[Re3] Reif, K., Günther, S., Yaz, E. und Unbehauen, R.: Stabilität des zeitkontinuierlichen erweiterten Kalman-Filters. Automatisierungstechnik 46 (1998), im Druck.

[Re4] Reif, K., Weinzierl, K., Zell, A. und Unbehauen, R.: A homotopy approach for nonlinear control synthesis. IEEE Trans. Automatic Control, March 1998, im Druck.

[Ro2] Roesser, R.P.: A discrete state-space model for linear image processing. IEEE Trans. Automatic Control AC-20 (1975), S. 1-10.

[Ro3] Rosenblatt, F.: The perceptron: A probabilistic model for information storage and organization in the brain. Psych. Rev. 65 (1958), S. 386-408.

[Rö1] Rössler, O.E.: An equation for continuous chaos. Phys. Letters 57A (1976), S. 397-398.

[Ru2] Rümelin, W.: Numerical treatment of stochastic differential equations. Society for Industrial and Applied Mathematics 19 (1982), S. 604-613.

[Ru3] Rumelhart, D.E. und McClelland, J.L., editors: Parallel Distributed Processing: Explorations in the Microstructure of Cognition 1. MIT Press, Cambridge 1986.

[Sa1] Sage, A.P. und White, III, C.C.: Optimum Systems Control. Prentice-Hall, Englewood Cliffs 1977.

[Sa2] Sartori, M.A. und Antsaklis, P.J.: A simple method to derive bounds on the size and to train multilayer neural networks. IEEE Trans. Neural Networks 2 (1991), S. 467-471.

[Sc4] Schuster, H.G.: Deterministic Chaos, An Introduction, 2. Aufl., VCH Verlagsgesellschaft, Weinheim 1989.

[Sc5] Schur, I.: Über Potenzreihen, die im Inneren des Einheitskreises beschränkt sind. J. für reine u. angew. Math. 148 (1918), S. 122-145.

[Sh1] Shanks, J.L., Treitel, S. und Justice, H.: Stability and synthesis of two-dimensional recursive filters. IEEE Trans. Audio and Electroacoustics AU-20 (1972), S. 115-128.

[Sh2] Shaw, G.A.: An algorithm for testing stability of two-dimensional digital recursive filters. Proc. IEEE Int. Conf. Acoustics, Speech, and Signal Processing (1978), S. 769-772.

[Sl1] Slotine, J.-J.E. und Li, W.: Applied Nonlinear Control. Prentice-Hall, Englewood Cliffs 1991.

[So1] Sontag, E.D.: Mathematical Control Theory. Springer-Verlag, New York 1990.

[St1] Stoer, J. und Bulirsch, R.: Numerische Mathematik 2, 3. Auflage. Springer-Verlag, Berlin 1990.

[St2] Strang, G.: Linear Algebra and Its Applications. Academic Press, New York 1976.

[St3] Strintzis, M.G.: Test of stability of multidimensional filters. IEEE Trans. Circuits and Systems CAS-24 (1977), S. 432-437.

[Th1] Thompson, J.M.T. und Stewart, H.B.: Nonlinear Dynamics and Chaos, Geometrical Methods for Engineers and Scientists. John Wiley and Sons, Chichester 1991.

[Tr1] Treichler, J.R., Johnson, Jr., C.R. und Larimore, M.G.: Theory and Design of Adaptive Filters. John Wiley and Sons, New York 1987.

[Tz1] Tzafestas, S.G. (Ed.): Multidimensional Systems – Techniques and Applications. Marcel Dekker, New York and Basel 1986.

[Un2] Unbehauen, R.: Zur Synthese digitaler Filter. AEÜ 24 (1970), S. 305-313.

[Un4] Unbehauen, R.: Grundlagen der Elektrotechnik 1 und 2. Springer-Verlag, 4. Auflage, Berlin 1994.

[Un5] Unbehauen, R.: Netzwerk- und Filtersynthese. R. Oldenbourg Verlag, 4. Auflage, München 1993.

[Un6] Unbehauen, R. und Cichocki, A.: MOS Switched-Capacitor and Continuous-Time Integrated Circuits and Systems. Springer-Verlag, Berlin 1989.

[Vi1] Vidyasagar, M.: Nonlinear Systems Analysis, 2. Auflage. Prentice Hall, Englewood Cliffs 1993.

[Vo1] Volterra, A.: Theory of Functionals and of Integral and Integro-Differential Equations. Blackie, London 1930, und Dover Publications, New York 1959.

[Wa1] Walter, R.: Einführung in die lineare Algebra. Friedr. Vieweg und Sohn, Braunschweig 1982.

[Wa2] Walcott, B.L., Corless, M.J. und Zak, S.H.: Comparative study of non-linear state-observation techniques. Int. J. Control 45 (1987) S. 2109-2132.

[Wa3] Walsh, J.L.: Interpolation and Approximation by Rational Functions in the Complex Domain. American Math. Society, Providence, Rhode Island 1987.

[We2] Weinzierl, K.: Konzepte zur Steuerung und Regelung nichtlinearer Systeme auf der Basis der Jacobi-Linearisierung. Dissertation, Universität Erlangen-Nürnberg 1995.

[Wi1] Widrow, B. und Stearns, S.D.: Adaptive Signal Processing. Prentice-Hall, Englewood Cliffs 1985.

[Wi5] Widrow, B. und Hoff Jr., M.E.: Adaptive switching circuits. 1960 IRE Western Electric Show and Convention Record, Part 4 (1960), S. 96-104.

[Wi6] Wiggins, S.: Introduction to Applied Nonlinear Dynamical Systems and Chaos. Springer-Verlag, New York 1990.

[Ya1] Yanai, H. und Sawada, Y.: Integrator neurons for analog neural networks. IEEE Trans. Circuits and Systems CAS-37 (1990), S. 854-856.

[Ze1] Zell, A.: Simulation neuronaler Netze. Addison-Wesley Publishing Company, Bonn 1994.

[Zu1] Zurmühl, R. und Falk, S.: Matrizen und ihre Anwendungen für Ingenieure, Physiker und Angewandte Mathematiker. Springer-Verlag, 6. Auflage, Berlin 1992.

Sachregister